Ludwig Gebhardt
Die Ornithologen Mitteleuropas

Die Reihe „***Klassiker der Tier- und Pflanzenkunde***" hat zum Ziel, bedeutende Werke aus der Tier- und Pflanzenkunde, die seit langem vergriffen und nur noch in Einzelexemplaren antiquarisch erhältlich sind, einem größeren Kreis von Interessierten wieder zugänglich zu machen. Es werden dabei solche Werke zum Reprint ausgewählt, die entweder ein interessantes historisches Bild einer für die Naturkunde wichtigen Epoche widerspiegeln oder die in Inhalt und Aussage von zeitloser Bedeutung sind. Klassische Werke aus dem Bereich der ***Ornithologie*** haben in dieser Reihe einen besonderen Stellenwert, da gerade für die Ornithologie eine historisch vergleichende Betrachtung wichtig ist.

Ludwig Gebhardt

Die Ornithologen Mitteleuropas

1747 bemerkenswerte Biographien
vom Mittelalter bis zum Ende des 20. Jahrhundert

Zusammenfassung der Bände 1-4

Klassiker der Tier- und Pflanzenkunde

AULA-Verlag

Bibliografische Information Der Deutschen Bibliothek
Die Deutsche Bibliothek verzeichnet diese Publikation in der Deutschen Nationalbibliografie; detaillierte bibliografische Daten sind im Internet über http://dnb.ddb.de abrufbar

Fotos auf dem Umschlag: A.E. Brehm, Otto Kleinschmidt, Erwin Stresemann (aus Journal für Ornithologie **142**, Sonderheft 2001)
Printed in Germany/Imprimé en Allemagne
Gesamtherstellung: Freiburger Graphische Betriebe, Freiburg
ISBN 3-89104-680-4

Vorwort zu dem Nachdruck

Selbst in der heutigen schnelllebigen Zeit ist das Interesse an der Geschichte der Ornithologie ungebrochen. Zahlreiche Beiträge in Fachzeitschriften und verschiedene neuere Buchtitel belegen diese erfreuliche Entwicklung. Kaum eine dieser Veröffentlichun
gen kam dabei ohne das bedeutende Quellenwerk Gebhardts „Die Ornithologen Mitteleuropas“ aus. Seit Jahrzehnten ist dieser Klassiker zur Geschichte der Ornithologie, der 1964 in Gießen und als Nachträge 2-4 im „Journal für Ornithologie“ erschien, vergriffen. Das Werk wurde zu einem begehrten und teuren Titel des Antiquariathandels – wobei dort meist auch nur der Hauptband von 1964 ohne die Folgebände angeboten wurde. Diese Lücke schließt jetzt der vorliegende Neudruck, bei dem erstmals die Bände 1-4 zusammengefasst wurden, ergänzt um ein alle Bände abdeckendes Gesamtregister. Das Werk erschließt die Geschichte der Ornithologie über die Biographien und die wichtigsten Werke von mehr als 1700 Ornithologen vom 13. Jahrhundert bis zum Ende des 20. Jahrhunderts.

In diesem Zusammenhang soll daran erinnert werden, dass Gebhardts „Ornithologen Mitteleuropas“ ein echtes Gemeinschaftswerk ist. Ornithologen aus allen Regionen Mitteleuropas lieferten dazu Beiträge, die von vielen namhaften Wissenschaftlern gesichtet, ergänzt und gewertet wurden. Enge Mitarbeiter Gebhardts waren Friedrich Goethe, Richard Heyder, Rudolf Kuhk, Herbert Ringleben, Ernst Schüz, Joachim Steinbacher und Erwin Stresemann – von denen keiner mehr unter uns weilt.

Ludwig Gebhardt verarbeitete das zusammengetragene Material auf bewundernswert feinfühlige Art zu Lebensbildern, die auch heute noch lesenswert sind und über die ein Einblick in das Wirken zahlreicher Vogelkundler über eine lange Epoche gewonnen werden kann.

Die Korrespondenz Gebhardts mit seinen Mitarbeitern sowie zahlreiche Entwürfe und Manuskriptteile befinden sich im Archiv der Deutschen Ornithologen-Gesellschaft – historische Dokumente von unschätzbarem Wert. Wie viel davon würde in der heutigen Zeit der elektronischen Korrespondenz über e-mails noch dokumentiert und der Nachwelt erhalten bleiben?

Möggingen im März 2006 Rolf Schlenker

Dank meiner lieben Frau
für viel Verständnis und Geduld, stete Bereitschaft zum Verzicht
und unauffällige tätige Mitarbeit

Inhaltsverzeichnis

Band 4

Vorwort

Diese Sammlung ist nicht gedacht als ein Lesebuch für beschauliche Stunden, sondern als Nachschlagewerk für eine schnelle, kurze Orientierung.

Sie befaßt sich nur mit Persönlichkeiten, die vor dem 1. Januar 1964 gestorben sind. Die Frage, warum nicht Lebende in den Kreis der Betrachtung aufgenommen wurden, beantwortet sich allein durch einen Blick auf Zahl und Raum. Zudem verbietet der Mangel an zeitlichem Abstand einen solchen Versuch; er könnte nur zu unbefriedigenden Ergebnissen oder gar polemischen Erörterungen führen. Solange der Mensch atmet, ist sein Werk nicht abgeschlossen und daher höchstens reif zur Registrierung von Daten und Fakten, aber nicht zu historisch-biographischer Beleuchtung, wie sie mir vorschwebte.

Ursprünglich beabsichtigte ich, nur meine deutschen Landsleute zu erfassen. Da aber die Wissenschaft über Staats- und Volksgrenzen von jeher Brücken schlägt, wurde der engere Rahmen wie von selbst gesprengt. Mitteleuropa bot sich an als ein vom einzelnen noch überschaubarer, wenn auch schwer zu begrenzender Raum. Er umschließt hier in etwa Deutschland, Österreich, die Schweiz, Ungarn, Polen, die baltischen Staaten, die Tschechoslowakei, Rumänien, Jugoslawien.

Soweit es über die behandelten Namen literarische Nachweise gibt und mir diese Quellen bekannt wurden, sind sie am Ende jeder Bearbeitung zusammengestellt. Den Leser, der mehr wissen will, als ich im Einzelfalle bringen konnte, glaube ich dadurch mit nützlichem Material für weitere Studien versehen und von zeitraubender, lästiger Sucharbeit befreit zu haben.

Die Rücksicht auf den Umfang des Buches zwang zu Wortkürzungen. Da die Lesbarkeit unter diesen Eingriffen leidet, nahm ich sie nur mit Widerstreben vor. In einer besonderen Liste sind die Kürzungen aufgeschlüsselt.

Einführung

Was der Autor einer personengeschichtlichen Betrachtung einleitend zu sagen hat, muß wohl eine Erläuterung oder Rechtfertigung seiner Absichten sein.

Die Korrekturen waren schon vorangeschritten, als ich in einem Brief den Satz las, daß bei der geschichtlichen Behandlung einer Wissenschaft nicht die Vergangenheit Hauptsache sei, sondern die Gegenwart und erst recht die Zukunft. Der Brief war nicht an mich gerichtet, stand aber in Zusammenhang mit meiner Arbeit. Dem Schreiber war, das mag zu seiner Entschuldigung gesagt sein, die Beschäftigung mit der Vogelkunde nur eine Episode von wenigen Jahren gewesen. Aber ich war doch froh, daß ich mich mit dieser Einstellung nicht schon vor 10 Jahren auseinandersetzen mußte. Vielleicht hätte ich damals nicht den Mut gefunden, ans Werk zu gehen.

Gerade weil ich der Gegenwart dienen und ein wenig für die Zukunft bauen wollte, erwuchs in mir der Wunsch, sammelnde Rückschau zu halten und die Vergangenheit nicht als Hauptsache, wohl aber als sichere Plattform vor dem Leser lebendig werden zu lassen. Ist solches Bemühen überflüssig? So manche Erscheinung unseres gegenwartsgläubigen Kulturlebens kann dem tiefer Blickenden eine deutliche Antwort geben. Wo die Überlieferung gleichgültig übersehen oder bewußt mißachtet wird, beginnt bei allem Fachwissen die Abkapselung und damit die geistige Verengung und Verarmung.

Die Vogelkunde ist mit Recht stolz darauf, daß sie als ein besonders gut durchforschtes Teilgebiet der Zoologie Ansehen genießt. Dieser Anerkennung kann sie sich erfreuen, weil neben der wissenschaftlichen, auf Universitäten, in Museen, in Sammlungsräumen und Laboratorien betriebenen Forschung von jeher die freie Mitarbeiterschaft naturbegeisterter, den verschiedensten Berufsgruppen angehörender Menschen stand, die — durchaus nicht selten — selbständig zu hohen ornithologischen Leistungen gelangten. Die Ornithologie hat auch den Vorzug, daß in E. Stresemanns „Entwicklung der Ornithologie ..." (1951) die Ordnungslinien aufgezeigt sind, die seit Aristoteles die Beschäftigung mit dem Vogel und seinem Leben aus primitiven Anfängen zu einer wahren Wissenschaft führten. Das Meisterwerk kluger Stoffauswahl, feinen Stilgefühls und geschliffener Klarheit bietet neben den bewegenden Geisteskräften auch eine Begegnung mit den großen schöpferischen Köpfen und Persönlichkeiten. In diesem weltweit gesteckten Rahmen wegweisender Gedanken konnten selbstverständlich in nur sehr geringer Zahl nichtzünftige Laienornithologen und Autodidakten Platz finden, die aus reiner Freude am Vogel meist ohne biologische Schulung und wissenschaftlichen Geltungsdrang ihre mehr oder weniger bedeutsamen Beiträge zur Abrundung des ornithologischen Gesamtbildes lieferten.

Weil aber die Mitarbeit, geschehe sie im Hörsaal, am Schreibtisch oder unter freiem Himmel, in der Ornithologie so mannigfaltig sein kann und im wissenschaftlich Tätigen wohl immer das Herz eines Liebhabers und im echten Liebhaber das eines stillen Forschers schlagen muß, reifte in mir während langer Jahre der Plan, am Leben und Schaffen der Großen und der Kleinen die durch den Gegenstand und das Ziel gegebene Einheit aufzuzeigen. Gelenkt war ich zugleich von einem Gefühl der Pietät und dem Bestreben, hinter der Sache auch den Menschen zu suchen und zu würdigen. Da ich aber nicht mit gleichem Maß ausgewogene Unterlagen über Lebensgang, Wesenszüge und ornithologische Leistungen fand, konnte ich — ich beklage es — wirkliche biographische Geschlossenheit durchaus nicht im gewünschten Grade erreichen.

Trotz dieses Mangels dürfte spürbar sein, daß ich durch verhaltenes Wohlwollen in jedem Falle eine die Gemeinsamkeit andeutende Klammer um alle zu legen versuchte. Die Achtung vor dem Tode war mir erstes Gebot, und diese Ehrfurcht hat mich hoffentlich auch da das sachlich gerechtfertigte Urteil finden lassen, wo ich negativen Tatbeständen und Schatten auf Persönlichkeitsbildern begegnete. Ob ich auf dem schmalen Grat zwischen allzu nüchterner Kritik und leichter Schönfärberei niemals strauchelte? Am ehesten findet der Chronist im historischen Abstand wohl das richtige Wort, wenn er, der eigenen Schwächen bewußt, die Leistungen vor den jeweils zeitgeschichtlichen Hintergrund stellt. In diesem Sinne habe ich mich bemüht.

Was ich niederschrieb, wage ich nicht als Biographien zu bezeichnen. Der allgemeine Umriß ist häufig nur Skizze. Mehr konnte ich in den fast 1250 Einzelbearbeitungen nicht leisten. Hilfskräfte eines „Apparates", etwa eines Instituts oder einer Organisation, standen mir nicht zur Verfügung. Nur in mühevoller Such- und Kleinarbeit, durch Literatur- und Quellenstudien und in aufreibendem Briefwechsel mit Gleichgestimmten, Sachkundigen, Ämtern, Archiven, Museen usw. mußte ich Steinchen nach Steinchen ausgraben — oft aus Trümmerstätten der Vergangenheit. Die bei der Unterlagenbeschaffung sich auftürmenden Schwierigkeiten wird am besten verstehen, wer um die Verluste an Kulturwerten in und nach dem zweiten Weltkrieg weiß. Bomben, Feuer und Austreibungen haben zuviel Aktenbestände vernichtet. Für den betrüblichen Sachverhalt ist kennzeichnend, daß gerade Daten aus diesem Jahrhundert meist schwer aufzufinden waren oder ganz im Dunkel blieben.

Die freie Entfaltung der Absichten stieß noch auf mancherlei andere Hemmnisse; u. a. quälte mich allezeit die Frage nach der Auswahl der Namen. Die Wissenschaft setzt hier andere Normen als die Laienforschung. Eine beide Wunschrichtungen befriedigende Lösung ist kaum denkbar. Weitergreifende monographische, biographische und lexikographische Werke beschäftigten oder beschäftigen sich natürlich gleichfalls mit den wissenschaftlichen Leuchten der Vogelkunde. Über sie wird der suchende Leser an diesen Stellen verhältnismäßig leicht unterrichtet. Wie aber steht es mit dem Personenkreis, dessen Wirken nur örtliches oder geringes heimatkundliches Gewicht hatte? Wenn sich die biographische Forschung ihrer überhaupt je entsann, dann sind Urteile und Abstempelungen meist zersplittert und an schwer zugänglichen Stellen niedergelegt. Es war nicht zu vermeiden, daß die Aufhellung des sie umgebenden Dunkels gelegentlich mehr Raum verlangte, als ihrem Schaffen eigentlich zukam. Die Bedeutung der einzelnen Namen darf daher nicht von vornherein an der Länge der ihnen zugeteilten Artikel abgemessen werden, obwohl hohem Verdienst ganz selbstverständlich allgemein eingehendere Betrachtungen gewidmet wurden.

Jedenfalls hielt ich mich für verpflichtet, neben den glanzvollen wissenschaftlichen Leistungen möglichst auch dem unauffälligen Anteil des Laienelements zu seinem Rechte zu verhelfen, d. h. hier zu dem Anspruch, nicht völlig ausgetilgt zu sein; und so möchte ich hoffen, daß ich den einen oder anderen der von der Geschichte Vernachlässigten vor dem Schicksal des Vergessenwerdens bewahrt habe.

Hier drängt sich zugleich die unbequeme Frage auf, wer überhaupt noch als der Ornithologie zugehörig gelten soll oder darf. Da ich mich grundsätzlich dahin entschied, lieber einen Namen zuviel als einen zu wenig zu nennen, wird man neben „Erzvätern“ und allgemein bekannten Sachkundigen auch Helfer der Forschung finden, die an sich keine „eigentlichen“ Ornithologen waren, im genauen Wortsinne es auch gar nicht sein wollten, aber doch irgendwelche Verdienste haben.

Zu ihnen rechne ich u. a. die folgenden Gruppen oder Typen:

Die beneidenswerten Vertreter der älteren Naturwissenschaft, die noch das Glück hatten, eine Reihe von Gebieten ganz nach eigenem Geschmack pflegen zu können und dabei die Ornithologie nur am Rande universalen Schaffens behandelten.

Die fachlich geschulten Biologen und Zoologen der neueren Zeit, die die Fesseln des Spezialistentums sprengten und sich der benachbarten Vogelkunde vielleicht nur als einer Hilfswissenschaft bedienten.

Die für Anschauung und Belehrung begeisterten Sammler, die oft schon vor der klassischen Zeit der Naturbetrachtung in ihren Kabinetten einen, wenn auch verschwommenen Überblick des Artenreichtums vermittelten, meist ohne ein Wort zu schreiben.

Die Reisenden und Kolonialpioniere, die nach der Befreiung Europas aus der Napoleonischen Herrschaft und während der Erschließung fremder Kontinente die verwirrende Fülle neuer Formen ahnen ließen, als sie wissenschaftlichen Anstalten und Museen vorher unbekanntes Material lieferten.

Die Stillen in allen Landen, die nur wenig oder keine Nachrichten gedruckt hinterließen und doch im Banne der Heimatpflege durch ihr Beispiel mehr Anregung zum mindesten der Faunistik gaben als die Vielschreiber und Verfasser von Belanglosigkeiten.

Die kritisch denkenden Liebhaber, denen die Hinneigung zum häuslichen Umgang mit dem Vogel den Blick für größere biologische Zusammenhänge öffnete, so daß sie selbstgewählte Untersuchungen anpackten, deren Ernst nichts mehr mit spielerischer Ausfüllung von Mußestunden zu tun hatte.

Die anfangs ästhetisch, genießerisch eingestellten oder nur von der Sammelleidenschaft getriebenen Oologen und Nidologen der alten, vergangenen Schule, die den Vogelhaltern und -pflegern eng benachbart, den Freilandstudien von sich aus so erfolgreich huldigten, daß sie im Zeitalter systematischer Erstarrung über Phänologie, Ökologie und Fortpflanzungsbiologie hinaus oft die Vorhöfe der heutigen wissenschaftlichen Verhaltensforschung betraten.

Die Künstler (unter ihnen vor allem die Maler), die Dichter und Schriftsteller, die durch die Meisterschaft des Werkes und des Wortes den Weg in die Welt der Vögel vielfach leichter öffnen und ebnen als die nüchterne Sprache trockener Gelehrsamkeit.

Noch manch andere, zwanglos sich ergebende Gruppierung von Kärrnern, Grenzgängern, Randgestalten und Mittlern ließe sich nennen, ohne daß damit die Frage beantwortet wäre, warum der eine oder andere nicht eingereiht ist. Hier sei mir zu sagen erlaubt: In meinem Zettelkasten ruhen noch viele Namen, die in der vorliegenden Sammlung fehlen, weil ich über sie nicht genug Unterlagen zu beschaffen vermochte. „Man gelangt nicht so weit man möchte, sondern so weit man kann!"

Das biographische Material zusammenzutragen, war nur durch die Gunst bereitwillig gewährter Hilfestellung möglich.

Über längere und kürzere Teilstrecken und Zeiträume oder in zahlreichen Einzelfällen unterstützten mich die Herren Ludwig Baege, Erfurt; Dr. Gabriel Brzęk, Lublin; Dr. Walter Černý, Prag; Dr. Ulrich A. Corti, Zürich; Dr. Friedrich Goethe, Wilhelmshaven; Dr. h. c. Richard Heyder, Oederan; Dr. Adolf von Jordans, Burg Morenhoven; Dr. Hans Kelm, Stade; Dr. Andreas Keve, Budapest; Dr. Herman Kreyenborg †, Münster; Dr. Rudolf Kuhk, Radolfzell; Dr. Dr. h. c. Kurt Lindner, Bamberg; Dr. Karl Meunier, Kiel; Günther Müller, Karlsruhe-Rüppurr; Dr. Detlef Müller-Using, Hann. Münden; Dr. Günther Niethammer, Bonn; Dr. Otto Schnurre, Berlin; Dr. Ernst Schüz, Stuttgart; Dr. Georg Steinbacher, Augsburg; Dr. Joachim Steinbacher, Frankfurt; Dr. Erwin Stresemann, Berlin; Dr. Nikolaus von Transehe, Walsrode-Honerdingen; Dr. George Vasiliu, Bukarest; Dr. Otto Völker, Gießen; Dr. Walter Wüst, München; Owen E. Wynne, Fordingbridge Hants; Frau Renate Rucner, Zagreb.

Auf weitere Namennennungen muß ich leider aus Platzmangel verzichten. Alle, die mir zur Seite standen, seien meines aufrichtigen Dankes versichert.

Eine besondere Hervorhebung verdient aber die Mitarbeit von zwei Fachfreunden. Ich möchte daher nicht unterlassen zu wiederholen, was ich über sie schon auf der 75. Jahresversammlung der deutschen Ornithologen-Gesellschaft in Gießen 1962 sagte: Herr Heyder hat von allem Anfang an meine Absichten recht verstanden und, am Stoff persönlich in höchstem Maße interessiert, mir mit seinem Wissen und seinen Beziehungen stets selbstlos unter die Arme gegriffen. Wenig später fand ich in Herrn Schnurre einen weiteren, ebenso getreuen und in der Personenforschung vortrefflich beschlagenen Weggenossen (s. mein Vortrag „Über Lebensskizzen mitteleuropäischer Ornithologen" in den „Beiträgen zur Vogelkunde" 8, 1963, S. 443—448). Beide Herren unterzogen sich auch der Mühe, meine Bearbeitungen kritisch zu überprüfen. Ihr feines Gespür hat mir zu mancher Feststellung verholfen, die mir sonst vielleicht verborgen geblieben wäre. Die Zusammenarbeit erscheint mir um so beglückender, als sich hier über sinnlose Schranken vergänglichen Zeitgeschehens hinweg die nationale Einheit im Denken und Wollen wortlos bewährte.

Nicht vergessen sei an dieser Stelle die Universitätsbibliothek Gießen; mit ihren allezeit hilfsbereiten Beamten verband mich eine dankbar gefühlte und ertragreiche Arbeitsfreude.

Ferner habe ich Veranlassung, den Herren des Brühlschen Verlags in Gießen für die reibungslose Durchführung des Drucks zu danken und Herrn Wolfgang Schößler, Gießen, für das erhebliche Zeitopfer durch den bei den Korrekturen geleisteten Beistand.

Nicht alle den Anfang der Studien begleitenden Blütenträume reiften. Die Natur des Themas machte die Grenzen des Möglichen im Laufe der Jahre immer deutlicher. Und niemand weiß besser als ich um die meiner Arbeit anhaftende Unvollkommenheit. Fehler und Lücken könnten aber gewiß zu gegebener Zeit beseitigt werden, wenn mich berichtigende Mitteilungen und Ergänzungen erreichen würden. Darauf hoffe ich mit aller Bereitschaft zum Dank.

Mein Wunsch geht zum Schluß vor allem dahin, daß das Buch den Benutzern Geleit und Führung bedeuten möge auf dem Wege zur Achtung vor den Leistungen, die frühere Geschlechter in den ihnen gezogenen Grenzen vollbrachten. Mit dieser Einschätzung würden alle die Kräfte des Geistes, Verstandes und Gemütes lebendig bleiben, die unserer scientia amabilis von jeher ihre Würde gaben.

Gießen (Lahn), im Sommer 1964 — Dr. Ludwig Gebhardt

Leben und Leistung

Aellen, Ernst, * 28. 9. 1893 Basel, † 6. 1. 1960 Basel. Seine der Öffentlichkeit sich darbietende Laufbahn ist durch auffällige Veränderungen gekennzeichnet. Nach sechssemestrigem Studium der Zool. war er zuerst Lehrer, dann Kaufmann und zuletzt Versicherungsvertreter. Frühe Freude an der Naturbeobachtung und mit Stetigkeit unter freiem Himmel geübter Spürsinn verhalfen ihm zu sicherer Artenkenntnis. Sein vogelk. Wissen stand daher in der engeren und weiteren Umgeb. von Basel mit Recht in bemerkenswertem Ansehen, wenn auch seine rasch zupackende Methode der Bestimmung seltener Limikolenformen damals gelegentlich in Fachkreisen Kritik weckte. Ihm selbst mögen wohl nur in wenigen Fällen Irrtümer unterlaufen sein; um so mehr brachte sein Vorbild jugendliche Nacheiferer in die Gefahr, die nötige Eigenprüfung über Bord zu werfen. Der seinem Berufsleben anhaftende Wechsel zeigte sich (aus innerem Zusammenhang?) auch auf dem Gebiet der Orn. Durch eigenwillige Haltung vereinsamte er mehr und mehr, ohne jedoch im Vertrauen auf wirkliche Fähigkeiten den feldornithologischen Eifer zu verlieren. Die ihn umgebenden Spannungen hinderten ihn ebensowenig an reger schriftstellerischer Tätigkeit. Am längsten — von 1931 bis 1944 — erschien sein Name in Vögel d. Heimat. Die Themen seiner zahlreichen Arbeiten, die sich in der Hauptsache mit Fragen der Faun., der Phänol. und des Vogelschutzes befaßten, seien durch einige Titel aufgezeigt: „Alpenseglerkolonie in Sumiswald" (Vögel d. Heimat 2, 1931), „Brutkolonie d. Alpenseglers an d. Falcherenfluh b. Meiringen" (ebd. 2, 1932), „Z. Kenntnis d. Vogelw. d. St. Bernhardinpasses" (ebd. 5, 1934), „Überwinterndes Wassergeflügel auf d. Stauseen d. Rheins u. d. Birs b. Basel" (ebd. 6, 1935), „Neue Brutvogelarten b. Basel" (ebd. 6, 1936), „Erforschung d. Vogelzugs durch planmäßige gemeinsame Zugsbeobachtungen" (ebd. 8, 1937/38), „Raubvogelbeobachtungen in d. Gegend v. Basel i. J. 1938" (ebd. 9, 1938/39), „Über d. Nahrungserwerb unserer Möwen" (ebd. 14, 1944). Außerdem hinterließ seine Feder, zumal nachdem er sich als Mitarbeiter der Fachpresse zurückgezogen hatte, eine Reihe von Artikeln, die sich in allg. Zeitschr. und Tageszeitungen verzettelten.

Ahlborn, Eduard, * 17. 2. 1897 Hildesheim, † 16. 7. 1952 Hildesheim. In seiner Heimatstadt lebte er als Ingenieur und Inhaber einer Fabrik für landw. Maschinen. Er kam vom Waidwerk und blieb stets ein anspruchsloser, bescheidener Waldläufer. Seit den 30er Jahren entwickelte er sich zum tüchtigen Filmamateur und uneigennützigen Mäzen für die Belange des Naturschutzes. Solange er es sich leisten konnte, schreckte er vor keinem Opfer zurück, wenn es galt, die Natur zu belauschen und mit seinen Filmen ihrer Bewahrung vor Zudringlichkeit zu dienen. Die meist farbigen Laufbilder aus dem Freileben der heimischen Tiere waren vortrefflich und machten seinen Namen weithin bekannt. Die Orn. verdankte ihm vor allem Filme über die Seeadler und Kraniche an der Müritz und über Birkhähne und Goldregenpfeifer am Uchter Moor. Unter den Überschriften "Aus Moor u. Heide" und „Seeadler u. Kranich" wirkten sie begeisternd bei der Vorführung auf der Jahresversammlung der DOG 1941 in Berlin.
— Lit.: Nachruf (von H. Weigold). B. Nieders. 5, 1952, S. 101.

Ahlbrecht, Wilhelm, * 23. 2. 1905 Elliehausen (Kr. Göttingen), † 16. 7. 1944 Rußland. Früh war er Jäger und Heger, dessen Naturliebe alle freilebenden Tiere umschloß. Im Zuge eines Beamtenaustauschs zwischen West- u. Ostdeutschl. kam er 1931 als Lehrer nach Lötzen (Masuren), wo er erfolgreiche und fruchtbare Jahre verbrachte. Vor allem durch rege Mitarbeit an der Wasservogelberingung der Vogelwarte Rossitten sammelte er Freilanderfahrungen, die sich zu reifen feldorn. Kenntnissen auswuchsen. Nachdem er sich schon in der Seminarzeit lit. zu betätigen begann, meldete er sich hier fortab im „Naturschutz" und in Jagdzeitschr. (Dt. Weidwerk, Wild u. Hund, Dt. Jagd, Dt. Jäger) zu Wort. Seine vom Standpunkt des Jägers verfaßten Beitr. dienten gleichzeitig der orn. Durchforschung Ostpr.; F. Tischler (s. d.) nannte in den „Vögeln Ostpr." (1941) 22 Titel, die zwischen 1934 und 1938 aus seiner fleißigen Feder stammten. Gern berichtete er, den Stil von H. Löns (s. d.) aufgreifend, über Stimmungen in seinen weiten Revieren, über gründliche Beob. an Enten und reizvolle Erlebnisse mit dem Wassergeflügel. Ein Buch mit orn. Aufs., für das bereits ein Verlagsvertrag vorlag, kam nicht zum Abschluß. Er starb, von Partisanen gefällt, als Hauptmann in den östl. Rückzugskämpfen. Die dt. Jagdpresse verlor in ihm einen gewandten und begabten Mitarbeiter.

Aitinger, Johann Conrad, * 1577, † 1637. Näheres über sein Leben ist nicht bekannt, doch hat er das bescheidene Verdienst, als einer der ersten sich überhaupt lit. mit der Vogelwelt beschäftigt zu haben. 1626 erschien in Rotenburg (Fulda) sein „Kurzer u. einfältiger Ber. v. d. Vogelstellen . . .", der posthum als „Ber. v. Vogelstellen . . ." (Kassel 1653) und „Vollständiges Jagd- und Weidbüchlein v. Vogelstellen" (Kassel u. Frankf. a. M. 1681 u. 1688) neu aufgelegt wurde. Wie der Titel schon andeutet, beschränkte sich das Interesse des Verf. auf die Vögel, die für Küche und Käfig in Frage kamen. Der Blickwinkel des Jägers und Vogelstellers beherrschte

die Darstellung. Neben eigener Erfahrung führten Phantasie und Fabelkunst die Feder des völlig unwissensch. eingestellten Schreibers. Kritisches Denken und irgendwie ins Gewicht fallende Förderung orn. Kenntnisse waren von ihm daher nicht zu erwarten. Immerhin reizte sein Stoff zu geistigem Diebstahl, wie ihn C. Schröder (s. d.) noch im 18. Jahrh. an ihm verübte.
— Lit.: E. Stresemann, Beitr. z. einer Gesch. d. Vogelk., J. Orn. 73, 1925, S. 596.

Albertus Magnus (Albert Graf von **Bollstädt**), * 1193 (1206/07?) Lauingen (Donau), † 15. 11. 1280 in Köln. Padua, Freib., Regensb., Straßb., Köln, Paris waren u. a. Stationen des Dominikaners. Viele Teile Deutschl. lernte er als Lektor, Wanderprediger, Provinzial und Bischof kennen, bis er 1262 in Köln verblieb. Manche Strecke dieses Lebensweges liegt heute noch im Dunkel; nur wenige Daten scheinen wirklich gesichert. Auch vor dem Gehalt seines Geistesschaffens stehen noch Nebelwände. Die naturw. Vorstellungen des universalen Denkers umschlossen Tiere und Pflanzen selbstverständlich als Offenbarungen der göttlichen Schöpfung. Trotzdem wagte er es, den Weg der Induktion wählend, an der Autorität der überlieferten Lehren und Dogmen zu rütteln. Die hergebrachten Schilderungen der Naturerscheinungen zu überprüfen und zu berichtigen, war ihm nur möglich, weil er über eine staunenswerte Fülle von eigenen, auf langen Wanderzügen gewonnenen Erfahrungen und Erkenntnissen verfügte. Die lebensnahe Tiefe seines Wissens tritt uns nirgends klarer entgegen als in seinem weit ausgreifenden, um 1720 abgeschlossenen zool. Hauptwerk „De animalibus libri XXVI" (kritisch hrsg. von Herm. Stadler 1916—1921). Die Achtung vor dem naturw. Erbe des Aristoteles lenkte zwar die schriftstellerischen Absichten. Was er aber den kompilatorischen Charakter tragenden Stellen an Bem. über Biol., Anat., Physiol., Psychol., System. der Tiere anfügte, waren Zutaten, die überzeugend sein Ringen um geistige Selbständigkeit verraten. Aufschlußreich ist vor allem das der Vogelwelt gewidmete 23. Buch. Der hier eingeschobene Tractatus de falconibus — er ist wahrscheinlich einer der ältesten Teile — enthält wohl auch zahlreiche Anleihen u. a. aus dem großartigen Liber de naturis des Th. v. Cantimpré (1186—1263), trägt aber die meisten ausgesprochen eigenschöpferischen Züge. Sie aus zeitgebundenem Beiwerk bloßzulegen und das von A. M. aufgestellte System der Raubvögel zu erkennen, blieb der orn. Forschung lange versagt; vgl. die Mißerfolge von F. A. L. Thienemann und S. Killermann (s. d.). Erst als K. Lindner (1962) fruchtlose subtile Gesichtspunkte der heutigen wissensch. System. außer acht ließ und an ihrer Stelle im Quellenstudium das vorher nicht beachtete beizjagdliche Schrifttum kritisch auswertete, kam er zu einleuchtenderen Ergebnissen. Sie gipfelten in der Feststellung, daß der große Scholastiker in der Blütezeit der Falknerei, verwachsen mit ihren Bräuchen und geschult an den damals alltäglichen Anschauungsobjekten, vor allem die Formen beschrieb, in denen der bei der Beizjagd vorherrschende Wanderfalke den praktischen Jägern bekannt war. Der Falco peregrinus wäre demnach ein auf dem Herbstzug gefangener Wildvogel, der Falco montanarius ein heimischer Nest- oder Ästling, der Falco gybosus ein kleiner Terzel, der Falco niger eine dunkle östl., der Falco albus eine helle nordische oder östl., der Falco ruber eine nordafrik. oder südeurop. Form. Neben der Gruppe der Wanderfalken standen — als Beizvögel gleichfalls hoch geschätzt — der Sacer, d. h. der Saker- oder Würgfalke - Falco cherrug, der nordische Gyrofalco, d. h. der Gerfalke - Falco rusticolus, ferner der falco qui habet pedes azurinos, d. h. der Lannerfalke, der der Falco biarmicus feldeggii sein soll (wobei die Frage offen bleiben mag, ob diese Deutungen alle zutreffend sind). Als weitere jagdtaugliche Falken wurden genannt der Merlin - Falco columbarius regulus und der weniger beachtete Baumfalke - Falco subbuteo subbuteo. Beim Habicht - Accipiter gentilis war das Weibchen ein astur, das Männchen ein astur minoris = tercelinus. Die Geschlechter des Sperbers waren nisus und muscetus. Die 3 zur Jagd nicht geeigneten lanarii waren 2 Bussarde und der Turmfalke. Auch das Kapitel der Adler verrät — trotz ungeklärter Namen — eine größere Selbständigkeit als die übrigen Teile des Liber de animalibus. Des Autors Bemühen um eine klare Ordnung ist besonders hoch zu bewerten; denn dem getreuen Sohn der Kirche mußte die Bewältigung der selbstgesetzten zool. Aufgabe ungleich schwerer werden als dem vom Dogma unbelasteten und daher freier schürfenden Friedrich II. (s. d.). Die angeführten Beispiele aber mögen zeigen, inwieweit der Priester gerade mit der Entwicklung der Orn. verbunden ist. Er hat in ihr seine bleibende Bedeutung gewonnen als der Schöpfer einer eigenwüchsigen Einteilung der beliebtesten Beizvögel und damit einer ersten mittelalterlichen System. der Falconiden. Das Verdienst, darüber hinaus Vorläufer einer neuen Naturbetrachtung gewesen zu sein, wird nicht verringert durch die Tragik, daß unter dem Faustrecht und der aufblühenden Mystik des 14. Jahrh. seine Pioniergedanken keine Nachfolge fanden.
— Lit.: F. A. L. Thienemann, Kritische Revision d. europ. Jagdfalken, Rhea, 1. Heft 1846, S. 44—98. - C. Jessen, A. M. hist. animalium, Arch. Naturgesch. 33, 1867. - Herm. Stadler, Vorbem. z. neuen Ausg. d. Tiergesch. d. A. M., Sb. (Abh.) Akad. d. Wissensch. Münch. 1912. - Ders., A. M., De animalibus libri XXVI, Münst. 1916—1921. - F. Pelster, Kritische Studien z. Leben u. z. d. Schriften A. d. Großen, Freib. 1920. - Ders., Z. Datierung einiger Schriften A. d. Großen, Zs. f. kath. Theol., Innsbr. 1923. - R. Zaunick, A. M., D. Prärenaissance-Zoologe, Ostdt. Naturwart, Bresl. 1924, S. 124—128. - H. Balss, A. M. als Zoologe, Münch. 1928.- R. Lauterborn, D. Rhein, . . . , Freib. 1930, S. 61—76. - H. Wilms, A. d. Große, Münch. 1930. - Würdigung (von J. Bernhart). D. Großen Deutschen, N. Dt. Biogr. 1, 1935, S. 215—229. - H. Balss, A. M. als Biologe, Stuttg. 1947 (mit Bildnis). - E. Stresemann, Entw. d. Orn., 1951. - M. Grabmann, A. M., Theologe, Philosoph u. Naturforscher, Phil. Jb. 62, 1951, S. 473—480. - Würdigung (von dems.). N. Dt. Biogr. 1, 1953, S. 144—148. - Th. Ballauf, D. Wissensch. v. Leben, 1954. - K. Lindner, D. Dt. Habichtslehre, Berl. 1955. - Würdigung (von B. Geyer). D. Großen Deutschen, Dt. Biogr. 1, 1956, S. 201—216. - K. Lindner, V. Falken, Hunden u. Pferden, Dt. A.-M.-Übers. aus d. ersten Hälfte d. 15. Jahrh. (2 Teile), Berl. 1962.

Almásy von Zsadány und Törökszentmiklós, Georg, Dr. Dr., * 11. 8. 1867 Felsö-Lendva (Komitat Eisenburg = Vas), † 23. 9. 1933 Graz. Gutsbesitzer von Diós-Jenö (Komitat Nograd), erwarb er in Graz den Dr. jur. und schloß nach seinen Reisen später zool. Studien mit dem Dr. phil. ab. An der Seite seines Freundes St. v. Chernel (s. d.), dem er die Einführung in die Vogelwelt verdankte, betrieb er orn. Forschungen besonders im Burgenlande, in West-Ung., im Banat und in der Umgeb. seines Gutes. 1893 reizte ihn als einen der ersten die Mitarbeit an der Ung. Orn. Zentrale, und auf seinem Schlosse Bernstein (Burgenland) entstand eine Balgsamml. von über 1000 Stücken, die er nach dem 1. Weltkrieg an die Bayer. Staatssamml. in Münch. verkaufte. Unter den während der Anfangsjahre in Aquila und Orn. Jb. erschienenen Abh. befindet sich die „Orn. Rekognoszierung d. rumän. Dobrudscha" (Aquila 5, 1898), in der er Rechenschaft ablegte über 2 Frühjahrsmonate 1897, und deren Sammelausbeute im Ung. Orn. Inst. 1945 verbrannte. Trotz vielversprechenden Beginns verließ er bald die orn. Zentrale. Da ihm eine Forschungsstätte für alle Wirbeltiere vorschwebte, konnte er sich mit O. Herman (s. d.) über gemeinsame Zielsetzung nicht einigen. Enge Schranken duldete seine Veranlagung nicht. Sie trieb ihn zu fernen Forschungsreisen und zur Beschäftigung mit weitergesteckten Problemen des Tierlebens; neben den Vögeln traten die Säugetiere bevorzugt in sein Blickfeld. 1900 machte er die erste Reise nach dem Tien-Schan und übergab die Beute 1901 dem Naturh. Mus. in Wien; beschrieben wurde sie von G. Smallbones (J. Orn. 54, 1906). Das ursprünglich dt. geschriebene Msk. seines Buches „Meine Wanderung ins Herz Asiens" (Naturw. Ges. Budapest, 1903) ging verloren. Die Samml. einer 1906 bis Sinkiang durchgeführten zweiten Exp., über die nur ein kurzer Ber. in Orn. Mber. 32, 1904 stand, kam in das Ung. Nat. Mus. und ging 1956 zugrunde. Von ihm hinterlassene taxonomische Studien betrafen Lullula arborea (Aquila 3, 1896), Emberiza schoeniclus — zusammen mit O. Reiser (s. d.). — (ebd. 5, 1898), Motacilla flava (Orn. Jb. 9, 1898). Als Bernstein nach dem 1. Weltkrieg zu Österr. kam, wuchs er mehr und mehr in den neuen Kulturkreis hinein. In den letzten Jahren lähmte Krankheit die volle Entfaltung seines reichen Fachwissens. — Lit.: Nachruf (von T. Csörgey). Aquila 38—41, 1931—1934, S. 472/73. - Lebensbeschreibung (von A. Keve) im Msk. fertig.

Altum, Johann Bernard, Dr., * 31. 12. 1824 Münster, † 1. 2. 1900 Eberswalde. Der Lebensgang des durch ein Hüftleiden behinderten Handwerkersohnes war nicht alltäglich. Trotz starker, vom Vater vererbter Neigung zur Natur studierte er auf Wunsch der Mutter Theol. in Münst. und wurde (1849 zum Priester geweiht) dort Pfarrer. Aber der Hang zu naturk. Beschäftigung gewann die Oberhand und entschied schließlich die Berufswahl. In Münst. holte der Geistliche das Studium der Phil., in Berl. das der Zool. nach, arbeitete einige Zeit am Zool. Mus. unter H. Lichtenstein (s. d.), promovierte 1855 und kehrte nach der Heimat zurück, um von 1856 an zunächst als Lehrer und Domvikar und seit 1859 als Dozent für Naturw. an der Akad. tätig zu sein. 1869 übernahm er die Nachfolge Ratzeburgs im zool. Ordinariat an der Forstakad. Eberswalde. Bis ins hohe Alter — zuletzt trug er den Titel Geh. Reg.-Rat — lehrte er hier, als Dominikanerpriester und treuer Sohn seiner Kirche aber auch die Messe lesend. Mit der Vogelk. befaßte er sich von Jugend auf. Er hatte das Glück, frühzeitig in H. A. Bolsmann (s. d.) einen sachkundigen Betreuer und in Berl. Gleichgestimmte wie C. A. Bolle, A. Günther, A. Hansmann, Th. Krüper, F. Kutter (s. d.) zu finden. Mit J. H. Blasius und H. Landois (s. d.) verband ihn enge Freundschaft. Seiner Vorliebe gemäß, die Natur im Freien zu studieren, fesselten ihn vornehmlich biol. Fragen, daneben Faun. und Gefiedervariation; System. und Nomenkl. berührten ihn kaum. In der Ebersw. Zeit trat berufsbedingt die Entom. mehr in den Vordergrund. Sie versetzte den Forstzoologen in die Lage, die waldwirtschaftliche Bedeutung beider Wissensch. besser gegeneinander abwägen zu können als viele seiner rein orn. Zeitgenossen und auch in Vogelschutzfragen eine nüchtern abwägende Stellung zu beziehen. An die Vertiefung vogelk. Kenntnisse innerhalb forstlicher Kreise dachte er nicht nur in Vorlesungen und selbständigen Werken, z. B. in „D. Forstzool." (2. Bd. Vögel, 1873), „Unsere Spechte u. ihre forstl. Bedeutung" (1878), „D. Artkennzeichen d. inländ. entenartigen Geflügels" (1883); ihr galten auch eine lange Reihe aus vielfältiger Freilandbeobachtung erwachsener Arbeiten im periodischen Schrifttum (Naum., J. Orn., Danckelmanns Zs. f. Forst- u. Jagdwesen, Orn. Cbl., Zs. Stett., Mitt. Wien, Zool. G., Orn. Ms., Orn. Mber.). Weltanschaulich-religiös waren daneben seine Aufs. in Nat. u. Offenb. ausgerichtet. Das eindrucksvollste Gepräge seiner Einstellung trägt die Kampfschrift „D. Vogel u. sein Leben" (1. Aufl. 1868; 6., noch von ihm besorgte Aufl. 1898). Für ihn, den „streitbaren Spätscholastiker" schwebte die Natur in unwandelbarer göttlicher Harmonie. An Erfahrungen anknüpfend, die er selbst meist an heimatlichen Vögeln gesammelt hatte, und die von jedermann nachgeprüft werden konnten, wandte er sich gegen den naturh. Materialismus, den Atheismus und vor allem gegen den in seiner ersten Blüte stehenden Darwinismus. Seine Logik stempelte ihn dabei zu einem der klügsten und geschicktesten Vertreter der teleol. Naturauffassung. Zum anderen zielte das Büchelchen gegen die einseitig übertreibende Vermenschlichung des Vogels, die hauptsächlich unter dem Einfluß von P. Scheitlin und A. E. Brehm (s. d.) bei Fachleuten und breiten Leserschichten festen Boden gewonnen hatte. In der Tat sah A. das Verhalten der Vögel viel natürlicher als seine zahlreichen Widersacher; es ist sein unbestreitbares Verdienst, dadurch den Instinktbegriff wieder ins rechte Licht gerückt zu haben. Aber erst in den 80er Jahren begannen sich die Gedanken langsam durchzusetzen, und die heutige Forschung hat, ohne die teleol. Herleitung zu übernehmen, viele hier niedergelegte und seiner Zeit weit vorauseilende Deutungen zur Verhaltensweise, Populations- u. Siedlungsbiol. als zutreffend anerkennen müssen. Seine scharf profilierte Persönlichkeit spielte außerdem in der organisatorischen Entwicklung der dt. Orn. eine gewichtige Rolle. Mit J. H. Blasius war er eine der letzten Stützen der DO-G; er bannte die Gefahr ihrer Auflösung, als er 1867 die Wahl zum Geschäftsführer annahm. Wenn er auch den Posten schon ein Jahr später in die Hände seines

Schülers F. v. Droste-Hülshoff (s. d.) legte, so half sein Ansehen doch, den schwachen Pulsschlag der Gesellschaft zu erhalten, bis es 1875 zur Aussöhnung mit der Berl. Gründung kam. 1891 übertrug ihm schließlich die DOG die Präsidentschaft, die er bis zu seinem Tode als hochverdienter Vertreter der dt. Vogelk. innehatte. Beigesetzt wurde er in der Kapelle des Gutsbesitzers Hötte auf Heidborn bei Münster.
— Lit.: J. T. C. Ratzeburg, Forstwissensch. Schriftsteller-Lex., 1874, S. 9—11. - Würdigung (von G. Henschel u. E. v. Dombrowski). Allg. Enz. d. ges. Forst- u. Jagdwissensch. 1, 1886, S. 162. - Gedächtnisrede (von Pfarrer Feige, Eberswalde 11. 2. 1900). Sonderdruck (12 Seiten). - Nachruf (von H. Schalow). Orn. Mber. 8, 1900, S. 49—54. - Nachruf (von C. R. Hennicke). Orn. Ms. 25, 1900, S. 162/63. - Nachruf (von F. Renne). Jber. Münst. 28, 1899/1900, S. 56—65 (mit Bildnis). - Nachruf (von E. Wasmann). Nat. u. Offenb. 46, 1900, S. 193—204 (mit Bildnis). - Nachruf (Verf. ungen.). Leopoldina 36, 1900, S. 45/46. - Würdigung (von G. Kraus). Studien z. Phil. u. Religion, Heft 15, 1914 (mit Bildnis, Verz. d. Veröff. u. älteren Quellen). - H. Schalow, Beitr. z. Vogelf. d. Mark Brandenb., 1919, S. 555—569 (mit Bildnis). - E. Stresemann, Entw. d. Orn., 1951. - W. Schulte, Westf. Köpfe, 1963, S. 9/10 (mit Bildnis).

Amberg, Robert, * 4. 7. 1891 Ettiswil (Kanton Luzern), † 15. 1. 1959 Ettiswil. Wie die schon über 100 Jahre in Ett. ansässigen Vorfahren fühlte er sich während der Feldarbeit in den Lebenskreis der ihn umgebenden Vögel einbezogen. Bald begann er die im Wauwilermoos vorkommenden Arten zu sammeln und zu ordnen und eignete sich so, ohne Bücher und Feldstecher, eine zuverlässige Formenkenntnis und einen scharfen Blick für die feldorn. Unterscheidungsmerkmale an. Ernsthafter Auftrieb erwuchs seinem Forschungseifer aus dem 1920 entstandenen Verkehr mit dem im selben Gelände sich bewegenden H. Fischer-Sigwart (s. d.). Dem Charakter des Beob.-Gebiets entsprechend, galt den Sumpfvögeln, den Bekassinen, Kiebitzen und Brachvögeln ein besonderes Maß an Aufgeschlossenheit; sie brachte ihm aber auch den Schmerz, das Moos nach der Melioration 1941/42 von diesen alten Bewohnern entblößt zu sehen. Als er 1922 Mitglied der Schweiz. Ges. f. Vogelk. . . . und durch Verbindung mit A. Schifferli sen. (s. d.) bald darauf Mitarbeiter der Vogelwarte Sempach geworden war, griff er schließlich zur Feder. Zwischen 1923 und 1950 standen im Orn. Beob. 23 Ber. über seine Erfahrungen; in der abschließenden Arbeit „D. Wauwilermoos als früheres Heim d. Vogelw." (ebd. 50, 1953) sind sie zusammengefaßt und belegen die orn. Freuden, Entdeckungen und Überraschungen, die der Aufenthalt außerhalb der Amtsstuben und Inst. für den Sehenden bereithält. Zu seinen Veröff. gehören „Beob. d. Großen Brachvögel im Wauwilermoos" (ebd. 20, 1923), „D. Goldregenpfeifer im W." (ebd. 23, 1926), „D. Wacholderdrossel im W." (ebd. 26, 1928), „D. Sumpfohreule als Brutvogel im W." (ebd. 34, 1937), „Raubvogelmerkmale" (ebd. 42, 1945). Er war ein schlichter, aber vorbildlicher Autodidakt, der, berufsbedingt sich auf ein begrenztes Gebiet beschränkend, mit Erfolg der heimatlichen Vogelk. diente.
— Lit.: Nachruf (von A. Schifferli). Orn. Beob. 56, 1959, S. 65/66 (mit Bildnis).

Amerling, Karl Slavomil, Dr. Dr., * 18. 9. 1807 Klattau (Böhmen), † 21. 2. 1866 Prag. Vielseitig begabt, studierte er in Prag Med. und war später in philantropischer Gesinnung Arzt und Pädagoge. Verdient machte er sich u. a. als Leiter einer Anstalt für Geisteskranke und als Hauptschuldirektor in Prag. Die Naturw. pflegte er, um die Volksbildung zu heben. Unter seinen zahlreichen tschech. geschriebenen Schriften befindet sich eine „Fauna čili zvířena česká" (= Fauna oder Tierreich Böhmens) (1852). Da er, unter dem Einfluß von L. Oken (s. d.) stehend, mehr Philosoph als im Freiland geschulter Faunist war, brachte das für die Hand der Lehrer bestimmte Werkchen eine Reihe unzuverlässiger Angaben und verfehlte den ihm zugedachten Zweck. Von den 280 genannten Vogelarten waren viele nur vermutet, während andere unzweifelhaft damals vorhandene Formen unerwähnt blieben. Obendrein gebrauchte er, die tschech. Volksnamen mißachtend, neue nach philol. Gesichtspunkten gebildete Benennungen, die für die Folge lediglich Verwirrung erzeugten. Auf die Entwicklung der Vogelk. in Böhm. hatte er keinen Einfluß.
— Lit.: Biogr. Lex. Kaisert. Österr. 1, 1856, S. 30/31. - J. P. Pražák, Über d. Vergangenheit u. Gegenwart d. Orn. in Böhm., Orn. Ms. 22, 1897, S. 206. - Österr. Biogr. Lex . . . . 1, 1957, S. 18 (mit weiteren Quellen).

Angele, Theodor, * 5. 4. 1847 Erolzheim, Kr. Biberach (Württemberg), † 28. 7. 1926 Linz (Ober-Österreich). Er war Eisenbahn-Bauingenieur und verzog 1860 nach Österr. Damals schon hatte er von dem der Vogelliebhaberei huldigenden Vater die ersten Anregungen zur Tierbeobachtung und zum Sammeln naturw. Objekte empfangen. Da er — seit 1880 selbständiger Unternehmer — an vielen Bahnen der alten Donaumonarchie (in O.-Ö., Böhm., Mähr., Schles., Galiz., Ung.) baute, boten sich seinen Neigungen die günstigsten Entfaltungsmöglichkeiten. Auenjagden an der Donau bei Linz erbrachten den Grundstock für eine Kollektion von Raub- u. Wasservögeln. Als er von 1890—1893 in Brünn arbeitete, erhielt die Sammelfreude durch seine Mitgliedschaft bei der dortigen Naturf. Gesellschaft den nachhaltigsten und entscheidenden Auftrieb. Sie ließ in ihm den Entschluß reifen, in Linz, seinem neuen Wohnort, die Raubvogelformen der ganzen Welt aufzustellen. Mit Zähigkeit verfolgte er diesen Plan. Die Vollendung gelang ihm nicht ganz, weil der 1. Weltkrieg sein Kapital entwertete. Wenn er von den damals bekannten 506 Arten trotzdem 432 in Stopfpräparaten und Bälgen zusammenbrachte, so war das ein beachtlicher Erfolg der Zielstrebigkeit. Das schöne Werk wurde 1927 vom O.-Ö. Landesmus. in Linz übernommen und 1941 von Th. Kerschner inventarisiert. Eine nachträgliche Ehrung bedeutete die Sonderausstellung „D. Raubvögel d. Welt", die das Mus. 1953 mit den Stücken der Samml. veranstaltete. Auf lit. Gebiet hatte der erfahrene Raubvogelkenner keinen Ehrgeiz; aus seiner Feder stammen nur bescheidene kleine Mitt.: „Ardea alba in O.-Ö." (Orn. Jb. 20, 1909), „Aquila clanga Pall. in O.-Ö. erlegt" (ebd. 21, 1910), „Ringelgans - Branta bernicla in O.-Ö." (ebd. 22, 1911).
— Lit.: Würdigung (von Th. Kerschner). Jb. Ver. f. Landesk. u. Heimatpflege im Gau Oberdonau

90, 1942, S. 343—346. - Würdigungen (von A. Kloiber). Kat. d. O.-Ö. Landesmus. Linz 15, 1953, S. 3/4; O.-Ö. Kulturber. 1954, Folge 1, S. 2—4; Mitt.-Bl. d. Mus. Österr., Linz 3, 1954, S. 11—15. - Würdigung (von E. P. Tratz). D. Anblick, Zs. f. Jagd u. Natursch. 8, 1954, S. 306/07. - Notring-Almanach, Wien 1955, S. 46/47.

Anzinger, Franz, * 2. 12. 1855 Salzburg, † 17. 7. 1911 Innsbruck. Der bei der österr. Bundesbahndirektion in Innsbr. angestellte Beamte arbeitete sich als begabter und fleißiger Naturbeobachter zum tüchtigen Lokalfaunisten herauf. Auch den Käfigvögeln galten seine wohlbedachten Studien. Sachkundig beschäftigte er sich gerne mit dem Gesang der heimischen Formen und schrieb über die Erfahrungen unter freiem Himmel und in der Vogelstube in Allg. Dt. Geflügel-Ztg., Mitt. Wien, Orn. Jb., Gef. W. hauptsächlich während der 90er Jahre und zu Beginn des Jahrh. Als einer der ersten wies er in Mitt. Wien 17, 1893 auf die Leierstrophe der Mönchsgrasmücke hin. Die orn. Aufsätze machten seinen Namen in weiteren Volkskreisen über Tirol hinaus bekannt. Einen abgerundeten Niederschlag fanden die feldorn. Kenntnisse in der mit K. W. Dalla Torre (s. d.) gemeinsam verfaßten Darstellung der „Vögel v. Tirol u. Vorarlberg" (Mitt. Wien 20, 1896 u. 21, 1897). Sein Anteil an dieser Arbeit bestand darin, daß er das seit 1891 auf den Druck wartende Msk. nach den inzwischen bekanntgewordenen Beob. und Veröff. ergänzte und vervollständigte. Daneben erschienen in Buchform aus der Feder des geschätzten Autodidakten die für den Vogelliebhaber berechnete Broschüre „Unsere Kreuzschnäbel im Freien u. in Gefangenschaft" (1895) und „D. unterscheidenden Kennzeichen d. Vögel Mitteleuropas" (1899).

Arnold, Friedrich, * München. Seit 1882 hatte er einen eigenen Buchhandel in seiner Heimatstadt und war auch (wie lange?) Schriftleiter der „Süddt. Bl. f. Geflügelzucht". Daneben drängte es ihn zu orn. Schreibtischarbeit. Sie äußerte sich von 1879 bis zur Jahrhundertwende in vielen Beitr. für die Gef. W., vereinzelt auch für die Orn. Ms. Was er schrieb, beschäftigte sich mit dem Frei- u. Gefangenleben der Vögel und war ganz auf Unterhaltungston abgestimmt. Obwohl all seine Verlautbarungen im periodischen Schrifttum den Stempel der Oberflächlichkeit trugen, glaubte er sich auch mit selbständigen Veröff. bemerkbar machen zu müssen. So gab er in der 2. Hälfte der 80er Jahre mehrfach einen „Illustrierten Kal. f. Vogelliebhaber..." heraus, schritt später zu zwei vielgekauften Reklambändchen (Nr. 3399 u. 3443) unter dem Titel „Unsere einheimischen Stubenvögel..." fort, um als Krönung seiner überflüssigen Bemühungen die „Vögel Europas, ..." (Stuttg. 1897) erscheinen zu lassen. Das Buch entsprach in Anlage und Aufmachung C. G. Friderichs (s. d.) „Naturgesch. d. Vögel Europas". Es hatte auch dieselben wenig befriedigenden Farbtafeln von A. Specht (s. d.) und war im Text eine Kompilation, die die ernsthafte Kritik zu harten Urteilen herausforderte (vgl. A. Reichenow in Orn. Mber. 4, 1896). Erwähnt ist der Verf. nicht, weil er irgendwelche Verdienste um die Vogelk. hätte, sondern weil er es mit Hilfe der Anspruchslosigkeit gewisser Leserschichten verstand, seinen Namen eine Zeitlang in die Lit. zu bringen.

B

Bachmann, Alf(red), * 1. 10. 1863 Dirschau (Reg.-Bez. Danzig), † 1. 11. 1956 Ambach (Würmsee). Er war einer der ersten, die neben F. Lißmann (s. d.) in einem neuen Stil mit der tiermalerischen Überlieferung von F. W. K. Kuhnert (s. d.) brachen. Sohn eines Eisenbahnbaufachmannes und Geh. Reg.-Rats, verdankte er der verständnisvollen Mutter eine immerwährende Tierliebe, vor allem einen offenen Blick für die Vögel unter freiem Himmel und in der häuslichen Gemeinschaft. Mit 18 Jahren begann er auf der Kunstakad. in Königsb. die Laufbahn als Maler. Von 1890 ab hatte er seinen Wohnsitz in Münch., von 1945 ab (nach der Ausbombung) in Ambach. Wasser, Strand und Wolken waren die Motive seiner Kunst, und so wurde er als Marine- u. Seevogelmaler bekannt. Wie den jüngeren F. Lißmann zogen ihn aber nicht die Ateliers oder mondänen Bäder an, sondern die Ursprünglichkeit wilder, unberührter Natur. Das Rote Meer, die Libysche Wüste, die span. und franz. Küste, Isl., Spitzb., Skandin. (hier 2000 helle Sommernächte), Argent., Patag., Südchile, Feuerl., die Kordilleren reizten in ihm den schöpferischen Drang. Seine erste Liebe jedoch hatten die ost.- u. nordfries. Inseln sowie das Wattenmeer. Kaum eines seiner dort entstandenen Bilder entbehrt einer typischen Vogelform (Limikolen, Gänse, Enten, Möwen, Seeschwalben). Auch die Wiedergaben binnenländischer Kleinvögel gehören zu den besten Tierillustrationen. Nicht als wissensch. Ornithologe, sondern als unermüdlicher Beobachter hielt er Herz und Sinne aufgeschlossen für alle vogelk. Fragen. Der Orn. Ges. Bay. schloß er sich 1902 an, und die Orn. Ms. brachte seit der Jahrhundertwende wiederholt treffliche Aufs. u. Mitt. über orn. Erfahrungen in den Nordländern, an den dt. Küsten und in Bay., z. B. „Einiges über d. Vogelleben auf Isl., vier Wochen auf d. Westman-Inseln" [1900] (Orn. Ms. 27, 1902), „Meine 2. Reise nach Isl. im Sommer 1904" (ebd. 31, 1906), „V. d. Sterna hirundo" (ebd. 35, 1910), „Z. Frage d. Vorkommens d. Kolkraben in Deutschl." (ebd. 41, 1916), „Erlebnisse mit großen u. kleinen Raubvögeln" (ebd. 61, 1936). Wie es dem Künstler ansteht, lag ihm die skizzenhafte, belletristische Gestaltung lit. Äußerungen; hierher gehörige Belege finden sich u. a. in den „Lebensbildern aus d. Tierwelt" von Meerwarth-Soffel (1909—1911). Aus allen orn. Veröff. spricht neben der autodidaktisch erworbenen biol. Kenntnis die liebevolle Hinneigung zum Tier als Wesenszug einer gewinnenden Persönlichkeit, die sich in einem vielgestaltigen Leben über Höhen und durch Tiefen bis ins biblische Alter einen unnachahmlich eigenen, oft eulenspiegelhaften Stil bewahrte.

— Lit.: Autobiogr. Skizzen- u. Erinnerungsbuch (mit 3 Bildnissen), Münch. 1948 (von Freunden besorgt, in Maschinenschr. vervielfältigt, in 100 Stücken hergestellt; je 1 Stück im Besitz d. bayer. Staatsbibliothek u. d. Künstlerhauses Münch.). - H. Vollmer, Allg. Lex. d. bildenden Künstler d. 20. Jahrh. 1, 1953, S. 89.

Bachofen von Echt, Adolf, * 17. 1. 1864 Wien, † 25. 9. 1947 Wien. Die vogelk. Interessen des Realitätenbesitzers und Bürgermeisters von Nußdorf bei Wien traten durch das gedruckte Wort nur wenig in Erscheinung. Kurze Notizen aus seiner Feder, z. B. über Winterbeobachtungen am Schwarzkehlchen und Tannenhäher bei Wien standen in Mitt. Wien 13, 1889. Sein Verdienst knüpft sich an selbstlose Förderung, die er orn. Bestrebungen in seiner Heimat zuteil werden ließ. So unterstützte er großzügig den von V. v. Tschusi (s. d.) 1882 ins Leben gerufenen Ausschuß zum Aufbau orn. Beob.-Stat. in Österr. und übernahm alle materiellen Lasten, die der 1. internat. Orn.- Kongr. in Wien 1884 mit sich brachte. Im Orn. Ver. zu Wien hatte er seit 1882 den Präsidentenposten inne; seit 1885 war er Ehrenmitglied. Die von ihm gegebene finanzielle Hilfe ermöglichte zwar Jahre hindurch den Bestand des Vereins und das Erscheinen der Mitt. Wien, konnte aber die Auflösung des Vereins 1897/98 nicht verhindern.

Baedeker, Friedrich Wilhelm Justus, * 5. 2. 1788 Dahl a. d. Volme (Grafschaft Mark), † 21. 4. 1865 Witten (Ruhr). Er war Sproß einer Familie, die begabte und tüchtige Glieder hervorbrachte, u. a. den Verleger Julius B. (den Sohn) und den Begründer der Reisehandbücher Karl B. (den Bruder). Der Leitung durch den Vater (einen Pfarrer und späteren General-Inspektor), der zugleich ein verdienstvoller Obstbaumzüchter war, verdankte er von früher Jugend an die Aufgeschlossenheit für die Natur. Der zu solcher Einstellung damals gehörige Sammeleifer (Vögel, Eier, Schmetterlinge, Pflanzen) und das Bedürfnis, sich im Hause mit Vögeln zu umgeben, begleiteten ihn ein ganzes Leben lang. In den Schuljahren schon entfaltete sich daneben zeichnerische Begabung, die der Autodidakt in Strenge gegen sich selbst mit unermüdlichem Fleiß zu hoher Vollendung entwickelte. Von ihm gemalte Vogelbilder erregten die Bewunderung der Sachkenner bereits zu einer Zeit (vor 1840), als er, mit den eigenen Leistungen nicht zufrieden, die fertigen Zeichnungen meist vernichtete. 1811 erwarb er das Privileg zu einer Apotheke in Witten, wo er fortab als tätig helfender Bürger in hohem Ansehen stand. Als nach dem Sturze Napoleons seine wirtschaftliche Lage sich langsam zu bessern begann, huldigte er mehr und mehr seinen naturw. und künstlerischen Neigungen. Um die Mitte des Jahrh. hatte er durch Briefwechsel oder auf Reisen Verbindung mit allen bekannten dt. Ornithologen und Beziehungen zu vielen bedeutenden Vertretern des Auslandes. In jenen Jahren war er eine Autorität als Oologe und erreichte eine wirkliche Meisterschaft in der naturgetreuen Wiedergabe von Vögeln und Eiern. Das zeigen Bilder und Tafeln in Ch. L. Brehms „Hdb. d. Naturgesch. aller Vögel Deutschl." (1831) und im „Hdb. f. d. Liebhaber d. Stuben-, Haus- u. aller d. Zähmung werten Vögel" (1832), in A. E. Brehms „Leben d. Vögel" (1861), in Naum. und J. Orn., vor allem aber in H. Schlegels „Monogr. des Loxiens" (1850). Der Druck seiner Vogelzeichnungen (386 Arten auf 774 Bildern) scheiterte an den hohen Kosten. Zustande kamen aber die „Eier d. europ. Vögel" (1853—1863) mit späteren Nachtr. Das Bildwerk bestach durch die lebensvolle Gestaltung und trug den Namen B. über die Grenzen Deutschl. hinaus. Die Illustrationen stehen in der Tat den Eiertafeln von F. A. L. Thienemann (s. d.) in nichts nach und übertreffen sie sogar vielfach. Die Texte, von Ch. L. Brehm und W. Paeßler (s. d.) geschrieben, sind lediglich Beil. Im Märk. Mus. zu Witten befindet sich diese Prachtausgabe (2 Bde.) zusammen mit 33 Originaltafeln (Aquarellen mit 510 Eiern) als Hinterlassenschaft natürlicher Schönheit. Die Eiersamml. wurde dem Mus. des Naturh. Ver. f. Rheinl. u. Westf. in Bonn vermacht (Kat. von E. Baldamus, Iserlohn 1871 und Ph. Bertkau, Bonn 1880, 1884).

— Lit.: Nachrufe (von W. Paeßler u. L. Berger). J. Orn. 14, 1866, S. 51—62. - Würdigung (von Fr. W. A. Pott). Gesch. d. Stadt Witten, 1924.

Baer, Karl Ernst von, Dr., * 17. 2. 1792 Landgut Piep (Estland), † 16. 11. 1876 Dorpat. Die Voreltern stammten aus Westfalen. Als Sohn eines Ritterschaftshauptmanns studierte er von 1810—1814 Med. in Dorpat. 1815 kam er nach Würzb., wo ihn vor allem embryol. und anat. Studien fesselten. Sie bewogen ihn, nach einem in Berl. verbrachten Semester 1817 in Königsb. die Prosektorenstelle zu übernehmen, bis 1821 der anat. Lehrstuhl für ihn frei wurde. Neben seinen Studien über die Embryol. der Säugetiere — er entdeckte durch einen Zufall 1826 das Säugetierei — beschäftigte ihn das alte klassische Objekt für entwicklungsgeschichtliche Unters., das Hühnerei. Mit größter Sorgfalt verfolgte er seine Entwicklung und legte die bahnbrechenden Ergebnisse im 1. Teil der Monogr. über „Entwicklungsgeschichte d. Tiere, Beob. u. Reflexion" (Königsb. 1828, 1837) nieder. Nicht mit Unrecht gilt er als der Vater der Entwicklungsgeschichte. 1834 nahm er einen Ruf nach Petersb. an. Anfangs ohne Lehramt und dann Bibliothekar an der Akad. d. Wissensch., wurde er erst 1841 schließlich Prof. der vergl. Anat. an einer militärärztlichen Akad. und 1846 an der Akad. selbst. In Rußl. verlagerte sich, ohne daß er es zuerst beabsichtigte, sein Arbeitsfeld. Auf ausgedehnten, im Auftrag der Regierung durchgeführten Reisen beanspruchten ihn fürderhin die Geogr. und die angewandten Naturw. Auch in diesen Bereichen konnte er auf große Erfolge zurückblicken, als er 1864 seine Ämter niederlegte, um sich in Dorpat anzusiedeln. An seiner Vielseitigkeit hatte die Orn. keinen irgendwie in die Augen springenden Anteil. Er widmete sich ihr nur vorübergehend während der Königsb. Zeit dadurch, daß er nach der Gründung des Zool. Mus. (1820) die Samml. ostpr. Vögel vorantrieb und schon 1822 den „Begleiter durch d. Zool. Mus. in Königsb." herausgab. Da er feldorn. nicht tätig war, hinterließ er nur 3 Veröff. über preuß. Vögel in Frorieps Notizen . . . und den Preuß. Prov. Bl. zwischen 1825 und 1834. Er verstand es aber, andere Mitarbeiter zum Beobachten und Sammeln anzuregen.

— Lit.: F. Th. Köppen, Bibliotheca Zool. Ross. II, Petersb. 1907 (mit allen älteren Quellen). - H. Kirste, D. Gesch. d. Entdeckung d. Säugetiereies, Münch. med. Wochenschr. 74, 1927, S. 30. - Würdigung (von G. v. Selle). N. Dt. Biogr. 1, 1953, S. 524. - Würdigung (von A. Kühn). D. Großen Deutschen, Dt. Biogr. 5, 1957, S. 275—282. - Bildnis in F. Tischler, D. Vögel d. Prov. Ostpr., 1914; in „D. Großen Deutschen im Bild", 1936.

Baer, William, * 17. 4. 1867 Herrnhut (Sachsen), † 16. 9. 1934 Tharandt (Sachsen). Die Vorbereitungen des Schülers zum Studium der Theol. auf dem Pädagogium in Niesky wurden schon in der Unterprima durch ein Nervenleiden gestört. Die Folgen blieben sein ganzes Leben hindurch auch bei der Berufswahl spürbar. Als er Ende der 80er Jahre sich in Niesky in der Stellung eines Erziehers und Sammlungspflegers versuchte und gerade in die Orn. einzudringen begann, öffneten sich ihm nachhaltige Beziehungen zu O. Uttendörfer (s. d.). Gemeinsam veröffentlichten die beiden „Waldpolizisten" die ersten Arbeiten über Rupfungen in Orn. Ms. 22, 1897 und 23, 1898. Damals (1896) lockte unter dem Einfluß von F. Lindner (s. d.) auch die Kurische Nehrung den Wissensdurstigen. Er übte sich dort, kurze Zeit in Rossitten bei C. Floericke (s. d.) beschäftigt, in der Kunst des Präparierens und durchstreifte das noch fast völlig unbekannte Memeldelta. Der Aufs. „Aus d. Vogelw. d. Memeldeltas" (Orn. Ms. 28, 1903) zeugt von seinen Beobachtungserfolgen. Vorwiegend aber machte er sich um die Erforschung der Oberlaus. verdient, über die er erstmalig in Orn. Ms. 16, 1891 berichtete. Mustergültig gestaltete er seine Arbeit „Z. Ornis d. Preuß. Oberlaus." (Abh. Görl. 22, 1898), in der er nicht nur registrierte (wie es in der Faun. jener Jahre üblich war), sondern auch den ökol. Zusammenhängen nachging. P. Kollibay (s. d.) rechnete ihn daher 1906 neben C. W. L. Gloger, L. Th. Tobias, R. O. Tobias, A. v. Homeyer (s. d.) zu den hervorragendsten schles. Ornithologen. 1898 zog ihn H. Nitsche (s. d.), der ihm ein väterlicher Freund wurde, an das Zool. Inst. der Forstakad. Tharandt. Nach Nitsches Tod führte er noch dessen große Kranichuntersuchung in Orn. Ms. 32, 1907 zu Ende. Als Assistent in Tharandt (1900—1930) mußte er sich in erster Linie mit der Entom. befassen; aber auch auf dem Gebiet der Insektensystem. u. -biol. zeigte er sich kenntnisreich bewandert. Eine wirksame Stütze bedeutete er daher für K. Escherich, mit dem er die auf gemeinsamen Exk. gesammelten Erfahrungen unter dem Titel „Tharandter zool. Miszellen" veröffentlichte. Mit feinem Einfühlungsvermögen verstand er, sich in das Leben des Einzeltiers zu versenken und gleichzeitig Naturzusammenhänge zu überblicken. Die orn. Wortmeldungen hörten 1915 auf; sie standen meist in Orn. Ms. und Orn. Mber.

— Lit.: Würdigung (von P. Kollibay). D. Vögel d. Preuß. Prov. Schles., 1906 (mit Bildnis). - Nachruf (von Prell). Tharandter Forstl. Jb. 85, 1934, S. 626—632 (mit Bildnis u. Verz. d. Veröff., darunter 33 Titel orn. Inhalts). - Nachruf (von O. Uttendörfer). Mitt. Sachs. 4, 1934, S. 143—146 (mit Bildnis u. Verz. v. 36 durch R. Heyder zusammengestellten orn. Veröff.) - Nachruf (von W. Zwölfer). Zs. f. angew. Entom. 22, 1936, S. 516. - Bildnis in R. Heyder, D. Vögel d. Landes Sachs., 1952. - Bildnis in Natura Lusatica 1955.

Bäsecke, Kurt, * 20. 10. 1888 Braunschweig, † 2. 8. 1957 Braunschweig. Von 1904—1954 arbeitete er als technischer und Verwaltungsangestellter an der Landwirtschaftskammer Braunschw. Frei von sentimental-naturschützerischen Gedanken, ging er allem Kreatürlichen leidenschaftlich nach. Von früher Jugend auf wurde er durch den Vater, alte Sammler, Jäger und Präparatoren in die Methodik des Sammelns eingeführt; und unter dem Einfluß von H. Hocke (s. d.) verschrieb er sich nach der Wende des Jahrh. der Ool. In 20 Jahren brachte er ohne Kauf und Tausch eine Eierkollektion von etwa 120 nieders. Brutvögeln in fast 12 000 Stücken zusammen. Nach dem 2. Weltkrieg ging sie zum größten Teil geschenkweise an Mus. und größere Sammler. In den 20er Jahren fand der knorrige Waldläufer und Heidegänger Gleichklang der Naturauffassung bei L. v. Boxberger und L. Schuster (s. d.). Von ihnen angeregt, stellte er die reine Sammeltätigkeit ein und wandte sich als ungemein scharfer Beobachter brutbiol. Fragen zu. Eine überraschend hohe Zahl von Aufs., Beitr. und kleineren Mitt. in Orn. Ms., Orn. Mber., Orn. Ber., Vr., vor allem aber in B. z. F. und Vw. sprechen für die Zuverlässigkeit und Treffsicherheit seiner Berichterstattung über das Leben nieders. Vögel. Mit ihm verlor die Landschaft um Braunschw. einen treuen, begeisterten Freund und die orn. Heimatforschung einen befähigten, vor keiner Fehde zurückschreckenden Mitarbeiter eigenwilliger Prägung. Geschätzt war er von allen, die ihn nach dem schönen Wort zu beurteilen bereit waren: „Außen rauh und manchmal innen zart — häufig ist es alte Waldmannsart!". Schließlich darf gesagt werden, daß er das vorliegende Werk verdienstvoll unterstützte, indem er eine aus stets wachem Sammeltrieb niedergeschriebene Liste mit biogr. Notizen über das vergangene Geschlecht der Liebhaberoologen bereitwilligst zur Verfügung stellte.

— Lit.: Nachruf (von E. Bergfeld). Freundeskreis d. Großen Waisenhauses Braunschw. 7, 1957, S. 19. - Nachruf (von G. Diesselhorst). B. Nieders. 10, 1957, S. 85/86 (mit Bildnis). - Nachruf (von dems.). Vw. 78, 1957, S. 193/94.

Bäßler, Friedrich A., Dr., * 13. 12. 1884 Radebeul (Sachsen), † 28. 8. 1956 Radebeul. Im Lehrberuf bemühte er sich, wissensch. Forschung mit der Erziehung zur Heimatliebe zu verbinden. 1933 verlor er aus politischen Gründen sein Amt; 1945 übernahm er die Leitung der Oberschule seiner Vaterstadt und blieb in dieser Stellung, bis ihn ein Verkehrsunfall aus dem Leben riß. Als er nach der Entlassung aus dem Dienst die Heilpflanzengärten eines bio-chemischen Unternehmens betreute, hatte er Gelegenheit, sich an der Herausgabe eines großen Werkes der Heilpflanzenkunde zu beteiligen. 1955 erschien ein weiteres Buch über denselben Gegenstand aus seiner Feder. Ein Waldpflanzenbuch blieb unvollendet. Daneben fand er Zeit und Kraft zu ernsthafter feldorn. Wirksamkeit. So förderte er die Zugkenntnis dadurch, daß er mit Helfern mehr als 2000 Lachmöwen am Freitelsdorfer Vierteich beringte. Über die Ergebnisse sächs. Ringversuche an dieser Art berichtete er in Sb. Isis Dresd. 1930. Als begeisterter Natur- u. Heimatfreund war er vor allem unermüdlich bestrebt, auf Führungen und Wanderungen der Volkshochschule Liebe und Aufgeschlossenheit für die Vogelwelt bei Jugendlichen und Erwachsenen zu wecken. Auch der „Falke" zählte ihn zum Kreis der Mitarbeiter. Doch war seine schriftstellerische Tätigkeit im Bereiche der Vogelk. nicht ausgedehnt und in der wechselvollen Gestaltung seiner Lebensbahn wohl auch nicht gleichbleibend rege. R. Heyder konnte

in den „Vögeln d. Landes Sachs." (1952) für die Jahre 1920—1931 nur 4 Titel von Veröff. zusammentragen.
— Lit.: Würdigung (von H. G.). Falke 2, 1955, S. 29. - Nachruf (von H. Grafe). Ebd. 4, 1957, S. 31/32 (mit Bildnis). - Bildnis in R. Heyder, Nachtr. z. sächs. Vogelf., B. z. Vk. 7, 1962.

Balbin, Bohuslaus, * 1621, † 1688 Böhmen. Der gelehrte Jesuit, Hagiograph und leidenschaftliche tschechische Patriot war kein Naturforscher im eigentlichen Sinne, sondern Geschichtsschreiber. Er hat aber das Verdienst, sich auch mit der Tierwelt seines Landes ernsthaft beschäftigt zu haben, und zwar in seinem Werk mit dem Titel „Miscellanea regni Bohemiae" (1679). Neben dem hist. Inhalt steht hier ein Verz. der damals in Böhm. bekannten Wirbeltiere. Den Vögeln sind auf den Seiten 148—181 8 beachtenswerte Kapitel gewidmet; im letzten sind 130 Arten aufgezählt. Unter ihnen befinden sich allerdings eine Reihe von Formen, die sich nicht mit Sicherheit bestimmen lassen, und als mittelalterliches Erbe die Fledermaus. Nichtsdestoweniger erweist sich der Verf. in den verschiedensten Mitt. und Bem. als gut unterrichteter Beobachter mit starkem biol. Interesse. Er unterschied Stand-, Strich- u. Zugvögel, ging dem Problem des Zuges nach und schilderte Vogelfang u. -jagd. Kulturhistorisch bedeutsam war auch die Beifügung der böhm. Vogelnamen.
— Lit.: J. P. Pražák, Über d. Vergangenheit u. Gegenwart d. Orn. in Böhm., Orn. Ms. 22, 1897, S. 203/04.

Baldamus, August Karl Eduard, Dr. h. c., * 18. 4. 1812 Giersleben (Anhalt), † 30. 10. 1893 Wolfenbüttel. Der vielseitig begabte Lehrersohn pflegte während des theol. Studiums in Berl. gleichzeitig Musik und Zool. Die Vogelk. lag ihm von Jugend an im Blute. Seit 1838 war er Gymnasiallehrer in Köthen, seit 1849 Pfarrer in Diebzig, seit 1857 in Oster-Nienburg. Nach der Emeritierung 1868 verzog er nach Halle und 1871 nach Coburg. Hier lebte er bis kurz vor seinem Tode, für orn. Wirksamkeit belohnt durch mannigfache Ehrungen, u. a. Ernennung zum Dr. h. c. der phil. Fak. Rostock (1858). Amt und Orn. ließen ihm daneben in jüngeren Jahren noch die Zeit, sich in der dt. Turnbewegung zu betätigen und 1848/49 freisinniger Abgeordneter zu werden. Er war nicht nur Stubengelehrter, wie die von ihm für belletristische Zeitschr. (Daheim, Gartenlaube, Vom Fels zum Meer) geschriebenen und 1876 zu einem Bändchen zusammengefaßten Vogelmärchen und erbaulichen Vogelgeschichten andeuten könnten. Bis ins hohe Alter war er rühriger Feldornithologe, predigte in Wort und Druck den Vogelschutz (sein „Vogelschutzbuch" wurde 1877 sogar ins Franz. übertragen) und gab ein gutes „Illustriertes Hdb. d. Federviehzucht" (2 Bde. 1876—1881) heraus. Wie es zu seiner Zeit gehörte, war er leidenschaftlicher Sammler, vor allem von Eiern. In den besten Jahren besaß er eine stattliche Kollektion, die nach seinem Tode zerstreut wurde. Die Kuckuckseier, zuerst von W. Hollandt (s. d.) gekauft, befinden sich im Mus. von Braunschw. Im Laufe eines halben Jahrh. setzte er sich immer wieder mit der Biol. des Kuckucks auseinander, und noch 1892 berichtete er zusammenfassend über das Leben dieses Vogels, obwohl seine eigentlich wissensch. Tätigkeit in den 60er Jahren bereits abgeschlossen war. Die Stellung, die er in der Entwicklung der dt. Orn. des 19. Jahrh. einnimmt, sicherte er sich dadurch, daß er die Schwierigkeiten bei der Vorbereitung zur 1. Versammlung dt. Ornithologen in Köthen 1845 zu meistern verstand und Geschäftsführer des neuen Vereins wurde, der sich von 1850 ab DO-G nannte. Was er im Rahmen dieser Gesellschaft erstrebte, entsprang einer grenzenlosen Begeisterung für seinen orn. Lehrer und Meister J. F. Naumann. Ihm zu Ehren — und aus Gegnerschaft zu F. A. L. Thienemann (s. d.) — gründete er 1849 die Naum., in der die meisten seiner Arbeiten erschienen (neben den späteren in J. Orn., Zool. G., Orn. Cbl., Orn. Ms.). Nach dem Tode seines großen Vorbilds machte er sich zusammen mit J. H. Blasius und Fr. Sturm (s. d.) an die Fortführung des 13. Bd. der „Naturgesch. d. Vögel Deutschl." (1860). Trotz aller Verdienste um die Erkundung der Lebensweise dt. Vögel war er nicht in der Lage, der DO-G wissensch. Richtpunkte für eine gedeihliche Entwicklung zu setzen. Die Bewunderung der naturbeschreibenden Kraft J. F. Naumanns verschloß ihm den Blick für die veränderten Probleme der System., die sich auch der dt. Orn. als Aufgabe stellten, nachdem die exotische Orn. in den Forschungsbereich der außerdt. Länder getreten war. Die Selbstgenügsamkeit, mit der er lediglich die dt. oder bestenfalls europ. Vogelk. überblickte, nahm ihm die lebendige Verbindung mit der fortschreitenden Wissensch. fremder Völker, auch wenn ihm von dorther viel schmeichelhafte Hochachtung gezollt wurde. Die geistige Führung der dt. wissensch. Vogelk. ging daher bald auf andere Männer über — J. H. Blasius, J. Cabanis, G. Hartlaub (s. d.). Er erlebte, daß Cabanis 1853 das J. Orn. herausbrachte, nach dem Tode J. F. Naumanns die DOG gründete, und daß seine eigene Naum. 1858 aus Blutarmut starb. Schließlich entglitten ihm 1867 die Zügel der DO-G auch äußerlich sichtbar; als gütige Fügung mußte er es noch hinnehmen, daß damals B. Altum (s. d.) mit der ihm gemäßen Autorität für kurze Zeit in die Bresche sprang und damit das allmähliche Aufgehen der alten Gesellschaft in die jüngere Berl. Gründung einleitete.
— Lit.: Nachruf (von H. Schalow). Orn. Mber. 1, 1893, S. 210—212. - Nachruf (von P. Leverkühn). Orn. Ms. 18, 1893, S. 472—476. - Nachruf (von R. Blasius). Orn. Jb. 5, 1894, S. 161—175 (mit Verz. d. Veröff.). - Verz. d. Veröff. (nach Bibl. Leverkühn). Orn. Ms. 19, 1894, S. 102—108. - Nachruf (Verf. ungen.). Ibis (6) 6, 1894, S. 148. - Nachruf (Verf. ungen). Auk 12, 1895, S. 94/95. - Würdigung (von A. Brückner). D. Tierwelt d. Cob. Landes in Cob. Heimatk. u. Heimatgesch., 1926, Heft 3, S. 12/13 (mit Bildnis). - E. Stresemann, Entw. d. Orn., 1951. - Bildnis in Naumann-Mus. Köthen u. J. Orn. 98, 1957, S. 173.

Baldner, Leonhard, get. 9. 1. 1612 Straßburg, begr. 4. 2. 1694 Straßburg. Jäger, Wasserzoller, Fischmeister, Ratsbeisitzer seiner Vaterstadt, war er der geborene Freund der heimischen Fauna. Nicht zum Zeitvertreib, sondern ganz offenbar zum Studium ihrer Biol. pflegte er eingefangene Tiere verschiedener Art, darunter seltene Vögel; und unter freiem Himmel entfaltete er eine für seine Zeit erstaunlich treffsichere Beobachtungsgabe. In der Erforschungsgeschichte des Oberrheins steht das zool. Wissen des einfachen Mannes um so höher, als er nie eine gelehrte Bildung genoß. Bekannt war ihm nur die „Historia animalium" von C. Gesner (s. d.). Unbelastet von der Überlieferung und alle Kenntnis sich selbst erarbeitend, griff er obendrein mit Fleiß zur Feder, um die Erfahrungen mit der Tierwelt des Rheins festzuhalten. 20 Jahre der Ausdauer brauchte er bis zum Abschluß seines ursprünglich gar nicht beabsichtigten „Vogel-, Fisch- u. Tierbuchs" mit Bildern, die er nach erbeuteten Stücken anfertigen ließ oder mit Geschick selbst schuf. Als der biedere Schreiber den in ungelenkem, alemannischem Deutsch verfaßten Inhalt überschaute, meinte er treuherzig, es sei eine „gut Weydmännische schlechte teutsche Arbeit", die „von keinem Hochgelehrten der Zierlichkeit nach in Worten, oder noch weniger aus anderen Büchern entlehnt und zusammengetragen worden, sondern von einem Fischer und Schützen, welcher von seinen Großeltern her uff dem Wasser sich genehret". In der Tat wurde es für die Nachwelt eine tierkundliche Quelle eigenster Prägung. Im ersten der 3 Abschnitte sind etwa 68 Vogelarten, meist Wasser- und Sumpfvögel, aufgezählt, die bei Straßburg brüteten oder durchzogen. Mit den Objekten seiner Neigung muß der Meister genauestens vertraut gewesen sein, denn Fehler (Brut der Heringsmöwe, Verwechslung der Schafstelze mit der Gebirgstelze) sind ihm kaum unterlaufen; seltsamerweise ist ihm das Sommervorkommen des Zwergtauchers entgangen. Mehrere Abschriften ließ er von seinem nie zum Druck gelangten Lebenswerk herstellen. Das Handexemplar mit Nachtr. bis 1687 wurde 1870 ein Opfer der Beschießung von Straßb. Nur wenige Kopien sind heute noch erhalten; neben Stücken in Straßb. und Engl. befindet sich das prachtvollste Msk. mit großartigen Abb. in der Landesbibliothek von Kassel. G. Landau (s. d.) erwähnte es mehrmals und unterstrich als erster im 19. Jahrh. die Bedeutung der Handschrift. Großes Verdienst erwarb sich R. Lauterborn (s. d.), als er das „Vogel-, Fisch- u. Tierbuch d. Straßb. Fischers L. B. aus d. J. 1666" (Ludwigshafen 1903) mit einer Biogr. und textkritischen Ergänzungen herausgab. Eines der „merkwürdigsten u. interessantesten lit. Denkmale aus dem Werdegang der Zool. in Deutschl." wurde so auch zukünftigen Ornithologengeschlechtern leichter zugänglich gemacht.

— Lit.: R. Lauterborn, D. Rhein, . . . , Freib. 1930, S. 203—208. - Würdigung (von E. Stechow). Neue Dt. Biogr. 1, 1953, S. 551. - Thieme-Becker, Künstler-Lex. 2, 1908, S. 396. - Cl. Nissen, D. Illustrierten Vogelbücher, 1953, S. 40/41.

Bamberg, Otto, * 1871 Weimar, † 21. 5. 1942 Weimar. Die Heirat mit einer Russin, deren Vater im Südwesten des Urals begütert war, ermöglichte dem abenteuerfreudigen Telegrafensekretär, frühzeitig seinen Beruf zu verlassen und als leidenschaftlicher Naturalien- u. Eiersammler auf ausgedehnte Reisen zu gehen. 1894/95 wandte er sich nach Böhmen, Österr.-Ung., Serbien, Bulgarien, der Türkei. Nach Ber., die in Zs. Ool. 11, 1902 — 18, 1909 erschienen, war er 1895/96, 1902 und später an der unteren Wolga, im Kaukasus, in Transkaukasien, Turkestan, Sibirien, ferner 1908 in der Inneren Mongolei. Förderung durch die Russ. Geogr. Gesellschaft scheint ihm dabei zugute gekommen zu sein. Die händlerische Seite dieser Unternehmen ist aus Anzeigen in derselben Zeitschr. ersichtlich, in denen er selbstgesammelte Vogeleier zu Kauf und Tausch anbot. Jedenfalls bezogen Mus. und Sammler von ihm Eier, die zu damaliger Zeit anderswo nur sehr schwer zu erreichen waren. Da diese Stücke jedoch z. T. von eingeborenen Sammlern stammten, ergaben sich Fehlbestimmungen und in deren Folge mit den Abnehmern Mißhelligkeiten, die B. in ein bedenklich schiefes Licht stellten. In einer Reihe von Arbeiten (Zs. Ool. 12, 1903 — Zs. Ool. u. Orn. 27, 1922; Verh. d. 5. internat. Orn.-Kongr., Berl. 1910) beschäftigte er sich mit der Fortpflanzungsbiol. asiat. und heimischer Arten. In späteren Jahren (1922 lebte er vorübergehend in Leipz.) wurde es stiller um den Wandel des offenbar leichthin überreizten Mannes. Gerüchte wollten von gelegentlich verschrobenen Vorstellungen wissen, die das Wirklichkeitsdenken überlagerten.

Banzhaf, Walter, Dr., * 15. 12. 1901 Frankfurt/M.-Griesheim, † 11. 8. 1941 Rußland. Als früher, begeisterter Jünger der Orn. betätigte er sich während des naturw. Studiums in Frankf. (1920—1928) faun. im Maintal und machte sich durch Kenntnisse und schriftstellerischen Eifer damals schon bemerkbar. Sein Blickfeld zu erweitern, war er im Frühjahr und Herbst 1923 und 1924 auf Helgol., von Mai bis Oktober 1926 auf der Kurischen Nehrung und 1928 mit P. Henrici (Rendel) auf dem Balkan. Nach dem Examen übernahm er eine Assistentenstelle am Mus. f. Naturk. in Stett., um dort die orn. und geol. Abt. aufzubauen. Fast 10 Jahre lang erzielte er mit regem feldorn. Einsatz beachtliche Erfolge in der vogelk. Durchdringung des pom. Landes. Das Studium des Lebens und der Fortpflanzungsgewohnheiten einiger Arten wie Triel, Seeadler, Fischadler, Wanderfalke lag ihm nicht weniger am Herzen als die Klärung der Zugverhältnisse auf der Greifsw. Oie. Da er gleichzeitig Naturschutzbeauftragter war, nahm er sich tatkräftig des Schutzes der in Pom. beheimateten selteneren Formen an. In den von ihm in diesen Jahren unternommenen Schritten lag der Nachweis organisatorischen Geschicks. 1938 wurde ihm daher die Leitung der neugegründeten Vogelschutzwarte Frankf. (Main) übertragen. Ehe er aber auf diesem Posten recht zum Zuge kam, fiel er als Oberleutnant und Kompanieführer im Osten. Zu früh setzte hier der Heldentod den letzten Markstein für eine hoffnungsvolle Lebensbahn. Das orn. Vermächtnis des kurzen Forscherdaseins liegt in wertvollen, aufschlußreichen Veröff. vor. Sie stehen in Ber. Senck., Orn. Mber., B. z. F., J. Orn., Vz., Dohrniana, Dt. Vw., Verh. Bay.; L. Gebhardt u. W. Sunkel (D. Vögel Hess., 1954) verzeichneten 19 Titel zwischen 1921 und 1940, F. Tischler (D. Vögel Ostpr., 1941) 7 Titel zwischen 1926 und 1939, R. Kuhk (D. Vögel Meckl., 1939) 7 Titel zwischen 1931 und 1936.

— Lit.: Nachruf (von S. Pfeifer). Dt. Vw. 68, 1943, S. 22/23 (mit Bildnis). - Nachruf (von L. Schuster). B. z. F. 10, 1943, S. 114. - Nachruf (von R. Drost u. E. Schüz). Vz. 14, 1943, S. 67/68. - L. Gebhardt u. W. Sunkel, D. Vögel Hess., 1954, S. 92 (mit Bildnis).

Barey (Barej), Thomas, * Warschau, † Sibirien. In russ. Diensten war er seit 1886 Förster im Kaukasus und in Transkaukasien, seit 1890 in Tur-

kestan. In den Jahren 1888—1895 verpflichtete ihn außerdem X. v. Branicki (s. d.) als Sammler für das Warschauer Mus. Die Jagd- u. Forschungsgründe lagen meist in der Gegend von Lagodechien im Mittelkaukasus, im Gebiet von Aschabad in Transkaukasien und von 1892 ab in Ferghana im russ. Turkestan. Das Mus. erhielt von ihm viele orn. Stücke; darunter waren einige von sehr großer Seltenheit wie Saxicola vittata und Coccothraustes humii. Nach ihm ist Porzana pusilla bareyi benannt. Als poln. Patriot wurde er von den Russen nach Sibirien deportiert und ist seit 1895 verschollen. Weitere Lebensdaten sind nicht bekannt.
— Lit.: G. Brzęk, D. Goldene Zeitalter d. Poln. Orn. (Poln. mit engl. Zusammenfassung). Memorabilia Zool. 3, Warschau 1959.

Bartels, Karl, * 29. 6. 1884 Teterow (Mecklenburg), † 24. 1. 1957 Waren (Mecklenburg). Der in Waren beruflich wirkende Steuerbeamte — seit 1945 war er Obersteuerinspektor — stand als Kreisbeauftragter mit großem Erfolg im Dienst des Natur- u. Heimatschutzes. Das Naturschutzgebiet am Ostufer der Müritz und die dortige biol. Beobachtungsstation sind seiner Rührigkeit zu danken. Auf ungezählten Exk. wußte er vor allem die Jugend für die Erhaltung der Landschaft und ihrer Geschöpfe zu begeistern. 1948 übernahm er daneben die Leitung des Heimatmus. in Waren. Wenn er auch keine eigenen orn. Veröff. hinterließ, zog die Vogelk. doch mancherlei Nutzen aus seiner vielseitigen Tätigkeit. So steuerte er faun. Material zu R. Kuhks „Vögel Meckl." (1939) bei und baute einen Wach- u. Meldedienst z. B. für die Horste der Seeadler und Brutstellen der Graugänse und Kraniche auf. Ferner lieferte er, von Vertrauensleuten unterstützt, wichtige Zahlen über Stärke und Zugrichtung der an der Müritz damals noch zu Tausenden einfallenden Kranichscharen.
— Lit.: Nachruf (von H. Klose). Nachr.-Bl. f. Natursch. u. Landschaftspfl. 28, 1957, S. 14. - Nachruf (von K. Kretschmann). Nat. u. Heim. 1957, S. 253/54 (mit Bildnis).

Bartels, Max, Dr., * 7. 6. 1902 Sukabumi (Java), † 6. 10. 1943 Birma. Wie seinen Brüdern Ernst B. (geb. 29. 8. 1904) und Hans B. (geb. 6. 7. 1906) war ihm vom Vater Max Eduard Gottlieb B. (s. d.) leidenschaftliche Lust an der Erforschung der westjav. Vogelwelt vererbt. Am orn. Sammelwerk der Familie hatte er wesentlichen Anteil. Er soll nach der Schilderung des Bruders Ernst selbst in den als unerreichbar geltenden Baumwipfeln des tropischen Regenwaldes noch die Nester zu erbeuten verstanden haben. Von 1923—1928 studierte er in Bern Biol. und stellte sich in diesen Jahren als ausgezeichneter Kenner der Lebens- u. Nistweise jav. Vögel vor, z. B. in Arbeiten über die Brutgewohnheiten jav. Kuckucke (Club v. Nederl. Vogelkundigen, Jaarber. 15, 1925), „Über d. Brüten einiger jav. Vögel auf Nestfarnen" (Orn. Mber. 34, 1926), „Z. Biol. d. Großen Stachelschwanzseglers" (J. Orn. 77, 1929). Auch in der Schweiz betätigte er sich als geschickter Feldornithologe und lieferte nach gründlichen Feststellungen im Berner Jura in den Jahren 1928 und 1929 eine hervorragende, mit photogr. Aufnahmen ausgestattete Darstellung „Z.Brutbiol. d. dickschnäbligen Tannenhähers" (ebd. 77, 1929). „Beob. an Brutplätzen d. Alpenseglers" folgten ebd. 79, 1931. Bis 1937 war es ihm vergönnt — ohne Zwang zur Berufsausübung — weiter der Entdeckung neuer jav. Formen nachzugehen, sich system. Unters. zu widmen und das Msk. der Vogelsamml. zu gestalten. Lit. Proben aus diesem Lebensabschnitt wurden u. a. „Zwei f. Java neue Brutvögel" (Orn. Mber. 45, 1937), „Zosterops melanura m. Hartert, Zost. mel. gallico Sharpe u. Zost. mel. unica Hartert, drei verkannte Vertreter d. Rassenkreises Zost. palpebrosa" (ebd. 45, 1937), „Zwei neue Drosseln aus Java" (ebd. 46, 1938), „Notizen über einige Batrachostomus-Arten" (J. Orn. 86, 1938). De Trop. Natuur 26, 1937 brachte außerdem einen Beitr. „Über d. Leben d. Nashornvogels", der ihn und seinen Bruder Hans zu Verf. hatte. Von 1924 bis 1939 dauerte die Spanne, während der er sich in Limosa, Orn. Mber., J. Orn., B. z. F., De Trop. Natuur zu Wort meldete, und sein Eifer ließ weitere Zeugnisse für wertvolle orn. Aufhellungen erwarten. Doch war seiner Bahn durch die Ereignisse des 2. Weltkrieges ein zu früher Schlußstein gesetzt. Die Japaner internierten ihn 1942 in Birma, wo ihn die Malaria dahinraffte.
— Lit.: Nachruf (von C. G. B. ten Kate). Limosa 19, 1946, S. 144—146 (mit Verz. d. Veröff.). - G. C. A. Junge, Orn, onderzoek in de Ind. archipel, Ardea 41, 1953 (1954), S. 322.

Bartels, Max Eduard Gottlieb, * 24. 1. 1871 Bielefeld, † 7. 4. 1936 Tjiparaj bei Pasir Datar, Sukabumi (Java). Den zum Kaufmann bestimmten Sohn eines Architekten beseelte in früher Jugend schon die Freude am Beobachten und Sammeln heimischer Vögel. Nach kurzer Tätigkeit in einem Amsterdamer Handelshaus wanderte der Tatendurstige 1895 nach Westjava aus. Dort leitete er in hochgeachteter Stellung seit 1898 eine Teeplantage. Daneben schwebte ihm eine wissensch. Lebensaufgabe vor. Sie galt der in der 2. Hälfte des 19. Jahrh. fast ganz ruhenden Erforschung der jav. Vogelwelt. In spärlicher Freizeit und auf kostspieligen Reisen hauptsächlich durch Westjava brachte er etwa 15 000 meisterhaft präparierte und mustergültig etikettierte Bälge von 430 Arten nebst 4000 Eiern und Hunderten von Nestern zusammen. Unterstützung fand sein Ehrgeiz durch Frau und Söhne, so daß das Ergebnis eine bewundernswerte Familienleistung war. Eine lange geplante Monogr. der jav. Vögel, in der er biol. und zoogeogr. Fragen beantworten wollte, blieb leider unvollendet. Als er 1928 die Berufsgeschäfte aufgab und über die nötige Zeit verfügte, versagte sich ihm die Gesundheit. In körperlichem wie seelischem Leid zog er sich mehr und mehr auf sich selbst zurück und hinterließ ein umfangreiches Msk. Von den etwa 5000 Seiten wurden ungefähr 1000 Seiten durch den Krieg zerstört. Der Rest und 260 Beobachtungshefte kamen mit der Samml. 1948 in das Leidener Mus. Welch aufschlußreiches Werk die Orn. von ihm erwarten durfte, zeigen 16 Veröff. (davon 11 in J. Orn., Orn. Mber., Verh. Bay., 5 in Niederl. Zeitschr. und Treubia) zwischen 1901 und 1923. In Deutschl. begeisterte sich vor allem O. Finsch (s. d.) für die lebendigen Ber. des Urwaldpioniers. Aus den Sendungen beschrieb er verschiedene neue Arten; zu ihnen gehören der nur in der Samml. B. enthaltene Fink Crithagra estherae Finsch, die Gebirgseulen Strix leptogrammica bartelsi (Finsch) und Otus spilocephalus angelinae (Finsch), der Haubenadler Spizaetus nipalensis bartelsi Stres. und auch Zosterops chloris maxi Finsch. B. war zweifellos zu Anfang des Jahrh. der beste Kenner malayischer Vögel. Sein Name leuchtet neben denen seiner dt. Vorgänger; H. Kuhl, H. Boie, S. Müller, H. Ch. Macklot, H. A. Bernstein (s. d.) u. a. hätten keine ernsthaftere Nachfolge finden können. Dem dt. Vaterlande blieb er im Herzen stets verbunden. Erinnerung an orn. Jugenderlebnisse in der Heimat lieferte ihm auch den Stoff zu den aus der Ferne gesandten Beitr. „Z. Vorkommen v. Sterna caspia in Westdeutschl." (Orn. Mber. 13, 1905), „D. Vorkommen d. Girlitz bei bzw. in Bielef." (Ravensb. Bl. f. Gesch., Volks- u. Heimatk. 6, 1906), „Z. Vorkommen d. Ortolans u. d. Girlitz" (Ber. Bielef. 3, 1914). Die DOG würdigte seine Verdienste dadurch, daß sie ihn 1923 zum Korrespondierenden Mitglied ernannte.

— Lit.: O. Finsch, Biogr. Mitt. über M. B., J. Orn. 51, 1903, S. 270—273. - Ders., Z. Erforschungsgesch. d. Ornis Javas, ebd. 54, 1906, S. 301—321. - Nachruf (von E. Stresemann). Ebd. 85, 1937, S. 165—170 (mit Bildnis, Verz. weiterer anonymer biogr. Quellen u. d. Veröff.). - G. C. A. Junge, Orn. onderzoek in de Ind. archipel, Ardea 41, 1953 (1954), S. 322. - Briefl. Mitt. des Sohnes Ernst B. 1958, 1959.

Bau, Alexander, * 31. 1. 1853 Berlin, † 2. 7. 1926 Lochau (Bodensee). Die Wild- u. Geflügelhandlung des Vaters und der Berl. Wildbretmarkt mit den vielen „Kramtsvögeln" und „Leipz. Lerchen" weckten schon in dem Schüler die Lust am Vogelfang und das Verlangen, die Vögel auch mit dem richtigen Namen kennenzulernen. Die 2. Aufl. von C. G. Friderichs (s. d.) „Naturgesch. d. dt. Vögel" (1863) gab ihm die erste Aufklärung. Beziehungen zu K. Ruß (s. d.), der ihn 1870 der DOG zuführte, zu J. Cabanis, A. v. Homeyer, A. E. Brehm, H. Schalow (s. d.) halfen ihm auf dem Weg zum kenntnisreichen Faunisten und Oologen. Schließlich entwickelte er sich auf seinen Streifzügen durch die märk. Landschaft auch zum hervorragenden Entomologen. Da der kaufmännische Beruf, den er auf Wunsch des Vaters wählte, nicht genug Raum für seine naturw. Liebhabereien ließ, wurde er 1874 Pyrotechniker. Von seinem Laboratorium aus, weitab vom damaligen Berl. im Obst- u. Gartengelände, hatte er günstigste Gelegenheit zur Sammler- u. Beobachtungstätigkeit. Nachdem er sich mit kleineren Arbeiten schon 1871/72 im J. Orn. zu Wort gemeldet hatte, beteiligte er sich mit den meisten Brutnotizen und sämtlichen Eiermaßen an H. Schalows „Materialien z. einer Ornis d. Mark Brandenb." (J. Orn. 24, 1876). In seiner Rührigkeit gründete er dazu 1880 eine sehr erfolgreiche entom. Handlung und schrieb außer entom. Aufs. 1886 und 1888 je ein Hdb. für Schmetterling- u. Käfersammler. 1893 pachtete er noch das größte Berl. Vergnügungslokal. Die Leitung der 3 Unternehmen gefährdete jedoch seine Gesundheit; deshalb löste er sich 1896 ganz von Berl. und siedelte auf das von ihm erworbene Landgut Ruggburg bei Bregenz über. Hier begannen die Früchte seiner jahrzehntelang betriebenen feldorn. Studien zu reifen; das zeigen allein seine zahlreichen ool. und fortpflanzungsbiol. Arbeiten in Zs. Ool., Orn. Jb., J. Orn., Orn. Ms., Orn. Mber. Schon lange hatte sich seinem wachsamen Auge die Überprüfung der Beziehungen zwischen Vogel- u. Insektenwelt aufgedrängt, und die doppelte Sachkunde ließ ihn nun von den Übertreibungen in der wirtschaftlichen Einschätzung insektenfressender Vögel abrücken. In mannigfachen Beitr. für die Fachpresse legte er seine Anschauungen nieder, u. a. durch die Aufs. „Ist d. Kuckuck nützlich?" (J. Orn. 49, 1901; Orn. Jb. 12, 1901 u. 13, 1902); und ausführlich in der 5. Aufl. des „Friderich" (s. d.). Die Feststellung, daß der damals überschwenglich gepriesene Nutzen der Kerbtierfresser zweifelhaft und nicht beweisbar sei, zog ihm heftige Angriffe zu. Hatte er sich in diesen Auseinandersetzungen schon als unvoreingenommen und selbständig forschend vorgestellt, so sicherte er sich weiterhin einen Platz in der Geschichte der dt. Orn., als er 1905 die 5. und 1923 die 6. Aufl. des „Friderich" auf den jeweiligen Stand des Wissens brachte und das vervollständigte Werk für lange Jahre zu einem viel benutzten Nachschlagebuch machte. Nebenher unterstützte er die Bestandsaufnahmen für die benachbarten bayer., österr. und schweiz. Grenzbezirke. U. A. Corti verzeichnete für diese Zeit in den „Brutvögeln d. dt. u. österr. Alpenzone" (1959) 42 faun., phänol. und brutbiol. Mitt., Nachr. und Abh. Eine gewisse Zusammenfassung bedeuteten die „Vögel Vorarlbergs" (Jber. Vorarlb. 44, 1907). Auf seinen Lebensabend legten sich die Schatten eines Vermögenszerfalls, an dem er offenbar nicht ganz schuldlos war. Da er in der Inflationszeit nach dem 1. Weltkrieg den letzten Landbesitz veräußerte, mußte er sich schließlich völlig verarmt und vereinsamt mit dem Aufenthalt in einem Haus für Unbemittelte in Hörbranz unweit Lochau abfinden. Der größte Teil seiner Samml. ging in den letzten Jahren an die Ung. Orn. Zentrale in Budapest.

— Lit.: H. Schalow, Beitr. z. Vogelf. d. Mark Brandenb., 1919, S. 589—594 (mit Bildnis). - Nachruf (von L. v. Boxberger). B. z. F. 10, 1934, S. 28/29.

Baumann, Ernst, † 5. 8. 1895 Köln. Ursprünglich Kaufmann, ging er nach gründlicher Vorbereitung am Berl. Zool. Mus. aus naturw. Interesse 1893 nach dem Togoland in Westafrika. Dort war er stellvertretender Leiter der dt. Forschungsstation Misahöhe. Seine Aufmerksamkeit richtete sich in erster Linie auf die Vogelwelt. Nach Überwindung anfänglicher Hindernisse sandte er seit März 1894 Bälge sowie Ber. über die Lebensweise der Vögel und ihre Brutgewohnheiten nach Berl. In den Sitzungen der dortigen DOG boten die Eingänge Stoff zu gebührender Würdigung, und seine Leistungen waren Anlaß zu der Anerkennung, daß er trotz der nur kurzen, ihm vom Schicksal gewährten Zeit in die Reihen der erfolgreichsten Erforscher der afrik. Ornis gehöre. Es gelang seinem Eifer, über 100 Arten als neu für das Gebiet nachzuweisen. A. Reichenow (s. d.) berichtete über die Ergebnisse in J. Orn. 45, 1897. In Orn. Mber. 2, 1894 konnte er dem Entdecker Eremomela baumanni und ebd. 3, 1895 Phyllostrephus baumanni widmen. Im noch jugendlichen Alter starb B. während einer Urlaubsreise am Schwarzwasserfieber, noch ehe er zur Bearbeitung seiner biol. Beob. kam.

— Lit.: Nachruf (von A. Reichenow). Orn. Mber. 3, 1895, S. 168. - Nachruf (von H. Schalow). J. Orn. 44, 1896, S. 93.

Bechstein, Johann Matthaeus, Dr., * 11. 7. 1757 Waltershausen (Thüringen), † 23. 2. 1822 Dreißigacker (Thüringen). Er studierte Theol. und Naturw. und wurde 1785 Lehrer für Naturgesch. an der 1784 von Salzmann gegründeten Erziehungsanstalt in Schnepfenthal. 1795 schuf er bei Waltershausen die später nach Dreißigacker verlegte Forstlehranstalt. Während seiner dortigen Tätigkeit als Direktor verfaßte er eine Reihe bedeutender forstlicher Werke. Die ihm zuteil gewordene Anerkennung fand in der Ernennung zum Kammer- u. Forstrat den äußeren Ausdruck. Die Beschäftigung mit Fragen des Forstschadens (u. a. „Naturgesch. aller schädlichen Forstinsekten", 1804/05) führte ihn zur Beachtung des Nutzens und Schadens auch der Vögel. Erste Anregungen zum Schutze der von ihm als nützlich bezeichneten Arten gehen daher auf ihn zurück. Darüber hinaus wurde er der Schrittmacher ernsthaften Studiums der dt. Vogelw., dem er sich im Freien und in der Vogelstube widmete. In der „Naturgesch. d. Stubentiere" (1. Bd. Vögel 1794, 1800, 1812, 1840; franz. Übers. 1825, 1829; engl. Übers. 1853, 1856) und im „Orn. Taschenbuch v. u. f. Deutschl." (1803—1812) kam er dem allenthalben erwachten naturw. Wissensdrang der Jahrhundertwende entgegen. Die „Gemeinnützige Naturgesch. Deutschl. nach allen 3 Reichen" (2.—4. Bd. Vögel 1791—1795; 2. Aufl. 1805—1809), in der er eine bis dahin nicht erreichte Samml. vogelk. Beob. und biol. Erfahrungen vorlegte, trug ihm den Namen eines Vaters der heimischen Vogelk. ein; Ch. L. Brehm (s. d.) nannte ihn gar Vater der Naturgesch. Da seit J. L. Frisch (s. d.) dt. Vögel kaum einer ernsthaften Betrachtung gewürdigt worden waren, verfehlte das Werk nicht seinen Eindruck auf Laien und Fachgenossen. Vielen war es trotz der aus der Zeitlage zu verstehenden Lücken Höhepunkt möglicher Leistungen (s. J. Ph. A. Leisler), anderen Quelle entscheidender Anregung für eigenes Sinnen und Trachten (s. Ch. L. Brehm). Die Harmonie des aristotelischen Weltbildes war damals lange schon erschüttert. Der Materialismus der Aufklärungszeit konnte jedoch nur unbeweisbare Thesen statt kausaler Erklärungen bieten. B. gehörte daher zu denen, die es vermieden, zur orn. System. Stellung zu nehmen. Nichtsdestoweniger bemühte er sich, die Natur als einen einheitlichen Organismus zu behandeln und allen Volksschichten die Kenntnis der natürlichen Verwandtschaft der Vögel zu vermitteln. Diesem Ziele dienten auch neue Wortschöpfungen: Neben die Gattung des wissensch. Systems (nach Linné) sollte eine entsprechende dt. Gruppenbezeichnung treten. Für die Namengebung bei B. Meyer u. J. Wolf (1810), Ch. L. Brehm (ab 1820) und J. F. Naumann (ab 1820) war er Vorbild. Unter den wissensch. Bezeichnungen stammen von ihm die Gattungsnamen Saxicola, Anthus, Calcarius, Cygnus und Crex sowie die Artnamen Ficedula parva, Branta leucopsis und Tringa stagnatilis. Der Blick des fleißigen Mannes reichte obendrein über die engen Grenzen der „vaterländischen" Orn. hinaus. Zeugnisse für diese Einstellung sind die Übers. von Lathams „Allg. Übersicht d. Vögel" (1793—1813) und Levaillants „Naturgesch. d. afrik. Vögel" (1797—1802).

— Lit.: L. Bechstein, Dr. J. M. B. u. d. Forstakad. Dreißigacker, 1855 (mit Bildnis u. Verz. d. Veröff.). - J. T. C. Ratzeburg, Forstwissensch. Schriftsteller-Lex. 1874, S. 30—35. - Allg. Dt. Biogr. 2, 1875, S. 205. - H. Hildebrandt, J. M. B., The German Ornithologist, Ibis (13) 3, 1933, S. 219—228 (mit Bildnis). - E. Stresemann, Einiges über dt. Vogelnamen, J. Orn. 89, 1941, S. 65—104. - Ders., Entw. d. Orn., 1951.

Becker, Ludwig, * September 1808 Offenbach/M., Rödelheim oder Darmstadt, † 29. 4. 1861 Bulla (oder Bulloo) am Purria (oder Parria)-Fluß (Australien). Zu den Brüdern G. und C. W. Bekker (s. d.) hatte er keine verwandtschaftlichen Beziehungen. Er war der älteste von 7 Söhnen eines Großherzogl. Revisors. J. J. Kaup (s. d.), sein „langjähriger Freund", förderte offenbar die junge künstlerische und naturw. Begabung am Darmst. Mus. Schon im Alter von 18 Jahren war er an Kaups „Gallerie d. Amphibien" als Zeichner und Stecher beteiligt; ebenso wirkte er an dessen „Tierreich" (1835—1837) mit. 1840 erhielt er den Charakter eines Hofmalers. Trotzdem ging er 1850 aus nicht bekannten Gründen (Mangel an Anerkennung? Geldnöte trotz wertvollen Bildbesitzes?) über London nach Melbourne. Im neuen Erdteil wurde er bald tätiges Mitglied („Council") des Phil. Inst. von Victoria und genoß hohes Ansehen, weil er sich durch eindrucksvolle Bebilderung naturw. Werke auszeichnete und durch wissensch. Arbeiten um die geol., geogr. und zool. Erschließung der unbekannten Landstriche bemühte. Der Cat. of scient. papers 1800—1863 (Royal Soc. of London 1867) vermerkte 16 Titel. Auch das Wissen um die exotische Orn. bereicherte er durch wichtige Erstbeitr. zur Fortpflanzungsgesch. des Leierschwanzes - Menura superba in J. Orn. 4, 1856; 5, 1857; 6, 1858 u. Trans. Phil. Inst. Victoria 1, 1857; Zool. Soc. Proc. 28, 1860. Wie ihn der Stolz erfüllte, sich mit Pinsel und Feder im Dienste der Naturw. rühren zu können, und wie ernstlich ihn die Erkundung Australiens bewegte, zeigen „Briefe aus d. südl. Australien", die er nach der Heimat schickte (abgedruckt in Sitzungsblatt d. Ver. f. Erdk. . . . in Darmst. 2, 1860; 3, 1861). Eine Ehre sah er daher in dem Auftrag, die Exp. von O. Hara Burke durch das Binnenland nach Norden als Künstler und als Fachmann für Geol., Zool., Ethnogr. usw. zu begleiten. Das 1860 begonnene Unternehmen endete unglücklich und verlangte auch von dem hochbefähigten dt. Landsmann das Opfer seines noch lange nicht ausgeschöpften Lebens.

— Lit.: 2 Originalbriefe in Autographensamml. Darmstaedter, Westdt. Bibliothek Marb. - Nachruf. Darmst. Ztg. 1861, Nr. 304. - Nachruf (von C. Bolle). J. Orn. 9, 1861, S. 399. - Nachruf. Petermanns Mitt. 1862, S. 30 u. 66—80. - Würdigung (von P. Leverkühn). Ungedrucktes Msk. in Zool. Mus. Berl.

Becker, Richard, * 16. 11. 1827 Hilchenbach (Kr. Siegen), † 12. 5. 1899 Hilchenbach. Als Sohn eines Wegeaufsehers und Landwirts erlernte er das Uhrmacherhandwerk. Da er reichen Haus- u. Grundbesitz erbte, konnte er ohne geldliche Sorgen an seinen Fischteichen, auf der Jagd und Exk. den angeborenen Neigungen zur Beob. der Tier- u. Pflanzenwelt nachgehen. Auf Handzetteln, die schließlich ganze Mappen füllten, legte der Junggeselle die in der Siegerländer Heimat gesammelten Erfahrungen nieder. In Stil und Rechtschreibung wenig gewandt, brachte er es nicht zu eigenen Veröff. Doch stand er in Briefwechsel mit westf. Zoologen. H. Landois (s. d.) verwertete seine Mitt. im Vogelband von „Westfalens Tierleben“ (1886). B. Altum (s. d.) schrieb 1888 dem gründlichen Faunisten: „Sie beobachten so innig die freie Natur, daß ich gewiß noch manches von Ihnen lernen kann.“ 1890/91 belieferte der eifrige Sammler auch H. Löns (s. d.) auf dessen Bitte mit Anschauungsmaterial. Es waren hauptsächlich Schnecken, die dem Zool. Mus. in Münster zugute kamen. Als er an den Folgen eines Unglücksfalles starb, war sein feldorn. Ruf kaum über den engeren Raum des Siegerlandes hinausgedrungen. Ein weiter wirkendes Denkmal setzte er sich dagegen durch die Gründung des Tierschutzvereins Hilchenbach im Jahre 1885. In den Reihen des Vereins blieb seine Heimat- u. Naturliebe lebendig, so daß tüchtige Vorkämpfer für den Landschafts- u. Tierschutz aus dieser örtlichen Zelle hervorgingen.

— Lit.: Nachruf (von H. Reeker). Jber. Münst. 28, 1899/1900, S. 54/55. - Würdigung (von H. R. Vitt). Siegerl. Heimatkalender 1958, S. 137—139 (mit Bildnis). - Briefwechsel u. Bildnis in Stadt- u. Landesbibl. Dortmund.

Behn, Wilhelm Friedrich Georg, Dr., * 25. 12. 1808 Kiel, † 14. 5. 1878 Dresden. Nach dem med. Studium in Gött. und Kiel und weiterer Ausbildung in Berl. und Paris wurde er 1837 ao. Prof. und Direktor des Anat. Inst. und Zool. Mus. in Kiel. 1845 brach er mit der dänischen Korvette Galatea zu einer Weltumseglung auf, verließ aber das Schiff im Februar 1847 an der Westküste Südamerikas, um eine Forschungsexpedition quer durch den Kontinent zu unternehmen. Im November desselben Jahres erreichte er den Atlantischen Ozean bei Sao Paulo. Darauf fesselte ihn das Lehramt für Anat. und Zool. wieder an Kiel. Nachdem er 1865/66 noch Rektor der Univ. gewesen war, trat er 1867 von seinem Ordinariat zurück, weil die Einverleibung Schlesw.-Holst. in Preußen seinen Widerspruch herausforderte. 1869 wurde ihm die Präsidentschaft der Leopoldina übertragen. In zuerst schwerer und krisenhafter Zeit setzte er alle Kraft und Gaben für die Neugestaltung und Festigung der Akad. ein. Die Bearbeitung seiner großen südamerik. Ausbeute, der Fleiß und Sorge gleichfalls viele Jahre hindurch galten, war allerdings bei seinem Tode noch nicht gedruckt. So kam es, daß die im Kieler Mus. aufbewahrten Vogelbälge kaum einer Durchsicht gewürdigt wurden. Nur Graf Berlepsch und P. Leverkühn (s. d.) nahmen sich ihrer an in „Studien über einige südamerik. Vögel nebst Beschr. neuer Arten“ (Ornis 6, 1890). Erst Jahrzehnte später griff auch O. Neumann (s. d.) in einer Arbeit „Neue Unterarten südamerik. Vögel“ (Mitt. Berl. 17, 1931) die nicht beachtete Hinterlassenschaft wieder auf; er benannte daraus Brotogerys versicolorus behni nach einem aus Südbrasilien stammenden Stück und schrieb dazu: „Ich widme diese markante Form dem Andenken dieses bedeutenden Forschers, dessen umfangreiche ... orn. Samml. leider nie einen Bearbeiter gefunden haben.“

— Lit.: Nachruf (von Schriftl.). Leopoldina 14, 1878, S. 68—71. - A. A. Prestwich, I name this Parrot . . ., London 1958, S. 7.

Behr, Max, * 11. 1. 1857 Köthen, † 8. 5. 1934 Steckby (Kr. Zerbst). Als Landwirt, dessen Liebe alles Getier umfaßte, überzeugte sich der Amtmann frühzeitig von der Hilfe, die Land- u. Forstw. durch Vögel erfahren können. Nachdem er 1902 sein Gut Trebbichau bei Aken seinem Bruder übergeben hatte, begann er sich in Köthen mit praktischen Hege- u. Schutzmaßnahmen zu beschäftigen. Für die von ihm entworfenen Nistkästen dienten nicht Spechthöhlen als Muster; im Gegensatz zu C. W. L. Gloger und Frhr. v. Berlepsch (s. d.) gab er ihnen flachen Boden und viereckige Form. Außerdem versah er sie mit Abwehrvorrichtungen gegen tierische Nesträuber. Um die Versuche in größerem Maßstab fortsetzen zu können, pachtete er 1920 das leerstehende Pfarrhaus in Steckby (Elbe). Vom Bund f. Vogelsch. gefördert, entstand hier, als 1932 die staatliche Anerkennung erfolgt war, aus den von ihm angelegten Vogelschutzgehölzen die heutige Muster- u. Versuchsstation. Der Tierschützer war daneben erfolgreicher Naturphotograph, dessen Freiaufnahmen von seltenen Arten Beifall und Verbreitung fanden und die Unterstützung durch den Orn. Ver. J. F. Naumann in Köthen (später Anhalt. Bund f. Vogelsch.) und durch den Dt. Bund f. Vogelsch. nach sich zogen. Dadurch erweiterte sich Behrs Wirkungsbereich auch auf deren Schutzbezirke (Werderinseln bei Hiddensee, Pom., Fries. Inseln, Alpen). In Kreisen außerhalb der Orn. wurde er ferner bekannt, weil er sich des Schutzes der letzten Elbebiber annahm und ihre Lebensweise lichtbildnerisch erfaßte. Seine Bemühungen ermöglichten tiefe Einblicke in die Biol. der Biber und wurden mehrfach lit. gewürdigt (z. B. G. Hinze, „Biber in Deutschl.“ und „D. Biber“, 1950). Die Photos des „Bibervaters“, der selbst kein Buch schrieb, nahm das Schloßmus. von Zerbst auf; seine Vogelsamml. kam in das Magdeb. Mus. f. Naturk.

—Lit.: Nachruf (von M. Herberg). Dt. Weidwerk 1934, Heft 4, S. 397/98. - Bildnisse in A. Hilprecht, Vogelk. im Magdeb. Lande, 1938 u. G. Hinze, D. Biber, Berl. 1950. - M. Herberg, D. Vogelschutzstation Steckby, Kleine Bibliothek d. Natur- u. Heimatfreunde 6, Dresd. 1955.

Behrens, Karl, * 6. 8. 1860 Ummeln (Kr. Bielefeld), † 19. 4. 1931 Bielefeld. Nach dem Besuch des Seminars in Petershagen kam er 1880 als Lehrer nach Dankersen und 1881 nach Bielef. an die Mädchenschule (die spätere Luisen-Mittelschule). Hier lehrte er hauptsächlich naturw. Fächer und wurde Konrektor. Schon der Knabe streifte sammelnd durch den Schlebrinker Busch und andere Teile der Heimatgemarkung. Diese Zeit gab den Anstoß für eine dauernde Liebe zur Vogelwelt und verlieh ihm das Rüstzeug geweckter Sinne für eine rege Beobachtertätigkeit. In dem 1908 gegründeten Naturw. Ver. Bielef. nahm er bald eine führende Stelle ein. Damals baute er die Grundlagen für spätere vogelk. Arbeiten über einen Teil des Teutoburger Waldes und die davor gelegene Emsniederung; es waren Veröff. wie „Beitr. z. Vogelf. v. Bielef. u. Umgegend“ (Ber. Bonn 1908), „Aus d. Vogelw.“ (Ber. Bielef. 1908, 1909/10), „Aus d. Leben d. Wasserralle“ und „Merkwürdiger Vogelzug“ (ebd. 1911/12), „Seltenerwerden einiger Vogelarten in d. Umgeb. v. Bielef.“ (ebd. 1914/1921), „Merkwürdigkeiten u. Rätsel aus d. heimat-

lichen Vogelw.“ und „Schmuck liebende Stare“ (ebd. 1922/27). Auch in Tageszeitungen, im Heimatkalender „D. Ravensberger“, in Vorträgen und auf Führungen ergriff er vielfach das Wort. Daneben war er als Hauptpfleger der „gute Geist“ des Naturk. Mus. von Bielef. und gewann so gesicherte örtliche Bedeutung. Biol. Wissen in volkstümlich plaudernder Form zu bieten, war sein Bestreben. Daß er dabei Gefahr lief, gelegentlich die wissensch. Voraussetzungen aus den Augen zu verlieren, zeigte u. a. ein kleines bebildertes Werkchen, das unter dem Titel „Meine gefiederten Freunde“ 1928 der Verlag von Bethel brachte. Es sollte auf die Jugend erzieherisch wirken, war aber durch vermenschlichende Darstellung der Naturvorgänge dem guten Zweck nicht gewachsen.
— Lit.: Nachruf (von H. Kuhlmann). Ber. Bielef. 7, 1928/33, S. 9/10.

Beick, Walter, * 1. 10. 1883 Werro (Estland), † 25. 3. 1933 Wajan Tori am Edsin-Gol (China). Außerhalb der dt. Reichsgrenzen geb. und das Feld seiner Forschungen in Zentral-Asien findend, pflegte er doch besondere geistige und wissensch. Beziehungen zu Deutschl. Als Sohn eines Rechtsanwalts besuchte er ein dt.-russ. Gymnasium in Petersb. und studierte an der Forstakad. Eberswalde und in Münch. Nachdem er während des 1. Weltkrieges anfangs im russ. Heer kämpfen mußte, stand er von 1916 ab im Forstdienst in Russ. Turkestan. 1920 floh er vor den Bolschewiken auf chinesisches Gebiet und begann dort eine außerordentlich umfangreiche Sammler- u. Forschertätigkeit. Um leben zu können, lieferte er naturw. Material an die Mus. von Berl., Amsterdam und Kopenhagen. 1926 bis 1927 begleitete er die Exp. von W. Filchner, machte sich dann aber im Gebiet von Nordwest-Kansu wieder selbständig. Behinderung und Bedrohung durch politische Unruhen, Geldmangel, Krankheit und Enttäuschungen untergruben als zermürbende Schicksalsschläge allmählich und vorzeitig den zähen Willen des für das Studium der Natur begeisterten Reisenden. Körperlich und seelisch gebrochen, schied er freiwillig aus dem Leben, ehe er sein Ziel, die Biol. der Vögel Kansus zu schreiben, erreicht hatte. Ursprünglich war er im Bereich der Vogelwelt nur wenig bewandert. Wie seine Aufz. ausweisen, erweiterte er aber Artenkenntnis und Einblick in die wissensch. Fragestellungen so zielstrebig und mit so schnellen Fortschritten, daß die Orn. schließlich fast seine ganze Aufmerksamkeit in Anspruch nahm. Diese Hinneigung verdankte er aufmunternder Hilfe und sachkundigen Ratschlägen durch E. Stresemann, der seit 1927 in Orn. Mber. auch über „Neue Formen aus Nord-Kansu“ berichtete und 859 Bälge für das Berl. Mus. ankaufte. Der an äußerer und innerer Not gescheiterte Forstmeister vermachte daher, nachdem er sich selbst nur in Orn. Mber. 34, 1926 u. 35, 1927 zu Wort melden konnte, seine Samml. (1200 Bälge) und Niederschriften dem Berl. Zool. Mus.; im Tagebuch fanden sich über 2841 präparierte Vögel genaueste ökol. und weitere wichtige Angaben. Die Hinterlassenschaft erfuhr durch E. Stresemann im Verein mit W. Meise und M. Schönwetter (s. d.) in den „Aves Beickianae, Beitr. z. Orn. v. Nordwest-Kansu . . . 1926—1933“ (J. Orn. 85, 1937 u. 86, 1938) eine erschöpfende Auswertung, die die orn. Verdienste, aber auch die Tragik dieses unruhvoll bewegten Lebens ahnen läßt.
— Lit.: Briefl. Nachr. in Orn. Mber. 36, 1928. - Nachruf (von E. Stresemann). J. Orn. 85, 1937, S. 375—389 (mit Bildnis).

Bekker, Carl Wilhelm, * 23. 10. 1765 Darmstadt, † 13. 6. 1826 Darmstadt. Der Vater war Senator und Mehlwaag-Inspektor. Wie sein Bruder Georg B. (s. d.) arbeitete er an der „Teutschen Orn.“ mit. Von Heft 2 (1800) an erscheint sein Name unter denen der Herausgeber. Über seinem Lebensablauf liegt ein leichter Schleier. Er war nüchtern rechnender Kaufmann und fand im Darmst. Naturalien-Kabinett unter seinem Bruder Beschäftigung. So regelte er 1805 die Übernahme der Samml. des Kölner Barons Hüpsch, die dem Landgrafen testamentarisch zugefallen waren. In dieser Form und bei ähnlichen Gelegenheiten dürfte er mitgewirkt haben, im landgräfl. Mus. die dt. Vögel „wohl größtenteils“ zu vereinen (wie L. Oken in Isis 1819 rühmend sagte), und dadurch eine der Grundlagen zu schaffen, aus denen die „Teutsche Orn.“ zwischen 1800 und 1817 erwachsen konnte. Nichts deutet darauf hin, daß er durch besondere orn. Kenntnisse eine weitere irgendwie nennenswerte Rolle in diesem Rahmen gespielt hätte. In der damaligen Notzeit der Napoleonischen Besetzung zog aber das Fürstenhaus den Geschäftstüchtigen zur Erledigung schwieriger wirtschaftlicher, politischer, kriegsorganisatorischer und wohl auch delikater Angelegenheiten heran. Auf Verwendung seines Bruders wurde ihm daher 1805 für die nicht näher bekannten Dienste der Titel eines Kriegskommissärs verliehen. Die Ernennung zum Kriegsrat, wie P. Leverkühn (s. u.) irrtümlich behauptete, und damit zum ordentlichen Mitglied des Kriegsdepartements, erreichte er nie. Trotz der zahlreichen Missionen im Auftrag des Landesherrn blieben seine Lebensumstände auch nach den Kriegen stets gedrückt.
— Lit.: Akten d. Hess. Staatsarch. Darmst. - Msk. v. P. Leverkühn, aufbewahrt im Zool. Mus. Berl. - A. Schmidt, Baron Hüpsch u. sein Kabinett, Darmst. 1906.

Bekker, Ernst Friedrich Georg, * Darmstadt, † 1856 Darmstadt. Er war Sohn von Carl Wilhelm B. (s. d.) und strebte ursprünglich als Kandidat der Kameralwissensch. einer staatlichen Verwendung zu. Nebenher beschäftigte er sich mit der Zool. und unterstützte jahrelang im Großherzogl. Kabinett seinen Onkel Georg B. (s. d.) so fleißig, daß er auf dessen Empfehlung 1824 ganz in die Dienste des Zool. Mus. übernommen wurde. Er soll auch ein forstwissensch. Examen abgelegt haben. 1831 wechselte er zur Buchdruckerkunst über und erwarb später die Hofbuchdruckerei Bekker in Darmst. Zool. Studien blieb er aber bis zu seinem Tode treu. Es ist nicht ganz ausgeschlossen, daß er als drittes Glied der Familie B. an der „Teutschen Orn.“ mitarbeitete; denn der „jüngere B.“, der auf mehreren Lieferungen des Werkes erwähnt ist, muß nicht unbedingt Georg B. gewesen sein.
— Lit.: Akten d. Hess. Staatsarch. Darmst.

Bekker, Georg, Dr., * 22. 9. 1770 Darmstadt, † 24. 8. 1836 Darmstadt. Aus der Darmst. Familie B. ragt er als der bedeutendste Kopf hervor. Nach dem Besuch des Gymnasiums, das er 1787 verließ, befaßte er sich zunächst wohl „mit zur

willkürlichen Gerichtsbarkeit gehörigen Geschäften".Während der Truppenbewegungen am Rhein gab er sich dann „aus Rücksicht einer besseren Subsistenz" zwischen 1792 und 1796 „verschiedenen Spekulationen" hin. Nebenher versäumte der kaufmännisch Tätige aber nicht, sich in privaten Studien naturk. zu bilden und den Weg in die theoretische und praktische Forst- u. Jagdwissensch. so erfolgreich zu beschreiten, daß er die Aufmerksamkeit der Obrigkeit auf sich lenkte. 1797 wurde er daher Inspektor des Landgräfl. Naturalienkabinetts, 1806 Rat, 1807 Assessor und 1817 Oberforstrat am Großherzogl. Oberforstkolleg. Die Orn. muß ihn stark beansprucht haben. Unter dem Pseudonym G. Pistorius schrieb er 1799 eine „Anleitung z. Ausstopfen u. Aufbewahren der Vögel . . .". Für J. M. Bechsteins (s. d.) „Diana" lieferte er Beschr. einer jungen Lachmöwe (1801), eines jungen Weibchens des Purpurreihers (1801) und des Winterkleides eines Prachttaucherweibchens (1805). Nach R. Heß (Lebensbilder hervorragender Forstmänner, Berl. 1885) ist eine der ersten dt. Vogelschutzbestimmungen, die Verordnung des Großherzogtums Hess. v. 23. 8. 1809, mit auf seine Tatkraft zurückzuführen. J. M. Bechstein, mit ihm in aufrichtiger Achtung verbunden, setzte hohes Vertrauen in seine Einsicht und Kenntnisse. Er überließ ihm z. B. das Msk. des „Taschenbuchs . . ." zur Begutachtung und Ergänzung; und B. schickte es 1802 zurück mit eigenen Bem. und solchen von M. B. Borkhausen (s. d.). Obendrein beteiligte er sich mit Zeichnungen am „Taschenbuch . . ." und an den „Getreuen Abb. naturh. Gegenstände . . ." seines Freundes. Die deutlichsten und für die Entwicklung der dt. Orn. nachhaltigsten Spuren hinterließ er aber durch die Mitherausgabe der „Teutschen Orn.". Es steht außer Zweifel, daß er, auch als der kränkelnde Borkhausen noch lebte, die Hauptlast am Werk zu tragen hatte. An Bechstein schrieb er am 17. 6. 1800: „Die mit unserer Unternehmung verknüpften Geschäfte und Arbeiten sind ungeheuer . . . Dies trifft dann zumal mich, indem ich nicht nur das Merkantilische samt der Korrespondenz im ganzen Umfange der Enterprise besorge, sondern auch noch obendrein den dt. Text zum Werke schreibe." In einem Brief an J. A. Naumann v. 14. 2. 1805 bezeichnete er sich daher „als . . . im Grunde, einzigen Verf. der bekannten Teutschen Orn. oder Naturgesch. aller Vögel Teutschl.". Entsprechend weitreichend war das Ansehen des tüchtigen Vogelkenners. Vielen Gelehrten Gesellschaften gehörte er als wirkliches oder korrespondierendes Mitglied an, und die Univ. Jena verlieh ihm 1804 die phil. Doktorwürde. Kein Geringerer als Goethe würdigte ihn einer namentlichen Erwähnung in „Kunst u. Altertum . . ." (Stuttg. 1816); er rühmte ihn als einen der Köpfe in der Betreuung der Darmst. naturw. Samml.
— Lit.: H. E. Scriba, Biogr.-lit. Lex . . . Darmst. 1, 1831, S. 17—19 u. 2, 1843, S. 43. - Msk. v. P. Leverkühn, aufbewahrt im Zool. Mus. Berl. (mit Bildnis). - L. Gebhardt u. W. Sunkel, D. Vögel Hess., 1954, S. 47.

Bél (Belius), Matthias, * 24. 3. 1684 Ocsova (Komitat Zólyom), † 29. 8. 1749 Preßburg. Aus seinem Leben sind folgende Daten bekannt: 1704 Studium der Theol. in Halle, 1707 Geistlicher und Gymnasialrektor in Besztercebánya, 1714 Direktor der luth. Mittelschule in Preßb., 1719—1742 dt. luth. Geistlicher in Preßb. Er schrieb „Notitia Hungariae novae historico-geographica . . ." (Wien 1735—1749) und hinterließ, obwohl er kein Ornithologe war, in diesen Monogr. über ung. Komitate recht genaue, die damalige Avif. kennzeichnende Daten.
— Lit.: Pallas Lex. 3, 1893, S. 17.

Benicken, Johann Casimir, * 1781 Schleswig, † 1. 12. 1838 Schleswig. Der in seiner Vaterstadt tätige Stadtsekretär und Regierungsrat war eifriger Sammler und guter Kenner der Möwen und Seeschwalben. Sein Wissen über diese Arten brachte ihn in enge Verbindung mit J. Ph. A. Leisler (s. d.), dem er für die Ann. Wett. 3, 1814 „Beitr. z. Naturgesch. einiger Wasservögel" lieferte. Durch diese Veröff. wurde J. F. Naumann auf ihn aufmerksam und erbat sich mit bestem Erfolg Hilfe bei der Behandlung der dem Binnenländer nicht genügend bekannten Formen. Der Verf. der „Naturgesch. d. Vögel Deutschl." erhielt Auskunft und Bälge. Dafür dankte er in der Vorrede (Bd. 1, 1820). B. schrieb auch „Beitr. z. nordischen Orn." (Isis 1824), und Ch. L. Brehm (s. d.) nannte ihn unter den Mitarbeitern der „Ornis" (1824—1827). Zusammen mit B. Ch. Schleep (s. d.) verfaßte er ein „Verz. d. in d. Umgeb. Schlesw. bemerkten Vögel" (J. v. Schröder, Gesch. u. Beschr. d. Stadt Schlesw., 1827) und bereicherte durch Schenkung die Vogelsamml. der Univ. Kiel.
— Lit.: P. Thomsen u. E. Stresemann, Naumann-Biogr., 1957.

Benkö, Josef, * 20. 12. 1740 Bardóc, † 28. 12. 1814 Középajta (Siebenbürgen). Nachdem er in Székelyudvarhely und Nayenyed die Schulen besucht hatte, war er seit 1765 kalv. Geistlicher in Középajta. Auf Grund seiner Beschäftigung mit der Geschichte und Botan. seines Landes wurde er 1781 Mitglied der Wissensch. Ges. zu Harlem. 1777 schrieb er ein zweibändiges Werk „Transsylvania . . . ", in dem er sich auf Linnés Klassifikation stützte, ohne durchgängig die binäre Nomenkl. zu gebrauchen. Im 1. Bd. zählte er unter den Wirbeltieren eine Anzahl Vögel auf, von denen sich 63 eindeutig bestimmen ließen. Die natürlich unvollständige Liste stellte den ersten avif. Versuch für Siebenb. dar und war die beachtenswerte Leistung eines landschaftlich gebundenen Gelehrten, der noch nicht als Ornithologe gelten darf. Er war bescheidener Wegbereiter der erst um 1840 einsetzenden ernsthafteren orn. Forschung in Siebenb. und hat somit Anteil an der orn. Entwicklung eines kleinen Landes, das infolge seiner dauernd bedrohten geogr. Lage und seines Volkstumskampfes länger eine terra incognita blieb als die glücklicheren Länder des europ. Westens.
— Lit.: Biogr. Lex. Kaisert. Österr. 1, 1856, S. 277/78. - Pallas Lex. 3, 1893, S. 99. - O. v. Krücken u. I. Parlagi, D. Geistige Ung., . . . 1918, Bd. 1, S. 97.

Berg, **Günther** Hans Dietrich Freiherr von, * 14. 2. 1841 Oldenburg, † 21. 11. 1917 Straßburg. Sohn eines oldenb. Ministers, war er nach 1871 Forstrat und später dt. Landforstmeister im Ministerium für Elsaß-Lothringen; in Straßb. verbrachte er auch den Ruhestand. Mit seiner amtlichen Tätigkeit verbundene Bemühungen auf dem Gebiete der Vogelk. wurden in den 80er Jahren erkennbar. Sie führten zur Verbindung mit namhaften Ornithologen seiner Zeit und 1891 zur Mitgliedschaft bei der DOG. Die vom 1. internat. Orn.-Kongr. in Wien 1884 ausgehenden Anregungen bewogen ihn, mit Hilfe von Forstbeamten, Lehrern und Pfarrern in 54 über die damaligen Reichslande verteilten Orten eine große Anzahl von Einzelbeobachtungen zu sammeln. Unter dem Titel „Orn. Beob. aus Els.-Lothr. 1885—1892" (Ornis 8, 1896; 9, 1897/98; 10, 1899) sollten sie ein Bild des Vogelzugs in jener Gegend erbringen; wie allenthalben waren sie mit den Mängeln der Jber. d. Ausschusses f. Beob.-Stat. d. Vögel Deutschl. behaftet und daher wissensch. kaum verwertbar. Jagdliche Gesichtspunkte beherrschten vorwiegend andere Arbeiten aus seiner Feder wie „Gehört d. Auergeflügel z. d. Strichvögeln?" (Orn. Ms. 27, 1902) (auf Grund von Erfahrungen aus d. Vogesen), Aufz. über die Falknerei am Kaiserhof des Hl. Röm. Reiches Dt. Nat. nach einem Hofjagdkalender von 1709/10 (Dt. Jagdztg. 46, 1905/06), „Beob. aus d. Leben d. Waldschnepfe" (Zs. d. Allg. Dt. Jagdschutzver. 15, 1909/10) (mit reichen, auch für den Ornithologen wertvollen, hauptsächlich in Els.-Lothr. gesammelten Feststellungen), „Nochmals Schnepfenfragen" (Dt. Jztg. 59, 1912) (mit der Überzeugung, daß zweimaliges Brüten die Regel sei). Daß der Jäger auch ein offenes Ohr für das Vogellied hatte, zeigte eine Betrachtung „V. Gesang d. Schwarzköpfigen Grasmücke - S. atricapilla" (Orn. Ms. 35, 1910), in der er von mangelhaftem Überschlag der Mönchsgrasmücke in Baden-Baden berichtete. Er gehörte zu den vielen Freunden der heimischen Vögel, die die Vogelk. mehr oder weniger am Rande fördern.

Berge, Friedrich, * 11. 12. 1811 Stuttgart, † 19. 9. 1883 Stuttgart. Der „Literat" und Sohn eines Schriftgießers heiratete 1854 in Steinenberg (Kr. Waiblingen) und wohnte von 1856—1858 in Göppingen. Erst von 1875 ab verzeichnete ihn das Stuttg. Adreßbuch wieder als „Bauratsschreibereiassistenten". Außerdem betätigte er sich offenbar ausgiebig als flüchtiger Vielschreiber auf naturw. Gebiet. U. a. brachte das Korr. Württ., N. F. 18, 1840 aus seiner Feder einen Beitr. über die „Vertebraten Württ.", dessen Inhalt, gestützt auf Ch. L. Landbecks (s. d.) kritische Liste, auch die Vögel des Landes behandelte, ohne etwas stichhaltig Neues zu bieten. Die Unzuverlässigkeit vieler Angaben unterstrich allein die Behauptung des Verf., daß er selbst in Württ. die Eier des Rauhfußbussards, des Mauerläufers und des Bergfinken gefunden habe, und daß der Rötelfalke in fast allen Wäldern vorkomme. 1840/41 ließ er obendrein in 2 Bänden die „Fortpflanzung europ. u. außereurop. Vögel" erscheinen, ein mit zweifelhaften Abb. ausgestattetes Eierwerk, von dem schon W. Thienemann (s. d.) in Rhea 1849, Heft 2 sagte, daß es „mit großem Geräusch ins Leben trat, aber den versprochenen Leistungen durchaus nicht entsprochen hat". Nachdem der buntschillernde, der Oberfläche verhaftete Mann 1854 der DO-G beigetreten war, drängte es ihn auch noch zum wissensch. „Versuch einer natürlichen Klassifikation d. Vögel" (Naum. 5, 1855). Er führte ihn in die Nähe Okenscher Vierzahl-Konstruktionen. Innerhalb seines Systems waren die Vögel „Luft- oder Nerventiere".
— Lit.: W. Bacmeister, Abriß einer Gesch. d. Württ.Vogelk., Jh. Württ. 102—105, 1950, S. 20/21. - Familienregister des Standesamts Stuttgart.

Berge, Robert, * 3. 2. 1851 Soppen (Kr. Meißen), † 9. 8. 1907 München. Der Bauernsohn durchlief die übliche Lehrerausbildung im Seminar Nossen und fand in Zwickau 1873 Dauerstellung. Hier war er zuletzt Oberlehrer an einer Bürgerschule. Er starb auf einer Sommerfahrt. Durch Lieferung von Material für die Orn. Beob.-Stat. Sachs. wurde er zur Vogelk. geführt. Er ging ihr an seinem Wohnort und auf Reisen eifrig nach. Verdienstvoll förderte er insbesondere die Kenntnis der Vögel seiner engeren Heimat. Seine erste größere Arbeit waren die „Vögel d. Umgegend v. Zwickau" (Jber. Zwickau 1896). R. Heyder nannte in den „Vögeln d. Landes Sachs." (1952) 22 Titel aus Orn. Mber., Orn. Ms., J. Orn., Jber. Zwickau. Daneben brachte vornehmlich das Leipz. Tagebl. faun. Veröff., die sich durch geschickte, volkstümliche Darstellung auszeichneten.

— Lit.: Nachruf (von R. Zimmermann). Zs. Ool. 17, 1907, S. 97/98. - Nachruf (von R. Heyder). Orn. Ms. 33, 1908, S. 47—50 (mit Verz. d. Veröff.). - Bildnis in R. Heyder, D. Vögel d. Landes Sachs., 1952.

Berlepsch, Hans Graf von, * 29. 7. 1850 Fahrenbach (Kr. Witzenhausen), † 27. 2. 1915 Göttingen. Nach dem Schulbesuch in Kassel und dem Dienst bei den dortigen Husaren (1870) studierte er in Zürich Sprachen, in Leipz. und Halle Zool. Kassel und Hann. Münden waren in den folgenden Jahren die Wohnsitze. 1895 siedelte er nach Schloß Berlepsch oberhalb Gertenbach (Werra) über. Neben der Verwaltung der Majoratsgeschäfte stand in seinem Leben die Vogelk. als Gegenstand einer rastlosen Freude an Forschung und geistiger Tätigkeit. In den Hallenser Semestern erwachte seine Sammelleidenschaft durch Beziehungen zur Lehrmittelhandlung von W. Schlüter (s. d.). Die hier erworbenen ansehnlichen Vogelkollektionen aus dem südbras. Staate Santa Catharina lenkten seinen Blick für immer auf die neotropische Fauna. Eine Reise nach Engl. brachte ihm 1879 die Freundschaft und Förderung von P. L. Sclater und damit die rechte wissensch. Ausrichtung. Neben diesem Lehrmeister und Mentor löste die Verbindung mit dem nach Bras. übergesiedelten Studienfreund H. v. Ihering (s. d.) die Lieblingsbeschäftigung mit den Kolibris, Tyranniden und Tangaren aus. Tüchtige Reisende — unter ihnen G. Garlepp und J. Stolzman (s. d.) — lieferten ihm Bälge aus Ekuador, Bolivien, Curaçao, Peru und dem Gebiet des Orinoko. Auf dieser Ausbeute fußten 83 Studien und Monogr.; 18 Gattungen und an 350 Arten und Unterarten stellte er darin auf. Die Veröff. standen seit 1873, dt., engl. oder franz. geschrieben, in J. Orn., Ibis, Proc. Z. S. London, Jber. Kass., Zs. ges. Orn., Auk, Proc. U. S. Nat. Mus., Orn. Mber., Ber. Senck., Ornis und Novit. Zool. Schon 1890 bekannte er sich zur trinären Benennung; die Deszendenztheorie zu ihrer Grundlage zu machen, lehnte er allerdings bei der Definition der Subspezies zugunsten rein praktischer Gesichtspunkte ab und trennte sich in dieser Frage von E. Hartert (s. d.). Eine ungewöhnliche Begabung für vergleichende Unters. und ein hohes Maß an Selbstkritik befähigten ihn, sich an die Lösung schwierigster system. Probleme heranzuwagen. Daneben besaß er ein tiefgründiges Wissen vom lebenden Vogel. Sein Ruf als orn. Autorität war daher schon in den 80er Jahren unbestritten. E. Hartert bereitete sich vor seiner großen Westindienreise längere Zeit im Mus. des Grafen vor. O. Kleinschmidt (s. d.), der von 1895—1897 Assistent auf Schloß Berlepsch war, schrieb, daß ein Aufenthalt von einem Monat bei diesem „Meister der System. und der Sammeltechnik" mehr wert gewesen sei als ein Jahr zool. Universitätsstudium. Er lernte bei dem Grafen „Practica, die auf keiner Univ. gelehrt werden und auf keiner Univ. der Welt bekannt sind". C. E, Hellmayr (s. d.) eignete sich 1904/05 „in der trefflichen Schule des Grafen ... erst Methode, System u. Gründlichkeit orn. Arbeitens" an. Volkstümlichen Zeitschr. und Tageszeitungen gegenüber übte v. B. Zurückhaltung. Nur einmal, kurz vor seinem Ableben, nahm er im Witzenhäuser Kreisbl. Stellung zur Frage des Vogelschutzes, den er anders auffaßte als sein Vetter. Er wandte sich darin deutlich gegen die Übertreibung in der Winterfütterung. „Das sentimentale Geschwätz europ. Vogelfreunde" (J. Orn. 32, 1884) schien ihm oft ein Schaden für wissensch. Bestrebungen. Nach seinem Tode wurde die Bibliothek, eine der größten in dt. Privatbesitz, versteigert. Die Vogelsamml. mit über 50 000 Stücken, darunter nahezu 300 Typen, kam in das Mus. der Senck. Naturf. Ges. in Frankf. (Main). Bedeutend ist die Zahl der nach ihm benannten Tierformen; sie spricht für die ihm im In- u. Auslande gezollte Anerkennung.

— Lit.: Nachruf (von O. Kleinschmidt). Falco 11, 1915, S. 22—33 (mit Bildnis). - Nachruf (von C. E. Hellmayr). J. Orn. 63, 1915, S. 557—568 (mit Bildnis u. Verz. d. Veröff.). - Nachruf von P. L. Sclater). Ibis (10) 3, 1915, S. 620. - Nachruf (Verf. ungen.). Auk 32, 1915, S. 539. - L. Gebhardt u. W. Sunkel, D. Vögel Hess., 1954, S. 85/86 (mit Bildnis). - Würdigung (von E. Stresemann). N. Dt. Biogr. 2, 1955, S. 96/97.

Berlepsch, Hans Freiherr von, Dr. h. c., * 18. 10. 1857 Schloß Seebach, Kr. Mühlhausen (Thüringen), † 2. 9. 1933 Seebach. Nach dem Matur in Roßleben trat er 1879 in ein Husarenregiment ein und stand in Düsseldorf, Benrath, Wandsbeck, Kassel, Paderborn. 1905 nahm er als Major den Abschied und starb als Oberstleutnant a. D. Vom Vater waren auf ihn die Freuden am Käfigvogel, an der Freilandbeob. und an der Jagd übergegangen, Neigungen, denen er bis ins Alter huldigte. Sie führten ihn u. a. zum Nachweis des vorher nicht bekannten Steinsperlingvorkommens auf Burg Haineck 1892 (Orn. Mber 1, 1893) und zum Vortrag über das cairii-Kleid des Hausrotschwanzes auf dem 4. internat. Orn.-Kongr., London 1905. Auch Reisen (Ital., Afrika, Südamerika, Riesengeb., Schweiz, Engl., Ung., Norw., Eismeer) galten der Vogelk. Seinen Namen machte er nicht durch Beitr. zur Förderung der orn. Wissensch. bekannt, sondern durch die Aktivierung des Vogelschutzgedankens, der sich angesichts der Naturverödung und unter dem Einfluß von K. Th. Liebe (s. d.) gegen Ende des Jahrh. in breiteren Volksschichten zu regen begann. Mit seinem Buche „D. ges. Vogelschutz", das von 1899 bis 1929 in 12 Aufl. die Schutzmaßnahmen verbreitete, wandte er sich mit großem Erfolg werbend an vogelfreundliche Kreise und an amtliche Stellen. 1884 begann er schon mit der Anlage des Schutzgehölzes in Seebach; dort errichtete er eine Versuchsstation, die, 1908 staatlich anerkannt, Sachkenner für die Praxis schulte und 1936 Vogelschutzwarte wurde. Mit der Nachbildung natürlicher Spechthöhlen und der Anregung zu vermehrter Winterfütterung glaubte er weiter der rückläufigen Entwicklung steuern zu können. Die ohne Zweifel ethisch wertvollen Unternehmungen waren allerdings widerspruchsvoll begründet. Auf der einen Seite wurden Gefühlswerte im Menschen angerufen. Auf der anderen Seite stand die Nützlichkeitsfrage zu sehr im Vordergrund. Er überschätzte die ungenügend bewiesene wirtschaftliche Bedeutung der insektenfressenden Kleinvögel, indem er forstentom. Gesichtspunkte wie die Rolle der Schmarotzerinsekten unberücksichtigt ließ. Mit dieser engen Einstellung, die schon den Widerspruch kenntnisreicher Zeitgenossen herausforderte, ging Hand in Hand die Vernachlässigung des Schutzes der Raub- u. Sumpfvögel (er forderte die Bekämpfung von Habicht und Sperber!). Wesentlicher als die Schritte zur Erhaltung der durchaus nicht allein oder gar in besonderem Maße bedrohten Kleinvögel war daher seine Beteiligung an der Schaffung von Seevogelfreistätten an den dt. Küsten. Beispielhaft wirkte die Übernahme der Insel Memmert, die er 1907 auf Betreiben von O. Leege (s. d.) zusammen mit Graf W. v. Wilamowitz-Moellendorf (s. d.) als Schutzkolonie pachtete. Obwohl seine hegerischen Bemühungen den Landschaftsschutz nur am Rande berührten, fanden sie Anerkennung durch die Ernennung zum Dr. h. c. von seiten der phil. Fak. Halle 1923 und die Ehrenmitgliedschaft der DOG 1925.

— Lit.: Autobiogr., J. Orn. 70, 1922, S. 324—361. - Würdigung (von F. Schwabe). Orn. Beob. 30, 1932/33, S. 6—9 (mit Bildnis). - Nachruf (von O. Leege). Orn. Ms. 58, 1933, S. 129/30. - Nachruf (von K. Mansfeld). Gef. W. 62, 1933, S. 470 (mit Bildnis). - L. Gebhardt u. W. Sunkel, D. Vögel Hess., 1954, S. 84. - Würdigung (von E. Stresemann). N. Dt. Biogr. 2, 1955, S. 97. - Bildnisse in „D. ges. Vogelsch.", 12. Aufl. 1929 u. W. Schuster, Vogelf. v. Großhess. u. Nassau, 1941.

Bernhardt, Paul, * 5. 2. 1886 Mittweida (Sachsen), † 29. 5. 1952 Moritzburg (Bez. Dresden). Nach dem Besuch des Seminars in Rochlitz war er von 1907 ab Lehrer in Ottendorf und Dresd. und seit 1914 im Berufsschuldienst. Von 1919—1925 hatte er den Vorsitz im sächs. Berufsschulverein inne. 1926 übernahm er die Leitung der Knabenberufsschule Dresd. Die Ereignisse von 1933 unterbrachen für kurze Zeit, die von 1945 endgültig seine Tätigkeit als Lehrer. Während der Dresd. Jahre wuchs die auf dem Seminar schon geweckte Neigung zur Orn. Das Leben der Wasser- u. Sumpfvögel im Bereiche der Moritzb. Teiche zog ihn in erster Linie an. 1923 beobachtete er den Herbstvogelzug auf Helgoland, 1929 in Rossitten. Zu meisterhaften Leistungen brachte er es dazu als Lichtbildner. Besonderen Beifall fand der Film über die Lachmöwen am Freitelsdorfer Vierteich bei Radeburg. Filmfahrten führten ihn 1925 nach der Dobrudscha und 1931 nach Island. Seine feldorn. Erfahrungen erlaubten ihm den Aufbau einer trefflichen Vogelsamml. in Schloß Moritzb. Nachdem sie ein Opfer der Katastrophe von 1945 geworden war und 1946 in der sog. Fasanerie eine neue, viel besuchte Schausamml. der Vogelschutzwarte entstand, lag die Verwaltung bis 3 Monate vor seinem Tode wieder in seinen bewährten Händen. R. Heyder vereinte in den „Vögeln d. Landes Sachs." (1952) 20 seiner Beitr. zur Kenntnis der Vögel aus dem Umkreis von Dresd. Sie standen in der weitaus überwiegenden Mehrzahl in Mitt. Sachs. und vereinzelt in Mitt. Sächs. Heimatsch., Orn. Mber.,

B. z. F., J. Orn., B. z. Vk. Mehr als das Schreiben lag ihm das gesprochene Wort, das er mit Vollendung handhabte; und in vielen Vorträgen ließ er die Zuhörer etwas spüren von seiner uneigennützigen Liebe zur Natur und vornehmlich zu den Vögeln. Verbitterung über ihm zugefügtes Unrecht war mit eine Ursache dafür, daß er sich nicht zur Bearbeitung seiner Tagebücher entschließen konnte.
— Lit.: Nachruf (von R. Heyder). B. z. Vk. 3, 1952, S. 53—57 (mit Bildnis). - Nachruf (von G. Zeh). Vw. 74, 1953, S. 18/19 (mit Bildnis).

Bernstein, Heinrich Agathon, Dr., * 22. 9. 1828 Breslau, † 18. 4. 1865 Salawati (Südsee). Als Sohn eines Arztes und Orientalisten studierte er in seiner Geburtsstadt Med. und Naturw. Von den Tropen angelockt, übernahm er 1854 die Stelle eines Direktors am Sanatorium von Gadok (Java). In kurzer Zeit machte er sich mit der Biol. der Vögel Javas so vertraut, daß ihm gar der Name eines javanischen Naumanns beigelegt wurde. Von etwa 70 Arten gab er meisterhafte Lebensbeschr. Durch Unters. der Speicheldrüsen der Salanganen klärte er, aus welchen Baustoffen sich die eßbaren Nester zusammensetzen. Im J. Orn. 7, 1859 — 12, 1864 veröffentlichte er über neue Formen und vornehmlich über Nester und Eier eine Reihe von Aufs., die jahrzehntelang nicht übertroffen wurden. H. Schlegel (s. d.) bemühte sich daher, die Begabung und die Kenntnisse des jungen Arztes für die Wiederbelebung der 1850 aufgelösten „Naturk. Kommission" und damit für sein Leidener Mus. nutzbar zu machen. Als die holl. Regierung ihm 1859 den Auftrag zu zoo.-geogr. Exp. nach Neuguinea und den benachbarten Inseln erteilte, wählte er Ternate zum Stützpunkt und unternahm von hier aus in den Jahren 1861—1863 ausgedehnte Reisen zur gründlichen Erforschung vieler Inseln der Nordmolukken. 1864 fuhr er erneut von Batavia nach Neuguinea, dem damals so begehrten Lande der Paradiesvögel. Doch hatte er im Januar 1865 einen blutigen Kampf mit Eingeborenen zu bestehen und mußte sich von der Insel zurückziehen. Zudem warf ihn eine schwere Tropenerkrankung nieder, der er bald darauf auf seinem Segelschiff erlag. Dem Mus. in Leiden hinterließ er 2000 Vogelbälge mit einigen neuen Arten, die H. Schlegel in den „Vogels van Nederl.-Indië" (1863—1866) bekanntgab. H. v. Rosenberg (s. d.) nannte ihm zu Ehren Chalcopsitta atra bernsteini (J. Orn. 9, 1861) und Eos bornea bernsteini (Natuurk. Tijdschr. Nederl. Indië 25, 1863). Er selbst brachte über die Reisen zwischen 1860 und 1863 nur einen vorläufigen Ber., so daß seinem Lebenswerk die letzte Krönung durch eine volle wissensch. Auswertung versagt blieb. Als äußere Anerkennung wurde ihm die Ehrenmitgliedschaft der DO-G 1861 oder 1862 zuteil.
— Lit.: O. Finsch, Ber. über d. Reisen Dr. H. A. Bernsteins im Osten d. Molukken i. d. J. 1863 bis 1865, Zs. f. allg. Erdk., N. F. 19, 1865, S. 12—31. - Ders., Z. Erinnerung an Dr. H. A. Bernstein, J. Orn. 14, 1866, S. 130—139 (mit einer Ergänzung von E. v. Martens, S. 139—143). - Ders., Z. Erforschungsgesch. d. Ornis Javas, J. Orn. 54, 1906, S. 301—321. - Würdigung (von G. Quäbicker). J. Orn. 87, 1939, S. 203/04. - E. Stresemann, Entw. d. Orn., 1951. – G. C. A. Junge, Orn. onderzoek in de Ind. archipel, Ardea 41, 1953 (1954), S. 308, 309, 310. - A. A. Prestwich, I name this Parrot . . . , London 1958, S. 8.

Bertram, Karl, * 10. 5. 1878 Wolfstein (Kr. Kusel), † 3. 11. 1916 Kaiserslautern. Aus einem Lehrerhaus stammend und lange Jahre in Kaisersl. beruflich tätig, war der Seminarlehrer zu Anfang des Jahrh. mit der pfälz. Vogelwelt eingehender vertraut als irgendein anderer seiner Zeit. Über die in ernsthafter Arbeit gesammelten Erfahrungen äußerte er sich zwischen 1901 und 1913 in Orn. Ms., Orn. Mber., Pfälz. Heimatk. und Verh. Bay. Neben Einzeldarstellungen, z. B. über Brutgewohnheit des Mauerseglers, Stimme des Waldlaubsängers, Brutverbreitung der Nachtigall, hinterließ er phänol. Erhebungen über mehrere Arten seiner Heimat. Dreimal (Verh. Bay. 5, 1905; 7, 1907; 9, 1909) wirkte er an der Seite von K. Parrot, J. Gengler, L. v. Besserer (s. d.) bei der Herausgabe der „Materialien z. bayer. Orn." mit. Seit 1902 war er rühriges Mitglied der Orn. Ges. Bay.; 1908 gehörte er dem Ausschuß der Gesellschaft an. Durch Beispiel und kritischen Eifer verstand er es, die örtliche faun. Forschung anzuregen sowie zu offenen biol. Fragen aufhellende Beitr. zu liefern.

Beseke, Johann Melchior Gottlieb, Dr., * 26. 9. 1746 Burg bei Magdeburg, † 8. 10. 1802 Mitau (Kurland). An der Univ. Frankf. (Oder) studierte er anfänglich Theol., später aber Rechtswissensch. und promovierte in Halle zum Dr. jur. 1774 nahm er eine Stelle am Gymnasium Mitau an, wo er von 1783 ab, offenbar einer alten bisher verdeckten Neigung nachgebend, auch Naturgesch. lehrte. Doch schlug er eine Berufung als Prof. für Naturgesch. nach Rostock aus. Er ist der Verf. einer 1792 erschienenen und mit 9 kolorierten Kupfern versehenen Schrift „Beitr. z. Naturgesch. d. Vögel Kurl.", die sich wesentlich auf seine Samml. kurl. Vögel gründete. Darin gab er dem Rotfußfalken den Namen Falco rufipes, der dann dem älteren Linnéschen Falco vespertinus weichen mußte.
— Lit.: Allg. Dt. Biogr. 2, 1875, S. 554.

Besserer-Thalfingen, Ludwig Freiherr von, * 28. 1. 1857 München, † 26. 4. 1948 Seeshaupt (Starnberger See). Er war aktiver Offizier u. a. in Dieuze (Lothr.), lebte später in Augsb., Freising und (die längste Zeit) als Oberstleutnant a. D. in Münch. Viele Jahre gehörte er der Schriftl. des Dt. Jäger an. Von der Jagd her kam er zur Vogelk. und wurde eifriger Feldornithologe und erfahrener Formenkenner. Eine seiner ersten ausführlicheren Veröff. galt nach 4jähriger Beob. der Vogelwelt in der Umgeb. von Dieuze (Ornis 8, 1896). Andere Aufs. und Notizen standen seit der Mitte der 90er Jahre und zu Anfang des Jahrh. in Jber. Münch., Orn. Jb., Orn. Ms., Dt. Jäger, Bayer. Forst- u. Jagdztg., Mitt. d. Allg. Dt. Jagdschutzver., Verh. Bay., Anz. Bay. Als Proben seien genannt „Einige Beob. v. Vierwaldstätter u. Luganer See" (Orn. Jb. 6, 1895), „Seltene Erscheinungen aus d. südl. Bay. i. J. 1896" (ebd. 8, 1897), „V. Wanderflug d. Vögel" (Orn. Ms. 27, 1902), „Frühjahrstage am Lago Maggiore" (ebd. 29, 1904), „Ein Ausflug z. d. Niststätten d. Sterna nilotica" (Verh. Bay. 6, 1905/07). Auch war er 1901, 1903, 1905, 1907 an den „Materialien z. Bayer. Orn." beteiligt. In einem vor allem für die Jägerschaft bestimmten Büchelchen „Unsere Raubvögel mit besonderer Berücksichtigung ihrer Flugbilder" (Münch. 1926) bemühte er sich nicht nur um Verbreitung der Kunst des sicheren Ansprechens, sondern auch

um vertieftes Verständnis für den Schutz. Griff er zu Anfang der orn. Laufbahn gerne zur Feder, so lagen die Verdienste in den letzten Jahrzehnten weniger auf publizistischem und mehr auf organisatorischem Gebiet. 1897 war er einer der Gründer der Orn. Ges. Bay., und von 1911 ab — seit dem Tode K. Parrots (s. d.) — ihr Vorsitzender bis zur Auflösung durch die Besatzungsmacht. Es blieb ihm versagt, die Wiederaufrichtung der Gesellschaft zu erleben.
— Lit.: Bildnis (z. 80. Geburtstag). Anz. Bay. 2, 1937, S. 396. - Ber. über d. Festsitzung z. Feier d. 85. Geburtstages, Verh. Bay. 22, 1942, S. 370—372.

Bethlenfalvy, Ernst, * 12. 2. 1880 Käsmark (Slowakei), † 18. 6. 1955 Hunsdorf = Hunfalu, Hunovce (Slowakei). Der Gutsbesitzer war wie sein siebenb. Zeitgenosse A. v. Spieß (s. d.) Verkünder einer hohen Jagdkultur und leidenschaftlicher Verfechter des Naturschutzgedankens; als erfahrener Karpatenjäger und begeisternder Jagdschriftsteller — u. a. schrieb er in Aquila, Kócsag und verschiedenen dt. orn. Zeitschr. — hatte er einen weithin bekannten Namen. Seine Forderungen gipfelten im Ruf nach vernünftigem Schutz des Raubwildes und Verhinderung jeglicher Eingriffe in die sich selbst am besten verwaltende Natur; sein Kampf galt den mit Gift und Tellereisen arbeitenden „Bauernschießern". Nach 40jährigen Studien in freier Wildbahn ließ er die „Tierwelt d. Hohen Tatra" (1937) erscheinen, in der er — Zoologe und Biologe — die jagdlich wichtigsten Säugetiere und Vögel behandelte und für ihr Lebensrecht eintrat. Das Werk stellte zugleich für das Gebirge eine zuverlässige Avif. dar, in der naturgemäß den Raubvögeln ein bevorzugter Platz eingeräumt war. In die Vorstellung des Verf., daß die Natur nur gesunde, „normale" Geschöpfe dulde, paßte allerdings nicht „die Belastung und Behinderung des Vogelfußes durch einen Fremdkörper". Für die Vogelberingung vermochte er daher nicht das rechte Verständnis aufzubringen. Es bleibt aber sein Verdienst, zur Erforschung des Lebens der Tatravögel einen wesentlichen Beitr. hinterlassen zu haben.
— Lit.: Biogr. Notiz (von A. Keve). Aquila 63/64, 1956/57, S. 371 u. 375 (ung. u. engl.).

Biedermann, Christoph Freiherr von, * 17. 10. 1862 Grimma (Sachsen), † 5. 2. 1913 Dresden. Nach dem Abitur in Bautzen wurde er, Sohn eines sächs. Generals, aktiver Ulanenoffizier in Oschatz. Ein Asthma-Leiden, das er sich im Dienst zugezogen hatte, zwang ihn zu Anfang der 90er Jahre als Leutnant den Abschied zu nehmen. Auch dem darauf in Tharandt begonnenen forst- u. jagdwissensch. Studium konnte er aus familiären Gründen nur kurz nachgehen. In Dresd.-Räcknitz wohnend, wurde ihm schließlich die Dresd. Bibliothek zur Stätte seiner Fortbildung. Ähnlich wie der etwas jüngere F. Jungklaus (s. d.) setzte er sich als Lebensaufgabe, durch Wort, Schrift und persönliches Beispiel den Reiz der Beizjagd wieder in das Bewußtsein seiner Zeit zu rücken. Jagdliche Themen aus seiner Feder standen weit verstreut und heute kaum auffindbar in der Jagdpresse, z. B. Waidmann, A. Hugos Jagdztg., Dt. Jztg. Aufs. über die Praxis der Falknerei zu bringen, lehnte er aber ab; das ihm am Herzen liegende Stoffgebiet sollte als Krönung der jagdhist., orn., sprachlichen Forschungen der Inhalt eines umfassenden Lrb. der Beizjagd werden. Das große Ziel zu erreichen, war ihm nicht vergönnt, obwohl er seit 1894 das gesamte schwer aufzutreibende Beizjagdschrifttum des In- und Auslandes system. sammelte und eine nahezu vollständige Falknerei-Bibliothek aufgebaut hatte. Er starb nach langem, unheilbarem Siechtum an einer Blutvergiftung als Folge einer Augenverletzung, die ihm 1908 einer seiner Falken mit der Atzklaue beigebracht hatte. Sein eigener Beiztroß war bis dahin auf 24 Vögel angewachsen. Die Krankheit von 15 Jahren (er war zum Schluß gelähmt) brachte ihm und seiner Familie jedoch unaufhaltsamen Vermögensverfall und Armut. Die Mißgunst des Schicksals — dazu gehörte auch kaltblütige Ausnutzung der Notlage — zwang ihn gar zur Verpfändung der kostbaren Bibliothek, deren Verbleib bis heute ungeklärt ist. Als er die Augen schloß, war er so gut wie nicht bekannt oder vergessen. Trotzdem ist er der Geschichte der Jagdkultur einzugliedern als einer der größten wissensch. Vertreter der Falkenkunde nach Friedrich II. und H. Schlegel (s. d.).
— Lit.: Gothaisches Genealogisches Taschenbuch d. Freiherrl. Häuser, Teil B, 89, 1939, S. 52. - F. Jungklaus über Frhr. v. B. in Beizjagd, 1. Folge, Nr. 3 aus St. Hubertus 41, 1923, S. 255. - H. Kreyenborg, D. seltsame Lebenstragödie eines bedeutenden Forschers, Cynegetica (hrsg. von G. Tilander) 9, 1963, S. 287—292 (Lund).

Biedermann-Imhoof, Richard, Dr., * 6. 5. 1865 Winterthur (Schweiz), † 6. 7. 1926 Eutin (Holstein). 1883 begann er in Zürich Med. und Philol. zu studieren. Die med. Studien setzte er 1889 in Berl. und 1890 in Kiel fort. Von 1891 ab wandte er sich hauptsächlich den Naturw. zu. Außerordentliche Wohlhabenheit gestattete ihm, nachdem er 1894 promoviert hatte, sein Leben als Privatgelehrter nach eigenem Gutdünken zu gestalten. Den sparsamen Umgang mit der Umwelt regelte er, ohne auf Stand und Rang zu sehen, ganz aus der Überlegenheit des Unabhängigen. Holst. bestimmte er zur Wahlheimat. Doch blieb er in steter geistiger Verbindung mit seinem Vaterland; das zeigen allein großartige Samml., mit denen er das Naturh. Mus. von Olten (Schweiz) bedachte. In Eutin legte er sich hinter dicken, roten Backsteinmauern einen weitgedehnten Park an, in dem er wohnte, und von dem er sich nicht mehr zu trennen vermochte. Als Mäzen der Zool. rüstete er u. a. eine wissensch. Exp. nach dem Altai aus, deren orn. Ausbeute E. Hesse (s. d.) bearbeitete, während P. Matschie (s. d.) die Säugetiere behandelte. Neben der Betreuung seiner stattlichen Samml. füllten kritisch durchgeführte Beob. am Freileben der Vögel seine Tage aus. 1897 schloß er sich der DOG an. In erster Linie fühlte er sich zu den Raubvögeln Holst. hingezogen. Um ihr Verhalten besser studieren zu können, hielt er — neben anderen Tierarten — während seiner besten Jahre viele auch in Wildställen und Gehegen (die heute zu Häusern ausgebaut sind). Bis 1908 hatte er schon Hunderte gepflegt. Biol., phänol., faun., psychol. Forschungen fanden seit 1896 lit. Niederschlag in Beitr. für Orn. Jb., Orn. Mber., vereinzelt auch für Orn. Beob., Schweizer Diana. 5 seiner Veröff. gab er 1908 in einem Heft vereint als „Orn. Studien" im Selbstverlag nochmals heraus; es waren

„Corvus corax im Fürstentum Lübeck" (Orn. Jb. 7, 1896), „Jugendfärbung v. Iris u. Gefieder", ein Hinweis auf d. system. Verwertung derselben (ebd. 8, 1897), „D. Federn im Magen d. Podiceps-Arten" (ebd. 8, 1897), „Raubvogelzug in d. holst. Küstengegend" (ebd. 8, 1897), „D. Raubvögel d. Fürstentums Lübeck u. nächster Umgeb." (Orn. Mber. 6, 1898). Für W. Hagens „Vögel d. Freistaats u. Fürstentums Lübeck" (Berl. 1913) stellte er außerdem wertvolle Nachr. aus seinen Tagebüchern zur Verfügung. Auf Grund der Verdienste um die heimatliche Zool. verlieh ihm der Großherzog von Oldenb. den Professortitel. Der 1. Weltkrieg ließ den regen Ornithologen verstummen.

Bielz, Eduard Albert, Dr. h. c., * 4. 2. 1827 Hermannstadt = Nagyszeben = Sibiu (Siebenbürgen), † 27. 5. 1898 Hermannstadt. Sein Vater, ursprünglich Prediger und später Besitzer der 1. lithogr. Anstalt Siebenbürgens, war 1849 einer der Begründer des Siebenb. Ver. f. Naturw. Der häusliche Einfluß zeigte sich in früher naturw. Aufgeschlossenheit des Sohnes, der obendrein in jungen Jahren mit J. S. v. Petényi (s. d.) bekannt gewesen war. Nach dem jur. Studium trat er 1848 in den Kameral-Forstdienst ein, wurde 1851 Finanzbeamter, 1867 Sekretär beim ung. Finanzministerium, 1869 Mitglied des Statist. Landesbüros in Pest und 1873 Schulinspektor in Siebenb. Erblindung nötigte ihn 1878, in den Ruhestand zu treten, konnte ihn aber nicht an weiterer Auswertung des von ihm gesammelten wissensch. Materials hindern. Wie keinen zweiten hatten ihn dienstliche und außerdienstliche Reisen mit den naturgesch. und geogr. Verhältnissen seines Landesteils vertraut gemacht; es ist sein Verdienst, das eigene Wissen verbreitet zu haben, indem er großartige Lehrsamml. anlegte und sich fleißig schriftstellerisch betätigte. Eine Reihe seiner Veröff. waren der Schnecken- u. Käferkunde gewidmet. Als erster wies er 1863 für das Cibiner Gebirge Brut des Mornell nach (Verh. u. Mitt. Siebenb. 15, 1864), obwohl die Orn. nicht sein Sondergebiet war. Am umfänglichsten berührte er sie in der „Fauna d. Wirbeltiere Siebenb." (Hermannst. 1856). Der orn. Inhalt mit 271 Arten erwuchs allerdings in der Hauptsache aus dem Sachwissen und der Mitarbeit F. W. Stetters (s. d.). Eine 2. Aufl. der Zusammenstellung erschien in Verh. u. Mitt. Siebenb. 33, 1888 und war durch die Verwendung von handschriftlichen Notizen, Samml.-Daten und Lit.-Belegen vielfach verbessert, berichtigt (z. B. betr. Vorkommen und Biol. des Bartgeiers) und reichlich erweitert. Im Rahmen der zu seiner Zeit noch möglichen und von ihm mit leidenschaftlichem Eifer betriebenen Vielseitigkeit brachte B. hier eine Liste von insgesamt 310 Arten zustande. Sie spielte für die weitere orn. Landesforschung eine nicht unerhebliche Rolle, wenn auch ihre Brauchbarkeit durch eine größere Zahl zweifelhafter Angaben eingeschränkt blieb. Für langjähriges Bemühen um die heimische Naturk. ernannte die Univ. Klausenb. (= Kolozsvar = Cluj) den rührigen Mann zum Dr. h. c.
— Lit.: Nachruf (von J. v. Csató). Orn. Jb. 9, 1898, S. 229—233 (mit Verz. d. Veröff.). - Nachruf (von J. Capesius). Verh. u. Mitt. Siebenb. 47, 1898, S. 1—24. - Nachruf (von Fr. Teutsch). Biogr. Jb. u. Dt. Nekr. 3, Berl. 1900, S. 143—145. - Allg. Dt. Biogr. 46, 1902, S. 543—545. - O. v. Krücken u. I. Parlagi, D. Geistige Ung., . . . 1918, Bd. 1, S. 115. - H. Salmen, D. Ornis Siebenb. . . . , Linz 1958 (Masch.-Schrift).

Biernatzki, Reinhart, Dr., * 10. 4. 1884 Bargum (Kr. Husum), † 13. 9. 1948 Hamburg-Volksdorf. Der Pastorensohn war nach dem Studium der Naturw., Phil. und Religion seit 1912 Studienrat an verschiedenen Hamb. Schulen. Vielseitig interessiert und von tiefer Naturliebe beseelt, übernahm er 1929 die Führung des Ver. Jordsand. Seine Werbekraft führte dem Verein eine beträchtliche Mitgliederzahl zu. Das Hauptgewicht der Bemühungen legte er jedoch nicht nur auf die Erhaltung der Schutzgebiete; er ermöglichte vielmehr jungen Kräften das Studium auf den Vogelfreistätten. Durch seinen Weitblick erfuhr so das Wissen um die Biol. und die Zuggewohnheiten der Seevögel mancherlei Bereicherung. Die eigenen Beob. und Erkenntnisse vor allem auf der Insel Norderoog (wo er selbst 1930 zeitweise Vogelwärter war) gab er in Vorträgen und Veröff. bekannt. Aus mehrfachen Gründen mußte er 1933 den Vorsitz des Vereins abgeben, blieb ihm aber weiter verbunden.
— Lit.: Würdigung (von R. Meyer-Brons u. P. F. Weckmann-Wittenburg). Festschr. d. Ver. Jordsand 1957, S. 172/73 (mit Bildnis).

Bikessy, Guido von, * 27. 4. 1861 Pozsony (Ungarn), † 5. 1. 1918 Wieselburg = Moson (Ungarn). Das orn. Interesse des Gutsbesitzers von Ung.-Altenburg (= Magyaróvár) zeigte sich seit Ende der 80er Jahre in vereinzelten Arbeiten, die er den Mitt. Wien übergab. Sie enthielten Erfahrungen in der Vogelhaltung (ohne besondere Bedeutung), aber auch gute Freilandbeob. (z. B. über den Pirol). Erfreuliche Belesenheit verriet eine längere Darstellung unter dem Titel „D. Familie d. Pinguine oder Fettgänse . . ." (Mitt. Wien 15, 1891). In Aquila 2, 1895 lieferte er orn. Notizen aus d. Umgeb. von Ung.-Altenb.; die faun. und biol. Daten über die Ornis der Schüttinsel zwischen Preßburg und Komorn sind heute noch der Beachtung wert. Seit 1894 war er ordentlicher Beobachter des Ung. Orn. Inst. Seine letzte Nachr. stand in Mitt. Österr. Reichsb. 6, 1906.
— Lit.: Nachruf (von K. Warga). Aquila 29, 1922, S. 216/17.

Birk, Johann, * 11. 1. 1878 Leipzig, † 17. 3. 1953 Leipzig. Im Verl. Brockhaus in Leipz. leitete er durch Jahrzehnte die Abt. Buchbinderei. Noch länger huldigte er der häuslichen Vogelpflege. Er betrieb sie so sorgfältig und durchdacht, daß er wie kaum ein anderer seiner Zeit über umfassende Erfahrung auch in der Haltung der empfindlichsten Arten verfügte. Liebe zum Vogel und tägliche Praxis boten die Grundlagen für zahlreiche Aufs. und Plaudereien, mit denen er in der Gef. W. die Liebhaberkreise anzusprechen und anzuregen verstand. Neben K. Neunzig (s. d.) war er nach dem 1. Weltkrieg so bekannt, daß ihm 1923 der Vorsitz des durch seine Tatkraft gegründeten Reichsverbands der dt. Vogelliebhaber übertragen wurde. Da sich in seiner biederen Persönlichkeit menschliche Charakterwerte mit organisatorischer Begabung paarten, gelang es ihm, 13 Jahre hindurch den Verband zu Aufstieg und Blüte zu führen und die in der Vogelhaltung liegenden Erziehungsmöglichkeiten in idealer Gesinnung rein zu halten. Zwang und Gewalt verdrängten ihn 1933

von seinem Posten. Nach 1945 trat er im Vereinsleben nicht mehr hervor; er meldete sich aber in der Gef. W. noch öfters zu Wort. Unter den ernsthaften und denkenden Vogelhaltern wird er als Altmeister verehrt.
— Lit.: Würdigung (von C. Berger). Gef. W. 74, 1950, S. 159. - Würdigung (von dems.). Ebd. 77, 1953, S. 60a. - Nachruf (von L. Keidel). Ebd. 77, 1953, S. 140.

Biró, Ludwig, * 29. 8. 1856 Tasnád, Komitat Szilágy (Siebenbürgen), † 2. 9. 1931 Budapest. Zuerst war er Theologe in Debrecen, dann Mittelschullehrer in Kecskemét und seit 1903 Kustos am Ung. Nat.-Mus. in Budapest. Seine Vorliebe galt in diesen Jahren der Entom. Eine Gedenkrede von O. Herman (s. d.) für S. Fenichel (s. d.) veranlaßte ihn, seine entom. Samml. an das Nat.-Mus. zu verkaufen und mit dem Erlös nach der dt. Kolonie Neuguinea zu reisen. Von 1896—1902 brachte er dort als erster wissensch. geschulter Zoologe neben anderem Material eine reiche Vogelsamml. auf, die in das Nat.-Mus. kam. Beim ung. Aufstand 1956 ging sie in Flammen unter. Doch waren die meisten Bälge — sie stammten von der Insel Tarawai, von Berlinhafen, der Astrolabebai, von Erima, Simbang, Finschhafen, dem Sattelberg — durch J. v. Madarász (s. d.) bearbeitet in Aquila 1, 1894; Termész. Füzetek 20, 1897; 22, 1899; 24, 1901 und Orn. Mber. 8, 1900. Weitere Exp. nach Ägypten, Tunis, Kreta, Kleinasien, Bulgarien, Singapur sahen ihn meist im Dienste der Entom.
— Lit.: Pallas Lex. 3, 1893, S. 307. - B. Hagen, Unter d. Papuas, Wiesbaden 1899, S. 97 u. 140. - Z. Szilády, Gesch. d. Zool. in Ung., Debrecen 1927, S. 105—107. - Nachruf (von E. Csiki). Állattani Közl. (= Zool. Mitt.) 28, 1931, S. 197—200.

Blasius, Johann Heinrich, Dr. h. c., * 7. 10. 1809 Eckenbach bei Nümbrecht (Kr. Gummersbach), † 26. 5. 1870 Braunschweig. Zuerst Lehrer in Krefeld, bestand er, ohne eine Univ. besucht zu haben, 1831 das Examen für das Höhere Lehramt. 1834 wurde er zum Studium der Math., Geogr., Zool. und Botan. nach Berl. beurlaubt. Öfters betätigte Reisefreude führte ihn besonders nach Osteuropa und verschaffte ihm reiches Sammlungsmaterial; eine Exp. nach den Karpaten sah ihn 1835 an der Seite des mit Bismarck befreundeten Grafen A. Keyserling und G. Hartlaubs (s. d.). Eine Empfehlung H. Lichtensteins (s. d.) öffnete ihm 1836 den Weg nach Braunschw., wo er, anfangs ao. Prof., 1842 das Ordinariat für Naturw. übernahm. In dieser Zeitspanne schrieb er zusammen mit dem Grafen Keyserling die grundlegenden, aber unvollständig gebliebenen „Wirbeltiere Europas . . .“ (1. Buch, d. unterscheidenden Charaktere d. Säugetiere u. Vögel, 1840), ein Werk, mit dem er sich um die Vogel- u. Säugetierkunde gleichermaßen sehr beachtliche Verdienste erwarb. Nachdem ihm die Univ. Gött. schon 1852 die Würde des Dr. h. c. zugesprochen hatte, wurde er 1853 Mitglied der Leopoldina und 1857 Direktor des neugegründeten Naturh. Mus. in Braunschw. 1855 hatte er die „Naturgesch. d. Säugetiere Deutschl. u. d. angrenzenden Länder Mitteleuropas“ fertiggestellt, die lange im wissensch. Gespräch maßgeblich blieb. Gleichzeitig begann er mit dem Aufbau einer eindrucksvollen Samml. europ. Vögel, die auch außerhalb der dt. Grenzen ihre Bewunderer fand. Das Mus. entwickelte sich in der Tat unter seiner Leitung zu einem der Mittelpunkte der orn. Forschung in Deutschl. Während er neue diagnostische Methoden einführte und das Prioritätsgesetz befürwortete, trieb er in der Rolle des wachsamen, kritischen Zensors die wissensch. Beschäftigung mit der Vogelk. in vielfacher Weise voran. Kennzeichnend für seine konservative, eigenwillige Einstellung war die Hartnäckigkeit, mit der er als einer der namhaftesten Gegner die subtile Vogelbeschr. und Artenspaltung seines Freundes Ch. L. Brehm (s. d.) bekämpfte und die metaphysischen Deduktionen L. Okens (s. d.) ebenso ablehnte wie Darwins Deszendenztheorie. So blieb ihm nur die Beschränkung auf die Unters. der empirisch erfaßbaren Einzelerscheinungen. Aus dieser Schau erklärt sich auch seine Verehrung für J. F. Naumann und dessen gemütvolle Naturbetrachtung. Sie drängte ihn, gemeinsam mit E. Baldamus und F. Sturm (s. d.) die Forts. der Nachtr. für den 13. Bd. des Naumannschen Werkes (1860) zu übernehmen. So fiel ihm nach dem Hinscheiden des Altmeisters neben B. Altum (s. d.) die geistige Führung der DO-G wie eine reife Frucht zu. Den langsamen Verfall der an den Grenzen Mitteleuropas verharrenden Gesellschaft konnte aber auch sein Ansehen nicht aufhalten, und die starre Haltung, die er allzeit der Berl. Gründung gegenüber einnahm, trug keine Früchte. Schon seine Söhne Rudolf und Wilhelm B. (s. d.), die sich im übrigen nicht zur Größe und Bedeutung des Vaters erheben konnten, mußten in die Linie der Aussöhnung einschwenken.
— Lit.: J. T. C. Ratzeburg, Forstwissensch. Schriftsteller-Lex., 1874, S. 51—54. - Allg. Enz. d. ges. Forst- u. Jagdwissensch., Berl. u. Wien 1886. - E. Stresemann, Einhundert Jahre DO-G, Vwa. 15, 1950, S. 209—213. - Ders., Entw. d. Orn., 1951. - Würdigung (von dems.). N. Dt. Biogr. 2, 1955, S. 289/90

Blasius, Rudolf, Dr., * 25. 11. 1842 Braunschweig, † 21. 9. 1907 Braunschweig. Als Sohn von Johann Heinrich Bl. (s. d.) war er zuerst Stabsarzt in Zabern und seit 1874 prakt. Arzt in seiner Heimatstadt. 1879 übertrug ihm die Regierung einen Lehrauftrag für Hygiene an der Techn. Hochschule und verlieh ihm den Professortitel. Die häusliche Überlieferung weckte in ihm früh ool. Neigungen; er promovierte auch mit einer Unters. der Schalenstruktur von Eiern verschiedener Gattungen. Späterhin brachten ihm Reisen nach mehreren europ. Ländern weitverzweigte Beziehungen zu den bekanntesten Ornithologen, so daß er sich vornehmlich zu organisatorischen Bemühungen angeregt fühlte. Mit der Entwicklung der dt. Vogelk. im 19. Jahrh. ist sein Name insofern eng verbunden, als seine und seines Bruders Einsicht 1875 die Verschmelzung der beiden dt. Ornithologen-Gesellschaften ermöglichte. Auf der konstituierenden Versammlung in Braunschw. wurde er daher — neben A. Reichenow, A. Bau, H. Schalow (s. d.) — Mitglied des Aussch. Beob.-Stat. Deutschl., und von der Modeströmung getragen, trat er auf dem internat. Orn.-Kongr. in Wien 1884 gar an die Spitze des gleichgerichteten inernat. Ausschusses. Mit dem Versuch, durch die Errichtung eines weltweiten Beobachternetzes die Verbreitung der Arten und die Zuggewohnheiten der Vögel zu ergründen, mußte er trotz der Gründung der Zeitschr. „Ornis“ zusammen mit G.

v. Hayek (s. d.) scheitern. Daß er auch die geistesgeschichtliche Lage falsch sah, indem er den Teleologen Ch. L. Brehm (s. d.) für einen Vorläufer Darwins hielt, tat der repräsentativen Rolle seiner Persönlichkeit kaum Abbruch. So erreichte er — seit 1882 Mitglied der Leopoldina — nach B. Altums (s. d.) Tod die Würde des Präsidenten der DOG von 1901 bis zu seinem Ableben. In dieser Stellung hatte er noch Gelegenheit, die Errichtung der Vogelwarte Rossitten zu unterstützen. Mit fachlichen Arbeiten von bemerkenswertem Gewicht vermochte er nicht zu glänzen; es waren Veröff. wie „Beob. über d. Brut- u. Zugverhältnisse d. Vögel b. Braunschw." (Ber. 14. Vers. DO-G 1862), „D. Vogelw. d. Stadt Braunschw. . . ." (Jber. Braunschw. 5, 1886/87), „D. Vögel d. Herzogt. Braunschw." (Ornis 8, 1896) und Beitr. zu dem auf sein Betreiben entstandenen Neuen Naumann. Lieber beschäftigte er sich mit der Herausgabe von Schriften anderer Autoren, z. B. von A. J. Jäckels (s. d.) „System. Übersicht d. Vögel Bay." (1891), H. Gätkes (s. d.) „Vogelwarte Helgol." (1891 u. 1900), H. Gätkes „Orn. Tagebuch 1847 bis 1887" (J. Orn. 54, 1906, Sonderheft) und eines Lebensbildes von R. Radde (s. d.) (1903 u. 1904).
— Lit.: Bildnis in Orn. Ms. 23, 1898. - Bildnis (Gruppenaufnahme vor Haus Gätke, Helgol.). Ebd. 30, 1905. - Nachruf (von C. Hennicke). Ebd. 33, 1908, S. 42—47 (mit Bildnis). - Nachruf (von A. Nehrkorn). J. Orn. 56, 1908, S. 1—6 (mit Bildnis). - Nachruf (von O. Finsch). Ibis (9) 2, 1908, S. 172—174. - Nachruf (Verf. ungen.). Auk 25, 1908, S. 248. - E. Stresemann, Entw. d. Orn., 1951.

Blasius, Wilhelm, Dr., * 5. 7. 1845 Braunschweig, † 31. 5. 1912 Braunschweig. Bis 1868 studierte er Med. in Braunschw., Gött. und Zürich. 1871 wurde er Nachfolger seines Vaters Johann Heinrich B. (s. d.) in der Leitung des Naturh. Mus. seiner Heimatstadt und 1872 Prof. d. Zool. und Botan. an der Techn. Hochschule. Nach langem Siechtum starb er als Geh. Hofrat und Mitglied der Leopoldina. Vielseitig interessiert, machte er sich einen geachteten Namen auf kulturellem Gebiet. Neben dem Lehrauftrag beschäftigten ihn Bestrebungen des Tier- u. Heimatschutzes sowie die vorgesch. Erforschung Niedersachsens. Dem Beispiel des Vaters folgend, pflegte er schließlich entschiedene Hinneigung zur Orn.; zusammen mit dem Bruder Rudolf B. (s. d.) entfaltete er u. a. tätige Regsamkeit im damals nur noch schwachen Leben der DO-G; 1874 war er ihr Sekretär, 1875 lieferte er den Ber. über die 21. Versammlung. Beim Zusammenschluß mit der Berl. DOG gehörte er zu den treibenden Kräften der Einheit. Vor allem aber gelang es ihm, seinem Mus. (im Wettbewerb mit Berl.) internat. Rang zu verschaffen durch die Vogelsendungen, die er aus vielen Teilen der Welt für Braunschw. zu gewinnen verstand. Darunter waren die Samml. von G. Grabowski, C. C. Platen und H. Storm (s. d.). Diese wertvollen Eingänge aus Niederl. Indien und Bolivien bearbeitete er in Jber. Braunschw., J. Orn., Verh. Wien., Zs. ges. Orn., Ornis, Proc. Z. S. London, Mitt. Lübeck und konnte eine größere Zahl damals neuer, auffälliger Formen vornehmlich von den Philippinen, Celebes und den Molukken beschreiben. Für den Neuen Naumann verfaßte er außer Beitr. zum Allg. Teil eine umfassende Darstellung der Kenntnis vom Riesenalk (1903), nachdem er der Geschichte des Vorkommens der Überreste dieser Art schon in Jber. Braunschw. 3, 1883; J. Orn. 32, 1884; Orn. Ms. 25, 1900 besondere Studien gewidmet hatte. Seine Arbeitskraft entfaltete sich in einer Reihe lit. Zeugnisse, die ihm auch im Ausland Ansehen verliehen; die Univ. Padua zeichnete ihn 1892 mit der Würde des Dr. phil. aus.
— Lit.: Nachruf (von A. Nehrkorn). J. Orn. 60, 1912, S. 619/20. - Nachruf (von O. Finsch). Ibis (9) 6, 1912, S. 660/61. - Nachruf (Verf. ungen.). Auk 29, 1912, S. 571. - Nachruf (von E. Blasius). Orn. Ms. 38, 1913, S. 103—107 (mit Bildnis u. Verz. d. Veröff.).

Blatti, Gottfried, * 26. 8. 1890 Oberwil im Simmental, † 17. 5. 1947 Langenthal (Ober-Aargau). Etwa 20 Jahre lang war er, als Obergärtner in Langenthal ansässig, fleißiger Beringer der Vogelwarte Sempach und betreute mit Sorgfalt die Kolonie der Alpensegler, die sich unter seinem Schutze im Turme des dortigen Gemeindehauses entwickeln konnte. Auf sein Betreiben ging ferner die Gründung des Schutzgebietes „im Weiher" zurück, das aber im 2. Weltkrieg durch Trockenlegung vernichtet wurde. Mehrfach äußerte er sich über Beob. des Zuges von Limikolen, die auf den benachbarten Wässermatten einfielen. In den Händen des erfahrenen Autodidakten lagen während seiner letzten Jahre auch vom Parus veranstaltete Bergvogelkurse. Von Veröff. aus seiner Feder seien genannt „D. Alpensegler in Langenthal" (Orn. Beob. 28, 1931), „Über d. Vorkommen d. Steindrossel - Monticola saxatilis" (ebd. 43, 1946).
— Lit.: Nachruf (von W. Bierl). Orn. Beob. 44, 1947, S 97.

Blohm, Wilhelm, * 7. 4. 1875 Lübeck, † 20. 3. 1944 Retzow (Kr. Templin). Streben nach Naturerkenntnis war väterliches und mütterliches Erbteil. Sammeln und Tierpflege gehörten zu seinen frühesten Beschäftigungen. Die Heimatlandschaft, die er mit wachen Sinnen durchstreifte, war seine Lehrmeisterin. In der Präparandenanstalt (seit 1890) und anschließend im Seminar fand er auch unter den Lehrern verständnisvolle Förderer des biol. Wissensdranges. Als Seminarist schon arbeitete er am Naturh. Mus. Nachdem er in seiner Vaterstadt Lehrer geworden war, richtete er die jahrzehntelange pädagogische Tätigkeit darauf aus, seine Schüler mit dem Formenreichtum unter freiem Himmel bekannt zu machen. Auf vielen naturw. Gebieten war der fleißige Autodidakt mit lebendigem, an den Quellen geschöpftem Wissen zu Hause. Den eigenen Werdegang als Freund und Kenner der Natur und ihrer Geschöpfe vertraute er einem mit herzwarmer Schlichtheit geschriebenen Buche an unter dem Titel „Natur — mein Leben, Erinnerungen u. Beob." (Lüb. 1920). Seine Liebe zu allem Kreatürlichen umschloß als selbstverständlichen Teil auch die Vogelwelt. Vor dem 1. Weltkrieg trat er mit der Vogelwarte Rossitten in Verbindung und beringte hauptsächlich die Lachmöwen auf dem Hemmelsdorfer See bei Lüb. und auf der Insel Fehmarn. Gern griff er von der Jahrhundertwende ab bis ins Alter zur Feder, um faun. und biol. Erlebnisse festzuhalten. Die Veröff. aus seinem örtlichen Erfahrungsbereich standen vorwiegend in Heimatblättern wie Nerthus, Von Lübecks Türmen, Lüb. Blätter, Lüb. General-Anzeiger, Lauenb. Heimat. In der Fachlit. meldete er sich weniger; hierher zählen „Nordische Schwimmvögel als Wintergäste auf d. Lüb. Bucht, d. Trave u. Seen" (J. Orn. 58, 1910), „Allerlei Interessantes v. Sula bassana" (Orn. Mber. 19, 1911), „Kolkraben in Ostholst." (ebd. 21, 1913). Viele seiner orn. Mitt. verwertete G. Clodius (s. d.) für die Ber. über Meckl. (u. Lüb.) in Arch. Meckl. von 1907—1920.

Blumenbach, Johann Friedrich, Dr., * 11. 5. 1752 Gotha, † 22. 1. 1840 Göttingen. 1775 promovierte er in Gött. und wurde dort schon ein Jahr darauf Prof. der Med.; er blieb — einer der bedeutendsten Naturforscher seiner Zeit — fast 60 Jahre im selben Amt und am selben Ort. Sein Hauptarbeitsgebiet war die Zool. Ihr verhalf er zu wissensch. Geltung, weil er sie als erster mit der vergl. Anat. verknüpfte. Anthrop. und vergleichende Unters. weckten früh in ihm Zweifel an der Artkonstanz, wie sie C. Linné vertrat. Den großen Naturkenner trieb es daher, das system. Gebäude des Schweden durch ein „natürliches" System zu ersetzen. Allein aus Mangel an Material in der bescheidenen Gött. Vogelsamml. konnte ihm ein entscheidender Umbau nicht gelingen. In der speziellen System. mußte er sich mit der Gruppierung nach dem Totalhabitus begnügen, obwohl er wußte, daß bestimmte Formen nach ihrer Anat. nicht an den ihnen zugewiesenen Platz paßten. Da in seinen Vorlesungen und Arbeiten — im Gegensatz zum damals gültigen Brauch — die Orn. einen gewichtigen Raum einnahm, übte die Vielseitigkeit seines Wissens nachhaltigen Einfluß aus auf Ornithologen, die zur geistigen Nachfolge berufen waren. Zu ihnen gehörten vor allem B. Merrem und H. Boie (s. d.). Die Gedanken und Auffassungen des wegweisenden Gelehrten finden sich u. a. in Werken wie „Hdb. d. Naturgesch." (1779; 13. Aufl. 1832), „Beitr. z. Naturgesch." (1806—1809), „Hdb.d.vergl.Anat." (1815).
— Lit.: Gedächtnisrede (von K. F. H. Marx). Abh. Ges. Wissensch. Gött. 1, 1838—1841 (1843). - Allg. Dt. Biogr. 2, 1875, S. 750/51. - E. Ehlers, Gött. Zoologen, Berl. 1901. - Handwörterbuch d. Naturw. (2. Aufl.) 1, 1931, S. 1056/57. - E. Stresemann, Entw. d. Orn., 1951.

Bock, Friedrich Samuel, * 20. 5. 1716 Königsberg, † September 1786 Königsberg. Sein Leben scheint sich im wesentlichen in seiner Geburtsstadt abgespielt zu haben. Er wurde dort 1743 Privatdozent der Phil., versah von 1748—1753 die Stelle eines Feldpredigers und wurde darauf zum Konsistorialrat sowie o. Prof. der griech. Sprache und Aufseher der Schloßbibliothek ernannt. Später trat er in die theol. Fak. über, legte aber 1778 alle Ämter nieder. Er gilt als der früheste Avifaunist Ostpreußens, weil er 1776—1782 in der Zeitschr. „D. Naturforscher" eine Folge von Aufs. unter dem Titel „Preuß. Orn." erscheinen ließ (darunter die Nachr. von regelmäßigen Bruten der Wacholderdrossel). 1784 fügte er sie auch dem 4. Bd. seines „Versuchs einer wirtschaftlichen Naturgesch. v. d. Königreich Ost- und Westpr." ein. Obwohl er stellenweise schon Fundorte angab, gehörte er doch noch ganz zu den Vorläufern der ostpr. orn. Forschung.
— Lit.: F. Tischler, D. Vögel d. Prov. Ostpr., 1914, S. 7.

Bock, Johann Carl, * 1757, † nach 1806 Nürnberg. Neben A. Gabler und J. M. Hergenröder (s. d.) war er an der Bebilderung der Werke von Joh. Wolf (s. d.) beteiligt. Wie andere zeitgenössische Nürnb. Künstler, z. B. J. M. Seligmann und B. R. Dietzsch (s. d.) hatte er noch nicht die Gabe zu wirklich lebendiger Gestaltung der Vogelkörper. Er kannte offenbar als Voraussetzung nicht das echte Studium der Vögel unter freiem Himmel.
— Lit.: Thieme-Becker, Künstler-Lex. 4, 1910, S. 159. — Cl. Nissen, D. Illustrierten Vogelbücher, 1953, S. 53.

Bodinus, Karl August Heinrich, Dr., * 29. 7. 1814 Drewelow bei Anklam (Mecklenburg), † 23. 11. 1884 Berlin. Nachdem er in Greifsw. Med. und Naturw. studiert hatte, war er Arzt zuerst in Bergen auf Rügen und seit 1852 in Greifsw. Neben seinem Berufe betrieb er im eigenen Hause die Tierhaltung so ernsthaft und gründlich, daß ihm 1859 der Aufbau des neu gegründeten Zool. Gartens in Köln übertragen wurde. 1869 erhielt er die Leitung des Berl. Zool. Gartens, den er als Meister der praktischen Tierpflege in den „Gründerjahren" nach 1871 unter dem einhelligen Beifall der Berliner mustergültig umgestaltete. Unbestrittene Autorität besaß er in Fragen der Exotenhaltung. Aufsehen erregte vor allem die Erwerbung von 2 Paradiesvögeln 1875, die als sagenumwobene Wundervögel Papuasiens vorher nur einmal im Jahre 1862 in den Zoo von London gekommen waren. Der Berl. Verein der Geflügelfreunde „Cypria" machte ihn, der zu den volkstümlichsten Persönlichkeiten jener Jahre zählte, zum Vorsitzenden, weil er bei Zuchtversuchen mit Zier- u. Hausgeflügel großartige Erfolge hatte. Aus seinem Arbeitsgebiet hinterließ er auch eine Reihe von Aufs., während er in der wissensch. Orn. schriftstellerisch nicht hervortrat. Er schrieb „Ein Fischreiher als Pflegevater v. Wanderfalken" (Zool. G. 3, 1862), „Einiges über Anas tadorna" (ebd. 3, 1862). Doch spielte er in der von ihm mitgegründeten DOG eine die Einrichtungen der Gesellschaft jederzeit tatkräftig fördernde Rolle. Durch gewichtigen Rat und gesundes Urteil machte er sich so in nicht geringem Maße um die Vogelk. verdient. O. Finsch (s. d.) benannte ihm zu Ehren Amazona festiva bodini (Proc. Z. S. London 1873).
— Lit.: Nachruf (von A. Reichenow). J. Orn. 33, 1885, S. 104/05. - Allg. Dt. Biogr. 47, 1903, S. 67. - Würdigung (von K. M. Schneider). N. Dt. Biogr. 2, 1955, S. 358/59. - A. A. Prestwich, I name this Parrot . . ., London 1958, S. 9. - H.-S. Raethel, Bemerkenswertes über d. Gesch. d. Kleinvogelhaltung im Berl. Zool. Garten, Gef. W. 1963, S. 175—177 u. 183—187.

Bodnár, Bartholomäus, * 24. 11. 1868 Nagykároly (Komitat Szatmar), † 24. 4. 1952 Hódmezövásárhely (Komitat Csongrad). Nach dem Studium in Klausenburg war er von 1892—1928 Prof. an einer höheren Schule in Hódmezövásárhely. In einer Reihe von Aufs. beschäftigte er sich mit Gelegenheitsbeobachtungen aus seiner engeren Heimat. Zu den feldorn. Nachr. kamen 2 Arbeiten über das Schicksal der siebenb. Vogelsamml. von K. Wagner (s. d.) (Aquila 15, 1908; 28, 1921) und eine über die Etymologie der ung. Vogelnamen (ebd. 21, 1914). Die orn. Verhältnisse der ung. Tiefebene waren ihm aus eigener Erfahrung gleichfalls zuverlässig bekannt, so daß ihn die Ung. Orn. Zentrale 1908 zum ständigen Beobachter und 1923 außerdem zum korr.

Mitglied ernannte. 1940 wurde er Ehrenmitglied der Gesellschaft für Vogelschutz jenseits der Theiß. Auf den Gebieten der Entom. und Botan. war er nicht weniger gut beschlagen; die ung. Regierung ermöglichte ihm daher 1906 eine Forschungsreise nach Ägypten. Sein großes Wissen, in zahlreichen unveröffentlichten Msk. niedergelegt, blieb weiteren Kreisen vorenthalten.
— Lit.: Biogr. Notiz (von Schriftl.). Aquila 63/64, 1956/57, S. 371 u. 375 (ung. u. engl.).

Boeck, Eugen von, Dr. * 1823 Kempten (Bayern), † 30. 1. 1886 Cochabamba (Bolivien). Von 1840 an lebte er in Münch. und studierte neben neueren und alten Sprachen mit Vorliebe Zool. Nachdem er seit 1846 dort Lehrer gewesen war, wanderte er 1852 nach Chile aus. Durch gewinnende menschliche Eigenschaften und pädagogische Fähigkeiten genoß er in der Wahlheimat bald großes Ansehen. Er stieg zum Direktor des Lyzeums von Valdivia und zuletzt zum Direktor der Zentralschule von Bolivia auf. Mehr als 3 Jahrzehnte machte er sich um die naturw. Erforschung Südamerikas verdient. Mit besonderem Eifer widmete er sich der Vogelwelt. Bereits die Naum. 5, 1855 brachte „Vorläufige Bem. über d. Ornis d. Prov. Valdivia . . .“, die er seinem Freunde A. J. Jäckel (s. d.) geschickt hatte. In den letzten Lebensjahren ließ er mehrere Male Vogelsendungen mit biol. Notizen an das Naturh. Mus. in Braunschw. gelangen. Schließlich faßte er seine vogelk. Erfahrungen zusammen unter dem Titel „Ornis d. Tales v. Cochabamba . . .“ (Mitt. Wien 8, 1884); W. Blasius (s. d.) konnte ferner auf Grund brieflicher Mitt. über einen „vermutlich neuen Trompetervogel v. Bolivia“ (J. Orn. 34, 1884) sowie einige „Vögel v. Cochabamba . . .“ (ebd. 35, 1885) berichten. Um die zool. Erschließung seines zweiten Vaterlands zu fördern, arbeitete der begabte und rührige Schulmann auch an einer Übers. der franz. geschriebenen „Orn. v. Peru“ von L. Taczanowski (s. d.). Ein ehrendes Begräbnis war Ausdruck des Dankes seiner amerik. Landsleute.
— Lit.: Nachruf (von B. Rivas u. R. Reinecke). Ornis 2, 1886, S. 432—436. - Nachruf (von W. Blasius). Orn. Ms. 11, 1886, S. 83—85 u. Gef. W. 15, 1886, S. 253/54.

Böck, Karl Leopold, * 4. 10. 1803 Spechtsdorf bei Märkisch Friedland (Westpreußen), † 1875 Dresden. Nach dem Studium in Halle und Berl. war er 1826 Rektor der Stadtschule in Märk. Friedl., 1827—1832 Prediger an der Katharinenkirche und bis 1869 an der Reformierten Petrikirche in Danzig. Starken pädagogischen Neigungen entsprang dazu 1833 die Gründung einer Privatschule. Der Anlaß zum Ausscheiden aus dem geistlichen Amt und zur Übersiedlung nach Dresd. lag in der von ihm vertretenen freien theol. Auffassung. Wann und ob er jemals feldorn. tätig war, ist nicht bekannt. Ihm war vor allem darum zu tun, der Heimatforschung durch den Aufbau einer naturw. Samml. zu dienen. Zu diesem Zweck kaufte er mit Vorliebe Wasservögel auf dem Danz. Markt, wo damals vom Herbst bis zum Frühjahr an manchen Tagen Tausende von erbeuteten Enten und Gänsen feilgeboten wurden. Die ihm so aus der Danz. Bucht in großer Mannigfaltigkeit gelieferten Schwimm- u. Sumpfvögel präparierte er sorgfältig; obendrein begann er an ihnen genaue Mauser- u. Gefiederstudien, nachdem er in J. F. Naumanns „Naturgesch. d. Vögel Deutschl.“ gesehen hatte, wieviel Lücken des Wissens er durch eigene Beob. und Feststellungen der Farbveränderungen schließen könne. Die Reichhaltigkeit seiner Erfahrungen spricht überzeugend aus den regelmäßigen Ber. über seine Privatschule (1842—1852) und bis 1869 einige Male aus Mitt. in J. Orn. Auch auf Erstnachweise (z. B. Scheckente) und weitere wichtige faun. Neuigkeiten aus der „preuß.“ Ornis wies er in seinen Verlautbarungen hin. So kam er in Tauschverkehr mit privaten und öffentlichen Samml., und Beziehungen zu den namhaftesten Fachmännern blieben nicht aus. Dt. sowie südu. nordeurop. Formen verschaffte ihm E. F. v. Homeyer (s. d.), andere ausländische erhielt er u. a. von G. Radde, H. Lichtenstein, Prinz Max zu Wied (s. d). 1845 besaß er schon 2000 einzelne Vögel; von 782 Arten waren 229 in Westu. Ostpr. beheimatet (1849 hatte er etwa 20 Seeadler gestopft!). Die vor ihm sich breitende Vielfalt führte ihn sogar zur Unters. klimatischer Abänderungen und weckte tiergeogr. Überlegungen. Durch diese Studien wirkte er ohne Zweifel belebend auf die Forschungen vieler Zeitgenossen, und seiner Heimatstadt hinterließ er eine einzigartige Samml.; dem Laienbesucher fiel sie allein deshalb auf, weil sie ihm von vielen Arten ganze Reihen von Einzelstücken vorführte. In wesentlichen Teilen war sie noch bis zum 2. Weltkrieg im Danz. Mus. f. Naturk. u. Vorgesch. aufbewahrt. Ihr Wert wurde auch dadurch nicht sonderlich gemindert, daß B. sich oft mit der Bezeichnung „Danzig“ oder „Preußen“ begnügte, wo zur Behebung letzter Zweifel über Herkunft seltener Stücke genaueste Fundortangabe nötig gewesen wäre. Die westpr. Vogelforschung des 19. Jahrh. hatte jedenfalls in ihm einen ihrer bemerkenswertesten Vertreter.
— Lit.: E. F. v. Homeyer, Orn. Briefe, 1881, S. 286—298. - H. Lüttschwager, D. Danz. Prediger B. u. seine Vogelsamml., Heimatbl. d. Dt. Heimatbundes Danz. 4, 1927, Heft 4, S. 1—15.

Böcking, Adolf Theodor Erich, Dr., * 14. 6. 1831 Bonn, † 18. 4. 1898 Comford Rendell Country (Texas). Der Sohn eines Bonner Juristen studierte in seiner Vaterstadt und in Eberswalde Naturw. und promovierte 1863 mit der Diss. „De Rhea americana“. Die dt. Übers. „Monogr. d. Nandu oder südamerik. Straußes - Rhea americana“ erschien in Arch. Naturgesch. 29, 1863, S. 213—241; sie galt damals als bemerkenswerte Darstellung der Biol. des Vogels. Die Unterlagen für dieses Thema hatte er während eines Aufenthaltes (in welchen Jahren? wie lange?) in Südamerika mit offenbar sehr reger Aufmerksamkeit gesammelt. Sie bewiesen die Begabung für selbständige Beob. und einprägsame Gestaltung des Geschauten und Erlebten. Nach der Habilitation für das Fach der Zool. ging er 1865 im Auftrag der preuß. Regierung nochmals nach Südamerika zur Erkundung der dortigen Fauna. Er kehrte jedoch nicht zurück, sondern siedelte (wann?) nach Nordamerika über, erwarb in Kansas eine Farm, setzte nach Mißernten sein Vermögen zu und mußte schließlich die Bewirtschaftung aufgeben. Auch in der Stellung des Direktors einer Schule in Fredericksburg (Texas) war ihm das Glück nicht zugetan. Zuletzt versuchte er sich in San Antonio als Schriftsteller und Verf. von naturw. Aufs. über Wasser zu halten. So veröffentlichte die Scientific Soc. of San Antonio in ihrem Bull. 2, 1894 einen Vortrag aus dem Jahre 1893, in dem er wiederum das Leben des Nandu behandelte. Andere Zeugnisse orn. Betätigung scheinen nicht vorzuliegen. Ebensowenig waren weitere Einzelheiten über den Lebenslauf zu erreichen. In den Stürmen des ihn bedrängenden Daseinskampfes dürfte er unterlegen sein. Jedenfalls kam aus San Antonio die Kunde, daß er den Freitod gewählt habe. — Lit.: Lebenslauf in Diss. 1863, Arch. d. Univ. Bonn. - F. Milkau, Verz. d. Bonner Univ.-Schr. 1818—1885. - Allg. Dt. Biogr. 47, 1903, S. 44. - Kat. d. Kongr.-Bibliothek Washington.

Boeckmann, Friedrich, † September 1886 Hamburg. Der wackere, etwas zur Wichtigtuerei neigende Mann stammte aus Mitteldeutschl. und war vom 1. 4. 1873 bis zu seiner Pensionierung am 1. 4. 1886 Konservator am Hamb. Naturh. Mus. Dort machte er sich vor allem um die biol. Schmetterlingsaufstellung verdient. Außer einigen biol. Beitr. in Orn. Cbl. 2, 1877 — 7, 1882 schrieb er in Verh. Hamb. 3, 1876 u. 4, 1879 sowie in Orn. Cbl. 7, 1882 auch eingehender über die Vogelf. von Hamb. und der Niederelbe. Er hätte es besser nicht getan. Für eine hieb- u. stichfeste Schilderung der örtlichen Ornis hatte er nicht die genügende feldorn. Erfahrung; dazu reichte allein der erst kurze Aufenthalt in der für ihn neuen Landschaft nicht aus. Mangelnde Sachkunde ersetzte er durch einen kritiklosen Rückgriff auf die durchaus unsichere Liste von Ph. Schmidt (s. d.) aus dem Jahre 1830; obendrein ließ er sich von einem Freunde, dem ebenso unzuverlässigen Zoo-Futtermeister Dörries, beraten. Er ist daher mit dem Vorwurf belastet, durch seine Leichtgläubigkeit viele Irrtümer aufgewärmt und bis in die Zeiten von J. H. Krohn und F. H. Dietrich (s. d.) lebendig gehalten zu haben.

Böhm, Richard, Dr., * 1. 10. 1854 Berlin, 27. 3. 1884 Katapena (Zentralafrika). Sohn eines Arztes und in der märk. Heimat früh zu ernsthafter Beschäftigung mit dem Leben der höher organisierten Wirbeltiere vorgestoßen, studierte er Naturw., Zool. und vergl. Anat. in Lausanne, Jena und Berl. Unter J. Cabanis und A. Reichenow (s. d.) arbeitete er in der orn. Abt. des Berl. Zool. Mus. Von nachhaltigstem Einfluß auf die wissensch. Entwicklung, die ihn geradlinig zum Darwinismus führte, war sein Lehrer E. Häckel; bei ihm promovierte er auch 1877. Mit H. Schalow (s. d.) teilte er enge Freundschaft und die auf gemeinsamen Exk. erwanderte Liebe zu den Landschaften der Mark und ihren Tieren. In der Zs. Stett. 4, 1880 verherrlichte er sie unter dem Titel „Im Sande d. Mark“. Neben wissensch. Unters. erschienen in den 70er Jahren eine Reihe volkstümlich gehaltener Aufs. in Orn. Cbl., Dt. Akklimatisation, Dt. Montagsblatt. Der Zusammenarbeit B.s mit dem vertrauten Fachgenossen H. Schalow verdankt außerdem ein „Orn. Taschenbuch f. Deutschl.“ (1881) seine Entstehung. Nach vielseitiger Vorbereitung ging er 1880, einem Rufe der Dt. Afrik. Ges. folgend, zusammen mit dem Astronomen Emil Kayser und dem Ingenieur und Geographen Paul Reichard (der allein zurückkehrte) nach Äquatorialafrika und drang dort von Osten her ins Kongobecken vor. Im Tanganjika-Rukwa-Gebiet und in Katanga gelangen ihm grundlegende Feststellungen und Entdeckungen. So weit im Westen des ostafrik. Bereiches hatte kein Forscher vor ihm gearbeitet. Leider waren die tapferen, mit idealer Auffassung durchgeführten Unternehmungen des hochbegabten Reisenden von dauerndem Pech verfolgt. Nachdem er viele Enttäuschungen und Rückschläge überwunden hatte, erlag er schließlich dem Tropenfieber, große Hoffnungen mit in die fremde Erde nehmend. Solange seine Kräfte es zuließen, schickte er umfassende Ber. über seine Erlebnisse und Erkenntnisse, die die Mitt. d. Afrik. Ges. in Deutschl. zwischen 1880 und 1885 brachten. Die gesammelten Vogelbälge (darunter solche von neuen Arten) sind von ihm selbst, A. Reichenow, H. Schalow und P. Matschie (s. d.) in J. Orn. 30, 1882 — 35, 1887 und in Orn. Cbl. 7, 1882 beschrieben; z. T. erreichten sie erst nach seinem Tode das Berl. Mus. Mehrere Formen tragen seinen Namen. Eindrucksvoll waren die von ihm gelieferten Darstellungen des bis dahin unbekannten Lebens afrik. Ornis.
— Lit.: H. Schalow, D. Reisen Dr. R. B.s im zentralen Afrika, Zs. Stett. 3, 1884. - Nachruf (von dems.). J. Orn. 33, 1885, S. 354—368. - Ders., Von Sansibar z. Tanganjika, Briefe aus Ostafr. v. Dr. R. B., Leipz. 1888 (mit Bildnis).

Böhmer, Hans, * 21. 8. 1909 Ottendorf-Okrilla (Kr. Dresden), † 10. 4. 1943 Mittelmeer. Der Studienassessor war seiner Neigung nach ein begeisterter Vogelkundler. Als Beringer und Tierphotograph machte er sich vielfach nützlich, und eine Arbeit über den Weißen Storch in Mitt. Sachs. 6, 1939 verriet seine ernste Einstellung zu wissensch. Fragen. Im 2. Weltkrieg mußte er sein Leben hingeben. Er stürzte vor der Küste Nordafrikas ab.

Böker, Hans, Dr., * 14. 11. 1886 Mexiko (Stadt), † 23. 4. 1939 Köln. Er stammte aus einem dt. Überseehandelshaus und lebte seit 1889 in Deutschl. Nach der Reifeprüfung 1906 in Remscheid und dem med. Staatsexamen 1911 in Freib. hielt er dieser Univ. als Anatom 20 Jahre die Treue. Von 1932—1938 hatte er den Lehrstuhl für Anat. in Jena inne, um anschließend das Ordinariat in Köln zu übernehmen. Gut ein halbes Jahr später war eine Blinddarmentzündung Ursache seines frühzeitigen Todes. Sein wissensch. Denken war ganz auf den lebenden Organismus ausgerichtet. Aus der Kenntnis der Lebensäußerungen der Tiere sowie der auf sie einwirkenden Umweltbedingungen und dem Studium ihrer anat. Grundlagen suchte er den Werdegang der Lebensvorgänge zu begreifen. Dadurch aber, daß er die Lebendbeobachtung vor die anat. Unters. stellte, gab er der vergl. Anat. klassischer Richtung neue, nachhaltige Befruchtung ausstrahlende Antriebe. Im Mittelpunkt seiner Arbeitsmethode stand die Analogien- und nicht die bis dahin übliche Homologienforschung. Mit der These, daß bei Änderung der Umweltbedingungen auch der unter diesen Bedingungen funktionierende Organismus sich wandeln müsse, daß also aktive Anpassung der Lebewesen an die Umweltverhältnisse erfolge, setzte er sich allerdings in Gegensatz zur modernen Biol. Der phylogenetischen Zielsetzung glaubte er näher zu kommen, wenn er seine Beob. auf die verschiedensten Tierformen in ihren natürlichen Lebensräumen ausdehnte. Forschungsreisen führten ihn daher nach Korsika (1912), den Kanarischen Inseln (1925), Brasilien (1928), der Sahara (1930), Santo Domingo (1937). Schon die ersten Arbeiten hatten den für den Autor charakteristischen rein biol. Zug und galten in ihrer Mehrheit den Lebenserscheinungen der Vögel. In 7 zwischen 1914 und 1919 der Orn. Ms. und den Orn. Mber. überlassenen Veröff. — darunter waren „D. Herbstzug b. Reims" (Orn. Mber. 24, 1916) und „Orn. Beob. in Frankr. u. Belgien 1914—1916" (Orn. Ms. 42, 1917) — spiegelt sich die Ausgangsbasis. Nach dem 1. Weltkrieg wiesen ihn dann die biol. Grundanschauungen auf die neuen Wege der Erkenntnis. Wieder waren es die Lebensäußerungen der Vögel, die ihn vorzüglich zur Betrachtung reizten. So befaßten sich Abh. wie „D. Phylogenese d. Vogelfluges" (J. Orn. 72, 1924) und (umfassend) „D. biol. Anat. d. Flugarten d. Vögel u. ihre Phylogenie" (ebd. 75, 1927) mit den Flügelkonstruktionen und deren Proportionen als den Grundlagen der verschiedenen Flugarten. Auch in „Tiere in Brasilien" (1932) finden sich orn. Fragen vielfältig und eingehend behandelt. Nachfolge fanden seine Gedanken in einer Reihe von Arbeiten anderer Autoren, die sich mit der biol. Anat. der Fortbewegung, vor allem des Fliegens, Laufens, Kletterns, Schwimmens beschäftigten. Nach dem Erscheinen seines Hauptwerkes, der „Einführung in d. vergl. biol. Anat. d. Wirbeltiere" (2 Bde., 1935—1937), ernannte die Leopoldina B. 1938 zum Mitglied.

— Lit.: Nachruf (von E. Th. Nauck). Morphol. Jb. 84, 1939, S. 1—16 (mit Bildnis u. Verz. d. Veröff.) u. Ber. Freib. 30, 1939, S. 181—224 (mit Bildnis u. Verz. d. Veröff.). - Nachruf (von A. Meyer-Abich). Anat. Anz. 92, 1941, S. 81—168 (mit Bildnis u. Verz. d. Veröff.). - E. Stresemann, Entw. d. Orn., 1951. - Würdigung (von R. Mertens). N. Dt. Biogr. 2, 1955, S. 397.

Bönigk, Otto Freiherr von, * 1820 Schlesien (?), † 12. 9. 1870 Neunkirchen (Saar). Beflügelt durch das rege wissensch. Leben, das um die Mitte des vorigen Jahrh. innerhalb der Naturf. Ges. Görlitz entstanden war, fühlte sich auch der damalige Leutnant angeregt, dem Sammeleifer seiner Zeit zu huldigen. Er gehörte dem preuß. 5. Jägerbataillon in Görl. an und lebte im nahen Posottendorf. Sein Augenmerk galt der Vogelwelt von Niederschles. und zeitweilig der damaligen Prov. Posen. Nachr. aus seiner Feder über Zugbeobachtungen, Sammelausbeuten, Einwanderung der Wacholderdrossel brachten zwischen 1851 und 1855 die Abh. Görl. und Naum. 1858 verließ er Görl. infolge Versetzung; damit trat wohl sein orn. Interesse zurück, doch schloß er sich später der Görl. Gesellschaft wieder an. Als Oberstleutnant und Kommandeur des 1. komb. Posenschen Landwehr-Reg. wurde er in der Schlacht bei Noisseville, nahe Metz, schwer verwundet und starb im Johanniterlazarett Neunkirchen.

— Lit.: Schles. Chronik, Beibl. z. d. Schles. Prov.-Blättern 1870, S. 430.

Boettger, Oskar, Dr., * 31. 3. 1844 Frankfurt (Main), † 25. 9. 1910 Frankfurt. Im Elternhaus schon (sein Vater war der Erfinder der Schießbaumwolle und der schwed. Streichhölzer) empfing er mannigfache naturw. Anregungen. 1863 bis 1866 studierte er Geol. und Paläont. an der Bergakad. Freiberg (Sachs.) und war 1869—1876 Gymnasialoberlehrer in Offenb. und Frankf. Im Mus. Senck. stand er gleichzeitig den paläont. und herpet. Samml. vor. 17 Jahre hielt ihn dann ein nervöses Leiden (Platzangst) im Hause fest. Seine geistigen Kräfte blieben jedoch ungebrochen, und er nutzte die schwere Zeitspanne zu vertiefenden wissensch. Studien, bis er wieder den Schuldienst in Frankf. übernehmen konnte. Über die Beschäftigung mit dem Mainzer Tertiär und den fossilen Mollusken wandte er sich den lebenden Schnecken zu und verfügte schließlich über hervorragende system. und biol. Kenntnisse. Wenn er in erster Linie Herpetologe und Malakozoologe war (er erhielt für bedeutende Leistungen auf diesem Gebiet den Professortitel), so hatte er doch auch fördernde Verdienste um die Vogelk. In Offenb. und Frankf. zeigte er reges Interesse für die örtliche Feldorn. Und als er nach dem Tode F. K. Nolls (s. d.) von 1892—1909 den Zool. G. (seit 1906 Zool. Beob.) leitete, nahm er sich nicht nur durch sachlich strenge Besprechungen der orn. Lit. an, sondern verstand es auch, viele namhafte Fachleute zu regelmäßiger Mitarbeit zu gewinnen und so der biol. Vogelforschung den Weg zu weiten zool. aufgeschlossenen Volks- u. Leserkreisen zu ebnen.

— Lit.: Nachruf (von F. Haas). Zool. Beob. 51, 1910, S. 257—259. - Nachruf (von W. Kobelt). Ber. Senck. 42, 1911, S. 74—83 (mit Bildnis). - Nachruf (von F. Kinkelin). Ber. Offenb. 51—53, 1912, S. 1 bis 30 (mit Bildnis). - Würdigung (von R. Mertens). Ber. Senck. 74, 1944, S. 93—95 (mit Bildnis). - Würdigung (von dems.). N. Dt. Biogr. 2, 1955, S. 410.

Boetticher, Hans von, Dr., * 30. 8. 1886 Staraja Derewnja bei Petersburg, † 20. 1. 1958 Coburg. 1894 verlegten die Eltern den Wohnsitz nach Berl., und der Sohn studierte dort von 1907 bis 1910 Jura. Dann wechselte er zu den Naturw. über und promovierte nach dem 1. Weltkrieg in Jena. 1913 war er schon in Eritrea und berichtete über die Reise in Gef. W. 49, 1920 und Orn. Ms. Der Krieg verschlug ihn an eine Feldwetterwarte nach Bulgarien; hier gemachte orn. Beob. legte er in einer Veröff. über die Muss-Alla-Gruppe (J. Orn. 67, 1919) nieder. Die Faunenforschung auf dem Balkan erbrachte Beziehungen zu König Ferdinand (s. d.), dem er fortan engverbundener naturw. Gefährte blieb. Tätigkeit fand er 1924—1926 im Zool. Garten und Mus. zu Sofia, 1929/30 am Mus. Senck. in Frankf. (Main) und am Zool. Mus. in Halle. 1929 unternahm er außerdem mit dem befreundeten Monarchen eine Ostafrikareise, die ein Sonderheft des J. Orn. 78, 1930 im Gefolge hatte. Seit 1931 lag die Leitung des Naturw. Mus. in Cob. in seinen Händen. Im Vordergrund der Studien standen bei ihm die Phylogenie, System. und Zoogeogr. Obwohl er nur die verhältnismäßig kleine Cob. Samml. zur steten Verfügung hatte, trat er mit zahlreichen zool. Beitr. hervor. In der Orn. reizten ihn vor allem Unters. an Enten, Hühnern und Möwen. Sein Bestreben, die üblichen Gattungen in Untergattungen aufzusplittern, trug ihm manche Gegnerschaft zu. Neben der rein mus. Beschäftigung mit dem trockenen Balg vernachlässigte er als hervorragender Formenkenner keineswegs die Biol., Faun. und Vogelpflege. In diesen Sondergebieten konnte er sich auf reiche, aus Freilandbeobachtung und Praxis erwachsene Erfahrungen stützen. In einer Mitt. über die „Balkan-Lachtaube" (Pall. 3, 1925)

erwähnte er z. B. als einer der ersten unter den neueren Beobachtern auch die nasalen chwi-Laute der Türkentaube. Über 400 Veröff. wissensch. und volkstümlichen Inhalts sprechen von seinem Fleiß und seinem vielseitigen Wissen. Es gibt wohl keine dt. orn. Zeitschr., in der er sich seit 1913 nicht hätte hören lassen. Daneben galt seine Mitarbeit den Tageszeitungen, der Neuaufl. von A. Reichenows (s. d.) „Papageien" und der Neuen Brehmbücherei. Forschungen in der Stille zog er der Einmischung in den Wirbel von Tagesmeinungen vor. Die Bemühungen im Dienste der zool. Wissensch. und der Laienkunde (er leitete lange Jahre die Volkshochschule Cob.) fanden Anerkennung durch Ehrenmitgliedschaften und die Benennung mehrerer Tierformen nach seinem Namen.
— Lit.: Würdigung (von Th. Haltenorth u. H. Kohmann). Säugetierkundliche Mitt. 4, 1956, S. 180 (mit Bildnis). - Würdigung (von G. Aumann). Jb. d. Cob. Landesstiftung 1957, S. 205—220 (mit Verz. d. Veröff.). - Nachruf (von J. Steinbacher). Gef. W. 82, 1958, S. 60. - Nachruf (von W. Sunkel). Vr. 27, 1958, S. 32. - Bildnis in Falke 5, 1958, S. 97. - Nachruf (von W. Eichler). B. z. Vk. 8, 1963, S. 399—401 (mit Bildnis).

Bogdanowicz, Helmut, Dr., * 1913 Bilderlingshof bei Riga, † 1943. Nach dem Besuch des dt. Gymnasiums in Riga studierte er von 1931 ab Med. in Tüb., Kiel und München. Dann war er in Dünaburg ansässig. 1941 wurde er als Marinearzt eingezogen. Trotz seiner Jugend war er bereits ein ausgezeichneter und zuverlässiger Vogelbeobachter und hatte auch schon zur Feder gegriffen: „Planbeobachtungen d. Vogelzuges in Bullenhof-Dünamünde Herbst 1935" (Schr. Königsb. 68, 1937), „Invasionsvögel u. Herbstzug 1935 in Lettl." sowie „Invasion d. Großen Buntspechts 1935" (Mitt. Vw. 36, 1937), „Übernachten Mehlschwalben gemeinschaftlich im Rohr?" (Orn. Mber. 45, 1937). Im Msk. hinterließ er „Planbeobachtungen d. Vogelzuges an d. Meerenge v. Irben (Kurl.) im Herbst 1938". Mit einem U-Boot ging er unter und starb als Vogelkenner, der zu großen Hoffnungen Anlaß gab.

Bohlken, Hans, * 6. 6. 1909 Holdorf, Kr. Vechta (Niedersachsen), † 3. 8. 1941 bei Dolgowka (Nordrußland). Sohn eines Eisenbahnsekretärs, lernte er nach der Reifeprüfung in der Verwendung als Schulamtsbewerber die meckl. Landschaft in den Kreisen Schönberg und Malchin kennen und später als Lehrer in Oldenb. die Gegenden um Heidmühle, Vielstedt und Augustfehn. So wurde er mit Geest, Marsch und Moor der Heimat vertraut. Jugendliche Aufgeschlossenheit und Tatfreude führten ihn an das Tier- u. Pflanzenleben, in erster Linie an die Vogelwelt heran. Der Mellumrat schickte ihn daher 1933 als Vogelwart nach der Seevogelfreistätte der Insel. Von seiner letzten Wirkungsstätte Augustfehn aus richteten sich die orn. Forschungen auch auf das benachbarte Ostfriesl. Dort gelangen ihm sehr gute Aufnahmen aus dem Brutleben des Säbelschnäblers auf der Knock bei Emden. Seine Beob. und Erfahrungen legte er zwischen 1933 und 1939 in 11 Beitr. zu „Heimatkunde, Heimatschutz", Sonderbeilage der Nachr. f. Stadt u. Land in Oldenb. nieder. Nachdem er noch 1941 Mitglied des Mellumrats geworden war, fand er ein frühes Soldatengrab und hinterließ eine schmerzliche Lücke im Kreis der oldenb. Vogelkundigen.
— Lit.: Nachruf (von R. Tantzen). Jb. Oldenb. 44/45, 1940/41, S. 179 (mit Verz. d. Veröff.).

Boie, Friedrich, * 4. 6. 1789 Meldorf (Holstein), † 3. 3. 1870 Kiel. Als Sohn des botan. aufgeschlossenen Hainbund-Dichters Christian B. hatte er schon in der Jugend Zutritt zu Goethe, Schiller und Wieland in Weimar. Das jur. Studium beendete er 1810 in Kiel und übernahm dort 1811 das Amt eines Justitiars für mehrere adlige Güter. Im Wesen zurückhaltend und kühl abwägend, ließ er sich durch den begeisterungsfähigen jüngeren Bruder Heinrich B. (s. d.) doch für die Vogelk. und Entom. erwärmen, fing 1812 an zu sammeln und verfügte bald über ansehnliche Vogel- u. Eierbestände. Auf einer Reise nach Norwegen 1817 weitete er Blick und Kenntnisse; ein in dieser Zeit von ihm geführtes orn. Tagebuch kam aber erst mit Hilfe des Bruders 1822 zum Druck. Auf anderen wissensch. Fahrten nach Holl., Frankr., Engl., der Schweiz und Ital. knüpfte er Beziehungen zu vielen bedeutenden Zoologen. Sein kritisches Urteil sah früh J. F. Naumanns Stärke in der meisterhaften Schilderung des Vogellebens; reger Briefwechsel verband ihn daher mit dem Verf. der „Naturgesch. d. Vögel Deutschl.", der aus der Kieler Samml. manchen Nutzen zog. Was B. über die Seevögel berichtete, war mit ein Anlaß dazu, daß der Freund aus Ziebigk 1819 die Reise an die Brutplätze der Küstenornis von West-Schlesw. unternahm. In der wissensch. Orn. jener Jahre wußte er durch das Interesse für system. und biol. Fragen einen geachteten Platz einzunehmen. Seine Veröff. stehen im Zool. Magaz. von Wiedemann 1819, in Isis 1822—1835, Ch. L. Brehms Ornis 1826, J. Orn. 1855—1869 und belegen u. a. seine Autorschaft für die Gattungsnamen Melanocorypha, Galerida, Eremophila, Phylloscopus, Monticola, Dryocopus, Athene, Glaucidium, Ardeola, Tadorna, Spatula, Aythya, Melanitta, Lymnocryptes. Als er 1867 — er war inzwischen zum Etatsrat aufgestiegen — die berufliche Tätigkeit einstellte, ging er daran, das seit 50 Jahren gesammelte Material zu einer „Allg. system. Naturgesch. d. Vögel" zu vereinen. Er kam aber nicht mehr zum Abschluß. In der neugegründeten DOG gehörte er noch dem ersten Vorstand an. Seine orn. Samml. erwarb das Zool. Mus. in Kiel bereits 1858.
— Lit.: Nachruf (von K. A. Möbius). J. Orn. 18, 1870, S. 231—233. - P. Thomsen u. E. Stresemann, Naumann-Biogr., 1957.

Boie, Heinrich, Dr., * 4. 5. 1794 Meldorf (Holstein), † 4. 9. 1827 Buitenzorg (Java). Er war — ein in seinen Gefühlen überschäumender Feuergeist — der jüngere Bruder des kühleren Friedrich B. (s. d.). Ursprünglich in Kiel und Gött. Student der Rechte, wandte er sich unter dem Einfluß von J. F. Blumenbach und F. Tiedemann (s. d.) 1816 in Heidelb. ganz der Zool., insbesondere der Orn. zu. 1817 wurde er (nachdem er schon das jur. Examen abgelegt hatte) Konservator bei Tiedemann. 1818 nahm er Verbindung mit J. F. Naumann auf und begegnete fortan dem Verf. der „Naturgesch. d. Vögel Deutschl." mit kaum gebändigten Aufwallungen der Zustimmung und des Tadels zugleich. Auf der einen Seite pries er Naumanns Wahrheitsliebe und Selbstkritik, auf der anderen Seite drängte er ihn, bei Festlegung seiner Gattungen unbedingt die Exoten heranzuziehen. Seiner

Anlage gemäß war er für den Gefeierten ein begeisterter, aber unbequemer Freund. 1821 holte ihn Temminck als Kustos nach Leiden. Schnell entwickelte er sich hier zu einem der geschicktesten Mitarbeiter seines Lehrers, obwohl dieser ihm nur die Reptilien und Amphibien überließ. Nachdem H. Kuhl (s. d.) in Java dahingerafft war, bestimmte Temminck den in der Museumstätigkeit bewährten B. zum Nachfolger. Am 6. 6. 1826 kam der Vielversprechende mit H. Ch. Macklot und S. Müller (s. d.) in Java an. Trotz anfänglicher Schwierigkeiten, die ihm gerade holl. Regierungskreise in den Weg legten, war er bald die treibende Kraft in einem Kreise tatfreudiger Naturforscher, für die allmählich der Name „Naturk. Kommission" üblich wurde. Nur wenige Monate blieben aber dem leidenschaftlichen Zoologen, der — wie H. Kuhl — dazu berufen war, die Grundlage der Orn. Javas zu legen. Das Gallenfieber riß ihn aus der Reihe der Freunde. Er hinterließ ein Tagebuch (in Bruchstücken in Isis 1828 veröffentlicht), in das die Hand des Naturforschers und Dichters großartige Aufz. zur Morphol. und Biol. der meisten Vögel West-Javas eingetragen hatte. Die Msk. aus den Urwäldern, von Macklot in kameradschaftlicher Gesinnung behütet, gingen im Mai 1832 bei einer Erhebung chinesischer Arbeiter in Purwakarta zugrunde. Temminck ließ zwar den Namen des Toten auf einer Marmortafel in Leiden festhalten, tat aber wenig, um die Verdienste des hochbegabten Ornithologen der Welt bekanntzugeben. S. Müller (bis zur Mitte des Jahrh.) und O. Finsch (s. d.) (nach der Jahrhundertwende) holten die Ehrenpflicht nach.

— Lit.: J. A. Susanna, Levensschets van H. B., Amsterdam 1834. - O. Finsch, Z. Erforschungsgesch. d. Ornis Javas, J. Orn. 54, 1906, S. 301—321. - E. Stresemann, Entw. d. Orn., 1951. - P. Thomsen u. E. Stresemann, Briefe, gewechselt i. d. J. 1818 bis 1820 zwischen H. Boie u. J. F. Naumann, J. Orn. 94, 1953, S. 7—30. - Dies., Naumann-Biogr., 1957.

Bolle, Carl August, Dr., * 21. 11. 1821 Berlin, † 17. 2. 1909 Berlin. Er entstammte einer alten, angesehenen Familie, die durch die Herstellung des Berl. Weißbiers reich geworden war. Das Studium der Naturw. und Med. in Berl. und Bonn schloß er 1846 mit einer Diss. aus der Botan. ab; und die ererbte Wohlhabenheit gestattete ihm, als Privatgelehrter ganz seinen Neigungen zu leben. Aus gesundheitlichen Gründen verbrachte er die Jahre 1852 und 1856 auf den Kanarischen Inseln. Unter dem heiteren Himmel des Südens entdeckte er sein Herz für die Orn. Arbeiten in J. Orn. und Naum. über dort empfangene Eindrücke und Erfahrungen machten seinen Namen schnell bekannt. Sie gipfelten in einer Monogr. des wilden Kanarienvogels (J. Orn. 6, 1858) und beeindruckten die damaligen Fachleute durch die gefällige Form, in der er seine biol. Beob. darstellte. Im trefflich gemeisterten Plauderton und feuilletonistischen Stil auch weiterer schriftstellerischer Äußerungen offenbarte sich zugleich poetisch-romantische Neigung, die er im orn. Kreise um B. Altum (s. d.) vor allem mit dem ihm geistesverwandten A. Hansmann (s. d.) teilte. Im Elternhaus hatte er bereits etwas von jenem mehr Verstand und weniger Herz umschließenden „esprit gaulois" aufgenommen, und in dem franz. Konsul S. Berthelot fand er auf Teneriffa einen Vogelkundigen dieser Geistesrichtung. Aus Freundschaft und Verehrung nannte er daher den dort entdeckten Kanarienpieper Anthus bertheloti. In fremden Landen bewegte er sich daneben durch Übers. aus dem Engl., Franz., Span. und Ital., vermißte hier aber offenbar die rechte Befriedigung. Er war ein echter Sohn der schwärmerisch geliebten Mark, die er später kaum noch verließ. Dieser heimatlichen Landschaft galten neben botan. und volksk. Veröff. seine orn. Beitr. H. Schalow konnte in den „Beitr. z. Vogelf. d. Mark Brandenb." (1919) etwa 30 wichtige Titel aus den Jahren 1855—1896 zusammenstellen. Über die Hälfte erschienen in J. Orn., die übrigen in Naum., Orn. Cbl., Zs. ges. Orn. und in Heimatblättern. Die Arbeiten weisen häufig viel ernsthaftere und gründlichere Freilandbeobachtungen auf, als die allgemein gehaltenen, gefühlsbetonten, volkstümlichen Schilderungen erwarten lassen. Daß seine noch von Rousseau beeinflußte Naturauffassung auch in Gedichten Gestalt gewann, überrascht nicht. Sie kreisten gern, z. B. als „Stimmen v. Tegeler See", um die von ihm nach 1865 erworbene Insel Scharfenberg. In den 70er und 80er Jahren genossen die Berl. Veranstaltungen der DOG alle Vorzüge seiner geistvollen Art, und nach dem Tode des ihm in der Veranlagung sehr nahe stehenden A. E. Brehm (s. d.) übernahm er auch den Vorsitz in den Versammlungen. Diese Glanzzeit versank, als vor allem die Systematiker begannen, seine rein beschreibenden Plaudereien nur kühl zu beurteilen. Denn wissensch. Strenge und Nüchternheit lagen ihm nicht. Der fortschreitenden Entwicklung der vom Intellekt gesteuerten Forschung versagte er sich. Vom Darwinismus blieb seine konservative Natur unberührt. Die Arten waren nach seiner Vorstellung unveränderlich. Den Nomenklaturstreit verstand er nicht. Deshalb zog er sich, in den Anschauungen seiner Anfangsjahre verharrend, gegen Ende des Jahrh. mehr und mehr vom Leben der DOG, deren Gründungsaufruf er 1867 unterschrieben hatte, zurück. Die Gesellschaft ernannte ihn zwar noch 1892 zum Ehrenmitglied, aber die Vogelk. trat zugunsten der Botan. und Dendrologie, denen er auf seinem Besitz Scharfenberg auch in der Praxis huldigte, in den Hintergrund. Schließlich erlahmte seine lit. Schaffensfreude, von schrullenhaftem Wesen überwuchert. Er starb, dem alten Freundeskreis fast ganz entrückt, in einer Vereinsamung, die den Stempel eigener Wünsche trug.

— Lit.: Nachruf (von H. Hocke). Zs. Ool. u. Orn. 18, 1909, S. 196. - H. Schalow, Beitr. z. Vogelf. d. Mark Brandenb., 1919, S. 543—555 (mit 2 Bildnissen u. älteren Quellen).

Bolsmann, Heinrich Anton, * 9. 8. 1809 Rheine (Westfalen), † 14. 4. 1880 Gimbte (Westfalen). 36 Jahre lang hatte er das kath. Pfarramt in Gimbte (Ems) inne. Als tüchtiger Jäger war er wie sein feldorn. Lehrmeister F. Meyer (s. d.) ein kritisch urteilender Kenner der Ornis in den damaligen Heideflächen des Münsterl. Durch Schilderungen seiner Naturerlebnisse verstand er es, die Besucher seiner weithin bekannten örtlichen Vogelsamml. zu beobachtender Tätigkeit anzuregen, aus der er selbst wieder Nutzen zog. So war er, obwohl er zurückgezogen lebte, der Mittelpunkt der orn. Bestrebungen in seiner engeren Heimatlandschaft. Einer von denen, die in seinem Hause frühe Förderung empfingen, war B. Altum (s. d.). Mit ihm zusammen berichtete er in Naum. 2, 1852 und 3, 1853 über

avif. Erfahrungen. Später enthielt auch Nat. u. Offenb. allg. zool. Betrachtungen und monogr. gehaltene Einzelbeitr. über heimische Arten aus seiner Feder. „Über d. einstige Vogelleben in d. Kroner Heide" schrieb er in Jber. Münst. 2, 1873; und die „Vogelw. d. Heiden u. Moore d. alten Münsterl." behandelte er zuletzt in Nat. u. Offenb. 1874. Die Bestände seiner Samml. gingen in den Besitz des Osnabr. Mus. über.
— Lit.: Nachruf (von H. Landois). Jber. Münst. 9, 1880, S. 16—18 (mit Verz. d. Veröff.). — E. Raßmann, Nachr. v. d. Leben u. d. Schr. Münsterl. Schriftsteller d. 18. u. 19. Jahrh., Münst. 1866 u. 1881. - Nachruf (von B. Altum). Orn. Cbl. 7, 1882, S. 58/59 u. 67/68.

Bonomi, Augustin, * 28. 8. 1850 Madice, Bleggio Superiore (Provinz Trento), † 19. 6. 1914 Rovereto. Von 1876 bis 1906 stand er als Prof. d. Naturk. am k. k. Obergymnasium von Rovereto und beschäftigte sich vornehmlich mit der avif. Erkundung Südtirols. So gehörte er in den 80er Jahren zu den Mitarbeitern der Beob.-Stat. Österr.-Ung. Seine Schreibfreudigkeit hinterließ eine stattliche Zahl von z. T. recht wertvollen Nachr. und Mitt. U. A. Corti verzeichnete in „Brutvögel d. franz. u. ital. Alpenzone" (1961) 57 Titel von Veröff. zwischen 1883 und 1913, die ital. abgefaßt im Programm seiner Schule, überwiegend aber in ital. Fachzeitschr. erschienen. Dt. geschrieben waren „D. Vögel d. Trentino" (Mitt. Wien 7, 1883), „D. Vögel d. Tridentino" (ebd. 13, 1889), „Seltenere Vogelarten im Trentino 1889" (Orn. Jb. 1, 1890), „Notizen aus Südtirol 1890" (ebd. 2, 1891), „Bemerkenswerte Vogelarten d. Trentino (Südtirol) 1890—1895" (ebd. 7, 1896), „Über d. Vogelzug in Südtirol" (Mitt. Wien, N. F. 1, 1898/99). Der rührige Verf. stützte sich nicht nur auf eigene gründliche Freilanderfahrungen, sondern auch auf die Samml. von Rovereto und teilweise auf die von Trient, die er durch system. Unters. — z. B. „Regole per la Nomenclatura ornitologica" (Avicula 3, 1900) — erst der wissensch. Verwertung erschloß. In seinem Blickfeld lag daneben die Säugetierkunde, die ihm u. a. Beitr. über den Dachs (1901), den Bär (1903), den Hirsch (1904) im Trentino verdankte.
— Lit.: Nachruf (von G. Vallon). Riv. ital. Orn. 3, 1915, S. 217—220.

Borggreve, Bernard Robert, Dr., * 6. 7. 1836 Magdeburg, † 5. 4. 1914 Wiesbaden. Die forstliche Laufbahn sah ihn in Praxis und Lehre an verschiedenen Orten des nördl. Deutschl. (Schles., Poppelsdorf, Münden, Sachs., Bonn). 1879 kam er als Direktor der Forstakad. nach Hann. Münden. Ein scharfer Intellekt und außergewöhnliche Allgemeinbildung, aber auch Mangel an Maß und stete Bereitschaft zum Kampf gaben seinem Charakter deutlich umrissenen Zuschnitt. Die fachwissensch. Stärke lag auf waldbaulichem und nicht auf orn. Gebiet. Im Widerstreit mit älteren Lehrmeinungen vertrat er Anschauungen, die neben Beifall viel Ablehnung fanden, in der Forstwissensch. vor 1914 aber nachhaltig anregend wirkten. Die Unbeugsamkeit seiner persönlichen Haltung führte schließlich zu Schwierigkeiten mit Behörden und Studentenschaft und veranlaßte 1891 den Rücktritt vom Lehramt. Fortan wohnte er als Oberforstmeister in Wiesb. und verwaltete den für ihn geschaffenen Inspektionsbezirk Biedenkopf bis zur Pensionierung 1905. Angeborene Freude an der Biol. und ein guter Beobachterblick gestatteten ihm, auch in der Orn. hervorzutreten. Die bekannteste vogelk. Veröff. wurde — unter ausgiebiger Benutzung der Lit. — die „Vogelf. v. Norddeutschl." (1869), von der er einen Teil als Diss. in Kiel einreichte, um die Voraussetzungen für die Übernahme eines Lehrauftrags in Münden 1868 zu erfüllen. Mit dem 1. Nachtr. dazu (J. Orn. 19, 1871) bot sie durchwegs zutreffende Verbreitungsangaben auch seltener Formen. Neben der „kritischen Musterung d. europ. Vogelarten" verrieten die Gedanken des allg. Teils gleichfalls eine weitschichtige Beherrschung des Themas. Später griff er mit den „Wirbeltieren d. Reg.-Bez. Wiesb." (Jb. Nass. 50, 1897) die faun. Tätigkeit nochmals auf, um die Bemühungen A. Römers (s. d.) aus den Jahren 1862/63 fortzusetzen. Da er sich mit den orn. Verhältnissen offenbar nicht genügend vertraut machen konnte, entsprach das Ergebnis stellenweise nicht mehr den damaligen landschaftlichen Gegebenheiten in Hess.-Nassau. In jüngeren Jahren setzte er sich auch für die Arbeit der DOG ein: so verfertigte er den Ber. über die 19. Versammlung der DOG in Kassel 1871. Zeugnisse orn. Interesses waren dazu Verlautbarungen wie „D. Mekkern d. Bekassine" (Forstl. Bl. 14, 1877), „Z. Naturgesch. d. Waldschnepfe" (ebd. 14, 1877), „Sind d. Spechte überwiegend nützlich oder schädlich?" (ebd. 14, 1877). Aus Neigung zu praktischen Versuchen schrieb er schließlich 1878 und 1888 eine Broschüre über die „Vogelschutzfrage" nach ihrer Entwicklung seit C. W. L. Gloger (s. d.), und als einer der dt. Vertreter lieferte er 1884 einen Ber. über die Behandlung dieses Problems auf dem 1. internat. Orn.-Kongr. in Wien. Durchaus eigenwillige Prägung trugen Äußerungen zu der sich vordrängenden Vogelzugforschung, mit denen er auf derselben Tagung aufwartete. Er schlug allen Ernstes vor, zur Erkennung des Wanderwegs das Experiment dergestalt einzuschalten, daß man in gewissen Landesteilen einzelnen Vögeln die Mittelzehe abschneide.
— Lit.: Würdigung (von A. Möller u. K. Fricke). Zs. f. Forst- u. Jagdwesen 41, 1909, S. 1/2 (mit Bildnis). — Nachruf (von Michaelis). Ebd. 46, 1914, S. 702—704. - Würdigung (von A. Dengler). Ebd. 68, 1936, S. 289—292. - Würdigung (von R. B. Hilf). N. Dt. Biogr. 2, 1955, S. 462/63 (mit Verz. d. Veröff. u. weiteren Quellen).

Borkhausen (Borckhausen), Moritz Balthasar, Dr., * 3. 12. 1760 Gießen, † 30. 11. 1806 Darmstadt. In ärmlichen Verhältnissen wuchs er, Sohn eines aus dem Elsaß stammenden und bei Gießen verwundeten franz. Kapitäns, auf. Obwohl er sich früh zu den Naturw. hingezogen fühlte, studierte er des Broterwerbs wegen in Gießen Rechtswissensch. und Pädagogik. Als Hauslehrer in Gladenbach empfing er 1781 die ersten botan. Anregungen. 1785 rief ihn Prof. Höpfner zur Erziehung seiner Kinder nach Darmst. Hier geriet er im Hause des Kirchenrats L. K. G. Scriba in den Bann der Entom., in der er sich als Verf. hervorragender Werke auszeichnete. So wurde er 1792 Assessor bei der Landesökonomiedeputation und konnte sich, von den seitherigen materiellen Sorgen befreit, mit außerordentlichem Fleiß dem Auftrag hingeben, die Naturgesch. Hessens zu bearbeiten. 1793 sprach ihm die phil. Fak. von Erl. bereits die Doktorwürde zu. Erst in späteren Jahren drang er zur Orn. vor, um sich auch hier zu bewähren. Aber er zehrte sich frühzeitig auf und starb nach 13 Blutstürzen an der „Lungensucht“. Daß er wegen einiger schlecht gelungener Zeichnungen dem Wahnsinn verfallen sei, ist eine den Tatsachen nicht entsprechende, offenbar boshafte Bem. B. Meyers (s. d.) in einem Brief an J. M. Bechstein (s. d.). Als er in der Orn. noch nicht ganz zu Hause war, trat er erstmals mit der „Orn. v. Oberhess. . . .“ (Rhein. Magazin 1, 1793) hervor. Die Arbeit sollte der „Anfang einer hess. Orn.“ sein, blieb aber Bruchstück und ist mit Irrtümern und Fehlbeobachtungen belastet. Gesch. Wert hat sie deshalb, weil sie die erste Beschr. des Kiefernkreuzschnabels und den ersten Ber. über das Vorkommen des Girlitz bei Darmst. brachte. 1797 wagte er sich an eine „Dt. Fauna . . .“, die zwar auch auf einen einzigen Bd. beschränkt blieb, aber als Wortschöpfung des Verf. den Gattungsnamen Cinclus hinterließ. Sein nach neuen Ufern drängender Geist begnügte sich indes nicht mit Bemühungen um die zool. Terminologie. Er wollte vielmehr dem in jenen Jahren sich mächtig rührenden Wunsch nach naturw. Belehrung durch die Herausgabe farbiger dt. Vögel entgegenkommen; und so knüpfte er für immer seinen Namen an ein stolzes Bildwerk, das als „Teutsche Orn.“ von 1800 ab berühmt wurde. Neben dem Text des großartigen Folianten stand die hohe Kunst der von J. C. Susemihl (s. d.) geschaffenen Tafeln, so daß der Beifall der Zeitgenossen einmütig war. Der viel bewunderten, aber viel zu teuren Planung war ein nur kurzer und dornenvoller Weg beschieden. Nachdem 22 Hefte mit 132 Tafeln auf den Markt gebracht waren, stockte von 1817 ab der Absatz. Das Unternehmen teilte das Schicksal der durch Joh. Wolf und B. Meyer (s. d.) in Nürnb. vorgelegten „Naturgesch. d. Vögel Deutschl.“, die seit 1805 im Wettbewerb zu Darmst. auftrat. Dazu kam das von den beiden Autoren gleichfalls verfaßte billigere „Taschenbuch d. dt. Vögelk.“ (1810), und über allem lag lähmend die wirtschaftliche Not der Napoleonischen Zeit. Im „Allg. Anzeiger d. Deutschen“ (Gotha, 21. 5. 1817) war damals zu lesen, daß „die Ursache der seit mehreren Jahren nicht erschienenen Forts. einzig in den bedeutenden Rückständen . . . und in den . . . allgemein noch geldärmeren Zeiten . . . zu suchen ist“. Mit vorwärts strebendem Willen verstand es B., sich die Mitarbeit befähigter Köpfe aus seiner Umgebung zu sichern; unter ihnen ragte G. Bekker (s. d.) weit hervor. Durch die Zuziehung anderer Kräfte wurde aber der persönliche Anteil B.s am Gesamtwerk, das seinen Namen an erster Stelle trägt, verschleiert. Ch. Röhling (s. u.) sprach von der „Charakteristik, die von . . . Dr. Bekker in dt. Sprache beigeschrieben, von B. aber . . . in das Lat. übersetzt wurde“; und J. T. C. Ratzeburg (s. u.) bemerkte, die zool. Werke seien „mehr am grünen Tisch als im grünen Walde bearbeitet. Am meisten gilt dies von der Orn., zu deren wissensch. Vertretern gewöhnlich B. gezählt wird“. Beide Belege lassen die Vermutung zu, daß der vielseitig tätige Mann nicht überragend an der Gestaltung der Hefte beteiligt war. Der negative Unterton in Ratzeburgs Urteil wird der Bedeutung des 1800 zum Landesforstmeister Beförderten sicher nicht gerecht. Er beschränkte sich ohne Zweifel nicht auf Übersetzung und rein philol. Ausschmückung, sondern hatte lebendige, unmittelbare Beziehung zur wirklichen Welt der dargestellten Vögel. Zum mindesten war er der geistige Vater des großen Wagnisses. Selbst wenn ihn die Anfälligkeit des Körpers viel am Schreibtisch festgehalten haben sollte, so bleiben die Auswirkungen seines mitreißenden Forscherdrangs doch unvergängliche Bestandteile jener Werdezeit der hess. und dt. Orn. Viel zu früh, vom 15. Heft ab (1807) war G. Bekker auf sich allein gestellt.

— Lit.: Lebensskizze (Verf. wahrscheinlich G. Bekker), aufbewahrt in Hess. Landesbibliothek Darmst. - Biogr. lit. Notizen v. Dr. M. B. Borkh. (Verf. ungenannt). Neues Forstarch. Ulm 13, 1807, S. 224. - Nachruf (von G. L. Hartig). Journal f. d. Forst- u. Jagdwesen 2, 1807, S. 33. - Ch. Röhling, B.s Ringen nach d. schönsten Ziele d. Mannes, Frankf. 1808. - Ersch u. Gruber, Allg. Enz., 1. Sekt., 12, S. 35. - F. W. Strieder, Grundlage z. einer Hess. Gelehrten- u. Schriftstellergesch. 18, 1819, S. 62. - J. T. C. Ratzeburg, Forstwissensch. Schriftsteller-Lex., 1874, S. 68—70. - Allg. Dt. Biogr. 3, 1876, S. 160—162. - R. Heß, Lebensbilder hervorr. Forstmänner, 1885, S. 31—33. - Msk. v. P. Leverkühn, aufbewahrt im Zool. Mus. Berl. - L. Gebhardt u. W. Sunkel, D. Vögel Hess., 1954, S. 44—46.

Boroskay, Johann, * 1841 Breznóbánya (Komitat Zólyom), † 3. 3. 1923 Altsohl = Zvolen (Zólyom). Nach dem Besuch der Hochschulen von Selmecbánya (= Schemnitz = Banská Stiavnica) und Preßburg wurde er in Selmecbánya Forstingenieur. Seiner Aufmerksamkeit waren viele Zugdaten und faun. Nachr. aus seinem Dienstbereich zu danken; er überließ sie dem Ung. Orn. Inst., das ihn 1898 zum korr. Mitglied ernannte. Seine Vogelsamml., die schon O. Herman (s. d.) besonders pries, befindet sich heute noch an der Hochschule von Altsohl. Ein von ihm verfaßtes und von J. Schenk (s. d.) in der „Fauna Regni Hungariae“ (1917) erwähntes Msk. über die Vögel des Komitates Zólyom kam nicht zum Druck und ist 1945 verbrannt.

— Lit.: Nachruf (von L. Szemere). Aquila 30/31, 1923/24, S. 371.

Boubier, Maurice, Dr., * 1874 Genf, † 26. 5. 1935 Genf. 1896 schloß er botan. Studien ab und wurde Gymnasialprofessor in Genf. Da die Botan. seinem suchenden Geist allein nicht genügte, pflegte er auch die Zool., Geol. und Phil.; und erstaunlich ist der Rang, den er sich in der Orn. des franz. Kulturkreises erwarb. Erst 1917, als er der Zool. Ges. von Genf beigetreten war, rückte die Vogelk. bevorzugt in die Weite seines Blickfeldes. Er wurde kein Feldornithologe mehr, widmete sich aber ganz wissensch. Unters., die meist erschienen in Alauda, Ann. de la Soc. linnéenne de Lyon, Bull. de la Soc. zool. de Genève, Bull. orn. romand, L'oiseau, Nos Oiseaux, Orn. Beob., Rev. franç. d'orn., Le Zoologiste. Der von ihm mit Erfolg beackerte Boden ist gekennzeichnet durch Veröff. wie „L'Oiseau et son milieu“ (1922), die nur wenige Unebenheiten enthaltende „L'Evolution de l'orn.“ (1925, 2. Aufl. 1932), „L'Orn. et ses bases scientifiques“ (1926), „L'Origine et l'étymologie des noms franç. des oiseaux de l'Europe occidentale“ (1927/28), „Le Monde des oiseaux“ (1930), „Rapport sur les

travaux de la commission pour l'unification des noms franç. des oiseaux" (L'Oiseau et la rev. franç. d'orn. 5, 1935 u. Alauda 7, 1935). Das Ansehen, mit dem die engere Heimat die Studien des vielseitigen und geistvollen Mannes auszeichnete, wird unterstrichen durch seine Stellung als Präsident der Soc. zool. de Genève, der Soc. romande pour l'étude et la protection des oiseaux (seit 1931) und als Mitglied der Kommission für die Bereinigung der franz. orn. Nomenkl. Der Schweiz. Ges. f. Vogelk. . . . gehörte er gleichfalls als reges Mitglied an.
— Lit.: Nachruf (von O. Meylan). Alauda 7, 1935, S. 576—579 (mit Bildnis). - Nachruf (von U. A. Corti). Orn. Beob. 32, 1934/35, S. 185.

Boxberger, Georg von, * 28. 6. 1886 Marburg (Lahn), † 28. 9. 1914 Frankreich. Wie sein älterer Bruder Leo v. B. (s. d.) war er Jurist und durch Veranlagung zu ernsthafter Beschäftigung mit der Vogelk. vorbestimmt. Seit 1905 zeigte sich sein jugendlicher Leistungswille in Mitt. und kleineren Beitr. für Zs. Ool., Orn. Ms. und Dt. Jztg. Vor allem die Zs. Ool. brachte aus der Marb. Umgeb. eine Reihe von Brutnotizen, die der Feder des rührigen Feldbeobachters und Oologen entstammten. Ehe er recht zur Entfaltung seiner Kräfte kam, raffte ihn ein früher Soldatentod zu Anfang des 1. Weltkriegs dahin.

Boxberger, Leo von, Dr., * 5. 9. 1879 Schenklengsfeld (Kr. Hersfeld), † 15. 4. 1950 Marburg (Lahn). In Kirchhain (Ohm) und Marb., wo er die Jugend verbrachte, öffneten sich ihm die ersten Pfade zu liebevoll kritischer Naturbetrachtung. Daß er seit dem 12. Lebensjahr die damals blühende Orn. Ms. bezog, zeigt, wie stark ihn gerade die Vögel anzogen. Die Möglichkeit zum Studium ihrer Biol. und die Aussicht auf Begegnungen mit neuen Formen lenkten sogar im Beruf mannigfach bewegend sein Lebensschiff: Nach der Beendigung der jur. Vorbereitung seit 1907 Richter in Dar-es-Salam, seit 1910 in Ostpr., seit 1914 Richter und Resident in Kamerun, seit 1916 Internierung in Span., seit 1920 Oberregierungsrat in Berl., seit 1930 Aufenthalt in Malaga, seit 1934 Marb. Die besondere Aufmerksamkeit des leidenschaftlichen Freilandbeobachters galt der Eierkunde und später der Fortpflanzungsbiol. Ein Vogelei im Nest oder in der Hand war ihm gesteigerter ästhetischer Genuß. Sein Anfang lag in einer Zeit, die neben der reinen Registrier- u. Sammeltätigkeit der meisten Oologen schon neue, wissensch. bestimmte Arbeitsrichtungen aufkommen sah. In Vorahnung künftiger Entwicklung setzte er daher der Ool. alter Schule veränderte Ziele und erhöhte sie durch die Gründung der B. z. F. (1924) zu der biol. Verhaltensforschung, die er an O. Heinroth (s. d.) bewunderte. In Niethammers Hdb. lag die Bearbeitung der Eierfragen in seinen Händen. Die eigene Eiersamml. vermachte er A. Koenig (s. d.), dem er sich innerlich verwandt wußte durch die Aufgeschlossenheit für die in der Tiergestalt sich offenbarende Vollendung aller Naturschönheit. Da ihm die Fähigkeit verliehen war, große Zusammenhänge zu erkennen, nahm er in allg. verständlicher, oftmals dichterisch schöner Sprache zu vielen Problemen der Biol. Stellung. Immer zeigte er undogmatisches, unerschrockenes Denken; und immer hatten seine meisterlich geschliffenen Formulierungen — auch in schalkhafter Zuspitzung — Wesentliches und Anregendes zu sagen. In intellektuellem Verantwortungsbewußtsein vergaß er bei seinen Unters. nie, daß unser Wissen Stückwerk bleiben muß, und daß gerade die Vogelk. nie ohne ernsthaften Laienanteil gedeihen wird. So wie ihm selbst die Vogelpflege stets eine Quelle reinen Behagens war, trat er in überzeugenden Darlegungen für die rechte Würdigung der in der verständig betriebenen Käfighaltung liegenden Gemütswerte ein. Wache Kampfbereitschaft gegen alle Einseitigkeit und Engstirnigkeit nicht nur auf diesem Gebiet entsprang im Grunde einer zutiefst musischen Einstellung. Nie gestillte Sehnsucht nach unberührter, noch nicht vom Menschen entgötterter Natur gesellte ihn seit den gemeinsamen Marb. Schuljahren O. Natorp (s. d.) zu und ließ ihn neben Eiern treffliche Landschaftsbilder mit sicheren Pinselstrichen gestalten. Ein urwüchsiger Baum, ein blühender Strauch, ein leises Vogellied bedeuteten ihm viel mehr als alle lärmenden, aufdringlichen Zerstreuungen, die ihm die Zivilisation seiner Zeit anzubieten suchte. Ehrfurcht vor der Natur, frei von falschen sentimentalen Regungen, aber unerbittlich gegenüber materiellem Denken, das schien ihm allein Erfolg versprechender Naturschutz. Daß er die einsichtsvolle Handhabung dahin gehöriger Gesetze in der Praxis vermissen mußte, erfüllte ihn mit quälendem Schmerz. Der allzeit geistvoll tätige Mann hinterließ natürlich lange bleibende Spuren lit. Fruchtbarkeit. Sie finden sich seit der Jahrhundertwende in Zs. Ool., Orn. Ms., Orn. Jb., Gef. W., Orn. Mber., B. z. F., Dt. Vw., Orn. Ber., Vw., B. Bonn. Noch 1949 schrieb er das Kosmos-Buch „D. Welt d. Vogels" als Zeugnis gestrafften Gesamtwissens. Mit „Jugenderinnerungen" zu Ehren O. Kleinschmidts (s. d.) in „Syllegomena Biologica" (1950) nahm er Abschied. L. Gebhardt u. W. Sunkel erfaßten in den „Vögeln Hess." (1954) 47 verschiedene Titel seiner Veröff., ohne dabei annähernd Vollständigkeit zu erzielen. Angeborene Beobachterfreude lieferte in vielen Marb. Jahren der örtlichen faun. und biol. Forschung wertvolle Bausteine; die fest geprägte Persönlichkeit mehrte wie die seines Freundes L. Schuster (s. d.) das Gewicht hess. Geltung im Bereiche der orn. Wissensch. Deshalb widmeten die Verf. die „Vögel Hess." dem Andenken ihres verdienstvollen Landsmannes.
— Lit.: Würdigung (von L. Schuster). Vw. 70, 1949, S. 144—146 (mit Bildnis). - Nachruf (von dems.). Ebd. 71, 1950, S. 157—159. - Nachruf (von H. W. Frickhinger). Naturw. Rdsch. 3, 1950, S. 483. - L. Gebhardt u. W. Sunkel, D. Vögel Hess., 1954, S. 87/88 (mit Bildnis).

Braeß, Martin, Dr., * 11. 4. 1861 Nossen (Sachsen), † 2. 2. 1942 Dresden. Als Sohn eines Seminardirektors bildete er sich auf St. Afra in Meißen, dem Lehrerseminar Nossen und der Univ. Leipz. vor. 1887 promovierte er zum Dr. phil. und kam im gleichen Jahr an ein Dresd. Seminar, an dem er bis zum Ruhestand (1924) verblieb. Große Naturliebe bewog ihn zu reger naturschützerischer Tätigkeit. Schon als Student verfaßte er zahlreiche Schriften und hielt Vorträge, um mit ihnen in breite Volksschichten einzudringen und dort für den Schutz der bedrohten Natur mit Nachdruck zu werben. So wurde ihm der Erfolg, von der sächs. Regierung in der Stellung eines Vertrauensmannes bei der Handhabung besonderer Freiheiten (Sammel- u.

Beringungserlaubnis) herangezogen zu werden. Auch kommentierte er 1937, nunmehr Prof. und Hofrat, die anfänglich wenig eindeutigen sächs. Jagd- u. Schonbestimmungen in enger Zusammenarbeit mit dem Landesver. sächs. Heimatschutz. Von der wissensch. ausgerichteten Vogelk. hielt er sich fern; daraus ergab sich für beide Bestrebungen eine wenig gedeihliche Lage. Mit Fleiß und Geschick führte er die Feder. In der orn. Fachpresse war es aber nur die Orn. Ms., die seit 1884 eine Reihe belehrender Artikel von ihm brachte. Seine Bücher, unter ihnen „Unsere gefiederten Freunde" (1901), „Vogelstudien u. Vogelgeschichten" (1902), „D. heimische Vogelleben im Kreislauf d. Jahres" (1903), „Heimatliches Vogelbuch" (1914) näherten sich im Laufe der Jahre immer stärker der Jugendlit. Als guter Beobachter und gewandter Schilderer erwies er sich auch in den zahlreichen Beitr., mit denen er sich an den Vogelbänden der „Lebensbilder aus d. Tierwelt" von Meerwarth-Soffel (1909—1911) beteiligte. Wendungen wie „zärtliches Familienleben", „eheliche Liebe", „Liebe der Eltern zu den Kleinen" kennzeichnen die von ihm vertretene vermenschlichende Einstellung zu Instinkthandlungen. Da er anspruchslose Unterhaltung bot, hatte er zu Anfang des Jahrh. eine große Lesergemeinde tierfreundlicher Laien.

Brahts, Franz Peter, * 27. 9. 1802 Herrnhut, † 15. 8. 1872 Neuwied (Rhein). Er war zuerst Apotheker in seiner Brüdergemeine, verzog aber um 1830 nach Neuwied, wo er als „Materialist" und Drogenhändler lebte. Die Naturf. Ges. zu Görl. zählte ihn zu ihren Mitgliedern. Um dieselbe Zeit wie J. G. Neumann (s. d.) 1826 und J. G. Lange (s. d.) 1827 stellte er eine Liste der „Vögel, die in d. Lausitzen vorkommen", auf (Abh. Görl. 1, 1827). Obwohl er dabei zweifellos von J. G. Krezschmar (s. d.) unterstützt wurde, umfaßte sie für die vogelreiche Gegend nur die Raubvögel, Spechtvögel, Krähenvögel und Singvögel damaliger Gruppierung in 134 Arten. Auch an seinem Wohnsitz am Rhein blieb er orn. rege. Was er dort „während eines fast 20jährigen Zeitraums entweder selbst beobachtet oder gesammelt" hatte, legte er in der „Vogelf. v. Neuwied" (Verh. Pr. Rh. u. W. 11, 1853 u. Naum. 5, 1855) nieder. Erleichtert wurde ihm diese Bearbeitung durch die ausgiebige Benutzung eines Msk., das ihm Prinz Max zu Wied (s. d.) zur Verfügung stellte.
— Lit.: Würdigung (von R. Heyder). Mitt. Sachs. 1, Heft 8, 1926, S. 196 u. 198/99.

Brandes, Gustav, Dr., * 2. 5. 1862 Schöningen (Kr. Helmstedt), † 19. 7. 1941 Dresden. In der im Geburtsort verlebten Jugend fesselten ihn zunächst die Pflanzen. Das Studium in Freib. galt daher anfangs der Botan.; allein A. Weismann (s. d.) und später in Leipz. R. Leukart gewannen ihn ganz der Zool., der er, vielseitig am Zool. Inst. und seit 1891 als Privatdozent in Halle wirkend, treu blieb. Ab 1901 kam das Direktorat am neuentstandenen dortigen Zoo hinzu. 1910 übernahm er den Zool. Garten in Dresd. unter gleichzeitiger Wahrnehmung einer ao. Professur an der Tierärztlichen bzw. Technischen Hochschule. 1936 zog er sich in den Ruhestand zurück. Im Vordergrund seiner Neigungen stand die Tiergärtnerei. Wenn die wissensch. Arbeiten aus diesem Gebiet in erster Linie auch den Menschenaffen galten, so waren ihm die Vögel doch nicht gleichgültig. Mit ihnen beschäftigte er sich meist von der physiol. Seite her (z. B. Atmung). Immerhin erschienen aus seiner Feder mehr als 30 orn. Arbeiten.
— Lit.: M. Friedrich, G. B. z. 75. Geburtstag, 1937 (mit Bildnis u. Verz. d. Veröff.). - H. Petzsch, G. B. u. sein Erbe, Wissensch. Zs. d. Univ. Halle-Wittenb. Nr. 6, 1952/53, S. 801—815 (mit Bildnis u. Verz. d. Veröff.). - Würdigung (von A. Kleinschmidt). N. Dt. Biogr. 2, 1955, S. 520/21.

Brandt, Johann Friedrich von, Dr., * 25. 5. 1802 Jüterbog, † 3. 7. 1879 Merreküll bei Narwa (Estland). Nach dem med. und zool. Studium in Berl. wurde er, Sohn eines angesehenen Arztes, Privatdozent und begann mit der Arbeit an seinem ersten großen wissensch. Werk, der „Med. Zool.". 1831 ging er, wie andere junge Gelehrte seiner Zeit, auf Vorschlag A. v. Humboldts nach Rußl. In Petersb. erhielt er die begehrte Stelle eines Prof. der Zool. und vergl. Anat. an der Med.-chirurg. Akad. und des Direktors am Zool. Mus. Ein weites Arbeitsfeld betrat er hier, auf dem er sich vornehmlich um den Ausbau der zool. Mus. und der Bibliothek der Petersb. Akad. verdient machte. Zwei große Exp. führten ihn durch Rußland. Dem Studium außerruss. Samml. galten daneben Reisen durch Deutschl., Ital., die Schweiz und Westeuropa. Die ihm eigene lit. Schaffenskraft verknüpfte seinen Namen mit mehr als 300 wissensch. Veröff. meist zool., zoogeogr. und paläont. Inhalts. Der Orn. galten darunter Werke wie die „Descriptiones et icones animalium Rossicorum novorum . . ." 1 (Aves) (Petropoli 1836), die Bearbeitung der Vögel Westsibiriens in P. de Tchihatcheffs „Voyage scientifique dans l'Altai oriental . . ." (Paris 1845), der Vogelausbeute in A. Lehmanns „Reise nach Buchara u. Samarkand . . ." (Petersb. 1852) und der Vögel aus den ehemaligen russ.-amerik. Kolonien, ferner eine Klassifikation der Raubvögel Rußl. und Monogr. mehrerer Gattungen. In system. Fragen wandte er sich gegen die naturphil. Vorstellungen von einer geometrischen oder arithmetischen Ordnung der Tierformen. Das J. Orn. konnte ihn zu den ersten Mitarbeitern rechnen, und die DO-G verlieh ihm 1858 die Ehrenmitgliedschaft. Die russ. Regierung schließlich würdigte seinen bedeutenden Anteil an der Entwicklung der Zool. des weiten Reichs durch die Ernennung zum Wirkl. Geh. Staatsrat.
— Lit.: J. T. C. Ratzeburg, Forstw. Schriftstelller-Lex., 1874, S. 72—76. - Nachruf (von H. Schalow). Orn. Cbl. 4, 1879, S. 125—127. - Nachruf (von H. B. Geinitz). Leopoldina 16, 1880, S. 20/21. - Allg. Dt. Biogr. 47, 1903, S. 182—184. - F. Th. Köppen, Bibliotheca Zool. Ross. II, Petersb. 1907 (mit Verz. älterer Quellen). - Würdigung (von G. Quäbicker). J. Orn. 90, 1942, S. 324/25. - E. Stresemann, Entw. d. Orn., 1951.

Branicki, Alexander Graf von, * 1821 Ukraine, † 19. 7. 1877 Nizza. Wie sein jüngerer Bruder Konstantin v. B. (s. d.) zeigte er sich als reicher, unabhängiger Grundbesitzer, Jäger und Naturbeobachter vogelk. aufgeschlossen. Er war daher an den Reisen nach Ägypten, Algerien und Nubien beteiligt. Nationalpolnisch gesinnt, mußte er aber Verurteilung und Deportation nach Saratow sowie spätere Verbannung aus dem zaristischen Rußl. auf sich nehmen, weil er den Aufstand von 1863 unterstützte. Seine naturw. Verdienste liegen vor allem in der finanziellen Hilfe, die er der Exp. B. Dybowskis (s. d.) nach

dem Ussuri- u. Amurland zuteil werden ließ. Das Warschauer Zool. Kabinett verdankte ihm so einen nicht geringen Beitr. zur Bereicherung der orn. Sammlungen.
— Lit.: G. Brzęk, D. Goldene Zeitalter d. Poln. Orn. (Poln. mit engl. Zusammenfassung). Memorabilia Zool. 3, Warschau 1959.

Branicki, Konstantin Graf von, * 1824 Ukraine, † 1884 Paris. Er war das regste Glied der poln. Grundbesitzerfamilie, deren Wohlhabenheit und naturw. Interessen seit 1863 große Jagdunternehmungen im Gefolge hatten: nach Ägypten, Palästina, Nubien — in Begleitung von A. Waga (s. d.) —, Algerien — in Begleitung von L. Taczanowski (s. d.). Auf dessen Anregung hin setzte B. aber nach einigen Jahren den Exp. ausgesprochen wissensch. Ziele. K. Jelski (s. d.) war der erste, der 1867 in seine Dienste trat und Beute aus Franz. Guayana und Peru schickte. Als dieser 1874 den Vertrag kündigte und Kustos am Staatl. Mus. in Lima wurde, trat J. Stolzman (s. d.) an seine Stelle. Weiter waren im Auftrag der Familie B. tätig J. Kalinowski (s. d.) seit 1878 in Ostasien, von 1889—1901 in Peru und Bolivien und M. Jankowski (s. d.) seit 1884 in Ostasien. Die damals an das Warschauer Mus. gelangenden Vögel erreichten eine vorher kaum vorstellbare Zahl. Gleichzeitig erhob sich aber die Gefahr, daß die von den Reisenden aus Asien und Südamerika eingehenden Sendungen mit dem Warschauer Mus. nach Petersburg übergeführt würden. In nationaler Aufwallung verpflichtete daher der sterbende Konstantin v. B. seinen Sohn Xaver (s. d.), ein privates Zool. Mus. zu gründen, das dem poln. Volk übereignet werden sollte, wenn es wieder frei wäre. So entstand 1887 das Zool. Mus. B. in der Villa Frascati zu Warschau, das zu Anfang des 20. Jahrh. über 3638 Vogelarten, hauptsächlich asiat. und südamerik. Herkunft, verfügte. Als Polen 1919 selbständig wurde, übergab die Familie das Mus. dem poln. Staate. Heute bildet es mit dem Zool. Inst. der Univ. Warschau das Poln. Mus. f. Naturgesch. Bis zur Gegenwart ist der Name B. hochgeachtet in der poln. Orn.; mit ihrer Blütezeit in der 2. Hälfte des 19. Jahrh. ist er fest verbunden. Von L. Taczanowski, dem Grafen Berlepsch und J. Stolzman (s. d.) wurden eine Reihe neotropischer Formen nach ihm benannt.
— Lit.: S. Zieliński, Mali Słownik Pionierów Pol., Warschau 1932, S. 39/40. - Polski Slownik Biogr. 2, Krakau 1936, S. 407. - G. Brzęk, Hist. zool. w Polsce, cz. 3, Lublin 1955, S. 206 i inne (Ann. Univ. M. Curie Skłodowska, Suppl. 7, sec. C, 1953, S. 1—455). - Ders., D. Goldene Zeitalter d. Poln. Orn. (Poln. mit engl. Zusammenfassung). Memorabilia Zool. 3, Warschau 1959 (mit Bildnis).

Branicki, Xaver Graf von, * 1864, † 18. 6. 1926. Sohn von Konstantin v. B. (s. d.) war er — ähnlich wie seine Verwandten — nicht eigentlich sachkundiger Ornithologe. Er folgte aber dem Vermächtnis des Vaters, gründete 1887 zusammen mit seinem Vetter Ladislaus v. B. das Mus. Branicki in der Warschauer Villa Frascati und verstand es, unter Einsatz bedeutender Mittel und durch die Wahl geeigneter Mitarbeiter eine für die Jahrhundertwende beachtliche orn. Forschungsstätte zu schaffen. Die Bestände außereuropäischer Vögel vermehrten sich in gesteigertem Umfang, weil er den 1887 mit der Sammlungsleitung betrauten J. Stolzman (s. d.) in die Lage setzte, Beziehungen zu fremden Mus. zu pflegen. Dem Zwecke der Ausweitung dienten auch die Reisen von J. Kalinowski (s. d.) 1885/86 nach Korea, Japan, Amurland, 1889—1901 nach Peru und Bolivien, die Reise von T. Barey (s. d.) 1888—1895 nach dem Kaukasus, Transkaspien, Ferghana und die Unternehmungen von L. Młokosiewicz (s. d.) im Kaukasus und in Daghestan. Der Name des großzügigen Mäzens und Förderers des Familienmuseums ist ebenfalls in die Geschichte der poln. Vogelforschung eingegangen. Über seinen Lebenslauf konnten weitere Einzelheiten nicht ermittelt werden.
— Lit.: Nachruf (von J. Stolzman). Ann. zool. Mus. Poln. hist. nat. 5, 1926, S. 295/96.

Braun, Fritz, * 27. 11. 1873 Danzig, † 22. 1. 1931 Danzig. In Königsb. studierte er Erdkunde, Geschichte und Volkswirtschaft. Das sich anschließende Wanderleben des westpr. Schulamtskandidaten wurde der Eintönigkeit beraubt durch allenthalben sich bietende Gelegenheit zu Einblicken in die ökol. Bedingungen für das Auftreten der Vogelarten in den verschiedenen östl. Landschaften. Die ihm daraus erwachsende Befriedigung sprach aus den Worten: „Wenn aus dem mit Ornithologen reicher gesegneten Westen nur gediegenes Gold Gnade findet vor dem Auge des Lesers, sollte man aus unserm armen Osten auch das grünspanige Kupfer nicht verachten.“ Sie stehen in einer seiner ersten Arbeiten „Z. Ornis d. Tales d. Drewenz“ (im Weichbilde d. Stadt Neumark, Westpr.) (J. Orn. 49, 1901). Der „unstäte Wandel eines modernen Bildungsreisenden“ versetzte ihn von 1900 bis 1910 an die dt. Schule von Konstantinopel-Pera. Später war er Oberlehrer in Marienb., Graudenz, Dt.-Eylau und seit 1921 in Danzig. Er starb als Oberstudienrat. An seiner Wiege sangen ihm schon die Vögel, die der Vater im Käfig hielt; und Vögel umgaben ihn das ganze Leben hindurch als Stubengenossen. Die ersten Schritte in die Welt der Orn. schilderte er launig in Gef. W. 28, 1899. Ihm eignete die Gabe, in schönen, poesievollen Gedanken darzustellen, was ihn mit der Natur und ihren Geschöpfen verband. Die wissensch. betriebene Vogelpflege war ihm ein weites Feld für psychol. Studien. Eine stattliche Reihe von Beitr. aus diesem Bereiche (Spieltrieb, Lied usw.) enthalten vor allem Gef. W., Orn. Mber., J. Orn. Sie gehörten zum Tiefsten und Klügsten, was seit B. Altum (s. d.) über die geistigen Fähigkeiten des Vogels geschrieben wurde. Nach jahrelanger Erfahrung faßte er die Beob. 1926 nochmals zusammen in dem Büchelchen „Vom gerechten Vogelwirt, d. wissensch. Grundlagen d. Vogelhaltung“. Er wandte sich hier zwar an den Liebhaber; gemeint war im Grunde aber die wissensch. Welt, der er mit Verstand und Herz zugehörte. In diesem Rahmen sprach er — seine Einstellung zur Orn. kennzeichnend — von der Hoffnung, daß seine Gedanken auch denen etwas geben möchten, „die in Schurzfell und Arbeitsrock den Liedern ihrer Lieblinge lauschen“. Daneben war er ein gründlicher, für tiergeogr. und phänol. Unters. aufgeschlossener Feldornithologe. Das zeigte er u. a. in den anschaulichen Ber., die er in Orn. Mber. 9, 1901 — 13, 1905, in J. Orn. 56, 1908; 57, 1909 und an anderen Stellen (Kgl. Gymnasium z. Marienb., Wissensch. Beitr. 1908 u. 1909) über die Ornis Konstantinopels und der

Kleinasiat. Westküste gab. Mit geistvollen Thesen begegnete er ferner den Problemen des Vogelzugs. Dogmenfreies Denken führte ihn hier zu Betrachtungen wie die „Über d. begriffliche Stellung d. Striches z. Zugphänomen" (Orn. Mber. 6, 1898) oder „D. Vogelzug" (J. Orn. 46, 1898 u. 47, 1899) und zu der Annahme, daß die Heimat unserer Zugvögel nicht in den Ländern des Sommeraufenthalts, sondern in südlicheren Breiten liege. Mit „logischer Durchdringung des Stoffes" — vgl. dazu „D. dt. Meisen, ein Versuch logischer Naturbeschreibung" (Orn. Mber. 8, 1900) — wollte er zu wirklicher „Naturerklärung" vorstoßen. Indem er, ähnlich wie H. Löns (s. d.), sein Augenmerk auf die Zusammenhänge zwischen Vogelf. und Landschaftsgeschichte richtete, gelang es ihm, verschwommene ältere Hypothesen über Einwanderung und Anpassung auf einfachere und natürlichere Vorstellungen zurückzuführen. Anregendes Geleit bedeuteten seine Gedanken für O. Schnurre, der in den „Vögeln d. dt. Kulturlandsch." (Marb. 1921) die hierher gehörenden Arbeiten anführte. Widerspruch und Ablehnung schreckten den philosophierenden Grübler nicht, auch kühne Formulierungen zu wagen. Der Oberflächlichkeit abgeneigte Tiefenschürfung und feste Bindung an das Schicksal seines Volkes prägten sein Leben und Wirken. Wie sehr er in der westpr. Heimat wurzelte, verriet er allein durch 19 faun., biol. und psychol. Beitr. aus der Vogelk., mit denen er sich seit 1900 an den Ber. Danz. beteiligte.

— Lit.: Nachruf (von A. Troschütz). Gef. W. 60, 1931, S. 286. - Nachruf (von L. Schuster). B. z. F. 7, 1931, S. 108 (mit Bildnis). - Nachruf (von H. Lüttschwager). J. Orn. 79, 1931, S. 283/84.

Braun, Maximilian, Dr. Dr., * 30. 9. 1850 Myslowitz (Oberschlesien), † 19. 2. 1930 Königsberg. Nach dem med. Studium habilitierte er sich 1878 in der phil. Fak. von Würzb. und las dort zuerst über system. Zool. Als einer der großen Zoologen seiner Zeit hatte er dann Lehrstühle inne in Dorpat (1880), Rostock (1886) und Königsb. (1890—1921). Die dt. Parasitologie sah in ihm ihren Führer. Die Beschäftigung mit den parasitischen Würmern führte zu seinen bedeutendsten Erfolgen, und im grundlegenden Werk über die tierischen Parasiten des Menschen (6 Aufl., 1883 bis 1925) wies er der Med. die Wege zur Bekämpfung der durch diese Parasiten hervorgerufenen Erkrankungen. Sein ganzes Leben hindurch blieb daneben in ihm die Vorliebe für die faun. Heimatk. wach, auch wenn sie sich nicht zu allen Zeiten in gedruckten Zeugnissen äußerte. Zu seinen Veröff. zählen eine Reihe von orn. Mitt. Schon in Würzb. gab er gemeinsam mit J. v. Kennel eine kurze „Zusammenstellung d. Vögel Frankens" (1878) und seine großangelegte „Entw. d. Wellenpapageis-Melopsittacus undulatus" (1881) heraus. Vor allem in den Königsb. Jahren ließ er der Vogelk. mancherlei Förderung zuteil werden. Neben der Vermehrung der ostpr. Vogelsamml. sind hier die Verteidigung des Ringversuchs und die entscheidenden Bemühungen um die Errichtung der Vogelwarte Rossitten zu nennen. Um die Weiterführung dieser Forschungsstelle zu sichern, ermöglichte er die Anstellung ihres Leiters als Kustos am Zool. Mus. in Königsb.; bei ihm konnte J. Thienemann (s. d.) 1906 auch promovieren. Zusammen mit M. Lühe (s. d.) leitete er die 1905 von ihm gegründete faun. Sektion der Phys.-ökon. Gesellschaft zu Königsb., die für die orn. Aufhellung Ostpreußens und hauptsächlich für die Erkundung des Frühjahrszugs sehr verdienstvolle Arbeit leistete. In Form von Vorträgen pflegte er auf Grund ausgiebigster Literaturstudien die örtlichen Verhältnisse aus dem gesch. Hintergrund hervortreten zu lassen und die Leistung naturk. aufgeschlossener Vorgänger zu würdigen. Aus dieser Neigung erwuchs u. a. die Arbeit über J. T. Kleins „Aviarium Prussicum" (Zool. Ann. 2, 1906). Gern berichtete er vor dem 1. Weltkrieg auch über eigene vogelk. Beob. 12 Titel überwiegend aus Schr. Königsb. und vereinzelt aus Zool. Ann., Orn. Mber., Ber. Danz. zwischen 1905 und 1908 vereinte F. Tischler im Schriftenverz. der „Vögel d. Prov. Ostpr." (1914). Wichtige Rahmenunternehmungen sind an den Namen des Geh. Reg.-Rats geknüpft; dahin gehören Rundfragen, die 1905 und 1908 zur Verbreitung verschiedener Vogelarten veranstaltet wurden sowie die ostpr. Storchzählungen in den Jahren 1905 und 1912.

— Lit.: Nachruf (von O. Koehler). Zool. Jb. (Abt. Physiol.) 48, 1931, S. I—XXXVI mit Bildnis u. Verz. d. Veröff.).

Brehm, Alfred Edmund, Dr., * 2. 2. 1829 Renthendorf bei Neustadt (Orla), † 11. 11. 1884 Renthendorf. Er war der 1. Sohn aus Ch. L. Brehms (s. d.) 2. Ehe. Das väterliche Vorbild entfachte im Knaben bereits leidenschaftliche Liebe zum Tier. Zum zool. Studium war er trotzdem nicht bestimmt. Dem häuslichen Elementarunterricht folgte praktisch handwerkliche Lehre in Altenb. Dann begann das Studium der Architektur in Dresd. Diese Laufbahn wurde früh von außen her beendet. Da er tüchtige biol. Kenntnisse besaß, nahm ihn J. W. v. Müller (s. d.) als vogelk. Fachmann und Sekretär mit nach Ägypten. Von 1847—1852 hielt das fragwürdige Unternehmen den hochgewachsenen, breitschultrigen Jüngling in Afrika fest und gab seinem Lebenskurs die entscheidende Wendung. Er galt — ohne Rücksicht auf wissensch. Zeitfragen — der Erforschung des Tierlebens. Nach der Rückkehr studierte er in Jena (wo er promovierte) und in Wien Zool. Schon 1853 kamen seine „Reiseskizzen aus Nordostafrika" heraus. 1858—1862 wirkte er als Lehrer für Erdk. und Naturgesch. an einem Gymnasium in Leipz. 1861 und 1867 erschien das „Leben d. Vögel", in dem er Beob. von Reisen in Span., Norw. und Lappl. verwertete. 1862 ging er mit Herzog Ernst II. von Sachs.-Cob.-Gotha (s. d.) auf eine kurze Exp. nach Abessinien. Die ihm anschließend übertragenen Stellen des Direktors des Zool. Gartens in Hamb. und später des Leiters des Berl. Aquariums gab er 1866 auf, um, frei von den Verpflichtungen eines Beamten, ungebunden reisen und sich der Herausgabe des „Illustrierten Tierlebens" hingeben zu können. 1876 war er mit O. Finsch (s. d.) und Graf v. Waldburg-Zeil-Trauchburg in Westsibirien, 1878 mit Kronprinz Rudolf von Österr. auf orn. Jagdausflügen in Ungarn, 1879 mit demselben in Spanien. In jenen Jahren spielte er auch im Leben der DOG in Berl. eine Rolle. So unterzeichnete er 1867 den Gründungsaufruf und war einer ihrer Vertreter bei den Verhandlungen mit der DO-G 1875 in Braunschw., die zur Aussöhnung der beiden Gruppen führten. 1883 unternahm er — bekannt als fesselnder und begeisternder Redner — eine Vortragsreise nach Nordamerika. Von dort kehrte er krank zurück und erholte sich nicht mehr. Sein Ruf wurde durch das „Leben d. Vögel“ begründet. Er nannte das Buch das Lieblingskind seiner schriftstellerischen Tätigkeit. In der Tat ließ er hier, unter dem Einfluß von P. Scheitlin (s. d.), seiner gefühlsseligen Einstellung zum Vogel ungehemmt freien Lauf. Der Unterhaltung in Haus und Familie sollte es dienen und das Verständnis für den Vogelschutz fördern. Diesen Zweck hat es zu seiner Zeit voll erfüllt. Weitaus nachhaltiger aber war der Widerhall, den das in alle Kultursprachen übersetzte „Illustrierte Tierleben“ (die wirbellosen Tiere behandelten O. Schmidt und E. T. Taschenberg) in Herz und Gemüt der Leser weckte. Von 1863—1869 kamen die Lieferungen der 1. Aufl. heraus. Außer gekürzten Ausg. folgten die 2. Aufl. 1876—1880, die 3. Aufl. von Pechuel-Loesche 1890—1893, die 4. Aufl. von O. zur Strassen (s. d.) 1911—1918 (dem neuen Forschungsstand entsprechend, in Fragen der Tierseelenkunde abgeändert; Vögel neu bearbeitet von W. Marshall u. F. Hempelmann), die Jubiläumsausg. von C. W. Neumann 1928—1933. System. Anat. und Physiol. spielen in diesem Werke so gut wie keine Rolle. Es ist bis heute ein Volksbuch im besten Sinne des Wortes geblieben. Der Inhalt wirkte deshalb so anziehend, weil eine bis dahin in der Zool. stark vernachlässigte Seite im Vordergrund steht: die liebevolle Schilderung des wirklichen Lebens der Tiere. Nicht zuletzt liegt der Erfolg wohl auch in der meisterhaften Sprache. Sie trägt klassische Schönheit. In hochentwickeltem Formgefühl gelangen B. einprägsame neue Wortschöpfungen und kurze Zusammensetzungen, die sich als Gebrauchsnamen (Schwirl, Trauerseeschwalbe u. ä.) durchsetzten und die von J. M. Bechstein, J. F. Naumann, Ch. L. Brehm (s. d.) benutzten langatmigen Bezeichnungen in den Hintergrund drängten. Auf der anderen Seite bietet das Buch stark herausfordernde Angriffspunkte. In den beiden Vogelbänden (1866, 1867) z. B. wählte B. eine nur von äußeren Merkmalen bestimmte, praktischen Zwecken dienende Anordnung (Knacker, Fänger, Späher, Läufer, Schwimmer!), die, von Darwins Theorien unberührt, sich an L. Okens u. H. G. L. Reichenbachs (s. d.) naturphil. Konstruktionen orientierte. Tierpsychol. ging er von falschen Vorstellungen aus. Er verlieh dem Tiere hohe geistige Fähigkeiten (des Stolzes, des Hasses, der Liebe, der Dankbarkeit) und kam so zu unhaltbarer, vermenschlichender Deutung des tierischen Verhaltens. Trotz dieser Anstände bleibt es sein unbestreitbares Verdienst, zool. Kenntnissen den Weg in breite, von der reinen Wissensch. nicht erreichbare Volksschichten geebnet zu haben — sowohl durch seine Buchveröff. (zu ihnen gehört „Gefangene Vögel“, Hd.- u. Lrb. . . . f. Liebhaber . . . 1872—1876), als auch durch Aufs., die er in reicher Fülle für fachliche und besonders belletristische Zeitschr. (Roßmäßlers „Aus d. Heimat“, Keils „Gartenlaube“) lieferte. Der Name eines biol. Erziehers gebührt ihm mit Recht. An öffentlichen Ehrungen fehlte es ihm nicht; u. a. war er seit 1849 Mitglied der Leopoldina.

— Lit.: Biogr. (von E. Krause). „Tierleben“, 3. u. 4. Aufl. - Gedenkrede (von R. Blasius). Enthüllungsfeier d. Brehm-Schlegel-Denkmals z. Altenb. am 30. 9. 1894, Altenb. 1895. - Allg. Dt. Biogr. 47, 1903, S. 214—216. - Biogr. (von C. W. Neumann). Brehmbuch 1929, S. 13—84 (mit Bildnis). - Würdigung (von O. Koepert). Naturf. 5, 1929, S. 11. - Biogr. (von P. Eipper). D. Großen Deutschen 4, 1936, S. 61—74 (mit Bildnis). - E. Stresemann, Entw. d. Orn., 1951. - Würdigung (von A. Kleinschmidt). N. Dt. Biogr. 2, 1955, S. 569/70. - Bildnis in D. Großen Deutschen im Bild, 1936.

Brehm, Christian Ludwig, Dr. h. c., * 24. 1. 1787 Schönau vor dem Walde bei Gotha, † 23. 6. 1864 Renthendorf bei Neustadt (Orla). Der Überlieferung der Familie folgend, studierte er in Jena Theol.; 1810 ging er als Hauslehrer auf das Rittergut Lausnitz bei Neustadt, 1812 als Pfarrer nach Drackendorf bei Jena. Von 1813—1864 waren seine Tage ausgefüllt mit dem Gleichmaß der Pflichten des Dorfgeistlichen in Renthendorf. Bei aller Hingabe an das Amt verstand er es, sich die Muße zur Naturbeobachtung zu sichern und damit zu einer orn. Forschung, die in der Wahl und Gründlichkeit der Methode ihrer Zeit um viele Jahrzehnte vorauseilte. Als er geboren wurde, waren die wenigen lückenhaften Bücher Gelehrtenarbeit, für Gelehrte geschrieben. Auch in J. M. Bechsteins (s. d.) „Gemeinnütziger Naturgesch.“ fand der Jüngling Fehler und Mängel. Das trieb ihn zu eigenen Unternehmungen mit Flinte und Netz; und in seinem Todesjahr enthielt die von ihm seit 1802 zusammengebrachte Samml. fast 15 000 genau etikettierte Bälge. Die Aufmerksamkeit der vielen sammelnden Zeitgenossen richtete sich nur auf ausgefärbte Altvögel; B. hingegen beschaffte sich ganze Reihen einzelner Arten vom frühesten Jugend- bis zum Hochzeits- u. Alterskleid. So stellte er alle damaligen Samml. nach Umfang und Anlage weit in den Schatten. Eigene Beob., die er in den „Beitr. z. Vögelk. . . .“ (3 Bde., 1820—1822) veröffentlichte, waren gedacht als Ergänzungen zu dem, was J. M. Bechstein und J. A. Naumann (s. d.) gesagt hatten. Durch die Frische biol. Schilderungen kam ein treffliches Werk zustande, das auch von seinen späteren Büchern, z. B. dem „Lrb. d Naturgesch. aller europ. Vögel“ (2 Bde., 1823/24) nicht mehr erreicht wurde. Für J. F. Naumann, den Sohn Alfred Edmund B. (s. d.) und viele andere Autoren wurde es eine reichlich ausgenutzte Quelle. In ihrer Ursprünglichkeit war sie deshalb so anziehend und ergiebig, weil B. unter Außerachtlassung der bekannten Lit. nur das schrieb, was er aus selbst gewonnener Anschauung vom toten und lebenden Vogel wußte. Da er sich vom Vogelfänger und Präparator zum kritischen Bearbeiter seiner Samml. entwickelte, stieß sein ungemein scharfes Auge auf Unterschiede im Bau der Vogelkörper, in der Gefiederzeichnung usw., die vor ihm noch nie beachtet worden waren. Leider war er wenig glücklich in der Deutung der von ihm ermittelten Variationen. Er verlor sich in unhaltbare Spekulationen, vor allem nach 1828, als ihm die wissensch. Forscherbegabung seines Freundes F. Faber (s. d.) nicht mehr warnend zur Seite stand. Aus geringfügiger morphol. Verschiedenheit leitete er die Berechtigung ab, ohne Beachtung höherer Gliederungen eine neue Unterart oder Subspezies zu bestimmen. Dem Wissensstand der Zeit entsprechend, benannte er sie binär und trennte nicht zwischen individueller und geogr. Variation. Obendrein war er der Überzeugung, daß „diese Subspezies vom Anbeginn aus Gottes unbegreiflicher Schöpferkraft hervorgegangen sind, und auch so bleiben werden, wie sie sind" (Naum. 3, 1853). Da er aber unzweifelhaft die Artverschiedenheit von Garten- u. Waldbaumläufer, Sommer- u. Wintergoldhähnchen, Sumpf- u. Weidenmeise gefunden hatte, verführte ihn Grübelei zu der Theorie, „daß die Geschöpfe gruppen- u. reihenweise dastehen, indem aus ein und derselben Grundgestalt verschiedene Gestalten geworden zu sein scheinen" (Isis 1826). So erwachte in ihm der schwärmerische Drang, durch Vergleich der aufgestapelten Bälge nach immer neuen, feststehenden Variationen zu spüren. Er glaubte z. B. mehrere Arten von Buchfinken, Haubenlerchen, Baumpiepern, Trauerfliegenschnäppern, Blaukehlchen, Turmfalken für Deutschl. nachgewiesen zu haben. Die Folge war eine ins Endlose sich steigernde Artenspalterei: 1606 europ. Vögel (966 Arten u. 640 Unterarten) standen auf seiner Liste! Am deutlichsten zeigte sich die verwirrende Überspitzung im „Hdb. d. Naturgesch. aller Vögel Deutschl." (1831). Wissensch. und persönliche Gegnerschaft, dazu Spott blieben nicht aus: Er geriet in den Schatten des beherrschten, sich mit der Naturbeschreibung begnügenden J. F. Naumann. Im Kampf der erregten Geister verfielen die im thür. Pfarrhaus ermittelten, tatsächlich vorhandenen artlichen Unterschiede zwischen Wald- u. Gartenbaumläufer, zwischen Sumpf- u. Weidenmeise gleichfalls der Ablehnung und wurden nach dem Tode des Entdeckers von den Fachgenossen gar vergessen. O. Kleinschmidt (s. d.) rückte sie am Ende des Jahrh. wieder in den Bezirk wissensch. Tatbestände. Er war es auch, der auf dem Speicher in Renthendorf die von Motten und Schimmelpilz bedrohten Bälge wiederfand. Die noch verwertbaren 9000 Stücke erwarb E. Hartert (s. d.) 1897 für W. Rothschilds Tring-Mus. Seit 1932 sind sie in New York und seit 1960 z. T. (fast 3000 Stücke) im Mus. Koenig (Bonn). Sie wurden — eine späte Ernte — von E. Hartert bei der Bearbeitung der „Vögel d. paläarkt. Fauna" genutzt und wiesen die Welt nachhaltig auf B.s fast versunkene Gelehrsamkeit hin. Wenn der Landpfarrer auch äußere Ehrungen (1822 Mitglied der Leopoldina, 1858 Dr. h. c. der med. Fak. Jena) empfing, so drangen seine Anschauungen doch kaum über den engeren Kreis der Ornithologen hinaus. Bezeichnend für diese Begrenzung ist, daß die von ihm gegründete „Ornis" (die erste orn. Zeitschr. der Welt!) sich nur von 1824—1827 mit 3 Heften behaupten konnte, und daß keines seiner Bücher, 2 kleinere Schriften ausgenommen, eine 2. Aufl. erreichte. Nur der „Vollständige Vogelfang" (1855) erschien 1926 in Heidelb. als unveränderter Manulneudruck mit einem Vorwort von O. Kleinschmidt. Und doch bleibt B.s Anteil an der Förderung der heimischen Vogelk. unbestritten. Er gehört nicht in erster Linie dem Raume der System. an, trotz der vom thür. Meister geprägten 60 Namen paläarkt. Arten oder Rassen, trotz der überragenden Fähigkeit zur kritischen Betrachtung des Vogelkörpers, trotz der Einführung vorher unbekannter subtiler Untersuchungsmethoden. Er liegt viel mehr in der Begabung für eine unübertreffliche Darstellung des Lebens der Vögel. Die ihm von der Natur mitgegebenen und in langer Übung entwickelten Wirkkräfte stempelten ihn zu einem der ersten, echten biol. Lehrmeister des vorigen Jahrh.

— Lit.: Nachruf (von A. E. Brehm). Gartenlaube 1864, S. 661 ff. - Allg. Dt. Biogr. 3, 1876, S. 284. - Gedenkrede (von R. Blasius). Enthüllungsfeier d. Brehm-Schlegel-Denkmals z. Altenb. am 30. 9. 1894, Altenb. 1895. - E. Hartert, The Brehm Collection, Novitates Zoologicae 8, 1901, S. 38—48. - R. Burckhardt, Gesch. d. Zool., Leipz. 1907; 2. Aufl. 1921. - H. Hildebrandt, Ch. L. B. als Ornithologe, Mitt. Osterl., N. F. 20, 1929, S. 23—67; ders. Ibis (2) 13, 1932, S. 308—316. - E. Stresemann, Entw. d. Orn., 1951. - G. Buchda, Z. Lebensgesch. u. z. wissensch. Werk d. Pfarrers u. Ornithologen Ch. L. B., Wissensch. Zs. d. Univ. Jena 3, 1953/54, S. 459—466. - Würdigung (von A. Kleinschmidt). N. Dt. Biogr. 2, 1955, S. 570. - G. Niethammer, D. Brehm-Samml., ihr Schicksal u. ihre Bedeutung, Verh. Dt. Zool. Ges. 1960 (1961), S. 505—512. - R. Busch, Ch. L. B.s „Subspezies", Falke 7, 1960, S. 39—42 u. 91—93 mit (Bildnis). - G. Niethammer, Z. Gesch. d. Brehm-Samml., ebd. 11, 1964, S. 78—80.

Brehm, Horst, Dr., * 17. 4. 1863 Hamburg, † 19. 4. 1917 Meiningen. Der Sohn Alfred Edmund Brehms (s. d.) übte in Berl. frauenärztliche Praxis aus, von der er sich zurückziehen mußte, nachdem er bei einem Eisenbahnunglück schwer verletzt wurde. Zuletzt lebte er in Meiningen und war Sanitätsrat. Mit Leidenschaft huldigte er dem Angelsport und stand lange dem Dt. Anglerbund vor. Als väterliches Erbteil verblieben ihm spärliche orn. Neigungen, die keine sichtbaren Spuren hinterließen. Seit 1895 gehörte er der DOG an. Orn. Veröff. sind mit seinem Namen nicht verknüpft. Doch gab er die Vorträge des Vaters unter dem Titel „Vom Nordpol zum Äquator" (1890) heraus.

— Lit.: G. Buchda, D. Stammtafel d. Familie Brehm, Weimar 1958, S. 428.

Brehm, Oskar, * 12. 12. 1823 Renthendorf bei Neustadt (Orla), † 8. 5. 1850 Dongola (Ägypten). Er war der 7. Sproß aus Ch. L. Brehms (s. d.) erster Ehe und Stiefbruder von Alfred Edmund und Reinhold B. (s. d.). Die Pharmazie hatte er als Beruf gewählt, beschäftigte sich daneben aber ausgiebig mit entom. Studien. Seine Käfersamml. umfaßte 1500 Stücke. Wie seine Brüder sorgte er für die Vermehrung der väterlichen Vogelsamml., bewegte sich jedoch nur in den Vorhöfen der Vogelk., weil er glaubte — im Vergleich zu seinem Vater — in der Orn. wenig mehr leisten zu können. Im November 1849 erreichte er zusammen mit R. Vierthaler (s. d.) den Bruder in Afrika, um sich der Exp. des damals bereits in die Heimat abgereisten J. W. v. Müller (s. d.) anzuschließen. Der talentvolle junge Beobachter und Sammler trug die Schwierigkeiten und Entbehrungen des unter einem Unstern stehenden Unternehmens, bis ihn nach wenigen Monaten beim Baden im Nil der frühe Tod dahinraffte.

— Lit.: Nachruf (von E. Baldamus). Naum. 1, 1850, Heft 3, S. 83/84. - Neuer Nekr. d. Deutschen 28, 1850, S. 365 (mit 2 Bildnissen).

Brehm, Reinhold, Dr., * 9. 11. 1830 Renthendorf bei Neustadt (Orla), † 20. 3. 1891 (Spanien?). Wie Alfred Edmund stammte er aus Ch. L. Brehms (s. d.) zweiter Ehe, studierte in Jena Med. und promovierte dort 1855. Als er Alfred Edmund nach Spanien begleitete, fesselten ihn das Land

und seine Bewohner so stark, daß er dort eine ärztliche Praxis gründete und eine Spanierin heiratete. Er wohnte in Murcia, Valencia und Barcelona; zeitweilig war er dt. Gesandtschaftsarzt in Madrid. Deutliche, wenn auch nicht zahlreiche Anzeichen von Beziehungen zur Vogelk. sind in seinem Leben erkennbar. Dem Vater schickte er Vogelbälge aus der zweiten Heimat, darunter das Stück, nach dem der Pastor — um seiner verstorbenen einzigen Tochter zu gedenken — die Theklalerche - Galerida theklae beschrieb. Die Naum. (8, 1858) brachte aus seiner Feder „Orn. Beob. aus d. Prov. Murcia". In einer Berl. Sitzung der DOG hielt er einen Vortrag über die Raubvögel Spaniens (J. Orn. 20, 1872). Das „Illustrierte Tierleben" des Bruders nannte ihn als Gewährsmann. Neben Vater und Bruder war er seit 1858 Mitglied der Leopoldina.
— Lit.: B. Buchda, D. Stammtafel d. Familie Brehm, Weimar 1958, S. 427.

Bretscher, Konrad, Dr., * 5. 2. 1858 Dorf (Kanton Zürich), † 9. 7. 1943 Zürich. Der pädagogische Weg des begabten Bauernsohnes ist gekennzeichnet durch Lehrerstellen seit 1877 in Ober-Hittnau, Aesch, Unterstraß und von 1906 bis 1927 in Zürich. 1884 begann er, zusätzlich an der Univ. Zürich Naturw. und Zool. zu studieren, um 1897 die Fachlehrerprüfung abzulegen, 1899 zu promovieren, sich 1904 zu habilitieren und bis 1913/14 als Privatdozent Vorlesungen über die Tierwelt der Schweiz zu halten. Ursprünglich mit Unters. über die Würmer beschäftigt — seine Diss. war ein „Beitrag z. Oligochaetenfauna d. Schweiz" (1899) —, behandelte er in seiner Antrittsvorlesung 1904 die Wanderung der Vögel und ließ im selben Jahr eine „Anleitung z. Bestimmen d. Wirbeltiere Mitteleuropas" erscheinen. Von nun an wurde das Phänomen des Vogelzugs in Mitteleuropa, vorab im Mittelland und in den Alpen der Schweiz mit über 30 Abh. zwischen 1914 und 1938 der Kern seines eigentlichen Lebenswerkes. In der Überzeugung, daß die damaligen Vorstellungen von den Zugstraßen der zuverlässigen Auswertung des Beob.-Materials entbehrten, war er bestrebt, mit Hilfe der ersten (noch recht spärlichen) Beringungsergebnisse nachzuweisen, daß die überwiegende Großzahl der Vögel nicht über die Alpen, sondern durch das Mittelland oder entlang der Alpenwand fliege. Seinem Scharfsinn entsprang auch die These, daß der Zug von Luftdruck, Wind, Niederschlägen, Sonnen- u. Mondlicht unabhängig sei, und daß die Vögel auf Grund der noch unbekannten „regelmäßigen Abläufe in ihrem Organismus" einfach ziehen müssen, wenn „die Zeit dazu gekommen ist". Er war ein wissensch. nüchtern urteilender Denker, dem allerdings feldorn. Kenntnisse nur in bescheidenem Maße eigneten. Mit der Ablehnung jeglicher „Zugromantik" geriet er in einen unüberbrückbaren Gegensatz zu seinem Schweiz. Zeitgenossen G. von Burg (s. d.); er entfachte so einen von beiden Seiten mit aller Bitterkeit geführten Meinungskampf, der die Schweiz. Vogelk. lange Jahre aufwühlte und in ihrer Entwicklung bedrohte, insofern aber zweckvoll war, als er G. von Burg zwang, unsachliche Ausfälle zu zügeln und mehr und mehr Daten zur Stützung seiner eigenen Auffassung zu beschaffen. Noch im hohen Alter blieb Br. in den Zugfragen schriftstellerisch tätig. Seine auf exakten Forschungsmethoden beruhenden Verlautbarungen standen u. a. in Vierteljahrsschr. Zürich, Orn. Beob., Denkschr. Schweiz, Naturw. Wochenschr., Biol. Zentralbl., Tierwelt, Rev. suisse zool., M. Vw., Schweiz. Bl. f. Natursch. Größere Arbeiten waren „D. Vogelzug im Schweiz. Mittelland in seinem Zusammenhang mit d. Witterungsverhältnissen" (Denkschr. Schweiz 51, 1915), „D. Vogelzug in Mitteleuropa" (Selbstverl. 1920), „D. Vogelzug in Süddeutschl." (M. Vw. 22, 1923), „Neue Mitt. über d. Vogelzug in Mitteleuropa" (Vierteljahrsschr. Zürich 74, 1929), „V. Vogelzug in d. Schweiz" (Schweiz. Bl. f. Natursch. 5, 1930), „D. Vogelzug in d. Schweiz" (Denkschr. Schweiz 64, 1931).
— Lit.: Nachruf (von H. Hotz). Vierteljahrsschr. Zürich 88, 1943, S. 219—222 (mit Verz. d. Veröff.).

Breuer, Georg, * 10. 10. 1887 Steyerdorf = Stájerlakanina, Komitat Krassó-Szörény (Rumänien), † 11. 6. 1955 Groß-Kanizsa, Komitat Zala (Ungarn). Nach dem Studium an der Handelshochschule in Szeged begann er sich seit 1912 vogelk. zu betätigen. Als er 1919 im Bergwerksgebiet von Brennberg administrativer Direktor wurde, beobachtete er mit Ausdauer in der Gegend der Ödenb. Berge und vor allem am Neusiedler See. Aufmerksamkeit und Eifer galten den Erscheinungen des Vogelzugs, der wissensch. Forschung an der Vogelwarte des Sees, dem Aufbau des Vogelschutzes und der Vermehrung der Samml. des Ung. Orn. Inst. Daneben war er hervorragender Pilz- u. Fischkenner. Nach 1945 arbeitete er bei den Ölwerken von Groß-Kanizsa und lehrte auch eine Zeitlang Biol. an der dortigen Mittelschule. Immer wieder kehrte er aber in die ihm vertraute Landschaft um Ödenb. zurück. Die orn. Erfahrungen am Neusiedler See sind vielfach im Kócsag niedergelegt. Zu den ersten Nachr. gehörte „Erstes Vorkommen v. Branta ruficollis am Fertö-See" (Aquila 32/33, 1925/26). Aus den letzten Jahren wären daneben zu nennen „Dreizehenmöwe am Neusiedler See" (ebd. 51—54, 1944—1947), „Bruten d. Bienenfressers b. Ödenb." (ebd. 51—54, 1944—1947), „Z. Biol. d. Weißstorchs" (ebd. 55—58, 1948—1951). Gegen Ende seines Lebens drängten sich Unters. über die Außenparasiten der Vögel mehr in den Vordergrund seiner Interessen. Eine größere Arbeit über dieses Sachgebiet, die er im Auftrag der Ung. Akad. d. Wissensch. übernommen hatte, konnte er allerdings nicht mehr zum Abschluß bringen, da er unerwartet an den Folgen einer Blinddarmentzündung starb. In seiner Bescheidenheit hatte er mehr getan, als seine Veröff. nachweisen. Sein wirkliches Wissen enthalten eine Reihe von Bänden mit nachgelassenen stenogr. Notizen.
— Lit.: Nachruf (von A. Keve). Aquila 63/64, 1956/57, S. 371/72 u. 375/76 (ung. u. engl.).

Brittinger, Christian (Kajetan), * 30. 4. 1795 Friedberg (Hessen), † 15. 1. 1869 Steyr (Ober-Österreich). Von 1827 bis zum Tode war er Apotheker in Steyr. Über seine orn. Entwicklung waren Einzelheiten nicht zu ermitteln, doch muß er ein reger Feldornithologe und Sammler gewesen sein. Er brachte 600 Nester und Gelege aus O.-Ö. zusammen und berichtete darüber in seiner Arbeit „D. Brutvögel Oberösterr. nebst Angabe ihres Nestbaues u. Beschr. ihrer Eier" (Ber. Linz 26, 1866). Die Kollektion, die allerdings auch Objekte aus anderen europ. Gebieten enthält und den heutigen Ansprüchen an die Etikettierung nahekommt, gelangte nach 1877 an die Mädchen-Bürgerschule in Steyr und 1921 an das O.-Ö. Landesmus. 1955 wurde sie in einer Sonderausstellung in Linz gezeigt. B. hatte zu seiner Zeit einen guten Namen; er war wirkliches oder korr. Mitglied einiger in- und ausländischer Gesellschaften. Daß er auch in der Schmetterlingskunde über großes Sachwissen verfügte, bewies seine Arbeit über „D. Schmetterlinge d. Kronlandes Österr. ob d. Enns" (Sb. Akad. d. Wissensch. Wien, 1851). — Lit.: Würdigung (von A. Kloiber). Kat. d. O.-Ö. Landes-Mus. Linz 23, 1955, S. 5.

Bruch, Carl Friedrich, Dr. h. c., * 11. 3. 1789 Zweibrücken (Pfalz), † 21. 12. 1857 Mainz. In seiner Familie beschäftigten sich schon Generationen vor ihm mit den Naturw. Der Vater, ein pfälz. Apotheker, starb früh. Der Sohn mußte daher die Mainz. Schule, in der sich schon die Neigungen zur Naturbetrachtung entfaltet hatten, vor der Abschlußprüfung verlassen und bei einem Notar als Gehilfe eintreten. Im Beruf zeigte er sich so tüchtig, daß ihm ohne Studium 1815 ein öffentliches Notariat in Mainz übertragen wurde. Dieses Amt hatte er bis 1855 inne. Rechtschaffenheit und Hilfsbereitschaft im Dienst der Allgemeinheit verliehen ihm hohes Ansehen. In vielen kulturellen Vereinigungen betätigte er sich selbstlos, und lange war er Mitglied des Stadtvorstands. Die erste Anregung zur Gründung der Rhein. Naturf. Ges. in Mainz ging von ihm aus; ihm fiel auch die erste Direktorstelle zu. Nach der Versammlung der Ges. Dt. Naturforscher u. Ärzte in Mainz 1842 war er einer der Verf. des amtlichen Ber. Neben den vielen Berufs- u. Vereinspflichten fand er noch die Zeit für seine eigentliche Lieblingswissensch., die Orn. Nur ungewöhnliche Arbeitskraft und Hingebung ermöglichten ihm, sich eine gründliche Kenntnis der heimischen Vogelwelt zu erwerben und eine mustergültige, allg. sehr bewunderte Samml. fast aller europ. Vögel aufzubauen. Die die Auswahl der Sammlungsstücke bestimmenden Gesichtspunkte sind von ihm behandelt in einem 1835 in Mainz gehaltenen Vortrag „Über d. Einfluß d. Klimas auf d. Tiere u. d. dadurch veranlaßten Schwierigkeiten bei Aufstellung eines festen Begriffs f. Gattung u. Art als Hauptgrund d. Inkonsequenz u. Verwirrung d. Systeme". Er hatte eine natürliche Begabung zum kritisch sichtenden Systematiker und verriet seinen Sinn für klare Gliederung allein dadurch, daß er schon in Isis 1828 den Vorschlag zur Anwendung der ternären Nomenklatur machte. Seit 1825 äußerte er sich in der Isis zu orn. Fragen. 1832 beschrieb er hier als erster nach dalmatinischen Stücken den Krauskopfpelikan - Pelecanus crispus und benannte die Mittelmeersilbermöwe nach K. Michahelles (s. d.). Besonders vertraut war er mit den Möwenarten. Der Gattung Larus widmete er in J. Orn. 1, 1853 und 3, 1855 eine eingehende monogr. Übersicht. Das Material zu seinen system. Unters. lieferte ihm die Verbindung zu europ. Mus. und vielen Fachgenossen des In- u. Auslandes. Mit Ch. L. Brehm (s. d.) lag er zeitweise in harter Fehde, weil er dessen Artspalterei nicht billigte. Es überrascht, daß er seine Samml. schon 1837 an die Rhein. Ges. verkaufte. Die Last der Ehrenämter drohte offenbar, ihn allmählich zu erdrücken. Tatsächlich litt er seit 1844 — in diesem Jahr verlieh ihm die phil. Fak. der Univ. Gießen ehrenhalber die Doktorwürde — unter starker körperlicher Behinderung, nachdem ein Schlaganfall die Lähmung des rechten Armes hinterlassen hatte. Die geistigen Kräfte blieben wach; sie erlaubten ihm, nicht nur den Beruf noch 12 Jahre fortzuführen, sondern auch durch seine schriftstellerische Tätigkeit den Nachweis zu erbringen, daß er einer der am weitesten fortgeschrittenen Ornithologen des Rhein-Main-Gebiets war.

— Lit.: Nachruf (von J. Cabanis). J. Orn. 6, 1858, S. 331—336 (mit Verz. d. Veröff. u. Vorträge). - Hundert Jahre Rhein. Naturf. Ges. in Mainz, 1934 (mit Bildnis). - R. Lauterborn, D. Rhein, . . ., Ludwigshafen 1938, S. 284—286. - L. Gebhardt u. W. Sunkel, D. Vögel Hess., 1954, S. 54/55 (mit Bildnis).

Brückner, Adam, * 3. 10. 1862 Haarth (Kr. Coburg), † 30. 11. 1933 Coburg. Seit 1883 in Cob. Lehrer, seit 1894 am Seminar und Mittelschullehrer, übernahm er 1915 die Leitung des Naturw. Mus. 1922 erhielt er den Titel Studienprof. Vielseitig befaßte er sich als leidenschaftlicher Sammler und Freilandbeobachter mit der Flora, den Wirbel- u. Weichtieren der heimatlichen Landschaft. Eine stattliche geol.-paläont. Samml. konnte er aufbauen. Exk. zog er lit. Beschäftigung vor und stellte dabei seine Kenntnisse mit Bedacht in den Dienst naturw. Volksbildung. Bedauernd gestand er (Tierw. d. Cob. Landes, 1926), daß er versäumt habe, günstige Gelegenheit zu nutzen und ausgesprochener Jünger der Orn. zu werden. Doch verdankte er 10jähriger Freundschaft mit dem seit 1871 in Cob. wohnenden E. Baldamus (s. d.) eine immerhin so tiefgehende Vertrautheit mit den örtlichen Vögeln, daß er nach dem Ableben des von ihm verehrten Lehrmeisters die Vogelexk. des Tier- u. Pflanzenschutzvereins Cob. jahrelang leiten konnte. In bescheidener Einschätzung hielt er sich zu Wortmeldungen in der engeren orn. Fachlit. nicht berechtigt. Nur vereinzelte Äußerungen auf vogelk. Gebiet ließen sich an anderen Stellen ermitteln. Dazu gehören „Über d. Vorkommen d. Steinsperlings in Mitteldeutschl., besonders über das Auftreten an der Ruine Salzb." (Aus d. Heimat 14, 1901) und „Aus d. heimischen Vogelw." (Cob. Heimatbl. 1921, Heft 2). In der Cob. Heimatk. u. Heimatgesch. 1926, Heft 3, stellte er umfassend die „Tierw. d. Cob. Landes" zusammen und fühlte sich dabei in der Hauptsache als Sprachrohr seines Mentors E. Baldamus. Dem avif. Teil wies er (erstmalig für das Gebiet genannte Irrgäste eingeschlossen) 302 Arten zu, von deren Vorkommen er sich „durch Lit., zuverlässige Mitt. u. eigene Beob." überzeugt glaubte. Ergiebigste Unterlagen lieferten ihm ein 1888 von E. Baldamus verfaßtes „Verz. d. Vögel v. Cob.", ferner die „Vögel d. Haßberge" (1887) von J. A. Link (s. d.) und die große Samml. von O. Tellgmann (s. d.). Als eigene Feststellungen konnte er u. a. mitteilen, daß er 1890 den Zwergfliegenschnäpper brütend in der Nähe von Zilgendorf (Südthür.) fand. Die Darstellung, der der Verf. eine warme persönliche Note zu geben vermochte, erlaubte auch über die örtlichen Belange hinaus einen Einblick in die Entwicklung und den Stand der Vogelforschung des Cob. Raumes.

— Lit.: Nachruf. Cob. Ztg. Nr. 281 v. 1. 12. 1933. - Würdigung (von Reukauf). Cob. Heimatk. u. Heimatgesch. 1951, Heft 14, S. 71. - Bildnis in Arch. d. Naturw. Mus. Coburg.

Brüggemann, Friedrich, Dr., * 1850 Bremen, † 6. 4. 1878 London. Nach dem Studium der Zool. in Jena wurde er dort Assistent bei E. Häckel. Von Oktober 1875 bis April 1876 war er in gleicher Stellung am Landesmus. in Darmst. tätig. Anschließend ging er nach London an das Brit. Mus. und wurde Sekretär von Lord Tweedale, dem Präsidenten der Brit. Zool. Gesellschaft. Ursprünglich beschäftigte er sich mit Insekten, Amphibien und Reptilien und veröffentlichte nur kleinere biol. Notizen über einzelne Vogelarten im Zool. G. In Darmst. befaßte er sich mit der System. der Vogelbälge, die K. B. H. v. Rosenberg und Gg. Fischer (s. d.) aus Niederländisch-Indien an das Mus. geschickt hatten. Diese „Beitr. z. Orn. v. Celebes" erschienen in Abh. Brem. und brachten Ergänzungen zu der Avif. einzelner Teile der holl. Südsee-Inseln. An den von ihm neu beschriebenen Formen mußten allerdings Abstriche vorgenommen werden, weil ältere Benennungen durch Graf Salvadori vorlagen. B. lebte von Jugend an unter schwierigen Verhältnissen, arbeitete sich aber aus eigener Kraft empor. Ein Lungenleiden raffte ihn früh dahin. — Lit.: Nachruf (von H. Schalow). Orn. Cbl. 4, 1879, S. 29.

Bruhin, Thomas A., * 22. 5. 1835 Schwyz, † 8. 10. 1895 Basel. 1861 zum Priester des Benediktinerordens im Kloster Einsiedel (Schweiz) geweiht, war er zuerst Lehrer an den Gymnasien von Einsiedel und Mehrerau und von 1865 bis 1868 Kooperator in der Propstei St. Gerold (Walsertal). 1869 schied er aus dem Kapitelsverband aus und ging als Missionar nach Milwaukee (USA). Nach seiner Rückkehr in den 80er Jahren wurde er altkath. und führte einen kleinen Zigarrenladen in Basel. Von 1862 bis 1878 wirkten in ihm fruchtbare Regungen naturw. Begabung. Sie spiegelte sich in einigen selbständigen Veröff. und einer größeren Reihe von Beitr. in Zeitschr. f. d. ges. Naturw., Ber. St. Gall., Verh. Wien und Zool. G. Am eingehendsten beschäftigte ihn die Botan. Zu orn. Fragen äußerte er sich daneben — meist in Zool. G. — während des Aufenthaltes in St. Gerold und Nordamerika. So sind ihm erste avif., biol. und phänol. Einblicke in das Walsertal zu danken. Da ihm die Umgeb. seines damaligen Wohnsitzes eine terra incognita zu sein schien, schrieb er Ergänzungen zu G. L. Hartmanns (s. d.) „Versuch einer Beschr. d. Bodensees" (1808) unter den Titeln „Z. Wirbeltierfauna Vorarlbergs" (Zool. G. 8, 1867) und „D. Wirbeltiere Vorarlbergs ... einschließlich d. Rheintales u. d. Bodensees" (Verh. Wien 18, 1868). Die „Ornis d. Hängenden Steins b. Bludenz" (Zeitschr. f. d. ges. Naturw. 31, 1868) war neben der Flora Gegenstand einer besonderen Zusammenstellung. Mit welchem Eifer er sich zeitweise der Vogelk. unter freiem Himmel hingab, verrät ein Satz aus der Arbeit „Diagnostik d. Vögel aus d. Gesang" (Zool. G. 9, 1868): „Ich durchstrich, mit einer Stimmgabel versehen, seit 2 Jahren Wald und Flur, um an Ort u. Stelle d. Gesang d. Vögel zu Papier zu bringen". Zu den aus Neu-Cöln und Potosi stammenden Zeugnissen einer noch wenig ausgereiften Erfahrung zählen: „Über Ankunft u. Brütezeit einiger nordamerik. Zugvögel" (Zool. G. 12, 1871), „Unsere gefiederten Wintergäste" (ebd. 13, 1872), „Vergleichende Phänol." (Verh. Wien 25, 1875 u. Zool. G. 19, 1878). Von Basel aus scheint er nicht mehr zur Feder gegriffen zu haben.
— Lit.: R. Henggeler, Profeßbuch d. Fürstl. Benediktinerabtei ... Einsiedeln, 1934, S. 553/54 (mit unvollst. Verz. d. Veröff.).

Brusina, Spiridion, * 1845 Zadar, † 21. 5. 1908 Agram (= Zagreb). Nach dem Studium in Wien war er von 1868 bis 1901 Univ.-Prof. und Direktor des Kroat. Zool. Mus. in Agram. Als Begründer nicht nur dieses Mus., sondern auch der Kroat. Naturw. Gesellschaft organisierte er die wissensch. Arbeit in Kroat. und stellte erstmalig Verbindungen zu ausländischen Inst. her. Zu Beginn seiner Tätigkeit gab es in Serb. noch keine einheimische Vogelforschung. Den Mangel führte er darauf zurück, daß die Kroaten und Serben des slawischen Südens — im Gegensatz zu den von den ital. Nachbarn beeinflußten Bewohnern der Adriaküsten — Vogelfang nicht betrieben und daher schlechte Vogelkenner wären. Den Beweis für die Gleichgültigkeit gegenüber der Vogelwelt lieferte ihm u. a. der Agramer Markt; er sah dort keine Vögel außer Rebhühnern, Wachteln, Haselhühnern und Schnepfen, die obendrein nur von herrschaftlichen Verwaltungen stammten. Um der Orn. in seinem Lande Eingang und Beachtung zu verschaffen, bemühte er sich verdienstvoll um den Aufbau einer Vogelsamml. im Agramer Mus.; zu diesem Zwecke schickte er Jäger und Sammler bis nach Montenegro. Das Interesse hoffte er auch dadurch zu wecken, daß er 1890 und 1892 in kroat. Sprache ein Verz. der kroat.-serb. Vögel (umfassend Krain, Istrien, Kroatien, Slawonien, Dalmatien, Bosnien, Herzegowina, Serbien, Montenegro) herausgab, zu dem er schon 1888 eine Einleitung erscheinen ließ. Von 1879 bis 1901 gehörte er als Mitglied der DOG an. Seit den 70er Jahren faun. und phänol. registrierend, war er ein kenntnisreicher, system. denkender und mit der orn. Lit. anderer Länder sehr gut vertrauter Forscher. In Fragen der Nomenkl. bekannte er sich früh zum Prioritätsgesetz. Viel Anregung empfing er von V. v. Tschusi (s d.), dem er in freundschaftlichem Gedankenaustausch zugeneigt war. Neben den kroat. Veröff. entstammten seiner Feder einige dt. geschriebene Abh. und Mitt. während der 80er und 90er Jahre in Mitt. Wien, Orn. Jb. und Aquila. Am umfangreichsten war der „Beitr. z. Ornis v. Cattaro u. Montenegro" (Orn. Jb. 2, 1891). Einen Überblick über die Anfänge der serb. Orn. gab er in der Arbeit „Z. Ornis Serb." (Aquila 9, 1902). 1906 standen von ihm eine eingehende kroat. Besprechung von O. Reisers (s. d.) Griechenl.-Bd. in Glasnik 18 d. Mus. v. Serajewo und ein ital. Referat über die Bde. Bulg., Montenegro und Griechenl. in „Avicula". Er hinterließ gegen 150 größere und kleinere Studien.

Bucher, Hans, * 1892 Zürich, † 16. 12. 1960 Andelfingen (Kanton Zürich). Der zielstrebige Faunist, der im frühen Knabenalter schon ein gefühlsbetontes Verhältnis zur Vogelwelt gefunden hatte, erhielt durch J. Spalinger (s. d.) im Züricher Weinland eine gesicherte Formenkenntnis. Das didaktische Geschick des jungen

Lehrers konnte dann auf vielen Exk. der heimischen Ornis neue Freunde zuführen. Da er außerdem 30 Jahre lang fleißiger Beringer der schweiz. Vogelwarte war, brachte der Orn. Beob. seinen Namen öfters im Rahmen von Ringfundmeldungen über Dohlen, Sperber, Turmfalken und Fischreiher.

— Lit.: Nachruf (von E. Brunner). Orn. Beob. 58, 1961, S. 44.

Buda, Adam von, * 1840 Réa (Komitat Hunyad), † 1920 Réa. Er wohnte in Réa und lernte als Zwölfjähriger schon das Sammeln und Präparieren von seinem Vater Alexius B. (s. d.), um zusammen mit J. v. Csató (s. d.) die Familienüberlieferung fortführen zu können. System. Beob. nahm er um 1860 auf und wurde ein gründlicher Kenner der siebenb. Vögel. Seit 1882 rechnete er zu den eifrigen Mitarbeitern der Österr.-ung. Beob.-Stationen und später der Ung. Orn. Zentrale. Seine Samml. enthielt vornehmlich Charaktervögel der Hatszeger Gegend und bestand 1886 aus rund 500 Stücken, deren Aufz. er der Ung. Orn. Zentrale einreichte. Nach seinem Tode kam sie in ein rumän. Mus. von Hermannst. (= Sibiu) und wurde größtenteils wertlos durch die Verteilung auf rumän. Volksschulen. Eine Auswertung der reichen feldorn. Erfahrungen ermöglichte B. trotzdem durch seine Veröff; dahin gehören u. a. ein „Verz. d. im Komitate Hunyad vorkommenden Vögel“ (Jber. d. Hist. u. Archäol. Ver. f. d. Kom. H. 1, 1882) und die „Verminderung unserer Vogelw. in d. letzten 50 Jahren“ (Aquila 13, 1906). Seltenheiten unter seinen Beob. wurden außerdem von J. Frivaldsky (s. d.) in den „Aves Hungariae“ (1891) erfaßt.

— Lit.: V. v. Tschusi, Beitr. z. Gesch. d. Orn. in Österr.-Ung., I. Siebenb., Mitt. Wien 10, 1886, S. 73—77 u. 87/88. - J. Schenk, Altberühmte siebenb. Vogelsamml., Aquila 23, 1916, S. 468—482. - Nachruf (von B. Bodnar). Ebd. 28, 1921, S. 235. - A. Csath, D. Vogelsamml. v. Ad. B., ebd. 29, 1922, S. 187/88. - H. Salmen, D. Ornis Siebenb. . . . , Linz 1958 (Masch.-Schrift).

Buda, Alexius von, * 1815, † 1901 Rus (Komitat Hunyad). Als Grundbesitzer von Rus gehörte er zu den ersten siebenb. Vogelsammlern. Nachdem er schon zu Anfang der 40er Jahre Beweise orn. Aufgeschlossenheit geliefert hatte, begann er nach dem Vorbild F. W. Stetters (s. d.) 1845 zu sammeln und stand fortab mit diesem sowie W. Knöpfler, K. Wagner, K. Lázár und N. v. Zeyk (s. d.) im Tauschverkehr. Bis zum Jahre 1851 hatte er von 175 Arten 214 Stücke aufgestellt, die während der Kriegsvorgänge 1848/49 allerdings großen Schaden erlitten; die noch brauchbaren vermachte er 1854 dem Bethlen-Kollegium in Nagyenyed (= Straßburg = Aiud), wo sich im 1. Weltkrieg noch 30 Stücke befanden. Wenn auch die Samml. selbst infolge der politischen Ereignisse zum größten Teil für die lit. Auswertung ausfiel, so ist ihr ursprünglicher Inhalt doch nachweisbar, weil ein von B. angefertigtes Verz. seiner Präparate aus den Jahren 1845—1851 erhalten blieb. Die darin angegebenen Fundorte und Daten dürften bei den getauschten Stücken nicht überall zutreffen. Die Mängel berauben aber das Werk dieses eifrigen Ornithologen nicht der geschichtlichen Bedeutung. Es ist eines der Bilder, in denen sich die Werdezeit der siebenb. Forschung spiegelt.

— Lit.: J. Schenk, Altberühmte siebenb. Vogelsamml., Aquila 23, 1916, S. 175—195 u. 468—482. - Ders., D. Reste d. Al. Budaschen Samml. im Bethlen-Kollegium zu Nagyenyed, ebd. 26, 1919, S. 127/28. - Ad. v. Buda, Ergänzende Daten z. Artikel „Altberühmte Vogelsamml. in Siebenb.“, ebd. 24, 1917, S. 295/96. - H. Salmen, D. Ornis Siebenb. . . . , Linz 1958 (Masch.-Schrift).

Bühler-Lindenmeyer, Theodor, * 18. 8. 1859 St. Imier (Kanton Bern), † 27. 6. 1899 Blumberg (Kr. Donaueschingen). Nach der praktischen Ausbildung an verschiedenen Orten sowie dem Studium in Freib. i. B. und Straßb. bestand er 1885 in Bern das pharmakol. Staatsexamen und erwarb 1886 eine Apotheke in Basel. Als Sammler auf mehreren naturw. Gebieten bewandert, pflegte er mit Vorliebe die Vogelk. Nicht nur die Umgeb. seines Wohnsitzes, sondern auch der Schwarzwald und die Vogesen waren die häufig aufgesuchten Ziele zool. und botan. Ausflüge. Die Ergebnisse seiner Beob. gab er gern in volkstümlich gehaltenen Vorträgen vor Bas. Vereinen bekannt. Fleißige Mitarbeit galt der Bas. Naturf. Ges. und dem Bad. Zool. Ver.; kurze Zeit lag auch die Führung der Schweiz. Orn. Ges. in seinen Händen. Er soll daneben einer der seltenen Liebhaber gewesen sein, die für die Geschichte der Orn. Aufgeschlossenheit zeigten. In der Lit. ist sein Name nicht durch besonders bemerkenswerte Veröff. verankert. 1888—1890 verfaßte er die Ber. der Brieftaubensektion für die Orn. Ges. in Bas. und anschließend 3 Jber. derselben Gesellschaft. Seinem registrierenden Eifer verdankte ein „Kat. d. Schweiz. Vögel. im Naturh. Mus. v. Bas.“ (1895) die Entstehung. Allg. gehalten und wenig aufschlußreich waren Mitt. über den „Frühjahrsvogelzug in d. Umgeb. Bas. in d. J. 1895—1898“ (Verh. Schweiz 81, 1898) und den „Frühjahrszug b. Bas. 1899“ (Mitt. Bad. 1899/1900). In der Blüte der Jahre ereilte ihn ein jäher Tod; er starb durch Blitzschlag auf einer Exk.

— Lit.: Nachrufe (von R. Burckhardt). Verh. Schweiz 82, 1900, S. XXIX—XXXII u. Verh. Bas. 12, 1900, S. 199—202. - Nachruf (Verf. ungen.). Mitt. Bad. Nr. 2, 1900, S. 34—37 (mit Bildnis).

Bünger, Hermann, † 1920 oder 1921 Potsdam. Bis 1883 lebte er in Oberschles. Dann verzog er nach Berl. und wohnte seit 1896 als Bankvorsteher in Potsdam. Der DOG schloß er sich 1886 an und nahm bis 1919 an den Berl. Sitzungen teil. Er gehörte zu den rührigen Feldbeobachtern, die sich gegen Ende des 19. Jahrh. um die orn. Erschließung der Umgeb. von Berl. und der Mark bemühten, ohne viel Aufhebens von sich zu machen. Mitt. und Nachr. aus seinem Erfahrungsbereich gab er von 1887—1904 in Orn. Ms. und Orn. Mber.; H. Schalow verzeichnete in den „Beitr. z. Vogelf. d. Mark Brandenb.“ (1919) 12 Titel der Veröff. Sehr vertraut waren ihm die Vogellieder. Deshalb nahm er in Mitt. Wien 18, 1894 als einer der ersten Stellung zum Leiergesang der Mönchsgrasmücke, auf den F. Anzinger (s. d.) in Mitt. Wien 17, 1893 hingewiesen hatte.

Bürgers, Joseph, Dr., * 27. 8. 1881 Bad Godesberg, † 26. 8. 1954 Helmstedt. Bald nach Beendigung des med. Studiums (1907) führten ihn längere Reisen nach Neuguinea, Japan, Korea, China, Indochina und Indien (1911—1914). Als Stabsarzt aus dem

1. Weltkrieg heimgekehrt, wurde er 1919 Privatdozent in Leipz. und im selben Jahre noch Direktor des Hygienischen Inst. an der Akad. von Düsseldorf; o. Prof. für Hygiene und Bakteriologie war er dort seit 1923, in Königsb. seit 1926 und in Gött. nach dem 2. Weltkrieg. Für die Orn. von Belang war seine Beteiligung als Arzt und Zoologe an der dt. Sepik-Exp. in Neuguinea 1912/13. Der wissensch. Ertrag kam als eine der stattlichsten Vogelsendungen der zurückliegenden 100 Jahre kurz vor Ausbruch des 1. Weltkrieges in das Zool. Mus. von Berlin und war ein Teil der Ausbeute der dt. Kaiserin-Augusta-Fluß-Exp. 1913/14. Die orn. Samml. übertraf weit die Erfolge aller früher in Neuguinea tätigen Reisenden wie F. Grabowsky, C. Hunstein, J. Kubary, B. u. H. Geisler, C. Lauterbach, S. Fenichel, L. Biró (s. d.). In mehr als 3100 sorgfältig etikettierten Bälgen von etwa 240 Arten verkörperten sich in der Hauptsache Umsicht und Verdienst des Arztes. Die Ergebnisse sind, vor allem in Hinblick auf die Probleme der geogr. Verbreitung, dargestellt von E. Stresemann in „Dr. B.s orn. Ausbeute im Stromgebiet d. Sepik, ein Beitr. z. Kenntnis d. Vogelw. Neuguineas" (Arch. Naturgesch. 89, 1923, Abt. A. 7, S. 1—96 u. 8., S. 1—92). Unter 88 erstmalig für die damalige dt. Kolonie nachgewiesenen Formen befanden sich zahlreiche neue Rassen und 3 neue Arten: Accipiter bürgersi Reichenow (Orn. Mber. 22, 1914), Sericornis bürgersi Stresemann (Anz. Bay. 5, 1921), Peltops montanus Stresemann (ebd. 5, 1921). In der Heimat trat B. später orn. nicht mehr in Erscheinung.

Büsing, Otto, Dr., * 16. 12. 1880 Berlin-Wilmersdorf, † 28. 3. 1946 Eisenach. Der lange Jahre in Eisenach ansässige Facharzt für Augenheilkunde gab sich mit kritischem Eifer der Feldornithologie hin. Er beobachtete mit Vorliebe an den Breitunger Teichen und beschäftigte sich viel mit dem Vorkommen des Wanderfalken am Drachenstein in der Nähe der Weinstraße und des Uhus zwischen Kreuzburg und Mihla. Als ein zur Stille neigender Forscher zog er zumeist die Arbeit im Kreise gleichgesinnter Naturfreunde der Breitenwirkung und der publizistischen Tätigkeit vor. 1914 faßte er die „Vogelw. Eisenachs" in einem anspruchslosen, besonders für den Anfänger bestimmten Büchelchen zusammen; Vollständigkeit erstrebte er darin offenbar nicht, denn er behandelte nur 68 dort brütende Arten auf Grund eigener Feststellungen. Einige kleinere Mitt. und Nachr. über Beob. an Gimpel, Waldbaumläufer, Rauchschwalbe, Mauersegler, Uhu (im Werratal) enthielten ferner vor und nach dem 1. Weltkrieg die Orn. Ms. und Orn. Mber. Den engeren Rahmen seiner heimatlichen Reviergrenzen überschritten Ber. vom Vogelleben im Osterhagener Moor bei Hann. (Orn. Ms. 38, 1913), vom Mauerläufer am Säntis (ebd. 40, 1915), von den Vögeln des Kreises Hersfeld (ebd. 42, 1917), von der Misteldrossel in Nordfrankr. (ebd. 43, 1918), von der Vogelwelt Nordfrankr. (ebd. 44, 1919), von der Felsenschwalbe in Tirol (Orn. Mber. 27, 1919), vom Steinsperling in Mitteldeutschl. (ebd. 32, 1924). Ein Verkehrsunfall raffte ihn dahin.

Büttner, Richard, Dr., * 28. 9. 1858 Brandenburg (Havel). Er gehörte der letzten von der Afrik. Ges. in Deutschl. ausgerüsteten Exp. an und reiste 1884—1886 im Kongogebiet. Dann lag von 1890—1892 die Leitung der Forschungsstation Bismarckburg im Hinterland von Togo in seinen Händen. Aus der Umgeb. des Stützpunktes sandte er an das Berl. Mus. großartige orn. Samml., durch die 133 Arten für das dt. Schutzgebiet nachgewiesen wurden. Es ist sein Verdienst, so die Grundlage geschaffen zu haben, auf die sich in den folgenden Jahren die Tätigkeit von E. Baumann und J. v. Zech (s. d.) stützen konnte. Neben anderen Reiseberichten stammte von ihm der Abschnitt Togo in „D. überseeische Deutschl.", Bd. 2, Stuttg. 1911 (2. Aufl.). Die Vogelausbeute besprach A. Reichenow (s. d.) in J. Orn. 39, 1891; 40, 1892 und widmete dem Sammler und Entdecker Turacus persa büttneri (ebd. 39, 1891). Nach der Heimkehr war B. Oberlehrer und Prof. in Berlin. Für das Datum des Todes fehlten Belege.

— Lit.: H. Schnee, Dt. Kol.-Lex. 1, 1920, S. 262.

Büttikofer, Johann, Dr. h. c., * 9. 8. 1850 Kernenried (Kanton Bern), † 24. 6. 1927 Bern. Seit 1870 war der Lehrerssohn selbst Lehrer in Grasswyl (Kanton Bern), gab aber 1876 die Laufbahn auf, um sich ganz den naturw. Neigungen zu widmen. Er wurde Hörer an der Hochschule von Bern und schloß die Lücken mangelnder Vorbildung so rasch, daß er auf Empfehlung von Th. Studer (s. d.) schon zwei Jahre später als Assistent zu H. Schlegel (s. d.) nach Leiden kam. Das auch hier schnell erworbene Vertrauen seines Vorgesetzten schickte ihn 1879—1882 und — zusammen mit F. X. Stampfli (s. d.) — 1886/87 zu Forschungszwecken in das kaum bekannte Liberia. Sorgfältig vorbereitet, dazu gewissenhaft beobachtend und ausgezeichnet präparierend, trug er viel zur Erkundung der Säugetiere und Vögel des afrik. Landesteiles bei. Im 2. Bd. der „Reisebilder aus Liberia" (Leiden 1890) sind die Ergebnisse seiner Exp. (darunter Begegnung mit 237 Vogelarten) zusammengefaßt und die interessantesten Formen kurz behandelt. Schon nach dem ersten afrik. Aufenthalt wurde ihm die Leitung der Leidener Vogelsamml. übertragen. In dieser Stellung bearbeitete er neben dem von ihm und anderen beschafften afrik. Material auch die im Mus. lagernden faun. Schätze aus Niederl. Indien. Die Vögel betrafen eine Reihe von Beitr. in den Notes from the Leyden Mus. zwischen 1885 und 1896. Die system. Unters. unterbrach nochmals eine Reise 1893 nach West-Borneo, deren Ausbeute er allerdings nicht im vorher geübten Umfang und dazu ohne Berücksichtigung der Tiergeogr. auswertete. Die Zeit zu methodischen wissensch. Studien fand er nicht mehr, weil er 1897 die Direktion des Zool. Gartens von Rotterdam übernahm. In der Gestaltung des Gartens aber hatte er eine so geschickte und glückliche Hand, daß die tiergärtnerischen Erfolge seine gewiß nicht nebensächliche Rolle als Sammler und Systematiker im Urteil des jüngeren Geschlechts der Ornithologen überschatteten. Beim Ausscheiden aus dem Amte und nach der Übersiedlung in die Schweiz 1924 konnte er auf ein eindrucksvolles Lebenswerk zurückblicken. Nach ihm benannt oder von ihm neu beschrieben waren Accipiter büttikoferi Sharpe, Bubo lettii, Zosterops demeryi, Zosterops obsoleta, Sylviella stampflii, Drymocataphus johnsoni, Laniarius zosterops. Den Reisenden und Forscher, der nur aus wissensch. Eifer zur zool. Sachkunde vorgedrungen war,

ehrte die Univ. Bern nach seiner Rückkehr aus Borneo 1897 durch die Verleihung der Ehrendoktorwürde. Aus den Kreisen seiner engeren Landsleute floß ihm ferner hohe Wertschätzung zu als Gründungsmitglied der Schweiz. Ges. f. Vogelk. ... und als unentwegtem Vorkämpfer für den Vogel- u. Naturschutz.
— Lit.: Nachruf (von A. Heß). Orn. Beob. 24, 1927, S. 186—189 (mit Bildnis). - Nachruf (von E. Schwarz). Orn. Mber. 36, 1928, S. 37—40. - Nachruf (von F. Baltzer). Verh. Schweiz 1928, Anhang S. 14—26 (mit Bildnis u. Verz. d. Veröff.). - Würdigung (von G. A. Brouwer). Ardea 41, 1953 (1954). S. 85—87 (mit Bildnis).

Buhle, Christoph Adam Adolph, Dr., * 12. 7. 1773 Halle, † 20. 3. 1856 Halle. Anfänglich studierte er Jura, wandte sich aber später dem Schulfach zu. 1796 hatte er die Stelle des Subrektors am Reformierten Gymnasium inne und war nach dessen Aufhebung von 1808—1836 Lehrer an der Realschule des Waisenhauses (Franckesche Stiftung) in Halle. Daneben hielt er seit 1801 zool. Vorlesungen an der Univ. und wurde außerdem 1813 Inspektor des Naturalienkabinetts. Hier arbeitete er oberflächlich und nicht zur Zufriedenheit von Ch. L. Nitzsch (s. d.); zeitlebens blieb er nur Privatdozent. Zu fachlicher Unfähigkeit gesellte sich offenbar Eitelkeit und Überheblichkeit, erhielt er doch 1812 den Doktorgrad erst auf wiederholten eigenen Antrag. Persönlich befreundet war er mit J. F. Naumann. Mit ihm zusammen brachte er die „Eier d. Vögel Deutschl." (1818—1828) heraus. Von ihm selbst stammen darin die Vorrede, die Einleitung und die System., während die Objekte von seinem Partner gut gemalt und beschrieben sind. Das mit nur 5 Heften nicht abgeschlossene Werk wurde 1860, 1865 und 1880 unter veränderten Titeln von F. Gräßner (s. d.) nochmals bearbeitet. Unter eigenem Namen veröffentlichte B. die „Naturgesch. in getreuen Abbildungen ...", Abt. Vögel (1832—1835) und die „Naturgesch. d. domestizierten Vögel" (1842—1845); auch hierfür wurden nicht sehr wertvolle Tafeln nach Zeichnungen von J. F. Naumann angefertigt.
— Lit.: Würdigung (von O. Taschenberg). Abh. Halle 20, 1894, S. 39—43, 77/78 u 94/95. - P. Thomsen u. E. Stresemann, Naumann-Biogr., 1957.

Bujack, Johann Gottlieb, * 17. 1. 1787 Wehlau, † 10. 6. 1840 Königsberg. Seit 1810 war er Lehrer am Friedrichskolleg in Königsb. 1838 erhielt er den Professortitel. Bekannt machte er sich durch die „Naturgesch. d. höheren Tiere" (1837). Sie stellt sich dar als Text zu einem 1834 von Lorek (1788—1871) herausgegebenen Bilderwerk „Fauna Prussica". Für die avif. Erforschung Ostpreußens spielte das Buch insofern eine Rolle, als es mehrfach auch auf das Vorkommen und die Verbreitung der Vögel eingeht. Doch hatte B. nicht entfernt die Bedeutung wie sein Zeitgenosse, der erste ostpr. Feldornithologe F. Löffler (s. d.).
— Lit.: F. Tischler, D. Vögel d. Prov. Ostpr., 1914, S. 8.

Burckhardt, Rudolf, Dr., * 30. 3. 1866 Basel, † 14. 1. 1908 Rovigno (Italien). Unter der Anleitung des verständnisvollen Vaters, eines Gymnasialprofessors, hatte er bereits umfassende floristische und faun. Kenntnisse erworben, als er 1884 das Studium der Zool. begann und in Bas., Leipz. und Berl. Lehrerpersönlichkeiten fand, die der ihm verliehenen Fähigkeit zu leidenschaftlicher Wahrheitssuche Auftrieb und Richtung geben konnten. Er begnügte sich nicht mit der Analyse auf Sondergebieten, sondern spürte den großen Zusammenhängen des Naturganzen nach, wobei er der darwinistischen Lehre nur theoretischen Scheinwert zubilligen wollte. In der Strahlkraft einer vielseitigen Begabung lagen Tiergeogr., Paläont., Orn. und vor allem vergl. Anat. des Zentralnervensystems. Über diese Gebiete schlug er bahnbrechend geistige Brücken, als er auch die Geschichte der Zool. in sein Blickfeld einschloß. Hier ließ ihn die Weite des Denkens und die Verwurzelung in der Phil. und Biol. des alten Hellas mit neuen Ideenverknüpfungen den Ausgleich und die Verständigung zwischen der Naturw. und der Philol. suchen. Sein Schaffen bewegte sich indes in so außergewöhnlicher Breite, daß schon der Versuch einer nur skizzenhaften Darstellung dieser sachlichen Spanne scheitern müßte. Nur einige, die Orn. berührende Unterstreichungen mögen hier vollzogen werden. Glückliche, vom geistigen Leben Berlins beflügelte Assistentenjahre hatten als schöne Frucht paläont. Studien über die von J. M. Hildebrandt (s. d.) in Madagaskar gesammelten Aepyornis-Reste zur Folge; sie sind niedergelegt unter dem Titel „Über Aepyornis" (Paläont. Abh. 6, 1893). Die Antrittsrede zur Habilitation für das Fach der Zool. in seiner Vaterstadt 1893 behandelte eines seiner Lieblingsprobleme, nämlich die Stammesgeschichte der Vögel. Auf Grund des in den Pariser Samml. vorgefundenen Reichtums an Formen aus der Vogelwelt der südl. Hemisphäre schrieb er eine Monogr. über den Nestling des neukaledonischen Kagu in den Arbeiten „D. Nestling von Rhinochetus jubatus" (Nova Acta, Abh. ... Leopoldina 77, 1900 u. Verh. Bas. 12, 1900), „Le Poussin de Rhinochetus jubatus" (Ornis 11, Paris 1900). Weiter gehören hierher „D. Homologien d. Zwischenhirndaches b. Reptilien u. Vögeln" (Anat. Anz. 9, 1893), „D. Riesenvögel d. südl. Hemisphäre" (Ber. Senck. 28, 1898), „D. Nestling v. Psophia crepitans u. d. Jugendkleid v. Rhinochetus jubatus" (Nova Acta, Abh. ... Leopoldina 79, 1901). Eine logische Verknüpfung der seitherigen teils paläont., teils vergl. anat. Arbeiten aus der Orn. war schließlich „D. Problem d. antarkt. Schöpfungszentrums v. Standpunkte d. Orn." (Zool. Jb. ... 15, 1902) mit dem Ergebnis, daß nicht bloß die Ratiten, sondern die fluglosen Vögel überhaupt ... nicht mehr als Beweismittel für, sondern höchstens gegen die Annahme eines antarkt. Schöpfungszentrums aufgefaßt werden dürften. Ein zu früh Vollendeter, schied er in einem Anfall von Schwermut dahin, nachdem erst kurz vorher im Frühjahr 1907 die wissensch. Leitung der Zool. Stat. Rovigno des Berl. Aquariums in seine Hände gelegt worden war.
— Lit.: Nachruf (von E. Sauerbeck). Leopoldina 44, 1908, S. 68/69. - Nachruf (von G. Imhof). Verh. Schweiz 1908, Anhang S. 4—35 (mit Bildnis u. Verz. d. Veröff.). - Nachruf (von dems.). Verh. Bas. 20, 1909/10, S. 1—37 (mit Bildnis u. Verz. d. Veröff.).

Burdet, Adolphe, * 19. 9. 1860 Ste. Croix (Schweizer Jura), † 1. 8. 1940 Lindenheuvel-Overveen (Holland). Von Yverdon (hier war sein Vater Lehrer) ging er als junger Erzieher zuerst nach

Ägypten und gegen Ende des Jahrh. nach Holland, wo er eine naturfreudige Lebensgefährtin fand. Auf dem Landgut Elswoud in Overveen wohnend und auf die Berufsausübung verzichtend, richtete er all seine Begeisterungsfähigkeit auf den Schutz der vom Menschen bedrohten Kulturlandschaft. In besonderem Maße zogen ihn die Vögel an; und als Aufgabe schwebte ihm vor, ihr Leben durch die Photographie und den Film festzuhalten, um die Wissensch. zugleich über feinere biol. Vorgänge zu unterrichten. Viele der Filmaufnahmen hatten dokumentarischen Wert und machten ihn zum bedeutendsten holl. Lichtbildner seiner Zeit. Durch die künstlerische Beherrschung der Optik entstand aus seiner Hand ein Quellenmaterial, das seitdem manchem Buch zugute kam. Viele seiner Exp. führten ihn nach der Insel Texel; und die Löfflerkolonie bei Naarden wurde durch seine Aufnahmen allenthalben bekannt. Große Veröff. gehören nicht zu seiner Hinterlassenschaft. Die ersten Werke standen in Thijsses Aufs. „Uit ons vogeldagboek" (1907). Bemerkenswert sind u. a. mit prachtvollen Aufnahmen ausgestattete Beitr. in Ardea über die Große Rohrdrommel, die Zwergrohrdrommel, den Weißstorch, den Mittelsäger und im Thijsse-Gedenkboek über das Verhalten eines Trielpaares. So sehr Holl. die zweite Heimat wurde, ging ihm doch nie die Verbindung mit der Schweiz, vor allem mit dem orn. Verein von Lausanne verloren. Seit 1930 war er Ehrenmitglied der holl. Vogelschutzvereinigung und seit 1935 der Schweiz. Société romande.
— Lit.: Nachruf (von P. Boven). Nos Oiseaux 15, 1939/40, S. 257—259 (mit Bildnis). - Würdigung (von G. A. Brouwer). Ardea 41, 1953 (1954), S. 127 bis 129 (mit Bildnis).

Burg, Gustav von, * 14. 5. 1871 Olten (Kanton Solothurn), † 16. 4. 1927 Olten. Der in seiner Heimat ansässige Bezirkslehrer war tatfreudiger Liebhaber-Ornithologe, der sich bemühte, die Vogelk. der Schweiz organisatorisch, forschend und schriftstellerisch zu fördern, aber seinen Verlautbarungen oft nur pseudo-wissensch. Anstrich zu geben vermochte. Seit den 90er Jahren erschien sein Name als Autor u. a. in Schweiz. Bl. f. Orn., Tierwelt, Orn. Beob., Jber. Münch., Orn. Ms., Falco. Die ihn treibende Rührigkeit wird weiter dadurch unterstrichen, daß er sich an der Herausgabe des Orn. Beob. im Jahrg. 2, 1903 beteiligte und der erste Präsident der Schweiz. Ges. f. Vogelk. . . . 1909—1913 war. Neuen Forschungsbestrebungen zugänglich, regte er 1910 den Ringversuch an, und in einer Reihe von Veröff. behandelte er von 1902 bis zum Tode das Problem des Vogelzugs. Es scheint daher verständlich, daß das Vertrauen seiner Landsleute ihm nach dem Tode von V. Fatio (s. d.) die Fortführung des „Kat. d. Schweiz. Vögel" (seit 1916 „D. Vögel d. Schweiz") übertrug. Unter seiner Leitung standen die Lieferungen 5, 1908 — 15, 1925 und (teilweise) 16, 1930. Doch zeigte er sich der synthetische Begabung verlangenden Aufgabe (vielleicht durch behördliche Bestimmungen sich eingeengt fühlend?) nicht gewachsen. Vor allem bei der Auswertung der Zugmeldungen hatte er nicht die Kraft zu kritischer Sichtung, so daß unbewiesene Darstellungen zustandekamen. Die Folge waren harte Angriffe gegen seine Arbeitsmethode; sie gipfelten im Vorwurf der Unfähigkeit, Unglaubhaftigkeit und Bloßstellung der Schweiz. Forschung (vgl. u. a. Orn. Beob. 15, 1917/18; 16, 1918/19). Seine draufgängerische Kampfnatur setzte sich zwar unversöhnlich grollend zur Wehr, sie konnte indes Entfremdung und bittere Feindschaft ehemaliger Mitarbeiter und Freunde — unter ihnen stand K. Bretscher (s. d.) führend im Vordergrund — nicht aufhalten. Der sachliche Gegensatz entzündete sich an der unbefriedigenden Ausgestaltung des „Kat. d. Schweiz. Vögel" ganz allg. und an der Frage, ob die Mehrzahl der Vögel über die Alpenpässe (nach von Burg) oder über das Mittelland und den Alpenrand entlang (nach K. Bretscher) ziehe. Die Kette der daraus erwachsenen persönlichen Fehden, in die sich später noch A. Schifferli (s. d.) auf der Seite Bretschers einschaltete, kennzeichnet einen unerfreulichen Abschnitt in der Entwicklung der Schweiz. Orn. Eine Schrift „Rückblick u. Abschluß" (Bern 1925) aus der Feder von B's schildert den Ablauf der Auseinandersetzungen. Trotz des Verhängnisses, das die unzulängliche Bearbeitung der „Vögel d. Schweiz" über ihn brachte, gab es Bereiche der Vogelk. (Faun., Biol.), in denen er sich verdienstvoll bewegte. Nur wäre er besser beraten gewesen, wenn er rechtzeitig seine Grenzen erkannt und sich nicht auf ihm fernliegende Gebiete (dazu gehörte auch das der Rassengliederung) ohne die nötige Sachkunde hätte abdrängen lassen.
— Lit.: Biogr. Notiz in Orn. Beob. 24, 1927, S. 149. - Nachruf (Verf. ungen.). Nos Oiseaux 8, 1927, S. 162. - Nachruf (von H. Jouard). Rev. franç. d'orn. 11, 1927, S. 142—146. - Weitere 15 Nachrufe aus Tagesztg. u. Zeitschr. finden sich verzeichnet in Verh. Schweiz 108, 1927, S. 54. - Nachruf (von Schriftl.). Ibis (12) 3, 1927, S. 530.

Buri, Rudolf, Dr., * 24. 2. 1871 Bern, † 27. 7. 1917 Bern. Nach dem Besuch des Gymnasiums in Burgdorf studierte er von 1889 ab an der Tierarzneischule Bern und belegte gleichzeitig naturw. Fächer. Seit 1891 war er Assistent und später Prosektor an der vet.-anat. Abt. 1904 eröffnete er eine tierärztliche Praxis in Laupen, 1908 wurde er städt. Fleischinspektor in Bern, 1912 Lektor für Fleischbeschau an der Univ.; in dieser Stellung machte er sich einen Namen auf dem Gebiete der Fleischbeschau und Parasitologie. In die Samml. ist er eingereiht, weil er in der Liste der Mitarbeiter am Neuen Naumann verzeichnet steht. Als er 1899 mit einer vielbeachteten Diss. „Z. Anat. d. Flügels v. Micropus melba u. einigen anderen Coracornithes" promovierte, wurde ihm die Bearbeitung der Anat. der einzelnen Gruppen angetragen. Mit großem Fleiß versuchte er in Nachtstunden der Aufgabe gerecht zu werden, konnte aber auf die Dauer die zusätzliche Belastung nicht mit der Fortsetzung seiner Studien vereinbaren. Um 1903 gab er daher den Auftrag zurück und trat fortab orn. nicht mehr in Erscheinung.
— Lit.: Nachruf in Schweiz. Arch. f. Tierheilkunde 59, 1917, S. 526—532.

Burmeister, Karl Hermann Konrad, Dr. Dr., * 15. 1. 1807 Stralsund, † 2. 5. 1892 Buenos-Aires. Als nach der med. und naturw. Promotion in Greifsw. und Halle (1829) sein Plan, in Holl.-Indien ärztliche Verwendung zu suchen, scheiterte, wurde er 1831 Gymnasiallehrer in Berl.

Seit 1834 las er an der dortigen Univ. auch Zool., bis ihn 1837 ein Ruf nach Halle erreichte, wo er 1842 den Lehrstuhl Ch. L. Nitzschs (s. d.) übernahm. 1848 vertrat er, von der politischen Bewegung jener Jahre ergriffen und zu radikaler Entschiedenheit neigend, im preuß. Abgeordnetenhaus die äußerste Linke. Enttäuschungen in Politik und Amt veranlaßten ihn aber, mit geldlicher Unterstützung des preuß. Staates auf lang ersehnte Tropenreisen zu gehen. 1850—1852 war er forschend in Bras., 1856—1860 in Argent. Schließlich ließ er sich von 1861 ab ganz in Argent. nieder. Eine nicht alltägliche, leistungswillige Persönlichkeit, ein schroffer Charakter ohne rechte Herzenswärme, kannte er kaum das Bedürfnis nach menschlich-freundschaftlichen Beziehungen. Seine wissensch. Haltung zeichnete sich durch universellen Blick im Sinne seines Gönners A. v. Humboldt aus. Er war nicht nur vielseitiger Zoologe (vor allem Entomologe), sondern auch Paläontologe, Geologe, Metereologe und Geograph. Dabei besaß er die Gabe volkstümlicher Darstellung und untermauerte so eine breite Wirkung seiner Schriften auf den aufgeschlossenen Laien. Der metaphysischen Betrachtung der naturphil. Richtung entzog er sich, obwohl er bei seiner Einteilung des gesamten Tierreichs in die 3 Hauptabt. der Bauchtiere (Gastrozoa), Gliedertiere (Arthrozoa) und Rückgratstiere (Osteozoa) noch unter dem Einfluß von L. Oken (s. d.) stand. Ebensowenig konnte er sich mit der Deszendenztheorie befreunden. Auf vogelk. Gebiete war ihm die Einstellung des Kreises um die Naum. zu eng, und er war einer der ersten, die sich von der exotischen Orn. angerührt fühlten. Vor und nach der Zeit, da er das von ihm gegründete Naturh. Mus. in Buenos-Aires leitete, brachte er daher wichtige Arbeiten über südamerik. Vögel heraus (J. Orn. 1853—1856, 1860, 1865, 1866; Abh. Halle 1853, 1855, 1856; Proc. Z. S. London 1868). Er war ein genial veranlagter und bedeutender Vertreter dt. Wissensch. im Ausland. Äußere Zeichen der Anerkennung, die er schon zu Lebzeiten empfing, waren u. a. die Mitgliedschaft bei vielen Akad. und der Leopoldina, ferner die Aufstellung einer Büste in seinem Mus. Seinem Sarge folgte der Präsident der argent. Republik.

— Lit.: Nachruf (von O. Taschenberg). Leopoldina 29, 1893, S. 43—46, 62—64, 78—82, 94—97 (mit Verz. d. Veröff.). - Würdigung (von dems.). Abh. Halle 20, 1894, S. 74—91 (mit 2 Bildnissen). - Nachruf (von P. Leverkühn). Orn. Ms. 18, 1893, S. 159. - Allg. Dt. Biogr. 47, 1902, S. 394—396. - E. Stresemann, Entw. d. Orn., 1951.

Buxbaum, Ludwig, * 1839 Raunheim (Kr. Groß-Gerau), † 14. 12. 1905 Raunheim. Der Lehrer war im Maintal südwestl. Frankfurt ein ebenso rühriger wie schreibfreudiger Freilandbeobachter. Seine Feststellungen in einen größeren Rahmen einzuordnen und ihren Wert bzw. Unwert durch Vergleich mit andernorts gewonnenen Erfahrungen zu ermitteln, war ihm offenbar aus Unkenntnis des Schrifttums nicht gegeben. Seit 1887 Mitglied des Dt. Ver. z. Schutze d. Vogelw., hinterließ er eine Fülle von Aufs. und Notizen, die in mannigfacher thematischer Abwandlung dem Zug und der Überwinterung der Vögel galten. Es lag aber an der Enge seines Blickfeldes und seiner Arbeitsmethode, daß viele seiner belanglosen Veröff. überflüssig und nichtssagend waren. Von 1886 bis zur Jahrhundertwende erschienen sie in Zool. G., Orn. Ms., Mitt. Wien, Orn. Beob. L. Gebhardt u. W. Sunkel (D. Vögel Hess., 1954) zählten 46 Titel auf.

— Lit.: L. Gebhardt u. W. Sunkel, D. Vögel Hess., 1954, S. 77.

C

Cabanis, Jean Louis, Dr. h. c., * 8. 3. 1816 Berlin, † 20. 2. 1906 Berlin-Friedrichshagen. Einer alten Hugenottenfamilie gehörte er an, die sich unter dem Großen Kurfürsten in der Mark angesiedelt hatte. Von 1835—1839 studierte er in Berl. und kam unter H. Lichtenstein (s. d.) 1841 an das Zool. Mus. Bis 1892 diente er hier, von 1850 ab erster Kustos, in einem anfangs entbehrungsreichen Gelehrtendasein der Orn. und wurde einer ihrer wissensch. Begründer in Europa. Als er im Patriarchenalter die Augen schloß, hatte zwar schon lange eine Periode biol. Betrachtung begonnen, aber sie fußte auf einer Vergangenheit, in der C. durch wegweisende Arbeiten die system. Grundlagen für eine Gruppierung nach der natürlichen Verwandtschaft geschaffen hatte. Vielen Problemen der fortschreitenden Zeit gegenüber (Evolutionstheorie, Begriff der Spezies usw.) nahm er eine durchaus konservative Haltung ein, vor allem, als in den 80er Jahren seine geistige Spannkraft nachließ. Linnés binärer Benennung blieb er treu; erst spät, um 1870, gab er den Widerstand gegen das seit 1842 allg. anerkannte Prioritätsgesetz auf und beugte sich der damit zusammenhängenden Regelung der Namengebung. Der zu Beginn seiner Laufbahn verhältnismäßig geringe Vogelbestand der Berl. Samml. genügte ihm, eine für Deutschl. neue Forschungsrichtung festzulegen, indem er den Blick der Zeitgenossen auf die exotische Vogelwelt lenkte. Nach dem Tode von Joh. Natterer (s. d.), dem er in der Anfangszeit recht wirksame Antriebe zu verdanken hatte, war er führend in der neotropischen Vogelk. Sie regte ihn zu morphol. Unters. an, die bisher unbekannte Richtlinien für die Einteilung der Familien und Gattungen entstehen ließen. Die durch J. Müller (s. d.) beeinflußten Gesichtspunkte sind von ihm in den sehr umfangreichen „Orn. Notizen" (Arch. Naturgesch. 13, 1847) dargestellt (Bekleidung des Laufs, zahlenmäßiges Verhältnis der Schwung- u. Steuerfedern als Grundlagen für die Anordnung der Oscines und Clamatores). Daneben machte er von den 40er bis in die 80er Jahre die Welt mit seinen Anschauungen bekannt u. a. in den Beschr. der Vögel von Peru (J. J. v. Tschudi), Britisch Guayana (R. Schomburgk), Kuba u. Portoriko (J. Gundlach), Kostarika (Hoffmann u. A. v. Frantzius), Ostafrika (v. d. Decken u. J. M. Hildebrandt), der Gazelle-Exp. zus. mit seinem Schwiegersohn A. Reichenow (s. d.), von Argentinien (Schultz). Besonders nachhaltig baute er die Gedanken aus, als er 1850—1863 die damals überaus bedeutende

Privatsamml. von F. Heine (s. d.) in Halberst. katalogisierte und mit kritischen Anm. versah. 216 Gattungen (54 zus. mit F. Heine und dessen Sohn) und 422 Arten (50 mit F. Heine und 10 mit A. Reichenow) wurden von ihm als neu erkannt und mit Namen belegt. Im Zeitalter der Forschungsreisen — er selbst war nur einmal 1839/40 auf dem bescheidenen Posten eines Präparators in South Carolina (USA) und kehrte voll Verbitterung über die dort gesammelten Erfahrungen zurück — füllten sich die Mus. mit immer neuen Objekten, und die Vogelf. der ganzen Erde stellte sich seinem wissensch. Auge als eine Einheit vor. Er überschaute und ordnete sie mit sicherster Beherrschung des Stoffs. Da den in der DO-G führenden Männen das Verständnis für die größeren Zusammenhänge fehlte und er die Verbindung mit der Forschung außerdeutscher Länder bedroht sah, wagte er — unterstützt von G. Hartlaub (s. d.) — 1853 die Gründung des J. Orn. als eines Organs der „gesamten" Orn. Der Gegensatz zu E. Baldamus (s. d.) und dessen Naum. trat damit auch nach außen sichtbar in Erscheinung. Die Entwicklung, die C. mit unbeugsamem Willen vorantrieb, gab ihm recht. 41 Jahre lang leitete er selbst — zuletzt mit erlahmenden Kräften — die neue Zeitschr. und drückte ihr den Stempel seiner oft schroffen und heißblütigen Note auf. Als nach dem Tode J. F. Naumanns die Schwierigkeiten in der DO-G wuchsen, ging er zielstrebig und des eigenen Gewichts bewußt einen Schritt weiter und rief 1868 die DOG ins Leben. Auch ihr stand er mit fester Entschlossenheit vor und bestimmte ihr wissensch. Gesicht. Seine weitgespannte publizistische Tätigkeit auf fast allen Gebieten der Orn., die daraus erwachsende Anerkennung durch in- u. ausländische Fachleute (der Univ. Rost. verdankte er schon 1849 die Würde des Dr. h. c.), dazu das ihm eigene organisatorische Geschick verliehen ihm außergewöhnliche Autorität und Machtfülle. In der 2. Hälfte des vorigen Jahrh. standen daher wohl alle, die sich dem Studium der orn. System. in Deutschl. oder Österr. hingaben, mehr oder weniger unter seinem Einfluß — obwohl er nie ein Lehramt innehatte und nicht alle seine Wege stets einheitliche Zustimmung fanden. Wissensch. Gefolgschaft verrieten z. B. die Auffassungen von G. Hartlaub, A. Reichenow, V. v. Tschusi, Graf H. v. Berlepsch, H. F. Gadow, E. Hartert, P. Kollibay (s. d.).

— Lit.: J. Müller, Brief an d. Preuß. Ministerium v. 17. 9. 1850 (betr. J. L. C.), abgedruckt in W. Haberling, „J. Müller . . . ", Leipz. 1924, S. 352/53. - Gedächtnisrede (von H. Schalow). J. Orn 54, 1906, S. 329—358 (mit Bildnis u. Verz. d. Veröff.). - Nachruf (von Schriftl.). Ibis 6, 1906, S. 606—608. - Nachruf (Verf. ungen.). Auk 23, 1906, S. 247. - E. Stresemann, Einhundert Jahre Dt. Orn.-Ges., Vwa. 15, 1950, S. 209—213. - Ders., Entw. d. Orn., 1951. - Ders. J. C.s amerik. Abenteuer, J. Orn. 97, 1956, S. 415—429. — Ders., - Gedächtnisrede (von H. Schalow). J. Orn. 54, 1957, S. 172—184 (mit Bildnis). - Würdigung (von dems.). N. Dt. Biogr. 3, 1957, S. 87.

Cahn, Paul, * 12. 3. 1876 Frankfurt (Main), † 28. 5. 1941 Frankfurt. Von Beruf Kaufmann, hatte er sich autodidaktisch eine bewundernswert weitgreifende Formen- u. Literaturkenntnis auf den Gebieten der Vogel- u. Säugetierkunde angeeignet. Sein Wissen verwertete er 3 Jahrzehnte hindurch vor allem in der ehrenamtlichen Verwaltung der Vogelsamml. des Natur-Mus. Senck. Mit großer Regelmäßigkeit bestimmte und katalogisierte er an den Samstagvormittagen die Neueingänge. Am stärksten fesselten ihn die Papageien. Daher war er nicht nur zuverlässiger Ratgeber bei der Aufstellung und Beschriftung der Senck.-Schausamml., sondern auch bei der Bestimmung der Neuzugänge des Zool. Gartens in Frankf. Seine Hilfsbereitschaft förderte daneben die Bearbeitung der Säugetierbände für die 4. Aufl. von Brehms „Tierleben" (1911—1918). In der orn. Lit. ist sein Name nicht erschienen. Was er veröffentlichte — es war nicht viel — stand in Tageszeitungen, Illustrierten und in der Frankf. Zoozeitschr. Einiges über Säugetiere brachte auch der Zool. G. Kurz vor dem Tode vermachte er seine an Vogelbänden besonders reiche Privatbibliothek dem Senck.-Mus. Er war ein feingesinnter, über das Maß bescheidener Diener der Wissensch., der sich im stillen Werke ein Denkmal setzte. Ihm zu Ehren sind ein afrik. Goldmull und ein papuanischer Honigfresser benannt.

— Lit.: Nachruf (von R. Mertens). Ber. Senck. 75/76, 1946, S. 68.

Calwer, Carl Gustav, Dr., * 11. 11. 1821 Stuttgart, † 19. 8. 1873 Berg (Württemberg). Sohn eines Hofkaminfegers, war er nach dem forstwissensch. Studium 1847 Praktikant in Schondorf, später Forstassistent in Neuenbürg, Neuenstadt, Ellwangen und zuletzt (1871) Revierförster beim Forstamt Sulz. Der Name des zool. wie botan. stark interessierten und vor allem für die Vogelwelt aufgeschlossenen Beobachters ist durch einige kleinere Veröff. in das orn. Schrifttum eingegangen. Ein Aufs. „Über d. geselligen Brüteplätze d. einheimischen Vögel" (Jh. Württ. 3, 1847) enthielt bemerkenswerte faun. Hinweise aus Württ. In „Orn. Idiotikon" (Naum. 3, 1853) gab er eine Liste der in seinem Lande volkstümlichen Vogelnamen in der unerfüllt gebliebenen Hoffnung, daß durch die Samml. anderer Vogelprovinzialismen ein vollständiges dt. orn. Idiotikon entstünde. „Über d. ersten bestimmten Fall d. Vorkommens v. Otis tetrax in Württ." berichtete er ebenfalls in Naum. 3, 1853. Schließlich ist in der Oberamtsbeschr. von Backnang (1871) das Pflanzen- u. Tierreich nach seinen ausführlichen Mitt. behandelt; auch hier scheint die Aufzählung der Vögel in den großen Zügen zuverlässig, für die damalige Zeit aber vielleicht nicht erschöpfend.

— Lit.: Personalunterlagen im Haupt-Staatsarch. Stuttgart.

Čapek, Wenzel, * 11. 2. 1862 Oslawan = Oslavany (Mähren), † 25. 6. 1926 Oslawan. Nach dem Besuch der Lehrerbildungsanstalt in Brünn war er Lehrer in Kelsch (= Kelč) und die längste Zeit in Osl. Über 40 Jahre richtete er die faun. Begabung auf die Vogelwelt seiner Heimatlandschaft. Gewissenhaft verzeichnete er die Frühjahrs- u. Herbstdaten des Vogelzugs und leistete unverdrossene Mitarbeit im Rahmen des Ausschusses für orn. Beob.-Stat. in Österr. Als Oologe begleitete ihn der Ruf, einer der gewiegtesten Nestersucher zu sein; so fand er im Mai 1893 das erste mähr. Nest des Schlagschwirls. Immerwährende Leidenschaft galt besonders der Fortpflanzung des Kuckucks und ließ fruchtbare Beziehungen zu R. Rey (s. d.) entstehen. Seit 1884 meldete er sich rührig zu Wort vor allem in den Mitt. Wien, später auch in Ornis und Orn. Jb.; 245 Kuckuckseier, darunter 204 zwischen 1880 und 1895 von ihm selbst bei Osl. gefundene, waren die Unterlage für eine außergewöhnlich umfangreiche Bearbeitung in Orn. Jb. 7, 1896. 1899 hatten die dt. und böhm. Zeitschr. bereits 50 Artikel aus seiner Feder gebracht. „Einiges über d. Fortpflanzungsgeschichte d. Kuckucks aus Mähr." war das auf 1225 Eier und 132 Jungvögel sich stützende Thema, das er auf dem 5. internat. Orn.-Kongr., Berl. 1910 vortrug. Seine letzte Veröff., in der er sagte, daß ihm bei den ool. Studien 1336 Eier durch die Hände gegangen seien, dürfte mit dem Titel „Zwei Themata aus d. Biol. d. Kuckucks" in B. z. F. 2, 1926 gestanden haben. Außer der Feldorn. reizten ihn in reiferen Jahren osteol. Fragen, die allg. selbst dem wissensch. ausgerichteten Ornithologen damals ferner lagen. Mit bescheidenen Mitteln, aber tüchtigen Fachkenntnissen baute er eine osteol. Samml. auf; sie lieferte ihm das Material zur Bestimmung der pleistozänen Vogelreste aus einer Reihe von böhm. wie ung. Höhlen und ebnete auch K. Lambrecht (s. d.) den Weg in die wissensch. Paläorn. Die meisten der hierher gehörigen Arbeiten Č.s erschienen in mähr. Fachzeitschr.; dt. schrieb er „Über Funde diluvialer Vogelknochen aus Mähr." in Verh. d. 5. internat. Orn.-Kongr., Berl. 1910 (1911) und „D. präglaziale Vogelf. v. Püspökfürdö Barlangkutatas" (Höhlenforschung, Budapest 1917).

— Lit.: Nachruf (von J. V. Zelisko). D. Eiszeit 3, 1926. - Autobiogr. in Příroda 19, 1926, S. 257 bis 261. - Nachruf (von K. Lambrecht). Orn. Mber. 35, 1927, S. 186/87.

Cerva, Friedrich, * 28. 4. 1856 Budapest, † 10. 11. 1935 Budapest. Autodidaktisch bildete er sich zum Entomologen, Zoologen und Ornithologen aus, um sich außerdem zum gewandten Präparator zu entwickeln. Die technischen Fähigkeiten brachten ihn früh mit O. Herman (s. d.) in Verbindung, durch dessen Anregungen er sich auch mit künstlerischen biol. Präparaten an der Ausgestaltung des 2. intern. Orn.-Kongr. (Budapest 1891) beteiligte. Seit 1892 standen aus seiner Feder u. a. in Zs. Ool., Aquila, Mitt. d. Österr. Reichsbundes f. Vogelk., B. z. F. eine Reihe von Mitt. und Nachr., die Beobachtungsgabe und Zuverlässigkeit des Verf. verrieten. Unter den damaligen ung. Ornithologen ragte er als einer der ersten durch seine Sachkunde auf dem Gebiete der Ool. und Nid. hervor. Deshalb wurde die Ordnung und Vermehrung der Eiersamml. des Ung. Orn. Inst. in seine Hände gelegt; u. a. bearbeitete er dort 1908 die große Eiersamml. von G. Ertl (s. d.) im Landw. Mus. Auf Grund der vielseitigen zool. Kenntnisse holte ihn schließlich 1910 A. Lendl (s. d.) in den Zool. Garten von Budapest und übertrug ihm die Leitung der orn. Abt.; hier wurde er 1912 Inspektor, 1926 Oberinspektor. 1930 trat er in den Ruhestand. Zu seinen wertvollsten Veröff. gehörten Beitr. über die Biol. der Bartmeise, der Beutelmeise, über freilebende Vögel des Zoo und die Aufzucht von Brachseeschwalben. Auch paläorn. Unters. beschäftigten ihn; in einem „Hdb. d. Paläorn." (1933) faßte er die Ergebnisse zusammen. Seine Samml. ging 1945 in den Flammen des Ung. Orn. Inst. unter.

— Lit.: J. Schenk, 50 Jahre . . ., Aquila 50, 1943, S. 106. - Nachruf (von K. Warga). Ebd. 42—45. 1935—1938, S. 740/41.

Chavannes, Daniel Alexandre, * 21. 7. 1765 Vevey (Kanton Waadt = Vaud), † 29. 10. 1846 Lausanne. Einer alten Pastorenfamilie angehörend, widmete er sich in den Jahren, da die Wellen der franz. Revolution auch die Schweiz berührten, als Geistlicher, Philantrop, Freund Pestalozzis und Abgeordneter in Wort und Schrift den politischen Angelegenheiten seiner Heimat, um der „Frömmigkeit und wahren Freiheit" zu dienen. Unter dem Einfluß eines Onkels, der in Lausanne Theol. und Naturw. lehrte, gelangte der Student schon zu früher Vielseitigkeit, an der auch die Zool. ihren Anteil hatte. Doch regte ihn zur Beschäftigung mit den Vögeln im besonderen erst in späteren Jahren seine Schwiegermutter an. Damals begann er ein Naturalienkabinett anzulegen, das 1833 in den Besitz des Staates überging. Um das Wissen seiner Mitbürger zu heben, veranstaltete er in seinem Hause gar private zool. Kurse, bis ihn die Akad. zu Lausanne 1814 zum Prof. d. Zool. ernannte. Lit. trat er nur mit wenigen vogelk. Arbeiten hervor. Sie erschienen in den von ihm geleiteten Verh. der kantonalen Abt. der Soc. des sciences naturelles und hatten nur örtliche Geltung. Genannt seien „Note sur le grand Cormoran et l'ostéologie de son os occipital" (Bd. 7), „Note sur des cygnes et des outardes tuées dans le Canton de Vaud" (Bd. 17). Auch als Gründer der Soc. des sciences naturelles war er nur Wegbereiter der orn. Entwicklung seiner engeren Heimat.

— Lit.: Nachruf (Verf. ungen.). Verh. Schweiz 1848, S. 164—170 (mit unvollst. Verz. d. Veröff.).

Chernel, Dora (geb. Rótth von Pongyelók), * 8. 7. 1866 Preßburg, † 3. 1. 1940 Güns = Kőszeg (Komitat Eisenburg = Vas). Ihren Mann St. v. Chernel (s. d.) unterstützte sie in all seinen orn. Bestrebungen. 1891 war sie auch mit ihm in Norwegen. Nach dem Tode des Lebensgefährten arbeitete sie noch rege weiter in der Faunistik und im Vogelschutz. Eine Reihe von Veröff. nach 1922 in Aquila und anderen ung. Zeitschr. belegt ihren Eifer. 1923 verbrachte sie längere Zeit an der Vogelwarte Helgol.; seit 1935 war sie Ehrenmitglied des Ung. Orn. Inst.

— Lit.: Nachruf (von A. Keve). Aquila 46—49, 1939—1942, S. 524.

Chernel zu Chernelháza, Koloman, * 6. 4. 1822 Güns = Kőszeg (Komitat Eisenburg = Vas), † 21. 4. 1891 Güns. Der in Güns begüterte Grundbesitzer, der mit J. S. v. Petényi (s. d.) an der Ödenb. Tagung der Ärzte und Naturforscher 1847 teilgenommen hatte, schwärmte für die Reize der heimatlichen Landschaft und ihre Tierwelt. So hatte er auch einen offenen Blick für die ihn umgebenden Vögel. Die Neigung übertrug er auf seinen Sohn Stefan v. Ch. (s. d.), trat aber selbst als Verf. von ung. geschriebenen Veröff. nur dreimal zwischen 1864 und 1882 in Erscheinung. Von ihm stammende zahlreiche

Notizen über Beob. sind indes nicht untergegangen; der Sohn verwertete sie vielmehr in den eigenen faun. und phänol. Arbeiten. Das besondere Verdienst des Vaters besteht darin, daß er in O. Herman (s. d.), den das wechselvolle Schicksal aus dem Polenaufstand 1864 als Photographen nach Güns verschlug, den geistesverwandten Naturfreund und leidenschaftlichen Patrioten entdeckte und ihn auf den Weg in die Orn. verwies.

Chernel zu Chernelháza, Stefan von, * 31. 5. 1865 Güns = Köszeg (Komitat Eisenburg = Vas), † 21. 2. 1922 Budapest. Die vogelk. Begeisterung und das pädagogische Geschick St. Fászls (s. d.) ließen in dem 15jährigen Schüler des Obergymnasiums zu Ödenburg eine schwärmerische Liebe für die Avif. der engeren Heimat zur Blüte reifen. Sie entfaltete sich in einer langen Reihe von Arbeiten — darunter dt. geschriebene in Mitt. Wien, Zs. ges. Orn., Orn. Jb., Aquila, Orn. Ms. —, die seit Mitte der 80er Jahre der Aufhellung der den Verf. berührenden orn. Verhältnisse dienten; u. a. betrafen sie den Neusiedler See und den durch ihn erst richtig bekanntgewordenen Plattensee. Auch eine „Gesch. d. vaterländischen Orn." (1887/88) und eine mit dem Jahr 1655 beginnende „Bibliographia orn. hungarica" (1888) waren Früchte früher Studien. Obendrein machte ihn die Sammelleidenschaft zum Besitzer der damals größten Privatsamml. mit 1700 hauptsächlich ung. Vögeln. Die ursprünglich jur. Ausbildung gab er auf, als er, 25 Jahre alt, von O. Herman (s. d.) in den Ausschuß zur Vorbereitung des 2. internat. Orn.-Kongr. (Budapest 1891) berufen wurde. Freiwillige Mitarbeit übernahm der Großgrundbesitzer dann bei der Gründung der Ung. Orn. Zentrale 1893. Obwohl er als Gast nie längere Zeit im Inst. selbst weilte, ging von seinen Gedanken und Vorstellungen außerordentlicher Einfluß auf die Entwicklung der Zentrale aus. Neben ihrem Aufbau beschäftigten ihn vordringlich die Fragen des Zugs, der wirtsch. Bedeutung der Vögel und des Vogelschutzes. Den Höhepunkt erreichte seine orn. Laufbahn mit der Ernennung zum Nachfolger O. Hermans 1916, die ihm Gelegenheit gab, auch als Schriftleiter der Aquila im Sinne des Vorgängers weiter zu wirken. 1899 war schon eines seiner wichtigsten Werke, „D. Vögel Ung. mit besonderer Berücksichtigung ihrer wirtsch. Bedeutung" — illustriert von St. v. Nécsey — erschienen, das erstmalig alle damals bekannten ung. Arten beschrieb und zugleich, durch die inhaltliche Ausgestaltung der besonderen Einstellung der ung. Bevölkerung Rechnung tragend, das Verständnis für den Vogelschutz merklich vorantrieb. 5 Jahre später erfolgte die Bearbeitung der Vogelbände in der ung. Übertragung von A. E. Brehms „Tierleben". Den Anschauungen des Übersetzers kam Brehms Anthropomorphismus durchaus entgegen, so daß auch in der ung. Fassung der volkstümliche Zug biol. Unterweisung als typisch gewahrt blieb; die Behandlung der ung. Arten verriet dagegen fortschrittliche Züge auf Grund des inzwischen erweiterten Sachwissens. Anwendung fand in seinen Veröff. die von ihm im „Nomenclator Avium Regni Hungariae" (1898, 1918) selbständig gestaltete ung. Nomenkl., die vielfach Nachahmung erfuhr. Ch. war neben O. Herman und J. v. Madarász (s. d.) einer der hervorstechendsten ung. Ornithologen der Jahrhundertwende.
— Lit.: O. v. Krücken u. I. Parlagi, D. Geistige Ung., . . . 1918, Bd. 1, S. 162/63. - J. Schenk, Übersicht d. Gesch. d. Orn. in Ung., Aquila 25, 1918, S. 31—38. - Ders., 50 Jahre . . ., ebd. 50, 1943, S. 75—141 (mit Bildnis). - Nachruf (von G. Almásy). Ebd. 28, 1921, S. 14—21. - Nachruf (von T. Csörgey). Ebd. 28, 1921, S. 22—40 (mit Verz. d. Veröff.). - Nachruf (von F. v. Lucanus). J. Orn. 70, 1922, S. 491. - Nachruf (von J. Büttikofer). Ardea 11, 1922, S. 164/65.

Chotomski, Ferdinand, Dienheim Prawdzic, * 19. 1. 1797 Kokoszynce (Podolien), † 22. 10. 1880 Gulczew bei Płock. Zuerst Soldat im Heere Napoleons I., lebte er von 1815 ab in Warschau, wo er Beamter an der Univ. war, und in Krakau, wo ihm von 1824—1830 die Schulen der Prov. unterstanden. 1831 mußte er nach dem Zusammenbruch des poln. Aufstandes als Oberst der Revolutionsarmee nach Frankreich auswandern. 1842 legte er in Paris die med. Prüfung ab und wurde nach seiner Rückkehr 1857 prakt. Arzt in Szczebrzeszyn. Schon 3 Jahre später zog es ihn nach Italien; hier suchte er sein Glück als Oberst unter Garibaldi. Den geistig Zerrütteten nahm die Heimat dann um 1870 wieder auf. Ein Mann mit starkem Hang zum Abenteurerleben und offenbar genialem Anstrich, war er in stetem Wechsel Soldat, naturw. Schriftsteller, Arzt, Journalist, Maler, Kupferstecher. Wahrscheinlich von F. P. Jarocki (s. d.) angeregt, richtete sich seine Vielseitigkeit kurze Zeit auch auf die poln. Vogelwelt. Ein großangelegtes, poln., franz. und dt. geschriebenes Werk unter dem Titel „Beschr. d. Vögel d. poln. Königreiches" sollte die Wissensch. mit seinen Erfahrungen und Kenntnissen bekanntmachen. Da sich aber kein Verleger seiner Pläne annahm, konnte er in Warschau 1830 nur 2 Hefte mit von ihm selbst entworfenen und kolorierten Tafeln herausbringen. Zu weiteren orn. Versuchen scheint es seine Feder nicht gebracht zu haben.
— Lit.: G. Brzęk, D. Goldene Zeitalter d. Poln. Orn. (Poln. mit engl. Zusammenfassung). Memorabilia Zool. 3, Warschau 1959.

Christoleit, Ernst, * 24. 6. 1875 Gaitzen (Kr. Heydekrug), † 28. 10. 1939 Gr. Bruch (Frische Nehrung). Nachdem er als Hauslehrer und Hilfsprediger an verschiedenen Orten Ostpreußens tätig gewesen war, übernahm er 1913 das Pfarramt in Rogahlen. 1921 verzichtete er auf den Dienst in der Landeskirche, weil er mit der neuen Kirchenverfassung nicht einverstanden war. Bis 1922 verwaltete er die Parochie Cottbus der altluther. Freikirche. Seit 1924 lebte er als Privatmann in Tapiau. Bereits in der Schulzeit und während des theol. Studiums in Königsb. (1887—1898) hielt er, Sohn eines früh verstorbenen Försters, vogelk. Erlebnisse vor allem am Oberteich von Königsb. mit großer Sorgfalt fest. Später wurde ihm namentlich die Ornis auf der Frischen Nehrung, in den Kreisen Heiligenbeil und Neidenburg, im Frisching, am Geserich- u. Drausensee vertraut. In Orn. Ms. 25, 1900 wandte er sich — Anhänger K. Th. Liebes (s. d.) und Gegner des Frhr. v. Berlepsch (s. d.) — erstmalig gegen die Nützlichkeitstheorie im Vogelschutz; ohne Zugeständnisse lehnte er alle wissensch. Richtungen und Experimente ab, von denen er Eingriffe in das Leben der Vögel fürchtete. Immer nutzte er gern und kampfbereit die Feder. Nur von 1912—1921 schwieg er. F. Tischler, der ihm fortlaufende Unterrichtung verdankte, verzeichnete in den „Vögeln d. Prov. Ostpr." (1914) und den „Vögeln Ostpr." (1941) 58 Titel seiner Veröff. Sie stehen zwischen 1903 und 1939 in J. Orn., Mitt. Vw., Orn. Mber., Natursch., Pallasia, Ber. Schles., anfangs aber in überwiegender Mehrheit in Orn. Ms., seit 1899 in Orn. Jb. und seit 1926 meist in B. z. F. Vornehmlich beschäftigten sie sich mit biol., ethol. und faun. Fragen. Als erster fand er die Bartmeise am Frischen Haff. Beachtliche Beitr. lieferte er u. a. über das Leben der Schwäne, Gänse, Säger, des Kranichs, Zwergstrandläufers, Kampfläufers, Waldwasserläufers, Fischadlers, Schreiadlers und des Birkhuhns. Und doch hatte er nur einen geringen Teil seiner außerordentlich umfangreichen und gründlichen Aufz. ausgewertet, als er für immer die Augen schloß. Die Eigenart des Satzbaus und Stils erschwerte vielen Lesern leider den rechten Zugang zum Gedankenreichtum dieses begabten, scharf und kritisch urteilenden Freundes der Natur. Beerdigt ist er auf dem Waldfriedhof in Möwenhaken (Kurische Nehrung).

— Lit.: Nachruf (von F. Tischler). Orn. Mber. 47, 1939, S. 192 u. Schr. Königsb. 71, 1940, S. 434—437. - Nachruf (von L. Schuster). B. z. F. 16, 1940, S. 28. - Würdigung (von F. Tischler). D. Vögel Ostpr., Bd. 1, 1941 (mit Bildnis). - Bildnis in B. z. F. 14, 1938.

Christoleit, Walter, † 1. 12. 1929 (48 Jahre alt) Forsthaus Tafterwald bei Wormditt (Ostpreußen). Als Staatsförster eng mit der Heimatnatur verbunden, pflegte er eine beachtliche Eiersamml., die in den Besitz des Zool. Mus. in Königsb. überging. Er war ein seit früher Jugend gut veranlagter und an seinen verschiedenen Dienstorten (1914 stand er als Forstaufseher in Klein Ottenhagen bei Gr. Lindenau) praktisch geschulter Feldbeobachter. Freude am Schreiben kannte er weniger als sein Bruder Ernst Ch. (s. d.). Doch ließ er sich seit der Jahrhundertwende in Dt. Jztg., Waidwerk und später in B. z. F. hören. F. Tischler sammelte in den „Vögeln d. Prov. Ostpr." (1914) und den „Vögeln Ostpr." (1941) 13 Titel aus den Jahren 1901—1928. Darunter befinden sich wertvolle Beitr. zur ostpr. Ornis, z. B. über den Zug der Waldschnepfe, das Brutgeschäft des Wanderfalken und des Zwergfliegenschnäppers sowie über den Uralkauz. In den letzten Jahren richtete er den Blick bevorzugt auf die Vogelwelt des Zehlaubruchs, über die er ausführlich in Schr. Königsb. 65, 1926 berichtete.

Chrostowski, Thaddäus, * 25. 10. 1878 Kamionka, Kr. Augustów (Polen), † 4. 4. 1923 Paraná (Brasilien). Während des naturw. Studiums in Moskau wurde er wegen Beteiligung an revolutionären Bewegungen gegen Rußl. auf 3 Jahre nach Sibirien verbannt. Damit begann für ihn eine wechselvolle Lebensbahn. 1907 in die Heimat zurückgekehrt, ging er 1910 und 1913 mit poln. Exp. nach dem Staate Paraná, wo er sich eifrig mit der dortigen Ornis beschäftigte. Nach dem Dienst im poln. Heer von 1918—1920 wurde er Kustos der orn. Abt. des Zool. Mus. in Warschau und brach 1921 zusammen mit T. Jaczewski und S. Borecki nochmals nach Bras. auf. Hier leitete er die Forschungen am Rio Ivahy bis zur Einmündung in den Rio Paraná, wurde aber am Rio Ignassée von der Malaria dahingerafft. Sein Name bleibt mit den erfolgreichen bras. Unternehmungen verbunden. Es ist sein Verdienst, seit Joh. Natterer (s. d.) erstmals wieder orn. Nachr. aus dieser Gegend gebracht zu haben. Der Sammelbestand von 259 Vogelarten kam in das Zool. Mus. von Warschau. Dort wurde das Material von J. Stolzman (s. d.) in „Etude des collections orn. de Paraná" (Ann. Zool. Mus. Pol. Hist. nat. 5, 1926) bearbeitet. Es enthielt die Neubeschr. von 3 Arten und 15 Unterarten.

— Lit.: Nachruf. Prace Zool. Pol. Państw. Muzeum Przyrodn., Warschau 3, 1924, S. 167—172.

Clodius, Gustav, * 26. 8. 1866 Camin, Kr. Hagenow (Mecklenburg), † 5. 11. 1944 Schwerin. Daß der Pastorensohn sich schon früh zur Orn. gefunden hatte, belegt die Zahl vogelk. Mitt., mit denen er 1886 als Student der Theol. in Rost. begann. Hier erwarb er sich auf dem städtischen Markt die Kenntnis der nordischen Taucher und Enten und lernte von S. Steenbock (s. d.) das Präparieren. In Grabow, wo er Konrektor, und in Camin, wo er ab 1896 als Amtsnachfolger des Vaters Pastor war, richtete sich die ihn bewegende Neigung deutlich landesfaun. aus und führte ihn an C. Wüstnei (s. d.) heran. Mit ihm gemeinsam veröffentlichte er die „Vögel d. Großherzogtümer Meckl." (Arch. Meckl. 54, 1900), die, die alte Zusammenfassung H. D. F. Zanders (s. d.) aus dem Jahre 1862 durch die Zahl der behandelten Arten und genauere Verbreitungsangaben übertreffend, damals als beispielhaft galten. Mit den Namen beider Autoren ist ferner die erste Statistik der Storchnester für ein größeres dt. Gebiet verbunden; sie erschien unter dem Titel „D. Weiße Storch in Meckl." (ebd. 56, 1902) und durfte mit der Erfassung von etwa 3100 besetzten Horsten Anspruch auf weitgehende Genauigkeit erheben. Als C., um ein mit der Besonderheit des meckl. Storchenzugs verbundenes Beob.-Vermächtnis des verstorbenen Partners zu erfüllen, eine neue Übersicht aus dem Jahre 1912 (ebd. 67, 1913) folgen ließ, erbrachte sie für die zurückliegenden 10 Jahre einen um ein Drittel gesunkenen Bestand. Da durch seine und C. Wüstneis Tätigkeit das faun. Interesse in Meckl. stark auflebte, fühlte er sich gedrängt, die eigenen Erfahrungen und die ihm von anderen Beobachtern überlassenen Daten zwischen 1900 und 1932 in 12 „Orn. Ber." für das Arch. Meckl. bekanntzugeben. Lange blieb er daher der Mittelpunkt der orn. Landesforschung für seine Heimat. Nachdem er seit 1925 Propst in Wittenburg gewesen war, zog er sich 1934 in den Ruhestand nach Schwerin zurück. Ein gütiges Schicksal bewahrte ihn davor, hier die Zerstörung seines Heims, seiner Samml. und seiner Bücherei am Ende des 2. Weltkriegs erleben zu müssen. In Anerkennung seiner Verdienste war er als Altmeister zum Ehrenmitglied des Ver. d. Freunde d. Naturgesch. in Meckl. ernannt worden. 50 Titel seiner Arbeiten in Orn. Ms., Arch. Meckl., Orn. Mber., Orn. Rdsch., Falco konnte R. Kuhk in den „Vögeln Meckl." (1939) zusammenstellen.

— Lit.: Würdigung (von H. J. Schubert u. R.

Heyder). B. z. Vk. 7, 1961, S. 361—364 (mit Bildnis u. Verz. d. Veröff.). - Bildnis in W. Schuster, Vogelf. v. Großhess. u. Nassau, 1941.

Conrad, Thomas **(von Baldenstein), *** 1784 Chiavenna (Cleven), † 14. 9. 1878 Schloß Baldenstein im Domleschgtal (Hinterrhein). Wie J. R. Steinmüller (s. d.) war er erfolgreicher Autodidakt und im 1. Drittel des 19. Jahrh. eine der treibenden Kräfte der Schweiz. Vogelk. Nach der Schulausbildung im Philanthropin zu Reichenau und zweijährigem Studium in Erl. verwaltete er ein Familiengut in Oberitalien, bis er in das sardinische Heer eintrat. Nach dem Tode des Vaters beendete er als Hauptmann diesen Dienst, um weiterhin auf Schloß Baldenstein Landwirtschaft zu betreiben. Mit der Tätigkeit unter freiem Himmel ging ernsthafte Beschäftigung mit der heimischen Vogelwelt Hand in Hand. Die nachdenkliche Betrachtung der auf jagdlichen Streifzügen erbeuteten Kleinvögel ließ bald in ihm system. Feingefühl wach werden, das er mit Vorliebe an den Laubsängern und Sumpfmeisen erprobte. Sein Name bleibt daher mit der Entdeckung der Alpen- oder Mönchsmeise - Parus montanus verknüpft. Verdienstvoll erforschte er auch die Biol. anderer Alpenvögel wie Schneefink, Wasserpieper, Zitronenzeisig, Felsenschwalbe, Sperlingskauz (Neue Alpina 2, 1827), das Verhalten des Bartgeiers in Gefangenschaft (Denkschr. Schweiz 1, 1829) und die Lebensweise der Wildhühner (Jber. Graub., N. F. 10, 1865). Der Gattungsname Hippolais (Neue Alpina 2, 1827) ist seine Schöpfung. Obwohl er erst hochbetagt starb, blieb ein system. Verz. der Vögel Graubündens unvollendet, und ein größeres, 1814 begonnenes Msk. mit Beschr. von 197 Arten und 96 von ihm selbst gemalten Tafeln kam nicht zum Druck. Beide Handschr. befinden sich im Staatsarchiv.

— Lit.: Nachruf (Verf. ungen.). Jber. Graub. 22, 1879, S. XIII-XXI. - R. Lauterborn, D. Rhein, . . . , Freib. 1934, S. 193—195.

Cordes, Heinrich, ***** 3. 10. 1875 Hamburg, † 5. 1. 1943 Hamburg. Nach dem Besuch der Bürgerschule in Hamb. und der Oberrealschule in Kiel studierte er von 1895—1898 in Bonn Geodäsie und trat 1898 als Geometer in den Hamb. Staatsdienst. Hier war er zuletzt 1. Vermessungsrat. Die Ool. hatte ihn früh in ihren Bann geschlagen, so daß seine Eiersamml. schließlich 3800 Stücke (etwa 480 europ. und amerik. Arten) umfaßte. Sie war wohl nicht für wissensch. Studien, sondern zur genießerischen Freude des Autodidakten angelegt und ging 1943 im Bombenhagel zugrunde. Das Schreiben dürfte ihn nicht sonderlich gereizt haben. Er schilderte lediglich den Brutplatz der Heringsmöwe, des Kormorans, der Eiderente, der Trottellumme usw. auf Farne Island (Zs. Ool. 13, 1903) und gab eine Übersicht der von ihm während der Kriegsjahre 1917/18 in Rußl. gesammelten Gelege (Zs. Ool. u. Orn. 24, 1919). Von 1909—1912 und 1919/20 war er Schriftführer des Vereins Jordsand und berichtete in dieser Zeit in der Orn. Ms. über dessen Jahresversammlungen.

Coulon, Louis de, Dr. h. c., ***** 2. 7. 1804 Neuenburg (= **Neuchâtel),** † 13. 6. 1894 Neuenburg. Sproß einer Hugenottenfamilie, die sich 1745 in Neuenburg ansiedelte, war er wie sein Großvater und Vater eine im Kanton Neuenb. durch Gesinnung und Bürgertugenden hochgeachtete Persönlichkeit. Nach naturw. Studien in seiner Heimatstadt und in Paris übernahm er für 60 Jahre die Leitung des durch seinen Vater 1832 gegründeten Naturk. Mus. Mehr als 50 Jahre (1837—1891) lag die Präsidentschaft der Naturf. Ges. v. Neuenb. in seinen Händen; seit 1866 war er auch Präsident der Schweiz. Naturf. Ges. 1882 wurde er Honorarprofessor der Akad. v. Neuenb. und Ehrendoktor der Univ. Basel. Sein Name ist mit der Entwicklung des Mus. verbunden. Durch die Pflege der ihm unterstehenden Samml. mußte er sich mit allen Gebieten der Zool. beschäftigen. Die Vogelk. war somit nur Teilausschnitt seines mus. Wirkens. Doch verstand es seine Umsicht, gerade die Vermehrung der orn. Bestände um wertvolle Stücke aus fremden Ländern mit Erfolg zu betreiben. Schriftstellerisch trat er auf dem Gebiete der Orn. nur mit kleineren Ber., Mitt. und Notizen hervor. Sie standen zwischen 1844 und 1889 in Bull. Soc. sc. nat. de Neuchâtel und enthielten Beob. aus der Umgeb. seines Wohnsitzes sowie Nachr. über orn. Erfahrungen von Forschern in anderen Erdteilen.

— Lit.: Nachruf (von L. Favre). Verh. Schweiz 1894, S. 257—262.

Cremer, Carl Hubert, ***** 1858 Uerdingen (Rhein), † 27. 2. 1938 Bremen. Einer alten rhein. Familie entstammend, kam der vielbeschäftigte Kaufmann Ende der 80er Jahre nach seiner Wahlheimat Brem., wo er 1892 eine Reiseexport- u. (seit 1902) Schiffsbedarfsfirma gründete. Im 1. Weltkrieg wurde der kluge, charakterlich ausgezeichnete Mann dt. Konsul in Holland und auf Grund seiner Erfolge später Generalkonsul. Nach dem Kriege spielte er weiter eine vielseitige Rolle im Brem. Wirtschaftsleben. Wie im Berufe machte sich der Sinn für das Praktische auch in seinem Verhältnis zur Vogelwelt bemerkbar. Er entwickelte sich zum Typ des geistig aufgeschlossenen Vogelliebhabers und hatte zudem das Glück, daß seine Freude am Beob. biol. Gesetze durch die anregende Verbindung und enge Zusammenarbeit mit H. Duncker (s. d.) nach dem 1. Weltkrieg stärksten Auftrieb erhielt. So wuchs in ihm das Bestreben, die Vogelhaltung planmäßig in den Dienst der wissensch. Forschung zu stellen. Neben vielen anderen Formen waren Glanzstare, Webervögel, Kardinäle, Agaporniden und australische Sittiche die bevorzugten Insassen von großzügig gebauten Zuchtanlagen auf dem Landgut Rosenau bei Brem. und später in dem für diesen Zweck eingerichteten Obergeschoß seines Hauses. In den besten Jahren pflegte er über 1000 Vögel. Wenn er auch eines seiner Ziele, die Züchtung des roten Kanarienvogels, nicht erreichte, erbrachten die von ihm durchgeführten Kreuzungsversuche doch wichtige Einblicke in die Auswirkung der Artkreuzungen. Bedeutender war sein umfassender Beitr. zur Lösung des Farbenproblems beim Wellensittich. Ohne seine Unterstützung und Mitwirkung wären die in den 20er Jahren erzielten Fortschritte der Kenntnis über die Vererbung der Wellensittichfarben nicht möglich gewesen. Die Züchtergemeinschaft der AZ wählte ihn daher damals zum Präsidenten. Ferner war mit seinem und H. Dunckers Namen die Blüte der Zeitschr.

„Vögel ferner Länder" (1927—1935) verbunden. Er starb an den Folgen eines Autounfalls.

— Lit.: Nachruf (von H. Duncker). Gef. W. 67, 1938, S. 169—171 (mit Bildnis).

Cretzschmar, Philipp Jakob, Dr., * 11. 5. 1786 Sulzbach (Main-Taunuskreis), † 4. 5. 1845 Frankfurt (Main). Hochgebildeter Mediziner und kenntnisreicher Zoologe, war er wie E. Rüppell (s. d.) an der Gründung der Senck. Naturf. Gesellschaft maßgeblich beteiligt. Jahrelang setzte er sich als 2. Direktor für die Entwicklung des jungen Unternehmens ein und trug sich schon 1827 mit dem Plan, einen Verein dt. Ornithologen aufzubauen. Feldbeobachtung und Beschäftigung mit dem lebenden Vogel lagen ihm in späteren Jahren fern; naturphil. Spekulation beherrschte sein Bestreben, nach system. Ordnung vorzudringen. Noch vor E. Rüppells Rückkehr beschrieb er 30 Vogelarten (unter ihnen den Adlerbussard - Buteo rufinus), die der Forscher aus Afrika geschickt hatte. Es ist schwer, seine in der Orn. kaum beachtete Rolle recht zu würdigen, da ihm zukommende Verdienste der Stille des Mus.-Bereichs angehörten. Naturk. Vorlesungen jedoch, die er im Auftrag der Gesellschaft unter allg. Zustimmung seit 1826 hielt, fanden vor dem Urteil des nüchternen, jeder Phantasie abholden Denkers Rüppell keine Gnade und führten zu scharfen Auseinandersetzungen innerhalb der Gesellschaft. Die persönlichen Gegensätze hinderten C. u. a. daran, eine lange geplante kritische Zusammenstellung der unterscheidenden Merkmale aller damals bekannten Vögel zu schreiben. Während der letzten Jahre zehrten Kämpfe um die Wahrung der Ehre an seinen Kräften.

— Lit.: Gedenkrede (von J. M. Mappes). Frankf. 1846 u. Ber. Senck. 48, 1918, S. 3—25 (mit Bildnis). - R. Mertens, E. Rüppell, Leben und Werk eines Forschungsreisenden, Frankf. 1949. - Würdigung (von D. v. Hagen). N. Dt. Biogr. 3, 1957, S. 411/12.

Csató, Johann von, * 6. 4. 1833 Alvinc (Maros), † 13. 11. 1913 Straßburg = Nagyenyed = Aiud (Siebenbürgen). Nach dem ung. Aufstand 1848/49 begann der damals fast noch knabenhaft junge Husarenleutnant auf dem Landgut Koncza seine ganze Aufmerksamkeit der Erforschung der Natur, in Sonderheit der Vogelwelt zuzuwenden. Später bewährte sich in der mit politischer Spannung geladenen Zeit die Autorität seiner Persönlichkeit, als er in der Stellung des Vizegespan das Komitat Alsofehér verwaltete. Die naturw. Bestrebungen von N. v. Zeyk und F. W. Steller (s. d.) legten die Richtung für den ersten Wissensdrang des Schülers von Nagyenyed fest. Anfangs sammelte und präparierte er vielfach gemeinsam mit seinem Schwager Al. Buda und dessen Sohn Ad. Buda (s. d.). In über 60jähriger Tätigkeit wurde er in der Zeit nach J. S. v. Petényi (s. d.) der verdienstvollste Kenner der Ornis im hist. Transsylvanien; er war dazu berufen, der dortigen Forschung eine selbständige Entwicklung zu sichern. Um Lücken des Wissens zu schließen und Fehler zu berichtigen, legte er die feldorn. Erfahrungen in einer stattlichen Reihe von Veröff. vor; sie standen hauptsächlich seit den 60er Jahren in Verh. u. Mitt. Siebenb., Jb. Siebenb., Mitt. Wien, Zs. ges. Orn., Orn. Jb., Aquila und betrafen die Vögel des Retyezat (1868), Szekastales (1869), Sztrigytales (1873). Besondere Daten wurden auch von J. Frivaldsky (s. d.) in den „Aves Hungariae" (1891) verwertet. Monogr. Zusammenfassungen aus der Reife des Mannesalters bedeuteten die Arbeiten „Über d. Zug, d. Wandern u. d. Lebensweise d. Vögel in d. Kom. Also-Fehér u. Hunyad" (Zs. ges. Orn. 2, 1885 u. 3, 1886) und die „Pflanzen- u. Tierwelt d. Kom. Also-Fehér" (1896, Bd. 1). Die von ihm stammenden Beitr. waren kaum mit Irrtümern behaftet und für das Bild der siebenb. Ornis besonders klärend und bestimmend, weil er sich in wissensch. Verantwortung nur auf die in den eigenen Händen ruhenden Belege stützte. Die Samml. enthielt bereits 1859 200 Arten in mehr als 350 Stücken; im Jahre 1905 (später vermehrte sie sich nur noch schwach) war sie auf 267 Arten in 923 Stücken angewachsen. Sie galt neben der Vogelabt. des Ung. Nat.-Mus. als die größte des damaligen Ung. Der ganze Bestand, unter dem sich auch Paläarkten und Exoten befanden, kam nach dem Wunsch des Besitzers in das Ung. Nat.-Mus.; von hier aus wurden aus Raummangel 1923 beträchtliche Teile an das Ung. Orn. Inst. und an die nach Szeged geflohene Univ. Klausenb. abgegeben. Die in Budapest aufbewahrten Stücke verbrannten 1945 und 1956. C. blieb unverheiratet; er schloß die Augen als Königl. Rat und Ehrenmitglied der Ung. Orn. Zentrale, hoch geachtet im öffentlichen Leben und im Bereiche der Naturwissenschaft.

— Lit.: Nachruf (von O. Herman). Aquila 20, 1913, S. 549/50. - J. Schenk, Altberühmte siebenb. Vogelsamml., ebd. 23, 1916, S. 168—402. - Ders., Übersicht d. Gesch. d. Orn. in Ung., ebd. 25, 1918, S. 31—88. - Ad. Buda, Ergänzende Daten z. Artikel „Altberühmte Vogelsamml. in Siebenb.", ebd. 24, 1917, S. 295/96. - H. Salmen, D. Ornis Siebenb. . . . , Linz 1958 (Masch.-Schrift).

Csiki, Ernst, * 22. 10. 1857 Zsilvajdejvulkán, Komitat Hunyad (Siebenbürgen), † 7. 8. 1954 Budapest. Nach dem Studium in Hermannst. und Budapest (Tierärztl. Hochschule) kam er 1897 an das Ung. Nat.-Mus. und stieg dort 1924 zum Leiter der Zool. Abt. auf. 1933 trat er in den Ruhestand. Obwohl ihn in erster Linie und mit großem Erfolg die Entom. beschäftigte, war ihm auch die Vogelk. stets ein Gebiet ernsthaften Interesses. Einen bekannten Namen verschafften ihm die von 1904—1919 in der Aquila erschienenen Ber. über Ergebnisse von Unters. des Mageninhalts und der Nahrung der Vögel. Seit 1909 war er eifriges korr. und seit 1926 Ehrenmitglied des Ung. Orn. Inst. Als Vizepräsident der Ung. Orn. Union gab er daneben mehrere Jahre deren Zeitschr. heraus und machte sich so auch um die Verbreitung des Vogelschutzgedankens in Ung. verdient.

— Lit.: Nachruf (von Schriftl.). Állattani Közl. (= Zool. Mitt.) 45, 1955, S. 7—10 (mit dt. Auszug von W. Székessy). - Nachruf (von A. Keve). Aquila 63/64, 1956/57, S. 372 u. 376 (ung. u. engl.).

Csörgey, Titus, Dr. h. c., * 12. 8. 1875 Neusiedl am See (Burgenland), † 16. 12. 1961 Tapolca (nahe Plattensee). Sein dt. Name war Uhlig, den er 1896 magyarisierte. Nach ersten Schuljahren in Preßb. lebte er ab 1892 in Ödenb.; hier begann der 17jährige am Seeufer zu beobachten und zu sammeln, gelenkt von seinem Lehrer St. Fászl (s. d.), der in derselben Landschaft vorher schon St. v. Chernel (s. d.) für die Orn. gewonnen hatte. 35 Jahre verbrachte Cs. dann, wenn auch mit Unterbrechungen, im Banne „dieser wunderbaren Wasserwelt", deren reiches Vogelleben und urnatürliche Eigenart zusammen mit der Anziehungskraft der über den Salzlacken schwebenden milden Melancholie ihn — nach seinen eigenen Worten (Aquila 55—58, 1948—1951) — für das ganze Leben gefangennahmen. Als er in Budapest Zool. studierte, empfahl der Ödenb. Mentor den begabten jungen Beobachter und Präparator an die Ung. Orn. Zentrale, wo er 1895 einer ihrer ersten und treuesten Angestellten wurde. Schnell erwarb sich der tatkräftige Einsatz seiner biol. Kenntnisse das Vertrauen O. Hermans (s. d.), der ihm in der Bearbeitung von J. S. v. Petényis (s. d.) orn. Hinterlassenschaft eine Herzensaufgabe setzte. Mit der Herausgabe der „Orn. Fragmente . . ." (1905) schuf er so ein der Bedeutung des ung. Altmeisters würdiges Denkmal. Aus diesen Anfangsjahren stammen auch 2 dem Vogelzug gewidmete Abh.: „Spalatos Winterornis" (Aquila 9, 1902) und „Fünf Monate in Spalato" (ebd. 10, 1903); sie entstanden, als er in Dalm. Erholung suchen mußte, und dürfen heute noch Beachtung beanspruchen. War er in der Jugend mehr Faunist, so erbrachten die Jahre um die Jahrhundertwende eine sehr einschneidende Arbeitserweiterung, zu der Besuche i. J. 1903 bei Frhr. H. v. Berlepsch (s. d.) in Seebach und 1904 bei G. Rörig (s. d.) in Dahlem wesentlich beitrugen. Er beschäftigte sich mit Studien über die landw. Bedeutung der Saatkrähe sowie Fragen des Schadens und Nutzens der Vögel überhaupt und wurde im Zuge dieser Unters. in Ung. zum Begründer und Organisator des praktischen Vogelschutzes. Eine seiner volkstümlichen Schriften, die Broschüre „Vogelsch. im Garten", stieg von 1913—1940 auf 8 Aufl. In der Entwicklung der ung. Orn. des 20. Jahrh. steht er auf derselben Höhe wie O. Herman, St. v. Chernel, J. Schenk (s. d.). Daten sprechen für seine Stellung: 1915 vorübergehend nach dem Tode O. Hermans Direktor des Ung. Orn. Inst., 1922—1935 wieder auf demselben Posten. Anschließend zog er sich in den Ruhestand nach Abrahámhegy (Plattensee) zurück. Auch im Ausland war sein Ansehen hoch. Auf internat. Kongr. war er oft der ung. Vertreter. Bekannt wurde er außerdem als einer der hervorragendsten ung. Vogelmaler. Viele seiner Bilder schmücken die Aquila. Von ihm illustrierte Werke sind u. a. die „Orn. Fragmente aus d. Handschr. v. J. S. Petényi" (s. oben) und Snoukaert van Schauburgs „Avif. Neerlandica" (1908). In Anerkennung seiner Verdienste um die Vogelforschung, insbesondere um die theor. und prakt. Fundierung des ung. Vogelschutzes verlieh ihm die Univ. Debrecen 1934 die Würde des Dr. h. c. Der größte Teil seiner 1896 begonnenen Aufz. ging 1945 in Budapest zugrunde. Er starb in einem Krankenhause als der letzte der Ornithologen, die an der Wiege der Ung. Orn. Zentrale gestanden hatten.

— Lit.: J. Schenk, 50 Jahre . . . , Aquila 50, 1943, S. 75—141 (mit Bildnis).

Czoppelt, A. Hugo, * 2. 1. 1847 Sächsisch-Reen = Reghin (Siebenbürgen), † 12. 7. 1895 Sächsisch-Reen. Der in seiner Vaterstadt tätige Apotheker war einer aus der ersten Generation siebenb. Sachsen, die sich im Stile ihrer Zeit als Sammler mit der heimatlichen Vogelwelt beschäftigten. Obwohl in seiner Gegend damals recht bekannter Wegbereiter, ist er heute so gut wie vergessen, zumal seine stattliche Eiersamml., durch Jahrzehnte in mehreren Schränken untergebracht und von den Nachkommen betreut, seit den 30er Jahren spurlos verschwunden ist. Zur Feder dürfte er nicht gegriffen haben. Die „Verh. u. Mitt. Siebenb.", die einzige sich ihm bietende Zeitschr., scheinen, soweit feststellbar, seinen Namen nicht zu enthalten. Auch das Lit.-Verz. der „Fauna d. Wirbeltiere Siebenb.", 2. Aufl. (Verh. u. Mitt. Siebenb. 33, 1888) von E. A. Bielz (s. d.) kennt ihn nicht. Doch erfreute sich der Verf. der „gütigen Unterstützung" des rührigen Sammlers. Für einen bemerkenswerten faun. Wissensstand spricht das Ausmaß der Mitarbeit an der Bielzschen Liste mit ihren 310 Arten. So sind 112 durch ihn bei Reghin vorkommende Formen überliefert, von denen (nach St. Kohl/Reghin) heute u. a. Silberreiher, Zwergtrappe, Birkhuhn, Ortolan, Nachtigall nicht mehr vertreten sind.

Czynk, Eduard von, * 29. 9. 1851 Kronstadt (Siebenbürgen), † 20. 1. 1899 Fogarasch. Sohn eines jagdfreudigen Zöllners, war er seit 1871 Postbeamter in seiner Vaterstadt und nach vorübergehendem Dienst (1878) in Budapest seit 1883 Post- u. Telegr.-Inspektor in Fogarasch. Während der Gymnasialzeit weckte sein Lehrer W. Hausmann (s. d.) in dem Knaben bereits den Keim orn. Neigungen. In den 70er Jahren wurde er in der damals noch nicht entweihten Landschaft des Burzenlandes leidenschaftlicher Feldbeobachter; im Mannesalter betrachtete er schließlich die Erforschung der Vogelf. des Komitats Fogarasch als eine seiner Lebensaufgaben. Das Hochgebirge mit riesigem Gemsbestand, mit Bär (über ihn schrieb C. eine schöne Monogr.) und Wolf, die Niederungen des Altflusses mit Scharen von Sumpf- u. Wassergeflügel nahmen ihn als Jäger in den freien Stunden auf. Von 1883—1887 lieferte er alljährlich Stoff für V. v. Tschusis (s. d.) „Jahresberichte . . ."; seit 1894 sandte er regelmäßig Zugdaten an die Ung. Orn. Zentrale, die ihn im Jahre 1895 mit der Ernennung zum korr. Mitglied belohnte. Begeistert für die wildschöne Natur, fühlte er sich allmählich auch gedrängt, über seine Erfahrungen unter freiem Himmel in eigenen Veröff. zu berichten. Was er gesehen oder erlebt hatte, schrieb er, ohne sich problematischen Betrachtungen hinzugeben, in anspruchsloser Gesinnung, aber anziehend und stimmungsvoll nieder. So erwuchsen seiner Feder seit dem Ende der 80er Jahre aufschlußreiche Beitr. für Mitt. Wien, Orn. Jb., Aquila. Unter ihnen ragten die Darstellungen aus dem Leben der letzten Bartgeier hervor, z. B. der „Bart- oder Lämmergeier, Naturgesch. Skizze aus d. Karpaten" (Orn. Jb. 1, 1890 u. Aquila 1, 1894). Eine verläßliche Zusammenfassung bedeutete die „Vogelf. d. Fogarascher Komitates" (Mitt. Wien 20, 1896) mit Angaben des Vorkommens, der Biol. und Phänol. von 235 Arten. Ständiger Mitarbeiter war der Waidmann daneben an vielen dt. Jagdzeitschr., besonders an der Neudammer Dt. Jztg. Der Beifall aus Jägerkreisen veranlaßte ihn gar zur Herausgabe von allenthalben begrüßten Büchern: „D. Waldschnepfe u. ihre Jagd" (Berl. 1896), „D. Auerwild..."

(Neudamm 1897), „D. Sumpf- und Wasserwild . . ." (Berl. 1898). Die Ornithologen seiner Heimat zollten der Fachkenntnis des Autodidakten verdiente Anerkennung.

— Lit.: Nachruf (von St. v. Chernel). Aquila 6, 1899, S. 70–79 (mit Bildnis u. Verz. d. Veröff.). - Nachruf (von F. C. Keller). Waidmannsheil 19, 1899, S. 54/55. - Nachruf (von F. Valentinitsch). Hundesport u. Weidwerk 4, 1899, S. 1105/06. - Nachruf (von V. v. Tschusi). Orn. Jb. 11, 1900, S. 41—47. - H. Salmen, D. Ornis Siebenb. . . . , Linz 1958 (Masch.-Schrift).

D

Däublin, Nikolaus, * 14. 3. 1795 Efringen (Kr. Lörrach), † 17. 5. 1853 Efringen. Der Bauernsohn besuchte wahrscheinlich die Kantonsschule in Aarau und ging später als Junggeselle durchs Leben. Im Wesen soll er schrullenhaft gewesen sein; doch wurzelte er fest in der Umgeb. seiner Heimatgemeinde und sammelte mit Eifer Naturgegenstände. U. a. besaß er fossile Knochen aus der Gegend von Istein und unterhielt gute Beziehungen zum Naturw. Mus. in Basel, das ihn 1838 durch die Ernennung zum korr. Mitglied besonders auszeichnete. Wesentliches Teilgebiet seiner Interessen war die Vogelk.; sie ließ seinen Namen auch in das Schrifttum eingehen, als er „Beitr. z. orn. Fauna d. Umgeb. v. Basel (Ber. Bas. 4, 1840) schrieb. Die Abh. erbrachte trotz ihrer Kürze auf Grund der häuslichen Samml. Nachr. vom Brüten des Steinsperlings am Isteiner Klotz und vom Auftreten der Beutelmeise im Schilf der Altwasser des Rheins bei Istein. W. F. v. Kettner (s. d.) kannte die Samml. noch 1849. Später scheint D.s bescheidene orn. Kärrnerarbeit in der Erinnerung seiner Landsleute ziemlich verblaßt zu sein. L. Fischer (s. d.) führte z. B. die Veröff. im „Kat. d. Vögel Bad." (1897) nicht mehr an und nannte den Verf. nur als Gewährsmann für die Brut des Steinsperlings bei Eimeldingen 1837 und für die Erbeutung eines Terekwasserläufers am Oberrhein. Erst R. Lauterborn (D. Rhein, 1938) beleuchtete wieder den in örtlicher Enge geleisteten Pionierdienst.

— Lit.: H. Schäfer, N. D. - ein Naturforscher aus d. Markgräflerland, D. Markgräflerland 22, 1960, S. 25—28 (mit Bildnis).

Dahl, Friedrich, Dr., * 24. 6. 1856 Rosenhofer Brök (Holstein), † 29. 6. 1929 Greifswald. Schon früh ausgeprägten Neigungen zu den Naturw. folgend, studierte er in Leipz., Freib., Berl., Kiel und habilitierte sich 1887 in Kiel, wo er 10 Jahre als Privatdozent wirkte. 1898 übernahm er unter seinem ehemaligen Lehrer K. A. Möbius (s. d.) die Verwaltung der Spinnenabt. am Berl. Mus. und verblieb in dieser Stellung, bis er in den Ruhestand trat. Da er allg. zool. Problemen zugewandt war, bewegte er sich forschend und schriftstellerisch auf verschiedenen Gebieten. Neben den „Grundlagen einer ökol. Tiergeogr." (Jena 1921, 1923) beschäftigten ihn vielfach tierpsychol. Fragen, in Sonderheit Unters. über Bewußtseinsvorgänge niederer Art. Sein ganzes Leben hindurch bewahrte er sich auch eine Vorliebe für die Faun.; so rief er noch im Alter das großzügig geplante Unternehmen der „Tierwelt Deutschl." ins Leben, konnte aber nur noch die ersten Lieferungen (Vertebrata u. Mollusca, Tagfalter, Springspinnen, Wolfspinnen) 1925—1927 selbst bearbeiten. Unter den Wirbeltieren standen ihm die Vögel am nächsten. Als er 1896/97 eine zool.-botan. Exp. nach dem Bismarck-Archipel leitete, wurde er der erfolgreichste aller bis dahin auf Neubritannien forschenden Ornithologen. Er verstand jede Gunst der Umstände voll auszunutzen und brachte außer Bälgen eine reiche Samml. von Eiern und Nestern mit nach Deutschl. Die orn. Ergebnisse der Fahrt finden sich in der Arbeit über das „Leben d. Vögel auf d. Bismarck-Archipel" (Mitt. Berl. 1, 1899). Die von ihm auf der Gazelle-Halbinsel entdeckte und von A. Reichenow (s. d.) benannte Rhipidura dahli trägt seinen Namen. War schon vorher die Vogelwelt Gegenstand von Darstellungen in volkstümlichen Zeitschr. gewesen, z. B. „D. Tierwelt Schlesw.-Holst., 4. Vögel" (Heimat 4, 1894), so gab er später noch einen „Leitfaden z. Bestimmen d. Vögel Mitteleuropas . . ." (Berl. 1912) heraus, den er sich in Anlehnung an den Neuen Naumann als Bestimmungstabelle besonders für Anfänger dachte.

— Lit.: Nachruf (von E. Stresemann). Orn. Mber. 37, 1929, S. 200. - Nachruf (von H. Bischoff). Mitt. Berl. 15, 1930, S. 625—632 (mit Bildnis u. Verz. d. Veröff.).

Dalla Torre von Thurnberg - Sternhof, Karl Wilhelm, Dr., * 14. 7. 1850 Kitzbühel, † 6. 4. 1928 Innsbruck. 1872 promovierte er in Innsbr. mit einer Arbeit über die Tiroler Bienen. Die Erforschung der Immen lag ihm sein ganzes Leben hindurch am Herzen. Von 1874—1886 stand er im höheren Schuldienst in Eger, Linz und Innsbr. 1881 öffnete sich ihm dazu die Univ.-Laufbahn. Zuerst Privatdozent für Entom., erreichte er 1890 die Erweiterung der venia legendi auf das Gesamtgebiet der Zool. Sein Arbeitseifer, der vor allem dem Zool. Inst. von Innsbr. zugute kam, richtete sich durch Jahrzehnte auf die Erkundung der alpinen Tierwelt, in Sonderheit der seiner Tiroler Heimat. Erst der 1. Weltkrieg setzte dem aus der Heimatliebe erwachsenen Streben den Schlußstein. Da allg. die vergl.-anat.-entwicklungsgesch. eingestellte Zool. seiner besten Jahre für faun. Studien kein Verständnis aufbrachte, blieb aber eine rechte Würdigung seiner etwa 200 zool. und für die Hochalpenfauna bedeutsamen Aufs. aus. Die ihn beschwingende Freude an bibl.-hist. Unters. hinderte ihn zudem vielfach an selbständigen Beob. So wurde er auf Kosten der eigenen Forschung mehr und mehr Sammler von Materialien und Bausteinen, und sein Name blieb hauptsächlich an zusammenfassende Übersichten geknüpft. Erste Früchte der Arbeitsrichtung wurden die „Wirbeltierfauna v. Tirol u. Vorarlberg" (1879) und — zusammen mit C. Heller herausgegeben — die Abh. über die „Verbreitung d. Tierwelt im Tiroler Hochgebirge" (Sb. Akad. d. Wissensch. Wien 1881, 1882). Charakteristisch für seinen Fleiß im Dienste der Wissensch. sind außerdem die 10 Bde. des Riesenwerks „Catalogus Hymenopterorum ..." (1892). Die der Vogelwelt seiner Berge geschenkte Aufmerksamkeit fand seit den 80er Jahren lit. Niederschlag in Beitr. für verschiedene Zeitschr.. u. a. Biol. Cbl., Ber. Innsbr. und häufiger für Mitt. Wien (hier meist unter dem Titel „Ornithologisches aus Tirol"). Als die Orn. Beob.-Stat. in Österr. nicht nur seine, sondern auch die Hoffnungen vieler seiner Landsleute weckten, übernahm er die Vertretung Tirols im internat. Ausschuß und bearbeitete zusammen mit V. v. Tschusi (s. d.) den 2.—6. Jber. des „Komitees" in der Ornis (1883 bis 1890). Am bekanntesten wurden wohl die „Vögel v. Tirol u. Voralb.", die er gemeinsam mit F. Anzinger (s. d.) in den Mitt. Wien 20, 1896 u. 21, 1897 herausgab; die beachtenswerte Arbeit enthielt außer einem Verz. der älteren Lit. eine kritische Darstellung des Vorkommens und der Verbreitung der Formen in Vorarlb., Nord- u. Südtirol und ist in diesem Umfang bis heute nicht wiederholt worden. Beim Versuch einer Neubearbeitung mußte sich der Verf. mit einem Namenverz. der Nordtiroler Singvögel (Zeitschr. d. Ferdinandeums Innsbr. 1910, Heft 57) begnügen.

— Lit.: Nachruf. Innsbr. Nachr. 1928, Nr. 82, S. 15. - Nachruf (von W. Pfaff). D. Schlern 1928, S. 278/79. - Nachruf (von A. Steuer). Verh. Wien 78, 1928, S. 132—136 (mit Bildnis). - Nachruf. Ber. Innsbr. 41, 1929, S. XIV—XVIII. - Österr. Biogr. Lex. ... 1, 1957, S. 167.

Daut, Carl, * 12. 12. 1863 Burgdorf (Kanton Bern), † 9. 6. 1930 Bern. Von frühester Jugend an sich zur Naturbeobachtung hingezogen fühlend, studierte er Pharm. und eröffnete 1891 eine eigene Apotheke in Bern. Viele naturw. Gebiete fesselten ihn, die meisten von tätigem Berufsleben freien Stunden aber galten der liebevollen Beschäftigung mit der einheimischen Vogelwelt. Ein für seine Zeit hohes Maß faun. Kenntnisse wuchs ihm zu durch das Studium der Lit. und durch praktische Anschauung und Erfahrung auf regelmäßig und fleißig betriebenen Exk. Nicht um wissensch. Ziele zu verfolgen, sondern weil ihm Gedankenaustausch mit Gleichgesinnten Bedürfnis war, schuf er 1902 den Orn. Beob., den er unter großen Opfern 6 Jahre lang auf eigene Gefahr zu halten suchte; 1907 mußte sein Sprachrohr sogar für ein Jahr ganz verstummen. Gesichert war die Gründung erst, als es ihm zusammen mit G. v. Burg, A. Heß (s. d.) und anderen Vogelfreunden gelang, 1909 die Schweiz. Ges. f. Vogelk. u. Vogelsch. ins Leben zu rufen und den Orn. Beob. zum Vereinsorgan zu bestimmen. Da in jenen Anfangsjahren die Belehrung zum Kennenlernen der verschiedenen Arten und die Werbung für den Vogelschutz im Vordergrund standen, war er vom 1.—16. Jahrg. der rechte Schriftleiter. In schlichter, ansprechender Art verstand er es, Mitarbeiter zu sammeln, zu ermutigen und durch die Berichtigung, Ergänzung und Zusammenfassung der zahlreich eingehenden kleinen Mitt. und Nachr. immer neue faun. Aufgaben zu zeigen. Auch für bisher unbekannte Arbeitsmethoden der Forschung aufgeschlossen, wagte er sich, eine Anregung von G. v. Burg aufgreifend, an den für die Schweiz neuen Ringversuch heran. Mit A. Heß und anderen gründete er 1910 die Zentralstation für Ringversuche in Bern und ermöglichte 1911 die ersten Markierungen mit „Helvetia"-Ringen, so daß die Stat. von 1914—1925 7 Tätigkeits-Ber. herausgeben konnte. Eine durch Überlastung im Beruf und im Dienst an der Schweiz. Vogelk. entstandene schwere Erkrankung zwang ihn allerdings, 1917 die Schriftl. des Orn. Beob. in die Hände von A. Heß zu legen. Nach dessen Tod 1928, war es ihm, nachdem er 1927 Ehrenmitglied der Schweiz. Ges.... geworden war, nochmals vergönnt, die Zügel zu ergreifen; doch schon 1929 verließen ihn die Kräfte endgültig. Wie das Lebenswerk seines unentwegten Freundes A. Heß bleibt auch sein selbstloses Wirken mit der Entwicklung der Schweiz. Orn. verbunden — weniger mit deren wissensch. Seite, viel mehr dagegen mit der organisatorischen Notwendigkeit und der aus echter Herzenswärme gewachsenen Forscherfreude schlechthin.

— Lit.: Bildnis in Orn. Beob. 25, 1927, S. 47. - Nachrufe (von E. Hänni u. A. Masarey). Ebd. 27, 1929/30, S. 138—140 (mit Bildnis).

von der Decken, Karl Claus Freiherr, * 8. 8. 1833 Kotzen (Mark Brandenburg), † 2. 10. 1865 Bardera (Ostafrika). Als Sproß einer alten hann. Familie wählte er für 10 Jahre die Offizierslaufbahn, entschloß sich aber 1858, naturw. Forschungsreisender zu werden. 5 Jahre lang schlug ihn das tropische Afrika in seinen Bann. Unglück war der Weggenosse auf fast allen seinen kühnen Unternehmungen. Von einer 1864 groß angelegten Exp. zur Erkundung der Flüsse an der Ostküste des afrik. Kontinents kehrte er nicht zurück. Eingeborene erschlugen ihn. Aus der umfangreichen Vogelsendung, die an das Berl. Mus. ging, beschrieb J. Cabanis (s. d.) 20 neue Arten. Besondere Bedeutung erhielt die orn. Ausbeute weiter für G. Hartlaub und O. Finsch (s. d.), die in dem Reisewerk über die Lebensernte dieses tapferen Pioniers (4. Bd., 1870) die Vögel Ostafrikas grundlegend behandelten.

— Lit.: C. Kersten, Baron K. C. v. der Deckens Reisen in Ostafrika (mit einem Lebensbild), Leipz. 1869—1871. - Allg. Dt. Biogr. 5, 1877, S. 2/3. - Fr. Embacher, Lex. d. Reisen u. Entdeckungen, Amsterdam 1882 (1961), S. 94/95. - E. Banse, Lex. d. Geogr. 1, 1923, S. 317.

Deditius, Karl, † 27. 4. 1916 Berlin. Über seine Jugend waren ebensowenig Nachr. zu finden wie über die seines Freundes W. Hartwig (s. d.). Seit 1884 gehörte er der DOG in Berl. an, besuchte rührig die Versammlungen und hatte von 1896 ab das Amt des Schatzmeisters inne. In Schöneberg war er 1893 Oberpostsekretär und seit 1902 Rechnungsrat. Er verfügte über eine gute Kenntnis der heimischen Singvögel und beschäftigte sich eine Zeitlang gern mit der Technik des Gesangs (Lerche und Kuckuck in J. Orn. 48, 1900; Sperlingsvögel, ebd. 50, 1902). Mit Veröff. war er allg. zurückhaltend. Genannt seien „Beob. aus d. Umgegend v. Nendza u. Landsberg (Oberschles.)", ebd. 36, 1888 und „Mitt. aus d. Riesengebirge" in Orn. Mber. 11, 1903. Da er das Russische beherrschte, stand er auch den Mitgliedern in sprachlichen Nöten bei. Von mehreren russ. Arbeiten lieferte er im J. Orn. zwischen 1885 und 1897 dt. Übersetzungen.

— Lit.: Nachruf (von H. Schalow). J. Orn. 64, 1916, S. 422/23. - Nachruf (von A. Reichenow). Orn. Mber. 24, 1916, S. 96.

Deichler, Christian, Dr., * 21. 6. 1876 Reichshofen (Elsaß), † 28. 8. 1954 Homburg v. d. Höhe (Taunus). Er entstammte einer franz. Familie (Douché), die nach 1685 (Aufhebung des Edikts von Nantes) in Frankf. (Main) seßhaft wurde. Der Name Deichler steht dort seit 1703 in den Kirchenbüchern. Der Onkel war ein bekannter Frankf. Arzt und seit 1862 Mitglied der Senck. Naturf. Ges. Der Vater, der sich vorübergehend als Landwirt in Bay. angesiedelt hatte, erwarb um 1880 das Gut Laurenzieberg (Kr. Bingen); später wohnte die Familie in Ingelheim. In Mainz erwarb der Sohn 1894 das Reifezeugnis. Bis 1900 studierte er in Genf und Berl. Chemie. In Berl. ließ er sich als Chemiker nieder und war dort von 1908—1945 ein bekannter Patentanwalt mit weitreichenden Beziehungen; u. a. war er beteiligt an einer Chemiezeitung und an Besitzungen in Afrika. Nach Zerstörung seiner Berl. Wohnung durch amerik. Bomben lebte er verarmt und vereinsamt in seinem 1937 erworbenen Jagdhaus in Salzbrunn bei Beelitz (Mark). Er starb, als er in Homb. Heilung suchte. Auf der Familiengrabstätte in Frankf. ist er beigesetzt. Während der in Rheinhess. verbrachten Jugendjahre trat er nicht nur als begabter Feldornithologe hervor, sondern entfaltete gleichzeitig eine durchaus selbstsichere, denkerische Haltung, die seine Umgeb. nachhaltig beeinflußte. Den ursprünglichen Dilletantismus C. v. Erlangers (s. d.) führte er zu ernsthafter, bewußter tiergeogr. Forschung, und C. Hilgerts (s. d.) natürliche Anlagen zum Sammeln und Präparieren förderte er so, daß sie später der Orn. zu vielfältigem Nutzen gereichten. Damals knüpfte er in der Schule zu einem entfernten Verwandten, seinem „Vetter" O. Kleinschmidt (s. d.), Beziehungen, die für ein langes Leben nicht mehr abrissen und in den system. Anschauungen beider Freunde nach außen hin Form und Gestaltung fanden. An Kleinschmidts Meisterschaft wuchs seine Fertigkeit im Präparieren; sie erreichte bald künstlerische Höhe und brachte ihm auf einer Ausstellung des Natural History Mus. in London sogar einen 1. Preis für eine biol. Vogelgruppe ein (seine Mutter war Engländerin, deshalb kam er öfters in deren Heimat). Beachtlich bleibt daneben sein Anteil an der orn. Entwicklung in Hess. durch die „Bem. z. Ornis v. Rheinhess." (J. Orn. 44, 1896); versehentlich sind sie in der Überschrift mit dem Namen O. Kleinschmidt verknüpft; dieser hatte jedoch nur die Zeichnungen geliefert, am Text war er nicht beteiligt. Angeregt durch F. Lindners (s. d.) Veröff. über die „Preuß. Wüste" wurde D. einer der frühen Besucher von Rossitten und der Kurischen Nehrung. Von 1892—1925 kam er fast alljährlich dorthin. Das orn. Ergebnis war eine Samml. von Brut- u. Durchzugsvögeln der Nehrung, die viele Schränke seiner Berl. Wohnung füllten; sie gingen restlos im Bombenhagel des 2. Weltkriegs zugrunde. Von ausschlaggebender Bedeutung für seinen orn. Werdegang wurden die Berl. Studienjahre. Beziehungen zu A. Reichenow (s. d.) und Freundschaft mit P. Matschie (s. d.) ermöglichten ihm in der Freizeit die Sichtung noch nicht bestimmter Vögel des Zool. Mus. Dabei ließ die Überprüfung einer Kiste mit Birkenzeisigen aus allen Erdteilen in ihm die Überzeugung reifen, daß alle Stücke nur Rassen derselben Spezies seien. Im Neuen Naumann bearbeitete er denn auch diese Art und legte in diesem Zusammenhang seine system. Auffassung dar. Sie bewegte sich in derselben Richtung wie die seines „Vetters" über die Weidenmeise und den Jagdfalken und führte zu jahrelangen mündlichen und schriftlichen Auseinandersetzungen zwischen den Gleichgesinnten. Unterschiedlich blieb nur die Benennung der geogr. Vertreter. Kleinschmidts Formen waren D.s Rassen. D. wurde so zum Partner Kleinschmidts bei der Begründung der Formenkreislehre, wie sie in J. Orn. 48, 1900 niedergelegt ist. Um so erstaunlicher bleibt es daher, daß nach vielversprechendem Start die Selbständigkeit seines Denkens der wissensch. Vogelk. keine weiteren Früchte zuteilte. Nach der Jahrhundertwende endete bereits seine Beschäftigung mit system. Fragen. Warum sein Name aus dem orn. Schrifttum verschwand, ist nicht mehr zu klären. Vielleicht nahm ihn der Beruf zu sehr in Anspruch. Wahrscheinlich aber waren Verdruß über Mißverständnisse und Verärgerung über mangelnde Anerkennung und Zustimmung der innere Anlaß. Zu wenig bekannt ist, daß ihm wohl das Verdienst zukommt, sich als erster bei den damals zuständigen Mitgliedern der DOG wie A. Reichenow, H. Schalow, P. Matschie, G. Rörig (s. d.) für die Einrichtung der Vogelwarte Rossitten eingesetzt und J. Thienemann (s. d.) empfohlen zu haben, dort eine Beringungsstelle für die Brut- u. Zugvögel der Nehrung zu eröffnen. Der DOG, der er seit 1895 angehörte, blieb er bis 1945 treu. 1927 legte er zum letzten Male hier Bälge vor (darunter solche des Berg-Frankolins), die er von einer Reise nach Kamerun mitgebracht hatte. Bis in die 30er Jahre war er ziemlich regelmäßiger Besucher der Berl. Sitzungen.

— Lit.: Würdigung (von L. Gebhardt). D. Vögel Hess., 1954, S. 80/81. - Ders., Erinnerungen an d. Kurische Nehrung, Nat. u. Landsch. 33, 1958, S. 32/33.

Dersch, Franz, * 1. 12. 1877 Dresden, † 29. 4. 1954 Plauen i. V. Im Bergbaudorf St. Michaelis bei Freiberg wuchs er auf und schlug die Laufbahn des mittleren Gerichtsbeamten ein, die ihn 1900 nach Plauen führte. Hier entwickelte sich in ihm die Neigung, die Tiere seiner Heimat und vor allem die Vögel zu beobachten. Er sah sie nicht nur vom Standpunkt des Lokalfaunisten an, sondern trat auch für ihren Schutz in Wort und Schrift ein. Dieser Beschäftigung entsprangen nach und nach eine Reihe von Arbeiten, deren wichtigste Zusammenfassungen der vogtländischen Brutvögel (Mitt. Vogtl. Ges. Naturf. 1925) und Gastvögel (ebd. 1933) sind.

— Lit.: Nachruf (von F. Döhling). B. z. Vk. 4, 1955, S. 153/54 (mit Bildnis u. Verz. d. Veröff.). - Bildnis in R. Heyder, Nachtr. z. sächs. Vogelf., B. z. Vk. 7, 1962.

Detharding, Georg Gustav, Dr., * 22. 6. 1765 Rostock, † 3. 2. 1838 Rostock. Er entstammte einer alten Gelehrtenfamilie, war Arzt und beschäftigte sich viel mit botan. und zool. Studien. Seine vogelk. Erfahrung lieh er A. C. Siemssen (s. d.), als dieser das „Hdb. z. system. Kenntnis d. meckl. Land- u. Wasservögel" (1794/95) herausgab. Er selbst beschrieb 1795 ausführlich die „Graukehlige Taucherente" (= Rothalstaucher).

Detmers, Erwin, Dr., * 30. 12. 1888 Frankfurt (Main), † Oktober 1912 Wijdebai auf Spitzbergen. Seit der Jahrhundertwende lebte er — Sohn eines aktiven Offiziers — in Lingen, wo er das Gymnasium besuchte und 1908 das Reifezeugnis erlangte. Von 1911 ab (oder schon früher?) studierte er in Berl. Als Zoologe nahm er schließlich an der Schröder-Stranz-Polarexp. teil und ist, einer von 8 Verschollenen, wahrscheinlich ertrunken. Genauere Angaben über sein Ende fehlen. Er war ein befähigter Beobachter, der sich früh an orn. Veröff. heranwagte. F. H. Dietrich (s. d.) stellte in „Hamburgs Vogelw." (1928) für Hann. 17 Titel seiner faun. und biol. Beitr. zusammen. Sie standen zwischen 1905 und 1911 in Zool. G., Zool. Beob., Zs. Ool., Mitt. Vw., Orn. Ms., Gef. W., J. Orn., Dt. Jztg.; doch ist die Gesamtzahl seiner Arbeiten viel höher. Angeborenem Verständnis für die Tierseele folgend, beschäftigte er sich gern mit den Raubvögeln und Eulen, die er leicht an sich zu gewöhnen verstand. Ihrer Pflege und Gefangenhaltung widmete schon der Obersekundaner 1905 ein eigengeartetes, wertvolles Büchelchen, in dem er sich im Widerspruch zu vielen Zeitgenossen warmherzig für den Schutz der gefiederten Räuber einsetzte. Da er darin auch der Falknerei gedachte und später in der Gef. W. öfters die Beizjagd behandelte, gehört er in die Reihen der Idealisten, die die Erinnerung an die alte Jagdart vor allem unter den Liebhabern wieder lebendig werden ließen. Den damals noch wenig durchforschten Emsmooren, d. h. den Kreisen Lingen, Meppen und Bentheim, galt seine Diss. „Studien z. Avif. d. Emslande" (J. Orn. 59, 1911; 60, 1912), für die er vornehmlich in den Jahren 1908—1910 die feldorn. Unterlagen sammelte. Eine fleißige Arbeit schloß er mit dem „Beitr. z. Kenntnis d. Verbreitung einiger jagdlich wichtiger Brutvögel in Deutschl." (Veröff. d. Inst. f. Jagdk. Neudamm 1, 1912) an; sie kam zum Druck, als er die Heimat bereits verlassen hatte. Auf Grund der älteren Lit. und des bei mehreren Formen allerdings recht lückenhaften Ergebnisses von 40 000 Fragekarten lieferte er hier Darstellungen des Vorkommens auch jagdlich unwesentlicher Arten wie Kranich, Schwarzstorch, Fischreiher, Graugans, Höckerschwan, Trappe, Uhu usw. Die Orn. verlor mit ihm einen leistungsfreudigen, vielversprechenden Jünger, der sich hauptsächlich in der Raubvogelkunde frühe Verdienste erwarb. — Lit.: H. Schalow, Beitr. z. Vogelf. d. Mark Brandenb., 1919, S. 43/44.

Dettmann, Wilhelm, * 1. 5. 1867 Mölln (Lauenburg), † 20. 12. 1926 Mölln. Der Klempnermeister genoß in seiner Vaterstadt ob seiner gemeinnützigen Gesinnung hohes Ansehen; 1924 wurde er zum Senator gewählt. Wie seinen Vater schon, begleitete auch ihn weithin der Ruf, guter Kenner der Pflanzen- u. Tierwelt des Kreises Lauenb. zu sein. In der Tat war er als Autodidakt dank seines auf jahrelangen Exk. geübten Spürsinns ein durchaus zuverlässiger Feldornithologe, dem obendrein viele Seltenheiten zugetragen wurden. Zum Schrifttum fand er kein Verhältnis. Eine Reihe seiner Beob. gelangte aber durch W. Hagen (s. d.) in die Fachzeitschr. Die eigentliche Bedeutung seines Forschertriebs lag in der rührigen Sammeltätigkeit. Er vereinte in seinem Hause eine artenreiche orn. Heimatsamml. von erstaunlicher Vielseitigkeit. In fast lückenloser Zusammenstellung gab sie Kunde von den Lauenb. Brut- u. Durchzugsvögeln, die er selbst präpariert hatte. Von der Stadt Mölln wurde sie, als D. gestorben war, auf Veranlassung von H. Hering (s. d.) aufgekauft.
— Lit.: Nachruf (von H. Hering). Schr. Schlesw.-Holst. 18, 1928, S. 300—316 u. Lauenb. Heimat 5, 1929, S. 29—32, 68—70 u. 105—110 (mit Aufzählung d. Sammlungsstücke).

tom Diek, Paul, * 19. 3. 1903 Ohmstede (Oldenburg), † 22. 6. 1941 bei Tauroggen (Litauen). Als Lehrer bzw. Hauptlehrer und fest im Heimatboden wurzelnder, feinsinniger Naturbeobachter wirkte er lange im Stadtkreis Wilhelmshaven. Neben der Botan. und Geol. fesselte ihn vor allem die Orn. Das Vogelleben der Umgeb. von Wilhelmshaven, des Jeverlandes, des Ammerlandes, des weiten Watts, des Grodens, der Marsch, der Niederungs- u. Hochmoore und der angrenzenden Geest war Gegenstand seiner Studien. Er beringte Störche und Reiher, widmete sich den Wildschwänen auf dem Brokzeteler Meer und entdeckte den Goldregenpfeifer im Lengener Moor. Auf vielen Exk. erwärmte er die Herzen seiner Begleiter und warb Freunde für die heimatliche Ornis. Da er der Kreisbeauftragte für den Naturschutz im Landkreis Friedland war, wurde ihm mit den Rechten eines Hilfspolizeibeamten der Schutz der Insel Mellum übertragen, als nach 1935 dort aus militärischen Gründen kein ständiger Vogelwart mehr ansässig sein konnte. In diesen Jahren machte er sich bei Sturm und tückischem Wellengang mit bewundernswerter Hingabe um die Insel und ihre Vögel verdient. Reich war er an vogelk., in allen Jahreszeiten gesammelter Erfahrung. 1933 faßte er sie zusammen in der „Vogelw. d. Jadestädte u. ihrer Umgeb., d. Jeverlandes u. d. Fries. Wehde". In viele Schulen und Elternhäuser fand das wertvolle Buch Eingang. Sonst trat er schriftstellerisch nur noch mit 3 orn. Arbeiten in der Landespresse zwischen 1931 u. 1933 in Erscheinung. Als ein Herzschuß den Oberleutnant an der Spitze seiner Kompanie fällte, verlor die Vogelk. einen bewährten örtlichen Vertreter, dessen idealistische Wesenszüge von freudiger Heimatliebe geprägt waren.
— Lit.: Nachruf (von G. Harms). Jb. Oldenb. 44/45, 1940/41, S. 175/76.

Dietrich, Amalie (geb. Nelle), * 26. 5. 1821 Siebenlehn (Sachsen), † 9. 3. 1891 Rendsburg (Schleswig-Holstein). Eigentümliche Lebensschicksale ließen die Tochter eines kleinen Handwerkers zur mutigen Sammlerin und Forscherin in der Südsee heranwachsen. Sie heiratete einen Mann, der ursprünglich Apotheker, dann Naturalienhändler und schließlich Hauslehrer war. Selbst für die Natur aufgeschlossen, beteiligte sie sich sowohl an der Sammeltätigkeit als auch am Vertrieb. Doch war es ein mühseliges Brot, das mit Tragkorb und Hundegeschirr im Umherziehen verdient werden mußte, weil das Geschäft andere Verkehrsmittel nicht trug. An der Enge und Not dieses Daseins zerbrach die Ehe, nicht aber der zähe Tatwille der tapferen Frau. Auf Grund von Empfehlungen namhafter Gelehrter konnte sie in die Dienste von J. C. Godeffroy (s. d.) in Hamb. treten. Er schickte sie als Sammelreisende nach Nordost-Australien und Queensland. In den dortigen Urwäldern und Steppen auf sich allein gestellt, lieferte sie zwischen 1863 und 1872 u. a. auch zahlreiche Vogelbälge, die meist durch O. Finsch (s. d.) bearbeitet wurden, z. B. in Verh. Wien 1872. Nach der Rückkehr fand sie im Mus. Godeffroy gut bezahlte Verwendung bis zum Zusammenbruch des großen Handelshauses im Jahre 1879. Anschließend gewährte ihr das Hamb. Botan. Mus. eine Stellung auf Lebenszeit. Um 1885 zog sie sich — Ehrenmitglied mehrerer wissensch. Gesellschaften — in ein Hamb. Stift zurück. Sie starb im Hause ihrer Tochter, einer Pastorenfrau, die in liebevoller menschl. Würdigung der Welt Kunde gab vom dornenvollen Weg der Mutter.

— Lit.: Biogr. Mitt. (von Schriftl.). Leopoldina 27, 1891, S. 107. - Ch. Bischoff, Amalie D., ein Leben, Berl. 1909, 1921 (mit 2 Bildnissen). - Würdigung (von A. Panning). Mitt. Hamb. Zool. Mus. Inst. 54, 1956, S. 9/10.

Dietrich, Franz Hugo, Dr., * 4. 9. 1862 Greifenberg (Pommern), † 5. 9. 1944 Forsthaus Tiergarten bei Lüneburg. Einer sächs. Pastorenfamilie entstammend (nur der Vater war Konrektor eines Gymnas.), wirkte er nach dem Studium der Naturw. und Geogr. zunächst in Eisenach, Pirna, Zwickau. Nachdem er 1892 in Greifsw. mit einer geogr. Arbeit promoviert hatte, war er von 1893—1928 Oberlehrer und Prof. an der Klosterschule in Hamb. In dieser langen Zeit machte er sich, fern von trockener Gelehrsamkeit, verdient als Feldornithologe, Sammler und Vogelschützer. Von 1906—1931 war er — Nachfolger von F. H. Krohn (s. d.) — Vorsitzender des Orn. Ver. Hamb., dem er sich schon 1897 angeschlossen hatte. Seiner Einsicht, seinem zähen Willen und organisatorischen Geschick sind vor allem entscheidende Schritte zur Rettung der Strandvogelwelt zu danken; und für immer trug er — neben O. Leege (s. d.) — seinen Namen in die Geschichte des Vogelschutzes an den schlesw.-holst. Küsten ein, als er 1907, unterstützt von C. R. Hennicke, G. J. v. Wangelin und Frhr. v. Berlepsch (s. d.), den Ver. Jordsand ins Leben rief und die Voraussetzungen zum Ankauf der Hallig Norderoog schuf. Bis 1929 stand er begeistert und begeisternd an der Spitze des Vereins. Erstaunlich ist, daß er noch die Zeit fand, auch auf anderen orn. Gebieten tätig zu sein. Seit 1890 baute er eine Eiersamml. auf; sie bestand schließlich aus 9000 Stücken von 860 Arten und Rassen (darunter rund 600 paläarkt.) und kam 1934 in das Mus. Koenig (s. d.) nach Bonn. Sehr rege war er obendrein mit der Feder. Fast 100 Veröff. finden sich im periodischen Schrifttum (Orn. Ms., Zs. Ool., Zs. Orn. u. Ool., Orn. Mber., Dt. Vw.) sowie in Heimat-Ztg. u. -Bl. (u. a. Nat. u. Haus, Nerthus, Hamb. Zoo-Ztg., D. Heimat) zwischen 1898 und 1939. Neben dem örtlichen Exk.-Büchelchen „D. Vogelw. in d. Umgeb. v. Hamb." (1912 u. 1934) hinterließ er als Hauptwerk „Hamb. Vogelw." (1928), in dem auch weite Nachbargebiete, allerdings unter Verzicht auf eine straffe Übersicht, berücksichtigt sind. Das mit Sachkenntnis und viel Liebe geschriebene Buch brachte außer den eigenen Beob. des Verf. eine kritische Beleuchtung der älteren Lit. — z. B. Berichtigung der Fehler und Irrtümer von M. P. F. Ph. Schmidt (s. d.) 1830 und F. Boeckmann (s. d.) 1876 u. 1882 —, verwertete aber stellenweise unvollständig das neuere Schrifttum und litt unter der Anwendung der veralteten Nomenkl. Eine weitere größere Arbeit, die „Vogelw. d. nordfries. Inseln" (Orn. Ms. 59, 1934) gewann an Wert durch eine Liste der Beobachter und Sammler aus diesen Gebieten. Im Juli 1943 verlor D. Haus und Besitz in der Finkenau durch Feindbomben und mußte in einem Forsthaus Zuflucht suchen. Dort starb er zu einer Zeit, in der ihm kein Nachruf geschrieben werden konnte; beigesetzt wurde er auf dem Ohlsdorfer Friedhof.

— Lit.: Würdigung (von N. Peters). Hamb. Zoo-Ztg. 4, 1931, S. 38—40 (mit Bildnis). - Würdigung (von R. Biernatzki). Dt. Vw. 67, 1942, S. 92—94 (mit Bildnis). - Würdigung (von R. Meyer-Brons u. P. F. Weckmann-Wittenburg). Festschr. d. Ver. Jordsand, 1957, S. 170—172 (mit Bildnis). - Würdigung (von R. Meyer-Brons). Abh. Hamb., N. F. 6, 1961 (1962), S. 24—29 (mit Bildnis u. Verz. d. Veröff.).

Dietzsch, Barbara Regina, * 22. 9. 1706 Nürnberg, † 1. 5. 1783 Nürnberg. Ihr Vater und Lehrmeister war der Maler Johann Israel D., der seinen 7 Kindern im eigenen Naturalienkabinett genügend Vorwürfe zu den Versuchen geben konnte, Tiere und Pflanzen zeichnerisch zu erfassen. Sie war die älteste der Geschwister und zugleich das tüchtigste und fleißigste Glied der hochbegabten Künstlerfamilie. Am besten gelangen ihr die durch die holl. Naturalisten beeinflußten Aquarelle von Vögeln, Insekten und Blumen. Diese Stücke fanden überall Liebhaber und Käufer. Als A. L. Wirsing (s. d.) zwischen 1772 und 1777 eine Samml. ausgewählter „meistens dt. Vögel . . . " herausgab, war sie mit 30 Kupfern (von insgesamt 50) beteiligt. Die Texte dazu lieferte B. Ch. Vogel (s. d.). Das Werk blieb Bruchstück. Es kam auch nicht vorwärts, als sich J. M. Bechstein (s. d.) um 1800 mit der Herausgabe der noch fehlenden Tafeln 51—108 beschäftigte. Waren ihre Gemälde auch mit außerordentlicher Gewissenhaftigkeit in den Einzelheiten und in der Farbgebung angefertigt, so litten sie doch unter dem Mangel an lebendig wirkender Gestaltung und Haltung der Vögel. In dieser Beziehung war ihr J. L. Frisch (s. d.) deutlich überlegen. Die naturgerechte Wiedergabe blieb ihr wohl deshalb versagt, weil die genaue Beob. der Objekte unter freiem Himmel bei ihren Studien zu kurz kam. Sie soll sich kaum jemals außerhalb der Vaterstadt umgesehen haben. In ihrer Bescheidenheit lehnte sie auch eine Berufung als Hofmalerin zur Markgräfin von Ansbach ab.

— Lit.: H. Schalow, Ein seltenes orn. Bilderwerk, J. Orn. 58, 1910, S. 190—196. - Thieme-Becker, Künstler-Lex. 9, 1913, S. 275. - Cl. Nissen, D. Illustrierten Vogelbücher, 1953, S. 44 u. 106. - L. Baege, Fr. Ch. Günther, Abh. Altenb. 3, 1963, S. 5—40.

Diezel, Carl Emil, * 8. 12. 1779 Irmelshausen (Unterfranken), † 23. 8. 1860 Schwebheim (Kr. Schweinfurt). Sohn eines Geistlichen, ging er nach jur. und volkswirtschaftlichen Studien an den Univ. Jena und Leipz. zuerst als Hauslehrer zu einem bekannten Wildmeister in Zell bei Alsfeld (Hess.) und dann als Lehrer für neuere Sprachen und Jagdkunde an Cottas Forstlehranstalt in Klein-Zillbach (Thür). Die Vorlesungen des forstlichen Meisters und die Jagdlust, der er schon früh huldigte, ließen ihn hier mit 28 Jahren ins Forstfach überwechseln. Mit überdurchschnittlicher Allgemeinbildung und tiefer Verwurzelung in der Antike bestand er die Prüfung und wurde sofort Forstsekretär (= Forstassessor) in Würzb. 1813 erhielt er die Oberförsterstelle in Röthlein bei Schweinfurt und 1826 die in Kleinwallstadt bei Aschaffenb. Hier setzte ihm das Revolutionsjahr 1848 hart zu, so daß er in den Ruhestand trat und 1852 nach Schwebheim verzog. Eng verknüpft mit dieser Laufbahn ist sein Anteil an der Pflege der Jagd in jener wildreichen Zeit. In idealer Auffassung suchte er das Waidwerk zu einer angewandten Naturw. zu erhöhen und in Forstkreisen den Sinn für vertiefte Naturerkenntnis zu nähren. Die Meisterschaft einer edlen, mit Sorgfalt geschliffenen Sprache kam ihm in seiner fruchtbaren schriftstellerischen Tätigkeit zu Hilfe und stellte ihn als Liebling der Musen neben den Nimrod L. C. E. H. F. v. Wildungen (s. d.). Seinem Erstlingswerk „Fragmente d. Jagdliebhaber“ (1821, 1823) folgten die mehr vom Standpunkt des denkenden Jägers als dem des Zoologen geschriebene (wohl erste) Monogr. der „Waldschnepfe“ (1839, 1842) und sein Lebenswerk „Erfahrungen auf d. Gebiete der Niederjagd“ (1849). Mit der Behandlung auch der Biol. des flugbaren Wildes ist es der klassischen Jagdlit. zuzurechnen. Zeugnis seiner Beliebtheit unter den Jägern ist die Zahl der Aufl.: 18 in 100 Jahren! Von der 15.—18. Aufl. ab (1954—1962) brachte D. Müller-Using die vielen neueren Erkenntnisse mit dem ursprünglichen Stil und „lehrhaften Plauderton“ des Buches auf einen wohlgelungenen Nenner und berücksichtigte dabei — etwa ein Drittel des Umfangs den Vögeln widmend — zusätzlich die wildbiol. Bedeutung von Rallen, Tauben, Tauchern, Gänsen, Reihern, Krähenarten und Raubvögeln. In der orn. Fachpresse meldete sich D. kaum zu Wort (z. B. J. Orn. 4, 1856), gehörte aber der DO-G an und förderte die Vogelk. durch reges Interesse und fleißigen Gedankenaustausch mit ihren Vertretern. Als er in Frankf. (Main) die Eiersamml. von A. v. Homeyer (s. d.) besichtigte, äußerte sich seine Bewunderung in dem geistvollen Witz, das Geschlecht des eifrigen Oologen müsse ursprünglich „Eierhomo“ geheißen haben. Mit E. Baldamus und A. J. Jäckel (s. d.) stand er, bis ins hohe Alter lebensfrisch und leidenschaftlich jagdfroh, in engster Freundschaft.

— Lit.: Nachruf (von A. J. Jäckel). Abh. Nürnb. 2, 1861, S. 265—268. - Allg. Dt. Biogr. 5, 1877, S. 219/20 (mit Verz. älterer Quellen). - R. Heß, Lebensbilder hervorr. Forstmänner, 1885, S. 65/66. - Lebensbeschr. u. Bildnis in d. Neubearbeitungen d. „Niederjagd“ durch D. Müller-Using (1954—1962).

Disqué, Heinrich, * 13. 3. 1843 Speyer, † 1. 1. 1919 Speyer. Die Gabe scharfer, kritischer Naturbeobachtung war ihm vererbt. Sein Großvater war der bekannte pfälz. Entomologe Michael Linz (gest. 1855). Er führte den Enkel auf gemeinsamen Streifzügen auch in die Vogelk. ein und vermittelte ihm früh die Kenntnis der Vogelstimmen. Nach dem Besuch der Volksschule und des Gymnasiums lebte D. zuerst in Mannheim, von 1862—1864 in Frankr. und von 1865—1867 in Mexiko. 1868 trat er in die Dienste der pfälz. Bahn, von 1875 ab betrieb er eine (noch bestehende) Kohlenhandlung in Speyer. Er starb als sehr begüterter Kohlenimporteur. Als er nach Ausbruch der mexik. Revolution sein dortiges Geschäft aufgeben und in die Heimat zurückkehren mußte, setzte er die in Amerika schon eifrig gepflegte Sammeltätigkeit fort. Die Entom. nahm ihn von nun an sehr in Anspruch, und nach und nach richtete sich sein Interesse ganz auf die Kleinschmetterlinge. 1889 verkaufte er daher seine fast vollständige Samml. einheimischer Vögel, deren Bälge er selbst meisterlich angefertigt hatte, an das Speyerer Gymnasium, und die prachtvolle Eierkollektion gab er an die Brüder Heußler (s. d.). In alle Welt drang sein Ruf durch die Samml. paläarkt. Kleinschmetterlinge. Sie war in ihrem streng wissensch. Aufbau geradezu einmalig und kam nach seinem Tode mit seiner Bibliothek als wertvoller Schatz in die Bayer. Staatssamml. nach Münch. Für die Vogelk. der Pfalz wurde seine Tätigkeit nachhaltig fruchtbar vor allem wegen der von ihm ausgehenden Anregungen auf die folgenden Geschlechter. Die Brüder Heußler sahen in ihm den erfahrenen Mentor im Bereiche der Feldorn. Auf den Exk. schärfte er ihnen aber nicht nur den Blick für die Erscheinungen der Natur, sondern lehrte sie auch system. und wissensch. Denken. Noch in seinen letzten Lebensjahren entzündete er ebenso den Funken der Begeisterung in dem jungen O. Gaschott (s. d.), wie dieser selbst in seiner „Vogelw. d. Umgeb. Speyers a. Rh.“ (1924) betonte. Während D. auf entom. Gebiet auch schriftstellerisch rege war, sind orn. Veröff. aus seiner Feder nicht bekannt geworden. Doch ist er in späteren avif. Arbeiten über die Pfalz vielfach als Gewährsmann genannt. Sein Name bleibt in der Geschichte der pfälz. Naturk. an hervorragender Stelle verzeichnet.

— Lit.: Würdigung (von Fr. Joh. Hildenbrand). 1. Jahresgabe d. Naturw. Ver. Speyer 1916, S. 18 bis 20 (mit Bildnis). - Würdigung (von F. Stellwaag). Pfälz. Mus. 38 u. Pfälz. Heimatk. 17, 1921, S. 26—28 (mit Bildnis). - H. Rettig, Über d. Leben u. d. Arbeitsweise H. Disqués, Mitt. Poll. 1943.

Dobay, Ladislaus von, * 1873 Szekelyudvarhely (Siebenbürgen), † 12. 11. 1943 Dicsöszentmarton (Siebenbürgen). In Klausenb. (= Kolozsvár = Cluj) und Budapest studierte er, um Gymnasiallehrer zu werden, gab aber aus unbekannten Gründen die akad. Laufbahn auf und lebte als Beamter der ung. Staatsbahnen seit 1898 in Dicsöszentmarton. Von Kindheit an der Vogelwelt zugetan, fand er in der Umgeb. seines Dienstortes am Ufer der Kleinen Kokel das günstigste Beobachtungsgebiet und wurde vor allem kenntnisreicher Oologe. Jährliche Sammelreisen dehnte er aus bis in das Retyezat- u. Borszeker Gebirge, die Große Ung. Tiefebene und die Dobrudscha. Als 1913 die gestapelten Schätze durch Hochwasser verlorengingen, setzte sein Eifer erneut ein, so daß er bei seinem Hinscheiden wieder eine eindrucksvolle Eierkollektion aufgebaut hatte. Sie kam zuerst in das Karlsb. Gymnasium und von hier aus in

das Mus. von Temesvár. Auch mit einer längeren Reihe von Beitr. machte er sich um die Aufhellung der Brutgewohnheiten Siebenb. Vögel verdient. Zu Beginn des Jahrh. waren seine Wortmeldungen in der ung. Presse zu lesen; über „Siebenb. Spareier-Gelege" erschien daneben eine Arbeit in Zs. Ool. 1911. Nach dem 1. Weltkrieg überließ er einige Aufs. mit den Ergebnissen seiner feldorn. Erfahrungen den Verh. u. Mitt. Siebenb. und von 1928 bis 1935 eine größere Zahl (teilweise in ung. Sprache) dem Kócsag. Die von ihm gesammelten Daten sind von H. Salmen in der „Ornis Siebenb." (Linz 1958) verwertet. Zur Ung. Orn. Zentrale und damit zur Aquila hatte er keine Beziehungen. Lange nahm ihn eine ausführliche Darstellung der Vogelf. seiner Heimat in Anspruch; das Msk. ist aber seit dem 2. Weltkrieg verschollen. Nur die ool. Liste blieb erhalten und kam in das Orn. Inst. nach Budapest.
— Lit.: H. Salmen, D. Ornis Siebenb. . . . , Linz 1958 (Masch.-Schrift).

Dobbrick, Leopold, * 28. 2. 1878 Märkisch-Friedland (Westpreußen), † 15. 3. 1934 Hüsten (Westfalen). Er entstammte einem westpr.-pom. Bauerngeschlecht. In Schwetz (Weichsel) bereitete er sich auf seinen Beruf vor und war dann Lehrer in Swatno (Tucheler Heide), Treul (Weichsel) und Altfließ bei Osche. Als nach dem 1. Weltkrieg fast die ganze Prov. Westpr. von Deutschl. getrennt wurde, fand er in Hüsten eine neue Wirkungsstätte. Ein echter Sohn seiner Landschaft, war er gewissenhafter, kritischer Naturbeobachter und Feldornithologe. Sein Name bleibt wie der seines Bruders Waldemar D. (s. d.) mit der vogelk. Erforschung der westpr. Heimat verknüpft. Eine Reihe von Einzelveröff., die Frucht gründlicher Erfahrung, gab er seit 1906 an Jb. Westpr., Ber. Danz., Orn. Ms., Orn. Mber., Zs. Ool. u. Orn., J. Orn. Aufschlußreich waren u. a. die Nachr. über Sprosser und Nachtigall an der Weichsel (Orn. Mber. 18, 1910), Waldwasserläufer (Orn. Ms. 35, 1910), Zwergfliegenschnäpper (Ber. Danz. 32, 1910), Karmingimpel (ebd. 35, 1913; 37, 1915), Nachtreiher (ebd. 37, 1915), Reiherente (ebd. 41, 1919), Wiesenweihe (J. Orn. 65, 1917). Am bekanntesten wurde die zusammenfassende Darstellung der „Ornis d. Tucheler Heide" (Ber. Danz. 34, 1912). Nachdem er im Westen Fuß gefaßt hatte, erschienen zwar noch vereinzelte Arbeiten aus seiner Feder in B. z. F., Orn. Mber., Jber. Münst.; eine Schilderung der Vogelwelt des Sauerlandes blieb aber in den Anfängen stecken. Zum Gelingen fehlte ihm der alte Wurzelboden. Die Geol. nahm ihn in diesen letzten Jahren mehr in Anspruch.
— Lit.: Nachruf (von L. Schuster). B. z. F. 10, 1934, S. 144 (mit Bildnis). - Nachruf (von Schriftl.). Orn. Mber. 42, 1934, S. 96.

Dobbrick, Waldemar, * 4. 12. 1890 Marsdorf (Kr. Dt.-Krone), † 1. 8. 1943 Danzig/Heubude. Wie sein älterer Bruder Leopold D. (s. d.) war er Lehrer und ebenso eifriger, kenntnisreicher Feldbeobachter. Nach dem Besuch des Seminars in Marienburg (1908—1911) hatte er seine beruflichen Wirkungsstätten in Scharshütte, Lehmberg, Östlich Neufähr (1928), Petershagen (1935) und Danzig/Heubude (1938). Vor dem 1. Weltkrieg lieferte er Nachr. aus Teilen Posens: „D. Zwergfliegenschnäpper in d. Prov. Pos." (Aus d. Pos. Land 1911) und „Nachtigall u. Sprosser aus d. Norden unseres Pos. Landes" (ebd. 1914). Später trug er vielfach in Zusammenarbeit mit dem Bruder tüchtig zur Aufhellung der faun. Verhältnisse in Westpr. bei und erwarb sich so bleibende Verdienste. Die orn. Tätigkeit vor allem im Kreise Dirschau erstreckte sich über rund 22 Jahre. Am gründlichsten durchforschte er die Umgeb. von Swaroschin in einem Durchmesser von etwa 12 km. Nach verschiedenen Vorarbeiten, z. B. „Nordische Schwimmvögel als Brüter in d. Kaschubei (Westpr.)" (Orn. Ms. 41, 1916), „Trielbeobachtungen in d. südl. Kaschubei" (Orn. Mber. 28, 1920), „Z. Verbreitung d. Großen Gimpels in d. Kaschubei" (Orn. Ms. 50, 1925) brachte er eine Zusammenfassung seiner Erfahrungen unter dem Titel „Aus d. Vogeldorado d. Dirschauer Kreises" (Ber. Danz. 48, 1926). Er verwertete darin auch Mitt. seines Bruders und behandelte 178 Arten, darunter 133 sichere und 10 fragliche Brüter. Durch die politischen Umwälzungen innerhalb Westpr. nach dem 1. Weltkrieg kamen seine Bemühungen in der Kaschubei 1922 zu einem vorzeitig erzwungenen Ende, fanden aber im Bereich des Freistaates Danz. neuen, fleißig beackerten Boden. Er berichtete z. T. auf Grund früherer Feststellungen über das „Vogelleben d. Stadt Marienburg . . . " (Ber. Danz. 49, 1927), die „Brutvögel d. Montauer Eichwaldes" (ebd. 50, 1928), über den Zug verschiedener Arten (Vz. 1, 1930; 2, 1931; 3, 1932), über seltene Formen wie Halsbandfliegenschnäpper, Wacholderdrossel, Weidenmeise, Rohrschwirl, Thorshühnchen, Odinshühnchen im Danz. Gebiet (Orn. Mber. 39, 1931), über die Brandseeschwalbe als neuen Brutvogel an der Danz. Küste (ebd. 44, 1936), über die Brutverhältnisse im Danz. Haffanteil (Ber. Danz. 60, 1938 u. Orn. Mber. 47, 1939) und „Z. Abwanderung d. Letzkauer Beutelmeisen" (ebd. 45, 1937). Als er 1938 nach Danzig/Heubude übersiedelte und Konrektor wurde, galt sein wissensch. Interesse in erster Linie der Vogelschutzlandschaft Östlich Neufähr, die vor ihm schon A. Ibarth (s. d.) vorbildlich betreut hatte. Eine Monogr. dieser Gegend, an der er in den während des Krieges spärlich bemessenen Freistunden saß, kam nicht zum Abschluß; auch das Msk. ist — eine Folge der Katastrophe von 1945 — nicht mehr vorhanden.
— Lit.: Nachruf (von L. Gebhardt). Vw. 77, 1956, S. 155/56.

Doebel, Heinrich Wilhelm, * 1699 Sächs. Erzgebirge, † nach 1760 Warschau oder Pleß (Schlesien). Von Großvater und Vater wurde er, zuletzt 1717 im Forstamt Harzgerode, im Forstwesen unterwiesen. Dann besuchte er als scharf beobachtender, wiß- u. lernbegieriger Jägerbursche viele dt. Jägereien, bezog Dienststellen in Blankenburg und Dessau und war ab 1733 Oberpiqueur bei der der Hetzjagd vorbehaltenen sächs. „Parforceequipage". In Reckwitz nahe dem Jagdschloß Hubertusburg wohnend, wurde er auch Oberförster. Hier entstand, von Stubenweisheit weit entfernt, aus seiner Feder 1746 das auf lange Zeit im Gebiete des Forst- u. Jagdwesens verbreitete Werk „Neueröffnete Jäger-Practica, oder d. wohlgeübte und erfahrene Jäger". Obwohl es zu großen Teilen abgeschrieben war, erlebte es bis 1828/29 4 Aufl. Neben rein jagdlichem Inhalt bot der hirsch- u. holzgerechte Praktiker eine kurzgefaßte Naturgesch.

der heimischen Vögel; daß der Text überwiegend aus H. F. v. Göchhausens (s. d.) „Notabilia venatoris" entlehnt war, fand bei den Zeitgenossen jedoch keine Beanstandung. Im Siebenjährigen Krieg, der der Jägerei zu Hubertusburg ein Ende setzte, verließ D. Reckwitz; damit verlieren sich seine Wege im Dunkel. 1757 soll er Förster in Falkenberg und Schmekendorf (Sachs.) gewesen sein. Da er Friedr. August II., dem Kurfürsten von Sachs. und König von Polen, diente, wurde er vielleicht nach Polen verschlagen.

— Lit.: Allg. Dt. Biogr. 5, 1877, S. 282—285. - R. Heß, Lebensbilder hervorr. Forstmänner, 1885, S. 66—68 (mit Verz. älterer Quellen).

Döbner, Eduard Philipp, Dr., * 16. 11. 1810 Meiningen, † 29. 12. 1890 Aschaffenburg. Nach dem Studium der Pharmazie widmete er sich in Münch. unter Schimper den Naturw. Er wurde zuerst Lehrer an der Landw.- u. Gewerbeschule in Augsb. und 1844 Prof. der Naturw. an der Forstlehranstalt in Aschaffenb., an der er bis 1876 wirkte. Seine Vorliebe galt von Jugend an der Entom. und Botan., und die von ihm verfaßten Lehrbücher verschafften seinem Namen über die Grenzen Bayerns hinaus einen guten Klang, obwohl er sich in späteren Jahren mit den Neuerungen auf dem Gebiete des forstlichen Unterrichtswesens nicht mehr befreunden konnte. Außer dem „Lrb. d. Botan. f. Forstmänner" (1852, 3. Aufl. 1865) und dem für die Jagd, Land- u. Forstw. bestimmten „Hdb. d. Zool." (1862) hinterließ er zahlreiche Aufs. und Mitt. in entom. und forstlichen Zeitschr. Großes Wissen zeichnete ihn aus. Als zuverlässiger Beobachter und Berichterstatter vernachlässigte er auch die Avif. seines Landschaftsbereichs nicht; u. a. lieferte er den Brutnachweis der Wacholderdrossel etwa um 1856 aus der Gegend des Ochsenkopfes (Fichtelgebirge). Sein lit. Werk gehört zu den wenigen Quellen für die Kenntnis der ehemaligen Spessartornis; er erwähnte z. B. das Auftreten des Steinrötels auf dem Findberg bei Gailbach und des Schwarzstorchs im Innern des Gebirges. Über das „Vorkommen seltener Vögel" schrieb er in Zool. G. 6, 1865 und nannte Säbelschnäbler, Eisente, Eiderente, Austernfischer, Ohrentaucher als Gäste auf dem Main bei Aschaffenb. Bis an sein Lebensende erfreute er sich großer körperlicher und geistiger Frische. Noch 1888 brachten die Mitt. Aschaff. aus seiner Feder „Beitr. z. Fauna u. Flora v. Aschaffenb.". Er war ein gründlicher Kenner der Wirbeltiere und Insekten seiner Heimat.

— Lit.: J. T. C. Ratzeburg, Forstwissensch. Schriftsteller-Lex., 1874, S. 147—149. - Nachruf (von F.). Forstw. Zentralbl. 1891, S. 268/69.

Döhling, Fritz, * 21. 4. 1884 Plauen (Vogtland), † 28. 3. 1961 Plauen. Nach dem Besuch der Techn. Hochschule, der Kunstgewerbeschule und (als Gasthörer) der Kunstakad. in Dresd. von 1906—1909 stand er seit 1910 als künstlerisch tätiger Architekt im Dienste der Baudeputation (der späteren Baubehörde) von Hamburg. Als er in den 20er Jahren Anschluß an vogelk. und naturschützerische Bestrebungen fand, wurde er 1928 Mitglied der DOG und von 1931—1944 Beisitzer des Ver. Jordsand. Fortan reizten ihn nicht nur orn. Beob. im engeren Wohnbezirk, sondern auch Erfahrungen aus dem Vogelreichtum z. B. der Müritz in Meckl. und der ostpr. Kreise Johannisb. und Sensb., die in F. Tischlers (s. d.) „Vögel Ostpr." (1941) verwertet sind. Schriftstellerische Neigungen erfaßten ihn besonders zwischen 1929 und 1932; das bezeugen u. a. Veröff. wie „Hamb. Wanderfalken" (Hamb. Zoo-Ztg. 2, 1929), „D. Sippe d. Hamb. Kolkraben i. J. 1929" (ebd. 2, 1929), „Alsterschwäne u. ihre sichtbaren Verkrüppelungen" (ebd. 2, 1929), „D. Kolibris lecken u. saugen ihre Nahrung" (Orn. Mber. 39, 1931), „Ein Fischadler trägt sein eigenes Junges aus d. Horst" (B. z. F. 8, 1932), „D. Verkrüppelungen b. d. Hamb. Alsterschwänen" (Zool. G., N. F. 5, 1932). In den folgenden Jahren beanspruchte der Naturschutz seine Kräfte in starkem Maße, und es war ihm vergönnt, als Landesbeauftragter 1935—1943 in Hamb. und einigen benachbarten preuß. Kreisen mit Nachdruck und Erfolg zu wirken. Nach 1944 nahm die Geburtsstadt den Ausgebombten wieder auf. Hier versuchte sich der körperlich geschwächte Ruheständler zwar im örtlichen Rahmen des Natursch., fand aber in den wirren Zeiten nicht mehr den rechten Widerhall. Zur Vogelk. im vorher gekannten Sinne und zur ehemaligen Freude an kritischer Schreibtischarbeit vermochte er sich, aller Hilfsmittel und alten Aufz. beraubt, nicht mehr zurückzufinden.

— Lit.: Nachruf (von J. Verthein). Vogel u. Heimat 10, 1961, S. 37/38. - Würdigung (von R. Heyder). Abh. Hamb., N. F. 6, 1961 (1962), S. 57—59 (mit Bildnis u. Verz. d. Veröff.).

Doering, Adolf, Dr., * 1848, † 19. 2. 1926 Capillo del Monte (Argentinien). K. H. K. Burmeister (s. d.) veranlaßte den Chemiker 1872, nach Argentinien überzusiedeln. Hier griff er auch zool., insbesondere orn. Studien auf, war bald Prof. d. Zool. in Buenos Aires und 1878 in Corboda. In mehreren Veröff. berichtete er über die Ergebnisse seiner Forschungen. U. a. verfaßte er mit Berg und Holmberg die Schilderung einer zool. Reise durch Patagonien (Buenos Aires 1881) und arbeitete über die Wirbeltiere des Rio-Negro-Gebietes (1888).

— Lit.: Nachruf. El Hornero III, 4, 1926, S. 428/29 (mit Bildnis).

Dohrn, Heinrich, Dr., * 16. 4. 1838 Braunschweig, † 1. 10. 1913 Florenz. Als Sohn von Karl August D., dem großen Entomologen seiner Zeit, und Bruder von Anton D., dem Gründer der Zool. Station in Neapel, studierte er in Bonn, Zürich und Berl. Naturw. Von A. Günther (s. d.) u. a. auf die Tierwelt gelenkte Jugendbegeisterung führte ihn in den 60er Jahren auf wissensch. Exp. durch Europa, Westafrika und Nordamerika. Orn. Ergebnisse legte er nieder in einer „Synopsis of the birds of Ilha do Principe . . . " (Proc. Z. S. London 1866) und in „Beitr. z. Orn. d. Capverdischen Inseln" (J. Orn. 19, 1871). Der DOG gehörte er seit 1868 55 Jahre lang an; ihre Jahrestagung 1879 förderte er von seinem Besitz Hökendorf bei Stettin aus sehr erfolgreich. Später beschränkte sich der vielseitige und wohlhabende Forscher mehr auf die Vergrößerung der eigenen bedeutenden Samml., aus denen das Pom. Prov.-Mus. in Stett. entstand. Er konnte es sich leisten, von sich aus Sammler nach Westafrika zu schicken; doch kam er nicht dazu, die orn. Ausbeute zu beschreiben, über die er in J. Orn. berichten wollte. Politische Tätigkeit — er war seit 1869 freisinniger Abgeordneter im Preuß. Abgeordnetenhaus und später im Dt. Reichstag — nahm seine Zeit sehr in Anspruch. Die Abh. des von ihm ins Leben gerufenen Stett. Mus. trugen ihm zu Ehren den Namen Dohrniana.

Domaniewski, Janusz, Dr., * 30. 6. 1891 Krakau, † 20. 3. 1954 Zakopane (Polen). Schon der Schüler des Gymnasiums von Warschau erfuhr durch J. Stolzman (s. d.) die erste orn. Einführung und Schulung im Mus. Branicki (s. d.). Nach dem naturw. Studium in Krakau übernahm er zool. Assistentenstellen in Saratow und Warschau und begann sich 1915 (poln. und franz.) meist wohl in Comptes rendues de la Soc. des Sciences de Varsoie und Ann. zool. Mus. Polon. hist. nat. mit system. Unters. zu melden. Dt. geschrieben war ein faun. „Beitr. z. Kenntnis d. Tatravögel" (Orn. Mber. 35, 1927). Bereits 1917 ging von ihm der erste Anstoß aus zur Verschmelzung des Zool. Univ.-Kabinetts von Warschau und des Mus. Branicki. Als 1919 der Zeitpunkt für die Vereinigung gekommen war und das Zool. Inst. der Poln. Akad. der Wissensch. unter seiner Mitwirkung entstand, wurde er erster Kustos und 1935/36 Direktor. 1931 hatte er hier schon eine Station zur Erforschung des Vogelzugs ins Leben gerufen. Von 1944—1949 lehrte er an der Marie-Curie-Skłodowska-Univ. von Lublin. Aus seinem orn. Arbeitsgebiet stammen 60 Abh., die sich hauptsächlich mit der System. u. Zoogeogr. der Vögel beschäftigen. Als Buchveröffentlichungen erschienen aus seiner Feder ferner ein „Lrb. d. Zoogeogr." (1921), das erste poln. geschriebene akad. „Lrb. d. Zool." in moderner Auffassung (1923), die „Jägerornithologie" (3 Bde., 1951—1953) und 25 Lrb. der Zool. für Mittelschulen. Neben der wissensch. Tätigkeit standen im Vordergrund ernsthafte Bemühungen, die Biol. der Vögel weiteren Volkskreisen nahezubringen, die Vogelschutzbestrebungen zu fördern und die Jagdkunst zu veredeln. Er starb als Prof. emeritus der Univ. Lublin.

— Lit.: G. Brzęk, Gesch. d. Poln. Zool., Ann. d. MCS-Univ. Lublin 3, 1955.

Dombrowski, Ernst Ritter von, * 7. 9. 1862 Ulitz (Böhmen), † 12. 12. 1917 Graz. Um die Jahrhundertwende war er als waidmännischer Schriftsteller tätig und bekannt. Nur wenige Daten konnten aber aus seinem offenbar wechselreichen Leben ermittelt werden: 1887 erstmalig am Neusiedler See auf den L. v. Fischer (s. d.) gehörigen Besitzungen, im selben Jahre in Dresden Schriftleiter des Weidmann, 1889 mit O. Reiser (s. d.) in Bosnien, Februar 1891 bis August 1893 Hofjäger oder Jagdverwalter im Dienste des Hauses Reuß ältere Linie mit Sitz in Blasewitz bei Dresd. Auf Reisen und Exp. gesammelte Erfahrungen und Eindrücke standen, von ihm naturfreudig gestaltet, seit 1884 in Österr. Forst-Ztg., D. Weidmann, Hugos Jagdztg., Natur (Halle), Mitt. Wien. Nicht geringe vogelk. Aufgeschlossenheit scheint ihn überallhin begleitet zu haben. Längere Darstellungen aus seiner Feder — sie hielten nicht alle sachlicher Nachprüfung stand — waren „Beitr. z. Kenntnis d. Vogelw. d. Neusiedlersees in Ung." (Mitt. Wien 12, 1888 u. 13, 1889), „Orn. Ergebnisse einer Studienreise nach Bosnien" (ebd. 13, 1889), „Gesammelte orn. Beob. aus d. J. 1890 — Rumänien, Südungarn, Südsiebenb., Serbien, Mansfelder Seen" (ebd. 15, 1891), „D. europ. Raubvögel" (D. Weidmann 24, 1893 u. 25, 1894), „D. Neusiedlersee, seine Umgeb. u. andere große Sumpfgebiete" (Hugos Jagdztg. 50, 1907). Unter seinen zahlreichen Jagdskizzen, Novellen, Gedichten befanden sich in Buchform auch Arbeiten wie „D. Jagd auf Waldschnepfen" (1905) und „D. Rebhuhn, seine Jagd u. Hege" (1911).

— Lit.: Nachrufe in Grazer Ztg., Dezember 1917; Reichspost Wien und Neue Freie Presse Wien v. 14. 12. 1917. - Österr. Biogr. Lex. . . . 1, 1957, S. 193.

Dombrowski, Robert Ritter von, * 2. 4. 1869 Schloß Allice bei Pilsen, † 15. 10. 1932 Lainz bei Wien. Wie seinen älteren Bruder Ernst v. D. (s. d.) trieb es auch ihn zur Beschäftigung mit der Natur und ihren Geschöpfen. Den geschickten Beobachter und Sammler zog bereits in jungen Jahren die Tierwelt des Balkans, insbesondere die Vogelwelt Rumäniens an. Von 1895—1916 war er daher am Naturh. Mus. in Bukarest tätig und versorgte in dieser Zeit als Händler die Mus. der ganzen Welt mit rum. Vogelbälgen, die er aus dem nebenher betriebenen Lehrmittelgeschäft, dem „Dermoplast.-Mus. Inst. Dobrudscha", versandte. Als er noch in Österr. lebte, meldete er sich gelegentlich schon zu Wort. So schrieb er über das „Brutgeschäft d. in N.-Ö. brütenden Rohrsänger" (Mitt. Wien 13, 1889), ferner „Beitr. z. Kenntnis d. Vogelw. v. Bruck a. d. L." (ebd. 15, 1891) und „Beitr. z. Ornis v. N.-Ö." (ebd. 17, 1893). Rum. Beob. übergab er dann später in kleineren Nachr. der Zs. Ool. 13, 1903/04; 14, 1904/05; 17, 1907/08 und dem Orn. Jb. 23, 1912. Allgemeiner bekannt wurde sein Name durch die „Ornis Romaniae" (1912), in der er — allerdings unter Verzicht auf die Hartertsche Nomenkl. — auf Grund von 14jähriger Erfahrung und mit starker Hilfe der von ihm ausgebildeten Jäger und Bauern 347 Vogelformen seiner Adoptivheimat zusammenstellte. Wenige Jahre darauf brachten ihm die Folgen des 1. Weltkriegs die jähe Beendigung einer gesicherten Lebensbahn. Er verlor Hab und Gut, wurde unstet und starb in bitterer Not nach qualvollem Leiden im Spital des Lainzer Versorgungsheims. Seine „Ornis Romaniae" wurde nach dem 2. Weltkrieg von D. Lintia (s. d.) übersetzt, neu bearbeitet und durch eigene Beob. ergänzt: Bd. 1, 1946 mit dem Titel „Păsările României"; Bd. 2, 1954 und Bd. 3, 1955 unter dem Namen Lintias mit dem Titel „Păsările Din R. P. R.".

— Lit.: Nachruf (von O. Reiser). Mitt. d. Österr. Jagdschutzver. 54, 1932. - Nachruf (von L. Schuster). B. z. F. 9, 1933, S. 55 (mit Bildnis). - Biogr. Notiz (von Schriftl.). Orn. Mber. 41, 1933, S. 64.

Domeier, Hans, * 7. 4. 1881 Einbeck, † 29. 5. 1947 Göttingen. Sohn eines Brauereibesitzers und Senators, erledigte er seine forstlichen Studien in Hann. Münd. und Ebersw. Daneben besuchte er die Univ. Lausanne und Berl. und war auf vielen zool. Wissensgebieten trefflich beschlagen. Da ihn rein wissensch. Tätigkeit mehr lockte als die Laufbahn des praktischen Forstmanns, schied er nach kurzer Assistentenzeit in Hann. Münd. als Forstassessor (nach 1911) aus dem Dienst und lebte von nun an in privater Gelehrsamkeit nur seinen Neigungen. Sie hatten ihn früh schon in die Orn. und besonders in die Ool. geführt. Seine Eierkollektion umfaßte schließlich über 40 000 Stücke. Die „Typensamml." aus allen Faunengebieten mit den Eiern von etwa 4000 Formen in je 1—2 Stücken erhielt ihre Bedeutung nicht nur durch die Gelege fast ausgestorbener oder höchst seltener Vögel, sondern auch durch solche ausgerotteter Arten wie der Wandertaube und des Karolinasittichs. Die „Gelegesamml.", vielfach nur Einzelstücke aufweisend, bestand aus schätzungsweise 30 000—35 000 Eiern. Der größte Teil dieses Materials stammte aus fremden Ländern, denn D. unterhielt Verbindung mit Sammlern in Isl., Guatemala, San Salvador, Costarica, Panama, Bras. usw. Der nieders. Raum war daneben nur durch wenige Belege besonderer Arten vertreten. Nach dem 1. Weltkrieg befiel den lauteren Menschen und Idealisten eine zermürbende Krankheit. Trotzdem arbeitete er in langer Leidenszeit, schließlich vom Bett aus, unermüdlich an der Auswertung der ool. Schätze, die er unter größten Opfern an Vermögenswerten zusammengebracht hatte, und die ihn bis in die letzten Lebenstage tätig am Werke hielten. Im Schrifttum machte er sich lediglich durch einige kurze Beitr. und Mitt. in Zs. Ool., Zs. Ool. u. Orn., Orn. Mber., Falco zwischen 1902 und 1929 bemerkbar. Die Samml. kam 1947 in die Obhut des Landesmus. Hann.

— Lit.: Nachruf (von H. Weigold). Rdbr. Nieders. Nr. 5, 1947.

Donndorf, Johann August, * 23. 3. 1754 Quedlinburg, † 22. 11. 1837 Quedlinburg. In den 90er Jahren war er „Fürstl. Stiftspropstei-Rat" und „designierter Canonicus des Stifts Gandersheim". 1800 wurde er in Quedlinb. Bürgermeister und Inspektor des Gymnasiums. Ein von ihm verfaßtes Verz. aller damals bekannten Vogelarten mit genauen Angaben und Zitaten ihrer Beschr. und Benennung mit wissensch. und dt. Namen war eine sorgfältige Kompilation unter dem Titel „Zool. Beitr. z. 13. Ausg. d. Linnéischen Natursystems" (Leipz. 1794/95). Wie der um 19 Jahre ältere J. A. E. Goeze (s. d.) hatte er auch hinreichende Kenntnis von der Vogelwelt seines Wohnsitzes und des Harzgebirges. Beide Autoren dürfen als Gewährsleute der damaligen avif. Verhältnisse Geltung beanspruchen. Die Beob. sind niedergelegt in den von 1794—1796 erschienenen Vogelbänden der „Europ. Fauna oder Naturgesch. d. europ. Tiere" (Leipz. 1791 bis 1803) und betreffen u. a. Bruten des Steinadlers in den Klippen der Roßtrappe und die Verbreitung von Schwarzspecht, Ortolan, Grauammer in den einzelnen Teilen des Gebietes.

— Lit.: P. Thomsen, D. erste Ausg. v. J. F. Naumanns Naturgesch. d. Vögel Deutschl. in Festschr. Martin Bollert z. 60. Geburtstag, Dresd. 1936, S. 220—236 (mit vielen biogr., bibl. u. hist. Einfügungen).

Dorning, Heinrich, Dr., * 24. 2. 1880 Polgárdi (Ungarn), † 16. 2. 1960 Csömör bei Budapest. Nach dem Studium der Rechtswissenschaft und Zool. in Budapest war er dort Polizeioffizier und stellvertretender Polizeichef bis zu seinem Ruhestand 1934. Als geistvoller Kopf beschäftigte er sich seit der Jahrhundertwende zuerst mit der Entom. und dann sehr eingehend mit der Vogelwelt von und um Budapest. Er war ein vorzüglicher Beobachter und schrieb viel; 189 orn. Abh. und Mitt. standen von 1901 ab nicht nur in ung. Zeitschr. (darunter Aquila, Kócsag, Fragmenta Faunistica Hungarica), sondern auch in Gef. W. und Orn. Beob. Gut vertraut mit der Lit. des In- u. Auslandes, das Dt. in Schrift und Sprache ausgezeichnet beherrschend, verstand er es, seine durchaus selbständigen Gedanken ansprechend und überzeugend vorzutragen. Dazu zeichnete ihn fruchtbare Beharrlichkeit aus. Mit Scharfblick und oft grüblerischer Aufmerksamkeit verfolgte er u. a. über einen größeren Zeitraum hinweg die Biol. des in seiner Umgeb. nicht seltenen Wiedehopfs. Kritisches Urteil verrieten die Arbeiten „D. Ausscheidung d. Bürzeldrüse d. Wiedehopf-Jungen ein Schutzmittel" (Aquila 36/37, 1929/30), „Beob. über d. Wiedehopf in d. J. 1931 u. 1932" (Kócsag 5, 1932), „Einiges über Nisten u. Biotop sowie über d. üblen Geruch d. Wiedehopfes" (Aquila 50, 1943). Wiederholte Behandlung verdankte ihm auch das Vorkommen des Mauerseglers, den er 1916 erstmalig in Budapest entdeckte. Betrachtungen über das allmähliche Vordringen dieser Art und über die mutmaßlichen Gründe der Ansiedlung enthielten die Beitr. in Aquila 23, 1916; 28, 1921; 34/35, 1927/28; 42—45, 1935—1938; 63/64, 1956/57. Aufhellende Beleuchtung eines damals noch im Dunkel liegenden Vorgangs bedeutete ferner seine (im allg. wenig beachtete) Quellenstudie „Über d. Ansiedlung d. orientalischen Lachtaube in Europa" (Gef. W. 67, 1938); auf Grund der Entdeckungsgeschichte legte er darin klar, daß die These von der Einführung der Türkentaube durch Türken, Mekkapilger, bulg. Gärtner usw. eine unbewiesene Vermutung, die natürliche Bewegung ohne Einwirkung des Menschen dagegen durchaus wahrscheinlich sei. Eine Zusammenfassung seiner orn. Erfahrungen in Buchform lag im Msk. vor, als ihm der Tod die Feder aus der Hand nahm. Auf jur. Gebiet hinterließ er gleichfalls zahlreiche Veröff.

— Lit.: Nachruf (von A. Keve). Állattani Közl. (= Zool. Mitt.) 48, 1961, S. 7—9 (mit Bildnis).

Dotterweich, Heinz, Dr., * 25. 9. 1904 Dresden, † 12. 7. 1949 Resse (Kr. Burgdorf). Seit 1924 studierte er Naturw. und Phil. in Kiel, Leipz., Dresd. und promovierte bereits 1927. Als Assistent habilitierte er sich 1931 in seiner Vaterstadt, wurde 1938 ao. Prof. am Zool. Inst. der dortigen Techn. Hochschule und übernahm 1939 die Leitung des Inst. Hohes wissensch. Verantwortungsbewußtsein zeichnete seine kurze akad. Tätigkeit aus. Die ursprüngliche Neigung führte ihn bald ganz der Zool., vergl. Anat., Physiol. und später der Vererbungsanalyse zu. Gedankenreiche Arbeiten aus seiner Feder erschienen seit 1925 u. a. in Zool. Jb., Zs. f. vergl. Physiol., Zool. Anz., Pflügers Arch. . . . , Biol. Cbl., Verh. Dt. Zool. Ges., Zs. f. indukt. Abstammungs- u. Vererbungslehre, Biologia generalis. Vertiefung in die wissensch. Vogelk. ergab Veröff. wie „D. Variabilität d. Vogelstimme" (1925), „D. Weg d. Atemluft in d. Vogellunge" (1930), „D. Bahnhofstauben u. d. Frage nach d. Weg d. Atemluft in d. Vogellunge" (1930), „D. Atmung d. Vögel" (1930, 1936, 1938). Daß er im Gesamtraum der Biol. heimisch war, zeigte sein Buch „D. biol. Gleichgewicht u.

seine Bedeutung f. d. Hauptprobleme d. Biol." (Jena 1940). Aus seiner Vielseitigkeit, die ihn daneben zur Beschäftigung mit Fragen der Pelz- u. Haarkunde, insbesondere der Angorawolle vordringen ließ, erwuchs schließlich 1946 die Gründung der „Zentraluntersuchungsstelle f. Angorawolle" in Resse. Die Bemühungen um deren Aufbau legten jedoch die durch den Krieg schon geschwächten Kräfte mehr und mehr lahm und endeten mit frühzeitigem Zusammenbruch.
— Lit.: Nachruf (von H. Kumerloeve). Naturw. Rdsch. 4, 1951, S. 232/33. - Würdigung (von dems.). N. Dt. Biogr. 4, 1959, S. 88.

Drechsler, Helmut, * 18. 9. 1916 Colditz (Sachsen), † 4. 2. 1960 Französisch-Äquatorialafrika. Dem Sohn eines Fabrikarbeiters öffnete Begabung den Weg in die Aufbauschule Annaberg. Beherrscht aber von einem Geist, der sich gern jeder Einordnung entzog, verließ er schon 1934 die Oberschule. Als Landarbeiter, kaufmännischer Volontär, Verlagsarchivar suchte er nach einem ihm gemäßen Wirkungsfeld. Er fand es schließlich noch vor Ausbruch des 2. Weltkriegs auf natur- u. heimatk. Gebiet. Aus Freude am Schriftstellern verfaßte er dahin gehörige Artikel für Ztg. und Zeitschr. und ergänzte sie bald durch Naturaufnahmen, die ihm mit Hilfe von kostspieligen Geräten gut gelangen. Eine Fülle von Bildern lieferte ihm die Vogelwelt, an die ihn eine besondere Vorliebe fesselte; viel vogelk. Anregung insonderheit auf junge Naturfreunde ging daher von seiner Tätigkeit aus. Was er im Sommer an Beob. unter freiem Himmel sammelte und skizzierte, verarbeitete er im Winter zu Büchern oder Beitr. für Kalender und Filme, sich dabei mehr der Volksbildung und weniger der Wissensch. verpflichtet fühlend. Seit 1947 brachte er fast alljährlich einen neuen Band von Naturaufnahmen heraus. Eine größere Lesergemeinde fanden u. a. „Teichsommer", „Uhu-Dämmerung", „Kraniche v. Weißen Luch", „Schwäne über Uhlenhorst". Auch vom Rednerpult aus verstand er die Zuhörer zu begeistern. Waren seine Jagdgründe ursprünglich die Eschefelder Teiche, die Lausitz, das Elbsandsteingebirge, die Auwälder um Leipz., Thür., die Müritz, der Galenbecker See (Mecklenburg), so lockte es ihn in den letzten Jahren, das Leben der Tiere auch außerhalb der dt. Grenzen mit der Linse einzufangen. Aus der Camargue stammten die beiden Bände „Wunderwelt d. wilden Vögel" und „Zigeuner, Stiere u. Flamingos" (1956) mit Farbaufnahmen aus dem südfranz. Vogelparadies. 1960 führte ihn die Unrast auf große Fahrt nach Innerafrika. Hier, inmitten einer Natur, die ungebändigt war wie er selbst, setzten der Hang zum Abenteuer und der Wagemut den letzten Markstein seines Erdenwandels. Er stürzte in der Nacht vom hohen Ufer des Schariflusses ab und starb an den Folgen eines Schädelbruches.
— Lit.: Nachruf (von H. Dathe). J. Orn. 102, 1961, S. 108/09. - Nachruf (von G. Mauersberger). B. z. Vk. 8, 1963, S. 310—313 (mit Bildnis).

Drescher, Eberhard, * 10. 2. 1872 Neuensee, Kr. Grottkau (Schlesien), † 17. 4. 1938 Beuthen. Er war Major a. D. und Landesältester des Neißer Kreises. 1908 kam er durch Erbschaft in den Besitz des Ritterguts Ellguth, das er vorher schon gemeinsam mit der Mutter bewirtschaftet hatte. Hier errichtete er die mustergültigen Vogelschutzanlagen Rauden, Nakelbusch und Neißeschlinge, in denen er mit kritischer Sachkunde und feinem Verständnis für ökol. Fragen das Material für eine Reihe von Aufs. über brutbiol. Erfahrungen und praktische Schutzmaßnahmen sammelte. Als nach dem 1. Weltkrieg das Gut für den Bau des Ottmachauer Staubeckens abgetreten werden mußte, versank dem Naturfreund ein paradiesisches Gelände, und er verzog, ohne je den Verlust der eigenen Scholle ganz verwinden zu können, 1929 nach Beuthen. Seine für den oberschles. Raum recht bedeutsame Samml. verkaufte er dem dortigen Mus. und blieb in der Stellung eines Kustos ihr Betreuer bis zum Tode. Neben dem Heimat- u. Naturschutz beschäftigte ihn vornehmlich die vogelk. Erforschung seiner Landschaft. 1920 wurde der rührige Feldbeobachter Vorsitzender des Ver. Schles. Ornithologen. Einige Jahre leitete er dazu die Ber. Schles., die seit 1910 fast alle seine orn. Beitr. brachten. Zu den wertvollsten Arbeiten gehörten „D. Ellguther Staubecken u. d. dortige Vogelw." (Ber. Schles. 6, 1920), „Bem. über den Vogelbestand d. Prov. Schles. 1920/21 . . ." (ebd. 7, 1922), „Bem. über d. Vogelbestand . . . 1922" (ebd. 9, 1923), „Über d. Vogelbestand . . . 1923/24" (ebd. 10, 1924), „Über d. Verhalten d. Vögel . . . 1924/25" (ebd. 11, 1925), „Z. Biol. d. Rotrückigen Würgers" (Pall. 2, 1925). Mit ihm verlor Schles. einen vedienstvollen Vertreter der Vogelkunde.
— Lit.: Nachruf (von Pfützenreiter). Ber. Schles. 23, 1938, S. 39—42 (mit Bildnis). - Mitt. d. Beuth. Gesch.- u. Mus.-Ver. 15/16, 1954/55, S. 82 (Dortmund 1955).

Droste - Hülshoff, Ferdinand Freiherr von, * 16. 2. 1841 Schloß Hülshoff bei Münster, † 21. 7. 1874 Hülshoff. Er war der Neffe der Dichterin Annette v. D.-H. und Ehrenritter des Johanniter- u. Malteserordens. Die früh in ihm erwachte Liebe zur Tier- u. besonders zur Vogelwelt wurde genährt durch seinen Onkel Joh. v. Droste-Kerkerink und B. Altum (s. d.). Im 17. Lebensjahr verließ er wegen geschwächter Gesundheit vorzeitig das Gymnasium und gab sich in der Heimatlandschaft und auf Reisen dem Sammeln und Beobachten hin. Gern lebte er in Freib. (wo er naturw. Vorlesungen hörte), am Genfer See und auf Schloß Meersburg am Bodensee. Die Sommermonate verbrachte er auf Norderney, Borkum, Rottum und Juist. Dazu kamen Exk. nach Friesl., Holl., ferner Besuche in- u. ausländischer Zool. Gärten und Mus. und damit die Verbindung mit vielen zeitgenössischen Ornithologen. Die ersten orn. Veröff. galten der Waldschnepfe und den Wasserschnepfen in Nat. u. Offenb. 1862. Bekannter wurde seine „Vogelw. d. Nordsee-Insel Borkum" (1869), nachdem er schon in J. Orn. 12, 1864 — 17, 1869 Ber. über die Vögel von Borkum, Ostfriesl. und der Faröer geliefert hatte. Der Zool. G. 14, 1873 brachte die „Beitr. z. Vogelf. v. Westf. u. Lippe". In seiner Vaterstadt selbst machte er sich verdient durch die Beteiligung an der Gründung der Zool. Sektion d. Westf. Prov.-Ver. f. Wissensch. u. Kunst und seine Mitarbeit im Westf. Ver. f. Vogelsch., Geflügel- u. Singvögelzucht. Der Förderung des Vogelschutzes widmete er ferner eine selbständige Schrift „D. Vogelschutzfrage, kritisch beleuchtet" (1872). Eine von ihm in den letzten Jahren begonnene „Naturgesch. d. Wirbeltiere Westf. u. d. Fürstentümer Lippe u. Waldeck“ blieb unvollendet. Nach der Lostrennung des Berl. Vereins wählte ihn die DO-G auf Vorschlag von B. Altum 1868 zum Präsidenten. Trotz untadeligen Charakters und gepflegter Liebenswürdigkeit zeigte er in der Verwaltung dieses Amtes allerdings so wenig Geschick, daß die Gesellschaft bei seinem frühen Tode nur noch vegetierte. Im Zool. Garten zu Münst. wurde ihm 1901 ein Denkmal errichtet. — Lit.: Nachruf. Westf. Merkur 1874, Nr. 198. - Nachruf (Verf. ungen.). Nat. u. Offenb. 20, 1874, S. 574—576. - Nachruf (von H. Landois). Jber. Münst. 3, 1874, S. 33—38 (mit Verz. d. Veröff.). - Nachruf (von F. K. Noll). Zool. G. 15, 1874, S. 360.

Droste - Hülshoff, Friedrich Freiherr von, * 23. 12. 1833 Schloß Hülshoff bei Münster, † 13. 1. 1905 Haus Brink (Kr. Münster). Er studierte Jura und Kameralwissensch., trat dann bei der Regierung in Münst. ein und war später in Königsb. und Potsdam tätig. Nach Münst. zurückgekehrt, nahm er als Regierungsrat den Abschied und erwarb den Besitz von Haus Brink. Wohl angeregt durch seinen jüngeren Bruder Ferdinand v. D.-H. (s. d.), schrieb er während der Königsb. und Potsdamer Zeit (1871—1877) vorwiegend faun. Beitr. für die Versammlungsber. der DO-G (bis 1873) und anschließend für den Zool. G. und für Jagdzeitschr. Er war der einzige, der sich in jenen Jahren über die Ornis Ostpr. äußerte. In F. Tischler, „D. Vögel d. Prov. Ostpr.“ (1914) finden sich 12 Titel aus seiner Feder.
— Lit.: F. Tischler, D. Vögel d. Prov. Ostpr., 1914, S. 8/9.

Duka, Theodor, * 22. 6. 1825 Dunafalva, Komitat Sáros (Slowakei), † 5. 5. 1904 Bournemouth (England). Nachdem er die Hochschule von Eperjes besucht hatte und seit 1846 eine Advokatur betrieb, wurde er durch die Ereignisse der Revolutionsjahre 1848/49 aus der ursprünglichen Bahn geworfen. Als ung. Major und Adjutant des Generals Görgey geriet er in russ. Gefangenschaft, studierte dann in London Med., wurde Militärarzt in Bengalen und 1877 Oberst. In Indien und Hinterindien sammelte er sehr eifrig und schickte viele Hunderte von Vögeln an das Ung. Nat.-Mus. in Budapest. Die Ung. Akad. d. Wissensch. ernannte ihn daraufhin zu ihrem Mitglied. Die Schätze wurden aber nicht bearbeitet und gingen schließlich 1956 in Flammen unter. Da er selbst sich nur zu geogr. Fragen äußerte, verblieb der Orn. kein Nutzen aus seinen Forschungen und Sendungen.

Dunajewski, Andreas, Dr., * 3. 8. 1908, † 1944 Warschau. Zool. Studien an der Univ. Krakau schloß er mit dem Magistergrad ab und arbeitete etwa seit 1931 als Assistent unter J. Domaniewski (s. d.) an der Abt. für Wirbeltiere des Staatl. Zool. Mus. in Warschau. Seiner Feder entstammten eine Reihe wertvoller Veröff. zur System. und Zoogeogr. der Vögel Polens, der Nachbarländer, von Asien und Peru. Die meisten Arbeiten standen in Acta Orn. Musei Zool. Polon. Mit J. Marchlewski gemeinsam verfaßte er außerdem einen „Schlüssel z. Bestimmung d. Vögel Polens“ (Krakau 1938). Der von Naturbegabung und Fleiß geprägte Stil seiner orn. Forschungen ließ eine aufsteigende wissensch. Laufbahn in Polen erwarten. In seinen besten Jahren fiel er jedoch während des Warschauer Aufstandes.

Duncker, Hans, Dr., * 26. 5. 1881 Ballenstedt (Harz), † 22. 12. 1961 Saarbrücken. Während des Studiums der Zool. in Gött. führte er seinen Namen in das orn. Schrifttum ein durch eine Preisschrift der Petsche-Labarre-Stiftung. Es war die fleißige, aus Freude an hist. Betrachtung entstandene Sammelarbeit „Wanderzug d. Vögel“ (Jena 1905), die unter Verwendung der damals bekannten Lit. die verschiedenen Auffassungen des Zugphänomens kritisch und sachkundig beleuchtete. Anschließend — er war inzwischen Oberlehrer in Bremen und 1912 Mitglied der DOG geworden — rückte die Zoogeogr. in das Blickfeld des Verf.; so untersuchte er in „D. Verbreitung d. Gattung Emberiza, eine ornithogeogr. Studie“ (J. Orn. 60, 1912) die Frage, ob sich auf Grund der heutigen und ehemaligen Verbreitung der Tiere Material für die Kenntnis von Verwandtschaftsverhältnissen einzelner Gruppen gewinnen lasse. In den dem 1. Weltkrieg folgenden Jahren beschäftigte er sich, angeregt durch den Bremer Kanarienzüchter K. Reich, zunächst mit genetischen Problemen bei Vögeln. Seine Aufmerksamkeit galt dem Erbgang körperlicher Merkmale in Kreuzungen von Kanarienrassen (Färbung, Scheckung, Scheitelhaube u. dgl.) und fand schriftstellerischen Niederschlag u. a. in J. Orn. 70, 1922; 71, 1923; 72, 1924 sowie in der Zusammenfassung „Bibliographia Genetica“ (1928). Daneben wandte er sich, unterstützt durch den Liebhaberzüchter C. H. Cremer (s. d.), entsprechenden Aufgaben bei der Züchtung des Wellensittichs und der Agapornis-Arten zu und berichtete über seine ernsthaften Versuche, die Vogelliebhaberei zu einer Methode der wissensch. Forschung zu erhöhen, öfters in der Gef. W., vor allem aber in der Zeitschr. „Vögel ferner Länder“, die unter seiner Leitung von 1927—1933 einen sehr beachtlichen Zuschnitt erreichte. Maßgeblich für die Praxis wurde schließlich die von ihm herausgegebene „Kurzgefaßte Vererbungslehre f. Kleinvogelzüchter“ (1929). Vielen verantwortlich denkenden und strebenden Vogelliebhabern war die wissensch. Genauigkeit des gründlichen Biologen Vorbild und Beispiel. Nach dem 2. Weltkrieg blieb der Arbeitseifer des im Ruhestand lebenden Oberstudienrats ganz auf den Neuaufbau der Vogelabteilung des Brem. Übersee-Mus. ausgerichtet. Unter dem Titel „Mitt. aus d. Brem. Vogelsamml.“ (Abh. Brem. 33, 1953) gab er einen Überblick der geschichtlichen Entwicklung der Samml. und als Ergänzung zu einer Arbeit von G. Hartlaub (s. d.) (ebd. 14, 1898) ein Verz. der in Brem. vorhandenen Seltenheiten und Typen.
— Lit.: Nachruf (von E. Stresemann). J. Orn. 103, 1962, S. 122. - Nachruf (von J. Steinbacher). Gef. W. 1962, S. 140.

Dybowski, Benedikt, Dr., * 30. 4. 1833 Adamaryn, Kr. Minsk (Weißrußland), † 30. 1. 1930 Lemberg (Galizien). Nach dem med. Studium in Dorpat, Bresl. und Berl. (hier 1860 Promotion) war er seit 1862 Prof.-Adjunkt der Zool. in Warschau. Beteiligung am Januaraufstand 1863 unterbrach die vielversprechende wissensch. Laufbahn des poln. Gelehrten durch die Verbannung nach Sibirien. 1877 begnadigt, kam er zwar nach Polen zurück, ging aber schon im folgenden Jahr freiwillig wieder als Bez.-Arzt nach Kamtschatka. Schließlich nahm er 1883 den Lehrstuhl für Zool. in Lemberg an, wo er sich bis zur Pensionierung 1906 mit Fragen der Anat., System. und Faun. beschäftigte. Den fast 17jährigen Aufenthalt in Asien nutzte er zu gründlicher Erkundung der wenig bekannten Vogelwelt Transbaikaliens, Dauriens, der Amur- u. Ussurilande, der Umgeb. von Wladiwostok, der Insel Askold und Kamtschatkas. Seinem Forscherdrang verdankte die Wissensch. umfangreiches Sammelmaterial. Die meisten Stücke schickte er nach Warschau an L. Taczanowski (s. d.), dem sie als Grundlage für die „Faune orn. de la Sibérie orientale" (1891—1893) dienten. Unter den Neubeschreibungen tragen seinen Namen Acrocephalus dybowskii, Chrysomitris dybowskii, Eriocnemis dybowskii, Francolinus dybowskii, Otis dybowskii. Nur einen Teil der Ausbeute konnte er selbst bearbeiten. Die eigenen Unters. brachten ihn zur Überzeugung, daß die Avif. Ostasiens im allg. verschieden ist von der paläarkt. Fauna. Die fortschrittliche, noch im Gegensatz zur zeitgenössischen Meinung stehende Erkenntnis war ein nicht unwesentlicher Beitr. zur Entwicklung der These von der Entstehung der Arten und geogr. Rassen. Die Nachr. aus Sib. erschienen nicht nur in poln., sondern auch in dt. und franz. Sprache. Den ersten Ber. aus seiner Feder überhaupt überließ der Verbannte dem J. Orn. 16, 1868 unter dem Titel „Verz. d. während d. J. 1866 u. 1867 im Gebiete d. Mineralwasser v. Darasun in Daurien beobachteten Vögel"; hier beschrieb er eine Trappe, die er zu Ehren seines Freundes Otis taczanowskii benannte. Dann folgten noch „Z. Fortpflanzungsgeschichte d. Kuckucks" (ebd. 19, 1871) und „Notiz über ostsib. Pyrrhula-Arten" (ebd. 22, 1874). Dt. geschrieben sind ferner „Beob. über Mormonidae" (Sb. Dorpat 6, 1881). Schließlich ergänzte L. Taczanowski das Verz. der im Gebiete von Darasun festgestellten Vögel durch einen Nachtr. (J. Orn. 18, 1870) und lieferte noch 2 Ber. über D.s orn. Unters. in Ostsib. (ebd. 20, 1872; 21, 1873; 22, 1874).

— Lit.: Biogr. Notiz (von A. Reichenow u. H. Schalow). Orn. Cbl. 3, 1878, S. 139. - F. Th. Köppen, Bibliotheca Zool. Ross. II, Petersb. 1907 (mit älteren Quellen). - Würdigung (von J. Groschmalicki). Russ. Hydrobiol. Zeitschr. 6, 1927, S. 121—127 (Dt. Auszug Orn. Mber. 38, 1930, S. 194—196). - B. Dyakowski, Badacz Dalekiej Polnocy B. D., 1931. - Nachruf (von T. S. Palmer). Auk 48, 1931, S. 328/29. - Nachruf (von Schriftl.). Ibis (13) 1, 1931, S. 101/02. - S. Zieliński, Mały Słownik Pionierow Polskich Kolon. i Morsk, Warschau 1932, S. 93—99. - **Polski Słownik** Biogr. 6, Krakau 1948, S. 36—40. - G. Brzęk, Hist. zool. w Polsce, cz. 3, Lublin 1955, S. 76—81 i inne (Ann. Univ. M. Curie Skłodowska, Suppl. 7, sec. C, 1953). - Ders., D. Goldene Zeitalter d. Poln. Orn. (Poln. mit engl. Zusammenfassung). Memorabilia Zool. 3, Warschau 1959 (mit Bildnis u. Verz. d. Veröff.).

Dzieduszycki, Wladimir Graf, Dr. h. c., * 22. 6. 1825 Jaryszow (Ost-Galizien), † 11. 9. 1899 Poturzyca (Galizien). Wie K. Wodzicki (s. d.) hatte er bedeutenden Anteil am Erwachen der poln. Orn. seit der Mitte des 19. Jahrh. Er war Gutsbesitzer in der Nähe von Lemb. und beschäftigte sich leidenschaftlich mit den naturw., besonders den zool. Verhältnissen seiner Heimat. Wohlhabenheit erlaubte ihm, seinem wissensch. Eifer ein schönes Denkmal zu errichten. Es ist das von ihm gegründete und durch die Einkünfte seiner Ländereien unterhaltene Lemb. Mus., dessen Vogelabt. sich zu einem der Mittelpunkte der poln. Vogelforschung entwickelte. Trotz seines vielseitigen Wissens schrieb er nur mit Zurückhaltung. 1875 befaßte er sich als erster mit dem Vorkommen der Avif. auf Grund der landschaftlichen Gliederung Galiziens. Ein 1880 von ihm herausgegebener Mus.-Kat. beschrieb 286, ein 1895 folgender Führer durch das Mus. enthielt 295 Arten. D. war aber nicht nur Sammler, sondern auch Pionier einer Forschung, die sich wegweisend bemühte, Brut- u. Zugverhältnisse der poln. Vögel aufzuhellen. Um seine autodidaktisch erworbenen Kenntnisse zu erweitern, schaute er über die engeren Grenzen und reiste zu den Ornithologen und Mus. in Österr., Deutschl., Ungarn und Frankr. So war er zusammen mit K. Wodzicki 1852 auf der Ornithologen-Tagung in Altenb. und beeindruckte offensichtlich die dt. Fachgenossen. 47 Jahre lang gehörte er der DO-G bzw. DOG an. Große Wertschätzung brachte er E. Schauer (s. d.) entgegen, dem er zum Dank für wesentliche Hilfe beim Ausbau des Lemb. Mus. einen gesicherten Lebensabend auf seinen galiz. Gütern gewährte. Die zool. Verdienste des k. u. k. Geh. Rates und Marschalls d. galiz. Landtages fanden vielfache Würdigung: u. a. Ernennung zum Mitglied der Akad. d. Wissensch. in Krakau (1881), mehrerer anderer Gelehrter Gesellschaften und Promotion zum Dr. h. c. der Univ. Lemb. (1894). Viele Pflanzen- u. Tierformen sind nach ihm benannt.

— Lit.: G. Brzęk, D. Goldene Zeitalter d. Poln. Orn. (Poln. mit engl. Zusammenfassung). Memorabilia Zool. 3, Warschau 1959 (mit Bildnis u. Verz. d. Veröff.).

E

Eckardt, Wilhelm Richard Ernst, Dr., * 11. 10. 1879 Hildburghausen (Thüringen), † 19. 5. 1930 Mülheim (Ruhr). Der Studiengang führte den Buchhändlerssohn über die Geogr. und Biol. zur Klimatologie und Meteorologie. Anfangs in einem Verl. tätig, wandte er sich dem in Erscheinung tretenden öffentlichen Wetterdienst zu. Assistent war er um 1910 in Aachen, Weilb. (Lahn) und seit 1913 am neu errichteten Met. Observatorium in Essen, wo er 1919 Leiter der dortigen Wetterwarte wurde. Die biogeogr. Unters. lenkten seinen Blick auch auf orn. Fragen, vor allem auf die Rätsel des Vogelzugs. Das Problem wurde zum Thema mehrerer Arbeiten, z. B. in J. Orn. 57, 1909 und 69, 1921; Naturw. Wochenschr. 1918, 1919; Dt. Luftfahrerzeitschr. 1919, 1920; Orn. Mber. 27, 1919; Prometheus 31, 1919; Orn. Ms. 46, 1921; Hettners Geogr. Zs. 1922. Den Zug wollte er damit erklären, daß im Tertiär die klimatischen Verhältnisse und die Nahrungsbedingungen in den polaren Ländern günstiger gewesen seien als in den Subtropen und so eine Bewegung nach Norden zustande gekommen sei; die Polarnacht habe dann alljährlich eine Rückwanderung notwendig gemacht; die weitere Entwicklung und Spezialisierung des Zugs habe die Eiszeit bewirkt. Daneben bezog er die Erscheinung der Schutzfarben, die Wechselbeziehungen zwischen Vogel- u. Pflanzenleben und die wirtschaftliche Bedeutung der Vögel in den Kreis theoretisierender Betrachtungen ein. Praktische Erfahrungen im Vogelschutz und Ansiedlungsversuch waren verschiedentlich Gegenstand von Beitr. für Mitt. Vw. und Orn. Ms. In „Vogelzug u. Vogelschutz" (Aus Nat. u. Geisteswelt, 1910) nahm er Stellung zur Notwendigkeit internat. Regelungen; und die Zeitschr. „Natur" brachte eine Buchbeilage „Prakt. Vogelsch." (1914) aus seiner Feder. Rege war er ferner zeitweise als Faunist, ohne immer überzeugend zu sein. So stieß eine Mitt. über Brut des Steinsperlings in der Saaleaue bei Jena (Orn. Ms. 36, 1911) auf Zweifel, und der Fund eines Nestes der Schafstelze im wilden Wein einer Hauswand am Bahnhof Löhnberg bei Weilb. (Prakt. Vogelsch., 1914) beruhte sicher auf Selbsttäuschung. Nach dem 1. Weltkrieg zeigte sich in den B. z. F. auch sein Interesse an Fragen der Fortpflanzungsbiol. Bei F. Neubaur, „Beitr. z. Vogelf. d. ehem. Rheinprov." (Verh. Bonn 110, 1957) finden sich 7 Veröff. aus Orn. Mber., Orn. Ms., Natursch. zwischen 1919 und 1925. Für die späteren Jahre weist die orn. Lit. keine von seiner Hand stammende Nachr. auf. Freitod beendete sein Leben.

Eckart, Karl Adam, * 8. 3. 1863 Aschaffenburg, † 10. 6. 1936 Aschaffenburg. Der in Aschaffenb. tätige Postamtmann stellte seine Mußestunden gern in den Dienst der orn. Freilandbeob., lehnte aber als leidenschaftlicher Naturschützer jeden ab, der im Dienste der Wissensch. sich dem Vogelfang hingab oder gar zur Flinte griff. Von 1920—1935 durchstreifte er unermüdlich die Umgeb. seines Wohnsitzes und förderte so die örtliche Kenntnis der Ornis seiner Gegend wie lange keiner vor ihm. Leider war er einer von denen, die den Umgang mit der Feder scheuen und ihre Erfahrungen weiteren Kreisen vorenthalten. Keine Veröff. von ihm ist bekannt. Der Name des in der Stille wirkenden Faunisten wurde vor schnellem Vergessen bewahrt, nachdem ihm B. M. Stenger in der Liste der „Vogelw. d. Aschaffenb. Raumes" (Nachr. Aschaff. Nr. 36, 1952) ein schlichtes Denkmal setzte.

Eckstein, Karl, Dr., * 28. 12. 1859 Grünberg (Hessen), † 22. 4. 1939 Ragusa. Nach längerer Assistentenzeit (bis 1887 Gießen, dann Eberswalde) trat er 1900 die Nachfolge B. Altums (s. d.) an. In Gießen, wo er studiert hatte und auch Probekandidat für das Höhere Lehramt gewesen war, und zu Anfang der Ebersw. Jahre veröffentlichte er orn.-faun. und biol. Mitt. und Aufs. aus Oberhessen bzw. der Mark in Zool. G. 26, 1885 — 31, 1890 und J. Orn. 35, 1887 und 37, 1889. Später verdrängten andere wissensch. Interessen die orn.-lit. Tätigkeit fast ganz aus seinem Beschäftigungsbereich. Seine eigentlichen Schaffensgebiete wurden und blieben fortan die Forstzool., die tierische Waldschädlingskunde und die nordostdt. Binnenfischerei. Die hierher gehörigen Ergebnisse seiner Forschung zeichneten sich durch richtiges Maßhalten und einen auf die Praxis gerichteten Zug aus. Sie machten seinen Namen im In- u. Ausland bekannt. Vogelk. Beob. aus der Mark, die ihn nebenher stets lockten, überließ er H. Schalow (s. d.) zur Auswertung. Erst als er schon das Ebersw. Ordinariat innehatte, erschienen aus seiner Feder ein paar größere Verlautbarungen, in deren Rahmen die Vögel einbezogen waren: „Aus d. Vogelleben" in Dt. Jztg. 38, 1901 (über wirtschaftliche Bedeutung insektenfressender Vögel, Schutzfärbung und Tannenhäher); „Warum wird in Deutschl. d. Wachtel immer seltener?" in Zs. f. Land- u. Forstw. 3, 1905 (gründliche Unters. mit dem Nachweis, daß die Ursache nicht Verfolgung in den Mittelmeerländern, sondern der veränderte Betrieb der dt. Landw. sei); „D. fischereiwirtschaftliche Bedeutung d. Vögel" in Mitt. d. Fisch. Ver. d. Prov. Brandenb. 1907 (mit Darstellung der Verbreitung des Schwarzen und Weißen Storches und einem Verz. der Reiherkolonien in der Mark); eine Ordnung märk. Vögel nach ökol. Gesichtspunkten und Aufzählung der Horstgebiete von Kranich, Reiher, Saatkrähe, Schwarzstorch in dem von ihm bearbeiteten Abschnitt „D. Tier" der Landeskunde d. Prov. Brandenb. 1909, Bd. 1; „D. Vorkommen d. Schwarzen Storches in Preuß." in Verh. d. 5. internat. Orn.-Kongr., Berl. 1910 (1911); „D. Vögel im Obstgarten", ebd. 1911 (mit biol. Bem. aus Ebersw.); „Erhebungen . . . über d. Vorkommen d. Schwarzen Storches u. d. Fischreihers in Preuß. . . ." in Beitr. z. Naturdenkmalpflege 2, 1912 (mit statistischer Zusammenstellung nach Fragebogen). Kleinere Mitt. gab er gelegentlich auch an die Orn. Ms. Er starb, bis ins hohe Alter rüstig, als Geh. Reg.-Rat auf einer Studien- u. Erholungsreise in Jugoslawien und ist in Ragusa beigesetzt.

— Lit.: Würdigung (von A. Dengler). Zs. f. Forst- u. Jagdwesen 62, 1930, S. 60/61. - Nachruf (von K. Ohnesorge). Zs. f. Säugetierk. 14, 1941, S. 269—271 (mit Bildnis).

Eder, Robert, * 13. 6. 1848 Wien, † 8. 3. 1918 Mödling bei Wien. In früher Jugend schon fing er Vögel mit Leimruten und auf dem Vogelherd; und tätige orn. Neigungen begleiteten ihn bis ins Alter. Von 1878 ab lebte er 20 Jahre lang als Prokurist in Neustadtl bei Friedland (Böhmen) und war in dieser Zeit ein reger Feldbeobachter. 14 größere Abh. und kleinere Mitt. aus der Gegend seines Wohnsitzes und dem Isergebirge standen zwischen 1878 und 1898 in Mitt. Wien, Orn. Jb. sowie vereinzelt in der Nordböhm. Vogel- u. Geflügelztg.; in „Orn. Notizen aus Neustadtl . . . " (Orn. Jb. 10, 1899) faßte er die in Böhmen gesammelten Erfahrungen zusammen. Wiederholte Erholungswochen lieferten ihm ferner das Material zu Arbeiten wie „Ein Beitr. z. Avif. v. Teplitz u. Umgeb." (ebd. 5, 1894) und „Z. Vogelf. v. Gastein" (ebd. 9, 1898 u. 11, 1900). Seit 1900 als Privatier in Mödling wohnend (wo er 4 Jahre Oberkurator des Francisco-Josephinum war), meldete er sich bis 1918 mit etwa 15 Nachr. über die Vogelwelt von N.-Ö. zu Wort in Mitt. d. Ver. d. Naturfreunde Mödl., Mitt. Vw., Dt. Wochenbl., Zeitschr. f. österr. Volksk., Bl. f. Naturk. u. Natursch. N.-Ö.; wohlvertraut waren ihm die älteren Quellen für diese

Gegend, so daß ihm seine orn. Freunde große Belesenheit und zuverlässiges Wissen bescheinigen konnten. Verdient machte er sich außerdem im Bereiche der Heimatforschung durch volksk., gesch. und archäol. Arbeiten.
— Lit.: Autobiogr. D. Forscher 5, 1914, S. 34 (mit Verz. d. Veröff.). - Österr. Biogr. Lex.... 1, 1957, S. 217.

Ehmcke, H., * vor 1860 Danzig, † nach 1913. In den 70er Jahren des vorigen Jahrh. lebte er in Danz. als Feldbeobachter, der sich schon früh der Orn. verschrieben haben muß. Seit den 80er Jahren war er Landgerichtsrat in Berl. und siedelte 1903 nach Rittergut Rehfelde (Ostbahn) über. Zu West- u. Ostpr. rissen seine Verbindungen nie ab. 1882 trat er der DOG bei und war fleißiger Besucher der Berl. Versammlungen. Hier berichtete er öfters über orn. Erfahrungen, z. B. über frühes Erscheinen der Sperbereule zu Anfang Oktober 1887 im Danz. und Marienb. Werder. Die Orn. Ms. 13, 1888 brachte aus seiner Feder eine Nachr. über das Auftreten des Hakengimpels im Reg.-Bez. Gumbinnen Anfang Oktober 1887. Seine erste Arbeit, „D. Vogelw. v. Danz. u. Umgeb." (Danz. in naturw. u. med. Beziehung, 1880), widmete er der 53. Versammlung dt. Naturforscher und Ärzte in Danz. 1880. F. Tischler nannte in „D. Vögeln d. Prov. Ostpr." (1914) 15 Titel seiner Veröff. zwischen 1880 und 1908 meist aus J. Orn. Zu märkischen Vögeln äußerte er sich nicht in längeren Abh. Vielfach beschäftigten ihn morphol.-system. Fragen. Doch waren die von ihm herausgestellten Lerchen- u. Grauammerarten (vgl. J. Orn. 51, 1903 u. 52, 1904; Orn. Jb. 15, 1904; Ann. d. Ung. Nat.-Mus. Budapest 2, 1904; Nov. Zool. 12, 1905; J. Orn. 56, 1908) so ungenügend und mangelhaft begründet, daß die Ablehnung einhellig sein mußte. Mehr Erfolg hatte er mit dem Falkenbussard - Buteo b. zimmermannae, den er als erster nach ostpr. Stücken beschrieb (J. Orn. 41, 1893; 42, 1894; 46, 1898), den F. Tischler (s. d.) aber 1914 noch nicht für Ostpr. gesichert hielt. Nähere Daten über Leben und Wirken dieses Ornithologen waren in Geburts- u. Sterberegistern nicht auszumachen. 1911 wohnte er noch auf Rittergut Rehfelde, 1912 in Hamb., 1913 in Wiesbaden. 1914 stand sein Name nicht mehr im Mitgliederverz. der DOG. Seine Samml. (470 Stücke meist aus der Umgeb. von Rehfelde) wurde 1919 vom zool. Mus. Berl. angekauft.

Ehrenberg, Christian Gottfried, Dr., * 19. 4. 1795 Delitzsch (Sachsen), † 27. 6. 1876 Berlin. Im Juni 1820 verließ der junge Mediziner zusammen mit W. F. Hemprich (s. d.) Berl., um im Auftrag der preuß. Akad. d. Wissensch. und des preuß. Staates an den Küsten des Roten Meeres naturw. zu forschen. Die beiden sich trefflich ergänzenden Freunde waren die ersten, die in 5 abenteuerreichen Jahren beobachtend und sammelnd die Libysche Wüste durchzogen und über Oberägypten nach Nubien vordrangen. Trotz aller Schwierigkeiten und Enttäuschungen gelang es ihnen, allein eine Ausbeute von 429 Vogelarten in 4671 Stücken an das Berl. Mus. zu senden. Nach Hemprichs frühem Tode traf E. im April 1826 wieder in der Heimat ein und machte sich an die Bearbeitung auch der Vögel, obwohl es Gruppen waren, um die sich während der Exp. vor allem der Gefährte gekümmert hatte. Auf den Überlebenden, der gewohnt war, eine Arbeit von Grund auf anzupacken, wirkte niederdrückend, daß H. Lichtenstein (s. d.) schon viele Stücke als Dubletten weggegeben hatte, daß Originaletiketten entfernt oder verwechselt waren, und daß auch weiterhin seine Sendungen nicht als ein Ganzes betrachtet wurden. Da obendrein das Ordnen nicht seine Stärke war, streckte er angesichts der äußeren und inneren Hemmnisse vorzeitig die Waffen. Nur den Ber. über den Verlauf der unglücklichen Reise in die Libysche Wüste vom September bis Dezember 1820 führte er in allen Einzelheiten durch. 1832 stellte er die Bemühungen um den Abschluß der 2. Abt. („Symbolae Physicae") endgültig ein. Bis zum Jahre 1857 veräußerte H. Lichtenstein weitere Stücke. Teile des noch immer recht umfangreichen Restes gingen am 3. 2. 1945 durch Bombenangriff zugrunde. Erst E. Stresemann unterstrich 1954 die hohen Verdienste Ehrenbergs und Hemprichs, indem er, nach Eingängen getrennt, die bemerkenswertesten Arten der Vögel (sowie der Säugetiere, Reptilien und Amphibien) zusammenstellte, die das Berl. Mus. aufbewahrt. Unter ihnen befinden sich viele Typen neuer Arten. E. selbst wandte sich nach dem Verzicht auf die Durchführung des ägypt. Rechenschaftsber. mit neuer Leidenschaft der alten Neigung des Mikroskopierens zu, die schon seine Diss. bestimmt hatte; auf diesem Sektor wirkte er bahnbrechend. Eine Reise mit A. v. Humboldt 1829 durch Rußl. zum Altaigebirge wurde die Grundlage für eine Arbeit über die mikroskopischen Geschöpfe Asiens. Das klassischste seiner Werke blieben die „Infusionstierchen als vollkommene Organismen" (1838). Das durch eine deutliche Cäsur gekennzeichnete Leben des großen Mannes hatte wohl weitgehenden Einfluß auf die naturw. Bestrebungen seiner Zeit, doch war es nicht dazu angetan, in der Orn. Schule zu machen.
— Lit.: Biogr. (von J. Hanstein). Bonn 1877. - Würdigung (von J. C. G. Lucae). Ber. Senck. 1878, S. 143/44. - Biogr. (von M. Laue). Berl. 1895. - E. Stresemann, Hemprich u. Ehrenberg, Reisen zweier naturf. Freunde im Orient..., Abh. Akad. d. Wissensch. Berl. 1954, Nr. 1, S. 1—177 (mit Bildnis u. Verz. älterer Quellen). - Ders., H. u. E. z. Gedenken, Ihre Reise z. Libanon im Sommer 1824 u. deren orn. Ergebnisse (darunter 13 noch heute gültige Neubeschr.), J. Orn. 103, 1962, S. 380—388.

Ehrenhaus, Carl Benjamin, * 14. 7. 1758 Ulbersdorf, Kr. Pirna (Sachsen), † 29. 4. 1839 Grunwitz, Kr. Wartenberg (Schlesien). Er studierte von 1779 an Theol. in Leipz. und wurde als Kandidat 1781 Begleiter des jungen S. A. v. Minckwitz (s. d.), mit dem er nach Öls, Halle und zuletzt nach Grunwitz ging. Hier lebte er „als Freund der Natur und der Menschen, von allen gekannt und geliebt". Aus dem einstigen Hauslehrer wurde bald der Vertraute des Hauses Minckwitz, zumal er ganz in der Begeisterung seines Brotherrn für die Naturk. aufging. Bei M.s langer Kränklichkeit und frühem Tode (1818) stand er der Witwe und ihren unmündigen Kindern als Sachwalter zur Seite, übernahm die Pflege des umfangreichen Kabinetts, betreute dessen Besucher und führte zuletzt den Briefwechsel mit vielen bedeutenden Zoologen und Ornithologen, darunter mit J. F. Naumann und Joh.

Natterer (s. d.); auch förderte er Naumann sehr, als dieser 1805 bei Minckwitz weilte. 1819 schließlich wurde nach langen Verhandlungen die Überleitung des Kabinetts in den Besitz der Univ. Warschau von ihm durchgeführt. Wenn er auch keine orn. Veröff. hinterließ, so machte er sich durch sein stilles Wirken um die Vogelk. doch mehr verdient als mancher Schreibfreudige.

— Lit.: P. Thomsen, D. Korr. d. Naumanns mit S. A. v. Minckwitz, Ber. Schles. 16, 1930, S. 1—16 u. 63—79. - Ders. u. E. Stresemann, Naumann-Biogr., 1957.

Eisenach, Heinrich, Dr., * 21. 11. 1814 Kassel, † 24. 1. 1891 Rotenburg (Fulda). Der Kreisphysikus und Sanitätsrat war leidenschaftlicher Naturfreund und emsiger Sammler. Von den im Laufe der Jahre gewonnenen Formenkenntnissen machte er aber in der Lit. nur wenig Gebrauch. Seine 3 Veröff. in Ber. Fulda 1878, 1880 und Ber. Wett. 1883 zeigten, daß er mit Vorliebe die heimatlichen Vögel behandelte. Die letzte örtliche Liste enthielt 187 Arten; den Brutvögeln widmete er darin genaue ökol. Angaben und eine Beschr. der Eier. Unterstützung fand er bei 2 gleichgestimmten Freunden, dem Rektor Jordan und dem Kontrolleur Roth; ihrer zuverlässigen feldorn. Tätigkeit verdankte er neben biol. Material das schnelle Anwachsen seiner Samml. Die von ihm aufgestellten Stopfpräparate sind z. T. noch im Heimatmus. Rotenb. zu sehen.

— Lit.: L. Gebhardt u. W. Sunkel, D. Vögel Hess., 1954, S. 68 (mit Bildnis).

Emin Pascha (Schnitzer, Eduard oder Schnitzler, Arthur), Dr., * 28. 3. 1840 Oppeln (Oberschlesien), † 23. 10. 1892 Kinene (Oberer Kongo). Sohn eines jüdischen Bankiers, gehörte er seit 1846 zur ev. Konfession. Nach dem med. Studium in Bresl., Berl. und Königsb. trat er (ohne Staatsexamen, aber mit der Promotion 1863 in Berl.) 1865 als Militärarzt in türkische Dienste und nahm 1875 in Chartum den Namen Emin Effendi an. Organisatorische Begabung, Sprachkenntnisse und Beherrschung sowohl der Lehre wie der Gebräuche des Islam verhalfen ihm 1878 zum Posten des Gouverneurs der Äquatorial-Prov. in Lado. Von da an führte er den Titel „Bey". In dem entlegensten Winkel ägyptischer Macht trug seine Uneigennützigkeit ganz wesentlich zur Verbesserung der Verwaltung und des Gesundheitswesens bei. Tatkräftig wandte er sich auch gegen den Sklavenhandel und förderte entschieden die wirtschaftliche Lage der verarmten Bevölkerung, bis er, 1887 zum Pascha ernannt, 1889 unter dem Druck des herrschsüchtigen H. M. Stanley die Provinz verließ und zur dt. Station Bagamoyo an der Ostküste Afrikas zog. Als ihn daraufhin der dt. Kolonialdienst übernahm, erkundete er von 1890 ab mit F. Stuhlmann (s. d.) und W. Langfeld das ostafrik. Hinterland. Hier wurde er, fast schon erblindet, von Arabern ermordet, die ihn wegen seines Eingreifens gegen den Sklavenhandel haßten. Naturw. Neigungen bewegten ihn schon früh. Im Grunde seines Herzens fühlte er sich mehr der Gelehrsamkeit als der Politik zugeneigt. Auf ausgedehnten Dienstreisen durch das unter seiner Obhut stehende Land und später auf Exp. durch das dt. Interessengebiet entwickelte er daher einen höchst erfolgreich betriebenen Sammeleifer. Die Topographie, Meteorologie, Anthropologie, Ethnographie und Linguistik zogen aus dem von ihm zusammengebrachten Material greifbaren Nutzen. Am nachhaltigsten bedachte er die Zool. u. Orn. mit einer reichen Ausbeute. Er selbst schrieb nur wenig, z. B. briefliche Ber. über das Vogelleben von Ugogo, Bukaba, Uwalija, Victoria Nyansa in J. Orn. 39, 1891. Obwohl er einen hervorragenden Formensinn besaß, verzichtete er vor allem darauf, neue Arten zu beschreiben — auch wenn er sie erkannt hatte. Die wissensch. Auswertung überließ er den Systematikern in Europa. Die ersten und meisten orn. Schätze schickte er an G. Hartlaub (s. d.), der zwischen 1880 und 1890 viele Novitäten feststellen konnte, u a. in J. Orn., Orn. Cbl., Abh. Brem., Proc. Z. S. London. Große Mengen erhielt Wien, wo sie von A. v. Pelzeln (s. d.) in Verh. Wien bearbeitet wurden, und zuletzt auch Berl., wo sie A. Reichenow (s. d.) im J. Orn. behandelte. 73 der von E. gefundenen Arten waren damals der Wissensch. noch unbekannt; 11 oder 12 davon tragen seinen Namen „Emini". Für die unbestritten hohen Verdienste um die zoogeogr. Erschließung Zentralfrikas sah sich der seltsame Mann belohnt durch den Titel Exzellenz und die Ehrenmitgliedschaft bei der DOG 1891. Als er für die selbstgewählte Aufgabe starb, endete ein von warmer Menschlichkeit getragenes, zugleich aber von dämonischen Triebkräften abenteuerlich gelenktes Leben, dessen letzte Rätsel ungelöst bleiben werden.

— Lit.: G. Schweinfurth u. F. Ratzel, E. P., 1888 (mit Bildnis). - V. Hassan, D. Wahrheit über E. P., 1893. - F. Stuhlmann, Mit E. P. ins Herz v. Afrika, 1894 (mit Bildnis). - Ders., D. Tagebücher v. Dr. E. P., 1916—1927 (4 Bde.). - Nachruf (von H. Schalow). Orn. Mber. 2, 1894, S. 69—74. - G. Schweitzer, E. P., 1898 (mit Bildnis). - Allg. Dt. Biogr. 48, 1904, S. 346—353 (mit weiteren Quellen). - Symons, E. P., The Governor of Equatoria, 1928. - Würdigung (von Laszlo Vajda). N. Dt. Biogr. 4, 1959, S. 479—482 (mit weiteren Quellen).

Enderes, Carl Ritter von, Dr., † 6. 12. 1885 Wien. Er war nicht Ornithologe von Fach oder Beruf, sondern Jurist. Ein für die Vogelwelt und deren Schutz aufgeschlossener Sinn ließ von ihm aber 1876 den Anstoß zur Gründung des Orn. Ver. in Wien ausgehen. Als Sekretär des Vereins und Mitherausgeber der Mitt. Wien war er die leitende rechte Hand des Vorsitzenden A. v. Pelzeln (s. d.), bis er 1880 wegen „Überhäufung mit Berufsgeschäften" auf die Weiterführung seiner erfolgreichen Vereinstätigkeit verzichten mußte. Wenn er sich auch in fachlich-orn. Fragen klug zurückhielt und nur belanglose kurze Mitt. brachte, bedeutete die geschickte Handhabung seines Amtes eine so wesentliche Anfangsförderung des Vereins und seines Organs, daß der Name E., kurz aufleuchtend, in die Geschichte der Wiener Vogelk. eingegangen ist.

— Lit.: Nachruf (von E. Hodek). Mitt. Wien 9, 1885, S. 315.

Endler, Friedrich Gottlieb, * 12. 3. 1763 Lüben (Schlesien), † nach 1830 Breslau. Zunächst lernte er den Beruf des Vaters als Ziergärtner und wurde 1782 Schüler eines Baumeisters. Nach 1786 widmete er sich aber der Kupferstecherei.

In dieser Kunst muß er es zu bedeutender Fertigkeit gebracht haben, weil er, neben vielen Kupferstichen von Landschaften und Bauwerken, u. a. auch eine Reihe von Monarchen porträtierte. Orn. hervorgetreten ist er als Stecher der 574 kolorierten Tafeln des mit F. P. Scholz (s. d.) herausgegebenen Werkes „D. Naturfreund oder Beitr. z. Schles. Naturgesch." (1809—1824), in dem zahlreiche Vögel abgebildet sind. Da er nur von ihm selbst gesammelte oder frisch erhaltene Stücke darstellte, lieferte er gleichzeitig einen wichtigen faun. Beitr. Er wurde in Schles. sehr geschätzt, weil fast alle Vorlagen von dort stammen und überdies eingehend beschrieben sind. Aus ihnen geht hervor, daß E. nicht nur gewandter Zeichner, sondern auch guter Kenner der Vögel war. P. Kollibay (s. d.) bezog sich öfters auf ihn in den „Vögeln d. Preuß. Prov. Schles." (1906).
— Lit.: Thieme-Becker, Künstler-Lex. 10, 1914, S. 520.

Engelmann, Wilhelm August Friedrich (Fritz), Dr., * 4. 4. 1874 Großbodungen (Eichsfeld), † 17. 1. 1935 Gera (Thüringen). Naturnahe Jugendjahre verbrachte er hauptsächlich in Worbis. Nach dem med. Studium ließ er sich in Gera als Arzt nieder. Bereits vor dem 1. Weltkrieg sicherten ihm hier Großzügigkeit und Uneigennützigkeit allg. Ansehen. Dadurch, daß er trotz ausgedehnter ärztlicher Praxis den Freuden der Jagd huldigte, kam er zur Kynologie (1924 erschien von ihm ein Buch „D. Dachshund") und zuletzt zu begeisterter Beschäftigung mit den Beizvögeln. An der Erneuerung der alten Jagdart und Gründung des Dt. Falkenordens 1923 war er mit vollem Einsatz beteiligt (auch in Krisenzeiten der Folgejahre blieb seine starke Persönlichkeit eine feste Stütze der Ordensbestrebungen). Schriftstellerischer Begabung entsprangen in diesem Lebensabschnitt 2 Veröff., die seinen Namen auch in der Orn. bekannt machten; es waren „Meine Lieblinge, d. Falken" (1925) und die zu weiter Verbreitung gelangten „Raubvögel Europas — Naturgesch., Kulturgesch. u. Falknerei" (1928). Das zweite, von einem Arbeitsausschuß des Falkenordens angeregte Buch (mit 834 Seiten!) wurde sein Hauptwerk. Neben allg. hist., anat. und system. Betrachtungen brachte es eine ebenso ausführliche wie gedankentiefe Schilderung der Biol. und jagdlichen Verwendbarkeit aller europ. Greife; auch die Eulen standen im Blickwinkel des erfahrenen Falkners. Aus dem für die Falkenpraxis bestimmten Zweck des Werks erklärt sich, daß nicht alle vorläufigen Arbeitshypothesen des fleißigen Verf. von der wissensch. Kritik geteilt wurden. Von den Ergebnissen zeitgenössischer Verhaltensforschung wich vielfach die auf langjährig vertrautem Umgang mit den Lieblingsvögeln fußende, eigenwüchsig tierpsychol. Auffassung ab. Neue, in Fachkreisen durchaus noch ungeklärte Gesichtspunkte enthielten auch die Gedanken zur Abstammung der einzelnen Arten und Gattungen sowie die Erklärungen des Grundes und Zweckes von anat. und physiol. Eigentümlichkeiten (Farbverteilung in den Federn als Schutz gegen Abnutzung u. dgl.). Nichtsdestoweniger blieb der günstige Gesamteindruck der flüssigen Darstellung in den Augen der Raubvogelfreunde ungeschmälert. Kleinere Beitr., die immer wieder auf die Schutzwürdigkeit der Raubvögel hinwiesen, übergab der warmherzige Heger daneben der Jagdpresse. Zur orn. Fachlit. fühlte er sich weniger hingezogen. Ein größerer Aufs. aus seiner Feder über „Wechselbeziehungen zwischen Schnelligkeit, Stoßjähe u. Farbfeldern auf d. großen Schwungfedern d. Falken" steht in Orn. Ms. 50, 1925; 2 kleinere Mitt. finden sich in B. z. F. 2, 1926.
— Lit.: Nachruf (von K. Kleinstäuber). Dt. Falkenorden 1935, Heft 1 (ohne Seitenangabe). - Ders., Über Greifvogelhaltung u. Falknerei in Thür., Mitt. Thür. 4, 1953, S. 6.

Engstfeld, Eduard, Dr., * Duisburg. Als Kandidat kam er 1849 an die Realschule 1. Ordnung nach Siegen (Westf.) und wurde dort Oberlehrer. Dann ging er kurz an die höhere Bürgerschule Crossen, kehrte aber 1853 wieder nach Siegen zurück. 1888 trat er als Konrektor in den Ruhestand. Sein naturw. Beobachtungsfeld war das Siegerland. Über die Flora dieses Gebietes berichtete er 1856/57 in Beil. zum Programm der Siegener Schule. Orn. Veröff. aus seiner Feder sind nicht bekannt. Doch stand er in Verbindung mit H. Landois (s. d.), der sich in „Westfalens Tierleben" (1886) auf seine vogelk. Mitt. stützte.

Erdt, Christian Daniel, * 2. 4. 1849 Kaufbeuren (Allgäu), † 30. 4. 1918 Kaufbeuren. Er war Kürschner in seiner Heimatstadt. Liebe zur Natur und ihren Geschöpfen erwachte bei ihm schon in der Schulzeit unter dem Einfluß von A. Buchner, dem damaligen Rektor der Gewerbeschule. Von seinem Lehrer wurde er auch zum Präparieren angeregt. Nachdem Wanderjahre hinter ihm lagen und er aus dem Krieg 1070/71 heimgekehrt war, bildete er sich in dieser Kunst zu hoher Vollkommenheit aus. Außer den zur Präparation bestimmten Stücken wurden ihm daher laufend Nachr. über das Auftreten der verschiedensten Vögel geliefert. Da er zudem jahrzehntelang unermüdlich in Feld und Flur selbst beobachtete, lag schließlich die Ornis des Reg.-Bez. Schwab. u. Neuburg, wie überhaupt die Bayerns, ziemlich lückenlos in seinem Blickfeld. Die von ihm geführten Aufz. erhielten für die avif. Erforschung seiner Heimat beachtlichen Wert. Er gab selbst nichts zum Druck und nahm reiches Wissen mit in das Grab, sofern er es nicht anderen Sachkennern bereitwillig mitgeteilt hatte. Zu diesen gehörten A. Wiedemann, A. J. Jäckel, R. Blasius, K. Parrot, A. Ries (s. d.), die alle seine Kenntnisse und Erfahrungen für ihre Veröff. heranzogen. Auch in den „Materialien z. bayer. Orn." (Jber. Münch. u. Verh. Bay. zwischen 1899 und 1913) finden sich wichtige Feststellungen von ihm aus der Umgeb. von Kaufbeuren und dem mittleren Schwaben. Wenn in der Gesch. der schwäb. Vogelk. bekanntere Namen wie Ch. L. Landbeck, J. F. Leu, A. J. Jäckel, A. Wiedemann (s. d.) anklingen, darf der stille Förderer E., der von 1901—1914 auch Mitglied der Orn. Ges. Bay. war, nicht fehlen.
— Lit.: Nachruf (von A. Laubmann). Verh. Bay. 13, 1918, S. 363—366.

Erhard, Hubert, Dr., * 9. 1. 1883 München, † 18. 6. 1959 Adelholzen (Chiemgau). Der nach Geblüt, Wesen und Sprache echte Altbayer habilitierte sich, nachdem er seit 1909 Assistent am Physiol. Inst. der Tierärztl. Hochschule in Münch. gewesen war, 1913 in Münst. (Westf.) für Zool.; von 1914—1923 war er Privatdozent, dann ao. Prof. in Gießen, von 1928—1937 Ordinarius f. Zool. in Freiburg (Schweiz). Von 1937 bis 1945 arbeitete er mit einem Lehrauftrag für Tiergeogr. am Zool. Inst. in Münch. und zog sich anschließend nach Adelholzen zurück. Seine Vorliebe für physiol. Fragen führte zur Veröff. des „Tierphysiol. Praktikums" (1916), dem ersten Leitfaden dieser Art. Früchte seiner zu allen Zeiten gern betriebenen Freilandbeobachtungen waren „Tierbeobachtungen in d. Alpen" (Alpenfreund-Bücherei 1926) und „D. Tierwelt d. Alpen" (Alpines Hdb. 1931); eine Anerkennung für diese Arbeiten war die Ehrenmitgliedschaft bei der Naturf. Ges. in Freiburg (Schweiz). Mit zunehmendem Alter gewährte ihm die Beschäftigung mit der Geschichte der Zool. immer mehr Befriedigung, so daß von seinen 100 Publikationen sich rund 30 mit biogr. und hist. Themen befaßten. Herausgebertätigkeit, die ihn zum hervorragenden Kenner der naturw. Schriften Goethes machte, verknüpft seinen Namen ferner mit der Schröderschen Goethe-Ausg. (Bd. 8, 1949). Der Vogelk. trat er besonders in den Gieß. Jahren nach dem 1. Weltkrieg näher. Obwohl er sich damals der Gesamtzool., auch der für Forstleute und Landwirte, widmen mußte, verstand er es, durch Exk. in Oberhess. und nach dem Altrheingebiet des Kühkopfs nicht nur die eigenen Formenkenntnisse zu erweitern, sondern auch der avif. Forschung in Teilen Hess. Auftrieb zu geben. „Orn. Beob. in Oberhess." aus seiner Feder finden sich in Mitt. Vw. 22, 1923 — 26, 1927. Die Gabe, Freude an der Vogelwelt zu wecken, regte auch orn. Veröff. seiner Hörer an. Ehemalige Gieß. Studenten begleiteten ihn noch später auf aufschlußreich gestalteten Exk. in die Berchtesgadner Alpen, ins Berner Oberland, ins Wallis, in den Schweiz. Nationalpark und in den ital. am Gran Paradiso. Er selbst sah in seiner orn. Tätigkeit in Hess. nur eine bescheidene Leistung; nichtsdestoweniger hinterließ sie dort für längere Zeit frische Spuren und die Erinnerung an ihm zu dankende faun. Erlebnisse. Der Vogelk. seiner bayer. Heimat galten Beitr. wie „Über Wiederauftreten d. Steinadlers im Berchtesgadner Land" (Orn. Mber. 30, 1922), „D. Kolkrabe" (Mitt. Vw. 22, 1923), „D. Vögel d. bayer. Alpen" (D. Sammler 92, 1923), „D. Ruf d. Alpendohle" (Anz. Bay. 1, 1924), „Vogelbeobachtungen im Allgäu an Ostern 1926" (Mitt. Vw. 25, 1926), „Seltenheiten in d. Chiemgauer u. Berchtesgadner Alpen" (Verh. Bay. 17, 1927).

— Lit.: L. Gebhardt u. W. Sunkel, D. Vögel Hess., 1954, S. 93. - Nachruf (von W. E. Ankel). Verh. Dt. Zool. Ges. 1959, S. 547/48 (mit Bildnis).

Erhard, ?, Dr., * Bayern. In der Zeit, als Otto, der Sproß des Hauses Wittelsbach, König der Hellenen war (1832—1862), ließ sich E. auf der Insel Syra (Zykladen) im Aeg. Meer nieder, um dort die ärztliche Praxis auszuüben. Da er fleißiger Naturbeobachter war, wurde er neben A. Lindermayer und H. v. d. Mühle (s. d.) einer der Deutschen, die sich das Verdienst erwarben, erstmals die griech. Fauna in den Blickpunkt der Forschung gerückt zu haben. 1858 erschien in Leipz. seine „Fauna d. Zykladen"; doch kam nur der 1. Teil (Wirbeltiere) zustande. Den darin enthaltenen Kat. der auf den vielen Inseln „einheimischen u. überwinternden oder nur durchziehenden" Vögel brachte auch die Naum. 8, 1858. Die Liste vereinigte nur 221 Arten; das ist wenig im Vergleich zu den Ergebnissen von A. Lindermayer und H. v. d. Mühle. Offenbar fehlte es E., dessen Aufmerksamkeit in 5 Beobachtungsjahren gleichzeitig anderen Tierklassen galt, angesichts der Reichhaltigkeit der Formen an der Möglichkeit zu gründlicheren avif. Studien. So unterlag er auch der irrigen Annahme, daß die Inselgruppe der südlichste Punkt für im Winter von Norden einziehende und der nördlichste Punkt für im Sommer von Süden kommende Vögel sei. Außer einer weiteren Notiz über Falco eleonorae und Ixos obscurus (Naum. 8, 1858) sind keine Mitt. aus seiner Feder bekannt. O. Reiser (s. d.) berief sich im Griechenlandband der „Ornis Balcanica" (1905) vielfach auf die Feststellungen des bayer. Arztes.

— Lit.: A. Lindermayer, Z. Orn. Griechenl., Korr. Regensb. 13, 1859, S. 134—137.

Erlanger, Carlo Freiherr von, * 5. 9. 1872 Ingelheim (Rheinhessen), † 4. 9. 1904 Salzburg. In einem wohlhabenden Hause wuchs er heran und genoß die erste feldorn. Schulung in Gesellschaft von Ch. Deichler und C. Hilgert (s. d.). Nach seiner 2. Tunisreise folgte persönliche und wissensch. Verbindung auch zu O. Kleinschmidt (s. d.). Schon im Januar 1893 führte ihn die 1. Afrikareise zusammen mit P. Spatz (s. d.) in die tunes. Sahara. Die Dienstzeit in einem Husarenregiment 1893/94 leitete dann über zu naturw. Studien in Lausanne, Cambridge und am Brit. Mus. in London. Bis zum Herbst 1896 bereitete er sich außerdem in Berl. durch das Erlernen der arab. Sprache im orient. Seminar und durch Arbeiten im Mus. f. Naturk. auf die 2. tunes. Reise (1897) vor. 1900/01 waren Abessinien und Somaliland die Schauplätze einer 3. Reise zusammen mit C. Hilgert und (teilweise) mit O. Neumann (s. d.). Den Lebenserfolg als Afrikaforscher verdankte er einmal dem auf reiche eigene Mittel sich stützenden persönlichen Einsatz und dann der angeborenen Begabung für zoogeogr. Unters. Bei der Sichtung der Ausbeute überwand er, wohl mit Hilfe Ch. Deichlers (s. d.), schnell dilettantischen Anfang des Nur-Sammlers und entwickelte sich zum Gesetzmäßigkeiten suchenden und das Wesentliche erkennenden Systematiker. Anhand langer Reihen von tunesischen Haubenlerchen und ostafrik. Turteltauben deckte er aus der Kraft zu zusammenfassender Synthese verwandtschaftliche Beziehungen von Formen auf, die sich nach seiner Ansicht unter dem Einfluß wechselnder Lebensbedingungen im Laufe der Zeiten zu Unterarten auseinander entwickelt hatten. Die Orn. Mber. und das J. Orn. (hier vor allem 46, 1898; 47, 1899; 48, 1900; 52, 1904) unterrichteten über die von ihm gesammelten Erfahrungen. Dadurch, daß er sich schon 1898 als einer der ersten zu den Auswirkungen der Evolution bekannte, wurde er zum frühen Gefolgsmann E. Harterts (s. d.). Ein Autounfall riß ihn aus tätigem Forschen und setzte weiteren stolzen Planungen eines Frühvollendeten das jähe Ende. Zu seiner wissensch. Hinterlassenschaft (er fand 233 Formen, darunter 17 von ihm neu beschriebene und heute noch gültige Rassen) gehört eine großartige Samml. aus dem paläarkt. und äthiop. Faunengebiet. In meist prachtvollen Serien enthält sie 12 589 Vogelbälge und 1140 Gelege; unter ihnen befinden

sich alle von ihm gedeuteten nordafrik. Typen. Die Senck. Naturf. Ges. z. Frankf. bewahrt sie seit 1917 auf.
— Lit.: Nachruf (von A. Reichenow). Orn. Mber. 12, 1904, S. 172. - Nachruf (von H. Hocke). Zs. Ool. 14, 1904, S. 97/98. - Nachruf (von O. Kleinschmidt). J. Orn. 53, 1905, S. 34—41 (mit Bildnis). - Nachruf (von E. Hartert). Ibis (8) 5, 1905, S. 144 bis 147. - Nachruf (von W. Kobelt). Ber. Senck. 35, 1905, S. 43—55. - E. Stresemann, Entw. d. Orn., 1951. - Würdigung (von J. Steinbacher). Ber. Senck. 92, 1962, S. 29—31 (mit Bildnis). - Büste in Naturmus. Senck. z. Frankf. (Main).

Ernst, Karl, * 20. 4. 1891 Schöningen (Braunschweig), † 12. 8. 1956 Braunschweig. Von 1915 ab wirkte er als Lehrer und Mittelschullehrer in Braunschw. Der Biologieunterricht lag bei ihm in liebevollen Händen. Über seinen Beruf hinaus betätigte er sich in wissensch. Studien. Nach 1945 war er daher 3 Jahre lang Dozent an der Pädagogischen Akad. in Braunschw. und an der Lehrerbildungsanstalt in Wolfenbüttel. Die Freizeit gehörte den Vögeln und Pflanzen der Umgeb. seines Wohnsitzes. Auf Exk. des Bundes f. Vogelsch. und anderer Heimatvereinigungen wußte er durch feldorn. Erfahrung und ruhiges, ausgeglichenes Wesen seine Begleiter zu erwärmen und zu gewinnen. Der eifrige Wanderer, Freund des Riddagshäuser Naturschutzgebiets, feinsinnige Beobachter und Stimmenkundige konnte sich leider nicht zu Veröff. entschließen. Kenner drängten in ihn, sein Wissen nicht für sich zu behalten. Er aber vertröstete sie auf Jahre, die er nicht erreichte. So gesellte er sich durch allzu peinliche Gewissenhaftigkeit und übergroße Zurückhaltung zu den Stillen, die der ernsthaften Forschung manch wertvollen Baustein aus örtlichen Bezirken vorenthalten.
— Lit.: Nachruf (von E. Bergfeld). Freundeskreis d. Großen Waisenhauses Braunschw. 6, 1956, S. 10/11.

Ernst II., Herzog von Sachsen-Coburg-Gotha, * 21. 6. 1818 Coburg, † 22. 8. 1893 Schloß Reinhardsbrunn. Schon in den Knabenjahren begann er — zusammen mit seinem jüngeren Bruder Albert, dem nachmaligen Prinzgemahl der Königin Viktoria von England — eine Vogelsamml. anzulegen. Der Vogelk. zeigte er sich so zugeneigt, daß er in den Augen von Ch. L. Brehm (s. d.) ein „großer Kenner der Orn." war. Die DO—G ernannte ihn daher 1853 zu ihrem ersten Ehrenmitglied. 1862 unternahm er von Massaua aus eine Jagdexp. in das Bogos-Land. Da die Ausbeute hauptsächlich seiner orn. Samml. zugute kommen sollte, wählte er A. E. Brehm (s. d.) zum Begleiter. Unter Mitwirkung des Fürsten entstand das von R. Kretschmer (s. d.) illustrierte Prachtwerk „Reise d. Herzogs Ernst von Sachsen-Coburg-Gotha nach Ägypten u. d. Ländern d. Hahab, Mensa u. Bogos" (Leipz. 1864). Später trat er orn. nicht mehr in Erscheinung.
— Lit.: Würdigung (von G. Quäbicker). J. Orn. 90, 1942, S. 334/35 (mit Verz. älterer Quellen).

Ertl, Gustav, * 8. 2. 1843 Dognácska (Komitat Krassó-Szörény), † 20. 10. 1907 Liptó-Ujvár (Komitat Liptó). Auf der Forstakad. von Selmeczbánja erhielt er seine Ausbildung und trat 1869 in den Staatsdienst. Den Amtssitz wechselte er öfters, bis er 1891 nach Liptó-Ujvár kam, wo er Oberforstrat wurde. Als leidenschaftlicher Jäger und Sammler gehörte er zu den damals in Ung. nicht zahlreichen Oologen. Seit 1890 galt seine Aufmerksamkeit auch dem Vogelzug, so daß ihn die Ung. Orn. Zentrale zu einem ihrer eifrigsten und ältesten korr. Mitglieder zählen konnte. Großes feldorn. Wissen und gute Beobachtungsgabe sprachen aus brutbiol. und phänol. Nachr., die er von 1897—1907 der Aquila übergab. Seine ersten Veröff. hatten den Titel „Nidologia und Oologia" (Beob. aus d. Liptauer Komitat über d. Brutgeschäft verschiedener Arten) (Aquila 4, 1897 u. 8, 1901) und befaßten sich u. a. mit der Fortpflanzung von Flußuferläufer, Waldschnepfe, Wachtelkönig, Auerhuhn, Ziegenmelker, Wasseramsel, Ringdrossel, Uhu, Schreiadler. Daten aus einer von ihm verfaßten „Ornis d. Komitates Liptó" erschienen in den von der Ung. Orn. Zentrale gebrachten Verlautbarungen. Seine umfangreiche Eiersamml. erhielt das Landw. Mus. von Budapest und wurde dort von F. Cerva (s. d.) und Koloman Warga geordnet.
— Lit.: Nachruf (von O. Herman). Aquila 14, 1907, S. 376/77.

Eschenburg, Heinrich, * 16. 1. 1861 Winzeldorf (Kr. Pinneberg), † 3. 12. 1928 Holm (Kr. Pinneberg). Nach dem Besuch des Seminars in Uetersen war er von 1882 ab Lehrer in Ulzburg (Kr. Segeberg) und seit 1887 in Holm. Auch im Ruhestand von 1924 ab blieb er seinem Dorfe geistiger Führer und Vorbild. Seine Mußestunden füllten volksk. Studien auf vielen Gebieten. Von Kränklichkeit oft an der Arbeit gehindert, begnügte er sich in weiser Beschränkung mit der Erforschung des kleinen Fleckchens Erde in der nächsten Umgeb. seines Wohnortes zwischen Marsch und Geest, Heide und Moor, Elbstrom und Dünengelände. Als Autodidakt mit innerer Berufung, doch ohne Beziehung zur Fachlit. kannte er hier jede Blume und jeden Vogel. Noch kurz vor seinem Tode erschien eine Musterdarstellung aus seiner Feder, die „Holmer Flora" (Schr. Schlesw.-Holst. 18, 1928). Bei seinen Tierbeob. hatten es ihm vornehmlich die Vögel angetan. Viele Jahre hindurch führte er orn. Tagebücher mit gewissenhaften Niederschriften. Eine Fülle faun., biol. und phänol. Materials überließ er W. Hagen (s. d.) zur Verwendung in einer geplanten Avif. von Schlesw.-Holst. Eigene Veröff. gab er in erster Linie an die Monatsschrift „D. Heimat". 13 vogelk. Beitr. und Mitt. zwischen 1896 und 1928 zeugen davon, wie unauffällig bescheiden der stille, feinsinnige Mann sich in den Dienst der örtlich gebundenen Naturbetrachtung gestellt hatte
— Lit.: Nachruf (von F. Elmendorff). D. Heimat, Monatsschr. d. Ver. z. Pflege d. Natur- u. Landesk. in Schlesw.-Holst.... 39, 1929, S. 127 bis 130 (mit Bildnis).

Essen, Gerhard Hinrich von, * 13. 9. 1770 Hamburg, † 29. 9. 1833 Barmbeck. Er entstammte einer angesehenen Hamb. Kaufmannsfamilie und erwarb 1794 als Tuchhändler das Bürgerrecht. Seine Wohlhabenheit nutzte er nicht nur zur Stiftung bedeutender Summen für mildtätige Zwecke, sondern auch verdienstvoll zum Aufbau einer großen Vogelsamml., die die Vögel Europas ziemlich vollständig sowie viele Amerikas und anderer Weltteile umfaßte. In zweckmäßigen Schränken waren 1147 Nummern vereint. Dieses „Orn. Cabinet" vermachte der Junggeselle, der ein langes Rentnerdasein in seinem Barmbecker Gartenbesitz verbrachte, 1826 testamentarisch der Hamb. Stadtbibliothek. Es bildete den Grundstock der orn. Abt. des 1843 gegründeten Naturh. Mus. Einige der Stopfpräparate überdauerten die Katastrophe des 2. Weltkriegs; dazu gehört die Wandertaube.

— Lit.: Staatsarch. d. Freien u. Hansestadt Hamb. - H. Bolau, Gesch. d. Naturw. Ver. Hamb., Abh. u. Verh. Hamb., Festschr. 1887. - F. H. Dietrich, Hamb. Vogelw., 1928.

Ettinger, Josef, * 1822 Nova Gradiška, † 1908 Agram (= Zagreb). Er besuchte die Mittelschule in Požega, studierte Forstwissensch. in Marienbrunn und Wiener Neustadt und war zwischen 1853 u. 1872 Waldbereiter, Förster u. Oberförster in Mitrovica, Titel, Kovil u. Bjelovar. Für die wilde Schönheit der Landschaft aufgeschlossen, erkannte er mit dem geschärften Blick des begabten Naturbeobachters die orn. Einmaligkeit seiner Reviere, begleitete J. Zelebor und E. Hodek (s. d.) in die ung. Donauniederungen und wurde zu einem der frühen Künder der Ursprünglichkeit. Außer einigen kroatischen Studien schrieb er dt.: „D. syrmische Sumpf Obedska Bara u. seine Vogelw." (Verh. Wien 7, 1857), „Jagdliches aus d. ung. Südosten" (Hugos Jagdztg. 2, 1859), „Aus d. ung. Südosten" (ebd. 4, 1861), „Schnepfenjagd im Bezirke d. Waraschdiner-Kreutzer Grenzregimente" (ebd. 6, 1863). Das größte Werk aus seiner Feder blieben die kroatisch abgefaßten „Syrmisch-slawonisch-kroatischen wilden Tiere, Raubtiere u. Vögel" (Zemun 1857); es enthielt, wenn auch nicht frei von mancherlei Ungenauigkeiten und zweifelhaften Angaben, wertvolle hist. Daten über 223 Vögel Slawoniens und Syrmiens und stellt so das älteste kroat. zool. Buch überhaupt dar. Seit den 80er Jahren stand der Verf. — Freund von S. Brusina (s. d.) — als Forstinspektor in Agram. Lange genug lebte er, um Zeuge zu sein, wie die ehemaligen Überschwemmungsflächen vom Kulturland verdrängt wurden. Die den Naturfreund aufrührenden Wandlungen wurden von ihm geschildert unter dem Titel „D. Sumpf Obedska Bara nächst Kupinovo in Slawonien einst u. jetzt" (Glasnik Hrv. Nar. druztva 3, 1888).

Euler, Carl, * 1834 Basel, † 27. 11. 1901 Rio de Janeiro. Nach dem Besuch des Gymnasiums seiner Vaterstadt wanderte er 1853 nach Brasilien aus, ließ sich in der dt. Kolonie Cantagallo in der Prov. Rio nieder, erwarb eine große Farm und wurde Schweiz. Vizekonsul. Viele seiner Freistunden galten hier dem Studium der Avif. seiner Umgeb. Als er dazu noch in Verbindung mit J. Cabanis (s. d.) gekommen war, erschienen aus seiner Feder bemerkenswerte Beitr. zur Fortpflanzungsbiologie bras. Vögel (J. Orn. 15, 1867 u. 16, 1868). In Rio de Janeiro, wohin er 1877 übersiedeln mußte, veranlaßten ihn zu H. v. Ihering (s. d.) aufgenommene Beziehungen zur Veröff. weiterer orn. Erfahrungen in Revista do Museu Paulista. „Descripcão dos Ninhos e Ovos das Aves do Brasil" (ebd. 1900) dürfte seine letzte Arbeit gewesen sein; sie enthielt Verbesserungen und Ergänzungen zu den vor Jahrzehnten in J. Orn. gebrachten Angaben über Nester, Eier und Brütezeiten; 223 Arten konnte er behandeln. Als Bestandteil der Freilandbeobachtung in kaum erforschten Landschaften beherrschte ihn auch die Sammelleidenschaft. Wertvolle Sendungen von Balgmaterial empfingen von ihm das Berl. Zool. Mus. und das Nat.-Mus. von Rio. Auf autodidaktischen Wegen entwickelte er sich zum hervorragenden Kenner bras. Vögel, ohne daß ihn je wissensch. Ehrgeiz packte.

— Lit.: Nachruf (Verf. ungen.). Ibis (8) 2, 1902, S. 521/22. — Biogr. Notiz (von Schriftl.). Orn. Mber. 10, 1902, S. 148.

Eversmann, Eduard, Dr., * 23. 1. 1794 Hagen (Wehringshausen), † 14. 4. 1860 Kasan (Rußland). 1812 studierte er Naturw. in Marb., 1813/14 in Berl. Als sein Vater 1814 in Slatoust (Ural) für die russ. Regierung eine Gewehrfabrik aufbaute, nahm der Sohn in Dorpat med. Studien auf, die er 1816 durch die Promotion beendete. Trotz seines Ansehens als prakt. Arzt in Slatoust konnte er naturw. Eifer und Forscherdrang nicht unterdrücken. 1820/21 ging er daher mit einer Exp. nach Buchara. Von dort brachte er die ersten Nachr. über die Avif. der Wüste Kisyl-Kum. Die unter erheblichen Schwierigkeiten und Entbehrungen erzielte Beute kam zum größten Teil in das Berl. Mus., und sein alter Gönner H. Lichtenstein (s. d.) schrieb die Vorrede zu dem Ber. über die „Reise v. Orenburg nach Buchara" (Anhang Vögel, Berl. 1823). Durch die Heirat mit der Tochter eines tatarischen Aristokraten 1821 materiell unabhängig geworden, übte er nur im Winter die ärztliche Praxis in Orenb. aus, während er den Sommer auf seinem Landgut oder auf Reisen in die benachbarten Gouvernements verbrachte. 1825 war er am Kasp. Meer und Aralsee, 1830 im Kaukasus, 1834 in Saratow. Seit 1828 hatte er die Professur für Zool. und Botan. an der Univ. Kasan inne. Etwa 35 Jahre lang galt sein wissensch. Streben der Erkundung vieler Gruppen der paläarkt. und in Sonderheit der russ. Tierwelt. In seiner Bedeutung steht er in nur kurzem Abstand hinter P. S. Pallas (s. d.), zu dessen „Zoographia Rosso-Asiatica" er 1835, 1841 und 1842 „Addenda . . ." herausgab. Neben der bevorzugt bedachten Entom. verdanken ihm vor allem die Vogelformen der mittleren Kirgisensteppe mehrfache Schriften. Die „Naturgesch. d. Orenb. Gebiets" (Teil 3, Vögel, Kasan 1866) blieb lange Jahre das einzige russ. Lesern zugängliche Werk zum Bestimmen von Vögeln. Auch dem J. Orn. 1, 1853 überließ er „Beitr. z. Orn. Rußl.". Mängel in der faun. Darstellung (z. B. Verbreitungsangaben nur in allg. gehaltenen Ausdrücken, keine Trennung von Brut- u. Gastvögeln) können die wichtige Rolle, die E. — eine Reihe von Vogelarten sind von ihm entdeckt — für die Erforschung weiter Gebiete spielte, kaum herabmindern. Unzulänglichkeiten beruhten darauf, daß die Zoogeogr. zu jener Zeit sich erst langsam aus planlosem Sammeln zu einer selbständigen Wissensch. entwickeln mußte. Die Pionierleistungen des rührigen Deutschen würdigte die russ. Regierung durch die Ernennung zum Wirkl. Staatsrat. Die DO-G verlieh ihm 1858 die Ehrenmitgliedschaft.

— Lit.: C. Claus, Erinnerungen an E. F. E., „D. Inland", Dorpat 1860, Hefte 30 u. 31. - F. Th. Köppen, Bibliotheca Zool. Ross. II, Petersb. 1907 (mit Verz. älterer Quellen). - Würdigung (von

G. Quäbicker). J. Orn. 87, 1939, S. 194—197. - E. Stresemann, Briefe v. u. über E. E. aus d. J. 1816—1822, Mitt. Berl. 34, 1958, S. 221—243.

F

Faber, Friedrich (Frederik), * 21. 4. 1796 Odense (Dänemark), † 9. 3. 1828 Horsens (Jütland). Der Juristensohn studierte in Kopenhagen die Rechte und wurde Reg.-Quartiermeister und Auditeur der schlesw. Kürassiere in Horsens. Früh muß ihn schon die Zool. beschäftigt haben; denn gleich nach bestandenem Examen ging er auf Kosten des dän. Staates von 1819—1821 zur kritischen Beob. des Lebens der Tiere, vor allem der Vögel und Fische, nach Island. Das Ergebnis der Reise waren Aufz. von reformierender Gründlichkeit, deren Bedeutung kaum von einem zeitgenössischen Ornithologen verstanden wurde. Mit der ihn bewegenden neuen Betrachtungsweise überflügelte er selbst die großen Leistungen J. F. Naumanns und Ch. L. Brehms (s. d.). Schon sein erstes Büchelchen „Prodromus d. isl. Orn." (Kopenh. 1822) überraschte durch eine in ihrer Gedankentiefe vorher nicht bekannte Darstellung der Biol. nordischer Vögel. Entscheidend für seine Stellung in der Gesch. der europ. Orn. wurde aber das, was er in mitreißender Begeisterung und überzeugender Logik „Über d. Leben d. hochnordischen Vögel" (Leipz. 1825/26) folgen ließ. Kennzeichnend für Stil und Auffassung sind auch seine in dt. und dän. Zeitschr. veröffentlichten Aufs., z. B. die ausgezeichneten „Beitr. z. arkt. Zool." (Isis 1824, 1826, 1827) und die eindrucksvolle „Schilderung eines zool. Ausfluges z. d. Inseln im Kattegatte im Julius 1824" (Ornis, Heft 2 u. 3, 1826 u. 1827; Isis 1829). Er verriet eine Beobachtungsgabe für biol. Vorgänge, ein Maß an anat. Kenntnissen, einen Blick für die Feinheiten des Vogelbalges, eine Beherrschung des Schrifttums, eine Sicherheit des Urteils, wie sie in dieser Harmonie nur begnadete Nicht-Zoologen erreichen können. Mit der zu seiner Zeit üblichen reinen Beschr. der Arten begnügte er sich daher nicht. Sein analytisches Denken galt der Klärung der Gesetze und inneren Zusammenhänge in der Fülle der Naturerscheinungen. Dieses Ziel vor Augen, fand er scharfsinnige Deutungen zu Fragen der geogr. Ausbreitung, der Wanderungen, Fortpflanzung usw. Triebe und Umwelteinflüsse schienen ihm die bewegenden Faktoren für die Lebensäußerungen der Vögel zu sein. Die Vorstellung von der Konstanz der Arten warf er über Bord; er glaubte vielmehr — wie P. S. Pallas (s. d.) — an klimatische Ursachen für lokale Abänderungen. Mit erlesener Kritik warnte seine nüchterne Einstellung Ch. L. Brehm vor dem Abgleiten in den Irrgarten verwirrender Artbestimmungen. Sein früher Tod aber hatte die ungehinderte Ausbreitung der Brehmschen Metaphysik unter vielen zeitgenössischen dt. Vogelkundigen im Gefolge — und damit ein baldiges Ende der großartigen Blütezeit, die der dt. Feldorn. zu Anfang der 20er Jahre beschieden war. Daß mit diesem Aufstieg der Name des geistreichen Dänen wegweisend verbunden ist, wird demjenigen bewußt, der ihn als den wissensch. denkenden Kausalforscher begreift. Da der damaligen Lesergemeinde der Sinn jedoch mehr nach anschaulicher Vorführung der in Deutschl. beheimateten Vögel stand, blieb F.s weitergreifende Sachkunde im Schatten seiner beiden Freunde und Bewunderer, des meisterhaften, aber unproblematischen Schilderers J. F. Naumann und des emsigen, schwärmerischen Ch. L. Brehm.

— Lit.: Verz. d. orn. Veröff. in Orn. Ms. 35, 1910, S. 216—218. - H. Helms, F. F., Naturens Verden 12, 1928, S. 145—160. - G. Timmermann, D. Vögel Islands, 1938—1949 (mit Bildnis). - E. Stresemann, Entw. d. Orn., 1951.

Fabricius, Georg, Dr., * 23. 4. 1516 Chemnitz, † 13. 7. 1571 Meißen. Nachdem er auf der Univ. Leipz. vertieftes Verständnis für die lat. Sprache erworben hatte, war er bis 1538 Lehrer in seiner Vaterstadt und Freiberg, begleitete von 1539—1543 einen wohlhabenden Schüler auf Reisen durch viele Teile Italiens, studierte u. a. in der vatikanischen Bibliothek und hielt sich 1544—1546 in Straßb. auf, bis er Rektor der Fürstenschule St. Afra in Meißen wurde. Ein bedeutender sächs. Pädagoge, machte er sich als klassischer Philologe, Dichter, theol. Autor und Historiograph des sächs. Kurfürsten durch zahlreiche Schriften verdient. Auch mit der Vogelwelt des Elbebereichs muß er in seiner Vielseitigkeit gut vertraut gewesen sein, denn er war neben J. Kentmann und L. Schan (s. d.) einer der Hauptgewährsmänner, von denen C. Gesner (s. d.) Mitt. über dt. Vögel bezog. Aus seiner Feder stammt ferner die Nachr. vom Erscheinen des Rosenstars in Sachs. (G. F. annalium urbis Misnae, 1564). Daß er die von seinem Freunde J. Kentmann angefertigte Liste der Elbvögel 1569 zum Druck brachte, bezeugt gleichfalls das orn. Interesse des auch mit den Naturw. des Humanismus verbundenen Gelehrten.

— Lit.: Allg. Dt. Biogr. 6, 1877, S. 510—514 (mit älteren Quellen).

Fabricius, Philipp Conrad, Dr., * 2. 10. 1714 Butzbach (Hessen), † 19. 7. 1774 Helmstedt. Nach dem Studium der Med. und Botan. in Gießen und Straßb. war er Inhaber des Physikats in seiner Vaterstadt. 1748 ging er als Prof. der Anat., Physiol. und Pharm. nach Helmstedt, und die Zeitgenossen würdigten ihn mit dem Prädikat „Simplicis vir vitae philosophicae". Man hat in ihm einen nach Selbständigkeit drängenden Gelehrten der Aufklärung zu sehen, der eine Reihe med., botan. und zool. Schriften hinterließ; u. a. schrieb er 1743 eine Flora seiner Heimatlandschaft und fügte 1746 eine Topographie der Gegend an. Daß er auch mit der Fauna der Wetterau mehr als andere vertraut war, beweist schließlich seine 1749 erschienene „Commentatio . . . de animalibus, quadrupedibus, avibus, amphibiis, piscibus et insectis Wetteraviae indigenis". Die Liste erbrachte 111 Brut- u. Zugvögel, das Hausgeflügel eingerechnet. Entsprechend den damaligen unvollkommenen Forschungsmethoden ist sie reichlich unkritisch und für faun. Zwecke ohne Gewicht. Geschichtlich betrachtet, ist sie der erste Schritt zu einer örtlichen Avif. auf hess. Boden.

— Lit.: F. W. Strieder, Grundlage z. einer hess. Gelehrten- u. Schriftstellergesch. 4, 1784, S. 42. - Nebel, Über d. Verdienste älterer hess. Gelehrter um Natur u. Heilkunde, Ber. Oberhess. 1, 1847, S. 6. - Allg. Dt. Biogr. 6, 1877, S. 524. - L. Gebhardt u. W. Sunkel, D. Vögel Hess., 1954, S. 41.

Falkenstein, Julius, Dr., * 1. 7. 1842 Berlin, † 1. 7. 1917 Großlichterfelde. Der Stabsarzt am Friedrich-Wilhelm-Inst. zu Berl. war früh Mitglied der DOG und ihr Protokollführer, bis er sich als Arzt und Zoologe einer Exp. anschloß, die im Auftrag der Dt. afrik. Ges. von 1873—1876 an der Loango-Küste forschte. Ber. über die wertvollen orn. Sammelergebnisse (darunter Neubeschreibungen) finden sich in J. Orn. von 1874—1877. Am ausführlichsten sind sie von A. Reichenow (s. d.) in J. Orn. 25, 1877 dargestellt. F. selbst sprach über seine Erfahrungen in den Sitzungen der Berl. DOG und schrieb die „Loango-Küste. . . " (Berl. 1876) und „Afrikas Westküste . . ." (1885).

Fászl, Stephan, * 6. 2. 1838 Güns = Köszeg (Komitat Eisenburg = Vas), † 26. 1. 1900 Ödenburg (Ungarn). Sohn eines Schuhmachermeisters, wurde er am Gymnasium des Benediktinerordens erzogen. 1855 trat er in den Orden ein und empfing 1862 die Weihe zum Meßpriester. Nach kurzer Tätigkeit in seinem Geburtsort lehrte er von 1868—1895 als Prof. am Ordensgymnasium in Ödenb. Math., Chemie und sein Lieblingsfach, die Naturk. In seiner Persönlichkeit verkörperte sich ein stilles, der Öffentlichkeitsarbeit abholdes Gelehrtendasein; überwiegend war es der Erforschung der Fauna des Neusiedler Sees gewidmet. Während vor ihm A. Jukovits (s. d.) das Ostufer erschloß, galt seine Aufmerksamkeit dem Südwestufer und dem Hanság. 34 Jahre lang trug er, system. sammelnd, seine Schätze zusammen und hütete sie sorgsam im Mus. des Ordens. Beanspruchten ihn noch zu Anfang der 70er Jahre mehr die Dipteren, so trat bald die damals paradiesische Welt der Vögel beherrschend in den Vordergrund seines Wissensdranges. Unentwegte Freilandbeobachtung machte ihn in jenen Jahren zu einem der besten Kenner der Neusiedler Vogelarten. Verdienstvoll war daneben sein pädagogisches Bemühen, die Herzen der ihm anvertrauten Jugend für die Reize der heimatlichen Ornis zu gewinnen. Unter den durch sein Beispiel zur Vogelk. geführten Schülern befanden sich der 15jährige St. v. Chernel (s. d.) und der 17jährige T. Csörgey (s. d.). Da ihn der Lehrberuf völlig ausfüllte und er sich scheute, seinen Namen dem Lärm der Außenwelt preiszugeben, sind wissensch. Veröff. aus seiner Feder kaum überliefert. Einen Teil seiner Erfahrungen legte er in ung. Sprache im Ber. seines Gymnasiums 1882/83 nieder, verwies dabei — 255 Arten behandelnd — gleichzeitig auf die älteren Beob. von J. Finger, Jos. Natterer, Joh. Natterer, A. Jukovits (s. d.) und stellte in vergleichender Rückschau die Veränderungen des Faunenbildes heraus. Dt. verfaßte er einen biol. Beitr. unter dem Titel „Locustella luscinioides am Neusiedler See" (Mitt. Wien 10, 1886). Aufz. von Notizen aus der nahen Umgeb. von Ödenb. (1878—1894) kamen als Msk. in die Ung. Orn. Zentrale, die ihn zu den frühen korr. Mitgliedern zählte und bis 1898 seine Mitt. für die jährlichen Zugberichte in der Aquila verwertete.

— Lit.: Nachruf (von St. v. Chernel). Aquila 8, 1901, S. 173—181.

Fatio, Viktor, Dr., * 28. 11. 1838 Genf, † 18. 3. 1906 Genf. Sein Vater Gustav F. von Beaumont, ein großer Jäger und Vogelsammler, hatte ihm die Freude am Beobachten der Natur und die frühe Liebe zur Tierwelt vererbt. Er studierte in Zürich und Berl. und promovierte 1861 in Leipz. mit der Diss. „De avium corpore pneumatico". Bis dahin war er der Physiol. ergeben. Als er nach schwerer Erkrankung seine Ausbildung in Paris fortsetzte, führten ihn die dortigen Eindrücke und Samml. der beschreibenden Naturw. zu. In einer Zeit, die von entwicklungsgesch. Problemen bewegt war, beschäftigte er sich in seiner Stellung als Prof. der Zool. in Genf mit Arbeiten, die dazu bestimmt waren, die Kenntnis der Wirbeltiere seiner Heimat, vor allem der Fische und Vögel, zu vertiefen. Was ihm die mit Leidenschaft betriebenen sommerlichen Jagden an Ausbeute zutrugen, verarbeitete er im Winter. Nach vielen kleineren Veröff. erschien 1869 der 1. Bd. seiner „Faune des Vertébrés de la Suisse, les Mammifères". Jahrzehntelange Forschung ließ 1899 den 5. und 1904 den letzten und 6. Bd. erstehen unter dem Titel „Histoire naturelle des Oiseaux". Es wurde sein Lebenswerk, das den damaligen Stand des Wissens um die Schweiz. Vogelwelt schilderte und seinen Namen mit der Geschichte der Schweiz. Vogelforschung verband. Nachdem er auf dem 1. internat. Orn.-Kongr. 1884 Mitglied des Permanenten Ausschusses geworden war, organisierte er in der Schweiz die Beob. über Verbreitung und Zug der einzelnen Arten. Das Ergebnis dieser Bemühungen legte er gemeinsam mit Th. Studer (s. d.) zwischen 1889 und 1901 in den 3 ersten Lieferungen des großzügig aufgebauten „Kat. d. Schweiz. Vögel" vor, der von 1916 ab den Titel „D. Vögel d. Schweiz" trug, von der 5. Lieferung (1908) bis zur 15. Lieferung (1925) durch G. v. Burg (s. d.) weitergeführt und dann mit der 19. Lieferung (1956) durch W. Knopfli abgeschlossen wurde. Einen kleinen, 365 Formen grundlegend behandelnden „Kat . . ." stellte F. zusammen mit Th. Studer bereits 1892 fertig. Die Förderung der Vogelk. in seinem Volke wurde so eines seiner größten Verdienste. Da er neben der franz. Muttersprache das Dt., Engl. und Ital. beherrschte, war er auch auf internat. Tagungen eine hervorstechende Persönlichkeit. Die Beziehungen zu den dt. Fachgenossen ließ er nie erkalten, obwohl er im Verkehr mit Paris im letzten Jahrzehnt mehr und mehr unter franz. Einfluß kam.

— Lit.: Nachruf (von E. Jung). Verh. Schweiz 89, 1906, S. XXII—XXXVII (mit Bildnis u. Verz. d. Veröff.). - Nachruf (von C. Daut). Orn. Beob. 5, 1906, S. 49—51 (mit Bildnis). - Nachruf (von O. Herman). Aquila 13, 1906, S. 266/67. - Nachruf (von R. Blasius). Orn. Ms. 32, 1907, S. 122—128 (mit Bildnis).

Fehrmann, ?. Genauere Daten aus dem Leben des in Berlin wohnenden Oberbergamtsrendanten sowie Veröff. aus seiner Feder sind nicht bekannt. Etwa im Jahre 1815 begann er eine orn. Samml. anzulegen. Er hatte offenbar guten Ruf, denn er stand mit Ch. L. Brehm u. E. F. v. Homeyer (s. d.) in Tauschverkehr. Da er rührig auf Erweiterung seiner Kenntnisse bedacht war, suchte er auch Beziehungen zu J. F. Naumann zu knüpfen. 2 Briefe, die er nach Ziebigk richtete, blieben aber unbeantwortet. In einem dieser Schreiben (v. 17. 8. 1823) klagte er über

Hemmnisse, die sich seinem Sammeleifer entgegenstellten, und beleuchtete so die Bedingungen mit denen er sich damals schon in Berl. abfinden mußte. Die Stelle lautet: „Berlins geräuschvolle Umgeb. sind am wenigsten geeignet, einem naturh. Sammler selbst bei größter Mühe und Anstrengung nach Wünschen zu genügen, anderen Teils gestatten es die Dienstgeschäfte nicht, entferntere Exk. vorzunehmen, die eine reiche Ernte erwarten ließen." Vor 1844 erwarb B. Radziwill (s. d.) die stattliche Samml. und rettete sie vor noch früherem Untergang. Über ihren einstigen Wert wüßten wir nichts, wenn nicht Ch. L. Brehm „seinen Freund" 1833 in Berl. aufgesucht und in Isis 1834 über eine größere Zahl seltener märk. Stücke, die er bei ihm sah, berichtet hätte. Von 1875—1895 wurde F. im Mitgliederverz. der Görlitzer Naturf. Ges. geführt.

— Lit.: Würdigung (von H. Schalow). Beitr. z. Vogelf. d. Mark Brandenb., 1919, S. 31 u. 446—448.

Feldegg, Christoph Freiherr Fellner von, * 13. 10. 1779 (1789?) Krumau (Böhmen), † 10. 5. 1845 Leipzig. In der Ingenieurakademie Wien erfuhr er, Sohn eines Oberforstmeisters, seine militärische Ausbildung. Zum Oberleutnant befördert, ragte er 1813 bei Dresd. durch eine glänzende Waffentat hervor. Er wurde deshalb 1815 mit dem Ritterkreuz des Maria-Theresien-Ordens und 1817 mit der Erhebung in den Freiherrnstand ausgezeichnet. Später bezog er u. a. in Mainz und einige Jahre in Dalmatien Garnison. Schließlich siedelte er nach Eger über. Als Oberst der Donaumonarchie starb er (wahrscheinlich 66 Jahre alt) auf einer Urlaubsreise. Mit starken zool. Neigungen ausgestattet, widmete er sich allenthalben beobachtend und sammelnd vor allem der Orn. So hatte er in der Egerländer Zeit den nachhaltigsten Einfluß auf die Entwicklung seines Landsmannes A. Palliardi (s. d.). Auch mit vielen anderen dt. und österr. Fachleuten und Mus. stand er in Gedankenaustausch und belieferte sie mit manchen bis dahin unbekannten Mittelmeerformen. Obwohl er seine reichen Erfahrungen nicht veröffentlichte, sind seinem Eifer namentlich die ersten Aufschlüsse über die Vogelwelt Dalmatiens zu verdanken. H. Schlegel (s. d.) nannte ihm zu Ehren den Falco biarmicus Feldeggsfalken; nach Stücken, die der Soldat aus der Gegend von Spalato schickte, gab K. Michahelles (s. d.) der Maskenstelze den Namen Motacilla feldegg, und Ch. L. Brehm (s. d.) zeichnete ihn in Isis 1845, S. 243 durch eine (allerdings nicht haltbare) Lanius-Form aus dem Egerlande aus. Er selbst soll nach einer Verwirrung schaffenden Behauptung H. v. d. Mühles (s. d.) aus dem Jahre 1844 die Mittelmeersilbermöwe mit der Bezeichnung Larus michahellesi versehen haben, d. h. mit einem Namen, den auch C. F. Bruch (s. d.) aufstellte. Seine eigene bedeutende Samml. enthielt neben zahlreichen Konchylien als stärksten Teil 4549 Vögel, darunter viele Exoten; sie wurden 1852 und 1853 in Karlsbad versteigert und gingen dadurch unter. Nur wenige Seltenheiten kamen in das böhm. Mus.

— Lit.: J. Hirtenfeld, D. Militär-Maria-Theresienorden u. seine Mitglieder, 1857, S. 1184 u. 1748. - Biogr. Lex. Kaisert. Österr. 4, 1858, S. 167/68. - Würdigung (von A. v. Pelzeln). Mitt. Wien 13, 1889, S. 120—122. - J. P. Pražák, Über d. Vergangenheit u. Gegenwart d. Orn. in Böhm., Orn. Ms. 22, 1897, S. 206/07. - Österr. Biogr. Lex. ... 1, 1957, S. 297.

Fenichel, Samuel, * 1867 Straßburg = Nagyenyed = Aiud (Siebenbürgen), † 12. 3. 1893 Wilhelmshafen (Neuguinea). Er besuchte die Schulen seiner Heimatstadt und wurde, von J. v. Csató (s. d.) in die Vogelk. und die Kunst des Präparierens eingeführt, 1888 Präparator am Nat.-Mus. in Budapest. 1891 schloß er sich der Exp. von Grubauer an, um in Neuguinea naturw. Forschungen aufzunehmen. Mit anscheinend nur geringen Mitteln ausgestattet, sammelte der bescheidene, anspruchslose Pionier an der Astrolabebai bemerkenswert rührig für das Budapester Mus., bis ihn ein „Schwarzwasserfieber" allzu früh dahinraffte. Es ist sein Verdienst, als erster ein ziemlich übersichtliches Bild namentlich der Vogelwelt und Landkonchylien der dt. Kolonie Neuguinea geliefert zu haben. Das durch ihn eingebrachte orn. Material, von J. v. Madarász (s. d.) in Aquila 1, 1894 und Termész. Füzetek bearbeitet, ist 1956 in der ung. Hauptstadt verbrannt.

— Lit.: Nachruf (von O. Herman). Aquila 1, 1894, S. 69—71. - Pallas Lex. 7, 1894, S. 77. - B. Hagen, Unter d. Papuas, Wiesbaden 1899, S. 140.

Fenk, Reinhold, * 15. 5. 1881 Erfurt, † 21. 1. 1953 Erfurt. Kühles Abwägen, kaltes Geltungsbedürfnis waren dem liebenswerten, den Musen zugeneigten Menschen fremd. Erst mit etwa 25 Jahren kam er über die schon lange betriebene Käfighaltung zum wirklichen Studium der Vogelk. Er widmete sich ihr fortab mit wissensch. Ernst und dem Herzen zugleich. Ländliche Radfahrten als Kaufmann und Getreidemakler wurden ihm zu stillen, unauffälligen Exk. in die freie Natur, auf denen er sich zum feinsinnigen Beobachter entwickelte. Eine Vielzahl von Aufs. und Plaudereien in der thür. Heimatpresse bot ihm die Möglichkeit, die Orn. durch die Kunst seiner Feder volkstümlich zu machen und ihr Freunde zu werben. In der faun. und biol. Forschung sicherte er sich bleibende Verdienste u. a. durch die eingehende Beschäftigung mit den letzten dt. Steinsperlingen (er hatte davon eine große Serie in seiner Balgsamml.), die Entdeckung der Weidenmeise in Nordthür., die Meldungen über Bruten des Uhu und die Begegnungen mit dem Rauhfußkauz und dem Wasserpieper. Neben dem Vorkommen und dem Leben reizten ihn auch die Stimmen der Vögel, z. B. die der Certhia-Arten, zu lit. Betrachtungen und aufklärenden Äußerungen. Seine Veröff. begannen kurz vor dem 1. Weltkrieg und finden sich in Gef. W., Orn. Ms., Orn. Mber., Mitt. Vw., J. Orn., Vr.; wirtschaftliche Not in den Jahren nach dem 2. Weltkrieg zerschlug viele seiner Pläne. So konnte sein erstes und einziges Bändchen „Meine Freunde — die Vögel" erst erscheinen, nachdem er abgeschieden war.

— Lit.: Würdigung (von H. Fenk). Mitt. Vw. 30, 1931, S. 98—100. - Würdigung (von O. Kleinschmidt). Mitt. Thür. 2, 1951, S. 14/15 (mit Bildnis). - Bildnis in Orn. Mitt. 3, 1951, S. 144. - Nachruf (von W. Feuerstein). Mitt. Thür. 4, 1953, S. 23—25. - Nachruf (von H. Münch). Gef. W. 77, 1953, S. 220.

Ferdinand, König von Bulgarien, * 26. 2. 1861 Coburg, † 10. 9. 1948 Coburg. Der Prinz von Sachsen-Coburg-Gotha war seit 1887 Fürst, seit 1908 Zar der Bulgaren. Im Oktober 1918 entsagte er dem

Thron. Neben der ihn auszeichnenden staatsmännischen Begabung hatte er von Jugend auf ein begeisterungsfähiges Herz für die Naturw., vornehmlich für die Vogelk. 1884 kam er durch Kronprinz Rudolf von Österr. (s. d.) auf dem 1. internat. Orn.-Kongr. zu Wien erstmalig mit Vertretern der Orn. aus vielen Staaten in Berührung, und allmählich wandelte sich seine ursprüngliche Liebhaberei zum Verständnis für wissensch. Einsichten und Kenntnisse. Sofia aber — das dortige Zool. Mus. ist sein Werk — machte er mit Hilfe von Sachkennern zu einer ähnlichen Pflegestätte für die Orn. des Balkans wie Serajewo. Enge Verbindung pflegte er allezeit mit der dt. Vogelk. 1892 holte er sich P. Leverkühn (s. d.) zu seiner Unterstützung an den bulg. Hof. Der DOG gehörte er seit 1887 an, und seit 1924 stand er als der hohe Protektor in ihren Reihen. Die Arbeit der Gesellschaft durfte sich jahrzehntelang seiner großherzigen Gönnerschaft erfreuen; u. a. verdankte ihm die Ausgestaltung des J. Orn. manch stille, aber nachhaltige Förderung. Als er am Ende des 1. Weltkrieges nach vielen umwälzenden und leidvollen Erlebnissen die Ruhe von Cob. gegen die seitherige politische Verantwortung eintauschte, kehrte der alte unermüdliche Freund der Natur zurück. Die Liebe zur Vogelwelt — er kannte besonders eingehend die afrik. Weber — erschöpfte sich fortab nicht nur in ausgiebiger Pflege der Käfig- u. Volierenvögel, sondern auch in ernsthafter Bemühung um die Wissensch. Ihr dienten Reisen nach Südamerika 1927/28 und Ostafrika 1929 (J. Orn. 78, 1930, Sonderheft). H. v. Boetticher (s. d.), der schon am Zool. Garten und Mus. in Sofia tätig gewesen war, stand ihm in diesen Jahren zur Seite und verwaltete die im Naturw. Mus. von Cob. später aufbewahrte orn. Ausbeute.
— Lit.: Würdigung (Verf. ungen.). J. Orn. 84, 1936, S. 1/2 (mit Bildnis). - Nachruf (von E. Stresemann). Orn. Ber. 1, 1948, S. 266. - H. v. Boetticher, Orn. Samml.-Ausbeute d. Afrika-Reisen König F. v. Bulg., Jb. d. Cob. Landesstiftung 1956, S. 95—112 (mit Bildnis).

Fernbach, Dora (geb. Karácsonyi von Bozsok), * 7. 7. 1878 Zombor (Ungarn), † 19. 9. 1934 Budapest. Sie lebte auf ihrem heute in Jugoslawien liegenden Gute Babapuszta bei Bácsér und nahm sich hier unter Anleitung von T. Csörgey (s. d.) seit Anfang des Jahrhunderts in bemerkenswertem Einsatz des praktischen Kleinvogelschutzes an. Verschiedentlich berichtete sie unter dem Namen Frau Karl von Fernbach über ihre Maßnahmen und Erfolge, z. B. in „Vogelsch. in Babapuszta" (Aquila 19, 1912). Sie war eine aufmerksame Beobachterin, blieb aber — wie es zu den Vogelschutzbestrebungen jener Jahrzehnte meist gehörte — vielfach ohne das rechte Verständnis für die biol. Bedeutung einzelner Arten (Raubvögel!), weil sie sich in ihrem Urteil noch zu sehr von der Bewertung des vermeintlichen Nutzens und Schadens lenken ließ.
— Lit.: Nachruf (von T. Csörgey). Aquila 38—41, 1931—1934/35, S. 474/75.

Feuerstein, Walter, * 9. 5. 1908 Jena, † 7. 8. 1957 Jena. Aus dem Eisenhandel wechselte der junge Kaufmannsgehilfe bald in das Verlagswesen und später in staatswirtschaftliche Stellungen über. Sein vogelk. Interesse nahm den Weg über die in Thür. sehr verbreitete Käfigvogelliebhaberei, entwickelte sich aber zunehmend nach der wissensch. Seite hin. Um ihr zu nützen, strebte er in der Zeit des Zusammenbruchs und Wiederaufbaus nach 1945 sehr rührig nach Versuchen zu Arbeitsmöglichkeiten durch Gründung örtlicher Zusammenschlüsse und durch Schaffung eines orn. Nachrichtenblattes, der Mitt. Thür. Er erreichte damit eine Belebung der wissensch. Vogelk. im thür. Bereich, die in den Jahren vorher der breiteren Grundlage entbehrt hatte. Widerstände, die diese nützliche Absicht in falschem Lichte sahen, bewogen seine Kampfnatur zu um so härterer Entfaltung und fanden nicht die Billigung zahlreicher Freunde; sie wirkten sich aber auf die organische Entwicklung der Vogelforschung im Lande lähmend aus. Doch betätigte er sich nicht nur als treibende Kraft, sondern sammelte unentwegt Material für die unfertige Avif. H. Hildebrandts (s. d.), um deren Abschluß er sich ohne Ergebnis sehr bemühte. Er galt als bester Kenner der Uhuverbreitung in Thür. und erreichte eine wesentlich verbesserte Kenntnis des Vorkommens von Tannenhäher und Rauhfußkauz.

Fiedler, Karl Gustav, Dr., * 26. 8. 1791 Bautzen, † 21. 11. 1853 Dresden. Der Bergkommissar bereiste zum Studium der geol. Verhältnisse nicht nur viele Länder Europas, sondern auch Teile Sibiriens. Die von ihm gesammelten Erfahrungen sind in Ber. an seine Auftraggeber festgehalten. Zwischen 1834 und 1837 sandte ihn König Otto II. nach Griechenland. In der Darstellung der „Reise durch alle Teile d. Königreiches Griechenl." (Leipz. 1840/41) stehen neben der anorganischen Natur auch Flora und Fauna; „selbst die nur zum Besuch durchfliegenden Geschöpfe" sind nicht übersehen. Die hier zutage tretende Stoffkenntnis gestattet keinesfalls, ihn unter die Ornithologen zu rechnen. Doch stützte sich O. Reiser (s. d.) in der „Ornis Balcanica" (1905) auf den Ber. und brachte den Namen des Verf. in die Lit., weil er zu den ersten gehörte, die spärliche vogelk. Nachr. aus dem südöstl. Europa lieferten. Die von ihm genannten Formen waren u. a. der Kormoran, der Steinadler, der Turmfalke (den er mit dem Rötelfalken verwechselte), das Steinhuhn (über das er Wahrnehmungen mit Vorliebe festhielt), die Wachtel, das Bläßhuhn, der Säbelschnäbler, die Flußseeschwalbe, der Schwarzspecht.
— Lit.: Allg. Dt. Biogr. 7, 1878, S. 7.

Fierlinger, Anton, † 1893 Unter-Bautzen bei Sobotka (Böhmen). Nach dem Studium der Arzneikunde war er seit 1837 zuerst Assistent in der Apotheke von Hohenelbe (= Vrchlaby); anschließend übernahm er die väterliche Apotheke in Sobotka, siedelte später in die Umgeb. von Raudnitz und 1880 nach Unter-Bautzen über. Schon zu Anfang der 30er Jahre, als er im Hause des Vaters Lehrling war, begann er sich zum eifrigen Feldbeobachter und Sammler zu entwickeln. Daß er, dem Zuge jener Jahre folgend, rücksichtslos in die Natur einzugreifen wagte, geht aus einer Mitt. A. Fritschs (s. d.) in „Orn. Notizen aus Böhm." (J. Orn. 24, 1876) hervor; er soll danach 1858 auf dem Riesengebirge von einer so gefährdeten Form wie dem Mornellregenpfeifer 17 Stück erlegt und 30 Eier entnommen haben. Die meisten Verdienste um die Grundlagen der avif. Erforschung des Riesengebirges erwarb er sich offenbar in der Zeit von Hohenelbe durch den Auf- u. Ausbau der Kablikschen Samml., die, später dem Jitschiner Gymnasium vermacht, eine der Quellen für A. Fritschs böhm. Fauna wurde. Von der Mehrzahl der örtlichen Samml. unterschied sie sich dadurch, daß der handschriftlich angefertigte Kat. wichtige Daten über Vorkommen und Brut enthielt. Auch in den Jahren von Sobotka erwies sich F. mehr und mehr als einer der besten Kenner der Grenzgebirgsvögel, vor allem der Gegend seines Wohnsitzes. Zahlreiche, von seiner Hand kunstvoll präparierte Stücke gingen als Geschenke an die Schulen seiner Heimat und gelangten z. T. auch ins Prager Mus.

— Lit.: J. P. Pražák, Über d. Vergangenheit u. Gegenwart d. Orn. in Böhm., Orn. Ms. 22, 1897, S. 230.

Finger, Julius, * 30. 6. 1826 Wien, † 19. 12. 1894 Millstatt (Kärnten). Der Sohn eines wohlhabenden Fabrikanten war bis 1887 Buchhalter bei einer Wiener Sparkasse. Den Wohnsitz in Unter-Meidling — seiner eigenen Note wegen gern von Naturfreunden aufgesucht — gab er 1891 auf, weil er vor der Belästigung durch die vordringende Stadt die Flucht ergriff. Von nun ab ging er in einer nach seinem Geschmack erbauten „Villa im Bärenfelde" am Millstätter See Neigungen und Studien nach. Als leidenschaftlicher Sammler und Jäger schuf er sich seit der Mitte des Jahrh. eine großartige, viele Seltenheiten enthaltende Vogelsamml.; die meist von ihm selbst präparierten Stücke stammten nicht nur aus der engeren Heimat (Krähenhütten des Marchfeldes, Entenfänge der Donau-Auen, Wiener Wildpretmarkt), sondern auch vom Neusiedler See, aus der Steiermark, von der Adria und anderen entfernten Landschaften des alten Kaiserstaates, in die ihn bis in die 70er Jahre viele Reisen führten. Einer der beliebtesten Vogelkenner aus der naturbeschreibenden Zeit N.-Ö.s, war er zugleich mit künstlerischer Begabung ausgestattet, malte selbst und stand dem damals gefeierten Hans Makart nahe. Vogelk. Auftrieb gab ihm sorgfältig gepflegte Verbindung zu vielen Ornithologen aus der Naumann-Zeit bis zum Ende des Jahrh.; so war er u. a. befreundet mit Ch. L. Brehm, Ch. v. Feldegg, A. v. Pelzeln, Bl. Hanf (s. d.). 1876 gehörte er zu den Gründern des Wiener orn. Vereins. Im selben Jahr vermachte er seine Samml. (282 Arten in 483 Stücken) dem Naturh. Hof-Mus. in Wien; A. v. Pelzeln beschrieb sie in Verh. Wien 1876. Trotz geistiger Regsamkeit griff er nicht oft zur Feder. Er hinterließ 14 Veröff. zwischen 1853 und 1890 in Naum., Verh. Wien, Mitt. Wien, Orn. Jb. Darunter befinden sich neben kleineren Mitt., Abh. und feuill. Versuchen der berühmte „Entenfang bei Holitsch" an der March in Mähren (Naum. 6, 1856) und das 1. Verz. der 394 damals bekannten österr. Vogelformen, die „Ornis Austriaca" (Verh. Wien 7, 1857).

— Lit.: Nachruf (von J. Zecha). Mitt. Wien 19, 1895, S. 31. - Nachruf (von P. Leverkühn). Orn. Ms. 20, 1895, S. 174/75. - Nachruf (von H. Glück). Orn. Jb. 7, 1896, S. 1—9 (mit Verz. d. Veröff.).

Finsch, Otto, Dr. h. c., * 8. 8. 1839 Warmbrunn (Riesengebirge), † 31. 1. 1917 Braunschweig. Von E. Luchs (s. d.) genährte Leidenschaft zum Beobachten und Sammeln der Vögel führte den ohne höhere Schulbildung für die väterliche Glasmalerei bestimmten Jüngling in weite Fernen, deren unbekannte zool. Schätze seine Abenteuerlust verführerisch weckten. 1857/58 suchte er erstmalig Glück, Wissen und Beute in Ung. und Bulg. 1859 stand im J. Orn. seine erste Arbeit als „Beitr. z. orn. Fauna v. Bulg.". Die Entscheidung über die wechselvolle Fahrt seines Lebensschiffes fiel, als er von 1861 ab in Leiden von H. Schlegel (s. d.) für eine (nicht zustande gekommene) Fahrt nach Neuguinea geschult wurde. Aus dem Studium der lockenden Inselwelt erwuchs glühende Hinneigung zu den Papageien. Die Broschüre „Neu Guinea u. seine Bewohner" (Brem. 1865) war die erste Frucht. Und die bald folgende Monogr. „D. Papageien" (Leiden 1867/68) zeichnete sich durch so sorgfältige, umfassende Bearbeitung aus, daß ihm die Univ. Bonn 1868 den Ehrendoktor verlieh und er als einer der kenntnisreichsten Systematiker schlagartig berühmt wurde. Was ihm an Erfahrung in Leiden noch gefehlt hatte, ergänzten Eifer und Auffassungsgabe rasch in der Zusammenarbeit mit G. Hartlaub (s. d.), der ihn schon 1864 als Konservator nach Brem. geholt hatte. 14 Jahre lang verhalf die Gemeinschaft der beiden Männer der exotischen Orn. in Deutschl. zu beachtlichem Aufstieg. Bis 1879 bearbeiteten sie einzeln oder zusammen die an das Hamb. Handelshaus J. C. Godeffroy (s. d.) aus der Südsee gelangenden Sendungen in vielen Abh. und konnten 50 neue Spezies benennen. 1867 kam ihr Buch „Orn. d. Viti-, Samoa- u. Tongainseln" zum Druck. Dazu war F. an Hartlaubs 4. Bd. des v. d. Deckenschen Reisewerks über die Vögel Ostafrikas (1870) beteiligt. 1872 durchquerte der Ruhelose den nordamerik. Kontinent, 1873 ging er nach Lappland und 1875 (mit A. E. Brehm und Graf K. v. Waldburg . . .) nach Westsibirien. Doch kaum hatte er den Ber. über die westsib. Ergebnisse fertiggestellt, da verzichtete er auf seine Stellung als Direktor d. Naturh. Mus. Brem. und brach, unterstützt von der Humboldt-Stiftung, 1879 auf nach dem Ziel der Jugendwünsche, nach den fast unbekannten Atollen der Südsee, nach Neuseeland und Neuguinea. Nach der Rückkehr 1882 konnte er den Berl. Mus. großartige ethnogr. und anthrop. Samml. übergeben. Dann aber fügte es das Verhängnis, daß der bisher vom Glück Verwöhnte sich in wirtschaftliche Planungen einer Gesellschaft einließ, die nach dem Erwerb von Kolonialland in der Südsee strebte. Zwar hißte er am 17. 10. 1884 hoffnungsfroh die dt. Flagge in Neuguinea (Finsch-Hafen, Finsch-Küste!) und errichtete damit das dt. Protektorat des Kaiser-Wilhelm-Landes, aber der Schritt aus der Wissensch. in die Weltpolitik wurde ihm schlecht gelohnt. Taktlose Zumutungen zwangen ihn zur Trennung von der Neuguinea-Kompanie. Doch die Verbindung des Enttäuschten zur Orn. war inzwischen abgerissen. Um leben zu können, befaßte er sich in selbständigen Werken und Abh. für Zeitschr. mit der Geogr. und Ethnogr. der von ihm besuchten Länder, bis er 1899 als Konservator der Vogelabt. wieder in Leiden unterkam. Dem dortigen Mus. kehrte er abermals den Rücken — und dieses Mal lag kein Neuland verheißungsvoll vor ihm. In der Leitung der völkerkundlichen Abt. am Städt. Mus. von Braunschw. fand sich 1904 ein letzter bescheidener Posten für ihn, der ihm wenigstens noch den Professortitel einbrachte. Verbittert, in der Erinnerung lebend, beschränkte er sich darauf, die Verdienste früherer Südseefahrer wie C. G. C. Reinwardt, H. Kuhl, H. Boie, H. Ch. Macklot, S. Müller (s. d.) ins rechte Licht zu setzen. Erfreut war er nur, wenn Ber. oder Sendungen von M. E. G. Bartels (s. d.) aus Java bei ihm eintrafen. Über die Ausbeute dieses jungen Pioniers schrieb er seit 1903 hauptsächlich im J. Orn. Die letzte orn. Arbeit veröffentlichte er hier 1910 unter dem Titel „Über d. Geschlechtsverschiedenheit v. Caprimulgus Bartelsi". Einen besonders verletzenden Stoß erhielt sein Stolz durch die Erfahrung, daß das junge Ornithologengeschlecht der Jahrhundertwende neue Aufgaben anpackte und seine unbestreitbaren Verdienste nicht mehr zu würdigen bereit war. Fremd blieb ihm, der vor rund 50 Jahren zusammen mit J. Cabanis, G. Hartlaub, Th. v. Heuglin (s. d.) die DOG gegründet und der dt. Orn. wegweisend vorgestanden hatte, der Kampf um die Definition der Spezies und die ternäre Nomenklatur. Die Starrheit seines Urteils errichtete eine geistige Mauer, hinter der er sich verschanzte, und beschleunigte das kalte Vergessen, das sich um ihn legte. Eine weitere Erschütterung ersparte das Schicksal dem einst Gefeierten, als es ihn kurz vor dem Untergang des von ihm mitgebauten dt. Kolonialreichs zu seinen Vätern versammelte. Der Platz, den ihm in der Entwicklung der Orn. die Geschichte zuwies, wird durch Zahlen unterstrichen: Er beschrieb 14 neue Gattungen und 155 Arten, während 24 seinen Namen tragen.

— Lit.: B. Hagen, Unter d. Papuas, Wiesbaden 1898, S. 134/35. - O. Finsch, System. Übersicht d. Ergebnisse seiner Reisen u. schriftstell. Tätigkeit (1859—1899), Berl. 1899. - Ders., Wie ich Kaiser-Wilhelms-Land erwarb, Dt. Monatschr. f. d. ges. Leben d. Gegenwart 1, 1902, Heft 9. - Nachruf (von A. Jacobi). Dresd. Anz. Nr. 7 v. 18. 2. 1917. - Nachruf (von A. Reichenow). Orn. Mber. 25, 1917, S. 47/48. - Nachruf (von H. Schalow). J. Orn. 65, 1917, S. 236. - Nachruf (von St. v. Chernel). Aquila 23, 1916, S. 593—597 (mit Bildnis). - Nachruf (von W. L. Sclater). Ibis (10) 6, 1918, S. 304—306. - Nachruf (Verf. ungen.). Auk 35, 1918, S. 381/82. - E. Stresemann, Entw. d. Orn., 1951. - Würdigung (von G. A. Brouwer). Ardea 41, 1953 (1954), S. 78. - A. A. Prestwich, I name this Parrot . . ., London 1958, S. 26—28. - Bildnis in Orn. Ms. 23, 1898.

Fischer, Anton, * 4. 12. 1876 Zusmarshausen (Kr. Augsburg), † 12. 12. 1957 Augsburg. In der Pfalz, wo er den Postdienst begann, entwickelte er sich zum unsentimentalen Oologen. Auch in Augsb., wo er seit der Jahrhundertwende lebte und zuletzt Postinspektor war, pflegte er weiter leidenschaftlichen Sammeleifer. Bedenklich starke Eingriffe in die heimatlichen Faunenbestände (durch die Lieferung großer Serien glaubte er, der Wissenschaft zu dienen) und nebenher laufende Naturschutzbestrebungen stellten ihn in das Zwielicht einer etwas problematischen Persönlichkeit. Er kannte noch den Urzustand des Lechgebietes zwischen Kissing und Mering im Süden der Stadt, einer Landschaft, auf deren Kiesbänken u. a. die Lachseeschwalbe bis 1932 ihren einzigen Binnenbrutplatz halten konnte. Da er die Erlaubnis zu Bootsfahrten an die Kolonien besaß, war er in der Lage, Schilderungen zu verfassen, wie „D. Brutperiode d. Lechvögel d. J. 1910" (Verh. Bay. 10, 1910), „D. Brutvögel auf d. Lechkiesbänken" — mit Verwendung der Aufz. seines örtlichen Vorgängers J. F. Leu (s. d.) — (Ber. Augsb. 44, 1926), „D. Vogelkolonien auf d. Lechkiesbänken" (Bayerl. 44, 1933). Überraschend ist, daß er viele Jahre an dortige Bruten der Trauerseeschwalbe und der Weißbartseeschwalbe glaubte. Ein angebliches Gelege des Rotfußfalken kann ebenfalls angezweifelt werden (vgl. Zs. Ool. 11, 1902 u. Vr. 25, 1956). Gewagte Diagnosen ließ er leider selten nachprüfen, so daß manche seiner Angaben umstritten und heute nicht mehr zu klären sind. Außerordentliche Betriebsamkeit war ihm als Präparator eigen; die Kunst der Taxidermie beherrschte er meisterhaft. Tausende von Bälgen und Eiern aus seinen Händen gingen an Mus.; so zogen u. a. das Staatl. Mus. f. Naturk. in Stuttgart und das Mus. A. Koenig in Bonn Nutzen aus seiner Tätigkeit. Und das Naturw. Mus. Augsb., dessen Konservator für Vögel und Säugetiere er war, versorgte er ausgiebig bis ins hohe Alter hinein. Das Material stammte aus verschiedenen örtlichen Quellen. Noch vor dem 2. Weltkrieg verkaufte er die eigene Balgsamml. an das Stuttg. Mus. Im letzten Lebensjahrzehnt knüpfte sich an seinen Namen einer der ersten Nachweise für das Auftreten der Türkentaube in Deutschl.; es war das in Lechhausen am Ostrand von Augsb. im Februar 1946 (Ber. Naturf. Ges. Augsb. 1, 1948).

Fischer, Georg, Dr. Sein Vater, wahrscheinlich Kaufmann, war 1809 in Kassel geboren, seine Mutter 1801 in Utrecht. Seit 1876 lebten die Eltern in Darmst. Als Militärarzt ging der Sohn nach den holl. Südsee-Inseln. Von Celebes, Borneo usw. schickte er zwischen 1873 und 1896 umfangreiche Balgsamml. an das Darmst. Mus. Die ersten Sendungen wurden von F. Brüggemann (s. d.) in Abh. Brem. 1876, 1877, 1878 beschrieben. Im 2. Weltkrieg gingen die Bestände unter. Durch weitere Daten und Fakten konnte F.s Leben nicht aufgehellt werden.

Fischer, Gustav Adolf, Dr., * 4. 3. 1848 Barmen, † 11. 11. 1886 Berlin. Ursprünglich Militärarzt, war er in den Jahren dt. Weltgeltung nach 1871 einer von denen, die weitblickend auf die koloniale Bedeutung Ostafrikas aufmerksam machten. Um Mittel für zool. Erkundungen in diesem Teil des schwarzen Kontinents zu gewinnen, ging er 1876 als Arzt nach Sansibar und unternahm in den nächsten Jahren höchst erfolgreiche Exp. auf der Insel und an der gegenüberliegenden Festlandküste. Von Dezember 1882 bis August 1883 zog er von Pangani aus mit Unterstützung der Geogr. Ges. zu Hamb. durch das Masailand bis zum Victoria-See. Im August 1885 brach er wieder auf, um mit Emin Pascha (s. d.) und den anderen im Sudan festgehaltenen Europäern Verbindung aufzunehmen; er erreichte zwar den Victoria Nyansa, mußte aber den Hilfeversuch ohne Ergebnis abbrechen. Wenige Wochen nur nach der Rückkehr aus dem östl. Zentralafrika starb er an einer Tropenkrankheit. Sein Lieblingsfeld war die Vogelk., und die Kenntnis der ostafrik. Avif. erfuhr durch seinen Einsatz eine Erweiterung, die von keinem anderen Forscher jener Jahre übertroffen wurde. Die orn. Ausbeute legte er, z. T. gemeinsam mit A. Reichenow (s. d.), in J. Orn. 25, 1877 — 32, 1884 sowie in Zs. ges. Orn. 1, 1884, vor. Zu den 22 von ihm neu entdeckten Arten gehören die von A. Reichenow (J. Orn. 35, 1887) benannten Agapornis fischeri und Agapornis personata. Bekannt wurden auch seine geogr. Reisebücher „D. Masailand" (1883) und „Mehr Licht im dunklen Weltteil" (1885).

— Lit.: Nachruf (von A. Reichenow). J. Orn. 34, 1886, S. 613—622. - A. A. Prestwich, I name this Parrot . . ., London 1958, S. 28.

Fischer, Leopold, Dr., * 22. 10. 1861 Rastatt, † 4. 9. 1901 Karlsruhe. Naturk. Interesse und Sammeleifer des seit 1888 in Karlsr. tätigen prakt. Arztes galten von Jugend auf allen Geschöpfen der heimatlichen Landschaft. Seine reichen Erfahrungen stellte der Feldbeobachter in den Dienst der Erforschung des engeren Vaterlands. So ging die Gründung des Bad. Zool. Ver., dessen stellvertretender Vorsitzender er bis zum Tode blieb, und dem er seine stattliche Samml. vermachte, 1899 auf seine Tatkraft zurück. Obwohl er in den Mitt. des Vereins eine Käferfauna der Kniebisgegend schrieb, eine bedeutende Käfersamml. besaß und in späteren Jahren auch ein großes Terrarium unterhielt, war die Orn. stets das Hauptgebiet der vielseitigen Neigungen. Aus der Liebhaberei und Vogelpflege kommend, wurde er in weiteren Kreisen der Vogelk. bekannt durch seinen „Kat. d. Vögel Bad." (1897), der in Gliederung und Aufbau den „Kat. d. Schweiz. Vögel" (1892) von Th. Studer u. V. Fatio (s. d.) zum Vorbild hatte. Darin faßte er unter Benutzung der älteren Lit. — nur die in den Jagd- u. Forstzeitschr. versteckten Veröff. von V. Fr. St. Fischer (s. d.) waren ihm offenbar unbekannt — die im damaligen Großherzogtum vorkommenden Arten zusammen. Unter den 333 Arten sind eine Reihe von Seltlingen zwar durch Sammlungsbelege nachgewiesen; Angaben über viele andere Arten müssen aber als veraltet und daher durchaus unsicher gelten. Nachdem noch eine Ergänzung in den Mitt. Bad. 2—7, 1900 erscheinen konnte, öffnete sich ihm bald die stille Gräberstraße; in den besten Mannesjahren schied er dahin.

— Lit.: Nachruf (von F. W. Schlesinger). Mitt. Bad. 9—18, 1901—1907, S. XXV—XXIX (mit Bildnis).

Fischer, Ludwig Freiherr von (v. Nagy-Szalatnya), * 28. 2. 1855 Pavia, † 2. 7. 1892 Victoria-See (Ostafrika). Ursprünglich wie der Vater österr.-ung. Offizier, widmete er sich später der Bewirtschaftung der ung. Familiengüter. Die mit Eifer betriebene Jagd öffnete seinen Blick für die heimatlichen Vögel des Neusiedler Sees und dessen östl. Vorland. Dabei lockte ihn auch die artenreiche Ornis des in den See einmündenden Ursumpfs Hanság und des Kapuvarer Erlenwaldes. Über die in den 80er Jahren gesammelten Erfahrungen legte er, in Bužinka wohnend, anschauliche Ber. vor und zog so bald weitere Beobachter in diese Gegend. Als Sprachrohr dienten ihm Hugos Jagdztg. (z. B. „Jagdl. Jber. aus d. Hanság" 30, 1887) und vor allem die Mitt. Wien (z. B. „Orn. Beob. am Neusiedler See" 6, 1882 u. 7, 1883; „Notizen" 7, 1883; 8, 1884; 9, 1885; „Herbst- u. Winterbeob. am Neusiedlersee u. Hanság" 9, 1885; „Ankunft v. Motacilla alba im Hanság" 9, 1885). Seit 1890 betrieb er in Wien die Vorbereitung zu einer Forschungsreise nach Ostafrika. Er trat in Beziehung zu den Afrikapionieren Junker und Schweinfurth und konnte sich 1891 einer von Hochstetter geführten Exp. anschließen, die auf dem Victoria-See Tiefenmessungen vorzunehmen bestimmt war. Nach dem Tode des Exp.-Leiters trat F. an dessen Stelle; er erlag aber, kaum am See angekommen, selbst dem Klima.

— Lit.: Nachruf. Dt. Kolonialbl. 3, 1892, S. 453 u. 463/64.

Fischer, Valentin Franz Stanislaus, * 31. 1. 1781 Gissigheim (Kr. Tauberbischofsheim), † 14. 6. 1827 Karlsruhe. Nach dem Studium der Kameral- u. Forstwissensch. in Heidelb. war er zuerst im Fürstl. Leiningenschen Dienst, wurde 1809 Ministerialsekretär beim bad. Oberforstkollegium und 1813 Forstrat in Karlsruhe. Als zu Anfang des 19. Jahrh. die ernsthafte faun. Forschung auch am Oberrhein einsetzte, ragte er mit einer Fülle von feldzool. Nachr. hervor; sie stützten sich auf Feststellungen, die den geschulten Sinnen eines begnadeten Forstmannes und Jägers zwischen 1811 und 1826 gelangen, und erschienen unter dem Titel „Forst- u. Jagddenkwürdigkeiten aus d. südl. Deutschl., insbesondere aus d. Rheingegend" in „Sylvan", einem „Jb. f. Forstmänner, Jäger u. Jagdfreunde" (1813—1817) sowie als „Kleine Beitr. z. d. Naturgesch. d. dt. Vögel" in „Laurops Ann. d. Forst- u. Jagdwissensch.", Bd. 5, 1817. Da im Rahmen seiner unter freiem Himmel gewonnenen Sachkunde die ausgesprochene Stärke langer eigener Beob. auf orn. Gebiet lag, standen neben der Erlegung seltener Formen, wie Steinadler, Seeadler, Schlangenadler, Schwarzstorch, die Merkmale des Vogelzugs an den noch natürlich gewachsenen Schlick- u. Kiesflächen des ungehemmt strömenden Rheins im Vordergrund der Aufz. Dem Auftreten des Wassergeflügels und der Schnepfenvögel galt daher eine Beleuchtung, deren sich viele Gegenden in jener Zeit nicht erfreuen konnten. Mit illustrierten Kupferstichen versehene Monogr. von Grünschenkel, Säbelschnäbler, Stelzenläufer, Triel und verwandten Arten seien als Belege für diese Vorliebe genannt. Von kulturhist. Reiz sind ferner die ausführlichen Ber. über den am Rhein damals allenthalben üblichen Entenfang und die (wohl erstmalige) Schilderung der „Böhämmer"-Jagd, d. h. der Jagd auf die schlafenden Bergfinken in der Umgeb. von Bergzabern. Die Erfahrungen des Verf. wußten die Zeitgenossen zu schätzen, wie ein Brief H. Boies (s. d.) v. 10. 10. 1819 aus Heidelb. an J. F. Naumann (J. Orn. 94, 1953, S. 20) zeigt; auffallend ist aber, daß die verläßlichen Zeugnisse des Gewährsmannes bald fast ganz aus dem Quellenschatz der Ornithologen schwanden und in der Lit. kaum noch beachtet wurden. Erst R. Lauterborn (s. d.) ließ in diesem Jahrh. das Andenken an die frühe Pionierleistung wieder lebendig werden. Bedauerlich ist, daß Lauterborns noch 1938 geäußerte Absicht, die Denkwürdigkeiten mit einem Bildnis des verdienten Oberförsters herauszugeben, unausgeführt blieb.

— Lit.: R. Lauterborn, D. Anfänge d. Forstzool. in Bad. I, 1927, S. 130—135. - Ders., D. Rhein, . . ., Ludwigshafen 1938, S. 272/73 u. 287/88.

Fischer-Sigwart, Hermann, Dr. h. c., * 23. 3. 1842 Zofingen (Kanton Aargau), † 23. 7. 1925 Zofingen. Lehrjahre führten ihn über Apotheken in Karlsruhe, Jena (hier 3 Semester Studium), Neuenburg, Basel zurück in die väterliche Apotheke. Um 1903 verzog er in eine im Rebberg (am Rande von Zof.) erbaute Klause. Weil er auf seinen Streifzügen allenthalben der Verdrängung der Tiere begegnete, wurde er unermüdlicher Wegbereiter des Naturschutzgedankens. In sein Blickfeld waren alle Klassen der Wirbeltiere eingeschlossen; dem Herzen am nächsten standen die Vögel. Sein Tuskulum aber nahm den Charakter einer Zeit- u. Gestaltwandel kennzeichnenden Schau der Schweiz. Fauna an. 1901 kamen die seit 1854 gestapelten Schätze in ein eigens für die Samml. in Zof. errichtetes Mus. Es entsprach außerdem seinem Sinn für fast pedantische Ordnung, daß er Jahrzehnte hindurch ein Tagebuch mit Aufz. (sie waren nicht alle richtig: z. B. Verwechslung von Motacilla cinerea und flava!) füllte und damit einen breiten Wissensstoff bereithielt. Aus diesem Born schöpfte er, der Versuchung zur Vielschreiberei oft nicht widerstehend, eine genießerische Freude an der Mitt. und Veröff. Die biedermeierlich anmutende Beschaulichkeit seines Lebensbereichs spiegelte sich seit 1883 in Beitr. für volkstümliche Zeitschr., Tagesztg., Jagdbl., aber auch für die mehr oder minder fachwissensch. ausgerichtete Lit., z. B. Schweiz. Bl. f. Orn., Zool. G., Orn. Jb., Mitt. Wien, Aquila, Mitt. Vw., Zool. Beob., Tierwelt, Orn. Beob. Dem Fleiß der Feder entstammte eine kaum überschaubare Reihe kleinerer und größerer Abh. über Vorkommen und Lebensweise der Schweiz. Vögel, gemischt mit monogr. Zusammenfassungen über einzelne Arten. Die Verlautbarungen konnten nicht immer Neues oder Bemerkenswertes bringen, scheinen oft auch nicht kritisch genug untermauert. Daneben förderten auf wirklicher Sachkunde beruhende Rückblicke (Waldrapp, Bartgeier) und Nachr. über vorher unvollständig bekannte Erscheinungen die Erkundung der Ornis. Verdienst knüpft sich ferner an seinen Namen, weil er als einer der ersten in seinem Lande auf das Zugproblem aufmerksam machte, zu dessen Lösung er allerdings — der Vergangenheit verhaftet — den Ringversuch beharrlich ablehnte. Das dem Autodidakten zu Lebzeiten zugewachsene Ansehen wird unterstrichen durch die Würde des Dr. h. c., die ihm die phil. Fak. Zürich 1896 verlieh für „die langjährige liebevolle und erfolgreiche Tätigkeit auf dem Gebiete der Biol. und Faun." und durch den Posten des Vizepräsidenten, den seine eigenwüchsige Persönlichkeit seit der Gründung der Schweiz. Ges. f. Vogelk. . . . (1909) innehatte.

— Lit.: Würdigungen (von A. Heß, F. Leuthardt, K. Bretscher). Orn. Beob. 14, 1917, S. 81—89 (mit Bildnis). - Bildnis ebd. 19, 1922. - Nachruf (von F. Zschokke). Ebd. 22, 1925, S. 189—196 (mit Bildnis).

Fischer von Waldheim, Johann Gotthelf, Dr., * 13. 10. 1771 Waldheim (Sachsen), † 18. 10. 1853 Moskau. Dem Sohn eines Leinewebers und Kleinbürgers wurde durch Gönner der Besuch des Gymnasiums und der Bergakad. Freiberg ermöglicht. 1792—1797 studierte er in Leipz. Med. In Freib. hatte er sich die Freundschaft von L. v. Buch und A. v. Humboldt erworben; mit den Brüdern Humboldt ging er daher auf eine Reise durch Deutschl. und nach Wien, die schließlich in Paris endete. Hier gab er sich anat. Studien unter G. Cuvier hin, bis ihm 1798 eine Professur im damals franz. Mainz übertragen wurde. Am Rhein beschäftigten ihn sehr J. Gutenberg und die Frühzeit des Buchdrucks, ohne daß er die Anat. vernachlässigte. 1804 erfolgte dann seine Berufung an eine Moskauer Akad., an der er in der Folgezeit eine höchst vielseitige und fruchtbare Tätigkeit als Anatom, Paläontologe, Zoologe und Geologe entwickelte. U. a. gründete er die dortige Naturforschergesellschaft und baute das 1812 durch den Stadtbrand vernichtete Naturh. Mus. wieder auf. Anerkennung fand er durch die Erhebung in den Adelsstand (1835 mit dem Zusatz „von Waldheim") und die Ernennung zum Wirkl. Staatsrat. Wie mehrere Abh. zeigen, richtete sich sein Blick auch auf die Vogelk. So beschrieb er als erster die Halsbanddohle und stellte — freilich um ein Jahr zu spät — für das Steppenhuhn das Genus Nematura auf. Neben vielen Neubeschr. aus anderen Tiergruppen erinnert die Ente Arctonetta fischeri an seinen Namen.

— Lit.: F. Th. Köppen, Bibliotheca Zool. Ross. II, Petersb. 1907. - J. W. E. Büttner, Fischer v. W. . . ., Freiberger Forschungshefte 15, Berl. 1956 (mit Bildnissen u. Verz. d. Veröff.).

Fitzinger, Leopold Josef, Dr. h. c. Dr. h. c., *** 13. 4. 1802 Wien, † 22. 9. 1884 Wien-Hietzing.** In mannigfachen Studien, von denen er keines abschloß, huldigte er der Zool. Nachdem er seit 1816 Apotheker und seit 1821 Beamter bei den n.-ö. Landständen gewesen war, wurde er 1844 Kustos-Adjunkt am Wiener Hofnaturalien-Kabinett, um dessen Samml. und Chronik er sich sehr verdient machte. 1862 stand er einem privaten Zool. Garten in Münch. vor, von 1863—1866 war er Leiter des neugegründeten Zool. Gartens in Budapest. Trotz bewegten Lebensganges widmete er der System. der Wirbeltiere, in Sonderheit der Fische und Reptilien, zahlreiche Arbeiten, u. a. „Neue Klassifikation d. Reptilien nach ihren natürlichen Verwandtschaften" (1826), „Wissensch.-populäre Naturgesch. d. Säugetiere" (6 Bde., 1855—1861), „Wissensch.-populäre Naturgesch. d. Vögel" (3 Bde. mit Bilderatlas, 1862—1864). Sie alle atmeten den mystischen Geist naturphil. Methodik. Wie die übrigen Klassen der Wirbeltiere gliederte er auch in der Abh. „Über d. System u. d. Charakteristik d. natürlichen Familien d. Vögel" (3 Teile, 1856, 1862, 1865), dem Beispiel J. J. Kaups (s. d.) folgend, die Vögel auf: 5 parallele Reihen mit je 3 Ordnungen, die die Kette von den niedrigsten zu den höchsten Bildungen darstellten, sollten in seiner nebelhaften Konstruktion zur naturgemäßen Einteilung des Tierreichs führen. Wie er zu den Fortschritten der Naturw. stand, erhellte gleichfalls aus seiner Schrift „D. Darwinistische Lehre u. d. Deszendenz-Theorie b. bengalischer Beleuchtung". Daß es ihm gelang, zu Lebzeiten wissensch. Ansehen zu erlangen, äußerte sich in der Würde des Dr. med. h. c. der Univ. Königsb. (1833), des Dr. phil. h. c. der Univ. Halle (1834) sowie in der Mitgliedschaft bei der Akad. d. Wissensch. in Wien (1848) und der Leopoldina (1856).

— Lit.: Biogr. Lex. Kaisert. Österr. 4, 1858, S. 258—260. - E. Stresemann, Entw. d. Orn., 1951. - Österr. Biogr. Lex. . . . 1, 1957, S. 326 (mit älteren Quellen).

Fleischer, Ernst, * 30. 6. 1799 Leipzig, † 18. 6. 1832 Leipzig. Er war der für die Vogelk. aufgeschlossene Sohn von J. F. Naumanns erstem

Verleger Gerhard Gottlob F. in Leipz. und besaß eine eigene Vogelsamml. Es ist wohl seinem Einfluß zu danken, daß der Verlagsvertrag dem Autor für die damalige Zeit recht günstige Bedingungen sicherte. Wenn F. auch kaum nennenswert zu orn. Veröff. schritt, so muß er doch ein genauer Beobachter und gründlicher Kenner gewesen sein; denn er beschrieb erstmalig den Rötelfalken als „spärlichen Gast im südl. Deutschl. und in der Schweiz" (Sylvan 5, 1817/18). Um seine Hochschätzung für den von ihm verehrten Meister zu bezeugen, nannte er den Vogel Falco naumanni.

— Lit.: P. Thomsen u. E. Stresemann, Naumann-Biogr., 1957.

Floericke, Curt (Kurt), Dr., * 23. 3. 1869 Zeitz, † 29. 10. 1934 Stuttgart. Nachdem er — Sohn eines aus einer alten Forstmeisterfamilie stammenden Kaufmanns — sich schon seit 1887 in der Gef. W. und seit 1889 auch in der Orn. Ms. zu Wort gemeldet hatte, studierte er Naturw. in Bresl. und Marb. Das Jahr 1893 brachte den unvollendeten „Versuch einer Avif. Schles.", dessen 1. Teil als Diss. in Marb. erschien und durch den wissensch. Anstrich alle die bestrickte, die sich nicht kritisch in Einzelheiten vertiefen konnten. Gelockt durch die Schilderungen seines Landsmanns F. Lindner (s. d.), war er im August 1892 erstmalig auf der Kurischen Nehrung und weilte dann mehrere Jahre in Rossitten; doch machten sich hier durch gewerbsmäßigen Handel mit Bälgen und lebenden Vögeln, durch nicht einwandfreie Ber. (in Orn. Jb., J. Orn., Orn. Mber., Mitt. Wien) und charakterliche Schwächen immer deutlicher Züge einer Lebensauffassung bemerkbar, die seiner Begabung gewährtes Wohlwollen zerstörten und um die Jahrhundertwende odysseische Wanderfahrten im Gefolge hatten. Nachdem er sich auch an der Ung. Orn. Zentrale in Budapest „wegen Privatangelegenheiten" nur vom Anfang des Jahres 1898 bis zum Mai halten konnte, bereiste er den Balkan, Turkmenistan, Kleinasien, Marokko, die Kanaren und Südamerika — immer abenteuernd, zugleich aber mit aufnahmefreudigen Sinnen forschend und sammelnd. Schließlich trat er in Beziehung zu den vom Österr. Reichsbund f. Vogelk. u. Vogelsch. seit 1901 herausgegebenen „Mitt. über d. Vogelw." und begann 1902 von Wien aus unter dem Decknamen K. Ribbeck zu schreiben. Seßhaftigkeit lernte er erst kennen, als er 1907 Mitarbeiter am „Kosmos" wurde und die „Mitt. über d. Vogelw." in eigene Verantwortung übernahm. In Stuttgart entfaltete er, um bürgerliche Achtung ringend, eine ungemein fruchtbare lit. Tätigkeit. Neben erstaunlichem Fleiß brachte er alle Voraussetzungen für den Schriftstellererfolg mit: Vielseitiges biol. Wissen, eine saubere, meisterhaft gehandhabte dt. Sprache und einen farbenprächtigen Stil. Und sicher stünde sein Ruf nicht im Zwielicht der Meinungen, wenn er nie etwas anderes hätte sein wollen als ernsthafter Schriftsteller! Leider konnte er einen Hang zur Sensation und zu Falschmeldungen nicht ganz unterdrücken. So war die Wissensch. ihm gegenüber zu entschiedener Zurückhaltung und zum Vorwurf der Unzuverlässigkeit gezwungen. Gleichzeitig aber und ebenfalls zu Recht breitete sich um ihn der Glanz der Volkstümlichkeit. Neben zahllosen Beitr. für die Fachlit. und unterhaltende Zeitschr. schrieb er das jeden Vogelfreund packende „Dt. Vogelbuch" (1907, 1922). Viele Jünger lernten aus der „Naturgesch. d. dt. Sumpf- u. Strandvögel" (1897), der „Naturgesch. d. dt. Schwimm- u. Wasservögel" (1898), den „Vögeln d. dt. Waldes" (1907), den „Vögeln fremder Länder" (1911), dem „Vogelliebhaber" (1912), dem „Taschenbuch z. Vogelbestimmen" (1912) und all den anderen, meist im Kosmos-Verl. erschienenen Werkchen. In ihnen wirkte ein Funke eigener Glut, die bei einer überaus stattlichen Lesergemeinde viel Liebe zur Natur und vor allem zur Vogelwelt entfachte. Für den Neuen Naumann bearbeitete er die Schnee-Eule, den Rötelfalk, die Felsentaube sowie mehrere Reiher- u. Rallenarten. An seine Betriebsamkeit erinnert ferner die von ihm 1919 ins Leben gerufene „Südd. Vogelwarte". Obwohl sie die durch ihren Gründer zu Anfang des Jahrh. bekämpfte Beringung mit eigenen Ringen aufnahm, konnte sie nur vorübergehend (von 1928 bis zur Zwangsauflösung 1936) auf der Mettnau bei Radolfzell Gestalt gewinnen. Fest ist dagegen der Name F. mit den „Mitt. über d. Vogelw." verbunden. 27 Jahre leitete er sie nicht nur als sein Sprachrohr, sondern auch als Organ, in dem er die Mitwirkung junger, noch zögernder Talente weckte. Auch der unter seinem Einsatz 1909 entstandene Verein „Naturschutzpark" hinterließ mit den Schutzgebieten in der Lüneburger Heide und im Pinzgau sichtbare Spuren eindrucksvoller Kulturschöpfungen. Als der umstrittene Mann (sein problematischer Charakter fand neben unerbittlichen auch milde Richter!) für immer die Augen schloß, hatte er sich wenigstens das unzweifelhafte Verdienst gesichert, nützliche Arbeit für die naturw. Volksbildung geleistet zu haben. Der startbereite Wanderfalke mit den halbgeöffneten Flügeln, den Grabstein auf dem Pragfriedhof in Stuttg. krönend, mag Sinnbild sein für den unruhvollen, stets neue Ziele suchenden Gedankenflug eines begeisterten und befähigten Vogelfreundes u. -kenners, dem Verirrungen den Zugang in die Welt verantwortungsbewußter Forschung sperrten.

— Lit.: Würdigung (von F. Mittelbach u. J. Wegner). Festschr. f. C. Fl. 1919 (mit Bildnis). - Bildnis in Reichshdb. d. dt. Ges. 1, 1930, S. 457. - Nachruf (von J. W.). Mitt. Vw. 33, 1934, S. 41—45 (mit Bildnis). - Nachruf (von L. v. Boxberger). Gef. W. 63, 1934, S. 563. - Nachruf (von Schriftl.). Orn. Mber. 43, 1935, S. 31/32. - Nachruf (von Schriftl.). Vz. 6, 1935, S. 52. - Würdigung (Verf. ungen.). Kosmos 45, 1949, S. 90 (mit Bildnis). - W. Bacmeister, Abriß einer Gesch. d. Württ. Vogelk., Jh. Württ. 102—105, 1950, S. 32/33. - L. Gebhardt u. W. Sunkel, D. Vögel Hess., 1954, S. 76. - Abb. d. Grabsteins in Mitt. Vw. 34, 1935, S. 94.

Forgách von Ghymes und Gacs, Karl Graf, * 4. 9. 1824 Meidling (Wien), † 22. 3. 1911 Ghymes, Komitat Nogrod (Ungarn). Aus Leidenschaft Jäger, war er zu keiner Zeit in der ung. Vogelk. besonders hervortretender Forscher. Auch große Jagdreisen nach Algerien und Tunis (1857), Marokko (1859), Ägypten (1869) galten nur der Trophäensamml. Doch als er in Südfrankr. Zeuge des Schwalbenmassenfangs in den Zugzeiten wurde, erwachte in ihm der Vogelschutzgedanke. Mit dieser Regung verband sich bald das Interesse an der Beob. des Vogelzugs in seiner Heimat. Phänol. Aufz., seit 1872 fast 40 Jahre durchgeführt, waren das Ergebnis. Nach der Gründung der Ung. Orn. Zentrale wurde er wie selbstverständlich einer der treuesten und pünktlichsten Mitarbeiter. In Würdigung seiner Verdienste um die Kenntnis der Zugbewegungen ernannte ihn die Pester Zentrale daher 1894 zum Ehrenmitglied. Schriftstellerisch machte er sich nur mit ung. geschriebenen Reiseberichten in einem Jagdsportblatt bemerkbar. Vogelk. Beitr. reizten seinen Ehrgeiz nicht. Erwähnenswert sind höchstens „18jährige Beob. über d. Ankunft einiger Zugvögel im Frühjahr ... " (Orn. Jb. 1, 1890) und „Orn. Erinnerungen eines alten Jägers" (Aquila 9, 1902). Er starb auf seinem Stammschloß als Wirkl. Geh. Rat.

— Lit.: Nachruf (von O. Herman). Aquila 18, 1911, S. 435/36.

Forster, Johann Georg, * 26. 11. 1754 Nassenhuben bei Danzig, † 12. 1. 1794 Paris. Erbmäßig bestimmter Wissensdurst füllte seine Jugendjahre mit unruhevollen, entbehrungsreichen Forschungsreisen an der Seite des Vaters Johann Reinhold F. (s. d.). Früh und überdurchschnittlich herangereift, wurde er 1778 Prof. der Naturgesch. an der Ritterakad. in Kassel. Nachdem er in der gleichen Stellung auch in Wilna zwischen 1784 und 1788 weder wahre Befriedigung noch innere Ausgeglichenheit gefunden hatte, siedelte er als kurfürstlicher Bibliothekar nach Mainz über. Dort geriet er aus phil. Idealismus und kosmopolitischer Anlage in den Sog der franz. Revolution und kam darin gebrochenen Herzens um. Er starb ohne Vaterland, ohne Heimat in Not und Kummer. Ein naturfroher, genialer Geist wie der Vater, ist er weniger in die Natur- u. mehr in die Literaturgesch. eingegangen durch die klassische Schönheit seiner Prosa. Sie strahlt vor allem aus seinen, nach Form und Inhalt heute noch mustergültigen Reiseschilderungen. Die von echtem, ursprünglichem Naturgefühl und großartiger Beobachtungsgabe getragene Darstellung der Erlebnisse und Erfahrungen während der Cookschen Exp. legte er 1777 als „Observations made in the course of a voyage round the world" und 1779 als „Reise um d. Welt" nieder. Er ehrte mit diesem Meisterwerk tiefgründiger Nachdenklichkeit den Vater, dem die unwürdige Behandlung in London die Lust und Möglichkeit zu eigner Veröff. seiner naturw. Forschungen genommen hatte. Sich selbst aber ehrte er noch mehr durch die Tatkraft, mit der er sich um die Übernahme J. R. Forsters als Universitätslehrer bei den maßgeblichen Stellen des preuß. Staats bemühte. Besondere orn. Verdienste liegen bei ihm auf künstlerischem Gebiet, indem er die Bälge und Beschr. des Vaters durch viele Tafeln von Aquarellen ergänzte. Auch sie gerieten ungenutzt in die Hände der Gläubiger, von denen sie der Engländer Sir Joseph Banks kaufte und seiner Samml. einverleibte.

— Lit.: G. Forsters sämtl. Schr., hrsg. v. d. Tochter, mit Charakteristik v. Gervinus, 9 Bde., Leipz. 1843. - H. König, G. Forsters Leben ..., 2 Aufl. 1858. - Ina Seidel, D. Labyrinth, 1922.

Forster, Johann Reinhold, Dr., * 22. 10. 1729 Dirschau (Westpreußen), † 9. 12. 1798 Halle. Von 1748—1751 studierte er Theol. in Halle. 1753 übernahm er die Pfarrstelle in Nassenhuben bei Danz. 1765 verließ er diesen Posten, um zusammen mit seinem 10jährigen Sohn Johann Georg F. (s. d.) in russ. Auftrag die Natur des südl. Rußl. bis zur Wolga und zum Kaspischen Meer zu erkunden. Mit diesem Schritt verschrieb er sich den Naturw., für die er ungestillte Lust am Sammeln und Bestimmen neben leidenschaftlichem Ernst als beste Voraussetzungen mitbrachte. Da die Anerkennung durch Petersb. ausblieb und seine Pfarre besetzt war, ging er 1766 aus Not nach Engl., woher vor mehr als 100 Jahren seine Vorfahren gekommen waren. Hier veröffentlichte er 1767 einen eindrucksvollen Ber. über die Tier- u. Pflanzenwelt Südrußl. und beschrieb als einer der ersten nach Linnés System und binärer Nomenkl. 74 Vogelarten, darunter als neu die Mohrenlerche - Melanocorypha yeltoniensis. Obwohl die Wissensch. so auf ihn aufmerksam geworden war, bedrängte ihn weiter die Sorge um eine vielköpfige Familie. Nur durch die nützliche Verwendung seiner auf dem Berl. Gymnasium erworbenen Sprachkenntnisse vermochte er sich ein kümmerliches Brot zu verdienen, bis das Glück ihn überraschend in die Arme nahm und er als Naturforscher, von seinem Sohn begleitet, an Cooks zweiter Erdumseglung (1772—1775) teilnehmen konnte. Mit einzigartiger Ausbeute an Naturschätzen kehrte er nach London zurück, denn er war mit einem vortrefflichen Gefühl für das Wesentliche der Beschr. seinem Forscherdrang nachgegangen und verstand obendrein die Kunst des Präparierens und Zergliederns der Sammelstücke wie keiner vor ihm. Wieder folgten aber den überstandenen Mühsalen Enttäuschungen statt Lohn und Ehrung. Die Admiralität, mit seinen glänzenden Ber. nicht einverstanden, versagte ihm sogar den vertraglich zugesicherten Sold. Seine Samml. neuseeländischer und polynesischer Vögel kam in den Besitz der Royal Society und mehrerer Privatsammler. Er selbst fiel in die Fesseln erbarmungsloser Gläubiger und wurde sogar in den Schuldturm geworfen. Dem Lösegeld dt. Fürsten (unter ihnen befanden sich Friedrich der Große und Herzog Ferdinand von Braunschw.) verdankte er endlich 1780 Loskauf und Befreiung, so daß er, von Preußen berufen, zum Dr. phil. et med. und zum Geh. Rat ernannt, eine Professur für Naturw. in Halle übernehmen konnte. Verbittert, des inneren Schwunges beraubt, nur noch im Besitz seiner Aufz., fand er hier in der Enge nicht mehr die Kraft, seine „Descriptiones animalium" zu veröffentlichen. Doch gaben zwei geistvoll geschriebene orn. Monogr., seine „Historia Aptenodytae, generis avium orbi australi propinquum" (1781) und seine „Mémoire sur les Albatros" (1785), den Zeitgenossen Zeugnis von dem, was sie und die Nachwelt an wissensch. Ergebnissen zu erwarten gehabt hätten, wenn nicht Undank die Feder eines so gründlichen Reisenden frühzeitig lahmgelegt hätte. Der Engländer J. Latham aber konnte es unternehmen, die orn. Schätze des Deutschen mangelhaft zu beschreiben, ohne den Namen des Sammlers zu nennen. Nach Forsters Tod kamen die Aufz. in die Berl. Bibliothek. Viel zu spät wurden sie dort 1844 von H. Lichtenstein (s. d.) herausgegeben. Den nicht alltäglichen Charakterzügen und den Leistungen der großen Forscherpersönlichkeit konnte die Drucklegung nicht mehr gerecht werden. Als von ihm hinterlassene Wortprägungen blieben die Gattungsbezeichnungen Riparia, Phoenicurus und Luscinia lebendig.

— Lit.: Schriftenverz. in Meusels Gelehrtem Teutschland, Bd. 2, 1796, S. 394—402. - G. Salzmann, Denkwürdigkeiten aus d. Leben ausgezeichneter Teutschen d. 18. Jahrh., Schnepfenthal 1802, S. 115—121. - Fr. Embacher, Lex. d. Reisen u. Entdeckungen, Amsterdam 1882 (1961), S. 115/16. - Würdigung (von O. Taschenberg). Abh. Halle 20, 1894, S. 15—34 (mit Bildnis u. älteren Quellen). - E. Stresemann, Entw. d. Orn., 1951 (mit Bildnis).

Fournes, Hermann, * 1830 Gera (Thüringen), † 21. 12. 1902 Wien. Er war Kaufmann in Wien und reges Mitglied des dortigen orn. Vereins bis zu dessen Auflösung 1898. Seit 1860 sammelte er als leidenschaftlicher Liebhaber Eier in der näheren und weiteren Umgeb. des Wohnorts. Sehr vertraut war er auch mit den orn. Verhältnissen am Neusiedler See. Dort wollte er am 25. 5. 1880 ein dem Wiener Naturh. Mus. übergebenes Gelege des Acrocephalus paludicola gefunden haben, das aber 1940 von M. Schönwetter (s. d.) dem Acrocephalus schoenobaenus zugeschrieben wurde. (Anerkannt wurde von M. Schönwetter nur das vom Sohne Dr. A. Fournes am 23. 5. 1928 am Neusiedler See gesammelte und dem Wiener Mus. gleichfalls geschenkte Gelege von Acrocephalus paludicola; vgl. Orn. Mber. 48, 1940, S. 178). Als er 1885 mit seinem ool. Jünger O. Reiser (s. d.) im Burgenland weilte, fand er den Rohrschwirl und entdeckte die Lachseeschwalbe brütend wieder an der Zicklacke bei St. Andrä. Aus den 70er und 80er Jahren hinterließ er, nicht sehr schreibfreudig, einige Beitr. über ool. und fortpflanzungsbiol. Erfahrungen: „D. Flußrohrsänger - Salicaria fluviatilis, dessen Nest u. Eier" (Mitt. Wien 1, 1877), „Beitr. z. Fortpflanzungsgesch. d. Kuckucks" (ebd. 9, 1885), „V. Neusiedler See" (ebd. 10, 1886), „Beitr. z. Kenntnis d. Schwirrsänger - Locustella fluviatilis u. Locustella naevia in d. Umgeb. v. Wien" (ebd. 10, 1886). Der Ruf, ein gewiegter Oologe zu sein, knüpfte sich an seinen recht bekannten Namen.

Frantzius, Alexander von, Dr., * 10. 6. 1821 Danzig, † 18. 7. 1877 Freiburg i. B. Früher Neigung folgend, widmete er sich von 1842—1846 in Heidelb., Erl., Halle und Berl. dem Studium der Naturw. 1849 habilitierte er sich in Bresl. Um Heilung von einem Lungenleiden zu finden, ging er 1853 nach San José (Costa Rica) und wirkte dort 15 Jahre als Arzt. Von 1868 ab lebte er wieder in Heidelb., wo er das Generalsekretariat der Dt. Ges. f. Anthrop. leitete. 1875 zog er sich nach Freib. i. B. zurück. Außer einer Übers. der die Tiere betreffenden Teile des Aristoteles (Leipz. 1853) hinterließ er mehrere kleinere zool. und paläont. Arbeiten. In Costa Rica sammelte er Vögel und sandte sie in das Berl. Zool. Mus. Von J. Cabanis (s. d.) wurden sie in J. Orn. 8, 1860; 9, 1861 u. 10, 1862 besprochen. Er selbst schrieb in längerer Darstellung „Über d. geogr. Verbreitung d. Vögel Costaricas u. d. Lebensweise" (J. Orn. 17, 1869). Die Wissensch. verdankte ihm wertvolle Aufschlüsse über die Vogelwelt eines Teiles von Mittelamerika.

— Lit.: Allg. Dt. Biogr. 7, 1878, S. 274.

Frauenfeld, Georg Ritter von, * 3. 6. 1807 Wien, † 8. 10. 1873 Wien. Hervorragende Begabung für Naturbeobachtung und steter Fleiß ebneten ihm den Weg vom Bauhandwerker, Postangestellten, Güterverwalter zum Kustos am Naturh. Mus. in Wien (1852). Die Gründung der Zool.-botan. Ges. zu Wien (1851), deren Verh. er als Präsident bis 1873 herausgab, war seiner entscheidenen Mitwirkung zu danken. Seine Forschungen um die Aufhellung naturgesetzlicher Zusammenhänge umfaßten die Botan. und das gesamte Gebiet der Zool. Die Orn. lief zwar nur auf einem seiner Nebengleise, doch meldete er sich auch hier seit 1853 mit kleineren Beitr. gelegentlich zu Wort. So sprach er über „Vögel aus Dalmatien u. eine neue Sylvia" (Verh. Wien 1, 1852) und erwähnte einige Vogelformen, die ihm während der Novara-Exp. (1857/59) in Manila begegneten (ebd. 11, 1861). Beob. und Erfahrungen in N.-Ö. fanden lit. Niederschlag in Arbeiten wie „Einige orn. Bem." zum Meckern der Bekassine und zur Wanderung der Vögel (J. Orn. 8, 1860), „Z. Frage d. Sinnesverwirrung b. Vögeln" (ebd. 11, 1863), „Über Wanderung u. Flug d. Vögel" (ebd. 12, 1864). Die heimatliche Vogelwelt ist ferner von ihm berücksichtigt in der „Wirbeltierfauna N.-Ö." (Bl. d. Ver. f. Landesk. v. N.-Ö., N. F. 5, 1871) und in der „Topographie v. N.-Ö. . . ." (Wien 1871—1876). Pionierdienst war die dem Viel- u. Weitgereisten in den letzten Lebensjahren am Herzen liegende Werbung für den Schutz der Singvögel als der „natürlichen Vertilger d. Ungeziefers". Seinen Schreibtischstudien entsprang schließlich der bedeutsame Nachweis, daß in der Menagerie des Kaisers Rudolf II. zu Anfang des 17. Jahrh. neben anderen exotischen Seltenheiten auch eine Dronte aus Mauritius gehegt wurde. Er schrieb darüber „Neu aufgefundene Abb. d. Dronte . . . " (Wien 1868) und „Auffindung einer bisher unbekannten Abb. d. Dronte" (J. Orn. 16, 1868). 1859 wurde ihm für Verdienste um die Zool. das Adelsprädikat verliehen.

— Lit.: Nachruf (von K. Brunner v. Wattenwyl). Verh. Wien 23, 1873, S. 535—538 (mit Bildnis). - Österr. Biogr. Lex. . . . 1, 1957, S. 354/55 (mit älteren Quellen).

Frenzel, Friedrich August, Dr., * 24. 5. 1842 Freiberg (Sachsen), † 27. 8. 1902 Freiberg. Als Sohn eines früh verstorbenen Schmelzhüttenarbeiters wuchs F. unter sehr dürftigen Verhältnissen heran, widmete sich dem Bergmannsberuf und war 1861—1865 unter vielen Entbehrungen Schüler der Freiberger Bergschule, 1865—1868 aber Hörer an der dortigen Bergakad. 1881 promovierte er in Leipz. als Mineraloge, nachdem er schon Chemiker im Labor des Hüttenamtes gewesen war. Später wurde er dessen Vorsteher und im Nebenamt Lehrer für Geol. und Min. an der Freib. Bergschule. Seine ganze Liebe galt der Haltung und Züchtung exotischer Vögel. Über Erfahrungen auf diesem Gebiet berichtete er seit 1877 in zahlreichen Aufs. der Orn. Ms., weniger in Gef. W. und in Broschüren. Lange Jahre war er Vorstandsmitglied des Dt. Ver. z. Schutze d. Vogelw.

und von 1881—1902 gleichzeitig Mitherausgeber der Orn. Ms.

— Lit.: Nachruf (von C. R. Hennicke). Orn. Ms. 27, 1902, S. 451/52 (mit Bildnis).

Frey, Peter, Dr., * 22. 11. 1872 Linnich (Rheinland), † 18. 7. 1954 Leverkusen. Seit 1900 war er prakt. Arzt in Leverkusen-Wiesloch. Der Junggeselle und eifrige Waidmann hatte an der Wuppermündung seine Jagdgründe und bewegte sich dort auch als begabter Feldornithologe. Die erlegten Vögel präparierte er selbst mit Geschick und verwahrte sie in Glaskästen mit von ihm gemalten Rückwänden. 2 Zimmer füllte er mit solchen Beute- u. Schmuckstücken. Darunter befanden sich große Seltenheiten. Die reichhaltige Samml., die in das Benrather Mus. kam, sowie die zuverlässigen Mitt. ihres Besitzers lieferten O. le Roi (s. d.) und F. Neubaur wertvolle Aufschlüsse für ihre Veröff. Zu lit. Betätigung fühlte sich der fleißige Beobachter nicht sehr gedrängt. F. Neubaur verzeichnete in den „Beitr. z. Vogelf. d. ehemaligen Rheinprov." (Verh. Bonn 110, 1957) nur 9 Titel aus seiner Feder zwischen 1911 und 1948 in Verh. Bonn, Wild u. Hund, Orn. Mber.

Freyreiß, Georg Wilhelm, * 12. 7. 1789 Frankfurt (Main), † 1. 4. 1825 Kolonie Leopoldina (Brasilien). Der Sohn eines Schuhmachers wurde nach dem Besuch des Gymnasiums Lehrling in einer Handlung seiner Vaterstadt. Er sammelte eifrig Naturalien und kam so in Verbindung mit B. Meyer (s. d.), der die entwicklungsfähigen Anlagen des Jünglings erkannte und orn. weiterbildete, bis ihn G. H. v. Langsdorff (s. d.) 1809 als Präparator nach Petersb. mitnahm. Eine Reise durch das russ. Reich zerschlug sich. Deshalb eröffnete F. in Petersb. eine sehr ergiebige Naturalienhandlung und wurde sogar Mitglied der Kaiserl. Ges. d. Naturf. in Moskau. Doch verzichtete er schon 1812 auf die dort gesicherten Einkünfte und ging mit Langsdorff nach Bras., dessen reiche Naturschätze ihn lockten. Nach einem Zerwürfnis mit dem Reisegefährten zog er allein ins Innere des vielversprechenden Landes. 1814, 1815, 1816 und 1817 war er streckenweise unterwegs mit W. v. Eschwege (dem Begründer der bras. Min.), dem Prinzen Max zu Wied (s. d.) und F. Sellow (s. d.). Neben dem Ertrag seiner sammlerischen Unternehmungen empfing er von der bras. Regierung, die ihm eine Professur in Aussicht stellte, ein festes Gehalt. 1824 legte er in 6 Kapiteln der „Beitr. z. näheren Kenntnis d. Kaisertums Bras." seine Beob. und Erfahrungen nieder. Doch wurde er schon bald darauf in der von ihm 1819 gegründeten dt. Niederlassung Leopoldina bei Caravellas vom Tode dahingerafft. Der Name des tapferen Tropengängers wird für immer einen ehrenvollen Platz in der Frühgeschichte der naturw. Erforschung Bras. einnehmen. 1817/18 schickte er eine stattliche Ausbeute (darunter fast 2000 Vogelbälge aus Bahia) an das Berl. Mus. Als H. Lichtenstein (s. d.) keinen Wert mehr auf weitere unbestellte Sendungen legte, waren die späteren Empfänger das Zool. Mus. in Stockholm (1818), das Univ.-Mus. in Upsala (1819—1824), das Mus. Senck. in Frankf. (1820), das Mus. in Leiden (1820). Es ist das Verdienst von F., diese europ. Inst. um ansehnliche Mengen der damals stark begehrten bras. Vogelformen bereichert zu haben.

— Lit.: J. M. Mappes, Festreden gehalten im Naturgesch. Mus. z. Frankf. (Gedenkrede f. G. W. Fr. v. 1. 5. 1826), Frankf. 1842, S. 55—66. - E. Hartert, Kat. d. Vogelsamml. im Mus. d. Senck. Naturf. Ges. in Frankf., 1891. - E. Stresemann, D. Naturforscher F. Sellow u. sein Beitr. z. Kenntnis Bras., Zool. Jb., Abt. f. System., Ökol. u. Geogr. d. Tiere 77, 1948, S. 401—425.

Frickhinger, Hans Walter, Dr., * 18. 9. 1889 Nördlingen (Bayern), † 25. 1. 1955 Irschenhausen (Kr. München). Schon seine Vorfahren, Glieder einer alten Patrizierfamilie, pflegten vor mehr als 200 Jahren die Naturw. Er selbst studierte 1908—1914 Zool. in Münch. und Freib. und wurde von K. Escherich an das Inst. für angewandte Zool. nach Münch. berufen. Bekannt machte er sich zuerst als Organisator des Pflanzenschutzdienstes bei den Bayerwerken in Leverkusen. Seit 1931 lebte er als freier Fachschriftsteller in Planegg und seit 1948 in Irschenh. Viele seiner Veröff. setzten sich ein für die biol. Schädlingsbekämpfung, warben um Verständnis für die Probleme des ethischen und wirtschaftlichen Vogelschutzes und warnten vor den Folgen einer weiteren Verschandelung der Heimatnatur. Immer wach war sein Bemühen um die Förderung der biol. Forschung. So war er Schriftführer der Dt. Ges. f. angewandte Entom. und Schriftleiter des „Anz. f. Schädlingsbekämpfung". Ein Standardwerk wurde sein „Leitfaden d. Schädlingsbekämpfung". Der Geschichte der Naturwissensch. galt die von ihm geschaffene Buchreihe „Große Naturforscher". Schließlich gründete er 1948 die „Naturw. Rdsch.". Im Jahre 1939 erschien aus seiner Feder ein kleines Buch „Natur um uns, Heimat im Wechsel d. Jahreszeiten", in dem sich die ihn auszeichnenden Wesenszüge offenbarten. Aus der naturnahen Einstellung und Haltung fühlte er sich auch der Orn. im wissensch. Bereich und in der Liebhaberei verpflichtet. Von Jugend auf war seine tiefgehende Neigung gerade auf die Vogelpflege gerichtet, und er verteidigte sie gegen ungerechtfertigte Angriffe Unkundiger als stille häusliche Kunst und Bestandteil des recht verstandenen Naturschutzes.

— Lit.: Würdigung (von H. Ecke). Nat. u. Landsch. 29, 1954, S. 32 (mit Bildnis). - Würdigung (von W. Zwölfer). Naturw. Rdsch. 7, 1954, S. 399/400 (mit Bildnis u. Verz. d. selbst. Veröff.). - Nachruf (Verf. ungen.). Ebd. 8, 1955, vor S. 45 (mit 2 Bildnissen). - Nachruf (von J. Steinbacher). Gef. W. 79, 1955, S. 60 (mit Bildnis).

Friderich, Carl Gottlob, * 11. 3. 1814 Stuttgart, † 27. 8. 1898 Stuttgart. Er war Aquarellmaler und von Jugend auf der Beob., Aufzucht und Pflege der Vögel hingegeben. Aus jahrelanger Erfahrung wuchs bei ihm der Entschluß, ein Buch über Zimmervögel zu schreiben, das mehr über dieses Sondergebiet bringen sollte als das alte Werk von J. M. Bechstein (s. d.). So entstand 1849 die „Naturgesch. aller dt. Zimmer-, Haus- u. Jagdvögel nebst einem Anhange über d. ausländischen Vögel, welche im Handel vorkommen" (mit Lithogr. nach Naumann). Eine 2. Aufl. 1863 gestaltete er völlig um und ließ die ausländische Ornis weg. Als Muster für die Anlage schwebte ihm J. F. Naumanns Lebenswerk vor, dessen 12 Bde. für die meisten Kauflustigen zu teuer waren. So brachte er, system. geordnet, eine volkstümliche Darstellung zustande, die — im Grunde ein Auszug aus Naumann — zu einem erschwinglichen Preis das zuverlässige, sehr inhaltsreiche Hdb. vor allem für die Laienvogelkundler wurde. 1875 ergab sich die Notwendigkeit zu einer 3. und 1891 zu einer 4. Aufl. dieser Naturgesch. d. dt. bzw. mitteleurop. Vögel (mit 522 Arten). A. Bau (s. d.) nahm dann für die 5. Aufl. („Naturgesch. d. dt. Vögel einschl. d. sämtlichen Vogelarten Europas") von 1902—1904 eine abermalige Umarbeitung und Vermehrung auf 1012 Arten und Formen vor und brachte in der 6. und letzten Aufl. („Naturgesch. d. Vögel Europas") 1923 eine weitere Anpassung an den Stand der damaligen Forschung und eine Erhöhung auf 1226 Arten. Die anspruchslosen Bilder der letzten Aufl. stammten von A. Specht (s. d.).

Friedel, Ernst, * 23. 6. 1837 Berlin, † 10. 3. 1918 Berlin. Nach dem jur. Studium war er — getragen vom Zukunftsglauben preuß.-dt. Aufstieges — zuerst Assessor im Staatsdienst, übernahm aber 1873 die Stelle eines besoldeten Stadtrats in der Verwaltung der Stadt Berl. Seitdem hatte er wesentlichen Anteil an der Entwicklung der Reichshauptstadt, die ihn 1894 durch die Ernennung zum Geh. Reg.-Rat ehrte. Neben den Berufsaufgaben meisterte er weitere ausgedehnte Wissensgebiete. Ungemein vielseitig, widmete er sich mit Vorliebe naturw. und archäologischen Fragen. Das Märk. Prov.-Mus. (1874) und die Ges. f. Heimatk. d. Prov. Brandenb. (1892) verdanken ihm ihre Gründung. Durch sein mitreißendes Beispiel erhielt die Erforschung der märk. Vorgeschichte vorher nicht gekannten Auftrieb. Allein die Zahl seiner Veröff. zeugt von außerordentlichem Fleiß und wissensch. Ernst. Im Rahmen der zool. Interessen berührte er auch die Orn., ohne sich zu deren Vertretern zu rechnen. H. Schalow sammelte in den „Beitr. z. Vogelf. d. Mark Brandenb." (1919) aus dem Zool. G. 9 Titel avif. Mitt. zwischen 1872 und 1881 sowie aus der Brandenburgia 8 Titel zwischen 1897 und 1914. Außerdem gab der rührige Kommunalpolitiker und begeisterte Naturfreund zusammen mit C. A. Bolle (s. d.) 1886 die „Wirbeltiere d. Prov. Brandenb." heraus als Festschr. für die 59. Versammlung dt. Naturforscher und Ärzte zu Berl. 278 Vogelarten sind darin aufgeführt.
— Lit.: Würdigung (von G. Albrecht). Arch. d. Brandenburgia 12, 1907 (Festschr. f. E. Fr.), 1. Teil, S. 1—93 (mit Bildnis u. Verz. d. Veröff.).

Friedrich I., Herzog von Anhalt, * 29. 4. 1831 Dessau, † 24. 1. 1904 Ballenstedt. Ein eifriger Jäger und Naturfreund, erneuerte er nicht nur das anhaltische Jagdrecht, sondern setzte sich auch tatkräftig durch eine Reihe von Vorschriften für die Förderung des Vogelschutzes in den herzoglichen und in den Staatsforsten ein. Dazu vermehrte er die schon von seinem Vater angelegte Vogelsamml. in Schloß Kühnau, die später in das Landesmus. Zerbst kam. Die DO-G verlieh ihm 1856 die Ehrenmitgliedschaft.
— Lit.: Würdigung (von G. Quäbicker). J. Orn. 90, 1942, S. 341.

Friedrich II. von Hohenstaufen, * 26. 12. 1194 Jesi bei Ancona, † 13. 12. 1250 Fiorentino (Apulien). Nur als Enkel Friedrichs I. Barbarossa floß dt. Blut in seinen Adern. Von seiten Heinrichs VI., des Vaters, war er Erbe des Imperiums. Mütterliches Erbe war das sizilische Königreich. Italienisch war seine Muttersprache. Früh verwaist, wuchs er inmitten der Kämpfe zwischen Kaiser- u. Papsttum unter päpstlicher Vormundschaft in Sizilien auf. Die Kulturüberschneidungen im Mittelmeerraum formten an seinen Wesenszügen, ohne daß er sich an diese Mischwelt ganz verlor. Als den 17jährigen der Ruf aus dem Lande der Väter erreichte, folgte er ihm ohne Zaudern. Seit 1208 König von Sizilien, ließ er sich 1212 in Mainz zum dt. König, 1220 in Rom zum Kaiser krönen. In den 38 Jahren, in denen er die dt. Königskrone trug, betrat er nur dreimal dt. Boden, so daß ihn nicht alle Kritiker als Deutschen überhaupt anerkennen wollen. Mögen Verwünschungen oder Verheißungen seinen Erdenspuren gefolgt sein, die Einmaligkeit der staatsschöpferischen Vorstellung vom abendländischen Kaisertum wagte ihm auch Voreingenommenheit nicht abzusprechen. Das Erstaunlichste: Des Kaisers nie gestillter Erkenntnisdrang richtete sich zugleich auch auf die Bereiche der Kunst und Naturw.; und die Zool. in Sonderheit löste er aus den Fesseln des kirchlichen Wunderglaubens und der Autorität scholastischer Gelehrsamkeit. Als der großartigste Vertreter des der Welt zugewandten Rittertums fühlte er sich an das päpstliche Dogma nicht gebunden und übertraf daher in der Freiheit der Unters. und Schlüsse auch seinen großen Zeitgenossen, den geistesverwandten Albertus Magnus (s. d.). In Italien unterhielt er prunkvolle zool. Gärten, darunter bei Foggia ein „Vivarium" mit großen Bewässerungsanlagen für Sumpfvögel; und in der Jagdkunst stieg er zum unübertroffenen Meister der praktischen Falknerei auf. Sie war ihm mehr als spielerisches Mittel der Erholung. Er empfand sie als den Sieg des Menschengeistes über den Freiheitstrieb des Raubvogels. Im Falknerdienst sah er eine harte Schule der Charakterformung, die auch den Staatsmann dem ihm vorschwebenden Bilde vom vollkommenen Menschen näherbrachte. Erfahrung und Erkenntnis, die ihm im Umgang mit den Beizvögeln zugewachsen waren, schrieb er nieder in dem die Zeiten überdauernden, aber nur in 6 Büchern überlieferten Werk „De arte venandi cum avibus" („Über d. Kunst d. Jagd mit Vögeln"). Der aus den Teilen „Von d. Natur d. Vögel" und „Von d. Falknerei" sprechende Adel der geistigen Haltung des Autors dürfte allerdings schon zur Entstehungszeit das durchschnittliche Begriffsvermögen des Gefolges überfordert haben. Auch in späteren Jagdwerken wurde er nur selten erreicht. Das Buch ist eine durch stoffliche Vielseitigkeit und Genauigkeit ausgezeichnete Naturgesch. der Vögel überhaupt. Im völlig selbständigen Forschen, in der Fähigkeit zu logischen Schlüssen und in der Ablehnung alles Buchwissens übertraf der Schreiber bis ins 19. Jahrh. hinein viele naturw. wirre Darstellungen. So glaubte er u. a. nicht an den Winterschlaf der Vögel, erkannte durch den Vergleich des Verhaltens tropischer, borealer, wasser- u. landbewohnender, insekten- u. körnerfressender Arten das Wesen des Zuges und deutete biol.-physiol. sinnvoll die verschiedenen Flugweisen. Und da, wo die reine Beob. seine Wißbegierde nicht befriedigte, schritt er zu

Versuchen, die für seine Zeitgenossen unfaßbar waren. Aus der Arktis beschaffte er z. B. faulendes Schiffsholz mit den daran hängenden Würmern und Muscheln, um hinter das Märchen zu leuchten, daß aus ihnen die Ringelgans - Branta bernicla krieche. Und als in einem Nest neben gleichgearteten Jungen ein abschreckend aussehendes Stück gefunden wurde, ließ er alle aufziehen, bis sich ergab, daß der Sonderling ein Kuckuck und die Art somit Brutschmarotzer sei. Die Entw. der Orn. wurde indes von den Erkenntnissen des nur nach der Wahrheit fragenden Mannes nicht berührt: Der erste große Ornithologe der Geschichte war Ketzer und vom Papste exkommuniziert; und die Kirche hatte die Macht, die ungehorsamen Gedanken ihres Gegners in Vergessenheit versinken zu lassen. Das um ihn sich breitende Schweigen wurde schließlich noch dadurch vertieft, daß das ursprüngliche Handstück seines Werkes mit wundervollen Miniaturen seit der unglücklichen Schlacht vor Parma (1248) — der Kaiser war während der Kämpfe weit entfernt auf der Falkenjagd! — verschollen blieb. Nur die Handschrift, die sein Lieblingssohn Manfred zwischen 1258 und 1266 gleichfalls mit Miniaturen im Stile der damaligen naturfernen Bildgestaltung für sich hatte anfertigen lassen, wurde 1596 in Augsburg gedruckt und befindet sich seit 1623 in der Bibliothek des Vatikans. Erst gegen Ende des 18. Jahrh. rückte das mittelalterliche Vermächtnis in das Blickfeld der Vogelkundigen. Der Philologe, Physiologe und Anatom J. G. Schneider (s. d.) hat das Verdienst, die „Reliqua librorum Friderici II. imperatoris de arte venandi cum avibus cum Manfredi regis additionibus" (Leipz. 1788/89) in einer unveränderten Neuausg. mit kritischen Bem. vorgelegt zu haben. Um dieselbe Zeit bekannte B. Merrem (s. d.), „in keinem Folianten so viel Gutes, Neues und Wichtiges für die Naturgesch. gefunden zu haben als in diesen Blättern", und fügte hinzu, „es würde mir ein leichtes sein, meine Leser über meinen Beobachtungsgeist nie vorher bemerkter wichtiger Dinge aus diesem alten Buche staunen zu machen ... Schade für die Naturgesch., daß er Kaiser war und nicht zu unseren Zeiten lebte". Die 1. Sechsbuch-Ausg. mit kritischen Zusätzen besorgte C. A. Willemsen (Leipz. 1942); eine Gesamtübers. dieser Ausg. war 1963 im Druck. Dt. Übertragungen lieferten ferner J. E. Pacius (Ansbach 1756), gestützt auf die unmittelbare Berührung mit der damaligen Ansb. Falknerei-Praxis; H. Schöpffer in „Bücher v. d. Natur d. Vögel u. d. Falknerei" (Berl. 1896), nicht ohne Fehler, dazu die hervorragende Besprechung durch Ch. v. Biedermann (s. d.) in Dt. Jäger 21, 1897; C. A. Willemsen in „D. Falkenjagd, Bilder aus d. Falkenbuch Kaiser Fr. II." (nach einer Handschrift in d. Pariser Nationalbibliothek, Leipz. 1943).

— Lit.: Fr. v. Raumer, Gesch. d. Hohenstaufen, 1824. - J. O. Plaßmann, D. Leben d. Kaisers Fr. II...., Jena 1927. - O. Gmelin, D. Angesicht d. Kaisers..., Jena 1927. - E. Kantorowicz, Kaiser Fr. II., Berl. 1. Bd. 1928, 2. Bd. 1931. - W. Beumelburg, Fr. II...., Oldenb. 1934. - Würdigung (von H. Grundmann). D. Großen Deutschen, N. Dt. Biogr. 1, 1935, S. 124—142. - K. Pfister, Kaiser Fr. II., 1942. - R. Wahl, Wandler d. Welt, Fr. II...., Münch. 1949. - E. Stresemann, Entw. d. Orn., 1951. - Bibl. bei Cl. Nissen, D. Illustrierten Vogelbücher, 1953. - Würdigung (von F. Baethgen). D. Großen Deutschen, Dt. Biogr. 1, 1956, S. 154—170. - K. Lindner, D. dt. Habichtslehre, Berl. 1955. - Ders., V. Falken, Hunden u. Pferden ..., Berl. 1962.

Frisch, Johann Leonhard, * 19. 3. 1666 Sulzbach (Oberpfalz), † 21. 3. 1743 Berlin. In Altdorf, Jena und Straßb. studierte der aufgeweckte Jüngling Theol. und Sprachen. Dann ging er auf z. T. sehr entbehrungsreiche und notvolle Reisen nach Österr., Ung., Ital., der Schweiz und Holl. An den hinter ihm liegenden Mühen und Widerwärtigkeiten gereift und reich an naturw. und sprachlichen Kenntnissen, faßte er 1698 Fuß in Berl. In den letzten 17 Jahren war er Rektor des Gymnasiums zum Grauen Kloster. Als hochgeachteter Schulmann und Schriftsteller entwickelte er umfassende wissensch. Tätigkeit. Mit Spener und Leibnitz stand er in enger Verbindung. Die Herausgabe eines dt.-lat. Wörterbuchs öffnete ihm den Eintritt in die Berl. Akad. Daneben machte er sich auf dem Gebiete der Wirtschaft verdient (Seidenbau, Herstellung des „Berliner Blau"). 67 Jahre war der durch seine Vielseitigkeit sich auszeichnende Gelehrte schon alt, als die 1. Lieferung seiner groß angelegten „Vorstellung d. Vögel in Teutschland ..." fertig war. Das Werk erwuchs aus gründlicher Naturbeobachtung sowie einem Vogelkabinett, das hauptsächlich aus Stücken märk. Herkunft aufgebaut war. In der Art, wie er die Vögel „nach ihren Eigenschaften" beschrieb, leuchtete eine neue kritische Denkweise und eine neue Erkenntnis vom Wesen und Leben des Vogels. Der Fortschritt zeigte sich augenfällig allein in dem (noch recht unvollkommenen) Versuch, durch die system. Einteilung der Vögel in 12 Klassen die alte alphabetische Aufzählung über Bord zu werfen. F. stellte sich nach C. Schwenckfeld (s. d.) und neben den Zeitgenossen F. A. v. Pernau, J. H. Zorn (s. d.) zu den führenden Geistern, die die Befreiung der dt. Orn. aus den Fesseln mittelalterlicher Tierkunde einleiteten. Belohnt sah er seine Bemühungen durch die Aufnahme in die Leopoldina, aber er starb, als erst etwa ein Viertel des vorgesehenen Umfangs erschienen war. Obendrein hemmte die widrige Zeitlage (die Kriege Friedrichs d. Großen) den weiteren Absatz, obwohl die Schönheit und Naturtreue der Tafeln alle bis dahin veröffentlichten harten Holzstiche weit übertrafen. Der im Kupferstich höchst begabte Sohn Ferdinand Helfreich F. und ein Enkel setzten die Arbeit als Illustratoren mit hervorragendem Geschick fort. Ihnen fehlte aber außer einem Verleger bald der seither vom Vater besorgte Text. Nach vielen Stockungen kam ihnen Hilfe von außen: Der reiche Berl. Baron Fr. M. v. Vernezobre kaufte die Vogelsamml. und sorgte für einige weitere Lieferungen; dann trat der damals in der Vogelk. sehr geachtete J. Th. Klein (s. d.) als Förderer hinzu; schließlich schrieb dessen Freund, der Baron Fr. A. v. Zorn aus Danzig, den Text zur 12. Klasse. 1763 war der große Wurf mit 252 Tafeln gelungen. Und doch blieb der Verkauf erschwert, denn inzwischen waren in Frankr. und Engl. andere Unternehmungen vorausgeeilt, und der Text war teilweise überholt. Dank der Güte der Bilder kam 1817 noch ein Nachdruck zustande. Aufs Ganze gesehen hatte F.s Wirken aber nicht genügend Stoßkraft, die Beschäftigung mit dem Leben der Vögel in Deutschl. irgendwie sichtbar voranzutreiben. Die Zeit war erst reif dafür, als J. M. Bechstein (s. d.) lebte.

— Lit.: G. Salzmann, Denkwürdigkeiten aus d. Leben ausgezeichneter Teutschen d. 18. Jahrh., Schnepfenthal 1802, S. 121—123. - H. Schalow, Beitr. z. Vogelf. d. Mark Brandenb., 1919, S. 50 bis 60, 448—450, 507—525 (mit Bildnis u. älteren Quellen). - E. Stresemann, D. Erscheinungsdaten von J. L. F.s „Vorstell. d. Vögel in Teutschl.", Orn. Mber. 49, 1941, S. 1—8 (mit älteren Quellen). - Cl. Nissen, D. Illustrierten Vogelbücher, 1953, S. 43.

Fritsch (Frič), Anton, Dr., * 30. 6. 1832 Prag, † 15. 11. 1913 Prag. 1852 wurde er als Sohn einer angesehenen Prager Familie Priv.-Dozent, 1870 ao. Prof. in Prag; 1880 übernahm er das Ordinariat für Zool. an der neuerrichteten tschech. Univ.; 1882 war er hier Rektor. Seine orn. Tätigkeit setzte ein, als die A. Palliardis (s. d.) endete. Angeborener Sammeleifer und frühe Hinneigung zur Welt der Vögel zeigten sich zu Beginn seiner Univ.-Laufbahn in den Vorarbeiten zu seiner „Naturgesch. d. Vögel Europas", die er unter Einsatz seiner besten Kräfte im eigenen Verl. von 1852—1870 (mit einer 3. Ausg. 1898) erscheinen ließ. Sie enthielt auf 61 Tafeln 708 von ihm selbst entworfene und von anderer Seite kolorierte Abb. der Vögel in verschiedenen Kleidern. Daneben schrieb er in Verh. Wien, Denkschr. Akad. d. Wissensch. Wien, Jb. k. k. Centralanstalt f. Met. u. Erdmagn., Vesmir und zwischen 1858 und 1876 im J. Orn. Notizen und Aufs. über die Vögel Böhm. und anderer österr. Länder (Kroatien, Dalmatien, Montenegro). Eine größere Zusammenfassung erfuhr die Vogelwelt seiner engeren Heimat ferner unter dem Titel „D. Vögel Böhm." (J. Orn. 19, 1871 u. 20, 1872), die mit 297 Arten fast unverändert in die „Wirbeltiere Böhm." (Arch. f. d. naturw. Landesdurchforschung Böhm., 1872) überging. Dieses Verz. der böhm. Vögel stützte sich auf emsige Benutzung der damals im Lande zerstreuten privaten Samml., litt aber vielfach unter dem Mangel an einer großen, wissensch. geordneten Samml. und zuverlässiger lit. Quellen. Gegenüber der „System. Übersicht d. Vögel Böhm." (1852) des vom Verf. hoch eingeschätzten A. Palliardi bedeutete die Liste zwar eine Ergänzung und Weiterführung, zeigte aber wenig fortschrittliche Züge. Nach der Berufung an die tschech. Univ. wandte sich F. schließlich unter Hintansetzung der Orn. verstärkt anderen zool. Gebieten zu. Aus dieser Spätzeit war ihm — mit den wichtigsten Arbeiten aus seiner Feder — die Durchforschung der rezenten Fische und der fossilen Fauna Böhm. zu danken. Nur kleinere vogelk. Veröff. standen bis 1909 gelegentlich noch im Orn. Jb. Verehrung bewahrte er alle Zeit für J. F. Naumann und C. W. L. Gloger (s. d.), während ihm die Artenspaltung Ch. L. Brehms (s. d.) fremd blieb. Wissensch. Beziehungen zu Deutschl. unterstrich u. a. auch die Mitgliedschaft bei der Leopoldina (1880) und bei der DOG.

— Lit.: Würdigung (von J. P. Pražák). Orn. Ms. 22, 1897, S. 226—232. - Nachruf (von Schriftl.). Ibis (10) 2, 1914, S. 139. - Österr. Biogr. Lex. ... 1, 1957, S. 370/71 (mit älteren Quellen).

Fritsch, Rudolf Heinrich, Dr., * 1 4. 1911 Breslau, † 7. 1. 1962 Paris. Aus Anlagen und Begabungen, von seinen Lehrern W. v. Buddenbrock in Kiel, J. v. Uexküll in Hamb. gelenkt und gefördert, erwuchs dem vielseitigen, vor der Natur ehrfürchtigen Zoologen ein weltoffener Blick. Den wissensch. Weg kennzeichnen mehrere Daten: 1936/37 Univ. und Zool. Stat. Neapel, 1939 Dt.-Dominikanisches Tropenforschungsinst., 1947 Forschungsstätte Spiekeroog der Univ. Hamb., 1952 Privatdozent am Zool. Inst. der Techn. Hochschule Darmst., 1958 apl. Prof. für Zool. u. vergl. Physiol. an der Univ. Gießen. Von innen kommende Sicherheit in Wissen und Haltung ließ ihn schließlich als stellvertretenden Leiter des wissensch. Inst. der UNESCO in New Delhi hervortreten. Im Rahmen seiner Hochschultätigkeit spielte die Orn. keine irgendwie beherrschende und in die Augen springende Rolle. Freilanderfahrungen und Verhaltensstudien, die dem Zeitmaße und den Zeitordnungen im Tierreich galten, gaben ihm aber doch die Feder in die Hand, um einige über die reine Beschr. hinausgehende, analysierende Arbeiten zu liefern. Auf Spiekeroog entstanden „Anlage u. Leistung d. Schmieden d. Großen Buntspechtes - Dryobates major L." (Dt. Zool. Zs. 1, 1950; zusammen mit M. P. D. Meijerering), „Beob. an einer neugebildeten Brutkolonie d. Silbermöwe - Larus a. argentatus Pontopp." (Zs. Tierpsychol. 8, 1951). Der Darmst. Zeit gehörte an „Speicher u. Schmieden d. Spechte" (Naturw. Rdsch. 5, 1952).

— Lit.: Nachruf (von W. E. Ankel). Gießen. Hochschulblätter 9, 1962, S. 5/6 (mit Bildnis).

Frivaldszki von Frivald, Emerich, Dr., * 6. 2. 1799 Bacsk (Slowakei), † 19. 10. 1870 Jobbagy (Komitat Nógrád). Auf ihn geht das erste Verständnis für sachgerechtes, wissensch. zool. Sammeln in Ung. zurück. Ursprünglich Arzt, betätigte er sich seit 1822 neben J. S. v. Petényi (s. d.) an der zool. Abt. des Ung. Nat.-Mus. in Budapest. Im Kampfe gegen die Engstirnigkeit von Mus.-Leitung, Akad. und Parlament erreichte er aber erst 1850 die Stelle des Kustos, auf die er im folgenden Jahre schon verzichtete, um sich anderen Aufgaben (Mollusken, Höhlenfauna) zuzuwenden. Obwohl er, von Haus aus Botaniker, später nur die Entom. vertrat, war er nach dem Tode Petényis im Grunde der einzige, der auch über die Vogelwelt seines Vaterlandes Bescheid wußte. Auf eigenen Beob. und von ihm selbst gesammelten Belegstücken beruhten seine „Beitr. über charakteristische Tierarten Ung." zwischen 1834 und 1870. Die darin festgehaltenen Daten über die ung. Vogelf. bildeten daher ein wertvolles und in hohem Maße zuverlässiges Quellenmaterial für die nachfolgende Generation. Durch 5 von ihm zwischen 1833 und 1845 ausgesandte Exp. (er selbst konnte erst 1846 reisen) beschaffte er daneben wichtige faun. und flor. Nachweise aus der damals noch wenig bekannten Türkei. So sah J. F. Naumann in seinem Budap. Inst. 1835 die ersten aus Philippopolis (Türkei) stammenden Bälge der Türkentaube, die ihn zum Vergleich mit den in der Ziebigker Samml. aufbewahrten Tauben anregten. Die im anschließenden Briefwechsel eintreffenden Auskünfte des dt. Meisters gaben F. den Anstoß, die erste Beschr.

der neuen Art zusammen mit einer von J. F. Naumann angefertigten Abb. bekanntzugeben (Jb. Ung. Akad. 3, 1838).

— Lit.: Z. Szilády, Gesch. d. Zool. in Ung., 1927. - E. Stresemann, D. Türkentaube 1836 in Berlin, B. z. Vk. 3, 1953, S. 127—134. - Österr. Biogr. Lex. ... 1, 1957, S. 371/72 (mit älteren Quellen).

Frivaldszky von Frivald, Johann, * 17. 6. 1822 Rajecz (Slowakei), † 29. 3. 1895 Budapest. Ursprünglich Ingenieur, beschäftigte er sich auf zahlreichen Reisen mit der Fauna Ung.; in erster Linie galt dabei sein Eifer der Entom., über die er die wertvollsten Arbeiten hinterließ. 1852 übernahm er anstelle seines Onkels Emerich v. F. (s. d.) die Leitung der zool. Abt. des Ung. Nat.-Mus., seit 1877 mit dem Titel eines Hofrats. Zum 2. internat. Orn.-Kongr. in Budapest 1891 erschien als wichtigster orn. Beitr. ein von ihm in lat. Sprache verfaßter Kat. der ung. Vögel; es waren die „Aves Hungariae“. Als Material dienten ihm lediglich die in Mus. vorhandenen Belegstücke. Mit 325 nachgewiesenen oder als bestätigt angesehenen Arten hatte die Liste zwar Anspruch auf Zuverlässigkeit, doch entsprach sie nicht den damals bereits erreichten Forschungsergebnissen. Sie wurde daher schon wenige Jahre später durch die in mancherlei Beziehung vollständigeren „Vögel Ung.“ (1899) aus der Feder St. v. Chernels (s. d.) übertroffen.

— Lit.: Z. Szilády, Gesch. d. Zool. in Ung., 1927. - Österr. Biogr. Lex.... 1, 1957, S. 372 (mit älteren Quellen).

Fromm (= Dabassy), Géza, Dr., * 3. 6. 1871 Veszprém (nordöstl. d. Plattensees), † 9. 12. 1945 Budapest. Nach dem jur. Studium war er in mehreren ung. Orten bis zum Jahre 1935 Richter und zog sich dann nach Budapest zurück. Als gründlicher Kenner der Biol. der Vögel machte er sich überall um die angewandte Orn. und den Vogelschutz verdient, so daß er 1907 zum ständigen Beobachter der Ung. Orn. Zentrale ernannt wurde. Seit 1911 meldete er sich auch in der Aquila zu Wort.

— Lit.: Biogr. Notiz. Aquila 63/64, 1956/57, S. 372 u. 376 (ung. u. engl.).

Fuchs, Walter, * 13. 4. 1858 Neuwied (Rhein), † Anfang 1945 Merseburg. Der befähigte Sohn eines Fabrikanten war Oberlehrer und Prof. am Niederrhein, zuletzt (seit wann?) in Kleve. Sein Herz schlug in Güte für Mensch und Tier. In der Jugend schon galt die ganze Neigung der Vogelwelt. Auch im Berufe wußte er als Philologe echter humanistischer Prägung seiner Liebhaberei stets Geltung zu verschaffen neben pflichtmäßiger Gebundenheit. Treffliche Beobachtungsgabe und feines Einfühlungsvermögen in die verschlungenen Züge des Vogellebens machten ihn zum ausgezeichneten Feldornithologen. Leider ließ er sein Wissen kaum über den engeren Bereich ausstrahlen. F. Neubaur, dem er Gewährsmann war, konnte in den „Beitr. z. Vogelf. d. ehemaligen Rheinprov.“ (Verh. Bonn 110, 1957) nur 8 Titel von Veröff. zusammentragen. Sie standen zwischen 1910 und 1933 in Gef. W. sowie in Heimatschriften und enthielten Erfahrungen aus der Gegend um Düsseldorf, Kleve und aus dem Rheinwinkel an der holl. Grenze. Von Tragik verdüstert war das Ende des Hochbetagten. Nach der Zerstörung Kleves im Oktober 1944 wohnte er in Merseburg — noch am 10. 1. 1945. Wochen später trieb seine Leiche in der Saale.

— Lit.: Nachruf (von H. Schönzeler). Unsere Penne (Ztg. d. Klever Gymnasiums) 2, Dez. 1956 (mit Bildnis).

Führer, Ludwig von, * 25. 8. 1866 Czernovitz (Bukowina), † 18. 2. 1937 Pittsburgh (Pennsylvania, USA). Das Studium der Vet.-Med. an der Hochschule für Bodenkultur in Wien brach er ab, um sich von 1890 an auf Reisen in Montenegro als Jäger und Sammler zool., botan., ethnogr., geol. und nicht zuletzt orn. Studien zu widmen. Der voller Abenteuer stekkende Balkan fesselte Tatendrang und Erlebnisfreude derart, daß F. von 1894 ab den Wohnsitz ganz nach dem wilden, unruhigen Montenegro verlegte. Günstigste Jagdmöglichkeiten boten sich ihm durch Verbindung mit dem Hofe König Nikitas. Forscherfahrten führten ihn zeitweise (1895) an die Seite O. Reisers (s. d.), mit dem er zusammen den 4. Bd. (Montenegro) der „Materialien z. einer Ornis Balcanica“ (1896) herausgab. Weitere Zeugnisse seiner damaligen Schreibfreudigkeit (er schrieb auch griech. und serb.) waren u. a. „Skizzen aus Mont. u. Albanien mit bes. Berücksichtigung d. Ornis daselbst“ — sehr ausführlich und aufschlußreich — (Mitt. Wien 17, 1893), „Ein Jahr orn. Forschung in Mont.“ (ebd. 18, 1894), „Daten über d. Frühjahrszug 1895 an d. Küste Mont.“ (ebd. 19, 1895), „D. Zwerghabicht in d. Gefangenschaft“ (Orn. Ms. 20, 1895). Der Balkan muß für ihn die Rolle des Günstlings bereitgehalten haben, denn als Gast des mit ihm sehr befreundeten Erbprinzen Danilo weilte er von August 1899 bis Ende Juli 1900 im mont.-albanischen Grenzgebiete, vornehmlich am Skutari-See. Über die dort beobachteten Vogelarten berichtete er in „Beitr. z. Ornis Mont. u. d. angrenzenden Gebietes v. Nordalbanien“ (Orn. Jb. 12, 1901). Der Jagdzug erbrachte ihm allein 16 Uhu! Über 400 Bälge von dort sandte er an d. Zool. Mus. in Petersb. und einige nach Tring; die Eier (etwa 400 Gelege) erhielt O. Reiser in Serajewo. 1902 erschien in Wien sein Buch „Jagd- u. Fischereiverhältnisse im westl. Balkan“. Im selben Jahr siedelte er (warum?) mit Familie nach Klausenburg = Kolozsvár = Cluj (Siebenbürgen) über, um die Stelle eines Kustos an der orn. Abt. des Mus. zu übernehmen. Nach einigen Jahren wurde er indes Kollektor, weil er sich mit den Vögeln lieber unter freiem Himmel als am grünen Tisch beschäftigte. Der lit. Ertrag aus dieser Zeit und Gegend war mager: „Z. Kenntnis unserer Raubvögel I., D. Bart- oder Lämmergeier - Gypaëtus barbatus“ (D. Jagdfreund 3, 1903), „Einige Beob. über d. Seidenschwanz in Siebenb.“ (Orn. Jb. 15, 1904), „Ein Ausflug in d. Negoi-Gebiet“ (ebd. 15, 1904), „D. Zwerghabicht - Astur brevipes u. d. Krausköpfige Pelikan - Pel. crispus in Siebenb. erlegt“ (ebd. 23, 1912). Von 1914—1916 arbeitete er am Landes-Mus. in Wien, das Ende des 1. Weltkriegs sah ihn als Soldat wieder in Mont., wo er sich bis 1917 in der Cetinjer Ztg. zu Wort meldete; 1923 folgte er seinem Sohne von Wien aus nach Nordamerika, verbrachte mehrere Sommer als Sammler und Ornithologe im Yellowstone National Park und war in den 30er Jahren im Auftrag des Carnegie Mus. von Pittsburgh noch zweimal (Vögel sammelnd) in Mont. An sein bewegtes, von scharfen Kurven gezeichnetes Leben knüpften sich Verdienste um die Kenntnis der Balkanvögel.

Fülleborn, Friedrich, Dr. Dr. h. c. Dr. h. c., * 13. 9. 1866 Kulm (Weichsel), † 9. 9. 1933 Hamburg. Nach dem Studium der Med. und Naturw. in Berl. promovierte er 1895 mit „Beitr. z. Entw. d. Allantois d. Vögel" und weilte von 1896—1900 als Militärarzt bei der Schutztruppe in Dt. Ostafrika mit dem Nebenauftrag zu naturw. Unters. Die Ergebnisse seiner faun. und ethnol. Forschungen im Nyassa- u. Rowumagebiet legte er in zwei Veröff. 1902 und 1906 vor. Sein zoogeogr. Sammeleifer kam auch der Orn. zugute. 800 Vogelbälge brachte er nach Deutschl.; sie wurden von A. Reichenow und O. Neumann (s. d.) in Orn. Mber. 7, 1899; 8, 1900; 18, 1910 beschrieben und zeigten eine größere Zahl von ihm entdeckter neuer Formen, u. a. Cinnyris fülleborni, Parus füll., Caprimulgus füll., Alethe füll., Muscicapa füll., Glareola fusca füll. 1901 erhielt er als Stabsarzt der Schutztruppe ein Kommando an das Inst. f. Schiffs- u. Tropenkrankheiten in Hamb., das er zu einer Musterstätte dt. tropenhygienischer Forschung ausbaute. Bei der Gründung der Univ. Hamb. wurde er 1919 Extraordinarius und 1930 als Nachfolger von B. Nocht Ordinarius für Tropenmedizin. Seine Arbeiten galten vornehmlich der Helminthologie. Zahlreiche Exp. führten ihn vor und nach dem 1. Weltkrieg in überseeische Länder. Auf internat. Kongressen war er eine hochgeachtete Persönlichkeit. Durch den Blick für tropenhygienische Probleme und den Ideenreichtum seiner Versuchswege trug er zur Hebung des Ansehens dt. Gelehrsamkeit bei. Die naturw. Fak. der Univ. Frankf. (Main) und die med. Fak. der Univ. Kairo verliehen ihm daher den Dr. h. c.

— Lit.: Reichshdb. d. Dt. Ges. 1, 1930, S. 509 (mit Bildnis). - Nachruf (von G. Olpp). Münch. Med. Wochenschr. 1933, Nr. 40, S. 3—7 (mit Bildnis). — Nachruf (von H. Grote). Orn. Mber. 42, 1934, S. 32.

Fürbringer, Max, Dr., * 30. 1. 1846 Wittenberg, † 6. 3. 1920 Heidelberg. Sohn eines höheren Beamten, verbrachte er die für seine Entwicklung entscheidenden Jugendjahre in Gera und trat in enge Beziehung zu seinem Lehrer K. Th. Liebe (s. d.), dem er zeitlebens in aufrichtiger Verehrung verbunden blieb. Unter dem Einfluß des Mentors wurde er nicht nur leidenschaftlicher naturw. Sammler und tüchtiger Formenkenner, sondern fand auch den Weg zur Orn. In Jena studierte er von 1865—1869 Naturw. und Math.; 1870 wechselte er zur Med. über, um sich ganz der vergl. Anat. hinzugeben. Sein großer Lehrmeister war Gegenbaur, mit dem er 1874 als Prosektor nach Heidelb. ging; 1879 übernahm er das Ordinariat für Anat. in Amsterdam, 1888 in Jena und 1901 in Heidelb. (wo er als Geh. Hofrat starb). In einer Zeit, da in Deutschl. die Gegner der Deszendenztheorie die orn. System. in eine Sackgasse zu lenken drohten, trat er nach mühevoller Kleinarbeit mit Veröff. hervor, die die Forschungen aller früheren Morphologen in den Schatten stellten; hierher gehörten die „Unters. z. Morphol. u. System. d. Vögel" (1888), die „Anat. d. Vögel" (1892), „Z. vergl. Anat. d. Brustschulterapparates u. d. Schultermuskeln d. Vögel" (1902). Als Glieder der lebenslangen Unters. des Verf. über den Schultergürtel sämtlicher Wirbeltiere verliehen sie seinem Namen weltweiten Klang. Mit der angeborenen Fähigkeit des Sammlers gelangte er zu einer lückenlosen Fülle des genetischen Vergleichsmaterials und zu einer unübertrefflichen Kenntnis der Objekte. In scharfsinnigem Durchdringen des aufgehäuften Stoffs zog er unter Beachtung des Zusammenhangs zwischen Form und Funktion alle für die Klassifikation brauchbaren Merkmale zur breiten Grundlage eines festgefügten Gebäudes heran. Es blieb unangreifbar und konnte vor allem für die System. der höheren Vogelgruppen bislang kaum verbessert werden. Zur Forschungsmethode dieses allem äußeren Lärm abholden Mannes gehörte die Orn. im Grunde nur als Startbereich wissensch. Wirkens. Sein Ziel war, aufzuzeigen, wie der Bau der Wirbeltiere und der des Menschen im besonderen zustande kam. Er erreichte es mit Ergebnissen, die maßgeblich für die Zukunft wurden.

— Lit.: Nachruf (von H. Braus). Naturw. 8, 1920, S. 357—359. - Nachruf (Verf. ungen.). Ibis (11) 3, 1921, S. 731/32. - Nachruf (von T. S. P.). Auk 39, 1922, S. 591. - Nachruf (von H. Bluntschli). Anat. Anz. 55, 1922, S. 244—255 (mit Bildnis). - E. Stresemann, Entw. d. Orn., 1951.

Fuhlrott, Johann Carl, Dr., * 31. 12. 1803 Leinefelde (Eichsfeld), † 17. 10. 1877 Elberfeld. In Bonn studierte er zuerst kath. Theol. und dann Math. und Naturw. Von 1830 ab wirkte er als Oberlehrer und Prof. 47 Jahre lang an der Realschule in Elberf. Alle Naturvorgänge regten ihn zu kritischer Stellungnahme an. Der Name des Naturforschers bleibt wohl für immer mit der Entdeckung des ersten Neandertalmenschen 1856 verknüpft, auch wenn ihm damals die Fachgenossen die Anerkennung seiner These von der menschlichen Urrasse der Eiszeit versagten. Schon vorher hatte er zu den Männern gehört, die 1843 den Naturh. Ver. d. Preuß. Rheinl. u. Westf. ins Leben riefen; und um das geistige Leben besonders des Wuppertals hatte er sich durch die Gründung des Naturw. Ver. f. Elberf. u. Barmen 1846 verdient gemacht. Bis zu seinem Tode blieb er die treibende Kraft und der Vorsitzende dieses wissensch. Kreises. Da in jenen Jahren die Spezialisierung der Forschung noch weit vom heutigen Stand entfernt war, lag das Arbeitsfeld von F. auf verschiedenen Gebieten. Neben der Behandlung geol., paläont., botan. Fragen galt seine Aufmerksamkeit der heimatlichen Vogelwelt. Als „gelehrter Ornithologe" genoß er guten Ruf in seinem Beobachtungsgebiet. Die Naum. 3, 1853 und 5, 1855 brachte kleine Notizen von ihm. In den Verh. Pr. Rh. u. W. 1848 gab er das „Verz. d. im Wuppertal vorkommenden Vögel" von G. B. Hopff (s. d.) heraus und lieferte 1854 einen Nachtr. dazu. Gemeinsam mit L. von Guerard (s. d.) veröffentlichte

er eine weitere „Vogelf. d. Wuppertals“ in den Jber. Elb.-Barm., Heft 3, 1858, in der 198 Arten aufgezählt sind. Schließlich gab er den Anstoß zur Gründung des Wuppertaler Tierschutzvereins 1862, als er in einem Aufs. über „D. Wuppertal in seiner Armut an Singvögeln“ (Tägl. Anzeiger f. „Berg u. Mark“, Elberf. 35, 1860, Nr. 119—122) gegen den sinnlosen Vogelfang auftrat.
— Lit.: W. Bürger, J. C. F., d. Entdecker d. Neandertalmenschen, B. Wuppert. 2, 1956 (3. Aufl.).

Fuhrmann, Otto, Dr. Dr. h. c., * 1. 4. 1871 Basel, † 26. 1. 1945 Neuenburg (= Neuchâtel). Er studierte Zool. in Basel und promovierte 1893 in Genf mit einer Diss. „Über d. Turbellarien-Fauna d. Umgeb. v. Basel“ (Zool. Anz. 17, 1894). Nach kurzer Assistentenzeit wurde er 1895 Privatdozent in Genf. 1896 erreichte ihn der Ruf nach Neuenb., wo er 1904 eine Professur erhielt und von 1910—1941 die vergl. Anat. vertrat. Er war ein über die Grenzen seines Vaterlandes bekanner Hydrobiologe und einer der wegweisenden Helminthologen. Erwähnung verdient er, weil er jahrelange Unters. an den Eingeweidewürmern gerade der Vögel mit bemerkenswerten Ergebnissen durchführte: Neue Klassifikation der Taenien, ferner auffallender Parallelismus zwischen der System. der Cestoden und der der Wirtsvögel und damit die Möglichkeit, verwandtschaftlichen Beziehungen zwischen Vogelgruppen nachzugehen durch Vergleich ihrer Cestodenfauna. Die parasitologischen Entdekkungen sind zwischen 1895 und 1936 dargelegt in vielen kleineren Abh. und in der großen Arbeit unter dem Titel „D. Cestoden d. Vögel“ (Zool. Jb., Suppl. Bd. 10, 1908 [232 S.]), von der eine völlig neu bearbeitete Aufl. als „Les Ténias des oiseaux“ (Mémoires de l'université de Neuchâtel 8, 1932) auf 381 S. erschien. Pioniertätigkeit in diesem Bereiche der wissensch. Vogelk. ist mit seinem Namen verknüpft. Zu den ihm erteilten Auszeichnungen gehörte der Dr. h. c. der Univ. Genf.

— Lit.: Nachruf (von Th. Delachaux u. J. G. Baer). Bull. de la Soc. neuchâteloise des sciences nat. 69, 1945, S. 147—167 (mit Bildnis u. Verz. d. Veröff.). - Nachruf (von A. M.). Nos Oiseaux 18, 1945, S. 19/20. - Nachruf (von Schriftl.). Le Pêcheur Suisse 9, 1945, S. 67/68 (mit Bildnis).

G

Gaál von Gyula, Gaston, * 30. 11. 1867 Stuhlweißenburg = Székesfehérvár (Ungarn), † 26. 10. 1932 Balatonboglár. Er war Gutsbesitzer in Boglár (Komitat Sümeg = Somogy) und einer der ersten, die nach der Gründung der Ung. Orn. Zentrale 1893 als freiwillige Helfer zu O. Herman (s. d.) stießen. Für die Bearbeitung der Vogelzugsdaten entwickelte er eine eigene Methode, die, abgesehen von kleineren Änderungen, auch für die Zukunft der Zentrale als Muster diente. Die Gründlichkeit des von ihm geübten Verfahrens drückte den aus seiner Feder stammenden Jber. bis 1897 den Stempel auf. Zum Bedauern der orn. Freunde zwangen ihn dann Gründe privater Natur, Budapest zu verlassen und schließlich ganz auf die orn. Forschung zu verzichten. Für die Darstellung des Rauchschwalbenmassenzugs in d. J. 1898 und 1899 konnte er nur noch Vorarbeiten beisteuern. Seine letzten Veröff. waren „Phalaropus lobatus in d. Vogelf. d. Plattensees“ (Aquila 8, 1901) und „Beitr. z. Vogelf. d. Plattensees“ (ebd. 10, 1903). Unvollendet blieb ein mit peinlicher Genauigkeit handschriftl. angelegtes Verz. d. orn. Lit. Ung., in dem er jede Quelle mit einer kurzen Inhaltsübersicht versah.
— Lit.: J. Schenk, Übersicht d. Gesch. d. Orn. in Ung., Aquila 25, 1918, S. 31—88. - Ders., 50 Jahre . . . , ebd. 50, 1943, S. 75—141.

Gabler, Ambrosius, * 13. 12. 1762 Nürnberg, † 20. 3. 1834 Nürnberg. Zuerst wurde er von seinem Vater und später von G. P. Nußbiegel in der Kunst des Stechens ausgebildet. Auch die Tuschzeichnung und Aquarellmalerei beherrschte er. Viele seiner Bilder kamen durch den damaligen Nürnb. Buchhandel zum Verkauf. Als Lehrer wirkte er wegweisend, weil er nachdrücklich auf die Notwendigkeit der Naturbeobachtung hinwies. Er selbst muß durch genaue Studien den freilebenden Vogel in Haltung und Bewegung gekannt haben. Sonst wäre es ihm nie gelungen, die Tafeln zu Joh. Wolfs und B. Meyers (s. d.) „Naturgesch. d. Vögel Deutschl.“ (1805—1821) in der Vollendung zu malen und zu stechen, die dem großartigen Werk zu einer Sonderstellung in der dt. Buchkunst verhalf. Die Bilder sind heute dem weiteren Ornithologenkreis so gut wie nicht mehr zugänglich. Der Vogelfreund kann sich nur an 24 Raubvogeldarstellungen erfreuen, die in verkleinertem Maßstab nach den alten illuminierten Stichen der Folio-Ausg. im „Kleinen Buch d. Greife“ (Insel-Bücherei Nr. 515, 1938) wiedergegeben sind.
— Lit.: Thieme-Becker, Künstler-Lex. 13, 1920, S. 8/9. - Cl. Nissen, D. Illustrierten Vogelbücher, 1953, S. 53.

Gadow, Hans Friedrich, Dr., * 8. 3. 1855 Alt-Krakow bei Schlawe (Pommern), † 16. 5. 1928 Cambridge. Mit H. Schalow und R. Böhm (s. d.) befreundet, beschäftigte er sich schon als Student mit anat. Unters. am Vogelkörper. Darüber kam er in J. Orn. 24, 1876 und 25, 1877 sowie in der unter Gegenbaurs Leitung entstandenen beachtlichen Diss. „Versuch einer vergl. Anat. d. Verdauungssystems d. Vögel“ (Jenaische Zs. 13, 1879) zu Worte; 1880 erschien in denselben Zeitschr. noch ein größerer Beitr. zur vergl. Anat. d. Muskulatur des Beckens und der hinteren Gliedmaßen der Ratiten. So war ihm früh die wissensch. Richtung vorgezeichnet. Er verließ sie nur vorübergehend, als er auf Veranlassung A. Günthers (s. d.) 1880 nach London übersiedelte und nur unter Hintanstellung der andersgearteten Neigung den 8. und 9. Bd. des „Catalogue of Birds of the British Mus.“ abfaßte. Doch wurde ihm schon 1884 eine Kuratorstelle an der Strickland-Stiftung in Cambridge übertragen. Gleichzeitig konnte er sich als Dozent für Morphol. der Wirbeltiere an der dortigen Univ. habilitieren. Mit frohem Eifer griff er damals den von E. Selenka 1867 begonnenen,

aber liegengebliebenen Vogelband von „Bronns Klassen u. Ordnungen d. Tierreichs" auf, den er 1891 mit dem anat. und 1893 mit dem system. Teil beendete. 1894 war er dann noch mit A. Newton zur Herausgabe des „Dictionary of Birds" verbunden; hier steuerte er einen Abriß der Vogelanat. bei, sich eng an M. Fürbringer (s. d.) haltend, mit dem er stets in regem Erfahrungsaustausch stand. In späteren Jahren brachten die Proc. Z. S. London nur noch gelegentlich kleinere Beitr. zur Morphol. der Vögel aus seiner Feder. Orn. Fragen traten in den Hintergrund zugunsten hauptsächlich der Anat. der Reptilien und Amphibien. Nichtsdestoweniger hat er neben M. Fürbringer das hohe Verdienst, das Wissen von der Anat. der Vögel in einem überragenden Maße bereichert zu haben.
— Lit.: Nachruf (von E. Stresemann). Orn. Mber. 36, 1928, S. 145—147. - Nachruf (von H. F. W.). Ibis (12) 4, 1928, S. 534—536. - E. Stresemann, Entw. d. Orn., 1951.

Gätke, Heinrich, * 19. 5. 1814 Pritzwalk (Brandenburg), † 1. 1. 1897 Helgoland. Seit der Jugendzeit Liebhabersammler, von Beruf zuerst Kaufmann in Berlin und dann naturfreudiger Maler, kam er 1837 nach Helgol., um sich im Anblick des Meeres künstlerische Anregung zu holen. Hier hielt ihn das überwältigende Erlebnis des Vogelzugs 60 Jahre fest. Die Stelle des Regierungssekretärs bei der engl. Verwaltung (die Tochter des Gouverneurs wurde seine Frau) sicherte ihm den Lebensunterhalt. Von der Anmut der gefiederten Wanderer ergriffen, baute er eine eindrucksvolle Samml. auf. Daß sich in ihr falsch bestimmte Stücke befanden, setzt ihren Wert nicht herab. Der Maler lebte in einer Zeit, da andere noch viel weniger wußten, noch unkritischer der Formenfülle gegenüberstanden und noch viel mehr irrten. Zweifel an der Zuverlässigkeit seiner Meldungen über das Wunder der die Insel berührenden Vogelmassen zerstreute in „Briefl. Mitt. über Helgol." (Naum. 8, 1858) erstmalig J. H. Blasius (s. d.), der sich 1853 an Ort und Stelle ein Urteil gebildet hatte. Was der Künstler seit diesem Jahre in dt. — u. a. „D. Weg d. nordamerik. Vögel nach Europa" (J. Orn. 4, 1856) — und engl. Zeitschr. bekanntgab, genügte, den Blick der Ornithologen auf den vorher unbeachteten Brennpunkt des Vogelzugs zu lenken. Jahrzehnte aber vergingen, ehe — auf Veranlassung von R. Blasius (s. d.) — eine größere Ausarbeitung seiner Erfahrungen in den „Jber. über d. Vogelzug auf Helgol." (Ornis 1, 1885 — 3, 1887) vorlag. Aufsehen erregte erst recht sein umfassendes Werk „D. Vogelwarte Helgol.", von R. Blasius 1891 in 1. und 1900 in 2. Aufl. herausgegeben. Die schon in den 70er Jahren begonnene Niederschrift enthielt Beob. an 396 Arten und eine Fülle von Gedanken zu den verschiedensten Zugfragen. Posthum erschienen schließlich, wieder von R. Blasius besorgt, die „Orn. Tagebücher 1847—1887" (J. Orn. 54, 1906, Sonderheft mit Bildnis). Mochte sich der Verf. an manchen Stellen unwissensch. Verallgemeinerung (z. B. Eröffnung des Frühjahrszuges unwandelbar bei allen Arten durch die schönsten alten Männchen, Beginn des Herbstzuges stets durch junge Vögel) schuldig gemacht oder sich weise vor den ungelösten Rätseln der Wanderfähigkeit gebeugt haben, so war es in allen Fällen sein Verdienst, die ihm sich aufdrängenden Ansichten nicht verschwiegen, sondern geäußert zu haben. Er gab dadurch der Forschung wesentlichen Anlaß zur Beleuchtung neuer Probleme. Einzelne, gelegentlich ans Phantastische grenzende Hypothesen, besonders über Höhe und Schnelligkeit des Zugs, getrenntes Wandern von jung und alt, Männchen und Weibchen, mußten sich zu Anfang des Jahrh. Widerlegung u. a. durch A. F. Helm, F. v. Lucanus (s. d.), H. Weigold gefallen lassen; andererseits bestätigte er E. F. v. Homeyers (s. d.) Behauptung vom Breitfrontzug, stellte bei mehreren Arten den Schleifenzug fest und erschütterte die Palménsche These von ererbter Erfahrung bei der Wahl der Zugrichtung. Nachdem Helgol. 1890 dt. geworden war und sich für G. wirtschaftliche Schwierigkeiten einstellten, kaufte die preuß. Regierung 1891 seine Samml. auf, um ihr im Nordsee-Mus. der Biol. Anstalt eine Unterkunft zu gewähren. Im Bombenhagel des Oktober 1944 ging sie unter bis auf die ausgelagerten wertvollsten Stücke. Zur Erinnerung an den Autodidakten, der sich zu einem neue wissensch. Bahnen erschließenden Ornithologen entwickelt und durch den Buchtitel 1891 dem vorher nur im engeren Fachkreis gebrauchten Begriff „Vogelwarte" Zugang in den dt. Sprachschatz verschafft hatte, wurde am 7. 6. 1905 eine Gedenktafel an seinem Wohnhaus angebracht. Der 2. Weltkrieg zerstörte sie ebenso wie sein Grab. Ein in Pritzwalk 1960 eingerichtetes „H.-G.-Haus" dient seinem Gedenken.
— Lit.: Nachruf (von J. C.). Ibis (7) 3, 1897, S. 291—294. - Nachruf (von O. Herman). Aquila 4, 1897, S. 187/88. - Nachruf (von J. Sass). Biogr. Jb. 2, 1898, S. 409—411. - Nachruf (von R. Blasius). Orn. Ms. 23, 1898, S. 49—56 (mit Bildnis). - Gedenkrede (von dems.). Ebd. 30, 1905, S. 444—446. - O. Hermans u. H. Schalows Urteile über G., Orn. Mber. 11, 1903. - Allg. Dt. Biogr. 49, 1904, S. 678. - O. Kleinschmidt, Eine Ehrentafel f. G., Falco 1, 1905, S. 9—13. - E. Stresemann, Entw. d. Orn., 1951. - E. Schüz, V. Vogelzug, Grundriß d. Vogelzugskunde, 1952. - R. Drost, Vogelleben u. Vogelforschung auf Helgol., „Helgol. ruft", Hamb. 1952. - Ders., Gesch. d. Vogelwarte Helgol., Nat. u. Jagd in Nieders. (Festschr. f. H. Weigold), Hann. 1956, S. 12—32. - H. Ringleben, Z. Entstehungsgesch. d. Bezeichnung „Vogelwarte", Vwa. 19, 1958, S. 206/07. - Würdigung (von L. Gebhardt). N. Dt. Biogr. 6 (im Druck).

Garbe, Paul Ernst, * 22. 11. 1853 Görlitz, † 1925 Sao Paulo. Von H. v. Ihering (s. d.) 1902 an das Mus. Paulista geholt, entfaltete er als Reisender und Sammler eine recht erfolgreiche Tätigkeit. Zahlreiche Vogelbälge, auch aus wenig bekannten Teilen Brasiliens, waren seinem Eifer zu verdanken.
— Lit: Nachruf. Revista do Mus. Paulista 14, 1926, S. 677—681 (mit Bildnis).

Garlepp, Gustav, * 24. 7. 1862 Cörmigk (Kr. Bernburg), † 25. 2. 1907 Hohenau (Paraguay). Nach dem Besuch der Realschule in Köthen war er Bankbeamter an der dortigen Kreissparkasse, bis in ihm der Entschluß reifte, als zool. Sammler in die ferne Welt zu ziehen. 1883 ging er im Auftrag des Dresd. Mus. zu insektenkundlichen Zwecken nach Südamerika. Doch sammelte er auch Vögel für den Grafen H. v. Berlepsch (s. d.) und Eier für M. Kuschel (s. d.). In Para landete

er und drang anschließend in das peruan. Einzugsgebiet des Amazonas bis tief in die peruan. Kordilleren vor. Hier blieb er etwa 4 Jahre, um sich dann nach Bolivien zu wenden. 1892, zum 3. Mal die Heimat aufsuchend, hatte er schon 1530 Vögel eingebracht. Auf der Rückfahrt 1893 begleitete ihn nicht nur seine Frau, sondern auch sein Bruder Otto G. (s. d.). Mit ihm reiste er von nun an bis 1897 meist vereint in Bolivien. Auf Grund einer vom Grafen Berlepsch angefertigten Gefiederbeschr. von 1226 damals bekannten boliv. Vögeln war er fortab imstande, viele Formen selbst zu bestimmen. Auf der Jahresversammlung der DOG 1900 in Leipz. (er war hier zum letztenmal in der Heimat) verfügte er über eine Samml. von 800 Arten in 3000 Stücken. In der Vollkraft seiner Jahre starb der kenntnisreiche Forscher, von einem Meuchelmörder gefällt. Mit seinem Bruder zusammen hatte er etwa 4000 Bälge nach Schloß Berlepsch geliefert; davon wurden vom Empfänger 40 als neu beschrieben und eine Anzahl nach den Entdeckern benannt. Die jahrelange Zusammenarbeit zwischen den beiden Pionieren und dem ordnenden Systematiker führte zu bedeutungsvollen neotropischen Ergebnissen, die vom Grafen Berlepsch seit 1889 in J. Orn., Orn. Mber. und Ibis niedergelegt sind. Die Samml. ist heute noch im Senck.-Mus. in Frankf. (Main) erhalten.
— Lit.: G. Niethammer, Z. Vogelw. Boliviens, B. Bonn 4, 1953, S. 199—205. - E. Bär, Als Zoologe in Südamerika, Liberal-Demokr. Ztg. Nr. 167 v. 19. 7. 1960.

Garlepp, Otto, * 20. 8. 1864 Cörmigk (Kr. Bernburg), † 25. 11. 1959 Köthen. Den Beruf des Volksschullehrers gab er 1893 auf, um meist mit seinem Bruder Gustav G. (s. d.) zusammen bis 1897 in Südamerika zu forschen. Seine Tätigkeit begann an der Küste von Chile und führte ihn bald an den Titicaca See, wo es ihm gelang, erstmalig das Riesenbläßhuhn zu erbeuten. Als er 1894 allein sammelte, konnte er schon 542 Vogelbälge beisteuern. Reisen nach 1897 in Peru, Panama, Costa Rica galten mit größtem Erfolg nur noch entom. Erkundungen, bis der 1. Weltkrieg seinen Unternehmungen ein Ende setzte. Seitdem lebte er als Versicherungskaufmann in Köthen.
— Lit.: Siehe Garlepp, Gustav.

Garling, Max, * 23. 8. 1878 Berlin, † 8. 1. 1949 Berlin. Nach dem Besuch der Volksschule gehörte er 40 Jahre lang, zuletzt als Handlungsbevollmächtigter, der „Agfa" an. Früh betrieb er mit glücklicher Hand die häusliche Vogelhaltung, über die er eifrig in der Gef. W. berichtete. Durch H. Hocke (s. d.) kam er gleichzeitig zur Ool. Mit fleißiger Sammeltätigkeit verbundene faun. Feststellungen aus dem Berl. Raum brachte er von 1905—1919 gleichfalls in der Gef. W.; H. Schalow (s. d.) griff in den „Beitr. z. Vogelf. d. Mark Brandenb." (1919) aber nur mit sichtbaren oder spürbaren Fragezeichen auf diese märk. Mitt. zurück. Zu den in jenen Jahren von ihm gemeldeten unglaubhaften Fällen gehörten die Brut des Rotsternigen Blaukehlchens „3 Meilen v. Berl. entfernt an d. Havel", das sehr häufige Vorkommen der Blauracke als Brutvogel im Hohen Fläming, das alljährliche Nisten des Rotkopfwürgers b. Berl. Nach dem 1. Weltkrieg geriet er in das Kraftfeld von L. v. Boxberger und L. Schuster (s. d.). Die beiden Autoritäten sorgten nun für mehr Selbstkritik und Zuverlässigkeit in den Veröff., die der Autodidakt in der Zs. Ool. u. Orn., Gef. W., Märk. Tierw. und vor allem in den B. z. F. (es waren 65 Titel von Notizen und Aufs. zwischen 1920 und 1944) erscheinen ließ. Der leidenschaftliche Nestersucher verfügte bald über vertiefte brutbiol. Kenntnisse. Besonders vertraut waren ihm die Fortpflanzungsgewohnheiten einiger Kleinvögel. Von größeren hierher gehörigen Arbeiten seien genannt: „Ornithologisches aus d. Spreegebiet" (Gef. W. 55, 1926), „D. märk. Ornis einst u. jetzt" (ebd. 57, 1928), „Vögel Berl. Rieselfelder" (ebd. 61, 1932), „Z. Brutbiol. d. Sumpfrohrsängers" (B. z. F. 10, 1934), „Über d. Nistgebiet d. Sumpfrohrsängers" (ebd. 11, 1935), „Aus d. Leben d. Sumpfrohrsängers" (Gef. W. 64, 1935), „Einige Bem. über d. Brutvögel d. Berl. Rieselfelder" (B. z. F. 14, 1938), „Über d. Wohnraum d. Gartenammers in d. Mark" (ebd. 15, 1939), „Beitr. z. Vogelf. d. Berl. Rieselfelder" (Märk. Tierw. 4, 1940), „D. Ortolan um Berl." (B. z. F. 17, 1941), „Weitere Mitt. über d. Ortolan" posthum (Vw. 70, 1949). Wie viele der alten Oologen blieb er bei Bekanntgabe seiner Beob. zeitlebens mißtrauisch gegenüber anderen örtlichen Sammlern. Er hielt sich daher auch abseits von der damaligen Arbeitsgemeinschaft märk. Faunisten und der DOG. Als er in der Not der Nachkriegsjahre von langem Krankenlager erlöst wurde, hatte Brandenb. einen der letzten, kenntnisreichen Vertreter der Hocke-Schule verloren.
— Lit.: Bildnis in B. z. F. 19, 1943. - Nachruf (von E. Kirchberg). Vw. 70, 1949, S. 116.

Garnier, Eugen, * 20. 8. 1868 Bonn, † 13. 5. 1943 Bad Homburg v. d. H. Aus einer traditionsgebundenen Friedrichsdorfer Hugenottenfamilie ging er hervor. Sein Großvater gründete im vorigen Jahrh. die gleichnamige Unterrichtsanstalt in Friedrichsdorf (Taunus). Er selbst war Kurvillenbesitzer in Bad Homb., lebte zwischen 1915 und 1923 aber auch viel in Elberf. Aus diesen Jahren stammten orn. Beob. im Bergischen Land (Orn. Ms. 44, 1919) sowie Mitt. über das Auftreten des Girlitz im Rheinl. (Orn. Mber. 32, 1924; 34, 1926). Als gut beschlagener Feldornithologe und zuverlässiger Berichterstatter (seit 1914) genoß er in seinem hess. Wirkungsbereich allgemeines Vertrauen. Eine sorgfältige Zusammenfassung mit Ankunftsdaten über Jahre hinweg bedeutete seine Arbeit über die „Vögel d. Homb. Kurparks" (Mitt. Vw. 33, 1934). Von L. Gebhardt u. W. Sunkel (D. Vögel Hess., 1954) sind 14 seiner Veröff. zwischen 1919 und 1938 aus Orn. Ms., Mitt. Vw., Orn. Mber., Jber. U.-main verzeichnet. Doch lag der Schwerpunkt seiner orn. Beschäftigung auf dem Vogelschutz, dessen er sich lange Jahre im Homb. Kurpark mit Geschick und Erfolg annahm. Ein schweres Herzleiden zwang ihn zu dieser örtlichen Beschränkung.

Gaschott, Otto, Dr., * 3. 11. 1899 Speyer (Pfalz), † 6. 10. 1931 München. Nach dem Studium der Naturw. in Münch. und Würzb. war er — Sohn eines Ministerial- u. Reichsfinanzrats — von 1923—1926 Studienassessor in Münch. und Landau. Dann ging er, um sich der Hochschullaufbahn zu widmen, an die Bayer. Biol. Versuchsanstalt f. Fischerei nach Münch. (seit 1929 mit dem Titel Reg.-Chemierat). Von nun an befaßte er sich mehr mit der Molluskenfauna, die ihn schon vorher verschiedentlich zur Feder hatte greifen lassen. Als Schüler von R. Demoll verschrieb er sich bald ganz der Fischereibiol. Die Lit. über Fischkrankheiten und Fischzucht bereicherte er durch zahlreiche hervorragend sachkundige Beitr. Die ersten Anleitungen zur Naturbeob. verdankte er H. Disqué (s. d.), und in früher Jugend schon zeichnete er sich in seiner pfälz. Heimat durch ernsthafte feldorn. Studien aus, die er von 1916 ab auch im südl. Bay. fortsetzte. Die ökol. Betrachtungsweise seines Zeitgenossen O. Schnurre (D. Vögel d. Dt. Kulturlandschaft, 1921) regte ihn zum Ber. über die „Vogelw. d. Umgeb. Speyers a. Rh." (Verh. Bay. 16, 1924) an; in knapper Gestaltung ging er hier den avif. Veränderungen nach, die sich seit dem Erscheinen der Heußlerschen Arbeit über die „Vögel d. Rheinpfalz . . ." (Ornis 8, 1896) bemerkbar gemacht hatten. „Materialien aus Oberbayern" enthielt der Anz. Bay. 1, 1924. In einem anderen Aufs. „Z. Erforschung d. Vogelw. d. Ammerseegebietes" (Ammersee-Heimatbl. Nr. 87, Diessen 1924) legte er für die Lösung der Aufgabe eigene Gedanken vor, die in ökol. Aufgliederung der Landschaft und Heranziehung naturw. interessierter Kreise gipfelten. Seine Überzeugung, „daß ein jeder, der sich einmal damit (d. h. mit der Vogelk., d. Verf.) befaßt, davon so angezogen wird, daß er nicht mehr davon loskommt", hat sich an ihm selbst allerdings nicht bestätigt; er hinterließ keine weiteren orn. Veröff. Der Grund liegt wohl in seiner beruflichen Entwicklung, die ihn auf ein verwandtes Gebiet abdrängte.

— Lit.: Nachruf (von H. N. M.). Allg. Fischerei-Ztg. 57, 1931, S. 360—362 (mit Bildnis u. Verz. d. Veröff.).

Gebhardt, Erwin, * 1. 7. 1885 Traunstein (Oberbayern), † 12. 7. 1959 Nürnberg. Einer seit 1835 in Nürnb. ansässigen Großkaufmannsfamilie entstammend, erlangte er 1902 in Nördlingen die mittlere Reife und nahm die geschäftliche Überlieferung der Vorfahren auf. Von 1920—1945 war er in einem Nürnb. Industriebetrieb tätig. Im Elternhaus empfangene Tier- u. Naturliebe gaben seinem außerberuflichen Denken lebenslang geprägte Richtung. Die Vogelk. rückte in sein engeres Blickfeld, als er wenige Jahre vor dem 1. Weltkrieg mit J. Gengler (s. d.) in Verbindung kam. Seit 1914 war er Mitglied der Orn. Ges. Bay.; über 100 seiner Veröff. waren allein der fränk. und bayer. Avif. gewidmet. 1922 schloß er sich der DOG an und machte sich als kenntnisreicher Autodidakt durch nüchternes Urteil, Selbstkritik und Beherrschung der Lit. bald einen in der fachlichen Forschung weithin geachteten Namen. Bis ins hohe Alter stand der Junggeselle den meisten Wissenszweigen der Vogelk. aufgeschlossen gegenüber, und es gab wohl keine an ihn herangetragene Frage, der er nicht — oft in pedantischer Kleinarbeit — nachgegangen wäre. Dabei entfalteten sein Bemühen, anderen zu helfen, der Adel seiner Gesinnung und die Freude am Geben und Nehmen im Raume des Geistes eine so wohltuend gepflegte Briefkultur (ohne Schreibmaschine!), daß sie einer vergangenen Zeit anzugehören schien. Im letzten Lebensabschnitt nahm ihn die Vorliebe für Unters. über die Einbürgerung landfremder Vogelarten immer mehr in Anspruch. Die Ergebnisse seiner Forschungen auf diesem tiergeogr. und ökol. Sondergebiet sind in verschiedenen Arbeiten festgehalten: Besprechung einer Abh. von R. Gliesch über die Ausbreitung des europ. Haussperlings in Südbrasilien (Orn. Mber. 34, 1926), „Passer d. domesticus in Südafrika" (ebd. 52, 1944), „Passer d. dom. in Südamerika" (ebd. 52, 1944), „Z. Verbreitung, Rassenbildung u. Lebensweise d. Feldsperlings" (Mitt. Thür. 4, 1953), „D. gegenwärtige Verbreitung v. Haussperling, Star u. Buchfink in Südafrika" (J. Orn. 95, 1954). Die nicht vollendete Ausarbeitung und Ergänzung eines auf der Jahresversammlung der DO-G 1957 in Erl. gehaltenen Referats über „Europ. Vögel in überseeischen Ländern" kam in B. Bonn 10, 1959 als letztes Zeugnis seiner Gründlichkeit zum Abdruck. Sein Name wird verbunden bleiben mit der Erinnerung an einen in intellektueller Redlichkeit forschenden Diener der Vogelkunde, der daneben auch in der Naturh. Ges. Nürnb. (seit 1910), im Ver. Naturschutzpark, Ver. Jordsand und Tierschutzver. Nürnb. seine Kräfte rege einsetzte.

— Lit.: Nachruf (von A. Doppel). Jber. d. Naturh. Ges. Nürnb. 1959/60, S. 5—7 (mit Bildnis). - Bildnis in Orn. Mitt. 3, 1951. - Nachruf (von L. Gebhardt). Anz. Bay. 6, 1963, S. 497.

Gechter, Heinrich, * 12. 5. 1873 Rotenburg (Hannover), † 11. 3. 1943 Hamburg. Auf den Seminaren in Bederkesa und Berlin (hier Turnlehrer-Anstalt) ausgebildet, war er Lehrer von 1893 an in Lüdingworth und Schiffdorf, von 1902—1909 auf Neuwerk und dann 10 Jahre Schulleiter in Hamb. 1920 gründete er das Schulheim Neuwerk. Früh war er Mitglied des Vereins Jordsand (später im Beirat), des Orn. Vereins Hamb. und des Bundes f. Vogelschutz; sein Name ist mit den Anfängen des Seevogelsch. verknüpft. In den Jahren auf Neuwerk ließ er sich von A. F. Helm (s. d.) und H. Weigold anregen und begeisterte sich für die Beob. der Zugerscheinungen im Wattenmeer. Aus dieser Zeit stammen zwei aufschlußreiche Arbeiten: „Auf d. Nordseeinsel Neuwerk im Winter 1903/04 beobachtete Wintervögel . . ." (Orn. Ms. 30, 1905) und „Beobachtete Vögel auf . . . Neuwerk . . ." (ebd. 34, 1909). Am Herzen lag ihm bald vor allem der Schutz der Seeschwalben auf Neuwerk. Auf Scharhörn stellte er als erster die große Zahl von Brutvögeln fest und dehnte seit 1927 seine Schutzbestrebungen auch auf diese Insel aus; daß sie bepflanzt und 1939 Natursch.-Gebiet wurde, ist nicht zuletzt seinen Bemühungen zu danken. Der Bewahrung der mausernden Brandenten galt die fordernde Mahnung „Z. Schutze d. Brandenten u. Seeschwalben im Elbmündungsgebiete . . ." (Natursch. 8, 1927). Etwa 250 Vogelarten vereinte er in einer Samml.; 200 Stücke kamen zuerst in das Hamb. Mus., um 1930 in das Heimatmus. Cuxhaven, nach 1945 in das Schloß Ritzebüttel und 1947 erheblich gelichtet an die Vogelwarte Helgol. Seine seltenste Beute war ein Stück von Gavia adamsii vom Sommer 1929. G. berichtete darüber in „Colymbus adamsii erstmalig f. Deutschl. nachgewiesen" (Orn. Mber. 41, 1933). Die jahrelangen Aufz. über das Vogelleben zwischen Unterweser und Unterelbe, dem er viel Aufmerksamkeit schenkte, kamen nicht zur Veröff. Sein Grab befindet sich auf dem Ohlsdorfer Friedhof.

— Lit.: Bildnis (Gruppenaufnahme vor Haus Gätke, Helgol.) in Orn. Ms. 30, 1905. - Nachruf (von H. Schulz). Dt. Vw. 68, 1943, S. 70. - Würdigung (von W. Meise u. H. Schulz). Abh. Hamb., N. F. 6, 1961 (1962), S. 18—20 (mit Bildnis u. Verz. d. Veröff.).

Geisenheyner, Ludwig, Dr. h. c., * 8. 3. 1841 Kreuznach, † 28. 1. 1926 Kreuznach. Von 1870—1910 wirkte er als Gymnasialoberlehrer in seiner Heimatstadt. Seine Verdienste liegen in der Erforschung des Pflanzen- u. Tierlebens des Nahegebiets. 1920 verlieh ihm die Univ. Frankf. für seine Bemühungen die Würde des Dr. h. c. Die Vogelk. war nicht sein eigentliches Arbeitsfeld; er war mehr Botaniker. Trotzdem lieferte er nach 1900 im Zool. G. und Zool. Beob. auch einige orn. Mitt. aus der Umgeb. von Kreuznach. Die „Vogelf. d. Rheinprov." (1906) von O. le Roi (s. d.) zeigte ihm die zahlreichen Lücken, die gerade in der Kenntnis der Vogelwelt der Nahegegend klafften. Er fühlte sich daher zu dem Versuch verpflichtet, sie mit Hilfe von Gewährsmännern zu schließen, da kein „in der Vogelk. . . . mehr Bewanderter" sich für diese Aufgabe finden ließ. Wie zu erwarten war, gelang ihm in der „Wirbeltierfauna v. Kreuznach . . ." (3. Teil, Vögel 1907/08) aus Mangel an Sachkunde die Aufstellung des avif. Inventars nicht ganz. Es war nicht erschöpfend und stellenweise fehlerhaft. Immerhin bedeutete es mit seinen 202 Arten eine erste Übersicht für die bislang vernachlässigte Landschaft.
— Lit.: Gedenknummer f. G., Heimatbl. (Beil. d. Öffentl. Anzeigers in Kreuznach) 1926. - Nachruf (von Ph. Conrad). Aus d. Heimat 40, 1927, S. 91. - L. Gebhardt u. W. Sunkel, D. Vögel Hess., 1954, S. 81/82.

Geisler, Bruno, * 5. 10. 1857 Mittelwalde bei Habelschwerdt (Schlesien), † 7. 10. 1945 Dresden. Für W. Schlüter (s. d.) war er zusammen mit seinem Bruder Hubert G. zuerst fleißig sammelnd in Ceylon und auf Java tätig. Mitte der 80er Jahre wurde das Bruderpaar nach dem 1884 von einer dt. Gesellschaft erworbenen Neuguinea geschickt, wo sie den Spuren O. Finschs (s. d.) folgten. 1890—1892 lagen ihre Jagdgründe an den Küsten der Kai-Halbinsel. Von hier aus belieferten sie hauptsächlich das Zool.- ethnogr. Mus. in Dresd., und A. B. Meyer (s. d.) bearbeitete die Vogelbälge in Abh. Dresd. 1891, 1893 u. J. Orn. 40, 1892. Unter mehreren neu entdeckten Arten befand sich die auffällige Form Eupetes geislerorum. Anfang 1893 kam Bruno G. wieder nach der Heimat zurück, um sich am 1. 8. desselben Jahres von A. B. Meyer gleich als Hilfspräparator am Mus. in Dresd. anstellen zu lassen. Der Mus.-Direktor schätzte an seinem neuen Gehilfen vor allem die Begabung zum Malen und verstand, davon reichlich Gebrauch zu machen. Die vortrefflichen Vogelbilder des Präparators schmückten alsbald Meyers Beschr. neuer Arten aus dem Ostindischen Archipel sowie dessen mit L. Wiglesworth 1898 herausgegebene „Birds of Celebes". Auch A. Reichenow (s. d.) bediente sich gerne der Bunttafeln des Künstlers und stattete damit das J. Orn. so lange aus, wie die DOG für die Kosten der Beigaben aufkommen konnte. Zwischendurch wurde G. zur Illustration des Neuen Naumann herangezogen, in dem er die Nachtigallen, Stein- u. Wiesenschmätzer, Braunellen und Drosseln (in Bd. 1) neben den Wasserläufern (in Bd. 9) meisterhaft darstellte. Lit. scheint er nicht hervorgetreten zu sein. Nur einige Notizen in Jber. Beob.-Stat. Sachs. 7—10, 1896 stammen von seiner Hand. Ende 1923 schied er als Oberkonservator aus dem Mus., verließ zunächst Dresd., wohnte zuletzt aber wieder dort und wurde verarmt am 10. 10. 1945 auf dem Friedhof St. Pauli beendigt.
— Lit.: Bildnis in A. Jacobi, 50 Jahre Mus. f. Völkerkunde z. Dresd., 1925.

Geißbühler, Werner, * 19. 6. 1914 Gerlafingen (Kanton Solothurn), † 1. 12. 1958 Selzach (Kanton Solothurn). Lehrer mit hoher pädagogischer Begabung, stand er 14 Jahre im Dienst der Gemeinde Aedermannsdorf und die letzten 9 Jahre im Dienst der Gemeinde Selzach. Naturnähe war ihm Bedürfnis. Deshalb fühlte er sich in ländlicher Umgeb. am wohlsten. In den Tallagen und auf den Jurahöhen ging er der Beob. der heimatlichen Tierwelt nach. Den Vögeln zeigte er sich am meisten geneigt, und unter ihnen war es der Weidenlaubsänger, dessen unauffälliges Leben er von 1947—1953 hauptsächlich in seinen beiden Wohnsitzen an der Hauhensteinbzw. Weißensteinkette bis in die letzten Einzelheiten überprüfte. Das Ergebnis war eine monogr. Darstellung unter dem Titel „Beitr. z. Biol. d. Zilpzalps - Phylloscopus collybita" (Orn. Beob. 51, 1954) mit wertvollen Ergänzungen zu umstrittenen Punkten der Unters. von Howard (1907—1915), Richard (1914), Zollinger (1934), Prenn (1936), v. Treuenfels (1938, 1940), Steinfatt (1938/39), Mildenberger (1940). Seine Erfahrungen sind weiterhin nicht nur in Veröff. für die Fachpresse enthalten, z. B. „Bestandsschwankungen b. Weidenu. Waldlaubvogel" (Orn. Beob. 47, 1950) und „Jagd nach Fluginsekten durch Amseln u. Stare" (ebd. 50, 1953), sondern sind auch in kantonale Schulbücher eingegangen.
— Lit.: Nachruf (von M. Briner). Orn. Beob. 56, 1959, S. 66.

Geißler, Christian Gottfried Heinrich, * 26. 6. 1770 Leipzig, † 27. 4. 1844 Leipzig. Als Kupferstecher und Illustrator hauptsächlich von Reise-, Kinder-, Jugendbüchern, Kalendern und dgl. sowie von Szenen aus den napoleonischen Kriegen und dem Volksleben hinterließ er kulturgesch. reizvolle Denkmäler. In der Orn. hat der Name einen wenig schmeichelhaften Klang. Von Einfluß auf seine Entwicklung wurde ein Aufenthalt in Petersb. und in Südrußl. von 1790—1798. In diesen Jahren knüpfte er auch Beziehungen zu P. S. Pallas (s. d.); er begleitete den Forscher als Zeichner auf dessen Reise durch die südl. Prov. von Rußl. und verwaltete eine Zeitlang dessen Güter in Schulü. 1806 beauftragte ihn Pallas mit dem Stechen der Kupferplatten für die „Zoographia Rosso-Asiatica" und schickte ihm als Vorlagen nach Leipz. Originalzeichnungen und eine größere Zahl von ausgestopften Vögeln, die C. H. Merck (s. d.) aus Sib. an das Petersb. Mus. gegeben hatte. Als der Künstler später in Geldnöte kam, versetzte er, seinen Auftraggeber täuschend, die ihm anvertrauten Unterlagen sowie fertiggestochene Platten und verkaufte die Vögel an Ch. F. Schwägrichen (s. d.). Die Bilder fanden sich nach vielen Jahren im Leipz. Univ.-Arch. wieder, und die Vögel gelangten an das Zool. Mus. von Leipz. Die Unredlichkeit dieses Mannes war mit die Ursache zu der außerordentlich verspäteten Fertigstellung der „Zoographia . . ." und der damit verbundenen Wertminderung des für die Wissensch. hochbedeutsamen Werks.
— Lit.: Thieme-Becker, Künstler-Lex. 13, 1920, S. 351/52 (mit älteren Quellen). - R. Zaunick, Peter Simon Pallas . . ., Pallasia 3, 1925, S. 1—37. - E. Stresemann, Entw. d. Orn., 1951.

Gengler, Josef, Dr., * 13. 4. 1863 Erlangen, † 27. 4. 1931 Erlangen. Der Sohn eines bekannten Germanisten stand als bayer. Militärarzt hauptsächlich in den Garnisonen Metz und Erl. Seit 1910 wohnte er als Oberstabsarzt z. D. in seiner Heimat. Über die früh gepflegte Vogelliebhaberei kam er während des Studiums zur Orn. und war seit 1897 eines der ersten Mitglieder des Orn. Ver. Münch., der späteren Orn. Ges. Bay.; die erste Blütezeit der Gesellschaft ist nicht nur an die Tätigkeit seines Freundes K. Parrot (s. d.), sondern auch an den Namen G. geknüpft. Im Vordergrund seiner Bemühungen stand lange die avif. Aufhellung Bayerns und der Nachbarschaft. So entstammen seiner Arbeits- u. Schreibfreude die „Materialien z. bayer. Orn." (1899 bis 1914) und neben weiteren faun. Studien Aufs. wie „D. Vögel d. Regnitztales . . ." als Ergänzung zu einer 1906 bereits erschienenen Arbeit (Abh. Nürnb. 19, 1912), „D. Jäckelsche Weihergegend einst u. jetzt" (Verh. Bay. 11, 1912), „V. Vierwaldstätter See z. Gotthard" (Orn. Jb. 23, 1912), „Ein Beitr. z. Ornis d. Arbergebietes" (ebd. 24, 1913), „D. Vogelw. Mittelfrankens" (Verh. Bay. 16, 1925), „D. Vogelw. d. Steigerwaldes" (ebd. 17, 1927), „D. Vogelw. d. südl. Rhön . . ." (ebd. 17, 1927). Wenn er auch nicht immer und überall letzte Tiefen erreichte, galt sein Fleiß doch gleichzeitig vielen anderen Gebieten der Vogelk.: Biol., Zug, Schutz, Vogelpflege, Falknerei, Geschichte, Folkloristik. Schließlich versuchte er sich an der Lösung strittiger, die Rassengliederung paläarkt. Vögel betreffender Fragen und überprüfte in J. Orn. und Orn. Mber. die Phylogenese der Drosseln, die Mittelmeersteinschmätzer, den Formenkreis von Emberiza citrinella und Fringilla coelebs, die Corviden und den dt. Girlitz. Als der Generaloberarzt im 1. Weltkrieg einen Lazarettzug übernehmen mußte, nutzte er die sich bietenden Gelegenheiten zur orn. Erkundung der berührten Länder. Die Erfahrungen sind niedergelegt in Notizen und Kurzberichten noch während des Krieges (J. Orn., Orn. Mber., Orn. Jb.), in einer größeren Zusammenstellung unter dem Titel „Beitr. z. Avif. Nordostfrankr." (Mitt. Vw. 23, 1924) und in einem, seinem Freunde V. v. Tschusi (s. d.) zugedachten Buche „Balkanvögel" (Altenburg 1920). Die Kriegsfahrten ermöglichten ihm auch die Aufrundung einer Bälgesammi.; zusammen mit Serien bayer. Vögel enthielt sie 3000 Stücke, die er 1928 der Zool. Staatssamml. in Münch. vermachte. Die 3 Jahrzehnte, in denen er als einer der rührigsten Förderer der bayer. Orn. diente, waren angefüllt mit einer stattlichen Zahl kleinerer und größerer Abh. in Orn. Ms., Verh. Bay., Orn. Mber., J. Orn., Orn. Jb., Arch. Naturgesch., Gef. W., Mitt. Vogelw. Nicht rein fachliche Zeitschr. (Abh. Nürnb., Zool. Beob., Nat. u. Offenb.) erfreuten sich gelegentlicher Mitarbeit. Auch der volkstümlichen Belehrung fühlte er sich verpflichtet durch Themen wie „D. Liebesleben in d. Vogelw." (Naturw. Wegweiser 26, 1911) und „Bilder aus d. Vogelleben" (Naturw.-techn. Volksbücherei, 1912). Die dt., vorab die bayer. Orn. verlor mit ihm eine geachtete Persönlichkeit.
— Lit.: Nachruf (von A. Laubmann). Verh. Bay. 19, 1931, S. 380—383. - Bildnisse ebd. 16, 1925 u. B. z. F. 7, 1931).

Georg, Johann Baptist, * 28. 2. 1854 Trier, † 5. 11. 1926 Trier. Nach mehrjährigem Besuch des Trierer Gymnasiums bildete er sich privat weiter und trat dann in das väterliche Geschäft ein. Aus längerer Familienüberlieferung war die Neigung zur Naturbeobachtung und insbesondere zur Beschäftigung mit den heimischen Vögeln auf ihn übergegangen. Schon in den Jugendjahren begann er mit der Pflege von Insektenfressern und entwickelte sich zum rührigen Feldornithologen. Seine Tagebücher (von 1885 bis 1924) befinden sich in den Händen des gleichfalls faun. tätigen Sohnes Baptist G. in Trier. In späteren Jahren galt seine Vorliebe der Aufzucht europ. Raubvögel, an denen er Umfärbung und Mauser verfolgte. Leider sind die Niederschriften seiner hierher gehörigen Feststellungen seit 1945 (Plünderung) nicht mehr auffindbar. Eigene Veröff. aus seiner Feder liegen nicht vor. Doch ist er von O. le Roi und Geyr von Schweppenburg (s. d.) im Vorwort des Nachtr. zur „Vogelf. d. Rheinprov." (Verh. Pr. Rh. u. W. 69, 1912) als Gewährsmann genannt, und seine gewissenhaft durchgeführten faun. und phänol. Aufz. sind von den Herausgebern im Text weitgehend verwertet. Neben seinem Vorgänger M. Schäfer (s. d.) hatte G. als gründlicher Freilandbeobachter und ernsthafter Vogelkenner guten Ruf in der Trierer Gegend.

Gereke, Walter, * 10. 1. 1899 Rottorf (Kr. Helmstedt), † 23. 6. 1941 Rußland. Er war der Sohn eines Rittergutsbesitzers und seit 1918 Soldat. Mit 9 Jahren begann er das Präparieren heimischer Vögel und brachte es in dieser Kunst zu anerkannter Vollendung. Im Vordergrund der vorbildlich beschrifteten orn. Samml. standen das Wassergeflügel und die Raubvögel, die er als leidenschaftlicher Jäger fast alle selbst in der Gegend von Rottorf, Gevensleben, Riddagshausen, Celle, Stralsund, Goslar, am Darß und in Schles. erlegt hatte. Mit einigen Prachtstücken war er auf der internat. Jagdausstellung in Berl. 1937 vertreten. Ein großer Teil wurde während des 2. Weltkrieges in Braunschw. vernichtet, der Rest kam in das Landesmus. Hann. und in die Oberschule Celle. Naturkunden schuf er ferner durch weit über dem Durchschnitt stehende Aufnahmen, zu denen ihm die Pirschgänge günstigste Gelegenheit boten. Trotz umfangreicher Erfahrung hielt er sich mit orn. Veröff. zurück; nur 2 Mitt. konnten gefunden werden in Orn. Mber. 41, 1933 (Möglichkeit einer Bergentenbrut in Riddagshausen) und ebd. 42, 1934 (Brut der Uferschnepfe im Kr. Helmstedt). 1933 trat er der DOG, 1934 dem Dt. Falkenorden bei und stand auf dem Gebiete der Falknerei mit großen Erfolgen in hohem Ansehen. Sein Herz gehörte dem Soldatenstand, dem Waidwerk und allem, was abseits der Straßen und Wege in die natürliche Harmonie ungestörter Wälder und Fluren eingeschlossen ist. Als Oberstleutnant fiel er vor dem Feind.

Gerhard, Karl, * 19. 8. 1873 Helmstedt, † 18. 1. 1945 Holzminden. In Holzminden wirkte er als Amtsgerichtsrat. Ursprünglich war er für die Forstlaufbahn bestimmt. Das zeigte die ihn durchs Leben begleitende Liebe zum Wald und seinen Geschöpfen. Das Arbeitszimmer des Jägers, der in erster Linie Heger war, glich einem Mus. Es war angefüllt mit Vogelkäfigen, Käfersamml., Raupenkästen, Stopfpräparaten, Geweihen, Gehörnen u. dgl. Aus Freude am Beobachten richtete er 1925 erstmalig die Kamera auf das Wild des Sollings. Dann lenkte G. Wolff seine Kunst auf die Vogelphotogr., durch die sein Name in den Kreisen der Orn. bekannt wurde. Die Frucht gemeinsamer Tätigkeit der beiden Lichtbildner war das „Waldweben" (1932). Weiter brachte G. Aufs. mit eigenen Aufnahmen in „Naturforscher", „Aus d. Heimat" über Wanderfalken und Sperber, über Rotkehlchen, Goldhähnchen u. a. mehr. Auch zahlreiche Vorträge über den Wald und seine Bewohner stattete er mit trefflichen Lichtbildern aus. Bis ins Alter war er körperlich außerordentlich leistungsfähig. Noch mit 65 Jahren verbrachte er einen ganzen langen Tag bei Frost und Kälte in einem kleinen Zelt hockend am Horst des Wanderfalken und bestieg 10—15 m hoch eine schlanke Buche, um den Schwarzspecht an der Höhle aufzunehmen. Erst der 2. Weltkrieg verhinderte die Durchführung weiterer Pläne und lähmte schließlich ganz seine Unternehmungslust.

Gesner, Conrad, Dr., * 26. 3. 1516 Zürich, † 13. 12. 1565 Zürich. Mit Albertus Magnus (s. d.) stand die naturw. Gelehrsamkeit des Mittelalters auf ihrem Höhepunkt. Erst der Späthumanismus schenkte in der Person G.s der Kulturwelt wieder neuen, bisher nicht gekannten Glanz auch auf dem Gebiete der Zool. Mittellos, aber mit einem Bienenfleiß ausgerüstet, durchlief der Lernbegierige eine Reihe von Univ., bis er 1551 Stadtarzt und 1558 Prof. der Naturgesch. in seiner Vaterstadt wurde; hier starb er, früh gealtert, an der Pest. Zum Polyhistor war er geboren, die Enge des Fachwissens ließ er hinter sich. Dem Arzt, Sprach- u. Naturforscher mag vielleicht die phil. Gesamtschau des Albertus Magnus gemangelt haben, mit der staunenswert quellenden Fülle der Einzelkenntnisse, die sein nie erlahmender Eifer gesammelt und sein Genius geordnet hatte, überragte er dennoch alle Zeitgenossen. Andere wissensch. Arbeiten von erst- oder einmaligem Range hatte er schon abgeschlossen, als er die 4 Foliobände seiner „Historia animalium" (1551—1558) erscheinen ließ. Dem schwächlichen Körper hatte er bis dahin die Kraft zu jahrelangen lit. Studien abgerungen. Was ihm zur Abrundung des riesigen Stoffumfangs fehlte, hatte er sich verschafft durch eigene kritische Beob. auf Reisen und durch Mitt., die ihm die Freundschaft mit vielen Sachkundigen — unter ihnen waren die dt. Vogelkenner L. Schan, G. Fabricius, J. Kentmann (s. d.) — aus fast allen europ. Ländern lieferten. Alles, was in den Schriften des Altertums und Mittelalters über die Tierwelt enthalten war, fand hier, auf viele Bilder gestützt, eine Zusammenfassung, von der die ganze spätere Zool. zehrte. In alphabetischer Reihenfolge sind, da es noch kein System gab, die Tiere in je 8 Abschnitten behandelt. Die Erfahrungen des Verf. treten vor allem bei den heimischen Säugetieren und Vögeln zutage. Im 3. Bd. (1555), „qui est de avium natura", sind auf 806 Seiten 180 Arten beschrieben, unter ihnen die Alpenformen mit besonderem Bedacht. Eine 1. Darstellung erfuhren u. a. Mauerläufer, Alpenbraunelle, Zitronenzeisig, Schneefink, Tannenhäher, ferner Girlitz, Seidenschwanz, Triel, Wasserralle sowie alle Meisenarten; und daß der heute in Europa längst ausgestorbene Waldrapp - Geronticus eremita damals noch in der Schweiz brütete, ist fast allein durch G.s Aufmerksamkeit überliefert. Der Gelehrte hatte an sich nur für Gelehrte geschrieben. Der planmäßig gegliederte Stoff war nichtsdestoweniger auch für den Laien eine kaum erschöpfliche Fundgrube angenehmer Belehrung. Da zudem das Bedürfnis nach Kenntnis der heimatlichen Tierwelt während und nach der Reformationszeit gewachsen war, erfreuten sich bald immer mehr dt. Familien an der neuen reizvollen Darbietung. Erleichtert wurde die Verbreitung durch mehrere Neuausg., vor allem durch die dt. Übertragung des Vogelbandes (1557, 1567, 1582, 1600); unter Verzicht auf den mittelalterlichen Gelehrtenballast besorgte der Züricher Rudolf Heußlin dieses „Volksbuch" in einer auch heute noch befriedigenden Form. Noch 1669 erlebte es unter dem Titel „Vollkommenes Vogelbuch" in Frankf. (Main) eine „in die heutige zierliche und helle Teutsche Sprache" gebrachte verkürzte Ausg. durch den Arzt und Prof. Gregor Horst, der damit aber dem ursprünglich mehr als 3500 Seiten umfassenden Werk des großen Meisters nur wenig gerecht wurde.
— Lit.: R. Lauterborn, D. Rhein, . . ., Freib. 1930, S. 130—140 (mit älteren Quellen). - B. Milt, Große Schweizer, 1938. - Ders., C. G. aus Zürich. Große Schweiz. Forscher, 1939. - E. Stresemann, Entw. d. Orn., 1951 (mit Bildnis). - B. Milt, Schweiz. Singvögel aus C. G.s Vogelbuch, hrsg. von A. G. Hausmann, St. Gallen 1952 (49 S.). - Cl. Nissen, D. Illustrierten Vogelbücher, 1953. - Th. Ballauf, D. Wissensch. v. Leben, 1954 (mit älteren Quellen). - Würdigung (von E. K. Fueter). N. Dt. Biogr. 6, 1964, S. 342—345 (mit weiteren Quellen).

Geyr von Schweppenburg, Hans Freiherr, Dr., * 3. 10. 1884 Schloß Müddersheim über Düren (Rheinland), † 24. 8. 1963 Schloß Eicks über Euskirchen (Rheinland). Jagdfreude und im Blute liegende Hinneigung zur Beschäftigung mit der Tierwelt und vor allem mit den Vögeln, bestimmten bereits in der Schulzeit Denk- u. Interessenrichtung. Während des 1906 begonnenen forstw. Studiums in Hann. Münden entwickelte sich die zool. Zusammenarbeit mit O. le Roi (s. d.), deren lit. Niederschlag der Nachtr. zur „Vogelf. d. Rheinprov." (Verh. Pr. Rh. u. W. 69, 1912) wurde. In diesem Lebensabschnitt nahm ihn auch der sein „Geyr-Auge" bewundernde A. Koenig (s. d.) mit auf Exp. nach Spitzbergen und der Bäreninsel (1907, 1908) sowie nach dem Weißen Nil und dem Gazellenfluß (1913). Anschließend war er als erster Ornithologe (1913/14) mit P. Spatz (s. d.) auf Kamelrücken in der inneren Sahara, im Lande der Tuareg (vergl. J. Orn. 65, 1917 u. 66, 1918). Dann brachte der 1. Weltkrieg die große Wende. In der Marneschlacht verlor er 1914 als Oberleutnant beide Beine. Daß er den vom Schicksal erzwungenen Verzicht auf jeden forstlichen Außendienst Jahrzehnte hindurch zu tragen vermochte, verdankte er der entschlossenen Hinwendung zur wissensch. Forschung. Die damit festgelegte Laufbahn mögen Daten kennzeichnen: 1921 Assistent am Forstzool. Inst. von Hann. Münden, 1923 dort Promotion, 1924 ao. Prof. (Orn., Forstschutz, Waldbau), 1938 Ruhestand. Neben forstlichen Themen sowie verschiedenen zool. Unters. galt der Orn. der weitaus größte Teil seiner mit dem Jahre 1901 einsetzenden rund 275 Veröff. Kritische Schreibtischauswertungen der Forschungen in Nordafrika und der Beob. in der Heimat sind der Faun., der Fortpflanzungsbiol., der Tiergeogr. und der System. zugute gekommen. Am eindrucksvollsten aber gestalteten und formten seine geistvollen Gedanken das Bild des Vogelzugs im Mittelmeerraum. Zur Lösung dieses Problemkomplexes hatte er vielfach Gültiges zu sagen, vornehmlich in den größeren Abh. wie „Z. Theorie d. Vogelzuges" (J. Orn. 70, 1922), „Zugstraßen — Leitlinien" (ebd. 75, 1929), „D. Zugwege v. Sylvia curruca" (Verh. d. 6. internat. Orn.-Kongr. 1926 in Kopenhagen, 1929), „Z. Zuge v. Sylvia curruca" (J. Orn. 78, 1930), „Z. Terminologie d. Vogelzuges" (Proc. of the VIIth. internat. Orn.-Congr. 1930 in Amsterdam, 1931), „Zug b. starkem Gegenwind" (Vz. 2, 1931), „Z. Theorie d. Leitlinie" (Ardea 22, 1933), „Zugausfall in Ägypten" (J. Orn. 81, 1933), „Zwischenzug" (Vz. 4, 1933), „Warum kein Kranichzug am Bosporus?" (J. Orn. 82, 1934), „Al. Stimmelmayrs Leitlinien" (Vz. 7, 1936), „Storchzug u. Mittelmeer" (J. Orn. 84, 1936), „Wie ziehen d. holl. Jungstörche?" (Vz. 7, 1936), „Storchzug, Zugwinkel, Normalrichtung" (ebd. 8, 1937), „Zugbeob. v. Mittelmeer" (Ardea 27, 1938), „Zuglinien" (Vz. 12, 1941), „Mauserzug — Zwischenzug" (ebd. 14, 1943), „Z. Zeitsymmetrie im Vogelzuge" (ebd. 14, 1943), „Z. Theorie d. Zugrichtung" (Ardea 36, 1949), „Zuggeselligkeit" (Orn. als biol. Wissensch., Festschr. f. E. Stresemann, 1949), „Vorteile d. Zuggeselligkeit") (Vwa. 16, 1952), „Allg. Prinzipien d. Vogelzuges" (Acta 11. Congr. internat. Orn. 1954 in Basel, 1955), „Z. Terminologie u. Theorie d. Leitlinie" (J. Orn. 104, 1963). Er war eine intuitiv schaffende Persönlichkeit mit eigenwüchsiger, nie in Spekulationen oder dogmatische Selbstgerechtigkeit abgleitender Betrachtungsweise. Auch als gütiger, nur das Wesentliche suchender, über das Kleinmaß menschlichen Daseins erhabener Edelmann wird er in der Geschichte der Orn. einen hervorragenden Platz behalten. 1952 ernannte ihn die DO-G zum Ehrenmitglied; 1960 wurde ihm mit der Burckhardt-Medaille eine der hohen forstakad. Ehrungen für bahnbrechende Veröff. auf den Gebieten der Provenienz- u. Vogelzugforschung zuteil. Als korr. Mitglied führten ihn die brit., franz. und niederl. orn. Gesellschaften.

— Lit.: Würdigung (von Kl.). Holz-Zentralbl. 1954, S. 1392. - Würdigung (von F. Klaehn). Allg. Forstzeitschr. 9, 1954, S. 477. - Würdigung (von M.). Forst- u. Holzwirt 1954, S. 431. – Würdigung (von A. Frhr. v. Vietinghoff-Riesch). Forstarch. 1954, S. 276/77. - Würdigung (von dems.). Anz. f. Schädlingskunde 32, 1959, S. 157 (mit Bildnis). - Würdigung (von G. Niethammer). B. Bonn 10, 1959, S. 3/4 u. Generalanz. Bonn v. 2. 12. 1960. - Nachruf. Kölnische Rdsch. (für Kr. Schleiden), August 1963 (mit Bildnis). - Nachruf (von H.-J. Böhr). Vw. 85, 1964, S. 27/28. - Nachruf (von A. Bonnemann). Allg. Forst- u. Jagdztg. 1964, S. 51/52. - Nachruf (von E. Stresemann). J. Orn. 105, 1964 (im Erscheinen). - Nachruf (von G. Niethammer). B. Bonn 15, 1964 (im Erscheinen).

Ghidini, Angelo, * 1876 Lugano, † 10. 4. 1916 Genf. Seit 1903 (1904) war er Präparator am Naturw. Mus. von Genf und genoß sehr guten Ruf nicht nur als Taxidermist, sondern auch als vorzüglicher Kenner der heimischen Wirbeltiere. Schriftstellerisch war er gleichfalls rege und hinterließ zahlreiche faun. und biol. Veröff., vor allem über die Vögel des Tessins und der nördl. Lombardei. Unter wenigen größeren Abh. waren meist kurze Mitt. oder Zusätze zu V. Fatios (s. d.) Wirbeltierwerk. U. A. Corti nannte in den „Brutvögeln d. franz. u. ital. Alpenzone" (1961) 21 Titel zwischen 1902 und 1915; sie standen überwiegend ital. und franz. geschrieben in Avicula, Riv. ital. orn. und Rev. franç. d'orn.; einige dt. verfaßte brachte der Orn. Beob. Die umfangreichste Arbeit in dt. Sprache war „Bem. über d. Avif. d. ital. Schweiz" (Orn. Beob. 2, 1903).

— Lit.: Nachruf (von Schriftl.). Orn. Beob. 13, 1916, S. 140/41. - Nachruf (von S. Calloni). Verh. Schweiz 1919 (1920) II. S. 126.

Giebel, Christoph Gottfried Andreas, Dr., * 13. 9. 1820 Quedlinburg, † 14. 11. 1881 Halle. In Halle studierte er Anat. und Paläont. und habilitierte sich hier 1848. Während der langen Beurlaubung H. Burmeisters (s. d.) füllte er dessen Platz aus und wurde 1862 schließlich sein Nachfolger als Ordinarius für Zool. und Direktor des Zool. Mus. Von der system. Zool. kam er her und blieb ihr allzeit treu. Der Wandel der Naturanschauung, den die Lehre Darwins im Gefolge hatte, ließ ihn unberührt. Er war ein willensstarker Mann mit erstaunlichem Fleiß und ebensolcher Publikationsfreudigkeit. Eigentlicher Ornithologe war er nicht. Aber er behandelte im 2. Band seiner „Fauna d. Vorwelt" (1846) allein die Vögel. Viel Ausdauer verwandte er auf die volkstümliche „Naturgesch. d. Tierreichs" (1859 bis 1864), eine Art Vorgängerin von A. E. Brehms „Tierleben", und auf die „Insecta epizoa" (1874), eine Monogr. der Vogelläuse. Ein aus seiner Feder stammendes „Vogelschutzbuch" (1868) erreichte mit der Schilderung von 75 „nützlichen" Vogelarten bis 1877 4 Aufl. Seit 1853 gab er die „Zs. f. d. ges. Naturw." heraus und brachte auch hier zahlreiche anat. Beitr. über Vögel. Außerdem wollte er einem bibl. Bedürfnis entgegenkommen, indem er mit einem erheblichen Zeitaufwand seine bekannteste Veröff., den „Thesaurus ornithologiae, Repertorium d. ges. orn. Lit." (1872—1877) zusammenstellte. Unvollständigkeit und vielfach hervortretende Kritiklosigkeit zogen dem Autor aber wenig günstige Urteile durch Sachkenner zu. Eine starke Abfuhr erteilten ihm O. Finsch und G. Hartlaub (s. d.) in J. Orn. 20, 1872. Bei der riesigen Zahl von Arbeiten, die er zum Druck brachte, lag das Gewicht in der Tat oft mehr auf der Menge und weniger auf der Güte. Die außerordentliche Rührigkeit konnte er überhaupt nur entfalten, weil er über eine unvorstellbare mechanische Schreibfertigkeit verfügte.

— Lit.: Ch. G. A. G., ein Lebensbild, Zs. f. d. ges. Naturw., 3. F., 6, 1881, S. 621. - Nachruf (von H. Schalow). Orn. Cbl. 7, 1882, S. 11/12. - Würdigung (von O. Taschenberg). Abh. Halle 20, 1894, S. 95—114 (mit Bildnis). - Allg. Dt. Biogr. 49, 1904, S. 683/84.

Girtanner, Georg Albert, Dr., * 25. 9. 1839 St. Gallen, † 4. 6. 1907 St. Gallen. Die alteingesessene Familie, der er angehörte, gab ihm angeborenen Sinn für Naturbeob. mit auf den Lebensweg; und der Vater, ein prakt. Arzt und bekannter Botaniker, unterstützte früh seine Neigung, Vögel und andere Tiere zu pflegen. Nach dem med. Studium in Zürich (1857—1862) besuchte er, um seine fachlichen und zool. Kenntnisse zu erweitern, noch Würzb., Münch., Prag, Wien, Paris und London. Dann trat er an die Stelle des Vaters in der Heimatstadt. Um sie machte sich der hochgebildete, bescheidene Mann allein durch die Ausgestaltung des Naturk. Mus. und durch die Gründung des Wildparks „Peter u. Paul" verdient. Neben den beruflichen Pflichten fand er in rastloser Tätigkeit die Zeit, sich der Alpenfauna zu widmen und sich vor allem der bedrohten Formen anzunehmen. Immer werden mit seinem Namen die Schutzmaßnahmen für den Steinbock verbunden bleiben. Seine Lieblingsstudien in stillen Stunden galten aber der Alpenvogelwelt. Auf vielen Wanderungen durch die heimatlichen Berge sammelte er einen großen Kreis aufgeschlossener Beobachter aus der Bevölkerung um sich. Dadurch erhielt er Kunde von allen orn. Feststellungen, die für ihn wissenswert waren. Um an die ihm gemeldeten Nester zu gelangen, scheute er in seinen besten Jahren keine Mühen und Gefahren. Der Lohn waren außerordentliche faun. und biol. Kenntnisse. Jahrelang pflegte er auch zu Beobachtungszwecken seltenere Formen in Käfigen und Volieren; dabei erfreute er sich vielfach der Unterstützung seines Freundes E. H. Zollikofer (s. d.). Mit nüchternem, kritischem Blick forschte er unter freiem Himmel und in der Vogelstube und wußte dann anziehend über die Erfahrungen zu berichten. Die ersten „Notizen über d. Alpenmauerläufer" (von dem er Nestjunge aufzog) brachte er in Jb. St. Gall. 1863/64. Ihnen folgten bis zum Jahre 1903 fast 40 weitere orn. Arbeiten, die sich mit dem Frei- u. Gefangenleben u. a. von Alpensegler, Kolkrabe, Alpenkrähe, Alpendohle, Tannenhäher, Steinadler, Steinhuhn, Schneehuhn beschäftigten. Die umfassendsten Unters. aber betrafen das Vorkommen und die Lebensgewohnheiten des Bartgeiers, dessen Aussterben er mit Schmerz beobachtete. 11 Arbeiten aus seiner Feder, zwischen 1869 und 1900 geschrieben, haben das Schicksal des Großvogels zum Gegenstand. Wegen der unbedingten Zuverlässigkeit seiner Aufs. und Beitr., die in Jb. St. Gall., Zool. G., Orn. Cbl., Gef. W., Mitt. Wien, Orn. Ms. und anderen Zeitschr. erschienen, genoß G. nicht nur in seinem Vaterland, sondern auch außerhalb der Grenzen allg. Wertschätzung.

— Lit.: Nachruf (von J. Brassel). Ber. (Jb.) St. Gall. 1907, S. 122—133 (mit Bildnis u. Verz. d. Veröff.). - Nachruf (von dems.). Verh. Schweiz 1908, Anhang, S. 57—65 (mit Bildnis u. Verz. d. Veröff.). - Nachruf (von G. v. Burg). Orn. Ms. 33, 1908, S. 39 bis 42 (mit Bildnis).

Glaser, Ludwig, Dr., * 9. 2. 1818 Grünberg (Kr. Gießen), † 20. 1. 1898 Mannheim. Der Sohn eines Präzeptors studierte nach dem Besuch des Friedberger Lehrerseminars Phil. und Naturwissensch. in Gießen und Darmst. 1842 promovierte er in Gießen, war anschließend Gymnasiallehrer in Biedenkopf, Friedb., Worms (hier seit 1872 mit dem Titel Prof.) und von 1874 ab Direktor der Realschule in Bingen. Den Ruhestand seit 1879 verlebte er in Darmst. und Mannh. Seine Begabung lag auf naturw. und math. Gebiet und äußerte sich in einer größeren Reihe selbständiger Schriften und lit. Beitr. 1842 trat er in der Isis erstmalig mit einer Abh. über die Erscheinungen der Mimikry hervor. Den breitesten Raum seiner schriftstellerischen Betätigung nahm die Entom. ein. Die praktische Insektenkunde veranlaßte ihn obendrein zu ausgedehnter Mitarbeit an landw. Zeitschr. Die Vielseitigkeit der faun. Kenntnisse schloß auch die Vogelwelt im mittleren und südl. Hess. ein, ohne ihn zu hervorstechenden orn. Studien zu drängen. Doch sind die nicht sehr zahlreichen Mitt. über vogelk. Beob. und Erfahrungen trotz ihrer Beschränkung auf örtliche Verhältnisse Zeugen seiner vertieften und kritischen Naturbetrachtung. Wie die von L. Gebhardt u. W. Sunkel in den „Vögeln Hess." (1954) gesammelten Titel zeigen, erschienen sie bis 1880 meist im Zool. G. und sind teilweise einer weiter gespannten Behandlung des Tierlebens eingeordnet. Die Gelehrsamkeit des tüchtigen Schulmannes fand in Hess. hohe Wertschätzung und wurde durch verschiedene Ehrungen unterstrichen.

— Lit.: Nachruf (von R. Glaser). Entom. Nachr. 24, 1898, S. 217 (mit unvollst. Verz. d. Veröff.). - Allg. Dt. Biogr. 49 (Nachtr.), 1904, S. 684. - Würdigung (von P. Bruder). D. gelehrte Bingen, 1921, S. 71—73 (mit unvollst. Verz. d. Veröff.). - L. Gebhardt u. W. Sunkel, D. Vögel Hess., 1954, S. 69.

Glasewald, Konrad, Dr., * 1. 11. 1889 Heiligenstadt (Eichsfeld), † 2. 6. 1955 Uffenheim (Mittelfranken). Er entstammte einer Familie von Juristen, Theologen und Forstbeamten und hatte das Glück, während der Magdeb. Schuljahre durch den begeisterten Ornithologen G. Thienemann (s. d.) nachhaltig in die Geheimnisse des Naturerlebens und vor allem in den Reiz der Vogelbeobachtung eingeweiht zu werden. Nachdem er anfänglich in Tüb. und Straßb. Jura studiert hatte, wechselte er 1919 in Halle zu den Naturw. über. Unter V. Haecker (s. d.) entstand hier 1923 seine Diss. „Über d. Entw. d. Pigmentes in d. Dunenfeder". Vorübergehendem Aufenthalt in Rossitten und der Leitung der Vogelschutzstation Seebach von 1923—1925 folgte 1926 die Berufung an die Staatl. Stelle f. Naturdenkmalpflege in Preuß. zu Berl., wo er 17 Jahre lang als Sachbearbeiter besonders für Vogelschutzfragen wirkte. Von Februar 1944 ab unterstand ihm die Vogelschutzwarte Garmisch-Partenk. bis zu ihrer Stillegung im November 1944. 1945 ging er an das Regierungs-Forstamt Ansbach und trat 1951 eines Herzleidens wegen in den Ruhestand. Tiefe Religiosität und Ehrfurcht vor dem Göttlichen in jeder Kreatur bestimmten seine wissensch. Einstellung. Zahlreichen Aufs. in Zeitschr. gaben Anmut und Volkstümlichkeit die besondere Note. Überall aber, wo er die Ergebnisse der vogelk. Wanderungen durch die dt. Landschaft schilderte, unterstrich er in kritischer Geisteshaltung seine Gedanken mit genauen Forschungsdaten. Eine Reihe gründlicher Beitr. lieferte er für die Fachpresse (Orn. Mber., J. Orn., B. z. F., Natursch.), darunter „V. Baumfalken in d. Mark" (Natursch. 11, 1929), „Beob. am Horst d. Wanderfalken" (B. z. F. 6, 1930), „Vogelleben in d. städt. Anlagen" (Natursch. 12, 1931); auch mit größeren Abh. und Buchveröff. ist sein Name verbunden: „D. Vogelw. eines fiskal. Kiefernforstes d. Mark Brandenb. ..." (Beitr. Naturdenkmalpfl. 15, 1933), „Vogelsch. u. Vogelhege" mit klarer Sonderung beider Begriffe (1937), „D. Vogelw. eines Laubwirtschaftswaldes d. Mark Brandenb." (1939), „D. Vögel d. Waldes" (Bildband 1951). Mit seinem Amt verknüpft waren ferner von weitgreifender Stoffkenntnis getragene Gutachten, die der Sorge um die bedrohte Avif. entsprangen und der gesetzlichen Regelung der Schutzmaßnahmen galten.

— Lit.: Nachruf (von H. Kumerloeve). Vw. 76, 1955, S. 138/39. - Nachruf (von W. Schoenichen). Nachr.-Bl. f. Natursch. u. Landschaftspfl. 26, 1955,

S. 25/26 (mit Bildnis). - Nachruf (von H. Kirchner u. H. Kumerloeve). Falke 3, 1956, S. 18/19 (mit Bildnis).

Gliemann,?, * 9. 12. 1802 Winsen/Luhe, † 20. 5. 1876 Hann. Münden. Er besuchte das Gymnasium in Ilfeld (Harz) und studierte in Gött. Jura. Später trat er in den Dienst der Steuerbehörde und wirkte an verschiedenen Orten, zuletzt als Zollrat lange Jahre in Münden. Von früher Jugend an war er Sammler. Die Raubvögel regten seinen Eifer besonders an. Daneben brachte er einige Enten, Schnepfen, Rallen, Trappen und Hühnervögel ein. Die Etikettierung und Herkunft spielte bei ihm leider keine große Rolle. Er scheint entscheidenden Wert nur auf die Schönheit der Stücke gelegt zu haben, die er nach Arten getrennt in dicht verklebten Glaskästen durchaus gesichert aufbewahrte. Um 1880 wurde die ganze Samml. von über 300 Stücken durch die Forstakad. Hann. Münden angekauft, und Geyr v. Schweppenburg (s. d.) berichtete über sie in Orn. Mber. 16, 1908. Der Kat. war damals schon unvollständig. Nur zu den Raubvögeln enthielt er einige Bem. oder nähere Angaben über Fundorte. Die Zusätze gaben z. T. Aufschluß über das damalige Vorkommen der Raubvögel in Hann.

Gloger, Constantin Wilhelm Lambert, Dr., * 17. 9. 1803 Kasischka, Kr. Grottkau (Oberschlesien), † 30. 12. 1863 Berlin. Nach dem naturw. Studium in Berl. 1824/25 und anschließend in Bresl. promovierte der Gutsbesitzerssohn 1830 mit dem Thema „De avibus ab Aristotele commemoratis" und ging in den Schuldienst am Matthias-Gymnas. der schles. Hauptstadt. Die Stelle gab er aber (wegen eines Halsleidens?) auf und verzog 1843 nach Berl. Hier lebte er als Privatmann und ohne festes Einkommen z. T. von geringen Zuwendungen durch das Zool. Mus., dem er aus Schles. Sammlungsstücke besorgte. Die orn. ertragreichste und für die schles. Faunenkenntnis bedeutsamste Regsamkeit entfaltete er in den Bresl. Anfangsjahren. Als er 1825 und 1826 die Vögel des Riesengebirges, wie kein anderer vor ihm, erforschte, konnte er in einer Arbeit „Über d. auf d. Hochgebirge d. Sudeten lebenden . . . Vögel . . ." (Isis 20, 1827) erstmalig vom Sommervorkommen des Wasserpiepers, der Ringdrossel und des Mornell berichten. Andererseits wurde schon von B. Borggreve (s. d.) in der „Vogelf. v. Norddeutschl." (1869) und später von P. Kollibay (s. d.) in den „Vögeln d. Preuß. Prov. Schles." (1906) deutlich unterstrichen, daß jugendlicher Entdeckungseifer und kritiklose Verwertung falscher Mitt. ihn verallgemeinernde oder verschwommene, unklare Formulierungen (Alpensegler, Merlin, Limikolen) einmischen ließen. Doch taten diese offenkundigen Mängel seiner allg. Glaubwürdigkeit kaum ernsthaften Abbruch. „Schlesiens Wirbeltierfauna" (Bresl. 1833) und der mit Unterstützung H. Lichtensteins (s. d.) zustandegekommene 1. Teil (Landvögel) eines „Vollständigen Hdb. d. Naturgesch. d. Vögel Europas" (Bresl. 1834) fanden gleichfalls Beifall und waren Anlaß, viel von seiner weiteren Entwicklung zu erwarten. Damals kam er in geistigen Austausch mit J. F. Naumann. Dem Meister lieferte der „geschätzte Freund" und „talentvolle Zögling eines Gravenhorst und Lichtenstein" seit 1824 willkommenes (aber nicht immer stichhaltiges) Material auf Grund der schles. Erfahrungen und der Kenntnis der Bresl. und Berl. Samml.; auch vermittelte er ihm wertvolle Lit., an die Naumann in Ziebigk nicht herankommen konnte. Gegen Ch. L. Brehms (s. d.) Artenspaltung zog er indes seit 1827 in der Isis mit spitzer Feder zu Felde und entwickelte sich neben J. H. Blasius (s. d.) zu einem der heftigsten Widersacher des Pastors. Eine Aussöhnung erfolgte durch Naumanns Vermittlung erst auf der Berl. Tagung 1851. Seine Veröff. und Vorträge (z. B. auf der 10. Versammlung der DO-G in Köthen 1856) zeigten die Neigung zu theoretischen Erwägungen und zur Aufstellung allgemeingültiger Sätze. Die Bresl. Zeit legte ihm schon die Frage der Zweckmäßigkeit nahe, als er darauf hinwies, daß viele offenbrütende Weibchen schlichtes Gefieder tragen, und daß bei den gefährdeten Bodenbrütern die Eifarbe der Umgeb. angepaßt sei; mit der Arbeit „Über d. Farben d. Eier d. Vögel" (Verh. Berl. 1, 1829), die er selbst einen teleol. Versuch nannte, konnte er aber nicht zur Klarheit vordringen. Recht bemerkenswert waren gleichfalls „Einige Erfahrungen über d. Variieren d. Vögel" (Isis 1829) und die Schrift über das „Abändern d. Vögel durch Einfluß d. Klimas" (Bresl. 1833) (mit der Erstbeschr. des Steppenbussards - Buteo b. vulpinus). Darin griff er Vorstellungen von P. S. Pallas (s. d.) über das Wesen der Arten und ihrer Rassen auf und bekannte sich zum Bestehen geogr. Abänderungen; doch dachte er sie sich als klimatische Modifikation und individuellen Vorgang und nicht als erblich fixierte Mutationen. Er sah hier — höchst beachtlich beim damaligen Wissensstand — für die System. wesentliche Tatsachen richtig, blieb aber aus Mangel an überzeugenden Belegen den Beweis für seine Hypothesen schuldig. Es war offenbar das Schicksal des geistvollen Junggesellen, als Vorläufer in Ansätzen verharren zu müssen. Das zeigten auch die Berl. Jahre. Da die Mitarbeit am J. Orn. und die Hilfe, mit der er J. Cabanis (s. d.) in der Schriftleitung zur Hand ging, ihn nicht ausgefüllt haben dürften, verspürte er, sich verzettelnd, die Berufung, den staatlich nur höchst mangelhaft gehandhabten Vogelschutz als nicht im Interesse der Landw. liegend umzugestalten. Im J. Orn., in Tagesztg. sowie Broschüren — u. a. „Kleine Ermahnung z. Schutze nützlicher Tiere" (1858), „D. nützlichsten Freunde d. Land- u. Forstw. unter d. Tieren" (1858), „Abh. über einige besondere, d. Schutz nützlicher Tiere betr. Fragen" (1863) — vertrat er werbend seine Forderungen. Sie waren (wie nicht anders zu erwarten) von wirtschaftlichen Gesichtspunkten getragen und mußten unfruchtbar bleiben. Während er den Schutz der Bussarde und Eulen (den Uhu ausgenommen) verlangte, wünschte er die Beibehaltung des Schußgeldes für Weihen, Milane, Edelfalken, Habichte, Sperber; und während er sich für das Aufhängen von Nistkästen nach dem Muster von Spechthöhlen einsetzte, rechnete er alle Insektenfresser ausnahmslos zu den nützlichen Vögeln. Seine Einstellung unterschied sich demnach kaum von der des Frhr. v. Berlepsch (s. d.). Da er zudem an behördliche Erlasse dachte, wird er (mit Berechtigung?) neben H. O. Lenz (s. d.) gern als der Schrittmacher auf dem Wege zur heutigen Form der Schutzmaßnahmen herausgestellt. Das preuß.

Landw.-Ministerium hatte ihm in der Tat ein dreijähriges Stipendium zur Ausarbeitung eines Schutzgesetzes gewährt: ein greifbares Ergebnis blieb aus! Seine Schutzschriften waren nichtsdestoweniger lange verbreiteter volkstümlicher Lesestoff und wurden noch 1881 von K. Ruß (s. d.) und B. Dürigen neu herausgegeben. Von forstlicher Seite erfuhren sie, als angeblich nur den Laien blendend, scharfe Ablehnung. So konnte J. T. C. Ratzeburg — übertreibend — in „D. Waldverderbnis" (Bd. 2, 1868, S. 201/02) und „Forstwissensch. Schriftsteller-Lex." (1874, S. 81, Fußnote z. Ch. L. Brehm) dem Verf. gar vorwerfen, daß er in der Berl. Zeit mit seinen Tierschutzflugblättern dem Müßiggang verfallen sei und die Fortsetzung der vielversprechenden „Naturgesch. d. Vögel Europas" vergessen habe. Wie ganz anders schätzte ihn J. Cabanis (J. Orn. 12, 1864) ein: „. . . orn. Autorität . . . vielseitiger gemeinnütziger, echt dt. Gelehrter"! Auf seiner Persönlichkeit ruhen die Schlaglichter widerspruchsvoller Urteile.

— Lit.: Schles. Schriftsteller-Lex. (von K. G. Nowack) 4, 1840, S. 23—29. - Würdigung (von E. Michelsen). Hamms Agronom. Ztg. 1863, Nr. 37. - Nachruf (von dems.). Aus d. Heimat 1864, S. 177 bis 182 u. 193—200. - Nachruf (von E. Uhlenhut). Landw. Intelligenzbl. 1864, Nr. 3. - Allg. Dt. Biogr. 9, 1879, S. 240. - P. Kollibay, D. Vögel d. Preuß. Prov. Schles., 1906 (mit Bildnis u. Verz. d. schles. Veröff.). - E. Stresemann, Entw. d. Orn., 1951. - P. Thomsen u. E. Stresemann, Naumann-Biogr., 1957. - Würdigung (von L. Gebhardt). N. Dt. Biogr. 6 (im Druck).

Gmelin, Johann Friedrich, Dr., * 8. 8. 1748 Tübingen, † 1. 11. 1804 Göttingen. Als durch wissensch. Verdienste ausgezeichneter Prof. der Med. und Chemie in Tüb. und Gött. gehörte er der großen Tüb. Naturforscherfamilie an, die im 18. Jahrh. mehrere bedeutende Köpfe hervorbrachte. In die Gesch. der Orn. ging sein Name ein, obwohl ihm auf diesem Gebiet jede praktische Erfahrung und Kenntnis fehlte. Er gab die 13. Aufl. des „Systema naturae" von Linné heraus und übertrug 1788/89 Lathams „General Synopsis of Birds" (1781) aus dem Engl. ins Lat. Darin griff er die Artbeschr. anderer, die binäre Benennung nicht beachtender Verf. auf und versah die verschiedenen Formen mit Namen, die nunmehr Gültigkeit erhielten. So wurde er gemäß der von Linné getroffenen und von der Wissensch. befolgten Regelung als Autor erstmalig lat. benannter ausländischer Arten anerkannt — trotz des rein kompilatorischen Charakters seines philol. Fleißes. In der Entwicklung der Vogelk. fiel ihm damit eine ähnliche Rolle zu wie seinem Zeitgenossen Ph. L. Stat. Müller (s. d.). Die Beschr. sind heute mit der einfachen Bezeichnung „Gmelin" oder „Gm." verbunden, während der Autorname „S. G. Gmelin" sich auf den Forschungsreisenden Samuel Gottlieb Gm. (s. d.) bezieht.

— Lit.: E. Stresemann, Entw. d. Orn., 1951.

Gmelin, Samuel Gottlieb, Dr., * 4. 7. 1744 Tübingen, † 27. 7. 1774 Daghestan (Kaukasus). Als begabten Sproß der Apotheker- u. Gelehrtenfamilie schmückte ihn schon mit 19 Jahren die Doktorwürde der Pharmazie. In Holl. und Frankr. setzte er die Ausbildung fort. 1767 folgte er einer Einladung der Zarin Katharina II. und bereiste neben P. S. Pallas, J. A. Güldenstädt, C. L. Hablizl (s. d.) und seinem Onkel, dem großen Botaniker Johann Georg Gm., unerforschte Teile des russ. Reiches. Der Kaukasus und Persien waren seine Ziele. Nach zweimaligem Winterlager (Woronesch 1768/69, Astrachan 1769/70) erreichte er als erster Naturforscher 1770 das Elbursgebirge und sein nördl. Vorland. 1772 war er nach abenteuerlicher Seefahrt wieder in Astrachan. Hier verbrachte er auch den Winter 1772/73 nach längerem Aufenthalt in der Herrnhuter Brüdergemeine Sarepta und Forschungen im Steppengebiet zwischen Wolga und Don. Im Juni 1773 startete seine Exp. zum zweiten Mal, um zu Wasser und zu Land über Enzeli und Baku im Januar 1774 nach Derbent zu gelangen. Transkaukasien wurde jedoch sein Verhängnis; am 5. 2. 1774 geriet er in die Gefangenschaft des Chan der Chaitaken und starb dort an einer ruhrartigen Krankheit. In der „Reise durch Rußl. . . ." (3 Teile, 1770—1774) legte er einen Rechenschaftsber. ab; den 4. Teil gab sein Biograph P. S. Pallas 1784 heraus. Das Blickfeld des Pharmazeuten füllte vornehmlich die Floristik; doch erbrachte er auch Entdeckungen aus dem Tierreich. Die oft flüchtig anmutenden Meldungen tragen nicht alle den Stempel der Zuverlässigkeit. So bildete er im 1. Teil der Veröff. einen ihm unbekannten Rabenvogel ab; es war der in der nördlichsten Taiga beheimatete Unglückshäher, der dem Reisenden nicht begegnet sein konnte. Das Original des Stiches stammte, wie Pallas nachwies, aus den Sibirienurkunden seines Onkels Johann Georg Gm. Die orn. Ausbeute der wenig glücklichen Unternehmungen war gering. Während eine Reihe der von ihm geschilderten Arten bereits benannt war, sind seinem Eifer und Forscherdrang doch auch einige vorher noch nicht bekannte Formen zu verdanken: u. a. Phoenicurus ochruros, Motacilla cinerea caspica, Motacilla flava lutea, Circus macrourus, Pterocles alchata caudacuta. Die Neubeschr. tragen heute den Autornamen „S. G. Gmelin" im Gegensatz zu dem einfachen, seinem Verwandten Johann Friedrich Gm. (s. d.) zukommenden „Gmelin" oder „Gm.".

— Lit.: F. Th. Köppen Bibliotheca Zool. Ross. II, Petersb. 1907. - E. Stresemann, D. Vögel d. Elburs-Gebirges, J. Orn. 76, 1928, S. 314. - Ders., Entw. d. Orn., 1951. - E. Schüz, Schwäb. Lebensbilder 7, 1960, S. 181—189 (mit Verz. d. Veröff. u. älteren Quellen).

Godeffroy, Johann Cesar, * 1. 7. 1813 Kiel, † 7. 2. 1885 Hamburg. 1737 siedelte der erste der Hugenottenfamilie G. aus der Mark Brandenb. nach Hamb. über. Dort entwickelte sich seit 1766 das Handelshaus Joh. Cesar Godeffroy u. Sohn. 1845 rückte der Enkel des Gründers als der 6. Namensträger an die Spitze der Firma. Mit weltoffenem Blick immer neue Pläne kühn anpackend, führte er das Unternehmen zu macht- u. glanzvoller Höhe. Als er 1857 begann, seine Schiffe in die Südsee zu schicken, um dort Bodenbesitz zu erwerben, wurde er zur Verkörperung der dt. Stellung im fernen Inselland und leistete auf 45 Niederlassungen bahnbrechende Dienste für Deutschlands Aufstieg zur Weltgeltung und Kolonialmacht. Doch umdüsterte ein tragisches Geschick den Lebensabend des hochbegabten, wahrhaft königlich denkenden und handelnden Mannes. Vor allem waren es Spekulationen mit rhein.-westf. Bergwerksaktien, die ihn verhängnisvoll in die Gründerkrise nach 1870 verwickelten. Im Dezember 1879 mußte das Haus die Zahlungen einstellen, nachdem die vom dt. Reich erbetenen Stützungsmaßnahmen durch eine Reichstagsmehrheit abgelehnt waren. Zu einer so großzügig veranlagten Persönlichkeit paßte wissensch. Mäzenatentum, das fernab von geschäftlichen Erwerbsabsichten für kulturelle Zwecke tätig sein wollte. Im Aufbau des naturw. und völkerk. Mus. Godeffroy in Hamb. nahm es seit 1860 Gestalt an. Um dieses Mus. auszustatten, sandte Johann Cesar G. neben seinen Kapitänen (besonders A. Tetens und J. Witt) befähigte und gut ausgerüstete Sammler hinaus: 1861 E. Gräffe (s. d.) nach den Tonga- u. Samoa-Inseln, 1863 A. Dietrich (s. d.) nach der Ostküste Australiens, 1867 A. Garrett nach der Fidschi-Gruppe, den Cook- u. auch den Gesellschafts-Inseln, 1869 J. Kubary (s. d.) nach den Karolinen und Marschall-Inseln, 1871 E. Dämel nach Australien, 1875 Th. Kleinschmidt (s. d.) nach den Fidschi-Inseln und der Duke-of-York-Gruppe, 1875 F. Hübner (s. d.) nach Samoa, den Tonga-Inseln und Neubritannien. Die wissensch. Bearbeitung der ungemein reichen zool. und ethnogr. Schätze aus der ozeanischen Inselwelt übernahmen anfangs Fachleute; unter ihnen waren für die Vogelk. G. Hartlaub und O. Finsch (s. d.). Da sie die Ergebnisse der Auswertungen in den verschiedensten Zeitschr. veröffentlichten, regte sich in dem Handelsherrn der Wunsch nach Zusammenfassung und einheitlicher Verbreitung. Deshalb ließ er von 1873 ab das „Journal d. Mus. Godeffroy“ erscheinen, dessen 6 Bde. (der letzte kam 1910 heraus) für ihren Schöpfer ein weiteres stolzes wissensch. Denkmal wurden. Der Opferwille des genialen Kaufmanns gestattete den Systematikern tiefe Einblicke in die exotische Ornis vieler Südsee-Inseln, die damals noch weithin zool. Neuland waren. Die orn. Wissensch. ist dem Mäzen Dank schuldig für den so empfangenen Auftrieb. Betrüblich bleibt, daß die in dem gewaltigen Südsee-Mus. gestapelte Ausbeute nach dem Zusammenbruch des Handelshauses (1878) zersplittert wurde. Der größte Teil der ethnogr. und anthrop. Samml. kam 1885 in den Besitz des Leipz. Mus. für Völkerk.; das zool. Material ging als äußerst wertvolle Bereicherung 1886 an das Hamb. Naturw. Mus. über. Viele Vogelbälge, darunter zahlreiche Typen Finschs und Hartlaubs, und die ool. Samml. wurden zusammen mit dem Gebäude 1943 ein Opfer der Bomben.

— Lit.: R. Hertz, D. Hamb. Seehandelshaus J. C. G. u. Sohn 1766—1879, Veröff. d. Ver. f. Hamb. Gesch. 4, 1922. - K. Schmack, J. C. G. u. Sohn . . . , 1938 (mit Bildnis). - E. Stresemann, Entw. d. Orn., 1951. - Würdigung (von A. Panning). Mitt. Hamb. Zool. Mus. Inst. 54, 1956, S. 6—15. - Bildnis in „D. Großen Deutschen im Bild“, 1936.

Godet, Paul, Dr. h. c., * 25. 5. 1836 Neuenburg (= Neuchâtel), † 7. 5. 1911 Neuenburg. Sohn des Botanikers Charles Henri G., studierte er von 1855 ab in Berlin unter H. Lichtenstein, Ch. G. Ehrenberg, J. Müller (s. d.) und bewahrte sich für sein ganzes Leben die besten Erinnerungen an die dt. Hauptstadt. Vielschichtige Bildung zeichnete ihn aus. 1858 kehrte er als Lehrer für die franz., lat., griech. Sprache sowie für Botan. und Zool. nach seiner Heimatstadt zurück und unterstützte L. de Coulon (s. d.) beim Ausbau des Naturw. Mus., dessen Direktor er 1894 wurde. Um die gleiche Zeit übernahm er die Stelle eines Prof. für Naturgeschichte am kantonalen Gymnasium und beschäftigte sich fortab als kenntnisreicher, angesehener Systematiker nur noch mit der Zool. Seine Neigung galt in erster Linie den Mollusken. Auf diesem Gebiete hatte er wissensch. Verbindung mit zahlreichen Forschern über die Schweizer Grenzen hinaus. Die Veröff. aus seiner Feder standen in Bull. Soc. sc. nat. de Neuchâtel und Rameau de Sapin. Die Orn. dürfte ihn weniger beansprucht haben, wie die geringe Zahl der hierher gehörigen Arbeiten zeigt: „Oeufs de Coucou“ (Rameau de Sapin 1893), „Collection d'oeufs de M. le pasteur Robert“ (ebd. 1897), „Oiseaux du Jura“ — in 3 Forts. (ebd. 1907). 1908 ernannte ihn die Univ. Bern zum Dr. h. c.

— Lit.: Nachruf (von E. Godet). Verh. Schweiz 1911, S. 58—66 (mit Bildnis u. Verz. d. Veröff.).

Godlewski, Viktor, * 1831 (1833 ?) Bogatki, Kr. Ostrołęka (Wojw. Warschau), † 17. 11. 1900 Smoluchy bei Ostrowia Lomzyńska. Wie viele andere seiner poln. Landsleute wurde der naturw. aufgeschlossene Landwirt nach dem Aufstand von 1863 nach Sibirien verbannt. Dort lernte er B. Dybowski (s. d.) kennen und entwickelte sich unter dessen Anleitung seit 1865 zum tüchtigen Beobachter und Sammler auf naturw. Forschungsreisen in Transbaikalien (besonders bedeutend waren die Unters. am Baikalsee), Daurien, im Amur- u. Ussurilande. Seine Schätze gingen zuerst an das Warschauer Mus. und später an das Mus. Branicki (s. d.), wo sie von L. Taczanowski (s. d.) beschrieben wurden. Er selbst hinterließ außer 4 mit B. Dybowski gemeinsam verfaßten Notizen über die Fauna des Baikalsees keine weiteren Veröff., obwohl er sich nach der Rückkehr 1877 mit der Bearbeitung seiner orn. Aufz. beschäftigte. Nach ihm benannt sind u. a. Agrodroma godlewskii, Emberiza godlewskii, Gammarus godlewskii, Leucosia godlewskii.

— Lit.: Biogr. Notiz (von H. Schalow u. A. Reichenow). Orn. Cbl. 3, 1878, S. 141. - G. Brzęk, D. Goldene Zeitalter d. Poln. Orn. (Poln. mit engl. Zusammenfassung). Memorabilia Zool. 3, Warschau 1959.

Goebel, Hermann, * 28. 5. 1844 Kurland, † 24. 7. 1910 Petersburg. Nach dem Besuch des Gymnasiums in Mitau studierte er — Sohn eines Arztes — an der Forstakad. in Petersb. und hatte 1864—1866 seine erste Verwendung als Forsttaxator in Archangelsk. Dann leitete er in der Stellung eines Forstmeisters für 10 Jahre den Forstbezirk Uman bei Kiew, um schließlich in den Privatdienst zu gehen. Mit der Akad. d. Wissensch. in Petersb., wo er gewöhnlich im Winter arbeitete, blieb er in ständiger Fühlung. Die letzten Lebensjahre widmete er stark der Organisation des Fischereiwesens und der Erforschung des arktischen Rußl. In der Jugend schon war er unter dem Einfluß des Vaters leidenschaftlicher Jäger und Sammler, ohne daß seine allg. naturw. Begabung an den Grenzen der Vogelk. haltmachte. Doch waren ihm die orn. Verhältnisse im Südwesten der heimatlichen Halbinsel (Gerbinscher und Hasenpothscher Kreis) besonders vertraut. Über die dortigen Erfahrungen schrieb er „Beitr. z. Orn. d. Gouvernements Kurl." (J. Orn. 21, 1873). In Rußl. baute er große Eiersamml. auf und erfreute sich eines beträchtlichen Rufs unter den dt. Ornithologen und Oologen. Der DOG trat er 1869 bei. Gewandt wußte er die Feder zu führen. Zeugnisse dieser Fähigkeit sind eine erhebliche Zahl faun., ool. und biol. Veröff.; dazu gehören allein 22 Arbeiten in J. Orn. zwischen 1869 und 1879. Die „Vögel d. Umanschen Kreises" (J. Orn. 18, 1870 — 21, 1873), die „Vögel d. Kreises Uman mit besonderer Rücksicht auf ihre Zugverhältnisse u. ihr Brutgeschäft" (Petersb. 1879) und die „Fauna Kiews" (Petersb.) gestatten einen guten Einblick in den Umfang seiner 10jährigen Beob. In den letzten 20 Jahren des Jahrh. war ihm die Beschäftigung mit der Orn. und Ool. zu seinem Bedauern nicht möglich. Er wandte sich diesen Gebieten erst wieder zu, als er 1898 Mitglied einer Exp. zur Erforschung des Barentsmeeres wurde und von da ab mehrere Jahre im neugegründeten Alexandrowsk tätig war. Die schriftstellerischen Früchte waren Arbeiten wie „V. d. Murmanküste (Halbinsel Kola)" (Orn. Jb. 12, 1901), „D. Wintervögel d. Murmanküste", zus. mit N. Ssmirnow (ebd. 13, 1902), „Zip Nawolok" (ebd. 13, 1902), „Z. Ornis Lapplands", russ. u. dt. (Petersb. 1902). Bis 1910 meldete er sich weiter sehr rege in Zs. Ool. zu Wort.

— Lit.: Nachruf (von W. Rüdiger). Zs. Ool. u. Orn. 22, 1912, S. 129/30.

Göchhausen, Hermann Friedrich von, 5. 3. 1663 (getauft) Gut Ottstedt bei Magdala (Kr. Weimar), † vor 1740(?) Weimar. Sein Geschlecht stammte aus Ostfriesl. und besaß mehrere Rittergüter in der Nähe von Weimar. 1688 trat er in den Hofdienst und war bis mindestens 1732 sächs.-weimar. Oberjägermeister. Aus der waidmännischen Gemeinschaft seiner Zeit ragt er insofern hervor, als er, ein warmherziger Naturfreund, dem Studium der Vogelwelt mit Lust und froher Aufgeschlossenheit nachging. Wohl unter dem Einfluß des weitaus bedeutenderen F. A. v. Pernau (s. d.) bemühte sich der in der Freilandbeobachtung gut Bewanderte, das Leben der Vögel, wie es sich seinen früh geübten Sinnen in den weimar. Wäldern darbot, anschaulich zu schildern. Seine Erfahrungen an 110 Arten faßte er in einem Buch zusammen mit dem Titel „Notabilia venatoris, oder Jagd- u. Waidwerks-Anmerk. . . . aufgezeichnet von einem d. Jägerei liebenden Waidemann in Weimar, welcher gerne in Wäldern hörete frühe der Vögel Gesänge . . .". Es erschien erstmalig 1710 und erlebte mehrere verbesserte Aufl. Vielfach wurden die anziehenden Ber. von weniger Kundigen abgeschrieben und unter verändertem Titel gebracht, so von H. W. Döbel (s. d.). Bei den meisten Formen befaßte sich G. mit der Fortpflanzung, der Nahrung und dem Zug. So weit sie ihm vertraut waren, ging er auch auf Verhaltensweisen ein. Nicht immer entsprachen seine Angaben der Wirklichkeit; der Ziegenmelker sollte z. B. 4 Eier legen und der Habicht nur 14 Tage brüten. Von einigen Arten vermochte er nur wenig zu erzählen. Die engsten Beziehungen hatte er begreiflicherweise zu den jagdbaren Vögeln. Die ihnen gewidmeten Abschnitte sind mit besonderem Sachwissen ausgestattet. So gab er ohne gelehrtes Beiwerk als einer der ersten ein im allg. auf eigenen Feststellungen beruhendes Bild der thür. Vogelf. und trug durch die bis dahin in der Jägerzunft unbekannte Einstellung zur Vogelwelt viel zur Verbreitung orn. Kenntnisse unter seinen Landsleuten bei. Faun. am bemerkenswertesten ist die Mitt. vom Brüten der Zwergtrappe in Sachs.-Weimar, d. h. in einem Gebiet, in dem sie nach 1870 von A. W. Thienemann (s. d.) wieder gefunden wurde.

— Lit.: E. Stresemann, Beitr. z. einer Gesch. d. dt. Vogelk., J. Orn. 73, 1925, S. 599—602. - Ders., Z. Bibl. d. Schr. . . . H. F. v. G., ebd. 74, 1926, S. 689—691. - E. Schwartz, Oberlandjägermeister v. G., Arch. Forstwesen 9, 1960, S. 579.

Goeldi, Emil August, Dr., * 28. 8. 1859 Ennetbühl, Obertoggenburg (St. Gallen), † 5. 7. 1917 Bern. Die Schule besuchte er in Schaffhausen und studierte Naturw. in Neapel, Berl., Leipz., Jena (hier Promotion 1883 und Assistent bei E. Häckel). Anschließend zuerst Subdirektor und Prof. am National-Mus. von Rio de Janeiro, wurde er 1894 zum Leiter des Mus. in Pará berufen und baute in dieser Stellung mit großer Tatkraft ein der naturk. Erforschung des Amazonas und Nordbrasiliens gewidmetes Inst. auf. Nachdem er, von Bras. hoch geehrt, 1905 in sein Heimatland zurückgekehrt war, habilitierte er sich 1907 in Bern als Dozent für Biol. und Tiergeogr., um 1908 ao. Prof. zu werden. Sein weitgestecktes, über die Zool., Botan., Geol., Ethnogr., Geogr. sich erstreckendes Arbeitsgebiet verdankte seinem Fleiß über 250 Aufs., Broschüren und Bücher in dt., engl. und portug. Sprache. Fruchtbar wurde daneben sein vielgestaltiges Wissen auch in Vorträgen volkstümlichen Gepräges. Die Orn. hatte einen nicht geringen Anteil an seinem geistigen Schaffen. Zu den Erstveröff. gehörten schon „Verz. d. Vögel d. Kantons Schaffhausen" (J. Orn., 28, 1880), Ornithologisches aus Neapel" (ebd. 29, 1881). „Orn. Beob. am Bielersee während d. Winters 1879/80" (Zool. Beob. 22, 1881). Hauptwerke über die bras. Avif. wurden „As Aves do Brazil" (Rio de Janeiro u. S. Paulo 1894—1900) und „D. Vogelw. d. Amazonenstromes" (Zürich 1900—1906). Den Vögeln galt auch das umfangreichste Kapitel „D. Tierwelt d. Schweiz in d. Gegenwart u. in d. Vergangenheit" (Bd. 1, Wirbeltiere, Bern 1914). In der Reife des Mannesalters schuf der Verf. mit diesem Werk ein Hdb., das er sich als dringlich gewordene Ergänzung zu F. v. Tschudis (s. d.) „Tierleben d. Alpenwelt" (11 Aufl. 1853 bis 1890) dachte. Die hier unter Aufwand von „viel Mitternachtsöl" verarbeitete Stoffülle bot in der Tat ein für viele Jahre brauchbares Volksbuch und war geeignet, den Schweizern das Verständnis für die bedrohte Schönheit der Heimatnatur zu schärfen.

— Lit.: Nachruf (von A. Heß). Orn. Beob. 14, 1917, S. 196—198 (mit Bildnis). - Nachruf (von Th. Studer). Verh. Schweiz 1917, S. 36—59 (mit Bildnis u. Verz. d. Veröff.). - Nachruf (von Schriftl.). Ibis (10) 5, 1917, S. 613/14. - Nachruf (von T. S. P.). Auk 34, 1917, S. 510. - Würdigung. Bol. biol. 2, S. Paulo 1934, S. 3—16.

Gönner, Philipp, * 31. 7. 1879 Kaichen (Kr. Friedberg, † 1. 1. 1954 Kronberg (Taunus). Er besuchte die Kunstakad. in Kassel und war viele Jahre Zeichenlehrer in Frankf. und Kronb. Die Vogelfreunde des Untermains brachten ihm hohe Wertschätzung entgegen. Seine musischen

Anlagen lockte die kleine Lebewelt der ländlichen Natur; die Künstlerhand beschäftigte sich am liebsten mit Vögeln, Schmetterlingen, Käfern und Pflanzen. Trefflich gelungene kleine Kompositionen und Aquarelle in subtilster Ausführung bilden den Großteil seiner Werke. Buntbilder lieferte er u. a. zu S. Pfeifers „Vögel unserer Heimat" (1936) und „Taschenbuch d. Dt. Vogelw." (1949). Ein Schmuck der Trinkhalle des Homburger Kurparks waren etwa 70 die hess. Ornis darstellende Bilder, die dem 2. Weltkrieg zum Opfer fielen. Während er der Vogelk. nur mit Pinsel und Farbe schöpferisch diente, trat er in der Entom. auch als Verf. von Aufs. und Beitr. in Erscheinung. Daneben fand er noch Zeit und Muße zur Landschaftsmalerei.

— Lit.: Nachruf (von S. Pfeifer). Luscinia 27, 1953/54, S. 3 (mit Bildnis). - L. Gebhardt u. W. Sunkel, D. Vögel Hess., 1954, S. 105/06. - Bildnis in W. Schuster, Vogelf. v. Großhess. u. Nassau, 1941.

Göring, Anton, * 18. 9. 1836 Schönhaide (Kr. Schmölln), † 7. 12. 1905 Leipzig. Sein Vater war Mechaniker und nebenher Präparator im Dienst der Osterl. Naturf. Ges. in Altenb. C. F. Oberländer (s. d.) führte den Jüngling bei Ch. L. Brehm (s. d.) ein, auch sonst sorgte das besonders unter den Bauern der Gegend verbreitete Vogelsammeln für frühzeitige und bleibende Eindrücke. Damit war G.s orn. Laufbahn schon in den Umrissen vorgezeichnet. 17jährig ging er als Präparator zu H. Burmeister (s. d.) nach Halle, der ihn 1856 für 3 Jahre mit nach Bras., Argent. und Uruguay nahm. In der exotischen Umgeb. entwickelte er sich zum tüchtigen Sammler und Maler. Weitere Förderung seiner künstlerischen Anlagen genoß er seit 1860 an der Kunstakad. in Leipz. und seit 1864 bei Jos. Wolf (s. d.) in London. Von 1866 an war er im Auftrag der Londoner Zool. Ges. 7 Jahre in Venezuela. Das Prachtwerk „V. tropischen Tiefland z. ewigen Schnee" (1892) war Ergebnis dieser Reise und Zeugnis seiner Kunst. 1874 kam er wieder nach Leipz. und berichtete von 1878 bis zur Jahrhundertwende verschiedentlich in der Orn. Ms. über das Vogelleben von Südamerika, insbesondere von Venezuela. Verdient machte er sich ferner um den sich anbahnenden Vogelschutz dadurch, daß er für den Dt. Ver. z. Schutze d. Vogelw. die Vogelwandtafeln (1886, 1892) schuf, die hauptsächlich in den Schulen allenthalben Verbreitung fanden. Die Orn. Ms. schmückte er mit einer Reihe sehr guter Buntbilder. Auch an der Ausgestaltung der 2. Aufl. von A. E. Brehms (s. d.) „Tierleben", von H. Nehrlings (s. d.) „Nordamerik. Vogelw.", P. Matschies (s. d.) „Bilder aus d. Tierleben" und des Neuen Naumann war er als Künstler beteiligt. Zu den öffentlichen Anerkennungen, die ihm zuteil wurden, gehörte die Verleihung des Professortitels.

— Lit.: Würdigung (von O. Taschenberg). Abh. Halle 20, 1894, S. 90/91. - Nachruf (von O. Koepert). Orn. Ms. 31, 1906, S. 168—171 (mit Bildnis). - Thieme-Becker, Künstler-Lex. 14, 1921, S. 309. - Würdigung (von H. Hildebrandt u. R. Heyder). Mitt. Sachs. 4, 1933, S. 38—56. - Bildnis in Falke 4, 1957.

Goeze, Johann August Ephraim, * 28. 5. 1731 Aschersleben, † 27. 6. 1793 Quedlinburg. Der seit 1755 in Quedlinb. amtierende Prediger war „übers Mikroskopieren zu den Naturw. gekommen". Er befaßte sich deswegen vornehmlich mit niederen Tieren. Doch fügte er seinen „Harzreisen" („6. Harzreise z. Nutzen u. Vergnügen d. Jugend", Leipz. 1788) zahlreiche vogelk. Nachr. bei und widmete im Rahmen der neunbändigen „Europ. Fauna oder Naturgesch. d. europ. Tiere" (Leipz. 1791—1803) den Vögeln 4 Bände, die von dem ihm folgenden J. A. Donndorf (s. d.) von 1794—1796 herausgegeben wurden. Er war ein vielbewanderter und gut belesener Gelehrter. So konnte er sich als einziger seiner Zeit bei der Behandlung des Kuckucks auf die damals ganz vergessene Kuckucksarbeit J. Wigands (s. d.) aus d. J. 1586 berufen.

— Lit.: G. Salzmann, Denkwürdigkeiten aus d. Leben ausgezeichneter Teutschen d. 18. Jahrh., Schnepfenthal 1802, S. 135—137.

Goldfuß, Georg August, Dr., * 18. 4. 1782 (Thurnau (Kr. Kulmbach), † 2. 10. 1848 Bonn. Als Zoologe und Paläontologe habilitierte er sich 1812 in Erl. und übernahm 1818 den Lehrstuhl für Zool. in Bonn. Seit 1826 gab er die „Petrefacta Germaniae" heraus. Die Grenzen der bloßen Naturbeschr. überschreitend, verlor er sich, ohne L. Oken (s. d.) streng zu folgen, in den Netzen der Naturphil. Seine Vorstellungen von den Entwicklungsstufen des Tierreichs beherrschten das von ihm verfaßte „Hdb. d. Zool." (1820). Zur Vogelk. pflegte er nur sehr lockere Beziehungen. Während er noch Privatdozent der Naturw. und Direktor des Mus. der Univ. Erl. war, beschrieb er 1813 die „Vorzüglichsten Merkwürdigkeiten" des Univ.-Mus. und darunter die dort aufgestellten Vögel. J. Gengler (s. d.) setzte ihm dafür ein kleines Denkmal in Verh. Bay. 16, 1924/25 (Sonderheft). In der Bonner Zeit ließ der Ordinarius eine „Ausführliche Erläuterung d. Naturh. Atlasses" (1. Teil, Düsseld. 1826) drucken, die O. le Roi (s. d.) in der „Vogelf. d. Rheinprov." (Verh. Pr. Rh. u. W. 63, 1906) verwertete. — Lit.: Allg. Dt. Biogr. 9, 1879, S. 332/33.

Golz, Heinrich Wilhelm Theodor, Dr., * 16. 1. 1825 Lutherstadt Wittenberg, † 1. 5. 1898 Berlin. In Berlin war er, Sohn eines Juristen, Rechtsanwalt und Notar mit dem Titel Justizrat. Aus der Liebhaberei kommend und die Heiden lange Jahre rüstig durchstreifend, kannte er gründlich das Vogelleben der Mark. 1868 trat er schon der Berl. DOG bei und stand seit 1870 an ihrer Spitze. „Zu Ehren des Vorsitzenden . . ., des anerkannt erfahrensten Kenners und Züchters der besten und vorzüglichsten Sänger" benannte J. Cabanis (s. d.) die turkestanische Nachtigall Luscinia megarhynchos golzii (J. Orn. 21, 1873). Von 1876—1889 hatte er den Posten des 2. Vorsitzenden der Allg. Ges. inne. Zur Feder griff er nicht. Nur einmal ist — nach einem Berl. Sb. — sein Name im Lit.-Verz. von H. Schalows „Beitr. z. Vogelf. d. Mark Brandenb." (1919) festgehalten („Einbürgerung v. Nachtigallen bei Erkner" in J. Orn. 20, 1872). Um so rühriger scheint er, wie seine Ämter andeuten, in den Berl. Versammlungen gewesen zu sein. Hier meldete er sich zu Wort nicht nur mit Referaten über Gesangsleistungen (J. Orn. 17, 1869), sondern auch als überzeugter Anhänger Darwins.

Mit einem Vortrag über „Wanderungen u. Zugstraßen d. Vögel im Lichte d. Darwinschen Theorie" fand er 1881 und 1882 den Beifall der jüngeren Mitglieder, während die älteren, unter ihnen J. Cabanis, sich kühl ablehnend verhielten (Orn. Cbl. 6, 1881; 7, 1882 u. J. Orn. 30, 1882). Auch im Berl. Liebhaberverein „Ornis", dem er gleichfalls angehörte, sprach er 1883 über die „Vogelwelt u. ihr Ursprung" und setzte sich geschickt und klar für Darwins Thesen ein (Gef. W. 12, 1883).

Gonzenbach, Jacob Guido von, * 25. 10. 1810 Toggenburg (Kanton St. Gallen), † 1873 Smyrna (Kleinasien). Einem alten Geschlecht gehörte er an und lebte als Kaufmann und Schweiz. Konsul in Smyrna. Er besaß eine heute im Mus. St. Gallen aufbewahrte Münzensamml. und betrieb außerdem einen Naturalienhandel. Vögel erwarb er längere Zeit von Orazio Marchese Antinori (1811—1882), der in seinem Auftrag große Reisen nach Anatolien, Syrien usw. unternahm. Daß er selbst in der Orn. nicht ganz fremd war, geht aus Mitt. und längeren Ber. hervor, die er in Naumannia (2, 1852; 8, 1858), Ber. St. Gall. (1857) und J. Orn. (7, 1859; 11, 1863) veröffentlichte. Sie bezogen sich auf Beob., die er zur Brut- u. Zugzeit in der Gegend von Smyrna machte. Er war Ehrenmitglied der DO-G (seit 1855) und der Naturw. Ges. St. Gallen.

— Lit.: Würdigung (von G. Quäbicker). J. Orn. 87, 1939, S. 211.

Gottschalk, Paul, * 9. 4. 1861 Buttstädt (Kr. Sömmerda), † 19. 9. 1930 Köthen. Seit 1906 Vorsitzender des damals drei Jahre bestehenden Orn. Vereins Köthen, entfaltete der Apotheker alsbald kräftige organisatorische Regsamkeit, die besonders dem Naturschutz galt; u. a. betrieb er die Gründung einiger Schutzgebiete in Anhalt und begegnete den zügellosen Eierplünderungen auf den Werderinseln bei Hiddensee durch die Pachtung des Geländes (vgl. seinen Aufs. „D. Vogelfreistätte . . . auf d. Werderinseln" in Orn. Ms. 37, 1912). Da die Mittel des Orn. Vereins, der sich inzwischen J. F. Naumanns Namen zugelegt hatte, nicht ausreichten, rief er den Anhalt. Bund f. Vogelsch. als Nebenorganisation ins Leben. Eine Zusammenkunft der Bearbeiter des Neuen Naumann lenkte sein Augenmerk auf den wissensch. Nachlaß J. F. Naumanns im nahen Ziebigk, den er mit Unterstützung der Familie Naumann 1915 in einem Naumann-Mus. der Öffentlichkeit zugängig machte. Für diese Unternehmungen setzte er sich durch Wort und Schrift (Orn. Ms., J. Orn.) nachdrücklich ein. Auch zog er Tagungen nach Köthen (Dt. Ver. z. Schutze d. Vogelw. 1907, DOG 1916, Anhalt. Naturschutztag 1925). Abh., die auf feldorn. Tätigkeit schließen ließen, sind aus seiner Feder nicht bekannt. Doch erwähnte W. Borchert in der „Vogelw. d. Harzes . . ." (Berl. 1927), daß ihm G. eine Reihe wertvoller Angaben „aus der in Vorbereitung befindlichen Arbeit über die Vögel des anhalt. Flachlandes" überlassen habe. Im Druck erschien diese Zusammenstellung G.s nicht, vielleicht, weil ihr durch Borcherts Arbeit der Boden entzogen war.

— Lit.: Würdigung (von A. Ernst). Unsere Köth. Heimat 1956, Heft 2, S. 16. - P. Thomsen u. E. Stresemann, Naumann-Biogr., 1957.

Gourcy-Droitaumont, Heinrich Felix Guillain Graf von, * 25. 1. 1785 Namur (Belgien), † Mai 1839 Wien. Er war Sproß eines alten lothringischen Adelsgeschlechts. Die Linie, der er angehörte, kam im 18. Jahrh. nach Österreich. 1804 trat er in das österr. Herr ein, mußte aber schon 1807 aus gesundheitlichen Gründen die soldatische Laufbahn aufgeben. Nachdem er 1814 k. k. Kämmerer in Wien geworden war, stand er in den 30er Jahren als Landespräsident in Salzb. Aufgeschlossenheit und Begabung für die Beob. der heimatlichen Natur machten ihn zum ausgezeichneten Feldornithologen und Vogelliebhaber. Stärkste Förderung seiner Anlagen erfuhr er durch Ch. L. Brehm (s. d.), mit dem er sehr regen wissensch. Briefverkehr unterhielt. Seine vogelk. Kenntnisse spiegeln sich in einer Reihe von Aufs., die von 1829—1835 in der Isis erschienen und aus der Zusammenarbeit mit dem thür. Pastor erwuchsen. Dahin gehören „Wichtige Bem. über seltene Vögel v. d. Herrn Grafen v. G.-Dr. aus dessen Briefen ausgezogen und mit einer Nachschrift versehen v. Brehm" (ebd. 23, 1830) und „Eine neue Gattung Nußknacker" (ebd. 26, 1833). Auch war er einer der wenigen, die für Ch. L. Brehms „Ornis" (1824—1827) Beitr. (Beob. an gekäfigten Blaumerlen und Steinröteln) zur Verfügung stellten. In der Haltung vieler und seltener Arten hatte er solche Erfahrung, daß er gemeinsam mit Ch. L. Brehm ein „Hdb. f. d. Liebhaber d. Stubenvögel . . ." (1832) herausgab; darin lieferte er auch lebensnahe Nachr. über die Verbreitung verschiedener Vögel, z. B. über das zu Anfang des 19. Jahrh. noch dichte Brutvorkommen des Sprossers in den Wiener Donau-Auen, am Unterlauf der March und an der Thaya. Sein ihn hochschätzender Partner veröffentlichte noch in Isis 1848 „Beob. d. verstorbenen Grafen v. G.-Dr. u. v. Brehm über mehrere dt. Vögel, mitgeteilt v. d. Letzteren".

— Lit.: Witthauers Wiener Zeitschr. f. Mode, Lit. . . . 1839, S. 468—470. - Biogr. Lex. Kaisert. Österr. 5, 1859, S. 270. - E. Stresemann, Nachtigall u. Sprosser . . ., Orn. Ber. 1, 1947/48, S. 209/10.

Grabowsky, Friedrich, * 27. 1. 1857 Marggrabowa (Ostpreußen), † 26. 1. 1929 Breslau. In vielseitiger Betätigung war er, der in Königsb. bei E. G. Zaddach (s. d.) gehört hatte, Zoologe, Ethnograph und Höhlenforscher, in der Jugend auch verdienstvoller orn. Sammler. 1881/82 bereiste er Borneo, Java, Vorderindien und Ceylon. Später ging er im Auftrag der Neuguinea-Kompanie nach dem gerade unter dt. Schutz gestellten Kaiser-Wilhelm-Land und gründete dort 1885 die Station „Samoahafen". So wurde er der erste Deutsche, der in Dt.-Neuguinea orn. forschte. 1891 holte ihn W. Blasius (s. d.) nach Braunschw., wo er bis 1900 eine Assistenten- u. Inspektorenstelle am Naturh. Mus. innehatte. Zu dieser Zeit richtete er das Höhlen-Mus. in Rübeland (Harz) ein. Im Neuen Naumann war er einer der Bearbeiter des Bienenfressers. 1901 übernahm er die Leitung des Zool. Gartens in Bresl. Die nach Königsb. gesandte Vogelausbeute seiner Reisen beschrieben W. Blasius in Verh. Braunschw. 1883; Verh. Wien 33, 1883; J. Orn. 32, 1884 und F. Kutter (s. d.) in J. Orn. 33, 1885. Von ihm selbst stammen „Biol. Notizen über einige Vögel Süd-, Ost-Borneos" (Ornis 1, 1885). Seine Samml. aus dem Hatzfeldhafen 1886/87 und von der 1887 mit C. Hunstein (s. d.) gemeinsam durchgeführten Fahrt den Sepik aufwärts kamen in das Berl. Zool. Mus. — Lit.: Nachruf (von Gr[ünberger]). Ber. Schles. 15, 1929, S. 21/22 (mit Bildnis). - Nachruf (von E. Stresemann). Orn. Mber. 37, 1929, S. 199/200.

Gräffe, Eduard, Dr., * 27. 12. 1833 Zürich, † 23. 4. 1916 Laubach (Krain). Sohn eines in Braunschweig geborenen Züricher Professors der Mathematik, beendete er 1859 med. und naturw. Studien in seiner Vaterstadt und trat 1860 als Zoologe in die Dienste des Hamb. Handelshauses J. C. Godeffroy (s. d.), um zunächst aus den dort bereits gespeicherten überseeischen Sammlungsgegenständen ein geordnetes Mus. aufzubauen. 1861 sandte ihn Godeffroy als Sammler in die Südsee. Er war der erste und einzige wissensch. geschulte Pionier des Hamb. Unternehmens. Polynesien, vor allem die Tonga-, Samoa-, Fidschi- u. Ellice-Inseln sowie die Wallis- u. Phoenix-Gruppe wurden sein Arbeitsfeld. Die orn. Ausbeute mit den Neuentdeckungen beschrieben hauptsächlich O. Finsch und G. Hartlaub (s. d.) seit 1866 in J. Orn. und seit 1869 in Proc. Z. S. London; sie diente auch als Material zu der von den beiden Systematikern herausgegebenen „Orn. d. Viti-, Samoa- u. Tonga-Inseln" (1867). Als G. 1870 nach Hamb. zurückkehrte, hatte er sich zweifellos Verdienste um die aufblühende exotische Vogelk. erworben. Eigene Veröff. über die Vögel seiner Forschungsgebiete liegen aber kaum vor: „Orn. Mitt. aus Central-Polynesien" (J. Orn. 18, 1870). In den folgenden Jahren gründete und leitete er das „Journal Godeffroy", bis er 1874 die Stellung — im Zusammenhang mit den geschäftlichen Schwierigkeiten seines Hamb. Gönners — aufgab. Der Versuch, als Direktor des Aquariums in Wien festen Fuß zu fassen, scheiterte. Er war dann von 1875—1899 Inspektor der österr. zool. Station in Triest. Hier legte er u. a. eine große Samml. der Apidenfauna des österr. Küstenlandes an, über die er in Verh. Wien 52, 1902 berichtete.
— Lit.: Autobiogr. in Vierteljahrsschr. d. Naturf. Ges. Zürich 61, 1916, S. 1—39 (mit Bildnis). - Hist. biogr. Lex. d. Schweiz, 1926. - E. Stresemann, Entw. d. Orn., 1951. - Würdigung (von A. Panning). Mitt. Hamb. Zool. Mus. Inst. 54, 1956, S. 9.

Graeser, Kurt, * 1850, † 1907 (oder später). Als er zu Anfang des Jahrh. für kurze Zeit schriftstellerisch hervortrat, war er Landrat und Rittmeister a. D. in Berl. Er machte sich mehr durch theoretische Betrachtungen und weniger durch positive orn. Kenntnisse oder Leistungen bemerkbar. Dem Ringversuch trat er entgegen, weil er sich der Täuschung hingab, daß Brutstätten und Winterherberge der beringten Formen im allg. schon bekannt und das Vorkommen der einzelnen Vögel für die Fragen des Zugs ohne Bedeutung sei. Die Evolutionslehre eindeutig bejahend, behandelte er das Wesen tierischer Instinkte in einer Schrift über die „Freude am Weidwerk" (Berl. 1904), und eine phil. Betrachtung widmete er den „Vorstellungen d. Tiere" (Berl. 1906). Am deutlichsten äußerte sich seine Denkrichtung in einer entwicklungsgesch. Studie über den „Zug d. Vögel" (3 Aufl. Berl. 1904, 1905, 1911). Geistreiche Gedankengänge führten ihn hier zur Ablehnung der herkömmlichen Hypothese vom Werden des Zugs, und er versuchte glaubhaft zu machen, daß die außerordentliche Flugfähigkeit der Zugvögel nicht durch allmähliche Angewöhnung aus dem Leben in festen Wohnsitzen entstanden sein könne, sondern aus regellosen Flügen aller Vögel zwischen den entlegensten Teilen der Erde. Durch Festlegung der einstmals freien Flüge nach Zeit und Ziel sollte sich der Zuginstinkt entwickelt haben, der dann bei den späteren Strich- u. Standvögeln verkümmert oder ganz erloschen sei. Der Auffassung J. A. Palméns und A. Weismanns (s. d.) war er insofern überlegen, als er, wie der von ihm hochgeachtete H. Gätke (s. d.), den Instinkt zur Erklärung des Zugs heranzog und die Behauptung verwarf, daß die Altvögel den Jungen die Wanderwege zeigten. Auf der anderen Seite vertraute er den übertreibenden Angaben H. Gätkes über Höhe und Geschwindigkeit des Zugs, setzte Vermutungen als Gegebenheiten ein (ursprünglich Zwang zu reißend schnellem Flug nach wenigen weitzerstreuten Futterquellen, keine Ernährungsmöglichkeit in undurchdringlichen Urwäldern, endlosem Steppengelände, auf unermeßlichen Wasserflächen und riesigen Eisfeldern!) und ließ wesentliche orn. Erscheinungen sowie Tatsachen unberücksichtigt (verschiedene Zugrichtungen, geogr. Verbreitung!). Seine Schlußfolgerungen entbehrten so der hieb- u. stichfesten Untermauerung und konnten die Fachwelt nicht überzeugen.
— Lit.: E. Stresemann, Entw. d. Orn., 1951.

Gräßner, Fürchtegott, * 25. 6. 1826 Oberteutschenthal (Saalkreis), † 5. 8. 1898 Karsdorf, Kr. Nebra (Unstrut). Die Jugend verbrachte er bis zum Alter von 16 Jahren in enger Naturverbundenheit beobachtend und sammelnd im Bereiche des Mansfelder Sees. Als Sohn eines Lehrers folgte er in der Berufswahl den Spuren des Vaters. Seit 1846 war er Lehrer und Organist in Querfurt und Lengefeld bei Kösen. Durch H. Burmeister und H. G. L. Reichenbach (s. d.) angeregt, wandte er sich bald den Naturw. zu, studierte aber von 1854—1857 in Jena hauptsächlich Math. In den Franckeschen Stiftungen (Halle) erwarb er die Lehrbefähigung und machte 1862 das Rektoratsexamen. Über Rektorenstellen in Halle und Salzwedel kam er 1867 in gleicher Stellung an die neugegründete höhere Mädchenschule in Dortmund. Hier wirkte er bis zu seiner Pensionierung 1886 und verzog 1887 nach Gleisweiler (Pfalz), 1889 nach Marb. und 1896 nach Kassel. Wenig Glück hatte ein Verl. in Halle, der dem feldorn. und ool. erfahrenen Schulmanne die neue Bearbeitung der bereits 1818 bis 1828 herausgekommenen „Eier d. Vögel Deutschl. . . ." von J. F. Naumann u. Ch. A. A. Buhle (s. d.) übertrug. Das Buch erschien unter den veränderten Titeln „D. Vögel Deutschl. u. ihre Eier" mit den alten 10 kolorierten Kupfertafeln (Halle 1860 u. in billiger Ausg. 1865), „D. Vögel v. Mitteleuropa u. ihre Eier" mit 24 von G. Pohlmeyer kolorierten Tafeln (Dresd. 1880) und „D. Vogeleier Mitteleuropas" mit denselben Tafeln (Magdeb. um 1890). Der Verf. zeigte sich der ihm gestellten Aufgabe offenbar nicht gewachsen. Die Bearbeitung fand wenig Zustimmung. Nicht entfernt reichte sie an die großen Eierwerke von F. A. L. Thienemann und F. W. J. Baedeker (s. d.) heran, und B. Altum (s. d.) gab ihr in J. Orn. 12, 1864 eine harte Kritik mit auf den Weg, indem er dem Autor Irrtümer sowie mangelnde Kenntnis des Stoffes und der Lit. nachwies. 1886 schloß sich G. dem Dt. Ver. z.

Schutze d. Vogelw. an und benutzte von 1885 bis 1889 die Orn. Ms. zur Veröff. von Aufs. und kurzen Notizen. An einige seiner Mitt. knüpften und knüpfen sich jedoch Zweifel der Sachkenner. Zu den zwar nicht mehr zu widerlegenden, aber mit Fragezeichen zu versehenden Nachr. gehören die über Bruten der Beutelmeise, deren Nester G. in der Jugendzeit am Mansfelder See gefunden haben will (Orn. Ms. 11, 1886), „häufiges" Vorkommen der Sperbergrasmücke und einmaliges Auftreten der Orpheusgrasmücke (!) bei Gleisweiler am Südhang des Hardtgebirges, ferner Brut des Steinrötels am Teufelsberg und bei Annweiler in der Pfalz (Orn. Ms. 11, 1886; 12, 1887).

Graf, Albert, * 8. 12. 1857 Rafz (Kanton Zürich), † 23. 9. 1930 Zürich. Der Familienüberlieferung folgend, war er 48 Jahre lang Lehrer. Die ersten vogelk. Schritte, die der Tierfreund in den 60er Jahren wagte, endeten mit schnellem Rückzug, weil das Staunen seiner Umgeb. den Anfänger einschüchterte. Erst als er nach Altstetten/Zürich übergesiedelt war, konnten sich die Neigungen und Freilandstudien ungehemmt entfalten. So wurde er neben A. Nägeli (s. d.) auf seinen Streifzügen hauptsächlich am Greifensee, Neeracher und Uznacher Ried ein guter Avifaunist, der um die Jahrhundertwende zu den Pionieren der kantonalen Feldornithologie gehörte. An seinen und seines Freundes Namen knüpften sich die ersten Nachweise für Bruten der schon lange vorher im Uznacher Ried beobachteten Lachmöwe. Die Entdeckung aus dem Mai 1903 ist unter dem Titel „Auf d. Möwensuche" (Zür. Wochenschr. v. 14. 11. 1903) und in seinem Büchelchen „Aus d. Heimatflur" (1905) festgehalten. Auch auf dem Gebiete des Vogelschutzes betätigte er sich durch Vorträge, Exk. und Aufs. als erfolgreicher Schrittmacher im Kanton Zürich. Die aufklärenden und werbenden Worte aus seiner Feder erschienen besonders in der Zür. Post und der später eingegangenen Zür. Wochenchronik. Als 1907 das kantonale Jagd- u. Vogelschutzgesetz umgestaltet wurde, spielte seine Sachkunde eine gewichtige Rolle, und 1909 wurde ihm auf Anregung von J. Spalinger (s. d.) die Leitung der Vogelschutzkommission der Schweiz. Orn. Ges. übertragen. In dieser Stellung leistete er noch lange Jahre mühevolle schriftstellerische und organisatorische Arbeit.
— Lit.: Nachruf (von W. Knopfli). Tierwelt 1931, S. 78, 106, 138, 170.

Grandidier, Paul Franz, Dr., * 27. 9. 1749 Kassel, † 2. 3. 1833 Kassel. Einer franz. Familie entstammend, war er in seiner Vaterstadt seit 1774 Physikus, seit 1803 Direktor des Collegium medicum. Gelenkt vom Naturgefühl der Aufklärung und Linnés system. Reformen, stand der angesehene Geh. Hofrat und Prof. von 1786—1825 daneben als Inspektor der kurhess. Naturaliensamml. vor. In einer Zeit, in der die Beschäftigung mit vielen naturw. Gebieten noch Befriedigung gewähren konnte, galt sein Blick auch den Vögeln der Umgeb. Als einer der ersten in Hess. wagte er sich daher an eine ordnende Darstellung der örtlichen Ornis in dem „Versuch einer Hess. Orn." (1787). Daß das Ergebnis höchst bescheiden blieb, kann nicht überraschen angesichts der damals noch beschränkten Erkenntnisse und der unvollkommenen Forschungsmethoden. Nur 49 Arten, die er aus der Gegend um Kass. kannte, zählte er auf. Ergänzungen, die er versprach, folgten nicht. Doch war er kein ganz ungeschickter und unerfahrener Beobachter; das zeigt die Beschr. der unterschiedlichen Altersfärbung beim Habicht und die Kennzeichnung der Gefiedermerkmale des Grauspechts neben denen des Grünspechts, ohne daß er beide Arten noch zu trennen vermochte.
— Lit.: O. Gerland, D. Familie Gr., D. Franz. Kolonie, Berl. 5, 1891. - L. Gebhardt u. W. Sunkel, D. Vögel Hess., 1954, S. 42/43.

Graßmann, Walter, † 1918. Sein Lebensweg war nur durch wenige Daten aufzuhellen. In einer seiner ersten Veröff. kurz vor dem 1. Weltkrieg nannte er sich selbst Landmann. Damals lag sein orn. Betätigungsfeld im Guts- u. Gemeindebezirk Grauwinkel bei Schönwalde im nordöstl. Teil der Prov. Sachsen. Seit Kriegsbeginn 1914 (er war Leutnant d. Res. in einem Artillerieregiment) erscheinen in seinen Verlautbarungen als Wohnorte Smorgon, Hadmersleben, Berlin-Steglitz. Aus den Friedensjahren hinterließ er einen schönen Ber. über das Brutvorkommen der Graugans in der Uckermark (mindestens 100 Paare) unter dem Titel „Einiges über Anser anser" (Orn. Mber. 21, 1913), einen „Kleinen Beitr. z. Kenntnis d. Ornis d. Prov. Sachs." (J. Orn. 62, 1914) und „Beob. über d. Kranichzug" (Orn. Mber. 23, 1915). Im September 1914 erhielt A. Reichenow (s. d.) von ihm Bussardbeobachtungen aus Frankreich. Spätere Arbeiten, die den Wechsel der Kriegsschauplätze erkennen lassen, waren „Beob. aus d. Felde, d. Wasserstar in d. Karpaten" (Orn. Ms. 40, 1915), „Einiges v. Vogelzug aus Ost-Galizien" (ebd. 40, 1915), „Beitr. z. Biol. d. Kolkraben" (ebd. 41, 1916), „D. Frühjahrszug 1916 in d. Rokitno-Sümpfen" (ebd. 41, 1916), „Beitr. z. Studium d. Vogelstimmen in d. Rokitno-Sümpfen" (ebd. 42, 1917), „Zwei Jahre Feldornithologie in d. Rokitno-Sümpfen" (J. Orn. 66, 1918), „Einiges über d. Herbstzug nordischer Durchzügler u. Wintergäste in d. Rokitno-Sümpfen" (Orn. Ms. 44, 1919), „Vogelleben in d. Pripjet-Sümpfen im Frühling" (ebd. 44, 1919). In J. Orn. 68, 1920 u. 69, 1921 erwähnte O. v. Zedlitz (s. d.) mit betonter Anerkennung einige der Arbeiten aus dem Pripjet-Sumpf und meinte dazu: „In dieser Zusammenstellung erweist sich der Autor als der feinste und erfolgreichste Beobachter unter allen hier tätig gewesenen Ornithologen. Sein Tod auf dem Felde der Ehre, an dem wohl nicht mehr zu zweifeln ist, bedeutet für die Wissensch. einen herben Verlust". Nachforschungen nach dem Todestag blieben ergebnislos. Jedenfalls lebte G. noch am 1. 6. 1918. An diesem Tage schrieb er „D. Storch im Elsaß u. ein Aufruf z. seiner Schonung" (Orn. Ms. 43, 1918), in dem er sich gegen den Abschuß durch die Jagdpächter wandte.

Grauer, Rudolf, * 20. 8. 1871 Troppau (Böhmen), † 17. 12. 1927 Wien. Als Sohn jüdischer Eltern besuchte er die Militär-Akad. in Wiener Neustadt, studierte dann Rechtswissensch. in Wien und Landw. in Halle. Der Wechsel schien seine Laufbahn zu bestimmen, bis er beschloß, sich der naturw. Erkundung Afrikas zu widmen. Für diese Lebensaufgabe waren ihm offenbar die rechten Voraussetzungen mitgegeben, so daß er tatfreudig und zäh nach kurzer Zeit bedeutende Verdienste um die zool. Erforschung des mittelafrik. Waldgebietes aufweisen konnte. Zwischen 1904 und 1911 galten 4 große Exp. dem östl. Kongo und dem zentralafrik. Graben. Das Jahr 1914 bereitete seiner erfolgreichen Tätigkeit ein frühes Ende, und nach dem 1. Weltkrieg setzte ihn ein hartnäckiges Leiden matt; der Tod erlöste ihn von einem langen Krankenlager. Seine reiche Ausbeute, die allein 14 000 Vögel umfaßte, kam zum größten Teil in die Mus. von Wien, Tring und Berl. Die orn. Schätze seiner letzten Reise, 2000 Bälge von 545 Arten, wurden im Wiener Hofmus. von M. Sassi bearbeitet. Viele neue Entdeckungen tragen G.s Namen, darunter befinden sich die besonders bekanntgewordenen Pseudocalyptomena graueri Rothsch. und Graueria vittata Hartert. Er selbst griff aus Bescheidenheit kaum zur Feder und nahm daher eine Fülle unveröffentlichter Kenntnisse und Erfahrungen mit ins Grab.

— Lit.: Nachruf (von Schriftl.). Orn. Mber. 39, 1931, S. 62/63.

Graumüller, Volkmar, * 6. 10. 1910 Saaleck (Kr. Weißenfels), † 5. 11. 1944 bei Kirkenes (Norwegen). Vom Vater, einem Architekten, und der Mutter her (beide zeichneten und malten) scheint ihn die Kunst mit einem ersten Hauch gestreift zu haben. Nach 6 Jahren Domgymnasium/Naumburg war er 1928/29 Forstgehilfe u. a. bei Frhr. v. Berlepsch (s. d.) in Seebach, 1929/30 Vogelwart auf der Mettnau, im Sommer 1930 auf Hiddensee, 1931 Tierpfleger im Berl. Zool. Garten und von da ab freiberuflich tätig. 1940 wurde er zum Militärdienst eingezogen. Schon in den Saalecker Jahren entfalteten sich seine vogelk. Neigungen, die er hier bevorzugt dem Uhu bei Rudolstadt, dem Wanderfalken am Felsen der Rudelsburg und dem Eisvogel an der Saale bei Weimar widmete. Auch in allen anderen Wirkungskreisen nutzte er die sich bietenden Möglichkeiten zur Weiterentwicklung seiner Anlagen. Naturfreude, Begabung für Freilandbeob. und Tieraufnahmen ließen in ihm daher den frühen Wunsch erwachen, Ornithologe und Tierschriftsteller zu werden. So meldete er sich zu Wort mit einer Reihe von feldorn. Aufs. und Mitt. seit 1929 in Mitt. Vw. — zunächst noch jugendlich phantasiereich und unkritisch (vgl. B. z. F. 5, 1929 u. 6, 1930) — und seit 1936 in Orn. Mber. Nebenher liefen Beitr. für die Heimatpresse, Westermanns Mh., Aus d. Natur usw. Auch zwei, für breite Leserschichten bestimmte Bücher bedeuteten Zeugnisse guten Willens: „Mit Kamera u. Feder belauschte Vogelw." (1939) und „D. Fanfare d. Wildnis" (1940), mit der er die Stimme der letzten Luchse im Böhmerwald meinte. Teilweise recht gute Aufnahmen sind hier allerdings mit einem zur Verstiegenheit neigenden Text verbunden, der stellenweise Anleihen bei Bengt Berg durchschimmern ließ. Posthum erschien noch „D. Wanderfalke in Thür." (Columba 2, 1950); auch in diesem mit 3 wohlgelungenen Aufnahmen ausgestatteten Aufs. ist — typisch für den Verf. — die Naturstimmung breit ausgemalt. Da sein Waldläufertum bekannt war, stellte ihn O. Heinroth (s. d.) an zur Überwachung der Außenarbeiten (Ermittlung von Aufenthalt und Singzeiten der besten Sänger) bei der Herstellung der ersten Schallplatten für die „Gefiederten Meistersänger" (1936); zudem war er am Werden des Ufafilms „V. Uhu u. anderen Nachtgesichtern" (1936) als Fachberater beteiligt. Ehe seine Kräfte und Fähigkeiten zu rechter Ausreifung kamen, starb er den Soldatentod nach schwerer Verwundung in einem Minenfeld an der Eismeerküste.

Gredler, Ignaz (Vinzenz Maria), * 30. 9. 1823 Telfs (Tirol), † 4. 5. 1912 Bozen. Der Bauernsohn trat 1841 unter dem Klosternamen Vinzenz Maria in den Franziskanerorden ein und empfing 1846 die Priesterweihe. Die Lehrtätigkeit begann er 1848 am k. k. Gymnasium von Hall; wenige Monate später kam er an das städtische k. k. Ober-Gymnasium von Bozen. Von 1872—1901 lag die Leitung des Bozener Privatgymnasiums der Franziskaner in seinen Händen. Ohne je Naturw. studiert zu haben, bestand er 1852 in Innsbr. die Lehramtsprüfung für Naturk. Damals schon verfügte er über die Vielseitigkeit naturw. Kenntnisse, die seine Zeit für einen universal gerichteten Geist noch bereithielt. Väterliche Erbstücke waren die „Liebe zur Natur und Freud mit allen Tieren"; sie ließen ihn mehr auf Grund der Beob. unter freiem Bergeshimmel und weniger nach trockenem Buchstudium zu einem bemerkenswerten Tiroler Naturforscher werden. Die Größe des auch heute noch in Südtirol hochgeschätzten Pädagogen lag vor allem in den zool. Veröff., die seinen Namen auch in Brehms „Tierleben" verankerten. Die „Käfer v. Tirol" (1863—1866) wurden sein Hauptwerk und viele system. Abh. über die Schneckenfauna (besonders die asiatische) seine Lebensarbeit. Pionierdienst leistete er ferner auf geol.-min. Gebiet. Neben der wissensch. Hinterlassenschaft stehen eine umfangreiche volkstümliche, teilweise rührselige Belletristik und praktische Schriften, die u. a. der Schädlingsbekämpfung im Obstbau galten. Das höhere Alter brachte obendrein als „Gedankenspäne" und „Ethische Naturbilder" Betrachtungen, die den Einfluß der naturphil. Schule Schellings und Hegels sowie der Eichendorffschen Romantik verraten. Der weitgespannte Bogen von über 200 wissensch. Arbeiten umfaßt schließlich auch die Zeugnisse seiner nicht gerade den Vordergrund beherrschenden Bemühungen um die avif. Aufhellung seiner Heimat. Wenn die Schilderungen eigener oder fremder orn. Erlebnisse und Begegnungen als Frühmeldungen auch keine wesentlichen Neuigkeiten zeitigten, lassen sie doch ein erfreuliches Verständnis für biol. Vorgänge erkennen. Daß er ein nachdenklicher Beobachter war, zeigt z. B. eine Nachr. (Mitt. Wien 17, 1893), in der er auf das Einemsen bei einem mit lebenden Ameisen gefütterten Rotkehlchen hinweist und nach dem Motiv zu dieser Verhaltungsweise fragt. K. W. Dalla Torre (s. d.) vereinte in den „Vögeln v. Tirol u. Vorarlberg" (Mitt. Wien 20, 1896) 24 Titel von Arbeiten mit orn. Verlautbarungen, darunter eine Reihe kurzer Mitt. aus den Jahren 1854—1893 in 2 Heimatwerken sowie in Korr. Regensb., Programm d. k. k. Obergymnasiums Bozen, Zool. G., Ber. Bamb., Mitt. Wien. Eine Bibl. von G. Fußenegger (Schlern 36, 1962) erfaßte davon nur 11 Titel aus Zool. G. und Mitt. Wien seit 1873. Das Gewicht der orn. Veröff. des steierm. Zeitgenossen B. Hanf (s. d.) konnten sie nicht erreichen.

— Lit.: Würdigung (von A. Nagele). Jber. d. Privat-Lehrerinnenbildungs-Anstalt Innsbr. (Kettenbrücke) 3, 1909/10, S. 6—13. - Nachruf (von J. K. Rief). Neue Tiroler Stimmen v. 6. 5. 1912. -

Würdigung (von V. Welponer). Schlern 36, 1962, S. 131—134 (mit Bildnis). - Würdigung (von G. Hohenauer). Sendung v. Radio Tirol am 19. 7. 1962.

Greisiger, Michael, Dr., † 10. 9. 1912 Szepesbela (Zips). Als Oberstadtarzt und großer Naturfreund war er mit der Vogelwelt seiner engeren Heimat durch langjährige Freilandstudien bestens vertraut. Kunde von seinen verläßlichen Kenntnissen gaben aber nur wenige Veröff.; dazu gehörten die „Vögel v. Bela u. Umgeb." (Jb. Siebenb.-Karp. 11, 1884), „Seltene Vögel am Fuße d. Hohen Tatra" (Karpaten-Post 9, 1888), „Ornithologisches aus Ob.-Ung." (ebd. 10, 1889). Am liebsten lieferte er seine Daten unmittelbar nach Budapest. Die Ung. Orn. Zentrale hatte daher in ihm einen der ersten und fleißigsten Beobachter, so daß er 1897 zum korr. Mitglied gewählt wurde.
— Lit.: Nachruf (von O. Herman). Aquila 19, 1912, S. 499.

Greppin, Leopold, Dr., * 1854 Courfaivre bei Delsberg (Kanton Bern), † 19. 1. 1925 Locarno. Als Sohn eines Arztes studierte er nach der in Basel verbrachten Schulzeit gleichfalls Med. und war von 1892—1924 Direktor der Heil- u. Pflegeanstalt Rosegg bei Solothurn. Den kurzen Ruhestand verlebte er in Locarno. Die berufliche Beanspruchung hinderte ihn nicht, sich daneben vertieften naturw., vor allem orn. Forschungen hinzugeben. Die Vogelk. zog ihn von Jugend auf an, so daß sich der Ruf eines hervorragenden Feldornithologen an seinen Namen knüpfte. Durch Veröff. wie „Beitr. z. Kenntnis d. Avif. im Kanton Solothurn" (Mitt. Solothurn 13, 1902; 15, 1904—1906), „Orn. Beob." (Orn. Beob. 2, 1903), „Über d. Avif. auf d. Höhen d. Weißensteinkette" (Mitt. Solothurn 16, 1907—1911), „Beob. über einige unserer einheimischen Vögel u. Säugetiere" (ebd. Heft 5, 1914), „Orn. Beob. im Alpengebiet" (Orn. Beob. 16, 1919) hinterließ er weiterführende Feststellungen über die Vogelwelt des dortigen Juras. Seit 1900 war er Mitarbeiter am Kat. d. Schweiz. Vögel; und der Schweiz. Ges. f. Vogelk. . . . gehörte er von Anfang an als Vorstandsmitglied an. Von Bedeutung für die Entwicklung der Orn. in der Schweiz waren dazu seine in die Zukunft weisenden Gedanken zu psychol. Fragen. Sie fanden Niederschlag in dem „Versuch eines Beitr. z. Kenntnis d. geistigen Fähigkeiten unserer einheimischen Vögel . . ." (Mitt. Solothurn 15, 1906). Der 1. Teil der Arbeit schilderte u. a. das Verhalten der Sperlinge während einer Bejagung von November bis April; im 2. Teil wurden von 161 Arten nicht nur Vorkommen und Verbreitung, sondern auch die von der jeweiligen Lage abhängige Fluchtdistanz behandelt. Viele Beispiele aus dem Vogelleben enthielten ferner „Naturw. Betrachtungen über d. geistigen Fähigkeiten d. Menschen u. d. Tiere" (Biol. Zentralbl. 31, 1911). Mit der Überzeugung, daß die Verhaltensweisen und Handlungen der Vögel Reflexerscheinungen seien, stand er als Pionier unter seinen Landsleuten.
— Lit.: Nachruf (von O. Heß). Orn. Beob. 22, 1925, S. 84.

Gressin, Paul, † 1938 Berlin (90 Jahre alt). Von Beruf Dekorationsmaler, war er ein der Natur und ihrer Schönheit hingegebener Mann und einer der bekanntesten märk. Oologen. Im Laufe vieler Jahrzehnte hatte er eine fast einzig dastehende Elitesamml. zusammengebracht, die ebenso reich war an Gelegen heimischer Arten wie an größten Seltenheiten. Sie beschränkte sich auf die Paläarktis mit ausgesuchten Reihen bemerkenswerter Varietäten. 1917 ging sie in den Besitz des Mus. A. Koenig (s. d.) in Bonn über. Der erfahrene Waldläufer genoß daneben besonderen Ruf wegen seiner Geschicklichkeit in der Wiederherstellung beschädigter Eischalen. Zur Feder hatte er offenbar kein rechtes Verhältnis. Er schrieb — gegen W. Schuster (s. d.) gerichtet — „Im Februar hat noch kein Vogel Eier" (Zs. Ool. 14, 1904/05).
— Lit.: Würdigung (von A. Koenig). Kat. d. Nido-ool.-Samml. im Mus. A. K. 1931/32, Bd. 1, S. 28/29. - Nachruf (von L. v. Boxberger). B. z. F. 15, 1939, S. 163.

Grimm, Hugo Oskar, * 6. 5. 1875 Roda (Thüringen), † 13. 11. 1914 Frankreich. In Schleiz wurde er zum Lehrer vorgebildet, amtierte dann in Gera-Untermhaus und kam 1901 nach Leipz., wo er bis 1903 die Hochschule für Musik besuchte und zuletzt Fachlehrer an einer Realschule war. Nebenher beschäftigte er sich mit der Entom., die aber nach und nach von der Orn. abgelöst wurde. Er betätigte sich hier vor allem als Sammler, wozu ihn die Fertigkeit, gute Bälge herstellen zu können, ermuntert haben mag. Obwohl er der Freibeobachtung durchaus nicht abgeneigt war — er war eifriger Jäger — nahm die Präparierkunst doch den Großteil seiner Freizeit in Anspruch; die Zahl seiner Veröff. ist dadurch klein geblieben. Selbstsammelnd und durch Tausch hatte er gegen 1900 Stücke zusammengebracht, deren Güte gerühmt wurde. Sie kamen, als ihr Schöpfer ein Opfer des Krieges geworden war, in das Heimatmus. zu Leipz.
— Lit.: Nachruf (von O. Kleinschmidt). Falco 11, 1915, S. 38/39. - Würdigung (von R. Schlegel). D. Vogelw. d. nordwestl. Sachsenl., Leipz., 1925, S. 259—261.

Groebbels, Franz, Dr., * 1. 9. 1888 Sigmaringen (Hohenzollern), † 7. 11. 1960 Mölln (Lauenburg). Sohn eines Kunsthistorikers, Mus.-Direktors und Bibliothekars, studierte er von 1907—1912 Med. in Münch. und Heidelb. und war anschließend zur med. Weiterbildung in Frankf. (Main) und Münch. 1921 habilitierte er sich in Hamb. für das Fach der Physiol., wurde 1926 Univ.-Prof. und wirkte bis zur Emeritierung 1953 als Oberarzt am Physiol. Inst. Hamb.-Eppendorf. 1954 zog er sich nach Mölln zurück. Vielseitige Begabung gestattete ihm, wie kaum einem anderen Ornithologen seiner Zeit, sich im Laboratoriumsversuch und in der Freilandbeobachtung zugleich mit seiner ars amabilis zu befassen. Seine vom Autoritätsglauben und engen Berufsstreben unbelastete Grundauffassung zielte darauf ab, das Studium der Vogelk. aus dem mus. Bereich zu lösen und unter physiol.-biol. Gesichtspunkte zu stellen. Eindrucksvoll spiegelt sie sich im eigenwillig gestalteten, allein 9000 Schrifttumsangaben enthaltenden Standardwerk „D. Vogel" (1. Bd. 1932 betr. Atmungswelt u. Nahrungswelt; 2. Bd. 1937 betr. Geschlecht u. Fortpflanzung). Betrüblich ist, daß der Abschluß der Vorarbeiten für den geplanten 3. Bd. — wohl unter dem Druck der Zeitlage — unterblieb.

Obendrein wurden beim Berl. Verlag im 2. Weltkrieg noch lagernde Bestände der beiden ersten Bde. durch Feindbomben vernichtet, so daß das Nachschlagebuch, das nach den auch für die Orn. neuartigen Blickpunkten gegliedert war und so eine Ergänzung zu E. Stresemanns „Aves" (1927—1934) bedeutete, heute zu den Seltenheiten gehört. Seine nicht nur von Ornithologen, sondern auch von Vertretern anderer Richtungen der wissensch. Biol. hoch eingeschätzte enz. Besonderheit ist gekennzeichnet durch das Bemühen, die funktionelle Morphol., den geweblichen Aufbau, die Physiol., die physiol. Chemie und Biol. des Vogels darzustellen und die Einpassungen der Erscheinungen unter Betonung der Ganzheit herauszuarbeiten. In einem riesigen Arbeitseinsatz gelang hier ein vorher nicht gekanntes Bild des gesamten Gefüges der Wissensch. vom Vogel. Ja, die Fülle der nach ihrer Wertigkeit kaum beleuchteten Einzelangaben ist so weit ausholend, daß streckenweise der Charakter eines gestrafften Lehrbuches aufgegeben und die Klarheit der einmaligen Stoffsamml. bedroht erscheint. Ein kleineres Buch „D. Vogel in d. dt. Landschaft" (1938) behandelte die Lebensräume der Vogelarten und stellte die verbreitungs- u. existenzökol. Bedingungen zusammen. Im selben Jahr folgten noch, in Gemeinschaft mit F. Moebert (s. d.) und H. Kirchner geschaffen, die „Orn. Hilfstabellen", die in kurzer Form brutbiol. Daten und Körpergewichte der dt. Brutvögel, Durchzügler und Wintergäste enthielten und als Stütze für die Diagnosen der Feldornithologen gedacht waren. Über 100 physiol. Arbeiten, über 200 Abh. und Mitt. orn. Inhalts, in über 30 Zeitschr. und Sammelwerken zwischen 1907 und 1960 veröffentlicht, sind Zeugnisse der Schaffensfreude des Verf. Seine in wesentlichen Punkten weiterführenden Gedanken entsprangen im letzten Grunde der Achtung vor der Wahrheit und machten zugleich den inneren Menschen der Metaphysik und Synthese zugeneigt. Die tragende Harmonie musischer Veranlagung vollendete sich schließlich in der Pflege der Geisteswissensch. (er schrieb gehaltvolle Gedichte, Erzählungen, Legenden und versenkte sich in Goethes naturphil. Weltbild) und in der Musik (er spielte hervorragend die Flöte). Nicht nur in Hamb. und Schlesw.-Holst., hier stand er F. Moebert lange besonders nahe, genoß er hohe Wertschätzung als Wissenschaftler und Persönlichkeit der Stille. Der Orn. Ver. z. Hamb., dessen Vorsitzender er von 1937—1948 war, zeichnete ihn durch die Ehrenmitgliedschaft (1948) aus.

— Lit.: Bildnis in B. z. F. 19, 1943. - Würdigung (von A. Laubmann u. F. Moebert). Orn. Mitt. 5, 1953, S. 175/76 (mit Bildnis). - Würdigung (von H. Bruns). Naturw. Rdsch. 6, 1953, S. 395. - Würdigung (von Schriftl.). Vwa. 16, 1953, S. 189. - Nachruf (von H. Kirchner). Vw. 81, 1960, S. 186. - Nachruf (von dems.). Mitt. Schlesw.-Holst., N. F. 13, 1960, S. 49/50 (mit Bildnis). - Würdigung (von W. Meise). Abh. Hamb., N. F. 6, 1961 (1962), S. 44—56 (mit Bildnis u. Verz. auch d. med. Veröff.).

Groschupp, Richard, * 28. 6. 1860 Leipzig, † 20. 2. 1928 Leipzig. Von Beruf Kaufmann, gehörte er lange dem Orn. Verein seiner Vaterstadt an. Die ihm gezollte Achtung drückte sich in der Ernennung zum Ehrenmitglied aus. Er war faun. recht rege und beschäftigte sich daneben gern mit der Unters. von Mageninhalten der Vögel sowie entom. Beob. Zwischen 1885 und 1895 veröffentlichte er in der Orn. Ms. verschiedene biol. Beitr. aus dem Leipz. Raum. Vor dem 1. Weltkrieg wohnte er mehrere Jahre in Dalmatien, Montenegro und Albanien. Dort sammelte er auch Insekten.

Grossinger, Johann Baptist, * 27. 9. 1728 Komárom (Ungarn), † 1830 Komárom. Als Jesuitenpater lehrte er klassische Sprachen in Nagyszombat, am Theresianum in Wien und zuletzt an der Mittelschule von Kassa. Nach der Auflösung des Jesuitenordens wirkte er im geistlichen Amt seines Geburtsortes, war von 1780 ab Feldgeistlicher, bis er sich 1802 wieder nach Komárom zurückzog. Auf vielen Reisen und Fahrten erwuchs seinen wachen Sinnen die Kenntnis zahlreicher Vogelarten. Auf Grund der in der freien Natur erworbenen Erfahrungen und der eingesammelten Stücke, gestützt ferner auf große Belesenheit, konnte er im 2. Bd. seiner „Universa historia physica Regni Hungariae" (1793—1797) unter dem Titel „Ornithologia sive Historia Avium Hungariae" den Versuch wagen, erstmalig die gesamte Vogelwelt Ung. zu beschreiben. In den Text sind zwar noch mittelalterliche Fabeln eingemischt; im ganzen hinterließ er darin aber ein Bild des damaligen Vogelreichtums und viele Aufz. eigener Beob.; eingehender sind u. a. die Verhältnisse am Plattensee, den er im September 1754 besuchte, geschildert. Seine Kenntnisse reichten noch nicht aus, um volle Zuverlässigkeit der Angaben zu verbürgen. Auch verstand er es noch nicht, die ihm bekannte binäre Nomenkl. Linnés zu gebrauchen. Mit 117 bestimmbaren Arten gehörte das Werk trotzdem zu den aufschlußreichsten ung. Naturgeschichten des ausgehenden 18. Jahrh.

— Lit.: Pallas Lex. 8, 1894, S. 299.

Großmann, E. Der k. u. k. Hauptmann war nach seinem eigenen Urteil noch in den 80er Jahren „nur ein einfacher Jäger"; doch begann er zwischen 1885 und 1889 auf der Krähenhütte bei Trebinje (Herzegowina) vogelk. Erfahrungen zu sammeln. Das Studium der orn. Lit. sowie Beziehungen zu O. Reiser (s. d.) und später auch zu G. Schiebel (s. d.) brachten ihn dann zu ernsthafterer Beschäftigung mit der Vogelwelt. Faun., biol. und system. Fragen über einige Mittelmeerformen drängten sich ihm mehr und mehr auf, als er, seit 1896 in Cattaro Dienst tuend und seit 1902 den Ruhestand in Castelnuovo verbringend, in Dalmatien und der Herzegowina der Sammelleidenschaft huldigte. Von seinem Wissen machte er aber nur von 1905—1910 in der Fachpresse Gebrauch. Am ertragreichsten waren langjährige Beob. am Kurzfangsperber - Accipiter badius brevipes (Severtzow), die er unter den Titeln „Astur brevipes Sev., d. Sommerhabicht (kurzzehiger Sperber), Brutvogel in d. Bocche di Cattaro" (Orn. Jb. 19, 1908) und „Weitere biol. Beob. über d. Sommerhabicht - Astur brevipes Sev. aus d. Bocche di Cattaro" (ebd. 20, 1909) veröffentlichte. Ergänzende Daten aus seinem Lebensgang ließen sich nicht finden.

Grote, Hermann, * 7. 7. 1882 Petersburg, † 12. 8. 1951 Berlin. Als Sohn eines dt. Buchhändlers studierte er zu Beginn des Jahrh. Forstw. in Eberswalde und nach bestandener Prüfung noch Zool. in Tüb. Durch regelmäßigen Aufenthalt im finnischen Familienbesitz hatte schon der Schüler starke naturw. Neigungen empfangen. Sie lockten ihn 1908 nach einer Plantage in Dt.-Ostafrika. 1911 zwang ihn jedoch ein hartnäckiges Gehörleiden, nach Deutschl. zurückzukehren. Die Krankheit erschwerte ihm in der Folge mehr und mehr den Verkehr mit der Umwelt. Als wissensch. Assistenten bei Falz-Fein in Askania Nova (seit 1913) überraschte ihn der 1. Weltkrieg, der ihn bis 1918 in der Internierung bei Orenburg festhielt. Nachdem er über den südruss. Vogelzug schon in Zool. Beob. 55, 1914 und Orn. Jb. 25, 1914 berichtet hatte, verwertete er das in den folgenden Jahren gestapelte Material in den „Orn. Beob. aus d. südl. Uralgebiet" (J. Orn. 67, 1919 u. 68, 1920). Die in der Gefangenschaft erworbenen russ. Sprachkenntnisse verschafften ihm anschließend die Stellung eines Lektors am Statistischen Reichsamt in Berl. Von 1945 ab arbeitete er dann in der orn. Abt. des Berl. Naturw. Mus., solange es ihm der Gesundheitszustand gestattete. Bereits während der Studentenzeit meldete er sich in Orn. Ms., Zs. Ool. und Zool. Beob. mit avif. und ool. Beitr. zu Wort. Die weitere Laufbahn führte ihn in 1. Linie zur Beschäftigung mit der afrik. und russ. Ornis. Die im schwarzen Erdteil gesammelten Erfahrungen finden sich in einer Reihe von Veröff., die nicht nur der Lebensweise der Tropenformen, sondern auch der Beschr. neuer Arten gewidmet sind. Dahin gehören: „Beitr. z. Ornis d. südl. Dt.-Ostafrika" (J. Orn. 60, 1912 u. 61, 1913), „Z. Avif. d. nördl. Dt.-Südwestafrika" (ebd. 70, 1922), „Bem. über einige neue afrik. Formen" (ebd. 70, 1922), „Beitr. z. Kenntnis d. Vogelf. d. Graslandes v. Neukamerun" (ebd. 72, 1924 u. 73, 1925), „Z. Ornis Nordkameruns" (ebd. 73, 1925). Umfassende Lit.-Studien gipfelten in den aufschlußreichen Arbeiten über „Wanderungen u. Winterquartiere d. paläarkt. Zugvögel in Afrika" (Mitt. aus d. Zool. Mus. Berl. 16, 1930) und „Neue Beitr. z. Kenntnis d. paläarkt. Zugvögel in Afrika" (ebd. 22, 1937). Viele Einzeldarstellungen gab er seit den 20er Jahren an Orn. Mber., B. z. F., Falco, Verh. Bay., Vz. Die von ihm zwischen 1930 und 1943 behandelten Themen über Zug, Wanderung, Winterverhalten sind registriert in Vwa. 18, 1955 (Beiheft Verz.-Werk 1955). Da er mit dem russ. Schrifttum eingehend vertraut war, ist ihm eine stattliche Zahl von Besprechungen und Übers. russ. Veröff. zu danken, durch die er die Kenntnis der Lit. über die eurasische Vogelwelt nachhaltig förderte. Seine Verdienste um die Orn. trugen ihm 1943 die Ernennung zum Ehrenmitglied der DOG ein.

— Lit.: Bildnis in B. z. F. 19, 1943, Tafel 5. - Nachruf (von L. Schuster). Vw. 72, 1951, S. 188/89. - Nachruf (von J. P. Chapin). Auk 69, 1952, S. 224/25.

Grunack, Albert, * 15. 10. 1842 Berlin, † 26. 6. 1907 Berlin. Nach dem Besuch der Bürgerschule war er Lithograph, später angeblich Landmesser, dann Kartenzeichner und zuletzt Kanzleirat im Dienste des Reichseisenbahnamts Berl. 1872 trat er der DOG bei, nachdem er schon von Kindheit an der Naturk., insbesondere der Entom. und Ool. ergeben war. Viele Jahre verbrachte er seine Mußestunden mit H. Hocke (s. d.) unter freiem Himmel und verfügte über eine Fülle faun., ool. und brutbiol. Erfahrung aus der Mark. Auch ins Ausland führten ihn Sammelreisen (Schwed., Norw., Dänem., Faröer, Ital., Ung., Siebenb., Bulg., Dalmat.). Lit. Früchte solcher Erkundungsfahrten waren u. a. „D. Vogelfang in Südeuropa" (Orn. Mber. 5, 1897), „D. Schnee- oder Steinfink als Brutvogel in Siebenb." (allerdings ohne gesicherten Beleg!) (Aquila 4, 1897), „D. Teichwasserläufer als Brutvogel d. ungar. Pußta" (Orn. Mber. 6, 1898). Andere Veröff. meist aus der heimatlichen Landschaft standen zwischen 1873 und 1902 auch in J. Orn., Gef. W., Orn. Cbl., Zool. G., Zs. Ool. Seine orn. Rolle geriet leider früh in das Zwielicht selbstverschuldeten Mißtrauens, weil er in einer Berl. Sitzung der DOG 1874 2 Beutelmeisennester vorwies, die nach seiner Behauptung aus der Mark stammen sollten. Er mußte sich damals gefallen lassen, daß ihm die Sachkenner absichtliche Täuschung vorwarfen. Späterhin aus seiner Feder stammende schiefe Ber. blieben in den Augen kritisch eingestellter Zeitgenossen dem Verdacht ausgesetzt, daß sie nicht bona fide entstanden seien. H. Schalow verzeichnete in den „Beitr. z. Vogelf. d. Mark Brandenb." (1919) nur 7 Titel faun. Mitt. dieses an sich kenntnisreichen Mannes. König Ferdinand von Bulg. (s. d.) aber verlieh ihm 1902 einen Orden, und der Ausgezeichnete vermachte dem Fürsten als Dankeszeichen letztwillig Samml. und Bücherei.

— Lit.: Biogr. Notiz (von H. Schalow u. A. Reichenow). Orn. Cbl. 3, 1878, S. 141. - Nachruf (von H. Hocke). Zs. Ool. 17, 1907, S. 65/66. - Bildnis (Gruppenaufnahme vor Haus Gätke, Helgol.) in Orn. Ms. 30, 1905.

Gude, Hermann, Dr., * 5. 9. 1880 Ragnit (Kr. Tilsit), † 14. 5. 1950 Wolmirstedt (Bez. Magdeburg). Er studierte von 1900—1906 Vet.-Med. in Hann., Berl. und Münch., war anschließend Tierarzt in Meckl., Westpr., Calbe (Saale), Szillen bei Tilsit, um 1907 die Beamtenlaufbahn in Berl. einzuschlagen. Im 1. Weltkrieg tat er Dienst als Kreistierarzt in Strasburg (Westpr.); dann hatte er dieselbe Stelle wieder in Berl. und seit 1925 in Samswegen (Kr. Wolmirstedt). In tierärztl. Zeitschr. erschienen aus der Feder des Veterinärrates fachliche Arbeiten, z. B. über Wild- u. Rinderseuchen (1925). Daneben regte sich in ihm starkes orn. Interesse, so daß F. Tischler (s. d.) ihn in den „Vögeln Ostpr." (1941) unter seinen Mitarbeitern nennen konnte. Ein Beitr. aus seiner Feder „Über Aquila fulvescens Gray" steht in Falco 20, 1924. Aus enger Fühlung mit O. Kleinschmidt (s. d.) drängte es ihn auch, Belege für dessen Formenkreislehre zu beschaffen. Dieses Bestreben, das sich mit großem Geschick im Präparieren paarte, ließ eine stattliche Samml. entstehen. Der größte Teil davon befindet sich jetzt im Staatl. Mus. f. Naturk. in Stuttgart, der kleinere im Kreis-Mus. Wolmirstedt.

Gueinzius, Carl Adolf, * 18. 8. 1800 Halle, † 23. 4. 1870 Prödel (Kr. Zerbst). Nach dem Studium der Theol. in Halle war er zuerst Erzieher von O. B. v. Münchhausen (s. d.) auf Neuhaus-Leitzkau, von 1832 ab Prediger in Mügeln bei Wittenberg und von 1837—1870 Pfarrer und

Superintendent in Prödel. Seit 1853 gehörte er der DO-G an, deren Versammlungen in Köthen (1856), Halberstadt (1862), Nienburg (1867), Kiel (1868) und Kassel (1869) er besuchte. Die beiden letzten Veranstaltungen verstand er durch anziehende und humorvolle Schilderungen seiner orn. Erlebnisse aus den Jahren 1812—1822 zu beleben. Schon als Student beobachtete er an den Eisleber Seen. Den dortigen Salzsee besuchte er mehrfach mit dem von ihm bewunderten J. F. Naumann und erbeutete eine Reihe von Seltenheiten für seine Samml., die leider nach seinem Tode im Hause seines Schwiegersohns zugrunde ging. Bei Prödel fand er 1843 eine Sterna fuscata, die er an Naumann schickte. Über sie ist, wenn auch mit falschem Datum, in den Nachtr. zu Naumann (Bd. 13, S. 267) berichtet. Die Bilder der Naumannschen Oktavausgabe regten seine Muse an; er hinterließ vortreffliche Vogelbilder. Leider veröffentlichte er nichts trotz seiner reichen Erfahrungen in der Feldorn. Doch befinden sich in der Bücherei der Naturf. Ges. d. Osterl. zu Altenb. 3 Msk. aus seiner Hand, die in Sitzungen der Jahre 1824, 1829, 1830 vorgelesen wurden. Sie enthalten sorgfältige und ausführliche Feststellungen des Berichterstatters und geben ein anschauliches Bild der damals überaus artenreichen Ornis in den Elbauen bei Magdeb. Besondere Bedeutung hat darin die Mitt. vom Brutvorkommen der Netta rufina 1822 auf einem der Schilfteiche bei Dieskau in der Nähe von Halle. Die Ente war zu jener Zeit noch nicht als dt. Brutvogel bekannt.
— Lit.: Würdigung (von H. Hildebrandt). J. Orn. 75, 1927, S. 425—433. - H. Hildebrandt, Ornis v. Thür. (noch nicht druckfertig).

Gueinzius, Wilhelm, * 1813 Trotha bei Halle, † 24. 1. 1874 Durban (Natal). Wie sein älterer Bruder Carl Adolf G. (s. d.) war er zum Geistlichen bestimmt. Die Schule aber sagte ihm nicht zu, und beim Apothekerberuf hielt er es nicht lange aus. Seine Sinne strebten nach dem in fernen Ländern winkenden Ruhm des Naturforschers. Mit Hilfe von Beziehungen, die E. Pöppig (s. d.) knüpfte, landete er 1838 im Kapland. Mangel an Stetigkeit und unverdientes Pech versagten ihm, der manch liebenswerten Wesenszug trug, auch dort eine gesicherte bürgerliche Stellung. Er versuchte sich zwar in allerlei Beschäftigungen, u. a. in der Ausübung der Heilkunde, aber die Sorgen um einen bescheidenen Lebensunterhalt begleiteten ihn standhaft, bis er, um Glaube und Hoffnung gebracht, einsam im Krankenhaus starb. Der innere Drang und wohl auch der äußere Zwang zum Sammeln hatten ihn nie verlassen. Zuerst bereiste er die Kapkolonie, die längste Zeit aber lebte er in dem damals entstehenden Burenstaat Natal. Ein abenteuernder Einsiedler, stand er nur mit den Tieren und Pflanzen in der Umgeb. seiner Waldhütte auf vertrautem Fuß. Während der ersten 8 Jahre ging die afrik. Ausbeute an E. Pöppig, der sich beharrlich um deren Lieferung für sein Mus. bemühte. Als der ferne Sonderling aber durch Mißtrauen und Ausfälle den Bruch mit seinem alten Wohltäter in der Heimat heraufbeschwor, wurde W. Schlüter in Halle der Abnehmer der Sendungen. Viele Stücke des orn. Anteils bereicherten das Mus. der Univ. Leipz. Was Schlüter verkaufte, verriet aber kaum den Namen des Sammlers. So leistete G., von den meisten ungekannt, auf seine Weise einen Beitr. zur Förderung der Vogelk. ferner Länder. Offenbar vorhandene lit. Fähigkeiten kamen durch die mißlichen Lebensumstände nicht zur Entfaltung. Nur einmal erschien von ihm eine Veröff. „Aus d. Vogelleben Süd-Afrikas" (J. Orn. 21, 1873). Sie zeigt die Gabe einer liebevollen Beob. und die Kunst einer anschaulichen Schilderung des Tierlebens, verbunden allerdings mit stark vermenschlichender Betrachtung im Stile seiner Zeit.
— Lit.: Wangemann, Ein Reisejahr in Südafrika, 1868. - Würdigung (von A. Jacobi). J. Orn. 76, 1928, S 427—429.

Güldenstädt, Johann Anton, Dr., * 26. 4. 1745 Riga, † 23. 3. 1781 Petersburg. Er war der Sohn eines Sekretärs beim Oberkonsistorium und späteren Assessors beim Hofgericht. Um Arzneikunde, Botan. und Naturk. zu erlernen, besuchte er von 1763 an das med.-chirurg. Kolleg in Berl. und promovierte 1767 an der Univ. Frankfurt (Oder) zum Dr. med. Im nächsten Frühjahr ging er nach Petersb. und brach im Juni — um dieselbe Zeit wie P. S. Pallas, S. G. Gmelin und C. L. Hablizl (s. d.) — im Auftrag der Zarin Katharina II. auf zur Erkundung der unbekannten Teile des russ. Reiches. Der nordöstl. Kaukasus war ihm als Ziel gesetzt. Über Moskau, Woronesch, Astrachan, Mosdok, Kislar kam er 1772 bis ins mittlere Georgien und Tiflis. 1771 wurde er auf Grund seiner Berichte zum ordentlichen Mitglied der Akad. und Prof. der Naturgesch. ernannt. Erst im März 1775 traf er auf dem Weg über Taganrog und Kiew nach Überwindung mannigfacher Gefahren und Krankheiten wieder in Petersb. ein und ging an die Bearbeitung seiner Aufz. in ethnogr., geogr., botan. und zool. Abh. Die Denkschr. der Petersb. Akad. brachten eine Reihe seiner zool. Entdeckungen; dazu gehören aus der Vogelwelt Aythya nyroca und Xenus cinereus, die er 1770 bzw. 1775 zuerst beschrieb. Aus übertriebener Gewissenhaftigkeit kam er aber nicht zu einem abschließenden Rechenschaftsbericht über seine Forschungen. Durch „Autorfurcht" wurde er daran gehindert, „die letzte Hand an ein Werk zu legen, welches er mit Recht als sein Denkmal bei der Nachwelt betrachtete und deswegen nicht unvollkommen im Druck erscheinen lassen wollte". In der Blüte der Jahre erlag sein geschwächter Körper dem „Faulfieber", das ihn befiel, während er anderen Kranken ärztlichen Beistand leistete. Jahre nach dem Hinscheiden des erfolgreichen Pioniers verwendete Pallas im Auftrag der Akad. die hinterlassenen Papiere zu einer zusammenhängenden Darstellung der Unternehmungen und ihrer wissensch. Früchte.
— Lit.: P. S. Pallas, Dr. J. A. G.s Reisen durch Rußl. u. im Kaukas. Gebirge (2 Teile, 1787 u. 1791) (mit Biogr.). - F. Th. Köppen, Bibliotheca Zool. Ross. II, Petersb. 1907 (mit älteren Quellen). - E. Stresemann, Entw. d. Orn., 1951.

Günther, Albert, Dr. Dr., * 3. 10. 1830 Eßlingen (Württemberg), † 1. 2. 1914 London. Schon der jugendliche Tierfreund war in der Stuttg. Gymnasialzeit mit G. Jäger (s. d.) sammelnd unterwegs. Naturgesch. Neigungen lenkten ihn so entscheidend, daß er sich nach Ablegung der theol. Prüfung in Tüb. dem Studium der Med. und Naturw. widmete. Hier wurde er ganz für das

Gebiet der Ichthyologie gewonnen. 1853 promovierte er mit einer Arbeit über die Fischfauna des Neckars zum Dr. phil. Einige Vögel der Heimat erwähnte er in diesem Lebensabschnitt nur durch bescheidene „Beitr. z. Fauna Württ." (Jh. Württ. 9, 1853). Zur weiteren med. Ausbildung weilte er dann in Berl. und Bonn, um schließlich 1858 in Tüb. mit einer med. Diss. das Studium zu beenden. Die Berl. Zeit sah ihn zwar im orn. Freundeskreis von B. Altum, C. A. Bolle, A. Hansmann und F. Kutter (s. d.), doch blieben diese Beziehungen ohne Einfluß auf seine Hauptarbeitsrichtung. Eine Reise nach Engl. zum Studium der Meerestiere machte die engl. Zoologen auf ihn aufmerksam, so daß er 1858 ganz nach dem Inselland gezogen wurde. Hier war er zunächst als Mediziner an einem Krankenhaus tätig. 1862 rückte er aber in eine Assistentenstellung am Brit. Mus. ein. Nach der Naturalisierung wurde ihm 1875 die Gesamtleitung der zool. Samml. übertragen. In diesem Amt bedachte er bis zu seiner Pensionierung 1896 auch die Vogelk. mit manch nachhaltiger Förderung. Die Gruppen engl. Vögel begann er zu vermehren und in natürlicher Umgeb. aufzustellen, W. Rothschilds naturgesch. Begeisterung führte er zu wissensch. Ernst, für rascheres Erscheinen des Catalogue of Birds setzte er sich maßgeblich ein, indem er ausländische Sachkenner, darunter H. F. Gadow und E. Hartert (s. d.) zur Mitarbeit heranzog. E. Hartert verdankte ihm außerdem die Berufung zum Direktor des Rothschild-Mus. in Tring. Auf Vögel und Säugetiere griff der ungemein fleißige Forscher in seinen Schriften (es waren über 600!) mehrfach über. Auch hatte er ein ausgesprochenes Verständnis für die Vogelpflege. Wiederholt gelang ihm die Zucht des Rotrückenwürgers. In seiner Gartenanlage in Kew bewegten sich u. a. Löffelreiher, und jahrelang ging er während der Ferien an die See, nur um dort seine zahmen Kormorane ein paar Wochen lang schwimmen zu lassen. Er gehörte zu dem Gelehrtengeschlecht, dem noch eine allg. Kenntnis der System. und äußeren Gestalt der Wirbeltiere eigen war. Sein Wissen um die Fische, Reptilien und Amphibien aller Erdteile und Meere wurde von keinem zeitgenössischen Zoologen übertroffen. A. R. Wallace („Geogr. Verbreitung d. Tiere") und Ch. Darwin („Entstehung d. Arten") stützten sich — sein Ansehen unterstreichend — in allen die kaltblütigen Wirbeltiere betreffenden Fragen auf die von ihm geschaffenen Grundlagen.

— Lit.: Nachruf (von E. Hartert). Orn. Mber. 22, 1914, S. 37—39. - Nachruf (von Schriftl.). Ibis (10) 2, 1914, S. 323/24. - R. Lauterborn, D. Rhein, . . ., Ludwigshafen 1938, S. 421—424. - E. Stresemann, Entw. d. Orn., 1951.

Günther, Friedrich Christian, Dr., * 22. 4. 1726 Kahla (Thüringen), † 24. 4. 1774 Kahla. Der vielseitige Kahlaer Stadtarzt, Bürgermeister, Hofrat und Leibmedicus war Sproß eines alten Theologengeschlechtes und hatte eine seiner Zeit vorauseilende Begabung für ernsthafte Betrachtung des Vogellebens. Er unterhielt ein Naturalienkabinett mit vielen Vögeln, Nestern und Eiern, deren Vollständigkeit weithin berühmt war. 1770 fühlte er sich ermutigt, eine von ihm besorgte Übers. von J. A. Scopolis (s. d.) „Annus I. Historico Naturalis" (1769) mit Anmerk. nach Erfahrungen zu versehen, die zumeist in Thür. gesammelt waren und als erste orn. Quellen dieses Landes gelten dürfen. Um dieselbe Zeit wurde A. L. Wirsing (s. d.) in Nürnberg auf ihn aufmerksam und veranlaßte ihn, den Text zu der „Samml. v. Nestern u. Eiern verschiedener Vögel . . ." (1767—1772) zu übernehmen. Die Frage, ob er auch zeichnerische Anlagen besessen und selbst Bilder für den Stich beigesteuert habe, wird wohl offen bleiben müssen. Jedenfalls verwandte er allen Eifer auf die Wortgestaltung. Die reichen Kenntnisse konnte er aber nur noch zur Beschr. der im ersten Heft auf 25 Tafeln abgebildeten Nester und Eier von 33 Arten einsetzen. Zu früh nahm ihm der Tod die Feder aus der fleißigen Hand. Mit den illustrierten Darstellungen förderte der Thüringer G. die bis dahin kaum beachtete Eierkunde ohne Zweifel nachhaltiger als einige Jahre vorher der darin nicht so geschickte Danziger J. Th. Klein (s. d.). In A. L. Wirsings „Samml. meistens dt. Vögel . . ." (1772—1777) mit den Bildern von B. R. Dietzsch (s. d.) erschien sein Name nur bei der Ruderente; doch hatte er sicher auch hier Teil am Begleittext, wenn auch der wenig kundige B. Ch. Vogel (s. d.) verantwortlich zeichnete. Zeugnisse für sein Bestreben, ungeklärte biol. Vorgänge aufzuhellen, wurden schließlich noch Beitr. in J. E. J. Walchs Zeitschr. „D. Naturforscher" (Jena), die 1774 erschienen und auffallende Gefiederfärbungen sowie das damals von den Gelehrten nicht gekannte Nest des Kreuzschnabels und seiner Eier zum Gegenstand hatten. Nicht nur der faun. Forschung in Thür., sondern auch der im Deutschl. des 19. Jahrh. besonders blühenden Ool. und Nid. ebnete G. durch sein Beispiel den Weg; das wird sein Verdienst bleiben.

— Lit.: J. Ch. Tschirpe, Leben u. Charakter d. Herrn Hofrats Dr. Fr. Ch. G. zu Kahla . . ., Jena 1775. - W. Thienemann, Z. Kenntnis d. ool. Lit., Rhea 1849, Heft 2, S. 192—209. - H. Schalow, Ein seltenes orn. Bilderwerk, J. Orn. 58, 1910, S. 190 bis 196. - E. Stresemann, Entw. d. Orn., 1951. - Cl. Nissen, D. Illustrierten Vogelbücher, 1953, S. 106. - L. Baege, Fr. Ch. G., Abh. Altenb. 3, 1963, S. 5—40 (mit Bildnis u. weiteren Quellen).

Günther, Julius Adolf, * 26. 9. 1864 Grimma, † 31. 10. 1952 Lommatzsch (Sachsen). Nachdem er das Seminar in Oschatz verlassen hatte, war er von 1885 ab Hilfslehrer in Döbeln und Zscheila bei Meißen. 1888 wurde er in Lommatzsch ansässig. Dort widmete er sich neben seinem Beruf 30 Jahre der Gemeindepolitik (Stadtrat, stellvertretender Bürgermeister bis 1933). 10 Jahre führte er den örtlichen Obstbauverein, 60 Jahre den Meißener Tierschutzverein. Viele Jahre betrieb er die Imkerei, um das Leben der Bienen zu studieren. Er war ein reger, vielseitiger, unerschrockener Mann mit gesundem Urteil und großer Schaffensfreude. Schon mit 10 Jahren erhielt er beim Holzsammeln die erste Unterweisung in der Vogelk. Für sie bewahrte er sich bis ins hohe Alter hinein eine tätige Aufgeschlossenheit. Als Vogelhalter, Beringer und Anhänger der biol. Schädlingsbekämpfung wirkte er in Wort und Schrift für den Gedanken des Vogelschutzes und erfreute sich großen Ansehens in den Kreisen der naturliebenden Bevölkerung seiner Heimat. Was der kritisch denkende Vogelfreund und Feldbeobachter zu sagen hatte, ließ er jahrzehntelang (1898—1939) fast ausschließlich in der Gef. W. drucken. Die Beitr. aus seiner fleißigen Feder gehörten zum besten Inhalt dieser Zeitschr. Nur zweimal (1923 und 1926) schrieb er in Mitt. Sachs. über das Vorkommen des Ortolans und der Sperbergrasmücke. Er leistete im Stile seines zeitgenössischen Landsmanns J. Stöß (s. d.) unauffällige Erziehungsarbeit im Dienste der volkstümlichen Vogelk.

— Lit.: Nachruf (von L. Gebhardt). Gef. W. 81, 1957, S 6.

Guenther, Konrad, Dr., * 23. 5. 1874 Riga, † 26. 1. 1955 Freiburg (Breisgau). Aus ostpr.-balt. Geschlechtern stammend, wirkte der Kaufmannssohn nach dem zool. Studium in Bonn, Leipz. und Freib. seit 1902 45 Jahre lang als akad. Lehrer in Freib.; 1913 wurde er ao. Prof. Ursprünglich beschäftigte er sich unter dem Einfluß von A. Weismann (s. d.) mit der Zellen- u. Abstammungslehre. Dieser Zeit gehörten an „D. Darwinismus" (1904) und „Atlas z. Abstammungs- u. Entwicklungsgesch. d. Menschen" (1909). Bald aber ließen ihn Veranlagung und Lebensablauf (Erziehung im Hause seines Onkels G. Schweinfurth) aus dem gewohnten Rahmen des zool. Faches heraustreten. Eigene Wege führten ihn weniger in den Hörsaal und mehr in die mit Verstand und Gemüt erfaßte Natur. Der Freilandforschung wollte er den ihr gebührenden Platz erkämpfen und unternahm daher als einer der ersten mit seinen Studenten naturk. Lehrwanderungen. Sein Bemühen galt dem Nachweis organischer Zusammenhänge des Tierlebens und der Vermittlung eines echten Bildes der heimischen Landschaften mit ihren Tieren und Pflanzen. U. a. sollten das „Tierleben unserer Heimat" (1923), die „Sprache d. Natur . . ." (1929, 2. Aufl. 1933) und „Natur als Offenbarung" (1933, 2. Aufl. 1936, 3. Aufl. 1949) diesen Aufgaben dienen. Gegen die Technisierung des Menschen, für die Verinnerlichung des Naturgefühls und die Wiedererweckung des den Vorfahren eigenen Natursinnes: das waren These und Ziel der von ihm entwickelten „Dt. Heimatlehre" (1930). System. durchgeführte Reisen durch alle dt. Prov., die Steppe Mesopotamiens, die Urwälder Indiens und Brasiliens vermittelten ihm die Fähigkeit zur weitgespannten Zusammenschau. Sie machte den Idealisten — nachdem er das bahnbrechende Buch „D. Naturschutz" (1910, 2. Aufl. 1912) geschrieben hatte — zum Wegbereiter eines als Ganzes gedachten Naturschutzes. In diesem Bereiche genoß er internat. Geltung. So wurde er 1923/24 nach Bras. und Argent. gerufen und begründete dort die biol. Schädlingsbekämpfung in den Tropen. Sein universeller Blick umschloß mit besonderer Liebe die Vogelwelt. Der erste der vielen von ihm gehaltenen öffentlichen Vorträge befaßte sich mit dem Vogelzug; die Zugtheorien beleuchtete er kritisch unter dem Titel „D. Wanderzug d. Vögel" (Verh. Dt. Zool. Ges., 1905); einem sinnvollen Vogelschutz galt das kleine Buch „Erhaltet unserer Heimat d. Vogelw." (1906); auf seine Veranlassung entstand vor dem 1. Weltkrieg eine Vogelschutzstelle im Möslerwald bei Freib. Er war, im Gegensatz zu vielen seiner Kollegen, ein vorzüglicher Kenner der Vogelformen u. -stimmen. Im „Naturbuch v. Schwarzwald" (1942, 2. Aufl. 1954) brachte er beachtliche faun. Angaben über die Ornis des Gebirges, und seine Aufs. „V. Nisten u. Gesang bras. Vögel" (B. z. F. 2, 1926) sowie „Beitr. z. Avif. Bras." (Mitt. Vw. 25, 1926 u. 26, 1927) stellten sich als erfreuliche Zeugnisse biol. Betrachtung vor. Die größeren Überblick und allg. Einordnung suchende Beschäftigung mit dem Vogel und seinem Leben verdankte dem warmherzigen Freund der Natur mannigfach fördernde Anregung.

— Lit.: Reichshdb. d. Dt. Ges. 1, 1930, S. 608 (mit Bildnis). - K. Guenther, Ein Leben mit d. Natur, 1938 u. 1939. - Würdigung (von M. Schnetter). Mitt. Bad. Landesver., N. F. 6, 1954, S. 154 bis 159 (mit Bildnis u. Verz. d. allgemeinverständl. Werke). - Nachruf (von Schriftl.). Naturw. Rdsch. 8, 1955, S. 127. - Nachruf (von O. Koehler). Verh. Dt. Zool. Ges. 1955 (1956), S. 479/80 (mit Bildnis).

Guerard, Ludwig von, Dr., * 30. 9. 1822 Elberfeld, † 1864 (oder 1866) Bonn. Er studierte Med. in Bonn und von 1845 ab in Halle. Hier heiratete er 1849 und ging nach Elberf. zurück, um, wie vorher sein Vater, die ärztliche Praxis auszuüben. Nach dem frühen Tod von G. B. Hopff (s. d.) war er im Naturw. Ver. f. Elberf. u. Barm. der eifrigste und kenntnisreichste Vertreter der Vogelk. In wenigen Jahren baute er eine damals sehr bewunderte Samml. auf, die 400 Vögel aus der Gegend von Elberf. und Barm. enthielt. Mit J. C. Fuhlrott (s. d.) zusammen gab er eine „Vogelf. d. Wuppertals" (Jber. Elb.-Barm., Heft 3, 1858) heraus, in der die Beob. von G. Hopff verwertet sind. 1859 mußte er wegen dauernder Krankheit auf die Ausübung des Berufs verzichten. Er verkaufte seine Samml. an den Elberf. Verein, verzog zunächst nach Unkel (Rhein) und lebte zuletzt in einer Anstalt bei Bonn.

Gundlach, August, * 1. 12. 1876 Neustrelitz, † 1. 1. 1914 Neustrelitz. Er stammte aus einer wohlhabenden Juristenfamilie (der Vater war Landgerichtsrat) und scheint von dieser Seite vor allem entom. Anregungen empfangen zu haben. Das naturw. Studium, das nach dem Matur (1897) begann, brach er, vermutlich aus gesundheitlichen Gründen, vorzeitig ab. Unverheiratet und ohne berufliche Pflichten, ging er dann nur noch seiner Lieblingsbeschäftigung, der Orn. und Entom., nach. Offenbar wurde er mit dem Leben nicht fertig und wählte, an Schwermut leidend, den Freitod. Umfangreiche, durch die Erwähnung kleinster Einzelheiten ausgezeichnete Tagebücher (seit 1945 im Besitz von K. Krüger, Perleburg) geben Zeugnis von seinem Eifer und kritischen Ernst. R. Kuhk griff in den „Vögeln Meckl." (1939) auf diese Beob. zurück und führte auch 2 Veröff. an. Weitere zool. Mitt. brachte das Arch. Meckl. Die naturw. Samml. kam an seine alte Schule, das Carolinum in Neustrelitz. Sie ging, wie die kostbare Familienbibliothek von etwa 10 000 Bänden, nach dem Russeneinbruch 1945 in Flammen und Dunggruben unter.

Gundlach, Johannes, Dr., * 17. 7. 1810 Marburg (Lahn), † 15. 3. 1896 Havanna. Sohn eines Univ.-Prof., beendete er 1837 das naturw. Studium in seiner Vaterstadt mit einer Diss. „De pennis" und entschloß sich im November 1838 auf Einladung eines in Niederl.-Guayana lebenden

Studienfreundes als Sammler und Forscher nach Südamerika überzusiedeln. Dort ließ er sich nicht, wie ursprünglich geplant, in Surinam, sondern für immer in Kuba nieder. Nach allen Richtungen durchgeführte Exp. galten der Erkundung der Tierwelt auf der Hauptinsel und den vorgelagerten Eilanden. Zweimal weilte er auch längere Zeit in Portorico. Es ist sein Verdienst, den Weg zur Kenntnis der damals nur sehr lückenhaft bekannten Fauna der Großen Antillen geöffnet und neue Formen nachgewiesen zu haben. Bestimmung, system. Einordnung, Verbreitung, Ökol., Biol. der Vögel (und anderer Tiergruppen) erfuhren durch seinen wissensch. Ehrgeiz eine bedeutsame Aufhellung. Nicht nur der Fachwelt, sondern auch weiteren Laienkreisen wurde der Name G. vertraut, nachdem sich A. E. Brehm (s. d.) im „Illustrierten Tierleben" vielfach auf die Feststellungen des Marb. Zoologen berief. Der überwiegende Teil der reischen Sammelausbeute blieb in Havanna, doch fanden daneben dt. Mus. wie Darmst., Brem. und Berl. Berücksichtigung. Viele Stücke gingen an den Ver. f. Naturk. in Kass., der seinem Mitgliede gegen die Verpflichtung, naturh. Gegenstände zu liefern, Reisekosten vorgelegt hatte. Bemerkenswert fruchtbar war der Forscher als Schriftsteller. Eine erste kurze Nachr. über Beob. während der 70tägigen Seefahrt brachte schon der Jber. Kass. 3, 1839. Von 19 Veröff. aus dem orn. Lieblingsgebiet enthielt allein das J. Orn. zwischen 1854 und 1882 13, z. T. im Zusammenwirken mit E. Sezekorn und J. Cabanis (s. d.) entstandene Arbeiten. Am wichtigsten waren die Beitr. zur Ornis Kubas (J. Orn. 19, 1871 — 23, 1875), die gleichzeitig das Material lieferten für sein 368 Seiten umfassendes Hauptwerk in span. Sprache „Contrib. a la Orn. Cubana" (Havanna 1873—1876; 2. Aufl. 1893). Neu waren damals auch die „Beitr. z. Orn. d. Insel Portorico" (J. Orn. 22, 1874; 26, 1878; 29, 1881). Das ganz im Dienste der Zool. stehende Leben des rastlos Tätigen fand hohe Anerkennung im Adoptivvaterlande und bei Gelehrten Gesellschaften. Sein Begräbnis gestaltete sich zu einem eindrucksvollen Zeugnis der Volkstümlichkeit.
— Lit.: Biogr. Notiz. Jber. Kass. 3, 1839, S. 2. - Nachruf (von K. Ackermann). Ebd. 41, 1896, S. 94 bis 105. - Nachruf (von H. Schalow). Orn. Mber. 4, 1896, S. 87. - Nachruf (von P. Leverkühn). Orn. Ms. 21, 1896, S. 228/29. - Nachruf (von Schriftl.). Auk. 13, 1896, S. 267. - Allg. Dt. Biogr. 49, 1904, S. 634/35. - Würdigung (von R. Mertens). Lebensbilder aus Kurhess. u. Waldeck 3, 1942, S. 103 bis 113 (mit Verz. weiterer Quellen u. d. Veröff.).

Györffy, Stephan, Dr., * 19. 12. 1880 Hidasnémeti, Komitat Abauj (Ungarn), † 16. 4. 1959 Székesfehérvár. Nach dem Studium der Botan. in Klausenb. war er seit 1905 Gymnasiallehrer in Makó und seit 1910 in Löcse. In diesen Anfangsjahren schon kam er durch Vogelzugmeldungen in Verbindung mit dem Ung. Orn. Inst., dessen korr. Mitglied er schließlich 1924 wurde. Auch als er von 1914—1919 den Lehrstuhl für Botan. der Univ. Klausenb. und von 1922—1940 den der Univ. Szeged innehatte, vernachlässigte er auf seinen Exk. nicht die Avif.; so vereinte er bis ins hohe Alter in seiner Person den Pflanzenkenner (er war eine Autorität auf dem Gebiete der Moose) mit dem kritisch blickenden Feldornithologen. Von 1910 ab konnte er eine Reihe von Nachr. und Mitt. über Freilandbeobachtungen der Aquila übergeben. Besonders vertraut zeigte er sich mit der Ornis der Tatra und der Theißniederung. Erfahrungen von Jahrzehnten faßte er zusammen u. a. in „D. Steinadler in d. Karpaten u. d. Matra-Gebirge" (Aquila 51—54, 1944—1947) und „D. Mauerläufer - Tichodroma muraria d. Vaskapu in Béla Tátra (Slowakei)" (ebd. 63/64, 1956/57).
— Lit.: Nachruf (von A. Keve). Aquila 67/68, 1960/61, S. 267 u. 269/70 (ung. u. engl.).

H

Haase, Oscar, † 24. 5. 1920 Berlin (50 Jahre alt). Einzelheiten über den Lebenslauf des in einer Berliner Firma tätigen Kaufmannes waren nicht zu ermitteln. Bekannt ist nur, daß er 1894/95 zur Kur in der Lungenheilstätte Görbersdorf (Schles.) weilte. Mit dort gemachten orn. Beob. führte er sich in Orn. Ms. 20, 1895 ein. Den Orn. Mber. überließ er außerdem in den 90er Jahren ein paar vogelk. Nachr. aus Berl. und eine umfangreiche Zusammenstellung von „Orn. Notizen aus St. Hubertus". Eine Schilderung aus seiner Feder, die das Vorkommen der Großtrappe um Berl. behandelte, enthält ferner die Dansk Orn. Forens Tidsskrift 3, 1909. Er verfügte über große Sprachkenntnisse, die er für wertvolle Lit.-Ber. nutzte. So waren ihm von der Jahrhundertwende bis zum 1. Weltkrieg eine Reihe von Übers. aus dem Englischen und vor allem aus dem Dänischen in J. Orn., Orn. Mber. und Zs. Ool. zu danken. Lange Jahre gehörte er der DOG an und nahm an den Berl. Sitzungen stets regen Anteil. Von 1916 ab war er der Kassenwart der Gesellschaft.
— Lit.: Nachruf (von A. Reichenow). Orn. Mber. 28, 1920, S. 84.

Hablizl, Carl Ludwig, * 1752 Königsberg, † 9. 10. 1821 Petersburg. In Rußl. erzogen, gehört er würdig in die stattliche Reihe dt. Forscher, die im 18. Jahrh. halfen, die unerschlossenen Teile des Zarenreiches naturw. aufzuhellen. Von J. A. Güldenstädt (s. d.), mit dem der Jüngling 1768 auszog, wurde er ein Jahr später in Woronesch der Gruppe S. G. Gmelins (s. d.) zugeordnet, um nach dem Kaspischen Meer und Persien vorzudringen. Angeborene Beobachtungsgabe, Sammeleifer und Schreibgewandtheit machten ihn schnell zum fähigsten und geschicktesten Mitarbeiter des Expeditionsleiters. Nach der 2. pers. Reise ließ ihn daher sein „Lehrer" 1773 mit dem ehrenvollen Auftrag zurück, von Enseli aus in den „dasigen Alpen" weiter die Gebirgsfauna u. -flora zu studieren. Er rechtfertigte das in seinen Leistungswillen gesetzte Vertrauen und erbrachte während der Brutperiode 1774 aus Höhen bis zu 3000 m eindrucksvolle Nachr.; u. a. begegnete er dort alpinen Formen wie dem Schneefink und Hänfling, der Ohrenlerche und Ringdrossel und prägte als erster die wissensch. Namen Phoenicurus ph. samamisicus, Aegithalus caudatus alpinus, Prunella modularis obscura, Prunella collaris montana, Gypaëtus barbatus aureus, Gyps fulvus fulvus, Podiceps caspi(c)us (= nigricollis). Sein sorgfältiger und anschaulicher Reiseber. erschien unter dem Titel „Bem. in d. pers. Landschaft Gilan i. J. 1773 u. 1774" in den von P. S. Pallas (s. d.) geleiteten „Neuen Nord. Beitr. . . ." 4, 1783 und in S. G. Gmelins „Reise durch Rußl. . . ." (4. Teil, 1784, ebenfalls hrsg. von Pallas). Während Gmelin frühzeitig in der Ferne sterben mußte, war es H. vergönnt, alle Fährnisse und Tücken der unbekannten Landstriche zu überstehen. Nach Gmelins Tode wurde er Aufseher des kaiserl. Gartens in Astrachan, später Vizegouverneur von Thaurien. Zuletzt lebte er als Hofrat und Senator hochgeachtet in Petersburg.

— Lit.: F. Th. Köppen, Bibliotheca Zool. Ross. II, Petersb. 1907 (mit älteren Quellen). - E. Stresemann, D. Vögel d. Elburs-Gebirges, J. Orn. 76, 1928, S. 315/16. - Ders., Entw. d. Orn., 1951.

Haecker, Valentin, Dr. Dr. h. c., * 15. 9. 1864 Altenburg (Ungarn), † 19. 12. 1927 Halle. Er stammte aus einer schwäb. Familie. Nach dem Studium der Math. und Naturw. in Tüb. kam er 1890 zu A. Weismann (s. d.) nach Freib.; 1895 wurde er ao. Prof., 1900 dann o. Prof. für Zool. an der Techn. Hochschule in Stuttg. mit Lehrauftrag an der Tierärztl. und Landw. Hochschule in Hohenheim. 1909 übernahm er den Lehrstuhl für Zool. in Halle. Probleme der Befruchtungs- u. Vererbungslehre — er war einer der bedeutendsten Forscher auf diesem Gebiete — standen im Vordergrund seiner wissensch. Arbeit. Die Ergebnisse der durch die Wiederentdeckung der Mendelschen Vererbungsregeln eingeleiteten experimentellen Studien faßte er in der „Allg. Vererbungslehre" (1911) zusammen. Neben der vererbungstheoretischen Hauptaufgabe reizte ihn stets die Beschäftigung mit der Vogelwelt, der von Jugend auf seine Liebe galt. Während der Stuttg. Zeit unternahm er den Versuch, die Beob. des Vogelzugs mit Hilfe der württ. Forstbeamten zu organisieren. Lebensäußerungen, Zug, Federfarben, Bau und Gesang der Vögel waren Gegenstände von Schriften wie „Unters. über d. Zeichnung d. Vogelfedern" (Zool. Jb. 3, 1888), „Über d. Farbe d. Vogelfedern" (Diss. 1889), „D. Vogelw. d. südl. Bad. u. d. Anwendung d. Vogelschutzverordnungen" (Freib. u. Leipz. 1896), „D. Gesang d. Vögel, seine anat. u. biol. Grundlagen" (Jena 1900), „Über d. Vorrücken d. Berglaubvogels" (Jh. Württ. 64, 1908), „Über Föhn u. Vogelzug" (Verh. Dt. Zool. Ges. 1904; Biol. Cbl. 44, 1924; Verh. Bay. 16, 1924/25), „Über met. Bedingungen d. Vogelzugs" (Orn. Beob. 23, 1926), „Über jahreszeitl. Veränderungen u. klimatisch bedingte Verschiedenheiten d. Vogelschilddrüse" (Schweiz. med. Wochenschr. 56, 1926). Er war einer der wenigen Ordinarien, die an einer dt. Univ. die Vogelk. als Wissensch. anerkannten und ein Sonderkolleg über Orn. lasen; und es ist nicht sein geringstes Verdienst, durch das Beispiel als Lehrer viele seiner Schüler — zu ihnen gehören K. Glasewald, A. Schwan (s. d.), B. Rensch — für die Forts. seiner eigenen orn. Forschungen begeistert zu haben.

— Lit.: Nachruf (von M. Rauther). Jh. Württ. 83, 1927, S. 37—39. - Gedächtnisrede (von M. Kneile). Ebd. 84, 1928, S. 37. - Nachruf (von B. Rensch). Orn. Mber. 36, 1928, S. 35—37 (mit Verz. d. orn. Veröff.). - Nachruf (von A. Laubmann). Verh. Bay. 18, 1928, S. 180/81. - Nachruf. D. Naturforscher, Nr. 11, Febr. 1928.

Hähnle, Lina (geb. Hähnle), * 3. 2. 1851 Sulz (Neckar), † 1. 2. 1941 Giengen (Brenz). Sie war die Tochter eines naturfreudigen Salinenbeamten. Mit 20 Jahren heiratete sie ihren Vetter, den Filzfabrikanten und Kommerzienrat Hans H. in Giengen, der viel Verständnis für ihre Tierliebe und Naturschutzbestrebungen hatte. Für immer bleibt ehrenvolle Erinnerung an sie verbunden mit ihrem Lebenswerk, dem von ihr am 15. 12. 1898 in Stuttg. gegründeten Bund f. Vogelsch. Bis ins hohe Alter erstaunlich rüstig, stand sie unermüdlich im Dienst des Vogel- u. Naturschutzes und (zuletzt als die Ehrenvorsitzende) an der Spitze des Bundes. Ohne ihren Einsatz und ihre Tatkraft und damit ohne die Unterstützung durch den Bund wären Banngebiete wie Federsee (Schutzgebiet Staudacher), Steckby (Schutzgebiet Behr), Seevogelfreistätten wie Hiddensee, Werderinseln, Mellum, Trischen, Hamb. Hallig und all die vielen anderen großen und kleinen binnenländischen Vogeloasen nicht möglich gewesen. Manche am Anfang den Schutz- u. Hegemaßnahmen sich entgegenstellende Schwierigkeiten, die vor allem aus der geringen Mitgliederzahl erwuchsen, konnten nur überwunden werden durch ihre und ihrer Familie Bereitschaft zu erheblichen finanziellen Opfern. Mit organisatorischem Geschick und gesundem Menschenverstand verbanden sich bei ihr die Werbekraft des die Herzen gewinnenden Vortrags und die Einsicht, daß Belehrung und Aufklärung zur Erweckung der Naturliebe die wichtigsten Elemente im Kampf gegen die Entseelung und Verödung unserer Kulturlandschaften sind. Die Erkenntnis hatte die frühe Verwendung von Lichtbildern und Filmen bei ihren Reisen zur Folge. Ihr Sohn Hermann H. stellte außerdem zu Beginn des Jahrh. schon die Technik in den Dienst der Volkserziehung, indem er vorzügliche eigene Naturnrkunden schuf und andere Mitarbeiter auf diesem noch wenig gepflegten Boden unterstützte. Dahin gehörte auch die Förderung von O. Heinroths (s. d.) Schallplattenwerk „Gefiederte Meistersänger" (1936). Als die greise Wohltäterin der Vögel und der Menschen nach einem reich erfüllten Leben die Augen schloß, begleiteten sie ins Grab viel herzlicher Dank und aufrichtige Verehrung; sie wurden ihr von Fachleuten der Orn., des Naturschutzes und von Laien in gleicher Weise dargebracht.

— Lit.: Würdigung (von H. Helfer). Jh. d. Bundes f. Vogelsch. 1920, S. 3—6 (mit 2 Bildnissen). - Würdigung (von J. Bazlen). Ebd. 1920, S. 6—9. - Würdigung (von P. Goeßler), Ms. Württ. 1931, Heft 2, S. 88. - Würdigung (von H. Hähnle, O. Heinroth, H. Helfer, P. Koenig, H. Schonger, G. F. E. Schulz, H. Schwenkel, R. Wendehorst). Dt. Vw. 66, 1941, Heft 1 (mit 2 Bildnissen). - Gedenkrede (von H. Krieg). Naturw. Rdsch. 4, 1951, S. 500. - Bildnis in Jb. f. Vogelsch. 1927, S. 34. - Bildnis in Natursch. 12, 1931, S. 114.

Haenel, Karl, Dr. h. c., * 27. 3. 1874 Kronach (Bayern), † 24. 12. 1940 München. Aus Natur- u. Tierliebe wurde er 1909 eines der ersten Mitglieder des Bayer. Ausschusses f. Vogelschutz. Nachdem er an verschiedenen Orten im Forstdienst gestanden, berief ihn das Bayer. Innenministerium 1911 hauptamtlich als Sachverständigen für Vogelschutz nach Bamberg. Seit dieser Zeit hielt er Vorlesungen an der Univ. Erl., die ihm 1931 für „hervorragende Verdienste um ... Vogelk. u. Vogelsch." die Würde des Dr. h. c. verlieh. Mit Versuchen und Vorträgen setzte er sich hauptsächlich in den bayer. Weinbaugegenden und Viehzuchtgebieten (Reblaus und Stechfliegen) für die biol. Schädlingsbekämpfung ein. Neben einigen Beitr. und Mitt. in der orn. Lit. sowie Gutachten und vielen Flugschriften erschien aus seiner Feder das Buch „Unsere heimischen Vögel, ihr Schutz u. ihre Hege" (1. Aufl. 1913, 4. Aufl. 1940); darin arbeitete er mit Zahlen aus Käfigversuchen über die von Kerbtierfressern verzehrten Blattläuse und Insekten und mußte sich daher von unvoreingenommener Seite (vgl. u. a. Orn. Ms. 38, 1913) manche Kritik gefallen lassen. 1930 veranlaßte ihn der im Lichte des Kreuzeckscheinwerfers zu beobachtende Vogelzug, in Garmisch die erste alpine Vogelwarte als Forschungs- u. Lehrstelle f. angewandte Vogelk. zu gründen. Seine Vorliebe für Raubvögel und Eulen zeigte sich in der Praxis durch die Errichtung einer Umgewöhnungsstelle für noch nicht flügge oder verletzte Stücke nahe der Gaststätte „Almhütte" auf dem Kramerplateau bei Garmisch; die Insassen lieferte ihm meist polizeiliche Beschlagnahme bei Nestplünderern. Mit dieser Vogelschau machte er auf die Besucher des Kurortes und weitere Volkskreise begreiflichen Eindruck. Im Grunde war er mehr leidenschaftlicher Vogelschützer als wissensch. Ornithologe. Leider ging ihm in bedauerlicher Einseitigkeit jegliches Verständnis für eine vernünftig gehandhabte Vogelliebhaberei verloren. Unnötige Gegnerschaft war die Folge seiner starren Haltung.
— Lit.: Nachruf (von K. Mansfeld). Dt. Vw. 66, 1941, S. 141/42 (mit Bildnis).

Hänisch, Richard, * 3. 3. 1836, † 30. 8. 1902 Triest. Der Geburtsort war nicht zu ermitteln. Im Amte eines „Flußregulierers" stand er von 1868—1880 in Triest, von 1880—1898 in Zara (= Zadar), von September 1898 ab als Oberbaurat wieder in Triest. 1898 reiste er „seit 25 Jahren im Lande herum". Er muß in diesem Zeitraum ein aufmerksamer Beobachter gewesen sein und sich gute Kenntnisse der orn. Verhältnisse von Teilen Dalmatiens angeeignet haben. Mit der Vogelwelt des Narentatales war er offenbar besonders vertraut, so daß er über dieses damals kaum erschlossene Gebiet aufschlußreiche Nachr. hinterlassen konnte. Die erste Veröff. stand als „Notizen über Vögel u. Jagd im Narentatale" in Mitt. d. Mähr. Jagd- u. Vogelsch.-Vereins in Brünn 4, 1885; (vielleicht war Mähren seine Heimat). Regelmäßiger Mitarbeiter wurde er dann beim Orn. Jb.; die Beitr. waren „Coccystus glandarius in Dalmatien erlegt" (Orn. Jb. 1, 1890), „Orn. Mitt. aus d. unteren Narentatale" (ebd. 3, 1892), „Ornithologisches aus d. Narentatale" (ebd. 7, 1896), „Massenrückwanderung v. Zugvögeln ... b. Triest u. Zara zufolge Wettersturzes ..." (ebd. 10, 1899), „Wanderschrullen einer Waldschnepfe im April 1896" (ebd. 11, 1900), „Über d. Winterkleid — Isabellismus zweier Exemplare v. Anas boscas" (ebd. 13, 1902).

Härms, Michael, * 8. 2. 1878 Alt-Korola, Kr. Werro (Estland), † 20. 9. 1941 Dorpat. Ursprünglich war er Gutsinspektor in Hellenorum (Livl.) bei E. v. Middendorff (s. d.), der sein orn. Lehrmeister wurde. Später pachtete er von Middendorff ein Nebengut. In jüngeren Jahren führten ihn Exp. nach dem Norden von Rußl. und Turkestan; mit N. Sarudny zog er 1900/01 durch Persien bis zum Indischen Ozean und durchforschte Landstriche, die Millionen von Wasservögeln als Winterquartiere dienten. Die auf den Sammelreisen gewonnenen Erfahrungen sind in verschiedenen größeren Ber. festgehalten, u. a. in Orn. Jb 11, 1900; ferner in J. Orn. 60, 1912; 61, 1913; 71, 1923; 74, 1926 und in B. z. F. 1, 1924. Ein erheblicher Teil der Vogelbälge kam mit Typen, Cotypen und Kat. 1913 durch A. v. Jordans in das Mus. A. Koenig (s. d.) nach Bonn. Obwohl er eigentlich National-Este war, hatte er durch die Schulbildung dt. Formung erhalten. 1896 schloß er sich der DOG an. Ein ruhig-behäbiger Charakter, abhold jeder streberhaften Wichtigtuerei, war er im allg. nur schwer für Veröff. zu gewinnen. Was er aber schrieb, zeugte von gründlicher Kennerschaft. Nach dem 1. Weltkrieg, als die Güter enteignet wurden, rückte er in die Stellung des Kustos am Zool. Mus. der Univ. Dorpat ein und machte sich von nun an um die orn. Erforschung Estl. sehr verdient. Aus diesen Jahren stammten Mitt. über die Brutverhältnisse einiger Steinschmätzer (B. z. F. 1, 1924/25), Unters. über die Eier einiger Wasservögel (ebd. 5, 1929; 6, 1930) und eine Arbeit über das „Vorkommen u. d. Brutverhältnisse d. Raubseeschwalbe in Estl." (J. Orn. 76, 1928). Von 1922—1927 sahen ihn die Sommermonate in der von der Univ. Dorpat gegründeten Biol. Stat. an der Westküste der Insel Oesel, und die Schutzgebiete Waika-Riffe und Oesel entstanden auf seine Anregung und unter seiner Sorge. Mit nur geringen Mitteln trieb er gleichzeitig den Ringversuch voran und hinterließ die estl. Beringungsberichte für 1922—1927 (J. Orn. 76, 1928) und für 1922—1937 (Dorpat 1938).
— Lit.: Nachruf (von H. Grote). Orn. Mber. 50, 1942, S. 61/62. - Nachruf (von L. Schuster). B. z. F. 18, 1942, S. 198. - Nachruf (von R. Drost u. E. Schüz). Vz. 13, 1942, S. 98.

Hagen, Werner, * 28. 9. 1884 Lübeck, † 29. 1. 1960 Ratzeburg (Lauenburg). Um naturw. Neigungen besser pflegen zu können, vertauschte er die ursprünglich gewählte kaufmännische Laufbahn mit dem Lehrerberuf und legte schließlich 1923 dazu noch das Examen für Mittelschulen in Biol. und Geogr. ab. Jahrzehntelang im Schulleben der Stadt Lüb. stehend, war er zugleich in den der Naturk. dienenden örtlichen Einrichtungen und Vereinen führend tätig. 50 Jahre (seit 1910) gehörte er auch der DOG an. Von 1958 ab lebte er in Ratzeb. Früh drängte ihn orn. Beobachtungseifer zu Veröff. Seit 1906 standen zahlreiche Arbeiten aus seiner Feder (es waren vor dem 2. Weltkrieg schon über 200 Titel) in Orn. Mber., Orn. Ms., Zs. Ool., Gef. W., Falco, Arch. Meckl., J. Orn., Vw. R. Kuhk verwies in den „Vögeln Meckl." (1939) auf 13 Beitr.

hauptsächlich aus der Gegend von Lüb. und dem Ostseegebiet. Da ihn verwandschaftliche Beziehungen mehrfach nach Hessen führten, sammelte er Aufz. auch in diesem Gebiet. Ein „Beitr. z. Avif. v. Hess.-Nassau" (J. Orn. 64, 1916), die „Vögel v. Bad Ems" (Gef. W. 56, 1927) und ein „Beitr. z. Vogelf. v. Hess.-Nass." (Orn. Ms. 57, 1932) waren der lit. Niederschlag. 1913 brachten ihm die „Vögel d. Freistaates u. Fürstentums Lüb.", eine Darstellung der Ornis seiner engeren Heimat, Anerkennung und Zustimmung. Der Beifall spornte ihn zu weiteren selbständigen Werken an: „D. dt. Vogelw. nach ihrem Standort" (1922) und „Unsere Vögel u. ihre Lebensverhältnisse" (1922); er hatte indes mit den hier dargebotenen Theorien und Deutungsversuchen keine glückliche Hand (vgl. die Kritik Stresemanns in Orn. Mber. 30, 1922, S. 117 u. 134). Jahrelange, schon weit gediehene Vorbereitungen für eine Avif. v. Schlesw.-Holst. versandeten seit 1929, nachdem die „Vogelw. Schlesw.-Holst." von J. H. Krohn (1924) und „Hamb. Vogelw." von F. H. Dietrich (1928) erschienen waren. An breitere Laienschichten und die Jugend wandten sich belehrende Artikel in Zeitschr. und in der Heimatpresse wie Lüb. Bl. und Lüb. General-Anzeiger. Tiergeschichten sollten daneben dazu dienen, das schwindende Naturgefühl der Zeitgenossen zu beleben. Den größten Erfolg hatte der Verf. wohl mit „Erp, d. Geschichte einer Wildente" (4 Aufl., 1938—1954), obwohl er darin nicht ganz der Versuchung entging, durch vermenschlichende Auffassung den kritiklosen Leser tierisches Verhalten mit falschen Augen sehen zu lassen. Was er schrieb, war auf ein unter freiem Himmel erworbenes Wissen und eingehende Literaturkenntnis gestützt. Auf den Sondergebieten (Faun., Ökol., Zugerscheinungen, Storchzählungen), die seine Sachkunde beherrschte, durfte er beachtliche Leistungen verzeichnen. Eine Auswertung von Ankunftsdaten aus 50 Jahren (in der Gegend von Lüb. gesammelt) kam vor seinem Tode nicht mehr zum Druck.

Hagenbeck, Karl, * 10. 6. 1844 Hamburg, † 14. 4. 1913 Hamburg. Gesunde, natürliche Erbanlagen wurden in ihm wenig durch den unregelmäßigen Besuch der Volksschule, um so mehr aber durch ein allzeit tatenfrohes Leben entwickelt. Tierliebe war der Wurzelboden für sein Tiersachverständnis und sein zool. Wissen. Daß damit frischer kaufmännischer Wagemut und das sichere Gefühl für die Nutzung des rechten Augenblicks Hand in Hand gingen, ermöglichte ihm den Aufstieg zu einem der bedeutendsten Tierhändler der Welt. Er verstand mit seinen Unternehmungen vor allem dem nach dem siegreichen Krieg von 1870/71 in Deutschl. wachsenden Interesse für Tiergärten und der allg. erwachenden Freude an der Bewunderung exotischer Tiere entgegenzukommen. An seinen Namen bleiben geknüpft die vorher nie gekannten Tier- u. Völkerschauen, der eigene Wanderzirkus, die Einführung des „zahmen" Dressurstils, der Aufbau des Tierparks in Stellingen (1907) und damit die Begründung der Tierhaltung in Freigehegen. Die Kunst, nicht nur mit Tieren in angeborenem Einfühlungsvermögen geschickt umzugehen, sondern als Typ starker männlicher Ausgeglichenheit sich auch auf die ihm begegnenden Menschen richtig einzustellen, machte ihn bei hoch und niedrig, bei gekrönten Häuptern und beim „kleinen Mann" beliebt und angesehen. Die Ernennung zum Kgl. Preuß. Kommerzienrat mag für seine Stellung in der Gesellschaft um die Jahrhundertwende sprechen. Um die Orn. machte er sich in der Praxis verdient, weil er verschiedene, damals noch seltene oder neue Vogelformen dem dt. Tiermarkt zuführte. Der DOG gehörte er seit 1871 an. Den Lauf seines Lebens zeichnete er selbst in dem Buche „V. Tieren u. Menschen, Erlebnisse u. Erfahrungen" (List-Bücherei Nr. 3).
— Lit.: Nachruf (von Ph. Lehrs). Ber. Senck. 44, 1913, S. 139—142 (mit Bildnis). - Würdigung (von A. H. Kober). D. Großen Deutschen 4, 1936, S. 301 bis 314 (mit Bildnis). - Bildnis in D. Großen Deutschen im Bild, 1936.

Hagendefeldt, Meinert Bernhard, * 1866 Tinnum auf Sylt, † 18. 12. 1914 Westerland-Sylt. Der in Westerland lebende Bankbeamte und Logierhausbesitzer war bekannt als fleißiger Faunist und Sammler. Jahrelange Erfahrungen über Brutgewohnheiten und Vogelzug auf Sylt legte der eifrige Freilandbeobachter in einer Reihe von Veröff. nieder. F. H. Dietrich (s. d.) verzeichnete in „Hamburgs Vogelw." (1928) 18 Beitr., Mitt. und Notizen zwischen 1901 und 1912; sie standen in Orn. Mber., Orn. Ms., Zs. Ool., Mitt. Vw., Zs. Stett., Orn. Beob., J. Orn.

Hagenow, Friedrich von, Dr., * 19. 1. 1797 Langenfelde bei Loitz (Mecklenburg), † 18. 10. 1865 Nielitz, Kr. Demmin (Neubrandenburg). Der vielseitig regsame Mann beschäftigte sich nicht nur als Kartograph, Historiker und Paläontologe, sondern legte auch eine ansehnliche Vogelsamml. an. Als erster entdeckte er das Brüten der Limose im damaligen Pom.; außerdem hatte er das Glück, einen Stelzenläufer auf dem Bug bei Hiddensee zu erlegen. In der Besprechung der Vogelsamml. des Greifsw. Mus. (J. Orn. 67, 1919) ist er von F. Koske (s. d.) mehrfach erwähnt. Im Schrifttum äußerte er sich nur wenig. Doch beweist der weite zeitliche Abstand von 40 Jahren, der zwischen seinen Verlautbarungen liegt, ein lange dauerndes Verständnis für die Vogelk. Die lit. Belege für dieses Interesse waren ein „Beitr. z. Orn. Pom. u. Rüg." (1820) und faun. Mitt. in Arch. Meckl. 14, 1860.
— Lit.: Nachruf (von E. Boll). Arch. Meckl. 19, 1865. - Nachruf (von Th. Pyl). Balt. Studien 21, 1866, S. 1—8.

Hahn, Carl Wilhelm, * 16. 12. 1786 Weingartsgreuth (Oberfranken), † 7. 10. 1835 Nürnberg. Als Sohn eines aus Ung. stammenden Schloßgärtners studierte er in Erl. Kameralw. und ließ sich dann in Fürth nieder. Einen Beruf scheint der eigen geartete Einzelgänger nicht ausgeübt zu haben. Die Akten des Stadtarch. Nürnb. nennen ihn Naturforscher; nach F. v. Leydig (Horae Zoologicae) (s. d.) war er „Privatgelehrter". Angeblich weil er in Fürth keine Illustratoren für seine Werke fand, siedelte er 1816 nach Nürnb. über. Hier starb er unverheiratet im besten Mannesalter an einem Lungenleiden. Von ihm hinterlassene Spuren sind naturw. Bildwerke, die ihn als Künstler ausweisen. Die meisten seiner Darstellungen beschäftigten sich mit Insekten, Spinnen, Wanzen, Geradflüglern u. dgl. Daß auch die Orn. seine Begabung und Neigung anregte, bezeugen Titel wie „Vögel aus Asien, Afrika, Amerika u. Neuholland . . ." (120 Kupfer, 1819—1836), fortgesetzt von H. C. Küster bis 1850; „Naturgetreue Abb. z. allg. Naturgesch. d. Tiere Bay." (100 Kupfer, 1826—1828); „Orn. Atlas . . ., Abt. 1: Papageien" (48 Kupfer, 1834—1836), fortgesetzt von H. C. Küster bis 1841; „Fauna Boica . . ., Abt. 2: Deutschlands Vögel . . ." (182 Kupfer, 1835). Diese Fauna, von der nur 14 Lieferungen erschienen, gab er zusammen mit J. E. v. Reider (s. d.) heraus, obwohl dessen Mitarbeit nicht erkennbar ist.

— Lit.: Stadtarch. Nürnb. u. Akten des Pfarramts Weingartsgr. - Cl. Nissen, D. Illustrierten Vogelbücher, 1953.

Haid, Johann Herkules, * 26. 12. 1738 Ulm, † 23. 8. 1788 Ulm. Er war der Sohn eines unbemittelten Gürtlers und wirkte nach dem Studium in Halle 21 Jahre lang als Gymnasialprof. in seiner Heimatstadt. Die Mitbürger sahen oder fürchteten in dem Feuerkopf einen Revolutionär, weil er im Geiste der Aufklärung heimat- u. wirtschaftskundliche Unterweisung der Ulmer Jugend forderte, um sie lebenstüchtig zu machen! Demselben Ziel, der Erweiterung des Gesichtskreises der Erwachsenen, galt seine ausgedehnte schriftstellerische Tätigkeit. Doch gingen die hochfliegenden Reformgedanken zumeist in der Engstirnigkeit und im Neid der Zeitgenossenschaft unter. Der Name des fleißigen, weitblickenden Neuerers lebt vor allem fort in dem warmherzigen Buch „Ulm mit seinem Gebiet" (1786), das heute noch Gewicht für die hist. Heimatforschung hat und in den württ. Oberamtsbeschr. Nachfolge fand. Im Abschnitt „Gesch. d. Naturhistorie unter uns" beschäftigte er sich auch mit den Vögeln und hinterließ damit erstmalig einen brauchbaren Ber. über die Ornis eines geogr. begrenzten württ. Gebietes (u. a. Steinadler in der Schwäb. Alb!). Zu einer system. Aufzählung reichten der Rahmen des Werkes und sicher auch die Kenntnisse des Autors nicht aus. Nur die auffälligsten und größten Arten sind mit den örtlichen Namen genannt. Aber mit ästhetischem Empfinden und offenem Sinn für Naturschönheit ist das Vorkommen kurz geschildert; und geahnt wird die Herrlichkeit, die „alle diese bunten gefiederten Heere" in einer Samml. bieten müßten — wenn „unter den vielen 1000 Menschen" sich einer fände, der diese Vögel auszustopfen wüßte. Naturfreude scheint demnach nicht das hervorstechendste Merkmal der Bürgerschaft gewesen zu sein, in deren Mitte der seiner Zeit vorauseilende Verf. lebte.

— Lit.: O. Häcker, Schwäb. Lebensbilder 1, 1940, S. 227—233. - W. Bacmeister, Abriß einer Gesch. d. Württ. Vogelk., Jh. Württ. 102—105, 1950, S. 15/16.

Hammer, Rudolf, Dr., * 4. 5. 1902 Stuttgart, † 28. 2. 1942 bei Barwenkowo (südöstl. Charkow). Der Vater war Hautarzt und förderte früh in seinen Kindern Anlagen, die Gemüt und Verstand auf alle Naturvorgänge lenkten. Der Sohn übernahm nach dem Studium in Tüb., Münch., Innsbr., Kiel und der Assistentenzeit in Böblingen, Stuttg., Pforzh., Ulm 1932 eine ärztliche Praxis in Weissach (Kr. Leonberg). 1940 meldete er sich an die Front und fiel als Truppenarzt. Feldorn. betätigte er sich im Bund f. Vogelsch., dessen Exk. er in späteren Jahren als Stimmenkundiger oft selbst führte. Durch rastlose Übung unter freiem Himmel verfügte er über einen gut entwickelten Beobachterblick und einen sicheren Spürsinn für Nester. Die Vogelwarte Rossitten schätzte ihn als fleißigen Außenmitarbeiter. Der heimatlichen Naturforschung diente er im persönlichen Wirken von Mensch zu Mensch auch auf anderen zool. Gebieten. Noch im Feld war er mit Eifer auf Schauen und Sammeln bedacht. Ein mehr nach innen als nach außen gerichteter Charakter, kannte er keinen Geltungsdrang. Ihm genügte der Genuß naturw. Erkenntnisse. Er griff daher trotz der Vielfalt seiner Interessen nie zur Feder und blieb einer der vielen stillen, im engeren Kreise hoch bewerteten Vertreter der Vogelk.

— Lit.: Nachruf (von E. Schüz). Jh. Württ. 97 bis 101, 1941—1945, S. LI—LIV (mit Bildnis).

Hammling, Julius, * 16. 2. 1857 Schmilau, Kr. Kolmar (Posen), † 19. 4. 1934 Schmilau. Sohn eines dt. Bauern, besuchte er das Gymnasium von Dt. Krone und studierte von 1876 ab in Bresl. und Königsb. Altphilol. und Germanistik. Nachdem er an höheren Schulen in Königsb., Nakel, Bromb., Schrimm, Gnesen, Ostrowo, Rogasen tätig gewesen war, kam er 1893 an das Mariengymnasium von Posen und verblieb hier, als Oberlehrer und Gymnasialprof. ob seiner Rechtlichkeit allg. hoch geschätzt und geehrt, bis zur Pensionierung 1919. Im August 1920 sah er sich gezwungen, in seinen Geburtsort zurückzukehren. Noch im hohen Alter drängte es den Junggesellen, über Erfahrungen und Feststellungen aus seinem außerschulischen Lieblingsgebiet, der Ornis seiner Heimat, zu berichten. Seit A. v. Homeyer und F. Schwaitzer (s. d.) rückte so die Vogelwelt der Prov. Posen zum erstenmal wieder in das Blickfeld kritischer Betrachtung. Die publizistische Regsamkeit des unermüdlichen Feldbeobachters war um so wertvoller, als die früheren Nachr. aus dem nur schwach durchforschten zool. Neuland einer zuverlässigen Ergänzung bedurften. Die Aufz. beschäftigten sich nicht nur mit der Verbreitung vieler Arten, sondern auch mit biol. Unters. und verrieten eine weite Beherrschung der Lit.; sie erlangten grundlegende Bedeutung für die Kenntnis der Vögel Posens. Zu zusammenfassenden Übersichten wurden „Beob. aus d. Umgegend v. Pos." (J. Orn. 59, 1911; zus. mit K. Schulz), „Neuer Beitr. z. Kenntnis d. Vogelw. d. Prov. Pos." (ebd. 65, 1917 u. 66, 1918), „Orn. Beob. aus d. Umgegend v. Schmilau" (Dt. wissensch. Zs. f. Polen, Heft 9, 1927), „Orn. Beob. aus d. Pos. Lande" (ebd. Heft 17, 1929), „Z. Vogelw. d. Pos. Landes" (ebd. Sonderheft 26, 1933, erschienen 1934). Das Schriftenverz. der letzten umfangreichen, 254 Arten behandelnden Arbeit enthält u. a. 23 Titel aus der Feder des Verf.; sie standen seit 1908 in der Zeitschr. Aus d. Pos. Lande, in J. Orn., Zs. d. naturw. Ver. in Pos., Dt. wissensch. Zs. f. Polen und am häufigsten in Orn. Mber. Da er Jahre hindurch einen Teil der Oster- u. Herbstferien in Tütz (Kr. Dt.-Krone) verlebte, sammelte seine liebevolle Aufmerksamkeit zugleich das Material für ausführliche „Ferienbeobachtungen aus d. Umgeb. v. Tütz in Westpr." (Orn. Mber. 23, 1915). Im Rahmen der orn. Erkundung dt. Ostgebiete wird der Name des verdienstvollen Freilandforschers ehrenvoll verzeichnet bleiben.

Hampe, Helmut, * 19. 11. 1896 Braunschweig, † 22. 6. 1939 Braunschweig. Vom Vater, einem für den Landschafts- u. Vogelschutz aufgeschlossenen Nervenarzt, erbte er eine starke Naturliebe. Sie entfachte in ihm frühe Freude an der Feldbeobachtung und an der Haltung einheimischer Körner- u. Insektenfresser. Aus dem 1. Weltkrieg kehrte er mit einem schweren Lungenschuß zurück, der ihm ein langes Siechtum brachte und ihn zwang, das med. Studium aufzugeben. Auch die berufliche Ausübung der Musik war ihm in den letzten 10 Jahren nicht mehr möglich. Vom Liegestuhl aus konnte er sich nur noch mit seinen Vögeln in Käfigen und Volieren beschäftigen. Seine Fähigkeit, Probleme zu erkennen, ein geschulter Blick und ein tapfer bewahrter Arbeitswille erhoben diese Liebhaberei schließlich zu echter, planmäßiger wissensch. Tätigkeit, durch die er trotz körperlicher Behinderung seinem Leben bis zum letzten Atemzug Sinn und Inhalt gab. Brutbiol., soziol. und system. Fragen standen im Vordergrund seiner Studien. Führend wurde er in der Zucht der Agaporniden und anderer kleinerer Papageienarten. Ihre Fortpflanzung klärte er weitgehend und hielt auch die Entwicklung der Jungen im Sinne der Arbeitsmethoden von O. Heinroth (s. d.) photogr. fest. Daneben nahm er in geistvollen Aufs. Stellung zum Tier- u. Vogelschutz und zur Vogelpflege im besonderen. Gründliche Beitr. aus seiner gewandten Feder erschienen in Orn. Ms., B. z. F., J. Orn., Orn. Mber., Vögel ferner Länder, The Foreigner, Avicultural Magazine und regelmäßig vor allem in Gef. W. Sehr gelungen sind auch die Buchveröff. über Wellensittiche, Fasanen, Unzertrennliche usw. zwischen 1932 und 1934. Liebhaberei und Forschung verloren durch sein frühes Hinscheiden eine reiche Begabung.

— Lit.: Nachruf (von O. Heinroth). Gef. W. 68, 1939, S. 472/73 (mit Bildnis). - Nachrufe (von R. Berndt). Dt. Vw. 64, 1939, S. 171/72; J. Orn. 88, 1940, S. 498—503 (mit Bildnis); Zool. G., N. F. 13, 1941, S. 361—364 (mit Bildnis u. Verz. d. Veröff.). - Nachruf (von L. Schuster). B. z. F. 16, 1940, S. 28 (mit Bildnis).

Hanák, Johann, * 25. 6. 1812 Kiskér, Komitat Abauj (Ungarn), † 2. 9. 1849 Kricsova (Komitat Krassó-Szörény). Der Piarist war Gymnasiallehrer in Máramarossziget und Mitglied der Ung. Akad. d. Wissensch. Erfolgreich bemühte er sich um die Förderung der Zool. seiner Zeit. Sein bedeutendstes Werk blieb die ung. geschriebene „Gesch. u. Lit. d. Zool. in Ung." (Pest 1849). Für Schulen verfaßte er ein Buch über die Naturgesch. der Säugetiere und Vögel (Pest 1853), das als Quellenwerk lange in Ung. geschätzt wurde. Als er während des ung. Freiheitskrieges 1848/49 seinen Orden verließ, um an den Kämpfen teilzunehmen, fand er auf der Flucht den Tod.

— Lit.: Pallas Lex. 8, 1894, S. 625. - J. Karl, Jubilärband d. Piaristen-Ordens (Budapest 1948).

Handmann, Martin, Dr., * 18. 3. 1872 Tritschinopoly, Madras (Vorderindien), † 10. 11. 1947 Döbeln (Sachsen). Als Sohn eines Missionars wuchs er seit 1876 in Greiz auf und hatte früh Freude an allem Kreatürlichen, besonders an der Beob. des Vogellebens. Nach dem Studium in Leipz. war er seit 1895 Assistenzarzt in Hamb.; bald aber ermöglichten ihm 3 Überseereisen als Schiffsarzt (einmal nach den Vereinigten Staaten, zweimal nach Südamerika), willkommene Blicke in die Weite der Welt und in fremde Faunen zu tun sowie verstärkt den Forscherneigungen nachzugehen. Sie legten den Grund zu einer Samml. vogelk. Präparate, die nach seinem Tode in das Schloß Augustusburg bei Chemnitz kam und dort noch aufbewahrt wird. Von 1903 ab widmete er sich in Döbeln, wo er eine eigene Klinik erbaute, ganz der Augenheilkunde und stellte die an sich karg bemessene Freizeit bevorzugt in den Dienst der naturw. Erkundung der neuen Heimat. Biol. Begabung verhalf ihm zu sicherer Formenkenntnis im Bereiche der Ornis (und auch der Schmetterlinge und anderer Tiergruppen). In übergroßer Bescheidenheit trat er aber meist nur mit kleineren Veröff. hervor, z. B. „Orn. Beob. in Flandern im Winter u. Frühjahr 1914/15" (Orn. Ms. 40, 1915), „Farbenvarietät b. Haussperling" (ebd. 40, 1915), „Gibt es eine Winterteilmauser d. Haussperlings, u. gibt es eine Art Dauermauser b. unseren Kleinvögeln?", eine sehr gründliche Unters. über mehrere Forts. (Mitt. Vw. 26, 1927), „Goldregenpfeifer - Charadrius apricarius L. in Sachs." (Mitt. Sachs. 3, 1932), „Orn. Beob. . . ." (Mitt. d. Ver. f. Naturfreunde Döbeln 3, 1937). Bemerkenswerte bibl. Ergänzung fanden diese Arbeiten in rege referierender Tätigkeit, mit der er C. R. Hennicke (s. d.) von 1904—1911 bei den Buchbesprechungen und Lit.-Übersichten für die Orn. Ms. zur Hand ging. Daneben war ihm fachärztlich-schriftstellerischer Erfahrungsaustausch ein oft gepflegtes Bedürfnis. Ernsthaft kritische Veranlagung und offener Blick für die Probleme des Lebens hinderten ihn nicht, sich bis ins hohe Alter beglückendes Staunen vor den großen und kleinen Wundern des Kosmos zu bewahren; diese Gabe verlieh ihm die Kraft, auch den letzten schweren Jahren mannhaft standzuhalten.

— Lit.: Nachruf (von H. Kumerloeve). B. z. Vk. (1963 noch nicht gedruckt).

Hanf, Karl Ignaz (Blasius), * 30. 10. 1808 St. Lambrecht (Obersteiermark), † 2. 1. 1892 Mariahof (Obersteiermark). Der Sohn eines Stiftsapothekers trat nach dem Besuch der Normalschule des Stifts Admont, des Gymnasiums in Judenburg und der Univ. Graz 1828 in das Benediktinerstift St. Lambrecht ein und erhielt dort den Ordensnamen Blasius. 1832 wurde er Priester, 1833 Kaplan in Mariahof. Nachdem er von 1843—1853 das Pfarramt in Zeutschach innehatte, kehrte er nach Mariahof zurück und blieb hier im Dienst bis 1889. Durch die in ihm etwa 1829 erwachte Freude am Präparieren kam er zur Vogelk. Daß er sich ihr mit wachsender Hingabe und überraschendem Erfolg widmen konnte, verdankte er den günstigen Beobachtungs- u. Jagdbedingungen in der stillen Gebirgslage seiner Wirkungsstätte und vor allem dem 889 m hoch liegenden Furtteich (Furtner Teich) auf dem Neumarkter Sattel. Der Alpensee, ein Rastplatz für viele durchwandernde Arten, reizte den naturfrohen Blick des Pfarrers zu kritisch prüfender Überwachung der Zuggewohnheiten. Die Abgeschiedenheit der Landschaft gab ihm obendrein die Muße zu einem fruchtbaren Briefwechsel mit führenden Ornithologen (u. a. Ch. L. Brehm, A. u. E. v. Homeyer, Brüder Blasius, V. v. Tschusi, A. v. Pelzeln) und damit zu vielen Veröff. aus dem bis dahin kaum beachteten Gebiet. An seinem Teiche erlegte er im Laufe der Jahrzehnte über 1000 Vögel, die er mit großem Geschick ausstopfte und zum Grundstock einer ansehnlichen Samml. machte. V. v. Tschusi berichtete über sie in J. Orn. 17, 1871; auf der Wiener Weltausstellung 1873 wurde sie bestaunt und mit hohen Preisen ausgezeichnet. Von nun an verbreitete sich der orn. Ruf des Autodidakten schnell auch in der Ferne. Die Verh. Wien, Mitt. Steierm. und Mitt. Wien brachten zwischen 1854 und 1888 seine Verlautbarungen; zu den aufschlußreichsten unter ihnen gehörten die über das Brutvorkommen des Mornellregenpfeifers in den Seetaler oder Judenburger Alpen, über den Federwechsel des Schneehuhns, über die Fortpflanzungsbiol. von Fichtenkreuzschnabel und Kuckuck. Zusammenfassenden Charakter hatten Arbeiten wie „Verz. d. in d. Umgeb. d. Furtteiches ... vorkommenden Vögel“ (Verh. Wien 6, 1856 u. 8, 1858), „D. Vögel d. Furtteiches ...“ (Mitt. Steierm. 1882, 1883, 1884), „Vogelleben auf d. Furtteiche ... i. J. 1887“ (ebd. 1887). Schon zu Lebzeiten durfte sich der seiner selbstgesetzten Aufgabe ergebene Mann mancher Anerkennung erfreuen. Nach seinem Tode übernahm das Kloster Lambrecht die berühmt gewordene Samml., der Orn. Ver. in Wien errichtete ihm 1897 ein Steindenkmal in Mariahof, und am Furtner Teich wurde die Außenstelle der Steierm. Landesvogelschutzwarte 1963 „Forschungsstätte Pater B. H.“ benannt.

— Lit.: R. Waizer, Bei einem berühmten Vogelfreunde, Gef. W. 11, 1882, S. 278—280. - Nachruf (von K. Ruß). Ebd. 21, 1892, S. 28 u. 57. - Nachruf (von V. v. Tschusi). Orn. Jb. 3, 1892, S. 87—97 (mit Verz. d. Veröff.). - Nachruf (Verf. ungen.). Orn. Ms. 17, 1892, S. 45/46. - Nachruf (Verf. ungen.). Carinthia 82, 1892, S. 26—29. - A. Schaffer, Pfarrer P. Bl. Hanf als Ornitholog (mit Bildnis u. Verz. d. Veröff.), St. Lambrecht 1904. - Österr. Biogr. Lex. ... 2, 1959, S. 178.

Hanke, Gustav, * 24. 10. 1854 Löwen (Schlesien), † 2. 9. 1929 Schmolz (Kr. Breslau). Wirtschaftliche Gründe bestimmten ihn, das nach dem Besuch des Brieger Gymnasiums begonnene Studium der Rechte aufzugeben und Bahnbeamter zu werden. Nach 20jährigem Dienst war er in Kentschkau bis 1923 als Rentmeister tätig und lebte dann in Schmolz. Vogelpflege und Ool. zogen ihn vorwiegend an und führten auch zu einigen Veröff. in der Gef. W. Deutlich drückt sich daneben sein lebhaftes Interesse an der Vogelk. aus durch langjährige Mitgliedschaft bei der DOG und durch seine Beteiligung an der Gründung des Ver. Schles. Orn. (1904). Die von ihm zusammengebrachte, nicht unbedeutende Eiersamml., die auch P. Kollibay (s. d.) als Unterlage für die „Vögel d. Preuß. Prov. Schles.“ (1906) diente, ging ins Ausland.

— Lit.: Nachruf (von H. Grünberger). Ber. Schles. 16, 1930, S. 61/62 (mit Bildnis).

Hankó, Béla, Dr., * 15. 7. 1886 Deutschendorf = Poprád (Slowakei), † 16. 11. 1959 Toronto. 1910 begann er die Hochschullaufbahn als Assistent am Zool. Inst. von Budapest. Als Prof. an den Univ. Debrecen (1929), Klausenb. (1940) und wieder Debrecen (1945) wirkte er in Ung. führend auf dem Gebiete der experimentellen Zool. Viel beschäftigte ihn die Fischkunde; dazu war er Mitglied der internat. Nomenkl.-Kommission. Im Mittelpunkt von zoogeogr. und hist. Unters. stand daneben die Tierwelt der großen ung. Tiefebene; hier zog ihn die Avif. besonders an. Aus diesen Studien erwuchsen ung. geschriebene Themen wie „Über d. ursprüngliche Fauna d. Alfölds“ (Debreceni T. I. Tud. Társ. Honism. Biz. Kiadv. 8, 1931/32, 1933) und „Am Wasser u. Ufer“ (Budapest 1933). Da er alle Zeit große Hinneigung zur Orn. zeigte, wurde er schließlich 1939 zum korr. Mitglied des Ung. Orn. Inst. ernannt. Im hohen Mannesalter ging er 1958 zu seinem Sohne nach Kanada, wo er sich noch am Mus. von Toronto betätigte.

— Lit.: Nachruf (von A. Keve). Aquila 67/68, 1960/61, S. 267/68 u. 270 (ung. u. engl.).

Hansmann, Alfred, * 27. 10. 1830 Eberswalde, † 18. 8. 1875 Stettin. Er entstammte der Familie eines preuß. Ökonomie-Kommissars und holte sich, von den Eltern unterstützt, in den heimatlichen Fluren sowie im nahen Oderbruch die erste Begeisterung für die Natur und die Freude an ihrer Beob. Nachdem er bis 1848 ein Gymnasium in Berl. besucht hatte, erwarb er 1850 das Reifezeugnis in Prenzlau und begann in Berl. zuerst Med. und dann Jura zu studieren. In jenen Jahren streifte er in vogelk. Drange durch die märk. Landschaft und trat 1851 auch der DO-G bei. Aus geistiger Verwandtschaft und poetischer Anlage erwuchs eine enge Verbindung zu C. A. Bolle (s. d.), und dieser öffnete ihm 1853 den Zugang zum orn. Kreis um B. Altum (s. d.). Leider fehlte ihm das Verständnis für ernsthafte wissensch. Verantwortlichkeit. In den entscheidenden Jünglingsjahren unterließ er es daher, die reiche Begabung zielstrebig zu entwickeln. Gute Vorsätze, Absichten und Pläne blieben in geistreichen Anfängen stecken, und er versank anscheinend in geniales Nichtstun. Der med. Fak. der Univ. Kiel soll er zwar 1860 eine belanglose Diss. „Conspectus generalis ovorum avium Europaeam habitantium“ vorgelegt haben, die später in den Besitz von J. Moyat (s. d.) kam. Es ist aber nicht bekannt, ob er jemals den akad. Grad erwarb. Jedenfalls verließ er bald nach 1860 Berl., wahrscheinlich um sich in der Prov. Posen eine neue Berufsgrundlage zu schaffen. In den 70er Jahren hatte er als Telegrapheninspektor in Stett. wieder festen Boden unter den Füßen. Hier wurde er bei der Gründung des Orn. Ver. 1873 für kurze Zeit Vorsitzender, da er den anderen Mitgliedern an orn. Kenntnissen weit voraus war. Nachdem er in Naum. 2, 1852 über Brut des Gänsesägers in der Duberow geschrieben hatte, gab er Proben seiner Vertrautheit mit der märk. Vogelwelt und seiner Darstellungskunst in Naum. 5, 1855. Besonders gewinnend war seine Plauderei über den Berl. Vogelmarkt (ebd. 8, 1858). Als Frucht einer Sardinienfahrt, zu der ihn 1856 ein Berl. Naturalienhändler eingeladen hatte, brachte er eine sehr gute Arbeit über das Leben und die Wohnplätze der Sylvien (ebd. 7, 1857) mit nach Hause. Viele Jahre schwieg er dann, meldete sich aber schließlich nochmals in der Stett. Zeit mit 3 Beitr. aus dem Odergebiet (J. Orn. 20, 1872 — 22, 1874) zu Wort. Auch sie lassen erkennen, wie formgewandt er seine biol. Erfahrungen zu gestalten wußte — und wieviel an positiver Leistung er der Orn. schuldig blieb, weil er seine Fähigkeiten nicht zu nutzen verstand.

— Lit.: H. Schalow, Beitr. z. Vogelf. d. Mark Brandenb., 1919, S. 569—577 (mit Bildnis).

Hantzsch, Adolf Bernhard, * 12. 1. 1875 Dresden, † Anfang Juni 1911 Fox Channel (Baffinland). Als Lehrer u. a. in Dresd. - Plauen betätigte er sich seit der Jahrhundertwende beobachtend in der Vogelwelt Sachs. Seinen Eifer bestätigten einige faun. und biol. Arbeiten aus den Jahren 1902—1904 in Orn. Ms., Orn. Mber., J. Orn.; in Zs. Ool. 11, 1901 äußerte er sich auch zu ool. Fragen. Er war eine von vielschichtigen Regungen bewegte, schwärmerisch romantisch veranlagte, aber nach außen beherrschte Erscheinung. In seiner Doppelnatur Gefühls- u. Tatmensch zugleich, ließ er sich von unstillbarem Drang nach Freiheit treiben und verzichtete auf die gesicherte Lebensstellung, um in der Ferne den Naturw. zu dienen. Nach wiederholten Beob.- u. Sammelreisen in slawonische Donauriede und ins Rhodopegebirge wandte er sich der arktischen Vogelforschung zu. 1903 weilte er 5 Monate auf Isl. und schrieb darüber „Beitr. z. Kenntnis d. Vogelw. Isl." (1905). 1906 war er in Labrador; über diesen Aufenthalt legte er Rechenschaft ab in „Beitr. z. Kenntnis d. Vogelw. d. nordöstlichsten Labr." (J. Orn. 56, 1908). Seit Herbst 1909 lebte er in Baffinland. Diese letzte Reise stand unter einem Unstern. Kurz vor dem Festland erlitt sein Schiff Havarie; nach Verlust des Großteils seiner Ausrüstung war er genötigt, in einem Notquartier die Wintermonate zu verbringen und im Frühjahr ungenügend ausgestattet den Marsch ins Innere anzutreten. Nach erneuter Überwinterung drang er, von Eskimos begleitet, weiter nordwärts vor, bis er an Entkräftung starb. Ein Vorbild von Fleiß, Gründlichkeit und Gewissenhaftigkeit, half er bei seinen Unternehmungen an verschiedenen Missionsanstalten. Nach seinem Tode kamen die hinterlassenen zool. und ethnogr. Aufz. aus Baffinland nach Berl. E. Hesse (s. d.) bearbeitete daraus die „Orn. Tagebücher" (J. Orn. 63, 1915), und B. Hoffmann (s. d.) veröffentlichte orn. Eintragungen „Aus B. H.s letztem Tagebuch" (Mitt. Sachs. 2, 1929).

— Lit.: Nachruf (von A. Jacobi). J. Orn. 61, 1913, S. 161—167 (mit Verz. d. Veröff.). - Nachruf (von O. Koepert). Orn. Ms. 38, 1913, S. 107/08. - Nachruf (von M. Rosenmüller). Mitt. Ver. f. Erdk. Dresd. 2, 1913, S. 669—716 (mit Bildnis). - Würdigung (von O. Bamberg). Zs. Ool. u. Orn. 27, 1922, S. 1—5. - Würdigung (von R. M. Anderson). Auk 45, 1928, S. 450—466 (mit Verz. d. Veröff.). - Würdigung (von B. Hoffmann). Mitt. Sachs. 2, 1929, S. 23—28 (Sonderheft mit Bildnis). - G. Timmermann, D. Vögel Islands, 1938—1949 (mit Bildnis). - Bildnis in R. Heyder, D. Vögel d. Landes Sachs., 1952.

Harnisch, Erich, * 4. 11. 1894 Waldenburg (Sachsen), † 29. 11. 1953 Crimmitschau. Er erlernte das Bäckerhandwerk, wechselte aber nach dem 1. Weltkrieg in die Weberei über und arbeitete sich durch Fleiß und Geschicklichkeit zum Stuhlmeister empor. In seiner Freizeit war er unermüdlicher und gewissenhafter Feldornithologe, der es verstand, die selbst erworbenen Kenntnisse auch anderen weiterzugeben. In Westsachs. und Ostthür. lagen seine Beobachtungsgebiete. Mehr als 20 Jahre kam er auf regelmäßigen Exk. vor allem an die Frohburg-Eschefelder Teiche und später an das Pleiße-Speicherbecken bei Windischleuba, wo seine Liebe den Sumpf- u. Wasservögeln galt. In dieser Zeit entwickelte er sich als Autodidakt zum ausgezeichneten Limikolenkenner.

— Lit.: Nachruf (von W. Fischer). B. z. Vk. 4, 1954/56, S. 180. - Nachruf (von W. Semmler). Mitt. Thür. 4, 1957, S. 71. - Bildnis in R. Heyder, Nachtr. z. sächs. Vogelf., B. z. Vk. 7, 1962.

Hartert, Ernst, Dr. h. c., * 29. 10. 1859 Hamburg, † 11. 11. 1933 Berlin. In den Garnisonen (Hamb., Wesel, Schweidnitz, Glatz, Bresl., Pillau) seines naturbegeisterten, jagdliebenden Vaters, eines kurhess. Offiziers und späteren preuß. Generalmajors, holte er sich die orn. Anfangssporen. Das Reifezeugnis erwarb er Ende der 70er Jahre in Bresl. Fremd blieben ihm jedoch innere Beziehungen zur Schule, und nur kurz besuchte er die Univ. von Königsb. u. Berl. Auf Examensabschluß und akad. Abstempelung verzichtete er, weil er begnadete Naturanlagen auf eigenen Wegen und aus eigener Kraft entwickeln konnte. Die Autorität der Kathederweisheit verblaßte vor seiner kritischen Einstellung. In einem Nachruf (J. Orn. 37, 1889) für den von ihm bewunderten E. F. v. Homeyer (s. d.) schrieb er: „E. F. v. H. . . . konnte sich mit der Wissensch. beschäftigen, ohne studiert zu haben, nicht aus amtlicher Pflichttreue, sondern aus bloßer Liebe zur Sache, ohne des Auges Schärfe in qualvollen Vorbereitungen zu peinlichen Prüfungen in hohen Lehranstalten eingebüßt zu haben, ohne Beeinflussung notgedrungener Weise zu verehrender Lehrer, frei seinen ureigenen Ideen und Eindrücken nachgebend." Wer zwischen den Zeilen zu lesen versteht, glaubt diese Worte einer Autobiogr. des Verf. entnommen. 1879 kam er nach Ost- und Westpreußen und stieß hier auf die Spuren von F. Löffler und K. L. Böck (s. d.). Vornehmlich in der Umgeb. von Königsb. und Pillau setzten seine vogelk. Forschungen ein. Die Frühjahrsmonate der Jahre 1881—1884 sahen ihn in Litauen und Masuren, die Herbstzugzeiten daneben namentlich am Haff und Ostseestrand. 1882 beobachtete er als Gast E. F. v. Homeyers länger als ein Vierteljahr in den entlegensten Wald- u. Seegebieten des südöstl. Teiles. 1884 reiste er von März bis Juni zu Sammelzwecken im östl. Bereiche der Prov. In den Winterzeiten saß er studierend in Mus. und an der eigenen Samml. „Über d. Vögel d. Gegend v. Wesel . . ." (J. Orn. 35, 1887) und „Vorläufiger Versuch einer Ornis Preußens" (Mitt. Wien 11, 1887) gehören zu den Veröff. dieser Frühzeit. Dann trieb es ihn in die Ferne fremder Länder. Zwischen 1885 und 1892 beteiligte er sich an Sammel- u. Forschungsreisen in den Tropen Afrikas, Asiens und Amerikas. Schließlich erreichte er die lang gesuchte Lebensbasis in der Direktorstelle am Rothschild-Mus. in Tring; sie hielt ihn für 38 Jahre in Engl. fest. Die engl. Staatsbürgerschaft machte ihn nicht wankend in seinem Verhältnis zum Vaterland; um so schmerzlicher war für ihn der Tod seines einzigen Sohnes, der als engl. Offizier im 1. Weltkrieg fiel. 1930 ließ er sich — im Ruhestand — endgültig wieder in Berl. nieder, zurückblickend auf eine Lebensarbeit, die der orn.

System. entscheidend neue Wege wies. Als er 1889 aus Indien heimkehrte, stand er im nomenkl. Irrgarten, wie ihn das 19. Jahrh. geschaffen hatte. Er fand den befreienden Pfad, indem er mit eigenschöpferischen Vorstellungen nach den Lehren der Evolutionstheorie an die Klassifikation heranging. Der Strom seiner reformerischen Erkenntnisse begann die alten Dämme einzureißen, als er in der Einleitung zum Kat. der Senckenb. Vogelsamml. 1890 von den hergebrachten Speziesdefinitionen abrückte und die Subspezies als Formen bezeichnete, „welche von anderen noch nicht genügend entfernt sind, um ihnen den Rang der Spezies beizumessen"; und die alte Schule hob er völlig aus dem Sattel, als er forderte, daß allein „Unterschiede verbunden mit geogr. Trennung" für die Subspezies kennzeichnend sein könnten. Für dieses Bekenntnis begegneten ihm am Mus. in Tring immer neue Bestätigungen bei der Bearbeitung des ungeheuren Materials, das ihm der Erwerb alter Samml. und die von ihm planmäßig angesetzten Exp. hauptsächlich aus Neuguinea und den indo-australischen Inseln in die Hände lieferten. Mit der neuen These verband er folgerichtig den Gebrauch der in Amerika seit 1885 üblichen ternären Bezeichnung. Mitstreiter im Kampf gegen die amtlich wie wissensch. damals führenden Männer war O. Kleinschmidt (s. d.), mit dem ihn seit 1893 enge Freundschaft verband — auch wenn grundsätzliche Abweichungen der Auffassungen (s. Raben- u. Nebelkrähe; Fragen d. Nomenkl.) zwischen ihnen standen. Beide Vertreter der jüngeren Generation mühten sich zeitlebens in gegenseitigem Gedankenaustausch (vgl. H. Kelm, J. Orn. 101, 1960) um eine Klärung der Artenfrage. Und H. stellte sich unbestritten an die Spitze der orn. Systematiker seiner Zeit, nachdem er mit dem Kleinschmidtschen Formenkreisbegriff — der Zusammenfassung geogr. vikariierender Vertreter in einer Einheit — seiner system. Arbeit neuen, festen Inhalt verlieh. Die Würdigung von Kleinschmidts Gedanken (J. Orn. 48, 1901) darf als Einleitung des neuen Abschnitts in der System. gelten. Die Zäsur aber wurde für die wissensch. Welt deutlich mit der 1. Lieferung der „Vögel d. paläarkt. Fauna" (3 Bde. 1910—1922, Nachtr. 1923). Obwohl die Beschäftigung mit Tausenden von Bälgen aus aller Welt (es waren 280 000, die er in Tring vereinigte) ihn viel zwischen Museumswänden und am Schreibtisch festhielt, bewahrte er sich bis ins hohe Alter unübertreffliche Meisterschaft in der Beob. unter freiem Himmel; ihr huldigte er noch nach dem 1. Weltkrieg mit stets neuer Leidenschaft, sei es im Atlas, in der Sahara oder auch — zusammen mit seinem Freunde L. v. Boxberger (s. d.) — in der Umgeb. des hess. Marb. Kein von ihm selbst überprüfter Lebensvorgang schien ihm unwichtig, und er schätzte sich glücklich, wenn eine durch die Unters. des Vogelkörpers vorgenommene Eingliederung eine Stütze fand durch Erfahrung draußen in der Natur. Neu für ein system. Werk waren daher die in den paläarkt. Monogr. sorgfältig ausgearbeiteten biol. Angaben, die er den beschriebenen Arten zufügte. Hoch entwickelter Formensinn, erprobt und gewachsen in liebevoller Anschauung des toten und lebenden Vogels, lenkte seinen Forscherdrang. Daß er mit den in ihm wirkenden geistigen und künstlerischen Kräften der evolutionistischen Betrachtung des Speziesproblems in Europa zum Siege verhalf und die vor seinem unbestechlichen Auge verschwenderisch ausgebreiteten Objekte durch kritischen Vergleich nach inneren Zusammenhängen und Verwandtschaftsverhältnissen in einem überzeugenden Aufbau zu ordnen verstand, das machte ihn zu einem der glänzendsten Vertreter der dt. Orn. Seine bescheiden sich zurückhaltende Persönlichkeit schmückte daher mannigfacher Lorbeer: Dr. h. c. der Univ. Marb. 1904, Ehrenvorsitz der DOG 1933, Ehrenmitgliedschaft vieler wissensch. Gesellschaften der Erde, Ordensauszeichnungen. Die letzte Ruhe fand er auf dem Waldfriedhof in Dahlem.

— Lit.: E. Hartert, Aus d. Wanderjahren eines Naturforschers - Reisen u. Forschungen in Afrika, Asien u. Amerika, Berl. 1901/02. - Bildnis in F. Tischler, D. Vögel d. Prov. Ostpr., 1914. - Nachrufe (von F. Steinbacher u. E. Stresemann). J. Orn. 82, 1934, S. 169—183 (mit Bildnis). - Nachruf (von O. Kleinschmidt). Falco 30, 1934, S. 5/6. - Nachruf (von W. v. Rothschild). Ibis (13) 4, 1934, S. 350—377 (mit 2 Bildnissen u. Verz. d. Veröff.). - Nachruf (von E. Mayr). Auk 51, 1934, S. 283—286. – Nachruf. Ardea 23, 1934, S. 101. – Nachruf (von L. v. Boxberger). B. z. F. 10, 1934, S. 26—28. - Würdigung (von dems.). Geist und Leben Nr. 12 v. 28. 6. 1938, Beil. z. Oberhess. Ztg. Marb. - H. Kumerloeve, Ergänzungen z. Verz. d. Veröff., Mitt. Vw. 36, 1937, S. 12/13. – E. Stresemann, Entw. d. Orn., 1951. - Ders., Rückblick u. Ausblick, J. Orn. 100, 1959, S. 433—438. – H. Kelm, O. Kleinschmidt u. E. H. . . . , ebd. 101, 1960, S. 404 bis 471 (mit Bildnis).

Hartlaub, Clemens, Dr., * 18. 2. 1858 Bremen, † 4. 2. 1928 Mölln (Lauenburg). Der Sohn von Gustav H. (s. d.) studierte Naturw. und war jahrelang an der Zool. Stat. Neapel tätig. Nach der Gründung der Preuß. Biol. Anstalt auf Helgol. übernahm er 1892 die Leitung der Zool. Abt. Mit der Betreuung des Nordsee-Mus. unterstand ihm die große Vogelsamml., die H. Gätke (s. d.) aufgebaut hatte. Er war Zoologe, aber nicht Ornithologe von Fach und setzte die planmäßigen Beob. Gätkes nicht fort. Trotzdem vermehrte er bis über die Jahrhundertwende hinaus die Samml. um fehlende oder seltene Stücke und berichtete darüber in verschiedenen kurzen Mitt. Auch bemerkenswerte Zugerscheinungen hielt er lit. fest, so daß sein Name zwischen 1894 und 1908 mit kleinen Nachr. in Orn. Mber. erschien. Schließlich verdankte ihm R. Blasius (s. d.) für die 2. Aufl. der „Vogelwarte Helgol." (1900) eine Reihe von Angaben, die die Liste der inzwischen auf Helgol. erstmalig festgestellten Arten ausweiteten. Von 1909 ab legte er die Verwaltung der Vogelsamml. ganz in die Hände von H. Weigold. Wenn sein orn. Bemühen auch recht gering war und nur Züge der Nebensache trug, dürfte die Nennung zu rechtfertigen sein, zumal er neben dem bedeutenden Vater als Autor ins Schrifttum eingegangen ist.

Hartlaub, Gustav, Dr., * 8. 11. 1814 Bremen, † 20. 11. 1900 Bremen. Das kultivierte väterliche Handelshaus lenkte die vielseitige Begabung des jungen Mannes auf Gebiete wie Geogr., Gesch., Lit., Musik. Als er in Bonn, Berl., Gött. von 1831 bis 1838 Med. und Naturw. studierte, erwachte in ihm eine neue, nie mehr abgelegte Neigung; sie galt der exotischen Orn. Er wurde — nach

Reisen im Ausland und dem Besuch vieler europ. Mus. — einer ihrer ersten und klügsten Vertreter in Deutschl. Ärztliche Praxis in seiner Heimatstadt und Wohlhabenheit erlaubten ihm den Erwerb der hauptsächlich aus Frankr. und Engl. stammenden Lit. und die Beschaffung exotischer Vogelbälge, mit denen er die damals bescheidene Samml. des Brem. Naturh. Vereins 1844 schon auf 2000 Arten erhöhte. Beim Studium des von Naturalienhändlern bezogenen Materials blieb sein klar gliedernder Blick aber nicht auf die übliche Behandlung der Arten und ihrer klimatischen Abwandlungen gerichtet, sondern auf die Gruppierung nach natürlicher Verwandtschaft. Da er in Deutschl. nicht die geeignete Plattform zur Verbreitung der system. Ordnungsbemühungen finden konnte, übergab er die ersten Veröff. seit 1841 der franz. Zeitschr. „Revue Zoologique". Sein Ansehen wuchs so schnell, daß ihm 1846 die Jber. über die Leistungen auf dem Gebiete der Vogelk. für das Arch. Naturgesch. übertragen wurden. Bis zum Jahre 1871 lieferte er diese bibl. Übersichten. Sie waren das Sprachrohr, mit dem der scharf analysierende Kritiker und Zensor die Entfaltung der dt. Orn. nicht nur begleitete, sondern auch in seinem Sinne beeinflußte. Schon 1848 (Arch. Naturgesch., Bd. 2) bekannte er sich zu den von J. Müller und J. Cabanis (s. d.) vertretenen system. Gesichtspunkten. Als er einsah, daß sich mit den um die Naum. gescharten dt. Ornithologen keine die gesamte Vogelf. der Welt berücksichtigende wissensch. Neugeburt erreichen ließ, ging er in entschlossenem Einsatz J. Cabanis bei der Gründung des J. Orn. als eines „Centralorgans f. d. ges. Orn." (1852) zur Hand. Von den ersten Jahrgängen an brachte die Zeitschr. — neben Abh. Brem., Ibis, Proc. Z. S. London — seine Veröff. Zogen ihn ursprünglich die Vögel aller Erdteile an, so verdichteten sich seine Unters. auf Teile Afrikas, als er mit den im Hamb. Mus. eintreffenden Samml. des Reisenden K. Weiß (s. d.) von der Goldküste und den Inseln São Tomé und do Príncipe bekannt wurde. Das aus diesen Studien hervorgegangene Buch „System d. Orn. Westafrikas" (1857) verhalf der afrik. Vogelk. zu schnellem Aufstieg. Einer ersten „System. Übersicht d. Vögel Madagaskars" (J. Orn. 8, 1860) ließ er 1877 die „Vögel Madagaskars u. d. benachbarten Inselgruppen" folgen. Weitere Förderung erfuhr die exotische Orn. in Deutschl., als er 1864 O. Finsch (s. d.) nach Brem. holte. Die damals aus der Südsee beim Hamb. Handelshaus J. C. Godeffroy (s. d.) eintreffenden Sendungen genauestens zu bearbeiten, taten sich beide Forscher zusammen. Schon 1867 zeigte sich in der „Orn. d. Viti-, Samoa- u. Tongainseln" die erste Ernte. Ihr schlossen sich bis 1879 noch viele wichtige gemeinsame oder selbständige Abh. über die Ausbeute der Pioniere Godeffroys an, darunter die Beschr. von 50 neuen Arten. Zahlreiche Typen kamen nach dem Zusammenbruch der Hamb. Firma 1886 in das Zool. Mus. von Hamb., wo sie 1943 durch Bomben zugrunde gingen. In jene Zeit (1870) fiel auch die Zusammenfassung des Wissens über die Vögel Ostafrikas im 4. Bd. des v. d. Deckenschen Reisewerks, die ihm im Verein mit O. Finsch wegweisend gelang. Sie hinwieder veranlaßte Emin Pascha (s. d.), den Brem. Gelehrten um Bestimmung der in Ostafrika eingebrachten Vogelbälge zu bitten. Die Entdeckung vieler Neuheiten und deren Bekanntgabe in J. Orn. waren das Ergebnis. H. war eine geistvolle, in sich selbst ruhende Persönlichkeit mit enz. Kenntnissen. Neben J. Cabanis befreite er die dt. Orn. aus der europ. Begrenzung und öffnete ihr — Arbeiten mit ausländischen Fachleuten wie Monteiro (1860, 1865), Blanford (1867), Dubois (1886) trugen gleichfalls dazu bei — den Weg zur wissensch. Erforschung der außerpaläarkt. Vögel. Obwohl die heimische Vogelf. in seinem Werk nur nebengeordnete Beachtung fand, steht sein Name in der Entwicklung der innerdt. Verhältnisse ebenso an hervorragender Stelle: 1851 gehörte er zu den Gründern der DO-G, 1867 unterzeichnete er den Aufruf zur Bildung der DOG, von 1883—1890 hatte er den Vorsitz inne. Nachdem er 1390 den ärztlichen Beruf aufgegeben hatte, beendete er mit einem „Beitr. z. Gesch. d. aussterbenden Vögel . . ." (Abh. Brem. 14, 1898) und einem 1894 als Msk. gedruckten Verz. seiner Veröff. den Dienst an der Vogelk. Mit viel Weisheit gesegnet, lebte er fürderhin (nach seinen eigenen Worten) nur noch in Goethe. 28 Arten wurden ihm zu Ehren benannt. Die Leopoldina zählte ihn seit 1857 zu ihren Mitgliedern.

— Lit.: Nachruf (von M. Lindemann). Weser-Ztg. v. 1. 12. 1900; abgedruckt in Orn. Mber. 9, 1901, S. 1—4. - Nachruf (von P. Leverkühn). J. Orn. 49, 1901, S. 337—359. - Nachruf (von E. Oustalet). Ornis (franz. Ausg.) 11, 1900/01, S. 482—485. - Nachruf (von Ph. L. Sclater). Ibis (8) 1, 1901, S. 348—351. - Nachruf (Verf. ungen.). Auk 18, 1901, S. 219. - Nachruf (von R. Blasius). Zs. Stett. 25, 1001, S. 1—5. - Nachruf (von O. Finsch). J. Orn. 50, 1902, S. 349—356. - E. Stresemann, Entw. d. Orn., 1951 (mit Bildnis).

Hartmann, Georg Leonhard, * 14. 3. 1764 St. Gallen, † 8. 5. 1828 St. Gallen. Er besuchte das Gymnasium und bildete sich in Zürich, Frankf. und Düsseld. in der Malerei aus. 1789 kehrte er in die Vaterstadt zurück. Da ihm der erlernte Beruf kein Glück brachte, ging er zu hist. und naturw. Studien über. Der Strudel der franz. Revolution störte aber auch das Gleichmaß dieser Entwicklung und hob ihn bald in die Stelle eines Untersekretärs bei der Verwaltung des neu gegründeten Kantons Säntis und schließlich in die eines Erziehungsrates. Wissensch. keineswegs geschult, aber befähigt und voll redlichen Wollens, war er nie mit den gegebenen Verhältnissen und sich selbst zufrieden; bei vielen durchaus wohlgesinnten Zeitgenossen schadete er sich zudem durch eine mit den Jahren wachsende Neigung zu hemmungsloser Kritik. Vereinsamt, verbittert, verarmt und niedergedrückt von häuslichen Sorgen, verbrachte er den letzten Lebensabschnitt. In der Vielseitigkeit der Anlagen und Begabungen des tätigen Mannes war die Beschäftigung mit der Naturgesch. der Heimat nur ein Teilgebiet. Aus seiner Feder gingen Arbeiten über Mäuse, Schlangen, Mollusken, Fadenwürmer und die erste Fischfauna der Schweiz hervor. Ein „Verz. d. Vögel d. Kantons Säntis" (Wochenbl. f. d. Kanton Säntis, 1798) bezeugte offenen Blick für die Ornis. Seine Erstlingsschrift war eine kleine Abh. unter dem Titel „Über d. Bodensee" (1795). Später erkannte er ihre Mängel und ließ daher im „Versuch einer Beschr. d. Bodensees" (1808) eine verbesserte, ihn mehr befriedigende Aufl. erscheinen. Sie wurde eine

lange in Ansehen stehende Grundlage der Bodenseeforschung. Im umfangreichsten Abschnitt über die Tierwelt nehmen hier neben nur zwei Säugetieren und 26 Fischen die Vögel einen breiteren Raum ein. Von 73 Arten sind Beschr., Vorkommen, Phänol. und volkstümliche Namen behandelt. Das Wassergeflügel (Enten, Säger, Taucher) ist allein mit 24 Formen vertreten. Die Kolbenente kannte der Autor noch nicht als Brüter. Nur über die Entwicklung des dortigen Auftretens konnte er einen Beitr. liefern: „Diese schöne Ente, die noch vor ungefähr 15 Jahren in unseren Gegenden nie wahrgenommen wurde, ist seither des Winters, besonders auf dem Untersee, nicht selten".
— Lit.: Biogr. H. s (von T. Schiess). Neujahrsbl. d. Hist. Ver. St. Gallen f. 1924, S. 1—48 (mit Bildnis). - R. Lauterborn, D. Rhein, . . . , Freib. 1934, S. 225—230.

Hartwig, Waldemar, * 1851 Oderbruch, † 15. 6. 1901 Berlin. Als Sohn eines Kleinbauern, in der äußeren Erscheinung sowie in Sprache und Wesen schwerfällig, kam er 1876 an die Sophienschule nach Berl. und wurde bald Oberlehrer. Über seine Jugendjahre ist kaum etwas bekannt, doch brachte er eine gute Kenntnis der heimischen Vögel mit. 1884 trat er der DOG bei und schloß sich eng an K. Deditius (s. d.) an. Mit ihm zusammen durchstreifte er die Mark und ging gerne den unterschiedlichen Gestaltungen des Vogelliedes innerhalb der Arten nach. In den Berl. Fachkreisen hatte er schnell eine angesehene Stellung, und sein reiches biol. Wissen fand durch die Wahl in den Aussch. Beob.-Stat. Deutschl. entsprechende Anerkennung. In J. Orn. 37, 1889 und in Gef. W. 18, 1889 ließ er die orn. Auswertung einer im Juli/August 1883 nach dem Nordkap unternommenen zool.-botan. Reise erscheinen; hier finden sich auch Hinweise auf die Palménsche Zugstraßentheorie, die er schon 1885 in einer Studie „Z. Vogelzuge" ablehnte. 1886 erschütterte ein schwerer Sturz aus der Straßenbahn seine Gesundheit so ernsthaft, daß er an den Folgen stets zu leiden hatte. Eine Erholungsreise von Januar bis Mai 1886 nach Madeira führte zur Beschäftigung mit der dortigen Ornis und zu seiner umfangreichsten Veröff. (J. Orn. 34, 1886; Gef. W. 16, 1887). Da er sich mit dem auf der Insel lebenden Pater E. Schmitz (s. d.) befreundete, war es ihm möglich, in den späteren Jahren noch Abrundungen der Reiseergebnisse vorzunehmen (Ornis 7, 1891; J. Orn. 41, 1893; Orn. Mber. 1, 1893). Häufig zur Feder zu greifen, entsprach nicht seiner zurückhaltenden Veranlagung. Lieber teilte er schon Beob. und Erlebnisse aus den verschiedensten Gegenden der Prov. Brandenb. in den Sitzungen der DOG mit. Einen großen Schatz orn. Erfahrungen nahm er mit sich auf die stille Gräberstraße. Schon vorher aber erlitt seine naturw. Arbeitsrichtung einen eigenartigen Bruch, indem er 1893 plötzlich und ohne erkennbaren Anlaß im Bereiche der Vogelk. verstummte und der DOG den Rücken kehrte. Eine Darstellung der Girlitzverbreitung in Mittel- u. Norddeutschl. (Orn. Mber. 1, 1893) und ein Beitr. zum Brutvorkommen des Halsband- u. Zwergfliegenschnäppers in Deutschl. (J. Orn. 41, 1893) waren seine letzten orn. Äußerungen. Er wandte sich in Zukunft der Erforschung der Krebstiere der Mark zu und zeigte sich auch auf diesem Studienfeld erfolgreich und sogar überraschend schreibfreudig.
— Lit.: Nachruf (von E. Schmitz). Orn. Mber. 9, 1901, S. 160. - H. Schalow, Beitr. z. Vogelf. d. Mark Brandenb., 1919, S. 586—589 (mit Bildnis).

Hauchecorne, Friedrich, Dr., * 22. 9. 1894 Charlottenburg, † 20. 1. 1938 bei Jülich (Rheinland). In Berl. wuchs er auf, nahm als Freiwilliger am 1. Weltkrieg teil und wurde noch 1920 als Soldat bei Straßenkämpfen in Berl. verwundet. Dann studierte er Landw. in Berl. und bereitete sich im Zool. Garten gleichzeitig auf die Tiergärtner-Laufbahn vor. 1926 übernahm er den Zoo von Halle, 1929 den von Köln und leitete sie mit feinem tierpsychol. Verständnis. Leidenschaftlich lebte er für die Natur und nahm sich ebenso tatkräftig der Erhaltung ihrer Tierwelt an. Seine besondere Liebe galt den Vögeln, die er von Jugend an im Hause zu pflegen und mit scharfen Sinnen unter freiem Himmel zu beobachten wußte. Er war ein geschickter Führer auf orn. Exk. und in seinen Gärten darauf bedacht, durch die Anlage von naturgemäßen Vogelgehegen nicht nur Freude an heimischen wie fremdländischen Vogelgesellschaften zu wecken, sondern auch die dort sich bietenden Beobachtungsmöglichkeiten in wissensch. Ergebnisse umzusetzen. Über Erfahrungen aus seinem Wirkungsbereich berichtete er verschiedentlich in der Gef. W. sowie in der Zeitschr. „Naturschutz", und sein volkserzieherisches Bemühen stand bei Fachleuten und Liebhabern in hoher Wertschätzung. Ein Unglücksfall auf der Treibjagd raffte ihn in der Blüte der Jahre dahin.
— Lit.: Nachruf (von R. Neunzig). Gef. W. 67, 1938, S. 61. - Nachruf (von K. M. Schneider). Zool. G., N. F. 10, 1938, S. 81—83 (mit Bildnis). - Nachruf (von E. Stresemann). Orn. Mber. 46. 1938, S. 64. - Nachruf (von O. Kleinschmidt). Falco 34, 1938, S. 74/75.

Hauer, Béla, * 27. 2. 1847 Pest, † 8. 8. 1920 Harta (Komitat Pest). Er war Gutsbesitzer in Harta und hatte in Keszthely Landw. studiert. Sein orn. Interesse galt hauptsächlich angewandten Unters. 1898 wurde er, mit O. Herman (s. d.) befreundet, korr. Mitglied der Ung. Orn. Zentrale. Seit 1904 erschienen dann von ihm in Aquila öfters Veröff., die sich mit dem Schaden und Nutzen der Saatkrähe beschäftigten. Dieselbe Frage behandelte er auch in seiner letzten Arbeit, einer ung. geschriebenen Broschüre, zu der O. Herman das Vorwort schrieb; ihr Titel war „D. Bedeutung d. Saatkrähe in d. Landw." (1905).
— Lit.: Nachruf (von J. Schenk). Aquila 27, 1920, S. 297/98.

Haun, Max, * Schwachenwalde (Kr. Arnswalde), † 1945 Berlin-Köpenick. Der Postbeamte war zunächst in der Prov. Posen und nach dem 1. Weltkrieg als Rechnungsrat in Berlin tätig. Von 1922—1934 stand sein Name in der Mitgliederliste der DOG. Wie A. v. Treskow, P. Gressin, G. Schiermann, M. Garling (s. d.) und manch anderer Wald- u. Wiesenläufer gehörte er zu dem um H. Hocke (s. d.) gescharten Oologenkreis. Naturhafte Einfachheit ließ ihn, selbst als er würdiger alter Herr mit weißem Bart war, außer den Eiern (soweit sie noch auszublasen waren) auch alle erreichbaren Nester mit nach

Hause nehmen. Ein Gradmesser seiner Leidenschaft mag die aus seiner Feder stammende Feststellung (in B. z. F. 6, 1930) sein, nach der er von 1907—1912 in der Nähe von Schmiegel (jetzt zu Polen gehörig) allein 16 Gelege des Habichts erbeutete. Doch beobachtete er bei aller Hemmungslosigkeit gegenüber den begehrten Objekten auf einsamen Sammlerpfaden so umsichtig und kritisch, daß er die avif. und brutbiol. Kenntnisse aus dem nordöstl. Teil der Neumark, der früheren Prov. Posen und der Umgeb. von Berl. nicht unwesentlich erweiterte. Seit 1907 sind seine Erfahrungen durch kurze Notizen und andere Ber. in Zs. Ool. u. Orn. niedergelegt; nach deren Ende standen ihm durch Beziehungen zu L. v. Boxberger (s. d.) die B. z. F. zur Verfügung. 1932 verschwand sein Name aus der Fachliteratur. Zu den letzten Veröff., in denen sich auch ein erfreuliches Verhältnis zum Schrifttum verriet, zählen Mitt. wie „Großes Gelege von Circus aeruginosus" (6er Gelege aus Gegend Großkreuz) (B. z. F. 6, 1930), „Beob. über d. Brutleben v. Hauben- u. Heidelerche" (ebd. 6, 1930), „Brutzeit d. Schafstelze" (ebd. 7, 1931), „Statistische Unters. über d. Eierzahl in d. Gelegen d. 3 Lerchenarten . . . sowie Goldammer" (Nachweis, daß Zweitgelege nicht immer weniger Eier haben als Erstgelege) (ebd. 7, 1931).

Hauptvogel, Anton. 1869 begann er, seine vogelk. Beob. aus dem nordwestl. Böhmen in einem Tagebuch festzuhalten. Als er dann Lehrer in Aussig war, arbeitete er seit 1883 an den Ber. Beob.-Stat. Österr.-Ung. mit und ließ während der folgenden Jahre in 10 Teilen „Orn. Beob. aus d. Aussiger Jagd- u. Vogelschutzverein" (Mitt. Wien 10, 1886 — 18, 1894) erscheinen. Es waren in erster Linie phänol. Daten, außerdem auch Beitr. über Vorkommen und Biol. der Vögel aus der näheren Umgeb. seines Wohnsitzes. Die von ihm gelieferten Nachr. — sie begnügten sich vielfach mit einfacher Registrierung — erreichten aber die bemerkenswertere Note seines zeitgenössischen und kritischeren Landsmannes J. Michel (s. d.) nicht; sie bewegten sich vielmehr auf ähnlichem Gefälle wie die von W. Peiter (s. d.) stammenden Verlautbarungen. Die Suche nach weiteren Lebensdaten blieb ohne Ergebnis.

Hausmann, Ernst, * 10. 7. 1865 Kronstadt (Siebenbürgen), † 21. 6. 1942 Bacsfalu bei Kronstadt. Wilhelm H.s (s. d.) Sohn sollte ohne höhere Schulbildung Bildhauer werden. Er besuchte daher die Kunstgewerbeschule in Kronst. und die Fachschule für Kunstschnitzerei in Hosszufalu. Die vom Vater ererbte Naturliebe sowie die Freude am Beobachten, Jagen und Sammeln in einer begnadeten Landschaft ließen ihn aber andere Wege gehen. Er wandte sich — mehr Idealist und Künstler als Geschäftsmann — der Tierpräparation zu, wurde Meister seines Faches und hervorragender Feldornithologe. Seine Sachkunde erwies sich allein durch 3 Neuentdeckungen, die ihm Siebenb. zu danken hat; es sind der Kurzfangsperber - Accipiter brevipes vom 22. 8. 1904, die Kurzzehenlerche - Calandrella brachydactyla vom 13. 4. 1902, die Maskenstelze - Motacilla flava feldegg vom 19. 4. 1892. Schüchternheit und Bescheidenheit sperrten ihm vielfach den Weg in die Öffentlichkeit selbst seiner engeren burzenländischen Heimat; so trat er auch erst 1906 dem Ung. Orn. Inst. bei. Als ständiger Beobachter arbeitete er hier so fleißig mit, daß er in den 30er Jahren zum korr. Mitglied des Inst. ernannt wurde. Wenn er auch lieber zum Gewehr als zur Feder griff, so konnte die Aquila von 1907—1931/34 immerhin 14 Beitr. faun., biol. und phänol. Inhalts aus seinem Erfahrungsbereich bringen. Die darin enthaltenen Daten sind von H. Salmen (s. d.) in der „Ornis Siebenb." (Linz 1958) festgehalten und ausgewertet. Dazu führte der unauffällig tätige Sammler und Jäger in der Stille 55 Jahre lang ein zwar anspruchsloses aber stofflich reiches Tagebuch, in dem die Vogelk. den breitesten Raum einnahm. H. Salmen wollte es nach dem Tode des Verf. in der Aquila veröffentlichen. Da der Bearbeiter im August 1944 selbst aus der Heimat fliehen mußte, blieb das fast fertige Msk. in Kronst. zurück und muß als verloren gelten. Ein ähnliches Schicksal war H.s Samml. bestimmt, die 597 Stücke zählte. Ein Teil ging in den Besitz von H. Salmen über, ein anderer wurde zwischen 1945 und 1952 an ein neu gegründetes Mus. bei Kronst. verkauft. Der Rest ist verschollen.

— Lit.: H. Salmen, D. Ornis Siebenb. . . . , Linz 1958 (Masch.-Schrift).

Hausmann, Ludwig, * Göttingen, † 16. 9. 1880 Berlin. Als Sohn des Gött. Mineralogen Joh. Friedrich H. widmete er sich gleichfalls der Min. Nach Abschluß des Studiums unternahm er einige Reisen ins Ausland und wurde dann Braunschw. Bergbeamter im Harz. Seit den 70er Jahren lebte er in Greifsw. und zuletzt in Berl. 1878 trat er der DOG bei und war fortan eifriger Besucher der Berl. Versammlungen. Seine orn. Kenntnisse zeigte er dort in Vorträgen und Aussprachen. Veröff. lagen ihm nicht.

— Lit.: Nachruf (von J. Cabanis). J. Orn. 28, 1880, S. 422.

Hausmann, Wilhelm, * 1822 Ulm (Donau), † 1900 Türkös bei Kronstadt (Siebenbürgen). Anfang der 40er Jahre kam er erstmals mit einer Theatertruppe seines Vaters nach Siebenb.; Land und Leute zogen ihn derart an, daß er 1848 ganz dorthin übersiedelte. Zunächst längere Zeit Turn- u. Fechtmeister an der Kadettenanstalt in Hermannst., übernahm er 1860 die Stelle eines Turnlehrers am Kath. Gymnasium in Kronst. Nachdem er hier durch Wechselverpflichtungen, die er aus Hilfsbereitschaft übernommen hatte, Haus und Vermögen aufgeben mußte, verzog er nach Türkös und gewann fortab den Lebensunterhalt als Präparator und Schriftsteller. Seine Feder war nicht nur auf naturw. Gebiet rege; die Vielseitigkeit feuilletonistischer Studien und volkstümlicher Aufs. trug seinen Namen im letzten Drittel des Jahrh. durch eine Reihe siebenb., österr.-ung. und dt. Zeitschr. Inhalt und Zahl der orn. Veröff. — seit den 60er Jahren in Verh. u. Mitt. Siebenb., Jb. Siebenb. Karp. und Gef. W. — sind zugleich Zeugnisse seiner vogelk. Beob. bis ins hohe Alter. Sie finden sich auch von E. A. Bielz (s. d.) in der „Fauna d. Wirbeltiere Siebenb." (1888) verwertet. Arbeiten wie „Nucifraga caryocatactes, Beitr. z. seiner Naturgesch." (Verh. u. Mitt. Siebenb. 1861), „Turdus saxatilis, Naturgesch. ders. nach Beob. in d. Umgeb. Kronst." (ebd. 1865), „Trappenjagd in d. Walachei" (Gef. W. 12, 1883),

„D. Sumpfohreule, Beitr. z. ihrer Naturgesch." (ebd. 13, 1884), „Tierleben u. Streifzüge in unseren südl. Karpaten" (Jb. Siebenb. Karp. 1887), „Gebirgstouren im Burzenlande" (ebd. 1893) und manche andere zeigten dazu den Reiz lebensvoller Darstellung. Wenn der Verf. auch nicht in die erste bahnbrechende Klasse der siebenb.-sächs. Ornithologen einzureihen ist, so wirkten sein tätiges Beispiel und seine kenntnisreichen burzenländischen Erfahrungsberichte doch anregend auf die naturw. Begabungen des jüngeren Geschlechts der Landschaft, z. B. auf E. v. Czynk (s. d.) und seinen eigenen Sohn Ernst H. (s. d.). Er blieb daher nicht ohne Verdienst um die Erkundung der Vogelwelt seiner Wahlheimat.

— Lit.: H. Salmen, D. Ornis Siebenb. . . . , Linz 1958 (Masch.-Schrift).

Hayek, Gustav von, Dr., * 21. 3. 1836 Brünn, † 11. 1. 1911 Wien. Nachdem er, von 1854—1863 im Dienste der österr. Kriegsmarine, sich an einer Weltreise beteiligt hatte, studierte er in Wien Naturw. und war von 1869—1900 Gymnasialprof. an einem Wiener Realobergymnasium. Zu den von ihm hinterlassenen und für breitere Volksschichten bestimmten Schriften gehörten „Leitfaden d. Naturgesch. d. Tierreichs" (1876), „Hdb. d. Zool." (4 Bde. 1877—1893), „Leitfaden d. Zool." (1882), „Großer Handatlas d. Naturgesch. aller 3 Reiche" (1882; 3. Aufl. 1889). 1882 trat er dem Orn. Verein in Wien bei und wurde im selben Jahr noch mit der Schriftl. der Mitt. Wien betraut. Doch legte er 1886 infolge von Unstimmigkeiten innerhalb des Vereins dieses Amt nieder. Wie mit der Blüte und dem Niedergang dieses Wiener Vereins ist sein Name mit der kurzen Geschichte der von V. v. Tschusi (s. d.) 1882 ins Leben gerufenen Orn. Beob.-Stat. Österr. verbunden. Als der 1. internat. Orn.-Kongr. in Wien 1884 unter der Schirmherrschaft des Kronprinzen Rudolf (s. d.) zustande kam, um den Orn. Beob.-Stat. weltweite Geltung zu verschaffen, spielte v. H.s Eifer bei der Organisation der Tagung eine gewichtige Rolle. Der unter seiner Leitung stehende Kongreß bedeutete den Höhepunkt seiner orn. Laufbahn. Im Auftrag und mit den Mitteln des damals nach langen Verhandlungen gegründeten Permanenten internat. orn. Komitees konnte er ab 1885 zusammen mit dem 1. Vorsitzenden R. Blasius (s. d.) die Ornis herausgeben. Diese Zeitschr. und das J. Orn. füllten sich zwar zunächst mit den meist recht unkritischen Vogelzugsdaten. An eine wissensch. Auswertung, die auf Grund der unzuverlässig gemischten Unterlagen auch gar nicht möglich war, wagten sich die beiden Herausgeber oder andere Sachkenner aber nicht heran. So mußte sich der auch mit v. H.s falschen Vorstellungen verknüpfte Fehlschlag bald herausstellen: Der dt. Ausschuß hörte schon 1886 auf zu bestehen, der engl. löste sich 1889 auf. In den 90er Jahren erlag schließlich der internat. Ausschuß der eigenen Unfruchtbarkeit, nachdem er sich bereits 1891 als unfähig erwiesen hatte, den internat. Orn.-Kongr. in Budapest vorzubereiten. Seine Zeitschr. führte noch bis 1910 ein Schattendasein. Doch hatten v. H.s persönliche und wissensch. Beziehungen zu R. Blasius schon lange vorher ihr Ende gefunden.

— Lit.: Österr. Biogr. Lex. . . . 2, 1959, S. 226.

Heck, Ludwig, Dr. Dr. h. c., * 11. 8. 1860 Darmstadt, † 17. 7. 1951 München. Aus einem Lehrerhaus stammend, aus dem Erbe des Großvaters, eines hess. Oberförsters, von Jugend auf für Tiere begeistert und durch A. E. Brehms (s. d.) Vortragskunst schon als Primaner für die Laufbahn des Zoologen gewonnen, studierte er in Straßb., Darmst., Gieß., Berl. und Leipz.; nachdem er 1886 bei R. Leuckart promoviert hatte, wurde er Direktor des Zool. Gartens in Köln und 1888 des Gartens in Berl., den er — in der Nachfolge von K. A. H. Bodinus (s. d.) — mit künstlerischem Verständnis und ungewöhnlichem Erfolg ausbaute. Nicht nur als Tiergärtner, sondern auch durch die ihm eigene Schreibgewandtheit wuchs ihm weltweite Beachtung zu. Er bearbeitete die Säugetiere für das „Tierreich" (Neudamm 1894—1897) sowie für die 4. Aufl. von „Brehms Tierleben" (1911—1918) und beteiligte sich an der Gründung der N. F. des Zool. G. (1929). In die Breite drang ferner die Strahlkraft volkstümlicher und gemeinverständlicher Veröff.; darunter war die „Heiterernste Lebensbeichte" (Berl. 1938), in der er vor weiten Leserkreisen alle Wesenszüge gütiger Menschlichkeit entfaltete. Wie den anderen Forschungsrichtungen diente er mit allen Mitteln des Zool. Gartens in besonderem Maße auch der Vogelhaltung. Die von ihm errichteten Häuser und Freigehege wurden beispielhaft. Genannt seien der erste 1895 fertiggestellte Neubau (mit 800—900 Vogelarten, d. h. 10 Prozent aller damals bekannten Formen), die Flugvolieren für Reiher und Möwen (mit Zuchten von Fischreihern, Nachtreihern, Edelreihern, Kormoranen usw.), das Stelzvogelhaus (mit allen Kranicharten, Marabus, Jabirus u. trop. Storcharten, darunter ersten Schuhschnäbeln u. Kagus), das Haus für kleinere Sumpf- u. Watvögel (mit Bruten v. Ibissen, Löfflern usw. sowie Tauchbecken f. Pinguine u. Kormorane), das Straußenhaus (mit Nandus, Davids-Nandus u. d. verschiedenen Casuaren), die Fasanerie (mit allen Arten v. Fasanen, Pfauen, Hühnern, Wachteln), die Teiche (mit einer damals einzigartigen Samml. v. Wildgänsen u. Wildenten). Das fachliche Interesse verband H. mit den führenden Ornithologen von B. Altum (s. d.) bis O. Kleinschmidt (s. d.) und mit den Berl. Vertretern von J. Cabanis (s. d.) bis O. Heinroth (s. d.). Am nächsten stand ihm wohl A. Reichenow (s. d.), dessen Autorität ihm bei der Bestimmung und Namengebung neuer Zugänge zu Hilfe kam. Der DOG gehörte er seit 1889 als rühriges Mitglied an; 1933 ernannte ihn die Gesellschaft zum Ehrenmitglied. Als er 1932 aus dem Amte schied, war er Prof. (1906), Geh. Hofrat (1917), Dr. h. c. der vet.-med. Fak. Berl. (1927). 1945 ließ er sich in Münch. nieder, nachdem sein Lebenswerk, der Berl. Zool. Garten, im Toben des 2. Weltkriegs untergegangen war.

— Lit.: Würdigung (von R. J. Müller). Zs. f. Säugetierk. (Festschr.) 3, 1928, S. 6—16 (mit Bildnis). - Würdigung (von O. Antonius). Zool. G., N. F. 2, 1930, S. 97—103; 7/8, 1935, S. 82; 17, 1950, S. 263. - Würdigung (von H. W. Frickhinger). Naturw. Rdsch. 3, 1950, S. 532/33. - H.-S. Raethel, Bemerkenswertes über d. Gesch. d. Kleinvogelhaltung im Berl. Zool. Garten, Gef. W. 1963, S. 175—177 u. 183—187.

Hedemann-Heespen, Hartwig von, * 26. 4. 1882 Deutsch-Nienhof (Schleswig), † 4. 1. 1960 Deutsch-Nienhof. Als Sohn eines Gutsbesitzers studierte er Jura und war von 1919 ab Regierungs-, später Oberregierungsrat an der Regierung in Schlesw. Nach dem Tode seines Bruders schied er 1937 aus dem Staatsdienst aus und übernahm die Bewirtschaftung des väterlichen Gutes. Das Südufer des Westensees, an dem er aufwuchs, ließ in ihm eine stets gleichbleibende Naturliebe wach werden. Während seiner Amtszeit leitete er daher das Referat für Naturschutz und brachte es dahin, daß nach 1930 zahlreiche Naturschutzgebiete entstehen konnten. Als nach 1937 der Natursch. für den Kreis Rendsb. in seinen geschickten Händen lag, gelang ihm die Sicherung der Heidelandschaft des Boxbergs bei Innien und mehrerer Moorflächen im Westen des Kreises. Unter der ihn umgebenden Fauna standen die Vögel seinem Herzen am nächsten. Er war die feste Stütze der Kreisgruppe Schlesw. des Bundes f. Vogelsch. und seit 1919 der rege Förderer des Ver. Jordsand. Die Vogelfreistätte Öhe-Schleimünde kam durch seine entscheidende Mitarbeit unter die Obhut des Vereins, der ihn 1957 mit der Ehrenmitgliedschaft auszeichnete. Bis zu seinem Tode stand er auch der orn. Fachgruppe in der faun. Arbeitsgemeinschaft f. Schlesw.-Holst., Hamb. u. Lübeck vor. Der Reichtum an den durch unermüdliche Feldbeobachtung und Lit.-Studien erworbenen Kenntnissen spiegelt sich in seinen Veröff. Seit 1920 erschien sein Name in der orn. Fachpresse und in Heimatzeitschr.; fast 40 faun., brutbiol., phänol. Beitr. finden sich in Orn. Ms., Orn. Mber., B. z. F. (am häufigsten!), Vz., Dt. Vw., Orn. Mitt., Mitt. Schlesw.-Holst., D. Heimat, Schr. Schlesw.-Holst. Sie beziehen sich nicht nur auf die engere heimatliche Ornis, sondern auch auf Vogelformen der Alpen- u. Mittelmeerländer, denen er auf Ferienreisen ernsthafte Aufmerksamkeit schenkte. Bindung an die Familienüberlieferung bewahrte den Junggesellen vor spielerischen, nur an der Oberfläche haftenden Beschäftigungen; mit dieser, alter Kultur zugehörigen Prägung seiner Persönlichkeit trat er auch als Ornithologe an die Objekte seiner Neigung heran.

— Lit.: Nachruf (von W. Emeis). Mitt. Schlesw.-Holst., N. F. 13, 1960, S. 1—4 (mit Bildnis u. Verz. d. Veröff.). - Nachruf (von dems.). Nachr.-Bl. f. Natursch. u. Landschaftspfl. 31, 1960, S. 3.- Bildnis in Orn. Mitt. 8, 1956.

Hegyfoky, Jakob, * 8. 7. 1847 Ujleszna, † 7. 2. 1919 Turkeve (Alföld, Ungarn). Er besuchte das Seminar in Eger und wurde 1871 Geistlicher. Von 1891—1919 war er Pfarrer in Turkeve. Zur Zeit der Gründung der Ung. Orn. Zentrale (1893) hatte er in seiner Heimat schon einen Namen wegen der Sachkunde, mit der er sich auf dem Gebiete der Met. betätigte. Als er auf die ersten von G. v. Gaál (s. d.) bearbeiteten Vogelzugberichte aufmerksam wurde, stellte er sich zur met. Auswertung der einlaufenden Daten zur Verfügung und blieb — obwohl kein Ornithologe — bis zum Tode ständiger Mitarbeiter des Inst. In etwa 300 Abh. (viele davon in Aquila) untersuchte er alljährlich die Beziehungen zwischen Witterung und Vogelwanderung. Der Pionierdienst zur Förderung der neuen Forschungsrichtung machte den Autodidakten nicht nur in orn. Kreisen Ung., sondern auch des Auslandes bekannt. 1897 schon wurde er Ehrenmitglied des Ung. Orn. Inst.

— Lit.: Nachruf (von J. Schenk). Aquila 26, 1919, S. 156—158.

Hegymeghy, Desiderius, * 22. 2. 1874 Szécsény (Komitat Nógrád), † 6. 4. 1949 Budapest. Die Schulzeit in Pápa und Rozsnyó öffnete ihm den Weg in die Vogelk. Da ihn der Zauber der Großen Schüttinsel zwischen Preßb. und Komorn schon in früher Jugend unwiderstehlich umfing, verließ er die Techn. Hochschule von Budapest bereits nach 2 Jahren und wurde Beamter an der staatlichen Versicherungsanstalt. Um sich mit faun. Studien noch mehr der Erforschung der heimischen Vogelwelt hingeben zu können, verzichtete er — frei von materiellen Sorgen — bei der ersten Gelegenheit schließlich ganz auf die Ausübung des Berufs. Seine Exk.-Gebiete lagen zwischen 1889 und 1910 in der Umgeb. von Komorn und später in der Nachbarschaft von Raab. Nachdem er 1897 selbst das Präparieren erlernt hatte, trug er wesentlich zum Ausbau der Samml. des Ung. Orn. Inst. bei, wurde 1901 ständiger Beobachter und 1935 außerordentliches Mitglied des Inst.; 1932 siedelte er nach Budapest über, wo er stets hilfsbereit und unentgeltlich seine Kräfte in den Dienst des Inst. stellte, bis durch die Kriegsnöte verursachte seelische Depressionen ihn arbeitsunfähig machten. Die Aquila brachte seit 1903 kürzere Mitt. aus seiner Feder; die letzte stand ebd. 51—54, 1944—1947 (1950). Groß in menschlicher Bescheidenheit, überließ er lit. Auswertung seiner Kenntnisse am liebsten aber den Mitarbeitern.

— Lit.: Nachruf (von A. Keve). Aquila 63/64, 1956/57, S. 372/73 u. 376 (ung. u. engl.).

Heilfurth, Friedrich Paul, * 11. 5. 1899 Neustädtel (Kr. Zwickau), † 24. 7. 1937 Bärenstein (Kr. Dippoldiswalde). Als Lehrer wirkte er von 1919—1925 im sächs. Erzgebirge, dann 4 Jahre in Guatemala und bis 1931 in Mexiko. Nach längerem Kuraufenthalt in Davos (1932/33) kehrte er in den dt. Schuldienst zurück und war zuletzt in Bärenstein tätig. An all seinen Wohnsitzen beschäftigte er sich mit der Erforschung der Vogelwelt. Aus Graubünden stammten die Unterlagen für „Zugsbeob. im Winter u. Frühling 1932 in Wolfgang . . .“ (Orn. Beob. 30, 1932/33), „Z. Brutbiol. d. Berglaubvogels“ (Orn. Mber. 42, 1934) und „Über d. Verhalten brutpflegender Männchen v. Phylloscopus bonelli“ (ebd. 43, 1935), „Hirundo rustica - Durchzug in d. Alpen“ (Vz. 6, 1935). Besonders ertragreich war sein Aufenthalt in Übersee; in Mittelamerika sammelte er nicht nur, sondern ging mit großer Sorgfalt auch Fragen der Biol. nach. Die Ergebnisse der Beob. sind u. a. in J. Orn. 78, 1930 u. 79, 1931 sowie Orn. Mber. 42, 1934 (über Mexiko) und ebd. 43, 1935 (über Guatemala) festgehalten. Zwei umfangreiche Beitr. über Guatemala und einen Besuch der Tres Marias Inseln erschienen nach seinem Tode in Mitt. Zool. Mus. Berl. und Proc. 8. internat. Orn.-Kongr. Einige Hundert Guatemala-Bälge schenkte er dem Berl. Zool. Mus., ein anderer Teil seiner Sammelausbeute gelangte in das Mus. of Natural History von New York. Im besten Mannesalter starb er an einer Lungenerkrankung und hinterließ 16 Arbeiten.

— Lit.: Nachruf (von R. Zimmermann). Mitt. Sachs. 5, 1937, S. 131—133 (mit Bildnis u. Verz. d. Veröff.). - Nachruf (von E. Stresemann). Orn. Mber. 45, 1937, S. 184.

Heimberger, Karl, * 14. 12. 1887 Bödigheim (Kr. Buchen), † 30. 11. 1910 Amorbach (Kr. Miltenberg). Mit strenger Selbstkritik nutzte der begabte Naturforscher scharfe Augen und feines Gehör zum Studium der heimatlichen Vogelwelt, obwohl ein tückisches Lungenleiden ihm viele Beschränkungen auferlegte. In jungen Jahren verschied er schon und kam daher nicht zu eigenen Veröff. Doch war er trotz Jugend und Krankheit als Mitglied der Orn. Ges. Bay. ein fleißiger und zuverlässiger Mitarbeiter an den „Materialien z. bayer. Orn.". Es bleibt auch sein Verdienst, daß er den ihn behandelnden Hausarzt H. Stadler (s. d.) auf gemeinsamen Spaziergängen zur Beschäftigung mit der Vogelk. anregte und ihm die ersten Stimmenkenntnisse vermittelte.

— Lit.: Nachruf (von Schriftl.). Verh. Bay. 10, 1911, S. 183.

Heindl, Emmeram, * 31. 7. 1854 Hofdorf (Oberpfalz), † 10. 5. 1917 Andechs (Kr. Starnberg). 1876 trat er, Sohn eines Schneidermeisters, in das Benediktinerstift St. Bonifaz in Münch. ein und erhielt 1879 die Priesterweihe. Da er sich wegen ständiger Kränklichkeit zur Seelsorge wenig eignete, wurde er 1882 nach Kloster Andechs versetzt. Hier beschäftigte er sich vornehmlich mit der Ortsgeschichte und der Vogelk. In der Gef. W. 27, 1898 schilderte er warmherzig den Ursprung seiner „Liebe zu den gefiederten Geschöpfen". Dem Vater, einem Jugendfreund und den dörflichen Gewohnheiten verdankte er sie. Später, als Mann mit fein entwickeltem Naturverständnis, fühlte er sich zwar der Wissensch. verantwortlich, war sich aber bewußt, daß es ihm gegeben sei, die denkenden Autodidakten und Liebhaber anzusprechen. In dieser Verpflichtung begeisterte er sich und andere am Studium der „unübertrefflichen Meisterwerke des erhabenen Weltenschöpfers". Wie er durch Ber. über seine Stubenvögel und Züchtungsergebnisse die ernsthaften Vogelpfleger anregte, so beteiligte er sich auch mit vielen Beitr. an den Fortschritten in der avif. Erforschung seines Wohnsitzes. Neben der Orn. Ms., den Mitt. Vw. sowie den Zeitschr. Nat. u. Offenb., Nat. u. Kultur und kleineren oberbayer. Tagesztg. diente ihm seit 1891 vor allem die Gef. W. als Sprachrohr. Er gehörte zu ihren klügsten Mitarbeitern. Proben seiner Sachkunde und Beobachtungsgabe boten hier u. a. Aufs. wie „D. Nonnenraupengefahr u. d. Stare" (20, 1891), „D. Gesang d. Gelbspötters" (23, 1894), „Z. Frage v. d. Schädlichkeit d. Krähe" (25, 1896), „Z. Verträglichkeit d. Kleibers" (29, 1900), „Über Herbst- u. Wintergesang d. Vögel" (35, 1906). Fest im Leben stehend, schreckte er, wenn es um Tagesmeinungen ging, auch vor deutlicher Polemik nicht zurück. Die Vogelhaltung hatte in ihm einen geschickten Anwalt und der vernünftige Naturschutz einen überzeugenden Vertreter. Was er schrieb, erhielt die besondere Note dadurch, daß er, der psychol. Schule B. Altums (s. d.) anhängend, die Lit. beherrschte und in strenger Selbstkritik die Erlebnisse und Erfahrungen zu ordnen verstand, die ihm in der Stube und unter freiem Himmel zufielen. Die rückschauende Einstufung wird ihn, der zuletzt Subprior des Klosters war, zwei anderen Dienern seiner Kirche zur Seite stellen, dem älteren Bl. Hanf (s. d.) und dem etwa gleichaltrigen M. Rendle (s. d.).

— Lit.: Nachruf (von K. Eckart). Gef. W. 46, 1917, S. 292—294. - Nachruf (von W. Hennemann). Orn. Ms. 42, 1917, S. 207—210.

Heine, Ferdinand (sen.), * 9. 3. 1809 Halberstadt, † 28. 3. 1894 St. Burchard vor Halberstadt. Der jur. Dienst am Landgericht entsprach nicht seinem Bedürfnis nach Naturnähe. Er vertauschte ihn daher mit dem Beruf des Landwirts, wahrscheinlich noch bevor er das väterliche Gut St. Burchard 1844 erbte. Er wohnte dort seit 1836, aber die bäuerliche Wirtschaft brachte er nie zur Blüte trotz günstiger Zeiten. Auch als er Oberamtmann war, ging ihm kaufmännische Begabung ab. Das Sammeln von Vögeln lag dem gütigen Manne mehr am Herzen. Aus orn. Interesse trat er 1852 der DO-G bei. Mit Hilfe seines ursprünglich großen Vermögens hatte er sich — ohne besonderen wissensch. Ehrgeiz — seit 1830 eine Samml. meist einheimischer Arten aufgebaut, als er 1843 mit J. Cabanis (s. d.) bekannt wurde. Diese neue Freundschaft bestimmte seine weitere orn. Entwicklung, weil sie seinen Blick auf exotische Formen lenkte. Durch in- u. ausländische Naturalienhändler bezog er von nun an eine Menge außereurop. Stücke; und H. Lichtenstein (s. d.) gab ihm Dubletten aus dem Berl. Mus. zu guten Preisen ab. So wuchs diese Privatsamml. bis zum Jahre 1850 auf etwa 10 000 Stücke an und damit zur damals stattlichsten und wertvollsten in Deutschl. Daneben stand im Hause eine ebenso umfangreiche orn. Bibliothek mit vielen Prachtwerken. Seit den 70er Jahren kamen allerdings kaum noch Neuzugänge; die erheblichen Opfer, die H. in seiner Sammelleidenschaft auf sich nahm, hatten das Gut an den Rand des Zusammenbruchs geführt. In der Wissensch. wurde die großartige Schöpfung, die als Mus. Heineanum in die Geschichte der Orn. einging, dadurch bekannt, daß J. Cabanis einen Kat. der in ihr vereinten Schätze anlegte: 1. Teil 1850/51, 2. Teil 1859/60, 3. Teil 1860. Mit dem 4. Teil 1863 fanden die Veröff. leider ein vorzeitiges Ende. Nichtsdestoweniger erhielt die unvollendete Bearbeitung ihre besondere Note: J. Cabanis konnte darin nicht nur kritische Anm. zu seltenen Formen festlegen, sondern auch eine Anzahl neuer Gattungen und Arten beschreiben, die viele spätere Systematiker in das Heineanum lockten. Die Typen sind dem Mus. erhalten geblieben. Es befindet sich seit 1909 in der Obhut der Stadt Halberst. und wurde bis 1946 von A. Hemprich (s. d.) verwaltet. Etwa 90 Prozent der Bestände überlebten die schweren Bombenschäden vom 8. 4. 1945. Es sind ungefähr 6600 Bälge und fast ebensoviele montierte Stücke. Viele von ihnen dürften aber nicht mehr verwendungsfähig werden. Teile wurden 1953 erstmalig wieder aufgestellt. Um die Neuordnung bemühten sich 1951—1953 W. Meise und 1956 H. v. Boetticher (s. d.).

— Lit.: F. Heine (jun.) u. A. Reichenow, Nomenklator Musei Heineani Ornithologici, Berl. 1882 bis 1890. - Nachruf (von H. Schalow). Orn. Mber. 2, 1894, S. 83/84. - Nachruf (von P. Leverkühn). Orn. Ms. 19, 1894, S. 240—242 (mit Verz. d. in J. Orn. erschienenen Arbeiten, die sich auf H.s Material beziehen). - Nachruf (von Schriftl.). Ibis (6) 6, 1894, S. 459/60. - E. Stresemann, D. Heineanum in Halberst. u. d. DOG, Vogelschutz u. Vogelforschung 1953, S. 35—38. - R. Busch, Z. Chronik d. Mus. Heineanum, Falke 4, 1957, S. 45 bis 52 (mit Bildnis).

Heine, Ferdinand (jun.), * 9. 10. 1840 Halberstadt, † 12. 2. 1920 Hadmersleben (Kr. Wanzleben). Als ältester Sohn von Ferdinand H. (sen.) erlebte er frühen orn. Aufstieg. Angeregt von seinem Mentor und Freund J. Cabanis (s. d.) lieferte er von 1859—1863 für das J. Orn. beschreibende Beitr., denen das Material der väterlichen Samml. zugrunde lag. In der kurzen Zeit, da er in Heidelb. Naturw. studierte, zeigte er so viel Verständnis für die wissensch. Seite der Orn., daß er sich mit J. Cabanis zur Bearbeitung der Teile 2—4 des Kat. des Heineanums verband. 1863 mußte er aber das Studium beenden und die lit. Tätigkeit einstellen, weil er sich für die Bewirtschaftung des verschuldeten Gutes vorbereiten sollte. Anders als der Vater entwickelte er sich schnell zum Landwirt und Kaufmann von großem Format. Aufgeschlossen für technische Errungenschaften und neue Wirtschaftsmethoden, begann er 1871 auf Gut Emersleben die Saatgutforschung, die heute noch unter seinem Namen in Schnega (Hannover) fortgeführt wird. 1889 erwarb er das Klostergut Hadmersleben. Beruf und Bürde der seiner Befähigung übertragenen Ämter (er war Amtsrat und Gründer der Dt. Landw.-Ges. unter Max Eyth) nahmen ihm aber bald die Zeit zu ernsthafter Beschäftigung mit der Orn.; und so ließ auch seine Sorge für das Mus. nach. Doch gab er noch von 1882—1890 zusammen mit A. Reichenow (s. d.) den Nomenklator Musei Heineani Ornithologici heraus. Ein Verz. der darin enthaltenen Neubeschreibungen befindet sich in Ibis (6) 3, 1891. Das Mus. bewahrt eine Anzahl von Typen seiner Autorschaft, die heute noch Gültigkeit haben. Seine Stärke lag in der Kenntnis der Kolibri. 1862 hatte er sich der DO-G angeschlossen. Deren Vertreter war er neben den Brüdern R. und W. Blasius (s. d.) bei den Verhandlungen, die 1875 in Braunschw. zur Vereinigung der beiden Gesellschaften führten. Wenn er auch später nicht mehr hervortrat, so unterhielt er wenigstens geistige Verbindung mit vielen Vertretern der Vogelk. Noch 1902 folgte er einer Einladung Rothschilds nach Tring. Auch ließ er den Seitenflügel am Halberst. Mus. bauen, um der väterlichen Samml. eine würdige Unterkunft zu sichern.

— Lit.: Siehe bei Heine, Ferdinand (sen.). - Nachruf (von F. v. Lucanus). J. Orn. 69, 1921, S. 259/60. - Erinnerungen (geschrieben von seiner Tochter Elisabeth Behm, geb. Heine) 1952 bis 1954 (mit Bildnis).

Heine, Otto, * 15. 12. 1893 Wiedelah (Kr. Goslar), † 12. 4. 1956 Wiedelah. Enkel von F. Heine (sen.) und Neffe von F. Heine (jun.), war er von 1924 bis 1946 Besitzer des Burchardiklostergutes, das er selbst bewirtschaftete. 1946 ging er mit seiner Familie nach Wiedelah. In seiner Halberstädter Zeit gehörte ihm die Vogelsammlung des Mus. Obwohl kein eigentlicher Ornithologe, förderte er die aufgestapelten Bestände des Heineanums durch reges Interesse. Vor allem tat er viel zum Ausbau der großen Kolibri-Kollektion und bearbeitete 1926 zusammen mit A. Hemprich (s. d.) einen neu gestalteten „Führer durch d. Heineanum", der 7313 montierte Stücke und 5054 Bälge verzeichnete.

Heinemann, Hermann, * 21. 11. 1864 Klein Lafferde (Kr. Peine), † 30. 7. 1928 Klein Lafferde. Lange Jahre war er Lehrer in Hannover-Leinhausen. Den Lebensabend verbrachte er unter den Bauern seines Heimatortes. Als feinsinniger Beobachter verstand es der Junggeselle, in seiner niedersächs. Umgeb. Verständnis für die Vogelwelt zu wecken. Obwohl er in der Fachliteratur gut zu Hause war, griff er nur wenig zur Feder. Faun. Erfahrungen gab er lieber an andere Kenner weiter. Sein eigener Ber. (Gef. W. 31, 1902), nach dem er am Ende der Brutzeit, am 13. 7. 1899, mehrere Paare des Wasserpiepers auf dem Brocken angetroffen habe, beruhte wahrscheinlich auf einer Täuschung und fand keinen Glauben (vgl. R. Fenk in J. Orn. 65, 1917). Ein besonders aufnahmefähiges Ohr hatte er für die Lautäußerungen der Vögel. Mit Meisterschaft bewegte er sich im Bereiche der Stimmenkunde. Engste Freundschaft verband ihn daher mit A. Voigt (s. d.), dessen „Exkursionsbuch" in den späteren Aufl. an vielen Stellen auf die Beitr. des stillen Niedersachsen hinwies. Neben E. Hesse und F. Lindner (s. d.) gehörte er zu A. Voigts rührigsten Mitarbeitern.

— Lit.: Nachruf (von M. Brinkmann). Orn. Ms. 53, 1928, S. 197—199. - Nachruf (von A. Troschütz). Gef. W. 57, 1928, S. 431.

Heinrich, Albin, * 1. 3. 1785 Friedland (Mähren), † 5. 4. 1864 Brünn. Als Schulmann und zuletzt Gymnasialprofessor naturw. vielseitig tätig, förderte er die Mähr.-schles. Ackerbau-Ges. und den Naturh. Ver. in Brünn. Während seiner 37jährigen Dienstzeit lag ihm besonders die naturk. Samml. des Vereins im ehemaligen Franzens-Mus. am Herzen. Aus deren Inhalt stellte er die recht umfassende Schrift „Mährens u. k. k. Schlesiens Fische, Reptilien u. Vögel" (1856) auf. Sie blieb neben A. Schwabs (s. d.) Arbeiten (1854, 1868) wegen der genauen Nachweise lange eine verläßliche Quelle für das Studium der mähr. Ornis.

— Lit.: Nachruf (von C. Schwippel). Verh. Brünn 3, 1865, S. 25—27.

Heinroth, Magdalena (geb. Wiebe), * 22. 4. 1883 Berlin, † 15. 8. 1932 Ploesti (Rumänien). Ehrfurcht vor allem Lebendigen und tiefgehende Tierliebe lenkten sie, die Tochter eines Oberbaudirektors aus einer alten Mennonitenfamilie, früh zur häuslichen Vogelhaltung. Nach Abschluß der Schulzeit arbeitete sie, um sich in der Präparierkunst weiterzubilden, am Zool. Mus. in Berl. Hier lernte sie O. Heinroth (s. d.)

kennen, den sie 1904 heiratete, und dessen Forschertätigkeit durch sie starke Antriebe empfing. Mit ungewöhnlichem pflegerischem Verständnis beteiligte sie sich an der Aufzucht der vielen (es waren Hunderte!) meist aus dem Brutschrank kommenden Jungvögel, auf deren Entwicklung und Verhalten die Gedanken zum Seelenleben in den „Vögeln Mitteleuropas" (1924—1931) ruhen. Ohne ihre geduldige und geschickte Mitwirkung, ohne ihren jahrelangen Verzicht auf sommerliche Ausspannung wäre das in der Wissensch. einzig dastehende Buch nicht denkbar gewesen; die Bewältigung so vielseitiger Aufgaben, wie sie die psychol. Studien und photogr. Aufnahmen in der Vogelkinderstube der eigenen Wohnung mit sich brachten, hätte die Kraft eines einzelnen überstiegen. Auch die methodische und kritische Auswertung der Beob. sowie die textliche Form waren von ihr in vielen glücklichen Stunden mitdurchdacht. Aus gutem Grunde ist die kluge Frau daher als Mitverfasserin des Werkes ausdrücklich genannt. Ihr Name wird immer in Ehren neben dem O. Heinroths stehen müssen. Allein zeichnete sie nur für wenige Veröff. verantwortlich; es waren „Pflege u. Zucht d. Nachtschwalben in d. Gefangenschaft" (Gef. W. 37, 1908), „Ein Zuchtversuch mit d. Heuschreckensänger" (ebd. 38, 1909), „Zimmerbeob. an seltener gehaltenen europ. Vögeln" (Verh. d. 5. internat. Orn.-Kongr. in Berl. 1910), „Erfahrungen über Biol. u. Technik b. Aufzucht junger Vögel" (J. Orn. 65, 1917). Sie starb auf einer Reise an den Folgen einer Darmverschlingung, die eine 1914 überstandene Operation nach sich gezogen hatte.

— Lit.: Nachruf (von Paula Rühl). J. Orn. 80, 1932, S. 542—551 (mit Bildnis). - Nachruf (von L. Schuster). B. z. F. 8, 1932, S. 188 (mit Bildnis). - Nachruf (Verf. ungen.). Gef. W. 61, 1932, S. 418. - W. Kracht, O. u. M. Heinroth als Vogelliebhaber, Gef. W. 73, 1949, S. 73—75 u. 87—89. - Ders., Ein Vogelfreund zwischen d. Zeiten u. Welten, Pfungstadt 1953, S. 53—63.

Heinroth, Oskar, Dr., * 1. 3. 1871 Mainz-Kastel, † 31. 5. 1945 Berlin. Sproß einer Musiker- u. Gelehrtenfamilie, besuchte er die Schule in Stuttg. und Dresd. und studierte von 1890—1895 Med. in Leipz., Halle und Kiel. Nach dem Militärdienst in Hamb. fügte er von 1896 ab in Berl. zool. Studien an und war als Volontär am Zool. Garten und im Zool. Mus. tätig. 1900/01 begleitete er den unglücklichen Br. Mencke auf einer Südsee-Exp., 1904 wurde er Assistent am Berl. Zoo, später dort Kustos und Leiter des Aquariums. Von 1929—1936 unterstand ihm die Vogelwarte Rossitten. Seine Laufbahn blieb nach außen ohne erkennbare Höhepunkte, zumal keine dt. Univ. sich für zuständig hielt, seine Verdienste durch die Verleihung einer akad. Würde zu unterstreichen. An Ehrungen (Silberne Leibniz-Medaille, Goethe-Medaille f. Kunst u. Wissensch.) fehlte es ihm natürlich nicht; auch hatte er von 1926—1936 und von 1938—1945 den Vorsitz in der DOG inne. Als die auf seine Planung zurückgehende großartige tiergärtnerische Schöpfung des Berl. Aquariums 1945 der Kriegsfurie zum Opfer fiel, brachen sein Lebenswille und seine Lebenskraft. In der Zeit, da die dt. Katastrophe endgültig schien, sank er inmitten der hauptstädtischen Trümmer ohne Hoffnung ins Grab. Wenn auch anat. und physiol. Schulung ihm gründliche Beschäftigung mit dem Körperbau und verschiedenen Funktionen (Beziehungen zwischen Vogel-, Ei-, Gelegegewicht und Brutdauer, Mauserablauf u. dergl.) gestatteten, so stand die aus intellektueller Verantwortung mit Vorsicht geübte Deutung tierischer Lebenserscheinungen doch im Mittelpunkt seiner universellen Unters. Angeborene Eigenwüchsigkeit im Denken äußerte sich mit der Reifung der Jahre in tiefem Mißtrauen allen überkommenen Lehrmeinungen gegenüber. Der Autoritätsbegriff blieb ihm so fremd, daß er auch — wohlbegründet; von vielen aber nicht verstanden — vor einem unsachlichen Naumann-Kult warnte. Er baute nur auf Tatsachen, die er oder Frau Magdalena H. (s. d.) ermittelt oder überprüft hatten. Damit in Zusammenhang steht die merkwürdige Erscheinung, daß er kaum Bezug nahm auf ältere Lit. Solcher Verpflichtung, eigentlich zum Wesen wissensch. Arbeit gehörig, glaubte er sich enthoben, weil er wie keiner in Deutschl. oder im Ausland vor ihm alle erdenklichen Verhaltensweisen gedanklich zu ordnen verstand und ihren system. und stammesgesch. Wert erkannte. So zog er die Art des Nestbaus, des Sichkratzens (vorn- oder hintenherum) und viele andere Merkmale zur system. Einteilung der Vogelgruppen heran; die Singvögel kennzeichnete er dadurch, daß sie „gebündelt zu Neste tragen", die Lerchen, Pieper und Stelzen dadurch, daß sie nur laufen, nicht aber hüpfen. Gewiß lenkte schon A. E. Brehm (s. d.) den Blick auf die geistigen Vorgänge im Vogel, kam indes zu abwegigen vermenschlichenden Erklärungen; gewiß bedeuteten die richtigen Ansätze in B. Altums (s. d.) tierpsychol. Auffassungen einen Fortschritt. Aber erst H.s scharf zergliedernder Geist schuf die Voraussetzungen für eine neue, experimentelle Tierseelenkunde. Die Rolle des Bahnbrechers fiel ihm zu, weil er das Triebleben der Tiere (angeboren — erworben) und ihre Beziehungen zueinander und zum Menschen untersuchte auf Grund eines bis dahin unbekannten, riesigen Wissensstoffes, wie er nur aus der subtilen Beob. der feineren Lebensgewohnheiten der Tiere zu gewinnen war. Seine Arbeitsrichtung entfaltete sich vor der Fachgenossenschaft, als er nach den ersten Hinweisen auf neue Gesichtspunkte (Auswertung der aus der Südsee mitgebrachten Vogelsamml. in J. Orn. 50, 1902 u. 51, 1903) die „Brautente" (1910) und die „Beitr. z. Biol., namentlich Ethol. u. Psychol. d. Anatiden" (1910) erscheinen ließ; und sie erreichte ihre Krönung durch die einmaligen, mit 4040 eigenen Photogr. ausgestatteten vier Bde. der „Vögel Mitteleuropas . . ." (1924—1931). Neben den vielen Abh. im periodischen Schrifttum stellten diese Werke die festen Stützen dar, die H.s Begabung der ihm folgenden Generation von Verhaltensforschern hinterließ. Er selbst hatte im tierfremden Elternhaus sich nie einer Anleitung zum rechten Erkennen des Außen- u. Innenlebens der ihn umgebenden Geschöpfe erfreuen können. Die negative Erfahrung drängte ihn jedoch, seine Gedanken und Erkenntnisse auch der Allgemeinheit in geistvollem Stil verständlich zu machen.

Für diese Absicht — nicht alle Epigonen verspüren gleiche Verpflichtung — zeugten außer zahlreichen Aufs. in Tageszeitungen und Hunderten von Vorträgen das volkstümliche Stimmenlehrbuch „Gef. Meistersänger" (1936; nach dem 2. Weltkrieg überarbeitet von Frau Käthe H.) und vor allem die trefflichen Büchelchen „Aus d. Leben d. Vögel" (1938 u. 1955) und „Aufopferung u. Eigennutz im Tierreich" (1941). Hier räumte er in breiter Front mit vielen ebenso alten wie falschen Vorstellungen auf und überbrückte liebenswürdig lächelnd die Kluft zwischen wahrhaft biol. Wissen und der Laientäuschung, die etwa im Vogel nur ein schmukkes, rührendes, mehr oder weniger nützliches oder schädliches Tier sieht. Als Forscher von klassischem Ausmaß, als Mittler zwischen der Biol. und System., als Erzieher zur geistigen Selbstzucht und Selbstkritik wird er in den Ann. der Orn. verzeichnet bleiben.
— Lit.: O. H., Aus meinem Leben, 1941 in vielen Tageszeitungen erschienen. - Würdigung (von O. Koehler). D. Naturw. 29, 1941, S. 169—171. - Würdigung (von R. Priemel). Zool. G., N. F. 13, 1941, S. 133—140. - Würdigung (von E. Stresemann). J. Orn. 89, 1941, Festschr. f. O. H., Z. Einführung (mit Bildnis). - Würdigung (von P. Linde). D. Aquarium 15, 1941. - Würdigung (von W. Kracht). Gef. W. 70, 1941, S. 255—257. - Nachruf (von Schriftl.). Auk 64, 1947, S. 660/61. - Nachruf (von L. v. Boxberger). Vw. 70, 1949, S. 82—84. - E. Stresemann, Entw. d. Orn., 1951. - Würdigung (von K. M. Schneider). Zs. f. Säugetierkunde 19, 1954, S. 57—65 (mit Bildnis).

Held, Otto-Hermann, * 28. 8. 1875 Röbel (Müritz), † 30. 4. 1945 Waren (Müritz). Der Pastorensohn besuchte das Gymnasium in Waren und studierte darauf in Bonn und Rost. Pharmakologie und Naturw. Er kam dabei in enge Verbindung mit O. le Roi (s. d.). Später übernahm er die Falken-Apotheke in Neukloster (Meckl.). Seit 1913 Mitglied der DOG, beschäftigte er sich nebenher mit der Vogelk., hauptsächlich der Faun. seiner Heimat. Er war ein ausgezeichneter und kritischer Kenner, obgleich er nur wenig (in Arch. Meckl., Orn. Mber., Orn. Ms.) veröffentlichte; doch lieferte er viele Unterlagen an R. Kuhk zu dessen „Vögel Meckl." (1939). Im J. Orn. 90, 1942 gab er eine auf guter Kenntnis beruhende Lebensbeschreibung seines Landsmanns G. Lembcke (s. d.). Zwei Tage vor seinem Tode wurde er in Waren, wo er zuletzt bei einem Freunde lebte, durch Fliegerbeschuß verwundet.

Heldreich, Theodor von, Dr. h. c., * 3. 3. 1822 Dresden, † 7. 9. 1902 Athen. Er studierte Naturw. in Freib. i. Br. und bildete sich in Frankr. und der Schweiz weiter. Botan. Sammelreisen machte er bis Ital. und Sizilien und ging schließlich 1843 nach Griechenl., das seine Wahlheimat wurde. Naturw. Exk. führten ihn durch viele Teile des Landes und nach Kreta. 1851 übernahm er die Leitung des Botan. Gartens in Athen; von 1858—1883 war er dazu Direktor des Naturh. Mus. in der griech. Hauptstadt. Durch seine Vielseitigkeit (Botan., Zool., Entom., Paläont.) erwarb er sich Verdienste um die Erschließung des Balkanstaates. Außerdem war er ausgezeichneter Archäologe und Philologe, der das Franz., Griech. und Ital. beherrschte. Die Orn. berührte er offenbar nur am Rande. Zur Pariser Weltausstellung 1878 gab er eine „Faune de Grèce" heraus, deren 1. Teil (S. 26—61) eine Aufzählung der in Griechenl. festgestellten Brut- u. Durchzugsvögel enthielt zusammen mit einer Liste der bis dahin über Griechenl. erschienenen orn. Lit. Beziehungen hatte er zu Th. Krüper (s. d.); und O. Reiser (s. d.), der ihn noch 1898 aufsuchte, stützte sich öfters auf seine orn. Angaben. Die phil. Fak. der Univ. Königsb. verlieh ihm die Würde des Dr. h. c.
— Lit.: J. Briquet, Biogr. d. Botanistes à Genève, Genf 1940, S. 259—266.

Heller, Felix, * 23. 3. 1857 Greiz (Thüringen), † 30. 9. 1931 Bad Elster. 1869 bezog er das Gymnasium zu Gera und damit zugleich Wohnung bei K. Th. Liebe (s. d.), von dem er zur Vogelk. angeregt wurde, und dem er in der Vogelhaltung eifrig zur Hand ging. Auch A. E. Brehm (s. d.), der ihn in Gera kennenlernte, setzte große Hoffnungen auf den Jüngling. Als er das 1879 in Jena begonnene Studium der Naturw. wegen wirtschaftlicher Schwierigkeiten schweren Herzens aufgeben muße, wandte er sich dem Dienst bei der sächs. Eisenbahn zu und stieg zum Oberinspektor auf. Tätig war er in Zwenkau, Zwötzen-Gera, Reichenbach und zuletzt in Bad Elster. Zu allen Zeiten und an allen Orten bewahrte er sich die Freude an der Beschäftigung mit der heimatlichen Vogelwelt. Von 1893—1929 gab er Beitr. über seine Beob. und Erfahrungen hauptsächlich aus dem Vogtland an die Orn. Ms. Als Mitbegründer des Vereins sächs. Ornithologen meldete er sich auch in den Mitt. Sachs. 1, 1922—1926 u. 2, 1927—1929 zu Wort. Eine von ihm zusammengebrachte und sauber geordnete Eiersamml. kam in das Reichenb. Mus.
— Lit.: Nachruf (von H. Dathe). Mitt. Sachs. 4, Beil. z. Heft 5, 1935, S. 13/14.

Hellerer, Josef, * 10. 2. 1839 Nandlstadt (Kr. Freising), † 2. 8. 1892 Benediktbeuern. In der Zeitspanne, in der zwischen A. J. Jäckels und K. Parrots (s. d.) Tätigkeit die orn. Forschung in Bay. kaum einen Vertreter hatte, erwuchs der Umgeb. von Münch. in dem dort ansässigen Lehrer ein rühriger Vogelkenner u. -schützer. Erst spät griff er zur Feder, um sich in Gef. W. 8, 1879 zur „Ehrenrettung d. Amsel" zu äußern. Eine heute nicht mehr zu beweisende und nicht mehr zu widerlegende Nachr. über Beutelmeisenbrut aus den Jahren 1850 oder 1851 bei Hartmannshofen stand in Orn. Jb. 1, 1890; Auszüge aus seinem Tagebuch 1889/90 veröffentlichte er ebd. 2, 1891. Auf 20jährige Erfahrung stützte sich außerdem ein größerer Ber. über die „Vogelw. im Schloßpark z. Nymphenb." (Orn. Ms. 15, 1890). Daneben stand er mit faun. Angaben und durch Korrekturarbeiten R. Blasius (s. d.) bei der Herausgabe von A. J. Jäckels „System. Übersicht d. Vögel Bay." (1891) zur Seite. Besonderen Eifer verwandte er auf das Studium der Brutbiol. des Halsbandfliegenschnäppers im Nymphenb. Park, in den benachbarten Gehölzen und Alleen. K. Parrot (s. d.) benutzte das fleißig aufgezeichnete Material seines Landsmannes für die Darstellung der Brutgewohnheiten des Vogels (J. Orn. 43, 1895).

Hellmayr, Carl (Charles) Eduard, * 29. 1. 1878 Wien, † 24. 2. 1944 Orselina bei Locarno (Schweiz). Die Liebhaberei des Vaters begeisterte ihn früh für die Vogelwelt. Schon als Gymnasiast in Seitenstetten (N.-Ö.) gewann er zwischen 1894 und 1897 durch Jagen, Sammeln, Präparieren und Literaturstudien das Material für „Beitr. z. Orn. N.-Ö." (Orn. Jb. 10, 1899), mit denen er sich in das Schrifttum einführte. Erste kleinere system. Unters. erschienen ebd. 11, 1900; 12, 1901; 13, 1902 neben denen in J. Orn. 49, 1901; 50, 1902; Verh. Wien 54, 1904. Die Wohlhabenheit der Eltern gestattete ihm sorgenlose Ausbildung zum Mus.-Ornithologen in Wien, Berl., Münch., Tring, Paris und bei Graf H. v. Berlepsch (s. d.). Er fühlte sich so unabhängig, daß er gar auf Doktordiplom und Staatsexamen verzichtete. Die Laufbahn des Erfolgs öffnete sich ihm mit Hilfe von A. Reichenow (s. d.), der ihn für die Bearbeitung der 18. Lieferung „Paridae, Sittidae u. Certhiidae" (1903) des „Tierreichs" (Sammelwerk d. Preuß. Akad. d. Wissensch.) gewann. Ein überdurchschnittliches Wissen auf vielen Gebieten der Orn. fiel ihm zu, als er von 1899 bis 1915 die wichtigsten Erscheinungen der Weltliteratur für das Arch. Naturgesch. besprach. Weiterhin galt seine Arbeitsrichtung eindeutig der neotropischen Ornis, auf die er durch die bras. Ausbeute von Joh. Natterer und J. B. v. Spix (s. d.) gelenkt wurde. Als 28jähriger begann er mit Geschick das bis dahin nicht bedeutende Münch. Mus. zu einer der größten dt. orn. Samml. zu entwickeln, indem er fast alle Sendungen aus dem neotropischen Gebiet für das Bayer. Staatsmus. erwarb. Gleichzeitig gab er in der Stellung des Generalsekretärs der Orn. Ges. Bay. von 1911—1920 die Verh. Bay. heraus. Als die Inflation nach dem 1. Weltkrieg das mus. Aufbauwerk lähmte, folgte er 1921 einem Ruf an das Field Mus. of Natural History in Chicago, um den großen „Catalogue of Birds of the Americas" fortzuführen. Von 1924—1938 konnte er die Bde. 3—11 des Riesenwerks vorlegen. Auch der erst 1949 abgeschlossene 1. Bd. griff auf viele seiner Vorarbeiten zurück. Jedem Zwang abhold, fand er indes auf die Dauer in der amerik. Mus.-Verwaltung nicht die erhoffte freie Betätigung. Da zudem die amerik. Wirtschaftskrise zu erheblichen Etat-Kürzungen führte, siedelte er 1932 wieder nach Mödling (Wien) über und setzte mit Hilfe des Wiener Mus. die Arbeit an seinem großen Werk fort. Häufig war er auch auf Reisen, bis die Eingliederung Österr. in das Dt. Reich ihn erneut vertrieb. Nach kurzem Aufenthalt in London suchte er einen Wohnsitz in der Schweiz. Von da an ließ er die alten Verbindungen abreißen, und es wurde im Bereiche der Orn. stille um ihn. Die Anerkennung seiner wissensch. Verdienste bleibt trotzdem lebendig. Er war einer der ersten und wirksamsten Befürworter von E. Harterts (s. d.) nomenklat. Reformgedanken und galt als einer der fähigsten Systematiker der Welt. Wenn er auch nie selbst eine Exp. unternahm, so verstand er es um so trefflicher, die Reisenden und Sammler auf seine Ziele auszurichten. Dem sich weit spannenden Geist genügte obendrein die Orn. nicht. In den letzten Lebensjahren fesselten ihn die Geschichte der franz. Revolution und die Probleme der Blütenbiol., vornehmlich die der Orchideen. Als der einst Geselligkeit schätzende Forscher sich immer mehr auf sich selbst zurückzog, verblaßte frühzeitig das Bild eines unruhvollen Wanderers, der nirgends Wurzeln schlagen konnte.

— Lit.: Nachruf (von E. Stresemann). Orn. Mber. 52, 1944, S. 73—84 (mit Verz. d. umfangreicheren Veröff.). - Nachruf (von O. Meylan). Nos Oiseaux 1944, S. 342/43. - Nachruf (von J. T. Zimmer). Auk 61, 1944, S. 616—622. - Nachruf (von N. B. Kinnear). Ibis 87, 1945, S. 110—112.

Hellwing, M. G. A. Als Prediger in Angerburg (Ostpr.) hatte er offenbar kenntnisreiche Beziehungen zur Vogelwelt seiner Landschaft. Für sein Naturalienkabinett präparierte er selbst die Stücke. Außerdem pflegte er Vögel im Käfig. Die ersten Nachr. über die ostpr. Ornis im 18. Jahrh. stammen aus seiner Feder. Die Mitt. standen in der Breslauer „Samml. v. Natur- u. Med.-, Kunst- u. Literaturgesch.". Dazu gehörte die Beob. von Platalea leucorodia im August 1719 bei Angerburg. Daten über seinen Lebensweg konnten nicht beschafft werden.

Helm, August Franz, Dr., * 12. 12. 1857 Schöneck (Vogtland), † 11. 12. 1911 Chemnitz. Sohn eines Landwirts, wuchs er in Arnoldsgrün auf, besuchte die Schule in Plauen, studierte in Leipz. und promovierte mit einer Arbeit „Über d. Hautmuskeln d. Vögel, ihre Beziehungen z. d. Federfluren u. ihre Funktionen" (J. Orn. 32, 1884). 1888—1891 war er wissensch. Hilfsarbeiter am Zool.-Anthrop.-Ethnogr. Mus. in Dresd. unter A. B. Meyer (s. d.), dem er auch vor- u. nachher bei der Zusammenstellung der Jber. Beob.-Stat. Sachs. (1, 1886 — 10, 1896) zur Seite stand. Anschließend war er Oberlehrer an der Landw.-Schule Chemn. Vornehmlich an den Moritzb. Teichen und an den Gewässern des westsächs. Niederlandes sammelte der anspruchslose Junggeselle in stiller und zäher Kleinarbeit die breiten Wissensgrundlagen für die Darstellung des Rauhfußkauzes, der Tauben, einiger Wasserläufer, Gänse- u. Entenarten im Neuen Naumann (Bd. 5, 6, 9, 10). Seine Forschungen nahmen eine entschiedene Ausrichtung auf das Studium des Vogelzugs an, als die 2. Aufl. von H. Gätkes (s. d.) „Vogelwarte Helgol." (1900) erschien. Die kühnen Ansichten des Helgoländer Malers über die Höhe und Schnelligkeit des Wanderflugs und den gesonderten Zug von alt und jung, Männchen und Weibchen forderten den Freilandbeobachter zu kritischer Überprüfung und damit zu feldorn. und lit. untermauertem Widerspruch heraus (u. a. in J. Orn. 48, 1900; 49, 1901; 52, 1904). Bis in seine letzten Tage trug er auf Ferienreisen an die See und an die großen Teiche bei Budweis (Böhmen) das Material zur Klärung der strittigen Fragen zusammen. Die sachlich gestalteten Früchte seines großen Fleißes auf faun., nahrungs- u. zugbiol. Gebiet finden sich als Veröff. zwischen 1883 und 1911 in Orn. Ms., Aquila, Biol. Cbl., St. Hubertus, Abh. Dresd., Zool. G., Zool. Beob., J. Orn., Orn. Mber., Ber. Chemn. sowie in Tageszeitungen.

— Lit.: Nachruf (von C. Loos). Orn. Ms. 37, 1912, S. 171—175 (mit Bildnis). - Nachruf (von R. Heyder). J. Orn. 60, 1912, S. 243—248 (mit unvollst.

Verz. d. Veröff.). - Bildnis in R. Heyder, D. Vögel d. Landes Sachs., 1952; Bildnis (Gruppenaufnahme in Ziebigk), Aquila 12, 1905.

Hemprich, August, * 4. 11. 1870 Völpke (Kr. Haldensleben), † 20. 1. 1946 Halberstadt. 1904 kam er als Mittelschullehrer nach Halberst. Mit F. Lindner und R. Schmidt (s. d.) zählte er zu den besten Kennern der Harzvogelwelt. Sein Hauptverdienst bestand in der Gestaltung und Mehrung des 1905 gegründeten Halberst. Heimatmus. Als 1909 das Mus. Heineanum in den Besitz der Stadt überging, lag die Verwaltung auch dieser orn. Samml. in seinen Händen, zuerst nebenamtlich, seit 1925 hauptamtlich. Seit 1930 war er Direktor. Durch persönliche Beziehungen, Vorträge, Veröff. und Führungen setzte er sich für die Förderung des Mus. ein. 1910 verfaßte er einen „Führer durch d. Heineanum", der unter Beteiligung von Otto Heine (s. d.), dem Enkel des Begründers, 1926 neu bearbeitet erschien und neben 7313 montierten Stücken 5054 Bälge nachwies. In die Zeit seiner Leitung fiel der Erwerb von Balgkollektionen kleineren Umfangs, von zwei großen, wertvollen Kolibrisamml. und der Eier der Harzvögel aus der Kollektion von R. Schmidt. Auch als Landschaftsbeauftragter für den Naturschutz war er tätig.

Hemprich, Wilhelm Friedrich, Dr., * 24. 6. 1796 Glatz (Neiße), † 30. 6. 1825 Massaua (Erythrea). Er studierte in Berl. Med. und arbeitete unter H. Lichtenstein (s. d.) im Zool. Mus. Kurze Zeit war er Lehrer der Naturw. am Kadettenkorps und Dozent an der med. Fak. Dann ging er mit Ch. G. Ehrenberg (s. d.) im Auftrag des preuß. Staates zu Forschungszwecken an die Küsten des Roten Meeres. Die Behandlung der Vögel, Säugetiere und Reptilien lag vornehmlich in seinen Händen. Während Ehrenberg vielfach die Objekte aufsuchte, übernahm er von Anfang an mehr die Organisation der Unternehmungen, das Ordnen der eingebrachten Schätze und die Führung der Listen. Von den Widerständen, Nöten und Gefahren, die die Natur und die Menschen damals dem wissensch. Wagemut bereiten konnten, blieb den beiden Freunden nichts erspart. Ein Opfer dieser Belastungen, starb H. in den Armen des Gefährten. Die Zool. verlor mit ihm einen jungen Vertreter, der zu großen Hoffnungen berechtigte. Sein früher Tod hatte zur Folge, daß der riesigen Ausbeute später in Berl. nicht die verdiente Bearbeitung zuteil werden konnte. Ehrenbergs Veranlagung und Kräfte allein reichten nicht aus, die dem Versuch sich entgegenstellenden Schwierigkeiten zu überwinden.
— Lit.: Siehe bei Ch. G. Ehrenberg.

Henke, Carl Gottlieb, * 16. 3. 1830 Saupsdorf, Kr. Sebnitz (Sachsen), † 18. 2. 1899 Dresden. Der Bauernsohn kam mit 21 Jahren zu H. G. L. Reichenbach (s. d.) an das Zool.-Anthrop.-Ethnogr. Mus. in Dresd. Er zeigte sich dort so vielseitig praktisch und theoretisch begabt, daß er als Präparator den jüngeren Grafen Centurius v. Hoffmannsegg 1853/54 nach der Petschora und 1857 nach Archangel begleiten durfte. Im Auftrag der russ. Regierung weilte er dann von 1862—1865 in Astrachan, den russ.-asiat. Steppen und Persien. 1868 ging er nochmals nach Archangel, um erst 1877 aus Rücksicht auf seine erkrankte Frau nach seinem Heimatdorf zurückzukehren. 18 Jahre brachte er in Rußl. zu, legte große Eiersamml. an und belieferte die meisten europ. Mus. mit Vögeln, Nestern, Eiern und anderen Naturalien. Die in seinem Haus aufgestapelten Tiere und Nester hatte er so mustergültig präpariert und wissensch. etikettiert, daß A. B. Meyer (s. d.) ihn 1881 wieder an das Dresd. Mus. holte. Dort wurde er 1888 Konservator und stellte seine Erfahrungen als scharf beobachtender Ornithologe und Oologe fast ausschließlich in den Dienst der Vogelabt. Zwischen 1856 und 1895 trat er mit etwa 20 Veröff. über russ. Vögel in Allg. Naturh. Ztg., Zool. G., Orn. Ms., Ibis, Zs. ges. Orn., Mitt. Wien, J. Orn. hervor. Darunter behandelte er öfters die Hühnerarten und die Frage der Straußenverbreitung.
— Lit.: Nachruf (von A. B. Meyer). Abh. Dresd. 7, 1898/99, Nr. 10, 4 Seiten (mit Verz. d. Veröff.).

Henker, Otto, * 3. 3. 1874 Rüsseina (Kr. Meißen), † 1947 Chemnitz. Die am Seminar gelehrte Tierkunde genügte dem Lehrer nicht; er erweiterte seine Kenntnisse deshalb durch Selbststudium und besonders dann erfolgreich, als ihm an der naturw. Samml. der Stadt Chemn. die Stelle des zool. Kustoden übertragen wurde. Wenn er auch die Entom. bevorzugte, so kannte er sich doch ebenso in der Orn. gut aus. Er förderte sie in seiner Eigenschaft als Sammlungspfleger sowie in den örtlichen Vereinen und Gesellschaften. Im Ver. sächs. Orn. trat er 1922—1925 mit einigen faun. Beitr. hervor; darunter befand sich in Mitt. Sachs. 1, 1923 die Meldung, daß ihm eine um 1900 in Sachs. erbeutete amerik. Schwalbenweihe - Elanoides forficatus übergeben worden sei, die er für einen verschlagenen Wildvogel hielt.

Hennemann, Wilhelm, * 8. 8. 1872 Neuenrade (Kr. Altena), † 27. 8. 1951 Werdohl (Kr. Altena). In früher Jugend schulte sich sein wacher Blick für Naturvorgänge im Umgang mit Jägern und den letzten Köhlern der ländlichen Einsamkeit. Nach dem Besuch des Seminars in Hilchenbach wurde er 1893 Lehrer in Wintershof und 1894 in Werdohl. Hier wirkte er 40 Jahre, zuletzt als Konrektor. Während eines Erholungsaufenthalts in Sonneberg 1893 trat die damals in den thür. Walddörfern viel geübte Vogelhaltung in sein Gesichtsfeld. Wanderungen mit einem orn. erfahrenen Forstassessor taten ein übriges, um ihn mit entscheidenden Anregungen zur ernsthaften Beschäftigung mit der Vogelk. heimkehren zu lassen. Zunächst trieb es ihn, Vögel in sein Haus zu nehmen. Auf fleißig durchgeführten Streifzügen und in emsigem Buchstudium entwickelte er sich dann schnell weiter zum Kenner der Ornis des heimatlichen Berglands. Noch in den 90er Jahren begann er, über Käfighaltung und feldorn. Beob. zu berichten. Zuerst schrieb er in Gef. W. und Orn. Ms., später auch in Orn. Mber., Orn. Jb. und Orn. Beob. Erlebnisse auf Ferienreisen gaben ihm außerdem gern und häufig aufgegriffenen Anlaß zu kleinen und größeren Mitt. z. B. aus Tirol, vom Bodensee, aus der Eifel, Hess., dem Spessart, dem Harz, Borkum, Föhr, Holl. Da ihm daran gelegen war, die engeren Landsleute an seinen naturk. Begegnungen teilnehmen zu lassen, lieferte er schließlich

zahlreiche Mitt. und Beitr. über sauerländische Vögel (sowie über Bilge, Siebenschläfer, Reptilien, Schmetterlinge und Pflanzen) für die Jber. Münst., Ber. Bonn und vor allem für die Heimatpresse und Heimatkalender. Eine größere Arbeit „Wandlungen in d. heimischen Tierwelt in neuerer Zeit" erschien in den Westdt. Kreiswerken (Düsseldorf), Bd. 1 „Beitr. z. Heimatk. d. Kr. Altena". Ein schweres Augenleiden, das ihn in den letzten Jahren befiel, machte es ihm unmöglich, den Plan einer sauerl. Avif. zum Abschluß zu bringen. Der orn. Nachlaß kam in das Landesmus. f. Naturk. in Münster.
— Lit.: Nachruf (Verf. ungen.). Süderl. Volksfreund, Werdohl Nr. 203 v. 31. 8. 1951.- Nachruf (von H. Budde). Lüdenscheider Nachr., Beil. Nr. 10 v. 18. 10. 1951 (mit Bildnis). - Nachruf (von E. Gebhardt). Vw. 73, 1952, S. 56 (mit Bildnis).

Hennicke, Carl Rudolf, Dr., * 26. 12. 1865 Chemnitz, † 27. 8. 1941 Gera. Seit 1873 genoß er Erziehung im Hause von K. Th. Liebe (s. d.). In der Vogelstube seines Mentors und auf Beobachtungsgängen mit ihm entzündete sich im Herzen des Schülers die Aufgeschlossenheit für die Welt der Vögel. 1894 ließ er sich in Gera als Facharzt für Ohren-, Nasen- u. Augenheilkunde nieder und hielt fest an der ihm von Liebe hinterlassenen Lebensaufgabe, der Erziehung breiter Volksschichten zur Vogelkenntnis, zur Vogelliebe und zum Vogelschutz. Beweise für seine tatfrohen Bemühungen sind die Herausgabe von Liebes „Orn. Schriften" (1894) und seine leitende Stellung (2. Vorsitzender) im Dt. Ver. z. Schutze d. Vogelw. seit 1895. Von jeder Einseitigkeit wußte er sich fernzuhalten. In den Zeitströmungen stand er vermittelnd zwischen den Nur-Systematikern, Nur-Tiergeographen, Nur-Anatomen, Nur-Vogelschützern, Nur-Vogelliebhabern. In dieser nicht immer und von allen verstandenen Rolle machte er sich um die dt. Vogelk. sehr verdient. Eigne Forschung war nicht das ihm gemäße Arbeitsfeld; es bekundete sich mehr in seiner vielseitigen lit. Tätigkeit. In einer Fülle von Aufs. behandelte er unvoreingenommen die Fragen des Vogelschutzes, und im „Hdb. d. Vogelsch." (1912) gab er nach damaliger Sicht eine Zusammenfassung des gesamten Stoffgebiets. Die „Raubvögel Mitteleuropas" (1903), die „Fänge d. in Mitteleuropa vorkommenden Raubvögel" (1905) und die „Flugbilder d. Raubvögel" (1910) entsprangen seiner besonderen Vorliebe gerade für diese stark bedrohte Vogelgruppe. Von 1892 bis 1937 hatte er die Schriftl. der Orn. Ms. inne. Nur durch sein Opfer hielt sich die vor dem 1. Weltkrieg blühende Zeitschr. während der Notjahre nach 1918 und unter den inzwischen veränderten Fragestellungen, bis sie 1938 in die Dt. Vw. einmündete. Stark in den Vordergrund rückte schließlich sein Name, als er sich auf Betreiben von R. Blasius (s. d.) und unter Mitarbeit anderer uneinheitlich ausgerichteter Fachgenossen entschloß, den Neuen Naumann (1897 bis 1905) herauszugeben. Das Unternehmen brachte ihm viel Verdruß und umschattete manchen seiner Tage, weil es in einer gutgemeinten Huldigung vor der Lebensernte des Altmeisters steckenblieb und daher die Kritik auf den Plan rief. Da war der Einwand, daß sich in der Großfolio-Ausg. der Geist des wilhelminischen Deutschl. in Selbstsicherheit u. -gefälligkeit spiegele. Hatte sich aber nicht schon unter napoleonischer Bedrückung Johann Andreas N.s „Naturgesch. . . ." vorübergehend, hatten sich nicht die „Teutsche Orn." von M. B. Borkhausen (s. d.) und die „Naturgesch." von J. Wolf und B. Meyer (s. d.) im selben Format gezeigt? Die Großform war gewählt worden, weil Herausgeber und Künstler glaubten, den Bildern (von denen viele nicht befriedigten; vgl. die Kritik O. Kleinschmidts in Orn. Mber. 11, 1903) dadurch größere Wirkung zu verleihen. Und was sollte damals die Naturbeschreibung im Stile des gefeierten Vorbildes Neues bieten? Es war — eine Folge des fehlenden Interesses und der Unfähigkeit, in der Luft liegende Probleme anzupacken — nichts da, was hier besonderen Eindruck hätte machen können. Sollten etwa die Auseinandersetzung mit der Evolutionslehre Darwins und der Nomenklaturstreit jener Jahre mit N.s Namen gekoppelt werden? Oder wäre es besser gewesen, die von der fortgeschrittenen Forschung überholten Stellen auszuscheiden und alte Weitschweifigkeiten zu kürzen? Die Erfahrungen mit den Aufl. von A. E. Brehms „Tierleben" haben hier mit Recht geschreckt. Die Neuaufl. war schon nötig. Wer sich um die Jahrhundertwende an einer aus einem Guß bestehenden Zusammenfassung des Wissens begeistern wollte, und wer (vor allem als Jünger der Orn.) etwas lernen wollte, war genötigt, den Neuen Naumann zur Hand zu nehmen. Wieviel greifbare Stücke der 1. Ausg. gab es damals noch; wieviele gibt es heute noch? Der Neue Naumann aber steht bis in unsere Tage in mancher privaten Bibliothek, nicht nur als Prunkstück. Daß ihm die gewinnende Einheitlichkeit des ursprünglichen Werkes (durch die Zusätze) fehlt, wer wollte sich darüber wundern? 26 Autoren und Künstler von sehr unterschiedlichen Fähigkeiten vermögen kein Gleichmaß zu erzielen. Sie wurden gewiß nicht dem genialen Schöpfer und Begründer der dt. Vogelk. gerecht. Sie schadeten seinem Ansehen aber auch nicht. H.s Tragik jedoch war es, daß er gewissermaßen zur Verkörperung einer der Vergangenheit verhafteten Zeit gestempelt wurde. Er war ein aufrechter Mann mit menschlich liebenswerten Zügen, der hart zu kämpfen und zugleich Enttäuschungen zu tragen verstand. An äußeren Ehrungen (Verleihung des Professortitels, Mitgliedschaft bei der Leopoldina usw.) fehlte es ihm nicht.
— Lit.: Würdigung (von O. Heinroth). Orn. Ms. 60, 1935, S. 161—163 (mit Bildnis). - Würdigung (von O. Leege). Ebd. 60, 1935, S. 163—166. - Nachruf (von L. v. Boxberger). B. z. F. 17, 1941, S. 210/11 (mit Bildnis). - Nachruf (von H. Krieger). Dt. Vw. 67, 1942, S. 94/95. - Bildnis (Gruppenaufnahme in Ziebigk), Aquila 12, 1905.

Henrici, A. H., † 1836 oder 1838 Amsterdam. Über sein Leben und Wirken sind nur wenige Daten verbürgt. Als dt. Major ging er in holl. Dienste. 1827 war er in Paduang auf Sumatra stationiert und sammelte dort auch Vögel. In dieser Zeit kamen H. Boie, H. Ch. Macklot und S. Müller (s. d.) mit ihm in Verbindung und ließen sich von ihm zu einer (durch den frühen Tod Boies nicht zustandegekommenen) Forschungsreise nach Sumatra ermutigen. Nach K. B. H. v.

Rosenberg (s. d.), „D. Malayische Archipel" (Leipz. 1878) war er von 1830—1832 mit der Aufnahme des westl. Teiles von Borneo beauftragt. 1833 setzte er diese Tätigkeit im südl. Teil als Oberstleutnant fort. Wie lange er in der Südsee verweilte, ist unbekannt. J. C. Temminck sprach in der Beschr. der Faulvogelart Bucco henricii (1831) von einem „séjour assez long dans l'île de Sumatra". Da er (s. v. Rosenberg) kurz nach der Heimkehr 1836 in „voller Manneskraft" einer Krankheit erlag, blieb es bei seiner Absicht, über die hinter ihm liegenden Reiseerfahrungen selbst zu schreiben. Ein großer Teil seiner Papiere ging bei einem Schiffbruch auf der Rückfahrt nach Java 1832 verloren. Die ihn überdauernden Aufz. wurden, wenigstens teilweise, in den Ber. seiner Nachfolger verarbeitet. 1838 lehnte die niederl. Regierung den Ankauf der Samml. aus Borneo wegen des zu hohen Preises ab. Vielleicht ist er im selben Jahr gestorben, zumal S. Müller (Temmincks Verh. over de Natuurlijke Geschiedenis d. nederl. overzeesche Bezittingen — Land en Volkenkunde — Teil 10, 1847, S. 325) als Todesjahr u. -ort des Obersten 1838 Amsterdam angab. Weiteres Quellenmaterial ruht noch ungeordnet im Arch. des Reichsmuseums von Leiden.

— Lit.: E. Stresemann, Entw. d. Orn., 1951. - G. C. A. Junge, Orn. onderzoek in de Ind. archipel, Ardea 41, 1953 (1954), S. 306.

Henrici, Ferdinand, Dr., * 20. 3. 1870 Warburg (Westfalen), † 10. 10. 1908 Thorn (Westpreußen). Er stammte aus einem Pfarrhaus und begann sich nach dem 1892 in Höxter (Weser) abgelegten Matur zum Oologen zu entwickeln. Als er 1895 bis 1898 in Greifsw. studierte, erfuhren seine orn. Anlagen starke Förderung durch die Verbindung mit A. v. Homeyer (s. d.). Er war dann Referendar und Assessor in Zoppot, Elbing, Danzig, Marienwerder und seit 1905 Amtsrichter in Dt.-Eylau. Seit 1898 war er als Sammler besonders rege und bekannt. Seine Eierkollektion (Paläarkten und einige Exoten) ging durch Kauf in den Besitz seines Bruders Paul H. (Rendel/Oberh.) über. Die feldorn. Tätigkeit erbrachte bemerkenswerte Ergebnisse seines Eifers: Brut der Brandente an der westpr. Küste (Orn. Mber. 10, 1902), Wiederentdeckung der Brut der Zwergmöve für Deutschl. auf dem Drausensee (Orn. Ms. 25, 1900) und Neuentdeckung der Brut des Nachtreihers für Deutschl. (J. Orn. 55, 1907). Die „Naturerklärungen" seines westpr. Zeitgenossen Fr. Braun (s. d.) lehnte er nüchternen Sinnes als z. T. unbewiesene Hypothesen ab (J. Orn. 49, 1901). In Orn. Ms., Orn. Mber., Zs. Ool., Schr. Danz., Zs. Stett. finden sich noch einige Beitr. aus seinem Erfahrungsbereich.

Henrici, Friedrich, * 29. 4. 1819 Gehrden (Westfalen), † 21. 4. 1892 Holle (Kr. Hildesheim - Marienburg). Er war der Sohn eines Gutsbesitzers zu Lippoldsberg (Westf.), wirkte als Regierungsrat in Hann. und (nach 1870) in Frankf. (Oder). 1880 siedelte er von Frankf. nach Holle über und war dort bald als Naturfreund, Sammler, Vogelkenner und Vogelpfleger unter der Bevölkerung heimisch. Aus der Ornithologenfamilie H. war er der erste der Fachrichtung. 1870 schloß er sich der DOG an. Solange es ihm der Wohnsitz ermöglichte, besuchte er die Berl. Sitzungen und war hier sehr geschätzt. Zur Feder griff er nicht. Die feldorn. Beob., z. B. Feststellung des ersten Girlitz in Frankf., überließ er seinem Freunde H. Schalow (s. d.) zur Veröff. und Auswertung. Eine kleine Eiersamml. ging auf seinen gleichfalls orn. aufgeschlossenen Sohn Paul H. (s. d.) über.

Henrici, Hermann, * 28. 6. 1850 Nieheim (Westfalen), † 18. 4. 1934 Kassel. Von 1871—1900 war er aktiver Artillerieoffizier und schließlich ehrenamtlicher Stadtrat in Kass., wo er als Oberstleutnant z. D. starb. Erst spät, etwa 1902, erwachten während eines Aufenthaltes bei seinem Vetter Paul H. (s. d.) in Westpr. feldorn. Neigungen in ihm, und er wurde rühriger Eiersammler. In Kass. selbst stieß er bei H. Ochs (s. d.) auf gleichgerichtete Interessen eines erfahrenen Oologen und lernte durch ihn viel dazu. Seine kleine Samml. kam in das Kass. Mus. Beziehungen zu H. v. Berlepsch (s. d.) führten ihn in die Vogelschutzbewegung. Er stand dem Freiherrn bei der Arbeit an dessen Vogelschutzbuch zur Seite und gründete 1905 in Kass. den Ver. f. Vogelsch. als Abt. des dortigen Tierschutzvereins. Lange Jahre war er der Vorsitzende der Vogelschutzabt. des hess. Tierschutzvereins. Da nach 1904 zunächst keine weitere Aufl. des „Gesamten Vogelschutzes" vorgesehen war, wurde er Mitglied der vom Verband der dt. Tierschutzvereine gewählten „Kommission z. Förderung d. Vogelsch.", die die Herausgabe der „Lösung d. Vogelschutzfrage nach Frhr. v. Berlepsch" (1907) durch M. Hiesemann (s. d.) in die Wege leitete. Das rein fachlichorn. Schrifttum verzeichnet seinen Namen nur zweimal mit 2 kurzen brutbiol. Mitt. in Zs. Ool. 16, 1906/07 u. 17, 1907/08.

Henrici, Paul, * 5. 3. 1860 Minden (Westfalen), † 18. 5. 1918 Wiesbaden. Er studierte an den Forstakad. Münd. und Ebersw. und lieferte in dieser Zeit für H. Schalows (s. d.) 3. Beitr. zur Ornis der Mark Brandenb. (Zs. ges. Orn. 2, 1885) ergänzendes Material hauptsächlich aus dem Odergebiet um Frankf. Die Forstlaufbahn führte ihn von Wiesb. aus über Westpr. (Lindenberg bei Schlochau und Marienwerder), Lüneb. (Goehrde) 1913 wieder zurück an die Ausgangsstätte. Dort starb er als Geh. Reg.- u. Forstrat. Wie sein Vater Friedrich H. (s. d.) war er leidenschaftlicher Eiersammler und veröffentlichte in orn., jagdlichen und forstlichen Zeitschr. nicht sehr zahlreiche Arbeiten u. a. über Beob. am Zwergfliegenschnäpper, Raubwürger, Wespenbussard und Schwarzstorch. Seine Samml. (Paläarkten) wurde vom Neffen Paul H. (Rendel/Oberh.) 1925 käuflich erworben.

Heppe, Johann Christoph, † 1806 Nürnberg. Auf mehreren Gebieten beschäftigte er sich mit kompilatorischen Arbeiten und schrieb in 2 Oktavbänden den „Vogelfang nach seinen verschiedenen Arten . . ." (Nürnb. 1798—1805). Er muß über nicht geringe orn. Kenntnisse verfügt haben, denn das Buch enthält eine Reihe von Mitt. über die Vögel der nächsten Umgeb. von Nürnb.

— Lit.: E. Stresemann, Zur Gesch. d. fränk. Orn., J. Ch. Heppes „Vogelfang" (1798—1805), Verh. Bay. 17, 1926, S. 105—107.

Hergenröder, J. M., † 1820 Offenbach (Main). Wahrscheinlich war er der Sohn des 1736 in Darmst. geborenen und um 1794 in Offenb. gestorbenen Georg Heinrich H. und lebte seit etwa 1800 in Offenb. Dort malte er Vögel aus dem Kabinett B. Meyers (s. d.). Er dürfte der Künstler gewesen sein, dem Goethe 1805 im Hause des Hofrats begegnete. Durch B. Meyer wurde er auch zur Bebilderung der „Naturgesch. d. Vögel Deutschl." (1805) herangezogen. Neben A. Gabler (s. d.) zeichnete und malte er 49 Tafeln des eindrucksvollen Werks. An die Fertigkeit, die vor ihm schon J. L. Frisch (s. d.) erreicht hatte, kam er nicht ganz heran. Doch beurteilte J. Wolf (s. d.) in Isis 1, 1821, 4. Beil. des Künstlers Können ungerecht, als er, verärgert gegen die Herausgeber der Darmst. „Teutschen Orn." und Goethes Darstellung in „Kunst u. Altertum" (Heft 1), behauptete, H. sei von der Mitarbeit ausgeschlossen worden, weil seine Bilder „die erforderliche Treue nicht hatten".
— Lit.: Thieme-Becker, Künstler-Lex. 16, 1923, S. 463. - Cl. Nissen, D. Illustrierten Vogelbücher, 1953, S. 53.

Hering, Hermann, * 23. 4. 1889 Lübeck, † 13. 10. 1953 Mölln (Lauenburg). In Mölln, Kankelau, Lübeck und seit 1910 wieder in Mölln übte er den Lehrerberuf aus. Mit großem Organisationstalent war er bemüht, die Geschichte und das Brauchtum seiner Heimat zu pflegen und die Kenntnis ihrer landschaftlichen Züge in allen Schichten des Volkes zu fördern. Seit 1906 erfreute sich die Vogelk. seiner besonderen Hinwendung. Er widmete sich ihr nicht durch Veröff. seiner reichen orn. Aufz. oder durch Schreibtischarbeit, sondern durch die unmittelbare, kernige Art, mit der er in persönlicher Einwirkung und auf Führungen alt und jung die Augen zu öffnen verstand für die Reize und die Schönheit der heimischen Ornis und durch die feine Kunst, mit der er seine Mitmenschen unauffällig lehrte, in den Geschöpfen den Schöpfer zu ehren. 1928 wies er zudem in den Schriften d. Naturw. Ver. f. Schlesw.-Holst. auf die fast vergessenen orn. Notizen des Möllner Senators W. Dettmann (s. d.) hin und bewirkte 1938/39 die Aufstellung der dazugehörigen Samml. in Ratzeb. und nach dem 2. Weltkrieg in Mölln. Seiner Sachkenntnis gelang es, die Stücke zu ordnen und zu beschriften und damit ihre Bedeutung als Belege aus der vogelk. Vergangenheit Lauenburgs zu begründen.
— Lit.: Nachruf (von F. Groebbels). Mitt. Schlesw.-Holst., N. F. 7, 1954, S. 37/38.

Herman, Otto, * 26. 6. 1835 Breznobánya, Komitat Zolyom (Ungarn), † 27. 12. 1914 Budapest. Bewegt und reich an Entbehrung waren die Jugend- u. Entwicklungsjahre, bis er, Sohn eines Kameralarztes, nach dem Besuch des Wiener Polytechnikums 1864—1871 Hilfskustos in Klausenb. und nach zwei weiteren unstet verbrachten Jahren Angestellter am Nat.-Mus. in Budapest wurde. Die bis dahin schon vielseitige rednerische und schriftstellerische Beschäftigung wuchs zu staunenswerter Regsamkeit, als er 1879 aus dem Mus. ausschied, um die Unabhängigkeitspartei jahrzehntelang im ung. Reichsrat zu vertreten. In allen Stürmen des politischen Kampfes vernachlässigte der fanatische Patriot nicht die angeborene Liebe zu den Naturw. Der erste Aufs. aus seiner Feder über Beob. am Baumfalken (Jb. Siebenb. 3, 1864/65) ließ schon die sprachliche Gestaltungskraft ahnen, die kennzeichnend wurde für die 625 kleinen und großen Arbeiten auf entom., zool. und ethnogr. Gebiet. Kaum hatte ihn K. Chernel (s. d.) für die Orn. entdeckt, kam auch seine große Stunde: Er wurde mit der Vorbereitung des 2. internat. Orn.-Kongr. (Budapest 1891) betraut, weil der eigentliche Ausschuß sich der ihm gestellten Aufgabe nicht gewachsen zeigte. Mit überlegenem Geschick und mitreißendem Schwung organisierte und leitete H. den Kongreß. Die werbende Wirkung dieser Veranstaltung ausnutzend, erreichte er schließlich 1893 die Gründung der Ung. Orn. Zentrale, die unter seiner Führung 1909 obendrein staatliches Inst. wurde. Als Sprachrohr schuf er 1894 die Aquila mit Beitr. nicht nur in der ung. Muttersprache, sondern auch in anderen Weltsprachen (anfangs bevorzugt Dt. neben Engl., nach dem 2. Weltkrieg hauptsächlich Engl. neben Russ. und Dt.). Im 1. Erscheinungsjahr der Zeitschr. hatten die Orn.-Beob.-Stat. anderer Länder infolge der Unzuverlässigkeit der Mitarbeiter und unzureichender Auswertung der Meldungen in der Mehrheit bereits abgewirtschaftet. H. griff nichtsdestoweniger die Erforschung der ung. Vogelzugverhältnisse auf. Was im übrigen Europa sich als Fehlschlag erwies, konnte seine schöpferische Persönlichkeit in ein positives Zugstudium umsetzen, denn es gelang den um ihn gescharten sachkundig tätigen Helfern eine Bearbeitung der (nicht nur von kritischen Beobachtern) eingelieferten Daten, die zum mindesten Teilprobleme nach der damals üblichen statistischen Methode aufklärend beleuchtete. Bald reihte er auch die Fragen des Schutzes und der (von ihm überschätzten) wirtschaftlichen Bedeutung der Vögel sowie den Ringversuch in den Aufgabenbereich der Zentrale ein. In all seinen orn. Planungen war die Haupttriebfeder das nie ruhende Bemühen, die lange verschüttete Hinterlassenschaft des hingebend verehrten J. S. v. Petényi (s. d.) zu heben und den zerrissenen Faden vaterländischer Kulturgeschichte weiterzuspinnen. Ein Lebensbild des Altmeisters (Budapest 1891) und die Beschäftigung mit den aufgefundenen Msk.-Teilen gehörten nicht zum unwichtigsten Anteil seiner rund 376 orn. Veröff. Glutvolle Liebe zu seinem Volk öffnete dem Spürsinn ferner bisher ungenutzte volksk. und vorgesch. Forschungspfade; sie mündeten ein in Werke wie „Buch d. ung. Fischerei" (1887), „Physiognomie u. Charakter d. ung. Volkes" (1901), „Urbeschäftigung d. Ungarn" (1898, 1909), „Sprachschatz d. ung. Hirten" (1914) und sind wie das zool. Hauptwerk, die „Spinnenfauna" (1874—1879), zugleich Zeugen seines nach Universalität strebenden Geistes. Wie sehr ihm die Bildung breiter Schichten am Herzen lag, belegt daneben sein mit Bildern von T. Csörgey (s. d.) geschmücktes Büchelchen „V. Nutzen u. Schaden d. Vögel" (1901), das nach langen Vorarbeiten in reinster Volkssprache und poetischer Auffassung erschien, bis 1914 4 Aufl. erlebte und ins Dt. und Engl. übersetzt wurde. Immer mitten im kämpfenden Leben stehend, schienen ihm die reine Artbeschreibung sowie die wissensch. Fehden um System.

und Nomenkl. blutleer; seinen scharf analysierenden Verstand reizten nur die Lebensäußerungen zu immer wechselnden Betrachtungen, denen gemeinsam war, daß sie sich fern von ausgefahrenen Gleisen bewegten. Was er schrieb und sprach, stempelte ihn zu einer Persönlichkeit völlig eigener Prägung, beherrscht von außergewöhnlichem Temperament, getragen von der Unbeugsamkeit der Überzeugung und erfüllt vom nie gebändigten Drang nach unbedingter Freiheit. Nach St. v. Chernel (s. d.) war er „geistreicher Redner, radikaler Politiker und Philosoph, Poet und Belletrist, Gelehrter und Lehrer, Journalist und Redakteur, Künstler und Kritiker, Debatter und Epistelschreiber, Agitator, Organisator und Vollstrecker". Aus der Geschichte der Orn. in Ung. sind die Ausstrahlungen seines Willens und Beispiels nicht wegzudenken. Aufrichtig pflegte er (er sprach ein klassisches Dt.) Beziehungen zu vielen zeitgenössischen Vertretern der dt. Vogelk.; die DOG ernannte ihn 1900 zum Ehrenmitglied. An den Folgen eines Verkehrsunfalls starb der taube Greis, der sich in der popularisierenden Gelehrsamkeit und der Politik zwar nur seinem Volke verpflichtet fühlte, aber nie den Blick über die Enge der Landesgrenzen hinaus vergaß.

— Lit.: Nachruf (von St. v. Chernel). Aquila 21, 1914, S. VII—LXXXII (mit Bildnis u. Verz. d. Veröff.). - Nachruf (von A. Reichenow). Orn. Mber. 23, 1915, S. 31/32. - Nachruf (von K. Lambrecht). Orn. Ms. 40, 1915, S. 138—142 (mit Bildnis). - Ders., Leben u. Zeitalter O. H.s . . . , (ung. geschrieben, Budapest 1920). - Nachruf (von E. Greschik). Orn. Jb. 26, 1915, S. 1—3 (mit Bildnis). - Nachruf (von Schriftl.). Ibis (10) 4, 1916, S. 157/58. - O. v. Krücken u. I. Parlagi, D. Geistige Ung., . . . 1918, Bd. 1, S. 487/88. - Österr. Biogr. Lex. . . . 2, 1959, S. 285.

Hermann, Rudolf, † 12. 9. 1933 Berlin (73 Jahre alt). Seit den 80er Jahren lebte er, von Jugend auf in engster Verbindung mit der ihn umgebenden Landschaft, als Eisenbahnbeamter in Berl. Die gemütvolle Seite der Vogelbeobachtung u. -pflege hatte in ihm einen begeisterten und kenntnisreichen Vertreter, der sich durch Vorträge und Abh., in Wort und Schrift der Verbreitung volkstümlichen Wissens widmete. In den 90er Jahren war er im Berl. Liebhaberverein „Ornis" sehr rege. Mit immer wacher Schreibfreude lieferte er, auf eifriges Selbststudium gestützt, vielfach anspruchslose allgemein biol. Schilderungen und volksk. Betrachtungen für verschiedene Zeitschr. Der besinnliche Erzählerstil beherrschte auch seine zahlreichen Beitr. über das Frei- und Gefangenschaftsleben heimischer Vogelarten, die seit 1897 in Orn. Ms., Mitt. Vw. und von 1905—1933 in Gef. W. dem Beifall einer Lesergemeinde aus den Reihen der Liebhaber und Vogelschützer begegneten.

— Lit.: Nachruf (Verf. ungen.). Gef. W. 62, 1933, S. 490.

Herr, Oskar, Dr., * 1. 10. 1875 Havelberg (Kr. Priegnitz), † 25. 2. 1951 Seesen (Kr. Gandersheim). Sohn eines Fuhrhalters, wurde er nach dem Besuch des Seminars in Kyritz Lehrer und wirkte in Nauen, Rathenow, Norderney und Görl. Schon von Rathenow aus studierte er in Berl. und Greifsw. Naturw. und promovierte in Basel. 1921 wurde ihm die Leitung des Mus. in Görl. übertragen. In der dortigen Naturf. Ges. entfaltete er eine erfolgreiche Tätigkeit auf den verschiedensten Gebieten. Auch die Orn. förderte er museal und als Schriftleiter der Abh. der Gesellschaft. Kleinere Nachr. aus seiner Feder über Gebirgstelze, Uhu, Gabelweihe, Steppenweihe, Seeadler in der Oberlausitz brachten die Ber. Schles. 24, 1939 und 26, 1941.

— Lit.: Nachruf (von Tr. Schulze). Abh. Görl. 34, 1954, S. 117/18.

Heß, Albert, * 14. 10. 1876 La Cibourg, Amtsbezirk Courtelary (Schweiz), † 13. 5. 1928 bei Neuenhof (Kanton Aargau). Aus dem bescheidenen Haus eines Bauern und Uhrmachers stammend, brachte er es durch Selbststudium und den Besuch des Bieler Technikums zu einer leitenden Stellung bei der Lötschbergbahn. Mit erstaunlicher Willenskraft und immer regem Wissensdrang erarbeitete er sich — weniger aus Büchern, viel mehr aus der Erfahrung unter freiem Himmel — auch einen über das alltägliche Maß hinausgehenden Besitz an naturw. Kenntnissen. Neben der Orn. waren die Entom. und die Botan. Bereiche, in denen er als Autorität galt. Exk. im heimatlichen Jura vermittelten ihm bis in die letzten Lebenstage Eindrücke und Einsichten, die er mit pädagogischer Begabung durch Wort und Schrift an seine Landsleute weiterzugeben verstand. Die Bildung breiterer Schichten (er hielt Hunderte von Vorträgen vor der Volkshochschule) hatte daher in ihm einen warmherzigen Förderer. Besonders vertiefte Liebe richtete sich von Jugend an auf die Vogelwelt seiner Berge. Was sie ihm versagten, erschloß sich seinen geschärften Sinnen auf Reisen nach Deutschl., den Nordseeinseln und Frankr. (Camargue). Es gab wohl nicht viele mitteleurop. Formen, deren Vorkommen und Lebensweise dem vielseitigen Feldornithologen unbekannt blieben. Einer Anregung G. v. Burgs (s. d.) 1910 folgend, half er unternehmungsfreudig C. Daut (s. d.), einen für die Schweiz neuen Forschungsgedanken in die Tat umzusetzen: Die beiden Freunde gründeten die Zentralstation f. Ringversuche in Bern, kennzeichneten bis 1923 die ersten Vögel mit „Helvetia"-Ringen und gaben 7 Tätigkeitsberichte 1914—1925 heraus. Das Bedürfnis nach Mitt. sorgte zudem dafür, daß sein Name seit der Jahrhundertwende in Tagesztg. und in der orn. Fachpresse (u. a. Orn. Ms., Orn. Jb., Orn. Beob., Orn. Mber., B. z. F.) ein fester, geachteter Begriff wurde, auch außerhalb der Schweiz. Grenzen. In allen Fragen des Vogel- u. Naturschutzes hatte seine Meinung als Vorsitzender des Schweiz. Landesausschusses f. internat. Vogelschutz Gewicht. Sein Hauptsprachrohr war der Orn. Beob., dessen Schriftl. seit 1912 zeitu. vertretungsweise, seit 1917 ganz in seinen fleißigen Händen lag. Arbeitskraft und organisatorisches Geschick stellte er ferner in den Dienst der Schweiz. Ges. f. Vogelk. . . . , zu deren Mitbegründern er schon 1909 gehörte. Als G. v. Burg 1913 zurücktrat, stand er von 1914 bis zum Tode auch als Präsident der Gesellschaft vor. Mit gewinnenden menschlichen Wesenszügen ausgestattet und stets auf Ausgleich bedacht, war er

in kritischen Lagen der rechte Mann auf diesem Platz. Sein Wirken ist in der Geschichte der Schweiz. Vogelk. fest verankert.
— Lit.: Nachruf (von C. Daut). Orn. Beob. 25, 1928, S. 145—148 (mit Bildnis). - Nachruf (von L. P.). Orn. Ms. 53, 1928, S. 135/36. - Nachruf (von A. Schifferli). Tierwelt 38, 1928, S. 701.

Hesse, Erich, Dr., * 25. 11. 1874 Leipzig, † Mai 1945 Berlin. Nach dem Studium in Leipz. oblag er privatim naturk., besonders eingehend orn. Forschungen in der Umgeb. Leipz., von denen viele Beitr. in der Fachpresse zeugen. In den „Vögeln d. Landes Sachs." (1952) konnte R. Heyder für die Jahre 1904—1927 18 hierher gehörige Veröff. aus J. Orn., Orn. Mber., Verh. Bay. nennen. 1909 ging H. als wissensch. Hilfsarbeiter an die Biol. Anstalt f. Land- u. Forstw. in Dahlem, später an das Zool. Mus. in Berl. Die vielfältigen biol. und faun. Erfahrungen aus seinen Exk. nach den Seen, Sümpfen und Mooren des näheren und weiteren Raumes um Berl. legte er in einer Reihe gründlicher und ausgezeichneter Abh. und Mitt. nieder. H. Schalow (s. d.) faßte in den „Beitr. z. Vogelf. d. Mark Brandenb." (1919) 20 Titel aus J. Orn. und Orn. Mber. zwischen 1910 und 1917 zusammen. In der kurzen Spanne seiner märk. feldorn. Tätigkeit war er einer der rührigsten und erfolgreichsten Betreuer des Gebiets. Seinen system. Bemühungen ist u. a. der Brutnachweis von Schlag- u. Rohrschwirl zu danken. Ein trefflicher, viel geübter Blick für Formenkennzeichen unter freiem Himmel kam ihm zu Hilfe, er beherrschte die Lit., kannte die Bestände des Berl. Mus. und unterzog die fremden wie die eigenen Beob. stets einer kritischen Prüfung. Er war daher dazu berufen, einen sicher untermauerten, letzten Überblick zu geben über die Avif. der Luche, die damals schon durch die Entwässerungen vor dem Untergang stand. 1916 kehrte er nach Leipz. als Kustos der Samml. des Zool. Inst. zurück. 1918 vertauschte er die Stellung wiederum mit der an der orn. Abt. des Berl. Mus. unter A. Reichenow (s. d.). Aus der Zeit dieser mus. Studien stammen viele system. Unters. Nach 1920 zog er sich dann mehr und mehr von der Orn. zurück und beschäftigte sich als Kustos (mit dem Titel Prof.) am gleichen Mus. mit anderen Tiergruppen. Doch überarbeitete er noch 1933 die 10. Aufl. von A. Voigts (s. d.) „Exkursionsbuch", zu dem er schon früher mit Fleiß Beitr. aus seiner Vogelstimmenkenntnis geliefert hatte. Er hatte, vor allem in Berl., wenig Freunde. Ein Nachruf für ihn ist im orn. Schrifttum nicht zu finden. Seit den letzten Kriegstagen ist er vermißt.
— Lit.: H. Schalow, Beitr. z. Vogelf. d. Mark Brandenb., 1919, S. 44/45. - Bildnis in R. Heyder, D. Vögel d. Landes Sachs., 1952.

Heubach, Walter, * 15. 2. 1865 Leicester (England), † 6. 6. 1923 München. Als Schüler des Historienmalers F. Wagner, München, arbeitete er 11 Jahre in dessen Atelier und stellte von 1911 ab im Glaspalast Tierstudien aus. Von den Bindungen an die Überlieferung des 19. Jahrh. konnte er sich nicht so auffällig lösen wie der bahnbrechende F. Lißmann (s. d.). Hohe künstlerische Begabung, bemerkenswerte technische Fertigkeit und orn. Sachkunde bereicherten aber mehrere Fachbücher mit einem lebendig neuen Stil, der in der Verbindung von Objekt und Biotop viel Verständnis für den Vogel in seiner Umwelt weckte. Zu den von seiner Hand geschmückten Werken gehören C. Floerickes (s. d.) „Taschenbuch z. Vogelbestimmen" (1912), „Brehms Tierleben" (4. Aufl. 1911—1918), „Brehms Tierbilder" (1913, mit Text von V. Franz). Am wirkungsvollsten war wohl die durchweg trefflich gelungene Illustrierung des 1. und (teilweise) 2. Bandes von O. Fehringers „Vögel Mitteleuropas" (1922—1931), schon deshalb, weil es kein anderes Taschen- u. Exkursionsbuch gibt, das die Vögel in so großem Format dem faun. Anfänger darbietet und damit ein leichteres Ansprechen ermöglicht. Dieselben Bilder finden sich auch in Comte Delamarre de Monchaux „Les Oiseaux chanteurs" (Paris 1923).
— Lit.: Jansa, Dt. bildende Künstler in Wort u. Bild, 1912. - Thieme-Becker, Künstler-Lex. 16, 1923, S. 604. - Cl. Nissen, D. Illustrierten Vogelbücher, 1953, S. 72. - H. Vollmer, Allg. Lex. d. bildenden Künstler d. 20. Jahrh. 6, 1962, S. 52.

Heuglin, Theodor von, * 20. 3. 1824 Hirschlanden (Remsthal), † 5. 11. 1876 Stuttgart. Sein Bildungsgang als Sohn eines schwäb. Pfarrers führte ihn über das Knaben-Institut Stetten, das Gymnasium zu Stuttg., die Bildungsanstalt auf dem Salon in Ludwigsb. zum Studium des Berg- u. Hüttenfachs auf dem Polytechnikum in Stuttg. (1842/43). Von 1846—1848 war er Hüttenamts-Assistent. Entscheidenden Einfluß auf seine Entwicklung brachte der Aufenthalt in Ludwigsb., wo Baron J. W. v. Müller (s. d.) sein Mitschüler und Ch. L. Landbeck (s. d.) sein Lehrer und Freund war. Als er 1849 dem Baron bei der Sichtung seiner afrik. Ausbeute half, reifte in ihm der Entschluß, auf die herkömmliche Beamtenlaufbahn zu verzichten und Forschungsreisender zu werden. Die Triebfeder war nicht eigentlich Freude am Abenteuer. Obwohl er keinem an Wagemut und Entschlußkraft nachstand, war er nie rücksichtsloser Draufgänger und Tatmensch. Eine mehr in sich gekehrte Natur, strebte er nicht nach dem sichtbaren Erfolg, der anderen Afrikaforschern seiner Zeit Ruhm und Ehren einbrachte. Feder, Pinsel und Farbe liebte er im Grunde mehr als die Waffe. Mit nie erlahmender Zähigkeit griff er nach dem wissensch. Lorbeer des Zoologen und Ethnographen. Das Feld seiner kühnen, mühevollen Unternehmungen war das nordöstl. Afrika. Hier betrat er Gebiete, die vorher kein Europäer aufgesucht hatte. 1852/53, 1857/58, 1861/62, 1862—1864, 1875 reiste er im dunklen Erdteil; 1870 und 1871 war er außerdem im Polarmeer. In einer Reihe von Werken berichtete er über seine Exp.; er tat es, seinem Wesen entsprechend, ohne Phrase in schlichter, ungeschminkter Sachlichkeit, sich nur als Diener der Wissensch. fühlend. Im Knabenalter schon war er der Vogelwelt in besonderem Maße zugetan. Zwischen 1849 und 1869 äußerte er sich im „Buch d. Welt", in Naum. und J. Orn. ein paarmal über heimatliche orn. Erfahrungen. Es war natürlich, daß er sich auch in Afrika der Vogelk. mit innerster Neigung verpflichtet fühlte. Neben Arbeiten in J. Orn., Ibis und Sb. Akad. d. Wissensch. Wien widmete er der Ornis dieses Landes sein klassisches zoogeogr. Werk „Orn. Nordost-Afrikas, d. Nilquellen u. Küstengebiete, d.

Roten Meeres u. d. nördl. Somali-Landes" (1869 bis 1874). Jahrelang arbeitete er daran mit solcher Gründlichkeit, daß er es dreimal völlig umgestaltete. Mit seltenem Scharfsinn beschrieb er viele neue Arten. Bei der Ausgestaltung kam ihm die künstlerische Handhabung des Zeichenstifts und der Farbe zu Hilfe. Seine Fertigkeit konnte den beiden Textbänden einen weiteren Band mit 51 Bunttafeln zufügen, auf denen die Vögel in damals unübertroffener Genauigkeit nach dem Leben und der Natur wiedergegeben sind. Seine Reisen ins Nordmeer hatten gleichfalls ein umfangreiches dreibändiges Werk und (in J. Orn. 19, 1871) orn. Notizen aus Finmarken und Spitzbergen im Gefolge. Neben J. Cabanis, G. Hartlaub, H. Burmeister (s. d.) steht er unter den ersten, die in der Orn. über die dt. Grenzen hinausblickten. Als einer der bedeutendsten schwäb. Ornithologen ist er durch die Unterzeichnung des Gründungsaufrufes in die Geschichte der DOG eingegangen. Seinem Ruhm tut es auch keinen Abbruch, daß er zu den Köpfen gehörte, die sich der Deszendenztheorie verschlossen. Manche Ehrungen bot ihm seine Zeit dar: Mitgliedschaft bei Gelehrten Gesellschaften, Orden, Ernennung zum Hofrat, Verleihung des persönlichen Adels. Eine auskömmliche Stelle, die seinen wissensch. Verdiensten und Fähigkeiten angemessen gewesen wäre, enthielt sie ihm vor. Obwohl er ohne Vermögen war, empfing er nur höchst bescheidene Zuwendungen durch die Regierungen in Österr. und Württ. Die großzügigen und freigebigen Spenden, die er selbst aus seinen Sammelergebnissen vor allem dem Zool. Hofkabinett in Wien und dem Naturalienkabinett in Stuttg. zukommen ließ, fanden keine würdige Gegenleistung. Im wesentlichen war er auf die Einkünfte aus seinen volkstümlichen Reiseveröff. in den damals verbreitetsten Zeitschr. („Gartenlaube", „Über Land u. Meer", „Illustrierte Zeitung" u. a.) angewiesen. Sorgen blieben ihm daher nicht erspart.

— Lit.: Autobiogr. Notiz. Leopoldina 2, 1861, S. 60 (mit Bildnis). - Nachruf (von R. König v. u. z. Warthausen). J. Orn. 25, 1877, S. 35—56. - W. Bacmeister, Schwäb. Lebensbilder 5, 1950, S. 395 bis 423 (mit Bildnis, Verz. d. Veröff. u. älteren Quellen). - Ders., Abriß einer Gesch. d. Württ. Vogelk., Jh. Württ. 102—105, 1950, S 22/23.

Heußler, Wilhelm, * 9. 4. 1873 Speyer, † 3. 8. 1960 Nußloch (Kr. Heidelberg). Bis 1898 studierte er in Straßb. und Erl. Jura und hörte auch zool. Vorlesungen. Seit 1901 war er Rechtsanwalt in Frankenthal und später in Pirmasens, zuletzt mit dem Titel Justizrat. Von dem der Jagd und Fischerei huldigenden Vater, einem Rechnungsrat, wurde ihm frühe Liebe zur Heimatlandschaft und ihren Geschöpfen ins Herz gelegt. Wißbegier und Sammelleidenschaft mündeten in ernsthaftere Bahnen, als er auf seinen Streifzügen mit dem Kenntnisreichtum des damals in der Pfalz weithin berühmten H. Disqué (s. d.) in Berührung kam. Von diesem Mentor angeleitet und dazu durch Th. Spraters (s. d.) „Vogelw. v. Neustadt a. H. . . ." (Mitt. Poll. 48, 1889) angeregt, wagte sich der 19jährige Primaner schon an eine „Vogelf. um Speyer a. Rh." (Mitt. Poll. 49/50, 1892). Den Stoff verdankte er dem eigenen guten Auge (ohne Fernglas!) sowie der Flinte und den Sammlungsstücken des älteren Freundes. Mit der Nennung von nur 193 Arten (darunter 119 Brutvögel) und einer guten ökol. Einführung gelang ihm damit ein erster Ber. über die Vögel der Vorderpfalz. Obgleich er sich damals schon über erloschene Schießgenehmigung beklagte, erlaubte ihm die Mitarbeit des am 22. 2. 1875 geborenen und 1963 noch lebenden Bruders Theodor H. eine Forts. der faun. Samml. dem Rhein entlang zwischen Worms und Karlsr. und in der weiteren Ebene, so daß nach achtjähriger Beob.-Zeit unter gemeinsamer Autorschaft die „Vögel d. Rheinpfalz u. d. unmittelbar angrenzenden Gebiete" (Ornis 8, 1896) mit 246 Arten herausgegeben werden konnten. Was ihnen an Erfahrung fehlte, ergänzten die Mitt. anderer örtlicher Naturkenner: Neben H. Disqué und Th. Sprater (s. d.) waren es vor allem J. Volk und F. W. Medicus (s. d.). Eine nach allen Seiten ausgereifte Fauna war nicht zu erwarten, zumal die Gewährsmänner die Vogelk. nur als Teilgebiet vielseitiger naturw. Studien betrieben. Doch bleibt den beiden Verf. das Verdienst, eine Bestandsaufnahme geschaffen zu haben, auf die sich die weitere faun. Erforschung der Pfalz stützen konnte. Verheißungsvoll begann Wilhelm H.s orn. Laufbahn, doch war mit den ersten Schritten in die Öffentlichkeit die Schreibfreudigkeit auch erschöpft. Er sammelte zwar noch weiter (mit Unterbrechungen) bis zum 2. Weltkrieg und brachte ansehnliche Schätze von selbst präparierten und montierten Stücken zusammen. Es sollen 2000 pfälz. Vögel neben 10 000, z. T. von R. Tancré (s. d.) bezogenen paläarkt. Eiern gewesen sein. Im August 1944 wurden sie durch Feindbomben sowohl in der Wohnung als auch im Heimatmus. von Pirmasens vernichtet. Als H. im Altersheim „Rheinblick" die Augen schloß, verschied einer der nicht seltenen Liebhabertypen in der Naturbeob.: Sie schreiben in der Jugend ohne wissensch. Ehrgeiz die unter freiem Himmel gesammelten, noch unvollständigen Erfahrungen nieder, auch auf die Gefahr hin, einmal zu irren. Mit der Reife aber kritischer geworden, fühlen sie sich in den engen Grenzen des Einzelwissens bedrückt und verstummen, weil ihnen der Beruf nicht die Zeit zu vertiefter Forschung läßt.

— Lit.: O. Löhr, D. pfälz. Faunistenfamilie H., Pfälz. Heimat 10, 1959, S. 31—35 (mit Bildnis).

Heydrich, Carl Benjamin, * zwischen 1786 und 1790, † 1873 Ullersdorf bei Flinsberg (Isergebirge). Aus eigenem Antrieb begann der Steinbrucharbeiter und spätere Gemeindevorsteher in den ersten Jahrzehnten eine Samml. ausgestopfter Tiere — leider ohne Daten — anzulegen, die er mit der Zeit zu Umfang und Bedeutung brachte. In enger Verbindung stand er mit E. Luchs und R. Tobias (s. d.). Da er nichts selbst veröffentlichte, überließ er Tobias die Bekanntgabe einiger örtlich faun. Funde von Belang, so z. B. das Brüten des Karmingimpels im Queistal bei Flinsberg.

— Lit.: F. Pax, Wirbeltierfauna v. Schles., 1925, S. 85/86. - Ders., D. Tierwelt d. Friedländer Bezirks, Heimatk. d. Bez. Friedl. in Böhm, 1933, S. 257.

Heydrich, Friedrich Wilhelm, † 1898 Ullersdorf bei Flinsberg (Isergebirge). Er war der Sohn von Carl Benjamin H. (s. d.), unterstützte den Vater und setzte nach dessen Tod die Sammeltätigkeit bis 1888 fort. Doch wurden die eingebrachten Stücke auch von ihm nicht mit Daten versehen. Wissensch. eingestellte Besucher (J. Michel, Orn. Jb. 1, 1890; A.v. Homeyer, Orn. Ms. 15, 1890; C. Kayser, J. Orn. 62, 1914) konnte er nur der Erinnerung nach unterrichten. Die faun. Verwertbarkeit des Sammlungsinhalts wurde dadurch erheblich eingeschränkt, zumal er teilweise durch Tausch vermehrt worden war. Mancherlei Unsicherheit kam so zustande. 1924 ging die Samml. nach Warmbrunn in den Besitz des Grafen Schaffgotsch über.

— Lit.: P. Kollibay, D. Vögel d. Preuß. Prov. Schles., 1906, S. 13.

Heynemann, David Friedrich, * 24. 5. 1829 Hanau, † 15. 10. 1904 Hanau. Schon sein Vater Wilhelm H. (6. 3. 1794 Maastricht — 19. 11. 1852 Hanau), der in Hanau ansässige Juwelier (Nachruf in Naum. 3, 1853, S. 460/61), war Freund von J. Ph. A. Leisler (s. d.) und besaß eine damals sehr bekannte Vogel- u. Insektensamml. Der Sohn, ebenfalls Kaufmann, bewahrte das Erbe der väterlichen Neigungen und entwickelte sich unter dem Einfluß von W. F. Trinthammer (s. d.) in der Jugend schon zum eifrigen Beobachter der heimischen Vogelwelt. A. v. Homeyer (s. d.), der in seinen Frankfurter Jahren mit ihm in engere Berührung kam, schätzte seine orn. Sachkunde hoch ein; er verbürgte sich sogar für H.s (wenig glaubhafte und nicht mehr überprüfbare) Meldung, daß um die Mitte des Jahrh. im Taunus das Weibchen eines Rauhfußbussards am Horste geschossen worden sei (J. Orn. 7, 1859; 18, 1870; 76, 1928 u. E. Hartert, „Vögel d. paläarkt. Fauna"). Später wandte sich H. ganz der Weichtierkunde zu, gründete die Dt. Malakozool. Ges. sowie die Ges. f. naturw. Unterhaltung in Frankf., hatte in der Senck. Naturf. Ges. zweimal die Stelle des 2. Direktors inne und machte sich durch Arbeiten über Nacktschnecken einen geachteten Namen.

— Lit.: Nachruf (von W. Kobelt). Nachr.-Bl. d. Dt. Malakozool. Ges. 1905, S. 1—6 (mit Bildnis).

Hiesemann, Martin, * 14. 5. 1874 Heiligenstadt (Eichsfeld), † 13. 10. 1924 Buffalo, N. Y. (Nordamerika). Von 1896 ab war er Lehrer in seiner Vaterstadt. Schon früh erwachte in ihm das Interesse für heimatk. Fragen, über die er sich in der örtlichen Presse hören ließ. Orn. Neigung brachte ihn daneben in Verbindung mit Frhr. H. v. Berlepsch und H. Henrici (s. d.) und regte ihn zu publizistischer Tätigkeit im Dienst der Vogelschutzbewegung an. Am bekanntesten wurde sein Name dadurch, daß er im Auftrag der vom Verband der dt. Tierschutzvereine gewählten „Kommission z. Förderung d. Vogelsch." 1907 die schon 1908 auch ins Engl. übersetzte „Lösung d. Vogelschutzfrage nach Frhr. v. Berlepsch" herausgab. Das Buch ersetzte lange Jahre den „Ges. Vogelsch.", das Hauptwerk des Frhr. v. Berlepsch, der nach der 9. Aufl. 1904 erst 1923 die 10. Aufl. neu bearbeitete. H. war eine eigenwillige, dichterisch und musikalisch begabte Persönlichkeit. Als er auf Kosten der Stadt in deren Umgeb. 3 Vogelschutzgehölze anlegen ließ, geriet er in Spannung mit dem Magistrat und seiner vorgesetzten Behörde. Im Einsatz seiner Kenntnisse und in seiner Bewegungsfreiheit sich (angeblich) gehemmt fühlend, gab er den Beruf auf und wanderte im Frühjahr 1910 nach Amerika aus. Dort hatte er bis zum Tode die Schriftleitung einer dt. Zeitung, des „Buffalo Volksfreundes", inne.

Hildebrandt, Hugo, * 25. 1. 1866 Tating, Kr. Eiderstedt (Holstein), † 17. 9. 1946 Altenburg (Thüringen). Seine Jugendjahre verlebte der Lehrersohn in Itzehoe. Hier schon äußerte sich das Verlangen nach ernstem, forschendem Umgang mit der Natur, das auch die Berufswahl bestimmte. Er trat in die mittlere Forstlaufbahn ein und übernahm nach der Militärzeit Ende der 80er Jahre als Leibjäger beim Herzog von Sachs.-Altenb. eine Stellung, die ihm neben der Tätigkeit in der freien Natur mancherlei Muße gewährte. Diese Zeit wußte er zu nutzen. Bald fühlte er sich auf vielen Gebieten der Naturk. zu Hause. Er pflegte eine reichhaltige Bücherei, besaß Beobachtererfahrung neben der Kenntnis des Schrifttums und beherrschte vor allem die Vogelk. Die Naturf. Ges. d. Osterl. bediente sich dieser Vorzüge, indem sie ihn zum Kustos und Bibliothekar erwählte. 1903 wechselte er in die staatliche Domänenverwaltung über und war deren Kassierer bis zur Pensionierung um 1920. In der DOG gehörte er seit 1925 dem Ausschuß an. Allmählich erwuchs in ihm eine Vorliebe für die hist. Entwicklung der Orn. Als Sachkenner schrieb er mehrfach forschungsgesch. und biogr. Unters., so über J. M. Bechstein, Ch. L. Brehm, C. A. Gueinzius, J. Wigand (s. d.), die sein umfassendes Wissen und die Sorgfalt seiner Arbeitsmethode verraten. Aber auch Fragen der Lebensweise wandte er sich zu und behandelte in seiner stets gründlichen Art 1919 die Vogelf. seiner Wahlheimat Ostthür. Regelmäßige Reisen in die alte schlesw.-holst. Heimat und an die See ließen ferner das Interesse an den dortigen Vögeln nicht erlahmen. Von 1912 ab erschienen aus seiner Feder etwa 70 Veröff. größeren und kleineren Umfangs hauptsächlich in Orn. Ms., Orn. Mber., J. Orn., Heimat, Mitt. Osterl., Mitt. Sachs., Ibis. Zur Mitarbeit an Niethammers Hdb. d. Dt. Vogelk. herangezogen, übernahm er die Abschnitte über allg. Verbreitung und das Vorkommen in Deutschl. Während seines langen Ruhestandes bereitete er zudem eine Ornis Gesamtthüringens vor, nicht ohne viele Gegenden und alle Samml. des Landes durchforscht und die damals noch in Tring aufgestellte Hinterlassenschaft von Ch. L. Brehm (s. d.) besucht zu haben. Leider vermochte er nicht, das Werk druckfertig zu machen. Die Entbehrungen der mit dem 2. Weltkrieg verbundenen Katastrophenjahre untergruben die Gesundheit des bis dahin noch rüstigen Mannes.

— Lit.: Nachruf (von D. König). Vw. 71, 1950, S. 88/89. - Nachruf (von V. Franz). Mitt. Thür. 2, 1951, S. 58/59 (mit Bildnis). - Bildnis in R. Heyder, D. Vögel d. Landes Sachs., 1952. - Würdigung (von R. Heyder). Abh. Altenb. 2, 1960, S. 7—18 (mit Bildnis und Verz. d. Veröff.).

Hildebrandt, Johann Maria, * 19. 3. 1847 Düsseldorf, † 29. 5. 1881 Tananarive (Madagaskar). Sohn des Direktors der Kunstakad. seiner Vaterstadt und ursprünglich Ingenieur, ging er nach Verlust eines Auges als Angestellter an den Botan. Garten von Berlin. Er besuchte gleichzeitig Vorlesungen an der Univ. und bereitete sich so in Praxis und Theorie für Exp. nach Afrika vor. Zwischen 1871 und 1881 reiste und sammelte er dann in den damals noch unbekannten Gebieten des schwarzen Kontinents (Nordabessinien, Danakil- u. Somaliland, Ostafrika bis zur Kenyagegend), in Teilen Arabiens und auf den Komoren. Sein letztes Ziel war (im Auftrage der Preuß. Akad. d. Wissensch.) 1879 Madagaskar, von wo heimzukehren ihm versagt blieb. Die große Ausbeute an Vögeln kam meist in das Berl. Mus. Unter diesem Material befanden sich 14 für die Wissensch. neue Arten. Zwei von ihnen (Notauges hildebrandtii und Scleroptera hildebrandtii) benannte J. Cabanis (s. d.) dem Sammler zu Ehren (J. Orn. 26, 1878). Außer einer Einleitung zu dieser Arbeit hinterließ H. keinen orn. Fachbeitrag, wohl aber mehrfach botan. und geogr. Reiseschilderungen (Zeitschr. d. Ges. f. Erdk., Berl.). Von ihm im Gebiete des Roten Meeres zusammengestellte Sendungen gelangten auch an das Mus. C. Godeffroy (s. d.) in Hamburg; und schließlich gaben die in Madagaskar gefundenen prächtigen Aepyornis-Reste R. Burckhardt (s. d.) Anlaß zu einer seiner bemerkenswertesten Berl. Veröff., zu der paläont. Studie unter dem Titel „Über Aepyornis" (Paläont. Abh. 6, 1893).

— Lit.: Nachruf (von H. Schalow). Orn. Cbl. 6, 1881, S. 119/20.

Hildebrandt, Otto, * 20. 3. 1909 Leipzig, † 4. 9. 1941 Smolensk (Rußland). Von 1929—1934 studierte er Botan., Zool. und Turnen in Leipz., Wien und Freib., um anschließend in den Höheren Schuldienst einzutreten. Er war nicht nur besonders leistungsfähiger Sportler, sondern entwickelte sich in Helgol., Rossitten und Neschwitz zum vielversprechenden Jünger der Orn. Daneben reizten den nach innen schauenden Menschen Unters. zur Frage der Beziehungen zwischen Tier und Kunst, und Anklang fanden Erlebnisberichte, die er in den Sitzungen des Orn. Ver. zu Leipz. vortrug. Als der Soldatentod dem Studienassessor und Unteroffizier den letzten Markstein setzte, hatte sich an seinen Namen in der Fachlit. erst eine Notiz geknüpft; sie stand unter dem Titel „Ein Kampf zweier Haubenmeisenmännchen" in B. z. F. 13, 1937.

— Lit.: Nachruf (von H. Dathe). B. z. Vk. 7, 1960, S. 135.

Hildegard von Bingen, * 1098 Bermersheim, Kr. Alzey (Rheinhessen), † 17. 9. 1179 Kloster Rupertsberg bei Bingen. Sproß eines freiadligen Geschlechts, gründete sie 1147 das Kloster Rupertsberg, dem sie später als Äbtissin bis zu ihrem Tode vorstand. In der Geschichte des Abendlands findet sie allein deshalb kaum ihresgleichen, weil sie, getragen von einem starken Standesbewußtsein und gestützt auf einmalige Geistesgaben, als Frau(!), kühn in die Auseinandersetzungen zwischen Reich und Kirche eingriff. Die alle Grenzen des Durchschnitts sprengende Glut ihrer Phantasie leuchtete gar auf in ganz erstaunlichen Schauungen und Visionen. Sie war wohl die überragendste Mystikerin Deutschlands. Kaiser, Bischöfe und Päpste beugten sich vor dieser Frauengestalt als der Prophetissa teutonica. Ihre schöpferischen Kräfte äußerten sich so vielfältig, daß sie ohne eigentliche gelehrte Schulung neben ihren bedeutenden theol.-phil. Schriften auch bemerkenswerte Abh. hinterließ, die echtes Verständnis für die Lebensnöte der leidenden Menschen und wache Sinne für die Erscheinungen der Natur beweisen. Die „Causae et Curae", in denen sie mit unbefangenem Blick für die Forderungen des Alltags z. B. Kennzeichen und Heilung einer Reihe von Krankheiten behandelte und den Wert der Tiere für die Küche nannte, sind bis in unsere Tage Gegenstand med.-gesch. Beleuchtung geblieben. Besonderes naturgesch. Gewicht hat das als „Physica" bezeichnete Buch. Erwähnt sind hier 160 Tiere, darunter 50 Vogelarten. Die der Volksmed. dienende Aufzählung kann natürlich nicht als Versuch einer Fauna im heutigen Sinne gedeutet werden, gehörten in der Vorstellung der Äbtissin doch noch die Fliegen, Bienen, Zikaden, Heuschrecken, Wespen, Leuchtkäfer, Fledermäuse zu den Vögeln. Beachtung heischt aber ihr Ringen um Selbständigkeit des Inhalts. Sie mied fast ganz die Berufung auf Autoritäten, wie es ihr Zeit und Stellung nahelegen mußten. Ihr zool. Wissen mag zu einem erheblichen Teil der engen Berührung mit Vogelstellern, Jägern und Fischern entsprungen sein; ohne eigene Erfahrung unter freiem Himmel wäre es in diesem Umfang indes nicht denkbar gewesen. Die Bodenständigkeit der Kenntnis spricht deutlich aus dem Gebrauch volkstümlicher dt. Tiernamen. Nur ab und zu verfiel die Verf., die lat. Grammatik offenbar nur mangelhaft beherrschend, in eine durchaus unklassische Latinisierung, indem sie an die dt. Benennung einfach eine lat. Endsilbe anfügte: de lercha! Von den im 6. Buch erwähnten Vögeln dürften ihr außer Strauß und Papagei gewiß alle mehr oder weniger vertraut gewesen sein. Sie kannte u. a. Scotaro = Stocaro, Gensaro, Hasenaro (Adler), Alkreya (Aalkrähe, Kormoran), Sperwere, Weho (Turmfalke), Uhu, eine Ulula („mortem hominis scit", wohl Steinkauz oder Waldkauz), Kranich, Reyger, Odebaro (Storch), Snepfo (Schnepfe), Ordumel (Rohrdommel), Halegans = magere Gans, heute noch Halgans (Saatgans), Isenbrado (Eisvogel), Weddehoppe, Meysa, Amsla, Drosela, Merla, Lercha, Nachtgalla, Staara, Vinco, Distelwincke, Amera, Grasmucka, Wassersteltza. Auch Geierarten (Vultur) sind damals vielleicht am Rhein ansässig gewesen; die breite Darstellung ihrer med. Verwendbarkeit spricht dafür. Das Rhein-Nahegebiet verdankt jedenfalls dem aus der Heimatbindung erwachsenen Faunenbild dieser „ersten schriftstellernden Ärztin und hervorragenden Naturforscherin" früheste orn. Nachweise, über die andere dt. Landschaften in diesem Maße nicht verfügen.

— Lit.: R. Lauterborn, D. Rhein, . . ., Freib. 1930, S. 57—61 (mit Lit.-Angaben). - M. Schrader, Heimat u. Sippe d. dt. Seherin St. H., Salzburg u. Leipz. 1941 (mit älteren Quellen). - L. Gebhardt u. W. Sunkel, D. Vögel Hess.,

1954, S. 37/38. - Th. Ballauf, D. Wissensch. v. Leben, 1954 (mit Verz. älterer Lit.). - Würdigung (von A. Führkötter). D. Großen Deutschen, Dt. Biogr. 5, 1957, S. 39—47.

Hilgert, Carl, * 21. 6. 1866 Ingelheim (Rheinhessen), † 17. 1. 1940 Mainz. Den Tüncher und Jagdaufseher brachte angeborene Naturnähe in enge Verbindung mit C. v. Erlanger (s. d.). Der junge Forscher nahm ihn daher neben P. Spatz (s. d.) als in allen Lagen kräftig zupackenden Präparator 1896/97 und 1899—1901 mit nach Afrika. 1907 war er mit dem Jagdreisenden P. Niedieck im Kleinasiat. Taurus und sammelte Vögel für das Berl. Mus. 1909, 1911 und 1913 nutzten E. Hartert (s. d.) und W. v. Rothschild seine gesunden Instinkte zu Erfolgen in Algerien; und 1922 begleitete er E. Hartert nach der Cyrenaica. Als bei der Sichtung der von Erlanger mitgebrachten Stücke (im Vergleich zu Harterts Auffassung) die Haubenlerchenfrage entstand, zog O. Kleinschmidt (s. d.) das nüchterne Urteil des Autodidakten vertrauensvoll zur Klärung heran. Über Beob. besonders an afrik. Raubvögeln berichtete er verschiedentlich selbständig. 1908 gab er zudem im Auftrag von Erlangers Mutter den „Kat. d. Kollektion von Erlanger in Niederingelheim" heraus. Die rheinhess. Felderfahrung bot ihm die Grundlage für das Fragment einer lebendig dargestellten „Avif. v. Ingelheim" (Falco 1, 1905; 2, 1906; 5, 1909). L. Gebhardt u. W. Sunkel verzeichneten in den „Vögeln Hess." (1954) 12 weitere biol. Mitt. und Notizen aus der Umgeb. seines Wohnsitzes, die er zwischen 1896 und 1935 in Zs. Ool., Orn. Mber., Falco und B. z. F. brachte. In den Arbeiten und Büchern von O. Kleinschmidt, der seinem „besten Helfer" vor allem die schwierige Beschaffung westdt. Habichte und Sperber verdankte, stecken schließlich noch mancherlei Hinweise auf die treffsichere Beobachtungsgabe des langjährigen Freundes. Sie sind unauffällige Denkmäler und bewahren die Wesenszüge eines schlichten Mannes, der keine Regung zu wissensch. Geltung verspürte und daher reiche feldorn. Kenntnisse unveröffentlicht mit ins Grab nahm.
— Lit.: Nachruf (von O. Kleinschmidt). Falco 36, 1940, S. 3/4. - Nachruf (von L. Schuster). B. z. F. 16, 1940, S. 61 (mit Bildnis). - Nachruf (von E. Stresemann). Orn. Mber. 48, 1940, S. 71. - L. Gebhardt u. W. Sunkel, D. Vögel Hess., 1954, S. 80 (mit Bildnis).

Hinterberger, Josef, † 1859 (wahrscheinlich) Linz (Ober-Österreich). Über seinen Lebensgang waren Einzelheiten kaum zu beschaffen. 1854 war er Beamter der Landstände in Linz. Im Ber. Linz 18, 1854 sprach er von einem längeren (beruflichen?) Aufenthalt in den Zentralalpen. Ein ständisches Linzer Amtsbuch verzeichnet ihn noch 1859 als „Kassenoffizial im Landeseinnehmeramt"; 1860 ist er hier nicht mehr aufgeführt. Der Ber. Linz 19, 1859 brachte seinen Namen unter den Sterbefällen der ordentlichen Mitglieder. Das Biogr. Lex. Kaisert. Österr. 9, 1863 wußte von ihm nur zu sagen, daß er sich mit Naturw. beschäftigte. Er muß ein guter Kenner seiner Heimat und ein trefflicher Bergsteiger gewesen sein; das zeigen die aus seiner Feder stammenden „Beitr. z. Charakteristik d. o.-ö. Hochgebirge" (Ber. Linz 18, 1858), in denen der Vögel allerdings nur auf den Seiten 23—27 kurz gedacht ist. Gründlichere Beachtung schenkte er der Ornis vorher schon in „D. Vögel v. Österr. ob d. Enns als Beitr. z. Fauna dieses Kronlandes" (ebd. 14, 1854). Als Quellen zur „größtmöglichen Vervollständigung d. Verz." dienten ihm außer den eigenen Erfahrungen die Nat.-Kabinette zu Kremsmünster und St. Peter in Salzb., die orn. Samml. des Chorherrnstiftes St. Florian und des Linzer Mus. sowie Mitt. der Förster von Spittal und der Jäger der fürstlich Lambergischen Reviere. So erreichte er, nach J. F. Naumanns system. Reihenfolge geordnet, eine Liste von 242 Namen und damit eine erste Zusammenfassung der Vogelwelt für diesen österr. Landesteil. Zu seinem Zeitgenossen Ch. Brittinger (s. d.) in Steyr scheint er keine Beziehungen gehabt zu haben. Nach ihm griff erst R. O. Karlsberger (s. d.) die orn. Forschung in O.-Ö., wenn auch für nur kurze Zeit, wieder auf.

Hintz I, Wilhelm, † Dezember 1868 Schloßkämpen (Pommern). Der königliche Förster saß, Eier sammelnd, dazu das Vogelleben beobachtend und registrierend, seit 1829 in Damshagen, seit 1834 in Bartzwitz bei Rügenwalde, seit 1838 in Morgenstern, seit 1839 in Massowitz bei Bütow, seit 1842 im Forsthaus Schloßkämpen bei Köslin. Seiner feldorn. Aufmerksamkeit war u. a. einer der ersten Nachweise für Bruten der Wacholderdrossel in Deutschl. (1820 bei Rügenwalde) zu danken. Von 1854 bis zu seinem Todesjahr lieferte er fleißig faun. und brutbiol. Erfahrungsberichte aus dem nordöstl. Pom. in Naum., J. Orn., Arch. Meckl., Forstl. Blätter. Phänol. Feststellungen lagen ihm besonders am Herzen. Mit dem Jahr 1857 beginnend, veröffentlichte er jährlich Übersichten über Ankunft und Wegzug der Vögel innerhalb seines Reviers. F. Koske (s. d.) zählte in J. Orn. 65, 1917 20 Titel aus seiner Feder auf. „Dieser wakkere Mann" muß in den Ornithologenkreisen einen guten Ruf gehabt haben, denn die DOG bedauerte in der Berl. Sitzung vom Juni 1869 das Hinscheiden des langjährigen Mitarbeiters am J. Orn. und zollte dem „Kenner d. dt. Vogelwelt d. gebührende Anerkennung", obwohl er sich der Gesellschaft nicht als Mitglied angeschlossen hatte.

Hippel, Carl von, * 10. 6. 1873 Hannover, † 18. 4. 1953 Bayern. Von 1892—1895 war er Offizier in Königsb. und Insterb. und erbte dann das Gut Rogowszisna in Masuren, das er 1900 verließ, um sich in Schles. niederzulassen. Nach 1918 übernahm er ein Pachtgut in Thiemendorf (Oberlausitz) und erwarb 1938 das Waldgut Burg Sternberg unfern des Wörther Sees in Kärnten. Bis ins hohe Alter wandte der mit der Natur eng verbundene Forst- u. Landwirt als Jäger, Feldbeobachter und Sammler seine Aufmerksamkeit der Vogelwelt zu. Aber nur eine kurze Zeitspanne brachte orn. Beitr. aus seiner Feder. F. Tischler zählte in den „Vögeln d. Prov. Ostpr." (1914) deren 11 auf. Sie standen von 1892—1899 in der Dt. Jztg. und beschränkten sich fast ausschließlich auf ansehnliche, den Jagdbeflissenen interessierende Arten wie Raubvögel, Eulen, Hühner, Enten usw. Eine weitergreifende, kenntnisreiche Darstellung erschien unter den Titeln „Über Vorkommen einiger z. T. seltenerer Vögel Ostpr." und „Aufz. über d. Vorkommen einiger z. T. seltenen Vögel d. Prov. Ostpr." (Orn. Jb. 4, 1893). Aus seiner Samml. überließ er dem Königsb. Mus. den einzigen für Ostpr. sicher nachgewiesenen Adlerbussard. Unterwegs auf einer Reise ereilte ihn der Tod. Sein Grab befindet sich auf dem Friedhof Thumsellreuth (Oberpfalz).

Hirtz (Hirc), Miroslav, Dr., * 29. 6. 1878 Bakar (Kroatien), † 13. 11. 1944 Agram (= Zagreb). Zuerst Lehrer, studierte er Naturw. in Agram, promovierte 1907, wurde Kustos der Zool. Abt. in Agram und war gleichzeitig bis zur Pensionierung 1919 Prof. an der Forstakad. Von 1926—1941 lag die Herausgabe der „Priroda" in seinen Händen. Seine Forschungen galten außer der Herpetologie und Jagdzool. besonders der Orn. Die meisten Veröff. — neben den wissensch. waren es viele volkstümliche — erfolgten in kroat. Sprache. Eine Studie über die nid. Verhältnisse des Sperbers (1907) und eine Abh. über die Jagdfauna der Domäne Martijanec (1908) gehörten zu den ersten Wortmeldungen. „Kritische Verbesserungen u. Zusätze zu E. Rößlers (s. d.) „Verz. d. Vögel d. kroat. Fauna" (Orn. Jb. 23, 1912; 25, 1914), „Beitr. z. Kenntnis d. Ornithofauna croat." (ebd. 25, 1914), „Aus d. jagdbaren Vogelw. Kroat." (Hugos Jagdztg. 58, 1915) setzten die Arbeiten fort. Die spätere vogelk. Beschäftigung ist gekennzeichnet durch Titel wie „Kritische Beitr. z. Kenntnis d. Vogelw. Jugosl." (Glasnik 41—48, 1936) mit Nachtr. (ebd. 49—50, 1938), „Wörterbuch d. volkstümlichen zool. Terminologie, II. Aves" (1938, 1941, 1947, in serbo-kroat., lat.-dt. Sprache), „Vogelschutz in Jugosl." (Bull. of the internat. Commitee for Bird Preservation, 1939), „Über d. Vögel d. kroat. Küstenlandes" (Zagreb 1943, in kroat. Sprache). — Lit.: Österr. Biogr. Lex. . . . 2, 1959, S. 328 (mit weiteren Quellen).

Hochberg, Wolfgang Helmhard Freiherr von, * 20. 10. 1612, † 1688 Regensburg. Mit den kaiserlichen Heeren zog der Sproß eines alten österr. Geschlechts im 30jährigen Krieg bis nach Norddeutschland. Weil die protestantischen Landstände später in Österr. Bedrückungen zu erleiden hatten, verkaufte er 1664 seine in der Gegend des Hausruck gelegenen Güter und ließ sich 1665 in Regensb. nieder. Hier lebte er seinen Studien, war Mitglied der „Fruchtbringenden Gesellschaft" und beschäftigte sich mit genealogischen Fragen. 1687 schrieb er die „Georgica curiosa, Unterricht von Landgütern u. adeliger Wirtschaft . . .". Die 2 in Nürnberg erschienenen Bände galten lange als wichtige Quelle für die Gesch. der Landw. in Österr. und fanden viele Leser. U. a. berichtete er im 11. und 12. Buch über ihm wesentlich dünkende Erfahrungen sowohl an Vögeln in der Gefangenschaft als auch in der freien Natur (Trappen in Ungarn, Silberreiher am Neusiedler See, Triel in Frankr., Haubenlerche in Österr., Starenhege in Schles., Steinrötel in den Alpen, Blauracke in der Lausitz). Er muß ein tüchtiger Beobachter gewesen sein und unterschied sich von den meisten seiner Zeitgenossen allein dadurch, daß er den alten naturw. Schriftstellern unbefangen und mit eigenen Gedanken begegnete. So mag er, ohne daß er nach orn. Ehren strebte, an der Förderung der richtigen Kenntnis vom Vorkommen und Leben mancher Vögel verdienstvollen Anteil gehabt haben.
— Lit.: Ersch u. Gruber, Allg. Enz. 2, 9. Teil, 1832, S. 109/10. - E. Stresemann, Beitr. z. einer Gesch. d. dt. Vogelk., J. Orn. 73, 1925, S. 597—599.

Hocke, Hermann, * 19. 3. 1844 Berlin, † 15. 10. 1910 Berlin. Mit der Porzellanmalerei bestritt er ein bescheidenes Dasein. An den Wochentagen stellte er Annoncenschilder, Konfirmationssprüche u. dgl. her. An den Sonntagen aber wanderte er, besonders während der 60er und 70er Jahre, bei jedem Wetter und zu jeder Jahreszeit, oft in Begleitung von A. Bau und A. Grunack (s. d.), hinaus, um das damals vor den Toren der Stadt üppige Leben und Treiben der Vögel zu verfolgen und Eier zu sammeln. Noch im Alter war er trotz körperlicher Schwerfälligkeit ein unermüdlicher Waldläufer, den die geschulten Sinne nie verließen. Mehr als 50jährige schwärmerische Hingabe an die heimische Landschaft und ein erstaunliches Gedächtnis auch für die geringsten Beob. machten ihn zum hervorragenden Kenner von Vögeln, Insekten und Pflanzen. Er war ein Eierfachmann mit unübertrefflich sicherem Blick. Allerdings hütete er seine Schätze ohne geistige Weite und trennte sich nur dann von einzelnen Teilen, wenn in seiner Kasse Ebbe war. Wissensdrang und Nachdenklichkeit hielten ihn vom reinen Beutesammler und Erwerbsoologen fern, und doch hegte er als ausgesprochener Autodidakt und Nur-Praktiker den „Systematikern" und „Gelehrten" gegenüber Mißtrauen; dabei wechselte in ihm das Selbstgefühl des Naturmenschen mit stiller Bewunderung wissensch. Autoritäten. Träumerei, Vertrauensseligkeit, Gutmütigkeit, Argwohn, Verschmitztheit und manche anderen Züge mischten sich vielfältig in seinem bunt schillernden Wesen. Er war ein Original. In den Berl. Oologenkreisen spielte er die Rolle des Führers, der durch Wissen und Methode Schule macht. So konnte er — unter großen persönlichen Opfern — 1890 gar an die Gründung eines eigenen Sprachrohrs gehen; es war die „Zeitschr. f. Ool., Organ f. Wissensch. u. Liebhaberei", 1905 umbenannt in „Zeitschr. f. Ool. u. Orn." und von 1905—1907 erweitert durch das von W. Schuster (s. d.) geleitete Beiblatt „Orn. Rundschau". Auch in der schriftstellerischen Tätigkeit — H. Schalow („Beitr. z. Vogelf. d. Mark Brandenb.", 1919) stellte aus der Zeit von 1881 bis 1911 78 Titel seiner Veröff. zusammen — trat er als unfreiwillig seltsame Erscheinung auf, allein durch verschnörkelten, ungelenken Stil und Satzbau. Nichtsdestoweniger zeichneten sich seine lit. Skizzen zuweilen durch köstlichen Berl. Witz aus. Die meisten Arbeiten standen in Gef. W., Zs. Ool., Zs. Ool. u. Orn., Dt. Jztg., eine wesentlich geringere Zahl in Orn. Ms., J. Orn., Nat. u. Haus, Orn. Mber. Leider werden seine faun. und biol. Mitt. für immer von zweifelhaftem Wert bleiben. Die Gründe liegen auf der Hand: er wählte nur verschwommene Ortsangaben, um die neben ihm sammelnden Berl. Zeitgenossen, vor allem A. v. Treskow (s. d.), zu täuschen; und obendrein verschleierte sein eigenartiger, von wissensch. Verantwortungs-

bewußtsein unbeschwerter Charakter die Grenze zwischen Wahrheit, Phantasie und Dichtung. Ein im Alter weithin fertiggestelltes Msk. der märk. Avif. kam nicht mehr zum Druck — ohne eine merkliche Lücke für die ernste Forschung hinterlassen zu haben. Es ging in den Besitz von J. Moyat (s. d.) über; eine von O. Schnurre besorgte Abschrift befindet sich seit 1946 in der Berl. Stadtbibliothek.
— Lit.: Nachruf (von R. Thielemann). Falco 6, 1910, S. 26—28. - Nachruf (von A. Viebig). Dt. Jztg. 56, 1910/11, S. 229/30. - Nachruf (von L. v. Boxberger). Zs. Ool. (Krause) 1, 1911, S. 6/7. - Nachruf (von A. Bau). Orn. Jb. 22, 1911, S. 66/67. - Nachruf (von W. Schuster). Zool. Beob. 52, 1911, S. 153/54. - H. Schalow, Beitr. z. Vogelf. d. Mark Brandenb., 1919, S. 37—39. - Erinnerungen an H. H. (von W. Rüdiger, A. Bau, O. Kleinschmidt, M. Garling, R. Thielemann). Zs. Ool. u. Orn. (Hocke-Nummer) 25, 1920 (mit Bildnis).

Hocker, Julius, * 19. 11. 1801 Westhausen (Kr. Gotha), † 14. 2. 1875 Gotha. Bis Anfang der 30er Jahre war er Pfarrer in seinem Geburtsort, dann kam er in gleicher Eigenschaft nach Gotha. Erst im Alter, als er schon emeritiert war, überließ er dem J. Orn. 18, 1870 — 20, 1872 insgesamt 7 Beitr. vornehmlich biol. und ool. Inhalts. Die Veröff. zeigen ihn mit dem Inhalt älterer Jahrgänge der Zeitschr. und den feldorn. Verhältnissen um Gotha vertraut. Wie viele seiner Zeit- u. Amtsgenossen war er wohl in 1. Linie Sammler. Seine Eier- u. Schneckensamml. kam in das Gothaer Mus., wo sie im 2. Weltkrieg großen Schaden erlitt. Bemerkenswerte faun. Heimatforschung scheint er nicht betrieben zu haben. Wahrscheinlich fehlte ihm eine umfassendere Formenkenntnis. So meinte er selbst (J. Orn. 18, 1870), daß er „zu wenig Ornitholog" sei, um „eigentlich nordische oder herumstreichende Graugänse" nach dem Ruf zu beurteilen.

Hodek, Eduard, * 24. 11. 1827 Iglau (Mähren), † 9. 7. 1911 Linz. Über die Ornis der alten Donau-Monarchie wußte der gewiegte Freilandbeobachter und Präparator wie kein Zweiter Bescheid; und die Sammelfreude jener Zeit verhalf seinem Wiener Naturalienhandel zu hoher Blüte. Neben J. Zelebor und J. Ettinger (s. d.) war er einer von denen, die die Reize des Vogeldorados an der Donau für die Forschung bekannt machten. Zu Geschäftszwecken reiste er von den 60er bis in die 80er Jahre regelmäßig u. a. in die Sumpfgebiete von Titel (hier lockten Eier, Bälge und Schmuckfedern der Silberreiher) und in die Obedska Bara bei Kupinovo (hier lockten als Beute die Seidenreiher). Die späteren Raubzüge gewissenloser Elemente wurden ohne Zweifel auch durch H.s Unternehmungen gefördert, schon deshalb, weil er die für ihn tätigen Sammler nicht unter Kontrolle halten konnte. Trotzdem darf der Untergang der alten Reiherbestände nicht — wie es geschehen ist — allein auf sein Schuldkonto geschrieben werden. Er selbst plünderte ja nicht blindlings, sondern nutzte die Kolonien wirtschaftlich denkend so aus, daß die Quellen nie versiegen konnten; die Obedska Bara ließ er 1875 gar unter Schutz stellen. Neben dem durch Tod und Verderben gezeichneten Schattenstreifen seines Wirkens lag ein für die faun. und biol. Forschung durchaus fruchtbares Feld. Er verstand es nämlich, seine Erlebnisse und Eindrücke nicht nur in Reiseber. gewandt und stimmungsvoll darzustellen, sondern ihnen Gewicht zu geben als hist. Quellen für die Aufhellung der orn. Verhältnisse seiner Jagdgründe. Von 1869 ab erschienen die Schilderungen aus seiner Feder in Verh. Wien und seit 1877 namentlich in Mitt. Wien; 11 der Aufs. vereinte er schon 1879 zu „Gesammelten orn. Skizzen" (Selbstverlag). Aufschlußreich waren u. a. „Über Verbreitung u. Verhalten d. Gattung Pelecanus im europ. Osten" (Verh. Wien 23, 1873), „D. Obedska Bara" (Mitt. Wien 1, 1877), „Tatsächliches über d. Verminderung d. Vogelw." (ebd. 1, 1877) und „Sturm, Hagel, Trockenheit; Reiseber. v. Frühjahr 1882" (ebd. 7, 1883), „Ein f. Europa neuer Pelikan u. d. Gesch. seiner Erlegung" (ebd. 10, 1886). Ihre besondere Bedeutung sicherte sich die lit. Hinterlassenschaft dadurch, daß sie wie kaum ein anderer geschichtlicher Beleg das Faunen- u. Landschaftsbild festhielt, das noch vom Zeitalter vor und unmittelbar nach den Regulierungen der an der mittleren und unteren Donau gelegenen ung. Ursümpfe geprägt war. 1876 gehörte der Verf. zu den Gründern des Orn. Ver. in Wien, dessen Sitzungen er jahrelang durch sachkundige, später in den Mitt. Wien abgedruckte Vorträge belebte. Können und Ruf verschafften ihm auch die Gunst des Kronprinzen Rudolf (s. d.), der ihn zum Jagdbegleiter auf der Donaureise 1878 wählte. Von 1894 ab war er Hausbesitzer und Bürger in Linz.

Hoehl, Oskar, * 18. 8. 1893 Hersfeld, † 27. 12. 1944 Fulda. Der in Fulda tätige Studienrat fand in der Umgeb. seiner Wohnung, dem naturparkähnlichen Garten der Krätzmühle, ausgiebig genutzte Gelegenheit zu wertvollen Beob. und Versuchen an Vögeln in Freiheit und Gefangenschaft. Fragen der Fortpflanzungsgewohnheiten und des Zugs standen mit erfreulichen Ergebnissen im Vordergrund seiner vielseitigen Interessen. Dazu entfaltete er im Fuldaer Heimatbund rege Werbe- u. Aufklärungsarbeit im Dienste des Vogelschutzes. Die eigenen Feststellungen überprüfte er in strenger Selbstkritik; er nahm daher ein tieferes Wissen mit ins Grab, als er je erkennen ließ. Nur 13 Beitr. brachte er zwischen 1935 und 1949 in Jber. U.-main, Vz., B. z. F., Vr., Dt. Vw. und Vw.; in L. Gebhardt u. W. Sunkel, „D. Vögel Hess." (1954) sind sie verzeichnet; die letzte posthum erschienene Veröff. beschäftigte sich wie eine frühere mit dem Nachweis von 3 Jahresbruten eines Teichhuhnpaares von 1936—1938. Ein Luftangriff auf Fulda setzte im 2. Weltkrieg den orn. Studien des fleißigen und gründlichen Biologen ein vorzeitiges Ende.
— Lit.: L. Gebhardt u. W. Sunkel, D. Vögel Hess., 1954, S. 95/96 (mit Bildnis).

Höhr, Heinrich, * 3. 2. 1875 Schäßburg = Segesvár (Siebenbürgen), † 26. 11. 1949 Schäßburg. Als Sohn eines Gymnasialdirektors studierte er Naturw. und Erdk. in Berl., Jena, Tüb., Klausenburg und Halle. Von 1897 ab an der Bürgerschule seiner Heimatstadt tätig, erwarb er 1900 das Diplom für das höhere Lehramt und war anschließend bis 1948 Prof. für Naturk. am Bischof-Teutsch-Gymnasium. Neben dem Erzieherberuf galt seine vorbildliche Lebensarbeit der Forschung und Volksbildung. Von 8 größeren Arbeiten seien genannt pflanzenkundliche und geol. Unters. im Programm des ev. Gymnasiums Schäßb. 1904/05 u. 1905/06, in der Festschr. zu einer Tagung der sächs. Vereine in Schäßb. (1910) und in einer Festschr. zur 37. Wanderversammlung ung. Ärzte und Naturforscher in Hermannst. (Verh. u. Mitt. Siebenb. 1914). Außerdem zeugen über 100 kleinere Aufs. in Zeitschr. und Ztg. von seinem wissensch. Ernst und seinem Fleiß. Begeisterungsfähig für jede Schönheit der Natur, begann er 1901 auch niemals mehr erlahmende orn. Studien unter der Freilandführung des kenntnisreichen Jagdfreundes W. Leonhardt (s. d.), der ihn in wenigen Jahren mit der Vogelwelt der Großen und Kleinen Kogel gründlich bekannt machte und ihn auch zu kritischer Beschäftigung mit der Fachlit. anregte. Damals gründete er zugleich mit Hilfe von E. Hausmann (s. d.) eine zu großer Reichhaltigkeit anwachsende Vogelsamml., die 1940 in den Besitz seines Gymnasiums überging. Zu den ersten vogelk. Veröff. scheint ein Aufs. über eine „Seltene Erscheinung aus d. Vogelw. Schäßb." (Mitt. Vw. 10, 1910) gehört zu haben. Den Stempel der Altersreife trug die dem Andenken W. Leonhardts gewidmete „Vogelw. d. beiden Kokeltäler in Siebenb." (Verh. u. Mitt. Siebenb. 89/90, 1939/40). Der Verf. stützte sich dabei nicht nur auf die eigenen Samml. und Tagebücher, sondern auch auf die unveröffentlichten Aufz. des verewigten Lehrmeisters. Die Darstellung umfaßte ein system. Verz., eine Erklärung der Nomenkl. und morphol. Unters. Doch gelangte nur der 1. Teil mit 99 Formen zum Druck. Der 2. Teil mit 212 Formen, der 3. Teil mit ausschließlich biol. Beob. und der Schluß mit ausführlichem Lit.-Nachweis blieben infolge der Kriegsereignisse als fertiges Msk. liegen und werden von seiner Tochter Herta verwahrt.

Höpfner, Ernst Max, * 18. 6. 1854 Grubnitz, Kr. Riesa (Sachsen), † 20. 2. 1916 Rochlitz (Sachsen). Nachdem er sich in Dresd. darauf vorbereitet hatte, studierte er in Leipz. und wurde 1879 Oberlehrer am Lehrerseminar Grimma. 1896 kam er in gleicher Eigenschaft an das Seminar Rochlitz, wo er auch den Titel Prof. erhielt. Orn. war er einer der eifrigsten und zuverlässigsten Mitarbeiter an den Jber. Beob.-Stat. Sachs. (A. B. Meyer und A. F. Helm). Außerdem ist er mehrfach in der Orn. Ms. (17, 1892; 31, 1906; 34, 1909) zu Worte gekommen.

Hörning, Richard, * 1. 3. 1858 Burla (Kr. Gotha), † 6. 5. 1940 Zella-Mehlis. Mit dem Lehrerberuf verband er die Leidenschaft zur Jagd. Er hatte die Gabe, mit klaren Sinnen zu lauschen und zu schauen und sich in stiller Hingebung eins zu fühlen mit der ihn umschließenden Natur. Die Ornis seiner heimatlichen Wälder und Felder — mit Seltenheiten wie Rauhfußkauz und Sperlingskauz — beobachtete er vornehmlich in der Umgeb. von Warza, Günthersleben, Haina und seit 1877 bei Zella-Mehlis. Es gab kaum eine Frage über das Leben der Vögel Thüringens, die er nicht treffsicher zu beantworten wußte. Ans Herz gewachsen waren ihm in erster Linie die Raubvögel und unter ihnen die Wanderfalken. Seiner Führung an ihre Brutplätze verdankte O. Kleinschmidt (s. d.) tiefe Einblicke in die Biol. der Falken. Über 3 Jahrzehnte vereinte regelmäßiger Gedankenaustausch die beiden Sachkenner. H.s Fähigkeit, auch das Unauffällige mit feinem Spürsinn aufzudecken, stellte Kleinschmidt neben die Ch. L. Brehms (s. d.) und benannte auf Grund von Funden des Freundes die Bergrasse Sitta europaea hoerningi. Die Fachpresse behandelte der wenig schreibfreudige Feldornithologe recht stiefmütterlich. Seit 1894 standen einige Beitr. aus seiner Feder in Orn. Ms.; dazu gehörten „Kleine Mitt. über d. Bestand einiger Brutvögel" (Orn. Ms. 45, 1920), „D. Girlitz als Brutvogel in Thür." (ebd. 45, 1920), „Am Nest d. Waldlaubvogels" (ebd. 45, 1920), „Gäste am Traubenholunder im Sommer 1921" (ebd. 47, 1922). Auch in St. Hubertus, Dt. Jztg. und Falco finden sich gelegentlich Wortmeldungen von ihm. Einen Großteil seines vogelk. Wissens nahm er mit ins Grab.

— Lit.: Nachruf (von O. Kleinschmidt). Falco 36, 1940, S. 58/59.

Hoesch, Walter, Dr. h. c., * 6. 1. 1896 Neukirchen (Altmark), † 28. 6. 1961 Okahandja (Südwestafrika). Die Auswirkungen des 1. Weltkriegs veranlaßten den schon 1915 schwer verwundeten Fahnenjunker, 1929 das in anderen Besitz übergegangene elterliche Rittergut zu verlassen und in Südwestafrika als Schafzüchter sein Glück zu suchen. Anhaltende Dürre in der alten dt. Kolonie brachte den wagefreudigen Farmer aber um den Erfolg vieler Mühen. Nachdem er 1933 seine Herden weit unter Preis veräußern mußte, konnte er ein bescheidenes Einkommen nur dadurch finden, daß er Vögel und kleine Säugetiere präparierte und an dt. und ausländische Mus. absetzte. Die mit dieser Beschäftigung wachsende Kenntnis der Wirbeltierfauna in dem Gebiet der Waterberge, der Etoschapfanne und der Namib nutzte er daneben zur Führung verschiedener Forschungs-Exp.; u. a. war er 1938 mit G. Niethammer in der Gegend von Rietfontein und Waltersdorf und schrieb — nachdem er krankheitshalber Deutschl. aufsuchen mußte — mit dem Reisegefährten zusammen die „Vogelw. Dt.-Südwestafrikas" (J. Orn. 88, 1940, Sonderheft). Von 1950 ab hielt er sich in der afrik. Wahlheimat wieder mit dem Verkauf zool. Objekte über Wasser. Wenn er in dieser Tätigkeit wertvolle Erkundungen auch auf die gesamte Tierwelt nutzbringend ausdehnen konnte, blieb die Ornis doch im bevorzugten Vordergrund seiner Interessen. Diese Sonderstellung der Vogelk. zeigte allein sein bemerkenswertes Buch über die „Vogelw. Südwestafrikas" (Windhoek 1955). Die Fähigkeit, sich in Daseinszusammenhänge des Tierlebens hineinzudenken und Umweltsfaktoren kritisch zu werten, ließ dazu eine stattliche Reihe von Einzelarbeiten entstehen, die von 1931—1961 in verschiedenen Zeitschr. wie Vö. fern. Länd., Orn. Mber., J. Orn., B. z. F., Gef. W., B. Bonn, Orion, Ber. Senck., Vr., Zs. Tierpsychol. erschienen und vornehmlich der Ökol. und Fortpflanzungsbiol. galten. Die Veröff. erwiesen sich als gewichtige Beitr. zur Avif. Südwestafrikas und werden lange seinem Namen zu verdientem Ansehen verhelfen. Auf einen handgreiflichen Lebenserfolg mußte der Autor aber, von harten Schicksalsschlägen getroffen, verzichten. Um so eindrucksvoller

spricht menschliche Größe aus der ungebeugten Haltung, mit der er alle Tücken eines unruhvollen Erdenwandels ertrug. Entschädigung für nicht erfüllte Hoffnungen gewährte ihm die Freude am Einsatz der ihm in die Wiege gelegten naturw. Anlagen. Als geschickter Feldbeobachter, tätiger Sammler und feinfühliger Tierpfleger sah er im Umgang mit den Geschöpfen einer noch nicht hinreichend bekannten afrik. Fauna beglückende Möglichkeit zum Dienst an der zool. Forschung. Daß die Wissenschaft in der Heimat seiner mit den Maßstäben des ökon. Denkens nicht erfaßbaren Leistung Anerkennung zollte, war ihm Dank genug. Er war seit 1957 korr. Mitglied der DO-G und für Verdienste um die Orn. seit 1958 Dr. h. c. der math.-naturw. Fak. der Univ. Bonn. Als er nach 1958 mit Unterstützung dt. Industriekreise schließlich in sinnvoll erdachten Versuchsanlagen an das Studium von in Gefangenschaft gehaltenen Tieren gehen konnte, erlag sein schon lange durch Krankheit geschwächter Körper den Anstrengungen des Buschlebens.
— Lit.: Nachruf (von E. Stresemann). J. Orn. 102, 1961, S. 490—495 (mit Bildnis u. Verz. d. Veröff.). - Nachruf (von J. Steinbacher). Gef. W. 1962, S. 140.

Höslin, Jeremias, * 18. 5. 1722 Wippingen (Kr. Ulm), † 28. 4. 1789 Böhringen (Kr. Münsingen). Von 1759 ab stand er, aus einem Pfarrhaus stammend, als Geistlicher in Böhringen. Ihm, dem Sohn der Aufklärung, lag neben der Seelsorge die praktische Hilfe für seine Albbauern am Herzen. Naturw. Aufgeschlossenheit hinderte ihn nicht, sich öfters in phantastischen Vorstellungen zu verlieren und mit seinen landw. Verbesserungsvorschlägen kühn danebenzugreifen. Mit der Landschaft und ihrem Volke aber eng verbunden, hinterließ er die erste „Uracher Oberamtsbeschr. d. Württ. Alp mit landw. Bem.". Erst 1798 wurde sie von seinem Sohne herausgegeben. Neben den Pflanzen ist hier den Tieren ein besonderes Kapitel gewidmet. Wenn der Verf. auch die Nachr. heranzog, die der gründlichere Zeitgenosse J. H. Haid (s. d.) einige Jahre früher über die Vögel der Umgeb. von Ulm geliefert hatte, so vermochte er doch nicht mehr als ein dürftiges und lückenhaftes Bild des Vogelvorkommens auf der Alb zu gestalten. Es gehört zu den Anfangserscheinungen bescheidenster faun. Versuche.
— Lit.: H. Schwenkel, Schwäb. Lebensbilder 2, 1941, S. 262—267 (mit Verz. d. Veröff. u. älteren Quellen). - W. Bacmeister, Abriß einer Gesch. d. Württ. Vogelk., Jh. Württ. 102—105, 1950, S. 16/17.

Hoffmann, Bernhard, Dr., * 18. 2. 1860 Pirna (Sachsen), † 27. 5. 1948 Dresden. Sohn eines Handwerkers, studierte er in Leipz. Naturw. und promovierte unter Leuckart mit einer Arbeit über die „Tränenwege d. Vögel u. Reptilien". Einige Zeit war er Assistent am Zool. Mus. in Dresd.; zuletzt stand er als Prof. und Oberstudienrat im höheren Schuldienst. Verhältnismäßig spät reifte in ihm vogelk. Betätigungseifer. Nachdem er sich 1894 mit den „Gegenseitigen Beziehungen u. Vergesellschaftungen v. Vögeln verschiedener Arten" publizistisch beschäftigt hatte, behandelte er einen nicht alltäglichen Stoff in dem Buch „Kunst u. Vogelgesang" (1908); aus der Sicht des Biologen und Musikers zeigte er hier die Fäden zwischen beiden Kunstbereichen auf. Seitdem pflegte er, das Sondergebiet seines Landsmannes A. Voigt (s. d.) berührend, das Studium der Vogelstimmen in einer Reihe von Einzelveröff. Ein „Führer durch unsere Vogelw." (1919) mit einem Bau und Leben der Vögel umreißenden Teilband (1923) war dazu bestimmt, dem Anfänger in der Stimmenkunde zu dienen. Als feinsinniger Stimmenforscher wurde er dann durch die grundsätzlichen Gedanken über das „Spotten d. Vögel" (Verh. Bay. 16, 1925) bekannt. Daneben lockte ihn sprachliche Betrachtung. Der Deutung der Volksnamen der Vögel galt eine größere Studie „V. Ursprung u. Sinn dt. Vogelnamen" (1937). Schon vorher hatte er sich „für ein einheitliches wissensch. dt. Namenverz. unserer einheimischen Vogelw." eingesetzt in Verh. Bay. 18, 1929; Anz. Bay. 2, 1930 u. 2, 1931. Doch fanden die philol. untermauerten Vorschläge nicht den Beifall der Sachkundigen unter den Ornithologen. Die in keinem Lebensabschnitt vernachlässigte Feldbeobachtung führte zu zahlreichen Beitr. und Mitt. in Orn. Ms., Orn. Mber., J. Orn., Verh. Bay., Mitt. Sachs. und Mitt. Sächs. Heimatsch. In vorgerückten Jahren wußte er über orn. Erlebnisse auch auf Reisen (Alpen, Pommern) geschickt zu berichten. So war er der erste, der auf dt. Boden, am Falkenstein bei Pfronten-Steinach, 1916 eine Kolonie der Felsenschwalbe fand (Verh. Bay. 13, 1917). Sein Herz schlug in gleicher Wärme für Mensch und Tier, bis ihm die Bombennacht des 13. 2. 1945 nicht nur den irdischen Besitz zerstörte, sondern auch die Lebenskraft brach.
— Lit.: Nachruf (von R. Heyder). Vw. 70, 1949, S. 115. - Bildnis in R. Heyder, D. Vögel d. Landes Sachs., 1952.

Hoffmann, Carl, * 2. 6. 1802 Bernburg (Saale), † 29. 12. 1883 Stuttgart. Seit 1826 besaß er in Stuttg. ein erfolgreiches Verlagsunternehmen, in dem für Jahrzehnte Kunst und Wissensch. pflegerischen Mittelpunkt fanden. Gründliche Gelehrsamkeit und bedeutende Kenntnisse in der Botan. zeichneten ihn aus. Auch der DO-G gehörte er als frühes Mitglied an. Sein Anteil an der Förderung der dt. Vogelk. liegt auf verlegerischem Gebiet. J. W. v. Müllers (s. d.) Ehrgeiz hatte das Erscheinen des 1. Bd. der Naum. ermöglicht. Als sich aber E. Baldamus und Ch. L. Brehm (s. d.) mit dem Baron überworfen hatten, erwarb H. vom 2. Bd. ab die Verlagsrechte für die Zeitschr. Er hatte damit wenig Glück und trat 1854 von dem Vertrag zurück, nachdem auch das J. Orn. Organ der DO-G geworden war. Verdienstvoller war sein Entschluß, J. F. Naumanns Nachtr. zur „Naturgesch. d. Vögel Deutschl." von Heft 6 und 7 ab 1853/54 zu übernehmen.
— Lit.: Allg. Dt. Biogr. 50, 1905, S. 417. - P. Thomsen u. E. Stresemann, Naumann-Biogr., 1957.

Hoffmann, Georg, * 29. 10. 1900 Deutsch-Eylau (Westpreußen), † 2. 2. 1963 Syke (Grafschaft Hoya). Am Geserich-See verbrachte er Kindheit und Jugend. Den jungen Lehrer führte der Dienst seit 1924 über die ostpr. Orte Postnicken, Barten, Nordenburg, Drengfurt nach Rosenberg (Westpr.), wo er 1934 angestellt wurde. Überall formte der Reichtum an Wasser, Seen und Sümpfen das für eine vertiefte Naturbetrachtung empfängliche Fühlen und Denken des begeisterungsfähigen Beobachters. Den Blick für die Reize des Vogellebens öffnete ihm in erster Linie die

Begegnung mit W. von Sanden-Guja. So wurde H. erlebnisfreudiger Feldornithologe, der seinen Namen in breiteren Kreisen bekanntmachte als fein empfindender Schilderer vielfältiger orn. Erfahrung, gesammelt unter freiem Himmel in einer damals von der Zivilisation nicht sonderlich bedrohten Landschaft. Die Gewohnheiten u. a. von Kormoran, Schwarzstorch, Fischadler, Sumpfohreule und vor allem von Limikolen hielt er mit fesselnder Erzählerkunst und durchweg ausgezeichneten eigenen Aufnahmen fest, z. B. in „Unterwegs nach d. Süden" auf Grund von Beob. an einem Tümpel bei Barten (Aus d. Heimat 1933). Der Eindruck seiner Darstellungen auf naturw. Laien und orn. Fachleute war einhellig. F. Tischler (s. d.) konnte in den „Vögeln Ostpr." (1941) 22 Titel von Veröff. in Orn. Mber. (seit 1931), Aus d. Heimat (seit 1931) und Ber. Schles. (seit 1937) nennen. Großen Erfolg begleitete dann das Buch „Rund um d. Kranich" (Öhringen 1936). Als er nach der Katastrophe von 1945 aus russ. Gefangenschaft heimkehrte, boten sich ihm 1946 neuer Wohnsitz und Lehrdienst in Syke. Trotz stark veränderter Bedingungen erkundete er auch hier wieder mit Vorliebe die Moore und hielt die Erinnerung an vergangene Schönheit wach durch ungezählte Lichtbildvorträge vor den vertriebenen Landsleuten und später durch Sendungen im Bremer Rund- u. Schulfunk. Schriftstellerisch regte er sich gleichfalls erneut bis in die letzten Jahre mit orn. Beitr. in der Zeitschr. Aus d. Heimat (jetzt Natur). Ein treffliches Denkmal der Ornis des ost- u. westpr. Grenzgebietes wurde schließlich sein „See d. Adler" (1954), eine umgearbeitete Neuaufl. des schon in Rosenberg entstandenen Buches „Ein See im Walde" (Öhringen 1941). Seine lit. Verdienste wurden unterstrichen durch die Zugehörigkeit zur Nicolaus-Copernicus-Gesellschaft und zum Forschungskreis d. Albertus-Univ. Königsberg.

— Lit.: Nachruf (Verf. ungen.). Ostpreußenbl. v. 16. 2. 1963. - Nachruf (von H. Ringleben). B. Niedersa. 16, 1963, S. 19/20 (mit Bildnis). - Nachruf (von E. Schüz). Natur 1963 (im Druck).

Hoffmann, Julius, Dr., * 11. 6. 1833 Stuttgart, † 6. 9. 1904 Stuttgart. In dem Sohn Carl Hoffmanns (s. d.) war als väterliches Erbe starke Neigung zu den Künsten und ein feinsinniges Naturgefühl verankert. Nach dem Studium in Tüb. trat er in den Verl. des Vaters ein. Seit 1862 war er selbständiger Verleger und gab seinem Unternehmen durch die Veröff. gemütvoller Jugendschr. sowie botan. und zool. Arbeiten die eigene Note. Seine Samml. war vor allem reich an Vögeln, Eiern und Nestern. Das Stuttg. Naturalienkabinett verdankte seiner Freigebigkeit wertvolle Stücke. Glühende Verehrung empfand er für J. F. Naumann. Seiner Fürsprache ist es zuzuschreiben, daß der Vater den 13. Bd. (Nachtr. zu des Altmeisters Werk) übernahm. Eng waren seine Beziehungen zum Waidwerk und allzeit rege seine Bemühungen um die Hebung waidmännischer Gesinnung in den Kreisen der Jäger. Eine mustergültige Monogr. der Waldschnepfe aus seiner Feder (1867—1887) fand einmütig günstige Beurteilung. Besondere Beachtung schenkte er dem Schutze der damals bedenkenlos verfolgten Raubvögel. In der Arbeit „Z. Charakteristik d. häufigeren dt. Raubvögel" (Jh. Württ. 49, 1893) unterstrich er die Wirkung einer warmherzigen Darstellung durch von ihm selbst entworfene Schattenrisse fliegender Raubvögel. Neben 115 farbigen Abb. bereicherten sie auch sein „Taschenbuch f. Vogelfreunde" (1900) und wurden späterhin weitgehend in der Lit. verwendet, z. B. im Neuen Naumann und in Friderichs „Naturgesch. d. dt. Vögel". Zu einem erläuternden Text von C. R. Hennicke (s. d.) zeichnete er gleichfalls die Schwarzbilder von 12 verschiedenen Arten. Sie kamen 1909 als „Flugbilder d. wichtigsten Raubvögel Mitteleuropas" in Form einer Wandtafel heraus. Obwohl sie nicht in allen Einzelheiten gelungen sind, mögen sie doch zur besseren Kenntnis unserer Raubvögel und zur Eindämmung der Unvernunft beim Abschuß beigetragen haben.

— Lit.: Nachruf (von W. Wurm). Orn. Ms. 29, 1904, S. 446—448. - W. Bacmeister, Abriß einer Gesch. d. württ. Vogelk., Jh. Württ. 102—105, 1950, S. 13—41.

Hoffmannsegg, Johann Centurius Graf von, * 26. 8. 1766 Dresden, † 13. 12. 1849 Dresden. Mit 15 Jahren war der vielseitig begabte Jüngling nach dem Tode der Eltern im Besitz des Familienguts Rammenau bei Bischofswerda (Kr. Bautzen). Ohne berufliche Pflichten lebte er im Stile seiner Zeit den eigenen Neigungen, ursprünglich der Botan. und Entom. Schon 1780 besuchte er die Univ. Leipz., brachte es zwischen 1783 und 1786 zum Unterleutnant, studierte 1786/87 in Gött. Naturw. und Sprachen und sammelte 1793/94 in Ung. Die Jahre 1798—1801 hielten ihn in Portug. fest. Hier schürte die bras. Tier- u. Pflanzenwelt seinen Wissensdrang derart, daß er sich Vogelbälge aus dem fernen Kontinent schicken ließ. Die reichste orn. Ausbeute von dort lieferte ihm aber sein eigener Präparator F. W. Sieber (s. d.). Seit 1802 verband ihn die Bewunderung für die aus Bras. eintreffenden Naturschätze mit C. Illiger (s. d.), dessen Freundschaft er in Braunschw. gefunden hatte. 1804 wurde Berl. sein Wohnsitz. Was sich hier bei ihm weiter an bras. Vogelbälgen aufstapelte, stellte er 1810 der gerade entstehenden Berl. Univ. zur Verfügung und legte durch die Schenkung den Grundstock zum Zool. Mus. In Zusammenarbeit mit Illiger, der durch des Grafen Beziehungen zu W. v. Humboldt Verwalter der Museumsschätze geworden war, untersuchte er bis zum Frühjahr 1812 die südamerik. Säuger und Vögel, zog sich aber bald, nach dem frühen Tode des Freundes in seiner Tatkraft gelähmt, aus dem Dienst an der Naturw. zurück und verließ 1816 Berl. Die weiteren Jahre verbrachte er in der Stille des Familienbesitzes. Eigene orn. Veröff. hinterließ er nicht. Nur Auszüge aus Briefen sind erhalten. Die Antriebe, die die dt. orn. Forschung zu Beginn der exotischen Entdeckungen und Beschr. durch ihn empfing, gewannen in der 350 Vogelarten umfassenden bras. Samml. die sichtbarste Gestalt. E. Stresemann setzte in seinen hist. Studien 1950 dem Verdienste des begeisterungsfähigen Idealisten ein spätes Denkmal. Danach waren 1812 130 Arten noch novae species, ungeachtet der Zahl der „novae subspecies". H. Lichtenstein (s. d.) versäumte aber ihre Benennung in den meisten Fällen, obwohl auffällige Neuigkeiten darunter waren. Nur die zu Neubeschr. benutzten Typen konnten

im 2. Weltkrieg in Sicherheit gebracht werden. Was von den restlichen Stücken den Bomben vom März 1945 nicht zum Opfer fiel, wurde einschließlich der Typen inzwischen in Bälge umgearbeitet; es sind etwa 200.
— Lit.: H. Lichtenstein, J. C. Graf v. H., in Dresd. Album, hrsg. von E. v. Mühlenfels. Berl. 1856, S. 24—44. - E. Stresemann, D. Bras. Vogelsamml. d. Grafen v. H. aus d. J. 1800—1812, B. Bonn 1, 1950, S. 43—51 u. 126—143 (mit älteren Quellen). - Ders., Entw. d. Orn., 1951. - Bildnis in Berl. Ms. 26, 1811.

Holland, Theodor, Dr., * 13. 1. 1836 Stettin. Der Blick des in Stolp tätigen Gymnasiallehrers richtete sich auf die Vogel-, Schmetterlings- u. Weichtierkunde. 1856 schloß er sich schon der DO-G an und schrieb mit 20 Jahren eine „Vogelf. d. Umgegend Stett." (Naum. 7, 1857), in der er 158 Arten behandelte. Als Student lieferte er einen Beitr. „Z. Entwicklungsgesch. d. Federn" (J. Orn. 8, 1860). In Greifsw. promovierte er 1863 mit „Pterologischen Unters.", einer Arbeit, die auszugsweise auch in J. Orn. 12, 1864 stand. Er war ein rühriger pom. Freilandbeobachter. Die „Wirbeltiere Pom." (1871) zeugen von seinen reichen Erfahrungen auf dem Gebiete der faun. Heimatforschung; die system. Aufzählung enthält 293 Vogelarten. Orn. Einzelveröff. auch größeren Umfangs, z. B. „Eine Exk. nach d. Inseln d. Neu-Vorpom. Ostseestrandes" (J. Orn. 8, 1860), brachten außer Naum. und J. Orn. auch Zs. Stett. und Orn. Cbl.; F. Koske (J. Orn. 65, 1917) sammelte 8 Titel für die Zeit von 1857—1880.
— Lit.: Biogr. Notiz (von A. Reichenow u. H. Schalow). Orn. Cbl. 6, 1881, S. 139.

Hollandt, Friedrich Wilhelm, * 1. 2. 1839 Braunschweig, † 23. 9. 1894 Braunschweig. Als Sohn eines Majors a. D. war er in seiner Heimatstadt Rechtsanwalt und Notar. Seit 1877 gehörte er der DOG an. Unter dem Einfluß des fast gleichaltrigen A. Nehrkorn (s. d.) entwickelte er sich zum kenntnisreichen Oologen und verfügte über eine große, aus allen Erdteilen stammende Eiersamml. U. a. kaufte er die Kollektion von Kuckuckseiern,die E. Baldamus (s. d.) zusammengebracht hatte. Wohlhabenheit erlaubte dem Junggesellen auch den Aufbau einer stattlichen orn. Bibliothek. Er besaß wertvollste engl. Prachtwerke. 1896 ging die Samml. an das Braunschw. Mus., wo sie erhalten geblieben ist. W. Blasius (s. d.) schrieb „D. Hollandtsche Samml. v. Vogeleiern" (Orn. Ms. 21, 1896).

Holle, August, † in Brünn. Die Gründung des Franzens-Mus. in Brünn 1818 bedeutete schwachen Antrieb für die Beschäftigung mit der Vogelwelt in dem bis dahin orn. unerschlossenen Mähren. H., über dessen Lebensgang Einzelheiten nicht zu beschaffen waren, verdient, der erste Vertreter des dort nur langsam auflebenden faun. Interesses genannt zu werden. Er legte eine Samml. an, deren dem Mus. übergebene Stücke so mangelhaft präpariert waren, daß sie schon 1824 unbrauchbar wurden. Kennzeichnender für seine Bestrebungen war daneben ein „Kalender d. Vögelwanderungen", den er in „Jurendes Wanderer" (Brünn 1821) drucken ließ. Wenn er darin auch Beob. über Ankunft und Wegzug in Mähren und Schlesien verwertete, so blieb sein frühes Beispiel zunächst doch ohne Nachfolge und machte sich selbst in den 10 Jahre später erschienenen Listen von J. Spatzier und Ant. Müller (s. d.) noch nicht bemerkbar.

Holst, Erich von, Dr., * 28. 11. 1908 Riga, † 26. 5. 1962 Herrsching am Ammersee (Bayern). Nach dem Studium in Kiel, Wien und Berl. war er — Sohn eines Psychiaters — zunächst Stipendiat in Frankf. (Main). 1934 ging er als Assistent an die Zool. Station Neapel und 1938 an das Zool. Inst. Gött., um sich hier zu habilitieren. Nachdem er 1946 das Ordinariat für Zool. in Heidelb. übernommen hatte, siedelte er 1948 — gleichzeitig mit G. Kramer (s. d.) — als Abt.-Leiter in das neugegründete Max-Planck-Inst. für Verhaltensphysiol. nach Wilhelmshaven über. 1957 wurde er Direktor des Inst. in Seewiesen bei Starnberg. Hier führte der 1937 begonnene wissensch. Gedankenaustausch mit K. Lorenz (vgl. dessen Arbeit „Beobachtetes über d. Fliegen d. Vögel . . ." in J. Orn. 81, 1933) auch zum organisatorischen Zusammenschluß von Physiol. und Verhaltensforschung und zum gemeinsamen Bemühen, in der Verhaltensforschung und den benachbarten Bezirken der Physiol. zu klaren Begriffsbestimmungen zu kommen. Zum Persönlichkeitsbild des universalen Physiologen gehören ebenso zeichensetzend der überzeugende Beherrscher des Wortes, der geschickte Zeichner, der begnadete, die Bratsche spielende und Streichinstrumente bauende Musiker. Allein der Versuch, die hervorstechendsten Erfolge seines reichen Forscherlebens an einigen Beispielen hier zu zeigen, müßte scheitern. Eine Lücke würde aber der Kranz der Namen aufweisen, die an wesentliche Fortschritte in der Vogelk. geknüpft sind, wenn H.s völlig neuartige Studien auf dem Gebiete des seit Friedrich II. (s. d.) kaum mehr beachteten Vogelfluges unerwähnt blieben.Eigenschöpferisch baute er Schwingenflugmodelle und versuchte, ihnen die Flugeigenschaften bestimmter Tiere zu geben. Aus den dabei gewonnenen Erfahrungen und schließlich erfolgreichen Konstruktionen von Modellen, die flügelschlagend flogen, schloß er auf die Prinzipien zurück, die bei der Flugmechanik der nachgeahmten Tiere verwirklicht sein mußten. Im Grunde war es kennzeichnend für seinen genialen Seherblick, daß er diese Prinzipien einfach sah, wenn er einen Vogel lange genug beobachtete. Es war für ihn die zwingendste Form des Beweises, wenn die Resynthese der von ihm analysierten Vorgänge die körperliche Form eines Modelles annahm. Zum Kern der Unters. konnte er vorstoßen, als er beobachtete, daß der fliegende Vogel auch bei weit ausholenden Flügelschlägen meist keine Gegenbewegung in vertikaler Richtung macht, sondern ohne Höhenänderungen geradlinig seine Bahn zieht. Aus dieser Feststellung schloß er, daß die Vögel die Höhenstabilität durch eine mit dem Auf- u. Abschlag wechselnde Verwindung zwischen Flügelarm und Flügelhand erreichen. Nach 15jährigen Versuchen gelang dem Konstrukteur dann erstmalig in Gött. die Lösung des komplexen Problems des Fluges der Vögel und der Lebewesen überhaupt. Theorie, Methode und Ergebnisse seiner Versuche sind niedergelegt in „Biol. u. aerodynamische Probleme d. Tierflugs" (zus. mit D. Küchemann in Naturw. 29, 1941), „Über künstliche Vögel als

Mittel z. Studium d. Vogelflugs" (J. Orn. 91, 1943), „D. Saurierflug" (Paläont. Zeitschr. 31, 1957). Es dauerte lange, bis durch v. H.s scharfe Problemfassung und Meisterschaft die Wissensch. erfuhr, daß neben dem Vogelflug, „dieser Königin aller Bewegungsarten", auch „das ästhetisch Schöne d. tierischen Bewegung gar nichts anderes ist als vollkommenste, ideal angepaßte Mechanik". Als Vermächtnis werden wohl seine Worte (aus J. Orn. 91, 1943, S. 406) aufgefaßt werden müssen: „Wer in Zukunft ein Buch über Vogelflug oder neue Theorien über gewisse Flugformen, über d. Bedeutung dieser oder jener Flügelstrukturen usw. schreiben will, von dem wird man verlangen können, daß er nicht nur über d. Aerodynamik d. Schwingenbewegung genügend unterrichtet, sondern auch in der Lage ist, ... seine neue Vorstellung im Modell ad oculos zu demonstrieren."
— Lit.: Nachruf (von B. Hassenstein). Mitt. d. Verb. dt. Biologen, Beil. z. Naturw. Rdsch., Heft 1, 1963, Nr. 82, S. 365—368 (mit Verz. ausgewählter Veröff.).

Holtz, Johann Friedrich Ludwig, * 20. 5. 1824 Hermannshagen bei Barth (Kr. Stralsund), † 28. 12. 1907 Greifswald. Als Sohn eines vermögenden Großgrundbesitzers bereiste er in jüngeren Jahren aus naturw. Interesse Südrußl., Ital., Belg., Dänem. und die Inseln der Ostsee. 1879 war er mit Kronprinz Rudolf (s. d.) in Span. Viele Exk. machten ihn zu einem tüchtigen Kenner der pom. Ornis, über die er von 1863 bis 1892 wertvolle faun. und ool. Arbeiten in J. Orn., Mitt. Vorp. u. Rüg., Orn. Cbl. und Ber. Greifsw. lieferte; F. Koske (J. Orn. 65, 1917) nannte 20 Titel, darunter 2 über Erfahrungen in Rußl. Seit 1868 war H. rühriges Mitglied der DOG. Eine große Nestersamml., die er auf seinen Reisen zusammengebracht hatte, kam in das Berl. Mus. Nach dem Tode seines Vaters gab er sich auf Reisen ganz den zool. und botan. Studien hin. Der Konkurs eines Verwandten hatte jedoch den Verlust seines Vermögens und damit eine entscheidende Wende seines Lebens zur Folge. Bei sehr geringem Einkommen mußte er sich fortab mit der Stellung eines Assistenten am Botan. Inst. zu Greifsw. begnügen. Er fand sich in phil. Ergebenheit mit der Ungunst des Schicksals ab und führte bis zum Tode ein stilles Gelehrtendasein im Bereiche der Botan.
— Lit.: Nachruf (von H. Schalow). J. Orn. 56, 1908, S. 300/01.

Holub, Emil, Dr., * 7. 10. 1847 Holitz (Böhmen), † 21. 2. 1902 Wien. Nur unter Entbehrungen konnte er in Prag das med. Studium zu Ende führen. Wie ihn in den Univ.-Jahren der Fleiß getrieben, so packte ihn später der Wander- u. Entdeckerdrang. 1872 ging er nach der Diamantenstadt Kimberley, um sich als Arzt die Mittel für größere Exp. zu verdienen. 1875/76 kam er bis zum oberen Sambesi und zu den Viktoria-Fällen. 1879 kehrte er mit reichen wissensch. Samml. zurück, die er an Mus. und Schulen verschenkte. 1883 zog es ihn wieder nach dem Schwarzen Erdteil mit dem Plan, in Begleitung seiner Frau von Kapstadt bis zum Sudan und Ägypten vorzudringen. Als erster Europäer erreichte er das östl. Barotseland. Doch wurde er hier von den feindseligen Eingeborenen ausgeplündert und zur Flucht genötigt. Obwohl er bei den Überfällen alles, was er zusammengebracht hatte, verlor, beschaffte sein Wagemut erneut eine höchst umfangreiche Ausbeute von 13 000 Stücken. Nachdem er 1887 mittellos in Europa wieder eingetroffen war, gelang es ihm, durch Hunderte von Vorträgen — oft stand er von Fieber geschüttelt und hungernd am Rednerpult — die Kosten für die Aufstellung seiner Schätze (1891) zu bestreiten. Da auch die Einkünfte aus seinen Veröff. kaum für das tägliche Brot ausreichten, lebte er bis zu seinem Ende in den dürftigsten Verhältnissen. Einen von der österr. Regierung schließlich gewährten Ehrensold konnte er nur noch 2 Monate genießen. Der Tod erlöste ihn von langem Leiden. Für die Vogelk. am wichtigsten waren seine „Beitr. z. Orn. Südafrikas" (Wien 1882), die er mit Unterstützung von A. v. Pelzeln (s. d.) herausbrachte. Die bekanntesten seiner Bücher waren „Sieben Jahre in Südafrika" (Wien 1880—1886) und, mit einer Fülle orn. Einzelheiten, „V. d. Kapstadt ins Land d. Maschukulumbe" (Wien 1889/90).
— Lit.: Nachruf (von A. Reichenow). Orn. Mber. 10, 1902, S. 66/67. - Nachruf (von H. Hocke). Zs. Ool. 11, 1902, S. 185/86. - Nachruf (von Schriftl.). Ibis (8) 2, 1902, S. 521. - Bildnis in „V. d. Kapstadt . . ." (1889/90) u. in O. Marschalek, Österr. Forscher, Wien 1950. - Österr. Biogr. Lex. . . . 2, 1959, S. 406.

Homeyer, Alexander von, * 19. 1. 1834 Vorland bei Grimmen (Pommern), † 14. 7. 1903 Greifswald. Der Neffe von Eugen Ferdinand v. H. (s. d.) umgab sich von früher Jugend an mit Käfigvögeln; Erfahrungen in der Vogelpflege schilderte er in Gef. W. 20, 1891. 1852 kam er als Fähnrich eines Schles. Füs.-Regiments in westl. Garnisonen (Mainz, Trier, Frankf., Rastatt). 1861 führte ihn eine Reise nach den Balearen und anderen Mittelmeerländern, über deren Ergebnisse (ob in allem zutreffend?) er in J. Orn. 10, 1862; 11, 1863; 12, 1864 berichtete. Eine 1874 begonnene Exp. nach Zentralfrika mußte er in Angola wegen eines Gallenfiebers abbrechen. Wenn er beobachtend und sammelnd — die Ernte waren allein 9000 Eier — auch weiterhin noch Reisen nach Dänem., Rumän., Serb., Bosn., der Herzegowina und (vgl. Orn. Ms. 17, 1892 u. 18, 1893) mit Vorliebe nach Ung. unternahm, so verließ ihn die Tropenerkrankung doch nicht mehr; 1878 schied er daher als Major aus dem Militärdienst, lebte bis 1882 in Wiesb., dann in Anklam und seit 1889 in Greifsw. Wohin er kam, betätigte er sich als rühriger Feldornithologe, Publizist und Vortragsredner. Neben faun. und biol. Fragen reizten die damals stark umstrittenen Begriffe wie Art, Unterart, Lokalform, klimatische Varietät usw. seine nach selbständigem Urteil strebende Aufgeschlossenheit. Dem Darwinismus vermochte er nicht zuzustimmen. Aufspaltung der für ihn feststehenden Arten und dauernd veränderte Benennung erregten seinen Widerspruch. Seit 1858 Mitglied der DO-G, griff er bis 1897 in vielfach herzerquickender Form zur Feder. Seine Sprachrohre waren das J. Orn. und weniger der Zool. G., die Zs. Stett., Abh. Görl., Gef. W., Mitt. Wien, Orn. Ms., Orn. Jb. und Orn. Mber. Nur zwischen 1875 und 1884 schwieg er im orn. Blätterwald; in diesen Jahren war seine

Aufmerksamkeit in Anspruch genommen von der Schmetterlingskunde, die ihm reiches Material (etwa 50 000 Stücke) für system. Studien lieferte. Während seines Aufenthaltes in Frankf. (1854—1860) verwaltete er die Vogelsamml. der Senck. Naturf. Ges. und steuerte zur Aufhellung der orn. Verhältnisse des Rhein-Main-Gebietes einige wichtige Mitt. bei. L. Gebhardt u. W. Sunkel nennen in den „Vögeln Hess." (1954) 14 Arbeiten. Von Glogau und Schweidnitz aus trug er seit 1861 einen frischen Zug in die Vogelk. Schles. und hinterließ eine Reihe von Ber. über die dortigen Erlebnisse und Befunde. Bei P. Kollibay „D. Vögel d. Preuß. Prov. Schles." (1906) stehen 26 Titel. Am umfassendsten waren die Beitr. (es sind 60 zwischen 1857 und 1899) zur Vogelf. seiner Heimat Pom., mit deren naturw. Erforschung sein Name immer verbunden bleiben wird.

— Lit.: Autobiogr. Gef. W. 20, 1891, S. 413—415. - Nachruf (von R. Blasius). Orn. Ms. 28, 1903, S. 404 bis 411 (mit Bildnis u. unvollst. Verz. d. Veröff.) u. Zs. Stett. 28, 1904, S. 1—9. - Nachruf (von A. Reichenow). Orn. Mber. 9, 1903, S. 144. - Nachruf (von O. Herman). Aquila 10, 1903, S. 305 bis 307. - H. Schalow, Briefe A. v. H.s an C. Bolle, Zs. Stett. 34, 1910. - J. Steinbacher, Pom. Lebensbilder 1, 1934, S. 261—265 (mit Bildnis). - Bildnis in P. Kollibay, D. Vögel d. Preuß. Prov. Schles., 1906.

Homeyer, Eugen Ferdinand von, * 11. 11. 1809 Nerdin, Kr. Anklam (Pommern), † 31. 5. 1889 Stolp. Krankheit hinderte ihn daran, die Schule ganz zu durchlaufen und Soldat zu werden. Er hatte aber das Glück, unter Anleitung des Vaters von Jugend auf naturk. Neigungen pflegen und später auf selbstgewählten Wegen entwickeln zu können. Nachdem er zuerst als Landwirt die eigene Scholle bewirtschaftet hatte, übernahm er Pachtgüter und erwarb 1852 das Rittergut Warbelow. Nach dem Tode seiner Frau verkaufte er den Besitz und zog sich 1874 nach Stolp zurück; damit begann seine schriftstellerisch fruchtbarste Zeit. Ein so eigengeartetes Forscherleben war damals kaum denkbar ohne unbändigen Sammeleifer. Doch lag lediglich das europ. und paläarkt. Faunengebiet in seinem Blickfeld. Mit Hilfe des Naturalienhändlers A. Tancré (s. d.) in Anklam und der weit verstreuten Freunde vereinigte er schließlich 8000 Bälge und viele Eier und Nester um sich. An diesen Schätzen versuchte er die Bedingungen zu ergründen, unter denen die Arten an verschiedenen Orten abändern. Immer war er dabei bestrebt, unter höheren Gesichtspunkten Einzelbeobachtungen zusammenzufassen. Der Forscherdrang führte ihn hinaus in die Heimatlandschaft, auf Reisen — 1878 war er mit Kronprinz Rudolf und A. E. Brehm (s. d.) in Ung. und Slavonien — und zu dauerndem Briefwechsel mit wohl allen orn. Größen seiner Zeit. 1881 gab er Teile dieses Gedankenaustauschs unter dem Titel „Orn. Briefe . . ." heraus und gewährte so der Nachwelt manch aufschlußreichen Blick in Fühlen und Wollen der Verstorbenen. Am engsten und längsten war er mit der Familie Blasius (s. d.) verbunden; deshalb kamen schließlich seine Samml. und seine Bücherei auch nach Braunschw. Ungemein zahlreich sind die Aufs., die seine Auffassungen in Fachzeitschr. (Isis, Rhea, Naum., J. Orn., Orn. Cbl., Zs. ges. Orn., Orn. Ms., Mitt. Wien, Zool. G.) und in der Jagdlit. widerspiegeln. 1837 und 1841 erschien als erstes selbständiges Werk die „System. Übersicht d. Vögel Pom." mit 283 Arten. In „Deutschl. Säugetiere u. Vögel . . ." (1877) beschäftigte er sich mit den Fragen des Nutzens und Schadens. Den rechten Bau eines Vogelsystems zu finden, blieb ihm versagt. Hier mußte er scheitern, weil sich sein Untersuchungsmaterial nur auf die Paläarktis beschränkte. Äußere Merkmale genügten ihm für eine auf Zweckmäßigkeit abgestellte Einteilung. Seine Gegnerschaft zur Deszendenztheorie vertrat er noch 1885 im „Verz. d. Vögel Deutschl.". Starr hielt er an überholten Vorstellungen fest. Für ihn, dessen Jugend im Zeichen der Naturphil. stand, bildeten sich die heutigen Arten nicht auf evolutionärem Wege, sondern im Sinne der Cuvierschen Katastrophenlehre. Als einer der unnachgiebigsten und zugleich einflußreichsten dt. Ornithologen bekämpfte er alle mit dem Darwinismus zusammenhängenden Theorien. Besonders schroffe Formen nahm die Ablehnung in den „Wanderungen d. Vögel . . ." (1881) an. Der Wert dieses Buches lag in der Widerlegung der Zugstraßentheorie. Der ausgesprochene Praktiker glaubte nur an den Breitfrontzug, wie er ihm im Freiland begegnete. Und für die Zeit ganz neu vertrat er die Vorstellung, daß „das schwindende und kommende Licht und die damit verbundene Beschaffenheit der Luft von wesentlichem Einflusse auf den Vogelzug sein müsse" (vgl. die Deutung von A. Stimmelmayr 5 Jahrzehnte später). Aus unbekanntem Grund kam ein weiteres fertiggestelltes Werk, die als 2. verbreiterte Aufl. der „Vögel Pom." gedachten „Vögel Norddeutschl.", nicht mehr zum Druck. Der Satz muß aber schon ziemlich vollendet gewesen sein, denn R. Blasius zitierte, wahrscheinlich nach Umbruchbogen, den Text im Neuen Naumann. Das fest begründete Wissen verhalf H. natürlich zu hohem Ansehen. Er war Ehrenmitglied mehrerer naturw. Gesellschaften und gehörte auch seit 1884 der Leopoldina an. Nachdem er schon 1867 den Aufruf zur Gründung der DOG gezeichnet hatte, wurde ihm bei der Verschmelzung der beiden orn. Gesellschaften 1875 der Vorsitz übertragen. 1883 verlor er jedoch das Amt nach heftigen, von ihm heraufbeschworenen Zerwürfnissen. Sie waren die Folge der ihn im Alter beherrschenden Neigung zur Polemik gegen alle, die wie er ihre innere Freiheit und Selbständigkeit bei wissensch. Entscheidungen wahren wollten. Trotz der Lauterkeit seiner Gesinnung und seiner unbestreitbaren Verdienste um die biol. Erforschung der europ. Vogelwelt forderte er so an seinem Lebensabend manch persönliche Gegnerschaft heraus. In solcher Erinnerung und Stimmung konnte H. Schalow (s. d.), den er in den 80er Jahren auch angegriffen hatte, noch auf der Jahresversammlung der DOG 1918 sagen, daß H. in seiner Beurteilung der Forderungen einer neuzeitlichen Orn. nie über den engen Horizont seines kleinen hinterpom. Wohnstädtchens hinausgekommen sei.

— Lit.: Nachruf (von E. Hartert). J. Orn. 37, 1889, S. 231—236. - Nachruf (von J. E. W. Pietsch). Orn. Ms. 14, 1889, S. 242—246. - Nachruf (von A. v. Pelzeln). Mitt. Wien 13, 1889, S. 304—307 (mit Bildnis). - Nachruf (von K. Ruß). Gef. W. 18,

1889, S. 265/66. - Nachruf (von K. Falk u. K. Hilliger). Ebd. 18, 1889, S. 396, 406, 416, 438, 448, 458, 470. - Nachruf (von Schriftl.). Auk 6, 1889, S. 341. - R. Heyder, H.s Msk. „D. Vögel Norddeutschlands", J. Orn. 99, 1958, S. 113.

Hopff, Georg Bernard, Dr., * 8. 9. 1804 Hannover, † 6. 5. 1847 Elberfeld. Er war ursprünglich Apotheker, studierte 1827 in Berl. Med. und übte in Elberf. seit 1831 ärztliche Praxis aus. Außerberuflich gab er sich der Orn. und Min. hin und verfügte über größere Samml. aus beiden Gebieten. Obwohl er kränkelte, war er im gesamten Wuppertal eifrig feldorn. tätig und beteiligte sich auch an der Gründung des Naturw. Ver. v. Elberf. u. Barmen. Lit. Niederschlag fand seine vogelk. Beschäftigung in einem Verz. von 165 dort vorkommenden Vögeln, das nach seinem Tode von J. C. Fuhlrott (s. d.) in den Verh. Pr. Rh. u. W. 1848 veröffentlicht und in der Naum. 1, 1850 nochmals abgedruckt wurde. — Lit.: Nachruf (von J. C. Fuhlrott). Verh. Bonn 4, 1847, S. 135; Jber. Elb.-Barm., Heft 1, 1851, S. 35. - Nachruf (von E. Baldamus). Naum. 1, 1850, S. 82/83.

Hořice, Alfred, Dr., * 9. 4. 1865 Rokycany (Böhmen), † 20. 12. 1945 Münchengrätz (= Mnichovo Hradiště). Der über 50 Jahre in Münchengrätz ansässige Arzt (und spätere Obersanitätsrat) war der 2. Präsident der Tschechoslow. Orn. Gesellschaft. Von 1926—1938 gehörte er auch der DOG an. Beob. an der ihm wohlvertrauten Vogelwelt seines beruflichen Wirkungskreises legte er in einigen tschech. geschriebenen Veröff. nieder; sie standen u. a. in Sylvia, Strátž myslivosti und Příroda. Am bemerkenswertesten darunter war eine monogr. Bearbeitung der Vögel von Münchengrätz u. Umgeb. in der Prov.-Zeitschr. Od Ještědu k Troskám (1925—1929). Ein besonderes Verdienst knüpft sich an seinen Namen, weil er als rühriger Sammler und geschickter Präparator die vollständigste, modernen Anforderungen entsprechende Samml. aller in Böhmen festgestellten Vogelarten (mit genauesten Nachweisen) gründen konnte. Die von ihm zusammengebrachten Schätze bilden heute den Grundstock der Samml. böhm. Vögel im National-Mus. zu Prag.
— Lit.: Nachruf (von J. Jiršík). Sylvia 8, 1946, S. 1/2.

Hornschuch, Christian Friedrich, Dr. Dr. h. c., * 21. 8. 1793 Rodach (Kr. Coburg), † 24. 12. 1850 Greifswald. Ursprünglich Apotheker, machte er seinen Namen durch eingehende Beschäftigung mit der Botan., Chemie und Min. bekannt und erhielt daher 1818 in Greifsw. die Stelle eines Demonstranten der Botan.; 1820 erfolgte die Ernennung zum ao. Prof. und 1827 zum Inhaber des Lehrstuhls für Naturgesch., den er bis zu seinem Tode innehatte. Die Vorliebe für Moosarten drängte ihn zur Metamorphosenlehre im Sinne der Naturphil., so daß diese spekulative Denkrichtung in ihm einen überzeugten Vertreter fand. Die Botan. erlebte in Pom. durch ihn spürbaren Auftrieb. Daneben half er in mühevoller Kleinarbeit auch das Wissen auf anderen zool. Gebieten zu mehren und der Bevölkerung des umgebenden Landes zugänglich zu machen. Die spärlichen Bestände des 1820 gegründeten Inst. (darunter 12 brauchbare Vögel!) vervollständigte er u. a. durch den Erwerb von 142 Vogelbälgen aus der Samml. des Kommerzienrats Rahn in Stett. und durch 106 „seltenere Gebirgsvögel, z. T. in noch ungekannten Zuständen", die er selbst aus Tirol mitbrachte. Eine glückliche Hand zeigte er, als er für seinen Konservator W. Schilling (s. d.) Jagdberechtigung im Revier Eldena erwirkte und so eine reiche Vogelbeute zum Vorteil der zool. Samml. ermöglichte. In seiner Vielseitigkeit plante er mit Hilfe des orn. bewährten Schützen eine „Naturgesch. d. Vögel Pom.". Trotz jahrelanger Vorarbeit kam das Werk nicht zum Abschluß. Die Zusammenarbeit ergab nur eine Darstellung des Lebens und Vorkommens der Schwäne, Gänse und Enten von Neuvorpom. und Rügen nebst einer Beschr. dieser Arten in der Greifsw. Akad. Zeitschr. 1822 bis 1826. Schließlich erschien 1837 das als Einleitung gedachte „Verz. d. in Pom. vorkommenden Vögel", das 306 Formen aufzählte. Das „Verz." von B. Ch. Otto (s. d.) aus d. J. 1777 war ihm dabei offenbar unbekannt; ebensowenig ist eine Verbindung zu E. F. v. Homeyer (s. d.) spürbar. Unter seinen zahlreichen Veröff. sind weitere orn. Spuren gering: Bem. z. Kleider- u. Farbwechsel d. Bergente (Froriep, Notizen 4 u. 5, 1823), „Orn. Beitr. aus d. Zool. Mus. d. Univ. Greifsw." (Arch. Naturgesch. 4, 1838). Es ist auffallend, daß in allen seinen orn. Veröff. W. Schilling als Mitverf. zeichnete. Da der Prof. selbst in erster Linie Botaniker war, darf dem Konservator gewiß das Hauptverdienst am Zustandekommen der Arbeiten und am praktischen Aufbau der Vogelsamml. zugesprochen werden. Wenn die faun. Angaben auch mit Fehlern durchsetzt waren, so bedeuteten sie doch einen Fortschritt in der ersten Aufhellung der pom. Verhältnisse. Mit ihrer Richtigstellung beschäftigte sich P. Robien (s. d.) noch 100 Jahre später. — Lit.: Allg. Dt. Biogr. 13, 1881, S. 158/59. - F. Koske, D. Veröff. über d. Vogelw. Pom., J. Orn. 65, 1917, S. 1—42 u. 121—169. - Ders., D. Samml. pom. Vögel in Greifsw., ebd. 67, 1919, S. 159—195. - M. Dittrich, Ch. F. H. als Botaniker, Festschr. z. 500-Jahrfeier d. Univ. Greifsw. 1956, Bd. 2, S. 540—547 (mit Bildnis). - R. Keilbach, Chronik d. Zool. Inst. u. Mus. d. Univ. Greifsw., ebd. 1956, Bd. 2, S. 561/62.

Hoyningen-Huene, Alexander Freiherr von, * 15. 1. 1848 Lechts bei Reval (Estland), † 9. 12. 1924 Echmes (Estland). Der jüngere Bruder des Barons Friedrich H.-H. (s. d.) besaß seit 1869 das Gut Echmes und verbrachte dort fast sein ganzes Leben. Er war mehr Naturbeobachter als Landwirt. Ein enges Verhältnis hatte er zur heimatlichen Tierwelt, und aus den besonders ausgeprägten vogelk. Neigungen erwuchs seine Zugehörigkeit zur DOG seit 1868. In einigen Veröff. sind die orn. Erfahrungen überliefert. So schrieb er „Orn. Mitt. aus Estl." (J. Orn. 16, 1868) und „Ber. über d. Ankunft d. Zugvögel in Estl." (ebd. 17, 1869). Später, nach der Jahrhundertwende, meldete er sich zu Wort mit den Arbeiten „Ornithologisches aus Estl." und „V. Star u. Mauersegler" (Gef. W. 34, 1905). Ein Beitr. „Z. Abschuß d. Raubvögel" (Neues Balt. Waidmannsbl. 6, 1909/10) war getragen von der wohltuenden, nicht bei allen Jägern und Landwirten selbstverständlichen Einsicht, daß die Raubvögel ohne Ausnahme entschiedenen Schutz verdienen.

Hoyningen-Huene, Friedrich Freiherr von, * 6. 5. 1843 Lechts bei Reval (Estland), † 2. 4. 1921 Brunshaupten (Mecklenburg). Der Erbherr auf Lechts, einem der größten estl. Güter, trat die Verwaltung des ausgedehnten Besitzes gleich nach dem Matur an und konnte sich daher keinem Studium widmen. Im hohen Alter zwangen ihn die politischen Umwälzungen nach dem 1. Weltkrieg, die Heimat zu verlassen. Wie sein Bruder Alexander von H.-H. (s. d.) war er leidenschaftlicher Naturforscher und Zoologe. Im Vordergrund seiner Interessen stand die Entom.; die von ihm in Lechts zusammengebrachte Schmetterlingssamml. war eine der reichhaltigsten des estl. Gebiets und konnte der im Mus. der Petersb. Akad. gleichgestellt werden. Von seinen Kenntnissen zeugen außerdem wissensch. Abh., die meist in Korr. Riga zum Abdruck kamen. Die damals kaum erschlossenen Wald- u. Moorgründe des Gutes reizten ihn gleichzeitig zu orn. Studien. Vor allem fesselten ihn die Erscheinungen des Vogelzugs. Mit Ausdauer zeichnete er von 1867—1919 den zeitlichen Einsatz von Ankunft, Balz, Brut, Wegzug u. dgl. auf und lieferte damit eine in den 30er Jahren in einer Revaler Zeitschr. veröffentlichte und vielfach verwertete phänol. Arbeits- u. Vergleichsgrundlage (vgl. die Auswertung durch H. Johansen, Korr. Riga 64, Posen 1942). Ein Ausschnitt der Ankunftstabelle für die Jahre 1887—1914 findet sich in Orn. Mitt. 11, 1959.

Hrabár, Alexander, * 17. 8. 1883 Budapest, † 30. 6. 1959 Ungvár. Er studierte in seiner Heimatstadt und wurde Mittelschullehrer in Ungvár. Die tschech.-slow. Behörden übertrugen ihm auch den Aufbau der naturw. Abt. des dortigen Mus., dessen Leitung später in seinen Händen lag. In den Veröff. des Mus. von Uzhorod, ferner in Sylvia und Aquila schrieb er (ung., slow. und teilweise dt.) zwischen 1903 und 1942 faun. und biol. sachkundige Beitr. über die Vogelwelt der Waldkarpaten; die erste Arbeit galt der Brut von Strix uralensis. Im Vordergrund seiner vieljährigen Freilandstudien standen die Raubvögel. Mit diesen Arten beschäftigte sich auch sein wichtigstes, ung. verfaßtes Buch mit dem Titel „D. Raubvögel d. Waldkarpaten" (Ungvár 1942). Er war nicht nur erfolgreicher Vogelforscher, sondern auch guter Maler.
— Lit.: Nachruf (von A. Keve). Aquila 67/68, 1960/61, S. 268 u. 270 (ung. u. engl.).

Hübner, Ernst, * 2. 7. 1859 Stralsund, † 12. 1. 1930 Stralsund. Der in seiner Heimatstadt wirkende Gymnasialprof. war rühriger Feldornithologe und Faunist. Im Orn. Ver. Strals., dessen Vorsitz er zu Beginn des Jahrh. innehatte, trat er werbend für den Vogelschutz ein und zeigte sich dabei anfangs als Gegner der Beringung. Die erste Veröff. aus seiner Feder über „Winterstreifzüge d. Stare" erschien in Zs. Stett. 18, 1894. Bis 1915 folgten ihr 7 weitere Arbeiten, die F. Koske (J. Orn. 65, 1917) aus Zs. Stett., Orn. Ms., Mitt. Vorp. u. Rü. zusammenstellte. Ihnen wäre eine Abh. zuzufügen über „Wetterlage u. Vogelzug, d. Rotkehlchenwanderungen an d. dt. Ostseeküste u. über d. europ. Kontinent" (Leopoldina 84, 1905) mit Betrachtungen über die Abhängigkeit von met. Erscheinungen. Eine „Avif. v. Vorpom. u. Rügen" (Leipz. 1908), in der er sich an die Zugstraßentheorie von J. A. Palmén anlehnte, brachte zwar ein Verz. älterer Lit. und einige wichtige biol. Tatsachen wie die sommerliche Massenhäufung von Höckerschwänen und Graugänsen, zählte aber unter den 318 genannten Formen eine Reihe von seltenen Arten auf, für die er den Nachweis schuldig blieb. Die Angaben, die er gutgläubig von leichtfertigen Gewährsleuten übernahm, hatten daher nur bedingten Wert oder waren falsch, und er mußte sich sehr deutliche Zurechtweisungen gefallen lassen u. a. von A. Reichenow (s. d.) in Orn. Mber. 16, 1908, von F. Lindner (s. d.) in Orn. Ms. 38, 1913, von P. Robien (s. d.) in Mitt. Vw. 34, 1935. Auch in einer Broschüre „Naturdenkmäler u. Natursch. auf Hiddensee" (1911) zeigte er sich über die örtlichen Verhältnisse nicht in allem richtig orientiert; sonst hätte er eine Reihe von Arten, darunter Sturmmöwen, Austernfischer, Alpenstrandläufer, nicht zu den Seltlingen rechnen können. Schließlich brachten F. Lindner, H. Steinmetz, F. Gottschalk und F. Koske (s. d.) sehr kritische Bem. und Berichtigungen zu einer von ihm offenbar schief dargestellten „Gesch. Entw. d. Vogelsch. an d. pom. Ostseeküste" (Orn. Ms. 38, 1913).

Hübner, Franz, * 18. 11. 1846 Drossen, Reg.-Bez. Frankfurt (Oder), † 31. 12. 1877 Mioko, Duke-of-York-Gruppe (Südsee). Nach dem Studium der Pharmazie und Zool. in Halle, versah er die Stelle eines Lazarettapothekers in Görlitz und war in dieser Zeit auch sehr reges Mitglied der dortigen Naturf. Gesellschaft. 1874 siedelte er aber nach Hamb. über und ließ sich von J. C. Godeffroy (s. d.) als Forschungsreisender und Naturaliensammler verpflichten. Im April 1875 fuhr er, mit besonderer Sorgfalt ausgerüstet, zur Südsee ab und sammelte zunächst auf den Samoa- u. Tonga-Inseln. Von Anfang 1877 ab war er auf den Duke-of-York-Inseln tätig. 5 Jahre sollte er bleiben, starb jedoch bald an einem Sonnenstich auf der Faktorei der Hamb. Firma. Über seine Ausbeute im Bismarck-Archipel berichtete O. Finsch (s. d.) in Proc. Z. S. London 1877 und 1879.
— Lit.: Nachruf (von A. Reichenow). Orn. Cbl. 4, 1879, S. 40. - E. Stresemann, Entw. d. Orn., 1951.

Hübner, Johann Jakob, * 20. 6. 1761 Augsburg, † 13. 9. 1826 Augsburg. Über seinen Beruf finden sich 2 widersprechende Angaben: Zeichner in einer Augsb. Kattunfabrik oder Rat und Schulkommissar in Ingolst. Bekannt wurde er vor allem dadurch, daß er 2 klassische Bildwerke über europ. und exotische Schmetterlinge schuf, um dem Schmuckbedürfnis entgegenzukommen. Daneben brachte er 1739 eine „Samml. auserlesener Vögel u. Schmetterlinge . . ." heraus. Die Bilder malte er selbst und stach sie auch auf 100 Kupfertafeln (auf jeder Tafel 1 Vogel und 1 Schmetterling). Beschr. fügte er nicht hinzu, begnügte sich vielmehr mit der Nennung der dt. und lat. Namen. Offenbar war er mehr Künstler als Ornithologe.
— Lit.: H. Schalow, Ein weiteres sehr seltenes dt. Bilderwerk, J. Orn. 58, 1910, S. 413/14. - Cl. Nissen, D. Illustrierten Vogelbücher, 1953.

Hübner, Max, * 12. 1. 1864 Arneburg a. d. Elbe (Altmark), † 3. 12. 1939 Oschersleben a. d. Bode (Bez. Magdeburg). Nach dem Besuch des Gymnasiums von Stendal schlug er die Laufbahn eines gehobenen Verwaltungsbeamten ein. Krankheit zwang ihn aber, früh aus dem Dienst zu scheiden. Von nun an ging er, in Oschersleben wohnend und finanziell unabhängig, ganz jagdlichen und orn. Neigungen nach; von 1924—1929 war er dazu ehrenamtlicher Stadtrat. Die Jagdgründe bei Oschersl., in der Lüneb. Heide, in Pommern, im Harz und in Friesl. bedeuteten ihm genießerisch ausgenutzte Quellen autodidaktischen Naturstudiums. Nach Jahrgängen geordnete Tagebücher von beträchtlichem Umfang bargen (oder bergen) aus mehreren Jahrzehnten stammende orn. Erfahrungen; sie waren vielseitig und bezogen sich u. a. auf die Biol. des Schwarzstorches in der Lüneb. Heide, des Uhus am Regenstein bei Blankenburg, des Wanderfalken im Selketal, der See- u. Fischadler im Darß, der Lummen auf Helgol. Die ihn besonders beherrschende Sammelleidenschaft brachte ihm freundschaftliche Verbindung mit Th. Krüper, A. Nehrkorn, A. Koenig, F. Lindner, O. Reiser, R. Schmidt, G. Schulz (s. d.) und anderen Oologen aus der damals in Blüte stehenden Schule H. Hockes (s. d.) Unter ihnen war er als einer der erfahrungsreichen Kenner des nördl. Harzvorlandes angesehen. Wie vielen der sammelnden Zeitgenossen lag ihm vornehmlich an der Vollständigkeit der Gelege paläarkt. Arten und ihrer Abänderungen. Doch begnügte er sich mit der Freude an den zu Hause gepflegten Schätzen; den Willen zu wissensch. Auswertung besaß er nicht. Die aus etwa 15 000 Eiern bestehende Samml. ist noch erhalten. Veröff. aus seiner Feder dürften zahlreicher als heute bekannt, in der Dt. Jägerztg. (später Dt. Jagd) gestanden haben. Der orn. Fachpresse gegenüber verrieten sich stillere, zurückhaltende Wesenszüge; genannt werden können nur kleinere Arbeiten wie „Brutnotizen aus d. unteren Bodetale" in Zs. Ool. (Krause) 1, 1911, „Im Mai 1917 auf Hiddensee" (Zs. Ool. u. Orn. 24, 1919), „Alpenstrandläufer, Bekassinen u. Pelikan b. Oschersl., Mornellregenpfeifer b. Quedlinb." (Orn. Ms. 45, 1920), „Hochbruten d. Grauammers" (B. z. F. 2, 1926). Schriftverkehr und mündliche Berichterstattung steigerten indes die Mitteilsamkeit. Er ermüdete nicht, wie W. Borchert in „D. Vogelw. d. Harzes . . ." (Berl. 1927) betonte, „in stundenlangen Unterhaltungen" Auskunft über Samml. und Freilandbeobachtungen zu geben. Seine orn. Spuren scheinen ziemlich verweht. Er darf als eine der örtlichen Größen gelten, deren Sammelleidenschaft oder schriftstellerisches Erbe ohne nachhaltigen Wellenschlag blieben.

Hülsmann, Hans, * 22. 8. 1862 Altenbach, Kr. Wurzen (Sachsen), † 19. 5. 1932 Altenbach. Es waren anfänglich wohl vorwiegend jagdliche Gründe, die den Tonwarenfabrikanten zum Sammeln und zur Orn. führten. Enge Verbindung mit E. Rey (s. d.) lenkte ihn bald zur Ool. und zur Beob. der Kuckucksbiol. hin. Die Ergebnisse dieser Bemühungen stellte er seinem Lehrmeister zur Verfügung, der sie dann in seinen Arbeiten verwertete. Für eigenen Niederschlag der faun. Tätigkeit sorgte er durch einige Mitt. in Orn. Ms. hauptsächlich zwischen 1882 und 1894. In der Eierkollektion hatte er etwa 50 Kuckuckseier; in der Balgsamml. legte er ursprünglich nur Wert auf Belege aus der Wurzener Gegend und gab davon 1894 ein Verz. im Selbstverlag heraus, das 182 Arten mit 102 sicheren Brutvögeln umfaßte. Später kaufte er Bälge hinzu, so daß er es auf rund 700 Stücke von etwa 250 paläarkt. Arten brachte. Als er seinen Wohnsitz nach Sitzenroda bei Torgau verlegte, erlahmte jedoch das naturk. Interesse. Nach längerem Schweigen schrieb er 1910 letztmalig über die „Vogelw. Wurzens u. seiner Umgeb." in Mitt. d. Wurzener Gesch.- u. Altertumsvereins. Seine Samml. verloren sich in den Heimatmus. von Leipz. und Wurzen.
— Lit.: Nachruf (von M. Herberg). Mitt. Sachs. 3, 1932, Beil. S. 15—17.

Hunstein, Carl, * um 1843 Friedberg (Hessen), † 13. 3. 1888 Neu-Pommern (New Britain). Abenteuerlust und Goldfieber lockten den Jüngling, der nach guter Schulbildung Anstreicher geworden war, über Amerika nach Neu-Seeland, Queensland und 1878 schließlich nach Neuguinea. Nachdem ihn das Glück lange im Stich gelassen hatte, fand der ausgezeichnete Schütze und Beobachter hier eine ihn befriedigende Lebensgrundlage als Naturaliensammler und Ethnograph. In der Begleitung von A. Goldie erwarb er sich die ersten Sporen; die meisten Vogelarten, die der Engländer damals nach Australien und London schicken konnte, sollen der Kühnheit und kühlen Nüchternheit des dt. Reisenden zu danken sein. Seit 1883 auf sich allein gestellt, zeichnete er sich weiter aus durch Wagemut, körperliche und seelische Widerstandskraft fern von Siedlungen in einer unerbittlichen Natur. Seine Ausbeute kam jetzt der dt. Wissensch. zugute. Die Verbindung zur alten Heimat stellte O. Finsch (s. d.) her, nachdem sich beide 1882 in Port Moresby getroffen hatten. Als H. 1884 mit einem großartigen Sammelergebnis aus bis dahin unbekannten alpinen Höhen des Hufeisengebirges zurückkehrte, stieß er in Cookstown wieder auf den dt. Landsmann. Dieser erwarb sofort die wertvollen Vogelbälge und beschrieb sie in Gemeinschaft mit A. B. Meyer (s. d.) unter dem Titel „Vögel v. Neuguinea" (Zs. ges. Orn. 2, 1885 u. 3, 1886). Unter ihnen befanden sich wunderschöne neue Paradiesvögel, die ins Dresd. Mus. kamen. Ihr Entdecker aber, dessen Geschicklichkeit im Umgang mit den Eingeborenen O. Finsch zu nutzen suchte, hatte inzwischen die Leitung einer der neugegründeten dt. Niederlassungen an der Nordostküste von Neuguinea übernommen. 1887 noch fuhr er mit F. Grabowsky (s. d.) den Sepik aufwärts und erbeutete dort Vögel für das Berl. Mus., darunter die Typen des Cyclopsittacus nigrifrons Reichenow. Im Dienste der Neuguinea-Kompanie starb der „Mann von Stahl und Eisen" in der Flutwelle während eines Vulkanausbruchs auf der Ritterinsel. Unter den Sammlern, die die Kenntnis der Tierwelt von Neuguinea als erste verbreiteten und förderten, kommt dem mannigfach Geprüften und Bewährten der hervorragendste Anteil an Verdienst zu.
— Lit.: Nachruf (Verf. ungen.). Ibis (6) 2, 1890, S. 267/68. - O. Finsch, System. Übersicht d. Ergebnisse seiner Reisen u. schriftstell. Tätigkeit (1859—1899), Berl. 1899. - E. Stresemann, Entw. d. Orn., 1951.

Huntemann, Johann, * 20. 1. 1858 Delmenhorst (Niedersachsen), † 30. 7. 1934 Wildeshausen (Kr. Oldenburg). Der Bauernsohn war erst Lehrer an verschiedenen Orten Oldenburgs. Dann stu-

dierte er in Halle und Berl. Landw. und leitete schließlich 30 Jahre lang die Landwirtschaftsschule in Wildeshausen. Die gesamte Heimatk. lag in seinem Blickfeld, und das oldenb. Pflanzenschutzwesen unterstand seiner Führung. Gründliches Wissen in den Naturw. stellte er in den Dienst der Erforschung von Meeresfauna u. -flora. Die oldenb. Landw. verdankte seiner Bodenständigkeit und Volkstümlichkeit Förderung auf vielen Gebieten. Die Kenntnis des Landes erlaubte ihm auch eine gute Übersicht über die heimische Ornis. 1881 wies er den Feldschwirl am Dümmer nach und stellte im gleichen Jahr Brut des Kiefernkreuzschnabels in den Dammer Bergen sowie 1931 bei Wildeshausen fest. Von 1880—1892 führte er auf Veranlassung von C. F. Wiepken (s. d.) neue Etikettierung der Vogelsamml. des Naturh. Mus. durch. Orn. Mitt. veröffentlichte er jedoch nur gelegentlich in Tageszeitungen. Eine größere Arbeit aus seiner Feder erschien unter dem Titel „Z. Flora u. Fauna d. Insel Arngast im Jadebusen" (Abh. Brem. 8, 1881). Außerdem beteiligte er sich an den Jber. Beob.-Stat. Deutschl. 6—10 in J. Orn. 29, 1881—33, 1885 und an der „Tierwelt unseres Landes" von H. Schütte (s. d.) in Heimatk. Oldenb. 1, 1913.
— Lit.: Nachruf. Bauernztg., Hauptbl. d. Landesbauernsch. f. Oldenb. u. Brem., Nr. 32 v. 4. 8. 1934. - Würdigung (von R. Tantzen). Jb. Oldenb. 50, 1950, S. 262/63 (mit Bildnis).

Huszthy, Edmund von, * 16. 11. 1837 Level (Ungarn), † 13. 9. 1905 Schloß Lockenhaus bei Eisenstadt. Nach jur. Studien wurde er in jungen Jahren Advokat und Privatsekretär bei den Fürsten v. Esterhazy. In dieser Stellung bot sich ihm von seinem Dienstsitz Ödenburg aus die beste Gelegenheit zur Beob. der Vogelwelt auf den weiten Flächen der Esterhazyschen Herrschaft, die ausgedehnter war als manches damalige Königreich. Zur Feder griff er nie, doch machte er sich um die Förderung der Kenntnis ung. Vögel dadurch verdient, daß er mit wahrer Leidenschaft sammelte. Meisterhafte Präparation besorgte ihm E. Hodek (s. d.), und beim wissensch. Ordnen und Bestimmen stand ihm St. v. Chernel (s. d.) zur Seite. 1888 konnte er seine Schätze im Schloß Lockenhaus unterbringen und dorthin auch übersiedeln. Die Öffentlichkeit wurde auf sein stilles Werk erst aufmerksam, als St. v. Chernel in Orn. Jb. 1, 1890 darauf hinwies. 1891 war die Samml. auf 410 Stücke in 206 Arten angewachsen. Die meisten stammten aus der Umgeb. von Lockenhaus und des Neusiedler Sees, dessen Ornis hier in einer vorher nicht bekannten Vollständigkeit dargestellt war.
— Lit.: Nachruf (von O. Herman). Aquila 13, 1906, S. 270. - Nachruf (von P. Leverkühn). Orn. Jb. 17, 1906, S. 20—24 (mit Bildnis).

I

Ibarth, Albert, * 5. 10. 1860 Stralsund, † 10. 12. 1922 Danzig. Nach dem Studium der neueren Sprachen führten ihn Wanderjahre auch ins Ausland, bis er als Oberlehrer und Prof. am Gymnasium in Danz. für 36 Jahre seßhaft wurde. Zur Vogelwelt bewahrte er sich sein Leben lang eine tief verwurzelte Neigung; schon dem Schüler war sie im großen elterlichen Garten zu Stralsund zugewachsen, wo er selbst seine Vögel fing und im Käfig pflegte. Von der Berufstätigkeit später suchte er in der Natur Erholung und Entspannung. Doch kannte er weder den Sammeleifer vieler seiner Zeitgenossen, noch die Freude am Schießen und Erbeuten. Ihn leitete nur die Lust am Beobachten; Herz und Verstand lenkten die in vieljähriger Erfahrung geschulten Sinne. Die Wanderungen in der heimatlichen Landschaft machten ihn zum gründlichen Feldornithologen und zu einem der besten Kenner der Ornis des dt. Ostens. 20 Jahre hindurch führte er ein orn. Tagebuch, dessen fast tägliche Eintragungen Musterbeispiele von Gewissenhaftigkeit waren. Nach anfänglich bescheidener Zurückhaltung berichtete er von 1896—1922 in Orn. Mber. und Orn. Ms.; 13 Arbeiten standen seit 1908 in Ber. Danz. Von ihm stammten wichtige Meldungen über Brut der nordeurop. Rasse des Gimpels, der Gebirgstelze und der Reiherente in Westpr.; er fand die erste Brutkolonie der Wacholderdrossel in der Heimatprov., den ersten Girlitz in Danz. und den ersten Rohrschwirl im Bereiche der Weichselmündung. Den Karmingimpel entdeckte er wieder bei Zoppot und die Bartmeise im Vogelschutzgelände Neufähr. Der Ornis dieses ihm besonders vertrauten und von ihm mit Einsatz aller Kräfte betreuten Gebietes galt eine aufschlußreiche Darstellung aus seiner Feder in den Beitr. z. Naturdenkmalpflege 5, 1916.
— Lit.: Nachruf (von H. Lüttschwager). J. Orn. 71, 1923, S. 525—527. - Würdigung (von dems.). Ber. Danz. 50, 1928, S. 42/43 (mit Bildnis).

Ihering, Hermann von, Dr. Dr., * 8. 10. 1850 Kiel, † 24. 2. 1930 Gießen. Sohn des Rechtsgelehrten und Gießener Prof. Rudolf v. I., wuchs er (seit 1852) in Gießen auf, besuchte hier die Univ. und fühlte sich als Oberhesse. In Gött. promovierte er 1873 zum Dr. med., studierte dann Zool. und Geol. und war Assistent in Gött. und Leipz. 1876 erwarb er in Gött. den phil. Doktorgrad; im selben Jahr habilitierte er sich in Erl. und 1878 in Leipz. als Privatdozent der Zool. Seinem Forscherdrang schienen die Grenzen des Vaterlandes zu eng. 1880 ging er deshalb nach Südbrasilien, lebte in den ersten Jahren als Arzt, Bauer und Sammler — die Vogelbälge erhielt Hans Graf v. Berlepsch (s. d.), die Eier A. Nehrkorn (s. d.) — im Staate Rio Grande do Sul und seit 1887 in Sao Paulo. Hier gründete er das Staatsmus., dessen Leitung er seit 1893 innehatte, bis ihn politische Intrigen im 1. Weltkrieg 1916 von seinem Posten verdrängten. Von nun an war er im Staate Santa Catharina forschend tätig, um 1920 ohne Dank das Land zu verlassen, dessen Bürger er geworden war, und dem er 4 Jahrzehnte lang auf den verschiedensten Gebieten der Biol. Pionierdienste geleistet hatte. Den Lebensabend verbrachte er in Büdingen (Oberhess.), wo er auch beigesetzt ist. Als Honorarprof. im nahen Gießen schuf der paläont. geschulte Zoogeograph sein bedeutendstes Werk in dt. Sprache, die „Geschichte d. Atlantischen Ozeans" (Jena 1927). Ein Mann von universeller,

phil. ausgerichteter Bildung, ohne fachwissensch. Enge, mit seinem Volkstum fest verbunden, war er ein vorbildlicher Vertreter dt. naturw. Schaffens im Ausland. Im Vordergrund seines Forschens stand die geogr. Verbreitung der Tiere und Pflanzen von Süd-Amerika. Die in die Tiefe gehende Kenntnis der bras. Natur sicherte ihm Weltruf. 30 Akad. und wissensch. Gesellschaften zählten ihn zum geschätzten korr. oder Ehrenmitglied; darunter war die DOG seit 1925. Zur Beschäftigung mit der neotropischen Ornis führte ihn die Verbindung mit Hans Graf v. Berlepsch. Das Ergebnis dieser Studien waren Übersichten über die Vögel von Taquara (1885), des Staates Rio Grande do Sul (1899) und des Staates Sao Paulo (1898—1914). Bei der Bestimmung zweifelhafter Formen stand ihm außer dem befreundeten Grafen auch C. E. Hellmayr (s. d.) zur Seite. Biol. Unters. galten ferner den Nestern und Eiern der Vögel von Sao Paulo. Die etwa 20 orn. Veröff. erstreckten sich über den Zeitraum von 1885—1915 und standen vereinzelt in Zs. ges. Orn., Ornis, Ibis, J. Orn., Auk, Proc. Z. S. London, in der Mehrzahl aber (port. geschrieben) in Revista do Museo Paulisto. Als ihm nach 1916 die Samml. und die Lit. seines Mus. nicht mehr zur Verfügung standen, verzichtete er auf weitere orn. Wirksamkeit. Zur Aufhellung der bras. Vogelf. hatte er bis dahin aber wesentliche Beitr. geliefert und sich unter den größten Naturwissenschaftlern Süd-Amerikas einen hervorragenden Platz erworben.
— Lit.: Festschrift f. H. v. I., Phoenix (Zeitschr. f. dt. Geistesarbeit in Südamerika), Buenos Aires 13, 1927 (mit Lebenslauf u. Verz. d. über 300 Veröff. zw. 1872 u. 1926). - Verz. d. Veröff. zw. 1872 u. 1929 in Abh. d. Arch. f. Molluskenkunde 2, 1929. - Nachruf (von W. L. Sclater). Ibis (12) 6, 1930, S. 322—324. - Nachruf (von T. S. Palmer). Auk 47, 1930, S. 452/53. - Nachruf (von H. Schlesch). J. de Conchyliologie 74, 1930, S. 81/82.

Illiger, Johann Carl Wilhelm, Dr. h. c., * 19. 11. 1775 Braunschweig, † 10. 5. 1813 Berlin. Der in früher Jugend schon mit ungewöhnlichen naturw. Kenntnissen ausgestattete Kaufmannssohn empfing im Hause des Prof. Hellwig, einer Leuchte der Entom., in Braunschw. liebevolle Förderung und konnte durch die Unterstützung des Herzogs Carl Wilhelm Ferdinand von Braunschw. von 1799—1802 in Helmstedt und Gött. Med. studieren. Bestimmend für seine weitere Entwicklung wurde dann das Jahr 1802, das ihn in der Familie des Entomologen mit dem Grafen J. C. von Hoffmannsegg (s. d.) zusammenführte. Die beiden Freunde blieben durch den sie beschwingenden Eifer für die zool. Wissensch. verbunden. Als der hochherzige Beschützer des Jünglings, der Herzog von Braunschw., den Wunden aus der Schlacht von Auerstädt 1806 erlag, holte der Graf den mittellosen Studiengenossen zu sich nach Berl. und erreichte schließlich 1810 die Ernennung zum Leiter des Zool. Inst. der neugegründeten Univ. Die Berufung gelang um so leichter, als I. schon durch die Herausgabe des „Magazins f. Insektenkunde" (1802—1807) Ruhm geerntet und von der Univ. Kiel 1806 ehrenhalber den Doktortitel erhalten hatte. In beglückender Arbeit sichtete er in Berl. mit dem Grafen die Schätze, die F. W. Sieber (s. d.) aus Bras. schickte. Trübung dieser mit Hoffnungen auf eine reiche Lebensernte erfüllten Jahre brachte nur das zeitweilige physische Versagen infolge eines ihn immer wieder befallenden Lungenleidens. Sein Wissensdrang führte ihn bald von den Insekten auch zur Beschäftigung mit den höheren Tierklassen, insonderheit mit den Vögeln und Säugern. Im Mai 1812 hatte er ein „Verz. d. Vögelsamml. des Zool. Mus." fertig, das 714 Arten umfaßte. Fast die Hälfte waren von ihm bestimmte oder neu benannte bras. Stücke. Daneben reizte ihn die Durchdringung des gesamten Formenreichtums; noch in demselben Jahr übergab er der Berl. Akad. d. Wissensch. eine „Tabellarische Übersicht über d. Verteilung d. Vögel über d. Erde". Die mit ungeheurem Fleiß erworbene Stoffbeherrschung drängte ihn schnell von der Kenntnis des einzelnen und Besonderen zur Ergründung und Aufhellung großer Zusammenhänge. Linnés „natürliches" System befriedigte ihn daher nicht. Auf den gedanklichen Bahnen J. F. Blumenbachs und B. Merrems (s. d.) fortschreitend, war ihm der gesamte Habitus des Vogels wesentlich für die system. Zuteilung. Schon 1811 trat er mit diesen Grundsätzen hervor in seinem „Prodromus systematis mammalium et avium" und ebnete damit den Weg für eine von Linné sich freimachende Verwandtschaftsforschung. In 7 Ordnungen, 41 Familien und 147 Gattungen teilte sein Gefühl für System. die Vögel ein. Gleichsetzungen wie Sylvia und Motacilla, Tyrannus und Muscicapa, Anthus und Alauda, Saxicola, ferner die Zusammenfassung aller Tagraubvögel zur Gattung Falco erwiesen sich allerdings als unhaltbar. Früh lag ihm auch, um der Genauigkeit willen, die Terminologie wissensch. und dt. Benennungen am Herzen. Nach dem Vorbild Kants übersetzte er Genus mit Gattung und Spezies mit Art. Philol. Gründe ließen ihn das Prioritätsgesetz mißachten und neue Gattungsnamen prägen (u. a. Actitis, Tichodroma, Syrrhaptes), die aus einem mit Bedacht gepflegten Sprachgefühl erwuchsen. Die Zeitlage ermöglichte es ihm leider nicht, seine Befähigung an größeren überseeischen Samml. zu erproben. Um so erstaunlicher ist der Reichtum an Gedanken, mit denen er trotz der äußeren Beschränkung an die Reform des Vogelsystems heranging. Als nach dem Sturze Napoleons die exotische Orn. auch bei uns aufzublühen begann, waren die Lebenskräfte des Frühvollendeten bereits aufgezehrt.
— Lit.: Nachruf (von H. Lichtenstein). Abh. Akad. d. Wissensch. Berl. a. d. J. 1814—1815, Berl. 1818, S. 48—64. - E. Stresemann, Entw. d. Vogelsamml. d. Berl. Mus. unter I. u. Lichtenstein, J. Orn. 70, 1922, S. 498—503. - Ders., D. bras. Vogelsamml. d. Grafen v. Hoffmannsegg a. d. J. 1800—1812, B. Bonn 1, 1950, S. 43—51 u. 126—143 (mit älteren Quellen). - Ders., Entw. d. Orn., 1951.

J

Jablonowski, Josef, * 16. 2. 1863 Szepesváralján, † 6. 7. 1943 Budapest. Bei der Gründung der Ung. Orn. Zentrale 1893 wurde er der erste Assistent und machte sich damals im Aufbau der Verwaltung verdient, bis er 1896 die Direktorstelle an der Entom. Versuchsstation in Budapest übernahm. In späteren Jahren blieb sein Name mit Fragen der angewandten Orn. verbunden, weil er — auch im Ruhestand noch tätiger Zoologe — durch das Studium der Lebensbedingungen der landw. Schädlinge seinen Forschungen die besondere Note gab. Unter diesem Gesichtspunkt behandelte er in zahlreichen Veröff. (vielfach auch Flugschriften der Anstalt für Landwirte) neben den Vögeln Fadenwürmer, Ratten, Mäuse und alle Arten von Insekten. Über Heuschreckenplagen, Blutläuse, Motten und Bettwanzen lieferte er gar kleine, für die tägliche Praxis nützliche monogr. Darstellungen. Dazu war ihm ein Hdb. über Feinde und Krankheiten der Reben zu danken. Um die Jahrhundertwende gehörte er zu denen, die G. Rörigs (s. d.) Unters.-Methoden zur Feststellung des Nutzens und Schadens der Vögel kritisch beleuchteten. In einer Arbeit über die „Landw. Bedeutung d. Krähen" (Aquila 8, 1901) versuchte er wohl mit Recht darzutun, daß die Unters. des Magens der Krähen allein hinsichtlich der Rolle der Vögel keine Beweise liefern könnte.

— Lit.: Z. Szilády, Gesch. d. Zool. in Ung., 1927. - Biogr. Notiz. Aquila 50, 1943, S. 424/25.

Jablonski, Max. Der Rittergutsbesitzer in Zion bei Stentsch (Kr. Züllichau-Schwiebus) entstammte einer naturw. aufgeschlossenen Familie. Er war der Enkel des bekannten Entomologen Carl Gustav J. und beobachtete während der 80er Jahre des vorigen Jahrh. mit viel Geschick und Eifer in dem damals orn. noch ganz unerforschten märk.-posenschen Grenzgebiet. Der DOG gehörte er schon 1868 als stud. phil. an. Zu Veröff. schritt er nicht. Nur der Jber. Beob.-Stat. Deutschl. 10, 1885 erwähnte seinen Namen. Dagegen überließ er die von ihm zusammengetragenen Daten seinem Freunde H. Schalow (s. d.), der sie als wichtigsten Teil in den „Neuen Beitr. z. Vogelf. v. Brandenb." (J. Orn. 37, 1890) verwertete. J. stellte auch eine schöne und reichhaltige Balgsamml. aus der Umgeb. von Zion und den Luchen um Nauen zusammen. Als das Gut verkauft wurde, übernahm das Berl. Zool. Mus. die Aufbewahrung der Stücke.

Jacobi, Albert, * 16. 5. 1857 Wildeshausen (Kr. Oldenburg), † 7. 8. 1933 Wildeshausen. Mit seinem Freunde J. Huntemann (s. d.) streifte er, der Apothekenbesitzer in Wildeshausen, beobachtend und botanisierend durch die Wälder, Heiden und Moore des oldenb. Nordwestraumes. In weitesten Kreisen genoß er als Feldornithologe und Botaniker guten Ruf. 1904 erwarb er das Saager Meer, den in seiner Eigenart einzigartigen Landsee Nordwestdeutschlands. Er sicherte damals einen heute noch bestehenden Zufluchtsort für viele Brut- u. Zugvögel. Obwohl nachteilige landschaftliche Veränderungen in der näheren Umgeb. späterhin nicht zu verhindern waren, sind hier Forschungsmöglichkeiten gewahrt, bei denen die orn. Seite ergiebiger blieb als die botan. Das gut 76 ha große Gelände konnte erst 1939 unter Naturschutz gestellt werden. Mit orn. Beitr. trat der verdienstvolle Naturfreund nicht an die Öffentlichkeit. Nur der Jber. Beob.-Stat. Deutschl. 10 in J. Orn. 33, 1885 verzeichnete seine Mitarbeit.

— Lit.: Würdigung (von R. Tantzen). Jb. Oldenb. 50, 1950, S. 264/65 (mit Bildnis).

Jacobi, Arnold Friedrich Victor, Dr., * 31. 1. 1870 Leipzig, † 16. 6. 1948 Dresden. Das Studium in Leipz. kennzeichnete schon die Vielseitigkeit dieses Sohnes eines Univ.-Prof.: Zool., Geogr., russ. und arab. Sprachen! Kurz war er im höheren Schuldienst tätig, wechselte dann in die Biol. Abt. des Kaiserl. Gesundheitsamts in Berl. über, setzte seine wissensch. Studien 1903 als Prof. d. Zool. an der Tharandter Forstakad. fort und übernahm 1906 die Leitung des Zool. u. Anthrop.-Ethnogr. Mus., des späteren Staatl. Mus. f. Tier- u. Völkerkunde, in Dresd. 30 Jahre widmete er — Zoologe und Ethnograph — den Mus. seine viele Gebiete umspannende Arbeitskraft. Als das 1937 weitgehend umgestaltete Mus. f. Tierkunde 1944/45 mit dem Großteil von Dresd. unterging, verdüsterten sich seine letzten Lebensjahre. Im Vordergrund seines geistigen Schaffens standen Fragen der System. bzw. der Formbildung und Tiergeogr. Homopteren (darüber allein etwa 30 Arbeiten), Vögel, Säugetiere, Fische, Schnecken und Taenien beschäftigten ihn in erster Linie. Seiner Veranlagung und Neigung folgend, fügte er der mus. Tätigkeit auch große Verdienste um die faun. und biogr. Heimatforschung, die Jagdtierkunde und den Naturschutz zu. Unter den rund 125 wissensch. Veröff. und größeren Werken fand der Göschenband „Tiergeogr." (1904) besonders weite Verbreitung (mit einer 3. Aufl. noch 1939). Neben den Säugern sind darin die Vögel ausführlicher behandelt. Als einen der ersten hatten ihn 1891 die Kurische Nehrung und deren Ornis angezogen, vgl. F. Lindner (s. d.). Seit 1892 gehörte er der DOG an. Orn. Arbeiten aus seiner Feder enthalten das J. Orn., Orn. Jb. (Ergebnisse einer Reise nach Nordrußl.), die Orn. Mber. und Orn. Ms. (vornehmlich Gefiedervariationen, Taxonomie, Faun.). R. Heyder zählte 8 Titel in den „Vögeln d. Landes Sachs." (1952) auf. Beteiligt war er ferner an der Bearbeitung der Vögel in der Sammelausbeute von H. Weigold aus Tibet usw. (Stötzner-Exp. in Ber. d. Dresd. Mus. 1924).

— Lit.: Nachruf (von H. Kumerloeve). Naturw. Rdsch. 5, 1952, S. 130. - Bildnis in R. Heyder, D. Vögel d. Landes Sachs., 1952. - Würdigung (von R. Zaunick). B. z. Vk. 7, 1962, S. 171—205.

Jäckel, Andreas Johannes, * 6. 1. 1822 Nürnberg, † 12. 7. 1885 Windsheim (Franken). Er war der Sohn eines Kupferdruckers und Pfarrmesners. Nach dem Studium der Theol. in Erl. amtierte er als ev. Pfarrer in mehreren Gemeinden Mittel- u. Oberfrankens, so seit 1853 in Neuhaus, seit 1861 in Sommersdorf und Thann, seit 1869 in Windsheim. Die in Nürnb. und im eigenen Vaterhaus eifrig gepflegte Vogelhaltung sowie die Anregung durch die Brüder J. H. und J. H. Ch. F. Sturm (s. d.) weckten schon in dem Knaben eine leidenschaftliche Liebe zur Vogelwelt. Durch Freilandbeobachtung, Sammeln und Beschäftigung mit dem einschlägigen Schrifttum eignete er sich bald eine ausgezeichnete Kenntnis auch anderer Formen des heimischen Tierreichs an und begann schon früh, sein Wissen in weitere Kreise zu tragen. Die seit 1848 im

Druck erschienenen Arbeiten aus seiner Feder, die vielfach der Aufklärung herkömmlicher Irrtümer dienten, behandelten vor allem die Verbreitung der Tierarten in Bay. oder in Teilen des Landes. Eingestreut in sie sind Bem. biol., hist. und volksk. Art, so daß sie heute noch wertvolles Quellenmaterial darstellen. Über die Vögel schrieb J. in Isis, Korr. Regensb., Ber. Bamb., Abh. Nürnb., Naum., J. Orn. und Zool. G.; es sind etwa 70 Titel. Die feldorn. und lit. fruchtbarste Tätigkeit fiel in die 8 Neuhauser Jahre. Die Schilderung der Landschaftszüge und des Vogelreichtums des dortigen Weihergebietes unter dem Titel „D. Vögel d. unteren Aisch-, Seebach- u. Aurachgrundes" (Ber. Bamb. 6, 1863) sei hier als Zeugnis für die den Verf. auszeichnende liebevolle Vertiefung und Gründlichkeit der Stoffbehandlung genannt. Als Lebensaufgabe schwebte ihm eine „Fauna d. Vögel, Säugetiere, Fische, Kriechtiere u. Lurche Bayerns" vor. Von 1849—1882 trug er in Abh. und Korr. Regensb. die „Materialien" dafür zusammen. Zum Abschluß des großen Planes reichten aber die früh erschütterten Kräfte des fleißigen Mannes nicht aus; an seinem Lebensabend hatte er nur die „System. Übersicht d. Vögel Bay. . . . , ihre Lebensweise, ihren Zug u. ihre Abänderungen" druckfertig. Einen Verleger zu finden, war ihm nicht vergönnt. Erst 1891 erschien diese bayer. Ornis, von R. Blasius (s. d.) herausgegeben und ergänzt. Der Beifall der Fachgenossen begleitete sie. Mit 312 Arten war sie die erste kritisch aufgebaute Darstellung der bayer. Vogelwelt und die Grundlage für die weitere faun. Erschließung des Landes. Ehrenmitgliedschaft bei Gelehrten Gesellschaften war die dem verdienstvollen Forscher zuteilgewordene Anerkennung seiner Zeit. — Lit.: Nachruf (von V. v. Tschusi). Ber. Pass. 13, 1885, S. 56—66 (mit Verz. d. Veröff.). - R. Blasius, Vorwort u. Einleitung z. System. Übersicht d. Vögel Bay. . . . , 1891 (mit Bildnis u. Verz. d. Veröff.). - Würdigung (von R. Weinmann). Windsheimer Ztg. (Jäckelnummer) v. 6. 1. 1922. - Würdigung (von E. Gebhardt). J. Orn. 70, 1922, S. 56—60. - Würdigung (von H. G. Gengler). Fränk. Heimat 1, 1922.

Jäger, Carl, * 2. 6. 1810 Hanau (Main), † 12. 9. 1871 Bischofsheim (Kr. Hanau). Als Freund seines Offenbacher Nachbarn R. Meyer (s. d.) beschäftigte sich der seit 1843 in Bischofsheim tätige Lehrer mit den Säugetieren und Fischen, in ganz besonderem Maße aber mit den Vögeln seiner Heimat. Anregung und Wirkungskreis fand er in der Wett. Gesellschaft zu Hanau, die ihn 1839 zum Ehrenmitglied ernannte. In ihren Ber. sowie in Naum. und Zool. G. finden sich aus seiner Feder durchaus zuverlässige faun. und phänol. Abh. und Mitt. Ihre Zahl ist nicht hoch, weil der Verf. kränklich war und seit 1863 seinem Amte nur noch mit Mühe vorstehen konnte. L. Gebhardt u. W. Sunkel vermochten daher in den „Vögeln Hess." (1954) nur 9 Titel für die Jahre 1855—1864 zu sammeln. Am gründlichsten stellte er seine Erfahrungen in der „System. Übersicht d. in d. Wett. vorkommenden Vögel" (Ber. Wett. 1855 u. 1858) vor. Sie enthielt Angaben über die Verbreitung von 250 Arten und fleißige Feststellungen über den Frühjahrs- u. Herbstzug der Limikolen und Wasservögel. Doch darf nicht übersehen werden, daß er da, wo er von der Wett. sprach, immer nur den kleineren südl., um Hanau gelegenen Teil der hess. Kornkammer im Auge hatte. Er war ein beachtlicher Freilandforscher im Maingebiet jener Jahre und zeigte sich insofern fortschrittlich, als er sich nicht einfach auf die Aufzählung der ihm bekannten Arten beschränkte (wie es damals in faun. Arbeiten vielfach noch üblich war), sondern auch auf Einzelheiten des örtlichen Auftretens einging. Die ihm gewordene Aufgabe, das orn. Gesicht der Landschaft seit der Blüte unter J. Ph. A. Leisler und B. Meyer (s. d.) wieder einmal zu zeichnen, löste er — gemessen an den ihm zur Verfügung stehenden Mitteln — mit recht befriedigendem Erfolg. — Lit.: L. Gebhardt u. W. Sunkel, D. Vögel Hess., 1954, S. 65.

Jäger, Gustav, Dr., * 23. 6. 1832 Bürg bei Neuenstadt a. d. Linde (Kr. Heilbronn), † 13. 5. 1917 Stuttgart. Der Mediziner, Zoologe, Tiergärtner, Lehrer, Schriftsteller — sie alle hatten teil an dieser aus einem Pfarrhaus stammenden, auf eigenen Wegen selbständig schreitenden Denkergestalt. In Tüb. studierte er Naturw. und Med.; 1856 ging er als Privatdozent an die Wiener Hochschule für Zool.; 1867 übernahm er den Lehrstuhl für Zool. und Anthrop. an der Akad. in Hohenheim und dem Polytechnikum in Stuttg., 1876 den für Physiol. und Histol. an der Tierarzneischule in Stuttg. Die Gesundheitslehre und ihre Anwendung im Leben beschäftigte ihn allmählich so ausschließlich, daß er die Professur aufgab und seit 1884 nur noch als freier Forscher und Schriftsteller tätig war. Im „Monatsblatt" schuf er sich ein eigenes Sprachrohr, mit dem er seinen Namen und seine „Woll- u. Normalkleidung" weithin volkstümlich machte. Am bekanntesten wurde sein merkwürdiges Buch von der „Entdeckung der Seele" (1878); es begründete nicht nur seinen Ruhm, sondern häufte — weil er die Seele für etwas Stoffliches hielt — ebensoviel Spott und Hohn auf des Verfassers Haupt. Für seinen Bekennermut spricht, daß er zu einer Zeit, in der die Theorien Darwins sich erst langsam ausbreiteten, schon in Schrift und Wort die Entwicklungslehre vertrat. Nachdem er 1858 Mitglied der DO-G geworden war, wagte er sich auf der 13. Jahresversammlung der Gesellschaft in Stuttg. unter dem Widerspruch von Männern wie J. H. Blasius und B. Altum (s. d.) mit Gedanken heraus, die gar der Mutationstheorie vorauseilten, indem er nicht allmähliche, sondern sprungweise Abänderung der Spezies für gegeben hielt. Ebenso sonderwüchsig war das für seine Zeit neuartige Buch „Deutschl. Tierwelt nach ihren Standorten eingeteilt" (1874). Entgegen der system. Schablone bot es eine Gliederung nach dem Vorkommen und vereinte in lebendiger Schilderung ökol. Gesichtspunkte mit der hist.-evolutionistischen Anschauung des „Woll- u. Seelenjägers". Daß hier die gesamte Vogelwelt eine sachkundige Beachtung erfuhr, gereicht dem vielseitigen Forscher, der kein eigentlicher Ornithologe war und sein wollte, zum Verdienst. Nicht weniger fesselnd in Sprache und Darstellung gedachte er des Geiers, des Sperlings, der Schwalbe und des Storchs (Tiergeogr. Studien) in „D. Ausland" (1867), der Strand-

u. Weltmeervögel in dem „Leben im Wasser" (1868), der Raben und Taucher in „Bilder u. Gesch. aus d. Tiergarten" (1874). Württ. Erfahrungen kamen ihm verschiedentlich zustatten. Von der Bühne ernsthaften wissensch. und schriftstellerischen Wirkens trat er ab als ein kernhafter Mann, der sich unerschrocken bemüht hatte, staunenswert tiefe zool.-biol. Kenntnisse zum Wohle seiner Mitmenschen zu nutzen.
— Lit.: E. Kröner, Jägers Lebenswerk, Monatsbl. 21, 1902, S. 92 ff. - W. Bacmeister, Dem Gedächtnis dreier Württ. Naturforscher, Gef. W. 48, 1919, S. 20/21 u. 28/29. - Ders., Abriß einer Gesch. d. Württ. Vogelk., Jh. Württ. 102—105, 1950, S. 37/38. - E. Stresemann, Entw. d. Orn., 1951.

Janda, Georg, * 24. 4. 1865 Prag, † 25. 8. 1938 Prag. Er war Gymnasialprof. 4 Jahre in Walachisch-Meseritsch bis 1900, dann in Brünn und seit 1905 in seiner Heimatstadt. Mit kritischem, faun. geschultem Blick beobachtete er die Ornis der näheren und weiteren Umgeb. seiner Wohnsitze. Um die Jahrhundertwende griff er auch gern zur Feder. „Die Vogelw. v. Wall.-Meseritsch" war Gegenstand einer Arbeit im Programm des Böhm. Obergymnasiums in Wall.-Meseritsch 1898. Dem Vorkommen und der Biol. des Rötelfalken spürte er in Süd-Mähren nach und erbrachte den Brutbeweis im Auenwald der Thaya bei Eisgrub (Orn. Jb. 11, 1900 u. 13, 1902). „Über Erithacus cairii in Ost-Mähren" äußerte er sich in Orn. Mber. 10, 1902. „Ein Ausflug nach Nord-Rußland" (Gegend Petersb. bis Murmanküste) fand Niederschlag in Orn. Jb. 14, 1903. Die meisten seiner Veröff. erschienen in tschech. Sprache; außer den schon in den 80er und 90er Jahren von Vesmir gebrachten Beitr. gehörten dazu „D. Vogelw. d. Umgeb. v. Kremsier" (mit Beob. v. 1893—1905; Brünn 1906) und 3 volkstümlich geschriebene Bändchen: „Übersicht d. wirtschaftlich wichtigen Vögel Böhmens, Mährens und Schlesiens mit Anleitung über d. Vogelsch. d. nützlichen Arten" (nach den Auffassungen d. Frhr. v. Berlepsch; Prag 1905), eine Darstellung der Anat. u. Morphol. des Vogelkörpers, des Lebens und der Verbreitung der Vögel für orn. geschulte Leser unter dem Titel „Allg. kurze Orn." (Prag 1906), „Über d. Leben d. Vögel in Freiheit u. Gefangenschaft" (Prag 1908), in dem er als eifriger Vogelpfleger 23 Arten in fesselnder und gewandter Form behandelte. Er war auch Gründer und Direktor des Zool. Gartens in Prag, und bei der Entstehung der Tschechoslow. Orn. Ges. 1928 wurde er zum Vorsitzenden gewählt.
— Lit.: Nachruf (von J. Musílek). Sylvia 3, 1938, S. 45—47 (mit Bildnis).

Jankowski, George, * 1880 Sidemy südwestl. von Wladiwostok, † 1945 Korea. Als Sohn von Michael J. (s. d.) lebte er über 40 Jahre auf der väterlichen Niederlassung in Sidemy. Nur die Zeit von 1898—1900 sah ihn in Texas. Nach der russ. Revolution siedelte er zu Anfang der 20er Jahre nach Nordkorea über und gründete eine Niederlassung in Novina. Hier verhafteten ihn die Russen 1945. Seitdem ist er vermißt. Wie sein Vater war er eifriger, erfolgreicher Jäger, Sammler und Kaufmann (Pelze, Felle u. dgl.). Die Mus. belieferte er außerdem mit Schmetterlingen und Vögeln. Wahrscheinlich nach ihm (nicht nach seinem Vater) benannte B. Stegman Pica jankowskii (Ann. Zool. Mus. Leningrad 28, 1928).
— Lit.: M. L. Taylor, The Tiger's Claw. London 1956, S. 12/13.

Jankowski, Michael, * 1840 Polen (Gouvernement Kalisch), † um 1903 bei Wladiwostok. Als Schüler des Landw. Inst. Mohilew war er einer der Teilnehmer am Polenaufstand von 1863, die sich in der sib. Verbannung von B. Dybowski (s. d.) für die naturw. Erschließung der unbekannten Weiten begeistern ließen. Mit seinem Lehrmeister betätigte er sich als großer Jäger, sammelnd am Amur und Ussuri, in der Umgeb. von Wladiwostok, auf der Insel Askold und in Korea. 1873 begnadigt, trennte er sich von B. Dybowski, übernahm erst die Leitung einer Goldgrube und dann eine Druckerei in Sidemy (Mandschurei) 45 Meilen südwestl. von Wladiwostok. Seine Vogelbälge gingen anfangs nach Irkutsk, an das Mus. von Warschau und an dt. Mus.; 1884 wechselte er aber wie J. Kalinowski (s. d.) in die Dienste des Mus. Branicki (s. d.) über, das noch jahrelang von ihm asiat. Material erhielt. Viele wertvolle Stücke daraus wurden von L. Taczanowski (s. d.) bearbeitet. Dem Sammler zu Ehren sind benannt Emberiza jankowskii (1884), Cygnus bewickii jankowskii (1904).
— Lit.: Biogr. Notiz (von A. Reichenow u. H. Schalow). Orn. Cbl. 6, 1881, S. 139. - M. L. Taylor, The Tiger's Claw. London 1956, S. 12/13. - G. Brzęk, Hist. zool. w Polsce do r. 1918 (Ann. Univ. M. Curie Skłodowska, Suppl. 7, 1953. Lublin 1955, S. 234/35). - Ders., D. Goldene Zeitalter d. Poln. Orn. (Poln. mit engl. Zusammenfassung). Memorabilia Zool. 3, Warschau 1959.

Jarocki, Felix Paul, * 14. 1. 1790 Probostwo Pacanów (Woiw. Kielce), † 25. 3. 1865 Warschau. Von 1817 ab war er Prof. der Zool. an der Univ. Warschau und gründete dort das Zool. Kabinett. Nach Auflösung der Univ. durch die Russen im Anschluß an den Aufstand von 1831 blieb die Direktorstelle der vorherigen Univ.-Samml. bis 1862 in seinen Händen. Obwohl ihm selbst gute orn. Kenntnisse eigen waren, berührte sein Interesse die poln. Vogelk. nicht besonders hervorstechend. Er hinterließ auch nur wenige die Vogelwelt betreffende Veröff. zwischen 1819 und 1835. Darunter befanden sich eine system. geordnete Liste der Vögel seines Kabinetts (1819) und ein Lehrbuch der Zool. (6 Bde.; Teil 2, Vögel 1825), das als wichtigstes Buch aus seiner Feder und erstes derartiges Werk an einer poln. Univ. entstand. Der Einfluß auf die erst beginnende Entwicklung der Vogelforschung in Polen war zunächst noch gering. Nur die nicht gerade überragende orn. Aufgeschlossenheit seines Schülers A. Waga (s. d.) scheint unter seiner Anregung gewachsen zu sein. Wahrscheinlich fühlte sich auch F. Chotomski, Dienheim Prawdzic (s. d.) durch ihn zu stärkerer Beschäftigung mit den Vögeln berufen.
— Lit.: G. Brzęk, D. Goldene Zeitalter d. Poln. Orn. (Poln. mit engl. Zusammenfassung). Memorabilia Zool. 3, Warschau 1959 (mit Verz. d. Veröff.).

Jeitteles, Ludwig Heinrich, * 12. 1. 1830 Wien, † 25. 1. 1883 Wien. Sohn eines Univ.-Prof., der sich als Dichter, med. Schriftsteller und Mitglied der Paulskirche in Frankfurt auszeichnete,

wirkte er nach naturw. Studien seit 1856 an mehreren Gymnasien der alten Donau-Monarchie: Marburg, Kaschau, Leutschau, Olmütz, St. Pölten, Salzb. und seit 1874 als Prof. und Hauptlehrer an einer Lehrerinnen-Bildungsanstalt in Wien. Seiner tätigen Mitgliedschaft erfreuten sich u. a. die Zool.-botan. Ges. in Wien, der Orn. Ver. in Wien, die Naturw. Ges. in Pest und der Ver. f. Natur- u. Heilk. in Preßb. Einen weithin bekannten Namen erwarb er sich nicht nur als fortschrittlicher, neue pädagogische Wege weisender Lehrer der Biol., sondern auch durch hochstehende zool. Arbeiten, vor allem aber durch die ihn seit Olmütz beschäftigenden Forschungen über die Abstammung der Haustiere (Haushuhn, Hunderassen). An all seinen Wohnsitzen förderten die Wirbeltierstudien auch die orn. Bestrebungen. Beachtenswerte vogelk. Angaben und Erfahrungen enthalten u. a. „Zool. Notizen aus Ober-Ungarn" (Verh. Preßb. 5, 1860), „Zool. Mitt." (Verh. Wien 11, 1861), „Prodromus faunae vertebratorum Hungariae superioris" (ebd. 12, 1862), „Verschlagener Sturmvogel u. Syrrhaptes paradoxus in Mähren" (Zool. G. 5, 1864), „Orn. Mitt. aus d. J. 1864 u. 1865" (ebd. 6, 1865), „D. Karmingimpel — dessen Brüten in St. Pölten — in N.-Ö." (Gef. W. 2, 1873). In Mitt. Wien 1, 1877 stand außerdem als Frucht seiner Unters. über die Geschichte der Haustiere eine Betrachtung zu den von E. Eversmann (s. d.) verfaßten und lange verschollenen „Addenda ad celeberrimi Pallasii Zoographiam Rosso-Asiaticam" (1835, 1841, 1842); sie trug den Titel „Eine Seltenheit d. orn. Lit." und beleuchtete u. a. kritisch E.s „merkwürdige Mitt.", daß fast alle Haustauben in Ost-Rußl. zahme Hohltauben - Columba oenas - seien. Der feinsinnige, aber empfindsame, von jahrelangem, nervösem Kopfleiden geplagte Mann zerbrach an enttäuschenden und kränkenden Lebenserfahrungen, so daß er schließlich den Freitod wählte.
— Lit.: Nachruf (von V. v. Tschusi). Mitt. Wien 7, 1883, S. 109—111. - Österr. Biogr. Lex .... 3, 1961, S. 95.

Jelski, Konstantin, * 17. 2. 1837 Lada (Gouvernement Minsk), † 26. 2. 1896 Krakau. Er studierte 3 Jahre Med. in Moskau und von 1856—1860 Naturw. in Kiew, wo er die Kandidaten=Doktorwürde erlangte. Zuerst in Kiew Lehrer für Naturk. an einem Gymnasium und seit 1862 auch Kustos am dortigen Zool. Kabinett, mußte er — weil er sich am Januaraufstand 1863 in der Ukraine beteiligte — vor der russ. Polizei ins Ausland fliehen. In verschiedenen Berufen, u. a. als Bahnbeamter und Geologe, versuchte er sein Glück, bis es ihm 1865 gelang, im Dienste der franz. Marine Guayana zu erreichen. 1870 siedelte er aus gesundheitlichen Gründen nach Peru über und war von 1874 ab Kustos am staatlichen Mus. von Lima. Als er 1878 zurückkehren konnte, übernahm er bis zum Tode die Stelle des Kustos am Mus. der Physiographischen Kommission der Akad. der Wissensch. zu Krakau. Obwohl ihm die System. und Biol. einiger Tiergruppen, vornehmlich die der Vögel, durchaus vertraut waren, gehörte zu seiner Hinterlassenschaft keine größere Veröff. Aus seiner Feder stammt nur eine Reihe volkstümlicher Aufs. über die Fauna Perus. Für die Orn. gewann er Bedeutung durch den ihm eigenen Sammeleifer. Er war der erste Reisende, der 1867 in die Dienste von K. v. Branicki (s. d.) trat und großartiges Material aus Guayana und Peru nach Warschau sandte. Der über die Erfolge und Ergebnisse seines Fleißes brachten vor allem L. Taczanowski (s. d.) in Proc. Z. S. London und J. Cabanis (s. d.) in J. Orn. Etwa 60 von ihm neu entdeckte Arten wurden von L. Taczanowski, J. Cabanis und J. Stolzman (s. d.) beschrieben. Seinen Namen tragen u. a. Thalurania jelskii, Metallura jelskii, Picumnus jelskii, Carpotretis jelskii, Spodiornis jelskii, Iridornis jelskii.
— Lit.: Biogr. Notiz (von A. Reichenow u. H. Schalow). Orn. Cbl. 3, 1878, S. 142. - F. Th. Köppen, Bibliotheca Zool. Ross. II, Petersb. 1907 (mit älteren Quellen). - S. Zieliński, Mały Słownik Pionierów Polskich Kolon. i Morsk. Warschau 1932, S. 191—193. - G. Brzęk, Hist. zool. w Polsce, cz. 3, Lublin 1955, S. 210—212 i inne (Ann. Univ. M. Curie Skłodowska, Suppl. 7, sec. C, 1953). - Ders., D. Goldene Zeitalter d. Poln. Orn. (Poln. mit engl. Zusammenfassung). Memorabilia Zool. 3, Warschau 1959.

Jesse, Richard, * 7. 2. 1870 Bad Doberan (Mecklenburg), † 5. 6. 1903 Waren. Er war Oberlehrer und schuf sich orn. Verdienste als Verwalter des faun. reichen von Maltzanschen naturk. Mus. in Waren, dessen Inhalt er noch kurz vor seinem frühen Tode der Öffentlichkeit erschloß (Arch. Meckl. 56, 1902, S. 77 ff.).
— Lit.: Nachruf (Verf. ungen.). Arch. Meckl. 62, 1908 (ohne Seitenangabe).

Jirsík, Josef, Dr., * 26. 11. 1898 Prag, † 30. 12. 1956 Bad Teplitz (Böhmen). Das naturw. Studium in Prag von 1920—1924 schloß er mit der Promotion ab. Noch vor der Prüfung war er 1924/25 Mittelschullehrer in Tyrnau (Slowakei) und Prag, bis ihn G. Janda (s. d.) zur Übers. von 4 Säugetierbänden für die böhm. Ausg. von A. E. Brehms Tierleben (1926—1928) gewann. Kurze Zeit war er dann wissensch. Assistent am neugegründeten Zool. Garten in Prag, um sich schließlich ganz schriftstellerischer Tätigkeit zuzuwenden. Erst 1946 übernahm er die Leitung der zool. Abt. am Kreis-Mus. Teplitz. Von 1922—1956 erschien sein Name in der heimatlichen Tages- u. Jagdpresse, meist in Sylvia, D. Naturw. und anderen böhm. Fachzeitschr., daneben je einmal in Vz. (5, 1934), Orn. Ms. (60, 1935). Das anfänglich mehr avif. ausgerichtete Interesse galt u. a. den Vögeln des unteren Sazaugebietes (1923), den Vögeln des Gebiets um Eisgrub (1929). Auch ein vorwiegend kompilatorisches Verz. der slow. Vogelwelt (1927) gehörte hierher. Groß war späterhin seine Aufgeschlossenheit für Fragen der Ernährung und wirtschaftlichen Bedeutung einzelner Arten. So untersuchte er unter diesem Gesichtswinkel den Haubentaucher (1926 u. 1929, Diss.), die Lachmöwe (1936 u. 1945), die Saatkrähe (1941 u. 1952), den Tannenhäher (posthum 1958). In Rossitten und Helgol. gesammelte Erfahrungen über die Methodik der Zugforschung verwertete er bei der Gründung der Tschech. Orn. Ges. 1928 und in der Organisation der Beringungs-Stat. Prag 1934. Das Zugproblem behandelten Arbeiten über den Star (1933), die Lachmöwe (1934 u. 1935), den Brachvogel (1934), den Pelikan (1935). Für Anfänger und eine breite

Lesergemeinde waren verschiedene Bücher bestimmt: „D. Vögel“ (1938), „Wie erkennt man unsere Vögel in d. Natur?“ (1939), „Unsere Raubvögel“ (1941), „D. Geheimnis d. Vogelzugs“ (1941), „Unsere Eulen“ (1944), „Unsere Singvögel, Teil 1“ (1955). Besonders verdient machte er sich durch die volkstümlich gehaltenen Veröff. Nach dem Tode G. Jandas 1938 war er fast der einzige Fachornithologe, der sich in Böhm. der Verbreitung vogelk. Kenntnisse unter Laienkreisen annahm. Es zeugt für großen Fleiß, daß in den letzten Jahren auch noch die Säuger betreffende taxonomische Fragen in seinem ausgedehnten Arbeitsfeld Platz fanden.
— Lit.: Nachruf (von W. Černý). Věstník Československ. Zool. Společnosti 22, 1958, S. 97—100 (mit Verz. d. Veröff.).

Jitschin, Constantin, * 31. 1. 1877 Oppersdorf, Kr. Neiße (Oberschlesien), † 6. 10. 1941 vor Moskau. Anfänglich erlernte er den Landwirts- u. Müllerberuf, wurde aber 1894 Berufssoldat, war freiwillig in Dt.-Südwestafrika und später Polizeioffizier. Naturnähe und Neigung bestimmten ihn zum Vertreter aller Bestrebungen, die dem Vogel-, Natur- u. Heimatschutz galten. Als er nach Erreichung des Höchstalters aus dem Dienst ausgeschieden war, gründete er 1931 die Vogelschutzwarte Oppeln-Proskau (Oberschles.). Mit Tatkraft führte er sie rasch zu Bedeutung und Erfolg und machte sie in beachtlichem Umfang gleichzeitig der Vogelberingung nutzbar. Die Aufmerksamkeit seiner Beringungsmitarbeiter lenkte er vor allem auf Stare, Meisen, Schwalben, Raubvögel und Lachmöwen. Auch den oberschles. Storchenbestand hatte er unter seiner Kontrolle. Im orn. Fachschrifttum (Ber. Schles., Dt. Vw., Vz.) trat er verhältnismäßig wenig hervor, brachte aber öfters in der Heimatpresse (z. B. D. Oberschlesier v. Sept. 1934, April 1937) seine Erfahrungen über den Vogelzug und Ber. über Ringfunde. Im Dienst der Werbung unter seinen Landsleuten stand neben aufklärenden Vorträgen eine volkstümliche Schrift aus seiner Feder: „D. schles. Bauer u. d. Vogelw.“ (1938). Als Oberstleutnant der Landwehr starb er im Felde.
— Lit.: Nachruf (von R. Drost u. E. Schüz). Vz. 12, 1941, S. 202. - Nachruf (von K. Mansfeld). Dt. Vw. 67, 1942, S. 30 (mit Bildnis). - Nachruf (von K. Merkel). Ber. Schles. 27, 1942, S. 1/2 (mit Bildnis).

Johansen, Hermann, Dr., * 27. 10. 1866 Omsk (Rußland), † 22. 2. 1930 Tomsk (Rußland). Er war der Sohn eines dt. Predigers und studierte in Dorpat Zool. Als Mag. zool. wurde er Realschullehrer, ferner Konservator und Assistent am Zool. Mus. in Tomsk und stieg zum Dozenten und Prof. der vergl. Anat. und Zool. empor — zuletzt unter schwierigsten Verhältnissen arbeitend. Seit 1894 unternahm er zahlreiche Exp. (Steppengebiete, Altai, Ostasien). Die Kenntnis der westsib. Ornis erfuhr durch ihn wesentliche Förderung. Über 50 seiner Arbeiten sind der Vogelk. gewidmet. Lange Jahre brachte er in der Tagespresse phänol. Beob., und als erster setzte er sich in Sib. für die Vogelberingung ein. Von Haus aus in der dt. Wissensch. wurzelnd, stellte er seit den 90er Jahren dt. Fachzeitschr. (Orn. Mber., J. Orn., B. z. F. und vor allem Orn. Jb. von 1895—1907) aufschlußreiche Beitr. aus seinem Forschungsbereich zur Verfügung.
— Lit.: Nachruf (von F. Stillmark). Orn. Ms. 55, 1930, S. 145/46. - Nachruf (von L. Schuster). B. z. F. 7, 1931, S. 61 (mit Bildnis).

Jukovits, Anton, * 2. 9. 1810 Eisenstadt (Burgenland), † 21. 4. 1873 Ödenburg (Ungarn). Seit 1835 war er Pfarrer in Edelstal (Burgenland), von 1852—1871 in Apetlon (Burgenland) und anschließend Chorherr in Ödenb. In die Amtszeit von Apetlon fiel eine der in großen Abständen wiederkehrenden Austrocknungen des Neusiedlersees. Die freiwerdenden Seichtstellen zogen eine das gewöhnliche Ausmaß weit übertreffende Menge von Sumpfvögeln an, und diese Zusammenballung scheint seine naturw. Neigung zu ganz besonderem Sammeleifer angeregt zu haben. Dazu kam, daß er in dem am See vorübergehend beobachtenden J. Finger (s. d.) einen ausgezeichneten Lehrer der Präparierkunst fand. Jedenfalls entwickelte er sich seit 1856 zum kenntnis- u. erfolgreichen Sammler im Seewinkel und füllte sein Haus an den Wänden und in Nischen mit Stopfpräparaten. Er selbst war zwar der Jagd abhold, aber die Jäger und Hirten brachten ihm jede gewünschte Menge an Beutestücken. Viele für die faun. Forschung wertvolle Seltenheiten konnte er um sich stapeln. Doch waren diese später im Seminar von Raab aufbewahrten Schätze schon zu Beginn des 20. Jahrh. fast gänzlich dem Zahn der Zeit zum Opfer gefallen. Geblieben sind nur 7 aus seiner Feder stammende orn. Ber. (Verh. Preßb. 2, 1857 bis 8, 1864/65), die zuverlässige Kunde geben von seiner ersprießlichen Beschäftigung in einer damals noch paradiesisch ungestörten Landschaft.

Junghans, Karl, Dr., * 20. 5. 1852 Kassel, † 4. 6. 1918 Kassel. Der Bruder der damals bekannten Romanschriftstellerin Sophie J. studierte neuere Sprachen und unterrichtete von 1881 ab als Oberlehrer und Prof. in seiner Vaterstadt. Die Folgen eines Verkehrsunfalles, der ihn in Oxford traf, zwangen ihn 1903 zum Verzicht auf die Lehrtätigkeit. In früher Jugend schon lockte ihn die Beschäftigung mit der Vogelwelt; im eigenen Heim später war er dazu ein Meister der Vogelpflege. Der Ernst, mit dem er sich in der Natur und in Lit.-Studien der Vogelk. widmete, brachte ihn in persönliche Beziehungen zu vielen namhaften Ornithologen jener Jahre. Rühriges Mitglied war er im Kass. Ver. f. Naturk. und in der DOG. Verschiedene Zeitschr. (Orn. Ms., Ber. Kass., J. Orn., Orn. Mber. und Mitt. Wien) enthalten zwischen 1888 und 1899 faun., brutbiol. und phänol. Beob. von ihm. L. Gebhardt u. W. Sunkel verzeichneten in den „Vögeln Hess.“ (1954) 16 hierher gehörige Titel; u. a. galt seine Aufmerksamkeit dem Vordringen des Girlitz bei Kass. Auch die Brut des Bienenfressers bei Ziegenhain 1889 (J. Orn. 38, 1890) ist durch ihn belegt. Eine gut geordnete Eiersamml. vermachte er dem Kass. Mus.
— Lit.: L. Gebhardt u. W. Sunkel, D. Vögel Hess., 1954, S. 69 (mit Bildnis).

Jungklaus, Friedrich, Dr. Dr., * 24. 9. 1875 Pyritz (Pommern), † 9. 1. 1953 Meesdorf (Kr. Melle). Ungewöhnliche Begabung gestattete dem Zeitgenossen Ch. v. Biedermanns (s. d.) neben den

med. auch geisteswissensch. und zool. Studien in Berl., Münch. und Jena. Um die Jahrhundertwende ging er zunächst an die Provinzialanstalt Bethesda in Lengerich (Westf.), um dann von 1905—1929 die Stelle eines Oberarztes in Bethel bei Bielefeld zu übernehmen. 1930 siedelte er nach Meesdorf über und verbrachte dort als einer der unbestritten großen Vertreter der dt. Jagdwissensch. in einem einsam gelegenen Tuskulum den Rest seiner Tage. Erinnerungen an Jugenderlebnisse mit Hundemeuten und Reitjagden begleiteten ihn in die berufliche Tätigkeit und trieben den Feuergeist zur Beschäftigung mit der Jagdkulturgeschichte der Völker und Zeiten. Erstaunlich war das Maß seiner Forschungen auf diesem universellen Gebiete. Am bekanntesten wurde sein Name wohl mit Recht auf dem kynologischen Sektor durch die in die Tiefe und Breite gehenden Unters. über die Geschichte der Bracken. Zugleich galt seine ganze Energie dem hist. Bereiche der Falknerei und Beizjagd. Wenn er auch wegen eines Kriegsleidens die praktische Jagdausübung zugunsten der Schreibtischarbeit hintanstellen mußte, so darf er, durch Wort und Schrift maßgeblich an der Gründung des Dt. Falkenordens 1923 beteiligt, doch als einer der geistreichsten Schöpfer der heutigen Falknereibewegung betrachtet werden. Eine von ihm ins Leben gerufene Zeitschr. „D. Beizjagd" brachte es zwar nur auf 3 Hefte, ihr Inhalt war nichtsdestoweniger wissensch. bemerkenswert. Die zahlreichen Monogr. und Einzeldarstellungen, die seine Feder besonders aus den 30er Jahren hinterließ, fanden ihren Niederschlag in den Jagdzeitschr. des In- u. Auslandes. Ohne eigentlicher Ornithologe gewesen zu sein, ebnete er mit den jagdgeschichtlichen Unters. der Beachtung naturw. Gedanken den Weg in die Vorstellungswelt aufgeschlossener Jägerkreise und förderte so das Verständnis für den Schutz der Raub- u. Jagdvögel, mit deren Biol. er gründlich vertraut war.
— Lit.: Würdigung (von J. R. Haarhaus). Hege u. Jagd 1923. - Würdigung (von H. Kreyenborg). Gef. W. 57, 1928, S. 477/78. - Nachruf (von dems.). Westf. Jägerbote 6, Nr. 4, 1953, S. 309/10 u. (kürzer) Dt. Jztg. Nr. 24, 1953, S. 288. - Nachruf (von K. Lindner). D. Pirsch 5, Nr. 13, 1953, S. 420. - Nachruf. Wild u. Hund 55, Nr. 26, 1953, S. 596.

Jurán, Vidor, * 30. 12. 1879 Gnézda = Hniezdné (Komitat Szepes), † 5. 7. 1963 Gnézda (Slowakei). Von Beruf war er Lehrer und Leiter von Elementarschulen in verschiedenen Orten der Zipps. Mit vielen Tatraforschern und Schriftstellern stand er in Verbindung. Wie sein Zeitgenosse E. Bethlenfalvy (s. d.) huldigte er der Jagd, gehörte zu den Gründern des Vereins slow. Jagdheger und leitete — in ung. und slow. Sprache — zwischen 1929 und 1954 die Jagdzeitung Vadász = Lovec (= Jäger). In dieser Tätigkeit vertrat er mit biol. Verständnis auch die Vogelk. und förderte so orn. Einsichten unter den Jagdbeflissenen seines Landes. Zuletzt schrieb er — ung. u. engl. — Ber. über einen auffälligen Nestbau und die Verbreitung des Weißstorches in Teilen der Slowakei sowie über Schwankungen im Bestand des Kolkraben, die er mit dem Auftreten des Wolfes in Verbindung brachte (Aquila 59—62, 1952—1955). Im Alter legte er die Flinte ab und beschäftigte sich nur mit der Wildhege und dem Naturschutz. Es ist sein Verdienst, daß der Bär in der Slowakei seit 30 Jahren geschützt ist. Zwei ung. verfaßte Bücher stammen aus seiner Feder: „Wölfe" (Preßb. 1958), „Jagdchronik" (Preßb. 1960).

K

Kadich von Pferd, Hans, Dr., * 12. 1. 1864 Brünn, † 7. 9. 1909 Hamburg. Sohn eines Offiziers und Pferdezüchters, wohnte er vor 1884 lange Jahre in Ebensee (Traunsee), studierte seit 1883 in Wien Med. und Phil., wurde 1884 an das Zool. Hofkabinett berufen und promovierte 1887 zum Dr. phil. Weitere Stationen seines Lebens waren 1885 und 1886 „in Spezialmission des Reichsfinanzministers" Studienreisen und Jagdunternehmen in den noch wenig bekannten Revieren der Herzegowina und Bosniens, dann bis 1900 Amerika (die dortigen Prärien), 1903/04 Hofjagdleiter des Prinzen Alexander von Oldenburg im Kaukasus, anschließend Sekretär des n.-ö. Jagdschutzvereins, 1909 Jagdexp. nach Alaska, während der Rückkehr Tod nach der Landung in Hamburg. Von Jugend an beherrschte ihn unter dem Einfluß der Lektüre A. E. Brehms (s. d.) eine gefühlvolle Naturbetrachtung; über die Vogelpflege kam er zur Feldornithologie und wußte eine Zeitlang in Fachzeitschr. und Jagdztg. belletristisch gewandt und anregend von seinen Erlebnissen zu plaudern. Als rühriges Mitglied des Orn. Ver. in Wien hielt er in den 80er Jahren auch eine Reihe von Vorträgen, die in den Mitt. Wien veröffentlicht wurden. Von seinen orn. Arbeiten seien genannt: „D. Krummschnabelfang in d. o.-ö. Alpen" (Orn. Cbl. 7, 1882; aus d. „Tierfreund", Bd. 35), „Orn. Streifzüge in d. o.-ö. Alpen" (Mitt. Wien 7, 1883 u. 8, 1884), „Im Zeichen d. Schwalbe, Gesammelte orn. Beob." (Wien 1884), zus. mit O. Reiser (s. d.) „D. Geldloch im Oetscher" mit guten brutbiol. Beob. an d. Alpendohle (Mitt. Wien 8, 1884), „Wanderskizzen aus Steiermark" (ebd. 8, 1884 u. 9, 1885), „Hundert Tage im Hinterlande, Eine orn. Forschungsreise in d. Herzegowina" (ebd. 9, 1885 u. 11, 1887). In der Vogelk. überschritt er nie recht eine gehobene Stufe der Anfangsbemühungen.
— Lit.: Österr. Biogr. Lex. . . . 3, 1962, S. 165.

Kaiser, Alfred, * 12. 8. 1862 Arbon (Thurgau), † 4. 4. 1930 Arbon. Einer aus Böblingen (Württ.) eingewanderten Familie entstammend, lebte er seit 1880 meist im östl. Afrika. Seine höchst bewegte, kurvenreiche Laufbahn als Kaufmann, Geometer, Leiter eines Laboratoriums, Forschungsreisender wurde nur durch kurze Rückzüge nach Europa unterbrochen. In St. Gallen bildete er sich zum Präparator aus, in Zürich war er Angestellter, in Münch. Paläontologe, in Berl. wirtschaftlicher Berater der Gesellschaft Nordwest-Kamerun. In Afrika reiste er — zum Islam übergetreten — nicht nur allein (meist in Ägypten und auf der Halbinsel Sinai). Von Kairo aus beteiligte er sich auch an der Schweinfurth-Schöllerschen Exp. nach Abessinien und 1896

an der Schöllerschen Exp. nach Äquatorial-Ostafrika, Südafrika, Mosambik, Transvaal, Natal, von wo er allein nach Sinai zurückkehrte. 1909 bis 1919 betätigte er sich als Handelsagent der Eidgenossenschaft in Alexandrien. Nach dem 1. Weltkrieg lockte ihn Sinai wiederum. Neben zahlreichen kolonialwirtschaftlichen Aufs. in schweiz. und dt. Fachorganen veröffentlichte er Schriften zur Förderung des schweiz. Außenhandels über Ägypten, Tripolitanien und den anglo-ägypt. Sudan sowie Ber. über Ägypten im Schweiz. Handelsamtsbl. 1909—1914. Die Beanspruchung durch Broterwerb und Handel ließ ihm noch Zeit zur Beschäftigung mit ethnogr. und naturw. Fragen. Die der Vogelwelt gewidmete Aufmerksamkeit lieferte ihm das Material u. a. für 5 Arbeiten über ägypt. Vögel in Orn. Ms. zwischen 1886 und 1893, für „Beitr. z. Orn. v. Ägypt., Beob. gesammelt in d. J. 1884 bis 1887“ (Ornis 6, 1890), „Z. Ornis d. Sinaihalbinsel, Beob. in d. J. 1890/91“ (Orn. Jb. 3, 1892), „D. Sinaiwüste“ (Selbstverl. 1922,106 S.), „Z. Kenntnis d. Sinai-Fauna“ (Orn. Ms. 52, 1927).
— Lit.: H. Schinz, Schweiz. Afrika-Reisende, Neujahrsbl. d. Naturf. Ges. Zürich 106, 1904, S. 26—29.

Kalinowski, Jan, * 1860 Nieporęcin bei Warschau, † um 1942 Südamerika. Als einer der in den Diensten des Hauses Branicki (s. d.) stehenden poln. Reisenden sammelte er seit 1878 mehr als 10 Jahre in Ostasien, bis 1882 zusammen mit B. Dybowski (s. d.) in Kamtschatka, bis 1884 im Gebiet des Ussuri, in der Umgeb. von Sidemy und am Chankasee, 1885/86 in Korea und Japan. Aus diesen Gegenden belieferte er seine Warschauer Auftraggeber ebenso eifrig wie M. Jankowski (s. d.). Nach kurzem Aufenthalt in der Heimat sandte ihn X. v. Branicki (s. d.) 1889 nach Peru und Bolivien, um dort die Forschungen von K. Jelski und J. Stolzman (s. d.) fortzusetzen. Auch als er, durch Sendungen an viele Mus. reich geworden, sich 1901 von Branicki getrennt hatte, schickte er weiter Hunderte von Bälgen jährlich nach Warschau, wo bis kurz vor dem 2. Weltkrieg Stücke aus Peru untersucht werden konnten. Er selbst hinterließ außer Briefen in der Zeitschr. „Wszechświat“ keine Veröff. Von ihm stammen 495 Arten, darunter 14 bis 16 völlig neue wie Lampraster branickii, Nothoprocta branickii, Recurvirostra andina. Um seinen Einsatz anzuerkennen, benannten Graf Berlepsch, J. Stolzman, L. Taczanowski (s. d.) u. a. Nothoprocta kalinowskii, Leptoptilla ochroptera kalinowskii, Macropsalis kalinowskii, Dives kalinowskii, Thriponax kalinowskii. Er war einer der rührigsten und erfolgreichsten poln.Sammler.
— Lit.: G. Brzęk, D. Goldene Zeitalter d. Poln. Orn. (Poln. mit engl. Zusammenfassung). Memorabilia Zool. 3, Warschau 1959 (mit Bildnis).

Kalitsch, Ludwig Ernst von, * 5. 3. 1922 Eberswalde (Prov. Brandenburg), † 26. 2. 1944 Rom. Von Kind auf erfuhr er orn. Schulung im Revier Carlstein (Neumark) seines Vaters Leopold von K. Klarer Verstand und Besonnenheit zeichneten seine Beob. aus. Nach dem Maturitätsexamen hinderte ihn der Waffendienst am Beginn des forstwissensch. Studiums. Ehe er zur Wehrmacht eingezogen wurde, war er zweimal in Rossitten bzw. Insterburg und machte sich als Außenmitarbeiter der Vogelwarte um die ostpr. Storchberingung verdient. Zu eigenen Veröff. ließ ihn sein früher Tod nicht kommen. Er starb im Lazarett an einer schweren Verwundung, die er am 23. 2. 1944 bei Buon Riposo in Italien erhalten hatte, und ruht auf dem Soldatenfriedhof in Pomezia.

Kaluza, Augustin, * 28. 2. 1776 Kauthen, Kr. Ratibor (Oberschlesien), † 3. 12. 1836 Nassiedel (Kr. Leobschütz). Nach dem theol. Studium in Bresl. wurde er 1798 zum Priester geweiht und 1811 Prof. der Naturk. am Bresl. kath. Gymnasium. Aus der Schule des Naturphilosophen Steffens hervorgegangen, lag ihm der Aufbau einer naturw. Lehrmittelsamml. am Herzen. Da ihm die Förderung seiner pädagogischen Ziele durch die Behörde nicht genügte, verzichtete er schließlich 1818 auf den Schuldienst und übernahm die Verwaltung der Pfarre Nassiedel; hier beanspruchten ihn fortan nur noch die Seelsorge und die Landw. In den Bresl. Jahren galten seine Studien der Beschr. der schles. Amphibien, Fische und Säugetiere. Einen Fortschritt im Vergleich mit der Veröff. seines Zeitgenossen J. A. V. Weigel (s. d.) bedeutete auch die von ihm stammende „Ornithologia Silesiaca“ (Bresl. 1814). Für den Schulgebrauch gedacht, brachte sie neben einer Aufzählung und kurzen Beschr. der schles. Vögel auch viele faun. Einzelheiten und verschiedene Neuigkeiten. Doch betonte P. Kollibay (s. d.) in den „Vögeln d. Preuß. Prov. Schles.“ (1906), „daß bei der Benützung dieses Schriftstellers . . . Vorsicht geboten sei, da seine orn. Kenntnisse manche auffallende Lücke erkennen lassen“.
— Lit.: Nachruf (Verf. ungen.). Schles. Prov.-Bl. 106, 1837, S. 373/74. - E. Mayr, Unveröffentlichte Beob. K.s, Ber. Schles. 12, 1926, S. 112 bis 115. - Österr. Biogr. Lex. . . . 3, 1963, S. 206 (mit weiteren Quellen).

Kamner, Alfred, * 23. 8. 1871 Kronstadt = Brașov (Siebenbürgen), † 20. 7. 1952 Hermannstadt (= Sibiu). Neben Phil. (Naturgesch. und Geogr.) studierte er auf ung. und dt. Univ. auch Theol. wie jeder, der an einer dt. Schule in Siebenb. angestellt werden wollte. Zuerst fand er Verwendung an einer Höheren Volksschule der Marktgemeinde Reps, bis er Prof. an der Oberrealschule in Hermannst. wurde. Hier machte er sich als führendes Mitglied des Siebenb. Ver. f. Naturw. und Kustos des Mus. jahrelang in hohem Maße verdient. In zahlreichen Vorträgen und Veröff., die verschiedenen Richtungen und Fragen der Naturw. galten, nahmen die Themen über die heimatliche Vogelk. einen bevorzugten Platz ein. H. Salmen (s. d.) konnte in der „Ornis Siebenb.“ (1958) 19 Titel orn. Arbeiten zwischen 1913 und 1940 nennen, 17 davon aus Verh. u. Mitt. Siebenb. und 2 aus Aquila. Der Verf. war ein stiller, nach innen gewandter, in Fachkreisen seines Landes allg. geschätzter Lehrer und Gelehrter, der am liebsten nicht viel von sich reden machte. Für 1940 ließ sich der (wahrscheinlich schon früher vollzogene) Rückzug aus dem öffentlichen Amt nachweisen. 1947 gehörte er dem rum. naturw. Kollegium an.

Karliński, Justus. Als stud. med. besuchte er von Krakau aus das Tatra-Gebirge und veröffentlichte nach einem Aufenthalt von 6 Wochen in poln. Sprache „Bilder d. Tatrafauna“ (1881) und „Liste d. Tatravögel“ (1882). Er stützte sich darin auch auf die feldorn. Erfahrungen seines Zeitgenossen A. Kocyan (s. d.) und zählte glaubwürdig 133 Arten auf. Neben A. Kocyan und W. Rowland (s. d.) trug er durch die von ihm mitgeteilten Beob. dazu bei, daß gegen Ende des 19. Jahrh. die Avif. der Tatra besser bekannt war als die anderer poln. Landesteile.

— Lit.: G. Brzęk, D. Goldene Zeitalter d. Poln. Orn. (Poln. mit engl. Zusammenfassung). Memorabilia Zool. 3, Warschau 1959.

Karlsberger, Rudolf Otto, * 10. 1. 1865 Perg (Ober-Österreich), † 6. 10. 1888 Linz. Der Buchhaltungspraktikant bei der o.-ö. Landesverwaltung war der erste, der sich seit J. Hinterberger und Ch. Brittinger (s. d.) wieder eingehender mit der Vogelwelt von O.-Ö. beschäftigte. Fast ganz auf sich allein angewiesen, brachte er es in wenigen Jahren durch Ernst und Beobachtungseifer zu einer genauen Kenntnis der orn. Verhältnisse seiner näheren Heimat. Kaum hatte er (1886) damit begonnen, in Mitt. Wien, Orn. Ms., Gef. W. über seine Erfahrungen zu berichten, als ihn ein Lungenleiden dahinraffte.

— Lit.: Nachruf (von V. v. Tschusi). Mitt. Wien 12, 1888, S. 165; Orn. Ms. 13, 1888, S. 456.

Kaspar, Rudolf, * 22. 10. 1821 Blauda (Böhmen), † 26. 7. 1896 Blauda. Sohn eines Schmiedes und 1846 zum Priester geweiht, war er bis zum Jahre 1872 Lehrer für Naturw. an einem Knabenseminar in Kremsier. Im selben Jahr wurde er Pfarrer und später Dechant in Holleschau, wo er bis 1887 wirkte. Durch das ganze Leben begleitete ihn die Freude an der Beschäftigung mit der heimischen Vogelwelt, ohne besonderen wissensch. Ehrgeiz in ihm zu entfachen. Sammeln und Präparieren waren seine in die Augen springende Stärke, während er in der Lit. von Formenkenntnis und feldorn. Erfahrung nur mit Zurückhaltung Gebrauch machte. Außer tschech. geschriebenen faun. Mitt. in Zs. d. Mus.-Ver. Olmütz 1886, 1889, 1890 gehören zu den Zeugnissen bescheidener Schreibtischarbeit 2 Veröff. in dt. Sprache: „Über Farbvarietäten b. Vögeln“ (Verh. Wien 1868) und „Ber. über 2 in Mähren selten vorkommende Vögel — Plegadis falcinellus u. Haematopus ostralegus“ (ebd. 1868). Seine Samml. wurden zerstreut; der größte Teil kam in das Olmützer Mus.

— Lit.: Nachruf (von J. Talsky). Orn. Jb. 9, 1898, S. 68—70.

Kaup, Johann Jakob, Dr. h. c., * 20. 4. 1803 Darmstadt, † 4. 7. 1873 Darmstadt. Der alle Zeit in dürftigen Verhältnissen lebende Sohn eines Leutnants war einer der ersten, die nach dem Sturze Napoleons den Blick auf die exotische Ornis richteten; deshalb ging er, nachdem ihn vorzeitig abgebrochener Besuch des Gymnasiums und kurzes Studium 1822/23 in Gött. und Heidelb. nicht befriedigt hatten, für 2 Jahre zu J. Temminck nach Leiden. Auch aus Holl. kehrte er ohne Erfolg zurück, wurde 1828 als Privatgelehrter Gehilfe und 1840 Inspektor des Naturalienkabinetts seiner Vaterstadt. Von Jugend auf war die Zool. das ihn anziehende Wirkungsgebiet. In der beschreibenden System. erreichte er hier Meisterschaft; wo aber der grüblerische Geist weiter drängte, blieb ihm das feste Ufer klarer Erkenntnis versagt. In der ersten größeren Abh. „Skizzierte Entwicklungsgesch. ... d. europ. Tierwelt“ (Isis 1829) finden sich die von ihm geschaffenen Gattungsnamen Aegolius, Alectoris, Calandrella, Carpodacus, Clamator, Coloeus, Hydroprogne, Locustella, Lullula, Netta, Pagophila, Petronia, Plegadis, Xenus. Hier zeigte er auch evolutionäre Erkenntnisse, die er später in seinem großen „Tierreich ... “ (3 Bde. 1835—1837) als Jugendverirrung abschwur. Er war inzwischen in den Bann der naturphil. Mystik geraten, und L. Okens (s. d.) Einfluß überschattete von nun an in nebelhafter Unbestimmtheit seine klassifikatorischen Vorstellungen. Treue Gefolgschaft teilte er mit F. A. L. Thienemann und H. G. L. Reichenbach (s. d.). Nur sah er nicht in der Zahl 4, sondern 5 (5 Sinne!) den Schlüssel zur natürlichen Verwandtschaft. Ein quinäres System schwebte ihm vor, in das er gar Wortbildungen wie Adleradler, Falkenfalkenadler, Weiheweihen, Weihweihsperber (1844) ohne Hemmungen einbauen wollte. Da, wo seine Konstruktionen nicht aufgingen, hoffte er auf noch zu erwartende Entdeckungen. Das Wagnis der Einteilungsmethode gewann durch die Vertröstung auf die Zukunft nicht an Überzeugungskraft, auch wenn er die Ideen in einer Reihe von Veröff. vertrat; dahin gehörten die „Klassifikation d. Säugetiere u. Vögel“ (1844), „Monogr. d. Genera d. Falconidae“ (Isis 1847), „Übersicht d. Eulen, Strigidae“ (ebd. 1848), „Einige Worte über d. system. Stellung d. Familie d. Raben, Corvidae“ (1855). Er war ein ungemein fleißiger Forscher. Die Spekulationen um den fünfkreisigen Schöpfungsplan versperrten ihm aber in den späteren Jahren den Zugang zum „Unsinn von Darwin und seinen Nachbetern“, hemmten darum die Entwicklung der dt. Orn. und mußten die die Objekte nüchtern prüfenden und vergleichenden Systematiker — unter ihnen war vor allem G. Hartlaub (s. d.) — auf den Plan rufen. Unbestreitbar bedeutende Verdienste sicherte sich K. in diesem Lebensabschnitt als Paläontologe. Dadurch, daß er die Welt mit den Ausgrabungen bei Eppelsheim (Rheinhessen) bekannt machte, erschloß er der Wissensch. eine Fülle neuen Materials. Aus diesen Studien erwuchs auch sein großes Werk „Beitr. z. näheren Kenntnis d. urweltlichen Säugetiere“ (1855—1862). Unter den zahlreichen ihm zugedachten Ehrungen sind zu nennen der Dr. h. c. der Univ. Gießen (1831), die Mitgliedschaft bei der Leopoldina (1834), der Professortitel (1858).

— Lit.: Nachruf (von Schriftl.). Leopoldina 9, 1873, S. 18—20 (aus Augsb. Allg. Ztg. 1873, Beil. 196). - Nachruf (von Schriftl.). Ibis (3) 4, 1874, S. 471/72. - E. Stresemann, Entw. d. Orn., 1951. - G. Heldmann, J. J. K., Darmst. 1955 (mit Bildnis u. älteren Quellen). - Ders., Richtigstellungen u. Ergänzungen 1958.

Kayser, Carl, * 1859 Sagan (Niederschlesien), † 1935 (oder später?) Sagan. Als Landgerichtsrat wechselte er öfters den Wohnsitz: Sagan (bis 1883), Königshütte, Ratibor (1894—1901), Beuthen (bis 1912), dann Lissa (1915 hier a. D.), Olbersdorf bei Landeck (1920), Sagan (1922), Hermsdorf, Ziegenhals (1928). Aus den Reihen der Sammler und Vogelliebhaber kommend, sicherte er sich durch lange, etwa 1890 einsetzende faun. Studien einen geachteten Platz unter den kenntnisreichen Ornithologen seiner Heimatprov. „Infolge von Versetzungen und längeren Beurlaubungen" wurde er mit den verschiedensten Gegenden Nieder-, Mittel- u. Oberschlesiens vertraut. Überall war er unter freiem Himmel beobachtend tätig, führte Tagebücher und hatte das Bedürfnis, über seine Erfahrungen zu berichten. 1917 schloß er sich der DOG, 1920 der Orn. Ges. Bay. an; 1934 steht sein Name letztmalig im Mitgliederverz. der DOG. Die im 9. Jber. Beob.-Stat. Deutschl. (J. Orn. 34, 1886) eingereihte erste Veröff. stammte aus der Umgegend von Schweidnitz, Sagan und Warmbrunn. P. Kollibay (s. d.), dem K. schon 1895 Gewährsmann war, verzeichnete in den „Vögeln d. Preuß. Prov. Schles." (1906) 5 Titel aus Orn. Ms. und J. Orn. Zu späteren Arbeiten gehören „Orn. Beob. aus d. Umgegend v. Beuthen" (Orn. Ms. 33, 1908 — 35, 1910), „Über Haltung u. Pflege unserer Edelsänger" (Zool. Beob. 51, 1910), „Beitr. z. Ornis v. Preuß.-Schles." (J. Orn. 62, 1914) (eine gute und kritische, als Ergänzung zu Kollibays Vogelf. gedachte Zusammenstellung), „Orn. Beob. aus d. Umgeb. v. Lissa" (Zs. d. Naturw. Abt. d. Dt. Ges. f. Kunst u. Wissensch. Posen 21, 1914; 22, 1915; 23, 1917) (mit wertvollen Besonderheiten), „Ein Ausflug in d. Bartschniederung" (Orn. Mber. 24, 1916), „Gesang d. Sperber- u. Gartengrasmücke" (Orn. Ms. 43, 1918), „D. Vögel d. Umgeb. v. Lissa" (J. Orn. 68, 1920; 69, 1921), „D. Vögel in d. Umgeb. v. Sagan" (Verh. Bay. 16, 1924/25), „Einige seltenere Brutvögel an d. Posen-Schles. Grenze" (Dt. wissensch. Zs. f. Polen, Heft 9, 1927), „Orn. Beob. aus d. Grafschaft Glatz" (Zs. Ool. u. Orn. 29, 1924 u. Ber. Schles. 14, 1928). J. Hammling (s. d.) konnte in der „Vogelw. d. Pos. Landes" (Dt. wissensch. Zs. f. Polen, Sonderheft 26, 1933, erschienen 1934) 11 Veröff. aus der Gegend von Lissa heranziehen. Weitere Zeugnisse der Schreibfreudigkeit des vogelk. Juristen finden sich bis 1929 in der Jagdliteratur.

Keller, Franz Carl, * 10. 10. 1847 Winsau bei Dornbirn (Vorarlberg), † 18. 5. 1907 Lavamünd (Kärnten). Anfangs war er Lehrer in Vorarlb. und seit 1872 (zuletzt Oberlehrer) in Lavamünd. Mit Naturbegeisterung gemischte Jagdleidenschaft regte ihn zu starker schriftstellerischer Tätigkeit an, so daß seit 1882 die Schriftleitung von „Waidmannsheil" in seinen Händen lag. Aus der leicht fließenden Feder stammten Werke wie „Helden v. Predil" (1886), „D. Gemse" (1887), „Jagden in d. Pyrenäen" (1888). Auch die Reize des heimatlichen Vogellebens lenkten sein Sinnen und Trachten auf nützlichen Kräfteeinsatz zum Vorteil der Volksbelehrung. Der Eifer zeigte sich schon früh beim Aufbau der Vogelsamml. im Klagenfurter Landes-Mus. Die erste orn. Arbeit war „Aus d. Vogelw. d. kärntischen Alpen" (Klagenf. 1884). Anziehende Betrachtungen galten u. a. dem Leben des Alpenmauerläufers (Zs. ges. Orn. 2, 1885) und des Bartgeiers (ebd. 3, 1886). Mit den letzten Bartgeiern beschäftigte er sich ferner in R. v. Dombrowskis „Allg. Enz. d. ges. Forst- u. Jagdwissensch." (1886) und in Jb. d. Naturh. Landes-Mus. v. Kärnten (18, 1886). Dasselbe Jb. (20, 1889 u. 21, 1890) brachte seine „Ornis Carinthiae, D. Vögel Kärntens", die sich, auch auf der Grundlage der Lit., als eine Übersicht mit Bem. über Zug, Lebensweise und örtliche Eigentümlichkeiten darstellte. In diesem Zusammenhang hinterließ er eine der seltenen Nachr. über Brutbeobachtungen am Mornell anscheinend auf dem Saualpzug bei Judenburg, zu denen ihn Bl. Hanfs (s. d.) Meldungen angeregt hatten. Wissensch. Merkmale und kritische Wesenszüge trugen seine orn. Veröff. nicht. Unter freiem Himmel gesammelt, erfuhr das ihm in Fülle zur Verfügung stehende biol. Material eine leicht verständliche, anschauliche Behandlung, die im Stile der Jagdpresse hauptsächlich der Unterhaltung des Lesers diente, stellenweise aber nicht recht glaubwürdig wirkt. U. A. Corti erwähnte in „D. Brutvögel d. dt. u. österr. Alpenzone" (1959) 25 Titel hierher gehöriger Arbeiten, von denen ein Großteil bis 1905 in der Carinthia abgedruckt ist.

— Lit.: Nachrufe in Unterkärntner Nachr. v. 22. 5. 1907; Waidmannsheil 27, 1907, S. 201/02; Carinthia II 97, 1907, S. 94/95; Klagenf. Ztg. v. 23. 5. 1907. - Österr. Biogr. Lex. . . . 3, 1963, S 287 (mit Veröff. u. weiteren Quellen).

Keller, Oskar, Dr., * 16. 12. 1882 Pétervására (Komitat Heves), † 24. 5. 1955 Budapest. 1904 Assistent bei Prof. Entz sen. in Budapest, 1905 Assistent an der Landw. Hochschule in Magyaróvár, wurde er 1908 Inhaber des zool. Lehrstuhls in Keszthely (Plattensee). Als die Landw. Hochschulen 1949 vereinigt wurden, erfolgte seine Ernennung zum Prof. der Zool. an der Landw. Univ. in Budapest. Er nahm rege teil an der orn. Erkundung des Plattensees und gewann viele seiner Schüler für die Vogelk. Seine Erfahrungen sind in einer Reihe von avif. Beitr. in Aquila und anderen ung. Zeitschr. festgehalten. Außerdem gehören zu seiner lit. Hinterlassenschaft 2 kleinere Bücher orn. Inhalts.

— Lit.: Nachruf (von A. Keve). Aquila 63/64, 1956/57, S. 373 u. 376 (ung. u. engl.).

Kenessey von Kenesse, Ladislaus, * 20. 6. 1875 Pettend (Komitat Stuhlweißenburg = Székesfehérvár), † 1911 Pettend. Als Grundbesitzer von Pettend war er um die Jahrhundertwende einer der fleißigen Beobachter und Mitarbeiter der Ung. Orn. Zentrale. Wissensch. Verständnis verriet er allein dadurch, daß er die „Orn. Lit. Ung. während der Jahre 1888—1894" (Mitt. Wien 20, 1896) als Forts. der von St. v. Chernel (s. d.) verfaßten „Bibliographia orn. hungarica" herausgab. Über die Vogelwelt seines Komitates und des Plattensees schrieb er seit 1891 einige Beitr. in Mitt. Wien, Orn. Ms., Orn. Jb., Aquila. Die Ornis der Donauinseln zog ihn in besonderem Maße an. So berichtete er in seiner wohl letzten Veröff. über die „Reiherinsel v. Adony" (Aquila 17, 1910) und zeigte sich hier zugleich im Banne der damals in seinem Lande stark wachsenden

Schutzbestrebungen; aus seiner Darstellung sprach die bewegte Klage, daß von dem z. Z. Ch. L. Landbecks und des Kronprinzen Rudolf (s. d.) ungemein individuen- u. artenreichen Vogelparadies nur noch „traurige Reste“ verblieben wären. Jung an Jahren schied er aus den Reihen tätiger ung. Feldornithologen.

Kentmann, Johannes, Dr., * 21. 4. 1518 Dresden, † 14. 6. 1574 Torgau. Er besuchte die Annaberger Lateinschule, studierte in Leipz. und erweiterte nach seiner Promotion zum Magister die Kenntnisse in Padua. Im Winter 1549/50 aus Italien zurückgekehrt, wurde er Stadtarzt in Meißen und 1554 in Torgau. Sein Wissensdrang galt ganz allg. der Natur, besonders der Botan. und Min. Er war als einer der ersten im Besitze einer system. geordneten Gesteinssamml. und machte sich verdient durch einen „Nomenclator rerum fossilium, quae in Misnia praecipue . . . inveniuntur“ (1556). Auf der Italienreise hatte er C. Gesner (s. d.) besucht, dem er fürderhin durch das gemeinsame naturk. Interesse in regem Briefwechsel verbunden blieb. Wie L. Schan und G. Fabricius (s. d.) stand er an vorderster Stelle der Sachkenner, die den Schweiz. Polyhistor mit orn. Nachr. aus Deutschl. belieferten. Seine Aufmerksamkeit widmete er u. a. den Wasser-, Strand- u. Sumpfvögeln der Elbelandschaft zwischen Meißen und Torgau. Die Kenntnis dieser Arten faßte er in einer Liste zusammen, die sein Freund G. Fabricius unter dem Titel „Verz. d. bei Meißen auf u. an d. Elbe lebenden Vögel“ drucken ließ (G. F. rerum Misnicarum, 1569). Durch die Veröff. dieses besonders frühzeitigen Versuchs einer Überschau der Arten eines begrenzten Gebietes rückte der Verf. in die Reihen der faun. Wegbereiter ein. Die Deutung der Angaben wird jedoch infolge des fast völligen Mangels an Beschr. und aus Benennungsgründen weitgehend vereitelt.
— Lit.: Allg. Dt. Biogr. 15, 1882, S. 603. - R. Zaunick, Mitt. z. Gesch. d. Med. u. d. Naturw. 18, 1919, S. 177—183.

Kettner, Wilhelm Franz von, * 7. 1. 1801 Mannheim, † 19. 8. 1874 Karlsruhe. Als Sohn eines hohen bad. Forstbeamten studierte er Forstwissensch. in Heidelb. und wurde 1824 Forstmeister in Gernsbach (Schwarzw.). Seit 1845 Oberforstmeister, rückte er schließlich 1861 in das Amt eines Oberschloßhauptmanns und Oberstjägermeisters in Karlsr. auf. Durch Beruf und ausgedehnte Beziehungen hatte er, wie E. Schütt (s. d.) in J. Orn. 9, 1861 sagte, die „schönste Gelegenheit, alle inländischen Vögel zu beobachten“. Er nutzte sie zur Beschaffung des Materials für die erste zusammenfassende Vogelf. Bad. mit einer system. Übersicht von 318 Arten unter dem Titel „Darstellung d. orn. Verhältnisse d. Großherzogt. Bad.“ (B. Freib. 1, 1849); später ließ er 2 Ergänzungen folgen: „Ornithologisches v. Großherzogt. Bad.“ (Verh. Karlsr. 2, 1866) und „Orn. Beob.“ aus d. J. 1865—1871 (ebd. 1869 u. 1873). Wenn auch einige Angaben z. B. über Bruten des Zwergsägers, Begegnung mit dem Sprosser im Mai 1867 bei Karlsr. und vereinzeltes Auftreten nordischer Edelfalken (er nannte sie Falco candicans und Falco lanarius) in der Gegend derselben Stadt falsch oder nicht genügend untermauert waren, so ist die Brauchbarkeit der Arbeit doch gesichert dadurch, daß bei zahlreichen bemerkenswerten Arten die Nachweise z. T. durch erbeutete Stücke erbracht sind. Erfreulich ist, daß sich der Verf. nicht — wie damals allg. üblich — auf eine bloße Aufzählung beschränkte. Er beschäftigte sich vielmehr mit der Verteilung der Formen auf die natürlichen Landschaften wie Schwarzw., Vorhügel, Rheinebene und ließ erkennen, wie sich die Bestände veränderten durch die Trockenlegung der Sümpfe am Rhein und durch den rücksichtslosen Fang während der Brutzeiten. Auch die Erscheinungen des damals noch überaus stattlichen Zugs sind nicht vergessen. Die Veröff. des kenntnisreichen Freilandbeobachters bedeuteten einen für jene Jahre ohne Zweifel fortschrittlichen Überblick über den Artenreichtum am Oberrhein. L. Fischer (s. d.) griff im „Kat. d. Vögel Bad.“ (1897) ausgiebig auf diese Vorarbeit zurück.
— Lit.: R. Heß, Lebensbilder hervorr. Forstmänner, 1885, S. 183/84. - R. Lauterborn, D. Rhein, . . . , Ludwigshafen 1938, S. 288—290.

Keyserling, Alexander Graf, * 15. 8. 1815 Kabillen (Kurland), † 8. 5. 1891 Raiküll (Estland). Von 1834 ab studierte er in Berl. zuerst die Rechte und dann Naturw. 1835 bereiste er mit den Studienfreunden J. H. Blasius und G. Hartlaub (s. d.) die Karpaten. Mit J. H. Blasius zusammen schrieb er auch seine erste größere Schrift „D. Wirbeltiere Europas . . .“ (1. Buch, d. unterscheidenden Charaktere d. Säugetiere u. Vögel, 1840) und folgte in der Nomenkl. als einer der ersten dem Prioritätsgesetz. In späteren Jahren trug er durch Forschungsreisen zur genaueren Kenntnis des europ. Rußl. bei. Seit 1847 lebte er meist auf seinem Gut Raiküll und widmete sich dem öffentlichen Leben Estl., vor allem der Förderung der Univ. Dorpat. Wenn er auch orn. durchaus nicht besonders hervortrat, wurde er 1855 doch Ehrenmitglied der DO-G.
— Lit.: F. Th. Köppen, Bibliotheca Zool. Ross. II, Petersb. 1907. - Würdigung (von G. Quäbikker). J. Orn. 90, 1942, S. 332/33 (mit älteren Quellen).

Keyßer, Christian, Dr. h. c., * 7. 3. 1877 Geroldsgrün (Oberfranken), † 14. 12. 1961 Neuendettelsau (Mittelfranken). 1895 trat er in das Missionsseminar von Neuendettelsau ein und betätigte sich von 1899 — 1920 als bedürfnisloser, glaubensstarker Missionar und kluger, erfolgreicher Ethnograph unter den Papuas auf Neuguinea. Nach der Rückkehr in die Heimat war er bis 1945 Lehrer am Missionsseminar und vielgelesener Missionsschriftsteller. Ausgedehnte Exp. zur Erkundung des Berglandes der Kai-Halbinsel führten ihn in Neuguinea auf das 3000 und 4000 m hohe Saruwaged-Gebirge. Dort benutzte er auch die Gelegenheit, Vögel zu sammeln. A. Koenig (s. d.) in Bonn erhielt von ihm 1913 die ersten Paradiesvogeleier. Der weitaus größte Teil der Vogelbälge ging an das Rothschild-Mus. in Tring. Eine Aufzählung der dorthin gelieferten Vögel steht in W. v. Rothschild u. E. Hartert, „Notes on Papuan birds“ (Novit. Zool. 8, 1901 bis

22, 1915). Mit seinen Sendungen konnte er die Kenntnis der Vögel von Neuguinea um mehrere auffällige und einige neue Arten bereichern; darunter war der von W. v. Rothschild in Bull. Brit. Orn. Club 29, 1912 beschriebene Casuarius keysseri. Die reichen vogelk. Erfahrungen aus der Südsee gaben dem Sammler selbst nur zu wenigen Veröff. die Feder in die Hand; vielleicht waren es nur „Über Paradiesvögel d. Umgeb. v. Sattelberg“ (Orn. Mber. 22, 1914) (eine Arbeit, die er, mit wertvollen und neuen biol. Beob. ausgestattet, nur auf Aufforderung der dt. Regierung verfaßte) und „Einiges über d. Vogelleben im Saruwaged-Gebirge“ (ebd. 31, 1923). Da er auf anderen Gebieten schriftstellerisch offenbar reger war, promovierte ihn die phil. Fak. der Univ. Erlangen 1929 für linguistische und naturw. Verdienste zum Dr. h. c. Ein Verkehrsunfall hatte den Tod des Hochbetagten zur Folge. — Lit.: Nachrufe in „Concordia“, Mitt. d. Neuendettelsauer Missionskreises 50, Nr. 138 v. 15. 2. 1962 (mit Bildnis).

Kiefer, Julius, * 15. 10. 1820 Saarbrücken, † 27. 12. 1899 Saarbrücken. Aus angesehener Familie stammend, konnte er trotz ausgesprochener Neigung zu den Naturw. nicht studieren, weil der Vater, ein Apotheker, bereits drei ältere Söhne zur Univ. geschickt hatte. Er wurde Kaufmann und ging 1846 als sprachenkundiger Vertreter eines Amsterdamer Handelshauses nach Konstantinopel. Die Naturschönheiten des Bosporus hielten ihn, der zuletzt Besitzer einer eigenen Firma war, dort bis 1860 fest. Nach dieser Zeit lebte er zuerst in Offenbach (Main), kehrte aber 1870 endgültig in die Vaterstadt zurück. Von 1871—1884 war er hier Bürgermeister und wirkte auf diesem Posten so verdienstvoll, daß ihm 1890 der Ehrenbürgerbrief überreicht wurde und 1912 eine Straße seinen Namen erhielt. Während der Amtsjahre beschäftigte er sich naturfreudig auch mit der Vogelwelt seines Wohnsitzes und vertraute auf seinen Gängen Erschautes und Erlebtes dem Druck an. 1872 ließ er in der Saarbr. Ztg. erstmalig einen orn. Beitr. erscheinen unter dem Titel „D. Vogelw. d. Winterbergs b. Saarbr.“, in dem er von etwa 30 dort vorkommenden Arten berichtete und vor allem über das zahlreiche Auftreten der Nachtigall am Südhang frohe Kunde gab. Weitere avif. Heimatwerte legte er nieder in Orn. Cbl. 2, 1877, in den Jber. Beob.-Stat. Deutschl. (J. Orn. 26, 1878 — 28, 1880) sowie — mit 9 Meldungen — in Orn. Ms. 17, 1892 — 19, 1894. Sie sind von O. le Roi (s. d.) in der „Vogelf. d. Rheinprov.“ (Verh. Bonn 63, 1906) verwertet. Der Autodidakt scheute sich nicht, auch die Lücken seiner feldorn. Kenntnisse zu zeigen. So sprach er 1877 von einem Ammergesang, den er „erst seit einigen Jahren in dem Gartenbezirk“ vernahm, ohne unterscheiden zu können, ob er der Zaunammer oder dem Ortolan zuzuschreiben sei; beide Arten erwähnte er später nicht mehr. Eine unzweifelhafte Verwechslung mit dem Girlitz unterlief ihm, als er 1878 den Zeisig einen „sehr häufigen unbedingten Sommervogel für Saarbrükken“ nannte. 75jährig, griff er in Orn. Ms. 20, 1895 u. 21, 1896 nochmals zur Feder mit „Erinnerungen aus d. Vogelw. d. Türkei“. Die Schilderungen des fernen Landes entsprangen gleichfalls der feinsinnigen Einstellung eines aufmerksamen Beobachters.

— Lit.: Würdigung (von Th. Schmidt). Saarbr. Ztg. Nr. 69 v. 22. 3. 1958 (mit Bildnis).

Killermann, Sebastian, Dr., * 21. 12. 1870 Landshut (Isar), † 4. 4. 1956 Regensburg. Der Bauernsohn studierte von 1891—1894 Zool., Botan., Anthrop. in Freiburg (Schweiz), Münch., Regensb., promovierte 1893 mit einem naturw. Thema und empfing 1895 die Priesterweihe. Von 1901—1936 war er Studienpräfekt am Regensb. Knabenseminar und Prof. an der Regensb. Phil.-theol. Hochschule. Gestützt auf eine im Glauben verankerte Denkrichtung, widmete er sich der kulturgesch. Behandlung niederer Pflanzen — er war ein führender Fachmann der dt. Pilzkunde — und der hist.-theol. Beleuchtung naturw. Probleme überhaupt. Eine seiner Veröff. aus der Zeit vor dem 1. Weltkrieg war „A. Dürers Pflanzen- u. Tierzeichnungen u. ihre Bedeutung f. d. Naturgesch.“ in „Studien z. Dt. Kunstgeschichte“ (Straßb. 1910; Vögel S. 61 — 71). Vogelkundiger im eigentlichen Sinne war er nicht. Doch erschien sein Name in Verbindung mit forschungsgesch. Unters., die auch die Vogelwelt betrafen. Zu solchen Arbeiten zählen „Amsel u. Singdrossel in d. Städten“, mit vielen Daten (Naturw. Wochenschr. 21, N. F. 5, 1906), „Ausgestorbene u. aussterbende Vögel“ (Nat. u. Kultur 4, 1906/07), „D. Waldrapp Gesners - Geronticus eremita L., Neue Zeugnisse f. sein ehemaliges Vorkommen in Mitteleuropa“, eine Aufzählung der bis dahin bekannten Beitr. zu diesem Gegenstand (Zool. Ann. 4, 1909), „D. Waldrapp mit Abb.“ (Nat. u. Kultur 7, 1910), „D. ausgestorbenen Maskarenenvögel“ (Naturw. Wochenschr. 30, N. F. 14, 1915), „Z. Geschichte d. Einführung d. Papageien“ (ebd. 36, N. F. 20, 1921). Ein 100 Seiten umfassendes Buch galt der „Vogelk. d. Albertus Magnus“ (Regensb. 1910); hier stellte er die auf die Vögel sich beziehenden Verlautbarungen des großen Denkers zusammen, kam aber bei den Deutungen von Namen und Arten nicht immer zu den richtigen Diagnosen. Auch der Versuch, in A.s System. der Falken Ordnung zu bringen, bot Angriffsflächen und schlug fehl, weil der die theistische Weltauffassung vertretende Kleriker mehr kulturhist. als zool.-orn. geschult war; vgl. dazu die Urteile von H. Schalow (Orn. Mber. 19, 1911) und K. Lindner in „V. Falken, Hunden u. Pferden“ (Berl. 1962).

— Lit.: Würdigung (von H. Ziegenspeck). Ber. (Abh.) Augsb., Heft 6, 1951, S. 30—32. - Nachrufe (von W. Quenstedt). Ber. d. Bayer. botan. Ges. 31, 1957, S. XXXVII—XXXIX; Zeitschr. f. Pilzkunde 23, 1957, S. 21—24 u. 53—58; D. Regensb. Zwiebelturm 12, 1957, S. 272—275. - Biogr.-lit. Handwörterbuch . . . v. J. C. Poggendorff 7a, 2. Teil, 1958, S. 744/45 (mit Verz. d. Veröff. u. weiteren Quellen). - Vortrag (von R. Zaunick). Nachr.-Bl. d. Dt. Ges. f. Gesch. d. Med., Naturw. u. Techn., Nr. 10, 1958, S. 7. - Nachruf (von dems.). Mitt. z. Gesch. d. Med. u. d. Naturw. 41, 1961, S. 183 (hrsg. v. d. Dt. Akad. d. Naturf. Leopoldina).

Kittenberger, Kalman, * 10. 10. 1881 Leva, Komitat Bars (Ungarn), † 4. 1. 1958 Nagymaros (Donau). In Leva bestand er die Lehrerprüfung, studierte kurze Zeit in Budapest weiter, wurde aber 1902 Dorflehrer in Tatrang bei Kronstadt, weil ihn die Beob. des Tierlebens der Karpaten lockte. Nebenher erlernte er das Präparieren am Ung. Nat.-Mus. und erweiterte unter J. v. Madarász (s. d.) seine orn. Kenntnisse. Unzulänglich ausgerüstet, ging er dann im Auftrag des Mus. als Sammler nach Ostafrika. Unter mannigfachen Gefahren, Entbehrungen und Enttäuschungen forschte er dort von Dezember 1902 bis Sommer 1906, von Dezember 1906 bis Herbst 1907, von Dezember 1908 bis Mai 1912, von Mai 1913 bis zum 1. Weltkrieg. Nachdem ihn die Engländer 5 Jahre lang in Indien interniert hatten (während dieser Zeit präparierte er in Ahmedagar für Jäger), zog es ihn nochmals 1925/26 nach Uganda und 1928/29 nach dem Kongo. Nach dem 2. Weltkrieg leitete er zuerst die in den 20er Jahren schon gegründete Jagdzeitschr. „Nimrod", bis er Beschäftigung bei der Orn. Sekt. d. Naturh. Mus. in Budapest, am Forstinstitut und im Zool. Garten fand. Schließlich siedelte er nach Nagymaros über, wo er Hunde und Pelztiere züchtete und außerdem schriftstellerisch tätig war. Über die von ihm beobachtete afrik. Vogelwelt brachte er mancherlei Aufklärung. Neu entdeckte Formen wurden hauptsächlich von J. v. Madarász, daneben auch von A. Reichenow (s. d.) beschrieben. Seine sehr umfangreiche orn. Samml., die nie eine zusammenhängende Behandlung erfuhr, ging beim Brande des Budapester Mus. 1056 zugrunde. Geblieben ist, nachdem er schon in Aquila 14, 1907 über den „Vogelzug im Danakil-Lande" berichtet hatte, lediglich die wertvolle Liste (in ung. und engl. Sprache), die er selbst ebd. 65, 1958 (mit biogr. Angaben) u. 66, 1959 veröffentlichte; sie enthält außer den Erlegungsdaten und Fundorten aus den Jahren 1902—1910 auch kurze biol. und ökol. Angaben. Weitere orn. Nachr. finden sich in seinen zahlreichen Büchern und Jagdberichten.

— Lit.: Nachruf (von A. Keve). Aquila 66, 1959, S. 327—329 (ung. u. engl.).

Kittlitz, Friedrich Heinrich Freiherr von, * 16. 2. 1799 Breslau, † 10. 4. 1874 Mainz. Der blutjunge Freiwillige, Sohn eines preuß. Offiziers, nahm schon 1814/15 am Feldzug gegen Napoleon teil und bezog dann als Leutnant die Garnison Mainz. Auf Übungs- u. Exerzierplätzen entwickelte er sich zum leidenschaftlichen Freiland-Ornithologen, aufgeschlossen für biol. und system. Fragen und in seinen Aufz. viele faun. wichtige Feststellungen aus dem Rhein-Main-Gebiet, Hess. und auch aus Thür., Sachs. und Schles. hinterlassend. Als ihm der Beruf nicht die erwartete Befriedigung gewährte, schied er 1825 mit dem Hauptmannsrang aus dem aktiven Dienst aus. Beziehungen zur Senck. Naturf. Ges. in Frankf., zu B. Meyer, E. Rüppell und Prinz Max zu Wied (s. d.) erweckten seinen Wunsch, Forschungsreisender zu werden. Da seine Mutter die Schwester des durch den Vertrag von Tauroggen berühmt gewordenen russ. Generalfeldmarschalls Diebitsch-Sabalkanski war, gelang es ihm in der Tat, an einer russ. Exp. nach Kamtschatka (1826—1829) teilzunehmen und sich in die Ehrenliste der dt. Pioniere einzutragen, die nach dem Sturze Napoleons der Wissensch. neue Erkenntnisse aus fernen, unbekannten Ländern lieferten. So sicherte er von den Bonin-Inseln Belege für mehrere inzwischen ausgestorbene Vogelarten; und in der Darstellung der naturw. Ergebnisse des Sommeraufenthalts im Innern von Kamtschatka — er betrat das Land als 2. Deutscher nach G. W. Steller (s. d.) — erreichte er solche Genauigkeit, daß zahlreiche der von ihm mitgeteilten Tatsachen später keine Ergänzung mehr erfuhren. Die Senck. Naturf. Ges. bewahrt heute noch als Kostbarkeiten 77 Bälge von 38 Arten, die er 1830 seinem Freunde E. Rüppell geschenkt hatte. Krankheit brachte es mit sich, daß seine wesentlichsten 4 Arbeiten über die Vögel von Chile, der Bonin-Inseln, Philippinen, Karolinen und Marianen mit ihren 32 handkolorierten Stichen erst erheblich verspätet in der Petersb. Akad. 1830 und 1835 erschienen und ihm so der Ruhm der Erstbeschr. einiger neuer Arten verlorenging. Mit dem Ende der russ. Weltumseglung verknüpfte Enttäuschungen hinderten ihn nicht, eine Einladung E. Rüppells zur Beteiligung an dessen 2. Fahrt nach dem nordöstl. Afrika anzunehmen. Als er aber 1831 wegen erneuter Erkrankung in Ägypten umkehren mußte, wagte er an weitere Forschungsreisen nicht mehr zu denken. In den Vordergrund rückten zunächst die Veröff. über seine seitherigen Erfahrungen. In allen Arbeiten entfaltete der begabte Schriftsteller auch beachtliche künstlerische Meisterschaft in der Illustration. 1832/33 kamen die wegen Geldmangels nach 3 Lieferungen steckengebliebenen „Kupfertafeln z. Naturgesch. d. Vögel" in Frankf. heraus, in denen er 80 Arten beschrieb und die meisten von ihnen erstmalig abbildete. Nach dem Fehlschlag versuchte er von Köln aus (seit 1832) sein Glück mit den „24 Vegetationsansichten . . ." (1844 ff.), erlebte aber bei aller Anerkennung wieder eine geldliche Einbuße. Aufenthalt in Berl. (seit 1845) mußte er beenden, als er sich mit Aufrufen für eine Verfassung in die Unruhen von 1848 verwickeln ließ. Von 1849 ab war Mainz der letzte Wohnort. Außer anderen Kupferstichausgaben und illustrierten Reiseber. in Isis, Nat., Zool. G. kamen 1858 noch seine „Denkwürdigkeiten . . . " zum Druck — viel zu spät, um für die Schilderungen der weit zurückliegenden Ereignisse einen größeren Leserkreis zu gewinnen. Die Ungunst des Schicksals versagte dem wissensch. so verdienstvollen Idealisten die Früchte des Einsatzes und damit die feste wirtschaftliche Grundlage. Die anfänglich glänzende Forscherlaufbahn mündete zuletzt in die Stille geistiger Bereiche ein, in denen ästhet. und phil. Fragen vorherrschten. In der Orn. aber blieb der Name lebendig. 2 Gattungen und 12 Arten bzw. Rassen sind nach ihm benannt; und E. Rüppell widmete ihm 1845 die „Vögel Nordost-Afrikas".

— Lit.: Nachruf (von Th. Petersen). Ber. Senck. 1874, S. 41. - Nachruf (von W. Stricker). Zool. G. 15, 1874, S. 199 (mit Verz. d. Veröff.). - Allg. Dt. Biogr. 16, 1882, S. 46/47. - Fr. Embacher, Lex. d. Reisen u. Entdeckungen, Amsterdam 1882 (1961), S. 164/65. - J. Moyat u. W. Schuster, Ungedruckte Tagebücher d. Frhr. F. H. v. K. aus d. J. 1817—1824, J. Orn. 54, 1906, S. 359—383 u. 481—497. -

Würdigung (von H. Schalow). J. Orn. 55, 1907, S. 157. - L. Gebhardt u. W. Sunkel, D. Vögel Hess., 1954, S. 59. - J. Steinbacher, D. Typen d. Vogelsamml. v. F. H. v. K., Senckenbergiana 34, 1954, S. 301—305. - Würdigung (von dems.). Ber. Senck. 85, 1955, S. 121—129.

Klein, Eduard, Dr., * 22. 6. 1864 Lemberg, † 17. 5. 1943 Sofia. Nach dem Studium in Wien war er seit 1890 Arzt in Sofia und widmete sich Jahrzehnte hindurch sehr rege der Vogelk. Teile von P. Leverkühns (s. d.) orn. Hinterlassenschaft gingen auf ihn über. Der DOG gehörte er über 40 Jahre, zuletzt als Ehrenmitglied, an. Zwischen 1899 und 1930 erschienen aus seiner Feder 22 bulg. geschriebene kleinere und größere wissensch.-volkstümliche Beitr. über die Vögel des Landes in Bulg. Lovetz (= Bulg. Jäger) und in Lovetz (= D. Jäger). Eine Zusammenfassung von Einzeldarstellungen aus Bulg. Lovetz 5, 1903 und 6, 1904 war dann in Buchform seine „Ornis Bulgarica" (Philippopoli = Plovdiv 1909). In dt. Zeitschr. standen „Vergessene oder wenig gekannte orn. Beob. d. verstorbenen Grafen K. Wodzicki" mit Verz. d. poln., dt. u. engl. Veröff. seines „engsten Landsmannes" (Orn. Ms. 36, 1911), „Fortpflanzung v. Gypaetus barbatus im kgl. Zool. Garten in Sophia" (Orn. Mber. 25, 1917), „Z. Verbreitung v. Dryobates major u. Dryobates syriacus in Bulg." (ebd. 33, 1925), „Z. Ornis Bulg." (ebd. 35, 1927), „Numenius arquata lineatus, regelmäßiger Durchzügler in Bulg." (ebd. 40, 1932), „Falco biarmicus feldeggi in d. Umgeb. Sofias erlegt" (ebd. 41, 1933), „Falco biarmicus feldeggi in Bulg." (ebd. 44, 1936). Seine Studien und Forschungen, die ihn auch in ein engeres Verhältnis zu Zar Ferdinand (s. d.) brachten, bedeuteten eine verdienstvoll aufhellende Förderung der avif. Verhältnisse in Bulg. In Novit. Zool. 32 beschrieb E. Hartert (s. d.) Alectoris graeca kleini, zog aber die Rasse selbst wieder ein, um sie mit Alectoris graeca cypriotes zu vereinen (Vögel d. paläarkt. Fauna, 1925, S. 526).
— Lit.: Biogr. Notiz in Orn. Mber. 51, 1943, S. 171.

Klein, Jacob Theodor, * 16. 8. 1685 Königsberg, † 27. 2. 1759 Danzig. Dieser erste Vogelkundige Ostpreußens studierte in seiner Heimatstadt, bereiste dann Deutschl., Engl., Holl., Tirol und wurde 1713 Stadtsekretär in Danzig. Hier war er einer der Begründer der Naturf. Ges.; ferner legte er 1718 einen botan. Garten an und brachte eine weithin berühmte Samml. von Pflanzen, Tieren, Steinen und Erzen zustande. Sein ganzes Naturalienkabinett, mit Ausnahme der nach Dresden verkauften Eier, kam schon 1740 zusammen mit dem von ihm selbst verfaßten Kat. nach Bayreuth in den Besitz des Markgrafen Friedrich von Brandenb.-Kulmbach; bei der Gründung der Univ. Erl. durch den Markgrafen wurden diese Bestände das Kernstück des dortigen Zool. Inst. Die starken orn. Interessen des mit mancherlei Vorurteilen seiner Zeit behafteten und zur Vielschreiberei neigenden Mannes führten zur Veröff. einer Reihe einstmals vielgenannter Werke. Seiner Klugheit und Belesenheit verdanken wir die dt. Namen Rabenkrähe, Beutelmeise, Nachtreiher, Mornell und Ralle. Nachdem er 1747 eine Klärung der Begriffe Irr-, Strich- u. Zugvögel versucht hatte, gab er — neben P. H. G. Möhring (s. d.) — 1750 eines der ersten Systeme nach den Grundsätzen Linnés, den (allerdings recht ärmlichen) „Historiae Avium Prodromus . . . " heraus. 1760 wagte er sich an die „Vorbereitung zu einer vollständigen Vögelhistorie . . . "; ihr folgte im selben Jahr eine von G. Reyger (s. d.) besorgte „verbesserte u. vollständigere Historie d. Vögel". Vorausgegangen waren 1759 die Geschlechtstafeln der Vögel, die „Stemmata Avium"; posthum erschienen die wieder von G. Reyger bearbeiteten „Ova Avium . . ." (1766) mit lat. u. dt. Text; das Werk zeichnet sich dadurch aus, daß es erstmalig auf 21 Tafeln alle Eier in farbigen (im Kolorit aber wenig befriedigenden) Abb. bringt. Kleins Verdienst ist auch die Samml. und Ergänzung der von dem Danziger Maler S. Niedenthal (s. d.) gefertigten Vogelbilder. Sie finden sich im 7. Teil seines Kat., dem „Aviarium Prussicum"; im Zool. Inst. von Erl. wird es aufbewahrt und stellt die älteste Aufzählung der Vögel von Alt-Preußen dar. Erfuhr durch ihn die System. auch eine frühe Förderung, so blieb er in der Selbständigkeit des Urteils hinter seinen biol. aufgeschlossenen Zeitgenossen F. A. v. Pernau und J. H. Zorn (s. d.) doch ein wesentliches Stück zurück. Ostpr. Fundorte finden sich in seinen Listen naturgemäß noch nicht. Er gibt aber einige wertvolle faun. Hinweise, z. B. auf Brut der Zwergtrappe, Häufigkeit des Brutvorkommens der Wacholderdrossel und das Auftreten der Alpenlerche.
— Lit.: G. Salzmann, Denkwürdigkeiten aus d. Leben ausgezeichneter Teutschen d. 18. Jahrh., Schnepfenthal 1802, S. 127/28. - M. Braun, J. Th. Kleins Av. Pruss. u. Aufz. über sein Leben, Zool. Ann. 2, 1906, S. 77—141. - J. Gengler, D. Kleinschen Vogelbilder, J. Orn. 60, 1912, S. 570 bis 591 u. 61, 1913, S. 205—228. - F. Tischler, D. Vögel d. Prov. Ostpr., 1914, S. 7. - Bildnis in Schr. Danz., N. F. 8, 1893, Heft 2.

Kleinschmidt, Otto, Dr. h. c., * 13. 12. 1870 Kornsand gegenüber Nierstein (Rhein), † 25. 3. 1954 Lutherstadt Wittenberg. Nach der in Mainz abgelegten Reifeprüfung und dem von 1891—1895 in Marb. (Lahn) und Berl. betriebenen theol. Studium lebte er — Sohn eines Fabrikverwalters — als Assistent des Grafen Berlepsch (s. d.) bis 1897 auf dessen Schloß bei Witzenhausen (Werra), als Pfarrvikar 1898 in Schönstadt bei Marb., als Pfarrer ab 1899 in Volkmaritz, ab 1910 in Dederstedt (Kr. Eisleben). 1927 wurde er als Provinzialpfarrer Leiter des kirchlichen Forschungsheims für Weltanschauungskunde in Wittenberg. In der Auenlandschaft und an den Wassern des hess. Rheins lernte der Schüler, die Vögel zu belauschen mit Herz, Verstand und kritischem Scharfsinn; bald beherrschte er meisterhaft das Präparieren, während ihm die wissensch. Sammeltechnik später bei Graf Berlepsch vertraut wurde. Was er auf diesen Gebieten Großartiges schuf, eine Balgsamml. von über 10 000 Stücken, überantwortete er (durch Vermittlung seines Schülers und Freundes A. v. Jordans) zusammen mit einem von ihm selbst verfaßten Kat. 1935 dem Mus. A. Koenig (s. d.) in Bonn. Eine neue Samml. ausgewählter Belegexemplare für weitere Veröff. befindet sich heute im Forschungsheim Wittenb. unter der Leitung seines Sohnes und Amtsnachfolgers Hans Kl. Zur naturw. Veranlagung kam musische Begabung, beides

Erbteile älterer Generationen. Seine in Figur, Haltung, Stellung, Farbgebung und Zeichnung ganz vortrefflichen Bilder schmückten schon früh den Neuen Naumann, für den er viele Arten bearbeitete. Breite Leserschichten begeisterten sich an den „Singvögeln d. Heimat" (1911, mit 12 Aufl. bis 1963, 10.—12. Aufl. hrsg. v. d. Sohne Adolf Kl.) und an den „Raubvögeln d. Heimat" (1934; 3. Aufl. „Raubvögel u. Eulen", hrsg. v. d. Sohne Hans Kl. 1958). Die Bilder aus seiner Hand sind bis in unsere Tage Vorbild für manche orn. Illustration geblieben. Die wissensch. Verlautbarungen sind indes vielfach mißverstanden worden, nicht zuletzt deshalb, weil die von ihm gewählte eigensinnige Ausdrucksweise den mit seinen Gedanken nicht völlig vertrauten Leser in ein undurchdringliches, verwirrendes Gestrüpp führte. In den folgenden Sätzen hat es daher K. Meunier, der Kl. sozusagen in- u. auswendig kennt, freundlicherweise unternommen, den eigentlichen Kern der unverändert gültigen Gedanken freizulegen, indem er zeitbedingte Auffassungen des Forschers in den Hintergrund treten ließ: Seine Bedeutung für die Zool. liegt in erster Linie darin, daß er entscheidenden Anteil an der Entwicklung des modernen Artbegriffes hatte. Als um die Jahrhundertwende der bis dahin geltende Speziesbegriff — die Art ist die unterste Systemkategorie, in sich einheitlich und binär benannt — abgelöst wurde durch den Begriff der aus geogr. vikariierenden, ternär benannten Subspezies zusammengesetzten Art, geschah der Wechsel nach jahrelangen heftigen Kämpfen, in die Kl. schon mit den ersten wissensch. Veröff. eingriff: „Über d. Variieren d. Garrulus glandarius u. d. ihm nahestehenden Arten" (Orn. Jb. 4, 1893), „D. paläarkt. Sumpfmeisen" (J. Orn. 45, 1897), „Arten- oder Formenkreise" (ebd. 78, 1900), „D. Formenkreis Falco Hierofalco u. d. Stellung d. ungarischen Würgfalken in demselben" (Aquila 8, 1901). Diese Arbeiten spiegeln die stürmische Entwicklung jener Zeit wider. Sie verlief keineswegs geradlinig und war auch bei Kl. selbst, wie es bei dem Aufkommen neuer Ideen selbstverständlich ist, mit einem mehrfachen, raschen Wechsel der Ansichten verbunden: Anregung im Sinne ternärer Nomenkl. durch V. v. Tschusi (s. d.) (Orn. Jb. 1, 1890) — scharfe Stellung gegen voreilige deszendenztheoretische Ausdeutung morphol. Ähnlichkeiten als Reaktion auf eine von E. Hartert (s. d.) und V. v. Tschusi zunächst anerkannte, von Kl. sofort als völlig verfehlt bezeichnete Arbeit J. P. Pražáks (s. d.) über die Graumeisenformen (Orn. Jb. 6, 1895) — infolgedessen Hinneigung zur system. Auffassung des Grafen Hans v. Berlepsch — schließlich Durchringen zu einer eigenen Konzeption. Das in den Arbeiten zum Ausdruck kommende Ringen um die Erkenntnis hat gelegentlich, wenn eine einzelne Phase dieser Entwicklung als Kl.s endgültige Auffassung betrachtet wurde, zu Fehlinterpretationen geführt. Tatsächlich war er, um mit Mayr (Mayr-Linsley, Usinger 1953) zu reden, der erste Zoologe, der die Problematik, um die es ging, klar erkannte. Den Durchbruch des geogr. Prinzips in seiner vollen Bedeutung erzielte dann E. Hartert mit den „Vögeln d. paläarkt. Fauna" (1910—1922). Es besteht aber kein Zweifel, daß Hartert die entscheidende Anregung zu seinen Grundauffassungen von Kl. empfing, namentlich im Zusammenhang mit dessen Jagdfalkenarbeit (J. Orn. 49, 1901). Gingen beide Autoren in der Durchsetzung des geogr. Prinzips auch zusammen, so unterschieden sich ihre Auffassungen doch wesentlich. Hartert wollte ein System schaffen, das die Art zwar in geogr. Subspezies gliederte, im übrigen aber die Zugehörigkeit verschiedener Formen zu einer Art von ihrem Differenzierungsgrad abhängig machte (er betrachtete z. B. Raben- u. Nebelkrähe als verschiedene Arten). Er setzte, wie die meisten Zoologen, einen allg. Deszendenzzusammenhang voraus und sah in der Art folgerichtig ein Stadium, über dessen Begrenzung man verschiedener Ansicht sein könne, in dem man aber praktischerweise allzusehr differenzierte Formen nicht vereinigen sollte. Kl. erkannte einen solchen Zusammenhang aller Formen nicht von vornherein an, sondern wollte durch Erforschung der geogr. Vikarianz, der biol. Übereinstimmungen, der paläogeogr. und paläont. Zusammenhänge erst empirisch festgestellt wissen, für welche Formen eine unmittelbare stammesgeschichtliche Beziehung wahrscheinlich gemacht werden konnte und für welche nicht. Für vikariierende Formen erkannte er diese Zusammengehörigkeit auch bei starker Differenzierung an (Jagd-, Würg- u. Lannerfalken). Bei sympatrischen Arten hielt er den Zusammenhang für nicht erwiesen, auch wenn sie morphol. sehr ähnlich sind; hier rechnete er mit der Möglichkeit einer Parallelentwicklung über große Epochen. Die Stärke dieser Auffassung liegt in der strengen Begrenzung auf nachweisbare Verwandtschaftsgruppierungen (durch das Zusammenstimmen von morphol.und außermorphol. Tatsachen) und deren scharfe Abgrenzung gegen theoretische und von ihm abgelehnte Stammbaumkonstruktionen. Ihre Schwäche liegt darin, daß das hierarchische System der Organismen (die abgestufte Ähnlichkeit) schwieriger theoretisch zu erfassen ist als bei monophyletischer Ableitung. Kl. nahm daher eine hochgradige Polyphylie mit zahlreichen Parallelentwicklungen an. Die nach seiner Methode entwickelten Einheiten nannte er nicht Arten, sondern Formenkreise, in bewußter Abgrenzung gegen die Arten Harterts u. a. Diese stellen mehr oder weniger Definitionseinheiten im allverbundenen Deszendenzsystem dar, während dem Formenkreis objektive Realität zukommt. Dabei ist festzuhalten, daß manche system. Tatsachen nur vom Formenkreis her, nicht aber von anderen system. Kategorien aus zu definieren sind. Man kann z. B. Herings- u. Silbermöwe nicht ohne weiteres als eine Art bezeichnen, da sie unvermischt nebeneinander vorkommen. Da sie aber die Endglieder eines Ringes im übrigen vikariierender Formen sind, sind sie mit Sicherheit eine Stammesgemeinschaft, also ein Formenkreis, der gegen andere Möwen abgeschlossen ist. Die seither weitergegangene Entwicklung des Artbegriffs tendiert stark dahin, der Art eine größere Realität zuzugestehen als anderen system. Kategorien. Auch die Ausweitungsfähigkeit dieses Artbegriffs gestattet die unmittelbare Anknüpfung an den Formenkreisbegriff, der sich trotz theoretisch verschiedener Auffassungen über die Abstammungsproblematik damit als eine fruchtbare Konzeption erwiesen hat: Vgl. E. Mayr, „Systematics and the Origin of Species" (New York 1942); ders., „Animal Species and Evolution" (Cambridge, Mass. 1963); E. Mayr, G. Linsley and R. Usinger, „Methods and Principles of Systematic Zoology" (Mc. Graw Hill Book Comp. 1953); W. Herre, „D. Rasse- u. Artbegriff" (Hbd. d. Tierzüchtung III, Hamb. 1960). Die moderne Auffassung der Art als eines polymorphen Kollektivs ist bei Kl., der stets die ganze Variationsbreite berücksichtigte, zu einer Zeit vorweggenommen, als die übrige System. noch nicht in Populationen, sondern in Typen dachte (s. Eichelhäherarbeit, Orn. Jb. 4, 1893) (so weit d. Formulierung Meuniers). — Jedenfalls darf Kl. zu den bedeutendsten Ornithologen seiner Zeit gezählt werden. Dennoch waren Orn. und orn. System. nicht das letzte Ziel seiner Arbeit, sondern mehr das Substrat für seine Formenkreislehre als einer Methode der Evolutionsforschung, die er auch an anderen Disziplinen betrieb (Entom., Anthrop.). Die Ergebnisse dieser Forschung sind in der Hauptsache im eigenen Sprachrohr „Berajah, Zoographia infinita" niedergelegt, einer Samml. sehr subtiler Formenkreismonographien, und in der die allmähliche Herausgabe dieses Werks begleitenden Zeitschr. „Falco" (1905—1945). Eine zusammenfassende Übersicht seiner Konzeption enthielt die „Formenkreislehre u. d. Weltwerden d. Lebens" (1926) in leider nicht bis zu den letzten Folgerungen durchgearbeiteter und durch eigenwillige Terminologie erschwerter Darstellung. In zahlreichen Ehrungen, u. a. 1923 Dr. h. c. der med. Fak. von Halle, 1924 Ehrenmitglied der DOG, spiegeln sich Achtung und Anerkennung der Zeitgenossen.

— Lit.: F. Steinbacher, Welchen Gewinn kann d. System. aus Kl.s Formenkreislehre ziehen?, J. Orn. 83, 1935, S. 608/09. - A. v. Jordans u. F. Peus, Syllegomena Biologica (Festschr. f. O. Kl.), 1950 (mit Bildnis). - Würdigung (von L. Schuster). Vw. 71, 1950, S. 195—197. - Würdigung (von F. Peus). Naturw. Rdsch. 4, 1951, S. 372. - E. Stresemann, Entw. d. Orn., 1951. - Nachruf (von F. Peus). Vw. 75, 1954, S. 101—104 (mit Bildnis). - H. Kelm, O. Kl. u. E. Hartert . . ., J. Orn. 101, 1960, S. 404 bis 471 (mit Bildnis).

Kleinschmidt, Theodor, * 6. 3. 1834 Wolfhagen (Bez. Kassel), † 10. 4. 1881 Utuan (Neubritannien). Wie sein Neffe Otto Kl. (s. d.) war er naturw. und künstlerisch begabt. Der Wechsel bestimmte seinen Lebenskurs. Als Angestellter bei der Main-Weser-Bahn begann er; mit 19 Jahren versuchte er es bei der Handelsmarine, mußte aber hier wegen Kurzsichtigkeit ausscheiden. In St. Louis betrieb er darauf 12 Jahre lang ein erfolgreiches Geschäft. Durch den amerik. Bürgerkrieg, in dem er zum Major aufrückte, ging sein Unternehmen zugrunde. Er siedelte sich nun zunächst in San Francisco an, dann in Melbourne, später auf den Fidschi-Inseln. Nirgends war ihm das Glück mehr hold. Durch einen großen Baumwollkrach verlor er alle Ersparnisse. In der Heimat und in der Fremde beschäftigte er sich mit dem Sammeln von Naturalien und der Pflege von Vögeln. Die angeborene naturw. Neigung und die alte Lust am Beob. ließen ihn daher freudig zustimmen, als ihn 1875 das Angebot J. C. Godeffroys (s. d.) erreichte, Forschungsreisender für das weltberühmte dt. Handelshaus zu werden. Von den Fidschi-Inseln und der Duke-of-York-Gruppe lieferte er vorzügliche, durch geschickte Zeichnungen unterstützte Schilderungen des Lebens der Vögel an das Hamb. Mus. Aber nur ein Teil seiner orn. Ausbeute mit den von ihm entdeckten Formen Lamprocolia victoriae und Drymochaera badiceps wurde von O. Finsch (s. d.) in Proc. Z. S. London und im Journal des Mus. Godeffroy bis 1878 beschrieben. Nach Auflösung des Mus. (1879) gingen die von ihm eingebrachten Bestände in Samml. des In- u. Auslands auf. Er selbst wurde, nachdem ihm wenigstens die letzten Jahre Erfüllung jugendlicher Lebenswünsche gewährt hatten, mit 2 Begleitern von Eingeborenen ermordet. Beigesetzt wurde er in Mioko. Die „Fiji Times" v. 27. 8. 1881 nannte ihn „respected and esteemed most highly, . . . an enthusiastic devotee of science, and an upright gentleman . . ."

— Lit.: Nachruf (von J. D. E. Schmeltz). Sb. Hamb. 14, 1881 (ohne Seitenangabe). - Nachruf (von H. Schalow). Orn. Cbl. 7, 1882, S. 12. - Würdigung (von A. Kleinschmidt). Syllegomena Biologica (Festschr. f. Otto Kl.), 1950, S. 3/4. - E. Stresemann, Entw. d. Orn., 1951. - Würdigung (von A. Panning). Mitt. Hamb. Mus. Inst. 54, 1956, S. 11. - Bildnis als amerik. Major im Besitz von A. Kleinschmidt.

Klengel, Artur, * 23. 8. 1881, † 31. 5. 1954 Meißen. Dem Eisenbahnbeamten — zuletzt Oberinspektor — war es Bedürfnis, der Beschäftigung mit heimatlichen Belangen nachzugehen. In ihrer Vielseitigkeit traten Obstbau und Vogelsch. hervor und drückten ihm die Feder in die Hand. Vogelk. versuchte er sich auch einige Male mit mehr wissensch. Fragen. So lieferte er als erster eine Übersicht der Niststätten des Weißstorches für ganz Sachs. in „Unsere sächs. Störche u. Storchnester" (Mitt. Sächs. Heimatsch. 7, 1918). Mit dem Blick in die Vergangenheit ging er daneben in Orn. Ms. zwischen 1914 und 1921 dem Schicksal nach, das Vorkommen und Verbreitung mancher Kleinvögel bestimmt.

— Lit.: Nachruf (von G. Creutz). B. z. Vk. 4, 1955, S. 130. - Bildnis in R. Heyder, Nachtr. z. sächs. Vogelf., ebd. 7, 1962.

Klunzinger, Karl Benjamin, Dr. Dr. h. c., * 18. 11. 1834 Güglingen (Kr. Heilbronn), † 21. 6. 1914 Stuttgart. Aus einem schwäb. Pfarrhaus stammte er und studierte, in Jugendfreundschaft mit G. Jäger und A. Günther (s. d.) verbunden, seit 1853 Med. in Tüb. Nachdem er 1859 kurze Zeit die ärztliche Praxis in Bad Liebenzell ausgeübt hatte, ging er an verschiedene Naturalienkabinette, um sich zum Naturforscher vorzubereiten. Es trieb ihn, die Enge der Heimat mit der Ferne zu vertauschen, um fremde Faunen und Völker kennenzulernen. Auf Veranlassung von Th. v. Heuglin (s. d.) wählte er Koseir am Roten Meer zum Mittelpunkt zweimaligen Aufenthaltes (1863 bis 1869 u. 1872—1875). Als ägypt. Sanitätsarzt war er Menschenfreund und Wohltäter der notleidenden Bevölkerung. Mit G. Schweinfurth schloß er in Afrika einen Bund geistesverwandter Neigungen, den erst der Tod löste. In Stuttg., Frankf.

und Berl. bearbeitete er die heimgebrachten Samml.; schließlich wurde ihm 1879 eine Assistentenstelle am Stuttg. Mus. und bald darauf eine Professur für Zool. in Hohenheim übertragen. Seine Forschungen galten vorzugsweise den Fischen und wirbellosen Tieren des Roten Meers, über die er grundlegende Werke hinterließ. Doch stand er auch der Orn. nicht fern. 66 Vogelarten zählte er in seiner Arbeit „Z. Wirbeltierfauna im u. am Roten Meer" (Zs. d. Ges. f. Erdk., Berl. 1878), und die „Bilder aus Oberägypten..." (Stuttg. 1878) enthielten Kapitel über die Vögel des Niltals, der Wüste und des Meeresufers.Nach der Jahrhundertwende brachte das J. Orn. 52, 1904 eine Arbeit aus seiner Feder über Friedrichs II. „De arte venandi cum avibus", und die Vogelschutzbestrebungen fanden in ihm einen warmherzigen Vertreter, wie mehrfache Beitr. in Orn. Ms., Jh. Württ. und anderen württ. Zeitschr. dartun. Wenn durch das Vogelschutzgesetz von 1908 der Fang in Schlingen und damit der Dohnenstieg verboten wurde, dann durfte er in diesem Ergebnis auch einen Erfolg seiner Bemühungen sehen. Mannigfache Ehrungen wurden seiner Gelehrsamkeit zuteil. Die naturw. Fak. von Tüb. verlieh ihm 1904 die Würde des Dr. h. c.

— Lit.: Würdigung (von G. Schweinfurth) in Kl., Bilder aus Oberägypten..., 1878. - Kl., Erinnerungen aus meinem Leben..., Würzb. 1915 (mit Verz. d. Veröff.). - W. Bacmeister, Dem Gedächtnis dreier württ. Naturforscher, Gef. W. 48, 1919, S. 4/5 u. 11—14.

Knauer, Friedrich, Dr., * 31. 3. 1850 Graz, † 31. 7. 1926 Wien. Er war Zoologe, schrieb einen „Ausflug nach Schönbrunn" (Wien 1879) als kleinen Führer durch die dortigen Anlagen, gab seit 1880 in Verbindung mit Fach- u. Schulmännern eine naturw. Monatsschr. „D. Naturhistoriker" heraus und verfaßte, unterstützt durch K. W. Dalla Torre (s. d.), ein „Handwörterbuch d. Zool." (Stuttg. 1887). Die Gründung des Wiener Vivariums (1888), dessen „Direktor" er wurde, ging gleichfalls auf sein Betreiben zurück. Im Rahmen seiner sonstigen naturw. schriftstellerischen Regsamkeit blieb nur ein beschränkter Tummelplatz für Betätigung auf dem Felde der Vogelk. Er sicherte ihn sich durch die Mitgliedschaft beim Orn. Ver. in Wien seit 1888. Im selben Jahr noch lag die Herausgabe der Mitt. Wien, die 1889 den Beititel „Schwalbe" erhielten, in seinen Händen. Doch verstand er es nicht, die Zeitschr. neu zu beleben. 1890 schon löste ihn K. Pallisch (s. d.) in der Schriftl. ab. Unter seinen zahlreichen Veröff., u. a. in Naturhistoriker, Mitt. Wien, Orn. Beob., Zool. Beob., Natur (Leipz.), Österr. Monatsschr. f. grundl. naturw. Unterricht, Zentralbl. f. d. ges. Forstwesen (Wien) trugen einige Belanglosigkeiten bis in den 1. Weltkrieg hinein auch orn. Titel. Ein selbständiges Werkchen war „Vogelsch. u. Federindustrie" (Wien 1914), eine Abh. zur Erhaltung der Restbestände an Edelreihern. Die Entwicklung der Orn. in Österr. irgendwie zu fördern, war ihm nicht gegeben. Offenbar fehlte ihm die erforderliche Sachkunde.

— Lit.: L. Eisenberg u. R. Groner, D. geistige Wien 5, 1893, Bd. 2.

Knauthe, Hermann Friedrich Karl, * 6. 1. 1867 Schlaupitz (Schlesien), † 16. 11. 1908 Hamburg. Sein Leben bewegte sich in buntem Wechsel zwischen bitterer Not und schwelgerischem Überfluß. Nachdem er Pächter der Domäne Schlaupitz gewesen war, trieb ihn die Ruhelosigkeit unstet von Ort zu Ort als Matrose, Trapper, Schafzüchter in Australien, Schriftsteller und Redakteur. Während seiner schles. Zeit brachte er zwischen 1887 und 1894 eine Fülle faun. und biol. Aufs. neben kleineren Mitt. vor allem in Orn. Ms. und vereinzelt in J. Orn., Orn. Jb. und Gef. W. Die Gegend des Zobten war sein Hauptbeobachtungsfeld. P. Kollibay (s. d.) verzeichnete in den „Vögeln d. Preuß. Prov. Schles." (1906) 35 Titel aus der Feder dieses schreibfreudigen Publizisten. Da er aber vor fragwürdigen Nachr. nicht zurückschreckte, schwand sein Kredit. Schließlich wandte er sich von der Vogelk. ab und widmete sich der Fischkunde und Fischzucht.

Kněžourek, Karl, * 7. 11. 1857 Königstadtl = Králové Městec (Böhmen), † 3. 11. 1920 Králové Městec. Von 1877—1919 war er Lehrer und Schuldirektor in mehreren Ortschaften der Umgeb. von Čáslav = Tschaslau (Litošice = Litoschitz, Starkoč, Zleby) und betrieb seit 1883 eifrig orn. Freilandstudien, die ihm örtliche Wertschätzung und Bedeutung verschafften. In tschech. Jagdzeitschr., Orn. Jb., Příroda, Vesmír finden sich zwischen 1889 und 1920 eine Reihe von größtenteils faun. Arbeiten und Beitr. aus seiner Feder. Eines seiner ersten Msk. mit dem Titel „Orn. Beob. aus d. Umgeb. v. Tschaslau u. d. Eisengebirge in Ostböhmen" (Mitt. Wien 18, 1894 u. 19, 1895) brachte J. P. Pražák (s. d.) unter Beifügung eigener Zusätze heraus. Zu diesem Herausgeber dürfte K. engere Beziehungen gehabt haben. So teilte er der DOG, deren Mitglied er war, 1898 mit, daß er P.s sämtliches Material an Bälgen, Aufz. usw. zu einer Bearbeitung der von P. geplanten Ornis Böhmens übernommen habe und das begonnene Werk fortzuführen und zu vollenden beabsichtige. In der Tat kam er mit der tschech. geschriebenen „Großen Naturgesch.d.Vögel" (2 Bde., Prag 1910—1912), die wertvolle Verbreitungsangaben für Böhmen enthielt, zu Ende und fand damit den Beifall sachkundiger Landsleute.
— Lit.: J. P. Pražák, Über d. Vergangenheit u. Gegenwart d. Orn. in Böhm., Orn. Ms. 22, 1897, S. 297. - Nachruf (von R. Maximovič). Vědy přírodní (= Naturw.) 2, 1921, S. 70/71.

Knöpfler, Wilhelm, Dr., * um 1811, † 1880 Marosvásárhely (Siebenbürgen). Er war einer der ersten Liebhaber-Sammler in Siebenb. Wie Al. v. Buda und K. Wagner (s. d.) dürfte er das Präparieren von seinem Freunde F. W. Stetter (s. d.) erlernt haben. Zuerst lebte er in Sacarâmb (Siebenb.). Anfang der 40er Jahre war er Arzt in Deva und später in Zalatna. Zuletzt stand er als Kreisarzt und königl. Rat in Marosvásárhely. Genauere Daten über den Lauf seines Lebens und Wirkens sind nicht überliefert. Ein Nachruf wurde ihm offenbar ebensowenig geschrieben wie anderen siebenb. Pionieren der Vogelk. Seine Samml. teilte das Schicksal der Schätze, die N. v. Zeyk (s. d.) gestapelt hatte. Sie wurde 1848 in Zalatna ein Opfer des Rumänen-Aufstands. Daß ihre Zusammensetzung dennoch bekannt wurde, ist das Verdienst N. v. Zeyks, der sie 1848 kurz vor ihrem Untergang listenmäßig mit 225 Stücken von 183 Arten erfaßt hatte. Sie blieb dann Teil der geretteten Zeykschen Papiere und wurde erst gegen die Jahrhundertwende veröffentlicht. Obwohl ihr Fundorte und Daten fehlten (nur das Geschlecht ist bei den meisten Stücken verzeichnet), hat sie als Zeugnis aus der Anfangszeit orn. Sinnens und Trachtens in Siebenb. hist. Wert.

— Lit.: Ung. Orn. Zentrale, D. Knöpflersche Samml. siebenb. Vögel, Aquila 4, 1897, S. 164—169. - J. Schenk, Altberühmte siebenb. Vogelsamml., ebd. 23, 1916, S. 468—482. - H. Salmen, D. Ornis Siebenb. . . ., Linz 1958 (Masch.-Schrift).

Knotek, Johann, * 15. 5. 1865 Krönau, Kr. Olmütz (Mähren), † 21. 12. 1931 Bruck a. d. Mur. Nachdem er noch 1889 stud. forest. war, wurde er 1891 Lehrer an der Techn. Mittelschule in Serajewo. 1901 kam er als Prof. der angewandten Naturw. an die neu errichtete höhere Forstlehranstalt für die österr. Alpenländer in Bruck. Hier wirkte er bis zum Tode. Von Jugend auf huldigte er der Vogelk. unter freiem Himmel. Die ersten Sporen holte er sich auf faun. Gebiet schon in Krönau. Mit der Ornis dieser mähr. Landschaft blieb er aufs engste verbunden. Das zeigen mehrere sorgfältige Bearbeitungen seiner dortigen Beob. und Erfahrungen wie „Ornithologisches aus d. Umgeb. v. Olmütz in Mähren" (Orn. Jb. 5, 1894), „Beitr. z. Ornis v. Olmütz" (ebd. 9, 1898) und „Nachtr. z. Ornis d. Umgeb. v. Olmütz" (ebd. 12, 1901). Mit seinem Studiengenossen, Freund und Jagdgefährten O. Reiser (s. d.) setzte er in den 10 Jahren von Serajewo die orn. Freilandforschungen system. fort. 1894 war er mit O. Reiser in Griechenl., und gemeinsam veröffentlichten die beiden Freunde „Ergebnisse d. orn. Zugbeobachtungen in Bosnien u. d. Herzegowina" (Wissensch. Mitt. aus Bosn. u. d. Herzeg. 8, 1901). Aus der Brucker Zeit verzeichnete die Fachpresse nur kleinere Nachr., z. B. „Seetaucher aus Unter-Steiermark" (Orn. Jb. 17, 1906) und „Z. Zuge d. Seidenschwanzes in Obersteier im Winter 1903/04" (ebd. 18, 1907). Dahingegen wurden die Jagdzeitschr. von ihm mehr mit Aufs. und Mitt. bedacht; u. a. schrieb er „D. Rotfußfalke" (Österr. Forst- u. Jagdztg. 27, 1909) und behandelte das Steinwild, die Wildziegen und die Adler (hiervon gründlicher Stein-, See- u. Fischadler) in dem von E. Stahlecker (Wild u. Hund) herausgegebenen Sammelwerk „D. Hohe Jagd" (3. Aufl. 1912). Immerfort, an seinen Wohnsitzen und auf Reisen, gab er sich der Sammelleidenschaft hin. So brachte er eine ausgezeichnete Samml. zustande, die heute noch im Haus der höheren Forstlehranstalt Bruck aufbewahrt wird. K. war ein erfahrungsreicher, aber nicht nach Ruhm und Glanz strebender Ornithologe, dem die österr. Vogelk. manche Förderung verdankt.

Kobelt, Wilhelm, Dr., * 20. 2. 1840 Alsfeld (Oberhessen), † 26. 3. 1916 Frankfurt (Main)-Schwanheim. Seit 1862 war er, Sohn eines Pfarrers, Arzt in Biedenkopf, seit 1869 in Schwanheim. Zugleich stand er als geistvoller Naturwissenschaftler und Zoologe sowie reformfreudiger Kommunal- u. Sozialpolitiker „auf der Höhe der Wissenschaft und der Menschlichkeit". 1905 wurde ihm für vielseitige Verdienste der Professortitel verliehen. Unter dem Einfluß des Volkslehrmeisters E. Roßmäßler rückte die Molluskenkunde in den Mittelpunkt seines weiten Blickfeldes. Auf diesem Faunengebiete war er eine der europäischen Autoritäten. Lange standen die Mollusken-Samml. und die Abt. für Säugetiere der Senck. Naturf. Ges. in Frankf. unter seiner Verwaltung. Er war kein Freilandbeobachter, der sich zu kleinen Mitt. gedrängt fühlte. An örtlichen vogelk. Nachr. hinterließ er nur „Turmschwalben in Starenkästen" (Zool. G. 11, 1870) und „Überwinternde Stare" (ebd. 44, 1903). Zu orn. Fragen nahm er in größerem Rahmen Stellung, als er in „D. Verbreitung d. Tierwelt" (Leipz. 1901, 1902) Hinweise auf das Auftreten, die Lebensweise und den Zug unserer Vögel gab. Dem Problem des Wanderns glaubte er damals dadurch näher zu kommen, daß er die Zugvögel in Sommerfrischler (mit der Heimat in südlicheren Bezirken und nur kurzem Brutaufenthalt bei uns) und Winterflüchter (bei uns beheimatet, von der Unbill der Witterung und durch Futtermangel zum Abzug gezwungen) einteilte. Seine Hypothese entbehrte allerdings der notwendigen Stütze allein durch den Verzicht auf eine scharfe Trennung beider Gruppen. Dem Vorkommen der heimischen Formen galt schließlich noch eine sachkundige Beleuchtung in der prachtvollen Monogr. „D. Schwanheimer Wald" (Ber. Senck. 42, 1911; 43, 1912; 44, 1913).

— Lit.: Nachruf (von C. R. Boettger). Ber. Senck. 49, 1919, S. 114—123 (mit Bildnis). - L. Gebhardt u. W. Sunkel, D. Vögel Hess., 1954, S. 82.

Koch, Gottlieb von, Dr., * 15. 10. 1849 Hirschberg (Saale), † 21. 11. 1914 Alsbach (Kr. Darmstadt). Als eine Persönlichkeit, in deren Wesenszügen sich kritisches Denken, tiefes Naturgefühl und handwerkliche, zeichnerische, dichterische Begabungen mischten, ist er in die Geschichte der wissensch. Dermoplastik und Mus.-Technik eingegangen. Nach dem Besuch der Gewerbeschule in Hof ging er — Sohn eines Fabrikanten — von 1867—1870 an das Polytechnikum in Nürnb. Der Aufenthalt im Hause der Töchter von J. Sturm (s. d.) bewirkte, daß er die techn. Laufbahn zugunsten der beschreibenden Naturw. aufgab. Neben der Praxis des Präparierens stand in diesen Jahren vor allem die Berührung mit der Vogelwelt in der Umgeb. der Stadt. Der frische, feldornithologische Eifer des jungen, „großen Liebhabers der Vögel" äußerte sich damals nicht nur in einigen orn. Beitr. für J. Orn. 13, 1870; 14, 1871; 17, 1874, sondern auch in kleinen Schriften. Es waren — mit von ihm angefertigten farbigen und schwarzen Strichzeichnungen — „D. Tagraubvögel v. Mitteldeutschl." (Nürnb. 1868), „D. Sänger Mitteldeutschl." (Nürnb. 1868, 1870) und „D. Synopsis d. Vögel Deutschl." (Heidelb. 1871) mit 296 Abb. von Köpfen, Füßen, Läufen und einzelnen Federn. Sollten diese frühen Büchelchen dem Anfänger dienen, so waren die „Stellungen d. Vögel" (Heidelb. 1871/72) der praktischen Anleitung der Präparatoren gewidmet. Da die in den meisten Samml. gezeigten Vögel „nur Karikaturen" seien, wollte er — wie der ältere Ph. L. Martin

(s. d.) — das Ausstopfen zu einer aus ernsthafter Naturanschauung wachsenden Kunst erhöhen. Einer der wirklichen Bewegung des Tieres entsprechenden und damit ästhetisch befriedigenden Darstellung fühlte er sich verpflichtet. Von 1870 ab studierte er in Heidelb. und Jena Naturw., promovierte 1872, wurde Assistent bei E. Häckel, trat 1875 als Inspektor des Naturalienkabinetts das Erbe von J. J. Kaup (s. d.) am Darmstädter Mus. an und erhielt mit dem Auftrag zur Lehrtätigkeit am Polytechnikum 1877 den Professortitel. Rein orn. Themen behandelte seine Feder von nun an nicht mehr. In der Schausamml. aber wurde die von ihm gewählte Neuaufstellung der Tiergruppen bahnbrechend für die Jahrhundertwende. Reformierende Gesichtspunkte waren u. a. die Darbietung der Vogelfamilien als einheitliches Ganzes und die Gliederung nach der geogr. Verbreitung. Bekannt wurde er auch durch seine erzieherisch künstlerischen Unternehmungen auf dem Gebiete der Kinderspiele u. -lieder.

— Lit.: Nachruf (von O. Kleinschmidt). Falco 10, 1914, S. 27/28. - Th. List u. Fr. Back, G. v. K., Darmst. 1914 (12 S.).

Koch, Karl Ludwig, * 21. 9. 1778 Kusel (Pfalz), † 23. 8. 1857 Nürnberg. Die franz. Revolution beschattete seine Jugend, so daß er nur unvollständigen Schulunterricht genoß. Durch Selbststudium ergänzte er die Lücken, um sich dem Forstfach widmen zu können. Zusammen mit seinem Bruder Wilhelm K., der ein großer Botaniker wurde, sammelte er das erste naturk. Material in der Gegend der Mosel, Nahe, des Glan und später in Kaisersl. In Mölschbach bei Kaisersl. war er 1797, in Ursberg (Schwaben) 1805 Revierförster, in Bregenz (Bodensee) 1807 Oberförster. 1814 kam er nach Burglengenfeld (Oberpfalz), 1818 als Kreisforstinspektor nach Regensb., wo er 1826 zum Kreisforstrat aufstieg. Die letzten 10 Jahre war er erblindet. Sein wissensch. Eifer erstreckte sich nicht nur auf die Forst- u. Jagdk., sondern auf fast alle Zweige der Zool. Der Wiedergabe seiner Studien kam vielfach zustatten, daß er in der Lage war, sie mit mustergültigen Abb. von eigener Hand zu bereichern. Viele seiner Arbeiten blieben nur Msk., weil er keinen Verleger fand. Die wichtigste seiner Samml. war die orn., wie denn die Vogelk. bis in seine besten Jahre hinein das Feld seiner größten Neigung blieb. Schon in Bregenz begann die Bearbeitung der Vögel für sein als Taschenbuch gedachtes „System d. Bayer. Zool.“ (Nürnb. 1816), in dem er die Gattungsnamen Serinus, Panurus, Dendrocopus, Limicola prägte. Bei allen Mängeln der System. und Verbreitungsangaben gelang ihm die Kennzeichnung des Gefieders meist recht gut. Besonderes Gewicht legte er auf Schnabel, Nasenlöcher und Zunge; er beschrieb sie genau bei jeder Art und stellte am Schluß des Werks im Stahlstich nur vergrößerte Zungen, Zungenspitzen, Oberkinnladen, Nasenlöcher dar. Die Anat. lag ihm ohne Zweifel sehr am Herzen. Das Unternehmen blieb auf die Vögel und Säugetiere beschränkt. Ein Auszug der Amphibien erschien erst 1828 in „Deutschlands Fauna“ von J. Sturm (s. d.). Die Vogelbälge gingen an die Zool. Mus. von Münch. und Erl. über. Wie staunenswert vielseitig die Interessen dieses unermüdlich forschenden Mannes waren — er behandelte auch die Vögel der Regensb. Umgeb. im 3. Bd. der „Naturh. Topographie v. Regensb.“ (1838—1840) des Nichtornithologen A. E. Fürnrohr —, zeigen daneben seine Arbeiten über Deutschlands Spinnen und Krustentiere, Tausendfüßler, Zecken, Pflanzenläuse usw.

— Lit. Nachruf (Verf. ungen.). Naum. 8, 1858, S. 90—95. - J. T. C. Ratzeburg, Forstwissensch. Schriftsteller-Lex. 1874, S. 283—288. - Chronik v. Kusel (Verl. J. Kleinschmidt, Kusel 1928).

Koch, Oskar, * 1867 Kosch bei Reval, † 1930 Reval. Als Sohn des dt. Konsuls studierte er in Berl. und bildete sich in Antwerpen, London und Dundee für den kaufmännischen Beruf aus. Später war er eine im öffentlichen Leben Revals bekannte und angesehene Persönlichkeit. Da er sich von Jugend an zur Beob. der Natur hingezogen fühlte, wurde er ein guter Jäger und sicherer Vogelkenner. Außer einer reichhaltigen ool. Samml. hinterließ er vor allem als lit. Zeugnis für seine Neigungen eine „Übersicht über d. Vögel Estl.“ (Reval u. Leipz. 1911, hrsg. v. Ver. f. Naturk. Estl.). Mit dem über 255 Arten nachweisenden Büchelchen machte er sich insofern verdient, als er die noch aus den 70er Jahren stammenden Feststellungen V. Russows (s. d.) bemerkenswert ergänzte und vervollständigte.

Koch, Rudolf, * 17. 4. 1855 Münster (Westfalen), † 25. 2. 1927 Münster. Viele Fäden verknüpften ihn mit der heimatlichen Vogelwelt. Der Vater weckte in ihm die Freude an der Naturbeobachtung. H. A. Bolsmann und B. Altum (s. d.) waren in den jüngeren Jahren seine Lehrmeister auf Exk. in die Umgeb. von Gimbte und die Kroner Heide. Auch H. Landois (s. d.) verdankte er in der Schulzeit manche Anleitung. So verhalfen ihm, als er in den 70er Jahren Präparator am Zool. Inst. von Münst. geworden war, fest gegründete orn. Formenkenntnisse und stete Zuverlässigkeit für viele Jahrzehnte zur allg. Achtung unter den münsterl. Fachleuten. Der Junggeselle neigte kaum zur Vielschreiberei. Doch unterstreichen mehrere Mitt. u. Notizen in Jber. Münst. seine ständige Wachsamkeit. Größere Arbeiten aus seiner Feder waren die „Brutvögel d. Münsterl.“ (Jber. Münst. 7, 1878), die „Brutvögel d. gebirgigen Teiles v. Westf.“ (ebd. 9, 1879), die „Vogelw. d. Schloßgartens in Münst.“ (ebd. 43, 1915), die „Vögel d. Umgegend v. Anholt u. d. Niederrheins nach d. Aufz. u. Samml. d. Fürsten Leopold z. Salm-Salm“ (ebd. 44, 1916), „Veränderungen in d. Ornis d. Münsterl. innerhalb d. letzten 60 Jahre“ (ebd. 51/52, 1922 bis 1924). H. Landois bezog sich in „Westfalens Tierleben“ (1886) in 27 Fällen ausdrücklich auf die Angaben seines bewährten Präparators. Auch als K. sich 1913 aus dem Dienst zurückzog, blieb er im Vorstand des Westf. Prov.-Ver. f. Wissensch. u. Kunst rege tätig. Wegen seiner Verdienste um die Erforschung der westf. Avif. ernannte ihn der Verein 1922 zum Ehrenmitglied.

Koch, Wenzel, * 1812, † 1888 Karlsbad. Die forstwirtsch. Laufbahn, die er in Eger begann, führte ihn 31 Jahre lang als Förster und später Forstmeister nach Hardenberg bei Karlsb. Um

die Mitte des Jahrh. war er einer der ersten und kenntnisreichsten orn. Sammler seiner engeren Heimat und erbrachte wertvolle Nachweise für vorher zweifelhafte oder unbekannte Arten aus Westböhm. Ein großer Teil seiner Beute ging in den Besitz der mit ihm befreundeten Landsleute Ch. v. Feldegg und A. Palliardi (s. d.) über. Nach dem Tode Ch. v. Feldeggs erwarb er zu den heimischen Stücken auch viele Exoten. Obwohl die in seinem Karlsb. Hause „Kosmos“ untergebrachten Vogelpräparate — es waren über 1000 — schon vor der Jahrhundertwende durch Pilz und Schimmel fast unbrauchbar geworden waren und er keine Aufz. oder Veröff. hinterließ, blieb sein Andenken lange lebendig, allein deshalb, weil er für A. Palliardis „System. Übersicht d. Vögel Böhm.“ (1852) ein fleißiger und verläßlicher Gewährsmann gewesen war.
— Lit.: J. Talsky, D. orn. Samml. d. pens. Forstmeisters Herrn W. K. in Karlsb., Mitt. Wien 11, 1887, S. 3/4. - J. P. Pražák, Über d. Vergangenheit u. Gegenwart d. Orn. in Böhm., Orn. Ms. 22, 1897, S. 207/08. - E. v. Czynk, Ein d. Untergange geweihter Schatz, Orn. Jb. 9, 1898, S. 225—229.

Kocyan, Anton, * 2. 8. 1834 Maków (Galizien), † 22. 12. 1916 Mokragy, Komitat Orava (Ungarn). Der ursprünglich für den Beruf des Geistlichen bestimmte Lehrerssohn wurde zunächst Angestellter im Eisenwerk von Zakopane-Kusnice. Seit 1860 war er dann Förster in Kościelisko, 1870—1885 in Oravica, 1885—1910 Oberförster in Zuberec (Arva). Sein Ruhesitz war Mokragy. Ausgestattet mit dem scharfen Auge des naturnahen Menschen und die Bemühungen W. Rowlands (s. d.) ergänzend, war er ein kenntnisreicher, vertrauenswürdiger Freilandbeobachter in den Hochgebirgswaldungen. 1861 begleitete er den befreundeten E. Schauer (s. d.) auf dessen orn. Exk. durch die Tatra. Sammelleidenschaft und Geschicklichkeit im Präparieren brachten ihn in sehr rege Verbindung mit vielen Ornithologen seiner Zeit, u. a. mit O. Herman, J. v. Madarász, J. Schenk, V. v. Tschusi, A. Reichenow (s. d.) und mit bekannten Naturalienhändlern wie W. Schlüter, Aug. Müller, A. Möschler (s. d.). Ihm allein oder seiner sachkundigen Mitwirkung war daneben der Ausbau örtlicher Vogelsamml. zu danken, u. a. im Tatra-Mus. von Zakopane (1860—1888), im Arva-Mus. von Schloß Arva-Orava (1869—1889), im Karpaten-Mus. von Poprad (1870—1884). Feststellungen über Zugbewegungen gab er gerne an V. v. Tschusi und an das Ung. Orn. Inst., dem er seit 1896 als korr. Mitglied angehörte. In der Fachlit. trat sein Name erstmalig mit einem längeren Ber. über die „Vögel d. Nord-Tatra“ (Mitt. Wien 7, 1883) in Erscheinung. Sein Hauptwerk blieb (in poln. Sprache) eine Beschr. von 204 auf der Nordseite des Gebirges vorkomenden Vögeln (Pamietnik Tow. Tatrz. Kraków 9, 1884), deren Brut- u. Zuggewohnheiten dabei besondere Beachtung fanden. Als er noch in Oravica stationiert war, schrieb er ferner „D. Adler im Tatragebirge“ (Zs. ges. Orn. 1, 1884) und später von Zuberec aus „Loxia bifasciata ...“ (Orn. Jb. 1, 1890), „D. Rauhfußkauz in d. Tatra“ (ebd. 2, 1891) und „V. d. Nord-Tatra 1891 bis 1. 2. 1892“ (ebd. 4, 1893). Im Orn. Ver. zu Wien war er seit 1887 korr. Mitglied.
— Lit.: Nachruf (von St. v. Chernel). Aquila 23, 1916, S. 592/93. - G. Brzęk, D. Goldene Zeitalter d. Poln. Orn. (Poln. mit engl. Zusammenfassung). Memorabilia Zool. 3, Warschau 1959.

Köhler, Gustav Adolf, * 4. 8. 1829 Weißenfels (Sachsen), † 7. 10. 1881 Weißenfels. Wanderjahre führten ihn, den Sohn eines Rauchwarenfabrikanten, bis Algier, wo er sich, einer Jugendneigung folgend, mit der dortigen Ornis und dem Präparieren von Vogelbälgen beschäftigte. Nachdem er 1850 in die Heimat zurückgekehrt war, betätigte er sich in der Landw. und verlegte sich auf die Pflege und Zucht ausländischer Vögel. Neben Tauben, Hühnern, Gänsen, Wachteln waren Finken und Sittiche seine besonderen Lieblinge. In der Frühzeit der Exotenhaltung hatte er allbekannten Namen, ohne daß er viel zur Feder griff. Nur in Gef. W. 2, 1877 bis 6, 1881 meldete er sich mit 5 Erfahrungsbeitr. zu Wort; u. a. berichtete er über das Leben und die Fortpflanzung südafrik. Frankolinhühner in der Gefangenschaft. Für Züchtungserfolge mit dieser Art verlieh ihm die Société d'Acclimatation zu Paris eine silberne Medaille. Gleichgerichtete Liebhaberei verband ihn mit F. A. Frenzel und E. v. Schlechtendal (s. d.). Dem Vorstand des jungen Ver. z. Schutze d. Vogelw. gehörte er bis zum frühen Tode an.
— Lit.: Nachruf (von F. A. Frenzel). Gef. W. 10, 1881, S. 601/02. - Nachruf (von H. Schalow). Orn. Cbl. 7, 1882, S. 12.

Köhler, Richard, * 19. 9. 1883 Dresden-Pieschen, † 1950 Dresden. Von dem örtlich um Dresd. wirkenden und um F. A. Bäßler (s. d.) gescharten Beobachterkreis angeregt, beteiligte sich der Buchbinder begeistert und keine Mühe scheuend an Freibeob. und Beringung. Damit empfing seine Idealen nachstrebende Denkart mancherlei Tröstung nach schweren Schicksalsschlägen. Vier faun. Beitr. in Mitt. Sachs. 1928/29 halten seinen Namen fest, doch sicherte ihm uneigennützige Hilfsbereitschaft einen weit größeren Geltungsbereich.

Koenig, Alexander Ferdinand, Dr. Dr. h. c., * 8. 2. 1858 Petersburg, † 16. 7. 1940 Blücherhof (Mecklenburg). Sein Großvater, Sohn eines Müllers aus Gebesee bei Erfurt, hatte sich 1812 in Petersb. niedergelassen. Die Familie blieb trotz russ. Staatsangehörigkeit stets rein dt. K. lebte seit 1867 in Deutschl., wo er 1904 das Gut Blücherhof erwarb und erst 1914 Deutscher wurde. In Greifsw., Kiel, Berl. und Marb. studierte er Zool. und war später als Honorarprof. und Geh. Reg.-Rat in Bonn einer der wenigen Vertreter der Orn. an einer dt. Univ. Von früher Jugend an beseelte ihn die Leidenschaft zum Sammeln und Jagen. Außergewöhnlicher Reichtum (sein Vater beherrschte zeitweise den russ. Zuckermarkt) erlaubte ihm, auf Reisen in ferne Länder (Tunis, Madeira, Algerien, Ägypten, Nil, Bäreninsel, Spitzbergen) seinen Forscherdrang zu befriedigen. In hinreißender Gestaltung wußte er über die Früchte seiner Exp. zu berichten. Mit besonderer Hingabe behandelte er die Vögel Ägyptens in vielen Jahrgängen des J. Orn. Von dem monogr. Prachtwerk „D. Vögel am Nil“ (illustriert von H. G. Keulemans, O. Kleinschmidt, E. de Maes, F. Neubaur) wurde leider nur der Bd. „Raubvögel“ um

1936 fertig. Die Ausbeute an Eiern, die er von seinen Reisen mit nach Hause brachte, vereinte er mit anderen, zum größten Teil aufgekauften oder im Tausch erworbenen Stücken und Kollektionen zu einer der eindrucksvollsten Privatsamml. Nach jahrelanger Arbeit stellte er sie in den 4 stattlichen Bänden des „Kat. d. nido-ool. Samml. im Mus. A. Koenig in Bonn" 1931/32 vor. Dieses umfangreiche Eierwerk (mit 17 Tafeln von P. Preiß und 1 Tafel von E. de Maes), seinem Verf. besonders ans Herz gewachsen, ragt als Denkmal der Ool. aus einer Zeit empor, in der die Eierkunde in Deutschl. bereits im Sterben lag. Die Beschäftigung dieses Mannes mit der Vogelwelt entsprang einem künstlerischen, ästhetischen Bedürfnis. Im Tier überhaupt offenbarte sich seinem kritisch blickenden Auge und seinem begeisterungsfähigen Gemüt Naturschönheit in harmonischer Vollendung. Bei aller wissensch. Exaktheit sah er daher mehr auf die Form und weniger auf die Funktion des Organismus. Für system. Subtilforschung, zu der er als übertriebene Beob.-Sucht und Spielerei auch die Beringung rechnete, fehlte ihm das Verständnis. Als scharf umrissene, eigenwillige Persönlichkeit stand er unter den Fachgenossen und ging, wo er die innere Freiheit wissensch. Betätigung gefährdet glaubte, eigene Wege. So widersetzte er sich überspitzt z. B. den Hartertschen Nomenklaturvorschlägen. Auch mit dem Grafen H. v. Berlepsch und O. Kleinschmidt (s. d.) kreuzte sein leicht entzündbares Temperament eine scharfe Klinge, und trotzdem reichte er in ritterlicher Gesinnung seinen Gegnern stets die versöhnende Hand. Begnadeter Freilandbeobachter, war er zugleich auch strenger, die Sammeltechnik mit Vollendung handhabender Museumsmann. Neben der Reihe seiner bedeutenden Veröff. — dazu gehört seine „Avif. Spitzbergensis" mit Eiertafeln von G. Krause (1911) — steht daher ein Denkmal aus Stein in dem von ihm, dem kinderlosen Mäzen, selbst erdachten, in langen, zuletzt krisenhaften Jahren erstellten, dem Dt. Reich 1929 übereigneten und 1934 eröffneten „Zool. Forschungsinst. u. Mus. A. Koenig, Bonn". Es erinnert an einen Ornithologen, dessen beseelte Naturanschauung Herzen leichter gewinnt, als es eine nur verstandesmäßig betriebene Wissensch. vermag. Seine Verdienste unterstrichen mehrfache Auszeichnungen: 1919 Dr. h. c. der med. Fak. Bonn, Ehrenbürger der Stadt Bonn, 1923 Ehrenmitglied der DOG, Goethemedaille f. Kunst u. Wissensch., 1938 Hausorden von Hohenzollern, 1938 Adlerschild des Dt. Reiches.

— Lit.: Autobiogr., Bonn 1938 (mit Bildnis). - Nachruf (von L. v. Boxberger). B. z. F. 16, 1940, S. 188/89 (mit Bildnis). - Nachruf (von O. Kleinschmidt). Falco 36, 1940, S. 57/58. - Nachruf (von J. Steinbacher). Gef. W. 69, 1940, S. 340/41. - Nachruf (von K. Guenther). Naturw., Berl. 28, 1940, S. 640—644. - Nachruf (von H. Frhr. Geyr v. Schweppenburg). J. Orn. 89, 1941, S. 169—176 (mit 2 Bildnissen). - Bildnis im Nido-ool. Kat. 1931/32.

König von und zu Warthausen, Richard Freiherr, Dr. h. c., * 6. 2. 1830 Schloß Warthausen bei Biberach (Schwaben), † 14. 1. 1911 Schloß Warthausen. Nach dem Besuch des Gymnasiums in Ulm und dem Studium der Forst- u. Landw. in Tüb., Tharand, Hohenheim übernahm er die Verwaltung des Familiengutes. Er hatte das Glück, sein Leben ungestört in der oberschwäb. Heimat auf eigenem Boden verbringen zu dürfen; und er besaß die Kraft, nicht in Haussorgen zu versinken. In der Tierpflege und Vogelhaltung suchte er Freude, und durch den wissensch. Ernst, mit dem er sich der Vogelk. hingab, bewahrte er sich einen geweiteten Blick bis ins hohe Alter. 1850 schon beteiligte er sich an der Gründungsversammlung der DO-G in Leipz., und 1867 unterzeichnete er als einer der ersten den Gründungsaufruf der DOG. Im brieflichen Verkehr mit den orn. Größen Deutschl. blieb er am Born der Forschung. Das Schrifttum war ihm wohl vertraut. Leider verspürte er nicht den Drang, sein Wissen in einem größeren Werk zu hinterlassen. Im Vordergrund der jugendlichen Neigungen stand die Ool., in der er ein getreuer Schüler des von ihm verehrten F. A. L. Thienemann (s. d.) war. Aus der Masse der spielerisch eingestellten Eiersammler seiner Zeit hob er sich jedoch heraus, als er zielstrebig weiterschritt zur Beschäftigung mit der Fortpflanzungsbiol. Die ersten Arbeiten galten schon den Brutgewohnheiten des Eisvogels (Naum. 4, 1854; 5, 1855), der „Spottsänger" (Moskau 1859), des Seidenschwanzes (ebd. 1860), der geierartigen Raubvögel (Buch d. Welt 1860), der kiebitzartigen Vögel (ebd. 1863), des Tannenhähers (J. Orn. 9, 1861), der Caprimulgiden (ebd. 16, 1868). Später noch schrieb er die monogr. Studie „Über d. Kreuzschnäbel u. ihre Fortpflanzung" (Jh. Württ. 45, 1889). Die faun. Erkundung förderte er, als er in Jh. Württ. für die Jahre 1886—1893 „Naturw. Jber." herausgab; gestützt auf Nachr. zuverlässiger Sachkenner baute er hier eine wertvolle Grundlage für die württ. Vogelforschung auf — als eine Art Forts. der Jber. Beob.-Stat. Deutschl. In der Ständekammer bewirkte seine Autorität schon in den 80er Jahren das Verbot des Krammetsvogelfangs und (für Oberschwaben) des Sammelns der Kiebitz- u. Möweneier. Auch auf dem 2. internat. Orn.-Kongr. in Budapest 1891 vertrat er seine Auffassung in Fragen des Vogelschutzes: Ablehnung reiner Nützlichkeitserwägungen, Betonung der sittlichen Forderung. Nachdem er sich zusammen mit dem ihm befreundeten Th. v. Heuglin (s. d.) in Naum. 1, 1850 zur Fortpflanzung verschiedener Vögel im südwestl. Deutschl. geäußert hatte, erstreckte sich die eigene schriftstellerische Wirksamkeit über die lange Zeitspanne von 1854—1904. Die meisten Veröff. überließ er den Jh. Württ., einige der Naum. und dem J. Orn. Auf Württ. bezogen sich (wenigstens teilweise) 26 Titel, die W. Bacmeister im „Verz. d. vogelk. Schrifttums in Württ. . . ." (Jh. Württ. 108, 1952) zusammenstellte. Mannigfache Ehrungen wurden dem hochgeachteten Naturforscher und treuen Sohn der Heimat zuteil. Er war württ. Kammerherr und Rechtsritter des Johanniterordens. Die Univ. Tüb. verlieh ihm den Dr. h. c. Seine bedeutsame, allein 12 500 Eier enthaltende Samml., die Th. v. Heuglin besonders um afrik. Stücke vermehrt hatte, kam auf Schloß Sommershausen und 1955 in das Stuttg. Mus. f. Naturk.

— Lit.: Nachruf (von K. Lampert). Jh. Württ. 67, 1911, S. XLIV—XLIX (mit Bildnis). - Nachruf (von O. Herman). Aquila 18, 1911, S. 436—439. - Nachruf (von W. Bacmeister). J. Orn. 59, 1911, S. 613—619 (mit Bildnis u. unvollst. Verz. d. Veröff.). - Ders., Abriß einer Gesch. d. Württ. Vogelk., Jh. Württ. 102—105, 1950, S. 27—29.

Koepert, Otto, Dr., * 26. 6. 1860 Eisleben, † 2. 3. 1939 Dresden. Sohn eines Gymnasialprof., studierte er von 1881—1885 Naturw. in Berl., Halle, Wien, war 1888—1901 in Altenb. und dann bis 1925 an einer Dresd. Schule Prof. und Studienrat. In den Altenb. Jahren setzte er sich rege in der Naturf. Ges. d. Osterl. ein und beteiligte sich 1894 an der Errichtung des Brehm-Schlegel-Denkmals. Das Verständnis für den Vogelschutz förderte er durch praktische Maßnahmen, Wort und Schrift im Rahmen des Dt. Ver. z. Schutze d. Vogelw. Auch am Neuen Naumann wirkte er mit. Der Verbreitung vogelk. Kenntnisse diente eine Reihe von faun. und biol. Veröff. zwischen 1886 und 1932 in Orn. Ms., Mitt. Osterl., Orn. Mber., J. Orn., Mitt. Wien, Mitt. Sächs. Heimatsch., Naturw. Wochenschr. Von den faun.Beitr. vereinigte R. Heyder 19 Titel in den „Vögeln d. Landes Sachs." (1952) aus den Jahren 1888—1931. Eine Überschau aus dem Blickwinkel des Feldornithologen war die „Vogelw. d. Herzogtums Altenb." (J. Orn. 44, 1896; Orn. Ms. 21, 1896; Programm d. Realgymnasiums Altenb. 1896; Nachtr. in J. Orn. 49, 1901 mit insgesamt 227 Arten). Das Zugphänomen bildete Gegenstand einer Unters. unter dem Titel „D. Ankunft unserer Zugvögel in ihrer Abhängigkeit v. d. Phänol. ihrer Nahrungstiere u. deren Nahrungspflanzen" (Naturw. Wochenschr., N. F. 4, Nr. 8). Die späteren Dresd. Zeiten sahen K. ebenfalls noch am Werk. Dafür zeugen Veröff. wie „Jagdzoologisches aus Altsachs." (Programm d. Vitztumschen Gymnasiums Dresd. 1914), „Vom Dt. Weidwerk" (Berl. 1926), „Jagdgeschichtliches aus d. Dresd. Heide" (Koepert u. Pusch, D. Dresd. Heide, Dresd. 1932).

Köppen, Theodor, * 24. 3. 1814 Potsdam, † 29. 6. 1893 Coburg. Wahrscheinlich war er verwandt mit dem 1797 in Potsd. geborenen Carl August K., der von 1822 bis zu seinem Tode 1873 die Stadtapotheke in Rudolst. besaß. Sein Beruf war nicht zu ermitteln. Sicher ist nur, daß er von 1867 ab als Rentner in Cob. wohnte und dort ob seines gemeinnützigen Sinnes bekannt war. 1871 gründete er mit E. Baldamus (s. d.) einen örtlichen Vogelschutzverein und meldete sich in Orn. Ms. 2, 1876 erstmalig zu Wort. Der DOG schloß er sich 1885 an. In den Berl. Sitzungen berichtete er über Versuche, die er zur Wiedereinbürgerung der Nachtigall in Cob. unternahm. Seine langjährigen Bemühungen (seit 1872) und Erfolge sind ferner festgehalten durch Veröff. aus seiner Feder in Orn. Cbl. 4, 1879 — 6, 1881; Gef. W. 9, 1880 — 21, 1892 sowie durch eine selbständige Schrift „Anleitung z. Züchtung u. Ansiedelung v. Nachtigallen auf Grund eigener Erfahrungen" (Berl., 1. Aufl. 1884, 2. Aufl. 1886).

Koller, Otto, * 12. 3. 1872 Nieder-Ottnang (Ober-Österreich), † 23. 1. 1950 Mauerkirchen (Ober-Österreich). Nach dem Besuch der Lehrerbildungsanstalt in Linz war er Unterlehrer im Bezirk Ried und in Geboltskirchen, seit 1893 Lehrer in Uttendorf und später Mauerkirchen, wo er 1923 als Oberlehrer in den Ruhestand trat. Verbindung zu V. v. Tschusi (s. d.) förderte seine feldorn. Neigungen und machte ihn zum nicht immer kritischen Beobachter der Vogelwelt des Hausruckwaldes und der Kernzone des Innviertels, das infolge der Randlage bis in unser Jahrh. einer genaueren faun. Aufhellung harrte. Als geschickter Präparator hatte er in der Heimatlandschaft gleichfalls guten Ruf. Die ihn umgebende Ornis beschäftigte ihn zwar in ihrer Vielgestaltigkeit, am meisten dürfte ihn aber das Leben der Raubvögel angezogen haben. Seine erste Arbeit (er begann schon mit 16 Jahren zu schreiben!) hatte den Titel „Einige Beob. am Sperber u. Mäusebussard" (Orn. Ms. 13, 1888). Ihr folgten u. a. „Orn. Beob. in O.-Ö." (ebd. 14, 1889), „Einige orn. Beob., A, D. Horst eines Wespenbussards" (ebd. 14, 1889), „Einige orn. Beob., B, D. Hohltaube" (ebd. 16, 1891). Bis zum Jahre 1894 hatte er der Orn. Ms. bereits 12 Abh. und Mitt. — sie waren nicht alle wichtig und ausgereift — übergeben. Zwischen 1909 und 1912 standen dann noch 3 kleinere Nachr. von ihm in Orn. Jb. Damit scheint sich seine jugendliche Schreibfreudigkeit früh erschöpft zu haben. Mit J. Roth (s. d.) und A. Watzinger beteiligte er sich nur noch einmal an „Orn. Notizen aus O.-Ö. u. N.-Ö." (Waldrapp 2, 1920). Ein zweites, ihn stark beanspruchendes Wirkungsfeld war die Bienenzucht; hier hinterließ er 65 Veröff. Sie begannen 1900, hörten aber gleichfalls 1920 schon auf.
— Lit.: Würdigung (von Ä. Kloiber). Amtl. Linzer Ztg. v. 21. 4. 1950, Folge 16.

Kollibay, Paul Robert, * 4. 7. 1863 Landsberg (Oberschlesien), † 5. 11. 1919 Neiße. In der Gymnasialzeit (Neustadt 1873—1882) legte der Verkehr mit dem Sohn von F. Kutter (s. d.) den ersten festen Grund zu orn. Neigungen, die ihn nicht mehr verließen. Nach dem Studium in Bresl. eröffnete er 1891 in Neiße eine Rechtsanwaltspraxis, wurde 1897 Notar, 1910 Justizrat und 1917 Mitglied des Vorstands der Anwaltkammer. Trotz starker beruflicher Beanspruchung widmete er sich unermüdlich der Erforschung der heimatlichen Vogelwelt, über die er seit 1879 Tagebuch führte, und berichtete über die weiteren Ergebnisse seiner Bemühungen in Fachbl. und schles. Ztg. (hier besonders über den Tannenhäher). Nach zahlreichen Vorstudien in Orn. Cbl., J. Orn., Orn. Jb., Orn. Ms., Orn. Mber. veröffentlichte er 1906 die „Vögel d. Preuß. Prov. Schles.". Diese Frucht jahrzehntelanger Felderfahrung und scharfer Sichtung der lit. Quellen war eine im Hinblick auf die Zeitlage (noch keine Beringungsergebnisse!) gewissenhaft überprüfte Materialsammlung und bedeutete (zusammen mit den Nachtr. in Orn. Jb. 20, 1909 u. Orn. Mber. 23, 1915) eine zuverlässige Grundlage für die fortschreitende faun. Erkundung des schles. Raumes. Schon vorher (1904) war es der Tatkraft des Verf. gelungen, den Ver. Schles. Ornithologen (mit den Ber. Schles.) ins Leben zu rufen, der im Geiste des Gründers fast ein halbes Jahrh. eine Pflegestätte der landschaftlich gebundenen Vogelk. bildete. Im Laufe der Jahre rückte die Gesamtheit der paläarkt. Ornis mehr in den Vordergrund seiner Interessen. Er verbrachte daher seit 1896 alljährlich einige

Wochen am Mittelmeer, in der Schweiz, an nordischen Küsten usw. und vergrößerte mit dortigen Stücken seine Balg- u. Eiersamml. Vornehmlich beschäftigten ihn die paläarkt. Apodiden und die System. der Mittelmeervögel. Zeugnisse für diese vertiefende Betrachtung waren Arbeiten wie „Beitr. z. Kenntnis d. Vogelw. Dalmatiens" (Orn. Jb. 14, 1903), die „Vogelf. d. Bocche di Cattaro" (J. Orn. 52, 1904), „Einige biol. Beob. aus Süddalmatien" (ebd. 64, 1916). Daß er neu auftretenden Forschungsmethoden gleichfalls zugetan war, zeigt seine Zugehörigkeit zum Ausschuß, der 1901 zur Gründung der Vogelwarte Rossitten zusammentrat. Als einem der verdienstvollsten schles. Ornithologen öffnete sich dem rührigen Manne daneben im Rahmen der DOG ein Feld reger Wirksamkeit; von 1907—1919 bekleidete er den Posten des 2. Vorsitzenden. Seine Samml. von über 2500 paläarkt. Vögeln gelangte in das Zool. Inst. der Univ. Bresl.
— Lit.: Nachruf (von E. Drescher). Ber. Schles. 6, 1920, S. 31—34 u. J. Orn. 68, 1920, S. 175—177. - Bildnis in Ber. Schles. 16, 1930 u. (Gruppenaufnahme vor Haus Gätke, Helgol.) in Orn. Ms. 30, 1905.

Kolombatović, Georg, * 1843 Split (Dalmatien), † 1908 Split. Nach dem Schulbesuch in Venedig und dem naturw. Studium in Padua war er von 1864 bis zu seiner Pensionierung 1900 Gymnasialprofessor in seiner Vaterstadt. Bekannt wurde sein Name durch Forschungen an der Flora, den Vögeln, Säugetieren und ganz besonders den Meeresfischen. Im Rahmen der in den 80er Jahren ins Leben gerufenen vogelk. Beob.-Stat. Österreichs übernahm er den südlichsten Posten und bemühte sich, das aus dem noch unerschlossenen Dalm. spärlich einlaufende Material zu sammeln. Bei den Wiener und Budapester Ornithologen seiner Zeit genossen seine Kenntnisse hohe Beachtung. So benutzte T. Csörgey (s. d.) auch seine Notizen für die Veröff. über den dalm. Vogelzug (Aquila 9, 1902 u. 10, 1903). Als Schriftsteller war er überaus rege. Die avif. und phänol. Beitr. standen meist in Glasnik und waren in kroat. oder ital. Sprache abgefaßt.

Konrad von Megenberg, * 1309 Mäbenberg bei Spalt (Mittelfranken), † 11. 4. 1374 Regensburg. Er war Geistlicher in Wien, Paris und von 1359—1363 Dompfarrer und Ratsherr in Regensb. Seine wirre, notvolle Zeit war beherrscht von der Mystik und dem Wunderglauben der im reinen Gottschauen Trost und Hoffnung suchenden Menschen. Ein Spiegel dieser allg. Geisteshaltung wurde sein um 1350 erschienenes „Buch d. Natur", zu dem ihm, in der Stoffauswahl selbständig bearbeitet, als Übertragungsgrundlage das „Liber de naturis rerum" des um 100 Jahre älteren Dominikaners Th. von Cantimpré diente. Während der ungleich bedeutendere Albertus Magnus (s. d.) dieselbe Vorlage nur um von ihm selbst festgestellte Tatsachen vermehrte, wußte K. neben unverstandenen eigenen Beob. lediglich volkstümliche Vorstellungen des Aberglaubens und moralisierende Ermahnungen anzufügen. Daß sie durchaus dem Geschmack des späteren Mittelalters und der frühen Neuzeit entsprachen, zeigt die weite Verbreitung, die das Werk mit all den darin zusammengetragenen Merkwürdigkeiten — auch aus dem Bereiche der „Vogelkunde" — bis ins 16. Jahrh. hinein fand. Zool. und orn. ist dieses „Volksbuch" ohne Wert. Kultur- u. sprachgeschichtlich hat es dagegen Bedeutung, weil es die erste „Naturgeschichte" in dt. Prosa ist.
— Lit.: Textausg. v. Fr. Pfeiffer, Stuttg. 1861. - Allg. Dt. Biogr. 16, 1882, S. 648—650. - Neuhochdt. Text v. H. Schulz, Greifsw. 1897. - R. Lauterborn, D. Rhein, . . . , Freib. 1930, S. 77. - E. Stresemann, Entw. d. Orn., 1951. - Th. Ballauf, D. Wissensch. v. Leben, 1954.

Korb, Ernst, Dr., * 10. 5. 1873 Prag, † 21. 2. 1945 Wien. Die Jugend verlebte er in Drum bei Böhm.-Leipa, besuchte das Konvikt der Jesuiten in Mariaschein bei Teplitz und später das Staats-Obergymnasium von Böhm.-Leipa, wo er 1891 die Reifeprüfung ablegte. Das med. Studium beendete er 1897 in Prag und übersiedelte 1899 nach Wien. Hier wirkte er zunächst als Psychiater in Privatsanatorien und dann als Chefarzt im Versorgungsheim Lainz. Ein Herbarium, eine Schneckensamml. und vor allem eine Samml. europ. Eier wurden Zeugnisse lebenslanger naturw. Neigungen. Die Eier brachte er zusammen seit 1888 aus der Gegend von Drum, später besonders von Schloßhof (March), Nikolsburg, Prag, Pickern bei Marburg, Bidakeszi, Budaörs, Szigetcsép bei Budapest, Dinnyés, Madaras-See (ehemaliger Brutplatz der Ruderente) bei Örkény, Lébény und vornehmlich aus dem Hanság. Sein Lehrmeister war O. Reiser (s. d.). Interessenverbindung hatte er außerdem mit F. Cerva und N. Vasvári (s. d.), L. Maté und A. Keve. Obwohl ihn der Ruf begleitete, ein sehr gewissenhaft arbeitender und kenntnisreicher Oologe zu sein, trat er mit Veröff. nicht hervor. Nach seinem Tode (er wurde das Opfer eines Luftangriffs) kam die ool. Samml. — mit genau geführten Katalogzetteln versehen — in das Naturh. Mus. von Wien.
— Lit.: Nachruf (von A. Keve). Aquila 51—54, 1944—1947, S. 209.

Kormos, Theodor, Dr., * 10. 11. 1881 Raab = Györ (Ungarn), † 12. 4. 1946 Budapest. Als Paläontologe arbeitete er mit K. Lambrecht (s. d.) zusammen. Lange Zeit war er am Ung. Geol. Inst. tätig und wurde an der Univ. Budapest zum Dozenten habilitiert. Nach dem 1. Weltkrieg war er leitender Geologe an Bauxitwerken. Über seine Forschungen (darunter viele fossile Vogelfunde) berichteten hauptsächlich geol. Zeitschr. Da ihn die Vogelk. weniger berührte, schrieb er meist nur kurze Mitt., z. B. über die Türkentaube in Bosnien. Größere Arbeiten waren „Zehn Tage an d. Maros" (Orn. Jb. 13, 1902) und „Versuch einer Avif. d. Umgeb. v. Ménes-Magyarád in Ung." (ebd. 15, 1904).
— Lit.: Nachruf (von A. Keve). Aquila 51—54, 1944—1947, S. 209.

Kornberger, Josef, * 4. 2. 1877 Heideck (Mittelfranken), † 23. 3. 1956 Stuttgart. Der 3 Jahrzehnte lang in einer Stuttg. Versicherungsgesellschaft tätige Zimmermannssohn gehörte zu den musisch und künstlerisch begabten Menschen, deren Tage fernab vom Lärm der Welt durch ein reiches Innenleben fruchtbar werden. Freude an Musik und Gesang beschwingte den Feinfühligen von Jugend an. Während seiner militärischen Dienstzeit fand er Verwendung im Musikkorps der Ansbacher Ulanen. 7 Instrumente verstand er zu spielen. Mit einer gewissen Selbstverständlichkeit hatten es ihm daher auch die Vogelstimmen angetan. Auf zahlreichen Beobachtungsgängen, die er im Auftrag des Bundes f. Vogelsch. durchführte, legte er Proben seines Wissens vom Vogellied ab. Auch sonst war er in der Biol. der Vögel gut bewandert. Er kannte die orn. Feinheiten des Federsees; und um vogelk. Studien zu treiben, war er mit W. Bacmeister unterwegs in den Alpen, auf der Schwäbischen Alb, an den Ufern der Nord- u. Ostsee, auf der Insel Juist, dem Memmert und auf Hiddensee. Überall bescheiden sich zurückhaltend, besaß er auch nicht den Ehrgeiz, seine Erfahrungen in der Fachlit. niederzulegen. Öfters äußerte er sich dagegen in der Anstaltszeitung der Heil- u. Pflegeanstalt Schussenried, einem Organ, in dem man kaum orn. Beitr. erwartet. Hier schrieb er als Menschenfreund, um den Insassen die Vogelwelt der Umgeb. nahezubringen. Auch im Stuttg. Tagebl. berichtete er mehrfach über Beob. am Hofener Stausee. Der Bund f. Vogelsch. zeichnete den in der Stille Mitschaffenden durch die Ernennung zum Ehrenmitglied aus.

— Lit.: Nachruf (von W. Bacmeister). Jh. Württ. 112, 1957, S. 154—157 (mit Bildnis).

Kornhuber, Andreas Georg, Dr., * 2. 8. 1824 Kematen (Ober-Österreich), † 21. 4. 1905 Wien. Er besuchte die Schulen in Linz und Salzb. und studierte Med. in Wien, wo er 1850 promovierte. 1852 wurde er Gymnasiallehrer in Preßburg und gründete hier den Verein f. Naturk. Sein Interesse war in erster Linie auf die Botan. ausgerichtet, über die er eine größere Anzahl von Arbeiten hinterließ. Doch verdankte ihm in den Preßb. Jahren auch die avif. Erkundung Ung. deutliche Förderung. Die umfangreichste orn. Veröff. aus seiner Feder blieb die „System. Übersicht d. Vögel Ung." (6. Jahresprogr. d. Oberrealschule Preßb., 1856). Kleinere Beitr. waren „Über d. Naturgesch. d. Seeadlers" (Verh. Preßb. 1, 1856), „Pandion haliaëtus" (ebd. 2, 1857), „Über ung. Pelikane" (ebd. 3, 1858), „Vultur fulvus bei Luipersdorf" (ebd. 5, 1860/61), „Zahlreiches Erscheinen v. Bombycilla garrula" (ebd. 5, 1860/61). 1861 siedelte er als Prof. der Botan. und Zool. an die Techn. Hochschule von Wien über; von dieser Zeit an meldete er sich orn. nicht mehr zu Wort. Nach der Pensionierung 1895 beschäftigte er sich vornehmlich mit geol. und paläont. Unters. und wohnte als Hofrat wieder in Preßb.; dort ist er auch beigesetzt.

— Lit.: Pallas Lex. 10, 1895, S. 796. - Nachruf (von A. Heimerl). Verh. Wien 56, 1906, S. 103—125 (mit Bildnis).

Kornis, Karl Graf, * 4. 8. 1894 Szerep = Sîrbeşti, Komitat Bihor (Siebenbürgen), † 16. 5. 1955 Dej = Dés (Siebenbürgen). Als Sproß einer alten siebenb. Familie hatte er Grundbesitz in Szenbeneder (= Mînăstirea) bei Dej und entwickelte sich früh autodidaktisch zum tüchtigen Kenner der heimatlichen Avif. 1911 ernannte ihn das Ung. Orn. Inst. zum ordentlichen Beobachter, und die Rum. Natursch.-Kommission zählte ihn, wie D. Lintia (s. d.), zu ihren rührigsten Mitarbeitern. Neben der Faun. und dem Vogelschutz beschäftigten ihn vornehmlich auch Zugfragen. Bei Mînăstirea gründete er daher 1934 die erste rum. Privat-Stat., deren Ringe die Aufschrift „Kornis — Dej Romînia" trugen. Die Jagdleidenschaft — er hatte schon durch Jagdunfall in frühen Jahren ein Bein verloren — führte ihn alljährlich in die Dobrudscha, mit deren Ornis er eingehend vertraut war. So stützte sich eine Dobrudscha-Jagdausstellung in Bukarest gerade auf die von ihm gesammelten 305 Vogelpräparate, die er im Landhaus Szentbenedek (Siebenb.) aufgestellt hatte. Bei allem organisatorischem Eifer und aller Bereitschaft zur Förderung der Naturw. zog es ihn nur wenig zum Schreibtisch. Außer einigen kleineren Mitt. hinterließ er in ung. Sprache „Vogelk. Studienreise in die Rum. Dobrudscha im Herbst 1928" (Kócsag 1931), in rum. Sprache „Orn. d. Razelmsees" (Carpatii Cluj 1935), „Maßnahmen z. Schutze d. Vogelf. d. Donau-Deltas" (ebd. 1936), „Fauna d. Komitates Somes = Samosch (Siebenb.)" (ebd. 1947). Als im 2. Weltkrieg sein ganzer Besitz (Haus, Bibliothek, Aufz., Samml.) unterging, wurde es still um ihn, bis er in Zurückgezogenheit seine Erdenbahn beschloß.

— Lit.: Nachruf (von A. Keve). Aquila 63/64, 1956/57, S. 373 u. 377 (ung. u. engl.).

Kosić, Baldo, * 1829 Dubrovnik (Dalmatien), † 18. 1. 1918 Dubrovnik. Nach dem Studium in Genua machte er sich als Prof. der Naturw. und Kustos verdient um die Entwicklung des städtischen Mus. von Dubr. und die Erforschung der dortigen Fauna. Zu seinen bemerkenswertesten, kroat. geschriebenen Veröff. gehörten „Material f. d. Nomenkl. u. Fauna d. Vögel v. Dubr." (Glasnik 3, Zagreb 1888) (mit Zusätzen), „Mormon fratercula" (ebd. 4, 1889), „Otis tarda in d. Umgeb. v. Dubr." (ebd. 7, 1892), „D. Vögel v. Dubr. u. Umgeb." (1901), „Thalassidroma pelagica 1910 bei d. Küste v. Dubr." (Glasnik 22, 1910).

Koske, Franz, * 1862 Stettin (?), † 5. 3. 1920 Greifswald. Über seine Jugend ist nichts, über sein weiteres Leben wenig bekannt. 1904 war er als Eisenbahnverkehrsinspektor in Breslau einer der Gründer des Vereins Schles. Ornithologen. Vermutlich von 1907 ab stand er dienstlich in Berl., um 1910 wieder nach Bresl. zurückzukehren. Im März 1912 wurde dann Greifsw. sein Ruhesitz. Obwohl er sich auch um die Erkundung der schles. Ornis verdient machte, galt die regste Aufmerksamkeit dieses wohlunterrichteten Kenners der Vogelf. seiner pom. Heimat. Von 1885 bis 1915 veröffentlichte er orn. Notizen, Mitt. und Aufs. (insgesamt 39 Titel) fast ausschließlich in Zs. Stett.; darunter waren 13 orn. Jber. aus Pom. (von 1895—1907), die er in Forts. der Arbeit von A. v. Homeyer (s. d.) fleißig und umsichtig zusammenstellte. Ein schönes Zeugnis für Gründlichkeit und kritisches Urteil lieferte u. a. seine Unters. über das „Vorkommen d. Schlangenadlers in Pom." (Orn. Mber. 18, 1910). Später brachte er nach umfassenden Lit.-Studien eine wertvolle Bibl. pom. Vögel (J. Orn. 65, 1917) und eine Besprechung der Vogelsamml. im Mus. der Univ. Greifsw. (ebd. 67, 1929). Er starb als Vorstand einer pom. Kleinbahngesellschaft.

Kostka (Kosztka), Ladislaus, * 24. 5. 1958 Kisszeben, Komitat Zemplém (Ungarn), † 20. 2. 1918 Izsák (Komitat Pest). Er war Apotheker und machte sich um den ung. Weinbau verdient. Seit 1894 wohnte er in Gács (Komitat Nógrád) und seit 1897 in Izsák. Im Laufe der 80er Jahre schob sich neben die Lepidopterologie auch die Orn. in sein Gesichtsfeld, so daß seit 1894 faun. und biol. Mitt. aus seiner sachkundigen Feder in der Aquila erschienen. Eine Arbeit unter dem Titel „Orn. Beob. v. Fiume bis z. Sahara" (Aquila 12, 1905) schilderte außerdem Eindrücke, die verschiedene Erscheinungen und Formen des Vogelzugs dem nachdenklichen und unter freiem Himmel geschulten Reisenden auf einer Mittelmeerfahrt vermittelten. Nach 1910 sandte er keine Zugdaten mehr an die Ung. Orn. Zentrale. Die letzte Veröff. war ein Ber. über den „Einfluß d. hohen Wasserstandes auf d. Vogelf. d. ung. Tiefebene" (ebd. 23, 1916), gestützt auf Wahrnehmungen am Sumpf Kolontó in der Gemarkung Izsák.
— Lit.: Nachruf (von J. Schenk). Aquila 26, 1919/20, S. 159/60.

Kovács, Edmund, * 1886 Budapest, † November 1919 Gambella am Blauen Nil. Als Naturalienhändler hielt er sich zuerst von 1910—1912 und dann seit 1914 in Abessinien auf. Reiche Vogelbeute gelangte durch ihn an das Ung. Nat.-Mus. in Budapest, wo J. v. Madarász (s. d.) mehrere neue Formen daraus beschrieb. Der Nachlaß des Sammlers kam in das Tring-Mus. und von da aus nach New York.

Krätzig, Heinrich, Dr., * 3. 10. 1912 Fraustadt (Provinz Posen), † Frühjahr 1945 östlich Berlin-Spandau. Als Sohn eines Postinspektors besuchte er das Gymnasium in Trebnitz (Schles.) und studierte von 1931 ab Biol., Geogr. und Geol. in Bresl. und Königsb.; 1934 war er gleichzeitig Assistent an der Vogelwarte Rossitten, schrieb zusammen mit E. Schüz über das „Ergebnis d. Versetzung ostbalt. Stare ins Binnenland" (Vz. 7, 1936) und unter seinem Namen allein „Fundliste beringter Baltenstare" (ebd. 7, 1936), „D. Frühsommerzug d. Stars auf d. Windenb. Ecke" (ebd. 7, 1936), „Beitr. z. Zug d. ostbalt. Stare" (ebd. 7, 1936), „Auf Starenfang f. d. Vogelwarte Rossitten" (Gef. W. 65, 1936). 1937 erfolgte seine Promotion in Bresl. mit „Histol. Unters. z. Frage d. Struktur- u. Farbveränderungen an Federn nach künstlicher (Thyroxin-) Mauser" (Zool. Anz. 118, 1937). Am 1. 11. desselben Jahres kam er für 6 Monate an die Vogelschutzwarte Neschwitz und berichtete über den „Zug d. sächs. Stare" (Mitt. Sachs. 5, 1937). 1938 galt seine Arbeit im Wildgehege Werbellinsee (Forschungsstätte Dt. Wild) den Rauhfußhühnern. Arbeiten wie „Unters. z. Biol. u. Ethol. d. Haselhuhns während d. Jugendentwicklung" (Ber. Schles. 24, 1939), „Unters. z. Lebensweise d. Moorschneehuhns während d. Jugendentwicklung" (J. Orn. 88, 1940), „Beob. über d. früheste Jugend u. d. Balz d. Auerwildes" (Wild u. Hund 46, 1940), „Beob. über d. Lebensweise u. Aufzucht v. Birkwild" (Zs. Jagdk. 2, 1940) waren hoffnungsvoll einsetzende Studien, die indes ein schnelles Ende fanden; durch Spannungen mit dem Leiter H. Siewert (s. d.) kündigte er das Arbeitsverhältnis und siedelte 1939 wieder zu A. v. Vietinghoff-Riesch (s. d.) nach Neschwitz über. Auf die dortige Tätigkeit gehen weiterhin zurück „Lebensweise u. Zug d. Neschw. Lachmöwen" (Dt. Vw. 64, 1939), „Unters. z. Siedlungsbiol. waldbewohnender Höhlenbrüter" (ebd. 64, 1939; Beiheft). Die Einberufung zum Waffendienst schon bei Ausbruch des 2. Weltkrieges stoppte hier endgültig die kaum aufgenommene Laufbahn. Seit den letzten Kriegstagen ist er als Hauptmann der Artillerie vermißt. Der frühe Tod aber entriß der Orn. in Deutschl. eine begabte jüngere Kraft. Die knappe Frist, die dem strebsamen Forscher vogelk. zu wirken beschieden war, deutet an, daß wohl Fragen der ethol. und angewandten Orn. in den Vordergrund des Interesses rücken wollten. Veröff. aus seiner Feder waren schließlich noch „V. Seeadlerzug in Schles." (D. Dt. Jäger 57, 1935), „Magenunters. v. Meisen im Winter" (Ber. Schles. 23, 1938), „Z. Hege d. Graugans" (Dt. Jagd Nr. 44/45, 1940). Die letzten Verlautbarungen dürften „D. Regenruf d. Buchfinken auf d. Krim" (Orn. Mber. 51, 1943) und „Beitr. z. Vogelk. d. Krim" (J. Orn. 91, 1943) gewesen sein.

Kramer, Gustav, Dr., * 11. 3. 1910 Mannheim, † 19. 4. 1959 Kalabrien (Süditalien). Geborener Tierliebhaber, mit den besten Anlagen ausgestatteter Feldbeobachter, zeigte er schon 1930 als Student in Rossitten durch ethol. Arbeiten selbständige Forscherneigungen, die ihn an O. Heinroths (s. d.) wegweisende biol. Fragestellungen heranführten. Nachdem er 1933 in Berl. mit einer Arbeit über den Ferntastsinn des Krallenfroschs promoviert hatte, war er zunächst wissensch. Mitarbeiter an der Zool. Stat. Neapel und nach dem Krieg Dozent in Heidelb.; 1948 übernahm er eine Abt. am Max-Planck-Inst. f. Meeresbiol. in Wilhelmshaven, die 1958 dem Inst. f. Verhaltensphysiol. angegliedert wurde. Seit 1. 4. 1959 lag auch die Leitung der Vogelwarte Radolfzell in seinen Händen. Aus einer ertragreichen Vielfalt von Arbeitsgebieten ragten zwei hervor, die seinem Namen internat. Autorität verliehen. Hierhin gehörten Unters. über Wachstums- u. Artbildungsgesetze (Probleme der Allometrie) bei Vögeln und Reptilien, über die er erstmalig auf der Jahresversammlung der DO-G in Freib. 1952 (J. Orn. 94, 1953) sprach, und an hervorragendster Stelle die nach dem 2. Weltkrieg konstruktiv vervollkommnete experimentell analytische Erforschung der Fernorientierung der Vögel. Über sie berichtete er, z. T. gemeinsam mit Versuchspartnern, seit 1948 in Orn. Ber., Orn. als biol. Wissensch., Naturw., Vwa., Proc. 10. Internat. Congr. Uppsala, Zs. Tierpsychol., Verh. Dt. Zool. Ges., Ibis, Science, Amer. Naturalist und vor allem in J. Orn. (94, 1953; 95, 1954; 96, 1955; 97, 1956; 99, 1958). Durch sinnvoll erdachte Laboratoriums- u. Verfrachtungsversuche (seine Objekte waren in der Hauptsache Brieftauben, daneben auch Stare und Schwalben) kam er zu der Feststelllung, daß die Vögel die angeborene Fähigkeit haben, an Hand des Sonnenstandes unter Einkalkulierung der Tageszeit und der Sonnenwanderung die Himmelsrichtungen zu bestimmen; vgl. dazu die ersten Nachrichten von Al. u. Ant. Stimmelmayr (s. d.) sowie die Experimente von W. Rüppell (s. d.). Der Nachweis der Sonnenorientierung eröffnete nicht nur der Vogelzugforschung durchaus neue Ausblicke, sondern berührte auch die

Problematik der Funktionen des Zentralnervensystems. Das Geheimnis des Erfolgs lag bei K. in der Harmonie zwischen unverbildeter, ursprünglicher Liebe zum Geschöpf und scharfem selbstkritischem Denken, ferner in der Begabung, Probleme zu sehen und mit ideenreichen Methoden an wissensch. exakte Lösungen gehen zu können. Mitten aus steil ansteigender, zeichensetzender Laufbahn, aus groß angelegten Arbeiten und Plänen wurde er herausgerissen, als er — gewandter und geübter Bergsteiger — beim Versuch, junge Felsentauben aus den Nestern zu holen, an tückischer Gebirgswand abstürzte. Nicht nur die dt. Orn. verlor mit ihm den Zoologen und Biologen, in dessen Studien und Werken sich länger als 10 Jahre nach dem 2. Weltkrieg die geistige Führung der Orientierungsforschung verkörperte.
— Lit.: Würdigung (von E. Schüz). Vwa. 19, 1957/58, S. 295/96. - Nachruf (von H. G. Wallraff). Vw. 80, 1959, S. 124/25. - Nachruf (von K. Lorenz). J. Orn. 100, 1959, S. 265—268 (mit Bildnis). - Nachruf (von E. Stresemann). Zs. Tierpsychol. 16, 1959, S. 257—266 (mit Bildnis u. Verz. d. Veröff.).

Kramer, Heinrich, * 24. 11. 1872 Ramahyuk, Victoria (Australien), † 7. 4. 1935 Niederoderwitz (Oberlausitz). Im 9. Lebensjahr übersiedelte er als Sohn eines Missionars der Herrnhuter Brüdergemeine aus der Ungebundenheit Australiens nach dem Erziehungshaus für Missionskinder in Kleinwelka bei Bautzen, bezog 1887 das Seminar in Niesky und wurde Lehrer, anfangs in Herrnhut, später in Großhennersdorf und Niederoderwitz, sämtlich bei Zittau. Angeregt durch W. Baer (s. d.) und verbunden mit O. Uttendörfer (s. d.), der seine Zuverlässigkeit und sein „Findeglück" zu schätzen wußte, widmete er sich der Ernährungsbiol. von Raubvögeln und Eulen. Auch arbeitete er in vielen Teilen der Oberlausitz faun. und schilderte die Vogelw. der Teiche bei Großhennersdorf (Ber. Bautz. 1913) sowie umfassend die der gesamten Südlausitz (ebd. 1925). R. Heyder zählte in den „Vögeln d. Landes Sachs." (1952) 10 Titel seiner Veröff. auf, z. T. verfaßt im Verein mit O. Uttendörfer und seinem Sohn Herbert K. (s. d.), die zwischen 1913 und 1931 in Ber. Bautz., Mitt. Zitt., Orn. Ms., Mitt. Sachs., Ber. Schles. standen. Mit Ausdauer verfolgte er das Schicksal besonders bedrohter Arten, des Storches und des Wanderfalken, in seinem Wirkungsbezirk. Daneben war er ein bedeutender Dipterenforscher, in Sonderheit der Raupenfliegen, die ihn nicht weniger beschäftigten als die Vögel.
— Lit.: Nachruf (von R. Zimmermann). Mitt. Sachs. 4, 1935, Beil. S. 7—17. - Nachruf (von W. Harré). Isis Budissina 14, 1940, S. 8—11 (mit Bildnis). - Bildnisse in R. Heyder, D. Vögel d. Landes Sachs., 1952 sowie Natura Lusatica 1955.

Kramer, Herbert, Dr., * 23. 7. 1900 Großhennersdorf (Oberlausitz), † 6. 3. 1945 Heidenheim (Württemberg). Dank der Schulung durch seinen naturk. erfahrenen Vater Heinrich K. (s. d.) war ihm schon in der Jugend die Vogelw. seiner Lausitzer Heimat wohlvertraut. Die Vogelwarte Rossitten zählte ihn zu ihren Außenmitarbeitern, und bereits als Student in Greifsw. meldete er sich mit kleinen Beitr. über die pom. Ornis. Später schlossen sich Arbeiten aus der Heimat und seit 1928 aus Schles. an, wo er in Bunzlau und Striegau Studienrat war. So war sein Name bald in vielen Zeitschr. vertreten. Engen, tätigen Anteil nahm er auch an der durch O. Uttendörfer (s. d.) betriebenen Gemeinschaftsforschung über die Ernährung und wirtschaftliche Rolle der Raubvögel und Eulen. Nebenher stellte er Sonderunters. in verschiedener Hinsicht an. Zu seinen letzten Veröff. gehören die bis 1935 vorliegenden phänol. Aufz. des Vaters, die er durch eigene Feststellungen ergänzte (Ber. Bautz. 14, 1940) und die hauptsächlich seit 1930 gesammelten Beob. über das „Brutvorkommen u. d. Siedlungsdichte d. Sperbers in d. Südlausitz" (B. z. F. 19, 1943). Ehe er im Schrifttum zu weiterer Entfaltung seines Wissens kam, raffte ihn der 2. Weltkrieg dahin. Er starb im Lazarett.

Kramer, Herbert Alexander, * 3. 6. 1882 Ebenezer, Victoria (Australien), † 16. 11. 1951 Niesky (Oberlausitz). Nach dem Tode des Vaters lebte er zusammen mit seiner Mutter seit 1891 in Deutschl.; gleich dem älteren Bruder Heinrich K. (s. d.) fand er Aufnahme in der Erziehungsanstalt von Kleinwelka. Später trat er in das Lehrerseminar von Niesky über. Hier wirkte das Beispiel seines Bruders so nachhaltig auf ihn ein, daß er ebenfalls vogelk. Neigungen folgte, in denen ihn auch W. Baer und O. Uttendörfer (s. d.) bestärkten. Der Schuldienst verband ihn seit 1903 fest mit Niesky in der an Teichen reichen Niederung der Oberlausitz. Beinahe zwangsläufig kam er so zum Studium der dort vielfältig vertretenen Wasservögel. Eine mehrjährige Chronik des Storchvorkommens im Rothenburger Kreis, genaue Erhebungen über das Brüten der Schellente (1931) und der Weidenmeise (1931, 1937) entsprangen seinen Forschungen. Freigebig überließ er daneben schreibfreudigeren Händen die Veröff. weiterer Beob. Aus der Vielzahl seiner Arbeiten verzeichnete R. Heyder in den „Vögeln d. Landes Sachs." (1952) nur 4 Beitr. in Ber. Schles. und Abh. Görl. zwischen 1927 und 1937.
— Lit.: Nachruf (von R. Heyder). B. z. Vk. 3, 1953, S. 240—242 (mit Bildnis).

Kratzsch, Johann, * 22. 8. 1809 Gimmel, Kr. Schmölln (Sachsen), † 10. 11. 1887 Kleintauschwitz bei Altenburg. Er war einer der Vögel sammelnden Bauernornithologen des Osterl. und gehörte zu den ersten Mitgliedern des Orn. Ver. d. Pleißengrundes. Auch auf der Gründungsversammlung der DO-G 1850 in Leipz. meldete er sich verschiedentlich zu Wort. In seine Fähigkeiten setzten die Anwesenden so viel Vertrauen, daß sie ihn zusammen mit J. F. Naumann und E. Baldamus (s. d.) in den Ausschuß wählten, der den Satzungsentwurf vorbereiten sollte. Die Kassenführung des Vereins wurde gleichfalls in seine Hände gelegt. In den folgenden Jahren nahm er wiederholt an Tagungen teil und hielt der Gesellschaft die Treue bis zur Verschmelzung mit der Berl. Vereinigung. Obwohl er ein faun. kenntnisreicher Mann war, griff er nur wenige Male (Mitt. Osterl. 1854, 1866) zur Feder. Aber K. Th. Liebe (s. d.) benutzte in der Arbeit über die Brutvögel von Ostthür. (J. Orn. 26, 1878) „namentlich" die vieljährigen Erfahrungen seines „alten kundigen Freundes".
— Lit.: Würdigung (von H. Hildebrandt u. R. Heyder). Mitt. Sachs. 4, 1933, S. 38 ff. (mit Bildnis).

Krause, Georg, * 1858 Glogau, † 17. 2. 1915 Berlin-Pankow. Von Beruf war er ursprünglich Handwerker, lebte seit den 90er Jahren in Hirschberg (Schles.) und erhielt 1905 die Stelle eines Konservators am Zool. Mus. in Berl. Aus Naturfreude als Knabe schon Eiersammler, eignete er sich durch fleißiges Selbststudium ein tüchtiges orn. Wissen an und gab sich, wie so viele Autodidakten seiner Zeit, später ganz der Ool. hin. Besondere Anziehungskraft übte auf ihn die Möwenkolonie im Kunitzer See aus, die er von 1898 ab zur „Eierlese" besuchen durfte. Seit diesem Jahre meldete er sich in der Fachlit. mit ool. und faun. Beitr. zu Wort. P. Kollibay (s. d.) griff in den „Vögeln d. Preuß. Prov. Schles." (1906) auf 8 Arbeiten aus seiner Feder in Zs. Ool., St. Hubertus, Orn. Ms. und Orn. Mber. zurück. In Orn. Mber. 12, 1904 schrieb er außerdem über die „Eier v. Larus ridibundus im Lichte meiner Spezialsamml.". Auch naturw. belletristische Versuche lockten ihn gelegentlich unter dem Schriftstellernamen Geo Silvanus, und 1911 rief er — offenbar nicht als Forts. von H. Hockes (s. d.) Zeitschr. geplant — eine neue Zs. Ool. ins Leben, die aber nach einem Jahr des Bemühens wieder einging. Eine erstaunliche Meisterschaft erreichte er in der Kunst des Eiermalens, beschrieb dazu die Eier von Aepyornis und fertigte äußerst geschickt Nachbildungen seltener Eier an, z. B. die von Alca impennis. Als Krönung seines ool. Strebens dachte er sich das von ihm gezeichnete, großangelegte Tafel- u. Prachtwerk, die „Ool. universalis palaearctica"; von den in Aussicht genommenen 150 Lieferungen konnten aber nur 78 zwischen 1906 und 1913 auf den Markt kommen. Seine Eierdarstellungen erhoben sich zu viel bewunderter Schönheit, so daß ihm A. Koenig (s. d.) Eierabb. für die „Avif. Spitzbergensis" (1911) und A. Reichenow (s. d.) die für die „Vögel, . . ." (1913/14) übertrugen. Für Reichenows Werk lieferte er zudem als Künstler noch 273 Vogelbilder.

— Lit.: Bildnis (Gruppenaufnahme) in Ber. Schles. 16, 1930/31.

Krauß, Ferdinand von, Dr., * 9. 7. 1812 Stuttgart, † 14. 9. 1890 Stuttgart. Nach dem med. und naturw. Studium in Tüb. und Heidelb. machte er 1838—1840 eine Forschungsreise nach Südafrika, die unter einer mannigfachen zool. Ausbeute besonders viele Mollusken lieferte. 50 Jahre stellte er dann als Vorstand dem Stuttg. Naturalienkabinett seine Kraft zur Verfügung und führte in diesen langen Jahren u. a. die biol. Gruppierung der heimischen Tierwelt durch. Größere wissensch. Veröff. betrafen das von ihm mitgebrachte afrik. Material, vornehmlich die Mollusken, Krustazeen und Säugetiere. Zahlreich waren seine kleineren Mitt. über die württ. Wirbeltiere, die er alle zwischen 1846 und 1890 den Jh. Württ. überließ. W. Bacmeister konnte im „Verz. d. vogelk. Schrifttums in Württ. . . ." (Jh. Württ. 108, 1952) aber nur 9 Titel nennen, die sich ausschließlich oder teilweise mit der Vogelwelt beschäftigten. 19 Jahre nach J. G. v. Kurr (s. d.) übernahm er die Bearbeitung des Tierreichs in „D. Königreich Württ." (1882). Die Aufzählung von 247 Vogelarten stützte sich in der Hauptsache auf die von ihm betreuten Sammlungsobjekte und mußte aus dem Museumsstaub als unvollkommenes Stückwerk hervorgehen. Wenn der Verf. auch auf einige frühere, die württ. Vogelwelt betreffende Darstellungen hinwies sowie kurze Bem. zur Häufigkeit und zu Nutzen und Schaden machte, so fehlten ihm — ebenso deutlich wie seinem Vorgänger J. G. v. Kurr — doch die erforderlichen feldorn. Kenntnisse und Erfahrungen, um die Fauna wissensch. befriedigend gestalten zu können. Auf seinen Sondergebieten wirkte K. mit großem Erfolg, so daß die Ernennung zum Oberstudienrat (1866), die Verleihung des Kronenordens mit der Erhebung in den persönlichen Adelsstand (1880) und die Übertragung von Titel und Rang eines Direktors (1890) verdiente Auszeichnungen waren.

— Lit.: Nachruf (von O. Fraas). Jh. Württ. 47, 1891, S. XXXV—XLIV (mit Bildnis). - R. Lauterborn, D. Rhein, . . ., Ludwigshafen 1938, S. 412/13. - W. Bacmeister, Abriß einer Gesch. d. Württ. Vogelk., Jh. Württ. 102—105, 1950, S. 26/27.

Krebs, Karl. Er war der Gehilfe und Assistent von C. H. Merck (s. d.) auf der Billingsschen Exp. nach Alaska (1786—1794) und muß ein zuverlässiger Beobachter und Sammler gewesen sein. Dreimal überwinterte er auf Kamtschatka und sammelte bis ins Frühjahr 1793 in der Awatscha-Bucht. Seine Aufz., die nicht mehr zu finden sind, und seine Bälge sind auf dem Wege über das Mercksche Material von P. S. Pallas (s. d.) für die Beschr. der ostsibirischen Vögel in der „Zoographia Rosso-Asiatica" benutzt worden. Wenn wir über sein Leben auch kaum mehr wissen, als daß es kurz nach 1799 wahrscheinlich in Petersb. endete, dürfen wir ihn doch zu den Pionieren rechnen, die für die Faunenkunde und damit für die orn. System. Ostsibiriens erste, wesentliche Bausteine lieferten.

— Lit.: E. Stresemann, Dr. C. H. M.s orn. Aufz. während d. Billingsschen Exp. v. Ochotsk nach Alaska (1787—1791), Zool. Jb., Abt. f. System., Ökol. u. Geogr. d. Tiere 78, 1950, S. 97—132 (mit älteren Quellen).

Krebs, Ludwig, * 1795 Wittingen (Kr. Gifhorn), † 11. 5. 1844 am Baviaans Rivier (Kapland). Als einer der verdienstvollsten gehörte er zu den wagefreudigen Sammlern, die nach dem Zusammenbruch der Napoleonischen Herrschaft im Auftrag des preuß. Staates Naturalien an das Berl. Zool. Mus. schickten. Aus Uitenhage bei Port Elisabeth, wo er sich angesiedelt hatte, lieferte er zwischen 1820 und 1839 aus dem Kaffernlande bedeutendes Material, darunter allein weit über 3000 Vogelbälge. Sie dienten H. Lichtenstein (s. d.) als höchst willkommene Dubletten im Tauschverkehr mit allen großen Mus. der Welt.

— Lit.: E. Stresemann, D. Entw. d. Vogelsamml. d. Berl. Mus. unter Illiger u. Lichtenstein, J. Orn. 70, 1922, S. 498—503.

Kreß, Ignaz, * 31. 12. 1806 Bamberg, † 21. 11. 1886 Ebrach (Kr. Bamberg). Auf seinem Grabstein steht, daß er, Wundarzt in Kloster-Ebrach, nahezu 60 Jahre Wohltäter der leidenden Menschheit war. Als rühriger Beobachter und Sammler machte er sich daneben mit der Fauna und Flora seines beruflichen Wirkungsfeldes vertraut. Die Mitgliedschaft bei der Naturf. Ges.

zu Bamb., beim Zool.-min. Ver. in Regensb. und bei der Med.-phys. Ges. zu Würzb. kennzeichnen seine Neigungen. So war er der erste, der, nachdem er 25 Jahre geforscht hatte, ein Verz. von 169 Vogelarten herausgab unter dem Titel „D. Vögel d. Steigerwaldes u. seiner nächsten Umgeb." (Ber. Bamb. 2, 1854 mit Nachtr. ebd. 3, 1856; 4, 1859; 5, 1861). A. J. Jäckel, Fr. v. Leydig, J. Gengler (s. d.) griffen gerne auf seine Nachr. zurück. Das in Stein gehauene Lob und die Erwähnung seiner heimatk. Leistungen durch die späteren Fachgenossen konnten aber auch an seinem Beispiel die Gesetze schneller Vergänglichkeit menschlichen Erdenwandels nicht außer Kraft setzen, obgleich sich der fleißige Waldläufer sowohl auf dem Gebiete der Orn., als auch auf dem der Botan. (Ber. Bamb. 1, 1852), der Entom. (ebd. 3, 1856) und der Säugetiere (ebd. 4, 1859) zu Wort gemeldet hatte. Als J. Gengler um die Jahrhundertwende seinen Spuren nachging, fand er Name und Werk selbst im Herzen des Steigerwaldes schon völlig vergessen.

Kretschmer, Eugen Franz, Dr., * 16. 9. 1868 Zerkow (Prov. Posen), † 25. 9. 1894 Romboberge (Leikturu, Ostafrika). Seine Jugend verbrachte er in Posen und russ. Polen. In Münch., Leipz. und Kiel studierte er Med. Nebenher gingen fleißig und kritisch betriebene feldorn. Beob. Über Erfahrungen, die er in der Prov. Posen, in Schlesw.-Holst. und auf der Insel Sylt gesammelt hatte, berichtete er 1891—1893 in Orn. Ms., Zs. Ool., Orn. Mber. sowie „Heimat" (Kiel). Im Berl. Zool. Mus. machte er sich eingehender mit der afrik. Ornis vertraut. Noch wenig bekannt war er in weiteren Kreisen, als er sich, Arzt und Naturforscher, im Mai 1894 einer Exp. nach Brit.-Ostafrika anschloß. Bald nachdem er die Station Marangu verlassen hatte, wurde er mit seinem Begleiter Dr. Lent und 13 Eingeborenen ermordet. Da orn. Interessen bei ihm stark im Vordergrund standen, setzten die Berl. Fachleute und Systematiker große Hoffnungen auf seine Tätigkeit in Afrika. Aus einer kleinen Samml. seltener Vogelarten, die dem Berl. Mus. als Nachlaß des Toten zuging, widmete ihm A. Reichenow (s. d.) Nigrita kretschmeri (Orn. Mber. 3, 1895).
— Lit.: Nachruf (von P. Leverkühn). Orn. Ms. 19, 1894, S. 383/84.

Kretschmer, Robert, * 29. 1. 1818 Burghof bei Schweidnitz (Schlesien), † 28. 5. 1872 Leipzig. Nach der Ausbildung auf der Berl. Akad. fand er seit 1849 Beschäftigung als Zeichner bei der Leipz. Illustrierten und anderen Zeitschr. wie Gartenlaube, Daheim, Über Land und Meer. Freude an der Beob. unter freiem Himmel und Verständnis für die Tiere in Wald und Feld weckten in ihm schon während der Anfangszeit die Hinneigung zur naturw. Illustration. Da sich mit echter Werksandacht Sorgfalt der Arbeit paarte, hatte sein Name bald einen guten Klang. Als Tiermaler verpflichtete ihn daher Ernst II., Herzog von Sachsen-Coburg-Gotha (s. d.) für seine Afrikareise. Auf der Exp. schloß der Künstler Freundschaft mit A. E. Brehm (s. d.), und dieser übertrug ihm die Ausschmückung seines frühen Lieblingsbuches „Leben d. Vögel" (1861 u. 1867) mit Holzschnitten, die als Zeugnisse bemerkenswerter Begabung die Ansprüche der vogelfreundlichen Leser jener Epoche durchaus befriedigten. Nicht geringen Anteil hatte der Maler daneben an der Bebilderung der Gef. W. Vor allem aber verband sich sein Ruf — er wurde einer der Hauptillustratoren des Werks — mit den verschiedenen Aufl. von Brehms „Tierleben". Die hierfür gelieferten Vogelbilder fanden noch lange Aufnahme auch in anderen Büchern, z. B. in W. Marshalls (s. d.) „Bilder-Atlas z. Zool. d. Vögel" (1898), ohne allerdings die Höhe von F. W. K. Kuhnerts (s. d.) Meisterschaft zu erreichen.
— Lit.: Thieme-Becker, Künstler-Lex. 21, 1927, S. 508. - Cl. Nissen, D. Illustrierten Vogelbücher, 1953, S. 72.

Krezschmar (ursprünglich **Kretzschmar),** Johann Gottlieb, * 24. 11. 1785 Altenburg (Thüringen), † 29. 12. 1869 Görlitz. In Leipz. ging er in die Lehre und machte sich als Tuchkaufmann in Görl. selbständig. Um 1825 gab er aus nicht bekannten Gründen das Geschäft auf, wurde Kämmereibuchhalter und später Stadt-Hauptkassen-Verwalter. Mit einer Reihe bekannter Ornithologen stand er in Verbindung. Ch. L. Brehm (s. d.), der dem „geehrten Freund" viele wichtige Nachr. verdankte, schätzte seine Kenntnisse sehr hoch ein und zählte ihn zu den Mitarbeitern an den „Beitr. z. Vögelk." und der „Ornis". Auf Betreiben des Kaufmanns gründete sich 1811 der erste dt. orn. Verein, die Orn. Ges. Görl., aus der 1823 die Naturf. Ges. Görl. hervorging. Ihre Mitglieder waren ursprünglich Liebhaber für Käfigvögel, legten aber bald eine Vogelsamml. an, die ebenso wie die der schon 1779 entstandenen Oberlausitzischen Ges. d. Wissensch. von K. während einiger weniger Jahre betreut wurde. Beiden Gesellschaften übergab er seit 1818 verschiedene Zusammenstellungen über heimische Vögel, erreichte aber nicht den Druck. Erst in Abh. Görl. 2, 1838 erschien seine kurze Ergänzung zu der von F. P. Brahts (s. d.) angelegten Liste unter dem Titel „Lausitzische Vögel", in der er aber nur Schwalben, Tauben und Hühner behandelte. Sein Verdienst bleibt die von ihm ausgehende Belebung des örtlichen Interesses.
— Lit.: Würdigung (von K. Krezschmar). Gef. W. 14, 1885, S. 433/34. - Würdigung (von R. Heyder). Mitt. Sachs. 1, 1926, S. 185—207. - Würdigung (von F. Thierfelder). Abh. Altenb. 1, 1958, S. 26 bis 31 (mit Bildnis). - Bildnisse in Mitt. Sachs. 3, 1932; R. Heyder, D. Vögel d. Landes Sachs., 1952; Natura Lusatica 1955.

Krezschmar, Karl Robert, * 1860 (wahrscheinlich) Görlitz, † 29. 12. 1934 Leipzig. Er war der Enkel von Johann Gottlieb K. (s. d.), dem er in Gef. W. 14, 1885 eine schöne Würdigung widmete. In Görl., wo er die Jugend verbrachte, verdiente er sich als reger Feldbeobachter die ersten orn. Sporen. In späteren Jahren scheint er weniger Verbindung zum ernsthaften Fachwissen gesucht zu haben. Er war Buchhändler. 1883—1885 ging er nach Zittau, 1886—1888 nach Sprottau, lebte dann mindestens bis 1895 (vermutlich aber länger) in Dresd. und nachweislich ab 1911 in Leipz.-Reudnitz. P. Kollibay (s. d.) konnte in den „Vögeln d. Preuß. Prov. Schles." (1906) auf 20 Veröff. zurückgreifen, die er von 1877 bis 1889 in Gef. W. und Orn. Ms. aus der Gegend von Görl. gebracht hatte. Geringer ist die Zahl der auf Sachs. bezüglichen Beitr. R. Heyder nannte in den „Vögeln d. Landes Sachs.“ (1952) 8 Titel, die der Zeit von 1885—1918 angehören; sie sind in Orn. Ms. und (einmal) in Orn. Mber. zu finden. Daneben schrieb K., den Plauderstil wählend, Aufs. für Unterhaltungsbl. und (im Alter) für eine Tagesztg. Wenn einige seiner Arbeiten auch guten Bildungsstand und die Fähigkeit zu kritischer Auswertung der Beob. verraten, so waren sein Forschungsbemühen und seine Kenntnisse doch nicht so tiefgehend wie die seines Großvaters. In Orn. Ms. 53, 1928 u. 54, 1929 meldete er sich letztmalig mit orn. Studien aus dem Isergebirge zu Wort.

Krieger, Otto Leopold von, * 1810 Peukendorf (Schwarzburg-Rudolstadt), † 2. 10. 1880 Prag. Der Fürstlich Schwarzenburgische Kammerherr und Kammerrat lebte in Sondershausen und huldigte mit Leidenschaft dem Waidwerk. Er liebte vor allem die Hüttenjagd und wurde durch sie zum guten Kenner der von ihm erbarmungslos verfolgten Raubvögel. Sein Stolz war „eine vollständige Samml. aller europ. Arten“, die er größtenteils selbst präpariert hatte. Seit 1868 zählte ihn die DOG zu ihren Mitgliedern. Wenn er mit Beitr. aus seinem Erfahrungskreis meist die Jagdzeitschr. bedachte, so berichtete er doch auch mehrmals in J. Orn. (zwischen 1870 und 1876), Orn. Cbl. (3, 1878; 5, 1880) und Zool. G. über Raubvögel Thüringens, über Lerchenjagd u. -fang. Eine Zusammenstellung seiner Jagdergebnisse brachte das Buch „D. hohe u. niedere Jagd . . .“ (Trier 1878). Die kulturgesch. reizvolle Skizze, in der u. a. die Wanderung und die Zuggewohnheiten der Raubvögel besonders abgehandelt waren, bot dem jagdkundigen Ornithologen viel wissenswerten Stoff. Die Schärfe seiner Beobachtungskunst bewies der Nimrod allein dadurch, daß er als Buteo tachardus den Falkenbussard nach Aussehen und Verhalten beschrieb zu einer Zeit, in der diese Form bei den Fachleuten noch als Steppenbussard galt.
— Lit.: Biogr. Notiz (von A. Reichenow u. H. Schalow). Orn. Cbl. 3, 1878, S. 142. - Nachruf (von J. Cabanis). J. Orn. 29, 1881, S. 103.

Krietsch, Carl, * 26. 10. 1877 Aken (Elbe), † 14. 6. 1951 Dessau. Der in Dessau ansässige Brauer und Waldläufer begann sich etwa seit 1890 mit übersteigertem Erlebnisdrang vogelk. zu betätigen. Die ihn treibende Sammelleidenschaft richtete sich vornehmlich auf Singvögel (vor allem Sperbergrasmücke) und Raubvögel (Wanderfalke, Wespenbussard, Baumfalke). Mit der Methode des hemmungslosen Eingriffs in die Naturbestände wußte er außerhalb der Ool. gleichzeitig die Werbung für den Vogelschutz zu vereinbaren. Er war eine in vielen Farben schillernde Persönlichkeit und entfaltete einen auffallenden Sinn für das Außergewöhnliche und Seltene. In den Augen unkritischer Laien sicherte er sich durch diese Kunst ein so hohes Maß an Volkstümlichkeit, daß er auf seinem Grabstein gar als „Vogelvater“ gepriesen ist. Die Wissenden dagegen erkannten in den vielen ans Unwahrscheinliche grenzenden Meldungen (z. B. 30 Schreiadler im Winter) den ungehemmt fließenden Strom primitiven Denkens, dem wissensch. Verantwortungsgefühl fremd war. Die Spreu vom Weizen seiner Verlautbarungen in allen Fällen zu trennen, ist kaum möglich. Zur Kennzeichnung dieser Schwierigkeit diene W. Borcherts Bem. in „D. Vogelw. d. Harzes . . .“ (Berl. 1927), daß ihm K. „in überraschender Hilfsbereitschaft eine Unzahl von Aufz. zur Verfügung stellte“ und der Zusatz: „Allerdings — man muß seine Angaben sorgfältig prüfen. Zwar hat er keinesfalls die Absicht, mit seinen Beob.-Erfolgen zu prahlen oder gar zu schwindeln, doch sieht er in seiner Begeisterung manchmal etwas, was nicht da ist.“ Das wohl unverdient wohlwollende Urteil dürfte das Gutteil an Überheblichkeit K.s nicht genügend berücksichtigt haben. Angesichts der Unzuverlässigkeit der von ihm stammenden Angaben war es sicher auch kein Verlust, als seine Eiersamml. während des 1. Weltkrieges durch Verkauf zerstreut wurde. Daß L. Schuster (s. d.) bis zum Jahre 1940 8 Mitt. dieser Herkunft für die B. z. F. übernahm, sollte nicht als Versuch einer „Ehrenrettung“ ausgelegt werden; die Ber. waren ohne Zweifel von dem sehr vorsichtigen Herausgeber gründlich gesiebt und gesichtet. Die Ungereimtheiten und Rätsel um den umstrittenen Verf. müssen aber herausgestellt werden, um zu verhindern, daß die in die Lit. gelangte Hinterlassenschaft in den Kreis ernsthafter Erörterung gezogen wird.

Krohn, Johann Heinrich Bernhard, * 30. 7. 1859 Gettorf (Kreis Eckernförde), † 26. 4. 1945 Hamburg. Vom Vater, einem Soldaten und schlesw.-holst. Freiheitskämpfer, stammte der in ihm immer wache Zug zur Naturbeobachtung. So beschritt er seit 1881 den damals so ausgiebig benutzten Weg der Eiersammler und richtete seine Leidenschaft allmählich auch auf andere Bereiche der Vogelk. (Vogelhaltung, Faun., Brutbiol., Vogelschutz). Doch blieb die Ool. so sehr im Vordergrunde, daß die vom Vater übernommene Eierkollektion in langen Jahren auf 2815 Stücke von 580 Arten (davon 309 europ.) anwuchs. Im 2. Weltkrieg gingen diese Bestände in den Besitz des Hamb. Zool. Mus. über und blieben größtenteils erhalten. Da sein Wunsch, studieren zu können, sich nicht verwirklichen ließ, war er von 1876—1879 ohne Befriedigung Hilfslehrer in der Umgeb. von Hadersleben. Er ging darum nach Hamb., um hier von 1884 ab als Filialleiter einer Keksfabrik und seit 1909 als Inhaber eines Konfitürenladens bodenständig zu bleiben. Die naturk. Neigungen ließen ihn aber nie zum rechten Geschäftsmann werden, auch nicht, als er das Präparieren lernte und seit 1888 nebenher eine Naturalienhandlung betrieb. Eher weckte das abseits des Berufs sich bewegende Denken in ihm den Drang zur Feder. So entstanden zwischen 1886 und 1933 rund 200 Veröff. vielfach volkstümlichen Inhalts in Tagesztg. und Heimatbl. (z. B. Nerthus, Prometheus, D. Heimat), aber auch in Fachzeitschr. (J. Orn., Zs. Ool., Zs. Ool. u. Orn., Zool. G., Orn. Mber., Orn. Ms., Orn. Jb., Ber. Hamb., Zool. Beob., Gef. W., B. z. F.). Viele davon hätten ungeschrieben bleiben können. Verdienstvolle Tat knüpfte sich an seinen Namen, als er zusammen mit gleichgestimmten Oologen 1897 den Orn.-ool. Ver. z.

Hamb. gründete und leitete. Begrüßenswert war daneben sein Bemühen (in Orn. Mber. 15, 1907 u. 16, 1908; Orn. Ms. 33, 1908) um Bereinigung der faun. Fehlangaben und Irrtümer über das Hamb. Gebiet, die noch aus der Zeit von M. P. F. Ph. Schmidt (s. d.) 1830 und F. Boeckmann (s. d.) 1876, 1882 mitgeschleppt wurden. Doch kehrte er schon 1906 der Hamb. Vereinigung den Rücken, weil er in Fragen der wissensch. Zielsetzung in Gegensatz zu F. H. Dietrich (s. d.) geriet. Fortab lebte er ohne weitere Beziehungen zu den Hamb. Vogelfreunden, trat aber 1919 der DOG bei. Der Höhepunkt seiner schriftstellerischen Betätigung sollte ein Buch werden: „D. Vogelw. Schlesw.-Holst. u. ihre Erforschung im Verlauf v. fünf Jahrh. . . .“ (Hamb. 1925). Trotz faun. Bedeutung blieb ihm ein Erfolg versagt. Es war mit zuviel Unzulänglichkeiten belastet, weil der Verf., auf sich allein gestellt, das Schrifttum nicht genügend beachten konnte. Er starb einsam in Deutschlands größter Notzeit. Beerdigt ist er auf dem Ohlsdorfer Friedhof.
— Lit.: Bildnis (Gruppenaufnahme vor Haus Gätke, Helgol.) in Orn. Ms. 30, 1905. - Bildnis in B. z. F. 19, 1943. - Würdigung (von J. Vertheim). Abh. Hamb., N. F. 6, 1961 (1962), S. 30—39 (mit Bildnis u. Verz. d. Veröff.).

Krüdener, Adelbert Freiherr von, * 20. 6. 1857 Wohlfahrtslinde (Livland), † 9. 11. 1933 Jena. Der Erbbesitzer von Wohlfahrtslinde war nicht eigentlich Ornithologe, machte seinen Namen aber als Jäger und Jagdschriftsteller bekannt. Seine jagdzool. Aufs. standen seit den 80er Jahren in vielen, dem Waidwerk dienenden Zeitschr. Die Fülle der von ihm gesammelten Erfahrungen und Kenntnisse erstreckte sich vor allem auf die Biol. der Wildhühner wie Birkhuhn, Haselhuhn, Auerhuhn; und die Beitr. zu Fragen der Fortpflanzung dieser Arten gehören zum festen Bestandteil der orn. Lit. Unter den Bucherzeugnissen seiner Feder befinden sich „Auerwild, Naturgesch. u. Jagd“ (Neudamm 1928) sowie die Neubearbeitungen von A. Ludwig „D. Birkwild“ (3. Aufl. 1924) und von F. Valentinitsch (s. d.) „D. Haselhuhn“ (2. Aufl. 1926). Nach dem 1. Weltkrieg verließ er die baltische Heimat und verzog nach Jena; hier starb er in Armut und Not.

Krueger, Heinrich, * 17. 8. 1863 Gumbinnen (Ostpreußen), † 2. 7. 1901 Rossitten. Die naturw. Neigungen des in Königsb. aufgewachsenen Pfarrerssohnes wurden auf dem damals rein altsprachlich ausgerichteten Gymnasium nicht erkannt, so daß er ohne Matur die Schule verließ, um zuerst Mechaniker zu werden und schließlich seine Malbegabung auf der Königsb. Kunstakad. weiterzuentwickeln. Später war er die Seele des dortigen Künstlervereins. Die Züge des Künstlers, dessen Pferdeporträts vom Landgestüt Gudwallen weite Verbreitung fanden, trugen vielseitig geniale Prägung. Tief empfunden waren seine Nehrungslieder, erstaunlich war seine Fähigkeit, auch scheueste Tiere unter seine Macht zu zwingen oder abzurichten. Die angeborene Freude an der Tier- u. Naturbeobachtung ließ ihn früh die Nehrung als Wander- u. Studiengebiet wählen. Viele Sommermonate verbrachte er in Rossitten, wo anerkannt gute Elchbilder aus seiner Hand entstanden. Daneben — und das ist nicht sein geringstes Verdienst — ging ihm als erstem auf, in welch einmaligem Umfang sich hier die Gelegenheit zur regelmäßigen Beob. des Vogelzuges bot. So führte er 1888, als er schon lange dort Fuß gefaßt hatte, F. Lindner (s. d.) nach dem geliebten Wüstenstreifen. Und das ihm als „Atelier“ dienende kleine Bretterhaus nahe der Haffleuchte wurde der Keim der 1901 gegründeten Vogelwarte, denn um dieses luftige Holzgefüge erbaute J. Thienemann (s. d.) sein späteres Wohnhaus. K.s eigene orn. Kenntnisse waren aus der vielgestaltigen Erfahrung unter dem östl. Himmel sicher und umfassend untermauert. Solange er gesund war, gelangen ihm auch mannigfache, für seine Zeit wesentliche Feststellungen. Aufz. oder gar Veröff. aus seiner Feder liegen indes nicht vor. Weder seine Vorbildung, noch seine Veranlagung machten ihn zu rein sachlicher Registrierung geneigt. Ihm genügte der innere Befriedigung bringende Austausch der Erlebnisse mit den orn. Freunden. Wenn durch diesen schriftstellerischen Verzicht sein Name auch nur einem kleinen Kreis von Ornithologen bekannt sein mag, darf er doch als der Pionier herausgestellt werden, der der wissensch. Zugforschung den Weg zur Nehrung zeigte. Als er sich an einem Herzleiden zu Tode erkrankt wußte, ließ er sich aus der Königsb. Klinik zu seiner zweiten Heimat Rossitten bringen. Er starb im Hause des Düneninspektors Epha, des Vaters seiner Braut, ehe er die früh verbrauchten Kräfte in den Dienst der jungen Vogelwarte stellen konnte.
— Lit.: Nachruf (von J. Thienemann). Orn. Ms. 28, 1903, S. 141. - Nachruf (von Fr. Bley). Waidwerk in Wort u. Bild 13, 1904, S. 250—261 (mit Bildnis). - Thieme-Becker, Künstler-Lex. 31, 1927, S. 598.

Krüger, Karoline, * 5. 12. 1888 Berlin, † 18. 8. 1946 Langenwerder (Mecklenburg). In Elbing verbrachte sie die Jugend, wurde zuerst Lehrerin und studierte dann Philol.; 1924 verzichtete sie auf den Lehrberuf und lebte seitdem in Liep bei Kahlberg auf der Frischen Nehrung. Dort widmete sie sich privaten philol. und volksk. Studien und eignete sich gleichzeitig durch fleißige und kritische Beob. beste orn. Formenkenntnisse an. Als Außenmitarbeiterin wurde sie seit 1929 eine zuverlässige Hilfe für die Vogelwarte Rossitten. Ebenso konnte F. Tischler (s. d.) ihre regelmäßig einlaufenden Ber. nutzen; sie gaben vor allem Auskunft über den Raub- u. Strandvogelzug auf der Frischen Nehrung und sind in Tischlers „Vögel Ostpr.“ (1941) festgehalten. Ihrer Aufmerksamkeit ist u. a. der Nachweis von Larus argentatus omissus (Vz. 13, 1942) und Gavia adamsii (Vz. 14, 1943) bei Kahlberg zu danken. Mit eigenen Veröff. trat sie nur zögernd hervor, z. B. mit „Raubvogelzug über Dünenwald“ (Bauer u. Lange, D. Frische Haff u. d. Frische Nehrung, 1933), „Eissturmvogel bei Kahlb.“ (Orn. Mber. 49, 1941), „Massenbewegung v. Mauerseglern“ (Vz. 13, 1942). Sie war eine innerlich reiche Frau, bewegte sich am liebsten in ihrer eigenen Welt und Weisheit und entzog sich meist dem Verkehr mit den Menschen ihrer Umgeb. Als sie im Januar 1945 flüchten mußte, ließ sie sich in Meckl. nieder

und setzte dort ohne Zögern die Beob. in der Vogelkolonie Langenwerder auf Poel fort. Doch war ihrem Erdenwandel nur noch eine kurze Spanne Wegs vergönnt. Sie starb durch Mörderhand.
— Lit.: Nachruf (von E. Schüz). Vwa. 16, 1951, S. 6.

Krüger, Wilhelm, Dr. h. c., * 15. 2. 1869 Oldenburg, † 29. 2. 1940 Wilhelmshaven. Nach dem Studium in Hann. und Charlottenb. und kurzem Dienst bei der Reichsbahn trat der Diplomingenieur um die Jahrhundertwende in die Strombauverwaltung der Marine ein. Der Name des Marinehafenbaudirektors ist vornehmlich mit der Korrektion der Jade verknüpft. 1906 zog der damalige Marinebaurat bei Durchführung seiner beruflichen Aufgaben H. Schütte (s. d.) zu. Beide Männer blieben seitdem im Zusammenwirken für die Heimatforschung eng verbunden, und K. war einer der ersten, die Schüttes Küstensenkungstheorie bejahten. Jahrzehntelang stand der schlichte, einfache Freund des Meeres und der Küste an der Spitze des Heimat-, Natur- u. Vogelschutzver. Wilhelmsh., dessen Mitbegründer er auch war. Seine besondere Tatkraft galt der Betreuung der Vogelinsel Mellum. Seit der Gründung des Mellumrates 1925 war er maßgebliches Mitglied. Nur durch seine Kenntnis der örtlichen Gegebenheiten und durch seine entschiedene Mitarbeit konnten die Schwierigkeiten beseitigt werden, die der Sicherung des Schutzgebietes sowie der Einsetzung und Versorgung des Vogelwarts entgegenstanden. Für orn. Veröff. setzte der verdienstvolle Vogelfreund u. schützer seine Feder nicht ein. In seinem Fachbereich dagegen trat er auch schriftstellerisch hervor. Die naturw. Fak. der Univ. Frankf. verlieh ihm in Anerkennung seiner wissensch. Leistungen die Ehrendoktorwürde.
— Lit.: Nachruf (von R. Tantzen). Jb. Oldenb. 44/45, 1940/41, S. 173—175. - Würdigung (von dems.). Ebd. 50, 1950, S. 271/72 (mit Bildnis). - Würdigung (von W. Hartung). Nieders. Lebensbilder 3, 1957, S. 140—150 (mit Bildnis u. Verz. d. Veröff.) u. Jb. Oldenb. 56, 1957, S. 15—24 (mit Bildnis u. Verz. d. Veröff.).

Krüger-Velthusen, Max, * 1849 Frankfurt (Oder), † 26. 11. 1898 Berlin. Der Vater, ursprünglich im Justizdienst, dann praktischer Landwirt auf seinem Gut in der Nähe von Frankf. (Oder), widmete sich der Hühnerzucht, betrieb mit Eifer die Birkhahn- u. Schnepfenjagd und fing selbst seine Vögel für Käfig und Voliere. Die im Elternhaus empfangenen Jugendeindrücke bestimmten schon die Neigungen des Knaben. Aber erst nach dem Krieg 1870/71, den er als junger Offizier erlebte, hatte er Gelegenheit, an den verschiedensten Dienstorten (Brandenb., Wittenb., Spandau, Ruhleben) seiner Vorliebe für Jagd und Vogelk. nach Herzenslust zu folgen. 1879 trat er der DOG bei und war von nun an einer der rührigsten Besucher der Berl. Sitzungen. Die unter freiem Himmel jahrelang gesuchten Begegnungen mit den märk. Vögeln vermittelten ihm ein viel bewundertes Wissen auf brutbiol. Gebiet und lenkten ihn zu leidenschaftlicher Hingabe an die Oologie. Neben den selbst gesammelten Eiern heimatlicher Arten erwarb er durch Tausch eine großartige Kollektion von Paläarkten. In bezug auf die Gelege europ. Formen gehörte er zu den ersten Autoritäten. Feldorn. war seine Aufmerksamkeit lange auf das Leben des Kuckucks ausgerichtet. Die hier gemachten Beob. brachten ihn oft in Gegensatz zu den Thesen anderer Fachleute wie E. Rey und A. Walter (s. d.). Doch blieb er den Widersachern gegenüber im Nachteil, weil er sich in allzu stark gepflegter Selbstkritik kaum zu Veröff. entschließen konnte. Das J. Orn. nennt seinen Namen als Autor zwischen 1880 und 1893 nur 5mal, und in den Orn. Mber. finden sich 2 Beitr. aus den Jahren 1893 und 1896. Der Nachwelt hat er durch die schriftstellerische Bescheidenheit eine Menge von Erfahrungsmaterial vorenthalten. In den Berl. Versammlungen war er dagegen wie sein Altersgenosse W. Hartwig (s. d.) sehr mitteilsam und spendete im mündlichen Austausch den Freunden ohne Vorbehalte aus dem reichen Schatz seiner Einblicke in die Lebensgewohnheiten der Vögel. Wertvolle Angaben über das Brutgeschäft verdankten ihm A. E. Brehm (s. d.), der sie für die 2. Aufl. des „Tierlebens" und H. Schalow (s. d.), der sie für seine märk. Darstellungen verwertete. Der ritterlich selbstlose Mann starb als Major z. D. Seine Samml., die fast nur vollständige Gelege enthielt, wurde zerstreut. Die Raubvogeleier kamen nach Engl., die anderen Teile meist an A. Koenig (s. d.) in Bonn.
— Lit.: Nachruf (von H. Hocke). Zs. Ool. 8, 1898, S. 33. - Nachruf (von H. Schalow). J. Orn. 47, 1899, S. 286/87. - H. Schalow, Beitr. z. Vogelf. d. Mark Brandenb., 1919, S. 582—585 (mit Bildnis).

Krüper, Theobald Johannes, Dr., * 30. 6. 1829 Ückermünde (Pommern), † 4. 4. 1917 Athen. Als Sohn eines Kaufmanns besuchte er von 1844 ab das Stettiner Gymnasium. Während des Studiums in Berl. (1852—1854) gehörte er zum Kreis um B. Altum (s. d.). In dieser Zeit schon schrieb er über die „Adler Pom." (Naum. 2, 1852) und „Notizen über einige Vögel Pom." (J. Orn. 1, 1853). Angeborene Jagd- u. Forscherleidenschaft verließ ihn nicht während eines langen, der Naturerkundung gewidmeten Lebens. Bald nachdem er mit dem nie veröffentlichten Thema „De distributione geogr. Falconidarum Europaearum" promoviert hatte, begab er sich auf Sammelreisen, zunächst nach nordischen Zielen: Lappland (1855), Island (1856), Gotland (1857). „Orn. Miszellen" (Naum. 7, 1857) stammen aus dieser Zeit. Von 1858 ab wurde er bei L. Schrader (s. d.) in Athen seßhaft und bereiste von dort aus Griechenl., Mazedonien, Kleinasien und die Inseln der Ägäis. Auch als er 1872 kärglich bezahlter Konservator am Mus. d. Univ. Athen geworden war, blieb er auf den Naturalienhandel angewiesen und versorgte mehrere Jahrzehnte lang die europ. Mus. und Sammler mit Bälgen, Eiern und sonstigem Material. Mit den meisten Ornithologen von Ruf stand er in Verbindung und galt als trefflicher Kenner der Vögel in den von ihm berührten Gebieten. Gewaltigen Auftrieb erhielt durch seine Lieferungen vor allem die europ. Ool. Die zool. Erschließung des griech. Landes förderte er wie kein zweiter, und dem nur mit bescheidenen Mitteln ausgestatteten Mus., dessen Direktor er zuletzt war, verhalf sein unermüdlicher Eifer zu einer bemerkenswerten Schausamml. Auch im Ruhestand bemühte er sich um dieses Inst., indem er kühn in die damalige Fülle der Individuen und Arten eingriff. O. Reiser (s. d.) trat er noch um die Jahrhundertwende helfend zur Seite. Im J. Orn. gab er mit 13 Veröff. zwischen 1859 und 1875 zuverlässigen Aufschluß über die griech. und kleinasiat. Ornis. Leider stellte er später die lit. Tätigkeit ein. Sein letzter Beitr. war eine erschöpfende Liste der Brut- u. Zugvögel Griechenl., verbunden mit einer umfangreichen Darstellung ihrer Phänol. Wenn hier Genauigkeit und Tiefe die älteren Arbeiten von A. Lindermayer und H. v. d. Mühle (s. d.) auch weit überflügelten, war dieser schriftstellerische Schlußstein doch bis zu O. Reisers Zeiten fast vergessen. Er war nämlich in einem Buche gesetzt, in dem er kaum zu erwarten war. Der Titel, den der Autor Dr. A. Mommsen dem Werke gab, ist „Griech. Jahreszeiten (unter Mitwirkung Sachkundiger) . . .“ (Schlesw. 1875). Gegen Ende des Jahrhunderts (etwa seit 1876) befaßte sich der vielseitige Mann mehr mit Insekten und Weichtieren. Da die Hirten ihm aber weiter die schönsten Gelege aus den Bergen zustellten, konnte er trotzdem die ool. Wünsche seiner Freunde in aller Welt erfüllen. Fast 60 Jahre gehörte er der DOG an; seit 1908 war er Ehrenmitglied. A. v. Pelzeln (s. d.) nannte, um seine orn. Verdienste zu unterstreichen, 1863 den von ihm eingesandten kleinasiat. Kleiber Sitta krüperi. Die Reste der stattlichen Eiersamml. gingen 1926 in den Besitz von P. Henrici (Rendel/Oberh.) über.

— Lit.: Nachruf (von Schriftl.). Auk 39, 1922, S. 148/49. - Nachruf (von O. Reiser). J. Orn. 71, 1923, S. 370—373. - Bildnis in O. Reiser, Materialien z. Ornis Balcanica, Bd. 3 Griechenl., 1905.

Krukenberg, Carl Friedrich Wilhelm, Dr. Dr. h. c., * 27. 5. 1852 Königslutter (Kr. Helmstedt), † 18. 2. 1889 Gera. Einer alten Mediziner- u. Pharmazeutenfamilie gehörte er an. Früh verwaist, studierte er zuerst Pharmazie in Braunschw., ging aber dann in Straßb. zur physiol. Chemie über und promovierte in Heidelb. Nach kurzer Tätigkeit am chemisch-physiol. Laboratorium in Würzb. ließ er sich wieder in Heidelb. nieder und sicherte sich durch die seine Veröff. auszeichnenden neuen Gesichtspunkte seit Ende der 70er Jahre einen bekannten Namen. Die Univ. Jena machte ihn daher zum Dr. med. h. c. und berief ihn 1884 als ao. Prof. auf den eigens für ihn geschaffenen Lehrstuhl der vergl. Physiol. Forschungsreisen führten ihn nach den zool. Stationen Neapel und Triest, an die ägyptische Küste, das Rote Meer und nach Abessinien. Selten nur gönnte er sich eine Erholung. Erwähnung verdient er hier, weil er als erster nachwies, daß den gelben und roten Färbungen der Vögel verschiedene Farbstoffe zugrunde liegen, die er auf Grund ihrer Löslichkeit Lipochrome (Fettfarbstoffe) nannte. Seine ersten Arbeiten erschienen seit 1878 in Unters. aus d. physiol. Inst. d. Univ. Heidelb. und im Zentralbl. d. med. Wissensch. Die Orn. im besonderen betrafen Themen wie „D. Farbstoffe d. Federn“ (Vergl.-physiol. Studien; Winter/Heidelb. 1881), „D. Farbstoffe d. Vogeleierschalen“ (Verh. d. phys.-med. Ges. Würzb., N. F. 17, Nr. 5, 1883), „Des Bartgeiers Eisengehalt im Gefieder“ (Mitt. Wien 7, 1883), „Grundzüge einer vergl. Physiol. d. Farbstoffe u. d. Farben“ (Vergl.-physiol. Vorträge; Winter/Heidelb. 1882—1886, 517 Seiten). Nach The Auk 47, 1930, S. 455 stehen die Veröff. des Gelehrten in Royal Soc.'s Cat. of scient. Papers und in Cat. of Library of the Surgeon General's Office US Army. In Jena brachen wahrscheinlich wissensch. Spannungen seinen Lebenswillen. Nachdem er günstige Angebote, die ihn aus Amerika erreichten, abgelehnt hatte, schied er schließlich, unverheiratet, vereinsamt und unter psych. Störungen leidend, freiwillig aus dem irdischen Dasein.

— Lit.: Nachruf (von Schriftl.). Leopoldina 25, 1889, S. 44. - Würdigung (von T. S. P.). Auk 47, 1930, S. 455. - Würdigung (von V. Kwasniewski). Dt. Apotheker-Ztg./Süddt. Apotheker-Ztg. 1952, Nr. 21, S. 362 (mit Bildnis).

Kubary, Johann Stanislaus, * November 1846 Warschau, † 9. 10. 1896 Ponapé (Karolinen). Der junge Student der Med., Sohn einer dt. Mutter und eines ungar. Vaters, mußte wegen Beteiligung am poln. Aufstand 1863 auswandern. Über Berl. kam er nach Altona. Hier erkannte J. C. Godeffroy (s. d.) seine Anlagen und schickte ihn 1869 als Sammler in den Pazifik. Über die Tonga-, Samoa- u. Marshallinseln fuhr er 1871 für mehrere Monate nach Yap, arbeitete dann 1871—1873 auf Palau und 1873/74 auf Ponapé. Nach kurzem Aufenthalt in Deutschl. sah er sich genötigt, 1875 die Tätigkeit in der Südsee wieder aufzunehmen. Als aber das Handelshaus in Hamb. 1879 zusammenbrach, verlor er seine Stellung. In wechselvollem, hartem Lebenskampf hielt ihn die Ferne weiter fest. Weder Yokohama, noch Tokio, Hongkong und Guam brachten ihm zunächst ein erträgliches Auskommen. Auch die Hoffnung auf Unterstützung durch das Leidener Mus. schlug fehl. Erst eine Verpflichtung durch das Mus. f. Völkerkunde in Berl. befreite ihn aus äußerst bedrängter Lage. Schließlich konnte er 1885 in die Dienste der Neuguinea-Kompanie treten und einige Jahre die Station Konstantinhafen leiten. Als ihn auch hier 1895 die Kündigung erreichte, verbrachte er mit kärglichen Einkünften aus der Sammelarbeit den Rest seiner Tage wieder auf Ponapé. Unter den Pionieren Godeffroys trat er durch die größte Ausdauer hervor. Obwohl 1875 der Inhalt von über 100 Kisten das Opfer eines Schiffbruchs wurde, verdankte die Hamb. Vogelsamml. seinem Eifer und Geschick die meisten Zugänge. Graf v. Berlepsch (s. d.), das Dresd. und Berl. Mus. sowie Rothschild in Tring erhielten ebenfalls zahlreiche Bälge. Auf Savay entdeckte er die seitdem ausgestorbene Ralle Pareudiastes pacificus, deren Typus 1943 beim Bombenangriff auf das Hamb. Mus. vernichtet wurde. Besonders eingehend erforschte er die Vogelwelt von Palau, Yap und Ponapé. Die wissensch. Ergebnisse finden sich, bearbeitet von G. Hartlaub, O. Finsch, A. B. Meyer, A. Reichenow (s. d.) und E. Stresemann, im Journal d. Mus. Godeffroy, in J. Orn., Proc. Z. S. London, Ibis, Abh. Dresd., Arch. Naturgesch. Neben den naturw. bleiben bedeutende ethnogr. Verdienste an seinen Namen geknüpft. Grundlegende Ber. an das Mus. Godeffroy und später an das Mus. f. Völkerkunde in Berl. zeugen von seiner

Beobachtungsgabe beim Verkehr mit den Insulanern — auch wenn seine Anschauungen und Schlüsse nicht immer richtig waren.

— Lit.: Würdigung (von O. Finsch). Ethnol. Erfahrungen . . ., Ann. Wien 8, 1893, S. 192/93 (mit Verz. d. Veröff.). - Nachruf (von. J. D. E. Schmeltz). Internat. Arch. f. Ethnogr. 10, 1897, S. 132—136 (mit Bildnis). - B. Hagen, Unter d. Papuas, Wiesbaden 1899, S. 137/38. - S. Zieliński, Mały słownik pionierów polskich. Warschau 1932, S. 255—257. - E. Stresemann, Entw. d. Orn., 1951. - Würdigung (von A. Panning). Mitt. Hamb. Zool. Mus. Inst. 54, 1956, S. 11.

Kühlhorn, Johannes, Dr., * 13. 12. 1884 Osternienburg (Kr. Köthen), † 25. 3. 1962 Dessau. Als Sohn eines Pfarrers studierte er Naturw. in Gött. und Berl., promovierte mit einem botan. Thema und wurde Studienrat in Dessau. Auf dem Lande aufgewachsen, hatte er von Kindheit an einen offenen Blick für die Tierwelt. Gelegentlich erschien sein Name im zool. und jagdlichen Schrifttum. U. a. lieferte er zwischen 1912 und 1936 in unregelmäßigen Abständen kleinere Mitt. an die Orn. Ms. In der Fachlit. muß er gut beschlagen gewesen sein; das zeigen kritische Arbeiten wie „Z. Vorkommen d. Rothuhnes in Deutschl.“ (Orn. Mber. 36, 1928), „Nachtreiher in Anhalt“ (ebd. 38, 1930), „Z. Vorkommen v. Schneehühnern in Siebenb.“ (ebd. 38, 1930). Ferner gehörte er zu denen, die das von H. Reichling (s. d.) gemeldete Brutvorkommen der Bergente auf Fehmarn (19. 6. 1929) anzweifelten (vgl. Orn. Mber. 41, 1933). Doch scheint er auf schriftstellerische Betätigung insgesamt keinen gesteigerten Wert gelegt zu haben. Brieflichen Gedankenaustausch zog er offenbar vor. Von 1927 ab betreute er außerdem das Dessauer Mus. f. Naturk., das im März 1945 mit der orn. Samml. ausbrannte. Aus der orn. Freilandpraxis zog er sich schon in den 20er Jahren zurück.

Kuhl, Heinrich, Dr. h. c., * 17. 9. 1797 Hanau (Main), † 14. 9. 1821 Buitenzorg (Java). In der ersten Blütezeit der Wett. Ges. entfaltete sich die angeborene Beobachtungsfreude dieses Sohnes eines Landgerichtsdirektors. B. Meyer und J. Ph. A. Leisler (s. d.) lenkten seine Lernbegierde in geordnete Bahnen. Als er 1816 die Schule verließ, hatte er bereits eine ungewöhnlich umfassende Kenntnis der Fauna und Flora des Mainlandes. Sein Wissensschatz erregte damals schon staunendes Wohlwollen der großen Fachleute; und sogar Goethe hielt es für angebracht, des „jungen Mannes“ zu gedenken. Anlaß dazu gab dem Dichter K.s „Monogr. d. dt. Fledermäuse“ (1817), die eine frühe Frucht der herzlichen Beziehungen zu seinem Lehrmeister Leisler war. Die Absicht, in Heidelb. Med. zu studieren, wurde abgelöst durch anat. und zool. Studien, die ihm die Fürsprache B. Meyers seit September 1816 in Groningen ermöglichte. Auch hier traten seine Fähigkeiten schnell zutage. Nach 2 Jahren schmückten ihn die Würden eines Magisters der Phil. und Doktors der Naturgesch. ehrenhalber. Obendrein zeigte sich die Regierung gut beraten, als sie ihn 1819 beauftragte, zusammen mit seinem Studienfreund van Hasselt nach den niederl. Besitzungen in Ost-Indien zu reisen, „um die wissensch. Kenntnis der Naturerzeugnisse dieser Länder zu vermehren“. Zu den mit Feuereifer vorher schon aufgenommenen Vorbereitungen gehörten eine lange Fußwanderung 1818 zu dt. Ornithologen, die Beschäftigung mit der fremden Tierwelt u. a. in London und Paris und der Abschluß der grundlegenden Papageienarbeit „Conspectus Psittacorum“ (Nov. Act. Leopoldina 10, 1820). Nachdem er noch seitherige, fertige Msk. als „Beitr. z. Zool. u. vergl. Anat.“ (Frankf. 1820) zum Druck gegeben hatte, schiffte er sich — damals schon Mitglied der Leopoldina — mit dem Freunde ein und landete im Dezember 1820 in Batavia. Von Buitenzorg aus drangen die jungen Forscher auf ungebahnten Pfaden in die Urwälder vulkanischer Bergriesen ein. Die Unternehmungen im tückischen Tropenklima gaben K. nach kurzer Zeit die stolze Überzeugung, die Ornis von Westjava weitgehend kennengelernt zu haben; sie setzten dem Wagemut im Dienste der exotischen Vogelk. aber auch ein allzu frühes Ende. Eine Leberentzündung raffte den dt. Pionier dahin. Die überreichen Samml. (darunter 2000 Vogelbälge) erreichten zwar das Leidener Mus.; Temminck verstand aber nicht, das wissensch. Material seiner Bedeutung gemäß auszuwerten. Von den neu entdeckten Vogelarten stellte er nur wenige in den Planches Coloriées vor. Nach O. Finsch (s. d.) zeichnete der fleißige Reisende 211 javanische Formen auf, darunter 68 erstmalig von ihm benannte. Wenn Temminck auch seinen Namen auf einer Marmortafel in Leiden eintragen ließ, so erfuhr die Wissensch. doch kaum etwas von seinen Leistungen und Erfolgen. Heute müssen wir uns mit der Feststellung abfinden, daß — neben H. Boie, J. G. Wagler und C. Illiger (s. d.) — K. zu den in der Jugendblüte Vollendeten zu zählen ist, mit denen der dt. Orn. wegweisende Auftriebskräfte verloren gingen.

— Lit.: K. Siebert, Hanauer Biogr. aus 3 Jahrh., Hanauer Gesch.-Bl., N. F. 3/4, 1919, S. 115/16 (mit Bildnis u. älteren Quellen). - O. Finsch, Z. Erforschungsgesch. d. Ornis Javas, J. Orn. 54, 1906, S. 301—321. - E. Stresemann, Entw. d. Orn., 1951. - L. Gebhardt u. W. Sunkel, D. Vögel Hess., 1954, S. 53/54. - Kupferstich in Stadtarch. Hanau.

Kuhlmann, Heinz, * 16. 11. 1886 Bielefeld, † 18. 10. 1961 Horn (Lippe). Im gehobenen Dienst stieg er zum Oberpostinspektor auf, bis 1952 in Bielef. und dann in Horn. Hohe Verantwortung gegenüber der von der Zivilisation bedrohten Natur und ihren Geschöpfen adelte sein Lebenswerk. Schon in den Jahren nach dem 1. Weltkrieg mühte er sich im Rahmen der Volkshochschule sowie in Aufs. und Abh. für die Tagespresse, Kalender und Fachzeitschr. um die Erhaltung und Bewahrung echter Heimatwerte. Als 1935 das Reichsnaturschutzgesetz in Kraft trat, wurde ihm für den Reg.-Bez. Minden das Amt des Natursch.-Beauftragten anvertraut, das er auch im 1947 neugebildeten Reg.-Bez. Detmold weiterführte. Anerkennung fanden die selbstlos geleisteten Dienste im Jahre 1956 durch die Verleihung des Bundesverdienstkreuzes 1. Kl. Seine ganze Herzenswärme galt den Vögeln. Die ihnen gewidmeten Arbeiten standen seit 1922 in Ber. Bielef., Mitt. Vw., Nat. u. Heimat (Münst.) und nach dem 2. Weltkrieg in Orn. Mitt. Obwohl er alle Zeit begeisterter Feldornithologe blieb, ließ ihm die Last des Natursch.-Beauftragten zu seinem Leidwesen nach 1935 immer weniger Muße zu Veröff. Nichtsdestoweniger konnte er späterhin noch „Beitr. z. einer Avif." unter dem Titel „D. Vogelw. d. Ravensberger Landes u. d. Senne" (Ber. Bielef. 11, 1950) herausgeben und in Fortführung der Beob. von K. Behrens (s. d.) Erfahrungen über 246 Formen niederlegen. Unter den Freunden der Natur war er in Ostwestfalen und Lippe eine hochgeschätzte Persönlichkeit, deren Lauterkeit und menschliche Ausgewogenheit auch Enttäuschungen und unsachliche Gegnerschaft in Würde zu tragen wußte. Die glutvolle Leidenschaft aber, mit der er noch im hohen Alter gegen den Frevel an unseren Raubvögeln (vor allem am Wanderfalken von seiten engstirniger, verblendeter Taubenzüchter) bis zur Opferung seiner Gesundheit kämpfte, stellte ihn in die Reihen der vorbildlich Furcht- u. Kompromißlosen.

— Lit.: Würdigung (von W. Lienenkämper). Nachr.-Bl. f. Natursch. u. Landschaftspfl. 27, 1956, S. 31/32 (mit Bildnis). - Würdigung (von von G. Strutz). Freie Presse Bielef. v. 16. 11. 1956. - Nachruf (von W. L.). Ebd. v. 20. 11. 1961. - Nachruf (von F. Koppe). Nat. u. Heimat (Münst.) 22, 1962, S. 96 (mit Bildnis). - Nachruf (von dems.). Ber. Bielef. 16, 1962, S. 209—214 (mit Bildnis u. Verz. d. Veröff.). - Nachruf (von K. Korfsmeier). Nachr.-Bl. f. Natursch. u. Landschaftspfl. 33, 1962, S. 46 (mit Bildnis).

Kuhlmann, Ludwig, * 1857 Worms (Rhein), † 21. 4. 1928 Frankfurt (Main). Der in Frankf. ansässige Kaufmann war — ausgestattet mit einem von den Zeitgenossen bewunderten Spürsinn für Nester — vor und nach der Jahrhundertwende einer der leidenschaftlichsten hess. Oologen. Er konnte sich auf einen Grundstock stützen, den schon sein ebenfalls in der Mainstadt lebender Vater gelegt hatte. Zur Feder griff er sehr selten. Nur 6 Veröff. aus seinem Erfahrungsbereich waren zwischen 1891 und 1928 in Zs. Ool., Orn. Mber. und B. z. F. zu ermitteln. 1902 verkaufte er seine Samml. an das Mus. A. Koenig (s. d.); besonders interessant in ihr waren die 47 hess. Gelege des Brachpiepers aus den Jahren 1876—1891 und die hess. Gelege des Zwergsumpfhuhns aus den Jahren 1883—1886. Obwohl auf den Etiketten und im Eierkat. von Bonn die genauen Fundorte fehlen, ist sicher, daß diese Eier vom damaligen Griesheimer Exerzierplatz bei Darmst., aus dem hess. Ried und der Umgeb. von Mainz stammten. Das zeigte schon ein Vortrag, den er auf der Jahresversammlung der DOG 1891 in Frankf. hielt; er sprach hier über bei Darmst.-Mainz erbeutete Sumpfhuhngelege sowie über Kuckuckseier in Nestern des Brachpiepers und der Laubsängerarten. Eine später angelegte Samml. ging während der Inflationsjahre, die dem ersten Weltkrieg folgten, nach Engl.; die ein 3. Mal zusammengebrachten zahlenmäßig schwachen Bestände erwarb 1928 P. Henrici (Rendel/Oberh.).

— Lit.: L. Gebhardt u. W. Sunkel, D. Vögel Hess., 1954, S. 83.

Kuhn, Ludwig, Dr., * 13. 3. 1844 Kistószeg, Komitat Torontál (heute Jugoslawien), † 17. 4. 1900 Nagyszentmiklós, Komitat Torontál (heute Rumänien). Von 1869—1880 wirkte er als Mittelschullehrer am Piaristen-Gymnasium in Temeschburg. Dann war er Pfarrer in Nagyszentmiklós. 1877—1879 hatte er dazu den Posten des Sekretärs der Süd-Ung. Naturw. Ges. von Temesvár inne und beteiligte sich an der Herausgabe der ung. geschriebenen Naturw. Hefte von Temesvár. In dieser Zeitschr. erschienen aus seiner Feder seit 1877 beachtliche faun., brutbiol., ökol. und phänol. Beitr., die ihn als zuverlässigen Kenner der Avif. des Komitats ausweisen. In dt. Sprache schrieb er einen Aufs. über den „Vogelzug in d. Umgeb. v. Nagy-Szt.-Miklos . . . i. J. 1881" (Mitt. Wien 6, 1882). „Über d. Brüten d. Vögel in d. Umgeb. v. Nagy-Szent-Miklos u. Nagyfalu in d. J. 1880—1886" äußerte er sich in Verh. d. ung. Ärzte u. Naturf. 23, 1887. Eine Zusammenstellung der Ornis des damaligen Süd-Ung. enthielten die Ber. des Piaristen-Gymnasiums von Nagybecskerek (1897).

— Lit.: E. Dombay, D. Komitate u. Städte Ung. (Bd. Torontál), Budapest 1912, S. 279 (ung. geschrieben).

Kuhnert, Friedrich Wilhelm Karl, * 28. 9. 1865 Oppeln (Oberschlesien), † 11. 2. 1926 Flims (Graubünden). Auf den Akad. in Berl. und Paris empfing er die künstlerische Ausrichtung als Maler und Radierer. Seit 1883 war Berl. sein Wohnsitz. Viele Reisen in weite Landschaften freier Wildbahnen machten ihn mit den Gesetzen der Harmonie im Organischen vertraut. So konnte seine Begabung aus der wirklichen Natur schöpfen und verschwenderisch schenken. Da er zudem geistvoll die kaum überbrückbare Spannung zwischen dem Stil des Impressionismus und den Forderungen der zool. Formgestaltung in seinen Werken zu mildern verstand, überstrahlte er die gleichfalls beachtlichen Leistungen von Zeitgenossen wie G. Mützel und F. Specht (s. d.). In der Kunst der wissensch. Wirbeltiermalerei stieg er zu bedeutender Geltung auf und wurde der einflußreichste Tierillustrator der 2. Hälfte des 19. Jahrh. Am meisten zogen ihn die Großtiere der Tropen (darunter die Strauße) an. Vor den Augen vieler Ornithologen stehen auch heute noch eindrucksvoll die Farbtafeln und Bilder der Vögel zur 3. Aufl. von A. E. Brehms „Tierleben" (1890—1893), zu W. Marshalls (s. d.) „Bilder-Atlas z. Zool. d. Vögel" (1898), W. Haackes „Tierleben d. Erde" (1901), „Les Oiseaux; la Vie des animaux illustrée" (mit d. Tafeln aus W. Haacke, Paris 1904—1906), „Brehms Tierbilder" (1913, mit Text von V. Franz).

— Lit.: Thieme-Becker, Künstler-Lex. 22, 1928, S. 84/85. - W. Schäfer, D. wissensch. Tierbild, 1949, S. 90—92. - Cl. Nissen, D. Illustrierten Vogelbücher, 1953.

Kullmann, Karl, * 4. 8. 1845 Engelrod (Kr. Lauterbach), † 4. 8. 1939 Darmstadt. Als Sproß einer alten hess. Försterfamilie griff der in Darmst. tätige Geh. Forstrat früh die Gedanken des Frhr. H. v. Berlepsch (s. d.) auf und ebnete ihnen den Weg in das Blickfeld der hess. Forstbeamten. Er wurde die Seele des Vogelschutzvereins Hess. und gründete, nachdem er schon seit 1901 in den Darmst. Wäldern praktische

Maßnahmen durchführte, 1911 in Anlehnung an das Seebacher Vorbild die Versuchs- u. Musterstation f. Vogelsch. in Darmst. Eine Vogeltränke wurde nach ihm benannt.
— Lit.: Bildnis in W. Schuster, Vogelf. v. Großhess. u. Nassau, 1941.

Kullmann, Karl, * 1855, † 11. 6. 1910 Frankfurt (Main). Der Frankf. Weinhändler spielte um die Jahrhundertwende in der volkstümlichen Vogelk. eine Rolle. Gefolgsmann und Verehrer von K. Ruß (s. d.), pflegte er die vorzüglichsten Gesangskünstler und veröffentlichte seit Anfang der 90er Jahre in der Gef. W. Beitr. aus der umfangreichen Praxis der Vogelhaltung; u. a. berichtete er (Gef. W. 28, 1899) über Erfahrungen mit der Gesangsleistung der Orpheusgrasmücke, die er während eines siebenjährigen Aufenthalts in Südfrankreich (in den 70er u. 80er Jahren) sammeln konnte. Weiteren Kreisen machte er sich dadurch bekannt, daß er als erster 1905 einen Zusammenschluß der dt. Liebhaber zustande brachte und als 1. Vorsitzender an die Spitze dieser Vereinigung trat. In der Umgeb. seines Wohnsitzes vertiefte er seinen Einfluß auch durch sachkundige Vorträge und gewann viele Freunde unter den Vogelpflegern. 1911 setzten sie ihm in der Nähe eines von ihm an der Mörfelder Landstraße geschaffenen Vogelschutzgehölzes einen Gedenkstein; er wurde 1933 zerstört, nach 1945 aber wieder aufgerichtet.
— Lit.: L. Gebhardt u. W. Sunkel, D. Vögel Hess., 1954, S. 82. - Bildnis in W. Schuster, Vogelf. v. Großhess. u. Nassau, 1941.

Kunszt, Karl, * 1859 Bonyhád, Komitat Tolna (Ungarn), † 24. 3. 1939 Engerau (= Pozsonyligetfalu). Seit 1882 Lehrer in Csallóközsomorja (= Somorin), machte er später seinen Namen als Naturalienhändler besonders bekannt. Stücke aus seinem „Präparatorium" gingen an viele europ. Mus. Große Verdienste erwarb er sich um die Erforschung der Schüttinsel (Inselwelt der Donau zwischen Preßburg und Komorn). Für eine „Fauna Regni Hungariae" (1917), in der J. Schenk (s. d.) die Aves bearbeitete, hatte er eine Darstellung der Vogelwelt dieses Gebietes verfaßt; doch ist das Msk. nie erschienen, und später ist es verbrannt. Seine Aufmerksamkeit wies auch einige für Ung. neue Formen nach; darunter war Cursorius cursor. Die Veröff. seiner Funde überließ er aber anderen Autoren, u. a. J. v. Madarász (s. d.). Reichliches Material erhielten von ihm das Ung. Orn. Inst. und das Ung. Nat. Mus. Auch an den Vogelzugbeobachtungen von O. Herman (s. d.) nahm er von Anfang an teil.
— Lit.: Nachruf (von A. Keve). Aquila 49, 1939 bis 1942, S. 525.

Kunz, Gottlob Heinrich, * 20. 9. 1821 Leipzig, † 10. 6. 1911 Leipzig. Der Besitzer einer Leipz. Seifenfabrik begegnete den Lesern der Naum. zuweilen als Verf. kleinerer Beitr. Sie betrafen die Fortpflanzungsbiol., insbesondere die Färbung der Kuckuckseier und offenbarten, daß der rührige Sammler mehr der Spekulation und weniger der kritischen Betrachtung huldigte. Der Zufall fügte es, daß ihm 1850 bei der Gründungsversammlung der DO-G die Rolle des örtlichen Betreuers zufiel, allerdings wegen ungenügender Vorbereitung nicht zur vollen Zufriedenheit der Teilnehmer. Dann herrschte Jahrzehnte hindurch Stille um ihn, bis er nochmals zur Feder griff mit dem Aufs. „Otis tetrax, d. Zwergtrappe, ein urdeutscher Brutvogel" (J. Orn. 50, 1902). Auch hier konnte er den Hang zur ungesicherten, Zweifel weckenden Auswertung von Unterlagen nicht unterdrücken.
— Lit.: Würdigung (von R. Schlegel). D. Vogelwelt d. nordwestl. Sachsenlandes, 1925, S. 257 bis 259.

Kurr, Johann Gottlob von, Dr., * 15. 1. 1798 Sulzbach (Murr), † 9. 5. 1870 Stuttgart. Zuerst Apotheker, dann Arzt, seit 1832 Lehrer für Naturgesch. an der Gewerbeschule Stuttg., seit 1841 dort Prof. am Polytechnikum, war dieser weitschauende Mann der „alten Schule" als Forscher, Dozent und Schriftsteller hauptsächlich auf den Gebieten der Min., Geol., Paläont., Botan. und Zool. tätig. Reisen in der Jugend und im Mannesalter ermöglichten ihm anschauliche Schilderungen der naturgesch. Verhältnisse verschiedener Länder. In seiner Vielseitigkeit vernachlässigte er keineswegs die engere Heimat. So war er Mitbegründer des Ver. f. vaterl. Naturk. in Württ., und in einer Reihe von Oberamtsbeschr. hatte der Abschnitt über das Tierreich ihn zum Verf. Die Behandlung, die er der Vogelwelt im Sammelwerk „D. Königreich Württ." (1863) zuteil werden ließ, zeigte aber, daß ihm die Orn. im Grunde recht fremd war und ihm eigene Erfahrung und Beob. unter freiem Himmel nicht zur Verfügung standen. Bei den 295 angeführten Vogelarten fehlen z. B. Bem. über Vorkommen, Wanderungen, Fortpflanzung usw.; dazu fallen falsche Angaben auf: die Zwergohreule und Sumpfohreule ließ er „nicht selten" sein, die Blauracke sollte „zuweilen am Schwarzw. u. an d. Alb" brüten, der Steinsperling „nicht selten im Hohenlohischen" angetroffen werden und das Jagdgeflügel „teilweise beinahe ausgerottet" sein. Die Lit. beherrschte er nur oberflächlich; so war ihm offenbar Ch. L. Landbecks (s. d.) kritische „System. Aufzählung . . . " (1835) unbekannt. Erfreulich fortschrittliche Einstellung verrieten dagegen seine Gedanken zum Vogelschutz. Nicht nur die Klettervögel und sperlingsartigen Singvögel wollte er wegen ihres Nutzens geschont wissen, sondern auch die in jenen Jahren noch rücksichtslos verfolgten Raubvögel und Eulen, weil sie „teils Feldmäuse, teils Insekten u. deren Larven" vertilgen. Unbestreitbare wissensch. Verdienste erbrachten ihm die Ernennung zum Oberstudienrat, die Verleihung des Kronenordens und damit die Erhebung in den persönlichen Adelstand.
— Lit.: Nachruf (von F. Fleischer). Jh. Württ. 27, 1871, S. 34—50. - Allg. Dt. Biogr. 17, 1883, S. 416/17. - R. Lauterborn, D. Rhein, . . . , Ludwigshafen 1938, S. 404—406. - W. Bacmeister, Abriß einer Gesch. d. Württ. Vogelk., Jh. Württ. 102—105, 1950, S. 25/26.

Kuschel, Maximilian, * 12. 3. 1851 Breslau, † 16. 4. 1909 Guhrau (Schlesien). 2 Jahre war er — Sohn eines Gymnasiallehrers — selbst Lehrer in Polen, ehe er 1872 in Bresl. Rechtsw. zu studieren begann. Von 1881—1902 stand er als Polizeirat im Dienste seiner Heimatstadt. Den Ruhe-

stand verlebte er in dem Landstädtchen Guhrau, wo er bei geschwächter Gesundheit in stiller Zurückgezogenheit sich ganz seiner Lieblingsbeschäftigung, der Orn., in Sonderheit der Ool. widmete. Seit 1885 gehörte er der DOG an. Trotz seiner großen eierk. Erfahrung hatte er in übertriebener Bescheidenheit eine schwer zu überwindende Scheu vor Veröff. Das Schrifttum enthält nur 3 Arbeiten von ihm. Am bekanntesten wurde der „Abriß einer Beschr. v. Vogeleiern d. äthiopischen Ornis" (J. Orn. 43, 1895). Um so häufiger mußte er im Briefwechsel zur Feder greifen, denn er galt in Zweifelsfragen allg. als eine der Autoritäten seiner Zeit. Die Senck. Naturf. Ges. zu Frankf. zog ihn 1908 einige Wochen zur Ordnung ihrer Eiersamml. heran, nachdem sie ihn seiner ool. Verdienste wegen schon 1905 zum korr. Mitglied ernannt hatte. Die ihn allzeit beherrschende Sammelleidenschaft erstreckte sich auf die Eier der gesamten Vogelwelt. Am eingehendsten war er über die Eier afrik. Arten unterrichtet. Ehe er Bresl. verließ, veräußerte er 1900 seine stattliche Samml. (11 000 Stücke von 3440 Arten aus allen geogr. Gebieten) an das Mus. in Dresd. Da er aber nicht rastete, besaß er vor seinem Tode wiederum 9000 Stücke, darunter überaus begehrte Seltenheiten. Diese 2. Kollektion erwarb J. v. Seilern (s. d.).
— Lit.: Nachruf (von P. Kollibay). Ber. Schles. 3, 1910, S. 26/27.

Kutter, Friedrich, Dr., * 1. 10. 1834 Grünberg (Schlesien), † 7. 3. 1891 Kassel. Die militärärztliche Laufbahn führte ihn nach Berl., Kottbus, Glogau, Posen, Neustadt (Oberschles.) und in die Kriege 1866 und 1870/71. Seit 1883 stand er als Oberstabsarzt in Kassel. Von Jugend auf war er Feldbeobachter und Eiersammler. Nachhaltigsten Auftrieb erhielten seine Neigungen während des med. Studiums in Berl., wo er in den orn. Kreis von B. Altum, Th. Krüper, A. Günther, C. A. Bolle und A. Hansmann (s. d.) trat. Die Eierk. fand in ihm einen ihrer hervorstechendsten Förderer. Sein Wissen war umfassender und tiefgründiger als das des gleichzeitig lebenden E. Rey (s. d.). Mit E. Hartert (s. d.) eng befreundet, war er überzeugter Anhänger der Deszendenztheorie und somit eindeutiger Gegner der Okenschen Ganzheitsideen seines anderen ool. Zeitgenossen W. v. Nathusius (s. d.). Aus der Fülle der Einzelkenntnisse heraus versuchte er, die Ool. zur Gewinnung allgemeiner Gesichtspunkte für die system. Gruppierung der Vögel zu verwerten. Er verfuhr dabei mit einem Bewußtsein wissensch. Verantwortung, das nicht allen Vertretern dieses Sondergebiets in gleichem Maße eigen war. E. Hartert selbst bekundete im Kat. d. Vogelsamml. d. Mus. Senck. 1891, daß sich seine Anschauungen über die Bedeutung der Eischalenkunde für die System. im allg. mit denen seines erfahrenen Freundes (in Orn. Jb. 2, 1891 nannte er ihn „unvergeßlichen Lehrer") deckten. K.s ool. Veröff. (J. Orn. 13, 1865 — 36, 1888; Orn. Cbl. 6, 1881) hatten Gewicht. Schon seine Diss. trug den Titel „Oologia ad systematologiam ornithologicam necessaria". In J. Orn. 25, 1877; 26, 1878 finden sich die „Betrachtungen über System. u. Ool. v. Standpunkte d. Selektionstheorie". In den Jahrgängen 28, 1880; 33, 1885 dieser Zeitschr. und im Jber. Kass. 1889 nahm er gleichfalls zu diesem Problemkreis Stellung. Für ihn war die Spezies ein hauptsächlich „praktischen Zwecken dienender Kollektivbegriff". Wesentlich für Abstammungsfragen waren nach seiner Anschauung vor allem die substantielle, die ganze Schalenmasse durchdringende und oft erst im durchfallenden Licht erkennbare Färbung, ferner die Form der Eier, das feinere Gefüge der Schale und das äußere Korn. Die Farbe der Oberfläche schien ihm lediglich den Charakter der Anpassung zu haben. Neben dem Ernst seiner wissensch. Bemühungen war die Ritterlichkeit seiner Gesinnung der Grund, daß ihn die DOG 1890 mit dem Vorsitz beehrte. Seine Eiersamml. kam 1897 in das Zool. Mus. von Berl.
— Lit.: Nachruf (von E. Hartert). Orn. Ms. 16, 1891, S. 123/24. - Gedächtnisrede (von H. Schalow). J. Orn. 39, 1891, S. 225—235. - E. Stresemann, Entw. d. Orn., 1951.

L

Lakatos, Karl, * 23. 7. 1853 Raab (= Györ), † 15. 4. 1914 Budapest. Nach dem Schulbesuch in Nagykanizsa und Zalaegerszeg entwickelte er sich zum fruchtbaren jagdkundlichen Fachschriftsteller mit ausgesprochen orn. Note. Seit 1878 standen etwa 50 Mitt. und Abh. aus seiner Feder ung. geschrieben in der allg. Presse (keine davon in Aquila). Das Blickfeld des Jägers füllten in erster Linie die Raubvögel. Zeugnis der besonderen Neigung waren „D. Tagraubvögel Ung." (1882); diese erste ung. Monogr. hatte zwar kompilatorischen Charakter, enthielt aber auch mannigfache eigene Beob. und brachte es, um die Nachtraubvögel vermehrt, unter dem Titel „D. Raubvogelfauna Ung." (1910) zu einer 2. Aufl. Dieselbe Richtung vertraten „Aus meinen jagdl. u. orn. Erinnerungen" (1891) und „D. geflügelten Feinde d. Fischzucht" (1913). Am besten gelang ihm die auf persönliches Erleben sich stützende Beschr. der orn. Verhältnisse des an Sumpf- u. Wasservögeln reichen Komitats Csongrad und hier vor allem des Weißen Sees (= Feherto) bei Szeged. Er war kein Vertreter der Wissensch. Verdient machte er sich dadurch, daß er mit einer leicht verständlichen Darstellungsweise offenbar dem Beispiel von K. Lázár (s. d.) folgte und so vogelk. Anregungen in breitere Leserschichten trug.
— Lit.: Pallas Lex. 11, 1895, S. 199/200. - J. Schenk, Übersicht d. Gesch. d. Orn. in Ung., Aquila 25, 1918, S. 48.

Lambrecht, Kálmán (Koloman), Dr., * 1. 5. 1889 Pancsova (Südungarn), † 7. 1. 1936 Budapest. Er war der Sohn eines Mittelschullehrers und studierte in Budapest Zool.; in jenen Jahren hatte die Berührung mit W. Čapeks (s. d.) osteol. Samml. entscheidenden Einfluß auf seine wissensch. Entwicklung. Die Diss. über „Fossile

Vögel d. Borsoder Bükk-Gebirges u. d. fossilen Vögel Ung." (1913) kennzeichnete die früh gewählte Arbeitsrichtung. Da ihn neben den paläont. auch ethnogr. Interessen bewegten, rief ihn O. Herman (s. d.) als Assistent für dieses 2. Forschungsgebiet 1909 in die Ung. Orn. Zentrale. Er verfügte damals nur über geringe orn. Kenntnisse, baute aber hier vor allem mit Hilfe von T. Csörgey (s. d.) die von A. Lendl (s. d.) 1897 gegründete osteol. Samml. zu bedeutendem Umfang aus, bis ihn 1917 ein Ruf an das Geol. Inst. von Budapest erreichte. Nachdem er an der Univ. in Fünfkirchen (= Pécs) 1925 zum Dozenten habilitiert und 1933 zum Extraordinarius ernannt worden war, übernahm er schließlich 1934 die Leitung der dortigen Univ.-Bibliothek und einen Lehrauftrag für Ethnogr. Eine Großzahl seiner Unters. (es sind allein 300 wissensch. Titel), viele davon in der Aquila erschienen, galt der ung. Paläornis. Darüber hinaus entsprangen seinem Arbeitseifer u. a. Veröff. wie „Gesch. u. Bibl. d. Paläornithologie" (1916), „D. Ausbildung u. Gesch. d. europ. Vogelw." (1917), „Aves" in „Fossilium Catalogus" (1921), „Studien über fossile Riesenvögel" (1930). Ein Standardwerk, das seinen Namen weit über die Grenzen seines Heimatlandes trug, wurde das „Hdb. d. Paläornithologie" (Berl. 1933); mit staunenswertem Fleiß legte er hier alles Material vor, das sich für das Studium der ausgestorbenen Vogelformen sammeln ließ. Die Enge der Fachkreise sprengend, war er daneben bestrebt, als wissensch. Mitarbeiter und Schriftleiter von Tageszeitungen sein Stoffgebiet auch weiteren Volksschichten zugänglich zu machen; für diesen Idealismus erntete er allerdings nicht immer und überall Dank. Als ihm gerade die Bearbeitung der reichen eozönen Fauna des Geiseltales bei Halle übertragen worden war, mußte er in der Vollkraft der Jahre von der irdischen Bühne abtreten.
— Lit.: Nachruf (von A. Kleiner). Verh. Bay. 21, 1936, S. 72—74. - Nachruf (von Schriftl.). Orn. Mber. 44, 1936, S. 32. - Nachruf (von L. F. d. B.). Ardea 25, 1936, S. 178. - Nachruf (von P. R. L.). Ibis (13) 6, 1936, S. 609/10. - J. Schenk 50 Jahre . . . , Aquila 50, 1943, S. 75—141.

Lampert, Kurt, Dr., * 30. 3. 1859 Ippesheim (Franken), † 21. 1. 1918 Stuttgart. Der Sohn eines Pfarrers studierte Naturw. in Erl. und Münch. Nach dem Staatsexamen für das höhere Lehramt und der Promotion wurde er Assistent am Zool. Inst. in Erl. Von hier aus holte ihn 1884 eine Empfehlung an das Naturalienkabinett von Stuttg. Von 1890 ab war er 1. Konservator mit dem Titel Prof. und seit 1894 Vorstand der Samml. Seinem Wirken verdankte sie viel von ihrer Blüte. Sammelreisen durch alle Teile Württ. gaben ihm das Land zur 2. Heimat. Die Seen Oberschwabens hatten es ihm insbesondere angetan; zumal die höhere und niedere Tierwelt des Federsees reizte ihn zu immerwährenden Studien und Unters. Neben der Museumstätigkeit machte er sich durch eine hohe Zahl von zool. Veröff. wissensch. und volkstümlicher Art verdient. Obwohl sie nicht im Vordergrund seiner Interessen stand, lag naturgemäß auch die Vogelk. im Blickfeld seiner Vielseitigkeit. In „Beitr. z. Fauna Württ." (Jh. Württ. 48, 1892) berichtete er über das Vorkommen von Glaucidium passerinum, Tringa erythropus, Puffinus kuhlii. Eine ausgezeichnete zoogeogr. Skizze war die „Tierwelt Württ." (ebd. 51, 1895). In den Oberamtsbeschr. von Ehingen (1893), Cannstatt (1895), Ulm (1897), Heilbronn (1901), Urach (1909), Münsingen (1912), Tettnang (1915) stammen die Abschnitte über die Tierwelt, in Sonderheit über die Vögel, aus seiner Feder. Neben einer Reihe von Naturw. Vereinen erfreute sich auch der Bund f. Vogelsch. der tätigen Mitarbeit des hochgeachteten Mannes.
— Lit.: Nachruf (von H. Schalow). Orn. Mber. 26, 1918, S. 56. - W. Bacmeister, Dem Gedächtnis dreier württ. Naturforscher, Gef. W. 48, 1919, S. 36—38. - Würdigung (von L. Lampert). Vorausdruck aus d. Veröff. d. Ges. f. Fränk. Gesch., 7. Reihe 6, 1959, S. 1—8 (mit Verz. d. Veröff.).

Landau, Georg, Dr. h. c., * 26. 10. 1807 Kassel, † 15. 2. 1865 Kassel. Der Sohn eines Schuhmachers wuchs in bescheidenen Verhältnissen auf. Als er eine Schreiberstelle beim Anwalt aufgeben mußte, begann er 1827 an der Bibliothek und im Arch. seiner Vaterstadt zu arbeiten und fand Freude am Studium der Geschichte hess. Orte und Landschaften. Begabung und Fleiß machten ihn schnell zum hervorragenden Quellenforscher. 1834 wurde er Mitbegründer des Ver. f. hess. Gesch. u. Landeskunde. Seinem Namen gab er Klang und Ruf durch eine stattliche Reihe volks- u. landesk. Unters. Sie erschienen als Aufs. und Beitr. in Zeitschr. und als selbständige Werke: darunter waren „D. hess. Ritterburgen u. ihre Besitzer" (1832—1839), die „Beschr. d. Kurfürstentums Hess." (1841) und „D. malerischen Ansichten v. Hess." (1842). Für die wissensch. Leistungen auf dem Gebiet des Sammelns und Ordnens geschichtlicher Daten zeichnete ihn die phil. Fak. der Univ. Marb. 1846 mit dem Dr. h. c. aus. In der Praxis der Vogelk. oder Jagd trat er nicht in Erscheinung, und in keiner der ihm von Historikern gewidmeten Würdigungen sind derartige Neigungen erwähnt. Doch muß er irgendwelche stillen Beziehungen zu den Vögeln und der Jagd gehabt haben. Sonst hätte er nicht lebendig und sachkundig eine „Gesch. d. Jagd u. Falknerei in beiden Hess." (1849) schreiben können. Das Buch erhielt seine orn. Note dadurch, daß es erstmalig eine Übersicht der Verbreitung des Jagdgeflügels in Hess. lieferte. Der Verf., der als Archivrat starb, machte sich durch das von ihm hier gesammelte Material nicht nur verdient um die avif. Erforschung seines engeren Heimatlandes, sondern auch um die Erschließung neuer jagdhist. Tatbestände.
— Lit.: F. W. Strieder, Grundlage z. einer hess. Gelehrten- u. Schriftstellergesch. 20, 1863. - Allg. Dt. Biogr. 17, 1883, S. 584—586. - A. Duncker, D. Ver. f. hess. Gesch. u. Landesk. in d. ersten 50 Jahren seines Bestehens, Kass. 1884 (mit Bildnis). - L. Gebhardt u. W. Sunkel, D. Vögel Hess., 1954, S. 65/66 (mit Bildnis).

Landbeck, Christian Ludwig, * 11. 12. 1807 Ostheim (Elsaß), † 3. 9. 1890 Santiago (Chile). Seit 1814 lebte der Pfarrerssohn in Mössingen (Schwäb. Alb). Nach dem Studium der Kameralwissensch. in Tüb. war er — offenbar ohne eine Prüfung abgelegt zu haben — Rentbeamter in Steinegg, seit 1839 Leiter der Bildungsanstalt bei Ludwigsb. und seit 1845 Gutsverwalter in Klingenbad = Klingenburg (Bay.). 1852 wanderte er — einer unter vielen — mit seiner Familie nach Chile aus, weil er in der Heimat keine Lebensgrundlage fand. Bei Valdivia erwarb er, wieder ohne Erfolg, ein Gut, bis er 1859—1884 sich in der Stellung eines Konservators und 2. Direktors am Mus. in Santiago auf vielen Exp. um die naturw. Erforschung seiner Wahlheimat unbestreitbar verdient machen konnte. Aus Leidenschaft Jäger und Sammler, war er auch guter Vogelmaler und in system. und biol. Fragen vortrefflich beschlagen. Unter dem Einfluß des taubenzüchtenden Vaters machte sich der gewandte Beobachter früh mit dem Formenschatz der Ornis vertraut. Schon seine erste Veröff., die „System. Aufzählung d. Vögel Württ. . . .“ (Korr. Württ. 1, 1835; Sonderdruck Stuttg. u. Tüb. 1834) mit Nachtr. (ebd. 1836 u. 1837) bedeutete die Krönung dessen, was in der 1. Hälfte des 19. Jahrh. über württ. Vögel geschrieben wurde. Sie war die 1. kritische Avif. des Landes und stellte alle früheren Versuche von J. H. Haid, J. Höslin, G. Schübler, G. M. v. Martens (s. d.) in den Schatten. Auch alle späteren württ. Autoren erreichten nicht die Ursprünglichkeit L.s und sind kaum über dieses Erstlingswerk hinausgekommen. Mit dem „System. Verz. d. Vögel Württ.“ (Jh. Württ. 2, 1846) wies er 307 Arten nach und kennzeichnete sie als Standvögel, Brutvögel, Strichvögel, Sommerzugvögel, Winterzugvögel oder Irrgäste. Wenn auch manche Angaben über seltenere Arten unbestimmt sind, so gelangen ihm doch bemerkenswerte Brutnachweise z. B. für Rauhfußkauz (Alb u. Schwarzw.), Sperlingskauz (südl. Schwarzw.), Zwergohreule (ebd.). Neben dieser faun. Liste hatten noch 3 „Beitr. z. Vogelk.“ (Isis 1842, 1843, 1846) ihr besonderes Gewicht. Zwar ließen sich nicht alle hier gebrachten Feststellungen halten, wichtig aber waren die eigenen Beob. über Vorkommen und Biol. der 3 südl. Formen Berglaubsänger, Zippammer und Zitronenzeisig. Weitere Arbeiten über die württ. Vogelwelt standen im „Buch d. Welt“ und im Zool. G.; W. Bacmeister faßte im „Verz. d. vogelk. Schrifttums in Württ. . . .“ (Jh. Württ. 108, 1952) 16 Titel zusammen. Als Frucht einer Reise von 5 Monaten, die er 1838 unternahm, lieferte L. außerdem Beitr. über die Vögel Siebenb. und der ung. Donauniederungen, darunter „D. Reiherinsel Adony“ (Isis 1842), „D. Vögel Syrmiens“ (ebd. 1843), „D. Pöszener Wald u. seine Bewohner“ (Buch d. Welt 1843). Die vielen Veröff. aus Chile (wenige in Zool. G., der größte Teil in Arch. Naturgesch. und Ann. Univ. Sant.) wiesen eine Reihe von Neubeschr. auf; 17 Abh. zwischen 1860 und 1868 waren — ohne freudige Zustimmung des Verf. — mit dem Namen seines Direktors, des dt. Landsmanns R. A. Philippi (s. d.), gekoppelt und lassen so den im Grunde alleinigen Autorenanteil äußerlich nicht erkennen. Ein größeres und von ihm mit reichem Bildschmuck ausgestattetes Werk über die Vögel des fremden Landes blieb zudem ungedruckt, wie sich in der Heimat schon der Plan zerschlagen hatte, mit den Freunden E. F. v. Homeyer (s. d.) und Frhr. v. Schertel-Burtenbach eine Folge von Monogr. europ. Vögel herauszugeben. Verschollen sind schließlich die Samml., Vogelbilder und orn. Aufs., die der Enttäuschte an J. W. v. Müller (s. d.) billig verkauft hatte, ehe er den Boden des Vaterlandes für immer verließ. Das Leben des begabten und emsigen Forschers, der auch im Ausland seinem Deutschtum treu blieb, stand unverdient unter einem wenig glückhaften Stern.

— Lit.: Briefe L.s (1837—1852); abgedruckt in E. F. v. Homeyer, Orn. Briefe, Berl. 1881. - Würdigung (von W. Bacmeister). Jh. Württ. 70, 1914, S. XXX—XLVI (mit Bildnis u. Verz. d. Veröff.). - Ders., Abriß einer Gesch. d. Württ. Vogelk., ebd. 102—105, 1950, S. 18—20. - Ders., Schwäb. Lebensbilder 5, 1950, S. 314—329 (mit Bildnis, Verz. d. Veröff. u. älteren Quellen). - R. Lauterborn, D. Rhein, . . ., Ludwigshafen 1938, S. 414—419.

Landois, Hermann, Dr., * 19. 4. 1835 Münster (Westfalen), † 29. 1. 1905 Münster. Kath. Geistlicher ohne rechte Berufung, das war der erste Abschnitt im Tätigkeitsbereich dieses nicht zu den alltäglichen Typen gehörenden Mannes. Nach dem Studium der Naturw. in Greifsw. wurde der Aktuarssohn 1865 Lehrer am Gymnasium seiner Vaterstadt und 1876 Ordinarius für Zool. an der dortigen Akad. Seine staunenswerte Vielseitigkeit war Jahrzehnte hindurch die treibende Kraft in der westf. Heimatforschung. Als Lehrer und Gelehrter stand er in hohem Ansehen; u. a. war er Mitglied der Leopoldina. Kaum zu überblicken ist neben den zahlreichen Zeugnissen seiner humoristischen Ader die Reihe der ernsthaften und wissensch. Veröff., die anfänglich besonders der Anat. und Histol. der Insekten galten. Sehr beachtliche Erfolge hatte er auf dem Gebiete der zool. und botan. Lehrbücher — u. a. schrieb er mit B. Altum (s. d.) ein „Hdb. d. Zool.“ (1870) — und immer war er darauf bedacht, weitesten Volksschichten nutzbringende naturw. Kenntnisse zu vermitteln. Diesem Zweck diente auch die Gründung des Westf. Ver. f. Vogelsch., Geflügel- u. Singvögelzucht (1871), der Zool. Sektion f. Westf. u. Lippe (1872) und des Zool. Gartens (1875). Orn. Mitt. und Abh. aus seinem Erfahrungskreis brachten in der Mehrzahl die Jber. Münst. und vereinzelt Zool. G., J. Orn., Zool. Anz., Zs. ges. Orn. zwischen 1871 und 1893. Ein für die damalige Zeit mustergültiges Werk der zool. Heimatk. waren die 3 Bde. „Westfalens Tierleben“; den 2. Bd. widmete er in warmherziger Darstellung den Vögeln (254 Arten, darunter 146 Brutvögel) und setzte darin zugleich den örtlichen Faunisten und Gewährsmännern ein schönes Denkmal der Dankbarkeit. Seinem Wesen, der Mischung von Rauhbeinigkeit und Gutmütigkeit, wird nur gerecht, wer die vielen Schrullen des Junggesellen zu würdigen weiß. Vom Scheitel bis zur Sohle war er lachender Philosoph und herausfordernder Schalk. Bezeichnend für ihn: Vor den Fenstern seiner „Tuckesburg“ ließ er sich 1900 ein Standbild in Überlebensgröße setzen. Es zeigte ihn mit Zylinder (darin ein Einflugloch für Höhlenbrüter!), Gehrock, langer Pfeife und Knotenstock; er selbst hielt die Weiherede vor dem Gedränge der Freunde und Verehrer. Zu den anderen Begabungen war ihm die der Dichtkunst verliehen. Bei allem, was er sprach und schrieb (u. a. klassische plattdt. Schwänke und Lokalspäße), spielten mitleidslos beißender Witz und urwüchsiger Humor die tragenden Rollen. Ein psychol. Rätsel war er für viele seiner Hochschulkollegen; sie rümpften die Nase über seine Narrenpossen in den Karnevalsitzungen der „Abendgesellschaft d. Zool. Gartens" und übersahen den letzten Sinn seiner seltsamen Unternehmungen. Er brachte es nämlich zustande, daß die für ihn begeisterte und in Massen strömende Bevölkerung die Gelder lieferte für seine gemeinnützigen Pläne (Zool. Garten, Naturh. Mus., Volksbildung, Heimatforschung). In der Prov. Westf. war er der weitaus volkstümlichste Mann. Die so eigen geartete Schale verdeckte — das wußten nur die nächsten Freunde — einen Edelsinn, dem nachgerühmt werden darf, daß er Tränen der Heiterkeit nutzte, um Tränen des Schmerzes zu trocknen und Leid zu lindern. Auch dieses Verdienst wiegt nicht gering.

— Lit.: H. L., Frans Essink — sien Liäwen und Driewen . . ., Leipz. 1900 (mit Bildnis u. Verz. d. Veröff.). - Nachruf (von H. Reeker). Jber. Münst. 33, 1904/05, S. 9—17 (mit Bildnis). - H. Löns, Ein Kranz f. H. L., Zs. Nieders. 10, 1905, S. 188. - Nachruf (von O. Boettger). Zool. G. 46, 1905, S. 95. - K. Prümer (zus. mit E. Marcus u. E. Rade), Prof. L., Lebensbild . . ., Leipz. 1907 (mit Bildnissen u. unvollst. Verz. d. Veröff.). - W. Schulte, Westf. Köpfe, 1963, S. 172/73 (mit Bildnis).

Lange, Johann Carl Gottlieb, * 20. 8. 1765, † 22. 3. 1816 Hirschfelde (Kr. Zittau). Er war Kantor zu Hirschfelde und nebenher erfolgreicher Vogelsammler, der von Zeitgenossen als „Meister der Ausstopfekunst" gerühmt wurde. Seiner Samml. führte er viele Seltenheiten der Gegend zu; unter diesen befanden sich Arten, die seitdem nie wieder in Sachsen nachgewiesen werden konnten (wie z. B. Uralkauz und Karmingimpel). Zu Veröff. schritt er nicht. Die vogelk. Neigungen vererbte er auf seinen Sohn Johann Gotthelf L. (s. d.). Teile der Samml. kaufte nach seinem Tode die Oberlausitzer Gesellschaft der Wissensch. in Görlitz.

— Lit.: Würdigung (von R. Heyder). Mitt. Sachs. 1, 1927, S. 200/01.

Lange, Johann Gotthelf, * 20. 6. 1796 Hirschfelde (Kr. Zittau), † 25. 9. 1872 Zittau. Sohn von Johann Carl Gottlieb L. (s. d.) und auf der von J. M. Bechstein (s. d.) geleiteten Forstakad. Dreißigacker ausgebildet, übte er zuerst im Revier Mügeln den Forstdienst aus. Auf Empfehlung von Bechstein stellte ihn dann der Zittauer Bürgermeister als Revierjägeradjunkt in den städtischen Revieren Harthau und Lückendorf an. 1826 wurde er Kämmereiverwalter in Zittau und wirkte hier von 1851—1871 als Oberforstverwalter und besoldeter Stadtrat. Von seiner Beziehung zur Vogelwelt zeugt eine einzige Arbeit, eine etwa 160 Arten umfassende Aufstellung der Vögel des Zittauer Gebirges (1827); sie ging jedoch nicht näher auf die Vogelsamml. des Vaters aus der Neisseaue ein.

— Lit.: Würdigung (von R. Heyder). Mitt. Sachs. 1, 1927, S. 200.

Langsdorff, Georg Heinrich von, Dr., * 18. 4. 1774 Wöllstein (Kr. Alzey) oder Nieder-Wöllstadt (Kr. Friedberg), † 29. 6. 1852 Freiburg (Breisgau). Nachdem er 1797 in Gött. unter J. F. Blumenbach (s. d.) das med. Abschlußexamen bestanden hatte, beschäftigte er sich — zuerst als Militärarzt in port. und engl. Diensten und seit 1803 im Auftrag Rußlands als selbständiger Naturforscher — mit den Tieren und Pflanzen Portugals, Spaniens, Rußlands, Japans und Brasiliens. Bedeutung erlangte er vor allem für die naturw. Durchforschung Bras., weil die meisten der ihm dort auf seinen Exp. begegnenden Naturprodukte der Wissensch. noch unbekannt waren. Seit 1813 lebte er in diesem Lande als russ. Geschäftsträger und Hofrat. Sein Anteil an der Entwicklung der dt. Orn. durch Überlassung von Sammelergebnissen seiner Exp. an dt. Mus. ist gering. Neben einer umfangreichen Samml. bras. Insekten erhielt das Berl. Mus. nur wenig Vögel. Die Ausbeute seiner letzten Durchquerung des Landes (1825—1829) ging nach Rußl. Einschneidender ist sein Verdienst dadurch, daß er sich der damals in Bras. eintreffenden dt. Forscher annahm; er unterstützte sie durch seinen Rat und seine Erfahrung oder stellte sie als seine Präparatoren an. Zu diesem Kreis gehörten G. W. Freyreiß, F. Sellow, Prinz Max zu Wied, Ign. F. v. Olfers, J. B. v. Spix, J. Natterer (s. d.). Die letzten bras. Jahre des vielschichtig gebildeten, seine Wohlhabenheit in den Dienst der Wissensch. stellenden Mannes waren durch eine geistige Erkrankung getrübt, die ihm schließlich das Gedächtnis raubte. Nach der stillen Rückkehr in die Heimat (1830) wohnte er in Freib.

— Lit.: Ign. Urban, Biogr. Skizzen 2: G. H. v. Langsdorff u. L. Riedel, Englers Botan. Jb. 18, 1894, Beibl. Nr. 44, S. 6—21. - H. v. Ihering, Natterer e Langsdorff — Exploradores antigos do Estado des S. Paulo, Rev. Mus. Paulista 5, 1902, S. 13—34 (mit Bildnissen). - E. Stresemann, G. H. v. Langsdorff in „D. Naturforscher F. Sellow u. sein Beitr. z. Kenntnis Bras.", Zool. Jb., Abt. f. System., Ökol. u. Geogr. d. Tiere 77, 1948, S. 404—410.

Lankes, Karl, * 20. 2. 1868 Viechtach (Bayerischer Wald), † 6. 9. 1949 München. Streifzüge durch die heimatlichen Wälder machten ihn früh mit vielen Vertretern der bayr. Fauna vertraut. Während der Militärzeit 1888—1891 kam er nach Münch., das von da an sein Wohnsitz blieb. Hier wandte er sich, von Beruf Hauptkassierer und Oberinspektor, besonders der Vivarienliebhaberei zu, und die Herpetologie wurde das von ihm mit großem Verdienst beackerte Feld. Von 1897—1925 war er der 1. Vorsitzende der „Isis", des Münch. Aquar.- u. Terr.-Ver.; später wurde er mit dem Ehrenvorsitz ausgezeichnet. Auch der Orn. Ges. Bay. gehörte er seit 1900, zeitweilig als Ausschußmitglied, an. Wer den vielfach geschulten Naturbeobachter auf seinen Exk. in die Umgeb. von Münch. begleitete, lernte ihn daneben als gleichwertigen Ornithologen kennen. Die Vogelliebhaberei u. -wissensch. erfreuten sich seiner dauernden Förderung. Das periodische Schrifttum, z. B. Verh. Bay. (12, 1914; 14, 1920; 16, 1925; 17, 1927; 18, 1928), Anz. Bay. (1, 1927; 2, 1929), D. Dt. Jäger (1928), Bayerl. (1933),

B. z. F. (11, 1935) zeigt, daß er in der heimischen Ornis gut zu Hause war. Ungestümer Unternehmungsdrang führte ihn seit 1910 auf viele Urlaubsfahrten vor allem nach mediterranen Gebieten (Dalmat., Herzegowina, Elba, Kroat., Pyrenäen), nach Ung., Südbulg. Meist war er unterwegs mit seinem Freund L. Müller (s. d.), mit dem er die Vielseitigkeit der naturk. Interessen teilte. Auf allen Reisen galt der sichere Blick des erfahrenen Sammlers nicht nur den Reptilien und Amphibien, sondern auch den Vögeln. Eine breite Kenntnis paläarkt. Formen war ihm daher eigen; daraus zog die zool. Samml. in Münch. mancherlei Nutzen.

— Lit.: Würdigung (von H. Krieg, R. Mertens, H. Sellmayr, K. Geißler). Isis-Mitt. (Sondernummer) Münch., Febr. 1948, S. 18—29 (mit Bildnis) - Nachruf (von L. Müller). Aquar. u Terr.-Zs. 2, 1949, S. 211/12.

Lauer, Heinrich, * 29. 3. 1874 Niederklein (Kr. Marburg), † 5. 4. 1951 Bad Salzschlirf (Kr. Lauterbach). Er studierte in Münch. und betätigte sich anschließend lange Jahre als Assistent an der zahnärztlichen Klinik in Freiburg (Breisgau), ebendort auch als Lektor beim Herder-Verlag und Lehrer an einer Missionsschule. Seit 1913 war er Zahnarzt in Witzenhausen, seit 1933 in Fulda, seit dem 2. Weltkrieg in Godesberg und Bonn, seit 1946 in Marburg. Die Beschäftigung mit der Vogelwelt füllte seine Nebenstunden aus. Missionare, die von ihm unterrichtet worden waren, sandten ihm laufend fremde Arten, über deren Haltung und Pflege er in der Gef. W. viele Jahre hindurch anregend und geistreich zu belehren verstand. Die Schreibfreudigkeit machte seinen Namen recht bekannt. Guten Ruf genoß er auch als gründlicher, kenntnisreicher Feldbeobachter, der an all seinen Wohnsitzen das Vorkommen und die Biol. der heimischen Formen studierte. Volkstümlich gehaltene und gern gelesene Aufs. und Mitt. aus diesem Bereiche überließ er u. a. dem Zool. Beob. und Heimatzeitschr. Eine Meldung von Bruten des Carduelis citrinella in Hessen (1913 in Limburg a. d. Lahn und 1936—1939 in Kirchhain a. d. Ohm) fand nur geteilten Glauben; zum Für und Wider vgl. Gef. W. 70, 1941; B. z. F. 17, 1941; D. Vw. 68, 1943; L. Gebhardt u. W. Sunkel, D. Vögel Hess., 1954; Vw. 85, 1964.

— Lit.: L. Gebhardt u. W. Sunkel, D. Vögel Hess., 1954, S. 97.

Lauterbach, Carl, Dr., * 21. 4. 1864 Breslau, † 1. 9. 1937 Stabelwitz (Kr. Breslau). In seiner Vaterstadt und Heidelb. studierte er Naturw. Wohlhabenheit erlaubte ihm, nach der Promotion (auf Grund einer botan. Diss.) von 1889 bis 1891 eine Weltreise zu machen, auf der er Neuguinea kennenlernte. Die Eindrücke, die er aus der dt. Kolonie mitbrachte, weckten seinen Entdeckersinn und bestimmten seinen weiteren Lebensgang. Mit einem Forschungsauftrag des Dt. Reiches ging er 1896 erneut nach der Insel und machte sich u. a. verdient durch die erfolgreiche Aufschließung des Ramu-Flusses. Von 1898—1905 stand er dann an der Spitze der Dt. Neuguinea-Kompanie und unternahm 1899 und 1902 Inspektionsreisen nach der Kolonie. Später lebte er als Gelehrter ohne Amt (1914 wurde er durch die Verleihung des Professortitels geehrt) auf dem 1885 erworbenen Gut Stabelwitz und beschäftigte sich nicht nur mit der Verwaltung des Besitzes, sondern auch mit der wissensch. Bearbeitung seiner umfangreichen Aufz. und Samml. Am ausgiebigsten gab er sich floristischen, geogr. und ethnogr. Studien hin. Zu orn. Fragen äußerte er sich nicht. Doch hatte er in Neuguinea auch Vögel gesammelt und 1896 den seltenen Paradiesvogel entdeckt, den A. Reichenow (s. d.) Chlamydera lauterbachi (Orn. Mber. 5, 1897) benannte; vgl. dazu A. Reichenow, „Z. Vogelf. v. Kaiser-Wilhelms-Land" (J. Orn. 45, 1897 u. 46, 1898).

— Lit.: Nachruf (von H. Winkler). Ber. d. Dt. Botan. Ges. 55, 1937, S. (231)—(247) (mit Bildnis u. Verz. d. Veröff.).

Lauterborn, Robert, Dr. Dr. h. c. Dr. h. c., * 23. 10. 1869 Ludwigshafen (Rhein), † 11. 9. 1952 Freiburg (Breisgau). An den Altrheinen, Rheinauen und Sandbänken wuchs er auf; Fischer und Schiffer waren seine ersten Lehrmeister bei der frühen Beschäftigung mit der heimatlichen Fauna und Flora. Nach dem Studium der Naturw. in Heidelb. war er dort fast 20 Jahre Privatdozent. 1918 wurde er Ordinarius für Forstzool. in Karlsruhe und 1920 in Freib. In einem langen Forscherleben entwickelte er die Fähigkeit, das Kleine liebevoll zu erfassen und mit kritischem Blick dem Ganzen einzuordnen. Im Gegensatz zur allg. Ausrichtung der Biol. seiner Zeit verstand er, die Natur als große Harmonie zu schildern und glänzte durch die souveräne Beherrschung aller Zweige der Naturbeschr. Er war nicht nur Zoologe, Botaniker und Erdkundler, sondern auch tiefschürfender Kulturhistoriker. Das zeigte er schon 1903 durch die Herausgabe des „Vogel-, Fisch- u. Tierbuches" des Straßb. Fischers L. Baldner (s. d.) aus d. J. 1666, dem er eine vortreffliche biogr. und bibl. Einleitung voranstellte. Die Leitgedanken seiner wissensch. Unters. galten der Naturgesch., der geogr. und biol. Gliederung des Rheinstroms. 1903, 1916, 1917, 1918 erschienen die ersten Darstellungen der Pflanzenformationen und der Tiergesellschaften des Stromes und der Ufergebiete. Eine Gipfelleistung erstaunlicher Vielseitigkeit bedeutete das einzigartige Rheinwerk (1930, 1934, 1938), das die umfassendste Gesch. der erd- u. naturk. Erschließung des gesamten Strombereiches von den Römerzeiten bis zur Gegenwart enthält und in seiner hinreißenden Sprache unübertroffen ist. Keinem anderen fließenden Gewässer wurde ein so eindrucksvolles Denkmal gesetzt. Die Forschungen brachten natürlich vielfältige und aufschlußreiche Hinweise für den Gestaltwandel des Vogellebens und die hist. Entfaltung der Vogelk. im Banne des Rheins. Eine gesch. Unters. war auch die längere Studie „Über d. frühere Vorkommen d. Schopfibis - Geronticus eremita, Gesners Waldrapp, in Mitteleuropa" (Zool. Jb. Suppl. 15, 1, 1912), in die noch andere in älterer und neuerer Zeit nach Süden zurückgedrängte mediterrane Felsenvögel eingeschlossen waren. Rein orn. Abh. mit engeren, festumrissenen Themen wie „D. Kolbenente als Brutvogel d. Bodensees" (Verh. Bay. 15, 1921) und „D. räumliche Anordnung d. Vogeleier im

Nest" (Ludwigsh. 1923) lagen weniger in der Arbeitsrichtung des Verf. Eine sehr reichhaltige Liste d. Sumpf- u. Wasservögel (mit Durchzüglern oder Irrgästen) enthielten die „Faun. Beob. aus d. Gebiete d. Oberrheins u. d. Bodensees" (Mitt. f. Naturk. u. Natursch. Freib. 4, 1940). Sein Lebenswerk fand die ihm gebührende äußere Würdigung in der Verleihung des Dr. h. c. durch die Univ. Freib. (1948), Basel (1949) und in der Ehrenmitgliedschaft bei der DO-G (1950).

— Lit.: Würdigung (von E. Wasmund). Geol. d. Meere u. Binnengewässer 1, 1937, S. 169/70. - Würdigung (von W. Zwölfer). Zs. f. angew. Entom. 26, 1939, S. 689—691 (mit Bildnis). - Würdigung (von A. Thienemann). Naturw. Rdsch. 2, 1949, S. 436—441 (mit Bildnis). - Nachruf (von E. Merker). Verh. Dt. Zool. Ges. 1952 (1953), S. 572—575 (mit Bildnis).

Lázár, Koloman Graf, * 27. 5. 1827 Benczencz = Binţinţi bei Broos = Orăştie (Siebenbürgen), † 27. 2. 1874 Elisabethstadt (Komitat Klein-Kokeln). Nachdem er die Schule in Nagyenyed (= Straßburg = Aiud) besucht hatte, studierte er (ohne Abschluß) Jura in Kolozsvár (= Klausenburg = Cluj). Die Revolutionsjahre 1848/49 zwangen ihn (damals schon Major?), sich einige Zeit in der Türkei aufzuhalten. Wie J. v. Csató (s. d.) dürfte er schon in der Schulzeit durch N. v. Zeyk (s. d.) frühen Zugang zur heimatlichen Vogelwelt gefunden haben. Vom väterlichen Schloß aus begann er 1844 in den dortigen Sümpfen und am Maroschufer zu sammeln, so daß er in den 50er Jahren eine der stattlichsten Privatsamml. von ganz Ung. sein eigen nennen konnte. Sie enthielt — allerdings unter Einschluß auch ausländischer Formen — fast 2000 Vögel und 8000 Eier, die, von einem Angestellten präpariert, in mehreren Sälen zur Schau gestellt waren. Das für seine Zeit großartige und unter materiellen Opfern aufgebaute Werk verfiel aber, noch bevor es eine wissensch. Auswertung erfuhr, einem bedauerlichen Ende. Offenbar unter dem Zwang wirtschaftlicher (aus der Sammelleidenschaft entstandener?) Schwierigkeiten mußte der Graf 1863 von seinem Gut zunächst nach Budapest und später nach Elisabethstadt übersiedeln. Die zurückgelassenen orn. Schätze verkamen auf einem Speicher zwischen dem vom Pächter aufgeschütteten Weizen. Kleine Restbestände gelangten 1880 in die Oberrealschule von Deva, wo sie noch heute aufbewahrt werden. Der begeisterte Freund der Vögel trat von 1859—1872 in Verh. u. Mitt. Siebenb., Jb. Siebenb. und ung. geschriebenen Zeitschr. auch schriftstellerisch hervor. Betrachtungen zum Vogelzug 1866 (L. brachte die periodischen Wanderungen mit dem Erdmagnetismus und anderen kosmischen Erscheinungen in Verbindung) gaben O. Herman (s. d.) Anlaß zu den in Jb. Siebenb. 5, 1868—1870 u. 10, 1872 niedergelegten Zugbeobachtungen. Auf die große Samml. stützte sich ferner ein 292 Arten umfassendes „Verz. d. Vögel Siebenb." (1861—1863), das jedoch wegen der vielen zweifelhaften Fälle faun. wenig zuverlässig war. Wissensch. Denken und damit exakte Forschungen lagen dem Sammler wohl fern; der Mangel zeigte sich auch in seinem bekanntesten, im Stile A. E. Brehms (s. d.) geschriebenen Werke „D. Beherrscher d. Lüfte" (Pest 1866, in ung. Sprache). Vom Standpunkt der Faun. und System. bedeutungslos, in der Form aber anziehend und volkstümlich gehalten, wirkte es unter der jüngeren Generation wie ein Ruf zur Weckung vogelk. Neigungen. Dem Grafen bleibt daher das Verdienst, zur Auflockerung eines bis dahin in Ung. brachliegenden Feldes nicht unwesentlich beigetragen zu haben. Neue Züge trug daneben ein zweites Buch „Über unsere nützlichen u. schädlichen Tiere" (Budapest 1874, ung.), weil er sich hier — erstmalig in Ung. — auch um praktische Hinweise zum Vogelschutz bemühte. Er war Mitglied der Ung. Akad. d. Wissensch.

— Lit.: V. v. Tschusi, Beitr. z. Gesch. d. Orn. in Österr.-Ung., I. Siebenb., Mitt. Wien 10, 1886, S. 73—77 u. 87/88. - Pallas Lex. 11, 1895, S. 312. - J. Schenk, Altberühmte siebenb. Vogelsamml., Aquila 23, 1916, S. 468—482. - Ders., Übersicht d. Gesch. d. Orn. in Ung., ebd. 25, 1918, S. 31—88. - Ad. v. Buda, Ergänzende Daten z. Artikel „Altberühmte Vogelsamml. in Siebenb.", ebd. 24, 1917, S. 295/96. - H. Salmen, D. Ornis Siebenb. . . ., Linz 1958 (Masch.-Schrift).

Lazarini, Ludwig von, * 13. 1. 1849 Graz, † 22. 3. 1930 Schloß Weißenstein bei Laibach = Ljubljana (Jugoslawien). Während des Feldzuges 1866 in Böhmen wurde er Leutnant, schied aber wegen eines Herzleidens 1870 aus dem Heeresdienst. In den beiden letzten Jahrzehnten des vorigen Jahrh. in Innsbruck lebend, entfaltete er bemerkenswertes naturw. Interesse. Vor allem die Vogelwelt in der Umgeb. seines Wohnsitzes regte ihn zu faun. Studien an. Eine erste, von ihm zusammengestellte Kollektion heimischer Vögel kam in das Naturw. Mus. von Graz. Verdient machte er sich ferner durch eine Balgsamml., die durch ihren Formenreichtum und die Gewissenhaftigkeit in der Etikettierung zu seiner Zeit sehr gelobt wurde. Ber. aus seiner Feder über Erfahrungen und über das Auftreten einiger seltenen Arten standen in Zeitschr. d. Ferdinandeums, Mitt. Wien und Orn. Jb. zwischen 1887 und 1901; 10 Titel nannte U. A. Corti in „D. Brutvögel d. dt. u. österr. Alpenzone" (1959). Von 1889—1900 gehörte er als einer der Fachdirektoren für die Naturw. Samml. dem Verwaltungsausschuß des Innsbr. Landes-Mus. an und war dessen Ehrenmitglied. Ein „Verz. d. in d. zool. Samml. d. Ferdinandeums in Innsbr. noch fehlenden Säugetiere u. Vögel" (Zeitschr. d. Ferdinandeums 29, 1885) ging gleichfalls auf seinen Eifer zurück. Über orn. Betätigung nach 1901 ist nichts bekannt.

— Lit.: Nachruf in Innsbr. Nachr. v. 27. 3. 1930, Tiroler Anz. v. 28. 3. 1930, Reichspost Wien v. 28. 3. 1930.

Leege, Otto, Dr. h. c., * 21. 2. 1862 Uelsen (Grafschaft Bentheim), † 17. 12. 1951 Norden (Ostfriesland). 1882 trat er seine erste Lehrerstelle auf der Insel Juist an, wechselte 1907 nach Ostermarsch über und kehrte nach der Pensionierung 1924 in sein Haus im Naturschutzgebiet Juist-Bill zurück. 1944 zwangen ihn die Kriegsereignisse, sich in Norden niederzulassen. Trotz aller späteren Veränderungen ließ ihn die Insel

Juist nicht mehr los. Wie kein Zweiter erforschte er das Eiland zool. und botan. Mit einer in früher Jugend schon entwickelten und bis ins hohe Alter währenden Beobachtungsgabe paarte sich bei ihm erhebliche Arbeitskraft. Es überrascht somit nicht, daß seine biol. Tätigkeit sich später auch auf die anderen ostfries., die benachbarten holl. und schließlich sogar auf die nordfries. Inseln und das Festland erstreckte. In weit über 200 Arbeiten legte er seine Erfahrungen über Verbreitung, Zug, Brutpflege, Ernährung, Verhaltensweise nieder. Es sind Einzelbeobachtungen und kleine Monogr., die zumeist in der Orn. Ms. erschienen. Grundlegende Beitr. lieferte er zur Frage des Natur- u. Seevogelschutzes, und für immer wird sein Name mit dem Memmert verbunden bleiben, den er 1888 zum erstenmal betrat. Seinem Weitblick und seiner Zähigkeit verdankt die kleine Düneninsel ihre Rolle als Seevogelfreistätte. In Verbindung mit C. R. Hennicke (s. d.) erreichte er es, daß sie 1907 als Schutzgebiet gepachtet werden konnte — zuerst von Frhr. H. v. Berlepsch und Graf W. v. Wilamowitz-Moellendorf (s. d.) und später von ihm selbst. Hier wies er 1927 die Westl. Heringsmöwe und 1934 bei Schillhörn die Eiderente brütend nach. Die „Vögel d. ostfries. Inseln ..." (1905) begründeten seinen Ruf und machten ihn zur Autorität für den Bereich der Seevogelwelt und ihren Schutz. Außer zahlreichen Nachtr. kamen 1937 „Wunder d. Möwenflugs" (zusammen mit H. Focke und W. Schack) heraus und 1941 „Vögel dt. Küsten" (mit 152 Naturkunden vom Mitherausgeber P. F. Weckmann-Wittenburg). Dazu trat 1935 eine Darstellung der Memmert-Entwicklung in dem Buch „Werdendes Land" (im wesentlichen illustriert durch G. Wagner-Tübingen). Vielseitigkeit war seinem Wesen eigen. Daher war er auch unablässig bemüht, durch volkstümliche Schriften und Naturschilderungen bei der heimischen Bevölkerung Verständnis für die Landschaft und ihre Geschöpfe zu wecken. Er wurde ein verdienstvoller Künder der Schönheit seiner Heimat. Äußere Ehrungen blieben nicht aus: u. a. Dr. h. c. durch die Univ. Gött. (1935), Ehrenmitgliedschaft bei der DOG (1936), Goethemedaille f. Kunst u. Wissensch. (1942).

— Lit.: Würdigung (von G. Wagner). Ostfriesl. Kalender 29, 1942, S. 73—89. - Würdigung (von H. Nitzschke). Abh. Brem. 30, 1932, S. 300—311. - Nachruf (von dems.). Ebd. 33, 1952, S. 155—159. - Nachruf (von dems.). B. Nieders. 5, 1952, S. 23—28 (mit Verz. d. wichtigsten Veröff.). - Nachruf (von dems.). Vw. 73, 1952, S. 53—55 (mit Bildnis). - Nachruf (von D. Steilen). Nat. u. Landsch. 28, 1953, S. 31 (mit Bildnis). - Würdigung (von J. van Dieken). Nieders. Lebensbilder 3, 1957, S. 151—156 (mit Bildnis). - Bildnis in Orn. Ms. 36, 1911.

Leiblein, Valentin, Dr., * 14. 9. 1799 Würzburg, † 8. 4. 1869 Würzburg. Er war seit 1825 in Würzb. Prosektor für Anat. und von 1830—1869 Prof. für allg. Naturw. Wie F. v. Leydig (s. d.), mit dem er in den letzten Jahren durch die gleichgearteten faun. Interessen verbunden war, erwarb er sich große Verdienste um die Kenntnis der unterfränk. Tierwelt. Er veröffentlichte die „Molluskenfauna d. Gegend v. Würzb." (Isis 1829) und den „Versuch einer Aufzählung d. Fische d. Maingebiets" (Korr. Regensb. 1853). 1856 bot er außerdem der Med.-phys. Ges. zu Würzb. das Msk. der „Beitr. z. Fauna v. Frank. (1. Abt., Aufzählung d. Säugetiere, Vögel u. Reptilien)" an; „aus Mangel an Raum" wurde es nicht gedruckt. Die darin enthaltenen, besondere Sachkunde kaum bezeugenden orn. Beob. gingen trotzdem nicht verloren, weil sie F. v. Leydig, unter Nennung von L.s Namen als Quelle, in seinen Büchern (1881 u. 1902) verwertete.

Leisler, Johann Philipp Achilles, Dr., * 1. 8. 1772 Hanau (Main), † 2. 12. 1813 Hanau. Als gegen Ende des 18. Jahrh. die Biol. der Vögel in das Blickfeld ernsthafter Forschung rückte, war er neben B. Meyer (s. d.) einer der geistig führenden Naturkenner im Rhein-Main-Gebiet um Frankf. Ursprünglich der Phil. und Rechtslehre zugeneigt (bis 1801 entsprangen seiner Feder einige jur. Veröff.), verschrieb sich seine vielfältige Begabung später der Naturw. und der damals damit gekoppelten Med. In seiner Vaterstadt wurde er Arzt und zeichnete sich durch biedere Gesinnung und Uneigennützigkeit als Helfer der Armen aus. In einer Landschaft, in der er neben binnenländischen Formen nordische Wintergäste traf, bemühte sich seine hervorragende Beobachterkunst um biol. Klärung und system. Sichtung. Die Stärke seiner vogelk. Kenntnisse lag in der Erfahrung mit dem Reichtum an Limikolen, die er in den Zugzeiten am Main schoß und genauestens untersuchte. Im Vergleich bald geübt, erkannte er die nach Alter und Jahreszeit unterschiedliche Befiederung und gelangte zu gesicherter Trennung der einzelnen Arten. So knüpft sich an seinen Namen die Erstbeschr. des Temminck- u. Zwergstrandläufers. Auch die Kurzzehenlerche fand er als selbständige Art heraus. Daß die Farbenpracht des Federkleids, das mehrere Arten im Frühjahr tragen, sich durch Abnutzung blasser Federränder entwickelt, wurde gleichfalls erstmalig von ihm entdeckt. Obwohl er im Wissen viele der zool. ausgerichteten Zeitgenossen übertraf, hinterließ die ihm eigene stille Gelehrsamkeit keine selbständige Schrift und kein Buch. In großer Bescheidenheit hielt er J. M. Bechsteins (s. d.) „Gemeinnützige Naturgesch." für so abgeschlossen, daß er das, was er noch zu sagen für nötig erachtete, in den Ann. Wett. nur als Berichtigungen zu Bechsteins Darstellung brachte. Selbstverständlich war er, der Mitbegründer der Wett. Ges. von 1808, leidenschaftlicher Sammler. Das Kabinett enthielt 800 von ihm selbst präparierte Stücke, die 1814 auch Goethes Bewunderung erregten. Nach dem Tode des Schöpfers kam es (um 1816) für 3660 Gulden in das Schloß des Landesfürsten nach Kass. und wurde später leider zerstreut. Neben den Vögeln waren es die Fledermäuse, die L.s besondere Aufmerksamkeit auf sich lenkten. Auch die Ernte dieser Studien ist der Nachwelt nicht durch ihn selbst überliefert, sondern nur durch die Monogr. über „D. Dt. Fledermäuse" (1817) aus der Feder seines großen und dankbaren Schülers H. Kuhl (s. d.). Zu früh für die aufblühende orn. Forschung wurde der Großherzogl.

Frankf. Obermedizinalrat im besten Mannesalter dahingerafft. Er erlag einer der Kriegsseuchen während der napoleonischen Truppenbewegungen.
— Lit.: Nachruf (Verf. ungen.). Ann. d. Sozietät d. Forst- u. Jagdkunde 2, 1815, S. 176—178. - R. Lauterborn, D. Rhein, . . ., Ludwigshafen 1938, S. 280—282. - E. Stresemann, Entw. d. Orn., 1951. - L. Gebhardt u. W. Sunkel, D. Vögel Hess., 1954, S. 49—51 (mit Bildnis u. Verz. d. Veröff.).

Lembcke, Georg, * 8. 1. 1753 Schwerin (Mecklenburg, † 8. 1. 1822 Schwerin. Nach hauptsächlich in Gött. betriebenen jur. Studien wurde er in seiner Vaterstadt 1782 Advokat und 1796 Kanzleifiskal und Kammerprokurator, seit 1800 mit dem Titel Hofrat. Die letzten 6 Jahre seines Lebens waren durch ein Nervenleiden getrübt. Der Vogelk. und Jagd mit Ausdauer ergeben, baute er eine wertvolle Vogelsamml. aus fast nur heimatlichen Formen auf, die er zum größten Teil selbst präparierte. 1804 verkaufte er sie (205 Arten in 380 Stücken) an die Univ. Rost. Unter den Beständen befanden sich der letzte, um 1800 in Meckl. erlegte Auerhahn und der einzige dort erbeutete Alpensegler, die 1903 in das Maltzaneum zu Waren kamen. Seine vielseitigen Kenntnisse verliehen ihm über die engeren Landesgrenzen hinaus den Ruf, einer der Begründer der meckl. Vogelk. zu sein. Mehrere Gelehrte Gesellschaften (Jena, Rost., Hanau, Berl.) wählten den Autodidakten zum korr., bzw. Ehrenmitglied. Gern stellte er Wissen und Erfahrung anderen zur Verfügung. So wird er von A. Ch. Siemssen (s. d.) in dessen „Hdb. z. system. Kenntnis d. Meckl. Land- u. Wasservögel" (1794) und im Nachtr. dazu (1795) als Mitarbeiter genannt. In H. F. Links (s. d.) „Beschr. d. Naturalien-Samml. d. Univ. z. Rost." (1806, 1808) versah er die von dem Herausgeber zu den Vogelnamen gemachten Angaben in 18 Fällen mit kritischen Bem. und Richtigstellungen. Schließlich zogen ihn M. B. Borkhausen, E. F. Lichthammer und G. Bekker (s. d.) als Mitherausgeber für die „Teutsche Orn. . . ." (Darmst. 1800—1817) zu. Die hess. Verf. des Werks versicherten sich seiner Unterstützung, weil er Arten übernehmen konnte, die im Binnenland schwer zu beschaffen waren. Mit Angaben aus Meckl. sind versehen Eistaucher (1800), Rauhfußbussard (1800), Brandente (1801), Säbelschnäbler (1802), Wasserralle (1802), Ringeltaube (1802), Fischadler (1804), Nebelkrähe (1805), Haubentaucher (1805), Seeadler (1809). Ein hoher Grad von Wahrscheinlichkeit spricht dafür, daß bei den meisten dieser Formen der ganze Text aus seiner Feder stammt.
— Lit.: Nachruf (von J. C. Koppe). Freimütiges Abendbl. v. 28. 3. 1823. - Würdigung (von O.-H. Held). J. Orn. 90, 1942, S. 303—310.

Lendl, Adolf, Dr., * 6. 5. 1862 Orczyfalva (Ungarn), † 25. 9. 1942 Keszthely (Plattensee). Nach der Schulzeit in Temeschburg (= Temesvár = Timişoara) und dem Studium in Budapest promovierte er 1885 und wurde zuerst Assistent und später Mittelschullehrer; daneben wurden ihm zool. Vorlesungen an der Techn. Univ. übertragen. Die Jahre 1887—1889 waren in der Hauptsache mit Sammelreisen (Kleinasien, Südamerika, Australien) ausgefüllt, über die er u. a. „Reisebriefe aus 2 Weltteilen" (Budapest 1908) herausgab. Von 1889 ab hatte er die Stelle eines Kustos am Naturw. Mus. inne, bis er 1893 ein Zool. Laboratorium eröffnete. 1911—1918 lag in seinen Händen die Leitung des Zool. Gartens von Budapest, den er sachkundig umgestaltete. Als er sich 1919 an der Direktion der Naturw. Gesellschaft beteiligte, entzog ihm die Univ. die Dozentur. Die bewegte Vergangenheit mündete daraufhin in den Rückzug nach Keszthely und in eine Zeit, in der er eine Reihe naturw. Arbeiten veröffentlichte. Zur Orn. pflegte er stets enge Beziehungen. Mit O. Herman (s. d.), der darüber unter dem Titel „Aus d. Gegend d. nördl. Vogelberge" (1893) schrieb, besuchte er 1888 die nordischen Vogelkolonien. Auch von seinen anderen Exp. brachte er vogelk. Erfahrungen heim. 1897 legte er zusammen mit L. E. Szalay (s. d.) in der Ung. Orn. Zentrale den Grundstock einer osteol. Samml., die dann K. Lambrecht (s. d.) mit großem Erfolg vervollständigte. Schließlich verdankte ihm die ung. Avif. und Zugforschung vor allem seit der Jahrhundertwende Mitt. und Nachr. in Aquila sowie volkstümliche Ber. in anderen ung. u. ausländischen Blättern; eine längere Arbeit war u. a. ein „Ausflug in ein Vogeldorado an d. unteren Donau" (Waidmannsheil 30, 1910).
— Lit.: Biogr. Notiz. Aquila 50, 1943, S. 425.

Lenz, Harald Othmar, Dr., * 27. 2. 1798 Schnepfenthal (Thüringen), † 13. 1. 1870 Schnepfenthal. Er war der Sohn eines bedeutenden Altphilologen. Sein Großvater, der bekannte Pädagoge Ch. G. Salzmann, unterrichtete den Knaben und weckte in ihm frühe Aufgeschlossenheit für sinn- u. gemütvollen Umgang mit der Natur. Ab 1816 studierte er in Gött. und Leipz. Phil. und Philol., hörte aber in Gött. auch Vorlesungen J. F. Blumenbachs (s. d.) und gelangte so weiter zu vertiefter Beachtung der Naturvorgänge. In Berl. promovierte er 1820 mit einer griech. Diss. Als Gymnasiallehrer, hauptsächlich für Lat. und Griech., begann er die pädag. Laufbahn 1820 in Thorn. Nachdem er 1823 auch in Marienwerder tätig gewesen war, ging er 1824 schließlich nach Schnepfenthal. Hier gab er als einer der ersten Autodidakten fast nur noch naturgesch. Unterricht und trat lit. hervor. 1831—1839 erschien seine „Gemeinnützige Naturgesch." (Bd. 2, Vögel), die noch 1891 eine 5. Aufl. erlebte. Ihre volkstümlich gehaltenen Gedanken drangen in weiteste Schichten ein und trugen viel dazu bei, naturw. Kenntnisse zu verbreiten und vor allem die Beschäftigung mit der Vogelwelt zu fördern. Nachhaltig bewegten den Verf. die Gleichgültigkeit und Verständnislosigkeit, mit der die Masse der Bevölkerung den Vögeln begegnete und ihren Bestand bedrohte. In den 50er Jahren schrieb er daher eine besondere „Aufforderung z. Schonung u. Pflege d. nützlichen Vögel". Er gilt infolgedessen neben C. W. L. Gloger (s. d.) als derjenige, der die Erörterung der Frage, was zur Erhaltung der Vögel geschehen könne, in Fluß brachte und die Möglichkeiten untersuchte, wie durch Gesetze behördliche Regelung des Schutzes zu schaffen sei. Ein im Grunde konservativer Mann, war er trotzdem, im Gegensatz zur Mehrheit der Zeitgenossen, von fortschrittlichem Geiste angehaucht, denn er hielt — wie sein Großvater — den Naturkundeunterricht „für d. Mittel, durch welches d. Jugend am besten z. Beobachten, z. Kenntnis d. Irdischen u. Himmlischen, z. Bewunderung d. Allmacht u. Weisheit Gottes geleitet werden kann". Der Darwinismus aber bedrängte seine letzten Jahre, weil er in der neuen Lehre „ein in d. Naturgesch. gar nicht gehöriges Phantasiegebilde" sah.

— Lit.: Nachruf (von F. K. Noll). Zool. G. 11, 1870, S. 100. - J. T. C. Ratzeburg, Forstwissensch. Schriftsteller-Lex., 1874, S. 305—307. - Allg. Dt. Biogr. 18, 1883, S. 278/79. - O. Burbach, Festschrift z. hundertjährigen Jubelfeier d. Erziehungsanstalt Schnepfenthal, 1884.

Leonhard, Daniel Josef, * 23. 5. 1786 Hermannstadt = Sibiu (Siebenbürgen), † 1. 6. 1853 Broos (= Szasvaros = Orăştie). Sproß einer alten sächs. Familie, studierte er in Wien und Gött., um ev. Geistlicher zu werden. Von 1812 bis 1819 war er Gymnasiallehrer und Prediger in seiner Geburtsstadt und anschließend für 34 Jahre Stadtpfarrer in Broos. In mannigfacher Hinsicht machte er sich um das dt. Volkstum in Siebenb. hochverdient. U. a. hinterließ er zwei auch für die Vogelk. seines Landes beachtliche Werke: „Systematica mammalium ac avium transsylvanicarum enumeratio" (Hermannst. 1812) und das „Lrb. z. Beförderung d. Kenntnis v. Siebenb." (Hermannst. 1818). Von besonderer Bedeutung ist die von ihm bei der Prüfung für das Lehramt vorgelegte Arbeit „Systematica . . . enumeratio". Sie fußte auf Anregungen, die er von den naturgesch. Vorlesungen J. F. Blumenbachs (s. d.) aus Gött. mitbrachte, und bedeutete gegenüber J. Benkös (s. d.) Versuch einen unverkennbaren Fortschritt. Von 156 aufgeführten Vögeln lebten 144 zweifelsfrei in seinem Erfahrungsbereich. Die dt. und binären wissensch. Benennungen sind meist durch die sächs., ung. und rum. Namen ergänzt. Der kurzen Beschr. folgen in zahlreichen Fällen Verbreitungs- u. Häufigkeitsangaben, und einige Arten sind als Zugvögel gekennzeichnet. Der wissensch. Wert der Zusammenstellung wird nur dadurch gemindert, daß Fundorte und Jahreszahlen fehlen. Wie sehr sich der Verf. aber um Zuverlässigkeit bemühte, geht aus der Beteuerung hervor, er habe z. B. von den Wasservögeln nur die aufgenommen, die durch ihn selbst oder glaubwürdige Beobachter und Stopfpräparate nachgewiesen seien. Was er an vielen Stellen über Nutzen, Schaden und Lebensgewohnheiten sowie über abergläubische, die wirkliche Erkenntnis hemmende Vorstellungen seiner Landsleute bemerkte, zeigt ihn als aufgeklärten, kritischen Kopf, der in der Werdezeit der Naturbeschr. erfreuliche Pionierdienste für seine Heimat leistete.

— Lit.: Schriftsteller-Lex. d. Siebenb. Deutschen 2, 1870, S. 348 u. 4, 1902, S. 265. - E. A. Bielz, D. J. L., Lebensbild eines sächs. Pfarrers und Gelehrten im Anfang dieses Jahrh., Siebenb. Volkskal. 1883. - Allg. Dt. Biogr. 18, 1883, S. 299 bis 301. - H. Salmen, D. Ornis Siebenb. . . . , Linz 1958 (Masch.-Schrift).

Leonhardt, Wilhelm, * 6. 8. 1865 Schäßburg = Segesvár (Siebenbürgen), † 22. 5. 1935 Schäßburg. In Münch. studierte er Chemie und übernahm vom Vater zu Hause dann eine Essigfabrik. Nach dem Soldatentode seines Sohnes im 1. Weltkrieg zog er sich aber von den Geschäften und mehr und mehr auch von der Außenwelt zurück. Nur Gleichgesinnten öffnete sich sein reiches Innenleben. Im Waidwerk und in der Beob. der heimatlichen Vogelwelt suchte er Vergessen. Er war der geborene Gebirgsjäger und seit 1922 Jagdinspektor des Großkokeler Komitats. Auf der Jagd starb er auch an einem Herzschlag zwischen Schäßb. und Peschendorf. Die Reize des Vogellebens genoß er vor allem in den Buchen- u. Eichenwäldern Schäßb. sowie in den Weiden- u. Pappeldickungen am Kokelufer. Seit 1905 zählte ihn die Ung. Orn. Zentrale zu ihren ständigen Beobachtern. Als „Bausteine für die vaterländische Vogelk." enthielt sein von 1899—1935 reichendes orn. Tagebuch vielseitige Erfahrungsberichte neben einer Reihe von wertvollen biol. Einzeldaten. Zu Veröff. seines Wissens drängte es ihn kaum. Die einzige umfangreiche Arbeit blieb das „Verz. d. Vögel Schäßb. nebst biol. Skizzen" (Verh. u. Mitt. Siebenb. 53, 1903), dessen reichhaltiger Inhalt — er verfolgte u. a. fleißig die Zugverhältnisse — mehr bot, als der einfache Titel vermuten läßt. Später erschien in Aquila 18, 1911 noch eine Notiz aus seiner Feder über das Auftreten von 30 Rosenstaren an seinem Wohnsitz. Zur orn. Regsamkeit gehörte auch der Sammeleifer. Die in jahrelangem Bemühen aufgebaute Vogelsamml., eine fast vollständige Schau über die siebenb. Ornis, vermachte er 1923 dem Bischof-Teutsch-Gymnasium in Schäßb. In dieselbe Anstalt kam 1935 auch die beachtliche Bibliothek. Die von ihm hinterlassenen Aufz. und Samml. wurden in der von H. Höhr (s. d.) verfaßten „Vogelw. d. beiden Kokeltäler in Siebenb." (Verh. u. Mitt. Siebenb. 89/90, 1939/40) und von H. Salmen (s. d.) in der „Ornis Siebenb.", Linz 1958 (Masch.-Schrift) verwertet.

— Lit.: Nachruf (von H. Höhr). Verh. u. Mitt. Siebenb. 89/90, 1940, S. 67—69.

Leopold, Fürst zu Salm-Salm, * 18. 7. 1838 Anholt (Westfalen), † 16. 2. 1908 Anholt. Der Fürst war in Westf. und am Niederrhein als Zoologe weithin bekannt. Seine naturw. Neigungen fanden in einer großen Konchylien- u. Vogelsamml. ihren wissensch. gehaltvollen Niederschlag. Die Sammlungsgegenstände vermachte er dem Westf. Prov.-Mus. in Münst. Ihr Transport erforderte 1908 mehrere Eisenbahnwagen. Schriftstellerisch trat der eifrige Naturfreund nicht hervor. Doch führte er seit 1890 mit peinlicher Sorgfalt ein orn. Tagebuch und erfaßte darin 210 Arten. Die Aufz., die ein recht zuverlässiges Bild der orn. Verhältnisse auch des benachbarten Niederrheins und Hollands vermittelten, wurden, mit Bem. versehen, von R. Koch (s. d.) in Jber. Münst. 44, 1916 veröffentlicht.

Leske, Nathanael Gottfried, Dr., * 22. 10. 1751 Muskau (Oberlausitz), † 25. 11. 1786 Marburg (Lahn). Den größten Teil der Jugend verlebte er in Königswartha (Kr. Bautzen), wo sein Vater Pfarrer war. Nach beendetem Studium wirkte er in Leipz. zuerst als ao. Prof. d. Naturgesch. und ab 1778 als Ordinarius der Ökon.; 1786 nach Marb. berufen, erkrankte er auf der Winterreise dorthin infolge eines Unfalls und starb, ehe er den neuen Posten antreten konnte. Früh machte er sich durch die Leitung des Leipz. Magaz. z. Naturgesch. u. Ökon. über den engeren Fachkreis hinaus bekannt. Seine vielfältigen Interessen ließen auch Raum für eine bescheidene Beschäftigung mit der Vogelk. In seinem Naturalienkabinett pflegte er eine ansehnliche Vogelsamml. Obwohl er sich der Lückenhaftigkeit seiner Kenntnisse bewußt war, übernahm er nach dem Tode von Fr. Ch. Günther (s. d.) zusammen mit seinem Schüler, dem Konrektor David Piesch, die Bearbeitung des Textes zu A. L. Wirsings (s. d.) „Samml. v. Nestern u. Eiern verschiedener Vögel . . .“; eine unbedeutende Kompilation war das Ergebnis. Der Vogelwelt widmete er ferner auf seine Weise einige Beachtung in einem Ber. „Reise durch Sachs.“ (Leipz. 1785) und erwarb damit wenigstens das Verdienst, unter Naturfreunden und Sammlern Anregungen ausgestreut zu haben. Als er schon die Augen geschlossen hatte, leistete er schließlich noch einen Beitr. zur Frühgeschichte der dt. Orn.; in seiner nach der Lahnstadt gelangten Samml. entdeckte nämlich M. B. Borkhausen (s. d.) das Stück, nach dem er den Kiefernkreuzschnabel - Loxia pytyopsittacus erstmals beschrieb.

— Lit.: Nachruf (von C. P. G. Löper). Leipz. Magaz. z. Naturgesch. u. Ökon. 1786, S. 504—520. - G. Salzmann, Denkwürdigkeiten aus d. Leben ausgezeichneter Teutschen d. 18. Jahrh., Schnepfenthal 1802, S. 109—111. - W. Thienemann, Z. Kenntnis d. ool. Lit., Rhea 1849, Heft 2, S. 192—209.

Leu, Johann Friedrich, * 28. 10. 1808 Augsburg, † 18. 12. 1882 Augsburg. Von Beruf war er Kürschner und Pelzhändler und hatte weithin einen guten Namen als Präparator und Sammler. Tausende von Vögeln aus allen Teilen Bayerns gingen im Laufe einiger Jahrzehnte durch seine Hände. Er gehörte zu den kundigen Faunisten und war über alle orn. Vorkommnisse in seiner engeren Heimat bestens unterrichtet. A. J. Jäckel (s. d.), mit dem ihn die gleichen naturw. Interessen freundschaftlich zusammenführten, hatte in ihm einen verdienstvollen Gewährsmann. Von 228 Vögeln schrieb er in einer „orn. Skizze“ unter dem Titel „D. im Reg.-Bez. Schwaben u. Neuburg vorkommenden Vögel“ (abgedruckt auch in Ber. Augsb. 8, 1855). Die Liste ergänzte er durch 31 weitere Arten, die meist von K. L. Koch (s. d.) am Bodensee festgestellt waren (ebd. 9, 1856). Ein weiterer Nachtr. erfolgte noch ebd. 11, 1858; bis ein „Verz. d. im Reg.-Bez. Schwab. u. Neub. vorkommenden Vögel“ (ebd. 23, 1875) seine Bemühungen abschloß.

Leunis, Johannes, Dr. h. c., * 2. 6. 1802 Mahlerten (Kr. Alfeld), † 30. 4. 1873 Hildesheim. In dem jungen Bauern- u. Kaufmannssohn erwachte schon früh der Hang zur Naturbetrachtung u. -beobachtung, obwohl im Elternhaus und in der Schule jede Anregung fehlte. Als er, ursprünglich zum väterlichen Beruf bestimmt, nach dem theol. Studium 1826 Prof. am Josephinum in Hildesh. wurde, bemühte er sich in einer Umgeb., in der die Beschäftigung mit den Naturw. „bei Manchen noch als halbe Ketzerei“ galt, dem Naturkundeunterricht eine Pflegestätte zu schaffen. Aus Mangel an Hilfsmitteln, die seinen Auffassungen zusagten, schrieb der Autodidakt 1844 den 1. Bd. „Zoologie“ seiner „Synopsis d. drei Naturreiche . . .“ (2. Aufl. 1856—1860) zum Gebrauch für die oberen Klassen. Ihr folgte für die unteren Klassen 1869 eine „Schulnaturgesch.“ mit einer noch kürzeren Fassung unter dem Titel „Leitfaden . . .“. Die „Synopsis“ (sie erlebte noch 1883 eine inzwischen mit morphol. und biol. Hinweisen versehene 3. Aufl.) wurde ein weit verbreitetes, ganz auf Zweckmäßigkeit abgestelltes Hdb., dessen klassifikatorische Einteilung sehr einfach war; die Vögel z. B. waren nach der Herstellungsweise der Nester geordnet. Nicht nur Schüler und Studenten, auch die Verf. örtlicher Faunen benutzten sie gern, nicht zuletzt wegen der darin enthaltenen Beschr. und Verbreitungsangaben. Es war das Verdienst des 1855 von der Univ. Gött. mit der Promotion zum Dr. h. c. ausgezeichneten Pädagogen, ernsthaft strebenden Laien, denen etwa J. F. Naumanns „Naturgesch. d. Vögel Deutschl.“ zu teuer oder unerreichbar war, gefälliges und billiges Geleit beim Bestimmen der Formen geboten zu haben. Als vogelk. Einzelarbeit aus seiner Feder kann ein Beitr. über die Eulen von Hildesh. genannt werden, der 1832 im dortigen „Sonntagsblatt“ stand.

— Lit.: J. T. C. Ratzeburg, Forstwissensch. Schriftsteller-Lex., 1874, S. 307—309. - Allg. Dt. Biogr. 18, 1883, S. 493—495.

Leverkühn, Paul, Dr., * 12. 1. 1867 Hannover, † 5. 12. 1905 Sofia. Sohn eines Geh. Reg.- und Schulrats, studierte der vielseitig Begabte von 1886—1891 Med. in Kiel, Straßb., Freib., Münch., um praktischer Arzt zu werden. 1892 folgte er aber dem Ruf des Fürsten Ferdinand von Bulgarien (s. d.) und trat in dessen persönliche Dienste. Sein Wohnsitz wurde 1893 Sofia, wo er das Amt des Direktors der wissensch. Inst. und der Bibliothek des Monarchen versah. 1897 übernahm er die Stelle des Privatsekretärs, erhielt 1902 den Titel Hofrat und wurde 1904 Mitglied der Leopoldina. In diese Jahre fiel die von ihm betriebene Gründung des Naturhist. Mus. der bulg. Hauptstadt. Kaum hatten sich seine Fähigkeiten recht entfaltet, als ihn eine Typhuserkrankung allzu früh dahinraffte. In Hildesheim wurde er beigesetzt. Schon als Gymnasiast hatte er sich der Orn. verschrieben. Wenn er auch stets kritischer Feldbeobachter blieb, so wuchs mit der Reife in ihm immer mehr die Vorliebe für die hist. Seite der Vogelk. und die Würdigung verstorbener Vertreter dieser Wissensch.; durch lit.- u. personengeschichtliche Forschungen erwarb er sich außerordentliche Verdienste. Neben verschiedenen bibl. Beitr. in Orn. Ms. zwischen 1887 und 1898 war vor allem die gründliche Bearbeitung des biogr. und bibl. Abschnitts im Neuen Naumann eine Leistung, die allg. Anerkennung erntete. Er war überhaupt der erste, der die Bedeutung von J. F. Naumanns Nachlaß erkannte und deshalb das in

Ziebigk ruhende Material für eine große Naumann-Biogr. nutzen wollte. Daß er sie sehr breit angelegt hatte, deuten einige genau durchgeführte Lebensdarstellungen bekannter dt. Ornithologen an. Diese Abrisse galten viele Jahrzehnte als verschollen, sind aber seit 1957 im Berl. Zool. Mus. Sie erlauben den Schluß, das L. ein die Ornithologen der Naumann-Zeit umfassendes Nachschlagewerk zu gestalten trachtete. Nur ein kleiner Ausschnitt des Msk. wurde fertig. Die Zahl der anderen Veröff. in der vogelk. Fachpresse erreichte eine ansehnliche Höhe. Sie sind von ihm bis 1900 zusammengestellt als Anhang zu seinen Schriften „Fremde Eier im Nest" (Nr. 1—50) und „Joh. Andreas Naumanns phil. Bauer" (Nr. 51—130). Er war ein rührig strebender Mann, der mit vielen Ornithologen der Erde Verbindung hatte und mit nicht alltäglicher Arbeitskraft einmal gesteckte Ziele verfolgte; u. a. gelang es ihm, eine der reichhaltigsten orn. Privatbibliotheken aufzubauen (sie wurde nach seinem Tode von der Buchhandlung Max Weg/Leipz. angekauft) und die Bilder fast aller Träger großer Namen zu beschaffen, mit denen J. F. Naumann jemals in Briefwechsel stand.

— Lit.: Nachruf (von O. Kleinschmidt). Falco 1, 1905, S. 101—103. - Nachruf (von O. Taschenberg). Leopoldina 41, 1905, S. 109—111. - Nachruf (von C. R. Hennicke). Orn. Ms. 31, 1906, S. 164—168 (mit Bildnis). - Nachruf (von O. Herman). Aquila 13, 1906, S. 268/69.

Leydig, Franz von, Dr., * 21. 5. 1821 Rothenburg o. d. Tauber, † 11. 4. 1908 Rothenburg. Als Sohn eines Salzamtdieners geboren, wurde er 1855 Extraordinarius in Würzb., 1857 Ordinarius für Zool. in Tüb. und 1875 in Bonn. Bereits 1869 ehrte ihn der württ. Staat durch die Verleihung des persönlichen Adels. 1887 zog er sich, des Lehrens müde, aus dem öffentlichen Amt zurück und lebte, in der Stille weiter arbeitend, von nun an meist in Würzb., die letzten Jahre ganz in seiner Vaterstadt. Er war vielseitiger Gelehrter und Künstler zugleich und verschmähte — im Gegensatz zur Mehrzahl seiner Fachgenossen — auch die faun. Forschung nicht. Zu seinen Wesenszügen gehörten echte, ursprüngliche Liebe und Begeisterung für alle Erscheinungsformen der Natur. Bis ins hohe Alter hinein blieb er mit ihren Geschöpfen durch ständige Freilandbeobachtungen in Fühlung und Verbindung. Seine Hauptgebiete waren die Histol. und die vergl. Gewebelehre, durch die sein Name in die Gesch. der biol. Wissensch. einging. Die „Horae Zoologicae" (Jena 1902) zeigen, daß der bescheidene Mann neben den in die Tiefe und Breite gehenden system. Kenntnissen auch histor. Interessen hatte. Feines Verständnis für die Wechselwirkungen zwischen der tierischen Organisation und den äußeren Lebensbedingungen findet sich in einer Reihe kleinerer Monogr. einzelner Tiere und umfangreicher Bearbeitungen größerer Tiergruppen. Am eingehendsten befaßte er sich mit Unters. über einheimische Amphibien und Reptilien. Faun. Zusammenstellungen zuerst in der „Beschr. d. Oberamts Tüb." (1867) und dann über ganz Württ. (Jh. Württ. 27, 1871) ergänzte er schließlich durch eine vielschichtige Veröff. „Über Verbreitung d. Tiere im Rhöngebirge u. Maintal mit Hinblick auf Eifel u. Rheintal" (Verh. Pr. Rh. u. W. 38, 1881). Bei der Aufzählung der Vögel stützte er sich vornehmlich auf die Nachr. von V. Leiblein, A. J. Jäckel und I. Kreß (s. d.). Weil er aber bei aller Gewissenhaftigkeit kein orn. Fachmann war, unterliefen ihm manche Irrtümer, z. B. Bombycilla garrulus (Brut!), Luscinia svecica (auf d. Maininseln nicht selten!), Panurus biarmicus (im Spessart!), Petronia petronia (Scharen v. etlichen Hunderten!), Sylvia sylvicola (?), Anthus agrestis (?) (zuweilen auf Wanderung!), Glaucidium passerinum neben Gl. pygmaea (vgl. Verh. Bay. 7, 1906 u. Orn. Ms. 34, 1909). Den Mangel an persönlicher Erfahrung konnte er durch eine gute Kenntnis der orn. Lit. nicht ganz ersetzen.

— Lit.: Nachruf (von O. Taschenberg). Leopoldina 45, 1909, S. 37—44, 47—52, 57—64, 70—76, 82—88 (mit Bildnis, Verz. d. Veröff. u. biogr. Quellen). - Gedenkrede (von R. Hertwig). Bonn, 25. 11. 1922. - R. Lauterborn, D. Rhein, . . . , Ludwigshafen 1938, S. 435—437. - Würdigung (von K. Escherich). Leben u. Forschen, Berl. 1944.

Licherdopol, P. J., * 21. 11. 1842, † 9. 10. 1908 Bukarest. Früh naturw. tätig, war er vor 1894 Hilfskonservator im naturw. Mus. von Bukarest und sammelte fleißig Mollusken, Fossilien, Vögel und Eier. Als R. v. Dombrowski (s. d.) sich in Rum. niederließ, wurde er dessen Freund und Mitarbeiter; ihm übergab er auch seine Vogelsammlung. 1903 erschien aus seiner Feder eine Arbeit „Über d. rum. Orn.", die als 1. system. Vogelkatalog damals sehr geschätzt wurde; in der Nomenkl. stützte er sich auf A. E. Brehm (s. d.).

Lichtenstein, Martin Hinrich Carl, Dr., * 10. 1. 1780 Hamburg, † 3. 9. 1857 Kiel. Sohn eines Orientalisten, promovierte er 1802 in Helmstedt zum Dr. med. und widmete sich dann, wahrscheinlich angeregt durch den ihm seit 1797 bekannten Grafen J. C. von Hoffmannsegg (s. d.), vorwiegend naturw. Beschäftigung. So nutzte er 1804 die Gelegenheit, den Gouverneur der holl. Kap-Kolonien als Hausarzt begleiten zu können, um auf vielen Reisen im fernen Kontinent seinen Sammeleifer (Insekten, Pflanzen) zu befriedigen. Nach der Eroberung der Kolonie durch die Engländer 1806 wieder in Europa, knüpfte er Beziehungen zu bedeutenden Männern des geistigen Deutschl. und schrieb sein damals beifällig beachtetes Buch „Reisen im südl. Afrika" (1810/11). Bei der Gründung der Univ. Berl. wurde ihm 1810 der Lehrstuhl für Zool. anvertraut, obwohl er auf diesem Gebiet nur oberflächliche Kenntnisse besaß. Der Tod von C. Illiger (s. d.) machte für ihn 1813 auch die Leitung des Zool. Mus. frei. Geschickt im Bereiche der Verwaltungsaufgaben, gelang ihm in dieser Stellung — meist durch Handel mit Dubletten — der weitere Aufbau des Mus., in erster Linie der Schausamml.; 1844 schuf er daneben den Zool. Garten. Bereits 1852 wurde ihm, der großen Einfluß auf die aus seinem Inst. hervorgehenden Zoologen hatte, auf Anregung von W. v. Humboldt in seinem Mus. eine Marmorbüste gesetzt. Er war einer der ersten, die auf Deutschl. Hohen Schulen Vorlesungen über

Orn. hielten. Verbindungen nach fremden Kontinenten ermöglichten es ihm außerdem, im Laufe der Jahre reiche Schätze auch der exotischen Ornis in Berl. zu stapeln, die sich neben der Leidener Samml. Temmincks sehen lassen konnten. Doch war die system. Auswertung der orn. Bestände nicht seine Stärke, allein deshalb, weil er als reiner Balgzoologe keine anat. Gesichtspunkte kannte. Darunter litten vor allem die großartigen bras. Sendungen F. Sellows (s. d.) und die syrisch-afrik. von W. F. Hemprich und Ch. G. Ehrenberg (s. d.). Ohne Verständnis für deren Bedeutung gab er viele Bälge im Tauschverkehr ab, ehe sie wissensch. bearbeitet waren. In der Benennung neuer Stücke ersetzte er die mangelnde zool. Erfahrung durch starke nomenkl. Eigenwilligkeit; u. a. lehnte er die Anwendung des seit 1842 fast überall anerkannten Prioritätsgesetzes ab. Verdienst um die dt. Vogelk. erwarb er sich durch die Freundschaft mit J. F. Naumann, dem er uneingeschränkt Balgmaterial zur Verfügung stellte; eine glückliche und für die Entwicklung der dt. wissensch. Orn. höchst fruchtbringende Wahl traf er ferner durch die Berufung von J. Cabanis (s. d.) 1841, der ihm als wirklicher Sachkenner ein unentbehrlicher Gehilfe wurde. Bei den zeitgenössischen Zoologen in hohem Ansehen stehend, starb er auf See während der Rückfahrt von Stockholm und wurde in Kiel beigesetzt.

— Lit.: Nachruf (Verf. ungen.). Naum. 8, 1858, S. 85—90. - Allg. Dt. Biogr. 18, 1883, S. 556/57. - M. Lenz, Gesch. d. Univ. Berl., Bd. 3, 1910, S. 374—382. - E. Stresemann, D. Entw. d. Vogelsamml. d. Berl. Mus. unter Illiger u. L., J. Orn. 70, 1922, S. 498—503. - Ders., D. Naturforscher F. Sellow u. sein Beitr. z. Kenntnis Bras., Zool. Jb., Abt. f. System., Ökol. u. Geogr. d. Tiere 77, 1948, S. 401—425. - Ders. u. P. Thomsen, J. F. Naumanns Briefwechsel mit H. L. 1818—1856, Acta Hist. Scient. Natur. et Med. 11, Kopenhagen 1954. - P. Thomsen u. E. Stresemann, Naumann-Biogr., 1957. - Würdigung (von E. Stresemann). Festschr. z. 150-Jahr-Feier d. Humboldt-Univ. z. Berl. 1, 1960, S. 73—96.

Liebe, Karl Theodor, Dr., * 11. 2. 1828 Moderwitz bei Neustadt a. d. Orla (Kr. Pößneck), † 5. 6. 1894 Gera. Als Pastorensohn studierte er in Jena Theol., fügte aber nach bestandener Prüfung 1851 noch naturw. Studien an, die er 1852 mit der Promotion abschloß. 3 Jahre war er Lehrer in Hamb., dann ab 1855 Direktor der Gewerbeschule in Gera und ab 1860 am dortigen Gymnasium Prof. für Math. und Naturw. 1886 erhielt er den Titel Hofrat. Er war ein vielfältig bewanderter Mann. Geol., Paläont. und Orn. nahmen seine ungewöhnliche Arbeitskraft in Anspruch. Durch musterhafte Tätigkeit als kartierender Geologe genoß er den Ruf, der hervorragendste Kenner der geol. Verhältnisse Ostthüringens zu sein. Die im Auftrag der geol. Landesanstalt seit 1868 durchgeführten Gänge boten ihm günstigste Gelegenheit, auch den orn. Neigungen nachzugehen. Von frühester Jugend an war er Vogelpfleger; und als er in Amt und Würden war, umgaben ihn zeitweise bis zu 200 Vögel im häuslichen Kreis. Für Fragen der System. und Nomenkl. konnte er sich nicht erwärmen. Auf diesem Gebiet ging er oft andere Wege als die zünftigen Ornithologen. Ihn lockte vielmehr die Erforschung der Lebensgewohnheiten der Vögel. Unter freiem Himmel und in der Vogelstube beobachtete er mit solchem Scharfblick, daß es in seiner Zeit keinen Fachgenossen gab, der ihn durch biol. Wissen übertroffen hätte. Da er der Vogelwelt mit Verstand und Herz begegnete, erschloß sich ihm auf eine natürliche Weise ein weiteres Arbeitsfeld, der Vogelschutz. Bahnbrechend trat er mit neuen Hegegedanken hervor. Das landläufige „Utilitäts- oder Nützlichkeitsprinzip" warf er über Bord. Erstmalig hob er die Notwendigkeit der Hilfe für die gefährdete Tierwelt überhaupt auf die höhere Ebene der sittlichen Verpflichtung und überwand damit die alten Ansätze von H. O. Lenz und C. W. L. Gloger (s. d.). Lange vor Frhr. v. Berlepsch (s. d.) machte er breite Volksschichten mit künstlichen Nisthöhlen bekannt. Daß er dazu aus tiefer Naturerkenntnis der ganzen Schutzfrage die richtige ethische Untermauerung gab, bestimmte seine Führerrolle. Kurz nach der Gründung des Dt. Ver. z. Schutze d. Vogelw., an der er 1878 maßgeblich beteiligt war, übernahm er den Posten des 2. Vorsitzenden. Nach A. W. Thienemanns (s. d.) Tod wurde er 1884 auch der Herausgeber der Orn. Ms., der er mit geschickter Hand zu ihrer Blüte verhalf. Sie wurde auch das Sammelbecken seines schriftstellerischen Fleißes. Nur vereinzelte Beitr. aus seiner Feder finden sich in J. Orn., Orn. Cbl. und Zool. G. Durch prächtige Monogr. vieler Arten, durch Aufs. über biol. und phänol. Verhalten, über geogr. Verbreitung und Wanderungen, über Erfahrungen bei der Pflege und Zucht gefangener Vögel verstand er es, die Brücke zu schlagen zwischen ernsthafter Liebhaberei und Wissensch. Der Leser spürte hinter der sprachlich schönen Form der überaus zahlreichen Arbeiten den warmen Herzschlag eines Meisters kritischer Beob., und A. E. Brehm (s. d.), der Freund aus Jugendtagen, verwertete viele dieser Schilderungen für das „Illustrierte Tierleben" und die „Gefangenen Vögel". Da der Idealist hinter seinem Werk zurücktrat und der unauffällig wirkende Erzieher menschlich gewinnende Züge trug, war er berufen, Begeisterung für die Vogelk. zu wecken und der Mentor vieler dankbarer Jünger zu werden. In ihre Schar gehörten u. a. C. R. Hennicke und M. Fürbringer (s. d.), die als Schüler in seiner Familie lebten. Anerkennung für seine Verdienste bedeutete die Ernennung zum Mitglied der Leopoldina 1885. Ein 1896 auf dem Hainberge bei Gera errichtetes Denkmal (s. Bild in Orn. Ms. 21, 1896) und eine 1929 am Geburtshaus in Moderwitz angebrachte Gedenktafel sollten die Erinnerung an den hochgeachteten Sohn des thür. Landes festhalten.

— Lit.: M. Fürbringer, Ansprache an K. Th. L. im Namen seiner Schüler am 31. 3. 1894 (ohne Druckort). - Nachruf (von dems.). Leopoldina 30, 1894, S. 171—173, 182—188, 199/200. - C. R. Hennicke, K. Th. L.s orn. Schr., Leipz. 1894/95 (mit Bildnis). - Nachruf (von dems.). Orn. Ms. 19, 1894, S. 183—192 (mit Bildnis). - Nachruf (von dems.). Orn. Jb. 5, 1894, S. 175—188. - Nachruf (von H. Schalow). Orn. Mber. 2, 1894, S. 119/20. - Nachruf (von E. Zimmermann). Jb. d. Geol.

Landesanstalt, Berl. 1895. - E. Christoleit, Liebescher u. Berlepschscher Vogelsch., Orn. Ms. 29, 1904, S. 8—24. - Allg. Dt. Biogr. 51, 1905 (Nachtr.), S. 702/03. - Würdigung (von W. Bacmeister). Gef. W. 54, 1925, S. 585—587. - Würdigung (von C. R. Hennicke). Orn. Ms. 60, 1935, S. 38—64. - Würdigung (von L. Gebhardt). Vw. 74, 1953, S. 201—205. - Würdigung (von W. Semmler). Mitt. Thür. 4, 1953, S. 27.

zur Linde, Theodor, * 20. 10. 1831 Fredelsloh (Kr. Northeim), † 22. 4. 1905 Ballenstedt am Harz. Nach dem Studium an der Forstakad. Eisenach und in Gött. hatte er Oberförsterstellen inne in Pöhlde am Harz (1868) und Bülowheide in Westpr. (1870). 1875 übernahm er als Forstmeister dann für 27 Jahre das Forstamt Gramzow in der Uckermark. Von 1902 ab verlebte er den Ruhestand in Ballenstedt. Fern vom Getriebe der Menschen, machte dieser ernste, warmherzige, nur der Naturschönheit hingegebene Mann aus seinem Forst ein großes, unberührtes Schutzgebiet, in dem er allen verfolgten „schädlichen" Säugetieren (Fuchs, Edelmarder) und Vögeln (Eulen, Raubvögel, Fischreiher, Saatkrähen) eine Stätte der Ruhe und Zuflucht schuf. Auch den Eichelhäher verteidigte er mit Nachdruck gegen den übertreibenden Vorwurf der Nestplündereien und stellte seine Bedeutung bei der Bekämpfung der Mäuse und forstschädlichen Insekten heraus. Es entsprach seiner Zurückhaltung, daß er erst 1894 dem Dt. Ver. z. Schutze d. Vogelw. beitrat, nachdem er sich schon über 2 Jahrzehnte in tätigem Einsatz für den praktischen Vogelschutz bewährt hatte. So wie er hier lieber in der Stille arbeitete, machte er auch von seinen vielseitigen faun. und biol. Kenntnissen in der Lit. kaum Gebrauch. Nur die Jber. Beob.-Stat. Deutschl. (2, 1877 u. 3, 1878) und die Orn. Ms. (16, 1891 u. 17, 1892) enthalten von ihm mitgeteilte Beob. Sie tragen den Stempel der Zuverlässigkeit und waren um so wertvoller, als sie Licht in einen damals wenig bekannten Teil der Mark warfen. Die harmonische Einheit zwischen Wald und Tier fand in ihm einen vorbildhaften Pfleger. Die schöne Samml. von Stopfpräparaten (hauptsächlich Raubvögel) aus seinen Revieren wurde von den Erben dem Märk. Mus. in Berl. vermacht.
— Lit.: H. Schalow, Beitr. z. Vogelf. d. Mark Brandenb., 1919, S. 578—582 (mit Bildnis).

Linden, Emil, * 15. 7. 1825 St. Gallen. Der ledige Kaufmann war in den 70er und 80er Jahren des vorigen Jahrh. Geschäftsführer eines Eisen- u. Gemischtwarengeschäftes in Radolfzell (Bodensee). Im Park der vom Bürgermeister und späteren Reichstagsabgeordneten Konstantin Noppel am Eingang zur Halbinsel Mettnau 1864/65 erbauten Villa erstellte L. ein großes, heizbares, damals viel bewundertes Vogelhaus, um darin exotische Vögel zu pflegen und zu züchten. Nach mehreren Beitr., die er seit 1876 im Orn. Cbl. veröffentlichte, muß er einer der eifrigsten Vogelwirte seiner Zeit gewesen sein. Er beschäftigte sich vor allem mit der Haltung von Papageien, deren Einfuhr in jenen Jahren einen erheblichen Aufschwung nahm. Um 1885/86 wurde das Vogelhaus durch einen Brand zerstört. Ob und wie er sich weiterhin in der Vogelk. betätigte, ließ sich nicht feststellen; jedenfalls dürfte sein Name nicht mehr in der Lit. erschienen sein. Vermutlich ist er in St. Gallen verstorben und beerdigt, da dort eine wohlhabende Schwester von ihm wohnte.

Linder, Karl, Dr., * 1877 Békéscsaba, † 20. 1. 1944 Budapest. Mit dem gleichalterigen J. Schenk (s. d.) besuchte er das Obergymnasium in Szarvas und die Univ. in Klausenb. So flossen ihm von Jugend auf Anregungen zur Beschäftigung mit der heimischen Vogelwelt und gründliche Kenntnisse zu. Trotz seines orn. Wissens ließ ihm später der Beruf als Rechtsanwalt kaum Zeit zu Veröff. Sein Name ging daher ins Schrifttum nur ein durch Arbeiten wie „Lanius collurio" (Aquila 11, 1904), „Massenzüge im Herbst 1906" (ebd. 13, 1906), „Vogelzugfragmente aus Südalbanien" (ebd. 26, 1919).
— Lit.: Biogr. Notiz. Aquila 50, 1943, S. 425.

Lindermayer, Anton Ritter, Dr., * 2. 1. 1806 Ortenburg (Kr. Vilshofen), † 15. 4. 1868 Athen. Ludwig I. von Bayern war neben Vertretern des geistigen Deutschl. eine der namhaftesten Stützen der philhellenischen Bewegung Europas. Sein Sohn bestieg als König Otto II. 1832 den Thron der Hellenen. Vor und mit ihm kamen daher, gemischt mit Abenteurern und Glücksrittern, viele Idealisten der Freiheit gerade aus Bay. nach der Balkanhalbinsel. Ihnen schloß sich L. an, zuerst als griech. Stabsarzt und dann als Leibarzt König Ottos. Das verseuchte und verwilderte Land ließ ihn nicht mehr los. Als er 1834 den ihm durch die orn. Interessen eng verbundenen K. Michahelles (s. d.) begraben hatte und die Residenz von Nauplia nach Athen verlegt war, zeichnete er sich namentlich während der Choleraepidemie durch seine Sorge für die völlig verarmte Gemeinde der Hauptstadt aus, und die Bevölkerung bewahrte ihrem Wohltäter Verehrung bis an sein Lebensende. Aus Begeisterung für die Naturw. und zeitweilig wohl auch aus Sorge um eine zahlreiche Familie lieferte er große Mengen orn. Ausbeute an private Sammler — u. a. an F. W. J. Baedeker, Ch. L. Brehm, E. F. v. Homeyer, R. König v. Warthausen, F. A. L. Thienemann (s. d.) — und an Mus., besonders in Deutschl. Er war der erste, der aus freien Stücken und ohne staatliche Unterstützung das unbekannte Land vogelk. zu erschließen begann und darüber auch berichtete. Mit Genugtuung und Stolz schrieb er in seinen späteren Jahren („Z. Orn. Griechenl.", Korr. Regensb. 13, 1859), daß neben ihm noch 2 Deutsche, „Bayern des engeren Vaterlands" — gemeint waren H. v. d. Mühle und Erhard (s. d.) —, „das südöstlichste Land Europas ... zum Gegenstand ihrer orn. Studien machten und somit den Grund legten, nicht nur Griechenlands, sondern des ganzen illyrischen Dreiecks, das noch immer eine terra incognita" sei. Gleich seine erste Veröff., die „Vögel Griechenl." (Isis 1843), verfehlte nicht den verdienten Eindruck auf die Fachwelt. 263 Arten konnte er nachweisen, obwohl die Arbeit fast noch „das Produkt des Feldlagers" war, ihm keine Lit. zur Verfügung stand und er sich nur auf seine Erfahrungen aus dem nördl. Teil des damals noch kleinen Griechenl. und der Insel Euböa bezog. Nachtr. brachte er im Bull. de la Soc. Imp. d. Naturalistes de Moscou (1855), im Moniteur Grec (1856) mit Abdruck in Zs. ges.

Naturw. (1857). Auch in Naum. 7, 1857 stand eine Liste mit 38 neu hinzugekommenen Arten. Nachdem er schon seit mehreren Jahren nicht mehr zu eigenen feldorn. Unternehmungen gekommen war und sich lediglich von Sammlern beliefern ließ, schrieb er unter Benutzung der Ber. von H. v. d. Mühle und Erhard nochmals über die „Vögel Griechenl." (Ber. Pass. 3, 1859; Sonderdruck 1860) und erhöhte dabei die Artenzahl auf 345. Mit der Behandlung der griech. Sylvien in den „Bem. z. Monogr. d. europ. Sylvien v. Grafen v. d. Mühle" (Korr. Regensb. 13, 1859) fand die lit. Tätigkeit des verdienten Mannes ihren Abschluß. Sein Name als Bahnbrecher wird für immer mit der ersten orn. Durchforschung Griechenlands verknüpft bleiben. Für O. Reiser (s. d.) war er ein hochgeschätzter, mit vielfacher Wiederholung angeführter Vorläufer in den Bemühungen um die Erschließung der griech. Ornis.

— Lit.: „Rede z. Erinnerungsfeier d. unvergeßl. Arztes A. L." (von Philippos Joannu, Athen; ohne Jahr, griech.). - Bildnis in O. Reiser, Materialien z. Ornis Balcanica, 3. Bd. Griechenl., 1905.

Lindner, Carl, * 13. 10. 1866 Krössuln (Kr. Weißenfels), † 9. 2. 1947 Naumburg (Saale). Wie sein Bruder Friedrich L. (s. d.) verdankte er dem Vater offene Sinne für die Natur und ihre Geschöpfe; und während des theol. Studiums in Halle wuchs beiden zusammen mit dem Jugendfreund J. Thienemann (s. d.) im Saaletal ein fester Grundstock orn. Kenntnisse zu. Als er in Wettaburg und später in Naumburg Pfarrstellen innehatte, setzte er die früh begonnenen faun. Studien in der heimatlichen Ornis eifrig fort. Ihre Ergebnisse gipfelten in einer kleinen Schrift „D. Brutvögel v. Naumb., Weißenfels, Zeitz u. Umgegend" (1914 u. 1919). Schon vorher war ihm die system. Arbeit von C. E. Hellmayr (s. d.) über die „Formen v. Passer petronius" (Orn. Jb. 13, 1902) Anlaß zu eigenen Forschungen an dieser Art in Thür. Da ihm system. Fragen nicht lagen, drängte es ihn, dem kaum bekannten Freileben des Steinsperlings Aufmerksamkeit zu schenken, „schon um gegenüber der Unters. des Balges der Biol. des Vogels zu ihrem Rechte zu verhelfen". So gelangen ihm neben Veröff. an anderen Stellen die verdienstvollen Beitr. zur Biol. des Steinsperlings (Orn. Ms. 31, 1906; 32, 1907; 34, 1909; 39, 1914), mit denen er die weiteren Nachr. durch E. Salzmann, H. Mayhoff, R. Fenk (s. d.) anregte. Schließlich faßte er die Forschungsergebnisse aus den Jahren 1906—1916 nochmals in J. Orn. 65, 1917 zusammen. Auch auf Reisen lockte ihn die Betrachtung der Ornis seiner Umwelt. Diesem Bedürfnis entsprangen Mitt. über Erfahrungen auf Hiddensee (Orn. Jb. 23, 1912) sowie zweimalige Beschäftigung mit Rhönvögeln (Orn. Ms. 46, 1921 u. 56, 1931). 1911 entdeckte er außerdem zusammen mit seinem irischen Freund R. Ussher (1841—1913) in Irland erstmalig die Brut des Eissturmvogels (Orn. Ms. 36, 1911 u. 38, 1913). In der Freude an der Feldbeobachtung stand er dem Bruder in nichts nach, blieb aber meist in dessen Schatten, weil er von seinem reichen Wissen weniger lit. Gebrauch machte. Allgemein naturw. aufgeschlossen, kannte er sich als Sammler auch in der Pilz- u. Moosflora aus; ein Pilzgang durch den Naumb. Wald im November 1946 wurde dem 80jährigen zum Verhängnis. Er sank unter den Schlägen russ. Gewehrkolben zusammen und konnte sich von den Folgen des Überfalls nicht mehr erholen.

— Lit.: Nachruf (von H. Ringleben). Vw. 71, 1950, S. 199/200. - Bildnis (Gruppenaufnahme vor Haus Gätke, Helgol.) in Orn. Ms. 30, 1905.

Lindner, Friedrich, Dr., * 13. 4. 1864 Krössuln (Kr. Weißenfels), † 26. 5. 1922 Quedlinburg. Sohn eines Lehrers, besuchte er das Zeitzer Gymnasium und studierte von 1883—1888 in Leipz. und Halle Theol. Um die vom Vater früh gelenkte Neigung zur Naturw. zu befriedigen, siedelte er nach dem 1. theol. Examen für 3 Semester nach Königsb. über und weilte monatelang auf der Kurischen Nehrung. Am 24. 8. 1888 kam er zum ersten Mal mit H. Krüger (s. d.) nach Rossitten; am 23. 6. 1892 schied er endgültig von seiner „zweiten Heimat", wurde im selben Jahr Pfarrer in Osterwieck und 1907 in Quedlinb. (hier seit 1912 Oberpfarrer). Als Künder der orn. Reize auf der Nehrung wies er seinen Schulkameraden C. Floericke und J. Thienemann (s. d.) sowie anderen Jüngern der Vogelk. den Weg in das bewunderte Neuland und ging mit diesem Verdienst in die Geschichte der dt. Orn. ein. Die Vögel des Wüstenstreifens machte er in Orn. Ms. 16, 1891 — 20, 1895 und zusammen mit C. Floericke in Mitt. Wien 17, 1893; 19, 1895; 20, 1896 bekannt. In mißreißenden Schilderungen ließ er seine Eindrücke außerdem in dem Buche über „D. Preuß. Wüste einst u. jetzt" (Osterwieck 1898) erscheinen. Von der ersten Pfarrstelle aus wurde er dann mit den Vögeln im bewaldeten Höhenzug des Fallsteins und an den Veckenstedter Teichen so vertraut, daß er mit der „Ornis d. Fallsteingebietes" (Orn. Ms. 26, 1901; Nachtr. 1901, 1904, 1912) in Leipz. promovieren konnte. Wie sein Bruder Carl L. (s. d.) widmete er Reisen mit Vorliebe der Freilandforschung. So gab er sich seit etwa 1910 fast ein Jahrzehnt auf regelmäßig wiederholten Exk. dem Studium des Vogelzugs an der Ostsee hin. Vor allem unterstrich er die Bedeutung von Hiddensee für die Faun. und Phänol. (vgl. Orn. Ms. 37, 1912) und begeisterte H. Steinmetz, den Älteren (s. d.) für die dort erfolgreichen Schutzbestrebungen. Ausführliche Rechenschaft über diese Beob. überließ er in steter Anhänglichkeit der Orn. Ms., in der er sich 1882 zum ersten Male mit einer Notiz über das Brutvorkommen des Girlitz in Zeitz zu Wort gemeldet hatte. Noch 1921 gelang es ihm, die Bartmeise, die 84 Jahre lang als Brutvogel Pommerns verschollen war, am Madüsee nachzuweisen (Orn. Ms. 46, 1921; Abh. u. Ber. d. Pom. Naturf. Ges. 2, 1921). Ansehen genoß er nicht nur als gewiegter und gewissenhafter Beobachter, sondern auch als vorbildlicher Jäger, Sammler und Präparator; eine 1883 begonnene Samml. von Bälgen (etwa 1100 Stücke) und Eiern vorwiegend aus dem nördl. Harzvorland nannte er sein eigen. Diese Bestände wurden nach seinem Tode zerstreut.

— Lit.: Nachruf (von C. Lindner). J. Orn. 70, 1922, S. 488—491. - Bildnis (Gruppenaufnahme vor Haus Gätke, Helgol.) in Orn. Ms. 30, 1905. - Bildnis in F. Tischler, D. Vögel d. Prov. Ostpr., 1914.

Lindorfer, Josef, * 28. 2. 1860 Aschach (Donau), † 3. 11. 1955 Stift Lambach (Ober-Österreich). Als Sohn eines Kleinhäuslers erlernte er das Buchbinderhandwerk und trat 1886 in die Dienste des Stiftes Lambach. Nachdem er kurze Zeit Kammerdiener gewesen war, übernahm er hier 1896 den Posten eines Kellermeisters und leitete bis zum Jahre 1933 den umfangreichen Weinhandel und Versand des Stiftes. In der Schul- und Lehrzeit schon erwarb er seine ersten feldorn. Kenntnisse in den Gebüschen und Hecken des Schloßparks der damals noch gräflichen Herrschaft Harrach. Schließlich richtete sich die Naturliebe und Beobachtungsgabe dieses einfachen Mannes ganz auf die Eierk. In 66jähriger Sammeltätigkeit brachte er, unterstützt von einigen selbstlosen Mitarbeitern, 525 Gelege mit den dazugehörigen Nestern von 116 in O.-Ö. brütenden Arten zusammen. Die Beifügung einer eingehenden, vorbildlichen Beschr. der Nistumstände machte die Kollektion zu einem ansehnlichen Beitr. z. Brutbiol. österr. Vögel. Die ganze Sammlung ging in den Besitz des O.-Ö. Landesmus. in Linz über. Dort wurde sie 1955 erstmalig in einer Sonderausstellung gezeigt.
— Lit.: Würdigung (von Ä. Kloiber). Kat. d. O.-Ö. Landesmus. Linz 23, 1955, S. 3/4 (mit Bildnis). - Würdigung (von dems.). Heimatland (Linz) 1955, S. 70/71.

Link, Heinrich Friedrich, Dr. Dr., * 2. 2. 1767 Hildesheim, † 1. 1. 1851 Berlin. Nach dem 1786 in Gött. begonnenen Studium promovierte er 1790 zum Dr. med. und 1792 zum Dr. phil. Zuerst hatte er die Professur für Naturgesch. in Rostock inne, wo er bis 1811 blieb. Zwischendurch begleitete er (1797—1799) den Grafen Hoffmannsegg (s. d.) auf einer vorwiegend botan. Reise nach Portugal. Von Rostock ging er als Prof. der Botan. und Chemie nach Bresl. und 1815 nach Berl. Orn. trat er nur im Rahmen einer Beschr. der Rostocker Naturaliensamml. (1806 bis 1808) in Erscheinung; für die Behandlung der Vögel bediente er sich dabei aber des fachkundigen Rates von G. Lembcke (s. d.).
— Lit.: Nachruf (von E. Boll). Arch. Meckl. 5, 1851, S. 217—219.

Link, Johannes Andreas, * 24. 6. 1830 Gaibach (Unterfranken), † 24. 9. 1895 Würzburg-Heidingsfeld. Sohn eines Baumeisters, studierte er in Würzb. und Italien (Rom?) und baute 1860 die Apotheke in Burgpreppach. Kurz nach 1890 setzte er sich zur Ruhe und verzog 1894 nach Heidingsfeld. Neben der Malerei und Musik füllte in den jüngeren Jahren die mit Ausdauer betriebene Feldornithologie seine Freistunden aus. Mit Geschick und Geschmack verstand er, Vögel zu präparieren, die er meist in der Diele seiner Apotheke aufstellte. Viele Belegstücke aus den Haßbergen überließ er dem Naturw. Mus. in Cob.; 1888 sollte er durch die Vermittlung von E. Baldamus (s. d.) auch die Leitung des Naturalienkabinetts auf der Veste übernehmen; die Berufung kam aber nicht zustande. Die Früchte seiner Beob. auf den zahlreichen Exk. durch die Wälder und Fluren seines langjährigen Wohnsitzes legte der kenntnisreiche Mann erst in höherem Alter in gediegenen Veröff. nieder. In den „Vögeln d. Haßberge“ (Ber. Bamb. 14, 1887) zählte er 181 Arten (Brutvögel u. Durchzügler) auf, die ihm im Laufe von 18 Jahren begegnet waren. Seine Vorliebe galt der Biol. des Kuckucks, über die er sehr ausführlich in Orn. Ms. 14, 1889 — 18, 1893 berichtete. Die Planung einer Monogr. dieses Vogels blieb unvollendet, da der Autor 1893 erblindete. Die fertiggestellten Teile, die gründliches Literaturstudium und lange Freilanderfahrung verraten, wurden in Verh. Bay. 4, 1903 u. 6, 1905 abgedruckt.
— Lit.: Nachruf (von P. Leverkühn). Orn. Ms. 21, 1896, S. 51/52. - Würdigung (von A. Brückner). D. Tierwelt d. Cob. Landes in Cob. Heimatk. u. Heimatgesch., 1926, Heft 3, S. 14.

Lintia, Dionysius, * 13. 8. 1880 Kukova bei Oravica (Banat), † 29. 8. 1952 Temeschburg = Temesvár = Timişoara (Banat). Schon in den Jahren, als er die Temeschb. Lehrerbildungsanstalt besuchte, und auf seiner ersten Lehrerstelle in Ujmoldova wuchs er zum hervorragenden Jäger und guten Vogelkenner heran. Von ihm selbst vor dem Uhu erlegte und eigenhändig präparierte Vögel bildeten den Grundstock einer Samml., die sich späterhin zur größten Rumäniens entwickelte. Ein kurzer Aufenthalt am Naturh. Mus. von Budapest galt 1910 der Vervollkommnung seiner Kenntnisse. Noch vor dem 1. Weltkrieg war er in Temeschb. Lehrer für Naturw. an einem Gymnasium und Inspektor an der Lehrerbildungsanstalt. 1919 erhielt er den Titel Direktor und wurde zugleich Konservator an dem von den Rumänen gegründeten Banater Mus. Dorthin ging 1937 seine Samml. (zuletzt 1741 Stücke von 305 Arten) über. In hohem Maße machte sich der aus der Schule O. Hermans (s. d.) hervorgegangene Feldbeobachter um die Erforschung der Ornis im Banat und in den Südwest-Karpaten verdient. Seit 1905 beständiger Beobachter des Ung. Orn. Inst., ließ er die Verbindung nach Budapest nie abreißen. Eine stattliche Reihe seiner auch dt. gedruckten Veröff., darunter ool. und nidol. Beitr., brachte daher von 1903 ab die Aquila neben Természettud. Füzetek. Mancherlei Beziehungen pflegte er zu ausländischen Ornithologen; eng befreundet war er u. a. mit H. Weigold, der ihn 1907 auf einem Donaudampfer kennenlernte und ihn 1912, 1913 und 1921 in Temeschb. besuchte oder auf Exk. ins Donaugebiet begleitete. Den dt. Fachgenossen zu ehren, schrieb er eine seiner größeren Arbeiten, ein „Verz. d. in Serbien beobachteten u. gesammelten Vögel“ unter dem Titel „Materialien z. Avif. Serb.“ (Aquila 22, 1915 u. 23, 1916). Nach dem 1. Weltkrieg erschienen seine Verlautbarungen auch in Rev. Vînăt. Bucuresti, Bul. Soc. Nat. Rom. Bucuresti, Kócsag, Carpatii-Cluj und in rum. Jagdzeitschr. Bis ins hohe Alter war er forschend und schriftstellerisch tätig. Noch nach dem 2. Weltkrieg entstammten seiner Feder kurze Mitt. aus dem Banat (u. a. in Aquila 51—54, 1944—1947, u. 55—58, 1948—1951). Seine letzte und bedeutendste Veröff. blieb die Übers. und Neubearbeitung von R. v. Dombrowskis (s. d.) „Ornis Romaniae“ (1912): Bd. 1, 1946, mit dem Titel „Păsările Romăniei“; Bd. 2, 1954 und Bd. 3, 1955 mit dem Titel „Păsările Din R. P. R.“. Da vor ihm in der Walachei eigentlich nur R. v. Dombrowski die avif. Verhältnisse aufhellte, gilt L. als der erste wissensch. tätige Ornithologe Rumäniens. Seine Regsamkeit und Begeisterung beflügelte besonders nach 1930 die dortigen jungen Vogelkundler.

— Lit.: Nachruf (von A. Keve). Aquila 63/64, 1956/57, S. 373/74 u. 377 (ung. u. engl.). - Nachruf (von G. Vasiliu). Rev. Vînăt. Pesc. Bucuresti 11, 1958, S. 9.

Lißmann, Friedrich, * 4. 10. 1880 Bremen, † 27. 9. 1915 Ypern (Flandern). Sohn eines Sängerehepaares, lebte er seit 1883 in Hamb. In Karlsruhe besuchte er die Künstler-Akad. Als er sich 1906 selbständig machte, zeigte er sich der Überlieferung des bis dahin in der Tiermalerei führenden F. W. K. Kuhnert (s. d.) entwachsen. Wortkarg und der Nähe der Menschen nicht bedürfend, trieb es ihn, das Tier und vor allem den Vogel in und mit seiner natürlichen Umgeb. künstlerisch zu gestalten. Mit ungewöhnlichem Fleiß übte er in der dt. Dünenlandschaft Auge und Sinne. Zweimal war er im damals noch verträumten Hiddensee, viel gab ihm Otterndorf an der Niederelbe. Seine letzte Sehnsucht aber war auf Isl. gerichtet. Dreimal weilte er in den dortigen Hochmooren und Gletscherfeldern, wo die unberührte Einöde nicht nur seinem Einsamkeitsbedürfnis, sondern auch seinen Vogelstudien am meisten entgegenkam. Unter Strapazen und Entbehrungen eignete er sich hier eine bewunderswerte Beherrschung des Stofflichen an, so daß ihm mit spielerischer Selbstverständlichkeit großartige, lebensvolle Vogelbilder gelangen. Auch da, wo (nach der letzten Islandfahrt) der Pinsel Stimmungswerte der Umwelt bewußter hervorholte, standen und blieben die Vögel Mittelpunkte. Die sorgsame Ausführung der Einzelheiten seiner Zeichnungen gemahnte oft an A. Dürer, mehrfach ist japanischer Einfluß sichtbar, und aus den vielen Wiedergaben des Seevogellebens spricht eine auffallende Übereinstimmung mit der Auffassung seines älteren Zeitgenossen A. Bachmann (s. d.), der wie er unwiderstehlich die Lockungen Isl. verspürte. Der orn. geschulte Beschauer ist beeindruckt von der sicheren Formenkenntnis, die die Künstlerhand lenkte. Bilder wie „Mönchskraniche u. Löffler", „Ringelgänse", „Schopfsäger", „Bläßgänse u. Reiherente", „Nordische Frühlingsnacht am Myvatn", „Frühlingstag am Watt", „Goldregenpfeifer", „Seeadler im Lavafeld", „Kampfläufer u. Sandregenpfeifer", „Kraniche in Dünen" und viele andere entzücken jedes Ornithologenherz. Maß- u. zuchtvoll, wie es dem Kern seiner wahrhaft reinen Persönlichkeit entsprach, lehrte L. die von ihm selbst zutiefst empfundene Ehrfurcht vor der Natur und ihren Geschöpfen. Über die eigene innere Ergriffenheit führte er manchen Jünger der Orn. zu. Ein Künder des Vogellebens, dem nur während einer allzu kurzen Lebensspanne, aber mit echter Begnadung zu wirken vergönnt war, ging dahin, als in dunkler Nacht den Soldaten eine Feindkugel traf.

— Lit.: M. Lorenz (= Mia Lenz), Fr. L., ein Lebensbild, Hamb. 1920 (mit Bildnis). - Thieme-Becker, Künstler-Lex. 23, 1929, S. 288. - W. Schäfer, D. wissensch. Tierbild, Frankf. 1949, S. 116 bis 122.

Löbbecke, Arnold, * 23. 11. 1880 Hedwigsburg (Kr. Wolfenbüttel), † 16. 1. 1955 Hedwigsburg. Für ihn war in der Kindheit bereits der mit der Familie befreundete R. Blasius (s. d.) das orn. Vorbild. Nach dem Studium der Landw. in Bonn übernahm er 1905 das väterliche Rittergut. Von Reisen nach Nordamerika (1904/05), Frankr., Ital., Sizil., Tunis (1907), Ceylon (1908) brachte er neben anderer Ausbeute etwa 100 Vogelbälge mit und benutzte sie als Grundstock zu einer im Laufe der Jahre durch fast alle heimischen Arten ergänzten Privatsamml. Ihren örtlichen Wert erhielt sie durch viele braunschw. Belegstücke seltener Brut- und Durchzugsvögel, die hauptsächlich aus dem Bruch zwischen Oker und Ilse und den sich anschließenden Überschwemmungsgebieten südlich Wolfenb. stammten. Das für die Vogelwelt so günstige Gelände wurde 1932/33 trockengelegt, und Samml., Bibliothek, Tagebücher fielen zusammen mit Schloß Hedwigsb. 1944 den Bomben zum Opfer. Trotz des harten Schicksalsschlags hielt L., der von nun an in einem umgebauten Gartenschuppen seines 9 ha großen Parkes lebte, an der ihm liebgewordenen Feldornithologie fest und schrieb, meist auf Grund seiner Erinnerungen, die „Vogelw. d. Kr. Wolfenb." (Braunschw. 1950). Sonst griff er kaum zur Feder: „Über Kiebitzregenpfeifer" (Orn. Ms. 29, 1904), „Seltene Vorkommen" (ebd. 52, 1927). Ferner stützte sich die Notiz von R. Berndt über den Rauhfußkauz 1910 in der Lüneb. Heide (J. Orn. 96, 1935) auf Feststellungen dieses erfahrenen Beobachters. Infolge eines Beinleidens verbrachte er die letzten Jahre fast nur an seinem teilweise waldartigen Wohnsitz und erfreute sich der Bruten zahlreicher Nachtigallen, der Wacholderdrossel (Erstnachweis für Braunschw.), der Hohltaube (in künstlichen Höhlen), des Wespenbussards (wenige Schritte vom Wohnhaus), des Eisvogels, der Knäkente, der Zwergrohrdommel und anderer nicht alltäglicher Arten, die sich in dem kleinen Vogelparadies mit seinen 3 Teichen ansiedelten und unter seiner Fürsorge standen.

— Lit.: Nachruf (von R. Berndt). B. Nieders. 9, 1956, S. 38/39. - Bildnis (Gruppenaufnahme in Ziebigk), Aquila 12, 1905.

Loebenstein, Alexander Robert Freiherr von, * 17. 4. 1811 Falkenhain bei Lübben (Niederlausitz), † 14. 4. 1855 Lohsa, Kr. Hoyerswerda (Oberlausitz). Die vom Vater vererbte Freude an der heimatlichen Vogelwelt bestimmte ihn eigentlich zum Feldornithologen. Vor allem fühlte er sich zur kritischen Beob. des Vogelzugs gedrängt, und gern hätte er eine „Orn. d. Lausitz" geschrieben. Die Verwaltung seiner Güter ließ ihm dazu aber offenbar keine Zeit. So ist er nur als Sammler in die Geschichte der dt. Orn. eingegangen. 1829 begann er auf Gut Wartha eine im wissensch. Schrifttum vielfach verwertete Vogelsamml. anzulegen. Auch als er 1835 das Rittergut Lohsa erworben hatte, war er alle Zeit auf Vermehrung der Bestände bedacht und pflegte eifrigen Gedankenaustausch mit den von ihm gefeierten Größen seiner Zeit, um zu system. Ordnung und Sichtung des aufgestapelten Besitzes durchdringen zu können. Von J. F. Naumanns biol. Schilderungen begeistert, ging er 1840 in Begleitung des Konser-

vators R. Tobias (s. d.) für 10 Monate zu Sammelzwecken nach Südungarn und brachte „Orn. Notizen . . .“ über seine dortigen Beob. in Naum. 1, 1850; später holte er weitere Schätze in Schweden und Norwegen und überließ Bälge und Eier auch an J. F. Naumann, den er öfters zu sich als Gast lud. 1845 nahm er an der 1. Ornithologenversammlung in Köthen teil, und 1851 unterschrieb er in der Naum. den Aufruf zur Errichtung eines Naumann-Denkmals. Über die ihn bewegenden orn. Neigungen unterrichtet sein Briefwechsel mit E. F. v. Homeyer (s. d.) und J. F. Naumann. Lange über seinen Tod hinaus wurde das vogelk. Lebenswerk in Lohsa zusammengehalten. W. Baer (s. d.) konnte es noch 1897 mit Gewinn durchmustern. Schließlich kamen letzte Teile 1930 in den Besitz des Görl. Mus. und der Techn. Hochschule Dresden.
— Lit.: E. F. v. Homeyer, Orn. Briefe, Berl. 1881. - O. Herr, D. A. R. v. Loebensteinsche Vogelsamml., Abh. Görl. 31, 1932, Heft 2, S. 111—138 (mit Bildnis). - P. Thomsen, Aus d. Briefwechsel zw. J. F. Naumann u. A. R. v. L., Mitt. Sachs. 4, Sonderheft 1933, 28 Seiten (mit Bildnis). - Ders. u. E. Stresemann, Naumann-Biogr., 1957.

Löffler, Friedrich, * 17. 4. 1795 Untermaßfeld (Sachsen-Meiningen), † 21. 12. 1855 Gerdauen (Ostpreußen). Von 1815—1818 studierte er in Halle Theol., dann wurde er nach Ostpr. verschlagen und sicherte sich den Ruhm, der erste ernsthafte Feldornithologe seiner Wahlheimat gewesen zu sein. Nachdem er 2 Jahre lang u. a. im Samland Hauslehrerstellen innehatte, stieg er in Gerdauen 1824 zum Rektor und 1831 zum zweiten Prediger auf. Schon im Knabenalter war er durch natürliche Begabung und steten Eifer mit den Vogelformen seiner Umgeb. vertraut. In Halle geriet er unter den Einfluß von Ch. L. Nitzsch (s. d.); später kam er in Verbindung mit J. F. Naumann. In Ostpr. versorgte er K. E. v. Baer (s. d.) mit vielen und seltenen Präparaten und überließ ihm auch die eigene Samml. Nach Baers Fortgang von Königsb. stand er in Beziehung zum Berl. Mus. und unterhielt von 1829—1854 Briefwechsel mit H. Lichtenstein (s. d.). An K. E. v. Baer und H. Rathke (s. d.) gerichtete Briefe, die von ihm herrührenden Belege in den Mus. und 10 größere und kleinere Aufs. über den Vogelzug und bemerkenswerte orn. Vorkommnisse, die in den Preuß. Prov. Bl. zwischen 1831 und 1855 erschienen, zeugen für sein faun. und biol. Wissen. Mit Vorliebe richtete er den geschärften Blick auf die Eulen. Seinem Eifer und seinen Fähigkeiten sind daher die ersten gesicherten Nachr. über Bruten von Habichts-, Rauhfuß- u. Sperlingskauz in Ostpr. zu danken. Nach F. Tischlers (s. d.) Urteil treten alle ostpr. Ornithologen der 1. Hälfte des 19. Jahrh. hinter seiner Leistung zurück.
— Lit.: F. Tischler, D. Vögel d. Prov. Ostpr., 1914, S. 7/8. - 2 Briefe an H. Lichtenstein (veröffentlicht von E. Stresemann, J. Orn. 95, 1954, S. 176—178.

Löns, Hermann, * 29. 8. 1866 Kulm (Weichsel), † 26. 9. 1914 bei Reims (Frankreich). Er war der älteste Sohn eines Gymnasialoberlehrers. 1867 kam die Familie nach Dt.-Krone, 1884 erfolgte die Rücksiedelung in die Heimat der Vorfahren nach Münst. (Westf.). Als er 1887 das niemals abgeschlossene Studium der Med. und Naturw. begann, setzten zugleich die Sturm-, Drang- u. Wanderjahre ein und jagten ihn durch die einzelnen Stationen: Münst., Greifsw., Gött., Kaisersl., Gera, Hamb., Hann., Bückeb. Journalistische Tätigkeit gab ihm schließlich ein kärgliches Brot. Aus Tragik, Dämonie und dem Wissen um ein dem Menschen innewohnendes zweites Gesicht erwuchs die leidvolle innere Unruhe, die den Künstler durch die Erdentage begleitete. Echt und urwüchsig im Naturgefühl, in heißer Liebe zu allem, was dt. ist, lebte er — und starb als Kriegsfreiwilliger im 1. Weltkrieg. In den Heiden und Mooren um Dt.-Krone erwachten die frühen naturf. Regungen mit dem Hang zum Sammeln der Vögel und ihrer Eier. 1882 verfaßte der Sechzehnjährige ein Verz. von 130 Vogelarten, die er im heimatlichen Kreis antraf; die kleine örtliche Avif. kam später in das Prov.-Mus. Danzig. Die Münsterer Jahre führten ihn an H. Landois (s. d.) heran, mit dem er nicht nur die naturw. und poetischen Anlagen, sondern auch das grobschlächtig-gutherzige Wesen teilte. Nicht zuletzt unter dem Einfluß dieses rührigen Zoologen mündete in jenen Jahren der Erkenntnisdrang des Studenten in wissensch.-system. Bahnen ein. Im lit. und dichterischen Werk leuchtete allenthalben das Hochgefühl auf, mit dem ihn gerade Erfahrungen über die Biol. der Vögel als innere Erlebnisse beglückten. Die Jagdzeitschr. (Dt. Jztg., Weidwerk in Wort u. Bild, St. Hubertus), die Fachpresse (über 20 meist faun. und biol. Beitr. in Orn. Ms., Orn. Jb., Orn. Mber., J. Orn., Jber. Hann., Jh. Lüneb.) und die „Lebensbilder aus d. Tierwelt“ von Meerwarth-Soffel bergen eine Fülle von Belegen für die gesunde Freude am Vogel. In der faun. Lit. zumal nahm er eine Sonderstellung ein mit seiner kurzen „Quintärfauna v. Nordwestdeutschl.“ (Jber. Hann. 55—57, 1908). Wenn der Titel (unmögliche Analogie zu Quartär und Tertiär!) auch verunglückt ist, so unterstrich er hier doch wegweisend die Beziehungen der Zoogeogr. zur Landschafts- u. Siedlungsgeschichte. Die damals recht neuen Gedanken befruchteten nicht unwesentlich O. Schnurres „Vögel d. dt. Kulturlandsch.“ (Marb. 1921). Als leidenschaftlicher Jäger und Heger, kundiger Feldornithologe und unbestechlicher Beobachter vertrat der Dichter in einer ihm vielfach verständnislos gegenüberstehenden Zeit Grundsätze des Tier- u. Landschaftsschutzes, die erst seit 1935 im Gesetz verankert sind. Die Sorge um den Bestand der Vogelwelt machte ihn sogar zum Gegner der 1903 von J. Thienemann (s. d.) aufgenommenen Vogelberingung. Die weniger wissensch. und mehr gefühlvoll ausgerichteten Freunde unserer Ornis hatten in ihm einen warmherzigen und zugleich kämpferisch gestimmten Anwalt, dessen unverfälschtes Naturempfinden auf viele junge Ornithologen jener Jahre zündend wirkte.

Löwis of Menar, Oskar von, * 5. 4. 1838 Gut Panten (Livland), † 18. 8. 1899 Gut Kudling (Livland). Nach dem Studium in Dorpat war er von 1862—1868 Assessor in Walk und dann Besitzer des Gutes Kudling, das er bis 1898 bewirtschaftete. Bis 1881, als er das Gut Meiershof bei Wenden dazu erwarb, hatte er auch die Oberverwaltung sämtlicher livl. Ritterschaftsgüter inne. Aus Unzufriedenheit mit der fortschreitenden Russifizierung verzichtete er zu Anfang der 90er Jahre

auf die russ. Staatsbürgerschaft und hielt sich seitdem viel in Deutschl. auf, das er als 2. Heimat betrachtete. Als Jäger mit hoher waidmännischer Auffassung war er zugleich trefflicher Freilandbeobachter und ausgesprochener Freund der Vogelwelt. Er verfügte über einen großen Reichtum an Erfahrungen aus der Ool. und Nid. der Raubvögel, deren sinn- u. kritiklose Verfolgung er einzudämmen versuchte, ohne selbst bei der Abschätzung des Nutzens und Schadens z. B. von Bussard, Eulen und insbesondere des Uhus das gerechte Urteil (vom Standpunkt des Landwirts) zu finden. Da er lange Jahre den Geheimnissen der balt. Natur mit offenen Sinnen lauschte, beschäftigte ihn schließlich auch das Abändern der Tiere in Färbung und Größe. Was ihn beachtenswert dünkte, legte er in Notizen und Beitr. für den Zool. G., die Orn. Ms. (hier seit 1888 13 Titel), die Orn. Mber. und zahlreiche zool. und jagdliche Zeitschr. nieder. Als selbständige Schriften ließ er erscheinen „Unsere balt. Singvögel" (Reval 1895, 299 S.) und „Diebe u. Räuber in der balt. Vogelw." (Riga 1898, 158 S.). Trotz schriftstellerischer Regsamkeit nahm er einen großen Teil seiner orn. Kenntnisse mit ins Grab.
— Lit.: Nachruf (von C. R. Hennicke). Orn. Ms. 24, 1899, S. 365—367 (mit Bildnis). - Nachruf (von O. Kleinschmidt). Orn. Mber. 7, 1899, S. 183/84. - Nachruf (von O. Koch). Balt. Waidmannsblätter 2, 1902, S. 285—287 (mit Bildnis).

Loos, Curt, * 25. 1. 1859 Brunndöbra (Vogtland), † 26. 7. 1933 Liboch (Böhmen). In Leipz. und Tharandt bildete er sich für die Forstlaufbahn aus. Nachdem er kurze Zeit im Revier Königstein Dienst getan hatte, wechselte er 1889 als Forstadjunkt nach Schluckenau (Böhm.) über. Von 1898—1926 war er dann Forstmeister der Herrschaft Liboch (Elbe). Sein Interesse an der Vogelk. erhielt durch den Vogelreichtum in der nordböhm. Landschaft stets neue Nahrung. So erklärt sich seine über viele Jahre gespannte, außerordentlich fruchtbare orn. Wirksamkeit unter freiem Himmel und am Schreibtisch, obwohl er im wesentlichen auf sich allein gestellt war; geistige Verbindung hatte er lediglich mit seinem Jugendfreund A. F. Helm (s. d.). Die aus eigenem Erleben gewachsenen Veröff. über die Faun., Ernährungs- u. Brutbiol. fanden sich seit Anfang der 90er Jahre in der dt., österr. und schweiz. Fachpresse (z. B. Orn. Ms., Mitt. Wien, Orn. Jb., Aquila, Orn. Beob.) sowie in der forst- u. jagdk. Lit. (z. B. Forst- u. Jagdztg. Saaz, Vereinsschr. d. böhm. Forst-Ver., Zentralbl. f. d. ges. Forstw.) und auch in belletristischen Zeitschr. Durch unermüdliche Beob. und Unters. in seinen Revieren förderte er früh die Kenntnis der forstlichen Bedeutung vieler Vogelarten, insbesondere der Raub-, Specht- u. Hühnervögel. Eine Reihe von aufschlußreichen Einzelarbeiten galt der Biol. der Lachmöwe, der Stockente, des Wanderfalken, des Tannenhähers, des Triels, der Schwanzmeise. Durch ein Buch über den „Uhu in Böhm." (Saaz 1906) und kleinere Abh. wie „D. Uhu im tschechoslow. Staate u. im angrenzenden dt. Reichsgebiete" (Natur u. Heimat, Sudetendt. Vierteljahrschr. 1, 1920) ist sein Name fest mit der Geschichte dieses Großvogels in Böhm. verbunden. Stofflich nicht weniger einprägsamen Charakter trug die 145 Seiten umfassende Monogr. des Schwarzspechts (Wien 1910), die das Leben des Vogels ebenso weitgehend aufhellte wie die Veröff. des Zeitgenossen M. Rendle (s. d.). Um über die reine Artenforschung hinaus auch Verständnis für den Schutz der bedrohten Formen wecken zu können, übernahm L. schließlich die Schriftl. des „Sudetendt. Naturschutzes". Außerdem gehörte die Beschäftigung mit Zugfragen in den Bereich seines tätigen Eifers. Als erster in Böhm. griff er 1910 die Beringung auf. Während er anfangs mit ungar. Ringen arbeitete, gründete er 1913, unterstützt von der Naturw.-med. Ges. „Lotos" in Prag, die (nach seinem Tode nach Böhm.-Leipa verlegte) Beringungsstation Liboch und führte eigene Ringe ein. Die Ber. der Gesellschaft enthielten von 1914—1931 die wertvollen Darlegungen seiner phänol. Erfahrungen und Beringungsergebnisse. Neben dem gleichaltrigen J. Michel (s. d.) stand er als einer der verdienstvollsten Vertreter ernsthafter Feldorn. im nordböhm. Raum.
— Lit.: Nachruf (von R. Heyder). Mitt. Sachs. 4, Beil. z. Heft 2, 1933, S. 10/11. - Nachruf (von R. Drost). Vz. 4, 1933, S. 188. - Nachruf (von L. Schuster). B. z. F. 10, 1934, S. 66.

Lorenz von Liburnau, Ludwig Ritter, Dr., * 26. 8. 1856 Fiume, † 9. 12. 1943 St. Gilgen (Oberösterreich). Sohn eines Sektionschefs im Ackerbauministerium, arbeitete er nach Abschluß der Wiener Studien zuerst als Zoologe in Leipz. Eng verband sich sein Name dann mit der Entw. des Naturh. Hof-Mus. in Wien, dem er seit 1880 angehörte. Nach A. v. Pelzeln (s. d.) leitete er die Abt. f. Säugetiere u. Vögel. Von 1912—1922 war er Direktor der Zool. Abt. und ging als Hofrat in den Ruhestand. 1908 wurde er außerdem ao. Prof. an der Hochschule für Bodenkultur. Dem Ausbau des Mus. dienten eine Reihe von Reisen, u. a. Dalmatien, zweimal untere Donau, Indien mit Erzherzog Franz Ferdinand v. Österreich-Este (1893), Grönl. (1909 und 1910), ferner der Ankauf wertvoller Samml. wie A. Reischeks (s. d.) neuseeländischer Vögel und Teilen von R. Grauers (s. d.) Schätzen aus Zentralafrika. Die bis in die Zeit nach dem 1. Weltkrieg mustergültig und geschmackvoll aufgebaute Schausamml. der Säugetiere war vornehmlich seiner Planung entsprungen. Neben den Säugetieren nahm die Mus.-Orn. in seinen Arbeiten einen vordergründigen Platz ein. So behandelte er die Vögel in der „Gesch. d. Zool. in Österr. v. 1850 bis 1890" (Festschr. d. Zool.-botan. Ges. Wien 1901) und gab mit A. v. Pelzeln die „Typen d. orn. Samml. d. k. u. k. Naturh. Hofmus." (Ann. Wien 1, 1886 — 3, 1888) heraus. Dazu stellte er eine Aufzählung von Mus.-Stücken unter dem Titel „Ornis v. Österr. u. d. Okkupationsländern im k. u. k. Naturh. Hofmus. in Wien" (ebd. 7, 1892) zusammen. Aus dem Raume der System. stammten Veröff. nach A. Reischeks Ausbeute „Z. Ornis Neuseelands" (ebd. 17, 1902) und zusammen mit C. E. Hellmayr (s. d.) ein „Beitr. z. Ornis Süd-Arabiens" (Abh. Akad. d. Wissensch. Wien 71, 1902). Faun. äußerte er sich nur wenig; hierher gehörten „Orn. Bruchstücke aus d. Gebiete d. unteren Donau" (Orn. Jb. 4, 1893). Mehr reizte ihn das Studium des Vogelzugs. Über die „Ersten Ankunftszeiten verschiedener Zugvögel im Frühling d. Jahre 1897—1903" (Schwalbe N. F. 3, 1913) berichtete er unter Mitwirkung von M. Sassi.

Als sich im Laufe der 90er Jahre der Orn. Ver. Wien nicht mehr lebensfähig zeigte, veranlaßte er die restlichen Mitglieder, eine orn. Sektion in der Zool.-botan. Ges. in Wien zu bilden. Er hoffte, durch die Fusion dem Aussch. Beob.-Stat. Österr.-Ung. (dessen methodischer Mißerfolg damals schon offenkundig war) wieder Auftrieb geben zu können. Obwohl er die Herausgabe der „Schwalbe" (nicht mehr mit dem Untertitel „Mitt. d. Orn. Ver. Wien") selbst übernahm, blieben die Versuche zu wissensch. Auswertung der Beob.-Ber. so ergebnislos, daß die Zeitschr. mit den N. F. 1, 1898/99; 2, 1900/01; 3, 1902—1913 das Erscheinen einstellen mußte. Immerhin bediente sich sein kritischer Scharfsinn noch dieser sinkenden Plattform, um in überzeugender Logik den wissensch. Betrug von J. P. Pražák (s. d.) aufzudecken.
— Lit.: Nachruf (von Schriftl.). Orn. Mber. 52, 1944, S. 72. - Nachruf (von M. Sassi). Ann. Wien 55, 1944—1947, S. 177—179 (mit Bildnis).

Lorenzen, Lorenz, * 1720 Nordmarsch (Kr. Husum), † 25. 2. 1790 Pellworm (Kr. Husum). Sein Vater stand von 1717— 1776 als Pastor in Nordmarsch. Er selbst wählte gleichfalls das geistliche Amt und war lange Jahre Kandidat auf der Insel, bis er 1752 Pastor an der alten Kirche Pellworm wurde. Mit den Halligen eng verwachsen, verdroß es ihn, daß geogr. Bücher nichts über seine Heimat zu melden wußten. Um deren besondere Züge nicht länger „in einer Obscurität liegen zu lassen", verfaßte er 1749 eine ganz vortreffliche „genaue Beschr. d. wunderbaren Insel Nordmarsch . . . ", ein umfangreiches Buch, das erst 1762 in den „Vermischten hist.-polit. Nachr. . . . d. Herzogtümer Schlesw. u. Holst." des J. F. Camerer in Flensb. gedruckt wurde. Das 13. Kapitel handelte „von d. Vögeln u. ihrem Fange auf d. Insel N." und ist aufschlußreich für das Verhältnis der Bevölkerung zur Vogelwelt; u. a. besagt es: „Des Sommers sind die Mannsleute nicht zu Hause, und haben die Vögel alsdenn guten Frieden. Zur Winterszeit ist gleichwohl fast niemand, der sich aufs Schießen legt, und scheint es, als ob unsere Insulaner entweder zu commode wären, oder sich fürchteten eine Flinte los zu drücken, oder aus sonderlicher Barmherzigkeit den Vogel verschonen wollten". Nennenswerte Jagd war demnach damals nicht üblich. Das Eiersammeln soll hauptsächlich von Kindern betrieben worden sein. Der Verf. war kein Ornithologe, und die vielen Arten waren ihm nur unter den örtlichen Volksnamen bekannt. Um so erstaunlicher war die ihn auszeichnende Beobachtungsgabe. In einer noch völlig unbiol. denkenden Zeit stellte er nicht etwa eine einfache Liste zusammen, sondern lieferte Lebensbeschr. (Brutverhalten, Eizahl, Auftreten in den verschiedenen Jahreszeiten), wie sie in Frische und Unmittelbarkeit selbst 100 Jahre später bei vielen Formenkennern erst in Ansätzen spürbar wurden.
— Lit.: Neudruck d. Arbeit in Jb. Nordfriesl. 14, 1927 und 15, 1928 (Vögel S. 23—27).

Lósy, Josef, * 26. 5. 1874 Trencsén, † 22. 8. 1917 Budapest. Nach dem zool. Studium war er zuerst Assistent am zool. und seit 1899 am entom. Inst. von Budapest. 1904 trat er in den Schuldienst ein und wurde 1913 Bürgerschuldirektor. Verdienstvolle Mitarbeit verdankte ihm, dem Freund und Anhänger O. Hermans (s. d.), auch die Ung. Orn. Zentrale. Sein Scharfsinn ließ ihn früh die Notwendigkeit der Erhaltung des biol. Gleichgewichts in der Natur erkennen und bestimmte seine Stellung zu den Fragen des praktischen Vogelschutzes. Als Weg zur Lösung der vielfältigen Probleme schwebten ihm nahrungsbiol. Unters. vor. Richtungweisende Ansichten entwickelte er u. a. in einer Arbeit über die wirtschaftliche Bedeutung des Rebhuhns unter dem Titel „Positive Daten z. Lebensweise d. Rebhuhns" (Aquila 10, 1902) und in einer größeren Studie über „Prinzipielle Standpunkte in Beurteilung d. Vogelschutzes u. d. Insektenvertilgung" (ebd. 18, 1911). Naturw. Eifer öffnete ihm mehrere Betätigungsfelder. Doch fesselte ihn am stärksten die Insektenkunde. Mit besonderer Sachkenntnis nahm er sich daher, als die ung. Übertragung von Brehms „Tierleben" in Gang kam, des Insektenbandes an und brachte so 1906 eine der ung. Fauna angepaßte Neu- u. Umbearbeitung mit vortrefflichen, von ihm selbst stammenden Zeichnungen zustande. In Ung. genießt er heute noch hohe Wertschätzung als Wegbereiter der angewandten Vogelk.
— Lit.: Nachruf (von K. Lambrecht). Aquila 24, 1917, S. 307/08.

Loudon, Harald Freiherr von, * 11. 4. 1876 Keysen (Livland), † 1. 1. 1959 Berlin. Besuch des Gymnasiums, private Studien im Mus. der Russ. Akad. in Petersb., Bewirtschaftung des Familiengutes Lisden bei Wolmar kennzeichnen die glücklichste Strecke im Leben des begabten Freundes der Natur und ihrer Geschöpfe. Der 1. Weltkrieg brachte ihm den Verlust der Heimat. Festen Wohnsitz fand er erst wieder in Berl. Aus früher Leidenschaft zum Beobachten und Sammeln der Vögel entstand bereits auf dem väterlichen Gut Keysen eine Balgsamml., die in Lisden bis 1914 auf fast 20 000 Nummern anwuchs; die Weltkriege und ihre Folgen vernichteten sie. In einer Reihe von Arbeiten legte der Freilandforscher seine Erfahrungen nieder; dazu gehören u. a. „D. Brutvögel d. Ostseeprov." (Korr. Riga 38, 1895), „Beitr. z. Kenntnis d. orn. Fauna Liv-, Est- u. Kurl." (Orn. Jb. 11, 1900), „Eine orn. Fahrt an d. Matzalwiek" (J. Orn. 56, 1908), „Vorläufiges Verz. d. Vögel d. russ. Ostseeprov." (Ann. Zool. Mus. Akad. Petersb. 14, 1909), „Meine 2. Fahrt an d. Matzalwiek" (Orn. Jb. 21, 1910), „Erste Ankunftsdaten d. Zugvögel f. d. zentralen Teil v. Livl. 1895—1912" (Moskau 1913). Der Blick des Verf. reichte jedoch weit über die balt. Lande hinaus. 1895/96 zog es ihn zum 1. Male nach dem Kaukasus und Turkestan. Die dort gewonnene Bekanntschaft mit G. Radde (s. d.) und N. Sarudny gab Veranlassung zu 4 weiteren Exp. nach Transkaspien, Buchara, Ferghana usw.; die orn. Ergebnisse sind niedergelegt u. a. in Orn. Jb. 13, 1902; J. Orn. 57, 1909 u. 58, 1910; Verh. d. 5. internat. Orn.-Kongr., Berl. 1910 (1911); Ann. d. Petersb. Akad. 18, 1913. Zu seiner Zeit führend unter den balt. Ornithologen, gehörte v. L. seit 1907 der DOG an. Leider erlahmte unter der Wucht der politischen Ereignisse nach 1918 der seitherige Eifer. Vom Mutterboden gelöst und der gewohnten Bewegungsmöglichkeiten beraubt, stellte der Flüchtling die orn. Tätigkeit bald ganz ein. Zum letzten Mal sprach er vor der DOG Berl. 1922 über „Geogr. Besonderheiten d. ostbalt. Ornis"

(J. Orn. 70, 1922). Seine Arbeitskraft diente noch viele Jahre der „Dt.-Balt. Landsmannschaft in Berl.". In den Fragen der Tagespolitik wurde aber seine Einstellung mit der Zeit immer schroffer. Kränkelnd und in wirtschaftlich schwierigen Verhältnissen, mußte er schließlich das Alter verbringen. Doch entwarf er — auf Feststellungen während seiner ersten Reise zurückgreifend — noch 1950 ein Bild aus lange vergangenen Tagen; es beschäftigte sich mit dem Vogelleben im Tiefland von Talysch und erschien unter dem Titel „Lenkoran im Winter" in Aquila 59—62, 1952—1955.
— Lit.: C. Kröger, Birkenruher Album. Petersburg 1910. - Würdigung. Balt. Rdsch. 1951, Nr. 4. - Gedenkblatt (von N. v. Transehe), als Msk. hrsg. 1960 (mit Bildnis u. Verz. d. größeren Aufs.).

Lovassy, Alexander, Dr., * 28. 10. 1855 Abony (Komitat Pest), † 8. 7. 1946 Keszthely (Plattensee). Er besuchte die landw. Hochschule in Debrecen und später die Univ. in Budapest. 1876 wurde er Lehrer in Nagyröcze (Komitat Gömör), erlangte 1878 das Diplom als Mittelschullehrer und promovierte 1884. 1889 kam er nach Keszthely, wo er Prof. der Naturw. und Direktor der Landw. Akad. und des Mus. war. Als erster ung. Vertreter der Eierk. brachte er seit 1875 nicht nur faun., sondern auch ool. und nid. Arbeiten von lange dauerndem Wert. In der Zeit von Nagyröcze richtete sich sein stets reger Eifer mit beachtlichem Erfolg auf die Vogelwelt des Komitats Gömör; auch in der Gegend von Debrecen machte er eingehende orn. Studien. Die Hauptforschung galt aber dem Plattensee. In der großen Monogr. des Sees (1897) stammt der orn. Teil von seiner Hand. Zum größten Werk wuchsen sich die „Wirbeltiere Ung." (1927) aus. Die Arbeiten seiner Feder standen ung. geschrieben in den Mitt. der Akad. und anderen Fachblättern; Ausnahmen waren die Abh. „Über d. Eier v. Milvus regalis" (Zs. ges. Orn. 1, 1884) und der „Kat. d. ung. Eier- u. Nestersamml." (1891). Als Beobachter der Ung. Orn. Zentrale meldete er sich von 1894—1903 auch in der Aquila zu Wort. Bis in die letzten Lebensjahre war ihm tätige Gesundheit verliehen.
— Lit.: J. Schenk, Übersicht d. Gesch. d. Orn. in Ung., Aquila 25, 1918, S. 46. - Nachruf (von Schriftl.). Ebd. 41—54, 1944—1947, S. 210.

Lucanus, Friedrich von, Dr. h. c., * 20. 6. 1869 Berlin, † 18. 2. 1947 Buschow (Westhavelland). Sohn des Chefs des Kaiserlichen Civilkabinetts, schied er 1918 als Oberstleutnant aus dem aktiven Heeresdienst aus und lebte in seiner Heimatstadt, bis er 1943, durch Ausbombung gezwungen, nach Buschow verzog. Sein ganzes Leben hindurch war er der Vogelhaltung ergeben; er verstand, über die stille Kunst fesselnd zu schreiben und Zweifeln an ihren Gemütswerten tatkräftig entgegenzutreten. Da ihn früh das Problem des Vogelzugs fesselte, ließ er der Vogelwarte Rossitten seit ihrer Gründung eifrige Förderung zuteil werden; vor allem trat er mit neuen Untersuchungsmethoden hervor und versuchte, die Luftfahrt in den Dienst der Zugforschung zu stellen. Die Ergebnisse seiner Beob. vom Ballon aus erschütterten die von H. Gätke (s. d.) stammende allg. Auffassung von den außerordentlichen Höhen, in denen sich der Zug vollziehen sollte. In einer Reihe von Veröff., z. B. J. Orn. 50, 1902 u. 61, 1913; Orn. Mber. 11, 1903; Verh. d. 5. internat. Orn.-Kongr., Berl. 1910 (1911) legte er seine Erfahrungen und Ansichten nieder. Sie machten seine Zeit aufhorchen; daß sie sich nicht alle (auch nicht der Glaube an die Zugstraßen) halten ließen und überholt wurden, tut dem Ernst seiner Bemühungen keinen Abbruch. Als 1922 die „Rätsel d. Vogelzugs . . ." erschienen, kam das Buch den Bedürfnissen einer naturw. aufgeschlossenen, breiten Leserschicht entgegen, weil es (mit 3 Aufl. bis 1929) erstmalig in flüssiger Sprache Ansätze einer Geschichte der Zugforschung und eine Übersicht über den damaligen Stand des Wissens gab. Rege Mitarbeit in der DOG, der er seit 1900 angehörte, bewirkte, daß dem strebenden Geist von 1921—1926 der Vorsitz übertragen war; in diesen Jahren sammelte er persönliche Verdienste als geschickter, redegewandter Leiter der Jahres- u. Berl. Monatsversammlungen. Nach Rücktritt von seinem Amt wurde er Ehrenmitglied der Gesellschaft. Späterhin beschäftigte er sich, gestützt auf den häuslichen Umgang mit vielen Vögeln und Säugetieren, vorwiegend mit der Tierpsychol. Dieses Teilgebiet fand weitgehend Berücksichtigung im „Leben d. Vögel" (1925 mit Bildern von E. Schröder), einem ausführlichen Abriß der Geschichte des Vogels. Sein letztes stattliches Werk „Deutschl. Vogelw." (1937) verzichtete wiederum auf wissensch. Charakter. Ausgestattet mit (allerdings ungleichwertigen) Vogel- u. Eiertafeln von K. Wagner, G. Krause und A. Dressel, wandte es sich wohl in erster Linie an die zur Vogelk. neigenden Jäger und Landwirte. Für sie waren auch die zahlreichen Beitr. in der Jagdpresse bestimmt, die er als leidenschaftlicher Waidmann gern der Ool. des Jagdgeflügels widmete. Sein Leben für die Vögel und die Vogelk. wurde 1944 gewürdigt durch die Promotion zum Dr. h. c. der naturw. Fak. Halle; die Geschichte der dt. Orn. in den ersten Jahrzehnten nach 1900 wird seinen Namen in Ehren bewahren müssen.
— Lit.: Nachruf (von L. Schuster). Vw. 72, 1951, S. 160/61. - Bildnis (Gruppenaufnahme vor Haus Gätke, Helgol.) in Orn. Ms. 30, 1905.

Luchs, Ernst, Dr., * 1812 Warmbrunn (Riesengebirge), † 3. 1. 1886 Warmbrunn. Er studierte in Breslau und war Badearzt in Warmbrunn. Daß er schon früh der Wissensch. ergeben war, bezeugt seine im Oktober 1843 erfolgte Aufnahme in die Leopoldina. Obgleich er anscheinend nirgends schriftstellerisch hervortrat, wirkte er anregend und fördernd auf die schles. Vogelforschung allein durch eine eigene große Samml., die 1878 in den Besitz von Rudolf Graf Schaffgotsch überging. Seit 1870 war er Mitglied der DOG und unter den Vogelsammlern wohlbekannt. Dem ungestümen jungen O. Finsch (s. d.) gab er ersten Auftrieb, und G. Martini (s. d.) leitete er als Sammlungspfleger an. Zu A. v. Homeyer und A. E. Brehm (s. d.) unterhielt er freundschaftliche Beziehungen. K. Ruß (s. d.), mit dem er wegen seltener und schwer zu pflegender Prachtfinken in Verbindung stand, bezeichnete Aegintha luchsi nach ihm; der Name ging aber in die Synonymie ein und blieb nicht erhalten. O. Finsch (Papageien 2, 1868) ehrte seinen alten Lehrmeister durch die Benennung von Myiopsitta monachus luchsi. Nicht nur seine

Zeitgenossen, sondern auch spätere schles. Faunisten wie P. Kollibay und C. Kayser (s. d.) hielten ihn für sehr gut unterrichtet.

Ludwig, Carl Ferdinand Heinrich Freiherr von, Dr. h. c., * 6. 10. 1784 Sulz (Neckar), † 27. 12. 1847 Kapstadt. Nachdem er in Amsterdam in einer Apotheke und in einem chemischen Laboratorium die Lehrzeit verbracht hatte, ging er 1805 nach Kapstadt. Dort wurde er bald wohlhabender und wohltätiger Besitzer einer Tabakfabrik sowie Inhaber eines Bankgeschäfts. Zeitlebens hielt er dem dt. Vaterland die Treue, förderte aber auch unermüdlich die Landw. und Industrie seiner neuen Heimat nach europ. Erfahrungen. Ohne selbst mit Veröff. hervorzutreten, verlegte er sich nebenher auf das Sammeln naturw. Gegenstände. H. Boie (s. d.) bewunderte 1826 in L.s afrik. Wohnung eine große Vogelsamml., die für das Stuttg. Naturalienkabinett bestimmt war. Zwischen 1826 und 1837 schenkte er viele Schätze an dt. Inst.: dem Stuttg. Kabinett u. a. verschiedene südafrik. Vögel (heute noch erhalten), dem Zool. Inst. Tüb. (darunter heute noch wertvolle größere Stücke), dem Zool. Mus. Darmst. (Inventar darüber nicht mehr vorhanden), dem Mus. Senck. Frankf. (1891 von E. Hartert katalogisiert). Für seine Verdienste um die aufblühenden Naturw. fand er auch äußere Anerkennung: Dr. med. h. c. der Univ. Tüb., Erhebung in den Freiherrnstand durch den König von Württ., Gedenktafel am Stuttg. Mus. (im 2. Weltkrieg zerstört).
— Lit.: Nachruf (Verf. ungen.). Jh. Württ. 4, 1849, S. 272—277.

Ludwig, Christian Friedrich, Dr., * 19. 5. 1751 Leipzig, † 8. 7. 1823 Leipzig. Es ist wohl vertretbar, den Universitätsprofessor hier zu nennen, weil er in seine „Initia Faunae Saxonicae" (1810/11) ein für das damals noch ungeteilte Sachs. gültiges Verz. der sächs. Vögel aufnahm. Es war die früheste Landesornis, die aber infolge ihrer nur auf die Namen beschränkten Fassung weniger aussagte, als es der Zeit nach möglich gewesen wäre.

Ludwig, Wilhelm, * 14. 12. 1860 Karlsruhe, † 17. 9. 1890 Karlsruhe. Neigungen zur Vogelk. und Lit. traten schon in seiner Schulzeit hervor. Nach dem Besuch mehrerer Kunstgewerbeschulen sollte er das väterliche Geschäft (Zimmermalerei) übernehmen. Doch siechte er seit dem 19. Lebensjahre an einem Lungenleiden dahin. Auf dem Krankenlager suchte er Ablenkung und Unterhaltung in der Vogelpflege und in lit. Fortbildung; und der schwache Körper schwang sich zu beachtlichen Leistungen auf. Mit hervorragendem Gedächtnis ausgestattet, drang L. tiefer in das Alt- u. Mittelhochdeutsche ein und verschaffte sich gründliche Literaturkenntnisse. Briefliche Verbindung mit K. Th. Liebe und P. Leverkühn (s. d.) gaben ihm Anregung zu einer Reihe von Arbeiten, z. B. „Über d. Vogelfang im Mittelalter" (Orn. Ms. 10, 1885), „Jean Paul über Vogelfang" (ebd. 12, 1887), „Vogelschutz im Mittelalter" (ebd. 12, 1887; 13, 1888), „B. Auerbach als Beobachter d. einheimischen Vogelwelt" (ebd. 14, 1889). Auch mit der Zwergtrappe in Baden (ebd. 12, 1887), mit dem Vorkommen der Wachtel (ebd. 13, 1888) und dem Nisten der Gebirgstelze (ebd. 13, 1888) beschäftigte er sich. Wäre der Autodidakt nicht durch quälendes Mißtrauen in die eigene Kraft und beständige Angst vor der eigenen Feder gehemmt gewesen, hätte seine vogelk. Begeisterung ohne Zweifel weitere Spuren hinterlassen.
— Lit.: Nachrufe (von P. Leverkühn u. E. Koßmann). Orn. Ms. 16, 1891, S. 5—8 u. S. 57—59 (mit Verz. d. Veröff.).

Lübcke, Walter, Dr., * 18. 8. 1878 Rostock, † 5. 4. 1957 Rostock. Nach dem jur. Studium in Heidelb., Münch. und Rost. war er als Sohn eines Advokaten und späteren Ministerialdirektors von 1906 ab in der Domanialverwaltung, von 1921 ab Drost der Landdrostei Röbel und Amtshauptmann, von 1926 ab dort Rechtsanwalt und Notar. 1939 mußte er aus politischen Gründen seine Stellung aufgeben. Er verzog in seine Vaterstadt, wurde 1942 ausgebombt und kehrte, als er in Laage ausgeplündert war, 1946 nach Rost. zurück, um seine Anwaltspraxis wieder aufzunehmen. Früh stand er mit C. Wüstnei und G. Clodius (s. d.) in Verbindung, lernte hauptsächlich bei der Jagdausübung die Vogelwelt der meckl. Landschaft gründlich kennen und beschäftigte sich mit Fragen des Vogel- u. Naturschutzes. H. Wachs (s. d.) und R. Kuhk machte er nach dem 1. Weltkrieg mit den avif., ökol. und phänol. Verhältnissen auf dem Westufer der Müritz vertraut. Dem Ver. d. Freunde d. Naturgesch. Meckl., dem er seit 1900 angehörte, half er nach 1945 im Rahmen des dortigen Kulturbundes eine neue Form des Lebens zu geben. Sein vogelk. Wissen stellte er stets gern in den Dienst der Erforschung seiner Heimatnatur. R. Kuhk konnte in den „Vögeln Meckl." (1939) auf 7 zwischen 1913 und 1937 erschienene Veröff. zurückgreifen, von denen 5 in Arch. Meckl. stehen. Die 1894 begonnenen Aufz. des rührigen Feldornithologen gingen 1942 sämtlich in den Flammen unter. Trotzdem stellte er mit Hilfe von Unterlagen, die er vorher R. Kuhk übergeben hatte, „Ergänzungen z. Buch d. Herrn Dr. R. Kuhk, D. Vögel Meckl." (Arch. Meckl. 1, 1954) zusammen und verwertete dabei bis 1953/54 neu gesammelte Daten.
— Lit.: Nachruf (von B. Kaussmann). Arch. Meckl. 3, 1957, S. 7—10.

Lüders, Ludwig, Dr., * 1. 6. 1887 Braunschweig, † 11. 5. 1959 Fallersleben. In seinen Adern floß das Blut von nieders. Bauern, Handwerkern und Lehrern. Nach dem Studium der Vet.-Med. in Gießen, Hann. und kurzer Assistententätigkeit in Münch. baute er sich 1913 eine Tierarztpraxis in Fallersleben auf. Daß ihm berufliche Enge fernblieb, verdankte er der Ehrfurcht vor der göttlichen Schöpfung. Sie ließ ihn früh den Urkräften der Natur nachspüren und verlieh ihm im Mannesalter Wort und Feder zu leidenschaftlich geführtem Kampf gegen alle Vorgänge, die Gesicht und Wesen der nieders. Landschaft schädigten. Nach Erlaß des Reichsnaturschutzgesetzes 1935 wurde er daher auf Veranlassung von H. Weigold Beauftragter für Naturschutz im Landkreis Gifhorn. Widerständen wußte er in diesem Wirkungsbereich mit der Zähigkeit des unerschrockenen Idealisten zu begegnen. Nicht zuletzt galt seine Arbeit dem Leben der Vögel. Jahrzehntelang war ihm keine Mühe zuviel, um z. B. system. Beringungen an Rauchschwalben, Trauerfliegenschnäppern und

Eulen durchzuführen oder dem Vorkommen des Kranichs im Aller-Urstromtal nachzugehen. Zeit und Geld opferte er vornehmlich der Kennzeichnung der Weißstörche in den Kreisen Gifhorn und Helmstedt. Während der letzten 30 Jahre drängte es ihn, die bedrohten Bestände dieser Großvögel zu erfassen und — aufklärend und warnend — besonders nach 1945 die Ergebnisse in der Heimat- u. Tagespresse (Aller-Ztg., Gifhorner Rdsch., Isenhagener Kreisbl., Kreiskalender Gifhorn-Isenhagen, B. Nieders., Naturwarte Braunschw.-Riddagshausen) zu veröffentlichen. Wenn er auch zu orn. Fachzeitschr. kaum Beziehungen unterhielt, war er doch ausstrahlende Mitte eines Kreises nieders. Freunde der Natur, in dem die Bestrebungen zur Erhaltung der Vogelwelt ernsthafteste Beachtung fanden. Umfangreiche schriftstellerische Tätigkeit nicht nur auf den Gebieten des Natursch. und der Vogelk., sondern auch der Veterinär- u. Familiengesch. kennzeichneten seine Vielseitigkeit. Das ihm 1954 verliehene Bundesverdienstkreuz bedeutete Anerkennung der Verdienste um die Heimatforschung.
— Lit.: Würdigung. Tierärztl. Umschau v. Juli 1952, S. 251. - Würdigung (von Stutte). Nachr.-Bl. f. Natursch. u. Landschaftspfl. 28, 1957, S. 17. - Würdigung (von H. Mollenhauer). B. Nieders. 10, 1957, S. 25—27 (mit Bildnis) u. Freundeskreis d. Großen Waisenhauses Braunschw. 7, 1957, S. 15 bis 17 (mit Bildnis). - Würdigung (von H. Wesche). Kreiskalender f. Gifhorn-Isenhagen 1958, S. 76 (mit Bildnis). - Nachruf (von E. Bergfeld). Freundeskreis d. Großen Waisenhauses Braunschweig 9, 1959, S. 15. - Nachruf (von H. Wesche). Kreiskalender f. Gifhorn-Isenhagen 1960, S. 74 (mit Bildnis).

Lühder, Wilhelm, Dr., * 29. 6. 1847 Greifswald, † 12. 3. 1873 Kamerun. Er war ausgezeichneter Jäger und Beobachter. 1868 trat er schon der DOG bei und meldete sich als Student der Zool. in J. Orn. 16, 1868 und 19, 1871 mit feldorn. Notizen zu Wort. 1871 promovierte er in seiner Vaterstadt mit einer Arbeit „Z. Bildung d. Brustbeins u. Schultergürtels d. Vögel“ (J. Orn. 19, 1871). Nach dem Examen galten weitere orn. Studien der Vorbereitung einer Afrikareise, die er mit seinem Freunde A. Reichenow (s. d.) im Frühjahr 1872 antrat. Aber schon im folgenden Jahr raffte ihn ein bösartiges Fieber dahin. Die DOG verlor mit ihm ein vielversprechendes Mitglied. Ein brieflicher Reiseber. (J. Orn. 21, 1873), von den beiden Forschern gemeinsam verfaßt, kündete von den Unternehmungen an der Goldküste. A. Reichenow bearbeitete die Sammelausbeute in J. Orn. 22, 1874 und 23, 1875.
— Lit.: Nachruf (von A. Reichenow). J. Orn. 22, 1874, S. 354/55.

Lühe, Max, Dr., * 3. 4. 1870 Augustenburg (Alsen), † 3. 5. 1916 im Osten. Er war Prof. an der Univ. Königsb. Seine Arbeit richtete sich vornehmlich auf die Helminthologie. Doch beschäftigte ihn auch die Vogelk. recht lebhaft, und zusammen mit M. Braun (s. d.) leitete er die 1905 gegründete faun. Sektion der Phys.-ökonomischen Ges. zu Königsb. In den Sitzungen der Gesellschaft gab er seine orn. Beob. bekannt. Veröff. überließ er hauptsächlich den Schr. Königsb. Im Schriftenverz. von F. Tischlers „Vögel d. Prov. Ostpr.“ (1914) finden sich 33 Aufs. oder Mitt. aus den Jahren 1906—1913. Der warmherzige Vogelfreund lenkte darin den Blick auf Vorkommen und Verbreitung der Arten in Ostpr., mehr aber noch auf Zug, insbesondere Beringung und Phänol. Er starb in einem Feldlazarett.
— Lit.: Dt. Biogr. Jb. 1914/16 (1925).

Lüscher, Walther, Dr., * 18. 1. 1895 Schöftland (Kanton Aargau), † 24. 2. 1957 Schöftland. Der in seinem Geburtsort ansässige Arzt war eng mit dem Naturgeschehen des Aargaus verbunden. Als gewissenhafter, kritischer Liebhaber- u. Feldornithologe verfügte er über ein zuverlässiges Urteil. Er registrierte Beob. nicht nur mit dem Verstand, sondern bemühte sich, hinter das Wesen der Erscheinungen zu blicken. Auf Exk. war er daher ein feingesinnter und beredter Werber für echte Naturliebe. Ihm war die Gabe eigen, die Lebensgemeinschaft einer ganzen Landschaft mit Herz und Gemüt deutlich zu machen. Umfassende Tagebucheinträge nutzte er jedoch kaum zu Veröff.; genannt werden können „Beitr. z. Fortpflanzungsbiol. v. Phylloscopus b. bonelli in d. Schweiz“ (Schweiz. Arch. f. Orn. 1, 1936), „Bienenfresser b. Thalheim, Aargau“ (Orn. Beob. 49, 1952).
— Lit.: Nachruf (von H. Noll). Orn. Beob. 54, 1957, S. 66/67.

Lüscher, Wilhelm, * 10. 8. 1874 Oberentfelden, † 6. 2. 1948 Bern. Solange es die körperliche Verfassung dem Kaufmann in Bern gestattete, war er an Sonn- u. Feiertagen auf orn. Exk. unterwegs. Besonders ans Herz gewachsen war ihm das Fanelreservat. Auch der praktische Vogelschutz in den städtischen Anlagen hatte in dem sachkundigen Feldornithologen einen rührigen Betreuer. Da er geschickt zu schreiben verstand, entstammte seiner Feder eine Reihe von größeren und kleineren Abh. über faun., biol. und phänol. Erfahrungen sowie über Fragen des Vogelschutzes in der Tages- u. Fachpresse. Gute Vorstellungen vermittelten ferner einem weiteren Leserkreis seine Ber. von Reisen nach der Camargue, dem Donaudelta und Skandinavien-Spitzbergen. Als tätiges Mitglied war er viele Jahre hindurch verdienstvoll am Aufstieg und Erfolg der Schweiz. und Berner Ges. f. Vogelk. . . . beteiligt. Proben seiner Veröff. sind „D. Alpensegler in Bern“ (Orn. Beob. 42, 1945), „Mutationen im Bestand einiger Brutvögel“ (ebd. 43, 1946), „Nordische Steinschmätzer - Oenanthe oe. leucorrhoa?“ (ebd. 43, 1946), „Steinrötel an d. Kaiseregg“ (ebd. 43, 1946), „Zwergohreule in La Sauge“ (ebd. 44, 1947), „Brutvorkommen d. Flußregenpfeifers am Thunersee“ (ebd. 44, 1947).
— Lit.: Nachruf (von E. Hänni). Orn. Beob. 45, 1948, S. 80 (mit Bildnis).

Lutz, Karl Gottlob, Dr., * 10. 6. 1855 Musberg (Kr. Böblingen), † 20. 4. 1919 Stuttgart. Seit 1877 war er Lehrer in Bürg bei Neuenstadt, seit 1883 Lehrer und Volksschulrektor in Stuttg. An der dortigen Techn. Hochschule bildete er sich weiter fort und promovierte als erster württ. Lehrer 1895 in Zürich mit „Beitr. z. Physiol. d. Holzgewächse“. Von Jugend an für alle Erscheinungen unter freiem Himmel aufgeschlossen, gründete er 1887 unter dem Einfluß E. A. Roßmäßlers den Dt. Naturkundeverein, der sich 1894 in Dt. Lehrerverein f. Naturk. umbenannte. Als Sprachrohr seiner Bestrebungen rief er die

Naturw. Monatsschr. „Aus d. Heimat“ ins Leben. Sie war dazu bestimmt, den in der Lehrerschaft damals spürbaren Hunger nach naturw. Aufklärung zu stillen und über Schule und Schüler die neuen Erkenntnisse in weiteren Volksschichten zu verbreiten. Dem Feuergeist seiner mitreißenden Persönlichkeit gebührt das Verdienst, alte Lehrmethoden gestürzt, dem praktischen Biologieunterricht neue Wege gewiesen und damit das Verständnis für die Naturgesetze gefördert zu haben. Die eigentliche orn. Heimatforschung blieb im Rahmen seines Gesamtwerks Teilausschnitt. Während ihn als naturw. Schriftsteller vornehmlich die Botan. beschäftigte, brachte die eigene Zeitschr. aus seiner fleißigen Feder immerhin mehrere gediegene Beitr. über die württ. Vogelwelt, u. a. „Eisvogel“, „Nutzen d. Vögel“, „Herbstgang im Walde“ ; dahin gehören ferner das Buch „D. Raubvögel Deutschl.“ (1887), die beachtenswerten „Wanderungen in Begleitung eines Naturkundigen“ (1898, 1914), die 3 Bde. des Taschenbuchs „Vogelfreund“ für die Jugend (1901), die alle in den Jahren vor dem 1. Weltkrieg dem Geschmack eines großen Leserkreises entgegenkamen. Auch hinterließ er ein gutgemeintes Zeugnis der Verehrung für das ihn tief beeindruckende Werk Naumanns: Er wollte es in einer kleinen, billigen Volksausgabe erscheinen lassen und hatte A. Specht (s. d.) schon 1916 die Bebilderung übertragen. Das Erscheinen des „Specht-Naumann, D. Vögel Europas“ (seit 1923) erlebte er nicht mehr. — Lit.: Nachruf (von Wittmann). Württ. Nekr. f. d. J. 1918/19 (1922), S. 90—93. - J. Baß, 40 Jahre Dt. Lehrerverein f. Naturk., Aus d. Heimat 40, 1927, S. 229—234 (mit Bildnis). - Ders., 50 Jahre Dt. Naturkundeverein, ebd. 50, 1937, S. 297—302 (mit Bildnis). - W. Bacmeister, Abriß einer Gesch. d. Württ. Vogelk., Jh. Württ. 102—105, 1950, S. 30.

M

Macklot, Heinrich Christian, Dr., * 20. 10. 1799 Frankfurt (Main), † 12. 5. 1832 Purwakarta (Java). Er studierte, nachdem er vorher Apotheker gewesen war, seit 1818 in Heidelb. Med. und Naturw. und gehörte hier zum Freundeskreis um H. Boie (s. d.). Ihm folgte er 1823 nach Leiden, wo J. Temminck dem tüchtigen jungen Anatomen die osteol. Abt. anvertraute. Im Dezember 1825 reiste er mit H. Boie und S. Müller (s. d.) nach Java ab, das die drei Sendboten Temmincks am 6. 6. 1826 erreichten. Nach Boies Tod am 4. 9. 1827 nahm er in Erfüllung ernster Freundespflicht dessen Aufz. an sich, um sie später zu bearbeiten. Als er im November 1829 von aufreibenden, aber ergebnisreichen Exp. nach Neuguinea und der Insel Timor, fast am Ende seiner Leistungsfähigkeit, wieder in Java eintraf, wurde er neben dem Franzosen Diard Leiter der „Naturk. Kommission“. Wenige Jahre darauf fiel er trotz herkulischer Kräfte im Handgemenge mit aufständischen chinesischen Arbeitern. Bei dieser Gelegenheit ging ein Großteil der Tagebücher dieses Tropengängers zusammen mit dem Msk. Boies in Flammen unter. Das Leidener Mus. hatte trotzdem seinen zool. und geol. Kenntnissen, seinem Pioniergeist und seiner Kühnheit wertvollste Ausbeute zu verdanken. Allein aus Neuguinea hatte er zusammen mit S. Müller 341 Vögel in 119 Arten geschickt, darunter viele unbekannte Formen. Wissensch. Auswertung erfuhren sie dort nur unvollkommen oder zu spät. Aber neben H. Boie steht der Name Macklots auf einer Marmortafel in Leiden verzeichnet. O. Finsch (s. d.) wies erstmalig darauf hin, was M. für die frühe Aufhellung der exotischen Orn. bedeutete.
— Lit.: O. Finsch, Z. Erforschungsgesch. d. Ornis Javas, J. Orn. 54, 1906, S. 301—321. - E. Stresemann, Entw. d. Orn., 1951. - G. C. A. Junge, Orn. onderzoek in de Ind. archipel, Ardea 41, 1953 (1954), S. 304/05.

Madarász, Julius von, Dr., * 3. 5. 1858 Budapest, † 29. 12. 1931 Budapest. Mit großer Sprachbegabung ausgestattet, promovierte er 1881 und übernahm — bis zu seiner Pensionierung 1915 — die vor ihm 25 Jahre lang unbesetzte Stelle des Kustos der Vogel-Abt. am Ung. National-Mus. Obwohl er ursprünglich nur Mus.-Beamter war, schritt er schnell zum kenntnisreichen Feldbeobachter und orn. Fachmann fort. Unter den ung. Zeitgenossen war er der erste und einzige, dessen Forschungen neben der heimatlichen Vogelwelt auch die exotischer Länder hervorragend und mit bemerkenswertem Erfolg berücksichtigte. 1896 weilte er in Ceylon und 1910 im Sudan, jedesmal mit wertvoller Beute heimkehrend. Die Bestände des Mus. wuchsen vor allem durch seine Verbindung mit der ung. Aristokratie zu erstaunlichem Umfang (etwa 36 000 Vogelbälge) an; besonders erwähnenswert war die ung. Eiersamml. Schriftstellerisch war er ungemein fruchtbar. Fast 150 Arbeiten — darunter die Beschr. von 121 neuen Arten, von denen viele allerdings der Nachprüfung nicht standhielten — hinterließ er über die Vögel von Ostafrika, Zentralasien, Ceylon, Neuguinea und des tropischen Amerika. Als eine seiner großen Veröff. erschienen 1904 die „Vögel v. Cypern“. Nach einer Reihe von Vorarbeiten seit 1880 waren vorher die „Vögel Ung.“ (1899—1903) in ung. Sprache mit ausführlichem dt. Auszug sein allg. mit Beifall aufgenommenes Hauptwerk geworden; es war ein von ihm selbst illustriertes system. Bestimmungsbuch der gesamten ung. Vogelf. und erhielt dieselbe Bedeutung für die Entwicklung der ung. Vogelk. wie die gleichbetitelte Arbeit St. v. Chernels (s. d.) aus dem Jahre 1899. Seinen Ruf im Ausland verbreitete ferner die von ihm als erstes ung. Fachorgan ins Leben gerufene „Zeitschr. f. d. gesamte Orn.“. Großartig angelegt, sollte sie mit Beitr. in dt., ung., franz., engl. und ital. Sprache der internat. Zusammenarbeit dienen. Leider konnte der Herausgeber den kühnen Vorsatz unter erheblichen persönlichen Opfern nur in 4 Jahrgängen von 1884—1888 in die Tat umsetzen. In der ung. Vogelforschung der Jahrhundertwende nahm er insofern eine Sonderstellung ein, als er nach anfänglicher Mitarbeit sich von der Ung. Orn.

Zentrale trennte, 1896 letztmalig einen Beitr. (über die Baldamus-Wachtel) in der Aquila brachte und späterhin die Ziele und Methoden der Zentrale in der in- u. ausländischen Fachpresse heftig angriff. Das Zerwürfnis vermochte aber seine positiven Leistungen nicht zu schmälern. Da er obendrein auch Künstler mit hochentwickeltem Formgefühl war, erhöhten eigene Illustrationen den Reiz vieler seiner Veröff. Neben O. Herman, St. v. Chernel und J. Schenk (s. d.) stand er ohne Zweifel als einer der größten ung. Ornithologen im Vordergrund seiner Zeit. Mehrere Arten aus Afrika und Neuguinea tragen seinen Namen. Beim ung. Aufstand 1956 ging ein Großteil der von ihm aufgebauten orn. Samml. mit allen Typen in den Flammen des National-Mus. unter.
— Lit.: Nachruf (von O. Reiser). Kócsag 4, 1931, S. 81—85 (mit Verz. d. Veröff.). - Nachruf (von J. Schenk). B. z. F. 8, 1932, S. 115/16 (mit Bildnis). - Nachruf (von C. E. Hellmayr). Auk 49, 1932, S. 269—271. - Nachruf (von Schriftl.). Orn. Mber. 40, 1932, S. 63/64. - Nachruf (von J. Schenk u. C. E. Hellmayr). Ibis (13) 2, 1932, S. 532/33.

Máday von Maros, Isidor, * 26. 7. 1839 Pest, † 3. 4. 1925 Budapest. Er studierte in Budapest und an der Landw.-Hochschule in Magyaróvár, trat 1869 in das Landw.-Ministerium ein, wurde 1891 Klassenchef und schließlich Min.-Rat. Nachdem T. Csörgey (s. d.) 1903 Frhr. H. v. Berlepsch (s. d.) besucht hatte und die ganze ung. Vogelschutztätigkeit sich von nun an dem dt. Vorbild anpaßte, trat M. in seiner einflußreichen Beamtenstellung durch Schrift und Tat als unermüdlicher Pionier und vor allem als Organisator der Schutzbestrebungen hervor. Viele Arbeiten zu den neu sich vordrängenden Fragen erschienen aus seiner Feder in volkstümlichen Ausg. oder in Tageszeitungen. Daneben hinterließ er ein Buch über denselben Gegenstand. 25 Jahre hindurch war er der Präsident des ung. Tierschutzvereins, und die Erinnerung an seine selbstlosen Bemühungen sind heute noch in den Reihen ung. Tier- u. Vogelfreunde recht lebendig.
— Lit.: Pallas-Lex. 11, 1895, S. 781/82. - Nachruf (von T. Csörgey). Aquila 32/33, 1925/26, S. 317/18.

de Maes, Eduard, * 27. 5. 1852 Frankfurt (Main), † 27. 1. 1940 Bonn. Der Sproß einer Patrizierfamilie zeigte schon in früher Jugend hervorragende Begabung für die Malerei. Förderung und Ausbildung seiner Neigungen wurden ihm zuteil am Städelschen Inst. der Geburtsstadt und in Paris, Rom, Münch., Düsseld. Von 1889 bis 1892 arbeitete er in Marburg als Univ.-Zeichner (d. h. er stellte Abb. für med. Vorlesungen her) und kam so in Verbindung mit den damaligen Studenten O. Kleinschmidt und C. Floericke (s. d.). Die so neu gewonnenen Beziehungen zur Orn. bestimmten die weitere Arbeitsrichtung, zumal in der Lahnstadt auch A. Koenig (s. d.) seinen Weg kreuzte und ihm bereits 1893 die Möglichkeit gab, im freien Auftrag in Bonn zu wirken. Von nun an begann sein künstlerischer Aufstieg. Im Mus. entstanden aus seinen geschickten Händen Werke, die als vollendete Leistungen Geltung haben. Im Atelier aber gelangen dem begnadeten Künstler Vogelillustrationen, die zum besten gehören, was auf diesem Gebiete dem Menschenauge begegnen kann. Sie schmücken viele Vogelbücher, u. a. den Neuen Naumann, A. Koenigs „Kat. d. Nid.-ool. Samml. . . .“ und die „Vögel am Nil“. Ihren hohen Rang verdanken die Bilder den ausgezeichneten feldorn. Kenntnissen des Malers und seiner vorbildlichen Achtung vor der Natur. Ein auf vielen Exk. und Jagden geschulter Blick vermittelte ihm ein so tiefes Verständnis für Form und Bewegung des Tierkörpers, daß ihm oberflächliche Arbeit unmöglich war und er erst ruhte, wenn auch die geringste Einzelheit z. B. der Vogelfeder mit aller Sorgfalt wiedergegeben war. Pinsel und Stift lagen der Veranlagung des vornehm und harmonisch geprägten Mannes stets näher als die selten gebrauchte Feder. Zu orn. Veröff. konnte er sich daher nicht entschließen. Doch finden sich von ihm aus dem Rheinland hinterlassene faun. und biol. Bausteine (er weilte gern mit O. Kleinschmidt im Siebengebirge am Horst des Wanderfalken) verwertet bei O. le Roi (s. d.) in der „Vogelf. d. Rheinprov.“ (Verh. Pr. Rh. u. W. 63, 1906 u. 69, 1912) und F. Neubaur in den „Beitr. z. Vogelf. d. ehem. Rheinprov.“ (Verh. Bonn 110, 1957).
— Lit.: Nachruf (von O. Kleinschmidt). Falco 36, 1940, S. 15/16. - Nachruf (von F. Neubaur). Dt. Vw. 65, 1940, S. 60. - Cl. Nissen, D. Illustrierten Vogelbücher, 1953, S. 72/73.

Maltzan, Albrecht Freiherr von, * 19. 3. 1813 Brustorf (Kr. Neustrelitz), † 11. 10. 1851 Peutsch bei Neustrelitz. Er war ein älterer Bruder Hermann v. M.s (s. d.). Auf den Besuch des Gymnasiums in Neustrelitz folgte von 1833 an in Berlin das Studium der Landw. Doch meldeten sich daneben frühzeitig naturw. Interessen, insbesondere Neigung zur Malakozool. Er entwickelte sich bald zum vielseitigen Sammler, trug u. a. Nester und Eier der meckl. Vögel zusammen und stellte 1848 eine revidierte Liste der Vögel seines Heimatlandes auf. Sie erschien im Arch. des 1847 von ihm gegründeten „Ver. d. Freunde d. Naturgesch. Meckl.“, der fast 100 Jahre hindurch ersprießlich gewirkt hat.
— Lit.: Nachruf (von E. Boll). Arch. Meckl. 6, 1852, S. 20—41 (Bildnis ebd. 51, 1898).

Maltzan, Hermann Freiherr von Wartenberg und Penzlin, * 18. 12. 1843 Rothenmoor, Kr. Malchin (Mecklenburg), † 19. 2. 1891 Berlin. Obgleich seine besondere Liebhaberei der Malakozool. galt, erlangte er auch orn. Bedeutung. 1866 gründete er unter Hilfe von K. Struck (s. d.) ein Naturkundemus. in Waren, das sog. Maltzaneum, das in der Nachzeit zur reichsten Vogelsamml. Mecklenburgs wurde. Größere malakozool. Sammelreisen führten ihn mehrfach ins Ausland (u. a. 1864/65 nach Nordafrika und anderen Mittelmeerländern, 1879—1884 nach Senegambien und abermals in den Mittelmeerraum). Darüber berichtete er ausführlich in den Büchern „Reise in d. Regentschaften Tunis u. Tripolis (3 Bde., Leipz. 1870), „Reisen in Arabien“ (2 Bde., Braunschw. 1878) und „Zum Cap S. Vincent“ (Frankfurt 1880). Seine Aufmerksamkeit richtete sich gleichzeitig auf die Vögel, und er war bis zu seinem Tode Mitglied der DOG. Wenig seßhaft, wechselte er öfters den Wohnsitz: anfänglich Federow bei Berl., dann Berl., Frankf. a. M.,

Darmst. und wieder Berl. In Frankf. gründete er die Naturalienhandlung „Linnaea", die aber bald an August Müller (s. d.) überging und nach Berl. verlegt wurde. In der späteren Berl. Zeit neigte er sich auch den Musen zu und komponierte erfolgreich, z. B. das Lied „Noch sind die Tage der Rosen . . .".
— Lit.: Nachruf (von K. Struck). Arch. Meckl. 45, 1892, S. 130—150.

Mangels, Rudolf, * 9. 2. 1909 Odisheim (Bez. Stade), † 25. 7. 1946 Franceville bei Caen. Da sich ihm die Forstlaufbahn verschloß, war er 1927 bis 1929 für die Vogelwarte Helgol. und anschließend in der Naturalienhandlung von Schlüter u. Maß in Halle tätig. Im September 1929 fand er ein endgültiges Unterkommen als technischer Assistent der Vogelwarte Rossitten. Hier bewährte er sich im Innen- u. Außendienst durch Gewissenhaftigkeit und Zuverlässigkeit. Seine Sicherheit im Schießen lieferte der Vogelwarte viele wertvolle Sammlungsstücke. Für Ostpr. wies der begabte und fleißige Beobachter von Ulmenhorst und anderen Stellen u. a. erstmalig nach: Puffinus kuhlii borealis, Sula bassana, Phalaropus fulicarius, Anthus richardi, Emberiza rustica. Seine orn. Erfahrungen stehen in Orn. Mber., Vz., Dt. Jztg., D. Dt. Jäger, Dt. Jagd, Wild u. Hund. F. Tischler (s. d.), dem er daneben unermüdlich Aufz. von der Kurischen Nehrung zustellte, nannte in den „Vögeln Ostpr." (1941) 38 Beitr. aus seiner Feder zwischen 1932 und 1939 (z. T. im Verein mit anderen Mitgliedern der Vogelwarte). In nieders. Wortkargheit trat M. nach außen wenig hervor, war aber einer der treuesten Mitarbeiter von Rossitten. In der Blüte der Jahre verunglückte er als Gefangener der Franzosen bei einem Minenräumkommando. In Banneville ist er begraben.
— Lit.: Nachruf (von E. Schüz). Vwa. 16, 1951, S. 5/6.

Marcgraf (Marcgrave), Georg, * 20. 9. 1610 Liebstadt (Kr. Pirna), † 1644 S. Paolo de Loanda (Westafrika). Die Nöte des Dreißigjährigen Krieges trieben ihn wahrscheinlich schon früh aus der sächs. Heimat. 6 Jahre lang hatte der befähigte junge Mann auf Reisen im Mittelmeer den Schatz seiner Kenntnisse gemehrt, als er 1637 in Olinda bei Pernambuco landete. Graf Johann Moritz von Nassau-Siegen (1603—1679), der Statthalter für die neuen bras. Besitzungen der holl. Westindischen Kompanie, hatte den Kandidaten der Med. und Math. als Glied des ihm beigegebenen wissensch. Stabes dorthin mitgenommen. Da das bras. Unternehmen durch die politische Entwicklung bereits 1644 sein Ende fand, gedachte M., die Forschungen in Afrika fortzusetzen. Bald nach der Überfahrt erlag er aber dem Fieber. Mit trefflichem Beobachterblick ausgestattet, hatte er in den kurzen Jahren unverwelklichen Lorbeer auf zool. und botan. Gebiet geerntet. Der Orn. lieferte er die zuverlässige Kunde von 133 bras. Formen, meist aus der Capitania Pernambuco. Die Vertreter der damals auflebenden system. Betrachtung stützten sich auf seine Beschr. C. Linné und J. F. Gmelin (s. d.) benutzten bei 45 Speziesnamen allein die von ihm hinterlassenen Papiere. Wenn auch die Aufz. mit aller Sorgfalt angelegt waren, so gaben sie doch Anlaß zu mancherlei Verwirrung in der späteren Ausdeutung: M. hatte sie in eigener Geheimschrift auf Zetteln angefertigt. Als sie durch den Leidener Gelehrten J. de Laet mühsam entziffert und im 5. Buch der „Historia Naturalis Brasiliae" (1648) bekannt geworden waren, erregten sie sofort begreifliches Aufsehen. Das Interesse daran steigerte sich noch durch die den Beschr. beigegebenen Illustrationen; der für die friedliche Durchdringung des Neulandes sich tatkräftig einsetzende Graf hatte sie durch einen oder mehrere nicht mit Sicherheit ermittelte Maler seiner Umgeb. anfertigen lassen. Die Ausführung in sehr minderwertigen Holzschnitten erschwerte indes den Systematikern des 18. Jahrh. die Aufstellung der Arten. Die Unklarheiten sind heute noch nicht ganz beseitigt. Die Originale dieser Bilder (425 Aquarelle und Öl) erwarb der Große Kurfürst, als Johann Moritz 1652 in seine Dienste getreten war. Lange blieben sie verschollen, bis sie 1786 von J. G. Schneider (s. d.) in der Berl. Hofbibliothek wieder entdeckt wurden. C. Illiger (s. d.) beschäftigte sich mit ihnen, H. Lichtenstein (s. d.) zog sie 1817 zur Klärung nomenkl. Zweifel heran, Ad. Schneider (s. d.) verfolgte 1938 ihr Schicksal und nahm notwendig gewordene Namensänderungen vor. Seit 1945 sind sie verschwunden. M. aber bleibt das unbestreitbare Verdienst, der erste dt. Pionier gewesen zu sein, der wirklich einwandfreie Nachr. aus der exotischen Ornis über sein frühes Grab hinaus hinterließ.
— Lit.: Ad. Schneider, D. Vogelbilder z. Hist. nat. Bras. d. G. M., J. Orn. 86, 1938, S. 74—106 (mit älteren Quellen). - E. Stresemann, Entw. d. Orn., 1951. - Cl. Nissen, D. Illustrierten Vogelbücher, 1953, S. 39.

Marek, Milan, * 26. 5. 1860 Vinkovci (Kroatien), † 26. 2. 1937 Vinkovci. Der Gymnasialprof. stand seit den 80er Jahren dienstlich in Mitrovica, Gospić, Rakovac, Rijeka, Esseg (= Osijek), seit 1898 in Zengg (= Senj) und seit 1903 in seiner Geburtsstadt zwischen Donau, Drave und Save. Die offenbar mit großem Eifer betriebene Jagd bedeutete für ihn entscheidende Anregung zum Studium des Vogellebens. Von Erfahrungen beim Schnepfenzug ausgehend, dehnte er bald die system. Beob. auf die met. Einflüsse aus, die er bei den Frühjahrs- u. Herbstwanderungen anderer Arten vermutete. Da er sich auch mit der ausländischen Lit. über Zugprobleme eingehend vertraut machte, trugen seine zahlreichen Beitr. viel zur Aufhellung der damals noch wenig bekannten Zugverhältnisse in Kroatien bei. In den Rahmen seiner Forschungen gehörten seit 1901 schließlich die Mitarbeit an der neu gegründeten Kroat. Orn. Zentrale und Bemühungen um den Schutz der durch Schießwut und Nestplündereien stark bedrohten Koloniebrüter, z. B. der Silbermöwen an der Adriaküste. Die Veröff. aus seiner Feder erschienen seit 1890 weitaus überwiegend in Jagdzeitschr. (D. Weidmann, Wild u. Hund, Waidmanns Heil, Balt. Waidmannsblätter, D. Jagdfreund, St. Hubertus, Hugos Jagdztg.), daneben einige in Glasnik, Orn. Jb., Aquila. Besonders eingehend behandelte er den „Einfluß v. Wind u. Wetter auf d. Vogelzug" (Orn. Jb. 17, 1906 u. Glasnik Hrv. Pr. druztva 20, 1908). Die meisten seiner Arbeiten waren in dt. Sprache geschrieben.

Märianu, Simion Florea, * 1. 9. 1847 Ilişesti (Bukowina), † April 1906 Suceava (Bukowina). Zuerst Pfarrer, dann Lehrer der rum. Sprache in Suceava und Mitglied der Rum. Akad. in Bukarest, verfügte er über hervorragende Kenntnisse in der rum. Volksgeschichte. Eine heute noch gültige Pionierleistung war sein unter den Landsleuten sehr bekannt gewordenes Buch „Ornitologia Poporana Romana" (= Rum. Volksornithologie) (1883). Es wurde die Quelle der rum. Vogelnamen und stempelte den Verf. zum 1. rum. Ornithologen.

Markus zum Lamm, Dr., * 1544 Speyer, † 1606 Heidelberg. Der in Heidelb. wohnende Doktor der Rechte und kurpfälz. Kirchenrat war ein durch allgemeinen Wissensdrang ausgezeichneter Mann und hinterließ einen „Thesaurus Picturarum", in dem er farbige Abb. der verschiedensten Dinge gesammelt hatte. Die Vögel muß er in besonderem Maße geschätzt haben; von ihnen hatte er in 3 Bänden allein 530 Figuren vereint. Soweit sie offenbar nach schlechten Objekten oder toten Vorlagen unnatürlich gestaltet sind, lassen sie manche Artbestimmung offen. Viele nach lebenden Stücken gezeichnete Bilder sind dagegen trefflich gelungen. Erhöhten Wert besitzen sie, weil der sachkundige Sammler in einer ganzen Reihe von Fällen eigene Beob. zufügte. Sie behandeln u. a. das Vorkommen von Girlitz „an etlichen Orten Teutschlands", von Steinsperling, Schneeammer, Bartmeise bei Speyer, von Blauracke, Sibir. Schwarzkehldrossel - Turdus atrogularis, Wellenläufer - Oceanodroma leucorrhoa bei Heidelb. Größte faun. Bedeutung hat die von Künstlerhand gefertigte Wiedergabe des mediterranen Rothuhns - Alectoris rufa, denn zu ihm schrieb der Vogelliebhaber, daß es in den Bergen und Tälern bei Bacharach heimisch sei, und daß er im Winter 1586/87 ein Paar gepflegt habe. Dieser kulturgeschichtlich vielgestaltige Bilderreigen ist nach dem in der hess. Landesbibliothek zu Darmst. aufbewahrten Stück erst in diesem Jahrh. von A. Schwan (s. d.) (J. Orn. 74, 1926) und O. Schnurre (ebd. 75, 1927) als vogelk. Quelle ausgewertet worden.
— Lit.: R. Lauterborn, D. Rhein, . . ., Freib. 1930, S. 147—149.

Marschall, August Friedrich Graf auf Burgholzhausen und Tromsdorf, * 10. 12. 1804 Wien, † 11. 10. 1887 Wien. Er entstammte einem sächs. Geschlecht und war Erbmarschall von Thür. Seine Linie saß seit Generationen in N.-Ö. Nach dem Studium in Wien und an der Bergakad. Schemnitz war er Geologe im Dienste des österr. Münz- u. Bergwesens. 1849 wurde er Archivvorstand der österr. geol. Reichsanstalt. Ein vielseitiges Wissen zeichnete ihn aus. Neben der Geol. und Min. beschäftigten ihn die Sprachen und Naturw. Entsprechend umfangreich war seine lit. Tätigkeit; u. a. nahm er es auf sich, unter großen Mühen 1873 einen „Nomenclator Zoologicus" der Gattungsnamen sämtlicher Tierklassen zu schreiben, der im Geiste von L. Agassiz auf der Lehre der Unveränderlichkeit der Arten aufbaute. In späteren Jahren galt seine Vorliebe der Orn. Als langjähriges Mitglied des Orn. Ver. in Wien brachte er in den Mitt. Wien neben kleineren Beitr. eine Reihe von sachkundigen Aufs. über die Verbreitung österr.-ung. Arten in den verschiedensten Teilen der Erde. Zusammen mit A. v. Pelzeln (s. d.) gab er 1882 die „Ornis Vindobonensis" heraus, eine Arbeit über die Vogelwelt des Wiener Beckens, zu der die Anregung von ihm ausgegangen war.
— Lit.: Biogr. Notiz (von A. Reichenow u. H. Schalow). Orn. Cbl. 4, 1879, S. 11. - Nachruf (von A. v. Pelzeln). Ann. Wien 2, 1887, Notizen S. 117 u. Mitt. Wien 13, 1889, S. 200—202 (mit Bildnis). - Nachruf (von Schriftl.). Auk 6, 1889, S. 80.

Marshall, William, Dr., * 6. 9. 1845 Weimar, † 16. 9. 1907 Leipzig. Die Mutter war Holländerin, der Vater, der noch zu Goethes und Karl Augusts Zeit als Vorleser an den Hof von Weimar kam, war Engländer und Verwandter des schott. Dichters R. Burns. Der Sohn war nichtsdestoweniger echter Thüringer und hing fest an seiner dt. Heimat. Väterliches Erbteil war die geistreiche, ästhetische Ader. Tiefe Verehrung für das Genie Goethes sorgte für die Abrundung seines nicht alltäglichen Persönlichkeitsbildes. In Gött. und Jena studierte er Med. und Naturw. und wurde unter E. Häckels Einfluß einer der eindeutigsten Vertreter des Darwinismus in Deutschl. Eine Reise in die Heimat seiner Mutter machte ihn 1867 mit H. Schlegel (s. d.) bekannt, der den jungen, kenntnisreichen Landsmann als 1. Assistenten an das Leidener Mus. holte; hier entwickelte sich in M. der Keim zur künftigen orn. Entfaltung. 1872 folgte er dem Vater in der Stellung des Privatsekretärs der Großherzogin von Weimar. Dem inneren Widerstreit zwischen seiner weit fortgeschrittenen naturw. Auffassung und der seiner Umgeb. am Weimarer Hof machte er dadurch ein Ende, daß er sich 1880 in Leipz. als Privatdozent habilitierte. 1885 wurde er ao. Prof. Damit hatte er ohne weitere Ehren, Würden und Einkünfte die letzte für ihn erreichbare Sprosse der akad. Stufenleiter erklommen. Vor allem Sorge um die Familie ließ ihm neben den Vorlesungen nicht die Zeit, auf einem Sondergebiet schöpferisch tätig zu werden. Vor ihm dehnte sich verlockend das ganze Gebiet der Zool. Sein Hauptinteresse aber richtete sich auf die Anat. der Vögel sowie auf die geogr. Verbreitung der Tiere und deren Organisation in ihrem Verhältnis zur Lebensweise. Aus einer gedankentiefen Naturanschauung und einem durch sprachliche Schönheit bestechenden Stil erwuchs eine volkstümliche Behandlung auch der schwierigsten naturw. Fragen. Nach A. E. Brehm (s. d.) machte er sich daher in erster Linie um die Weckung biol. Verständnisses außerhalb der Hochschule verdient. Seinen Darstellungen wußte er durch Mund und Feder weite Verbreitung zu sichern. Die Kreise gebildeter Laien zogen die Vorteile aus Werken wie „Deutschlands Vogelw. im Wechsel d. Zeiten" (1887), „Spaziergänge eines Naturforschers" (1888 mit 4 Aufl. bis 1907), „Papageien" (1889), „Plaudereien u.Vorträge" (1895), „D. Bau d. Vögel" (1895), „Im Wechsel d. Tage" (1898), „Bilder-Atlas z. Zool. d. Vögel" (1898) mit 238 Holzschnitten aus Brehms „Tierleben". Viele, die vorher Nur-Vogelliebhaber oder Nur-Eiersammler waren, lernten durch seine Schriften und

Vorträge Bau und Leben der Vögel mit vertieftem Ernst zu betrachten. Noch bis in die letzten Monate seines Lebens beschäftigte er sich mit der Bearbeitung der Vögel für die 4. Aufl. von Brehms „Tierleben“. Er starb nach mancherlei trüben Erfahrungen und bitteren Stunden, denen seine ritterliche Einstellung tapfer begegnete.
— Lit.: Nachruf (von H. Simroth). Orn. Ms. 33, 1908, S. 50—60 (mit Bildnis). - Nachruf (von O. Boettger). Zool. G. 48, 1907, S. 354. - Biogr. Notiz. Leopoldina 43, 1907, S. 87/88.

Marsigli (Marsili, Marisilius), Ludwig Ferdinand Graf, * 10. 7. 1658 Bologna, † 1. 11. 1730 Bologna. Er besuchte die Schulen von Rom, Neapel und Padua und ging 1683 in österr. Militärdienste, um von nun an ein bewegtes Leben zu führen. Als Kriegsingenieur kämpfte er gegen die Türken und wirkte bis 1701 bei den Grenzbestimmungen und dem Aufbau Südungarns mit. 1703—1709 war er Soldat in Spanien, 1709 Kommandant der päpstlichen Armee. Dann lebte er in der Provence und wieder in Bologna. Sein Name knüpft sich an die Beschr. des Naturlebens in den von ihm berührten Gegenden und damit an die Förderung der avif. Aufhellung der Donauländer. Erstmalige Bestimmungen und Namengebungen sind ihm zu danken. Er hinterließ „Danubialis operis prodromus“ (Nürnberg 1700) und in 6 Großfoliobänden „Danubius pannonico-mysius . . . “ mit dem 5. Bd. „De avibus circa aquas Danubii vagantibus et de ipsarum nidis“ (Amsterdam 1726). Da es ihm gelang, den Künstler R. Manzino für die Illustrierung zu gewinnen, enthält das kostbare Werk 75 vorzügliche Tafeln, von denen 15 mit (meist unkollorierten) Darstellungen der Eier und Nester gefüllt sind. Gemessen an dem damaligen, noch unvollkommenen Stand der Vogelillustration darf das Werk zu den bemerkenswerten Erzeugnissen der Buchdruckerkunst gezählt werden.
— Lit.: Pallas Lex. 12, 1896, S. 368. - Biogr. (von M. Longhena). Mailand 1930. - Cl. Nissen, D. Illustrierten Vogelbücher, 1953, S. 42, 44.

Martens, Georg Matthias von, Dr. h. c., * 12. 6. 1788 Venedig, † 24. 2. 1872 Stuttgart. 44 Jahre lang stand er als Jurist, zuletzt mit dem Titel Kanzleirat, in württ. Diensten. Aus tiefer Neigung wandte er sich in der Mußezeit den Naturw., insbesondere der Botan. zu. Für erfolgreiche wissensch. Tätigkeit verlieh ihm die naturw. Fak. der Univ. Tüb. 1863 die Würde des Dr. h. c. In der Vogelk. erlangte er keine Bedeutung. Unter seinen Veröff. befindet sich aber ein „Verz. d. bis z. Schluß d. J. 1829 im Königreich Württ. beobachteten wild vorkommenden Tiere“ (Korr. Württ. 17, 1830). 213 Vogelarten sind darin listenmäßig aufgezählt, und die Zusammenstellung trägt ähnlichen Charakter wie der erste derartige Versuch durch G. Schübler (s. d.) im Jahre 1820. Nur stellenweise sind kurze Bem. über Schaden und Nutzen sowie Vorkommen und Häufigkeit eingestreut. Dem Verf. mangelte offenbar größere Erfahrung. Deshalb zog er die Mitt. und Beob. anderer naturw. interessierter Männer zur Abrundung heran. Eine weitere zusammenfassende Bearbeitung ließ er den Vögeln des Landes in J. D. G. Memmingers „Beschr. v. Württ.“ (1841) angedeihen.
— Lit.: Allg. Dt. Biogr. 20, 1884, S. 467—471. - W. Bacmeister, Abriß einer Gesch. d. Württ. Vogelk., Jh. Württ. 102—105, 1950, S. 18.

Martin, Franz Joseph, * 1738 Staufen (Kr. Müllheim), † 21. 12. 1821 Eichsel (Kr. Lörrach). Aus einer wohlhabenden Kaufmannsfamilie stammend, studierte er in Freib. Theol. und besuchte anschließend das Kollegium Germanicum in Rom. Nachdem er die Weihen empfangen hatte, wanderte er, mit lebenden und ausgestopften ital. Vögeln beladen, über Venedig nach dem Schwarzw. zurück und wurde zuerst Benefiziat in Staufen, 1768 Kaplan in Säckingen und 1781 für 40 Jahre Pfarrer in Eichsel. Von Jugend auf leidenschaftlicher Vogelsteller und Jäger, blieb er als „Vogel-Martin“ und Original weit und breit in der bad. Umgeb. eine bekannte Persönlichkeit. Bis ins hohe rüstige Alter nutzte er jede freie Stunde, um den südl. Schwarzw. und die Gegend bis zum Bodensee und zur Schweiz schauend, jagend und sammelnd zu durchstreifen. Sein Naturalienkabinett enthielt schließlich neben anderen Tierarten 216 Vogelarten in 428 von ihm selbst präparierten Stücken; er vermachte es der Univ. Freib., wo es die Grundlage für die zool. Samml. wurde. Noch 1844 wurde die Schenkung von seiten des Zool. Inst. anerkennend genannt. Der naturfreudige Pfarrherr beschränkte sich indes nicht nur auf das Sammeln. Die Beob. des Lebens der Tiere in der Freiheit und in der Gefangenschaft lag ihm gleichfalls am Herzen. Vor allem kam es ihm darauf an, die Ernährung der Vögel kennenzulernen. Mit bewundernswerter Beharrlichkeit führte er daher jahrzehntelang Magenunters. durch und vermerkte die Ergebnisse in seinen Aufz.; die 5 Bde. dieser Niederschriften blieben 100 Jahre lang verschollen, bis 4 davon in diesem Jahrh. in den Beständen der Univ.-Bibliothek Freib. gefunden wurden. Der ungeheure Eifer und Fleiß des der Buchgelehrsamkeit abgeneigten Forschers umschloß auch orn. Briefwechsel vor allem mit den Vogelkundigen der Schweiz, deren Naturf. Ges. ihn zum Ehrenmitglied ernannte. H. R. Schinz (s. d.) verdankte ihm außerdem Unterlagen für die „Beschr. u. Abb. d. Eier . . . “ (1818—1830). Leider trug dieses stille und großartige, unter freiem Himmel erworbene Wissen um die heimischen Vogelformen so gut wie keine Früchte. M. konnte sich nicht zu Veröff. über seine Erfahrungen entschließen. Er soll es aus Schüchternheit unterlassen haben, angeblich weil er in der Schriftsprache zu wenig gewandt war. So gerieten seine Verdienste allzu schnell in Vergessenheit.
— Lit.: Biogr. Skizze, vorgetragen von K. J. Perleb in d. Naturf. Ges. zu Freib. am 25. 2. 1822. - R. Lauterborn, D. Rhein, . . . , Ludwigshafen 1938, S. 291—293.

Martin, Philipp Leopold, * 5. 11. 1815 Gnadenberg (Schlesien), † 7. 3. 1886 Stuttgart. Von Jugend an widmete er sich der Tierpräparation, dem Konservieren und Sammeln von Naturalien. Künstlerische Begabung und technisches Verständnis, ergänzt durch Literaturstudium, ließen ihn autodidaktisch zum Schöpfer fortschrittlicher Dermoplastik heranreifen. Um die Tropen und ihr Tierleben kennenzulernen, unternahm er 1849/50 eine Sammelreise nach Venezuela. 1851

verpflichtete ihn Graf Kasimir Wodzicki (s. d.) als Begleiter für seine Forschungsreisen nach Osteuropa, die M. Stoff zu Schilderungen des Tierlebens der berührten Gebiete boten. 1852 holte ihn H. Lichtenstein (s. d.) als Präparator und Konservator an das Berl. Mus. Dort konnte er, freischaffend, seine von der hergebrachten Auffassung abweichenden Gedanken in die Tat umsetzen. Nach 7 Jahren fruchtbarer Tätigkeit überwarf er sich mit Lichtensteins Nachfolger und ging für 16 Jahre an das Naturalienkabinett nach Stuttg. Später fertigte er Tiergruppen an u. a. für das Mus. in Detmold, für die fürstlichen Samml. in Donaueschingen und Rudolstadt. Lit. Niederschlag fanden seine vielseitigen Erfahrungen nicht nur in kleineren Beitr. biol., system. und musealen Inhalts für Fachzeitschr. (Naum., J. Orn., Zool. G., Orn. Cbl.), sondern auch in dem dreiteiligen Werk „Praxis d. Naturgesch."; darin behandelte er in stellenweise recht streitbarer Form „Taxidermie" (1869, 1876, 1886), „Dermoplastik u. Museologie" (1870) und „Naturstudien" (1878). Der letzte Teil galt vorwiegend der Tiergärtnerei. Auf die württ. Vogelwelt allein bezogen sich 10 Abh. und Mitt. zwischen 1870 und 1879, die W. Bacmeister im „Verz. d. vogelk. Schrifttums in Württ. . . ." (Jh. Württ. 108, 1952) zusammenstellte. Weiter schrieb er für einen breiteren Leserkreis „Ch. L. Brehms Vogelhaus u. seine Bewohner" (3. Aufl., 1872), „Unsere Sänger in Feld u. Wald" (1874) und „Illustrierte Naturgesch. d. Tiere". In der Entwicklung der orn. Museologie stand die von ihm vertretene neue Arbeitsrichtung ebenbürtig neben den Reformen des jüngeren L. v. Koch (s. d.).
— Lit.: Biogr. Notiz (von A. Reichenow u. H. Schalow). Orn. Cbl. 4, 1879, S. 11. - E. Stresemann, Entw. d. Orn., 1951. - Bildnis in „Taxidermie", 3. Aufl.

Martini, Georg, * 1860, † 19. 1. 1931 Warmbrunn (Riesengebirge). In dem aus einfachen Verhältnissen stammenden Manne zog sich E. Luchs (s. d.) in Warmbr. einen brauchbaren Präparator und Sammlungspfleger heran. Nach dem Tode von Luchs und dem Übergang seiner Samml. in den Besitz von Rudolf Graf Schaffgotsch führte M. die Betreuung der Bestände weiter; zuletzt war er deren Kustos. In dieser Tätigkeit entwickelte er sich zu einem guten Kenner der Riesengebirgsvögel und zu einem eifrigen Mitarbeiter des Ver. Schles. Ornithologen, der ihn zuletzt als Ehrenmitglied führte. Zugleich war er stets auf die Vermehrung der ihm unterstellten Naturschätze bedacht. Im Ber. Schles. 12, 1926 faßte er seine faun. Erfahrungen zu einer Beschr. der Vögel des Kreises Hirschb. zusammen, blieb darin aber den Beweis für die von ihm behauptete Brut des Merlin schuldig.
— Lit.: Nachruf (von E. Drescher). Ber. Schles. 16, 1930/31, S. 124 (mit Bildnis).

Masarey, Arnold, Dr., * 1. 5. 1883 Basel, † 23. 9. 1951 Basel. Als Sohn eines Arztes studierte er Med. in Basel und lebte viele Jahre in Münch. und im Tessin, ehe er wieder nach Basel zurückkehrte. In der letzten Herzkammer war er Schriftsteller und Künstler. Seine Gedanken bewegten sich zwischen der Zool., Malerei, Phil., Kunst und Lit. Eine einjährige Seefahrt als Schiffsarzt (die inneren Erlebnisse sind in seinem eigentlichen, 1927 erschienenen Lebenswerk „Meerfahrt" verarbeitet) und spätere Reisen nach Ländern des Mittelmeers formten sein Weltbild. Als feinfühliger Mensch wußte er sich hineingestellt in den Kampf der Natur gegen die zerstörenden Kräfte zivilisatorischen Fortschritts. In Schrift und Wort warb er daher um Verständnis für die Bewahrung letzter Urtümlichkeit und ihrer Tiere. Die Schrift „Erhaltung d. schweiz. Vogelw." (1930) war ein eindringlicher Warnruf. In der Orn. machte er sich erst in den Tessiner Jahren einen bald anerkannten Namen. Dann kamen Freude an der Feldbeobachtung und pädagogische Begabung den Mitgliedern der Basl. Orn. Ges. zugute. 8 Jahre gehörte er zudem dem Vorstand der Schweiz. Ges. f. Vogelk. . . . an, die 1931 auf seine Anregung hin den symbolischen Zusatznamen Ala (Flügel) wählte. Da das Zugproblem seinen stets nach Erkenntnis drängenden Geist mächtig packte, übernahm er schließlich — sich auf den Besuch dt. Vogelwarten stützend — von 1934—1937 die Leitung der Realper Beob.- u. Fangstation zum Studium des Zugs über die Alpen. Durch die enge Berührung mit den gefangenen Vögeln rückte damals die Beschäftigung mit der Akinese in den Vordergrund physiol. Interesses und führte zum Vortrag auf einer Tagung der DOG. Die Vielseitigkeit seiner orn. Betätigung fand Niederschlag in einer Reihe von Veröff. wie „Orn. Studien im südl. Tessin" (Orn. Beob. 15, 1917/18), „D. Vogelw. in d. Umgeb. v. Tunis" (ebd. 26, 1928), „Beitr. z. Vorkommen d. Alpenseglers in d. Schweiz" (ebd. 29, 1931), „Orn. Unternehmung z. Studium d. Alpenzugs in Realp. Sept./Okt. 1933" (ebd. 31, 1934), „Schweiz. Unternehmen z. Erforschung d. Vogelzugs in Realp, Herbst 1934" (ebd. 32, 1935), zusammen mit E. Sutter „. . . Erforschung d. Vogelzugs in d. Alpen, Herbst 1935 u. 1937" (ebd. 36, 1939). Daß nicht alle Weggenossen seine eigen gearteten Wesenszüge verstanden und dem beschwingten Streben im Dienste der Forschung folgten, hatte für ihn Enttäuschung und Vereinsamung seiner letzten Jahre zur Folge.
— Lit.: Nachruf (von E. Sutter). Orn. Beob. 49, 1952, S. 33—37 (mit Bildnis).

Masius, Hermann, Dr., * 7. 1. 1818 Trebnitz (Kr. Bernburg), † 22. 5. 1893 Leipzig. Nach dem Studium der Theol. und Pädagogik in Halle war er Lehrer und Direktor dort und in Annaberg, Salzwedel, Stralsund, Halberst., Dresd. 1862 wurde er auf den Lehrstuhl für Pädagogik und Didaktik in Leipz. berufen. Er starb als Geh. Hofrat. Schriftstellerisch wurde er in weiteren Kreisen zuerst durch erfolgreiche Schulbücher bekannt: „Dt. Lesebuch f. Höhere Schulen" und „Geogr. Lesebuch". Seit 1863 gab er die „Neuen Jb. f. Philol. u. Pädagogik" heraus. Freude an stiller Beob. der Natur und ihrer Geschöpfe führte ihn daneben zur Veröff. eines zu seiner Zeit sehr beliebten Buches, der „Naturstudien". Etwa die Hälfte der darin enthaltenen Skizzen beschäftigte sich mit vogelk. Stoffen. Sie zeigten den Vogel handelnd und denkend als Glied der Landschaft. Biol. Sachkunde trat zurück hinter gefühlvoll schwärmerischer Kleinmalerei. Späte Nachwirkung Rousseaus war hier spürbar wie bei so manchem anderen Ornithologen jener Jahre. Dieselbe Betrachtung des Lebens in der

Natur sprach auch aus seinem stark verbreiteten volkstümlichen Sammelwerk, den „Gesamten Naturw."; der Bd. „Tierwelt" stellte wieder die Vögel (neben den Säugetieren) mit deutlicher Vorliebe, jedoch ohne wissensch. Absichten dar. Im Bereiche der Orn. war M. kein Fachmann; er wollte es auch nie sein. Aber er bemühte sich, auf dem Umweg der Vermenschlichung, Liebe und Verständnis für die Vogelwelt zu wecken.

— Lit.: Nachruf (von P. Leverkühn). Orn. Ms. 18, 1893, S. 442/43.

Maštrović, Anton, * 8. 1. 1900 Nin (Nord-Dalmatien), † 20. 11. 1947 Zagreb. Nachdem er an verschiedenen Orten Dalmatiens Lehrer gewesen war, wurde er in Nin Schuldirektor. Hier, wie überall, wo er lebte, befaßte er sich ernsthaft mit der heimischen Vogelwelt. 1938 kam er daher nach Zagreb als Referent für Orn. am Inst. für angewandte Zool., in das die Kroat. Orn. Zentrale einmündete. 1945 gelang es ihm, die jetzige Orn. Abt. als Orn. Inst. selbständig zu machen. Verdient machte er sich ferner dadurch, daß er 1947 die erste und einzige orn. wissensch. Zeitschrift auf dem Balkan unter dem Titel „Larus" ins Leben rief. Zu seinen Veröff. gehören „Beitr. z. Avif. Nord-Dalmatiens" (Zagreb 1931, kroat.), „Vogelmarkierung" (ebd. 1935, kroat.), „Vogelberingung" (ebd. 1940, kroat.), „D. Vögel d. Küstenlandes Kroat." (ebd. 1. Bd. 1942, dt.).

Mathey-Dupraz, Alphonse, * 1. 6. 1862 Boudry (Kanton Neuenburg=Neuchâtel),† 5. 5. 1942 Neuenburg. Nach Studien in Neuenburg, am Landw. Inst. zu Paris und einer kurzen Anstellung an der Herrnhuter Schule in Neuwied (Rheinland) ging er für mehrere Jahre nach Istambul. Von 1884—1907 war er Lehrer der Naturw. an einer höheren Schule in Verrières und schließlich Direktor in Colombier. 33 Jahre lang (bis 1941) lag die Schriftleitung des Rameau de Sapin, eines der Volksbildung dienenden Blattes des Juravereins, in seinen Händen. In diesem Aufgabenbereich stand die Verbreitung zool. und vor allem orn. Kenntnisse im Vordergrund seiner erzieherischen Bestrebungen. Als hervorragender Feldornithologe und rühriger, fruchtbarer Berichterstatter über Vorkommen, Zug, Beringung und Schutz der Vögel war er, A. Richard (s. d.) folgend, daneben von 1912—1933 Herausgeber des franz. Teiles des Orn. Beob., in dem außer zahlreichen Abh. seine Remarques orn. über Beob. aus der franz. Schweiz erschienen. Im Winter 1910/11 erprobte er als erster Schweizer die system. Kennzeichnung der Meisen mit Ringen der heute verwendeten Art, und der Rameau de Sapin brachte von 1911—1913 aus seiner Feder fortlaufend orn. Beitr. unter dem Titel „Contribution à l'étude de la faune orn. du canton de Neuchâtel". Ein Vortrag vor der Generalversammlung der Schweiz. Ges. f. Vogelk. . . . 1922 hatte zum Gegenstand „Arrivée des premiers migrateurs dans le vignoble neuchâtelois 1908—1922". Seine vielseitige Gelehrsamkeit verriet eine kritische Arbeitsmethode. System. Themen gehörten daher in den Kreis der bevorzugten Unters.; schließlich studierte er auf Forschungsreisen mit Eifer die Ornis ferner Länder und machte so seinen Namen auch außerhalb der franz. Schweiz bekannt. Im Rameau de Sapin und im Orn. Beob. standen ausführliche Ber. über die Vögel Spitzbergens (1906—1911), im Orn. Beob. allein über die von Algerien (1925), von Ober-Ägypten (1925—1927), des Bosporus (1919, 1925). „A travers le Maroc" (1926) nannte sich eine Broschüre mit orn. Erfahrungen. Er war eine um die Förderung der Schweizer Vogelk. hochverdiente Persönlichkeit.

— Lit.: Nachruf (von J. G. Baer). Bull. de la Soc. neuchâteloise des sciences nat. 67, 1942, S. 117—120 (mit Bildnis).

Matschie, Paul, * 11. 8. 1861 Brandenburg (Havel), † 8. 3. 1926 Berlin. 1884 brach der Lehrersohn das math. und nur nebenbei naturw. ausgerichtete Studium unter Verzicht auf ein Examen ab, um unter J. Cabanis (s. d.) in der Vogelabt. des Berl. Mus. zu arbeiten. Auf Grund der hier gewonnenen system. Kenntnisse holte ihn August Müller (s. d.) 1885 in das Naturh. Inst. Linnaea. Aber schon 1887 wurde er unter K. A. Möbius (s. d.) am Zool. Mus. wieder Hilfsarbeiter, dann 1891 Assistent, 1895 Kustos der Säugetierabt., 1902 Prof., 1924 2. Direktor des Mus. Bis zu der Verwendung als Assistent widmete er sich ganz der Orn. In der DOG, der er seit 1881 angehörte, hatte er von 1884—1907 den Posten des Schriftführers inne. Von seinen orn. Veröff., die zwischen 1884 und 1906 erschienen, seien genannt: „Versuch einer Darstellung d. Verbreitung v. Corvus corone, Corvus cornix u. Corvus frugilegus" (J. Orn. 35, 1887), „Kennzeichnung d. dt. Raubvögel" (ebd. 37, 1889), „Anleitung z. Bestimmen d. dt. Tagraubvögel u. Eulen" (ebd. 38, 1890), „Aves" (D. Tierreich 9, Neudamm 1895), „D. Vogelw. d. neuesten Besitzungen in d. Südsee" (Westermanns Mh. 89, 1900), „Nebelkrähe u. Rabenkrähe" (Orn. Mber. 12, 1904). Die Stellung im Mus. hatte zur Folge, daß die Säugetierkunde und vor allem die Tiergeogr. Afrikas ihn in den letzten Jahrzehnten fast ausschließlich in Anspruch nahmen. In die System. der Großsäugetiere drang er, angeregt durch die Fülle der Zugänge aus den dt. Kolonien, mit solchem Eifer ein, daß sie in ihm bald einen weithin geachteten Vertreter hatte. Viele Arten und Unterarten sind nach ihm benannt. Auch in der Orn. ist sein Name dadurch festgehalten, daß O. Neumann (s. d.) in J. Orn. 46, 1898 ihm zu Ehren einen ostafrik. Papagei Poicephalus matschiei bezeichnete. M. war ein der Zool. mit außerordentlichem Fleiß und ganzem Herzen ergebener Forscher. Von der anfangs bejahten Deszendenztheorie rückte er aber mehr und mehr ab. Mystische Veranlagung und wohl der Mangel an allg. zool. und paläont. Schulung ließen ihn in Fragen des Tierwerdens — wenig glücklich — an eine eigene geogr. „Wasserscheidentheorie" glauben.

— Lit.: Nachruf (von E. Stresemann). Orn. Mber. 34, 1926, S. 98. - H. Pohle, P. M.s Schriften (325 Titel), Zeitschr. f. Säugetierkunde 1, 1926, S. 90 bis 110. - Nachruf (von Schriftl.). Ibis (12) 3, 1927, S. 144. - Nachruf (von E. Schwarz). Journal of Mammalogy 8, 1927, S. 292—295 (mit Bildnis). - Nachruf (von H. Pohle). Mitt. Zool. Mus. Berl. 14, 1928, S. 3—9 (mit Bildnis). - Bildnis (Gruppenaufnahme vor Haus Gätke, Helgol.) in Orn. Ms. 30, 1905.

Mauks, Karl, Dr., * 4. 1. 1877 Vereskö, Komitat Gömör (Ungarn), † 22. 5. 1940 Szepesbéla. Er war Arzt in Algyyógy von 1908—1921 und dann in Diósgyör bis 1937. Rührig setzte er sich für den Vogelschutz ein und bedachte wie sein Bruder Wilhelm M. (s. d.) die Aquila zwischen 1917 und 1942 mit faun. Mitt. und Zugdaten.
— Lit.: Nachruf (von A. Keve). Aquila 46—49, 1939—1942, S. 525.

Mauks, Wilhelm, * 1875 Vereskö, Komitat Gömör (Ungarn), † Frühjahr 1946 Schlesien. Der Bruder von Karl M. (s. d.) stand nach dem Besuch der Hochschule in Selmecbánya 10 Jahre als Forstingenieur in Bosnien und nachher in Késmárk. Seine Beob. galten viel der Vogelwelt in der Umgeb. dieser Stadt. Mit phänol. Daten und biol. Mitt. meldete er sich zwischen 1916 und 1926 in der Aquila. Den Ruhestand verbrachte er in Leibic (Slowakei). In den Wirren nach dem 2. Weltkrieg ist er verschollen. Über seinen Tod ist nichts bekannt.
— Lit.: Nachruf (von A. Keve). Aquila 51—54, 1944—1947, S. 210.

Max (Maximilian) Alexander Philipp, Prinz zu Wied-Neuwied, * 23. 9. 1782 Neuwied (Rhein), † 3. 2. 1867 Neuwied. Nach naturw. Studien in Gött. unter J. F. Blumenbach (s. d.) trat er 1802 in den preuß. Heeresdienst ein und kämpfte gegen Napoleon. Später wurde ihm der Rang eines Generalmajors verliehen. In der Zeit der nach dem Sturz des Korsen aufblühenden außereurop. Forschung war er einer der ersten, die frischer Tatendrang in die Ferne lockte. Von 1815—1817 führte er eine Exp. nach dem Südosten Brasiliens durch; eine Strecke Wegs war er dabei mit G. W. Freyreiß und F. Sellow (s. d.) zusammen. In mehreren Werken schilderte er die von ihm vorgefundenen zool., botan. und ethnogr. Verhältnisse des fremden Landes. Die „Reise nach Bras. . . ." (1820/21), „Abb. z. Naturgesch. Bras." (1822—1831) und „Beitr. z. Naturgesch. Bras." (1825—1833) erregten schnell die Bewunderung der Welt und stellten seine Beziehungen zu vielen großen Naturforschern her. Die Jahre 1832—1834 sahen ihn in Nordamerika am Missouri und Yellowstone bei Indianern, deren Kultur er eingehend erkundete, deren Feindseligkeit ihn aber auch zur Umkehr zwang. In einem Prachtwerk „Reise in d. Innere Nordamerikas . . . " (1839—1841) sind die dortigen Feststellungen und Erlebnisse niedergelegt. Erste Beschr. erfuhren durch ihn 2 kalifornische Formen, der Turkey Buzzard - Cathartes aura septentrionalis und der Piñon Jay oder Maximilian's Jay - Cyanocephalus cyanocephalus. So wie die Unternehmungen mit außerordentlicher Umsicht vorbereitet waren, bestachen auch die in schmuckloser Sprache gehaltenen Ber. durch die Tiefe der Gedanken und den Reichtum der mitgeteilten Tatsachen. Emsig war er ferner darauf bedacht, die in seinem Schloß aufgestapelten Schätze zu sichten und zur Förderung der Kenntnis der fremden Länder zu nutzen. Als geistreicher Kopf von umfassender Bildung überragte er viele zeitgenössische Reisende. Obwohl ein Schiffsbrand auf dem Missouri neben vielen schriftlichen Notizen auch einen wesentlichen Teil der Ausbeute vernichtet hatte, gelang es ihm, mit feinem Geschmack eine der stattlichsten Privatsamml. jener Zeit aufzubauen. Außer 600 Säugetieren enthielt sie bei seinem Tode 4000 Vögel meist bras. Herkunft. Mit wichtigen Typen kam sie 1870 durch Kauf nach New York. Im periodischen Schrifttum meldete er sich nicht oft zu Wort. Den aus dem Schiffsunglück geretteten Rest der orn. Aufz. seiner nordamerik. Erfahrungen überließ er dem J. Orn. 4, 1856; 5, 1857; 6, 1858; 7, 1859; 11, 1863. Die feldorn. Beob. aus den weiten heimatlichen Jagdbezirken des Westerwalds (Seeburger Weiher) und des Mittelrheins stellte er den Verfassern örtlicher oder benachbarter Faunen, z. B. F. P. Brahts (s. d.), zur Verfügung. Er ist daher häufig als Gewährsmann angeführt. Eigene Ber. waren selten. Sie befaßten sich mit Feststellungen über das Brutgeschäft des Schlangenadlers in „Ein paar zool. Bem. aus unserer unmittelbaren Umgeb." (Arch. Naturgesch. 29, 1863) und mit der „Art, wie manche Vögel ihre Jungen durch d. Luft tragen" (J. Orn. 11, 1863). In der Liste der dt. naturw. Forscher wird der Name des Prinzen an hervorragendem Platz verzeichnet bleiben. H. Kuhl (s. d.) benannte ihm zu Ehren Pionus maximiliani maximiliani in „Conspectus Psittacorum" (Nov. Acta Leopoldina 10, 1820), und die DO-G würdigte seine Leistungen durch die Ehrenmitgliedschaft 1855.
— Lit.: Ph. Wirtgen, Z. Andenken an Prinz Max . . ., Neuwied u. Leipz. 1867. - Allg. Dt. Biogr. 23, 1886, S. 559. - Würdigung (von Schriftl.). Condor 30, 1928, S. 287. - Würdigung (von G. Quäbicker). J. Orn. 87, 1939, S. 205/06. - E. Stresemann, Entw. d. Orn., 1951. - A. A. Prestwich, I name this Parrot . . ., London 1958, S. 51/52. - Bildnis in W. Schuster, Vogelf. v. Großhess. u. Nassau, 1941.

Mayhoff, Hugo, * 30. 1. 1888 Leipzig, † 11. 7. 1917 Dresden. Die auf seinen Vater, einen Gymnasialdirektor und Pliniusforscher, zurückgehende anfängliche Neigung zur Sprachwissensch. wurde früh verdrängt, als sich in ihm das Bedürfnis regte, hinter den Schleier der Naturvorgänge zu sehen. Dresd. Schuljahre, in denen er unter Führung seines Lehrers O. Koepert (s. d.) als Fünfzehnjähriger die Schulsamml. zu ordnen begann, führten ihn mit E. Stresemann zusammen und festigten seine orn. Ausrichtung. Von 1907 ab studierte er in Jena Med., ging aber nach dem Physikum in Marb. ganz zur Zool. über. Noch ehe er seine Studien abschließen konnte, raffte ihn schwere Krankheit dahin. Seine Freizeit widmete er der Feldorn., in der er Erholung und Befriedigung seines zool. Wissensdranges suchte. Auf langen Ferienwanderungen sammelte der Student orn. Eindrücke und Erfahrungen in Landschaften Hessens, des Schwarzwaldes, des Riesengebirges und des Bayr. Waldes. Auch in Helgol. weilte er einige Wochen, und in Südwest-Norwegen machte er sich mit dem Leben der dortigen See- u. Landvögel vertraut. Was er mit aufnahmefähigen Sinnen erschaute und beobachtete, teilte er, mehrfach gestützt auf eigene Zeichnungen, in Ber. und Aufs. verschiedenen Zeitschr. (Verh. Bay., Orn. Ms., Orn. Mber., Gef. W., J. Orn.) mit. Verdient machte er sich um die Aufhellung der Biol. des mitteldt. Steinsperlings, die er nach langen Bemühungen in Orn. Ms. 36, 1911 und Verh. Bay. 12, 1915 darlegte. In seinen letzten Jahren zog ihn vor allem die Ornis

der Gewässer in der Umgeb. von Dresd. an. Die Moritzb. Teiche fanden in ihm einen regelmäßigen Besucher und gründlichen Kenner. Posthum erschienen Arbeiten wie „Z. Schwingengeräusch d. Schellente" (Verh. Bay. 13, 1918), „V. d. Brutvögeln d. Moritzb. Teichgebiets" (ebd. 14, 1920), „Z. Brutzeit im Riesengebirge" (ebd. 15, 1923). Ein vielversprechender Vertreter ernsthafter Wissenschaftlichkeit ging mit ihm allzu früh dahin.
— Lit.: Nachruf (von B. Hoffmann). Orn. Ms. 42, 1917, S. 276. - Nachruf (von E. Stresemann). Verh. Bay. 13, 1918, S. 360—362 (mit Verz. d. Veröff.). - Bildnis in R. Heyder, D. Vögel d. Landes Sachs., 1952.

Mechlenburg, M. R., † 1861 Flensburg. Als Inhaber der Löwen-Apotheke in Flensb. war er (schon 1829) eifriger Sammler auf allen Gebieten der Zool. Auch in der Vogelk. wußte er gründlich Bescheid. Auf der 1. Versammlung dt. Ornithologen in Köthen 1845 hatte er durch Vermittlung von W. Päßler (s. d.) eine große Kollektion von meist „nordischen" Bälgen und Eiern ausgestellt. E. Baldamus (s. d.) besuchte ihn auf seiner Reise nach Schlesw.-Holst. 1846, war aber von seiner Eiersamml. nicht sehr beeindruckt (Rhea, Heft 2, 1849). In den damaligen Kreisen der Vogelfreunde machte er sich mehr bekannt durch den Nachweis der Schlangenadlerbrut 1851 im Handwitter Forst (H. O. Lenz, Gemeinnützige Naturgesch., 4. Aufl. Gotha 1861) und durch die Nachr., daß am 12. 11. 1856 bei Flensb. aus einer Zahl von 6 Stücken ein Weibchen der Kragentrappe geschossen wurde (J. Orn. 5, 1857). Der Vogel kam in seine heute nicht mehr vorhandene Samml. und von dort in das Hamb. Mus.

Medicus, Friedrich Wilhelm, Dr., * 7. 12. 1819 Landshut (Bayern), † 2. 10. 1912 Kaiserslautern. Seit 1845 gab er als Reallehrer Naturkundeunterricht an der Kreisgewerbeschule (später Oberrealschule) in Kaisersl. Vor 1892 wurde ihm der Professortitel verliehen. Eine aktive Rolle spielte er viele Jahre im Leben der Pollichia, des Pfälz. Ver. f. Naturk. 1890 wurde er deren Ehrenmitglied. Sein Eifer hinterließ eine Reihe von Veröff. Im zool. Teil der „Landes- u. Volksk. d. Bayer. Rheinpfalz" (1867) behandelte er die Tierwelt. Den Grünewaldschen „Leitfaden f. Naturgesch." gestaltete er um (1868—1872), gab ein „Illustriertes Schmetterlings- u. Raupenbuch" (1887) und eine Arbeit über die in der Pfalz vorkommenden Käfer (Mitt. Poll. 20/21, vor 1877) heraus. Auch um die Verbreitung der Pilzkenntnisse machte er sich lit. verdient. Die Orn. bildete einen nicht gerade im Vordergrund stehenden Teilausschnitt seiner allg. naturw. Interessen, und er gehörte kaum zu den bemerkenswertesten Förderern der pfälz. Vogelk. Doch war er ohne Zweifel im bescheidenen Rahmen damaliger Naturbeschreibung feldorn. gut bewandert. U. a. berichtete er über das „Orn. System von Gray u. einige merkwürdige Vögel aus d. darnach geordneten Samml. d. Naturh. Mus. in Kaisersl." (Mitt. Poll. 43/46, 1888) und meldete das Auftreten des Bienenfressers 1876 bei Kaisersl. (Ornis 7, 1895/96). Schließlich findet sich sein Name mehrfach unter den Gewährsmännern genannt, auf die sich die Brüder Heußler (s. d.) in „D. Vögel d. Rheinpfalz . . ." (Ornis 8, 1896) mit Dank bezogen.

Medreczky, Stephan, * 12. 12. 1851 Urvölgy, Komitat Zólyom (Ungarn), † 14. 1. 1933 Ungvár. Nach dem Studium in Budapest und Klausenb. war er seit 1876 Mittelschullehrer in Ungvár. Mit faun. und biol. Mitt. meldete er sich seit 1889 in der ung. geschriebenen naturw. Zeitschr. Természettud. Közlöny und seit 1895 auch in Aquila zu Wort. Durch diese Nachr. machte er sich um die Aufhellung der Ornis in den Waldkarpaten recht verdient.

— Lit.: Nachruf (von K. Warga). Aquila 38—41, 1931—1934, S. 480/81.

Meerwarth, Hermann, * 9. 10. 1870 Karlsruhe, † 9. 4. 1943 Braunschweig. In Straßb. studierte er (offenbar ohne Examen) Zool. Im Präparieren und Konservieren von Naturalien ausgebildet, war er von 1895—1899 Assistent am Mus. von Pará (Bras.) und fand dann als wissensch. Hilfsarbeiter Verwendung in Hamb. am Naturh. Mus. und an der Station für Pflanzenschutz. Seßhaft wurde er, als sich ihm 1901 eine Beschäftigung am Naturh. Mus. von Braunschw. bot; hier übernahm er die von F. Grabowsky (s. d.) aufgegebene Stelle eines Mus.-Assistenten. Nach dem Tode von W. Blasius (s. d.) verwaltete er dann unter schwierigen Verhältnissen das Mus. selbständig bis zur Pensionierung 1924. Über die in Bras. gesammelten Erfahrungen (u. a. über die Affen des Landes und die Fische des Amazonenstroms) berichtete er verschiedentlich in Naturw. Zeitschr. und Sammelwerken. Den damals noch wenig bekannten Jugendkleidern bras. Raubvögel galt eine Studie unter dem Titel „Beob. über Verfärbung (ohne Mauser) d. Schwanzfedern bras. Raubvögel" (Zool. Jb. 11, 1898). Vor dem 1. Weltkrieg in Nieders. allgemein zool. tätig und im Heidemoor jagdlich sehr rege — er war mit H. Löns (s. d.) eng befreundet — gehörte er nicht zu den Vertretern der Vogelforschung, sondern nur zu den Förderern der Vogelk. durch ein verlegerisches Unternehmen, an dem er als Herausgeber beteiligt war. Es sind die „Lebensbilder aus d. Tierwelt". Das vielbändige Werk, angeregt durch K. G. Schillings (s. d.) „Mit Blitzlicht u. Büchse" (1905) und erwachsen aus einem großzügigen Preisausschreiben des Verl. R. Voigtländer, Leipz., war der erste Versuch, ein biol. Tierbuch ohne system. oder anat. Beigaben mit ausnahmslos photogr. Aufnahmen freilebender Tiere auszustatten. Mit nur wenigen Lücken konnten hier zwischen 1909 und 1911 die Hauptvertreter fast der gesamten europ. Vogelwelt in urkundlichen Bildern gezeigt werden. Da sich der Reiz der von Pionieren des Tierlichtbildes gelieferten Belege mit gemeinverständlichen Tierbiogr. aus der Feder von bekannten Autoren, u. a. H. Löns, M. Braeß, A. Bachmann, E. Schäff, O. Leege, E. und K. Soffel, H. Otto vereinte, erreichte der Zusammenklang von Technik und Wort eine volkserzieherische Breitenwirkung, deren Ausstrahlung unter Laien und Naturfreunden kaum abzuschätzen ist. Mit dieser bibl. Leistung bleibt M.s Name verbunden, auch wenn er schon nach dem Erscheinen des 1. Vogelbandes wegen Malaria-Erkrankung die Herausgabe an K. Soffel abtreten mußte.

Meisner, Carl Friedrich August, * 6. 1. 1765 Ilfeld (Kr. Nordhausen), † 12. 2. 1825 Bern. In Gött. hatte er „Humaniora“ studiert und war anschließend 7 Jahre Haus- u. Institutslehrer in Brem., bis er 1796 eine Hauslehrerstelle in Bern übernahm. An der 1799 von ihm gegründeten höheren Privatschule pflegte er bereits die naturw. Wissensgebiete. Erst aber, als 1801 die berühmte, von D. Sprüngli (s. d.) hinterlassene Vogelsamml. zur allg. Belehrung öffentlich ausgestellt wurde, rückte die Vogelk. deutlicher in den Vordergrund seines Blickfeldes. Die Beschäftigung mit den Naturw. und der Ausbau des Mus. machten ihn schnell so bekannt, daß ihm 1805 der Lehrstuhl für die Naturgeschichte an der Bern. Akad. übertragen wurde. Musealer und schriftstellerischer Eifer beeinträchtigten nicht seinen Hang zur Freilandforschung. Bis in die Hochalpen stieg er auf, um Tierformen und ihre Biol. kennenzulernen. Die Ber. über die auf Jagdfahrten gesammelten Beob. haben bis heute kaum etwas vom ursprünglichen Reiz verloren. Schon 1804 konnte er ein „System. Verz. d. schweiz. Vögel“ herausgeben, in dem er als erster dem Weißsternigen Blaukehlchen den bis in die Gegenwart gültigen wissensch. Namen beilegte. 1815 erweiterte er zusammen mit H. R. Schinz (s. d.) diese Liste zur ersten Landesfauna in Buchform unter dem Titel „D. Vögel d. Schweiz . . .“ und gab darin für 277 Arten aufschlußreiche Beschr. sowie mannigfache Bem. über Vorkommen und Lebensweise. In der Anfangszeit der system. ordnenden Vogelk. gehörte er zu den führenden Köpfen seiner Wahlheimat. Unter seiner Leitung erschienen ferner der Naturw. Anz. der Schweiz. Naturf. Ges. (1818—1823) und das Tafelwerk „Mus. d. Naturgesch. Helvetiens“ (1820) mit guten orn. Mitteilungen.
— Lit.: Nachruf (von C. Brunner). Ann. d. allg. Schweiz. Ges. f. d. ges. Naturw. 2, 1825, S. 241 bis 253. - Hist.-biogr. Lex. d. Schweiz, 1929. - R. Lauterborn, D. Rhein, . . ., Freib. 1934, S. 186, 189—191.

Mejer, Adolf, * 6. 5. 1852 Haus Escherde bei Hildesheim, † 28. 2. 1887 Thüste bei Wallensen (Kr. Hameln-Pyrmont). Sohn eines Domänenpächters, wurde er nach Abschluß der in Hildesh. verlebten Schulzeit Berufssoldat in Hann. Kaum war er zum Leutnant befördert, als er wegen eines schweren Lungenleidens den Abschied nehmen mußte. Er wohnte zunächst im benachbarten Gronau (Leine) und seit 1886 in Thüste. Früh achtete er auf alle Naturvorgänge in der engeren Heimat und auf Reisen nach dem Harz und der Schweiz, wo er Heilung suchte. Er war eifriger Eiersammler und Jäger mit einem warmen Herzen für die Tiere. Die Vogelwelt hatte es ihm in erster Linie angetan. 2 kleinere Beitr. brachte er im Orn. Cbl. 7, 1882 und die „Brutvögel u. Gäste d. Umgeb. Gronaus in Hann.“ im J. Orn. 31, 1883. Bald wurde er sich durch Selbstkritik darüber klar, daß die Zusammenstellung Mängel und Irrtümer aufwies, und er legte daher auf Grund der nur von ihm gemachten weiteren Beob. eine ergänzende Liste an. Bevor er sie veröffentlichen konnte, nahm ihm der Tod die Feder aus der Hand. P. Leverkühn (s. d.), der mit ihm in eifrig geführtem Briefwechsel stand, gab den orn. Nachlaß mit den umfangreichen Tagebucheinträgen als „Beitr. z. Kenntnis d. Avif. d. Prov. Hann.“ (J. Orn. 35, 1887) bekannt.

Menesdorfer, Gustav, * 1843, † 27. 10. 1912 Budva, Bucht von Cattaro = Kotor (Dalmatien). Zuerst Bergingenieur im Komitat Szepes (Oberungarn), wurde er bald Damminspektor einer Donauregulierungs-Gesellschaft im Süden des Landes. In einem Wachtgebäude zwischen Pancsova und Kevevara (= Cuvin) verbrachte er dann den größten Teil seines Lebens. Hier machte er sich mit den avif. Verhältnissen der unteren Donau so fest und eingehend vertraut, daß er zum allseits bekannten Führer vieler Exk. wurde. In den Jahren des Ruhestandes wohnte er fern vom Lärm des Tages in einem aufgelassenen Fort und starb einsam und in Elend. Mitt. über faun. und phänol. Feststellungen bei Sarajevo (Aquila 18, 1911) und Budva (ebd. 19, 1912) — es dürften seine ersten und letzten Wortmeldungen gewesen sein — brachten ihm zwar Berichtigungen durch O. Reiser (s. d.) (ebd. 20, 1913) ein, gleichzeitig aber auch die Anerkennung seiner Meisterschaft als gewiegter, scharfäugiger Freilandforscher. O. Herman (s. d.) nannte ihn einen der gediegensten Beobachter der Ung. Orn. Zentrale.
— Lit.: Nachruf (von O. Herman). Aquila 20, 1913, S. 550.

Menzel, Fritz, * 13. 4. 1867 Helmstedt, † 6. 7. 1935 Braunschweig. Er studierte in Eberswalde und stand viele Jahre im Forstdienst. Von 1912—1932 war er Forstmeister in Braunschw.-Calvörde. In den 80er Jahren begann er, gefördert von den Brüdern Blasius und A. Nehrkorn (s. d.), mit der Anlage einer Eiersamml.; B. Altum (s. d.) hielt ihn damals für „durchaus sattelfest“ und meinte, er sei sogar ein „etwas übereifriger Durchstreifer unserer Reviere“. 1928 ging die Kollektion durch Kauf an A. Koenig (s. d.) über. Sie war keine eigentliche Lokalsamml., sondern strebte, wie in jener Periode vielfach üblich, Artenreichtum an. Von M. als Eier des Schreiadlers bezeichnete Stücke wollte A. Koenig allerdings nicht anerkennen (s. Kat. d. Nido-ool. Samml., Bd. 1). Seit 1888 veröffentlichte der Sammler in der Fachpresse (J. Orn., Orn. Ms., Orn. Jb., Berajah) auch einige orn. Beitr. aus seiner engeren Heimatlandschaft. Dazu gehörten über den langen Zeitraum von den Studienjahren bis zur Altersreife sich erstreckende faun. Arbeiten wie der (bescheidene erste) „Versuch einer Avif. v. Helmst. u. Umgeb.“ (Orn. Jb. 1, 1890), „D. Vogelw. v. Helmst. u. Umgeb.“ (ebd. 20, 1909), „Vogelw. d. Amtsgerichtsbezirks Harzburg“ (ebd. 28, 1917), „Bem. z. Vogelw. d. Freistaates Braunschw. u. d. angrenzenden Gebiete“ (Orn. Ms. 58, 1933). Die späteren Darstellungen sollten Ergänzungen sein zu R. Blasius „Vögel d. Herzogtums Braunschw.“ (Ornis 8, 1896) und M. Brinkmann „Vogelw. Nordwestdeutschl.“ (1933). Seine Feststellungen stützten sich nicht alle auf eigene Erfahrungen; sofern sie auf Unterlagen aus Umfragen bei den Forstämtern beruhten, verdienen sie keine besondere Bewertung. Für bemerkenswert menschliche Wesenszüge spricht, daß er einer der ganz wenigen Ornithologen war, denen sich der durch Krankheit stark gehemmte J. Moyat (s. d.) im Briefaustausch erschloß.

Merck, Carl Heinrich, Dr., * 19. 11. 1761 Darmstadt, † 31. 1. 1799 Petersburg. Nach dem Studium der Med. in Gießen und Jena war er seit 1785

Spitalarzt in Irtusk (Irkutsk ?). Begeisterung für die Entdeckungsfahrten dt. Forscher in Rußl. verdankte er den Ber. seines Patenonkels Johann H. Merck; dieser — der Freund Goethes — hatte 1773 die Landgräfin von Hess. nach dem fernen Land begleitet. Dort war er mit P. S. Pallas (s. d.) in Verbindung gekommen, auf dessen Veranlassung dem engl. Kapitän J. Billings die Leitung der russ. Exp. nach Nordostsibirien und Alaska (1786—1794) zufiel. Dem jungen Carl Heinrich M. wurde kurz vor Beginn des Unternehmens überraschend das Glück zuteil, als Naturforscher sich dem Stabe der Fachleute anschließen zu dürfen und sich in den folgenden Jahren trotz mangelnder Erfahrung zu bewähren. Sibirien scheint seine Gesundheit erschüttert zu haben; er wurde früh vom Schauplatz eines der Wissensch. gewidmeten Lebens abberufen. Den enz. eingestellten Reisenden fesselten zuallererst die Völkerkunde und ihre Randgebiete. Die Orn. war ihm zwar vertraut, doch kam er nicht ohne P. L. Statius Müllers (s. d.) Hdb. „Vollständiges Natursystem" aus. Das Tagebuch (1789—1791) verzeichnete zuverlässig die Vögel, die dem Beobachter neu und auffällig waren. Ohne Beachtung der Lebensvorgänge der Tiere hinterließ er aber nur eine Aufzählung von Arten mit der Beschr. morphol. Einzelheiten. Diese verhältnismäßig trockene Anhäufung von Stoff bekam trotzdem wissensch. Gewicht: Da seit etwa der Mitte des 18. Jahrh. jegliche zool. Nachr. aus dem östl. Sibirien und den vorgelagerten Inseln fehlte, wurde das Material von Pallas besonders begrüßt als (allerdings nicht immer richtig ausgelegte) Quelle für die Darstellung der dortigen Ornis in der „Zoographia Rosso-Asiatica". Mehr als 20 Formen waren nach seinen Feststellungen bis dahin unbeschrieben. Eine größere Zahl darunter hat heute noch nomenkl. Geltung. Das nach dem Tode von Pallas unauffindbare Tagebuch M.s wurde erst 1936 von A. Jacobi (s. d.) in einem Leipz. Antiquariat wieder entdeckt und ruht heute im Arch. der Familie M. in Darmst. 1950 konnte E. Stresemann (s. unten) das Schicksal der Aufz. und der zwischen 1789 und 1792 gesammelten Bälge aufklären. Über 200 Belege von etwa 120 Arten hatte M. nach Hause gebracht. Von 97 Arten kamen 147 Vögel 1794 in das Petersb. Kabinett. 21 dieser Museumsstücke ließ Pallas 1806 nach Leipz. verlagern, wo sie C. G. H. Geißler (s. d.) als Vorlage für die Tafeln der „Zoographia . . ." dienen sollten. 5 von ihnen sind noch im Leipz. Mus. Die in Petersb. verbliebenen 126 Stücke waren 1831 auf spärliche Reste zusammengeschmolzen. Wie es heute dort aussieht, kann nicht gesagt werden. Unbekannt ist auch, wieviel Vögel Pallas 1795 für Studienzwecke mitnahm auf die Krim; 24 davon schenkten er bzw. sein Freund Wildenow 1811 dem Berl. Zool. Mus., das noch 16 verwahrt.

— Lit.: E. Stresemann, Dr. C. H. M.s orn. Aufz. während d. Billingsschen Exp. v. Ochotsk nach Alaska (1787—1791), Zool. Jb., Abt. f. System., Ökol. u. Geogr. d. Tiere 78, 1950, S. 97—132 (mit älteren Quellen).

Merrem, Blasius, Dr., * 4. 2. 1761 Bremen, † 23. 2. 1824 Marburg (Lahn). In der Jugend für die Theol. bestimmt, mit 15 Jahren kaufmännischer Lehrling, seit 1778 med., zool. und jur. Studium in Gött.: Schon diese Anfangsdaten der Entwicklung des Kaufmannssohnes deuten auf Hemmnisse hin, mit denen unfreundliche Schicksalsfügungen ihm Berufswahl und Lebensweg erschwerten. Von Gött., wo er bereits 1780 als Privatdozent zool. Vorlesungen hielt, kam er über eine Duisburger Professur für Math., Phys. und Kameralwissensch. 1804 an die Univ. Marb. Obwohl ihm Lehrauftrag für Ökon., Kameral- u. Finanzwissensch. zugeteilt war, wurde er hier der Gründer und Direktor des Zool. Inst. Die mit wirtschaftlichen Nöten Hand in Hand gehende Verzettelung und Zersplitterung seiner vielseitigen Geistesgaben legte aber die ihn bewegenden Kräfte vorzeitig lahm. Nichtsdestoweniger ragte er in seiner Zeit als einer der bedeutendsten Zoologen hervor. Seitdem er in Gött. entscheidende Förderung durch J. F. Blumenbach (s. d.) genossen hatte, gehörten Scharfsinn und Herz der Orn.; und wie sein großer Lehrmeister beschäftigte er sich in den Vorlesungen bevorzugt mit der System. der Vögel. Schon bei der ersten Berührung mit Linnés Auffassungen erwachte in ihm der reformatorische Wunsch nach Überwindung der in die Augen springenden Unzulänglichkeiten. Als Anatom wollte er sich bei seinen Unters. über die Naturgesch. der Vögel nicht mit wenigen äußeren Merkmalen begnügen; für eine richtige Gliederung forschte er nach Anhaltspunkten aus der ges. Morphol.; und alle Teile des Organismus, in Sonderheit das Vogelskelett schienen ihm der Beachtung wert. Bahnbrechend eilte er den Zeitgenossen voraus einmal durch seine frühen Werke, die „Vermischten Abh. aus d. Tiergesch." (Gött. 1781) und den Fragment gebliebenen monogr. „Versuch eines Grundrisses z. allg. Gesch. u. natürlichen Einteilung d. Vögel" (Leipz. 1787/88) sowie durch geistvolle Rezensionen in der Allg. Lit.-Ztg. und die Mitarbeiterschaft an der Großen Enz. von Ersch u. Gruber. Ein grundlegender Neubau des Systems konnte ihm aus Mangel an Material und Zeit freilich nicht gelingen. In der Gefolgschaft Blumenbachs fiel ihm nur die Rolle des in neue Tiefen schürfenden Künders von Erkenntnissen zu, denen erst 100 Jahre später M. Fürbringer (s. d.) zum Durchbruch verhalf.

— Lit.: F. W. Strieder, Grundlage z. einer Hess. Gelehrten- u. Schriftstellergesch. 18, 1819, S. 369 bis 383 (mit Autobiogr. M.s). - C. F. Ch. Wagner, In Memoriam B. M., Marb. 1824. - V. Carus, Gesch. d. Zool., Münch. 1872. - E. Korschelt, Über d. Entstehungsgesch. u. weitere Entw. d. Zool. Inst. d. Univ. Marb., Leipz. 1906. - R. Lauterborn, D. Rhein, . . ., Freib. 1930. - O. Schnurre, B. M., d. Autor d. Gattungsnamen Philomachus u. Calidris, Orn. Mber. 39, 1931, S. 65. - Handwörterbuch d. Naturw. (2. Aufl.) 6, 1932, S. 848/49. - E. Stresemann, Entw. d. Orn., 1951. - L. Gebhardt u. W. Sunkel, D. Vögel Hess., 1954, S. 56/57.

Merzbacher, Gottfried, Dr. h. c., * 9. 12. 1843 Baiersdorf (Kr. Erlangen), † 14. 4. 1926 München. Als leidenschaftlicher Kletterer und Bergsteiger feierte der in Münch. ansässige Pelzwaren-Kaufmann zuerst Triumphe in den Ostalpen und Dolomiten. Da sich den sportlichen Leistungen Fleiß und autodidaktische Fortbildung zugesellten, ging er auch als erfolgreicher und hoch

angesehener Vorkämpfer in die Geschichte der Hochgebirgsforschung ein. Lorbeer holte er sich 1891/92 im Kaukasus, mehrere Jahre in Persien, Arabien, Indien sowie 1902/03 im zentralen und 1907/08 im östl. Tianschan, wo er vornehmlich geogr. und alpine Aufgaben meistern mußte. Nach ihm erhielt das Merzbachergebirge in der Bogda-Ola-Kette des Tianschan den Namen, und die phil. Fak. der Univ. Münch. ehrte seine wissensch. Verdienste durch die Verleihung des Dr. h. c. (1901) und des Professortitels (1907). Aus seiner Feder stammen u. a. die Bücher „Aus d. Hochregionen d. Kaukasus" (Leipz. 1901) und „The Central Tian Shan Mountains" (London 1905). Erwähnung verdient er hier, weil er über 1200 Stücke von 200 Vogelarten der Staatssamml. in Münch. überweisen konnte. Sie wurden bearbeitet und besprochen von H. Schalow (s. d.) (J. Orn. 55, 1907 u. 56, 1908) und von A. Laubmann (Abh. Akad. d. Wissensch. Münch. 26, 1913). H. Schalow (Orn. Mber. 15, 1907) benannte dem Forscher zu Ehren den Hänfling und die Sperbergrasmücke von Turkestan Acanthis cannabina merzbacheri und Sylvia nisoria merzbacheri.
— Lit.: E. Banse, Lex. d. Geogr. 2, 1923, S. 104 (mit Verz. d. Veröff.). - Nachruf (von Schriftl.). Orn. Mber. 34, 1926, S. 130. - Nachruf. Leipz. Illustrierte Ztg. 1926, Nr. 4234, S. 583 (mit Bildnis). - Nachruf (von L. Distel). Mitt. d. Geogr. Ges. in Münch. 19, 1926, S. 85—91 (mit Bildnis u. Verz. d. Veröff.).

Messerschmidt, Daniel Gottlieb, Dr., * 5. 9. 1685 Danzig, † 25. 3. 1735 Petersburg. In Halle promovierte er 1713 zum Dr. med. und übte dann ärztliche Praxis in seiner Vaterstadt aus, bis er 1716 einem Rufe Peters des Großen nach Petersb. folgte, um sich an der Erforschung des unbekannten Rußl. zu beteiligen. Nach langen Vorbereitungen konnte er 1720 seine große Reise beginnen. Sie führte ihn (bis 1722 gemeinsam mit dem schwedischen Kapitän Ph. J. Tabbert von Stralenberg) über Moskau, Tobolsk, Tomsk, Irkutsk durch die mongolische Steppe zur Lena. Als er 1727 wieder in Petersb. eintraf, erwarteten ihn nicht nur wenig Dank, sondern auch Anklagen und Untersuchungen; obwohl sie mit dem Nachweis seiner Schuldlosigkeit endeten, erhielt er aus ungeklärten Gründen keine Anstellung durch die russ. Regierung. 1729 zog es ihn daher wieder nach Danz. Aber auch hier fühlte er sich durch veränderte Verhältnisse fremd und abgestoßen, so daß er 1730 in „traurigem Zustand" nach Petersb. zurückkehrte. Menschenscheu lebte er fortan in Armut und Not. Selbst den Freunden blieb sein Tod längere Zeit verborgen. Er war ein vielseitig begabter, kenntnisreicher und außerordentlich fleißiger Gelehrter, der auch aus der sib. Forschungsperiode theol. Meditationen sowie lat. und dt. Sinngedichte hinterließ. Veranlagung zu Hypochondrie und Mißtrauen machten ihn jedoch zum einsiedlerischen Sonderling. Damit mag es zusammenhängen, daß er außer seiner Diss. nichts veröffentlichte, obgleich sich ihm als dem ersten naturw. gebildeten Reisenden der Stoff geradezu aufdrängte und er die frühesten zool., botan. und geogr. Beob. aus Sib. heimbrachte. Die Sammelausbeute kam nach Petersb., und in der dortigen Akad. wurden 3 Foliobände mit Msk. niedergelegt. Unter den naturw. Aufz. befand sich in 18 Oktavbänden seine Mantissa ornithologica mit unnötig weitläufigen Beschr. der Vögel. Die Tagebücher dieses (nach dem Urteil von P. S. Pallas) „würdigen, fast vergessenen und selbst zu seiner Zeit wenig bemerkten Mannes" wurden zwar zur Verbesserung der Landkarten benutzt, blieben aber zum größten Teil unausgewertet, weil ihre Bearbeitung sich nicht mehr lohnte, als die Veröff. der späteren Sibirienreisenden erschienen.
— Lit.: P. S. Pallas, Nachr. v. D. G. M.s siebenjähriger Reise in Sib., Neue Nord. Beitr. 3, 1782, S. 97—158. - J. G. Georgi, Nachr. v. Dr. D. M.s siebenjähriger Reise in Sib., Königsb. 1797. - Allg. Dt. Biogr. 21, 1885, S. 494—497 (mit älteren Quellen). - F. Th. Köppen, Bibliotheca Zool. Ross. II, Petersb. 1907 (mit älteren Quellen).

Mettcker, Wilhelm, * 19. 5. 1825 Jever (Oldenburg), † 9. 4. 1900 Jever. Der in Jever unverheiratet lebende Buchdruckereibesitzer griff nicht selbst zur Feder. Bescheidene lit. Mitarbeit ist nur im 10. Jber. Beob.-Stat. Deutschl. nachweisbar. Daß er der Vogelwelt aufgeschlossen gegenüberstand, ist nichtsdestoweniger auf eine besondere Weise belegt: Er veranlaßte, ohne je mit seinem Namen hervorzutreten, eine Jever Tafelrunde patriotischer Bürger erstmalig 1871, zu jedem 1. April 101 Kiebitzeier als Geburtstagsgabe an Reichskanzler Bismarck zu senden. Dazu erfand er eine sinnvolle Verpackung und überprüfte die Eier alljährlich selbst, um sicherzustellen, daß sie einwandfrei frisch waren. Es war für ihn und seine Freunde Ehrensache, daß die Sendung vollzählig und pünktlich abging. Wenn der Frühling ungünstiges Wetter brachte, hatte später Legebeginn der Kiebitze große Schwierigkeiten im Gefolge. Sie konnten nur von einem Manne gemeistert werden, der feste Verbindungen mit den Vogelkundigen des Landes hatte und selbst über einen guten Blick für das Leben der heimischen Ornis verfügte. Der Name dieses naturfreudigen Führers der „Getreuen v. Jever" drang über die dt. Grenzen hinaus.
— Lit.: F. W. Riemann D. Getreuen v. Jever, Oldenb. (ohne Jahr). - K. Fissen, D. Getreuen v. Jever, Jeversche Volksk. 1936, S. 98. - Würdigung (von R. Tantzen). Jb. Oldenb. 50, 1950, S. 265/266 (mit Bildnis). - Würdigung (von K. Fissen). Historien-Kalender Oldenb., 1956, S. 34—36 (mit Bildnis).

Meusel, August, * 25. 9. 1844 Nieder-Halbendorf, Kr. Lauban (Niederschlesien). Er war eigentlich kein Ornithologe, sondern „nur" ein Wärter, schließlich Oberwärter im Berliner Zoo. 1863 begann seine Beschäftigung im Tiergarten, dessen Aufschwung zum Weltstadtformat er unter 3 Direktoren — K. Peters 1857—1869, K. A. H. Bodinus (s. d.) 1869—1884, L. Heck (s. d.) 1888—1932 — erlebte. Viele Jahrzehnte wirkte er still in den Vogelhäusern, sozusagen hinter den Kulissen. Vom Zoopublikum kannten nur die regelmäßigen Besucher der orn. Abt. die volkstümliche Gestalt des „Vogel-Meusel". Wesentlich an seiner Lebensarbeit (deshalb sei ihm auch hier ein Platz eingeräumt) war die einmalige Sachkenntnis und Hingabe, mit der er sich um das Wohl der ihm anvertrauten Pfleglinge bemühte. Die glücklichen Einfälle bei der Herstellung der

Futtergemische für die empfindlichsten Zärtlinge waren nur denkbar durch das ihm eigene Einfühlungsvermögen in die wechselnden Bedürfnisse der einzelnen Individuen. Die Sorge für die gesamten Kleinvögel lag mehr als 50 Jahre in seinen geschickten Händen. Daneben ließ ihn der stete Umgang mit den anspruchsvollsten Formen zu einer Art Amateur-Verhaltensforscher werden. Das zeigen recht genaue Aufz. in seinem Tagebuch. Bemerkenswert war u. a. die Feststellung, daß der Verfärbung des Türkisvogelmännchens - Cyanerpes cyaneus ins Prachtkleid die Häutung der Zunge vorausgeht (vgl. Gef. W. 26, 1897). Bei der Besprechung neu eingetroffener und in ihrer Biol. meist unbekannter Zugänge wurden daher seine Meinung und sein Urteil immer wieder herangezogen. Es darf gesagt werden, daß K. A. H. Bodinus und L. Heck die großen Erfolge in der Kleinvogelhaltung nicht zum geringsten Teil der unauffälligen und unaufdringlichen Mitwirkung dieses Künstlers und Genies auf dem Gebiete der Vogelpflege zu verdanken hatten. Auch K. Ruß (s. d.), der ihn immer wieder in der Gef. W. zitierte, zog Nutzen aus seinen vielseitigen Erfahrungen. Überraschend ist, daß sich der Todestag des Junggesellen nicht ermitteln ließ. Wahrscheinlich starb er zurückgezogen in den letzten Hungerjahren des 1. Weltkriegs.
— Lit.: H.-S. Raethel, Bemerkenswertes über d. Gesch. d. Kleinvogelhaltung im Berl. Zool. Garten, Gef. W. 1963, S. 184/85 (mit Bildnis).

Meusel, Johann Georg, Dr., * 17. 3. 1743 Eyrichshof (Kr. Ebern), † 19. 9. 1820 Erlangen. Der Geh. Hofrat und Prof. der Geschichte an der Univ. Erl. trat nur einmal orn. in Erscheinung, als er 1790 im „Journal v. u. f. Franken" ein Verz. der in Frank. brütenden Vögel nach den Anschauungen der damaligen Zeit erscheinen ließ. Er wirkte dadurch immerhin so anregend, daß in den Jahren 1791/92 noch 3 Nachtr. zu seiner Liste von anderen Beobachtern im selben Journal gebracht wurden. J. Gengler (s. d.) gedachte dieses Mannes in Verh. Bay. 16, 1924/25, Sonderheft S. 13.

Meves, Friedrich Wilhelm, * 14. 4. 1814 Delligsen, Kr. Gandersheim (Niedersachsen), † 10. 4. 1892 Stockholm. Von 1829—1840 war er Apotheker, studierte dann aber bis 1842 in Kiel Naturw. und trat dabei in Beziehung zu F. Boie (s. d.), der ihn für die Zool. begeisterte. Verbindung mit vielen anderen dt. Ornithologen, vor allem mit E. Baldamus (s. d.) führten ihn 1855 in die Reihen der DO-G. 1842 hatte ihn bereits C. J. Sundevall als Konservator an das Zool. Reichs-Mus. nach Stockholm gezogen. Von hier aus unternahm er zwischen 1846 und 1872 mehrere Sammelreisen in z. T. wenig bekannte Gegenden Schwedens, Nordrußlands und des Urals. Darüber erstattete er eingehende und für die damalige Zeit sehr ertragreiche Ber. in schwed. Sprache. Aber auch im dt. Schrifttum meldete er sich zu Wort: u. a. „Über d. Verändern d. Farbe d. Vögel durch u. ohne Mauser" (J. Orn. 3, 1855), „Brüteplätze seltener europ. Vögel" (ebd. 23, 1875), „Über d. rote Farbe d. Gypaëtus barbatus" (ebd. 24, 1876), „D. Meckern d. Bekassine" (Zool. G. 17, 1876). Eine schwed. geschriebene Arbeit über nordwest-russ. Vögel aus d. Jahre 1871 wurde, ins Dt. übertragen, 1886 nochmals von E. F. v. Homeyer (s. d.) herausgegeben; und F. v. Droste-Hülshoff (s. d.) unterstrich in J. Orn. 17, 1869 den von M. für die schwed. Vogelk. geleisteten Beitr. Stets beschäftigten den rührigen Sammler system., taxon. und biol. Fragen. Aus der Menge des Balgmaterials, das ihm durch die Hände ging, gewann er gründliche Kenntnisse und genoß daher hohes Ansehen. Nachdem er 1877 in den Ruhestand getreten war, verfaßte er noch einen „Leitfaden z. Präparieren v. Vogelbälgen" (1882) sowie eine für Konservatoren sehr brauchbare Anweisung über „Größe u. Farbe d. Augen aller europ. Vögel" (1886).
— Lit.: Biogr. Notiz (von A. Reichenow u. H. Schalow). Orn. Cbl. 4, 1879, S. 12. - Nachruf (von Schriftl.). Ibis (6) 4, 1892, S. 191/92.

Meyer, Adolf Bernhard, Dr., * 11. 10. 1840 Hamburg, † 5. 2. 1911 Berlin. Er studierte Med. in Gött., Wien, Zürich und Berl., unternahm 1870 bis 1873 zwei naturw. Reisen nach dem ostindischen Archipel, wurde am 1. 10. 1874 als Nachfolger von H. G. L. Reichenbach (s. d.) Direktor des Zool.-Anthrop.-Ethnogr. Mus. in Dresd. und entfaltete hier, ausgestattet mit Organisationsgabe und Sachkenntnis, große Rührigkeit. Er modernisierte großzügig die Inneneinrichtung, begründete die „Abh. u. Ber." des Mus. und verhalf ihm zool. wie völkerkundlich zu Weltruf durch die Gewinnung großer Sammelausbeuten z. B. von J. Kubary, C. Hunstein, P. u. F. Sarasin, der Brüder Geisler (s. d.) vornehmlich aus dem Malaiischen Archipel und Papuasien. Orn. trat er vor allem durch die Beschäftigung mit den genannten Gebieten hervor, offenbar angeregt durch die Schriften und Ergebnisse von A. R. Wallace, dessen Werk „D. Malaiische Archipel" er schon 1869 ins Dt. übertragen hatte, und dessen „Geogr. Verbreitung der Tiere" er in gleicher Weise 1876 folgen ließ. Neben zahlreichen Einzelarbeiten hauptsächlich in J. Orn., Proc. Z. S. London, Ibis — darunter zusammen mit F. Helm (s. d.) 10 „Jber. Beob.-Stat. Sachs." (J. Orn. 34, 1886 — 44, 1896) — erschienen von ihm u. a. folgende selbständige Werke, meist mit reichem Tafelschmuck: „Unser Auer-, Rackel- u. Birkwild" (1887), „Abb. v. Vogelskeletten" (2 Bde. 1879—1898) und zusammen mit seinem Assistenten L. W. Wiglesworth „The Birds of Celebes" (2 Bde. 1898). Das Schwergewicht seiner Forschung lag in der System. der Paradiesvögel, von denen er eine Reihe neu beschrieb, und anderer austromalaiischer und papuanischer Arten. Er galt damals in Deutschl. neben O. Finsch (s. d.) als zuverlässiger Kenner der Ornis von Neuguinea. Die öffentliche Anerkennung blieb nicht aus. 1897 wurde er zum Geh. Hofrat ernannt, und die DOG feierte ihn auf ihrer Dresd. Versammlung (wo er allein sich zu Harterts Nomenklaturvorschlägen bekannte) als Leiter „eines der bestverwalteten Mus. Europas"; 1899 erschien aus Anlaß seines 25jährigen Direktorjubiläums eine umfangreiche Festschr. Der Höhenwanderung des zweifellos fähigen Mannes folgte jedoch ein jäher Abstieg. Er wurde, ein Opfer charakterlicher Mängel, 1904 vom Dienst suspendiert und 1906 entlassen, nachdem schon vorher Zweifel an den Ergebnissen seiner Reise nach Neuguinea laut geworden waren. Im Dämmer eines aus der Bahn geworfenen Lebens tauchte er unter.

— Lit.: Nachruf (Verf. ungen.). Ibis (9) 5, 1911, S. 556/57. - Würdigung (von A. Jacobi). J. Orn. 85, 1937, S. 700/01. - E. Stresemann, Entw. d. Orn., 1951. - G. C. A. Junge, Orn. onderzoek in de Ind. archipel, Ardea 41, 1953 (1954), S. 308—317. - A. A. Prestwich, I name this Parrot . . ., London 1958, S. 53/54. - Bildnis in A. Jacobi, 50 Jahre Mus. f. Völkerkunde z. Dresd., 1925.

Meyer, Bernhard, Dr., * 24. 8. 1767 Hanau (Main), † 1. 1. 1836 Offenbach (Main). Sohn eines Kurfürstl. Hess. Hofzahnarztes, wuchs er in der geistigen Kultur des wohlhabenden Bürgerhauses auf. In Marburg, wo er Arzneikunde und Med. studierte, und anschließend in Berl. gab er sich der Botan. hin, so daß er mit anderen Sachkennern von 1799—1802 eine Flora der Wetterau schreiben konnte. Seit 1791 übte er ärztliche Praxis in Hanau aus und wurde dort Leibarzt der Landgräfin von Hess. „Aus mancherlei Gründen" verzog er aber 1796 nach dem benachbarten Offenb., um eine Apotheke zu übernehmen. Anderer Pflichten ledig, glänzte er hier und in Frankf. nicht nur lange Jahre als „Seele geselliger Freuden", sondern auch als leidenschaftlicher Ornithologe. Neben J. Ph. A. Leisler (s. d.) erwarb er sich das Verdienst, durch Sammeleifer und kritisch sichtenden Blick das Untermaingebiet der beschreibenden Vogelforschung erschlossen zu haben. Formen, die ihm die Heimatgefilde vorenthielten, lernte er auf Reisen nach Holl. (1805), der Schweiz (1816), Holst. und Dänem. (1827) kennen. Weitgespannt war der Bogen seiner Beziehungen zu bedeutenden Forschern und Geistesheroen; u. a. sah er Prinz Max zu Wied (s. d.), A. v. Humboldt, Goethe, J. G. Seume in seinem gastfreien Hause. C. J. Temminck erlernte 1804 bei ihm wissensch. Methoden der Forschung und der musealen Arbeit. So hatte er viele Bewunderer; nicht nur Goethe pries die „Verdienste des vorzüglichen Mannes". Aber auch Tadel an seinen Wesenszügen wurde laut. J. F. Naumann und H. Boie (s. d.) z. B. sahen sich gedrängt, seinen Eigendünkel zu geißeln. Die negative Kritik seines Charakters verblaßt indes vor den eindeutigen Zeugnissen positiver Leistungen für die orn. Wissensch. Genannt werden muß das für seine Zeit einzigartige Vogelkabinett. 650 hauptsächlich von J. H. Schaumburg (s. d.) präparierte Stücke fast aller damals bekannten mitteleurop. Arten kamen schon 1818 für 6000 Gulden an die Senck. Naturf. Ges. z. Frankf. und bildeten mit z. T. heute noch vorhandenen Typen den Grundstock der dortigen Samml. Auch als Schriftsteller war er in hervorragendem Maße rührig. Im mainländischen Beobachtungsbereich gesammelte faun. Erfahrungen überließ er als „Beitr. z. dt. Orn. . . ." den Ann. Wett., zu deren Gründern er neben J. Ph. A. Leisler 1808 gehörte. Der über Deutschlands Grenzen dringende Ruhm seines Namens haftet aber in erster Linie an den Buchveröff., dem Prachtwerk „Naturgesch. d. Vögel Deutschl. . . ." (1805—1815) und dem „Taschenbuch d. dt. Vögelk." (1810, 1822). Näheres über Gestaltung und Schicksal beider Werke findet sich bei Johann Wolf (s. d.), der Mitherausgeber und wesentlich am Erfolg beteiligt war. Von M. allein stammte lediglich der die Sumpf- u. Wasservögel behandelnde 2. Teil des „Taschenbuchs . . . ". In den späteren Lebensjahren lockte die Vielseitigkeit der naturw. Neigungen den Autor wieder mehr auf das Gebiet der Botan. Als er starb, war er Hofrat, Med.-Rat und Mitglied vieler Gelehrter Gesellschaften. Ph. J. Cretzschmar (s. d.) benannte ihm zu Ehren Poicephalus meyeri meyeri in „Atlas z. Rüppells Reise im nördl. Afrika" (1826).

— Lit.: J. M. Mappes, Festreden gehalten im Naturgesch. Mus. z. Frankf., Frankf. 1842, S. 55 bis 66. - F. Schrod, Hofrat Dr. B. M., Alt-Offenb., Bl. d. Offenb. Gesch.-Ver. 1, 1925, S. 6 u. 23. - R. Lauterborn, D. Rhein, . . . , Ludwigshafen 1938, S. 282—284. - E. Stresemann, Entw. d. Orn., 1951. - L. Gebhardt u. W. Sunkel, D. Vögel Hess., 1954, S. 51/52 (mit Bildnis u. Verz. d. Veröff.). - A. A. Prestwich, I name this Parrot . . ., London 1958, S. 54.

Meyer, Franz, Dr., † 12. 5. 1845 Rheine (Westfalen). Der in Rheine bei Münst. ansässige Justizrat sammelte jahrzehntelang als tüchtiger Kenner in den alten Sumpf- u. Moorgebieten seiner Heimat. In der vogelreichen Umgeb. erteilte er zu Anfang des 19. Jahrh. dem jungen H. A. Bolsmann (s. d.) den ersten orn. Unterricht. Er war nicht nur trefflicher Freilandbeobachter, sondern auch ausgezeichneter Tiermaler. Bilder (z. B. des Singschwans) nebst handschriftlichen Aufz. erwarb später die Paulinische Bibliothek der Akad. zu Münst. Der Erfahrung des rührigen Mannes verdankte die örtliche Forschung wertvolle Nachr. vor allem auch über die Arten, die nach der Markeneinteilung um 1830 aus den entwässerten Landschaftsteilen verschwanden. Ein umfangreiches Msk., das zur Veröff. bestimmt war, aber nie zum Druck kam, bezeichnete B. Altum (s. d.) in J. Orn. 11, 1863, S. 114 als „wahre Fundgrube" für den „jetzigen" Ornithologen der Gegend. H. Landois (s. d.) bezog sich in „Westfalens Tierleben" (1886) siebenmal auf M. als Gewährsmann und nannte ihn den Nestor der westf. Vogelkundigen.

Meyer, Otto, M. S. C., * 27. 7. 1877 Oldenburg, † 14. 12. 1937 Brisbane (Australien). In Kleve wuchs er heran. Antwerpen (1890) und Salzb. (1898) waren Stationen seines Lebens, bis er gleich nach seiner Priesterweihe in Hiltrup 1902 als Missionar nach dem ehemals dt. Missionsgebiet von Rabaul (Neupommern) ging. Dort wirkte er fortan auf der seiner Obhut anvertrauten kleinen Insel Vuatom. Offener Blick für Naturvorgänge und reiche Beobachtungsgabe führten ihn zum regen Studium des tropischen Tier- und vornehmlich des Vogellebens. 1906 begann er mit den ersten orn. Beitr. in „Nat. u. Offenb." (Bd. 52). Sie gelangen ihm aus eignem Antrieb ohne Unterstützung oder Anregung durch die Heimat. Mit dem Ausbruch des Weltkriegs 1914 rissen seine gerade einsetzenden Verbindungen mit der dt. Wissensch. für viele Jahre ab. Erst 1926 hörte das Berl. Zool. Mus. wieder von ihm und erhielt von nun an fast alle seine orn. Sammelstücke. In unermüdlichem Eifer ging der Pater biol. Fragestellungen nach und suchte vor allem das Brutleben der Südseevögel aufzuhellen. Er förderte nicht nur immer schönere Ergebnisse über die Ornis seiner Insel Vuatom zu Tage, sondern brachte 1933 auch Nachr. aus der Inselgruppe Lihir, die bis dahin avifaun. ganz unbekannt

war. Daneben konnte er dem Berl. Mus. Bälge einsenden, die andere Missionare auf seine Veranlassung an verschiedenen Stellen des Bismarck-Archipels gesammelt hatten. Ihren lit. Niederschlag fanden seine Bemühungen in einer Reihe von Aufs. in Orn. Mber., J. Orn. und B. z. F. Schließlich legte er ein Buch vor, „D. Vögel d. Bismarckarchipels" (Kath. Miss. Vunapope, P. O. Kokopo, 1936). Aus seinen Bälgen beschrieb E. Stresemann eine neue Papageienart, Lorius amabilis, aus Neubritannien. Ferner ist ihm die Wiederauffindung verschiedener Seltenheiten zu danken. 5 Formen tragen seinen Namen. So mehrte er auf fernem Vorposten den Ruhm dt. Erforschung der Ornis im Bismarck-Archipel. 1930 ehrte die DOG, der er 1928 beigetreten war, schließlich seine Verdienste durch die Ernennung zum korr. Mitglied. An Bord des Dampfers „Nelore" starb er zwischen Sydney und Rabaul; auf dem Friedhof der Hiltruper Missionare in Brisbane ist er beigesetzt.
— Lit.: Nachruf (von E. Stresemann). J. Orn. 86, 1938, S. 166—169 (mit Verz. d. Veröff.). - Bildnis in B. z. F. 14, 1938, Tafel 4.

Meyer, Rudolf, Dr., * 16. 11. 1810 Offenbach (Main), † 11. 6. 1876 Offenbach. Der Sohn des orn. weitaus bedeutenderen Bernhard M. (s. d.) war prakt. Arzt in seiner Heimatstadt und wie der Vater den Naturw. ergeben. Mit C. Jäger (s. d.), seinem Freunde, forschte der Junggeselle im Maingebiet und betätigte sich als eines der eifrigsten Mitglieder in den Fragekasten-Sitzungen des Offenb. Ver. f. Naturk. Erst im gereiften Alter wurde er auch schriftstellerisch rege. Seit 1862 enthielten die Ber. Offenb. und von 1864 ab vor allem der Zool. G. eine Reihe von kleineren orn.-faun. und biol. Beitr. aus dem Bereiche des Maingaus. Andere Gebiete der Zool. lockten ihn gleichfalls zur Stellungnahme. Er war ohne Zweifel vogelk. wohlerfahren, wenn auch nicht alle seine Mitt. Gewicht hatten. Am Beispiel des Goldregenpfeifers zeigte er u. a. den zahlenmäßigen Rückgang der in der Wetterau und am Main einfallenden Limikolen, denen zu jener Zeit schon in betrübendem Umfang die Rastplätze beschnitten waren. Wenig Glauben konnte seine auf angebliche Eierfunde sich stützende Meldung in Zool. G. 8, 1867 erwecken, daß die Wacholderdrossel 1864 bei Offenb. gebrütet habe. Den berechtigten Zweifeln gab damals A. v. Homeyer (s. d.) in Zool. G. 9, 1868 Ausdruck.

Meylan, Olivier, * 21. 3. 1896 Ferney (Schweiz), † 1. 5. 1946 Mies (Kanton Waadt = Vaud). Sohn eines Bauern und selbst Bauer, erhob er sich ohne Schulbildung und akademische Laufbahn, nur aus genialen Anlagen und mit gesundem Menschenverstand zu einem der leistungsfähigsten franz. schreibenden Ornithologen. R. Poncy (s. d.) weckte in dem seit dem 5. Jahr in Mies lebenden Jüngling die erste Vorstellung einer wissensch. Berufung und führte ihn in die Soc. Zool. de Genève ein. Mit in die Tiefe dringenden, kritischen Sinnen während harter Tagesarbeit und auf Exk., aber auch nicht minder in nächtlichem Bücherstudium erreichte er, alles intuitiv erfassend, einen erstaunlichen Wissensstand. Gleich nach dem 1. Weltkrieg lockten ihn Deutschl. und Rossitten; er genoß weiterführenden Briefwechsel u. a. mit J. Thienemann, E. Hartert, O. Heinroth (s. d.), E. Stresemann, H. F. Witherby, F. C. R. Jourdain und war Mitarbeiter von O. Uttendörfer (s. d.); in den letzten 15 Jahren gingen seine Verbindungen über H. Jouard hauptsächlich nach Frankreich. Die bemerkenswerten Verlautbarungen aus seiner fleißigen Feder begannen ebenfalls mit dem Jahre 1920. Sie galten nicht nur der Biol. einzelner Arten, sondern auch anderen Gebieten der Orn. Einige seiner Arbeiten (nach R. Hainard waren es zwischen 1920 und 1946 etwa 80 Titel, darunter auch Besprechungen) mögen für die Vielfalt seiner Studien zeugen: „Sur le régime alimentaire des oiseaux" (La Terre vaudoise 18, 1926/27; 20, 1928), „Note sur les oeufs de Glaucidium passerinum" (Bull. Soc. Zool. de Genève 3, 1928), „Notes sur les oiseaux des environs de Genève" (ebd. 4, 1930), „Le Gobe-Mouche - Muscicapa s. striata dans le Jura" (ebd. 4, 1930), zus. mit H. Stadler (s. d.) „Contribution à l'étude des moeurs et de la voix de la Chouette tengmalm-Aegolius t. tengmalmi" (Bull. de la Murithienne XLVII, 1930), zus. mit H. Stadler „Aus der Brutgeschichte des Rauhfußkauzes - Aegolius tengmalmi" (B. z. F. 6, 1930), „D. Schwarzspecht in den v. d. Forleule verwüsteten Wäldern" (Orn. Mber. 38, 1930), zus. mit H. Stadler „V. d. Vogelwelt d. oberen Rhônetales" (Ber. Schles. 16, 1930/31), „Le Serin - Serinus can. ser. en Suisse occid." (Arch. suisses d'orn. 1, 1932), (viel beachtet) „Les mues et la succession des plumages chez les oiseaux" (Alauda 4, 1932), „A propos des noms franç. des oiseaux" (L'Ornithologiste 31, 1933), „Les caractères de l'avifaune du Jura" (Bull. Soc. vaud. sc. nat. 59, 1936), „Remarques sur la question de la subspécificité" (Alauda 13/14, 1941—1946), zus. mit W. Haller „Artliste d. Schweiz. Vögel" (Aarau 1946). Der zu frühe Tod brach eine Lebensarbeit von hervorragendem Gepräge. Viele wichtige, noch nicht veröffentlichte Daten seiner Aufz. wurden von N. Glutz von Blotzheim in „D. Brutvögel d. Schweiz" (1962) verwertet. Seit 1922 gehörte M. der Schweiz. Ges. f. Vogelk. . . . als wissensch. Mitarbeiter an, mit U. A. Corti zusammen gab er seit 1932 das Schweiz. Arch. f. Orn. heraus und stand in den letzten Jahren ihres Bestehens auch der Soc. Zool. de Genève als Präsident vor.
— Lit.: Nachruf (von W. Haller). Orn. Beob. 43, 1946, S. 58/59. – Nachrufe (von R. Hainard). Nos oiseaux 18, 1946, S. 169—179 (mit Bildnis u. Verz. d. Veröff.); Alauda 14, 1946, S. 180—182; Arch. suisses d'orn. 2, 1949, S. 185—192.

Michaelis, Karl, * 13. 12. 1863 Giersleben (Prov. Sachsen), † 19. 9. 1946 Vielbrunn (Odenwald). Die berufliche Laufbahn des Postmeisters berührte Darmst., Magdeb., Halberst. und (die längste Zeit) Anderbeck bei Magdeb. (aus diesen Jahren „Wasserralle bei A." in Orn. Ms. 22, 1897). Mit der Natur eng verbunden und immer nach Erweiterung seines Wissens strebend, war er ein ernsthafter Vertreter der volkstümlichen Vogelk. und des Vogelschutzes. Vor allem lag ihm der Schutz der Raubvögel am Herzen in einer Zeit, die viele Kleinvogelschützer und Jäger ohne Verständnis für diese Notwendigkeit sah. In 18 Mitt. und Nachr. für Orn. Ms. und 1 Notiz für J. Orn. veröffentlichte er zwischen 1894 und 1898 feldorn. Beob. aus der Gegend von Darmst. und dem Odenwald. Faun. Aufz. örtlicher Bedeutung

überließ er außerdem O. Kleinschmidt (s. d.), der sie in einer Arbeit über die Ornis der Umgeb. von Darmst. (J. Orn. 46, 1898) verwertete.
— Lit.: L. Gebhardt u. W. Sunkel, D. Vögel Hess., 1954, S. 77/78. - Bildnis in W. Schuster, Vogelf. v. Großhess. u. Nassau, 1941.

Michahelles, Karl, Dr. Dr., * 5. 5. 1807 Nürnberg, † 15. 8. 1834 Nauplia (Griechenland). Einer alten Theologenfamilie entstammend, studierte er zuerst ohne innere Berufung Jura im nahen Erl. 1827 aber folgte er den schon früh in ihm erwachten Neigungen zur Naturw. und studierte in Münch. so eifrig Med., daß er die Aufmerksamkeit L. Okens (s. d.) auf sich zog. Nachdem er hier 1831 zum Dr. der Med. und Chirurgie promoviert worden war, erwarb er 1832 in Erl. noch die Würde des Dr. phil. auf Grund einer Abh. über die Natur einiger Amphibien. Da sich seinem lebhaften Geist keine Aussichten für die Hochschullaufbahn zu eröffnen schienen, ließ er sich von den Wogen der philhellenischen Begeisterung nach Griechenl. tragen. Ende April 1834 landete er dort mit einem bayer. Regiment, das die Aufständischen der Prov. Maina politische Vernunft lehren sollte. Bei der Pflege von Verwundeten und Kranken holte er sich als Bataillonsarzt das Lazarettfieber und die Ruhr und starb unter den Händen seines orn. Freundes A. Lindermayer (s. d.). Zwischen 1829 und 1832 hatte er bereits Illyrien, Dalmatien und Kroatien bereist, wo er mit kritischem Verstand tatfreudigem Forscherdrang nachging. Über die Erfahrungen und Beob. auf verschiedenen zool. Gebieten berichtete er mit system. Feingefühl in der Isis 1829—1833. Als erster beschrieb er hier Motacilla flava feldegg und Sitta neumayeri. In der Fauna (2. Teil, Vogelbilder 1829 bis 1834) der Nürnb. Künstler Sturm (s. d.) fertigte er den Text zu Parus lugubris und Columba livia. Die seinem Eifer entspringenden Beitr. zur frühen naturw. Aufhellung der Dalmatinischen Inseln und Küsten machten seinen Namen rasch bekannt. C. F. Bruch (s. d.) benannte in Isis 1832 und J. Orn. 1, 1853 ihm zu Ehren die Mittelmeersilbermöwe, eine Möwe, von der H. v. d. Mühle (s. d.) 1844 sagte, daß auch Ch. v. Feldegg (s. d.) die Bezeichnung Larus michahellesi aufgestellt habe. Selbstverständlich war er rühriger Sammler. An F. A. L. Thienemann (s. d.) lieferte er Eier und Nester, und die Mus. von Münch., Würzb., Bamb. erhielten durch ihn neue, damals sehr gesuchte Tierformen aus dem südöstl. Europa. Sein Verdienst ist es schließlich, auf der Seefahrt nach Griechenl. und während der wenigen Monate, die ihm an Land noch vergönnt waren, den in den Anfängen steckenden H. v. d. Mühle zu ernsthafter Beschäftigung mit den griech. Vögeln angeregt zu haben. Die Naturw. verlor in ihm einen scharf blickenden Vertreter, von dem noch tatkräftige Förderung der Kenntnis über die griech. Tierwelt zu erwarten gewesen wäre.
— Lit.: Neuer Nekr. d. Deutschen 12, 1834, 2. Teil, S. 601—607 (Weimar 1836). - Festschr. z. Säkularfeier d. Naturh. Ges. Nürnb. 1901, S. 20/21. - Dt. Geschlechterbuch (von B. Koerner) 19, Görl. 1911 (mit Bildnis).

Michel, Julius, * 15. 10. 1859 Grottau bei Reichenberg (Böhmen), † 12. 12. 1929 Bodenbach (Elbe). Seit 1880 Lehrer in Bärnsdorf, seit 1884 in Neustadtl bei Friedland und seit 1890 in Bodenb., entwickelte er in autodidaktischer Pflege gute künstlerische Anlagen, so daß er als „Zeichenmichel" an der Bürgerschule eine geachtete Stellung errang. Vom Vater, einem Weber, frühzeitig angeleitet, war er dazu ein vielseitiger, kritischer Naturbeobachter mit einer deutlichen Vorliebe für die Ornis. Gern griff er zur Feder und stattete seine Veröff. vielfach mit schönen Bildern aus. Eine stattliche Reihe faun. und biol. Aufs. erschien von der Mitte der 80er bis in die 20er Jahre in der periodischen Presse des alten Österr.-Ung., in Orn. Ms., Zool. G., Orn. Mber., am häufigsten wohl in Mitt. Wien, Orn. Jb. und Waidmannsheil (Klagenf.). Die vogelk. Studien, die sich nicht nur auf die Umgeb. seines Wohnsitzes, sondern auch auf das mehrfach aufgesuchte Alpengebiet bezogen, brachten ihn in enge geistige Verbindung mit V. v. Tschusi, R. Eder (s. d.) und vielen anderen Freunden der Vogelwelt. Als erster entdeckte er den Halsbandfliegenschnäpper bei Bodenb. (Mitt. Wien 17, 1893). Allgemeinen Beifall fanden seine Nachr. über gründliche Erfahrungen mit dem 1890 dort ebenfalls erstmalig beobachteten Zwergfliegenschnäpper (Nordböhm. Vogel- u. Geflügelztg. 3, 1890; Orn. Ms. 16, 1891 u. 17, 1892). Diesen Vogel schloß er in sein Herz; noch als er unter dem Druck erhöhter Arbeitslast „zum vollendeten Stubenhocker umgewandelt wurde", widmete er seinem Liebling die Monate Mai und Juni unter freiem Himmel, immer neue Züge im Leben der Art aufspürend. So entstand nach 16 Jahren die Monogr. „Meine Beob. über d. Zwergfliegenschnäpper" (Orn. Jb. 18, 1907). Eine die schriftstellerische Regsamkeit abschließende Gabe wurden die „Tiere d. Heimat" (Heimatk. d. Elbegaus Tetschen 5, 1929, hrsg. v. Freien Lehrerver. d. Bez. Tetschen); der Inhalt des mit 48 Textbildern und 14 Zierleisten von der Hand des Verf. geschmückten Buches beschränkte sich auf die Wirbeltiere und war, M.s Neigung entsprechend, orn. besonders betont. Seine Balgsamml. wurde von E. P. Tratz in Salzb. erworben.
— Lit.: J. P. Pražák, Über d. Vergangenheit u. Gegenwart d. Orn. in Böhm., Orn. Ms. 22, 1897, S. 293—295. - Biogr., Bildnis u. Verz. d. Veröff. in „Tiere d. Heimat" (1929). - Nachruf (von C. Lindner). Orn. Ms. 55, 1930, S. 42/43.

Middendorff, Alexander Theodor von, Dr., * 6. 8. 1815 Petersburg, † 16. 1. 1894 Hellenorum bei Dorpat. Sohn eines livl. Grundbesitzers, studierte er Med. und Zool. in Dorpat, Berl., Erlangen, Breslau und Wien. 1839 übernahm er das Ordinariat für Zool. an der Univ. Kiew und reiste 1840 mit K. E. v. Baer (s. d.) vornehmlich zur Erforschung der Vogelwelt des Nördl. Eismeers und Lapplands. Ein Auftrag der Petersb. Akad., deren Mitglied er 1845 wurde, führte ihn dann 1843/44 nach Nord- u. Ostsibirien, und die von mehreren Gelehrten vorgenommene Bearbeitung der Ergebnisse dieser Exp. in „Reise in d. äußersten Norden u. Osten Sib." (1847—1875) sicherte seinen wissensch. Ruf. Seit 1855 ständ. Sekretär der Russ. Akad. d. Wissensch., zog er sich 1860 auf die livl. Besitzungen zurück und war hier beispielhaft tätig auf den Gebieten der Pferde- u. Viehzucht. In diesen zweiten Lebensabschnitt fielen weitere Reisen nach Westsibirien („D. Baraba“, 1876) und Zentralasien („Einblicke in d. Ferghanatal“, 1881). Er starb auf seinem Familiengut als russ. Geh. Rat und einer der ersten Zoologen, Tiergeographen und Ethnographen seiner Zeit. Um die Orn. ist er verdient durch den von ihm verfaßten Vogelband (1853) in „Reise in d. äußersten Norden u. Osten Sib. 1843 u. 1844“ und vor allem durch die Arbeit „D. Isepiptesen Rußl., Grundlagen z. Erscheinung d. Zugzeiten u. Zugrichtungen d. Vögel Rußl.“ (Petersb. Memoiren 1855); in dieser Unters. legte er, an die Wirkung des Erdmagnetismus als entscheidenden Faktor glaubend, großräumig die Rückkehr der Zugvögel (Kuckuck, Rauchschwalbe) nach Zeit und Wetterlage dar und trug wesentlich dazu bei, dem Problem des Vogelzugs als Gesamterscheinung Beachtung zu verschaffen. Sein Verhältnis zur dt. Orn. ist weniger gekennzeichnet durch kleinere Beitr. zur Naum. und zum J. Orn., als vielmehr durch die geistige Verbindung, die er mit den um die Naum. gescharten Männern, z. B. mit J. H. Blasius und H. D. F. Zander (s. d.) pflegte. Unter seinem Einfluß erlebte in den 50er Jahren die Vorstellung einer in sich geschlossenen europ. Avif. in den Köpfen dt. Ornithologen eine der ersten Erschütterungen. 1855 wurde v. M. Ehrenmitglied der DO-G; 1857 beteiligte er sich an der Ornithologenversammlung in Rostock.

— Lit.: J. T. C. Ratzeburg, Forstwissensch. Schriftsteller - Lex., 1874, S. 360 ff. - Nachruf (von H. Schalow). Orn. Mber. 2, 1894, S. 50/51. - Nachruf (von R. Blasius). Orn. Jb. 5, 1894, S. 221—233 (mit Verz. d. Veröff.). - Nachruf (von P. Leverkühn). Orn. Ms. 19, 1894, S. 99/100. - Nachruf (v. Schriftl.). Ibis (6) 6, 1894, S. 458. - Allg. Dt. Biogr. 52, 1906, S. 387—395. - F. Th. Köppen, Bibliotheca Zool. Ross. II, Petersb. 1907. - Würdigung (von G. Quäbicker). J. Orn. 90, 1942, S. 336/37. - P. B. Jürgenson, The role of Acad. A. Th. M. in the advances of Russian Zoogeogr., Bull. d. Mosk. Naturf. Ges. T. LXVI, 1961, S. 138—149. - Würdigung (von Th. Lackschewitz). Jb. d. Balt. Deutschtums 1960, S. 112—118 (mit Bildnis).

Middendorff, Ernst von, * 10. 1. 1851 Petersburg, † 19. 4. 1916 Dorpat. Er war der Sohn von Alexander Theodor v. M. (s. d.) und reiste 1870 zusammen mit dem Vater im Gefolge des Großfürsten Alexei Alexandrowitsch zu zool. und botan. Studien nach Novaja Zemlja, Lappland, Norwegen und Island. Seit 1875 bewirtschaftete er das väterliche Gut Hellenorum in Livl., bis er nach dem Tode des Vaters Besitzer der Fideikommißgüter Hellenorum und Samhof (Kr. Dorpat) und Pörrafer (Kr. Pernau) wurde. Neben der Landwirtschaft und Landesverwaltung beanspruchte ihn als Herzensangelegenheit die Vogelk., so daß er sich 1894 der DOG anschloß. Seine aus 4000 Bälgen bestehende Vogelsamml. kam nach dem 1. Weltkrieg in das Berl. Zool. Mus. Die Aufstellung der orn. Samml. im Mus. der Petersb. Akad. war in der Hauptsache gleichfalls sein Werk. Seit 1896 zählte ihn diese Akad. zu ihren Korrespondenten. Über die Vögel des Baltenlandes besaß er ein breites, aus steter Freilandbeobachtung erwachsenes Wissen, von dem er aber nur im Gespräch den rechten Gebrauch machte. Zur Feder griff er wenig, weil er sich scheute, etwas zu veröffentlichen, das nicht nach allen Richtungen ausgereift war. Er litt unter der Beklemmung, daß ihn der aufgehäufte Stoff erdrücke, und hoffte vergeblich auf den Tag, der ihm den Beginn der Hauptarbeit gestatte. Orn. Jber. aus Livl. bzw. den russ. Ostseeprov. (zwischen 1885 und 1887) in Ornis 2, 1886; 3, 1887; 6, 1890 sowie Zugberichte in Aquila 1, 1894 blieben bruchstückartige Zeugnisse seines Bemühens. Die umfangreichste Verlautbarung war das „Vogelleben an d. russ. Leuchttürmen d. Schwarzen-, Kaspischen- und Weißen Meeres“ (1891, 124 S.). Persönliche Wertschätzung, die er im Ausland genoß, fand Niederschlag in der Wahl zum Vizepräsidenten des 2. internat. Orn.-Kongr. in Budapest 1891 und in der Ernennung zum Ehrenmitglied der Ung. Orn. Zentrale 1899.

— Lit.: Nachruf (von H. v. Loudon). Aquila 25, 1918, S. 226—228. - Würdigung (von E. Kumari). Tartu, Dorpat 1963, 8 S. (russ).

Minckwitz, Silvius August von, * 12. 8. 1772 Seschwitz (Kr. Breslau), † 30. 5. 1818 Grunwitz, Kr. Wartenberg (Schlesien). Der Sproß eines schles.-sächs. Adelsgeschlechtes lebte als Erbherr auf seinem Rittergut Grunwitz. Drei Jahre studierte er in Halle Cameralia, erwärmte sich aber unter dem Einfluß seines ihn begleitenden Hauslehrers C. B. Ehrenhaus (s. d.) für die Naturw. So trat er 1792 der Leopoldina bei und erwarb das Naturalienkabinett von J. G. Hübner, der später Inspektor der zool. Samml. und Privatdozent in Halle war. Mit unermüdlichem Eifer vermehrte der wohlhabende Jüngling den Erwerb besonders durch seltene schles. Vögel und führte auch in den folgenden Jahren seine nach wissensch. Gesichtspunkten geordneten Bestände zu stets wachsender Bedeutung. Als Autorität hatte er geistige und briefliche Verbindung mit vielen bekannten Ornithologen wie J. M. Bechstein, Bernh. Meyer, G. Bekker, J. Natterer (s. d.). In unverhohlener Begeisterung glühte er für das Werk der beiden Naumanns. Johann Friedrich folgte sogar seiner Einladung und weilte 1805 drei Monate in Grunwitz, um in Ziebigk fehlende Vögel zu malen. Bald nach dem Tode des warmherzigen Naturfreundes wurde die ungemein reichhaltige Samml., die den größten Teil seines Vermögens darstellte, der Univ. Breslau zum Kauf angeboten. Als die Verhandlungen ergebnislos verliefen, ging sie in den Besitz des Zool. Mus. von Warschau über; dort verbrannte sie 1935.

— Lit.: P. Thomsen, D. Korr. d. Naumanns mit S. A. v. M., Ber. Schles. 16, 1930, S. 1—16 u. 63—79 (mit Bildnis). - Ders. u. E. Stresemann, Naumann-Biogr., 1957.

Mitterpacher, Ludwig, * 25. 8. 1734 Bellye (Donau), † 24. 5. 1814 Budapest. Erst Prof. der Phys., Phil. und Naturw. am Theresianum in Wien, vertrat der Jesuitenpater später Math., Landw. und Naturw. an der Univ. von Buda

und schließlich in Pest. Als einer der Wegbereiter der feldorn. Erkundung und wissensch. Vogelk. schrieb er zusammen mit M. Piller (s. d.) „Iter per Posegnam Sclavoniae provinciam mensibus Junio et Julio anno 1782“ (Buda 1783). Um ihre Beob. in den zool. noch unerschlossenen Gegenden weiterzugeben, berichteten die beiden Freunde u. a. ausführlich über den Besuch in der später berühmt gewordenen Reiherkolonie des Kologyvárer Ursumpfes und lenkten so erstmalig die Aufmerksamkeit auf eine derartige Brutgesellschaft. Außerdem stellten sie die gesammelten Tiere, darunter die Vögel vor; eine Neubeschreibung bezog sich auf Accipiter gentilis marginatus. Nicht geringes, Jahrzehnte hindurch wirksames lit. Verdienst um die Verbreitung naturk. Wissens in Ung. ist zudem mit M.s zool. Lrb. „Primae lineae historiae naturalis“ (1795) verknüpft, das unter dem Titel „Compendium historiae naturalis“ (1799) eine erheblich erweiterte Aufl. erreichte und in der ziemlich eingehenden Darstellung der ung. Vögel bereits faun. Elemente aufwies. Der Verf. bediente sich in seinen Veröff. auch schon der dt. und serbischen Sprache.
— Lit.: Pallas Lex. 12, 1896, S. 710.

Młokosiewicz, Ludwig, * 1831 Warschau, † 1909 Daghestan (Kaukasus). Zuerst Offizier im russ.-kaukasischen Heer, wurde er 1879 Oberförster in Daghestan und später in Lagodechien. In seinen Revieren bot sich ihm sachkundig genutzte Gelegenheit zur Erforschung der Fauna des Kaukasus und Persiens. Viele ausländische Mus. belieferte er mit Sammlungsmaterial; den Vorrang hatte dabei das Mus. Branicki (s. d.) in Warschau. Obwohl seine ausgezeichneten feldorn. Kenntnisse und sein Geschick als Forscher in der poln. und russ. Wissensch. hoch eingeschätzt waren und mehrere Formen nach ihm benannt sind, wurden Veröff. aus seiner Feder kaum bekannt. Nur zur Biol. des von ihm entdeckten kaukas. Birkhuhns, das L. Taczanowski (s. d.) als Tetrao (Lyrurus) mlokosiewiczi beschrieb, soll er sich im Schrifttum geäußert haben. Er war ein gewandter Bergsteiger und starb auf einer Wanderung im Hochgebirge von Daghestan.
— Lit.: Biogr. Notiz (von A. Reichenow u. H. Schalow). Orn. Cbl. 6, 1881, S. 140. - G. Brzęk, D. Goldene Zeitalter d. Poln. Orn. (Poln. mit engl. Zusammenfassung), Memorabilia Zool. 3, Warschau 1959.

Moebert, Friedrich, * 12. 12. 1890 Stedten (Kr. Eisleben), † 13. 6. 1957 Hamburg. Als sammelfreudiger Sohn eines orn. aufgeschlossenen Landwirts lernte er 1909 durch E. Rey (s. d.), mit dem er zusammen wandern durfte, das richtige Präparieren der Eier. Ursprünglich war er Seemann, wurde aber nach schwerer Verwundung im 1. Weltkrieg Zollgrenzbeamter und 1945 techn. Assistent an der psychiatr. Univ.-Klinik Hamb.-Eppendorf. Die rechte ool. Zielstrebigkeit begann bei ihm, nachdem er 1921 F. Groebbels (s. d.) kennengelernt hatte. Fortan blieb er dessen enger und ständiger Mitarbeiter. Seit dieser Zeit schuf er in mustergültiger Methode eine Eiersamml. von 8000 Stücken, in der 263 europ. Arten vertreten waren; und unermüdlich unterstützte er F. Groebbels beim erstmaligen Aufbau von reichem Material an Frischvollgewichten der Eier. Eine Reihe von Gemeinschaftsarbeiten ool., fortpflanzungsbiol., faun. und ökol. Inhalts erschienen, von beiden Freunden verantwortlich gezeichnet, zwischen 1926 und 1955 in B. z. F., Dt. Vw., Falco, J. Orn., Mitt. Schlesw.-Holst., Orn. Mber., Orn. Mitt., Orn. Ms. und Verh. Bay. Neben F. Groebbels und H. Kirchner beteiligte er sich ferner mit den Ergebnissen seiner Serienmessungen u. -wägungen an den „Orn. Hilfstabellen“ (Berl. 1936—1938) und stand in regem Gedankenaustausch mit dem ebenso wissensch. denkenden M. Schönwetter (s. d.). Im Juli 1943 ging seine ganze Samml. (mit Ausnahme der dazu gehörigen Protokolle) durch Fliegerbomben zugrunde. Nach Kriegsende machte er sich zwar angefeindet, doch ungebrochen erneut ans Werk und gestaltete vor allem eine wertvolle, dem Mus. von Altona einverleibte Kollektion von Kuckuckseiern mit den Gelegen der Wirtsvögel aus der Gegend von Hamb., Nordhann. und der Nordmark. Hand in Hand damit gingen planvolle feldorn. Unters. über die Lebensgewohnheiten des Kuckucks; mit selbständigen Veröff. legte er Rechenschaft ab in „D. Vogelbestand d. Elbinsel Pagensand . . .“ (Mitt. Schlesw.-Holst. 5, 1952), „Beitr. z. Brutbiol. d. beiden Rohrsängerarten Acrocephalus scirp. u. pal. u. ihre Beteiligung an d. Aufzucht d. Kuckucks b. Hamb.“ (ebd. 5, 1952) und „Beitr. z. Fortpfl.-Biol. d. Kuckucks . . . “ (ebd. 7, 1954). In den letzten Jahren hatte er zudem die Geschäftsstelle der Faun. Arbeitsgemeinschaft für Schlesw.-Holst., Hamb. u. Lüb. inne; und seiner Rührigkeit ist es zu danken, daß der Orn. Ver. z. Hamb., dem er seit 1921 angehörte, die schwere Lage nach 1945 überstand. Mit ihm ging einer jener autodidaktisch gewachsenen Oologen dahin, die sich ernsthaft in den Dienst der Wissensch. stellten und so über die nur spielerische Liebhaberei erhoben. In G. Niethammers Hdb. d. dt. Vogelk. und in F. Groebbels „D. Vogel“ (1932, 1937) ist sein Name als Autor für die Maße und Frischgewichte dt. Vogeleier an vielen Stellen festgehalten. Sein Grab befindet sich auf dem Ohlsdorfer Friedhof.
— Lit.: Nachruf (von F. Groebbels). Vw. 78, 1957, S. 192/93. - Nachruf (von H. Kirchner). Mitt. Schlesw.-Holst., N. F. 10, 1957, S. 57/58. - Würdigung (von dems.). Abh. Hamb., N. F. 6, 1961 (1962), S. 40—43 (mit Bildnis u. Verz. d. Veröff.).

Möbius, Karl August, Dr., * 7. 2. 1825 Eilenburg (Provinz Sachsen), † 26. 4. 1908 Berlin. Der Lebensweg des Stellmachersohnes kennzeichnet sich kurz in den Daten: 1844 Lehrer in Seesen, 1849 Studium der Zool. in Berl., 1853 Gymnasialoberlehrer in Hamb., 1868 Prof. d. Zool. in Kiel, 1887 Direktor des Mus. f. Naturk. in Berl. Lehre und Forschung begegneten sich in seiner Person zu fruchtbarem Zusammenklang. In Kiel entfaltete sich die Vielseitigkeit und der volle Reichtum seines Schaffens. Es galt der wissensch. Unters. vor allem der wirbellosen Meerestiere in der Ostsee sowie der tropischen Meeresfauna (Exp. nach Mauritius 1874/75) und lenkte ihn auf Fragen auch wirtschaftlicher

Natur (Zucht der Auster und Miesmuschel). Nachdem er schon in einer „Fauna d. Kieler Bucht" (1. Bd., 1865) die Umweltsbedingungen der Tiere in neuer Betrachtungsweise berücksichtigt hatte, führte er 1877 auch den Begriff der Lebensgemeinschaft = Biozönose in den Sprachschatz der Wissensch. ein. Musealen Fortschritt bedeutete dann die von ihm durchgeführte Abtrennung einer belehrenden Schausamml. von der der Forschung dienenden Hauptsamml. im neuerrichteten Berl. Mus. Die reine Forscherarbeit mußte zwar nach 1887 hinter der zeitraubenden Verwaltungsaufgabe etwas zurücktreten, doch legte er gerade in seinen späten Berl. Jahren die reifste Lebensanschauung in der „Ästhetik d. Tierwelt" (1908) nieder. Dieser Rahmen enthielt auch die „Formen, Farben u. Bewegungen d. Vögel ästhetisch betrachtet" (Sb. Akad. d. Wissensch. Berl. 8, 1904). Außerdem sind, meist der Anfangszeit zugehörig, einige vogelk. Beitr. faun. und biol. Inhalts bekannt: „Saatkrähen u. Dohlen b. Kiel" (Zool. G. 11, 1870), „Ein Besuch d. Insel Sylt im Mai 1871" (ebd. 12, 1871), „Norderoog, ein Brutplatz d. Brandseeschwalbe - Sterna cantiaca im Schlesw. Wattenmeere" (ebd. 13, 1872), „Nester d. Saatkrähe" (Schr. Schlesw.-Holst. 1873), „Ein Beitr. z. Fortpflanzungsgesch. d. Kuckucks" (ebd. 1886), „D. Wandern d. dt. Sommervögel" (Himmel u. Erde 12, 1899). Er starb als Geh. Reg.-Rat, hochverdient um Wissensch. und Belehrung. Obwohl er seit 1870 Mitglied der DOG war, rechnete er nie zu den Vertretern der Orn. Da sie aber aus seinen ökol. Erkenntnissen und seiner mus. Tätigkeit Nutzen zog, dürfte die Erwähnung hier gerechtfertigt sein.

— Lit.: E. Alberti, Lex. d. Schlesw.-Holst. . . . Schriftsteller . . . 2, 1886, S. 48—52. - F. Dahl, K. A. M., ein kurzes Lebensbild . . ., Zool. Jb. Suppl. 8, 1905, S. 1—22 (mit 4 Bildnissen u. Verz. d. Veröff.). - Nachruf (von R. v. Hanstein). Naturw. Rdsch. 23, 1908, S. 361—373. - Nachruf (von H. Conwentz). Schr. Danz., N. F. 12, 1909, S. XVIII—XX. - Nachruf (von C. Matzdorff). Mh. f. d. Naturw. Unterricht . . . 2, 1909, S. 433—448.

Möhring, Paul Heinrich Gerhard, Dr., getauft 22. 7. 1710 Jever, † 28. 10. 1792 Jever. Sohn eines aus Zerbst stammenden Gymnasialdirektors und Theologen, studierte er in Danz. und Wittenb. Med., machte dann von Zerbst aus zu einer beruflichen Weiterbildung eine größere Reise und ließ sich als Arzt in Jever nieder. Hier brachte er es zu Ruf und einer großen Praxis. 1742 wurde er Garnisonarzt, Stadt- und Landphysikus und im Jahr darauf Leibarzt und Hofrat. Er war Mitglied angesehener Gelehrter Gesellschaften und unterhielt neben einer kostbaren Bibliothek eine Samml. von Naturalien. Unter vielen Veröff. stammt von ihm auch ein orn. Werk, betitelt „Avium Genera" (Brem. 1752); 1758 folgte eine neue Aufl. und zugleich, übertragen von C. Nozemann und vermehrt von A. Vosmaer, eine holl. Ausg. unter dem Titel „Geslagten d. Vogelen". Von dieser 2. Aufl. erschien 1906 ihrer Seltenheit und zeitweilig nomenkl. Bedeutung wegen ein Faksimiledruck. Wie J. Th. Klein (s. d.) versuchte er sich darin im Sinne Linnés an einer „Einteilung d. Vögel, wie sie d. Natur entspricht". Wenn ihm als Schlüssel auch die Merkmale von Lauf, Fuß, Zehen, Schnabel, Flügel usw. dienten, so kam er doch zu anderen Ergebnissen als der schwed. Lehrmeister. Seine Gattungsdiagnosen mußten unvollkommen bleiben, allein schon deshalb, weil es ihm am nötigen Anschauungsmaterial fehlte. Jedenfalls erwies er sich aber durch Arbeitsmethode und Selbständigkeit der Beob. als einer der ersten Wegbereiter zur neuen Klassifikation. Eine noch umfangreicher gedachte und schon weit gediehene Darstellung, die über 200 „genau nach der Natur gemachte Beschr." von Vögeln enthalten sollte, kam nicht mehr zustande; die letzten 14 Jahre seines Lebens war M. blind. So gingen die Erfahrungen eines fleißigen, erprobten Kenners der oldenb. Ornis im 18. Jahrh. der Wissensch. verloren.

— Lit.: Würdigung (von R. Tantzen). Oldenb. Jb. 50, 1950, S. 248—255.

Möschler, Albert, * 7. 11. 1864 Kronförstchen (Kr. Bautzen), † Ende Januar 1945 Kurische Nehrung. Vom Großvater (Naturalienhändler) und Vater (Schmetterlingsammler u. -kenner), die beide Kaufleute in Herrnhut waren, lag ihm die Beschäftigung mit der Tierwelt im Blute; so wurde er 1889 Präparator in Bautzen. 1895 lockten ihn die Spuren seines Vetters W. Baer (s. d.) nach Rossitten mit dem Ergebnis, daß er den Posten eines Gehilfen von C. Floericke (s. d.) wählte, der damals bei der einheimischen Bevölkerung noch in hohem Ansehen stand. Als er aber auf Anregung von G. Radde (s. d.) im Januar 1896 nach dem Kaspischen Meer fuhr, um zusammen mit Floericke dort zu sammeln, erwartete ihn die erste Enttäuschung. Floericke ließ ihn ein halbes Jahr allein und ohne Bezahlung in Lenkoran sitzen. Nach dieser üblen Erfahrung übernahm er 1897 die Präparatorenstelle am Physiol. Inst. in Königsb., ging 1898 mit G. Rörig (s. d.) nach Berl., wechselte 1900 nach Darmstadt über und kehrte, weil sich nirgends eine Aufstiegsmöglichkeit für ihn bot, 1905 nach Rossitten zurück (wo er lange Rechner des Dünenbauamtes war). Spannungen mit J. Thienemann (s. d.) veranlaßten ihn, sich 1916 von der Vogelwarte zu lösen und selbständig weiterzuarbeiten. Seit 1926 in der gesicherten Stellung eines Oberpräparators am Zool. Inst. Königsb., gestaltete er die dortige Ostpr.-Samml. ungemein reichhaltig aus. Im Alter von über 70 Jahren packte ihn schließlich erneut die Sehnsucht nach Rossitten, und er machte sich weiterhin, wie früher, durch meisterhaft hergestellte Präparate um das Mus. der Vogelwarte hochverdient. Nebenher ging er, immer rüstig, unermüdlich faun. Neigungen nach. Sie galten nicht nur der Vogelwelt. So entdeckte er schon 1911 die Imago der Elchrachenbremse wieder und tat sich durch eingehendes Studium der ostpr. Bienenfauna hervor; über beide Gebiete hinterließ er wichtige Veröff. In der orn. Lit. machte er indes von seinem Wissen kaum Gebrauch. Das Leben begegnete ihm mit harten Fügungen, die ihn innerlich nie ganz zur Ruhe kommen ließen. Tragisch war auch das Ende des durch lautere Gesinnung ausgezeichneten Mannes. Seit dem Einmarsch der Russen steht sein Name auf der langen Liste der Vermißten.

— Lit.: Nachruf (von W. v. Sanden). Ostpr.-Warte, Göttingen 1950, Nr. 5/6, S. 11. - Nachruf (von E. Schüz). Vwa. 16, 1951, S. 5.

Mojsisovics Edler von Mojsvar, August, Dr., * 18. 11. 1848 Wien, † 27. 8. 1897 Graz. Sohn eines Arztes, begann er 1867 in Wien Med. zu studieren. Ein Semester in Jena 1869 ließ ihn aus Verehrung für E. Häckel zur Zool. überschwenken und die wissensch. Laufbahn einschlagen. Deren Stationen waren: 1876 Privatdozent an der Univ. Graz, 1877 Habilitierung auch an der Techn. Hochschule Graz, 1880 ao. Prof., 1890 Kustos der zool. Abt. am Landes-Mus. Graz, 1894 dort o. Prof. Als er in „Streiftouren im Riedterrain v. Bellye ... " (Mitt. Steierm. 1881) einen Ber. über das ihm seit 1879 bekannte Vogelleben in den Auen der mittleren Donau brachte und damit Beifall fand, entschloß er sich zu weiteren biol. Forschungen in der damals kaum noch entseelten Sumpflandschaft des südl. Ungarn. Die Erfahrungen und das Riedmus. J. Pfennigbergers (s. d.) boten seinen Unters. fruchtbarste Unterlagen. Ertragreiche Verlautbarungen waren u. a. „Z. Fauna v. Bellye u. Darda" (ebd. 1883 u. 1884), „Zoogeogr. Notizen über Süd-Ung." (mit einem 3. Verz. v. 243 Vogelarten) (ebd. 1889), „Biologisches u. Faunistisches über Vögel u. Säugetiere Süd-Ung. u. Slavoniens in d. J. 1884 u. 1885" (ebd. 1889), „D. Vögel d. Draueckes u. d. angrenzenden Gebiete" (Orn. Jb. 6, 1895). Die hierher gehörenden Veröff. verrieten die intellektuelle Verantwortlichkeit des Verf. und waren kritisch gesichtete Ergänzungen zu früheren Forschungen, z. B. zu denen Ch. L. Landbecks (s. d.). Weitergreifenden Inhalt hatten die von Kronprinz Rudolf (s. d.) angeregten umfangreichen Arbeiten „Zool. Übersicht d. österr.-ung. Monarchie" im Kronprinzenwerk „Österr.-Ung. in Wort u. Bild" (1887) und die biol. und tiergeogr. Skizzen in dem gut illustrierten „Tierleben d. österr.-ung. Tiefebenen" (1897). Auch diese selbständigen Werke waren mit großem Fleiß geschrieben, wiesen aber, für ein breites Leserpublikum bestimmt, manche Irrtümer und Lücken auf. M. war der Typ des wenig glücklich veranlagten Menschen. „Vorerst etwas befangen durch den modernen akad. Katheder-Standpunkt", hatte er es gewagt, die anat. Richtung zu verlassen und zur faun. Forschung überzugehen. Der Wechsel trug ihm zwar die Freundschaft des Kronprinzen und andere Anerkennungen z. B. für den Ausbau des Landes-Mus. ein; auch wurde er Ehrenmitglied des ung. Ausschusses für die Vorbereitung des 2. internat. Orn.-Kongr. (Budapest 1891) und Mitglied des (arbeitsunfähigen!) ständigen internat. orn. Komitees. Trotzdem fühlte er sich bei vielen Gelegenheiten zurückgesetzt und sah sich auf einem akad. Dornenweg. Als neben den Pflichten für die Professur die biol.-ökol. Studien, angetrieben durch die Samml. für sein Inst. und später für die Mus.-Einrichtung, immer größere Ausdehnung gewannen, war das Maß der ihm zugeteilten und unermüdlich genutzten Kräfte frühzeitig ausgeschöpft.

— Lit.: Nachruf (von A. R. v. Heider). Mitt. Steierm. 34, 1897, S. 109—118 (mit Bildnis u. Verz. d. Veröff.).

Molnár (= Müller), Béla (= Adalbert), * 13. 4. 1888 Szarvas, Komitat Békés (Ungarn), † 15. 10. 1944 Szarvas. Er war Lehrer in Pöstyén, Nyirta (heute Slowakei), Nagyvárad (heute Rumänien), später in Orosháza und Szarvas. 40 Jahre beschäftigte ihn die Biol. des Kuckucks in den über viele Kilometer sich erstreckenden Rohrwäldern des Flußarmes Old-Körös. Über seine Feststellungen berichtete er in Aquila, Kócsag, meist aber im Selbstverlag. Einen Abschluß bildete die zusammenfassende, engl. geschriebene Arbeit „D. Kuckuck in d. ung. Ebene" (Aquila 51—54, 1944—1947); sie stützte sich auf 277 Beobachtungsserien zwischen 1939 und 1944 und brachte ein Verz. der mit dem Jahre 1935 einsetzenden Veröff.

— Lit.: Nachruf (von A. Keve u. F. Lévay). Aquila 51—54, 1944—1947, S. 99/100.

Molnár (= Müller), Ludwig, * 15. 9. 1853 Körmend (Komitat Eisenburg = Vas), † 1. 3. 1942 Molnaszecsöd (Komitat Eisenburg). Als Notar in Molnaszecsöd widmete er fleißige Freilandstudien der Vogelwelt des Komitates Eisenb. Viele faun. Veröff. aus seiner Feder standen in Vasi Szemle (= Ber. über Kom. Eisenb.) und anderen ung. Zeitschr., seit 1928 auch in Aquila. Seine Samml. — sie wurde während des 2. Weltkrieges zum größten Teil vernichtet — kam nach Steinamanger (= Szombathely). Mit Béla M. (s. d.) war er nicht verwandt.

— Lit.: Nachruf (von A. Keve). Aquila 46—49, 1939—1942, S. 525.

Moyat, Jakob, * 1861 Mainz, † 12. 7. 1933 Mainz. Wegen eines Nervenleidens mußte er nach 6 Semestern das med. Studium aufgeben, wurde Kaufmann, zog sich so viel wie möglich aus der Öffentlichkeit zurück und galt als Sonderling. Aus Angst vor einer Zugentgleisung wagte der Junggeselle nur dreimal die Vaterstadt mit der Eisenbahn zu verlassen! Vereinsamt beschäftigte er sich in bescheidener Behausung mit der Pflege der seltensten ausländischen Vogelarten. Faun. Genüsse mußte er sich versagen. Doch erfüllte ihn eine ungemein fruchtbar wirkende bibliophile Neigung. Außer der periodischen Lit. und seltenen Vogelwerken sammelte er jahrzehntelang unter erheblichen geldlichen Opfern Tagebücher, Briefe, Handschriften und Bilder aus den Anfängen der dt. Vogelk. Die größte Freude hatte er an Stücken, die sich auf die Familie Naumann bezogen. Er war der damals am besten unterrichtete Naumann-Kenner und besaß die reichste Bibliothek mit Naumannischen Veröff. Die Bücherschätze stapelte er still für sich in seiner alten Wohnung und ließ auch nichts von seinem bedeutenden Wissen durch den Druck nach außen dringen. Die von W. Schuster (s. d.) besorgte Bekanntgabe der Tagebücher des Frhr. F. H. v. Kittlitz (s. d.) in J. Orn. 54, 1906 erfolgte wahrscheinlich ohne seine Zustimmung. Erst nach seinem Tode sollte, so wollte es der Wille des der Außenwelt Entrückten, die Wissensch. Nutzen ziehen aus seinem Lebenswerk. Die kostbaren Seltenheiten und alle Zeitschriften-

bestände vermachte er der Stadtbibliothek von Mainz und dem Naumann-Mus. in Köthen, auf nicht alltägliche Art einen ehrenvollen Namen in der Geschichte der dt. Orn. hinterlassend.
— Lit.: Nachruf (von Schriftl.). Orn. Mber. 41, 1933, S. 160. - Würdigung (von J. Steinbacher). Ebd. 42, 1934, S. 128. - L. Gebhardt u. W. Sunkel, D. Vögel Hess., 1954, S. 105.

von der Mühle, Heinrich Graf, * 25. 10. 1810 Nürnberg, † 24. 10. 1855 Schloß Leonberg bei Regensburg. Erst 1840 nahm er den dt. Namen an. Sohn des franz. Generals Dumoulin, wuchs er in der Zucht des Grafen Eckart, seines Großvaters, in Regensb. auf und fand durch die Freude an der Vogelhaltung und der Jagd in der Umgeb. des Familiengutes Leonb. den frühen Weg zur Orn. In Straßb. erwarb er den Grad eines Baccalaureus und trat 1828 als Kadett in ein Münch. Artillerieregiment ein. Nachdem er noch in einem österr. Regiment Dienst getan hatte, ging er im Frühjahr 1834 mit einem bayer. Korps nach Griechenl., wo seit 1832 der bayer. Königssohn als Otto I. regierte. Die Truppe war dazu bestimmt, die aufständische Prov. Maina zu befrieden. Auf der mehrere Wochen dauernden Fahrt entlang der Westküste der Balkanhalbinsel und erst recht in den Bergen und Sümpfen der Maina (von Nauplia aus) wuchs dem Soldaten willkommene orn. Erfahrung zu, zumal er sich der Förderung des ebenfalls an der Exp. beteiligten K. Michahelles (s. d.) erfreuen durfte. Als er nach dem frühen Ableben dieses Freundes noch dessen orn. Bücher erwerben konnte, nahm die seitherige Liebhaberei und Sammeltätigkeit wissensch. Richtung an. J. F. Naumann erhielt von ihm Ber. sowie südeurop. Bälge und überprüfte zum Dank vor dem Druck des Grafen „Beitr. z. Orn. Griechenl." (Leipz. 1844, 152 S.), die in Fachkreisen ebenso Beifall fanden wie die ein Jahr vorher erschienenen „Vögel Griechenlands" von A. Lindermayer (s. d.). Obwohl die neue Veröff. über das bis dahin orn. brachliegende Land fast nur auf Beob. aus dem Peloponnes beruhte, brachte sie in sprachlich schöner Form eine Fülle persönlicher Erfahrungen des Verf. und Nachr. von 321 Arten. Als M. im Juli 1838 Griechenl. verließ, führte er eine stattliche Samml. mit sich, die nach seinem Tode in den Besitz des Zool.-min. Ver. zu Regensb. überging. Die weitere Beschäftigung mit der heimatlichen Vogelwelt äußerte sich lit. in der Isis, ferner als Beitr. „Über d. Beob. d. period. Erscheinungen in d. Natur" (Korr. Regensb. 1, 1847), als Zusätze zur „Bayer. Zool." von K. L. Koch (s. d.) (ebd. 2, 1848), als Anmerk. zu den „Materialien z. Bayer. Orn." von A. J. Jäckel (s. d.) (Abh. Regensb. 1, 1849) und in der lebendigen Schilderung der „orn. Fundgrube" auf den sandigen und kiesigen Ablagerungen der Donau zwischen Donauwörth und Ingolstadt unter dem Titel „D. Donau-Schütten" (Korr. Regensb. 7, 1853). Posthum kam noch, von A. J. Jäckel besorgt, die „Monogr. d. europ. Sylvien" (Abh. Regensb. Heft 7, 1856) heraus; sie galt der System. einer Vogelfamilie, die schon des Knaben besondere Aufmerksamkeit auf sich gelenkt hatte. Die feldorn. Wachsamkeit des Grafen und bayer. Kürassier-Leutnants lieferte A. J. Jäckel vielfach Bausteine für die „System. Übersicht d. Vögel Bay. . . ." (1891).
— Lit.: Nachruf (von Fr. J. Schuch). Korr. Regensb. 9, 1855, S. 171—181. - Bildnis in O. Reiser, Materialien z. Ornis Balcanica, Bd. 3, Griechenl., 1905.

Mühlemann, Hans, * 17. 7. 1862 Aefligen, † 23. 12. 1945 Aarberg (Kanton Bern). Er war Lehrer und trat nach 40jährigem Dienst 1929 in den Ruhestand. Der Liebhaber-Vogelfreund entwickelte sich im Laufe der Jahre durch Freilandstudien zum verdienstvollen Kenner der Ornis des bernischen Seelandes. Seine Beobachtungsgebiete, über die er ab 1911 Tagebuch führte, lagen in erster Linie im Aaregrien, am Hagneckkanal und im Großen Moos. Seit der Gründung der Schweiz Ges. f. Vogelk. . . . war er Vorstandsmitglied und schrieb seit 1903 im Orn. Beob. Neben A. Heß, A. Matthey-Dupraz, G. v. Burg (s. d.) stand sein Name unter dem Aufruf „Z. Beringung d. Zugvögel in d. Schweiz" (Orn. Beob. 8, 1911). So war er einer der Pioniere, die die Anwendung von Vogelringen auch in der Schweiz zu fördern trachteten und dazu Ringe auf eigene Kosten herstellen ließen. Proben der von ihm veröffentlichten Beitr. sind „Beob. über d. Mauersegler" (Orn. Beob. 8, 1910), „Z. Vorkommen d. Kukkucks" (ebd. 11, 1914), „Veränderungen im Bestand d. Vögel" (ebd. 13, 1915), „Beob. aus d. bernischen Seeland" (ebd. 15, 1917/18), „Herbst- u. Winterbeob. 1919 aus d. bernischen Seelande" (17, 1919/20).

Mühr, Johann Baptist, * 28. 10. 1819 Mainz, † 22. 6. 1903 Wildungen. Er besuchte das Seminar in Bensheim, unterrichtete als Reallehrer von 1863 ab Math. und Naturk. in Bingen und wurde 1873 Direktor des Bensheimer Seminars. Allgemein naturw. interessiert, schrieb er von 1866 ab im Programm der Binger Realschule über die „Fauna d. näheren Umgeb. v. Bingen". Der den Vögeln gewidmete Teil ist der einzige und dazu nicht hochgewichtige orn. Beitr. des Schulmanns. Reizvoll wirkt u. a. die Stelle, an der er den Blick nach rückwärts schweifen läßt und schreibt: „Es konnte für eine ganze Reihe von Vögeln, insbesondere für Wasser- u. Sumpfvögel aller Art keinen günstigeren Aufenthaltsort geben als das am Einfluß der Nahe gelegene sogenannte Grün, wie es in früheren Jahren vor der Errichtung der Eisenbahnstation Bingerbrück war". Im übrigen gehörte der Verf., der als Geh. Schulrat starb, zu denen, die noch Brutplätze des Steinrötels kannten, dem Girlitz an der Nahe aber noch nicht begegneten.

Müller, Adolf, * 16. 1. 1821 Friedberg (Hessen), † 18. 1. 1910 Darmstadt. Seit 1858 war er Oberförster in Gladenbach (Kr. Biedenkopf), seit 1877 in Krofdorf (Kr. Wetzlar). Den Ruhestand verlebte er seit 1891 in Darmst. Vom Vater, einem bekannten hess. Schulgesangspädagogen, hatte er eine so starke musische Ader, daß er sich im Mannesalter sogar mit Goethes Genius zu messen wagte. Als er einen neuen Faust schrieb und eine empfindliche Niederlage hinnehmen mußte, verlor er trotzdem nicht den

Glauben an die eigene Größe. Diese Selbstüberschätzung hinderte ihn auch, in seiner fruchtbaren lit. Rührigkeit auf dem Gebiete der Vogelk. die kritische Sonde gegen sich selbst anzusetzen. Mit vielen Naturforschern stand er in geistigem Austausch; unter ihnen waren A. E. Brehm und Kronprinz Rudolf v. Österr. (s. d.). Unter Brehms Einfluß wurde er nicht müde, die Tierseele zu vermenschlichen und dichterisch zu verklären. Mit der höchsten Aufwallung persönlicher Reizbarkeit erhob er daher gemeinsam mit dem Bruder Karl M. (s. d.) in J. Orn. 16, 1868 die Stimme gegen B. Altum (s. d.), als dieser in „D. Vogel und sein Leben" (1868) sich zum Instinktbegriff bekannte. Seit 1864 meldete er sich in Zeitschr. (Aus d. Heimat, Zool. G., Gartenlaube) mit gemütvollen Schilderungen seiner Vogelbeobachtungen. Weite Verbreitung fanden daneben selbständige Werke, die durch eine ansprechende Note der Stimmungslage des vogelfreundlichen Bürgerhauses besonders entgegenkamen und mit z. T. recht gut gelungenen Bildern und Holzschnitten — einige brachte auch P. Matschie (s. d.) in den „Bildern aus d. Tierleben" (1890) — von seiner Hand geschmückt waren. Die viel gekauften Bucherzeugnisse waren „Charakterzeichnungen d. vorzüglichsten dt. Singvögel" (1865), „Gefangenleben der besten einheimischen Singvögel" (1871), „D. einheimischen Säugetiere u. Vögel nach ihrem Nutzen u. Schaden in d. Land- u. Forstw." (1873), „Tiere d. Heimat" (2. Bd. Vögel 1883 u. 1894). In der ernsthaften Forschung endete allerdings seine Laufbahn mit einem peinlichen Mißklang, als er auf den Gedanken kam, den europ. Kuckuck brüten zu lassen (Zool. G. 9, 1868; 29, 1888 u. Gartenlaube 21, 1873; 36, 1888; „Tiere d. Heimat", 2. Aufl. 1894). Auch das Wohlwollen der vielen naturw. Freunde konnte solche Entgleisung nicht gutheißen. Und erfahrene Sachkenner wie A. Walter (s. d.) (J. Orn. 37, 1889; 41, 1893) und E. Rey (s. d.) (Orn. Mber. 3, 1895) enthüllten die „Entdeckung" als Selbsttäuschung, Verirrung der Phantasie oder gar als „Attentat auf die Wissensch." Im Abwehrkampf ging der Stern des Mannes unter. Schweigen legte sich um ihn, während er selbst bis zum Tode von der Wahrheit seiner Feststellung überzeugt blieb. Als er starb, war er trotz seiner Verdienste um die volkstümliche Vogelk. in Fachkreisen so gut wie vergessen und teilte dieses Schicksal mit seinem Bruder Karl M.

— Lit.: Nachruf (von W. Schuster). Zool. Beob. 52, 1911, S. 153/54. - Würdigung (von L. Gebhardt). Gef. W. 68, 1939, S. 40—42, 56/57, 61/62, 81/82, 86/87. - Ders. u. W. Sunkel, D. Vögel Hess., 1954, S. 70/71 (mit Bildnis u. Verz. d. Veröff.).

Müller, Anton, * 1799, † 3. 7. 1864 Fünfhaus bei Wien. In Brünn war er bis 1851 Kreisamtskanzlist. Durch faun. forschendes Interesse eilte er dem Denken seiner engeren Umwelt voraus. Ihn bewegte der Plan, eine „Fauna v. Mähren" zu schaffen, die nach dem Vorbild von J. M. Bechstein (s. d.) in 4 Bänden die Säugetiere, Vögel, Amphibien und Fische umfassen sollte. Trotz langer Vorarbeiten konnte das Werk nicht erscheinen; es scheiterte an der Ungunst der Verhältnisse und der Gleichgültigkeit der Zeitgenossen. Inmitten des Tiefstandes naturw. Bedürfnisse im damaligen Österr. gelang es ihm wenigstens, Wissen und Erfahrung auf seinem Lieblingsgebiet, dem der heimatlichen Vogelk., zu ordnen und zu registrieren. So konnte er neben einigen kleineren Abh. in den Mitt. des Franzens-Mus. ein „Verz. d. in Mähr. vorkommenden Vögel..." (Brünn 1830) hinterlassen, das zusammen mit der Liste von J. Spatzier (s. d.) aus d. J. 1831/32 den in Mähr. erreichten orn. Wissensstand kennzeichnete und erst in A. Heinrichs (s. d.) Veröff. (1856) und A. Schwabs (s. d.) Arbeiten (1854, 1868) Nachfolge und Forts. fand. In seinem Verz. gab M. einer in Mitteleuropa gelegentlich auftretenden und von ihm im Juni 1826 gefangenen Variante des Acrocephalus palustris (mit heller Schwanzbinde) den Namen Calamoherpe Brehmii, obwohl ihm bekannt war, daß M. Bechstein sie schon 1795 Motacilla fasciata benannt hatte. Beschreibung und Namengebung gaben Anlaß zu verschiedenen auch die Haltung Ch. L. Brehms (s. d.) betreffenden Veröff., nachdem H. Schalow (s. d.) zu Anfang dieses Jahrh. das bis dahin unbekannte Msk. M.s in der Bibliothek der orn. Abt. des Berl. Zool. Mus. entdeckt hatte, vgl. dazu H. Schalow, „Über Calamoherpe Brehmii Müller" (J. Orn. 62, 1914); V. v. Tschusi, „Einige Worte über A. M." (Orn. Mber. 22, 1914); ergänzende Bem. H. Schalows zu A. M. in der Aprilsitzung der DOG 1915 (J. Orn. 63, 1915); E. Hesse, „Ein weiterer Fundort v. Cal. Brehmii Müller" (Orn. Mber. 29, 1921).

— Lit.: Ch. Ritter d'Elvert, Z. Gesch. d. Pflege d. Naturw. in Mähr. u. Schles., Brünn 1868, S. 194.

Müller, August, Dr., * 1853, † 1913 Berlin. Von 1880—1913 führte ihn die DOG in ihren Listen. Aber nur vereinzelte, in seinen Veröff. zu findende Daten lassen Rückschlüsse auf seinen Lebensgang zu. 1877—1879, 1881 war er stud. rer. nat. in Halle, 1880 in Berlin. Eine Arbeit in Zool. G. 19, 1878 enthält einen Hinweis auf den „früheren Aufenthaltsort Offenbach a. M.", wo er zumindest einen Teil seiner Jugend verbracht haben dürfte. Von Halle aus meldete sich der Student zu Wort mit Arbeiten wie „Einiges über unseren Kuckuck" (Zool. G. 19, 1878), „Orn. Mitt." (ebd. 19, 1878), „Meine während der Brutzeit gemachten orn. Beob. am Salzigen See b. Eisleben" (ebd. 21, 1880). In den Jahren von Halle wird er wohl bei W. Schlüter (s. d.) gearbeitet haben; dafür sprechen „Z. Orn. d. Insel Cypern" (J. Orn. 27, 1879) und „Variieren d. Eier d. Cistensängers" (ebd. 28, 1880). In Offenb. wieder verfaßte er eine recht geschickte, Literaturkenntnis verratende Abh. „Über d. Arten d. Gattung Cyanecula - Blaukehlchen" (Orn. Cbl. 6, 1881). 1883 war das benachbarte Frankf. sein Wohnsitz, und hier übernahm er 1884 (oder früher) das von H. Maltzan (s. d.) gegründete Naturh. Inst. Linnaea, das er etwa 1891 nach Berl. verlegte und 1908 noch besaß. Bälge, die ein Kapitän J. Weber an einen Bruder nach Berl. geschickt hatte, lieferten ihm das Material zu einer als Diss. verwendeten „zoogeogr. Studie" unter dem Titel „Ornis d. Insel Salanga (Siam) u. d. Halbinsel Malakka"

(J. Orn. 30, 1882 u. Nachtr. 33, 1885). Nach einem Aufs. zur „Orn. d. unteren Kongo-Gebietes“ (Zs. ges. Orn. 4, 1887/88), der die Beschr. einer kleinen Kollektion von Bälgen aus der Gegend von Landana zum Gegenstand hatte, verschwand offenbar sein Name aus dem Schrifttum, ohne weitere Spuren zu hinterlassen.

Müller, Johannes, Dr., * 14. 7. 1801 Koblenz, † 28. 4. 1858 Berlin. Als Sohn eines Schuhmachermeisters schon in der Schule durch besondere Begabung auffallend, studierte er Med. von 1819—1824 in Bonn und Berl. und habilitierte sich in Bonn, wo er 1825 anat. und physiol. Vorlesungen übernahm. 1833 ging er — damals schon eine Persönlichkeit von außergewöhnlichem Eigenwuchs — nach Berl. Auf dem Lehrstuhl seines Vorgängers K. A. Rudolphi vermochte er ein Arbeitsfeld von kaum überschaubarer Breite zu gewinnen. Wohl als letztem Naturforscher war es ihm gegeben, die Gebiete der Biol. (von ihm und seiner Zeit noch Physiol. genannt), Zool. und Anat. in genialer Zähigkeit zu vereinen. Seine Schaffenskraft konnte selbst depressive Veranlagung nicht hemmen. Nachdem er in den ersten Jahren die naturphil. Herkunft überwunden und der experimentellen Physiol. zum Durchbruch verholfen hatte, reizte ihn in rätselhafter Unruhe von 1840 ab ausschließlich die vergl. Anat. und die zool. System. In allen diesen Bereichen war er mitreißender Lehrer von Schülern, zu denen auch namhafte Ornithologen — u. a. J. Cabanis, G. Hartlaub (s. d.) — gehörten. Ihn als Vertreter der wissensch. Orn. beanspruchen wollen, hieße seine über Einzelgebiete weit hinausragende Größe schmälern. Und doch darf er im Rahmen der Samml. genannt werden, denn eine seiner vielen Forschungslinien führte von den einfacher organisierten Tierformen aufwärts in das Reich der Wirbeltiere und hier über die Ganoidfische zur System. der Vögel. Zu Anfang der 40er Jahre begann er ein großes Material von Singvögeln aus der Neuen Welt nach gewissen Merkmalen system. zu ordnen und fand als wichtiges Unterscheidungsmittel die verschiedenen Kehlkopfformen. Es gelang ihm festzustellen, daß die echten Sänger mit vielen Muskeln singen, während die Spechte nur einen Kehlkopfmuskel haben. Damit hatte er als erster ein inneres anat. Kennzeichen der Passerinen ermittelt. Bei der Suche nach Außenmerkmalen kam ihm dann der von ihm hochgeschätzte taxon. Spürsinn seines Mitarbeiters J. Cabanis (s. d.) zu Hilfe. Die gemeinsamen Unters. ergaben, daß der Singmuskelapparat stets zusammenhängt mit einer Hornbekleidung des Laufs und einer Verkümmerung der ersten der 10 Handschwingen. In einer Zeit, in der die auf schwankendem Boden stehenden, anat. unerfahrenen Autoren ohne sichere Grundlagen die Vögel nach willkürlichen Gesichtspunkten in verschiedene Familien trennten, schuf er durch die Abtrennung der Passerinen nach dem Stimmapparat einen wichtigen Anhalt für die tastende System. „Über d. bisher unbekannten typischen Verschiedenheiten d. Stimmorgane d. Passerinen“ berichtete er erstmals vor der Akad. d. Wissensch. in Berl. am 26. 6. 1845 (mit Nachtr. bis 1847). Die Unters., so verdienstvoll sie auch waren, fanden aus nicht geklärten Gründen keine Forts.; sie waren sogar seine letzte Äußerung zur System. rezenter Wirbeltiere überhaupt. Von nun an stieß er — von immer neuen Ufern gelockt — zur Erforschung der Meeresfauna vor, bis ein überraschend unerwarteter Tod die Lebensbahn des Unermüdlichen endete. Mit ihm verlor die Biol. einen der maßgeblichsten Begründer der exakten Forschung, der im Grunde weniger Analytiker und mehr Sammler und Ordner war und als solcher auch eine kurze, aber wesentlich klärende Berührung mit der orn. System. hatte. Unter vielen, ihm zuteil gewordenen Ehrungen ist ein in seiner Vaterstadt 1899 errichtetes Denkmal.

— Lit.: Gedächtnisrede von R. Virchow, Berl. 1858. - Gedächtnisrede von E. Du Bois-Reymond, Abh. Akad. d. Wissensch. Berl. 1860. - W. Haberling, J. M., D. Leben d. rhein. Naturforschers, Leipz. 1924 (mit Bildnissen u. älteren Quellen). - E. Stresemann, Entw. d. Orn., 1951. - G. Koller, D. Leben d. Biologen J. M., Große Naturforscher 23, Stuttg. 1958 (mit Bildnis, Verz. d. Veröff. u. weiteren Quellen).

Müller, John Wilhelm von, Dr., * 4. 3. 1824 Schloß Kochersteinsfeld (Württemberg), † 24. 10. 1866 Kochersteinsfeld. Der 1786 in Württ. geborene Großvater war in den 20er Jahren in den erblichen Adelsstand erhoben worden, nachdem er in Kapstadt und Niederl. Indien durch Viehhandel und andere Geschäfte ungemein reich geworden war. Unter seiner Obhut studierte der begabte Enkel Naturw. in Bonn, Heidelb., Jena und bereiste, zum Doktor promoviert, von 1845 ab Afrika mit großem Ehrgeiz, aber ungenügender Ausdauer. 1852—1854 hatte er die Leitung des von ihm gegründeten Zool. Gartens in Brüssel inne. Später trieb es ihn auf Fahrten nach Nordamerika, Kanada und Mexiko. Sein wechselvolles, unstetes Leben war gestaltet von einem ruhelos abenteuernden Geist, der sich auch orn. bemerkbar zu machen strebte. So ermöglichte der junge Baron das Erscheinen der ersten Hefte der Naum., hielt die Samml. von Ch. L. Landbeck (s. d.) mit 2000 meist württ. Vögeln dadurch in Deutschland, daß er sie für sein Schloß erwarb, und gab mit anregenden Schilderungen, wie „Ausflüge in d. Appenzeller Alpen“ (J. Orn. 6, 1858) und „Zweite Alpenfahrt . . .“ (ebd. 7, 1859) der Schweiz. Vogelk. neuen Auftrieb. Auch über die außereurop. Unternehmungen gab er Auskunft: „Beitr. z. Orn. Afrikas“ (1853—1870), „Reisen in d. Vereinigten Staaten, Kanada u. Mexiko“ (1864/65); Fachkreise lehnten aber diese und andere Veröff. als unzuverlässig ab. Auf ungewöhnliche Weise wurde er ferner bekannt im Zusammenhang mit der von ihm organisierten 2. Exp. nach Zentralafrika, an der er sich selbst nur von 1847 bis Anfang 1849 beteiligte. Während die Gefährten A. E. Brehm, O. Brehm, R. Vierthaler (s. d.) mittellos und vergeblich in Afrika auf seine Rückkehr warteten, ließ er sich, von afrik. Samml. umgeben, in Wien (1851 war er österr. Generalkonsul für Chartum geworden) und der engeren Heimat als Forschungsreisender feiern. Zahlungsschwierigkeiten, in die er durch den Vermögensverfall des

völlig heruntergekommenen Vaters geraten war, raubten ihm den Rest an Vertrauen und Ansehen. Zwielichtiges Verhalten auch in anderen leichtfertigen und phantastischen Plänen brachte ihm viel Feindschaft und den Vorwurf der Hochstapelei ein. Der enttäuschte A. E. Brehm rückte in den „Reiseskizzen aus Nordafrika" (1853) mit kurzen, harten Worten von ihm ab. Später machte der in mancherlei Farben schillernde Mann seine Schuld an A. E. Brehm wieder gut und verstärkte auch Ch. L. Brehms (s. d.) Vogelsamml. durch die Überlassung ansehnlicher Bestände seiner afrik. und amerik. Ausbeute. Die letzten Jahre zog er sich auf sein Schloß zurück und starb verarmt und fast vergessen. 12 Jahre nach seinem Tode gingen die Reste seiner einst stattlichen Samml. mit der Konkursmasse eines Gastwirts in Möckmühl unter.
— Lit.: H. Rehm, Die Barone v. M., Schwäb. Merkur v. 27. 8. 1929. - C. Floericke, Wer war Baron v. M.?, Mitt. Vw. 28, 1929, S. 110/11. - W. Bacmeister, Abriß einer Gesch. d. Württ. Vogelk., Jh. Württ. 102—105, 1950, S. 23/24. - E. Stresemann, Entw. d. Orn., 1951.

Müller, Karl, * 16. 7. 1825 Friedberg (Hessen), † 24. 9. 1905 Alsfeld (Hessen). Von 1852 ab war er ev. Pfarrer, seit 1882 Dekan in Alsf. Mit seinem Bruder Adolf M. (s. d.) teilte er Begabung und Neigungen. Ein Bändchen religiöser und weltlicher Lieder gab er schon 1865 heraus. Tief empfundene Lyrik war das Gedicht „In d. betauten Riede . . .", das in die „Charakterzeichnungen . . ." (1865) und in die „Tiere d. Heimat" (1883) aufgenommen wurde. Seine Freude an der heimatlichen Ornis äußerte sich nicht nur in unermüdlicher Freilandbeobachtung, sondern auch in der Vogelpflege, die jahrzehntelang dem Alsf. Pfarrhaus ein weithin bekanntes Gepräge gab. Der engen Berührung mit den Sitten und Gewohnheiten oberhess. Bauern und Handwerker entsprang eine unübertrefflich liebevolle Schilderung der Dompfaffenabrichtung in den Stuben und Werkstätten des Vogelsbergs („Gefangenleben . . .", 1871). Die meisten seiner biol. Beitr. brachten seit 1868 Zool. G., Orn. Ms. und J. Orn. Dem älteren Bruder stand er in der vorbildlichen Gemeinsamkeit orn. Forschens und Schaffens von Jugend an nahe. Zahlreiche Veröff., vor allem die bei Adolf M. genannten Bücher, trugen beider Namen. Die „Brüder Müller" sind daher im vogelk. Schrifttum ein fester Begriff geworden. Wie der geistige Beitr. sich auf die Autoren verteilt, ist eigentlich nur in den Fällen festzustellen, wo die Verf. in einzelnen Abschnitten den Namen zufügten. Verblüffende Einheitlichkeit des Denkens läßt sonst eine Scheidung kaum zu. Adolf M. scheint sich freier und ungehemmter in den Bezirken der Phantasie bewegt zu haben. Karl M. stand wohl mehr mit beiden Füßen auf festem Boden — aber immer an der Seite des Bruders. Deshalb versuchte er in schwülstigen Wendungen B. Altums (s. d.) teleol. Auffassung von der Bedeutung des Instinkts zu widerlegen; deshalb bekannte er sich auch — anfangs zögernd — zum Jägerlatein vom brütenden Kuckuck, nahm Anzweiflung seiner Zuverlässigkeit und schließlich Verbannung aus der orn. Wissensch. in Kauf. Die Fehde, in deren Verlauf er eine scharfe Klinge führte, scheint seinem Stolz aber stark zugesetzt zu haben. Vielleicht war sie Ursache zu einer geistigen Erkrankung, die seine letzten Jahre umdüsterte. Seines Ablebens gedachte die Oberhess. Ztg. in Friedb. in einem kurzen Nachruf, den die Gef. W. 34, 1905 nachdruckte. Auch der Zool. G. 46, 1905 und die Zs. Ool. 15, 1905 verzeichneten sein Hinscheiden. Die übrige Fachpresse nahm keine Kenntnis davon. Daß er — wie sein Bruder — einer von Herz und Gemüt getragenen Naturbetrachtung huldigte und mit schönem Erfolg Liebe zu den Vögeln und der Heimat predigte, blieb, zum mindesten in Hess., lange in lebendiger Erinnerung spürbar.
— Lit.: Siehe bei Adolf Müller. - Bildnis in L. Gebhardt u. W. Sunkel, D. Vögel Hess., 1954.

Müller (Mainz), Lorenz, Dr. h. c., * 18. 2. 1868 Mainz, † 1. 2. 1953 München. Von Jugend auf für die Tierwelt begeistert, verkörperte er den Typ des leidenschaftlichen Sammlers und Forschers. Seit etwa 1902 wandelte er sich vom Liebhaber und Kunstmaler zum wissensch. Illustrator und weiter zum kenntnisreichen Herpetologen. 1903 wurde der Autodidakt freiwilliger Hilfsarbeiter an der Zool. Staatssamml. in Münch., 1912 dort Kustos und Leiter der herpetol. Abt., 1928 Hauptkonservator; später erhielt er den Professortitel und bei seiner Pensionierung das Ehrendoktordiplom der Univ. Münch. Über die Grenzen seines Sondergebiets hinaus war er als der geborene Naturbeobachter auch in anderen zool. Bezirken trefflich beschlagen. Die Vogelk. hatte in ihm einen stets rührigen Vertreter, der das örtliche Leben der Orn. Ges. Bay. seit 1902 auf Exk. und in Sitzungen bereicherte. Er genoß bei den Mitgliedern solches Ansehen, daß er Jahre hindurch mit der Stelle des 2. Vorsitzenden betraut war. Auf seinen zahlreichen Exp. namentlich in den Mittelmeerraum richtete er gesteigerte Aufmerksamkeit stets auch auf die Vogelwelt. 1909/10 war er im Mündungsgebiet des Amazonas, 1917/18 Mitglied der „Mazedonischen Landesk. Kommission". Die große Zahl der von ihm heimgebrachten bras. Vogelbälge bearbeitete C. E. Hellmayr (s. d.) in den Abh. Akad. d. Wissensch. Münch. 26, 1912; über die Ergebnisse der mazed. Forschungsjahre berichtete E. Stresemann in der „Avif. Macedonica" (1920). M. selbst verzichtete auf vogelk. Veröff.; um so rühriger führte er die Feder als Osteologe rezenter und fossiler Formen, als Tiergeograph, Ökologe, Rassenforscher und Systematiker im Raume der Herpetologie.
— Lit.: Würdigung (von H. Krieg, W. Hellmich, F. Schwangart, E. Schuhmacher). Isis-Mitt. (Sondernummer) Münch., Febr. 1948, S. 1—16 (mit Bildnis). - Nachruf (von R. Mertens). Ber. Senck. 83, 1953, S. 105—107 (mit Bildnis). - Nachruf (von W. Hellmich). Verh. Dt. Zool. Ges. 1954, S. 471—473 (mit Bildnis).

Müller, Peter, * 19. 3. 1885 Ujbessenyö (Ungarn), † 27. 3. 1932 Szeged. Er stand als Lehrer von 1906—1919 in Kevevára und dann in Szeged. Die orn. Verhältnisse im Banat waren ihm wohl vertraut. In den Reihen der externen Mitarbeiter der Ung. Orn. Zentrale gehörte er zu den eifrigsten Beringern. Seine erste Veröff. war „Erfahrungen bei d. Meisenmarkierungen“ (Aquila 20, 1913). Nach dem 1. Weltkrieg machte er sich vor allem dadurch verdient, daß er im Rumpfungarn durch sein Beispiel die Beringertätigkeit wieder in Gang zu bringen half.

Müller, Philipp Ludwig Statius, * 25. 4. 1725 Esens (Ostfriesland), † 5. 1. 1776 Erlangen. In Gotha besuchte er die Schule, studierte in Jena Phil. und Theol., wurde 1745 Prediger in Amersfort (Prov. Utrecht), 1749 in Leeuwarden und 1754 dort Senior. Streitigkeiten mit der holl. Geistlichkeit bewogen ihn, 1756 in Erl. eine Professur für Phil. zu übernehmen. Ab 1764 wirkte er als Univ.-Bibliothekar und beschäftigte sich u. a. mit Übertragungen aus dem Holl.; dazu gehörte G. E. Rumpfs (s. d.) „Amboinsche Rariteitkamer“. Nachdem er 1770 Prof. der Naturgesch. geworden war, knüpften sich an seinen Namen verdienstvolle Linné - Übersetzungen. „Des Ritters C. v. Linné vollständiges Natursystem, 2. Teil, Von d. Vögeln“ (Nürnb. 1773) blieb allerdings eine mangelhafte, kompilatorische Arbeit, für die ein holl. Text die Vorlage gebildet hatte; M. fehlten — wie seinem Zeitgenossen J. F. Gmelin (s. d.) — die praktischen orn. Kenntnisse namentlich der Arten aus Übersee. Trotzdem gewann sein „Natursystem“ großen Einfluß. Es war dazu berufen, nicht nur Linnés System, sondern auch dessen lat. Nomenkl. Eingang in Deutschl. zu verschaffen. Dadurch, daß er zugleich eine Reihe neuer dt. Vogelnamen gebrauchte (Schneefink, Zippammer, Sumpfmeise, Braunkehlchen, Ziegenmelker, Purpurreiher, Ringelgans, Brandente, Bergente, Ruderente, Haubentaucher, Ohrentaucher, Eistaucher, Austernfischer, Säbelschnäbler, Lachmöwe, Alk, Wasserralle), mehrte er den noch heute üblichen orn. Sprachschatz. — Lit.: Allg. Dt. Biogr. 22, 1885, S. 668/69. - E. Stresemann, Einiges über dt. Vogelnamen, J. Orn. 89, 1941, S. 65—104. - Ders., Entw. d. Orn., 1951.

Müller, Salomon, Dr., * 7. 4. 1804 Heidelberg, † 29. 12. 1363 Freiburg i. Br. Sohn eines Sattlers und Gastwirts, besuchte er die Volksschule und nahm privat Lateinunterricht. 1823 begann er an der Univ. seiner Vaterstadt Zool. „hinzuzulernen“. Immatrikuliert war er nicht. Seine Freude am Schießen und Ausstopfen der Vögel brachte ihn aber in Verbindung mit den Studenten H. Boie und H. Ch. Macklot (s. d.). Als die beiden 1825 nach Niederl.-Ostindien abfuhren, nahmen sie im Einverständnis mit Temminck den geschickten Vogeljäger als Präparator mit. In der Ferne wuchs M. über den eigentlichen Aufgabenkreis schnell hinaus und entwickelte sich zum allg. geachteten Zoologen und gründlichen Kenner der indonesischen Inselwelt. Daneben bewährte er sich als zuverlässiger Kamerad so überzeugend, daß ihm nach dem Tode der beiden Freunde auch die geistige Führung der „Naturk. Kommission“ zufiel. Auf Java war er von 1826—1828 und 1831; Exp. führten ihn nach der Südwestküste von Neuguinea (1828), Borneo (1830), Timor und Sumatra (1833—1835). Die Unternehmungen auf Sumatra entsprangen seinen Planungen und waren sein Verdienst. 11 Jahre trotzte der Tropengänger im Dienste Hollands dem mörderischen Klima. 1837 landete er wieder in Europa. Neben einer riesigen Menge anderer zool. Gegenstände hatte er allein von Vögeln 6500 Bälge, 700 Skelette, 150 Nester und 400 Eier für Leiden zusammengebracht. Als holl. Staatsbürger und Angestellter des Mus. tat er dort, was in seinen Kräften stand, um die in verschwenderischer Fülle aufgehäufte Ausbeute des indischen Archipels wissensch. zu sichten. Viele seiner Arbeiten besonders in den „Verhandlungen . . .“ zwischen 1839 und 1844 galten der Zool. sowie der Land- u. Völkerkunde. Im Dezember 1837 verlieh ihm die phil. Fak. von Heidelb. in absentia den Doktorgrad wegen seiner Kenntnisse vor allem in der Zool., aber auch in der Min. und Physik und wahrscheinlich auf Grund einer Veröff. von „Bem. über d. natürliche Beschaffenheit eines Teiles d. Westküste u. d. Binnenlands v. Sumatra, mit Beob. u. Beschr. verschiedener dort u. auf anderen Sunda-Inseln vorkommender Tiere“ (Tijdschr. natuurl. Gesch. en Physiol. 2, 1835, S. 314—355, Taf. 5—9). Als 1850 die „Naturk. Kommission“ aufgelöst wurde, verlegte er seinen Wohnsitz nach Freib.; hier verbrachte er zurückgezogen die letzten Lebensjahre. In den „Verhandlungen . . .“ (1840 bis 1847) benannte H. Schlegel (s. d.) ihm zu Ehren Tanygnatus mulleri mulleri.
— Lit.: O. Finsch, Z. Erforschungsgesch. d. Ornis Javas, J. Orn. 54, 1906, S. 301—321. - E. Stresemann, Entw. d. Orn., 1951. - G. C. A. Junge, Orn. onderzoek in de Ind. archipel, Ardea 41, 1953 (1954), S. 304—307.

Müller, Wilhelm, * 27. 1. 1845 Lorsch (Kr. Bergstraße), † 15. 12. 1915 Gießen. Als Sohn eines Sanitätsrates verbrachte er die Gymnasialzeit in Gieß. Hier war er auch Landrichter, nachdem ihn die jur. Laufbahn vorher an das Amtsgericht Lauterbach (Oberhess.) geführt hatte. Künstlerische Anlagen vereinten sich in ihm mit naturw. Neigungen. Dem Brauche seiner Zeit folgend, legte er schon in der Jugend eine umfangreiche Eier-, Vogel- und Schmetterlingsamml. an. Später wurde „aus dem Saulus ein Paulus, aus dem verfolgenden Jäger, Ausstopfer und Eiersammler ein Freund und schützender Beobachter“. Reichlich 25 Jahre hindurch hatte er „in ununterbrochener Sorgfalt“ dem Vogelleben seine Aufmerksamkeit zugewandt, als er die „Vogelf. d. Großherzogtums Hess.“ (J. Orn. 35, 1887) erscheinen ließ. Es ist sein Verdienst, zum erstenmal einen Überblick über dieses die Prov. Starkenburg, Rheinhess. und Oberhess. umfassende Staatsgebiet gegeben zu haben. Nicht mit allen Teilen des Landes war er gleich gut vertraut. Seine Aufstellung wies daher mancherlei Lücken auf. Zuverlässig kannte er — nach seinen eigenen Worten — nur die orn. Verhältnisse der Wetterau, der Gieß. Gegend, des ganzen Vogelsbergs, der Gegend um Darmstadt, Worms und der Bergstraße. Am besten scheint er in der Umgeb. von Gieß. Bescheid gewußt zu haben.
— Lit.: L. Gebhardt u. W. Sunkel, Die Vögel Hess., 1954, S. 72/73 (mit Bildnis).

Müller-Wyss, Max, * 11. 6. 1912 Hirschthal (Aargau), † 25. 3. 1958 Camargue (Südfrankreich). Seine Begabung für Naturbeobachtung erfuhr

durch W. Lüscher (s. d.) wegweisende Förderung. Als er, ursprünglich Feinmechaniker, in Basel in die Grenzwacht eintrat, eröffneten sich ihm weitere fruchtbare Beziehungen zur Orn., so daß er sich besonders des Schutzes der Eulen und der Wasservögel annahm und vielfach bewunderte Leistungen in der Kunst des Präparierens erreichte. Entscheidend für seine Entwicklung wurde schließlich eine Reise in die Camargue 1946. Das Rhônedelta zog ihn derart an, daß er 1950 dorthin übersiedelte und den Auf- u. Ausbau der Station Biologique de la Tour du Valat übernahm. Seinem Einsatz und Geschick gelang es, diese Station in wenigen Jahren zu einer der größten Beringungsstellen Europas zu gestalten. Als wesentlichste Aufgabe schwebte ihm die Massenberingung der Enten vor. Seine Fangmethode erbrachte 1957/58 über 11 000 gekennzeichnete Enten und damit eine Zahl, die die Ergebnisse aller anderen europ. Beringungszentren übertraf. Als er im Laboratorium einem Herzschlag erlag, hinterließ er ein noch nicht abgeschlossenes Msk. über seine Erfahrungen.
— Lit.: Nachruf (von L. Hoffmann). Orn. Beob. 55, 1958, S. 137/38.

Münchhausen, Otto Balduin von, * 12. 6. 1818 Neuhaus-Leitzkau (Bez. Magdeburg), † 30. 1. 1858 Leitzkau. Orn. Führung genoß er schon in den Knabenjahren durch den sehr erfahrenen A. Gueinzius (s. d.), der ihm bis 1829 als Erzieher zur Seite stand. 1840 verließ er, zum Sekonde-Leutnant in einem Husarenregiment aufgestiegen, den aktiven Militärdienst und übernahm die Verwaltung des Familienguts. Beobachtungsfreudig mühte er sich um die Geheimnisse der Natur und berichtete in Naum. 1855, 1856, 1857 über faun. Feststellungen in seiner Heimat. Auf der Tagung der DO-G in Rost. 1857 beteiligte er sich mit auch heute noch gültigen Gedanken an der Diskussion über die Frage, woher die Verminderung der Vögel komme und wie dagegen anzukämpfen sei.
— Lit.: Nachruf. Naum. 8, 1858, S. 164/65.

Mützel, Gustav, * 7. 9. 1839 Berlin, † 29. 10. 1893 Berlin. Nach dem Besuch der Berl. Kunstakad. war er zunächst Photograph in Königsb. Da ihn diese Beschäftigung nicht befriedigte, wandte er sich wieder zur Heimatstadt zurück; hier erkannte A. E. Brehm (s. d.) seine Begabung und übertrug ihm die neuen Illustrationen für die 2. Aufl. des „Tierlebens" (1876—1880). Durch diese Arbeiten begründete der damals am Anfang stehende Maler den Ruf, der ihn über die dt. Grenzen hinaus bekannt machte. Sein Name hat sich späterhin noch verbunden mit der Bebilderung u. a. von A. Reichenows „Vogelbilder aus fernen Zonen", A. B. Meyers „Auer-, Rackel- u. Birkwild . . . ", H. Nehrlings „Nordamerik. Vogelw.", F. D. Pleskes „Ornithographia Rossica". Auch das Bild mit der Zwergtrappe, das einige Jahre das Titelblatt der Orn. Ms. schmückte, stammte von seiner Hand; es entstand, weil A. W. Thienemann (s. d.) den Vogel 1870 bei Ganglöffsömmern brütend gefunden hatte. Der Künstler, der 1874 der DOG beitrat und eifrig die Berl. Sitzungen besuchte, trug ohne Zweifel viel zur Weckung vogelk. Interesses bei. Seine Stärke lag in der Fähigkeit, wesentliche Merkmale und Eigenschaften der Vögel richtig zu erfassen und im Ringen um eine eigenschöpferische Form naturgetreue Darstellung zu erreichen, auch wenn ihm nur mangelhafte Bälge vorlagen. Vor F. W. K. Kuhnert (s. d.) bestimmte sein malerisches Können recht wesentlich den Stil der dt. Tierillustration im 19. Jahrh. Dem Ansehen des geschickten Zeichners diente allerdings nicht, daß er manche Bilder nach Vorlagen, z. B. nach J. Wolf (s. d.), kopierte.
— Lit.: Nachruf (von H. Schalow). Orn. Mber. 1, 1893, S. 210. - Cl. Nissen, D. Illustrierten Vogelbücher, 1953, S. 72.

Musílek, Josef, * 23. 1. 1885 Jezbořice bei Pardubitz = Pardubice (Böhmen), † 24. 2. 1941 Pardubitz. Der in Pardubitz tätige Lehrer und Schuldirektor machte sich nicht nur durch rührige Feldbeob. und großen Sammeleifer um die orn. Aufhellung im böhm. Raum sehr verdient, sondern verfügte auch über einen kritischen Blick für morphol. Feinheiten. Während des 1. Weltkrieges war er russ. Legionär und kam so quer durch Sibirien. Seine orn. Neigungen blieben selbst unter diesen schwierigen Verhältnissen wach. Längere Ausführungen über Beob. aus der Brutzeit 1919 legte er nieder unter dem Titel „Einige Bem. über d. Brutgeschäft aus d. Umgeb. v. Krassnojarsk u. Kansk-Jenissejsky" (B. z. F. 16, 1940). Im April 1920 erbeutete er in der Mandschurei eine Emberiza jankowski und brachte sie als westlichsten Beleg „über weite Ozeane" nach Hause (Orn. Mber. 36, 1928); damit hatte er den Nachweis geliefert, daß die damals nur dem Typus nach bekannte Form eine echte Art ist. Bei der Gründung der Tschechoslow. Orn. Ges. 1928 und der seit 1934 mit Ringen des Prager Mus. arbeitenden Tschech. Orn. Stat. Prag zählte er zu den führenden Köpfen und wurde Schriftführer der Vereinigung. An der Entstehung der Sylvia 1936 war er in der Stellung eines Mitherausgebers gleichfalls maßgeblich beteiligt; die meisten seiner tschech. geschriebenen Veröff. standen in dieser Zeitschr. Der dt. Sprache bediente er sich nur zu gelegentlichen Wortmeldungen; zu ihnen gehörten außer den bereits genannten Verlautbarungen „D. Würgfalke in Böhmen" (Orn. Jb. 24, 1913) und „Z. Zug v. Falco vespertinus durch Westeuropa im Sept. 1927" (Orn. Mber. 36, 1928). Als Buch erschienen nach seinem Tode in tschech. Sprache die „Vögel d. Pardubitzer Gegend" (Pardubitz 1946); es war eine Zusammenfassung langjähriger Erfahrungen über die Vogelf. d. dortigen Teichgebiete.
— Lit.: Nachruf (von R. Šramek-Hušek). Sylvia 6, 1941, S. 1—3 (mit Bildnis).

Musy, Maurice, Dr. h. c., * September 1853 Bossonnens (Kanton Freiburg), † 18. 11. 1927 Bern. Nach Studien an der Polytechn. Schule in Zürich war der Bauernsohn von 1876—1916 Lehrer der Naturw. und Leiter des Naturgesch. Mus. von Freiburg. Hier machte er sich um die Soc. fribourgeoise des sciences naturelles in hohem Maße verdient, gab deren Bull. heraus und war zuletzt Ehrenpräsident. Wegen seiner Bemühungen um die Verbreitung naturk. Kenntnisse im Kanton — u. a. durch zahlreiche

Nachr. in der Tagespresse und in Zeitschr. — verlieh ihm die Univ. Freib. 1921 die Würde des Dr. h. c. Die Vogelk. war nur Teilausschnitt seines örtlich begrenzten Blickfeldes; und was er über orn. Erfahrungen und Beob. schrieb, trug keineswegs den Stempel erregender Neuigkeiten. Zu seinen Verlautbarungen gehörten „Le Cygne chanteur à propos d'un individu capturé à Montbovon en décembre 1902" (Bull. Soc. frib. 11, 1903), „Le Harle bièvre - Mergus merganser à Frib." (ebd. 14, 1906), „Un passage de Foulques macroules - Fulica atra les 25 et 26 octobre 1908 au-dessus du Schweinsberg et des Alpettes" (ebd. 17, 1909), „L'Accenteur Pégot - Accentor collaris, hôte d'hiver à Frib." (ebd. 20, 1912), „L'Ibis noir de Buffon ou Waldrapp de Gesner — Gerontibus comata" (ebd. 21, 1912/13), „Les oiseaux pendant la grande guerre" (ebd. 24, 1916—1918).
— Lit.: Nachruf (von S. Bays). Verh. Schweiz 1928, S. 32—38 (mit Bildnis u. Verz. d. Veröff.).

N

Nägeli, Alfred, * 1863 Zürich, † 18. 4. 1935 Zürich. Mit seinem Vater zusammen unterhielt er zuerst eine Präparatorenwerkstätte in seiner Heimatstadt, um 1908 für 25 Jahre die Präparatorenstelle am Zool. Inst. der Univ. Zürich zu übernehmen. Als zu Anfang des 20. Jahrh. in der Schweiz sich junge faun. Kräfte regten, gehörte er bereits zu den erfahrenen Kennern einheimischer Vögel im Kanton Zürich. Besonders vertraut waren ihm die Arten des Neeracher Riedes im unteren Glatt-Tal, über die Aufz. aus seiner Hand bis in das Jahr 1884 zurückreichen. Mit dem gleichgesinnten A. Graf (s. d.) war er viel beobachtend unterwegs. U. a. fanden beide Avifaunisten die ersten, durch ständigen Eierraub stark bedrohten Bruten der Lachmöwe im Uznacher Ried (das erst 1914 unter Schutz gestellt wurde). N. schrieb über die Entdeckung seine Mitt. „Einiges über d. Lachmöwen im Zürichsee" (Orn. Beob. 2, 1903). Die folgende Generation Schweiz. Feldornithologen kannte ihn als einen unauffällig und bescheiden arbeitenden Wegbereiter.
— Lit.: Nachruf (von U. A. Corti). Orn. Beob. 32, 1934/35, S. 184.

Nager-Donazians, Franz Joseph, * 10. 9. 1802 Andermatt (Kanton Uri), † 6. 6. 1879 Andermatt. Er sollte eigentlich Kaufmann werden. Doch gewährte dem Talamann erst die Erforschung der Wirbeltierfauna des Gotthardmassivs wirkliche Befriedigung. Auf den Bergen beobachtete er unermüdlich Vorkommen und Leben von Vögeln und Säugetieren, so daß aus seinen Erkundungsgängen der Nachweis von einer Reihe vorher nicht bekannter Formen erwuchs. Viele Mus. bezogen damals Belegstücke von dem geschickten Präparator; u. a. stützte sich H. R. Schinz (s. d.) in der „Fauna Helvetica" (1837) auf das von seinem Landsmann gelieferte Material. Auch in F. v. Tschudis „Tierleben d. Alpenwelt" (1853) erscheint sein Name in Verbindung mit Neuentdeckungen. Bälge und Eier von Gebirgsvögeln aus N.s Hand gehörten zum festen Bestand zahlreicher europ. Ornithologen. Die eigene Samml. enthielt 142 im Kanton Uri von ihm festgestellte Brut- u. Zugvögel. Er war einer der faun. Wegbereiter, die im vorigen Jahrh. die Grundlage für die Schweiz. Vogelk. legten.
— Lit.: R. Schaller, Erste orn. Erforschung d. Urserntales, Tierwelt 1941, S. 127/28. - Ders., N.s Notizen über d. Vogelw. d. Urserntales, Orn. Beob. 39, 1942, S. 179-193. - Würdigung (von B. Huber). Verh. Schweiz 1912, 2. Teil, S. 5—7.

Nagy, Eugen, Dr., * 29. 12. 1882 Nyiregyháza (Komitat Szabolcs), † 13. 6. 1960 Budapest. Nach dem Studium in Klausenb. unterrichtete er als Gymnasialprof. seit 1908 an der Mittelschule von Ujverbász und von 1922—1944 in Debrecen. 1949 wurde er hier Univ.-Dozent. Viele Reisen führten ihn nach westeurop. Ländern, aber auch nach Serb. und Bosnien. Bis in die letzten Lebensjahre blieb er lit. tätig. Er darf als einer der hervorragendsten Vogelkenner der großen ung. Tiefebene gelten. Verdienstvoll erforschte er vor allem die Ornis der Komitate Szabolcs, Bács-Bodrog, des unteren Donauriedes und der Hortobágy-Puszta. Auch die Avif. Siebenb. bedachte er mit seiner Aufmerksamkeit. Neu und aufschlußreich waren u. a. seine Beob. an den in Ung. überwinternden Gänsen. Die Aquila 20, 1913 verzeichnete bereits 26 seiner 1905 beginnenden Mitt. und Abh.; H. Salmen (s. d.) nannte in „D. Ornis Siebenb. . . ." (Linz 1958) 12 Titel meist kurzer Nachr. aus der Aquila zwischen 1906 und 1931/34. Zu den größeren oder gehaltvollsten Arbeiten und Beitr. gehörten u. a. „D. avigeogr. Einteilung u. Charakterisierung Ung." (Állattani Közl. 16, 1917), „Kranich-Studien u. Beob. aus d. Komitate Csanád" (Aquila 24, 1917), „D. Vogelw. d. Puszta-Hortobágy" (ebd. 30/31, 1923/24), „D. kurzzehige Lerche - Cal. brach. Leisler, ein neuer Brutvogel Ung." (ebd. 38—41, 1931—1934). Unter den letzten Veröff. waren Frühjahrsbeob. am Plattensee (ebd. 59—62, 1952—1955). Schließlich ist die Erinnerung an ihn mit einer Wortprägung verknüpft: Weil er damals noch zu der Ansicht neigte, daß Streptopelia decaocto dereinst von den Türken in Ung. eingeschleppt worden sei, gab er ihr den dt. Namen Türkentaube (Proc. 8. internat. Orn.-Kongr., Oxford 1938).
— Lit.: J. Schenk, Übersicht d. Gesch. d. Orn. in Ung., Aquila 25, 1918, S. 63. - Nachruf (von A. Keve). Ebd. 69/70, 1962/63, S. 282/83.

Nagy-Chrenóczy, Josef, Dr., * 25. 7. 1818 Neutra = Nitra (Slowakei), † 11. 2. 1892 Neutra. Seine Ausbildung begann in der Heimatstadt und führte über die Schulen von Ung. Altenburg (= Magyaróvár), Waitzen (= Vác) zur Univ. in Budapest, wo er 1841 das med. Studium abschloß. Bis 1889 war er dann Arzt in Neutra. Ein klar denkender, kenntnisreicher Kopf, entwickelte er sich in der Freizeit zum trefflichen Ornithologen, der bei seinen faun. Forschungen mit wissensch. Bemühen auch system. Unterscheidungen nachging. Kritisches Urteil verriet die

von ihm verfaßte erste Avif. seines Komitats unter dem Titel „D. Vögel der Unter-Neutraer Gespanschaft" (Verh. Preßb. 4, 1859); wenn die darin behandelten 229 Arten auch nicht alle belegt waren, hatte er doch das Verdienst, eine für seine Zeit beträchtliche Zahl sicher nachgewiesen zu haben. Ein schönes Werk war daneben sein ung. geschriebenes Buch „D. Vogel" (1861), das 1904 eine 2. Aufl. erreichte. Reste einer von ihm aufgebauten Samml. befanden sich noch 1918 in Neutra.
— Lit.: Würdigung (von J. Roch). „D. Vogel", 2. Aufl. 1904. - J. Schenk, Übersicht d. Gesch. d. Orn. in Ung., Aquila 25, 1918, S. 45/46.

Nathusius, Gottlieb von, * 25. 7. 1884 Hundisburg (Kr. Haldensleben), † 31. 3. 1948 Ermschwerd-Freudenthal (Kr. Witzenhausen). Als Gutsbesitzer in Hundisb. begann er seit 1892 orn. Beob. aufzuzeichnen und seit 1901 eine Vogelsamml. anzulegen mit Belegstücken aus den Kreisen Haldensleben, Wolmirstedt, Jerichow I, Gardelegen, Oschersleben und dem braunschw. Amtsbezirk Calvörde. Die Leidenschaft hatte ihn fest gepackt. Für Seltenheiten war ihm kein Preis zu hoch. Im 1. Weltkrieg soll er einen fetten Hammel für einen ihm noch fehlenden Feldschwirl hingegeben haben. Gemeinsame orn. Interessen verbanden ihn mit H. Gude (s. d.). Zugleich war er der einzige jener Gegend, der neben F. Menzel (s. d.) orn. Veröff. aus seinem Gebiete hinterließ, u. a. in Orn. Ms. 49, 1924; J. Orn. 73, 1925; Orn. Mber. 34, 1926; 37, 1929. Eine Beschr. der „Vogelsamml. mit Beob. aus d. J. 1904—1939" enthalten die Beitr. z. Avif. Mitteldeutschl. 3, 1939. Als er im Jahre 1945 Besitz und Heimat verlassen mußte, ging er zu seiner Tochter nach Westdeutschl. Die Samml., die 1939 600 Stopfpräparate in 230 Arten umfaßte, wurde im November 1945 aus dem brennenden Schloß zum größten Teil gerettet; sie kam zuerst in das Kulturhist. Mus. Magdeburg und 1960, auf Wunsch des Sammlers, in das Kreis-Mus. Haldensleben.

Nathusius, Wilhelm von, * 27. 6. 1821 Hundisburg (Kr. Haldensleben), † 1899 Halle. Der Besitzer des Gutes Königsborn bei Magdeb. trat als bedeutender Sachkenner mit zahlreichen lit. Arbeiten landw. Inhalts hervor, gehörte dem Landes-Ökonomie-Kollegium der Prov. Sachs. an und starb als Geh. Reg.-Rat. In der Ool. spielte er eine nicht minder hervorstechende Rolle. Mit tiefem Ernst versuchte er die Kenntnis der Eier in wissensch. verwertbare Münze umzuprägen. Am eingehendsten beschäftigte er sich mit der Struktur der Eischalen; Ergebnisse seiner Unters. und Folgerungen daraus legte er in einer Reihe von Veröff. in Zs. f. wissensch. Zool. (Bd. 18—21) und J. Orn. (19, 1871 — 46, 1898) nieder. Leider bewegte er sich wie die anderen älteren Oologen F. A. L. Thienemann und H. G. L. Reichenbach (s. d.) unrettbar im Bannkreis naturphil. Ganzheitstheorien. Das Ei war nach seiner Meinung in seiner Totalität schon ein durchorganisierter Vogel, nur in einem früheren Entwicklungszustand. Neben E. F. v. Homeyer (s. d.) stand er in der vordersten Frontlinie der Ornithologengeneration, die der Deszendenzlehre Fehde angesagt hatte. In seinen verschrobenen Vorstellungen verirrte sich der gegen seine Widersacher — unter ihnen war F. Kutter (s. d.) führend — recht streitbare Mann z. B. in den Glauben, die Eier der Raben- u. Nebelkrähe stets mit Sicherheit trennen zu können, weil wie die Erzeuger auch deren Eier unabhängig voneinander geschaffen und somit Übergänge ausgeschlossen seien.
— Lit.: Biogr. Notiz (von A. Reichenow u. H. Schalow). Orn. Cbl. 4, 1879, S. 12/13. - E. Stresemann, Entw. d. Orn., 1951.

Natorp, Otto, Dr., * 27. 5. 1876 Bochum, † 2. 4. 1956 Prien (Chiemsee). Einer Familie mit hoher Kulturlage entstammend (der Vater war Bergwerksdirektor), lebte er seit dem 6. Jahre in Alt-Berun (Oberschles.). Von 1892—1895 besuchte der früh Verwaiste das Gymnasium in Marb. (Lahn), wo die Naturbegeisterung ihn mit L. v. Boxberger (s. d.) für immer zusammenführte. In Bresl. studierte er Med. und wurde 1911 als Chirurg Chefarzt in Myslowitz (Oberschles.). Von 1938 ab verbrachte er den Ruhestand in Zoppot, übernahm aber im 2. Weltkrieg erneut die alte Stelle. Am 20. 1. 1945 traf ihn das Flüchtlingslos. In Bayern fand er die letzte Bleibe. In den Marburger Jahren schon legte er den Grundstock zu einer großartigen Vogelsamml. Die unberührte Landschaft um Roschkowitz und Myslowitz lieferte ihm später dann die Fülle des ersehnten Materials. Hier konnte er noch ungehindert schießen und fangen und aus der Praxis helfender Bergarbeiter lernen. Auf vielen Reisen (u. a. 1910 Lappland, später viermal Dalmatien, Zentralpolen, Tatra, Ostkarpaten, dt. Meeresküste, Schwarzes Meer) ergänzte er, was er für seine Zwecke brauchte. Das Ergebnis waren etwa 3000 vollendet präparierte Bälge hauptsächlich schles. Herkunft. Sie dienten vor allem dem Studium der Gefiederzeichnung und Färbungsübergänge; am Ende des 2. Weltkrieges waren sie verschollen, heute sind etwa 250 im Mus. Koenig/Bonn und 503 im Zool. Mus. von Breslau. Eine weitere Begnadung verschaffte ihm neben den wissensch. auch ästhetische Freuden: Er sah zugleich mit dem Auge des Künstlers und Malers. Meisterhaft gelangen ihm oft der feine Duft des Federkleids und die den Vogel umschließende landschaftliche Stimmung. Buntbilder fanden sich seit Anfang des Jahrh. vielfach als Beigaben zu seinen Aufs. in den orn. Fachzeitschr. Noch nach der Vertreibung griff er zu Pinsel und Stift. So schmückte er O. Fehringers Wanderfalkenbändchen (1946) und S. Pfeifers „Taschenbuch d. dt. Vogelw." (1949) mit Schwarz-Weiß-Zeichnungen sowie W. Makatschs „Vogelw. Mazedoniens" (1950) mit Farbtafeln. Stattlich ist die Zahl der faun. und biol. Beitr., mit denen er sich seit Beginn des Jahrh. meist in Orn. Ms., Orn. Mber., J. Orn. und B. z. F. zu Wort meldete — in wohl abgewogenem, gedämpftem Ton sein unter freiem Himmel und am Untersuchungstisch erworbenes Wissen um so nachhaltiger zur Geltung bringend. Der grundgütige, liebenswerte Mann, der viel mehr wußte, als er in seiner Bescheidenheit erkennen ließ, rückte durch den unbestechlichen Blick für subtile Unterscheidungsmerkmale und das Verständnis für system. Feinheiten in die Nähe

Ch. L. Brehms (s. d.); und wie sehr er sich O. Kleinschmidt (s. d.) in der Auffassung der Präparierkunst und als Maler verwandt fühlte, das brachte er noch in den letzten Lebensjahren verehrend zum Ausdruck durch seinen Beitr. „Dem Künstler" in der Festschr. „Syllegomena Biologica" (1950).
— Lit.: Nachruf (von G. Niethammer). J. Orn. 97, 1956, S. 438—440. - Ders., D. Vogelbalg v. Blickpunkt d. Ornithologen gesehen, „D. Präparator" 7, 1961, S. 141—156. - Bildnis in B. z. F. 19, 1943.

Natterer, Johann, Dr. h. c., * 9. 11. 1787 Laxenburg bei Wien, † 17. 6. 1843 Wien. Nachdem der Sohn eines kaiserlichen Falkenjägers schon seit dem 19. Lebensjahr auf zool. Sammelreisen im Auftrage von C. v. Schreibers (s. d.) verschiedene europ. Länder kennengelernt und sich auch in den Napoleonischen Kriegen an ehrenvollen Aufgaben bewährt hatte, erhielt er nach kurzen naturgesch. Studien an der Wiener Hochschule 1816 die Stelle eines Aufseher-Assistenten am Naturalienkabinett in Wien. Ein Jahr später schon verließ er die Heimat, um als zool. Fachmann an der Exp. teilzunehmen, die aus Anlaß der Vermählung der Erzherzogin Leopoldine mit dem Kronprinzen Don Pedro zur naturw. Durchforschung Brasiliens aufbrach. Bis 1835 bereiste er fast dieses ganze, weite Land, auf 10 großen Unternehmungen mit eisernem Willen sammelnd und jagend. Sein Name ist für immer mit der Erschließungsgesch. Bras. verbunden. Die zwischen 1826 und 1830 nach Wien geschickte gewaltige Ausbeute belief sich allein auf über 12 000 Bälge von 1200 Vogelarten. Als er nach ungeheuren Strapazen 1836 zu Hause wieder eintraf, war er dort in der Öffentlichkeit bereits vergessen, und, von Neid und Mißgunst umgeben, mußte er sich mit der Anstellung als Kustos-Adjunkt bei seinem Bruder Joseph N. (s. d.) begnügen. Trotz aller Enttäuschung wandte er sich, an europ. und russ. Mus. das Material ergänzend, der system. Darstellung aller damals auf der Welt bekannten Vogelarten zu und beteiligte sich an Schlegels „Histoire naturelle des Oiseaux d'Europe". In diesen Jahren erwies er sich als ganz überragender Systematiker und erlangte schnell auf dem Gebiete der neotropischen Vogelk. unbestrittene Autorität. Nicht weniger vorbildlich war er in der Präparierkunst. Ähnlich wie Ch. L. Brehm (s. d.) befestigte er mit einer von anderen bis dahin nicht geübten Sorgfalt am Lauf der Bälge Zettel mit Angabe von Fundort, Datum, Geschlecht, Alter, Farbe der Iris, des Schnabels, der Füße nebst weiteren Beschr. und Bem. über Lebensweise. Doch raffte ihn das aus Bras. mitgebrachte Leberleiden dahin, ehe er auch nur einigermaßen die Bearbeitung der Vogelschätze und damit sein wissensch. Lebenswerk abgeschlossen hatte. Ehrungen im Ausland, darunter der Dr. h. c. der Univ. Heidelb., waren der spärliche äußere Lohn, dessen er sich erfreuen konnte. Noch später verfolgte Tücke des Schicksals die übermenschlichen Leistungen dieses selbstlosen Naturforschers. In den stürmischen Revolutionstagen des Oktober 1848 ging ein Großteil seiner Msk. und Tagebücher in Flammen auf. Nur nach einem glücklicherweise erhalten gebliebenen, von N. selbst aufgestellten Zettelkatalog konnte A. v. Pelzeln (s. d.) in Sb. Akad. d. Wissensch. Wien, in Verh. Wien zwischen 1856 und 1863, ferner in einer selbständigen Arbeit „Z. Orn. Bras." (Wien 1868—1871) die Hinterlassenschaft auswerten und dabei etwa 130 neue Formen beschreiben; einige davon tragen den Namen des großen Sammlers und Ornithologen. Seine Gebeine ruhen auf dem heute aufgelassenen St. Marxer Friedhof in Wien.
— Lit.: Nachruf (von L. J. Fitzinger). Wiener Ztg. 1843, Nr. 174. - Biogr. Lex. Kaisert. Österr. 20, 1869, S. 96—101. - Würdigung (von A. v. Pelzeln). Mitt. Wien 13, 1889, S. 582—585. - Gedenkrede (von H. Scholler). Ann. Wien 60, 1954/55, S. 36—42 (mit Bildnis). - Gedächtnisrede (von G. Rokitansky). J. Orn. 98, 1957, S. 133—144 (mit Bildnis u. älteren Quellen). - A. A. Prestwich, I name this Parrot..., London 1958, S. 56/57.

Natterer, Joseph, Dr., * 7. 10. 1786 Laxenburg bei Wien, † 28. 6. 1852 Wien. Wie sein Bruder Johann N. (s. d.) hatte er die Leidenschaft zum Sammeln und Jagen vom Vater geerbt, dessen Privatsammlung 1793 vom Kaiser erworben wurde und als Grundstock für das Wiener Naturh. Mus. diente. Er hatte auch dieselbe Ausbildung wie sein Bruder und wurde 1810 Kustos am Naturalienkabinett. Dort arbeitete er an einflußreicher Stelle. Er war ein erfahrener, bekannter Ornithologe und hatte Verbindung zu allen großen Fachgenossen der Zeit. J. F. Naumann dankte ihm für Unterstützung in der Vorrede zur „Naturgesch. d. Vögel Deutschl." (Bd. 1, 1820). H. Schlegel (s. d.) öffnete er auf Empfehlung von Ch. L. Brehm (s. d.) den Weg zur kurzen, bedeutungsvollen Lehrzeit in Wien. Beerdigt wurde er — wie sein Bruder — auf dem Friedhof von St. Marx.
— Lit.: Biogr. Lex. Kaisert. Österr. 20, 1869, S. 101.

Nau, Bernhard Sebastian von, Dr., * 1766 Mainz, † 15. 2. 1845 Mainz. Kameralist von universellem Geist, beherrschte er in weitem Umfang das damalige Wissen. Ein gleichzeitig praktischer Sinn zog daraus Nutzen zu fleißiger lit. Verwertung. Die Vielseitigkeit seines Wirkens spiegelt sich in den von ihm bezogenen Lebensstellungen. Er war u. a. Prof. der hist.-statistischen Fak. und der Naturgesch. in Mainz, Prof. der Forstwissensch. in Aschaffenb., Diplomat im Dienste Metternichs, bayer. Bevollmächtigter bei der Rheinschiffahrts-Zentralkommission, Prof. der Naturgesch. in Münch. Als junger Dozent verriet er sein naturw. Interesse durch eine Arbeit über die Fische des Rheins (1788). In einem Nachtr. fügte er die Aufzählung von 151 Vogelarten an. Weder Feldbeobachter, noch Biologe, dachte er nur an die Beschr. der Formen. Faun. wertlos, zeigt die Zusammenstellung aber den kritischen Zug des Verf. Er wollte dem Übelstand abhelfen, daß die „Beschr. d. Vögel ... bei d. mancherlei Schriftstellern so verschieden sind", weil „manche d. Weibchen, andere d. Männchen beschrieben haben, ohne d. Geschlecht eben dabei anzumerken, was sie auch größtenteils selbst nicht einmal untersuchten". Das Ergebnis seiner Bemühung mußte dürftig bleiben. Als Material für die Unters. dienten ihm nämlich nur präparierte Stücke, die er in einer Mainzer Samml., ferner in den Beständen von L. C. E. H. F. von Wildungen (s. d.) und P. F. Grandidier (s. d.) fand. Eine eigene Samml. dürfte er nicht besessen haben; andernfalls hätte er sie erwähnt. Es war ihm gegeben, Mängel der zeitgenössischen Versuche zu erkennen; sie zu beseitigen, reichten die Mittel und Methoden der vorklassischen Epoche nicht aus. Wenn er auch später noch half, die Wett. Ges. f. d. ges. Naturk. zu Hanau und d. Rhein. Naturf. Ges. zu Mainz zu gründen, so war sein Anteil an der Entw. der Orn. in Deutschl. doch ohne Bedeutung. Durch die Verleihung des persönlichen Adels geehrt, starb er als Wirkl. Geh. Rat.

— Lit.: R. Heß, Lebensbilder hervorr. Forstmänner, 1885, S. 249/50 (mit älteren Quellen). - Allg. Dt. Biogr. 23, 1886, S. 294/95 (mit älteren Quellen). - L. Gebhardt u. W. Sunkel, D. Vögel Hess., 1954, S. 43.

Naumann, Carl Andreas, * 14. 11. 1786 Ziebigk, † 12. 3. 1854 Aken (Anhalt). Johann Friedrich N.s jüngerer Bruder war ein Naumann von echtem Schrot und Korn. Die Gabe des sicheren Ansprechens und Schusses muß ihm von früher Jugend an in besonderem Grade eigen gewesen sein. Der Vater bestimmte ihn daher für den Jagddienst und ließ ihn nur zu Hause unterrichten. Als die Franzosen Anhalt-Köthen besetzten, entging der stattliche junge Mann nur dadurch der Gefahr, zur Rheinbundarmee eingezogen zu werden, daß der Herzog ihn 1807 zu seinem Leibjäger machte. Von 1811 ab war er dann Förster in Klein-Zerbst bei Aken. Da er jahrzehntelang über Jagderfolge in den Niederungen am Elbufer und anderen Sümpfen Buch führte, fanden sich in den Schußlisten aus den Jahren 1816—1844 folgende Ergebnisse: 9190 Rebhühner, 284 Wachteln, 648 Waldschnepfen, 103 Pfuhlschnepfen, 3854 Bekassinen, 74 Kampfhähne, 239 Strand- u. Wasserläufer, 219 Wildgänse, 1953 Enten, 11 Adler, 1150 andere Raubvögel, 167 Eulen, 84 Kolkraben, 3618 Krähen. Als gefangen vermerkte er 169 Raubvögel, 26 875 andere Vögel (meist Drosseln im Dohnenstieg). Vogelschutz lag außerhalb der Vorstellungen der Familie! Ihre Zeit hatte den Widerstreit zwischen rücksichtsloser Jagdleidenschaft und besserer Einsicht in der Praxis unter freiem Himmel noch nicht gelöst. Die Raubvögel waren wegen des angeblichen Jagdschadens mehr oder weniger verabscheuungswürdige Geschöpfe, die keine Schonung verdienten. Hand in Hand mit dem Jägerleben ging bei Carl Andreas N. eine offenbar über das Maß erworbene Artenkenntnis. E. Baldamus (s. d.) meinte in den „Drei N.s“ (Daheim 2, 1866), er sei vielleicht der größte aller Vogelbeobachter gewesen. Da er dabei nichts zu schreiben brauchte, war er unentwegt bereit, dem gelehrten und hochgeschätzten Bruder Seltenheiten zu liefern. Er dürfte nicht nur an den Abschnitten über Jagd und Fang beteiligt gewesen sein. Im Vorwort zum 8. Bd. stellte Johann Friedrich N. „dem Gefährten der Jugend und treuesten Gehilfen im Mannesalter“ ein noch viel rühmlicheres Zeugnis aus: „Jede meiner Schilderungen der Sitten und Lebensart . . . aller im Werke vorkommenden Vögel, welche er selbst im Freien beobachtet hat, ist . . . erst ihm vorgelegt, mit ihm durchgegangen, von ihm begutachtet worden . . . Die meisten Male, daß Wir stehet, hat dies Bezug auf seine Mitteilungen, seine Bestätigung meiner Ansichten und auf seine Mithülfe, für welche ich ihm hiermit ebenfalls herzlich danke.“ Wenn vom Werden der „Naturgesch. . . .“ die Rede ist, verdient demnach Carl Andreas N.s Anteil gebührende Erwähnung.

— Lit.: Siehe bei Johann Friedrich Naumann.

Naumann, Johann Andreas, * 3. 4. 1744 Ziebigk, † 16. 5. 1826 Ziebigk. Mit ihm leuchtete erstmalig der Name N. auf, um in der dt. und mitteleurop. Orn. unvergänglich zu werden. Wie die Vorfahren (die Familie saß seit 1639 auf ihrem Gute) war er Bauer und huldigte der Jagd und dem Vogelfang. Vom Vater angeleitet, war es ihm nach seinen eigenen Worten (1797) unmöglich, „die Vögel mit gleichgültigen Augen anzusehen“. Beim Fang vermittelte ihm leidenschaftliche Wißbegier Namen und Eigenschaften der Beutestücke. Mit 14 Jahren mußte er die Knabenschule in Köthen verlassen, bildete aber, während er am Vogelherd saß oder jagend durch eine noch urwüchsige Landschaft streifte, grüblerische Anlagen fort. So entstand in den besten Mannesjahren der aus praktischer Erfahrung erwachsene „Vogelsteller . . . “ (1789), von dem Teile abgedruckt sind bei W. Sunkel „D. Vogelfang f. Wissensch. u. Vogelpflege“ (1927). Dann folgte der „Phil. Bauer . . .“ (1791), in dem er unausgegorene, verworrene, mit allen Irrtümern der Zeit belastete Vorstellungen entwickelte, um seinen Berufsgenossen Aufklärung über Naturvorgänge zu geben. Da ihm Freilandstudien nicht genügend Aufschluß über das Leben der Vögel gaben, gewann er im Gegensatz zu Johann Friedrich N. in der Vogelstube zusätzliche biol. Feststellungen, z. B. über Mauservorgänge, Zuggewohnheiten und andere Verhaltensweisen, die den Stubengelehrten noch unbekannt waren. Die geistige Regsamkeit äußerte sich weiter in dem Plan, eine Beschr. der von ihm gefangenen Vögel zu verfassen. 1790 (oder wenig später) begann er mit der Niederschrift zu einem Buche, von dem er 1797 sagte: „Wahrheit und Verständlichkeit — das sind die zwei Eigenschaften, die ich meinem Buche zu geben mich bemühe. Anmut aber und Zierlichkeit im Stil — die werden meine billigen Leser mir erlassen, in der Hinsicht, weil ich . . . im Vogelstellen mehr als im Schriftstellen geübt bin, und von jeher lieber ein Naturforscher als ein Bücherforscher war“. Weil ihm selbst künstlerisches Geschick versagt war, übertrug er die Herstellung der Bilder und Kupfer dem Sohne Johann Friedrich. Unter dem Zwang, das Buch selbst zu verlegen, entstand ihm nicht nur in den „Nebenstunden“ viel Ungemach. Von 500 gedruckten Stücken wurden nur etwa 77 abgesetzt. Die Hefte erschienen von 1795—1803 als „J. A. N.s ausführliche Beschr. aller Wald-, Feld- u. Wasservögel . . .“ und (seit 1798) als „Naturgesch. d. Land- u. Wasservögel d. nördl. Deutschl. . . .“. Der mit dem 3. Bd. (1799) inhaltlich erweiterte Zuschnitt läßt die Vermutung zu, daß von da ab die Mitarbeit des Sohnes auch am Text einsetzte. Nachtr. erschienen von 1804—1817. Die Sorgen, die ihm die Veröff. des Buches bereitete, hinderten den Vater indes nicht, sich in den letzten Lebensjahren als Mensch der Stille zufriedenzugeben. Seit 1805 überließ er dem Sohne die Schriftlichkeiten, und der Landw. entzog er sich gleichfalls. Nur die Flinte legte er nicht weg. Dazu schrieb er eine Reihe von Beob. nieder, die Johann Friedrich später mit Nutzen verwertete. In die Gesch. der dt. Vogelk. aber ging der einfache Bauer als einer der Wegbereiter für einen Größeren ein. Aller Buchgelehrsamkeit bar, suchte er aus unverbildet schöpferischem Herzenstrieb mit dem ihm möglichen Erfolg nach den letzten Gründen, in denen die von seinen scharf prüfenden Sinnen ermittelten Erscheinungen des Vogellebens wurzelten. Daß er obendrein seinem Sohne Johann Friedrich den zündenden Funken unstillbarer Begeisterung für die Sache der Väter als Erbstück mitzugeben vermochte, ist seine stärkste Leistung und von ihm selbst im Alter wohl als Gnade empfunden worden. Wie er es wünschte, wurde er an einem seiner Lieblingsplätze, an einem Vogelherd im „Busch“, beigesetzt.

— Lit.: Siehe bei Johann Friedrich Naumann.

Naumann, Johann Friedrich, Dr. h. c., * 14. 2. 1780 Ziebigk (Anhalt), † 15. 8. 1857 Ziebigk. Als Jagdbegleiter des Vaters Johann Andreas N. (s. d.), der dem Knaben den Blick für den Zauber des Vogellebens öffnete, durfte und konnte er wie sein jüngerer Bruder Carl Andreas N. (s. d.) schon mit 8 Jahren Vögel schießen. Da sich früh auch zeichnerische Begabung bei ihm regte, sollte er von 1790 ab die Hauptschule in Dessau durchlaufen; 4 Jahre später jedoch endete dieser Schulweg ohne Abschluß. Der Vater benötigte den Sohn zur Herstellung der Bilder und Kupfer für seine „Naturgesch. . . .“. So kommt es, daß die ersten Illustrationen des autodidaktisch sich weiterbildenden Jünglings dürftig und farblos ausfielen. Fleiß und Beharrlichkeit aber ließen mit den Jahren die 337 vollendet naturgetreu wirkenden Tafeln entstehen. Sie waren nur nach lebenden oder frisch erlegten Stücken angefertigt und wurden von keinem anderen Künstler seiner Zeit, auch nicht von J. C. Susemihl oder A. Gabler und J. M. Hergenröder (s. d.) übertroffen. Ebenbürtig neben den Bildern, die er bald auch selbst kolorierte, steht der von ihm in wohltuendem Dt. geschriebene Text zu der „Naturgesch. . . .“ (12 Bde. 1820—1844; Nachtr. bis 1854; 13. Bd., 2. Teil von J. H. Blasius u. E. Baldamus 1860); noch heute ist sie, hist. betrachtet, ein Gegenstand weltweiter Bewunderung. Mit dem Titel des Werkes verbindet sich zugleich ein rührendes Zeugnis von Verehrung für den väterlichen Lehrmeister; der Sohn nannte es „Johann Andreas N.s Naturgesch. . . .“ und zeigte sich damit von Anfang an bereit, zugunsten des Vaters bescheiden hinter seinem Werk zurückzutreten. Nichtsdestoweniger hielt er, obwohl er stets dem Broterwerb in der Landw. nachgehen mußte, unentwegt am Ziele fest: Beschr. des Aussehens, Vorkommens und Lebens der dt. Vogelarten. Fern von Bibliotheken und Mus., ohne Vorgänger und Vorbild erhob er sich zum größten Vertreter der klassischen Artbeschreibung. Die Einmaligkeit konnte er erreichen, weil die neu erwachte Naturfreude seines Volkes, noch nicht erschüttert durch Darwins Evolutionsgedanken, nach zusammenfassender Erbauung und Belehrung rief. Daß er auch Laienkreise mit seiner leicht verständlichen Methode der Stoffeinteilung ansprach, verdankte er der Kunst des Verzichts. So übertrug er, da ihm die Sachkenntnis fehlte, seinem Freund Ch. L. Nitzsch (s. d.) die Darstellung der allg. Anat. des Vogels. Und alles Beiwerk, das nicht zum eigentlichen Thema gehörte, z. B. system. Erörterungen, ließ er in weiser Einsicht weg. Im Gegensatz zu Ch. L. Brehm (s. d.) spürte er, daß die von den Verhältnissen erzwungene Beschränkung auf nur europ. Formen in einen ausweglosen Irrgarten der System. führen mußte. Während Ch. L. Brehms spätere Veröff. aus diesem Grunde kaum Einfluß auf die Entwicklung der wissensch. Orn. in Deutschl. hatten, wurde J. F. N.s Lebensarbeit die Grundlage der dt. Vogelk. für Jahrzehnte. Dafür sorgte weniger die Gedankentiefe und mehr die gemütvolle innere Geschlossenheit des ganzen Werkes. Noch kurz nach der Jahrhundertwende erschienene Nachschlagewerke über die Lebensäußerungen dt. Vögel waren im Grunde Auszüge aus N.s Hinterlassenschaft. So lebte neben C. G. Friderichs (s. d.) unter verschiedenen Titeln herausgekommenen Büchern auch A. E. Brehms (s. d.) „Illustriertes Tierleben“ (1. Aufl. 1863—1869) in den Kapiteln über dt. Vögel recht ausgiebig von dem durch N. zusammengetragenen Wissen. Schließlich erleichterte die allg. Begeisterung auch vielen vom Verf. neugeschaffenen dt. Vogelnamen den Weg in breite Volksmassen; dazu gehören u. a. Waldohreule, Waldkauz, Sperlingskauz, Dorngrasmücke, Schellente, Sand-, Fluß- u. Seeregenpfeifer, Brand-, Fluß- u. Küstenseeschwalbe. Die unübertrefflich abgerundete Darstellung des „Altmeisters“ erweckte auf der anderen Seite aber einen gefährlichen Glauben: Viele der Epigonen hielten danach alles Erforschbare für geklärt. Sicher hätte er besser daran getan, auf ungelöste Fragen hinzuweisen. Anderen dt. Ornithologen erschwerte er zudem die inzwischen notwendig gewordene Sicht über Europa hinaus in die exotische Ornis, obwohl er selbst in seinen späteren Jahren wußte, daß die Grenzen zwischen der europ., asiat., afrik. und amerik. Orn. zusammenfließen (vgl. Brief an H. Lichtenstein v. 21. 11. 1838). Auf diesem Hintergrunde erklärt sich z. T. die zwiespältige Aufnahme und Beurteilung des „Neuen Naumann“ (1897—1905), worauf bei C. R. Hennicke (s. d.) hingewiesen ist. Wie jeder andere ist Johann Friedrich N. nur aus seiner Zeit heraus zu begreifen. Diese Zeit bewegte sich auf unglaublich tiefem Stand biol. Kenntnisse; die vor ihm führenden Köpfe wie J. L. Frisch, J. M. Bechstein, M. B. Borkhausen, J. Ph. A. Leisler, B. Meyer, Joh. Wolf (s. d.) u. a. begnügten sich mit einem engen Rahmen der Artdarstellung und lagen mehr oder weniger im Banne naturphil. Anschauungen. Seine Empirie dagegen kannte keine einseitige Spekulation; er zeigte, was mit dem Blick auf Europa wirklich zu beobachten war. Trotz des ihm zu dankenden Fortschritts in der Einfachheit und Weite war auch er noch nicht der Mann naheliegender Experimente, die ihm selbst mehr Wahrheit und Erleuchtung hätten vermitteln können. Daß er hie und da gar Behauptungen aufstellte, die er unmöglich zu wissen und zu beweisen in der Lage war (vgl. O. Heinroth, J. Orn. 65, 1917), ist eines der Rätsel, in die nicht nur er, sondern auch manch anderer Name eingesponnen bleibt. Die Frage, wie „J. F. N. im Lichte der heutigen Forschung" bestehen kann, wurde nirgends schöner und befriedigender beantwortet als in der kritischen Betrachtung „Zu J. F. N.s 150. Geburtstag" (B. z. F. 6, 1930); hier bezogen Männer wie L. Schuster, E. Hartert, O. Heinroth, L. v. Boxberger, O. Kleinschmidt und O. Reiser (s. d.) Stellung. Fern von schwärmerisch kultischer Anbetung, aber mit wohltuender Verehrung sahen sie Licht und Schatten eines schöpferischen Lebens im Dienste der Orn. und waren sich eins in uneingeschränkter Dankbarkeit für die Förderung durch Gaben, die sie in der Jugend vom „Vater der dt. Vogelk." empfangen durften. Er selbst, der Erbe nicht nur des bäuerlichen Besitzes, sondern auch des väterlichen Geistes, erntete, wie es der wissensch. Leistung und dem Adel seiner Wesenszüge gebührte, noch zu Lebzeiten viel beglückende Freundschaft und aufrichtig gemeinten Dank. Der Landesfürst verlieh ihm 1837 den Prof.-Titel, die phil. Fak. der Univ. Bresl. promovierte ihn 1839 zum Dr. h. c. Sein Grab befindet sich in Prosigk. 1880 wurde ein Denkmal mit seiner Büste und den Bildnissen des Vaters Johann Andreas und des Bruders Carl Andreas im Schloßgarten von Köthen enthüllt; im 2. Weltkrieg zerstört, erstand es inzwischen wieder — in veränderter Gestalt.

— Lit.: Eine erschöpfende Bibliographie der Familie N. hinterließ Peter Thomsen (1875—1954); er hatte eine Enkelin J. F. N.s geheiratet und war Oberstudiendirektor in Dresd. — Nach d. Verf. Tode wurde das Werk von E. Stresemann bearbeitet u. ergänzt. Es erschien in Leipz. 1957 u. enthält neben einem Verz. d. Veröff. mit 12 Abb. alle hist.-biogr. Einzelheiten.

Necker, Louis-Albert, * 10. 4. 1786 Genf, † 20. 11. 1861 Portree (Insel Skye). Er trat in die Fußstapfen eines Onkels, der in seiner Heimat hochgeachteter Gelehrter war, und überragte, auch unter dem Einfluß seiner gleichgesinnten Mutter, um Haupteslänge die zeitgenössischen Landsleute als hervorragender Naturbeobachter, Geologe und Mineraloge. Das an der Genfer Akad. begonnene Studium setzte er 1806 und 1807 in Edinburgh fort. Eindrücke von einer durch das damals unbekannte und unerschlossene Schottland und nach den wilden Hebriden unternommenen Reise hafteten für sein weiteres Leben und ließen ihn nicht mehr los. 1810 wurde ihm eine Professur für Geol. und Min. in Genf übertragen. Daneben rissen die aus der franz. Revolution erwachsenen Unruhen den leidenschaftlichen Patrioten in den Strudel der politischen Kämpfe, bis er sich 1832 aus der Öffentlichkeit zurückzog und in der Folge ganz den Naturstudien auch auf Reisen ins Ausland hingab. Aus gesundheitlichen Gründen verließ er schließlich 1840 sein Vaterland, um die letzten 20 Jahre in Einsamkeit unter der Bevölkerung der Insel Skye vor der Westküste Schottl. zu verbringen. Seine Neigung zur Beschäftigung mit der heimatlichen Ornis trat deutlicher in Erscheinung, als er mit 19 Jahren begann, Aufz. über den Vogelzug niederzulegen. Die erste Veröff. aus seiner Feder war „Notice sur quelques espèces d'oiseaux trouvés en Suisse" (Naturw. Anz. d. Schweiz. Ges. 2, Aarau 1818). Eine größere Übersicht — später von anderen Autoren gerne als Quelle benutzt — hinterließ er unter dem Titel „Mémoire sur les oiseaux des environs de Genève" (Mém. de la Soc. phys. et d'hist. nat. 2, 1823). In den nicht aus Büchern, sondern in 20jähriger Beobachterfreude gesammelten Angaben verriet sich ein für die damalige Zeit sehr reifes biol. und phänol. Verständnis. Das Vorkommen von 261 Arten (darunter 185 Brutvögeln) in den Tälern und Ebenen, an den Seen und auf den Bergen Hochsavoyens ist in einer fortschrittlich kritischen Betrachtung geschildert. Eine in Paris 1864 erschienene Ausg. (206 S.) enthält dazu eine Darstellung des Lebensgangs des Verf. In der Entwicklung der Vogelk. der franz. Schweiz ist ihm die Rolle eines trefflichen Pioniers zugefallen. Manch jüngerer Westschweizer fühlte sich seinem Erbe verpflichtet.

— Lit.: Nachruf (von de Candolle). Verh. Schweiz 1862, S. 272—278 (mit Verz. einiger Veröff.).

Nécsey, Stefan von, * 12. 2. 1870 Verebély (Komitat Bars), † 26. 3. 1902 München. Als Sohn eines Postmeisters schon im Kindesalter Begabung für die Malerei zeigend, bildete er sich, nachdem er auf dem Gymnasium in Léva 1887 das Reifezeugnis erlangt hatte, in vielversprechendem Anlauf bis 1891 vornehmlich an den Akad. von Münch. und Paris aus. Später war er in Budapest und Klausenb. tätig. Um ihm den Lebenskampf zu erleichtern, holte ihn O. Herman (s. d.) 1895 in die Ung. Orn. Zentrale, wo ihm nach montierten Stücken und Bälgen — lebende Objekte zu bearbeiten, lehnte er ab — z. T. ausgezeichnete Vogeldarstellungen gelangen. Viele von ihnen, darunter vor allem der Feldeggsfalke (Aquila 4, 1897), fanden die Anerkennung und den Beifall von damals bekannten Autoritäten wie A. Reichenow, A. Koenig, O. Kleinschmidt (s. d.) und zieren St. v. Chernels (s. d.) „Vögel Ung." (1899). Weil nicht alle seine Tafeln vor dem Urteil der Sachkenner bestanden, löste er in tiefer Verstimmung die Beziehungen zu seinem Gönner und befaßte sich von da ab u. a. mit den Bildern für den Neuen Naumann. Trotz verschiedener Mißerfolge schuf er als naturw. Illustrator doch Tausende von äußerst gewissenhaft gemalten Vogel- u. Schmetterlingsbildern, die hauptsächlich ung. wissensch. Werken zugute kamen. Er war, mit ungewöhnlichem Farben- u. Formensinn ausgestattet, ein Künstler, der nach den Sternen griff, sie aber nicht erreichte. Daher senkten Nichtzulassungen zu Ausstellungen oder ergebnislose Beteiligung an Preisausschreiben einen nie verheilenden Stachel in sein empfindsames Herz. Die Vorstellung, daß er vom bösen Willen

ung. Kunstkreise verfolgt sei, ließ sein Leben schließlich tragisch enden; er zog sich nach Münch. zurück und starb dort nach langem, schwerem Leiden an den Auswirkungen eines Selbstmordversuchs.
— Lit.: Nachruf (von O. Herman). Aquila 9, 1902, S. 245—254.

Negelein, Christian Wilhelm von, * 12. 2. 1787 Zwischenahn (Kr. Ammerland), † 2. 6. 1866 Oldenburg. 1841 wurde er mit dem Titel Forstmeister zum Vorstand der Forstinspektion Oldenb. befördert. Damit lag die Verwaltung des ganzen Forstwesens im Herzogtum Oldenb. und in der Erbherrschaft Jever in seinen Händen. 1857 nennen ihn die oldenb. Hof- u. Staatshandbücher letztmalig in diesem Amte. 1844 erhielt er daneben den Auftrag, „für Schonung der Altertumsdenkmäler Sorge zu tragen und sie auf seinen Forstinspektionsreisen zu beachten". Er starb als Oberforstmeister a. D. Der Vogelk. scheint er nur im Rahmen allg. naturw. Neigungen nähergetreten zu sein. Spuren orn. Betätigung liegen vor in Notizen, die er in Naum. 3, 1853 und 4, 1854 brachte. Umfangreicher ist das von ihm verfaßte „Verz. d. im Herzogtum Oldenb. vorkommenden, hier brütenden u. seltenen Vögel" mit Zusätzen und Berichtigungen in Naum. 3, 1853. B. Borggreve (s. d.) in „Vogelf. v. Norddeutschl." (1869) stützte sich weitgehend auf diese Unterlagen.
— Lit.: Akten d. Nieders. Staatsarch. Oldenb.

Nehring, Alfred, Dr., * 29. 1. 1845 Gandersheim (Niedersachsen), † 29. 9. 1904 Charlottenburg. Er studierte in Gött. und Halle, war Oberlehrer in Wesel und Wolfenbüttel und ab 1881 Prof. der Zool. an der Landw. Hochschule in Berl. 1887 wurde er Mitglied der Leopoldina und kurz vor seinem Tode Geh. Reg.-Rat. Er war Paläontologe — sein Hauptwerk „Über Tundren u. Steppen . . ." (1890) — und als solcher bedeutend für die Erforschung der fossilen Tierreste Mitteleuropas. Doch beschäftigte er sich nicht nur mit der diluvialen Vogelwelt, sondern hinterließ auch faun. und biol. Arbeiten über die der Gegenwart hauptsächlich in der Dt. Jztg. und den Orn. Mber.
— Lit.: Nachruf (von O. Boettger). Zool. G. 45, 1904, S. 390. - Nachruf (von R. Blasius). Orn. Ms. 30, 1905, S. 6—12 (mit Bildnis u. Verz. d. orn. Veröff.). - Würdigung (von G. Rörig). Zool. Ann. 2, 1908, S. 1—29 (mit Bildnis u. Verz. d. Veröff.).

Nehrkorn, Adolph, * 29. 12. 1841 Riddagshausen, † 8. 4. 1916 Braunschweig. Mehrere Jahre arbeitete er praktisch als Landwirt, studierte Naturw. in Berl. und übernahm 1866 als herzoglicher Amtsrat die Pachtung der Domäne Riddagshausen, die sein Vater schon verwaltet hatte. Die an Teichen reiche und heute unter Naturschutz stehende Umgeb. des Geburtsortes schärfte früh des Knaben Blick für die Vogelwelt. Sein Hauslehrer lenkte die Aufmerksamkeit erstmalig auf die Ool. Die weitere Entwicklung stand im Zeichen der Beziehungen zu R. und W. Blasius (s. d.), deren Vater der jugendlichen Liebhaberei ernsthaftere Wege wies. So wurde N. durch Beharrlichkeit einer der typischen und kenntnisreichsten Vertreter der Eierk. im vorigen Jahrh. Die seine Sammlernatur beherrschende Leidenschaft entsprang weniger wissensch. Ehrgeiz und mehr der ungebändigten Freude an den auch ästhetisch wirkungsvollen Objekten. Durch Tausch, Ankauf und eigene Reisende kam er schließlich in den Besitz der damals vollständigsten Eiersamml. mit Stücken aus allen Weltteilen. Sie umfaßte 5843 Arten (fast ein Drittel aller beschriebenen Vogelformen) und übertraf die Bestände des Brit. Mus. um annähernd 1500 Arten. In späteren Jahren ging er noch zur system. Samml. von Vogelbälgen über; auch hier war das Ergebnis mit 5000 Stücken von etwa 4000 Arten eindrucksvoll ansehnlich und bereicherte neben den Eiern von ungefähr 3500 Arten nach seinem Tode das Braunschw. Mus. Seit 1871 standen ool. und nid. Veröff. aus seiner Feder in J. Orn. (darunter „Mitt. über Nester u. Eier d. Mus. Godeffroy z. Hamb."; 27, 1879), Orn. Cbl. und Orn. Mber.; doch war er schriftstellerisch wenig rege. Einen Kat. der Eiersamml. gab er 1899 und 1910 (mit Nachtr. 1914) heraus. 1868 trat er der DO-G bei. Nach anfänglichem Widerstand schloß er sich 1875 auch der DOG an und gehörte seit 1876 zu deren Ausschuß. 7 Formen tragen seinen Namen. Die Kollektion von 20 000 Eiern, die er 1905 geschlossen dem Berl. Mus. vermachte, fiel dem 2. Weltkrieg zum Opfer.
— Lit.: Nachruf (von H. Schalow). J. Orn. 64, 1916, S. 421/22. - Nachruf (von A. Reichenow). Orn. Mber. 24, 1916, S. 80.

Nehrling, Heinrich, Dr., * 5. 9. 1853 Herman (Wisconsin), † 22. 11. 1929 Gotha (Florida). Von dt. Eltern stammte er ab. Der DOG gehörte er seit 1879 an. Nachdem er lange Jahre Lehrer in Illinois, Missouri und Texas gewesen war, erhielt er 1890 die Stelle eines Sekretärs und Kustos am Mus. in Milwaukee. 1903 verlor er diesen Posten aus politischen Gründen, verzog nach Florida und verzichtete auf weitere Verbindung mit der Orn. Nach dem Urteil amerik. Fachleute war er ein außerordentlich gütiger Mensch, ganz seinen Neigungen, insbesondere der Vogelk. und der Gartenbaukunst lebend, ein „typischer dt. Prof. der alten Schule". Er starb nach mancherlei Enttäuschungen in geldlichen Nöten. Vom Ende der 70er Jahre bis zum Anfang dieses Jahrh. brachte er in J. Orn., Orn. Cbl., Orn. Ms., Gef. W. und Zool. G. eine Reihe von Aufs., die sich alle mit der nordamerik. Ornis beschäftigten. Daneben hinterließ er ein von amerik. Seite hoch eingeschätztes, umfangreiches Buch „D. Nordamerik. Vogelw." (1889 bis 1891). Es sollte den Sinn für Wald, Flur und Vogelsang wecken, doch kam nur das Leben der „Sing-, Schrei- u. Klettervögel" zur Darstellung. Außer dem Amerikaner R. Ridgway beteiligten sich A. Göring und G. Mützel (s. d.) an der Bebilderung. Es war lange Jahre das einzige, die nordamerik. Avif. behandelnde Werk in dt. Sprache.
— Lit.: Nachruf (von E. Stresemann). Orn. Mber. 38, 1930, S. 68. - Nachruf (von Schriftl.). Auk 47, 1930, S. 133. - Nachruf (von W. Stone). Ebd. 49, 1932, S. 153—158 (mit Bildnis).

Neumann, Johann Gottfried, * 25. 7. 1755 Görlitz, † 24. 10. 1834 Greiffenberg (Schlesien). 1776 bezog er die Univ. Leipz., Theol. und nebenbei Naturw. studierend. Anschließend war er Hauslehrer,

1790 Lehrer in Görl., 1791—1828 Rektor in Löwenberg (Schles.). Auf vielen Gebieten, besonders auch im zool. Bereich, versuchte er sich schriftstellerisch. Eine größere, an seinen Namen geknüpfte orn. Arbeit „Allg. Übersicht d. Lausitzschen Haus-, Land- u. Wasservögel" (Görl. 1828) ist weitgehend kompilatorisch entstanden und verrät wenig eigene Erfahrung des Verf.; in der Hauptsache sind hier die Feldbeobachtungen des kenntnisreichen J. G. Krezschmar (s. d.) verwertet.
— Lit.: Kb. in Schles. Prov.-Bl. 1834, 12. Stück, Anhang S. 211—220 (mit Verz. d. Veröff.). - Würdigung (von R. Heyder). Mitt. Sachs. 1, 1926, S. 199/200.

Neumann, Oscar, * 3. 9. 1867 Berlin, † 17. 5. 1946 Chicago. Nach einer wenig aufgehellten Jugendzeit trat er unvermittelt in das Rampenlicht naturw. Forschung, als er — Sohn einer sehr begüterten Familie — im November 1892 von Tanga aus zu einer zool. Sammelreise aufbrach, die ihn 22 Monate lang durch die Massaisteppe und rund um den Victoria-See führte. Die orn. Ausbeute mit vielen Neuheiten, darunter Falco fasciinucha, Linurgus kilimensis, Campethera taeniolaema, überließ er dem Berl. Mus. und machte sie zum Gegenstand seiner ersten, sehr erschöpfenden Veröff., der „Beitr. z. Vogelf. v. Ost- u. Centralafrika" (J. Orn. 46, 1898; 47, 1899; 48, 1900). Eine zweite Exp. 1900/01 von Zeila aus, im 1. Teil (bis August 1900 in Addis Abeba) gemeinsam mit C. v. Erlanger (s. d.), galt der Erkundung der Schoa und Gallaländer bis zum Weißen Nil. Dieses Mal brachte er allein 1300 Vogelbälge heim, die an das Mus. von Tring gingen. Sein Ber. erschien unter dem Titel „Vögel v. Schoa u. Süd-Aethiop." (J. Orn. 52, 1904; 53, 1905; 54, 1906). Nebenher flossen aus seinem Erfahrungsbereich auch in andere Zeitschr. (Orn. Mber., Verh. Bay., Bull. Brit. Orn. Cl. usw.) eine Fülle von Einzelbeitr., in denen er sich als einer der ersten E. Harterts (s. d.) Auffassungen vom Wesen der Subspezies anschloß. Sein Ruf als wagefreudiger Sammler afrik. Vögel, Säugetiere und Insekten, als scharf sichtender Systematiker und hervorragender Kenner der aethiop. Region füllte zu Anfang des Jahrh. schnell weltweiten Raum. 1908 belohnte der Professortitel seinen wissensch. Eifer. Dasselbe Jahr setzte aber durch große Vermögensverluste dem seitherigen Lebensstil des Junggesellen ein überraschendes Ende. Als auch eine Anstellung am Mus. von Tring nur wenige Monate dauerte (W. Rothschild geriet selbst in Geldschwierigkeiten), wurde er in seiner Vaterstadt Börsenmakler. Gestützt auf die Bestände des Berl. Mus., das — ebenso wie das Mus. A. Koenig (s. d.) in Bonn — ihm viele Zugänge zu danken hatte, konnte er in seinen Mußestunden die Ordnung und Beschr. der Vogelsendungen anderer, von ihm beratener Reisenden mit Sachkenntnis fortsetzen. Von 1915 ab, beginnend mit der Ornis von Neuguinea, wandte er sich mit gleichem Erfolg auch der Unters. von Vögeln außerafrik. Erdteile zu und blieb lit. sehr rege. Mit dem Jahre 1933 hörte jedoch auf Grund der von den Nationalsozialisten erlassenen Judengesetze die Börsentätigkeit auf, und sein Name mußte aus den dt. Zeitschr. verschwinden, obwohl er das Eiserne Kreuz des 1. Weltkriegs trug und von seinem Regiment zum Offizier qualifiziert wurde. Bei Kriegsausbruch 1939 wurde seine Lage als rassisch Verfolgter immer bedenklicher, bis es ihm mit Hilfe von Freunden im Oktober 1941 gelang, unter unwürdigsten Umständen sein geliebtes Deutschl. zu verlassen und über die Schweiz nach Kuba auszuwandern. Später ging er nach Chicago und beschäftigte sich dort in der Vogelabt. des Field Mus. of Nat. History, das die Fähigkeiten des geschulten Formenkenners und Balgornithologen besser zu würdigen verstand als die damaligen Machthaber in seinem Vaterland.
— Lit.: Nachruf (von E. Stresemann). Ibis 89, 1947, S. 519—521. - Nachruf (von T. S. Palmer). Auk 69, 1952, S. 226.

Neunzig, Karl August, * 6. 10. 1864 Berlin-Schöneberg, † 11. 6. 1944 Berlin-Hermsdorf. Seine Vorfahren, ursprünglich Landwirte, später in akad. Berufen, stammten aus dem Rheinl. Von ihnen war ihm außer der Tierliebe und der Freude an der Naturbeobachtung auch die Lust am Zeichnen und Malen ins Blut gelegt. Tierpflege im Hause übte er schon als Schüler. In Berl. besuchte er das Gymnasium und die Hochschule für bildende Künste. Zuerst stand die Landschaftsmalerei bei ihm im Vordergrund, nach und nach aber wandte er sich fast ganz der Darstellung der Tiere, insbesondere der Vögel zu. Deshalb zog ihn K. Ruß (s. d.) gegen Ende des Jahrh. zur Bebilderung der Gef. W. heran. Den ländlichen Wohnsitz Prenden bei Lanke (Mark) vertauschte er mit Berl., als nach dem Tode von K. Ruß 1899 der Verl. die Herausgabe dieser Zeitschr. ganz in seine Hände legte. Die berufliche Ausrichtung auf die Vogelwelt hatte für ihn auch eine vertiefte Beschäftigung mit den Lebensgewohnheiten und der System. der Vögel im Gefolge. Jahrzehntelang brachte dann die Gef. W. nicht nur seine guten Bilder, sondern auch zahllose Aufs. aus seiner Feder. Sie berichteten über eigene Erfahrungen in der Vogelpflege, vor allem auch über die Haltung exotischer Formen. Das Rußsche „Hdb. f. Vogelliebhaber" gab er in den 2 Bänden „Fremdländische Stubenvögel" (5. Aufl. 1921) und „Einheimische Stubenvögel" (4., 5., 6. Aufl. 1904, 1913, 1922) neu bearbeitet heraus. Er wurde so der unaufdringliche Berater und Helfer der dt. und auch ausländischen Vogelwirte. Über die volkstümliche Vogelk. lenkte er die Gedanken vieler aufgeschlossener Menschen auf die Aufgaben des Vogel- u. Naturschutzes. Dem Dt. Tierschutzver. gehörte er Jahre hindurch als Vorstandsmitglied an, und in den Sitzungen der DOG in Berl. war er lange regelmäßig vertreten. Auf eine verdienstvolle Lebensleistung für die stille, häusliche Kunst der Vogelliebhaberei und für die aus reiner Freude am Objekt betriebene Vogelk. konnte er zurückblicken, als aufgewühlte politische Leidenschaften und Haßinstinkte 1938 dem taktvoll sich zurückhaltenden, lauter gesinnten Manne übel mitspielten. Weil 8 Jahrzehnte vor ihm eine nichtarische Einheirat in die Familie erfolgt war, wurde er gezwungen, die Schriftl. der Gef. W. fristlos abzugeben. Seine Vogelbilder durften

nicht mehr gezeigt werden, seine Bücher kamen auf den Scheiterhaufen. Als er während des 2. Weltkriegs starb, war er fast vergessen. Er wurde das Opfer einer wirren, unheilvollen Zeit.
— Lit.: Würdigung (von J. Kuntzendorff). Gef. W. 54, 1925, S. 189 (mit Bildnis). - Würdigung (Verf. ungen.). Ebd. 63, 1934, S. 469/70. - Nachruf (von L. Gebhardt). Ebd. 80, 1956, S. 45/46.

Nicolaus, Wilhelm, * 16. 5. 1807 Gießen, † 10. 7. 1884 Mainz. Von 1840—1879 Präparator und Konservator der Rhein. Naturf. Ges. zu Mainz, war er in den 50er und 60er Jahren auch als eifriger und kenntnisreicher Freilandbeobachter bekannt. A. v. Homeyer (s. d.), mit dem er u. a. die starke Ausbreitung des Girlitz an seinem Wohnort verfolgte, nannte ihn seinen orn. Lehrer aus der Mainzer Fähnrichszeit. Der Schreibtischarbeit blieb er fern. Die im Rheingau und im Taunus gesammelten Erfahrungen überließ er A. Römer (s. d.) zur Veröff. Nur einmal meldete er sich mit einer kleinen Notiz über Steppenhuhn, Löffler und Schreiadler am Rhein (J. Orn. 13, 1865).

Niedenthal, Samuel, * 1620 Erfurt, † nach 1682 Danzig. Seit 1633 lebte er in Danz. und soll Schulmeister gewesen sein. In der Geschichte der Orn. erwarb er sich einen Platz als Maler und Faunist, der seine Objekte im Freien offenbar gut zu belauschen verstand. Zwischen 1655 und 1664 schuf er wohlgelungene farbige Kreidezeichnungen, von denen 168 später in den Besitz von J. Th. Klein (s. d.) kamen. Sie tragen mehrfach Fundortbezeichnung und scheinen nach dem Leben oder wenigstens nach frischtoten Stücken dargestellt, wenn sie auch noch nicht an die natürliche Schönheit der Bilder von J. L. Frisch (s. d.) heranreichen. Heute befinden sie sich im Zool. Inst. von Erl.
— Lit.: M. Braun, Samml. v. Original-Abb. preuß. Vögel aus d. J. 1655—1737, Schr. Königsb. 46, 1905, S. 188—192. - J. Gengler, D. Kleinschen Vogelbilder, J. Orn. 60, 1912, S. 570—591 u. 61, 1913, S. 205—228. - W. Drost, Danz. Malerei, 1938, S. 141.

Nieder, ?, Dr., * Bayern, † 1897 Missolunghi (Griechenland). Mit König Otto I. kam er 1832 nach Griechenl. und übte in Missolunghi ärztliche Praxis aus. Hier starb er hochbetagt. Als großer Naturfreund schickte er wiederholt Naturalien aller Art aus der Umgeb. seines Wohnsitzes an verschiedene dt. Mus. und unterstützte auch Th. Krüper (s. d.) bei dessen Sammeltätigkeit. Über orn. Beob. und Erfahrungen berichtete er brieflich. Diese Mitt. sind in Korr. Regensb. (7, 1853 u. 13, 1859) abgedruckt, doch stehen sie im Schatten der Mittelmeerbeitr. seiner zeitgenössischen Landsleute K. Michahelles, A. Lindermayer, H. v. d. Mühle, Erhard (s. d.). O. Reiser (s. d.) traf auf seiner 2. Griechenlandreise (1897) noch mit einem seiner Söhne zusammen, der gleichfalls Arzt in Missolunghi war.

Nitsche, Hinrich, Dr., * 14. 2. 1845 Breslau, † 8. 11. 1902 Tharandt (Sachsen). Als Sohn eines Rechtsanwalts studierte er in Bresl., Heidelb. und Berl. Zool. und habilitierte sich 1871 in Leipz., wo er in ein enges Verhältnis zu seinem Ordinarius R. Leuckart trat. 1876 übernahm er den neuerrichteten Lehrstuhl für Zool. an der Forstakad. Tharandt. Hier lag die Forstzool. und die Fischereibiol. im Vordergrund seines Blickfelds. Doch umschloß die Vielseitigkeit seiner Interessen auch die Vogelk. und in den letzten Lebensjahren den Vogelschutz, ohne daß sich diese Neigung durch entsprechende Veröff. in die Augen fallend geäußert hätte. Die Vögel Sachs. betrafen lediglich 4 Arbeiten zwischen 1893 und 1902 in Forstl.-naturw. Zs. und Sb. Isis Dresd.; umfangreiche „Bem. über d. Nest d. Beutelmeise" brachte die Orn. Ms. 27, 1902. Während er durch Umfragen die Unterlagen für den großangelegten Plan einer Darstellung der Brutstätten des Kranichs in Mitteleuropa sammelte, ereilte den Geh. Hofrat plötzlich der Tod. Die schon weit fortgeschrittene Arbeit wurde von W. Baer (s. d.) in Orn. Ms. 32, 1907 zu Ende geführt.
— Lit.: Nachruf (von O. Taschenberg). Leopoldina 38, 1902, S. 136—144 (mit Verz. d. Veröff.). - Nachruf (von W. Baer). Orn. Ms. 28, 1903, S. 55/56.

Nitzsch, Christian Ludwig, Dr., * 3. 9. 1782 Beucha (Kr. Grimma), † 16. 8. 1837 Halle. Aus einer alten Wittenb. Pastorenfamilie ging er hervor. Die Beschäftigung mit Linnés Schriften bestimmte seine Neigungen. 1800 begann er das naturw. Studium in Wittenb., von 1816 ab war er Prof. der Naturgesch. und Direktor der Zool. Samml. in Halle. Wenn seine Forschung auch allen Lebewesen, den niedrigsten und höchsten, galten, so war doch schon früh die Anat. der Vögel sein Hauptfeld. 1811 erschienen bereits seine „Osteographischen Beitr. z. Naturgesch. d. Vögel". Neben einigen anderen Pionieren auf dt. Lehrstühlen seiner Zeit wie J. F. Blumenbach, B. Merrem, F. Tiedemann (s. d.) erwies er sich als scharfsinniger und gründlicher Kenner des Vogelkörpers. Von den morphol. Merkmalen fesselten ihn vor allem die Nasendrüsen, und seine anat.-physiol. Unters. führten ihn bald zu neuen system. Schlüssen. 1829 trennte er die Segler von den Schwalben und stellte sie mit den Kolibris zusammen. Er fand ferner die nahe Verwandtschaft zwischen den Wiedehopfen und Nashornvögeln und stieß auf Beziehungen der Möwen zu den Limikolen. Für die Einleitung zu J. F. Naumanns „Naturgesch. d. Vögel Deutschl." (Bd. 1, 1820) übernahm er die Darstellung der allg. Anat. des Vogels, und die tätige Mitarbeit des in hohem Ansehen stehenden Morphologen erleichterte dem Werk den Weg in die Reihen der Sachkenner. J. F. Naumann wußte dem treuen Freunde allzeit Dank für diese Unterstützung. In Bd. 9, 1838 widmete er dem Verstorbenen daher einen würdigen, in den wesentlichsten Teilen wohl von R. Wagner (s. d.) verfaßten Nachruf (mit Bildnis). Es entsprach N.s stets tiefschürfender Gelehrsamkeit, daß er nur schwer eine Unters. als beendet betrachtete. Infolgedessen lagen bei seinem Tode viele Msk. unfertig vor. Erst von seinen Amtsnachfolgern wurden sie zum Druck gegeben. So brachte H. Burmeister (s. d.) auf Grund des Nachlasses 1840 das „System d. Pterylographie" heraus. Die meisten unvollendeten orn. Abh. ließ Ch. G. A. Giebel (s. d.) erscheinen, allerdings ohne ihnen

vorher die Abrundung angedeihen zu lassen, die N. für notwendig gehalten hatte; z. T. sind sie nur Namenverzeichnisse.
— Lit.: Verz. d. wichtigsten Schr. (zusammengestellt von P. Leverkühn). Neuer Naumann, Bd. 1, Vorreden (Fußnote) S. 13. - Würdigung (von O. Taschenberg). Abh. Halle 20, 1894, S. 50 bis 62 (mit Bildnis). - E. Stresemann, Entw. d. Orn., 1951. - P. Thomsen u. E. Stresemann, Naumann-Biogr., 1957.

Noggler, Josef, * 9. 3. 1871 Nals bei Meran, † 7. 11. 1944 Mariahof (Steiermark). Von 1896 bis 1898 verwaltete er eine Unterlehrerstelle an der Volksschule in Mariahof und tat dann Dienst in Unterberg (Lungau) und Krakauebene, um 1904 als Oberlehrer an die alte Schule in Mariahof zurückzukehren. Mit den orn. Verhältnissen in Steierm. war er bestens vertraut. Wie Bl. Hanf (s. d.) einen Nachfolger in A. Schaffer (s. d.) fand, setzte N. von 1904 ab die Beob. Schaffers fort und machte sich vor allem verdient durch die Aufz. der Vogelzugdaten, die er zwischen 1910 und 1921 in 7 Arbeiten dem Orn. Jb. und dem Waldrapp übergab.

Noll, Friedrich Karl, Dr., * 22. 9. 1832 Frankfurt-Niederrad, † 14. 1. 1893 Frankfurt (Main). Seit 1857 unterrichtete er als Gymnasiallehrer und Prof. an verschiedenen höheren Schulen Frankfurts und gab mehrere naturgesch. Lehrbücher heraus. In der Senck. Naturf. Ges., deren langjähriger Sekretär, zweiter und schließlich erster Direktor er war, hielt er von 1865—1878 Vorlesungen über wirbellose Tiere. Sein Hauptverdienst lag in der umsichtigen Leitung des Zool. G. von 1868—1892, in dem er mit kritischer Besonnenheit und sicherem Urteil allen Bereichen des Tierreichs wohlmeinende Förderung zuteil werden ließ. So öffnete er die Spalten der Zeitschr. auch für viele Beitr. und Schilderungen aus dem Vogelleben und führte nicht rein orn. eingestellte Leserkreise an dieses Wissensgebiet heran. Er selbst beschäftigte sich nur gelegentlich mit vogelk. Arbeiten; dazu gehörten neben einigen faun. Mitt. aus der Gegend seiner Heimatstadt die „Veränderungen in d. Vogelw. im Laufe d. Zeit“ (Ber. Senck. 20, 1889).
— Lit.: Nachruf (von P. Leverkühn). Orn. Ms. 18, 1893, S. 230/31. - Nachruf (von J. Blume). Ber. Senck. 24, 1893, S. 115. - Würdigung (von H. Kaiser). Ebd. 62, 1932, S. 107.

Nopto, Theodor, * 9. 10. 1835 Seppenrade, Kr. Lüdinghausen (Westfalen), † 9. 9. 1916 Seppenrade. Seine Jugend fiel in die Jahre des Niedergangs der alten Hauswebereien und Lohnbleichereien, die von den neuen Fabriken damals wirtschaftlich erdrückt wurden. Auch für das alte Handelshaus Nopto, das früher das Seppenrader Leinen in Massen nach Holl. geliefert hatte, war die Geschäftsgrundlage knapp geworden. Trotzdem führte N., nachdem er das Gymnasium in Coesfeld besucht hatte, das väterliche Unternehmen mit Erfolg weiter. Nebenher fand seine geistige Regsamkeit ein weites Betätigungsfeld in der Heimatforschung. Besonders bekannt wurde er im engeren Bezirk durch die „Beitr. z. Gesch. d. Gemeinde Seppenrade“. Die Mus. von Dortm. und Münst. beschenkte er mit vielen wertvollen Funden. Unter ihnen wurden die bei Seppenrade ausgegrabenen Baumsärge und der Riesenammonit Glanzstücke von Münst. Im Alter von etwa 20 Jahren begann er sich auch der heimischen Vogelwelt zuzuwenden. In sorgfältigen Niederschriften legte er Beob. an 142 Arten fest, die ihm im Bereiche seines Wohnsitzes als Brutvögel, Durchzügler und Irrgäste begegneten. Wissensch. Gedankenaustausch pflegte er vor allem mit dem ihm befreundeten H. Landois (s. d.) in Münst. Ihm überließ er daher die Auswertung seiner 30jährigen orn. Erfahrungen in „Westfalens Tierleben“ (1886). Landois machte davon weitgehend Gebrauch und nannte N. — ebenso oft wie H. Schacht (s. d.) — 31mal als Gewährsmann. Einen Großteil seines vogelk. Wissens nahm der Handelsherr mit ins Grab, weil er, wie so viele gute örtliche Kenner, keine Mitt. an die Fachpresse gab.
— Lit.: Würdigung (von B. Brinkmann). Lüdinghauser Ztg. Nr. 190 v. 19. 8. 1950.

O

Oberländer, Carl Ferdinand, * 24. 1. 1805 Greiz, † 23. 6. 1866 Greiz. Wie viele aus der bäuerlichen Bevölkerung seiner Zeit und Gegend war der Zuckerbäcker ein rastloser Sammler. Bereits 1840 hatte er eine ansehnliche Vogelsamml. aufgebaut, die er an den Fürsten von Schönberg-Waldenburg verkaufte, und von der sich heute noch Reste in Waldenb. befinden. Bald begann er mit einer neuen Anlage und bediente sich dabei oft des Tausches. Dadurch unterhielt er Beziehungen zu Mus. und Sammlern, z. B. zu Ch. L. Brehm, J. Cabanis, H. Lichtenstein, E. F. v. Homeyer (s. d.) Lit. trat er nicht in Erscheinung, doch sind einige Briefe orn. Inhalts von ihm überliefert. Die zweite Samml. wurde nach seinem Tode zerstreut.
— Lit.: Würdigung (von F. Heller). Festschr. d. Ver. d. Naturfreunde Greiz 7, 1926, S. 73—76. - Würdigung (von H. Hildebrandt u. R. Heyder). Mitt. Sachs. 4, 1933, S. 51/52 u. (von R. Heyder) S. 246—250 (mit Bildnis).

Ochs, Heinrich, * 26. 2. 1843 Kassel-Wehlheiden, † 9. 3. 1908 Kassel. Der wohlhabende und angesehene Schreinermeister war ehrenamtlicher Oberbrandmeister und seit 1899 auch Stadtrat in Kassel. Er gehörte — von 1886 ab Mitglied des Dt. Ver. z. Schutze d. Vogelw. — zu den emsigen Vogelpflegern, Feldbeobachtern und kenntnisreichen Oologen, die in der 2. Hälfte des vorigen Jahrh. im guten Glauben die „schädlichen“ Wanderfalken, Habichte sowie andere Raubvögel verfolgten und ihre Eier raubten, um die „nützlichen“ Kleinvögel zu retten. Sein unter freiem Himmel gewonnenes Wissen war über die Grenzen Kurhessens hinaus bekannt und fand bei Sammlern und Faunisten allg. Anerkennung. In kleineren und größeren Beitr. (es sind über 30) für Orn. Ms., Mitt. Wien, Zs.

Ool., Ber. Senck., Jber. Kass. unterrichtete er zwischen 1887 und 1908 mehr oder weniger aufschlußreich über die orn. Verhältnisse in der Umgeb. von Kass. 17 der Titel sind bei L. Gebhardt u. W. Sunkel, „D. Vögel Hess." (1954) genannt. Ein Teil der musterhaft geordneten Eierkollektion heimischer Arten kam nach seinem Tode in das Kass. Naturk. Mus. und überstand dort — obwohl bereits vor dem 1. Weltkrieg vom Schimmel bedroht — in vielen Stücken auch die Zerstörung der Stadt im 2. Weltkrieg. Einen anderen, kleineren und sehr verwahrlosten Teil erwarb P. Henrici (Rendel) 1952 in Hamb.

— Lit.: L. Gebhardt u. W. Sunkel, D. Vögel Hess., 1954, S. 67 (mit Bildnis). - Bildnis (Gruppenaufnahme in Ziebigk), Aquila 12, 1905.

Oertel, Ernst, * 10. 3. 1857 Faulenberg (Kr. Rothenburg ob d. Tauber), † 21. 4. 1935 München. Nachdem er 1875 das Seminar in Altdorf verlassen hatte, war er Hilfslehrer u. Verweser in Höfen u. Stein bei Nürnb. 1882 kam er als Lehrer nach Münch., wo er 1908 Hauptlehrer und 1921 Oberlehrer wurde. 1899 trat er der Orn. Ges. Bay. bei, der er Jahrzehnte hindurch die Treue hielt. Zeitweilig war er im Ausschuß der Gesellschaft. Über Erfahrungen und Beob. in der Umgeb. von Münch. wußte er in den Versammlungen manch wertvollen Beitr. zu liefern. Besonders vertraut war er mit der Ornis des damals noch wenig berührten Dachauer Mooses; ihr widmete er eine Schilderung im Zool. G. 45, 1904. Neben der Feldorn. lag ihm der Vogelschutz am Herzen, den er im Verkehr mit städtischen und staatlichen Behörden zu fördern suchte. Das durch Frhr. v. Berlepsch (s. d.) aufgestellte Dogma von der Zweckmäßigkeit der Bruthöhlenmaße und der möglichen Brutdichte in Schutzgehölzen lehnte er auf Grund eigener Feststellungen ab und äußerte sich in diesem Sinne überzeugend in Naturschutz 6, 1925.

Ohlsen, Carl, Dr., * 9. 5. 1837 Kiel, † 26. 1. 1902 Rom. Der Arztsohn studierte Nationalökonomie und Landw. in Bonn, Jena, Paris, Poppelsdorf, Hohenheim und verließ 1867 Deutschl., um als Prof. der Landw. in Österr. (Görz) und Ital. (Sondrio, Portici) tätig zu sein. Durch die Gründung landw. Versuchsstationen und praktische Versuche mit der Anpflanzung guten Obstes wirkte er reformierend in Ital. Die Aufmerksamkeit, die er gerade dem Obstbau widmete, überzeugte ihn von der Bedeutung des Vogelschutzes, zugleich aber auch von seiner organisatorischen Schwäche. Verständnis für diese Gedanken wollte er in der Vorstellungswelt der ital. Bevölkerung u. a. durch vorsichtig und taktvoll gehaltene Aufs. in der Presse des Landes wecken. 1879 zog er sich aus dem Staatsdienst zurück und lebte auf Schloß Farnese in Caprarola, seit 1894 in Rom. Aufgerührt durch die Erfahrungen in den Mittelmeerländern, stand er dann um die Jahrhundertwende im Vordergrund von orn., landw. oder Tierschutzkongressen und bemühte sich ehrlich um eine internat. Regelung des Vogelschutzes. Das Problem behandelte er in Ber. und Beitr. für die Orn. Ms. 23, 1898 u. 24, 1899. Auf den „Beifall aller derer . . ., denen das Wohl der Landw. am Herzen liegt und die in der Erhaltung der Vogelwelt dieses Wohl am besten gesichert sehen", wartete er vergeblich. Sein Vorkämpfertum blieb unverstanden.

— Lit.: Nachruf (von C. R. Hennicke). Orn. Ms. 27, 1902, S. 144/45; Zool. G. 43, 1902, S. 143/44; Orn. Beob. 1, 1902, S. 64. - Nachruf (von O. Herman). Aquila 9, 1902, S. 255.

Oken (ursprünglich **Okenfuß**), Lorenz, Dr., * 1. 8. 1779 Bohlsbach (Baden), † 11. 8. 1851 Zürich. In einem ärmlichen Bauernhaus stand seine Wiege. Nach dem med. Examen 1804 in Freib. kam er über Würzb. (Schelling) und Gött. (Blumenbach) 1807 als Extraordinarius nach Jena. Durch die Antrittsvorlesung geriet er bereits in einen unerfreulich verlaufenden Gegensatz zu Goethe, mit dem er sich um die Priorität der Wirbeltheorie des Schädels streiten mußte. 1815 stellte er sich als einer der ersten Berater und Freunde hinter die junge Jenaische Burschenschaft. 1816 schuf er die „Isis" und damit dem gelehrten Deutschl. ein kühnes Sprachrohr gegen den Geist der Unfreiheit in Politik und Forschung. Die 32 Quartbände, die er bis 1848 herausgab, brachten wichtige orn. Beitr. der damaligen Sachkenner. Die Unternehmungen und Verlautbarungen des begeisterungsfähigen Feuerkopfes entsprangen unbestechlichem Wahrheitssinn und lauterem Fortschrittsglauben, waren aber mit so viel innerer und äußerer Auflehnung gepaart, daß er zweimal (Jena 1820 und Münch. 1832) seine Professur verlor. Erst als er Deutschl. verlassen hatte, um von 1833 ab das akad. Amt in Zürich weiterzuführen, mündete sein Leben in ruhigere Bahnen. In dieser Zeit (bis 1841) faßte er seine naturphil. Ideen in den 13 Bänden der „Allg. Naturgesch. f. alle Stände" zusammen, der 1804 der „Grundriß d. Naturphil." und 1811 das „Lrb. d. Systems d. Naturphil." vorausgegangen waren. Nachhaltig waren die Anregungen innerhalb d. Naturw. und die Antriebe im Bereiche der dt. Einheits- und Freiheitsbewegung, die die Wirkkraft seiner Genialität und seines persönlichen Mutes ausstrahlte. Und doch ist seine Rolle in der Geistesgesch. umstritten, denn nicht zuletzt durch sein Auftreten wurden die unter Kant noch gültigen engen Beziehungen zwischen Naturw. und Phil. für eine längere Zeitspanne gestört. Seine Vorstellungen waren die zool. Ergänzung zu Schellings phil. Naturbetrachtung: Die Welt als Kosmos ist eine nach göttlichen Plänen gefügte und konstante Ordnung. Neben den Arten sind in ihr auch die nur gedanklich zu erfassenden Gattungen, Ordnungen und Klassen Wirklichkeiten und Beweise für ewige Urbilder. Alle Tier- u. Pflanzenformen haben sich aus Urbläschen, dem Meerschleim, entwickelt. Erst durch viele verfehlte Bildungen hindurch gelangt die Natur zu dem hohen Endziel, der bewußten Intelligenz im Menschen. Jeder Organismus durchläuft in seiner Entwicklung die tieferstehenden Stufen. Im Zeitalter der Romantik hatten diese Gedanken zündende Kraft; denn sie waren wohl geeignet, die Unzulänglichkeit der mechanischen Naturauffassung zu unterstreichen und das allg. Sehnen nach einheitlicher Naturbetrachtung zu stützen. Aber sie blieben für O. nicht Vermutungen, sondern

wurden für Erkenntnisse gehalten, die er begründen wollte. Empirische Forschung mußte so durch eigenwillige Gedankenspiele und phantastische Spekulationen ersetzt werden. Die damit verbundenen abenteuerlichen Deutungen und Kombinationen ließen bald viele ernsthafte Forscher von dieser Naturphil. abrücken. Doch fand sie Anhängerschaft gerade unter den zeitgenössischen Vogelkundlern. Am tiefsten hatte sich das verführerisch schillernde Netz der zügellosen Deduktionen wohl über Männer wie F. A. L. Thienemann, H. G. L. Reichenbach, W. v. Nathusius und J. J. Kaup (s. d.) gesenkt; sie glaubten gar, aus der a priori konstruierenden Metaphysik neue Vogelsysteme schaffen zu können, und hemmten so jahrzehntelang das Eindringen des Darwinismus — nicht zum Vorteil der orn. Entwicklung im 19. Jahrh.
— Lit.: M. Pfannenstiel, Schr. u. Varia über L. O. von 1806—1951, Ber. Freib. (Okenheft) 41, 1951, S. 101—118 (mit Bibl. d. Schr. über L. O. u. Liste d. Bildnisse). - E. Stresemann, Entw. d. Orn., 1951. - H. Bräuning-Oktavio, Oken u. Goethe im Lichte neuer Quellen, Weimar 1959.

Olfers, Ignaz Franz Joseph Maria von, Dr. h. c. Dr. h. c., * 30. 8. 1793 Münster, † 23. 4. 1872 Berlin. Nach dem Studium der Naturw. und der Arzneikunde in Münst. und Gött. lebte er von 1817—1821 als preuß. Legationssekretär, von 1826—1828 als preuß. Geschäftsträger in Bras. Hauptsächlich der Botan. und Entom. zugetan, brach er im August 1818 zusammen mit F. Sellow (s. d.) zu einer vom preuß. Staat finanzierten naturw. Exp. nach Minas Geraes und S. Paulo auf. Seinen Begleiter mußte er aber schon im Juni 1819 verlassen, weil dienstlicher Auftrag ihn nach Rio zurückrief. Die orn. Ausbeute des Unternehmens kam in das Berl. Mus. und teilte dort das Schicksal der anderen Sellowschen Sendungen. Die weitere politische Entwicklung verhinderte eine zweite Reise, die von den beiden Gefährten geplant war. Doch blieben sie in enger Freundschaft bis zu Sellows frühem Tode verbunden. O. wurde 1832 preuß. Geschäftsträger in Bern, 1835 Beamter im Berl. Kultusministerium, 1839 Generaldirektor der Berl. Mus., 1854 Mitglied des Staatsrats, 1861 Wirkl. Geh. Rat. Durch anderweitige Aufgaben beansprucht, kam er nicht mehr dazu, die botan. Samml. zu bearbeiten — wie es S. testamentarisch gewünscht hatte. Doch wurde er wegen seiner Verdienste um die Naturw. und die Archäologie durch die phil. Fak. von Gießen und Jena zum Dr. h. c. promoviert.
— Lit.: E. Raßmann, Nachr. v. d. Leben u. d. Schr. Münsterl. Schriftsteller d. 18. u. 19. Jahrh., Münst. 1866 u. 1881. - Nachruf. Westf. Merkur 1872. - Ign. Urban, Biogr. Skizzen 1: F. Sellow, Englers Botan. Jb. 17, 1893, S. 177—198. - P. O. Rave, Westf. Lebensbilder, 1962, S. 108—124 (mit Bildnis u. älteren Quellen).

Oppermann, Otto Ernst, Dr., * 23. 3. 1764 Bodenfelde (Kr. Northeim), † 28. 12. 1851 Delmenhorst (Niedersachsen). Zuerst Stadtchirurg in Karlshafen und Helmarshausen, dann Provinzialmedikus, übernahm er schließlich 1818 das Amt eines Kreisphysikus in Delmenhorst. Hier ging er mit Begeisterung und großem Erfolg an die Erforschung der oldenb. Tierwelt. Eine überaus wertvolle Samml., eine der ersten im Herzogtum Oldenburg, brachte er zusammen: 9800 Insekten, 26 Säugetiere, 490 Vögel. Darunter befanden sich eine Sperbereule, die er in den 30er Jahren des vorigen Jahrh. bei Delmenhorst, und 3 Bartmeisen, die er im Stedingerland geschossen hatte. Besondere Bedeutung erhielten die in naturgetreuen Stellungen montierten Stücke dadurch, daß sie 1835 vom Großherzog für 3000 Taler Gold angekauft wurden, um als Grundstock für das Naturh. Mus. in Oldenb. zu dienen.
— Lit.: Würdigung (von R. Tantzen). Jb. Oldenb. 50, 1950, S. 255/56.

Orphal, Christian Wilhelm, * 5. 10. 1773 Zella-St. Blasii, † 6. 10. 1823 Ohrdruf (Thüringen). In Jena studierte er Jura und daneben Naturw., um von 1803 ab in Ohrdruf die Rechtsanwaltpraxis auszuüben. Als waidgerechter Jäger bemühte er sich, seinen Landsleuten bessere naturw. Kenntnisse zu vermitteln und der sinnlosen Verfolgung der Tiere zu wehren. Diesem Ziele dienten verschiedene von ihm verfaßte Schriften: „Jägerschule" (1806—1808), „Musterung aller bisher mit Recht oder Unrecht für giftig gehaltene Tiere Deutschl." (1807), „Freimütige Unters. über d. Seelenkräfte d. sog. vernunftlosen Tiere" unter dem Titel „Philosoph im Walde" (1807). Dem wachsamen Beobachter fiel damals schon die Verringerung der Vogelbestände im waldreichen Thür. auf. Deshalb lag ihm vor allem die Erhaltung und gar Vermehrung der „nützlichen" Vögel am Herzen — lange vor H. O. Lenz und C. W. L. Gloger (s. d.). Radikale Forderungen standen auf seinem Schutzprogramm: Fünfjährige allg. Hege der Waldvögel über Thür. hinaus in ganz Deutschl.; in diesem Zeitraum bei Übertretungen des Vogelfangverbots durch Jäger als Strafe deren „Kassation", bei Übertretungen durch andere Personen Zuchthausstrafe; nach Ablauf der Hegezeit Erlaubnis für Dohnenstieg und Vogelherd nur an Jäger! Solch kühne Vorschläge fanden sich vornehmlich in seinem „Orn. Hdb. f. Forstmänner u. Gartenfreunde . . . " (1805), in dem er sich besonders ausführlich mit dem Schutz der Meisen befaßte. Aus seiner Feder stammte ferner eine „Anweisung, verschiedene Arten d. Vögel z. Nisten in d. Stube z. gewöhnen nebst einigen Berichtigungen u. Zusätzen z. Bechsteins Naturgesch. d. Stubentiere" (1807). Die Veröff. enthielten außer den Schutzvorschlägen wenig Neues. Sie stießen auch bei den Zeitgenossen kaum auf Widerhall und sind lange schon vergessen. Erwähnung verdient, daß er erstmalig die Bezeichnung „Schutz d. Vögel" ersetzte durch „Hege d. Vögel", d. h. durch einen Ausdruck, mit dem er wohl sagen wollte, daß die Erhaltung der Daseinsbedingungen wirkungsvoller sei als lediglich die Abwehr von Verfolgungen. Die Geringschätzung seiner Arbeiten mag vielleicht daher kommen, daß er von dem einige Jahre älteren und ungleich bedeutenderen J. M. Bechstein (s. d.) überschattet wurde. Er hatte zwar Beziehungen zu dem allseits bekannten Forstmann, übte aber an dessen orn. Verlautbarungen Kritik, wo sich in seinen Schriften Gelegenheit bot. Abfällig beurteilte er auch die an der Forstlehranstalt zu Dreißigacker geübte Ausbildungsmethode.

— Lit.: B. Quantz, W. Chr. O. als Vogelheger, Dt. Vw. 63, 1938, S. 15—17. - H. Hildebrandt, Ornis v. Thür. (noch nicht druckfertig).

Ost, Karl, * 13. 6. 1845 Grabow (Mecklenburg), † 6. 10. 1910 Brenkenhagen (Holstein). Sein Vater hieß von der Osten, hatte aber den Adel abgelegt. Er selbst war Zugführer in Hamb. und lebte nach seiner Dienstzeit seit 1901 in Brenkenhagen. Von 1870—1901 betätigte er sich als leidenschaftlicher Eiersammler und war auch Mitbegründer des Orn. Ver. zu Hamb. Er befuhr die Strecke Hamb.-Berl. und konnte so die besten Beziehungen zu den Berl. Vertretern jener ool. Blütezeit unterhalten. In ständigem Tauschverkehr stand er ferner mit Th. Krüper, A. Nehrkorn und E. Rey (s. d.). Die mit großem Fleiß zusammengestellte Samml. belief sich auf 4000 Stücke, darunter 579 Paläarkten. 1952 gingen die noch nicht vom Pilz befallenen Eier (kleine Bestände) in den Besitz von P. Henrici (Rendel) über. Zur Feder griff der naturfreudige Mann nur selten. In Zs. Ool. finden sich die kleinen Beitr. „D. Farben d. Kasuareier" (2, 1892), „Mitt. betr. Waldkauzeier" (17, 1907), „Mitt. betr. Buteo buteo u. Corvus corax" (17, 1907). Auch in Orn. Ms. 18, 1893 meldete er sich einmal zu Wort über Brut des Blaukehlchens bei Hamburg.
— Lit.: Nachruf (von J. H. Krohn). Zs. Ool. u. Orn. 21, 1911, S. 3/4.

Otto, Bernhard Christian, Dr., * 6. 3. 1745 Niepars (Kr. Stralsund), † 10. 11. 1835 Frankfurt (Oder). Er entstammte einem Pastorenhaus und habilitierte sich, nachdem er in Gött. Med. studiert hatte, 1775 als Dozent für Naturw. in Greifsw. 1781 erhielt er hier die ordentliche Professur. Von 1788—1811 hatte er den Lehrstuhl für Botan. in Frankf. (Oder) inne. Schon während seiner Gymnasialzeit in Greifsw. fand die angeborene Neigung zur Vogelk. die trefflichsten Jagdgründe am nahen Ostseestrand und auf Rügen. Mit 17 Jahren begann er vor allem auf Darß, Riems, Stübber zu sammeln, und im Winter fing er seltene Seevögel an Eislöchern hinter aufgestellten Eisschollen. Bald, nachdem er in Greifsw. ansässig geworden, trat er mit orn. Veröff. hervor. Seine Erstlingsarbeit, das „Verz. v. Vögeln, die im schwed. Pom. beobachtet . . . sind" (1777), war zugleich die erste kritisch aufgebaute Vogelf. des Landes. Daß er nicht nur aus Liebhaberei der Feldorn. huldigte, sondern die Vogelk. mit wissensch. Ernst betrieb, findet sinnfällige Bestätigung dadurch, daß er über 3 Jahrzehnte (1772—1808) damit beschäftigt war, die „Naturgesch. d. Vögel" des Franzosen Buffon zu übersetzen und neu zu bearbeiten. Die Anerkennung dieser Bemühungen trug ihm auch die Ernennung zum o. Prof. der Naturgesch. u. Ökon. ein. Er stand in der Tat für seine Zeit vorbildlich als orn. Forscher da. 1777 konnte er bekanntgeben, daß die Hohlräume der Vogelknochen von der Lunge aus mit Luft gefüllt werden. Seinem Scharfblick gelang es 1778 erstmalig, unsere beiden Kreuzschnabelarten zu unterscheiden. 1779 lieferte er genaue Beschr. der verschiedenen Kleider der Sägerarten und eine Schilderung des Riems mit den Brutplätzen des Mittelsägers. Eingehendste Ber. über pom. Vögel sind den Zusätzen zu Buffons Werk zu danken (darunter 1777 ein einzelner Steinsperling, ferner Bruten der Raub- u. Brandseeschwalbe auf der heute verschwundenen Insel Stübber). Die Aufz. über zahlenmäßige und örtliche Verbreitung gehören zum wertvollsten Teil seiner lit. Hinterlassenschaft. Sie waren zwar nicht Ch. F. Hornschuch und W. Schilling (s. d.), wohl aber E. F. v. Homeyer (s. d.) bekannt. Von später tätigen Landsleuten sind sie so gut wie nicht gewürdigt worden. Erst E. Hübner (s. d.) zog sie 1908 wieder heran.
— Lit.: Würdigung (von K. Wenzel). Zs. Stett. 33, 1909, S. 17—20, 33—36, 50—54 (mit Verz. d. Veröff.). - F. Koske, D. Veröff. über d. Vogelw. Pom., J. Orn. 65, 1917, S. 1—42 u. S. 121—169.

Otto, Hugo, * 8. 3. 1875 Forsthaus Dornick bei Rees (Niederrhein), † 27. 4. 1949 Moers (Niederrhein). Seit 1895 stand er im Lehrerberuf. 1897 kam er nach Moers und war dort von 1922—1937 Rektor. In weiteren Kreisen wurde er als Heimatschriftsteller bekannt. Die Schönheit der niederrhein. Landschaft und ihrer Tierwelt pries er in vielen Arbeiten. Um breitere Leserschichten zu kritischer Naturbetrachtung anzuregen, schrieb er u. a. „Naturdenkmäler d. Heimat am Rhein" (1922) und „Säugetiere d. Rheinl." (1924); diese Bücher konnte auch der wissensch. tätige Biologe mit Nutzen verwerten. Tiefe Bindung an Feld und Wald, dazu erbmäßig begründete Freude an der Jagd machten den Förstersohn nach 1945 zum rührigen Mitglied der „Schutzgemeinschaft Dt. Wald". Schon früh fand er den Weg zur Vogelk. Als Fachmann örtlicher Prägung genoß er am Niederrhein guten Ruf. In der rein orn. Presse meldete er sich kaum zu Wort (Zs. Ool. 16, 1906 u. 20, 1910; Mitt. Vw. 7, 1907; Zs. Stett. 33, 1909). Dagegen enthielten weitaus überwiegend die Dt. Jztg. und der Zool. Beob. eine lange Reihe orn. Mitt. und Aufs. aus seiner fleißigen Feder. O. le Roi (s. d.) in der „Vogelf. d. Rheinprov." (Verh. Pr. Rh. u. W. 63, 1906), O. le Roi u. H. Frhr. Geyr v. Schweppenburg (s. d.) in den Nachtr. dazu (ebd. 69, 1912) und F. Neubaur in den „Beitr. z. Vogelf. d. ehem. Rheinprov." (Verh. Bonn 110, 1957) erfaßten 66 Titel für die Jahre 1904—1949. Sie waren vielfach Spiegelbild der Jagderfahrung und brachten manch wertvollen faun. Beitr. Die Kunst anschaulicher Schilderung zeichnete die schriftstellerischen Erzeugnisse des Verf. aus; trefflich gelang ihm z. B. die Wiedergabe der Stimmung um die letzten „Kramtsvogelherde an d. rhein.-westf. Grenze" (Zool. Beob. 48, 1907), so wie er sie in den Ortschaften Kirchhellen, Klosterhardt, Hiesfeld, Königshardt zu Anfang des Jahrh. noch selbst erlebte.

P

Paeßler, Carl Friedrich Richard, * 25. 8. 1856 Brambach (Kr. Zerbst), † 18. 9. 1942 Hamburg. Vom Vater Wilhelm P. (s. d.) hatte er die Vorliebe für die Ool. ererbt. Früh verließ er das

Gymnasium in Köthen, als Schiffsjunge fing er bei der Handelsmarine an, wurde 1885 Schiffsoffizier und fuhr seit 1896 als Kapitän insbesondere die Route nach Südamerika. Dabei führte er nicht nur Messungen an der Westküste Amerikas von Nord-Peru bis Mexiko durch, sondern brachte auch Vogelbälge für das Naturh. Mus. in Hamb. mit; von den dort eingelieferten Stücken sind heute im Hamb. Zool. Mus. noch 20 Stücke vorhanden. Zur eigenen Freude aber sammelte er unentwegt Eier, so daß die vom Vater übernommene Kollektion während seiner vielen Fahrten auf 1400 Arten anwuchs. Seit 1906 erschien sein Name mit Seevogelberichten in der orn. Lit.: Zs. Ool. u. Orn., Orn. Mber., J. Orn., B. z. F. 1908 trat er der DOG bei. Der Kriegsausbruch 1914 bedeutete dann für ihn die große Lebenswende. Er mußte den chilenischen Hafen Coronel anlaufen. Doch hatte er während der Internierung die Möglichkeit, die Umgeb. des Hafens und die vorgelagerte Insel Santa Maria orn.-ool. zu durchforschen. 1920 kehrte er auf fremdem Schiffe in die Heimat zurück und lebte, nachdem ihm die Inflation die letzten Reste des Vermögens geraubt hatte, fortan als Pensionär der Hapag in sehr bescheidenen Verhältnissen. Der Junggeselle widmete sich, seit 1927 dem Orn. Ver. Hamb. angehörend, ganz der Auswertung seiner Samml. und schrieb bis 1942 noch einige Arbeiten, darunter „In d. Umgeb. Coronels (Chile) beobachtete Vögel, Beschr. d. Nester u. Eier d. Brutvögel" (J. Orn. 70, 1922), „Über einige Brutschmarotzer u. d. Anpassung ihrer Eier an d. ihrer Pflegeeltern" (B. z. F. 1, 1924), „Angaben über einige südamerik. Vogeleier" (ebd. 9, 1933), „Zusätzliche Bem. über d. Eier einiger bras., ecuad. u. nordamerik. Vögel" (ebd. 14, 1938). Nach seinem Tode kam die ool. Sammelernte des Seemannslebens in das Hamb. Zool. Mus. und ging hier im Juli 1943 durch Bomben zugrunde. Auf dem Ohlsdorfer Friedhof ist P. beerdigt.

— Lit.: J. H. Kron, Sammler u. Samml. . . ., Orn. Mber. 7, 1899, S. 68. - Nachruf (von L. Schuster). B. z. F. 18, 1942, S. 197/98. - Würdigung (von W. Meise). Abh. Hamb., N. F. 6, 1961 (1962), S. 14—17 (mit Bildnis, weiteren Quellen u. Verz. d. Veröff.).

Päßler, Melchior, * 28. 11. 1814 Wünschendorf bei Gößnitz (Kr. Naumburg), † 19. 2. 1901 Neukirchen (Kr. Glauchau). Ursprünglich Bauer in seinem Geburtsort, später Gastwirt in Breitenbach bei Meerane, verbrachte er — offenbar ein Mann originaler Prägung — seinen Lebensabend in Neukirchen. Vogelk. war er dem „Orn. Ver. d. Pleißengrundes" schon 1850 wichtig genug, um als Mitglied geführt zu werden. In Breitenbach präparierte er teils für Auftraggeber, teils für die eigene Samml. eifrig Vögel und Säugetiere und stand bis 1879 in engen Beziehungen zum Fürstl. Schönburgischen Naturalienkabinett in Waldenburg. Er überwand die Abneigung des Bauern gegen die Feder und veröffentlichte 1863 eine Vogelf. der Umgegend von Meerane in einer Chronik dieser Stadt. Im Alter noch (1885—1889) beteiligte er sich an den Erhebungen der Orn. Beob.-Stat. Sachs.

— Lit.: Würdigung (von H. Hildebrandt u. R. Heyder). Mitt. Sachs. 4, 1933, S. 52—54 (mit Bildnis).

Paeßler, Wilhelm, * 18. 9. 1809 Gernrode (Harz), † 20. 8. 1884 Harzgerode. Nach dem Studium der Theol. und Philol. in Leipz. war er 1834 Hauslehrer und Prediger in Köthen, 1848 Rektor und Prediger in Roßlau, 1852 Pastor in Brambach (Kr. Zerbst) und später in Mühlstedt (wo er beigesetzt wurde). Er hatte sich als leidenschaftlicher Waldläufer der Ool. und Nid. verschrieben und gehörte 1850 zu den Gründungsmitgliedern der DO-G. Die Naum. und (bis 1867) das J. Orn. verdankten seinem regen faun. Eifer mehrere Beitr. Unter 182 von ihm genannten „Brutvögeln Anhalts" (J. Orn. 4, 1856) brachte er aber auch zweifellos falsche und unglaubwürdige Angaben ins Schrifttum. So sollten der Jagdfalke, der Merlin, der Rauhfußkauz, der Stelzenläufer, die Doppelschnepfe und die Ringdrossel dort gebrütet haben; seine Belege waren eigene (auf Selbsttäuschung beruhende?) Nest- u. Eierfunde oder von anderer Seite ihm zugetragene Ber. im Stile vieler damaliger Oologen. In weiteren Kreisen wurde er dadurch bekannt, daß er zusammen mit Ch. L. Brehm (s. d.) die Beschr. des Nestbaus in F. W. J. Baedekers (s. d.) großem Eierwerk (1855—1863) übernahm.

Pallas, Peter Simon, Dr., * 27. 9. 1741 Berlin, † 8. 9. 1811 Berlin. Durch außerordentliche Sprachbegabung und ernsthafte zool. Aufgeschlossenheit schon früh die spätere Gelehrsamkeit verratend, studierte er als Sohn eines Chirurgen an der Charité Med. und Naturw. in Berl., Halle und Gött. Dann vervollständigte er seine Kenntnisse in holl. und engl. Naturalienkabinetten und machte sich schnell in der Wissenschaft bekannt durch mustergültige monogr. Bearbeitungen von Säugetieren und Vögeln, die er seit 1767 unter dem Titel „Spicilegia zool." erscheinen ließ. Noch im selben Jahr rief ihn Katharina II. an die Petersb. Akad., und sein Name verband sich fortan an hervorragendster Stelle mit denen von S. G. Gmelin, C. L. Hablizl, J. A. Güldenstädt (s. d.), die gleichzeitig mit ihm zur naturw. Erkundung des unbekannten Rußl. aufbrachen. Ihm selbst war die Erforschung Sibiriens übertragen. Über den Ural drang er 1768 bis in die nördl. Mongolei und ins Stromgebiet des Amur vor. An seiner Gesundheit schwer geschädigt, war er 1774 wieder in Petersb. Die Auswertung seines geogr., geol., botan., ethnogr. und vor allem zool. Materials brachten anschließend Akad.-Veröff. und selbständige Werke. Nachdem er 1793 russ. Staatsrat geworden war, forschte er nochmals zwei Jahre im südl. Rußl. und auf der Krim, um schließlich von 1795 ab 15 Jahre lang in Simferopol zu bleiben, wo ihm die Kaiserin ein Haus und große Ländereien geschenkt hatte. 1810 kehrte er in die Heimatstadt Berl. zurück. Ungemein vielseitig waren Denken und Wirken des großen Reisenden. Früh bekannte er sich zu Linnés binärer Nomenkl. und wandte sie seit 1764 in seinen über 100 Abh. und Werken an. Die paläarkt. Wirbeltierk. im allg. und die Orn. im besonderen erfuhren durch ihn entscheidende Antriebe. Schon vor seiner sibir. Reise beschrieb er in den „Spicilegia zool." 5 neue Arten auf Grund des Materials, das G. W. Steller (s. d.) von Kamtschatka und der Bering-Insel 1741/42 geschickt hatte. Mit großer Sorgfalt benannte er mehrere neue Arten in seinem 1. Ber. „Reise durch verschiedene Prov. d. Russ. Reiches" (1771—1776), und 1782 gab er die Beob. von C. L. Hablizl (s. d.) über die astrachanischen Zugvögel, um eigene Anm. vermehrt, heraus. Zu den Vögeln, die er als erster beschrieb, gehören Carduelis citrinella, Carpodacus erythrinus, Anthus cervinus, Ficedula striata und hypoleuca, Turdus sibiricus und ruficollis, Aquila clanga, Branta ruficollis, Casarca ferruginea, Netta rufina, Polysticta stelleri, Podiceps ruficollis, Syrrhaptes paradoxus, Crocethia alba, Tringa erythropus, Chlidonias hybrida, Hydroprogne caspia, Sterna albifrons, Larus minutus, Porzana pusilla. Viele seiner lit. Denkmäler blieben Bruchstücke. Ein Unstern waltete insonderheit über seiner „Fauna Rossica", später umbenannt in „Zoographia Rosso-Asiatica", die den Zoologen seiner Zeit eine Menge neuer Tatsachen über Lebensweise, Verbreitung, Variation und Morphol. der Tiere unterbreitete. Zur Vollendung des Riesenwerkes, für das er neben den Ber. seiner oben erwähnten Zeitgenossen samt der Vogelbeute des von ihm ausgesandten C. H. Merck (s. d.) auch die Aufz. seiner Vorgänger D. G. Messerschmidt und G. W. Steller (s. d.) heranzog, reichte selbst seine ungewöhnliche Arbeitskraft nicht aus. Die um das Todesjahr fertigen ersten 3, die Wirbeltiere umfassenden Bde. kamen 1831 auf den Markt, viel zu spät, um noch die Bedeutung zu erlangen, die dem Werk 1811 beschieden gewesen wäre. Von den vorgesehenen 210 Tafeln erschienen obendrein nur 48, und auch diese erst zwischen 1834 und 1842. Hauptschuld an der Verzögerung trug Ch. G. H. Geißler (s. d.), dem P. das Stechen der Kupferplatten übertragen hatte. Das Mißgeschick konnte jedoch nie die für die 2. Hälfte des 18. Jahrh. einzigartige Größe dieses naturw. Anregers und Pioniers erschüttern. Sie ist allein durch zwei Zeugnisse des von ihm geschaffenen biol. Fortschritts gegeben: Durch die erstmalige Unters. der Beziehungen zwischen Vorkommen und Umweltbedingungen und durch die kritische Stellung zu den Begriffen Art, Spielart und Rasse. Wenn er auch nur an begrenzte Wandlungen von Größe und Farbe konstanter Arten unter äußerem Einfluß zu glauben wagte, so deuteten seine Gedanken doch schon in schwachen Umrissen die Evolutionsforschung des 19. Jahrh. an.

— Lit.: Biogr. Versuch (von K. A. Rudolphi). Beitr. z. Anthrop. u. allg. Naturgesch., Berl. 1812, S. 1—78 (mit Bildnis u. Verz. d. Veröff.). - Allg. Dt. Biogr. 25, 1887, S. 81—98. - F. Th. Köppen, Bibliotheca Zool. Ross. II, Petersb. 1907. - R. Zaunick, P. S. P., D. Begründer d. paläarkt. Wirbeltierk., Pallasia 3, 1925, S. 1—37 (mit Bildnis, Verz. d. Veröff. u. älteren Quellen). - E. Stresemann, Date of Publication of Pallas's „Zoogr. Rosso-Asiatica", Ibis 93, 1951, S. 316—318. - Ders., Entw. d. Orn., 1951. - Ders., Leben u. Werk v. P. S. P., Quellen u. Studien z. Gesch. Osteuropas 12, 1962, S. 247—257.

Palliardi, Anton Alois, Dr., * 19. 11. 1799 Prag, † 23. 11. 1873 Franzensbad. Med. Studien in Prag und Wien schloß er, Sohn eines Baumeisters und Hofarchitekten, 1825 ab und ließ sich (anfangs nur im Sommer) als Badearzt in Franzensbad nieder. Seine freie Zeit war ausgefüllt mit naturw. Forschungen im Egerlande. Mehrere min. und geol. Veröff. waren seit 1829 Zeugnisse dieser Tätigkeit. Die „fröhlichsten Erholungsstunden" brachte dem rührigen Feldbeobachter und Sammler aber die Beschäftigung mit den heimischen Insekten und Vögeln. Als um die Mitte des 19. Jahrh. die beschreibende Orn. in Deutschl. ihre klassische Blütezeit erreichte, gehörte er daher zu den Bewunderern der dt. Fachgenossen und zugleich zu den Wegbereitern der Vogelk. im böhm. Raum. Mitarbeit und Unterstützung fand er obendrein bei den heimatlichen Zeitgenossen Ch. v. Feldegg, J. W. v. Woborzil und W. Koch (s. d.). Die Ber. und Samml. dieser 3 Pioniere dienten ihm neben den eigenen soliden Kenntnissen als Unterlagen für eine „System. Übersicht d. Vögel Böhm. mit Angabe ihres Vorkommens, Strichzeit u. Brütens, nebst einer lat., dt. u. böhm. Synonimik" (Leitmeritz 1852). Es spricht für Gründlichkeit, daß er erst nach jahrelangem Bemühen seine Erfahrungen und damit eine Menge verläßlicher Angaben für druckreif hielt. Trotz sorgfältiger Überprüfung des Materials bot seine Darstellung von 289 Vogelformen der Kritik immer noch mancherlei Angriffspunkte. Dazu gehörten die Nennung von fünf Arten des Hausgeflügels und die Einreihung verschiedener nur vermuteter Arten, die in Wirklichkeit nicht nachzuweisen waren. Am Wissensstand der Zeit gemessen, durfte das kleine Buch lange als eine der besten Voraussetzungen für die weitere orn. Aufhellung Böhm. gelten; u. a. war es eine der wesentlichsten Quellen für A. Fritsch (s. d.). Es bedeutete aber zugleich den (wenigstens von außen erkennbaren) Abschluß der orn. Wirksamkeit des damals noch auf der Höhe des Mannesalters stehenden Autors. Seine Samml., die gegen Ende des Jahrh. noch geschlossen in Reichenberg war, wurde von J. Michel (s. d.) in der Nordböhm. Vogel- u. Geflügelztg. Nr. 10, 1889 beschrieben; sie umfaßte 225 Arten, deren Belegwert nur darunter litt, daß die Fundorte und Daten fehlten. Der Medizinalrat, der zu Lebzeiten bei Gelehrten Gesellschaften in hohem Ansehen stand, war u. a. seit 1851 Mitglied der Leopoldina.

— Lit.: Nachruf (von Schriftl.). Leopoldina 9, 1874, S. 98/99. - J. P. Pražák, Über d. Vergangenheit u. Gegenwart d. Orn. in Böhm., Orn. Ms. 22, 1897, S. 208—210.

Pallisch, Karl. Gegen Ende des 19. Jahrh. war er Ingenieur um und in Wien (1882 Stuppach in N.-Ö., 1883 Rattinau bei Groß-Kunzendorf, 1885 Wien, 1887 Erlach bei Wiener Neustadt, 1898 Brunn bei Pitten). Als Mitglied des Orn. Ver. in Wien unterstützte er in den 80er Jahren den erkrankten A. v. Pelzeln (s. d.) in der Schriftl. der Mitt. Wien, um schließlich in der Nachfolge F. Knauers (s. d.) von 1890—1896 die Zeitschr. allein weiterzuführen — bis zum Zerfall. So ist sein Name mit dem Niedergang des Orn. Ver. in Wien verbunden; ob mit oder ohne sein

Verschulden, läßt sich heute nicht mehr beurteilen, zumal weitere Einzelheiten über den Lebensgang oder die Fähigkeiten nicht zu ermitteln waren. Zu den durch Sachkunde irgendwie hervorragenden Ornithologen gehörte er jedenfalls nicht.

Parrot, Karl, Dr., * 1. 2. 1867 Castell (Unterfranken), † 28. 1. 1911 München. Sohn eines Arztes, studierte er in Münch., Berl. und Wien Med. und ließ sich in Münch. als Frauenarzt nieder. Vorzeitig mußte er aber asthmatischer Beschwerden wegen auf die Berufsausübung verzichten. Freude an der Naturbeobachtung und vor allem an der Vogelwelt führte den feinsinnigen Liebhaber mehr und mehr zur wissensch. Beschäftigung mit dem Stoffgebiet seiner Neigung. Selbstkritik, Studium der Lit., größere Reisen (Südfrankr., Engl., Ägypten, Bosnien, Herzegowina, Griechenl., Korsika), ehrenamtliche Wirksamkeit an der Zool. Staatssamml. in Münch. kennzeichnen den Weg seiner Willensstärke. Er war einer von denen, die das Interesse des Anatomen und Systematikers mit dem des Freilandbeobachters zu verknüpfen wußten. Die Bälge überseeischer Ausbeute behandelte er mit derselben wissensch. Verantwortlichkeit, mit der er sich dem lebenden Vogel und der faun. Erkundung Bayerns widmete. Dem ästhetisch untermauerten Vogelschutz stand er nicht weniger aufgeschlossen gegenüber als der erzieherischen Seite der vernünftig betriebenen Vogelhaltung. In fast 50 kleineren und größeren Veröff. (Verh. Bay., Abh. Akad. d. Wissensch. Münch., J. Orn., Orn. Jb., Zool. Jb., Orn. Ms., Orn. Mber.) reiften zwischen 1890 und 1910 die Früchte seines Wissens. Der so vielseitig ausgerichtete, mit der Heimat und der Fremde gleich vertraute Freund der Vögel fühlte sich daher gedrängt, das seit dem Tode A. J. Jäckels (s. d.) in Bay. fast brachliegende Feld der Orn. neu zu bestellen. So gründete er nach einem Aufruf an Gleichgesinnte 1897 den Orn. Ver. Münch., der sich durch den Zustrom frischer Kräfte aus ganz Bay. 1904 zur Orn. Ges. Bay. erweiterte. Bis zu seinem Tode blieb er der Vorsitzende und gab die Verh. Bay. heraus; sein stets nach neuen Ufern strebender Geist verstand auch, die Mitarbeiter zu gewinnen und sie an ungelöste Fragen heranzuführen (Studium der bayer. Besiedlungs- u. Zugverhältnisse, Ausbau eines ganz Bay. umfassenden Beobachternetzes mit der Veröff. der „Materialien z. bayer. Orn.“, Erforschung der wirtschaftlichen Bedeutung der Vögel durch Magenuntersuchungen, Beringung usw.). Als er im besten Mannesalter unerwartet an den Folgen einer Operation starb, war sein Ansehen nicht nur in Bay. fest gegründet. — Lit.: Nachruf (von O. Kleinschmidt u. R. Thielemann). Falco 7, 1911, S. 20. - Nachruf (von E. Schnorr v. Carolsfeld). J. Orn. 59, 1911, S. 345 bis 350 (mit Bildnis u. Verz. d. Veröff.). - Nachruf (von A. Clevisch). Orn. Ms. 36, 1911, S. 183—186 (mit Bildnis). - Nachruf (von O. Herman). Aquila 18, 1911, S. 439—441. - Nachruf (von C. E. H.). Ibis (9) 5, 1911, S. 557/58. - Nachruf (von L. v. Besserer). Verh. Bay. 11, 1912/13, S. 1—4.

Passig, Hans, * 24. 7. 1860 Bramerau (Holstein), † nach 1923. In den Knicks der Heimat verspürte der Knabe den ersten Funken der Naturbegeisterung. Freude vor allem an der Vogelwelt machte ihn zum Liebhaber und nachdenklichen Beobachter. Seit 1892 war er Eisenbahnbeamter in Wittenberge (Kr. Perleb.) und pflegte, wenn sich „das Tor des Inspektionsgebäudes hinter ihm geschlossen hatte“, vor die Stadt zu eilen, „um sich vom Aktenstaub zu befreien“. Auf seinen Streifereien gewann er so gründliche Vertrautheit mit den dortigen orn. Verhältnissen, daß er neben Mitt. aus der Praxis der Käfighaltung bis 1923 fortlaufend Ber. aus den Elbniederungsgebieten geben konnte. Er wählte dazu die Gef. W. Die Schilderungen zeichneten sich durch Zuverlässigkeit und geschickte, oft stimmungsvolle Darstellung aus. H. Schalow (s. d.) stützte sich in den „Beitr. z. Vogelf. d. Mark Brandenb.“ (1919) mehrfach auf die von P. gebotenen faun. Unterlagen und verzeichnete aus der großen Zahl seiner Veröff. 6 Titel aus den Jahren 1905—1913. Der bescheidene Autodidakt war eine erfreuliche Erscheinung unter den märk. Feldornithologen nach der Jahrhundertwende, auch wenn seine Nachr. nicht immer wesentliche Erlebnisse brachten und er im Alter gelegentlich zur Gefühlsseligkeit neigte. Eine seiner letzten umfangreichen Plaudereien war „Ornithologisches Allerlei“ (Gef. W. 50, 1921).

Pateff, Pavel, Dr., * 13. 10. 1889 Perushtica (Bulgarien), † 22. 3. 1950 Sofia. Nach dem naturw. Studium war er seit 1912 Mittelschullehrer in Plovdiv und seit 1922 Assistent am Pflanzenpathol. Inst. in Sofia. Da die Zool. seinem Herzen am nächsten stand, berief ihn König Boris 1928 auf die Stelle des Kustos und 1930 auf die des Leiters der orn. Abt. des Naturh. Mus. So erlebte die bulg. Orn. unter seinem Einfluß merklichen wissensch. Auftrieb. Vor allem förderte die von ihm organisierte Beringung die Zugforschung, deren Ergebnisse er in Ber. für die Jahre 1928—1941 niederlegen konnte. Unter 22 000 beringten Vögeln waren allein 12 000 Störche. Daneben verstand er, acht Sprachen beherrschend, fruchtbare Verbindungen mit dem Ausland herzustellen. 1934 vertrat er sein Land auf dem internat. Orn.-Kongr. von Oxford, 1938 auf dem von Rouen, wo er über „D. geogr. Verbreitung d. Vögel in Bulg.“ sprach. 1939 wurde ihm noch die Leitung des Zool. Gartens von Sofia übertragen. Nach dem 2. Weltkrieg kamen seine Fähigkeiten zunächst nur schwer wieder zur Geltung; seit 1948 lebte er im Ruhestand. Doch zog das Naturw. Mus. Nutzen aus freiwillig geleisteter Mitarbeit. Ertragreiche Reisen führten ihn nicht nur an westeurop. Mus., sondern auch in zoogeogr. bedeutsame bulg. Gebiete, u. a. 1948/49 an den Vogelreichtum der Seen bei Silistria und Pomoric. Die sichtbaren Erfolge lagen in der Vermehrung wichtiger Sammlungsstücke, in einem aufklärenden Film und in verschiedenen, z. T. aus der Zusammenarbeit mit seinem engl. Freund J. M. Harrison erwachsenen Veröff. Zu den bemerkenswertesten gehörten „An orn. survey of Thrace, . . .“ (Ibis 79, 1937), die Studie über die System. der Balkanstare (ebd. 89, 1947) und die erst nach seinem Tode erschienene Monogr. der „Vögel Bulg.“ (1950). Mit morphol., ökol. und biol. Angaben behandelte das Buch über 335 Arten und bedeutete als 1. Teil der von der Bulg. Akad. d. Wissensch. geplanten „Fauna Bulg." — seit der „Ornis Bulg." (1909) von E. Klein (s. d.) und dem umfangreichen „Beitr. z. Kenntnis d. Vogelw. Bulg." (Sofia 1940) von A. v. Jordans — zum 1. Mal wieder eine wohlgelungene zusammenfassende Darstellung der avif. Verhältnisse des Landes. Der Erntekranz seines Fleißes und Einsatzes enthielt neben beachtlichen Verlautbarungen über die niedrigsten Gruppen der bulg. Tierwelt sowie über parasitäre Krankheiten an Kulturpflanzen 11 in die bulg. Vogelwelt einführende und 22 die Zugfragen behandelnde Arbeiten. P. war der Typ des weltoffenen, bescheidenen, stets nach neuen Ufern strebenden Forschers, dessen Leben die Würde aus dem Dienst an der Wissensch. empfing. Die bulg. Vogelk. vor allem verdankte seinem Eifer und Weitblick den Anschluß an die Fortschritte der internat. Ornithologie.

— Lit.: Nachruf (von J. Buresch). Bull. de l'Inst. Zool. de l'Acad. Bulg. des Sciences 1, 1951, S. 348—370. - Nachruf (von J. M. Harrison). Ibis 93, 1951, S. 135—137.

Paul Wilhelm, Herzog von Württemberg, * 25. 6. 1797 Karlsruhe (Schlesien), † 25. 11. 1860 Mergentheim. Er diente im preuß. und württ. Heer, schied aber aus der militärischen Laufbahn aus, um sich ganz den Naturw. sowie der Erd- u. Völkerkunde zu widmen. Recht bedeutende Reiseunternehmungen füllten sein wagemutiges Leben aus. Er besuchte von 1822—1824 die Länder am Mississippi, Missouri und Ohio, von 1829—1832 Nordmexiko mit den angrenzenden Teilen der Vereinigten Staaten und die damals kaum bekannten Inseln und Küsten des mex. Meerbusens, von 1839—1840 die teilweise unerforschten Gebiete am Oberlauf des Nils, von 1849—1857 Nord- u. Südamerika, von 1858—1859 Australien, Neuseeland, Ceylon und Ägypten. In seiner Residenz, dem Deutschmeister-Schloß in Mergentheim, stapelte er die Ausbeute seiner Fahrten. Leider wurden diese Schätze nach dem Tode des Besitzers zerstreut. An schriftstellerischer, wissensch. auswertender Tätigkeit scheint der Forscher keine Freude gehabt zu haben. Nur über die erste Reise verfaßte er einen Ber. in Form eines Tagebuchs (Stuttg. 1835). Die sehr umfangreichen orn. Sammelergebnisse blieben daher meist unbekannt. Eine kurze Notiz darüber gab der Herzog lediglich der Naum. 7, 1857; und Th. v. Heuglin (s. d.) lieferte im J. Orn. 4, 1856 und 15, 1867 wenigstens eine Beschr. nach Originalstücken aus der reichen Ernte, auf die der Sammler nach seiner Exp. an die oberen Nilländer blicken durfte. 8000—10 000 Bälge großenteils von der Westküste Nord-, Mittel- u. Südamerikas, die 1857 in das Brem. Mus. kamen, erfuhren dort eine Bearbeitung hauptsächlich durch G. Hartlaub (s. d.). Die DO-G aber versäumte nicht, der Königl. Hoheit 1858 durch die Ehrenmitgliedschaft die gebührende Hochachtung zu zollen.

— Lit.: Nachruf (von J. G. v. Kurr). Jh. Württ. 18, 1862, S. 20—24. - Allg. Dt. Biogr. 25, 1887, S. 243/44. - Würdigung (von G. Quäbicker). J. Orn. 87, 1939, S. 197/98.

Paula Schrank, Franz von, Dr., * 21. 8. 1747 Varnbach bei Schärding am Inn (Österreich), † 22. 12. 1835 München. Aus der Jesuitenschule in Passau hervorgegangen, verbrachte er viele Jahre in Ungarn und fühlte dort seine naturw. Neigungen geweckt. Nach theol., phil., math. und naturw. Studien unterrichtete er von 1769 ab in Linz und erhielt 1774 in Wien die Priesterweihe. Seit 1776 war er Lehrer am Lyzeum in Amberg und dann in Burghausen. 1784 übernahm er die Professur für Landw. an der Univ. Ingolstadt und später in Landshut. Seit 1809 gehörte er der Bayer. Akad. d. Wissensch. an und leitete den Botan. Garten in Münch. In seinem universal denkenden Kopf entfaltete sich eine vielseitig verzweigte Gelehrsamkeit. Die Landw. verdankte dem reformatorischen Wirken merkbare Fortschritte; und in der Wissensch. glänzte der Feuergeist durch Selbständigkeit des Urteils und Unbedingtheit der Anschauungen. Im System der Natur sah er das menschliche Spiegelbild göttlicher Zweckmäßigkeit. Das damals anbrechende Zeitalter des Sammelns, Registrierens und Beschreibens kam auch seinem geistigen Hunger entgegen; mehrere Dezennien seiner Arbeitsamkeit setzte er daran, dem Beispiel Linnés folgend, die Flora und Fauna Bay. aufzuzeigen. Neben zahlreichen physiol. Abh. über verschiedene Tierklassen und Darstellungen einzelner Tiere und Pflanzen sind die „Bayer. Reise" (1786), die „Bayer. Flora" (2 Bde., 1789), die „Reise nach d. südl. Gebirgen v. Bay." (1793), die „Flora Monacensis" (4 Bde., 1811—1818) und die „Fauna Boica" (3 Bde., 1798—1803; Aves Bd. 1, S. 97—254) ihn überdauernde Werke. Nach den eigenen Worten war er bei der Gestaltung dieser Arbeiten „weniger Sammler als Beobachter, weniger Beschreiber als Philosoph". Und wenn er auch der Entom. und Botan. näher stand als der Orn., zeigte er in seiner „durchgedachten Geschichte" der bayer. Fauna doch, wieviel wichtige Nachr. über das Vorkommen der Vögel in seinem Heimatlande er zusammengetragen hatte. Im Bewußtsein seines Eigenwertes konnte er daher betonen, daß die Fauna „das erste system. Verz. sei, welches durchaus in einer bestimmten Kunstsprache dt. geschrieben ist." Was er berichtete, gehört tatsächlich zu den Grundlagen der bayer. Vogelforschung. Für A. J. Jäckel (s. d.) und die späteren Faunisten bot er sich als willkommene Quelle dar.

— Lit.: Nachruf (von J. Gistl). Beibl. z. „Faunus", N. F. 1, 1837. - C. Fr. Ph. v. Martius, Erinnerungen an Mitglieder d. Math.-phys. Klasse d. Bayer. Akad. d. Wissensch., 1859, S. 11/12. - Ders., Akad. Denkreden, 1866, S. 33—54. - Allg. Dt. Biogr. 32, 1891, S. 451/52.

Paulsen, Paulus, * 26. 1. 1849 Bönstrup (Kr. Flensburg), † 12. 3. 1946 Flensburg. In der Landschaft Angeln wuchs er auf. Die Volksschule (bis 1865) und auch später das Lehrerseminar gaben ihm kaum irgendwelche orn. Belehrung. Für ihn war damals noch der Kuckuck im Winter ein „Falke", und das Meckern der Bekassine stammte von der „wilden Moorfru". Erst als er seit 1875 Lehrer und Hauptlehrer in Flensb. war, fand er Anschluß an Naturfreunde. Mit ihnen gründete er einen Verein zur Erforschung und zum Schutze der heimischen Vogelwelt und entwickelte sich zum hervorragenden örtlichen Kenner. Vor allem aber rückte die Ool. in den Vordergrund seiner Neigungen. Im Verlauf von 40 Jahren baute er eine umfangreiche Samml. auf mit Einzelgelegen und ganzen Gelegeserien aller in Schlesw.-Holst. brütenden Arten. Vom Besitzer der Hallig Norderoog und vom Leuchtturmwärter auf Ellenbogen (Sylt) bezog er einen Großteil der Seevogeleier. Die Raubvogeleier (darunter das Ei des Schlangenadlers vom 26. 4. 1882 aus dem Handewitter Forst) holte er mit behördlicher Genehmigung selbst aus den Horsten der fiskalischen Gehege und der Bauernhölzungen. Durch ausgedehnte Tauschbeziehungen fügte er die Eier der meisten dt. Brutvögel und sehr vieler nordischer und südeurop. Formen hinzu. In den 20er Jahren ging die Kollektion in den Besitz des Naturw. Heimatmus. in Flensb. über. Die Möglichkeit zu Veröff. nutzte der rührige Feldbeobachter kaum. Er beteiligte sich nur an den Jber. Beob.-Stat. Deutschl. und meldete sich einmal in Orn. Cbl. sowie seit Ende des Jahrh. einige Male (noch 1925 u. 1926) in Orn. Ms. Dagegen hielt er Wissen und Erfahrung, die ihm aus seiner Umgeb. zuwuchsen, in einem von 1879—1928 geführten orn. Tagebuch fest. Es wird vom Flensb. Ver. z. Schutze d. Vögel aufbewahrt, dessen Sitzungen P. lange Zeit durch Vorträge zu beleben verstand.

Paulstich, Daniel, * 11. 4. 1849 Homberg (Ohm), † 28. 7. 1943 Hanau (Main). Von 1877 ab lebte er als Mittel- bzw. Oberrealschullehrer in Hanau und bemühte sich, in der Rolle des unverdrossenen Feldbeobachters die Überlieferung der Wett. Gesellschaft hochzuhalten. In seiner Tätigkeit für die faun. Heimatforschung war er nach Eifer und Methode der Nachfolger von C. Jäger (s. d.). Zwischen 1882 und 1903 veröffentlichte er — zur Vielschreiberei neigend — in Gef. W., Orn. Ms. und Ber. Wett. eine stattliche Zahl von Mitt. und Beitr. über das Vogelvorkommen seiner Gegend. Am bemerkenswertesten ist das „Verz. d. Brut- u. Durchzugsvögel d. Wett. mit bes. Berücksichtigung d. Kr. Hanau" (Ber. Wett. 1893). Er zeigte sich mit den orn. Verhältnissen des Kreises gründlich vertraut, doch fehlte ihm aus dem engen Blickfeld rein örtlicher Kennerschaft die Fähigkeit, über Belanglosigkeiten zu schweigen. Manche seiner Darstellungen sind nichtsdestoweniger wertvoll, weil sie die Veränderungen deutlich werden ließen, die das Faunenbild der Landschaft durch Kulturmaßnahmen in den 2 Jahrzehnten seit dem Tode Jägers erfuhr. Aus nicht bekannten Gründen verstummte er schon in seinen besten Jahren.
— Lit.: L. Gebhardt u. W. Sunkel, D. Vögel Hess., 1954, S. 77. - Bildnis in W. Schuster, Vogelf. v. Großhess. u. Nassau, 1941.

Peck, Felix Georg Reinhard, Dr., * 3. 2. 1823 Görlitz, † 28. 3. 1895 Görlitz. Zu vogelk. Tätigkeit wurde der Apotheker durch seine Eigenschaft als langjähriger Verwalter der Samml. der Naturf. Ges. Görl. angeregt. Er beteiligte sich an Erhebungen der Beob.-Stat. Deutschl. und veröffentlichte aus der Umgeb. von Görl. zwischen 1864 und 1881 in Abh. Görl., J. Orn. und Orn. Cbl. 6 faun. Beitr., die P. Kollibay (s. d.) in den „Vögeln d. Preuß. Prov. Schles." (1906) verzeichnete und verwertete. Neben anderen Fächern förderte er die Orn. vor allem aber durch die Mus.-Pflege, indem er sich angelegen sein ließ, alle Funde von Belang der ihm unterstellten Samml. zuzuführen.
— Lit.: Nachruf (von Uhl). Abh. Görl. 21, 1895, S. 181—183.

Peckelhoff, Friedrich August Otto, * 29. 4. 1864 Hamberge (Holstein), † 18. 4. 1937 Lübeck. Der in Lüb. ansässige Getreidegroßhändler griff 1908 mit Erfolg den Vogelschutzgedanken in seiner Heimatstadt auf. Durch seine Anregung entstanden das Vogelschutzgehölz in Lüb. und die Seevogelschutzstelle auf dem Priwall als erste im Ostseegebiet. Dem Naturh. Mus., zu dessen Vorsteherschaft er 5 Jahre lang gehörte, schenkte er mehrere volle Schränke mit „Vögeln am Nest". Den Inhalt hatte er selbst zusammengetragen. Zwischen 1908 und 1918 griff er auch zur Feder, um vor allem in der Heimatpresse (Lüb. Bl., Lüb. Anz., Lüb. Gen.-Anz.) für Schutz und Hege zu werben und faun. wie biol. Nachr. zu geben. Außerdem enthielt der von G. Clodius (s. d.) verfaßte 6. orn. Ber. (Arch. Meckl. 63, 1909) Beob. von ihm.

Peiter, Wenzel. Er war einer der wenigen, die gegen Ende des vorigen Jahrh. Nachr. über die Vogelwelt des böhm. Erzgebirges gaben. Seit Ende der 80er Jahre (1887) stand er als Lehrer in Stolzenhan (Bez. Joachimsthal) und dürfte viel Umgang mit Forstleuten, Waldläufern und Vogelstellern gehabt haben. Auch über die dortige Vogelliebhaberei wußte er eingehend Bescheid; schon 1890 konnte er schreiben, daß die „einst so berühmte Gimpelzucht in und um Bäringen" der Kanarienzucht weichen müsse. Seine z. T. belanglosen Mitt. standen seit 1888 in den Mitt. Wien und beschäftigten sich zunächst mit der Ornis der oberen Lagen; nennen läßt sich hier als größere Arbeit „D. Vögel d. hohen Erzgebirges" (Mitt. Wien 14, 1890). Seit 1895 in Wellemin (Kr. Leitmeritz) tätig, widmete er nun sein Augenmerk der Avif. der tieferen Zone. Seine Kenntnisse legte er nieder in „Ornithologisches v. Milleschauer" (ebd. 19, 1895 u. 20, 1896), „D. Vogelleben in einem Dorfe d. dt.-böhm. Mittelgebirges" (J. Orn. 46, 1898), „D. Vogelleben in Flur u. Wald d. dt.-böhm. Mittelgebirges" (ebd. 47, 1899), „D. Vogelleben im Elbetale d. dt.-böhm. Mittelgebirges" (ebd. 48, 1900). Bis auf einige etwas verschwommene Angaben, z. B. bei Weindrossel, Alpenmauerläufer, Zaunammer, Rotsternigem Blaukehlchen trug das in J. Orn. entworfene faun. Bild, das sich stellenweise auch auf die Erfahrungen der benachbarten Landsleute J. Michel und A. Hauptvogel (s. d.) stützte, im allg. befriedigende Züge. Zusammen mit A. Hauptvogel stand der Verf. nicht auf derselben Stufe örtlicher Leistungen wie J. Michel.

Pelzeln, August Edler von, * 10. 5. 1825 Prag, † 2. 9. 1891 Döbling bei Wien. Sohn eines Appellationsrates, kam er durch Versetzung des Vaters früh nach Wien. Trotz ausgesprochener Vorliebe für Naturw. studierte er die Rechte und begann den Staatsdienst am Kreisamt in Wien. Doch wechselte er — stark beeinflußt von A. F. Marschall (s. d.) — schon 1851 als Praktikant in das Naturalienkabinett über, wo ihm in der Stellung eines Kustos 1859 die Verwaltung der Vogelsamml. und nach dem Tode J. Zelebors (s. d.) 1869 auch die der Säugetierabteilung übertragen wurde. Von 1877—1882 gab er die Mitt. Wien heraus, war Gründungsmitglied der Zool.-botan. Ges. zu Wien und der DOG. Ein überaus bescheidener, vielseitig gebildeter und musischer Mensch, trat er fast erblindet 1883 in den Ruhestand, teilte sich aber in den letzten Lebensjahren noch mit K. Pallisch (s. d.) in die Schriftl. der Mitt. Wien (seit 1889 mit Beititel „D. Schwalbe"). Unvermählt starb er an einem Rückenmarksleiden, nachdem ihm der freudig geleistete Dienst vor allem an der orn. Wissensch. nicht nur Tröstung, sondern auch die Ehrenmitgliedschaft mehrerer Gelehrter Gesellschaften eingebracht hatte. Im Mittelpunkt seines Interesses standen Zugänge für die Wiener Samml. Aufmerksamkeit verwandte er auf das südamerik. Faunengebiet dadurch, daß er die Reste von Joh. Natterers (s. d.) bras. Ausbeute gründlich bearbeitete und die neuen Arten beschrieb. Faun. u. system. Veröff. galten daneben den Vogelsendungen aus Ekuador, dem malaiischen Archipel, aus Ostasien, China, Japan, Formosa, Ceylon, Australien, Zentralafrika. Auch die Kenntnis der heimischen („Beitr. z. orn. Fauna d. österr.-ung. Monarchie" in Verh. Wien 21, 1871; 24, 1874; 26, 1876) und europ. Formen förderte er (vielfach auf Grund des Museumsmaterials) und betätigte sich mit Eifer auf dem Gebiete des Vogelschutzes. Größere selbständige Werke hinterließ er nicht. Selbst gegen den Darwinismus, den seine religiöse Einstellung ablehnte, äußerte er sich nur in kurzen „Bemerkungen . . ." (Wien 1861). Mit E. Holub (s. d.) vereinigte er sich zur Herausgabe der „Beitr. z. Orn. Südafrikas" (1882) und mit L. Lorenz von Liburnau (s. d.) zur Zusammenstellung einer Liste der in der orn. Samml. des Wiener Mus. enthaltenen Typen (Ann. Wien 1, 1886 — 3, 1888). Weitere geistvolle Studien finden sich hauptsächlich in Sb. Akad. d. Wissensch. Wien, Verh. Wien, Mitt. Wien, Ann. Wien, J. Orn., Orn. Ms., Ibis.

— Lit.: Nachruf (von Fr. Fr. Kohl). Ann. Wien 6, 1891, Notizen S. 135—142 (mit Verz. d. Veröff.). - Nachruf (von P. Leverkühn). Orn. Ms. 16, 1891, S. 394—401 (mit Verz. d. Veröff.). - Nachruf (von A. F. Rogenhofer). Verh. Wien 41, 1891, S. 701/02. - Nachruf (von Schriftl.). Ibis (6) 4, 1892, S. 188—190. - Nachruf (von V. v. Tschusi). Orn. Jb. 3, 1892, S. 1—11 (mit Verz. d. Veröff.).

Pernau, Ferdinand Adam Freiherr von, Dr., * 7. 11. 1660 Steinach (Nieder-Österreich), † 14. 10. 1731 Gut Rosenau bei Coburg. Seine Familie verließ 1670 ihres Glaubens wegen Österr. und siedelte sich in Sulzbach (Franken) an. Nach dem Studium in Altdorf war er zunächst Reg.-Assessor in Sulzb.; dann wurde er Konsistorialrat und Kammerjunker des Herzogs von Coburg. Von 1708—1725 hatte er den Vorsitz im Rate der Coburger Regierung inne, seit 1710 mit dem Titel eines Geh. Rates. 1704 erwarb er das Gut Rosenau. Trotz der sicher nicht geringen Beanspruchung durch seine Stellung und Tätigkeit pflegte er ganz offenbar engen Umgang mit der Natur und erwarb mit kritischem Sinn erstaunlich genaue biol. Kenntnisse. Unter den Tieren aus Feld und Wald standen die Vögel seinem Herzen am nächsten. Um ihr Wesen besser studieren zu können, widmete er sich ihrer Zähmung im Hause. Als nachdenklicher Vogelhalter und Feldbeobachter empfand er aber auch das Bedürfnis, seine Mitmenschen mit den selbst gewonnenen Erkenntnissen vertraut zu machen, sie zu vertiefter Naturfreude zu erziehen und so der allg. Roheit unter den Zeitgenossen zu steuern. 1702 und 1707 erschien sein erster orn. Weckruf „Unterricht, was mit d. lieblichen Geschöpf, denen Vögeln . . . durch d. Ergründung deren Eigenschaften u. Zahmmachung . . . man sich vor Lust u. Zeitvertreib machen könne". 1716 trug eine weitere Aufl. den Titel „Angenehmer Zeitvertreib . . .". 1720 wagte er eine Neubearbeitung unter der Überschrift „Angenehme Landlust, deren man . . . unschuldig genießen kann, oder von Unterschied, Fang, Einstellung u. Abrichtung d. Vögel . . .", die 1754 und 1768 als „Gründliche Anweisung, alle Arten Vögel z. fangen, . . . abzurichten . . . u. sie z. Aus- u. Einfliegen z. gewöhnen . . ." abermals aufgelegt wurde. Noch 1796 und 1797 entschloß sich J. M. Bechstein (s. d.) zu einer Bearbeitung dieser „Gründlichen Anweisung . . .", ohne den Namen des Verf. zu kennen. P. hatte stets anonym geschrieben. Erst E. Stresemann fand zu Anfang dieses Jahrh. den Namen und machte auf P.s Bedeutung für die wissensch. betriebene Orn. aufmerksam. Die Leistung des Hofbeamten ist deshalb so bewundernswert, weil er, dessen Frömmigkeit in den Geschöpfen der Natur Offenbarungen Gottes sah, die Kraft hatte, sich von den Fesseln des aristotelischen Weltbildes und des mittelalterlichen Autoritätsglaubens zu befreien, um zu eigenen Fragestellungen und selbständigem Urteil vorstoßen zu können. So entdeckte er u. a. die biol. Rolle der Revierbesetzung und erkannte, daß die besseren Vogellieder von Vorsängern gelernt werden müssen, daß der Vogelzug nicht von Nahrung, Wetter oder anderen äußeren Faktoren abhängt, sondern triebmäßig sich vollzieht. Viele weitere Einzelheiten wie Nestbau, Jungenpflege, Geselligkeitstrieb usw. erregten seine Aufmerksamkeit; und immer versuchte er kluge Deutungen. Das Gewicht der Ergebnisse, die er aus dem reichen Erfahrungsschatz gewann, erhöht sich noch durch die Feststellung, daß er durchaus nicht alle Vogelarten seiner Landschaft kannte und bewußt auf Anleihen bei fremden Büchern verzichtete. Die Wirkung der von ihm geübten Schau zeigt neben dem wissensch. Beispiel des jüngeren Zeitgenossen J. H. Zorn (s. d.) auch die Verbreitung seiner Bücher bei den Praktikern des Alltags, den Jägern und Vogelfängern. Daher mag es kommen, daß eine Reihe von heute gebräuchlichen dt. Vogelnamen wie Baumläufer, Blaukehlchen, Bergfink, Hausrotschwanz, Rotdrossel auf den Verf. zurückgehen oder von ihm der Volkssprache bleibend einverleibt wurden.

— Lit.: E. Stresemann, Beitr. z. einer Gesch. d. dt. Vogelk., J. Orn. 73, 1925, S. 603—621. - Ders., Z. Bibl. d. Schr. F. A. v. P.s . . ., ebd. 74, 1926,

S. 688/89. - Ders., Baron v. P., pioneer student of bird behavior, Auk 64, 1947, S. 35—52. - Ders. Entw. d. Orn., 1951. - Ders., Zweiter Beitr. z. einer Biogr. d. Frhr. F. A. v. P., J. Orn. 103, 1962, S. 250—254. - K. Lindner, Dt. Jagdschriftsteller, Teil 1. 1964. S. 53—58.

Petényi, Johann Salomon von, * 30. 6. 1799 Abel-Lehota (Komitat Neograd), † 5. 10. 1855 Budapest. Der Sohn eines protestantischen Pfarrers waltete selbst 7 Jahre seines Pfarramts in Csinkota. 1833 dankte er, dem Unverständnis seiner Gemeinde weichend, ab, um sich ganz den Naturw. zu widmen. Im folgenden Jahr begann er als Konservator am National-Mus. in Pest mit der Bearbeitung der dortigen Vogelsamml. Aus der Freude am Eiersammeln und Präparieren hatte sich schon in der Schulzeit in ihm eine nie gestillte Leidenschaft für die Beschäftigung mit den heimatlichen Vögeln entwickelt. Als er in den 20er Jahren in Wien Theol. studierte, beeindruckte ihn der Reichtum der Samml. des Naturalienkabinetts derart, daß sein Denken fortab von wissensch. Ernst geprägt war. Von orn. Forschung konnte damals in Ung. noch nicht die Rede sein. Im Ausland mußte er seine Vorbilder suchen; unter ihnen ragten J. F. Naumann und Ch. L. Brehm (s. d.) (P. soll A. E. Brehms Pate gewesen sein) als besondere Freunde hervor. Wenn J. F. Naumann 1835, Ch. L. Landbeck (s. d.) 1838, A. R. v. Loebenstein (s. d.) zusammen mit R. Tobias (s. d.) 1840, E. Baldamus (s. d.) 1847 das Land besuchten und durch ihre Ber. der Welt manche Neuentdeckung aus der terra incognita vermitteln konnten, so waren diese Unternehmungen und ihre Erfolge in erster Linie seiner Anziehungskraft zu danken. Er war eine Persönlichkeit, die allein durch die Ausstrahlung von Gemütswerten und untadeliger Gesinnung auf die zeitgenössischen Fachleute außerhalb der ung. Grenzen wirkte. W. Schlegel (s. d.), den er in den Wiener Jahren selbstlos betreute, bewahrte ihm zeitlebens die dankbarste Erinnerung. Nur ein dt. Ornithologe, G. Hartlaub (s. d.), der 1839 von Pest aus mit ihm durch Ung. gereist war, stand dem Wesenskern des Ungarn offenbar ohne Verständnis gegenüber. Der über die Kontinente schauende Vertreter der exotischen Orn. war der räumlichen Enge P.s und seiner europ. Freunde entwachsen. Das Urteil, das der so ganz anders geartete intellektuelle Deutsche über ihn fällte, führte denn auch zu einem schroffen Zerwürfnis. Seinem Volke und der ausländischen Wissensch. ein Bild der ung. Vogelwelt zu hinterlassen, so wie es J. F. Naumann und Ch. L. Brehm für Deutschl. geschaffen hatten, war P.s Lebensziel. Viele Forschungsreisen sollten ihm die Beschr. der gesamten Ornis des Landes ermöglichen. Bienenfleiß verwandte er auf die ständige Vermehrung der eigenen Beobachtungsunterlagen. Leider veröffentlichte er von seinen ungemein reichen Erfahrungen nur einen geringen Teil. Den ersten Ber., der ihn schon als trefflichen Sachkenner auswies, enthielt ein Brief an Ch. L. Brehm (Isis 1830). Neue Funde und Nachweise übergab er der Isis und dem Arch. Naturgesch.; eine Reihe von Vorträgen hauptsächlich werbender Natur sind daneben niedergelegt in den Protokollen der Versammlungen der ung. Ärzte und Naturforscher sowie in den Mitt. der damals gegründeten Ung. Naturw. Gesellschaft. Den Druck eines fertigen Msk. erreichte er indes nie — zum Schaden der Entwicklung der Vogelk. in Ung.; Ursache des Verhängnisses mögen technische Schwierigkeiten, sicher aber auch die Revolution von 1848/49 gewesen sein. Jedenfalls mangelte es seinen Zeitgenossen an der Einsicht zur rechten Würdigung und Einschätzung der Bedeutung seines Werks. So schied er, der ohne Familie nur der naturw. Erforschung seines Landes gelebt hatte, mit einem Stachel im Herzen dahin. Die Tragik griff gar über seinen zu frühen Tod hinaus: Das Msk. der ung. Vögel wurde ein Raub der Flammen; und nur auf Zetteln verzeichnete Daten blieben Jahrzehnte hindurch verschollen. Es ist eines der großen Verdienste O. Hermans (s. d.), erstmals den verwehten Spuren nachgegangen zu sein. Dem Erbe seines Meisters sich verpflichtet fühlend, gelang es ihm, wenigstens Teile des handschriftlichen Nachlasses aufzufinden. Die „Orn. Fragmente" gab, ausgestattet mit Bildern von der Hand des Malers selbst und einer Einleitung von O. Herman, T. Csörgey (s. d.) 1905 heraus. Die im Schoße der Ung. Orn. Zentrale um die Jahrhundertwende entstandenen Veröff. über P.s Leben und Wirken retteten das lange verschüttete Andenken des Begründers der wissensch. Orn. Ungarns.

— Lit.: Magyar Akad. Ertesitö 1855, S. 466—474. - O. Herman, J. S. v. P. . . ., ein Lebensbild, Budapest 1891. - Ders., P. z. Gedächtnis, Rede bei der Einweihung eines Denkmals f. P., Aquila 21, 1914, S. LXXXIX—XCII (mit Bildnis).

Péterfay, Josef, * 30. 3. 1902 Türje, Komitat Zala (Ungarn), † 24. 9. 1959 Kárász (Komitat Baranya). Als vielbeschäftigter Forstinspektor stand er dienstlich in Kistápé (Komitat Tolna) und seit 1948 im Mecsek-Gebirge (zuerst in Kisvaszar und zuletzt in Kárász). Berufungen nach Budapest und anderen Stellen lehnte er ab, weil er sich von Transdanubien nicht trennen konnte. Vielfach gehemmt durch die berufliche Tätigkeit, galt sein orn. Eifer insonderheit der Biol. der Raubvögel und des Jagdgeflügels. An seinen Namen knüpfen sich in erster Linie bemerkenswerte Studien über den Fasan, den er für das volkswirtschaftlich bedeutsamste ung. Federwild hielt. Die Sachkunde in Fragen der Ökol. des Fasans entstammte hauptsächlich den praktischen Erfahrungen während des Aufenthalts in Kistápé, doch überblickte er auch die für diesen Vogel nötigen Lebensbedingungen in den übrigen Teilen Ung. Seit 1934 fanden sich Ber. über seine Beob. und Unters. in verschiedenen ung. Jagdzeitschr. und in der Aquila; einige der Beitr. wurden ins Dt., Franz. oder Engl. übertragen. Frühere Veröff. aus seiner Feder sind angeführt in einer größeren Arbeit unter dem Titel „The propagate on a natural way in the game keeping of the future" (Aquila 51—54, 1944—1947). Zu den letzten Wortmeldungen des rührigen Freilandbeobachters gehörten „The economic importance of the partridge and the pheasant" (ebd. 63/64, 1956/57), „Our observations of prey-birds in Tolna" (ebd. 63/64, 1956/57),

„Orn. data from the northern slope of the Mecsek-hill" (ebd. 63/64, 1956/57). Auf seinem Sondergebiet genoß er bei den ung. Jägern und Ornithologen hohe Wertschätzung. Doch gelang es ihm trotz aller Anstrengungen nicht, ein Fasanenwerk, das im Msk. fertig war, zum Druck zu bringen.
— Lit.: Nachruf (von A. Keve). Aquila 67/68, 1960/61, S. 268/69 u. 270/71 (ung. u. engl.).

Peters, Nicolaus, Dr., * 10. 2. 1900 Hamburg-Finkenwerder, † 23. 9. 1940 auf See vor Brest. Sohn eines Kaufmanns, in der Welt der Schiffahrt und des Fischfangs aufgewachsen, reifte er heran zu einer urwüchsigen, stets optimistischen lebensnahen Persönlichkeit, die viel Freundschaft und Kameradschaft gab und empfing. Als Offizier der Handelsmarine (er besaß das Kapitänspatent) kannte er die Meere und Ferne. Da ihn vielseitige Begabung und allg. zool. Neigungen auch aufgeschlossen machten für biol. Probleme, studierte er in Marb. und Hamb., promovierte 1922 in seiner Vaterstadt und fand 1926 in einer Assistentenstelle am Hamb. Zool. Mus. das ersehnte wissensch. Amt. Die meisten seiner Veröff. galten der Tierwelt des Meeres (Planktonorganismen, Peridineen und Radiolarien der Weddellsee). In der Fischerei wurde er besonders bekannt durch seine Studien über die Wollhandkrabbe. Als Kenner der Biol. des Wals und Sachverständiger des Walfangs, an dem er sich zweimal — 1936/37 und 1938 — auf dt. Exp. nach der Antarktis beteiligte, genoß er über die dt. Grenzen hinaus berechtigten Ruf. Lebenskrönung bedeutete die ihm 1937 übertragene Leitung der Reichsstelle für Walforschung. Am Mus. wurde ihm schon 1928 die Verwaltung der Vogelabt. anvertraut; und gewohnt, alles, was er anpacken mußte, ganz zu tun, arbeitete er sich schnell auch in das ihm neue Gebiet ein, so daß er bald in der Lage war, vogelk. Exk. an der Unterelbe durchzuführen und durch volkstümliche Vorträge die Zuhörer für den Seevogelschutz zu begeistern. Trotz starker Überlastung übernahm er 1931 noch die Leitung des Orn. Ver. zu Hamb. und 1935 obendrein die des Vereins Jordsand. Erst die längere Abwesenheit von Hamb. und die Beanspruchung durch die Walforschung zwangen ihn, 1937 die organisatorische Tätigkeit im Bereiche der Vogelk. einzustellen. Wie zu erwarten, trat er mit beachtlichen orn. Beitr. hervor. Sie befaßten sich zwischen 1930 und 1937 mit verschiedenen Problemen. Zu seinen Themen gehörten: „Über Kippflügel b. Enten, Gänsen u. Schwänen" (Zool. Anz. 92, 1930), „Zehn Jahre Brutstatistik u. Entw. d. Hamb. Alsterschwäne" (Abh. a. d. Gebiet d. Naturw., hrsg. v. Naturw. Ver. Hamb. 23, 1931), „Über Vorkommen, Häufigkeit u. d. verschiedenen Formen d. Kippflügelmißbildung" (Zool. Anz. 102, 1933), „D. Einfluß d. Hamb. Sielwässer auf d. Vogelreichtum d. Niederelbe" (Orn. Mber. 42, 1934), „Überwinternde Sumpfohreulen u. ihre Ernährung" (ebd. 43, 1935), „D. Vogelleben auf unseren Freistätten Norderoog u. Grüne Insel 1935" (Orn. Ms. 61, 1936). Seiner Arbeits- u. Forscherkraft war ein zu frühes Ende bestimmt. Als Leutnant z. S. ging er mit einem Minensuchboot unter. Auf dem Gemeindefriedhof von Brest (Bretagne) wurde er beigesetzt.
— Lit.: Nachruf (von A. Willer). Zs. f. Fischerei 38, 1940, S. 395—399 (mit Bildnis u. Verz. d. Veröff.). - Würdigung (von B. Klatt). Mitt. aus d. Hamb. Zool. Mus. u. Inst. 50, 1950, S. 1/2 (mit Bildnis). - Würdigung (von R. Meyer-Brons u. P. F. Weckmann-Wittenburg). Festschr. d. Ver. Jordsand 1957, S. 173/74 (mit Bildnis). - Würdigung (von H. Hennings). Abh. Hamb., N. F. 6, 1961 (1962), S. 7—13 (mit Bildnis u. Verz. d. Veröff.).

Petry, Wilhelm, * 12. 1. 1899 Brückrachdorf (Kr. Neuwied), † 1. 11. 1944 bei Pillau (Ostpreußen). Nach dem Besuch des Seminars in Neuwied war der Westerwälder Lehrersohn selbst Lehrer an verschiedenen mittelrhein. Orten und seit 1924 in Kreuznach. In der Stellung eines Mitarbeiters am dortigen Heimatmus. und Kreispflegers für Naturschutz verstand er es, sich und anderen vor allem die Landschaft des Nahetals und Rheinhessens naturk. zu erschließen — nicht als trockener Stubenforscher, sondern als Freilandbeobachter und Wanderer. Der Bewahrung des alten Heimatbildes galt sein selbstloses Streben. In enger Verbindung stand er mit dem Naturh. Ver. d. Preuß. Rheinl. und wußte auf zool. und botan. Gebiet trefflich Bescheid. Bekannt war er in weiten Schichten der Bevölkerung als „Vogel-Petry". O. Uttendörfer (s. d.) konnte ihn zusammen mit D. Wiemann (s. d.) zu seinem Helferkreis rechnen („Studien z. Ernährung unserer Tagraubvögel u. Eulen" in Abh. Görl. 31, 1932). Für kritische Begabung und geschichtliches Verständnis sprechen mehrere orn. Veröff. in Verh. Pr. Rh. u. W., Verh. Bonn, Dt. Vw., Jber. U.-main zwischen 1928 und 1943; sie bezogen sich u. a. auf das Vorkommen von Zaunammer, Schwarzstirnwürger, Großtrappe und Rothuhn in seinem Beobachtungsbereich. L. Gebhardt u. W. Sunkel (Vögel Hess., 1954) sowie F. Neubaur (Beitr. z. Vogelf. d. ehemaligen Rheinprov. in Verh. Bonn 110, 1957) stützten sich vielfach auf seine Feststellungen. Als Feldwebel fiel er vor dem Feinde.

Pfannenschmid, Edmund, * 18. 4. 1834 Lauenau (Kr. Springe), † 16. 7. 1893 Emden. Der aus einem Pfarrhaus stammende Kaufmann lebte seit den 50er Jahren (oder früher?) in Emden. Er war Präparator und vertrieb Futtermittel. Beobachtungsfreudig durchstreifte er bis ins Alter die Umgeb. seines Wohnorts und berichtete eifrig über feldorn. Erlebnisse und Erfahrungen. Öfters führte er Klage über den maßlosen Raub der Kiebitzeier, den Abschuß der Fischreiher sowie über andere Bedrohungen der Vogelwelt seiner Heimat. Zu den sonst vernünftigen Gedanken paßte allerdings nicht die Voreingenommenheit, mit der er aus engem Blickwinkel der Amsel und insonderheit dem Star begegnete. 21 Titel von Arbeiten aus der Feder des anspruchslosen Autodidakten wies die Orn. Ms. zwischen 1876 und 1892 auf. Mit Beitr. aus örtlicher Schau meldete er sich auch in Mitt. Wien zu Wort, und die Gef. W. füllte er jahrweise bis an die Grenze des Möglichen mit oft recht belanglosen „Orn. Mitt. aus Ostfriesl.". Daneben entbehrten manche seiner Schilderungen des Brut- u. Zuglebens an der Küste und im Emsland nicht des Reizes und verrieten gute Kenntnisse.

Pfeiffer, Carl, Dr., * 26. 4. 1877 Adelberg (Kr. Göppingen), † 6. 9. 1960 Göppingen. Als Sohn eines Schultheißen wuchs er in Obertürkheim auf, besuchte seit 1885 das Gymnas. in Cannstatt und studierte von 1895—1901 Med. in Tüb., Kiel und Berl.; nach 7jähriger Assistentenzeit an verschiedenen Orten war er von 1908—1948 als Facharzt für Chirurgie und Gynäkologie Chefarzt der Chirurgischen Abt. am Städt. Krankenhaus von Göpp. Seine Sorge galt nicht nur den Kranken, sondern auch der in ihren Lebensräumen vom Unverstand des Menschen verfolgten Tierwelt. So wurde er, als waidgerechter Jäger lange Jahre an der Spitze seines Jagdkreises stehend, nach dem 1. Weltkrieg aufmerksam auf die Gefahr der gänzlichen Ausrottung des Uhus in weiten Gebieten Deutschl. Die Erkenntnis ließ in ihm den entschlossenen Willen reifen, die Heimstätte der Groß-Eule auf der Schwäbischen Alb (dort sollen um die Jahrhundertwende angeblich noch etwa 55 Paare gelebt haben) zu erhalten. Der Einsatz für diese selbstlose Aufgabe verlieh seinem Namen dann für einige Jahre verdienstvollen Klang auch im Bereiche der Orn. 1924 begann in Schrift und Wort sein Werbefeldzug für das ihm vorschwebende Ziel. Umfragen bei den württ. Forstämtern erlaubten die Vermutung, daß damals noch 2—3 Paare ansässig waren. Unter erheblichen Opfern an Zeit und Mühen, von vielen Seiten auch finanziell unterstützt, gelang es ihm, 1926/27 14 flugkräftige Vögel — 6 aus Ostpreußen, 4 aus Baden, 4 aus Böhmen (Karpaten?) — im alten württ. Brutgebiet auszusetzen. Die mit dem Unternehmen zusammenhängenden Beob. und Erfahrungen legte er in 2 gründlichen Verlautbarungen nieder: „Über d. Uhu in Württ. . . .“ (Vortrag auf d. Dt. Jagdausstellung in Stuttg. 1925; Veröff. d. Staatl. Stelle f. Natursch. b. Württ. Landesamt f. Denkmalpflege, Heft 2, 1925) und „Über d. Erhaltung d. Uhus in Württ.“ (Vortrag vor d. Württ. Jägervereinigung in Stuttg. u. Göpp. 1928; ebd. Heft 5, 1928). Weitere seiner Wortmeldungen in Bl. d. Schwäb. Albver., D. Dt. Jäger, Schwäb. Merkur reichten bis zum Jahre 1934; da sie sich vielfach aber nur auf Beob. aus 2. oder 3. Quelle stützten, sind sie als zuverlässiges Beweismaterial kaum verwendbar. In seiner Autobiogr. aus dem Jahre 1949 (nicht im Druck erschienen; Photokopie im Staatl. Mus. f. Naturk. Stuttg.) mußte er schließlich selbst schreiben: „Ob d. Versuch gelungen ist, läßt sich mit Sicherheit weder bejahen noch verneinen“.

— Lit.: Nachruf in Göpp. Kreisnachr. v. 7. 9. 1960.

Pfeiffer, Ida (geb. Reyer), * 14. 10. 1797 Wien, † 27. 10. 1858 Wien. Sie stammte aus der Familie eines vermögenden Kaufmannes. Eine spartanische, auf Knaben zugeschnittene Erziehung prägte ihre Denkrichtung schon in der Jugend. Als sie nach unglücklicher Liebe zu einem langjährigen Freund des Hauses auch in der Ehe mit einem Lemberger Anwalt die Tücken und Bosheiten des Lebens kennenlernte, erwachten in der 45jährigen, obwohl sie bereits Mutter mehrerer Kinder war, beim Anblick des Meeres am Strande von Triest eine unwiderstehliche Reiselust und nie gestillter Wissensdurst. Eigene Mittel ermöglichten Fahrten nach der Levante (1842), Skandinavien und Island (1845), 2 Weltreisen (1846—1848 u. 1851—1855) und nach Madagaskar (1856—1858). 4 Bücher enthalten in schlichter Sprache die Schilderungen ihrer Unternehmen. Sie brachten keine besonders ins Gewicht fallende Forschungsergebnisse. Erwähnung darf die Reisende aber hier finden, weil sie aus Madagaskar, das damals noch ein Land der Wunder und Verheißungen war, dem Wiener Naturh. Mus. eine Vogelsamml. übereignete. Sie wurde von A. v. Pelzeln (s. d.) in Naum. 8, 1858 bekanntgegeben; und G. Hartlaub (s. d.) konnte — in „System. Übersicht d. Vögel Madagaskars“ (J. Orn. 8, 1860) — daraus Ardea (Ardeola) idae als neu entdeckt benennen. Die Spenderin war eine eigengeartete Frauenpersönlichkeit, die die Problematik des Glücks in einem kurvenreichen Erdenwandel mit Charakterstärke und Tapferkeit auf abenteuerliche Weise meisterte. Tropisches Fieber raffte sie dahin. Die Vaterstadt stiftete ihr ein Ehrengrab, nachdem Männer der Wissensch. ihr zu Lebzeiten schon gehuldigt hatten.

— Lit.: Lebensbeschr. (von dem Sohne Oscar Pf. verfaßt) in „D. Reise nach Madagaskar“, 2 Bde. 1861. - Biogr. Lex. Kaisert. Österr. 22, 1870, S. 175—184 (mit Verz. d. Veröff. u. älteren Quellen). - Fr. Embacher, Lex. d. Reisen u. Entdeckungen, Amsterdam 1882 (1961), S. 230/31. - Allg. Dt. Biogr. 25, 1887, S. 791/92. - O. Marschalek, Österr. Forscher, Wien 1950 (mit Bildnis).

Pfennigberger, Josef, * 1838, † 21. 4. 1909 Villány (Baranya). 40 Jahre lang (bis zur Jahrhundertwende) unterstand die Herrschaft Bellye der Aufsicht des erzherzoglichen Oberförsters und Forstrats. Er war nicht nur hirschgerechter Jäger, sondern auch ebenso befähigter und erfahrener Beobachter der Vogelwelt in den dortigen Überschwemmungsgebieten der Donau. Nur selten meldete er sich in verschiedenen Zeitschr. zu Wort. Zu den spärlichen Veröff. gehören „Über einige überwinternde Zugvögel“ (Aquila 3, 1896) und „D. Würgfalke“ (ebd. 10, 1903). Doch überließ er E. Rößler (s. d.) eine längere Einleitung zu dessen Arbeit über das „Riedmus. v. Bellye“ (ebd. 15, 1908); hier schilderte der schlichte Freund der unberührten Natur schmerzvoll, wie sich der Charakter der einzigartigen Landschaft und damit ihr unvorstellbar reicher Vogelbestand (Hunderttausende von Sichlern, Kormoranen, Millionen von Enten . . .) unheilvoll zu wandeln begannen, als in den 50er Jahren die Maßnahmen zur Trockenlegung weiter Strecken einsetzten. Eine starke Hilfe bedeutete seine Sachkenntnis auch für A. Mojsisovics (s. d.); was der Grazer Prof. über die Ornis des Mündungsbereichs der Drau schrieb, erwuchs in erheblichem Umfang aus dem Belegmaterial, das Pf. innerhalb seines Dienstbezirks gesammelt und in dem von ihm gegründeten Riedmus. gestapelt hatte. Schließlich zog die Ung. Orn. Zentrale, zu deren tüchtigsten Mitarbeitern er zählte, Nutzen aus seinen regelmäßig gelieferten Beobachtungsmeldungen.
— Lit.: Nachruf (von O. Herman). Aquila 16, 1909, S. 353.

Philippi, Rudolf Amandus, Dr., * 14. 9. 1808 Charlottenburg, † 23. 7. 1904 Santiago (Chile). Als Sohn geistig reger Eltern bei Pestalozzi in Iverdon und am Gymnasium zum Grauen Kloster in Berl. erzogen, studierte der aufgeweckte Jüngling von 1826—1833 Med. in Berl. Naturw. Anregung vermittelten ihm nicht die Schule, sondern die Beziehungen zu dt. Forschern vor allem während eines längeren Aufenthaltes in Süditalien, das der Student wegen Kränklichkeit aufsuchte. Da er nicht an die Ausübung einer med. Praxis dachte, mußte er sich den Unterhalt zunächst mit Privatstunden verdienen, bis er 1835 eine Lehrerstelle für Naturw. am Polytechnikum in Kassel erhielt. 1848 wurde er als Anhänger der liberalen Partei Direktor der Schule, sah sich aber unter dem Druck des Kurfürsten 1850 genötigt, den Posten aufzugeben und ins Ausland zu gehen. In Santiago wurde er 1853 Univ.-Prof. für Zool. und Botan. und zugleich Direktor des damals höchst bescheidenen Mus. Auf vielen Gebieten entwickelte er hier trotz mancherlei Hemmnisse — Protestant in einem kath. Land, Mangel an Lit., Schwierigkeit der Verbindung zu europ. Samml. — eine außerordentliche Regsamkeit und trug als Forschungsreisender und fruchtbarer Schriftsteller wesentlich bei zur Verbreitung des Wissens über die chil. Fauna, Flora, Geogr., Geol., Paläont., Archäol. und Ethnogr. 1874 trat er vom Amt des Univ.-Prof. zurück und widmete sich bis 1898 ausschließlich dem Mus., das seinem Wirken erst den Aufstieg zu einem Nat.-Mus. verdankte. In der langen Liste seiner dt. und span. geschriebenen Veröff. stehen 23 Titel orn. Beitr., die meisten in Arch. Naturgesch. und Ann. Univ. de Sant., je einer in Zs. ges. Naturw. und Ornis. Das letzte orn. Werk war „Figuras i descripciones de aves chil." mit 51 kolorierten Tafeln in Ann. Mus. nac. de Chile (1902). 17 Arbeiten über Vögel aus den Jahren 1860—1868 tragen zugleich den Autornamen des von Ph. 1859 am Mus. angestellten L. Landbeck (s. d.); sie lassen nach Anlage, Stil und Darstellung erkennen, daß das Material ohne Zweifel von seinem dt. Mitarbeiter stammte. In der Tat war Ph.s zool. Vielseitigkeit weniger auf die Orn. und mehr auf andere Zweige, besonders auf die Malakozool. und die Conchyologie gerichtet; er legte aber offenbar Wert auf die Nennung seines Namens, und der eigentliche Verf. mußte sich in seiner Abhängigkeit der Forderung beugen. Es überrascht daher nicht, daß in späteren Jahren die Beziehungen zwischen den beiden Landsleuten deutlich erkalteten. Groß war des Forschers Ansehen in seiner Wahlheimat und in der Fachwelt. 55 Gelehrte Gesellschaften zählten ihn zu ihren Mitgliedern. Als er im Greisenalter starb, hatte ihn ein neues naturw. Zeitalter überrundet. Wie J. Gundlach (s. d.) in Kuba und K. H. K. Burmeister (s. d.) in Bras. und Argent. war er Pionier dt. Gelehrsamkeit auf dem amerik. Kontinent.

— Lit.: Nachruf (von K. Reiche). Ber. Dt. Botan. Ges. 22, 1904, S. (68)—(80). - Nachruf (von B. Gottschlich). Valdivia 1904. - Nachruf (von D. Barros Arana). Santiago 1904. - Nachruf (von C. Ochsenius). Leopoldina 42, 1906, S. 16—20, 39/40, 53—56, 59—66 (mit Verz. d. Veröff.). - Würdigung von M. E. McLellan). Auk 44, 1927, S. 158. - W. Bacmeister, Schwäb. Lebensbilder 5, 1950, S. 324/25 u. 328/29 (mit weiteren Quellen).

Pichler, Anton, * 29. 6. 1863 Agram (= Zagreb), † 26. 12. 1922 Mostar (Bosnien). Der in Mostar tätige Gymnasialprof. war ursprünglich nicht nur eifriger Jäger, sondern auch rühriger Pflanzenfreund und Sammler. So kam er in der Umgeb. seines Wohnsitzes zugleich mit der Vogelwelt in Berührung. Obwohl er seit der Mitte der 80er Jahre seine Aufmerksamkeit auf die Ornis lenkte, begann er sich wahrscheinlich erst durch die Verbindung mit O. Reiser (s. d.) nach 1887 mehr wissensch. auszurichten. Er wurde Mitarbeiter des Landesmus. in Serajewo und sandte Vogelbälge und regelmäßige Zugnotizen dorthin. Bald griff er auch zur Feder und schrieb „D. Zug d. Vögel durch Varasdin i. J. 1892" (Mitt. Wien 16, 1892) sowie „Beob. über d. Herbstzug d. Vögel durch Gospic" (ebd. 17, 1893). Daß er sich zum regen Faunisten entwickelte, bezeugen außerdem die Arbeiten „Beitr. z. Kenntnis d. Avif. d. Umgeb. v. Mostar" mit 221 Arten (Programm d. Staatsobergymnasiums v. Mostar 1902/03, in serbokroat. Sprache) und „D. Winterfauna d. Umgeb. v. Mostar" (1895). Durch viele Erfahrungen erweitert und beträchtlich verbessert, erschienen die seitherigen Studien nochmals, dt. abgefaßt, als „Beitr. z. Kenntnis d. Avif. d. Umgeb. v. Mostar" (Orn. Ms. 31, 1906). Ungenaue Angaben, die sich bei einzelnen Arten einschlichen, kamen hauptsächlich daher, daß es dem Verf. an der nötigsten Lit. fehlte.

Pietruski, Stanislaus Konstantin, * 1811 Podhorodce bei Stryj (Ostkarpaten), † 1874 Zarwanica (Ost-Galizien). Im Gegensatz zu K. Wodzicki und W. Dzieduszycki (s. d.), seinen ihm durch die orn. Sachkunde nahestehenden Landsleuten, war er in der zool. Fachwissensch. zu Hause. Nachdem er 1830 in Lemb. unter A. Zawadzki (s. d.) das Studium beendet hatte, bildete er sich auf einer Reise in Deutschl. weiter und ließ sich dann auf dem Familiengut Podhorodce nieder. Hier gründete er 1833 — nicht für Erholungs- u. Anschauungszwecke, sondern um seiner eigenen biol. Studien willen — den ersten poln. Tiergarten, der, vom Erlös der Gutswirtschaft getragen, auf dem Höhepunkt der Entwicklung 500 Tierformen beherbergte, aber 1848 durch Feuer zugrunde ging. Hervorragende Beobachtungsgabe, Gefühl für naturw. Fragestellungen und wissensch. Arbeitsmethoden machten P. zum weithin geachteten Forscher. Sein Eifer lenkte ihn zur Beschäftigung mit verschiedenen Tiergruppen Galiziens. Die Vogelwelt der Ostkarpaten stand jedoch offensichtlich im Vordergrund seines Blickfeldes. Vorkommen, wirtschaftliche Bedeutung, Leben in Freiheit und Gefangenschaft reizten ihn zu wohldurchdachten Unters., deren Ergebnisse er zwischen 1838 und 1857 mit Vorliebe in dt. Zeitschr. drucken ließ. Spiegelbilder seines Wissens sind u. a. größere Abh. wie „Fortpflanzung d. Ringeltaube in d. Gefangenschaft" (Arch. Naturgesch. 6, 1840), „Verz. d. Vögel Gal." (ebd. 6, 1840) mit 200 Arten u. späteren Ergänzungen, „Über d. Nutzen d. Vögel in d. Ökon. d. Natur" (Isis 1843), „Beob. über d. Papageien" (Lesebl. Lemb. 1847), „Erziehung d. Auerhühner in d. Gefangenschaft" mit Zusatz v. Ch. L. Brehm

(Nov. Act. Leopoldina 1846 u. Jahresschr. d. Westgal. Forstver. 7, 1857), „Über d. Nutzen d. Vögel durch d. Vertilgung der ... Insekten u. Würmer ...“ (Jahresschr. d. Westgal. Forstver. 7, 1857). Die geistige Brücke zur dt. Fachwelt wurde ihm in erster Linie von Ch. L. Brehm (s. d.) gebaut. Herzlich gehaltener Briefverkehr kennzeichnete die Beziehungen zu dem thür. Pfarrherrn, dem sich der poln. Freund für die Mitgliedschaft bei dt. wissensch. Vereinen verpflichtet fühlte. Auch A. E. Brehm (s. d.) war einer von denen, die der von P. verfolgten neuen Arbeitsrichtung mehrfach Anerkennung zollten. Unter den dt. und österr. Gesellschaften, die den poln. Forscher in ihren Listen führten, waren: Naturf. Ges. d. Osterlandes (1836), Akad. d. Naturforscher in Bresl. (1843), Ver. f. Naturk. in Münch. (1849), Akad. d. Wissensch. in Wien (1849), Zool.-botan. Ver. zu Wien (1851), Zool.-min. Ver. zu Regensb. (1853).
— Lit.: G. Brzęk, D. Goldene Zeitalter d. Poln. Orn. (Poln. mit engl. Zusammenfassung). Memorabilia Zool. 3, Warschau 1959 (mit Verz. d. Veröff.).

Pietsch, Johannes Ernst Wilhelm, * 9. 2. 1823 Danzig, † 16. 10. 1896 Münster (Westfalen). Er erlernte, nachdem er das Gymnasium bis Sekunda besucht hatte, Landw., sattelte aber, das Abitur nachholend, um und wurde Landmesser. In dieser Stellung war er bis 1847 in Ostpr. tätig. Dann bezog er die Berl. Bauakad. und war in der Folgezeit bei wechselndem Aufenthalt an Kanal- u. Eisenbahnbauten beschäftigt: 1857 Kreisbaumeister in Rheine bei Minden, 1866 Bauinspektor in Minden, 1880 Baurat in Torgau, 1893 Ruhestand und Übersiedlung nach Münst. Früh entwickelte sich sein Sinn für das Naturerleben. Aber erst in der Torgauer Zeit erwachten in ihm die Liebe und das besondere Verständnis für die Vogelwelt und bewogen ihn zu lebhafter schriftstellerischer Betätigung in der Orn. Ms. zwischen 1885 und 1892. Sie erstreckte sich auf Fragen des Vogelzugs, des Vogelschutzes, der Faun., der Jagd und zeigte eine Vorliebe für die Verknüpfung mit der Vogelk. der Antike. Eine Broschüre „Herleitung u. Aussprache d. wissensch. Namen ... d. Vögel Deutschl.“ (1888) wurzelte gleichfalls in der Neigung zu den klassischen Sprachen. Er war eine geistreiche, vielseitig gebildete Persönlichkeit. Als er schon die Weisheit der Lebensreife genoß, baute er noch rege Beziehungen aus zu vielen damals bekannten Männern wie K. Th. Liebe, G. A. L. Thienemann, A. v. Homeyer, H. Gätke, R. Blasius, W. Marshall, E. Rey, H. Landois (s. d.) und förderte mit jugendlichem Eifer die Vogelk. im Sinne der Bestrebungen des Dt. Ver. z. Schutze d. Vogelw.
— Lit.: Nachruf (von R. Blasius). Orn. Ms. 23, 1898, S. 96—101 (mit Verz. d. Veröff.).

Piller, Matthias, * 1733 Graz, † 1788 Buda. Als die von Maria Theresia errichteten Schulen neben der Univ. Nagyszombat-Budapest in der zweiten Hälfte des 18. Jahrh. in Ung. die Voraussetzungen für die Verbreitung naturw. Kenntnisse geschaffen hatten, wurde der Jesuitenpater, ursprünglich Religionslehrer am Theresianum in Wien, der erste Prof. der Zool. an der Univ. Buda und der Gründer der dortigen naturh. Samml. Sein besonderes Verdienst war die Herausgabe des ersten ung. Lrb. der Zool. für Mittelschulen unter dem Titel „Historiae naturalis conspectus“ (Buda 1775). Daß er mit seinem Freunde L. Mitterpacher (s. d.) im Juni und Juli 1782 eine naturw. Exp. nach Kroatien unternahm und (zusammen mit Mitterpacher) in den Reisebeschreibungen aus Pozsega (Buda 1783) über die auch die Vogelwelt betreffenden Beob. Rechenschaft ablegte, stellt ihn in die Reihen der ersten ung. Faunisten.
— Lit.: Pallas Lex. 13, 1896, S. 1060.

Pischinger, Arnold, Dr., * 16. 3. 1868 Euerdorf (Unterfranken), † 25. 12. 1941 München. Der klassische Philologe stand im bayer. Schuldienst: Als Gymnasiallehrer seit 1895 in Eichstätt, seit 1904 in Ingolst., als Gymnasialprof. und -direktor seit 1906 in Münch., als Konrektor seit 1917 und als Oberstudiendirektor seit 1920 in Passau. Den Ruhestand verbrachte er nach 1933 in Münch. Früh erarbeitete er sich — mit dem gleichalterigen K. Parrot (s. d.) befreundet — in Wald und Feld ein gründliches Wissen über die heimischen Vogelformen. Berufsausgleich und Entspannung bedeuteten dem Autodidakten in späteren Jahren der beständige Gedankenaustausch mit orn. Fachleuten seiner Zeit und die Beschäftigung mit dem einschlägigen Schrifttum. Die Harmonie sprachlicher und naturw. Bildung bestimmte seinen Lebensstil. Der Orn. Ges. Bay. gehörte er, in den Münch. Jahren recht tätig, seit 1903 an. Auch um die Jugend bemühte sich der hervorragende Stimmenkenner auf Exk. in die Umgeb. seiner verschiedenen Wirkungsstätten. Die Jber. Beob.-Stat. Deutschl. enthalten von ihm geliefertes Material über die bayer. Ornis. Sonst meldete er sich in der orn. Presse nicht zu Wort. Ein Mann tiefgründiger Gelehrsamkeit, betrat er dagegen ein von Vertretern beider Fak. selten aufgesuchtes Sondergebiet: Er fahndete mit feinem Spürsinn nach vogelk. Quellen bei den griech. Dichtern des klassischen Altertums. Seine Studien veröffentlichte er als „Beitr. z. Würdigung d. Naturgefühle in d. antiken Poesie“ und behandelte darin den Vogelgesang (Programm Gymnasium Eichstätt 1900/01), den Vogelzug (ebd. 1903/04) und das Vogelnest (2 Teile, Programm Gymnasium Ingolst. 1905/06, 1906/07). Eine geistvolle Beleuchtung antiker Orn. war das wissensch. Ergebnis.

Pittet, Léon, Dr., * 24. 5. 1866 Freiburg (Schweiz), * 3. 7. 1939 Givisiez (Kanton Freiburg). Als er das med. Studium in Bern, Zürich, Basel, München und London beendet hatte, ging er 1894 für 13 Jahre nach Transvaal, wo er sich im ärztl. Dienst die Anerkennung der engl. Regierung holte. In Givisiez ließ er sich anschließend als Arzt nieder und war in den Mußestunden ein vielbeschäftigter Jäger. Die Freude an der Natur und ihren Geschöpfen machte ihn zugleich zum Sammler, Angler, Ornithologen und in allererster Linie zum Vogelschützer, der unerschrocken gegen die in Teilen der Schweiz damals üblichen Auswüchse des Vogelfangs ankämpfte. Langjährige Mitgliedschaft verband ihn mit der Soc. Romande ... und der Schweiz. Ges. f. Vogelk. ... In der deutschsprachigen Gesellschaft gehörte er dem

Redaktionsausschuß des Orn. Beob. an, wurde nach dem Tode von A. Heß (s. d.) Präsident und 1932 Ehrenmitglied. Seit 1930 stand er auch an der Spitze des Schweiz. Landeskomitees f. Vogelsch., das er auf mehreren internat. Kongr. vertrat. Ein frühes Lob auf die Seebacher Einrichtungen des Frhr. v. Berlepsch (s. d.) war seine Arbeit „La disparition des oiseaux et les réserves orn." (Orn. Beob. 11, 1914). Ein weiteres Zeugnis für seine Bemühungen um die Ausbreitung des Schutzgedankens ist die schöne und überzeugende Abh. über „Fischerei u. Vogelsch." (ebd. 27, 1929/30). Aus dem Reichtum der Jagderfahrungen erwuchsen u. a. 4 umfangreiche Darstellungen des Zugs der Waldschnepfe: „Influence des conditions météorologiques sur le passage de la bécasse" (ebd. 17, 1919/20), „Notes sur la migration de la bécasse" (ebd. 20, 1923), „Passage de la bécasse en automne 1923" (ebd. 22, 1924), „Passage de la bécasse et situations météorologiques en 1924" (ebd. 22, 1925). Die Vogelk. des Kantons Freib. hatte in ihm einen rührigen Förderer.

— Lit.: Nachruf (von A. M.). Nos oiseaux 15, 1940, S. 279/80.

Plačzek, Baruch, Dr., * 5. 10. 1834 Mährisch Weißkirchen, † 7. 9. 1922 Brünn. Er studierte Phil. in Leipz., wo er 1856 zum Dr. promovierte. 4 Jahre wirkte er dann an den jüdischen Schulen von Frankf. (Main) und Hamb. Seit 1861 war er Rabbiner in Brünn, seit 1884 mähr. Landesrabbiner. Aufgeschlossenheit für Naturvorgänge trieb ihn zur Mitarbeit an naturw. Zeitschr. Eigentlich avif. scheint er sich nicht betätigt zu haben. Mit geschickter und geschliffener Feder bevorzugte er vielmehr die Behandlung psychol. Probleme und die Überprüfung der Beziehungen zwischen den Vögeln und Insekten. Die kritisch analysierende Denkrichtung deutete sich schon an in einem Aufs. „D. Vogelgesang nach seiner Tendenz u. Entwicklung" (Verh. Brünn 22, 1883); 25 Jahre später (in Gef. W. 37, 1908) gab er dem Thema eine kluge Ausweitung unter demselben Titel. „Die Lust am Sein", die er als den Sinn des Liedes deutete, forderte damals naturgemäß sehr widersprechende Beurteilungen heraus. Die sich anschließenden lit. Reibungen scheute er keineswegs. Den intellektuellen Kopf schien eher ausgesprochene Freude an geistigem Ringen zu beherrschen. Er liebte es, seinen Gegnern treffsichere Abfuhren zu erteilen. So paßte auch seine Stellung zum Vogelschutz nicht in die allg. gültige Schablone seiner Zeit. In Arbeiten wie „Vogelweltschmerz u. Vogelweltkunde" (Gef. W. 30, 1901) und „Zur Klärung d. Vogelschutzfrage" (Orn. Jb. 12, 1901) wandte er sich mit beißender Ironie gegen die Berechnungen von G. Rörig (s. d.) über den Nahrungsverbrauch und den wirtschaftlichen Nutzen insektenfressender Vögel. Schlagfertige Logik offenbarte sich ferner unter dem Beifall von V. v. Tschusi (s. d.) in den Thesen v. Arbeiten wie „Vogelsch. u. Insektensch.?" (Verh. Brünn 35, 1897) und „Entscheidende Wendung in d. Vogelschutzfrage" (Gef. W. 36, 1907). Seine Vorstellungen deckten sich in den wesentlichsten Punkten mit den Auffassungen seines damals österr. Zeitgenossen G. Salvadori (s. d.) und den Erfahrungen des feldornithologisch sachkundigen A. Bau (s. d.). Von dem Gedanken ausgehend, daß die Insektenfresser meist Insekten vertilgten, die selbst erfolgreiche Bekämpfer der Schadinsekten seien, und daß den Insekten nur Insekten beikommen könnten, wurde er einer der entschiedensten Gegner von Gesetzen mit dem Zweck, die Kleinvögel aus Nützlichkeitsgründen zu schützen. Für gerechtfertigt hielt er nur den Schutz aus ästhetischen und ethischen Gesichtspunkten. Vielleicht fühlte er selbst, daß seine Darlegungen im Grunde viel unbewiesene Theorien seien. Auf diese Einsicht mag seine Empfehlung zurückgehen, erst durch wissensch. Unters. Klarheit über Nutzen und Schaden zu schaffen. Ein Zeugnis seiner Vorliebe für geistvolle Gedankenkonstruktionen und aphoristische Schlüsse waren ebenso „Aviariae variae, Biol. Nachtr. u. Anregungen" (Orn. Jb. 23, 1912), worin er sich mit Zusammenhängen zwischen Menschen- und Tierleben beschäftigte und die vermenschlichende Tierbeobachtung als eine der „Unbesonnenheiten der philosophierenden Naturw." anprangerte. Auch außerhalb der orn. Fachpresse ließ er Arbeiten erscheinen wie „D. Vogelw. in ihren Beziehungen z. Insekten u. verwandten Kleintieren" (Österr. Forst- u. Jagdztg. 1905/06) und „Toilettevögel u. Vogeltoiletten" (ebd. 1911). Zur sachlichen Klärung der umstrittenen Fragen konnte die Schärfe seines Urteils keinen Beitr. liefern.

Platen, Carl Constantin, Dr., * 1843, † 1898 (wahrscheinlich) Barth (Pommern). Er war Mediziner und knüpfte als zool. Sammler von 1878—1894 Verdienste um die Aufhellung der orn. Verhältnisse des indomalaiischen Gebietes an die mit seiner Frau gemeinsam durchgeführten Unternehmungen. Die Reisetätigkeit ist durch Daten belegt: 1878 Süd-Celebes; 1880 Borneo; 1881 Borneo, Amboina, Ceram; 1882 Amboina; 1884/85 Celebes; 1887 Sulu-Inseln, Palawan; 1889 Philippinen, Mindanao; 1892 Mindoro. Weitere Hinweise auf Herkunft und Lebensgang konnten nicht aufgespürt werden. Als er im Juli 1879 mit der ersten Vogelausbeute aus Celebes in Hamb. eintraf, wandte er sich, um das Balgmaterial zu verkaufen, zunächst an K. Ruß (s. d.). Den Großteil scheint die Firma W. Schlüter (s. d.) in Halle übernommen zu haben. Von hier aus ging es zur Bestimmung und wissensch. Durchsicht an W. Blasius (s. d.), der dann auch die später noch eintreffenden Sendungen bearbeitete. Daß die Samml. in der Hauptsache dem Braunschw. Mus. zufloß, dürfte außerdem auf den Empfänger der Eier, A. Nehrkorn (s. d.), zurückzuführen sein, der mit Pl. und W. Blasius befreundet war. W. Blasius, von des Reisenden Sorgfalt in der Etikettierung beeindruckt, beschrieb insgesamt 728 Bälge von 141 Arten in Jber. Braunschw. 1881; J. Orn. 30, 1882 u. 38, 1890; Verh. Wien 32, 1882; Proc. Z. S. London 1882; Zs. ges. Orn. 2, 1885; Braunschw. Anzeiger 1886; Ornis 4, 1888. Mehrere Formen, deren Typen in Braunschw. verblieben, erhielten den Namen des Südsee-Pioniers, doch konnten nicht alle bestehen bleiben. U. a. entdeckte er 1885 bei Rurukan die außerordentlich seltene, 1886 von W. Blasius benannte Urwaldralle Aramidopsis plateni, die erst später Gerd Heinrich wieder erbeutete und als „Vogel Schnarch" (1932) weithin bekannt machte. Der Sammler selbst und seine Frau gaben zwischen 1879 und 1887 in Gef. W. einige recht anziehende Schilderungen von Beob. und Erfahrungen während ihrer Fahrten.

Plaz (Platz), Josef Graf, * 5. 2. 1857 Freudenau bei Radkersburg (Steiermark), † 7. 1. 1939 Schloß Höch bei Radstadt (Salzburg). 1880 trat er dem Orn. Ver. in Wien bei und wohnte damals noch in Freudenau. 1882 verzog er nach Klagenfurt. Weitere genaue Daten über seinen Lebensgang konnten nicht beschafft werden. Als er starb, war er k. u. k. Kämmerer und k. u. k. Bezirkshauptmann a. D. Seine erste Wortmeldung war „Beitr. z. Ornis Bosniens" (Mitt. Wien 7, 1883) nach Beob., die er als Reserveoffizier von Februar bis Juli 1882 gesammelt hatte. Es folgten noch etwa 10 weitere Veröff.; darunter waren „Über einige um Freudenau b. Radkersb. in Steierm. vorkommende Vögel" (Orn. Jb. 3, 1892), „Raubmöwen im Salzburgschen" (ebd. 21, 1910), „D. Wacholderdrossel Brutvogel im Salzburgischen" (ebd. 21, 1910), „Orn. Beob. aus Salzb. u. d. Salzburgischen" (ebd. 22, 1911), „Über d. Brüten d. Wacholderdrossel in d. Umgeb. Salzb." (ebd. 23, 1912). Letztmalig ist sein Name als Verf. verknüpft mit „Zugsbeob. aus d. Pongauer Ennstale" (ebd. 28, 1917). Die Titel seiner Arbeiten lassen Schlüsse auf den jeweiligen Aufenthaltsort zu; einen weiteren Hinweis gibt der vollständige Name, der sich im Mitgliederverz. des Orn. Ver. in Wien 1887 findet: ... Freiherr zu Thurn, Herr zu Höch, Pichl, Ober-Weißburg und Grädisch. Gern und mit Sachkunde spürte er offenbar den Lebenserscheinungen der Vögel nach. So gelang es ihm auch, die ersten Nachweise für das Nisten der Wacholderdrossel bei Salzb. zu liefern. Als das Orn. Jb. nach dem 1. Weltkrieg einging und der mit ihm befreundete V. v. Tschusi (s. d.) starb, verstummte der Graf wie viele gleichgesinnte Freilandbeobachter aus Österr. und jener notvollen Zeit.

Ploch, Ludwig, Dr., * 20. 3. 1875 Darmstadt, † 13. 8. 1945 Ober-Klingen (Kr. Dieburg). Seit 1899 war er in Alsfeld, seit 1907 in Darmst. Oberlehrer und Prof. 1944 zog er sich ausgebombt nach Ober-Kl. zurück. Mit scharfem Auge und kritischem Sinn studierte er — vor allem in der Darmst. Zeit und von keiner Lehrmeinung beeindruckt — die Vogelwelt der Heimat nicht nur unter freiem Himmel, sondern auch in Käfig und Vogelstube. Dem Meister lebendigen Biol.-Unterrichts verdankten im Klassenzimmer und auf zahllosen Exk. Schüler und Erwachsene unmittelbare Entdeckerfreuden. In späteren Jahren ging er mit Vorliebe der Fortpflanzungsbiol. nach; Rotkehlchen, Rotrückenwürger und Kukkuck lockten ihn immer wieder an die Brutplätze. Da ihm zudem umfassende entom. Kenntnisse eigen waren, fühlte er sich gedrängt, in unvoreingenommenen Unters. an den Quellen der Natur die Beziehungen zwischen Vogel- und Insektenwelt zu überprüfen. Die Ergebnisse zwangen ihn, wie zu Anfang des Jahrh. A. Bau (s. d.), die seit Frhr. v. Berlepsch (s. d.) allg. verbreitete These vom ungeheuren wirtschaftlichen Nutzen kerbtierfressender Vögel auf das ihr zukommende Maß zurückzuführen. Überzeugend wußte er Folgerungen aus einem umfangreichen Beobachtungsmaterial zu ziehen. Aber erst im Alter meldete er sich mit den in stiller Forschung gewonnenen Erfahrungen zu Wort. Seine recht aufschlußreichen Veröff. standen zwischen 1936 und 1942 in Gef. W. und B. z. F.; L. Gebhardt u. W. Sunkel verzeichneten in den „Vögeln Hess." (1954) 9 Titel.

— Lit.: L. Gebhardt u. W. Sunkel, D. Vögel Hess., 1954, S. 98/99.

Pöppig, Eduard, Dr., * 16. 7. 1798 Plauen (Vogtland), † 4. 9. 1868 Leipzig. Nach dem Studium der Med. und Naturw. ging er als Forschungsreisender 1822 nach Kuba, den Vereinigten Staaten und 1826 weiter nach Südamerika (Chile, Peru, Amazonas), um 10 Jahre lang hauptsächlich in tropischen Gebieten zu sammeln. 1833 schon wurde er in Leipz. Prof. der Zool. und Direktor des neuen Zool. Mus. Er entwickelte sich in dieser Stellung zum bedeutenden Museologen und führte das Inst., dessen Grundstock die überwiegend Vögel enthaltende Privatsamml. von Ch. F. Schwägrichen (s. d.) war, zu hoher Blüte. Von seinen Unternehmungen hatte er, obgleich ursprünglich mehr zur Botan. neigend, ansehnliche orn. Bestände mitgebracht. Dazu verstand er es, regelmäßige Anteile aus den Ausbeuten anderer namhafter Forscher zu erhalten und viele eigene Reisende anzustellen, deren Sendungen ihm die erste Auswahl sicherten. Auch vergaß er die heimische Ornis nicht durch Beziehungen zu Ch. L. Brehm (s. d.) und zu sächs. Sammlern und Jägern. Seine mit starker kaufmännischer Begabung gepaarte Umsicht ließ die orn. Abt. bis zu seinem Ableben auf 2280 Arten in 4726 Stücken anwachsen. Lit. ist das Lebenswerk dieses allzeit rührigen Mannes nicht besonders ausgezeichnet. Lediglich in seine Reisebeschr. (1835) und in seine „Illustrierte Naturgesch. d. Tierreichs" (1851) sind orn. Beob. eingestreut. Außerdem hinterließ er aus den eigenen Sammelschätzen sorgfältige Beschr. neuentdeckter Formen, ohne ihnen in Proteststimmung gegen die Methoden anderer Systematiker selbst Namen zu geben.

— Lit.: Fr. Embacher, Lex. d. Reisen u. Entdeckungen, Amsterdam 1882 (1961), S. 235. – Würdigung (von A. Jacobi). J. Orn. 76, 1928, S. 436—440.

Polatzek, Johann, * um 1838, † 17. 2. 1927 Lainz bei Wien. Reise- u. Sammelleidenschaft führten den k. u. k. Hauptmann 1894—1900 nach dem Balkan, 1902—1905 nach den Kanaren, 1910 nach den Pityusen. Vor allem der mehr als dreijährige Aufenthalt auf den Kanaren galt ganz der Erforschung der dortigen Vogelwelt und war wissensch. am ertragreichsten. Der hervorragende Feldbeobachter beherrschte gleichzeitig die Kunst der Taxidermie. Geringeren Rang erreichten seine Bemühungen als Systematiker, schon deshalb, weil ihm die engere Verbindung mit den europ. Mus. fehlte. In seiner wichtigsten Arbeit, den „Vögeln d. Kanaren" (Orn. Jb. 19, 1908 u. 20, 1909), behandelte er unter kritischer Benutzung der u. a. von E. Hartert, A. Koenig, R. Thanner (s. d.) bereits gelieferten Lit. 82 Formen und erweiterte in wesentlichem Umfange das Wissen um die Inselornis. Die von ihm aufgebrachte Sammelausbeute ging hauptsächlich nach dem Mus. von Tring, in das

Brit. Mus. und an das Hofmus. von Wien. In „Einige Bem. z. Ornis d. kanar. Inseln" (Orn. Jb. 19, 1908) wurden Teile davon durch M. Sassi besprochen. E. Hartert hielt den Namen des verdienstvollen Ornithologen, der zuletzt in einem Offiziersversorgungsheim untergekommen war, in 3 Erstbeschreibungen fest: Calandrella rufescens polatzeki, Fringilla teyda polatzeki (von den kanar. Inseln) und Galerida theklae polatzeki (von der Insel Ibiza). Ein Verz. seiner Veröff. enthält die „List of birds of the Canary Islands" (Ibis 1919).
— Lit.: Biogr. Notiz. Orn. Mber. 35, 1927, S. 95. - Nachruf (von D. Bannerman). Ibis (12) 3, 1927, S. 530/31.

Poncy, Robert, * 28. 2. 1875 Lausanne, † 7. 12. 1955 Genf. Nach Studien in Genf und Paris war er von 1901—1937 als Prof. der Architektur an der Kunst- u. Gewerbeschule in Genf tätig. Seine lange währende Liebe zur Welt der Vögel erwuchs aus dem Erlebnis der vom Vater auf dem Genfer See betriebenen Jagden. Mit 12 Jahren schon hielt er Beob. in Aufz. fest, und späterer schriftstellerischer Eifer setzte sich um in eine überaus stattliche Zahl von Veröff., die überwiegend in franz. geschriebenen Fachorganen (Bull. de la Soc. Zool. de Genève, Alauda, Nos Oiseaux, L'oiseau et la Rev. franç. d'orn.) erschienen. Fast 33jährige Mitarbeit widmete er daneben dem Orn. Beob. Reges, an der Gründung beteiligtes Mitglied war er ferner von 1906—1932 bei der Soc. Zool. de Genève. Bekannt machte ihn namentlich die Kontrolle der Zug- u. Wintervögel am Hafen von Genf während eines halben Jahrh. (seit 1888). Wie kein anderer war er mit der Vogelwelt des Sees vertraut, und die Genauigkeit seiner Ber. diente nachfolgenden Beobachtern als Beispiel. Wenn ihn auch die Biol. der Lachmöwe in ihrem jahreszeitlichen Ablauf immer anzog, blieb er doch frei von Einseitigkeit und bewahrte sich stete Aufnahmefähigkeit auch für andere orn. Erscheinungen und Vorgänge. Die Begegnung mit einem Flug von 60 Flamingos über dem See am 13. 5. 1924 war Anlaß zu einer Bibl. dieses Vogels. Unters. von Mageninhalt und Gewöllen sollten ihm Aufklärung über die Ernährung verschiedener Arten (u. a. Möwen, Krähen, Eulen) liefern. Bemerkenswerte Aufhellung verdankte ihm die Ornis von Hochsavoyen. Lange galten seine Exk. auch den Sümpfen von Sionnet, deren einstigem Vogelreichtum er im Schrifttum ein Denkmal setzte. Die Trockenlegung gegen das Jahr 1920 steigerte seine Neigung zur Resignation und zum Pessimismus. Als Persönlichkeit kannten ihn nicht viele seiner Landsleute, weil er den Umgang mit Menschen mied. In den letzten Lebensjahren bestimmten Empfindsamkeit und Scheu sein Verhältnis zur Umwelt derart, daß er nur selten in der Öffentlichkeit erschien. Und doch wäre er berufen gewesen, eine Monogr. der Avif. des Sees zu schreiben. Mangelndes Selbstvertrauen versagte ihm den Mut zu solchem Schritt. Aus übertriebener Bescheidenheit beschränkte er sich auf große Einzeldarstellungen und kleinere Verlautbarungen. Bei U. A. Corti („D. Brutvögel d. franz. u. ital. Alpenzone", 1961) finden sich 16 Titel aus den Jahren 1913—1951 und bei U. N. Glutz von Blotzheim („D. Brutvögel d. Schweiz", 1962) 14 Titel seiner Arbeiten zwischen 1907 und 1941. Er war — ein Beweis für sein wissensch. Ansehen außerhalb der Schweiz — Ehrenmitglied des Club van Nederlandsche Vogelkundigen (1930) und korr. Mitglied der American Ornithologists' Union (1932).
— Lit.: Nachrufe (von P. Géroudet). Nos Oiseaux 23, 1956, S. 213—217 (mit Bildnis); Alauda 24, 1956, S. 151; Orn. Beob. 53, 1956, S. 60.

Ponebšek, Johann, Dr., * 31. 5. 1861 Preska (Krain), † 13. 1. 1935 Laibach = Ljubljana (Jugoslawien). Nach dem Besuch des Gymnasiums in Laibach und dem jur. Studium in Wien und Graz stand er in verschiedenen Städten Krains (u. a. 1903 Rudolfswert) im staatlichen Steuerdienst; zuletzt war er Oberfinanzrat in Laibach und dort mit F. Schulz (s. d.) befreundet. Die Erkundung des Lebens der krain. Vögel wurde ihm, dem Pionier der avif. Aufhellung seines Landes, zu einer ausgiebig geübten Beschäftigung. Beob. und Erfahrungen legte er in kurzen Notizen nieder; dazu gehörten dt. geschriebenen „Ein in Slavonien erlegter Adler-Bussard" (Orn. Jb. 14, 1903), „D. Steppenhuhn in Krain" (ebd. 20, 1909), „Weiterer Beitr. z. Vorkommen d. Hausrotschwänzchens in Krain" (Falco 5, 1909), „Z. Kreuzschnabelinvasion 1927" (Orn. Mber. 36, 1928), „Großgimpel regelmäßiger Wintergast in Slowenien" (ebd. 41, 1933) und Mitt. der Wiederfunde von 3 mit Laibacher Ringen versehenen Vögeln (Rotrückenwürger, Fichtenkreuzschnabel, Star) in Vz. 2, 1931. Eine größere Abh. — wie wohl die meisten seiner Verlautbarungen in slowenischer Sprache — hatte den Titel „Unsere Raubvögel, 1. Teil Eulen" (Carniola 1915/16; Sonderdruck 1917, 154 S.). Um die Vogelforschung der Heimat auf eine breitere Grundlage zu stellen, führte er in jahrelangem Bemühen eine erhebliche Anzahl von Beringungen durch und gründete schließlich 1926 das Orn. Observatorium in Laibach. Eine hauptsächlich dt. abgefaßte Arbeit aus seiner Feder brachte in der Zeitschr. d. Mus. f. Bosn. u. d. Herzeg. 45, 1933 einen Ber. über die Beringungstätigkeit des Observatoriums mit einzelnen wichtigen Wiederfunden und allg. gehaltenen Hinweisen auf die bis dahin in Jugoslawien erreichten orn. Erfolge. Den mehrsprachigen 1. amtlichen Ber. der Laibacher Station, die Jahre 1927—1933 umfassend, erlebte ihr Schöpfer nicht mehr. Der DOG gehörte er über 30 Jahre an.
— Lit.: Nachruf (von O. Reiser). Aquila 38—41, 1935, S. 482/83. - Nachruf (von G. Schiebel). Vz. 6, 1935, S. 112.

Portig, Felix, Dr. h. c., * 31. 7. 1892 Gohlis bei Strehla (Kr. Riesa), † 26. 1. 1953 Leipzig. Der große Tierfreund frischte seine Lebenskräfte am liebsten im Garten (als Geflügelzüchter) oder sonst unter freiem Himmel auf. Für zool., insbesondere orn. Fragen zeigte er sich so aufgeschlossen, daß er zu ihrem Nutzen auch die berufliche Stellung einsetzte. Anfänglich als Mitarbeiter und „Hersteller", schließlich als Leiter der „Akad. Verlagsgesellschaft Geest u. Portig" in Leipz. war ihm wohl bewußt, daß zool. Druckerzeugnisse im allg. keine nennenswerten geschäftlichen Erfolge erwarten lassen. Trotzdem verdanken viele bedeutsame Werke und

periodische Schriften dieses weiten Wissensgebietes ihr Werden und Erscheinen seinem menschlichen Verständnis und verlegerischen Ethos. Neben anderen naturw. Zeitschr. wie dem Morphol. Jb., dem Zool. G., dem Zool. Anz. und den Sammelwerken „Bronns Klassen u. Ordnungen d. Tierreichs", „D. Tierwelt d. Nord- u. Ostsee" sind G. Niethammers „Hdb. d. Dt. Vogelk.", W. Makatschs „Vogelw. Mazedoniens", R. Heyders „Vögel d. Landes Sachs.", H. Dathes „B. z. Vk." Zeugnisse des ihn auszeichnenden wissensch. Verantwortungsbewußtseins und fortschrittlichen Denkens. Mit eigenen Veröff. trat er nur selten hervor; die Vogelk. betrafen „Beobachtete Mauerseglerbegattung auf d. Rande eines Mauervorsprungs" (B. z. F. 17, 1941), „Sperlingskauz - Glaucidium p. passerinum in Sachs." (Mitt. Sachs. 6, 1941), „Bachstelzen-Balz" (B. z. Vk. 3, 1953). Die Orn. hatte in ihm einen tätigen, einflußreichen Freund, der durch die Gestaltung eines großzügigen Verlagsprogramms sich als Mensch und Unternehmer vorbildlich bewährte. „Dem verdienstvollen Verleger und hochherzigen Förderer des naturw. Schrifttums" verlieh die naturw. Fak. der Univ. Erlangen 1952 „ehrenhalber Grad und Würde eines Doktors der Naturwissenschaften".
— Lit.: Nachruf (von R. Gerber). Mitt. Thür. 4, 1953, S. 33. - Nachruf (von K. M. Schneider). Zool. G., N. F. 20, 1953, S. 66. - Biogr. Notiz (von H. Kumerloeve). Orn. Mitt. 5, 1953, S. 80. - Würdigung (von H. Dathe). B. z. Vk. 8, 1963, S. 456—462 (mit Bildnis, Verz. d. Veröff. und weiteren Quellen).

Porzig, Hermann, * 1. 4. 1814 Steinwitz bei Altenburg, † 13. 12. 1893 Steinwitz. Unter den Bauernornithologen des Osterl. fiel der Landwirt als gewiegter, sorgfältiger Sammler auf. Seine heute noch vorhandenen Vogelbälge verstand er vortrefflich zu präparieren. Mit F. Schach und J. Kratzsch (s. d.) eng befreundet und sicher von ihnen beeinflußt, teilte er deren Bestreben, mit der orn. Welt Fühlung zu halten. Er besuchte daher mehrfach die Tagungen der DO-G an wechselnden Orten; von 1853—1872 war er auch Mitglied der Gesellschaft. Veröff. zeugen nicht von seinen Neigungen und Kenntnissen; doch hat er sich ein schlichtes Denkmal gesetzt durch die nicht unbedeutende und an Seltenheiten reiche Samml.
— Lit.: Würdigung (von H. Hildebrandt u. R. Heyder). Mitt. Sachs. 4, 1933, S. 46/47 (mit Bildnis).

Posingis, Michel (standesamtlich Max!), * 26. 4. 1887 Wowerischken (Kr. Memel), † 10. 1. 1951 Radolfzell (Bodensee). Der Zimmermann und Bootsbauer kam 1924 als Leuchtfeuerwärter an die Windenburger Ecke und widmete sich dort der Vogelberingung. Ringe erhielt er zunächst von der litauischen Beringungsstation Kaunas, seit 1929 aber in der Hauptsache von Rossitten. Von hier wurden ihm auch in der Herbstzugzeit regelmäßig Hilfskräfte geschickt, damit er mit den in seinen Reusen sich fangenden Vogelmassen überhaupt fertig werden konnte. Im Verlauf von 15 Jahren beringte er über 80 000 Vögel, zum größten Teil Zwischenzug-Stare. Mit ihnen stellte er gleichzeitig Verschickungsversuche (nach Bresl. und Dresd.) an. 8 Beitr. über seine Zugerfahrungen (Rebhuhn, Star, Haussperling) zwischen 1933 und 1937 in Wild u. Hund sowie Vz. verzeichnete F. Tischler in den „Vögeln Ostpr." (1941). Über Schwalbensterben infolge langer Regenzeit berichtete P. noch in Dt. Vw. 65, 1940 und über Bestandsänderung und Heimattreue der Sperbergrasmücke in Vz. 13, 1942. Das Memelgebiet fand in dem fleißigen Beobachter einen tüchtigen Vertreter. Im Forschungsplan der Vogelwarte Rossitten bedeutete er für die Windenburger Ecke dasselbe wie K. Krüger (s. d.) für die Frische Nehrung. Die Katastrophe von 1945 verschlug ihn in ein dänisches Lager; von 1947 ab bis zum Tode konnte er sein handwerkliches Können und seine Geschicklichkeit wieder in den Dienst der Vogelwarte Radolfzell stellen.
— Lit.: Nachruf (von M. Kakies). Ostpr.-Bl., Hamb. v. 5. 2. 1951, S. 11/12 (mit Bildnis) u. Wild u. Hund 53, 1951, S. 468. - Nachruf (von E. Schüz). Vwa. 16, 1951, S. 6/7 u. Ostpr.-Warte, Göttingen 1951, Nr. 2, S. 9.

Pralle, Wilhelm, * 28. 9. 1810 Lüneburg, † 10. 10. 1881 Hannover. Als er zu Beginn der 50er Jahre an die orn. Öffentlichkeit trat, war er Postbeamter in Celle, hatte eine eigene Jagd im Wietzenbruch und in der Landschaft Hoya sowie eine Eiersamml., die er vornehmlich aus diesen vogelreichen Heidegebieten vermehrte. Die Eierkollektion, eine der reichhaltigsten und bedeutendsten des niedersächs. Landes, enthielt vorwiegend vollständige Gelege. Daneben umgab sich P. auch mit Vogelbälgen, die er selbst ausgezeichnet präparierte. Er galt als ein kenntnisreicher Oologe, dem eine Reihe fortpflanzungsbiol. Arbeiten in Naum., J. Orn., Orn. Cbl., Jber. Hann. zu danken sind. 1851 schon trat er der DO-G bei. Bis 1859 verwaltete er in Hann. die orn. Abt. des Naturh. Mus. Nach abermaligem Wohnungswechsel arbeitete er sehr aktiv bis 1877 für das Römer-Mus. in Hildesheim, dem er auch letztwillig seine große, heute dort noch magazinierte Eiersamml. vermachte. Den Lebensabend verbrachte er als Postdirektor a. D. wieder in Hannover.
— Lit.: Biogr. Notiz (von A. Reichenow u. H. Schalow). Orn. Cbl. 4, 1879, S. 13/14.

Pražák, Josef Prokuslav, * 22. 6. 1870 Hořiněves (Böhmen), † 15. 7. 1904 Hořiněves. Seit Ende der 80er Jahre studierte er in Prag, wo A. Fritsch (s. d.) sein Lehrer war, 1893/94 in Wien, wo er zeitweise als Volontär am Hof-Mus. arbeitete, und in Bordeaux. Im Herbst 1896 siedelte er nach Edinburgh (Schottl.) über. Etwa nach einem Jahr kehrte er zurück und war anschließend Privatlehrer, Getreidehändler und auch politischer Agitator in Prag. Die orn. Neigungen des Studenten verbanden sich mit staunenswertem Drang nach Erkenntnis und ebensolchem Schreibbedürfnis. Aus seiner fleißigen und gewandten Feder flossen Arbeiten wie „Beitr. z. Orn. Böhm." (Mitt. Wien 17, 1893), „Kritische Übersicht aller bisher in Böhm. nachgewiesenen Vögel" (ebd. 18, 1894), „Einige Bem. über d. Tannenmeise u. ihre nahestehenden Formen" (ebd. 18, 1894), „Beitr. z. Orn. d. paläarkt. Region" (ebd. 19, 1895), „Über d. Vergangenheit u. Gegenwart d. Orn. in Böhm." (Orn. Ms. 22, 1897). Sie waren z. T. sehr umfangreich und stützten sich nicht nur auf eigene feldorn. Exk. und Vertrautheit mit den privaten, Schul- u. wissensch. Samml. des Landes, sondern verrieten auch eine ungewöhnliche Belesenheit. Sein Scharfblick gestattete ihm auch, als erster die in Engl. lebende Rasse Parus major newtoni in Orn. Jb. 5, 1894 und die schottische Rasse Parus cristatus scoticus in J. Orn. 45, 1897 zu beschreiben. Die seinen faun., system. und hist. Forschungen gezollte Beachtung war daher anfangs ungetrübt. Der „Versuch einer Monogr. d. paläarkt. Sumpfmeisen" (Orn. Jb. 6, 1895) fand z. B. E. Harterts und V. v. Tschusis (s. d.) Beifall oder wurde — im lebhaften Widerspruch — entscheidend für die weitere Entwicklung der taxon. Vorstellungen O. Kleinschmidts (s. d.). Großes Aufsehen erregten aber in der Fachwelt die 330 Arten behandelnden „Materialien z. einer Ornis Ost-Galiziens" (J. Orn. 45, 1897 u. 46, 1898). Sie bestachen zunächst dadurch, daß der Verf. in blendender Form eine umfassende Beherrschung der Lit. vortäuschte und behauptete, von 1890 bis 1896 in der Gegend von Lemberg viele Tausende von Bälgen und Eiern gesammelt zu haben. In den Besprechungen mußte er sich dann den Nachweis bewußter Fälschungen, Schwindeleien und Hochstapeleien gefallen lassen, ohne je den Versuch zu einer Widerlegung der vernichtenden Vorwürfe wagen zu können. Auch ein 1896 an die Ung. Orn. Zentrale geliefertes Zugmaterial über die Rauchschwalbe (eine Zusammenstellung von über 6000 Daten aus Hořiněves, angeblich schon vom Urgroßvater 1801 begonnen) erwies sich in der Nachprüfung als höchst verdächtig und wurde von der Veröff. ausgeschlossen. So schaufelte er sich das Grab als ernstzunehmender Autor (vgl. die Urteile von O. Herman u. J. Hegyfoky in Aquila 4, 1897; L. v. Lorenz in Schwalbe, N. F. 1, 1898/99; O. Reiser, ebd. N. F. 1, 1898/99, abgedruckt auch in Zs. Ool. 9, 1899; V. v. Tschusi in Orn. Jb. 10, 1899). Ein kluger und findiger Kopf, litt er in den letzten Jahren an geistiger Verwirrung, deren erste Anzeichen nicht festzustellen waren. H. Schalow (s. d.) nannte ihn einen „armen, beklagenswerten Paralytiker" (J. Orn. 62, 1914, S. 109). Die von ihm hinterlassenen Daten und Aufz. blieben daher wissensch. unverwendbar. Die Darstellung der Sumpfmeisen im Neuen Naumann, die ihm übertragen war, wurde von O. Kleinschmidt umgearbeitet.

— Lit.: Nachruf (von O. Kleinschmidt). Falco 1, 1905, S. 103—106.

Preen, ? von. Über sein Leben ist wenig bekannt. Nirgendwo findet sich sein Vorname, selbst nicht im Schweriner Adreßbuch von 1851 bis 1870. 1860 war er Premier-Leutnant, 1863 Hauptmann in Schwerin. Seit 1856 stand er (wie lange?) im Dienst der geodätischen Vermessung der meckl. Großherzogtümer. Diese Tätigkeit bot ihm sicher viel günstige Gelegenheit zu feldorn. Beob. Sie kam ferner seinem Sammeleifer entgegen; ihm ging er als Jäger mit Leidenschaft nach, obendrein ließ er die eigene Eier- u. Vogelsamml. durch von ihm beauftragte „Knaben" bereichern, d. h. in einem Verfahren, das ihm in jener auf Beute erpichten Zeit offenbar bedenkenlos schien. Daß er jedoch nicht nur anspruchsloser Sammler war, beweisen der Gedankenaustausch mit Männern wie J. H. Blasius, E. Baldamus und H. D. F. Zander (s. d.), eine Reihe gewandter Einzelarbeiten über Brut und Zug sowie die eindeutige Kritik (in Naum. 8, 1858; J. Orn. 7, 1859 u. 11, 1863) an Ch. L. Brehms (s. d.) Bemühungen um die Artenspaltung. R. Kuhk registrierte in den „Vögeln Meckl." (1939) für die Zeit von 1855—1864 16 Titel aus seiner Feder in Naum. und J. Orn. Von 1853—1867 war er Mitglied des Ver. d. Freunde d. Naturgesch. in Meckl. Wie aus dem Arch. des Vereins (15, 1861) hervorgeht, fand im Oktober 1860 auf seine Einladung die erste Versammlung meckl. Ornithologen in Schwer. statt, in der die Gründung einer orn. Sektion des allg. Vereins beschlossen und v. P. zum Schriftführer gewählt wurde. 1866 erschien das letzte von ihm verfaßte Protokoll einer Sektionssitzung; 1868 verschwand aus unbekannten Gründen sein Name aus der Mitgliederliste, und damit erlosch das Leben der Sektion. Vielleicht verzog er nach Magdeb. Seine Samml. blieb jedoch in Schwer. und kam in die dortige Realschule. Ohne Zweifel wirkte er durch seinen Eifer anregend auf die orn. Durchforschung von Meckl. in jenen Jahren. Das Gothaische Genealogische Taschenbuch der Uradeligen Häuser 1912 verzeichnete (S. 639) Rudolf Albrecht Hartwig v. P., geb. in Dummerstorf am 29. 3. 1828, gest. in Blasewitz am 12. 2. 1881, Herr auf Brütz, Großherzoglich meckl. Major. Da aus dem Eintrag weiter hervorgeht, daß der Genannte 1857 in Schwer. heiratete, seine Frau aus dieser Stadt stammte und seine beiden jüngsten Töchter dort geboren wurden, läßt sich vermuten, daß er mit dem Ornithologen identisch ist. Nicht gleichzusetzen ist dieser dagegen mit C. P., der in einem langen Aufs. „Ausrottung d. Singvögel" (J. Orn. 20, 1872) mit recht geschickter Feder die Haltung von Käfigvögeln verteidigte. Er wohnte in Tanne am Harz, beobachtete dort etwa seit 1866, bezeichnete sich aber mehrfach als „Proletarier" und „Besitzlosen", der seit 30 Jahren der Stubenvogelpflege huldigte.

Preiß, Ludwig, Dr., * 1811, † 1883. Über Leben und berufliche Tätigkeit ist nichts bekannt. In den Jahren 1838—1841 sammelte er erfolgreich Vögel in der Swan River Colony in Südwest-Australien und bereicherte mit ihnen die Samml. F. Heines (s. d.) in Halberst. Doch befanden sich auch Stücke dieser Ausbeuten im Hamb. und Berl. Mus. Da die Sendungen in die Frühzeit westaustralischer Forschung fielen, waren viele der Vögel Gegenstand von neuen Artbeschreibungen. Vor allem nahm sich J. Cabanis (s. d.) ihrer im Kat. des Mus. Heineanum (1850—1863) an und benannte Rhipidura fuliginosa preissii zu Ehren des Sammlers.

— Lit.: W. Meise, Notes on the Orn. Collections of Pr. in the Swan River Colony 1838—1841, Emu 51, 1951, S. 148—151.

Preuschen, Adalbert Georg, * 2. 7. 1866 Bingen (Rhein), † 16. 2. 1942 Darmstadt. In einem Forsthause geboren, kam er schon in der Kindheit nach Darmst. und wurde dort Präparator. In dieser Stellung war er seit 1884 tätig in Wien, Berl. und seit 1890 in Straßb. 1918 siedelte er wieder nach Darmst. über und widmete sich in den letzten Lebensjahren vor allem dem Vogelschutz. An seinen Namen ist eine „Avif. d. Großherzogtums Hess." (Ornis 7, 1891) geknüpft. Da er jahrelang mit mehreren „tüchtigen hess. Taxidermisten" in Verbindung gestanden und die „hess. Ornis wohl ziemlich genau kennengelernt" habe, glaubte er sich zur Behandlung des Stoffes berechtigt. Der Lückenhaftigkeit seines Werkes war er sich nichtsdestoweniger bewußt. Nähere Kenntnis besaß er eigentlich nur über die Vögel der Umgegend von Darmst. und des hess. Rieds. Der Vogelsberg z. B. blieb ihm schon aus Verkehrsschwierigkeiten verschlossen. Auch wenn er während seiner Berufstätigkeit vorübergehend kurze Zeitabschnitte in Darmst. verbrachte, konnte er nicht aus eigenem Erleben tiefer in die hess. Vogelwelt eingedrungen sein. Vielfach griff er daher auf die örtlichen Faunen seiner Zeitgenossen W. v. Reichenau und W. Müller (s. d.) zurück und brachte 263 Arten zusammen. Wie die beiden Vorgänger erzielte er im Grunde nur eine unvollständige Aufzählung, neigte zur Verallgemeinerung von ortsgebundenen Gegebenheiten und schilderte Tatbestände, die für seine Zeit keine volle Gültigkeit mehr hatten.

— Lit.: L. Gebhardt u. W. Sunkel, D. Vögel Hess., 1954, S. 73.

Profft, Joachim Max, Dr., * 8. 6. 1911 Leipzig, † 12. 2. 1942 Tscherkasskaja bei Isjium (Ukraine). Umgeben von einem Kreis Gleichgesinnter, arbeitete er sich schon während der Schuljahre tatkräftig in die Artenwelt der Vögel und Insekten des Leipz. Landes ein. In der Universitätszeit (Leipz., Graz) zog er 1932 weitere, besondere Ausbeute verheißende Beobachtungsgebiete (Teile der Schweiz, von Ung. und Jugoslawien) in das orn. Gesichtsfeld ein. 1936 promovierte er mit einem entom. Thema und arbeitete von 1937 ab an der Biol. Reichsanstalt f. Land- u. Forstw.; entom. Probleme (Virosen von Blattläusen usw.) rückten damit zwar mehr in den Vordergrund, konnten die Liebe zur Vogelforschung aber nicht verdrängen. Hatte er ihr vorher schon in einer Reihe von Unters. gedient, so widmete er sich ihr mit weltoffenem Blick selbst noch unter den erschwerten Bedingungen des soldatischen Kriegseinsatzes. Im Katastrophenlauf jener Zeiten gingen jedoch seine sämtlichen Aufz. zugrunde; nur ein kleiner Teil der unermüdlich gesammelten faun. und phänol. Kenntnisse erfuhr wissensch. Auswertung durch Veröff. Sie beschäftigten sich mit der Vogelwelt von Nordwestsachs., des Erzgebirges und des Darßes, dem er sich besonders zugeneigt fühlte. Eine Fahrt nach Griechenl. u. Kreta 1939 gab ihm vor Ausbruch des 2. Weltkriegs lediglich Gelegenheit zu 8 kleineren Notizen (meist im Verein mit H. Dathe) über Rötelfalk, Pelikan und Kormoran. 24 Titel zwischen 1931 und 1952 umschließen das orn. Vermächtnis in Orn. Ms., Orn. Mber., Mitt. Vw., B. z. F., Mitt. Sachs., Vz., Ber. Schles., Dt. Vw., Ann. Wien und B. z. Vk. Als der Verf. vor dem Feind in vorderster Linie sank, wurde nicht nur der Orn., sondern auch der Entom. und Pflanzenkunde ein erfolgreiches Leben noch vor der vollen Entfaltung seiner hohen Begabung geraubt.

— Lit.: Nachruf (von H. Dathe). Dt. Vw. 67, 1942, S. 117. - Würdigung (von dems.). B. z. Vk. 3, 1953, S. 183—190 (mit Bildnis u. Verz. d. naturw. Veröff.). - Nachruf (von E. Köhler). Arbeiten über physiol. u. angew. Entom. 9, 1942, S. 135/36. - Bildnis in R. Heyder, D. Vögel d. Landes Sachs., 1952.

Proft, Ernst Emil, Dr., * 20. 11. 1864 Leipzig, † 8. 2. 1917 Leipzig. Nach Absolvierung der Leipz. Nikolaischule studierte der Handwerkersohn in der Heimatstadt Naturw. und promovierte mit einem geol. Thema. Erst im gereiften Mannesalter legte er das Staatsexamen für den höheren Schuldienst ab. Bis dahin gestattete ihm die elterliche Vermögenslage ein unbehindertes Dasein als Privatgelehrter. Er nutzte die Zeit, um neben einer bedeutenden Mineraliensamml. eine umfangreiche Eierkollektion zusammenzutragen, bei der es ihm nicht auf system. Vollständigkeit ankam, sondern auf die Variationen innerhalb einer Art. Kauf bei Händlern lehnte er ab, weil sie ihm nicht zuverlässig genug schienen, und beim Tausch war er äußerst kritisch. Die von ihm geübte Sammelmethode dürfte heute noch als vorbildlich gelten. Aus bibliophiler Neigung baute er eine wertvolle Fachbücherei auf und verhalf auch der beachtlichen Bibliothek des Leipz. Orn. Ver. als Bücherwart zur Vervollkommnung ihrer Bestände. In den Sitzungen des Vereins ergriff er oft das Wort und legte sein gründliches Wissen dar. Dagegen war er für Veröff. kaum zu gewinnen. Von zwei Beitr. in Zs. Ool. behielt der über einen von ihm konstruierten Eierausblaseapparat Interesse für Oologen und Präparatoren. Beruflich scheiterte er, weil ihm jegliche pädagogische Eignung fehlte. Nach unruhevollen Jahren im amtlichen Schuldienst genügten ihm zuletzt die geringfügigen Einnahmen eines Lehrers an Leipz. Privatschulen. Ein schweres Leiden setzte dem kräftigen, untersetzten Manne, der ein unentwegter Waldläufer von größter Einfachheit war, ein vorzeitiges Ende. Seine ool. Samml. kam überwiegend in den Besitz von R. Schlegel (s. d.).
— Lit.: Würdigung (von R. Schlegel). D. Vogelw. d. nordw. Sachsenl., Leipz. 1925.

Pungur, Julius, * 24. 5. 1843 Erdöszengyed (Komitat Marostorda), † 1. 5. 1907 Zelenika (Dalmatien). Er studierte Theol. in Nagyenyed (Siebenbürgen) und Marburg (Lahn), wurde 1868 Hauslehrer in Mezözáh, 1871 Pfarrer in Szilágynagyfalu und 1877 Lehrer an der Bürgerschule in Zilah (Komitat Szilágy). Da er sich auf die Dauer dem Schuldienst körperlich nicht gewachsen fühlte, holte ihn O. Herman (s. d.), der seine naturw. Neigungen in der Zeit von Mezözáh geweckt hatte, 1896 an die Ung. Orn. Zentrale. Als „zur Dienstleistung einberufener Prof." erledigte er hier bis zum Tode umsichtig und tätig die Verwaltungsgeschäfte. Ein vielseitiger Bildungsstand ließ ihn schnell zum Stützpfeiler der ganzen Organisation werden. Obwohl er sich ursprünglich autodidaktisch nur mit den Orthopteren beschäftigte (eine Monogr. der Grillen machte ihn bekannt), verfügte er auch über genügend orn. Kenntnisse, um zugleich Mitarbeit an der mehrsprachigen Aquila leisten zu können. Zu Hilfe kam ihm dabei, daß er

neben der ung. Muttersprache das Dt., Franz. und Engl. beherrschte. In die von der Zentrale betriebene Vogelzugforschung führte er sich ein durch die „Vorbereitung d. Bearbeitung v. Kuckucks-Zugdaten" (Aquila 6, 1899), vornehmlich aber durch die erste eingehende Studie über den „Herbstzug d. Rauchschwalbe i. J. 1898 in Ung." (ebd. 11, 1904). Die system. durchdachte Stoffbehandlung, die er aus eigenem Antrieb übernommen hatte, galt damals als mustergültig. Des weiteren hinterließ er in anderen Zeitschriften meist kleinere Abh. auch über Gebiete, die außerhalb der Orn. und Entom. lagen; Zeitungen belieferte er unter verschiedenen Pseudonymen. Als eigentliches Lebenswerk schwebte ihm unter dem Einfluß von O. Herman eine sprachliche Arbeit vor. Es sollte ein ung. orn. Wörterbuch und mehr noch ein „Lexikon d. ung. Tiernamen" werden. Die Liebe zur heimatlichen Sprache und der Wunsch, verschüttete kulturelle Werte zu heben, ließen ihn seit 1868 unentwegt den volkstümlichen Wortschatz sammeln. Den Abschluß der Auswertung erlebte er nicht. Einen Teil des Msk., der das Material über die Gruppe der Drosseln behandelte, brachte die Aquila 14, 1907. Nachdem noch 1906 die Zähigkeit und Ausdauer des stets mit Bedacht arbeitenden Forschers durch die Ernennung zum Ehrenmitglied der Ung. Orn. Zentrale anerkannt wurde, raffte ihn bald darauf die Lungentuberkulose dahin.
— Lit.: Nachruf (von O. Herman). Aquila 14, 1907, S. I-XXXII (mit Bildnis, Probetext u. Verz. d. Veröff.).

Puschnig, Roman, Dr., * 30. 1. 1875 Guttaring (Bez. St. Veit, Glan), † 18. 12. 1962 Klagenfurt (Kärnten). Der seit 1930 in Klagenf. wohnende Obermedizinalrat war lange feldorn. rege, ohne viel Aufhebens von seinen Neigungen und Kenntnissen zu machen. U. A. Corti nannte in den „Brutvögeln d. dt. u. österr. Alpenzone" (1959) 9 Veröff., die zwischen 1914 und 1935 in Carinthia II standen und sich auf Kärnten bezogen. Darunter waren „Steinadler im Maltatal" (Carinthia II, 1922), „Vogelk. Beob. d. letzten Jahre in Kärnten" (ebd. 43/44, 1934), „Vogelk. Beob. in Kärnten v. Herbst 1934 bis Herbst 1935" (ebd. 45, 1935). Über seine letzten Lebensjahre waren Nachr. nicht zu erlangen.

Q

Quäbicker, Gustav, Dr., † 30. 5. 1946 Berlin-Pankow. Erst als Landgerichtsdirektor i. R. trat er 1935 der DOG bei. Über vorherige orn. Betätigung ist nichts bekannt. Wahrscheinlich hat er der ars amabilis in der Stille gehuldigt. Ein Neuling kann er jedenfalls nicht gewesen sein. Das zeigen 3 Beob.-Ber. von Seereisen, die er 1937 nach Spitzbergen und Mittelamerika und 1938 nach der Westküste Südamerikas unternahm: „Sturmmöwe auf Spitzbergen" (Orn. Mber. 46, 1938), „Dreizehenmöwe - Rissa tridactyla im Tropenmeer" (ebd. 46, 1938), „D. Graukopfmöwe - Larus cirrhocephalus an d. Westküste Südamerikas" (ebd. 47, 1939). Da der Junggeselle ein hochgebildeter, zu hist. Unters. neigender Mann war und die Muße des Ruhestands sinnvoll nutzen wollte, ließ er sich von E. Stresemann anregen, biogr. Abrisse der Ehrenmitglieder der DOG zu schreiben. Nach sorgfältigen Quellenstudien erschienen diese Biogr. unter dem Titel „D. Ehrenmitglieder d. Dt. Orn. Gesellschaft v. deren Gründung (1850)—1935" (J. Orn. 87, 1939 u. 90, 1942). Der letzte Teil der Samml. liegt noch als Msk. bei den Akten der DO-G.

Quantz, Bernhard, * 19. 10. 1877 Göttingen, † 15. 1. 1943 Göttingen. Zu seinen Vorfahren gehörte der bekannte Flötenmeister Friedrichs des Großen. Er selbst betätigte sich, nachdem er mehrere Jahre Volkswirtschaft studiert hatte, als Versicherungsbeamter. Glück und wirtschaftlicher Erfolg scheinen ihn nicht verwöhnt zu haben. Aber er wußte immer die Freuden der Einkehr in die Welt der Vögel zu finden, sowohl unter freiem Himmel als auch im Hausgarten und zwischen den eigenen vier Wänden; und stets bewegten den nachdenklichen Autodidakten offene biol. Fragen, denen er in fleißigem Studium der älteren orn. Lit. nachging. 1909 schrieb er erstmalig in den Mitt. Vw. und der Zs. Ool. Seit 1916 erschienen Aufs. und Notizen aus seiner Feder mit großer Regelmäßigkeit auch in Orn. Ms., B. z. F. und Dt. Vw. Seine späteren Jahre waren mehr und mehr dem Vogelschutz gewidmet. Die Schaffung künstlicher Niststätten, die sich gut bewährten, stand im Vordergrund seiner warmherzigen Bemühungen. Die „Spalthöhle" für den Zaunkönig, der keilförmige Brutkasten für die Baumläufer und die Nisthöhle für Wasseramseln verdankten ihm die Entstehung. Arbeiten wie „Mein Nistlochplatten-System f. Höhlenbrüter" (Orn. Ms. 54, 1929) und „D. Ansiedlung unserer Höhlenbrüter im Gemäuer oder d. Brutnischen-System" (1934) machten den Namen des mit wertvollen Anregungen hervortretenden Erfinders in Kreisen der Naturfreunde bekannt.
— Lit.: Nachruf (von K. Mansfeld). Dt. Vw. 68, 1943, S. 39 (mit Bildnis).

Quednau, August, * 13. 1. 1868 Schmulken/Birkenhöhe (Kr. Gumbinnen), † 17. 5. 1931 Stobben (Kr. Angerburg). Sohn eines Besitzers, war er seit 1889 im Volksschuldienst in Schönheide (Kr. Goldap), Wensen (Kr. Angerb.) und ab 1902 in Stobben am Westufer des Mauersees. Lange Jahre wirkte er hier als vielseitiger Heimatforscher. Um die ostpr. Vogelk. erwarb er sich Verdienste durch sorgfältige und eingehende Aufz. über die Brut- u. Zugbeobachtungen im masurischen Seengebiet. Der Vogelwarte Rossitten war er ein treuer Mitarbeiter. F. Tischler (s. d.) verdankte seinem Eifer viele Unterlagen und hob ihn neben E. Christoleit (s. d.) in den „Vögeln Ostpr." (1941) aus der Zahl seiner Gewährsmänner besonders hervor. Im Laufe der Zeit hatte der kenntnisreiche Sammler alle Vogelarten präpariert, die in der dortigen Landschaft vorkommen; die Stücke kamen

später in das Heimatmus. Angerb. Leider veröffentlichte er nur wenig („Schelladler am Mauersee“ in Orn. Mber. 38, 1930). Auch eine abschließende Zusammenstellung seiner feldorn. Erfahrungen kam nicht zustande.
— Lit.: Nachruf (Verf. ungen.). Orn. Mber. 39, 1931, S. 127. - Würdigung (von F. Tischler). D. Vögel Ostpr., Bd. 1, 1941 (mit Bildnis).

Quistorp, Gustav, Dr., * 24. 7. 1817 Greifswald, † 1888 Greifswald. Er war der Sohn von Prof. Johannes Qu., der vor 1818, d. h. vor Ch. F. Hornschuch (s. d.), das Greifsw. naturw. Kabinett verwaltete. Bis 1840 studierte er Med. in Berl. und seiner Vaterstadt. Auf Reisen (Wien, Paris, London usw.) bildete er sich weiter med. und zool. aus und ließ sich dann zur Ausübung der ärztlichen Praxis in Greifsw. nieder. Von 1850 ab ging er fast nur noch den naturw. und jagdlichen Interessen nach, die ihn von Jugend an stark beschäftigten. Bis ins höhere Alter führten ihn Reisen zur Erkundung der Naturverhältnisse in die Alpen, nach Oberital., Dänem., Schwed., Norw. Der DOG gehörte er erst seit 1879 an. Mit der Reifung der Jahre fühlte er sich auch zu lebhafter lit. Tätigkeit angeregt. Wie seinem Freund A. v. Homeyer (s. d.) verdankte die Aufhellung der Vogelwelt Neu-Vorpom. dem tüchtigen Feldbeobachter eine hohe Zahl von z. T. aufschlußreichen Beitr., die meist Fragen der Brut und des Zugs behandelten. F. Koske (J. Orn. 65, 1917) sammelte 47 Titel seiner Ber. und Mitt. aus den Jahren 1858—1885 in Naum., J. Orn., Orn. Cbl., Zs. Stett., Zool. G., Wald u. Heide, Weidmann, Mitt. Vorp. u. Rü.
— Lit.: Biogr. Notiz (von A. Reichenow u. H. Schalow). Orn. Cbl. 4, 1879, S. 43.

Quistorp, Wernher von, Dr., † 23. 7. 1908 Crenzow bei Anklam (52 Jahre alt). Er hatte Jura studiert und war Rittergutsbesitzer in Crenzow. Um die Jahrhundertwende gehörte er dem preuß. Abgeordnetenhaus an. Weitere Einzelheiten aus seinem Leben konnten nicht ermittelt werden. Der Vogelk. widmete er sich mit kritischem Eifer. Lange Jahre war er Mitglied der DOG und des Kuratoriums der Vogelwarte Rossitten. Als begabter Feldornithologe und kenntnisreicher Lokalfaunist griff er zwischen 1887 und 1907 öfters zur Feder; F. Koske (J. Orn. 65, 1907) nannte 13 der pom. Ornis gewidmete Titel von Veröff. in Zs. Stett., Orn. Jb., Orn. Mber., J. Orn.; auch in Jagdzeitschr. standen Zeugnisse von anerkannter orn. Zuverlässigkeit.

R

Rácz, Béla, * 1862 Szerep (Komitat Bihar), † 4. 1. 1944 Szerep. Mit dem Leben der Vögel und den Erscheinungen des Vogelzugs in der Umgeb. seines Geburtsortes und Wohnsitzes aus langer Erfahrung eingehend vertraut, wurde der in der Heimatlandschaft wurzelnde Kleinwirt 1907 ständiger Beobachter der Ung. Orn. Zentrale. Seit dieser Zeit brachte die Aquila auch seine beachtenswerten biol. Nachr. Doch war er nicht allein der Vogelforschung ergeben. In der Bienenzucht und der Met. galt er gleichfalls als bewährter Sachkenner.
— Lit.: Biogr. Notiz. Aquila 50, 1943, S. 426.

Radde, Gustav, Dr. h. c. Dr. h. c., * 27. 11. 1831 Danzig, † 15. 3. 1903 Tiflis. Ohne das gelehrte Rüstzeug einer akad. Bildung brachte es der Lehrersohn durch zielstrebige Entwicklung natürlicher Anlagen zu hoher wissensch. Leistung. Schon im Alter von 21 Jahren verzichtete er auf den Apothekerberuf und streifte, Vögel und Pflanzen sammelnd, durch die Berge und Wälder am Südufer der Krim. 1855 wurde er von der russ. Regierung mit Forschungsaufgaben in Sibirien beauftragt. 1859 kehrte er nach Petersb. zurück und begleitete bald darauf J. F. v. Brandt und K. E. v. Baer (s. d.) auf mehreren Exp. nach Südrußl. Schließlich füllte seit 1863 die biol.-geogr. Erschließung des Kaukasus sein ungemein tätiges Leben aus. Ein für jede Naturerscheinung begeistert offenstehender Forscherblick zusammen mit der Gabe zu oft poetischer Gestaltung eines farbenreichen Stils ließen ihn naturw. Sammelwerke von bestechender Schönheit schaffen. Die orn. Erkenntnisse und Erlebnisse, die in seinem Wirken beachtlichen Raum einnehmen, sind vornehmlich enthalten in den „Reisen im Süden v. Ostsibirien . . .“ (1862/63), im 2. Bd. des „Mus. Caucasicum“ (1899) und vor allem in der (auch in russ. Sprache gedruckten) „Ornis Caucasica“ (Kassel 1884, mit Nachtr. in Ornis). In der dt. Zeitschriftenlit. gab er den Vögeln gleichfalls bevorzugte Stellung (seit 1854 in J. Orn., Orn. Cbl., Mitt. Wien, Ornis, Orn. Ms., Zool. G.). Die geogr. Beitr. stehen meist in „Petermanns Mitt.“. Dazu war er weitschauender, großzügiger Organisator. Das bezeugt seine ureigene Schöpfung, das Kaukasische Mus. in Tiflis. Es konnte lange Zeit den Anspruch erheben, der geistige Mittelpunkt für die naturw. Durchdringung Rußl. zu sein. In den späteren Lebensjahren rückte neben den zool., botan. und geogr. Fragen auch die Ethnogr. in den Vordergrund der Vielseitigkeit dieses Mannes. Es ist schwer abzuwägen, auf welchem der Gebiete die größten Verdienste liegen. Zweifellos beschäftigte er sich stets eingehend mit den Säugetieren und Vögeln. Immer wieder setzte er sich mit dem Artbegriff auseinander. Seine Auffassung schloß sich standhaft der seiner Vorgänger an. Wie P. S. Pallas (s. d.) hielt er an Linnés binärer Benennung fest. Seinem geübten Auge entgingen zwar nicht die Übergänge in Kolorit, Zeichnung und Plastik der Vögel. Wo er auf das „Abändern der Vögel durch den Einfluß des Klimas“ stieß, war er aber im Sinne des von ihm verehrten C. W. L. Gloger (s. d.) nicht bereit, von Arten zu sprechen, sondern nur von Formen und Varietäten. Die der Evolutionslehre entspringenden Thesen von G. Hartlaub und E. Hartert (s. d.) blieben ihm daher fremd. Den erfolgreichen Forscher verband stete Treue mit seinem dt. Vaterland, das er oft aufsuchte. Enge Freundschaft pflegte er besonders mit dem Hause Blasius (s. d.) in Braunschw. Der 1. internat. Orn.-Kongr. 1884 in Wien ehrte ihn durch die Wahl zum Präsidenten. 1892 wurde er Mitglied der

Leopoldina, 1900 Ehrenmitglied der DOG. Die Univ. Dorpat und Bresl. promovierten ihn zum Dr. h. c. Das damalige Rußl. verlieh ihm höchste Würden. Er starb geadelt als Wirkl. Russ. Geh. Staatsrat.
— Lit.: Nachruf (von O. Drude u. O. Taschenberg). Leopoldina 39, 1903, S. 121—128 u. 135—146 (mit Verz. d. Veröff.). - Nachruf (von O. Boettger). Zool. G. 44, 1903, S. 197. - Nachruf (von O. Herman). Aquila 10, 1903, S. 308/09. - Nachruf (von Schriftl.). Ibis (8) 3, 1903, S. 439/40. - Nachruf (von R. Blasius). Orn. Ms. 28, 1903, S. 399—404 (mit Bildnis). - Nachruf (von dems.). J. Orn. 52, 1904, S. 1—49 (mit Bildnis u. Verz. d. Veröff.). - F. Th. Köppen, Bibliotheca Zool. Ross. II, Petersb. 1907 (mit älteren Quellen).

Radetzky, Desiderius, * 6. 4. 1879 Kishegyes, Komitat Bács-Bodrog (Ungarn), † 1. 5. 1944 Nádasladány (Komitat Fejér). Er war Lehrer zuerst in Tárnok, später in Stuhlweißenburg und machte sich vor allem als eifriger Oologe bemerkbar. Seine umfangreiche Eiersamml. befindet sich heute noch — unbearbeitet — im Ung. Nat. Mus. Da er, wie E. Greschik, nach dem 1. Weltkrieg in Spannung mit J. Schenk (s. d.) lebte, blieb er Gegner des Ung. Orn. Inst. auch als Leiter einer Vogelwarte in Dinnyés am Plattensee. Bis 1926 schrieb er noch in Aquila; seit der Gründung des Kócsag (1929) erschien sein Name in dieser Zeitschrift.
— Lit.: Nachruf (von A. Keve). Aquila 51—54, 1944—1947, S. 211.

Radziwill, Boguslav, * 3. 1. 1809, † 2. 1. 1873. Der poln. Fürst hatte reichen Grundbesitz in Antonin, Kr. Adelnau (Prov. Posen) und wohnte viel in Berl. Mit einer Reihe von bedeutenden Ornithologen und Sammlern stand er in Verkehr. Die starke Begeisterung für die Vogelk. beschränkte sich auf den Aufbau einer prachtvollen Samml. dt. Vögel, mit denen er sein Berl. Schloß, das spätere Reichskanzlerpalais, schmückte. Ein kleinerer Teil war von ihm selbst auf seinen Gütern in Posen erlegt; den größeren Teil, d. h. märk. Vögel, bezog er von den Präparatoren des Berl. Mus., hauptsächlich wohl von dem Hauptpräparator und späteren Inspektor A. Rammelsberg (um 1795—1860); auch mit J. H. Schulz (s. d.) tauschte er rege. Bekannt war, daß er für Seltenheiten und ganze Samml. hohe Preise zahlte; so ging u. a. die Samml. Fehrmann (s. d.) in seinen Besitz über. Zur Feder scheint er nicht gegriffen zu haben, und die von ihm gestapelten orn. Schätze fielen im Erbgang seinem Sohne Ferdinand R. zu, der sie bei der Räumung des Berl. Schlosses nach Schloß Antonin holte. Dort waren sie nach J. Hammling (s. d.) noch 1917 dürftig aufbewahrt.
— Lit.: H. Schalow, Beitr. z. Vogelf. d. Mark Brandenb., 1919, S. 452/53.

Ralfs, Günter, Dr., * 17. 12. 1899 Braunschweig, † 20. 4. 1960 Rhodos. In Berl. und Heidelb. studierte er Phil. und baute seine Gedankenwelt nach dem 1. Weltkrieg 4 Jahre lang naturnahe auf dem Darß (Vorpommern) aus, wo er eine Gasvergiftung auszuheilen gedachte. Seit 1933 — 6 Soldatenjahre abgerechnet — lehrte er als ao. Prof. der Phil. an der Univ. Hamb. und bemühte sich, unter Hinweis auf orn. Erlebnisse und Beob. die eigene Begeisterung für sein Fachgebiet in die Herzen der Jugend zu verpflanzen. Voll Hingebung hatte er sich daneben der Vogelk. verschrieben; 1954 wurde er Mitglied der DO-G. Beteiligung an den Schutzmaßnahmen des Ver. Jordsand und Kampf gegen rohe Eingriffe in den Haushalt der Natur, wie sie ihm u. a. im rücksichtslosen Eiersammeln und in der Verfolgung der Raubvögel begegneten, entsprangen tief empfundener Liebe zum Freiland und seinen Geschöpfen. Er war überzeugt, daß diagnostische Feststellungen am lebenden Vogel für die wissensch. Bestimmung ebenso wichtig seien wie die an Mus.-Bälgen und nutzte daher Streifzüge in die Umgeb. von Braunschw. und Hamb. sowie Urlaubsfahrten (Amrum, Südwestküste Schwedens, Camargue, Jugoslawien, Rhodos) zu bewußt orn. ausgerichteten Studien, die ihn zu phil. Einsichten führen sollten. Eine Zusammenstellung seiner letzten Frühjahrsbeobachtungen auf Rhodos findet sich in Abh. Hamb., N. F. 5, 1960 (1961). Stark bewegte den Philosophen der Gegensatz aristotelischer und platonischer Lehre. Auf den Spuren des Aristoteles ging er fragend an die Natur heran, um einen Ausgleich zu suchen. Orn. Neuland zeigte er außerdem, als er nach der phil. Grundhaltung schürfte, aus der die Unterschiede der Beschr. und bildlichen Darstellungen ein und derselben Vogelart in den verschiedenen Zeitaltern erwuchsen. Phil. und Orn.: zwei eigentlich nahe beieinander liegende Forschungsgebiete! Nur wenige Geisteswissenschaftler fanden und finden die Synthese. Es darf gesagt werden, daß R. hier zu den Auserwählten gehörte, wenn auch seine orn. Denkrichtung noch nicht ausgerichtet und im Druck nicht festgelegt war.
— Lit.: Nachruf (von W. Meise). Abh. Hamb., N. F. 5, 1960 (1961), S. 5/6 (mit Bildnis).

Rathke, Heinrich, Dr., * 25. 8. 1793 Danzig, † 15. 9. 1860 Königsberg. Er studierte in Gött. und Berl. Med. und Zool., wurde 1828 Prof. der Physiol. in Dorpat und kam 1835 als Nachfolger von K. E. v. Baer (s. d.) nach Königsb. Hier leitete er auch das Zool. Mus. und gründete den „Ver. f. d. Fauna Preußens". Eigentlicher Ornithologe war er nicht. Doch war er an der Förderung der ostpr. Vogelforschung insofern beteiligt, als sich in den von dem neu entstandenen Verein herausgegebenen Preuß. Prov. Bl. viel Material ansammelte, das sich auf die Ornis des Landes bezog. 1846 schrieb er ein „Verz. d. in Ost- u. Westpr. vorkommenden Wirbeltiere", in dem er sich weitgehend auf die orn. Sachkunde von F. Löffler (s. d.) stützte.
— Lit.: Nachruf (von G. Zaddach). N. Preuß. Prov. Bl. 6, 1860, S. 271—312 (mit Verz. d. Veröff.). - F. Th. Köppen, Bibliotheca Zool. Ross. II, Petersb. 1907. - Würdigung (von M. Braun). Zool. Ann. 3, 1909, S. 284—335. - F. Tischler, D. Vögel d. Prov. Ostpr., 1914, S. 8.

Rausch, Matthias, * 11. 2. 1850 Neuhaus (Mähren), † 6. 1. 1908 Wien. Nach dem frühen Tode des Vaters, eines kleinen Webwarenfabrikanten, kam der 13jährige nach Wien auf eine Handelsschule, wurde zuerst Kaufmann und dann Advokatursbeamter. Schon bald entwickelte er sich zum

Typ des Vogelliebhabers, wie er zum alten Wien gehörte. Der Haltung von Sprosser, Schwarzplättchen und Gelbspötter galt seine Leidenschaft. Als er im Alter von 35 Jahren den Beruf wegen Kränklichkeit aufgeben mußte, verdiente er sein Brot durch den Vogelhandel, der ihm Kunden aus ganz Europa zuführte. Lange Jahre hindurch war er Obmann der Wiener Tierhändler und kämpfte gegen Radikalforderungen im Vogelschutz. Seine ungemein reichen Erfahrungen in der Vogelpflege legte er als redlicher Mann und begeisterter Laienornithologe in vielen Aufs. der Gef. W. zwischen 1887 und 1906 nieder. Er besaß zwar verdiente Autorität auf seinem Sondergebiet, neigte aber zu vorgefaßten Meinungen und war unnachgiebig in seinen Ansichten über (zu geringe!) Käfigmaße, Fütterung und Gesang. Diese Starrheit verschaffte ihm schließlich mancherlei Feinde gerade aus den Reihen der Wiener Liebhaber. Nichtsdestoweniger wurde sein Name zum festen Begriff unter den zünftigen Käfigvogelfreunden, und sein Buch „D. gefiederten Sängerfürsten d. europ. Festlandes“ (Wien 1900) fand weite Verbreitung.

— Lit.: Nachruf (von C. Kayser). Orn. Ms. 34, 1909, S. 123—133 (mit Bildnis u. Verz. d. Veröff.). - Würdigung (von J. Birk). Gef. W. 63, 1934, S. 85. - Würdigung (von L. Keidel). Ebd. 82, 1958, S. 37/38.

Reichenau, Wilhelm von, Dr., * 28. 7. 1847 Dillenburg (Hessen-Nassau), † 3. 2. 1925 Mainz-Gonsenheim. Sohn eines Appellationsgerichtsrats, wurde er aktiver Offizier in Wetzlar, mußte aber infolge eines Sturzes schon als Leutnant die soldatische Laufbahn aufgeben. Für kurze Zeit ging er an die Stadtbibliothek Mainz, bis sich ihm 1879 die Stelle eines Kustos am Naturh. Mus. in Mainz öffnete. Hier legte er den Grundstock für die geol. und paläont. Samml. Seit 1910 mit dem Professortitel ausgezeichnet, trat er 1913 in den Ruhestand und wurde Ehrenmitglied der Rhein. Naturf. Ges. Die heimische Pflanzen- u. Tierwelt war ihm wohlvertraut, und die Orn. hatte in ihm einen klugen Vertreter. Neben einer Flora von Mainz gab er die „Bem. über d. Vorkommen d. Vögel v. Mainz u. Umgeb.“ (Ornis 4, 1888) heraus; sie berücksichtigten zwar kaum die ökol. Bedingungen und kamen über eine listenförmige Erfassung nicht recht hinaus, bildeten aber die erste Aufz. der Vogelarten im nördl. Rheinhess. In der Wissensch. machte sich v. R. einen Namen durch eigene Forschungen. Die Bejahung der Deszendenztheorie hinderte ihn nicht, kritisch und selbständig Stellung gegenüber Darwin zu beziehen. Eine Zusammenfassung seiner schon 1876 und 1877 vorgelegten Gedanken über „D. Abstammung d. Vögel“ bedeutete die geistreiche Schrift „Nester u. Eier d. Vögel . . .“ (Darw. Schr. Nr. 9, Leipz. 1880). An der Entwicklung z. B. des Nestbaus, der „sympathisch“ gefärbten Eier der Offenbrüter und des Prachtgefieders der männlichen Vögel bemühte er sich in Anlehnung an die Auffassung von A. R. Wallace, die bei allen Vögeln unausgesetzt wirkende „Naturauslese“ nachzuweisen und die direkte Anpassung im Lamarckistischen Sinne zu unterstreichen. „Nur ungern“ rückte er daher auf Grund seiner langjährigen Beob. an Vögeln von Darwins These der „geschlechtlichen Zuchtwahl“ ab.

— Lit: E. Stresemann, D. Entw. d. Orn., 1951. - L. Gebhardt u. W. Sunkel, D. Vögel Hess., 1954, S. 72 (mit Bildnis). - Bildnis in W. Schuster, Vogelf. v. Großhess. u. Nassau, 1941.

Reichenbach, Heinrich Gottlieb Ludwig, Dr. Dr., * 8. 1. 1793 Leipzig, † 17. 3. 1879 Dresden. Als Sohn eines Konrektors wuchs er in einem Hause auf, das sich durch Gelehrsamkeit und bildende Geselligkeit auszeichnete. Nachdem er 1815 in der phil. und 1817 in der med. Fak. promoviert hatte, wandte er sich 1820 ganz der Naturw. zu. Er übernahm bis 1870 die Leitung des Dresd. Naturalienkabinetts und die damit verbundene Professur für Naturgesch. an der med. Akad. Das aus religiösen Bezirken strömende Bedürfnis nach verehrender Anschauung der Natur lieh seiner Begabung die Feder zu immer neuen Beschr. und system. Versuchen. Zuerst glänzte er in der Botan. Seit etwa 1830 richtete sich sein Forschungsdrang mehr der Zool. und damit der Orn. zu. Trotz der starken Beanspruchung durch die lit. Tätigkeit war er gleichzeitig bestrebt, naturw. Kenntnisse auch in Laienkreisen zu verbreiten. Seine stets auf Nutzbarmachung gerichtete Arbeitskraft setzte er daher im Vereins- u. Schulleben ein und gründete die Gesellschaften „Flora“ (1828) und „Isis“ (1834), so wie er schon 1820 den Dresd. Botan. Garten geschaffen hatte. In der Vogelk. war er vielseitig bewandert und in der DO-G sehr rege. Unter seinen Arbeiten ragten die monogr. Darstellungen einzelner Artengruppen in einer umfassenden Bildersamml., der „Vollständigsten Naturgesch. d. In- u. Auslandes . . .“ (1845—1862) hervor. Das Tafelwerk sollte alle damals unterschiedenen Formen der Säugetiere und Vögel behandeln, konnte aber trotz großen Fleißes nicht zu Ende geführt werden. Die Vogelbilder (aus älteren Arbeiten entnommen u. eigene Kopien) bestanden im Urteil auch kritischer Sachkenner wie G. Hartlaub (s. d.). Der nur zum kleinen Teil erschienene Text entsprang dagegen den phantastischen Vorstellungen des Verf. von einem „Natürlichen System d. Vögel“ (1849—1852), das er auch im J. Orn. 1, 1853 mit viel Spitzfindigkeit entwarf. Mit den kühnen Konstruktionen eines in vier Parallelreihen verlaufenden Entwicklungsweges der Schöpfungsfolgen (Endziel der Mensch!) zeigte er sich als einer der überzeugtesten Anhänger der naturphil. Mystik. Der Einfluß des von ihm gefeierten L. Oken (s. d.) und seines Freundes C. G. Carus trat hier allzu deutlich in Erscheinung und führte ihn ebenso auf system. Verschrobenheiten wie seinen Zeitgenossen F. A. L. Thienemann (s. d.). Da sich seine konservative, patriarchalisch ausgerichtete Veranlagung den Fortschritten der biol. Erkenntnis seiner Epoche verschloß, mußte er einen Beitr. zur Entwicklung der Orn. schuldig bleiben. Achtung und Ehrung wurden ihm nichtsdestoweniger zuteil — auch wenn mit dem Alter wachsende Härte des Wesens und Krankheit die Beziehungen zur Umwelt streckenweise trübten. Er war Hofrat und Präsident der Leopoldina. Mit seinem Namen ist die Prägung der Gattungsbezeichnungen Ptyonoprogne, Oceanodroma und Pelagodroma verbunden.

— Lit.: Nachruf (Verf. ungen.). Sb. Isis Dresd. 1879, S. 97—104. – A. B. Meyer, Index z. L. R.s Orn. Werken, Berl. 1879. - Nachruf (von Schriftl.).

Ibis (4) 3, 1879, S. 384. - Nachruf (Verf. ungen.). Leopoldina 17, 1881, S. 19—22, 34—36, 50—54 (mit Verz. d. Veröff.). - A. Jacobi, D. Entstehung von H. G. L. R.s „Vollst. Naturgesch. d. Vögel", Orn. Mber. 25, 1917, S. 97—101. - Würdigung (von R. Zaunick). Sb. Isis Dresd. 1935 (1936), S. 153—155. - E. Stresemann, Entw. d. Orn., 1951. - Bildnis in R. Heyder, D. Vögel d. Landes Sachs., 1952.

Reichenow, Anton, Dr., * 1. 8. 1847 Berlin, † 6. 7. 1941 Hamburg. Sohn eines Berl. Pädagogen, studierte er zuerst Chemie, dann Biol. in Berl., Greifsw., Rost. und promovierte 1871 auf Grund einer Arbeit über die Fußbildungen der Vögel. 1874 kam er als Assistent an das Zool. Mus. Berl., dem er in langsamem Aufstieg 43 Jahre eine außerordentliche Arbeitskraft zur Verfügung stellte. 1880 trat er die Nachfolge seines Schwiegervaters J. Cabanis (s. d.) in der Verwaltung der orn. Abt. des Mus. an, wurde 1895 Prof. und 1912 Geh. Reg.-Rat. 1893 übernahm er — wieder nach dem Ausscheiden von J. Cabanis — die Führung der DOG, gründete die Orn. Mber. und gab bis 1921 das J. Orn. heraus. Mit Hilfe dieses Sprachrohrs wußte er drei Jahrzehnte lang den Lauf der Orn. in Deutschl. festzulegen. Kompromisse kannte seine zähe märk. Natur in diesem Zeitraum kaum. Ohne eigentlich schöpferisch gestaltend zu sein, war er in seiner mus. Tätigkeit doch verdienstvoll, vor allem dadurch, daß er getrennt von der Schausamml. eine Balgabteilung aufbaute. Viel Pietät gegen das Werk der Vorgänger kannte er offenbar nicht, sonst hätte er nicht die bras. Formen Illigers (s. d.) ohne wissensch. Rechtfertigung umbenannt. Organisation war sein Element, wenn er auch nicht in allen Unternehmungen eine glückliche Hand hatte. Auf sein Betreiben entstand in Braunschw. 1875 der unfruchtbar gebliebene Aussch. Beob.-Stat. Deutschl.; und die von ihm gegründeten Zeitschr. Dt. Akklimatisation (1876) und Orn. Cbl. (1879) konnten sich nicht halten. Solche Mißerfolge vermochten indes den rastlos Schaffenden nicht zu entmutigen, zumal sein Hauptinteresse von Fragen der System. und der geogr. Verbreitung tropischer Formen beansprucht wurde und der Aufstieg Deutschlands zur Kolonialmacht ihm in verschwenderischer Fülle das Balgmaterial für sein Lieblingsgebiet, die Orn. Afrikas, lieferte. Nachdem er 1869 sowie 1872/73 selbst an Exp. nach Kamerun teilgenommen hatte, ließ ihn die Vogelwelt des schwarzen Erdteils nicht mehr los. Seine größte Leistung bleibt daher, die Kenntnis der afrik. Vögel unter den dt. Fachgenossen ganz bedeutend gemehrt zu haben. Etwa 950 in der Hauptsache tropisch-afrik. Arten und Rassen beschrieb er neu. Von 1878—1883 schuf er — mit Farbtafeln von G. Mützel (s. d.) — das Prachtwerk „Vogelbilder aus fernen Zonen, Papageien" (neu aufgelegt vom Verl. der Gef. W. 1956). Ferner werden die 4 monumentalen Bde. der „Vögel Afrikas" mit Bildern von B. Geisler (s. d.) (1900—1905) seinen Namen lange erstrahlen lassen. Mehr als 500 kleinere und größere Aufs. vorwiegend system. und faun. Inhalts (fast alle im J. Orn.) bergen die reichen Ergebnisse seiner afrik. Studien. Das Ausland belohnte sie mit vielen Ehrungen für den Verf. 1913/14 erschienen die 2 Bde. der „Vögel, Hdb. d. system. Orn.", ein Werk, das manchen wertvollen Hinweis selbst für den enthielt, der nicht der system. Anordnung und Nomenkl. zu folgen vermochte. Auch die heimische Ornis umsorgte sein ordnender, nach Übersicht drängender Eifer. Der Förderung der Faun. diente das „System. Verz. d. Vögel Deutschl. . . ." (1889; unter verändertem Titel 1902 u. sogar noch 1920 als „Kennzeichen d. Vögel Deutschl."); und zusammen mit E. Hesse (s. d.) stellte er als Gegner des Prioritätsgesetzes eine „Neue Namenliste d. Vögel Deutschl." (J. Orn. 64, 1916) auf. Weitreichender und auf die Dauer erfolgreicher war sein tatkräftiger Einsatz für die Errichtung der Vogelwarte Rossitten 1900. Eine durch und durch konservative Persönlichkeit, konnte er der Forschung kaum neue Wege weisen. Im Grunde begnügte er sich damit, das schwiegerväterliche Erbe der Artbeschr. zu hüten. Der das Ende des Jahrh. bewegende Strom der Evolutionslehre trug ihn nicht zu neuen Ufern. In grundsätzlichen Fragen wie denen der Artbildung hielt er hartnäckig an den hergebrachten Anschauungen fest. Der Klassifikation sah er die rein praktische Aufgabe gestellt, das Formenchaos zu gliedern. Die Spezies blieb für ihn die kleinste unteilbare Einheit im System, die Subspezies eine Nebenart, Abart oder minderwertige Art. Aus Zweckmäßigkeitsgründen wollte auch er schließlich die zweifelhaften Formen ternär benennen. Von E. Hartert (s. d.) trennte ihn so eine unüberbrückbare Kluft. Als er sich 1921 aus allen öffentlichen Stellungen zurückzog, die DOG ihn 1932 mit der Ehrenmitgliedschaft und 1939 mit dem Ehrenvorsitz auszeichnete, war der im Wesen schlichte, einfache, jeder Phrase abholde Mann schon ein Symbol der Vergangenheit, d. h. der klassischen artbeschreibenden Orn. An seinem Lebensabend mußte er — wie manch anderer vor und nach ihm — erfahren, daß nur noch wenige Jünger um ihn geschart standen, und daß es ihm nicht gelungen war, eine Schule zu bilden. Nichtsdestoweniger wird sein Name an hervorragendem Platz in der Geschichte der dt. Orn. erhalten bleiben. Ein von H. Grote (s. d.) (für den Nachruf) angefertigtes Verz. seiner Veröff. scheint verschollen zu sein.

— Lit.: Würdigung (von H. Schalow). J. Orn. 65, 1917, Festschr. S. VI/VII (mit Bildnis). - Nachruf (von E. Stresemann). Orn. Mber. 49, 1941, S. 93/94. - Nachruf (von dems.). J. Orn. 91, 1943, S. 111—120 (mit Bildnis). - Nachruf (von H. Grote). Mitt. Zool. Mus. Berl. 25, 1942, S. 338—359. - Nachruf (von dems.). B. z. F. 17, 1941, S. 171/72 (mit Bildnis). - Nachruf (von W. L. Sclater). Ibis (14) 6, 1942, S. 275/76. - Nachruf (von J. P. Chapin). Auk 59, 1942, S. 464.

Reichert, Alexander, * 25. 1. 1859 Leipzig, † 1. 7. 1939 Leipzig. Er war wissensch. Zeichner und kenntnisreicher Entomologe, dabei auf beiden Gebieten Autodidakt. Seine Tätigkeiten brachten ihn in enge Berührung mit der Orn. Mit E. Rey (s. d.) führte er zahlreiche Unters. des Inhalts von Vogelmagen durch und machte sich einen Namen als Zeichner der Eiertafeln im Neuen Naumann und in E. Reys Eierwerk. Auch die Eier in Brehms Tierleben (4. Aufl.) sowie viele botan. und entom. Zeichnungen in Zeitschr., Reisewerken und Lexika stammen aus seiner Künstlerhand.

— Lit.: Würdigung mit Bibl. (von Fr. v. Emden). Zs. f. wissensch. Insektenbiol. 24, 1929, Nr. 13. - Nachruf (von O. Michalk). Entom. Zs. 53, 1940, S. 325—331. - Nachruf (von P. Buchner). Sb. Naturf. Ges. Leipz. 65—67, 1941, S. 1—38 (mit Bildnis u. Verz. d. Veröff.).

Reichling, Hermann, Dr., * 24. 1. 1890 Heiligenstadt (Eichsfeld), † 6. 5. 1948 Münster (Westfalen). Er studierte Naturw. in Münst. und wurde dort 1919 Leiter und 1921 Direktor des Westf. Prov. Mus. f. Naturw. 1933 mußte er aus politischen Gründen diese Stellung verlassen. Die folgenden Jahre widmete er sich der Erforschung der Tierwelt, insbesondere der Ornis der nordwestdt. Moore und meldete sich mit Beitr. mehrfach in Orn. Mber. zu Wort. Für die Erhaltung des Dümmer hatte er sich schon vorher rührig eingesetzt (Jber. Münst. 51/52, 1922/24 u. Osnabrück 1925). 1945 kehrte er in das alte Amt zurück und baute das Landesmus. f. Naturk. sowie den Zool. Garten wieder auf. Als ausgezeichneter Feldornithologe und fleißiger Sammler war er bereits vor dem 1. Weltkrieg zugleich geschickter Naturphotograph. Seine Arbeiten ergänzte er vielfach durch eigene Lichtbilder. Mit der vogelk. Tätigkeit stand die Förderung des Natur- u. Heimatschutzes in enger Verbindung. In diesem Bereiche erwarb er sich wesentliche Verdienste. Die Zahl der westf. Naturschutzgebiete und Naturdenkmäler wuchs unter seiner Leitung von 6 auf 75. Schriftstellerische Wirksamkeit begann er früh mit der „Vogelw. d. Wolbecker Tiergartens“ (Jber. Münst. 36, 1908). Die bekanntesten seiner Veröff. wurden die „Flügelfederkennzeichen d. nordwestdt. Vögel“ (Diss., Münst. 1915), die „Beitr. z. Vogelf. d. Münsterl.“ (Jber. Münst. 44, 1916 u. 45, 1917; J. Orn. 65, 1917 u. 67, 1919), „Z. Verbreitung d. Schwarzschw. Uferschnepfe im nördl. Westf. . . .“ (Jb. d. Inst. f. Jagdk. 6, 1922), „Z. Wiederentdeckung d. Goldregenpfeifers in Nordwestdeutschl.“ (Abh. Münst. 2, 1931) und „Beitr. z. Ornis Westf. u. d. Emsl.“ (ebd. 3, 1932).
— Lit.: Nachruf (von H. Kumerloeve). Naturw. Rdsch. 4, 1951, S. 41.

Reider, Jakob Ernst von, * 19. 4. 1784 Bamberg, † 20. 11. 1853 Ludwigsstadt (Oberfranken). Der Sohn eines fürstbischöflichen Hauptmanns bewegte sich auf einer von ungezügelter Leidenschaft gezeichneten Lebensbahn. Ursprünglich Jurist, wurde er 1821 seines Amtes enthoben. Haßerfüllte Pamphlete gegen die bayer. Regierung und den Magistrat von Nürnberg führten 1848 zu seiner Verurteilung wegen Hochverrats und Majestätsbeleidigung; 1849 wurde der „Greis“, von vielen nur belächelt, wieder auf freien Fuß gesetzt. Neben politischen Kampfschriften gab er zwischen 1820 und 1852 106 Veröff. über Gartenbau und Landwirtschaft heraus, während er in Bamb. ein „Pflanzenversendungsgeschäft“ betrieb. Ornithologe war er keinesfalls. Doch muß sein Name hier genannt werden, weil C. W. Hahns (s. d.) „Fauna Boica . . ., Abt. 2: Deutschlands Vögel . . .“ (1835) auch ihn als Verf. nannte, ohne daß wirkliche Beteiligung irgendwie nachweisbar wäre.
— Lit.: Kreisarch. Nürnb. - Stadtarch. Nürnb. - Annalenwerk d. Frhr. Marschalk v. Ostheim, Staatsarch. Bamb. - Bayer. Hauptstaatsarch. Münch. - Allg. Dt. Biogr. 27, 1888, S. 682/83. - W. Lempfrid, D. Anfänge d. parteipol. Lebens u. d. pol. Presse in Bay. . . ., Straßb. 1912. - I. Stöpel, Nürnb. Presse in d. 1. Hälfte d. 19. Jahrh. . . ., Nürnb. 1940.

Reimarus, Hermann Samuel, * 22. 12. 1694 Hamburg, † 1. 3. 1768 Hamburg. Als Theologe, Philologe, Philosoph und Freund Lessings war er seit 1723 Rektor des Gymnasiums von Wismar und seit 1728 am Akad. Gymnasium seiner Vaterstadt. Im Zeitalter der Aufklärung suchte er mit neuen Einsichten nach neuem Lebensinhalt. Der orn. Forschung fühlte er sich keineswegs zugehörig. In der Geschichte ihrer Entwicklung darf ihm aber wohl ein Platz gewährt werden, weil sein kritisches Denken auch zur Beschäftigung mit Fragen der Tierpsychologie führte. Die kausalen Erklärungen oder phantasievollen Hypothesen der damaligen Naturw. wollten ihn nicht befriedigen, so daß er sich entschloß, die eigenen Ansichten über die tierische Psyche niederzulegen in einem umfangreichen Buche mit dem langen Titel „Allg. Betrachtungen über die Triebe d. Tiere, hauptsächlich über ihre Kunsttriebe, zur Erkenntnis d. Zusammenhanges zwischen d. Schöpfer u. uns selbst“ (Hamb. 1760). Das Beispiel des gekäfigten Körnerfressers, der das Trinkgefäß mit Schnabel und Zehen heranholt, zeigte ihm z. B., daß „die Kunst des Vogels offenbar nichts als eine Nachahmung“ ohne Verstandesleistung ist; und wie F. A. v. Pernau und J. H. Zorn (s. d.) war er überzeugt, daß der Zug der Vögel nicht durch äußere, sondern innere Reize ausgelöst wird. Seine Unters. gipfelten ferner in der Annahme, daß die Kunsttriebe der Tiere nicht „durch ihre Vernunft erfundene und durch ihre Übung erworbene Fertigkeiten“, daß sie vielmehr aus „determinierten“ Naturkräften angeboren sind und zu einem Bemühen führen, das „mit Lust vergesellschaftet“ ist und zu den „gemäßen Handlungen“ Lust macht. In diesen, den Zeitgenossen und vielen späteren Zoologen vorauseilenden Vorstellungen ruht seine besondere naturw. Bedeutung. Die von ihm — 100 Jahre vor B. Altum (s. d.) — vertretene Instinktlehre konnte indes nicht mit dem Verständnis der Naturforschung des Rationalismus rechnen, weil der Verf. in der bewunderten Zweckmäßigkeit der Naturerscheinungen nur den Beweis für die Allmacht Gottes zu sehen vermochte und sich führend an die Spitze derer stellte, die den schon weithin erschütterten Glauben an die aristotelische Weltharmonie bewahren wollten.
— Lit.: Allg. Dt. Biogr. 27, 1888, S. 702—704. - Siehe bei Johann Albert Henrich Reimarus.

Reimarus, Johann Albert Henrich, * 11. 11. 1729 Hamburg, † 6. 6. 1814 Ranzau (Holstein). Als Sohn von Hermann Samuel R. (s. d.) stand der erstaunlich vielseitige und schriftstellerisch rege Arzt — Patriot und Weltbürger zugleich — im Dienste seiner Vaterstadt. Noch 1796 wurde er zum Prof. d. Naturgesch. am Akad. Gymnasium ernannt. In dieser Berufung lag die Anerkennung einer den damaligen Wissensstand überblickenden Tätigkeit auf den Gebieten der exakten und beschreibenden Naturw. Nicht nur die angewandte Physik hatte in ihm den hervorragenden Vertreter, dem u. a. der erste Blitzableiter auf einer Hamb. Kirche 1769 zu

danken war. Auch die Biol. förderte er mit scharfem Verstand. Verdienst knüpfte sich an seinen Namen, weil er des Vaters „Allg. Betrachtungen über d. Triebe d. Tiere . . .“ 1773 in 3. und 1798 in 4. Aufl. erscheinen ließ. Im Kampfe gegen das mechanistische Denken der Lamarckschen Schule erfuhr das Werk durch seine Feder an vielen Stellen geistreiche Ergänzungen und Erweiterungen. Um die Vorstellungen des Vaters zu deuten und zu verteidigen, wußte er zu sagen: „Es folgt nicht, daß alles beim Tier durch bloße organische Triebfedern, ohne Bewußtsein, geschehe, oder daß die Tiere nur für leblose Maschinen zu halten wären. Sie handeln freilich mit einer gewissen Vorstellung und Willkür, aber diese erstrecken sich nur auf den nächsten Gegenstand: von dem entfernten Endzweck wissen sie nichts.“ Daß der Instinkt eine tiefere Stufe der Vernunft sei, ließ er nicht gelten. Da er aber, im Sinne des Vorfahren, an der teleol. Grundhaltung festhielt, konnte er den Instinktbegriff vor dem Ansturm der Aufklärung nicht retten. Erfolgreicher war sein Erkenntniseifer bei der Beschäftigung mit den Hydrozoen und bei der Unters. der Atemtechnik von Vögeln und Insekten. So kam er zu der Auffassung, daß der fliegende Vogel nicht wie ein Säugetier atmen könne, weil durch die Verengerung und Erweiterung des Brustkorbes das Volumen des Körpers und damit sein spezifisches Gewicht schwanken und der Vogel in der Luft sich immer auf und ab bewegen müsse. Er versuchte daher durch den Hinweis auf die Luftsäcke im Vogelkörper eine einleuchtende, wenn auch nicht haltbare Erklärung für den gerade gerichteten Flug zu geben. Er war ein Anwalt der Wahrheit, der mit feinem Gespür ungelösten Fragen nachging und dabei auch die Vogelk. anregend berührte.
— Lit.: Autobiogr., Hamb. 1814. - Allg. Dt. Biogr. 27, 1888, S. 704—709. - Vorträge u. Aufs., hrsg. v. Ver. f. Hamb. Gesch., Heft 5, 1930 (enthaltend Vorträge über J. A. H. Reimarus von H. Sieveking, F. Reiche, N. Peters; mit Bildnis). - E. Stresemann, Entw. d. Orn., 1951.

Reinwardt, Caspar Georg Carl, Dr., * 5. 6. 1773 Lüttringhausen (Berg. Land), † 6. 3. 1854 Leiden. Als Lehrling in der Amsterdamer Apotheke seines älteren Bruders fing er um 1787 an, studierte Med. und trieb mit besonderer Liebe die Botan. Bald erhielt er einen Lehrstuhl für Naturw. in Harderwijk und schließlich die Stelle des Direktors des 1815 entstandenen Kabinetts für Naturk. in Amsterdam. Die Glanzperiode seiner wechselvollen Laufbahn war, im Auftrag der holl. Regierung, der Aufenthalt in Java 1817—1822. Er reformierte dort das Bildungs- u. Sanitätswesen, betrachtete aber als Hauptaufgabe die naturw. Durchforschung des Landes und die Samml. seiner Naturprodukte. 1818 gründete er den Botan. Garten in Buitenzorg. Nach Europa zurückgekehrt, nahm er seine Vorlesungen in Leiden wieder auf. Dort war H. Schlegel (s. d.) ein dankbarer Schüler des nicht nur naturw., sondern auch ethnogr. bedeutsamen und vielseitigen Gelehrten. Obwohl von Haus aus Botaniker, betrat er die Inseln des malaiischen Archipels auch als erster Zoologe. Die für das junge Reichsmus. in Leiden bestimmten Sammlungsergebnisse enthielten daher meist ganz neue Arten. Leider versanken die ersten 3 Sendungen auf dem Transport im Meer. Das Gesamtverz. aller von ihm entdeckten Vögel umfaßte 407 Arten. Eine Reihe dieser orn. Objekte beschrieb Temminck in seinen Planches Coloriées, ohne allerdings die Ausbeute irgendwie erschöpfend zu erfassen. Erst O. Finsch (s. d.) wurde nach der Jahrhundertwende der orn. Leistung des dt. Tropenforschers gerecht.
— Lit.: Allg. Dt. Biogr. 28, 1889, S. 111—113. - O. Finsch, Z. Erforschungsgesch. d. Ornis Javas, J. Orn. 54, 1906, S. 301—321. - E. Stresemann, Entw. d. Orn., 1951. - G. C. A. Junge, Orn. onderzoek in de Ind. archipel, Ardea 41, 1953 (1954), S. 303/04.

Reischek, Andreas, * 15. 9. 1845 Linz (Oberösterreich), † 3. 4. 1902 Linz. Der von früher Jugend an naturfreudige Sohn eines Finanzbeamten wuchs auf Schloß Weinberg bei Kefermarkt auf und erlernte das Bäckerhandwerk. Seit 1866 diente er bei den Alpenjägern, war Leibjäger in Rom und seit 1875 Naturalienhändler in Wien. Die entscheidende Richtung erhielt sein Aufstieg, als er auf Vorschlag des Wiener Naturh. Mus. 1877 eine Präparatorenstelle in Christchurch (Neuseeland) übernahm. In den dortigen 12 Jahren entwickelte sich der strebsame Mann, der nur eine Normalschule besucht hatte, zum gewissenhaften wissensch. Sammler. Die Ethnogr. verdankt ihm u. a. wertvollste Belege aus der noch unverfälschten Kultur des Maorilandes, das er als einer der ersten Europäer betrat. Nicht minder bedeutsam waren die Ergebnisse der Lieblingsbeschäftigung mit den fremden Vogelformen. Die Erfolge seiner Streifzüge vom Norden bis zum Süden der Kolonie — sie lagen mehr auf ökol. und weniger auf system. Gebiete — waren grundlegend für die weitere orn. Erkundung. Von 1885—1888 berichtete er darüber in den Transactions of the New-Zealand Institute, Auckland. Darunter waren die Beschr. von neu entdeckten Vogelarten, die er zu Ehren seiner Wiener Gönner benannte: Anthus novaezealandiae steindachneri (Transact. . . . 21, 1888), Cyanorhamphus novaezealandiae hochstetteri (ebd. 21, 1889) und Cyanorhamphus hochstetteri (ebd. 22, 1889). Erweiterungen dieser Veröff. bedeuteten die in den Mitt. Wien 8, 1884 — 16, 1892 erschienenen Arbeiten. Die durch die Zivilisationssünden (Aussetzung landfremder Tiere) heraufbeschworenen Probleme des Naturschutzes berührte er warnend und überzeugend in „Description of the Little Barrier or Hauturu Island . . .“ (Transact. 10, 1886), „D. Fauna Neuseelands u. d. Einfluß d. Zivilisation auf ihr rasches Verschwinden“ (Verh. Wien 41, 1891), „Ein Schongebiet f. Neuseelands Vögel“ (Mitt. Wien 17, 1893). Der Hauptteil der von ihm angelegten Samml. wurde 1891 vom Naturh. Mus. in Wien erworben. Die wichtigsten zool. Objekte waren ganze Serien von Vogelbälgen, Nestern, Eiern und Skeletten; darunter befanden sich Maorihühner, die 3 Arten Kiwi, Erdpapageien und die ausgestorbenen drosselartigen Tanagra hectori. An neuen Formen beschrieb L. Lorenz v. Liburnau (s. d.) einen Papagei Nestor septentrionalis (Verh. Wien 46, 1896) und einen Pieper Anthus novaezealandiae reischeki (Ann. Wien 17, 1902). Nach seiner Rückkehr 1889 arbeitete R. im Wiener Naturh. Mus. und bis 1892 auch an der Samml. des Wiener Orn. Vereins. 1894 siedelte er nach O.-Ö. über und war von 1896 ab Kustos am neu erbauten Linzer Mus., dem er gleichfalls viel heimisches und fremdes Material schenkte. Als Frucht eifriger feldorn. Tätigkeit schrieb er in diesen letzten Jahren „D. Vögel d. Heimat u. deren stete Abnahme" (Ver. f. Naturk. Linz 1901), um damit eine faun. Übersicht der o.-ö. Vögel und eine Darstellung seiner Gedanken zum Naturschutz zu hinterlassen. Sein Name ist ehrenvoll in der Geschichte der österr. und exotischen Vogelk. verzeichnet.

— Lit.: A. Reischek (jun.), Sterbende Welt, 12 Jahre Forschungsleben auf N.-S., 2. Aufl., Leipz. 1924. - Ders., Lebensbild d. Vaters, Jb. d. Stadt Linz 1951, S. 6—15. - Würdigung. Emu 30, 1930, S. 148. - O. Marschalek, Österr. Forscher, Mödling 1950 (mit Bildnis). - Würdigung (von Th. Kerschner). O.-ö. Heimatbl. 6, 1952, S. 146—155 (mit Verz. d. Veröff.). - O. Wettstein, A. R. als Museumsfachmann u. Forschungsreisender in Neuseeland, Österr. Naturforscher, Ärzte u. Techniker, Wien 1957, S. 15—17 (mit Bildnis).

Reiser, Otmar, Dr. h. c., * 21. 12. 1861 Wien, † 31. 3. 1936 Pickern bei Marburg/Drau = Maribor (Jugoslawien). 1886 beendete der Forstingenieur und Sohn eines wohlhabenden Anwalts das Studium an der Hochschule für Bodenkultur (Forstwesen) seiner Vaterstadt; im selben Jahr wurde er mit der Schriftleitung der Mitt. Wien betraut. Damals schon hatte seine Sammelleidenschaft den Grundstock für eine Kollektion von Eiern und Nestern gelegt, die er in 16 000 Stücken 1912 dem Naturh. Mus. Wien vermachte. 1887 übernahm er den Posten eines Kustos in Serajewo am neu gegründeten Landesmus. f. Bosnien u. d. Herzegowina und baute das Inst. bis 1919 mit zäher Zielstrebigkeit zu einer angesehenen Pflegestätte orn. Wissensch. aus. In diesen Lebensabschnitt fallen außer vielen kleineren und größeren Unternehmungen 9 anstrengende Sammelreisen durch den damals noch mancherlei erhebliche Widerstände bietenden Balkan. Nur das Jahr 1903 unterbrach die Balkantätigkeit durch eine in Ann. Wien 1929 geschilderte Exp. nach Bras.; 1385 Bälge brachte er heim und beschrieb sie (darunter 4 neue Arten und 1 neue Gattung) in den Veröff. der Akad. d. Wissensch. Wien 1905, 1910, 1924. Als der Neubau des Mus. 1914 eingeweiht werden sollte, wurde R. Zeuge des Mordes am österr. Erzherzog Franz Ferdinand. Vor dem düsteren Hintergrund der sich anschließenden weltpolitischen Katastrophe lag fortan die Begabung des die Öffentlichkeit meidenden Naturforschers in Fesseln. Nach dem unglücklichen Ausgang des 1. Weltkriegs mußte er die in Serajewo zusammengetragenen Samml., darunter über 10 000 Bälge, im Stiche lassen. Als pensionierter, vielfach von Geldsorgen bedrückter Regierungsrat zog er sich zur Bewirtschaftung seines Familienbesitzes nach Pickern (nunmehr in Jugoslawien) zurück, verbrachte jedoch alljährlich viele Monate mit stillen Studien am Wiener Naturh. Mus. Sein orn. Ruhm stützt sich vornehmlich auf die 4 Bde. der „Materialien z. einer Ornis Balcanica": 2. Bd. Bulgarien (1894), 4. Bd. — zusammen mit L. v. Führer (s. d.) — Montenegro (1896), 3. Bd. Griechenland (1905), 1. Bd. Bosnien u. Herzegowina (posthum 1939 mit Hilfe von Spenden hrsg. von M. Holly). In kaum zu übertreffender Darstellung paarte sich hier liebevolle Behandlung faun.-biol. Beob. mit angeborenem Verständnis für system. Feinheiten und dem Zauber seelenvoller Naturschilderung. Neben diesem grundlegenden Werk, das zum ersten Mal wirklich tiefere Kenntnis der Balkanvögel brachte, steht eine Fülle von Einzelveröff.; von 1882—1936 zeigten sie das Wissen eines rastlosen Freilandforschers und erfahrenen Museumsmannes unter mehr als 130 Titeln in fast allen österr. und dt. Fachzeitschr. (z. T. auch serbokroat. in Glasnik). Zu den letzten größeren Arbeiten gehörten die „Vögel v. Marb. a. d. Drau" (Graz 1925). Obgleich er bescheiden hinter seiner großen Lebensleistung zurücktrat, wird sein Name doch langen Bestand im Bereiche der Orn. haben. Äußere Anerkennung wurde ihm zuteil durch die Ehrenpromotion von seiten der Univ. Graz 1932 und die Ehrenmitgliedschaft bei vielen naturw. Gesellschaften, darunter die der DOG seit 1924.

— Lit.: Nachruf (von O. Kleinschmidt). J. Orn. 84, 1936, S. 506—510 (mit Bildnis) u. Falco 32, 1936, S. 1—5. - Nachruf (von M. Sassi). Verh. Bay. 21, 1936, S. 74—76. - Nachruf (von L. Schuster). B. z. F. 12, 1936, S. 160/61 (mit Bildnis). - Nachruf (von C. E. Hellmayr). Ibis (13) 6, 1936, S. 612—614. - Nachruf (von L. Lorenz v. Liburnau). Verh. Wien 86/87, 1937, S. 441—457 (mit Bildnis u. Verz. d. Veröff.) u. Ann. Wien 49, 1938, S. (69)—(72). - Nachruf (von H. Kumerloeve). Mitt. Vw. 36, 1937, S. 1—3.

Rendle, Max, * 23. 12. 1849 Hochwang, Kr. Günzburg (Bayern), † 30. 7. 1922 Neuburg (Donau). Nach seiner Rückkehr aus dem Krieg 1870/71 (als bayer. Korporal erlebte er die Kaiserkrönung in Versailles) studierte er kath. Theol. in Münch. und war von 1881 ab 40 Jahre lang Pfarrer in Affaltern (Kr. Wertingen). Im Dezember 1920 setzte er sich zur Ruhe und verzog in das Priesterhospiz St. Augustin in Neub. Nach langem, schmerzvollem Leiden wählte er den Freitod. Seine Leiche wurde in der Donau bei Regensb. gefunden und in dieser Stadt beigesetzt. Mehrfach winkte ihm die Übertragung größerer Pfarreien. Aber er blieb in der Beschaulichkeit des stillen „Holzwinkels", um nicht auf die ihm liebgewordenen orn. Studien verzichten zu müssen. Als rühriger Feldbeobachter und Vogelwirt betrieb er sie in ernster, streng kritischer Art und fand darin heilsame Erholung und Entspannung. Wissensch. Verantwortlichkeit drängte ihn, die Erfahrungen, die er in jahrelanger Hingabe an die Geschöpfe der Heimatlandschaft sammelte, auch lit. zu verwerten. So stellte er, seit 1902 Mitglied der Orn. Ges. Bay., seine Tagebuchaufz. für die Materialien zur bayer. Orn. zur Verfügung. Vor allem aber erschienen faun. und biol. Beitr. aus seiner fleißigen Feder in der Gef. W. zwischen 1902 und 1921; darunter war in einer langen Fortsetzungsreihe (Gef. W. 46, 1917) eine zusammenfassende Darstellung der „Vögel in d. Umgegend d. Walddorfes Affaltern". Gern und eingehend beschäftigte er sich mit dem Rotrückenwürger. Am engsten aber ist sein Name mit Beob. am Schwarzspecht verknüpft. Dem Leben dieser Art schenkte er ebenso gründliche Aufmerksamkeit wie sein Zeitgenosse C. Loos (s. d.). In Abständen über viele Jahre hin-

weg brachte die Gef. W. 34, 1905; 36, 1907; 41, 1912; 43, 1914; 44, 1915; 46, 1917; 49, 1920 die aufschlußreichen Ergebnisse dieser Spechtbegegnungen. Durch die unter freiem Himmel ausgereiften Kenntnisse, durch umfassende Beherrschung der Lit. und wohltuende Besonnenheit zeichneten sich die Veröff. des bescheidenen Landpfarrers aus und reihten den Verf. in eine Linie mit den beiden Benediktinerpriestern, dem älteren Bl. Hanf (s. d.) und dem gleichaltrigen E. Heindl (s. d.).
— Lit.: Nachruf (von W. Bacmeister). Gef. W. 51, 1922, S. 141 u. Orn. Mber. 31, 1923, S. 119.

Rey, Jean Guillaume Charles Eugène, Dr., * 17. 2. 1838 Berlin, † 30. 8. 1909 Leipzig. Als Glied einer nach Berl. verschlagenen franz. Emigrantenfamilie studierte er bis 1860 in seiner Geburtsstadt Chemie. Dann begannen für ihn wechselvolle Jahre: 1860 Tätigkeit in einem Braunkohlenwerk in Rattmannsdorf bei Halle, 1868 naturw. ausgefülltes Privatleben in Halle, 1872 Leitung einer Stearinfabrik wieder in R., 1874 Eröffnung eines Naturaliengeschäfts in Leipz. In den Jahren von Halle verdichteten sich seine Neigungen unter dem Einfluß von E. Baldamus, Ch. G. A. Giebel (s. d.) und E. L. Taschenberg mehr und mehr auf die Entom. und Ool.; gleichzeitig leiteten sie eine längere, seine Arbeitsrichtung kennzeichnende Reihe von Veröff. ein. Sie finden sich vornehmlich in Orn. Ms. (deren Mitherausgeber er während der 80er und zu Anfang der 90er Jahre war), J. Orn., Orn. Mber., Zool. G. Das Jahr 1871 brachte aus seiner Feder zuerst eine Avif. von Halle, der 1872 die Ergebnisse einer 1869 nach Span. und Portug. unternommenen Sammelreise sowie eine „Synonymik d. europ. Brutvögel u. Gäste" folgten. Durch sein Geschäft floß ihm in der Blütezeit des Sammelwesens ein bedeutendes Material an Bälgen und Eiern zu und vermehrte rasch seine Erfahrungen. Auch in der Entom. stieg er zu führender Stellung auf. 1881 bewogen ihn Leipz. Geflügelhalter zur Gründung eines Vereins, den er nach anfänglich erfolgsarmen Jahren durch Ausdauer und Beispiel ins wissensch. Fahrwasser lenkte; der Orn. Ver. zu Leipz., dessen Vorsitz er bis 1907 innehatte, verdankte ihm so die Entstehung. 1890 gab er den Naturalienhandel auf und machte sich frei für weitreichende Eigenaufgaben. Die inzwischen stark angewachsene Eiersamml. und in dieser wieder eine reiche Kollektion von Eiern des Kuckucks mit den Gelegen der Wirtsvögel befähigten ihn, den damaligen Stand der Kenntnis vom Brutschmarotzertum des Kuckucks in einer mehrfach ergänzten Schrift unter dem Titel „Altes u. Neues aus d. Haushalte d. Kuckucks" (Leipz. 1892) zu beleuchten. Dazu wurde ihm die Bearbeitung des Kuckucks im Neuen Naumann und die Revision des gesamten ool. Inhalts dieses Werkes übertragen. Aus der stetig fortschreitenden Beschäftigung mit diesem Sonderbereich erwuchs wiederum sein auch die Nistweise der Arten behandelndes Lebenswerk „D. Eier d. Vögel Mitteleuropas" (1 Bd. mit Text, 1 Bd. mit 128 Tafeln; Gera 1899—1905 u. Lobenstein 1912). Im Neuen Naumann sind die Abb. gleichfalls verwendet. Unter den Oologen seiner Zeit trat R. wohl lit. am meisten hervor. Wie schon andere versuchte er aber vergeblich den Nachweis zu finden, daß von den Eiermerkmalen allein entscheidende Gesichtspunkte für die System. und damit für die Stammesgeschichte zu erwarten seien. Ein im Grunde in sich gekehrter Mensch, betrieb er in den letzten Jahren ausgiebig die Hüttenjagd. Die hier gemachte Beute bot sich ihm an als Stoff für Veröff. über den Verbleib der sog. Magensteine im Verdauungstraktus hauptsächlich der Raubvögel und Eulen. Bei den Unters. über den „Mageninhalt einiger Vögel" (Orn. Ms. 28, 1903; 30, 1905; 32, 1907; 33, 1908) kamen ihm die eigene entom. Erfahrung und die seines Eiermalers A. Reichert (s. d.) zustatten. 454 Kuckuckseier, fast alle von ihm selbst in der Leipz. Gegend in den Nestern des Neuntöters gesammelt, übernahm 1910 das Mus. A. Koenig (s. d.). Viele andere Stücke gingen an M. Schönwetter (s. d.). In den Reihen der Sammler und Oologen stand R. um die Jahrhundertwende an vielbeachtetem Platze.
— Lit.: Nachruf (von A. Voigt). Orn. Ms. 34, 1909, S. 454—459 (mit Bildnis). - Nachruf (von P. Wichtrich). Orn. Mber. 17, 1909, S. 145—147. - Nachruf (von H. Schalow). J. Orn. 57, 1909, S. 589/90. - Würdigung (von R. Schlegel). D. Vw. d. nordw. Sachsenl., Leipz. 1925, S. 252—257.

Reyger, Gottfried, * 4. 11. 1704 Danzig, † 29. 10. 1788 Danzig. Als Privatmann beschäftigte er sich eifrig mit den Naturw. und war 44 Jahre hindurch Mitglied, darunter auch Sekretär und Direktor, der Naturf. Ges. Danz. In die Geschichte der Vogelk. trug er seinen Namen ein, als er nach dem Tode seines Freundes J. Th. Klein (s. d.) dessen „Verbesserte u. vollständigere Historie d. Vögel" (1760) herausgab und dessen „Ova Avium . . ." (1766) bearbeitete. Aus dieser Tätigkeit darf geschlossen werden, daß auch er orn. nicht unerfahren war.
— Lit.: G. Salzmann, Denkwürdigkeiten aus d. Leben ausgezeichneter Teutschen d. 18. Jahrh., Schnepfenthal 1802, S. 111/12.

Rhamm, Karl August Christian Julius von, * 16.10.1841 Börnecke (Kr. Blankenburg), † 31.3.1926 Braunschweig. Viele Jahre hatte er seinen Wohnsitz in Braunschw., wo er zuletzt Amtsgerichtsdirektor war. Als Mitarbeiter am dortigen Naturh. Mus. hatte er engere Beziehungen zu R. und W. Blasius (s. d.). In der Jugend gehörte er zum Stamm der leidenschaftlichen Sammler und Jäger, die in jenen Jahrzehnten keinen Raubvogel schonten. Später bekannte er, daß er auf die zu Unrecht verfolgten Arten keinen Finger mehr krumm machen könne, und warnte vor deren Ausrottung. Er beherrschte nicht nur in hohem Maße die Kunst des Präparierens, sondern war gleichzeitig trefflicher Vogelmaler. Die Orn. Ms. und der Neue Naumann enthalten von ihm künstlerisch hochstehende Buntbilder, vor allem Raubvogel- u. Ententafeln.

Richard, Alfred, * 19. 7. 1864 Gut Champfleuri bei Lausanne, † 15. 7. 1940 Fionnay (Wallis = Valais). Sohn einer Herrnhuter Familie, verbrachte er die ersten Schuljahre in Niesky (Schles.), besuchte anschließend Gymnas. und Akad. in Lausanne und wurde für 3 Jahre Lehrer am Inst. der Brüdergemeine in Prangins. Um Missionsarzt zu werden, nahm er 1891 das med. Studium in Edinburgh auf, sah sich dem ärztl. Dienst aber nicht gewachsen und kehrte nach Champfleuri zurück. 1908 verkaufte er den väterlichen Besitz und verzog nach Epagnier und bald darauf nach Neuenburg (= Neuchâtel), wo er vogelk. hervorzutreten begann. Nachdem von 1910—1912 die Redaktion des franz. Textes im Orn. Beob. in seinen Händen gelegen hatte, übernahm er von 1913 bis 1939 die Schriftl. von Nos Oiseaux, der Zeitschr. der neu gegründeten Soc. romande..., die sein Lebenswerk werden sollte. Von Kindheit an suchte er die Schönheit in der Natur und fand sie später im Vogel und seinem Leben vollendet gestaltet. In der Verantwortung vor allem Lebendigen nutzte der Autodidakt mit reifendem Alter die ihm in die Wiege gelegten Gaben zum Erwerb eines bedeutsamen Wissensstandes, den er in seinen Arbeiten über Fragen des Vorkommens und der Verbreitung, der Brutbiol., der Ernährung und des Zuges einzelner Arten, des Vogelschutzes, der franz. Namengebung usw. zu nutzen verstand. Als unermüdlich tätiger Schriftsteller beherrschte er die Kunst, auch trockene Wissensch. in leicht lesbarer Darstellung breiten Volkskreisen schmackhaft zu machen. Wenn er dabei das außerhalb seines Sprachgebietes erscheinende Schrifttum auch nicht sonderlich berücksichtigte und Verbindung zur Forschung anderer Länder kaum pflegte, leistete er doch für die Westschweiz viel verdienstvolle Kleinarbeit. Was er in großen und kleinen Abh. schrieb, war aus eigener Beob. unter freiem Himmel gewachsen. Für Schutzzwecke entstand auf sein Betreiben das Reservat Seeland, und auf der dortigen Beob.-Stat. sammelte er die Daten und Unterlagen für die Nachr. über den Vogelzug. Die Avif. des Jura begegnete ihm in den Wäldern oberhalb Peseux; und auf sommerlichen Exk. von Fionnay aus war er mitten unter der Alpenfauna mit packenden Erlebnissen am Adlerhorst, die er wiederholt schilderte in „Excursions au nid de l'Aigle royal" (Nos Oiseaux 11/12, 1915; 33/34, 1919; 39/40, 1920; 71, 1925; 106, 1931; 125, 1936). Seine über 200 Veröff. verteilen sich (nach dem Verz. im Nachruf) mit 7 Titeln auf die Herrnhuter Ztg. L'Union zwischen 1888 und 1904, mit 37 Titeln auf den Orn. Beob. zwischen 1909 und 1913, mit 171 Titeln auf Nos Oiseaux zwischen 1913 und 1939. Die letzten Monate verbrachte der Junggeselle im Inst. der Brüdergemeine zu Montmirail. Durch Unglücksfall starb er auf einem Spaziergang. In der Geschichte der westschweiz. Vogelk. bedeutete seine langjährige Tätigkeit grundlegenden Auftrieb, obwohl er nicht daran dachte, den über staatliche und volkliche Grenzen sich erstreckenden Wirkungsbereich seines Landsmannes V. v. Fatio (s. d.) zu erreichen.

— Lit.: Nachruf (von A. Mayor). Nos Oiseaux 15, 1940, S. 237—253 (mit Bildnis u. Verz. d. Veröff.).

Richter, Karl Emanuel, * 4. 6. 1879 Prag, † 15. 8. 1947 Eichstätt (Bayern). Nach dem jur. Studium wirkte er als Staatsbeamter in seiner Geburtsstadt und trat im Range eines Statthaltereirates in den Ruhestand. Von früher Jugend an auf dem Gute Kolosoruk (Kr. Brüx) aufgewachsen, kam er über die Eigenjagd zur Vogelk. Als ausgesprochener Heger machte ihm die Begegnung mit einer orn. Besonderheit mehr Freude als eine Jagdtrophäe. Er war tüchtiger Feldornithologe mit hervorragender Formenkenntnis und genoß auch in tschech. Kreisen allg. Anerkennung. Im Laufe langer Jahre stärker hervortretende Aufgeschlossenheit für Fragen des Vogelzugs äußerte sich in Mitt. an die Zeitschr. „Lotos", die engere Beziehungen zu C. Loos (s. d.) herstellten. Nach dessen Tode 1933 übernahm R. daher im Auftrag der Prager Dt. Univ. und mit Unterstützung des Verbandes Dt. Jäger „St. Hubertus" (Leipa) die Leitung der nach Böhm.-Leipa verlegten orn. Stat. „Lotos". Unter erschwerten äußeren Umständen gab er anschließend die Ber. 20—23, 1935—1939 heraus, bis mit der Auflösung der Stat. 1939 seine Tätigkeit vorzeitig endete. Die Katastrophe von 1945 hatte im März 1946 die Ausweisung aus der alten Heimat im Gefolge. Obwohl unter seinem Vorsitz dt. und tschech. Fachgenossen einträchtig zusammengearbeitet hatten, wurde seine über 5000 Bde. umfassende naturw. Bibliothek, die eine reichhaltige Samml. dt. und tschech. Werke der Vogelk. enthielt, als dt. Vermögen beschlagnahmt und geschlossen dem Böhm. Landesmus. einverleibt. Im Fränk. Jura fand der Vertriebene zunächst Unterkunft, mußte sich aber bald in das Altersheim Eichstätt zurückziehen.

— Lit.: D. Vogelwarte v. Böhm.-Leipa, Rückblick auf eine 30jährige Tätigkeit..., Sudetendt. Ztg. Münch. v. 11. 2. 1956 (mit Bildnis).

Ridinger, Johann Elias, * 16. 2. 1698 Ulm, † 10. 4. 1767 Augsburg. Ursprünglich zum Studium bestimmt, wurde er 14jährig seinem Wunsche gemäß zu einem Ulmer Maler geschickt, um sich im Zeichnen und Kupferstechen ausbilden zu lassen. Nach Beendigung der Lehrzeit ging er 1713/14 zu Meistern nach Augsb. und dann für 3 Jahre zum Kurfürstlich-Brandenb. Gesandten nach Regensb., wo er vor allem in der Reitschule und Jagd seine Stoffe fand. 1757 wurde er schließlich Assessor am ev. Ehegericht in Augsb. Nachdem er dort schon von 1718/19 ab fleißig die Stadt-Akad. besucht hatte, stieg er 1759 zu deren Direktor auf. Seine Stärke lag in meist dekorativ gehaltenen Tier- und Jagddarstellungen, die heute noch ihre Freunde und Bewunderer besonders unter den Jägern haben. Gemessen an seinem Gesamtschaffen, behandelte er die Vögel verhältnismäßig wenig. Obwohl er „sein größtes Vergnügen darinnen gefunden, wenn er in Wäldern und Feldern dem großen sowohl als kleinen Wild und Federvieh nachschleichen konnte, um sie nur anzusehen und zu betrachten", traf er — Sohn seiner Zeit — kaum je die lebensechte, anat. begründete Haltung und Stellung der gefiederten Objekte. Seine Vogelblätter begeisterten als Ausdruck künstlerischen Fühlens trotzdem auch die Ornithologen, so daß G. A. W. Thienemann (s. d.) ihm 1856 die erste liebevoll gestaltete Biogr. widmete, zusammen mit einem zuverlässigen Verz. seiner vielen Kupferstiche und Schabkunstblätter.

— Lit.: O. Grosswald, D. Kupferstich d. 18. Jahrh. in Augsb. u. Nürnb., Diss. Münch. 1912, S. 29—33. - Thieme-Becker, Künstler-Lex. 28, 1934, S. 308—310. - Bildnis bei G. A. W. Thienemann.

Riedel, Josef, * 9. 9. 1884 Nixdorf (Böhmen), † 15. 4. 1959 Leipzig. Er besuchte die Fachschule für graphische Zeichner seiner Geburtsstadt und später die Schule für Kunstgewerbe in Dresd. Seit 1905 wohnte er als Zeichner für graph. Arbeiten in Leipz., wo er sich 1926 dem Orn. Ver. anschloß. Sein Auge suchte Naturschönheit im Bereiche der heimischen Fauna und Flora. Am stärksten fesselte ihn die Vogelw., wenn er — meist als Einzelgänger — in den Teichgebieten, an den Stauseen, in den Wäldern und Fluren der Umgeb. seines Wohnsitzes unterwegs war. Rupfungen, die er von seinen Exk. heimbrachte, verstand er so geschmackvoll auf weißem Grunde anzuordnen, daß sie als Augenweide in den Vereinssitzungen dienten. Die Samml. seines Eifers und Fleißes kam in das Naturk. Heimatmuseum von Leipz. Mit seinem Namen verknüpfte er einige bemerkenswerte Begegnungen, u. a. mit der Zwergtrappe, der Küstenseeschwalbe, der Sperbereule, dem Bienenfresser. 15 Veröff. über faun. und biol. Beob. erschienen aus seiner Feder zwischen 1944 und 1961 in Dt. Vw., Vögel d. Heimat, Orn. Mitt., Vw., Falke und meist in B. z. Vk. — Lit.: Nachruf (von R. Gerber). B. z. Vk. 8, 1963, S. 396—398 (mit Bildnis u. Verz. d. Veröff.).

Ries, Alois, Dr., * 1. 11. 1867 Zaiertshofen (Kr. Illertissen), † 27. 6. 1939 Memmingen. Nachdem er 1891 zum Priester geweiht worden war, studierte er von 1895—1903 in Münch. Naturw. Die folgenden Jahre sahen ihn am Lyzeum Bamb. tätig. 1920 wurde er Prof. an der Phil.-Theol. Hochschule Freising, 1924 auch Dozent an der Landw. Hochschule Weihenstephan. In der Heimat Z. ist er begraben. Chemische Kristallographie war in den späteren Jahren sein Hauptgebiet. Alle Zeit lag ihm die Feldorn. am Herzen. Er beschäftigte sich mit dem Vorkommen, der Brut und dem Zug der Vögel Oberfrankens, des südl. Bayern und vornehmlich der Bamb. Gegend. Orn. Nachr. aus seiner Feder standen in Jber. Münch. 3, 1901/02, in Verh. Bay. 6, 1905; 8, 1907; 10, 1909; 11, 1912/13 und Ber. Bamb. 22/23, 1915. In der letzten Arbeit berichtete er unter dem Titel „D. Vögel Bamb. u. seiner Umgeb." über 202 Arten. Der Orn. Ges. Bay. trat er 1902 bei, 1916/17 gehörte er dem Ausschuß der Gesellschaft an.

Riesenthal, Julius Adolf Oskar von, * 18. 9. 1830 Breslau, † 22. 1. 1898 Charlottenburg. Sein Verlangen nach enger Verbindung mit der Natur, mit Wald und Wild hoffte er, früh vaterlos geworden, am besten in der Forstlaufbahn befriedigen zu können. Nach dem Studium an der Forstlehranstalt Eberswalde und verschiedenen Dienststellungen in Preuß., Meckl. und Polen ging er 1863 als Oberförsterkandidat in die Tucheler Heide, wo er unter schwierigen Verhältnissen jahrelang aushielt. Erst als sich die Lage bis zu Schüssen in sein Dienstzimmer zuspitzte, verließ er den ungastlichen Boden, dem er trotzdem ein mit Galgenhumor durchtränktes Büchlein „Bilder aus d. Tucheler Heide" widmete. Den Staatsforstdienst gab er auf und leitete im Westerwald (Altenkirchen) eine größere Gemeindeoberförsterei, die ihm noch Zeit zur Schriftstellerei ließ. Bald aber nahm er Urlaub, zog nach Heddesdorf bei Neuwied (Rhein) und versenkte sich völlig in publizistische Arbeit, vorwiegend jagdzool. und vogelk. Richtung. Ende der 70er Jahre gründete er die Jagdzeitschr. „Aus Wald u. Heide" (Trier), die jedoch im 3. Jahr wieder einging. 1876 waren die vornehmlich für Jäger bestimmten „Raubvögel Deutschl. u. d. angrenzenden Mitteleuropas" fertig; 1878 folgte der dazugehörige prachtvolle Tafelband mit künstlerischen, ganzseitigen farbigen Bildern nach Originalen des Verf. Das Werk wurde mit Recht sehr günstig aufgenommen und erlebte 1894 eine Neuausgabe. Weiter gingen aus seiner Feder hervor das umfangreiche „Waidwerk", ein Hdb. der Jagd und Wildhege (1880), erläuternde Beschr. zu „Gefiederte Freunde, Bilder z. Naturgesch. angenehmer u. nützlicher Vögel Mitteleuropas", gemalt von L.-P. Robert (s. d.) (1880 bis 1883), ein Jagdlex. (1882), die „Kennzeichen d. Vögel Mitteleuropas . . ." (1889), feldorn. Beitr. für die Orn. Ms. 1888—1898 und Aufs. feuilletonistischer Art für Zeitschr. Als Textbearbeiter und Illustrator des Raubvogelbandes hatte er schließlich starken Anteil am Neuen Naumann. Inzwischen war er Oberförster im Ministerium f. Landw., Domänen u. Forsten geworden und nach Charlottenb. übergesiedelt. Seinen Ruhestand (seit 1896) konnte er dort nur noch kurze Zeit genießen.
— Lit.: Nachruf (von C. R. Hennicke). Orn. Ms. 23, 1898, S. 131—136 (mit Bildnis).

Riffel, Paul, Dr., * 9. 1. 1874 Lörrach (Baden), † 26. 4. 1956 Freiburg. Er war seit 1900 Arzt an mehreren bad. Heil- und Pflegeanstalten, seit 1909 Bezirksarzt in Neustadt (Schwarzwald), seit 1919 Oberarzt am Landesgefängnis in Bruchsal, seit 1921 Medizinalreferent und Obermedizinalrat zuletzt in Freib. Der Vater, gleichfalls Arzt und in der Freizeit Vogelliebhaber, Waldläufer und geschulter Beobachter, hatte ihm schon auf frühen Exk. den Blick für die heimische Vogelwelt geöffnet und geschärft. Besondere Vorliebe bewahrte er sich für den Zitronenzeisig, den er vor allem in der Neustädter Zeit genauer studieren konnte. Der anstrengende Beruf gestattete es ihm leider nicht, sich so ausgiebig der Vogelk. zu widmen, wie es seiner immerwährenden Neigung entsprochen hätte. Erst nach der Pensionierung 1939 brachte er, obwohl ihn Krankheit häufig behinderte, die Zeit auf, eifrig für die Vogelwarte Radolfzell zu beringen. Er verfügte über sichere Artenkenntnis, zu Veröff. aus seinem Erfahrungsbereich kam er jedoch nicht.

Rimrod, Friedrich Leopold, † 1. 12. 1857 Quenstedt, Kr. Hettstedt (Bez. Halle) (79 Jahre alt). Vermutlich war er der Sohn von Carl Gottfried R., der (8. 3. 1733 geb., seit 1760 Pastor in Quenstedt) aus vogelk. Interesse schon 1814 J. A. Naumanns Vogelwerk bestellte. Friedrich Leopold war von 1833 ab Pastor am gleichen Ort und lebte von 1854—1856 in Halle im Ruhestand. Er hatte eine große, schon lange verschwundene Vogelsamml. und war fleißiger Feldornithologe. Sein Beob.-Gebiet war die Gegend des Mansfelder Salzsees. Die Erfahrungen (sie stammen z. T. mindestens vom besonders günstig gelegenen Erdeborn) hielt er fest in „Säugetiere, Vögel u. Amphibien in d. Grafschaft Mansfeld u. d. Ober-Herzogtum Anhalt-Bernberg" (Ber. Harz 1840/41; mit Nachtr. ebd. 1841/42), „D. Strich- u. Zugvögel, welche d. Grafschaft M.... zu passieren pflegen" (ebd. 1841/42; Beil.), „Einige orn. Wahrnehmungen u. Bem." (Naum. 2, 1852); danach sah er auf einer Verwandtenreise an den Rhein 1844 ein junges Stück des Steinrötels, das an Burg Greifenstein am Rande des Westerwaldes erbrütet war; es wird wohl die Feststellung sein, auf die sich A. Römer (s. d.) bezog (s. dazu L. Gebhardt u. W. Sunkel, D. Vögel Hess., 1954). Daß er sich nicht nur faun., sondern auch tiefer schürfend mit der Vogelk. beschäftigte, zeigen Arbeiten wie „D. Zweck d. schwammigen Haut u. deren Dunenbekleidung an Brust u. Schenkeln d. Reiher" (J. Orn. 3, 1855) und „Z. Paarungsgesch. d. Vögel" (ebd. 4, 1856). Er war eines der ersten Mitglieder der DO-G. Eine, nachgelassenen Papieren entnommene Liste seiner Aufz. über Erstankünfte der Vögel bei Quenstedt von 1833 bis 1852 stand ebd. 14, 1866.

Ritter, Johannes Jakob, Dr., * 1714 Bern, † 1784 Peilau (Schlesien). Bis 1737 studierte er Med. in Basel, dann war er 1739 Leiter der Bern. Anat., ab 1744 Physikus bei Riedesel Frhr. zu Eisenbach in Lauterbach (Hess.), 1747 Prof. der Med. in Franecken (Holl.), 1750 bis zu seinem Tode Gemeindearzt und Apotheker bei den Mährischen Brüdern in Peilau. Als gelehrter Sohn der Aufklärung hinterließ er eine Reihe med., naturw., math. und moralischer Schriften. Die Botan. scheint ihn besonders gefesselt zu haben. In den 3 Jahren seiner Lauterb. Zeit machte er sich in erstaunlichem Maße mit den örtlichen Verhältnissen vertraut und faßte 1754 seine Kenntnisse in einer vielseitigen, auch heute noch höchst interessanten Landeskunde des Riedeselschen Gebiets zusammen. Unter dem Titel „Tentamen Historiae naturalis ditionis Riedeselio-Avimontanae . . ." ist uns diese Flora, Fauna und Min. des Vogelsbergs überliefert. Der 3. Teil des Buches, die „Fauna Riedeselia" enthält eine Liste von 76 Vogelarten. In den allerwenigsten Fällen geht sie über eine bloße Nennung der Formen hinaus; zu den Ausnahmen gehören Angaben wie Tarda rarissima, Landenhausen semel visa; Bonasia rara im Oberwald; Urogallus rarus im Oberwald; Alauda infrequens, frequentior in vicinia Silicia (Schlitz); Luscinia infrequens, vere hospes. Nur bei einer Art ist der volkstümliche dt. Name beigefügt: Pyrrhula, Incolis Blutfink; den Zusatz wählte der Verf. wohl, um die besonders engen Beziehungen zu betonen, die die dortigen „Liedchespfeifer", d. h. die Vogelsberger Bauern und Handwerker, gerade zum Gimpel besaßen, und die in der von der aussterbenden Generation heute noch gepflegten Sitte der Abrichtung ihren Niederschlag finden. In gesch. Hinsicht ist R.s Aufzählung, wie die seines Zeitgenossen Ph. C. Fabricius (s. d.), eines der ersten Wagnisse in Richtung auf eine örtlich begrenzte Vogelf. aus dem Hessenlande.

— Lit.: Autobiogr. bei F. Boerner, Nachr. v. d. vornehmsten Lebensumständen u. Schr. berühmter Ärzte u. Naturforscher, Wolfenbüttel 2, 1752, S. 82. - F. W. Strieder, Grundlage z. einer hess. Gelehrten- u. Schriftstellergesch. 12, 1799, S. 27 (mit Verz. d. Veröff.). - L. Gebhardt u. W. Sunkel, D. Vögel Hess., 1954, S. 42.

Robert, Léo-Paul Samuel, * 19. 3. 1851 Ried ob Biel (Kanton Bern), † 10. 10. 1923 Orvin (Berner Jura). Er war Figuren-, Landschafts- u. Tiermaler. Aus einer Zeit, in der die zool. Illustration des franz. Kulturkreises wenig Lichtpunkte zeigte, ragte der Westschweizer mit Vogelbildern hervor, die durch malerischen Reiz bestachen. Auf der Pariser Weltausstellung 1880 konnte er dafür eine Goldmedaille empfangen. Von Jugend an befruchteten Anmut und Farbe der Vögel seine künstlerische Begabung. Sie entfaltete sich u. a. in dem Bildwerk „Les Oiseaux dans la Nature" (Lausanne 1879-1881), wozu E. Rambert den auch ins Dt. und Engl. übertragenen Text schrieb. Fast gleichzeitig erschien „Gefiederte Freunde, Bilder zur Naturgesch. angenehmer u. nützlicher Vögel Mitteleuropas" (Leipz. 1880 bis 1883) mit dem Text von J. A. O. v. Riesenthal (s. d.). Nach einer starken religiösen Krisis (1883) wurde seine Malerei ernsthafter und geistiger, so daß ihm noch große Wandgemälde (Museum Neuenb., Hist. Mus. Bern, ehemaliges Bundesgericht Lausanne) gelangen. Nach seinem Tode kam unter Mitarbeit seines Sohnes „Les Oiseaux de chez nous" (Neuchâtel 1933) heraus. Der ästhetisch ansprechbare Naturfreund fand in dem Künstler einen warmherzigen Weggenossen in die Welt der einheimischen Vögel. R. war Ehrenbürger von Neuchâtel (1894), von Ilfingen (1916) und langjähriges Ehrenmitglied der Soc. romande pour l'étude et la protection des oiseaux, deren Zeitschr. Nos Oiseaux er mehrfach mit seinen Bildern schmückte.

— Lit.: Nachruf (von A. Richard). Nos Oiseaux 6, 1923, S. 144 (mit Bildnis). - Hist. biogr. Lex. d. Schweiz, 1929. - Thieme-Becker, Künstler-Lex. 28, 1934, S. 423/24 (mit weiteren Quellen). - Cl. Nissen, D. Illustrierten Vogelbücher, 1953, S. 50.

Robien, Paul, * 2. 9. 1882 Bublitz (Ostpommern), † Ende 1945 Mönne bei Stettin. Er hieß Paul Ruthke, machte aber von diesem Namen im Schrifttum keinen Gebrauch. Als Matrose war er während des Herero-Aufstands 1904 in Dt.-Südwestafrika; vielfältige Einsichten vermittelten ihm weitere Fahrten nach Mexiko, Schwed. und Engl., bis er, sich schriftstellerisch betätigend, in Stett. seßhaft wurde. In seiner Stadtwohnung pflegte er damals die besten heimischen Sänger. Tiefere orn. Kenntnisse zog der Autodidakt dann aus mehrjähriger Beschäftigung an der Vogelsamml. des Stett. Mus. und noch nachhaltiger aus unermüdlicher Beob. unter freiem Himmel. Ein Schriftchen „Unter gefiederten Freunden" (1926) zeigte sein innerstes Verhältnis zu den Vögeln. Scharfe Sinne und feines Empfinden für Naturvorgänge offenbarten seiner Aufnahmefähigkeit viel stille, unauffällige Schönheit. Alles Ursprüngliche zog ihn an, und in seinen orn. Abh., hauptsächlich in Mitt. Vw., B. z. F., Gef. W., schwingt immer wieder die Auflehnung gegen die Entseelung der Heimatlandschaft mit. Nachdem er etwa 10 Jahre die Bausteine zusammengetragen hatte, veröffentlichte er 1920 das Büchelchen „D. Vogelw. d. Bezirks Stett." mit Nachtr. 1920/21 und 1923. In der gleichen Zeit, am 2. 5. 1922, gründete er die Naturwarte Mönne am Damm-

schen See bei Stett. und vollbrachte damit eine schöpferische Kulturtat, die den Kern seiner Lebensarbeit bildete. 23 Jahre lang stand er seinem, dem Naturschutz gewidmeten Werke vor und senkte Naturliebe in viele Herzen nicht nur auf Wanderungen und Exk., sondern auch als heimatk. Schriftsteller und Kritiker. Die fortschreitende Erforschung der Ornis gipfelte in der „Vogelw. Pom." (Abh. Pom. 1928), der sein nie rastender Spürsinn 2 Nachtr. (Abh. Pom. 1931 u. Mitt. Vw. 34, 1935) folgen ließ. Aus der Fülle seines faun. und brutbiol. Wissens brachte er darin eine Reihe von Berichtigungen zu den Darstellungen früherer pom. Autoren, z. B. zu Angaben von E. F. v. Homeyer, Ch. F. Hornschuch u. W. Schilling, E. Hübner (s. d.). Mehrere Brutvogelarten (Bart- u. Beutelmeise, Rohrschwirl, Grüner Laubsänger, Karmingimpel, Zwergmöwe) konnte er außerdem als neu für Pom. melden. Seit 1942 bearbeitete er im Verein mit seinem Sohn Paul Ruthke (jun.) das reiche, auf der Mönne gestapelte Beobachtungsmaterial mit dem Ziel, eine noch umfassendere Avif. Pom. zu schaffen, bis unheilvolle Tragik seinem Tätigkeits- u. Forscherdrang für immer ein grausames Ende setzte. Auf seiner Station wurde er zusammen mit der ihm treu zur Seite stehenden Lebensgefährtin von plündernden Russen erschlagen.
— Lit.: Bildnis in B. z. F. 19, 1943, Tafel 5. - Nachruf (von P. Ruthke, jun.). Vw. 70, 1949, S. 174/75.

Roedern, Erdmann Graf von, † 1890 oder 1891 Breslau. Zwischen 1870 und 1880 war er schles. Gerichtsassessor a. D. in Bresl. Weitere Einzelheiten über seinen Lebensgang fehlen. Als einer der regsten und namhaftesten Oologen des vorigen Jahrhunderts gehörte er seit 1852 der DO-G an. Im Interesse seiner großartigen Samml. war er jahrzehntelang viel unter freiem Himmel tätig und mit der Ornis der Umgeb. von Bresl. sehr eng vertraut. Weniger lag ihm die Beschäftigung am Schreibtisch. P. Kollibay (s. d.) verzeichnete in den „Vögeln d. Preuß. Prov. Schles." (1906) nur 5 Wortmeldungen in Naum. und J. Orn. zwischen 1853 und 1876. Ob aber seine Diagnosen auf Grund der ihm überbrachten Eier immer zutreffend waren? Er unterschied sich in der gewagten Methode nachträglicher Bestimmung nicht vom Durchschnitt seiner Zeitgenossen, die so manch falsches Brutvorkommen in die Lit. einschleusten. P. Kollibay wies ihm jedenfalls Irrtum bei einem in Naum. 6, 1856 Porzana pusilla zugeschriebenen Gelege nach. Eine von ihm stammende Nachr., nach der alljährlich mehrere Paare von Himantopus himantopus bei Landsberg (Warthe) gebrütet hätten (ebd. 3, 1853), stützte sich auch nicht auf eigene Beob. und war offensichtlich unrichtig. Als E. Hartert (s. d.) in den 70er Jahren das Friedrichs-Gymnasium in Bresl. besuchte, war ihm der bejahrte Graf ein wohlgesinnter Förderer; u. a. stellte er dem Jüngling seine große orn. Bibliothek zur Verfügung, in der dieser sich zum erstenmal in die Lektüre von Naumanns „Naturgesch. . . ." vertiefen konnte. 1890 erwarb E. Hartert dann des Grafen ool. Samml. für das Rothschild-Mus. in Tring, beklagte sich darauf jedoch über mangelhafte Beschriftung (vgl. F. Pax, „Wirbeltierfauna v. Schles.", 1925, S. 90).

Röhl, H., † Frühjahr 1911 Stettin. Der lange Jahre in Stett. ansässige Lehrer berichtete von 1882 bis 1910 über die Vogelwelt Pommerns. Mit einer Ausnahme (in Gef. W.) standen seine Beitr. in Zs. Stett.; F. Koske (s. d.) nannte in J. Orn. 65, 1917 insgesamt 17 Titel. Darunter waren die beiden letzten „Orn. Jber. über Pom.", die wie die vorher von A. v. Homeyer (s. d.) und F. Koske bearbeiteten Zusammenstellungen viel wertvolles und zuverlässiges Material enthielten. In den 80er Jahren war R. auch Herausgeber der Zs. Stett. und Vorsitzender des Stett. Orn. Vereins. Er gehörte zu den bewährtesten Avifaunisten Pommerns. Die Nachforschungen nach weiteren Lebensdaten und dem orn. Werdegang blieben ohne Erfolg.

Römer, August, * 26. 10. 1825 Wiesbaden, † 29. 4. 1899 Wiesbaden. Von denen, die sich um die Mitte und gegen Ende des vorigen Jahrh. mit den Vögeln von Hess.-Nass. beschäftigten, war er wohl der kenntnisreichste, gehörte aber noch zu den Kärrnern, die erste Bausteine für ein begrenztes orn. Landschaftsbild beschafften. Seit 1839 Präparator und 1886 Konservator im Dienste des Nass. Ver. f. Naturk., standen ihm als Unterlagen hauptsächlich die in das Wiesb. Mus. eingelieferten Stücke zur Verfügung. Da er ferner eine Reihe örtlicher Gewährsmänner heranziehen konnte, schrieb er ein gedrängtes, aber fast vollständiges „Verz. d. im Herzogtum Nass., insbesondere in d. Umgeb. v. Wiesb. vorkommenden Säugetiere u. Vögel" (Jb. Nass. 17/18, 1862/63) mit Nachtr. (ebd. 32, 1879 u. 45, 1892). Wesentlich Neues vermochte er im Vergleich zu Ch. Unzicker und G. Sandberger (s. d.) nicht zu bringen; ihm mangelte augenscheinlich eine größere Praxis in der Freilandbeobachtung. Auf der orn. Liste, die kaum zu Beanstandungen Anlaß gibt, standen 258 Arten. Ein reiches, noch der Überprüfung wertes Feld schien ihm „das Brüten der Sommerzugvögel . . ., besonders der Familien der kleineren Wasservögel, welche teils unser Gebiet durchziehen, teils aber auch hier brüten, ohne daß Letzteres bis jetzt für gewisse Spezies genügend festgestellt worden wäre". Der Lücken seiner Darstellung war er sich also bewußt.
— Lit.: L. Gebhardt u. W. Sunkel, D. Vögel Hess., 1954, S. 62.

Römer-Büchner, Benedikt J., Dr., * 1792 Frankfurt (Main), † 28. 4. 1863 Frankfurt. Der in Frankf. tätige Landamtsschreiber war eifriger Sammler (vor allem Münzen und Siegel) und beschäftigte sich schriftstellerisch rege mit der Geschichte seiner Vaterstadt. Genannt wird er hier, weil er 1827 auch ein „Verz. d. Steine u. Tiere, welche im Gebiete d. Freien Stadt Frankf. u. deren nächsten Umgeb. gefunden werden", verfaßte. Die im Raum des unteren Mains vorkommenden „Naturgegenstände" sind in der Schrift „teils nach der Beschr. anderer Naturforscher, teils nach der reichen Samml. der Senck. Naturf. Ges., teils nach eigenen Beob. und Unters. nicht ohne Mühe zusammengetragen". In der Tat zeichnet sich der zool. Teil durch eine beachtliche Reichhaltigkeit aus und umschließt alle Klassen von den Protozoen an bis hinauf zu den Wirbeltieren. Daß diese Fülle auf Kosten der Genauigkeit in den Einzelangaben (u. a. Panurus

biarmicus in der Maingegend?) zustande kam, bemängelte schon A. v. Homeyer (s. d.). In einem am 24. 5. 1857 von Frankf. aus an C. A. Bolle (s. d.) gerichteten Brief schrieb er über 2 dem Rheingebiet angehörende Vögel: „Freilich steht in R.-B.s Verz. d. Vögel Frankf., ‚Emberiza cirlus in Vorhölzern', ich kann dem aber nicht beipflichten, obwohl ich ziemliche Beobachtungsgabe habe, so habe ich sie eben noch nicht gesehen; ich muß Ihnen aber auch sagen, daß in dem Verz. steht ‚Emb. cia sehr häufig bei Wiesbaden', und doch war sie in einem anderen Verz. (v. Konservator d. Wiesb. Mus. angefertigt) gar nicht angeführt, woraus zu ersehen, daß R.-B. nicht gründlich war, denn der neue Konservator, der praktischer Kenner ist, wird einen häufigen Vogel nicht vollkommen übersehen." Als orn. Quelle darf die Liste kaum Gültigkeit haben. Die Schätze des Sammlers wurden vom Grafen v. Solms-Rödelheim aufgekauft.
— Lit.: Kurzer Nachruf in Frankf. Nachr., Nr. 51 v. 1. 5. 1863.

Rörig, Georg, Dr., * 31. 10. 1864 Glogau, † 26. 5. 1941 Görlitz. Die in Schles. ausgeübte landw. Praxis gab er auf, um im zool. Studium biol. Problemen nachzugehen. 1892 promovierte er in Halle und habilitierte sich in Königsb., wo er Direktor des Landw.-physiol. Inst. wurde. 1898 ging er an die Biol. Abt. des Kaiserl. Gesundheitsamtes nach Berl. Als Prof. und Geh. Rat sowie Leiter der Zool. Abt. der Reichsanstalt f. Forst- u. Landw. trat er 1918 in den Ruhestand. Seit 1894 gehörte er der DOG an. In der Überzeugung, daß die Vögel land- u. forstw. gestaltend mitwirken, lagen ihm Fragen des praktischen Vogelschutzes und der Schädlingsbekämpfung am Herzen. Großangelegte Forschungen über den Nahrungsverbrauch von Raubvögeln, Eulen, Krähen und insektenfressenden Vögeln sollten den notwendigen Nachweis für seine Theorien erbringen. Fütterungsversuche in geräumigen Flugkäfigen galten der Ermittlung der Menge der von den Kleinvögeln täglich verzehrten Frischnahrung, und Magenunters., vor allem an Krähen, richteten sich auf ähnliche Feststellungen bei diesen Arten. Dabei errechnete er Zahlen für Nahrungstabellen, mit denen er die wirtschaftliche Bedeutung der Vögel und damit ihre Schutzbedürftigkeit bestimmen wollte. Unberücksichtigt ließ er allerdings wesentliche andere Faktoren, z. B. entsprechende Beob. im Freileben sowie den Kampf der Insekten unter sich und die daraus sich ergebende Wirkung auf den Haushalt der Natur. Die Unters.-Ergebnisse und andere damit zusammenhängende Arbeiten sind niedergelegt in Veröff. wie „Magenunters. land- u. forstw. wichtiger Vögel" (Berl. 1898), „D. Entomologen u. d. Vogelsch." (Orn. Ms. 23, 1898), „Unters. über d. Nahrungsverbrauch insektenfressender Vögel u. Säugetiere" (ebd. 23, 1898), „Ansamml. v. Vögeln in Nonnenrevieren" (ebd. 24, 1899), „Verbreitung d. Saatkrähe in Deutschl." (Kaiserl. Gesundheitsamt Berl. 1, 1900), „D. Krähen Deutschl. in ihrer Bedeutung f. Land- u. Forstw." (ebd. 1, 1900), „Studien über d. wirtschaftliche Bedeutung d. Vogelw. als Grundlage d. Vogelsch." (Berl. 1910). Der Fragwürdigkeit seiner auf falschen Voraussetzungen und unvollkommenen Methoden fußenden Berechnungen bemächtigte sich schon die zeitgenössische Kritik. Vor allem nutzte B. Plačzek (s. d.) die Angriffsflächen, um (z. B. in der Österr. Forst- u. Jagdztg. 48, 1898 und in Orn. Jb. 12, 1901) seine intellektuell geschärften Pfeile gegen die Fehlschlüsse zu senden. In der Tat blieben die mit großem Fleiß und viel Geduld durchgeführten Forschungen ohne wissensch. Bedeutung, auch wenn sie mannigfachen Beifall fanden (vgl. M. Handmann in Orn. Ms. 26, 1901), bei Behandlung des Vogelschutzproblems oft irreführend herangezogen wurden (oder noch werden?) und eine durchaus nicht nebensächliche Rolle in der Geschichte der dt. Naturschutzgesetzgebung spielten. Unbestritten ist R.s Verdienst auf einem anderen orn. Gebiet, dem der Vogelzugforschung. Seiner Einsicht als Mitglied des vorläufigen Ausschusses waren entscheidende Schritte zur Gründung der Vogelwarte Rossitten zu danken. Auch die dt. Jagdwissensch. zählt ihn zu ihren maßgeblichen Begründern.
— Lit.: Nachruf (von R. Drost u. E. Schüz). Vz. 12, 1941, S. 201/02. - Nachruf (von D. Müller-Using). Wild u. Hund 47, 1941, S. 175/76. - Nachruf. Nachr.-Bl. Dt. Pflanzenschutzdienst 21, 1941, S. 56.

Rößler, Erwin, Dr., * 1876 Morawien (Kyjovo), † 1933 Agram (= Zagreb). Nach dem Besuch des Gymnasiums in Osijek (= Esseg) studierte er in Agram, wo er 1900 promovierte, dann am Gymnasium unterrichtete und um 1908 zum Privatdozenten aufrückte. Als Schüler schon begann er die formenreiche Vogelwelt der Umgeb. von Osijek mit wachen Augen zu studieren. Sein Lehrmeister im Bereiche der erzherzogl. Herrschaft war der von ihm verehrte J. Pfennigberger (s. d.), den er in der Arbeit „D. Riedmus. v. Bellye" (Aquila 15, 1908) zu einer in ihrer sachlichen Schlichtheit eindrucksvollen Schilderung der orn. Verhältnisse jener ehemaligen Überschwemmungsgebiete zu bewegen wußte. Er selbst blieb im Fühlen und Denken fest mit der einzigartigen, damals aber schon in stärkstem Maße bedrohten Urlandschaft verbunden. Wie es vor ihm Ch. L. Landbeck, J. Zelebor, J. Ettinger, E. Hodek, A. Mojsisovics (s. d.) getan, beschäftigte er sich daher wiederholt mit dem Sumpfvogelleben an Drau, Donau und Save, u. a. in „Ein Ausflug in d. Obedska bara" (Mitt. Österr. Reichsb. 3, 1903), „Im östlichsten Winkel Slawoniens" (Orn. Jb. 23, 1912), „Beitr. z. Ornithofauna Sirmiens" (ebd. 24, 1913 u. 25, 1914). Dem „Vogelleben im Sumpfe Obedska bara" galt auch ein von ihm auf dem 5. internat. Orn.-Kongr. in Berl. 1910 gehaltener Vortrag. Um die vogelk. Interessen unter seinen Landsleuten zu wecken, gab er, dem Beispiel S. Brusinas (s. d.) folgend, nach 316 im Landesmus. von Agram aufbewahrten Stücken ein „Verz. d. Vögel d. kroat. Fauna" (Glasnik 14, 1902) heraus, das aber von M. Hirtz (s. d.) mit einigen kritischen Zweifeln beantwortet wurde. Kroatien hatte in ihm einen für die Forschungsrichtungen der Jahrhundertwende aufgeschlossenen Ornithologen. Ein Zeugnis seiner auf die Zukunft gerichteten Einstellung hinterließ er mit der Gründung der nach dem Muster der Ung. Orn. Zentrale aufgebauten Kroat. Orn. Zentrale (1901), die heute als die orn. Abt. des Inst. für Biol. in Zagreb weiterlebt. Mit Hilfe eines Netzes freiwilliger Beobachter ging er den Fragen des Zugs kroat. und fremder Vögel nach und veröffentlichte mit fleißiger

Feder bis 1918 in 18 ausführlichen Ber. über die in seinem Arbeitsraum gesammelten Erfahrungen. Die mit seinem Namen verknüpften Veröff. — in kroat. und dt. Sprache — erschienen meist in Glasnik, weniger in Mitt. Österr. Reichsb., Orn. Jb. und vereinzelt in Aquila und Orn. Ms.

Rohweder, Joachim, * 2. 9. 1841 Wapelfeld (Kr. Rendsburg), † 29. 12. 1905 Husum. Aus einer Dorfschule hervorgegangen, widmete er sich von 1862 ab auf dem Lehrerseminar in Segeberg mit Vorliebe dem Studium der Naturw. Seit 1. 10. 1866 war er fast 40 Jahre lang Lehrer für dieses Wissensgebiet am Gymnas. in Husum. In dieser Zeit wurde er als Vorsitzender des Naturw. Ver. f. Schlesw.-Holst. einer der hervorragendsten Kenner der dortigen Vogelwelt. Sein erstes Bemühen galt dem Schutze der Vögel und dem Tierschutz im allg. Es ist mit sein Verdienst, wenn die alten Vogelkolonien auf Sylt, Norderoog, Süderoog und anderen Nordseeinseln vor dem Untergang bewahrt blieben und das damals maßlose Sammeln der Eier gesetzlich überwacht und geregelt wurde. Er selbst besaß eine Eierkollektion vorwiegend insularer Arten, die nach seinem Tode in das Hamb. Mus. kam. Im Aussch. Beob.-Stat. Deutschl. war er nicht nur von Anfang an Beobachter für Husum, sondern zeitweise auch Bearbeiter anderer Gebiete. Mit der Avif. seiner Heimat „D. Vögel Schlesw.-Holst. u. ihre Verbreitung in der Prov. . . .“ (Programm Gymnas. Husum 1875) führte er sich in die Lit. ein. Beitr., Mitt. und Aufs. in Schr. Schlesw.-Holst., Orn. Cbl., Orn. Ms., J. Orn., Zool. G., Heimat, Nerthus schlossen sich bis 1905 an. Von F. H. Dietrich (s. d.) sind in „Hamburgs Vogelw.“ (1928) 37 Titel aufgezählt. Das letzte Jahrzehnt sah R. rege tätig bei der Gestaltung des Neuen Naumann (Störche, Schnepfen, Seeschwalben usw.). Daneben hatte die Heimatforschung in ihm einen warmherzigen Förderer, und der Stormschen Muse war er ein feinsinniger Interpret.
— Lit.: Nachruf (von R. Blasius). Orn. Ms. 31, 1906, S. 289—297 (mit Bildnis u. Verz. d. Veröff.).

le Roi, Otto, Dr., * 28. 11. 1878 Zweibrücken (Rheinl.-Pfalz), † 11. 10. 1916 Waldkarpaten (Galizien). Er gehörte einer alten franz. Familie an, die während der franz. Revolution in Deutschl. eine neue Heimat fand. Nachdem er 1904 in Bonn das pharmazeutische Examen bestanden hatte, folgte er einer frühen Neigung und fügte zool. Studien an, die er mit der Promotion 1906 abschloß. Bald darauf holte ihn A. Koenig (s. d.) als Assistent an sein Mus. in Bonn. Mit großer Umsicht und Literaturkenntnis hatte er bis dahin schon das umfangreiche Material zu seiner „Vogelf. d. Rheinprov.“ (Verh. Pr. Rh. u. W. 63, 1906) gesammelt. Sie war eine erste wissensch. Behandlung der Ornis des Gebietes; ein Nachtr. dazu kam (ebd. 69, 1912) im Verein mit Geyr von Schweppenburg (s. d.) zustande. Am Bonner Mus. war er in der glücklichen Lage, sich fast ganz der Vogelk. hinzugeben. Zur Erweiterung seines Blickfeldes begleitete er A. Koenig, mit dem ihn glühende Naturfreude verband, auf orn. Sammelreisen 1907 und 1908 nach Spitzbergen sowie 1910 und 1912 nach Ägypten und den Ländern des oberen Nils. Die wenigen Jahre, die ihm zu wissensch. Arbeiten blieben, sind ausgefüllt mit Fleiß und kritischer Aufgeschlossenheit für Fragen der Verbreitung und des Lebens der Vögel. Von 1899 an führte er rührig die Feder. Die durch Gründlichkeit sich auszeichnenden orn. Beitr. erschienen vereinzelt in Orn. Ms., J. Orn., Orn. Beob., Orn. Jb. und überwiegend in Orn. Mber. 1913 griff er eine Anregung von E. Hartert (s. d.) auf und entwickelte sich zur treibenden Kraft in der organisatorischen Vorarbeit für ein Handbuch der dt. Vogelk., dessen erste Planung der Ausbruch des Weltkriegs vernichtete. Trotz der vielseitigen Beschäftigung mit der Orn. zog er auch andere Zweige der heimatlichen Zool. in den Bereich seiner Studien. So erwarb er in faun. Beitr. und Aufs. niedergelegte Kenntnisse auf dem damals nur wenig betretenen Gebiet der Insektenordnungen, besonders der Libellen. Zu seinen letzten zusammenfassenden Darstellungen gehörte die „Tierwelt d. Eifel . . .“, die er 1913 mit A. Reichensperger herausgab. Am 1. 4. 1915 meldete er sich freiwillig zum Waffendienst. Als Leutnant fand er einen frühen Tod. Die dt. Orn. verlor mit ihm einen der begabtesten und eifrigsten Vertreter der zu Anfang des Jahrh. aufstrebenden Kräfte.
— Lit.: Nachruf (von A. Koenig). Zool. Anz. 48, 1916, S. 206—208. - Nachruf (von E. Greschik). Aquila 23, 1916, S. 590—592. - Nachruf (von H. Schalow). J. Orn. 65, 1917, S. 111—113. - Nachruf (von H. Frhr. Geyr v. Schweppenburg). Ebd. 65, 1917, S. 435—443 (mit Bildnis u. Verz. d. Veröff.). - Nachruf (von O. Koenen). Jber. Münst. 45, 1917, S. 78—80.

Rordorf, Hans Caspar, * 17.8.1773 Zürich, † 23.4.1843 Zürich. Er entstammte einem alten, aus Rohrdorf (Aargau) zugewanderten Züricher Zunftmeister- u. Ratsherrngeschlecht. Der Vater war Schneider und Stadtläufer. Die ersten sicheren Nachr. weisen den Sohn um 1800 als Tierarzt in Seebach (Kanton Zürich) und bald darauf als Wundarzt und Operateur in Zürich nach. Zu gleicher Zeit begann sich sein Geschick verhängnisvoll zu wenden. Weitschweifenden, rege suchenden Geist und schöpferische Anlagen verstand er offenbar nicht den Gesetzen der bürgerlichen Gesellschaft einzuordnen. Schwere Verfehlungen in der Berufsausübung hatten daher 1811 Verurteilung zur Zuchthausstrafe sowie Berufsverbot zur Folge. Auch ein Aufenthalt in Italien (1818—1821) öffnete ihm nicht mehr das Tor zu einer geregelten Laufbahn in der Heimat. Nur einmal bot sich dem steuerlos gewordenen Lebensschiff die Aussicht, wieder an gesichertes Land zu kommen. Auf Empfehlung von C. F. A. Meisner (s. d.) wurde ihm 1822 der Posten eines Präparators am Naturh. Mus. von Bern übertragen. Als er 1830 diese Stellung aufgab, verlor er sichtlich die letzten Wertmaßstäbe. Schließlich belasteten ihn Urkundenfälschungen, die 1835 mit einer Gefängnisstrafe und dem Verlust von Bürgerrechten geahndet wurden. Völlig verarmt mußte er den Rest der Jahre in einem Züricher Pfrundhause verbringen. Und doch hatte die gestrauchelte Persönlichkeit auch positive Leistungen aufzuweisen. Sie erstreckten sich auf hochalpine Unternehmungen und auf langjährige selbständige zool. Beob. unter freiem Himmel. Das erste orn. Probestück stand unter dem Titel „Beschr. u. Naturgesch. d. bärtigen Geieradlers -

Gypaëtus barbatus" als Vorabdruck aus größerem Rahmen in den von C. F. A. Meisner hrsg. Ann. d. allg. Schweiz. Ges. f. d. ges. Naturw. (1, 1824) und war begleitet von dem aufschlußreichen Vermerk des Herausgebers, daß der Verf. „als leidenschaftlicher Freund u. gründlicher Kenner d. Orn., als kunstgerechter Jäger . . . d. Vögel d. Schweiz seit mehr als 30 Jahren z. Gegenstande seines besondern Studiums gemacht hat". In der Tat lieferte R. einen von den damals üblichen Darstellungen erfrischend sich abhebenden Erfahrungsbericht über Leben und Vorkommen des aussterbenden Großvogels. Der 2. Bd. der Ann. brachte dann die Ankündigung eines 5bändigen Werkes über die Naturgesch. der Schweizer Vögel und Säugetiere sowie ihre Jagd. Der größte Teil der zur Subskription angebotenen zool. und jagdlichen Abh. blieb aber ungedruckt, und die Msk. scheinen verloren zu sein. Nur der letzte, der „Schweizer-Jäger" betitelte Teil erschien in 2 Ausg. 1835 und 1836, als der Autor bereits im tiefsten Elend steckte. Der 2. Bd. dieses Werkes, das in schlichter Sprache nur Feststellungen unter freiem Himmel enthielt, ist insonderheit dem Wildgeflügel gewidmet. Die Raubvögel und wirtschaftlich unbedeutenden Arten sind kürzer behandelt, und doch sind nach K. Lindner (s. u.), der dieses „erste Schweiz. Jagdlehrbuch" sehr verständnisvoll würdigte, R.s Ausführungen über die Greifvögel „für den Ornithologen wichtiger als für den Jäger". Vielleicht ist die spärliche lit. Hinterlassenschaft des Gescheiterten, der „halb als Naturgeschichtsschreiber, halb als Vogelsteller" zur Feder griff, geeignet, den urkundlich nachgewiesenen breiten Schattenstreifen dieses rätselvollen Daseins einige Lichtpunkte zuzufügen.

— Lit.: Würdigung (von A. Lechner). Solothurn 1915 (Sonderausg. aus d. Soloth. Monatsblatt 1913/14). - Hist.-biogr. Lex. d. Schweiz 5, Neuenburg 1929, S. 697/98. - K. Lindner, Dt. Jagdschriftsteller, Teil 1, 1964, S. 259—310 (im Erscheinen).

Rosenberg, Karl Benjamin Hermann von, * 7. 4. 1817 Darmstadt, † 15. 11. 1888 Den Haag. Das zool. Studium, in das ihn der befreundete J. J. Kaup (s. d.) eingeführt hatte, mußte er auf Wunsch des Vaters zugunsten des Militärdienstes aufgeben. Da ihm diese Laufbahn in Hess. nicht zusagte, ging er 1839 als holl. Soldat nach der Südsee. 16 Jahre verbrachte er zunächst auf Sumatra, offenbar ohne der Vogelwelt Aufmerksamkeit zuzuwenden. Erst um 1858 scheinen sammlerische Neigungen in ihm wachgeworden zu sein. In jener Zeit sandte er Naturalien und ethnogr. Gegenstände nach Darmst. Schließlich konnte ihn H. Schlegel (s. d.), zu dem sich gleichfalls freundschaftliche Beziehungen entwickelten, als Sammler für Leiden verpflichten und von 1862 ab nach Neuguinea und den westl. und nördl. vorgelagerten Inseln schicken. Zustatten kamen ihm von nun an die Erfahrungen von H. A. Bernstein (s. d.), von dem er (J. Orn. 21, 1873) allerdings behauptete, daß er „mit den Eingeborenen ebensowenig umgehen konnte wie mit Europäern". Nachdem er sich von 1866—1868 in Europa von den Strapazen der bisherigen Unternehmen erholt hatte, setzte er die wissensch. Forschungen im Gebiet der Molukken fort und bereiste die Insel Ternate sowie den nordöstl. Teil von Neuguinea. Hervorragend günstige Ergebnisse knüpften sich an seinen Namen, als er 1870 die eingeborenen Begleiter auf die Höhe des Arfakgebirges sandte. Eine ausnehmend wertvolle Ausbeute der begehrtesten Paradiesvögel vermochte er an das Reichsmus. zu liefern. Da er aber wegen seiner „körperlichen Gebrechen" die Dienstgeschäfte nicht mehr nach Pflicht und Gewissen verrichten zu können glaubte, erreichte er die Entlassung und kehrte 1871 nach Europa zurück. Neben H. A. Bernstein war er der letzte Deutsche, der die mit Spannung erwarteten orn. Funde von Neuguinea nach Holl. leitete. Darunter waren Formen wie Lophorina superba, Parotia sefilata und Amblyornis inornatus. H. Schlegel benannte ihm zu Ehren Trichoglossus haematod. rosenbergii (Nederl. Tijdschr. Dierk. 4, 1873). Aus der Feder des Barons selbst erschienen eine Reihe von Arbeiten in der niederl., seltener in der dt. Lit., z. B. in Zool. G. Die Beschr. seiner Exp. nach Neuguinea 1869/70 mit 20 teilweise kolorierten Vogelbildern (1875) stach besonders hervor. Die meisten Leser fand die sehr gute, mit einem orn. Anhang ausgestattete Reiseschilderung „D. Malayische Archipel, Land u. Leute" (Leipz. 1878). In die Anerkennung des „kosmopolitischen Charakters der dt. Wissensch." von seiten Holl. wurde sein und seiner Vorgänger Verdienst rühmend eingeschlossen. Das alte Vaterland bedachte den Forscher, der die holl. Staatsbürgerschaft angenommen hatte, gleichfalls mit Orden und Auszeichnungen. In Darmstadt, wo auch von F. Brüggemann (s. d.) seine Vogelsendungen besprochen worden waren, wurde er beigesetzt.

— Lit.: R.s Tagebuch im Stadtarch. Darmst. - Selbstbiogr. u. Bildnis in „Mal. Archipel" (1878). - Würdigung (von P. H. Veth). Vorwort z. „Mal. Archipel" (1878). - W. Blasius, Über neue u. zweifelhafte Vögel v. Celebes, J. Orn. 31, 1883, S. 113—162. - O. Finsch, Z. Erforschungsgesch. d. Ornis Javas, J. Orn. 54, 1906, S. 301—321. - E. Stresemann, Entw. d. Orn., 1951. - G. C. A. Junge, Orn. onderzoek in de Ind. archipel, Ardea 41, 1953 (1954), S. 309/10.

Roth, Josef, * 11. 11. 1877 Steinhaus bei Wels (Ober-Österreich), † 13. 2. 1944 Wels. Aus einer begüterten Kaufmannsfamilie stammend, wurde er Forstadjunkt in Hahnenhort (O.-Ö.); dann lernte er in Ostpreußen die Kunst des Präparierens und betrieb dieses Gewerbe mehr als 40 Jahre in der Heimatstadt. Sicheres naturk. Wissen verschaffte dem geschickten Präparator einen über den örtlichen Bereich hinausgreifenden Rang. Er galt als einer der verläßlichsten Kenner der o.-ö. Vogelwelt. Fachleute aus allen Richtungen der Orn. kehrten bei ihm ein, machten Exk. mit ihm und holten in Zweifelsfällen sein Urteil ein. Ein Tagebuch, das er in einem Zeitraum von 50 Berufsjahren mit aufschlußreichen Daten füllte, kam ebenso wie seine lokalfaun. beachtenswerte Samml. von etwa 800 Vögeln in das Linzer Landes-Mus. Die größten Erfahrungen flossen ihm auf dem Welser Exerziergelände zu, das ihn als Rastplatz der Limikolen besonders anzog. Zur Feder griff er selten; vereinzelte kleinere orn. Beitr. waren „Aus O.-Ö." (Mitt. Vogelw. 7, 1907), „D. Rauhfußkauz b. Wels" (Orn. Jb. 21, 1910), „Stercorarius parasiticus - Schmarotzerraubmöwe in O.-Ö." (ebd. 21, 1910), „O.-Ö." (Waldrapp 1, 1919), „Orn.

Notizen aus O.-Ö. u. N.-Ö." (ebd. 2, 1920). Auch in Hubertus und der Welser Ztg. ließ er sich gelegentlich hören.

Roting, Lazarus, * 1549, † 3. 12. 1614 Nürnberg. In der Jugend durch Unglücksfälle im körperlichen Wachstum gehemmt und offenbar mißgestaltet, mied er den Umgang der Menschen. Durch den Vater wurde er auf verschiedenen Gebieten des Wissens gefördert. Obgleich Unterweisung im Malen nicht dazu gehörte, hatte er Freude an der Darstellung von Tieren, Pflanzen und Mineralien. Mit Wasserfarbe oder Feder gestaltete er sie — wohl zu Anfang des 17. Jahrh. — auf losen Blättern. Die Vögel erscheinen, mit Geschick und Naturtreue geformt, in natürlicher Größe. 134 Arten sind es, die zum größeren Teil mehrfach angefertigt sind. Unter den Bildern heimischer Ornis finden sich u. a. solche von Schneeammer, Ohrenlerche, Rauhfußkauz, Sperlingskauz, Zwerggans; dagegen fehlen noch Girlitz, Haubenlerche, Gebirgsstelze, Hausrotschwanz. Die Auswahl verrät in gewissem Sinne, welche Vögel damals bei Nürnb. mehr oder weniger bekannt bzw. unbekannt waren. Ein Neffe des Künstlers, der Nürnb. Arzt Michael Rötenbeck, vereinigte die Blätter 1615 zu einem Folioband, der zu Beginn des 19. Jahrh. in die Bibliothek der Ges. Naturf. Freunde Berl. und von hier aus in das Berl. Zool. Mus. kam. Die Samml. gehört zu den naturw. wie künstlerisch bemerkenswerten Bildwerken, an denen das botan. und zool. aufgeschlossene Bürgertum der Renaissance vielfältige Erbauung und Belehrung suchte, ehe es den Präparatoren gelang, die eigentlichen Gegenstände der Bewunderung — in unserem Falle Gestalt und Farbenpracht des Vogelkörpers — gegen den Mottenfraß zu sichern.
— Lit.: E. Stresemann, D. Vogelbilder d. Nürnb. L. R., Verh. Bay. 15, 1923, S. 308—315. - Ders., D. Tierbuch d. L. R., Atlantis VII, 12, 1940, S. 255—258 (mit Bildproben).

Rowland, William, * 9. 9. 1814, † 29. 11. 1888 Waldenburg (Sachsen). In den 60er, 70er und 80er Jahren hatte er das Amt des Oberforstmeisters in Arva-Várallya, Komitat Arva (Ober-Ungarn) inne. Er war ein „Forstmann, der nicht gedankenlos mit der Flinte auf dem Rücken, sondern mit offenen Augen Wald und Feld durchstreifte" und sich durch die Vertiefung in eine ernsthafte Beob. der Natur darüber zu trösten wußte, daß er „auf geselligen Umgang und die Freuden der Stadt verzichten" mußte. Seit 1865 legte er in dem von ihm bewohnten Schlosse ein kleines Mus. an, das den Besuchern ein getreues Bild der von ihm nachgewiesenen örtlichen Fauna vermitteln sollte. Obwohl die Herausgabe der Mitt. d. Ung. Forstvereins (Preßb.) zu Anfang der 60er Jahre in seinen Händen lag, drängte es ihn offenbar nicht sonderlich zum Schreibtisch. So ist sein Name in der orn. Lit. nur einmal überliefert durch einen „Beitr. z. Kenntnis d. Ornis d. Arvaer Komitates u. d. anstoßenden Teiles d. Hohen Tatra" (Mitt. Wien 2, 1878), zu dem ihn die Schriftl. obendrein noch ermutigen mußte. Die Arbeit zeigt, daß der Verf. mit den avif. Verhältnissen des Komitates gut vertraut war; 206 Arten sind aufgezählt mit z. T. bemerkenswerten Zusätzen über die Voraussetzungen des Vorkommens sowie über Lebens- u. Zuggewohnheiten. Die glaubwürdigen Angaben stützten sich auf die eigene Samml. und die Mithilfe von A. Kocyan (s. d.). Daten über R.s Leben sind spärlich. Nach dem Mitglieder-Verz. des Orn. Ver. z. Wien wohnte er seit 1884 als Oberforstmeister Wilhelm R. in Waldenb.; 1885 stand er als Oberforstmeister a. D. letztmalig in der Liste des Vereins.

Rudolf, Kronprinz Erzherzog, * 21. 8. 1858 Wien, † 30. 1. 1889 Schloß Mayerling. Für alle Gebiete der Naturw. aufgeschlossen, war er in erster Linie verdienstvoller Freund der Orn. Ihre wissensch. Seite erfuhr durch seine Beteiligung und seine gründlichen Kenntnisse mancherlei Förderung über die Grenzen der Donaumonarchie hinaus. Er selbst empfing Anregung und Steigerung seiner ursprünglichen Neigungen durch enge Beziehungen zu namhaften Fachleuten seiner Zeit. Mit A. E. Brehm und E. F. v. Homeyer (s. d.) unternahm er im Frühjahr 1878 eine Sammel- u. Jagdreise nach Ung. und Slawonien. In mehreren Veröff. — darunter „15 Tage auf d. Donau" (1878) und gemeinsam mit den Gefährten „Zwölf Frühlingstage an d. mittleren Donau" (J. Orn. 27, 1879) — gab er die Ergebnisse dieser Exp. bekannt. 1879 besuchte er in Begleitung von A. E. Brehm Span. und Port.; 2 Jahre später war er zu orn. Zwecken im Orient. Neben 5 selbständigen Werken besteht seine orn. Hinterlassenschaft aus 19 Aufs. faun. und biol. Inhalts; sie erschienen zwischen 1878 und 1886 fast alle in den Mitt. d. Orn. Ver. in Wien, dessen Ehrenvorsitz er seit der Gründung 1876 innehatte. Mit Vorliebe widmete er sich dem Leben der Raubvögel und des Jagdgeflügels. In Brehms „Tierleben" stützen sich die Schilderungen verschiedener Raubvögel auf die Erfahrungen des Kronprinzen. Als begeisterter Waidmann veranlaßte er auch A. B. Meyer (s. d.) zu dem Prachtwerk „Unser Auer-, Rackel- u. Birkwild u. seine Abarten" (1887). Seiner Vorstellung von neuen Forschungsmethoden und seiner Schirmherrschaft verdankten schließlich zwei organisatorische Gestaltungen entscheidende Antriebe: Es waren der von V. v. Tschusi (s. d.) 1882 begonnene Aufbau der Orn. Beob.-Stat. Österr.-Ung., die für wenige Jahre in einem vorher nicht gekannten Ausmaße die Mitarbeit der orn. Kreise des alten Österr. belebten, und das auf dem 1. internat. Orn.-Kongr. in Wien 1884 gegründete Permanente internat. orn. Komitee f. Beob.-Stat., dessen Führung damals in die Hände von R. Blasius und G. v. Hayek (s. d.) gelegt wurde. Durch sein frühes tragisches Ende blieb dem Kronprinzen, der schon in den letzten Lebensjahren die frohe Beschwingtheit seiner wissensch. Bemühungen durch wachsende Pflichten der hohen Stellung gehemmt sah, die Erkenntnis erspart, daß die beiden Studienversuche nicht den erwarteten Erfolg brachten.
— Lit.: Nachruf (von V. v. Tschusi). Mitt. Wien 13, 1889, S. 81—85 (mit Bildnis u. Verz. d. Veröff.). - Nachruf (von R. Blasius). Ornis 5, 1889, S. I bis XXXIV (mit Verz. d. Veröff.).

Rudow, Ferdinand, Dr., * 2. 4. 1840 Eckartsberga (Kr. Naumburg), † um 1935 Naumburg (Saale). Nach dem Studium der Naturw. in Halle und Leipz. unterrichtete er von 1865 ab an den Realschulen in Seesen (Harz), Malchin (Meckl.)

und Eberswalde (Mark). 1876 wurde er Oberlehrer (später Prof.) am Gymnasium in Perleberg (West-Priegnitz). Hier trat er 1906 in den Ruhestand und verzog nach Naumb. Vor allem in der Perleb. Zeit betätigte er sich als aufmerksamer Freilandbeobachter und Sammler sehr rege. 1886 schloß er sich dem Dt. Ver. z. Schutze d. Vogelw. an und arbeitete an den Jber. Beob.-Stat. Deutschl. 10, 1885 und 11, 1886 mit. 25 Titel von faun. und biol. Beitr. weist die Orn. Ms. 11, 1886 — 18, 1893 auf. In der Dt. Jztg. meldete er sich noch gegen Ende des Jahrh. zu Wort. H. Schalow griff in den „Beitr. z. Vogelf. d. Mark Brandenb." (1919) verschiedentlich auf seine märk. Veröff. zurück und erwähnte auch seine hauptsächlich in der Umgeb. von Perleb. zusammengebrachte Samml., ohne indes Näheres über sein Leben und Wirken ermitteln zu können. In den späteren Jahren scheint R. in der Tat nicht mehr orn. hervorgetreten zu sein. Bis ins hohe Alter war er aber ein guter Kenner der Gallwespen. Über Erfahrungen auf diesem Gebiet äußerte er sich noch nach der Jahrhundertwende.

Rüdiger, Wilhelm (sen.), * 1845, † 23. 1. 1907 Grünenberg bei Eichhorst (Mark). Der in der Schorfheide ansässige preuß. Hegemeister richtete die während der dienstlichen Tätigkeit vielseitig geübten Sinne mit Eifer auf die Vogelwelt. 1880 begann er mit dem Aufbau einer örtlichen Eiersamml. Seit diesem Jahr brachte die Orn. Ms. aus seiner Feder einige Feldbeobachtungen und Erfahrungen in der Haltung einheimischer und exotischer Arten. Später war er bei den Lesern der Zs. Ool. wohlbekannt und beliebt. Die letzten 20 Jahre verwaltete er eines der wild- u. vogelreichsten Forstreviere, das von Grünenberg bei Eichhorst. Von hier stammten biol. und ool. Beitr. über Schreiadler, Wanderfalke, Waldschnepfe und Zwergfliegenschnäpper, doch war er kein Mann des Schreibtisches.

Rüdiger, Wilhelm (jun.), * 27. 5. 1875, † 2. 8. 1957 Kirchgellersen (Lüneburg). Der Sohn von Wilhelm R. (sen.) (s. d.) war Revierförster in der Mark. Bis 1912 stand er in Hochzeit (Neumark), dann in Eisenhammer bei Steinbusch (Neumark). Jahrelang war er Assistent an der Forsthochschule Eberswalde und leitete von dort aus orn. Exk. Im Jahre 1917/18 beauftragte ihn die dt. Militär-Forstverwaltung Bialowies mit orn. und ool. Samml. Nach dem Tode des Vaters baute er dessen Eiersamml. erheblich aus; sie umfaßte schließlich von 350 paläarkt. Arten etwa 10 000 Stücke, darunter ungefähr 1000 Raubvogeleier und 200 Kuckuckseier mit Nestgelegen. Aus vererbten Anlagen entwickelte er gründliche feldorn. Kenntnisse. H. Schalow (s. d.) stellte er aufschlußreiche Nachr. aus den bis dahin wenig erforschten nordwestl. Teilen der Neumark zur Verfügung. Mehr als sein Vater meldete er sich außerdem mit Veröff. zu Wort. In H. Schalows „Beitr. z. Vogelf. d. Mark Brandenb." (1919) finden sich 36 Titel von 1894—1919, ferner bei P. Blaszyk und G. Steinbacher (Märk. Vogelw. 2, 1936) 21 Titel meist kleinerer Mitt. von 1919—1931; sie standen in Zs. Ool., Zs. Ool. u. Orn., Orn. Ms., Dt. Jztg., Gef. W., Bl. f. Natursch., Brandenburgia, Helios, Hubertus, Wild u. Hund, Orn. Mber., Falco, B. z. F., Mitt. Vw. Als H. Hocke (s. d.) verstarb, trat R. auch als Schriftleiter hervor, indem er die Zs. Ool. u. Orn. vom 21.—29. Jahrg. (1911—1924) vom Forsthaus Räumde (Kr. Arnswalde) aus im Selbstverl. unter großen Opfern weiterführte. Er war einer der letzten und begabtesten Vertreter der Ool. aus der Berl. Schule H. Hockes. Sein Name hatte um die Jahrhundertwende guten Klang in der märk. Vogelk.

— Lit.: Bildnis in B. z. F. 19, 1943, Tafel 2.

Rüppell, Eduard, Dr. h. c., * 20. 11. 1794 Frankfurt (Main), † 10. 12. 1884 Frankfurt. Den Sohn eines wohlhabenden Bankiers zeichnete auf den Gebieten der Natur- u. Geisteswissensch. außergewöhnliche Vielseitigkeit aus. Für immer ist sein Name mit den Anfängen der exotischen Orn. verknüpft. Ursprünglich für den Kaufmannsberuf bestimmt, nahm er 1817 in Italien das Studium auf, um sich für afrik. Unternehmungen vorzubereiten. So gesellte sich zum Interesse für die Archäologie und Mineralogie auch das für naturhist. Fragen. Als ihn von 1822—1828 das nordöstl. Afrika festhielt, brachten ihm die dort aufgenommenen zool. Forschungen so großen Erfolg, daß in der Heimatstadt den gefeierten Sammler hohe Ehrungen erwarteten. Schon vor der Beendigung der Exp. promovierte ihn die med. Fak. von Gießen zum Dr. h. c.; 1829 wurde er ferner Mitglied der Leopoldina und 1839 Inhaber der goldenen Medaille der Geogr. Ges. zu London. Auch die 2. Reise nach Abessinien von 1830—1834 mehrte seinen Ruhm in allen Kulturländern. Den gewaltigsten Nutzen aus seiner Sammlertätigkeit zog das junge Mus. der Senck. Naturf. Ges., der er alle Ausbeute zukommen ließ. Im Rahmen dieses von ihm mitgegründeten Inst. entfaltete sich bei der Bearbeitung der zool. Schätze auch das ganze, erstaunliche Maß der Begnadung durch geistige Kräfte. Alle Klassen der Wirbeltiere standen unter der Prüfung seines kritisch ordnenden Blicks. Anhänger der Cuvierschen Katastrophenlehre und ohne die geringste Neigung zu phil. Spekulation, fühlte er sich vor allem vom Studium der Säuger, Vögel und Fische des nordöstl. Afrikas angezogen. 122 neue Arten, darunter 117 afrik. Formen, stellte er neu auf. Nach J. Steinbacher (Senkkenbergiana 30, 1949) sind davon 92 Namen haltbar. Sie werden vermehrt um 30 Arten, die Ph. J. Cretzschmar (s. d.) schon beschrieb, während der Sammler noch in Afrika weilte; ferner um etwa 25 Arten, die andere Autoren auf Grund des von ihm gesandten Materials feststellten. In 12 Arbeiten legte er selbst die orn. Ausbeute vor. Hauptwerke waren der „Zool. Atlas z. d. Reise im nördl. Afrika" (1826—1828) mit Bildern von F. C. Vogel und F. H. v. Kittlitz (s. d.), der Vogelteil der „Neuen Wirbeltiere z. d. Fauna v. Abess. gehörig" (1835—1840) mit Bildern von F. C. Vogel und die seinem Freunde F. H. v. Kittlitz 1845 gewidmete „System. Übersicht d. Vögel Nord-Ost-Afrikas . . ." mit erlesenen Bildern von J. Wolf (s. d.). Eine Glanzzeit bereitete er der von ihm durch Jahrzehnte verwalteten Vogelabt. des Mus. Senck.; leider gelang ihm nicht, wie ihm vorschwebte, die Aufstellung des Vogelkat. Schuld daran trug wohl sein eigenwilliger, der Herzenswärme entbehrender Charakter, der Auseinandersetzungen und Zerwürfnisse mit der Gesellschaft heraufbeschwor.

Reibungen und Entfremdung setzten schon ein, als Cretzschmar in den 20er Jahren die neuen Formen beschrieb; um die Mitte des Jahrh. hatten sie ein völliges Erlahmen der zool. Forschungen zur Folge. Bis 1877 waren dann meist numismatorische Themen Gegenstand seiner Veröff. Die Beziehungen zu Mitarbeitern und Freunden erkalteten, weil ein allzu nüchternes individualistisches Wesenselement den Junggesellen im Alter immer argwöhnischer und reizbarer gegen Welt und Menschen werden ließ. Auf eine von der Stadt Frankf. gewährte Rente sich stützend (die Exp. hatten sein eigenes Vermögen aufgezehrt), lebte er in den letzten Jahren in selbstgewählter Vereinsamung, die auch die zeitgenössischen Anerkennungen seiner überragenden wissensch. Leistungen nicht aufhellten.
— Lit.: R. Mertens, E. R., Frankf. 1949 (mit 6 Bildnissen, Verz. älterer Quellen u. d. Veröff.).

Rüppell, Werner, Dr., * 25. 2. 1908 Kirchlinteln, Kr. Verden (Hannover), † 4. 7. 1945 Herborn (Dillkreis). Der Sohn eines Superintendenten — zu seinen Vorfahren gehörte Eduard R. (s. d.) — befaßte sich von Jugend an mit der Vogelk. Als Freib. und Berl. Student machte er sich bei aushilfsweiser Betätigung in Rossitten 1929, 1930, 1931 schon durch Begabung und Einsatzfreude bemerkbar. 1933 promovierte er in Berl. über „Physiol. u. Akustik d. Vogelstimme . . .“ (J. Orn. 81, 1933). Die in Rossitten empfangenen Anregungen lenkten ihn dann auf die von E. Schüz sehr entscheidend beeinflußten Versuche über das Orientierungsvermögen der Vögel. Zielbewußte und nach eigener Methodik angesetzte Unternehmungen zur Klärung der Heimfindefrage knüpfen sich an seinen Namen. Seit 1936 war er Referent an der Reichsanstalt für Film und Bild . . . in Berl., und es unterstreicht den Ernst seiner Bemühungen, daß er einen großen Teil der orn. Unters. nebenamtlich durchführen mußte. Die Ergebnisse der an Staren, Störchen, Nebelkrähen, Rauchschwalben, Mehlschwalben, Rotrückenwürgern, Wendehälsen, Lachmöwen und Bläßhühnern vorgenommenen Studien schienen ihm das Spiel erdmagnetischer Kräfte unglaubhaft zu machen und eher auf ein Zusammentreffen „an sich bekannter, dem Umfang ihrer Wirksamkeit nach unbekannter Sinnesvorgänge“ zu deuten. In Vz. (registriert in Vwa. 18, 1955, Beiheft, Verz.-Werk) und J. Orn. stehen mehr als 30 Arbeiten aus seiner Feder. Am besten durchdacht und wesentlichsten war die über die Verfrachtung und das Heimfinden von etwa 900 am Kurischen Haff gefangenen und nach Flensburg, Essen und Frankf. (Main) gesandten Nebelkrähen (J. Orn. 92, 1944). Auf weitere wissensch. Planungen seiner aufstrebenden Kraft setzte die dt. Orn. große Hoffnungen. Sie wurden zerstört, als er, der im Osten ausweglos scheinende Lagen glücklich überstanden hatte, an den Folgen eines Luftangriffes vom 10. 3. 1945 im Lazarett verstarb.
— Lit.: Nachruf (von E. Schüz). Vw. 71, 1950, S. 197—199.

Rumpf (Rumphius), Georg Eberhard, * 1628 Grafschaft Solms (Münzenberg?, Greifenstein?), † 15. 6. 1702 Amboina (Molukken). Als Sohn eines gräflichen Baumeisters kam er schon in jungen Jahren nach Hanau (Main), wo er auf der Hohen Landesschule eine sehr gründliche Ausbildung erhielt. Unbändiger Tatendrang lockte ihn im Alter von 18 Jahren aus der Heimat weg in Abenteuer und Gefahren. 1648/49 wurde er in Portugal festgehalten, nachdem sein für Brasilien bestimmtes Schiff gekapert worden war. 1652 trat er in die Dienste der Ostindischen Kompanie und kam so nach Batavia. Sein Streben ging auf die wissensch. Beschäftigung mit den Pflanzen und Tieren des unbekannten Landes. 1657 konnte er aus dem holl. Heer hinüberwechseln in die Zivilverwaltung von Larike auf Hitoe (Amboina). 1660 wurde er gar zum Oberhaupt der ganzen Halbinsel ernannt. Nun erst verfügte er über die rechte Zeit zur Vertiefung in die Naturerscheinungen und Wunder der Tropenwelt. Er nutzte sie in rastlosem Eifer zu wertvollsten Aufz. und Niederschr. Ungebrochen blieb sein Forschersinn, auch nachdem ihm 1670 der Schwarze Star für immer den Blick auf die erhabenen Schönheiten seiner Inselwelt geraubt hatte. Am bekanntesten wurde sein Name durch das „Herbarium Amboinense“ oder das „Amboinsche Kruidboek“, dessen Druck er nicht mehr erlebte. Das Msk. seines unvollendeten „Ambonsch Dierboek“ ging verloren. Was die fleißige Feder hier über die Erfahrung mit den Vögeln seiner tropischen Heimat festhielt, ist nur überliefert durch den geistigen Diebstahl, den ein Vielschreiber jener Jahre an dem dreiteiligen Werk vornahm. R. erwies sich durch diese lit. Hinterlassenschaft als einer der ersten großen Wegbereiter für die exotische Orn. In der Genauigkeit der Gefiederbeschreibung und der Schilderung des Vogellebens kam ihm kein Zeitgenosse gleich. Neben harten Schicksalsschlägen fehlte es dem trefflichen Manne nicht an anerkennender Förderung durch holl. Dienststellen. 1681 wurde er zudem unter der schmeichelhaften Benennung „Plinius Indicus“ in die Leopoldina aufgenommen. Noch 1902 ließ das Kolonialmus. in Haarlem eine Gedenkmünze mit seinem Brustbild schlagen und ehrte ihn durch das „Rumphius-Gedenkboek“.
— Lit.: K. Siebert, Han. Biogr. aus 3 Jahrh., Han. Geschichtsbl., N. F. 3/4, 1919, S. 168—171 (mit Bildnis u. älteren Quellen). - E. Stresemann, Entw. d. Orn., 1951.

Ruß, Karl (sen.), * 14. 1. 1833 Baldenburg (Westpreußen), † 19. 9. 1899 Berlin. Nach dem Schulbesuch in Kolberg und Köslin sowie mehrsemestrigem Studium in Berl. (er sollte wie der Vater Apotheker werden) änderte er aus nicht geklärten Gründen (des Broterwerbs wegen?) die Laufbahn und wurde, schwärmerischer Veranlagung folgend, naturw. Schriftsteller. Der gefeierte Volkslehrmeister E. Roßmäßler galt ihm — nie erreicht — als Vorbild. Da auch die Tierseele in sein Blickfeld geriet, vertrat er bald den Anthropomorphismus des ungleich schrift- u. wortgewaltigeren Zeitgenossen A. E. Brehm (s. d.), der aber bald in den Reihen der persönlichen Gegner stand. Der noch unsicher tastenden Vogelschutzbemühungen nahm er sich — in jenen frühen Jahren keineswegs eine Selbstverständlichkeit — gleichfalls an; u. a. veröffentlichte er eine „. . . Darstellung d. Vogelschutzfrage . . . “ (Leipz. 1882) mit Erläuterungen der Vogelschutzschriften C. W. L. Glogers (s. d.).

1863 verzog er für immer nach Berl., und die folgenden Jahre sahen ihn staunenswert produktiv. Die in 55 Zeitschr. und Tageszt. zu findenden, meist auf den gleichen Tenor abgestimmten Artikel und Feuilletonbeitr. ergaben bereits zwischen 1865 und 1868 7 Bde. Die Gefühls- u. Rührseligkeit ihres vielfältigen Inhalts ließ sich freilich kaum steigern. Der Kritik gegenüber zeigte sich der Verf. außerordentlich empfindlich; und da, wo seine Anschauungen und Schilderungen bei der wissensch. Orn. nicht genügend Würdigung fanden oder auf schonungslose Ablehnung stießen, waren Männer wie J. Cabanis, A. Reichenow, E. F. v. Homeyer, H. Schalow (s. d.) u. a. schwerstem Geschütz in der von ihm angriffslustig geführten Polemik ausgesetzt. Daß er sich selbst dadurch der rein fachlichen Forschung mehr und mehr entfremdete, war allerdings die unausbleibliche Folge. Trotzdem sammelte sich eine stattliche Gemeinde um ihn. Sie organisierte sich hauptsächlich in der 1875 von ihm gegründeten Aegintha, dem ersten Berl. Liebhaberverein. Angezogen wurde die Anhängerschaft durch die gründliche Beobachtungsgabe (von Jugend auf schon ging er der Jagd und dem Vogelfang nach) und die überaus reiche züchterische Erfahrung des Meisters, der hierin seinem älteren Berl. Zeitgenossen K. A. H. Bodinus (s. d.) nicht nachstand. In einer oft mit 200 (?) Arten besetzten Vogelstube beschäftigte sich sein Wissensdrang nämlich länger als 18 Jahre in erster Linie mit dem Leben exotischer Formen, die vorher zu einem nicht geringen Teil nur aus schlecht präparierten Bälgen und Häuten unvollkommen bekannt waren. Während die mus. Orn. seiner Zeit sich lediglich auf die Beschr. der ausländischen Arten beschränkte, war sein Augenmerk gleichzeitig und vornehmlich auf Verhalten, Benehmen, Brutpflege gerichtet. Er unterwarf so die Biol. der Fremdlinge nicht nur der Aufmerksamkeit der Laienzüchter, sondern rückte sie daneben in das Bewußtsein der Wissensch., gerade auch dem Systematiker größeres Vergleichsmaterial liefernd. Das war eindeutige Pionierleistung, die bis in unsere Tage Anerkennung beanspruchen darf, auch wenn sie mit dem durchaus verunglückten Versuch der vereinfachenden wissensch. Umbenennungen verknüpft war. Aus seinen seit 1868 zahlreich erschienenen selbständigen Vogelschriften sowie aus den ständig wachsenden Ber. über Erstzuchten und Erstbeobachtungen strömte eine Fülle von Aufmunterung zur Haltung und Pflege der neuen ausländischen Ornis. Erfolgsmerkmale des rastlos Tätigen waren u. a. die in den 80er und 90er Jahren gewaltig ansteigende Einfuhr von Exoten, ferner die vielen Neubearbeitungen von Einzelschriften, die er bis in die letzten Lebensjahre zusammen mit seinem Sohn Karl R. (s. d.) herausgeben konnte. Fest und lange knüpfte sich sein Name an die von ihm verfaßten 2 Bde. des „Hdb. f. Vogelliebhaber, -züchter u. -händler" (1871 u. 1873), denen von 1879—1899 die vierbändige Enz. der „Fremdländischen Stubenvögel" folgte. Neue Bearbeitungen erfuhren die beiden Werke durch K. Neunzigs (s. d.) „Einheimische Stubenvögel" (4., 5., 6. Aufl. 1904, 1913, 1922) und „Fremdländische Stubenvögel" (5. Aufl. 1921), die bis zum 2. Weltkrieg die unaufdringlichen Helfer dt. und ausländischer Vogelwirte waren. Das dauerhafteste Denkmal setzte sich der allzeit kämpferische Mann durch die Gründung der Gef. W. 1872. Sie blieb nicht nur sein eigenes Sprachrohr. Auch unter der Leitung seiner Nachfolger (K. Neunzig seit 1900, J. Steinbacher seit 1938) sicherte sie sich das Verdienst, Wegbereiterin zu volkstümlicher Vogelk. zu sein und häufig bewährten Brückenschlag zur Wissensch. zu leisten. In der Gesch. der dt. Orn. sollten Gerechtigkeit und Sachlichkeit an den biol. Verdiensten des warmherzigen Vogelfreundes nicht vorbeigehen; sie sollten ihm einen geachteten Platz zuweisen, der seinem Namen Bestand verleiht.

— Lit.: Autobiogr. in Gef. W. 25, 1896, S. 417/18 (mit Bildnis). - Nachruf (von E. Bleich). Ebd. 28, 1899, S. 321—323 u. 329—332 (mit Bildnis). - Würdigung (von L. Gebhardt). Ebd. 83, 1959, S. 239. - W. K. G. Möbes, Dr. K. R. . . ., Börsenbl. f. d. Dt. Buchhandel, Frankf. Ausg. 17, 1961, S. 528—530. - Ders., Dr. K. R. . . . , Gef. W. 1963, S. 53—55 u. 68—70 (mit Bildnis). - Bildnis in W. Schuster, Vogelf. v. Großhess. u. Nassau, 1941.

Ruß, Karl (jun.), * Berlin, † 23. 8. 1899 Berlin (32 Jahre alt). Vom Vater (s. d.) früh naturk. angeregt, studierte er dennoch anfänglich Sprachen und Gesch.; erst allmählich wandte er sich den Naturw. zu. Seine Studien scheinen aber nicht zum Abschluß gekommen zu sein. Er unterstützte den Vater in der Herausgabe der Gef. W. und beteiligte sich aufgrund praktischer Erfahrung in den 90er Jahren maßgeblich an der Neubearbeitung der väterlichen Werke wie „D. Graupapagei" (1896), „D. Amazonenpapageien" (1896), „D. Vogelzuchtbuch" (1896), „D. sprechenden Papageien" (1898), „D. Prachtfinken" (1898). Für die Vossische und die Berl. Ztg. lieferte er lange Jahre Feuilletons im damaligen Familienstil. Seit 1898 war er der Vorsitzende des Berl. Vereins Ornis. Er starb wenige Wochen vor seinem Vater.

— Lit.: Nachruf (von K. Ruß, sen.). Gef. W. 28, 1899, S. 280.

Russow, Valerian von, * 18. 4. 1842 Reval, † 6. 1. 1879 Orenburg (Rußland). Sein Vater war Ing.-Oberst, sein Bruder Edmund R. der Botaniker und nachmalige Prof. an der Univ. Dorpat. Er selbst stand ursprünglich in der Landw., bildete sich aber zum sehr gewandten Präparator aus, so daß er 1862 die Konservatorstelle am Zool. Mus. in Dorpat erhielt. 12 Jahre verblieb er auf diesem Posten und lernte in dieser Zeit die Vogelwelt der Heimat gründlich kennen. In den Sb. Dorpat legte er seine Erfahrungen nieder: „Ergebnisse einer orn. Reise durch d. Ostseeprovinzen während d. Sommermonate 1870", „Verz. d. in d. Matzahlbucht als brütend oder durchziehend beobachteten Vögel", „Über d. Zunahme d. Vogelf. in Liv-, Est-, Kurl.", „Ber. über d. Ergebnisse einer zool. Reise durch Livl. im Frühjahr 1873", „Ber. über Ergebnisse einer orn. Reise i. J. 1874". 1871 begleitete er den Dorpater Prof. A. Petzoldt auf dessen Exp. nach Turkestan, und 1874 wurde er Konservator der Abt. f. Säugetiere u. Vögel am Zool. Mus. der Akad. d. Wissensch. in St. Petersburg. 1878 schickte ihn die Akad. für 1 Jahr nach Turkestan. Auf der Heimreise von dort starb er unterwegs und hinterließ eine reiche Ausbeute. Allein

die Zahl der Vogelbälge betrug gegen 1000. Sein wertvoller Nachlaß an Tagebüchern und Notizen, die sich hauptsächlich auf die balt. Vogelwelt bezogen, wurde von dem damaligen Studenten Th. Pleske (1858—1932) gesichtet und geordnet. Seine Hauptarbeit, die „Ornis Est-, Liv.- und Kurl." (Dorpat 1880), die grundlegend für die Forschungen der nächsten Jahrzehnte wurde, empfing ihre druckreife Gestaltung gleichfalls durch Th. Pleske.
— Lit.: F. Th. Köppen, Bibliotheca Zool. Ross. II, Petersb. 1907.

Rzehak, Emil, * 23. 9. 1856 Neuhof bei Nikolschitz (Mähren), † 3. 2. 1934 Brünn. Seit 1888 wohnte er in Wiese (Tal d. Schwarzen Oppa), seit 1892 als Fabrikchemiker lange Jahre in Troppau, später in Brünn. Zwischen 1901 und 1904 hielt er sich in Serbien auf, wo er um Belgrad und Nisch feldorn. Studien nachging. Zu Anfang der 80er Jahre begann er „in der Umgeb. eines russ.-poln. Städtchens in der Nähe von Warschau die ersten ... Beob. über die Vogelwelt" (Mitt. Wien 18, 1894, S. 51). Ungemein emsig unter freiem Himmel, wußte er über die orn. Verhältnisse der mähr.-schles. Beskiden und vieler anderer Teile der alten österr.-ung. Monarchie durchaus und gut Bescheid. Da ihn gegen Ende der 80er Jahre auch die Autorenleidenschaft packte, findet sich sein Name bis etwa 1908 in allen ihm zugänglichen Zeitschr., besonders häufig in Mitt. Wien und Orn. Ms., daneben auch in Zs. Ool., Ann. Wien., Aquila, Falco, Orn. Mber., Mitt. Vw., Orn. Jb. sowie in österr. Forst-, Jagd- u. Vereinsorganen. In der ununterbrochen fortlaufenden Reihe seiner Veröff. (es waren schon 1899 128 Titel) steht — wie wäre es angesichts der Vielschreiberei anders möglich — eine Großzahl belangloser, nichtssagender oder angreifbarer Abh. und Mitt. Seine Themen waren in der Hauptsache Fragen des Vorkommens, der Verbreitung, der Ernährung, des Zuges, des Nutzens und Schadens. Im Neuen Naumann sind Steinhuhn, Rothuhn und Nachtreiher von ihm behandelt. Von längeren, ernsthaften Arbeiten lassen sich nennen: „System. Verz. d. bisher in Österr.-Schles. beobachteten Vögel ..." (Mitt. Wien 15, 1891), in dem er seit A. Heinrich (s. d.) erstmalig wieder eine Bestandsaufnahme des Gebietes vornahm; „D. Vorkommen u. d. Verbreitung d. Zwergfliegenschnäppers in Österr.-Ung." (ebd. 18, 1894) mit fleißigen Quellenstudien; „D. Frühlings- u. Herbstzug d. Grauen Kranichs in Österr.-Ung." (ebd. 19, 1895) nach Unterlagen aus den damaligen Ber. d. Beob.-Stat.; „Vorkommen u. Verbreitung d. Mauerläufers in Serb." (Orn. Ms. 31, 1906).
— Lit.: Nachruf (von H. Jedlitschka). Mitt. d. Naturw. Ver. Troppau 1935, S. 3—10 (mit Verz. d. Veröff.).

S

Sachse, Otto Karl Adolf, * 23. 8. 1818 Neuhaldensleben (Bez. Magdeburg), † 25. 2. 1902 Altenkirchen (Westerwald). Als Sohn eines Notars kam er um 1850 nach Altenkirchen und übte dort den freien Beruf eines Baumeisters aus. Seit etwa 1840 richtete sich seine Aufmerksamkeit auf die Vögel und ihre Eier. 1868 trat er der DOG bei. Er wurzelte in einer unsentimentalen Zeit, in der leidenschaftliches Jagen und Sammeln zur Naturfreude gehörten. Daher kannte er kaum Hemmungen vor harten Eingriffen in die Bestände auch weniger individuenreicher Vogelarten. Die faun. Forschung hat ihm andererseits dafür zu danken, daß er über die Freilanderfahrungen, die ihm der westl. Westerwald in einem vollgerüttelten Maße lieferte, mit großem Fleiße der Fachpresse Auskunft gab. Allein an 10 Jber. Beob.-Stat. Deutschl. (J. Orn. 25, 1877 — 35, 1887) arbeitete er mit. Nicht nur seine gründliche Kenntnis der örtlichen Verhältnisse, sondern auch sein schriftstellerischer Eifer wurden von keinem Nachfolger übertroffen. O. le Roi konnte in der „Vogelf. d. Rheinprov." (Verh. Bonn 63, 1906) auf 41 Titel von Veröff. des „ausgezeichneten Beobachters" in J. Orn., Orn. Cbl. und Orn. Ms. zwischen 1875 und 1896 zurückgreifen. Diese Mitt. bildeten die feste Grundlage für die Darstellung der Ornis eines westdt. Landstriches, in dem S. keine Besonderheit entging; u. a. stellte er hier in den 80er Jahren letztmalig Brut des Schlangenadlers fest. Als Oologe reizte ihn vor allem die Brutbiol. des Wespenbussards, des Raubwürgers und des Sommergoldhähnchens, deren Gelege in seiner Kollektion überaus reichhaltig vertreten waren. 1899 enthielt seine Samml. 8400 Eier von 626 paläarkt. Arten. Zusammen mit der Vogelsamml. kam sie in die Obhut des Kölner Naturh. Mus. Dort ging sie im 2. Weltkrieg fast restlos unter.
— Lit.: L. Gebhardt u. W. Sunkel, D. Vögel Hess., 1954, S. 71/72.

Salis, Hieronymus von, * 1815 Chur (Kanton Graubünden), † 1895 Chur. Mit 21 Jahren trat er, dem Beispiel vieler damaliger Bündner Aristokratensöhne folgend, in den Militärdienst von Neapel ein und kehrte als Hauptmann 1856 in die Heimat zurück. Anschließend war er bis 1862 Bahnhofsinspektor in Chur, bis 1877 Kantonsoberst und bis 1895 Leiter der eidgenössischen Pulvermühle in Chur. Frühe Neigungen zur Beschäftigung mit der Vogelwelt blieben in ihm wach bis ins hohe Alter und ließen ihn immer wieder feldorn. Beob. und lit. Studien nachgehen. Die Sitzungen der Naturf. Ges. Graub. boten ihm öfters genutzte Gelegenheit zu Vorträgen über seine Erfahrungen. Auch schriftstellerisch trat er gelegentlich hervor mit Arbeiten wie „System. Übersicht d. Vögel Graub." (Jber. Graub. 8, 1863), „Beob. über d. Wandern d. Vögel" (ebd. 16, 1871), „Verz. d. Vögel d. Gegend v. Chur u. Umgeb." (Festschr. z. Versammlung d. Schweiz. Naturf. Ges. in Chur, 1874), „Orn. Mitt. aus Chur" (Orn. Cbl. 6, 1881), „Über d. Mauersegler - Cypselus apus" (ebd. 6, 1881). Er war angesehener Edelmann und galt neben dem ihm verwandtschaftlich und freundschaftlich nahestehenden Th. Conrad (von Baldenstein) (s. d.) als guter Kenner der Graub. Avifauna.
— Lit.: Nachruf (Verf. ungen.). Jber. Graub. 38, 1895, S. 284—287.

Salmen, Hans, * 6. 5. 1896 Bukarest (Rumänien), † 15. 9. 1961 Linz (Ober-Österreich). Sein Vater war jahrzehntelang Lehrer an der Dt. Schule in Bukarest. Er selbst, ein Mensch von echtem Herzensadel, besuchte das Gymnasium in Mediasch (Siebenb.) und wurde Kassier einer Tuchfabrik in Kronstadt (= Braşov). Sein orn. Lehrmeister, mit dem er 22 Jahre lang enge Gemeinschaft der Neigungen pflegte, und dem er auch die Kunst des Präparierens verdankte, war nach dem 1. Weltkrieg E. Hausmann (s. d.). Von ihm angeregt, ging er in der Umgeb. von Kronst. der Freilandbeob. mit kritischen Sinnen nach und legte seit 1924 eine Vogelsamml. an. Als er seine Kenntnisse fest untermauert wußte, wurde er 1929 ständiger Beobachter des Ung. Orn. Inst. 12 kurze Nachr. und Beitr. aus seiner Feder standen zwischen 1930 und 1942 in der Aquila. Verdient machte er sich um die Zeitschr. ferner dadurch, daß er von 1928 ab immer bereitwilligst die Übertragung der Texte aus dem Ung. ins Dt. und umgekehrt vornahm. Die große Katastrophe des 2. Weltkriegs zwang ihn nach den Ereignissen des 23. 8. 1944 zur Flucht. Seine Samml. von 309 Stücken siebenb. Vögel, die er im Stiche lassen mußte, ist heute aufgeteilt an den Univ. Jasi, Kronst. und dem Saguna-Lyzeum von Kronst. Er selbst fand eine Verwendung als kaufmännischer Angestellter in einem Linzer Stickstoffwerk. Der Schmerz um die verlorene Heimat und die Liebe zu der ihm vertraut gewesenen Vogelwelt ließen ihn aus der Ferne als Vermächtnis die „Ornis Siebenb." (Linz 1958) schreiben. Das umfangreiche monogr. Werk — in sorgfältiger Masch. Schrift auf 1400 Schreibmaschinenseiten — beschäftigte sich in der Hauptsache mit der Verbreitung der Arten, dem Zugproblem und der geschichtlichen Entwicklung der Forschung. Der dem Lärm der Welt abgeneigte Verf. starb, ehe er einen Verleger finden konnte.
— Lit.: Nachruf (von O. Folberth). Siebenb. Ztg. (Münch.) v. 15. 11. 1961, S. 4. - Nachruf (von F. S. = Fr. Salmen). Ebd. v. 15. 11. 1961, S. 4. - Nachruf (von A. Keve). Aquila 69/70, 1962/63, S. 283.

Salvadori, Giovanni, * 5. 12. 1836 Bono (Judicarien bei Trient), † 13. 6. 1900 Tione (Post Riva, Gardasee). Der 1859 geweihte Priester huldigte von Jugend auf dem in seiner Landschaft üblichen Vogelfang. 1884 schloß er sich — damals Direktor der Minoritenkirche (Ital. Nationalkirche) zu Maria-Schnee in Wien — dem Orn. Ver. in Wien an. Von 1891 bis zu seinem Tode gehörte er als Abgeordneter des Trentino dem Österr. Reichsrat an und vertrat hier führend die Autonomiebestrebungen seiner engeren Landsleute. In der Vogelk. nahm er eine nur selten in Erscheinung tretende Sonderhaltung ein, indem er heftige Angriffe gegen die Vogelschutzbewegung und die Tiroler Vogelschutzgesetzgebung richtete. Nach seiner Behauptung — er wurde dabei von B. Plačzek (s. d.) unterstützt — spielten die Kleinvögel eine nicht nur unbedeutende, sondern sogar schädigende Rolle, weil sie nur die für die menschliche Kultur angeblich allein nützlichen, parasitisch lebenden, nackten und weichen Insekten verschlängen; die 500 000 Vögel, die im Trentino durchschnittlich im Jahre gefangen würden, sollten einen Schaden von mindestens 100 000 Gulden verursachen. Als er in einer Sitzung des Reichsrats v. 9. 12. 1891 diese kühnen Gedanken vertrat, legte er obendrein ein Kästchen mit Vogelkrallen vor mit dem Hinweis, daß ihre Schärfe die Rinde der Bäume beschädige. Den Gipfel erreichte wohl sein Mut zur Unsachlichkeit mit der leichtfertigen Propagandathese „Schützt d. Insekten u. gebt d. Vogelfang frei!", die schon während des 1. internat. Orn.-Kongr. in Wien 1884 Empörung erregte. Die Hartnäckigkeit der schon in Gef. Welt 6, 1877 vertretenen Einstellung spiegelte sich auch wider in einer Veröff. über die Ergebnisse seines Vogelherdes mit dem Roccolo in Pron (Judicarien) (Mitt. Wien, N. F. 1, 1898/99); sie stützte sich auf eine Zusammenstellung der von ihm während der gesetzlichen Frist, 15. 9.—15. 11., zwischen 1877 und 1897 gefangenen Vögel und sollte den Beleg erbringen, daß 97 Prozent der Opfer Körnerfresser seien, und daß die Insektenfresser in diesen Wochen den Zug schon beendet hätten. Ihm wie seinen (andere Zerrbilder der Wirklichkeit liefernden) Gegnern gemeinsam war der völlige Mangel an ethischen und ästhetischen Regungen. Hinter seinen Verlautbarungen verbarg sich aber — erschwerend — ganz offenbar das Bestreben, die Leidenschaft am hemmungslosen Vogelfang nicht eingeengt zu wissen.
— Lit.: Nachruf. D. Vaterland v. 14. 6. 1900.

Salzmann, Ernst, * 17. 3. 1857 Tabarz, † 1. 5. 1918 Gotha. Sein Urgroßvater war Christian Gotthilf S., der Begründer der Erziehungsanstalt Schnepfenthal. Der Großvater Ernst S. (16. 5. 1792—14. 11. 1855) machte sich als thür. Oberforstrat sehr verdient. Auch der Vater Richard S. (14. 4. 1819—1891) war Forstsekretär. Er selbst studierte Physik, Chemie und Math. und wirkte als Oberlehrer (zuletzt Prof.) in Langensalza, Ohrdruf und seit 1888 in Gotha. Die naturw. Neigungen lagen ihm im Blute und machten ihn früh zum Jäger, Vogelschützer und Sammler. Im Hause umgab er sich mit Käfigvögeln, in deren Pflege er lange und große Erfahrung hatte. Viele Jahre überwachte er die Vogelschutzarbeit des Kreises Gotha, und mit Eifer und Ernst widmete er sich der heimatlichen Vogelforschung. Die Zs. Ool. u. Orn. und vor allem die Orn. Ms. enthalten nach der Jahrhundertwende aus seiner Feder eine Reihe von Aufs. und Mitt. faun. und biol. Inhalts, die ihn als gründlichen Feldbeobachter ausweisen; u. a. berichtete er — C. Lindners (s. d.) Arbeiten ergänzend — über mittelthür. Brutplätze und die Brutpflege des Steinsperlings in Orn. Ms. 31, 1906; 34, 1909; 36, 1911. Fraglich bleibt wohl seine Meldung über Brut des Rotfußfalken in Orn. Ms. 33, 1908. Die von ihm aufgebaute Samml. (Vögel, Eier, Schmetterlinge, Steine) kam 1953 an das Forstinst. Eberswalde.

Salzmann, Otto, * 8. 4. 1859 Bröhna (Kr. Bitterfeld), † 18. 8. 1940 Bernburg (Sachsen). Er war lange Jahre kaufmännischer Angestellter in Oschatz, wo er noch 1932 lebte. Später verzog er nach Bernb., bis ins hohe Alter frühen Neigungen treu bleibend. Sie gesellten ihn zur Gruppe der kenntnisreichen Liebhaberoologen und Sammler, die — um H. Hocke (s. d.) geschart — ohne ausgesprochen wissensch. Drang die Überlieferung des Sondergebiets über die

Jahrhundertwende hinüberretteten. Mit vielen Freunden der Vogelwelt stand er in Tauschbeziehungen. Seit 1897 berichtete er öfters in Zs. Ool. über eifrig gepflegte Feldbeobachtungen; die Zs. Ool. u. Orn. 29, 1924 (letztes Heft des letzten Jahrgangs) brachte ebenfalls einen Aufs. (Funde von Vogelskeletten in einer Baumhöhle) aus seiner Feder. Dann meldete er sich bis 1932 noch mit vereinzelten kurzen ool. und biol. Mitt. in B. z. F. Es blieb ihm nicht erspart, die alte ool. Praxis, der in seiner Jugend die meisten naturfreudigen Autodidakten huldigten, von neuen Forschungsmethoden verdrängt zu sehen; mit ihm ging aber auch einer von denen dahin, die wirklich Eierkundige waren.

Sandberger, Guido, Dr., * 29. 5. 1821 Dillenburg, † 22. 1. 1879 Bonn. Nachdem er 13 Jahre als Gymnasiallehrer in Wiesb. naturk. Unterricht erteilt hatte, schrieb er einen „Vergleichenden Beitr. z. Fauna d. warmblütigen Wirbeltiere d. Mittelrheins (d. Säugetiere u. Vögel d. Herzogtums Nass.)" (Verh. Pr. Rh. u. W. 14, 1857). Der allg. zool. interessierte Verf. war indes nicht eigentlicher Ornithologe. Das Material für seine Arbeit stammte vorzugsweise von seinem Vater, der als Theologe und Prof. am Pädagogium in Idstein und an den Gymnasien von Dillenb. und Weilb. „50 Jahre lang sorgsam beobachtet und gesammelt hatte". Da der zur Feder greifende Sohn auch von anderen örtlichen Gewährsmännern unterstützt wurde, gab er sich der Täuschung hin, daß das ganze nass. Land „genau erforscht" sei. In der Tat umschloß seine Vogelliste die bis dahin in Hess. nicht erreichte Zahl von 225 Arten. Die Zuverlässigkeit der Angaben übertraf jedoch nicht die anderer zeitgenössischer Lokalfaunen.
— Lit.: L. Gebhardt u. W. Sunkel, D. Vögel Hess., 1954, S. 61/62.

Sandner, Max, * 28. 7. 1883 Innsbruck, † 25. 8. 1945 Zell am See (Tirol). Der in Innsbr. ansässige Bundesbahn-Oberinspektor war ein kenntnisreicher Feldornithologe und erfolgreicher Vogelpfleger. Die Ornis der Umgeb. seines Wohnsitzes hatte in ihm einen rührigen Betreuer. Zeugnisse für den auch organisatorisch wirksamen Eifer des Autodidakten waren die von ihm veranlaßten Gründungen des seinerzeitigen Vereins „Natur u. Haus" (Ver. f. Vogel-, Aquarien- u. Terrarienkunde, später bis 1938 Zool. Vereinigung Tirols) sowie des Vereins „Tiroler Vogelwarte" mit dem Schutzgebiet am Ahrnberg (durch den jetzt die Brennerautobahn führt) und den Vogelhäusern bei der Villa Blanka, die damals ihre Blütezeit hatten. Ein weiterer Plan ging gleichfalls auf ihn zurück; es war die Errichtung des Alpenzoos in Innsbr., dessen Baubeginn aber erst in das Jahr 1961 fiel. Im Schutzgebiet am Ahrnberg gelangen seiner Aufmerksamkeit bemerkenswerte Beob., u. a. die Brut des Sperlingskauzes 1924, dessen Vorkommen dort seit 1886 — von L. v. Lazarini (s. d.) berichtet — nicht mehr nachgewiesen war. Da er diese Art auch in Nistkästen zur Fortpflanzung brachte und 3 Jungvögel selbst aufzog, konnte er O. Uttendörfer (s. d.) mit wertvollem Gewöllmaterial beliefern. Über die Biol. dieses Kauzes schrieb er erstmalig in Gef. W. 54, 1925 und letztmalig in Dt. Vw. 66, 1941. Andere Veröff. aus seiner Feder standen dazu noch in Vr. und B. z. F.; U. A. Corti („D. Brutvögel d. dt. u. österr. Alpenzone", 1959) nannte davon 12 Titel zwischen 1925 und 1943.

Santner, Egydius, * 18. 5. 1876 Nahsweg (Bez. Klagenfurt), † 3. 9. 1962 Klagenfurt. Früh verwaist, eignete er sich schon als Hütejunge einen scharfen Blick für Wild und Vögel an. 1896 wurde er in Klagenf. Hausdiener und 1898 Pfleger an einem Krankenhaus. Zuletzt war er Landesoberamtswart. Seine Freistunden füllten bis ins hohe Alter die fleißig betriebene Praxis der Jagd und die feldorn. Beob. Am nächsten standen ihm die Raubvögel, und es zeugt für seine Einsicht, daß er tapfer gegen die Verfolgung des Habichts und des Sperbers ankämpfte. Ohne schriftstellerischem Ehrgeiz oder der Gefahr der Vielschreiberei zu erliegen, griff er in anspruchsloser Haltung gern zur Feder und machte so seinen Namen in örtlichem Rahmen weiter bekannt. Bei U. A. Corti („D. Brutvögel d. dt. u. österr. Alpenzone", 1959) stehen 24 Titel seiner vielfach kurzen Veröff. zwischen 1914 und 1949. Sie stützten sich auf faun., phänol. und brutbiol. Erfahrungen und erschienen in Carinthia II, Bl. f. Natursch. u. Heimatpflege (Berlin), Waldrapp, Bl. f. Naturk. u. Natursch., Nat. u. Land. Genannt seien „Ungewöhnliche Häufigkeit d. Sperbers" (Carinthia II 1914), „Auftreten v. Uraleulen b. Klagenf." (Waldrapp 2, 1920), „Orn. Beob. u. Vogelzugsdaten aus Klagenf. . . ." (Carinthia II 1921) mit Forts. in den folgenden Jahren, „Vogelk. Beob. im Kärntner Nockgebiet" (ebd. 1922) mit Nestfund des Mornell auf dem Speikkofel, „Herbstbeob. an Wespenbussarden" (ebd. 33/34, 1934), „Beob. am Horst d. Hühnerhabichts" (Bl. f. Naturk. u. Natursch. 26, 1939), „D. Frühjahrsvogelzug in Kärnten" (ebd. 29, 1942; 30, 1943), „D. Frühjahrsvogelzug in Mittelkärnten" (Nat. u. Land 33/34, 1947). In den 50er Jahren meldete er sich noch in St. Hubertus zu Wort. Bei seiner Pensionierung 1933 wurde ihm in Anerkennung seiner „Verdienste auf orn. Gebiete die große silberne Medaille für Verdienste um die Republik Österr. taxfrei verliehen".

Sarasin, Fritz, Dr., * 3. 12. 1859 Basel, † 23. 3. 1942 Lugano. Von Lebensproblemen und Alltagssorgen wenig beschwert, konnte er, Sohn eines Bürgermeisters, sich nach freiem Ermessen und mit nie ermüdendem Sammeleifer naturw. und zool. Neigungen widmen. Studien in Genf, Basel, Würzb. schloß er mit der Promotion ab. Geistig fruchtbare Jahre banden ihn zwischen 1886 und 1892 zunächst an Berlin, bis er 1903 nach Basel zurückkehrte, sein Haus zum Mittelpunkt naturw. Lebens machte und das Naturh. Mus. zu erfreulicher Blüte entwickelte. Zur Übernahme einer Dozentur konnte er sich nicht entschließen; zum Lehren fehlten ihm Eignung und Geduld. Entscheidend für seine Persönlichkeitsprägung und Denkrichtung wurden 15 meist mit seinem älteren Vetter Paul S. durchgeführte Forschungsreisen (1883—1931), die über die Zool. hinaus der Anthrop., Präh. und Ethnogr. galten. Ihre Ziele waren fünfmal Ceylon, ferner Ägypten, Neukaledonien, Tunis, Siam. In einer stattlichen Reihe kleinerer Abh. und größerer Prachtwerke legte er, teilweise wieder zusammen mit Paul S., die wissensch. Ernte vielfältiger Forschungen

vor. Aus den Reiseberichten spricht zugleich eindrücklich die sein Leben bewegende Ehrfurcht vor der Natur in all ihren Erscheinungsformen. Im vorliegenden Rahmen verdient er einen Platz, weil er auch die Vogelk. nicht vernachlässigte und sich zu orn. Fragen äußerte: „D. Vögel Neu-Caledoniens u. d. Loyalty-Inseln“ (Nova Caledonia, Zool. 1, 1913), „Trois oiseaux de la faune néo-calédonienne en voie de disparition“ (Rev. franç. scient. et prat. 6, 1914), „Über d. Vogelw. Neu-Cal.“ (Orn. Beob. 23, 1925/26), „Über Färbungsgesetze d. Vogelgefieders“ (Rev. suisse de zool. 41, 1934), „Gesch. d. Vogelsamml. d. Basler Naturh. Mus.“ (Verh. Bas. 50, 1939), „Neue Beitr. z. Kenntnis d. Färbungsgesetze d. Vogelgefieders“ (ebd. 50, 1941).
— Lit.: Nachruf (von F. Speiser). Verh. Bas. 54, 1942/43, S. 222—246 (mit Bildnis, Verz. d. Veröff. u. 6 weiteren Nachrufen). - Bildnisse ebd. 40, 1928/29.

Saxenberger, Otto, Dr., * 22. 1. 1856 Radegast, Kr. Köthen (Bez. Halle), † 12. 5. 1926 Breslau. Seit den 90er Jahren war er Studienrat und Prof. an einem Gymnasium in Bresl. und betätigte sich als naturnaher, nachdenklicher Feldbeobachter. Sein Blick, im allg. dem unauffällig Kleinen zugewendet, dürfte mehr vom Herzen und weniger vom Intellekt gelenkt gewesen sein. Kenntnisse und Einsichten flossen ihm zu aus der Umgeb. von Bresl., ferner aus dem Waldenburger Gebirge und dem Riesengebirge, wo er wiederholt Ferienwochen verbrachte. Faun., phänol. und biol. Beob. boten ihm Stoff zu einer Reihe von Veröff.; die erste, den Baumfalken betreffend, stand in Gef. W. 26, 1901. P. Kollibay (s. d.) nannte in den „Vögeln d. Preuß. Prov. Schles.“ (1906) bereits 15 Titel von meist kleineren Mitt., die alle in Orn. Ms. erschienen. Nach der Gründung des Ver. Schles. Ornithologen (1904) meldete er sich bis 1925 (nicht sehr gehäuft) auch in Ber. Schles. zu Wort. Der Name des sicher nicht nach Sensationen lüsternen Mannes kam ins Rampenlicht der Kritik durch seinen Aufs. „D. Steinsperling - Petronia petronia in Schles. brütend“ (Orn. Ms. 27, 1902). Die im Juli 1897 vier Wochen lang dauernde Begegnung mit fünf Vögeln (2 ad. u. 3 juv.?) am Ochsenkopftunnel bei Dittersbach (Kr. Waldenb.) war hier Gegenstand eingehender Schilderung, so daß P. Kollibay und F. Pax keine Zweifel in die Richtigkeit der Angaben setzten, zumal es sich, nach F. Pax („Wirbeltierfauna v. Schles.“, 1925), „um den Ber. eines ernsthaften, kenntnisreichen Ornithologen handelt“. Dagegen ließen E. Hartert (s. d.) in den „Vögeln d. paläarkt. Fauna“ (1910—1922), H. Mayhoff (s. d.) in „Niststätten d. dt. Steinsperlings“ (Verh. Bay. 12, 1915) und A. Reichenow (s. d.) in den „Kennzeichen d. Vögel Deutschl.“ (1920) diese Meldung unerwähnt bzw. unberücksichtigt; auch in G. Niethammers Hdb. (1937) wird die Feststellung „in Hinsicht auf die Ungewöhnlichkeit eines solchen Falles“ als kaum einwandfrei bewiesen erachtet.

Schach, Christian Friedrich, * 21. 3. 1820 Gatzen, Kr. Borna (Bez. Leipzig), † 11. 9. 1873 Rußdorf bei Crimmitschau (Sachsen). Wie der Lehrer zur Vogelk. kam, ist nicht bekannt. 1850 trat er an die Öffentlichkeit mit der Gründung des „Orn. Ver. d. Pleißengrundes“, dessen Schriftführer und geistiger Mittelpunkt er war. Diese örtliche Vereinigung von etwa einem Dutzend eifriger Vogel- u. Eiersammler hielt enge Verbindung zu der wenige Wochen nach ihr entstandenen DO-G, entfaltete ein reges Leben und gab gute sammlerische Anleitungen. Sch., von dem die Naum. und die Mitt. Osterl. ein paar zugbiol. und faun. Ber. aus seinem Beobachtungsgebiet brachten, sammelte selbst und drang auf genaue Datierung und Präparation. Er erreichte damit, daß einige der damals zusammengestellten Kollektionen die Zeiten überdauerten. Seine eigene, von der Naturf. Ges. d. Osterl. erworbene Samml. befindet sich jetzt im Mus. von Altenb. Er starb nach dem Sturz von einer Leiter.
— Lit.: Würdigung (von H. Hildebrandt u. R. Heyder). Mitt. Sachs. 4, 1933, S. 49—51 (mit Bildnis u. Verz. d. Veröff.).

Schacht, Heinrich, * 26. 1. 1840 Lemgo, † 6. 2. 1912 Detmold. Er wuchs in einem Handwerkerhaus auf, dem Naturliebe und Pflege von Käfigvögeln eine freundlich heitere Note gaben. Nach dem Besuch des Detm. Lehrerseminars hatte der Drechslersohn von 1857 ab Hilfslehrerstellen in Oerlinghausen und Lieme inne, wurde 1865 Lehrer in Veldrom und lebte dort 25 Jahre. Die stille Abgeschiedenheit dieses Ortes in einem Längstal des Teutob. Waldes gab dem wegen freiheitlicher Gesinnung „politisch Verbannten“ unermüdlich genutzte Gelegenheit, auf Wanderungen und Streifzügen durch die lippische Landschaft die Vögel sinnig und kritisch zugleich zu studieren. Von 1867—1912 berichtete der Waldschulmeister über seine Beob. in Zool. G.und Zool. Beob., von 1881—1900 sehr rührig auch in Orn. Ms. und Orn. Cbl. Daneben fühlte er sich pädagogisch gedrängt zu vogelk. Vorträgen, die er in den 70er Jahren hauptsächlich im Naturw. Verein zu Detm. hielt. Von dankbaren Schülern wurden die dort verbreiteten Gedanken über ein Menschenalter hinweg bewahrt und weitergetragen. Nach 12jähriger Erfahrung faßte er 1877 seine Erlebnisse — sie waren teilweise schon im Zool. G. abgedruckt — in der „Vogelw. d. Teutob. Waldes“ zusammen. Das Buch, das deutlich die Vorliebe des Verf. für die rein biol. Behandlung des Stoffes verriet, erlebte 1907 und 1931 neue Aufl., obwohl die Zeit so manche der darin enthaltenen Vorstellungen überholt hatte. Ein zweites selbständiges Werkchen vereinte 1885 eine Reihe von Vorträgen und Aufs. unter dem Titel „Aus d. Vogelleben d. Heimat“; auch ihm ist der Wesenszug des schlichten Vogelfreundes eigen: Herzenswärme und Ehrfurcht vor der Natur und ihren Geschöpfen. Die Veröff. wandten sich an eine breite Leserschicht. Wissensch. Gelehrsamkeit und ausschließlich system. Betrachtungen lagen ihm fern. Nichtsdestoweniger erntete er, seit 1890 in Jerxen lebend, als ernsthafter Feldornithologe Anerkennung auch in den Kreisen der Fachleute. Die Zool. Sektion d. Westf. Prov.-Ver. Münst., in deren Jber. er sich gleichfalls zu Wort meldete, wählte ihn in ihren Vorstand. A. E. Brehm (s. d.) berief sich an vielen Stellen seines „Tierlebens“ auf diesen „in jeder Beziehung trefflichen Beobachter“. H. Landois (s. d.) griff in „Westf. Tierleben“ (1886) wiederholt auf seine Nachr. zurück. Auch den späteren Bearbeitern der lipp. Vogelf. — H. Kuhlmann

(s. d.) seit 1922, G. Wolff seit 1924, F. Goethe seit 1929 — blieb er der zuverlässige Gewährsmann aus früheren Jahrzehnten.
— Lit.: Würdigung (von G. Wolff). Lipp. Landes-Ztg. Nr. 287 v. 7. 12. 1907. - Würdigung (von Schelling). Lemgo 1907. - Nachruf (von G. Wolff). Zool. Beob. 53, 1912, S. 56/57. - Nachruf (von dems.). Orn. Ms. 37, 1912, S. 208—210. - Nachruf (Verf. ungen.). Lipp. Landes-Ztg. Nr. 39. v. 9. 2. 1912. - Nachruf (von H. Reeker). Jber. Münst. 40, 1912, S. 13—15. - Lebensbild (von K. Meier). Detm. 1931. - Verz. d. wichtigsten Veröff. bei F. Goethe, Vogelw. u. Vogelleben im Teutoburgerwald-Geb., 1948. - Bildnis in M. Staercke, Menschen v. lipp. Boden, 1936. - W. Hansen, Lipp. Bibl., 1957.

Schaeck, Franz de (von), * 16. 10. 1866 Vandoeuvres (Kanton Genf), † 11. 5. 1940 Genf. Mit A. Milne-Edwards arbeitete er am Pariser Mus. und nahm an den Kreuzfahrten des Grafen de Dalmas an der Ostküste Afrikas, nach Venezuela, den Antillen und Island teil. Von 1905—1932 war er dann Hilfspräparator am Naturw. Mus. von Genf. Aus seiner Feder stammen etwa 30 Veröff. in Bull. soc. zool. de Genève, darunter „Notice sur la collection d'oiseaux léguée par M. V. Fatio au Mus. . . . de Genève" (mit 45 Arten) (1908), „Qu'entend-on par région alpine? Observations sur quelques oiseaux des Alpes" (1908) und verschiedentlich Nachr. über die Vogelwelt Islands, Senegambiens und Venezuelas. Auch in Mitt. Wien und Orn. Jb. ist sein Name einige Male vertreten. Eine von ihm geschriebene Broschüre hat den Titel „Les oiseaux du Port de Genève" (1924).
— Lit.: Nachruf (von P. R.). Nos Oiseaux 15, 1939/40, S. 300.

Schäfer, Michael, * 4. 1. 1790 Illingen (Saar), † 28. 9. 1846 Trier. Nach dem Studium der Theol. wurde er 1814 Priester und im gleichen Jahr noch ordentlicher Lehrer am Gymnasium zu Trier. Hier wirkte er bis wenige Tage vor seinem Tode. Die freien Stunden gehörten seinem Lieblingsfache, der Naturw. In der weiten Umgeb. von Trier war er als fleißiger Sammler bekannt. Seine reichen Erfahrungen legte er in 2 Büchern nieder: „Trierische Flora" (3 Bde., 1826—1829) und „Moselfauna" (unvollendet, 1844). Die Fauna enthält die Aufzählung und Beschr. der im Reg.-Bez. Trier, im Moseltal und in der Eifel beobachteten Säugetiere, Vögel, Reptilien und Fische. Bei aller Bescheidenheit hatte Sch. Grund zu der Klage, daß „diese Arbeit durch den Mangel eines älteren Werkes der Art sehr erschwert" sei. So bleibt es sein Verdienst, zum erstenmal eine solche Zusammenstellung für eine Gegend geliefert zu haben, die auch späterhin wenig Beachtung in der Lit. fand. Die Liste der 347 Vögel weist faun. wertvolles Material auf. Die Schilderung von Brut und Zug ist nicht überall frei von Ungenauigkeiten. Die Kräfte des fast ganz allein auf sich gestellten Verf. reichten zu vollkommener Darstellung und Bewältigung des Stoffes nicht aus. F. v. Leydig (s. d.) benutzte den „Versuch" 1881 als willkommene Quelle.
— Lit.: Lebensbeschr. im Programm d. Friedrich-Wilhelm-Gymnasiums z. Trier 1847, S. 43/44.

Schäff, Ernst, Dr., * 25. 8. 1861 Itzehoe (Schleswig-Holstein), † 28. 7. 1921 Sonnenburg bei Küstrin (Neumark). Nach dem Studium der Zool. in Münch. und Berl. sowie Assistentenjahren an der Landw. Hochschule in Berl. wurde er 1892 Direktor des Zool. Gartens in Hann.; nebenher war er Dozent für Zool. an der dortigen Tierärztlichen Hochschule. 1910 übernahm er die Herausgabe des Zool. Beob., und von 1911 bis zu seinem Tode lag die Hauptschriftleitung der Dt. Jztg. in seinen Händen. Schon in jungen Jahren befaßte er sich mit der Orn.; 1888 trat er der DOG bei, an deren Leben er sich in der Berl. Zeit mit Sachkunde rege beteiligte. Fleißige Mitarbeit leistete er an Jagdzeitschr., aber auch an Orn. Ms. (seit 1887) und J. Orn. (seit 1888). Gleichzeitig war er Verf. mehrerer selbständiger Werke. 1888 schrieb er einen „Leitfaden d. Zool." (für Studierende der Naturw. u. Med.). In der Vogelk. machte er sich einem größeren Kreis erstmalig durch ein beifällig aufgenommenes „Orn. Taschenbuch f. Jäger u. Jagdfreunde" (Neudamm 1890, 1905, 1921) bekannt; es enthielt „Tabellen z. Bestimmung sowie Beschr. aller Arten d. in Deutschl. vorkommenden Raubvögel, Hühner, Tauben, Stelz- u. Schwimmvögel, nebst einem Anhang: Rabenvögel u. Drosseln". Dazu traten „Anleitung z. Bestimmen d. dt. Tagraubvögel nach d. Fängen" (1893), „D. z. Jagd verwendeten Falkenarten" u. zool. Bem. in H. Schöpffers Übers. v. „Friedrichs II. Bücher v. d. . . . Falknerei" (Berl. 1896), eine Zusammenstellung unseres Flugwildes (Naturw. Wegweiser, nach 1907), ein Bestimmungsbuch „Unsere Singvögel" (1913) und Beitr. zu den „Lebensbildern aus d. Tierwelt" von Meerwarth-Soffel (1909—1911). Eine „Jagdtierkunde, Naturgesch. d. in Deutschland heimischen Wildarten" (1907) brachte ebenfalls eine Auswahl der in Betracht kommenden Vögel. Gern stattete er seine Veröff. mit eigenen Federzeichnungen aus. Über die engeren Grenzen erstreckten sich seine Beziehungen besonders zur ungar., schwed., holl. und engl. Vogelk. Als erfahrener, kenntnisreicher Jagdzoologe hatte er in den Reihen der Ornithologen einen geachteten Namen.

Schäffer, Jakob Christian, * 30. 5. 1718 Querfurt (Prov. Sachsen), † 5. 1. 1790 Regensburg. Er war Theologe, zuletzt Superintendent in Regensb. und beschäftigte sich hauptsächlich mit niederen Tieren. Für orn. Interesse sprechen daneben die von ihm herausgegebenen illustrierten Werke „Elementa ornithologica iconibus vivis coloribus expressis illustrata" (Ratisbonae 1774 u. 1779 mit je 70 Kupfern) und „Museum ornithologicum, exhibens enumerationem et descriptionem avium quas nova prorsus ratione sibi paratas in museo suo asservat" (Ratisbonae 1789 mit 52 Kupfern).
— Lit.: G. Salzmann, Denkwürdigkeiten aus d. Leben ausgezeichneter Teutschen d. 18. Jahrh., Schnepfenthal 1802, S. 112—115.

Schaffer, Alexander, * 20. 1. 1846 Pöls (Steiermark), † 15. 8. 1908 auf der Höhe von Jaffa. Der Benediktinerpater war in Mariahof (Steiermark) der Amtsnachfolger von Bl. Hanf (s. d.) und gab sich wie dieser in der örtlichen Begrenzung seines Pfarrbereichs fleißigen Freiland-Studien hin. Sinnvoll verwaltete und mehrte er so das orn. Erbe des Vorgängers. Im

Orn. Jb. 10, 1899 und 11, 1900 trat er erstmalig mit einer Liste der „Ersten Ankunft d. Zugvögel in Mariahof ... (1840—1899)" bzw. der „Ankunft u. d. Abzuges d. Zugvögel ..." hervor; die Daten bis 1888 stammten darin noch aus dem Tagebuch von Bl. Hanf. Seinem Meister setzte er ein lit. Denkmal durch das im Selbstverlag des Stifts St. Lambrecht erschienene Buch „Pfarrer P. Blasius Hanf als Ornitholog" (1904) mit Ergänzungen der Zugdaten bis zum Frühjahr 1903. Weitere bis zum Jahre 1907 von ihm gewissenhaft aufgezeichnete Beob. brachte alljährlich das Orn. Jb. 14, 1903 — 20, 1909. Seine Lebensbahn endete auf einer Reise nach Jerusalem.
— Lit.: Biogr. Notiz in Studien u. Mitt. aus d. Benediktinerorden 30, 1908, S. 383 ff. - Nachruf (von O. Herman). Aquila 15, 1908, S. 357.

Schalow, Herman, * 17. 1. 1852 Berlin, † 9. 12. 1925 Berlin. Der schon in der Schülerzeit sein Denken beherrschende Drang zum Sammeln und zur Naturbeobachtung blieb bei der Berufswahl unberücksichtigt. Der Sohn eines wohlhabenden Kaufmanns mußte statt des naturw. Studiums schon nach der Unterprima die Laufbahn des Bankbeamten beginnen: Der alte Zwiespalt zwischen Broterwerb und Neigung! Nie gebändigte Liebe zur Vogelwelt und immer strebendes Bemühen ermöglichten ihm nichtsdestoweniger einen staunenswerten Aufstieg. Der naturw. Autodidakt führte in den Jahrzehnten um die Jahrhundertwende zusammen mit A. Reichenow (s. d.) die DOG und bestimmte das geistige Gepräge der dt. Orn. 1872 trat er der Berl. Gesellschaft bei. Er wurde Schüler von J. Cabanis (s. d.), der die junge Begabung erkannte und ihm schon 1873 die Protokollführung der Berl. Sitzungen übertrug. Von all den anderen orn. Köpfen jener Zeit hatte dann wohl A. E. Brehm (s. d.) den größten Einfluß auf die Entwicklung des Jünglings. Zuerst war es die märk. Vogelf., deren Erkundung er sich mit ganzem Herzen hingab. Sie beschäftigte ihn noch im Mannesalter. Die verschiedenen Beitr., die er ihr seit 1875 hauptsächlich in J. Orn. widmete, wurden schließlich gekrönt durch die „Beitr. z. Vogelf. d. Mark Brandenb." (1919). Das Buch, sein umfangreichstes neben den „Vögeln" der „Fauna arctica" (1904), gab über 294 Arten Auskunft und erhielt seine für die Faun. bahnbrechende Note durch die bibl. und biogr. Teile. Da der Verf. aber schon seit der Jahrhundertwende selbst nicht mehr unter freiem Himmel tätig sein konnte, waren die rein faun. Angaben über eine Reihe von Arten, z. B. Schwarzstirnwürger, Sandregenpfeifer, Flußseeschwalbe, Zwergseeschwalbe, beim Erscheinen des Werkes lange überholt. Dem Streben, sich auch in der wissensch. System. zu bewähren, wurden durch die berufliche Inanspruchnahme gleichfalls Grenzen gesetzt. Nur an den Sonntagen konnte er im Berl. Mus. morphol. Studien treiben, und nie hatte er das Glück, fremde Faunengebiete kennenzulernen. Und doch lieferte er von 1875—1908 u. a. Beitr. zur System. der Gattung Lanius und zu Samml. aus Ostafrika, Westgrönl., Chile, Patagonien, Zentralasien. Die stärkste und unermüdlich gepflegte Seite seiner Studien berührte die Bibl. (u. a. Verz. der Arbeiten von A. Reichenow, 1896; von J. Cabanis, 1906; der orn. Lit. der Mark, 1919). Nicht weniger hervorstechend war er als Meister der Biogr. Mit der Kunst, aus einzelnen Steinchen ein Gesamtbild der behandelten Persönlichkeit zusammenzusetzen, stand seine Vorliebe für die Darstellung der Fortschritte der Vogelk. in Verbindung. Vorträge auf den Jahresversammlungen der DOG 1878 und 1882 sind Zeugnisse für seine synthetische Begabung. Viel Anregung zu personenkundlicher Forschung sowie zu gesch. Einordnung früherer und zeitgenössischer Leistungen der Orn. ging von ihm aus (u. a. Biogr. Notizen in Orn. Cbl. 3, 1878 bis 6, 1881; Rede bei der 50-Jahr-Feier in Leipz. 1901 und Beschluß der DOG, eine „Orn. Bibl. Deutschl." mit biogr. Notizen über die einzelnen Autoren zu geben). Da in den Naturw. geschichtliche Betrachtungen meist nur beiläufig angestellt werden, blieben aus Mangel an Echo und Verständnis seine hierher gehörigen Versuche aber in den Anfängen stecken. Ganz bedeutende Förderung verdankte ihm das innere Leben der DOG. Seit 1894 war er 2. Vorsitzender, von 1907—1921 1. Vorsitzender der Gesellschaft. Mit persönlichem Takt und ungewöhnlicher Redegewandtheit leitete er die Berl. Versammlungen und wirkte mitgestaltend am J. Orn., in dem er — Verehrer von J. F. Naumann — trotzdem zu allen neuen Problemen und Strömungen aus jugendlich bewegtem Geist, kritisch aber wohlwollend, in Besprechungen und Referaten das rechte Wort fand. Als erster der Berl. Ornithologen bekannte er sich schon 1900 zu E. Harterts (s. d.) Auffassung in der Rassenfrage und schreckte in der Folge auch nicht vor einer Trübung des Verhältnisses zu A. Reichenow zurück, als er dessen nomenklatorischen Weg nicht zu billigen vermochte. Überdurchschnittliche Belesenheit und Quellenforschung waren Vorbedingungen für seine Führerrolle. Er konnte sie erfüllen, weil er sich seit der Schulzeit mit nie erlahmendem Eifer und feinem bibliophilem Geschmack eine orn. Bibliothek aufbaute, die einzig in Deutschl. dastand. 1922 vermachte er sie der DOG, die ihn 1921 zum Ehrenmitglied und 3 Jahre später zum Ehrenvorsitzenden ernannte. Groß war die Zahl der Auszeichnungen, die sich auf seinem weißen Haupte häuften; zu ihnen gehörte der von der preuß. Regierung 1912 verliehene Professortitel, damals eine Seltenheit für einen nicht im Staatsdienst Tätigen. In der Geschichte der dt. Orn. wird er stets als einer der Verdienstvollsten verzeichnet bleiben. 6 Vogelformen, zusammengestellt in J. Orn. 74, 1926, S. 187, tragen seinen Namen.
— Lit.: Nachruf (von F. v. Lucanus). J. Orn. 74, 1926, S. 168—174 (mit 2 Bildnissen). - Nachruf (von E. Stresemann). J. Orn. 74, 1926, S. 175—187. - Nachruf (von L. v. Boxberger). Gef. W. 55, 1926, S. 2. - Nachruf (von dems.). B. z. F. 2, 1926, S. 2/3.

Schan, Lucas, † 1550 Straßburg. In den Stadtakten von Straßb. ist er erstmals als Bürger für das Jahr 1526 genannt. Er war Maler, gleichzeitig aber auch Vogelliebhaber, der mit Eifer und Erfahrung dem Fang und der Jagd oblag. Bekannt wurde sein Name durch die Verbindung mit C. Gesner (s. d.). Neben G. Fabricius und J. Kentmann (s. d.) gehörte er

zum Kreis der Kenner, die dem schweiz. Gelehrten Nachr. und Mitt. über dt. Vögel für die „Historia animalium" (1555) schickten. Einigen Arten fügte er selbst die Beschr. bei. Außerdem förderte er das Werk dadurch, daß er die meisten der behandelten heimischen Vögel nach dem Leben malte. Die von seiner geschickten Hand teilweise auch illustrierten Holzschnitte mehrten offenbar den Beifall der zool. interessierten Leser. Der Autor muß infolgedessen mit dem werbenden Bildschmuck des Straßb. Freundes sehr zufrieden gewesen sein. So blieb Sch. der einzige Künstler, den der Polyhistor mit Namen erwähnte. Eine Anzahl seiner Aquarelle, darunter 18 Vogelbilder, die dereinst als Vorlagen für das große Werk benutzt worden waren, sind in der Univ.-Bibliothek von Basel noch aufbewahrt und sprechen für das hohe Können des Malers.
— Lit.: E. Stresemann, Entw. d. Orn., 1951. - Cl. Nissen, D. Illustrierten Vogelbücher, 1953, S. 35.

Scharnke, Hans, Dr., * 7. 10. 1907 Jannowitz (Riesengebirge), † 25. 8. 1941 Rußland. Sohn eines an einem Kriegsleiden früh verstorbenen Offiziers, studierte er von 1927—1931 in Greifsw., Münch. und Berl. Naturw. In Berl. promovierte er 1931 mit „Physiol.-anat. Studien am Fuße d. Spechte", ging kurze Zeit nach Rossitten und nahm als wissensch. Beobachter an einer Nordlandreise des Kreuzers „Hessen" teil. Bis 1933 weilte er im Auftrag des Dt.-wissensch. Austauschdienstes mit besonderer Auszeichnung an der Sorbonne in Paris. Nach kurzer Assistentenzeit am Zool. Mus. in Berl. war er von 1934 ab Assistent am Zool. Inst. in Münch. Hier habilitierte er sich 1938 mit der Arbeit „Experim. Beitr. z. Kenntnis d. Vogelatmung" und wurde 1939 Dozent. Er starb als Leutnant in einem Feldlazarett an den Folgen einer am 14. 8. 1941 bei Kingissepp a. d. Luga erhaltenen Verwundung. Seine wissensch. Unters. galten der Anat. der Vögel (Zungenbau der Spechte, Nectariniiden, Meliphagiden, Kolibris, 1931—1932) und der Physiol. (Vogelatmung, 1934—1938). Im Anschluß an eine Forschungsreise in das Rhodope-Gebirge (1936) trat er auch faun. hervor mit einer Darstellung der Vogelwelt Süd-Bulgariens (1938). Die Veröff. aus seiner fleißigen Feder sind, wie folgt, verteilt: J. Orn. 78, 1930; 79, 1931; 80, 1932; 81, 1933; 86, 1938; Orn. Mber. 39, 1931; Verh. Dt. Zool. Ges. 1931; Annales de Physiol. 8, 1932; Extrait des comptes . . . de la Soc. de biol. 113, 1933; Extrait des Annales de Physiol. 10, 1934; Ergebnisse d. Biol. 10, 1934; Sb. Ges. f. Morph. u. Physiol. 44, 1935; Zs. f. vergl. Physiol. 25, 1938. Mit Sch. ging ein begabter Vertreter der wissensch. Orn. zu früh dahin. Sein Tod auf dem Schlachtfeld vernichtete hochgespannte, an die Hochschullaufbahn geknüpfte Erwartungen.

Schauer, Ernst, * 20. 8. 1812 Droyßig (Kr. Zeitz), † 22. 6. 1887 Pieniaki (Ostgalazien). G. A. W. Thienemann (s. d.) führte den Lehrersohn in die Vogelk. ein und unterwies ihn im Präparieren. Nachdem er in Weimar den Gärtnerberuf erlernt und in Halle seiner Militärpflicht genügt hatte, ging er 1834 an das Dresd. Naturalienkabinett und kam dort in Verbindung mit F. A. L. Thienemann und H. G. L. Reichenbach (s. d.). Entscheidende Wendung aber erfuhr sein Leben erst, als er 1844 die Stelle des Konservators und Präparators am Univ.-Mus. in Krakau übernahm. Hier bediente sich zuerst Graf K. Wodzicki (s. d.) der großen Fähigkeiten des dt. Autodidakten für den Aufbau seiner Samml.; auf vielen Streifzügen erschlossen sich den beiden Freunden die westgal. Vogelgründe. 1850 siedelte Sch. als Berater und Konservator zu dem Gründer des Lemberger Mus., dem Grafen W. Dzieduszycki (s. d.), nach Ostgalizien über (bis 1855 auf Gut Poturzyca, bis 1862 in Pieniaki bei Brody). In dieser Zeit brachte er einen Großteil der orn. und zool. Bestände des Lemb. Mus. zusammen; er erbeutete sie auf zahlreichen Exk. durch Gal. und auf einer Reise, die ihn — elf Jahre nach K. Wodzicki — 2 Monate lang zusammen mit A. Kocyan (s. d.) in die Tatra führte. Nach einer Rückkehr an das Krak. Mus. folgte er 1866 erneut der Einladung seines ihn hoch schätzenden Jüngers und Gönners, des Grafen Dzieduszycki, und verblieb fortan auf dessen Besitzungen — der jungen gal. Vogelk. bedeutende Dienste erweisend. Er war ein ehrlicher, offener, anspruchsloser Mann, der sich in seiner Wahlheimat großer Beliebtheit erfreute. Als leidenschaftlicher Schütze jagte er mit Vorliebe in den ausgedehnten Sumpfstrecken und eignete sich eine umfassende Kenntnis ihrer Avif. an. Dazu war er ein Meister in der Präparierkunst, an der sich viele Ornithologen seiner Zeit begeisterten. Sein Feld war die Freilandforschung; in der System. hielt er sich zurück, er kam hier nicht über die Anschauungen der nur beschreibenden Naumannzeit hinaus. Auch die Beschäftigung mit der Feder lag ihm nicht, obwohl er dazu berufen gewesen wäre, eine Darstellung der gal. Vogelwelt zu hinterlassen. Zwischen 1862 und 1886 stehen nur 7 Veröff. von ihm über Vögel seines Wirkungsbereichs in J. Orn., Verh. Wien, Mitt. Wien und Orn. Ms. Am wichtigsten waren „Tagebuchnotizen während eines orn. Ausflugs auf d. Hohen Tatra in d. Monaten Juli bis August 1861" (J. Orn. 10, 1862) und „Über d. Vogelw. in d. Umgeb. v. Krak." (Mitt. Wien 2, 1878); in dieser Arbeit, die sich auf persönliche Feststellungen aus den Jahren 1844—1851 und 1862—1867 stützte und 246 Arten behandelte, stand er poln. Beob. vorsichtig kritisch gegenüber.
— Lit.: Biogr. Notiz (von A. Reichenow u. H. Schalow). Orn. Cbl. 6, 1881, S. 149. - Nachruf (von V. v. Tschusi). Mitt. Wien 13, 1889, S. 22—27 (mit Bildnis u. Verz. d. Veröff.). - G. Brzęk, D. Goldene Zeitalter d. Poln. Orn. (Poln. mit engl. Zusammenfassung). Memorabilia Zool. 3, Warschau 1959.

Schaumburg, Johann Heinrich, * 1752, † 1831 Kassel. Über sein Leben und Wirken sind nur wenige Daten und Einzelheiten sicher belegt. Zu Anfang des 19. Jahrh. gehörte er als Mitbegründer der Wett. Ges. f. d. ges. Naturk. zu dem von B. Meyer und J. Ph. A. Leisler (s. d.) geführten Kreis von Naturforschern des Untermaingebiets. Lange Jahre war Hanau sein Wohnsitz. Dort besaß er, unterstützt von J. Ph. A. Leisler, ein „Naturalien-Bureau", aus dem er das „naturhist. Publikum" mit ausgestopften

Tieren belieferte. Die Präparierkunst muß er in hohem Maße beherrscht haben. B. Meyer, dem diese Fertigkeit nicht eigen war, betraute ihn mit dem Aufbau der berühmten Offenb. Samml., und im Mai 1811 holte ihn, den damals die Orn. schon seit 30 Jahren beschäftigte, das junge Berl. Zool. Inst. — wohl auf Betreiben des Grafen J. C. v. Hoffmannsegg (s. d.) — zur Bearbeitung der dort aufgestapelten Bälge. Doch kehrte er im November schon wieder um. Goethe betonte 1814, daß diese Han. Samml. „unter den dt. Privatkabinetten sonder Zweifel die erste Stelle" beanspruchen dürfe. Später nahm sie ihr Besitzer mit nach Kassel; offensichtlich war der Ankauf des Leislerschen Kabinetts durch das Kass. Mus. der Anlaß zur Übersiedelung. Von 1818 ab stand Sch. in den kurhess. Staatskalendern mit dem Titel eines Hofintendanten bei dem zum Hofstaat gehörigen Mus.-Personal. 1824 wurde er pensioniert, doch war er als Inspektor noch von 1826—1831 Leiter der Naturaliensamml. des Mus. Sein Ansehen bei den Zeitgenossen dürfte sich nur auf die meisterliche Handhabung des Präparierens gestützt haben. So sagte sein Vorgänger im Kass. Inspektorenamt, P. F. Grandidier (s. d.), in einem Ber. an das Oberhofmarschallamt v. 19. 12. 1825, daß „Sch. durch vieljährigen Fleiß bei dem Ausstopfen aller Arten von Tieren sich sehr viele, wenngleich nicht gelehrte Kenntnisse in diesem Teil der Naturgesch. erworben habe". Wann und warum er den Hofintendanten-Titel erhielt, ist nicht feststellbar. Die etatsmäßige Stelle in Kass. bekleidete er nicht, erschien aber auch nicht in dem Staatskalender des Großherzogtums Frankf. von 1812. Vielleicht ist ihm der Titel, den er schon in Han. führte, von dem längere Zeit dort residierenden Kurprinzen verliehen worden. Nach einer Bem. von E. Sezekorn (s. d.) in Jber. Kass. 2, 1838 wurde die Vogelsamml. des verstorbenen Hofbeamten damals im Gebäude der Höheren Gewerbeschule zu Kass. aufbewahrt; ihr späteres Schicksal ist unbekannt; einige Stücke sollen noch im Kass. Mus. sein.
— Lit.: Akten d. Staatsarch. Marburg. - Nachruf f. J. Ph. A. Leisler (Verf. ungen.). Ann. d. Sozietät d. Forst- u. Jagdkunde 2, 1815, S. 176—178. - J. W. Goethe, Über Kunst u. Altertum in d. Rhein- u. Maingegenden, Stuttg. 1816. - E. Stresemann, Entw. d. Orn., 1951. - L. Gebhardt u. W. Sunkel, D. Vögel Hess., 1954, S. 53.

Schein, Wilhelm, * 27. 12. 1889 Greene (Kr. Gandersheim), † 13. 9. 1956 Winsen/Luhe (Bez. Hamburg). Der Großvater öffnete schon seiner frühen Naturfreude den Zugang zur Vogel- u. Jagdkunde. Beiden Gebieten hielt er die Treue, auch als er 1927 Angestellter am Finanzamt Winsen wurde. Die Elbmarsch und die Wälder der Geest blieben fast 3 Jahrzehnte die Stätten seiner Beob. Seit 1931 setzte er sich als Mitarbeiter der Vogelwarten Rossitten und Helgol. im Dienste der Beringung ein. 1932 begann er mit der Überprüfung des Storchbestands und schrieb darüber in Orn. Mber. 44, 1936 und in B. Nieders. 4, 1951. Die Vwa. 15, 1950 brachte seine Aufz. über den „Unterschied in d. Heimzug- u. Wegzug-Verbreitung d. Kranichs". In weiteren Kreisen machte er seinen Namen bekannt, als er sich umsichtig und mitdenkend an den Planversuchen von W. Rüppell (s. d.) beteiligte. Über die Ergebnisse der Verfrachtung vornehmlich von Staren (jung von ihm aufgezogener und freilebender) berichtete er als Mitverf. in Vz. 5, 1934; 9, 1838; 12, 1941.

Scheitlin, Peter, * 4. 3. 1779 St. Gallen, † 17. 1. 1848 St. Gallen. Sohn eines Kaufmanns, studierte er Theol. und Naturk. in Jena und Gött., wo ihn die Vorlesungen J. F. Blumenbachs (s. d.) besonders anzogen. Nach der Rückkehr 1803 entwickelte er sich zum vielseitig tätigen St. Gallischen Gelehrten, Stadtpfarrer, Prediger und Schulmann. Seit 1805 war er Prof. der Phil. und Naturk. am Kollegium seiner Vaterstadt. Seine Mitbürger für eine „edlere Bildung" zu gewinnen, schwebte ihm als Lebensaufgabe vor; ihr widmete sich seine im Schreiben leichte Hand auf den verschiedensten Wissensgebieten und mit vielen Veröff. Da er gewohnt war, von früher Jugend an, die Tiere in ihren Lebensäußerungen zu beobachten, empfand er im Alter das Bedürfnis, sie den Menschen näherzubringen; diesem Ziele diente der „Versuch einer vollständigen Tierseelenkunde" (2 Bde., Stuttg. 1840). Dem Instinktbegriff der Teleol. stellte er hier — als Pionier unter den Schweiz. Tierpsychologen — die vermenschlichenden Theorien der Aufklärung entgegen und bewegte sich, L. Oken (s. d.) preisend, im Fahrwasser der Naturphil. Neben den körperlichen Abstufungen schrieb seine Phantasie den Vögeln „seelische" Eigenschaften zu, die von den Fischen zu den Säugetieren hinleiteten. Den Storch z. B. stellte er geistig besonders hoch, weil der Großvogel als „eine meisterhafte Vorbereitung auf die noch vollkommeneren Tiere .... schon eine große Welt um sich, viel Erkenntnis des Sinnlichen und der Verhältnisse, viel Denk-, Gefühls- u. Willenskraft" habe. Die Eulen dagegen waren zu Zerrbildern verurteilt, zusammengesetzt aus Papageien, Affen, Katzen und ausgestattet mit närrischen Seelen. Die Tiere ließ er aus freiem Willen handeln und denken wie die Menschen, und gefühlsselig sah er sie aller Empfindungen wie Liebe, Haß usw. fähig. Von wirklicher Sachkunde weit entfernt, konnte er trotz des schriftstellerischen Erfolgs in der ausgehenden Biedermeierzeit die wissensch. Orn. nach keiner Richtung hin fördern. Nichtsdestoweniger spielte er in der Entw. der Vogelk. und der aufkommenden Vogelschutzbewegung eine gewisse Rolle, weil seine Vorstellungen Nachfolge fanden im Anthropomorphismus, wie er in A. E. Brehms (s. d.) „Leben d. Vögel" (1861) und „Illustr. Tierleben" (1863—1869) überliefert ist.
— Lit.: Allg. Dt. Biogr. 30, 1890, S. 734—736. - E. Stresemann, Entw. d. Orn., 1951.

Schenk, Heinrich, * 23. 2. 1879 Óverbász (Batschka), † 16. 3. 1958 Karlsruhe. Als Maurer wanderte er im Alter von etwa 20 Jahren nach Nordamerika aus. 3 Jahre später kehrte er wieder heim, bildete sich unter Anleitung seines orn. wesentlich bedeutenderen Bruders Jakob Sch. (s. d.) in Budapest zum Präparator aus und betrieb dann diesen Beruf neben dem ursprünglich erlernten Handwerk in seinem Geburtsort. So wurde er, von Jugend auf der Vogelwelt zugetan, eingehend mit der Ornis seiner Umgeb. vertraut. Sein Anwesen grenzte an den Schilfgürtel des

Franzenskanals, und Fang und Jagd boten ihm beste Gelegenheit zur Begegnung mit manchen nicht alltäglichen Arten. Eine stattliche Formenfülle ging durch seine Hände, und die Ung. Orn. Zentrale, die ihn 1905 als ständigen Beobachter aufnahm, konnte sich so zahlreicher wertvoller Schenkungen aus der ganzen Batschka erfreuen; darunter waren erste Belege für den Seidensänger - Cettia cetti, Blutspecht - Dendrocopus syriacus, **Blaßspötter - Hippolais** pallida. Die Aquila brachte seine Erfahrungen mit Zugvögeln (darunter während des 1. Weltkriegs auch vom südl. und östl. Kriegsschauplatz). 1944 mußte er nach Deutschl. fliehen, lebte zunächst in Göttingen und seit 1953 in Karlsruhe.

— Lit.: Nachruf (von Schriftl.). Aquila 66, 1959, S. 328 u. 330 (ung. u. engl.).

Schenk, Jakob, 2. 6. 1876 Óverbász (Batschka), † 22. 2. 1945 Güns = Kőszeg (Komitat Eisenburg = Vas). 1939 setzte er auf Wunsch seiner Söhne den Geburtsnamen seiner Frau Vönöczky vor seinen Namen. — Die Sümpfe und Rohrwälder, die den väterlichen Besitz umgaben, schenkten ihm eine frühe Aufgeschlossenheit für das Leben der Vögel, noch ehe er das Obergymnasium in Szarvas und die Univ. Klausenb. besuchte. Nachdem er seit 1896 durch Briefwechsel und Mitt. von Vogelzugwahrnehmungen O. Hermans (s. d.) Aufmerksamkeit auf sich gelenkt hatte, wurde der Student, die Nachfolge C. Floerickes (s. d.) antretend, am 1. 7. 1898 als interner Mitarbeiter an das Ung. Orn. Inst. berufen. Zwar mußte er während des Militärdienstes und anschließend 2 Jahre aus privaten Gründen dem Inst. fernbleiben, vom 1. 10. 1903 ab standen aber seine hochentwickelte Naturliebe, sein scharfer Verstand, seine hervorragende Organisationsgabe, sein vorbildlicher Fleiß und nie erlahmendes Pflichtbewußtsein ununterbrochen im Dienst des Inst. Zuerst gab er nach der von G. v. Gaál (s. d.) entwickelten Methode die Zugberichte heraus; 1906 wurde er Assistent der Zentrale, 1909 Schriftleiter der Aquila und 1935 nach der Pensionierung T. Csörgeys (s. d.) Direktor des Inst. Auf vielen Gebieten der Forschung machte sich seine ersprießliche Tätigkeit bemerkbar. Das Beobachternetz baute er umsichtig aus, und die meisten Zugberichte entstammten seiner Feder. 1908 wurde unter seinem Einfluß die Beringung wesentlicher Teil des Arbeitsprogramms. Aus der Feldorn. kommend und der Ökol. und Biol. zugewandt, blieben ihm system. Betrachtungen fremd. Kaum zu übersehen ist die Zahl der Veröff., die als Früchte kritischer Erfahrung nicht nur in der Aquila, sondern auch in der dt. — z. B. „D. Frühjahrszug d. Weißen Storches in Ung." (J. Orn. 57, 1909) und „D. Zug d. Kranichs im hist. Ung." (ebd. 86, 1938) — und anderssprachigen Fachpresse sowie in Tageszeitungen erschienen. Wie kein zweiter überschaute er die Entwicklung der Orn. in seinem Vaterlande. Das Ergebnis hierher gehöriger Studien waren hist. und sprachgeschichtliche Darstellungen wie „Altberühmte siebenb. Vogelsamml." (Aquila 23, 1916), „Vögel" in Fauna Regni Hungaria (1917), „Vögel" in einer Neuausg. d. ung. Brehm (1929), „Namensverz. d. Vögel d. hist. Ung." (Aquila 42—45, 1935 bis 1938), „Turul, d. Bannervogel d. Hunnen-Magyaren" (9. internat. Orn.-Kongr., Rouen 1938), „Ung. Beizvogelnamen" (Aquila 42—45, 1935—1938 u. 46—49, 1939—1942), „Fünfzig Jahre Rückblick . . ." (ebd. 50, 1943), „D. Gesch. d. ung. Falknerei" (ebd. 65, 1958). Mit der Erkundung des Vorkommens und der Zuggewohnheiten der heimischen Avif. Hand in Hand ging sein Bemühen um die Bewahrung der ursprünglichen ung. Landschaft und damit um den Schutz der Vogelwelt. Die fortschreitende Bedrohung gerade der an die alten Ursümpfe gebundenen Formen veranlaßte ihn zu der großen Unters. über „D. einstigen u. gegenwärtigen Brutkolonien d. Edelreiher in Ung." (Aquila 25, 1918, Beil.). Internat. Ruf erwarb er nicht zuletzt durch die Wärme, mit der er Vogelschutzfragen auch auf europ. Kongressen (Berl., Kopenh., Genf, Amsterdam, Wien, Rouen) behandelte. Eine Auszeichnung bedeutete daher die Ernennung zum Vizepräsidenten der internat. Vogelschutz-Organisation 1938. Ein besonderes Verdienst seines Wirkens liegt ferner darin, daß er das Gesicht und damit die Geltung der Aquila über die vaterländischen Grenzen hinaus entscheidend zu gestalten half: Er schrieb die meisten seiner Arbeiten für diese Zeitschr. dt. und übertrug zahllose Artikel ins Ung. oder umgekehrt ins Dt. Lange blieb er der fast alleinige Übersetzer der ung. verfaßten Beitr., bis er sich H. Salmen (s. d.) für diese Zwecke zu Hilfe nahm. Der Name Jakob Schenk ist aus der Geschichte der ung. Orn. im 20. Jahrh. nicht wegzudenken. Daß die tragische politische Entwicklung seit 1914 den wissensch. Weg des der Vogelforschung ergebenen Mannes oft hemmte, sichert der schriftstellerischen Hinterlassenschaft des zähen Willens eine erhöhte Anerkennung. Noch im September 1944 ernannte ihn die DOG zum Ehrenmitglied. In den letzten Lebenstagen — er verbrachte sie nach der Flucht aus Budapest bei seinem in Güns wohnenden Sohne — zeigte sich das so vielfach tückische Geschick ihm gnädig zugeneigt; im Toben vernichtender Stürme rief es ihn von der irdischen Bühne ab, ehe er die Zerstörung der Ung. Orn. Zentrale erfahren hatte.

— Lit.: Nachruf (von T. Csörgey). Aquila 51—54, 1944—1947, S. 42—44 u. 44/45 (ung. u. engl.). - Würdigung (von A. Keve). Állattani Közl. (= Zool. Mitt.) 48, 1961, S. 5—7 (mit Bildnis). - Bildnis in Aquila 50, 1943.

Schiebel, Guido, Dr., * 4. 5. 1881 Skrochowitz, Bez. Troppau (Sudetenland), † 6. 11. 1956 Bad Ischl (Ober-Österreich). Der Vater, vorher Verwalter einer Zuckerfabrik, erwarb 1883 Schloß und Gut Breitenau (Krain), das die Mutter aber 1900 wieder aufgeben mußte. In diese Jahre einer unbeschwerten Jugend reichen die Wurzeln seiner orn. Neigungen und des ihn leidenschaftlich beherrschenden Triebes zum Sammeln. Es waren nicht nur Vogelbälge, Eier, Skelette und Gewölle, die die Räume noch des bejahrten Junggesellen füllten, sondern auch Bücher, Insekten, Mineralien, Briefmarken und vieles andere. Nach dem Schulbesuch in Marb. und naturw. Studien in Wien wurde er vor dem 1. Weltkrieg Mittelschullehrer und Studienprofessor in Freistadt (O.-Ö.) und Klagenfurt, später in Graz. Er war ein Mann von unbedingter Rechtschaffenheit und echter Herzensgüte, der Typ des zutiefst vornehm denkenden Menschen. Für seine Verdienste als selbstloser Erzieher — er verstand die eigene Naturliebe und Begeisterungsfähigkeit auf die Jugend zu übertragen — erhielt er den Titel Studienrat. Die Orn. stand seinem Herzen am nächsten. Er war vorzüglicher Schütze und beispielhaft sicherer Formenkenner unter freiem Himmel. Daß er V. v. Tschusi, O. Reiser und O. Kleinschmidt (s. d.) zu den nächsten Fachfreunden zählte, erklärt dazu seine besondere Aufgeschlossenheit für Verbreitungs- u. Subspezieserscheinungen paläarkt. Vögel. Am eingehendsten beschäftigte er sich mit Würgern, Weidenmeise, Krähen, Sperber und Haselhuhn. Schon seine Diss. mit dem Titel „Z. Phylogenese der Lanius-Arten" (J. Orn. 54, 1906) war eine vergl. Unters. der Abstammung und Verwandtschaft von fast 80 Würgerformen. Beobachtungs- u. Sammelreisen nach Dalmatien (1907—1913), Korsika (1910), Kreta (1925), Sizilien (1933) ergänzten sein Vergleichsmaterial und erlaubten ihm in seinen Ber. für Orn. Jb., Progr. d. Obergymnasiums Klagenfurt (1910/11), Orn. Mber., Jber. d. 2. Bundesgymnasiums Graz (1934), J. Orn. geistvolle Stellungnahme zu stammesgesch. und phänol. Betrachtungen. Die Faun., Biol., Fragen der Gefiederfarben bei Krähen und Haselhühnern berührte er weiter in Mitt. und Abh. für Waidmannsheil, Orn. Ms., Dt. Jztg., Österr. Forst- u. Jgdztg., D. Jagdfreund, Verh. Bay., Wild u. Hund, Falco, Waldrapp. Über 50 Veröff. aus seiner Feder zeigten, daß er Probleme suchte und mit kritischem Verstand kluge Deutungen geben konnte. Viel Anregung ging von ihm aus. Sie hätte wohl noch spürbarere Form angenommen, wenn nicht sein Plan, das Orn. Jb. V. v. Tschusis fortzusetzen, an den wirtschaftlichen Schwierigkeiten nach dem 1. Weltkrieg gescheitert wäre.

— Lit.: G. v. Rokitansky, G. Sch. als Mensch u. Ornithologe, Mitt. d. Abt. Zool. am Landes-Mus. Graz, Heft 5, 1956, S. 5—7 (mit Bildnis). - H. Schönbeck, Verz. d. wichtigsten Veröff. G. Sch.s, ebd. Heft 5, 1956, S. 8—10.

Schier (Šír), Wladislaus, Dr., * 24. 3. 1830 Jičín = Jitschin (Böhmen), † 24. 4. 1889 Prag. Sohn eines Gymnasialdirektors, war er von 1858 bis 1875 Arzt in seinem Geburtsort. Dann siedelte er nach Prag über, wo er sich in der Stadtverwaltung rege und vielseitig betätigte. 1885 mußte er aus Gesundheitsgründen die Praxis aufgeben. Die letzten Jahre verbrachte er als med. Fachberater im Dienste des Magistrates von Prag. Seine Freizeit füllten vornehmlich feldorn. Studien aus. Durch Veröff. (es sind etwa 70 Titel) in dt. und tschech. Sprache bemühte er sich seit 1871 um die Verbreitung orn. Kenntnisse und das Verständnis für den Schutz „nützlicher" Arten unter seinen Landsleuten. Zu diesem Zweck gab er die „Bl. d. Böhm. Vogelschutzvereins" zweisprachig heraus; sie hatten mit 3 Bänden von 1881—1884 nur kurzen Bestand. Er mußte sie fast ganz mit eigenen Arbeiten füllen, die trotz seines Fleißes und persönlicher Opfer auf sterilen Boden fielen. So konnte er der gut gemeinten Gründung nicht den frühen Untergang ersparen. Von 1887—1889 standen schließlich seine nicht gewichtigen Wortmeldungen in Mitt. Wien. Außer dem Vorkommen und dem Nutzen bzw. Schaden der einzelnen Formen beanspruchte ihn — unter dem Einfluß der Palménschen Zugtheorien — die fruchtlose Vorstellung von böhm. Zugstraßen. Durch ausgedehnte Umfragen (mit amtlicher Unterstützung) vor allem bei den Lehrern des Landes versuchte er seit 1877 offene Fragen zu klären, entwertete seine Schlußfolgerungen aber durch unentschuldbare Leichtgläubigkeit und völligen Mangel an kritischer Sichtung des gesammelten Materials. Von seinen volkstümlich geschriebenen Büchern können genannt werden: „Nützliche, bis jetzt verfolgte Vögel" (tschech., Jitschin 1874), „D. schädlichen Vögel" (dt. u. tschech., Prag 1878), „D. Vögel Böhmens" (tschech. in 4 Teilen, Prag 1890/91).

— Lit.: Nachruf (von V. v. Tschusi). Mitt. Wien 13, 1889, S. 254—257 u. 266—269 (mit Bildnis u. Verz. d. Veröff.). - J. P. Pražák, Über d. Vergangenheit u. Gegenwart d. Orn. in Böhm., Orn. Ms. 22, 1897, S. 270—274; 289/90.

Schiermann, Gottfried, * 15. 10. 1881 Berlin-Spandau, † 10. 9. 1946 Berlin-Neukölln. Wie die zeitgenössischen Berl. Oologen H. Hocke und P. Gressin (s. d.) war er von Haus aus Maler. In der Nähe von Hann. wuchs er naturnahe auf, zog auf Wanderschaft in die Schweiz, nach Ital. und wurde in Berl. seßhaft; hier lag schließlich die Leitung eines beachtlichen Unternehmens in seinen Händen. Zäh und ausdauernd streifte er in der Freizeit durch die märk. Fluren, wenngleich anfangs nur, um angeborenes Beobachter-Geschick auf Eier und Nester (er entdeckte sie mit einem erstaunlichen Gespür) zu richten. Nach dem 1. Weltkrieg aber ging er unter dem Einfluß von L. v. Boxberger und L. Schuster (s. d.) mehr als alle anderen dortigen Sammler zu ernsthaftester Beschäftigung mit der Faun. und Brutbiol. über, und sein Name verband sich bald mit so ausgezeichneten, auch neue ökol. Gesichtspunkte bringenden Arbeiten wie „Locustella luscinioides im Kremmer Luch b. Berl." (J. Orn. 72, 1924 u. 74, 1926), „Wanderfalke u. Hühnerhabicht in d. Mark Brandenb." (ebd. 73, 1925), „Beitr. z. Schädigung d. Wirtsvögel durch Cuculus canorus" (B. z. F. 2, 1926), „Studien an Baumhorsten dt. Raubvögel" (Orn. Mber. 34, 1926), „Z. Brutbiol. d. Schilfrohrsängers" (J. Orn. 75, 1927), „Unters. an Nestern d. Haubentauchers" (ebd. 75, 1927), „D. Rohrschwirl" (ebd. 76, 1928), „Studien über Siedlungsdichte im Brutgebiet" (ebd. 78, 1930 u. 82, 1934; B. z. F. 18, 1942 u. 19, 1943). Insgesamt 26 Veröff. belegen das Ausmaß seiner Beob.; der größte Teil ist von P. Blaszyk und G. Steinbacher zusammengestellt in Märk. Tierw. 2, 1936. Wichtige Fortschritte verdankte ihm nicht nur die Erkundung der märk. Ornis; er gab zugleich als erster in Deutschl. durch Probeflächenzählung der Populationsforschung beträchtlichen Auftrieb. Als der bescheidene Mann in den Wirren der dt. Katastrophenjahre die Augen schloß, war er über den reinen Laienbeginn schon lange und weit hinausgewachsen. Die Achtung vor der Zuverlässigkeit seines Urteils und der Sicherheit seiner Schlüsse zeigte sich u. a. in der hohen Zahl in- u. ausländischer Besucher, die sich in seinem Berl. Heim einfanden. Wohl jeder der damals in Berl. sich aufhaltenden jüngeren Ornithologen nutzte

zudem die Gelegenheit, auf Exk. von seiner Begabung und Erfahrung unter freiem Himmel zu lernen. Allein die zündenden Funken echter Naturbegeisterung, die er in junge Herzen zu legen verstand, sichern ihm ein lange währendes Gedenken.
— Lit.: Nachruf (von G. Steinbacher). Vw. 71, 1950, S. 17/18. - Bildnis in B. z. F. 15, 1939.

Schifferli, Alfred (sen.), * 12. 12. 1879 Sempach (Kanton Luzern), † 4. 6. 1934 Sempach. Die Anfängerarbeiten, die der Buchhalter des Verbandes landw. Genossenschaften ... in Luzern seit 1902 dem Orn. Beob. übergab, waren bereits Zeugnisse besonderer Aufgeschlossenheit für die Rätsel des Vogelzugs. Eigenen, noch sehr unvollkommenen Versuchen zur Kennzeichnung der Vögel des Semp. Gebietes folgte die Möglichkeit zu ernsthafterer Arbeit, als ihm 1911 die ersten Schweiz. Ringe durch A. Heß und C. Daut (s. d.) zur Verfügung standen. Hand in Hand mit dem Fang- u. Beringungseifer ging sein Streben, in der Artenkenntnis voranzukommen und sich mit der Biol. der Vögel vertrauter zu machen; zu diesen Zwecken baute er eine örtliche Samml. auf und legte in seinem Garten einen Teich an, den er mit (meist verletzten) Wasser- u. Sumpfvögeln besetzte. Zum Bilde des aus eigener Kraft sich entwickelnden Autodidakten paßt zwanglos seine Zugehörigkeit zur Schweiz. Ges. f. Vogelk. ... seit ihrer Gründung. Sein stets einsatzfreudiger Forschungsdrang fand gebührende Anerkennung, als ihm A. Heß am 6. 4. 1924 die Leitung der Schweiz. Vogelwarte übertragen konnte, die neu gegründet damals nach Semp. verlegt wurde. Bemerkenswert ist, was er neben der Berufsbeanspruchung an Aufbau- u. Verwaltungsarbeit während des folgenden Jahrzehnts zustande brachte, und in welchem Umfange er der Beringung in der Schweiz Auftrieb gab, um die Frage des Vogelzugs über die Alpen — im Widerstreit mit G. v. Burgs (s. d.) Auffassung — zu klären. Aus 710 Markierungen 1924 wurden 20 000 im Jahre 1933. Er erfaßte vor allem den Zug der Schweiz. Stare, die zu Tausenden im nahen See rasteten. Größere Reisen, besonders nach Helgol., dienten ihm zur Vervollkommnung der Fangmethoden. Kurse, Führungen und Beratungen für Behörden, Forstleute, Landwirte galten der Weckung des Verständnisses für Vogelberingung u. -schutz in breiteren Kreisen seiner Landsleute. Als sachlich denkender und beherrscht handelnder Praktiker schuf er so die Voraussetzungen für die heutige Blüte der Semp. Vogelwarte. Verdienstvolle Pioniertätigkeit, die im Sohne Nachfolge fand, bleibt mit seinem Namen verknüpft.
— Lit.: Nachruf (von U. A. Corti). Orn. Beob. 31, 1933/34, S. 149/50. - Nachruf (von H. Noll). Ebd. 31, 1933/34, S. 151—154 (mit Bildnis). - Nachruf (von E. Walter). Tierwelt 44, 1934, S. 700. - Nachruf (von Schriftl.). Vz. 5, 1934, S. 210.

Schiller, Georg, † 3. 11. 1918 Berlin-Schlachtensee (61 Jahre alt). Ein großer Naturfreund, Verehrer und Schützer der Vogelwelt, lebte er um die Jahrhundertwende als Oberstleutnant z. D. in Berl. Sein Vater war mit J. F. Naumann befreundet. Er selbst gehörte seit 1907 der DOG an und machte sich in den Berl. Ornithologenkreisen vornehmlich durch seine Leidenschaft für die häusliche Vogelpflege bekannt. Die Zimmervögel wählte er nach der Gesangsleistung und bevorzugte Sprosser, Nachtigall, Rotrückenwürger sowie heimische und vor allem südl. Grasmücken. Als erster käfigte er den nordamerik. Klarinettenvogel. In seiner wertvollen und reichhaltigen Bibliothek standen Erstausgaben von J. A. und J. F. Naumann.
— Lit.: Nachruf (von F. v. Lucanus). Gef. W. 47, 1918, S. 192.

Schilling, Hugo, * 22. 6. 1831 Greifswald, † Hamburg (?). Nach der Pensionierung seines Vaters Wilhelm Sch. (s. d.) übernahm er 1853 die Stelle des Konservators am Zool. Inst. in Greifsw. und blieb hier — zuletzt nur noch Gehilfe — bis zum 1. 10. 1859. Dann verzog er aus nicht bekannten Gründen nach Hiddensee zu seinem jüngeren Bruder Theobald Sch., der dort Ökonom auf dem Gute Kloster war. In das orn. Schrifttum führte er sich ein durch eine Arbeit über „D. an d. Nordwestküste v. Rügen u. auf d. benachbarten Inseln im Herbste 1852 beobachteten Vögel" (J. Orn. 1, 1853). Feststellungen, die er an gleicher Stelle im März 1853 traf, veröffentlichte nach Jahren erst G. Quistorp (s. d.) in Naum. 8, 1858. Mit einem Angebot von Hiddensee-Naturalien und Seevögeln für Zool. Gärten (J. Orn. 7, 1859) erloschen die Lebensspuren des Sammlers. Doch sind die von ihm hinterlassenen ersten ausführlichen Winter-Aufz. von der Insel Hiddensee durch H. Schildmacher in „D. Vogelw. d. Insel Hiddensee" (Wissensch. Zeitschr. d. Univ. Greifsw., Math.-naturw. Reihe Nr. 5/6, 1955/56) verwertet.
— Lit.: F. Thierfelder, Dr. Wilhelm Sch., Abh. Altenb. 1, 1958, S. 14—25 u. 2, 1960, S. 19—28.

Schilling, Philipp, * 8. 6. 1866 Hünfeld (Hessen), † 16. 3. 1930 Frankfurt (Main)-Fechenheim. Der Sohn eines Landrats verlebte die Jugend in Schmalkalden und wurde nach dem Besuch des Seminars in Schlüchtern Lehrer in Kassel-Wehlheiden. 1899 übernahm er die Rektorstelle an der Volksschule Fechenheim. In der häuslichen Vogelpflege fand sein Bedürfnis nach enger Berührung mit der Natur und ihren Geschöpfen ein frühes, auch später nie verlassenes Betätigungsfeld. Gewohnt, mit offenen Augen durch Feld und Wald zu streifen, wurde er zu Anfang des Jahrh. dann führend in der Naturschutzbewegung des Untermaingebietes. In Vorträgen und Aufs. trat er für die Erhaltung der artenreichen diluvialen Altmainarme im Osten von Frankf. ein. Die Vereinigung f. Vogel- u. Natursch. sowie die Zweigstelle Untermain d. Vogelwarte Helgol. in Fechenheim sahen ihn seit der Gründung 1924 an ihrer Spitze. Im Landkreis Hanau war er der Vertrauensmann der Stelle f. Naturdenkmalpflege. Neben botan. gaben ihm seine faun. und brutbiol. Erfahrungen aus dem Maingau Anlaß zu einigen Veröff. über Beob. z. B. an Zwergtaucher (Gef. W. 55, 1926), Pirol (Orn. Ms. 51, 1926) und Enten, Bekassinen, Hausrotschwanz, Rotrückenwürger, Star (ebd. 52, 1927). Sonst trat er in der orn. Lit. nicht in Erscheinung. Vogelk. Kreise der Umgeb. von Frankf. brachten ihm hohe Wertschätzung entgegen.

— Lit.: Nachruf (von S. Pfeifer). Jber. U.-main 7, 1930/31, S. 3—5 (mit Bildnis).

Schilling, Wilhelm, Dr. h. c., * 26. 7. 1790 Schwarzbach (Thüringen), † 9. 2. 1874 Jena. Als er zwei Jahre alt war, heiratete seine Mutter nach dem benachbarten Renthendorf. Damit erschlossen sich ihm um 1815 die Verbindung mit Ch. L. Brehm (s. d.) und der Weg in die Vogelk. 1818 trat er erstmalig als Gast bei der Naturf. Ges. d. Osterl. in Altenb. auf. Im selben Jahr noch sammelte er auf Rügen für seinen Mentor Vögel, die diesem wenig bekannt waren. Die hierbei zutage tretende Kenntnis bewog den befreundeten Pfarrherrn, ihn als Mitherausgeber auf das Titelblatt des 3. Bd. der „Beitr. z. Vögelk." (1822) zu setzen; in der Tat gründete sich der Inhalt hauptsächlich auf die von Sch. beigesteuerte Erfahrung. Nachdem der Sammler im Winter 1818/19 in Leipz. immatrikuliert war, verbrachte er das Jahr 1819 wieder auf Rügen, um schließlich 1820 die Konservatorenstelle am neugegründeten Zool. Inst. der Univ. Greifsw. zu übernehmen. Die nun einsetzende rege Jagd- u. Sammeltätigkeit trug vielfältige Früchte. Sie zeigten sich im schnellen Ausbau des Mus. zur damals artenreichsten Schau der pom. Ornis und in den mit seinem Direktor F. Hornschuch (s. d.) gemeinsam veröffentlichten Arbeiten. Dazu gehörte ein „Verz. d. in Pom. vorkommenden Vögel" (1837), das sich allerdings nur auf Neu-Vorpom. bezog und nicht ohne Fehlangaben war. Nach 1837 ließ Sch.s Eifer merklich nach; und 1853, bald nach Hornschuchs Tod, trat er in den Ruhestand, verzog nach Naumb. und 1871 nach Jena. Zweimal meldete er sich noch in J. Orn. 1, 1853 zum Wort (mit 1852 in Helgol. gesammelten Beob. sowie dem Versuch, vom „kleinen weißkehligen Fliegenfänger" eine Form Muscicapa minuta aufzustellen) und brachte 1859—1861 ein „Hd.- u. Lrb. f. angehende Naturforscher u. Naturaliensammler" (3 Bde, Weimar) heraus. Umfangreiche Stoffsamml. über Zug, Gefangenschaftsverhalten, Innen- u. Außenmorphol. pom. Vögel verblieben als seine Hinterlassenschaft im Greifsw. Mus., ohne daß dort nach seinem Ausscheiden orn. zunächst weitergearbeitet wurde. Es ist sein nicht recht gewürdigtes Verdienst, die Kenntnis der Avif. von Greifsw. und Umgeb., der neuvorpom. Küste und der Insel Rügen gründlich erweitert zu haben. Mag sein Name vom Glanz des wissensch. Rufs seines Greifsw. Vorgesetzten später überschattet worden sein, so wurden die erfolgreichen Bemühungen um die Aufhellung der orn. Verhältnisse Pommerns und die Vervollständigung der Univ.-Samml. doch schon 1830 durch die Promotion zum Dr. h. c. der phil. Fak. belohnt.

— Lit.: F. Koske, D. Veröff. über d. Vogelw. Pom., J. Orn. 65, 1917, S. 1—42 u. 121—169. - Ders., D. Samml. pom. Vögel in Greifsw., ebd. 67, 1919, S. 159—195. - F. Thierfelder, Dr. Wilh. Sch., Abh. Altenb. 1, 1958, S. 14—25 u. 2, 1960, S. 19—28.

Schilling von Canstatt, Ferdinand Freiherr, * 4. 2. 1845 Heidelberg, † 9. 7. 1904 Leipheim (Donau). Er stammte aus einer alten bad. Familie und folgte der Überlieferung, als er die Forstlaufbahn wählte. Unter seiner Leitung wurde der Hirsch auf dem Hirschsprungfelsen im Höllental (Schwarzw.) aufgestellt. Bekannt war er durch sein vielseitiges Wissen auf forstlichem, jagdlichem und naturw. Gebiet. Seine Aufmerksamkeit galt nicht nur dem Jagdgeflügel, sondern der Vogelwelt ganz allgemein. Von den orn. Formenkenntnissen machte er aber in der Öffentlichkeit nicht viel Gebrauch. Nur in Orn. Cbl. 2, 1877 u. 3, 1878 meldete er sich zu Wort mit Notizen aus Posen, wo er im Kreis Schildberg 1876 als Forsteinrichter weilte, und mit „Miszellen" aus dem Neckartal, wo er seit 1877 ein Forstamt in Neckarschwarzach innehatte. Von ihm rührt auch die eingehende Nachr. her über das Auftreten des Bienenfressers bei Bickensohl am Kaiserstuhl in den 70er Jahren (Orn. Cbl. 2, 1877). 1876 trat er der DOG bei. 1885 wurde er Kammerjunker, 1890 Kammerherr, 1893 Hofjägermeister und Vorstand des Hofforst- u. Jagdamts in Karlsr.; 1900 zog er sich auf Schloß Leipheim zurück. Einige seiner Beob. sind von L. Fischer (s. d.) im „Kat. d. Vögel Bad." (1897) verwertet.

— Lit.: E. Frhr. Schilling v. C., Geschlechtsbeschr. d. Familie Sch. v. C., Heidelb. 1905, S. 298—303.

Schilling von Canstatt, Karl Freiherr, * 22. 4. 1843 Heidelberg, † 19. 9. 1899 Skutari (Albanien). 1862 verließ er den bad. Heeresdienst, um in Wien Forstwissensch. zu studieren. Seit 1880 stand er als österr. Forstingenieur und Forstmeister in Bosnien und der Herzegowina, in der Bukowina und Görz. In Waldflächen, die vor ihm nie ein dt. Forstmann betreten hatte, machte er sich verdient um die forstlichen und jagdlichen Einrichtungen. Neben der amtlichen Tätigkeit betrieb er erfolgreich zool., in erster Linie orn. Studien. Sie führten auch Beziehungen zu Kronprinz Rudolf (s. d.) herbei. Die Ergebnisse seiner Forschungen, meist auf entbehrungsreichen Posten an durchziehenden Vögeln gewonnen, reichte er dem Landesmus. in Serajewo ein, das manchen Nutzen aus seinen Ber. zog. 1898 wandte er sich zu vogelk. Erkundungen nach Griechenl., blieb während des Winters in Patras und ging im Frühjahr nach Albanien. Der Skutari-See und von Juli ab die Sumpfgebiete von San Nicolo di Bojana in Montenegro versprachen ihm reiche Ausbeute an Wasservögeln. Er wurde aber bald darauf von Malaria befallen und starb in Skutari. Kurz vor seinem Tode war die letzte Sendung von Vogelbälgen mit genauen Notizen über Zugdaten nach Serajewo abgegangen. O. Reiser (s. d.) verwertete gerne die Erfahrungen des lange einsam lebenden, seit 1885 unter Schwerhörigkeit leidenden Junggesellen und nannte ihn einen „außerordentlich scharf und gewissenhaft beobachtenden dt. Forstmann". Für die Vogelk. war seine unauffällige Mitarbeit gewiß ertragreicher als die seines Bruders Ferdinand Sch. v. C. (s. d.). Noch weniger als dieser aber kannte er den Wunsch, sein Wissen gedruckt zu sehen. Ihm genügte, seine Erlebnisse in Briefen sowie Tagebüchern niedergelegt und das Landesmus. Serajewo unterstützt zu haben.

— Lit.: E. Frhr. Schilling v. C., Geschlechtsbeschr. d. Familie Sch. v. C., Heidelb. 1905, S. 303—305. - Bad. Biogr. 5, 1906, S. 700—702.

Schillings, Karl Georg, * 11. 12. 1866 Weiherhof in Gürzenich bei Düren, † 29. 1. 1921 Berlin. Vom Vater her lag ihm, dem älteren Bruder des 1912 geadelten Komponisten, die Begeisterung für Tierbeob. und Jagd im Blute. Kennzeichnend für sein Sinnen und Trachten war die romantische Quelle; sie floß wohl aus dem Erbteil der Mutter, die der Familie des Dichters Cl. Brentano entstammte. O. le Roi (s. d.) nannte ihn in der „Vogelf. d. Rheinprov." (1906) vielfach als Gewährsmann für die Gegend von Düren. Mehrmals zog es den unternehmungsfreudigen Rheinländer in die Wildnis von Ostäquatorial-Afrika: 1896/97, 1899/1900, 1902, 1903/04. Von 1899 ab setzte er sich zum Forschungsziel, die Tierwelt der freien Wildbahn auf der photogr. Platte festzuhalten. In Zusammenarbeit mit der optischen Großfirma Goerz kam er schließlich auf die von den Objekten selbst ausgelöste nächtliche Blitzlichtaufnahme. Die Erfindung erregte innerhalb und außerhalb der wissensch. Welt Aufsehen und machte seinen Namen in der Welt bekannt. Ein Großteil der besten Bilder schmückte seine berühmteste Veröff. „Mit Blitzlicht u. Büchse" (1905). Neben dem Großwild erschienen, vorzüglich erfaßt, Geier, Raben, Flamingos, Gänse, Pelikane, Schlangenhalsvögel, Kormorane, Marabus, Edelreiher, Kronenkraniche. Kein Werk vorher bot in so hoher Zahl Aufnahmen freilebender Tiere. Gleichwertig war das zweite Buch „Im Zauber des Eleleschо" (1906), das 1910 mit dem ersten zu einem Bd. vereinigt wurde. Durch die Ergebnisse der von Sch. erstmalig benutzten technischen Neuerungen fühlte sich das junge Ornithologengeschlecht zu Anfang des Jahrh. nachhaltig zur Weiterentwicklung der wissensch. Naturphotogr. angeregt. Verdient machte sich der Afrikapionier ferner durch die nach Deutschl. gebrachten Samml.; von 355 Vogelarten stellte er zahlreiche Stücke den Mus. von Berl., Stuttg., Münch., Wien, Weimar, Karlsr. zur Verfügung. Öffentliche Anerkennung fand seine Forscherleistung durch die Verleihung des Professortitels. In späteren Lebensjahren setzte er sich in Vorträgen und Veröff. — z. B. „Die Vernichtung vieler Vogelarten durch moderne Damenmoden" (Verh. d. 5. internat. Orn.-Kongr., Berl. 1910), „D. Tragödie d. Paradiesvogels u. d. Edelreihers" (1911), „Paradiesvogel, Edelreiher u. d. Frau" (1913) — für einen weltweiten Naturschutz und vor allem für den Schutz des afrik. Wildes ein, das er vorausschauend damals schon von der fortschreitenden Kultur und der Schießwut der Jäger bedroht wußte. Am Grabe des Romantikers erklangen, wie es sein letzter Wille gewesen, die Eichendorff-Lieder „Wer hat dich, du schöner Wald . . ." und „O Täler weit, o Höhen . . .". Als der auf Löwen- u. Leopardenhäuten stehende Sarg versenkt wurde, setzten Wagner-Melodien ein. Nur Vertreter der Wissensch. sprachen Abschiedsworte.

— Lit.: Nachruf (von F. v. Lucanus). J. Orn. 62, 1921, S. 260/61. - Nachruf (von M. Braeß). Orn. Ms. 46, 1921, S. 99—101. - L. Heck, Heiter-ernste Lebensbeichte, Berl. 1938, S. 234—241. - W. Kosch, D. kath. Deutschl. 3, 1938, Spalte 4283 (mit Bildnis).

Schinz, Heinrich Rudolf, Dr., * 30. 3. 1777 Zürich, † 8. 3. 1861 Zürich. Das Studium der Med. führte ihn nach Würzb. und Jena. Als Bezirksarzt in seiner Vaterstadt, seit 1804 als Lehrer der Naturgesch. an der med. Schule, von 1833 bis 1855 als ao. Prof. an der dortigen Univ. gab er sich naturw., vor allem mus. Forschungen hin. Im Gegensatz zu seinem Zeitgenossen C. F. A. Meisner (s. d.), dem Leiter des Berner Mus., war er kein Mann der feldzool. Beob. Seiner innersten Neigung zur stillen Arbeit entsprach die system. Ordnung und Bestimmung der von anderen eingebrachten Museumsschätze. Nichtsdestoweniger erwarb er sich in der reinen Naturbeschr. ähnliche Verdienste wie C. F. A. Meisner, mit dem gemeinsam er als damals viel beachtetes Buch „D. Vögel d. Schweiz . . ." (1815) herausgab. In jenen Jahren lieferte er auch Material über Adler, Geier und andere Gebirgsvögel an J. F. Naumann; im 1. Bd. der „Naturgesch. d. Vögel Deutschl." dankte ihm der dt. Autor ausdrücklich für erwiesene Hilfsbereitschaft. Die schriftstellerische Regsamkeit des Sachkenners galt dem Ziele, das Wissen über die Schweiz. Wirbeltierfauna zu erweitern und der Bevölkerung zugänglich zu machen. In diesen Zweckbereich gehörte die „Beschr. u. Abb. d. künstlichen Nester u. Eier d. Vögel, welche in d. Schweiz, in Deutschl. u. d. angrenzenden nördl. Ländern brüten" (1818—1830); mit nur 73 Tafeln blieb der Versuch allerdings ein unbefriedigender Torso, weil der Verf. sich nicht genügend auf eigene brutbiol. Erfahrung stützen konnte. Volkstümlich ausgerichtet waren verschiedene mit mittelmäßigen Kopien geschmückte Ausg. der „Naturgesch. u. Abb. d. Vögelgattungen" (zwischen 1830 und 1853). Gewichtiger war wegen zahlreicher Nachr. über die Alpenfauna der von ihm verfaßte Bd. „Wirbeltiere" der „Fauna Helvetica" (1837); beachtenswert darin waren ein Verz. von 311 Vögeln und Bem. zum Vogelzug.

— Lit.: Nachruf (Verf. ungen.). Verh. Schweiz 1861, S. 157—166 (mit Verz. d. Veröff.). - Biogr. (von H. Locher-Balber). Neujahrsbl. an d. Züricherische Jugend 1863. - R. Lauterborn, D. Rhein, . . ., Freib. 1934, S. 186—188, 190/91.

Schirmacher, Gerhard, * 20. 6. 1883 Marienwerder (Westpreußen), † 3. 7. 1945 Hasserode (Harz). Wie sein Vater schlug er die Forstmeister-Laufbahn ein. Im 1. Weltkrieg schwer verwundet, verwaltete er verschiedene Forstämter: Seit 1916 Wanda (Prov. Posen), seit 1919 Nemonien (Kr. Labiau), seit 1927 Plietnitz (Pos./Westpr.), seit März 1945 Hasserode. Natur- u. Tierliebe ließen ihn zum warmherzigen Freund und Kenner auch der heimatlichen Vögel werden. Leider meldete er sich — wie so mancher, der aus eigener und gediegener Erfahrung etwas zu sagen hätte — nur selten zu Wort. Was er aber schrieb, hatte Hand und Fuß und stand in der Jagdpresse. Die Vogelwelt der ihm seit 1919 wohlvertrauten Landschaft behandelte er im 4. Teil einer längeren Darstellung „Aus litauischen Elchrevieren" (D. Heger 1924; 4 Forts.). Vortrefflich bewährte sich seine Beobachtungsgabe in der Beschäftigung mit der Biol. des Uhus, zu der ihm das pos.-westpr. Revier günstige Gelegenheit bot. Mustergültig waren die beiden Arbeiten mit dem Titel „Unser Uhu" (Wild u. Hund 41, 1935), die unter die wertvollsten dt. Veröff. über den Großvogel zu rechnen sind. Zu O. Uttendörfers (s. d.) Arbeitskreis hatte der Verf. nur insofern Beziehungen, als er weitere aufschlußreiche Einzelheiten (darunter Annahme eines künstlichen „Horstes") Otto Schnurre überließ, durch dessen Uhu-Beitr. sie in die Lit. eingingen. Orn. nicht ganz belanglos war schließlich, was Sch. in einer kleinen Übersicht zur „Einbürgerung d. schottischen Moorhuhns in dt. Revieren" (Wild u. Hund 42, 1936) beizusteuern wußte. Dem Leben des eigenwüchsigen, zu sarkastischem Humor neigenden Forstmannes war ein tragisches Ende bestimmt. In trüber Katastrophenzeit wurde er von Plünderern ermordet.

Schlag, Friedrich, * 15. 7. 1824 Metzels bei Wasungen (Kr. Meiningen), † 27. 1. 1906 Steinbach-Hallenberg (Kr. Schmalkalden). Nach dem Besuch des Seminars in Hildburghausen erhielt er 1844 „in Hessen" eine Stelle als Elementarlehrer. Dann war er bis 1889 Kantor in Steinbach-Hallenberg. Von Jugend auf Waldläufer, verkörperte er den Typ des anspruchslosen Vogelliebhabers und praktischen Vogelpflegers. Sein Lehrmeister war der Großvater, der noch selbst den Vogelleim in der Nähe der Vogeltränke gekocht hatte. Von 1878 bis 1905 brachten die Orn. Ms. und vor allem die Gef. W. aus der Feder des Enkels Mitt. und Aufs. über Beob. in Westthür. und (meist) über die Haltung einheimischer Arten. Am bekanntesten wurde sein Name in den interessierten Kreisen durch die 1879 erschienene kleine Broschüre „D. Dompfaff auf Grund 25jähriger Erfahrung möglichst allseitig geschildert". Sie belehrte über die Aufzucht und Abrichtung der Gimpel und erlebte überraschenderweise noch 1910 eine 6. und 7. Aufl. trotz recht rückständiger Empfehlungen (glockenförmiger Käfig, Öffnen der Bürzeldrüse mit einer Nadel bei „Darrsucht"!), die zeigten, daß der Verf. an den Fortschritten in der Vogelhaltung kaum teilgenommen hatte.
— Lit.: F. Schlag, Selbst-Biogr. eines alten Vogelliebhabers. Gef. W. 27, 1898, S. 107/08. - Nachruf (von K. Neunzig). Ebd. 35, 1906, S. 70/71 (mit Bildnis).

Schlechtendal, Eugen Dietrich Albert von, * 8. 7. 1830 Berlin, † 24. 5. 1881 Merseburg. Adalbert v. Chamisso war sein Pate, seine Mutter eine Tochter des bekannten Entomologen Klug in Berl. Der Vater war ein bedeutender Botaniker, Prof. und Direktor des Botan. Gartens in Halle. Beziehungen zu den Naturw. wurden daher bei Sch. schon in der Jugend wirksam. Nach dem jur. Studium in Berl. und Halle war er 1853/54 am Gericht tätig, wechselte aber dann zur Verwaltung über. Er arbeitete bei der Regierung in Merseb. bis 1858, später in Wittenberg und Trier. 1860 wurde er Landrat des Kreises Ottweiler. 6 Jahre danach ging er an die Regierung in Merseb. zurück, wo er seit 1872 als Regierungsrat wirkte. Früh war er geschickter Vogelzeichner, sein ganzes Leben hindurch Vogelpfleger, der sich gern mit selten gekäfigten Formen umgab. Seit 1870 war er Mitglied der DOG und gehörte mehrere Jahre ihrem Ausschuß an. Zahlreiche Veröff. aus seiner Feder in Orn. Ms. und Orn. Cbl. galten den von ihm gezüchteten Vögeln, vor allem den Erfahrungen mit Exoten. Sein Hauptverdienst liegt auf dem Gebiete des Vogelschutzes. Der Name des Dt. Ver. z. Schutze d. Vogelw. geht auf seinen Vorschlag zurück; er war maßgeblich an der Gründung in Halle beteiligt. Am 6. 1. 1875 übernahm er den Vorsitz. Vom 1. 1. 1876 ab gab er die Monatsschr. des Vereins heraus; ihren Inhalt richtete er vornehmlich auf das Leben der Vögel aus und trug — auch durch eigene Beitr. — viel dazu bei, die Vogelk. volkstümlich zu machen. Der dt. Vogelschutzbewegung brachte der Junggeselle große persönliche Opfer. Er war einer ihrer tatkräftigsten Bahnbrecher.
— Lit.: Nachruf (von W. Thienemann). Orn. Cbl. 6, 1881, S. 98/99. - Nachruf (von E. Thiele). Orn. Ms. 6, 1881, S. 142-144 (mit Bildnis). - Nachruf (von A. Frenzel). Gef. W. 10, 1881, S. 285/86. - Bildnis in Orn. Ms. 25, 1900.

Schlechter, Arthur, * 8. 10. 1895 Kötzschenbroda (Kr. Dresden), † 26. 4. 1952 Leipzig. Er war an verschiedenen Orten, zuletzt in Kamenz, Lehrer und der Natur sehr zugeneigt. Leidenschaftlich gab er sich dem Sammeln von Mollusken hin, ließ sich aber nebenher in seiner Lausitzer Zeit auch von der hier besonders reichen Vogelwelt fesseln und begann zusammenzutragen, was ihm eigene Betätigung als Jäger erleichterte. Einige kleine lit. Beitr. in Mitt. Sachs. zwischen 1930 und 1941 ergaben sich daraus. Krank aus dem 2. Weltkrieg heimgekehrt, blieb es ihm versagt, sich wieder eine angemessene wirtschaftliche Grundlage zu verschaffen. Der Tod war ihm Erlösung.
— Lit.: Nachruf (von R. Reichert). Abh. Dresd. 22, 1954, S. 97. - Nachruf (von P. Weißmantel). B. z. Vk. 4, 1955, S. 122/23 (mit Bildnis). - Bildnis in R. Heyder, Nachtr. z. sächs. Vogelf., ebd. 7, 1962.

Schleep, Bernhard Christian, * 1768 (?) Gottorf (Kr. Schleswig), † 27. 5. 1838 Schleswig. Er war Kammerrat in Gottorf und mit J. C. Benicken (s. d.) befreundet. Ein sehr bekanntes und später von Landgraf Karl zu Hess. gekauftes Naturalienkabinett nannte er sein eigen. Es enthielt fast 700 Vögel. Bälge der von ihm gesammelten Schwimm- u. Strandvögel gelangten an J. F. Naumann und an das Kieler Mus. Zusammen mit J. C. Benicken schrieb er ein „Verz. d. in d. Umgeb. Schlesw. bemerkten Vögel" (J. v. Schröder, Gesch. u. Beschr. d. Stadt Schlesw., 1827), und Ch. L. Brehm (s. d.) verzeichnete ihn unter den Mitarbeitern an der „Ornis" (1824 bis 1827).

Schlegel, Hermann, Dr. h. c., * 10. 6. 1804 Altenburg (Thüringen), † 17. 1. 1884 Leiden (Holland). Unter der Obhut des klugen, vielseitig interessierten Vaters, der der erste Betreuer der Samml. der Naturf. Ges. d. Osterlandes war, empfing schon die kindliche Aufgeschlossenheit für die Naturbeobachtung die entscheidende Ausrichtung. Seit dem 13. Lebensjahr genoß der Knabe dazu das Wohlwollen und die Führung des benachbarten Ch. L. Brehm (s. d.). Nach dem Schulbesuch verzichtete er auf ein naturw. Studium, widmete sich vielmehr dem einträglichen Geschäft des Vaters, weil er glaubte, dadurch den weitesten Spielraum für die angeborene „Liebhaberei" zu finden. Mit 18 Jahren verließ er das Elternhaus, verdiente sich zwei Jahre lang das tägliche Brot bei einem Geschäftsfreund in Dresd. und wanderte 1824 nach Wien, wohin ihn der Ruf Joh. Natterers (s. d.)

und des Naturalienkabinetts lockte. Blick und Wissen weiteten sich zwar in der kulturell beschwingten Stadt; Aussicht auf eine feste Stellung am Mus. schien sie ihm aber nicht zu bieten. Als er sich daher 1825 auf Empfehlung C. v. Schreibers (s. d.) an das niederl. Reichsmus. in Leiden verpflichten ließ, war es ihm bestimmt, hier alle seine großartigen Fähigkeiten aus eigener Kraft zu einer staunenswerten Universalität zu entwickeln und einer der einflußreichsten Vertreter der Orn. des 19. Jahrh. zu werden. Um seine anfangs recht lückenhaften Kenntnisse zu vervollständigen, besuchte er an der Univ. u. a. Vorlesungen in Naturw., Med., Math., Sprachen und erhielt 1832, ohne ein Examen abgelegt zu haben, die Ehrendoktorwürde der Univ. Jena. Wenn sich Erkenntnisdrang und Ehrgeiz verschiedenen Tiergruppen (zuerst waren es hauptsächlich die Reptilien) zuwandten, so blieben die Vögel doch nie im Hintergrund seiner Studien; das zeigen neben vielen anderen Veröff. in holl., dt., franz. und engl. Sprache die „Beschr. einiger neuen großen Edelfalken . . ." (1841—1843), die „Histoire nat. des oiseaux" (mit C. J. Temminck 1841—1843), die „Kritische Übersicht d. Europ. Vögel" (franz. u. dt. 1844), der Bd. „Aves Japonicae" (1844—1850) in Ph. F. Siebolds (s. d.) „Fauna Japonica", die „Monogr. des Loxiens" (mit Ch. L. Bonaparte 1850), „De vogels van Nederland" (1854—1858), „De vogels van Nederl.-Indië" (1863—1866), „Recherches sur la Faune de Madagascar" (1868). Die damals beim holl. Adel wieder auflebende Falkenbeize gab seinem Eifer ferner Anlaß, sich in die Wissensch. dieser Jagdart zu vertiefen und das Prachtwerk „Traité de Fauconnerie" (zus. mit dem Vorsteher der holl. Jagd.- u. Falkenequipage V. v. Wulverhorst 1844—1853) zu schaffen, das ihn in der Geschichte der Jagdlit. an die Seite Friedrichs II. (s. d.) reiht. Die einzigartigen Falkentafeln in Imperialfolio stammen von J. Wolf (s. d.), und es ist eines der Verdienste Sch.s, den damals noch hart um Anerkennung ringenden Künstler zur Mitarbeit herangezogen zu haben. Sachkunde ließ ihn die richtige Wahl treffen, denn er war — ein seltenes Zusammentreffen — nicht nur Forscher, sondern auch Künstler; eine Reihe seiner Werke konnte er mit eigenen wohlgelungenen Illustrationen ausstatten. In seine phil. Naturbetrachtung schob sich im Laufe der Jahre immer dringender und drängender die große Frage des Artbegriffs, der Entstehung der Arten sowie der geogr. und individuellen Variationen. Das riesige Material des Mus. brachte ihn zur Überzeugung, daß die örtlichen Abänderungen des ursprünglichen Arttypus nicht — wie etwa P. S. Pallas und F. Faber (s. d.) dachten — durch Einflüsse des Klimas entstanden sein konnten. Dem väterlichen Freund Ch. L. Brehm folgend, hielt er vielmehr mit Zähigkeit an der Ansicht fest, daß sie von der Schöpfung so gestaltet und unveränderlich seien. In Übereinstimmung mit der Auffassung vieler zeitgenössischer dt. Ornithologen war ihm Darwins Lehre der Deszendenz nur ein scharfsinniger, unbewiesener Einfall. Bei solcher Einstellung versperrte er sich den Weg zu einer brauchbaren Definition des Speziesbegriffs. Eine Lösung fand er lediglich für die Praxis der Benennung: Als erster bediente er sich seit 1844 der schon von C. F. Bruch (s. d.) 1829 in der Isis vorgeschlagenen ternären Nomenklatur, um geogr. getrennte Abweichungen zu kennzeichnen. Individuelle Varianten ließ er indes unberücksichtigt; hier schreckte ihn Ch. L. Brehms uferloses Verfahren. Auf der Suche nach system. Klärung bemühte er sich jahrzehntelang um ausgewählte Vogelserien aus Indonesien, behindert durch einen Vorgesetzten, der nur Wert legte auf die Beschr. möglichst vieler neuer Formen und die Beschaffung von Schaustücken. Wenn auch schon lange die geistige Führung des Inst. auf ihn (seit 1828 Konservator) übergegangen war, hatte er doch erst ab 1858 als der Direktor (mit dem Titel Professor) freie Hand in der Auswertung der gewaltigen Stoffsamml., die unter seiner Leitung von 12 500 auf 51 000 aufmontierte Vögel gestiegen war. Da aber tat sich zwischen seinen Lebenswünschen und deren Erfüllung die Kluft auf, die so vielfach menschliches Schicksal tragisch gestaltet. Seit der Auflösung der „Naturk. Kommission" (1850) hatte Holl. kaum noch wesentliche Beitr. zur Erkundung der indonesischen Besitzungen geliefert. Ausländer hatten die seitherige Führung des Reichsmus. untergraben und obendrein der evolutionären Entw. zum Durchbruch verholfen. Trotz der Erfolge von H. A. Bernstein und K. B. H. v. Rosenberg (s. d.), trotz des eigenen Fleißes und Eifers bei der Besprechung der von diesen Reisenden noch eintreffenden Vögel konnte der auf der Höhe des Lebens und Ansehens stehende Leidener Gelehrte den Vorsprung nicht mehr aufholen. Er hatte keinen erfahrenen Gehilfen wie vor ihm C. J. Temminck, und zu gründlichen Unters. wollten Kräfte und Zeit meist nicht mehr ausreichen; die Verwaltung der aufgestapelten Museumsschätze nahm ihn fast ganz in Anspruch. Schließlich war er, aller Ehren ungeachtet, in den Augen der jüngeren Generation nicht mehr der gefeierte Systematiker und Zoogeograph, als der er noch in den 60er Jahren gelten durfte. Trotz dieses Autoritätsschwundes blieb er über sein Hinscheiden hinaus im Urteil der Sachkundigen „a highly cultivated man in many respects" (Ibis 1884).

— Lit.: G. Schlegel, Levensschets van H. Schl., Jaarb. v. d. Kon. Akad. v. Wetensch. 1884, S. (1)—(97) (mit Verz. d. Veröff.); dt. von H. Köhler, Mitt. Osterl., N. F. 3, 1886, S. 1—78 (mit Bildnis). - Nachruf (Verf. ungen.). Auk 1, 1884, S. 205/06. - Nachruf (Verf. ungen.). Ibis (5) 2, 1884, S. 364. - E. Stresemann, Entw. d. Orn., 1951. - Würdigung (von G. A. Brouwer). Ardea 41, 1953 (1954), S. 54—63 (mit Bildnis). - Plakette auf Brehm-Schlegel-Denkmal in Altenburg.

Schlegel, Richard, * 19. 1. 1865 Wildenfels (Erzgebirge), † 30. 11. 1933 Leipzig. Frühe Neigungen entwickelnd, zeigte er als Lehrer in Leipz. überdurchschnittliche Zähigkeit in seinem Streben nach einer naturw. Samml. Durch Fang, Tausch und Kauf trug er außer Hunderten von Stopfpräparaten rasch über 6500 zum großen Teil von ihm selbst bearbeitete paläarkt. Vogelbälge zusammen. Sie waren für ihn nicht totes, verstaubendes Material, sondern Objekte zahlreicher morphol., faun. und biol. Unters. Für die Gründlichkeit seiner Forschungen spricht u. a. die Darstellung der unterscheidenden Merkmale der

Eier beider Certhia-Arten (J. Orn. 75, 1927). Die erste Balgsamml. (3000 Stücke) befindet sich in der Bayer. Staatssamml. in Münch.; die zweite (3500 Stücke in weit über 500 Arten) erhielt das Dresd. Mus. f. Tierk. Die Eierkollektion (3200 Gelege in etwa 640 Arten, darunter neben vielen Kostbarkeiten 150 Kuckuckseier) kam in das Naturk. Heimatmus. von Leipz. Außerdem verfügte er über eine bedeutende Molluskensamml. und eine noch wertvollere Samml. von Kleinsäugern, die beide vom Dresd. Mus. erworben wurden. Die umfangreiche Fachbibliothek, die er bis zu seinem Tode beständig vermehrte, ging geschlossen an die Hohenlohe'sche Buchhandlung F. Rau in Öhringen (Württ.). Die Zahl seiner orn. und ool. Veröff. (in Orn. Ms., Orn. Mber., J. Orn., Orn. Jb., Zs. Ool. u. Orn., Verh. Bay., Mitt. Sächs. Heimatsch., Mitt. Sachs. von 1887 bis 1931) sowie über Kleinsäuger und sonstige zool. Fragen betrug über 100. Als besonders umfassend ist die „Vogelw. d. nordwestl. Sachsenlandes" (1925) hervorzuheben. Sie erfuhr 1931 einen Nachtr. in der Jubiläumsschr. des Leipz. Orn. Ver., den Sch. von 1919—1931 zielstrebig leitete, und dessen Geschichte er ebenso veröffentlichte wie die Biogr. anderer Leipz. Ornithologen. Der verdiente Mann, der als Oberlehrer i. R. starb, neigte gegen Ende seines Lebens zur Unverträglichkeit; Krankheit und nicht erfüllte Hoffnungen auf äußere Anerkennung seiner Leistungen dürften die Ursachen seiner Reizbarkeit gewesen sein.
— Lit.: Nachruf (von A. Jacobi). Mitt. Sachs. 4, 1934, S. 91—99 (mit Bildnis u. Verz. d. Veröff.). - Nachruf (von H. Hildebrandt). J. Orn. 82, 1934, S. 451/52. - Nachruf (von L. Schuster). B. z. F. 10, 1934, S. 187. - Bildnis in R. Heyder, D. Vögel d. Landes Sachs., 1952.

Schlott, Martin, Dr., * 11. 11. 1891 Breslau, † 5. 3. 1950 Wuppertal. Die Jugend schon prägte den Tierfreund zum ausgezeichneten Naturbeobachter u. -schützer. Nach Abschluß des Studiums übernahm er die Stelle eines wissensch. Assistenten am Zool. Garten in Bresl., 4 Jahre später wurde er Direktor des Gartens. Daneben widmete er seine Kraft dem Ver. Schles. Ornithologen, anfänglich als Schriftführer, seit 1939 als Vorsitzender, immer aber seit 1930 als der verdienstvolle Schriftleiter der Ber. Schles. Die Freude an der Lichtbildnerei führte ihn weit in der Heimatprov. herum, und es gelangen ihm seit 1918 gute Freiaufnahmen von Vögeln und Kleinsäugern. Auch zählte er zu den engsten Mitarbeitern an F. Pax' „Wirbeltierfauna v. Schles." (1925). Der faun. Forschung lieferte er viele Bausteine. Aufnahmen, die nach seinen Mitt. (Orn. Mber. 29, 1921 u. Ber. Schles. 19, 1923) ein brütendes Merlinweibchen - Falco columbarius v. 24. 5. 1921 bei Hain im Riesengebirge und ein Paar Berghänflinge - Carduelis flavirostris v. 27. 8. 1922 in Bresl. zeigten, zwangen bei kritischer Beleuchtung allerdings zu der Vermutung, daß er sich in der Bestimmung der Bildobjekte getäuscht habe. Undurchsichtig war auch ein „Neuer Brutnachweis d. Mornellregenpfeifers - Charadrius morinellus aus d. Riesengebirge" im Juli 1937 (Ber. Schles. 23, 1938). Tiergärtnerisch waren seinem Geschick eindrucksvolle Aufzuchterfolge beschieden. Bei seinen Tieren hielt er während der Belagerung von Bresl. durch und mußte dort das bittere Ende seiner hingebenden Bemühungen auskosten, bis ihn die Polen 1946 auswiesen. Im westl. Deutschl. wirkte er zuerst am Zool. Garten Hann. und bei der Tierhandlung Ruhe. 1947 wurde ihm die Leitung des Wuppertaler Tiergartens übertragen; die seelischen und körperlichen Erschütterungen der Vergangenheit brachen aber bald die Lebenskraft des stillen, sinnigen Mannes.
— Lit.: Nachruf (von H. E. Krampitz). Vw. 71, 1950, S. 156/57. - Nachruf (von M. Brinkmann). Orn. Mitt. 2, 1950, S. 108. - Nachruf (von F. Pax). Naturw. Rdsch. 3, 1950, S. 381/82.

Schlüter, Wilhelm, * 1828 Halle, † 25. 4. 1919. Von einem naturfreudigen Vater ererbte Neigungen bildeten die Grundlage, auf der er 1853 eine Naturalienhandlung errichtete. Sie wurde weit über die dt. Grenzen bekannt und blühte bis über den 1. Weltkrieg hinaus. In allen Erdteilen beschäftigte er Sammler und hatte Beziehungen zur naturw. Forschung des In- u. Auslandes. Seiner geschäftlichen und wissensch. Zuverlässigkeit wegen stützten sich Mus. und Privatsammler auf sein fachmännisches Urteil bei der Bestimmung zweifelhaften Sammlungsmaterials. Er hatte persönliche Geltung. 1894 übergab er die Firma an den ältesten Sohn, blieb aber weiter rege tätig im Umgang mit den vertrauten Objekten. Schon als junger Mann nahm er an den Ornithologenversammlungen in Halle 1847 und Altenb. 1852 teil. In J. Orn. 6, 1858 und 7, 1859 meldete er sich auch mit kleinen Mitt. zu Wort. 1870 schloß er sich der DOG an. In der Orn. und Ool. zeigte er offenbar eine besonders sichere Formenkenntnis. Mit Vorliebe sorgte er daher in seinem Unternehmen für reichhaltige Bestände an Vögeln und Eiern. Gegen die Wende des sammelfrohen vorigen Jahrhunderts gab es wohl keinen Ornithologen und vor allem Oologen von Rang und Namen, der nicht von ihm beliefert wurde und aus seiner Erfahrung Nutzen zog. So erwarb Graf H. v. Berlepsch (s. d.) die ersten Vogelbälge aus dem südbras. Staate Santa Catharina durch das Handelshaus in Halle. Sie waren von dem in der Kolonie Blumenau ansässigen jüngeren Bruder Julius Sch. geschickt und lenkten den Blick des Grafen auf die neotropische Vogelwelt. Die Kenntnis und Entwicklung der exotischen Orn. in Deutschl. wurde durch Schlüters geschäftliche Hilfe entschieden erleichtert und gefördert.
— Lit.: Nachruf (von R. Schmidt). Zs. Orn. u. Ool. 24, 1919, S. 7—10.

Schmeißer, Johann August, * 29. 11. 1887 Custenlohr (Kr. Uffenheim), † 9. 10. 1914 Arras (Frankreich). 1912 kam er als Lehrer nach Nürnb. Dort entwickelte sich der warmherzige Naturfreund durch Beziehungen zu E. Gebhardt (s. d.) schnell zum Kenner der fränk. Vögel. J. Gengler (s. d.) verdankte ihm für die „Vogelw. Mittelfrankens" (1924/25) wertvolle Mitt. vor allem aus den großen Wäldern und Feldern um Allmoshof, Lohe und Kraftshof im Norden von Nürnb. Dem jungen Beobachter war es nicht vergönnt, durch eigene Veröff. die ihn auszeichnende feldorn. Sorgfalt zu beweisen. Der Soldatentod riß ihn vorzeitig hinweg.
— Lit.: Nachruf (von E. Gebhardt). Verh. Bay. 12, 1915, S. 162/63.

Schmidt, Alexander, * 14. 2. 1833 Sonneberg (Thüringen), † 7. 3. 1901 Coburg. Künstlerisch begabt, gründete er eine Privatschule für Zeichnen und Modellieren und legte in seiner Vaterstadt den Grundstein zur Industrie der Terracotta-Figuren. Viele Jahre leitete er in verschiedenen Städten keramische Fabriken. 1862 wurde er zum Prof. ernannt und 1878 mit der Goldmedaille für Kunst und Wissensch. ausgezeichnet. 1884 siedelte er nach Cob. über und übernahm die Schriftl. der Zeitschr. „Sprechsaal". Die Liebe zu den Vögeln lag ihm, dem Sohn der Thür. Berge, im Blute. Er war ein ausgezeichneter Formenkenner und dazu mit der Lit. bestens vertraut. Leider machte er von seinem Wissen durch Veröff. so gut wie keinen Gebrauch. Nur in Gef. W. 15, 1886 plauderte er in einem langen Beitr. flüssig und vogelfreundliches Interesse weckend über „Orn. Spaziergänge um Cob.". Obwohl die Arbeit sich auf die singenden Kleinvögel beschränkte und nur 37 Arten nannte, gab sie ein schönes Bild des Vogelreichtums der Landschaft. Sie enthält u. a. die Feststellung, daß der Girlitz 1878 in die Stadt einwanderte und unterstrich die Bemühungen von Th. Köppen (s. d.) um die Wiedereinbürgerung der Nachtigallen. Der vielgereiste Verf. meinte, wohl leichthin übertreibend: „. . . ein solches Zusammentreffen, Zusammenfinden, Nebeneinanderwohnen in nächster Nachbarschaft und von allen bis zu den besten Sangeskünstlern, wie hier in Cob. . . ., das ist mir noch nicht vorgekommen".
— Lit.: Nachruf. Sprechsaal 34, 1901 (3 Seiten mit Bildnis). - A. Brückner, D. Tierw. d. Cob. Landes in Cob. Heimatk. u. Heimatgesch., Heft 3, 1926, S. 22/23.

Schmidt, Friedrich Franz Gabriel, Dr., * 15.2.1814 Wismar, † 14. 6. 1882 Wismar. Neben seinem Beruf als Kreiswundarzt beschäftigte ihn die Schmetterlingskunde und das Sammeln von Sumpf- u. Wasservögeln. Zu vielen meckl. Ornithologen seiner Zeit unterhielt er enge Verbindung und genoß bei ihnen hohes Ansehen. Für H. D. F. Zander (s. d.) war er ein geschätzter Gewährsmann. Auch mit dem Dänen N. Kjarbölling stand er im Freundschaftsverhältnis. Ein kleiner Teil seiner Samml. kam in das Maltzaneum in Waren; der Rest wurde verstreut; ein Enten-Säger-Bastard, den er besaß, befindet sich in der Städt. Samml. zu Annaberg (Erzgebirge). Zu Veröff. scheint er nicht viel Zeit oder wenig Lust gehabt zu haben; R. Kuhk führte in den „Vögeln Meckl." (1939) nur 6 Mitt. aus seiner Feder an. Sie begannen erst 1854 in Arch. Meckl. und endeten 1882.
— Lit.: Nachruf (von K. Struck). Arch. Meckl. 30, 1883, S. 194—202.

Schmidt, Michael, † 1825 München. Der Lithographischen Anstalt an der Feiertagsschule in Münch. verdankte seine vielseitige Begabung entscheidende Förderung. Unter eigener Verantwortung veröffentlichte er 1818—1822 auf Stein gezeichnete „Abb. d. Säugetiere, Vögel, Amphibien". Vor allem aber ist sein Name lebendig geblieben in Verbindung mit dem des Brasilienforschers J. B. v. Spix (s. d.). Dessen 2 Bde. über „Avium species novae. . ." (1824/25) schmückte der Künstler mit glanzvollen Meisterstücken der frühen Lithographie. Dasselbe Verdienst erwarb er sich um die Bebilderung der großen bras. Flora des Botanikers C. Ph. v. Martius.
— Lit.: Cl. Nissen, D. Illustrierten Vogelbücher, 1953, S. 54.

Schmidt, Moses Paul Friedrich Philipp, Dr., * 18. 12. 1800 Magdeburg, † 6. 8. 1869 (oder 1873) Hamburg. Von 1820—1823 studierte er in Gött. und Berl. Med. und ließ sich in Hamb. als prakt. Arzt nieder. Hier spielte er im kulturellen und politischen Leben eine Rolle. 1850—1852 weilte er in Nordamerika. Mit Bewunderung verfolgte er die „jährlichen Vereinigungen der dt. Gelehrten seit ihrer Entstehung" und sah „in ihnen die Einheit des dt. Vaterlandes in einer hohen, geistigen Beziehung verwirklicht". Deshalb verfaßte er auch auf Bitten der Ges. dt. Naturf. u. Ärzte 1830 eine kleine Schrift „Hamb. in naturh. u. med. Beziehung", obwohl er fürchtete, daß ihm die Zeit und wohl auch die Kenntnisse für einzelne Sondergebiete mangelten. Wie die in dem Werkchen enthaltene Liste der Vögel, die „hier nisten oder auf den Zügen in Scharen angetroffen werden", zustande gekommen ist, läßt sich nicht mehr ermitteln. Jedenfalls fällt sie durch Unzuverlässigkeit auf. Einmal fehlen ganz sichere Formen (z. B. Flußuferläufer, Steinkauz, die beiden Goldhähnchen); zum anderen sind Arten eingereiht, die nie zu Hamburgs Ornis gehört haben können. Leider stützte sich noch F. Boeckmann (s. d.) 1876 und 1882 auf die irreführende Quelle. Erst J. H. Krohn (s. d.) 1907 und 1908 und vor allem F. H. Dietrich (s. d.) 1928 räumten mit dem wertlosen Ballast auf. Die Klärung wird wohl nie ganz gelingen, weil in der Liste die wissensch. Namen ohne Autoren angeführt, zudem heute ganz fremd oder kaum noch üblich sind, und weil mehrfach alte und junge Vögel getrennte Bezeichnungen tragen. Daß aber Sch. für die Vogelk. aufgeschlossen war, zeigte eine von ihm angelegte stattliche Vogelsamml., die er 1847 dem Naturh. Mus. in Hamb. abtrat.
— Lit.: Biogr. Lex. d. hervorragenden Ärzte aller Zeiten u. Völker 5, 1934, S. 95. - Med. Schriftsteller-Lex. 1830—1845 17, S. 243 u. 32, S. 170.

Schmidt, Richard, * 9. 12. 1865 Gröningen, Kr. Oschersleben a. d. Bode (Bez. Magdeburg), † 29. 10. 1936 Halberstadt. Die Freude am Eiersammeln ebnete dem Architekten und Fabrikbesitzer den Weg zur Vogelk. Neben F. Lindner und A. Hemprich (s. d.) war er um die Jahrhundertwende mit den orn. Verhältnissen des Harzes am besten vertraut. Eine stattliche Samml. baute er auf: Außer Bälgen über 18 000 paläarkt. und nordamerik. Eier. Besonders wertvoll waren darunter große Serien von Falco eleonorae und Larus audouinii, die er durch persönliche Beziehungen zu einem Händler in Cagliari (Sardinien) erwerben konnte. 1937 ging die Gelege-Kollektion durch Kauf in den Besitz von P. Henrici (Rendel/Oberh.) über. Nur die Bälge und Eier aus dem Harz und seinem Vorland sicherte A. Hemprich für das Heineanum in Halberst. Dort wurden sie am 8. 4. 1945 durch Bomben fast völlig zerstört, und der Rest geriet hoffnungslos durcheinander. Im Schrifttum blieb Sch. nahezu unbekannt.

Außer einem schönen Beitr. über Bruten des Tannenhähers im Harz (Zs. Ool. 15, 1905) schrieb er einen Ber. über die Einweihung des Mus. Heine in Halberst. 1909 (ebd. 19, 1909).

Schmidt, Theodor, * 29. 7. 1876 Großrosseln (Saar), † 8. 12. 1958 Saarbrücken. Der viele Jahre in Saarbrücken tätige Lehrer (Oberlehrer) verzeichnete als Waidmann, ohne besonderen Fragen nachzugehen, auch vogelk. Beob. und Begegnungen, trat aber im orn. Schrifttum nur höchst selten hervor. Sein Name erschien bei O. le Roi u. Geyr v. Schweppenburg (s. d.) im Nachtr. zur „Vogelf. d. Rheinprov." (Verh. Pr. Rh. u. W. 69, 1912) und (mit 4 Nachr. zwischen 1923 und 1939) bei F. Neubaur in den „Beitr. z. Vogelf. d. ehemaligen Rheinprov." (Verh. Bonn 110, 1957). Am 22. 5. 1935 will er ein Männchen (Brutvogel) von Monticola saxatilis bei Trier und am 21. 9. 1937 einen Flug dieser Vögel (2 Männchen u. 3 Weibchen) an der Ehrenburg südl. Brodenbach an der Untermosel gesehen haben (Dt. Vw. 64, 1939). Die Meldung fand indes keinen rechten Glauben; vgl. dazu F. Neubaur (Verh. Bonn 110, 1957). Eine skizzenhafte Darstellung der vogelk. Entwicklung im Saargebiet enthielt die von ihm geschriebene Würdigung für J. Kiefer (s. d.) in Saarbr. Ztg. Nr. 69 v. 22. 3. 1958.

Schmidt (-Bey), Wilhelm, † um 1943 Berlin. Aus den einzelnen Etappen seines Lebens waren nur wenige Daten festzulegen. Den Doppelnamen nahm er 1913 an. Von 1903 ab hatte er als Apotheker seinen Wohnsitz in Freib. i. B.; zwischenzeitlich hielt er sich auch in Rastatt auf. Im Juni 1934 verzog er nach Berl.-Lichtenberg, trat 1937 der DOG bei und stand 1943 letztmalig in deren Mitgliederliste. Seit 1907 lieferte er orn. Beitr. an die Orn. Ms., in den 30er Jahren auch an die Mitt. Vw. und zuletzt (bis 1941) an die Gef. W. In lebhafter schriftstellerischer Betätigung spiegelte sich jahrlange feldorn. Erfahrung aus dem Stromgebiet des Oberrheins. Neben Unters. über Verbreitung und Vorkommen der dortigen Vogelarten beschäftigten ihn häufig Stimmenstudien. Eine gewisse Vorliebe für fest umrissene Fragestellungen war in seinen Veröff. unverkennbar, doch offenbarten sie recht unterschiedlichen Wert. Unter durchaus ernsthafte Betrachtungen mischten sich rein belletristische, von geistiger Zucht wenig gelenkte Gedanken und eine Neigung zu gewagten biol. Theorien und Spekulationen. Als umfangreichste Arbeit stehen in der lit. Hinterlassenschaft die „Vögel d. Rheinebene zwischen Karlsruhe u. Basel" (Orn. Ms. 50, 1925 u. 59, 1934). Es ist eine ohne Zweifel aus zusammenfassender Schau flüssig geschriebene Darstellung. Sie fußt nicht nur auf den eigenen Freilandbeobachtungen und z. T. reizvollen Feststellungen des Autors, sondern auch auf breiter Kenntnis der älteren Lit. und der Benutzung des Mus.-Materials von Basel, Freib. i. B., Karlsr., Mülhausen, Straßb., Kolmar. Ihre Zuverlässigkeit leidet indes unter unglaubhaften Angaben bei der Behandlung von Seltenheiten. Der Verf. muß eine begabte, vielfältig schillernde Persönlichkeit gewesen sein.

Schmiedel (Schmidel), Kasimir Christoph, Dr., * 21. 11. 1716 Bayreuth, † 1792 Ansbach. Seit 1742 war er prakt. Arzt, seit 1743 Prof. an der Ritterakad. in Bayreuth und dann Prof. für Anat. und Botan. in Erl.; 1763 wurde er Leibarzt des Markgrafen von Ansbach, fiel aber bald in Ungnade und widmete sich darauf ganz seinen naturw. Forschungen. Er starb als Geh. Hofrat und Mitglied vieler wissensch. Gesellschaften. Auf Grund seiner Gelehrsamkeit hatte er im damaligen Markgrafentum Ansb. eine hoch geachtete Stellung. 40 von ihm hinterlassene Schriften sind bekannt; unter ihnen findet sich allerdings keine orn. Inhalts. In der Vogelk. taucht sein Name auf, weil nach Stücken seines „sehenswürdigen" Naturalienkabinetts A. L. Wirsing (s. d.) „Nester u. Eier verschiedener Vögel" (1772) stach. Sicher war er nicht ohne Kenntnis vom Leben der Vögel, denn er fügte biol. Bem. dem Text bei, den B. Ch. Vogel (s. d.) auf seine Veranlassung zu den Bildern von B. R. Dietzsch (s. d.) schrieb.

— Lit.: Allg. Dt. Biogr. 31, 1890, S. 700. — Würdigung (von F. v. Leydig). Abh. Nürnb. 15, 1905, S. 325—347 u. 355.

Schmitt, Cornel, Dr., * 4. 1. 1874 Marktheidenfeld, † 13. 1. 1958 Würzburg. Mit der Zusammenstellung der Fächer Biol., Dt. und Musik stand der Studienprof. im Dienste der bayer. Lehrerbildung, seit 1900 in Landsberg am Lech, seit 1909 in Lohr am Main, 1928—1947 in Würzburg. Die Methodik und Didaktik des Biol.-Unterrichts verdankte ihm neue Gesichtspunkte und Anregungen. Seine zahlreichen Aufs. und Schriften über die Kunst der Naturbeobachtung und die Gestaltung der Lehrpraxis waren meist für Lehrer und Schüler bestimmt. Unter dem Titel „Wege z. Naturliebe" (1923) erschienen 8 Bändchen gesammelt und fanden in ihrer leicht faßlichen, eindringlichen Sprache auch in weiteren Kreisen Verbreitung. In der Vogelk. wurde der Name des Verf. bekannt, als sich seine biol. und musikalische Begabung auf das damals schon von A. Voigt und B. Hoffmann (s. d.) aufgegriffene Thema des Vogelliedes richtete. Er hatte dazu das Glück, 1910 in seinem Landsmann H. Stadler (s. d.) einen für dieses Sondergebiet nicht weniger befähigten Partner zu finden. Mit ihm zusammen versuchte er, die Stimmen der Vögel zu analysieren und in Noten darzustellen. Von den hierher gehörigen Veröff. sei nur ein Buch besonders genannt: „D. Vogelsprache, eine Anleitung z. ihrer Erkennung u. Erforschung" (Stuttg. 1919). Aus den Bemühungen der Musikkenner und Ornithologen erwuchsen unter beider Autornamen zwischen 1913 und 1920 25 Unters. von Charakter und Eigenart der verschiedensten Vogellieder; die Titel sind von H. Stadler in Anz. Bay. 4, 1955 zusammengestellt. Später folgte als Gemeinschaftsarbeit noch „D. Rätselvogel v. Federsee" (Orn. Mitt. 7, 1955). Daneben hinterließ Sch. an vielen Stellen — auch außerhalb der Fachliteratur — sachkundige Verlautbarungen unter eigener Verantwortung, z. B. „D. Lieder d. Lerchen" (Orion 7, 1954) und „D. Pirol als Musiker" (Orn. Mitt. 7, 1955).

Schmitt Felix Xaver, * 17. 8. 1858 Momberg (Kr. Marburg), † 24. 10. 1928 Wirtheim (Kr. Gelnhausen). Von 1885 ab war er Lehrer und zuletzt Hauptlehrer in Wirtheim. Rege betätigte er sich in der Heimatk. Um die Jahrhundertwende hatte er sich in seiner Gegend einen wohlbekannten Namen als vorzüglicher Kenner der im weiten Kinzigtal auftretenden Brut- und Durchzugsvögel gesichert. Er blieb der Typ des rührigen Vertreters örtlich begrenzter, volkstümlicher Feldorn. Ohne wissensch. Absicht und nur aus Freude an den Objekten präparierte er eine stattliche Zahl der Formen, die ihm in jenen Jahren noch die versumpften Flußwiesen lieferten. Bemerkenswert war daneben eine Samml. von Nachweisen des Kropf- und Mageninhalts vieler Arten. Nach seinem Ableben sollten die gewissenhaft etikettierten Stücke, für deren Erwerb der Landeshauptmann 4000 RM zur Verfügung gestellt hatte, in Gelnh. aufbewahrt werden; der Kauf kam aber nicht zustande, und die Motten taten das Ihrige, um die Hinterlassenschaft fast vollständig zu vernichten. Ein geringer Rest steht noch in der Volksschule zu Wirtheim. Leider schrieb Sch. so gut wie nichts von seinen Erfahrungen nieder. Nur das Heimatbuch des Kreises Gelnh. (1921) und die Beilagen zum Gelnhäuser Tageblatt (1927, 1928) brachten von ihm verfaßte Plaudereien über die Ornis seines Beobachtungsgebietes. Ein aus seiner Feder stammendes, unveröffentlichtes Verz. gefährdeter Formen aus dem Jahre 1927, das im Auftrage der Kreisnaturschutzstelle angelegt war, befindet sich in Privatbesitz.

Schmitz, Ernst, * 1845 Rheydt (Rheinland), † April 1922 Jerusalem. Nach dem theol. Studium und kurzer Tätigkeit in Rom übernahm er als Mitglied des Jesuitenordens 1886 den Posten des Direktors am Priesterseminar in Funchal auf Madeira. Mit kurzer Unterbrechung (1899—1901 in Belgien) wirkte er 20 Jahre lang an seinem atlantischen Wohnsitz und legte den Grundstock für das bischöfliche Mus. Als er mit dem 1886 für einige Monate in Madeira weilenden W. Hartwig (s. d.) in freundschaftliche Verbindung kam, empfing er den entscheidenden Anstoß zur Beschäftigung mit der Vogelwelt. Zu dem von Hartwig in J. Orn. 34, 1886 veröffentlichten Verz. der Vögel Madeiras lieferte er seit den 90er Jahren gründliche Nachtr. 80 neue Arten und Unterarten konnte er für die orn. nur wenig bekannte Insel nachweisen, hauptsächlich durch Material, das ihm ins Haus gebracht wurde. Nachdem eine zusammenfassende Liste (154 Arten, darunter 38 Brutvögel) in Orn. Jb. 10, 1899 erschienen war, setzten bald nach der Jahrhundertwende ergänzende Ber. wieder ein, bis er als Leiter des St. Paulus-Hospizes 1909 nach Jerusalem übersiedelte. Auch in Palästina ließen Sammel- u. Studieneifer bis ins hohe Alter nicht nach. Die letzte orn. Nachr. schrieb er am 2. 4. 1922 im Dt. Hospiz zu Haifa. Die Früchte der faun. und ool. Forschungen finden sich vornehmlich in Orn. Mber., Orn. Jb., Zs. Ool., Zs. Ool. (Krause), Zs. Ool. u. Orn.; den mit W. Hartwig gewechselten Briefen, die später in den Besitz von J. Moyat (s. d.) übergingen, vertraute er gleichfalls einen Teil seines orn. Wissens an. Dadurch, daß er sich 3 Jahrzehnte regelmäßig mit seinen Erfahrungen zu Wort meldete, mehrte er spürbar die Kenntnis der südl. mediterran-paläarkt. Avif. im westl. und östl. Grenzraum.
— Lit.: Nachruf (von H. Schalow). Orn. Mber. 31, 1923, S. 120. - Nachruf (von Schriftl.). Ibis (11) 5, 1923, S. 750/51. - Bildnis in W. Schuster, Vogelf. v. Großhess. u. Nassau, 1941.

Schneider, Adolf, * Februar 1881, † 7. 10. 1946 Oranienburg. Nach Abschluß des naturw. Studiums war er eine Zeitlang Assistent bei Prof. O. Hartwig in Berl., wo er sich vorzügliche histol. und anatom. Kenntnisse aneignete. Dann leitete er 22 Jahre hindurch als Studiendirektor das Lyzeum in Oranienb. Musischer Veranlagung entsprang daneben seine Tätigkeit als Komponist und Dirigent eines Männergesangvereins. Seit 1931 zählte ihn die DOG zu ihren Mitgliedern; 1938 übertrug sie ihm das Amt des 2. Vorsitzenden. Von einer Exp. nach Brasilien, zu der er im Sommer 1939 zusammen mit H. Sick aufgebrochen war, kehrte er mit Erlaubnis der bras. Regierung im Mai 1942 (1944?) zurück. Von nun an beschäftigte er sich am Berl. Zool. Mus. eingehend mit der südamerik. Ornis. Vorhergehende Arbeiten aus seiner Feder waren: „Über d. Kopfanhang d. Truthuhns - Meleagris gallopavo L." (J. Orn. 79, 1931), „Bau u. Erektion d. Hautlappen v. Lobiophasis bulweri Sharpe" (ebd. 86, 1938) und die „Vogelbilder z. Historia naturalis Brasiliae d. G. Marcgrave" (ebd. 86, 1938). Er schied zusammen mit seiner Frau freiwillig aus dem Leben.

Schneider, Bernhard, * 3. 9. 1867 Leipzig, † 17. 8. 1949 Leipzig. Er war Pfarrer, amtierte seit 1895 in Gerichshain bei Brandis, von 1900 bis 1934 in Liebertwolkwitz bei Leipz. und verlebte hier auch seinen Ruhestand. Der Vogelk. war er schon als Student und Pfarrvikar zugetan. Er hat dieser Wissensch. sein Leben hindurch treu und voller Begeisterung angehangen. Jahrzehntelang war er eines der eifrigsten Mitglieder des Leipz. Orn. Ver. Dessen Vorsitz fiel ihm 1931 ebenso verdient zu wie im selben Jahr der des Ver. Sächs. Ornithologen und die Zugehörigkeit zum Ausschuß der DOG seit 1938. Seine gewinnende Art, seine Rednergabe und seine geselligen Neigungen sicherten ihm Beliebtheit und Ansehen; sie machten ihn ferner zum Mittelpunkt vieler Tagungen und Versammlungen, denen er oft das Gepräge und damit Niveau gab. Feldorn. war er wohlerfahren; er war einer der besten europ. Kenner der Schleiereule und gab davon ein sprechendes Zeugnis in seiner Arbeit „Beitr. z. Biol. d. Schleiereule" (J. Orn. 76, 1928). Er veröffentlichte sie gemeinsam mit seinem Sohn Wolfgang, den er zum kundigen Ornithologen erzog. Für O. Heinroth (s. d.) lieferte er die Aufzuchtjungen der Schleiereule aus Liebertwolkwitz. Seine publizistische Tätigkeit war insgesamt nicht umfangreich.
— Lit.: Nachruf (von R. Gerber). B. z. Vk. 4, 1954, S. 42—45 (mit Bildnis u. Verz. d. Veröff.). - Würdigung (von H. Kumerloeve). Falke 1, 1954, S. 182—184. - Bildnis ebd. 8, 1961.

Schneider, Gustav, * 28. 7. 1834 Michelbach (Nassau), † 14. 5. 1900 Basel. Als naturw. und musisch begabter Sohn eines Lehrers bildete er sich am Naturh. Mus. in Wiesbaden zum Präparator aus. Nachdem er von 1856 ab in einer kaufmännischen Stelle in Schweinfurt sein Brot verdiente, konnte er 1857 zweiter Präparator in Stuttgart und 1859 Konservator der Naturh. Samml. in Basel werden. Unter dem Zwang, die spärlichen Einkünfte zu erhöhen, betrieb er

nebenher einen Naturalienhandel, der sich so günstig entwickelte, daß er 1875 aus dem Amte schied und ein „Zool. Comtoir" gründete. Ausgedehnte Geschäftsverbindungen erstreckten sich bald nach Nord-, Süd- u. Mittelamerika, Ägypten, dem Sudan, dem Kap der guten Hoffnung, Madagaskar und den Molukken. Viele europ. Mus. bezogen von ihm ihre zool. Objekte. Die Interessen und Formenkenntnisse des rührigen Händlers betrafen in Sonderheit Konchylien und Vögel. Sehr enge Beziehungen hatte er u. a. zu W. Blasius (s. d.), dem er in den 70er Jahren reichhaltige Sendungen von Celebes-Vögeln zum Bestimmen zugehen ließ. Für Verdienste um das Braunschw. Mus. verlieh ihm der Herzog von Braunschw. 1883 sogar den Titel eines Kommissionsrates. 1868 war er schon der DOG beigetreten; und nachdem er 29 Jahre lang fleißig Beob. und Erfahrungen gesammelt hatte und über die Vogelwelt des seinen Wohnsitz einschließenden Rheintals gut Bescheid wußte, faßte er sein Wissen in einer ausführlichen Darstellung zusammen. Sie erschien unter dem Titel „D. Vögel, welche im Ober-Elsaß, in Ober-Baden, in d. Schweiz. Kantonen Baselstadt u. Baselland sowie in d. an letzteres angrenzenden Teilen d. Kantone Aargau, Solothurn und Bern vorkommen" (Ornis 3, 1887). Ein fast fertiges Vogelbestimmungsbuch kam nicht mehr zum Druck. Als Mus.-Fachmann und Taxidermist genoß Sch. einiges Ansehen. Das zeigten allein die Zugehörigkeit bzw. Ehrenmitgliedschaft bei einer Reihe von Naturw. Gesellschaften und die ihm übertragene Leitung der Mus. in Mülhausen und Kolmar.
— Lit.: Nachruf (von G. Schneider jun.). Verh. Schweiz 83, 1901, S. LXXXIV—XCIV.

Schneider, Johann Gottlob, Dr., * 18. 1. 1750 Collm (Kr. Oschatz), † 12. 1. 1822 Breslau. Der arme, aber begabte Arbeitersohn nannte sich nach seiner Heimat Saxo. In Leipz. und Gött. studierte er Philol. und erweiterte, ohne Gewicht auf Vorlesungen zu legen, gleichzeitig den Bereich seines Wissens durch die Beschäftigung mit den Naturw. und der Technik. Von 1774 ab arbeitete er wissensch. in Straßb., übernahm aber schon zwei Jahre später eine Professur in Frankf. (Oder). Bei der Verlegung der Univ. siedelte er 1811 mit nach Bresl. über, wo er sich 1814 die Verwaltung der königlichen und Univ.-Bibliothek übertragen ließ, weil ihm die eigentliche Lehrtätigkeit nie recht zusagte. Er zog die stille, in die Tiefe dringende Forschung vor und schürfte auf Gebieten, in denen sich die Philol. und Naturw. berührten. Früchte seiner Studien waren ein grundlegendes griech. Wörterbuch mit neuem naturw. und techn. Wortschatz (1795—1797), ferner Werke wie „D. Tiergesch. d. Aelian" (1784), „D. Tiergesch. d. Aristoteles" (1811), „D. phys. Briefe d. Epikur" (1813). Nachdem er schon 1786 die Bilder von G. Marcgraf (s. d.) in der Berl. Hofbibliothek entdeckt hatte, verpflichtete er sich die orn. Fachwelt zu weiterem Dank, als er sie an den seit Jahrh. vergessenen Friedrich II. (s. d.) erinnerte. Die Besinnung auf den auch zool. so bedeutenden Kaiser führte er herbei durch die unveränderte Neuausgabe der „Reliqua librorum Friderici II. imperatoris de arte venandi cum avibus cum Manfredi regis additionibus" (Leipz. 1788/89). Die von ihm beigefügten kritischen Bem. erwuchsen aus dem großen Blickfeld eines hervorragend vielseitigen, mit phys. und anat. Kenntnissen ausgestatteten Philologen, der so seinen Namen mit der Geschichte der Vogelk. verknüpfte.
— Lit.: Allg. Dt. Biogr. 32, 1891, S. 125—127. - E. Stresemann, Entw. d. Orn., 1951.

Schneider, Karl Max, Dr., * 13. 3. 1887 Lichtenstein-C., † 26. 10. 1955 Leipzig. Die Vorbildung des Kaufmannssohnes zum Lehrer am Seminar in Waldenburg leitete über zum Studium an der Univ. Leipz.; Krieg und schwere Verwundung unterbrachen jedoch die Laufbahn. Nach kurzer Assistentenzeit am Zool. Inst. in Frankf. (Main) unter O. zur Strassen (s. d.) (1918/19) und einem tierpsychol. Sonderstudium in Leipz. trat Sch. in die Dienste des Leipz. Zool. Gartens. Ihm blieb er in allen Wechselfällen der Zeit bis zum Tode treu. 1934 wurde er hier kommissarischer Leiter, 1935 Direktor. Dem Garten verhalf er zu immer größerer Bedeutung; aus ihm eine Volksbildungsstätte zu machen, war sein oberstes Ziel. Die Ernennung zum Honorarprof. der vet.-med. Fak., die Wahlen zum Präsidenten des Verbandes der dt. und zum Vizepräsidenten des internat. Verbandes der Zoodirektoren, die Mitgliedschaft bei der Leopoldina gehören u. a. zu den äußeren Anerkennungen für das rastlose Schaffen des volkstümlichen und bekannten Tiergärtners. Seit G. Grimpes Tod war er auch Schriftleiter der Neuen Folge des Zool. G. Groß ist die Zahl seiner im Volkston geschriebenen Veröff. Einen Einblick in sein Wollen und Wirken gewährt das Buch „V. Leipz. Zoo" (1953), und kennzeichnend für seinen Wesenskern war die aufrichtige Verehrung, die ihn zu O. Heinroth (s. d.) zog. Innerhalb seiner vielseitigen tiergärtnerischen und wissensch. Tätigkeit stellte die orn. Seite nur einen Teilausschnitt dar; doch ragen neben kleineren Beitr. zur Vogelk. die Arbeiten auf diesem Gebiet durch die Originalität der physiol. und ethol. Betrachtungsweise hervor. Sie galten vor allem dem Strauß, den Seetauchern, den Marabus, dem Kropfstorch und der Orientierungsgabe der Brieftauben. Eine Monogr. über den Zug der Großmöwen kam nicht zum Druck. Seit 1920 gehörte er der DOG an.
— Lit.: Würdigung (von A. Lehmann). Zool. G., N. F. 17, 1950, S. 1—7. - Nachruf (von R. Mertens). Verh. Dt. Zool. Ges. 1955 (1956), S. 485—487 (mit Bildnis). - Nachruf (von H. Dathe). Zool. G., N. F. 21, 1956, S. 331—336 (mit Bildnis). - Nachruf (von E. Stresemann). J. Orn. 97, 1956, S. 116. - Nachruf (von H. Kumerloeve). Naturw. Rdsch. 9, 1956, S. 78/79. - Verz. d. Veröff. (zusammengestellt von H. Dathe) in „V. Leipz. Zoo" 1953, S. 118—129. - Würdigung (von dems.) in K. M. Sch.s posthum erschienenen Büchern „Mutterliebe b. Tieren", Wittenb. 1956, S. 9—14 (mit Bildnissen) u. „Tiere haben d. Wort", Leipz./ Jena 1957. - Würdigung (von R. Gerber). B. z. Vk. 7, 1960, S. 43—46.

Schneider, Moritz, * 17. 11. 1824 Gnetsch (Kr. Dessau-Köthen), † 14. 6. 1890 Köthen. Seit 1850 war er Schulamtskandidat in Ziebigk und seit 1858 Gymnasiallehrer in Köthen. Zu dem über 40 Jahre älteren J. F. Naumann schaute er bewundernd auf und schrieb für den toten Meister die ersten Nachrufe in Cöthensche Ztg. (1857), J. Orn. (5, 1857) und Naum. (8, 1858). Trotz seiner orn. Neigungen scheint er nicht gern zur Feder gegriffen zu haben. Nur in J. Orn. (15, 1867) äußerte er sich einmal zum „Vorkommen seltener europ. Vögel in Anhalt". Hier erwähnte er auch, daß er in seiner Samml. einen Bienenfresser habe, den C. A. Naumann (s. d.) in Klein-Zerbst am 28. 5. 1852 geschossen habe.

Schnorr von Carolsfeld, Eduard, Dr., * 19. 11. 1868 München, † 14. 8. 1949 Traunstein. Künstlerische Veranlagung war ihm vererbt. Sein Großvater spielt in Ludwig Richters „Lebenserinnerungen eines dt. Malers" eine bedeutende Rolle; ein naher Verwandter gehörte zu den ersten Wagnersängern in Münch. Er selbst war aktiver und passiver Musiker und bei all seiner Begabung ein selbstloser, hilfsbereiter Mensch. Feine Aufgeschlossenheit für das Leben der Vögel führte ihn in seiner Heimatstadt, wo er als Psychiater wirkte, 1904 der Orn. Ges. Bay. zu. Durch Liebenswürdigkeit und Humor genoß er hier hohe Wertschätzung. Vor, in und nach dem 1. Weltkrieg hatte er den Posten des Schriftführers inne und lieferte in den Verh. Bay. zwischen 1907 und 1915 Proben seiner Beobachtungsfreude durch Arbeiten über vogelk. Erfahrungen in Münch., Oberbay. und der Schweiz. Mit Veröff. zu glänzen, lag jedoch seiner bescheidenen Art nicht. So trat er auch orn. nicht mehr in Erscheinung, nachdem er von 1926 ab als Sanitätsrat in Traunstein lebte.

Schönbauer, Josef, * 1757 Podhörsitz (Böhmen), † 27. 12. 1807 Pest. Der an der Budaer Univ. seit 1788 lehrende Prof. der „speziellen" Naturgeschichte schrieb den „Conspectus Ornithologiae Hungaricae . . ." (1795) und knüpfte damit an seinen Namen das Verdienst, das erste Verz. d. ung. Vögel nach dem System Linné-Blumenbach hinterlassen zu haben. Es war ein erheblicher Fortschritt gegenüber den Bemühungen der zeitgenössischen ung. Kollegen M. Piller, L. Mitterpacher und J. B. Grossinger (s. d.). Unter den 276 mit lat. und dt. Bezeichnungen versehenen Arten befanden sich aber domestizierte und solche, die nicht erkennbar sind, so daß nur 220 als von ihm wirklich nachgewiesen gelten dürfen. Die Aufzählung litt zudem darunter, daß ihr keine faun. Angaben beigefügt sind. Kurz vor seinem Tode erschienen als weiteres orn. Werk aus seiner Feder noch die „Icones et Descriptiones partim rarum, partim venustissimarum avium Hungariae . . ." (1806). — Lit.: Pallas Lex. 14, 1897, S. 974.

Schönholzer, August, * 28. 6. 1886 Wittenwil (Thurgau), † 7. 12. 1954 Frauenfeld (Thurgau). Seit 1919 der Schweiz. Ges. f. Vogelk. . . . angehörend und mit sicheren feldorn. Kenntnissen ausgestattet, trat der Schriftsetzer jahrelang für die Natur- u. Vogelschutzbestrebungen seiner Thurgauer Heimat ein und arbeitete in der Natursch.-Kommission der Naturf. Ges. und in der Mus.-Ges. seines Kantons. Eine Reihe von Reservaten verdankte die Entstehung seinem Einfluß und seiner Regsamkeit. Obwohl er als Leiter vieler Exk. und eifriger Beringer über die kantonalen Grenzen hinaus bekannt war, griff er, sich bescheiden zurückhaltend, wenig zur Feder. Nur kleinere Nachr. überließ er ab 1926 einige Jahre dem Orn. Beob. Der Kern seines Denkens ist wohl am deutlichsten freigelegt in einem Ber. „Vogelmord am Untersee" (Orn. Beob. 25, 1927), in dem bei der Schilderung der Belchenjagd seine Empörung in Wendungen wie „ruchlose Tat", „grausige Vogeljagd" und „Freude am Töten" Ausdruck fand. — Lit.: Nachruf (von Schriftl.). Orn. Beob. 52, 1955, S. 48.

Schönwetter, Max, * 23. 8. 1874 Wien, † 21. 4. 1961 Gotha. Nach dem Besuch der Realschulen in Gotha und Frankfurt (Main) studierte er Geodäsie und Kulturtechnik in Berl.; anschließend war er Reg.-Landmesser in Gotha und die letzten 18 Jahre (bis 1939) dort Vermessungsrat und Vorstand des staatlichen Vermessungsamtes. Der Fund des Restes eines Rebhuhneies und die Entdeckung der daran haftenden Blutäderchen erweckte in dem sechsjährigen Knaben ein nie mehr erlahmendes Streben nach der Beschäftigung mit dem Vogelei. Den Weg aus der Liebhaberei in die wissensch. gerichtete Betrachtung der Objekte ebnete ihm später die zufällige Bekanntschaft mit A. Nehrkorn und E. Rey (s. d.). So erwuchs ihm im Laufe von 60 Jahren durch Tausch und Kauf (viele Reisende waren für ihn tätig) aus einer kleinen Schachtel von Eiern eine der großartigsten Privatsammlungen von fast 4000 Arten. Der Wunsch nach vollständigem Überblick über die Eier der gesamten Avif. ersetzte allmählich das eigene Sammeln durch das jahrzehntelange Studium mit Meßkluppe, Waage und Lupe in allen ihm zugänglichen Mus., Bibliotheken und naturw. Handlungen des In- u. Auslandes. Im Alter durfte er für sich die Anerkennung beanspruchen, daß kein Vorgänger mehr Eischalen überprüft habe als er, und daß keine andere Vergleichsmethode besser durchdacht und kritisch tiefer schürfend gewesen sei als die von ihm entwickelte. Seit 1905 meldete er sich in der Fachpresse mit etwa 40 kleineren und größeren Arbeiten zu Wort; dazu gehörten „Vogeleier aus Kansu" (J. Orn. 77, 1929 u. Orn. Mber. 37, 1929), das Oologische und Nidologische in den „Aves Beickianae" — zusammen mit E. Stresemann und W. Meise — (J. Orn. 85, 1937 u. 86, 1938) und das Oologische in W. Hoesch u. G. Niethammer, „D. Vogelw. Dt.-Südwest-Afrikas" (J. Orn. 88, 1940, Sonderheft). Das lebenslang mit zäher Verbissenheit betriebene Studium der Morphol. der Eischale gipfelte 1952 nach Überwindung gehäufter Mühen, Enttäuschungen und Schwierigkeiten in der Fertigstellung seines „Hdb. d. Ool.". Der Druck verzögerte sich indes, bis der hochbetagte Verf. 1960 endlich den Beginn des Erscheinens der von W. Meise besorgten Lieferungen des großen Werkes erlebte. Die darin gebotene allg. vergl. Beschr. erstreckte sich auf die Färbung und den Feinbau der Schale, die Maße und Gewichte der Eier von etwa 10 000 system. Einheiten und gestattete einen vorher unerreichten Grad von Sicherheit in der Bestimmung der Eier. Auch die Verwandtschaftsforschung wurde durch die genaue Erfassung der ool. Merkmale von Ordnungen und Familien um ein beachtenswertes Hilfsmittel bereichert. Der orn. Wissensch. aber, die im 20. Jahrh. die Ool. so eindeutig gering schätzte, daß es kaum

noch einen Eierkenner gibt, wurde hiermit von einem der letzten Klassiker und einsamen Größen des Sondergebiets eine zusammenfassende Überschau geschenkt, die zugleich Höhepunkt und Abschluß einer Forschungsrichtung bedeuten dürfte. Die ganz persönliche Leistung des durch Willen, Wissen und Eifer ausgezeichneten Praktikers belohnte die DO-G 1961 mit der Ehrenmitgliedschaft. Seine Samml. kam in das Zool. Inst. von Halle.
— Lit.: Würdigung (von W. Semmler). Mitt. Thür. 4, 1957, S. 70. - Nachruf (von R. Piechocki). J. Orn. 102, 1961, S. 486—489 (mit Verz. d. Veröff.). - Nachruf (von L. Baege). Falke 8, 1961, S. 435. - Bildnis in B. z. F. 14, 1938.

Schöpf, Albin, * Juni 1822 Hirschberg (Saale), † 26. 4. 1881 Dresden. Der langjährige Inspektor des Zool. Gartens in Dresd. stand im Rufe, ein außerordentlich tüchtiger Tierpfleger zu sein. Er war einer der ersten, die Paradiesvögel hielten und Auerwild in der Gefangenschaft zur Fortpflanzung brachten. Für Brehms „Tierleben" lieferte er Notizen, veröffentlichte trotz seiner reichen Erfahrungen selbst aber nur wenige kleinere Notizen in Zool. G.
— Lit.: Nachruf (von H. Schalow). Orn. Cbl. 6, 1881, S. 94.

Schöpwinkel, Albert, * 26. 8. 1830 Werden (Ruhr), † 4. 11. 1910 Oberkassel (Siegkreis). Auf dem Gebiet der Malerei begabt, studierte er an der Düsseldorfer Akad., mußte aber die Künstlerlaufbahn nach einigen Semestern aufgeben, weil der Vater das Vermögen verlor. Er arbeitete dann in der Verwaltung des Fürsten zu Stolberg-Wernigerode und wurde Sekretär und Kanzleirat. Nach der Pensionierung ließ er sich in Oberkassel nieder. 30 Jahre und mehr hatte der Naturfreund und Jäger die nähere und weitere Umgeb. seines Wohnsitzes durchstreift, als er sich entschloß, „in knappen Mußestunden" die „Vogelw. d. Grafschaft Wernigerode" (Schr. Wern. 7, 1892) niederzuschreiben, „weil bei unserer heutigen Jugend das Interesse und Wohlgefallen an der Natur und ihren Erscheinungen immer mehr im Schwinden begriffen ist". Jagdgenossen und Forstbeamte unterstützten ihn mit ihren Erfahrungen. Die Raubvögel behandelte Stabsarzt Dr. Müller, der eine Samml. dieser Arten zusammengebracht hatte. Sch. selbst kam offenbar über die lückenhaften Kenntnisse eines musisch veranlagten Laien nicht hinaus. Seine Angaben sind z. T. ungenau oder unbestimmt; z. T. beruhen sie auf Irrtümern. So sollten der Bergfink auf dem Harz und der Berghänfling im Gebirge brüten; den Girlitz erwähnte er nicht, obwohl F. Lindner (s. d.), der in der „Ornis d. Fallsteingebietes" seine Beob. heranzog, die Art dort schon 1890 kannte.

Scholz, Franz Paul, Dr., * 8. 4. 1772 Röhrsdorf bei Liebenthal (Niederschlesien), † 17. 1. 1837 Breslau. In der Jugend schon zeigte er den „Trieb z. Naturk. u. Mechanik". 1786 kam er in das Gymnasium zu Glogau. Von 1791 ab besuchte er 3 Jahre die ehemalige Leopoldina in Bresl. Nach der Promotion studierte er noch bis 1797 Theol. und war darauf Mitglied (Prof.) des Fürstl. Stifts St. Vinzenz in Bresl. bis zur Pensionierung 1810. Rege lit. Tätigkeit fand ihren Niederschlag in verschiedenen volkstümlichen Schriften und dem mit 574 Kupfern ausgestatteten Lieferungswerk „D. Naturfreund, oder Beitr. z. Schles. Naturgesch." (1809—1824). In den elf Bänden sind viele Vogelarten nach schles. Vorkommen geschildert und abgebildet. Wenn der Verf., der sich mit dem Kupferstecher F. G. Endler (s. d.) zusammengetan hatte, durch seine Veröff. auch die Beschäftigung mit den heimatlichen Vögeln angeregt haben mag, so dürften ihm selbst doch ausgesprochen orn. Neigungen und Interessen nicht eigen gewesen sein.
— Lit.: Nachruf (Verf. ungen.). Schles. Prov.-Bl. 105, 1837, 1. Stück, S. 63.

Schrader, Gustav, * 1852 Missolunghi (Griechenland), † um 1942 Alexandria (Ägypten). Der Sohn von Leopold Schr. (s. d.) besuchte offenbar keine Schule. Unterricht erhielt er nur bei einem Hofprediger in Athen. In der Lehre des Vaters, den er stets begleitete, wurde er gleichfalls geschickter Präparator und gewissenhafter Naturalienhändler. Nach dem Tode des Vaters ließ er sich in Port Said nieder, um nunmehr die ganze Levante von Ägypten bis Kleinasien zu seinem Jagdgebiet zu machen. Auch in Abessinien und Somaliland war er tätig und schickte große Serien der dort vorkommenden Vögel nach Deutschl., besonders an W. Schlüter (s. d.). A. Koenig (s. d.) lobte im „Nido-ool. Kat." (1931/32) seine „geradezu musterhaften Bälge" und betonte, daß ihm das Verdienst zustehe, den Flamingo auch auf der asiat. Seite am sog. Langen See als Brutvogel festgestellt zu haben. Das Orn. Jb. 2, 1891 und 3, 1892 brachte aus seiner Feder einen Ber. über „Orn. Beob. auf meinen Sammelreisen"; diese ausführliche und faun. aufschlußreiche Liste mit Fundortangaben umschließt seine Erfahrungen in Kleinasien, Cypern, Syrien, Palästina, Ägypten von 1875—1891 und hält die genauen Daten der einzelnen Unternehmungen fest. Ob er nach dem 1. Weltkrieg noch für Mus. und Private sammelnd unterwegs war, ließ sich nicht ermitteln. Jedenfalls war er wie sein Vater ein gründlicher Kenner der Mittelmeerornis und lieferte der Forschung wertvolles Material.

Schrader, Leopold, * 29. 4. 1812 Dorstadt (Kr. Goslar), † 18. 1. 1878 Cypern. Von Wolfenbüttel aus, wo sein Vater Zollbeamter war, besuchte er die Chirurgische Lehranstalt in Braunschw. und wurde Wundarzt. Bald aber wandte er sich den Naturw., insbesondere der Orn. zu und zog zwischen 1840 und 1850 von Hamburg aus als leidenschaftlicher Jäger und Sammler dreimal nach Lappland, um dort insgesamt 8 Jahre zu verbringen. Beob. an den Vögeln dieses Landes veröffentlichte in seinem Auftrag W. Päßler (s. d.) in J. Orn. 1, 1853. Ein großer Teil der Ausbeute kam in das Braunschw. Mus. 1851 veranlaßte ihn A. Lindermayer (s. d.), nach Griechenl. auszuwandern, um dort ein Zool. Mus. aufzubauen. Zunächst lebte er in Missolunghi, bis er 1854 die Möglichkeit erhielt, an der Univ. Athen eine Vogelsamml. einzurichten. Die lange versprochene und schlecht bezahlte Präparator- u. Konservatorstelle öffnete sich ihm erst, als er verarmt nicht mehr nach Deutschl. zurückkehren konnte. Guten Nebenerwerb verschaffte er sich dann dadurch, daß er die in ganz Attika häufig vorkommenden Steinkäuze präparierte und den Besuchern der Akropolis (nachdem sie auf den Vogel aufmerksam geworden waren) als Andenken verkaufte. Von 1858 ab wohnte Th. Krüper (s. d.) bei ihm, und die gleichgestimmten Sammler machten viele Exk. durch Griechenland und Kleinasien gemeinsam. 1875 ging Schr. nach Smyrna und Aidin (Kleinasien). In den Wäldern bei Burnabal erlegte und präparierte er den Kleiber, den A. v. Pelzeln (s. d.) nach Th. Krüper benannte. Krüper hatte das Stück lediglich nach Wien geschickt. Ein darob zwischen beiden Freunden für kurze Zeit entstandener Streit endete bald mit Versöhnung. 1876 wechselte der vom Wandertrieb beherrschte Niedersachse nach Cypern über, wo er in Paphos sein Grab fand. Auf seinen Jagden hatte er sich zum hervorragenden Ornithologen entwickelt, der umfangreiches Material (Bälge und Eier) an dt. Mus. und Sammler sandte. O. Reiser (s. d.) bezog sich im Griechenlandband der „Ornis Balcanica" (1905) verschiedentlich auf seine gediegenen Erfahrungen.

Schreibers, Carl Ritter von, Dr., * 15. 8. 1775 Preßburg, † 21. 5. 1852 Wien. Aus einer geistig kultivierten Familie stammend, widmete er sich ursprünglich der Med., ging aber früh zum Studium der Min. und zuletzt der Zool. über. Die ärztl. Praxis in Wien gab er zugunsten der Naturw. auf und übernahm 1806 als Direktor die Wiener Hofsamml. Ein leidenschaftlicher Sammler, genialer, etwas pedantischer Kopf, entwickelte er bis zu seiner Pensionierung 1851 die kaiserl. Naturalien-Kabinette aus kleinen Schaustellungen zu wissensch. Inst. und erhob sie zu den damals bedeutendsten Forschungsstätten Mitteleuropas. Unter den Tieren reizten ihn vor allem die Reptilien und Spinnen zu großartigen Forschungen und Arbeiten. Wenn er sich auf dem Gebiete der Vogelk. auch nur zu wenigen eigenen Unters. angeregt fühlte — er beschrieb neu entdeckte Kolibris —, ließ ihr seine Universalität doch bemerkenswerte Förderung zuteil werden. Aus ausländischen Mus. (z. B. dem Leverian. Mus. in London) erwarb er heute noch erhaltene orn. Seltenheiten. Joh. Natterer (s. d.) schickte er zu ausgedehnten Sammelreisen nach dem Plattensee, dem Neusiedler See und anderen ung. Vogelparadiesen, ferner nach Kroatien, Mähren, der Steiermark, Italien und dem adriatischen Küstenland; dazu gab er ihm die Gelegenheit zu den neotropischen Glanztaten, indem er die österr. Exp. nach Brasilien (1817) mit allem wissensch. Eifer ins Leben rief. H. Schlegel (s. d.) öffnete er 1824 in Wien einen gastlichen Kreis und verhalf ihm durch seine gewichtige Empfehlung zur glückhaften Übersiedlung nach Leiden. Schließlich wurde auch J. S. v. Petényis (s. d.) orn. Weg von den tiefen Eindrücken bestimmt, die der Theologiestudent in den 20er Jahren den von Sch. gestapelten Vogelsamml. verdankte. — Lit.: Nachruf (von A. F. Marschall). Verh. Wien 2, 1852, S. 46—51. - Biogr. Lex. Kaisert. Österr. 31, 1876, S. 283—287 (mit Verz. d. Veröff. u. älteren Quellen).

Schrenck, Leopold von, Dr., * 24. 4. 1826 Chotenj (Gouvernement Charkow), † 8. 1. 1894 Petersburg. 1842 verzog er nach Dorpat und studierte von 1844 ab dort, in Berl. und Königsb. Naturw. und vor allem Zool. In der freien Natur aufgewachsen, lag ihm die Lust am Beobachten und Sammeln im Blute. Deshalb ließ er sich gerne von der russ. Akad. d. Wissensch. zu einer Forschungsreise um die Welt (1853—1857) bestimmen. Deren Hauptzweck war die Erkundung des zool. kaum bekannten Amurlandes und der Insel Sachalin. Von 1854—1856 weilte er in diesen Gebieten und beschrieb (mit anderen zusammen) anschließend die Tierwelt in einem vierbändigen Werk. Der Vogelband, von ihm allein bearbeitet, erschien 1860. Für die Kenntnis der Ornis der von ihm berührten Landschaften waren seine Veröff. von ausschlaggebendem Wert. Sie machten ihn schnell berühmt, denn er hatte die Gabe, die in der Natur gewonnenen Eindrücke und Erfahrungen in stiller, stetiger Schreibtischarbeit anschaulich und eindrucksvoll darzustellen. In späteren Jahren spielte er in der Akad. zu Petersb. eine bedeutende Rolle, vorwiegend als Völkerkundler und Direktor des Anthrop.-ethnogr. Mus. U. a. gab er in Gemeinschaft mit befreundeten Gelehrten die 2. (Bd. 1—9, 1878—1886) und 3. (Bd. 10, 1886) Folge der „Beiträge z. Kenntnis d. Russ. Reiches. . ." heraus. Wie in allen Bereichen der Naturw. verfügte er auch in der Orn. über ein umfassendes Wissen. 1884 nahm er als Vertreter der russ. Akad. am 1. internat. Orn.-Kongr. in Wien teil. Seine Bemühungen, in Ausführung der Kongreßbeschlüsse in den Weiten Rußlands ein Beobachternetz aufzubauen, blieben allerdings ohne Ergebnis. Er starb als russ. Geh. Rat und wurde auf dem livl. Familiengut Jensel bestattet. — Lit.: Nachruf (von H. Schalow). Orn. Mber. 2, 1894, S. 50. - Nachruf (von P. Leverkühn). Orn. Ms. 19, 1894, S. 98/99. - Nachruf (von Schriftl.). Ibis (6) 6, 1894, S. 459. - Nachruf (von R. Blasius). Ornis 8, 1896, S. 532—544 (mit Verz. d. Veröff.). - F. Th. Köppen, Bibliotheca Zool. Ross. II, Petersb. 1907.

Schröder, Caspar. Unter diesem Namen schrieb der Thüringer Arzt Christoph von Helwig. Eigene Erfahrung auf dem Gebiete der Jagd und des Vogelfangs scheint ihn nicht besonders ausgezeichnet zu haben. Trotzdem gab er eine „Neue lustige u. vollständige Jagdkunst" (1717, 1728, 1760, 1762) heraus. Das Buch war im Hauptteil eine Neuaufl. des „Berichts. . ." von J. C. Aitinger (s. d.), also geistiger Diebstahl. Einzelheiten über sein Leben liegen im Dunkel. — Lit.: E. Stresemann, Beitr. z. einer Gesch. d. dt. Vogelk., J. Orn. 73, 1925, S 596. - K. Lindner, Dt. Jagdschriftsteller, Teil 1, 1964, S. 52/53 (im Erscheinen).

Schröder, Wilhelm, * 18. 9. 1912 Hannover, † 20. 7. 1941 Rußland. Liebe zur Vogelwelt wurde in ihm durch den Biologieunterricht der Schulzeit entfacht. In Gött. begann er das Studium der Zool. und Naturw. und setzte es in Münch. fort, wo er sich gleichzeitig in der bayer. Staatssamml. nützlich machte. Seit 1934 Mitglied der Orn. Ges. Bay., half er eifrig bei Filmaufnahmen aus dem Leben der Wasservögel im Ismaninger Teichgebiet. Da er sich zum tüchtigen Jäger und Kenner des Jagdgeflügels entwickelt hatte, wurde er schließlich in das Reichsjagdamt nach Berl. berufen. Dort war er mit Vorbereitungen zur Errichtung eines Reichsjagdmus. beschäftigt, bis er Soldat wurde. Die Verh. Bay. und der

Anz. Bay. sowie die Jagdpresse enthalten eine Reihe gediegener Veröff. aus seiner Feder. Er fiel als Leutnant im Osten.
— Lit.: Nachruf (von E. Schuhmacher). Verh. Bay. 22, 1942, S. 372—374 (mit Bildnis).

Schübler, Gustav, Dr., * 15. 8. 1787 Heilbronn, † 8. 9. 1834 Tübingen. Er war anfänglich prakt. Arzt in Stuttg., seit 1812 Lehrer der Naturw. am Fellenbergischen Inst. in Hofwyl und seit 1817 Prof. der Naturgesch. in Tüb. Hier beschäftigte er sich bis zu seinem Tode hauptsächlich mit der Botan. und hinterließ u. a. eine „Flora v. Württ.“ (1822). In der Orn. erscheint sein Name, weil er zum 1. Male eine Darstellung der gesamten württ. Vogelwelt versuchte. Sie erschien in J. D. G. Memmingers „Beschr. oder Geogr. u. Statistik nebst einer Übersicht d. Gesch. v. Württ.“ (1. Aufl. 1820, 2. Aufl. 1823). Als Bearbeiter des Abschnitts über das Tierreich nannte er in der Vogelliste auch domestizierte Formen, ließ aber von den freilebenden Arten eine Reihe der gewöhnlichsten unberücksichtigt. Angaben über die Verteilung im Lande und die Siedlungsdichte finden sich nur selten. Die Lückenhaftigkeit zeigt, daß der Verf. keine oder nur höchst dürftige orn. Kenntnisse besaß.
— Lit.: Allg. Dt. Biogr. 32, 1891, S. 639/40. - W. Bacmeister, Abriß einer Gesch. d. Württ. Vogelk., Jh. Württ. 102—105, 1950, S. 17.

Schümann, Grete (geb. Heß), * 7. 8. 1889 Ruhla (Thüringen), † 11. 1. 1935 Hamburg. Aus der thür. Waldheimat brachte sie so starke Naturliebe mit, daß sie 1914 die Großstadt Hamb. floh und ein Haus an der Bredenbek in Wohldorf baute. Umgeben von hügeligem Wald und weiten Wiesen ihres 12 500 qm großen Gartengeländes fand sie den ersehnten Umgang mit den Tieren unter freiem Himmel. Als ihre 4 Kinder größer wurden, schloß sie sich 1927 dem Hamb. orn. Verein an und begann für Heimatzeitungen niederzuschreiben, was ihr an kleinen und großen Erlebnissen mit den Vögeln im Bereiche des eigenen Besitzes und auf Exk. nach Helgol., Neuwerk sowie an den holst. und meckl. Seen begegnete. Auch die Tierphotogr. stellte sie mit guten Bildern in den Dienst ihrer Unterhaltungsbeitr. Zur orn. Fachpresse fühlte sie sich offenbar weniger hingezogen. Zwischen 1930 und 1934 erschien ihr Name lediglich in den Mitt. Vw. und der Hamb. Zoo-Ztg.; Aufs. wie „D. Nachtigall“ (Mitt. Vw. 29, 1930), „Bei d. Fischadlern“ (ebd. 30, 1931 u. Hamb. Zoo-Ztg. 4, 1931), „Nordseeinsel im Herbst“ (ebd. 31, 1932), „Möwen“ (ebd. 31, 1932), „Im Adlerwald“ (ebd. 32, 1933), „D. Blaukehlchen“ (ebd. 32, 1933), „Brutbeob. an d. Gebirgsbachstelze“ (ebd. 33, 1934) verrieten nicht nur hingebende Beobachterfreude und biol. Sachkunde, sondern auch den Herzschlag eines künstlerisch empfindenden Menschen. Die durchweg romantisierende Einstellung war dazu angetan, Gleichgestimmten den Weg in die Welt der Vögel leicht zu machen. Wissensch. Absichten kannte die Verf. nicht. Ihrer orn. Aufgeschlossenheit und schriftstellerischen Begabung setzte der Tod ein zu frühes Ende.

Schünemann, Karl-Ernst, * 12. 8. 1924 Berlin, † 23. 8. 1957 Küste von Süd-Wales. Früh war erkennbar, daß er sich in der vom Menschen noch nicht entstellten Landschaft wohler fühlte als zwischen den Häusern der Großstadt. Nach dem 2. Weltkrieg bildete er sich zuerst zum Sachverständigen für Bienenseuchen aus, arbeitete dann aber von 1952 ab aus Tierliebe im Zool. Garten in Berl. Nebenher photographierte und filmte er Tiere und Pflanzen und betrieb als Autodidakt naturk. Studien. Nachdem er 1954 auf eigene Faust in Lappland prächtige Farbfilme gedreht hatte, verbrachte er 1955 viele Monate auf einem unbewohnten Vogelfelsen der Lofoteninseln, um sich dem Leben der Möwen und Alken zu widmen. Das Ergebnis waren gute, zu Vorträgen benutzte Farb-Dias und sein 1. Buch „Mein Vogelfelsen im Nordmeer“ (1956). Der Sommer 1956 sah ihn im Inseldorf Röst auf einem anderen Felsen. Unter erheblichen Mühen und Entbehrungen galten dieses Mal seine Beob. in erster Linie dem Lebensablauf der durch den jahrhundertealten Winterfang bedrohten Seeadler und fanden ihren Niederschlag in dem mit hervorragenden Lichtbildern ausgestatteten Buch „Noch jagen d. Adler“ (1957). In Auffassung und Sprache zeichnete es sich durch eine eigene, ernsthafte Note aus, wandte sich aber an einen weiten Leserkreis von aufgeschlossenen Laien und Jugendlichen. Wenn er über einige falsche Vorstellungen des Verf. hinwegzusehen vermag, erfreut sich auch der Ornithologe an der farbigen Schilderung des Vogeldaseins in einer harten und grausamen Umwelt. Sch. war ein noch suchender Künder reinen Naturerlebens. Er hätte gewiß manchen Beitr. zur Erweiterung vogelk. Wissens weiterhin leisten können. Ehe sein 2. Buch aber erschien, war er bereits tot. Auf der Insel Skomer (Süd-Wales) rissen ihn Sturm und Wellen mitsamt seinem Photogerät ins Meer, als er Aufnahmen von Möwen und Robben im aufgewühlten Atlantik machen wollte.
— Lit.: Nachruf (von J. G. Steiniger). Tier- u. Naturphotogr. 1, 1958, S. 52—59 (mit Bildnis).

Schütt, Emil, * 28. 11. 1827 Rastatt, † 14. 4. 1893 Freiburg (Breisgau). Er war Oberförster seit 1863 in Pfullendorf, seit 1871 in Staufen, seit 1888 in Wendlingen bei Freib. 1868 trat er der DOG bei und zeigte sich feldorn. sehr erfahren. Zur Feder griff er nur wenig. Von 1861—1873 brachte das J. Orn. einige seiner Notizen und Beitr., darunter 1862 und 1863 solche zur Fortpflanzungsbiol. des Tannenhähers im Schwarzwald. Für L. Fischer (Kat. d. Vögel Bad., 1897) war er öfters herangezogener Gewährsmann durch seine Beob. und seine offensichtlich recht inhaltreiche Samml. Von ihm stammen auch die Meldungen über Brut des Schlangenadlers bei Staufen und des Rauhfußkauzes am Kandel (Schwarzw.).

Schütt, Otto, * 6. 1. 1843 Husum (Schleswig). Nachdem er als Sohn eines Gymnasialdirektors das Polytechnikum von Berlin besucht hatte, war er zuerst Eisenbahnbauingenieur im Gebiet des Euphrat und des Tigris. 1877 sandte ihn die Dt. Afrik. Gesellschaft nach Angola, wo er bei Malange tätig war und bis zum Tschikapa, einem Nebenfluß des Kassai, gelangte. 1879 kehrte er mit sorgfältigen kartographischen Aufnahmen und reichen naturw. Samml. zurück, nahm an der Berl. Sitzung der DOG vom 6. 10. teil und erntete langen Beifall auch in der Sitzung vom 5. 1. 1880. A. Reichenow (s. d.) besprach seine Sammelergeb-

nisse in den Mitt. d. Afrik. Ges. 1, 1879 und in Jorn. Sc. Math. Phys. Nat. Lisboa 27, 1880. J. Cabanis (s. d.) beschrieb aus den in das Berl. Zool. Mus. gekommenen Stücken drei für Angola neu erkannte Arten (J. Orn. 29, 1881). 1880 zog der Reisende wieder in die Ferne, dieses Mal (vgl. Orn. Cbl. 5, 1880) mit einer geol. Exp. nach Japan, wo er auch orn. zu sammeln gedachte. Von hier ab verloren sich seine Spuren im Ungewissen. 1887 verzeichnete ihn noch die Mitgliederliste der Naturf. Ges. Görl.; im Protokoll der Gesellschaft vom 8. 11. 1889 stand der Vermerk, daß er (wann?) in Konstantinopel verstorben sei. Lit. Hinterlassenschaft ist sein umfänglicher Ber. „Reisen im südwestl. Becken des Kongo" (Berl. 1881).
— Lit.: Fr. Embacher, Lex. d. Reisen u. Entdeckungen, Amsterdam 1882 (1961), S. 264.

Schütte, Heinrich, Dr. h. c., * 28. 12. 1863 Oldenbrok (Kr. Wesermarsch), † 10. 12. 1939 Oldenburg. Die berufliche Laufbahn führte den aus einer Erzieherfamilie stammenden Lehrer durch Geest, Moor und Marsch nach Bremerhaven und endlich 1901 nach Oldenb. Hier war er von 1910—1924 Rektor der Knabenmittelschule. Neigung und Stellung bewirkten, daß die frühe naturw. Tätigkeit dem größeren Rahmen der Heimatk. und des Natursch. eingeordnet blieb. 1913 gründete er mit Hilfe der Lehrerorganisation die Zeitschr. „Heimatk. d. Herzogtums Oldenb." und 1925 den Landesver. Oldenb. f. Heimatk. u. Heimatsch.; durch Vorträge, Exk., Aufs. usw. wollte er in den Herzen seiner Landsleute Verständnis für die Belange der Heimat wecken. Der Nordseeküste galt all seine Liebe; zwei Jahrzehnte kämpfte er für die Anerkennung der These von der Küstensenkung, die er 1935 in dem Buch „D. Alluvium d. Jade-Weser-Gebiets" für die Wissensch. und 1939 in dem Bd. „Sinkendes Land an d. Nordsee" für die Allgemeinheit darstellte. Die Univ. Hamb. würdigte bereits 1932 seinen Dienst an der Forschung durch die Promotion zum Dr. h. c. Im Wirken des weitschauenden Mannes nahmen die Bemühungen um die Erhaltung der Vogelwelt naturgemäß einen breiten Raum ein. Vor allem ist die kleine Insel Mellum zwischen Jade und Weser der Ort, durch den die Natur selbst dem erfolgreichen Betreuer der Seevögel ein Denkmal schuf. 1903 setzte er zum ersten Mal den Fuß auf das aus den Fluten des Meeres gewachsene Eiland, dessen Brutvogelbestand — Flußseeschwalben, Seeregenpfeifer, Austernfischer, Brandseeschwalben (seit 1907), Brandenten (seit 1908) — in den folgenden Jahren durch Abschuß und Eierraub erschreckend in Frage gestellt wurde. Als Leiter der Zentrale f. Vogelsch. im Herzogtum Oldenb. erreichte er 1909 die erste ministerielle Schutzmaßnahme. 1912 konnte unter seiner entscheidenden Mitwirkung die Ortsgruppe Kiel d. Bundes f. Vogelsch. die Insel für 12 Jahre vom Staat pachten und einen Vogelwart dorthin setzen. 1922 gingen Schutz und Pachtvertrag ganz an die von ihm gesteuerte Landesgruppe Oldenb. d. Bundes f. Vogelsch. über. 1925 wurde schließlich der Mellumrat, d. h. der Verwaltungsrat für das Schutzgebiet, unter seinem Vorsitz der Schlußstein der von ihm gelenkten Entwicklung. Getragen von selbstlos tätigen, örtlichen Vogelfreunden, gelang es dieser Arbeitsgemeinschaft aus verschiedenen Vogelschutzorganisationen, die Insel 1938 unter Natursch. stellen zu lassen, seit 1939 den Schutz auch auf die Insel Wangeroog auszudehnen und so Stätten für Seevogelbruten u. -forschung zu erhalten. Als Opfer eines Verkehrsunfalls starb der hochbetagte Schöpfer der Schutzanlagen zusammen mit seiner Frau.
— Lit.: Würdigung (von W. Krüger). Abh. Brem. 29, 1934/35, S. 1—12 (mit Bildnis). - Verz. d. Veröff. (von K. Lüders). Ebd. 29, 1934/35, S. 13—18. - Nachruf (von K. Fissen). Jb. Oldenb. 43, 1939, S. 108. - Nachruf (von R. Tantzen). Jber. Oldenb. 1939. - Würdigung (von dems.). Jb. Oldenb. 50, 1950, S. 266—271 (mit Verz. d. Veröff.). - Würdigung (von W. Hartung). Nieders. Lebensbilder 3, 1957, S. 276—290 (mit Bildnis u. Verz. d. Veröff.) u. Jb. Oldenb. 56, 1957, S. 1—14 (mit Bildnis u. Verz. d. Veröff.).

Schulz, Ferdinand, * 2. 5. 1849 St. Jernej (Unterkrain), † 22. 1. 1936 Laibach = Ljubljana (Jugoslawien). Seit 1874 war er als Präparator am Landes-Mus. „Rudolfinum" in Laibach tätig und machte sich durch seine Kunstfertigkeit auf dem Gebiete der Tierpräparation einen bekannten Namen in der weiteren Heimat. 35 Jahre widmete er sich daneben prähist. Ausgrabungen, ohne je über die Ergebnisse der selbständigen Forschungen zu berichten. Auch mit orn. Veröff. trat er erst spät hervor. Von 1889 bis 1910 waren es 21 Titel dt. geschriebener kleinerer Beitr. und Mitt. in Zeitschr. wie Mitt. Wien, Orn. Jb., Waidmannsheil. Nachdem ihm bereits Tausende von Vögeln durch die Hände gegangen waren, entschloß er sich schließlich, eine zusammenfassende Darstellung zu bringen; es war das „Verz. d. bisher in Krain beobachteten Vögel" (Mitt. d. Mus.-Ver. f. Krain 1890), in dem er 268 Arten vorwiegend nach Belegstücken aus dem Laib. Mus. nannte. Eine Forts. war das „Verz. d. in Krain beobachteten Vögel v. J. 1890—1895" (Mitt. Wien 19, 1895). Kennzeichnend für den Betätigungsdrang des praktisch denkenden Freilandbeobachters dürften die mit Erfolg unternommenen Versuche sein, die bis 1897 in der Umgeb. von Laib. noch nicht brütenden Stare und Amseln anzusiedeln. Als damals einzigem in Slowenien sachkundigen Feldornithologen gebührt ihm das Verdienst, heranwachsende Kräfte für die in seiner Landschaft vorher kaum beachtete Vogelk. gewonnen zu haben. Zu seinen Jüngern und Freunden gehörte u. a. J. Ponebšek (s. d.).
— Lit.: Würdigung (in slowen. Sprache). Lovec (= D. Jäger) 1929, S. 183—186 (mit Bildnis).

Schulz, Friedrich Wilhelm, † 21. 7. 1933 Cordoba (Argentinien). Nach seiner Ausbildung am Berl. Zool. Mus. wanderte er um 1866 nach Argentinien aus. Dort erhielt er bald eine Präparatorstelle und stieg zum Verwalter des Zool. Univ.-Mus. von Cordoba auf. Einen Namen machte er sich durch orn. Forschungen im Norden des Landes. Gute Beziehungen pflegte er zu J. Cabanis (s. d.), der viele von ihm in den Prov. Cordoba und Tucuman gesammelte und nach Berl. gesandte Vögel besprach. Auf einer Urlaubsreise besuchte er die Jahresversammlung der DOG 1882 und gab biol. Einzelheiten zu Formen, die J. Cabanis bei dieser Gelegenheit

behandelte. Zwei neue Arten aus der Ausbeute, Cinclus schulzi und Phloeotomus schulzi, tragen, von J. Cabanis in J. Orn. 31, 1883 so benannt, seinen Namen. Er selbst beschrieb, J. Cabanis zu Ehren, als neue Art aus Tucuman Cnipolegus cabanisi in J. Orn. 30, 1882.
— Lit.: Nachruf (von Schriftl.). Orn. Mber. 43, 1935, S. 63/64.

Schulz, Georg E. F., * 3. 3. 1875 Beeskow (Mark), † 16. 10. 1955 Berlin-Charlottenburg. Nach dem Besuch des Seminars in Prenzlau war der Handwerkersohn Lehrer zuerst in der heimatlichen Uckermark und seit 1901 in Berl.; 1909 kam er an die Rheingauschule von Berl.-Friedenau und wurde Oberschullehrer. Käfigvögel und Pflanzen gaben seinem Haus stets die persönliche Note. 1896 schon begann er mit der Herstellung von Naturaufnahmen und machte auf dem bis dahin kaum beackerten Boden seinen Namen weithin bekannt. Bald nach 1900 trat er mit dem Bund f. Vogelsch. in Verbindung. Die daraus erwachsende Freundschaft mit Hermann Hähnle gab ihm die technischen Mittel zur Hand, mit denen er seine künstlerischen Bemühungen ausweiten konnte. Als 1908/09 seine „Natururkunden" mit 160 für die Zeit trefflich gelungenen Aufnahmen erschienen, fanden sie Bewunderung und Anerkennung. Später erzielte er allein oder mit Hilfe des Bundes f. Vogelsch. im In- u. Ausland (Lappland, Nordafrika, Südamerika) viele beachtliche Steh- u. Laufbilder. So wurde er nicht nur Bahnbrecher für die Vogelphotogr., sondern auch verdienstvoller Wegbereiter für den Lehr- u. Unterrichtsfilm im allgemeinen. 1919 schloß er sich der DOG an und war lange fleißiger Besucher der Berl. Versammlungen. O. u. M. Heinroth (s. d.) lieh er seine Sachkunde bei der Entstehung der „Vögel Mitteleuropas". Selten brachte das orn. Schrifttum Nachr. aus seiner Feder. Eine schöne Schilderung der 1909 unternommenen Lapplandreise stand in Orn. Ms. 36, 1911. In den 20er Jahren schließlich meldete er sich nochmals mit Beitr. wie „Über d. Balzstellung d. Großtrappe" (worin er erstmalig die Balzbewegungen des Hahnes genauer beschrieb) (B. z. F. 3, 1927), „Muß d. Vogel seinen Gesang lernen?" (ebd. 3, 1927) und „Späte Bekassinenbrut" (ebd. 5, 1929).
— Lit.: Nachruf (von W. Hartmann). B. z. Vk. 4, 1956, S. 310—312 (mit Bildnis). - Nachruf (von H. Klose). Nachr.-Bl. f. Natursch. u. Landschaftspfl. 28, 1957, S. 14/15.

Schulz, Gustav, * 14. 4. 1872 Pritzwalk (Kr. Ostpriegnitz), † 12. 8. 1955 Hohenofen (Kr. Kyritz). 1893 verzog er nach Neustadt (Dosse) und arbeitete als Schneider im väterlichen Geschäft, das er seit 1918 allein weiterführte. Der begabte Autodidakt ging aus H. Hockes (s. d.) Berl. Liebhaberschule hervor und betätigte sich um die Jahrhundertwende rührig als Eiersammler, Präparator und Faunist. Lange stand er mit dem Berl. „Naturh. Inst. Linnaea" in geschäftlicher Verbindung und belieferte manche Privatsamml. Vor dem 1. Weltkrieg griff er auch zur Feder. Seine Veröff. beschäftigten sich mit den im weiteren Kreis um seinen Wohnsitz brütenden Arten und enthielten biol. Beob. aus der Gegend zwischen Havelberg, Kyritz und Ruppin. H. Schalow (s. d.) stützte sich vielfach auf seine Mitt. und verzeichnete in den „Beitr. z. Vogelf. d. Mark Brandenb." (1919) 12 Titel aus der Zeit von 1898—1913, alle in Zs. Ool. und Zs. Ool. u. Orn. Schwerhörigkeit und später Verlust des Gehörs behinderten den Wald- u. Wiesenläufer empfindlich und setzten schließlich seinem feldorn. Eifer ein frühzeitiges Ende. 1949 zog er sich in das Kreisfeierabendheim Hohenofen zurück und verkaufte 1953 seine Samml. nach Stendal.

Schulz, Johann Heinrich, * 24. 10. 1799 Stolp (Pommern), † 29. 9. 1869 Berlin. Der endgültigen Berufswahl ging Beschäftigung bei verschiedenen Behörden und der Dienst als freiwilliger Jäger im Feldzug gegen Frankr. 1815 voraus. Nach den Kriegsjahren ließ er sich in Berl. nieder, bildete sich vielfach in privaten Studien zum Lehrer und Oberlehrer aus und betätigte sich als erfolgreicher Schulmann 40 Jahre lang an einer Real- u. Töchterschule und einem Gymnasium. Sein Eifer galt dem schulischen Auf- u. Umbau, besonders der Pflege der Naturw. Das bewog ihn, neben anderen pädagogischen und zool. Veröff. eine „Fauna marchica" (1845) erscheinen zu lassen. Es war die erste Zusammenstellung der märk. Wirbeltiere und enthielt 220 Vögel. Die Darstellung des Vorkommens und der Verbreitung der einzelnen Formen war dem Brauche der Zeit folgend sehr allg. gehalten. Daß sie neben den zuverlässigen Angaben auch manche Lücken und Irrtümer aufweist, setzt die Leistung im Rahmen damaliger Erkenntnisse nicht herab; und es verdient anerkennende Unterstreichung, daß der Verf. da, wo er nicht über eigene Beob. verfügte, immer die Quelle und seine Gewährsmänner erwähnte. Das Verfahren war zu jener Zeit nicht selbstverständlich. Die Belegstücke für seine Samml. fand er selbst auf Exk. in der Umgeb. von Berl. Aus vielen anderen, weiter entfernt liegenden Orten brachten sie ihm Freunde zu, die er für diese Form der Heimatk. zu gewinnen verstand. Außerdem stand er im Tauschverkehr mit anderen Sammlern, vor allem mit dem Fürsten B. Radziwill (s. d.).
— Lit.: H. Schalow, Beitr. z. Vogelf. d. Mark Brandenb., 1919, S. 31 und 525—531.

Schulz, Karl (Carl), Dr., * 12. 5. 1867 Schönlanke (Reg.-Bez. Posen). Schon im Oktober 1893 kam er aus Berl., wo er wohl vorher studiert hatte, nach Posen und war die längste Zeit seines Lebens hier Oberlehrer und Gymnasialprof. an der Berger Oberrealschule. Von Oktober 1895 bis Oktober 1896 hielt er sich in Miltenberg (Main) auf. Wahrscheinlich promovierte er in dieser Zeit in Bayern, denn er führte von da ab den Doktortitel. Im Juni 1920 siedelte er nach Frankf. (Oder) über; nachdem noch die „Naturdenkmäler d. Tierwelt d. im Osten abgetretenen Gebiete" (Beitr. z. Naturdenkmalpflege 9, 1921) aus seiner Feder erschienen waren, ließen sich seine Spuren nicht mehr verfolgen. Das kulturelle Leben in Pos. befruchtete er nach besten Kräften. Er erteilte Biol.-Unterricht, verwaltete die Bibliothek des Dt. Naturw. Vereins und leitete von 1914 an die Zs. d. Naturw. Abt. d. Dt. Ges. f. Kunst u. Wissensch. in Pos. bis zur Abwanderung des gesamten damaligen Vorstands im Jahre 1919. Eine einfache Aufzählung der Vogelarten stand auf 12 Seiten der von ihm verfaßten „Studien über d. Pos. Wirbeltierfauna" (Pos. 1912, 29 Seiten). In der orn. Fachpresse erschien sein Name erstmalig, als er zusammen mit J. Hammling (s. d.) über „Beob. aus d. Umgegend v. Pos." (J. Orn. 59, 1911) schrieb. Doch scheint er nicht wie sein rühriger Partner vogelk. Kenntnisse besonders unter freiem Himmel erworben zu haben. Er dürfte aus bequemeren Quellen geschöpft haben, vor allem aus dem Schrifttum und der Samml. des Prov.-Mus. in Pos. Wie kritiklos er der Lit. gegenüber sein konnte, zeigte seine Mitt. in Orn. Mber. 21, 1913, nach der er aus der Veröff. eines Lehrers entnahm, daß der Tannenhäher in einem hohlen Apfelbaum bei Pos. gebrütet hätte. Sein Beitr. zur avif. Erkundung der Prov. Pos. ist bescheiden, gemessen am Erfolg der feldorn. Tätigkeit seines Amtsgenossen J. Hammling.

Schuster, Ludwig, Dr. h. c., * 30. 1. 1883 Oberroßbach (Dillkreis), † 7. 9. 1954 Frankfurt (Main). Er entstammte einem vogelfreundlichen Pfarrhaus und verlebte die Jugend in Frischborn (Kr. Lauterbach). Nach dem Schulbesuch in Fulda und Mainz, dem forstwissensch. Studium in Gieß. und Münch. ging er 1909 als Forstassessor nach Dt.-Ostafrika, war 1914—1918 Hauptmann im Felde, seit 1919 Ministerialrat und zuletzt Ministerialdirigent im Reichsministerium f. Ernährung u. Landw. in Berl. Im 2. Weltkrieg stand er an maßgeblicher Stelle der dt. Ernährungswirtschaft. Ausgebombt und seiner Habe beraubt, kehrte er 1946 nach Frischborn zurück. Außergewöhnliche Gaben nutzte er zielbewußt zu rastlos tätigem Schaffen. Auch in der Vogelk., die ihm von Jugend an Lebenselement blieb, begnügte er sich nicht mit genießerischer Betrachtung. Zu seinen stets auf Klarheit bedachten Wesenszügen gehörte der innere Zwang zu verstandesmäßiger Einordnung und Auswertung des in der Natur Geschauten. Feldorn. und Schreibtischarbeit füllten dienstfreie Stunden und Tage. Schon die Frühveröff. zwischen 1902 und 1914 in Zool. G., Zool. Beob., Orn. Jb., Zs. Ool., Mitt. Vw., Zs. Stett., Orn. Beob., Orn. Ms. verrieten den selbständig forschenden Beobachter. Seine große Zeit begann nach 1918; Arbeiten wie „Beitr. z. Orn. Nordostfrankr." (J. Orn. 69, 1921; 71, 1923), „Beitr. z. Verbreitung u. Biol. d. Vögel Dt.-Ostafrikas" (ebd. 74, 1926), „Beitr. z. Vogelw. Bad-Nauheims u. d. Wett." (Verh. Bay. 16, 1924) leiteten sie ein. Mit seinem hess. Freund L. v. Boxberger (s. d.) brachte er damals viel neues Licht in die orn. Verhältnisse gerade der Mark, und eine Reihe wichtiger Erstfeststellungen wurden Bestandteile von G. Niethammers Hdb. In das Jahr 1926 fiel die Übernahme der B. z. F.; bis 1945 ließ die Zeitschr. unter seinen geschickten Händen der Fortpflanzungsbiol. eine so weltumspannende wissensch. Pflege angedeihen, daß dieses Sondergebiet eine in Deutschl. vorher unbekannte Blüte erreichte. Angeborene Organisationsfähigkeit und Bereitschaft, Verantwortung zu tragen, machten ihn auch in der DOG zu einer unentbehrlichen Kraft. 1927 wurde er Ausschußmitglied, 1940 2. Vorsitzender. 1949 gehörte er zu denen, die die Neugründung der DO-G zielstrebig betrieben. Gleichzeitig schuf er sich als Ersatz für die vom Strudel des politischen Zusammenbruchs verschlungenen B. z. F. in der Vw. ein neues Sprachrohr. Den Inhalt der Beitr. überwachte er mit so strenger Wissenschaftlichkeit, und die ausländische Lit. breitete er vor seinen Landsleuten mit solch überlegener Stoffbeherrschung aus, daß er einer der ersten und am meisten geachteten Brückenbauer über die dt. Grenzen hinweg wurde. Wie er in eigenen Referaten neue Fragestellungen aufwarf und geistvolle Antworten oder Deutungen fand, das stieß an die Grenze des Möglichen. Daß er seine Gedanken in eine jedem Leser verständliche Form zu kleiden verstand, erleichterte ihm zugleich den Weg zum wachsamen Nicht-Fachmann. Während er gegen oberflächliche Vielschreiberei unerbittlich zu Felde zog, war er — eingedenk der eigenen Ausgangsstellung — überzeugter Anwalt der in der Vogelk. liegenden Gemütswerte. So erklärt sich sein Einfluß auf die Kreise der Vogelliebhaber und Vogelschützer. Kaum läßt sich die erstaunliche Fülle seiner Verlautbarungen, auch die in Jagd- u. anderen Zeitschr., wiedergeben. L. Gebhardt und W. Sunkel erfaßten in den „Vögeln Hess." (1954) allein 107 Titel von Aufs., Mitt. und Besprechungen. Nach eigenem Gesetz und aus eigener Kraft lebend, war er für alle, die in den Bannkreis seiner fest umrissenen Persönlichkeit traten, Autorität als Erzieher zu einer liebevollen, aber nüchternen Beurteilung der Lebensvorgänge. Neben O. Heinroth und L. v. Boxberger (s. d.) ragte er in dieser Rolle aus seiner Zeit hervor. Die Vertretung Deutschl. auf internat. Tagungen wurde ihm mehrfach anvertraut, weil sein Name auch im Ausland hohe Geltung hatte. Der an großräumige Umschau gewöhnte Blick vernachlässigte indes nicht die engere hess. Landschaft, in der er Lebensmorgen u. -abend verbrachte. Der Dorfgemeinde seines Ruhesitzes stellte er sich helfend und ratend zur Verfügung, dem Heimat- u. Naturschutz des Kreises Lauterb. gab er wegweisende Antriebe. Nur ein jugendlich beschwingter Siebziger, der stets das Studium unter freiem Himmel als Quell unversiegbarer orn. Freude suchte und Lehrmeinungen an der eigenen Erfahrung zu überprüfen trachtete, konnte seiner Vogelsbergornis letzte Arbeiten widmen wie „Beitr. z. Fortpflanzungsbiol. d. Roten Milans" zu Ehren O. Kleinschmidts (s. d.) in „Syllegomena Biologica" (1950), „D. Vogelw. d. Vogelsbergs in ihrer Abhängigkeit von Klima, Boden u. Pflanzenkleid" (Volk u. Scholle, Darmst. 23, 1951), „Über d. Einzug d. Rauchschwalbe im Frühjahr" (Vw. 74, 1953). Was er für die hess., die dt. Vogelk. und für die Erforschung des Vogellebens überhaupt bedeutete, ist in seiner geistigen Hinterlassenschaft fruchtbringend und die Zeit überdauernd niedergelegt. Eine äußere Würdigung seiner Verdienste war die Promotion zum Dr. h. c. durch die naturw. Fak. der Univ. Gieß. im Jahre 1953.

— Lit.: Würdigung (von L. v. Boxberger). Dt. Vw. 68, 1943, S. 38/39. - Würdigung (von E. Stresemann). J. Orn. 94, 1953, S. 3—5 (mit Bildnis). - L. Gebhardt u. W. Sunkel, D. Vögel Hess., 1954, S. 88/89. - Nachruf (von L. Gebhardt). Vw. 75, 1954, S. 177—180 (mit Bildnis). - Nachruf (von O. Schnurre). Vr. 23, 1954, S. 73/74. - Nachruf (von

J. Steinbacher). Gef. W. 78, 1954, S. 220. - Nachruf (von E. Stresemann). J. Orn. 96, 1955, S. 1—4. - Nachruf (von G. Niethammer). Nat. u. Landsch. 30, 1955, S. 16 (mit Bildnis).

Schuster, Wilhelm, * 26. 10. 1880 Oberroßbach (Dillkreis), † 3. 4. 1942 Sachsenhausen (Kr. Oranienburg). Der Bruder von Ludwig Sch. (s. d.) betätigte sich zuerst 1905/06 als Seemannspastor in Liverpool; später amtierte er in Durmersheim (Kr. Rastatt) und Obergimpern (Kr. Heidelberg). Im 1. Weltkrieg war er nacheinander Feldgeistlicher, Schriftleiter verschiedener Ztg. und Studiendirektor an einer dt. Studienanstalt in Lissa (Polen). Anschließend nannte er sich Sch. von Forstner. Sein letzter Wohnsitz war Mainz-Gonsenheim. Beseelt von unbezweifelbarer Liebe zur Heimat und ausgestattet mit großer naturw. Begabung, machte er sich seit 1900 durch orn. Veröff. bemerkbar. Allmählich überschwemmten seine Arbeiten in unübersehbarer Fülle die dt. Zeitschr. Leider verrannte er sich in abwegige Vorstellungen, z. B. in die einer wiederkehrenden Tertiärzeit. Gutgemeinte Einwände aller Art von vielen Seiten schlug er hartnäckig in den Wind, und seine Selbstüberschätzung steigerte sich zu krankhaftem Eigendünkel. Auch in faun. und anderen Nachr. verlor er jedes Maß. Diese negativen Züge einer unglücklichen Veranlagung brachten es mit sich, daß sein Name nach und nach aus der ernsthaften Fachpresse verschwand. Trotzdem hatte seine Betriebsamkeit im Absatz der von ihm verfaßten orn. Bücher einen äußeren Erfolg. Seine ersten Werke waren ein dürftiges „Vogelhandbuch" (1905) mit eigener Nomenkl. und mancherlei Schiefheiten sowie die „Wertschätzung d. Vögel" (1908), in dem er kühne Berechnungen über Nutzen und Schaden wagte. 1909 erschienen, von B. Geisler (s. d.) mit 32 Bunttafeln ausgestattet, „Unsere einheimischen Vögel" mit weiteren Aufl. 1923 und 1928 unter dem veränderten Titel „D. Vögel Mitteleuropas". Durch persönlichen Werbeeinsatz konnte er das nicht nach „der herkömmlichen Zunftschablone" geschriebene Buch in vielen hess. Schulen und Forsthäusern verkaufen und sich in Laienkreisen lange währenden Einfluß sichern. Seine letzte lit. Leistung war die mit volksk. und kulturhist. Stoff reichlich aufgefüllte „Vogelf. v. Großhess. u. Nassau", die er 1941 selbst verlegte und vertrieb. Das merkwürdige, faun. gänzlich unzuverlässige und unbrauchbare Werk darf als eines der barocksten Erzeugnisse der Bibl. gelten, weil es Wahrheit und Dichtung unentwirrbar vermengte und von einem üppigen Kranz bunter Einfälle aus den entlegensten Gebieten der Wissensch. durchwuchert war. In der Aufmachung entsprach es dem Zuschnitt illustrierter Ztg. mit einer verschwenderischen Anhäufung von Bildern, die vielfach der Verlagsreklame entstammten. Unter 120 photogr. dargestellten Ornithologen und Vogelfreunden (im allerweitesten Sinne!) fanden sich sehr viele, die nur unter Gewalt und durch hemmungslose Auslegungskünste in Verbindung mit dem behandelten Gebiete gebracht werden konnten. Ein Großteil der Aufl. wurde aus nicht bekannten Gründen von der damaligen Zensur beschlagnahmt und vernichtet. Der Verf. starb bald nach dem Erscheinen des Buches grauenvoll im Konzentrationslager. Seine Asche wurde, wie er es gewünscht, auf dem Dorffriedhof von Frischborn (Kr. Lauterbach) beigesetzt. Dort ruht er neben seinem Bruder.

— Lit.: Würdigung (von O. Schnurre). Vr. 22, 1953, S. 136—139. - L. Gebhardt u. W. Sunkel, D. Vögel Hess., 1954, S. 89/90. - Bildnisse in Unsere einheimischen Vögel (1909) u. Vogelf. v. Großhess. u. Nassau, 1941.

Schwaab, Wilhelm, Dr., * 4. 7. 1810 Homberg a. d. Ohm (Kr. Alsfeld), † 15. 9. 1879 Kassel. Seit 1841 unterrichtete er am Gymnasium, seit 1851 an der höheren Gewerbeschule in Kass.; in demselben Jahr erhielt er die Genehmigung zum Abhalten von Wintervorlesungen und gab als Festgabe zu einer Schulfeier die „Geogr. Naturk. v. Kurhess." heraus. Sie enthält eine Liste von 203 im Lande nistenden und durchziehenden Vögeln. Da nähere Ortsbezeichnungen fehlen, scheint es sich nur um Feststellungen aus der Umgeb. von Kass. zu handeln. Sch. sprach an keiner Stelle von eigenen Erfahrungen. Andererseits ist von E. Sezekorns (s. d.) Mitarbeit die Rede. Vielleicht darf dieser damals führende Kopf des Ver. f. Naturk. z. Kass. auch als Verf. des Verz. gelten. Andere Mitglieder des Vereins fügten „Beob. über d. Zeit d. Ankunft einiger Zugvögel b. Kass., Rotenburg u. Rinteln in d. Frühjahren 1842—1847" zu, so daß unter Sch.s Namen eines der Druckerzeugnisse im Stile jener Frühzeit faun. Heimatforschung zustande kam. In der Landw. Ztg. f. Kurhess. (1855—1869) erschienen dann nochmals, von ihm gezeichnet, Daten über die Rückkehr der Zug- u. Strichvögel im Raume von Kass.

— Lit.: L. Gebhardt u. W. Sunkel, D. Vögel Hess., 1954, S. 67.

Schwab, Adolf, * 10. 1. 1807 Trübau (Mähren), † 3. 1. 1891 Mistek (Mähren). Den Gymnasiasten in Troppau und Olmütz und späteren Apotheker in Mähr.-Weißkirchen und Olmütz beherrschte die zur naturw. Aufgeschlossenheit jener Jahre gehörende Sammelleidenschaft in demselben Maße wie seinen Bruder Sebald Sch. (s. d.); anfangs galt sie den Käfern und Schmetterlingen. Nach dem Studium in Wien um 1830 verlegte er — wahrscheinlich durch Beziehungen zu Wiener Sammlern und angeregt durch den damals in Blüte stehenden Wiener Vogelmarkt — seine Neigung fast ganz auf die Vogelwelt. Weiter verstärkte sich das orn. Interesse, als er 1836/37 in der Stellung eines Zoologen an einer naturw. Exp. in den Orient teilnehmen konnte. Zwei volle Jahre streiften die Reisenden durch die Türkei und Griechenl. und kehrten schwer erkrankt zurück. Sch. brachte trotzdem eine reiche orn. und entom. Ausbeute mit nach Hause. In Mistek errichtete er nun eine neue Apotheke und widmete, unterstützt von Forstleuten und Jägern, fortan seine freien Stunden dem Aufbau einer Vogel- u. Eiersamml. Durch ihre Reichhaltigkeit wurde sie weit bekannt. Sie umfaßte Vögel aller Erdteile (1313 Arten in 1725 Stücken, dazu die Eier von 374 europ. und exotischen Formen); 1886 kam sie durch Kauf in das Franzens-Mus. von Brünn. Mit dem Sammeleifer gingen eine gründliche Kenntnis der mähr. Ornis und schriftstellerische

Tätigkeit Hand in Hand. Die größeren Veröff. aus seiner Feder waren „Fauna d. Vögel v. einem Teile Mährens u. Schlesiens . . .“ (Mitt. d. k. k. mähr.-schles. Ackerbaugesellschaft in Brünn 1854), „Vogelf. eines Teiles v. Mähren u. Schlesien“ (Verh. Wien 4, 1854), „Vogelf. von Mistek u. dessen weiterer Umgeb.“ mit 227 behandelten Arten nach 30jähriger Erfahrung (Verh. Brünn 7, 1868). Wie damals in der Faun. allg. üblich, erstreckte sich die Darstellung aber nur wenig auf Einzelheiten des örtlichen Vorkommens. Seit 1869 war der Verf. Mitglied der DOG.
— Lit.: Nachruf (von V. v. Tschusi). Orn. Jb. 2, 1891, S. 245—248.

Schwab, Sebald, Dr., * 1801 Trübau (Mähren), † 6. 5. 1877 Neutitschein (Mähren). Schon früh war er Sammler. Als er 1830 jur. Studien mit der Promotion abschloß und eine Advokatur in Neutitschein eröffnete, richtete sich sein naturw. Eifer hauptsächlich auf die Vogelwelt. Im Laufe von 50 Jahren gelang es ihm, etwa 700 Vogelarten, darunter auch außereurop. Formen, in 2000 Stücken in seinem Hause zu stapeln. Wie seinem Bruder Adolf Sch. (s. d.) waren ihm daher tiefe Einblicke in die orn. Verhältnisse seiner engeren Heimat zugewachsen. Er unterließ es aber, weitere Ornithologenkreise durch Veröff. von seinem gediegenen Wissen in Kenntnis zu setzen. Da nach seinem Tode die hinterlassene Samml. zum größten Teil von den umliegenden Schulen aufgekauft oder anderweitig zerstreut wurde, sind von seiner Tätigkeit kaum noch Spuren vorhanden. Ins Grab durfte er das Verdienst mit sich nehmen, J. Talsky (s. d.), der in den 60er Jahren mit ihm bekannt wurde, nachhaltigst angeregt und gefördert zu haben.
— Lit.: V. v. Tschusi, Beitr. z. Gesch. d. Orn. in Österr.-Ung., Mitt. Wien 10, 1886, S. 221.

Schwabe, Friedrich, * 25. 5. 1862 Eisenach, † 2. 2. 1945 Mansbach (Kr. Hünfeld). Von Haus aus Landschaftsgärtner, beschäftigte er sich vornehmlich mit der Heckenpflege. So kam er zur Vogelschutzbewegung, der er mehr zugehörte als der eigentlichen Vogelk. 1908 übertrug ihm Frhr. H. v. Berlepsch (s. d.) die Geschäftsführung der Versuchs- u. Musterstation f. Vogelsch. in Seebach. In den von ihm dort geleiteten Kursen und auf zahlreichen Vortragsreisen beeindruckten seine Wortbegabung und Redekunst. 1920 gab er noch den 12. Jber. der Station heraus und wechselte 1923 nach dem Gestüt Mansbach über. Hier war er, bis ins hohe Alter kernig und rüstig, als Fachmann für Heckenschnitt tätig und wirkte in Schulen und Vereinen werbend für den Schutz der Kleinvögel im Hinblick auf den Nutzen für den Land- u. Gartenbau. Außer einer kleinen Schrift „Wo Vogelsang, da Erntesegen“ (5 Aufl., 1917—1925) hinterließ er eine größere Broschüre über die „Herstellung u. Hegung lebender Hecken“ (1925, 1927), durch die er der Vermehrung der Freibrüter zu dienen gedachte.

Schwägrichen, Christian Friedrich, Dr., * 16. 9. 1775 Leipzig, † 2. 5. 1853 Leipzig. Er war Prof. der Naturgesch. an der Univ. und Mitglied der Naturf. Ges. zu Leipz. Orn. trat er nicht in Erscheinung. Doch pflegte er Käfigvögel und unterhielt eine große Samml., die ursprünglich von dem Kaufmann Christoph Heinrich Ploß (24. 3. 1757 Kirchheim u. T. bis 11. 1. 1838 Leipz.) angelegt war. Aus diesen Beständen erwarb J. F. Naumann im Tausch Bälge, unter denen sich Stücke aus den Gewässern um Kamtschatka befanden. Sie waren wahrscheinlich von C. H. Merck (s. d.) auf Unalaschka erbeutet worden und auf dem Wege über P. S. Pallas und Ch. G. H. Geißler (s. d.) in den Besitz des Sammlers gelangt. So ergab sich für J. F. Naumann die Gelegenheit, Fratercula corniculata in Isis 1821 erstmalig zu beschreiben. Eine Rolle spielte die Samml. weiterhin, weil sie den Grundstock darstellte, auf dem E. Pöppig (s. d.) das Leipz. Zool. Mus. aufbaute.
— Lit.: P. Thomsen u. E. Stresemann, Naumann-Biogr., 1957.

Schwaitzer, Ferdinand. Der in Witkowo bei Neustadt a. d. Warthe lebende Lehrer beobachtete, sammelte und jagte um die Mitte des vorigen Jahrh. mit großer Ausdauer. 1864 konnte er auf eine 26jährige feldorn. Tätigkeit zurückblicken. Neben dem mit ihm befreundeten A. v. Homeyer (s. d.) lieferte er einige bemerkenswerte faun. Beitr. aus dem Posener Gebiet: Auftreten von Gebirgsstelze, Hakengimpel, Bienenfresser, Mornell (J. Orn. 12, 1864) und Steppenhuhn (ebd. 13, 1865). Obgleich er ein offenbar sorgsamer Formenkenner und mit den orn. Verhältnissen der damals fast unerforschten Prov. Pos. gut vertraut war, schrieb er nicht gerne und hinterließ daher keine abgeschlossene Darstellung seiner Erfahrungen. Doch griff auf seine spärlichen Nachr. schon B. R. Borggreve (s. d.) in der „Vogelf. v. Norddeutschl.“ (1869) zurück mit dem Hinweis, daß sein Gewährsmann ein tüchtiger Ornithologe sei, der Niederschles. und Pos. durchforscht habe. Nähere Daten oder andere Unterlagen über seinen Werdegang waren nicht zu erlangen.

Schwan, Albrecht, Dr., * 5. 5. 1890 Darmstadt, † 8. 6. 1926 Darmstadt. Seit 1920 war er Assistent, seit 1922 Kustos der Zool. Abt. am Landesmus. seiner Vaterstadt. In dieser Zeit baute er eine biol. ausgerichtete Samml. auf, von der damals starke pädagogische Wirkung ausging. Sein Sondergebiet war die Orn. Nachdem er bei V. Haecker (s. d.) über die Reizphysiol. des Frühgesangs promoviert hatte, forschte er mit Vorliebe nach der Abhängigkeit des Vogelgesangs von met. Faktoren. Die Ergebnisse seiner Unters. finden sich in Arch. Physiol. 180, 1920, in D. Himmelswelt 30, 1920 und in Verh. Bay. 15, 1921/23. Ein Beitr. über Markus zum Lamm (s. d.) als Ornithologe (J. Orn. 74, 1926) verriet daneben hist. Verständnis. Vorbereitetes Material über den Abendgesang und weitere psychol. Beob. an Vögeln kamen nicht mehr zur Niederschrift. Sch. war jedoch nicht nur Museumsbiologe. Auch die heimatlichen Gefilde und ihre Tierwelt, vor allem in Südhessen, waren dem fleißigen Faunisten von zahlreichen Exk. her vertraut. Zu früh setzten die Folgen einer Operation der wissensch. Laufbahn den letzten Meilenstein.
— Lit.: Nachruf (von H. Erhard). Volk u. Scholle, Darmst. 4, 1926, S. 285. - L. Gebhardt u. W. Sunkel, D. Vögel Hess., 1954, S. 100.

Schwanitz, Johannes, Dr., * 17. 7. 1910 Danzig, † 27. 5. 1940 Frankreich. Sohn eines Oberlehrers, studierte er Zool. in Danz., Marb. und Königsb.; in dieser Zeit war er auch am Mus. f. Naturk. in Danz. und im Zool. Garten Königsb. beschäftigt. Im April 1937 trat er zum engeren Mitarbeiterstab der Vogelwarte Rossitten und übernahm die Vogelk. Stat. Rohrkrug im Naturschutzgebiet Drausensee (Westpr.). In verdienstvoller Gewissenhaftigkeit widmete er sich der faun. und ökol. Erforschung der dortigen Vogelwelt. Doch wurde er schon im September 1938 an die Reichsstelle f. Walforschung berufen und befuhr ab Oktober als Biologe für ein halbes Jahr das südl. Eismeer. Diese neue Tätigkeit verhinderte die volle Auswertung und den Abschluß der von ihm begonnenen, vielversprechenden orn. Arbeiten. Einzelheiten seiner Beob. und Feststellungen finden sich bei F. Tischler, „D. Vögel Ostpr.“ (1941). Er starb, ein frühes Opfer des 2. Weltkriegs, an schwerer Verwundung.
— Lit.: Nachruf (von E. Schüz). Vz. 11, 1940, S. 144.

Schweizer, ?, † Anfang 1878 Stettin. Mehrere Jahre sammelte er im Auftrag von H. Dohrn (s. d.) im unbekannten Liberia. Kurz vor 1840 stellte er dort 17 Vogelarten fest und brachte eine kleine Samml. vom St. Pauls River nach dem Berl. Mus.; daraus beschrieb A. Reichenow (s. d.) Turdinus rufescens und Laniarius melamprosopus. J. Büttikofer (s. d.) nannte in den „Reisebildern aus Liberia“ (1890) weitere 7 Formen aus der Samml. des Reisenden, dessen Namen er mit tz schrieb. Der größte Teil der orn. Ausbeute kam in das Pom. Prov.-Mus. von Stett.; H. Dohrn wollte sie in J. Orn. bearbeiten, kam aber nicht dazu. Kurz nach der Rückkehr aus Westafrika starb der Pionier am Tropenfieber. Einzelheiten über sein Leben konnten nicht aufgehellt werden.

Schwenckfeld, Caspar, Dr., * 14. 8. 1563 Greiffenberg (Schlesien), † 9. 6. 1609 Görlitz. 1579 bezog er die Univ. Leipz., die er 1582 als Baccalaureus verließ. Beschränkter Mittel wegen mußte er dann 2 Jahre als Amanuensis bei dem Physicus J. J. Wecker in Kolmar ausharren, um sein Studium in Basel beenden zu können. Von dort, wo er sich besonders dem Botaniker C. Bauhin angeschlossen hatte, kehrte er als Dr. phil. et med. nach Schles. zurück. 1591 war er in Hirschb., von 1605 ab in Görl. Hier wirkte er als Stadtphysicus. Schon in den Jugendjahren hatte er begonnen, Tiere zu beobachten und zu fangen; auch späterhin sammelte er alle Nachr. über sie und die Pflanzen hauptsächlich aus med. Gründen. Auf weiten Wanderungen vervollständigte er sein Wissen. Es ermöglichte ihm, das vielseitige Werk „Theriodropheum Silesiae“ (Liegnitz, 6 Bde. 1603) herauszugeben; das 4. Buch behandelte die Vögel und gilt als früheste orn. Quelle nicht nur Schles., sondern überhaupt als erste örtliche Vogelf. der Weltlit. Für die Entwicklung der Orn. am wichtigsten sind in dieser Veröff. die der Formenaufzählung beigefügten biol. Bem. Im Banne des Aristoteles waren für den Verf. die Lebensäußerungen der Tiere Offenbarungen göttlicher Weisheit. Ihnen trachtete er nachzugehen und schilderte so von den etwa 150 ihm bekannten heimatlichen Arten recht zutreffend Stimmen, Nest, Zahl und Farbe der Eier, Nahrung und Umweltsbedingungen. Wenn er als Sohn seiner Zeit auch noch nicht in der Lage war, aus den eigenen Feststellungen eine Grundlage für die Erforschung des Verhaltens der Vögel zu finden, so gebührt ihm doch das Verdienst, durch die Beob. vorher gänzlich vernachlässigter Tatsachen eine vergl. Biol. erstmalig angeregt zu haben.
— Lit.: Würdigung (von F. Cohn). J. Graetzer, Lebensbilder hervorragender Schles. Ärzte aus d. letzten 4 Jahrh., Bresl. 1889, S. 29—43. - E. Stresemann, Entw. d. Orn., 1951.

Schwerin, Felix Graf, † 23. 1. 1935 Bohrau, Kr. Forst (Lausitz). Auf seinem Besitz Bohrau, den er zu einem Schutzgebiet für Wasser- u. Raubvögel gemacht hatte, entwickelte er sich zum hervorragenden Feldbeobachter. Er gehörte zu den rührigsten Mitgliedern des Ver. Schles. Ornithologen und trug durch seine Beitr. in den Ber. Schles. nachhaltig zur avif. Aufhellung Schlesiens bei. Tatkräftig betätigte er sich daneben beim Studium des Vogelzugs im Rahmen des Greifsw.-Rügenschen Beobachternetzes der Univ. Greifsw. Wichtige Feststellungen gelangen ihm vor allem auf der Insel Hiddensee. Neben dem Vogelzug und dem Vogelschutz lag dem Jäger vornehmlich noch die Beschäftigung mit den Fasanenarten am Herzen. Seine Kenntnisse auf diesem Lieblings- u. Sondergebiet veröffentlichte er in einem auch dem Ornithologen viel Anregung gebenden Buch „Fasanen als Jagdwild“ (1934), das kurz vor seinem Tode — er starb an den Folgen eines Autounfalls — erschien.
— Lit.: Nachruf (von M. Schlott). Ber. Schles. 20, 1935, S. XII.

Scopoli, Johannes Antonius, Dr., * 3. (13.?) 6. 1723 Cavalese, Fleimsertal (Südtirol), † 8. 5. 1788 Pavia. Mit der Prüfung über die „gesamte Heilkunde“ in Wien 1753 erwarb er das Recht, die med. Praxis in allen österr. Erblanden frei auszuüben. Fast 16 Jahre war er anschließend Arzt im krain. Grubengebiet um Idria, obendrein mit der Verpflichtung zu min. Vorlesungen vor den Bergwerksschülern beladen, und besaß als fast einzige Entlohnung nur das Weinmonopol. In Ungemach und Vereinsamung half ihm die angeborene Freude am Studium der Natur, der er sich auf vielen höchst beschwerlichen Wanderungen durch das noch unerschlossene Krain hingab. Doch trug diese harte Zeit ihre inneren Früchte: Er wuchs zum scharfen und vielseitigen Beobachter heran, der seine Erfahrungen in einer Reihe von Arbeiten niederlegte. Die erhoffte Befriedigung fand er auch nicht, nachdem ihm 1767 die Professur für Min. und Metallurgie an der Bergakad. in Schemnitz = Selmecbánya (Ung.) übertragen wurde. Um endlich der eigentlichen Neigung ungehemmter nachgehen zu können, nahm er 1776 die Berufung auf den Lehrstuhl für Chemie und Botan. in Pavia an; hier blieb er trotz neidvoller Gegnerschaft bis zum Tode an der Wiedererweckung der naturw. Interessen in der Lombardei maßgeblich und führend beteiligt. Die Geschichte der österr. Naturw. verzeichnet

ihn in erster Linie als Botaniker und Entomologen; doch gebührt ihm ein ehrenvoller Platz auch in der Entwicklung der Orn. Weil er in seinen Veröff. das System und die binäre Nomenkl. des von ihm verehrten Linné gebrauchte, machte er sich um die wissensch. Ordnung der Vogelformen ähnlich verdient wie die zeitgenössischen Zoogeographen P. S. Pallas und J. R. Forster (s. d.). Mögen ihm zahlreiche hauptsächlich auf der Unvollkommenheit der Linnéschen Einteilungsmethode beruhende Mängel nachzuweisen sein, so verdankt die Orn. nichtsdestoweniger seinem kritischen Blick mehrere Neubenennungen. Sie standen in „Annus I. Historico-Naturalis" (Leipz. 1769), einer während des Idrianer Aufenthaltes verfaßten Samml. von Aufs. und (den Flußregenpfeifer betreffend) in „Deliciae Florae et Faunae Insubricae ..." (1786—1788), einer Darstellung der wichtigeren Funde aus der Zeit in Pavia. Zu den von ihm erstmalig beschriebenen Arten gehören u. a. Ardeola ralloides, Anser albifrons, Porzana parva, Charadrius dubius, Tyto alba, Athene noctua, Prunella collaris, Emberiza melanocephala. Auch die Gattungsnamen Branta, Apus und Sylvia sind von ihm geschaffen.
— Lit.: Würdigung (von W. Voß). Verh. Wien 31, 1882, S. 17—30 (mit Verz. älterer Quellen u. d. Veröff.). - E. Stresemann, Entw. d. Orn., 1951.

Seemann, Wilhelm, * 16. 8. 1838 Osnabrück, † 25. 3. 1930 Osnabrück. Nach mehrjähriger Tätigkeit als Lehrer bzw. Leiter an Privatschulen in Berge, Winsen und Einbeck legte er 1879 in Hann. die Prüfung als Mittelschullehrer ab und war seitdem in dieser Dienststellung an der Osnabr. Bürgerschule beschäftigt. Seine Fächer waren Franz., Gesch. (er war glühender Verehrer Bismarcks), Naturw. und Musik. 1910 trat er in den Ruhestand. Neben dem Beruf füllte die Freude an der Vogelwelt seine besten Stunden. Nicht unwesentliche Antriebe scheint er von dem jüngeren Staats v. Wacquant-Geozelles (s. d.) empfangen zu haben. Durch Freilandbeobachtung und Studium der Lit. bildete sich der Autodidakt zum geachteten Fachmann im Bereiche der örtlichen Ornis aus. Lange Zeit wirkte er als Konservator am Städt. Mus. und ordnete dort von 1884—1895 die Vogelsamml. des Naturw. Vereins. 1885 hatte er die neuerworbene Samml. von H. A. Bolsmann (s. d.) so weit gefördert, daß sie der Öffentlichkeit zugänglich gemacht werden konnte. 1886 schloß er sich dem Dt. Ver. z. Schutze d. Vogelw. an. Der Schutz der Raubvögel lag ihm besonders am Herzen. Um Verständnis für die Hege der Vögel zu wecken, stellte er seine Fähigkeiten in Vorträgen zur Verfügung. Schriftstellerisch setzte er sich in nur beschränktem Umfang ein. Als erster schrieb er zusammenfassend über die „Vögel d. Stadt Osnabr. u. ihrer Umgeb." (Jber. Osnabr. 7, 1889). In einem Schulbuch (1902) behandelte er den vogelk. Teil. Mit kleineren Mitt. meldete er sich zu Wort in Orn. Ms. 13, 1888 u. 14, 1889; Falco 3, 1907 u. 16, 1920; J. Orn. 61, 1913; Osnabr. u. seine Berge 12, 1918; Jber. Osnabr. 18, 1921. Bis ins hohe Alter trug er daneben das Material für eine Ornis seiner ganzen Heimatlandschaft zusammen, doch verließen ihn die Kräfte, ehe er die Arbeit abschließen konnte. 1911 bereits ernannte ihn der Naturw. Verein zum Ehrenmitglied. Die Anfänge einer orn. Forschung im Raume von Osnabr. sind mit seinem Namen verbunden.
— Lit.: Nachruf (von K. Koch). Jber. Osnabr. 22, 1932, S. 15—17.

Sehlbach, Friedrich, Dr., * 26. 3. 1878 Barmen, † 19. 6. 1939 Rinteln (Weser). Während des med. Studiums in Bonn erhielt seine Aufgeschlossenheit für die Natur nachwirkende Antriebe durch Beziehungen zu A. Koenig (s. d.) und dessen Mus. 1904 eröffnete er eine ärztliche Praxis in Rinteln. Sie führte ihn zu allen Jahreszeiten in das nordlippische Gebiet, besonders in das lohnende Extertal und in die Dörfer im und am Wesergebirge. Zusammen mit Exk. im Wesertal gab sie ihm günstige Gelegenheit zu vogelk. Aufz.; feldorn. Erfahrungen veröffentlichte er seit 1899 38 Jahre lang in vielen kleineren und größeren Arbeiten in Orn. Ms., Dt. Vw., vereinzelt auch in Orn. Mber. und B. z. F.; 1936 faßte er die Ergebnisse seiner Beob. an der heimatlichen Ornis in der auch für den Nichtfachmann geschriebenen „Vogelw. d. Mittelweser" zusammen. Sie erschien zuerst in der „Schaumburger Ztg.". Darin brachte er Ergänzungen zu M. Brinkmanns „Vogelw. v. Nordwestdeutschl." (1933), reihte aber auch Arten ein, von denen er nur glaubte, daß sie gelegentlich als Irrgäste zu erwarten wären.
— Lit.: Nachruf (von G. Wolff). Dt. Vw. 64, 1939, S. 123/24.

Seidel, Heinrich, * 25. 6. 1842 Perlin (Mecklenburg-Schwerin), † 7. 11. 1906 Groß-Lichterfelde bei Berlin. Das Gymnasium von Schwerin entließ den verträumten, Eier und Nester, Muscheln und Steine sammelnden Sohn eines Pfarrhauses 1849 ohne Abschluß. Und doch wurde er ein tüchtiger Maschinenbauer, Konstrukteur und Eisenbahntechniker. Seit 1869 hatte er beim Bau der Potsdamer und Anhalter Bahnanlagen in Berlin wichtige Aufgaben zu lösen. Nach Beendigung dieser Tätigkeit 1880 nahm ihn die lit. Arbeit ganz in Anspruch. Von ihm soll nicht gesprochen werden, weil er um das Leben der Vögel einen heiteren Schimmer von Dichtung und Wahrheit legte. Dieses Verdienst haben viele Dichter und Schriftsteller mit ins Grab genommen, ohne daß sie sich durch ernsthafte orn. Kenntnisse ausgezeichnet hätten. Ein Platz sei ihm angewiesen, weil er aus Freude am Beobachten und Erlebnis, ohne wissensch. Absichten, ein rechtschaffener Liebhaber-Ornithologe wurde, zu dessen Wesensbild vor allem ein enges Verhältnis zu den Klein- u. Singvögeln gehörte. Der Leser begegnet dem biol. Wissen in jeder der Idyllen des Dichters. In der Jugendgeschichte „V. Perlin nach Berlin" sind die Anfänge seiner Vogelstudien im „garten- u. wasserreichen" Schwerin verzeichnet. Der Dichtung „Odysseus", die er selbst für seine beste hielt, gab er den Untertitel „Vogel- u. Menschengeschichte"; und es kam nicht von ungefähr, daß ein so nüchterner Mus.- u. Balgornithologe wie J. Cabanis (s. d.) sie in der Sitzung der Berl. DOG vom 4. 1. 1886 sehr zustimmend behandelte. Der Lieblingsvogel des Poeten war der Pirol, und in seinem letzten

Buche „Reinhard Flemmings Abenteuer" ist die Schilderung des von Pirolen wimmelnden Kirschgartens besonders gelungen. Die eingehende Beob. gerade dieses Vogels ermöglichte ihm in Groß-Lichterfelde gar die Feststellung, daß der Vogel Bülow neben seinem bekannten Ruf einen grasmückenartigen Vorgesang hat. Das wußte zwar schon Ch. L. Brehm (s. d.). J. F. Naumann hatte darüber aber nichts geschrieben, und so war dieser Gesangsteil in den nächsten Jahrzehnten ganz in Vergessenheit geraten. Ber. in J. Orn. 45, 1897; Orn. Mber. 5, 1897; Orn. Ms. 23, 1898 riefen den biol. Tatbestand wieder in das Gedächtnis der Ornithologen zurück. Herz und Blick für das Leben der Vögel besaßen auch die Brüder des Dichters. Seinem Bruder Hermann S., Chirurg in Braunschweig, verdankt die Orn. den Nachweis der Brut der Beutelmeise bei Güstrow in Meckl. aus dem Jahre 1871 oder 1872; vgl. dazu J. Orn. 35, 1887, S. 273 und Gef. W. 16, 1887, S. 57 u. 93. Der Fund sei hier genannt, weil das Entdeckerglück schon dem Dichter zugeschrieben wurde. Die Dichterin Ina S., Tochter von Hermann S., Nichte und Schwiegertochter von Heinrich S., erwähnt, dichterisch verklärt, den Fund gleichfalls in „Weg ohne Wahl".

Seidensacher, Eduard, * 5. 1. 1823 Fehring (Steiermark), † 26. 10. 1867 Cilli = Celje, Steiermark (Jugoslawien). Nach dem jur. Studium wurde er im k. k. Staatsdienst verwendet und stand in Hartberg, Pettau, Cilli, Neustadtl (Krain) und nochmals in Cilli. Auf dem Sterbebett erfuhr der Ratssekretär und Staatsanwalt-Substitut von seiner Ernennung zum Bezirkshauptmann. Über die Jagd kam er zur Vogelk. und vor allem zur Ool.; Vogelsteller, Bauern und Waldläufer verhalfen ihm zu einem umfangreichen Anschauungsmaterial. Seit 1858 gehörte er der DO-G an. Die Freundschaft der Gleichgesinnten verband ihn mit allen damals in Europa führenden Ornithologen. In England schätzte ihn besonders H. E. Dresser, so daß nach seinem Ableben die etwa 4000 Stücke umfassende Eiersamml. zum größten Teil über den Kanal verkauft wurde. Das engste Verhältnis bestand wohl zwischen ihm und Th. Krüper (s. d.), von dem er viele Seltenheiten erhielt. Ein sehr gründliches, in der Freilandbeobachtung und im Studium der Samml.-Bestände erworbenes Wissen hielt er in knappen, sorgfältig abgefaßten Aufz. fest. Sie bedeuteten erste und grundlegende Bausteine eines Pioniers zur Kenntnis des Vorkommens und der Brutbiol. der Vögel in seiner damals orn. noch kaum bekannten steirischen Heimat. Da er im besten Mannesalter schon die Augen für immer schloß, ist die Zahl der hinterlassenen Veröff. nur beschränkt: „D. Vögel d. Steiermark" (Naum. 8, 1858), „Erscheinungen in d. Vogelw. b. Neustadtl in Krain v. 1858 bis z. Sommer 1859" (J. Orn. 8, 1860), „Mitt. über d. Brüten mehrerer Vögel d. Steierm." (Verh. Wien 12, 1862), „Einige orn. Beob. in Kroatien" (ebd. 13, 1863), „Beob. in d. Vogelw., gemacht in d. Umgegend v. Cilli . . . 1863" (ebd. 14, 1864), „D. Vögel v. Cilli" (Mitt. Steierm. 2, 1864), „Über d. Ei d. kurzbeinigen Sperbers" (J. Orn. 12, 1864). Seine Erlebnisse und Erfahrungen am Horst des Schlangenadlers sind als treffliche Schilderung in A. E. Brehms „Tierleben" aufgenommen.
— Lit.: O. Reiser, D. Vögel v. Marb. a. d. Drau nebst Erinnerungen an d. steier. Ornithologen E. S., Mitt. Steierm. 61, 1925, S. 7—10.

Seilern und Aspang, Josef Graf von, * 25. 11. 1883 Schloß Leschna bei Zlin (Mähren), † 18. 8. 1939 Schloß Leschna. Er war Besitzer der Güter Lukow bei Schloß Leschna (nach dem 2. Weltkrieg enteignet), Kralic bei Olmütz (nach dem 1. Weltkrieg enteignet), Litschau (N.-Ö.) und lebte nach den Erfordernissen des landw. Betriebs in Leschna oder Litschau. Nach dem Schulbesuch in Kalksburg und Kremsier studierte er Landw. 1907/08 in Hohenheim und seit 1909 in Münch. Früh sammelte er auf dem Familienbesitz Nester und Eier und wurde vom väterlichen Jagdhaus aus auch mit der Avif. des Neusiedler Sees vertraut. Entscheidenden Auftrieb empfing sein Eifer durch A. Nehrkorn (s. d.), der ihn veranlaßte, die 9000 Eier der 2. Kollektion M. Kuschels (s. d.) zu erwerben. Von Münch. aus richtete er den Blick vornehmlich auf die neotropische Fauna und schickte in Verbindung mit dem Bay. Staats-Mus. Sammler nach verschiedenen Teilen Süd-Amerikas. Die Ergebnisse dieser Reisen veröffentlichte er teilweise in Gemeinschaft mit seinem Freunde C. E. Hellmayr (s. d.) u. a. in Verh. Bay. 11, 1912/1913 und 12, 1914. Zu den größeren Arbeiten sind ferner seine „Beitr. z. Orn. v. Venezuela" (Arch. Naturgesch. 78, Abt. A, 1912) zu rechnen. Ungedruckt blieb die Monogr. der Vögel von Trinidad und Tobago, die sich auf große Samml. von S. M. Klages stützte. Zum Schreibtisch fühlte er sich im Grund nie recht hingezogen. Eine seiner letzten Verlautbarungen dürften die Bem. über die Vögel aus Südostperu und die Ornis des Neusiedler Sees enthaltenden „Orn. Miszellen" (Ann. Wien 47, 1936) gewesen sein. Von eigenen Fahrten (Korsika, Spitzbergen, 1909 Japan, 1929 um die Welt) brachte er reiche Ausbeute für sein Mus. nach Hause. Daneben trug sein Hauspräparator Richard Homberg durch Exp. nach Mallorca, Albanien, Rhodos zur schnellen Vergrößerung der Schätze bei. So waren (auch durch Kauf und Tausch) 1939 auf Schloß Leschna 42 000 Eier von 3200 Arten und 25 000 Bälge meist aus neotropischen Gebieten vereint, darunter besonders Kolibris und Typen neu entdeckter Formen. Es war eine der bekanntesten europ. Privatsamml. Nicht weniger großzügig stellte sich die Ausstellung der örtlichen Vogelf. dar, die in einem getrennten Gebäude der Öffentlichkeit zugänglich war. Im ausgedehnten Park von Leschna beschäftigte sich der Graf außerdem mit der Aufzucht des Jagdfasans und seiner Rassen, züchtete mit Erfolg Emus und hielt verschiedene Formen von Rotwild. Seit 1911 war er Mitglied der DOG und gehörte neben dem Grafen Berlepsch, A. Koenig, O. Kleinschmidt (s. d.) zu der Garde der leidenschaftlichen Sammler, die als Kräfte des Antriebs aus der Forschung jener Jahre kaum wegzudenken sind. Sein Name ist in der orn. Wissensch. festgehalten durch Dendrocolaptes picumnus seilerni Hart u. Goods von Venezuela und Troglodytes tr. seilerni Sassi von Rhodos. Die von ihm hinterlassenen Aufz. und Samml. blieben 1945 zum größten Teil in

Mähren zurück; nur ein geringer Teil befindet sich in Litschau.
— Lit.: Biogr. Notiz (von E. Stresemann). Orn. Mber. 47, 1939, S. 159. - Nachruf (von C. E. Hellmayr). Ibis 4, 1940, S. 353/54 u. Auk 57, 1940, S. 448/49.

Seligmann, Johann Michael, * 10. 12. 1720 Nürnberg, † 25. 12. 1762 Nürnberg. Nach der Ausbildung an der Malerakad. ging er 1744 nach Rom und Petersb., kehrte aber bald in seine Vaterstadt zurück. Mit großer Sorgfalt gab er sich hier als Zeichner, Kupferstecher und Kunsthändler vor allem der Illustration naturw. Werke hin. Dazu gehörte u. a. die „Samml. verschiedener ausländischer u. seltener Vögel, . . ." (1749—1776) mit 426 Vögeln auf 747 kolorierten Kupfern. Die beigefügten Beschr. waren Übers. aus dem Engl. nach Catesby u. Edwards. Die Haltung seiner Vögel näherte sich der Natur in derselben Unvollkommenheit, die auch den Arbeiten etwa von J. C. Bock, B. R. Dietzsch, A. L. Wirsing (s. d.) eigen war.
— Lit.: Allg. Dt. Biogr. 33, 1891, S. 679/80. - Thieme-Becker, Künstler-Lex. 30, 1936, S. 477.

Sellow (Sello), Friedrich, * 12. 3. 1789 Potsdam, † Oktober 1831 R. Doce (Brasilien). Sohn eines Hofgärtners, war er zuerst Gehilfe im Botan. Garten zu Berl. Von Willdenow und A. v. Humboldt gefördert, studierte der aufgeweckte Jüngling dann an der Sorbonne Naturw. In London traf er 1813 auf G. H. v. Langsdorff (s. d.), der ihn für eine Exp. nach dem unbekannten Bras. gewann und so seinen Lebensweg festlegte. Von 1814 ab war S. dort mit entschiedener Tatkraft forschend unterwegs, zeitweise zusammen mit G. W. Freyreiß, Prinz Max zu Wied und F. v. Olfers (s. d.). Einige Jahre genoß er nachhaltige finanzielle Unterstützung des preuß. Staates. Eine von der bras. Regierung zugesicherte Pension zerrann ihm durch Entwertung unter den Händen. Zum Schluß war sein Unternehmungsgeist durch drückende geldliche Sorgen und Krankheit gelähmt. Beim Baden fand er den Tod. S. war ein kenntnisreicher Kopf, der am Vorbild A. v. Humboldts geschult, unter genauer Beachtung der ökol. Bedingungen Pflanzen und Tiere sammelte und seine Ausbeute mit wissensch. Ernst etikettierte. Wenn er in erster Linie auch Botaniker war, so schenkte er doch allen Gebieten der Natur seine ungeteilte Aufmerksamkeit. Das junge Berl. Mus. verdankte dem Einsatz seines Lebens stärkste Bereicherung. Neben Nestern und Eiern gelangten allein 5457 bras. Vogelbälge dorthin. Viele der von ihm geschickten Stücke waren damals ohne Zweifel noch unbekannt; sie blieben leider aber unbeschrieben. Da es H. Lichtenstein (s. d.) nur auf die Vergrößerung seiner Schausamml. ankam, legte er keinen Wert auf die Bestimmung neuer Formen und gab daher unersetzliche Belege, ohne sie vorher untersucht zu haben, im Tausch weg. Im Jahr 1854 waren von 4931 Sellowschen Vögeln nur noch 1634 montierte Stücke übrig. Sie waren obendrein so oberflächlich und unvollständig gekennzeichnet, daß sie ihre Bedeutung für die Zoogeogr. fast ganz eingebüßt hatten. Durch den Unverstand und die Gleichgültigkeit der Heimat blieb der Eifer des hochverdienten Forschers ohne nennenswertes wissensch. Ergebnis.
— Lit.: Ign. Urban, Biogr. Skizzen 1: F. Sellow, Englers Botan. Jb. 17, 1893, S. 177—198 (mit älteren Quellen). - E. Stresemann, D. Naturforscher F. S. u. sein Beitr. z. Kenntnis Bras., Zool. Jb., Abt. f. System., Ökol. u. Geogr. d. Tiere 77, 1948, S. 401—425.

Senoner, Adolf, Dr., * 29. 7. 1806 Klagenfurt, † 30. 8. 1895 Wien. Nach dem Studium der Med. in Pavia und Padua war er zuerst österr. Militärarzt in der Lombardei und in Venedig, später Landarzt in N.-Ö. und zuletzt Kanzleibeamter der Geol. Reichsanstalt in Wien. Außerberuflich richtete sich seine Vielseitigkeit auf botan., geol. und zool. Studien. Auf diesen Gebieten verfügte er über ein breites Wissen, das er in zahlreichen naturw. Abh. verwertete. Belesenheit und Sprachenkenntnisse ermöglichten ihm zudem die Veröff. von wertvollen Lit.-Übersichten, so daß er bei vielen Gelehrten Gesellschaften hohes Ansehen genoß. Als orn. Mitarbeiter konnten ihn die Mitt. Wien und der Zool. G. während der 70er und 80er Jahre verzeichnen. Von seinen Beitr. seien genannt „D. Vogelfang in Ital." (Zool. G. 23, 1882) und „D. Vogelzug b. Trient" (ebd. 30, 1889).
— Lit.: Nachruf (von P. Leverkühn). Orn. Ms. 21, 1896, S. 52.

Sepp, Christian Andreas, * um 1700 Goslar, † 2. 8. 1775 Amsterdam. Nachdem er anfangs in Gött. und Hamb. gearbeitet hatte, ließ er sich — auf den ursprünglichen Namen Schmidt verzichtend — in Amsterdam nieder. Hier brachte ihm das Stechen von Land- u. Seekarten sowie der Bau von math.-phys. Apparaten Besitz und Ansehen. Von 1762 ab erweiterte sich der Arbeitsbereich seiner Werkstatt durch die Radierung naturh. Gegenstände und die Herstellung von Tierbildern. So ist sein Name verbunden mit den Illustrationen zu C. Nozemanns „Nederlandsche Vogelen" (1770—1829). Die Bilder entstanden allerdings in Familienarbeit. Da Christian Andreas S. schon wenige Jahre nach Erscheinungsbeginn starb, dürfte der stärkste künstlerische Anteil wohl dem Sohne Jan Christian S. zukommen, der (in der Lit. gelegentlich mit dem Vater verwechselt) später vom Enkel Jan S. abgelöst wurde. Obwohl das Buch aus einem handwerklichen Gewerbebetrieb hervorging, stehen die Vogelbilder würdig neben den Illustrationen der Nürnb. Zeitgenossen und denen J. L. Frischs (s. d.). Der oder die Künstler haben sicher nicht einfach Vorlagen kopiert, sondern den Blick an Stükken der Naturalienkabinette geschult. Entscheidend müssen aber auch Naturliebe, Naturnähe und damit verständnisvolle Berührung mit den lebenden Vögeln die Hände geleitet haben. Sonst hätten sie nicht zu der vollendeten Darstellung gelangen können, die hohe künstlerische Ansprüche befriedigt.
— Lit.: Nagler, Künstler-Lex. 18, 1846, S. 282/83. - A. v. Wurzbach, Niederl. Künstler-Lex. 2, 1910. - Nieuw Nederl. Biogr. Woerdenboek, Leiden 1911—1937. - Thieme-Becker, Künstler-Lex. 30, 1936, S. 501. - G. A. Brouwer, De waarde van N. s Nederl. Vogelen voor de faunistick, Ardea 32, 1943, S. 74—105. - Cl. Nissen, D. Illustrierten Vogelbücher 1953, S. 45.

Seyffertitz, Anton Sigismund Freiherr von, † 1857. Er saß als Gutsbesitzer auf Ahlsdorf bei Herzberg, Kr. Schweinitz (Sachs.-Anhalt) und war einer der wenigen Mitarbeiter an Ch. L. Brehms Ornis (1824—1827). Außer „Beob. über d. Würger" lieferte er sehr ausführliche briefliche Nachr. über Erlebnisse mit einem aufgezogenen Kranich. Auch sonst leitete er seine Wahrnehmungen an heimischen Vögeln dem Pfarrer weiter, der ihn nicht nur Freund und ebenso scharfsichtigen wie eifrigen und unermüdlichen Naturforscher nannte, sondern ihm zu Ehren obendrein eine Drossel Seyffertitzii bezeichnete. Daß er offenen Blick besaß, zeigt der Erstnachweis von Bruten der Wacholderdrossel in seinem Herzberger Jagdbezirk zu Anfang der 20er Jahre. Es war eine der frühesten Nistfeststellungen für Deutschl., über die Brehm in Ornis 1, 1824 berichtete.

Sezekorn, Eduard, * 5. 9. 1796 Kassel, † 17. 3. 1869 Kassel. 1820 trat er in den Verwaltungsdienst seiner Vaterstadt, wo er zuletzt Geh. Reg.-Rat und Direktor der Friedrich-Wilhelm-Nordbahn war. Durch ihn wurde — seit P. F. Grandidier (s. d.) zum ersten Male wieder — die Beschäftigung mit der Ornis von Niederhess. vorangetrieben. 1836 beteiligte er sich an der Gründung des Vereins f. Naturk. zu Kass. und leitete ihn bis 1859. Seine Artenkenntnisse, Vorträge und Ber. brachten dem Verein eine erste Blütezeit. In einer Reihe von Veröff. und im Kass. Mus. aufbewahrten Msk. hinterließ er Zeugnisse seines gesicherten Wissens. Über die Grenzen Hessens hinaus hatte sein Name guten Klang. Seiner Rührigkeit verdankte die städtische Vogelsamml. weitgehende Vollständigkeit in Stücken heimischer Vögel; er erreichte es auch, daß der Ver. f. Naturk. durch J. Gundlach (s. d.) mit exotischen Formen aus Kuba beliefert wurde. Nur wenige der gestapelten Präparate überstanden allerdings die Zeiten, vor allem die Verwüstungen des 2. Weltkriegs. Außer den ungedruckten Msk. zählten L. Gebhardt u. W. Sunkel in den „Vögeln Hess." (1954) 13 Titel seiner Arbeiten über Vorkommen und Zug auf, alle zwischen 1837 und 1867 in Jber. Kass.
— Lit.: L. Gebhardt u. W. Sunkel, D. Vögel Hess., 1954, S. 66/67.

Sieber, Friedrich Wilhelm. Nur wenige Daten aus seinem Leben sind bekannt. 1793/94 war er Diener und Begleiter des Grafen v. Hoffmannsegg (s. d.) auf dessen ungar. Reise. Dann schickte ihn sein Herr im Winter 1800/01 von Lissabon nach Pará, damit er für ihn in Bras. Tiere und Pflanzen sammle. Erst 1812 kehrte der tüchtige Präparator krank von dort zurück, nachdem er sich auf Streifzügen bis Santarem und Obidos seines Auftrags mit bestem Erfolg entledigt hatte. 1806 und 1809 gingen 2 große Sendungen von ihm nach Berl. ab, vielleicht waren es auch mehr. Sie enthielten neben entom. und botan. Schätzen insgesamt etwa 220 amazonische Vogelarten in über 400 Stükken. Gegen 70 Arten und viele Unterarten waren 1812 noch nicht bekannt und beschrieben. Dieser lohnende und wertvolle Inhalt lenkte damals des Grafen und C. Illigers (s. d.) Aufmerksamkeit erneut auf die exotische Vogelwelt. Außerdem tauschte S. auf der Rückfahrt in London Dubletten ein gegen 65 Spezies aus New South Wales und 90 aus Carolina und Georgia. 20 der australischen Stücke harrten nach Illigers Feststellungen gleichfalls noch der Beschr.
— Lit.: E. Stresemann, D. Bras. Vogelsamml. d. Grafen v. Hoffmannsegg aus d. J. 1800—1812, B. Bonn 1, 1950, S. 43—51 u. 126—143 (mit älteren Quellen).

Sieber, Johannes, * 5. 3. 1874 Berlin, † 28. 11. 1946 Altenhof (Werbellinsee). Im Forsthaus Wannsee begann seine Forstlaufbahn. Von 1892—1904 war er Soldat, dann Forstaufseher und von 1915—1938 Revierförster im Revier Eichheide (Schorfheide). Hier nahm sich die ihm angeborene Liebe zur Natur und ihren Geschöpfen mit großem Erfolg des Naturschutzes und der Einbürgerung aussterbender Tiere (Wisent, Elch) an. Seine besondere Aufmerksamkeit galt der Biol. der Vögel in einem Gebiet, das Brutstätte ist (oder war?) für nicht gerade alltägliche Formen wie Gänsesäger, Schellente, Rohr- u. Wiesenweihe, Fisch- u. Seeadler, Kranich, Schwarzstorch. Die Freilandbeobachtungen sind in verschiedenen Arbeiten niedergelegt. Sehr bekannt wurden u. a. die Studien am Kranich (B. z. F. 8, 1932); eindrucksvoll war die Schilderung des lange Jahre in seinem Forsthaus lebenden zahmen Kranichs unter dem Titel „D. Kranich v. Eichheide" (Dt. Jäger-Ztg. 1931). Nach der Pensionierung arbeitete der „Wildmeister" — voll trüber Befürchtungen für das Schicksal des Vaterlandes — an dem der Jugend gewidmeten Erinnerungsbuch „Tiere, Wälder, junge Menschen" (Schwerin, posthum 1953). Er war ein begeisterter und begeisternder Freund und Kenner der heimischen Vogelwelt.
— Lit.: Nachruf (von K. Mansfeld). Falke 3, 1956, S. 201/02 (mit Bildnis).

Siebold, Philipp Franz von, Dr., * 7. 2. 1796 Würzburg, † 18. 10. 1866 München. 1820 promovierte er in Würzb. und wurde im Jahr darauf Leibarzt des niederl. Königs. Das Hofleben sagte ihm aber nicht zu. Er ging deshalb 1822 als Arzt zur niederl. Kolonialarmee und wurde 1823 der für Japan bestimmten Gesandtschaft zugeteilt. In dem damals für Fremde fast noch verschlossenen Lande begann er alsbald mit größtem Eifer Naturalien und ethnogr. Gegenstände zu sammeln, die er nach Java sandte. Da er sich auch geheimgehaltene Landkarten beschafft hatte, fiel er in Ungnade und wurde, der Spionage verdächtigt, 1829 des Landes verwiesen. Mit reichen Samml. traf er 1830 in Leiden ein, um in Verbindung mit dortigen Gelehrten die Ausbeute zu sichten. Das Ergebnis war das fünfbändige Foliowerk der „Fauna japonica", von dem der Bd. Vögel (1844—1850) von H. Schlegel (s. d.) bearbeitet wurde. Er enthielt 120 kolorierte, z. T. von Jos. Wolf (s. d.) gelieferte Tafeln. Die Ausg. wurde in der Nachzeit außerordentlich selten, weshalb ein Neudruck erfolgte. 1837 kaufte der niederl. Staat die zu einem Japanmus. vereinten Samml. auf. Der dt. Arzt aber, der eine Japanerin zur Frau hatte, kehrte 1859 noch einmal für 2 Jahre nach Japan zurück und siedelte dann nach Münch. um.

— Lit.: Denkwürdigkeiten (von A. v. Siebold). Würzb. 1896. - E. Stresemann, Entw. d. Orn., 1951. - Würdigung (von G. A. Brouwer). Ardea 41, 1953 (1954), S. 48 u. 166/67.

Siegfried, Fritz, Dr., * 13. 8. 1876 Zofingen (Kanton Aargau), † 21. 9. 1957 Uerikon (Kanton Zürich). In Bern als Arzt tätig, schloß er sich 1922 der Schweiz. Ges. f. Vogelk. . . . an, wurde 3 Jahre später Vizepräsident und trat 1951 wegen hohen Alters von diesem Posten zurück, um fortan am Zürichsee zu leben. Aus leidenschaftlicher Naturliebe stellte er seine Freizeit in den Dienst des Schweiz. Naturschutzes und leistete als Reservatsobmann der Gesellschaft ein opfervolles Maß an Kleinarbeit für die Erhaltung und Mehrung der Brutbereiche vieler gefährdeter Arten. 41 zwischen 1926 und 1934 neu gegründete Schutzgebiete zeugen für den Umfang seiner Erfolge. Mit seinem Namen verknüpft sind regelmäßige, „herrlich schön abgestimmte" Ber., die er den Generalversammlungen vortrug. Als er aus dem Amte schied, zeichnete ihn die Gesellschaft durch die Verleihung der Ehrenmitgliedschaft aus.
— Lit.: Würdigung (von U. A. Corti). Orn. Beob. 48, 1951, S. 149/50. - Nachruf (von D. Zimmermann). Ebd. 54, 1957, S. 177/78 (mit Bildnis).

Siemssen, Adolph Christian, * 2. 5. 1768 Alt-Strelitz, † 17. 6. 1833 Rostock. Der bis zu seinem Tode in Rostock wirkende Privatdozent darf als der erste in Meckl. wissensch. arbeitende Ornithologe gelten. Einen Namen machte er sich durch die früheste Avif. des Landes „Hdb. z. system. Kenntnis d. meckl. Land- u. Wasservögel" (1794). 1795 gab er Nachtr. dazu heraus, bei deren Abfassung er sich der Hilfe G. G. Dethardings und G. Lembckes (s. d.) bediente. Außerdem lieferte er an verschiedenen Stellen mehrfach Beitr. über Vögel, darunter war die Nachr. über bei Rost. gefangene „indianische Sperlinge" (= Panurus biarmicus).

Siewert, Horst, Dr., * 17. 9. 1902 Petersburg (Rußland), † 20. 6. 1943 Kreta (Mittelmeer). Sohn eines dt. Ingenieurs, verbrachte er die Kindheit in der Umgeb. von Berl. Da alles Naturgeschehen und alle Naturschönheit sein Denken bewegten, studierte er Forstwissensch., stand einige Jahre im praktischen Dienst des Naturschutzparks Schorfheide und baute gleichzeitig das Wildschaugehege in Werbellinsee auf. 1937 wurde er Forstmeister und schließlich mit der Leitung der Forschungsstätte Dt. Wild betraut. Das Jahr 1939 brachte ihm nach der Promotion die Ernennung zum Dozenten an der Forsthochschule Eberswalde. Seine hervorragende Beobachtungsgabe richtete er ganz auf das Leben unserer Vögel und Säugetiere. Da er dazu mit Leidenschaft die Kunst der Photogr. handhabte, vertiefte sich die Wirkung meisterhafter biol. Darstellungen und Naturschilderungen durch ebenso erstklassige Tieraufnahmen und Filme. Verhältnismäßig jung kam er mit Arbeiten über die dt. Raubvögel heraus: „D. Seeadler" (J. Orn. 76, 1928), „Bilder aus d. Leben eines Sperberpaares z. Brutzeit" (ebd. 78, 1930), „D. Schreiadler" (ebd. 80, 1932), „Beob. am Horst d. Schwarzen Storches" (ebd. 80, 1932), „D. Brutbiol. d. Hühnerhabichts" (ebd. 81, 1933), „Z. Brutbiol. d. Fischadlers" (ebd. 89, 1941). Weiteste Verbreitung fand das reizvolle, inhaltsreiche Buch „Störche, Erlebnisse mit d. Schwarzen u. Weißen Storch" (1932), das in den folgenden Jahren so wenig an Bedeutung verlor, daß es R. Dircksen 1955 neu herausgeben und ergänzen konnte. Nicht geringeren Eindruck hinterließen seine herrlichen Filme von der Balz der Großtrappe im Moor (1936) und vom Leben der Elche (1937). Vom Sommer 1942 ab wurde ihm der Auftrag, u. a. die Lebensgewohnheiten der Bezoarziege in Kreta zu studieren und im Film festzuhalten. Beim Aufstieg zu den Gipfelregionen der Weißen Berge stürzte er tödlich ab. Die Begeisterung eines idealistisch gesinnten Naturforschers fand hier ein frühes Grab. Die Vogelk., die weitere wissensch. Beitr. von ihm erwarten durfte, verlor einen ihrer tatkräftigsten Förderer. Der Kreta-Film aber wurde niemals zusammengestellt, weil die Aufnahmen bei Kriegsende in Werbellinsee der Zerstörung anheimfielen.
— Lit.: Nachruf (von L. Schuster). B. z. F. 19, 1943, S. 113/14. - Nachruf (von E. Stresemann). Orn. Mber. 51, 1943, S. 171. - Ders., Überblick über d. Vögel Kretas. . ., Unter Zugrundelegung d. Tagebücher u. Samml. Dr. H. S.s, J. Orn. 91, 1943, S. 448—514. - Nachruf (von K. Mansfeld). Dt. Vw. 69, 1944, S. 30. - Würdigung (von R. Dircksen). Neuausg. der „Störche. . .", 1955.

Snell, Friedrich Heinrich Christian Salomo, * 23. 8. 1813 Kronberg (Taunus), † 10. 9. 1878 Reichelsheim (Kr. Friedberg). Seiner Vielseitigkeit entsprach das Bedürfnis nach der naturw. Erforschung des nass. Landes, dem sein Großvater als Oberschulrat in Weilburg und sein Vater als Pfarrer schon gedient hatten. Er selbst hatte, nachdem er seit 1835 Direktor am Inst. Diez gewesen war, von 1841—1864 Pfarrstellen in mehreren nass. Gemeinden inne und wirkte dann bis zum Tode als Geistlicher in der nass. „Parzelle" Reichelsh. Daß er sich dem Reiz der naturw. Aufgabe nicht bis zur vollen Befriedigung hingeben konnte, lag in den Zeitläuften begründet. Ein lebendig strebender und suchender Geist weckte in ihm nationales Verantwortungsgefühl. Im Sturmjahr 1848 stand er in den Reihen der Kämpfer für staatsbürgerliche Freiheiten und wurde vom Wahlkreis Wiesbaden 1849—1851 in die Kammer gewählt. Anklagen wegen Hochverrats und Majestätsbeleidigung sowie dienstliche Maßregelung mußte er in Kauf nehmen. Nachdem sich die politischen Wogen geglättet hatten, suchte er „traurige Erfahrungen über Welt und Menschen" zu vergessen, indem er sich mit erneuter Liebe den alten naturw. Neigungen hingab. Im Vordergrund seiner Studien stand das Leben der Vögel. Auftrieb gaben dem Autodidakten zuletzt die Beob. in der damals noch vogelreichen hess. Wetterau. Als er nach Reichelsh. versetzt wurde, hatten die ersten Trockenlegungen im Horlofftal begonnen, und die für die Vogelwelt unvermeidlichen Folgen drängten ihn zu beweglichen Klagen im Rahmen seiner orn. Schilderungen. Erst spät äußerten sich die Heimatforschungen und in ländlicher Umwelt entstandenen Betrachtungen auch in Veröff.; von 1857—1869 erschienen sie in J. Orn., Jb. Nass., Zool. G. und offenbarten die Vorliebe eines

selbständig denkenden Verf. für fest umrissene Themen. Der Erwähnung wert sind Beitr. wie „Z. Nahrungsmittellehre d. Vögel“ (J. Orn. 5, 1857), „D. geistige Inferiorität d. weiblichen Geschlechts b. d. Vögeln, ein Beitr. z. Tierpsychol.“ (ebd. 6, 1858), „D. Taubenhabicht, eine monogr. Schilderung seines Lebens ...“ (Jb. Nass. 12, 1857), „Eine Parallele zwischen d. Vogelf. d. Taunus u. d. Wetterau“ (Zool. G. 7, 1866; 10, 1869; 11, 1870). Die örtliche Vogelk. hatte in S. einen aufmerksamen, warmherzigen Vertreter, dessen Begabung aber nicht zur höchstmöglichen Entfaltung kam.
— Lit.: L. Gebhardt u. W. Sunkel, D. Vögel Hess., 1954, S. 63/64.

Snethlage, Emil-Heinrich, Dr., * 31. 8. 1897 Bremerhaven, † 25. 11. 1939 Potsdam. Er war der Sohn eines Gymnasialprof. und begeisterte sich unter dem Einfluß von Emilie S. (s. d.), der Schwester seines Vaters, früh für Forschungsreisen. 1923 schloß er das naturw. Studium in Berl. mit einer Diss. aus der Botan. ab und fuhr sofort, in jener Zeit der völligen Geldentwertung fast ohne Barmittel, nach Pará. Dort wurde die Tante seine Lehrmeisterin auf dem Gebiete der Orn.; sie führte ihn auch in die Methodik der wissensch. Forscherarbeit ein und stellte die Verbindung zu C. E. Hellmayr (s. d.) her, der den jungen Tatendurstigen zu einer ausgedehnten Exp. durch die Staaten Maranhão, Ceará, Piauhy, Goyaz anregte. Die ersten Monate hindurch begleitete ihn die Tante, dann war er bis 1926 allein unterwegs. Unter erheblichen Mühen und Entbehrungen erkundete er Leben und Sitten primitiver Indianerstämme, gestaltete aber auch die orn. Ausbeute höchst ertragreich. 2000 Vogelbälge erhielt das Field-Mus. von Chicago. Während er selbst über den Verlauf der Reise in J. Orn. 75, 1927 und über die Biol. bras. Vögel in J. Orn. 76, 1928 berichtete, benutzte C. E. Hellmayr die Belege als Grundlage für eine Monogr. der Vögel Nordost-Bras. (Chicago 1929). Im Sommer 1926 kehrte S. nach Deutschl. zurück und erwarb sich hier als Assistent am Berl. Mus. f. Völkerkunde eine gründliche Kenntnis südamerik. Indianerkulturen. 1933 begab er sich nochmals in das unbekannte Grenzgebiet zwischen Boliv. und Bras., stellte jedoch seinen Eifer nahezu ganz in den Dienst der Völkerkunde. Ein spannend geschriebenes Buch „Meine Erlebnisse bei d. Indianern d. Guaporé“ (Berl. 1937) schildert die Fahrt, auf der er durch herzwarme, gütige Haltung die mißtrauischen Menschen der Wildnis für sich zu gewinnen verstand. Wenn auch dieses Mal die Vogelk. mehr im Hintergrund stand, so brachte er nichtsdestoweniger wertvolle Bälge aus dem unerforschten Lande mit. Leider war es ihm nicht vergönnt, die Bearbeitung vorzulegen, weil ein Unfall dem stillen Diener der Wissensch. kurz vor der Entlassung aus dem Heeresdienst zu früh die Feder aus der Hand nahm.
— Lit.: Nachruf (von E. Stresemann). J. Orn. 88, 1940, S. 613—616 (mit Bildnis).

Snethlage, Emilie, Dr., * 13. 4. 1868 Kraatz bei Gransee (Mark), † 25. 11. 1929 Porto Velho am Rio Madeira (Bras.). Im elterlichen Pfarrhaus schon galten Liebe und Zuneigung den Pflanzen und Vögeln ihrer damals noch kleinen Welt. 1889 bestand sie in Berl. die Prüfung für das Lehramt an höheren Töchterschulen und wurde anschließend Erzieherin in Deutschl., Engl. und Irl. 1901 konnte sie das ersehnte Studium der Naturw. in Berl. beginnen; es führte sie nach Jena und Freib., wo sie 1904 promovierte. Ein halbes Jahr arbeitete sie bei A. Reichenow (s. d.); dann übernahm sie 1905 die Stelle eines zool. Assistenten am Mus. Goeldi in Pará (Bras.). Nach E. A. Goeldis (s. d.) Weggang wurde sie die Leiterin der zool. Abt. und zugleich des Zool. Gartens. Die Fremde ließ sie nicht mehr los, obwohl sie 1907, 1910, 1912/13, 1925 in Europa weilte, um hier Sammelergebnisse zu bearbeiten. Nachdem sie in Deutschl. den „Catalogo das aves amazonicas“ (Bol. do Mus. Goeldi 8, 1914) abgeschlossen hatte, konnte sie 1914 zunächst mit Hilfe eines Stipendiums der Berl. Ges. f. Erdk. ihre Reisen durch unerforschte Gebiete fortsetzen. 1922 mußte sie den Posten in Pará aufgeben, doch ermöglichte ihr ein Ruf an das Nationalmus. in Rio de Janeiro die Fortführung ihrer vogelk. Arbeiten. Die Strapazen von 12 Reisen hatte sie hinter sich, als sie weitere Unternehmungen wagte, um das Material für das im Auftrag der bras. Regierung begonnene Gesamtwerk über die Vögel des Landes zu beschaffen: 1923/24 war sie mit ihrem Neffen Emil-Heinrich S. (s. d.) im Küstengebiet Maranhãos und durchquerte 1925 Espirito Santo, 1926 Minas Geraes und Bahia, 1927 Goyaz, 1928 die Südstaaten und Matto Grosso; 1929 bestieg sie den Caparão. Ihr erstes Interesse galt stets den zoogeogr., ökol. und brutbiol. Problemen der Vogelwelt. Die Orn. Mber., das J. Orn., the Bol. do Mus. Goeldi, the Bol. do Mus. Nac. (R. de Janeiro), the Geogr. Rev. (New York), die Zeitschr. f. Ethnol., die Zeitschr. d. Ges. f. Erdk. und the Proc. of the Orn. Congress in Copenhagen enthielten seit 1906 die Rechenschaftsber. über ihre Studien. Mit Vorliebe ging sie den Gründen der Rassenbildung und Verbreitung der Subspezies nach. Uneigennützig lieferte sie Graf Berlepsch, C. E. Hellmayr (s. d.) und anderen Kennern der südamerik. Ornis Stücke für system. Unters.; etwa 60 Arten und Unterarten beschrieb sie selbst neu. In der Fliegenschnäppergattung Snethlagea hielt Graf Berlepsch ihren Namen fest. Ehe die wissensch. Aufgabe beendet war, schloß ein Herzschlag vorzeitig ihren Lebenskreis im Dienst der Orn. Als sie noch mitten in tatfrohem Wirken stand, war ihr bereits äußere Anerkennung zuteil geworden durch die Ehrenmitgliedschaft bei der DOG (seit 1923) und anderen Gelehrten Gesellschaften. Eine durch Geist und Willensstärke erfolgreiche Frau, so wird ihr Bild im Buch der orn. Forschung verzeichnet bleiben.
— Lit.: Nachruf (von E.-H. Snethlage). J. Orn. 78, 1930, S. 123—134 (mit Bildnis u. Verz. d. Veröff.). - Nachruf (Verf. ungen.). Orn. Mber. 38, 1930, S. 35. - Nachruf (von W. Panzer). Verh. Bay. 19, 1930, S. 212—214. - Nachruf (von Schriftl.). Ibis (12) 6, 1930, S. 320—322. - Nachruf (von C. E. H.). Auk 48, 1931, S. 161/62.

Sonnemann, Emil, * 25. 3. 1869 Peine (Hannover), † 2. 1. 1950 Bremen. Auf dem Bauernhof der Großeltern in der Lüneb. Heide wuchs er heran und begeisterte sich früh für die Lehren Darwins.

Als Lehrer kam er 1889 in den Solling, 1896 an die Strafanstalt Oslebshausen (Brem.), 1898 an die Höhere Mädchenschule Kippenberg (Brem.). 1913 aus politischen Gründen entlassen und in den folgenden Jahren als Schriftsteller und Redakteur tätig, wurde er 1919 Direktor der Strafanstalt Oslebshausen, 1933 erneut ausgebootet und 1945 wieder eingestellt. Trotz aller einschneidenden Wechselfälle des Lebens blieb seinem Herzen eine echte Liebe zur Ornis erhalten. Neben den heimischen Arten hatten es ihm die nordischen Vögel angetan. 1908, 1925, 1928 fuhr er daher nach Isl., 1930 nach Lappl. Der orn. Niederschlag findet sich in seinem „Islandbuch" (1909), in den „Mitt. d. Islandfreunde" (Diederichs, Jena), in der „Dt. Islandforschung" (1930) mit dem Beitr. „D. Vogelleben auf d. Westmänner-Inseln". Die einheimischen Vögel behandelte er auch zusammen mit K. Gentz in dem Buch „Mit Kajak und Kamera" (1949), das seine letzte Veröff. blieb. Hier stellte er sich als ausgezeichneter Tierphotograph vor und schilderte aus der Fülle der Beob. das Leben von vielen seltenen Arten. Nachdem er vorher Jäger gewesen war, richtete sich die spätere Neigung mehr auf die Herstellung von Naturkunden mit Hilfe des Lichtbildes. Schon 1900 legte er in der Nähe von Brem. ein privates Vogelschutzgebiet „Ulenbrook" an und berichtete seit 1899 verschiedentlich in der Orn. Ms. über Fragen des Vogelschutzes sowie über feldorn. Erlebnisse. Naturverwüstung und Roheit gegen Tiere und Pflanzen riefen die sonst gedämpfte Leidenschaft seines Feuergeistes mit voller Bitterkeit auf den Plan. Trotz großen Wissens war er publizistisch zurückhaltend. Er stellte sich lieber uneigennützig anderen (z. B. A. Voigt und M. Brinkmann) als Gewährsmann zur Verfügung. Sein größter Stolz waren die fast 3000 Gelege der Eiersamml. Es waren Belege der nieders. und nahezu aller isl. Arten, die er mit wenigen Ausnahmen selbst heimgebracht hatte. Als seine Wohnung ausgebombt wurde, gingen sie zusammen mit Hunderten von Negativen, seiner orn. Bibliothek und schließlich mit dem ganzen Ertrag seiner Lebensarbeit zugrunde.
— Lit.: Nachruf (von H. Wagner). B. Nieders. 3, 1950, S. 53—55. - Nachruf (von Fr. Böttcher). Vw. 71, 1950, S. 90/91.

Spalinger, Jakob, * 16. 10. 1862 Marthalen (Kanton Zürich), † 21. 7. 1932 Winterthur (Kanton Zürich). Als junger Lehrer kam er 1892 nach Winterthur und wurde hier ansässig. Aus früher Liebhaberei hervorgegangen, blieb die Vogelpflege stets seinem Herzen nahe. Zugleich gehörte er zu den kenntnisreichen Freilandbeobachtern. Zahllose Vorträge, Veröff. und Exk. galten der Verbreitung vogelk. Wissens. Auf Grund seiner Sachkunde und organisatorischen Fähigkeiten rückte er 1901 zum Präsidenten der Orn. Ges. Winterthur und 1902 zum Zentralpräsidenten der Schweiz. Orn. Ges. auf. 1913 wurde er deren Ehrenmitglied. Im Schweiz. Landesausschuß war er der geistige Führer der Abt. Vogelsch. u. Liebhaberei. Eine erfreulich kritische Note verdankte ihm die Schweiz. Feldornithologie, als er 1906 Redaktionspräsident der Zeitschr. „Tierwelt", 1912 ihr Schriftleiter wurde und 1916 die Rubrik „Aus d. heimischen Vogelwelt" einführte. Quellen der Belehrung für seine Landsleute waren vor allem die vielen von ihm selbst geschriebenen und auf reicher Erfahrung beruhenden Beitr. zur Biol. einer stattlichen Reihe von Vogelarten, u. a. des Storches und des Mauerseglers. Die Sorgfalt seiner Feldstudien ließ ihn in den 20er Jahren auch am Trauerschnäpper die Bedeutung des Gesangs als Revieranzeige und Werbung für das Weibchen erkennen.
— Lit.: Nachruf (von Schriftl.). Orn. Beob. 29, 1931/32, S. 163. - Eine Broschüre mit 4 Nachrufen; ohne Jahreszahl, gedruckt im Zofinger Tagblatt wahrscheinlich 1932 (mit Bildnis).

Spatný, Wenzel, * 8. 6. 1807 Protivín (Südböhmen), † 23. 4. 1882 Frauenberg (= Hluboká). Er war um die Mitte des vorigen Jahrh. Förster und Fasanenjäger der Fürsten Schwarzenberg in Böhmen und präparierte meisterhaft die auf den riesenhaften Domänen erlegten Formen. Sie bildeten den Grundstock der auf Jagdschloß Ohrad bei Frauenberg aufgestellten Samml. — darunter 2000 Vögel von 221 Arten — und waren so ein ausgezeichneter Nachweis für den Reichtum der südböhm. Fauna. Da der kenntnisreiche Präparator zudem einen Kat. der erbeuteten Vögel angelegt hatte, wurde sein Name von den böhm. Faunisten jener Jahre, an ihrer Spitze von A. Palliardi und A. Fritsch (s. d.) hoch gepriesen. Die von ihm dereinst gewissenhaft verwalteten Schätze sind erstaunlicherweise heute noch gut erhalten und der Öffentlichkeit zugänglich.
— Lit.: Schäck, Frhr. v., D. orn. Samml. im fürstl. Schwarzenb. Schlosse Ohrad b. Frauenb., Orn. Jb. 2, 1891, S. 69—75.

Spatz, Paul, * 30. 11. 1865, † 4. 5. 1942 Berlin. Sein Geburtsort ließ sich nicht ermitteln; jedoch dürfte es Diemitz bei Halle gewesen sein, weil er in dt. Fachzeitschr. Bestellungen auf Naturalien dorthin erbat und 1899 dort auch vorübergehend wohnte. Nachdem er gegen einen Lehrer tätlich geworden war, verließ er das Gymnas. und zog 19jährig ohne festes Ziel nach Nordafrika. Hier konnte er sich berufsmäßig reger Sammeltätigkeit hingeben und zahlreiche Mus. (u. a. Berl. Mus. f. Naturk., Brit. Mus. in London, Rothschild-Mus. in Tring, Mus. A. Koenig in Bonn) mit zool., ethnogr. und prähist. Objekten beliefern. Außerdem stützten sich europ. Exp. auf seine Kenntnis der afrik. Verhältnisse und seine jagdlichen Erfahrungen; so war er den Reisen von A. Koenig, C. v. Erlanger, Graf O. v. Zedlitz, Frhr. Geyr v. Schweppenburg (s. d.) ein Adlatus, der manche Voraussetzungen für den wissensch. Erfolg dieser Unternehmungen schuf. Seit 1893 der DOG angehörend, schrieb er auch eine Anzahl Beitr. für orn. Zeitschr., z. B. „Ool. Ausbeute einer Sammelreise im Süden v. Tunis" (Zs. Ool. 2, 1893), „Vogelleben d. Südtunesischen Sahara" (J. Orn. 41, 1893), „Notizen aus Tunis" (Orn. Mber. 3, 1895), „Einiges über Strauße u. Straußeneier aus Rio de Oro" (B. z. F. 2, 1926). Im Bereiche der Orn. sich wissensch. zu bemühen, lag ihm trotz aller Begabung nicht. Zu eigentlicher Forschung ließ ihm schon der das tägliche Brot bringende Naturalienhandel keine Zeit. Der 1. Weltkrieg beendete den vom Aben-

teuer geprägten Zuschnitt seiner besten Jahre. Als Zivilinternierter saß er zunächst in franz. Gefangenschaft, bis ihm die fremde Kolonialmacht die Samml.-Stücke enteignete und ihm den Aufenthalt in Nordafrika untersagte. Trotzdem zog es ihn immer wieder nach den Ländern des Mittelmeers und Afrikas. Gemeinsam mit G. Schiebel (s. d.) besuchte er Kreta und sammelte in Tripolis, Mauretanien, im unteren Senegal und in Rio de Oro (1926). Dort wies er eine kleinere Rasse des Saharastraußes nach, die E. Stresemann (Orn. Mber. 34, 1926) als Struthio camelus spatzi neu benannte. Außerdem trägt seinen Namen eine Felsenschwalbe aus dem Tuaregbergland, die Geyr v. Schweppenburg (s. d.) (ebd. 24, 1916) als Riparia rupestris spatzi beschrieb. Im Frühjahr 1931 veranstaltete er noch eine Gesellschaftsfahrt dt. Ornithologen nach seinen früheren Wirkungsstätten in Algerien und Tunis — nicht mehr auf dem Rücken von Dromedaren, sondern in Reiseomnibussen. Veröff. in Tageszeitungen und Zeitschr., Lichtbild- u. Rundfunkvorträge hielten seine vom Zauber der Romantik umwitterte Persönlichkeit eine Zeitlang in Deutschl. über Wasser, bis ihn Krankheit zwang, sich aus der Öffentlichkeit zurückzuziehen. Geldsorgen umdüsterten schließlich seinen Lebensabend.
— Lit.: Nachruf (von H. Frhr. Geyr v. Schweppenburg). Orn. Mber. 50, 1942, S. 123—125.

Spatzier, Johann, * 16. 5. 1806 Jägerndorf (Mähren), † 30. 1. 1883 Jägerndorf. In Wien schloß er 1826 das pharm. Studium ab und übernahm 1835 in seiner Heimatstadt die Apotheke „Zum Weißen Engel". Schon 1821 hatte ihn der Sammeleifer gepackt, der ihn zum Pionier der naturw. Aufhellung seiner Gegend machte. Doch gingen die von ihm gestapelten Schätze unter, als er sie nach Einführung des Naturkundeunterrichts verschiedenen benachbarten Schulen überließ. Da er auch nicht gern zur Feder griff, knüpft sich sein Name nur noch an ein „Verz. nebst einigen naturh. Bem. über unsere vaterl. Vögel" (Mitt. d. k. k. Mähr.-schles. Ges. z. Beförderung d. Ackerbaus ... in Brünn 21/22, 1831/32). Auf Grund der Sammlungsstücke und der Beob., die er größtenteils aus österr. Schles. eingebracht hatte, hinterließ er mit dieser Arbeit eine frühe und schon bemerkenswerte Bestandsaufnahme. Sie blieb wie die Liste von Ant. Müller (s. d.) aus d. J. 1830 eine geschätzte Unterlage für die landschaftlich gebundene faun. Weiterarbeit, bis sie von A. Heinrichs (s. d.) Liste 1856 und A. Schwabs (s. d.) Veröff. in der Mitte des Jahrh. vervollständigt und verbessert wurde.
— Lit.: Biogr. Notiz. Mitt. Wien 7, 1883, S. 55. - V. v. Tschusi, Beitr. z. Gesch. d. Orn. in Österr.-Ung., Mitt. Wien 11, 1887, S. 46.

Specht, August, * 1. 8. 1849 Lauffen (Neckar), † 26. 5. 1923 Stuttgart. Wie der ältere Bruder Friedrich Sp. (s. d.) besuchte er die Stuttg. Akad. und ist dort 1869 erstmalig als Lithograph verzeichnet. 1877—1923 nannte ihn das Stuttg. Adreßbuch Kunstmaler. Von ihm stammen Landschafts- u. Tierbilder, u. a. Schwarzweiß-Zeichnungen von Vögeln, Säugetieren, Kriechtieren, Lurchen, Insekten in P. Matschies (s. d.) „Bilder aus d. Tierleben" (1890) und W. Haackes „Tierleben d. Erde" (1901). In der Vogelillustration verknüpft sich mit seinem Namen nicht ganz die künstlerische Geltung, die der Bruder erreichte. Kolorierte Tafeln, von denen nur wenige signiert sind, fanden Verwendung in C. G. Friderichs (s. d.) „Naturgesch. d. Vögel Europas" (ab 1890?) und F. Arnolds (s. d.) „Vögel Europas ..." (1897); sie stellen — z. T. in Anlehnung an J. F. Naumann — gute handwerkliche Schablone dar. Schließlich lagen bei seinem Tode als Zeugen großen Fleißes 400 Aquarelle vor, an denen er seit 1916 mit wirklicher Naturliebe gearbeitet hatte. Sie waren für das volkstümliche Werk „Specht-Naumann, D. Vögel Europas" bestimmt. Die noch von K. G. Lutz (s. d.) geplante Ausgabe (mit Text von O. Buchner) sollte in 25 Lieferungen 5 Bde. umfassen. Zwischen 1923 und 1927/28 erschienen aber nur 2 Bde. in 9 Lieferungen, und die darin enthaltenen lithographischen Farbdrucktafeln nach A. Sp.s Originalen zeichneten sich wieder nur teilweise als vollwertig aus. Der Künstler mochte (wie der K. G. Lutz Verl. Eckstein u. Stähle, Stuttg. meinte) in das schwierige Problem der naturnahen Darstellung der Vögel immer mehr eingedrungen sein; er konnte aber nicht „die besten vorhandenen Vogelbilder übertreffen".
— Lit.: Thieme-Becker, Künstler-Lex. 31, 1937, S. 342. - Cl. Nissen, D. Illustrierten Vogelbücher, 1953. - Bildnis in Specht-Naumann, 1. Bd., 2. Lieferung.

Specht, Friedrich, * 6. 5. 1839 Lauffen (Neckar), † 12. 6. 1909 Stuttgart. Schüler der Stuttg. Akad., war er als Bildhauer und Maler von 1866—1909 im Adreßbuch der württ. Hauptstadt verzeichnet. Wenn auch von F. W. K. Kuhnert (s. d.) überschattet, stand sein Name neben dem des gleichaltrigen G. Mützel (s. d.) in der Reihe der fähigsten Tierillustratoren Deutschlands. Keiner Kunstrichtung zugehörend, zeigte er, handwerklich gut, in Farbe und Haltung der Natur abgelauschtes Leben und setzte sich dabei in persönlicher Note mit der Form auseinander. Die Beliebtheit und Verbreitung der Vogelbilder werden unterstrichen durch die Zahl von Aufs. und Büchern, die sich seiner Darstellungen bedienten. Zu den bekanntesten, seine Begabung nutzenden Werken gehörten A. E. Brehms „Tierleben" (von der 3. Aufl. ab), P. Matschies (s. d.) „Bilder aus d. Tierleben" (1890) und W. Marshalls (s. d.) „Bilder-Atlas z. Zool. d. Vögel" (1898).
— Lit.: Thieme-Becker, Künstler-Lex. 31, 1937, S. 342. - Cl. Nissen, D. Illustrierten Vogelbücher, 1953.

Specht, Heinrich, * 4. 1. 1885 Diemke (Kr. Herford), † 18. 6. 1952 Nordhorn (Grafschaft Bentheim). Als Lehrer und Rektor in Nordhorn beschäftigte er sich lit. seit 1905 mit der Heimatk. des Emslandes, in erster Linie der Grafschaft Benth. Die hist. Seite gestaltete er in seiner Samml. „D. Benth. Land", die mit dem Benth. Heimatkalender 40 Hefte umfaßt. Das Ergebnis der zool. Tätigkeit ist vor allem in 2 Schriften festgehalten: Die „Vogelw. d. Grafschaft Benth." (1940, 115 S. mit 30 Naturaufnahmen) brachte neben dem Vorkommen und Bestandswandel auch Volkskundliches über die Vögel in Flurnamen und Sprichwörtern. Die „Hohe u. niedere Jagd im dt.-holl. Grenzgebiet (Grafschaft

Benth.)" (1947, 176 S.) beleuchtete auf Grund eingehenden Quellenstudiums die Entwicklung der Jagdverhältnisse im nordwestdeutschen Raum.
— Lit.: Nachruf (von M. Brinkmann). B. Nieders. 5, 1952, S. 100/01.

Speerschneider, Julius, Dr., * 1825 Bromberg, † 31. 7. 1903 Rudolstadt. Er studierte in Jena Med., war Knappschaftsarzt in Katzhütte, dann Arzt in Schlotheim und von 1854 an in Blankenburg. 1864 übernahm er die Stelle eines Lehrers der Naturw. in Rudolstadt. Hier machte er sich um die Samml. dieses Ortes auf der Heidecksburg verdient. In der Orn. trat er nur einmal hervor durch eine längere „Vergleichende Aufzählung d. auf d. S. Ö. Thür. Walde [d. h. im Tal d. Schwarza] u. d. in d. Umgegend v. Schlotheim in N. W. Thür. vorkommenden Vögel" (Naum. 3, 1853 u. 4, 1854).
— Lit.: R. Möller, D. Rudolst. Naturalienkabinett u. seine Kustoden. . ., in 200 Jahre Naturk.-Mus. (Veröff. d. Staatl. Mus. Heidecksb.), Rudolst. 1957 (mit Bildnis).

Spies, Jakob, * 18. 4. 1849 Schmalfelderhof bei Bayerfeld-Steckweiler (Pfalz), † 10. 9. 1908 Bayreuth. Naturbegeisterter Liebhaberoologe, durchstreifte er als Bauamtmann viele Jahre zu Fuß oder auf Dienstfahrten vor allem die weitere Umgeb. von Kissingen und trug durch seine feldorn. Erfahrung tüchtig zur faun. Durchforschung dieses Gebiets bei. Das Schreiben lag ihm nicht. Nur einmal berichtete er in Jber. Münch. 3, 1901/02 über eine fränk. Reiherkolonie. Versetzungen in neue Wirkungskreise (seit 1902 Bayreuth) machten ihm später die vogelk. Betätigung nahezu unmöglich. Trotzdem blieb der zum Regierungs- u. Kreisbaurat beförderte Freund der heimischen Ornis mit der Orn. Ges. Bay., der er seit 1900 angehörte, eng verbunden und war noch 1908 Ausschußmitglied der Gesellschaft.
— Lit.: Nachruf (von K. Parrot). Verh. Bay. 9, 1909, S. 22/23.

Spieß, August von, * 6. 8. 1864 Przemysl (Galizien), † 4. 4. 1953 Hermannstadt = Nagyszeben = Sibiu (Siebenbürgen). Von Vater und Mutter her floß bayer. und fränk. Blut in den Adern des jungen österr. Leutnants, der 1885 nach Broos (Siebenb.) versetzt wurde und als Naturfreund und Jäger im Banne der transsylvan. Bergriesen und der Wasserwildnis der unteren Donau für immer eine Heimat fand. Ihn fesselte nicht nur die Begegnung mit Hirsch, Gemse, Bär, Wolf, Wildkatze, Luchs, sondern auch das Leben der Großvögel. In geräumigen Flugkäfigen studierte er Wachstum, Umfärbung und Zähmbarkeit von Mönchsgeier (mit 1. erfolgreicher Gefangenschaftsbrut), Gänsegeier, Schmutzgeier, Stein-, Kaiser- u. Seeadler. J. Thienemanns (s. d.) Kaiseradler „Sturm" stammte von ihm, auch O. Heinroth (s. d.) unterstützte er mit Forschungsmaterial, und Zool. Gärten und Mus. bedachte er großzügig mit Schenkungen. Seit 1890 brachten die mitteleurop. Jagdblätter seine Ber. über die unter freiem Himmel gesammelten Erfahrungen. Sie waren vielfach Mahnrufe eines Vertreters hochkultivierter Jagdgesinnung und ließen den ehemaligen k. k. Oberst 1921 zum Hofjagddirektor des Königs von Rum. aufsteigen. Die Themenwahl für die orn. Nachr. sei durch einige Titel aus den Anfangsjahren gekennzeichnet: „Am Horste d. Uhus" (D. Weidmann 30, 1899), „Beob. an zwei Steinadlerhorsten" (Wild u. Hund 6, 1900), „Adler, Geier u. Edelfalken u. deren Horste" (ebd.), „Meine Erlebnisse mit d. Bartgeier" (Mitt. d. n.-ö. Jagdschutzver. 31, 1909), „V. Geiern u. Adlern" (ebd. 31, 1909). Später kamen packende Bücher hinzu: „Im Zauber d. Karpaten" (Berl. 1933), „D. Wildkammern d. Retezatmassivs. . ., sein Tier- u. Vogelleben,. . ." (Hermannst. 1933). „Unseren Zugvögeln in Afrika" galt ein Beitr. in Dt. Jagd 36, 1937. Den Stempel der Altersreife und des Abschieds trugen die „Siebzehn Jahre im rum. Hofjagddienst" (Münch. 1940). Die Kapitel der hier rückschauend betrachteten „Jagdjahre" enthielten auch eine Fülle von orn. Erlebnisstoff faun., brutbiol. und phänol. Inhalts (u. a. Beob. im Vogelparadies der heute kultivierten Moschia Manastirea, erste Verwendung von Rossittener Ringen zur Markierung von Pelikanen, Höckerschwänen, Schmutzgeiern in der Dobrudscha und im Donaudelta, Beizjagd der Dobrudscha-Türken auf Wachteln mit Sperbern). Bezug auf wissensch. Probleme und Berücksichtigung des fachlichen Schrifttums wird der Ornithologe allerdings vergeblich in den Veröff. des schreibgewandten Autors suchen. Von dem durch Stellung und Umwelt fest geprägten Standpunkt aus sprach er lediglich als Waidmann zu den Zunftfreunden. Die orn. Presse zog daher aus seinem schriftstellerischen Wirken kaum irgendwelchen unmittelbaren Nutzen. Doch verdankt die Avif. der Donauebenen und der Höhen des Hermannst. Komitats dem wachsamen Auge des Jägers und Hegers manch verklärende Beleuchtung der heute vielfach nicht mehr gegebenen Verhältnisse. Das „Oberst-von-Spieß-Jagdmus." in Hermannst. ist seinem Andenken gewidmet.
— Lit.: A. v. Spieß, 55 Jahre Waidwerk, Wild u. Hund 1931, S. 677 (mit 2 Forts.). - Ders., Meine Erinnerungen aus 57 Jahren Waidwerk, Im Zauber d. Karpaten, 1933, S. 19—25. - H. Salmen, D. Ornis Siebenb. . . ., Linz 1958 (Masch.-Schrift). - Würdigung (von F. Rulf). D. Pirsch 13, Nr. 16 v. 5. 8. 1961.

Spix, Johann Baptist von, Dr., * 9. 2. 1781 Höchstadt (Kr. Bamberg), † 15. 5. 1826 München. Sohn eines Chirurgen und einer ital. Mutter, erwarb er in Bamb. den Grad eines Dr. phil., ging dann aber zum Studium der Theol. nach Würzb. und wandte sich schließlich der Med. und Physiol. zu. Auch in Paris beschäftigte er sich auf Kosten des bayer. Königs 1807 mit der Anat. In Münch. veröffentlichte er die Gesch. aller zool. Systeme (1811) und ein großes, aber nicht ausgereiftes Werk über die vergl. Anat. des Schädels der Wirbeltiere (1815). Diese Arbeiten ebneten ihm den Weg in die Bayer. Akad. d. Wissensch.; schließlich schickte ihn das Vertrauen seines Königs von 1817—1820, zusammen mit dem Botaniker C. Fr. Ph. v. Martius, nach Bras. Dort fiel ihm die Erforschung der Fauna zu. Die Strapazen der aufreibenden Exp. in tropischem Klima ließen ihn schwer krank heimkehren, und das Nervenfieber raffte ihn, der mit vielen Ehrungen ausgezeichnet war, früh dahin. In seinen Ansichten über die System. des Tierreichs erwies er sich als einer der ersten phantasievollen Schüler des ihm eng befreundeten Schelling. Am Ausbau der Naturphil. war er daher stark beteiligt. J. F. Blumenbach und C. Illiger (s. d.), vor allem aber Lamarck bekämpfte er hartnäckig. Die bras. Unternehmungen führte er zu erfolgreichem Abschluß, da er zum ersten Mal aus dem unbekannten Amazonastal und den nordöstl. Staaten des Landes eine große Anzahl auffallender Formen, darunter 350 Vögel, dem Münch. Mus. zuführen konnte. Über einige der Entdeckungen aus dem südöstl. Bras. berichteten fast zu gleicher Zeit Prinz Max zu Wied (s. d.) 1820/21, H. Lichtenstein (s. d.) 1823 und C. J. Temminck in den „Planches coloriées", so daß deren Benennungen knappe Priorität vor Sp. erlangten. Er selbst kam erst 1824/25 mit seinem zweiteiligen, von M. Schmidt (s. d.) bebilderten Werk „Avium species novae. . ." heraus. Seine unzweifelhaften Verdienste um die Erforschung der bras. Tierwelt werden bleiben, auch wenn den von ihm gelieferten Beschr. mancherlei Mängel anhaften. Die trotz allen Fleißes ungenügende Benutzung der Lit. neben Ungenauigkeiten und Flüchtigkeiten sind wohl zum größten Teil auf die Erschütterung seiner Gesundheit zurückzuführen. 220 Arten beschrieb er neu oder unter neuen Namen. Die meisten seiner Typen erhielten sich in der Münch. Staatssamml., so daß C. E. Hellmayr (s. d.) noch in den Abh. Akad. d. Wissensch. Münch. 23, 1906 nach den Überprüfungen eine Revision vornehmen konnte. Das Ergebnis war die Aufrechterhaltung von etwas über 100 Arten.

— Lit.: C. Fr. Ph. v. Martius, Erinnerungen an Mitglieder d. Math.-phys. Klasse d. Bayer. Akad. d. Wissensch., 1859, S. 41/42. - Ders., Akad. Denkreden, 1866, S. 599—601. - Schramm, Martius' Lebens- u. Charakterbild, 1869. - Allg. Dt. Biogr. 35, 1893, S. 231/32.

Sprater, Thomas, * 24. 12. 1844 Blossenau, Kr. Monheim (Bayer.-Schwaben), † 6. 11. 1922 München. Bis 1864 und von 1868—1880 lebte er in Neub. (Donau), von 1864—1868 und 1918—1922 in Münch. Seit Frühjahr 1880 war er als Alt- u. Neuphilologe Prof. an der nachmaligen Realschule in Neustadt (Haardt). Außerberuflich erfreute er sich an der Beob. der heimischen Vögel. Gelegentlich griff er auch zur Feder. So schrieb er neben kleineren Aufs. in der Neustadter Tagespresse die „Vogelw. v. Neustadt a. H. u. seiner nächsten Umgeb." (Mitt. Poll. 48, 1889). Auf den häufigen Spaziergängen waren dem Laienornithologen indes nur 70 Arten bekannt geworden. Außer dem Mäusebussard hatte er „gelegentlich noch 3—5 andere Raubvogelarten gesehen, ohne sie mit Sicherheit unterscheiden zu können", weil „sein Auge hierfür nicht scharf genug" war. Den Fitis verwechselte er mit dem Weidenlaubsänger; Kranichen, Reihern, Gänsen, Schnepfenvögeln (außer dem Kiebitz) begegnete er nie, Enten und sonstigem Jagdgeflügel nur spärlich. Artenkenntnis und Erfahrungen waren demnach sehr gering. Die Arbeit ist nur insofern erwähnenswert, als sie einen ersten schwachen Beitr. zur Avif. der Pfalz darstellt und den jungen W. Heußler (s. d.) zu seiner „Vogelf. um Speyer a. Rh." (Mitt. Poll. 49/50, 1892) anregte. In späteren Jahren unterstützte der Verf. mit „zweckdienlichen Mitt." die Brüder W. u. Th. Heußler (s. d.) bei ihrer Zusammenstellung der „Vögel d. Rheinpfalz. . ." (Ornis 8, 1896).

Sprüngli, Daniel, * 2. 1. 1721 Bern, † 11. 9. 1801 Bern. Von 1750—1758 war er Pfarrhelfer in Bern und dann Pfarrer in Stettlen. Da er wegen Krankheit 1775 den Beruf aufgeben mußte, zog er sich auf ein Landgut in der Nähe seiner Vaterstadt zurück und folgte hier, im Genuß einer Erbschaft lebend, ganz den angeborenen naturw. Neigungen. 1789 wurde er zum Prof. der Naturw. an der Akad. zu Bern ernannt, verzichtete aber auf die Ausübung des Lehramts. Ein Kabinett heimischer Vögel gestaltete er so sachkundig, daß es zu seiner Zeit eine weithin bekannte Sehenswürdigkeit und von vielen Fremden (unter ihnen war Goethe 1779) aufgesucht wurde. Die 230 Stücke stellte G. K. Ch. Storr (Alpenreise v. J. 1781, Bd. 1, 1784) zusammen, widmete dabei dem Bartgeier besondere Beachtung und gab ihm den Gattungsnamen Gypaëtus. Von 1801 ab wurde die ganze Hinterlassenschaft im neu gegründeten Bern. Mus. der breiteren Öffentlichkeit zugänglich, und der sie betreuende C. F. A. Meisner (s. d.) fühlte sich seitdem zu vertiefter Beschäftigung mit der Vogelwelt angeregt. Aus der Feder des rührigen Forschers und Sammlers Sp. stammten daneben die ersten wirklich verläßlichen Darstellungen des Bartgeiers und der Alpenbraunelle (J. G. Andreae, Briefe aus d. Schweiz, 1776). Schließlich ist seinem Elfer und Fleiß das im Bern. Mus. aufbewahrte Msk. der dreibändigen „Ornithologia Helvetica", einer der ältesten Schweiz. Avif., zu danken. Bis ins nächste Jahrh. hinein blieben die Aufz. ein gern benutztes Quellenmaterial. Der Verf. darf als der vorzüglichste Kenner der Vögel seines Heimatlandes im 18. Jahrh. gelten.

Lit.: R. Lauterborn, D. Rhein, . . ., Freib. 1930, S. 251. - Hist.-biogr. Lex. d. Schweiz, 1931.

Stadler, Hans, Dr., * 11. 4. 1875 Rain (Lech), † 22. 8. 1962 Würzburg (Main). Nach dem Besuch des Regensb. Gymnas. und dem med. Studium in Erl. und Würzb. verschlug ihn das Schicksal 1902 als Arzt nach Lohr. Er nannte sich selbst einen „unverbesserlichen Idealisten"; er war es — auch als Wohltäter der Armen. Früh bewegte ihn eine von Großvater und Vater (einem Bahnbeamten) mitgegebene Liebe zu allem Getier. Eine Reihe kleinerer fränk. Gebiete mit einer an Seltenheiten reichen Fauna und Flora verdankte ihm Rettung vor dem Untergang. Eigene Schutzgebiete schuf er dazu durch Kauf auf dem Romberg bei Lohr (1909) und am „See" zu Sendelbach. Nur schwer konnte er daher verwinden, daß nach 1945 seine Praxis gesperrt und er in das Internierungslager Hammelburg gesteckt wurde, weil er 1933 den Posten des Naturschutzbeauftragten für Unterfranken übernommen hatte. Als vielseitiger naturw. Heimatforscher, ausgezeichnet mit einem von Bescheidenheit und Güte überlagerten Sendungsbewußtsein, warb er jahrelang mahnend und beschwörend um Verständnis für die Bewahrung der fränk. Landschaft. Eine Fülle von Veröff. in Heimat-Bl. und Tages-Ztg., z. B. Monatsschrift d. Spessartbundes, Mitt. Aschaff., Lohrer Ztg.

(hier unter dem Titel „5 Minuten Natur") sind Zeugnisse selbstlosen Einsatzes. In Fachzeitschr. machte er außerdem seinen Namen bekannt durch weitergreifende wissensch. Beitr. Bis zum Tode war er neben W. Noll Schriftleiter der Nachr. Aschaff. Der Vogelf. waren u. a. gewidmet die „Vogelw. Unterfr." (Verh. Bay. 12, 1916), die „Vogelw. d. Spessarts in Gegenwart u. Vergangenheit" (Hercynia 1, 1924), „Mauersegler als Hochwaldtiere d. Spessarts u. d. Rhön" (B. z. F. 7, 1931). Als ihm 1908 sein Patient K. Heimberger (s. d.) erstmalig das Ohr für die Vogellaute öffnete und ihn 2 Jahre später der Zufall auch mit C. Schmitt (s. d.) zusammenführte, richteten sich seine Studien fortan vornehmlich auf die Stimmenanalyse mit Hilfe der Notenschrift. Ausgestattet mit dem absoluten Gehör, erreichte er auf diesem Sondergebiet bald kaum bestrittene weltweite Autorität. Mit leidenschaftlicher Besessenheit sammelte er unter freiem Himmel die Unterlagen für eine vergleichende Stimmenkunde — bis zum 1. Weltkrieg auch auf vielen Auslandsreisen. Eine Liste der einschlägigen, bis zum Jahre 1920 meist mit C. Schmitt gemeinsam verfaßten Veröff. stellte er in Anz. Bay. 4, 1955 zusammen; sie enthielt, mit dem Jahre 1912 beginnend, 110 Titel in dt., engl., holl., schweiz., franz. und jugoslaw. Zeitschr. Zum Ausklang seiner Unters. gehörten in den folgenden Jahren noch „Vogelstimmen im Hörnauer See" (Nachr. Aschaff. Nr. 50, 1956), „D. Greife d. mittleren Maintales" (ebd. Nr. 50, 1956), „D. Lieder v. Stieglitz, Rot- u. Berghänfling u. Erlenzeisig" (ebd. Nr. 51, 1956), „Gesang u. Rufe d. Kohlmeise" und „D. Stimmen v. Orpheus- u. Rüppellgrasmücke - Sylvia orphea Rüpp." (Acta Mus. Maced. Scient. Nat. 5, 1957). Leider kam das lang geplante „Hdb. d. Vogelstimmenkunde" nicht mehr zustande. Anerkennung für bahnbrechende Verdienste bedeutete 1951 seine Ernennung zum Ehrenmitglied der Orn. Ges. Bay. Beigesetzt ist er auf dem Sendelbacher Friedhof am Fuße seines Rombergs.
— Lit.: Würdigung (von E. Gebhardt). Vr. 24, 1955, S. 31—33. - Würdigung (von A. Stade). Nachr. Aschaff. Nr. 47, 1955 (6 S. mit Bildnis). - Autobiogr. Skizze, Lohrer Ztg. v. 25. 8. 1962 (mit Bildnis). - Nachruf (von Schriftl.). Spessart, Monatsschr. d. Spessartbundes, Sept. 1962, S. 13 (mit Bildnis). - Nachruf (von H. Weidner). Nachr. Aschaff. Nr. 69, 1962, S. 1—11 (mit Bildnis). - Nachruf (von W. Wüst). Anz. Bay. 6, 1963, S. 496.

Stämpfli, Niklaus, * 23. 3. 1834 Münchenbuchsee (Kanton Bern), † 14. 9. 1906 Münchenbuchsee. Seine Jugend verlebte er im väterlichen Gasthof zu Schwanden bei Schüpfen. Den Plan, Med. zu studieren, mußte er aufgeben, um die Bewirtschaftung des eigenen Gutes zu übernehmen. In den 60er, 70er und 80er Jahren begleitete ihn im „Seeland" der Ruf, ein gewiegter, waidgerechter Jäger sowie verständnisvoller Beobachter und Sammler heimischer Vogelformen zu sein. Als auffällige, soldatische Erscheinung hatte der Junggeselle auch den Posten eines bernischen Tambourmajors inne. Seit 1889 gehörte ihm ein Bauernhof in Münchenbuchsee, wo er Obstbau betrieb und den orn. Neigungen nachging. Seine im Freiland gewonnenen Erfahrungen und gediegenen faun. Kenntnisse lieferten mehrfach Bausteine zum „Kat. d. Schweiz. Vögel".
— Lit.: Nachruf (von S. Käser). Orn. Beob. 6, 1908, S. 41—43.

Stampfli, Franz Xaver, * 12. 9. 1847 Äschi (Kanton Solothurn), † 15. 7. 1903 Wanzwyl (Aargau). Der Gastwirt war in jüngeren Jahren schon Jagdgenosse des damals in Grasswyl tätigen J. Büttikofer (s. d.). Nachdem er sich 1883 in Leiden zum Präparator ausgebildet hatte, schickte ihn sein alter Landsmann 1884 nach Liberia. Im Frühjahr 1886 verließ er zwar den Schwarzen Erdteil wegen Erkrankung wieder, reiste aber schon im November desselben Jahres mit Büttikofer erneut nach dem alten afrik. Gebiet. Als der Freund bald darauf, vom Fieber gepackt, zur Umkehr gezwungen war, setzte der leidenschaftliche Jäger die Forschungen allein fort, bis auch seine Zähigkeit ein halbes Jahr später den Tücken des Klimas unterlag und er sich nach Europa einschiffen mußte. In der Schweiz. Heimat ernährte er sich weiter von der Tierpräparation. In Afrika hatte er zur vollen Zufriedenheit seiner Auftraggeber gearbeitet und durch die für das Leidener Mus. eingebrachte Beute nach seinen Kräften und Kenntnissen namentlich zur Aufhellung der Avif. wichtige Beitr. geliefert. Büttikofer berichtete über die Vogelsamml. des eifrigen Pioniers in „Zool. researches in Liberia" (Notes from the Leyden Mus. 1886 u. 1888), gab Sylviella stampflii den Namen und gedachte seiner mit Anerkennung in den „Reisebildern aus Liberia" (1890).
— Lit.: H. Schinz, Schweiz. Afrika-Reisende, Neujahrsbl. d. Naturf. Ges. Zürich 106, 1904, S. 45/46.

Stark, Walter, * 18. 10. 1918 Weiden (Oberpfalz). Die Weiherlandschaft der oberpfälz. Heimat war sein orn. Arbeitsfeld. Avif. Daten aus diesem Gebiet lieferte er dem Anz. Bay. 3, 1941. Die Einberufung zum Wehrdienst beendete das in Münch. begonnene Studium der Zool. Die soldatische Ausbildung führte ihn nach Kirchhain (Kr. Marburg/Lahn) und in die Rhön. Daß ihn auch in dieser Zeit die Vogelwelt lebhaft beschäftigte, zeigen einige Mitt. in Vr. 12, 1940 u. 13, 1941; sie betrafen u. a. seltene Arten wie Tannenhäher und Steinsperling. Trotz seiner Jugend war er ein kenntnisreicher und kritischer Beobachter, dessen Lebensbahn sich zu früh runden mußte. In russ. Gefangenschaft ist er seit 21. 8. 1944 verschollen.
— Lit.: L. Gebhardt u. W. Sunkel, D. Vögel Hess., 1954, S. 101.

Stechow, Eberhard, Dr., * 21. 3. 1883 Berlin, † 11. 8. 1959 Radebeul (Sachsen). Nach dem naturw. Studium in Berl., Heidelb., Münch. stieg er in dienstlicher Stellung von 1905—1948 an der Zool. Staatssamml. in Münch. vom Assistenten zum Abteilungsleiter auf. Seit 1933 gehörte er der Leopoldina an. Seine Veröff. befaßten sich mit entom. und tiergeogr. Themen, vor allem aber mit den niederen Meerestieren und hist. Geogr. Die Orn. lag nur am Rande seines Arbeitsgebietes. Doch hinterließ er außer der Mitgliedschaft bei der Orn. Ges. Bay. seit 1911 noch andere Zeugnisse vogelk. Interesses. Als er im Spätherbst 1913 und im April/Mai 1914 je

6 Wochen zur Erholung in Bad Nauheim weilte, waren „Orn. Beob. aus Bad Nauheim" (Verh. Bay. 13, 1917) die Frucht fleißiger und mit sicherem Blick durchgeführter avif. Studien. Daneben brachte er von 1915—1918 in Litauen umfangreiche Samml. zustande, die in seinen „Beitr. z. Natur- u. Kulturgesch. Litauens u. angrenzender Gebiete" (Münch. 1922—1932) durch Hans Sachtleben als große Monogr. bearbeitet wurden. In diesem Werk lenkten ihn zoogeogr. Gedanken zur Darstellung des eiszeitlichen Entstehungsweges von Parallelformen wie Rabenkrähe und Nebelkrähe, Nachtigall und Sprosser, beide Baumläuferarten, beide Goldhähnchenarten, Sumpfmeise und Weidenmeise, Fitis und Zilzalp, kleiner und großer Gimpel. Noch Jahrzehnte später, am Lebensabend, dehnte er als Fachbiologe und Geschichtsforscher in einer Arbeit „Über kosmische Einflüsse auf die Organismenwelt" (Forschungen u. Fortschritte 32, 1958) die Vorstellung über Tierwanderungen auf den Lauf der Weltgeschichte aus und leitete am Beispiel der Völkerwanderung auch die größten, den Menschen nicht bewußt werdenden Entscheidungen von kosmischen Ursachen ab. Als Erbstück seiner Anlagen zeigten sich vertiefte orn. Neigungen bei seinem Sohne Jan St. (s. d.).
— Lit.: L. Gebhardt u. W. Sunkel, D. Vögel Hess., 1954, S. 90. - Würdigung (von H. W. Frickhinger). Naturw. Rdsch. 6, 1953, S. 307. - Nachruf (von W. Engelhardt). Verh. Dt. Zool. Ges. 1960, S. 532/33 (mit Bildnis).

Stechow, Jan, Dr., * 4. 3. 1917 München, † 12. 1. 1947 Ravensburg (Württ.). Von 1936—1942 studierte er in Münch. Med. und Naturw. 1945 kam er als Assistenzarzt in franz. Gefangenschaft, aus der er im Dezember 1946 schwer erkrankt zurückkehrte, ohne wieder gesunden zu können. Unter dem Geleit des Vaters Eberhard St. (s. d.) galt schon in der Schulzeit seine Liebe der Orn.; ihr wollte er sich später ganz widmen. Erfahrungen sammelte er mit W. Wüst u. a. in den Isarauen, im Ismaninger Teichgebiet und Amper-Moos, ferner seit 1933 mit R. Zimmermann (s. d.) in der Umgeb. von Dresd. Ernsthaftes Beobachtergeschick entwickelte er in jugendlicher Begeisterung besonders am elterlichen Wohnsitz in Radebeul. Die B. z. F. 13, 1937 brachten bereits 2 Arbeiten von ihm: „Ein Beitr. z. Frage d. Vertriebenwerdens d. erwachsenen Jungvögel durch die Alten" sowie „Notizen z. Brutbiol. d. Gr. Buntspechtes"; und für die Dt. Vw. 63, 1938 schrieb er „Glatte Natter als Nesträuberin". Ein Aufenthalt in Helgoland im August/September 1937 hatte die Unters. „Über d. jahreszeitliche Verbreitung d. europ. Lummen" (Vz. 9, 1938) im Gefolge. Ungedruckt blieb ein Msk. „Z. Frage d. Nahorientierung bei Singvögeln" auf Grund von Unterlagen, die in etwa 12 Jahren bei Münch., Dresd., in Helgol. und auf einer großen Reise rund um Afrika zusammengetragen waren. Eine große Begabung schied mit ihm zu früh dahin.
— Lit.: Nachruf (von E. Stechow). B. z. Vk. 5, 1958, S. 308—310 (mit Bildnis).

Steenbock, Sievert, * 7. 5. 1822 Flensburg, † 8. 3. 1904 Rostock. Er war Photograph und Konservator und in dieser Eigenschaft von 1850—1863 auch am Zool. Mus. der Univ. Rost. tätig. Später war er Kunstmaler; seine Vogelbilder wurden gelobt. Sowohl für die eigene Samml. als auch in Ausübung seiner Berufe kam ihm viel orn. Material in die Hände. Er stand daher im Ruf, wohlerfahren zu sein, und spielte unter den meckl. Ornithologen eine beachtliche Rolle. G. Clodius (s. d.) lernte bei ihm die Kunst des Präparierens. Vogelk. Veröff. scheinen an den Namen St. nicht geknüpft zu sein.

Steinbacher, Friedrich, Dr., * 4. 7. 1877 Berlin, † 15. 2. 1938 Berlin. Seine Vorfahren waren während der Religionsverfolgungen nach Ostpr. ausgewanderte Salzburger. Das väterliche Erbgut wurde in ihm sichtbar durch große körperliche Leistungsfähigkeit und hervorragende Charakterwerte. Er besuchte die Oberrealschule in Berl. und studierte dort von 1896—1901 Math., Phys. und Biol. Seit 1904 war er über 33 Jahre Studienrat, Oberstudienrat und Prof. in Berl.-Friedrichshagen. In den 1. Weltkrieg zog er noch als 39jähriger; in den sich anschließenden Revolutionswirren bewährte er sich als „Zeitfreiwilliger". Wenn er auch schon in der Schulzeit einen deutlich hervortretenden Sinn für system. Unterschiede zeigte und zu den sonntäglichen Besuchern des Mus. f. Naturk. gehörte, so fand er doch erst im reiferen Alter den Weg zur Orn. 1907 begann er mit Freilandaufz., und seit 1920 führte er auf vielen feldorn. Exk. Berl. Erzieher in die heimatliche Landschaft. Doch war es ihm nicht vergönnt, den auf reichhaltiges Beobachtungsmaterial sich stützenden Plan einer Darstellung der märk. Ornis zu Ende zu bringen. Nach dem 1. Weltkrieg verliehen ihm zoogeogr. und system. Veröff. sowie kritische Referate einen über die dt. Grenzen hinaus geachteten Namen. 1920 wurde er Mitglied der DOG, und damit begann für ihn ein steiler Anstieg im Rahmen der Geschichte der Vereinigung. Nach 6 Jahren war er 2. und seit 1936 1. Vorsitzender. Seine vertrauenerweckende Persönlichkeit gab der Gesellschaft auch in schwierigen Lagen eine gesicherte Führung. Zähes Selbststudium gestattete ihm einen festen Stand auf vielen Gebieten (System., Tierpsychol., Anat., Faun.). Besonders geläufig war ihm die faun. Erforschung Asiens. Die Sachkenntnis in diesem Bereiche wurde von in- u. ausländischen Fachgenossen zu Rate gezogen. Es erscheint somit natürlich und folgerichtig, daß ihm E. Hartert (s. d.) 1930 die Mitarbeiterschaft am Ergänzungsband zu den „Vögeln d. palaearkt. Fauna" antrug. Daß St. die russ. Sprache in hohem Maße beherrschte, gereichte dem Zusammenwirken beider Männer zu großem Nutzen. Aus gemeinsamer Bemühung entstanden die 3 ersten Hefte. Vom letzten Teil des 3. Heftes ab mußte St. allein die Verantwortung tragen. Er hatte die Genugtuung, das Werk über die Korrekturen hinweg zu vollenden; das Erscheinen des ganzen Bandes (1938) durfte er nicht mehr erleben. Lange Zeit gehörte er dem Kuratorium der Vogelwarte Rossitten an; die American Ornithologists Society und die Ung. Orn. Zentrale ehrten ihn durch die Ernennung zum korr. Mitglied.
— Lit.: Nachruf (von E. Stresemann u. A. Schneider). J. Orn. 86, 1938, S. 302—307 (mit Bildnis). - Nachruf (von Schriftl.). Ibis (14) 2, 1938, S. 351. - Bildnis in B. z. F. 14, 1938.

Steinfatt, Otto, Dr., * 9. 2. 1908 Wittenförde (Mecklenburg), † 1. 5. 1947 Wittenförde. In dürftigsten Verhältnissen wuchs er als Sohn eines armen Handwerkers heran. Der Zwang zum Broterwerb durch Privatstunden lastete schwer auf ihm, erschütterte aber nicht den frühen Entschluß, sich den Naturw. zu widmen. Mit 15 Jahren trat er in eine höhere Schule ein, studierte dann in Freib., Innsbr., Münch. und Wien, promovierte hier 1932 und legte in Berl. 1935 die Staatsprüfung für das höhere Lehramt in Zool., Botan.. und Geogr. ab. Vor allem die Neigung zur Vogelk. ließ ihn seit 1930 alljährlich Reisen (meist mit dem Fahrrad) in verschiedene europ. Länder unternehmen. Mit den bescheidensten Mitteln bestritt er diese Fahrten durch Ungarn und das ganze Mittelmeergebiet zwischen dem Bosporus und Gibraltar. In den ersten Erfahrungsberichten schon — z. B. „D. Bosporus als Landbrücke f. d. Vogelzug zw. Europa u. Kleinasien" (J. Orn. 80, 1932) und „Vogelk. Wanderungen am Neusiedlersee" (B. z. F. 12, 1936) — zeigte sich seine hervorragende Beobachtungsgabe. 1935 erschloß sich dem Auge des zur stillen Erkundung des Unauffälligen geborenen Mecklenburgers in der Rominter Heide eine zweite Heimat. Anfänglich im Dienste der „Waldstation f. Schädlingsbekämpfung", später als Leiter der „Vogelk. Beob.-Station Rominten", immer aber bei kümmerlichen Einkünften wählte er hier zur Sonderaufgabe die system. Durchbeobachtung an den Nestern der heimischen Arten. Mit erstaunlichem Fleiß und unterstützt von seiner Frau Friedel (geb. Taurus) verfolgte er das ihm von tiefer Naturliebe gesteckte Ziel. Die weitaus meisten seiner über 70 bis 1944 erschienenen Veröff. (in Mitt. Vw., Mitt. Sachs., Orn. Mber., Dt. Vw., Orn. Beob., J. Orn., Wild u. Hund, B. z. F., Ber. Schles., Schr. Königsb., Verh. Bay.) waren daher der Aufhellung der Fortpflanzungsgewohnheiten gewidmet. Mag sein Eifer auch mancher überflüssigen Nebensächlichkeit Raum gewährt haben, so sind die Beobachtungsergebnisse doch ergiebige Quellen für viele neue Feststellungen gewesen. Als wesentlich dürfen u. a. die Unters. über das Brutleben der Waldschnepfe sowie der Spechte und Meisen gelten. Auf der Berl. Tagung der DOG 1942 führte der Verf. dazu Lichtbilder „Aus d. Vogelleben d. Rominter Heide" vor, die in ihrer Vollendung und Lückenlosigkeit als Musterstücke der orn. Erfassung einer Landschaft ungeteilten Beifall ernteten. Der 2. Weltkrieg, in dem St. eine Zeitlang Verwendung bei der Nachrichtentruppe und im Wetterdienst fand, brachte es mit sich, daß ein Großteil der Aufz. unbearbeitet blieb. Der Verlust Ostpreußens zwang den großen Naturfreund 1945 zur Rückkehr in die meckl. Heimat, wo er eine Lehrerstelle an der Forstschule Wismar übernahm. Hier erwartete ihn ein allzu frühes und obendrein grausiges Ende; in der Nähe seines Geburtsortes wurde er von einem fremdländischen Banditen am hellen Tag unter freiem Himmel erschossen und ausgeraubt.
— Lit.: Nachruf (von L. Schuster). Vw. 70, 1949, S. 175/76. - Bildnis ebd. 74, 1953, Tafel 10.

Steinmetz, Hermann, der Ältere, * 18. 8. 1867 Teuchern (Kr. Weißenfels), † 23. 10. 1961 Berlin-Charlottenburg. Wie C. Floericke und J. Thienemann (s. d.) gehörte der Schüler und Junglehrer zum engeren Freundeskreis um F. Lindner (s. d.). Später in Berl.-Charlottenb. verbanden ihn gemeinsame orn. Interessen auch mit dem gleichgesinnten G. E. F. Schulz (s. d.). Nachdem F. Lindner zu Anfang des Jahrh. Rügen und Hiddensee erst richtig für die Ornithologen entdeckt hatte, ließ sich der Lyzealoberlehrer als Geschäftsführer des damaligen internat. Frauenbundes f. Vogelschutz begeistern, durch Umsicht und praktischen Sinn die Schutzgebiete auf Hiddensee mit Fährinsel und Gänsewerder 1911 zu schaffen. Die Schwierigkeiten, die dabei zu überwinden waren, weil zwei andere Organisationen gleichzeitig denselben Gründerstolz entwickelten, sind von ihm in Bl. f. Natursch. 2, 1911 und von C. Lindner (s. d.) in Orn. Jb. 23, 1912 geschildert. 1912, 1913, 1915 gelangen ihm noch die Funde der letzten Gelege des Steinwälzers in seinem Schutzgelände (vgl. J. Orn. 63, 1915, S. 133). Doch lag nicht nur die Avif. der Ostsee in seinem Blickfelde; im 1. Weltkrieg schickte ihn das preuß. Ministerium auch nach Langeoog zur Kontrolle der Vogelkolonien. Vielen Vogelfreunden waren seine warmherzigen Wesenszüge und sein immer wacher Humor bekannt, weil er seit dem Eintritt in die DOG 1912 an fast allen Berl. Sitzungen und Jahresversammlungen teilnahm. Besondere Anerkennung knüpft sich noch an seinen Namen durch die Kassenführung der DOG, die von 1920—1945 bei ihm in bewährten Händen lag.
— Lit.: Nachruf (von E. Stresemann). J. Orn. 103, 1962, S. 122.

Steinmetz, Hermann, Dr., der Jüngere, * 23. 8. 1898 Teuchern (Kr. Weißenfels), † 5. 12. 1954 Gelsenkirchen. Vom 12. Lebensjahre ab lebte er im Hause seines Onkels Hermann St., dem Älteren (s. d.) in Berlin. Nach dem 1. Weltkrieg zunächst Lehrer, studierte er in den 20er Jahren Zool. in Berl. und Freib. und promovierte 1928 bei E. Stresemann mit einer Arbeit über „D. Embryonalentw. d. Bläßhuhns - Fulica atra unter besonderer Berücksichtigung d. Allantois" (Morphol. Jb. 64, 1930), um 1930 Assistent bei L. Heck (s. d.) im Berl. Zoo zu werden. Hier stieg er schnell auf und wurde 1939 als Nachfolger O. Heinroths (s. d.) zum Leiter des Aquariums gewählt. Die Kriegsereignisse verhinderten aber die Übernahme dieses Postens. Erst beim Einmarsch der Russen verließ er seine Tiere und kam nach vielen Schwierigkeiten in der russ. besetzten Zone zuerst wieder bei Hagenbeck in Stellingen unter. Von dort holte ihn H. Ruhe 1948 als ersten Mitarbeiter und Direktor nach Gelsenk. zum Ausbau des neu gegründeten Zoos. In den Tätigkeitsbereichen, die ihm das Leben zuwies, zeichneten St. Fleiß und Gewissenhaftigkeit aus. Er war auch überall als zuverlässiger, selbstloser Freund, Kamerad und Mensch geschätzt, zumal er wie sein Onkel über viel Humor verfügte. Durch die verwandtschaftlichen Beziehungen fand er den Weg in die orn. Forschung. In Begleitung des Onkels und F. Lindners (s. d.) kam er früh nach Hiddensee und war 1915 beteiligt am Fund der beiden letzten dt. Steinwälzergelege, von denen sich eines heute im Mus. A. Koenig (s. d.) befindet. Von 1922—1945 Mitglied der DOG, seit 1928 auch

der Dt. Ges. f. Säugetierk., gehörte er zum Begabtenkreis junger Ornithologen um E. Stresemann, die zu Anfang der 30er Jahre den Berl. Veranstaltungen der DOG das Gepräge gaben. Der neuen DO-G schloß er sich allerdings aus persönlichen Gründen nicht mehr an. Nach 1945 widmete er seine ganze Arbeitskraft mit bestem Erfolg der Ausgestaltung des Ruhr-Zoos (gerade mit Blick auf einheimische Vogelarten), fand aber — wohl infolge eines sich verschlimmernden Herzleidens — nicht mehr die Zeit zu Veröff. Seine wissensch. Studien und Erfahrungen erhielten ihren Niederschlag durch 14 Titel in Gef. W. zwischen 1931 und 1939 und 6 orn. Titel (außer den Jber. d. Berl. Zoos und säugetierk. Arbeiten) in Zool. G., N. F. zwischen 1931 und 1950. Sie sind bemerkenswerte Beitr. zur Pflege und Zucht meist ausländischer Arten aus der Feder eines vielseitigen Vogelkundigen. St. war im 1. Weltkrieg ein tüchtiger und verdienter Soldat; im rauhen Alltagskampf später ging er aber harten Reibungen gern aus dem Wege, weil sein Edelsinn und friedsamer Charakter auf äußere Erfolge verzichten konnten.
— Lit.: Nachruf. Buersche Ztg. v. 8. 12. 1954.

Steinmüller, Johann Rudolf, * 11. 3. 1773 Glarus, † 28. 2. 1835 Rheineck (St. Gallen). Die Vorfahren stammten aus der Pfalz. Als Sohn eines Schulmeisters studierte er Theol. in Tüb. Dann war er Prediger, Seelsorger, Schulinspektor, Kirchenrat, Freund der Land- u. Alpwirtschaft in mehreren Gemeinden, zuletzt seit 1805 in Rheineck. Von Jugend an lag ihm die Jägerei im Blute; bis weit nach Graubünden hinein zog er beobachtend, schießend und sammelnd durch die Täler und über die Berge. Leider gelang es ihm nicht, die Ergebnisse seiner Erfahrungen mit Vögeln und Säugetieren zusammenfassend in einem Werke zu vereinen. Statt dessen finden sich eine Reihe von Aufs. und Mitt. in der von ihm gegründeten Zeitschr. „Alpina" (1806—1809) und in der „Neuen Alpina" (1821—1827). Was er schrieb, bildete lange eine ergiebige zool. Quelle über die Alpen. Die Vogelwelt fesselte seine Aufmerksamkeit in besonderem Maße; lebensvolle Beitr. über ihre Vertreter in den Alpen vom Säntis bis zu den Churfirsten am Walensee sowie in den Rohrsümpfen des Rheintales oberhalb des Bodensees übertrafen fast alle Nachr. seiner Vorgänger. Bedeutsame Aufschlüsse konnte er liefern u. a. zur Naturgesch. der Alpenbraunelle und des Zitronenzeisigs, über die die Fachleute in Deutschl. damals noch wenig Bescheid wußten; die Ernährung des Auerhuhns, Birkhuhns, Schneehuhns in den einzelnen Jahreszeiten erfuhr durch seine gründlichen Unters. eine neue Beleuchtung; monogr. Darstellungen des Bartgeiers und später des Storchs krönten seine Forschungen. Die verdienstvollste Leistung war wohl die Beschr., die er nach eigenem Erleben und Bemühen dem Federkleid, der Anat., dem Aufenthalt und dem Vorkommen des Bartgeiers widmete. Ihm gebührt die Anerkennung, neben C. F. A. Meisner, H. R. Schinz und Th. Conrad (s. d.) einer der rührigsten Förderer der Schweiz. Orn. im 1. Drittel des 19. Jahrh. gewesen zu sein.
— Lit.: J. J. Schlegel, Drei Schulmänner d. Ostschweiz, Zürich 1879. - Würdigung (von J. Rutz-Hefti). Mitt. Wien 15, 1891, S. 119—121 u. 143/44. - Würdigung (von G. Heer). Verh. Schweiz 1908, S. 31—33. - Hist.-biogr. Lex. d. Schweiz, 1931. - R. Lauterborn, D. Rhein, . . ., Freib. 1934, S. 191—193.

Steller, Georg Wilhelm, * 10. 3. 1709 Windsheim (Franken), † 12. 11. 1746 Tjuman (Sibirien). 1729 studierte er in Wittenb. Theol. und beschäftigte sich daneben schon mit den Naturw. 1731 wechselte er zu Studienzwecken nach Halle über, lehrte gleichzeitig an den Franckeschen Stiftungen und hielt Vorlesungen über Botan. Gering waren die Aussichten für ein Auskommen in der Heimat; dazu trafen Ber. ein über Erfolg und Ruhm dt. Forscher in fremden Ländern. So sah er sich bald, nachdem er 1734 ärztliche Dienste im russ. Heer bei Danzig geleistet hatte, nach Petersb. verschlagen. Die Stellung eines Adjunkten in der russ. Akad. öffnete ihm einen verlockenden Blick in die sibir. Unternehmungen der Zaren und weckte leidenschaftlichen Eifer für die Naturw. Der Tatendrang bot ihm Gelegenheit, als tollkühner Reisender Gefahren geradezu zu suchen und sich in Not und Entbehrung zu bewähren. Kamtschatka wurde das Ziel seiner Träume. Im Stabe Berings erreichte er 1740 die Halbinsel, und als einziger der wissensch. Teilnehmer an der unglücklichen Exp. setzte er gar den Fuß auf amerik. Festland. Dort schoß er den nach ihm benannten Vogel Cyanocitta stelleri. Als er 1741/42 unter den furchtbarsten Mühsalen 8 Monate auf der Bering-Insel verbringen mußte, gelangen ihm die bedeutendsten Entdeckungen. In seiner Arbeit „De Bestiis marinis" (Petersb. 1751) beschrieb er neben der hier gefundenen (und 1790 schon ausgerotteten) Stellerschen Seekuh, dem Seeotter, den Pelzrobben auch den Brillenkormoran. Bis 1744 hielt er sich unermüdlich forschend und sammelnd auf den nördl. Kurilen und Kamtschatka auf, hatte aber hier schon mit Schwierigkeiten zu kämpfen, die ihm die russ. Beamtenschaft und Disziplinaruntersuchungen von seiten der Petersb. Regierung bereiteten. Nachdem alle Anschuldigungen zusammengebrochen waren, starb er auf der Heimreise im westl. Sibirien. Die Forschungen des unerschrockenen Pioniers aber blieben lange die Grundlage für die zool. Kenntnisse von Kamtschatka. Auch P. S. Pallas (s. d.) stützte sich auf die Darstellungen des Landsmannes, denn erst 1828 betrat ein zweiter dt. Reisender, F. H. v. Kittlitz (s. d.), das Land wieder. Die nach Petersb. gelangte zool. Beute fand nicht die verdiente wissensch. Auswertung. P. S. Pallas blieb es vorbehalten, die noch vorhandenen Reste in der Akad. zu überprüfen. Die Ergebnisse machte er von 1767 ab in einer Samml. von Monogr. zur Säugetier- u. Vogelk. („Spicilegia zoologica") bekannt. Darin beschrieb er die 5 auffallendsten neuen Vogelformen und gab Abb. dazu. Wille und Fähigkeiten dt. Idealisten, von der Nachwelt bewundert, von fremder Macht ausgenutzt und übel gelohnt: In Stellers Leben und Leistung verkörpert sich die Erfahrung, die sein Beispiel nicht allein hinterließ.
— Lit.: Allg. Dt. Biogr. 36, 1893, S. 33—36. - F. Th. Köppen, Bibliotheca Zool. Ross. II, Petersb. 1907 (mit Verz. älterer Quellen). - L. Stejneger, G. W. St., the Pioneer of Alaskan natural

History, Cambridge-Mass. 1936 (623 S.). – F. Steinbacher. G. W. St. (nach d. Biogr. v. L. Stejneger), Orn. Mber. 46, 1938, S. 34—40.

Stengel, Julius, * 18. 8. 1833 Schönewalde (Mark Brandenburg), † 10. 8. 1899 Baruth (Mark Brandenburg). Trotz Schwerhörigkeit war er ein Jahr in Berl. und 28 Jahre in Zehrensdorf Lehrer. Von 1880 ab verschlimmerte sich sein Leiden so sehr, daß ihm bis 1891 nur noch Dienst im Büro eines Berl. Justizrats möglich war. Als stets rühriger Heideläufer und leidenschaftlicher Oologe beschäftigte er sich nebenher jahrzehntelang mit der märk. Vogelwelt. Mit H. Hocke (s. d.) und anderen Eiersammlern der Mark stand er, wohl aus „Geschäftsneid", auf gespanntem Fuß. In den 70er Jahren schon hatte er ool. Verbindung zu W. Schlüter und E. Rey (s. d.). Von 1895 ab belieferte er R. Schlegel (s. d.). 1874 begann er, sich über faun. Erfahrungen aus der Heimatlandschaft lit. zu äußern; er benutzte dazu die Orn. Ms. und das Orn. Cbl. Ernsthafte Kenner der märk. Verhältnisse wie A. Reichenow, R. Böhm, H. Schalow (s. d.) wiesen ihm allerdings schwerwiegende Fehlmeldungen und Irrtümer nach. Einwendungen gegen seine Leichtfertigkeit verpufften wirkungslos. Er war einer der seltsamen Freilandbeobachter, die sich Begegnungen mit erwünschten Seltenheiten ohne Verantwortungsgefühl so lange einreden, bis sie selbst daran glauben. Die bedenklichste Begleiterscheinung seiner Unzuverlässigkeit war die im Laufe weniger Jahre wachsende Schreibfreudigkeit. H. Schalow, der in den „Beitr. z. Vogelf. d. Mark Brandenb." (1919) nur 16 Titel aus der Fülle der Stengelschen Veröff. auswählte, meinte, daß die Erzeugnisse dieser leicht fließenden Feder „für gewöhnliche Arten mit großer Vorsicht, für seltenere Formen aber mit berechtigtem Mißtrauen aufzunehmen" seien. Verdienstvoll handelte der vom Ernst wissensch. Forschung nicht berührte Mann, als er 1883 plötzlich verstummte und sich später mit Notizen für die Zs. Ool. zufriedengab.
— Lit.: H. Schalow, Beitr. z. Vogelf. d. Mark Brandenb., 1919, S. 35/36. - R. Schlegel, Erinnerung an J. St., Zs. Ool. u. Orn. 26, 1921, S. 17—22.

Stetter, Friedrich Wilhelm, * um 1800, † 1871 Hermannstadt = Nagyszeben = Sibiu (Siebenbürgen). Er war seit 1831 Kameralingenieur in Deva (Komitat Hunyad) und seit 1848 in Hermannst. Sein Leben vor 1831 liegt im Dunkel. Wahrscheinlich studierte er seit Anfang der 20er Jahre in Wien und empfing dort von dem etwa gleichaltrigen J. S. v. Petényi (s. d.), der ihn schon „vom Knabenalter an" kannte, neben der Unterweisung in der Kunst des Präparierens den entscheidenden Anstoß zu ernsthafter Beschäftigung mit der heimatlichen Vogelwelt. Als einer der ersten schuf er seit Ende der 30er Jahre eine Samml. siebenb. Vögel, die viele neue Arten enthielt. Da ihm auch andere Samml. seiner Landschaft — die von W. Knöpfler, Al. v. Buda, K. Wagner (s. d.) — bekannt waren, konnte er zur 5. Versammlung der Ärzte und Naturforscher in Deva 1845 „Beitr. z. Orn. Siebenb." (in ung. Sprache später gedruckt) vorlegen, die von seinem „Freunde und Lehrer" Petényi überprüft und um 11 Formen vermehrt waren. Den seinem Ber. zugrunde liegenden Stopfpräparaten waren aber offenbar keine Fundorte und Daten beigefügt; wissensch. Forderungen blieben somit noch offen. 1853 verkaufte der rege Sammler seine Bestände an den Ver. f. Naturw. in Hermannst., wo sich schwache Restteile bis heute hielten. Den stärksten Auftrieb gab sein Eifer der siebenb. Vogelk. wohl dadurch, daß er eine 2. Liste von 267 Arten (sie waren wieder nicht alle mit Sicherheit belegt) zusammenstellte, die er E. A. Bielz (s. d.) für dessen sehr beachtete „Fauna d. Wirbeltiere Siebenb." (1856) überließ. Faun. und biol. bemerkenswerte Angaben boten ferner seine „Erinnerungen, Beob. u. Betrachtungen über d. Leben, d. Zug u. d. Streichen d. Vögel mit einigen Nebenumständen" (Verh. u. Mitt. Siebenb. 15, 1864). Neben seinem Zeitgenossen N. v. Zeyk (s. d.) war er als kenntnisreicher Autodidakt der namhafteste Bahnbrecher der Orn. in Siebenb., wenn er auch nicht ganz die Bedeutung seines fachwissensch. geschulten Landsmanns erreichte.
— Lit.: J. Schenk, Altberühmte siebenb. Vogelsamml., Aquila 23, 1916, S. 468—482. - Ders., Übersicht d. Gesch. d. Orn. in Ung., ebd. 25, 1918, S. 31—88. - H. Salmen, D. Ornis Siebenb. . . ., Linz 1958 (Masch.-Schrift).

Stimmelmayr, Anton, Dr., * 7. 3. 1884 Dingolfing (Niederbayern), † 7. 9. 1963 Schönbrunn (Kr. Dachau). Der in München tätige Studienprofessor war einer von 3 Brüdern, die sich als Beobachter und Beringer eine frühe und breite Kenntnis vom Leben der Klein- u. Singvögel ihrer Heimat erworben hatten. Die späteren Jahre verbrachte er in Geisenbrunn bei Starnberg, bis ihn das Altersheim in Schönbrunn aufnahm. Sein Name tauchte in der orn. Fachliteratur auf, als er sich in den 20er Jahren zusammen mit seinem Bruder Alex St. (damals Ministerialamtmann am Rechnungshof in Potsdam, geb. am 8. 12. 1885 in Dingolfing, 1964 in Landshut noch lebend) mit der Frage zu beschäftigen begann, wie die Zugvögel in die engen Nistbereiche zurückfinden. Sie suchten die Lösung durch Frühjahrsverfrachtungen von Blaukehlchen aus Potsdam nach Landshut u. Münch. (rund 440 km) sowie von Gartenrotschwänzen in umgekehrter Richtung. Die Feststellung, daß einige der Vögel nach etwa 2 Wochen wieder am Fangort anzutreffen waren, begegnete zunächst (wie sich später zeigte) ungerechtfertigter Zurückhaltung von seiten einzelner orn. Fachleute. Ant. St. äußerte sich vorsichtig zu dem von seinem Bruder angerührten Problem des Orientierungsvermögens; er schrieb „Im Reiche d. Blaukehlchen" (Gef. W. 57, 1928), „Über einige brutbiol. Beob. in d. Isarauen b. Großlappen" (ebd. 57, 1928), „Neue Wege z. Erforschung d. Vogelzugs" (Verh. Bay. 19, 1932), „Z. Kritik über d. Al. Stimmelmayrsche Reaktionshypothese" (ebd. 20, 1933). „Wegen recht beleidigender Reaktionen seitens norddeutscher Fachornithologen" zog er sich bald von weiteren Auseinandersetzungen zurück. Al. St. dagegen versuchte sich allein an einer Forts. der gedanklichen Analyse; davon zeugen die Veröff. aus seiner Feder: „D. Geheimnis d. Sonne b. Zug d. Vögel" (Mitt. Vw. 29, 1930), besprochen v. E. Schüz in Vz. 1, 1930;

„Neue Wege z. Erforschung d. Vogelzuges" (Verh. Bay. 19, 1930), bespr. v. E. Schüz in Vz. 2, 1931 u. 3, 1932 sowie H. Schildmacher ebd. 4, 1933; „Grundfragen über d. Zug d. Vögel" (Verh. Bay. 19, 1932), bespr. v. F. Groebbels in Vz. 3, 1932; „Neues z. Erforschung d. Vogelzuges" (Verh. Bay. 20, 1933), bespr. v. R. Drost in Vz. 5, 1934; „Über d. kosmische Problem d. Vogelzugs" (Mitt. Vw. 33, 1934), bespr. v. E. Schüz in Vz. 6, 1935; „D. Vogelzug, ein noch lebender Zeuge d. Schöpfung" (Gef. W. 66, 1937), bespr. v. E. Schüz in Vz. 8, 1937; „D. große Geheimnis v. Raum u. Zeit im Leben d. Natur" (Verl. Rasse- u. Siedlungsbiol. Versuchsstelle Landshut, 1942), bespr. v. R. Drost in Vz. 13, 1942. Noch bis 1948 brachten Zeitschr. außerhalb der Orn. seine These, daß der „Zugdrang u. Siedlungszwang d. Vögel" abhängig sei von der Einwirkung der Sonnen- u. Erdenergien; vgl. N. Hausl, „Jahreswinkel u. Lebenswinkel, ein Beitr. z. Frage d. Vogelzuges" (Ber. Naturw. Ver. Landshut 21, 1940), bespr. v. E. Schüz in Vz. 12, 1941. In einer Zeit, in der man kaum etwas Positives wußte über die unbezweifelbare Rolle der Sonne im Zuggeschehen, mußten die Gedanken der Brüder St. als vorläufig zwar unbewiesene, aber bestechende Hypothesen wirken. Die wissensch. Verwertbarkeit litt jedoch darunter, daß Al. St. beim Versuch, eine unmittelbare Beeinflussung des Zugs durch den Jahresablauf der Sonne nachzuweisen, nicht feste Tatsachen von gewagten Deutungen und verschwommenen Spekulationen zu trennen verstand, und daß er einen Wortschatz gebrauchte, der sich ziemlich außerhalb der Fachterminologie bewegte. Weil aber die Zeit dazu reif war und das Problem in der Luft lag, vgl. die Storchversuche von J. Thienemann (s. d.) und E. Schüz in Rossitten, blieben die aus den Versuchen der bayer. „Außenseiter" gewachsenen Antriebe nicht ohne Wirkung: Auch sie lösten bei den jüngeren Ornithologen Orientierungsarbeiten aus — alle mit dem Ziel, den Reiz zu finden, der dem Vogel die Richtung zum Heimatort weist. Im Kranz der Bemühungen glänzen die großenteils auf Anregung und unter Lenkung von E. Schüz erzielten Erfolge W. Rüppells (s. d.) und später die G. Kramers (s. d.), der sich gleichfalls in Rossitten an den Fragenkomplex hatte heranführen lassen.
— Lit.: E. Schüz, Alte u. neue Versuche über d. Sich-Zurechtfinden d. Vögel, Vz. 2, 1931, S. 19—28. - F. Kipp, D. Zusammenhang d. Vogelzugs mit d. Sonnenlauf, Mitt. Vw. 33, 1934, S. 45—49. - H. Frhr. Geyr v. Schweppenburg, Al. St.s Leitlinien, Vz. 7, 1936, S. 65—67. - E. Stresemann, Entw. d. Orn., 1951.

Stimming, Gustav, * 28. 8. 1831 Brandenburg (Havel), † 25. 7. 1915 Wusterwitz (Kr. Brandenburg). Der Kaufmann und Fabrikbesitzer verbrachte den größten Teil seines Lebens in der Vaterstadt; nur die letzten Jahre wohnte er in Wusterwitz. Von Jugend an war er Feldbeobachter. Als Jäger hatte er 40 Jahre lang den Beetz-See gepachtet. Mit 25 Jahren legte er den Grundstock zu einer später umfangreichen Eiersammlung, die er dem ausgedehnten Seengebiet der Havel verdankte. Auch Bälge örtlicher, von ihm geschossener Seltenheiten und viele von ihm präparierte Kopfskelette stapelte er in seinem Haus. Nach 1870 wurde das orn. Interesse durch prähist. Unters. zurückgedrängt (1887 gab er im Verein mit A. Voß die „Prähist. Altertümer d. Mark Brandenb." heraus). Doch erlahmte es nie ganz. Ins Gewicht fallende Neigung zum Schreiben zeigte er in keinem Lebensabschnitt. Nur eine kurze Arbeit aus seiner Feder kann genannt werden; sie stellt in Orn. Jb. 7, 1896 die Gelege von Porzana parva zusammen, die er zwischen 1893 und 1895 in der Mark fand. Er war einer der zahlreichen Liebhaberoologen der Vergangenheit, die — im Stile des wesentlich bekannteren H. Hocke (s. d.) — aus reiner Leidenschaft oder Freude am Besitz, aber nicht aus wissensch. Erkenntnisdrang in die Bestände der Natur mit wenig Rücksicht eingriffen. Die von diesen Sammlern allg. geübte Praxis, auch die ihnen zugetragenen Gelege ohne sichere Kenntnis der Fundorte und anderer Kriterien nachträglich zu bestimmen, ließ in die Lit. manch zweifelhafte Brutangabe eindringen, vor allem, wenn es sich um verwandte Arten handelte, deren Eier kaum oder nicht zu trennen sind. Die fragwürdige Methode faun. Forschung dürfte von Gustav St. noch auf seinen Sohn Richard St. (s. d.) übertragen worden sein.
— Lit.: Würdigung (von G. Krause). Zs. Ool. (Krause) 1, 1911, S. 57/58. - H. Schalow, Beitr. z. Vogelf. d. Mark Brandenb., 1919, S. 454.

Stimming, Richard, Dr., * 24. 1. 1866 Brandenburg (Havel), † 8. 9. 1936 Wusterwitz (Kr. Brandenburg). Der Sohn von Gustav St. (s. d.) trat mit ererbter Naturliebe in die Fußstapfen des Vaters. Als prakt. Arzt (1927 Oberstabsarzt a. D.) in Wusterwitz und kenntnisreicher Oologe war er in den 80er und 90er Jahren viel mit seinem Sammlergenossen M. Krüger-Velthusen (s. d.) unterwegs und vermehrte die auf ihn übergegangenen väterlichen Bestände um zahlreiche märk. Stücke. Auch er beteiligte sich aus Mangel an wissensch. Ehrgeiz nur wenig am Schrifttum: Jber. Beob.-Stat. Deutschl. 10, 1885 und einige Male in Zs. Ool., Orn. Jb., Zs. Ool. (Krause), Zs. Ool. u. Orn. zwischen 1893 und 1913. Am eingehendsten behandelte er „D. ständigen Brutvögel d. Brandenb. Seengebietes" in Zs. Ool. (Krause) 1, 1911. Ein Rückblick auf 40jährige Sammlerpraxis in der Mark und der Prov. Sachs. veranlaßte ihn schließlich noch zur Darstellung von ool. und biol. Erfahrungen in B. z. F. 3, 1927; 4, 1928; 8, 1932; 10, 1934. Die Eiersamml. (darunter über 100 Kuckuckseier) übernahm nach dem 2. Weltkrieg W. Makatsch, der über verschiedene Gelege in Vw. 79, 1958 berichtete. Für faun. Zwecke dürfte der Wert der Samml., wie bei Gustav St. angedeutet, jedoch problematisch sein; vgl. dazu die Bem. von Georg Steinbacher in Märk. Tierw. 3, 1937/38 und Vw. 83, 1962, betr. u. a. Locustella fluviatilis, Falco vespertinus, Porzana pusilla, Lymnocryptes minimus.

Stirnemann, Friedrich, * 3. 11. 1877 Rothrist (Kanton Aargau), † 10. 10. 1958 Aarau. Der Pedell an der aarg. Kantonsschule war seit 1927 Gründungs- u. später Ehrenpräsident des Schweiz. Vogelschutzvereins. Er gehörte zu den unentwegtesten Schweiz. Vogelschützern. Kämpferischer Idealismus sprach aus seinem 272 Sei-

ten umfassenden Buch „Vögel d. Heimat, d. besonderen Schutz verdienen" (Aarau, 1957). Als Liebhaber-Feldornithologe äußerte er sich mit einer unter freiem Himmel gewonnenen Sachkunde zu biol. Fragen in Arbeiten wie „D. Schnelligkeit d. Vogelfluges" (D. Vögel d. Heimat 9, 1938), „Wandern d. Vögel b. Tag oder Nacht?" (ebd. 9, 1938), „D. Frühlingszug d. Vögel b. Aarau 1939" (ebd. 10, 1939), „V. d. Fluggeschwindigkeit d. Vögel" (ebd. 10, 1939), „D. Geschwindigkeit d. Vogelfluges" (ebd. 10, 1939). Treffsichere Beobachtungsgabe zeigte sich ebenso in den den Lebensgewohnheiten des Wiedehopfes gewidmeten Nachr.: „D. Wiedehopf als Hausbrüter" (ebd. 11, 1940), „Aus d. Leben d. Wiedehopfes" (ebd. 12, 1941), „Altes u. Neues z. Biol. d. Wiedehopfes" (ebd. 13, 1943), „Ein weiterer Beitr. z. Biol. d. Wiedehopfes" (ebd. 19, 1948), „Neuer Beitr. z. Biol. d. Wiedehopfes" (ebd. 20, 1950). In den „Brutvögeln d. Schweiz" (1962) nannte U. N. Glutz v. Blotzheim weitere 4 Arbeiten.
— Lit.: Nachruf (von E. Gattiker). Vögel d. Heimat 29, 1958, S. 21—23.

Stölker, Carl, Dr., * April 1839 St. Fiden bei St. Gallen, † 24. 3. 1878 St. Gallen. Von 1859—1864 studierte er Med. in Zürich, Prag, Würzb., Wien und Bern. Da ihm aus gesundheitlichen Gründen die Ausübung des Arztberufes seit 1869 nicht mehr möglich war, wurde die Beschäftigung mit der Orn., der er schon von Jugend auf als Vogelpfleger und Sammler zugetan war, der Inhalt seines Alltags. Wohlhabenheit erlaubte ihm, im Laufe von 23 Jahren eine überaus reichhaltige Samml. Schweiz. Vögel — darunter solche, die erst durch ihn bekannt wurden — und ihrer Eier aufzubauen; dieses sein eigentliches Lebenswerk übereignete er mit einer großen Bibliothek dem Kanton St. Gallen. Durch Krankheit viel an Haus und Garten gebunden, griff er auch öfters zur Feder. Seine Veröff. standen überwiegend in den Ber. (Jb., Verh.) St. Gall. und vereinzelt in J. Orn., Zool. G., Jagdbl. und Zeitschr.; sie galten den feldorn. Feststellungen und den in der Vogelhaltung gewonnenen Erfahrungen, wobei auch Fragen des Verhaltens anklangen. Am bemerkenswertesten waren der „Versuch einer Vogelf. d. Kantone St. Gallen u. Appenzell" (Verh. St. Gall. 1865/66 mit Nachtr. ebd. 1866/67 u. 1870/71), und „Orn. Beob." (ebd. 1868/69, 1871/72, 1874/75, 1875/76 u. J. Orn. 18, 1870). Als Zeugnis lit. Verständnisses verdient Erwähnung seine „Bibliographia orn. helvetica" (Bull. Soc. orn. suisse, 1870). Ein mit Photographien ausgestattetes Werk sollten die „Alpenvögel d. Schweiz" werden; doch waren erst 2 Lieferungen erschienen, als ein Lungenleiden den rührigen Verf. abrief. Er war einer der Schrittmacher in der Erkundung der Alpenvogelwelt. Sein orn. Wissen stand ebenbürtig neben dem seines gleichaltrigen Landsmannes und Freundes G. A. Girtanner (s. d.).
— Lit.: Nachruf (von G. A. Girtanner). St. Galler Bl. 1878 u. Gef. W. 7, 1878, S. 217/18 u. 228/29. - Nachruf (von V. v. Tschusi). Mitt. Wien 2, 1878, S. 88—90. - Nachruf (von A. Reichenow). Orn. Cbl. 4, 1879, S. 36/37.

Stöß, Johannes, * 3. 7. 1879 Zwickau, † 21. 10. 1956 Lößnitz, Kr. Aue (Erzgebirge). Das Lehrerseminar in Auerbach (Vogtland) entließ ihn 1900 als Hilfslehrer für 3 Jahre nach Rothenkirchen (Vogtland). Dann war er bis 1951 Lehrer und Oberlehrer in Lößnitz. Die letzten Lebensjahre verbrachte er unter den Sorgen des Kleinrentners, sich mit der Altersweisheit abfindend, daß Tiere dankbarer seien als Menschen. Im Laufe der Jahrzehnte hielt er in Einzelkäfigen und Gartenvolieren 75 heimische Vogelarten. Da er die Gabe hatte, seine Erfahrungen in der Vogelpflege sowie auf faun. Gebiet mit geschickter Feder vorzulegen, wurde er zu einem der fleißigsten Mitarbeiter an der Gef. W. zwischen 1907 und 1954. Was er schrieb, verriet Herz und Verstand und bereicherte den Inhalt der Liebhaberzeitschr. in ähnlichem Maße und zu derselben Zeit wie die Beitr. seines sächs. Landsmannes und Berufsgenossen J. A. Günther (s. d.). Mit früh geübten Sinnen betätigte er sich lange als fleißiger Feldbeobachter und vertrat gleichzeitig tatkräftig den Vogelschutzgedanken. Auffällig versagte er sich dagegen der mehr wissensch. eingestellten Vogelk. In seiner Gemeinde gründete er 1907 einen Verein für Vogelschutz u. -liebhaberei, der bis zum 2. Weltkrieg Bestand hatte. Er war der unverdrossen wirkende, der Natur verbundene Landlehrer alten Schlags, stets bemüht, in der Bevölkerung Tierliebe zu wecken, Freude an den Vögeln der Heimat zu verbreiten und so das Wissen um ihr Vorkommen und ihre Daseinsbedingungen zu vertiefen.
— Lit.: Nachruf (von L. Gebhardt). Gef. W. 82, 1958, S. 214.

Stolz, Johannes Wilhelm, * 25. 1. 1881 Paramaribo (Surinam), † 27. 9. 1917 Ostfrankreich. Als Sohn eines Herrnhuter Missionars mußte er den Vater im Alter von 7 Jahren verlassen, um in Deutschl. erzogen zu werden. Die Mutter hatte er kurz nach der Geburt verloren. Am Seminar Niesky bildete er sich zum Lehrer vor und trat zugleich in Beziehungen zu W. Baer (s. d.). In Niesky fand er später auch Anstellung als Lehrer, studierte darauf jedoch in Greifsw. und Halle Naturw. und kehrte 1907 in den Seminardienst nach Niesky zurück. Als diese Anstalt aufgelöst wurde, ging er 1913, bewogen durch die reiche Tierwelt der dortigen Gegend, an die Mittelschule zu Trachenberg (Schles.). Der 1. Weltkrieg durchkreuzte die Absicht, sich hier ebenso als Tierforscher zu betätigen wie vorher in der Oberlaus. Niederung. Einem Jahr freiwilligen Einsatzes im Sanitätsdienst folgte ein zweites als Assistent an der „Landeskundl. Kommission f. d. wissensch. Erforschung Polens". 1917 wurde er zur Front einberufen; schon ein halbes Jahr später beendete ein Volltreffer seine noch viel verheißende Laufbahn. Er hinterließ aus der Oberlausitz zwei umfassende faun. Unters. in Abh. Görl. 1911, 1917 und eine über seine Tätigkeit in Polen in J. Orn. 65, 1917; sie waren ganz oder überwiegend den Vögeln gewidmet. Kleinere Arbeiten erschienen an anderen Orten zwischen 1905 und 1920. Aus allen Veröff. sprachen gründliche Sachkenntnis und verständnisvolles Fühlen mit der verfolgten Kreatur.
— Lit.: Nachruf (von A. Reichenow). Orn. Mber. 25, 1917, S. 167. - Nachruf (von C. Kayser). Ber. Schles. 8, 1922, S. 15—18 u. Abh. Görl. 29, 1924, S. 12—16 (mit Bildnis).

Stolzman, Jean, * 19. 11. 1854 Warschau, † 29. 4. 1928 Warschau. Er studierte in seiner Heimatstadt und ging auf Veranlassung von L. Taczanowski (s. d.) 1875 nach Peru, um dort an Stelle seines Landsmanns K. Jelski (s. d.) für K. Branicki (s. d.) und das Warsch. Mus. zu sammeln. Mit reichen Schätzen kehrte er 1881 nach Europa zurück, nahm aber von 1882 bis 1884 die Forschertätigkeit wieder auf. Infolge des Krieges in Chile richtete sich dieses Mal sein ganzer Eifer auf die Ornis vor allem des Westhanges der Anden von Ekuador, von wo wiederum stattliches Belegmaterial in die poln. Hauptstadt gelangte. Mit der Gründung des Mus. Branicki durch Xaver B. (s. d.) 1887 übernahm er dann als Nachfolger seines Lehrers L. Taczanowski die Leitung dieser großen Samml., um sich seit der Verstaatlichung des Mus. 1919 bis zu seinem Tode mit der 2. Direktorstelle zu begnügen. Während der Mus.-Jahre war er nur noch einmal an einer Exp., die ihn 1901 nach dem Sudan führte, beteiligt. Es gelang ihm aber, noch einige Forschungsreisen für das Mus. nach Peru, Transkaspien und Turkestan in die Wege zu leiten. Da sich seine orn. Veröff. hauptsächlich mit der Ornis Südamerikas befaßten, kam er zu gemeinsamer Arbeit mit H. Graf v. Berlepsch (s. d.) und damit zu einer erfreulich fruchtbaren Verbindung mit der dt. Wissensch. Die neotropische Vogelwelt verdankte ihm die Kenntnis einer Großzahl von neu entdeckten und beschriebenen Formen. Auch ein orn. Lrb. für Jäger (Warsch. 1905) ging aus seiner Feder hervor. Als Hauptwerk hinterließ er die 2 Bde. eines in poln. Sprache verfaßten Buches über Peru (Warsch. 1912).

— Lit.: Nachruf (von J. Domaniewski). Ann. Musei Zoologici Warschau 8, 1929, S. 23—48 (mit Bildnis u. Verz. d. Veröff.). - Nachruf (von H. Grote). Orn. Mber. 37, 1929, S. 61/62. - Nachruf (von T. S. P.). Auk 48, 1932, S. 145/46. - G. Brzęk, D. Goldene Zeitalter d. Poln. Orn. (Poln. mit engl. Zusammenfassung). Memorabilia Zool. 3, Warschau 1959.

Storm, Hugo, * Lübeck. Im Auftrag des Reeders H. Gädertz-Lübeck lief er als Kapitän des Dampfers „Lübeck" von 1887 bis gegen Mitte der 90er Jahre Sumatra, Singapur, Borneo, die Molukken und Java an und berührte dabei Stellen, die nie zuvor von einem europ. Schiff aufgesucht worden waren. 1896 gab er seine Stellung auf, ging nach Nordamerika, wo er in Tower wohnte. Letztmalig wird er als Schenker nordamerik. Säugetiere in den Mitt. d. Geogr. Ges. u. d. Naturh. Mus. seiner Vaterstadt von 1901 genannt. Das Mus. war ihm für zool. Sendungen aus dem malaiischen Raum und aus Nordamerika zu großem Dank verpflichtet, wie insgesamt die Ber. von 1890, 1894, 1895, 1896, 1900, 1901 ausweisen. Die Vorsteherschaft ehrte seine Verdienste dadurch, daß sie sein lebensgroßes Bild in den Sammlungsräumen aufhängte. Außer großen (Orang-Utans) und kleinen Säugern schickte er zwischen 1889/90 und 1893/94 eine Reihe von Vögeln. Es waren 73 Bälge in 37 Arten von Pontianak (West-Borneo), 12 in 5 Arten von Singapur, Ost-Borneo, Sulu-Inseln, Celebes, 11 in 9 Arten von Malakka. Weitere 33 Stücke in 27 Arten trugen keine sicheren Fundortangaben. Den ersten Ber. über diese kleine Samml. aus dem indomalaiischen Gebiet gab W. Blasius (s. d.) in Mitt. Lüb., 2. Reihe, Heft 10, 1896. Mit dem gesamten Mus. wurden alle Bälge im März 1942 durch Bomben vernichtet.

zur Strassen, Otto, Dr., * 9. 5. 1869 Berlin, † 21. 4. 1961 Oberstedten (Taunus). Der Sohn eines Bildhauers war Schüler und Assistent R. Leuckarts in Leipz., habilitierte sich dort 1896, nahm 1898/99 an der 1. dt. Tiefsee-Exp. teil, wurde 1901 ao. Prof. in Leipz., 1909 Direktor der Senck. Naturf. Ges. in Frankf. und 1914 Ordinarius für Zool. u. vergl. Anat. an der dortigen neugegründeten Univ. 1934 erfolgte seine Emeritierung. Der bedeutenden Persönlichkeit war eine alle Probleme der Zool. berührende Laufbahn beschieden. In der Jugend früh begeistert und beflügelt durch die großen Fortschritte der darwinistischen Periode, im Mannesalter als Forscher und Lehrer ausgestattet mit einer starken pädagogischen Begabung, stand er jahrzehntelang als das Vorbild vor den Augen vieler Fachgenossen. Nicht gering dürfte unter diesen die Zahl derer sein, die sich, von ihm angeregt und geleitet, der Orn. verschrieben. Wenn seine Vorliebe auch der Entwicklungsphysiol. und Tierpsychol. galt, zeigte er sich doch in den vielfach meisterhaft geschriebenen Veröff. frei von der Enge des reinen Spezialistentums. Aus der stattlichen Reihe seiner Werkschöpfungen sei nur ein Büchelchen genannt: „Plastisch wirkende Augenflecke u. d. geschlechtliche Zuchtwahl" (Jena 1935), in dem die scharfsinnige Gedankenanalyse der Entstehung der „Augenflecke" bei Argusfasan und Spiegelfasan auch den bestechen dürfte, der der geistvollen Spekulation nicht folgen will. Eine großartige Beherrschung des kaum überschaubaren Stoffbereichs ist kennzeichnend u. a. für die 13 Bde. der von ihm herausgegebenen 4. Aufl. von Brehms „Tierleben" (1911—1918). Was er im 1. Bd., S. LVII—XCVI über die „Grundzüge d. Tierlebens" schrieb, ist vielleicht seine beste Leistung auf dem Gebiete der volkstümlichen Zool. Dieser Rahmen enthält auch die 4 Vogelbände, die nach dem damaligen Stand der Wissensch. und den neuen Erkenntnissen der Tierseelenkunde zuerst hauptsächlich von W. Marshall (s. d.) und zuletzt von F. Hempelmann bearbeitet sind. Sie trugen zur St.s Namen besonders in die Kreise, denen die Vogelk. eine ars amabilis ist, und stempelten ihn zum Lehrer weiter Volksschichten. Die Bde. sind wohl der verdienstvollste Beitr. zur Förderung der nicht ausgesprochen wissensch. Orn. Im Fachschrifttum der Vogelk. trat er anderweitig wenig in Erscheinung. Sein universelles Denken gehörte der gesamten Zool., in der die Orn. für ihn nur die Rolle eines der kleinen Steine im großen Mosaik spielte.

— Lit.: Würdigung (von R. Mertens). Ber. Senck. 89, 1959, S. 157—161. - Nachruf (von W. Hohorst). Ebd. 91, 1961, S. 201—204 (mit Bildnis). - Nachruf (von W. E. Ankel). Verh. Dt. Zool. Ges. 1961, S. 565—569 (mit Bildnis).

Strecker, Karl Wilhelm Joseph, Dr., * 10. 4. 1818 Dingelstädt (Eichsfeld), † 18. 7. 1887 Dingelstädt. Unter der Leitung des Vaters betrieb er früh das Sammeln und Präparieren. 1828 verließ er das Elternhaus, um von seinem Onkel, einem Oberförster in Geismar, unterrichtet zu werden.

Hier mußte er zum Schnepfenstrich schon mit der Flinte antreten; er schoß aber nichts, weil es ihn mehr fesselte, dem Uhu und dem Waldkauz zu lauschen. Die naturw. Neigungen erhielten weitere Förderung während der Gymnasialzeit: 1830 Heiligenstadt (Erwerb von Ch. L. Brehms „Naturgesch. aller Vögel Deutschl.", Umgang mit Jägern), 1837 Hildesheim (J. Leunis; s. d.), 1839 Recklinghausen (Graf v. Westerholt-Gisenberg). 1841—1845 studierte er Med. in Gött., Bonn, Berl. und wurde 1847 Arzt in seiner Vaterstadt. Seit 1871 war er Sanitätsrat. Die Landpraxis gab ihm reiche Gelegenheit zur Feldbeobachtung und zum Aufbau einer umfangreichen Naturaliensamml. 1886 vermachte er sie der Stadt Heiligenst., wo sie heute noch im Mus. aufbewahrt wird. Die Schenkung trug ihm die Ehrenbürgerschaft ein. An seiner Vielseitigkeit hatte die Vogelk. beachtlichen Anteil. Ihr sich auch lit. zu widmen, verbot ihm aber der Mangel an Zeit. Erst als er sich 1879 zur Ruhe gesetzt hatte, griff er zur Feder und lieferte eine gewissenhafte Aufstellung der „im Obereichsfelde und bei Mühlhausen, besonders aber bei Dingelstädt u. Heiligenstadt" von ihm beobachteten Vögel (Orn. Cbl. 4, 1879). Sie blieb seine einzige Veröff.
— Lit.: Familienzeitschr. „D. Strecker", Nr. 23. - Kat. d. Str.-Vogelsamml. im Eichsf. Heimat-Mus., Heiligenst. 1959 (mit Biogr. u. Bildnis).

Struck, Karl, * 31. 8. 1832 Wismar (Mecklenburg), † 24. 12. 1898 Waren (Müritz). Neben seiner Schultätigkeit als Gymnasiallehrer in Waren, sah er seine Lebensaufgabe im Aufbau des Warener Naturkundemus., das von Frhr. H. v. Maltzan (s. d.) und ihm 1866 gegründet wurde. In der Stellung eines Konservators förderte er diese Samml. auch vogelk. aus dem Blickfeld des ernsthaften Faunisten. Mit 8 Veröff., die R. Kuhk in den „Vögeln Meckl." (1939) zusammenfaßte, leistete er zwischen 1876 und 1898 im Arch. Meckl. seinen Beitr. zur Kenntnis der Vogelwelt seiner Heimat.
— Lit.: Nachruf (Verf. ungen.). Arch. Meckl. 52, 2. Abt. 1899 (ohne Seitenangabe).

Studer, Theophil, Dr. Dr. h. c. Dr. h. c., * 27. 11. 1845 Bern, † 12. 2. 1922 Bern. Sohn eines Altsprachlers, schloß er 1870 in seiner Heimatstadt die med. Studien ab, um sich ganz den Naturw. zu widmen. Nachdem er als freiwilliger Truppenarzt bei einem sächs. Regiment den dt.-franz. Krieg mitgemacht hatte, arbeitete er bis 1873 bei R. Leuckart in Leipz. und promovierte dort mit einer Unters., in der er als einer der ersten die Entwicklung und Herkunft der Vogelfeder aus den Hautschichten klarstellte; in den Kreis der Betrachtungen schloß er hier schon Fragen der stammesgesch. Verwandtschaft ein, die ihn auch später stark beschäftigten. Ausschlaggebend für die weitere Entfaltung seiner Persönlichkeit und seiner Arbeitsrichtung wurde die Beteiligung an der wissensch. Exp. der dt. Korvette „Gazelle", die ihn als Biologen 1874 bis 1876 nach der antarkt. Inselgruppe der Kerguelen führte und ihm im 2. Teil auf der Vermessungsfahrt die Wunderwelt Australiens, Neuguineas und der Inseln des Pazifischen Ozeans offenbarte. Aus dem in die Heimat gebrachten bedeutsamen „Gazelle"-Material erwuchsen ihm, dem Direktor des Mus. und Ordinarius f. Zool. und vergl. Anat. in Bern, die zool. Veröff. entwicklungsgesch., system., tiergeogr. und biol. Inhalts in der Fülle, die seine wissensch. Laufbahn kennzeichnete. Vielseitige Veranlagung und Begabung verliehen seinem Schaffen enz. Züge, zumal seit den 90er Jahren noch die Paläont. in das Arbeitsfeld einbezogen war. Die weitgespannte Welt- und Formenkenntnis verschloß ihm indes nicht den Blick für die heimische Tiergeogr. Sein für alles Schöne empfängliches Gemüt zeigte sich besonders für das Vogelleben aufgeschlossen. Bis ins hohe Alter trug er immer neue Beob. und Tatsachen zusammen, um den mit V. Fatio (s. d.) im Auftrag der eidgenössischen Regierung begonnenen „Kat. d. Schweiz. Vögel" zu verbessern und abzurunden. Von 1889—1901 erschienen die drei ersten Lieferungen des Werks, während 1892 ein kleinerer „Kat. . . ." (dt. u. franz.) fertiggestellt war, der mit 356 Arten das erste zusammenfassende Verz. aller Schweiz. Vögel enthielt, als system. Grundlage lange in Geltung blieb und unter Mithilfe von G. v. Burg (s. d.) 1916 eine 2. Aufl. als „Verz. d. Schweiz. Vögel u. ihrer Verbreitungsgebiete" erlebte. St. war ein im wissensch. Leben der Schweiz allseitig tätiger und auch im Ausland hochgeachteter Forscher; u. a. war er von 1887—1892 Zentralpräsident und 1898 Jahrespräsident der Schweiz. Naturf. Gesellschaft. Die Univ. Lausanne (1901) und Genf (1916) promovierten ihn zum Dr. h. c.; die von ihm gegründete Schweiz. Zool. Gesellschaft ernannte ihn 1916 zum Ehrenmitglied.
— Lit.: Nachruf (von F. Baumann). Verh. Schweiz 103, 1922, Nekr. S. 50—67 (mit Bildnis u. Verz. d. Veröff.). - Nachruf (von F. Baltzer). Mitt. Bern 1922 (1923), S. 127—162 (mit Bildnis). - Nachruf (von J. Büttikofer). Ardea 11, 1922, S. 83/84.

Stuhlmann, Franz, Dr., * 29. 10. 1863 Hamburg, † 19. 11. 1928 Hamburg. Mit 25 Jahren ging er, Sohn eines alten Hamb. Geschlechts, erstmalig nach Dt.-Ostafrika, um vor allem zool. Forschungen zu betreiben; seitdem gehört er als Pionier zur Geschichte der alten dt. Kolonie. Dort gründete er das vorbildlich gewordene Biol.-Landw. Inst. in Amani. Später leitete er das Hamb. Kolonial-Inst., das die Keimzelle der Hamb. Univ. wurde. Am ertragreichsten und bekanntesten wurde die große Exp. 1890—1892, die gemeinsam mit Emin Pascha (s. d.) durchgeführt, dem Seengebiet Mittelafrikas galt und dem Zool. Mus. in Berl. höchst wertvolle Vogelbeute aus der Gegend des Victoria Njansa eintrug. A. Reichenow (s. d.) beschrieb sie in drei Arbeiten des J. Orn. 37, 1889 — 40, 1892 und im Jb. d. Hamb. Wissensch. Anstalten 10, 1893. Mehrere neue Formen aus verschiedenen Gattungen tragen den Namen des Entdeckers, dessen Eifer und Einsatz die Orn. Afrikas wesentliche Fortschritte verdankte. Der verdienstvolle „alte Afrikaner" starb als Prof. und Geh. Rat in einer Zeit weltpolitischer Verirrung, da die Siegerstaaten versuchten, Deutschl. jede kolonisatorische Fähigkeit abzusprechen.
— Lit.: F. St., Mit Emin Pascha ins Herz v. Afrika, 1894. - Nachruf (von H. Grote). Orn. Mber. 37, 1929, S. 62.

Sturm, Jakob, Dr. h. c., * 21. 3. 1771 Nürnberg, † 28. 11. 1848 Nürnberg. Mit 16 Jahren beherrschte er bereits in hohem Maße die Kunst des in seiner Vaterstadt gepflegten Kupferstichs und der naturw. Illustration. Auf diesem Gebiete erzielter Anfangserfolg regte ihn zu gründlichen Naturstudien und vielseitigen Samml. an. Dabei standen Käfer im Vordergrund seiner Interessen. Neben entom. und botan. Werken schuf er von 1797 ab auch „Deutschlands Fauna in Abb. nach d. Natur mit Beschr.“. Sie brachte es bis 1855 auf 2472 kolorierte Tafeln; darunter befinden sich die von seinen Söhnen J. H. Ch. F. und J. W. Sturm (s. d.) hergestellten 18 Kupfer mit Vögeln (1829—1834). Für J. F. Naumann, der mit dem geschickten Ikonographen seit 1805 in loser Verbindung stand und von den sauber gezeichneten Bildern beeindruckt war, fertigte er die Illumination der Platten zum 2. Bd. der „Naturgesch. d. Vögel Deutschl.“ an. Sein Name als Naturforscher und Künstler wurde im Laufe der Jahre vor allem unter den Sachkennern der Entom. so bekannt, daß die Naturh. Ges. in Nürnb., zu deren 3 Gründern er 1801 zählte, ihn zum Direktor wählte und die phil. Fak. der Univ. Bresl. ihm 1846 das Diplom des Dr. h. c. überreichte. Außerdem gehörte er der Leopoldina und als Ehrenmitglied vielen naturw. Gesellschaften an. Er hatte das Glück, in seinen Söhnen würdige Nachfolge gesichert zu sehen.
— Lit.: J. W. Hilpert, Z. Andenken an Dr. J. St., Nürnb. 1849. - Allg. Dt. Biogr. 37, 1894, S. 20/21. - Thieme-Becker, Künstler-Lex. 32, 1938, S. 251. - Bildnis in Norica-Samml. Nürnb.

Sturm, Johann Heinrich Christian Friedrich, * 6. 2. 1805 Nürnberg, † 24. 1. 1862 Nürnberg. An der Kunstschule seiner Heimatstadt erfuhr er unter A. Gabler (s. d.) von 1820—1828 eine gründliche Ausbildung im Malen. Daneben betrieb er zool. Studien, war eifriger Jäger, großer Taubenzüchter und legte ein viel gerühmtes Naturh. Mus. an. Den Vater Jakob St. (s. d.) unterstützte er bei den Bemühungen um künstlerische Illustrierung zool. Werke. Nach und nach überflügelte er das väterliche Vorbild in der Beherrschung der Technik und schuf zuletzt prachtvolle Kunstblätter. „Schon von früher Jugend an war unsere Aufmerksamkeit den gefiederten Bewohnern unseres dt. Vaterlandes, den Vögeln, zugewandt. Ob wir schon unter der Anleitung unseres Vaters mehr Aufmunterung für das Studium der Entom. und Botan. hatten; so fanden wir uns doch mehr zum Studium der Orn. angezogen.“ So schrieb er im Vorwort der 2. Abt. von „Deutschlands Fauna . . .“; hier bearbeitete er zusammen mit dem Bruder Johann Wilhelm St. (s. d.) von 1829—1834 die 18 Kupfer mit den Vögeln und setzte, als der Vater gestorben war, das Werk bis zum Jahre 1857 fort. Die kolorierten Stahlstiche waren auf einzelnen Blättern „treue Kopien der Natur“ und da, wo es möglich war, „nur von lebenden Individuen aufgenommen“. Die knappen aber genügenden Texte zu den gut gemalten, anfangs etwas steifen, später jedoch lebenswahren Abb. enthalten eingehende, treffende Gefiederbeschr. und stammen z. T. von J. G. Wagler und K. Michahelles (s. d.). Beachtlich ist ferner das Tafelwerk „J. Gould's Monogr. d. Rhamphastiden . . ., aus d. Engl. übersetzt . . .“, das er mit 38 Kupfern unvollendet von 1841—1847 vorlegte. Für den Nachtragsband zu J. F. Naumanns „Naturgesch. d. Vögel Deutschl.“ (1860) übernahm er noch die Herstellung der Originale einiger Abb. und teilweise deren Stiche. Von den 3 Gliedern der Künstlerfamilie war er wohl der Bedeutendste. Obgleich er Nürnb. kaum verließ — 1826 war er mit J. G. Wagler (s. d.) in Münch., und 1832 folgte er einer Einladung des Herzogs Paul Wilhelm von Württ. (s. d.) nach Mergentheim —, drang sein Ruf weit in die Welt. Die Akad. Gettysburg (Pennsylvanien) ehrte ihn 1848 mit dem Titel eines artium magister. Viele naturw. Gesellschaften zeichneten ihn aus; u. a. war er Mitglied der Leopoldina und seit 1858 Ehrenmitglied der DO-G. Die Vogelsamml. kam in die Bayer. Staatssamml. nach Münch., wo sie im 2. Weltkrieg unterging.
— Lit.: Nachruf (von H. Hauck). J. Orn. 10, 1862, S. 157—160. - Bildnis in Norica-Samml. Nürnb.

Sturm, Johann Wilhelm, * 19. 7. 1808 Nürnberg, † 7. 1. 1865 Nürnberg. Wie der Vater Jakob und der ältere Bruder J. H. Ch. F. Sturm (s. d.) blieb er, von den Mitbürgern kaum beachtet, stets in den bescheidensten Lebensverhältnissen. Auch er überholte den Vater in der künstlerischen und technischen Leistung. Seinem Bruder stand er zur Seite beim Aufbau der naturw. Samml., bei der Arbeit an den Tafeln für die Vogelblätter (1829—1834) und bei der Herausgabe von Goulds Monogr. (1841—1847). Doch war er mehr botan. ausgerichtet.
— Lit.: Bildnis in Norica-Samml. Nürnb.

Suffrian, Christian Wilhelm Ludwig Eduard, Dr., * 21. 1. 1805 Minden (Westfalen), † 18. 8. 1876 Münster. Nach vorwiegend math.-naturw. Studien wurde er bedeutender Schulmann: 1833 Oberlehrer in Dortmund, 1836 Direktor in Siegen, 1848 Direktor in Minden, 1850 ev. Provinzialschulrat, 1873 Leiter des höheren Schulwesens im Fürstentum Lippe, Geh. Reg.- u. Schulrat. Auf seine Pläne und Gedanken ging die Organisation des Realschulwesens in Preuß. zurück. Die zool. Erforschung Westfalens fand in ihm einen unermüdlich tätigen und kenntnisreichen Förderer. Die Entom. lag ihm vornehmlich am Herzen. Er gründete die Dt. Entom. Ges. und genoß den autoritären Ruf eines maßgebenden Systematikers in der Käferkunde. Um die Orn. machte er sich weniger durch eigene Beob. und Erfahrungen verdient. Doch trat er mit einer wertvollen Veröff. hervor, dem „Verz. d. innerhalb d. Reg.-Bez. Arnsberg bis jetzt beobachteten wildlebenden Wirbeltiere“ (Jb. Nassau 3, 1846). Er brachte darin eine Zusammenstellung der damals in Westf. bekannten 170 Vogelarten (darunter 111 Brutvögel), die lange Zeit Grundlage für spätere Faunisten war.
— Lit.: E. Raßmann, Nachr. v. d. Leben u. d. Schr. Münsterl. Schriftsteller d. 18. u. 19. Jahrh., Münst. 1866 u. 1881 (mit Verz. d. Veröff.). - Nachruf (von A. Dohrn). Stett. Entom. Ztg. 1877, S. 106—117 (mit Verz. d. Veröff.). - Allg. Dt. Biogr. 37, 1894, S. 135/36.

Susemihl, Eduard, * 26. 10. 1807 Darmstadt, † 14. 8. 1866 Darmstadt. Der Sohn von Johann Conrad S. (s. d.) unterstützte den Vater in

Darmst., indem er nach Johann Theodor S.s (s. d.) Ausscheiden die Anfertigung und Kolorierung von Stichen für die „Teutsche Orn." übernahm. Auch für die Stahlstiche zu den „Abb. d. Vögel Europas" (1839—1852) zeichnete er neben dem Vater verantwortlich. Aus Mangel an Nachr. über seinen Lebensgang fehlen zuverlässige Maßstäbe für Umfang und Bedeutung seiner Mitarbeit.

Susemihl, Johann Conrad, * 1767 Wernges (Kr. Lauterbach), † 28. 10. 1846 Darmstadt. Am Rande des hess. Vogelsbergs aufgewachsen und ursprünglich zum Schneiderhandwerk gezwungen, erlernte er seit 1785 in Kass. den Kupferstich und studierte nebenher an der Kunstakad. Von dort holte ihn Johann Heinrich Merck 1789 in den eigenen Verl. nach Darmst. Nach dessen Tode 1791 ermöglichte ihm die Gunst der Landgräfin Luise von Hess. eine Forts. der Studien in Weimar und Dresd. Als er hier 1795 seine Ausbildung abgeschlossen hatte, kehrte er in die hess. Landeshauptstadt zurück und begann die Herstellung der Kupfer für M. B. Borkhausens (s. d.) und der anderen Autoren „Teutsche Orn." (1800—1817). Die von ihm gestochenen, gedruckten und illuminierten 132 Tafeln sind so vortrefflich gelungen, daß sie neben den Bildern von A. Gabler und J. M. Hergenröder (s. d.) in J. Wolfs und B. Meyers (s. d.) „Naturgesch. d. Vögel Deutschl." (1805—1815) Glanzstücke der Vogeldarstellung wurden. Die ersten Versuche des zu gleicher Zeit beginnenden Autodidakten J. F. Naumann mußten in den Schatten dieser Spitzenleistung treten. Zwar verdankte der schon 1800 zum Hofkupferstecher ernannte Meister die Vorlagen für seine Bilder meist den jagdfreudigen Textschreibern; doch wäre er nie zu so lebenswahrer Wiedergabe der Natur vorgedrungen, wenn sich zur Gestaltungskraft aus Begabung nicht ein Auge gesellt hätte, das mit Form und Bewegung des Vogels durch Übung und Erfahrung unter freiem Himmel vertraut war. Nach langer Pause brachte der Buchmarkt 1839—1852 nochmals z. T. verbesserte „Abb. d. Vögel Europas, hrsg., gezeichnet u. in Stahl gestochen v. Joh. Conr. S. u. Eduard S., Text nach Temmincks Manuel d'Orn. u. d. vorzüglichsten neueren Schriften u. mit Beitr. . . . bearbeitet v. Dr. Gergens u. später Dr. Schlegel . . .". Die geschmackvollen Blätter beschränkten sich nun auf das Oktavformat, weil die Folio-Ausg. der „Teutschen Orn." in einem zu „großen u. kostspieligen Plan angelegt war". Auch dieses Mal kamen von den vorgesehenen 60—65 Lieferungen nur 36 mit 108 Tafeln zustande; doch wurden die ersten 100 Seiten des Schlegelschen Textes mit den zugehörigen 44 Tafeln unter dem Titel „D. europ. Tagraubvögel" 1845 nochmals gesondert veröffentlicht. Es war das unverdiente Schicksal beider Verlagsangebote, nur ungenügenden Absatz zu finden. Das damals sehr ausgeprägte Bedürfnis nach farbiger Illustration wurde durch J. F. Naumanns ebenbürtiges, aber textlich abgerundetes und wohlfeileres Werk offenbar besser befriedigt. Bedauerlich bleibt daher, daß heutige Vogelfreunde kaum noch Gelegenheit haben, sich an S.s bestechenden Zügen einer hochentwickelten Meisterschaft zu freuen.
— Lit.: Nagler, Künstler-Lex. 20, 1852, S. 136—138. - Thieme-Becker, Künstler-Lex. 32, 1938, S. 303. - Cl. Nissen, D. Illustrierten Vogelbücher, 1953, S. 53/54. - L. Gebhardt u. W. Sunkel, D. Vögel Hess., 1954, S. 48/49.

Susemihl, Johann Theodor, * 1772 Rainrod (Kr. Alsfeld), † nach 1848 Paris. Schüler des Tiermalers Johann Georg Pforr in Frankf., war er wie sein älterer Bruder Johann Conrad S. (s. d.) von 1789—1791 im Kunstinst. von Johann Heinrich Merck in Darmst. tätig. In dieser Stadt arbeitete er weiter bis 1805. Dann siedelte er nach Paris über, wo er vorher vorübergehend (1801—1803) schon gelebt hatte. Die Anfangszeit der Lithographie verschaffte seinen Tier- u. Jagdstücken in Frankr. große Beliebtheit. Bis in die 40er Jahre nahm er als naturnaher und fruchtbarer Künstler eine führende Stellung ein. In der Entw. der dt. Vogelk. spielte er eine gewisse, aber nicht große Rolle, weil er an Stich, Zeichnung und Illustrierung einiger Tafeln für die „Teutsche Orn." beteiligt war.
— Lit.: Nagler, Künstler-Lex. 20, 1852, S. 138. - Thieme-Becker, Künstler-Lex. 32, 1938, S. 303/04. - Cl. Nissen, D. Illustrierten Vogelbücher, 1953, S. 53.

Szalay, Ludwig Elemér, Dr., * 27. 8. 1875 Budapest, † 2. 12. 1960 Fonyód (Plattensee). Während des med. Studiums meldete er sich in Aquila 3, 1896 erstmalig zum Wort und wurde 1897 Assistent am Ung. Orn. Inst. Hier baute er zusammen mit A. Lendl (s. d.) die osteol. Samml. auf, in der er mit Eifer arbeitete. Eine Veröff. aus diesem Gebiet war „Comparative Osteol. d. Brustschulterapparate v. Anser fabalis u. neglectus, Larus ridibundus u. canus" (Aquila 9, 1902). Auch als Arzt in Fonyód bedachte er später noch die Aquila mit faun. Daten vom Plattensee.
— Lit.: Nachruf (von A. Keve). Aquila 69/70, 1962/63, S. 283.

Szarski, Kasimir, Dr., * 9. 1. 1904 Wien, † 18. 1. 1960 Breslau. Naturw. Studien schloß er 1932 in Lemberg ab, widmete sich der Zool. und habilitierte sich 1939, um 1946 den Lehrstuhl für vergl. Anat. in Bresl. zu übernehmen. Hier war er von 1957—1959 Rektor der poln. Univ. Neben zahlreichen zool. Fragen (u. a. Urogenitalsystem bei Mäusen, anat. Probleme des Vogelhirns) beschäftigte ihn bevorzugt und vielseitig die schles. Vogelk. Zu seinem avif. Beobachtungsgebiet gehörte die Umgeb. von Bresl. und die Bartsch-Niederung, vor allem ihr schon von den dt. Ornithologen durchforschtes Teichgebiet bei Militsch und Trachenberg. Auf dieses heute bemerkenswert individuen- u. artenreiche Vogelparadies lenkte er nach dem 2. Weltkrieg auch die Aufmerksamkeit der poln. Ornithologen, und es gehört zu seinen Verdiensten, daß dort heute ein Schutzgebiet geschaffen ist. Von seinen poln. geschriebenen orn. Veröff. können genannt werden: „Orn. Beob. im Kreis Militsch" (Czasopismo Geogr. 1949), „Orn. Beob. in d. Bartschniederung in d. J. 1946 bis 1949" (Ochr. Przyrode 19, 1950), „Über d. Brüten d. Beutelmeise b. Bresl." (Acta Orn. Mus. Zool. Pol. 4, 1951), „D. Vögel

Bresl. in d. J. 1946 bis 1952" (ebd. 5, 1955). Wesentlicher als seine lit. Arbeiten waren indes die durch sein Beispiel erfolgte Wiederbelebung der schles. Orn. und der menschlich wie wissensch. nachhaltige Einfluß auf seine Schüler. Ein Mann von weltoffener Haltung und weitgespannter Bildung, verfügte er über ein natürliches Gefühl für das rechte Maß in allen Dingen, das ihn auch befähigte, Lehre und Amtstätigkeit von politisch bedingten Ideologien freizuhalten; seiner klugen und festen Haltung hat die Univ. Bresl. als Stätte des Wissens und der Kultur viel zu verdanken.
— Lit.: D. St. Peters, Orn. Mitt. aus Schles., Vr. 28, 1959, S. 57—63. - Nachruf (von K. Sembrat). Przeglad Zool. 4 (2), 1960, S. 85—90. - A. Mrugasiewicz u. J. Witkowski, An orn. sketch of the Barycz valley in Pol., British Birds 55, 1962, S. 245—272; dazu Besprechung durch D. St. Peters, Schles. — Organ d. Kulturwerke Schles., Würzburg 8, 1963, S. 122/23.

Szeliga-Mierzeyewski, Wladislaus von, Dr., * 1882 Arensburg (Oesel), † 20. 9. 1959 Brockum (Kr. Diepholz). Nach dem Studium der Zool. in Warschau und Krakau wirkte er von 1918 ab als Oberlehrer am Gymnasium seiner Vaterstadt; von September 1920 bis Ende 1922 lebte er in Warnemünde; anschließend war er Prof. d. vergl. Anat. in Wilna bis 1939 und Posen bis 1943. Die Wogen der Katastrophe von 1945 trugen ihn dann nach Brockum. Seit der Jahrhundertwende beschäftigte ihn die faun. Erforschung der Heimatinsel. Ein kurzes, nicht fehlerfreies „Verz. d. Wirbeltiere d. Insel Oesel" (Verh. Wien 60, 1910) stellte sich als erstes Erzeugnis seiner Bemühungen dar. „Weil es bis jetzt noch keine einzige, einigermaßen abgeschlossene Arbeit über die Vögel Oesels gibt" und um frühere Ungenauigkeiten zu berichtigen, ließ er die „Vögel d. Insel Oesel" (Arch. Naturgesch. 89, 1923) folgen, in denen er die nach seiner Ansicht immer noch lückenhaften Beob. an 252 Arten niederlegte. Sonst machte er sich vogelk. in der Lit. wenig bemerkbar. Genannt werden kann nur noch sein Ber. über das Auftreten der Waldschnepfe auf Oesel im Anhang von A. v. Krüdeners (s. d.) „Wenn d. Schnepfen streichen" (Leipz. 1921). Nach 1945 scheint er ganz verstummt zu sein.

Szeöts, Béla von (sen.), * 3. 8. 1857 Miskolc (Ungarn), † 20. 2. 1922 Miskolc. Als Gutsverwalter wirkte und forschte er in Tavarna (Komitat Zemplén) und seit 1917 in der Gegend von Miskolc sowie im Szinva-Tal bis Hámor. Seine Mutter war eine Schwester von O. Herman (s. d.). 1898 wurde er korr. Mitglied des Ung. Orn. Inst. Ihn reizten einmal der praktische Einsatz zu Versuchen im Dienste der damals in seinem Lande erwachenden Vogelschutzbestrebungen, zum anderen das Studium faun. Fragen und des Zugproblems, wobei er besonders gute Ergebnisse in der Beob. des Zusammenhaltens und der Rückkehr der Rauchschwalben erzielte. Seine Erfahrungen und Gedanken bergen 20 Verlautbarungen in Aquila und 4 in A Természet (= D. Natur) zwischen 1909 und 1922.
— Lit.: Nachruf (von J. Schenk). Aquila 28, 1921, S. 232/33.

Szielasko, Alfred, Dr., * 28. 11. 1864 Emmashof bei Duneyken, Kr. Oletzko (Ostpreußen), † 25. 2. 1928 Königsberg. Nachdem er zuerst techn. Gehilfe am Zool. Mus. in Königsb. und seit 1887 Postbeamter in Berl. gewesen war, holte er 1899 in Wehlau die Reifeprüfung nach und studierte in Königsb. Med. 1904 promovierte er auf Grund einer Studie, deren Gegenstand „Unters. über die Gestalt u. Bildung d. Vogeleier" waren. Eine Abh. über die „Bildungsgesetze d. Vogeleier" war schon 1902 vorausgegangen, und das J. Orn. 61, 1913 brachte eine vertiefende Betrachtung über die „Bedeutung d. Eischalenstruktur d. Vögel f. d. System.". 1905 ließ er sich in Nordenburg als prakt. Arzt nieder. 1906 machte er eine Schiffsarztreise nach Südamerika und im Herbst desselben Jahres eine weitere nach dem südl. Eismeer bis Südgeorgien, die ihn fast das Leben gekostet hätte, weil das Schiff schon auf der Hinfahrt kenterte. Das orn. Ergebnis war das „Vogelleben auf Südgeorgien" (J. Orn. 55, 1907). Im Herbst 1912 siedelte er nach Lyck und später nach Klaußen (Kr. Lyck) über. Soweit ihm der Kampf ums Dasein dafür den Spielraum ließ, galt seine Beschäftigung mit Leidenschaft dem Vogelei. Fortpflanzungsbiol., Physiol. und Morphol. standen im Vordergrund seiner Unters.; eine über die Grenzen des Vaterlandes hochgeachtete Autorität war er durch die eingehendste Kenntnis der Gestalt und Struktur der Eischale. F. Tischler (s. d.), der auch die wertvolle Eiersamml. des Landsmannes zu Rate ziehen konnte, erfaßte in den „Vögeln d. Prov. Ostpr." (1914) 15 bis dahin auf Ostpr. bezügliche Veröff.; sie standen seit 1890 in Orn. Jb., Orn. Mber., Zs. Ool., Schr. Königsb. Darunter waren von besonderer Bedeutung die Aufs. über das Brutgeschäft des Habichtskauzes, Schreiadlers und Mittelsägers. Beim Russeneinfall 1914 wurde das Arzthaus eingeäschert, die Bibliothek und die Samml. gingen verloren. Heimat- und durch die Inflation auch vermögenslos geworden, versuchte der durch die nationale Not verbitterte und obendrein kränkelnde Mann in einem entsagungsvollen Dasein vergeblich an anderen ostpr. Orten (Fichthorst, Sensburg, Großlindenau) wieder Fuß zu fassen. Da er sich „in geistiger Beziehung zu sehr vom Reiche abgeschnitten fühlte", wollte dem math. und naturw.-anat. geschulten Kopfe aber kein rechter ool. Erfolg mehr gelingen. Als zusammenfassende Krönung seiner Lebensbemühungen brachte er nur noch die „Gestalt d. normalen u. abnormen Vogeleier" (Berl. 1920), ein Musterwerk dt. Gelehrtenfleißes, heraus. Aufzuraffen vermochte er sich weiterhin lediglich zu einigen kleineren brutbiol. Arbeiten — darunter war die reizvolle Schilderung der Pinguinkolonien auf Südgeorgien (B. z. F. 1, 1924/25) — und zu Beitr. für geogr. Zeitschr., deren Stoff der masurischen Heimat oder den früheren Reisen entstammte. Er gehörte zu den Großen der Endstufe wissensch. betriebener Eierkunde.
— Lit.: Würdigung (von F. Tischler). D. Vögel d. Prov. Ostpr., 1914, S. 9. - Nachruf (von L. v. Boxberger). B. z. F. 4, 1928, S. 109/10. - Nachruf (von dems.). Gef. W. 57, 1928, S. 109.

Szikla, Gabriel, * 31. 5. 1854 Kórogy, Komitat Csongrád (Ungarn), † 26. 8. 1922 Budapest. Er war

Lehrer seit 1875 an einer Realschule in Budapest, 1877—1894 in Stuhlweißenburg, dann wieder in Budapest. Bald danach gab er aber das Lehramt auf und gründete die Firma Szikla u. Szilágyi. Seine orn. Tätigkeit erstreckte sich besonders auf die weitere Umgeb. der Stadt Stuhlweißenb. Er war — neben St. v. Chernel (s. d.) — eigentlich der erste, der den Plattensee 1883 zu erforschen begann und schon aus dem Jahre 1887 Zugdaten für V. v. Tschusis (s. d.) Jahresberichte in der Ornis lieferte. Schriftstellerisch trat er sonst kaum in Erscheinung, erbrachte aber um so mehr Daten, die andere verwerteten. Er gehörte auch zu den in Ung. viel beachteten 16 Feldornithologen, die 1890 unter Leitung von O. Herman (s. d.) die „Musterbeobachtungen" durchführten. S.s Beobachtungsort war damals die Mündung der Drau, die ihn 3 Monate lang fesselte. In späterer Zeit lebte er nur noch für sein Laboratorium.
— Lit.: S. Borostyán, D. Gesch. d. Realschule v. Stuhlweißenb. 1854—1894 (ung. geschrieben). - Handlex. Athenaeum 2, S. 1645 (Budapest).

Szlávi, Kornelius, Dr., * 25. 10. 1879 Ujvidék (Ungarn), † 20. 6. 1948 Mohács. Nach dem jur. Studium tat er Dienst — zuletzt als Staatsanwalt — in seiner Vaterstadt und von 1925—1941 sowie 1944—1948 in Mohács. In den Rieden der engeren Heimat erwuchs dem Jüngling schon die Liebe zur Vogelwelt, so daß die spätere orn. Aufgeschlossenheit besonders auf die Auenwälder und Sümpfe der unteren Donau gerichtet blieb. Um seine Landsleute aufzurütteln und für den Gedanken des Naturschutzes zu gewinnen, gab er in einer eindrucksvollen größeren Arbeit unter dem Titel „D. Vogelw. d. großen Riedes in Ujvidék" (Aquila 15, 1908) erschütternde Einblicke in das Einst und Jetzt. Da auch die Tage dieser Urlandschaft unter der Auswirkung der Entwässerungsmaßnahmen damals schon gezählt waren, entschloß er sich, durch photogr. Aufnahmen die Erinnerung an die sterbende Welt für die Zukunft festzuhalten. So entwickelte er sich zum ersten ung. Vogelphotographen.
— Lit.: Nachruf (von A. Keve). Aquila 51—54, 1944—1947, S. 211.

Szlávy, Tibor von, Dr., * 1. 2. 1866 Ujvidék (Ungarn), † 1. 2. 1949 Rajka. Der Gutsbesitzer war bei Csikszereda (Siebenb.), dann in Vágbánya (Slowakei) und nach dem 1. Weltkrieg in Kisbodak (Donau) tätig; hier galt seine Aufmerksamkeit vor allem der Ornis der kleinen Schüttinsel. Die faun. Daten über diesen Platz wurden nach seinem Msk. von A. Keve in Folia Zool. et Hydrobiol. 10, 1940 bearbeitet; weitere Beob. brachte die Aquila. Etwa zur selben Zeit wie K. Szlávi (s. d.), mit dem er nicht verwandt war, begann auch er mit photogr. Vogelaufnahmen. Die letzten Jahre verbrachte er in Rajka.
— Lit.: Nachruf (von A. Kleve). Aquila 51—54, 1944—1947, S. 211/12.

Szomjas, Gustav von, * 19. 12. 1870 Sajókesznyéten, Komitat Zemplén (Ungarn), † 20. 10. 1936 Nyiregyháza, Komitat Szabolcs (Ungarn). Der Beobachterfreude des Gutsbesitzers von Tiszalök verdankte vor allem die Ornis der Pußta Hortobágy manche Aufhellung. Von 1908—1934 fanden sich die Früchte seiner feldorn. Erfahrungen regelmäßig in der Aquila. Eifer und Kenntnisse übertrugen sich auch auf seine Söhne Gustav Sz. (gest. 1959) und Ladislaus Sz.
— Lit.: Nachruf (von J. Schenk). Aquila 42—45, 1935—1938, S. 734.

T

Taczanowski, Ladislaus, Dr. h. c., * 17. 3. 1819 Jablonna bei Lublin, † 17. 1. 1890 Warschau. Seit früher Jugend mit der Gabe für selbständige Freilandbeobachtung ausgestattet, war er nach dem Besuch des Lubliner Gymnasiums Privatlehrer in einigen Lubl. Dörfern. Jagdleidenschaft verhalf ihm zu einer großen orn. Samml. Ohne Hochschulbildung wurde er aus zielstrebender Kraft durch Eifer und Fleiß zum besten Kenner der Vögel Kongreßpolens und wie der galiz. Zeitgenosse K. Wodzicki (s. d.) Bahnbrecher für den Gedanken des Raubvogelschutzes. Entscheidend für seine Entwicklung war die Berufung zum Konservator (1855) und Kustos (1862) am Warschauer Zool. Mus. nach dem Tode von F. P. Jarocki (s. d.). Er führte es, als er sich mit der außereurop. Vogelwelt zu beschäftigen begann, zu vorher nicht gekannter Blüte und gab gleichzeitig Polen einen hohen Rang in der damaligen wissensch. Orn. Kräftige Unterstützung seines Interesses für system. Fragen verdankte er seit 1864 der Bekanntschaft mit den beiden Grafen K. und A. Branicki (s. d.), die er 1866/67 auch nach Algerien begleitete. Reisen an die Mus. anderer europ. Länder hinterließen fruchtbare Verbindungen zu den ersten Ornithologen seiner Zeit und förderten die lit. Tätigkeit in poln., franz., dt. und engl. Sprache. Als Material dienten ihm vor allem die Ausbeute der Sibirienforschung seiner in der Verbannung lebenden Landsleute B. Dybowski, V. Godlewski, M. Jankowski (s. d.) und die Bälge, die ihm K. Jelski und J. Stolzman (s. d.) von 1866—1884 aus Cayenne, Ekuador, Peru schickten. So konnte er nicht nur über die Vögel Polens schreiben, sondern auch die Ornis Ostsib., Koreas, der Mandschurei, des Atlasgebirges und Perus bearbeiten. Am bekanntesten wurden die „Raubvögel in bezug auf ihren Einfluß auf d. allg. Ökon." (1860), die Beschr. zu den „Eiern d. poln. Vögel" von K. Tyzenhauz (s. d.) (1862), die „Vögel Polens" mit 318 Arten (1882), die „Orn. du Pérou" (1884—1886) und die „Faune orn. de la Sibérie orientale" (1891 bis 1893). Die dt. Veröff. erschienen, ein Beitr. in Naum. 7, 1857 ausgenommen, durchgängig in J. Orn. zwischen 1869 und 1881 und enthalten umfangreiche Unters. über die alger. und sib. Ornis. Mit Graf H. v. Berlepsch (s. d.) verfaßte er eine franz. Abh. über die Vögel von West-Ekuador (Proc. Z. S. London 1883). Er war der in der Welt berühmteste poln. Ornithologe des 19. Jahrh. Seine wissensch. Leistungen — er beschrieb mehrere Hundert neue Arten und

Gattungen aus der ostsib. und peruan. Avif. — hätten noch größeres Gewicht behalten, wenn er bei seinen Neubeschr. und klassifikatorischen Bestimmungen evolutionäre Gesichtspunkte berücksichtigt hätte. Doch blieb ihm Darwins Gedankenwelt verschlossen. Äußere Anerkennung fand er durch die Verleihung der Ehrendoktorwürde von seiten der Univ. Krakau 1887 und durch die Ehrenmitgliedschaft bei vielen nichtpoln. Gesellschaften.
— Lit.: Nachruf (von J. Stolzman). Ornis 6, 1890, S. 160—162. - Nachruf (von A. Wrzesniowski). Ibis (6) 2, 1890, S. 268—270. - Gedächtnisrede (von H. Schalow). J. Orn. 39, 1891, S. 22—25. - F. Th. Köppen, Bibliotheca Zool. Ross. II, Petersb. 1907. - G. Brzęk, D. Goldene Zeitalter d. Poln. Orn. (Poln. mit engl. Zusammenfassung). Memorabilia Zool. 3, Warschau 1959 (mit Bildnis u. Verz. d. Veröff.).

Talsky, Josef, * 21. 3. 1836 Moravicany (Mähren), † 30. 12. 1907 Olmütz. Seit 1856 wirkte er als techn. Lehrer an der Bürgerschule, später als Gymnasialprof. am Dt. Gymnasium in Neutitschein und begann hier um 1865 unter dem Einfluß von S. Schwab (s. d.) seine Aufmerksamkeit vornehmlich der Vogelf. Mährens zu widmen sowie eine Samml. mit wertvollen Stücken anzulegen. Zahlreiche Abh. und Nachr. veröffentlichte er seit den 70er Jahren in Mitt. d. Mähr. Jagd- u. Vogelsch.-Ver., Mitt. d. Neutitsch. Landw. Ver., Mitt. Wien, Orn. Cbl., J. Orn., Zs. ges. Orn., Orn. Jb. Das erste größere Zeugnis avif. Bemühungen war der „Beitr. z. Orn. Mähr." (Mitt. Wien 3, 1879 u. 4, 1880). Als hist. Unters. bemerkenswert war die Arbeit „Z. Vorkommen d. Mornellregenpfeifers - Eudromias morinellus in d. österr. Ländern" (ebd. 7, 1883). Neben vielen kritischen Studien zur Faun., Biol. und System. beschäftigten ihn von 1885 bis 1895 Magenuntersuchungen an Vögeln, deren Ergebnisse in Mitt. Wien 20, 1896 enthalten sind. Der Heimatlandschaft eng verbunden, mit den vogelk. Bestrebungen der Zeit und der Fachlit. in selbständiger Haltung vertraut, pflegte er auch rege geistige Beziehungen zur dt. Orn. Seit 1870 war er Mitglied der DOG, in den letzten Lebensjahren gehörte er außerdem dem Ausschuß der Gesellschaft an.
— Lit.: V. v. Tschusi, Beitr. z. Gesch. d. Orn. in Österr.-Ung., Mitt. Wien 10, 1886, S. 221. - Biogr. Notiz, Orn. Cbl. 4, 1879, S. 45 u. J. Orn. 56, 1908, S. 301. - Bildnis (Gruppenaufnahme vor Haus Gätke, Helgol.) in Orn. Ms. 30, 1905. - Kurze Biogr. in Pro Moravu, Beil. z. Pozor. Olmütz 1906, Nr. 75, S. 5/6 (mit Bildnis).

Tancré, Rudolf, * 24. 12. 1842 Anklam (Pommern), † 19. 9. 1934 Anklam. Als Sohn eines Seifenfabrikanten und Ratsherrn übernahm er 1868 das gutgehende väterliche Geschäft, das sich unter seiner Leitung weiter günstig entwickelte. Bis ins höchste Alter war er unentwegter Jäger und ebenso kenntnisreicher Freund der gesamten Fauna und Flora. Besondere Neigung galt den Schmetterlingen und Vögeln. In kluger Beschränkung richtete er aber im weiten Bereiche der Entom. den Blick fast ausnahmslos auf sibirische Formen, von denen er etwa 30 000 Stücke besessen haben soll. Forschungseifer paarte sich bei ihm mit gesundem Geschäftssinn. So waren um die Jahrhundertwende und früher auf seine Kosten mehrere Reisende im östl. Europa und in Asien unterwegs. Der tüchtigste der Sendboten dürfte der begabte Präparator Rückbeil gewesen sein, über dessen Tätigkeit und Lebensgang leider wenig bekannt ist. Der Seifenfabrikant wurde jedenfalls nebenher rühriger und erfolgreicher Naturalienhändler. Bei den großen Sammlern jener Jahre stand er in hohem Ansehen, weil seine Geschäfte stets wissensch.-ideale Gesichtspunkte erkennen ließen. Für Privatsammler wie E. F. v. Homeyer, A. v. Homeyer, A. Koenig (s. d.) und viele europ. Mus. lieferte er vor dem 1. Weltkrieg einen Hauptteil der paläarkt. Vögel, Eier und Nester. Die umfangreichste orn. Ausbeute kam aus Turkestan und dem Gebiet des Issyk-Kul. A. Koenig (Nido-ool. Kat., 1931/32) sagte von T.s Unternehmungsgeist, daß er die „meist noch im Urzustande befindlichen Gegenden" erst der wissensch. sammelnden Welt erschlossen habe. Obwohl er offenbar über ein großes orn. Wissen verfügte, lag ihm das Schreiben nicht. In jüngeren Jahren erschien sein Name unter der Schar der Gewährsmänner für die Jber. Beob.-Stat. Deutschl.; F. Koske (J. Orn. 65, 1917) konnte aber sonst nur 3 Veröff. zwischen 1879 und 1888 nachweisen. Den längsten Schriftsatz scheint er wohl 1881 an E. F. v. Homeyer (Orn. Briefe, 1881) gerichtet zu haben; er äußerte sich darin ausführlich über die Avif. von Hiddensee und der Küste von Rügen und erklärte den damals schon auffallenden Rückgang der Brutkolonien damit, daß die Eier als Mastfutter für Kälber von den Anwohnern rücksichtslos weggeholt würden.
— Lit.: Würdigung (Verf. ungen.). Heimatkalender f. Stadt u. Kreis Anklam 1933, S. 74 (mit Bildnis).

Tantow, Franz, * 5. 7. 1883 Freienwalde (Pommern), † 20. 2. 1944 Nittenau (Oberpfalz). Seit 1904 Lehrer in Köslin und Kamin (Meckl.), kam er 1907 an eine Schule in Hamburg; schnell erwanderte er sich die neue Heimat und wurde echter Feldornithologe und Naturschützer. Kurz nach dem 1. Weltkrieg begann er im Gebiete der Niederelbe orn. hervorzutreten. Von 1921 ab war er reges Mitglied des Orn. Ver. Hamb., dazu von 1923—1934 Vorsitzender des Bundes f. Vogelsch. Durch jahrelange Führungen und Vorträge in der Volkshochschule pflanzte er Liebe zur Vogelwelt in viele Herzen und mehrte vogelk. Wissen unter der Bevölkerung. Seit 1924 ist sein Name ferner an eine Reihe von Notizen und Aufs. geknüpft; sie standen in Orn. Mber., Orn. Ms., D. Heimat, J. Orn., Jber. Altona, Verh. Hamb., Hamb. Zoo-Ztg., B. z. F., Jb. Alster, Mitt. Vw. Besonders beachtet wurden seine Veröff. über den Vogelzug in Südholst. (D. Heimat 35—37, 1925—1927; Jber. Altona 1928; Verh. Hamb. 4, 1929). Das Phänomen zu überwachen, hatte er von 1928—1931 ein eigenes Beobachternetz geschaffen. U. a. untersuchte er auch das Vorkommen der Baumläuferarten und der Weidenmeise (Orn. Mber. 32, 1924 u. 33, 1925). 1936 brachte er ein Büchelchen zum Druck unter dem Titel „D. Vogelleben d. Niederelbe. . . ", das faun. und ökol. gleich sorgfältig aufgebaut war. Die Reiherente fand er später brütend bei Hamb. und wies damit erstmalig für Nord-

deutschl. die Brut westl. der Elbe nach (Orn. Mber. 48, 1940). Von Oktober 1943 ab lebte er als Ausgebombter und Gastlehrer bei nach Ung. verschickten Schülern. An den Folgen eines Unfalls verstarb er in der Oberpfalz und ist auf dem Ohlsdorfer Friedhof, im Hamb. Vogelparadies, begraben.
— Lit.: Nachruf (von H. Schulz). Dt. Vw. 69, 1944, S. 48. - Nachruf (von E. Stresemann). Orn. Mber. 52, 1944, S. 72. - Würdigung (von H. Schulz). Abh. Hamb., N. F. 6, 1961 (1962), S. 21—23 (mit Bildnis u. Verz. d. Veröff.).

Tarján, Tiberius, Dr., * 10. 11. 1879 Békéscsaba (Ungarn), † 8. 2. 1945 Budapest. In der Familie des in Békéscsaba tätigen Anwalts war die Beschäftigung mit der Vogelk. nicht unbekannt. Schon sein Großvater gehörte zu den Mitarbeitern von J. S. v. Petényi (s. d.). In der Studienzeit von Klausenburg (= Kolozsvár = Cluj) ließ sich auch T. durch J. Schenk (s. d.) für die Orn. gewinnen. Jahrelang durchforschte er die Umgeb. seiner Geburtsstadt und baute dort die Naturh. Abt. des Mus. auf. Die orn. Erfahrungen übergab er seit 1902 der Zeitschr. A Természet (= D. Natur), und während der 30er Jahre erschien dazu aus seiner Feder ein Buch mit dem Titel „D. Vogelw. von B. u. Umgeb.". Bei einem Bombenangriff verlor er das Leben.
— Lit.: Nachruf (von A. Keve). Aquila 51—54, 1944—1947, S. 212.

Taschenberg, Otto, Dr., * 23. 3. 1854 Zahna (Kr. Wittenberg), † 20. 3. 1922 Halle. Nach dem naturw. Studium in Halle und Leipz. habilitierte er sich 1879 in Halle, wurde 1888 ao. Prof. und 1911 ordentl. Honorarprof. Er folgte den wissensch. Spuren seines Vaters Ernst Ludwig T., der am dortigen Zool. Inst. einer der Begründer der praktischen Entom. oder Schädlingskunde war und durch die Bearbeitung der wirbellosen Tiere in A. E. Brehms „Illustriertem Tierleben" weiteren Kreisen bekannt wurde. Des Sohnes Begabung lag vor allem auf dem Gebiet der biol. gerichteten System., und der Ausbau des Zool. Inst. verdankte seinem stets lebendigen Ordnungs- u. Sammeleifer beachtliche Fortschritte. Sprachlich-philol. Gewandtheit zeichnete seine schriftstellerische Tätigkeit aus. Während seine Hauptarbeiten der Entom. galten, hinterließ er wertvolle zusammenfassende Darstellungen auch aus anderen naturw. Zweigen. Dazu gehörten ein Verz. der von 1861—1880 erschienenen zool. Veröff. unter dem Titel „Bibliotheca Zoologica" (1887—1903), die „Gesch. d. Zool. u. d. zool. Samml. an d. Univ. Halle 1694—1894" (Abh. Halle 20, 1894) und die allg. Einleitung über den Bau des Vogelkörpers und die Entwicklung des Eies für den Neuen Naumann. Liebe und Begeisterung für die Natur führten ihn ferner in die Reihen des Vogelschutzes. Von 1878—1913 war er Vorstandsmitglied des Dt. Ver. z. Schutze d. Vogelw. und Mitherausgeber der Orn. Ms. Neben vielen Versamml.-Ber. brachte die Zeitschrift seit 1877 aus seiner Feder auch gelegentlich faun. und biol. Mitt., u. a. die „Avif. in d. Umgeb. v. Halle" (18, 1893) sowie „Hist. Notizen über d. Vorkommen einiger Vögel in Deutschl." (34, 1909). In anderen orn. Fachbl. meldete er sich nicht zu Wort.
— Lit.: Nachruf (von V. Haecker). Leopoldina 58, 1923, S. 17/18. - Bildnis (Gruppenaufnahme vor Haus Gätke, Helgol.) in Orn. Ms. 30, 1905.

Tauber, Eduard, * 12. 3. 1847 Marktbreit (Kr. Kitzingen), † 9. 10. 1882 Tückelhausen (Kr. Ochsenfurt). Nachdem er das Gymnasium in Ansbach besucht hatte, wollte er, früher Neigung entsprechend, Naturw. studieren. Wegen Kränklichkeit mußte er den Plan aufgeben. Er ergriff den kaufmännischen Beruf und übernahm später den Familienbesitz, die Kunstmühle Tückelhausen. Durch privaten Unterricht verschaffte er sich größere Kenntnisse. In Leipz. beschäftigte er sich 1864 und 1865 mit orn. Studien. Dazu kamen Besuche bedeutender Samml. des Kontinents und vogelk. Reisen an die Nord- u. Ostsee sowie in die Donauländer. In das Jahr 1858 fielen schon die ersten Ansätze zu einer später wohlgeordneten orn. Samml., die auf etwa 1000 Stücke anwuchs. Als eines der ältesten Mitglieder der DOG (seit 1868) beteiligte er sich an deren Leben durch Mitt. über seltenere bayer. Vögel, die in den Sitzungsber. und im Orn. Cbl. veröffentlicht sind. Unvollendet blieb eine von ihm begonnene Fauna Frankens.
— Lit.: Nachruf (von A. Reichenow). Orn. Cbl. 7, 1882, S. 174. - Würdigung (von H. Stadler). Nachr. Aschaff. Nr. 49, 1955, S. 59—68.

Tellgmann, Oskar, * 4. 6. 1852 Mengersgereuth-Hämmern (Kr. Sonneberg), † 27. 3. 1920 Judenbach (Kr. Sonneberg). Er war ein echter Sproß des thür. Landes. In Neuenbau und Reichmannsdorf, wo sein Vater Oberförsterstellen verwaltete, entfaltete sich im Knabenalter der Jagd- u. Sammeleifer des ungestümen Waldläufers. Alle Künste des Fangs, der Pflege und Abrichtung der Vögel beherrschte er damals schon. 1866 kam er zur Schule nach Meiningen, machte sich aber durch Vogeljagden in den väterlichen Revieren und im herzoglichen Park so unbeliebt, daß er nach Hildburghausen überwechseln mußte. 1873 begann er das Studium auf der Eisenacher Forstakad. Nachdem er mehrere Forstämter durchlaufen hatte, siedelte er 1898 als Forstmeister nach Judenbach über. Um für seine Samml. schön gefärbte Vögel zu schießen, machte er auch Reisen an die Meeresküsten, nach Skandinavien und in die Alpen. Sein Ehrgeiz galt der Darstellung der Mannigfaltigkeit des Federkleids. Schließlich füllten über 3000 von ihm erbeutete und präparierte Stücke dicht gedrängt sein Forsthaus (neben solchen, die er von Naturalienhandlungen bezogen hatte). Unter ihnen befanden sich über 87 Seidenschwänze, etwa 30 Eisvögel und mehr als 30 Waldschnepfen. Nach seinem Tode kamen sie als Zierstücke, bzw. Mottenfänger in die Stuben der Dörfler und die Gaststätten der Umgeb. Nur die wichtigsten Belege wurden, soweit nachträglich ihre Herkunft aus dem südl. Thür. Wald erwiesen werden konnte (?), vom Naturw. Mus. in Cob. erworben; dazu gehören auffallende Seltenheiten! Zweifellos war T. ein vortrefflicher Kenner der heimischen Vögel, und sein durch die Dienststellung begünstigter Eifer hatte sicher die im südl. Thür. vorkommenden Arten ohne Lücken erfaßt. Leider aber verzichtete er nicht nur auf Verkehr und Meinungsaustausch mit anderen Vogelkundigen, sondern

auch auf Veröff. seiner Erfahrungen. Nur in Wild u. Hund erschienen einige jagdliche Erlebnisse von ihm. Obendrein unterließ er es, die gestapelten Schätze in den weitaus überwiegenden Fällen mit Angaben über Zeit und Ort der Erlegung oder mit Geschlechtsbestimmungen zu versehen. So mußte er sich damit abfinden, daß selbst unter Ornithologen sein Name nur im engeren Kreis bekannt und genannt wurde. Die über 50 Jahre unermüdlich betriebene Sammeltätigkeit aber blieb ohne den Ertrag, den sie bei wissensch. Ausrichtung für die Erforschung der südthür. Ornis hätte einbringen können.
— Lit.: Würdigung (von A. Brückner). D. Tierwelt d. Cob. Landes in Cob. Heimatk. u. Heimatgesch., 1926, Heft 3, S. 14—17 (mit Bildnis). - H. Hildebrandt, Ornis v. Thür. (noch nicht druckfertig).

Tenckhoff, Albert, Dr., * 6. 5. 1830 Münster, † 2. 6. 1912 Paderborn. In seiner Vaterstadt und Bonn studierte er Phil. und Gesch. und war von 1958 an am Gymnasium in Paderb. tätig. Er schrieb „Westf. Geschichten" (1868/69), bearbeitete die 17. Aufl. eines Leitfadens für Erdk. (1879), stellte ein „Verz. d. Mollusken Paderb. u. Umgeb." (Jber. Münst. 5, 1876) zusammen und lieferte Beitr. zum Feuilleton des Westf. Merkur. Auf dem Gebiete der Orn. trat er offenbar nicht lit. hervor. Doch kannte die Gegend um Münst. und Paderb. (Täler der Lippe, Pader und Alme) den Oberlehrer und Prof. viele Jahre als rührigen Sammler und Oologen. H. Landois (s. d.) zog daher die orn. Nachr. des kenntnisreichen, zuverlässigen Feldbeobachters am weitaus häufigsten unter allen Gewährsmännern heran.
— Lit.: E. Raßmann, Nachr. v. d. Leben u. d. Schr. Münsterl. Schriftsteller d. 18. u. 19. Jahrh., Münst. 1866 u. 1881.

Tettenborn, Gustav Willi, * 18. 4. 1883 Mansfeld (Kr. Hettstedt), † 22. 10. 1955 Berlin-Schöneberg. Der in Berl. tätige Oberregierungsrat machte sich als erfahrener Feldbeobachter und Beringer dadurch verdient, daß er mehrere Jahre hindurch, vor allem in den Kriegswintern 1942/43 und 1943/44, die auf den Berl. Gewässern erscheinenden, Ringe tragenden Lachmöwen kontrollierte. Mit gutem Erfolg griff er so die von W. Rüppell (s. d.) eingeleiteten Unters. auf (vgl. J. Orn. 87, 1939). Die Ergebnisse dieser Bemühungen sind in J. Orn. 91, 1943 und Orn. Ber. 1, 1947 niedergelegt. Seine Hoffnung, die Arbeit fortsetzen zu können, ging im Unheil der ersten Nachkriegsjahre nicht mehr in Erfüllung. Seit April 1945 hatte sich sogar längere Zeit jede Spur von ihm verloren.

Thanner, Rudolf von, * 21. 2. 1872 Salzburg, † 22. 5. 1922 Adnet bei Hallein. Er war der Sohn von V. v. Tschusi (s. d.) und führte sich als Rudolf v. Tschusi von 1890—1900 mit einigen kleineren, im Orn. Jb. veröffentlichten Abh. und Mitt. aus N.-Ö., Vorarlberg, dem Unterinn- u. Zillertal in die Lit. ein. Ursprünglich aktiver Oberleutnant in Bregenz und Innsbruck, lebte er seit 1902 unter dem veränderten Namen R. v. Th. in Teneriffa und siedelte sich erst nach dem 1. Weltkrieg 1919 wieder in der österr. Heimat an. Sammelnd und forschend beschäftigte er sich während einer Zeitspanne von nicht ganz 2 Jahrzehnten mit der Inselornis der Kanaren und stand bald im Ruf, einer ihrer besten Kenner zu sein. Auch auf den Azoren war er wissensch. tätig. Die reiche, von ihm aufgebrachte Vogelausbeute erwarben in der Hauptsache das Mus. A. Koenig (s. d.) in Bonn und das Rothschild-Mus. in Tring. Außerdem gingen von seiner Hand meisterlich präparierte Bälge an andere europ. Mus. und Privatsamml. Dem Orn. Jb. übergab er seit 1903, beginnend mit „Beob. aus d. Pinienwäldern Teneriffas", wertvolle Feststellungen in einer Reihe von Beitr. und Notizen. Nach seiner Rückkehr ließ er noch unter dem angenommenen Namen erscheinen „Abnorm gefärbte Vögel auf d. Kanaren u. Einfluß eines regenlosen Winters auf d. Brutgeschäft einzelner Arten" (Zs. Ool. u. Orn. 25, 1920) und „Turdus pilaris L. Brutvogel b. Adnet" (Waldrapp 2, 1920). Die Benennungen der kanar. Grauammer Emberiza calandra thanneri und des kanar. Spechtes Dendrocopus major thanneri halten seinen Namen als Auszeichnung für orn. Verdienste fest.
— Lit.: Nachruf (von Schriftl.). Orn. Mber. 30, 1922, S. 139. - Nachruf (von D. A. Bannerman). Ibis (11) 5, 1923, S. 163.

Theobald, Philipp Wilhelm, * 4. 3. 1819 Blumenthal (Hannover), † 12. 4. 1893 Kopenhagen. Von 1838—1841 studierte er in Gött. Theol.; dann war er Pfarrer in seiner Heimatprov., bis er 1854 zum Pfarrer der Dt. Reformierten Kirche in Kopenhagen gewählt wurde. Am dän. Hof war er persona grata. In stetem unmittelbarem Verkehr mit der Natur hatte er sich ein zuverlässiges Wissen über die Vogelwelt erworben, so daß er als guter Ornithologe galt. Seit 1856 gehörte er der DO-G an; dazu war er einer der wenigen Vertrauenswürdigen, die damals vom dän. Staat die Erlaubnis erhielten, Eier aus Nestern zu holen. Trotz seiner Kenntnisse gehörte er zu den Stillen im Lande, die sich nicht zu Veröff. entschließen können. Gern führte er dagegen die Freunde hinaus in die ihm vertrauten Beobachtungsgebiete, schilderte seine Erlebnisse und Erfahrungen — und überließ den Besuchern die Verwertung im Schrifttum. So entdeckte er die Brut des Tannenhähers auf der Insel Bornholm, über die A. Grunack (s. d.) in Orn. Cbl. 4, 1879 berichtete; den jungen Vogel, den er, obwohl er schon altersgraue Haare trug, selbst aus dem Nest geholt hatte, bewahrte er in seiner häuslichen Samml. auf.
— Lit.: Biogr. Notiz (von A. Reichenow u. H. Schalow). Orn. Cbl. 6, 1881, S. 150. - Nachruf (von P. Leverkühn). Orn. Ms. 18, 1893, S. 266/67. - Nachruf (von A. Grunack). Zs. Ool. 3, 1893, S. 19/20.

Thiel, Carl Ludwig Theodor, * 15. 9. 1871 Bad Doberan (Mecklenburg), † 5. 4. 1943 Heidelberg. 1889 verließ er das Gymnasium seiner Vaterstadt und begann in Kassel die Buchhändlerlaufbahn. Sie führte ihn über Lübeck und Leipz. 1904 zum Verl. Carl Winter nach Heidelb. Von 1911 bis zu seiner Pensionierung 1937 war er Teilhaber des Unternehmens und betrieb in dieser Stellung maßgeblich die Herausgabe der „Samml. naturw. Taschenbücher" mit den Bänden der „Vögel Mitteleuropas" von O. Fehringer. Die

technische Betreuung des Bildmaterials lag ihm dabei besonders am Herzen. In den letzten Lebensjahren war er noch mit den Vorarbeiten für eine nicht zum Abschluß gekommene bad. Ornis beschäftigt. Die Feldornithologie hatte in dem trefflichen Kenner der dt. Vögel einen sehr rührigen und kritischen Vertreter am Rhein. Eine reichhaltige Fachbibliothek stand ihm zur Verfügung, das Schrifttum überschaute er; und trotzdem erschien sein Name kaum in der Lit. (Nycticorax nyct. am Neckar, Orn. Mber. 42, 1934; Recurvirostra avosetta am Neckar, ebd. 43, 1935). In selbstgewählter Zurückhaltung, den Tagesströmungen abgeneigt, zog er es vor, sich in kleinerem Kreis aufgeschlossener Ornithologen seines Wohnsitzes als Freund und stiller Förderer jüngerer Kräfte einzusetzen.
— Lit.: Nachruf (von O. Völker). Orn. Mber. 51, 1943, S. 112.

Thielemann, Rudolf, Dr., * 5. 6. 1872 Tabarz (Thüringen), † 28. 12. 1934 Gotha. Der Augenarzt, dessen Wiege in einem Pfarrhaus stand, übte in Kass. seine Praxis aus. In den thür. Wäldern empfing er einen klaren, allzeit wachen Blick für die Vogelwelt. Das Eiersammeln und die Vertiefung in die Biol. der Raubvögel, vor allem in die des Wanderfalken, reizten frühen Forscherdrang. Während der ersten Marb. Studiensemester zu Anfang der 90er Jahre streifte er mit O. Kleinschmidt (s. d.) durch die Lahnlandschaft. Gemeinsam genossene Entdekkerfreuden und gleiche denkerische Einstellung zur Vogelk. festigten Freundschaft zwischen den in ihren Wesenszügen verwandten Männern für das ganze Leben. Spätere Semester in Berl. machten den Mediziner zum Bewunderer der ungekünstelten Arbeitsmethoden H. Hockes (s. d.), dessen menschliche Licht- u. Schattenseiten er auf ool. Exk. in der Mark näher kennenlernte. Nach dem Studium wechselte er zunächst häufig den Wohnsitz. Neben Marb. und Berl. sind Friedrichroda, Gotha, Stuttg., Königsb., Münch. in seinen orn. Beitr. für Orn. Ms., Zs. Ool., Jber. Münch., Verh. Bay., Falco seit 1892 festgehalten; sie hatten alle Hand und Fuß, und nirgends verlor er die Verbindung mit der örtlichen Ornis. Allenthalben sah er Bemerkenswertes. Auch als er 1908 auf den Weltmeeren fuhr, meldete er sich in Falco 4, 1908 u. 5, 1909 mit kleinen Mitt. aus Japan und Beob. über den Wanderfalkenzug im Golf v. Mexiko zu Wort. Leider ließ ihm mit der Rundung der Jahre der Beruf keine Zeit mehr zu schriftstellerischer Betätigung, und die Auswertung seines reichen ool. Materials mußte er O. Kleinschmidt übertragen. Den liebevoll geschauten Naturvorgängen begegnete er ohne Sentimentalität, und ein stark entwickelter Kunstsinn paarte sich in ihm mit kritischem Urteil. Nur bis ins kleinste überprüfte Tatsachen konnten vor seinem scharfen Verstande bestehen; und mit spitzer Feder saß er zu Gericht „über biol. Unrichtigkeiten in der Lit. und über die, die sich eher einem alten Schmöker, als dem erfahrenen Urteil alter Praktiker anvertrauen" (Zs. Ool. 9, 1899). Er war um die Jahrhundertwende eine selbständig geprägte, zur Verinnerlichung neigende Persönlichkeit; aber durch sein Schweigen im letzten Lebensabschnitt blieb er der orn. Öffentlichkeit manch wertvollen Baustein schuldig. Auf einer Reise ereilte ihn unerwartet der Tod.
— Lit.: Nachruf (von O. Kleinschmidt). Falco 31, 1935, S. 3—6.

Thienemann, August Wilhelm, * 24. 4. 1830 Droyßig (Kr. Zeitz), † 5. 11. 1884 Zangenberg (Kr. Zeitz). Er studierte in Halle und war Pfarrer zuerst in Gangloffsömmern (Kr. Sömmerda) und seit 1877 in Zangenb. Vom Vater Georg August Wilhelm Th. (s. d.) lag ihm die Freude an der Vogelwelt und am Eiersammeln im Blut. Seine gut geordnete Samml., in der fast alle dt. Vögel vertreten waren, kam in das Wiener Mus. Der DO-G schloß er sich 1853 an. Daneben verfügte er über reiche, jahrelange Erfahrungen in der Vogelhaltung. 1870 entdeckte er (erneut) das Brutvorkommen der Zwergtrappe bei Gangloffsömmern, d. h. in einer Landschaft, der die Art nach H. F. v. Göchhausen und G. H. Kunz (s. d.) schon im 18. Jahrh. brütend angehörte. In Orn. Ms., J. Orn., Zool. G. brachte er eine Reihe von Arbeiten über die Biol. dieses Vogels auf Grund seiner dortigen Feststellungen. Nach E. v. Schlechtendals (s. d.) Tod übernahm er 1881 als 1. Vorsitzender die Leitung des Dt. Ver. z. Schutze d. Vogelw. und gab in Gemeinschaft mit K. Th. Liebe, E. Rey, F. A. Frenzel (s. d.) die Orn. Ms. heraus. Mit welchem Eifer er in diesem Aufgabenbereich wirkte, lassen die über 100 Titel von Beitr., Mitt. und Besprechungen erkennen, die unter seinem Namen allein in dieser Zeitschr. von 1876 ab zu finden sind. Der Vogelschutzbewegung widmete er seine besten Kräfte.
— Lit.: Nachruf (von Schriftl.). Orn. Ms. 9, 1834, S. 281—283 (mit Bildnis). - Nachruf (von H. Schalow). J. Orn. 33, 1885, S. 103. - J. Thienemann, Wie d. Alten sungen, so zwitschern d. Jungen, Orn. Ms. 61, 1936, S. 134—150 u. 166—178. - Bildnis in Orn. Ms. 25, 1900.

Thienemann, Friedrich August Ludwig, Dr., * 25. 12. 1793 Gleina (Bez. Dresden), † 24. 6. 1858 Trachenberge bei Dresden. Aus einem Pfarrhause stammend, beendete er 1819 das Studium der Med. und Naturw. und ließ sich zunächst als Arzt in Leipz. nieder. Reisen nach dem Norden Europas und ein einjähriger Aufenthalt in Isl. galten der Beschäftigung mit den Insekten, Seetieren und vor allem mit den Vögeln. Ab Ende 1821 hielt er zool. Vorlesungen in Leipz., 1825 wurde er 2. Inspektor am Naturalienkabinett in Dresd. und 1839 dort Bibliothekar. Gesundheitsrücksichten und äußere Mißhelligkeiten veranlaßten ihn aber bald, sein Amt aufzugeben. Verbittert zog er sich im letzten Lebensabschnitt mehr und mehr in die private Gelehrsamkeit zurück. Zu einer Zeit, da die Kenntnis der exotischen Vogelwelt in Deutschl. erst zu dämmern begann, genoß er im Raume der europ. Ool. hohe Autorität. In der Tat war das Vogelei in seinen Händen nicht Gegenstand oberflächlicher Spielerei, sondern ernsthafter, auf die Struktur der Eischale gerichteter Unters. Abwegig blieb aus beschränkter Sicht sein Bestreben, die generische Gruppierung der Vögel nach den Eiern durchzuführen. 1825—1838 erschien die zusammen mit seinem Bruder Georg August Wilhelm Th. und Ch. L. Brehm (s. d.) verfaßte „System. Dar-

stellung d. Fortpflanzung d. Vögel Europas mit Abb. d. Eier". Mit 28 Kupfertafeln stellte er sich darin als vortrefflicher Eiermaler vor. Die Hauptarbeit aber wurde sein 2. großangelegtes, doch unfertig gebliebenes Eierwerk „Fortpflanzungsgesch. d. ges. Vögel..." mit 100 kolorierten Tafeln (1845—1856). Wenig glücklich war er in seinen system. Abstraktionen. Sie führten ihn in die Spitzfindigkeiten Okenscher Phil., und er scheiterte bei dem Versuch einer auf diesen Ideen fußenden Neuordnung des orn. Systems. Sein Gedankengebäude entwikkelte er in der Rhea (1846, 1. Heft; 1849, 2. Heft). Die Zeitschr. hatte er selbst gegründet, nachdem er als einer der führenden Köpfe 1845 in Köthen zum Protokollführer der Sitzungen der DO-G gewählt worden war. Er kam nur noch zur Veröff. von 2 weiteren Protokollen (1846 Dresd. und 1847 Halle), weil die Rhea nach dem Erscheinen des 2. Hefts bereits im Wettbewerb mit der Naum. unterlag. Die geringe Verbreitung und das kurze Leben von Th.s Sprachrohr hatten auch zur Folge, daß seine „Kritische Revision d. europ. Jagdfalken" (1846) und der (unvollendete) „Gesch. Abriß d. Orn." (1849) ohne Schaden für die Vogelk. nur wenig bekannt wurden. Der in diesem Rahmen erstmalig gewagte Versuch, die mittelalterlichen Falconiden nach der Ordnung und Benennung des Albertus Magnus (s. d.) zu deuten, endete mit einem völligen Mißerfolg.
— Lit.: Nachruf (von R. König v. u. z. Warthausen). Naum. 8, 1858, S. 347—349 u. J. Orn. 7, 1859, S. 157—160. - Würdigung (von R. Zaunick). Mitt. Sachs., 1. Sonderheft 1925, S. 1—17 (mit Bildnis). - Würdigung (von A. Jacobi). Mitt. Sächs. Heimatsch. 23, 1934. - E. Stresemann, Entw. d. Orn., 1951.

Thienemann, Georg August Wilhelm, * 6. 9. 1781 Gleina (Bez. Dresden), † 9. 12. 1863 Kötzschenbroda (Kr. Dresden). Nach dem theol. Studium in Halle hatte er Pfarrstellen inne in Droyßig bei Zeitz und in Sprotta bei Eilenburg. Freund der Bücher und Bilder, hatte er auch das Zeug zum tüchtigen Feldbeobachter und rührigen Eiersammler. Neben seinem jüngeren Bruder Friedrich August Ludwig Th. (s. d.) trat er aber in den Hintergrund. In der Blütezeit der beschreibenden Vogelk. stand er in engster Verbindung mit Männern wie Naumann, Ch. L. Brehm, E. Baldamus, E. F. v. Homeyer, Baron v. Loebenstein, H. D. F. Zander, H. G. L. Reichenbach (s. d.). Er war auch publizistisch durchaus nicht untätig. Gemeinsam mit dem berühmteren Bruder und Ch. L. Brehm verfaßte er die fünfbändige „System. Darstellung d. Fortpflanzung d. Vögel Europas mit Abb. d. Eier" (1825 bis 1838), als dessen Herausgeber der Bruder zeichnete. Seine Bücherei enthielt eine Reihe der besten Bilder bekannter Vogelmaler jener Zeit wie A. L. Wirsing, J. C. Susemihl, B. R. Dietzsch (s. d.). Daß seine künstlerische Begabung nicht gering war, beweisen Eierzeichnungen, die er für Ch. L. Brehms „Hdb. d. Naturgesch. aller Vögel Deutschl." (1831) herstellte. Er war ferner Mitarbeiter am „Arch. f. Naturgesch." und beschrieb das „Leben u. Wirken d. unvergleichlichen Tiermalers u. Kupferstechers Johann Elias Ridinger" (Leipz. 1856; Nachtr. 1859 u. 1861/62).
— Lit.: J. Thienemann, Wie d. Alten sungen, so zwitschern d. Jungen, Orn. Ms. 61, 1936, S. 134 bis 150 u. 166—178.

Thienemann, Gustav, * 30. 9. 1837 Obernessa (Kr. Weißenfels), † um 1920 Magdeburg. Unter Anleitung seines Vaters Gustav August Leopold Th. (s. d.) war er früh mit der heimatlichen Vogelwelt vertraut und kannte viele Ornithologen jener Zeit. Während der Tagung in Halberst. 1853 durfte er — damals Schüler in Badersleben — schon die Samml. F. Heines (s. d.) besuchen. Die Freude an der Feldbeob. begleitete ihn bis ins hohe Alter. Nachdem er seit den 80er Jahren eine Fabrik in Magdeb. besaß, begann er sich auch schriftstellerisch zu regen. Zwischen 1885 und 1920 erschienen einige (meist) kleinere faun. und brutbiol. Beitr. aus seiner Feder in Orn. Ms.; daneben brachten die Abh. Magdb. (hier „D. Vogelw. Magdeb. u. Umgeb.", 1906) sowie die Montagsbl. der Magdeb. Ztg. vogelk. Artikel über seine Freilanderfahrungen. Wenn diese Veröff. auch vorzugsweise unterhaltenden Charakter hatten und nicht mit irgendwie ins Gewicht fallenden Neuigkeiten oder Besonderheiten überraschten, so wurden sie doch von den Freunden der engeren Heimat um die Jahrhundertwende als aufschlußreich begrüßt, weil die ältere Lit. über die dortige Ornis noch spärlicher war. Dem Autor waren auch in Fragen des Vogelschutzes mancherlei Gedanken und Anregungen zu danken. Zu denen, die durch seine feldorn. Wirksamkeit wertvolle Hinlenkung in die Welt der Vögel empfingen, gehörte K. Glasewald (s. d.). Über Th.s Tod konnten die Kirchenbücher keine Auskunft geben. Im Landeshauptarchiv von Magdeburg wurde lediglich festgestellt, daß von 1884 bis 1908 in M.-Buckau ein Werkmeister G. Th. wohnte. Daß dieser mit dem Gesuchten identisch sei, ließ sich nicht nachweisen.
— Lit.: Bildnis (Gruppenaufnahme in Ziebigk), Aquila 12, 1905.

Thienemann, Gustav August Leopold, * 9. 7. 1800 Gleina (Bez. Dresden), † 11. 10. 1891 Kötzschenbroda (Kr. Dresden). Friedrich August Ludwig und Georg August Wilhelm Th. (s. d.) waren seine älteren Brüder. Er studierte in Leipz. und Halle Theol., beschäftigte sich aber auch, der Familienüberlieferung folgend, ausgiebig mit Naturw. und war längere Zeit Famulus bei Ch. L. Nitzsch (s. d.). Nachdem er 5 Jahre lang eine Hauslehrerstelle bei Altenb. innehatte, übernahm er 1827 die Pfarrei in Krössuln und 1835 die von Obernessa. Von 1863 ab lebte er im Ruhestand in Kötzschenbroda. In der DO-G, im Dt. Ver. z. Schutze d. Vogelw. und in der Naturf. Ges. d. Osterl. war er durch Liebenswürdigkeit und Originalität sich auszeichnendes Mitglied. Eine gewandte Feder führte er im Briefwechsel mit vielen orn. Fachgenossen. Erst im hohen Alter von 78 Jahren begann er sich auch mit ein paar faun. und biol. Beitr. für die Orn. Ms. bemerkbar zu machen. Die Nähe des Eislebener Sees regte ihn besonders zum Studium der örtlichen avif. Verhältnisse an; 2 seiner Arbeiten sprechen dafür: „Einige Bem. über d. v. mir beobachteten Sumpf- u. Wasservögel" (Orn. Ms. 3, 1878) und „Meine erste Bekanntschaft mit d. berühmten Eislebener See vor 66 Jahren" (ebd. 10, 1885). Eine größere Zahl dort gesammelter und von ihm selbst präparierter Stücke schenkte er der Fürstenschule von Schulpforta, die er wie seine Brüder besucht hatte. — Lit.: Nachruf (von K. Th. Liebe). Orn. Ms. 16, 1891, S. 3—5.

Thienemann, Johannes, Dr., * 12. 11. 1863 Gangloffsömmern (Kr. Sömmerda), † 12. 4. 1938 Rossitten. Sein Vater war August Wilhelm Th. (s. d.). Die Überlieferung in der alten Ornithologenfamilie sorgte für entsprechende, das Leben des Knaben schon ausrichtende Eindrücke. Die Schulzeit verbrachte er in Sondershausen und Zeitz, wo er 1885 die Reifeprüfung bestand. Nach Abschluß des theol. Studiums in Leipz. und Halle (er blickte auf 5 Geistliche in der väterlichen Linie zurück) führte ihn sein Weg neuen Zielen zu. Unter dem Einfluß der begeisternden Schilderungen seines auch die Anfangsbahn C. Floerickes (s. d.) lenkenden Schulfreundes F. Lindner (s. d.) betrat er am 18. 7. 1896 den Nehrungsstrand. Und der ferne Küstenstrich zwischen Haff und See ließ ihn nicht mehr los. Nach wenigen kurzen Besuchen erkannte er die überragende Bedeutung dieses Sandwüstenstreifens für die Erforschung des Vogelzugs (J. Orn. 49, 1901). Schon am 1. Januar 1901 konnte auf sein und Ch. Deichlers (s. d.) Betreiben hin die Vogelwarte Rossitten der DOG gegründet werden. Unter den primitivsten Verhältnissen und ohne Vorbild begann er dort im „Atelier" H. Kruegers (s. d.) zu arbeiten. Auch seine wirtschaftliche Lage besserte sich erst 1908, nachdem er in Königsb. sein Studium ergänzt, unter M. Braun (s. d.) 1906 promoviert und der Form nach den Posten eines Kustos am Zool. Mus. in Königsb. übernommen hatte. 1929 trat er in den Ruhestand, blieb aber in Rossitten ansässig bis zu seinem Ende. Nur während der Wintermonate lebte er von 1911 ab in Cranz oder Königsb. Das karge Fischerdorf und seine Besucher schätzten ihn ob seines köstlichen Humors und als den belebenden Mittelpunkt einer vergnügten Stammtischrunde. Anfangs war seine Arbeit faun. und phänol. registrierend eingestellt. Bald aber galt sein Interesse in erster Linie der Klärung der Zugerscheinungen (Höhe und Geschwindigkeit des Zugs, Abhängigkeit vom Wetter usw.). Um der Lösung des Phänomens näherzukommen, entschloß er sich zu zwei wesentlichen Schritten: Er übernahm 1903, allerdings unter dem Widerstand vieler Zeitgenossen, die von dem dänischen Lehrer H. Ch. C. Mortensen (27. 8. 1856—7. 6. 1921) 1890 begründete wissensch. Vogelberingung und baute, unterstützt von seinem Jagdfreund E. Ulmer (s. d.), 1908 in den Dünen die Beobachtungshütte Ulmenhorst. Damit hatte er die Voraussetzungen für das Wachsen der Beringungszentrale geschaffen. Nebenher ging unermüdliche publizistische Regsamkeit (u. a. Beitr. zum Neuen Naumann, seit 1902 regelmäßige Jahres- u. Zugberichte im J. Orn.), die die ehrenamtliche Mitarbeit zahlloser Ornithologen im übrigen Deutschl. sicherte. 1910 brachte das Zool. Jb. (Suppl. 12) aus seiner Feder die Darstellung des Weißstorchzugs auf Grund von 35 damals bis Afrika reichenden Ringfunden und somit die erste monogr. Auswertung von Beringungsergebnissen. Zu hoher Volkstümlichkeit verhalfen ihm obendrein Vorträge, Führungen und die Bücher „Rossitten, Drei Jahrzehnte auf d. Kurischen Nehrung" (3 Aufl. 1927, 1928, 1930), „V. Vogelzug in Rossitten" (1931). Die ersten Auflaßversuche mit Schwalben, die Verfrachtung und Zurückhaltung von Jungstörchen zur Überprüfung des Orientierungsvermögens stammen gleichfalls von ihm. Solange es eine Zugforschung gibt, wird man seiner gedenken müssen als eines Bahnbrechers und Wegbereiters, der mit sicherem Spürsinn das Problem erfaßte und der wissensch. Bearbeitung erschloß. Da er zu allem leidenschaftlicher Jäger war, verhalf er schließlich der Falknerei zu neuen Ehren. Äußere Anerkennungen seiner Verdienste waren 1910 der Professorentitel und zu seinem 70. Geburtstag die Goethe-Medaille.
— Lit.: Bildnis in F. Tischler, Die Vögel d. Prov. Ostpr., 1914. - J. Thienemann, Wie d. Alten sungen, so zwitschern d. Jungen, Orn. Ms. 61, 1936, S. 134—150 u. 166—178. - Nachruf (von E. Schüz). J. Orn. 86, 1938, S. 466—483 (mit Bildnis). - Nachruf (Verf. ungen.). Vz. 9, 1938, S. 171—173 (mit Bildnis). - Nachruf (Verf. ungen.). Ibis (14) 2, 1938, S. 553. - Bildnis in B. z. F. 14, 1938, Tafel 4. - Gedenkrede (von F. Tischler). Schr. Königsb. 71, 1940, S. 429—433. - Nachruf (von T. S. Palmer). Auk 57, 1940, S. 445. - Würdigung (von E. Schüz). Mitt. Max-Planck-Ges. 1955, S. 3—7 (mit Bildnis). - Ders., Aus der Vorgesch. d. Vogelwarte Rossitten in Aus d. dt. Forschung der letzten Dezennien, Stuttg. 1956, S. 321—325.

Thienemann, Max, * 22. 6. 1870 Gangloffsömmern (Kr. Sömmerda), † 6. 11. 1957 Hann. Münden. In den Pfarrhäusern von Gangloffsömmern und Zangenberg — sein Vater war August Wilhelm Th. (s. d.) — tat sich schon dem Knaben die Welt der Vögel auf, und er lernte viele der großen Ornithologen kennen, die bei den Eltern ein- und ausgingen. Mit 16 Jahren wurde er Buchhändler in Zeitz und kam über verschiedene Groß- u. Mittelstädte 1908 nach Hann. Münden, wo er eine Buchhandlung erwarb. Der Familienüberlieferung folgend, hielt er der Vogelliebhaberei die Treue und wußte nach seinen eigenen Worten über die Vögel oft besser Bescheid als über seine Bücher. Von 1926—1932 war er in den Monaten Mai—November regelmäßig bezahlter Assistent bei seinem älteren Bruder Johannes Th. (s. d.) in Rossitten. 1933 zog er sich vom Buchhandel zurück und lebte nur noch seinen Interessen. Er blieb eine urwüchsige Erscheinung mit immer jungem, frohem Herzen und von Vögeln in seinem Heim umgeben. Mit Leidenschaft hing er bis zum Alter der Falknerei an und trug selbst seine Wanderfalken und Kaiseradler ab. Als stadtbekannte Persönlichkeit verstand er es, Jahrzehnte hindurch auf seinen Vogelwanderungen eine stattliche Gemeinde zu begeistern und so zur Verbreitung orn. Kenntnisse unter der Bevölkerung beizutragen. Veröff. lagen ihm nicht. Er zeichnete aber mit Sorgfalt faun. und phänol. Beob. aus der Umgeb. seines Wohnsitzes auf und stellte die Eintragungen jüngeren Fachleuten stets uneigennützig zu Verfügung.

Thóbiás, Julius, Dr., * 1892 Felsölánc, † 10. 5. 1951 Miskolc (Komitat Borsod). Mit Begeisterung nahm er sich schon in jungen Jahren des Vogel-

schutzes an und kam so in dauernde Verbindung mit der Ung. Orn. Zentrale. Nachdem er 1916 regelmäßiger Beobachter geworden war, schuf er 1935 die Vereinigung der Freunde des Inst. und wurde deren Vorstand. Lange beschäftigte er sich mit praktischen Schutzmaßnahmen zuerst in seinem Geburtsort, dann an der Landw. Akad. von Kassa und schließlich in Alsófügöd. Daneben galt sein Eifer der mit geldlichen Opfern verbundenen Beringung von Schwalben und Störchen. Eine große Arbeit über die Schwalben kam nicht mehr zum Druck; doch veröffentlichten in Aquila 65, 1958 E. Schmidt und K. Warga „Mitt. über d. Ansiedlung u. Ortstreue d. Schwalben u. d. Weißstorches in Nordost-Ung." nach den von ihm hinterlassenen Notizen aus den Jahren 1923—1944.
— Lit.: Biogr. Notiz. Aquila 63/64, 1956/57, S. 374/75 u. 377 (ung. u. engl.).

Tiedemann, Friedrich, Dr., * 23. 8. 1781 Kassel, † 22. 1. 1861 München. Als Sohn eines Hofrats und Prof. d. Phil. wurde er bald nach Beendigung des med. Studiums 1804 Privatdozent der Physiol. in Marb.; von 1805 ab war er Prof. der Anat. und Zool. in Landshut, von 1816 ab Prof. der Anat., Zool. und Physiol. in Heidelb. Die politischen Ereignisse von 1848 und 1849 (seine 3 Söhne beteiligten sich am bad. Aufstand) hatten den Verzicht auf das Lehramt im Gefolge. Er verzog nach Frankf. (Main) und 1856 nach Münch. Seine Forschungen auf den Gebieten der Physiol. und Anat. reihten ihn ein unter die bedeutendsten Hochschullehrer des 19. Jahrh. In die Gesch. der Orn. ist er eingegangen durch das Hdb. „Anat. u. Naturgesch. d. Vögel" (Bd. 1 1810, Bd. 2 1814). Er glänzte hier nicht nur durch die Fachgelehrsamkeit, sondern auch durch die staunenswerte Kenntnis der Lit., die sich seit Aristoteles mit der Verbreitung und Lebensweise der Vögel beschäftigte. In einem Zeitabschnitt, der neben den alten Sammeleifer sowie die rein system. und anat. Behandlung auch die biol. ausgerichtete Freude an der Vogelwelt und deren anschauliche Darstellung treten ließ, war das Buch ein Spiegelbild der Kausalforschung. Es war getragen vom Bemühen des Verf., Folgerungen und Schlüsse zu ziehen aus den bis dahin bekannten Erfahrungen über die Lebensvorgänge bei den Vögeln. Der Versuch zwang ihn zur Beleuchtung vieler Phänomene. So wollte er die unterschiedliche Eizahl auf Unterschiede in der Ernährung (animalische und vegetabilische Kost), die Gefiederfarben auf Unterschiede der Ernährung und Temperatur zurückführen. Als Ursachen der Wanderungen konnten nach seiner Meinung u. a. Nahrungsmangel, Änderungen der elektrischen Spannungen in der Luft und (beim Rückflug) auch der Fortpflanzungstrieb im Spiele sein. Die Mannigfaltigkeit der Vogelformen dachte er sich aus den klimatischen und physischen Eigentümlichkeiten ihrer Wohngebiete entstanden. Mit dem Instinktbegriff wußte er (weil noch nicht geklärt) nichts anzufangen. Überall, wo es angängig schien, griff er zur Physiol., um die Rätsel zu lösen. Kausale Erklärungen konnten ihn indes nicht an das ersehnte Ziel führen. Unsichere Deutungen waren das Ergebnis. Es zeigte, wie wenig bis dahin die Kausalforschung aus der Naturgesch. der Vögel gelernt hatte. War T. somit nicht in der Lage, die teleol. Betrachtungsweise merklich zu erschüttern und das Kommen naturphil. Spekulationen zu stoppen, so bleibt ihm trotzdem das Verdienst, Beob. und Experiment — fast allein und im Gegensatz zum Geist des ersten Jahrhundertviertels — als die einzigen Quellen der Erkenntnisse wegweisend genutzt zu haben und neben J. F. Blumenbach, B. Merrem, Ch. L. Nitzsch, H. Lichtenstein (s. d.) einer der ersten gewesen zu sein, die durch ihre Vorlesungen die Orn. in den Bereich wissensch. Behandlung rückten. Sein Kolleg war weithin bekannt und weckte in manchem Studenten das Interesse für die Vogelk.; H. Boie (s. d.) war einer der von ihm angeregten Jünger.
— Lit.: Gedenkrede (von T. L. W. Bischoff). Akad. d. Wissensch. Münch. 1861. - Nachruf (Verf. ungen.). Leopoldina 2, 1861, S. 78—81. - Allg. Dt. Biogr. 38, 1894, S. 277/78. - E. Stresemann, Entw. d. Orn., 1951.

Timpel, Max, * 7. 10. 1865 Erfurt, † 26. 11. 1934 Erfurt. Ein tiefes Verhältnis zur Heimat und verständnisvolles Versenken in ihre besonderen Züge bewogen den Lehrer, die Mußestunden der geschichtlichen Vergangenheit seiner Vaterstadt wie auch der der dortigen Vogelwelt zu schenken. Der sichtbare Ertrag dieser Beschäftigung bestand in einer umfassenden Studie über Erfurter Straßen, Gassen und Plätze (1929), bezüglich der Vögel aber in einer Reihe von Mitt. und Notizen, verstreut über die Orn. Ms. und die Jb. d. Akad. gemeinnütziger Wissensch. in Erfurt zwischen 1914 und 1935. Daneben hinterließ er ebenso umfang- wie inhaltreiche Arbeiten: „D. Vögel v. Erf. u. Umgegend" (Jb. Akad. gem. Wissensch. Erf., N. F. Heft 38, 1912), „Orn. Nachr. in d. Großen Mater z. Erf." (ebd. Heft 42, 1916), „D. Ornis Thür. mit bes. Berücksichtigung v. Erf. u. Umgegend" (ebd. Heft 51, 1933 u. Heft 52, 1935), „D. Vorkommen d. Weißen Storches in d. Umgegend v. Erf." (Orn. Ms. 41, 1916). Sein auf Allgemeinbildung und Anschauung bedachter Sinn trieb ihn ferner, die Vogelsamml. des Heimatmus. zu pflegen.
— Lit.: Bildnis in Mitt. d. Erf. Gesch.-Ver., Heft 52, 1938, S. 148.

Tischler, Friedrich, Dr. h. c., * 2. 6. 1881 Losgehnen, Kr. Bartenstein (Ostpreußen), † 31. 1. 1945 Losgehnen. Nach dem Besuch des Bartenst. Gymnasiums und dem jur. Studium in Königsb., Münch. und Leipz. ging er, Sohn eines Gutsbesitzers, 1902 in den ostpr. Staatsdienst. 1908 wurde er in Heilsberg ansässig. Obwohl ihm Ortswechsel nach der Stadt und damit weitere Beförderung angetragen wurde, blieb er als Amtsgerichtsrat im engeren Wirkungsbereich von Heilsb., weil er hier Arbeitsbedingungen vorfand, die ihm die umfangreichsten orn. Studien erlaubten. Am Kinkeimer See hatte sich ihm schon frühzeitig der Blick für die Vogelwelt geöffnet; aber auch in der Botan. war er auf vielen Gebieten mit hervorragenden Kenntnissen zu Hause. Veranlagung und rastlose Freilandbeobachtung verliehen ihm eine bewundernswerte Sicherheit im Ansprechen der ihm begegnenden Vogelformen. So war er berufen, der vielgestaltigen, artenreichen Ornis der ostpr. Landschaft ein würdiges Denkmal zu setzen. Die Gründung der Vogelwarte Rossitten brachte ihm die freundschaftlichsten und fruchtbarsten Beziehungen zu J. Thienemann (s. d.) und später zu E. Schüz. Seit 1905 trat er mit Veröff. hervor. Etwa 160 Titel, hauptsächlich in Orn. Mber., J. Orn., Orn. Ms., Schr. Königsb., Zs. Ool. u. Orn., Falco, B. z. F., Vz. sprechen für das ihm eigene Maß von Fleiß und Stoffbeherrschung. Daß er die Wissensfülle nicht nur kartei-, sondern auch gedächtnismäßig festzuhalten verstand und sie stets selbst in Einzeldaten zur Verfügung hatte, war eine seiner beneidenswertesten Fähigkeiten. Bereits 1914 legte er die erste avif. Zusammenfassung in den „Vögeln d. Prov. Ostpr.“ vor. Jahrzehntelange weitere planmäßige Forschung steigerte sich schließlich zu den 2 Bänden der „Vögel Ostpr. u. seiner Nachbargebiete“ (1941) u. damit zu einer einmaligen, von keiner anderen Landesfauna übertroffenen Leistung. Der Verf. gab eine ausführliche Darstellung des Vorkommens, der Ökol., der Biol. usw. der einzelnen Arten und beleuchtete — vielfach im Verein mit O. Kleinschmidt (s. d.) sowie den Zool. Inst. von Berl. und Königsb. — an allen in Frage kommenden Stellen auch die Rassezugehörigkeit. Grundlage für eine vielseitige Betrachtung waren ein breites faun. Material, an dessen Beschaffung viele ostpr. Ornithologen beteiligt waren, zahllose Zugdaten, die die Vogelwarte Rossitten zur Verfügung stellte, und neben den eigenen Aufz. eine eigene Samml. von Tausenden von Bälgen. Es setzt die überragende Rolle des führenden Kopfes und Sachbearbeiters nicht herab, wenn das Buch zugleich ein mustergültiges Gemeinschaftswerk aus landschaftlicher Bindung genannt wird. Bedauerlich blieb von vornherein nur die geringe Auflagenhöhe von rund 500 Stücken, die nicht einmal die erste Nachfrage zu decken vermochten. Einen Anschluß-Ber., die Zeit bis Ende des 2. Weltkriegs überbrückend, brachte E. Schüz unter dem Titel „Z. Vogelw. Ostpr.“ (Vwa. 19, 1958). In der dt. orn. Wissensch. nahm T. einen hochgeachteten Platz ein. Seit 1923 gehörte er dem Ausschuß der DOG an; 1941 wurde er Ehrenmitglied. O. Kleinschmidt versah drei für Ostpr. typische Unterarten von Accipiter gentilis, Coloeus monedula und Parus atricapillus mit dem Zusatz „tischleri“. Als namhaftester Außen-Mitarbeiter von Rossitten stieg er zum wissensch. Mitglied der Kaiser-Wilhelm-Ges. z. Förderung d. Wissensch. auf, und die Univ. Königsb. zeichnete ihn 1941 mit der Würde des Dr. h. c. aus. Um so erschütternder war das Ende des stillen, die Öffentlichkeitsarbeit nicht sonderlich schätzenden Forschers. Den Zusammenbruch seines Vaterlands konnte und wollte er nicht überstehen. Er blieb auf seinem Familiengut und wählte zusammen mit der geistesverwandten Lebensgefährtin beim Einmarsch der Russen den Freitod. Die dt. Orn. erlitt mit dieser Tragik einen ihrer schwersten Verluste. Doch wird allein die stolze lit. Hinterlassenschaft im Dienste seiner Heimatprov. den großen Ornithologen vor dem Schicksal des Vergessens bewahren.

— Lit.: Nachruf (von E. Schüz). Vw. 71, 1950, S. 49—51. - Bildnis in F. T., D. Vögel Ostpr., 1941 (Bd. 1).

Tobias, Louis Theodor, * 18. 10. 1815 Görlitz, † 13. 2. 1897 Görlitz. Nach dem Besuch des Seminars in Bunzlau hatte er Lehrerstellen inne an der Schule der Fürstl. Schoenaich-Carolathschen Herrschaft Saabor und an der höheren Töchterschule in Görl. Zuletzt leitete er eine eigene Vorschule. Wie sein älterer Bruder Robert Ottomar T. (s. d.) machte er sich hervorragend verdient um die Erforschung der schles. und vor allem der niederschles. Vogelwelt. Von 1869—1881 war er Sekretär der zool. Sektion der Naturf. Ges. zu Görl. Auf diesem Posten sowie durch rege Tätigkeit auch im Tierschutz- und anderen Vereinen, durch Vorträge und Veröff. in Tageszeitungen weckte er in weiten Volkskreisen den Sinn für die Schönheiten der heimatlichen Natur und trug viel bei zur Verbreitung vogelk. Kenntnisse. P. Kollibay (s. d.) nahm von ihm 9 zwischen 1848 und 1881 in Abh. Görl., Naum. und Orn. Cbl. abgedruckte Arbeiten in das Literaturverz. der „Vögel d. Preuß. Prov. Schles.“ (1906) auf.

— Lit.: Würdigung (von P. Kollibay). D. Vögel d. Preuß. Prov. Schles., 1906 (mit Bildnis).

Tobias, Robert Ottomar, * 14. 1. 1810 Görlitz, † 24. 5. 1889 Leipzig. Anfänglich im väterlichen Tuchgeschäft tätig, trieb ihn die stärkere Neigung, zool. Konservator zu werden. In dieser Eigenschaft stand er lange Zeit J. G. Krezschmar (s. d.) als Betreuer der Görl. Gesellschaftssamml. bei. 1840 nahm ihn A. R. v. Loebenstein (s. d.) mit auf eine Sammelreise nach Niederungarn und dem Banat. 1848 erhielt er schließlich unter E. Pöppig (s. d.) die Stelle eines Inspektors der zool. Samml. an der Univ. Leipz. Seit 1838 veröffentlichte er seine Erfahrungen in Abh. Görl., Naum. und J. Orn. In den Abh. Görl. 1865 brachte er sie, ergänzt und auf alle Wirbeltiere erweitert, nochmals zum Abdruck. P. Kollibay (s. d.) vereinigte in den „Vögeln d. Preuß. Prov. Schles.“ (1906) 22 Arbeiten aus der Feder dieses durch Gründlichkeit und Genauigkeit ausgezeichneten Mannes. Zu den hauptsächlich in der Lausitz, im Iser- u. Riesengebirge gesammelten Beob. gesellen sich „D. Sumpf Obeda bei Kubinova im sirmischen Militärgrenzlande“ (Abh. Görl. 3, 1842), „Orn. Notizen, zur Naturgesch. der Staramsel - Pastor roseus“ (ebd. 4, 1844), „Exk. auf d. rechten Donauufer i. J. 1840“ (ebd. 4, 1847), „Orn. Ausflüge im Banater Grenzlande“ (ebd. 4, 1847), „Beitr. z. Naturgesch. einiger Vögel“ (ebd. 5, 1848), in denen er ausführlicher als sein Gönner v. Loebenstein und dem Beispiel Ch. L. Landbecks und J. F. Naumanns (s. d.) folgend, die Welt mit dem großartigen Vogelleben in den noch unberührten Auen der unteren Donau bekannt machte.

— Lit.: Würdigung (von P. Kollibay). D. Vögel d. Preuß. Prov. Schles., 1906 (mit Bildnis).

Tökés, Ludwig, * 24. 4. 1873 Nagyvárad, † 13. 9. 1951 Budapest. Als Angehöriger des Piaristen-Ordens war er Gymnasiallehrer in Temeschburg (= Temesvár) und nach dem 1. Weltkrieg in Máramarossziget. Seit 1935 im Ruhestand lebend, wohnte er in Satoraljaujhely und kurze Zeit noch in Budapest. Die Ergebnisse seiner Studien über die Vogelwelt des Komitats Temes sind niedergelegt in der von ihm in ung. Sprache verfaßten „Wirbeltierfauna Süd-Ung.“ (Termtud. Füz. Temesvár 27, 1903).

Töpel, Friedrich Albert, * 13. 5. 1840 Kleinhelmsdorf (Kr. Zeitz), † 13. 1. 1910 Erfurt. Er war zuerst Lehrer in Bornitz, seit 1882 in Büchel (Nord-Thür.) und nach 1896 zugleich Kantor in Erfurt. Sein Name tummelte sich in Verbindung mit vielen faun. und biol. Nachr. seit 1882 in Orn. Ms. und nach der Jahrhundertwende auch in Mitt. Vw. Zu nennen wäre ein Aufs. „Z. Vorkommen d. Steinsperlings in Deutschl." (Mitt. Vw. 8, 1908) mit eigenen Beob. und Angaben aus der Lit. Die weitaus meisten Früchte der Schreibfreudigkeit waren unwesentliche, belanglose Kleinigkeiten, so daß selbst die rein örtliche Rolle ohne Nachhall blieb.

Törne, Hans von, * 3. 8. 1902 Rostow (Don), † April 1945 bei Königsberg. Sein Vater, ev. Propst in Rostow, wurde bei Ausbruch des 1. Weltkriegs von der zaristischen Regierung seines Amtes enthoben und nach Sarepta (beim heutigen Stalingrad) verbannt. 1921 kam die Familie nach Deutschl.; das Leben des jungen v. T., der infolge der Kriegswirren keine abgeschlossene Schulbildung mitbrachte, blieb weiterhin bewegt. 1922 begann er, sich in Gött. und anderen Orten als Präparator auszubilden. 1924/25 war er in Grieben (Altmark) und Heidelb. in einer Druckerei, 1926 auf der Vogelwarte Helgol., 1927 Naturalienhändler in Goslar, 1929—1938 Oberpräparator am Mus. in Osnabr. und dort Begründer eines Heimattiergartens, Sommer 1938 auf der Vogelwarte Schleimünde, anschließend in Benndorf (Kr. Delitzsch) in der Schädlingsbekämpfung beschäftigt. Im 2. Weltkrieg, an dem er als Dolmetscher in der Ukraine teilnahm, soll er für die Leitung von Ascania Nova vorgesehen gewesen sein. In den letzten Kriegstagen verblutete er als Volkssturmmann im russ. Artilleriefeuer. Er war ein begabter und fleißiger Naturbeobachter, der sich schon 1916 und 1917 an Wolga und Dnjepr zum Feldornithologen sowie Sammler entwickelte und sich dort die ersten Sporen verdiente. Erfahrungen des Jünglings aus diesen Jahren spiegeln sich wider in Arbeiten wie „Z. Problem d. Jungentötung bei Störchen" (B. z. F. 1, 1924/25), „Jagdfalken - Falco rusticolus als Gäste in Süd-Rußl." (Vz. 11, 1940), „D. Vogel mit d. Duft" (Gef. W. 69, 1940), „Charakterbilder d. Steppe" (ebd. 71, 1942). An all seinen späteren Wirkungsstätten blieb er der Vogelk. treu und beschäftigte sich vornehmlich mit biol. Fragen. Ein Aufs. aus seiner Feder über „Massenschlafplätze v. Vögeln" steht in Mitt. Sachs. 6, 1941. Am fruchtbarsten gestaltete sich der Aufenthalt in Schleimünde; das zeigen die Beitr. „Im Vogelparadies" (Gef. W. 67, 1938 bis 69, 1940), „Polyandrie u. Polygamie beim Mittelsäger" (Orn. Mber. 48, 1940), „Wie reagiert d. Sturmmöve auf d. Eierfortnehmen?" (Dt. Vw. 65, 1940), „Einiges über d. Ernährung d. Sturmmöwe" (ebd. 65, 1940), „Etwas v. Mittelsäger" (B. z. F. 16, 1940), „Nistplatz u. Wasserstand" (ebd. 17, 1941), „Wann verläßt d. Stockerpel d. Ente?" (ebd. 18, 1942), „Wohin ziehen d. Sturmmöwen Schleimündes?" (D. Heimat 50, 1941).

Tomek, Rudolf, * 23. 3. 1913 Wien, † 13. 7. 1943 Beresowez (Rußland). Nach dem Besuch der Mittelschule anfangs Bankbeamter in seiner Vaterstadt, erreichte er erst wenige Jahre vor seinem Tode die Versetzung in das n.-ö. Landes-Mus., wo er als Regierungsinspektor die ihn bewegenden Anlagen mehr für die Vogelk. nutzen konnte. Vom Vogelhalter schritt er weiter zum gewissenhaften Feldbeobachter, Sammler und Vogelschützer. Seine Lieblingsreviere waren die Klosterneuburger Au, das Schneeberggebiet und die übrige Umgeb. Wiens. Als der Neusiedler See stärker in das Blickfeld der Ornithologen rückte, reizte auch ihn dieses Gebiet zu vielen Besuchen und zu bevorzugtem Studium der dortigen Singvögel. Mit L. Machura sollte er daher am See eine biol. Station einrichten und leiten. Mehr als 20 Verlautbarungen geben in Sonderheit seine brutbiol. Beob. wieder; sie standen seit der Mitte der 30er Jahre in Hain (Wien), in den Blättern f. Naturk. u. Natursch. (Wien) und in den B. z. F. Als ehrlich strebender, hilfsbereiter Charakter genoß er in Wiener Fachkreisen verdiente Beachtung. Wegen seines wissensch. Verständnisses war er dazu im Naturh. Mus. in Wien gern gesehen. Dorthin kam auch eine Vogelausbeute, die er in Rußl. zusammengebracht hatte, während er dort tapfer seine soldatische Pflicht erfüllte. Eine von ihm vorbildlich aufgebaute Nesterkollektion einheimischer Vögel erhielt das n.-ö. Landes-Mus. Seiner für die Vogelk. noch viel Ertrag versprechenden Laufbahn setzte ein Granatsplitter ein zu frühes Ende.

— Lit.: Nachruf (von M. Sassi). Ann. Wien 55, 1944—1947, S. 150—156 (mit Beschr. d. russ. Vögel).

Treskow, Arthur von, * 1842 Rittergut Radojewo (Posen), † 3. 9. 1913 Charlottenburg. Auf dem Weg über die Jagdausübung kam er zur Vogelk. 1890 schloß er sich der DOG an. Als er 1893 im Range eines Majors aus dem Heeresdienst ausgeschieden war, ging er, in Charlottenb. wohnend, ganz den vorher schon gepflegten ool. Neigungen nach. Während eines Menschenalters stellte er in aller Stille etwa 12 000 Eier zu einer Kollektion zusammen, die nur den allernächsten Vertrauten zugänglich und damit im Grunde nutzloser Selbstzweck war. Da er zum Ausland, vornehmlich zu Südamerika, gute Beziehungen unterhalten konnte, verfügte er über ganze Gelege aus allen Zonen. Die vielen alten Oologen eigene Verschwiegenheit über örtliches Vorkommen im erreichbaren Sammelbezirk, wahrte auch er mit allem Bedacht. Sein größter Gegenspieler in den brandenburgischen Gefilden war H. Hocke (s. d.). Auf den märk. Exp. durfte den Major daher nur ein alter Steiger begleiten. Zum Ertrag dieser heimatlichen Unternehmungen gehörten allein 450 Eier des Wanderfalken und 631 des Kuckucks. Von 1895—1912 führte er mit Sorgfalt nie veröffentlichte Tagebücher. Den Orn. Mber. überließ er höchstens vereinzelte kurze Notizen, und in den Berl. DOG-Sitzungen hielt er gelegentlich einen Vortrag. Stoff dazu bot ihm hauptsächlich das Brutgeschäft der Raubvögel, in Sonderheit das des Wanderfalken. Leider zeigt der Umfang der dem Berl. Mus. vermachten ool. Hinterlassenschaft (s. J. Orn. 63, 1915, S. 506), daß seine Sammelleidenschaft das erträgliche Ausmaß doch wohl überschritt; der wissensch. Erfolg kann in keinem Verhältnis zur Schädigung der Naturbestände gestanden haben.

— Lit.: Nachruf (von G. Krause). Zs. Ool. u. Orn. 23, 1913, S. 98. - H. Schalow, Beitr. z. Vogelf. d. Mark Brandenb., 1919, S. 455.

Treuenfels, Hubertus von, * 16. 9. 1913 Diestelow (Mecklenburg), † Mai 1940 Frankreich. Vom 11. Lebensjahr ab besuchte er fünf Jahre das Gymnasium in Doberan und 2 Jahre das in Misdroy. Da er sich lieber in freier Ungebundenheit mit den Geheimnissen der heimischen Vogelwelt beschäftigte, vernachlässigte er die in der Schule gebotene Gelehrsamkeit. Der Vater gab ihn daher zu einem Förster, damit er sich auf die Verwaltung des eigenen großen Forstes Damerow vorbereite. 1934 trat er dann in das Angerburger Reiterregiment ein, um aktiver Offizier zu werden. Wie vorher in der Schul- u. Lehrzeit bewahrte er sich in allen Lagen, die ihm der Dienst in der Wehrmacht brachte, die Leidenschaft für die Orn. als einer von denen, die am liebsten allein ihren Naturstudien nachgehen. Er hatte die Gabe der wirklichen Versenkung in die Lebensäußerungen der Formen, die ihn besonders anzogen. Zu ihnen gehörten die im allg. wenig beachteten Phylloscopus-Arten. Der Deutung ihres Verhaltens widmete er viele Stunden im heimatlichen Forst, in Ostpr. und bei Bad Kissingen. Die Arbeitsmethoden von O. Heinroth (s. d.) und die Unters. von K. Lorenz waren ihm Vorbild bei den beharrlichen Versuchen, die schwere Analyse gerade im Freileben der Vögel zu finden. Beifall und Hoffnung auf eine vielversprechende junge Kraft begleiteten darum seine ersten größeren Veröff. zu den selbstgewählten Themen. Es waren der „Beitr. z. Brutbiol. d. Waldlaubsängers" (J. Orn. 85, 1937) und die „Beob. am Weidenlaubvogel" (B. z. F. 14, 1938). Ihnen folgte nur noch eine ausführliche Darstellung „Z. Biol. u. Psychol. d. Weidenlaubsängers" (J. Orn. 88, 1940). Als diese gewissenhaft durchgeführte Beobachtungsreihe im Druck erschien, hatte das Herz des Verf. bereits aufgehört zu schlagen. Der Oberleutnant einer Aufklärungsabteilung war vor dem Feinde gefallen, und die tierpsychol. Forschung mußte den Verlust eines begeisterten, wahrhaft berufenen Jüngers beklagen.
— Lit.: Nachruf (von E. Stresemann). J. Orn. 88, 1940, S. 509—511 (mit Bildnis).

Trinthammer, Wilhelm Friedrich, * 22. 1. 1791 Bieber (Kr. Gelnhausen). Er war der Sohn eines Pfarrers und lebte seit 1795 in Preungesheim bei Frankf. (Main). 1809 begann er das Studium der Theol. in Marb. und war von 1819 ab Assistent seines Vaters in Preungesheim. 1835 erhielt er eine Pfarrstelle in Hanau, litt aber bald an einem „hypochondrischen Übel". 1852 wurde er wegen seines Verhältnisses zum Deutschkatholizismus vom Dienst suspendiert und 1857 endgültig emeritiert. Wie sein Leben weiter verlief, konnte nicht ermittelt werden. In ländlicher Umgeb. beschäftigte er sich als Feldbeobachter und Vogelhalter schon früh mit der Ornis des Untermaingebiets um Frankf. Allzu sicher kann seine Artkenntnis jedoch nicht gewesen sein, denn er sah noch 1830 einen Sperber „rüttelnd" über seinem Garten. Nachdem er schon außer Dienst war, schrieb er zwischen 1857 und 1862 einmal für die Naum. und zweimal für das J. Orn. Seine Beitr. sind in angenehmen Plauderton und gewandten Stil gekleidete Schilderungen von orn. Erlebnissen unter freiem Himmel und Erfahrungen mit gezähmten Hausgenossen. Von Bedeutung waren die gefühlsbeschwingten Ergüsse nicht. Wahrscheinlich wurde er dazu angeregt durch Beziehungen zu A. v. Homeyer (s. d.), den er vielleicht während seiner ersten Frankf. Jahre kennenlernte.

Troller, Julius, Dr., * 12. 11. 1870 Bad Knutwil (Schweiz), † 19. 5. 1938 Luzern. Als Facharzt für innere Med. ließ er sich 1910 in Luzern nieder. Seine Freizeit galt neben der Botan. und Kunst vor allem der Vogelk., für die er von Jugend auf eine sichere Beob.-Gabe mitbrachte. Die Schweiz. Fachfreunde sprachen seinen orn. Fähigkeiten hohe Rangstufe zu. In seinen von Klugheit gelenkten Händen lag daher von 1915 bis 1918 die Präsidentschaft der Schweiz. Ges. f. Vogelk. . . . und von 1915 bis zum Tode die der Orn. Ges. Luzern. Neigung zu exakter Forschung und verfeinertes Gefühl für Unterscheidungsmerkmale drängten ihn, mehrfach das Wort zu physiol. Vorgängen und (aus methodischen Gründen nicht unwidersprochen gebliebenen) system. Fragen zu ergreifen. Dahin gehörige längere Unters. und Themen waren „Ein Beitr. z. Biol. d. Zwergsteißfußes" (Orn. Beob. 13, 1915/16), „Beitr. z. Verfärbung d. Iris d. Kormorans u. seine Körpermaße" (ebd. 14, 1916/17). „D. Weidenmeise, ihre Unterarten in d. Schweiz" (ebd. 20, 1922/23), „D. Raubwürger" (ebd. 22, 1924/25 u. 34, 1936/37), „D. Wasseramsel - Cinclus cinclus L., u. ihre Unterarten in d. Schweiz" (Schweiz. Arch. f. Orn. 1, 1935), „Weiterer Beitr. z. System. d. Wasseramsel" (ebd. 1, 1936). Breitere Kreise lernten ihn kennen nicht nur auf den von ihm geführten Exk., sondern auch durch allg. interessierende Veröff. wie „D. Nußhäherzug 1911 u. einige daran anschließende Beob." (Orn. Beob. 10, 1912) und „D. Alpensegler-Kolonie in Luzern" (Gedenkschr. d. Orn. Ges. Luzern, 1932). Anerkennung fand ferner eine von ihm zusammengebrachte, wertvolle Belegstücke enthaltende Samml. Ein schweres Herzleiden legte seine Kräfte vorzeitig lahm und fesselte ihn während der letzten sechs Lebensjahre ganz ans Haus.
— Lit.: Nachruf (von U. C.). Orn. Beob. 35, 1937/38, S. 166/67.

Troschütz, Carl Alfred, * 5. 12. 1867 Riesa (Sachsen), † 12. 1. 1944 Lemgo (Lippe). Der die Naturk. als Kulturaufgabe pflegende Buchhändler und Verleger übernahm 1897 die alte Crusesche Buchhandlung in Hann. Nach dem 1. Weltkrieg war sein reichhaltiges Antiquariat ganz auf die Naturw., vornehmlich die Orn. zugeschnitten. Es galt als eines der größten auf diesem Wissensgebiet und hatte Versand nach vielen Ländern. Bibl. Erfahrung und Hilfsbereitschaft machten T. zum Berater von Fachleuten und Laienvogelkundigen weit über die nieders. Grenzen hinaus. Er war nicht eigentlich wissensch.-orn. eingestellt, dafür aber mit echter Herzenswärme Vogelfreund, Vogelhalter und Vogelschützer. Die Freude an der Vogelwelt erwachte in ihm kurz vor 1914, nachdem er vorher der Reptilienkunde gehuldigt hatte. Damals ließ er die in seinem Laden aufgestellten Terrarien durch einen großen Flugkäfig auswechseln und besetzte ihn mit ausgesprochenen Seltenheiten exotischer Formen. Inhaltsreiche Aufs. aus seinem Erlebnisbereich übergab er der Gef. W. bis zum Jahre 1941. Die

von ihm ausgehende stille Förderung biol. Interessen brachte dem feinsinnigen Manne allg. Achtung ein.
— Lit.: Würdigung (Verf. ungen.). Gef. W. 66, 1937, S. 575.

Tschudi, Friedrich von, * 1. 5. 1820 Glarus, † 24. 1. 1886 St. Gallen. Der jüngere Bruder des Südamerikaforschers Johann Jakob v. T. (s. d.) studierte Theol. in Basel, Bern, Berl. und übte seit 1843 das Amt des Stadtpfarrers in Lichtensteig aus. Als er aus gesundheitlichen Gründen den erwählten Beruf aufgeben mußte, verzog er nach St. Gallen, um sich ganz lit. und politischer Tätigkeit hinzugeben. Die Hebung des Erziehungswesens und der Landwirtschaft seines Vaterlandes lag ihm, der die Titel eines Großrats, Regierungsrats, Schulrats und schließlich Ständerats trug, vornehmlich am Herzen. Daß sein Name heute noch bei naturw. Fachleuten und Laien guten Klang hat, verdankt er der weiten Verbreitung, die sein für alle Leserschichten bestimmtes „Tierleben d. Alpenwelt" (1853) fand. Auf der Grundlage verläßlicher eigener Freilanderfahrung sowie einer gründlichen Kenntnis der zool. Lit. und volkstümlichen Überlieferung gab der Verf. in trefflichem Stil ein übersichtliches Bild des Vorkommens und der Daseinsbedingungen auch der Vögel in den „Kreisen" der Berg-, Alpen- u. Schneeregion. Das reizvolle, kulturhist. beachtliche Buch förderte mit 11 Aufl. bis 1890 und Übers. ins Franz., Engl., Dän. gerade auch außerhalb der Schweiz das Wissen um die Wesenszüge der Alpenornis. Durch mancherlei gesch. und jagdliche Bem. über selten gewordene oder ausgestorbene Formen (z. B. Lämmergeier, Steinadler) behauptete es sich ebenbürtig neben der späteren „Tierwelt d. Schweiz" (1914) von E. A. Goeldi (s. d.). T.s Aufgeschlossenheit für Fragen der Landwirtschaft ließ ihn daneben zum frühen Befürworter des Schutzes „nützlicher" Vögel werden. Seine Gedanken und Forderungen, die im eidgenössischen Bundesgesetz für Jagd und Vogelsch. 1875 verwertet wurden, sind niedergelegt in Schriften wie „Über d. landw. Bedeutung d. Vögel" (1854), „D. Vögel u. d. Ungeziefer" (1855) und „Übersicht d. nützlichen Vögel d. Kantons St. Gallen" (1861).
— Lit.: Allg. Dt. Biogr. 38, 1894, S. 744—746. - Würdigung (von G. Heer). Verh. Schweiz 1908, S. 34/35. - R. Lauterborn, D. Rhein, . . ., Freib. 1934, S. 185/86. - E. Brunner, Z. Jahrhundertfeier F. v. T. s „Tierleben d. Alpenwelt", Orn. Beob. 50, 1953, S. 208/09.

Tschudi, Johann Jakob von, * 15. 7. 1818 Glarus, † 8. 10. 1889 Gut Jakobshof bei Edlitz (N.-Ö.). Einer alten Patrizier- u. Gelehrtenfamilie, die viele bedeutende Glieder hervorbrachte, gehörte er an. Auf den regen Geist des Jünglings wirkte schon in den Universitätsjahren (Zürich, Paris) neben anderen namhaften Männern H. R. Schinz (s. d.) nachhaltig ein. Weiter bei H. Schlegel (s. d.) in Leiden vorgebildet, bereiste er 1838—1842 Peru. Auf der Fahrt durch Deutschl. weilte er 1843 vorübergehend in Berl. und lernte dort den wenig älteren J. Cabanis (s. d.) kennen. Dessen ihn beeindruckende system. Auffassungen und Kenntnisse nutzte er bei der Herausgabe seines „Avium conspectus quae in Republica Peruana reperiuntur" (1844) und im Vogelband (1845/46) seines Reiseber. „Unters. über d. Fauna Peruana" (St. Gallen 1844—1847). Nachdem er etwa 10 Jahre in Wien und auf seinem Gut in N.-Ö. verbracht hatte, zog er von 1857—1859 wieder zu naturw., ethnogr. und sprachlichen Studien durch Bras., Urug., Argent., Chile, Boliv., Peru. Von 1860—1862 ging er nochmals nach Südamerika, um dieses Mal im Auftrag der Schweiz. Regierung dort Erhebungen über die Lage der Schweiz. Auswanderer anzustellen. 1866—1883 war er schließlich Geschäftsträger und außerordentlicher Gesandter in Wien. In diesen Jahren gab er sich, meist auf Jakobshof wohnend, vielseitiger Gelehrsamkeit hin und wurde Mitglied der Leopoldina. Auf der Wiener Weltausstellung 1873 erstattete er das Referat über Vogelschutzfragen vor dem Kongreß der Land- u. Forstwirte. Zu seiner schriftstellerischen Tätigkeit, die peruanische Quellenwerke hinterließ, gehörte außer der geogr., kulturhist. und sprachkundlichen Auswertung seiner Exp. auch die Bearbeitung der 5. Aufl. des „Hdb. f. Jäger" (1878) von D. aus dem Winkell (s. d.).
— Lit.: Biogr. Lex. Kaisert. Österr. 48, 1883, S. 61—64 (mit Verz. d. Veröff.). - Nachruf (von A. v. Pelzeln). Mitt. Wien 13, 1889, S. 541/42. - Allg. Dt. Biogr. 38, 1894, S. 749—752. - Würdigung (von G. Heer). Verh. Schweiz 1908, S. 35—37. - E. Stresemann, J. Cabanis' amerik. Abenteuer, J. Orn. 97, 1956, S. 427/28.

Tschusi zu Schmidhoffen, Viktor von, Dr. h. c., * 28. 12. 1847 Smichow bei Prag, † 5. 3. 1924 Tännenhof bei Hallein (Tirol). Der Vater, Gutsbesitzer und österr. Offizier aus altem Tiroler Geschlecht, sowie die Mutter weckten schon in dem Knaben den Sinn für eine kritische Beob. der Natur und vor allem der Vogelwelt. Nach privatem Unterricht in Krems und dem Besuch eines Wiener Gymnasiums beschäftigte er sich in der Kaiserstadt mit dem Studium der orn. Fachlit. und durchforschte die Vogelsamml. Beziehungen zum Wiener Hof-Mus. und die Mitgliedschaft bei der Zool.-botan. Ges. (seit 1865) wiesen ihm die Richtung auf die späteren system. Unters. 1867 schloß er sich der DOG an. 1871 verzog er nach Gut Tännenhof, seit 1919 infolge des unglücklichen Kriegsausgangs zwar von Not und Sorgen gequält, als guter Österreicher den Glauben an die dt. Kulturgemeinschaft aber tapfer bewahrend. Als er auf eigenem Boden seßhaft geworden war, begann er sein Interesse ganz auf die paläarkt. Ornis zu lenken und die Sammeltätigkeit in großem Stile zu betreiben. Stattliche Serien vieler Arten aus allen Verbreitungsgebieten ermöglichten dem scharfen Auge, die Abänderungen je nach der Lage der Brutheimat zu verfolgen. Bis zum Jahre 1914 hatte er 54 geogr. Formen im Orn. Jb., manche auch in J. Orn., Orn. Mber. und Orn. Ms. (teilweise zusammen mit anderen Systematikern) neu beschrieben. Der Handhabung und Methodik der alten system. Schule stand er ablehnend gegenüber und wurde in dieser Haltung einer der Lehrmeister O. Kleinschmidts (s. d.), für dessen Formenkreisbegriff schon die Abh. „Über d. Begriff Spezies u. Subspezies in d. Orn." (Orn. Jb. 1, 1890) höchst anregend wirkte. Großen Einfluß übte er daneben auf die orn. Entwicklung in Österr.-Ung. aus durch die seit 1870 im J. Orn. veröffentlichten „Orn. Mitt. aus Österr.", denen er von 1883

bis 1890 in der „Ornis" die Jber. d. Komitees für orn. Beob.-Stat. in Österr.-Ung. folgen ließ. Wesentlich bedeutsamer als der damit verbundene — durch Kronprinz Rudolf (s. d.) angeregte — Aufbau eines österr. Beobachternetzes war indes die Gründung des Orn. Jb. 1890. Da er sich darin schon 1898 zu den Hartertschen Nomenklaturregeln bekannte, machte er sich zu einem der Wegbereiter für die neuen taxon. Anschauungen. Die um die Jahrhundertwende sehr beachtete Zeitschr., an der Kenner aus den verschiedensten orn. Sachgebieten mitarbeiteten, wurde 1918 das Opfer der wirtschaftlichen Nöte. Die lit. Regsamkeit des Meisters kam außer anderen vogelk. Presseorganen auch Jagdblättern und Tageszeitungen zugute. Als ihm der Tod die Feder aus der Hand nahm, hatte er über 700 Arbeiten abgeschlossen. 10 Vogelformen trugen seinen Namen. Die Veröff. spiegelten den Umfang seines geistigen Schaffens ebenso wider, wie sein rastloser Sammeleifer sich in den über 9000 Bälgen verkörperte, die er durch Verbindungen in der ganzen paläarkt. Welt zusammengebracht hatte. Der größte Teil seiner Schätze kam in das Naturh. Mus. Wien, der Rest in die Zool. Staatssamml. Münch. und das Orn. Inst. (E. P. Tratz) Salzb.; Ritterlichkeit und Sachlichkeit auch im Streit der Meinungen prägten die harmonische Einheit seiner Erscheinung. Menschliche Wertschätzung und die Ehrenmitgliedschaft bei vielen wissensch. Gesellschaften waren daher Ernten eines uneigennützigen Lebens; die Univ. Innsbruck verlieh ihm 1921 schließlich die Würde des Dr. h. c.
— Lit.: Würdigung (von O. Kleinschmidt). Falco 3, 1907, S. 99—101 (mit Bildnis). - Nachruf (von dems.). Ebd. 20, 1924, S. 1—3. - Nachruf (von J. Gengler). J. Orn. 72, 1924, S. 450—460 (mit Bildnis). - Nachruf (von dems.). Verh. Bay. 16, 1924, S. 86—90. - Nachruf (von W. Bacmeister). Orn. Ms. 49, 1924, S. 49/50. - Nachruf (von G. v. Almásy). Aquila 30/31, 1923/24, S. 367. - Nachruf (von L. Lorenz v. Liburnau). Verh. Wien 74/75, 1924/25, S. 32—35. - Nachruf (von Schriftl.). Ibis (11) 6, 1924, S. 784.

Tümler, Bernard, * 1. 9. 1832 Münster (Westfalen), † 22. 5. 1916 Vellern (Westfalen). In seiner Vaterstadt studierte er und wurde dort auch zum Priester geweiht. Als Kaplan war er u. a. in Enniger (Kr. Beckum) tätig. 1884 kam er nach Vellern, wo er die Pfarrstelle bis zu seinem Tode innehatte. Mit orn. Veröff. trat er nicht in Erscheinung, war aber in der heimatlichen Vogelwelt gut beschlagen. Zool. Interessen verbanden ihn mit H. Landois (s. d.), der sich auf seine Vogelbeobachtungen verschiedentlich in „Westfalens Tierleben" (1886) bezog.

Tyzenhauz, Konstantin Graf, * 22. 5. 1786 Gut Zotudek bei Grodno (Polen), † 16. 3. 1853 Postawy (Litauen). Als 1814 nach dem russ. Feldzug der poln. Oberst und Grundbesitzer die Heimat wieder erreicht hatte, studierte er in Wilna, um dann — gesellschaftlichem Getriebe abhold — in der ländlichen Stille von Postawy seine Tage nach eigenen Vorstellungen zu gestalten. Hier war er, von neuen Gedanken gelenkt, allseitig tätig als praktischer Landwirt, Arzt und Veterinär. Gleichzeitig folgte er der Begabung für Malerei und Musik und ging schließlich ausgesprochen naturw. Neigungen nach. Neben der Schmetterlings- u. Fischkunde stand die Orn. eindeutig im Vordergrund seines weitgesteckten Blickfeldes. Ohne Anregung oder fremdes Vorbild unter freiem Himmel sammelnd und beobachtend sowie am Schreibtisch kritisch die Feder führend, reihte er sich unter die bekannten Köpfe aus der Anfangszeit einer poln. Vogelforschung ein. Reisen nach den Mus. und Samml. von Dresd., Wien, Berl., Mailand, Venedig erbrachten nicht nur zusätzlich begehrte Kenntnisse, sondern auch fruchtbare Verbindungen zu Fachleuten anderer Länder, so daß sein Name bei J. F. Naumann und A. E. Brehm (s. d.) zu finden ist. Sein Wissensstand ist, poln. und franz. geschrieben, zwischen 1841 und 1853 niedergelegt in kleineren Abh. und vor allem in mehreren umfangreichen Büchern. Die „Grundbegriffe d. Orn. . . ." (Wilna 1841) waren das 1. Lehrbuch der Vogelk. in poln. Sprache. Die „Allg. Orn., eine Beschr. v. Vögeln aus allen Teilen d. Welt" (3 Bde., Wilna 1842—1846) fußte fast nur auf eigenen Beob. und Stücken aus den von ihm besuchten ausländischen Mus. Die „Planches ovologiques coloriées pouvant servir d'atlas à l'ouvrage de Temminck" (Paris 1850—1853, mit 73 Tafeln) entsprangen der Bewunderung für den holl. Meister. Die „Eier d. poln. Vögel" (1850—1853; mit 170 Tafeln erst 1862 in Warschau erschienen) waren mit Beschr. von L. Taczanowski (s. d.) versehen. Der „Catalogus avium et mammalium quae habitant in regionibus Europae . . . " (Riga 1844—1848) erfuhr noch 1931 eine neue Bearbeitung. Bekannt war im Ausland auch seine im Laufe eines halben Jahrh. aufgebaute zool. Samml.; sie enthielt allein 3000 meist von ihm selbst präparierte Vögel und eine stattliche Eierkollektion, verkam aber nach seinem Tode bis auf die in das Mus. von Wilna gelangten Stücke. Nicht zuletzt förderte er das damals in seinem Volke langsam erwachende Verständnis für die Vogelwelt durch die Schaffung poln. Vogelnamen. So sicherten ihm seine selbständigen Studien einen festen Platz in der Geschichte der wissensch. und volkstümlichen Orn. Polens.
— Lit.: Nachruf (von A. F. Adamowicz). Notice sur le Comte C. T., Bull. Soc. Nat. Moscou 26, II, 1853, S. 517—529 (mit Verz. d. Veröff.). - Ders., Notice nécrol. sur le Comte C. T., Rev. et Mag. de Zool. (2) 9, 1857, S. 591—604 (mit Bildnis u. Verz. d. Veröff.). - F. Th. Köppen, Bibliotheca Zool. Ross. II, Petersb. 1907. - G. Brzęk, D. Goldene Zeitalter d. Poln. Orn. (Poln. mit engl. Zusammenfassung). Memorabilia Zool. 3, Warschau 1959 (mit Bildnis u. Verz. d. Veröff.).

U

Uechtritz, Maximilian Friedrich Siegesmund von, * 21. 9. 1785 Obersohland (Oberlausitz), † 24. 12. 1851 Breslau. „Kleine Reisen eines Naturforschers" (Bresl. 1820) aus der Feder des sächs. Rittmeisters offenbarten seine Neigung zu den Naturw., darunter auch zu den Vögeln. Die erste, für ihre Zeit recht gute Aufstellung

der reichen Lausitzer Vogelwelt brachten dann seine „Beitr. z. Naturgesch. d. Oberlausitz" (Isis 1821). Daß ihn, der durch Hufschlag zu körperlichem Schaden gekommen war, die naturw. Aufgeschlossenheit über Jahrzehnte hinweg begleitete, verriet auch seine letzte Arbeit, die „Zool. Bem. über d. Umgegend v. Reinerz in d. Grafschaft Glatz" (Arbeiten d. Schles. Ges. f. vaterl. Kultur, 1847). Für P. Kollibays (s. d.) „Vögel d. Preuß. Prov. Schles." (1906) bedeutete Ue. eine öfters benutzte Quelle.
— Lit.: R. Heyder, Aus d. Frühgesch. d. Vogelk. in d. Oberl., Mitt. Sachs. 1, 1926, S. 194/95.

Ulmer, Ernst, * 21. 10. 1878 Quanditten, Samland (Ostpreußen), † 5. 2. 1962 Neustadt (Holstein). Mit 1000 Ulmenpflanzen stiftete der saml. Rittergutsbesitzer seinem Jagdfreund J. Thienemann (s. d.) 1908 die Feldstation an einer günstigen Stelle zwischen den Dünen 7 km südl. Rossitten. Im Zugweg der Vögel gelegen, wurde die 1919 zerstörte und 1922 wieder aufgebaute Hütte, die J. Thienemann dem Spender zu Ehren Ulmenhorst benannte, der Mittelpunkt der orn. Feldforschung in Rossitten. Durch die großzügige Hilfe machte sich U. um die Vogelwarte in hohem Maße verdient. Sein Name wurde bei allen in- u. ausländischen Besuchern, die auf der Nehrung die Zugerscheinungen beobachteten und untersuchten, ein fester Begriff. Er lieferte auch viele Zugdaten, trat aber mit der Feder kaum an die Öffentlichkeit. F. Tischler (s. d.) verzeichnete in den „Vögeln d. Prov. Ostpr." (1914) nur 3 Nachr. von ihm aus der Dt. Jägerzeitung 1909—1013 über das Vorkommen der Löffelente, des Uhus, des Habichtskauzes und der Sperbereule in Ostpr. und in den „Vögeln Ostpr. u. seiner Nachbargebiete" (1941) einen Beitr. „Aus d. Samlande" (Wild u. Hund 44, 1938). Nach 1945 lebte U. in Neustadt.

Unger, Jakob, * 23. 2. 1894 Südrußland, † 22. 6. 1959 Filadelfia, Chaco (Paraguay). Als Lehrer jagte und präparierte er in Sibirien, mußte aber, weil er Mennonit war, mit Glaubensgenossen 1930 in die Mandschurei fliehen. Dort fand er den kargen Lebensunterhalt im Fallenstellen und in der Pelztierjagd. 1932 konnte er nach Paraguay auswandern, wo er als Messinggießer, Landwirt und Jäger bald bekannt wurde. Da sein wacher Geist Anschluß an wissensch. Inst. suchte, öffnete sich ihm die Verbindung auch zum Mus. Senck. in Frankf. (Main) (dem er, auf eine Bezahlung verzichtend, seit 1955 fast 1000 prachtvolle Vogelbälge aus dem Chaco lieferte) und zum Mus. A. Koenig (s. d.) in Bonn. Dem Idealisten genügte die aus den Beziehungen erwachsende Anregung des Gedankenaustauschs und die Genugtuung, durch Erfahrungsberichte und Balgmaterial der zool. Forschung gedient zu haben. Er starb an einer Handverletzung, die er sich beim Präparieren zugezogen hatte.
— Lit.: Nachruf (von J. Steinbacher). Ber. Senck. 90, 1960, S. 306/07.

Unzicker, Christian. 1842/43 war er Ökonom zu Henriettenthal (Amt Idstein). 1845—1849 wohnte er in Schierstein (Rhein). Mit dem naturw. aufgeschlossenen und bedeutenderen F. H. Ch. S. Snell (s. d.) befreundet, nutzte er die ihm durch den Beruf gebotenen Möglichkeiten und sah sich fleißig im Freien um. Er stand noch ganz auf der Anfangsstufe orn. Betrachtung, bemühte sich aber, seine Erfahrungen in Aufz. festzuhalten. Die noch weniger unterrichteten Zeitgenossen aus Wiesb. glaubten, daß er „der Naturgesch. d. dt. Vögel in hohem Grade kundig" sei. Zuerst wagte er sich hervor mit den „Wanderungszeiten d. gewöhnlichsten Zug- u. Strichvögel, welche i. J. 1842 im Herzogtum Nass. beobachtet wurden" (Jb. Nass. 1, 1844); es waren Zugdaten von 68 Arten auf Grund von Begegnungen an einem kleinen Teich, „welcher sich auf dem niederen Bergrücken zwischen Wallrabenstein und Würges befindet". Dann folgten „Bem. über unsere Vögel, welche in d. J. 1845—1848 zu Schierstein (Rhein) wahrgenommen wurden" (ebd. 4, 1849) mit 42 „Schwimm- u. Sumpfvögeln" und 20 „Landvögeln". Seine mit den Fehlurteilen und Irrtümern der Zeit belastete Aufzählung entsprach dem Stile der damaligen unvollkommenen Ortsfaunen. Wenn die Arbeit von 1849 schon eine genauere Unters. als die von 1844 darstellte und auch brutbiol. Angaben enthielt, so erfuhren die orn. Verhältnisse des Taunuslandes durch die knappen Mitt. doch nur eine blasse, andeutende Beleuchtung. Als der Verf. später den Hof Vetzberg bei Gießen verwaltete, machte er sich in der Vogelk. nicht mehr bemerkbar.
— Lit.: L. Gebhardt u. W. Sunkel, D. Vögel Hess., 1954, S. 61.

Urstadt, Karl, Dr., * 11. 5. 1867 Windhausen (Kr. Alsfeld), † 23. 9. 1943 Darmstadt. Er war Ministerialrat in der Abt. f. Forst- u. Kameralverwaltung in Darmst. und federführender Referent des hess. Naturschutzgesetzes v. 14. 11. 1931. Seiner in der Öffentlichkeit wenig beachteten Tätigkeit ist die hess. Vogelschutzbewegung Dank schuldig. Als begeisterter Wanderer und Freund der Heimatlandschaft trat er orn. zwar nicht hervor, baute aber, nachdem die von K. Kullmann (s. d.) gegründete Versuchs- u. Musterstation f. Vogelsch. in Darmst. im 1. Weltkrieg untergegangen war, den hess. Ver. f. Vogelsch. wieder auf und verschaffte ihm Zugang in weite Bevölkerungskreise. Der verdiente Beamte wurde das Opfer des Bombenangriffs auf Darmstadt.
— Lit.: Bildnis in W. Schuster, Vogelf. v. Großhess. u. Nassau, 1941.

Uttendörfer, Otto, Dr. h. c. Dr. h. c., * 14. 1. 1870 Königsfeld (Schwarzwald), † 21. 3. 1954 Herrnhut (Sachsen). In der Geborgenheit der Herrnhuter Brüdergemeine rundete sich die Lebensbahn des Erziehers und Forschers. Nach dem theol. Studium in Gnadenfeld (Oberschles.) war er seit 1892 Lehrer am Pädagogium in Niesky und von 1897—1901 an der Realschule in Gnadenfeld. Bis 1913 stand er als Direktor dem Seminar in Niesky vor. 1913—1937 gehörte er der Direktion der Bruderkirche in Herrnhut an. Seine scharf ausgeprägte Persönlichkeit war durch staunenswerte Vielseitigkeit gekennzeichnet. In den Vordergrund drängten sich 2 getrennte Wissensgebiete, die Theol. und die Naturw. Nebenher lief die Beschäftigung mit den Geisteswissensch.; er war ein hervorragender Goethekenner. Als

Theologe lag ihm die Geschichte der Brüdergemeine am Herzen; die hierher gehörigen Studien gipfelten 1950 in dem Buche „Zinzendorf u. d. Mystik". Daß er trotz deutlicher Zweigleisigkeit auch in den Naturw. nie an der Oberfläche bleiben mußte, verdankte er der Kunst, in den einzelnen Lebensabschnitten sich stets auf einen Zweig zu beschränken. Mit der Botan. begann er und schürfte gleich in die Tiefe. Viele in Deutschl. bekannte Fundorte seltener Pflanzen suchte er auf, schritt aber nicht zu Veröff., sondern ließ es mit einem Msk. „Botan. Erinnerungen" genug sein. In der Orn. verdichtete sich seit 1894 der Forscherdrang auf die Ernährungsbiol. der Raubvögel und Eulen. Die Unters. wurden durch eine unangefochtene Beherrschung des Sonderbereichs gelohnt. In der Orn. Ms. 22, 1897 berichtete er im Verein mit W. Baer (s. d.) erstmalig über Beob. auf den „Spuren gefiederter Räuber". Die überzeugenden Ergebnisse jahrzehntelanger Bemühungen konnte er erzielen, weil um ihn der wärmende Glanz guter Kameradschaft und fester Verläßlichkeit sich breitete, und weil von seiner menschlichen Güte Kräfte der Anregung ausgingen, die ihm seit 1901 eine treue Gemeinschaft von Raubvogelkennern zuführten. Die Mitarbeiter, die ein vielgestaltiges Material von Gewöllen und Rupfungen aus den verschiedensten Lebensräumen der Vögel sammelten, veranlaßte er obendrein zu selbständigen Veröff. Aus seiner eigenen Feder stammen etwa 60 kleinere Beitr. in einer Reihe von Zeitschr. In seinen Büchern faßte er Zahlen, Namen und wichtigste Feststellungen aus Einzelveröff. und umfangreichem Briefwechsel zusammen. Die ersten „Studien z. Ernährung unserer Tagraubvögel u. Eulen" standen in den Abh. Görl. 31, 1930. Das Buch, das seinen Ruf weit über die dt. Grenzen begründete, erschien 1939 unter dem Titel „D. Ernährung d. dt. Raubvögel u. Eulen . . .". Er empfand es als den Höhepunkt seines Schaffens, wenn auch 1952 die „Neuen Ergebnisse über d. Ernährung d. Greifvögel u. Eulen" mit Ergänzungen von G. Bodenstein u. R. Kuhk folgten. Als Mensch darauf bedacht, hinter seinem Werk zurückzutreten, als Schriftsteller unabhängig von Tagesmeinungen, beteiligte er sich nicht an wissensch. Auseinandersetzungen und wahrte inneren Abstand, wo ihm Lobsprechungen begegneten. Gelassen wußte der Achtzigjährige es hinzunehmen, daß ihn 1950 die Humboldt-Univ. Berl. für naturw. Leistungen und die theol. Fak. von Marb. für die Zinzendorfstudien durch die Verleihung des Dr. h. c. auszeichneten. Als er die Augen schloß, hatte er die dt. Orn. durch neue Forschungsmethoden bereichert, die Kenntnis der Ernährungsbiol. unserer Raubvögel und Eulen in beachtlichem Ausmaß erweitert und neue Probleme aufgezeigt. Verpflichtende Antriebe werden mit seinem Andenken verbunden bleiben.
— Lit.: Nachruf (von O. Schnurre). Vw. 75, 1954, S. 104—106 (mit Bildnis). - Nachruf (von R. März). Falke 1, 1954, S. 87/88. - Nachruf (von T. Schulze). Abh. Görl. 34, 1954, S. 118/19. - Bildnisse in Columba 2, 1950; in Natura Lusatica 1955; in R. Heyder, Nachtr. z. sächs. Vogelf., B. z. Vk. 7, 1962. - Von U. selbst verfaßte „Lebenserinnerungen u. Tagebücher" in Arch. d. Brüdergemeine, Herrnhut.

V

Valentinitsch, Franz, Dr., * 27. 2. 1846 Tüffer bei Cilly, Steiermark (jetzt Jugoslawien), † 14. 1. 1902 Graz. Nach dem Studium in Wien kam er 1869 als Subvent nach Graz, wo er von 1872 bis zum Tode Oberlehrer und Prof. an der Staatsoberrealschule war. Leidenschaftlich der Jagd ergeben, leistete er in den 80er und 90er Jahren vielfältige Mitarbeit an verschiedenen Jagdzeitschr. (Weidmannsheil, Hugos Jagdztg.) und am Zool. G. Wie kaum ein anderer seiner Zeit war er mit dem Leben des Haselhuhns vertraut. Sein Name als Autor ist daher heute noch verknüpft mit dem weithin bekanntgewordenen Buch „D. Haselhuhn, dessen Naturgesch. u. Jagd" (1892), das von A. v. Krüdener (s. d.) 1926 neu bearbeitet wurde.
— Lit.: Nachrufe. Grazer Tagebl. v. 15. 1. 1902, S. 2 u. 4.

Vangerow, Carl. Er wohnte in Berlin. Beruf und Lebensgang sind unbekannt. Nachdem er sich in J. Orn. 1, 1853 über „Ungewöhnliche Nistweise v. Sylvia hypolais" geäußert hatte, entschloß er sich zur Veröff. des „Versuchs einer Übersicht d. Vögel d. Mark" (ebd. 3, 1855). Er betonte darin, daß er „mehrere Jahre hindurch" seine Beob. angestellt habe und dankte auch seinen Freunden A. Günther und Th. Krüper (s. d.) für Unterstützung. Er gehörte damals dem Ornithologenkreis um B. Altum (s. d.) an. Da er weiter nicht mehr orn. hervortrat, liegt die Annahme nahe, daß seine Aufgeschlossenheit für die Vogelk. nicht von langer Dauer war, oder daß er früh verstarb. Immerhin enthält diese zweite faun. Darstellung der Mark 14 Formen mehr als die „Fauna Marchica" von J. H. Schulz 1845 (s. d.), auf die V. vielfach in wörtlicher Wiederholung, allerdings ohne Quellenangabe zurückgriff. Wenn er auch einige Berichtigungen brachte, so sind seine Mitt. über das Vorkommen vieler Arten doch zweifelhaft oder zum mindesten recht lückenhaft. A. E. Brehm (s. d.) sprach in einer Sitzung der Berl. DOG (Januar 1874) von der „überaus großen Unzuverlässigkeit des Genannten".
— Lit.: H. Schalow, Beitr. z. Vogelf. d. Mark Brandenb., 1919, S. 32/33.

Vařečka, Dalimil Vladislav, * 12. 6. 1868 Jitschin = Jičin (Böhmen), † 6. 9. 1893 Písek (Böhmen). Als Sohn eines Gymnasialprofessors studierte er an der böhm. Univ. Prag Min. und wurde dort 1892 Assistent am min. Inst. Nebenher beschäftigte ihn schon als Schüler in besonderem Maße die Vogelk.; sie ließ ihn in der Umgeb. von Písek, wo er das Gymnasium besuchte, zum leidenschaftlichen Sammler und Beobachter werden. Der gleichaltrige J. P. Pražák (s. d.) verdankte ihm mehrere hundert Bälge aus dem Tale der Moldau und der Otawa. Als er frühzeitig einem Lungenleiden erlag, hinterließ er zuverlässige faun., phänol. und brutbiol. Aufz.; die wenigen Veröff., zu denen er gekommen war, vermittelten einen nur schwachen Begriff seines orn. Wissens. Er gehörte zu den hoffnungsvoll aufstrebenden Kräften und war im Begriffe, für das südwestl. Böhm. denselben orn. Beitr. zu liefern wie der

ihn um 3 Jahrzehnte überlebende K. Kněžourek (s. d.) für das Eisengebirge und die Umgeb. von Tschaslau.
— Lit.: J. P. Pražák, Über d. Vergangenheit u. Gegenwart d. Orn. in Böhm., Orn. Ms. 22, 1897, S. 296/97. - Würdigung (von K. Komárek). Časopis Národníko musea 121, 1952, S. 117—124.

Varendorff, Georg Eberhard Heinrich Otto von, * 20. 3. 1838 Arnsberg (Westfalen). In seiner westf. Heimat sammelte er — Sohn eines Regierungssekretärs — schon Eier seit etwa 1855. Die ool. Neigung verließ ihn nie. Um die Jahrhundertwende war er Oberforstmeister in Stettin. Wann seine Tätigkeit in Pommern begann, ließ sich nicht feststellen. Jedenfalls war er in dieser Zeit feldorn. überaus rege und veröffentlichte seine Beob. zwischen 1888 und 1912 alle in Zs. Stett. Sie beschäftigten sich mit nicht alltäglichen Arten, u. a. mit Bruten von Seeadler, Höckerschwan, Schwarzstorch, Graugans, Moorente und Kranich. F. Koske (J. Orn. 65, 1917) konnte 19 Titel zusammentragen. Von V. stammt auch die Nachr. über Brut des Rauhfußbussards im Randowbruch bei Colbitzow. 3 Eier will er aus einem Horst erhalten und den durch einen Hilfsjäger 1894 erlegten Altvogel in Händen gehabt haben. Wie alle anderen, die Art betreffenden Brutangaben aus Deutschl. gehört auch diese zu den mit starken Zweifeln belasteten Meldungen.

Vaucher, Alfred, * 20. 1. 1855 Genf, † 16. 6. 1939 Genf. Der in seiner Vaterstadt ansässige Bauunternehmer huldigte der Jagd, Vogelk. und Vogelpflege. Zum Lebensstil des Liebhaber-Ornithologen gehörte schließlich die Sammelleidenschaft. Die Neigungen führten ihn mehrfach auf Reisen nach Nordafrika. Schreibtischarbeit lag ihm ferner als die Freilandbeobachtung. In Bull. de la Soc. zool. de Genève erschienen zwischen 1908 und 1927 kurze Mitt. aus seiner Feder; oft sind es nur einige Zeilen in den Sitzungs-Ber. Von weiteren Arbeiten seien genannt „Note sur le Falco eleonorae“ (Feuille des Jeunes Naturalistes 36, 1906), „Note sur le Circaëtus gallicus“ (Rev. franç. d'orn. 1, 1909), „Liste des oiseaux observés au Maroc de 1884 à 1914“ (ebd. 4, 1915), „Note sur la faune orn. du Maroc“ (ebd. 4, 1916), „Description d'une sous-espèce nouvelle d'Alauda arvensis“ (ebd. 8, 1923), „Note relative à quelques espèces d'oiseaux et oeufs recueillis en Tunisie en 1923/24“ (ebd. 8, 1924); diese Zeitschr. brachte 17 Titel von Veröff. zwischen 1909 und 1933. Der größte Teil seiner Eierkollektion ist noch im Besitze der Familie in Genf, die Samml. paläarkt. Vögel kam an das Mus. von Arras, 368 Kolibri-Bälge befinden sich im Naturw. Mus. von Genf.
— Lit.: Nachruf (von P. Revilliod). Nos Oiseaux 15, 1939/40, S. 300.

Vazvári, Nikolaus, Dr., * 7. 5. 1898 Szegedin, † um den 27. 2. 1945 bei Wolfs = Balf (Komitat Ödenburg). Nach dem Studium in Budapest und Szegedin promovierte er mit einer herpetol. Arbeit und trat 1920 in den Dienst der Ung. Orn. Zentrale. Hier stieg er langsam bis zum Oberadjunkten (1936) auf. Gern ging er dem Vorkommen, der System. und Ernährung der Raubvögel nach, beschäftigte sich daneben auch mit der Bedeutung der Reiherarten für die Teichwirtschaft. Faun. Exk. unternahm er durch ganz Ung. Im Komitat Sümeg (= Somogy) und in der Batschka gelangen ihm wichtige zoogeogr. Feststellungen und Beob. über Zugerscheinungen. Von seinen hierher gehörigen Veröff. mögen genannt werden: „Daten über Pandion haliaëtus“ (Aquila 34/35, 1927/28), „Besondere Ernährungsweise d. Braunen Milans u. Wespenbussards“ (ebd. 36/37, 1929/30), „Studien über d. Ernährung d. Purpurreihers“ (ebd. 36/37, 1929/30), „Über einige neue oder seltene Vögel unserer Ornithofauna“ (ebd. 38—41, 1931—1934), „Ornithofaunistische Daten aus Ung.“ (ebd. 46—49, 1939 bis 1942), „Zwei interessante Raubvögel“ (ebd. 46—49, 1939—1942). Es gab zu seiner Zeit nicht viele ung. Zoologen, die gleich gründliche allg. morphol. Kenntnisse besaßen. Doch fand sein Wissen durch die Ungunst der Zeitumstände nicht den verdienten lit. Niederschlag; so blieb sein stattliches Material über die Schleiereule - Tyto alba unbearbeitet und ging während der Belagerung von Budapest im 2. Weltkrieg unter. Am Ziel langer Wünsche glaubte er zu sein, als ihm die Hilfe der Ung. Akad. d. Wissensch. 1936 und 1937 zool. Exp. nach Kleinasien ermöglichte. Krankheit und Krieg verhinderten aber wieder die volle Auswertung der heimgebrachten Beute. Der Weltbrand verschlang die orn. Stücke zusammen mit den vielen wertvollen biol. Daten des Tagebuchs. Das zool. Problemen gewidmete Leben des bescheiden sich zurückhaltenden Forschers war ein beständiger Kampf mit wirtschaftlicher und körperlicher Not. Als er 1944 zum Arbeitsdienst geholt wurde, zehrten Anstrengungen und Entbehrungen seine letzten Kräfte auf, so daß er in einem Lager umkam. Das Ung. Orn. Inst. zählte ihn neben J. Schenk (s. d.) zu den führenden Köpfen.
— Lit.: J. Schenk, 50 Jahre . . ., Aquila 50, 1943, S. 75—141. - Nachruf (von C. G. B. ten Kate). Limosa 19, 1946, S. 147. - Nachruf (von A. Keve). Aquila 51—54, 1944—1947, S. 45—51 (ung. u. engl.). - Würdigung (von dems.). Állattani Közl. (= Zool. Mitt.) 48, 1961, S. 3—5 (mit Bildnis).

Viereck, Hans von, * 19. 2. 1872 Weitendorf, Kr. Güstrow (Mecklenburg), † 26. 2. 1943 Potsdam. Auf dem Rittergut Dreveskirchen bei Wismar wuchs er heran und trat nach dem Besuch des Gymnasiums zu Doberan (1887—1891) und einjährigem Aufenthalt in Lausanne bei den Brandenb. Dragonern in Schwedt (Oder) ein. 1904 kam er in den Generalstab, dem er in Frieden und Krieg angehörte. Er hatte das dankbar empfundene Glück, von einem verständnisvollen, vogelfreundlichen Vater gefördert und von bodenständigen Fischern und Jägern in der Naturbeobachtung angeleitet zu werden. Daneben verhalfen ihm das Studium von Brehms (s. d.) Vogelbänden, von J. A. O. v. Riesenthals (s. d.) Büchern und der Gebrauch des Jagdgewehrs zu früher und gründlicher Kenntnis der Vögel in der Wismarer Bucht und auf Poel. Während des 1. Weltkriegs berichtete er in der Dt. Jztg. und in der Orn. Ms. ausführlich über orn. Erlebnisse auf den Kriegsschauplätzen. Seine Frühjahrsbeobachtungen in Mazedonien sind von E. Stresemann in der „Avif. Mazedonica“ (1920) verwertet. Nachdem er 1929 als Generalleutnant aus dem Heeresdienst ausgeschieden war, erhielten die orn. Neigungen

neue, verstärkte Antriebe. In der Zusammenarbeit mit den beiden Vogelwarten galt seine Aufmerksamkeit von nun an vor allem der Erforschung des an günstigen Tagen sehr beachtlichen Vogelzugs in der Wismarer Bucht. 1930 war sein Standort der Dreveskirchener Strand, 1931 der Langenwerder. Seine Veröff. — R. Kuhk („Vögel Meckl.", 1939) erwähnte 11 Titel zwischen 1921 und 1934 — erschienen in Orn. Ms., Orn. Mber., Vz., B. z. F., Meckl. Mh. und brachten mancherlei Aufhellung für die Avif. des meckl. Landes.
— Lit.: Autobiogr. Skizze. Im Besitz v. R. Kuhk, Vogelwarte Radolfzell.

Viereck, Hardenack von, * 6. 2. 1884 Dreveskirchen bei Wismar (Mecklenburg), † 14. 2. 1951 Aumühle (Bez. Hamburg). Von 1900—1904 besuchte er das Gymnasium in Doberan, ging dann ein Jahr zum Studium der Rechtswissensch. nach Lausanne und wurde 1905 Fahnenjunker. 1919 übernahm er als Rittmeister a. D. die Bewirtschaftung der väterlichen Scholle. Am 25. 10. 1945 entzog er sich der Verhaftung und Verschleppung durch die Flucht in die Bundesrepublik. Wie Hans v. V. (s. d.) wurde er unter dem Einfluß des naturk. stark interessierten Vaters auf dem Weg über Vogelpflege, Tierhaltung, lit. Studium und Jagd zur Orn. geführt. Sein erfolgreichster Lehrmeister war aber der um 12 Jahre ältere Bruder, mit dem er auch im höheren Alter stets in orn. Gedankenaustausch blieb. Von ihm unterschied er sich durch die größere Leidenschaft für die Jagd. Schon als Tertianer wagte er sich im „Hubertus" an Fehden, in denen er nach der damals landläufigen Auffassung vom Sinn des Singvogelschutzes glaubte, gegen die „schädlichen" Eulen zu Felde ziehen zu müssen. Da er als Soldat sehr in Anspruch genommen war, konnte er sich erst nach 1919 in dem lange gewünschten Umfang der Vogelk. hingeben. Von nun an galt sein Interesse der Erforschung des Wasservogellebens in der Wismarer Bucht und der Förderung der Seevogelfreistätte Langenwerder bei Poel. Gemeinsam mit seinem Bruder legte er von 1928 ab ein Verz. der bei Dreveskirchen vorkommenden Vögel an und sorgte so zu seinem Teil für die vielen Hinweise auf faun. Beob. durch die Glieder der Familie v. V., die R. Kuhk in den „Vögeln Meckl." (1939) auswertete. Im und nach dem 2. Weltkrieg beschäftigten ihn auch Fragen der Bestandsveränderungen infolge des Kriegs und anderer Ursachen; das zeigten Arbeiten wie „Über Änderung im Zahlenverhältnis v. Bläßgans - Anser albifons u. Saatgans - Anser fabalis" (Vz. 14, 1943) und „Über d. Ursachen f. d. Abnahme d. Ringelgans - Branta bernicla in den Winterquartieren" (Vwa. 16, 1951).
— Lit.: Autobiogr. Skizze. Im Besitze v. R. Kuhk, Vogelwarte Radolfzell.

Vierthaler, Richard, Dr., * 24. 8. 1820 Köthen, † 24. 7. 1852 Posseires (oberhalb Chartum). Er war der Sohn des Geh. Rats Albert V. und bestand 1847 das med. Staatsexamen in Würzb. Eine ererbte Liebe zu den Naturw. führte ihn früh der Orn. zu. Auf Empfehlung von E. Baldamus (s. d.) beteiligte er sich neben A. E. und O. Brehm (s. d.) an der 2. (3.) Afrika-Exp. des württ. Barons J. W. v. Müller (s. d.). Am 13. 6. 1850 erreichte V. das vorläufige Reiseziel Chartum. Als der im Februar 1849 schon nach Europa zurückgekehrte Expeditionsleiter zu dieser frühen Zeit die Zahlungen an seine Mitarbeiter einstellte und das ganze Unternehmen ins Stokken geriet, setzten V. und A. E. Brehm zunächst die Erkundung der Fauna des Blauen Nils auf eigene Kosten fort. Obgleich der Begleiter dann am 16. 8. 1851 in aussichtsloser Lage Chartum auch verließ, hielt V., auf sich allein gestellt und aller Mittel entblößt, an seiner Aufgabe fest, bis er dem mörderischen Klima erlag. Die Wissensch. verlor mit ihm einen jungen, ernsthaften und zähen Pionier, der die Berufung zum Naturforscher in sich trug. Ber. über die orn. Ergebnisse seiner Reise brachte die Naum. 1852, 1853, 1855, 1856, 1857.
— Lit.: Nachruf (von E. Baldamus). Naum. 3, 1853, S. 456—460.

Vietinghoff-Riesch, Arnold Freiherr von, Dr., * 14. 8. 1895 Schloß Neschwitz, Oberlausitz (Sachsen), † 2. 4. 1962 Göttingen. Ein aus der Familienüberlieferung und der Unmittelbarkeit des Landlebens kommendes, herzwarmes Verhältnis zu Tier und Pflanze war ihm von Jugend an eigen. Der Ausbruch des 1. Weltkriegs überraschte ihn in Lettland, der Heimat seiner Väter, und hatte Internierung in Rußl. sowie mancherlei Abenteuer im Gefolge. Nach dem Kriege studierte er Forstw. in Münch. und promovierte 1923 bei Escherich mit einer Diss. über das „Verhalten paläarkt. Vögel gegenüber d. wichtigeren forstschädl. Insekten" (Zs. angew. Entom. 10, 1924; 11, 1925; 14, 1928). Derselben Frage dienten Magenunters. von 40 Vogelarten, veröffentlicht in der großen Arbeit über „Magenanalysen heimischer Vögel als Bausteine z. Erkenntnis d. Verhältnisses zwischen Vogel u. Insekt" (ebd. 11, 1925 u. 13, 1927). 1930 rief er, inzwischen durch Erbe an die Spitze des Familienbesitzes getreten, die Vogelschutzwarte Neschw. ins Leben (mit 8 Jber. bis 1939); 1936 habilitierte er sich in Tharandt mit einer Betrachtung der „Bedeutung d. Natursch. b. d. Wiedererweckung verschütteter Werte im Walde". Der 2. Weltkrieg brachte ihm die Einäscherung seines Schlosses und den Verlust seiner Güter. Einen das Nichts und die Leere überwindenden Kräfteeinsatz boten ihm zunächst die Gründung der Vogelschutzwarte Steinkrug (Deister) und von 1946 ab orn. Vorlesungen in Hann. Münden. 1956 wurde er in Gött. ao. Prof., bald darauf Ordinarius für Forstgeschichte, Forstschutz und Naturschutz. Treffsichere Beobachtungsgabe sowie der Wunsch, biol. Zusammenhänge kritisch zu ordnen und zugleich ästhetische Genüsse zu finden, machten ihn nicht nur zum überzeugten Vertreter des ideellen Naturschutzes, sondern erlaubten seinem das Wesentliche schnell erfassenden Intellekt auch den Zutritt vor allem in die Bezirke der Orn., Entom., Mammalogie, Forst- u. Waldw., Jagdgesch., Falknerei. In zahlreichen Veröff. ging er weniger festumrissenen Problemen nach; lieber untersuchte er die Berührung des Menschen mit den Sondergebieten. Was er, oft mit phil. Anreicherung der Gedanken, schrieb, verriet den geistvollen Kopf; was er sagte, gewann durch eine spielend leicht geschliffene Form. Daß sich seine Forschungen gern auf die Welt der Vögel richteten, bezeugen außer Aufs. und kleineren Beitr. — die meisten

in Mitt. Sachs., Orn. Mber., Dt. Vw., Vw.; vereinzelt in J. Orn., Mitt. Sächs. Heimatsch., Ber. Bautzen, Vz., Isis Budissina zwischen 1913 und 1956 — zwei umfangreichere Schriften: „Verbreitung u. Zug d. Rauchschwalbe - Hirundo rustica" (B. Bonn 1955) und die „Rauchschwalbe" (Berl. 1956); hier gelang ihm auf Grund eines ungemein weitschichtigen Quellenmaterials eine monogr. Darstellung alles dessen, was wir wissen bzw. nicht wissen über einen Vogel, der seit dem Sündenfall „mit dem Menschen die Mühsalen des Erdenlebens" in engster Nachbarschaft teilt. Der mehr empfindsam musisch gestimmte Autor dagegen sprach vorher schon aus dem Roman „D. tanzende Kranich" (Braunschw. 1949). Seine lit. Hinterlassenschaft weist ihn aus als Träger überzeugenden Herzensadels, der es verstand, in weltoffener Überlegenheit Anschläge aus menschlich niedriger Gesinnung abzuschlagen und den ihn hart anpackenden Wandel der gesellschaftlichen Schichtung ohne Verbitterung hinzunehmen. Eine zutiefst freie Persönlichkeit, gestaltete er die Lebensbahn bis zum Ende ungebrochen und erhobenen Hauptes. Wer seinen wahren Wesenszügen begegnen will, findet den Edelmann und „Junker ohne Reue" in dem autobiogr. Roman „Letzter Herr auf Neschwitz" (Limburg 1958). Er starb an den Folgen eines Autounfalls, in den er am 23. 3. 1962 verwickelt war.
— Lit.: Würdigung (von D. Müller-Using). Säugetierk. Mitt. 3, 1955, S. 178 (mit Bildnis). - Würdigung (von H. Frhr. Geyr v. Schweppenburg). Anz. f. Schädlingsk. 33, 1960, S. 125/26 (mit Bildnis). - Würdigung (von G. Kragh). Nat. u. Landsch. 35, 1960, S. 127/28 (mit Bildnis). - Nachruf des Rektors d. Univ. Gött. v. 7. 5. 1962. - Nachruf (von G. Niethammer). J. Orn. 103, 1962, S. 294—296 (mit Bildnis). - Weitere Nachrufe: Forstarchiv 1962, S. 101—104; Holz-Zentralbl. Nr. 45, 1962; Natur u. Mensch Nr. 12, 1962. - Bildnis in Orn. Mitt. 3, 1951.

Vogel, Benedict Christian, Dr., * 24. 4. 1745 Feuchtwangen (Kr. Dinkelsbühl), † 8. 6. 1825 Nürnberg. Er studierte Heilkunde, Naturgesch. und Botan. in Helmstedt und war zuerst Arzt in Ansbach. 1767 erhielt er einen Ruf an die Nürnb. Univ. Altdorf und leitete hier als Prof. an der med. Fak. auch den botan. Garten. Das letzte Pflanzenverzeichnis dieser Anlage entstammte seiner Feder 1790. Als die Univ. Altd. aufgelöst wurde, ließ er sich 1810 in Nürnb. nieder. Nach seinen eigenen Worten war er kein Vogelkenner. Aber die von A. L. Wirsing (s. d.) 1772—1777 gestochenen Vogelbilder der B. R. Dietzsch (s. d.) beeindruckten ihn durch Schönheit und Eigentümlichkeit so sehr, daß er auf Betreiben und unter Beistand von K. Ch. Schmiedel (s. d.) die Vorrede und den Text dazu schrieb. Der Inhalt trägt verständlicherweise die Züge der Zeit: Willkürliche wissensch. Namengebung, ungleichmäßige Behandlung der dargestellten Arten, unrichtige Bem. über örtliches Vorkommen, unter zutreffenden auch falsche biol. Angaben wie das Nisten des Fischadlers in Rohr und Schilf. Gut war seine Kenntnis der Lit., die ihm die stofflichen Unterlagen liefern mußte.
— Lit.: Nekr. d. Deutschen 3, 1825, S. 654—666. - H. Schalow, Ein seltenes orn. Bilderwerk, J. Orn. 58, 1910, S. 190—196. - L. Baege, Fr. Ch. Günther, Abh. Altenb. 3, 1963, S. 5—40.

Vogel, Georg, * 1819 Stuttgart, † 12. 3. 1882 Zürich. Fabrikant in Zürich und seit 1874 Mitglied der DOG, war er als Besitzer einer großen Eiersamml. europ. Vögel in den 70er Jahren unter den dt. und schweiz. Oologen weithin bekannt. Schon die 13. Versammlung der DO-G zu Stuttg. 1860 verdankte ihm einen Ber. über die „Naturgesch. v. Emberiza cirlus". Trotz seiner feldorn. Sachkunde trat er mit Veröff. kaum hervor. Er schrieb „Vorkommen von Buteo tachardus u. Nisten v. Nucifraga caryocatactes in d. Schweiz" (J. Orn. 16, 1868) und „Fortpflanzung d. Tannenhähers im Jura Solothurns" (Ber. St. Gall. 1871/72).
— Lit.: Biogr. Notiz (von A. Reichenow u. H. Schalow). Orn. Cbl. 4, 1879, S. 46.

Vogel, Richard, Dr., * 7. 1. 1881 Sonneberg (Thüringen), † 10. 1. 1955 Stuttgart. Nach dem naturw. Studium in Leipz. und Jena wurde Württ. seine Wahlheimat. In Tüb. begann für ihn 1912 die Hochschullaufbahn. Die Vorliebe für Insekten hatte 1919 zuerst einen Lehrauftrag für Forstzoologie im Gefolge. Seit 1925 war er Konservator, seit 1932 Hauptkonservator an der Württ. Naturaliensamml. in Stuttg. und von 1931—1933 Vorsitzender des Ver. f. vaterl. Naturk. in Württ. 1940 fiel ihm die Leitung des Zool. Inst. von Hohenheim zu. Sehr verschiedene Gebiete der Zool. beschäftigten ihn; anat., physiol. und ökol. Gesichtspunkte beherrschten die Liste seiner Veröff. Zur Orn. hatte er nur Randbeziehungen. Doch verdient er hier eine Erwähnung, weil er in der Oberamtsbeschreibung von Leonberg 1930 die Vogelwelt erschöpfend und zuverlässig darstellte.
— Lit.: Nachruf (von E. Schüz). Jh. Württ. 110, 1955, S. 88—93 (mit Bildnis u. Verz. d. Veröff.).

Voigt, Adolf, * 20. 10. 1874 Stendal (Bez. Magdeburg), † 16. 2. 1960 Jena. Erst im schles. Forstdienst, dann bei der Reichsbahn tätig, trat er 1905 in die Berechnungsabt. der Firma Carl Zeiss ein. In Jena begann er sich im häuslichen Umgang mit gekäfigten Vögeln bald zum zielbewußt arbeitenden Liebhaber zu entwickeln. Es gibt kaum ein Teilgebiet der Vogelpflege, auf dem er sich nicht mit Meisterschaft bewegte. Bekannt wurde er vor allem durch die Mitarbeit an der Gef. W., für die er seit 1924 eine Fülle z. T. grundlegender Aufs. lieferte. Unübertroffen waren seine Kenntnisse in der Haltung von Prachtfinken und Sittichen. Bei großangelegten Zuchtversuchen wurde er von seinem 1937 verstorbenen Sohn Walter V. unterstützt. Wenn nach dessen Tode die alte Unternehmungsfreude des Vaters auch gedämpft blieb, so verdankte ihm die durch ihn betriebene Liebhaberrichtung zwischen den beiden Weltkriegen doch die fruchtbarste Belebung. Das aus langer Erfahrung und Praxis gereifte Wissen des erfolgreichen, selbstlosen Mannes ist nicht nur in den eigenen Veröff. festgehalten, sondern auch in „Vögel in Käfig u. Voliere" (von J. Steinbacher u. H. E. Wolters); hier ist im Teil „Prachtfinken" (1953—1959) der Name V. bei fast jeder Art genannt.
— Lit.: Nachruf (von J. Steinbacher). Gef. W. 84, 1960, S. 80.

Voigt, Alwin, Dr., * 9. 6. 1852 Commichau (Kr. Grimma), † 13. 5. 1922 Leipzig. Er entstammte der kinderreichen Familie eines Dorflehrers und bildete sich auf dem Seminar in Grimma für den Lehrerberuf vor. Trotz wenig günstiger Verhältnisse betrieb er in der Hilfslehrerzeit, anfangs in Dresd. und von 1877 an in Leipz., seine Promotion. 1879 trat er zum Lehrkörper einer Leipz. Realschule, dem er späterhin als Studienrat und Prof. bis zu seiner Pensionienierung treublieb. Orn. verlegte er sich (von 1907—1919 Vorsitzender des Leipz. Orn.-Ver.) mit großer Hingabe auf das Studium der Vogelstimmen. Ihre Wiedergabe versuchte er einmal in der hergebrachten Weise durch Silben und Noten; um jedoch auch Tonbewegung und Rhythmus bildhaft auszudrücken, benutzte er außerdem, entsprechend den „Tonfiguren" des Vogelliedes und der Vogelrufe, sinnreich zusammengesetzte Striche, Punkte und Linien. Die Methode erwies sich zwar nicht ohne weiteres für jedermann als leicht faßlich; trotzdem verlieh sie der Vogelstimmenkunde, die im wesentlichen bei J. F. Naumann stehengeblieben war, großen Aufschwung. Nachdem er sie 1892 erstmalig in einem Schulprogramm praktisch angewandt hatte, entwickelte er sie auf breiterer Grundlage zwei Jahre darauf im „Exkursionsbuch z. Studium d. Vogelstimmen". Die Nachfrage nach dem nicht nur dem Anfänger sehr nützlichen Hilfsbuch war so rege, daß V. selbst bis zum Jahre 1920 8 Aufl. bearbeiten mußte. Um möglichst viele Arten aufnehmen zu können, knüpfte er überall persönliche Beziehungen zu Stimmenforschern an und reiste in die entlegensten Teile Deutschlands. Verändertes Gepräge erhielt erstmalig die 10. Aufl. (1933) durch E. Hesse (s. d.). Die 12. Aufl. (1961) schließlich brachte — im Zeitalter der Verhaltensforschung und Klanganalyse — durch E. Bezzel eine Vermehrung auf 305 Arten neben wichtigen Ergänzungen und mit Takt vorgenommenen Textumgestaltungen. Der auf seinem Arbeitsgebiet bald anerkannte Stimmenkundler schuf noch andere volkstümlich gehaltene Einführungen in die Vogelwelt: „Dt. Vogelleben", „D. Wasservögel" und „D. Singvögel d. Heimat"; auch aus diesen Werkchen sprachen reiche Erfahrungen unter freiem Himmel und feines Gespür für das Wesentliche. Persönliche Wertschätzung war V.s schönster Lohn.
— Lit.: Nachruf (von R. Schlegel). Mitt. Sachs. 1, 1922, S. 1—3. - Nachruf (von H. Hildebrandt). J. Orn. 71, 1923, S. 160—162. - Bildnis in R. Heyder, D. Vögel d. Landes Sachs., 1952.

Volk, Johann, * 5. 8. 1867 Karlsruhe, † 13. 10. 1945 Steißlingen (Kr. Stockach). Er war Jugendfreund von H. Meerwarth (s. d.), dem ersten Herausgeber der „Lebensbilder aus d. Tierwelt", und bildete sich in den 80er und 90er Jahren an der Kunstakad. seiner Vaterstadt als Maler aus. In seinen Adern floß das leidenschaftliche Blut des unsentimentalen Jägers und Fängers. Beobachtend und Motive suchend, kam er regelmäßig in die Altrheingebiete seiner Heimat. Dort lernten ihn die Brüder W. und Th. Heußler (s. d.) als erfahrenen Vogelkundigen kennen und stützten sich daher vielfach auf seine Angaben in den „Vögeln d. Rheinpfalz . . ." (Ornis 8, 1896). V. will auf seinen Streifzügen 1886 die Orpheusgrasmücke bei Karlsr. gefangen und 1887 die Sperbergrasmücke als seltene Brüterin im Rheinwald bei Maxau und im Bruchwald bei Hagsfeld festgestellt haben. Die Nachr. sind durch die Brüder Heußler in die Lit. eingegangen (s. G. Niethammers Hdb., Bd. 1, 1937). Ob sie wirklich als verbürgt gelten dürfen? Der Beobachter war damals 19 bzw. 20 Jahre alt! Die Malerei scheint dem Naturfreund und Waldläufer nicht viel eingebracht zu haben, denn er war seit Anfang des Jahrh. nacheinander Jagdaufseher in Gaienhofen, Hilzingen und zuletzt (bis 1940) Jäger, Forst- u. Turmwart auf dem Hohen Krähen. Den Ruhestand verlebte er in Steißlingen. Sein Aufenthalt im südl. Baden brachte ihn in Verbindung mit dem in Schaffhausen wohnenden Carl Stemmler, der bis zum 2. Weltkrieg viel mit ihm unterwegs war und in ihm einen kenntnisreichen Feldornithologen bewunderte. Vom Wissensschatz des tüchtigen Autodidakten erfuhr die orn. interessierte Außenwelt sonst aber nichts; er schrieb nie ein zur Veröff. bestimmtes Wort. Seine Tagebücher sind vernichtet.
— Lit.: M. Beltrami-Volk, D. Burgwart v. Hohenkrähen, Schaffhausen 1961 (idealisiertes Lebensbild).

Vollbrecht, Kurt, * 24. 1. 1900 Braunschweig, † 8. 2. 1956 Braunschweig. Trotz früher Leidenschaft für Naturbeobachtung ging sein Jugendwunsch, sich auch beruflich mit den Naturw. beschäftigen zu können, nicht in Erfüllung. Als er sich in den 20er Jahren bewußter der Orn. widmete, mußte er die Stunden für Studien im Freien und zu Hause der knappen Freizeit des Bankbeamten abringen. Über 40 Jahre gehörte er dem Bund f. Vogelsch. und über 20 Jahre der DOG an. Für die Vogelwarte Helgol. war er lange der örtliche Vertrauensmann im Dienste der Beringung. Auf einer Düne im Allertal erbaute er sich eine Wochenendhütte, von der aus er während einer großen Zeitspanne regelmäßig sonntägliche Exk. in das nördl. der Stadt liegende Heideland unternahm. Seine Aufmerksamkeit galt dem Vorkommen und dem Leben der Vögel im Riddagshäuser Teichgebiet, im Viehmoor und an den Leiferder Teichen bei Gifhorn. In der Stadt selbst übte er Zurückhaltung und trat nur wenig — z. B. durch vogelk. Führungen für die Pädagogische Hochschule — hervor. Die Fachpresse (Orn. Mber., B. z. F., Dt. Vw., Vw., Orn. Mitt.) dagegen verzeichnete seinen Namen häufiger durch eine Reihe von Veröff., in denen er nur Wesentliches brachte und sich als tüchtiger Sach- u. Literaturkenner auswies. Im weiteren Rahmen lag dem rührigen Heimatfreund die Erhaltung der landschaftlichen Reize der südl. Lüneburger Heide am Herzen. Für sie setzte er sich immer wieder ein. Er fand daher neben dem Naturschutzgebiet auf dem Riddagshäuser Friedhof die letzte Ruhestätte.
— Lit.: Nachruf (von R. Berndt). Braunschw. Ztg. v. 14. 2. 1956. - Nachruf (von H. Mollenhauer). Braunschw. Nachr. v. 17. 2. 1956. - Nachruf (von G. Diesselhorst). Vw. 78, 1957, S. 193.

Vollnhofer, Paul, * 14. 11. 1869 Sopronnyék = Neckenmarkt (Burgenland), † 13. 5. 1945 Pestszentlörinc bei Budapest. Der Forstingenieur und Ministerialrat ließ sein vogelk. Wissen nur in wenigen Veröff. erkennen. Doch konnten andere

Autoren in sehr vielen Arbeiten von ihm gelieferte Daten benutzen. Sie stammten 1903/04 aus Selmecbánya, 1905—1909 aus Liptóujvár, 1913—1916 aus Szászsebes, nach 1921 aus Budapest. Bekannt machte er seinen Namen durch eine große Studie über die Nahrung der Wasseramsel (Erdészeti Kisérletek [= Forstl. Versuche] 8, 1906). 1905 wurde er ordentlicher Beobachter, 1928 korr. Mitglied des Ung. Orn. Inst.
— Lit.: Nachruf (von A. Keve). Aquila 69/70, 1962/63, S. 284.

Vollpracht, Ernst, Dr., * 6. 3. 1911 Oberholzklau (Kr. Siegen), † Juni 1943 Biskaya. Der Pfarrerssohn verbrachte die Jugend in Kirschseifen und Prüm (Eifel), wo in ihm durch Geleit eines alten Jagdhüters die ersten Regungen zur Naturbeobachtung erwachten. Während des Studiums in Bonn gewannen ihn Freundschaft und Einfluß von F. Neubaur für die Vogelk. 6 in Rossitten verlebte Wochen lieferten ihm Material für eine Diss. über den Vogelzug. Während der wenigen Jahre im Schuldienst von Wuppertal-Barmen kam der Studienassessor nicht zu orn. Veröff. Doch sind seine Aufz. und Mitt. in F. Neubaurs „Beitr. z. Vogelf. d. ehemaligen Rheinprov." (Verh. Bonn 110, 1957) eingearbeitet. Seinem Lehrmeister überließ er außerdem ausführliche Beobachtungsber. von der Westküste des Schwarzen Meeres aus der Anfangszeit des 2. Weltkriegs. Ehe sich seine Begabung recht entfalten konnte, ging er als Matrose mit einer U-Boot-Besatzung unter.

Volz, Walter, Dr., * 17. 12. 1875 Wynau (Kanton Bern), † 2. 4. 1907 Liberia. Sohn eines Pfarrers, war er zuerst Bautechniker in Bern, bis er sich aus alter Liebe zur Tierwelt und unter dem Einfluß Th. Studers (s. d.) zum Studium der Zool. entschloß. Von 1899—1902 beteiligte er sich an einer holl. Exp. nach Sumatra, um nach der Rückkehr Assistent bei Th. Studer und schließlich Privatdozent der Zool. an der Hochschule in Bern zu werden. Hier erschienen nicht nur Bearbeitungen seines in Sumatra gesammelten Materials, sondern auch weitere anat. Veröff. Obwohl ihm die Tätigkeit in der akad. Lehre Befriedigung und Erfolg brachte, bestimmte ungestillter Unternehmungsdrang erneut seine Laufbahn als Naturforscher in fernen Ländern. Mittel hauptsächlich der Geogr. Ges. d. Schweiz ermöglichten ihm, die wissensch. Erkundungen seines Landsmannes J. Büttikofer (s. d.) im unbekannten Hinterland von Liberia fortzusetzen. Die Reise nach Westafrika begann im Mai 1906; knapp 1 Jahr später kam er bei Kämpfen franz. Kolonialtruppen mit aufständischen Eingeborenen ums Leben. Eine kleine Samml. seiner afrik. Vogelbälge gelangte in das Naturh. Mus. von Bern. Orn. Abh. aus seiner Feder sind „D. Cestoden d. einheimischen Corviden" (Zool. Anz. 22, 1899), „Statistischer Beitr. z. Kenntnis d. Vorkommens v. Nematoden in Vögeln" (Rev. suisse de Zool. 6, 1899), „Beitr. z. Kenntnis einiger Vogelcestoden" (Arch. Naturgesch. 1900; Diss.), „Über d. Orn. d. Sandwichinseln" (Orn. Beob. 4, 1905), „Über d. Salangane" (ebd. 4, 1905), „Orn. Skizzen aus Sierra Leone" (ebd. 6, 1907).
— Lit.: Nachruf (von H. Rothenbühler). Verh. Schweiz 1907, S. CIII—CXI (mit Bildnis u. Verz. d. Veröff.). - Nachruf (von C. Daut). Orn. Beob. 6, 1908, S. 1—6 (mit Bildnis).

W

Wachenhusen, Anton, * 1850 Ungarn, † 1933 Komorn = Komárno, Komárom (heute Slowakei). Über Lebensablauf und Beruf fehlen genauere Unterlagen. Er dürfte Offizier gewesen sein. Jedenfalls wurde er 1895 Major (Aquila 2. 1895). Seit 1894 gehörte er zu den ständigen Beobachtern und seit 1897 zu den korr. Mitgliedern des Ung. Orn. Inst. Nachr. und Mitt. aus seiner Feder brachte die Aquila zwischen 1894 und 1906. Seine Zugdaten kamen 1894/95 aus Székesfehérvár, 1896—1898 und 1900/01 aus Arad (heute Rumänien), 1902—1905 aus Fehértemplom, Komitat Temes (heute Jugoslawien), 1906 aus Budapest, 1907—1912 aus Besztercebánya, Komitat Zolýom (heute Slowakei). Eine von ihm hinterlassene Samml. gelangte nach Komorn.
— Lit.: Nachruf (von J. Schenk). Aquila 38—41, 1931—1934, S. 486.

Wachs, Horst, Dr., * 3. 11. 1888 Dresden, † 23. 6. 1956 Freiburg (Breisgau). Die Herkunft aus einer Großkaufmannsfamilie gab ihm gesicherte wirtschaftliche Grundlage. 1914 promovierte er in Rostock und war dort später Extraordinarius für Zool. 1922 gründete er in Anlehnung an das Zool. Inst. zu Rost. eine Norddeutsche Vogelwarte, die sich aber nicht recht entfalten konnte. Mehr Erfolg verband sich ab 1926 mit von ihm eingerichteten orn. Ferienkursen. 1928 ging er als Direktor an das Naturkundemus. in Stett., 1933 kam er nach Dresd. zurück und wirkte zwischen 1934 und 1945 zeitweise privatwissenschaftlich auf der Vogelinsel Langenwerder bei Wismar. Von 1948 ab lebte er in Langeoog. 1952 zog er sich in das Schwarzwalddorf Holzschlag (Post Gündelwangen) zurück. Die Vogelk. beschäftigte den rührigen Feldbeobachter lange Jahre sehr ausgiebig. Vor allem war er mit den orn. Verhältnissen Meckl. und seiner Küsten vertraut. Das periodische Schrifttum (u. a. Orn. Ms., Orn. Mber., J. Orn., Verh. Bay., B. z. F., Arch. Meckl.) enthält eine Reihe von Arbeiten, in denen er seine Erfahrungen mitteilte. R. Kuhk zählte allein in den „Vögeln Meckl." (1939) 23 Titel für die Jahre 1914—1939 auf. Für die Brehmbücherei schrieb er „Vögel am Meer" (1931, 1953). Gewicht hatten die zusammenfassende Studie „D. Wanderungen d. Vögel" (Ergebnisse d. Biol. 1, 1926) und „Paarungsspiele als Artcharaktere" (Forschungen u. Fortschritte 9, 1933; Zool. Anz. 6, Suppl., 1933). Trotz aller Begabung und Regsamkeit rissen später die wissensch. und menschlichen Beziehungen zu Fachgenossen ab.

Wacquant-Geozelles, Staats von, * 15. 1. 1862 Sophienhof bei Multhöpen (Kr. Hameln-Pyrmont), † 14. 12. 1944 Sophienhof. Seine Ahnen gehörten alten Familien mit geschichtlichen Namen an. Der Vater war österr. Major, die Mutter eine geb. v. Münchhausen. Sich durch Zielstrebigkeit in der Jugend eine tragende Lebensgrundlage zu erarbeiten, scheint ihm nicht gelungen zu sein. Spätere Versuche scheiterten, weil er „Lehrjahre . . . nicht durchgemacht" hatte. Offenbar verzettelte er sich in romantischer Hinneigung zur Natur. Zu solcher Daseinsgestaltung fehlte ihm der erforderliche Reichtum. Die Stationen seines Erdenlaufs sind nur mangelhaft bekannt. Freundschaftliche Verbindung pflegte er längere Zeit mit dem viel älteren, in Osnabrück wohnenden W. Seemann (s. d.), der sich in den 80er Jahren mehrfach auf seine Angaben stützte. Persönlich bedürfnislos, verbrachte der leidenschaftliche Naturgänger viele Stunden beobachtend unter freiem Himmel und in Jagdhütten. In diesem Lebensstil erwarb er sich ein ordentliches Maß feldorn. Wissens. Mit avif. Beitr. aus der Heimatlandschaft meldete er sich daher bis zur Jahrhundertwende in Tagesztg. und Jagdzeitschr. sowie in Orn. Ms. und Zool. G.; allein die Orn. Ms. verzeichnete zwischen 1888 und 1895 nicht weniger als 73 Titel seiner Aufs. und Mitt. Diese lit. Regsamkeit endete mit dem Verlust der Hoffnung, durch Schreibarbeit zu ausreichenden Honorareinkünften zu kommen und „es zu irgendetwas Tatsächlichem zu bringen". Besonders befähigt hielt er sich — durchaus im guten Glauben — auf dem Gebiete des theoretischen und praktischen Vogelschutzes. Leider fehlte auch hier seinen Unternehmungen das rechte Maß. Aus der Liebhaberei entsprungene Übertreibungen verwechselte er mit großen Leistungen. Mangel an Einsicht in biol. Gesetzmäßigkeiten brachte ihn zur Auffassung, daß er die „nützlichen" Kleinvögel durch Schutzmaßnahmen beliebig vermehren könne. In seiner Engsichtigkeit sagte er den „schädlichen" Raubvögeln und Würgern Fehde an und erfand gar eine der grausamen eisernen Bügelfallen für den „Sperberfang mit federndem Kippkäfig". Nichtsdestoweniger wußte er sich in der Vogelschutzbewegung einen gewissen Namen zu schaffen. So übertrug die Papierfabrik Scheufelen in Oberlenningen (Schwäb. Alb) noch 1927 dem betagten Junggesellen die Betreuung ihrer Vogelschutzanlagen, und R. Bosch in Stuttg. setzte ihn bis 1933 auf dem Mustergut Boschhof (südl. Münch.) ein, damit er sich dort an der Hebung der Schwalben- u. Meisenbestände versuche. In der ernsthaft wissensch. Vogelforschung spielte er keine Rolle. Als er während der Wirrnis der Kriegsnotjahre starb, war er in der Orn. schon vergessen.

Wäckerlin, Jakob, * 1. 2. 1879 Siblingen (Kanton Schaffhausen), † 25. 4. 1956 Neunkirch (Kanton Schaffhausen). Nach dem Besuch der Realschule in Neunk. und des Seminars Unterstraß stand er zuerst in Schleitheim und Lohn und von 1919—1944 als praktischer Schulmann in Neunk. Hier beschäftigte er sich nicht nur mit der Bienenzucht, sondern auch viele Jahre lang eingehend mit dem Schicksal der Klettgauer Störche. Seine außerordentlich genauen Aufz. enthalten die Geschichte des Neunk. Storchennestes, das von 1920—1949 besetzt und zugleich das letzte Schweiz. Nest war. Niedergelegt sind die von ihm gesammelten Erfahrungen in „D. Störche v. Neunk." (Mitt. Schaffhausen 12, 1935; 19, 1944; 23, 1949/50). Weitere lit. Früchte scheint er nicht hinterlassen zu haben. Er war ein warmherziger, verdienstvoll zupackender Mensch der Stille, der, ohne viel Aufhebens davon zu machen, auch J. Schinz seit 1934 im Schutzgebiet Neeracherried während der Brutmonate helfend zur Hand ging.

— Lit.: Nachruf (von J. Schinz). Orn. Beob. 53, 1956, S. 96 (mit Bildnis). - Nachruf (von A. Uehlinger). Mitt. Schaffhausen 26, 1955—1958, S. 3—6 (mit Bildnis).

Waga, Anton, * 8. 5. 1799 Grabowo bei Loniza, † 23. 11. 1890 Warschau. In Warschau und Berlin studierte er Naturw. und wirkte dann lange Jahre am Gymnasium von Warschau. Verdient machte er sich durch die Förderung des Verständnisses für die Naturk. unter seinen Landsleuten. Das Bemühen trug ihm wissensch. Ansehen in Polen ein. Daher wurde er der Berater der Brüder K. und A. Branicki (s. d.), die er auf ihren Reisen nach Ägypten, Palästina, Nubien und dem südwestl. Europa begleiten durfte. Sein Einfluß reichte so weit, daß er zusammen mit L. Taczanowski (s. d.) den Grafen K. Branicki bewegen konnte, seine Jagdausflüge durch wissensch. bedeutsame Exp. zu ersetzen. Mögen sich an seinen Namen in erster Linie entom. Leistungen knüpfen — er beschrieb viele neue Insekten und Myriopoden —, so wuchs, von seinem Lehrer F. P. Jarocki (s. d.) angefacht, in ihm auch Sachkunde auf dem Gebiete der Orn. Sie ist bezeugt durch 3 kleinere Ber. über Vögel im allg., einen Aufs. über ausgestorbene Vögel (1825) und Besprechungen von Arbeiten seiner Zeitgenossen K. Tyzenhauz und F. Chotomski (s. d.). Nach ihm benannten L. Taczanowski Myiopatis wagae und B. Dybowski (s. d.) Lyrurus tetrix wagae und Gammarus wagii.

— Lit.: G. Brzęk, D. Goldene Zeitalter d. Poln. Orn. (Poln. mit engl. Zusammenfassung). Memorabilia Zool. 3, Warschau 1959 (mit Bildnis).

Wagler, Johann Georg, Dr., * 28. 3. 1800 Nürnberg, † 23. 8. 1832 München. Schon früh erwachte in dem Juristensohn der zool. Sammel- u. Forschungseifer. In Erl. studierte er Med. und Naturw. und ging, von J. B. Spix (s. d.) dazu aufgefordert, 1820 als Assistent an das Zool. Inst. in Münch. Dort bearbeitete er zuerst die von Spix in Bras. gesammelten Schlangen. Nach dessen Hinscheiden erhielt er an der neugegründeten Univ. Münch. die Stelle eines ao. Prof. und des Direktors am Zool. Mus. Auf Grund seiner Begabung wurde er 1825, mit einem kgl. Stipendium ausgestattet, auf Reisen nach ausländischen Mus. geschickt. Er war in Paris und London und arbeitete in Leiden unter Temminck zusammen mit H. Boie, H. Ch. Macklot und S. Müller (s. d.). Trotz seiner Jugend war er Mitglied der Bayer. Akad. d. Wissensch. und namhafter, vielversprechender Wirbeltiersystematiker. Nach dem Vorbild von B. Merrem (s. d.) befaßte er sich bei seinen Unters. nicht nur mit den sichtbaren äußeren Teilen des Vogelkörpers, sondern suchte nach versteckten morphol. Merkmalen. Der Vogelzunge galt seine besondere Aufmerksamkeit. In seinem frühen Buch „Systema Avium" (1827) ließ er sich, beeinflußt von der Naturphil., zu manchen unhaltbaren Aufstellungen hinreißen; auch bemühte er sich, neue wissensch. Namen einzuführen, wo ihm die alten nicht würdig genug erschienen. Der von ihm kühn verfolgte Plan, alle bekannten Arten

mit genauen Beschr. herauszubringen, blieb unvollendet. Nur die wohlgelungene „Monogr. d. Papageien" (1832) schloß er noch ab. Kurz darauf starb er an den Folgen eines Jagdunfalls. Zur Hinterlassenschaft gehören auch Zeugnisse seiner Kenntnisse über die heimische Ornis. So stammen von ihm „Einzelne Beitr. z. bayer. Fauna, Säugetiere u. Vögel" (Isis 21, 1828) und die Texte zu Rotfußfalke, Alpendohle und Lachseeschwalbe in der Fauna (2. Teil, Vogelbilder 1829 bis 1834) der Nürnb. Familie Sturm (s. d.). Beachtliche Ergebnisse brachte schließlich seine gründliche Beschäftigung mit den Amphibien und Reptilien.
— Lit.: Nachruf (von J. Gistl). Beibl. z. „Faunus" 2, 1835, S. 1—6. - Allg. Dt. Biogr. 41, 1896, S. 776. - E. Stresemann, Entw. d. Orn., 1951.

Wagner, Karl. Nur wenige Daten aus seinem Leben liegen vor: 1841 und die folgenden Jahre war er Apotheker und gesellschaftlicher Mittelpunkt des Städtchens Hátszeg (Siebenbürgen); 1855 siedelte er nach Hódmezövásárhely, 1867 nach Ujarad über. Er gehörte — doch keineswegs führend — zu der Gruppe siebenb. Sachsen, die ihren Landsleuten erste Anregungen zur Beschäftigung mit der Vogelwelt gaben. Aus der Freude des Laien an der Schönheit ausgestopfter Präparate verschaffte er sich Vögel hauptsächlich aus dem Hátszeger Tal, von Retyezat und Strellfluß, konservierte sie selbst in einem recht wirksamen Verfahren und stellte sie als Schmuckstücke in seinem Hause auf. 1862 verkaufte er die 59 Arten (251 Stücke) an das Gymnasium seines damaligen Wohnorts und sammelte weiterhin nur noch für die Schule. 1908 waren noch 70 Arten vorhanden, von denen 48 (76 Stücke) 1919 von den einbrechenden Rumänen vernichtet wurden. Orn. Fach- u. Formenkenntnisse ziemlich bar und ohne wissensch. Ehrgeiz, verzichtete er auf eine system. Ordnung seiner Erwerbungen und versah sie meist auch nicht mit Daten und Fundorten. Faun. Wert hatten diese Hausschätze nur insofern, als sie alle aus Siebenb. bzw. Ung. stammten. Es scheint verbürgt, daß W. nie Beziehungen zu ausländischen Ornithologen hatte und nie einen ausländischen Vogel kaufte. Was er als eifriger Jäger nicht selbst erlegt hatte, war ihm von Jägern und Hirten der Heimat überlassen worden.
— Lit.: B. Bodnár, D. Wagnersche Vogelsamml., Aquila 15, 1908, S. 222—231. - Ders., Verwüstung d. Wagnerschen Vogelsamml. durch d. Walachen, ebd. 28, 1921, S. 193—195. - J. Schenk, Altberühmte siebenb. Vogelsamml., ebd. 23, 1916, S. 468—482. - H. Salmen, D. Ornis Siebenb. . . ., Linz 1958 (Masch.-Schrift).

Wagner, Rudolph, Dr., * 30. 7. 1805 Bayreuth, † 13. 5. 1864 Göttingen. Sohn eines Studiendirektors und Hofrats, studierte er Med. in Erl. und Würzb. Nachdem er sich in Paris, in der Normandie, an den Küsten des Mittelmeers und in Münch. weiter mit der Morphol. und Physiol. beschäftigt hatte, wurde er in Erl. 1829 Privatdozent, 1833 ao. Prof. der Zool. und in Gött. 1840 Nachfolger J. F. Blumenbachs (s. d.). Er war einer der großen Physiologen und Anatomen seiner Zeit und hinterließ bedeutende Forschungsergebnisse und Werke. Als gründlicher Kenner des Vogelkörpers gab er auch „Beitr. z. Anat. d. Vögel" (in Münch. Denkschriften) heraus. Das fachliche Gebiet brachte ihn in enge wissensch. und freundschaftliche Verbindung mit Ch. L. Nitzsch (s. d.). Für J. F. Naumanns naturbeschreibende Begabung empfand er höchste Wertschätzung. Nach dem Tode Nitzschs (1837) trat er daher von sich aus an dessen Stelle als Mitarbeiter an der „Naturgesch. d. Vögel Deutschl". In Band 9, 1838 finden sich bereits die ersten, von Naumann mit aufrichtigem Dank begrüßten Beitr. aus seiner Feder. Die Bewahrung der anat. Grundlage des Werks, die nach Nitzschs Hinscheiden zuerst gefährdet schien, ist seiner freiwilligen Hilfe zu danken.
— Lit.: Allg. Dt. Biogr. 40, 1896, S. 573/74. - P. Thomsen u. E. Stresemann, Naumann-Biogr., 1957.

Wagner-Frommenhausen, Rudolf Freiherr von, * 19. 12. 1822 Frommenhausen (Kr. Tübingen), † 10. 2. 1891 Frommenhausen. Ein klar und nüchtern denkender Kopf, spielte er als Generalmajor und württ. Kriegsminister seit 1867 eine bedeutende Rolle in seinem Heimatlande. Nach preuß. Vorbild ausgerichtete militärische Auffassungen und Forderungen erregten den Widerspruch der Kammermehrheit, so daß er im Frühjahr 1870 vom Kriegsministerium zurücktrat. Doch wurde ihm später die Genugtuung zuteil, in den 1. dt. Reichstag als Abgeordneter einziehen zu können. Infolge schwerer Erkrankung mußte er bald auf die politische Tätigkeit verzichten. Mit Not vermochte er 1876 von seinem Schmerzenslager aus eine umfassende Arbeit über das „Jagdwesen in Württ. unter d. Herzogen" und damit einen wohlgelungenen Beitr. zur dt. Kultur- u. Rechtsgeschichte abzuschließen. Im Rahmen der Darstellung ging er auch auf das „kleine Wild" ein und schuf in den Abschnitten über das Federwild, die Raubvögel, den Lerchen- u. Vogelfang, die Beizvögel und die Hege der Reiher ein auf gründlichen Forschungen ruhendes Quellenwerk der württ. Orn.
— Lit.: Allg. Dt. Biogr. 54 (Nachtr.), 1907, S. 782/83. - W. Bacmeister, Abriß einer Gesch. d. Württ. Vogelk., Jh. Württ. 102—105, 1950, S. 36/37.

Walchner, Hermann, * 30. 5. 1807 Pfullendorf (Baden). Sein Lebensgang ist nicht mit letzter Klarheit zu überschauen. Die Vornamen sind auch Franz Hermann. Er war einer der Söhne des um die Geschichte des Hegaus verdienten Verwaltungsbeamten Kasimir W. (1773—1837). In den 30er und 40er Jahren wohnte er wohl in Karlsruhe. Doch muß er nach seinen Büchern „Walafried Strabos Hortulus" (Karlsr. 1838) und „D. prakt. Naturf." (Karlsr. 1842—1844) zwischendurch auch in Gondelsheim bzw. Bühl ärztliche Praxis ausgeübt haben. 1857 war er nach dem Kirchenbuch von Bühl „Bürger in Freib. und prakt. Arzt in Bühl". Wie sein Vater zeigte er sich in der klassischen Philol. bewandert und dazu land- u. forstw. Fragen zugeneigt. Ein Zug musischer Veranlagung berührte offenbar nur die Oberfläche der verschiedenartigen volkstümlich gehaltenen Bücher aus seiner Feder. Da er die Jugend wahrscheinlich im Gebiet des Überlinger und des Unter-Sees verbrachte, wagte er sich in den „Beitr. z. Orn. d. Bodenseebeckens" (Karlsr. 1835) an den frühen Versuch, die Vogelwelt dieser Landschaft zu beschreiben. Seine feldorn. Kenntnisse und seine Zuverlässigkeit verdienen aber keine hohe Einschätzung. Die „neuesten orn. Werke von Brehm u. Naumann standen dem Verf. leider nicht zu Gebot". Bekannt war ihm K. L. Kochs (s. d.) auch die Bodenseevögel umfassendes „System d. Bayer. Zool." (1816). Die 2 Tafeln des kleinen Buches, die Schnäbel der Vögel zeigend, stammen aus dem Kochschen Werk, ohne daß allerdings die Quelle genannt ist. Die Zusammenstellung — sie belief sich „ungefähr auf 212" Arten — führte zu einem nur mageren Ergebnis. Viele Angaben waren falsch: Kolkrabe, Uhu, Regenbrachvogel ließ er für besondere Bezirke „ziemlich gemein" sein; auch der Rauhfußbussard war in seiner Vorstellung „gemein in der Umgeb. v. Konstanz, ziemlich häufig in den Waldungen um Engen, Ach, Fridingen, Volkertshausen". Die Vögel behandelte er außerdem recht ausführlich im „Praktischen Naturf." (s. o.), ohne auch hier für die einzelnen Teile („Betrachtung d. anat. Baus", „Charakteristische Übersicht d. Vögel", „Geogr. Verbreitung", „D. Behandlung d. Vögel als Kabinettsgegenstände", „Analytischer Schlüssel z. Bestimmung d. Vögel") ernsthafte Beachtung erreichen zu können. Sein letztes schriftstellerisches Zeugnis dürfte gewesen sein „Lebenserinnerungen u. Reisebilder (oder Lebensb. . . .?) aus Südfrankr. u. Unteritalien" (Rastatt 1858).

— Lit.: Allg. Dt. Biogr. 41, 1896, S. 779. - W. Bacmeister, Abriß einer Gesch. d. Württ. Vogelk., Jh. Württ. 102—105, 1950, S. 21/22. - K. S. Bader, Kasimir W., Hegau 3, 1958, S. 5—38.

Walstein, Karl, * 1795 Gospitsch = Gospič (Jugoslawien), † 1859 Bukarest. Der richtige Name ist wohl Toma Carol Vella, der nach einer Urkunde aus Sighet (Siebenb.) 1851 in Wallenstein de Vella umgeändert wurde. Andere Schreibungen des Namens sind Wahlstein, Valstain, Wahlsteiner, Charles. Sein Leben ist ungenügend aufgehellt. Eine von seinem Enkel Pius Walstein überschwenglich geschriebene Biogr. (gedruckt in Ploieşti b. Tipografia Lumina, 1908, S. 1—35) dürfte keinen rechten Quellenwert besitzen. Angeblich studierte er in Wien Malerei und Naturw., ging dann nach Kronstadt = Braşov (Siebenb.) und soll weiterhin Maler, Journalist, Architekt, Museologe, Jäger, Naturalist gewesen sein. Bunt schillernd ist seine Gestalt überliefert; vielleicht war er nur eine undurchsichtige, „genialisch" sich gebärdende Erscheinung ohne geregelte Berufsausbildung und feste Lebensbahn. Sicher scheinen nur folgende Daten: 1817 ansässig in Craiova (Walachei), 1823 Zeichenlehrer im Sfintul Sava-Kollegium in Bukarest und Konservator des neu errichteten Mus. dieser Schule, 1829 Beamter im Mus. der Bukarester Schulstiftung; 1859 Begräbniskosten übernommen von Fürst Alexander Cusa, dem damaligen Herrscher im vereinigten Rumänien. W. wird in die Samml. eingereiht, weil in der Bibliothek des Großen Antipa-Mus. von Bukarest sich ein aus seiner Feder stammendes, in zyrillischen und lat. Buchstaben gedrucktes Buch befindet unter dem Titel „Elemente de Ornitologie", Bucuresti, Tipografie Sfintei Mitropolii (1853). Es hat hist. Wert, denn es enthält die ausführliche, selbständige Züge tragende Schilderung von Erfahrungen über das Leben des Kuckucks, die zum größten Teil heute noch Gültigkeit haben. Außerdem bringt es Beob. über Balz und Brut der Brandgans, die dem Verf. 1844 zwischen Cernet und Craiova gelangen, d. h. in einer Gegend der Kleinen Walachei, wo Tadorna seit langem nicht mehr vorkommt. Immerhin dürfte W. unter freiem Himmel einen gesunden Spürsinn entfaltet haben, sonst hätte er nicht mit Hilfe von ausgestreutem Sand den Nachweis erbracht, daß Vogel und Fuchs gemeinsam dieselbe Höhle benutzten; obendrein stempelt ihn der Ber. zum ersten, der aus Rumänien eigene Beob. veröffentlichte.

— Lit.: M. Băcescu u. J. Tazlăcanu, Centenarul primei lucrari originale de ornitologie romaneasca (= 100 Jahre seit d. ersten rum. orn. Arbeit), Ocrotirea Naturii (= Natursch.) Nr. 1, 1955, S. 127—131.

Walter, Adolf, * 7. 4. 1817 Joachimsthal (Mark), † 4. 2. 1899 Kassel. Unter der Anleitung des der Vogelhaltung huldigenden Vaters, eines Pfarrers, lernte er in den Forsten und an den Seen der Heimat, Vögel zu belauschen und zu überlisten. Die Jugendeindrücke entwickelten einen stillen, in sich selbst ruhenden Charakter mit tiefem Naturempfinden. Nach dem Besuch eines Berl. Gymnasiums, der Kunstakad. in Kass. und langen Lehr- u. Wanderjahren wurde er um 1870 Landschaftsmaler in Charlottenb. sowie Zeichenlehrer an Berl. Schulen. 1875 trat er der DOG bei. Als er um 1882 Berl. verließ, um den Lebensabend in Kass., der Heimat seiner Frau, zu verbringen, hatte er mit früh geschärftem Sammler- u. Beobachterblick die weitere Umgeb. Charlottenb. oft gemeinsam mit A. Reichenow (s. d.) auf vielen Exk. durchforscht und kannte die Ornis des mittleren Teiles der märk. Landschaft so gründlich wie kaum ein zweiter zu seiner Zeit. H. Schalow (s. d.) stellte in Orn. Mber. 7, 1899 für die Jahre 1876—1896 71 Aufs. und Mitt. aus Jber. Beob.-Stat. Deutschl., Orn. Cbl., Orn. Ms., J. Orn., Orn. Mber. zusammen. Die Wortmeldungen galten vielseitig der Faun., Brutpflege, psychol. Problemen, Fragen des Nutzens und Schadens, der Bestandsschwankungen, der Bedeutung der Eulen im Haushalt der Natur u. dgl. (17 Jahre pflegte er eine Waldohreule und berichtete über ihre Lebensäußerungen in Orn. Ms. 12, 1887). Obwohl ihm durch ein Gehörleiden die Beob. in den späteren Jahren sehr erschwert wurde, äußerte er sich sogar über das Kass. Gebiet noch verschiedene Male in J. Orn., Orn. Ms. und Orn. Mber. Am bekanntesten wurde sein Name durch die jahrelang system. durchgeführten Kuckucksstudien. Sie erwuchsen aus einer von ihm allein eingebrachten Eiersamml., die etwa 110 Kuckuckseier mit Nestgelegen enthielt. Der erste Aufs. in J. Orn. 24, 1876 galt dem „Leben u. Treiben" dieses Vogels. Ihm folgte eine lange Reihe gleichgerichteter Beitr., darunter „D. Fürsorge d. Kuckucks für seine Nachkommenschaft" (Zs. ges. Orn. 3, 1886). Die Geheimnisse um die Biol. des Brutschmarotzers zu lüften, machte er sich geradezu zum Lebenszweck. Was er aufgrund methodisch angelegter Erkundungen z. B. über die ökol. Voraussetzungen des Vorkommens, das Verhältnis der Geschlechter vor, während und nach der Fortpflanzungsperiode, die Beziehungen

der Weibchen zu den eigenen Jungen sowie zu den Wirtsvögeln und deren Jungen, die Färbung und Struktur der Eischale zu sagen hatte, wurde von keinem seiner Zeitgenossen übertroffen. Verständlich war daher der Verzicht auf die sonst beim Austrag von Meinungsverschiedenheiten geübte Zurückhaltung, als er das Jägerlatein der Brüder Ad. u. K. Müller (s. d.) vom selbstbrütenden Kuckuck ins rechte Licht rücken mußte. Seine Unters. „Z. Frage: Brütet d. Kuckuck?" (J. Orn. 37, 1889) und „Warum brütet d. Kuckuck nicht?" (ebd. 41, 1893) sind Musterstücke sachlicher, auf Tatsachen gestützter Widerlegungen. Als er starb, wurde die ool. Samml. zerstückelt. Größere Teile davon gingen nach Kopenhagen.
— Lit.: Würdigung (Verf. ungen.). Orn. Ms. 22, 1897, S. 147. - Nachruf (von K. Junghans). Ebd. 24, 1899, S. 120—122 u. Orn. Jb. 10, 1899, S. 157. - Nachruf (von H. Schalow). Orn. Mber. 7, 1899, S. 53—58 (mit Verz. d. Veröff.). - Nachruf (von A. Grunack). Zs. Ool. 8, 1899, S. 45. - H. Schalow, Beitr. z. Vogelf. d. Mark Brandenb., 1919, S. 531—543 (mit Bildnis). - L. Gebhardt u. W. Sunkel, D. Vögel Hess., 1954 (mit Bildnis).

Walter, Alfred, Dr., * 1860 Wolmar (Livland), † 1890 Jena. Sohn eines Pastors, studierte er in Jena und Würzb. Zool., promovierte 1884 und wurde Assistent bei E. Häckel. In den Jahren des Studiums war er öfters auf Helgol. bei H. Gätke (s. d.), dessen große Samml. und Beobachtungstätigkeit er schon 1883 als „Vogelwarte" bezeichnete. 1885 stieg er in Dorpat zum Magister der Zool. auf und verblieb 1 Jahr in der Heimat, wo er sich auf weiten Wanderungen vor allem mit der Vogelwelt beschäftigte. Aus dieser Zeit hinterlassene Anm. und Msk. gaben balt. Ornithologen wertvolle Hinweise. 1886 begleitete er G. Radde (s. d.) auf einer Forschungsreise nach Transkaspien. Die hierbei erzielten Ergebnisse sind von Radde und W. gemeinsam dargestellt in den „Vögeln Transkaspiens" (Ornis 5, 1889). Von Februar bis Oktober 1889 beteiligte er sich mit Prof. Kükenthal an einer von der Brem. Geogr. Gesellschaft ausgeführten Fahrt nach Spitzbergen. Nach Rückkehr nahm er die ihm angetragene Stellung am Mus. in Hamb. an. Vor Antritt seines neuen Postens verstarb er aber in Jena — noch ehe er zur vollen wissensch. Entfaltung seiner Fähigkeiten gekommen war.
— Lit.: G. Radde, Ergebnisse d. Exp. (1886) nach Transkaspien u. Nord-Charassan, Gotha (Justus Perthes). - H. Ringleben, Z. Entstehungsgesch. d. Bezeichnung „Vogelwarte", Vwa. 19, 1958, S. 206/07.

Wand(t), Jens, * 28. 4. 1875 Robso (Dänemark), † 26. 5. 1950 Norderoog. 1909 trat der ehemalige Matrose — er hieß eigentlich Jens Sörensen — in die Dienste des Vereins Jordsand und wurde bis zum 1. Weltkrieg während der Sommermonate als Vogelwärter auf Norderoog, dem Ellenbogen sowie der Hallig Jordsand eingesetzt. Nach 1919 übte er zunächst einen anderen Beruf aus, kehrte aber 1927 zur alten Tätigkeit zurück, um fortab mit ausgesprochener Besessenheit und unerschrocken über die ihm anvertrauten Vögel zu wachen. Nicht nur der von ihm verwaltete Posten, sondern auch eine derbe Urwüchsigkeit machten den im Winte Husum lebenden „Vogelkönig" (so nannte sich gern), der erst 1931 die dt. Staatsangehö keit erwarb, weithin bekannt bei Ornitholo Naturfreunden und Badegästen. Ein rätselha Tod, vielleicht die Folge einer geistigen T bung, endete die eigengeartete Lebensbahn auf seine Weise sehr verdienten Schützers Meeresvögel; er starb einsam im Watt, als nachts auf dem Rückweg von Hallig Ho nach Norderoog eine falsche Richtung schlug. Begraben ist er neben seiner schon verschiedenen Frau auf dem kleinen Fried Hooge.
— Lit.: Nachruf (von H. Schulz). Mitt. Schles Holst., N. F. 3, 1950, S. 4. - Nachruf (von P Weckmann-Wittenburg). Columba 2, 1950, S (mit Bildnis). - Biogr. Notiz (von W. Me Festschr. d. Ver. Jordsand 1957, S. 159/60 Bildnis). - F. Steiniger, D. „Möwenwetter" n J. W. u. seine Bedeutung f. d. Seevogels Nat. u. Landsch. 36, 1961, S. 153—160 (mit Bildn

Wangelin, Georg Jacobi von, * 10. 6. 1836 Rit gut Groß-Jena, Kr. Naumburg (Saale), † 1 1915 Merseburg. Sproß einer alten Familie, gann er während des Forststudiums in Eb walde (1860—1862), sich näher mit der Vog zu beschäftigen. Die berufliche Laufbahn fül ihn in viele dt. Forstämter und schließlich 1880—1905 an die Regierung in Merseb. Seit war er Geh. Reg.-Rat. Mit der Orn. als Wissen hatte er nur lose Fühlung. Am meisten lo ihn die Ool. Sein eigentliches Feld nach au hin war der praktische Vogelschutz. Hier ma er sich dadurch verdient, daß er den Dt. z. Schutze d. Vogelw. repräsentativ als 1. V sitzender von 1886—1911 in vorbildlicher Halt und Gesinnung leitete. Durch naturw. Ke nisse, Stellung, Beziehungen zu Regierung Behörden erreichte er noch da Erfolge Vogelschutzfragen, wo sie anfangs unmög schienen. Als er wegen hohen Alters die F rung niederlegte, gehörte sein Wirken ebe fest zur Geschichte des Vereins wie das E. v. Schlechtendal, A. W. Thienemann, K. Liebe und C. R. Hennicke (s. d.). Viel h ihm der Seevogelschutz zu verdanken, denn war neben Frhr. v. Berlepsch (s. d.) und C. R. H nicke der erste, der F. H. Dietrich (s. d.) 1907 der Gründung des „Ver. Jordsand . . ." un stützte. Lit. meldete er sich fast ausschließ seit 1886 in der Orn. Ms.; Schutz- u. Hegem nahmen sowie faun. und biol. Beob. wa seine Themen. Zur Beteiligung am Neuen N mann ließ er sich gleichfalls gewinnen bearbeitete die Abschnitte Rebhuhn, Wach Fasan, Trappen, Kraniche, Uferschnep Brachvögel, Regenpfeifer, Dickfüße — obwoh viel mehr waidgerechter Jäger als Mann Schreibtischs war. Mit ihm erlosch ein Le reich an Freud, Leid und Herzensgüte.
— Lit.: Nachruf (von C. R. Hennicke). Orn. 40, 1915, S. 161—167 (mit Bildnis). - Bil (Gruppenaufnahme in Ziebigk), Aquila 12,

Warnecke, Georg, Dr. h. c., * 28. 4. 1883 Alt † 20. 9. 1962 Hamburg-Altona. Nach dem jur. S dium war er seit 1920 Landrichter in Altona, 1928 Landgerichtsdirektor in Kiel. Die gr Samml. ostasiatischer Makrolepidopteren von Dörries in Hamb. weckte in ihm schon in

Schulzeit die Neigung zur Beschäftigung mit den Schmetterlingen, und die Entom. blieb (mit 350 Veröff.) auch späterhin der Schwerpunkt seiner wissensch. Betätigung. Daneben darf er ein kritisch denkender, mit umfassenden Kenntnissen ausgestatteter Feldornithologe genannt werden. Wegweisend wirkte er für die heimatliche Vogelk., als er begann, die jährlichen Ber. über die orn. Beob. in Schlesw.-Holst. und Hamb. zu verfassen, die seit 1949 in den Mitt. Schlesw.-Holst. erschienen. 1954 kamen diese Jber. zwar unter die Verantwortung einer jüngeren Kraft; W. blieb aber der lenkende, zweifelhafte Meldungen unterdrückende Gutachter. Die Pflege der Verbindung mit der Vogelk. wurde ihm überdies dadurch erleichtert, daß 30 Jahre lang der Vorsitz der Faun. Arbeitsgemeinschaft f. Schlesw.-Holst., Hamb. u. Lüb. und seit 1945 auch die Schriftl. der Mitt. Schlesw.-Holst. in seinen geschickten Händen lagen. In diesen Jahren lieferte er nicht nur durch Sachkunde sich auszeichnende Besprechungen orn. Arbeiten, sondern auch eigene Beitr. und Mitt. wie „Raubseeschwalbe - Hydroprogne tschegrava auf d. Unterelbe" (Mitt. Schlesw.-Holst., N. F. 2, 1949), „D. Seeadler 1950 als Brutvogel auf d. Plöner See" (ebd. N. F. 3, 1950), „Grundsätzliches über Vögel mit boreoalpiner Verbreitung" (Orn. Mitt. 10, 1958), „Muß Branta leucopsis, richtig übersetzt = Weißgesichtsgans, in alle Zukunft völlig falsch Weißwangengans genannt werden?" (Mitt. Schlesw.-Holst., N. F. 14, 1961), „Beob. an Eissturmvögeln - Fulmarus glacialis und anderen Seevögeln auf d. Nordatlantik im August u. September 1956" (Orn. Mitt. 14, 1962). Seit 1950 Mitglied der DO-G, dazu Angehöriger verschiedener Gremien des Naturschutzes, wurde er 1958 durch die Verleihung des Bundesverdienstkreuzes 1. Kl. und durch den Dr. h. c. der Univ. Hamb. geehrt. Er starb an den Folgen eines Verkehrsunfalls.
— Lit.: Nachruf (von W. Emeis). Mitt. Schlesw.-Holst., N. F. 16, 1963, S. 1—3 (mit Bildnis).

Warnke, Gerhard, Dr., * 13. 2. 1907 Marienwerder (Westpreußen), † Juni 1944 zwischen Witebsk und Orscha (Rußland). Als Sohn eines Seminaroberlehrers machte er in Dt.-Krone Matur, studierte Chemie und Biol. in Greifsw., Jena, Königsb. und promovierte bei Prof. Koehler. Schon im Kindesalter galt, durch den Vater gefördert, seine Aufmerksamkeit der Vogelwelt. Wegen günstiger Bedingungen zur Beob. des Vogelzugs ließ er sich — inzwischen Studienassessor geworden — 1937 nach Pillau (Ostpr.) versetzen und betätigte sich sehr rührig in der Außenarbeit der Vogelwarte Rossitten. Hauptgebiet seiner Studien war neben den Erscheinungen des Zugs das Verhalten der Vögel in der Schreckstarre. Auf ungezählten Paddelfahrten holte er aus den Aalreusen der Fischer die dort festgehaltenen Vögel, um sie als Objekte für Hypnoseversuche zu verwenden. Erfahrungen hierüber legte er nieder in Arbeiten wie „Ein Beitr. z. Hypnose b. Vögeln" (Orn. Mber. 41, 1933), „Akineseversuche an Meisen" (J. Orn. 82, 1934), „Z. Akinese b. jungen Möwen u. Störchen" (Zool. Anz. 118, 1937). Über Beob. auf einer Reise nach Sizilien 1939 schrieb er in Verh. Bay. 22, 1942. Auch in der schwierigen Lage als Leutnant an der Ostfront fand er Freude an Aufs. zur Vertiefung faun. und biol. Kenntnisse über die ihn umgebenden Vogelformen. Das zeigen die Kriegsveröff. „Z. Ornis d. Wolchowgebietes" (Orn. Mber. 51, 1943), „Kleine Studie z. Gesang d. Heuschreckenschwirls" (B. z. F. 19, 1943) und „Studien z. Gesang d. Schlagschwirls" (ebd. 20, 1944). Den Druck der letzten Arbeit erlebte er nicht mehr; vorher war er bereits vermißt.

Washington, Stefan Freiherr von, Dr., * 17. 6. 1858 Pöls (Steiermark), † 9. 9. 1899 Palermo (Sizilien). Er hatte Jura studiert und lebte wohl meist auf Schloß Pöls, wo er in den 80er Jahren eine Geflügelzuchtanstalt unterhielt. Als er 1886 dem Orn. Ver. in Wien beitrat, war Graz sein Wohnsitz. Versuche, weitere Einzelheiten aus seinem Leben zu ermitteln, blieben ohne Ergebnis. Er muß in seiner steirischen Heimat ein aufmerksamer Feldbeobachter gewesen sein. Über „D. in Steierm. vorkommenden rabenartigen Vögel, Würger u. Sperlinge" berichtete er erstmalig in Mitt. Wien 10, 1886 und ließ bis ebd. 12, 1888 noch weitere 5 Abh. bzw. Mitt. von dort folgen. Veröff. aus anderen Gegenden waren bei Abbazia gesammelte „Orn. Notizen aus Istrien" (Zs. ges. Orn. 2, 1885), „Über ein Vorkommen d. Pelecanus sharpei du Bocage in Österr.-Ung." (Ann. Wien 3, 1888) und „Über einige neue bzw. seltene Arten d. istrianischen Ornis" (Orn. Jb. 1, 1890).

Wasmuth, Paul, † zwischen 1920 u. 1930. Als Beamter in der russ. Gouvernements-Verwaltung zu Reval hatte er sich eine beachtenswerte Vogelsamml. angelegt. Sie kam etwa um 1910 in das Mus. der Lit. Gesellschaft auf dem Domberge der Stadt Reval. Sein orn. Interesse geht ferner aus einer Veröff. hervor, der „Aufzählung aller bisher f. Estl. festgestellten Vogelarten" (Korr. Riga 52, 1909, 72 S.); 251 Arten konnte er nennen.

Weichelt, Otto, * 6. 1. 1901 Dessau, † 12. 2. 1954 Dessau. Als sorgfältig arbeitender Faunist pflegte der Malermeister die Feldornithologie in der engeren Heimat. Seine Ausdauer galt der system. Beob. des Elbegebietes. Dem Leben des damaligen Orn. Ver. Dessau gab er neuen Inhalt, als er in der Nachfolge von C. Krietsch (s. d.) von 1926—1930 den Vorsitz innehatte. In diesen Jahren ließ der Verein vervielfältigte Beitr. z. Avif. Anhalts erscheinen, die später — von 1937 bis 1940 — gemeinsam mit den Orn. Ver. Magdeb. und Köthen als Beitr. z. Avif. Mitteldeutschlands herausgegeben wurden. Wie die Einstellung der anderen Mitglieder des Dess. Vereins kannte die angeborene Naturfreude des schlichten Mannes keine weitergesteckten Ziele. Schreibtischarbeit war daher für ihn nur Randbeschäftigung. Zu den spärlichen Früchten gehören u. a. „Über d. Anzahl überwinternder Seeadler b. Dess. in d. J. 1930—1939" (Beitr. z. Avif. Mitteldeutschl. 3, 1939), „D. Höckerschwan - Cygnus olor wieder Brutvogel in Mitteldeutschl." (ebd. 4, 1940). Das Ergebnis jahrelanger sachkundiger Tätigkeit war schließlich die knapp gehaltene „Vogelw. d. Kliekener Gebiets" (ebd. 4, 1940). Örtliches Bemühen um den Natursch. verdient gleichfalls festgehalten zu werden.

Weidel, Arnold, * 12. 10. 1901 Gr. Behnitz (Kr. West-Havelland), † 23. 4. 1956 Hanau (Main). Auf einem Gut, wo sein Vater Administrator war, wuchs er auf. Die große Seenkette des Havelländischen Luchs war die Umgeb., in der er durch Fischer und Förster mit der Vogelwelt vertraut wurde. Während der Schulzeit auf dem Gymnasium in Küstrin verbrachte er die Ferien mit orn. Streifzügen in den ausgedehnten Wäldern und an den Seen der Neumark. Die anschließenden Jahre des Studiums in Berl. (1922 bis 1927) und des Berufs als Wasserbauer (seit 1934 Fachmann bei der Wehrmacht) nahmen ihn so in Anspruch, daß die Orn. in den Hintergrund treten mußte. Erst als er nach 1945 in Hanau ansässig wurde und die neue Tätigkeit in einem Baugeschäft ihn geistig nicht ausfüllte, stürzte er sich mit Eifer wieder auf die alte Liebhaberei. Viele Teile Hess. (Rhein, Main, Kahler Seen, Vogelsb. mit Mooser Teichen) berührte er auf regelmäßigen Exk. und entwickelte sich wieder zum tüchtigen Feldornithologen. Im Frankf. Raum machte er sich, trotz Zurückhaltung und Bescheidenheit, schnell einen guten Namen unter den Freilandbeobachtern. Gerade als er sich anschickte, mit Mitt. hervorzutreten, wurde er für immer abberufen.

Weigel, Johann Adam Valentin, * 1740, † 1806. Der in Haselbach, Kr. Landeshut (Schlesien) amtierende Pastor erreichte für die schles. Vogelk. bei weitem nicht die Bedeutung seines ungleich größeren Vorgängers C. Schwenckfeld (s. d.). Aber er hat das Verdienst, in einer Zeit, da das Feld orn. Forschung in seiner Heimat kaum beackert wurde, wenigstens ein Namenverzeichnis der ihm bekannten Vögel der Prov. gebracht zu haben. Es war ein Teil seines „Prodromus Faunae Silesiacae" in der „Beschr. v. Schles." (Berl. 1806). Der Verf. war damit der erste Schlesier, der sich im 19. Jahrh. wieder auf dem Gebiete der heimatlichen Ornis schriftstellerisch hervorwagte. P. Kollibay (s. d.) wies in den „Vögeln d. Preuß. Prov. Schles." (1906) auf die bescheidene Rolle des Vorläufers hin.
— Lit.: Bildnis in F. Pax, D. Tierwelt Schlesiens, 1921.

Weigenthaler, Adolf, * 23. 1. 1838 Schwabhausen (Kr. Dachau), † 27. 11. 1923 Starnberg (Oberbayern). Von 1863 ab lebte er als Bezirkstierarzt in Starnb. und betätigte sich jahrzehntelang lokalfaun. 1886 ließ er im Selbstverlag einen „Jber. über orn. Beob." erscheinen. Die Zusammenstellung enthält begrüßenswerte und glaubhafte Angaben. Ihr Gewicht wird aber dadurch sehr herabgemindert, daß sie gemischt sind mit zweifelhaften oder durchaus falschen Mitt., die von merkwürdigen Verwechslungen und eindeutigen Irrtümern herrühren müssen. Auch die phänol. Daten sind unkritisch.

Weinland, David Friedrich, Dr., * 30. 8. 1829 Grabenstetten (Kr. Reutlingen), † 16. 9. 1915 Hohenwittlingen (Schwäbische Alb). Nach Abschluß des theol. Examens in Tüb. verlegte sich die Neigung des Pfarrersohnes ganz auf die Naturw., so daß er in diesem Fache auch promovierte und 1852 Assistent bei J. Müller (s. d.) in Berl. wurde. Einem dreijährigen Aufenthalt in Amerika folgte die Leitung des neu errichteten Tiergartens in Frankf. (Main) von 1859—1863. Die letzten 26 Jahre zog er sich auf sein Gut in der Schwäb. Alb zurück. Mit der eigentlichen Vogelk. verbanden ihn — trotz großer Freude an der Vogelhaltung während der Studienjahre — nur sehr lockere Beziehungen über Anschlußgleise. Dadurch, daß er in Frankf. die Zeitschr. „Zool. G." gründete und 3 Jahre herausgab, schuf er ein damals weit verbreitetes zool. Sprachrohr, dessen sich auch orn. Autoren bedienten, sofern sie nicht ausgesprochen fachwissensch. Themen behandelten. Nur die ersten Jahrgänge seines Organs brachten einige den Vögeln gewidmete Beitr. aus der eigenen Feder, so „Eine Straußenbrut in Europa" (1, 1859), „Über d. neuen Adler" (1, 1859), „Vogelgesang" (2, 1860), „Noch einige Worte über d. Vogelgesang" (3, 1862), „In Gefangenschaft brütende Störche u. Reiher" (4, 1863) und „Z. Verfärbung d. Vogelfeder ohne Mauserung" (J. Orn. 4, 1856). In späteren Jahren ließ er sich gelegentlich in württ. Heimatbl. gemeinverständlich über den Vogelschutz und örtliche Beob. vernehmen: u. a. „Einige Tatsachen z. Vogelsch." (Schwäb. Chronik 1909) und „Nordische Gäste" (Bl. d. Schwäb. Albver. 1910). Der Neue Naumann nannte ihn zwar unter den Mitarbeitern; doch ist nicht zu ersehen, an welcher Stelle er sich tatsächlich am Werk beteiligte. Für seine Vielseitigkeit sprechen 2 Erzählungen „Rulamann" und „Kuning Hartfest", mit denen er die Jugend seiner Zeit begeisterte.
— Lit.: Nachruf (von W. Bacmeister). Falco 11, 1915, S. 33—36. - Nachruf (von dems.). Orn. Ms. 41, 1916, S. 87—92. - Ders., Abriß einer Gesch. d. Württ. Vogelk., Jh. Württ. 102—105, 1950, S. 24.

Weiske, Emil, * 19. 5. 1867 Dolsenhain, Kr. Geithain (Sachsen), † 16. 3. 1950 Saalfeld (Thüringen). Wie viele Bewohner des sächs.-thür. Grenzlandes huldigten der Vater und der ältere Bruder des Bauernsohnes der Jagd und dem Vogelsammeln. Der jüngere tat es ihnen bald nach, richtete seinen Sinn aber in die weite Welt. 1890 wanderte er nach Kalifornien aus, das er 1892 mit Hawaii vertauschte; in der Folgezeit besuchte er die Fidschi-Inseln, Neuseeland, Queensland und Neuguinea. Auf diesen Reisen wurde das anfänglich nebenher betriebene Sammeln von Naturalien immer mehr sein Beruf. 1900 zwang ihn der durch die Explosion einer Patrone verursachte Verlust der rechten Hand zur Rückkehr nach Europa. In Weida und später in Saalf. ließ er sich nieder, ging aber zeitweilig auf Sammelunternehmungen nach Sibirien, der Mongolei, Patagonien und Paraguay, um den Mus. von Berl., Dresd., Leipz., Wien, London und Tring Material zu beschaffen. In Australien hatte ihn vornehmlich das Leben der Paradiesvögel gereizt, und die Orn. Ms. 27, 1902 brachte aus seiner Feder einen „Beitr. z. Naturgesch. d. Laubenvögel". Weitere orn. Arbeiten scheint er nicht geschrieben zu haben. A. Reichenow (s. d.) benannte aber in Orn. Mber. 8, 1900 ihm zu Ehren 4 neue Arten aus den Familien Eutolmaetus, Cacomantis, Syma und Climacteris. Bem. zu den Bälgen, die er zwischen 1895 und 1900 aus Nord-Queensland und Brit. Neuguinea nach Wien sandte, lieferte M. Sassi in J. Orn. 57, 1909 u. 58, 1910.
— Lit.: E. Weiske, Zehn Jahre in Amerika, auf d. Südsee-Inseln u. in Australien. Weida, 7. Aufl. 1923 (10 Seiten).

Weismann, August, Dr. Dr. h. c., * 17. 1. 1834 Frankfurt (Main), † 5. 11. 1914 Freiburg. Zuerst prakt. Arzt, wählte er 1863 die Zool. als Lebensfach und begann die Univ.-Laufbahn in Freib., dem er alle Zeit treu blieb. 1912 schied er — Wirkl. Geh. Rat, Ehrenbürger von Freib., Mitglied vieler Akad. und Gelehrter Gesellschaften — aus dem Amt. Er gehörte zu den biol. Denkern großen Stils, deren wissensch. Erkenntnisse auch die Entwicklung der Orn. befruchteten. Der Vater war Gymnasialprof. für klassische Philol., die Mutter künstlerisch hochbegabt. Vererbung und Tradition des Elternhauses legten den Keim für eine Lebensleistung als Pionier des Selektionsgedankens (u. a. dargestellt in „Vorträge über Deszendenztheorie", 1. Aufl. 1902, 2. Aufl. 1904, 3. Aufl. 1913) und die Forschungen auf dem Gebiete einer Vererbungslehre, der er in seinem Hauptwerk „D. Keimplasma" (1892) durch die Unterscheidung zwischen der Kontinuität des Keimplasmas und den Somazellen die theoretische Grundlage für weitere Unters. gab. Aus dieser Arbeitsteilung folgerte er, daß alle für den Entwicklungsgang der Organismen wesentlichen Abänderungen nur durch eine Veränderung in der Molekularstruktur der Keimzelle vorbereitet werden; daß erworbene Eigenschaften dagegen nur das Soma verändern. Seine Vermutung ging dahin, daß auch die echten Instinkte nicht auf Übung oder Erfahrung des Individuums zurückgehen, sondern auf Variationen der Keimzelle durch die Selektion. Es gehört daher in den Kranz seiner Verdienste, der neu sich gestaltenden, dem Leben der Vögel im besonderen geltenden Verhaltensforschung zu einer Einsicht verholfen zu haben, nach der Instinkthandlungen als ein evolutionistisches Problem zu betrachten sind. Die Überwindung Lamarckistischer Vorstellungen trat nicht in allen seinen Verlautbarungen von vornherein unmißverständlich betont hervor. In einer volkstümlich gehaltenen Abh. „Über d. Wandern d. Vögel" (1878) bejahte er die Palménsche Ansicht, daß die Jungvögel von den Alten die Zugwege lernen müssen, oder daß sie längs der einstigen Ausbreitungswege Zugstraßen einhalten. Die Rolle der Selektion bei der Übertragung von Gewohnheiten deutete er in diesem Zusammenhang nur unbestimmt an. So glaubte unter den Ornithologen damals ein so ausgesprochener Gegner des Darwinismus und des Instinktbegriffs wie E. F. v. Homeyer (s. d.), hier eine Bestätigung von seiten der Wissensch. für die eigene Überzeugung zu finden, nach der nicht nur der Vogelzug, sondern auch andere, das Leben der Vögel betreffende Rätsel durch das Walten ererbter Gewohnheiten erklärbar seien. Wenn E. F. v. Homeyer später (1881) auf Grund seiner reichen praktischen Feldbeobachtungen diese Zughypothesen, weil am Schreibtisch entstanden, mit Recht angriff, so konnte die Ablehnung W.s wissensch. Stellung nicht berühren.
— Lit.: E. Gaupp, A. W., Sein Leben u. sein Werk, Jena 1917 (mit Verz. d. Veröff. u. weiteren Biogr.). - E. Stresemann, Entw. d. Orn., 1951.

Weiß, Karl. Lebensdaten fehlen. Bekannt ist nur, daß er 1847 auf Grund eines mit dem Hamb. Mus. abgeschlossenen Vertrags nach der afrik. Goldküste reiste und sich 1848 als Arzt in São Tomé niederließ. Für freie Fahrt und laufende Versorgung mit Tauschmitteln mußte er Naturalien nach Hamb. schicken. Dort regten die von der Goldküste, den Inseln São Tomé und do Príncipe stammenden Sendungen G. Hartlaub (s. d.) zu bevorzugten Unters. der afrik. Ornis an; sie bildeten eine der wesentlichsten Materialgrundlagen für H.s „System d. Orn. Westafrikas" (1857). Von W. gelieferte Bälge befinden sich auch in der Samml. von F. Heine (s. d.).

Wemer, Paul, * 9. 2. 1882 Gütersloh (Kr. Wiedenbrück), † 24. 9. 1932 Münster (Westfalen). Sohn eines wohlhabenden Vaters, war er nach dem ohne Matur auf der Landw. Akad. Poppelsdorf abgelegten Examen seit 1907 kurze Zeit Landwirtschaftslehrer, 1912 aber schon Verbandsrevisor. Weiterhin lebte er in Münst. als Schriftsteller, Theaterkritiker, Rundfunkangestellter. Schließlich sammelte er Antiquitäten und trat als Versicherungsagent auf. Die geistige Beweglichkeit führte ihn daneben in die Nähe von H. Löns und H. Landois (s. d.). Rührig beteiligte er sich schon in der Studentenzeit am Leben der Zool. Sektion d. Westf. Prov.-Ver. f. Wissensch. u. Kunst. Die Jber. Münst. 31, 1903 brachten die ersten Aufs. aus dem feldorn. Erfahrungsbereich, und der Eifer des jungen Verf. steigerte sich in den nächsten Jahren zu ganz erheblicher Schreibfreudigkeit — nicht zur Mehrung des Wertes seiner vielfach an der Oberfläche bleibenden Veröff. Die Beitr. standen besonders gedrängt in den Jber. Münst., erschienen aber auch in Zool. G., Zool. Beob., Zs. Ool. u. Orn., Zs. Stett., Mitt. Vw., Orn. Ms., Orn. Beob., Vogelfreund. 1906 enthielt die Bibliothek in Münst. bereits 31 Arbeiten aus seiner leicht fließenden Feder. In den „Beitr. z. Westf. Vogelf." (Jber. Münst. 34, 1906) wagte er sich sogar an eine Aufstellung der gesamten Vogelwelt Westfalens heran. Das Ziel konnte er nicht erreichen, weil ihm die volle Kenntnis der älteren Lit. fehlte, und weil er im Teutoburger Wald und in den Gebirgen der südl. Prov. nicht genügend zu Hause war. Lediglich die Münsterl. Ebene hatte er erkundet, so daß er — unterstützt durch Notizen von R. Koch und B. Wigger (s. d.) — 274 Arten, darunter 148 Brutvögel, zu nennen in der Lage war. Neben manchen unkritischen Angaben und offenkundigen Irrtümern enthielt die Darstellung, verglichen mit der orn. Bestandsaufnahme in H. Landois' (s. d.) „Tierleben" (1886), eine Reihe von verwertbaren neuen Mitt. Kennzeichnend für den geringen Grad wissensch. Verantwortungsgefühls waren seine Beziehungen zu W. Schuster (s. d.), für dessen „Einheimische Vögel" (1909) er eine „Einführung" schrieb. Aus fast überschwenglicher Naturliebe begrüßte er selbstverständlich das 1908 erlassene Vogelschutzgesetz; Mangel an Maß ließ ihn aber gleichzeitig gegen die Vogelberingung wettern. Da seine Glaubwürdigkeit offenbar nicht wuchs, legte er sich während der letzten Jahrzehnte in der Orn. deutliche Zurückhaltung auf — ohne Schaden für die ernsthafte Forschung.

Wendlandt, Paul, * 10. 9. 1852 Teterin, Kr. Anklam (Pommern), † 19. 4. 1916 Alt-Lüdersdorf (Reg.-Bez. Potsdam). Nach dem Studium in Greifsw. und Hann. Münden war er in verschiedenen

pom. Oberförstereien tätig. Von Tapiau ließ er sich nach St. Goarshausen (Rhein) und 1912 nach Alt-Lüdersdorf versetzen. Früh sammelte er auf mehreren naturw. Gebieten. Die Eier-, Balg- u. Schmetterlingssamml. hatten beachtlichen wissensch. Wert. Glanz lag lange auf seinem Namen als Oologe. Er war der Mittelpunkt der Bemühungen um die Aufhellung der Fortpflanzungsbiol. des ostpr. Habichtskauzes; und durch monogr. Charakter zeichnete sich die Arbeit „Über d. Brutverhältnisse u. Eiermaße d. in d. westl. paläarkt. Region lebenden Eulenarten" (J. Orn. 61, 1913) aus. Mehr zu stiller Gelehrsamkeit neigend, hatte er zwar umfangreichen brieflichen Gedankenaustausch mit vielen zeitgenössischen Ornithologen, trat aber publizistisch wenig hervor. 1898 beendete er gar die ool. Aufz., um sich eingehender nur noch mit lepidopterologischen Fragen zu beschäftigen. Beigesetzt wurde er in St. Goarshausen. Nach seinem Tode übernahm R. Schlegel (s. d.) die Eiersamml., allerdings ohne die Eier der Raubvögel, die vorher schon abgesetzt waren.
— Lit.: Würdigung (von R. Schlegel). Zs. Ool. u. Orn. 24, 1919, S. 1—7. - Nachruf (von W. Rüdiger). Ebd. 24, 1919, S. 10/11.

Wendnagel, Adolf, * 24. 8. 1876 Basel, † 16. 1. 1952 Basel. Seit 1913 Direktor des Zool. Gartens von Basel, zeigte er sich stets orn. Fragen in Praxis und Forschung zugetan. 1909 war er Gründungsmitglied, seit 1943 Ehrenmitglied der Schweiz. Ges. f. Vogelk. . . . und gehörte bis zuletzt ihrem Vorstand an. Neben C. Daut und A. Heß (s. d.) zählt er zu den ersten Schweizern, die sich des Vogelschutzes annahmen. Jahre hindurch lag die Leitung der Vogelsch.-Kommission der Gesellschaft in seinen vielfältig bewährten Händen. Auch ein kleines, aber vorzügliches Vogelsch.-Buch stammt aus seiner Feder, ebenso eine längere Abh. „Vogelschutz" (Orn. Beob. 41, 1944); hier wandte er sich gegen eine Verordnung des Eidgenössischen Volkswirtschaftsdepartements, nach der Feldgehölze und lebende Hecken im Interesse des Mehranbaus zu beseitigen seien. 20 Jahre lang war er dazu Präsident der Orn. Ges. Basel. Weiteren Kreisen gab er Auftrieb in der Freude am Vogel und dessen Studium durch die Anlagen der Freigehege des Zoos und den Bau des Vogelhauses 1926/27. Die ihm eigene Beobachtungsgabe konnte er indes aus Mangel an Zeit nicht in umfangreichere Schreibtätigkeit umsetzen. Rein orn. Veröff. waren u. a. „D. Blaukehlchen in d. Umgeb. v. Basel" (Orn. Beob. 11, 1913), „Waldohreulen" (ebd. 24, 1926/27), „D. Kernbeißer" (ebd. 25, 1927/28), „Ein Bastard zwischen Weiß- u. Schwarzstorch" (ebd. 35, 1937/38), „D. Störche in d. bad. Nachbarschaft v. Basel" (ebd. 46, 1949). Sehr vernünftige und sachkundige Auffassung verriet ein Aufs. zur Vogelhaltung unter dem Titel „Käfigvögel" (ebd. 42, 1945), in dem er von den „überempfindlichen Tierschützern" sprach, „die jedes Wesen vermenschlichen und jedem Tier menschliche Überlegungen andichten", und die Frage stellte: „Ist es nicht eine schöne Aufgabe, einen auch in freier Natur vorkommenden Vogel im Zimmer zu halten, mit Liebe zu pflegen und sein ganzes Wesen zu beobachten?"
— Lit.: Würdigung (von H. Noll). Orn. Beob. 48, 1951, S. 117/18. - Nachruf (von Schriftl.). Ebd. 49, 1952, S. 32. - Nachruf (von H. Hediger). Zool. G., N. F. 20, 1953, S. 187.

Wenzel, Karl, * 30. 5. 1865 Kasnevitz bei Putbus (Rügen), † nach 1927 Halle. Seine berufliche Vorbildung als Lehrer genoß er, nach dem Schulbesuch in der Heimat, in Groß-Schönebeck (Schorfheide). Zunächst Privatlehrer im Saalkreis, wurde er von 1887 an in Gutenberg bei Halle angestellt, um dort schließlich seßhaft zu werden. Die Freizeit füllte er mit Vogelstudien aus, die teils der alten, damals pom. Heimat, teils dem Halleschen Wirkungskreis galten. Die lit. erkennbaren Früchte waren seit 1893 verschiedene Wortmeldungen in Zs. Ool., Zs. Stett. und Orn. Ms. Lange beschäftigte ihn, wie viele seiner sammelnden Liebhaberzeitgenossen, die Fortpflanzungsbiol. des Kuckucks (Orn. Ms. 20, 1895; 33, 1908; 39, 1914). Mit Erfolg versuchte er sich auch auf biogr. Felde, als er in Zs. Stett. 33, 1909 B. Ch. Otto (s. d.) eine gehaltvolle Lebensschilderung und Würdigung widmete. Mit dem 1. Weltkrieg kam seine Stimme zum Schweigen. 1927 trat er in den Ruhestand und verbrachte den Rest seiner Tage in einem Hallenser Stift.

Werner, Emil, * Kiel, † 23. 5. 1894 Linz (Oberösterreich) (29 Jahre alt). Von Beruf Zahntechniker, beobachtete er in seinen Freistunden mit kritischen Augen die Vogelwelt seiner schlesw.-holst. Heimat und entwickelte sich zu einem tüchtigen Präparator. 1886 trat er dem Dt. Ver. z. Schutze d. Vogelw. bei. Zur Feder zu greifen, entsprach nicht seinen Neigungen. Er beteiligte sich nur zusammen mit seinem Freunde P. Leverkühn (s. d.) am 11. Jber. Beob.-Stat. Deutschl. (J. Orn. 36, 1888) und berichtete über das Auftreten von Syrrhaptes paradoxus 1888 bei Kiel (Orn. Ms. 14, 1889). In den letzten Jahren lebte er in Linz und vermehrte dort die schon vorher ansehnliche Zahl paläarkt. Bälge um Stücke aus Ober- u. Niederösterr. Die Samml. ging in den Besitz von P. Leverkühn über.
— Lit.: Nachruf (von P. Leverkühn). Orn. Ms. 19, 1894, S. 242/43.

Westhoff, Carl, * 27. 2. 1820 Voerde (Westfalen), † 23. 3. 1890 Ergste (Westfalen). Als Sohn eines Pastors wurde er 1849 Vikar in Dinker bei Soest und 1852 Pastor in Ergste. Hier wirkte er 38 Jahre lang. Der Erkundung der Vogelwelt in der Gegend der Ruhr und unteren Lenne galten seine Mußestunden. Seit 1868 war er Mitglied der DOG, und 1872 gehörte er zu den Gründern der Zool. Sektion d. Westf. Prov.-Ver. f. Wissensch. u. Kunst in Münst. H. Landois (s. d.) erwähnte ihn als Kenner in „Westfalens Tierleben" (1886). Mit den Ornithologen Westfalens stand er in reger Verbindung und lieferte ihnen Beobachtungsmaterial für Veröff. Er selbst scheint aber lit. nicht tätig gewesen zu sein. Nur das J. Orn. 8, 1860 brachte einmal „Tagebuchs-Notizen über einheimische Vögel" aus seiner Feder. Die Gemeinde kannte seine orn. Neigungen, zumal er im Pastoratswald einen Vogelherd unterhielt und im Pfarrhaus eine Stube zur Vogelkammer umgewandelt hatte. Scherzhafte Überlieferung wirft auf seine Wesenszüge ein heiteres Licht. Er soll der gefiederten Pfleglinge auch in Ausübung der Amtsgeschäfte gedacht haben, indem er sich z. B. bei Haustaufen als Vogelfutter Kuchen in die Talartaschen stecken ließ; und einem gezähmten Storch soll er ein Schild umgehängt haben mit der in Versen verfaßten Bitte, daß die Gemeindeglieder ihn freundlich aufnehmen und behandeln möchten.

Wichtrich, Paul, * 24. 12. 1867 Zittau, † 28. 5. 1943 Leipzig. Als Gewerbeoberlehrer und Studienrat in Leipz. tätig, fand er im dortigen Orn. Verein Anregung und begann bald nach der Jahrhundertwende mit planmäßigen vogelk. Beob. in der Umgeb. seines Wohnsitzes. Darüber berichtete er in Orn. Ms., Orn. Mber. und Mitt. Sachs. Bei R. Heyder („D. Vögel d. Landes Sachs.", 1952) finden sich 20 Titel seiner Nachr. zwischen 1903 und 1937. Auch brachte er eine Eiersamml. zustande, die vom Leipz. Heimatmus. übernommen wurde. Er war ein guter Feldornithologe, der sich gern in den Dienst der Heranbildung junger Kräfte stellte. Als Publizist trat er im späteren Alter weniger glücklich in Erscheinung; eine zusammenfassende Darstellung der „Vogelw. d. höchsten Thür." (Verh. Bay. 21, 1937) erfuhr abfällige Beurteilung.
— Lit.: Würdigung (von H. Pönitz). B. z. Vk. 3, 1954, S. 290—296 (mit Bildnis u. Verz. d. Veröff.). - Bildnis in R. Heyder, D. Vögel d. Landes Sachs., 1952.

Wiedemann, Andreas, * 29. 11. 1824 Ried (Kr. Augsburg), † 16. 11. 1896 Augsburg. Lehrer in Augsb., war er zugleich ein rühriger und bekannter Feldornithologe. Wie Ch. L. Landbeck und J. F. Leu (s. d.) einige Jahrzehnte vorher, schrieb er über die „Vögel d. Reg.-Bez. Schwaben u. Neuburg" (Ber. Augsb. 30, 1890). Grauammer, Schafstelze, Zitronenzeisig waren ihm damals noch nicht als schwäb. Brutvögel bekannt, merkwürdigerweise verfiel er aber dem Irrtum, Flußschwirl und Seggenrohrsänger als Bewohner des Donautales von „Ulm bis Neuburg" zu nennen. Die Arbeit, die auch Beobachtungsmaterial von J. Hellerer (s. d.) aus der Münch. Gegend enthielt, entwarf für seine Zeit ein durchaus brauchbares faun. Bild und war z. B. von besonderem Wert für R. Blasius (s. d.), als er 1891 A. J. Jäckels (s. d.) „System. Übersicht d. Vögel Bay." herausgab.

Wiemann, David, * 15. 6. 1885 Paramaribo (Niederl. Guayana), † 8. 5. 1948 Meisenheim (Glan). Seit Oktober 1912 wohnte er in Meisenheim und war dort Lehrer. Die Botan. stand wohl im Vordergrund seiner Interessen, doch war er gleichzeitig eifriger Zoologe und Ornithologe. Die heimatlichen Forschungen brachten ihn in enge Verbindung mit dem benachbarten W. Petry (s. d.), der sich an seinen „Zool. u. botan. Einzelbeobachtungen v. d. Nordwestgrenze d. Pfalz 1922" (Pfälz. Mus. u. Pfälz. Heimatk. 19, 1923) beteiligte. O. Uttendörfer (s. d.) zählte beide zu seinen Mitarbeitern („Studien z. Ernährung unserer Tagraubvögel u. Eulen" in Abh. Görl. 31, 1932). Auch für F. Neubaur („Beitr. z. Vogelf. d. ehemaligen Rheinprov." in Verh. Bonn 110, 1957) war W. ein vielfach angeführter Gewährsmann. Seine nicht zahlreichen orn. Veröff. über Beob. aus dem Gebiet zwischen Nahe und der nördl. Pfalz erschienen nur in landschaftlich gebundenen Zeitschr. und bezogen sich u. a. auf das Vorkommen des Uhus und Wanderfalken. F. Neubaur nannte 6 Titel aus den Jahren 1921—1935.

Wiemeyer, Bernard, * 16. 6. 1861 Lembeck (Kr. Recklinghausen), † 15. 3. 1929 Warstein (Kr. Arnsberg). Der Lehrersohn lebte seit Anfang der 80er Jahre in Warstein. Er war Kaufmann und starb als Prokurist. Früh wurde er schon durch warmherzige Schilderungen aus der örtlichen Geschichte bekannt. Dazu begeisterte er sich an der Erforschung der heimatlichen Fauna und Flora, nahm jede Gelegenheit wahr, sein Wissen durch Selbststudium zu erweitern und beteiligte sich an der Gründung eines Naturschutzvereins. Lange Jahre galt seine besondere Liebe der Min. Das Sauerl. Heimatmus. in Arnsberg sowie die wissensch. Inst. und das Landesmus. in Münst. fanden durch seinen Sammeleifer rege Förderung. In einer Reihe von Heimatbl. u. -zeitschr. bemühte er sich um die Weckung naturk. Verständnisses unter der Bevölkerung. Dem Zool. G. lieferte er seit 1883 Abh. und kurze Mitt. Mit orn. Beitr. meldete er sich hauptsächlich nach der Jahrhundertwende bis 1914 in den Jber. Münst. zu Wort. Er schrieb hier u. a. „D. Vogelw. d. Enkebruchs b. Warstein einst u. jetzt" (1907). Auch die Ber. Bonn (1908) bedachte er mit „Orn. Notizen aus Warstein in Westf.". Auf dem Gebiet der landschaftlich gebundenen Vogelk. hinterließ er einen geachteten Namen.
— Lit.: Nachruf. Heimatkalender Lembeck 1930, S. 101 (mit Bildnis).

Wiepken, Carl Friedrich, * 28. 12. 1815 Esensham (Oldenburg), † 29. 1. 1897 Oldenburg. Der Lehrersohn, von leidenschaftlicher Liebe zur Natur erfüllt, begann schon in der Jugend, Vögel zu erwerben. Er besuchte Gymnasium und Seminar in Oldenb. und wurde als Gehilfe seines Vaters zunächst Lehrer in Osternburg. Aber schon 1837 übernahm er die Stelle des Kustos am neugegründeten Naturh. Mus. in Oldenb., dem er — seit 1867 Inspektor und seit 1879 Direktor — voll Hingabe bis 1895 diente. Obwohl er sich beruflich der Tierwelt in ihrer Gesamtheit zu widmen hatte, galt seine Vorliebe den Vögeln, von denen er eine über die engere Heimat hinaus bekannte Sondersamml. aufbaute. Außerdem behandelte er die Ornis (248 Arten) in seinem „System. Verz. d. Wirbeltiere im Großherzogtum Oldenb." (1876), dem 1878 „Analytische Tabellen" folgten (die kaltblütigen Wirbeltiere darin bearbeitet von Eduard Greve). Es ist das einzige zusammenfassende Werk über die Tierwelt des Landes geblieben und zugleich die wesentlichste lit. Tat Wiepkens. In den von ihm hinterlassenen 17 kleineren orn. Aufs., Nachr. und Mitt. (seit 1854) in Naum., J. Orn., Orn. Cbl., Abh. Brem., Jber. Beob.-Stat. Deutschl., Orn. Jb., Orn. Mber. befinden sich faun., phänol. und biol. bemerkenswerte Daten (u. a. erstes Auftreten des Hausrotschwanzes um 1820, der Haubenlerche 1824, des Drosselrohrsängers 1847 an der Hunte, des Schwarzspechts 1875 bei Wildeshausen; letzte Bruten der Blauracke Anfang der 70er Jahre in Dötlingen, letzter Brutplatz des Kranichs 1894—1896 im Hochmoor bei Jeddeloh). Seit 1853 war er Mitglied der DO-G, die 1886 seine Verdienste um die orn. Erforschung Oldenb. durch die Ernennung zum Ehrenmitglied unterstrich.

— Lit.: Würdigung (von Fr. Heincke u. Fr. Buchenau). Abh. Brem. 15, 1901, S. 139. - Würdigung (von G. Quäbicker). J. Orn. 90, 1942, S. 337—339. - Würdigung (von R. Tantzen). Jb. Oldenb. 50, 1950, S. 256—281 (mit Bildnis u. Verz. d. Veröff.).

Wiese, Gustav Ernst Friedrich, * 30. 11. 1809 Schweinitz (Reg.-Bez. Magdeburg), † 20. 11. 1887 Greifswald. Nach dem Besuch der Forstakad. Eberswalde war er, aus einer Försterfamilie stammend, seit 1842 Oberförster des Reviers Jädkemühl am Stett. Haff und seit 1850 Forstinspektor bei der Regierung in Köslin. Von 1854 bis zur Pensionierung 1885 verwaltete er als Akad. Forstmeister das Revier Eldena der Univ. Greifswald. Orn. Eifer machte ihn über die Grenzen Pom. hinaus bekannt, zumal er im Mannesalter gern zur Feder griff. F. Koske (J. Orn. 65, 1917) verzeichnete 18 Titel seiner Veröff. über pom. Vögel zwischen 1855 und 1887 in J. Orn., Forstl. Bl. und Zs. Stett. Seine Mitt. und Ber., auch die in Jagdzeitschr., galten als zuverlässig untermauert und brachten für die damaligen Jahre mancherlei nicht oder wenig bekannte Feststellungen, z. B. Brut der Schellente und des Gänsesägers in Schwarzspechthöhlen, des Prachttauchers auf den Seen Hinterpom. zwischen Bublitz und Bütow, der Wacholderdrossel bei Loburg, östl. Magdeb. Er war der erste, der in Pom. den Schreiadler (1842) und den Schlangenadler (1843 oder 1844) brütend fand. Die Meldungen von der Brut der Weindrossel bei Bütow und des Rauhfußbussards im Stadtforst Wackrow (J. Orn. 15, 1867) entbehrten indes der durchschlagenden Beweiskraft. Neben der faun. und biol. Erforschung seiner Jagdgründe beschäftigte ihn die Ool. in besonderem Maße. Bis 1867 waren ihm nach 25jähriger Sammeltätigkeit mindestens 200 Eier allein des sehr verbreiteten Schreiadlers durch die Hände gegangen. Die vom Menschen wenig berührte Natur bot ihm eine heute kaum noch vorstellbare Fülle an Raubvögeln, und es zeugt für eine fortschrittliche Einsicht, daß er „nicht ohne Kampf d. rücksichtslose Schießen d. Raubvögel wie d. Eulen in seinen Forsten zuerst abgestellt u. dann auch zu dessen Einstellung in anderen Revieren nicht unwesentlich beigetragen“ hat. Unter dem Einfluß der Schriften C. W. L. Glogers (s. d.) zeigte er ebenso frühes Verständnis für die aufkommenden Fragen des Vogelschutzes. Im Elisenhain ließ er erstmalig Starenkästen anbringen und hatte mit diesem Beispiel großen Erfolg in Neuvorpom. Tauben Ohren predigte er allerdings, als er schon 1867 (in J. Orn.) aus forstpflegerischen Gründen das Verbot des Drosselfangs wünschte. Mit dieser Anregung eilte er seiner Zeit weit voraus.
— Lit.: J. T. C. Ratzeburg, Forstwissensch. Schriftsteller-Lex., 1874, S. 502—507.

Wiese, Hartwig Friedrich, * 23. 5. 1840 Schönkirchen (Kr. Plön), † 5. 2. 1905 Schönkirchen. Von 1856—1861 besuchte er — Sohn eines kleinen Hufners — das Polytechnikum in Hann. Anschließend war er Ingenieur im Gebiete von Hann. und Westf. sowie Eisenbahnbaumeister bei Hamb. 1882 zog er sich in seine Heimatgemeinde zurück. Hier wählten die Dorfgenossen den klugen, angesehenen Mitbürger 1886 zum Standesbeamten und 1889 zum Amtsvorsteher. In den Mußestunden beschäftigte er sich vornehmlich mit der Geschichte und der Tierwelt seiner Landschaft. Besichtigungen von Mus. und Kunstsamml. vieler dt. Städte neben Reisen ins Ausland erweiterten seinen Gesichtskreis. So verfügte der Autodidakt über gediegene zool. Kenntnisse und war in der Vogelk. gut bewandert. Seine gesunde Aufgeschlossenheit für naturw. Fragen brachte ihn in persönliche Beziehungen zu K. A. Möbius (s. d.), dem damaligen Direktor des Zool. Mus. in Kiel. Auch P. Leverkühn (s. d.) suchte ihn während der Kieler Studienjahre (1886/87) regelmäßig auf. Von der nachdenklich kritischen Einstellung des Naturkundigen fühlte sich der Student so stark angezogen, daß er später dem Exkursionsfreund in dauernd regem Briefwechsel verbunden blieb. Trotz sicheren Wissens und gewandter Handhabung der Feder (er schrieb im Selbstverlag 1886 ein kleines Buch über sein Kirchspiel) trat der bescheiden stille Mann nur mit ein paar orn. Mitt. und Notizen an die Öffentlichkeit. Sie finden sich seit 1884 in den Schr. Schlesw.-Holst., in Heimat und Orn. Ms. Ein Unfall kürzte die Lebensbahn des noch rüstigen Junggesellen; er ertrank im Dorfteich.
— Lit.: Nachruf (von P. Leverkühn). Heimat 15, 1905, S. 173—181 u. 179—201 (mit Bildnis u. orn. Beitr. aus seinen Briefen).

Wigand, Johannes, D., * 1523 Mansfeld, † 21. 10. 1587 Liebemühl (Ostpreußen). Er studierte z. Z. Luthers und Melanchthons in Wittenb. und hatte anschließend als streitbarer ev.-luth. Theologe ein unruhevolles Dasein. So wurde er als Prof. in Jena zweimal seines Amtes enthoben. Als er 1573 Jena binnen 4 Tagen verlassen mußte, übernahm er eine Professur in Königsb., wurde 1575 Bischof in Pomesanien und dazu 1577 noch Bischof von Samland. In diesen letzten Jahren hielt er sich dem theol. Tagesstreit mehr und mehr fern und widmete sich der Betrachtung der heimatlichen Natur. Als Frucht dieser Beschäftigung folgten daher seinen Lehr- und Kampfschriften einige naturw. Veröff., darunter eine vogelk. Arbeit mit dem Titel „De Cuculo: Umbra nocturna: Capella coelesti: Bubone et Margarita. Historiae observationes quaedam“ (1586). Obwohl er zu seinem Bedauern nicht über größere Erfahrungen verfügte, zeigte er sich im Gegensatz zu anderen Gelehrten seiner Zeit in vielen Fällen kritisch und selbständig bei der Bewertung älterer Quellen (Aristoteles, Plinius, Gesner) und der Auslegung eigener Feststellungen. Er glaubte z. B. nicht, daß der junge Kuckuck seine Pflegeeltern auffresse, oder daß sich der Kuckuck in einen Sperber verwandle. Doch war er wie seine Zeitgenossen davon überzeugt, daß sich der Kuckuck nach dem Johannistag in Höhlen und Felsspalten bis zum nächsten Frühjahr verstecke. Auch der Ziegenmelker sollte nach seiner Auffassung so verfahren. Gelege und Nistweise dieser Art sind dagegen treffend beschrieben. Vom Uhu berichtete er, daß ein Paar im Turme der Marienkirche von Wismar gebrütet, und daß der Türmer die herbeigebrachte Beute (anates, mergos, fuliginos, aves varii generis, juvenes lepores) teilweise für die eigene Küche verwendet habe. Die volksk. und stellenweise sogar faun. nutz-

bare Schrift geriet in der Reformation und den Folgezeiten fast ganz in Vergessenheit. Erst H. Hildebrandt (s. d.) machte im 20. Jahrh. wieder auf sie aufmerksam.
— Lit.: H. Hildebrandt, Ein vergessener vogelk. Schriftsteller des 16. Jahrh., J. Orn. 78, 1930, S. 269—273 (mit älteren Quellen).

Wigger, Bernhard, * 25. 4. 1848 Holtwick (Kr. Coesfeld), † 5. 10. 1927 Wessum (Kr. Ahaus). B. Altum und H. Landois (s. d.) förderten die ihm innewohnende naturw. Begabung. 1874 empfing er in Eichstädt (Bay.) die Priesterweihe. 5 Jahre weilte er in Ung., der Schweiz und Ital. und sammelte gründliche orn. Erfahrungen vor allem an den ung. Seen. 1885 übernahm er die Leitung der Landwirtschaftsschule Welbergen und richtete fortan seine Aufmerksamkeit auf die heimatliche Vogelwelt. 1899 wurde ihm die Pfarrei in Capelle und 1914 die in Wessum übertragen. Hier bot ihm das Graeser Venn ausgiebig genutzte Gelegenheit zu feldorn. Studien. In Westf. war er weithin als Vogelkundiger bekannt und wurde gern mit H. A. Bolsmann (s. d.) in einem Atem genannt. Eine sehr genaue Arbeit über „ein bisher noch nicht beobachtetes Organ unseres Wiedehopfs", d. h. über die Funktion der Bürzeldrüse schrieb er schon 1888 nieder; sie kam aber erst in Jber. Münst. 34, 1906 zum Abdruck. In diesen Jber. finden sich noch einige andere Beitr. von ihm. O. le Roi u. Frhr. Geyr v. Schweppenburg (s. d.) zählten ihn in den Nachtr. zur „Vogelf. d. Rheinprov." (Verh. Pr. Rh. u. W. 69, 1912) zu den Gewährsmännern, denen sie teilweise sehr bemerkenswerte Mitt. und Auskünfte verdankten. Auch H. Reichling (s. d.) erfreute sich der Unterstützung des Pfarrers und berief sich in der „Avif. d. Münsterl." (J. Orn. 65, 1917 u. 67, 1919) öfters auf seine Angaben. W. war ein kenntnisreicher Ornithologe örtlichen Gepräges, trat aber wenig an die Öffentlichkeit.

Wilamowitz-Moellendorff, Wichard Graf von, * 7. 7. 1871 Schloß Gadow bei Lanz (Kr. Westpriegnitz), † 19. 7. 1916 Bagdad. Auf der Klosterschule in Roßleben erzogen, war er zuerst aktiver Offizier und dann Militärattaché in Stockholm. 1905 übernahm er die Verwaltung seines ausgedehnten Majorats. Im 1. Weltkrieg ging er als Militärattaché nach Persien. Forst- u. naturw. Bestrebungen fanden durch seinen Wohlstand warmherzige Förderung. Wie sein Vater war er Mitglied der DOG, waidgerechter Jäger, Heger und guter Kenner der heimischen Tierwelt. Früh stellte er dem Allg. Dt. Jagdschutzver. seine Kräfte zur Verfügung. Da er dem Natur- u. Vogelschutz hohe ethische, volkserzieherische Aufgaben gesetzt sah, trat er als Abgeordneter der Kreise Ost- u. Westpriegnitz im preuß. Abgeordnetenhaus wiederholt für zweckmäßige Schutzbestimmungen ein und betätigte sich auch schriftstellerisch in dieser Richtung. Nach dem Rücktritt von G. J. v. Wangelin (s. d.) übertrug ihm der Dt. Ver. z. Schutze d. Vogelw. 1911 den Vorsitz. Zusammen mit Frhr. H. v. Berlepsch (s. d.), dem er von der Schule her durch gleiche Neigungen verbunden war, pachtete er auf Anregung von O. Leege (s. d.) 1907 die Insel Memmert und ermöglichte so den Schutz der Nordseeornis auf diesem Eiland. Bekannt wurden auch seine Einbürgerungsversuche mit fremden Tieren in Gehegen des Mischwaldes seines Waldgutes Gadow, in die er Antilopen, Känguruhs usw. aufnahm. Sein Tod und der 1. Weltkrieg setzten diesen naturfreundlichen Unternehmungen ein Ende.
— Lit.: Nachruf (von C. R. Hennicke). Orn. Ms. 41, 1916, S. 353—356 (mit Bildnis). - Nachruf (von St. v. Chernel). Aquila 23, 1916, S. 589/90. - Nachruf (von H. Schalow). J. Orn. 65, 1917, S. 96/97.

Wildungen, Ludwig Carl Eduard Heinrich Friedrich von, Dr. h. c., * 24. 4. 1754 Kassel, † 15. 7. 1822 Marburg (Lahn). Seine „Urväter" waren „sehr brave Forst- u. Waidmänner". Ohne rechte Befriedigung wurde er, Sohn eines Geh. Rates, nach dem jur. Studium 1780 Reg.-Rat in Wiesb., 1781 in Rinteln, 1791 Beamter von Solms-Braunfels in Marb. Erst 1799 erreichte er die Ernennung zum kurhess. Oberforstmeister und damit die Möglichkeit, sich ganz seiner eigentlichen Neigung, der Forstw. und Jägerei zu widmen. Künstlerische und dichterische Begabung ließen ihn — wie nach ihm C. E. Diezel (s. d.) — in die Reihen der trefflichsten Jagdschriftsteller einrücken. Von 1788 ab erschienen als Früchte der „nüchternen Waldmuse" seine Aufs. und Gedichte. Sie sollten „geläuterte naturh. Kenntnisse auch unter der niederen Klasse der Forst- u. Waidmänner" verbreiten und trugen dem leidenschaftlichen Anwalt der Jagd hohes Ansehen bei den Gelehrten Gesellschaften ein. Die Univ. Marb. ehrte ihn 1809 durch die Verleihung der phil. Doktorwürde. Auch wenn er, der sich den „eifrigsten Vögelsammler Europas" nannte, die Vogelk. durchaus nicht forschend betrieb, hatte er doch lebhafte geistige Verbindung mit den in seiner Nähe wirkenden Zeitgenossen wie B. Meyer, J. Ph. A. Leisler, B. Merrem (s. d.); und als die ersten Hefte der „Teutschen Orn." von M. B. Borkhausen (s. d.) auf dem Markte waren, fand die ihn bewegende Begeisterung für alles Schöne überschwengliche Worte des Beifalls für ein „unvergleichliches Denkmal". Sein eigenes lit. Vermächtnis — darunter „Neujahrsgeschenk f. Forst- u. Jagdliebhaber" (1794—1800), „Taschenbuch f. Forst- u. Jagdfreunde" (1800—1812), „Waidmanns Feierabende, . . ." (1815—1821), „Gesammelte Schriften . . .", zusammengestellt v. P. v. Sametzki (Kassel 1878/79) — schließt einen Reigen von vorzüglich gelungenen Schilderungen der verschiedensten Brut- u. Zugvögel ein. Die aus ihnen sprechende naturw. Einsicht ist gekennzeichnet durch die kritische Darstellung biol. Beob., mit denen er sich aus den alten Fesseln des 18. Jahrh. befreite. Sein Verdienst ist, nicht nur Gehalt und Form der Jagdlit. gehoben, sondern auch die Beschäftigung mit dem lebenden Vogel in Forst- u. Jagdkreisen nachhaltig gefördert zu haben. Ein eigenwilliger Nimrod mit gemütvoll heiterer Lebensauffassung, bestimmte er als Grabstätte einen seiner Lieblingsplätze im Marb. Waldgelände, wo er unter Zeremonien beigesetzt wurde, die er selbst vorgeschrieben hatte. Ein 1827 errichteter Gedenkstein steht im Walde bei Braunfels (Kr. Wetzlar).
— Lit.: Selbstbiogr. in Gesammelte Schr. 1, 1878, S. 3. - R. Heß, Lebensbilder hervorr. Forstmänner, 1885, S. 410—412. - Allg. Dt. Biogr. 42, 1897, S. 513—515. - L. Gebhardt u. W. Sunkel, D. Vögel Hess., 1954, S. 55/56.

Will, J., † nach 1918. Der lange Jahre in Steinbusch ansässige Lehrer arbeitete sich beobachtend und sammelnd in die orn. Verhältnisse des Kreises Arnswalde ein und erwies sich bald als zuverlässiger Kenner. Er unterrichtete an der Forstlehrschule seines Wohnsitzes und verwaltete ihre Samml. von etwa 200 meist aus der Umgeb. stammenden Vögeln, die er selbst präpariert hatte. Durch M. Krüger-Velthusen (s. d.) wurde er zur Ool. geführt, so daß er eine Eierkollektion von 310 vornehmlich heimischen Arten in 3800 Stücken sein eigen nannte. Lit. trat er nur in Erscheinung, als er in Zs. Ool. u. Orn. 23, 1913 erstmalig einwandfrei märk. Brut des Prachttauchers auf dem Bahrenortsee melden konnte. Im übrigen überließ er H. Schalow (s. d.) seine reichen Erfahrungen aus dem damals so gut wie unerforschten nordöstl. Teile der Neumark.

Willemoes-Suhm, Rudolf von, Dr., * 11. 9. 1847 Glückstadt (Schleswig), † 13. 9. 1875 zwischen Hawaii und Tahiti. Er war nach dem Besuch der Gymnasien in Altona und Hamb. als Sohn eines Land- u. Kammerrats zur jur. Laufbahn bestimmt. Die Vorliebe zu den Naturw. gab ihm jedoch eine andere Lebensrichtung. Seit 1866 widmete er sich in Bonn und Münch. seinen eigentlichen Neigungen und promovierte 1870 in Gött. mit einer Arbeit über die „Anat. u. Entw. einiger Parasiten . . .". Im selben Jahr noch war er in Kiel und auf Seeland. Nach Ableistung der Militärpflicht übernahm er eine Assistentenstelle am Zool. Mus. in Münch. und habilitierte sich dort 1871 mit „Biol. Unters. über niedere Tiere". Das Jahr 1872 sah ihn auf einer Exp. nach den Faröern, und im Januar 1875 fuhr er als Zoologe mit dem engl. Schiff „Challenger" nach dem Pazifischen Ozean, der ihn nicht mehr entließ. Eine Reihe von Mitt. hatte er bereits in dt. und engl. Zeitschr. über neugefundene niedere Tiere geschrieben, als ihm allzu früh die Feder für immer entglitt. Seine ersten Veröff. aus der Schul- u. Studienzeit beschäftigten sich vornehmlich mit der Ornis und kennzeichnen ihn als klugen und sachkundigen Beobachter. So lieferte er zwischen 1864 und 1867 neben kleineren Notizen die Aufs. „Beitr. z. Vogelf. Norddeutschl." (Zool. G. 6, 1865) und die „Raubvögel d. Umgegend v. Hamb.-Altona" (ebd. 7, 1866). Den Halsbandfliegenschnäpper stellte er damals schon bei Hamb. brütend fest. Auch über „Andernachs Vogelf." (ebd. 6, 1865) wußte er aus eigener Kenntnis anregend zu berichten. Unbekannt ist, was aus der von ihm aufgebauten Vogelsamml. wurde.
— Lit.: Nachruf. Zool. G. 16, 1875, S. 471. - E. Alberti, Lex. d. Schlesw.-Holst.-Lauenb. u. Eutinischen Schriftsteller v. 1866—1882, 2, 1886, S. 384. - F. H. Dietrich, Hamb. Vogelw., 1928.

aus dem Winckell, Georg Franz Dietrich, * 2. 2. 1762 Rittergut Priorau (Kr. Bitterfeld), † 31. 5. 1839 Schierau (Kr. Bitterfeld). Ein Sturz beim Reiten bewog ihn, das seit 1780 in Leipz. betriebene Staats- u. Rechtsstudium aufzugeben und ins Forstfach überzuwechseln. In Sitzenroda (Sachs.) bildete er sich dafür vor, zog sich aber, da ihm der Eintritt ins höhere Forstwesen versperrt war, auf das ihm im Erbgang zugefallene Gut Schierau zurück. Diesen Besitz verkaufte er 1794 unter der Bedingung, als herzogl. Kammerjunker in den Forstdienst übernommen zu werden. Seine Wünsche erfüllten sich jedoch nicht, und so ging er 8 Jahre später nach Obernetschkau und darauf nach Machern bei Leipz.; 1812 wurde ihm schließlich die Verwaltung der Frhr. v. Thüngenschen Wälder in Bay. übertragen. 20 Jahre war er hier tätig, um dann den Ruhestand in Schierau zu verleben. Er ist der Verf. des in Jagdkreisen sehr geschätzten „Hdb. f. Jäger . . .", dessen 3 Bde. erstmalig 1805/06 erschienen und mit mehrfachen Aufl. viel zur Hebung des Waidwerks beitrugen. Über das Jagdgeflügel gab er biol. Abrisse, die zuweilen spüren lassen, daß ihnen eigene, selbständige Erfahrungen des Autors zugrunde liegen.
— Lit.: 3. Aufl. d. „Hdb. . . .", Bd. 1, 1858, S. VII/VIII. - R. Heß, Lebensbilder hervorr. Forstmänner, 1885, S. 412/13 (mit älteren Quellen).

Windau, Joseph, * 1828 Harsewinkel (Kr. Warendorf), † 3. 1. 1903 Münster. Er war Präparator in Münst. In den Sitzungen der Zool. Sektion d. Westf. Prov.-Ver. f. Wissensch. u. Kunst betätigte er sich als beliebtes Mitglied und hielt dort gelegentlich Vorträge über die Vögel von Münst. und Umgeb., ohne sich sonst in Veröff. zu äußern. In den Reihen des Vereins war seine „seltene Gründlichkeit" auf dem Gebiete der westf. Avif. anerkannt. B. Altum (s. d.) hatte in jungen Jahren der Felderfahrung dieses tüchtigen Mannes viel zu verdanken.

Winteler, Jost, Dr., * Krummenau im Toggenburg (St. Gallen), † 23. 2. 1929 Hochsteig im Toggenburg (83 Jahre alt). In Burgdorf als Gymnasiallehrer, in Murten als Direktor, an der Kantonsschule in Aarau als Prof. tätig (die Jugend und seit 1914 das Alter verbrachte er in Krummenau und Hochsteig), war er in der Schweiz bekannt als Fachmann auf dem Gebiete der Stubenvogelpflege. Daneben widmete er die Mußestunden der Feldbeobachtung. Doch fand seine Formen- u. Stimmenkenntnis widersprechende Beurteilung. Daten über die Rückkehr der Singvögel hielt er seit 1886 fest. Aus seiner Feder stammen Arbeiten wie die damals von Lehrern gern benutzte Broschüre „Z. Einführung in d. Singvögelkunde" (1899), die Aufs. „Z. Beob. d. Wanderzuges d. Vögel" (Orn. Beob. 2, 1903), „D. Wacholderdrossel als Brutvogel auch d. Schweiz" u. „Ein Wacholderdrosselnest" (ebd. 2, 1903), „Welcher Vogel ist d. echte Berglaubvogel?" (Mitt. Österr. Reichsb. 5, 1905), „Orn. Erinnerungen aus meiner Jugendzeit" (Tierwelt 1914), „Durchziehende Feld- u. Haubenlerchen im Obertoggenburg u. Sibirische Drosseln" (Orn. Beob. 16, 1918/19). Angaben über das Brutvorkommen der Wacholderdrossel in Laurenzbad bei Aarau (ebd. 2, 1903), über den Rohrschwirl in den Aareschachen bei Aarau und den Durchzug der Sib. Drossel im Toggenburg (ebd. 16, 1919) schienen nicht allen seinen Landsleuten verbürgt.
— Lit.: Nachruf (von C. Daut). Orn. Beob. 26, 1929, S. 119.

Wirsing, Adam Ludwig, * 1733 (1734?) Dresden, † 18. 7. 1797 Nürnberg. 1760 ließ er sich als Kupferstecher und Illuminist in Nürnb. nieder, um Verleger und Haupt einer der dortigen Künstlerfamilien zu werden. Mit Vorliebe stach er Bilder von Vögeln und Blumen. Wenn er — wohl aus Mangel an Freilandbeobachtung — in

seinen Vogelwerken auch nicht den vorzüglichen Abb. von J. L. Frisch (s. d.) gleichkam, so half er durch die Verbreitung guter Bilder doch, die bei seinen Zeitgenossen wachsende Freude an biol. Beschäftigung zu vertiefen. Zu danken sind ihm die „Samml. meistens dt. Vögel . . ." der B. R. Dietzsch (s. d.) (1772—1777), die er originalgetreu stach und mit den Beschr. von B. Ch. Vogel (s. d.) verlegte sowie die „Samml. v. Nestern u. Eiern verschiedener Vögel . . ." (1767—1772), deren Maler nicht mit Sicherheit nachzuweisen ist, deren Begleittext im 1. Heft von Fr. Ch. Günther (s. d.) und nach dessen Tod im 2. Heft von N. G. Leske (s. d.) und später von Konrektor David Piesch stammt. Daß die Samml. unvollendet blieben, ist bedauerlich, mindert aber nicht ihre Geltung.
— Lit.: H. Schalow, Ein seltenes orn. Bilderwerk, J. Orn. 58, 1910, S. 190—196. - Thieme-Becker, Künstler-Lex. 36, 1947, S. 99. - Cl. Nissen, D. Illustrierten Vogelbücher, 1953, S. 44. - L. Baege, Fr. Ch. Günther, Abh. Altenb. 3, 1963, S. 5—40.

Woborzil, Johann Wilhelm Edler von, * 21. 10. 1784 Nelahozeves (Böhmen), † 23. 4. 1865 Prag. Um die Mitte des 19. Jahrh. beobachtete und sammelte er als eifriger Waidmann in der Umgeb. seines Landgutes und Wohnsitzes Kletzan an der Moldau nördl. Prag. Wie seine Landsleute Ch. v. Feldegg, W. Koch und A. Palliardi (s. d.) trug er durch freundschaftliche Beziehungen zu den dt. Fachgenossen nicht unwesentlich zur Belebung der Vogelk. in Böhm. bei. Er war mit der orn. Lit. vertraut und ohne Zweifel guter Feldbeobachter. Das bezeugt allein sein Ber., der auf der 1. Dt. Ornithologenversammlung in Köthen 1845 vorgelesen wurde und in Rhea (Heft 1, 1846) unter dem Titel „Beitr. z. Naturgesch. d. Raroh, Falco laniarius Pall." abgedruckt ist. „Zur Berichtigung d. Naturgesch. . . ., nicht aus Schriftstellersucht oder aus d. Wunsche, (sich) als Ornitholog bemerkbar zu machen, sondern aus Liebe u. Pflicht f. jene Wissensch. . . ." schilderte er, wie er 1842 auf den hohen Felsen des Flusses bei den Dörfern Moran, Letek und Wetruschitz die Brut des Würgfalken feststellen konnte. Wenn die Nachr. — als erstmalig für Mitteleuropa — auch Aufsehen unter den Zeitgenossen erregte, scheinen weitere lit. Zeugnisse aus seiner Feder nicht nachweisbar zu sein. Er soll aber die Aufgabe der Brutstätte selbst verschuldet haben, weil er als der Entdecker eine „prachtvolle Suite dieser edlen Vögel" abschoß und seiner Samml. einverleibte.
— Lit.: J. P. Pražák, Über d. Vergangenheit u. Gegenwart d. Orn. in Böhm., Orn. Ms. 22, 1897, S. 207.

Wodzicki, Kasimir Graf, * 27. 9. 1816 Gorka Koscielna (Galizien), † 21. 10. 1889 Olejow, Bez. Zloczow (Podolien). Mit ihm, St. K. Pietruski und W. Dzieduszycki (s. d.) begann um 1850 das bis zum Ende des 19. Jahrh. dauernde „goldene Zeitalter" der poln. Vogelforschung. Der Gutsbesitzer, Jäger und Freund der gal. Tierwelt lebte einige Jahrzehnte in Korzkwia bei Ojcow und später in Olejow. Sammel- u. Beobachterfreude richteten sich in erster Linie auf die Vogelwelt. Er hat das Verdienst, in reger schriftstellerischer Tätigkeit aufschlußreiche Ber. aus der Gegend von Krakau, den Westbeskiden, der Hohen Tatra und zuletzt aus Ostgal. und Podolien geliefert zu haben. Als einer der ersten schilderte er aus eigenem Freilanderleben und in gewinnender Darstellung Verbreitung und Biol. der Vogelformen, die die damals zool. kaum bekannten poln. Wald- u. Sumpfgebiete bewohnten. Daneben hatten kulturgeschichtliche Studien des Autodidakten ein umfangreiches Werk (1858) zur Folge, das dem in Polen gehandhabten Beizjagdbrauchtum gewidmet war. Die selbständige Beschäftigung mit diesem Gegenstand erlaubte ihm Einsichten, die zur Forderung des Schutzes nicht nur der „nützlichen" Kleinvögel, sondern auch der „schädlichen" Raubvögel (damals schon!) führten. Da ihn zugleich der von Insekten angerichtete Waldschaden nachdenklich machte, sah er in der Pflege von Mischkulturen und in der Nahrungsbiol. der Meisen und Spechte wirksamste Hilfe. Zeichnete sich seine zool. Aufgeschlossenheit durch die Begabung für kritische Feldbeobachtung und neue Wege weisende Vogelschutzgedanken aus, so entfaltete sein beweglicher Geist auch volkserzieherische Fähigkeiten; sie zeigten sich deutlich in der langen Reihe der zwischen 1857 und 1886 viel gelesenen „Orn. Notizen", die geschickt und gemeinverständlich mit phil. und sozialen Betrachtungen durchsetzt waren. Wie manchem seiner Landsleute in jener Zeit lag ihm sehr an fachlichen und freundschaftlichen Beziehungen zu den Nachbarvölkern, darunter zu den dt. Vertretern seiner Lieblingswissensch. Zum Aufbau der später in das Krakauer Mus. gelangten stattlichen Vogel- u. Eiersamml. zog er daher zuerst Ph. L. Martin (s. d.) und später E. Schauer (s. d.) heran, und auf den Ornithologen-Tagungen in Leipz. 1850 und Altenb. 1852 machten die von ihm vorgetragenen Mitt. aus der noch unberührten gal. Landschaft merklichen Eindruck. Ch. L. Brehm (s. d.) benannte ihm zu Ehren Locustella wodzickii; und A. E. Brehm (s. d.), dessen anthropomorphische Anschauungen vom Wesen der Tierseele auch den Auffassungen des gal. Grafen entsprachen, berief sich im „Tierleben" vielfach auf ihn als Gewährsmann. Zur Verbreitung seines wissensch. Rufes trug schließlich die Beteiligung am dt. Schrifttum bei. 10 Titel aus seiner Feder finden sich zwischen 1850 und 1858 in Naum. und 11 Titel zwischen 1853 und 1859 in J. Orn.; dazu gehören Aufs. wie „Über d. Einfluß d. Vögel auf d. Feld- u. Waldwirtschaft im allg., wie insbesondere auf d. waldschädl. Insekten" (J. Orn. 1, 1853), „Orn. Ausflug in d. Tatragebirge u. d. gal. Karpaten . . ." (ebd. 1, 1853), „Orn. Miszellen — Falco laniarius, Corvus corax, Ardea cinerea" (ebd. 4, 1856), „D. wichtige Einfluß d. Vögel auf d. Feld- u. Waldwirtschaft" (Naum. 3, 1853).
— Lit.: Biogr. Notiz (von A. Reichenow u. H. Schalow). Orn. Cbl. 6, 1881, S. 150. - Nachruf (von A. v. Pelzeln). Mitt. Wien 14, 1890, S. 3. - Nachruf (von A. Rembowski). Warschau 1891. - E. Klein, Vergessene oder wenig gekannte orn. Beob. d. verst. Grafen K. W., Orn. Ms. 36, 1911, S. 164—169 (mit Verz. d. Veröff.). - G. Brzęk, D. Goldene Zeitalter d. Poln. Orn. (Poln. mit engl. Zusammenfassung). Memorabilia Zool. 3, Warschau 1959 (mit Bildnis u. Verz. d. Veröff.).

Wöldicke, Peter von, * 1784, † 29. 9. 1857 Brunsbüttel. Er war Justizrat und Zollbeamter in Brunsbüttel, Freund der Brüder H. und F. Boie (s. d.) und wie diese begeisterter Ornithologe

und Sammler. Dem Kopenhagener Mus. schenkte er 1818 seine große Samml. von gestopften, in natürlicher Umgeb. aufgestellten Vögeln, belieferte das Mus. aber noch weiter von 1826—1839. Ablehnung empfand er gegen Ch. L. Brehms (s. d.) system. Spaltbemühungen. Dagegen bewunderte er J. F. Naumanns biol. Darstellungskunst, berichtete ihm aus eigener Erfahrung viel über Möwen, Seeschwalben und andere Küstenvögel und schickte unermüdlich in Ziebigk fehlende Bälge dieser Arten. Neben F. Boies Schilderungen des Seevogellebens war seine Einladung 1819 der Hauptanlaß zu Naumanns Reise nach Schlesw. Und daß der Meister den lang gehegten Wunsch, die Meeresvögel auf Helgoland selbst einmal zu beobachten, 1840 in die Tat umsetzte, ist gleichfalls auf die von W. wiederholt gegebenen Anregungen zurückzuführen. Freundschaft einte beide bis ins hohe Alter.
— Lit.: P. Thomsen u. E. Stresemann, Naumann-Biogr., 1957.

Woite, Georg, * 20. 2. 1848 Obernigk (Bez. Breslau), † 6. 1. 1913 Trebnitz (Bez. Breslau). Der Pastorensohn war aktiver Offizier und nahm als Major und Bataillonskommandeur in Wittenberg 1895 den Abschied. Von früher Jugend an ermöglichten ihm regelmäßige Waidmannsgänge enge Berührung mit der Vogelwelt, so daß er sich während der Dienstzeit schon für die Bestrebungen des Vogelschutzes einsetzte und Gedankenaustausch mit K. Th. Liebe und Frhr. v. Berlepsch (s. d.) anknüpfte. Der Ruhesitz Trebnitz am schles.-poln. Landrücken bot dem geschulten Feldbeobachter schließlich besonders günstige Gelegenheit zur Beschäftigung mit der dortigen Ornis. Wie er sie nutzte, zeigten in der Orn. Ms. 19, 1894 — 37, 1912 Ber. über erfolgreiche Hegemaßnahmen (Blauracke, Hohltaube, Turmfalke, Wiedehopf) und faun.-biol. Beitr., unter denen sich wertvolle Bausteine für die schles. avif. Forschung befanden. P. Kollibay (s. d.) verwertete sie in den „Vögeln d. Peuß. Prov. Schles." (1906) und fügte einen besonderen Dank hinzu für die Unterstützung, die ihm W. bei der Beschaffung und Durchsicht des lit. Materials gewährte. 1910 besuchte er noch den internat. Orn.-Kongr. in Berlin, dann erkrankte er, und der Tod erlöste von schwerem Leiden einen warmherzigen Vogelfreund, der ohne wissensch. Drang sich mit örtlicher Geltung begnügte.
— Lit.: Nachruf (von C. Kayser). Orn. Ms. 40, 1915, S. 142—145.

Wolf, Johann, Dr., * 26. 5. 1765 Nürnberg, † 12. 2. 1824 Nürnberg. Wohltätige Gönner ermöglichten dem Gärtnersohn die Vorbereitung zum Lehrberuf. Eine pädagogische Studienreise führte ihn u. a. nach Schnepfenthal; hier gewann der angesehene Salzmann entscheidenden Einfluß auf die weitere Entwicklung des jungen Mannes, indem er ihn darauf aufmerksam machte, daß richtiger naturgesch. Unterricht die Vorweisung der Objekte selbst verlange. In Meiningen beschäftigte sich W. daher in erster Linie mit Botan., Entom., Orn. und Min. Von 1790 an stand er im Nürnb. Schuldienst, gründete 1801 die Naturh. Gesellschaft, wurde 1808 Prof. der Naturw., 1809 Inspektor des Lehrerseminars und 1811 Distriktsschulinspektor. Noch ehe seine bekanntesten Bücher erschienen, besaß er über die Grenzen der Stadt hinweg so viel wissensch. Autorität, daß ihm die Leopoldina 1804 den Doktortitel verlieh. Er wuchs in einer Zeit heran, wo in Deutschl. durch Männer wie J. L. Frisch, Fr. Ch. Günther, J. M. Bechstein, J. A. Naumann, M. B. Borkhausen (s. d.) das biol. Interesse und damit die Freude am illustrierten Vogelbuch allenthalben erwachte. Diesen neuen Regungen kam auch er entgegen zuerst durch die „Abb. u. Beschr. d. in Franken brütenden wilden u. zahmen Vögel" (1799). Da ihn der Verleger zur Forts. ermunterte, versicherte er sich der Mithilfe seines Offenb. Freundes B. Meyer (s. d.) und trat seit 1805 mit den neuen Lieferungen unter dem veränderten Titel „Naturgesch. d. Vögel Deutschl. . . ." hervor. Als monumentales Prachtwerk in Großfolio war es gedacht und nur dadurch möglich, daß in der Stadt der Kupferstecher die Kunst der Wissensch. die Hand reichte. Die beigegebenen Tafeln (es waren 173, 174, 176 oder 180), von den hochbegabten Meistern A. Gabler, J. M. Hergenröder, J. C. Bock (s. d.) geschaffen, standen auf nicht geringerer Höhe als die Bilder J. C. Susemihls (s. d.) und J. F. Naumanns. Wie die in denselben Jahren erscheinende „Teutsche Orn." von Borkhausen, Bekker und Lichthammer (s. d.) wurde die großartig ausgestattete Spitzenleistung vom Beifall der Sachkenner empfangen. Sie mußte aber auch deren Schicksal teilen. Die 29 oder 30 Hefte, die bis 1815 auf den Markt gebracht werden konnten, waren für die damalige Notzeit viel zu teuer; und als von 1820 ab J. F. Naumann die wesentlich billigere und vollständigere „Naturgesch. d. Vögel Deutschl." anbot, war der bibliophilen Kostbarkeit für immer der Boden entzogen. In der Buchkunst des frühen 19. Jahrh. bedeutet sie ein orn. Kleinod und eine der größten Seltenheiten zugleich. Nur 16 Stücke sollen insgesamt angefertigt worden sein; davon sind heute wohl nicht mehr als 5 bekannt. Wesentlich besseren Absatz fand eine weitere Gemeinschaftsarbeit der beiden Autoren, das „Taschenbuch d. dt. Vögelk." (1810; mit Zusätzen u. Berichtigungen 1822). Es empfahl sich als Kurzbuch durch leicht verwertbare, knappe Angaben und 77 kolorierte Kupfer, die lediglich die Köpfe und Füße der einzelnen Arten zeigten. Der 1., die Landvögel umfassende Teil stammte von W. allein und war die Stelle, wo er als erster Locustella fluviatilis und Sitta europaea caesia beschrieb.
— Lit.: E. Spieß, Naturh. Bestrebungen Nürnb. im 17. u. 18. Jahrh., Nürnb. 1889. - Festschr. d. Naturh. Ges. Nürnb., 1901. - E. Stresemann, Entw. d. Orn., 1951. - Cl. Nissen, D. Illustrierten Vogelbücher, 1953, S. 53. - D. Vogel in Buch u. Bild, Naturh. Mus. Bern, 1954.

Wolf, Joseph, * 22. 1. 1820 Mörz (Kr. Mayen), † 20. 4. 1899 London. Der Eifelbauernsohn, der nach der Geburtsurkunde eigentlich Matthias Wolff hieß, ging am liebsten der Vogeljagd nach, um lebende Modelle für sein Skizzenbuch zu erwerben. Der Wunsch nach naturgetreuer Nachbildung der Tiere war schon die Leidenschaft des Jugendlichen. Als Wanderbursche verließ er daher die heimatliche Scholle. Mit 20 Jahren war ihm, ohne daß er eine ernsthafte Ausbildung genossen hatte, solche Kunstfertigkeit eigen, daß ihm E. Rüppell (s. d.), den er in Frankfurt aufsuchte, sogleich die Illustrierung der „System. Übersicht d. Vögel Nordostafrikas" (1845) übertrug und ihn an J. J. Kaup (s. d.) nach Darmst. weiterempfahl. In der Darmst. Zeit (1839—1847) machte der Autodidakt, von Kaup am Mus. beschäftigt und gefördert, durch den Besuch der Kunstakad., durch Beziehungen zu J. C. und E. Susemihl sowie zu H. Schlegel (s. d.) schnelle Fortschritte. Als er die 12 bestechenden Lithographien der Falken zu Schlegels „Traité de Fauconnerie" (1844—1853) beisteuerte, stand er bereits auf der stolzen Höhe des Könnens. Weitere Vervollkommnung suchte er trotzdem in Antwerpen, wurde aber von dort durch die Revolution 1848 nach London gedrängt, wo er bald bekannt wurde, die Landsitze und reichen Bürgerhäuser mit Jagd- u. Tierdarstellungen ausstattete und zum größten Tiermaler des 19. Jahrh. aufstieg. Er war so trefflich geschulter Feldbeobachter, daß ihm zu Hause ein einfacher Vogelbalg genügte, um mit schöpferischer Kraft lebenswahre Wiedergaben zu schaffen und der wissensch. Genauigkeit in der Biotopgestaltung zugleich einen künstlerischen Rahmen zu geben, den kein Vorgänger erreicht hatte. Seine Meisterschaft ist überliefert durch hochstehende, jedes Ornithologenauge entzückende Zeugnisse der Künstlerhand in einer Reihe von engl. Zeitschr., in seinen „Zoological Sketches" (1861—1867), in Elliots Monogr. der „Phasianidae" (1872) und der „Paradiseidae" (1873), in Goulds „Birds of Great Britain" (1862—1873) und Dressers „History of the birds of Europe" (1871—1881). In den letzten beiden Werken nahm er sich vornehmlich der Raubvögel an, für die von jeher sein Herz in besonderer Wärme schlug. Das tiefste Geheimnis seines Erfolgs lag in der Begabung, den Vogel stets ganz in innerer Spannung und Bewegung vor den Beschauer zu stellen. Viele spätere Maler sahen daher in ihm ein gefeiertes Vorbild.

— Lit.: A. H. Palmer, Life of J. W., London 1895. - Nachruf (von Ph. L. Sclater). Ibis (7) 5, 1899, S. 468—470. - Thieme-Becker, Künstler-Lex. 36, 1947, S. 211/12 (mit weiteren älteren Quellen). - Cl. Nissen, D. Illustrierten Vogelbücher, 1953, S. 63, 64, 67.

Wünsche, Ernst August, * 15. 2. 1839 Waltersdorf (Kr. Zittau), † 18. 10. 1910 Waltersdorf. Während seiner Dienstzeit als Forstwart im felsenreichen Staatsforst Postelwitz (Elbsandsteingebirge) war er rühriger und aufmerksamer Freilandbeobachter. Er präparierte selbst und lieferte auch im gereiften Mannesalter zwischen 1889 und 1905 ein paar Beitr. für die Orn. Ms.; faun. Verdienste erwarb er sich besonders durch langjährige Feststellung des Mauerläufers in seinem Bergrevier.

— Lit.: Bildnis in R. Heyder, D. Vögel d. Landes Sachs., 1952.

Würschmitt, Adolph Bruno, * 6. 10. 1791 Mainz, † 23. 11. 1850 Speyer. Nach der phil. und naturw. Ausbildung in Erfurt führte ihn der Lebensweg über Aschaffenb., Haßloch, Neustadt 1827 als Domkapitular nach Speyer und 1839 als Prof. der Naturgesch. an das dortige Lyzeum. Mit anderen Vertretern der aufkommenden naturbeschreibenden Zeit war er am 6. 11. 1840 Gründer des pfälz. naturw. Vereins „Pollichia", der durch seinen Namen dem Arzt J. A. Pollich aus Kaiserslautern (1740—1780) ein Denkmal setzte. Ein treuer Diener seiner Kirche und zugleich scharfer, kritischer Beobachter der Natur, sah W. auch das Kleine und Unauffällige in der Heimatlandschaft, ohne je den Blick für die großen Zusammenhänge zu verlieren. In mehreren Zweigen der Naturw. war seine Vielseitigkeit zu Hause. Am weitesten wurde das von ihm verfaßte Buch über die „Schwämme d. Heimat" bekannt. Doch stand auch die Vogelk. sehr im Vordergrund seiner Studien. Eine reichhaltige Samml. präparierter Stücke nannte er sein eigen. Er soll ein trefflicher, seine Zöglinge begeisternder Führer auf Exk. gewesen sein und durch Sachkunde sich auszeichnende orn. Arbeiten geschrieben haben; leider konnten sie nicht ausfindig gemacht werden.

— Lit.: Würdigung (von A. Gruber). Pfälz. Mus. u. Heimatk. 1926, S. 136 ff.; Pfälz. Mus. 45, 1928, S. 141—143; Pfälz. Heimatbl. 1, Febr. 1953, S. 36.

Wüstnei, Carl, * 19. 9. 1843 Schwerin, † 21. 12. 1902 Schwerin. Sohn des botan. und ool. tätigen Lehrers W. Wüstnei, war er schon von Jugend auf mit der Vogelwelt seiner meckl. Heimat vertraut. Kleinere Veröff. von 1876 ab weisen diese Kenntnis nach. Aber erst, nachdem er 1895 als Eisenbahnbaurat zur Disposition gestellt und nach seiner Geburtsstadt zurückgekehrt war, fand er die Möglichkeit, der Vogelk. die lang ersehnte Vertiefung angedeihen zu lassen. Vorwiegend lag ihm die faun. und phänol. Erforschung des Landes am Herzen und regte ihn zu einer Reihe von Einzelarbeiten an; u. a. waren es „D. Sumpf- u. Wasservögel Meckl." (J. Orn. 46, 1898), „Beitr. z. Ornis Meckl." (ebd. 47, 1899), „Beob. aus d. Ornis Meckl. i. J. 1899 u. 1900" (ebd. 48, 1900 u. 49, 1901), „D. Vogelzug in Meckl." (ebd. 50, 1902). Gemeinsam mit dem gleichgesinnten G. Clodius (s. d.) brachte er die „Vögel d. Großherzogtümer Meckl." (Arch. Meckl. 54, 1900) sowie die Statistik der Storchnester desselben Gebiets (ebd. 56, 1902) heraus. Neben dem jüngeren Partner verdankte ihm die Orn. seines Beobachtungsgebietes um die Jahrhundertwende merklichen Auftrieb. Er war auch der erste, dem es auffiel, daß die Störche an der meckl. Küste im Frühjahr von NO nach SW zogen. So erwachte in ihm die Vorstellung von einem großen Schleifenzug durch Afrika. Während er dieses Problem (noch ohne Ringe!) zu klären suchte, ereilte ihn der Tod. In den „Vögeln Meckl." (1939) vereinigte R. Kuhk 24 Titel seiner Veröff. aus Orn. Cbl., Arch. Meckl., J. Orn., Orn. Mber.

— Lit.: Nachruf (von G. Clodius). Arch. Meckl. 56, 1902, S. II/III u. Orn. Mber. 11, 1903, S. 17/18.

Wurm, Wilhelm, Dr., * 4.4.1831 Nürnberg, † 16.2.1913 Bad Teinach (Württemberg). Als Sohn eines Gymnasialprof. trug der Student der Med. im Sturmjahr 1848 das Band der Erl. Burschenschaft. Nachdem er der Heilanstalt Brunnental bei Münch. vorgestanden und seit 1861 an mehreren Orten praktiziert hatte, übernahm er 1865 die ärztliche Leitung des Schwarzwaldbades Teinach. Naturw. Neigungen fanden hier den günstigsten Nährboden. Im Herzen Jäger und mehr noch Forscher, eroberte er sich schnell das Sondergebiet, auf dem er Autorität wurde; es war die Biol. der Waldhühner (Zool. G. 19, 1878 — 21, 1880). Zur waidmännischen Erfahrung gesellten sich die Lust an anat., mikroskopischen und chemischen Unters., ferner eingehendes Studium der Lit., der Besuch von Mus. und Gedankenaustausch mit anderen Fachkundigen. Das Ergebnis war sein Hauptwerk, das „Auerwild, dessen Naturgesch., Hege u. Jagd . . ." (von 1874—1909 wiederholt aufgelegt). An seinen Namen knüpft sich der Nachweis eines neuen Farbstoffes, des Wildhahnrots, von ihm Tetronerythrin genannt, in der Rose des Auerhahns. Außerdem entdeckte er erneut den Knochenfortsatz am Unterkiefer des Auerhahns, der vor ihm in der Lit. nur kurz erwähnt war, und dem er eine besondere Rolle bei der Balztaubheit zuwies. Für den Erklärungsversuch tauschte er in der Polemik seiner letzten Jahre viel Verdruß ein. Anerkennung fand sein Wissen, als er zur Bearbeitung der Rauhfußhühner auch für andere Werke herangezogen wurde: A. u. K. Müller „Tiere d. Heimat"; J. A. O. v. Riesenthal „Hühnervögel"; Brehms „Tierleben" (3. Aufl.); Neuer Naumann (Bd. 6). Eine Reihe weiterer selbständiger Arbeiten entstammten seiner Feder, u. a. der „Auerhahnjäger" (1888), „Waldhühnerjagd" (1897). Volkstümliche Gestaltung der Schönheit des Waldes gelang ihm in den zu tieferer Naturbetrachtung anregenden „Waldgeheimnissen" (3 Aufl. bis 1909). Dazu kommen zahlreiche orn. Beitr. in Jagdzeitschr., Jh. Württ., Zool. G., Orn. Ms. und schließlich — Zeugnisse seiner Vielseitigkeit — med. und botan. Veröff. 1894 ehrte ihn die Wahlheimat Württ. mit dem Titel Hofrat; und obwohl ihn im Alter die Sehkraft verließ (1909 erblindete er ganz), blieb er bis kurz vor dem Tode schriftstellerisch tätig — zuletzt nur noch unter Beihilfe seiner Frau. Samml. sowie das Handstück seines Hauptwerks vermachte er der Naturaliensamml. in Stuttg.

— Lit.: Nachruf (von W. Bacmeister). Zwinger u. Feld, Berl./Stuttg. 22, 1913, S. 285—287 (mit Bildnis). - Nachruf (von C. R. Hennicke). Orn. Ms. 38, 1913, S. 205—208 (mit Bildnis). - Nachruf (von K. Eckstein). Zs. f. Forst- u. Jagdwesen 45, 1913, S. 753. - Nachruf (von K. Lampert). Jh. Württ. 71, 1915, S. LXXXVI—LXXXVIII (mit Bildnis). - W. Bacmeister, Abriß einer Gesch. d. Württ. Vogelk., Jh. Württ. 102—105, 1950, S. 33 bis 35. - Ders., Verz. d. vogelk. Schrifttums in Württ. bis z. J. 1943, Jh. Württ. 108, 1952 (1953), S. 109/10.

X

Xántus, Johann, * 5. 10. 1825 Csokonya, Komitat Somogy (Ungarn), † 13. 12. 1894 Budapest. Der für Naturvorgänge früh aufgeschlossene Sohn eines Gutsverwalters war nach dem Studium in Raab (= Györ) und Budapest mit 22 Jahren Anwalt in seiner Heimat. Bald jedoch wurde er in die Wirren der ung. Revolution 1848/49 verwickelt und von den Österreichern gefangengenommen. Schließlich gelangen ihm Flucht und Übersiedlung nach den USA. Durch verschwommene und falsche Ber. verstand er über die ersten Jahre jenseits des Ozeans einen schwer zu lüftenden Schleier zu legen. Sicher ist, daß er in der größten Not 1855 als Sanitäter in die amerik. Armee eintrat, 1857 vom Smithsonian Inst. den Auftrag zu geregelter Sammeltätigkeit erhielt und von 1859—1861 Küstenaufseher von Cape San Lucas war. Sein Eifer als Sammler hatte bemerkenswerte Erfolge in bis dahin zool. unerforschten Landstrichen. Die wichtigsten Ergebnisse verdankte ihm die naturw. Aufhellung Kaliforniens. Schenkungen ließ er auch dem Ung. Nat.-Mus. und ung. Schulen zukommen. Während eines kurzen Aufenthalts in der alten Heimat wählte ihn daher die Ung. Akad. d. Wissensch. 1861 zum Mitglied. Nachdem er 1863/64 Konsul der USA in Manzanillo und Colima (West-Mexiko) und naturw. Pionier in der Sierra Madre gewesen war, kehrte er krank nach Budapest zurück. 1866 gründete er hier den Zool. Garten, von 1869—1871 sammelte er für das Nat.-Mus. und den Zoo in Ostasien (Borneo usw.) und wurde Kustos an der ethnogr. Abt. des Mus. Bei den Vorbereitungen des Budapester internat. Orn.-Kongr. 1891 wirkte er noch rege mit; in den folgenden Jahren überfiel ihn aber geistige Umnachtung. Er war einer der Europäer, die sich in der Mitte des vorigen Jahrh. um die naturw. Erforschung des westl. Kontinents verdient machten. Seine besondere Aufmerksamkeit galt der Avif. Nach H. G. Deignan in „Type specimens of birds in the United States National Mus." (Smithsonian Inst., Bull. Nr. 221, Washington 1961) sind 5 Arten und 1 Unterart von ihm selbst beschrieben; 30 weitere Arten wurden auf Grund seines Materials bekannt; 5 davon tragen seinen Namen. Seine Persönlichkeit schillert in den verschiedensten Farben. Licht- u. Schattenseiten des Charakters kennzeichnen den in den amerik. Jahren wurzellos gebliebenen und moralisch angreifbaren politischen Einwanderer.

— Lit.: Pallas Lex. 16, 1897, S. 1087. - Henry Miller Madden, Xántus — Hung. naturalist in the pioneer West, Linz 1949 (Diss. Columbia Univ., mit Verz. d. Veröff., älteren Quellen u. Bildnissen).

Z

Zaddach, Ernst Gustav, Dr., * 7. 6. 1817 Danzig, † 5. 6. 1881 Königsberg. Von 1841—1844 war er Lehrer der Naturgesch. am Friedrichskolleg in Königsb. Dann habilitierte er sich und wurde 1862 Direktor des Zool. Mus. der Albertina. Sein Anteil an der Entwicklung der Orn. Ostpreußens ist nicht groß. Doch förderte er sie und berichtete in Schr. Königsb. über die Vermehrung der Museumsbestände durch Eingänge neuer Vogelarten. Das Augenmerk wandte er gerne auf seltenere Formen. F. Tischler (1914 u. 1941) verzeichnete nur 2 Veröff. aus seiner Feder: „Übersicht über d. bisherigen Leistungen im Gebiet d. preuß. Fauna" (Preuß. Prov. Bl., N. F. 1, 1846) und „Beitr. z. preuß. Orn." (Schr. Königsb. 7, 1866). Zu seinen Hörern zählten u. a. F. Grabowsky und E. Hartert (s. d.).

— Lit.: F. Tischler, D. Vögel d. Prov. Ostpr., 1914, S. 8.

Zander, Heinrich David Friedrich, Dr. h. c., * 2. 2. 1800 Lohmen bei Dobbertin (Kr. Güstrow), † 22. 5. 1876 Grabow, Kr. Ludwigslust (Schwerin). Sein Vater, Prediger und Kirchenrat, sammelte und präparierte schon Vögel. Durch ihn angeregt, war Z. offenbar früh in die Vogelk. seiner Heimat eingeweiht. Er studierte in Berl. Theol., war darauf Hauslehrer in Grabow, gründete dort eine kleine Privatschule, ging 1830 als Rektor und Hilfsprediger nach Lübz und Ostern 1843 als Prediger und Pastor nach Barkow, wo er bis 1875 im Amt blieb. Den kurzen Ruhestand verlebte er wieder in Grabow in der Familie seines ebenfalls Vögel sammelnden Schwagers, des Zahnarztes Madauß (gest. 1899). Gestützt auf sehr gründliche feldorn. Kenntnisse und die bedeutende eigene Samml., die zuletzt 2000 Stücke umfaßte, trat er 1837 mit einer in Lieferungen erscheinenden „Naturgesch. d. Vögel Meckl." an die Öffentlichkeit; 8 Teile kamen bis 1853 heraus, der Rest aber blieb stecken. Mit diesem Werk rückte er rasch in die vorderste Reihe der dt. Ornithologen. Geistige Fäden spannten sich zwischen ihm und vielen namhaften Vertretern seiner ars amabilis. In der DO-G, deren Versammlungen er mehrfach besuchte und durch Vorträge belebte, gehörte er zu den Gründungsmitgliedern. Als einer der ersten unterschrieb er den Aufruf zur Errichtung eines Naumann-Denkmals in Naum. 1, 1851. In dieser Zeitschr. ergriff er auch das Wort zu Gefiedervariationen sowie zu Fragen der System. und zeigte sich als Gegner der „Speziesmacher". Doch scheint das Bedürfnis, jede kleine Erfahrung oder Beob. durch den Druck zu verbreiten, bei ihm nicht stark entwickelt gewesen zu sein. Außer der „Naturgesch. d. Vögel Meckl." und einer „System. Übersicht d. Vögel Meckl." (1862) konnte R. Kuhk in den „Vögeln Meckl." (1939) nur 8 Titel seiner Veröff. in Naum. und Arch. Meckl. nennen. Äußere Anerkennung seiner orn. Tätigkeit bedeutete die Würde des Dr. h. c., die ihm die Univ. Rost. 1858 verlieh.
— Lit.: Nachruf (von A. Blanck). Arch. Meckl. 30, 1876, S. 298—302. - Nachruf (von R. Blasius). J. Orn. 24, 1876, S. 345.

Zawadzki, Alexander, Dr., * 6. 5. 1798 Bielitz (Österr.-Schlesien), † 5. 5. 1868 Brünn (Mähren). Er studierte in Olmütz und Lemberg, wo er 1829 promovierte. Seit 1827 Adjunkt an der Univ. Lemb., seit 1839 Oberlehrer in Przemyśl, wirkte er von 1847—1852 als Prof. der Phys. wieder an der Lemb. Univ. Später waren Olmütz und Brünn die Wohnsitze des vielseitig gebildeten Naturforschers. Durch mehrere Reisen, die ihn durch Teile Galiziens, nach der Bukowina und den Zentralkarpaten führten, erfuhr die naturw. Aufhellung seines Landes erstmalig spürbare Förderung. Unter vielen zool. und botan. Veröff. aus seiner Feder befindet sich eine „Fauna d. galiz.-bukow. Wirbeltiere, eine system. Übersicht d. in diesen Prov. vorkommenden Säugetiere, Vögel u. Fische, mit Rücksicht auf ihre Lebensweise u. Verbreitung" (Stuttg. 1840), in der 302 Vogelarten aufgezählt sind. Der Verf. war — trotz mancher Fehlangaben — damit einer der Pioniere in der Vogelforschung seiner Heimat und hat dazu das Verdienst, seinen Schüler St. K. Pietruski (s. d.) zu orn. Studien angeregt zu haben.
— Lit.: Biogr. Lex. Kaisert. Österr. 59, 1890, S. 216/17 (mit Verz. d. Veröff. u. älteren Quellen). - G. Brzęk, D. Goldene Zeitalter d. Poln. Orn. (Poln. mit engl. Zusammenfassung). Memorabilia Zool. 3, Warschau 1959.

Zdobnitzky, Franz, * 27. 10. 1879 Zamberk (Böhmen), † 6. 4. 1944 Brünn. Von früher Jugend an in Brünn lebend, war er bis 1937 als Lehrer an dt. Schulen tätig. In den letzten Jahren lag die Leitung der Zool. Abt. des Mähr. Landesmus. in seinen Händen. Die naturw. Erkundung seiner Heimat hatte in ihm einen kritischen, mit der Lit. gut vertrauten Förderer, der manche alten Irrtümer beseitigte. Sein Blickfeld beherrschte neben der Min. vor allem die Orn. In einer Reihe von dt. geschriebenen Veröff. finden sich seit 1902 die Ergebnisse seiner ernsthaften faun. Forschungen. Genannt seien: „Orn. Wanderungen in Südmähr." (Zs. Brünn 5, 1905 u. Ber. Brünn 7, 1906), „Locustella fluviatilis (Wolf), ein Charaktervogel d. südmähr. Auen" (Orn. Jb. 17, 1906), „D. Winterleben unserer Corviden . . ." (Mitt. d. Komm. z. Durchforschung Mähr., 1907), „Beitr. z. einer Ornis d. Brünn. Umgeb." (ebd. 1908 u. Zs. Brünn 9, 1909); als er 1920 nach fünfjähriger Gefangenschaft aus Irkutsk zurückgekehrt war, folgten u. a. noch Arbeiten wie „Neue Bereicherung d. südmähr. Avif." (Verh. Brünn 58, 1923), „Vögel d. Pollauer Berge u. ihrer Umgeb." (Wanderbuch durch d. Poll. Berge, Brünn 1925), „Zweiter Beitr. z. einer Ornis Brünns u. Südmährens" (Verh. Brünn 61, 1927), „D. Familie d. Reiher in Südmähr." (ebd. 67, 1936) und (als letzte Arbeit) „D. Vogelw. d. Namiester Teiche u. ihrer Umgeb." (Zs. Brünn, N. F. 1943).

Zech, Julius Graf von, * 23. 4. 1868 Straubing (Bayern), † 23. 4. 1915 bei Gheluvelt (Flandern). Seit 1895 war er im dt. Schutzgebiet Togo Vorsteher der Station Kratschi und von 1904 bis 1910 Gouverneur der Kolonie. Während des Afrikaaufenthaltes bemühte er sich um die orn. Erkundung des Neulandes in ähnlicher Weise wie kurz vor ihm R. Büttner und E. Baumann (s. d.). Das Berl. Mus. erhielt von ihm viele Seltenheiten bergende Sendungen. Von neu entdeckten Arten benannte A. Reichenow (s. d.) Numida zechi (Orn. Mber. 4, 1896). Eine Zusammenstellung der bis dahin aus Togo bekanntgewordenen Formen und damit zugleich ein Bild der Verdienste des bayer. Offiziers gab A. Reichenow in der „Vogelf. v. Togo" (J. Orn. 45, 1897). Nachdem er seit der Rückkehr aus Afrika in Berl. gewohnt hatte, starb v. Z. im 1. Weltkrieg den Soldatentod.
— Lit.: Dt. Biogr. Jb. 1914/16, Berl./Leipz. 1925. - H. Schnee, Dt. Kol.-Lex. 3, 1920, S. 739.

Zedlitz und Trützschler, Otto Graf von, * 23. 3. 1873 Schwentnig bei Zobten, Kr. Nimptsch (Schlesien), † 4. 12. 1927 Varberg (Schweden). Schulzeit, kurzes jur. Studium und Leutnantsjahre verbrachte er in Bresl.; bedeutendes Vermögen ersparte dem Majoratsherrn berufliche Sorgen. Von der Jahrhundertwende ab zog es ihn in die Ferne. Jagdfreuden veranlaßten die erste Reise nach Nord-Norw. und Spitzb. (1900); sie endete mit großer Begeisterung für die Vogelwelt. Davon zeugt das Reisebuch „Dt. Waidwerk unter d. Mitternachtssonne" (1902), das er mit den beiden Begleitern, den Großwildjägern Dr. A. Berger und Haupt-

mann J. Roth, herausgab. Von nun ab stellte er sich in den Dienst der Orn. und vereinigte die Ausbeute seiner Exp. in einer eigenen Samml., deren 7481 Vogelbälge später in das Reichsmus. von Stockholm kamen. In Forts. der Unters. von O. Neumann, C. v. Erlanger und E. Hartert (s. d.) befaßte er sich zunächst mit der nordafrik. Ornis. P. Spatz (s. d.) stand ihm als Führer in Tunis und Algerien (1904, 1905, 1906) zur Seite. Weitere Reisen (1908/09) reichten von der Küste des Roten Meeres bis zu den Grenzgebieten Abess.; im Anschluß an ein Unternehmen auf der Sinai-Halbinsel (1911) schickte er seinen Präparator noch nach Süd-Somaliland. Zwischendurch (1910) nahm er an der Zeppelinfahrt nach der Arktis teil. Die Ergebnisse der 3 ersten Exp. (1904—1906) veröffentlichte er in J. Orn. 57, 1909; 58, 1910; 59, 1911 und machte damit seinen Namen schlagartig in der Fachwelt bekannt. Ein bewegend wirkendes Denkmal vergangener Unberührtheit wurde vor allem die Darstellung des Wasserwild-Dorados an dem in den letzten Jahrzehnten trockengelegten Fetzara-See in Nordostalgerien (ebd. 62, 1914). Hohe Achtung wurde der geistvollen Persönlichkeit gezollt. So war er 1915 Ausschußmitglied und 1921—1923 2. Vorsitzender der DOG. Der 1. Weltkrieg bot dem begabten Beobachter in den westl. Pripjetsümpfen 3 Jahre Gelegenheit für orn. Studien, über die er in Orn. Mber. und ausführlich in J. Orn. 68, 1920 u. 69, 1921 berichtete. Bis 1928 erschienen andere gewichtige Beitr. aus seiner Feder in J. Orn., Orn. Mber., B. z. F., Ber. Schles., Wild u. Hund, ferner in franz. und schwed. Zeitschr. Die politischen Umwälzungen nach 1918 waren für ihn Anlaß, sein reiches Besitztum in Schles. zu verlassen und in der Waldeinsamkeit der schwed. Prov. Västergötland bei Tofhult ein Blockhaus zu beziehen. Die Entschleierung des Lebens der Waldhühner reizte den Eifer des alten Jägers, und Fragen der Biol. rückten fortan deutlich in den Vordergrund der Unters. Eine kurze Krankheit raffte ihn dann im besten Mannesalter dahin. Seinem steten Streben, die den Lebensvorgängen übergeordneten Gesetze zu ergründen und neue, wegweisende Probleme der System., Biol. und Tiergeogr. als Forschungsaufgaben zu erkennen, wurde ein zu frühes Ende gesetzt.
— Lit.: Nachruf (von Schriftl.). J. Orn. 76, 1928, S. 231—235. - Nachruf (von L. v. Boxberger). B. z. F. 4, 1928, S. 60/61. - Nachruf (von E. Drescher). Ber. Schles. 14, 1928, S. I/II. - Nachruf (von Schriftl.). Ibis (12) 4, 1928, S. 328/29.

Zeidler, Herbert, * 6. 6. 1893 Hamburg, † 13. 2. 1961 Hohkeppel bei Lindlar (Rheinisch-Bergischer Kreis). Als er 1920 aus franz. Gefangenschaft zurückkehrte, ersetzte er das 1914 begonnene Studium der Naturw. durch die Laufbahn des Bankangestellten, um schließlich 1927 Mittelschullehrer zu werden. Wegen politischer Schwierigkeiten ging er 1939 wieder zur Wehrmacht und wurde Oberstleutnant. Von 1946 bis 1953 war er Lehrer in Jever und verbrachte den Ruhestand in Hohkeppel. Durch C. Flöricke (s. d.) angeregt, baute er seit 1908 eine Balgsamml. von 2000 Stücken aus allen Teilen der Welt auf. Nach seinem Tode wurde sie vom Zool. Mus. in Hamb. erworben. 19 Jahre lang konnte ihn der Ver. Jordsand als getreues Mitglied führen. Während der Gleichschaltungen 1937—1940 lag zudem der Vorsitz des Vereins in seinen geschickten Händen. Tätigkeitsber. brachte er in Orn. Ms. 62, 1937 sowie in Dt. Vw. 63, 1938 u. 64, 1939. Die besonderen Verdienste aus dieser Zeit bestanden in klugen Verhandlungen mit der Reichsstelle für Natursch., so daß es ihm gelang, Maßnahmen durchzusetzen, mit denen erstmalig gegen die bedrohliche Vermehrung der Silber- u. Sturmmöwen in den Freistätten vorgegangen werden konnte.
— Lit.: Würdigung (von R. Meyer-Brons u. P. F. Weckmann-Wittenburg). Festschr. d. Ver. Jordsand 1957, S. 174/75 (mit Bildnis).

Zelebor, Johann, * 5. 12. 1819 Eggenburg (Niederösterreich), † 6. 1. 1869 Wien. Bis 1845 war er selbständiger Tischlermeister. Dann ging er aus Neigung zur Tierkunde als Hofhausdiener an das Naturalienkabinett in Wien und wurde hier 1850 Präparator am Hof-Mus. Ein ausgezeichneter Beobachter und Jäger, stieg er ohne Vorbildung durch Begabung und Beharrlichkeit schließlich 1861 zum Kustos der Säugetier-Abt. auf. Zum Teil im Auftrag des Oberhofmeisteramts war er jagend und sammelnd 1855 an der unteren Donau und in den Theißsümpfen, 1856 auf der Insel Kreta, in Damiette und im Nildelta, 1863 in der Dobrudscha und an der kroat. Militärgrenze, 1865 in Kroatien. Große Ausbeute an Vögeln (darunter die ersten lebenden Flamingos) und anderen Naturalien brachte er nach Wien. Dobrudscha-Erfolge beschrieb A. v. Pelzeln (s. d.) in J. Orn. 12, 1864. Es ist Z.s und seines Zeitgenossen J. Ettingers (s. d.) Verdienst, die noch unberührten, urtümlich reichen Vogelgebiete von Obresch und Kupinovo näher in das wissensch. Blickfeld ernsthafter Faunenforschung gerückt zu haben, als es die früheren Besucher zu erreichen vermochten. Auf Grund seiner Fähigkeiten wurde er geehrt durch die Auszeichnung, an der Weltfahrt der Novara 1857—1859 teilzunehmen. Als er im besten Mannesalter (wohl an den Folgen des Sumpffiebers) starb, hinterließ er außer der Bearbeitung der Säugetiere im zool. Teil des Novarawerks mehrere kleinere Abh. über Erfahrungen auf den anderen Unternehmungen.
— Lit.: Nachruf (von A. v. Pelzeln). Mitt. Wien 13, 1889, S. 604/05 (mit Bildnis). - Biogr. Lex. Kaisert. Österr. 59, 1890, S. 297—299 (mit Verz. d. Veröff. u. älteren Quellen).

Zenker, Georg, * 2. 6. 1855 Leipzig, † 12. 2. 1922 Bipindi (Kamerun). Nachdem er, Landwirt und Botaniker, in mehreren dt. Städten tätig gewesen war, übernahm er die Leitung des Botan. Gartens in Neapel und ging 1886 in ital. Auftrag als Sammelreisender an den Kongo und nach Gabun. 1889 schloß er sich der dt. Exp. in das Innere von Süd-Kamerun an und baute unter vielen Kämpfen gegen Eingeborene die Station Jaunde auf. Harte Entbehrungen tragend und von dauernden Gefahren bedroht, schickte er 6 Jahre lang großartige Naturaliensamml. aus dem damals noch wenig bekannten Gebiet an das Berl. Mus. Auch als er 1896 aus dem Kolonialdienst ausschied und in Bipindi eine eigene Plantage gründete, gingen seine wertvollen Sendungen weiter. Neben vielen Säugetieren, Schmetterlingen und Insekten wurden mehrere neue, z. T. auffallende Vogelformen mit dem Namen des verdienstvollen Pioniers und Entdeckers belegt; dazu gehören Accipiter zenkeri, Agapornis zenkeri, Cassinia zenkeri (Orn. Mber. 2, 1894; 3, 1895). Die Ausbeute beschrieben A. Reichenow und O. Neumann (s. d.) in J. Orn. und Orn. Mber.

— Lit.: Nachruf (von H. Grote). Orn. Mber. 31, 1923, S. 72. - A. A. Prestwich, I name this Parrot . . ., London 1958, S. 85/86.

Zeyk, Nikolaus von, * 3. 11. 1810 Wien, † 6. 4. 1854 Diod (= Stremt) bei Straßburg = Nagyenyed = Aiud (Siebenbürgen). In Siebenb. stand in den 40er Jahren des letzten Jahrh. die Wiege der ung. Vogelforschung. Neben dem nur außerberuflich mit der Orn. sich beschäftigenden F. W. Stetter (s. d.) war Z. der erste wirklich fachlich und wissensch. tätige Ornithologe. Als Sohn eines Hofrats besuchte er das Gymnasium von Straßb., studierte anfangs Jura und dann Naturw. 2 Jahre in Wien und 3 Jahre in Berlin. 1838 übernahm er an der Bethlen-Hochschule in Straßb. eine Prof. für Naturw. und nutzte die vor allem in Berl. unter H. Lichtenstein (s. d.) erworbene Gelehrsamkeit mit leidenschaftlichem Eifer zur Weckung orn. Verständnisses in Siebenb. Zu didaktischen Zwecken richtete er seit 1839 in Sonderheit eine Samml. einheimischer Vögel ein, die bald zu einer der wertvollsten seiner Landschaft gehörte. In Anlage und Durchführung genügte sie offenbar damals schon wissensch. Ansprüchen und übertraf somit alle Samml. seiner zeitgenössischen Landsleute. Auch der Vogelzug stand im Blickfeld dieses für Ung. bedeutsamen Bahnbrechers. Als erster führte er seit 1841 regelrechte Tagebücher mit phänol. Aufz., die schon die met. Faktoren berücksichtigten. Doch ist sein Name in keinem Autorenverz. der orn. Lit. Siebenb. zu finden. Sein der Wissensch. gewidmetes Leben stand unter einem tragischen Unstern. Aufständische verbrannten oder verschleppten und verkauften 1849 Samml. und Niederschriften. Er selbst hielt sich während der unheilvollen Zeit in Tiszaroff (Ung.) auf. Als er im Herbst 1851 zurückkehrte, ließ er sich in Diod nieder. Wahrscheinlich gebrochen durch das gewaltsame Ende seiner wissensch. und pädagogischen Bemühungen, konnte er sich nicht mehr zu Veröff. aufraffen. Doch blieb sein wertvoller handschriftlicher Nachlaß wenigstens teilweise erhalten und kam später durch J. v. Csató (s. d.) in das Ung. Orn. Inst. Erst in Aquila 27, 1920 konnte er durch J. Schenk (s. d.) veröffentlicht werden. Neben den system. angelegten Zugnotizen (nur die von 1848—1853 wurden gerettet) umschloß dieses lit. Erbe das um 1850 entstandene wichtige Msk. über die Vögel Siebenb.; es enthält von 241 Arten vielfach Schilderungen des Vorkommens und der Lebensweise. Da sich der Verf. in intellektueller Verantwortung nur auf tatsächlich vorhandene Belegstücke stützte, ist es mehr als die umfangreicheren Zusammenstellungen von F. W. Stetter und E. A. Bielz (s. d.) ein erstes durchaus verläßliches Bild der orn. Verhältnisse in Siebenb. vor 1848.

— Lit.: J. Schenk, Altberühmte siebenb. Vogelsamml., Aquila 23, 1916, S. 175—195 u. 468—482. - Ders., Übersicht d. Gesch. d. Orn. in Ung., ebd. 25, 1918, S. 31—88. - Ders., D. Leben u. Wirken v. N. Z., ebd. 27, 1920, S. 165—183 (mit Bildnis). - H. Salmen, D. Ornis Siebenb. . . ., Linz 1958 (Masch.-Schrift).

Ziegler, Julius, Dr., * 25. 10. 1840 Frankfurt (Main), † 15. 9. 1902 Frankfurt. Während des Studiums der Chemie und der Naturw. kam er in Gießen unter den Einfluß des Bruders seiner Mutter, des Prof. H. K. Hoffmann, der ihm den Blick für die Botan. und vornehmlich für phänol. Probleme öffnete. Als sich der Privatgelehrte dann ohne Zwang zum Broterwerb in Frankf. 36 Jahre lang pflanzenphänol. Studien hingab, erwarb er sich in wissensch. Kreisen seiner Vaterstadt und besonders in der Senck. Naturf. Ges. hohe Wertschätzung. Orn. trat er nur einmal mit einer Arbeit unter dem bescheidenen Titel „Storchnester in Frankfurt a. M. u. dessen Umgeb." (Ber. Senck. 23, 1893) hervor. Sie enthielt viel mehr, als sie versprach. Auf Grund von 400 Anfragen bei den Bürgermeistern berichtete der Verf. mit Sorgfalt über das Storchvorkommen nicht nur in der Umgeb. von Frankf., sondern in ganz Hess., im ganzen Oberrheingebiet, im Elsaß, in Lothringen, der Pfalz, in Bad.-Württ. und Unterfranken. Wenn die Darstellung auch noch nicht die Forschungsmethoden unserer Zeit kannte und über statistische Erhebungen nicht wesentlich hinauskam, so bedeutete sie doch für die hist. Storchforschung eine der ersten gründlichen Materialsamml.

— Lit.: Nachruf (von W. Kobelt). Ber. Senck. 33, 1903, S. 171. - L. Gebhardt u. W. Sunkel, D. Vögel Hess., 1954, S. 74/75.

Zielke, Oskar, Dr., * 25. 4. 1912 Warschau, † 27. 3. 1946 Frankreich. Er besuchte die Friedrichs-Schule in Berl.-Friedrichshagen und wohnte bis 1938 bei seinen Eltern in Schöneiche bei Berl.; dann war seine Anschrift Berl.-Steglitz und von 1943 ab wieder Schöneiche. 1931 begann er das zool. Studium in Berl., beschäftigte sich dort von vornherein mit orn. Fragestellungen, promovierte aber mit einer Arbeit über die Eschenwollschildlaus 1940 an der Biol. Reichsanstalt in Dahlem, wo er bis 30. 4. 1940 wissensch. Hilfsarbeiter war. Anschließend wurde er Soldat und starb nach zweimaliger Verwundung in Gefangenschaft. In die märk. Vogelwelt führte ihn hauptsächlich sein älterer Schulkamerad Dr. Georg Steinbacher auf gemeinsamen Exk. ein. Obwohl er sich streckenweise für Gebiete begeisterte, die die Vogelk. nur wenig berührten, erwarb er als — eine Zeitlang auch der Jagd ergebener — Freilandbeobachter im Laufe der Jahre zuverlässige orn. Kenntnisse. In einer Reihe von Mitt. und Notizen, von denen 7 in den B. z. F. zwischen 1930 und 1932, die meisten aber in der Jagdpresse standen, meldete er sich in den 30er Jahren zu Wort. Seine einzige größere Arbeit trug den Titel „Drei Wochen Orn. in Mittel- u. Oberfranken u. in d. Oberpfalz" (Verh. Bay. 21, 1938); hier stützte er sich, Vergleiche mit den norddt. Verhältnissen ziehend, nicht nur auf eigene Feststellungen aus dem Mai 1937, sondern auch auf Beob. bayer. Gewährsleute. Eine seiner letzten Nachr. dürfte „Wasservogelschießen in Südwestfrankreich" (Dt. Jagd, Wild u. Hund 1943) gewesen sein.

— Lit.: Biogr. Notiz. Orn. Ber. 1, 1947, S. 122.

Ziemer, Ewald, * Belgard (Pommern), † Dezember 1908. An den Jber. Beob.-Stat. Deutschl. beteiligte er sich ab 1882 (J. Orn. 32, 1884) mit reichlichem Material und zeigte schon damit den jungen feldorn. Eifer. Nachdem er 1884, damals in Halle Jura studierend, auch der DOG beigetreten war, wurde ihm auf der 11. Jahresversammlung der Auftrag zuteil, eine Übersicht der Kennzeichen aller dt. Raubvögel auszuarbeiten. Den Entwurf, den er der 13. Versammlung 1888 vorlegte, benutzte P. Matschie (s. d.) für seine Liste (J. Orn. 37, 1889). Z., der später Rittergutsbesitzer in Klein-Reichow bei Belgard war, entwickelte sich für einige Zeit zu einem der kenntnisreichsten Vogelbeobachter in der Prov. Pom.; doch endete — aus unbekannten Gründen — die 1884 aufgenommene lit. Mitarbeit schon 1894. Für diese Jahre faßte F. Koske (J. Orn. 65, 1917) 13 Titel von faun. und brutbiol. Veröff. zusammen; sie standen in J. Orn., Orn. Ms., Ornis, Orn. Mber. und (einmal) in Dt. Jztg.

Zieschang, Martin, * 19. 12. 1909 Bautzen (Sachsen), † 23. 6. 1944 Bobruisk (Weißrußland). In Dohna und Klix verbrachte der Pfarrerssohn die Jugend, und früh fand er Befriedigung in stiller, sinniger Betrachtung der Natur. Von 1921—1929 nahm ihn die höhere Schule in Pirna auf. Während des naturw. Studiums in Freib., Kiel und besonders seit 1930 in Leipz. kam der Anschluß an die Vogelk. und Gleichgesinnte. Kürzerer und längerer Aufenthalt in orn. ertragreichen Gegenden (u. a. Helgol., Sylt, Ostsee, Lewitz, Müritz, Lüneb. Heide, Rossitten, Egertal) weitete Blick und Urteil. Seit 1934 war er Studienreferendar u. -assessor in Bautzen, Hauslehrer in Waldau (Schles.), Lebehn bei Stettin, Lampertheim (Rhein), Pädagogium Niesky, seit 1941 Wissensch. Rat am Botan. Inst. der Univ. Krakau und im selben Jahre noch Sanitäter im Kriegsdienst. Gewissenhaftigkeit und aus religiöser Wurzel genährte Selbstlosigkeit zeichneten ihn aus im Frieden und im Kriegseinsatz (der ihm Gelegenheit bot, sich durch Hilfsbereitschaft und Tapferkeit hervorragend zu bewähren). Viele Jahre hindurch füllte sich sein orn. Tagebuch mit kritisch abgestempelten faun. und biol. Einträgen, vermochte aber im Verf. kein ausgeprägteres Mitteilungsbedürfnis zu wecken. Der lit. Niederschlag ist daher geringer, als sein Wissen gerechtfertigt hätte; er beschränkt sich auf 3 Nachr.: „Isländischer Strandläufer - Calidris c. canutus in d. Lausitz" (Mitt. Sachs. 4, 1933), „Eine neue sächs. Saatkrähenkolonie b. Leipz." (ebd. 4, 1933), „Beob. an einer neu entstandenen Lachmöwenkolonie in d. sächs. Oberlausitz", gemeinsam mit G. Creutz (ebd. 4, 1934). Sein Name findet sich auf der langen Liste der Vermißten, die der 2. Weltkrieg verschlang.
— Lit.: Nachruf (von G. Creutz). B. z. Vk. 8, 1963, S. 306—309 (mit Bildnis).

Zietz, Amandus Heinrich Christian, * 1839 (oder 1840) Schleswig-Holstein, † 1921 Kingswood (Südaustralien). Zuerst stand er als Sammler im Dienst von J. C. Godeffroy (s. d.) und anschließend als Präparator und Verwalter am Zool. Mus. in Kiel. 1884 übernahm er die Vogelabt. des südaustralischen Mus. und war, als er 1910 in den Ruhestand trat, dort stellvertretender Direktor. 1893 fand er zusammen mit Sir Edw. Stirling am Lake Callabonna fossile Reste des Riesenbeuteltiers und eines großen straußenartigen Vogels Genyornis newtoni. 1906 vermehrte er die Bestände des Mus. um wertvolle Stücke, die er gemeinsam mit seinem Sohn Fritz Robert Z. (1874—1922) auf einer ausgedehnten Exp. in die Gegend der Clarence und Richmond Rivers sammelte. Die Australische Orn. Union rechnete ihn zu ihren Gründern. Hohes Ansehen genoß er auch auf dem Gebiet der Vogelhaltung. Er war der erste, der in Gefangenschaft Zuchterfolg mit dem Sittich Polytelis alexandrae erzielte. Nach ihm ist Neophema petrophila zietzi von Mathews in Nov. Zool. 18, 1912 benannt.
— Lit.: A. A. Prestwich, I name this Parrot . . ., London 1958, S. 86.

Zifferer, Anton * 8. 4. 1857 Villach (Kärnten), † 6. 9. 1898 Klagenfurt (Kärnten). Er besuchte das Staatsgymnasium in Vill. und war bis 1882 Beamter bei der Südbahngesellschaft. Anschließend ließ er sich in Klagenf. als Präparator nieder. Feldorn. Erfahrung, gute Formenkenntnisse und Mitarbeit an Zeitschr. wie Waidmannsheil und Orn. Jb. machten seinen Namen in der Vogelk. der engeren Heimat bekannt. Lange Jahre hindurch galten seine Beob. besonders den Wanderungen der Vögel. Gerne berichtete er daher über „Seltene Vogelerscheinungen . . ." bzw. „Seltene Vogelzugserscheinungen . . .". 11 Beitr. dieses Inhalts, zwischen 1889 und 1897 in der Carinthia veröffentlicht, sind Zeugnisse seiner Feststellungen und Erkundungen.
— Lit.: Nachruf. Carinthia II, 88, 1898, S. 203.

Zimmer, Carl, Dr., * 29. 9. 1873 Sondershausen (Thüringen), † 8. 11. 1950 Hüll (Kr. Mainburg). Nach dem Studium der Naturw. und Math. in Straßb., Münch. und Bresl. trat er — Sohn eines Steuerrates — 1899 in den höheren Schuldienst der Stadt Bresl.; seit 1902 war er Kustos am Zool. Mus. in Bresl., seit 1912 Direktor der Zool. Staatssamml. in Münch., von 1923—1937 Direktor des Zool. Mus. in Berl. und zusammen mit Prof. R. Hesse Ordinarius für Zool. an der dortigen Univ. In Bresl., wo er sich aufgrund einer Darstellung der arktischen Schizopoden 1904 für Zool. habilitierte, gehörte er im selben Jahr zu den Gründern des Ver. Schles. Ornithologen und machte sich um die faun. Erforschung der Prov. sowie um die Entwicklung des Vereins als 2. Vorsitzender verdient. Während er sich in der Hauptsache hydrobiol. Unters. widmete, schrieb er damals auch einige kleine orn. Arbeiten, z. B. über „D. Vögel d. Stadt Bresl." (Ber. Schles. 1, 1908) und „D. Vogelw. Bresl." (Schles. Jb. 1912). 1909 trat er der DOG bei, 1912 wurde er Ehrenmitglied des schles. Vereins. In der bayer. Zeit erschien eine Abh. über den „Beginn d. Vogelgesanges in d. Frühdämmerung" (Verh. Bay. 14, 1919/20). Doch blieb die Orn. immer nur ein (gern befahrenes) Nebengleis seiner Forschungen. Im Vordergrund standen allezeit die Krustazeen, als deren Kenner er führend war, und die Mus., in der er sich gleichfalls mit höchst erfolgreicher Arbeitsenergie betätigte. Als Mitherausgeber betreute er außerdem das Arch. Naturgesch. und die Zeitschr. f. wissensch. Zool. Daß er nicht nur Mus.-Fachmann war, sondern lebendige Verbindung mit der Ornis in Wald und Feld pflegte, belegt überzeugend seine „Anleitung z.

Beob. d. Vogelw." (1910, 1917, 1929); für die hier gegebenen, unter freiem Himmel erwachsenen Anregungen zur biol. Forschung und die Hinweise auf neue Fragestellungen waren ihm in jenen Jahren viele Feldornithologen oder solche, die es werden wollten, dankbar. Zu den größeren Arbeiten ist ferner der orn. Bestimmungsschlüssel zu rechnen, den er für Brohmer, Ehrmann, Ulmers „Fauna v. Mitteleuropa" (1928) verfaßte. Der von ihm geschaffene neue Führer bedeutete, verbunden mit der Anwendung der Hartertschen Nomenkl., einen beachtlichen Fortschritt im Vergleich zu den vorher verbreiteten, von A. Reichenow (s. d.) stammenden „Kennzeichen d. Vögel Deutschl.".
— Lit.: Reichshdb. d. Dt. Ges. 2, 1931, S. 2090 (mit Bildnis). - Nachruf (von B. Rensch). Verh. Dt. Zool. Ges. 1951, S. 454—456 (mit Bildnis).

Zimmermann, Max Rudolf, * 8. 9. 1878 Rochlitz (Sachsen), † 28. 8. 1943 Dresden. Den Sohn des Turmwächters erzog die Waldesstille des Rochlitzer Berges zum vertrauten Umgang mit der Natur. Gleichzeitig entwickelte sich in ihm ein ausgeprägtes Bedürfnis, Geschautes und Erlebtes in Wort und Schrift anderen weiterzureichen. Gestaltungsdrang und Freude am Buch bewogen ihn, eine Stelle als Anwaltsschreiber aufzugeben und als freier Schriftsteller eine Lebensgrundlage zu suchen. Immer voller Zukunftsglaube, wußte er Mißerfolge zu tragen, die ihm das Wagnis vor allem von Verlagsunternehmungen bescherte. Die Zool. rückte erst in den Vordergrund seines Interesses, als er K. G. Schillings (s. d.) „Mit Blitzlicht u. Büchse" (1905) kennenlernte; das Buch ließ in ihm den Reiz und die wissensch. Aufgabe der Naturphotogr. aufleuchten. Mit der ihm eigenen Leidenschaft erwärmte er sich für die neu entdeckte Kunst, und die vorher weniger beachteten Vögel füllten fortab die erste Reihe der Objekte. Ihre Brutbiol. erschloß sich ihm, während er sie mit der Linse einfing. So wurde er einer der Wegbereiter für die Tierbildnerei. An der Lewitz und der nordfries. Küste machte er seine Aufnahmen, und 1911 sammelte er die Motive in den Südkarpaten und an der unteren Donau. Im 1. Weltkrieg gehörte er längere Zeit zum wissensch. Stab der Militärforstverwaltung im Urwald von Bialowies. War er bisher darauf bedacht, als Verf. und Verleger mit volkstümlichen Tierkundebüchern dem Allgemeinwissen zu dienen, so wechselte er nun mehr ins fachwissensch. Fahrwasser über. Mit zahlreichen biol. und faun. Arbeiten besonders in Orn. Ms., J. Orn., Orn. Mber., Mitt. Sachs., Verh. Bay. machte er sich einen geachteten Namen. Während die Gründung der „Pallasia" mit frühem Fehlschlag endete, gelang seiner Zähigkeit eine Dauerleistung im Aufbau des Vereins Sächs. Ornithologen; die Mitt. des Vereins leitete er mit geschickter Hand während der 20 Jahre ihres Bestehens. Wie sehr er vor allem mit der Biol. der Wasservögel vertraut war, zeigen Aufnahmen aus dem Teichvogelparadies Königswartha, das er nach dem 1. Weltkrieg jahrelang aufsuchte. 1940 wandte er sich nach dem Neusiedler See, um im Auftrag des Wiener Naturh. Mus. die dortigen Arten im Lichtbild festzuhalten. Als er damit beschäftigt war, die Ergebnisse zu ordnen, mußte er die Feder für immer aus der Hand legen. Doch hinterließ er Einzeldarstellungen wie „Über d. Brutvorkommen d. Tamariskensängers u. d. Seggenrohrsängers am Neusiedler See" (Orn. Mber. 48, 1940), „D. Zwergmöwe im Neusiedlersee-Gebiet" (ebd. 48, 1940), „Z. Vorkommen d. Seggenrohrsängers am Neusiedler See" (ebd. 48, 1940) und die größere Zusammenfassung „Beitr. z. Kenntnis d. Vogelw. d. Neusiedlersee-Gebiets" (Ann. Wien 54, 1943), die G. Niethammer beendete (277 S., 1944). Der überwiegende Teil der Samml. des eigenwillig bedürfnislosen Mannes ging 1945 beim Bombenangriff auf Dresd. unter. Die meisten Tieraufnahmen sind im Heimatmus. Rochlitz aufbewahrt.
— Lit.: Nachruf (von L. Schuster). B. z. F. 19, 1943, S. 156/57 (Bildnis ebd. 16, 1940). - Nachruf (von E. Stresemann). Orn. Mber. 51, 1943, S. 171. - Nachruf (von H. Dathe). Zool. G., N. F. 15, 1943, S. 274—276 (mit Bildnis). - Nachruf (von R. Heyder). J. Orn. 92, 1944, S. 140—144 (mit Bildnis). - Nachruf (von H. Kumerloeve). Ann. Wien 54, 1944, Teil 1, S. 3—7. - Nachruf (von K. Mansfeld). Dt. Vw. 69, 1944, S. 30 (mit Bildnis). - Würdigung (von R. Zaunick). B. z. Vk. 2, 1952, S. 299—309 (mit Bildnis). - Würdigung (von O. Dahnert). Falke 1, 1954, S. 27. - Würdigung (von F. Schimmer). Urania 18, 1955, S. 306—311 (mit Bildnis). - Bildnis in R. Heyder, D. Vögel d. Landes Sachs., 1952.

Zimmermann, Theodor. Der in Danzig ansässige Apotheker war als erfahrener Feldornithologe und rühriger Sammler neben W. Baer (s. d.) einer der ersten, die, von F. Lindner (s. d.) angeregt, die Kurische Nehrung aufsuchten. 1906 veranlaßte ihn sein Freund J. Thienemann (s. d.), in den Zugzeiten vor allem auf der Halbinsel Hela zu beobachten. Mit Nachr. und Mitt. bedachte er zwischen 1892 und 1909 ein paarmal das J. Orn., die Orn. Mber., die Schr. Danz. und die Ber. Danz.; dazu gehörten die Aufs. „Unsere heimischen Drosseln" (Schr. Danz., N. F. 11, 1903/04) und „Über d. Vogelw. d. Halbinsel Hela" (Ber. Danz. 1907 u. J. Orn. 57, 1909). Trotz reichen Wissens war er im Schreiben zurückhaltend und überließ seine Feststellungen lieber F. Tischler (s. d.), der für die „Vögel d. Prov. Ostpr." (1914) auch die schöne Balgsamml. mit Nutzen zu Rate ziehen konnte. Nähere Daten über sein Leben entzogen sich der Nachforschung.
— Lit.: F. Tischler, D. Vögel d. Prov. Ostpr., 1914.

Zittwitz, Julius von, * 23. 12. 1807 Görlitz, † 25. 12. 1873 Görlitz. Sein ganzes Leben hindurch widmete er sich unermüdlich der Orn. und stellte eine stattliche Vogelsamml. einheimischer Arten hauptsächlich aus Thür., Magdeb. und dem Münsterl. auf. Nur ungern mußte er sie schließlich nach Leiden abgeben, weil sie sich während seiner Offizierslaufbahn nicht mit häufigem Garnisonwechsel vertrug. Als Oberst nahm er den Abschied, um in Görl. seinen Neigungen nachzugehen. Höchst verdienstvoll führte er die dortige Naturf. Gesellschaft zu seltener Blüte. Seit 1861 lag der Vorsitz in seinen Händen. Zur Vermehrung der Samml. verstand er die Gebefreudigkeit der Görl. Einwohner nachhaltig zu wecken. Er allein präparierte mit Geschick 1500—1600 Vögel für das Mus. Raubvögel, Enten und Möwen, seine Lieblinge, brachte er besonders vielgestaltig zusammen. Um seinen Mitbürgern auch seltene Arten darbieten zu können, malte er entweder nach der Natur oder nach Vorlagen in schwer zugänglichen Werken etwa

1000 Formen auf 820 Foliotafeln. Er war Forscher und Künstler zugleich und hatte auch in der DOG eine geachtete Stellung. Wiederholt leitete er deren Jahresversammlungen. Obwohl er als tüchtiger Kenner der europ. Ornis einen bekannten Namen hatte, schritt er nicht zu Veröff.; in Sitzungen und Vorträgen dagegen gab er uneigennützig Proben seines gründlichen Wissens. — Lit.: Nachruf (von A. v. Homeyer). J. Orn. 22, 1874, S. 58—63. - Nachruf (von J. Cabanis). Ebd. 22, 1874, S. 107/08. - Bildnis in Abh. Görl. 27, 1911.

Zollikofer, Ernst Heinrich, * Herbst 1859 Ellikon (Thur), † 3. 2. 1930 St. Gallen. Angeborene Tierliebe und Naturfreude bestimmten seinen Beruf. Er verließ 1879 die Kantonsschule St. Gallen und wurde Präparator. Nach der Lehrzeit in Stuttg. gründete er 1881 in St. Gallen ein eigenes Geschäft und erhob sich bald über das rein Handwerkliche hinaus zu künstlerischer Leistung. Die naturgetreue Zurichtung der von seiner Hand geformten Tierkörper verbreitete seinen Ruf über die Grenzen der Schweiz. Neben den vielen Zeugen seiner Meisterschaft in Privatbesitz und im Mus. seiner Heimatstadt stehen die meisten seiner Stopfpräparate wohl im Mus. A. Koenig (s. d.) in Bonn, dessen Schöpfer starke innere, vom Schönheitssinn gesetzte Beziehungen zu Z. verspürte. Neben dem Künstler der Taxidermie machte sich der Formenkenner in nicht geringerem Maße um die Erkundung der Ornis der Auenlandschaft wie der Alpenhöhen verdient. Um das Leben der Vögel eingehender studieren zu können, umgab er sich mit ihnen schon im Elternhaus. Später in St. Gallen pflegte er sie in Volieren und Käfigen mit solch feinem Gefühl für tierische Daseinsbedingungen, daß ihm einzigartige Erfolge beschieden waren. Es gelang ihm, Zwergohreule, Sperlingskauz, Tannenhäher, Alpenkrähe, Alpendohle, Schneefink, Felsenschwalbe und Alpenbraunelle zu züchten, den Mauerläufer zum Nisten und Eierlegen zu bringen und nachzuweisen, daß Parus pleskei eine Kreuzung zwischen Lasur- u. Blaumeise ist. Die mit seinen Zuchtbestrebungen verbundenen biol. Feststellungen verzeichnete er bis zum Jahre 1918 in Tagebüchern und füllte damit Kenntnislücken, die durch Freilandbeobachtungen kaum jemals zu schließen gewesen wären. Leider schrieb er über diese wissensch. Ergebnisse verhältnismäßig wenig in der orn. Fachpresse, weil ihm die Zeit zur Verarbeitung fehlte. Zwischen 1888 und 1928 enthalten Gef. W., Ber. St. Gall., Orn. Jb., Orn. Beob., Tierwelt und B. z. F. nur 15 Veröff. über hierher gehörige Erfahrungen. Trotz der lit. Zurückhaltung sicherte er sich einen hervorstechenden Platz in den Reihen derer, die sich als denkende und suchende Liebhaber unauffällig in den Dienst der Forschung stellten. Daß er bei seinen Bemühungen in den letzten Lebensjahren nicht auf Unterstützung, sondern Schwierigkeiten von seiten der Schweiz. Vogelschutzgesetze stieß, war für ihn eine bittere Enttäuschung und bestätigt nur die alte Weisheit, daß im Kältebereich der Bürokratie das behördliche Organ zur richtigen Einstufung ungewöhnlicher Leistungen untergeht.

— Lit.: Nachruf (von W. Kracht). Gef. W. 59, 1930, S. 563 (mit Bildnis). - Nachruf (von H. Noll-Tobler). Orn. Mber. 38, 1930, S. 122/23. - Würdigung (von H. Noll). Ber. (Jb.) St. Gall. 75, 1956, S. 1—96 (mit Bildnis u. Verz. d. Veröff.).

Zorn, Johann Heinrich, * 7. 4. 1698 Bieswang bei Pappenheim (Kr. Weißenburg), † 16. 8. 1748 Büttelbronn (Kr. Weißenburg). Aus einem gräflich pappenheimschen Pfarrhaus stammend, studierte er in Altdorf und Jena und trat in die Fußstapfen des Vaters. Seine Amtsorte waren seit 1723 Wachstein, seit 1727 Dettenheim, seit 1729 Dietfurt, seit 1747 Büttelbronn. Der Geschichte der Orn. gehört er an als der Verf. eines zweibändigen Werkes, der „Petino-Theologie“ (1742, 1743). Es sollte ein Versuch sein, „d. Menschen durch nähere Betrachtung d. Vögel z. Bewunderung, Liebe u. Verehrung ihres ... Schöpfers aufzumuntern“. Wie der um Jahrzehnte ältere F. A. v. Pernau (s. d.) zur „unschuldigen Freude“ an der Beschäftigung mit der Vogelwelt führen wollte, beabsichtigte auch Z., die Zweckmäßigkeit der Schöpfung am Leben und Körperbau der Vögel nachzuweisen. Er geriet so gleichfalls in die wissensch. Anfangsbahnen biol. Unters., zeigte sich aber dem geistigen Vorspann in mancher Beziehung überlegen. Er besaß eine bessere Formenkenntnis (127 Arten waren ihm aus der mittelfränk. Landschaft vertraut), und er beobachtete noch gründlicher als v. Pernau. Dazu war er mit der naturw. Lit. in erstaunlichem Umfang bekannt und in der Anat., Physiol. und Psychol. gut beschlagen. Auch in der System. überflügelte er den Vorläufer, indem er die Arten nicht mehr alphabetisch aufzählte, sondern sich einer teils ökol., teils morphol. ausgerichteten Anordnung bediente. Über viele Einzelheiten wie Gattenwahl, Nistplatz, Nestbau, Brutablauf, Jungenpflege, Strich und Zug, Gesang, Nahrung, Gefiederfärbung, Farben und Größe der Eier sammelte er reiche Erfahrungen in der Freilandbegegnung. Noch wesentlicher war seine Fähigkeit, Beobachtungsergebnisse geistig zu verknüpfen und aus rein teleol. Blickfeld mit geschliffener Logik treffende Schlüsse zu ziehen. In der Zeit, da das aristotelische Weltbild erschüttert war, gelang es ihm, neue Fragen und in vielen Fällen richtige Antworten eher zu finden, als es dem mechanistischen Denken der Aufklärung möglich war. Er wurde so zu einem der frühen Wegbereiter vergleichender Verhaltensforschung. Dieses Verdienst blieb ihm, auch wenn mit dem Absinken der dt. orn. Wissensch. in den Jahrzehnten nach ihm sein Werk und sein Name zunächst ins Dunkel zurücktraten. Es dauerte lange, bis E. Stresemann in unserem Jahrh. seine Bedeutung für die Entwicklung der dt. Orn. wieder ins rechte Licht rückte.

— Lit.: E. Stresemann, Beitr. z. einer Gesch. d. dt. Vogelk., J. Orn. 73, 1925, S. 621—628. - Ders., Entw. d. Orn., 1951.

Zumstein, Friedrich, * 1. 8. 1873 Großbundenbach (Pfalz), † 3. 3. 1935 Heidelberg. Ab 1891 war er Lehrer in Langmühl, ab 1893 in Grethen und ab 1900 (zuletzt Hauptlehrer) in Bad Dürkheim. Zeitweilig beschäftigten ihn stark die Mollusken. Doch blieb die örtliche Ornis sein Hauptarbeitsfeld. Brut- u. Zugvögel beanspruchten gleichermaßen die geschärfte Aufmerksamkeit. Von 1907—1936 erschienen von ihm orn. Aufs., Beitr. und Notizen (es sind 24 Titel) in Pfälz. Heimatk., Mitt. Poll., Verh. Bay., Anz. Bay., Bayerl., Pfälz.

Mus., B. z. F.; daneben lieferte er Daten für die „Materialien" aus der Rheinpfalz. Bem. zu W. u. Th. Heußlers (s. d.) „Vögel d. Rheinpfalz" (1896), die kritische Einstellung zeigten, blieben leider ungedruckt. Der Orn. Ges. Bay. schloß er sich 1920 an. Seinem feldorn. Eifer sind gesicherte Nachweise über seltenere Formen zu danken. Brut von Zaun- u. Zippammer behandelte er als erster in seinem Bereiche ausführlich in Pfälz. Heimatk. 3, 1907; Mitt. Poll. 27/28, 1911/12; B. z. F. 2, 1926 u. 3, 1927. Über Brut der Gartenammer berichtete er in Verh. Bay. 15, 1921. Eine Zusammenfassung seiner Erfahrungen sollte die „Vogelwelt v. Bad Dürkheim u. seiner Umgeb." (Mitt. Poll., N. F. 1, 1922) sein. Fehldiagnosen, die ihm gelegentlich einmal unterliefen, z. B. Brut des Rotfußfalken bei Grünstadt (Pfälz. Heimatk. 15, 1919), taten dem Ruf seiner Zuverlässigkeit keinen Abtrag. In seinen Veröff. kamen, je nach Zweck, der sachliche und der erzählende Stil zu ihrem Recht. Um die faun. Aufhellung der pfälz. Wärmeinsel machte er sich recht verdient.

Zwiesele, Heinrich, Dr., * 23. 12. 1867 Urspring (Kr. Ehingen), † 19. 4. 1925 Stuttgart-Bad Cannstatt. Erst Lehrer, studierte er von 1891 ab hauptsächlich Naturw. in Tüb. und promovierte 1897 in Bern; starke Fäden knüpften ihn seitdem an die Schweiz und ihre Zoologen. Auf Reisen nach der Zool. Stat. Neapel und Nordamerika folgte bis 1900 Lehrtätigkeit an der höheren Mädchenschule in Reutlingen. Von da ab war er als Prof. Wanderlehrer im Dienste des Gewerbeamts Stuttg.; dieser Beruf brachte ihn in rege Beziehungen zu Vogelkundigen, Präparatoren und Liebhabern. Von ihnen erfuhr er über die württ. Ornis, was ihm selbst aus eigener Beob. noch unbekannt war. Da er sich früh in das Antlitz der Heimatlandschaft und das Leben ihrer Vögel versenkte, wurde er einer der gründlichsten und tüchtigsten Faunisten. Zur Feder griff er gern. Die Reihe seiner Arbeiten eröffnete ein „Verz. d. in Reutlingens Umgeb. . . . beobachteten Vögel" (1897); ihm schlossen sich Mitt. und Abh. an, die er überwiegend dem Orn. Beob., weniger den Mitt. Vw., dem Schwäb. Merkur, der Schussenrieder Anstaltsztg. und dem Dt. Jäger anvertraute. W. Bacmeister (Jh. Württ. 108, 1952) zählte 42 Titel. Am nächsten standen ihm die Vögel der Alb und Oberschwabens; so beschrieb er in einer Folge von Artikeln das „Vogelleben auf unserer Alb" (Schwäb. Merkur 1921) und die „Wasservögel Oberschw., insbesondere d. Bodenseegebietes" (Schussenr. Anstaltsztg. 1923 u. 1924). Den Plan, eine zusammenfassende Darstellung der Ornis des Bodenseebeckens zu liefern, vereitelte sein zu früher Tod. Eine von ihm aufgebaute Balgsamml. kam in das Stuttg. Mus. Die Vogelk. beanspruchte seinen Eifer ohne Zweifel am meisten; doch hinterließ er daneben auch wichtige lit. Zeugnisse seiner Forschungen im Bereiche der Malakologie.

— Lit.: Nachruf (von A. Heß). Orn. Beob. 22, 1925, S. 135. - Nachruf (von C. Floericke). Mitt. Vw. 24, 1925, Umschlag S. VI/VII (mit Bildnis). - W. Bacmeister, Abriß einer Gesch. d. Württ. Vogelk., Jh. Württ. 102—105, 1950, S. 31/32.

Verzeichnis der häufigsten Abkürzungen

Leicht oder ohne weiteres verständliche Abkürzungen sind nicht aufgenommen. Daher fehlen hier auch Bezeichnungen für bekannte Länder- und Ortsnamen, vor allem auf -bach, -berg, -burg, -dorf, -feld, -furt, -heim, -land, -stadt.

1. Kürzungen von Wörtern

Abb. = Abbildung(en)
Abt. = Abteilung(en)
Akad., akad. = Akademie, akademisch
allg. = allgemein
Anat., anat. = Anatomie, anatomisch
Ann. = Annalen
Anm. = Anmerkung(en)
Anthrop., anthrop. = Anthropologie, anthropologisch
Anz. = Anzeiger
ao. Prof. = außerordentlicher Professor
apl. Prof. = außerplanmäßiger Professor
Arch. = Archiv
Aufl. = Auflage(n)
Aufs. = Aufsatz, Aufsätze
Aufz. = Aufzeichnung(en)
Ausg. = Ausgabe(n)
Aussch. Beob.-Stat. Deutschl. = Ausschuß für Beobachtungs-Stationen der Vögel Deutschlands
Ausschuß Beob.-Stat. Österr.-Ung. = Ausschuß für Beobachtungs-Stationen der Vögel Österreich-Ungarns
Avif., avif. = Avifauna, avifaunistisch

Bd., Bde. = Band, Bände
Beil. = Beilage(n)
Beitr. = Beitrag, Beiträge
Bem. = Bemerkung(en)
Beob. = Beobachtung(en)
Ber. = Bericht(e)
Beschr. = Beschreibung(en)
Bibl., bibl. = Bibliographie, bibliographisch
Biogr., biogr. = Biographie, biographisch
Biol., biol. = Biologie, biologisch
Bl. = Blatt, Blätter
Botan., botan. = Botanik, botanisch
Bull. = Bulletin

Denkschr. = Denkschrift(en)
Diss. = Dissertation
DO-G = Deutsche Ornithologen-Gesellschaft (1850—1875) und seit 1949
DOG = Deutsche Ornithologische Gesellschaft zu Berlin (1868—1875), Allgemeine Deutsche Ornithologische Gesellschaft (1876—1945)
dt. = deutsch
Dt. Verz. z. Schutze d. Vogelw. = Deutscher Verein zum Schutze der Vogelwelt

Eierk., eierk. = Eierkunde, eierkundlich
Einl. = Einleitung
Embryol., embryol. = Embryologie, embryologisch
Entom., entom. = Entomologie, entomologisch
Entw. = Entwicklung
Enz., enz. = Enzyklopädie, enzyklopädisch
Ethnogr., ethnogr. = Ethnographie, ethnographisch
Ethnol., ethnol. = Ethnologie, ethnologisch
Ethol., ethol. = Ethologie, ethologisch
Exk. = Exkursion(en)
Exp. = Expedition(en)

Fak. = Fakultät(en)
Faun., faun. = Faunistik, faunistisch
Feldorn., feldorn. = Feldornithologie, feldornithologisch
Forstw., forstw. = Forstwirtschaft, forstwirtschaftlich
Forts. = Fortsetzung

Geogr., geogr. = Geographie, geographisch
Geol., geol. = Geologie, geologisch
ges. = gesamt
Ges. = Gesellschaft(en)
Gesch., gesch. = Geschichte, geschichtlich

Hdb. = Handbuch, Handbücher
Heimatk., heimatk. = Heimatkunde, heimatkundlich
hist. = historisch
Histol., histol. = Histologie, histologisch
hrsg. = herausgegeben

Inst. = Institut
internat. = international

Jagdk., jagdk. = Jagdkunde, jagdkundlich
Jahrh. = Jahrhundert
Jb. = Jahrbuch, Jahrbücher
Jber. = Jahresbericht(e)
Jg. = Jahrgang, Jahrgänge
Jh. = Jahresheft(e)
jur. = juristisch

Kat. = Katalog(e)
Korr., korr. = Korrespondenz(-Blatt), korrespondierend

Landesk., landesk. = Landeskunde, landeskundlich
Landsch. = Landschaft
Landschaftspfl. = Landschaftspflege
Landw., landw. = Landwirtschaft, landwirtschaftlich
Lex. = Lexikon
Lit., lit. = Literatur, literarisch
Lrb. = Lehrbuch, Lehrbücher

Magaz. = Magazin
Math., math. = Mathematik, mathematisch
Mber. = Monatsbericht(e)
Med., med. = Medizin, medizinisch

Met., met. = Meteorologie, meteorologisch
Mh. = Monatsheft(e)
Min., min. = Mineralogie, mineralogisch
Mitt. = Mitteilung(en)
Monogr., monogr. = Monographie, monographisch
Morphol., morphol. = Morphologie, morphologisch
Msk. = Manuskript(e)
Mus., mus. = Museum, Museen, Museologie, museologisch, museal

Nachr. = Nachricht(en)
Nachtr. = Nachtrag, Nachträge
Naturf., naturf. = Naturforschung, naturforschend
naturh. = naturhistorisch
Naturk., naturk. = Naturkunde, naturkundlich
Natursch. = Naturschutz
Naturw., naturw. = Naturwissenschaft(en), naturwissenschaftlich
Nekr. = Nekrolog
N. F. = Neue Folge
Nid., nid. = Nidologie, nidologisch
Nomenkl., nomenkl. = Nomenklatur, nomenklatorisch

Ökol., ökol. = Ökologie, ökologisch
Ökon., ökon. = Ökonomie, ökonomisch
Ool., ool. = Oologie, oologisch
o. Prof. = ordentlicher Professor
Orn., orn. = Ornithologie, ornithologisch
Orn. Ges. Bay. = Ornithologische Gesellschaft in Bayern
Osteol., osteol. = Osteologie, osteologisch

Paläarkt., paläarkt. = Paläarktis, paläarktisch
Paläont., paläont. = Paläontologie, paläontologisch
Phänol., phänol. = Phänologie, phänologisch
Phil., phil. = Philosophie, philosophisch
Philol., philol. = Philologie, philologisch
Photogr., photogr. = Photographie, photographisch
Phys., phys. = Physik, physikalisch
Physiol., physiol. = Physiologie, physiologisch
Präh., präh. = Prähistorie, prähistorisch
Proc. = Proceedings
prot. = protestantisch
Prov., prov. = Provinz, provinzial
Psychol., psychol. = Psychologie, psychologisch

Rdbr. = Rundbrief(e)
Rdsch. = Rundschau
Rechtsw. = Rechtswissenschaft
Rev. = Revue

S. = Seite
s. = siehe
Samml. = Sammlung
Schr. = Schrift(en)
Schriftl. = Schriftleitung
s. d. = siehe dort
Senck. = Senckenberg, Senckenbergisch
s. o. = siehe oben
sog. = sogenannt
s. u. = siehe unten
System., system. = Systematik, systematisch

Taxon., taxon. = Taxonomie, taxonomisch
Teleol., teleol. = Teleologie, teleologisch
Theol., theol. = Theologie, theologisch

u. a. = unter anderem, und andere
Übers. = Übersetzung(en)
Umgeb. = Umgebung
ungen. = ungenannt
Univ. = Universität(en)
Unters. = Untersuchung(en)

Ver. = Verein
Verf. = Verfasser
Verh. = Verhandlung(en)
Verl. = Verlag
Veröff. = Veröffentlichung(en)
Verz. = Verzeichnis(se)
vgl. = vergleiche
Vogelf. = Vogelfauna
Vogelk., vogelk. = Vogelkunde, vogelkundlich
Vogelsch. = Vogelschutz
Vogelw. = Vogelwelt
Volksk., volksk. = Volkskunde, volkskundlich

Wissensch., wissensch. = Wissenschaft(en), wissenschaftlich

Zeitschr. = Zeitschrift(en)
z. T. = zum Teil
Ztg. = Zeitung(en)

2. Kürzungen von Zeitschriften und Werken

Abh. Akad. d. Wissensch. Berl. = Abhandlungen der Preußischen Akademie der Wissenschaften
Abh. Akad. d. Wissensch. Münch. = Abhandlungen der Bayerischen Akademie der Wissenschaften
Abh. Altenb. = Abhandlungen und Berichte des Naturkundlichen Museums „Mauritianum" Altenburg (Fortsetzung der Mitteilungen aus dem Osterlande)
Abh. Augsb. = Abhandlungen der Naturforschenden Gesellschaft Augsburg oder des Naturwissenschaftlichen Vereins für Schwaben
Abh. Brem. = Abhandlungen des Naturwissenschaftlichen Vereins Bremen
Abh. Dresd. = Abhandlungen und Berichte des Zoologisch-anthropologisch-ethnographischen Museums (später Museums für Tierkunde) Dresden
Abh. Görl. = Abhandlungen und Berichte des Naturkundemuseums Görlitz
Abh. Gotha = Abhandlungen und Berichte des Naturkundemuseums Gotha
Abh. Halle = Abhandlungen der Naturforschenden Gesellschaft Halle
Abh. Magdeb. = Abhandlungen und Berichte des Museums für Natur- und Heimatkunde zu Magdeburg
Abh. Münst. = Abhandlungen des Westfälischen Provinzial-Museums Münster

Abh. Nürnb. = Abhandlungen der Naturhistorischen Gesellschaft zu Nürnberg
Abh. Pom. = Abhandlungen und Berichte der Pommerschen Naturforschenden Gesellschaft Stettin
Abh. Regensb. = Abhandlungen des Zoologisch-mineralogischen (später Naturwissenschaftlichen) Vereins Regensburg
Abh. Hamb. = Abhandlungen und Verhandlungen des Naturwissenschaftlichen Vereins in Hamburg
Allg. Dt. Biogr. = Allgemeine Deutsche Biographie
Anat. Anz. = Anatomischer Anzeiger
Ann. Wett. = Annalen der Wetterauischen Gesellschaft für die gesamte Naturkunde zu Hanau (bis 1819)
Ann. Wien = Annalen des Naturhistorischen Museums in Wien
Arch. Meckl. = Archiv der Freunde der Naturgeschiche in Mecklenburg
Arch. Naturgesch. = Archiv für Naturgeschichte, gegründet von A. F. A. Wiegmann
Arch. Physiol. = Pflügers Archiv für die gesamte Physiologie
Anz. Bay. = Anzeiger der Ornithologischen Gesellschaft in Bayern

Bayerl. = Das Bayerland
B. Bonn = Bonner Zoologische Beiträge
B. Freib. = Beiträge zur Rheinischen Naturgeschichte, Freiburg i. B
B. Nieders. = Beiträge zur Naturkunde Niedersachsens
B. Wuppertal = Beiträge zur Geschichte und Heimatkunde des Wuppertals
B. z. F. = Beiträge zur Fortpflanzungsbiologie der Vögel
B. z. Vk. = Beiträge zur Vogelkunde
Ber. (Abh.) Augsb. = Bericht (Abhandlungen) des Naturhistorischen (Naturwissenschaftlichen) Vereins für Schwaben und Neuburg in Augsburg
Ber. Bamb. = Bericht der Naturforschenden Gesellschaft Bamberg
Ber. Bas. = Bericht über die Verhandlungen der Naturforschenden Gesellschaft Basel
Ber. Bautz. = Bericht der Naturforschenden Gesellschaft Isis Bautzen
Ber. Bielef. = Bericht des Naturwissenschaftlichen Vereins für Bielefeld und Umgegend
Ber. Bonn = Bericht über die Versammlungen des Botanischen und des Zoologischen Vereins für Rheinland-Westfalen, Bonn
Ber. Brünn = Bericht des Klubs für Naturkunde, Brünner Lehrerverein
Ber. Chemn. = Bericht der Naturwissenschaftlichen Gesellschaft Chemnitz
Ber. Danz. = Bericht des Westpreußischen Botanisch-zoologischen Vereins zu Danzig
Ber. Freib. = Bericht der Naturforschenden Gesellschaft zu Freiburg i. B.
Ber. Fulda = Bericht des Vereins für Naturkunde zu Fulda
Ber. Greifsw. = Bericht des Baltischen Centralvereins Greifswald
Ber. Hamb. = Bericht des Ornithologisch-oologischen Vereins zu Hamburg
Ber. Harz = Bericht des Naturwissenschaftlichen Vereins des Harzes
Ber. Innsbruck = Bericht des Naturwissenschaftlich-medizinischen Vereins Innsbruck
Ber. Linz = Bericht über das Museum Francisco-Carolinum, Linz
Ber. Oberhess. = Bericht der Oberhessischen Gesellschaft für Natur- und Heilkunde zu Gießen
Ber. Offenb. = Bericht des Vereins für Naturkunde zu Offenbach
Ber. Pass. = Bericht des Naturhistorischen Vereins in Passau
Ber. Schles. = Bericht des Vereins Schlesischer Ornithologen
Ber. Senck. = Bericht über die Senckenbergische Naturforschende Gesellschaft in Frankfurt am Main (seit 1922 „Aus Natur und Museum“, seit 1932 „Natur und Volk“, seit 1962 „Natur und Museum“)
Ber. (Jb.) St. Gall. = Bericht (Jahrbuch) der St. Gallischen Naturwissenschaftlichen Gesellschaft
Ber. Wett. = Berichte (ursprünglich Jahresbericht) der Wetterauischen Gesellschaft für die gesamte Naturkunde zu Hanau
Biogr. Lex. Kaisert. Österr. = Biographisches Lexikon des Kaisertums Österreich von C. v. Wurzbach

Denkschr. Schweiz = Denkschriften der Schweizer Gesellschaft für Naturwissenschaften
Dt. Jztg. = Deutsche Jägerzeitung
Dt. Vw. = Deutsche Vogelwelt

Gef. W. = Die Gefiederte Welt

Heimatk. Oldenb. = Heimatkunde des Herzogtums Oldenburg

Isis = Okens Isis

Jb. Alster = Jahrbuch des Alster-Vereins
Jb. Nass. = Jahrbuch des Vereins für Naturkunde im Herzogtum Nassau
Jb. Nordfriesl. = Jahrbuch des Nordfriesischen Vereins für Heimatkunde und Heimatliebe
Jb. Oldenb. = Oldenburger Jahrbuch
Jb. Siebenb. = Jahrbuch des Siebenbürgischen Museumsvereins
Jb. Siebenb. Karp. = Jahrbuch des Siebenbürgischen Karpatenvereins
Jb. Westpr. = Jahrbuch des Westpreußischen Lehrervereins für Naturkunde
Jber. Altona = Jahresbericht des Naturwissenschaftlichen Vereins Altona
Jber. Beob.-Stat. Deutschl. = Jahresbericht des Ausschusses für Beobachtungs-Stationen der Vögel Deutschlands
Jber. Beob.-Stat. Österr.-Ung. = Jahresbericht des Ausschusses für Beobachtungs-Stationen der Vögel Österreich-Ungarns
Jber. Beob.-Stat. Sachs. = Jahresbericht der ornithologischen Beobachtungs-Stationen in Sachsen

Jber. Braunschw. = Jahresbericht des Vereins für Naturwissenschaften zu Braunschweig
Jber. Elberf.-Barm. = Jahresbericht des Naturwissenschaftlichen Vereins für Elberfeld und Barmen
Jber. Graub. = Jahresbericht der Naturforschenden Gesellschaft Graubündens
Jber. Hann. = Jahresbericht des Provinzial-Museums Hannover
Jber. Kass. = Jahresbericht (Abhandlung und Bericht) des Vereins für Naturkunde in Kassel
Jber. Münch. = Jahresbericht des Ornithologischen Vereins München
Jber. Münst. = Jahresbericht des Westfälischen Provinzial-Vereins für Wissenschaft und Kunst
Jber. Oldenb. = Jahresberichte des Landesvereins Oldenburg für Heimatkunde und Heimatschutz in Oldenburg
Jber. Osnabr. = Jahresbericht des Naturwissenschaftlichen Vereins zu Osnabrück
Jber. U.-main = Jahresbericht der Vogelkundlichen Beobachtungsstation Untermain (seit 1953 „Luscinia“)
Jber. Vorarlb. = Jahresbericht des Vorarlberger Museums
Jber. Zwick. = Jahresbericht des Vereins für Naturkunde Zwickau
Jh. Lüneburg = Jahreshefte des Naturwissenschaftlichen Vereins für das Fürstentum Lüneburg
Jh. Württ. = Jahreshefte des Vereins für vaterländische Naturkunde in Württemberg
J. Orn. = Journal für Ornithologie

Korr. Regensb. = Korrespondenz-Blatt des Zoologisch-mineralogischen (später Naturwissenschaftlichen) Vereins in Regensburg
Korr. Riga = Korrespondenz-Blatt des Naturforscher-Vereins zu Riga
Korr. Württ. = Korrespondenz-Blatt des Württembergischen Landwirtschaftlichen Vereins

Märk. Tierw. = Märkische Tierwelt
Mitt. Aschaff. = Mitteilungen des Naturwissenschaftlichen Vereins Aschaffenburg
Mitt. Bad. = Mitteilungen des Badischen Zoologischen Vereins
Mitt. Bad. Landesver. = Mitteilungen des Badischen Landesvereins für Naturkunde und Naturschutz (Freiburg i. B.)
Mitt. Berl. = Mitteilungen aus dem Zoologischen Museum Berlin
Mitt. Bern = Mitteilungen der Naturforschenden Gesellschaft in Bern
Mitt. Lüb. = Mitteilungen der Geographischen Gesellschaft und des Naturhistorischen Museums Lübeck
Mitt. Magdeb. = Mitteilungen der Ornithologischen Vereinigung Magdeburg
Mitt. Österr. Reichsb. = Mitteilungen des Österreichischen Reichsbundes für Vogelkunde in Wien
Mitt. Osterl. = Mitteilungen aus dem Osterlande
Mitt. Poll. = Mitteilungen des Pfälzischen Vereins für Naturkunde und Naturschutz „Pollichia“
Mitt. Sachs. = Mitteilungen des Vereins Sächsischer Ornithologen
Mitt. Sächs. Heimatsch. = Mitteilungen des Landesvereins Sächsischer Heimatschutz
Mitt. Schaffhausen = Mitteilungen der Naturforschenden Gesellschaft Schaffhausen
Mitt. Schlesw.-Holst. = Mitteilungen der Faunistischen Arbeitsgemeinschaft für Schleswig-Holstein, Hamburg und Lübeck
Mitt. Solothurn = Mitteilungen der Naturforschenden Gesellschaft Solothurn
Mitt. Steierm. = Mitteilungen des Naturwissenschaftlichen Vereins für Steiermark in Graz
Mitt. Thür. = Mitteilungen Thüringer Ornithologen
Mitt. Vorp. u. Rü. = Mitteilungen des Naturwissenschaftlichen Vereins für Neuvorpommern und Rügen
Mitt. Wien = Mitteilungen des Ornithologischen Vereins in Wien (1889—1896 Die Schwalbe; deren Neue Folge 1, 1898/99 bis 3, 1902—1913)
Mitt. Zitt. = Mitteilungen der Naturwissenschaftlichen Gesellschaft Zittau
Morphol. Jb. = Morphologisches Jahrbuch

Nachr. Aschaff. = Nachrichten des Naturwissenschaftlichen Museums der Stadt Aschaffenburg
Nat. u. Haus = Natur und Haus
Nat. u. Heim = Natur und Heim
Nat. u. Landsch. = Natur und Landschaft
Nat. u. Offenb. = Natur und Offenbarung
Naturw. = Die Naturwissenschaften
Naturw. Rdsch. = Naturwissenschaftliche Rundschau
Naum. = Naumannia
N. Dt. Biogr. = Neue Deutsche Biographie
Neuer Naumann = J. F. Naumann, Naturgeschichte der Vögel Mitteleuropas, besorgt von C. R. Hennicke 1897—1905
Novit. Zool. = Novitates Zoologicae

Orn. Beob. = Der Ornithologische Beobachter
Orn. Ber. = Ornithologische Berichte
Orn. Cbl. = Ornithologisches Centralblatt
Ornis = Ornis, Organ des Permanenten Internationalen Ornithologischen Komitees
Orn. Jb. = Ornithologisches Jahrbuch
Orn. Mber. = Ornithologische Monatsberichte
Orn. Mitt. = Ornithologische Mitteilungen

Orn. Ms. = Monatsschrift des Sächsisch-Thüringischen Vereins für Vogelkunde und Vogelschutz zu Halle (seit 1876) = Monatsschrift des Deutschen Vereins zum Schutze der Vogelwelt (seit 1878) = Ornithologische Monatsschrift des Deutschen Vereins zum Schutze der Vogelwelt (seit 1890)
Orn. Rdsch. = Ornithologische Rundschau

Pall. = Pallasia
Pallas Lex. = Das Große Ungarische Lexikon von Pallas (1893—1900)
Pfälz. Heimatk. = Pfälzische Heimatkunde
Pfälz. Mus. = Pfälzisches Museum
Preuß. Prov.-Bl. = Preußische Provinzial-Blätter
Proc. Z. S. London = Proceedings of the Zoological Society London

Rdbr. Nieders. = Rundbrief der Arbeitsgemeinschaft für zoologische Heimatforschung im Lande Niedersachsen

Sb. Akad. d. Wissensch. Berl. = Sitzungsberichte der Preußischen Akademie der Wissenschaften in Berlin
Sb. Akad. d. Wissensch. Wien = Sitzungsberichte der Akademie der Wissenschaften in Wien
Sb. Dorp. = Sitzungsberichte der Naturforschenden Gesellschaft in Dorpat
Sb. Hamb. = Sitzungsberichte des Vereins für naturwissenschaftliche Unterhaltung in Hamburg
Sb. Isis Dresd. = Sitzungsberichte der Naturwissenschaftlichen Gesellschaft Isis Dresden
Schr. Danz. = Schriften der Naturforschenden Gesellschaft Danzig
Schr. Königsb. = Schriften der Physikalisch-ökonomischen Gesellschaft zu Königsberg
Schr. Schlesw.-Holst. = Schriften des Naturwissenschaftlichen Vereins für Schleswig-Holstein
Schr. Wern. = Schriften des Naturwissenschaftlichen Vereins des Harzes in Wernigerode

Verh. Bas. = Verhandlungen der Naturforschenden Gesellschaft in Basel
Verh. Bay. = Verhandlungen der Ornithologischen Gesellschaft in Bayern
Verh. Berl. = Verhandlungen der Gesellschaft Naturforschender Freunde Berlin
Verh. Bonn = Verhandlungen des Naturhistorischen Vereins Bonn (seit 1934 „Decheniana“)
Verh. Braunschw. = Verhandlungen des Vereins für Naturwissenschaft zu Braunschweig
Verh. Brünn = Verhandlungen des Naturforschenden Vereins in Brünn
Verh. Dt. Zool. Ges. = Verhandlungen der Deutschen Zoologischen Gesellschaft
Verh. Hamb. = Verhandlungen des Vereins für naturwissenschaftliche Unterhaltung zu Hamburg
Verh. Karlsr. = Verhandlungen des Naturwissenschaftlichen Vereins Karlsruhe
Verh. Preßb. = Verhandlungen des Vereins für Naturkunde zu Preßburg
Verh. Pr. Rh. u. W. = Verhandlungen des Naturhistorischen Vereins der Preußischen Rheinlande und Westfalens
Verh. Schweiz = Verhandlungen der Schweizerischen Naturforschenden Gesellschaft
Verh. Wien = Verhandlungen des Zoologisch-botanischen Vereins oder der Zoologisch-botanischen Gesellschaft in Wien
Verh. u. Mitt. Siebenb. = Verhandlungen und Mitteilungen des Siebenbürgischen Vereins für Naturwissenschaft
Vierteljahrsschr. Zürich = Vierteljahrsschrift der Naturforschenden Gesellschaft Zürich
Vö. fern. Länd. = Vögel ferner Länder
Vr. = Vogelring
Vw. = Die Vogelwelt
Vwa. = Die Vogelwarte
Vz. = Der Vogelzug

Zool. Ann. = Zoologische Annalen
Zool. Anz. = Zoologischer Anzeiger
Zool. Beob. = Der Zoologische Beobachter
Zool. G. = Der Zoologische Garten (seit 1906 Der Zoologische Beobachter, seit 1929 Der Zoologische Garten, N. F.)
Zool. Jb. = Zoologische Jahrbücher
Zs. Brünn = Zeitschrift des Mährischen Landes-Museums Brünn
Zs. ges. Orn. = Zeitschrift für die gesamte Ornithologie
Zs. Jagdk. = Zeitschrift für Jagdkunde
Zs. Ool. = Zeitschrift für Oologie (seit 1905/06 Zeitschrift für Oologie und Ornithologie)
Zs. Ool. (Krause) = Zeitschrift für Oologie (von Krause)
Zs. Ool. u. Orn. = Zeitschrift für Oologie und Ornithologie
Zs. Physiol. = Zeitschrift für vergleichende Physiologie
Zs. Tierpsychol. = Zeitschrift für Tierpsychologie
Zs. Stett. = Zeitschrift des Ornithologischen Vereins in Stettin (seit 1882 Zeitschrift des Verbandes der Ornithologischen Vereine Pommerns und Mecklenburgs, seit 1884 Zeitschrift für Ornithologie und praktische Geflügelzucht)

Nachträge

Aitinger, Johann Conrad
Dank der Quellenstudien von K. Lindner (s. u.) kann das von A. gezeichnete Lebensbild vervollständigt werden. A. ist geboren am 27. 9. 1577 auf Schloß Rheinfels bei St. Goar und im März 1637 in oder bei Spangenberg unter den Händen einer plündernden Soldateska verblutet. Nachdem ihn der Landgraf von Hessen 1601 als Kanzlist in Kassel angenommen hatte, wurde er 1609 Rentschreiber und Burggraf von Rotenburg. Die Stellungen gab er auf, als er 1631 in den Rat der Stadt gewählt worden war. Er war, von schwächlicher Gesundheit, nie Berufsjäger und besaß auch keinen orn. Ehrgeiz. Ihm, dem gemeinen Mann, stand lediglich der Fang der kleinen Vogelarten offen. Die bescheidene jagdliche Betätigung reizte ihn aber zur selbständigen Niederschrift von eigenen praktischen Erfahrungen und von Ber., die er im Umgang mit Jägern und Fängern gesammelt hatte. Die vor allem in Hessen gehandhabte Technik des Vogelfangs fand so eine vom Herkommen unabhängige, meisterhafte Darstellung und Fassung. Verdienst und Bedeutung des Verf. liegen somit weniger in einem Beitr. zur Förderung der volkstümlichen Vogelkunde oder der Vogelhaltung (d. h. der Pflege der Lockvögel) und mehr in dem Einfluß, den sein Buch lange und nachhaltig auf die dt. Jagdliteratur ausübte.
— Lit.: K. Lindner, Dt. Jagdschriftsteller, Teil 1, 1964, S. 15—58 (im Erscheinen).

Albertus Magnus
Lit.: K. Lindner, D. Anfänge d. Dt. Jagdlit., Zs. f. Jagdwissensch. 10, 1964, S. 41—51.

Dorning, Heinrich, Dr.
Lit.: Nachruf (von A. Keve). Aquila 69/70, 1962/63, S. 281.

Friedrich II. von Hohenstaufen
Lit.: K. Lindner, D. Anfänge d. Dt. Jagdlit., Zs. f. Jagdwissensch. 10, 1964, S. 41—51.

Gätke, Heinrich
Lit.: Kurzbiogr. (von W. Benecke). Pritzwalk 1964 (mit 2 Bildnissen).

Göchhausen, Hermann Friedrich von
Der Todestag ist nach den Feststellungen von K. Lindner (s. u.) der 30. 12. 1733. Seine Bedeutung für die Vogelk., seine Stärken und Schwächen treten am ehesten zutage, wenn das von ihm hinterlassene Werk als ein der Praxis dienendes Hdb. für den naturw. unkundigen Berufsjäger verstanden wird.
— Lit.: K. Lindner, Dt. Jagdschriftsteller, Teil 1, 1964, S. 105—146 (im Erscheinen).

Holderer, Julius, Dr., * 6. 8. 1866 Muckenschopf über Bühl (Kr. Kehl), † 1950 Heidelberg (?). Nach jur. Studien in Heidelb., Berl., Münch. und weiterer Ausbildung war er als Sohn eines Lehrers kurze Zeit Polizeidirektor in Heidelb., seit 1902 Oberamtmann am Bezirksamt (Landratsamt) in Bretten, seit 1906 in Kehl (dort 1911 Geh. Reg.-Rat), seit 1919 in Pforzheim. Auf einer Weltreise 1893/94 gelangte er zu Pferd von Tientsin über Peking zur inneren großen chines. Mauer. Damals erwuchs aus der Liebe zum Pferd und der Freude am Reiten der ursprünglich rein sportliche Entschluß zur Durchquerung Zentralasiens. Die Exp. — sie führte 1897—1899 über Tiflis bis Shanghai — konnte er aus eigenen Mitteln ausrüsten, weil ihm durch Erbschaft ein bedeutendes Vermögen zugefallen war. Die von ihm erbetene Partnerschaft des Heidelb. Studienfreundes und Karlsruher Geologen Prof. Dr. Karl Futterer (1866—1906) verlieh der Reise gleichzeitig eine wissensch. Note. Auf Grund seiner Vorbildung war der Verwaltungsbeamte weder Ornithologe noch Geologe. Erwähnung dürfte er aber verdienen, weil er neben bereits erforschten Gebieten auch zool. unbekannte Landschaften berührte und dort trotz aller Hemmnisse willkommenes Vergleichsmaterial und wertvolle Ergänzungen zu den Feststellungen der Vorgänger sammelte. Von der orn. Ausbeute kam leider nur ein Teil zur Bearbeitung, weil 2 große Kisten mit Vogelbälgen im Hochwasser eines asiat. Flusses verdarben. Empfänger des Materials waren die Mus. von Karlsruhe und Berl. H. Schalow (s. d.) beschrieb die Stücke in J. Orn. 49, 1901. Dem Sammler zu Ehren benannte er eine dem Phasianus torquatus nahestehende Form Phasianus holdereri und schlug für einen asiat. Rauhfußbussard den Namen Archibuteo holdereri vor. Das kühne, mit erheblichen Strapazen und Entbehrungen verbundene Unternehmen stand nach H.s eigenen Worten aus mehreren Gründen, u. a. aus Zeitdruck, unter einem nicht günstigen Stern. Verlauf und wissensch. Ergebnisse auf nicht orn. Gebieten sind vom Reisegefährten ausführlich in geogr. und geol. Zeitschr. sowie (unter Mitarbeit weiterer Sachkenner) dargestellt im großen Werk „Durch Asien" (1901, 1905, 1909, 1911). H. selbst trat orn. später nicht hervor; er verwertete das Balgmaterial nur bei Vorträgen in einer Reihe größerer Städte.

Natterer, Johann, Dr. h. c.
Lit.: Würdigung (von E. A. Goeldi). Bol. do Mus. paraense de Hist. . . . 1, 1896, S. 189—217.

Während der Drucklegung erschienen:

H. Ringleben, „Zur Entwicklung der Ornithologie in Thüringen" (Abh. Gotha 1963, S. 14—38) mit biogr. Angaben u. Würdigungen der thür. Ornithologen.

L. Baege, „Bildnisse Thüringer Ornithologen" (ebd. 1963, S. 46—60) mit Angaben über die Herkunft der Bilder von J. M. Bechstein, H. Frhr. v. Berlepsch, A. E. Brehm, Ch. L. Brehm, A. Brückner, W. R. E. Eckardt, W. A. F. Engelmann, R. Fenk, W. Feuerstein, M. Fürbringer, A. Göring, V. Graumüller, Fr. Ch. Günther, C. R. Hennicke, H. Hildebrandt, O. Koepert, J. Kratzsch, H. O. Lenz, K. Th. Liebe, C. Lindner, F. Lindner, W. Marshall, C. F. Oberländer, H. Porzig, E. Salzmann, Ch. F. Schach, H. Schlegel, M. Schönwetter, J. Speerschneider, K. W. Strecker, O. Tellgmann, R. Thielemann, A. W. Thienemann, J. Thienemann, M. Timpel.

Berichtigungen

Baer, Karl Ernst von (S. 22) Zeile 14 v. u.: Frorieps statt Fl . . .

Benkö, Josef (S. 31) Zeile 3: Nagyenyed statt Nay . . .

Borkhausen, Moritz Balthasar (S. 46) Zeile 25 v. u.: er- ist zu streichen

Burdet, Adolphe (S. 59) Zeile 13 v. u.: Rohrdommel statt . . . dr . . .

Burg, Gustav von (S. 59) Zeile 5 v. u.: Nachruf (von . . .

Cabanis, Jean Louis (S. 61), Zeile 3 v. u. muß heißen: Aus d. Gründungsgesch. d. J. Orn., J. Orn. 98,

Dalla Torre von Thurnberg-Sternhof, Karl Wilhelm (S. 69) Zeile 14: Vorarlberg statt . . . al . . .

Deichler, Christian (S. 70) Zeile 30: Dilettantismus statt . . . illet . . .

Hübner, Johann Jakob (S. 167) Zeile 9: 1793 statt 1739

Marsigli, Ludwig Ferdinand Graf (S. 231) Zeile 9 v. u.: unkolorierten statt . . . koll . . .

Mützel, Gustav (S. 252) Zeile 5 v. u.: Gangloffsömmern statt . . . löff . . .

Schacht, Heinrich (S. 306) Zeile 8: Feldrom statt Ve . . .

Walchner, Hermann (S. 377) Zeile 19: Aach statt Ach

Wiepken, Carl Friedrich (S. 383) Zeile 1: Esenshamm statt . . . ham

JOURNAL
FÜR
ORNITHOLOGIE

BEGRÜNDET VON J. CABANIS (1853—1893)
FORTGEFÜHRT VON A. REICHENOW (1894—1921)
UND E. STRESEMANN (1922—1961)

IM AUFTRAGE DER
DEUTSCHEN ORNITHOLOGEN-GESELLSCHAFT

HERAUSGEGEBEN
von
GÜNTHER NIETHAMMER
BONN

111. BAND SONDERHEFT 1970

AUSGEGEBEN IM SEPTEMBER 1970

1970

VERLAG DER DEUTSCHEN ORNITHOLOGEN-GESELLSCHAFT

GEDRUCKT BEI DEUTSCHE ZENTRALDRUCKEREI AG
BERLIN 61, DESSAUER STR. 6/7.

LUDWIG GEBHARDT

Die Ornithologen Mitteleuropas

EIN NACHSCHLAGEWERK

Band 2

Druck: Deutsche Zentraldruckerei AG, Berlin
Printed in Germany

Und wieder:

Dank meiner lieben Frau

Inhaltsverzeichnis

Vorwort zu Band 2

Nichts drückt den denkenden und strebenden Menschen schwerer als ungetane Taten! Um mich von solcher Last zu befreien, mußte ich mich — trotz fortgeschrittener Jahre — wohl oder übel in die Fortsetzung der „Ornithologen Mitteleuropas" fügen. (Der 1. Band erschien im Verlag Brühl/Gießen 1964 und enthielt 1250 Namen.)

In der Sucharbeit lag dann wieder die eigentliche Freude, und sie wuchs mit dem Vorsatz, es nicht schlechter zu machen als das erste Mal. Ob es mir gelungen ist, den Ansprüchen ernsthafter Personenforschung zu entsprechen, überlasse ich dem Urteil der Kritiker.

Unverändert stand die Aufgabe vor mir, nicht nur die im historischen Abstand gesehene Leistung, sondern auch die Lebensdaten und Wesenszüge sichtbar zu machen. Während ich mich selbst bei meinen Studien zu den Suchenden und Zweifelnden rechnen mußte, erstrebte ich ein sachliche Darstellung, ohne Regungen des Herzens zu unterdrücken und ohne die Zufälligkeiten der verschiedensten Lebensbereiche außer acht zu lassen. So umschließt das vor dem Leser sich öffnende Blickfeld eine Gemeinschaft aus Vertretern der Forschung und Laienkunde, die mehr oder weniger bewußt und mehr oder weniger ertragreich sich zum Dienst an der ornithologischen Wissenschaft berufen fühlten.

Daß die Lebensabrisse nicht in allen Fällen über bruchstückartigen Zuschnitt hinauskamen, daß oft tiefere Schichten des Denkens, Fühlens und Wollens kaum erhellt werden konnten, bedaure ich wiederum. Gerne hätte ich weiter geschürft und die Persönlichkeitsbilder plastischer gestaltet. Indes standen der eng abgesteckte Rahmen der Zielsetzung, der geringe Aussagewert vieler Quellen und schließlich die der eigenen Kraft gezogenen Grenzen der guten Absicht entgegen: „Leicht beieinander wohnen die Gedanken, doch hart im Raume stoßen sich die Sachen."

Es hängt wohl auch mit der menschlichen Unzulänglichkeit zusammen, wenn dem Autor erst nach Abschluß einer Arbeit Fehler und Mängel deutlich werden. Daß ich um die Ausmerzung von Unvollkommenheiten, die im 1. Band zu entdecken sind, bemüht war, zeigt der unter der Überschrift „Nachträge zu den in Band 1 behandelten Namen . . ." stehende Teil des vorliegenden Bandes. Der Abschnitt schien mir nicht entbehrlich, weil er erkennen läßt, in welchem Umfang inhaltliche Verbesserung des Stoffes erreicht wurde, und wieviel ich zum eigenen Nutzen dazugelernt habe. Der an der Oberfläche haftende Vielschreiber mag sich leicht über die Begegnung mit der eigenen Schwäche hinwegsetzen. Wie sie dagegen auf so manchen sich intellektuell verantwortlich fühlenden und tiefer schauenden Sachkenner einwirken kann, unterstrich U. A. Corti (s. d.) in seinem letzten Buch „Konstitution und Umwelt der Alpenvögel" (Chur 1965, S. 12) mit den Worten: „Es gibt hervorragende Ornithologen, die, einzig aus dem Bedenken heraus, nicht vollständig zu sein, mit der Bearbeitung und Herausgabe eines Werkes immer wieder zögern. Eine solche Einstellung ist zu bedauern. Die Forschung befindet sich fortwährend unterwegs, und Vollständigkeit dürfte kaum je erreicht werden können. Dagegen wirkt die Bekanntgabe persönlicher Feststellungen, Pläne, Ideen usw. meist nicht nur fördernd auf die Forschungstätigkeit Dritter ein, sondern sie beschleunigt dieselbe oft auch in beträchtlichem Maße. Die

Wissenschaft gewinnt nicht durch verheimlichte oder zurückgehaltene Entdeckungen, sondern durch offenbarte."

Im 1. Band konnte ich zahlreiche Helfer nennen, ohne deren Kenntnisse ich nicht zu befriedigendem Abschluß gekommen wäre. Auch dieses Mal durfte ich Verständnis für meine Absichten und aufmunternden Zuspruch als nicht unwesentliche Antriebskräfte verspüren.

Folgende Namen seien daher der alten Reihe in Dankbarkeit angeschlossen: Dr. Stanislaw Feliksiak, Warschau; Dr. Emil Hachler, Eisgrub-Lednice (Mähren); Dr. Dr. Heinrich von Knorre, Altdöbern (Niederlausitz); Hans-Peter Müller, Kiel; Herbert Ringleben, Wilhelmshaven-Rüstersiel; Dr. Kurt Sanft, Berlin; Hans Edmund Wolters, Bonn.

Eine besondere Erwähnung verdient wiederum die Unterstützung durch Prof. Dr. E. Stresemann und Dr. h. c. R. Heyder. Auch des nicht geringen Erfolgsanteils der Univ.-Bibliothek Gießen und der zuverlässigen Arbeit der Deutschen Zentraldruckerei Berlin sei hier gedacht.

Es läßt sich nicht leugnen: Die lebenden Diener der Wissenschaft — dazu rechne ich die Ornithologen der verschiedensten Ausgangs- und Wirkungsstufen — kennt immer nur ein kleiner Kreis der Zeitgenossen. Die Toten und ihr Erbe beachtet die Nachwelt noch weniger. Diese Vernachlässigung gehört zu den Wesensmerkmalen vor allem jener Zeiten, die die naturwissenschaftlichen Anschauungen einem auffällig schnellen Wandel ausliefern und nur noch Gegenwart und Zukunft gelten lassen.

Nichtsdestoweniger steht am Ende dieses 2. Bandes der Wunsch, der auch den 1. Band abschloß: „. . ., daß das Buch den Benutzern Geleit und Führung bedeuten möge auf dem Wege zur Achtung vor den Leistungen, die frühere Geschlechter in den ihnen gezogenen Grenzen vollbrachten."

Der Band enthält die Namen von 261 Personen, die vor dem 1. 1. 1970 gestorben sind.

Gießen (Lahn), im Sommer 1970 Dr. Dr. h. c. Ludwig Gebhardt

Leben und Leistung

1. Fortsetzung der Namen

A

Adler, Otto, * 7. 6. 1915 Wien, † 23. 10. 1967 Bruck a. d. Mur (Steiermark). Der Sohn eines Realschuldirektors studierte an der forstw. Abt. der österr. Hochschule für Bodenkultur, war als Dipl.-Ing. zuerst in Privatbetrieben und nach 1946 in der staatl. Forstverwaltung tätig, bis er umfassendes Fach- u. Allgemeinwissen, gepaart mit päd. Fähigkeiten, in den Dienst des forstlichen Lehramtes stellen konnte. Langjährige Bewährung ebnete ihm 1959 schließlich den Weg über die Försterschule Gmunden in die Leitung der Försterschule Bruck, deren Direktor er seit 1964 war. Neben den Berufsarbeiten machten ihn ernsthafte feldorn. Studien über die engere Fachwelt hinaus bekannt und führten ihn 1955 in die Reihen der DO-G. Stille Ausgleichsbeschäftigung der Freistunden galt bevorzugt den Formen der Wasservögel wie Enten, Tauchern, Sägern, Möwen, Schwänen, die als Gäste die Seen des Salzkammergutes aufsuchten. Was er darüber schrieb, hatte neben dem Vorzug der Kürze Hand und Fuß. In Egretta 10, 1967 ist das Gewicht der avif. Veröff. unterstrichen. U. A. Corti (s. d.) verzeichnete in „D. Brutvögel d. dt. u. österr. Alpenzone" (1959) 6 Titel aus den Jahren 1939—1956 für die Blätter f. Naturk. u. Natursch., Nat. u. Land, Orn. Mitt., Vogelk. Nachr. aus Österr. Der Gefahr leicht hingeworfener Verlautbarungen unterlag er nicht, obwohl er sich 1956—1959 auch an den Entenzählungen in O.-Ö. beteiligte. Seine Mitwirkung bei der statistischen Erfassung am Traunsee ist erwähnt in „Österr. Arbeitskreis f. Wildtierforschung" (Jb. 1959). — Lit.: Nachruf (von H. Dürr). Allg. Forstztg. - Biol. Holzforschung Wien 78, 1967, F. 12, S. 282.

Adolf Friedrich, Herzog zu Mecklenburg-Schwerin, Dr. h. c. Dr. h. c., * 10. 10. 1873 Schwerin, † 5. 8. 1969 Eutin (Holstein). Seine Wohnsitze waren nach 1918 Doberan (Mecklenb.), nach 1945 Eutin. Mit dem in Dresden erworbenen Reifezeugnis wurde er Offizier. An den Namen des Obersten a. D. knüpft sich eine lange Liste von Reisen in fremde Länder: 1894 Ägypten, Palästina, Kleinasien, Balkan; 1902—1905 Ostafrika; 1907/08 Zentralafrika; 1910/11 Scharilânder und Südkamerun; 1923 Niederl.-Indien; 1934/35 u. 1937 Zentralafrika; 1935/36 u. 1938/39 Südamerika. 1912—1914 war er letzter Gouverneur der dt. Kolonie Togo. Antrieb zu den Exp. gaben ihm der persönliche Mut, die Lockungen der unbekannten Ferne, die Freude an der Begegnung mit den damals noch erheblichen Tropengefahren und nicht zuletzt der Drang zu wissensch. Forschung. In den Kreisen der waidgerechten Jagd, des Sports und der Leibesübungen genossen die großen Leistungen des leidenschaftlichen Reiters höchste Achtung. Die Ehrenmitgliedschaft im Internat. Olympischen Komitee seit 1956 unterstrich sein Ansehen. Obwohl er kein Sachkenner im Bereiche der Vogelk. war oder sein wollte, zog auch die wissensch. Orn. Nutzen aus seinen Unternehmungen. Nach Berlin gelangten Vogelbälge hauptsächlich aus der Reise von 1907/08. Sie führte ihn und seine Begleiter (darunter Prof. Czekanowsky, den Anthropologen und späteren Ordinarius an der Univ. Lemberg) durch damals vielfach noch unerforschte Gebiete zwischen dem Victoria Niansa und dem Kiwu-See, in die Landschaften Karagwe, Ruando, Mpororo und endete mit einer Durchquerung des Kontinents. Bereichert wurde der Einblick in die orn. Verhältnisse Afrikas dadurch, daß R. Grauer (s. d.) nach der Begegnung mit dem Herzog am Kiwu-See zum Tanganjika-See weiterzog und unveröffentlichtes Material aus dem Zwischenseengebiet gleichfalls dem Berl. Mus. zur Verfügung stellte. Die Eingänge bearbeitete A. Reichenow (s. d.) in Orn. Mber. 16, 1908 und in „D. Vogelf. d. mittelafrik. Seengebietes", d. h. in einem Kapitel aus den von dem Exp.-Zoologen H. Schubotz (s. d.) dargestellten, aber unvollständig gebliebenen „Wissensch.

Ergebnissen d. Dt. Zentral-afrik. Exp. 1907/08 ..." (1912, Bd. 3, Zool. 1). Auch H. Grote (s. d.) beleuchtete die Ausbeute in J. Orn. 74, 1926. Doch sind die an den Herzog erinnernden Dedikationsnamen in die Synonymie lange vorher beschriebener Formen eingegangen; ausgenommen zu sein scheint Malaconotus adolfi-friederici Reichenow 1908 = Malaconotus cruentus adolfi-friederici Reichenow. Der Herzog war kein Mann des Schreibtischs. Er hinterließ lediglich die Ber. „Ins innerste Afrika" (1909) und „V. Kongo z. Niger u. Nil" (1912) mit den Sachbeiträgen der wissensch. und kolonialen Begleiter und Mitarbeiter. Im Buche von 1909 finden sich die sein Leben und seine Denkart kennzeichnenden Sätze: „Ich bitte den Leser, mit dem Stil des Buches nicht zu streng ins Gericht gehen zu wollen. Als Soldat erzogen, auf dem Rücken des Pferdes groß geworden, habe ich seither alles andere eher getan, als mich schriftstellerisch zu betätigen. Wenn es bescheidenen Anforderungen genügen sollte, so habe ich der Güte des Herrn Direktor Prof. Dr. Steinmann zu Schwerin zu danken ..." Die Univ. Rostock würdigte die Früchte seiner Einsätze durch die Verleihung des Dr. phil. h. c. und Dr. med. h. c. In den ungeheuren politischen Spannungen seiner über Höhen und durch Tiefen laufenden Lebensbahn konnte der Edelmann nur bestehen durch die Geisteshaltung weltmännischer Überlegenheit. Es gibt einen schönen Hinweis auf seinen Platz jenseits politischer und gesellschaftlicher Schranken: Er war Träger des Preuß. Schwarzen Adlerordens und seit 1953 des bundesdeutschen Verdienstkreuzes mit Stern und Schulterband! Wie er es wünschte, ruht er im Dom zu Ratzeburg.

— Lit.: Würdigung (von G. v. Lettow-Vorbeck). Wild u. Hund 66, 1963, S. 512—514 (mit Bildnis). - Nachruf (von H. G. von Studnitz). Christ u. Welt Nr. 33 v. 15. 8. 1969. - Nachruf (von D. Müller-Using). D. Dt. Jäger 87, 1969, S. VIII.

Albin, Eleazar. Er sei hier genannt als ein aus Deutschland nach England eingewanderter Tiermaler, dessen Name ursprünglich Weiß gewesen war. In London, wo er „in the comfortable vicinage of the Dog und Duck" wohnte, lehrte er die Malerei mit Wasserfarben, und diese Beschäftigung bereitete ihm den Weg in die Welt der Blumen, Insekten und Vögel. Die Bilder, die er anfangs aus Freude an den Objekten nur für sich selbst schuf, machten ihn seit Beginn des 18. Jahrh. in den Kreisen kunstliebender Persönlichkeiten der höheren Gesellschaftsklassen bekannt, so daß er hauptsächlich mit den Einkünften aus den Subskriptionen eine zahlreiche Familie schlecht und recht ernähren konnte. Nach seinem in erster Linie den Lepidopteren gewidmeten Buche „A Natural History of English Insects" mit 100 Kupfertafeln (1720) ließ er „A Natural Hist. of Birds" mit Text erscheinen (3 Bde. 1731, 1734, 1738; 2. Aufl. mit 306 Tafeln 1738 bis 1740; franz. Ausg., Haag 1750). Die Tafeln waren nach dem Leben gestochen und von ihm selbst sowie seiner Tochter und Schülerin Elisabeth koloriert. Das Werk, das leider nicht eingesehen werden konnte, soll nach zeitgenössischem Urteil zwar nur mäßige orn. Kenntnisse des Meisters verraten; es wurde aber unter der Herrschaft des Rokoko viel beachtet und ist auch von Linné in der 10. Ausg. des Systema Naturae genannt. Später unterbreitete des Künstlers Hand den naturk. aufgeschlossenen Gönnern noch „A Natural Hist. of Spiders and other Curious Insects" (1736), „A Natural Hist. of English Songbirds" mit 23 Kupfertafeln (1737, weitere Ausg. 1747, 1759, 1779) und schließlich „The Hist. of Esculent Fish", ein Buch, das wahrscheinlich nicht vor 1794 fertig wurde und auch von den Kindern illustriert ist. Das Werk des Naturkenners — die Vogelk. war nur ein Teilausschnitt seines nicht durch besonderen künstlerischen Geschmack ausgezeichneten Blickfeldes — ist belegt für die Zeit etwa zwischen 1713 und 1759. Daten für Geburt und Tod liegen im Dunkel. Die tiefen sozialen Klüfte zwischen den verschiedenen Schichten der Einwohnerschaft Londons jener Jahre waren nicht dazu angetan, Einzelheiten aus dem Leben eines Mannes zu bewahren, der nicht zur „feinen Welt" gehörte.

— Lit.: Thieme-Becker, Künstler-Lex. 1, 1907, S. 227. - Dictionary of National Biogr. 1, 1921/22, S, 232/33. - H. B. Weiß, El Albin and M. H., Scientific Monthly 23, New York 1926, S. 558—560.

Almásy, Ladislaus Eduard (= László Ede), * 22. 8. 1895 Borostyánkö = Bernstein (Burgenland), † 22. 3. 1951 Salzburg. Mit dem Vater Georg A. (s. d.) teilte er großzügige

Weltoffenheit. Nach dem Studium in Budapest, Wien und London ermöglichte ihm die Stellung als Ingenieur bei den Steyr-Autowerken 1926 eine erste Wüstenfahrt von Alexandrien nach Chartum. Ihr folgten bis zum Ausbruch des 1. Weltkriegs fast alljährliche Exp. mit Auto oder Flugzeug in die Libysche Wüste. Zweck waren hauptsächlich kartographische Aufnahmen. 1932 überquerte er den Gilf el Kebir und entdeckte die Zarzura-Oase, 1933 fand er Höhlen- u. Felsengemälde sowie Gravierungen im Uwenat, die später von Prof. Frobenius bearbeitet wurden. Daneben reizten ihn Großtierjagden (Sudan 1926, 1928; Tanganyica, Kenya, Uganda, Süd-Sudan 1929, 1935). 1941 kam er als Wüstensachverständiger zum dt. Afrikakorps und schrieb über diese Zeit „Bei d. Armee v. Rommel in Libyen" (ung., 1944). Von 1947 ab war Ägypten, wo der Sportflugplatz „Al Maza" ihm zu Ehren benannt wurde, sein Wirkungsfeld. Erst spät zog er sich schwerkrank nach Salzburg zurück. Er war kein Ornithologe. Und doch bewahrte er sich als väterliches Erbe auf der von der Technik beherrschten Erdenbahn auch einen Blick für Vogelformen in Wüstenbereichen, die noch kein Ornithologe betreten hatte. Einige seiner Bücher — „Unbekannte Sahara" (ung., 1935), „Spuren" (Nimród 24, 1936), „In d. Luft ... im Sande" (ung., 1938), „Unbekannte Sahara" (dt., 1940), Ibex (Nimród 28, 1940) — enthalten Daten über Begegnungen mit Vögeln sowie Funde von Vogelspuren und Vogelmumien. Erwähnung erfuhren Anas crecca, Aquila sp., Falco biarmicus, Grus grus, Campethera sp. ?., Streptopelia turtur, Hirundo rustica, Oenanthe leucopyga, Phylloscopus sp. ?. Verwertet sind seine Feststellungen u. a. Bei E. Moltoni, „Uccelli raccolti dalla Missione desio i Sirtica nel 1930" (Riv. Orn. Ital., Ser. 2, Vol. 1, p. 129—134), Ders., „Elenco degli uccelli riportati dalla Missione Desio del Deserto Libico" (Rend. R. Accad. Nat. Linc., Cl. Sc. fis. mat. nat. 15, Ser. 6, Sem. 1, fasc. 5, p. 398—403), R. E. Moreau, „A Contribution to the Orn. of the Libyan Desert" (Ibis 4, 1934, p. 595—632), Zs. Széchenyi, „Hengergő homok" = D. wälzende Sand (Budapest 1936), E. Jany, „Salma Kabir — Kufra — Djabal al-Uwenat" (D. Erde 94, 1963, p. 334—362). Andere Aufz. scheinen verloren oder an unbekannten Stellen verborgen zu sein.

Andrássy, Ernst (= Ernö), Dr., * 10. 4. 1894 Szalacs, † 1. 5. 1968 Valea lui Mihai = Ermihályfalva (Rumänien). Med. Studien in Budapest und München schloß er mit der Promotion 1919 ab, wurde zunächst Assistent an der Hebammenlehranstalt in Debrecen, bald aber an Stelle des Vaters Arzt in Ermihályfalva (= Valea lui Mihai). Die ersten orn. Erfahrungen vermittelte ihm der Einfluß des Großvaters J. Kovács, aus dessen Schule in Debrecen namhafte Zoologen hervorgingen. Veröff. von Zugdaten waren seit 1922 Zeugnisse der Hinneigung zur heimischen Vogelwelt. 1924 wurde er bereits ordentlicher Beobachter des Ung. Orn. Inst. Eine zusammenfassende Studie aus seiner Feder galt dem inzwischen trockengelegten Sumpfgelände des „Ermellék" (Aquila 63/64, 1957). Starke, in der Jahrhundertwende gewachsene Sammelleidenschaft fand ihren deutlichsten Niederschlag u. a. auf den Gebieten der Ool., Ethnogr. und Gesch. Nach 1945 wurden die von ihm zusammengebrachten Schätze vom rum. Staat als Privatbesitz anerkannt und 1956 dem Mus. von Großwardein einverleibt.

Aschenborn, Carl, * 1. 6. 1899 Berlin, † 22. 5. 1968 Bonn. Der Sohn eines Ministerialbeamten, am Ende des 1. Weltkriegs Oberfähnrich, wurde nach jur. Studien Bankkaufmann. 1935 reaktiviert, fand er in Potsdam Verwendung beim Wehrersatzwesen und im 2. Weltkrieg beim Oberkommondo des Heeres. Nach 1945 war er zunächst wieder Bankkaufmann in Köln und anschließend Leiter des Kreiswehrersatzamtes in Bonn. Als Oberregierungsrat trat er 1964 in den Ruhestand. In Berlin war die Vogelpflege schon früh das mit Herz und Verstand beackerte Feld seiner freien Stunden. Auch wirkte er an vielen orn. Veranstaltungen der Reichshauptstadt tätig mit. Die DOG zählte ihn seit 1935 zu ihren Mitgliedern, und wiederholte Besuche von Lehrgängen der Vogelwarte Rossitten nutzte der kritische Feldbeobachter vor allem zur Abrundung der die Wasservögel und Limikolen betreffenden Kenntnisse. Ältere Ornithologen mit Namen von Klang wußten sich ihm schon in den 30er Jahren freundschaftlich verbunden, und die jungen Vogelliebhaber schätzten in den Jahren des Wiederbeginns seinen Rat, der aus einem Born reicher

TEIL 2

Erfahrung floß. Es entsprach seiner ritterlichen Einstellung, daß er das unter freiem Himmel oder in der Vogelstube erworbene Wissen gern an Gleichgesinnte weitergab. Mehreren Fachzeitschriften — vor dem 2. Weltkrieg war es besonders die Gef. W. — stellte er daher anregend geschriebene Beitr. zur Verfügung. Sie beschäftigten sich u. a. mit der schwierigen Haltung von Limikolen, aber auch mit Seidenschwänzen, Prachtfinken, fremdländischen und heimischen Erdsängern und Drosseln. Eine Fortsetzung der schriftstellerischen Regsamheit bedeutete daneben in den 50er Jahren die Behandlung fast aller Stubenvögel in den Lehrmeister-Büchern (Minden). Da er auch künstlerische Antriebe verspürte, schmückte er seine Veröff. gerne mit Schwarz-Weiß-Zeichnungen (z. B. in den Anfangsjahren der Ornit. Mitt.). Bunttafeln aus seiner Hand brachten außerdem — nachdem K. Neunzig (s. d.) nicht mehr malen konnte — die Gef. W., ferner die Lehrmeister-Bücher und die Geflügelbörse. Ebenso wurden die von J. Steinbacher und H. E. Wolters hrsg. „Vögel in Käfig u. Voliere — D. Prachtfinken" (1. Aufl. 1953—1955) von A. illustriert. Er war ein ideal gesinnter Freund der Vogelwelt.

— Lit.: Nachruf (von J. Steinbacher). Gef. W. 92, 1968, S. 120.

Auer, Wilhelm (Willi), * 7. 10. 1903 Gailingen (Kr. Konstanz), † 16. 4. 1963 Gailingen. Er verkörpert einen Menschentyp, der nicht in seinen Anlagen, wohl aber in deren Auswirkungen auf die Lebensführung eine Einmaligkeit in der Vielfalt der auf diesen Blättern verzeichneten Charaktere darstellt. Das Wanderblut ließ den Unsteten zum bedürfnislosen Eigenbrötler werden, dem gesetzliche Schranken bürgerlichen Wohlverhaltens wenig oder nichts galten, wenn es darum ging, die auf die Welt der Vögel und Säugetiere gerichtete Lernbegierde zu stillen. Die Leidenschaft stempelte ihn zum Sammler, der ohne Bedenken auch in gefährdete Naturbestände eingriff. Die von ihm seit 1924 beschrittenen Wege (er war ohne besondere Schulbildung Gelegenheitsarbeiter, Tippelbruder, Matrose usw.) führten ihn in Museen, Tiergärten, Vogelwarten, an orn. Gedenkstätten, zu Präparatoren und Ornithologen mit Namen von Klang. Der Erfolg war eine beachtenswerte handwerklich dermoplastische Geschicklichkeit und eine ausgereifte Artenkenntnis. Gestützt auf ein offenbar unbewältigtes Wissen trat er 1933 der DOG bei und erreichte in den 30er Jahren auch die Erlaubnis zur Vogelberingung. Über Einzelheiten des von Heim- u. Fernweh bewegten Erdendaseins (mit Daten über Aufenthalt in Europa, Afrika, Amerika) unterrichtet ein von ihm 1922 angelegtes Schießbuch und ein als „Orn. Blätter" geführtes Tagebuch. Reste dieser Niederschriften befinden sich im Staatl. Mus. f. Naturk. in Stuttgart, dem der naturnahe Land- u. Seefahrer auch seine Balgsamml. vermachte. Außer diesem Nachlaß gibt es einige von ihm stammende Veröff.: „Z. Ornis Nordostspaniens" (Mitt. Vw. 32, 1933), „D. Felsenpieper an d. Unterelbe b. Hamb." (ebd. 32, 1933), „Tod eines Stockentenerpels infolge Bleivergiftung" (Orn. Mitt. 8, 1956), „D. Vogeltod auf unseren Landstraßen" (ebd. 9, 1957), „Massenschlafplatz d. Elster inmitten einer größeren Ortschaft" (ebd. 10, 1958), „Schneebaden b. Rabenvögeln" (Vw. 78, 1957). Das Ungereimte der Lebensordnung deckte sich mit den Widersprüchen im Gefühlsbereich: Er brachte es fertig, Vögel vom Nest wegzuschießen oder mit Pfahl- u. Tellereisen zu fangen und sprach andererseits von einem „gar rührseligen Anblick", als er auf der Landstraße einen toten Kernbeißer fand, der noch Insekten für die wartenden Jungen im Schnabel trug. Dem von ihm selbst gebotenen Wesensbild entsprach sein letzter Entschluß. Freiwillig schied er aus dem Leben, als er von der Unheilbarkeit eines Leidens erfuhr.

— Lit.: Nachruf in Südkurier (Konstanz) v. 24. 4. 1963. - E. Schüz, Aus d. Leben eines „Selbstgelernten", eine biogr. Skizze, Jh. Württ. 121, 1966, S. 56—63. - H. Ringleben, Weiteres über W. A. als Ornithologe, ebd. 122, 1967, S. 170/71.

B

Bacmeister, Walther, * 21. 2. 1873 Niederstetten (Württemberg), † 14. 6. 1966 Stuttgart. Als Sohn eines kultivierten Pfarrhauses wurde er nach dem Besuch der Gymnasien von Heilbronn und Cannstatt aktiver Offizier, wechselte aber 1894 über zum Studium der Rechte in Tübingen, Münch. und Leipz. Die berufliche Laufbahn weist folgende Daten auf: Amtsanwalt seit 1901 in Leutkirch, seit 1903 in Weinsberg, Staatsanwalt seit 1905 in Heilbr., Erster Staatsanwalt seit 1928 in Stuttg., Oberstaatsanwalt 1933—1938 und (aushilfsweise) 1941—1944 Richter am Amtsgericht in Stuttg. In allen Lebenslagen strahlte der Reichtum an Persönlichkeitswerten und feinsinnigem Denken Kräfte aus, die ihm Achtung und Anerkennung sicherten; und zu allen Zeiten zeichnete ihn dazu eine in ernster Selbstkontrolle erworbene naturw. Sachkunde aus, mit der er außerhalb der dienstlichen Beanspruchung gerade die Orn. pflegte und sich mit dem Leben, dem Vorkommen und der Ökol. heimischer Vögel beschäftigte. Das von ihm zusammengestellte „Verz. d. vogelk. Schrifttums in Württ. bis z. J. 1943" (Jh. Württ. 108, 1952/53) enthält 69 Titel von größeren und kleineren Beitr., die er seit 1911 für die Fachpresse, Zeitschr. und Tages-Ztg. geliefert hatte. Längere Ausführungen behandelten u. a. Kuckuck, Mauersegler, Tannenhäher, Sumpfrohrsänger, Zippammer, Steinsperling, Weidenmeise. Vier zwischen 1923 und 1937 verfaßte Arbeiten aus dem Bereiche des Hochgebirges stehen bei U. A. Corti, „D. Brutvögel d. dt. u. österr. Alpenzone" (1959). Zwischen 1914 und 1918 entstanden auf den verschiedensten Kriegsschauplätzen „Beitr. z. Avif. v. Ostgalizien" (Falco 12, 1916), „Aufzeichnungen über d. Bestand d. Argonnenvögel" (ebd. 12, 1916), „Vorkommen d. Weidenmeise im nördl. Argonnenwald" (Berajah 1916), „Über Parus salicarius" (J. Orn. 65, 1917), „Orn. Erinnerungen an d. Ostbeskiden" (Gef. W. 46, 1917), „Z. Vorkommen d. Zaunammers insbes. in Nordost-Frankr." (Orn. Mber. 25, 1917), „D. Wanderzug d. Kranichs durch Elsaß-Lothringen" (Orn. Beob. 16, 1918/19), „Z. Orn. Nordost-Frankr.", zus. mit O. Kleinschmidt (s. d.) (J. Orn. 66, 1918 u. 68, 1920), „D. Weidenmeise b. Straßb." (Verh. Bay. 14, 1919), „D. Vogelw. Straßb. u. seiner Umgeb." (Mitt. Vw. 19—22, 1920—1922). Die von der Westfront beigesteuerten Beob. bildeten insofern eine stoffliche Einheit, als sie O. Kleinschmidt zu system. Unters. veranlaßten und eine dauernde orn. Freundschaft begründeten, aus der auch Kleinschmidts Benennung von Dendrocopos minor bacmeisteri hervorging. Auch nach dem 2. Weltkrieg ruhte die Schreibtischarbeit des bis ins höchste Alter geistesfrischen Mannes nicht. Zumeist im Kosmos, dessen orn. Mitarbeiter er war, erschienen bis 1960 noch viele kleinere Abh. über heimische Vögel. Der Schaffensbereich wäre indes zu eng abgesteckt, wenn unerwähnt bliebe, welche Meisterschaft auf dem Gebiete der orn. Fachgeschichte mit dem Namen B. verbunden ist. Dem bereits genannten „Verz. d. vogelk. Schrifttums ..." ist der aufschlußreiche „Abriß einer Gesch. d. württ. Vogelk." (Jh. Württ. 102/05, 1950) zuzufügen. Glanzleistungen bedeuteten daneben u. a. die großartigen Biogr. von Ch. L. Landbeck und Th. v. Heuglin (s. d.). Was der Faunist, Biograph, Bibliograph und Heimatforscher in wohltuender Stilsicherheit schrieb, war, nach Inhalt und Form unangreifbar, mit wissensch. Behutsamkeit dargeboten. Sie erwuchs aus dem Kopfe eines Mannes, der nicht nur kritisch gemessenen Abstand vom Stoff zu wahren verstand, sondern auch von der Harmonie einer an der Antike gereiften Herzensbildung getragen war. Fast in letzter Stunde schenkte er seinen Freunden noch ein schönes Zeugnis künstlerischer Züge. Es waren die „Italienischen Reiseerinnerungen" (1965, 62 Seiten in Schreibmaschinenschrift), in denen auch einige Seiten den Charaktervögeln Roms gewidmet sind. Seit 1913 war er Mitglied der DOG, seit 1922 gehörte er dem Beirat der Gesellschaft an. Die Orn. Ges. Bay. führte ihn seit 1919, zuletzt ehrenhalber, in ihren Listen. Ehrenmitglied war er ferner im Ver. f. vaterl. Naturk. in Württ. Seit 1958 trug er das Bundesverdienstkreuz.

— Lit.: Würdigung (von E. Schüz). Festschrift f. W. B. in Jh. Württ. 118, 1963, S. 5—8 (mit Bildnis u. Verz. d. Veröff.). - Ad. Kleinschmidt, D. Beziehungen zwischen W. B. und Otto Kleinschmidt. Ebd. 118, 1963, S. 9—12. - Nachruf (von E. Schüz). Ebd. 121, 1966, S. 32.

Baron, Oskar Theodor, * 9. 9. 1847 Repsch (Ober-Schlesien), † 7. 9. 1926 Ober-Glogau, Kr. Neustadt (Reg.-Bez. Oppeln). Der Lehrerssohn legte aus früher Entdeckerfreude schon als Gymnasiast in Neustadt naturk. Samml. an. Später verschlug ein Schiffbruch bei Java den jungen Matrosen nach Süd-Amerika. Der neue Kontinent hielt ihn dann viele Jahre fest. Sein Beruf — er betätigte sich als Vermessungsbeamter und Ingenieur — ließ ihm noch Zeit, nebenher nach Herzenslust orn. und entom. zu sammeln. Die letzten 30 Jahre verbrachte er wieder in der schles. Heimat, wo er, ein stiller friedfertiger Charakter, sich erfolgreich der Bienenzucht widmete. Die 90er Jahre machten seinen Sammeleifer bekannt. Seit 1893 gingen die von ihm aufgebrachten Schätze aus Ekuador, Nord-Peru, teilweise auch aus Mexiko und Kalifornien vor allem nach Tring und an den Grafen v. Berlepsch (s. d.). Am meisten begrüßt wurden die Kolibribälge, die er nach dem Urteil E. Harterts (s. d.) an Ort und Stelle meisterhaft zu formen verstand. In Tring, wo mehrere Schaukästen seine Präparate zeigten, wurde die Ausbeute von E. Hartert und O. Salvin (Novit. Zool. 2, 1895) bearbeitet. Das Natur-Mus. Senckenberg in Frankfurt besitzt aus dem Nachlaß des Grafen v. Berlepsch fast nur Stücke aus Peru von 1894 und 1895, darunter Seltenheiten, über die keine Veröff. vorliegen. Neben einem Schmetterling und einem Käfer tragen einige Kolibris den von Hartert, Graf Berlepsch und O. Salvin gegebenen Rassenamen baroni. B., dessen Eifer und Geschicklichkeit manche Lücken in den Beob. des kurz vor ihm in Süd-Amerika forschenden J. Stolzman (s. d.) füllten, war nach seiner Veranlagung kein Mann der Feder. Über die Tätigkeit als Sammler berichtete er einmal in Novit. Zool. 4, 1897.

— Lit.: Nachruf. Ober-Glogauer Heimatkalender 1928, S. 4—6. - Nachruf (von O. Meißner). Entom. Zeitschr. 43, 1929, S. 131.

Bartels, Wilhelm, Dr., * 14. 6. 1872 Göttingen, † 11. 10. 1968 Uchte (Kr. Nienburg, Weser). Als Sohn eines Univ.-Oberpedells studierte er in seiner Vaterstadt, war prakt. Arzt seit 1899 in Friedewald (Kr. Hersfeld) und seit 1903 in Uchte. Bis ins höchste Alter begleitete ihn das Bedürfnis, das eigene Gesichtsfeld durch ein offenes Herz für die heimische Ornis zu erweitern. Häusliche Vogelpflege, feldorn. Eifer, Falknerei und (noch im Alter von 90 Jahren!) Beringung von Schwalben kennzeichneten seine naturfreudigen Neigungen zu verschiedenen Zeiten und mit unterschiedlicher Betonung. Auch Unters. an von ihm selbst präparierten Vogelbälgen verstand er geistig so aufzubereiten, daß sich ihm über die reine Beob. hinaus eine tiefere Gesamtschau öffnete. Anregung und Gedankenaustausch suchte er ferner im Studium der Fachzeitschriften, durch die Mitgliedschaft in der DOG (von 1937 bis 1951), im Dt. Falkenorden und in der früheren Arbeitsgemeinschaft für zool. Heimatforschung in der Prov. Hann. Gern gab er das autodidaktisch erworbene Wissen an andere, für Naturvorgänge aufgeschlossene Laien weiter. Dazu dienten in erster Linie von ihm geführte Exk. in das nahe Uchter Moor. Hier wies er in den 30er Jahren mit Stolz Bruten des Goldregenpfeifers auf den damals noch nicht kultivierten Flächen nach. Die Beob. sind niedergelegt in 2 Arbeiten: „Vom Goldregenpfeifer in Hann." (Dt. Vw. 64, 1939) und „Vom Goldregenpfeifer im Uchter Moor" (B. z. F. 15, 1939). Die beiden Zeitschr., die Orn. Mitt. und gelegentlich die Nienburger Heimatzeitung „Harke" brachten noch andere kleine Mitt. aus seiner Feder. Die letzte kurze Wortmeldung lautete „Weißer Getreiderohrsänger - Acrocephalus palustris" (Orn. Mitt. 9, 1957). Da es ihn nicht gerade oft zum Schreibtisch drängte, nahm er einen großen Schatz an feldorn. Erfahrungen und Kenntnissen mit ins Grab.

— Lit.: Würdigung. B. Nieders. 15, 1962, S. 68 u. 73 (mit Bildnis). - Nachruf (von H. Ringleben). Vogelk. Ber. aus Nieders. 1, 1969, S. 63.

Bauer, Franz Sales, * 28. 4. 1849 St. Pankrazen (Steiermark), † 31. 5. 1912 Mayerling bei Heiligenkreuz (Nieder-Österreich). Der Sohn eines Oberlehrers besuchte das Gymnasium von Graz und erhielt 1874 die Priesterweihe. Seit 1890 war er Stiftshofmeister, seit 1900 Abt des Stifts Rein (Mittelsteiermark). Dem fein empfindenden Violin- u. Cellospieler war auch das Tier von Jugend auf ein Gegenstand künstlerischer und ästhetischer Betrachtung. Als freundliche Fügung begleitete ihn daneben die Gabe, mit der musischen Veranlagung die häusliche Vogelpflege, den naturk. Sammeltrieb und die Freuden der Jagd vereinbaren zu können. So durfte er in „Muscicapa parva Brutvogel b. Rein" (Orn. Jb. 1, 1890) von sich sagen, daß er „viele Nächte beim Gange auf der Auerhahnbalz dem Rufen der Waldohreule, des Waldkauzes und der Sperlingseule gelauscht", und daß er oft am Habichtshorste saß, „um durch sicheren Schuß den jungen Auerhühnern und Tauben das vielgefährdete Leben zu erleichtern". Einen Namen machte er sich dazu bei den zeitgenössischen Landsleuten durch vorzügliche forst- u. landwirtschaftliche Kenntnisse und das in der Umgebung des Stifts vertiefte feldorn. Wissen. Die reichlich eingebrachten vogelk. Erfahrungen äußerten sich zwischen 1885 und 1893 in schlichten Verlautbarungen für die Mitt. d. steierm. Jagdschutzvereins, die Mitt. Wien, die Ornis und das Orn. Jb. Sie galten u. a. dem Vorkommen und der Biol. von Tannenhäher, Kreuzschnabel, Würgfalke, Mauerläufer, Zwergfliegenschnäpper. U. A. Corti (s. d.) nannte einige Titel der Veröff. in „D. Brutvögel d. Dt. u. Österr. Alpenzone" (1959). Eine Vorliebe hatte der Autodidakt offenbar für das unauffällige Studium des Vogelliedes. Das zeigen besonders deutlich die Aufz. über den „Gesang d. Alpenmauerläufers - Tichodroma muraria" (Mitt. Wien 17, 1893), die eine treffliche Analyse dieser wenig beachteten stimmlichen Leistung darstellten und gepflegter Musikalität entsprangen. Das Bedürfnis, sich schriftstellerisch Gleichgesinnten mitzuteilen, erlosch unter den Folgen schwerer Erkrankung, die den in seinem Wirkungskreis hochgeachteten Geistlichen zwang, 1909 von seinem Amt zurückzutreten.

— Lit.: Archiv des Stifts Rein.

Baum, Jiři, Dr., * 20. 9. 1900 Prag, † Anfang 1944 Warschau. Nach naturw., mit der Promotion abgeschlossenen Studien in seiner Vaterstadt arbeitete er dort zuerst am National-Mus. Schon als Student durchquerte er die USA zu Fuß und mit dem Fahrrad. Auch die späteren Jahre bewahrten ihm die Leidenschaft für Forschungsreisen. Sie führten ihn u. a. nach Brasilien, Westafrika, Australien, Java, Japan, Kalifornien, Skandinavien. Noch kurz vor dem 2. Weltkrieg fuhr er mit dem Auto von Kairo nach Kapstadt. Lieblingsbeschäftigung war ihm jederzeit die Vogelk. Seine Landsleute vertrat er daher auf dem internat. Orn.-Kongr. in Rouen 1938. Da er auch begabter Photograph war, gelangen ihm viele gute Vogelaufnahmen. Orn. Arbeiten aus seiner Feder brachten u. a. Vesmír, Širým světem, Mladý svět, Malý čtenár, Sborník československé společnosti zeměpisné, XX. století Encyklopedie čs. mládeže. Und zu den besten tschech. Vogelbüchern gehören seine „Ptactvo velké Prahy" = „D. Vögel v. Groß-Prag" (1941). Zahlreiche orn. Beob. und Kapitel stehen in weiteren von ihm hinterlassenen Werken wie „Africkou divočinou = „Durch d. afrik. Wildnis" (1933), „Na březích Indického oceánu" = „An d. Ufern d. Ind. Ozeans" (1936), „Kolem zeměkoule" = „Rund um d. Erdkugel" (1937), „Toulky po USA" = „Wanderungen durch d. USA" (1939), „V zemi slonů a lvů" = „Im Lande d. Elefanten u. Löwen" (1941), „V tropech u Guinejskeho zálivu" = „Im Tropenlande d. Guineabucht" (1941). Er starb als jüdischer Häftling im Konzentrationslager. Posthum erschienen, von seiner Frau herausgebracht, „Stepí a pralesem" = „Durch d. Steppen u. d. Urwald" (1945), „Hawai včera a dnes" = „Hawaii gestern u. heute" (1947), „Holub a Mašukulumbové" = „Holub u. d. Maschukulumben" (1945).

— Lit.: Nachruf (von J. Mařan). Sborník českoslov. společnosti zeměpisné 51, 1946, S. 36 bis 39 u. Růž. Baumová-Fikejzová; Ptactvo Velké Prahy, S. 9/10.

Baur, Georg, Dr., * 4. 1. 1859 Weißwasser (Böhmen), † 25. 6. 1898 München. Ein Mann regen Geistes, stammte er aus einer Familie, deren Glieder zur Gelehrsamkeit neigten. Der Vater war Oberförster, siedelte nach Deutschl. über und wurde, kurze Zeit in Gießen lebend, Prof. d. Forstw. 1864 in Hohenheim, 1878 in München. Auch drei Brüder des Vaters lehrten an dt. Hochschulen. Der Sohn widmete sich nach Schuljahren, an die er sich nicht gern entsann, von 1878—1882 in Münch. und Leipz. dem Studium der Zool., Botan., vergl. Anat., physiol. Histol. und Paläont., um seit 1884 die akad. Laufbahn in Nord-Amerika fortzusetzen. Schon nach dem Erscheinen der ersten morphol. Studie über den „Tarsus d. Vögel u. Dinosaurier" (Diss., Münch. 1882 u. Morphol. Jb. 8, 1883) wurde seine Forschungsrichtung erkennbar. Die dem Skelett der Vögel und Dinosaurier geltende Unters. deutete in den Jahren, da die Krise des Darwinismus einsetzte, die Abhängigkeit von A. Weismanns (s. d.) Evolutions- u. Vererbungsthesen an. Den entscheidenden Auftrieb erhielt er 1890, nachdem er an der Clark Univ. Worcester (Mass.) einen Lehrstuhl für vergl. Osteol. und Paläont. übernehmen konnte. Von Juni bis September des folgenden Jahres wurde ihm und seinem Begleiter C. F. Adams ein ertragreicher Sammelaufenthalt auf den Galapagosinseln ermöglicht. 1892 erreichte ihn schließlich der Ruf an die Univ. Chicago. Die Unters. des von ihm und anderen zusammengetragenen

TEIL 2

Inselmaterials wurde ihm Inhalt des Lebens. Ungelöste Probleme der Ausbreitung und des Fortbestandes morphol. Differenzierungen beschäftigten fortan den um Klarheit ringenden Kopf. Das aus der Fülle des Stoffes wachsende Bemühen zeigten die 140 Titel von Veröff., die z. T. unausgereift dem Neo-Lamarckismus huldigten und die Kritik wissensch. Gegnerschaft herausforderten. Überzeugt von der Bedeutung, die Isolation und Umwelt bei der Herausbildung von Variationen spielen, glaubte er eine Bestätigung seiner Annahmen in der „harmonic distribution" der Organismen auf den einzelnen Inseln gefunden zu haben. Im Gegensatz zu Darwin (der schon 1835 die Inselgruppe besucht hatte) und anderen Entwicklungstheoretikern vertrat er daher die Vorstellung, daß die Inseln wie die Antillen im Tertiär noch mit Zentralamerika durch die Cocosinseln verbunden gewesen, und daß sie durch allmähliche Senkung, nicht aber durch Bodenhebung entstanden seien. Die Behauptung versuchte er durch die Feststellung zu unterstreichen, daß jede Insel nur eine Art oder Rasse besitze, beinahe jede Insel eine ihr eigentümliche Rasse oder Art habe, und daß die Differenzierung der Fauna und Flora kaum bestände, wenn nach vulkanischem Ursprung Tiere und Pflanzen sich nur zufällig mit Hilfe der Strömung vom Festland her angesiedelt hätten. Die Schlüsse stützten sich nicht nur auf Unters. verschiedener Gruppen rezenter und fossiler Reptilien, sondern auch auf die der Vogelwelt. Zur Durchmusterung dienten ihm vor allem die Beob. an Schildkröten, an der Eidechse Tropidurus und an Landvögeln. In die Beweiskette eingeschlossen war u. a. die vergl. Betrachtung der Vogelgattungen Nesomimus, Certhidea, Pyrocephalus, Cactornis, Geospiza. Das ihm zur Verfügung stehende Unters.-Material erlaubte aber nicht, die hist. Verwandtschaft der Formen und damit die umstrittenen Entwicklungstheorien befriedigend aufzuzeigen. Es blieb ihm daher versagt, das geplante Gesamtwerk über den Archipel abzuschließen. Empfindsame Züge seiner Persönlichkeit scheinen dem Meinungsstreit, in den er sich gestellt sah, auf die Dauer nicht gewachsen gewesen zu sein. Schwere Erkrankung (general paresis), die auch ein Erholungsaufenthalt in Münch. und Südtirol seit 1897 nicht heilen konnte, beendete früh die schöpferische Lebensbahn. Von den Arbeiten, in denen er seine Theorien am ausführlichsten entwickelte und verteidigte, seien genannt: „D. Variieren d. Eidechsen-Gattung Tropidurus auf d. Galapagos-Inseln u. Bem. über d. Ursprung d. Inselgruppe" (Biol. Centralbl. 10, 1890), „On the Origin of the Galapagos Islands" (Am. Naturalist 25, 1891), „D. Variieren d. Eidechsen-Gattung Tropidurus auf d. Galapagos-Inseln" (Festschr. z. 70. Geb.-tag v. Rudolf Leuckart, Leipz. 1892), „Ein Besuch d. Galapagos-Inseln" (Biol. Centralbl. 12, 1892), „The Differentiation of Species on the Galapagos Islands and the Origin of the Group" (Biol. Lectures, Marine Biol. Laboratory of Wood's Hall, 1896), „Birds of the Galapagos Archipelago: A Criticism of Mr. Robert Ridgway's Paper" (Am. Naturalist 31, 1897). Nachdem ein erheblicher Teil der von ihm und Adams aufgebrachten Ausbeute vom Mus. in Tring erworben worden war, schrieben W. Rothschild und E. Hartert „A Review of the Orn. of the Galapagos Islands..." (Novit. Zool. 6, 1899). Darin nahmen die beiden Verf. auch Stellung zu den Thesen der „Senkung oder Hebung" und kamen zum vorsichtig abgewogenen Schluß: „1. The entire fauna of the Gal. Isl. derived originally from America. — 2. It ist uncertain whether there has ever been a land-connection between the various islands and between the islands and the continent or not". B's Namen ist festgehalten in der Benennung der Vogelformen Nesomimus bauri Ridgway 1894 = Nesomimus parvulus bauri Ridgway and Geospiza bauri Ridgway 1894 = Geospiza fortis Gould 1837.

— Lit.: Nachruf (von Schriftl.). Auk 15, 1898, S. 286/87. - Nachruf (von W. M. Wheeler). American Naturalist 33, 1899, S. 15—30 (mit Bildnis u. Verz. d. Veröff.).

Bayer, Emil, Dr. h. c., * 18. 8. 1875 Jitschin = Jičin (Böhmen), † 1. 6. 1947 Brünn = Brno (Mähren). Nachdem er im Anschluß an die Studien in Prag fast 17 Jahre Gymnasialprofessor und während des 1. Weltkriegs Bezirksschulinspektor in Prossnitz (= Prostějov) war, wurde ihm 1919 die Leitung der neugegründeten Landw. Hochschule in Brünn übertragen. Dort wirkte er bis zum Tode. In ihm waches orn. Verständnis wies der Beob. des Vogelzuges erhöhtes Gewicht zu. Darum bemühte er sich zusammen mit St.

Soudek (s. d.), der neuen Biol. Stat. der tschech. Hochschule Eisgrub (= Lednice) ein in einem alten Lichtensteinschen Jagdschloß untergebrachtes orn. Inst. anzugliedern, das in den letzten Jahren wenigstens mit einem sachkundigen Assistenten besetzt war. Ihn selbst reizten besonders Fragen der tschech. Nomenklatur zu reger Unters. Der Förderung des Vogelschutzes galten daneben Aufs. in Zeitschriften wie Příroda, Vesmír, Stráž, Myslivosti, Čsl. Orn. Das von ihm hrsg. Lrb. der „Wirtsch. Zool." (Brünn 1947) enthielt daher gut bearbeitete Abschnitte über die Vogelwelt. Tschech. geschriebene Werke waren ferner die „Allg. Zool." (1925) und die „Praktischen zool. Übungen" (1928). Verdienste erwarb sich der Verf. schließlich bei der Errichtung des Naturschutzgebietes der Eisgruber Teiche.

— Lit.: Nachrufe in Naše Věda = Unsere Wissensch. 25, 1947, S. 268/69 u. Věstník Čsl. A. Z. = Abh. d. Tschechoslow. Landw. Akad. 21, 1947, S. 431—434. - Nachruf (von E. M. Hachler). Přerov = Prerau 14, 1947, S. 48.

Béldi, Gergely (= Grigor) Graf, * 13. 12. 1887 Báld (Siebenbürgen), † 13. 10. 1966 Marosvásárhely = Targu Mures (Siebenbürgen). Er war der letzte Konsul der Österr.-Ung. Monarchie in Teheran. Als ihn der 1. Weltkrieg auf dem Auslandsposten überraschte, kehrte er durchs „wilde Kurdistan" zurück, d. h. auf Wegen und unter Begleitumständen, die an die Phantasien eines Karl May erinnerten. Da eine nicht alltägliche, mit Sachkunde verknüpfte Freude am Beob. der Vogelwelt sich in ihm regte und auch in erschwerter Lage wach blieb, führte er auf dieser Wegstrecke ein orn. Tagebuch, das vom 10. 12. 1915 bis 22. 3. 1917 reichte. Die gerettete Niederschrift wurde unter dem Titel „Orn. Notizen aus West-Persien u. Mesopotamien" (Aquila 25, 1918) veröffentlicht. Dieser größeren Verlautbarung aus damals kaum bekannten Gebieten folgten nur noch vereinzelte kleine Mitt. des Verf. (In Bukarest erschien 1959 ein von seinem Sohn Miklós B. ung. geschriebenes Bestimmungsbuch.)

— Lit.: Nachruf (von A. Keve). Aquila 75, 1968, S. 305.

Bender, Karl Emil (= **Bendire,** Charles Emil), * 27. 4. 1836 Bad König (Kr. Erbach, Odenwald), † 4. 2. 1897 Jacksonville (Florida). Nach privatem Unterricht kam er mit 12 Jahren zur theol. Ausbildung in die Nähe von Paris. Als er 5 Jahre später (wegen eines Jugendstreiches?) die Schule verlassen mußte, wurde Amerika 1853 das Land, das ihm Zukunft versprach. In New York erwarteten ihn indes harte Enttäuschungen, und in der deutschen Heimat schien ihm erneut das Glück zu winken. Das Abenteuer endete aber damit, daß er auf der Rückreise über Bord ging und 1854 unter dem Namen Bendire in die amerik. Armee eintrat. Der militärische Dienst, der ihn erst 1890 als charakterisierten Major entließ, bestimmte dann fernerhin seine Laufbahn. In weiten und orn. kaum bekannten Gebieten des neuen Kontinents setzten sich die ursprünglich jagdlichen Freuden und die Reize der Tierbeobachtung bald in ool. Leidenschaft um. Wenn ihn anfangs das Sammeln von Vögeln auch nur insofern lockte, als damit die Kenntnis der Gelege zu erzielen war, so führte diese Beschäftigung den Soldaten doch zur Entdeckung mehrerer mexikanischer Formen und zur ersten Erforschung der Brutgewohnheiten zahlreicher westl. Arten. Zu wirklich ernsthaften Studien schritt er aber wahrscheinlich erst fort, als er von 1868 bis 1871 auf Fort Lapwai, Idaho, stationiert war. Erste briefliche Mitt. und Veröff. aus seiner Feder sind seit etwa 1872 bekannt. Obwohl ihm Vielschreiberei nie lag, entfaltete er in späteren Jahren doch solch regen Gedankenaustausch, daß er damit eine erste breitere und zuverlässige Grundlage für die Ool. in Amerika schuf. Besonders verdienstvoll gestaltete sich dann seine ehrenamtliche Tätigkeit als Kurator der ool. Abt. am U.S. National Mus. in Washington. Mit der ihm eigenen Zielstrebigkeit ordnete er das dort unbearbeitet lagernde Material und machte es der Wissensch. zugänglich zusammen mit den von ihm selbst aufgebrachten 8000 Stücken, die er dem Mus. als Schenkung überließ. Krönung seines Lebenswerkes wurde schließlich die Reihe der „Life Histories of North American Birds with special reference to their breeding habits and eggs", in denen er den ungemein reichen eigenen biol. Erfahrungsschatz verschmolz mit anderweitig erzielten Forschungsergebnissen. Von den großzügig geplanten Bänden erlebte er allerdings nur die Veröff. der beiden ersten Teile (U.S. Mus. Spec. Bull. 1, 1892 u. 3, 1895). Sie gaben dem Namen einen festen

TEIL 2

Platz in der Geschichte der amerik. Orn. Seine Autorität — sie galt auch im Bereiche der Säugetiere, der Fische und der Botan. — wird ferner unterstrichen durch die nach dem rührigen Pionier benannten Vogelformen; es sind u. a. Harporhynchus bendirei Coues 1873 = Toxostoma bendirei Coues, Scops asio bendirei Brewster 1882 = Otus asio bendirei Brewster, Loxia curvirostra bendirei Ridgway 1884 = Loxia curvirostra bendirei Ridgway.

— Lit.: Nachruf u. Veröff. in Auk 14, 1897, S. 253 u. 327—329; 15, 1898, S. 1—6 (mit Bildnis); in Ibis 3, 1897, S. 294—296; in Orn. Mber. 5, 1897, S. 87; in Science 5, 1897, S. 261/62; in Zoologist 1, 1897, S. 230. - Verz. d. Veröff. in Cat. of Scient. Papers 9, 1891; 12, 1902; 13, 1914.

Berger, Arthur, Dr., * 3. 11. 1871 Merseburg, † 28. 3. 1947 Berlin-Charlottenburg. Dem Besuch der Gymnasien in Merseb. und Frankfurt a. M. folgte in Heidelb., Erl. und Kiel das 1899 abgeschlossene Studium der Med. Da er aber, auf dem elterlichen Gut aufgewachsen, von Jugend an besondere Neigung zum Tier verspürte, machte er sich vor dem 1. Weltkrieg bereits einen Namen auf internationaler Ebene als zool. Forschungsreisender und Schriftsteller. Die Jagd auf Großtiere, verbunden mit photogr. Aufnahmen in freier Wildbahn — im Stile K. G. Schillings (s. d.), aber mit unterschiedlicher Methode — und ethnogr. Studien wurden sein eigentliches Element. Die mit den Unternehmen damals noch verknüpften Wagnisse reizten die Freude am Abenteuer und verschafften zahlreichen Veröff. aus seiner Feder noch nach dem 1. Weltkrieg eine große Lesergemeinde. Jagend, sammelnd und forschend war er unterwegs: 1900 in Nord-Norwegen und Spitzbergen zusammen mit Graf v. Zedlitz u. Trützschler (s. d.) und Hauptmann J. Roth; 1902—1904 in Nord-Amerika, auf den Hawaiischen Inseln, in Japan, Korea, China ..., Australien, Neuseeland, Australien ..., Vorder-Indien, Ceylon; 1906/07 im Sudan; 1908/09 in Englisch-Ost-Afrika. Die Ausbeute ging in Form von Stiftungen an die Mus. von Dresden, Bonn und vornehmlich Berlin (hier auch das Weiße oder Breitmaulnashorn). Die Jahre zwischen den Reisen und nach dem 1. Weltkrieg galten der zool. Fortbildung am Berl. Mus.; und bis in den 2. Weltkrieg erstreckte sich seine Tätigkeit als Bearbeiter der heimgebrachten Samml., als Vortragsredner, Buchautor, Verf. allg.-verständlicher Aufs. und Jugendschriften. Die Themen berührten zool., völkerkundliche, geogr. und tierpsychol. Gebiete. Die bekanntesten Bücher wurden „Dt. Waidwerk unter d. Mitternachtssonne“ (1902), „In Afrikas Wildkammern“ (1910), „In einem verschlossenen Paradies“. Durch den Ausbruch des 2. Weltkriegs kamen nicht mehr zum Druck sein „Indisches Mosaik“, in dem er die Tierwelt Indiens und ihr Verhältnis zur Bevölkerung und Landschaft behandelte, und „D. Seele d. Tiere“ oder „100 Fragen aus d. Tierreich“, woran er während der letzten 10 Jahre gearbeitet hatte. War sein Blickfeld auch hauptsächlich von den Säugetieren beherrscht, so fand die Ornis doch soviel Beachtung in den Ber., daß seine Erwähnung im vorliegenden Rahmen gerechtfertigt erscheint. Über die Vogelausbeute der Reise 1908/09 schrieb er selbst eine „Liste d. auf meiner mit Major Roth u. K. v. Donner unternommenen Exp. gesammelten Vogelbälge“ (J. Orn. 59, 1911). Zum 70. Geburtstag wurde er ausgezeichnet durch die Verleihung der Goethe-Medaille und die Ernennung zum Korr. Mitglied des Zool. Mus. Berlin. Ein von Graf Zedlitz „dem Freund zu Ehren“ benannter Passer (Orn. Mber. 16, 1908) fand keine Anerkennung, und Laniarius bergeri Reichenow 1911 ist nicht trennbar von Laniarius funebris (Hartlaub) 1863 oder, nach Sclater, synonym mit Laniarius funebris rothschildi Neumann 1907. Der DOG gehörte B. seit 1908 an.

Bergius, Carl Heinrich, * 1790, † 4. 1. 1818 Kapstadt. Begeistert für die Botan. und Zool., ging, als die napoleonischen Kriege ihr Ende erreichten, der Berliner Student der Pharmazie 1815 nach Kapstadt, um dort als Gehilfe in eine von Deutschen geleitete Offizin einzutreten. H. Lichtenstein (s. d.) hatte ihn empfohlen und ihm nicht nur aus der eigenen Erfahrung erwachsene Anweisungen, sondern auch einen Geldvorschuß mitgegeben, damit er im „Kaffernlande“ naturh. Gegenstände für das neugegründete Berl. Zool. Mus. sammle. Bald nach der Ankunft verbanden den Neuling die gleichgerichteten Neigungen mit dem sachkundigen engl. Reisenden William John Burchell, den er lernbegierig während der knappen dienstfreien Stunden auf Exp. in die nähere und weitere Umgeb. begleitete. Der Erfolg lohnte schnell den Einsatz des ernsthaft strebenden Naturfreundes, und H. Lichtenstein empfing bereits mit den ersten Sendungen neue Arten. Zu ihnen gehören Sterna bergii Lichtenstein 1823 = Sterna bergii Lichtenstein und Sula capensis Lichtenstein 1823 = Sula capensis Lichtenstein. B. war neben L. Krebs (s. d.) eine der hoffnungsvollsten Kräfte für die Berl. Pläne, sank aber ins Grab, ehe sich seine Fähigkeiten ganz entfaltet hatten. Viele gehaltvolle Briefe aus seiner Feder verwahrt heute noch das Berl. Zool. Museum.

— Lit.: E. Stresemann, Über die von L. Krebs 1820—1838 in Südafrika gesammelten Vögel, Ann. Mus. Congo Tervueren, Zool. 1, 1954, S. 77.

Bergmann, Carl, Dr., * 18. 5. 1814 Göttingen, † 30. 4. 1865 Genf. Als Sohn eines Juristen und Schüler J. F. Blumenbachs (s. d.) promovierte er 1838 in Gött. zum Dr. med., wurde dort 1843 ao. Prof., in Rostock 1852 o. Prof. sowie Direktor der Anat. (und 1864 Mitglied der Leopoldina). Er starb auf der Rückkehr von Menton, wo er den Winter verbracht hatte. Zu seiner lit. Hinterlassenschaft gehörten bemerkenswerte vergl.-anat. Studien u. a. in Wagners Handwörterbuch d. Physiol. 2, 1844 und zusammen mit R. Leuckart eine „Anat.-physiol. Übersicht d. Tierreichs“ (1852). Er war kein Ornithologe. Trotzdem diente er der orn.-zoogeogr. Forschung, weil er Beob. kausal zu erklären trachtete, die zwar schon Friedrich II. (s. d.) schilderte, aber nicht zu deuten vermochte. Seine Analyse behandelte eine morphol.-ökol. Erscheinung, die später auch ihre experimentelle Untermauerung durch das von Max Rubner (1854—1932) gefundene Oberflächengesetz erfuhr und als „Bergmannsche Größen-Regel“ besagt, daß innerhalb eines Warmblüterrassenkreises, einer Art also, im allg. die in durchschnittlich kühlerem Klima beheimateten (äquatorfernsten) Rassen größer sind als die in durchschnittlich wärmerem Klima ansässigen. In der Unters. „Über d. Verhältnisse d Wärmeökonomie d. Tiere z. ihrer Größe“ (Gött. Studien 1847, 1. Abt.) entwickelte B. das Oberflächen-Massengesetz, das die Bedeutung des Verhältnisses der wärmeabgebenden Oberfläche zum wärmebildenden Inhalt für den Wärmehaushalt der Tiere kritisch beleuchtete. Aus dem Verhältnis von Oberfläche und Volumen ergab sich für ihn die Folgerung, daß größere Tiere mit einem verhältnismäßig geringeren Aufwand sich warm erhalten können als kleinere, und daß somit die kleineren Spezies durchschnittlich weniger Kälte vertragen als die größeren. Für den Ornithologen mag es von besonderem Reiz sein, daß der Physiologe die methodische Hilfe für die Bestätigung der „als möglich angedeuteten Wirkungsformen der Größe der Tierspezies“ in der Vogelwelt suchte, d. h., daß er zunächst an einer Anzahl von Vögeln auf die „Verhältnisse der Größe zum Wohnort“ hinwies. Die Wahl traf er, weil es ihm „eine ziemlich anerkannte Sache zu sein schien, daß unter den Vögeln häufiger der Fall mehrerer einander sich nahestehender Spezies in einem Genus vorkomme als unter den Säugetieren“. Es war vor allem das „große Naumannsche Werk“ (er nannte es auch kostbar und ausgezeichnet), das ihm ein so reichliches Vergleichsmaterial für Dimensionen, Gewichte usw. lieferte, „als man nur immer erwarten kann, wo für deren Zusammenstellung nicht einmal ein so spezieller Zweck wie der unsre vorlag“. Ja, er fühlte sich von Naumanns Mitt. so abhängig, daß er meinte, er habe nicht anders gekonnt, „als in kurze Worte fassen, was mir das Resultat der Naumannschen Angaben zu sein schien“. Der Gefahr, in einzelnen schwierigen Fällen erblicher klimatischer Variation einer gewissen Beeinflussung durch J. F. Naumann erlegen zu sein und sich erst im Vorhof der Erkenntnis bewegt zu haben, war er sich dabei bewußt. „Jede gewissenhafte Nachprüfung“ hielt er daher für angebracht. Die Forschung hat sich dieser Verpflichtung angenommen und mit positiven Ergebnissen besonders dann, wenn von B.s und Naumanns Spezies jeweils die zum Vergleich herangezogen werden, die heute als Subspezies innerhalb derselben Art gelten. Mag somit der in der Regel niedergelegte Sachverhalt für viele Tierarten zutreffen (unter den dt. Vögeln am auffallendsten bei dem Großen und dem Kleinen Dompfaff sowie der Alpinen und der Rheinischen Weidenmeise), so läßt er sich — nach dem Urteil der Kritiker — doch nicht als einfache Selektionsfolge deuten und für die Lösung phylogenetischer

TEIL 2

Fragen verwenden, da auch andere Möglichkeiten der Kälteadaptation gegeben sind: Die Ursachen und die biol. Bedeutung der erblichen Veränderungen sind vielfach noch unklar, und neben den erblichen Merkmalen sind Modifikationen durch unmittelbare Temperatureinwirkungen im Laborversuch nachgewiesen. Bei den Erörterungen des Problems der Rassen- u. Artbildung wird aber der auf die Kälteadaptation ausgerichtete Kern der Bergmannschen „Größenregel" von Genetikern, vergl. Anatomen und Systematikern ebensowenig in Zweifel gezogen wie etwa die von C. W. L. Gloger (s. d.) gefundene „Färbungsregel" und die von dem Amerikaner J. A. Allen (1838—1921) aufgestellte „Proportionsregel", nach der die exponierten Körperteile der Warmblüter (bei Vögeln Schnabel, Lauf, Flügel — bei Säugern Schwanz, Hinterfüße, Ohren) im kühleren Klima relativ kürzer sind als in wärmeren Gebieten.

— Lit.: M. Rubner, Über d. Einfluß d. Körpergröße auf Stoff- u. Kraftwechsel. Zeitschr. f. Biol. 19, 1883, S. 535—562. - B. Rensch, D. Prinzip geogr. Rassenkreise u. d. Problem d. Artbildung, Berl. 1929. - Ders., Zool. System. u. Artbildungsproblem, Verh. Dt. Zool. Ges. 1933, S. 19—83. - Ders., Einwirkung d. Klimas b. d. Ausprägung v. Vogelrassen . . ., Proc. 8. internat. Orn.-Kongr., Oxford 1934 (1938), S. 285—311. - Ders., Studien über klimat. Parallelität d. Merkmalsausprägung b. Vögeln u. Säugern, Arch. Naturgesch., N. F. 5, 1936, S. 317—363. - E. Stresemann, Entw. d. Orn., 1951. - B. Rensch, Neuere Probleme d. Abstammungslehre, Stuttg. 1954. - H. Hensel, Mensch u. warmblütige Tiere; in Temperatur u. Leben v. H. Precht, J. Christophersen, H. Hensel, 1955. - P. F. Scholander, Evolution of Climatic Adaptation in Homeothermes, Evolution 9, 1955, Nr. 1. - Würdigung (von M. Schmid). N. Dt. Biogr. 2, 1955, S. 90/91. - Bildnis in W. Blasius, Carl Ludwig in einem unbekannten Briefe . . ., Zeitschr. f. Kreislaufforschung 50. 1961, S. 209—217 (aus d. Besitze d. Univ. Bibliothek Göttingen.) - M. Röhrs, Bem. z. Bergmannschen Regel; in G. Kurth, Evolution u. Hominisation, 1962, S. 49 bis 63.

Bernatzik, Hugo Adolf, Dr., * 27. 3. 1897 Wien, † 9. 3. 1953 Wien. Sohn eines Rechtsgelehrten, war er von Jugend an leidenschaftlicher Beobachter und Heger heimatlicher Tiere in eigenen Jagdrevieren und in Gefangenschaft. Der Reiz der Feldforschung an den wirklichen Quellen lockte ihn 1927 erstmalig nach dem Schwarzen Kontinent, um dort den Tieren außerhalb der Naturschutzparks näherzukommen. Die unumgängliche Berührung mit den urtümlichen afrik. Völkerstämmen setzte ihm hier jedoch eine neue Aufgabe. Er begann die Entwicklung der Vorstellungswelt und Verhaltensweisen zu studieren, die in den Sitten primitiver Wildbeuter, Jäger und Sammlervölker verankert sind. Zu diesem Zwecke verzichtete er auf den anfänglichen Plan, Zoologe zu werden, und wandte sich der Ethnol. und Anthrop. zu. Auf die Promotion in Wien 1932 folgte die Habilitation 1935 in Graz und später die Ernennung zum ao. Prof. für Völkerkunde. Die nicht erlernbare Kunst, Menschen unvoreingenommen zu belauschen und als einer der Ihren unter ihnen zu leben, führte ihn nicht nur nach Afrika (hier fünfmal), sondern auch nach der Südsee, Neuguinea, Indonesien, Siam, Indochina, Burma und Malaia. Seine Forschungen galten vornehmlich jenen Völkern, deren Kulturgüter durch die rasch vordringende Zivilisation dem Untergang entgegengehen. Die Ergebnisse der psychol. Unters. sind in verschiedenen Monogr. niedergelegt sowie (unter Mitarbeit anderer Fachgelehrter) in der „Großen Völkerkunde" (3 Bde.) und in dem Hdb. der angewandten Völkerkunde „Afrika" (2 Bde.). In das Ziel, die untergehenden Kulturformen durch überzeugendes und bleibendes Material in Wort und Bild zu schildern, schloß er — der Zool. stets verbunden und gewissermaßen nebenher — die Tiere ein. Es kam ihm darauf an, auch ihre restliche Ursprünglichkeit zu beschreiben und photogr. festzuhalten. So besuchte er zusamm n mit seiner Frau zwischen 1928 und 1935 dahinschwindende Brutorte im nördl. Eismeer, an der Nordsee, am Neusiedler See, in der Dobrudscha und Albanien. Künstlerisch beachtliche Bilddokumente sind dadurch entstanden: „Ein Vogelparadies an d. Donau", mit Hilfe von A. v. Spieß (s. d.) (1929, 1941, 1947), „Riesenpelikane u. ihre Kinder" (1930), „Vogelparadies, Vogelw. u. Menschen in europ. Rückzugsgebieten". Unverfälschte Natur ist hier gezeigt bei Seidenreiher, Rallenreiher, Silberreiher, Löffler, Brauner Sichler, Kormoran, Pelikan, Alken, Papageitaucher, Seeschwalben, Schnee-Eule. Wo Unverständnis oder Gewinnsucht im Begriffe waren, letzte Unberührtheit zu vernichten, trat B. als An-

walt und Ankläger auf. Er starb zu früh an den Folgen eines Tropenfiebers.
— Lit.: Würdigung durch Radio Wien v. 8. 3. 1963.

Binder, Ludwig, * 4. 10. 1911 Bad Aibling, † 24. 9. 1968 Würzburg. Nach dem Besuch des Bamberger Gymnasiums widmete er sich der künstlerischen Ausbildung und empfing vor allem durch seinen Lehrer Angelo Jank auf der Akad. d. Bildenden Künste in München die Vorliebe für die Wiedergabe des Tieres. In Bamberg lebte er als akad. Maler, Graphiker, naturw. Illustrator, mit Freude und zugleich strenger Selbstkritik schaffend. Eine disziplinierte, von innen gelenkte Hand befähigte ihn zu vortrefflichen Rötelzeichnungen, Radierungen, Lithographien und vornehmlich zu Bildern in Aquarell-, Tempera- u. Mischtechnik. Die scharfe Beobachtungsgabe und das feinste Einfühlungsvermögen in alles Kreatürliche verrieten wohl nicht zuletzt die Farbbilder der Vögel. Wie lebend treten sie mit wundervoll abgetönten Farben hervor, gestützt auf eine Pinselführung, die Forderungen der wissensch. Zool. ebenso befriedigte wie den ästhetischen Anspruch. Diese Vollendung begegnet dem Beschauer u. a. in den farbigen Vogelbildern zu W. Wüsts Tierkundebüchern (1964, 1965) und in desselben Autors „Vögel Mitteleuropas“ (1969). Des Künstlers Mitarbeit bedienten sich daneben viele Zeitschriften- u. Buchverleger. Genannt seien der Bayer. Schulbuchverlag mi: Biologiebüchern, der Kronenverlag Hamburg mit den Tierkalendern, der Verlag Quelle u. Meyer Heidelberg mit der Tierkunde von Schmeil, der Deliciaverlag Leipzig. Ein schweres Kriegsleiden raffte B. zu früh dahin. Es bleibt sein Verdienst, unserer Vogelwelt mehr Freunde gewonnen zu haben als manche moderne Kunstausstellung.
— Lit.: Nachruf (von W. Wüst). Anz. Bay. 8, 1969, S. 542.

Blandowski (Blandowsky), Wilhelm (Billiam von). Die Wogen des Goldrauschs trugen ihn, der nur wenig engl. mit dt. Akzent sprach und vorher in Schlesw.-Holst. als Soldat gekämpft haben soll, etwa 1849 nach dem südöstl. Australien. Bald nach der Ankunft unternahm der „unbekannte Abenteurer“ eine naturk. Sammelreise nach Cape York, die ihm Ansehen und Vertrauen bei der Regierung von Victoria eingetragen haben muß; sonst hätte er nicht von vornherein zur Verwaltungsspitze des 1854 gegründeten National Mus. gehört. Seine Stellung (lebenslängliches Mitglied der Phil. Soc. of Victoria, Colonial Naturalist, Curator, Assistant Surveyor?) ist allerdings nicht ganz aufgehellt. Sicher hatten Tatfreude und Einsatz in den ersten Jahren wesentlichen Anteil am Aufbau des Mus. 3 Reisen im Auftrag des Mus. sind mit seinem Namen verknüpft: Ab Juni 1854 nach dem mittleren Victoria, ab November 1854 nach Frankston, Mount Martha, Port Phillip, Cape Schank, ab Dezember 1856 nach der Mündung des Darling in den Murray. Alle Exp. erbrachten für das Mus. reiche Beute. Aber das letzte Unternehmen stand, ob durch seine alleinige Schuld?, unter einem Unstern. Von 15 Begleitern sah der „Commander“ nach wenigen Wochen nur noch 2 Gefährten um sich, die bis zur Rückkehr im August 1857 bei ihm aushielten. Insgesamt müssen die durch die Kühnheit seiner Fahrten erbrachten Nachweise von Säugern, Vögeln, Fischen, Insekten höchst bedeutend und die Begegnung mit heute ausgestorbenen Formen sehr eindrucksvoll gewesen sein. Dafür sprechen sein eigener Ber. über „Recent discoveries in nat. hist. on the Lower Murray“ (Trans. Phil. Inst. of Victoria 2, 1857), und ein Kat. seines dt. Begleiters J. L. G. Krefft (s. d.). Der Stolz auf die unbezweifelbaren Pioniertaten beflügelte zudem den lebhaften, auch zu wissensch. Hypothesen neigenden Geist und ließ ihn weitere große Pläne hegen. So verwahrt die Mitchell Library von Sydney eine heute leider unvollständige Mappe mit sehr guten von ihm angefertigten Bildern unter dem Titel „Australia Terra Cognita“, die eine eingehende Darstellung der naturw. und ethnogr. Verhältnisse von Victoria werden sollten. Um so überraschender wirkte die Nachr., daß er sich im März 1859, unter Mitnahme eines Teiles seiner dem Mus. vorenthaltenen Beute, in Melbourne eingeschifft habe, um nach Deutschl. zurückzukehren. Nicht ganz geklärte, aber sein vielleicht übertriebenes Selbstgefühl kränkende Vorgänge innerhalb des Mus. und ein schweres Zerwürfnis mit dessen Direktor scheinen ihn zu diesem Schritt gedrängt zu haben. Versuche, sich von Deutschl. aus gegen den Vorwurf der Unzuverlässigkeit zur Wehr zu setzen, verliefen im Sand, zumal Ber. und Urteile seines einstigen Begleiters J. L. G. Krefft nicht zu seinen Gunsten sprachen. Vorträge über austral. Erfahrungen hielt er zwar noch. Überlieferte Themen sind „Über d. geogr. Verbreitung d. Vögel u. Säugetiere Australiens“ (Jber. d. Schles. Ges. f. vaterl. Kultur in Bresl. 38, 1860), „Eine kurze Übersicht d. wichtigsten z. Erforschung Australiens unternommenen Reisen“ (ebd. 38, 1860), „Über d. Ureinwohner Australiens“ (Isis Dresd., Nr. 10—12, 1861). Die Bemühungen um die Rechtfertigung hinterließen jedenfalls den Eindruck, als ob eine (von vornherein verfehlte?) Laufbahn nach anfänglich Merksteine setzenden Leistungen an übersteigertem Geltungsdrang gescheitert sei. Kennzeichnend für B.s Planungen ist eine im Berl. Zool. Mus. liegende Sammelmappe „Billiam v. B. — Australia, Birds of Australia“; sie enthält 10 Tafeln, auf denen von G. Mützel (s. d.) 1861 eine Fülle austral. Vögel, nach Verwandtschaftsgruppen geordnet, vortrefflich aquarelliert sind. Es sind unveröffentlichte Originale von bestechender Farbenfrische. Ergänzt werden sie durch 2 ebenso schöne Tafeln, die schon gestochen und handkoloriert sind. Sie tragen die Signatur „W. v. B. — Australia“ und waren offenbar als Teile eines Werkes über austral. Vögel gedacht. Schließlich besitzt E. Stresemann eine Broschüre „Australien in 142 photogr. Abb. nach zehnjährigen Erfahrungen zusammengestellt von W. v. B. . . .“ (Gleiwitz 1862). Ein Nachwort des Verf. besagt u. a.: „Mein ferneres Vorhaben ist nun, durch weitere 5 Jahre meine Beob. in und über Australien fortzusetzen und ... zu veröffentlichen.“ Dann folgt noch die Ankündigung, daß er das Material von 4000 Skizzen ergänzen wolle durch weitere Unters. in den ihm noch nicht bekannten Gebieten von Westaustralien, Queensland und Neu-Caledonien. Waren und blieben es nur Wunschträume? Der Aufenthalt in Breslau und der Veröffentlichungsort Gleiwitz wecken aber die Frage nach den unbekannten Lebensstationen des Sammlers. Beziehungen zu Schlesien liegen nahe. Alle Daten (Geburt, Beruf, Tod) sind indes in Dunkel gehüllt, wie denn auch die seine Persönlichkeit prägenden Wesenszüge noch der Aufhellung harren.

— Lit.: Würdigung (von T. Iredale u. G. P. Whitley). Victorian Naturalist 29, 1932, S. 90 bis 96. - Würdigung (von D. Dickison). Emu 31, 1932, S. 189. - H. M. Whittell, The Literature of Austral. Birds, Perth 1954, Teil 2, S. 57/58. - Collections of a Century, produced on the occasion of the centenary celebrations of the National Mus. of Victoria 1955, S. 4—20.

Bolau, Heinrich, Dr., * 17. 9. 1836 Hamburg, † 25. 5. 1920 Hamburg. Sohn eines Kupferschmiedes, war er zuerst Lehrer an einer Hamb. Bürgerschule. Als während dieser Tätigkeit naturw. Neigungen in ihm erwachten, studierte er auf Anraten seines Direktors seit 1863 Zool. in Gießen, Heidelb., Münch., Berl. und promovierte 1866 in Gött. mit einem „Beitr. z. Kenntnis d. Amphibienhaut“. In den darauf folgenden Jahren unterrichtete er nicht nur am Realgymnasium des Johanneums, sondern führte auch den Vorsitz in der Verwaltungs-Kommission des Naturh. Mus. Diese Vorleistungen veranlaßten 1875 seine Wahl zum Direktor des 1863 gegründeten und 1930 aufgelösten Zool. Gartens. Von diesem Posten zog er sich 1909 zurück, als er — vielleicht aus Mangel an der rechten Leidenschaft für die Tierliebhaberei u. -pflege — den Niedergang der alten Volksbildungsstätte beim Aufkommen von Hagenbecks Tierpark in Stellingen nicht aufhalten konnte. Eifer und Dienst galten fortab dem Naturh. Mus., in Sonderheit der Erhaltung der Vogelsammlung. Allgemeine Schulung in der Zool. schloß zwar die intellektuelle Beachtung der Vogelwelt und die Mitgliedschaft bei der DOG ein; der Ehrgeiz, gewiegter Ornithologe zu sein, fehlte ihm aber. Neben einigen anderen wissensch. Arbeiten — Seeigel (1873/74), menschliche Skelette und menschenähnliche Affen (1876 u. 1879), Beschr. der Wale für die Segelhandbücher der Dt. Seewarte — nehmen daher vogelk. Veröff. einen bescheidenen Raum ein. Die „Papageien d. Zool. Gartens in Hamb.“ (Zool. G. 18, 1877) entstanden in Anlehnung an O. Finschs (s. d.) Monogr. „D. Papageien“ (Leiden 1867/68). Als er über die „Lebensdauer d. Tiere im Zool. Garten z. Hamb.“ (ebd. 20, 1879) schrieb, erwähnte er auch die Erfahrungen mit den Zoo-Vögeln. Seiner Denkrichtung am meisten entsprachen wohl die Arbeiten über die von F. Dörries (s. d.) nach Hamb. gebrachten ostsibirischen Vogelbälge (J. Orn. 28, 1880; 29, 1881; 30, 1882). Letzte orn. Veröff. dürfte gewesen sein „D. kurzschnäblige Gans - Anser brachyrhynchus Baill., ihr Vorkommen in Deutschl. u. ihre Verbreitung im allgemeinen" (ebd. 31, 1883). Er war — seit 1906 Ehrenmitglied der Naturw. Ver. z. Hamb. — ein gewissenhafter, angesehener Bürger und Beamter der Hansestadt sowie Mitglied der Leopoldina und der Senck. Naturf. Ges. in Frankfurt.

— Lit.: Akten d. Staatsarchivs der Freien u. Hansestadt Hamb. - Nachrufe in „Hamb. Correspondent", „Hamb. Nachr.", „Hamb. Fremdenblatt". - L. Heck. Heiter-ernste Erinnerungen an Tiergärtner. Zool. G., N. F. 13, 1941, S. 356—358 (mit Bildnis).

Bolau, Hermann, Dr., * 9. 10. 1871 Hamburg, † 9. 4. 1928 Trittau (Holstein). Der Sohn von Heinrich B. (s. d.) wuchs im Hamb. Zoo auf, war nach dem zool. Studium seit 1898 Assistent in dem vom Vater geleiteten Garten und betätigte sich seit 1901 an der Biol. Anstalt Helgoland, bis ihm 1905 die Direktorstelle des 1876 eröffneten und im November 1944 durch Bomben zerstörten Zool. Gartens von Düsseldorf übertragen wurde. Er war für den Posten nicht nur theoretisch gut vorgebildet, sondern bewährte sich zugleich durch praktischen Sinn als tüchtiger Zoo-Fachmann. Trotz biederer Gesinnung geriet er aber in Mißhelligkeit mit städtischen Dienststellen, so daß er sich 1917 bzw. 1920 in den Ruhestand zurückzog. Seine Wohnsitze waren Erkrath und seit 1924 Trittau, wo er erblindet starb. Der Vater hatte Vorarbeiten an einer Zusammenstellung der Vogeltypen des Naturh. Mus. z. Hamb. aus Mangel an Zeit nicht abschließen können. Deshalb begann Hermann B. die Ordnung nochmals und führte sie durch bis auf den 26. Band des Brit. Cat. of Birds, der damals noch nicht erschienen war. Veröffentlicht ist das Ergebnis unter dem Titel „D. Typen d. Vogelsammlung d. Naturh. Mus. z. Hamb." (Mitt. Naturh. Mus. Hamb. 15, 1897/98). Weitere orn. Verlautbarungen waren „D. Lummen - Uria troille L. b. Helgol." (Zool. G. 45, 1904), „Kleine Mitt. aus d. Zool. Garten z. Hamb. — Augenoperation an einem Lämmergeier" (ebd. 45, 1904), „Einige Beob. an Möwen u. anderen Vögeln an d. See" (ebd. 45, 1904), „Flamingos in Deutschl." (Orn. Mber. 24, 1916). Wie den Vater drängte es auch ihn nicht in den Vordergrund der Vogelk.; er war zwar seit 1890 Mitglied der DOG, doch winkte ihm kein Lorbeer. Heinrich und Hermann B. werden in der Lit. gelegentlich verwechselt. Nicht zuletzt aus diesem Grund schien ihre Nennung erforderlich.

— Lit.: Akten d. Stadtarchivs Düsseldorf. - L. Heck. Heiter-ernste Erinnerungen an Tiergärtner, Zool. G., N. F. 13, 1941, S. 358—360 (mit Bildnis).

Brandt, Johann Georg Wilhelm, * 4. 6. 1794 Altona, † 24. 7. 1856 Hamburg. In der naturbeschreibenden Naumannzeit hatte er unter den Leitern der neugegründeten Zool. Mus. und den vielen Besitzern privater Vogelsammlungen einen angesehenen Namen, nachdem er 1827 in Hamburg eine Naturalienhandlung gegründet und weitgreifende Geschäftsverbindungen mit Fängern und Jägern angeknüpft hatte. So war er einer der ersten, der von den Helgoländer Laienpräparatoren begehrte Seltenheiten bezog. Um die Herkunft der von ihm weiterverkauften Stücke legte er aber gerne einen Schleier, indem er als Fundstelle nicht die nahe Insel angab, sondern unklare Ortsbezeichnungen wie „Umgeb. v. Hamb." oder „Nordmeere" wählte. Das Geschäftsgebaren war sicherlich nicht einwandfrei. Es erschwerte die Lösung manches Herkunftsrätsels, das sich um neue Formen legte. Als aber spätere Jahre auf die eigentliche Quelle stießen, nahm man die alte Ungenauigkeit wohl ohne Tadel hin. Mit seinem Namen verbundene Zusätze erschienen auch in Fußnoten zu J. F. Naumanns Verzeichnis der Helgolandvögel (Rhea, Heft 1, 1846). Das Geschäft bestand, vom Sohne geführt, bis zum Jahre 1873.

— Lit.: E. Stresemann. Vor- u. Frühgeschichte d. Vogelforschung auf Helgoland, J. Orn. 108, 1967, S. 377—429.

Breyne, Johann Philipp, Dr., * 9. 8. 1680 Danzig, † 12. 12. 1764 Danzig. Als Sohn des um die exotische Botan. verdienten Patriziers Jacob B. studierte er in Leiden, wo er 1702 zum Dr. med. promovierte. Die zum Erziehungsstil des aufgeklärten Bürgertums gehörende Bildungsreise führte ihn nach Engl., Ital., Österr., Deutschl. Die 1704 in der Heimatstadt gegründete Arztpraxis gab er allerdings bald auf, um, gestützt auf ein reiches Naturalienkabinett, eine erlesene Bibliothek und einen eigenen botan. Garten, sich ganz naturw. Studien widmen zu können. Seine Zeit stellte ihn auf dieselbe Stufe

TEIL 2

der Achtung wie den um 5 Jahre jüngeren J. Th. Klein (s. d.). Mit ihm zusammen gründete er 1720 die Lit. Ges., aus der sich 1742 die Danz. Naturf. Ges. entwickelte. Der naturw. Rang des gelehrten Arztes wird zudem unterstrichen durch die Mitgliedschaft bei der Royal Soc. in London und bei der Leopoldina. Die damals noch mögliche Universalität des Wissens erlaubte ihm nicht nur, sich in der Neubeschreibung exotischer Pflanzen auszuzeichnen, sondern auch in der Zool. mit beachtlichen Leistungen hervorzutreten. Mit der Entwicklung der Orn. verband sich die weit streuende Schaffenskraft durch die Samml. von Tierbildern, denen er die Artdiagnose beifügte. Auf den zwischen 1722 und 1739 entstandenen 86 Blättern dieser „Icones vivae avium" sind hauptsächlich mitteleurop. Vögel dargestellt. Die Aquarelle stammen fast alle aus den künstlerisch geschulten Händen der drei Töchter Anna Renate, Constantia Philippina und Johanna Henriette B. Zwei der Zeichnungen (Zwergtaucher und Bläßhuhn) dienten auch als Vorlagen zu Tafeln in den „Stemmata avium" von J. Th. Klein. Die aus dem gepflegt geistigen Boden der Familie erwachsenen Abbildungen sind bemerkenswerte Illustrationen, erreichen aber meist nicht ganz die meisterhafte Höhe, auf der die Bilder des Zeitgenossen J. L. Frisch (s. d.) stehen. Da, wo die Naturnähe an Mängeln der Haltung und unproportionierter Formen leidet, dürften — wie bei den Werken der B. R. Dietzsch (s. d.) — die unvollkommenen Vorlagen verantwortlich gewesen sein. Es waren die Stopfpräparate der väterlichen Samml., denen wohl die der Bewegung des lebenden Vogels innewohnende Harmonie fehlte. Die Bilder kamen Ende des 18. Jahrh. in die Herzogliche Bibliothek (die heutige Landesbibliothek) von Gotha, wo sie in einem Großfolioband aufbewahrt sind.

— Lit.: J. G. Bujack. Über preuß. Naturforscher d. 16., 17. u. 18. Jahrh., Preuß. Prov.-Bl. 23, 1840, S. 198—209. - Ch. Krollmann, Altpreuß. Biogr. 1, 1941, S. 84. - W. Joost, D. Vogelbilder d. Danz. Naturforschers J. Ph. Breyne . . ., J. Orn. 108, 1967, S. 295—308 (mit weiteren Quellen u. Verz. d. Veröff.).

Brinkmann, Matthias, Dr., * 31. 3. 1879 Ostenfelde (Kr. Osnabrück), † 21. 9. 1969 Osnabrück. Ein immer strebender Forscher, ein Wahrheitsucher, ein durch Beispiel, Schrift und Wort wirkender Erzieher, ein allg. Wissen fördernder und Nacheiferung weckender Volksbildner, so ging er über Höhen und Tiefen eines langen Lebens. Marksteine der beruflichen Laufbahn lassen sich durch folgende Daten setzen: Zuerst Volksschullehrer in Dörfern des Osnabrücker Landes, dann Vorschullehrer in Hamburg, Präparandenlehrer in Osnabrück, nach Mittelschullehrerprüfung 1907 Seminarlehrer in Hildesheim, 1908 Präparandenanstaltsvorsteher, 1923 Reifeprüfung und Studium der Zool. in Göttingen, 1926 Fak.-Examen und Studienrat in Hildesh., 1927 Diss. „Über d. Schulung d. Beob. u. ihre Bedeutung besonders für d. Arbeitsschule", 1928 Studienrat in Ratibor, 1930 Prof. an der Pädag. Akad. Beuthen, 1945 im Ruhestand wieder in Osnabrück. 1927 schloß er sich der DOG an. Klarer Verstand, gepaart mit Herzensbildung und Gemütstiefe, begleiteten den Bauernsohn, dessen letztes Bemühen der Bewahrung und dem Schutz der Heimat in allen ihren Erscheinungsformen galt. Vogelfang, Nestersuche und Vogelpflege waren die ersten Stufen naturk. Aufgeschlossenheit. Sie steigerte sich mit den Reifejahren zu nie ruhender orn. Wissenschaftlichkeit, weil ihn neben den verschiedensten Tier- u. Pflanzenformen die Reize des Vogellebens am nachhaltigsten fesselten. Seine Studien richteten sich daher, aus zahlreichen Beob. über Bestand und Ökol. einzelner Arten wachsend, auf den Besitz einer biol. Gesamtschau und gipfelten in der Erstellung von Avif. größerer geogr. Räume. Aus der Reihe kleinerer Veröff. in der orn. Fachpresse sowie im volkstümlichen und jagdlichen Schrifttum ragen als selbständige Arbeiten u. a. hervor: „Erlauschtes u. Erlebtes" (1924), „D. Brutvögel d. Stadtgebietes Hildesh." (1927), „D. weiße u. d. schwarze Storch Oberschlesiens" (1930), „D. Vogelw. d. Ratiborer Landes" (1931), „D. Vogel in d. oberschles. Landschaft" (1932), „D. Vogelw. Nordwestdeutschlands" (1933), „Fünf Jahre Storchbeobachtung in Oberschles." (1935), „Beitr. z. Schwalbenforschung in Oberschles." (1938), „D. Vögel d. Stadt Osnabr." (1959), „D. Weißstorch im Reg.-Bez. Osnabr. 1958" (Veröff. d. Naturw. Ver. Osnabr. 29, 1960). Zu seinen letzten Verlautbarungen gehörte der „Vogelbestand am Dümmersee im Jahresablauf" (B. Nieders. 16, 1963). Die örtlich begrenzten avif.

Bestandsaufnahmen von Niedersachsen und Oberschlesien verdankten seinem Einsatz bemerkenswerte Bereicherung. Er trug das Bundesverdienstkreuz 1. Kl. und das Verdienstkreuz 1. Kl. des Nieders. Verdienstordens.

— Lit.: Würdigung (von P. Feindt). B. Nieders. 12, 1959, S. 1—4 (mit Bildnis). - Bildnis in Orn. Mitt. 8, 1956, S. 60. - Würdigung (von Altehage). Natur u. Landsch. 44, 1969, S. 206. - Nachruf (von H. Ringleben). Vogelk. Ber. aus Nieders. 1, 1969, S. 89 (mit Bildnis).

Büchi, Othmar, Dr., * 26. 3. 1897 Freiburg (= Fribourg), Schweiz, † 1. 6. 1966 Freiburg. In Zürich, wo er Naturw. studierte, promovierte er 1923 mit einer geologischen Arbeit, um 1929 Konservator des Naturw. Mus. der Vaterstadt zu werden. Trotz geringer Mittel und beschränkter Raumverhältnisse gelang es seiner Zähigkeit, die Sammlungen zu vermehren und die Bestände werbend und anziehend auszubauen. Neben den wissensch., besonders geol. Studien stand nicht weniger ertragreich seine Mitarbeit an allen Bestrebungen, die der Erhaltung der kantonalen Naturschätze galten. Obwohl mit zurückhaltenden Wesenszügen ausgestattet, war er daher seit 1938 rühriges Mitglied im Vorstand von „Nos Oiseaux". Die Versammlungen der Société Romande pour l'Etude et la Protection des Oiseaux zogen Nutzen aus der praktischen Erfahrung des Idealisten, und der orn. Zirkel der Stadt verdankte seiner sachkundigen Hinneigung zur Welt der Vögel Gründung und Ausbau.

— Lit.: Nachruf (von P. Géroudet). Nos Oiseaux 28, 1966, S. 264.

Büttner, Georg Ludwig Friedrich, * 26. 5. 1805 Schleck (Kurland), † 18. 7. 1883 Kabillen (Kurland). Er war der Sohn von Johann Georg B. (s. d.) und folgte in Beruf und Neigungen den Spuren des Vaters. Von 1822—1825 studierte er Theol. in Dorpat, von 1828—1830 in Deutschl.; 1833 wurde ihm das Pastorat in Kabillen übertragen. Auch ihn beschäftigten die Fragen nach dem Wie und Wann im Leben der heimatlichen Vögel. Doch dürften seine Freilandbeobachtungen erst in fortgeschrittenen Jahren festere Formen angenommen haben; denn erst 1846 packte ihn die Freude am Sammeln der Eier, und erst 1858 trat er der DO-G bei, d. h. zu einer Zeit, da die Gesellschaft bereits unter schweren Krisenerscheinungen zu leiden hatte. Daß er im Stile des Vaters avif. und phänol. forschte, zeigen zwei Arbeiten in Naum. 8, 1858: „Ankunft einiger Zugvögel in Kurl. 1855—1858" und „Mitt. über d. Vogelleben in Kurl." mit Angaben über Bruten und Zug von Birkenzeisig und Karmingimpel. Spätere Nachweise für orn. Studien fehlen.

Büttner, Johann Georg, * 7. 4. 1779 Schleck (Kurland), † 3. 1. 1862 Schleck. Als Sohn eines Pastors und Superintendenten begann der russische Untertan nach häuslichem Unterricht 1797 das theol. Studium in Königsb., setzte aber, 1798 von der Regierung aus dem Auslande zurückgerufen, die Ausbildung in Mitau fort, um dann 1801/02 in Halle das Studium abzuschließen. Nach dienstlichen Anfangsjahren wurde ihm 1812 die Nachfolge des Vaters in Schleck übertragen. Wie viele seiner Berufsgenossen hatte er sich von früher Jugend an der Natur- u. Heimatkunde, später auch der Landwirtschaft verschrieben. Eine Reihe von Veröff. über Forschungen und Versuche, die der Förderung der Landw. galten, trugen ihm Anerkennungen und die Ehrenmitgliedschaft von wissensch. und ökon. Gesellschaften in den Ostseeprovinzen, in Petersb. und Moskau ein. Verdienste als Verf. von Lehrbüchern in dt. und lett. Sprache knüpften sich gleichfalls an seinen Namen. Das Streben, prakt. Kenntnisse zu verbreiten, ließ ihn u. a. eine „Naturlehre f. Landwirte, Förster usw." (Libau 1834) schreiben; dazu finden sich einige von ihm entdeckte Formen in Ahrens Fauna der Insekten Europas. 1848 wurde er Konsistorialrat. Einen Platz darf er in vorliegender Samml. beanspruchen, weil seine für alle Naturvorgänge wachen Blicke — wie selbstverständlich — auch das Leben der Vögel umschlossen. Es scheint unzweifelhaft, daß der Einfluß von J. F. Naumanns Meisterschaft den gesunden Erkenntnisdrang des Balten reizte. In der Isis 31, 1838 stand daher der Ber. des Pastors über die Biol., die Brut und den Zug mehrerer Vogelarten (darunter Winterschlaf der Schwalben!), und die Naum. 8, 1858 brachte außer kleineren Mitt. eine größere, grüblerisches Denken kennzeichnende Studie unter dem Titel „Aphorismen über d. Wandern der Tiere, insbesondere d. Vögel". Die kritischen Beob. unter freiem Himmel

TEIL 2

gaben ihm hier die Anregung zu durchaus beachtenswerten, klugen Betrachtungen über die positive Rolle des Instinkts beim Problem des Vogelzugs; und es überrascht nicht, daß er sich ohne Auflehnung vor einem Naturgesetz beugte, „das wir nicht weiter erklären können". Die hier mitgeteilten Erfahrungen und Bekenntnisse verrieten so viel Unvoreingenommenheit, daß der nur Tatsachen anerkennende E. F. v. Homeyer (s. d.) sich gern auf sie stützte, als er — gut 2 Jahrzehnte später — seine „Wanderungen d. Vögel ..." (Leipz. 1881) schrieb.

— Lit.: J. F. v. Recke u. K. E. Napiersky, Allg. Schriftsteller- u. Gelehrten-Lex. d. Prov. Liv-, Est- u. Kurland, Mitau 1, 1827, S. 304; Nachtr. 5, S. 103/04 (mit Verz. d. Veröff.). - Würdigung (von Th. Lackschewitz). Dt.-balt. Biogr. Lex. (im Druck).

Burr, Friedrich, Dr., * 29. 8. 1898 Parchim (Mecklenburg), † 24. 6. 1965 Bremen. Nach dem Studium der Math., Biol., Phys. in Greifsw. kam er über Rostock, Bützow (Meckl.) 1926 nach Bremen, wo er seit 1929 Studienrat und seit 1955 Oberstudienrat war. Schon früh vollzog er mit Besonnenheit den Schritt vom herkömmlichen, nur bewahrenden Schutz der Tiere und Pflanzen zur vorausplanenden, landschaftlich bedingten Lenkung aller Schutzmaßnahmen. Als ihm die Feder für immer entglitt, hatte seine Zähigkeit manchen Erfolg in der Abwehr vordergründig technischen Denkens verbucht. Von den Geschöpfen der Heimatnatur standen die Vögel dem Herzen wohl am nächsten. 1928 war er der DOG beigetreten, und zu den kulturellen Zielen einer unauffälligen Erziehung weiter Volksschichten gehörte die Weckung von „Arbeit und Freude" am Vogelschutz. Ihr diente er seit 1925 als Vorstandsmitglied des Mellumrates und seit 1932 als Vorsitzender der Bremer Natursch.-Ges. sowie als Herausgeber der Mitt. der Gesellschaft. Solange es Gesundheit und Alter gestatteten, war ihm dazu die praktische Beringung ein eifrig gepflegtes, den Schreibtischdienst ergänzendes Bedürfnis. Im engeren Rahmen dieser Betätigung begründete er nicht nur die Storchstatistik des Landes Bremen, sondern unterstrich auch die wissensch. Bedeutung der Ringkennzeichnung für die Forschung in einer Anzahl von bemerkenswerten Veröff. Es sei hingewiesen auf Themen wie „Bremer Vögel auf Wanderung" (Ber. d. Brem. Natursch.-Ges. 1935), „Über d. jahreszeitliche Verbreitung d. Mäusebussards" unter Auswertung v. Beringungsergebnissen (Vz. 7, 1936), „Starenplage u. Starenberingung" (Ber. d. Brem. Natursch.-Ges. 1940), „Verträgt sich d. wissensch. Vogelberingung mit d. Natursch.?" (Dt. Vw. 67, 1942), „D. Seidenschwanz - Bombycilla garrulus in Deutschl. 1946—1954" (Orn. Mitt. 6, 1954). Anerkennung für fachliche Kenntnisse und beharrlichen Einsatz bedeutete die Ernennung zum Landesbeauftragten f. Natursch. u. Landschaftspfl. in Bremen 1954. In den letzten Jahren galt rege Mitarbeit auch der Dt. Sektion d. internat. Rates f. Vogelsch. Der 2. Ber. der Sektion brachte 1962 seinen Beitr. über „Naturschutzverordnung einst u. jetzt"; und im 3. Ber. schrieb er gemeinsam mit R. Drost „Über d. gelenkten Vogelsch. u. seine Aufgaben". Diese letzte Verlautbarung beschäftigte sich im Hinblick auf den allg. Vogelsch. mit dem Problem der Übervermehrung verschiedener Vogelarten (Silbermöwe, Star, Saatkrähe) und der damit verbundenen Störung des natürlichen Gleichgewichts und des wirtschaftlichen Schadens.

— Lit.: Nachruf (von Schriftl.). Nachr. - Bl. f. Natursch. u. Landschaftspfl. 36, 1965, S. 32 (mit Bildnis). - Nachruf (von W. Emeis). Ebd. 36, 1965, S. 33. - Nachruf (von R. Drost). Rundschreiben 1965, Nr. 6 d. internat. Rates f. Vogelsch., Dt. Sektion. - Nachruf (von Carlssohn). Ver. f. Nieders. Volkstum 1965.

Busch, Rudolf, * 11. 7. 1889 Klein-Ottersleben (= Magdeburg-Südwest), † 1. 10. 1966 Halberstadt. Sein Vater war Schmiedemeister; der geistig regen Mutter verdankte er einen guten Schuß musischer Veranlagung. Nach dem Besuch der Bürgerschule in Magdeb. und des Seminars in Genthin wurde er Lehrer: 1910 in Tangerhütte (Altmark), 1919 in Halberstadt, von 1945—1951 hier Schulleiter, 1953 Ruhestand. In den Auffassungen des alten Lehrerstandes großgeworden, richtete er die persönlichen Neigungen zunächst auf die Natur- u. Heimatkunde aus. Doch hatte er nie das Glück, eine Anleitung zu wissensch. Arbeitsmethoden zu empfangen. So lebte er fast immer in der Gefahr der Verzettelung und Zersplitterung im Bereiche seiner Lieblingsgebiete. Während ihn in den Anfangsjahren zeitweise die Botan. und Entom. in ihren Bann zogen, wuchs nach dem 1. Weltkrieg das reife Verständnis der Vogelk. entgegen — geweckt und gefördert durch Beziehungen zu A. Hemprich, R. Schmidt, M. Hübner, W. Voigt (s. d.) und O. Schlüter. Die entscheidendste Hinwendung zur Orn. verspürte er indes erst, als das Heineanum in Halberst. am 8. 4. 1945 in Trümmer sank. Mit seinem Einsatz begannen die ersten Aufräumungsarbeiten und die Neuordnung der erhalten gebliebenen Bälge, bis Fachornithologen wie W. Meise und H. v. Boetticher (s. d.) tätig werden konnten. Als sein größtes Verdienst betrachtete er mit einigem Recht die Wiederherstellung der Schausammlung. Die mit diesem Bemühen verknüpfte Durchsicht der Bibliothek und des orn. Nachlasses von Vater und Sohn Heine (s. d.) brachte ihm selbst inneren Gewinn, indem sie Sinn und Aufgeschlossenheit für die Geschichte der Orn. stärkte. Der sammelnden, an Entdeckungen noch reichen Zeit von F. Heine sen. (s. d.) galt daher fortan der unauffällige, vom Beifall eines engeren Kreises begleitete Eifer der Nachforschungen. Mitten in diesen erfreulichen Studien legten jedoch, als das letzte Jahrzehnt anbrach, drückende Beschwerden des Alters seine Schaffenskraft lahm. Die Zahl seiner Veröff. ist somit nicht hoch. Sie erschienen — eine versunkene Periode der system. Vogelforschung beleuchtend — zwischen 1953 und 1964 meist in der Heimatpresse, vereinzelt auch im „Falken" und (hektographiert) im Mitt.-Blatt des Orn. Arbeitskreises Nordharz/Vorland . . . (Halberst.).

— Lit.: Nachruf (von L. Baege). Naturk. Jber. Mus. Heineanum 2, 1967, S. 1—6 (mit Bildnis u. Verz. d. Veröff.).

Buvry, Leopold, Dr., * 11. 3. 1822 Berlin. Als Sohn einer Hugenottenfamilie besuchte er das Franz. Gymnas. in Berl. und nach dem frühen Tode der Eltern das Gymnas. von Danzig, wo er 1838 die Reifeprüfung ablegte. Da er aus familiären Gründen nicht gleich mit naturw. Studien beginnen konnte, wurden Anlagen und Neigungen zunächst von K. L. Böck (s. d.) privat gefördert. Spätere Univ.-Studien dürfte er nicht abgeschlossen haben. Beziehungen zu Frankr. lenkten vielmehr seine Schritte 1850 von Berl. aus zur Forts. der Ausbildung an das Collège de France von Paris und an die Univ. Montpellier. 3 Jahre weilte er dann in Nordafrika (Algerien, Tunis, Ägypten, Palästina, Syrien), um naturw. und ethnogr. Erfahrungen zu sammeln. Frucht dieser Reisejahre war ein bescheidener Überblick über „D. Wirksamkeit d. neueren Reisenden in Nord-Ost-Afrika" (J. Orn. 3, 1855), den er im Sept. 1854 von Berl. aus schrieb. Auch wußte er, in der Geburtsstadt wohnend, die im Dezember 1851 in Kairo geschlossene Freundschaft mit A. E. Brehm (s. d.) und die warmherzige Fürsprache von Ch. L. Brehm (s. d.) für die Hebung seines Ansehens zu nutzen; der Erfolg war die Promotion zum Dr. phil. durch die Univ. Jena im Februar 1855 auf Grund der Diss. „De Algeriae incolis", die ein Kapitel aus einem noch nicht fertigen Reisebericht war. Im April 1855 war er schon wieder zu Sammelzwecken in Algerien, nachdem ihm durch die Vermittlung von M. H. C. Lichtenstein und J. Cabanis (s. d.) kurze Vorbereitungen an Pariser Inst. ermöglicht worden waren (vgl. „Briefliches aus Paris" in J. Orn. 3, 1855). Die nun einsetzenden Exk. besonders in der Gegend von Bona sind von ihm in den „Streifzügen in Algerien" (ebd. 5, 1857) geschildert. Sie sollten der Erforschung der Tierwelt gelten und sind bemerkenswert durch die der Ornis gewidmete Aufmerksamkeit. Eindruck machte in erster Linie die in den buntesten Farben dargestellte, noch paradiesische Vogelwunderwelt des „geflügelreichen" Fetzara-Sees mit ihrem „Geschwirr von Legionen Reiher, Enten, Scharben und Ibissen", das „die Luft mit Lärmen und Dunkel" erfüllte. Der Verf. schien nach diesen Verlautbarungen auf dem besten Weg, die Kenntnis der nordafr. Avif. mit weiteren Erfahrungen zu bereichern. Doch es blieb bei der Erwartung. Seit 1857 wieder in Berl., seit 1858 als Privatgelehrter Mitglied der Leopoldina, verstummte er fürderhin im engeren Bereiche der Orn. Andere Themen behandelte er bis 1878 in Petermanns Geogr. Mitt. In seinen Händen lag ferner von 1859—1862 die Herausgabe der Mitt. d. Zentral-Inst. f. Akklimatisation in Deutschl. und von 1863 bis in die 70er Jahre die Schriftl. der Zeitschr. f. Akklimatisation. Die von ihm stammenden Beitr. befaßten sich in dieser Zeit vornehmlich mit der Kultur ausländischer Nutzpflanzen. Im Orn. Cbl. 3, 1878 stand zu lesen, daß er lange Jahre hindurch das Amt eines General-Sekretärs des 1856 gegründeten Berl. Akklimatisations-Vereins verwaltet habe und noch in Berl. lebe. Das war die letzte

TEIL 2

Nachr., die sich über seinen Lebensweg im orn. Schrifttum finden ließ. Auch die Akten der Franz. Kirche in Berl. entbehren der aufhellenden Unterlagen. Seinen Namen trägt Coccothraustes buvryi Cabanis 1862 = Coccothraustes coccothraustes buvryi Cabanis.

— Lit.: G. Buchda, Beziehungen d. Naturforscherfamilie Brehm z. Univ. Jena, Jenaer Reden u. Schriften 1965, S. 99/100.

C

Camel (Camellus, Kamel, Kammel), Georg Josef, * 21. 4. 1661 Brünn (Mähren), † 2. 5. 1706 Manila. Er besuchte das Klostergymnasium von Brünn und widmete sich der Pharmazie. Als Apothekergesellen schickte ihn die Ges. Jesu 1687 nach Luzon, wo er im Kollegienhaus von Manila eine Apotheke nach dt. Muster errichtete. Bei der Beschaffung von Heilmitteln für Kranke wurde er kenntnis- u. erfolgreicher Sammler von Pflanzen, Tieren und anderen Naturobjekten. Durchweg unbekanntes Material empfingen mit genauen Beschr. hauptsächlich der Holländer ten Rhyne, der engl. Naturforscher John Ray und der Londoner Apotheker James Petiver. Auf dem Umweg über diese sachlich interessierten Europäer erfuhr die westl. Welt von seinen Entdeckungen. U. a. berichtete J. Petiver in den von ihm hrsg. „Phil. Transactions" (23, 1703) über „Observationes de avibus Philippensibus". Die Mitt. befaßten sich mit 71, von C. meist mit einheimischen Namen versehenen und mit europ. Formen verglichenen Arten, die zu den orn. Überraschungen der Zeit gehörten. Auf Grund der botan. Erstmeldungen fühlte sich C. Linné veranlaßt, den Namen des Pioniers in der Pflanze Camelia zu verewigen. Wie schnell Ruhm und Ruf vergessen sein können, zeigt sich daneben in der geringeren Rangstufe, die die Orn. dem einst so verdienten autodidaktischen Forscher zuwies: Für K. E. v. Martens (s. d.), der über ein Jahrh. später in der „Zusammenstellung d. bekannten philippinischen Vögel" (J. Orn. 14, 1866) sich „mit Vorliebe" auf die Hinterlassenschaft des Praktikers berief, war er der „alte, fast verschollene C.".

— Lit.: L. Koch, Jesuiten-Lex., 1934, S. 288. - J. u. R. Gicklhorn, G. J. C. . . ., Apotheker, Botaniker, Arzt u. Naturforscher, Veröff. d. internat. Ges. f. Gesch. d. Pharmazie. N. F. 1954. - Würdigung (von J. Gicklhorn). N. Dt. Biogr. 3, 1957, S. 103/04.

Carl II. August, Herzog von Pfalz-Zweibrücken, * 29. 10. 1746 Zweibrücken, † 1. 4. 1795 Mannheim. Die Verankerung im absoluten Herrschertum bestimmte den Lebensstil des letzten Herzogs auf dem Zweibrükker Thron. Damit hinterließ er ein umstrittenes Andenken. Seine Zeit kannte die Anfänge der Aufstellung privater Vogelsammlungen in Europa. Eine Art Modeerscheinung war der Brauch nur unter naturw. aufgeschlossenen Gelehrten und gebildeten Laien, wenngleich die noch mangelhaft konservierten Präparate meist kurze Lebensdauer hatten. Während in engl. und franz. Kabinetten damals bereits reiche orn. Schätze aus fremden und fernen Ländern steckten, zwang die politische Lage die dt. Kreise, denen an system. Ordnung und Bestimmung der Vogelformen gelegen war, sich auf festländische Arten zu beschränken. Dieser wissensch. Not schien in Deutschl. eine Wendung zum Besseren bestimmt zu sein, als der von 1776—1793 regierende Herzog, das Grollen eines neu aufkommenden Zeitalters überhörend, begann, auf dem von ihm errichteten Schloß Karlsberg bei Homburg (Pfalz) ein Naturalienkabinett und in den waldreichen Niederungen eine Menagerie fremder Tiere in vorher nicht bekanntem Ausmaß aufzubauen. Kein ausländisches Kabinett soll die Anlage in der Reichhaltigkeit des Übersee-Materials übertroffen haben. Einen Vorläufer hatte dieses Unternehmen wohl nur in der Wiener Menagerie des Kaisers Rudolf II. (1552—1612). Die Launen des schrankenlos Besitzenden und die Prahlsucht mit dem Einmaligen und Besonderen (dazu gehörten auch „Scharfrichterschwerter, die 100 Köpfe abgehauen hatten"!) beflügelten die großzügigen Planungen. Die schnelle Beschaffung der zool. Bestände stützte sich zunächst auf den Erwerb anderer privater Samml., die bis zum Jahre 1785 etwa 1200 europ. und exotische Arten einbrachten. Ein im selben Jahre vom Leiter der Samml., dem Arzt Dr. François Holandre, verfaßter Kat. vermittelt dem Leser eine Vorstellung von der verwirrenden Mannigfaltigkeit der aufmontierten Stücke sowie der in Gärten und festen Häusern gepflegten Säugetiere und Raubvögel. Doch wurde dem steten

Anwachsen ein gewaltsames Ende durch die unheilvollen politischen Ereignisse gesetzt. Als franz. Revolutionstruppen die Pfalz verwüsteten, ging das Schloß mit den naturw. Samml. am 28. 7. 1793 in Flammen unter — noch ehe die Gelehrten sich des aufgestapelten Materials bedienen konnten. Welche, für die Wissensch. wichtigen zool. Kostbarkeiten es enthielt, bleibt für immer im Dunkel; denn die Welt erfuhr Einzelheiten nicht durch Fachleute, sondern in der Hauptsache von einem im Geiste des Rokoko schwärmenden Höfling, von dem im Dienste des Herzogs stehenden Maler und Architekten J. Ch. v. Mannlich (s. u.). Allein die von ihm gebrauchten Vogelnamen beweisen in sehr vielen Fällen die orn. Unkenntnis. Und E. Hartert (s. u.) wies auf die „bedeutende Vogelsamml. d. 18. Jahrh." erstmalig 1923 hin. Dem fürstlichen Gründer aber war die Möglichkeit genommen, mit Verdiensten in die Geschichte der Orn. einzugehen. Was ihm das Schicksal versagte, erfüllte sich erst mit der Entstehung des Zool. Mus. in Berlin 1810 und knüpft sich an die Namen des Grafen J. C. v. Hoffmannsegg und J. C. W. Illigers (s. d.), die die Voraussetzungen für das Studium exotischer Formen auch in Deutschl. schufen.

— Lit.: R. Buttmann, D. Karlsb. b. Homb., Westpfälz. Gesch.-Blätter (Beil. z. Zweibrücker Ztg.) 13, 1909; 14, 1910; 15, 1911. - J. Chr. v. Mannlichs Lebenserinnerungen; nach d. franz. geschr. Original übers. v. E. Stollreither in Rokoko u. Revolution (2. Aufl.), Berl. 1913. - E. Hartert, Eine bedeutende Vogelsamml. d. 18. Jahrh., Orn. Mber 31, 1923, S. 73—75. - W. Petry, „Eine bedeutende Vogelsamml. d. 18. Jahrh.", ebd. 45, 1937, S. 157—162. - E. Stresemann, Entw. d. Orn., 1951.

Conrad, Paul, * 6. 11. 1836. 1862 trat er als Kapitän des Schiffes „Großvater" dem „Haus Seefahrt" bei, einer Bremer Stiftung zum Wohle pensionierter Kapitäne. Später war er Kapitän der Bremer Bark „Herzog Ernst", mit der er zwischen 1870 und 1872 in den ostasiatischen Gewässern kreuzte. Offenbares Verständnis für die Aufgaben der Forschung veranlaßte ihn, von dort Vögel an das Naturh. Mus. von Bremen zu senden. 1906 wurden die Stücke dann von R. B. Sharpe für das Brit. Mus. in London erworben. Aus Freude an den ihm begegnenden Besonderheiten einer fremden, unbekannten Welt benutzte C. „die bei seinen Berufsgeschäften knapp bemessenen Mußestunden zum Sammeln naturh. Gegenstände, in welchem Fache er so bewandert ist als mancher Naturforscher". Mit diesen anerkennenden Worten begleitete O. Finsch (s. d.) — damals neben G. Hartlaub (s. d.) am Bremer Mus. tätig — die Ber. „Über eine Vögelsammlung aus d. Küstenländern d. chinesisch-japanischen Meere" (Verh. Wien 22, 1872) und „Über eine Vogelsammlung aus Ostasien" (ebd. 23, 1873). Die Beschr. galten u. a. 77 von C. geschickten Arten. Um die Verdienste des „teuren Freundes" zu unterstreichen, benannte der Kustos eine als neu erkannte Form aus Siam Criniger conradi = Pycnonotus oder Loidorusa blanfordi conradi. In den Bremer Archiven finden sich keine weiteren Daten über C.s Lebensgang.

Conrads, Hubert Alois, * 1. 10. 1874 Essen, † 9. 5. 1940 Sumve (Tanzania). Sohn eines Konsumverwalters, ging der Pater als Weißer Vater (= Mitglied einer großen Missionsgesellschaft für Afrika) 1901 nach Dt.-Ostafrika und baute von 1904 ab die Baumwollpflanzung Mariendorf auf der Insel Ukerewe im Victoria-Nyanza-See auf, um Mittel für die Mission zu gewinnen und den Eingeborenen die Möglichkeit für Arbeit zu schaffen. Da er bei Ausbruch des 1. Weltkrieges gerade zur Erholung in der Heimat weilte, betätigte er sich als freiwilliger Feldgeistlicher. 1926 kehrte er von der Missionsschule Rietberg (Westfalen) aus an die alte Wirkungsstätte zurück. 1937 zwang ihn Krankheit, die erfolgreiche Arbeit auf der Pflanzung einzustellen und in einem Hospital auf dem Festland den Rest der Jahre zu verbringen. Neben der missionarischen Tätigkeit lag ihm ernsthafte naturk. Erforschung der afrik. Umwelt vor allem vor 1914 am Herzen. Die Anlage bedeutender zool. und botan. Samml. legte Zeugnis für den regen Eifer ab. Dadurch, daß er die ihm unbekannten Formen durch Fachleute vieler Länder bestimmen ließ, wurde sein Name in den Wissensch. bekannt. Um die Vogelk. erwarb er sich Verdienste, als er aus dem südl. Teil der Insel 750 mit viel Verständnis zusammengebrachte Bälge von 174 Arten dem Zool. Mus. von Berlin überließ. Schon in der Berl. DOG-Märzsitzung 1908 schlug daher A. Berger (s. d.) den wirksam gewordenen Rassenamen Coliuspasser macroura conradsi vor (J. Orn. 56, 1908), und H. Grote (s. d.) beschrieb die ganze Samml. (ebd. 69, 1921).

— Lit.: Arch. d. Weißen Väter, Rom. - Briefe im Arch. d. Zool. Mus. Berl. - W. Horn u. I. Kahle, Über entom. Samml., Entom. Beihefte aus Berl.-Dahlem 2, 1935, S. 45.

Conraetz (Konraetz), Wilhelm, * um 1850 Wien, † 1924 (wahrscheinlich) Berlin. Die Künstlernatur des mit guter Schulbildung (u. a. in Genf 1863) ausgestatteten Fabrikantensohnes fand nicht das rechte Verhältnis zum bürgerlichen Alltag. Von der Pariser Opéra Comique nach 3 Jahren entlassen, mußte er mittellos dahinleben, bis ihn 1876 die Mutter von Friedrich v. Falz-Fein (s. d.) als Lehrer für Musik und fremde Sprachen nach Askania Nova verpflichtete. Zwar verführte ihn nach 2 Jahren nochmals der Glanz der franz. Metropole. Doch versank er dort so tief im Teufelskreis der Lebensuntüchtigkeit, daß er froh war, als ihn der Vater von Fr. v. F.-F. 1887 nach dem alten Asyl für immer zurückholte. Nachdem der „seltsame Mensch" 1918 die sibirische Verbannung überstanden hatte, teilte er auch für den Rest der Tage in Deutschl. das Schicksal seiner Wohltäter. Die Rettung aus den Elendsjahren verdankte der Gestrauchelte vor allem der Freundschaft, die Fr. v. F.-F. aus besonderem Grunde für ihn empfand: Auge und Ohr der „wunderlichen Gestalt" galten seit den Jugendtagen im väterlichen Park von Wien dem Umgang mit den heimischen Singvögeln. Der leidenschaftliche Zug dieser Einstellung steigerte sich zu einer Art Besessenheit, als der Liebhaber in den 80er Jahren Gelegenheit hatte, die Biol. des Sprossers eingehend zu beobachten — zuerst in den Eichenwäldern von Bebince am Dnjestr (wo er unter den Einfluß des damals sehr bekannten Sprosserkenners Dr. Josef Lazarus in Tschernowitz kam) und 1885/86 in den Buchenwaldungen von Schloß Czernica bei Brody. Durch diese Hinneigung zur Vogelwelt fühlte sich Fr. v. F.-F. ihm verbunden, machte ihn zum Auslandskorrespondenten und übertrug ihm die Betreuung der Vogelanlagen des Gutsparks. Das großzügig gewährte Vertrauen gab dem Geschlagenen die Kraft zur einzigen positiven Lebensleistung. Sie bestand in den Ber. nicht nur über die Pflege seiner Lieblinge, sondern weitergehend über Methoden und Schwierigkeiten, Fehlschläge und Erfolge bei den Ansiedlungs- u. Domestizierungsversuchen — wobei Sprosser und Nachtigall hervorstechende Rollen spielten. Keine andere Feder hinterließ so ausführliche und streckenweise übertrieben langatmige Darstellungen der orn. Bemühungen von Askania Nova. Dieser hauptsächlich in den 90er Jahren geleistete Quellendienst ist an den Namen des Sonderlings geknüpft, auch wenn er begreiflicherweise kaum noch gekannt und beachtet ist. Von den Veröff. des Verf. seien angeführt: „Orn. Mitt. aus Süd-Rußl." (Gef. W. 19, 1890), „Orn. Beob. aus d. taurischen Steppe ..." (ebd. 20, 1891), „Schilderungen aus d. Park u. d. Vogelstuben d. Herrn F.-F. ..." (ebd. 22, 1893), „D. Sänger des Herrn F.-F. in A. N." (ebd. 23, 1894), „Aus d. Tiergarten d. Herrn F.-F." (ebd. 23, 1894), „Meine Sprosser" (ebd. 24, 1895), „Von meiner Nachtigall" (ebd. 25, 1896), „Schilderungen aus d. Tiergarten d. Herrn F.-F." (ebd. 26, 1897), „Aus Herrn F.-F.s Tierpark" (ebd. 27, 1898), „Sprosser u. Nachtigallen im Tierpark d. Herrn F.-F. ..." (Natur u. Haus 8, 1900 u. 9, 1901), „Beob. über d. Vogelzug" (Gef. W. 42, 1913).

— Lit.: W. v. F.-F., Askania Nova, Neudamm 1930, S. 213/14.

Corti, Ulrich Arnold, Dr., * 16. 8. 1904 Dübendorf (Kanton Zürich), † 12. 1. 1969 Zürich. In Anlagen und Beruf dem 1932 verstorbenen Vater Dr. Arnold C. folgend, studierte er von 1923—1929 Chemie in Zürich und Genf, war anschließend Leiter des Nahrungsmittel-Labors der Maggi AG, Direktor der Eidgenössischen Anstalt für Wasserversorgung, ... u. Gewässerschutz und zuletzt Inhaber einer Biophysikalischen Firma, der es gelang, höchstempfindliche elektronische Meßgeräte zur Registrierung der Aktivität von Lebewesen zu entwickeln. Die eigene wissensch. Forschung auf diesem Gebiet verband ihn nebenamtlich mit verschiedenen Inst. der Univ. und der Techn. Hochschule von Zürich. Als dynamisch veranlagte, nach Unabhängigkeit strebende Persönlichkeit verstand er es, allezeit die ihm verliehenen Geistesgaben zielstrebig einzusetzen. In den Mußestunden war es vor allem die kritisch forschende Beschäftigung mit der heimischen Vogelwelt, die selbständige Gedankenbahnen freilegte und ungelöste, offene Fragen anpackte. Kaum zu überschauen sind daher kleinere und größere orn. Beitr. im Fachschrifttum (wohl meist in Orn. Beob. und Arch. f. Orn.). Auch in Vorträgen, Diskussionen und auf Exk. konnte er seinen Landsleuten schon früh „Richtlinien z. Erforschung d. Vogelw. d. Schweiz" (Orn. Beob. 29, 1931) überzeugend darbieten und so wie von selbst in den führenden Kreis der Schweizer Vogelfreunde vorrücken. Er war von 1932—1939 Präsident d. Schweiz. Ges. f. Vogelk., lange Jahre Redakteur des Orn. Beob., Präsident der Wissensch. Kommission f. d. Schweiz. Vogelwarte und seit 1930 auch Mitglied der DOG. Erste größere, seine Arbeitsrichtung unterstreichende Bücher waren „Mittellandvögel" (1933) und „Bergvögel" (1935). Den beiden Werken folgten als Früchte weitergreifender Forschung „D. Vögel d. Kantons Tessin" (1945), „Führer durch die Vogelw. Graubündens" (1947), „Einführung in d. Vogelw. d. Kantons Wallis" (1949), „D. Vogelw. d. Schweiz. Nordalpenzone" (1952), „Die Brutvögel d. dt. u. österr. Alpenzone" (1959), „D. Brutvögel d. franz. u. ital. Alpenzone" (1961), „D. Brutvögel d. Schweiz. Jura" (1962). Die Brutvogelstudien mit dem Gewicht vornehmlich auf der Ordnung faun. Daten und das meisterhaft vielschichtig biol. Probleme behandelnde Buch „Konstitution u. Umwelt d. Alpenvögel" (1965) hätten nicht zu Quellenwerken von bleibendem Wert werden können ohne die bewundernswerte Belesenheit, die dem Bibliophilen aus Leidenschaft bei der Analyse und Chronologie der orn. Entwicklung in der Schweiz zu Hilfe kam. Die Fülle und Beherrschung des hist. Stoffes wurden daneben auch deutlich in eindrucksvollen Abh. wie „Vierhundert Jahre Vogelkunde in d. Schweiz" (Orn. Beob. 51, 1954) und „Zeittafel einiger Daten aus d. Geschichte d. Vogelkunde in d. Schweiz" in „D. Vogel in Buch u. Bild" (Naturh. Mus. Bern, 1954). Alle diese Zeugnisse überlegenen Sachwissens machten den Autor als einen der zuverlässigsten Kenner des Alpenschrifttums über die Grenzen der Schweiz bekannt und sicherten seinem Namen einen hochgeachteten Platz in der Geschichte der europ. Orn. Bis in die letzten Lebensjahre blieben Fleiß und Forscherdrang ungebrochen. Noch 1966 gründete er die Zeitschr. „Monticola" als Organ der Arbeitsgemeinschaft f. Alpenornithologie. Doch war es ihm nicht vergönnt, den druckfertigen Abschluß einer Monogr. zu erreichen, die unter dem Titel „Vögel d. Alpen" den Problemen der Ökol. und Physiol. von 26 Alpenvogelarten gewidmet war. Ein Herzinfarkt rief ihn plötzlich aus vollem Schaffen ab. Er war Ehrenmitglied der Ala und der Orn. Gesellschaft Zürich.

— Lit.: Nachrufe in Neue Zürcher Ztg. v. 16. 1. 1969 (Abendausg. Nr. 33) u. 21. 1. 1969 (Mittagsausg. Nr. 42). - Nachruf (von O. A. M. Wyss). Ebd. v. 12. 3. 1969 (Abendausg.). - Nachruf (von A. Simon). Monticola 2, 1969, Nr. 20, S. 1/2. - Sonderheft d. Orn. Beob. (in Vorbereitung).

Cygański, Mateusz. Der in Masowien wohnhafte Adelige, von dessen Leben nur wenig bekannt zu sein scheint, gab 1584 in Krakau ein Werkchen „Myślistwo Ptasze" (= „Vom Vogelfangen") heraus. Ein Stück mit 40 Seiten ist heute noch in der Bibliothek von Kórnik bei Posen aufbewahrt und enthält, den Verf. als Jäger mit Hunden zeigend, die Beschr. von Vögeln in Prosa und Vers sowie die verschiedenen Methoden des Vogelfanges. Das Traktat des unwissensch. Laien hat das Verdienst, ähnlich wie die lit. Hinterlassenschaft des jüngeren J. C. Aitinger (s. d), eines der ersten Zeugnisse zu sein für die Beziehungen des mittelalterlichen Menschen zum Vogel. Der mit 79 Vogelzeichnungen gezierte Text nennt 146 Vogelnamen aus dem Schatz einer nur sehr mangelhaften Formenkenntnis. Die nächste Ausgabe dieser „Vogeljagd" erfolgte anonym ohne Orts- u. Jahresangabe wahrscheinlich 1630. Ein Faksimile davon ließ Kazimierz Stronczyński (1809—1896) 1840 drucken. Schließlich besorgte A. Waga (s. d.) eine Neuanfertigung in Sylwan 17, 1841, wobei er in einem Nachwort auf M. Cygański hinwies. An eine Erklärung der von C. genannten Vogelnamen wagte sich erst mit einigem Erfolg der Botaniker und naturw. Historiker J. T. Rostafiński (1850 bis 1928) heran, als er — Prof. d. Jagell. Univ. — „Fünf Bücher v. Jagd, Pferden u. Jagdhunden aus d. J. 1584—1690" erscheinen ließ (Krakau 1914). Das Ergebnis waren 113 identifizierte und 23 zweifelhafte Vogelformen.

— Lit.: J. Sokołowski, D. Vögel d. poln. Länder

TEIL 2

(poln.), Bd. 1, 1958, S. 13/14. - St. Feliksiak, Poln. Ornithologen u. d. Biogr. d. „Orn. Mitteleuropas" (poln.), Przeglad Zool. 12, 3, 1968, S. 270—272.

D

Degen, Johann Jakob Eduard, * 2. 3. 1852 Basel, † 10. 12. 1922 London. Er studierte Zool. in Basel und Paris und ging nach der Heirat 1892 in Barrersea (Surrey) als Osteologe an das National Mus. von Melbourne. Von 1894 ab war er Präparator am Brit. Mus. in London, das 1899 u. a. 67 in Spiritus konservierte Vögel aus Südaustralien erwarb. Den erfahrenen Taxidermisten lockten um die Wende des Jahrh. Forschungsreisen hauptsächlich nach Afrika (Somaliland und Abessinien). Von April bis Juni 1902 sammelte er mit erstaunlicher Tatkraft und unter Überwindung schwierigsten Geländes zwischen Addis Abeba und dem Tanasee, wo er den bemerkenswertesten Vogelformen begegnete. Über die Ergebnisse berichtete W. R. Ogilvie-Grant in Ibis (8) 4, 1904 und nannte als bis dahin im Brit. Mus. noch fehlend Asio abyssinicus sowie als neu entdeckt Melanobucco tsanae = Lybius undatus undatus und Mirafra degeni = Mirafra rufocinnamomea rufocinnamomea. Veröff. aus F.s Feder finden sich in Ibis, Bull. Brit. Orn. Club, Emu, Trans. Z. S. London. Sie sind gekennzeichnet durch Arbeiten wie „On some of the main Features in the Evolution of the Bird's Wing" (Bull. Brit. Orn. Club 2 u. 3, 1894), „Ecdysis, as morphol. Evidence of the Tetradactyle Feathering of the Bird's Fore-Limb,..." (Trans. Z. S. London 16, 1903), „Austral. Birds in the Zool. Gardens, London 1903/04" (Emu 4, 1904), „Remarks on new Species of Austral. Magpies..." (ebd. 3, 1904). Die in der Wissensch. am meisten beachteten Unters. betrafen die Mauser der Vögel sowie die Morphol. und Entwicklung der Flügel (Federanordnung).

— Lit.: Nachruf (von Wm. E. Clarke). Ibis (11) 5, 1923, S. 334. - H. M. Whittell, The Literature of Austral. Birds, Perth 1954, Teil 2, S. 189.

Dehnel, August, Dr., * 25. 6. 1903 Warschau, † 22. 11. 1962 Warschau. In Warschau 1926 mit einer Arbeit über die Grundlagen der vergl. Anat. zum Dr. promoviert, war er später Anatom an der M. Curie-Skłodowska-Univ. in Lublin, Leiter des Forschungsinstituts Ssakow der PAN in Bialowiez und 1946—1948 Leiter der Abt. f. Wirbeltiere am Staatl. Zool. Mus. Nach der Habilitation 1949 in Warschau wurde er 1958 noch Korr. Mitglied der PAN. Bis zum Jahre 1933 veröffentlichte er u. a. 10 Arbeiten aus dem Gebiete der experimentellen Embryologie der Vögel; genannt seien „Sur la durée des stades embryonnaires", zus. mit J. Tura (C. R. Soc. Biol. Paris 99, 1928), „V. d. Verschiedenheit d. Entwicklungszeit" (Kosmos, A 53, 1928/29, poln.), „V. d. Entwicklungstypen d. frühen Stadien beim Vogel" (Folia morphol. 1, 1929, poln.). Daß daneben auch die Biol. der Vögel und die Praxis der Beizjagd in seinem Blickfeld lagen, zeigen Arbeiten wie „Beitr. z. Kenntnis d. Biol. d. Vermehrung des Habichts u. d. Wanderfalken" (Acta orn. Mus. zool. pol. 3, 1939, poln.) und „V. d. Kunst d. Verwendung v. Greifvögeln f. Jagden" (Warschau 1939, poln.) mit vervollständigtem u. berichtigtem Abdruck aus „D. poln. Jäger" (1928).

— Lit.: Nachruf (von J. Nast). Kosmos 12, 1963, S. 111—119 (poln., mit Bildnis). - Nachruf (von Z. Pucek). Prz. zool. 7, 1963, S. 317—326 (poln.). - J. B. Szczepski, A. D., D. letzte Pionier d. Falknerei in Polen, ebd. 10, 1966, S. 257—260 (poln.). - St. Feliksiak, Poln. Ornithologen u. d. Biogr. d. „Orn. Mitteleuropas" (poln.), Przeglad Zool. 12, 3, 1968, S. 268/69.

Deiker, Carl Friedrich, * 3. 4. 1836 Wetzlar (Lahn), † 19. 3. 1892 Düsseldorf. Aus einer bekannten Malerfamilie stammte er. (Der Vater Friedrich D., 1792 Hanau — 1843 Wetzlar, vorwiegend Porträtist und Hofmaler des Landgrafen Friedrich V. von Homburg, seit 1821 Zeichenlehrer am Gymnasium von Wetzlar; der Bruder Johannes D., 1822 Wetzlar—1895 Düsseldorf, 1843 bis 1868 Jagd-, Tier- u. Landschaftsmaler am Hofe des Fürsten von Braunfels, später Tiermaler in Düsseldorf.) Nach erster Ausbildung auf der Zeichen-Akad. in Hanau (Main) besuchte Carl Friedrich D. von 1858 ab die Kunstschule in Karlsruhe, wo er seit 1861 ein eigenes Atelier unterhielt, bis er 1864 nach Düsseldorf übersiedelte. Hauptsächlich unter dem Einfluß des älteren Bruders wurde die Jagdmalerei das Feld seiner Meisterschaft. Während Johannes D. das freilebende Tier bevorzugt in der Ruhestellung zeigte, schuf Carl Friedrich D. erregende, packende Jagdszenen mit Wildschweinen, Hirschen und anderem Wild in voller Bewegung — auf der Flucht, im Kampf der Rivalen, in der Abwehr des verfolgenden Jägers oder tierischer Feinde; und es ist sein Verdienst, in Anlehnung an die altniederländische Überlieferung durch die kraftvoll wirkende Dramatik der Komposition der Tiermalerei wirklich hohen künstlerischen Zuschnitt verliehen zu haben. Neben den so für Schlösser und Paläste geschaffenen großen Prachtstücken bedachte des Künstlers Hand auch das Unterhaltungsbedürfnis des Bürgertums durch Illustrationen für Zeitschriften und Familienblätter, besonders für die in Blüte stehende Gartenlaube. Aus dieser Arbeitsrichtung entsprangen wieder Beziehungen zu Ad. Müller (s. d.), der ihn für Aquarellvorlagen zum Schmuck der „Tiere d. Heimat" von Ad. u. K. Müller (s. d.) zu gewinnen verstand. Obwohl dem Künstler die Darstellung der Säugetiere mehr lag als die der Vögel, zieren das 2. „Buch" über „Wesen u. Wandel d. Vögel" z. T. recht eindrucksvolle, natürlich und lebendig wirkende Zeugnisse der Vielseitigkeit. Sie sind in den verschiedenen Aufl. teils auf Holz und Stein schwarz-weiß, teils im Farbdruck wiedergegeben und trugen ohne Zweifel dazu bei, dem Buche in jenen Jahren weite Verbreitung zu sichern. Da sie zudem den wenigen, von G. Mützel (s. d.) beigesteuerten Bildern überlegen waren, mögen sie die Erwähnung D.s im Rahmen der Vogelk. rechtfertigen.

— Lit.: Thieme-Becker, Künstler-Lex. 8, 1913, S. 559.

Delay, Paul, * 4. 1. 1878 Provence (Kanton Waadt), † 19. 11. 1964 Lausanne. Von 1897 bis 1938 war er Lehrer an verschiedenen Orten des Kantons, und überall trieb es ihn zu kritischen avif. Beob. sowie zum Austausch der Gedanken und Kenntnisse. Viele Jahre gehörte er daher als rühriger, anregender Mitarbeiter der Soc. romande ... an, die ihn 1951 durch die Ehrenmitgliedschaft auszeichnete. Mit der Feder drängte er sich nicht gerne nach vorn. Doch verdichteten sich die von ihm gesammelten Erfahrungen zu einigen Veröff.; dazu gehören eine Studie über den Schwarzspecht (Nos Oiseaux 1934) und Mitt. zum Nestbau der Wachtel (ebd. 1947). Andere, ihm bemerkenswert erscheinende Feststellungen aus der Heimatlandschaft sind längeren, an die Gesellschaft gerichteten Briefen anvertraut. So stammen aus seiner Feder nicht gedruckte Ber. über Nestuntersuchungen, über die Wanderung der Saatkrähe bei Provence und über den Gänsesäger in der Ebene von Orbe (Waadt). Wenn er auch in den letzten Jahren gerne zurückgezogen lebte, fühlte er sich im höchsten Alter noch mit kaum erlahmendem Eifer der Feldornithologie verpflichtet.

— Lit.: Nachruf (von P. Géroudet). Nos Oiseaux 28, 1965, S. 32.

Deppe, Ferdinand, * 1794, † um 1860. Der kluge und geschickte Geselle in den kgl. Gärten von Berlin hatte engere Beziehungen zum dortigen Zool. Mus., wo sein älterer Bruder Wilhelm seit 1819 Rechnungsführer war. 1821 gab er auf Veranlassung von H. Lichtenstein (s. d.) den Beruf auf, um sich als einer der ersten für eine Forschungsreise nach dem selbständig gewordenen Mexico vorzubereiten. Da er den Grafen von Sack (s. d.) als naturw. Sammler begleiten sollte, lernte er zielstrebig das Präparieren, erwarb Kenntnisse in der engl. und spanischen Sprache und studierte zool., botan. und geogr. Werke über Südamerika. Bald nach der Ankunft (Dezember 1824) in Alvarado (Veracruz) überwarf er sich aber mit dem launenhaften, verschrobenen Grafen und unternahm von Mai 1825 bis September 1826 ganz auf sich gestellt oder zusammen mit einem jungen Engländer eine Reihe gefahrvoller aber ergebnisreicher Exp., bis er um die Jahreswende 1826/27 mit schnellem Entschluß nach Berlin zurückkehrte. Seine ganze Samml., darunter allein 958 Vogelbälge von etwa 315 Arten, kaufte H. Lichtenstein für das Mus., ohne dem Sendboten aber den ersehnten Posten an einem Berl. wissensch. Inst. zu verschaffen. Der Enttäuschte fuhr daher im Sommer 1828 mit dem Botaniker Dr. W. Schiede wieder nach Jalapa, um durch Sammeln für europ. Mus. den Unterhalt hauptsächlich im Staate Veracruz zu suchen. Bald stand er erneut vor einem Fehlschlag seiner Pläne. H. Lichtenstein bezahlte wohl bis 1829, aber nur geringe Preise; ebenso zurückhaltend zeigte sich das Wiener Museum mit dem Ankauf von nur 56 Bälgen im selben Jahr. In größter Not wagte er schließlich sein Glück als Handelsvertreter. Auch auf diesem Gebiet begegnete ihm nur Betrug.

TEIL 2

Nachdem auch ein gedrucktes, von seinem Bruder in Berlin vertriebenes „Preisverzeichnis d. Säugetiere, Vögel, Amphibien, Fische u. Krebse, welche v. d. Herren D. u. Schiede in Mexico gesammelt worden ...“ (1830) ohne den erhofften Ertrag blieb, nahm die Heimat den schuldlos Gestrandeten und von der Wissensch. schlecht belohnten Pionier wieder auf, aber nur, um seinen Namen dem Vergessen zu überlassen. Ein unverdientes Schicksal war den stolzen Leistungen beschieden. H. Lichtenstein fand anfangs die in Berl. eintreffende Ausbeute so wertvoll, daß er die Herausgabe eines Werkes über die Tierwelt Mexicos erwog; doch blieb der Plan stecken. Wie den Sammlungsstücken der Zeitgenossen W. F. Hemprich, Ch. G. Ehrenberg, F. Sellow, L. Krebs (s. d.) wurde den mex. Eingängen in der Tat kaum eine ernsthafte Beachtung durch den Leiter des Berl. Mus. zuteil. Er gab zwar den unbekannten Arten Namen für die engeren mus. Zwecke, übersah aber gänzlich die außereurop. Lit. Unter den vielen Dutzenden überraschend großartiger Neuheiten wurde — erst 1839 — nur Hylomanes momotula von Lichtenstein selbst wissensch. gewürdigt. Kritische Bearbeitungen erfuhren die Stücke erst durch J. Cabanis (s. d.) oder durch sachverständige Besucher der Berl. Samml. Durch diese Beschr. sind die Typen für das Berl. Mus. erhalten geblieben. Die noch gültigen Namen (mit genauen Fundorten) wurden 1954 von E. Stresemann (s. u.) zusammengestellt auf Grund der im Mus. aufbewahrten Briefe des Reisenden, der Listen Lichtensteins und des „Preisverz. ...“ von 1830.

— Lit.: E. Stresemann, Entw. d. Vogelsamml. d. Berl. Mus. unter Illiger u. Lichtenstein, J. Orn. 70, 1922, S. 498—503. - Ders., F. Deppe's Travels in Mexico 1824—1829, Condor 56, 1954, S. 86—92.

Dieffenbach, Ernst, Dr. Dr., * 27. 1. 1811 Gießen, † 1. 10. 1855 Gießen. Als Sohn eines hess. Prof. der Theol. studierte er seit 1828 in Gießen Med., mußte aber wegen Beteiligung an der burschenschaftlichen Bewegung jener Jahre 1833 nach der Schweiz flüchten, wo er 1835 in Zürich promovierte. 1836 verdrängte ihn österr. und preuß. Druck nach London. In notvollen Jahren lenkte geistvolle Mitarbeit an Zeitschr. die Aufmerksamkeit engl. Gelehrter auf seine Fähigkeiten als Arzt und Schriftsteller. So wurde er 1839 Leiter einer naturw. Exp. der New Zealand Company, verweilte bis 1841 in Neuseeland und (während der Rückfahrt) auf den Chathaminseln sowie 5 Monate in Neusüdwales. Zu seinem Bedauern führte ihn der in erster Linie auf Kolonisationsmöglichkeiten ausgerichtete Zweck des Unternehmens nur in einzelne Teile des fast unbekannten Landes, doch betrat sein Fuß Gebiete im Norden, die vorher von keinem Europäer erkundet werden konnten. Es ist sein Verdienst, die Kenntnis der Insel ebenso nachhaltig gefördert zu haben wie — wenige Jahre später — J. v. Haast (s. d.) und — gegen Ende des 19. Jahrh. — A. Reischek (s. d.). Die ersten Beschr. der orn. Entdeckungen erschienen in J. Goulds „Birds of Australia“ (seit 1840). Nachdem dann aus der Feder des Reisenden „New Zealand and its native population“ (London 1843) herausgekommen war, folgte der großartige, tief schürfende Reisebericht, der als „Travels in New Zealand“ (London 1843) ein bedeutsames Quellenwerk wurde. Die darin enthaltenen „Beitr. z. Geogr., Geol., Botan. u. Naturgesch. jenes Landes“ ergänzte J. E. Gray durch den Anhang über die „Fauna of New Zealand“ mit 84 Vogelformen; D. selbst bereicherte die Liste durch Bem. zu vielen Arten. Was er aus der eigenen Erfahrung über Vorkommen, Aussehen, Lebensweise, Fragen der Taxonomie sowie über Sitte und Sprache der Bevölkerung zu sagen hatte, verriet die geschärfte Aufmerksamkeit des vielseitig geschulten Mannes, dessen Dichternatur schnell Zugang zu den „Wilden“ fand, die „noch nicht gelernt hatten, gefühllos zu sein“. Die Nachr. und die von ihm gelieferten 38 Bälge waren in London hochwillkommen, denn seit J. Cooks zweiter Weltreise, zu deren naturwiss. Ergebnissen die unwürdig behandelten Sammlungsstücke von J. R. Forster (s. d.) und die begleitenden Zeichnungen von J. G. Forster (s. d.) gehörten, waren keine nennenswerten Zugänge mehr aus dem fernen Land nach dem Brit. Mus. gelangt. Die Geschichte der Orn. hält den Namen des Forschers ehrend fest. Nach ihm benannt sind der „Chatham Island Tomtit“ Petroica dieffenbachi Gray 1843 = Petroica macrocephala chathamensis Fleming 1939 und die ausgestorbene „Dieffenbach's Rail“ Rallus dieffenbachi Gray 1843 = Nesolimnas dieffenbachi

(Gray). Beide Formen entdeckte D. 1840 auf den Chatham-Inseln. Im Oktober 1841 war er — obwohl ihn die neuseeländische Verwaltung mit schmeichelhaften Angeboten halten wollte — zurück in Engl. und, „weil er zu große Liebe zum Vaterland hatte", 1843 wieder in Gießen. Die unveränderte politische Einstellung versperrte ihm in der Vaterstadt abermals die akad. Laufbahn. Längere Zeit war er sogar gezwungen, nach Berlin unter den Schutz seines berühmten Vetters, des Chirurgen Joh. Friedr. Dieffenbach, und unter die Gönnerschaft A. v. Humboldts auszuweichen. Durch Veröff. in wisschensch. Zeitschr., u. a. auch durch die Übers. von Darwins naturw. Reisen (2 Bde., Braunschw. 1844) mußte er sich über Wasser halten. 1844 wurde ihm der Aufenthalt in Gießen wieder erlaubt. Aber erst als das Sturmjahr 1848 — er gab damals die „Freie hess. Ztg." von Nr. 3 ab heraus — größere Freiheit brachte, begann für ihn der lang ersehnte Aufstieg. Die venia docendi erlangte er durch die Habilitationsschrift „D. Aufgabe d. geol. Studiums" (Gießen 1849). Seit 1850 war er noch für wenige Jahre ao. Prof. der Geol. in seiner Vaterstadt, ohne als selbständige, geistigen Abstand wahrende Persönlichkeit je Verständnis für das „wissensch. Kleingewerbe ... des gelehrten Cliquenwesens" aufzubringen.

— Lit.: Nachruf (von Schriftl.). Ber. Oberhess. 3, 1855, S. 92. - J. C. Poggendorff, Biogr.-lit. Handwörterbuch ... 1, 1863, S. 568. - Würdigung (von F. Dieffenbach). „Ausland" 47, 1874, S. 84—87. - Allg. Dt. Biogr. 5, 1877, S. 120. - Fr. Embach, Lex. d. Reisen u. Entdeckungen, Leipz. 1882; Nachdruck, Amsterdam 1961, S. 98. - Würdigung (von W. Wolkenhauer). Hess. Biogr. 2, 1920, S. 146—150 (mit Verz. d. Veröff. u. älteren Quellen). - W. R. B. Oliver, New Zealand Birds, Wellington, 2. Aufl. 1955, S. 20. - L. Gebhardt, Z. Gesch. d. naturw. Erkundung Neuseelands, B. Bonn 20, 1969, S. 219—227.

Dörries, Friedrich Nicol Daniel (Fritz, sen.), * 4. 5. 1822 Hamburg, † 1. 1. 1917 Hamburg-Bahrenfeld. Eng befreundet mit K. Hagenbeck (s. d.), galt seine erste naturk. Begeisterung den heimatlichen Vogelformen, deren Leben im Freien und in der Vogelstube der spätere Bäckermeister mit früh geübten Sinnen beobachtete. Zu dieser Liebhaberei gehörten — dem Stile der Zeit gemäß — das Fangen, Sammeln und Ausstopfen. Der Ruf seiner vogelk. Kenntnisse und ausgezeichneten Präparate erreichte u. a. Ch. L. Brehm (s. d.), der sich mehrfach bemühte, durch Reisen nach Hamb. die Samml. wissensch. zu überprüfen und für seine system. Unters. zu nutzen. Der Besichtigung folgten Worte des Lobes für D.s Leistungen. In der Vaterstadt selbst wollten aber nicht alle zeitgenössischen Ornithologen an die gepriesene Zuverlässigkeit rückhaltlos glauben; vgl. Fr. Boeckmann (s. d.). Die Beziehungen zum Hause Brehm und der Wunsch, mehr Zeit den Vögeln und (später) dem Fang und der Züchtung von Schmetterlingen widmen zu können, veranlaßten den durch eine Erbschaft unabhängig gewordenen Bäckermeister schließlich, den ursprünglichen Beruf aufzugeben und unter A. E. Brehm (s. d.) die gering bezahlte Stelle des ersten Futtermeisters im 1863 gegründeten Hamb. Zool. Garten zu übernehmen. Die weitere Entwicklung brachte es indes mit sich, daß D. immer deutlicher von der entom. Sachkunde beansprucht wurde und der orn. Beschäftigung entsagen mußte. Ein Platz sei ihm im vorliegenden Rahmen vor allem gegönnt, weil die von ihm ausgehenden Anregungen sich zur treibenden Kraft der großen, auch für die Orn. fruchtbaren Sammelreisen seines Sohnes Friedrich D. (s. d.) entwickelten.

— Lit.: Nachruf (von A. Selzer). Internat. Entom. Zs. Guben 14, 1920, S. 113—115. - H. Weidner, Gesch. d. Entom. in Hamb., Abh. Hamb., N. F. 9, Suppl. 1967, S. 166—168 (mit Bildnis).

Dörries, Friedrich Carl Gustav (Fritz, jun.), * 10. 7. 1852 Hamburg, † 21. 2. 1953 Hamburg. Als Gärtner wurde er durch Hamb. Firmen und die naturk. Neigungen des Vaters Friedrich D. (s. d.) schon früh auf das erst 1860 von Rußland gegründete Handelszentrum Wladiwostok aufmerksam. So lockten ihn Freude am Abenteuer und gesunder Erwerbssinn von 1877—1898 (mit Unterbrechung von nur wenigen Jahren) in die Niederungen und Gebirge Ostsibiriens. Auf weiten Strecken begleitet von seinen Brüdern Henry Gustav D. (22. 7. 1861—21. 2. 1904) und Edmund D. (3. 1. 1865—16. 3. 1958), gab er sich „der Wissensch. zuliebe" hauptsächlich auf der Insel Askold und in den Strombereichen von Sidinu, Suifun, Ussuri der Sammelleidenschaft hin. Seit etwa 1902 war er wieder in Hamb. ansässig und weitere 25 Jahre als Leiter des

Insektenhauses von K. Hagenbeck (s. d.) tätig. Sein Hauptfeld lag zwar auf dem Gebiete des Insektenfanges und der Haltung von Gliederfüßlern. Doch schulden ihm auch die Ethnogr. sowie die Vogel- u. Säugerforschung Dank für eine ansehnliche Materialbeschaffung. 5600 Vögel standen auf der Liste seiner Sibirienbeute. Sie wurden — vielfach auf dem Wege über den Vater — an dt. Mus. wie die von Braunschweig und Hamb. (wo sich heute noch Bälge befinden) oder an ausländische Sammler abgegeben. Davon wurden als neu beschrieben der kleine Specht Iyngipicus doerriesi E. Hargitt, Ibis 1881 = Dendrocopos canicapillus doerriesi und der Fischuhu Bubo doerriesi H. Seebohm, Bull. Brit. Orn. Cl. 5: IV, 1895 = Ketupa blakistoni doerriesi. Kein Mann der Feder und ohne wissensch. Schulung, war D. so klug, die Veröff. der Fangergebnisse Sachkundigeren zu überlassen. Die Bearbeitung der entom. Samml. besorgte zum größten Teil Dr. O. Staudinger (Petersb. 1892). Heinrich Bolau (s. d.) schrieb „Ein Verz. d. von F. D. auf Askold ... gesammelten Vögel" (J. Orn. 28, 1880), „Über Vögel aus d. Suifun-Gebiet, gesammelt von F. u. Henry D." (ebd. 29, 1881) und „Beitr. z. Kenntnis d. ostsib. Vogelw." (ebd. 30, 1882). Stücke aus dem Jahre 1884 legte W. Blasius (s. d.) der 10. Jahresversammlung der DOG in Braunschw. vor. Eine Zusammenstellung mit sehr aufschlußreichen faun.-biol. Notizen über 133 vor allem auf Askold erbeuteten Formen erhielt Th. Noack in Braunschw.; sie erschien mit einem Vorwort von Noack unter dem Titel „D. Vogelw. v. Ostsibirien" (ebd. 36, 1888) und brachte u. a. Nachr. über das damals schon seltene Überwintern des Riesenseeadlers Haliaeëtus pelagicus auf Askold. Von D. selbst stammen mehrere „Erinnerungen eines Ostsibirien-Reisenden" (Carl Hagenbecks Illustr. Tier- u. Menschenwelt, 1926—1930) und einige wenige, orn. Themen nicht berührende Wortmeldungen in Zool. G., N. F.; sie zeigen, daß ihn der Schreibtisch nicht häufig lockte.

— Lit.: Ein Leben f. d. Insekten, Hamb. Fremdenbl. v. 10. 7. 1942. - Würdigung (von A. Panning). Mitt. Hamb. Zool. Mus. Inst. 55, 1957, S. 22. - H. Weidner, Gesch. d. Entom. in Hamb., Abh. Hamb., N. F 9, Suppl. 1967, S. 168—171 (mit Bildnis). - Ders., F. D., ein Hamb. Forschungsreisender in Ostsibirien, D. Heimat (Neumünster) 76, 1969, S. 313—320 (mit Bildnissen u. älteren Quellen). - Ders., F. D., Schlesw.-Holst. Biogr. Lex. 1, 1970.

Dostál, Josef, * 18. 3. 1868 Oleschau (= Olšany) bei Proßnitz (= Prostějov), † 26. 10. 1919 Rampersdorf bei Kostel = Podivín (Südmähren). Mit dem um ein Jahrzehnt älteren K. Kněžourek (s. d.) befreundet, begann der in Rampersdorf wirkende Oberlehrer und Schuldirektor die orn. Tätigkeit im Ausschuß für die naturw. Durchforschung Mährens. Die ersten Ergebnisse seiner Feststellungen erschienen unter dem Titel „D. Vögel d. Umgebung v. Rampersdorf" (Ber. d. Kommission 4, 1906) und schlossen auch die Beob. aus der Gegend von Lundenburg (= Břeclav), Landshut (= Lanžhot), Feldsberg (= Valtíce) und Eisgrub (= Lednice) ein. Später (1921) wurde das Verz. von J. Karasék (s. d.) ergänzt. Daß D. den Greifvögeln besondere Aufmerksamkeit widmete, bezeugt die Arbeit über die „Edelfalken-Falconidae in Südmähren" (Orn. Jb. 18, 1907). Das Überschwemmungsgebiet von Thaya und March bot ihm zudem beste Gelegenheit zur Kontrolle des Wassergeflügels. So enthielt nach langjährigen Erfahrungen sein Aufs. „D. Enten-Anatidae in d. Umgeb. v. Rampersdorf" (Příroda 7, 1912/13) auch Zahlen über die Jagderfolge des Entenfanges. Danach sollen Jahr für Jahr hier 4000—5000 Enten der verschiedensten Arten erbeutet und stets 500 Stücke davon mit Lotosringen versehen worden sein. Höhere Zahlen wurden gleichfalls genannt: 7500 für 1898 und 14 500 für 1911! Kleinere orn. Mitt. des Verf. standen in vielen Tageszeitungen. Umfangreichere Arbeiten schrieb er nicht.

Dürigen, Bruno, Dr. h. c., * 1. 2. 1853 Erdmannsdorf (Sachsen), † 12. 2. 1930 Berlin. Als geachtetem Vertreter der angewandten Orn. und erfolgreichem Fachautor der Rassegeflügelzucht sei ihm ein Platz eingeräumt, obwohl er zur engeren wissensch. Vogelk. gemessenen Abstand hielt. Vom Vater, einem Sattlermeister und „Lehenshäusler", der Liebhaber gefiederter Haustiere war, hatte er den Hang zu scharfer Beob. geerbt. Verbindung mit H. G. L. Reichenbach (s. d.) weckte die frühen Anlagen zur Forschung. Nachdem er seit 1874 in Berlin wohnte, weitete Freundschaft mit K. A. H. Bodinus (s. d.) und ab 1888 mit

L. Heck (s. d.) den ihm gemäßen Horizont. Mit dem 1874 beginnenden 6-semestrigen Studium an der Berl. Univ. — er war Schüler von W. K. H. Peters und K. E. v. Martens (s. d.) — zeichnet sich die akad. Laufbahn ab. Er wurde Dozent und später Prof. an der Berl. Landw. Hochschule, die ihn 1928 mit dem Dr. h. c. auszeichnete. An diesem Inst. setzte er sich u. a. ein Denkmal durch die Schaffung eines Geflügel-Mus., das für die Hausrassenzucht auch nach der genetischen Seite hin vorher nicht gekanntes Anschauungsmaterial stapelte. Sein Arbeitsgebiet und die Vielseitigkeit reger Schriftstellerei ebneten ihm den Weg zur Volkstümlichkeit und gleichzeitig zu streckenweisem Zusammenwirken mit K. Ruß (s. d.). Aus dieser Gemeinsamkeit entsprangen von 1878—1881 zeitgemäße neue Bearbeitungen der Schutzschriften von C. W. L. Gloger (s. d.) aus den Jahren 1858—1863, ferner die Herausgabe der „Isis", eines Organs für alle naturw. Liebhabereien (Berl. 1876 bis 1889). Von ihm allein getragen wurde die Schriftl. der „Blätter f. Aquarien- u. Terrarienfreunde" (Magdeburg, seit 1890) und des 1897 gegründeten „Monatsblattes d. Cypria", aus dem er 1898 die „Illustrierte Berl. Geflügel-Ztg." entwickelte. Über die Grenzen Deutschlands hinaus bekannt wurde schließlich sein großes, umfassendes Hauptwerk „Geflügelzucht, Hand- u. Lehrbuch d. Rassenkunde . . ." (Parey 1886, 1909, 1923—1927). Eine stattliche und überraschende Hinterlassenschaft aus der fleißigen Feder blieben daneben „Deutschlands Amphibien u. Reptilien" (12 Lieferungen 1892—1897, Creutzscher Verl., Magdeb.). Als er in Bescheidenheit starb, war es bereits so still um ihn geworden, daß sein Archiv der Einstampfung verfiel.

— Lit.: Nachruf (von W. K. G. Möbes). Geflügel-Börse, Leipz., Februar 1932. - Nachruf (von F. Schaefer). Chronik d. Cypria, Berl., 1934, S. 52 (mit 2 Bildnissen). - Bildnis aus d. J. 1895 in L. Heck, Heiter-ernste Lebensbeichte, 1938, S. 223. - W. K. G. Möbes, Bibl. d. Tauben, 1945.

E

Eggebrecht, Erich, * 13. 9. 1916 Dresden, vermißt seit 23. 1. 1943 bei Stalingrad. Sohn eines Provinzialjugendpfarrers und späteren Superintendenten, besuchte er die Gymnasien von Magdeburg und Schleusingen. Frühe Freude an der Beringung, am Präparieren von Bälgen und an Vogelaufnahmen entsprang erster Regung orn. Begabung. Sie zeitigte einen für den Schüler überraschend lohnenden Erfolg, als er am Südabhang des Thüringer Waldes gesammelte Beob. aus dem Leben der Wasseramsel für die Reifeprüfung verwerten konnte. Da das Kollegium des Schleusinger Gymnasiums sich nicht zu einer sachgerechten Benotung der Arbeit befugt fühlte, wurde O. Heinroth (s. d.) um ein wissensch. Urteil gebeten. Es fiel so positiv aus, daß der gekürzte Text zusammen mit einigen Bildern unter dem Titel „Brutbiologie d. Wasseramsel" (J. Orn. 85, 1937) erschien. Die Leistung brachte dem jungen Verf., der sich 1937 bereits der DOG anschloß, um so mehr Anerkennung, als er ohne Kenntnis der neueren Fachliteratur sich die Methode der Stoffauswertung selbst erarbeitete. Nach bestandenem Matur studierte er zunächst 2 Semester Theol. in Bethel und rückte dann zu Arbeits-, Wehr- u. Kriegsdienst ein. Ein Versuch, 1941 zum naturw. Studium überzuwechseln, schlug fehl. Doch trat seine Fähigkeit, unter freiem Himmel mit kritischem Blick erworbene Kenntnisse feinsinnig zu analysieren, in zwei weiteren Veröff. hervor: „Z. Brutbiologie d. Gebirgsbachstelze - Motacilla cinerea Tunst." (Orn. Mber. 47, 1939) und „Beitr. z. Brutbiologie d. Nonnensteinschmätzers - Oenanthe pleschanka pleschanka (Lepechin)" (ebd. 51, 1943). Die letzte Arbeit des Soldaten galt, nach Beob. aus dem Frühjahr 1942, dem Brutgebiet, dem Eintreffen, der Verpaarung, dem Gesang, der Balz und dem Nestbau des Steinschmätzers im felsenreichen Mittellauf des Kalmiuss. Während eines kurzen Heimaturlaubs im November 1942 wertete der Oberleutnant das Material aus. Bald darauf wurde er verwundet. Nach dem Abtransport war später keine Spur mehr von ihm zu finden. Die Orn. verlor mit ihm eine aufstrebende, vielversprechende Persönlichkeit.

Éhik, Gyula (Julius), Dr., * 4. 2. 1891 Kolozsvár, † 28. 12. 1964 Budapest. Nach dem Besuch des Gymnasiums von Brassó und dem Studium an der Univ. Budapest erwarb er 1913 den Doktorgrad, arbeitete am Ung. Geol. Inst., war bis 1918 Mittelschullehrer

und bis 1955 Kustos und stellvertretender Oberdirektor am Ung. Naturh. Mus. Außerdem war er seit 1927 Dozent an der Landw. Fak. von Budapest und seit 1943 Extraordinarius für Zool. Einige Jahre unterstand ihm daneben die Vogelsamml. des National-Mus., das aus seinem Sammeleifer viel Gewinn zog; u. a. ist ihm das einzige ung. Belegstück einer Alpenkrähe - Pyrrhocorax pyrrhocorax zu danken. Daß er sich stets dem Ung. Orn. Inst. verbunden fühlte, zeigen die zahlreichen seit 1909 von ihm gelieferten Zugdaten und vor allem die Tatkraft, mit der er sich nach dem Brande des Inst. um den Wiederaufbau einer neuen Bibliothek verdient machte. Eine Ehrung bedeutete für ihn der Posten des Präsidenten der Zool. Gesellschaft (Sektion d. Naturw. Ges., später Biol. Ges.) von 1944 bis 1946.
— Lit.: Nachruf (von Schriftl.). Aquila 73/74, 1967, S. 208 (ung.), S. 209 (engl.).

Emmrich, Paul. Zuweilen erschien sein Name falsch geschrieben Emmerich. Schon in den Jugendjahren muß er vogelk. rege gewesen sein. Die ersten Nachr. stammen aus dem Kreise Goldberg (Schles.). Später (1906) lebte er als Gerichtskassenrendant in Neurode und berichtete aus dem dortigen Kreise im Glatzer Gebirge. Seit 1912 war Görlitz der Wohnort des Rechnungsrates, der „trotz hohen Alters" auch als Ruheständler im vogelreichen Teichgebiet um Spreer Heidehaus bei Niesky beobachtete. 1904 rechnete ihn der Verein Schles. Ornithologen zu den Mitbegründern. 1926 war er Ehrenmitglied, wurde dann aber offenbar vergessen. Besonders im Alter war er gut belesener Formenkenner, und dadurch, daß er die eigenen Befunde sorgfältig mit der älteren Lit. verglich, zeigte er sich manch anderem zeitgenössischen Schlesier überlegen. Außer der Mitarbeit an den Jber. Beob.-Stat. Deutschl. 2, 1877 u. 3, 1878 (J. Orn. 26, 1877 u. 28, 1880) können folgende publizistische Zeugnisse aus seiner Feder genannt werden: „Miscellen" (Orn. Cbl. 3, 1878), „Verz. d. von mir in d. Umgegend v. Neurode beobachteten Vogelarten" (Jber. d. Glatzer Gebirgsver. 11, 1892), „Was läßt sich z. Verhütung d. Aussterbens gewisser Vogelarten tun?" (Orn. Ms. 31, 1906), „D. Vogelw. in d. Umgegend v. Neurode" (Grafschaft Glatz 2, 1907 u. 3, 1908), „Mißerfolge b. Aufhängen Berlepsch'scher Nistkästen in Bad Centnerbrunn" (Ber. Schles. 2, 1908), „Beitr. z. Verbreitung d. Zwergfliegenschnäppers" (Orn. Ms. 34, 1909), „D. Vogelw. d. Umgeb. v. Görlitz", keine Originalarbeit, sondern Wiedergabe eines Ber. (Ber. Schles. 7, 1921), „Orn. Merkwürdigkeiten aus d. Oberlausitz" (Abh. d. Naturf. Ges. Görlitz 29, 1925). Wann und wo er geboren und gestorben ist, ließ sich nicht feststellen.

Erckel, Theodor, * 1811 Wiesbaden, † 1897 Frankfurt (Main). Wenige Jahre nach der Gründung der Senck. Naturf. Ges. in Frankfurt kam er 1825 als Diener und Gehilfe an die dortige Samml. E. Rüppell (s. d.) nahm ihn dann 1830 mit auf die 2. Reise nach Abessinien und zeigte sich für treue Dienste des zuverlässigen Begleiters erkenntlich, indem er ihm zu Ehren in „Neue Wirbeltiere z. d. Fauna v. Abess. gehörig" (1835—1840) Perdix erckelii Rüppell 1835 = Francolinus erckelii Rüppell benannte. Nach der Darstellung des Exp.-Leiters war E. der erste, der den Vogel erlegte. Zu den hervorstechenden Eigenschaften des späteren Präparators (Kustos und Konservators) gehörte fortan die Anhänglichkeit an Ph. J. Cretzschmar (s. d.) und die Senck. Gesellschaft. Er übernahm daher die Betreuung der Vogelsammlung, als sich E. Rüppell infolge der Auseinandersetzungen mit Ph. J. Cretzschmar seit 1844 mehr und mehr aus der Mus.-Arbeit zurückzog. Bis 1880 blieb er auf seinem Posten und hatte Anteil an der von E. Rüppell begründeten Glanzzeit der Samml.; seinem Eifer sind z. B. in den 70er Jahren zu verdanken wertvolle, von J. C. Godeffroy (s. d.) bezogene Bälge aus der pazifischen Inselwelt sowie Neuerwerbungen von Nord- u. Mittelamerika und den Sunda-Inseln. 1875 gelang ihm auch (im Rahmen der Wirbeltiererfassung des Mus.) der Abschluß der schon von E. Rüppell 1845 angeregten Katalogisierung der Vogelbestände. 1891 ließ er sich durch eine Schenkung von 900,— M. in die Liste der ewigen Mitglieder der Gesellschaft aufnehmen und schuf damit gleichzeitig die Cretzschmar-Stiftung. Die damals immer noch lebendige Aufgeschlossenheit für die Vogelk. sprach aus der von ihm festgesetzten Bestimmung, daß die Zinsen „zur Verschönerung und Vermehrung der Papageiensammlung" zu verwenden seien.

— Lit.: E. Hartert, Kat. d. Vogel-Samml. im Mus. Senck. 1891, S. VI. - Würdigung. Ber. Senck. 48, 1918, S. 39 (unter Würdigung f. Ph. J. Cretzschmar). - W. Kramer, Chronik d. Senck. Naturf. Gesellschaft 1817—1966 (1967).

Erhardt, Albert, Dr., * 7. 5. 1904 Rostock, † 11. 3. 1969 Gadderbaum (Kr. Bielefeld). Schon in den Schülerjahren fesselte ihn die Tier- u. besonders die Vogelkunde. Bereits der Student kannte sich in der Wirbeltierfauna seiner Heimat gut aus. Als Sohn eines Ordinarius für Phil. an der Univ. Rostock studierte er Zool. in der Vaterstadt und wurde hier 1928 promoviert. Nach dem Besuch des Parasitologischen Inst. von Paris sowie der Pharmakologischen Inst. von Königsb., Heidelb. und der Habilitation 1935 wandte er sich schließlich ganz der Parasitologie zu. Die Fachkenntnisse auf diesem Gebiete führten ihn an das Tropenhygienische Inst. der Militärärztlichen Akad., bis er nach dem 2. Weltkrieg, für zwei Jahrzehnte an der Spitze eines Forschungsgremiums stehend, die Leitung der parasit. Abt. einer Chemischen Fabrik in Brackwede (Westfalen) übernahm. Bereits 1948 erreichte ihn ein Lehrauftrag für Arzneikunde an der Univ. Münster. 1957 wurde er hier auch Honorarprofessor. Die Grenzen fachwissenschaftlicher Tätigkeit sprengte für längere Zeit der ihn stets beherrschende zool. Eifer. Er schuf ihm den Freiraum für ernsthafte Beschäftigung mit der geliebten Vogelk. Die Zahl seiner Veröff., die sich u. a. mit Fragen der System., der Nomenklatur und der Verhaltensforschung beschäftigten, blieb zwar gering. Doch führte die Klarheit scharf kritischer Gedanken seine Feder — bisweilen auch gegen nahestehende Freunde. Die orn. Lebensstrecke ist gekennzeichnet durch Arbeiten wie „Seltenheiten in d. Chiemgauer u. Berchtesgadner Alpen“ (Verh. Bay. 17, 1927), „Beitr. z. Formenkreisnomenklatur“ (Anz. Bay. 2, 1930), „D. serodiagnostischen Unters. in d. Orn.“ (J. Orn. 78, 1930), „Bem. z. Avif. Siziliens u. d. Umgeb. Neapels“ (Verh. Bay. 19, 1931), „Kritische Bem. z. d. Arbeit v. Bierens de Haan, D. Stieglitz als Schöpfer“ (Zeitschr. f. Psychol. 130, 1933), „Beringte Lumme - Uria aalge intermedia Nilss. v. Stora Karlsö an d. meckl. Küste“ (Arch. Nat. Meckl., N. F. 13, 1938), „Massenansammlung v. Gänsesägern - Mergus merganser im Rostocker Hafen“ (ebd. 13, 1938), „Bemerkenswerte Tierverbreitung in Meckl.“ (Mh. f. Meckl. 14, 1939). Dann jedoch nahm die Berufs- u. Lehrtätigkeit seine ganze Kraft in Anspruch. 1962 erkrankte er ernstlich, so daß er sich 1964 aus dem wissensch. Werksdienst zurückziehen und aus demselben Grunde 1967 die seit 1926 bestehende Zugehörigkeit zur DO-G lösen mußte. Er war eine Persönlichkeit mit kaum verwechselbarer Prägung und weiter Geltung. Urwüchsige, lebensbejahende Einstellung zum Erdendasein, Härte gegen sich selbst und bis zuletzt ungebrochene geistige Kräfte halfen ihm, jahrelanges körperliches Leiden ohne Klagen zu tragen.

— Lit.: Nachruf. Asta-Ztg. (Werkszeitschr. d. Asta-Werke) Nr. 206, April 1969, S. 8 u. 23 (mit Bildnis).

F

Falz-Fein, Friedrich von, * 16. 4. 1863 Askania Nova, † 2. 8. 1920 Bald Kissingen. 1828 hatte der Herzog von Anhalt-Köthen, der auch den Titel eines Grafen von Askanien führte, 51 509 ha der südruss. Ursteppe im Taurischen Gouvernement (Südukraine, nördl. der Krim) erworben und die Niederlassung Askania Nova genannt. Als der hier betriebenen Schafzucht der Erfolg versagt blieb, wurde das Gut 1856 an den Tierzüchter Friedrich Fein (1794—1864) veräußert. Er war der Sohn eines aus Württemberg stammenden und seit 1763 an der Molotschna bei Melitopol lebenden Kolonisten. Eiserner Wille und Wagemut machten den neuen Besitzer zum Begründer des Wohlstandes der späteren Familien auf einem Gelände, das schließlich 1 Million Morgen umfaßte. Aus der Heirat von F.s einziger Tochter mit dem 1808 in Sachsen geborenen Mitarbeiter J. G. Pfalz(Falz) entstand der Name Falz-Fein. Mit dem Urenkel Friedrich F.-F., der seit 1890 Majoratsherr und einer der tüchtigsten, reichsten und politisch weitblickenden Gutsbesitzer Rußlands war, kam ein über reines Erwerbsdenken hinaus großzügig planender Tierfreund in die Lage, ausgedehnte Flächen des ursprünglichen Festuca- u. Stipagrases seit 1882 in eine Tierfarm und andere Teile durch die Ausnutzung artesischer Brunnen

TEIL 2

und Pumpanlagen seit 1887 in eine Baum- u. Strauchlandschaft zu verwandeln. Für seine Entwicklung grundlegende Anregungen gab ihm das „Bildungsstudium“ der Med. (er wollte nie Arzt werden) in Dorpat (1882—1889), wo er in einen Kreis zool. und besonders orn. ausgerichteter Livländer getreten war. Auftrieb empfingen die nachwirkenden Absichten ferner seit der Pariser Weltausstellung 1889 durch die Bekanntschaft mit Albert Geoffroy St. Hilaire, dem Präsidenten des Jardin d'Acclimatation, und seit Beginn der 90er Jahre durch die enge Freundschaft mit L. Heck (s. d.). Bald wuchs der Verehrer- u. Fördererkreis auch durch angesehene russ. Gelehrte; und Besuche fremder Naturwissenschaftler gehörten zum fast regelmäßigen Jahresablauf. Dt. Gäste waren L. Heck 1901, O. Heinroth und Frau Magdalena (s. d.) 1907, K. Soffel (s. d.) 1911, F. E. Stoll (s. d.) 1912, F. Matschie (s. d.) 1913, H. Conwentz 1913, W. Kracht 1914. Die Anlage gliederte sich anfangs in 2 Teile. Der eigentliche Tiergarten (25 ha) mit Baumwuchs, Wasserläufen und Steppe enthielt die Vogelarten und kleineren Säugetiere, die Steppenwildbahn (70 ha) beherbergte die großen Grasfresser. Nach kurzer Zeit wurden auch Herden von Wiederkäuern und Straußen, durch berittene Hirten bewacht, ganz frei in die Steppe nach Art von Haustieren zum Äsen geführt. Neben der Einbürgerung fremder Formen machten nach 1897 u. a. wissensch. Versuche (durchgeführt von dem russ. Prof. Ilja Iwanow) wie Kreuzungen zwischen Bison und podolischem Steppenrind, zwischen Bison und Wisent und schließlich die künstliche Besamung von Pferden die einzigartige Farm berühmt. Es sei hier festgehalten: Die von F.-F. erdachten Wege und Methoden der Akklimatisation und Domestizierung entsprangen einer Vorstellungswelt, in der die Ornis von vornherein eine prägende Rolle spielte, auch wenn später die Beschäftigung mit den Säugetieren seinen Namen in der Zool. plastischer hervortreten ließ. Vom Großvater und Vater gefördert, pflegte der Gymnasiast von Cherson und der Student von Dorpat zuerst hauptsächlich Kanarien und andere kleine Singvögel, mit der Zeit auch einheimische Arten, die er erbeutet oder auf der Jagd fluglahm geschossen hatte. Später fing er, beraten von H. Grote (s. d.), der 1913/14 sein Assistent wurde, Zugvögel, die die von ihm geschaffenen Baumgruppen und Sumpfstellen berührten, und kürzte ihnen die Handschwingen. Singvögel, Limikolen, Gänse- u. Entenarten machte er so allmählich ansässig und gab der Avifauna der heute zum großen Teil für den Getreideanbau verwendeten Steppe ein völlig neues Gesicht. Es war das eines Paradieses, in dem sich freifliegend Turm-, Rötel-, Rotfußfalken, Großtrappen, Rostgänse, Brandgänse, Nachtigallen, Sprosser, Grasmücken, Würger und andere Kleinvögel bewegten und zur Fortpflanzung schritten. Die Waldinsel wurde gleichzeitig eine günstig gelegene Stätte zum Studium des Vogelzuges. Und es mag kein Zufall sein, daß einer der ersten Kennzeichnungsversuche mit dem Namen Askania Nova verknüpft ist. F.-F. hatte im September 1892 am Hals eines dort erbrüteten Jungfernkranichs eine Messingkapsel befestigt, die die Bitte enthielt, dem „Beringer“ Ort und Zeit der Erbeutung mitzuteilen. Der Vogel wurde im Dezember 1892 im mittleren Sudan geschossen. Eine besondere Ehrung für positive Verdienste und „Gipfelpunkt des Glückes“ bedeutete der Zarenbesuch im April 1914, dem die Erhebung in den erblichen Adelsstand folgte. Rückschläge durch Zerstörungen und Plünderungen brachten dann die beiden Weltkriege. Heute trägt der staatlich gewordene Naturpark, der 1921 den ukrainischen Namen Tschapli erhielt, wieder die alte Bezeichnung A. N., und der Vogelreichtum soll durch zusätzlich angelegte Waldschutzstreifen noch gewachsen sein. Nach der Revolution von 1917 des Besitzes beraubt, wich der Schöpfer der eindrucksvollen Anlagen zunächst nach Odessa aus, um 1918 nach Berlin überzusiedeln. Dort fand er auch die letzte Ruhestätte. Mit Veröff. trat er kaum hervor. Er schrieb „D. Tarpan oder d. zentralasiat. Wildpferd“ (Natur u. Haus 9, 1901), „Mitt. aus meinem Tierpark“ (ebd. 9, 1901) und wie zum Ausklang in den Berl. Notjahren „Über d. Steppenreservate in A. N.“ (Beitr. z. Naturdenkmalpfl. 6, 1919), „Über d. Tierparke in A. N.“ (ebd. 6, 1919), „Über d. letzte Auftreten d. Wildpferdes in Südrußl.“ (Sb. Berl. Nr. 5 u. 6, 1919), „Einiges über d. Tierpark v. A. N. u. seine Entstehung“ (ebd. Nr. 7, 1919), „D. Vogelw. v. A. N.“, Vortrag vor d. DOG Berl. (J. Orn. 67, 1919).

— Lit.: Die orn. Berichte von W. Conraetz (s. d.). - A. Drücke, A. N., Diss. Halle 1906. - K. u. E. Soffel, Im Steppenpark z. A. N., Westerm. Monatshefte 57, 1912, S. 393—408. - H. Grote, Übersicht d. Vogelzugs in A. N., Orn. Jb. 25, 1914, Hefte 3 u. 4. - K. Soffel, A. N., Kosmos 15, 1918, S. 101—106. - Ber. über d. F.-F.-Sitzung in d. Staatl. Stelle f. Naturdenkmalpfl. in Preußen am 1. 2. 1919 in Berl. (mit Beitr. v. H. Conwentz, F. v. F.-F., P. Matschie, L. Heck, O. Heinroth u. Verz. d. Lit. über A. N.), Beitr. z. Naturdenkmalpfl., 6, 1919, S. 249—287. - W. v. F.-F., A. N., Neudamm 1930 (mit Vorwort v. L. Heck, Nachwort v. O. Heinroth, Bildnissen, Verz. d. Lit. u. Liste d. bis 1914 in A. N. gehaltenen Säugetiere u. Vögel). - W. Kracht, Wie ich Vogelliebhaber wurde, Gef. W. 65, 1936, S. 230/31. - L. Heck, Heiter-ernste Lebensbeichte, Berl. 1938, S. 161—176. - H. Grote, D. Brutvogelfauna v. A. N., Zool. G., N. F. 15, 1943, S. 156—162. - W. Kracht, Ein Vogelfreund zwischen Zeiten u. Welten, Pfungstadt 1954, S. 78—89. - A. Prinz, A. N. u. d. Familie F.-F., Heimatbuch d. Deutschen aus Rußl., 1957, S. 79—86. - W. Treus u. D. Kramarenko, Zoopark A. N., Kiew 1961. - E. Buchholz, A. N., Nat. u. Landsch. 38, 1963, S. 142 bis 144. - H. Scheifler, D. Steppenadler-Aquila rapax v. A. N., Gef. W. 87, 1963, S. 230—232 (mit weiterer russ. Lit.). - Ders., Über d. Einbürgerung v. Wasservögeln in A. N., ebd. 89, 1965, S. 126—128 (mit weiterer russ. Lit.). - Bildnis im Staatl. Mus. f. Naturk. Stuttgart (Samml. Bacmeister).

Fehringer, Otto, Dr., * 20. 2. 1887 Nußloch (Kr. Heidelberg), † 10. 7. 1964 Hechendorf am Pilsensee (Bayern). Nach dem Studium der Zool., Botan., Math. und einem Probejahr in Mannheim wurde er 1913 Assistent am Zool. Inst. von Berlin. Vorher schon waren seine „Unters. über d. Anordnungsverhältnisse d. Vogelfedern, insbesondere d. Fadenfedern" (Zool. Jb., Abt. System. 33, 1912) erschienen. Durch den Kriegsausbruch kam eine von A. Reichenow (s. d.) angeregte und vom Reichskolonialamt für Sommer 1914 festgelegte Reise nach Neuguinea nicht zustande. 1916—1918 gab ihm der Dienst an einer Feldwetterwarte in Mazedonien die Möglichkeit zu orn. Studien auf dem Balkan, den er 1927 nochmals mit P. Henrici aufsuchte. Die Früchte der Soldatenzeit sind erkennbar in Ber. über den „Vogelzug in Mazed. Frühjahr 1918" (Orn. Mber. 20, 1918) und über die „Vogelw. Mazed." (J. Orn. 70, 1922). Von 1919—1945 stand er als Studienrat und Prof. im Schuldienst an Gymnasien in Weinheim, Karlsruhe, Heidelb. Seit 1951 war sein Wohnsitz Hechendorf. Ungemein rührig, packte er neben dem Beruf eine Reihe von Sonderaufgaben an; so ging auf ihn eine Stiftung von Karl Bosch zurück, aus der 1934 der Heidelb. Tiergarten erwuchs. Im Bereich seiner Vielseitigkeit lag ferner die Beschäftigung mit Haustierrassen; dahin gehörige Fragen behandelte er im „Kosmos-Lex. d. Naturw." (1953—1955) und (gleichfalls nach dem 2. Weltkrieg) in „Unsere Katze", „Unser Hund", „Unser Pferd". Am bekanntesten wurde sein Name in der Vogelk. Noch vor dem 1. Weltkrieg erfreute sich zunächst die häusliche Vogelhaltung seiner Förderung in Praxis und Schrifttum durch kleine Arbeiten in Gef. W. Dann kam sein erfolgreichstes Werk „D. Vögel Mitteleuropas" (3 Bde., Heidelb. 1922—1931) heraus. Als Taschenbuch mit den vorzüglichen Farbbildern von W. Heubach (s. d.) und E. Aichele befriedigte es seitdem ein wirkliches Bedürfnis der Feldornithologen, so daß es mit dem 112.—121. Tausend noch 1956 eine neue Aufl. erleben konnte. Zusätzliche, den Geschmack weiterer Kreise treffende Veröff. aus seiner fleißigen Feder waren „D. Nachtigall" (1946), „D. Wanderfalke" (1946) mit Textbildern von O. Natorp (s. d.), „D. Welt d. Vögel" (1951) mit Farbbildern von F. Barth, „Tiere auf großer Fahrt, Wanderung d. Tiere auf d. Erde, im Wasser u. in d. Luft" (1956), „Vogelhochzeit, von Liebe u. Ehe d. Gefiederten" (1957), Geleitwort zum „Kleinen Buch d. Greife" (Insel-Bücherei Nr. 515). In den letzten Lebensjahren befaßte sich der stets rege Betätigungsdrang schließlich eingehend mit Bandaufnahmen von Vogelstimmen. Sein — vielleicht bescheidener — Anteil an der Entwicklung der Vogelk. in Deutschl. verdient eine positive Würdigung vor allem im Hinblick auf die vielen Fälle, in denen Schreibfreude und schriftstellerische Fruchtbarkeit spröden wissensch. Stoff aufgelockert und leicht verdaulich darboten, ohne neue und erregende orn. Erkenntnisse zu hinterlassen. Seit 1921 gehörte er der DOG an.

— Lit.: Nachruf (von W. Wüst), Anz. Bay. 7, 1964, S. 232. - Nachruf, Rhein-Neckar-Ztg. Heidelb. v. 17. 7. 1964.

Felsch, Kurt, * 15. 1. 1893 Karlsruhe, † 3. 4. 1963 Weinheim. Nach dem Studium der Biol., Chemie und Math. war er als Studienrat (Oberstudienrat) tätig. Die Laufbahn

TEIL 2

führte ihn über Freib., Ettlingen, Wiesloch 1924 an das Gymnasium von Weinheim. Neben dem Schuldienst galt sein vor keinem Verdruß und keiner Anfeindung zurückschreckender Eifer der Erhaltung und Bewahrung der heimatlichen Tier- u. Pflanzenwelt. 1936 trat er der DOG bei, und 36 Jahre war er ehrenamtlicher Kreisnaturschutzbeauftragter für den bad. Teil der Bergstraße und den südwestl. Teil des Odenwaldes. Für unentwegten Einsatz gegen Gleichgültigkeit und Unverstand wurde ihm schließlich das Bundesverdienstkreuz verliehen. Über den engeren Wirkungskreis hinaus war er nicht nur als Sachkundiger des Vogelschutzes, sondern auch als Heger und Pfleger jeglicher verfolgten oder kranken Kreatur bekannt. Die Verbreitung vogelk. Kenntnisse lag ihm besonders am Herzen. Auf vielen Vogelstimmenwanderungen entfaltete sich daher sein Lehrgeschick vor dankbaren Hörern. Zu lit. Tätigkeit fehlte ihm dagegen Zeit und Muße. Über kleinere Aufs. für Zeitungen und Zeitschr. (letzte Mitt. war „Sturmschwalbe - Hydrobates pelagicus an d. Bergstraße“ in Orn. Mitt. 14, 1962) sowie den Schriftverkehr für den allg. Naturschutz kam er kaum hinaus. Entspannung und Befriedigung bereitete ihm eher die Überwindung physischer und psychischer Schwierigkeiten bei der Beschaffung photogr. Belege unter freiem Himmel. Gern besuchte er mit Schülern Rappenwörth und das Wollmatinger Ried. Eine der orn. Exk. fand ihren Niederschlag unter dem Titel „Beob. im Naturschutzgebiet Wollmatinger Ried“ (Beitr. z. naturk. Forschung in Südwestdeutschl. 1, 1936, Karlsruhe); die Arbeit enthielt Gedanken, die sein von jeder Enge befreites Verhältnis zur Natur und ihren Geschöpfen eindrucksvoll kennzeichneten: „... Kein Riedgänger kann die Schönheiten des Riedes voll und ganz erfassen, wenn er nicht als Biologe im weiteren Sinne des Wortes dort weilt. So notwendig zur ernsthaften Erforschung die Facharbeit ist, so ist jedoch zur Erfassung des Ganzen Vielseitigkeit am Platze ... Wenn im Spätherbst der Untersee zwischen Ried und Schweiz. Grenze dicht bevölkert ist von Wasservögeln, so stellen dabei die Bläßhühner den Hauptteil mit einigen Zehntausenden. Man liefert ihnen am Eröffnungstage der allg. Wasserjagd eine Schlacht, die Belchenschlacht, die in Wirklichkeit ein Schlachten im übelsten Sinne des Wortes darstellt ...“ Er war Beispiel der Ehrfurcht vor allem Leben.

— Lit.: Nachruf (von Ritzi). Nachr.-Bl. f. Natursch. u. Landschaftspfl. 34, 1963, S. 23/24.

Fischer, Jakob Benjamin, * 13. 10. 1731 Riga, † 27. 5. 1793 Riga. Er besuchte das Lyzeum zu Riga, erlernte in der Apotheke des Vaters die Pharmazie, studierte von 1756 bis 1758 in Kopenhagen Naturgesch., Phys., Chemie und 1761 unter Linné in Uppsala Zool. und Botan. Mehrfache Versuche, sich in das Apothekeramt einzuarbeiten, verliefen ohne Befriedigung und endeten 1768 mit dem Verzicht auf diesen Beruf. Seit 1770 war er, zurückgezogen lebend, Waisenbuchhalter in der Heimatstadt. Schriftstellerische Neigungen sprechen aus verschiedenen Veröff.; doch war darunter nur eine der Tier- u. Pflanzenwelt gewidmete Arbeit. Sie hatte den Titel „Versuch einer Naturgesch. v. Livland“ (1. Aufl. Leipz. 1778, 374 S.; 2. Aufl. Königsb. 1791, 826 S.) und bedeutete einen ersten Schritt zur Bestandsaufnahme für sein engeres Vaterland. Die darin enthaltenen Mitt. über die Vögel waren allerdings allzu oft unzuverlässig und unvollständig. Da der Verf. wegen Kränklichkeit kein Freilandbeobachter war, fehlte ihm die rechte Erfahrung an den Quellen des Naturerlebens. So blieb er auf Nachr. angewiesen, die aus unglaubwürdiger Berichterstattung stammten. Im Urteil der Zeitgenossen schadeten die Schwächen und Mängel des Werks aber nicht dem Ansehen des sonst verdienstvollen Mannes. Neben den Aufz. von G. A. Germann und J. M. G. Beseke (s. d.) benutzte daher auch B. Meyer (s. d.) in der „Kurzen Beschr. d. Vögel Liv- u. Estlands“ (Nürnberg 1815) F.s Mitt., ergänzte sie indes durch „viele Zurechtweisungen“.

— Lit.: J. G. Meusel. Lex. d. v. Jahr 1750 bis 1800 verstorbenen teutschen Schriftsteller, Leipz. 3. 1804. - J. F. v. Recke u. K. E. Napiersky, Allg. Schriftsteller- u. Gelehrten-Lex. d. Prov. Liv-, Est- u. Kurland, Mitau 1, 1827, S. 568/69 (mit Verz. d. Veröff.).

Fischer, Karl Rudolf, Dr., * 10. 8. 1904 Gießen, † 23. 10. 1963 Koblenz-Lützel. Als Sohn eins Univ.-Beamten besuchte er von 1917 bis 1922 das Gymnas. in Laubach und wurde Forsteleve, bis er 1926 in Büdingen das Abitur nachholte und in Gießen Forst- u. Naturw. studierte. Der Vorprüfung 1929/30 und der Promotion mit „Beitr. z. Ernährungsbiol. v. Hylobius abietis ..." (Zeitschr. f. angew. Entom. 19, 1932) folgten bis zum Ausbruch des 2. Weltkriegs Assistentenjahre am Zool. Inst. von Gießen und an der Forstl. Hochschule Hann. Münden. Nach dreimaliger Verwundung war er am Ende des Krieges Flugmeteorologe, fand dann aber nicht mehr den Anschluß an die alte Laufbahn, sondern wandte sich freiberuflich naturw. (vogelk. bedeutungslosen) Arbeiten hauptsächlich für die Tagespresse zu. Letzte Wohnorte waren Leun, Wetzlar und seit 1961 Koblenz. Der frühe Umgang mit praktischen Feldornithologen lenkte die angeborene Begabung des Studenten besonders auf die Beob. der heimatlichen Vogelwelt. Da ihn zudem ein unproblematisch zupackendes Vertrauen zur eigenen Kraft beflügelte, schrieb er bereits in der Elevenzeit mit kernhafter Unbekümmertheit ein „Vogelbuch v. Vogelsberg, Wetterau u. Rhön" (Grünberg 1925), das sich allerdings fast ausschließlich auf die Darstellung der Avif. im Vogelsberg beschränkte. Mit schönen Strichzeichnungen von F. Neubaur geschmückt, war es dem „lieben Freunde, dem hess. Zoologen Werner Sunkel" gewidmet; es wurde eingeleitet durch ein Geleitwort des bewunderten C. Floericke (s. d.) und berief sich wiederholt auf die hess. Brüder A. und K. Müller (s. d.), den damals in Gießen lehrenden H. Erhard (s. d.), die älteren hess. Zeitgenossen L. v. Boxberger (s. d.) und O. Schnurre. „Eine Reihe v. Schilderungen und Naturplaudereien", die mit durchaus ansprechenden Gedanken zum Vogelschutz und Vogelzug durchrankt waren, sollten „d. Schönheit unserer Heimatnatur allen denjenigen vor Augen führen, die aus d. immerfrischen Born d. Natur d. Liebe z. Heimat schöpfen!". Der Eindruck auf wenig kritisch eingestellte, mit Unterhaltung sich begnügende Laien blieb im hess. Raum denn auch nicht aus, zumal die Sprache an Floerickes Schreibgewandtheit geschult und damit einprägsam war. Der dem Vorkommen und der Verbreitung der Vögel geltende Teil zeigte sich naturgemäß unausgereift und für ernsthafte Faunistik nicht brauchbar. So blieb das Erstlingswerk mit seinen guten Ansätzen ohne Beachtung durch die wissensch. Orn. An der Oberfläche haftende Züge begleiteten dann — eine Enttäuschung für manche auf den jungen Verf. gesetzte Hoffnung — die bis zum zweiten Weltkrieg weiterlaufende Schreibfreudigkeit. Verständlich ist, daß die orn. Fachlit. den Namen F. kaum enthält: „Aus Oberhessen" (Mitt. über d. Vogelw. 23, 1924) und „V. oberhess. Störchen" (B. z. F. 4, 1928). Sonst machte sich das volkstümliche Gewand und der feuilletonistische Stil des lit. Ehrgeizes nur in der Heimat-, Jagd- u. Wandervereinspresse bemerkbar. Lieblingsthemen in vielfacher Schattierung waren Fragen des hess. Storchvorkommens, der von ihm erstmals 1925 angeregten (erfolglosen) Wiedereinbürgerung des Uhus in den Vogelsbergwäldern des Grafen Laubach, der Bestandsschwankungen heimischer Arten, des Auftretens seltener Formen. 12 Titel von Beitr. finden sich zwischen 1925 und 1932 in „Heimat im Bild" (Beil. z. Gieß. Anz.) und 4 zwischen 1933 und 1937 in „Volk u. Scholle" (Darmstadt). 12 Titel zwischen 1924 und 1939 nannten L. Gebhardt und W. Sunkel in „Vögel Hess." (1954). 26 Titel zwischen 1925 und 1938 verzeichnete R. Immel im „Schrifttum über Forstwesen, ... u. Natursch. in Hess. u. Rheinl.-Pfalz" (Mainz 1958), und 24 Titel stehen bei Berg-Schlosser im Ergänzungsband (1968) zu „Vögel Hess.".

Fleck, Eduard, Dr., * 1843, † nach 1899. Über seinen Werdegang waren nur wenige Unterlagen zu finden. Von 1889—1892 beobachtete und sammelte er in verschiedenen Teilen Dt.-Südwest-Afrikas, wo er neue Vogelarten entdeckte. Die an das Zool. Mus. von Berlin gelangten Bälge beschrieb A. Reichenow (s. d.), der ohne Erfolg dem Helmperlhuhn von Damaraland einen besonderen Namen geben wollte (Orn. Mber. 2, 1894) sowie zu Ehren des Reisenden Centropus flecki (ebd. 1, 1893) = Centropus senegalensis flecki Reichenow und Sylvietta flecki (ebd. 8, 1900) = Sylvietta rufescens flecki benannte. Der Forscher selbst meldete sich nur mit einer umfangreichen Veröff. über seine orn. Erfahrungen zu Wort: „D. Vogelleben Dt.-Südwest-Afrikas u. dessen Schauplatz" (J. Orn. 42, 1894). Darin beleuchtete er Vorkommen und Lebensweise vieler Arten im Verhältnis zur Bodenbeschaffenheit des Landes und verzeichnete eine lange Liste der von ihm festgestellten Formen. Es ist erstaunlich, daß diesem ernsthaften Beginn nicht weitere orn. Verlautbarungen folgten, zumal F. seit 1894 Mitglied der DOG war. Vielleicht hängt das Schweigen zusammen mit einem entscheidenden Orts- und Tätigkeitswechsel. Die Verlagerung und Ausweitung seiner Arbeitsrichtung spricht aus Arbeiten wie „Reiseausbeute aus Südwestafrika" — Säugetiere, Reptilien u. Batrachier, Fische, Myriapoden, Arachniden, Crustaceen (1894), „D. Macro-Lepidopteren Rumäniens" (Berlin 1901 u. Bull. Soc. Sci. Bucuresti), „D. Dipteren Rumäniens" (ebd. 13, 1904), „D. Coleopteren Rumäniens" (ebd. 13, 1904 u. 14, 1905), die im rum. Schrifttum als grundlegend bezeichnet wurden. Wann er nach Rumänien übergesiedelt ist, ist nicht zu belegen. Briefe aus d. J. 1893 geben den Wohnort Innsbruck an und zeigen seine Absicht, „eine Reihe von Jahren" nach Rumänien zu gehen, um dort mit einem Jugendfreund Portlandzement zu erzeugen. An einer Stelle wird er „Fabrikdirektor" genannt. Nach dem Mitgliederverzeichnis der DOG lebte er 1899 als Dr. phil. in Azuga via Predeal (Rumänien).

— Lit.: A. Reichenow, Vögel Afrikas 1, 1900/01, S. XVIII. - Arch. d. Zool. Mus. Berlin.

Flükiger, Ernst, * 9. 9. 1875 Dürrenroth, Emmental (Schweiz), † 24. 7. 1957 Interlaken (Schweiz). Der Bauernsohn erlernte in Berlin, München, Kärnten und Polen die Tierpräparation, die später, mit Meisterschaft ausgeübt, seine Lebensgrundlage war. Nach der Heirat 1911 wurde Interlaken sein Wohnsitz. Dort betrieb seine Frau auch ein Pelzwarengeschäft. Neben der handwerklichen Kunst zeichnete ihn eine starke Begabung für die Feldornithologie aus. Mit der Wende des Jahrh. erfüllte sich zudem der Jugendtraum des begeisterten Naturbeobachters und Jägers; er konnte vor allem im Dienste der Vogelforschung auf mehrere Fahrten in fremde Länder gehen: Nach Algerien auf eigene Kosten 13 Monate 1902/03 und 8 Monate 1904/05, nach Marokko mit E. Hartert (s. d.) und Baron Rothschild 1929, nach Bulgarien mit J. M. Harrison/Kent und P. Pateff (s. d.) 1932 (Ibis 1933), nach Griechenland mit J. M. Harrison 1935 (Ibis 1937), in die Pyrenäen mit J. M. Harrison 1949. Die Lockungen der Ferne und der Trieb zum Sammeln brachten ihm regen Gedankenaustausch mit damals führenden Systematikern. Gleich die erste Reise nach Algerien begründete die Verbindung mit O. Kleinschmidt (s. d.), der nach ihm den im April 1903 bei Touggourt erlegten Passer flückigeri (Orn. Mber. 12, 1904) benannte (Kleinschmidt schrieb den Namen stets mit ck!). Die Vogelausbeute mit den wichtigsten Tagebuchaufzeichnungen bearbeitete der Pfarrer ferner in Berajah 1 und (in 4 Abh.) in Falco 1, 1905; 3, 1907; 5, 1909. „Geradezu großartig" fand der Empfänger die mustergültigen Reihen von Steinschmätzern, Haubenlerchen und Sperlingen. Vornehmlich die Haubenlerchen, die der Sammler zusammen mit den zugehörigen Erdproben aus der Prov. Constantine senden mußte, gaben Kleinschmidt Anlaß zur eingehenden Beleuchtung und Begründung der schon durch C. v. Erlangers (s. d.) Samml. angeregten These von den Anpassungen an die Bodenfärbung (Bestäubung des Gefieders). Die Unters. des reichhaltigen Materials gipfelten in Kleinschmidts Satz: „Jedenfalls muß der Theorie der natürlichen Auslese, welche dem Laien ein Dogma und manchen Zoologen ein bequemes Ruhekissen geworden ist, ein erneutes Suchen nach den wirklichen Ursachen entgegengesetzt werden." Viele afrik. Vogelbälge gingen an Rothschilds Mus. in Tring oder (zusammen mit Alpentieren) an das Mus. A. Koenig (s. d.) in Bonn. Die Balkan-Stücke befinden sich zumeist im Besitz des Freundes J. M. Harrison, der auch Parus caeruleus flückigeri als angebliche Rasse des Berner Oberlandes beschrieb (Bull. Brit. Orn. Cl. 65, 1945). Die F.s Namen tragenden Formen sind jedoch nicht mehr in Gebrauch. Er selbst wagte sich nicht an Versuche zur wissensch. Bestimmung und hielt sich, wohl in Kenntnis seiner Grenzen, auch mit eigenen Veröff. zurück. Dem anspruchslosen Bergsteiger und Forschungsreisenden, der nicht gewohnt war, viel Aufhebens von seinen Unternehmungen zu machen, genügten offenbar die befreiende Luft des heimatlichen Hochgebirges, der Erfolg des Fleißes am Präpariertisch, das Wagnis der naturw. Erkundung noch wenig bekannter Gebiete sowie die Anerkennung und der Dank der Exp.-Gefährten.

Frey, Herbert, Dr., * 2. 5. 1940 Mainz, † 4. 11. 1967 Mainz. Als Sohn eines Oberstudienrats bestand er 1959 die Reifeprüfung am Gymnasium von Bingen und studierte bis 1963 in Mainz Geogr., Biol. und Leibeserziehung. Anregungen durch Prof. Hafemann, einen verständnisvollen Feldornithologen und Naturschützer, fielen bei dem jungen Studenten auf offenbar fruchtbaren Boden. Die aufgehende Saat nahm vorläufige Gestalt an in einem Aufs. mit dem Titel „Veränderungen in d. Vogelf. v. Bingen/Rh." (Jber. d. Orn. Arbeitsgemeinschaft Oberrhein 2, 1964) und einem ähnlich lautenden Thema im Binger Jahrb. (1966). Fleißige Studien gipfelten zuletzt in der Diss. „Tiergeogr. Unters. über säkulare quantitative u. qualitative Veränderungen im Brutvogelbestand d. Oberrheinischen Tiefebene u. d. Wetterau" (1965), für die er wegen langwieriger, schwerer Erkrankung erst im Dezember 1966 die mündliche Prüfung ablegen konnte. Die Verschiebungen von Arealgrenzen und Änderungen der Siedlungsdichte bestimmter Arten suchte er grundsätzlich in genetischen und modifikatorischen Änderungen der örtlichen Bestände oder in gewandelten Umweltbedingungen. Die verantwortlichen Faktoren wurden dabei in ihrem Gewicht und ihrer Bedeutung gegeneinander abgewogen. Da sie in der Natur aber häufig miteinander verknüpft sind, ließen sie sich nur schwer trennen. Die meisten Erklärungsversuche trugen daher mehr oder weniger hypothetische Züge. Der Verf. verstarb zu früh, um das wissensch. Ziel, die restlose Aufdeckung der kausalen Zusammenhänge, zu erreichen. Er war, ein Frühvollendeter, auf dem besten Wege.

Fromholz, Rudolph John, * 4. 3. 1891 Dölitz, Kr. Pyritz (Pommern). Der Pfarrerssohn erlangte 1909 in Eberswalde das Reifezeugnis und studierte von 1912—1920 Med. in Greifswald und Berlin. Im November 1914 trat er bereits als Unterarzt in einem Lazarett in Namur auf. Das Datum des Abschlußexamens ließ sich nicht ermitteln. Offenbar aus begüterter Familie stammend, erwarb er durch rege Feldbeobachtung in jungen Jahren gute Artenkenntnis hauptsächlich in Hiddensee, so daß ihm die orn. Bestände W. Rüdigers, jun. (s. d.) an der Forsthochschule Eberswalde umfangreiche Aufstockung verdankten. Sein größtes Erlebnis war wohl eine Reise mit P. Spatz (s. d.) in die Sahara 1912/13, die fast mit dem Tode des Verdurstens geendet hätte. Die Ausbeute mit nahezu 400 südl. Quargla erlegten Vögeln blieb indes jahrzehntelang verschollen und gelangte auf unbekannten Wegen über Ebersw. erst 1946 in das Zool. Mus. von Berl. Nur wenige Stücke scheinen daher beachtet worden zu sein. E. Hartert (s. d.) erwähnte ein Uhugelege vom April 1913 (B. z. F. 3, 1927); A. Koenig (s. d.) verzeichnete ein Gelege von Passer simplex Saharae (Nido-ool. Kat.... 1, 1931); E. Jany berichtete nach 19 Stücken über die „Frühjahrsmauser d. Wüstengrasmücke - Sylvia deserticola" (Vwa. 17, 1954). Neben kleineren Mitt. des jungen Mannes in Orn. Mber. und Gef. W. erschienen als größere Arbeit aus dem Bereiche heimatlicher Erfahrungen „Tagebuchnotizen aus d. Odermündungsgebiet u. Vorpommern 1910/11" mit Daten über Werderinseln, Hiddensee, Vilm, Peenemünder Haken, Dievenow (Orn. Jb. 24, 1913). Auf der Liste der DOG stand sein Name von 1913—1926. Nach dem 1. Weltkrieg wohnte er (wie lange?) in Marseille und Danzig und nannte sich R. J. Fromols-Rakowski. Damals gehörte er der Soc. Orn. de France und der Brit. Orn. Union an und übergab dem Pariser Mus. Bälge seiner Sahara-Vögel, die J. Berlioz im Bull. du Mus. National d'Hist. nat. (1926) behandelte. In Paris bewahrte man ihm „le souvenir d'un homme fort aimable, bon ornithologiste, mais un peu mystérieux". Ort und Zeit seines Todes blieben unbekannt. Die vermutlich letzte Verlautbarung aus seiner Feder war „Eine Zwerggans in Westpreußen erlegt", die er am 30. 9. 1925 an der Weichsel geschossen hatte (Orn. Mber. 33, 1925). Bei G. Chr. Hirsch „Index Biologorum" (1928, S. 90) stand er noch als Ornithologe in Danzig verzeichnet.

Fromm, Paul, * 24. 10. 1864 Gielow (Mecklenburg), † 30. 8. 1940 Hamburg-Eimsbüttel. 1882 trat er als Sohn eines Pastors in den dt. Marinedienst ein, war von 1893 bis 1897 Schutztruppenoffizier in Dt.-Ostafrika und bis 1902 in Dt.-Südwestafrika. 1904/05 nahm er an Kämpfen gegen die aufständischen Hereros teil. 1908/09 zog es den Hauptmann a. D. wiederum nach Ostafrika.

Die dieses Mal zu Forschungszwecken angesetzte Fahrt berührte bis 1911 die Länder im Norden des Niassa-Sees, um den Rukwa-See und im Südosten des Tanganyika-Sees. Die geplante Forts. der Exp. durch das Kongogebiet mit dem Ziel Angola mußte unterbleiben, nachdem eine Gewehrexplosion die linke Hand des Reisenden zerschmettert hatte. Doch war er 1912/13 erneut in Dt.-Ostafrika, um eine Hevea- u. Baumwollplantage anzulegen. Ein Bild des Lebens und der Sitten der Wafipa entwarf er in „Ufipa — Land u. Leute" (Mitt. aus d. Dt. Schutzgebieten 25, 1912). Seine reichhaltige orn. Samml. erhielt das Berliner Zool. Mus.; 319 Arten, die zoo-geogr. wertvolle Aufschlüsse lieferten, konnte K. Kothe (s. d.) in Orn. Mber. 19, 1911 und Mitt. Berl. 5, 1910/11 bearbeiten. Unter den neuen Formen, die alle aus Süd-Tanganyika stammten, wurden dem Forscher zu Ehren genannt: Numida frommi Kothe 1911 = Numida meleagris intermedia Neumann 1892, Estrilda rhodopyga frommi Kothe 1911 = Estrilda rhodopyga centralis Kothe 1911, Pyrenestes ostrinus frommi Kothe 1911 = Pyrenestes ostrinus frommi Kothe, Serinus frommi Kothe 1911 = Serinus sulphuratus shelleyi Neumann 1903. Nach dem 1. Weltkrieg gehörte er zuerst der Reichswehr an, seit 1920 war er Polizei-Oberst und Chef der Ordnungspolizei in Hamburg und unternahm schließlich 1927 nochmals eine Forschungsreise nach Morogoro (ehem. Dt.-Ostafrika). In Hamb., wo er auch die letzten Jahre seinen Wohnsitz hatte, starb er als Generalmajor der Ordnungspolizei.

— Lit.: H. Schnee, Dt. Kol.-Lex. 1, 1920, S. 667.

G

Gajdács, Mathias, * 22. 2. 1886 Békéscsaba (Süd-Ungarn), † 3. 2. 1967 Budapest. Nachdem er in Szeged das Präparieren gelernt hatte, schloß er sich dem gerade nach Äthiopien ausreisenden Landsmann E. Kovács (s. d.) an, ließ sich 1911 in Addis Abeba nieder und eröffnete einen Naturalienhandel. Gute Verbindung zu den äthiop. Behörden ermöglichten ihm Sammelreisen in Gegenden, die vielen anderen Forschern verschlossen blieben. Ziele der Exp. waren nicht nur die weitere Umgebung von Addis Abeba und (mit Ausnahme des Stephanie-Sees) das südwestl. Äthiopien, sondern auch das Danakil-Land und Ogada. In späteren Jahren mußte ihm daneben die Kürschnerei die Lebensgrundlage sichern. Da der Handel mit zool. Material nie ganz aufhörte, konnte er viele Mus. und Sammler beliefern. Der Großteil seiner Ausbeute befindet sich heute im Musée Royal de l'Afrique Centrale (Tervuren). Auch die an das Brit. Mus. in London und an O. Neumann (s. d.) nach Berlin gegangenen Stücke sind erhalten. Doch die nach Budapest gesandten Belege verbrannten 1956. Nachdem ihn das Ung. Orn. Inst. schon 1928 zum ordentl. Beobachter ernannt hatte, besuchte er die alte Heimat erstmalig wieder 1934, verließ das „überzivilisierte Europa" jedoch erneut zu Beginn des ital.-abess. Krieges. 1965 endgültig nach Budapest zurückgekehrt, gab er an das Ung. Orn. Inst. und das Ung. National-Mus. eine orn. Ausbeute der letzten Jahre, die er zusammen mit A. Keve in „Beitr. z. Vogelf. d. mittleren Äthiopien" (Stuttgarter Beitr. z. Naturk. aus d. Staatl. Mus. f. Naturk. in Stuttg. Nr. 182, 1968) beschrieb. Einige Kurzberichte aus seiner Feder erschienen in Aquila 55—58, 1954; 63/64, 1957; 69/70, 1962/63.

— Lit.: Nachruf (von A. Keve). Állattani Közl. 55, 1968, S. 21/22.

Gerber, Fritz, Dr., * 18. 5. 1901 Bern, † 6. 3. 1963 Bern. Er war Chemiker am Gerichtsmed. Inst. der Univ. Bern und verfügte über eine aus Herz und Verstand kommende Naturliebe, die im tatenfrohen Einsatz für die bedrohte freilebende Tierwelt ein beispielhaftes Vorbild gab. Seine Wirkungsfelder waren der Schweiz. Bund für Naturschutz und die Ala, Schweiz. Gesellschaft für Vogelk. und Vogelschutz, zu deren Vorstand er seit 1946 gehörte. Hier wurde ihm — in der Nachfolge von F. Siegfried (s. d.) — 1950 die Stelle des Reservatsobmanns übertragen, so daß aus seiner Feder alljährlich die Ber. stammten, die sich mit der Betreuung der Schutzgebiete und den damit zusammenhängenden Problemen der großen Sorgen und schwer erkämpften Erfolge beschäftigten. Mit Befriedigung konnte er u. a. verzeichnen, daß es ihm als Mitglied der kantonalen und eidgenössischen Jagdkommissionen gelang, einen vermehrten gesetzlichen Schutz der Greifvögel (von denen er viele aufopfernd pflegte) zu erreichen. Da er nicht zu den Vertretern der Vogelk. im engeren Sinne zu rechnen ist, mögen die Verdienste um die Bewahrung der Lebensbedingungen der heimatlichen Ornis seine Nennung rechtfertigen.

— Lit.: Nachruf (von E. Hänni). Orn. Beob. 60, 1963, S. 33/34 (mit Bildnis).

Germann, Gottfried Albert, Dr., * 8. 12. 1773 Riga, † 16. 11. 1809 Dorpat. Als Sohn eines Subrektors studierte er ab 1792 in Jena Med. und Naturw. und wurde einer der Gründer der dortigen Naturf. Gesellschaft. Mißverständnisse veranlaßten ihn aber nach 2 Jahren, die Gesellschaft zu verlassen. Nach weiteren Studien in Würzb. und Berl. promovierte er 1796 in Kiel zum Dr. med. In den nächsten Jahren war er prakt. Arzt zunächst auf dem Lande in Livl., dann in Riga, Petersb. und Wolmar, bis ihm 1802 der erste Lehrstuhl für Naturgesch. an der Univ. Dorpat übertragen wurde. Hier entstand unter seiner Leitung seit 1803 der Botan. Garten. Der Aufbau der Anlagen — diesem Zwecke diente u. a. eine Samml.-Reise mit 6 Studenten 1804 durch Finnland und Lappland — nahm ihn indes so in Anspruch, daß er kaum zu wissensch. Arbeiten kam. Nur 3 kleinere botan. Veröff. entstammten zwischen 1805 und 1807 seiner Feder. Daß der Prof. und Hofrat, der seit 1806 auch Mitglied der Leopoldina war, die Vogelk. nicht unbeachtet ließ, zeigt der „naturh." Briefwechsel, der ihn über 10 Jahre mit B. Meyer (s. d.) verband. Der Briefpartner am Main hatte ihm seltene Vögel für die damals weit bekannte Samml. sowie „manchen schätzbaren Beitr. für die Orn. zu verdanken"; er nannte daher den Balten übertreibend einen „unermüdeten Ornithologen". Zeugnisse einer nicht sehr bemerkenswerten vogelk. Aufmerksamkeit sind die Mitt. „Über eine nordische Möwenart" (Ann. Wett. 1, 1809) und das unvollständige Namensverzeichnis der in seiner Heimat vorkommenden Vogelarten. Die Veröff. dieser Liste überließ er B. Meyer, der sie, kritisch beleuchtet, neben dem Material von J. M. G. Beseke und J. B. Fischer (s. d.) zu der „Kurzen Beschr. d. Vögel Liv.- u. Estlands" (Nürnb. 1815) benutzte. Auf diesem Umwege gelangte G.s Name in die Reihen der ersten Pioniere für den Bereich der baltischen Avifaunistik.

— Lit.: J. F. von Recke u. K. E. Napiersky, Allg. Schriftsteller- u. Gelehrten-Lex. d. Prov. Liv-, Est- u. Kurland, Mitau 2, 1829. - G. W. Lewitzky, Biogr. Lex. d. Prof. u. Lehrkräfte d. Kaiserl. Jurjewschen, vorm. Dorpatschen Univ. . . . (1802—1902) Jurjew 1, 1902 (russ.). - J. Brennsohn, D. Ärzte Livl. v. d. ältesten Zeiten bis z. Gegenwart . . ., Verlag E. Bruhns, Riga 1905.

Glíž, Julius, * 12. 4. 1885 Kostel = Podivín (Südmähren), † 18. 5. 1958 Stará Břeclav (= Altmarkt). Nach dem Besuch der Realschule in Göding (= Hodinín) und des Vorbereitungskurses in Příbor begann er die Lehrtätigkeit 1904 in Hrozuvrá Lhota bei Strážnice. Im Gebiete der Weißkarpaten erwachte damals seine Freude an zool. und botan. Studien. Als er dann Schuldirektor in Lundenburg (Břeclav) wurde, reizten ihn die Eisgruber Teiche zu so reger faun. Erkundung, daß er in örtlichen Zeitungen seine Eindrücke und Erfahrungen schilderte. Eine Reihe orn. Ber. knüpft sich daher an seinen Namen; u. a. waren es Arbeiten wie „D. Eisgruber Kolonie d. Nacht- u. Graureiher" nach Beob. im Schloßpark seit 1932 (Čsl. Orn. 4, 1937), „D. Kolbenente-Netta rufina, d. Zierde d. Eisgruber Teiche" (ebd. 4, 1937), „Orn. Beob. aus d. Teichen v. Eisgrub i. J. 1937" (ebd. 5, 1938), „D. Kormoran-Phalacrocorax carbo sinensis auf d. Eisgruber Teichen" (ebd. 5, 1938), „Neue Vogelarten auf d. Eisgruber Teichen" (ebd. 6, 1939), „Über d. Löffler-Platalea leucorodia in Eisgrub" (ebd. 11, 1944), „D. Vorkommen d. Silberreihers - Egretta alba in Eisgrub" (ebd. 14, 1947), „An d. Eisgruber Teichen" (ebd. 15, 1948). Nicht zum Druck kam das Msk. einer größeren Arbeit über „D. Land d. Vogelparadieses" (aus d. Jahren 1932—1945). Verdient machte sich der Verf. noch dadurch, daß er lange Zeit die orn. Beob.-Stelle in Lundenburg leitete.

Greschik, Jenö (= Eugen), Dr., * 12. 8. 1887 Käsmark (= Kežmarok), Slowakei, † 11. 2. 1967 Budapest. Er war der Sohn eines Arztes, der sich auch botan. und orn. betätigte. Das Erbstück des Vaters gab ihm starke vogelk. Aufgeschlossenheit mit auf den Weg zum Studium in Budapest, wenn er auch mit „Beitr. z. Kenntnis d. Molaren d. einheimischen Murinen" 1910 promo-

TEIL 2

vierte. Als erste, die Zips betreffende avif. Arbeiten des Studenten 1906 in der Aquila standen, holte ihn O. Herman (s. d.), die Begabung erkennend, an das Ung. Orn. Inst. Hier baute er ein morphol. Laboratorium auf, befaßte sich mit der Anat. und Histol. der Vögel und ließ von 1912 bis 1922 vor allem eine Reihe für Ung. grundlegende histol. Veröff. erscheinen. Die Aquila brachte bemerkenswerte Studien über die Struktur des Darmkanals, der Milz, Zunge, Haut einzelner Vogelarten, und die an einheimischen Raubvögeln durchgeführten Magen- und Gewölluntersuchungen erschlossen gleichzeitig neue Daten zum Vorkommen von Kleinsäugern in Ung. Trotz der Erfolge und der seinen Leistungen gezollten Anerkennung ließ aber seine reizbare Veranlagung eine wirklich befriedigende Zusammenarbeit im Inst. nicht aufkommen. Bei einer durch die erschwerte wirtschaftliche Lage erzwungenen Umorganisation schied er daher — unter Bruch mit J. Schenk (s. d.) — 1923 aus. Im Rahmen der in Westungarn damals betriebenen Seidenraupenzucht fand seine Vielseitigkeit so lange nützliche Verwendung, bis E. Csiki (s. d.) ihm in der Stellung eines Kustos am Ung. National-Mus. 1926 neue Forschungsmöglichkeiten gab. Als scharfer Zensor der ung. Zool., aber auch ebenso entschiedener Kritiker der eigenen Arbeiten war er fürderhin vielfältig wissensch. rege — Beifall und Ablehnung hinnehmend, ohne sich zu abgeklärter Haltung durchringen zu können. Sein Name wurde vor allem wieder genannt als einer der Gründer des Bundes Ung. Ornithologen und Mitherausgeber des Kócsag (= Edelreiher) im Jahre 1928. In dieser Zeitschr. erschienen viele von ihm stammende Notizen und Abh., während er die Beziehungen auch zur Aquila zwischen 1924 und 1939 nicht erkalten ließ. Neben der Inst.-Forschung lag ihm bis ins Alter die Beob. unter freiem Himmel stets am Herzen. So wie er in der Jugend den ersten Brutnachweis für die Wacholderdrossel in den Westkarpaten (Aquila 13, 1906) erbringen konnte, war es ihm später vergönnt, die Alpenkrähe als neu für Ung. in die Lit. einzuführen (Kócsag 1930) und nach einem 1933 an das National-Mus. gesandten Stück das erste Auftreten der Türkentaube in Ung. nachzuweisen. 1944 trat er als eigenwillige, leistungsstarke Persönlichkeit in den Ruhestand, arbeitete aber bis 1956 im Mus. weiter.

— Lit.: Nachruf (von A. Keve). Aquila 76, 1969 (im Druck) u. Állattani Közl. 55, 1968, S. 15—17.

Greverus, Ernst, Dr., * 22. 8. 1876 Schwerin (Mecklenburg), † 23. 1. 1940 Plau (Mecklenburg). Als Sohn eines Oberbauinspektors studierte er Rechtswissenschaft in Heidelberg, Berlin, Rostock, bestand 1908 die Ass.-Prüfung und war seit 1912 erster Bürgermeister von Schönebeck (Elbe). Die politischen Umwälzungen von 1933 zwangen ihn zum Rücktritt. Den Ruhestand verbrachte er fortan in Plau. Seine Diss. „Z Geschichte d. meckl. Jagdrechts ..." (Greifswald 1906) entsprang einer früh erwachten und bis ins hohe Alter bewahrten Leidenschaft für das Waidwerk. Die Naturfreude machte ihn in den jüngeren Jahren außerdem zum Vogelpfleger, geschulten Feldornithologen und vor allem zum Eiersammler. Um die Wende des Jahrh. hatte er durch eigene Funde und Tausch die Eier von 220 Arten zusammengebracht. Vertreten waren darunter alle jagdbaren Formen, in Sonderheit Greif-, Wasser- u. Sumpfvögel. Im Jahre 1901 waren der Langenwerder und Kieler Ort bei Wismar die bevorzugten Beutegründe. Dem Brauch der Zeit und dem Stil des Fachblattes folgend, meldete sich der Referendar zweimal zum Wort mit Ber. über die Sammelerfolge. Die Veröff. waren „Oologisches aus Meckl., speziell aus Malchin und Umgegend" (Zs. Ool. 13, 1903) und „Ausflug nach d. Insel Langen Werder bei Poel" (ebd. 13, 1903). Die Erwähnung des Brutvorkommens eines Rauhfußbussards bei Malchin zeigte zwar, daß er die Tragweite dieser Angabe nicht abzuschätzen wußte. Doch waren die übrigen Mitt. aus den Jahren kurz nach dem Erscheinen der von C. Wüstnei u. G. Clodius (s. d.) verfaßten „Vögel d. Großherzogtümer Meckl." (1900) nicht ohne Bedeutung für die meckl. Avif., sowohl des Binnenlandes (z. B. Kummerower See) wie des Küstengebietes. Weitere Verlautbarungen aus seiner Feder liegen nicht vor. In Schönebeck erlosch zudem die ool. Beschäftigung unter der Last der beruflichen Beanspruchung. Daß ihm aber das offene Auge für die heimatliche Ornis blieb, bezeugte W. Borchert, der in der „Vogelw. d. Umgeb. v. Schönebeck" (1925) G. mehrmals als Gewährsmann nannte und für Überlassung von Daten dankte. Die Eierkollektion vermachte der Sammler bei seinem Wegzug von Schönebeck dem dortigen Realgymnasium, wo sie jedoch verschollen ist.

Groß, Julius, * 28. 8. 1907 Hannover, † 30. 1. 1968 Hannover. Der Arbeitersohn war jahrelang Gießer und Former im Betrieb der Hanomag. Daß er das Zeug zu wissenschaftlicher Beschäftigung hatte, zeigte der nie erlahmende Erkenntnisdrang, der den begnadeten Kopf nach harter Tagesarbeit zu ständiger Weiterbildung trieb. In der heimatlichen Fauna und Flora offenbarte sich ihm früh die Welt der stillen vertiefenden Einkehr. Ausgestattet mit einem scharfen Blick für die ihn umgebenden Formen und mit einem hervorragenden Gedächtnis für alles, was er einmal gesehen, gehört und beobachtet hatte, wußte der bescheidene Autodidakt auf unzähligen Exk. und in Vorträgen die eigene innere Begeisterung an viele dankbare Begleiter und Zuhörer weiterzugeben. H. Weigold machte ihn daher 1947 zum Präparator am Landesmuseum Hann. und übertrug ihm die Neuordnung der zerstörten entom. Abt. Hier wurde seine vorbildliche Vielseitigkeit bald unentbehrlich. Aus Sachkenntnis und Arbeitswillen entstand damals seine einzige größere wissensch. Veröff. „D. Schmetterlinge d. weiteren Umgeb. d. Stadt Hann." (Jber. d. Naturh. Ges. Hann. 99—101, 1950). In der Reihe der „Kleinen Kostbarkeiten" schlossen sich vielgelesene, mit eigenen Buntaufnahmen ausgestattete Blumenbändchen an. Der breite Rahmen des naturk. Wissens hatte schließlich noch gebührenden, wenn auch nicht vordergründigen Platz für die Vogelwelt. Die mehrjährigen Beob. an seinem Lieblingsvogel, dem Wanderfalken, wurden nur dem engeren Freundeskreis zugänglich. Dem Druck übergab er meist kürzere Mitt.: „Recurvirostra a. avosetta L. am Steinhuder Meer" (Orn. Mber. 42, 1934), „Seltene Gäste am Steinh. Meer" (ebd. 43, 1935), „Zwergschwäne am Steinh. Meer" (ebd. 47, 1939), „Z. Vorkommen d. Regenbrachvogels b. Hann.", zus. mit H. Ringleben (ebd. 48, 1940), „Seidenreiher oder Kuhreiher" (ebd. 50, 1942). Beob. an Singschwänen, Zwergschwänen und Merlin brachten ferner die nur vervielfältigten Rdbr. Arb.-Gem. zool. Heimatforschung Nieders. 1, 1947 u. 2, 1948. In Buchform erschien aus der Feder des Stahl-Schwerstarbeiters, zus. mit H. Wagner „Gefiederte Freunde" (Hann. 1956, 157 S.), 2. Aufl. mit dem Titel „Vögel" in der Serie Taschenführer (Hann. 1964, 192 S.). H. Weigold (s. u.) meinte: „Wenn es ihm vergönnt gewesen wäre zu studieren, so hätte er einen erstklassigen Museumskustos abgegeben oder einen Professor oder einen Museumsdirektor."

— Lit.: Nachruf (von H. Weigold). B. Nieders. 20, 1968. S. 117—119. - Nachruf (von H. Ringleben). Vogelk. Ber. aus Nieders. 1, 1969, S. 35/36.

Grosse, Alexander, * 30. 7. 1883 Tambow (Rußland), † 11. 2. 1966 Heide (Holstein). Einer Familie kurländischer Kronsförster entstammend, erlangte er das Reifezeugnis am Gymnasium von Libau, widmete sich von 1905—1907 in Dorpat dem Studium der Zool. und von 1907—1913 am Polytechnikum von Riga dem Studium der Land- u. Forstw. Von 1913—1915 war der Diplom-Landwirt Leiter der Versuchsfarm Kallenhof bei Wenden. In den folgenden Jahren bot ihm Rußl. Arbeitsgelegenheit, bis ihn das Ende des 1. Weltkrieges und die sich anschließenden Umwälzungen aus der seitherigen Bahn warfen. Unter dem Zwang der neuen Verhältnisse war er seit 1919 u. a. Hafenarbeiter, Nachtwächter, Fabrikmeister, Büroangestellter und Beamter der Stadt Riga. Die Aussiedlung der dt. Volksgruppe nach dem Warthegau 1939 hatte dann seine Verwendung als Leiter der Naturk. Abt. am Kaiser-Friedrich-Mus. in Posen zur Folge. Die Ereignisse von 1944 aber verschlugen ihn nach Heide. Hier unterstand ihm bis 1955 der Suchdienst beim Dt. Roten Kreuz. In einem Leben, das ihm mehr Tief- als Höhepunkte bescherte, blieb er der ausgesprochene Waldläufer und unermüdliche Freilandbeobachter, dessen Auge und Herz gleichermaßen der Begegnung mit der Natur in all ihren Erscheinungsformen geöffnet waren. Anregungen, die auf E. v. Middendorff (s. d.) und das Familienerbe zurückgingen, vermittelten ihm die Vorliebe für die Orn. Im balt. Lande machte er sich als Vorstandsmitglied des Naturf.-Vereins zu Riga um die Erweiterung der avif. Forschung verdient und in Holstein um die feldorn. Breitenarbeit im Rahmen der Faun. Arbeitsgemeinschaft f.

Schlesw.-Holst., Hamb. u. Lübeck. Die von ihm gesammelten Erfahrungen sind in einigen Veröff. enthalten; dazu gehören „Vogelzugsbeobachtungen" (Korr. Riga 59, 1927), „Verz. d. Wirbeltiere d. Ostbalt. Gebietes", zus. mit N. v. Transehe (Arbeiten d. Naturf.-Ver. Riga 1929), „Ergänzungen z. Wirbeltierfauna Lettl." (Korr. Riga 63, 1939), „Z. Vogelw. d. Kanjersees u. seiner Umg." (Korr. Riga 64, Posen 1942), „D. Regenbrachvogel in Lettl." (Orn. Mber. 51, 1943), „D. Vogelw. d. Norderdithmarschens" (Mitt. Schlesw.-Holst. N. F. 8, 1955), „Faun. u. biol. Notizen z. Vogelw. Norderdithmarschens 1956/57" (ebd. 10, 1957). Die den Warthegau betr. Verlautbarungen standen kurz vor der Herausgabe, gingen aber bei der Räumung des Gebietes verloren.

— Lit.: Würdigung (von H. v. Knorre u. R. Heldt). Mitt. Schlesw.-Holst. 16, 1964, S. 1—3. - N. v. Transehe, D. Vogelw. Lettl. 1965, S. 190/91. - Würdigung (von H. v. Knorre). Balt. Biogr. Lex. (im Druck).

H

Haag, Ferdinand, * 1861 Neu-Isenburg (Kr. Offenbach), † 1927 oder 1928 Frankfurt (Main). Der am Rande von Frankf. ein Gut bewirtschaftende Landwirt war nicht nur der Jagd ergeben, sondern seit frühester Jugend auch faun. tätig, ohne sich besonders bemerkbar zu machen. Nur seine „Betrachtungen über d. Veränderungen d. Vogelw. in d. Umgegend v. Frankf. a. M." (Zs. Ool. u. Orn. 18, 1908/09 u. 24, 1919) sind Zeugnisse für diese Liebhaberbeschäftigung, die mit der Reife der Jahre dann durch die Ool. völlig überlagert wurde. Sein Eifer umschloß lediglich paläarkt. Formen; ihnen schenkte er zwischen der Jahrhundertwende und dem 1. Weltkrieg sammelnde Aufmerksamkeit auch auf Reisen nach fernen Zielen. So war er 1907 und 1908 auf Spitzbergen, von Mai bis Juni 1909 mit dem Grafen v. Berlepsch (s. d.) in Norwegen und auf der Bäreninsel, von Januar bis April 1910 allein in Ägypten, von Juli bis September 1910 im Barentsmeer. Die Fahrten lieferten ihm den Stoff zu Verlautbarungen wie „Über d. Elfenbeinmöwe - Pagophila eburnea" (Zs. Ool. u. Orn. 18, 1908/09 u. 21, 1911), „Ein Spaziergang auf Tromsö" (ebd. 22, 1912). Das zu seiner Zeit unter Sammlern weit verbreitete Sondergebiet der Eierkunde bot ihm obendrein Gelegenheit zur Beschränkung auf eine kaum von einem anderen Oologen gewählte „Spielerei": Sein Ehrgeiz verlegte sich auf Spar- u. Doppeleier und auf Deformationen bei freilebenden Vögeln. Alle größeren Naturalienhandlungen mußten dem begüterten Junggesellen Abnormitäten in Form und Farbe beschaffen. Außerdem bezog er sie u. a. aus den Nachlässen von A. K. E. Baldamus, O. K. A. Sachse, E. Rey (s. d.) und unterhielt geschäftliche Verbindung mit Th. J. Krüper, H. Hocke, G. Krause, M. Schönwetter (s. d). Nach dem 1. Weltkrieg traf ihn hart der Vermögensverfall der Inflation. Doch war es ihm (wie ein Katalog seiner Eiersamml. v. 14. 2. 1920 nachweist) bis dahin gelungen, unter erheblichem Geldaufwand 1721 Stücke, davon 220 in Gelegen paläarkt. Formen, zusammenzubringen, vermehrt um 653 abnorme Haushuhneier. Eine Unters. der Abnormitäten und damit ein Aufleuchten neuer Gesichtspunkte blieb der Autodidakt der Nachwelt allerdings schuldig. Die ihm gesteckten Grenzen offenbar erkennend, strebte er nicht nach falschem Lorbeer. Spärlich sind daher die hinterlassenen Schreibtischfrüchte: „Blaue Kuckuckseier" (Zs. Ool. u. Orn. 18, 1908/09), „Ei-Mißbildungen" (Orn. Mber. 17, 1909), „Gefleckte Eier v. Haushuhn" (ebd. 23, 1913). Aus „reiner Freude am Sammeln" (so in seinem Kat.) hatte er die Schätze erworben und gehofft, daß sie „der Wissensch. vielleicht einmal nützlich sein" könnten; darauf wartet er wohl noch im Grab. Die Samml. ist heute im Besitz von Gebhard Duve (Johannesburg). Nur die Kollektion der Hühnereier und seltene Stücke aus Norwegen (1909) befinden sich im Mus. der Naturf. Ges. Senck. zu Frankf., deren Mitglied H. war. Eine letzte Veröff. aus seiner Feder galt den „Änderungen im Gesang d. Vögel d. Großstadt" (B. z. F. 3, 1927).

Haarhaus, Julius, * 4. 3. 1867 Wuppertal-Barmen, † 19. 8. 1947 Leipzig. Aufgewachsen in Honnef (Rhein) und ausgestattet mit dem auf dem Neuwieder Gymnasium erworbenen Zeugnis der mittleren Reife, versuchte er zunächst sein Glück als Buchhändler in Bonn und als Verf. von Kurzgeschichten und Gedichten. Seit 1893 war er Verlagsdirektor in mehreren Leipziger

Verlagsunternehmen. Zeiten fester Anstellung wechselten hier mit freischaffender Tätigkeit. Ein musischer Kern sprach aus einer Reihe von Romanen, die Land und Leuten der rheinischen Heimat gewidmet sind. Da ihn früh die Leidenschaft für die waidgerechte Jagd gepackt hatte — zu ihr rechnete er die praktisch nicht ausgeübte Falkenbeize —, entstammen der fleißigen Feder daneben eine Anzahl Jagdromane u. -novellen. Die Kartei der Dt. Bücherei verzeichnet von ihm über 20 Werke. Seine Rolle in der Vogelk. hat bescheidenes, nicht über örtliche Geltung hinausreichendes Ausmaß. Erwähnt sei er, weil eine gefühlsmäßig tiefgründende Freude am Naturerleben ihm auch den stets offenen, aufnahmebereiten Blick für die mannigfaltigen Reize des Vogeldaseins vermittelte. 1910 nahm ihn der Orn. Verein in Leipz. auf, und im Verkehr mit führenden Mitgliedern, u. a. mit E. Rey und A. Voigt (s. d.) erwarb er sich beachtliche Artenkenntnisse. 1922 schloß er sich dem Verein sächs. Ornithologen an und sicherte sich durch gediegenes Wissen und gewinnende Wesenszüge die Hochachtung aller, die an den Sitzungen und Exk. des Vereins teilnahmen. Trotz sprachlicher Gewandtheit und der Lust am Schreiben äußerte er sich nicht in orn. Fachzeitschriften. Nur Novellen bekundeten unter freiem Himmel erfahrene Vertrautheit auf vogel- u. naturk. Gebiet. Dahin gehören Veröff. wie „Baleno, d. Jagdfalke" (1908), „Friedhöfe als Vogelfreistätten" (Jb. d. Internat. Frauenbundes f. Vogelsch. 6—8, 1909—1911), „D. Amsel" (Gartenlaube 1920), „Jens Sventrup, d. Vogelwärter" (1920), „D. Wiesenteich u. seine Lebensgemeinschaft" (1930). Eine kleinere, von ihm zusammengebrachte Balgsammlung aus der Umgeb. von Wurzen ging vor 1925 in den Besitz von R. Schlegel (s. d.) über.

Haast, Sir Julius von, Dr. h. c. Dr. h. c., * 1. 5. 1822 Bonn, † 15. 8. 1887 Wellington (Neuseeland). Naturw. und musisch hochbegabt, hörte er — ohne immatrikuliert zu sein — als Sohn eines Lotterieeinnehmers in der Vaterstadt min. und geol. Vorlesungen. Seit 1846 war er in Frankfurt (Main) wahrscheinlich auf dem Gebiete der Min. und im Buchhandel tätig. Weiterbildende Reisen führten ihn nach Belgien, Frankr., der Schweiz und Österr., bis er 1858 im Auftrag einer Londoner Firma nach Neuseeland ging, um dort die Bedingungen für dt. Siedler zu überprüfen. Die Gründe für die Auswanderung sind in den letzten Einzelheiten nicht bekannt. Mit einiger Gewißheit dürfte Unzufriedenheit mit den politischen Zuständen eine hintergründige Rolle gespielt haben. Liberale Vorstellungen heben ihn demnach auf eine Ebene mit dem um die Erkundung Neuseelands schon vorher verdienten dt. Pionier E. Dieffenbach (s. d.). Vielleicht entscheidend für die tatfrohe Entfaltung von H.s bisher nicht zur vollen Geltung gekommenen Anlagen waren Reisen über 9 Monate mit dem Geologen F. v. Hochstetter, der mit der österr. Fregatte Novara wenige Tage vorher (Dez. 1858) in Auckland eingetroffen war und die fruchtbare Geistesverwandtschaft mit dem „wackeren Deutschen" bis zum Tode unermüdlich pflegte. Nach der Abreise des österr. Freundes (Okt. 1859) setzte H. auf Betreiben der Prov.-Regierung die Erforschung der geol. und naturk. Verhältnisse des südwestl. Teiles von Nelson mit solchem Erfolge fort, daß er 1861 zum Surveyor-General der Prov. Canterbury ernannt wurde. Die kühnen, system. durchgeführten Entdeckungsreisen — vielfach in Gebieten, die vorher kein Europäer betreten hatte — waren zwar 1876 abgeschlossen, doch setzte er als Kurator des 1866 gegründeten Canterbury-Mus. (1864 war er in Deutschl. schon Mitglied der Leopoldina geworden) und Prof. der Geol. an der Univ. Christchurch eine für die weitere Erschließung des Landes überaus segensreiche Tätigkeit fort. Kaum zu überschauen sind die Veröff., die sich mit der Geol. und Topogr. beschäftigten und die zahllosen Beitr., die er neuseel., engl., dt. (hier ursprünglich unter dem Namen H. Hanf!), österr., franz. Zeitschr. übergab. Vorbildlich war daneben die Aufmerksamkeit, mit der er auch die avif. Verhältnisse beleuchtete. Schon 1862 erschien in Ibis ein orn. Auszug aus seinem „Report of a Topogr. and Geol. Exploration of the Western Districts ..." (Nelson 1861), und früh gingen viele Vogelbälge an europ. Mus. A. v. Pelzeln (s. d.) berichtete über „Eine von Herrn J. H. erhaltene Sendung von Vogelbälgen aus Neuseel." (Verh. Wien 17, 1867) und benannte darin als neu entdeckt Xenicus gilviventris. Derselben Form gab W. L.

TEIL 2

Buller den Namen Xenicus haasti (Ibis 1869). Das Naturmus. Senck. in Frankfurt verdankte ihm aus den 70er Jahren als besondere Seltenheitswerte etwa 60 neuseel. Bälge, Eier und Skelette. O. Finsch (s. d.) schrieb, sich u. a. auf v. H.s Sendungen und briefliche Mitt. stützend, über die neuseel. Vogelwelt in J. Orn. 16, 1868; 18, 1870; 20, 1872; 22, 1874. Vorherrschend präh. Studien öffneten sich schließlich dem Wissensdrang des Forschers, als 1866 Tausende von Moaknochen bei Glenmark gefunden wurden. Unter seiner Leitung konnten — nachdem R. Owen bereits 1839 die Moaforschung eingeleitet hatte — 6 Arten bestimmt werden. Eine davon war Dinornis maximus Haast. Die Entdeckungen veranlaßten ihn, auch den Beziehungen dieser Vögel zur Urbevölkerung nachzugehen. Einige der hierher gehörigen Unters. seien genannt: „Bem. über Strigops habroptilus" (Verh. Wien 13, 1863), aus dem Engl. übersetzt von G. v. Frauenfeld (s. d.) als einer der ersten wissensch. Beitr. über den Nachtpapagei Kakapo der Maoris; „Notes on the Ground Parrot of N. Z." (Ibis 1864); „On the Measurements of Dinornis Bones ..." (Trans. of the N. Z. Inst. 1, 1868); „Beob. über einige Vögel" (J. Orn. 16, 1868 u. Ibis 1868); „Dinornis-Überreste v. Glenmark" (Monatsbl. d. Akad. d. Wissensch. Berl. 1868); „Über d. Dinornis v. N. Z." (ebd. 1869); „Moas and Moa-hunters" (Trans. of the N. Z. Inst. 4, 1871); „Notes on Harpagornis Moorei, an extinct gigantic bird of prey..." (ebd. 4, 1871); „On Harpagornis, ..." (ebd. 6, 1873; 13, 1880); „Remarks on the extinct birds of N. Z." (Ibis 1874); „Researches in Moa-bone Point Cave ..." (Trans. of the N. Z. Inst. 7, 1875); „Notes on an ancient native burial place" (ebd. 7, 1875); „Notes on the moa-hunter encampment near Shag Point, Otago" (ebd. 7, 1875); „Notice of a Memoir on the Remains of a Gigantic Bird ..." (Proc. Z. S. London 1885); „On Dinornis Oweni, ..." (Trans. Z. S. London 12, 1886); „On Megalapteryx Hectori, ..." (ebd. 12, 1886). Des Forschers Namen tragen der Tropfen-Kiwi Apteryx haasti Potts 1872 = Apteryx haasti Potts und Emeus haasti Rothschild 1907 = Zelornis haasti (Rothschild). Fast 3 Jahrzehnte im Dienste des engl. Weltreiches stehend, blieb er mit mehrfachen Bekundungen der Treue seines dt. Vaterlandes eingedenk. An Ehrungen fehlte es ihm nicht: 1862 Dr. phil. h. c. der Univ. Tübingen, 1867 Fellow of the Royal Soc. London, 1875 Eiserner Kronenorden 3. Kl. und Ritterstand durch den Kaiser von Österr. (nachdem er 1874 die Skelette von Dinornis maximus, Dinornis didiformis und Palaeapteryx elephantopus dem Wiener Hof-Mus. geschenkt hatte), 1885 Adelsstand durch die Königin von Engl., 1885 Dr. of Science h. c. der Univ. Cambridge. Gesundheitlich bereits erschüttert, sah er nach 29 Jahren noch einmal die alte Heimat und Europa. Bald danach öffnete sich ihm die Gräberstraße.

— Lit.: Nachruf in Proc. of the Royal Geogr. Soc.London 1887, S. 687/88. - Nachruf in Annals of Botany 1, 1887/88, S. 403/04. - W. L. Buller, Hist. of the Birds of N.-Z., London 1888, 1905. - Nachruf (von G. vom Rath). Leopoldina 25, 1889, S. 23—25, 42—44, 63—65. - J. Park, Geology of N.-Z., 1910, S. 423—425. - Dictionary of National Biogr. 8, 1921/22, S. 855/56. - H. F. v. Haast, The Life and Times of Sir J. v. H., Wellington 1948 (mit Bildnis, älteren Quellen u. Verz. d. Veröff.). - W. R. B. Oliver, N.-Z. Birds, 2. Aufl., Wellington 1955. - O. Krösche, D. Moa-Strauße, Brehm-Bücherei 1963. - Modern Engl. Biogr. 1, 1965, S. 1269. - I. Krumbiegel, D. Straußenvögel, Brehm-Bücherei 1966. - Würdigung (von M. Müllerott). N. Dt. Biogr. 7, 1966, S. 384/85. - L. Gebhardt, Z. Gesch. d. naturw. Erkundung Neuseelands, B. Bonn 20, 1969, S. 219—227.

Hähnle, Hermann, * 5. 6. 1879 Giengen (Brenz), † 24. 10. 1965 Giengen. Lina Hähnles (s. d.) Sohn wuchs im Elternhaus früh in die Vorstellungswelt seiner tapferen Mutter hinein und wurde einer ihrer tätigsten Mitarbeiter im Kampfe gegen die Zerstörung von Natur und Landschaft und für die Erhaltung der Daseinsberechtigungen der heimischen Avif. Den Grundgedanken der „Vogelmutter", die Schutzbestrebungen in breite Volksmassen zu tragen durch die Vertiefung biol. Kenntnisse und die Anleitung zur ernsthaften Beob. des wirklichen Lebens der Vögel, konnte er ausbauen auf Grund seiner technischen Begabung. Er studierte an der Techn. Hochschule in Stuttgart und an schweiz., ital., engl. Univ., wurde Wärme-Ingenieur, 1906 techn. Leiter und später Aufsichtsratsvorsitzender der väterlichen Filzfabriken — Fleiß, Unternehmungsfreude und Erfindergeist als Erbstücke von Generationen mit sich tragend. Im Alter von 42

Jahren war er in der Lage, das erste von über 200 späteren Patenten anzumelden. Schon 1902 machten ihn eigene kinematographische Aufnahmen freilebender Tiere mit von ihm selbst verbesserten Apparaten zum Schrittmacher der Technik, die die Vogelbeobachtung wesentlich erleichterte. 1919 drang er zu Fernaufnahmen vor und hatte späterhin starken Anteil an der Entwicklung des Lauffilms nicht nur in Schwarz-Weiß, sondern auch in farbiger Wiedergabe. Die ersten Unterrichts- und andere Vogelfilme wurden viel bewunderte „Natururkunden", die mit seinem Namen verknüpft bleiben werden. 1935 gelangen ihm zusammen mit der Firma C. Lindström-Berlin auch die ersten Tonbandaufnahmen von Vogelstimmen unter freiem Himmel. Ausgestattet mit großzügigem Denken, hatte er bei allen Fortschritten allein die Sache im Auge und trat jederzeit bescheiden hinter dem Werk zurück. Den Nutzen dieser Einstellung durften andere Pioniere der Photo- u. Filmkunst verbuchen. Erinnert sei hier an G. F. E. Schulz, K. G. Schillings, K. Guenther, O. Heinroth (s. d.), deren Pläne er in der Stille nicht weniger förderte als in Steckby (Elbe) die ersten von M. Behr (s. d.) angeregten Flächenuntersuchungen auf dem Gebiete des biol. Pflanzenschutzes. Nicht der Drang nach wissensch. Forschung im Bereiche der Orn., sondern techn. Denken, menschliches Mitfühlen und ein warmes Herz für die bedrohte Tierwelt prägten sein Persönlichkeitsbild. So war es natürlich, daß nach dem Tode der Mutter 1941 der Vorsitz im Bunde für Vogelschutz auf ihn überging. Er führte das Amt nach bewährtem Vorbild — mit bedeutenden persönlichen Opfern an materiellen Mitteln. Manche Anerkennung für selbstlose Leistungen durfte er zur Kenntnis nehmen, auch wenn er sie nicht als unbedingt zu seiner Sache gehörig betrachtete: u. a. wurde er 1954 Ehrensenator der Univ. Tübingen und Ehrenmitglied des Schwäb. Albvereins.

— Lit.: Würdigung (von K. Guenther). Vw. 70, 1949, S. 95/96. - Würdigung (von H. Helfer). Orn. Mitt. 6, 1954, S. 101—103. - Würdigung (von H. Krieg). Nachr.-Bl. f. Natursch. u. Landschaftspfl. 30, 1959, S. 17 (mit Bildnis). - Würdigung (von G. Fahrbach). Orn. Mitt. 16, 1964, S. 115—117 (mit Bildnis) u. Nachr. - Bl. f. Natursch. u. Landschaftspfl. 35, 1964, S. 18/19 (mit Bildnis). - Würdigung (von H. Ecke). Jh. d. Bundes f. Vogelsch. 1965, S. 1—4. - Nachruf (von dems.). Nachr.-Bl. f. Natursch. u. Landschaftspfl. 37, 1966, S. 1. - Nachruf (von S. Pfeifer). Orn. Mitt. 18, 1966, S. 33—37 (mit Bildnis). - Nachruf (von R. Berndt). Vw. 87, 1966, S. 59 bis 61 (mit Bildnis). - Nachruf (von L. Gebhardt). Luscinia 39, 1966, S. 136.

Hagen, Bernhard, Dr. Dr. h. c., * 23. 11. 1853 Germersheim (Pfalz), † 3. 5. 1919 Frankfurt (Main). Neben der Freude am Abenteuer und der Sehnsucht nach fremden Ländern hatten ihn zunächst entom. Neigungen von 1872 bis 1892 nach dem niederl. Tabaksgebiet von Deli auf Sumatra verschlagen. Hier war er als Plantagenarzt und später im Gesundheitsdienst der holl. Regierung einer der ersten, die die Bergzüge des Hinterlandes und der Hochebene von Karo und Toba forschend durchzogen. Die Ergebnisse der Exp. sind mit einer Vogelausbeute von 188 Arten niedergelegt in der „Pflanzen- und Tierwelt von Deli auf der Ostküste Sumatras" (Tijdschr. v. h. Kon. Nederl. Aardrijksk. Genootschap. 1890), einem Buch, das nach E. Hartert (s. d.) (Novit. Zool. 9, 1902, S. 194) wichtig und interessant, aber nicht genügend bekannt war, weil es in einer der Erdk. gewidmeten Zeitschr. erschien. 1893 wechselte H. über in den Dienst der Neuguinea-Kompanie mit dem Amtssitz Stephansort. Trotz der die Bewegungsfreiheit einengenden ärztlichen Pflichten fühlte er sich weiter „als echter und gerechter Sammler und Naturfreund", mußte aber wegen Malaria 1895 nach Deutschland zurückkehren. Erste lit. Frucht dieses Aufenthaltes war ein „Verz. d. in d. Jahren 1893-1895 von mir in Kaiser-Wilhelmsland u. Neupommern gesammelten Tagschmetterlinge" (Jb. Nass. 50, 1897). Umfassende „Beob. u. Studien über Land u. Leute, Tier- und Pflanzenwelt in Kaiser-Wilhelmsland" enthielt dann das Buch „Unter den Papuas" (Wiesbaden 1899). Im Kapitel über die Tierwelt findet sich eine sehr aufschlußreiche und in einen weiten Horizont gestellte „Übersicht d. naturw. Erforschung Dt.-Neuguineas u. d. Männer, welchen wir sie verdanken". Obwohl der vielschichtige Interessenkreis des Verf. der Orn. nur einen beschränkten Raum freiließ, erbrachte die Vogelliste von den 252 damals in Neuguinea bekannten Formen 130 Arten, die er selbst erlegt hatte. Die wie im Ber.

über Sumatra durch viele biol. Zusätze bereicherte Aufzählung hat in hist. Sicht durchaus das Gewicht wertvoller Beitr. Die Ausbeute an Bälgen ging hauptsächlich an das Naturh. Mus. von Karlsruhe, wo sie von Graf v. Berlepsch (s. d.) diagnostiziert, und an die Staatssamml. von München, wo sie von K. Parrot (s. d.) und A. Laubmann (s. d.) besprochen wurde. Seit 1897 wohnte H. in Frankfurt. Die wissensch. Tätigkeit richtete sich fürderhin bevorzugt auf die Anthrop., Ethnogr. und Urgeschichte. Die Forschungen auf diesen Gebieten nahmen Gestalt an im „Anthrop. Atlas ostasiat. u. melanesischer Völker" (Wiesbaden 1898). Der Samml. malaiischer Kultur- und Gebrauchsgegenstände diente noch eine Exp. nach Sumatra, Java, Banka 1905. Doch kam auch auf dieser letzten Reise die Vogelwelt des damals faun. noch wenig bekannten Gebietes nicht zu kurz; das zeigt die Besprechung der nach Münch. gelangten Stücke durch K. Parrot (s. d.) in den „Beitr. z. Orn. Sumatras u. d. Insel Banka ..." (Abh. Akad. d. Wissensch. Münch. 24, 1. Abt., 1906/07). H.s Name bleibt aber vor allem verbunden mit dem Frankfurter Mus. f. Völkerkunde, das er zusammen mit seiner Frau Anna, geb. Treichel 1908 gründete und bis zum Tode ehrenamtlich leitete. Der badische Hofrat und Dr. h. c. der phil. Fak. der Univ. Marburg war einer der Gelehrten, die noch viele Bereiche des Geisteslebens beherrschen konnten; höchste Auszeichnungen dt. Staaten sowie der holl., österr. und türk. Regierungen wurden ihm verliehen.

— Lit.: H. Schnee, Dt. Kol.-Lex. 2, 1920, S. 10. - Flora Malesiana 1, 1950, S. 211.

Hagmann, Gottfried, Dr., * 15. 11. 1874 Basel, † 26. 5. 1946 Santarém, Amazonas (Brasilien). In Straßburg promovierte er 1899 und ging als „auxiliar de zool." noch im September desselben Jahres zu E. A. Goeldi (s. d.) nach Belém (= Pará). Obwohl er die Stelle bald aufgab, kehrte er in Abständen wieder zurück und vertrat mehrfach, so auch längere Zeit während des zweiten Weltkriegs, den Direktor. Zool. Vielseitigkeit zeichnete sein Schaffen aus; es galt besonders den Vögeln, Säugern, Reptilien und gewissen Kleinschmetterlingen. Zu den bevorzugten Plätzen seiner Forschungen in der Amazonasmündung gehörte die von ihm lange verwaltete Insel Mexiana, wo er hauptsächlich in den Reiherkolonien ("ninhais") eingehende Studien betrieb. Später erwarb er die Fazenda „Taperinha" bei Santarém und stellte sie als damals einzigartige met. Station des Amazonas-Gebietes dem Staate zur Verfügung. Beachtliche Ergebnisse erbrachte auch seine Sammelneigung, die sich u. a. auf osteol. Material erstreckte. Das Mus. Goeldi besitzt eine große Zahl von Schädeln amazonischer Säuger, die von ihm zusammengebracht wurden. Die stark hervortretende Aufmerksamkeit, die er der Vogelwelt widmete, ist durch wertvolle Veröff. belegt, z. B. „Aves amazon. indic. n. Catal. of the Brit. Mus." (Pará 1902; zus. mit E. A. Goeldi), „As aves bras. men c. e descr. nas obras de Spix (1825), de Wied (1830-1833), Burmeister (1854) e Pelzeln (1874) na sua nomenclatura cientifica atual" (Bol. Mus. Goeldi 1904), „Ornithologisches v. d. Insel Mexiana, Amazonasstrom" (Orn. Mber. 14, 1906; mit Beschr. d. Eier aus seiner Samml.), „D. Vogelw. d. Insel Mexiana, ..." (Zool. Jb. 26, 1907; 123 Arten nach d. eigenen Samml. u. biol. Beob.). Die wissensch. Verdienste sowie die seine Lebensführung prägenden Persönlichkeitswerte sicherten dem Forscher hohe Achtung unter den Brasilianern. Das Ansehen konnte auch dadurch nicht geschmälert werden, daß ihm die unglückliche Wahl der Frau (er heiratete 1902) ohne sein Verschulden schwere Prüfungen auferlegte.

— Lit.: Briefliche Auskunft von H. Sick, Rio de Janeiro.

Hahn, Paul, * 11. 5. 1875 Reutlingen, † 20. 7. 1962 Toronto (Kanada). Er entstammte einer alten, in geistig bewegter Umwelt lebenden schwäb. Familie. Außer musikalischer Begabung (er wurde früh ein guter Cellospieler) prägte ausgesprochen biol. Neigung die entscheidenden Linien seiner nach vielen Seiten aufgeschlossenen Persönlichkeit. 1888 wanderte der Vater, ein Rechtsanwalt, mit der kinderreichen Familie nach Kanada aus, wo der Sohn im Klavierhandel ein angesehener und nach Rückschlägen auch wohlhabender Geschäftsmann wurde. Stets suchender und forschender Sinn ließ ihn bald zum leidenschaftlichen Sammler und Förderer des mit der Univ. Toronto verbundenen Royal Ontario Mus. werden. Die Gesch. und Ethnogr. — vor allem Kanadas — und die

Naturk. hatten den Nutzen aus seiner Tätigkeit; und die Berührung gerade mit der Vogelk. erleichterte ihm das Verständnis der Lebensgefährtin, einer Verwandten des Ornithologen J. H. Fleming. Besondere Züge nahmen die wissensch. Bemühungen an, als er in 45-jähriger Unermüdlichkeit die in nordamerikanischem Privatbesitz noch vorhandenen Präparate der vom Menschenwahn ausgerotteten Wandertaube - Ectopistes migratorius unter erheblichen Opfern für das Mus. erwarb. Um 68 Stücke konnte er die Samml. der Passenger Pigeons in Toronto vermehren. Die Geschichte der stillen Sucharbeit halten die „Reminiscenses of a Pigeon Hunter" (Canadian Audubon 21, 1959) fest. Den einmal eingeschlagenen Weg erweiternd, gelang es ihm schließlich, die in den Mus. der Welt aufbewahrten Stücke auch anderer ausgestorbener oder fast verschwundener Vogelarten zu registrieren. Die Liste ist besprochen in dem Vortrag „My Search for specimens of Certain Extinct North American Birds" (78. Jahresversammlung d. American Ornithologists' Union 1960 in Ann Arbor) und in seiner Buchveröffentlichung „Where is that Vanished Bird?" (Royal Ontario Mus., Univ. of Toronto, 1963, 347 Seiten). Sie enthält außer der Wandertaube noch den Karolina-Sittich, Elfenbeinspecht, Riesenalk, die Dronte, Labrador-Ente und den Eskimo-Brachvogel. In der Hingabe an selbst gestellte Aufgaben setzte sich der begeisterte Liebhaber-Ornithologe bei aller Bescheidenheit ein schlichtes Denkmal schwäb. Zielstrebigkeit.

— Lit.: Nachruf (von E. Schüz). Jh.Württ. 117, 1962, S. 75—79 (mit Bildnis).

Hartmann, Robert, Dr., * 8. 10. 1832 Blankenburg (Harz), † 20. 4. 1893 Potsdam-Babelsberg. Als der erkrankte Adalbert Johann Baptist Freiherr von Barnim (geb. 22. 4. 1841), der Sohn des Prinzen Adalbert von Preußen, im Oktober 1859 eine Reise in die Nil-Länder antrat, wünschte er sich zum Partner „einen mit naturgesch. Wissen einigermaßen vertrauten Arzt, der, wie er selbst, Lust und Neigung besäße, am Quell afrik. Lebens Erfahrung zu schöpfen". Die Wahl fiel auf H., der in enger Freundschaft Freud und Leid mit seinem Gönner teilte, bis dieser am 12. 7. 1860 in Er Roseires (Rosêres) am Blauen Nil dem perniciösen Fieber erlag. Der Begleiter selbst gelangte, mit Aufbietung der letzten Willenskräfte den Strapazen und dem Tropenfieber trotzend, körperlich schwer erschüttert im Dezember 1860 wieder nach Berlin. Die eigene Krankheit hatte zur Folge, daß nur Teile seiner ursprünglich erheblichen afrik. Samml. das Berl. Mus. erreichten. Die Exp. — durch Ägypten, Nubien, Sennar bis in den Süden von Fazoqlo — berührte Gebiete, die schon durch Ch. G. Ehrenberg, W. F. Hemprich, E. Rüppell, A. E. Brehm, Th. v. Heuglin (s. d.) bekannt geworden waren, gab aber dem Reisenden doch noch Gelegenheit, „eine Menge von Vogelarten in ihrem Naturzustande zu sehen und einige Beob. über deren Lebensweise, geogr. Verbreitung usw. anzustellen". In Kürze und zerstreut sind diese Erfahrungen und Erlebnisse in der von H. verfaßten „Reise d. Frhr. Adalbert v. Barnim durch Nord-Ost-Afrika in d. J. 1859 u. 1860" (Berl. 1863) niedergelegt (wobei er bei der Erwähnung des Wildesels Th. v. Heuglin „Oberflächlichkeit und Unwissenschaftlichkeit" vorwarf). Sehr ausführlich gehalten und für Fachkreise bestimmt waren daneben die „Orn. Reiseskizzen aus Nord-Ost-Afrika" (J. Orn. 11, 1863 u. 12, 1864). Erstaunlich ist hier die Fülle und Breite der mitgeteilten biol. Einzelheiten. Sie verraten den geschärften Blick des Beobachters auch für das Unauffällige und die kritische Kenntnis des lit. Nachlasses seiner Vorgänger. Nach diesem Zeugnis erfreulicher Fähigkeit wären Forts. und Vertiefung der orn. Studien für die Zukunft zu erwarten gewesen. Sie blieben aber aus. Mit „Beob. über Vorkommen u. Lebensweise d. Vögel Ägyptens u. Nubiens" (J. Orn. 12, 1864), einer Übertragung der Arbeit des Engländers A. Leith Adams aus Ibis 1, 1864, schloß offenbar die orn. Betätigung früh ab. Unter den Pionieren der Vogelforschung in Nord-Ost-Afrika steht er keineswegs im Vordergrund, und Neuentdeckungen sind nicht an seinen Namen geknüpft. Die von ihm hinterlassenen orn. Nachr. sollten trotzdem nicht ganz übersehen werden. 1865 wurde er Lehrer der Zool. und vergl. Physiol. an der landwirtsch. Akad. zu Proskau und 1867 Prof. der Anat. an der Univ. Berl. Seit 1884 gehörte er der Leopoldina an. Sein Arbeitsfeld verlagerte sich auf die Ethnogr. und weiterhin auf die Morphol. der anthropoiden Affen — mit vielen Veröff. in der Berl.

Zeitschr. f. Erdk. und in der Zeitschr. f. Ethnol. U. a. schrieb er „D. Nigritier" (1876), „D. Völker Afrikas" (1879), „D. Gorilla" (1881), „D. menschenähnlichen Affen" (1883).

— Lit.: Fr. Embacher, Lex. d. Reisen u. Entdeckungen, Leipz. 1882; Nachdruck Amsterdam 1961, S. 140. - Meyers Konv.-Lex., 5. Aufl. 1897.

Hauth, H., * 1850 Dresden, † Berlin. In Schulsamml., im Zool. Garten von Dresden und in der unmittelbaren Umgeb. der Stadt wurden in dem Schüler schon natürlicher Sinn und scharfer Blick für alles, „was da kreucht und fleucht", geweckt. Der auf diesem Wurzelboden seit 1865 gedeihenden Vogelhaltung blieb er in allen Lebenslagen treu. Nur von 1869 bis Herbst 1871 hatte er keine Gelegenheit zur häuslichen Vogelpflege; es war die Zeit des Aufenthaltes auf der Kriegsschule in Erfurt und des dt.-franz. Krieges 1870/71 in Feindesland. Waren die Käfiginsassen anfangs Kanarien und dann heimische Arten, so folgten nach 1871 die Exoten. Die im Zeichen des wirtschaftlichen Aufstiegs wachsenden Einfuhren in das politisch erstarkte Deutschl. reizten in erhöhtem Maße seine Wünsche nach biol. Beob. und Forschung an den fremden Formen. Diese Neigung erfuhr auch keine Beschränkung, nachdem er als Kriegsbeschädigter aus dem aktiven Soldatenstand ausscheiden und als Leutnant z. D. eine kaufmännische Tätigkeit übernehmen mußte. Trotz labiler körperlicher Verfassung und wiederholter schwerer Erkrankungen fand er vor allem in Berlin, wo er seit 1875 wohnte, verstärkten Auftrieb der vogelk. Beschäftigung. In jenen Jahrzehnten waren die Berl. Liebhaber entweder eingeschworene Freunde der heimischen Sängerfürsten oder leidenschaftliche Waldläufer und Oologen oder Züchter fremdländischer Vögel. In der letzten Gruppe sicherte sich H. bald einen durch Sachkenntnis erworbenen Ruf. Er scheint zwar keinem der Berl. Vereine — Aegintha oder Ornis — angehört zu haben, doch drängte es ihn seit 1881 zur Feder und damit in engere Beziehungen zu K. Ruß (s. d.), der ihm gerne die Spalten der Gef. W. zur Verfügung stellte. Kaum zu entscheiden ist, wer von den beiden Züchtern aus der Zusammenarbeit am meisten lernte. Die Beitr. über Erfolge und Fehlschläge des zurückgezogen lebenden ehemaligen Offiziers (1898 nannte er sich Premierleutnant, 1899 Oberleutnant z. D. sowie a. D.) bedeuteten jedenfalls eine inhaltliche Bereicherung für Zeitschr. wie Gef. W. und Natur u. Haus. Da sie nur der Sache dienten, ist auffällig, daß sie in der übrigen Fachpresse nicht erschienen. Bis über die Wende des Jahrh. förderten die Erfahrungsberichte die Kenntnis des Gefangenlebens neu eingeführter Arten und lieferten auch der wissensch. System. vorher unbekannte Bausteine. Letzte Verlautbarung dürfte „Über drei austral. Amadinen" (Gef. W. 31, 1902) gewesen sein. Der Verf. muß neben F. A. Frenzel, K. Ruß und K. Neunzig (s. d.) genannt werden und hat auch Geltung als Vorläufer der Studien von H. Hampe (s. d.). Den Veröff. fehlte, damaligem militärischem Brauche gemäß, stets der Vorname, so daß er nur mit Schwierigkeit nachzuweisen war. Das Datum des Todes ließ sich ebensowenig ermitteln. Es liegt wohl vor dem 1. Weltkrieg. Über „Entstehung u. Verlauf meiner Liebhaberei" äußerte sich H. in Gef. W. 21, 1892.

Heckel, Johann Jacob, * 23. 1. 1790 Mannheim, † 1. 3. 1857 Wien. Kriegsnöte vertrieben die Eltern nach Pest, und der Vater, ein Musiklehrer, erwarb eine kleine Landwirtschaft in Gumpolskirchen bei Baden. Der Sohn widmete sich von 1806—1808 dem Studium der Ökonomie in Keszthely, um nach des Vaters Tode 1811 die Bewirtschaftung des Besitzes zu übernehmen. Der Aufenthalt in Feld und Flur erweckte in ihm Freude an der Beob. der Natur und am Präparieren von Vögeln und Fischen. Die Folge war Berührung mit Joh. Natterer (s. d.), der ihm 1820 eine Präparatorstelle am k.k. Hofnaturalien-Kabinett in Wien verschaffte. Als er unter dem Einfluß von L. J. Fitzinger (s. d.) sich hier hauptsächlich system. Unters. über die Gattungen und Arten der Fische hingab, wurde 1836 die Betreuung der bis dahin wenig ansehnlichen Fischsamml. in seine Hände gelegt. Die Ichthyologie erlebte dann durch seine Leistung eine erste und bedeutende Blütezeit in Österr. Geringer und weniger auffallend war der Anteil an der orn. Entwicklung. Doch knüpfte sich an seinen Namen auch ein neuer, zweckmäßiger Aufbau und eine in die Augen springende Vermehrung der Vogelsammlung durch die Aufstellung von Eiern, Nestern und Skeletten, die namentlich die Unternehmungen J. Zelebors (s. d.) seit 1852 lieferten. In jüngeren Jahren war H. selbst vielfältig geübter Sammler. So brachte er von einer Reise 1819/20 durch Deutschl., die Schweiz und Italien 60 Stücke von 15 Vogelarten mit, unter denen für die damalige Zeit wertvolle südeurop. Formen hervorragten. In die Typen des Mus. konnten durch ihn u. a. eingereiht werden die Weißbartgrasmücke - Sylvia leucopogon Heckel (nach B. Meyer 1822) und die Zwerggans - Anser brevirostris Heckel (nach Ch. L. Brehm 1830 u. 1831 ex Msk. Heckel). Auf Grund der Nomenklaturregeln gelten allerdings Meyer und Brehm als Autoren, da sie die Beschr. erstmals im Druck erscheinen ließen. Heute sind die beiden Formen Sylvia cantillans cantillans (Pallas) und Anser erythropus (L.). Noch im fortgeschrittenen Alter zeigte er Verständnis für Fragen, die die damaligen Ornithologen bewegten. Das zeigt seine Arbeit „Über d. Verbreitung, d. Nest u. d. Ei d. Salicaria fluviatilis, Mayer", [gemeint war Wolf u. Meyer] (Naum. 3, 1853). Er berichtete darin — in einer Zeit, die dem Ei ein entscheidendes system. Kriterium zuschrieb — daß J. Zelebor im Mai 1852 den ersten überzeugenden ool. Nachweis für Brut dieser Form bei Wien erbracht habe durch ein dem toten Körper des Schlagschwirls entnommenes und dem Hofmus. übergebenes Ei. Als hochgeachteter Zoologe — er war seit 1851 Kustos-Adjunkt — stand H. in geistiger Verbindung mit Fachgenossen wie J. F. Naumann, J. S. v. Petényi, H. Schlegel (s. d.).

— Lit.: L. J. Fitzinger, Gesch. d. k.k. Hofnaturalienkabinetts, Sb. Akad. d. Wissensch. Wien 1, 1856—5, 1880. - Allg. Dt. Biogr. 11, 1880, S. 205. - A. v. Pelzeln u. L. Lorenz v. Liburnau, D. Typen d. k.k. Naturh. Hofmus., Ann. Wien 1, 1886—3, 1888. - A. v. Pelzeln, Gesch. d. Säugetier- u. Vogelsamml. d. k.k. Naturh. Hofmus., Ebd. 5, 1890. - L. Lorenz v. Liburnau, Ornis v. Österr.-Ung. u. d. Okkupationsländer im k.k. Naturh. Hofmus. in Wien, Ebd. 7, 1892. - Österr. Biogr. Lex. . . . 2, 1959, S. 234/35 (mit älteren Quellen).

Heink, Johann Anton, * 4. 5. 1779 Jauernick bei Görlitz, † 23. 3. 1869 Dresden. Er war der Sohn eines Schulmeisters. Die 1793 begonnene forstliche Laufbahn setzte sich über verschiedene Försterstellen fort, bis ihm 1802 der Posten des Leibschützen beim sächs. Oberstallmeister, dem Grafen Marcolini, in Friedrichstadt bei Dresden und 1811 die Hegereiterstelle des Reviers übertragen wurden. Seine Aufgabe galt — im Sinne damaliger Jagdauffassung — der Kurzhaltung oder Vernichtung aller sog. Wildschädlinge. Diese Beschäftigung dürfte ihm eine gute Kenntnis der Greifvögel vermittelt haben. Die Vermutung findet eine Stütze in seinen „Praktischen Bem. über d. kleine Jagd" mit 26 Raubvogeltafeln und beigefügtem Text (1829 Dresd. u. 1832 Leipz.). Das Buch enthielt zwar einige faun. Angaben von Wert, konnte aber keine vogelk. Geltung erreichen. Ebensowenig gingen Antriebe von der Vogelsammlung des Wildhüters aus. Nachdem er schon 1823 viele Stücke an die Forst-Akad. von Tharandt, nach Frankfurt (Senckenberg ?) und Schweinfurt verkauft, den Rest aber in Dresd. versteigert hatte, besaß er 1828 eine neue, heute verschollene Kollektion von etwa 300 meist jagdbaren Arten (besonders Raubvögel und Eulen, fast alle ohne Daten und teilweise gekauft). Einer Bem. wert dürfte ein von ihm angewandter Markierungsversuch sein: Ein am 28. 2. 1829 gefangener Seeadler, den er bis zum 26. 4. 1829 „zum Besten der Armen und Schulen" öffentlich zeigte und dann mit einer am Fang befestigten, runden Messingplatte fliegen ließ, wurde am 26. 5. 1829 am alten Orte wieder erbeutet. Der Förster, Jäger und Sammler sei hier unter Bedenken erwähnt; seinem Eifer fehlte sinnvolle Zielsetzung, er bewegte sich nur in fernen Vorhöfen der Vogelkunde.

Helfer, Hermann, Dr., * 1. 3. 1885 Hohensalza, † 16. 6. 1954 Zürich. In Moers und Mülheim-Ruhr aufgewachsen und Freund von Mensch und Tier, studierte er Naturw. in Lausanne, Brüssel, Münch., Kiel. Der Promotion in Kiel folgten Assistentenjahre in Münster und Bonn sowie ein Aufenthalt an der Zool. Stat. in Neapel, bis er 1909 wissensch. Mitglied, später Abt.-Leiter und Professor an der Preuß. Landesanstalt für Wasser-, Boden- u. Abwasserbiologie in Berlin-Dahlem wurde. Seine ideenmäßige Ausgangsbasis war die frühe Einsicht in die Notwendigkeit des Vogelschutzes, der zu Beginn des Jahrh. noch um Zusammenfassung, organisatorische Gestaltung und wissensch. Untermauerung rang. Schon in den Bonner Jahren entstand unter seiner Führung die dortige Ortsgruppe des Bundes für Vogelschutz, und in Berl. setzten sich die idealistischen Bemühungen in Wort und Schrift jahrzehntelang fort, ohne daß in seinen Gedankenbahnen das Bedürfnis nach orn. Forschung oder gar das Verständnis für die Vogelpflege des reinen Liebhabers Platz gehabt hätten. Es liegen indes Zeugnisse vor für den vorwiegend orn. ausgerichteten Blickwinkel der ersten Schaffensperiode; das sind — außer dem Beitritt zur DOG 1918 — Veröff. wie „Ein (orn.) Ausflug an d. Werbellinsee (27. u. 28. 6. 1914)“ (Orn. Ms. 40, 1915), „Weitere Mitt. über d. Reichhaltigkeit d. Vogelf. u. über d. Zweckmäßigkeit ihres besonderen Schutzes an Kläranlagen“ (ebd. 40, 1915), „Weitere Mitt. über d. Reichhaltigkeit d. Vogelf.... an Kläranlagen“ (Mitt. d. Ver. Heimatschutz in Brandenb. 7, 1916), „Vogelbeob. im Frühling“ (Zool. Anz. 49, 1917). Erst nach dem 1. Weltkrieg erweiterte sich das Wirkungsfeld, als er den Bereich des allg. Schutzes von Natur und Landschaft betrat. Die von ihm 1920 ins Leben gerufene „Zeitschr. f. Vogelsch.“ erhielt daher ab 1. 1. 1922 den Namen „Naturschutz“ (später „Natur und Landschaft“) und wurde nach dornenvollem Weg durch Inflation und Wirtschaftskrisen 1927 von der Staatl. Stelle für Naturdenkmalpflege übernommen. Die Gründung bedeutete eine Pioniertat. Daß es damals in Deutschl. noch kein anderes Organ für dieses Sachgebiet gab, zeigt die Schwäche der naturschützerischen Bewußtseinslage in jenem Abschnitt der Entwicklung. Auch in den schlimmsten Jahren der Lähmung nach 1945 entfaltete sich die H.s Persönlichkeit innewohnende Stärke. Obwohl im Ruhestand lebend, trat er als Landesbeauftragter an die Spitze des alten Naturschutzbundes, bewahrte die brandenb. Provinzstelle vor dem endgültigen Untergang und errichtete die Westberliner Naturschutzstelle, nachdem die bisherige Stelle zum Ostsektor gekommen war. Bis ins hohe Alter trat er in einer stattlichen Reihe wissensch. und volkstümlicher Veröff. für die selbstgestellte Lebensaufgabe ein: „Heimat und Heimatnatur zu erhalten und uns und unsere Volksgenossen zu Heimatsinn, Naturliebe und Naturschutz zu erziehen“. Auf einer Reise, die ihm noch die Anwesenheit bei einer eindrucksvollen Federseetagung des Bundes f. Vogelsch. ermöglichte, erlag er einer akuten Herzerkrankung. Auf dem Waldfriedhof in Berlin-Dahlem fand er die letzte Ruhestätte.

— Lit.: Nachruf (von H. Klose). Nat. u. Landschaft 29, 1954, S. 134. - Bildnis in Berl. Naturschutzblätter 6, 1962, S. 384.

Hellmann, August, Dr., * 2. 12. 1819 Gotha, † 22. 5. 1881 Siebleben bei Gotha. Als Sohn eines Garnisonpredigers studierte er 1838/39 Geologie am Polytechnikum Karlsruhe und war zunächst Salineninspektor in Salzbronn (Elsaß) und Zivilingenieur in Karlsr., bis er seit 1849 an der Gewerbeschule seiner Vaterstadt den naturw. Unterricht übernahm. Ehrenamtlicher Nebenarbeit am dortigen Naturalienkabinett folgte die Berufung auf den Posten des Kustos von 1854 bis 1880. Er war in erster Linie Fachmann auf den Gebieten der Geologie und des Hüttenwesens; seine hierher gehörigen Veröff. sind in einer Beil. zum Durlacher Tagbl. 15, Okt. 1963 zusammengefaßt. Daß die DOG ihn seit 1853/54 zu ihren Mitgliedern zählen konnte und die Geschäftsführung der Gothaer Tagung 1854 — wenn auch nicht zur Zufriedenheit aller Teilnehmer — in seinen Händen lag, mag daneben für orn. Neigungen sprechen. Sie führten in Ansätzen zu einigen Arbeiten in Naum. und J. Orn. zwischen 1853 und 1860; genannt seien „Einiges über d. Zungenorgan d. Vögel, insbesondere das d. Auerhahns“ (Naum. 3, 1853), „Verz. derjenigen Vögel, welche als Stand-, Zug- oder Strichvögel in Thür.... vorkommen“ (ebd. 3, 1853), „Über Federbedeckung d. Strix passerina Bechst.“ (J. Orn., Erinnerungsschr.... an d. 7. Jahresversammlung ... in Halberst., 1854), „Otocorys alpestris [auch Plectrophanes nivalis und Fringilla petronia] b. Gotha erlegt“ (ebd. 3, 1855), „Beitr. z. Ptilographie u. Anat. d. Hirundo rustica“ (ebd. 4, 1856), „Notizen über Alca impennis u. Podiceps rubricollis“ (ebd. 8, 1860). In der Naumann-Zeit orn. Forschung und erster organisatorischer Zusammenschlüsse gehörte er nicht zum Kreis der durch fachliche Leistungen führenden Köpfe; er wuchs über den örtlichen Rahmen kaum hinaus. Verdienst bedeutet wohl, daß er die Gothaer Vogelsamml. von 1700 Stükken auf 4000 erhöhte.

Helms, Richard, * 12. 12. 1842 Hamburg-Altona, † 17. 7. 1914 Sydney. 1858 wanderte er nach Australien aus, wo er anfangs als

Tabakpflanzer, Dentist, Uhrmacher in Melbourne, Sydney, Perth wohnte und sich auch in Neuseeland aufhielt. Später war er Angestellter in der Landwirtschaftsverwaltung von Neusüdwales. 1891 nahm er als Naturwissenschaftler an einer Exp. in die Trokkengebiete des Innern von Australien teil; und die von ihm zusammengebrachten Samml. bedeuteten wesentliche Beitr. zur Aufhellung der dortigen Tier- u. Pflanzenwelt. Mehrere Fachleute beschrieben diese Ausbeute in den Transactions of the Royal Soc. of South Australia. Von 1896 bis 1899 beschäftigte ihn die Landwirtschaftsverwaltung von Westaustralien als Biologen. In dieser Zeit führten ihn Unternehmungen in die Nachbarschaft von Wyndham (Juni bis Oktober 1896) und zusammen mit H. F. O. Lipfert (s. d.) nach den Abrolhos-Inseln (1897). Seine Eiersamml. kam in das westaustralische Mus. von Perth. — Lit.: H. M. Whittell, The Literature of Austral. Birds, Perth 1954, Teil 2, S. 335/36 (mit älteren Quellen u. Verz. d. Veröff.).

Hennings, Hans Klaus Franz, * 15. 10. 1895 Kirchdorf, Hamburg-Wilhelmsburg, † 5. 2. 1965 Hamburg-Harburg. Nach der Realschule Harb. besuchte er, Sohn eines Lehrers, das Seminar in Stade, bis ihn der 1. Weltkrieg 1914 zu den Waffen rief. Seit 1920 stand er dann über 40 Jahre als Lehrer und Hauptlehrer an Wilhelmsb. Schulen. Unterbrochen wurde die pädagogische Tätigkeit nur durch biol. Beob., die er im Auftrag des Reichsministeriums f. Ernährung u. Landw. auf einer Walfang-Exp. in die Antarktis 1937/38 vorzunehmen hatte, und durch den 2. Weltkrieg, der ihm schwere Verwundung brachte. Die vom Vater ererbte Freude an autodidaktisch ausgeübten Freilandstudien fand in der weiten Weidelandschaft der engeren Heimat günstigsten Nährboden. Nach dem 1. Weltkrieg richteten sich die früh geschärften Blicke dann ganz auf die Vogelwelt. Besonders die an den Gräben und Wasserläufen der Sumpfwiesen und niedrigen Vorländer lebenden Arten lockten seinen Wissensdurst. Er galt bevorzugt den Daseinsbedingungen der durch Meliorationen, Trockenlegungen und Industrialisierung bedrohten Formen wie Weihen, Störchen, Limikolen und Sumpfohreulen. Eine außerordentlich umfangreiche Beringungstätigkeit wurde durch viele bemerkenswerte Rückmeldungen belohnt. Avif. Aufhellung, brutbiol. Unters., Klärung von Zuggewohnheiten sind ihm zu danken, neben nicht geringen Verdiensten um die Vertiefung des vogelk. Verständnisses unter seinen engeren Landsleuten durch Führungen und Ber. in der örtlichen Presse. Ohne bewußt nach weitreichender Geltung zu streben, pflegte er im Rahmen des Orn. Ver. zu Hamb. Anregung bringenden Gedankenaustausch mit den benachbarten Fachleuten wie H. Kirchner, G. Timmermann, W. Meise. Kuckucksforschungen, denen er sich lange Zeit sehr eingehend hingab, führten ihn auch an F. Groebbels und F. Moebert (s. d.) heran. Der DOG gehörte er seit 1928 an. Ein Spiegelbild orn. Regsamkeit bieten aus seiner Feder stammende Arbeiten: „D. Vogelw. d. Elbinseln" (Harb.-Wilhelmsb., 1933), „Aus d. Leben d. Wilhelmsb. Störche" (Ver. f. Heimatk. Wilhelmsb., 1934), „Beob. am Horst d. Kornweihe" (B. z. F. 12, 1936), „D. Vogelzug im Stromspaltungsgebiet d. Elbe u. seine örtlichen Erscheinungen in Beziehung z. Wetterlage" (Abh. Hamb., N. F. 1, 1937), „Vogelkundliches v. d. Elbinsel Wilhelmsb." (D. Landschaft Hamb., 1953), „Eine vogelk. Wanderung ins Fischbeker u. Daerstorfer Moor" (Neugraben, Dorf- u. Heidelandschaft vor d. Toren d. Großstadt, Hamb. 1954), „Über d. Verbreitung, d. Lebensraum u. einige Verhaltensweisen d. Weihen in d. Lüneburger Heide" (Nat. u. Jagd in Nieders., Hann. 1956). Was er aus freien Stücken im Dienste der Heimatforschung und der orn. Wissensch. anpackte, tat er ganz — unter Einsatz eines starken Willens und erstaunlicher Leistungsfähigkeit. So untersuchte er, solange es seine Kräfte erlaubten, bis in die letzten Lebensjahre mit dem Fahrrad, nach 1945 auch mit Moped und Volkswagen, das ganze Heide- u. Moorgebiet zwischen Elbe und Aller nach Horsten der Weihen und Nestern mit Kuckuckseiern. Die von ihm hinterlassene Beringungsliste enthält beachtenswerte Zahlen. Er kennzeichnete 3039 Kiebitze (107), 1008 Rauchschwalben (9), 752 Stare (26), 696 Weißstörche (44), 362 Wiesenweihen (19), 139 Kornweihen (28), 67 Rohrweihen (11), 44 Sumpfohreulen (6), 54 Fischreiher (16), 119 Kuckucke (2); [Die Zahlen in Klammern geben die Rückmeldungen wieder]. Abgeschlossen hatte er ferner im Auftrage der Vogelwarte Helgoland eine Zusammenstellung aller Ringfunde dt. Kiebitze; die Arbeit harrt noch der Veröffentlichung.

Hennings, Walther, * 12. 9. 1896 Lüchow (Kr. Lüchow-Dannenberg), † 23. 10. 1968 Lüchow. Der im menschlichen Umgang zur Zurückhaltung neigende Rechtsanwalt und Notar bemühte sich als autodidaktisch geschulter Feldbeobachter viele Jahrzehnte hindurch um die naturw. Erkundung des Heimatkreises. Den in der Vaterstadt gegründeten Ver. f. Naturk. verstand er daher lange Zeit mit beachtlich regem Leben zu füllen. 1950 trat er der DOG bei, und die Kommission f. Avif. von Niedersachsen konnte ihn seit dem Entstehen 1962 zu ihren Mitgliedern zählen. Labile Gesundheit hinderte ihn auch nicht, auf anstrengenden Studienreisen (u. a. Camargue, Mazedonien) die Formenkenntnis zu erweitern. Sein Wissen in einer Avif. auf Kreisebene niederzulegen, blieb ihm allerdings trotz fortgeschrittener Planung versagt. Außer einem kleinen Buch „Auf Streife durch Wald u. Flur“ (Dt. Buchgemeinschaft, 1951) und naturk. Beitr. in der örtlichen Presse hinterließ er nur einige Kurzmitteilungen im Fachschrifttum. Bekannt sind „Türkentaube 1950 Brutvogel in Nordost-Niedersachsen“ (Orn. Mitt. 3, 1951), „Seeadlerpaar-Haliaeëtus albicilla (L.) an d. Elbe“ (B. Nieders. 7, 1954), „Brandseeschwalbe-Sterna sandvicensis im Binnenland“ (Orn. Mitt. 12, 1960). Er war einer der gut beschlagenen, aber stillen Vogelfreunde, die aus äußeren oder inneren Gründen nicht dazu kommen, über den örtlichen Rahmen hinaus in die Breite zu wirken.

— Lit.: Nachruf (von H. Ringleben). Vogelk. Ber. aus Nieders. 1, 1969, S. 35/36. - Nachruf (von H. v. der Heyde). Lüchow-Dannenb. Orn. Jber. 1, 1969, S. 101.

Herberg, Martin, * 29. 11. 1883 Gräfenhainichen (Kr. Halle), † 8. 4. 1966 Zerbst. Der Sohn eines Schneidermeisters wählte als Beruf den Lebensmittelhandel und war von 1932 ab selbständiger Kaufmann in Leipzig. Vornehmlich von der Mutter geförderte Anlagen öffneten ihm neben der Aufgeschlossenheit für nachdenkliche Beob. der Naturvorgänge und den Freuden waidgerechter Jagd auch den Weg zu vertiefter Beschäftigung mit der heimischen Vogelwelt. Tätigkeit im Bund f. Vogelsch. (1925 wurde ihm der Vorsitz in Leipz. übertragen), Mitarbeit bei der Vogelwarte Rossitten, Anschluß an den Orn. Ver. Leipz., den Ver. sächs. Ornithologen 1922 und die DOG 1926 kennzeichnen die Entwicklung des stets regen Autodidakten. Als R. Berndt, von 1935—1940 Leiter der von M. Behr (s. d.) 1920 gegründeten und seit 1932 vom Bund f. Vogelsch. in Steckby (Kr. Zerbst) fortgeführten Vogelsch.-Station, zum Kriegsdienst eingezogen wurde, sprang H. zur Kontrolle der Niststätten ein. Diesem Beginn folgten 1943 die ständige Vertretung, 1948 unter Verzicht auf den seitherigen Beruf der Ortswechsel nach Steckby und von 1953—1963 die Leitung der Stat. als Außenstelle der Vogelschutzwarte Seebach. Die ihn bewegenden Fragen galten in zäher Hingabe der angewandten Vogelk., d. h. den umfassenden Reihenuntersuchungen über Nahrung, Niststättenwahl, Siedlungsdichte usw. Ihren Niederschlag fanden diese Bemühungen in vielen, meist kleinen forstwirtsch., natur- u. tierschützerischen Arbeiten für die Tagespresse, Siedler- u. Gärtnerzeitungen, Kalender und dgl.; vogelk. Veröff. aus seiner Feder standen seit 1923 in Fachzeitschriften wie Mitt. Sachs., Dt. Vw., Vw., B. z. Vk., Orn. Mitt., D. Falke, Angew. Orn. Bis ins hohe Alter wurden Eifer und Schaffensfreude daneben beansprucht von Vorträgen, Führungen, Kursen und auch vom Biberschutz im Sinne seines Vorgängers M. Behr. Großes Verdienst erwarb sich der pflichttreue Mann dadurch, daß er die Kette der Beob. im Versuchsgebiet für die Kiefernwälder in den Steckbyer Musteranlagen nicht abreißen ließ. Zu den umfangreicheren Arbeiten aus seinem Wirkungsbereich gehören „D. Entw. einer Höhlenbrüter-Population in einem einförmigen Kiefernbestand“ (B. z. Vk. 5, 1953) und „Drei Jahrzehnte Vogelhege z. Niederhaltung waldschädlicher Insekten durch d. Ansiedlung v. Höhlenbrütern“ (Arch. f. Forstwesen 9, 1965).

— Lit.: Würdigung (von G. Creutz). Falke 10, 1963, S. 207/08 (mit Bildnis u. Verz. d. wichtigsten Veröff.). - Nachruf (von K. Mansfeld). Jh. 1966 d. Dt. Bundes f. Vogelsch., S. 2/3 (mit Bildnis). - Nachruf (von W. Schneider). Falke 13, 1966, S. 422/23 (mit Bildnis).

Herzog, Ernst, Dr., * 9. 11. 1887 Rheinbischofsheim (Baden), † 13. 2. 1969 Mannheim. Als Sohn eines Arztes besuchte er die Gymnasien von Lahr und Offenburg, studierte bis 1913 Med. in Heidelb., Straßb., Kiel, Freib. und begann nach dem Kriegsdienst die ärztliche Laufbahn. Ihre Stationen waren 1919—1925 Heil- u. Pflegeanstalt Illenau, 1925—1931 Heil- u. Pflegeanstalt Wiesloch, 1931—1935 Heidelberg (Bezirksarzt), 1935—1952 Mannheim (Medizinalrat beim Gesundheitsamt). Seit 1957 war sein Wohnsitz Edingen (Neckar). 1927 erwachte in ihm eine feldorn. Leidenschaft, die ihn bis ins Alter begleitete. Sie machte ihn, ohne daß er immer den Gedankenaustausch in größerem Fachkreise suchte, zum rührigen und gründlichen Kenner der avif. Verhältnisse des mittleren Oberrheins. In seinem Blickfeld lagen der Lampertheimer und Friesenheimer Altrhein, der Neckar zwischen Heidelb. und Wieblingen, der Neurhein zwischen Ludwigshafen/Mannheim und Reißinsel, die Ketscher Wiesen, die Baggerseen zwischen dem Süden von Ludwigshafen und dem Neuhofener Altrhein, die Gegend von Wahlen im hessischen Odenwald. Seltener berührte er den Berghausener, Otterstadter und Roxheimer Altrhein, den Kühkopf und die Heppenheimer Wiesen. Ziele größerer Exk. waren Juist, die Camargue und Korsika. Wie die 1937 einsetzenden Aufz. belegen, galt seine Vorliebe den Wasser- u. Sumpfvögeln. Trotz des fest fundierten Wissensschatzes gehörte der meist in der Stille ernsthaft forschende Freund der heimischen Natur zu den kritischen Beobachtern, die sich aus stark intellektuell gelenktem Verantwortungsbewußtsein Zurückhaltung im Gebrauch der Feder auferlegen, um die eigenen, nach allen Richtungen gesicherten Feststellungen mit dem Druck nicht in die Nähe auch weniger zuverlässig erscheinender Verlautbarungen gelangen zu lassen. Bekannt sind nur 4 kleinere Veröff., die Begegnungen mit Blauracke, Entenarten und Fitis oder Zilpzalp im Winter betrafen und in Mitt. Poll., Mitt. d. orn. Arbeitsgemeinschaft Oberrhein und Orn. Mitt. erschienen. Die avif. Literatur verzeichnete indes den Namen verschiedentlich als Zeugen oder Mitbeobachter. Seit 1955 war er Mitglied der DO-G.

Hesse, Karl, Dr. h. c., * 26. 11. 1882 Mainz, † 25. 7. 1967 Darmstadt. Nach dem Studium in Gießen und privatforstlichem Dienst übernahm er 1920 das Forstamt Darmstadt und bald darauf auch die Abt. Forst- u. Kameralverwaltung im hessischen Finanzministerium. Von 1925—1945 stand er als Staatsrat und Landesforstmeister an der Spitze der hess. Forstverwaltung. Mit seinem Namen verbunden ist eine lange, vorbildliche Arbeit am Aufbau der hess. Wälder. Er war kein Vogelforscher vom Fach oder aus Liebhaberei. Und doch wurde er über die Landesgrenzen hinaus in den Kreisen der Orn. bekannt: Es war ihm eine Sache des Herzens und des Verstandes, in seiner amtlichen Tätigkeit jeden Schritt zur Erhaltung der hess. Vogelf. zu unterstützen. In Anlehnung an die von K. Kullmann (s. d.) 1901 begründete und von K. Urstadt (s. d.) fortgesetzte hess. Überlieferung gab er daher dem alten „Vogelschutzverein" des ehemaligen Großherzogtums Hess. 1927 neues Leben unter dem Namen „Vogelsch.-Ver. f. Hess.". Um des guten Zweckes willen nahm er die Führung in eigene Hände, brachte das hess. Natursch.-Gesetz von 1931 zum Abschluß und machte mit Zustimmung von L. Hähnle (s. d.) im selben Jahre die hess. Vereinigung zum Teilglied des das ganze Reichsgebiet umfassenden „Bundes f. Vogelschutz". Neben ethischen Erwägungen waren es organisatorische und praktische Gesichtspunkte, die ihm schließlich die Verpflichtung auferlegten, Wegbereiter auch für den wissensch. untermauerten Ausbau der Schutzbestrebungen zu sein. So ging 1937 die Gründung der Vogelschutzwarte Frankfurt nicht zuletzt auf seine Mitwirkung zurück; und jahrelang stellte er als Mitglied des Verwaltungsrates die reichen Erfahrungen des Vogelschützers in den Dienst dieses Inst. Als es nach dem 2. Weltkrieg darum ging, die hess. Organisation neu zu gestalten, wurde ihm 1952 der Ehrenvorsitz angetragen. Mit den Problemen und Schwierigkeiten des allg. Natur- u. Landschaftsschutzes engstens vertraut, konnte er neben S. Pfeifer in diesen letzten Jahren noch maßgeblich beitragen zur Ausweitung des Gesamtrahmens auch auf Rheinland-Pfalz und das Saarland. Die phil. Fak. der Univ. Gießen verlieh ihm im Anfang der 30er Jahre die Würde des Dr. h. c., nach 1945 wurde er mit dem Großen Bundesverdienstkreuz ausgezeichnet, und die Vogelk. Beob.-Stat. „Untermain“ unterstrich seine Verdienste um die heimatliche Ornis durch die Ernennung zum Ehrenmitglied.

— Lit.: Nachruf (von L. Rothmann). Allg. Forstzeitschr. 1967, S. 568. - Nachruf(von K. Ruppert). Luscinia 40, 1967, S. 65/66 (mit Bildnis).

Heumann, Gustav Adolf, * 1867 Saalfeld (Thüringen), † 9. 8. 1930 Beecroft-Sydney. In Leipzig ausgebildet, wanderte er mit 17 Jahren nach Australien aus und ließ sich als Kaufmann in Sydney nieder. 14 Geschäftsreisen führten ihn bis zum ersten Weltkrieg, der ihn in Deutschl. überraschte, nach Amerika, Engl. und Europa. Später begleitete er Macpherson auf einem Forschungsunternehmen durch Nordaustralien und durchquerte Zentralaustralien. 1923 waren Charley Island, Recherche Archipelago, Westaustralien Ziele seiner Exp. Die eifrig betriebene Vogelhaltung lenkte seine Neigungen auch auf andere Bereiche der Orn.; u. a. reizten ihn Kreuzungsversuche mit Finken und Färbungsstudien unter Gefangenschaftsbedingungen. Die austr. Fachpresse brachte mehrfach bemerkenswerte Arbeiten aus seiner Feder, z. B. „Birds of New South Wales I have caught and kept“ (Avic. Magaz. 3, 5, 1914), „Spring in N. S. W., a Day in the Bush amongst the Birds“ (ebd. 3, 7, 1916), „The Colour Question“ (ebd. 3, 10, 1919), „Colour Changes in Birds' feathers“ (Austr. Zool. 1, 1922), „Birds in the Northern Territory and the New Finch“ (Emu 25, 1926), „Mistletoe-Birds as Plant Distributors“ (ebd. 26, 1926), „Breeding of Cape Barren Goose“ (ebd. 26, 1927), „The Turquoise Parrot“ (ebd. 27, 1927).

— Lit.: Emu 30, 1931, S. 236/37. - H. M. Whittell, The Literature of Austral. Birds, Perth 1954, Teil 2, S. 337/38.

Heußler, Theodor, * 22. 2. 1875 Speyer, † 13. 5. 1967 Würzburg. Nach dem jur. Studium in Straßb. und Erl. war er später als Vizepräsident in Würzb. geschäftsführender Reg.-Direktor von Unterfranken. Seine Lebenskurve deckt sich in den Grundlinien mit der des älteren Bruders Wilhelm H. (s. d.). In beiden wirkte das Familienerbe. Aufleuchten und Erlöschen naturk. Neigungen verliefen in denselben Bahnen. Nur einmal erschien sein Name in der orn. Lit., als er im Alter von 21 Jahren Mitverfasser der „Vögel d. Rheinpfalz u. d. unmittelbar angrenzenden Gebiete“ (Ornis 8, 1896) wurde. Zu weiteren produktiven Schritten reichten die frühen Antriebskräfte nicht aus. Die Freuden der Freilandstudien blieben ihm jedoch lange erhalten. Noch im hohen Alter genoß er sie bei Besuchsreisen in die Heimat an den alten, wenn auch entscheidend gewandelten Rheinrevieren, besonders am Berghauser Altrhein. So mag auch er als Mitschöpfer einer dereinst viel zitierten ersten landschaftlich gebundenen Avif. und damit als bescheidener Wegbereiter der pfälz. Vogelforschung genannt werden.

— Lit.: Siehe bei Wilhelm Heußler.

Hey, Michael, * 1798 Rüdesheim (Rhein), † 1832 Kairo. Auf Empfehlung von Ph. J. Cretzschmar (s. d.) wurde der „junge Chirurg“ Präparator während E. Rüppells (s. d.) erster Reise nach dem nordöstl. Afrika 1822—1827. Nach anfänglicher Bewährung verfiel er aber bald in Nubien der Trunksucht; sein Versagen bedeutete schwere Belastung für den Exp.-Leiter, der ihn nach vielen Zerwürfnissen Ende 1827 von Livorno aus nach Frankfurt zurückschickte. 1829 siedelte der Gestrauchelte wiederum nach Kairo über, nicht um naturw. zu sammeln, sondern um dort als „Arzt“ zu arbeiten. Als Rüppell vor seiner zweiten Reise 1831 kurz in der ägypt. Hauptstadt weilte, versuchte der ehemalige Gefährte erneut Anschluß an die Exp. zu finden — ohne Erfolg. Der Abgewiesene starb bald darauf. Der Name wird hier erwähnt, weil ihn die Geschichte der Orn. gelegentlich aus den stillen Winkeln der Vergangenheit hervorholt: C. J. Temminck (Planches coloriées, 1825) benannte nach den ihm von Rüppell zugesandten Stücken Perdix heyi = Ammoperdix heyi und mag dabei in der Hochschätzung der Persönlichkeitswerte („Les dangers affrontés par M. Hey dans le seul but de se rendre utile ...“) irregeleitet worden sein durch Frankf. Pressemeldungen, die — unter Rüppells Protest — H. als naturw. Pionier und Entdecker gefeiert hatten. Der Holländer konnte die Benennung wohl ohne Bedenken vornehmen, denn Ph. J. Cretzschmar selbst beschrieb als 2. Direktor der Senck. Naturf. Ges. damals im „Atlas z. d. Reise im nördl. Afrika v. E. Rüppell" (Teil Vögel, 1826—1830) ohne Rüppells Zustimmung u. a. 30 Typen und gab Stücke der Vogelausbeute im Tauschverkehr ab. Aus diesem Verfahren erwuchs die langjährige Spannung zwischen dem voreilig handelnden Mus.-Beamten und dem eigenwilligen, empfindlichen, sich unabhängig wissenden Rüppell. Es ist kennzeichnend für die Härte der sich anschließenden Reibungen, daß Rüppell die von Temminck gewählte Ehrung des Gehilfen nie anerkannte; er nannte das von H. am Golf von Aqaba erlegte Wüstenhuhn von Anfang an Perdix flavirostris und verband diese Bezeichnung stets mit seinem Autornamen: Ein Fall der Mischung von Irrtümern und Gereiztheit — erklärlich aus einer Zeit, die in taxonomischen Anfängen steckte und noch keine festen Nomenklaturregeln kannte. Merkwürdigerweise erschien im Schrifttum auch die Schreibung Hay. Sie geht offenbar auf einen Flüchtigkeitsfehler von Rüppell (System. Übersicht . . ., 1845) zurück und führte zu späteren Mißverständnissen; vgl. dazu Th. v. Heuglin (System. Übersicht d. Vögel Nord-Ost-Afrikas, 1856 und Orn. Nordostafrikas, 1873), E. Hartert (Vögel d. paläarkt. Fauna 3, 1921), A. Koenig (J. Orn. 74, 1926), E. Stresemann (Proc. 8. Internat. Orn. Congr., Oxford 1934; 1938).

— Lit.: J. Steinbacher, Kritisches Verz. v. E. Rüppells u. Ph. C. Cretzschmars Vogel-Typen, Senckenbergiana 30, 1949, S. 99—101. - R. Mertens, Eduard Rüppell, Frankf. 1949 (mit H.s Bildnis). - A. Landsborough Thomson, Orthography of the name Ammoperdix heyi (Temminck), Bull. of the British Ornithologists' Club 85, 1965, S. 117—119. - W. Kramer, Chronik d. Senck. Naturf. Gesellschaft 1817—1966 (1967).

Hoffmann, Carl, Dr., * 7. 12. 1823 Stettin, † 11. 5. 1859 Puntarenas (Costa Rica). Das 1843 in Berlin begonnene Studium der Med. schloß er 1847 ab mit der Diss. „De febri intermittente". Seit 1848 Arzt an einem Berl. Krankenhaus, siedelte er 1853 nach Costa Rica über. Mit „rastlosem Eifer" betriebene naturw. Forschungen verbanden ihn hier bis zum Tode mit A. v. Frantzius (s. d.). Die an das Berl. Mus. gesandten Bälge gehörten zu den ersten Nachweisen des dem fernen Lande eigenen Vogelreichtums. J. Cabanis (s. d.) besprach die Ausbeute in J. Orn. 8, 1860 bis 10, 1862 und würdigte die Verdienste des Sammlers durch die noch gültige Benennung von Pyrrhura hoffmanni (Sb. Berl. v. 19. 11. 1861). Ziel seines Schaffens war ein Buch über die Flora und Fauna des Gastlandes. Er brachte aber nur die Beschr. der Säugetiere zum Abschluß. Als die Bearbeitung der Vögel kaum eingeleitet war, befiel ihn schwere Krankheit. Sie machte ihn arbeitsunfähig, brachte ihm finanzielle Not und raffte ihn nach eineinhalb Jahren früh dahin. Ein Testament vom 26. 4. 1859 bestimmte die Überleitung der Samml. an das Zool. Mus. von Berlin.

— Lit.: Briefe im Arch. d. Zool. Mus. Berlin. - A. A. Prestwich, I name this Parrot . . ., London 1963, S. 51. - Biogr. Notes upon Botanists in New York Botan. Garden 2, 1965, S. 188.

Hoffmanns, Wilhelm, * 1865 Krefeld (Rheinland), † 18. 1. 1909 Krefeld. Von Jugend an leidenschaftlicher Naturbeobachter und Sammler, übernahm der in der Enge seiner Geburtsstadt tätige Kaufmann Ende der 90er Jahre eine berufliche Stellung in Peru. Sein Ziel war, nebenher der Erkundung zool. und botan. unerschlossener Gebiete zu dienen. Da sich der Einsatz mehr und mehr auf die fremde Ornis richtete, konnte er bald an das Mus. von Tring eine Ausbeute senden, die überraschende Neuheiten enthielt. Ein Besuch in Tring hatte zu Anfang des Jahrh. die Verlegung der Jagdgründe in den Pará-Distrikt von Brasilien zur Folge. Von dort lieferte er an W. Rothschild 420 Vögel (davon 21 neu für Pará), die C. E. Hellmayr (s. d.) in Novit. Zool. 13, 1906 behandelte. Nachdem der Reisende Tefé verlassen hatte, führten ihn 2 große Exp. 1906 und März 1907 bis Oktober 1908 in das von Malaria verseuchte Gebiet zu beiden Seiten des Rio Madeira, das zum letzten Mal von J. Natterer (s. d.) 1828 bis 1830 aufgesucht worden war. Das großartige Ergebnis waren 2000 Vögel für das Mus. von Tring, weitere Bälge für die Bayer. Staatssammlung in München und für Graf Berlepsch (s. d.). Bearbeitet wurde das Material hauptsächlich von C. E. Hellmayr in Novit. Zool. 14, 1907 u. 17, 1910; Bull. Brit. Orn. Club 19, 1907 u. 23, 1909. Des Sammlers Namen erhielten Anoplops hoffmannsi Hellmayr 1907 = Rhegmatorhina hoffmannsi (Hellmayr), Pipra hoffmannsi Hellmayr 1907 = Pipra coronata hoff-

TEIL 2

mannsi Hellmayr, Dendrocolaptes hoffmannsi Hellmayr 1909 = Dendrocolaptes hoffmannsi Hellmayr. Trotz der Härte gegen sich selbst zwangen den Entdecker schwere Fieberanfälle, das letzte Unternehmen vorzeitig abzubrechen und mit Aufbietung der noch verbleibenden Kräfte nach Deutschl. zurückzukehren. Bald nach der Ankunft starb er. Die neotropische Vogelforschung aber beklagte den Verlust eines der tüchtigsten Pioniere, dem es gelungen war, viele Wissenslücken zu schließen und einen wesentlichen Beitr. zur Aufhellung der avif. Verhältnisse im untersuchten Strombereich zu hinterlassen.

— Lit.: Nachruf (von C. E. Hellmayr). Novit. Zool. 17, 1910, S. 258.

Hofmann, Ernst, * 29. 10. 1884 Trupbach (Siegerland), † 16. 9. 1962 Siegen. Als Lehrerssohn führte ihn der Weg über die Rektoratsschule von Weidenau, die Präparandenanstalt von Hilchenbach, das Seminar von Gütersloh lange Jahre an die Mädchenschule von Siegen. Er starb als Rektor a. D. Zusammen mit seinem Freunde C. Demandt suchte er — ohne falschem wissensch. Ehrgeiz zu folgen — autodidaktisch in die Geheimnisse der Natur einzudringen und blieb ein stets ehrfurchtsvoll Suchender und Forschender. Einen guten Klang hatte sein Name vor allem in Heimat- u. Wandervereinen, so daß ihm in den 30er Jahren der Posten des Kreisbeauftragten für Naturschutz in Siegen-Stadt u. Land übertragen wurde. Den daraus erwachsenden Pflichtenkreis verwaltete er bis zum Tode vorbildlich gewissenhaft. Das gediegene Wissen auch über die heimische Vogelwelt äußerte sich nicht nur auf Exk. unter freiem Himmel, auf Führungen zum Studium der Stimmen und in Vorträgen besonders über Fragen eines zweckmäßigen Vogelschutzes; es fand etwa seit 1925 ebenso fruchtbaren Niederschlag in einer Reihe kleinerer monogr. und zusammenfassender Abh., die im Siegerl. Heimatkalender sowie in der Sieg. Ztg. erschienen und meist selteneren oder bedrohten Arten galten. Zu den Veröff. gehörte die „Vogelw. d. Siegerl." (Siegerland 16, 1934). Von H. darf anerkennend gesagt werden, daß er es verstand, unter seinen engeren Landsleuten manch junges Talent zu wecken und das Verständnis für die Daseinsbedingungen der Vögel verdienstvoll zu fördern.

— Lit.: Würdigung (von W. Lienenkämper). Nachr.-Bl. f. Natursch. u. Landschaftspfl. 25, 1954, S. 32 (mit Bildnis). - Würdigung (von C. Demandt). Siegerl. Heimatkalender 31, 1956, S. 121/22 (mit Bildnis). - Nachruf (von W. Lienenkämper). Nachr.-Bl. f. Natursch. u. Landschaftspfl. 34, 1963, S. 19.

Hromádka, František, * 22. 1. 1796 Pardubitz = Pardubice (Böhmen), † 1. 9. 1881 Pardubitz. Bis 1871 war er Kreiswundarzt in Pardubitz und legte in langen Jahren eine Samml. von über 800, z. T. von ihm selbst trefflich präparierten Vögeln an. Sein orn. Lebenswerk wurde wissensch. verwertbar und eine schon von A. Fritsch (s. d.) ausgiebig genutzte avif. Quelle, weil ein seit 1833 sorgfältig geführtes Inventarverzeichnis sich durch genaue Funddaten sowie eine Reihe biol. Bem. auszeichnete. Zu weiteren Veröff. konnte sich der Verf. offenbar nicht entschließen. Die Stücke der Samml., die sich jetzt im Mus. von Pardubitz befinden, sind meist auf den vor 1872 trokkengelegten Teichen der Herrschaft Pardubitz erlegt und werfen ein spätes Licht auf den einstigen Reichtum der dortigen Ornis.

— Lit.: J. Musílek, Ptactvo Pardubicka (= Vögel d. Pard. Gegend), Pardubitz 1946.

Hüesker (Hüsker), Carl, Dr., * 30. 1. 1849 Gescher, Kr. Coesfeld (Westfalen), † 20. 6. 1928 Wiesbaden. Als Sohn eines Arztes erlangte er das Reifezeugnis 1867 am Gymnasium von Coesfeld, studierte an der Pepiniere in Berlin Med., war im dt./franz. Krieg 1870/71 Assistenzarzt auf dem Kanonenboot „Camaeleon", promovierte 1872 in Berl. und nahm zusammen mit Th. Studer (s. d.) an der Forschungsreise der „Gazelle" 1874 bis 1876 teil. Auf dem Meere, am Kongo, auf den Kerguelen, auf Neupommern, Neumecklenburg, Neuhannover, Neulauenburg und den Einsiedlerinseln sammelten der schweiz. Zoologe und der dt. Arzt zahlreiche Vögel, mit denen sie die Bestände des Berl. Zool. Mus. bereicherten. C. Cabanis und A. Reichenow (s. d.) besprachen die Eingänge in Veröff. wie „Eine Kollektion v. Vögeln v. d. Kerguelen-Inseln" mit Sterna virgata und Halieus verrucosus als neuen Arten (J. Orn. 23, 1875), „Über neue Vögel d. Gazelle-Exp." (Sb. Berl. v. 16. 5. 1876), „Übersicht d. auf d. Exp. S. M. S.

Gazelle gesammelten Vögel" (J. Orn. 24, 1876), „Neue Vögel v. d. Gazelle-Exp." (ebd. 25, 1877). Von den 143 Arten betrachteten die Berl. Mus.-Beamten 7 „als anscheinend für die Wissensch. neu", benannten dem Sammler zu Ehren Megapodius hueskeri und betonten, daß auch „in der austral. Region eine größere Kollektion von Vogelbälgen, Vögeln in Weingeist, Skeletten und Eiern besonders von ... Herrn Dr. Hüsker zusammengebracht" wurde (J. Orn. 24, 1876). Der Schiffsarzt selbst schrieb aufschlußreich über seine Erfahrungen unter den Titeln „Zool. Beob. an Bord S. M. S. Gazelle von d. Cap-Verden bis Capstadt" (Zeitschr. d. Ges. f. Erdk. Berl. 11, 1876) und „Zool. Beob. an Bord S. M. S. Gazelle, über Vorkommen d. Sturmvögel u. d. Fauna Kerguelens" (ebd. 11, 1876). „Da die Notizen Vogelarten betreffen, über deren Lebensweise früher wenig oder nichts bekannt" war, fühlte sich A. Reichenow gedrängt, „die so außerordentlich wichtigen und interessanten Beob. im Auszuge" wiederzugeben; das geschah unter der Überschrift „Beob. über Sturmvögel u. über d. Ornis v. Kerguelens-Land" (Orn. Cbl. 4, 1879). In den „Vögeln d. Bismarckinseln" (Mitt. Berl. 1, 1899) unterstrich A. Reichenow nochmals die mit den Neueingängen verbundenen orn. Verdienste. H. blieb nach der Seereise im aktiven Heeresdienst an verschiedenen Standorten, trat aber in der Vogelk. nicht mehr hervor. Als Stabsarzt a. D. verzog er 1900 nach Wiesbaden. Sein Name ist festgehalten durch die Benennung Macropygia amboinensis hüskeri Neumann 1922 = Macropygia amboinensis hueskeri Neumann.

Hügel, Carl Alexander Freiherr von, * 25. 4. 1796 Regensburg, † 2. 6. 1870 Brüssel. Nach dem jur. Studium in Heidelberg wurde er 1811 österr. Soldat und nahm an den napoleonischen Kriegen teil. 1824 schied er als Major vom Heere, widmete sich naturw. Studien und bereiste von 1830 bis 1836, dem Beispiel der besten Pioniere folgend, mit bemerkenswerten ethnogr. und naturw. Ergebnissen Syrien, die Länder am Roten Meer, das Gebiet des Himalaja, Ostindien, Tibet und Teile Australiens. Nach der Rückkehr widmete er sich in Wien vornehmlich der Blumenzucht und gründete 1837 die Österr. Gartenbaugesellschaft. 1848 übernahm ihn der diplomatische Dienst. In diesem neuen Aufgabenbereich war er von 1859 bis 1867 Gesandter in Belgien. Teile der von ihm heimgebrachten und in Wien gespeicherten Ausbeute (Fische, Insekten, Säugetiere) verdankten Fachgelehrten die Bearbeitung im 4. Bd. des Kaschmir-Werkes. Einzelheiten aus seiner eigenen Feder finden sich im Journal der Geogr. Ges. London, in den Abh. der Versammlungen der Naturforscher in Prag (1838), Graz (1843) und im 3. Bd. der Denkschrift der Akad. d. Wissensch. in Wien. Sein Hauptbericht „Kaschmir u. d. Reich d. Siek" (4 Bde. Stuttg., 1840—1842), nur die Zeit von Oktober bis Dezember 1835 umfassend, wurde das eindrucksvolle Zeugnis einer streng wissensch. Verantwortung und einer ebenso menschlich geprägten Gesinnung gegenüber Sitten und Denkweise fremder Völker. Über Vögel scheint er selbst nichts geschrieben zu haben. Die Bälge im Wiener Hof-Mus. stammten zum größten Teil aus Kaschmir, andere aus Indien, Neuguinea, Neuholland, Ceylon usw. Nach einem alten Inventar waren es i. J. 1839 insgesamt 1020, nach A. v. Pelzeln (s. d.) (Ann. Wien 5, 1890) 1400 Stücke. Bis auf 150 Stücke wurde die Auswertung von Joh. Natterer (s. d.) wohl vorgenommen, aber nicht mehr veröffentlicht. 2 Bälge, die v. H. in Vandiemensland erbeutete, erwähnte A. v. Pelzeln in Verh. Wien 17, 1867, S. 316. Der Typus von Dendrocopos assimilis (Blyth), der (nach „Picus assimilis Natt. v. H. Baron von Hügel gkf. 1842, Caschmir") von E. Stresemann (Anz. Bay. 1, 1921) beschrieben wurde, ist heute unauffindbar. Wieviele der von H. eingelieferten Bälge überhaupt noch im Mus. vorhanden sind, läßt sich (nach G. v. Rokitansky) nicht mehr feststellen, da sie über die allg. Samml. verteilt sind.

— Lit.: Biogr. Lex. Kaisert. Österr. 9, 1863, S. 402—404 (mit älteren Quellen). - Österr. Biogr. Lex. ... 3, 1965, S. 3 (mit älteren Quellen). - Bildnis in „Kaschmir u. d. Reich d. Siek", Bd. 1, 1840).

J

Jonston (Johnston), John (Johann), Dr., * 3. 9. 1603 Samter bei Posen, † 8. 6. 1675 Ziebendorff bei Liegnitz. Der Vater war ein seit dem Ende des 16. Jahrh. in Samter ansässiger Emigrant aus Schottland, die Mutter war eine dt. Bürgerstochter. Da die damalige Gelehrtenwelt die von nationalen Leidenschaften aufgerichteten Schranken späterer Zeiten noch nicht kannte, durfte er sich — ohne Anstoß zu erregen — Scoto-Polonus nennen. Dem Besuch der Gymn. von Beuthen und Thorn folgten im Stile der Renaissance-Gepflogenheiten jahrelange Reisen entweder als Hofmeister wohlhabender junger Adliger oder als Student der scholastischen Phil. und Theol. sowie der Med. und Naturw. So konnte er die Hohen Schulen der Gelehrsamkeit in Engl., Schottl., Deutschl., Holl., Frankr. und Ital. nutzen, um den enz. Wissensdrang zu befriedigen. In Leiden endeten die Studien 1634 mit dem med. Doktorgrad. Seßhaft wurde er 1636 in Lissa zuerst in der Stellung des Hofmeisters bei einem litauischen Fürsten und schließlich als Stadtphysikus. 20 Jahre später zwangen ihn die Ereignisse des schwed.-poln. Krieges, eine Einladung des Herzogs von Liegnitz und Brieg anzunehmen und sich auf das Rittergut Ziebendorff zurückzuziehen. Als nach dem Zusammenbruch des mittelalterlichen Formalismus die neue Freiheit der Forschung die größten Geister des 17. Jahrh. erfaßte, richtete sich an der Schwelle des aufkommenden Zeitalters auch sein Ehrgeiz auf eine Darstellung des gesamten, von ihm bewunderten Wissens. Es ist in der Tat erstaunlich, was sein Fleiß und seine Belesenheit an kompilatorischen Früchten hervorbrachten. Unter ihnen war eine „Historia naturalis". Allein der 2. Bd. unter dem Titel „Hist. nat. de avibus libri VI" (Frankf. a. Main 1650) genügt aber für den Nachweis, daß der Verf. unfähig war, fern von den Objekten und ohne die geringste Erfahrung und Beob. etwas Eigenschöpferisches zu hinterlassen. Durchweg diente ihm als Vorlage die „Ornithologia" (1599—1603) des Bologneser Kompilators U. Aldrovandi. Was J. nur vom Schreibtisch aus zu sagen wußte, verblaßt daher neben dem durch eigene Zutaten und zuverlässige Angaben bester Fachleute ausgezeichneten Werke C. Gesners (s. d.), dessen Genialität schon 100 Jahre früher von kritisch naturh. Warte aus der Zool. neue Leitlinien gezeigt hatte. Wenn das Buch des Epigonen doch noch bis ins 18. Jahrh. in lat., dt., engl., holl. und franz. Sprache Käufer fand, so verdankte es diese Verbreitung neben dem Lesehunger ungeschulter Menschen wohl den z. T. wirklichkeitsfremden Stichen, die in der Frankfurter Werkstatt von M. Merian d. J. hauptsächlich nach Holzschnitten von Gesner und Aldrovandi entstanden sein sollen.

— Lit.: J. V. Carus, Gesch. d. Zool., Münch. 1872. - M. v. Johnston-Rathen, Gesch. d. Familie v. J. u. Kroegeborn, Glatz 1891. - V. Loewe, Dr. J. J. . . ., Zeitschr. d. Hist. Ges. f. d. Prov. Posen 23, 1908, S. 149—176 (mit Bildnis). - H. Rembowska, Jan z Szamotuł Jonston, Kosmos (Lemberg) 50, 1925, S. 301—327 (poln. u. franz.). - T. Bilikiewicz-Krakau, J. J. . . ., Sudhoffs Arch. f. Gesch. d. Med. 23, 1930, S. 357—381 (mit älteren Quellen, Neudruck 1965). - E. Stresemann, Entw. d. Orn., 1951. - Cl. Nissen, D. Illustrierten Vogelbücher, 1953. - St. Feliksiak, Poln. Ornithologen u. d. Biogr. d. „Orn. Mitteleuropas" (poln.), Przeglad Zool. 12, 3, 1968, S. 272/73.

K

Kablik, Adalbert, * 6. 4. 1783 Sadská (Böhmen), † 1. 9. 1853 Hohenelbe (= Vrchlaby) (Böhmen). Seine Werde- u. Lehrzeit ist durch die folgenden Daten gekennzeichnet: Nach dem Besuch der Pardubitzer Hauptschule und privaten Gymnasialstudien seit 1798 Lehrling in einer Nimburger Apotheke, Gehilfe in der Apotheke „Z. Blauen Löwen" in Prag, hier auch Studium der Pharmazie, 1804 Magister, Provisor in Pilsen, 1805 Erwerb der Apotheke von Hohenelbe. Geistig rege und vielseitig interessiert, stellte er Zündhölzer her, versuchte sich im Bleichen und Färben des Papiers und betrieb von 1817 bis 1823 die erste chemische Fabrik Prags, wo er in diesen Jahren auch wohnte. Der Anfangszeit orn. Feldforschung in Böhmen gehörte er — neben Ch. v. Feldegg, A. A. Palliardi, J. W. Woborzil (s. d.) — als einer der ersten Sammler an. Den naturk. Eifer teilte er mit seiner Frau Josephine, geb. Ettel (1787 bis 1863), die, ihn zeitlebens überschattend, besonders mit Verdiensten um die Botan. in die Geschichte der Aufhellung des Riesengebirges einging. Mit Erfolg ausgebaut wurde die orn. Samml. außerdem durch A. Fierlinger (s. d.), der seit 1837 für einige Jahre Assistent in Hohenelbe war und eine Fülle neuen Belegmaterials aus dem

Riesengebirge in die Apotheke einbrachte. Die Schätze überlebten ihren Besitzer um viele Jahre, weil sie 1863 zum größten Teil in die Obhut des Jitschiner (= Gitschiner) Gymnasiums gelangten. Dort konnte sie noch A. Fritsch (s. d.) als Unterlage für die Bearbeitung seiner böhm. Fauna benutzen. Wie wohl die meisten der feldorn. rührigen Zeitgenossen aus dem engeren Heimatbereich scheint K. keine lit. Zeugnisse vogelk. Ehrgeizes hinterlassen zu haben. Bekannt ist nur, daß er Ergebnisse von Unters. am Johannisbader Sprudel aus den Jahren 1814, 1828 und 1835 in „Weitenwebers Beitr. z. ges. Nat.- u. Heilwissensch." (Prag 2, 1837) veröffentlichte.

— Lit.: Nachruf (von Eiselt). Lotos 3, 1853, S. 213—215. - F. Pax, Wirbeltierfauna v. Schles., 1925, S. 87.

Kalitsch, Leopold von, * 1. 10. 1889 Taschenberg, Kr. Prenzlau (Uckermark), † 20. 2. 1967 Ludwigsburg (Württemberg). Der Sohn eines Kammerherrn und Rittmeisters a. D. wuchs auf dem väterlichen Besitz Dobritz (Anhalt) auf, besuchte das Gymnasium von Wernigerode und beschloß das forstliche Studium in Eberswalde und Hann. Münden mit der Referendarprüfung, um bei den Gardejägern in Potsdam zu dienen. Mit drei schweren Verwundungen kehrte er aus dem 1. Weltkrieg zurück und übernahm das von der Mutter geerbte Gut Carlstein, Kr. Königsberg (Neumark). Hier begann er mit kritischem Blick für das Kleine und Unauffällige als feinsinniger, gegen das eigene Wissen sehr mißtrauischer Naturbeobachter hervorzutreten. Sein Lieblingsgebiet wurde die Vogelk.; ihr diente er fortab auf verschiedenen Wegen: Seit 1924 war er geachtetes Mitglied der DOG; bald aufgenommene Verbindung zur Vogelwarte Rossitten führte ihn zu Planberingungen und zur ehrenamtlichen Mitarbeit an der Storchforschung; und eine Anzahl Schallplatten für O. Heinroths (s. d.) „Gefiederte Meistersänger" (1936) konnten von H. Sick und J. Steinbacher im Vogelreichtum des überaus gastfreundlichen Gutes Carlstein hergestellt werden. Eigene Veröff. des Gutsherrn fügten in das Gesamtbild der Biol. heimischer Vögel zahllose Mosaiksteinchen ein, ohne daß der Verf. die Absicht hatte, größere Zusammenhänge zu schildern. Die wohl einzige umfangreichere Arbeit erschien unter dem Titel „Naturschutzgebiet Vogelfreistätte rechtes Oderufer zwischen Niederwutzen und Bellinchen" (D. Märk. Natursch. 1938, H. 35, S. 15—19) und war einem typischen, aber bedrohten Blaukehlchen-Biotop gewidmet. Die Freude an der Wiedergabe der Einzelerfahrungen spiegelt sich in der langen Reihe der „Vermischten Mitt.". Sie standen fast ausschließlich in den B. z. F.; P. Blaszyk und G. Steinbacher nannten in der „Märk. Tierwelt" (1, 1936) nicht weniger als 61 Titel der zwischen 1929 und 1935 geschriebenen kleineren Nachr. Zu ergänzen wäre diese Liste durch „Tragödien im Vogelleben" (Orn. Ms. 53, 1928) und „Z. Brutgeschäft d. Dohle u. z. Frage d. Dohlenzuges" (B. z. F. 19, 1943), dem wahrscheinlich letzten Zeugnis aus der unbeschwerten Periode orn. Studien auf eigenem Boden. Als sein von ihm in die Vogelk. eingeführter Sohn Ludwig Ernst von K. (s. d.) im Februar 1944 gefallen war und der Grundbesitzer 1945 die angestammte Heimat verlassen mußte, war der alten Form orn. Regsamkeit der Wurzelboden entzogen. Die Vogelschutzwarte Ludwigsburg bot ihm seit 1947 die Möglichkeit zu bescheidener Tätigkeit auf kleinem Posten. Den ehemaligen Lebenskreis berührende Verlautbarungen waren nur noch „Rotkehlchennester in Meisen- u. Starhöhlen" (Vw. 72, 1951) und „Niedriger Standort eines Neuntöternestes" (ebd. 73, 1952). Doch wußte der vom Schicksal schwer Geprüfte sich auch weiterhin dadurch nützlich zu machen, daß er auf regelmäßigen Führungen im Rahmen der Volkshochschule, des Bundes f. Vogelsch. und des Dt. Naturkundevereins einem aufnahmefähigen Kreis von Naturfreunden Verständnis für die Vogelwelt vermittelte und in jugendlichen Herzen orn. Forschungseifer weckte.

— Lit.: Nachruf (von E. Schüz). Jh. Württ. 122, 1967, S. 40/41.

Karašek, Jaroslav, Dr., * 2. 4. 1886 Vys. Myto (Böhmen), † 7. 8. 1937 Brünn (=Brno). Der in Brünn tätige Facharzt für Herzkrankheiten suchte und fand naturw. Anregung durch die Mitgliedschaft bei der Tschech. Orn. Ges., beim Ver. der Prager Exotenzüchter und in führender Zugehörigkeit zur orn. Abt. des Naturw. Ver. zu Brünn. In den Univ.-Jahren schon entfaltete sich bemerkenswerte Aufgeschlossenheit für die Biol. des Vogels unter freiem Himmel und in Gefangenschaft. Aus dieser Frühzeit stammen Aufs. wie „Über d. Bedeutung d. Vögel" (Háj 34, 1905), „Über unsere kleinsten Sänger u. ihre Zucht in Käfigen" (Věda přírodni, 1906), „Interessante Vogelerscheinungen in d. Umgeb. v. Kremsier" (Lesnický Týdenník = Forstw. Wochenschrift, 1907). In fortgeschrittenen Jahren beschäftigten ihn vornehmlich Fragen der System., der Rassenbildung und der tschech. Vogelnamen. Neben einer Fachbibliothek war eine Balgsammlung von etwa 5000 Stücken Grundlage für ernste Studien. Daß er auf verschiedenen Gebieten der Vogelk. zu Hause war, bezeugen seine Verlautbarungen in tschech. Zeitschriften, z. B. „Orn. Bem. aus Serbien" — nach Beob. auf dem Kriegsschauplatz (Věda přírodní, 1921), „Orn. Beob. auf d. Eisgruber Teichen" (ebd., 1923), „Seltene Vogelerscheinungen" (ebd., 1923), „Geogr. Formen d. Vögel" (Příroda, 1926), „Übersicht d. tschech. orn. Lit. bis z. Jahre 1928" — mit 1982 Titeln (Sborník Klubu Přírodoved v. Brünn 11, 1929). Für die Züchter exotischer Formen schrieb er schließlich „Exotische Vögel, in Käfigen gezüchtet" (Prag 1935—1938). Ein Teil seiner Bibliothek und die Balgsammlung befinden sich im Zool. Inst. der Brünner Hochschule für Land- u. Forstwirtschaft.

— Lit.: Nachrufe in Sylvia 2, 1937, S. 44; Čsl. Orn. 4, 1937, S. 47; Naše Věda = Unsere Wissenschaft 18, 1937, S. 305.

Keßler, Friedrich Karl (russ. Karl Feodorovič), Dr., * 11. 11. 1815 Damerau bei Gerdauen (Ostpreußen), † 3. 3. 1881 Petersburg. Als sein Vater, ein preuß. Oberforstmeister, 1822 leitender Forstbeamter in Grusino (Gouv. Nowgorod) wurde, wanderte die Familie nach Rußl. aus. Nach dem Studium der Math. und Zool. in Petersburg wurde der Sohn 1838 Oberlehrer, 1840 Magister, 1842 Dr. phil. und Vertreter von A. Th. v. Middendorff (s. d.) in Kiew, 1845 hier Ordinarius, 1861 Ordinarius in Petersb., 1867—1874 Rektor der Petersb. Univ. Als weitblickender Gelehrter war er bestrebt, Verbindung mit der Wissensch. europ. Länder herzustellen. Die von ihm 1860 besuchte 35. Vers. d. Naturf. und Ärzte in Königsb. hatte ihn so beeindruckt, daß er ähnliche Vers. 1861 und 1862 nach Kiew einberief. 1845 hatte ihn bereits eine für seine weitere Entwicklung bedeutsame Fortbildungsreise an dt. Univ., nach Paris und Wien geführt. Die Begegnung mit dem Ichthyologen J. J. Heckel (s. d.) in der österr. Kaiserstadt weckte eine deutliche Vorliebe für die Fischkunde. Seitdem ist die system. Erforschung der russ. und zentralasiat. Ichthyofauna an seinen Namen geknüpft. Daneben galt langjähriges Bemühen der Förderung der Vogelk. Zu diesem Zweck suchte er einen Kreis aufgeschlossener Mitarbeiter um sich zu scharen und ihnen lit. Hilfe zu bieten. Von orn. Verlautbarungen lassen sich nennen: „Osteol. d. Vogelfüße" als Übers. d. 1840 russ. geschriebenen Mag.-Diss. (Bull. Soc. d. Nat. Moscou 14, 1841), „Beitr. z. Naturgesch. d. Spechte" als Übers. d. 1842 russ. geschriebenen Doktor-Diss. (ebd. 17, 1844), „Hdb. z. Bestimmen d. Vögel ..." (russ., Kiew 1847), „Ein russ. Lrb. d. Orn." als Auszug aus vorstehendem Werk hrsg. v. A. Erman (Arch. f. Wissensch. Kunde v. Rußl. 9, Berl. 1851), „Naturgesch. d. Gouvernements, die z. Kiewer Lehrbezirk gehören, Zool., D. Vögel, 1. Sperlingsvögel, 2. Raubvögel, 3. Hühnervögel (russ., Kiew 1851), 4. Stelzvögel, 5. Wasservögel (russ., Kiew 1852)", „Einige Beitr. z. Wanderungsgesch. d. Zugvögel" (Bull. Soc. d. Nat. Moscou 26, 1853 u. Arch. Erman 14, 1855). Mit dieser dt. geschriebenen Arbeit brach die gezielte Betätigung im Bereiche der Orn. ab. Nichtsdestoweniger war die Bedeutung seiner Forschungen den nachdenklichen Zeitgenossen schon erkennbar geworden. So betonte A. Th. v. Middendorff mit warmherzigen Worten K.s Verdienste, weil er „unserem Reiche die Ehre eines ersten Versuchs zugewandt hat", die Wanderungen der Zugvögel einer wissensch. Analyse zu unterziehen. In den Schlußfolgerungen unterschieden sich die beiden gleichaltrigen Pioniere der russ. Naturw.: v. Middendorff erlebte in Sibirien das elementare Ereignis des Aufgehens der Flüsse und den in dieser Jahreszeit auf die Flußtäler zusammengedrängten Vogelzug des hohen Nordens. Er meinte daher, daß sich viele Formen an gewisse Wanderstraßen halten. K. dagegen ließ durch ein über die Ukraine verteiltes Beobachternetz die Wanderbewegung in ihren Grundzügen ermitteln, stieß so auf beträchtliche Variationen des Verhaltens und war überzeugt, daß die Vögel „keinen bestimmten, in engen Grenzen geschlossenen Heerstraßen folgen,... sondern ziemlich gleichmäßig auf der Breitenausdehnung des westl. Rußl. vorrücken" — und kam damit der Deutung des Problems näher! Seinen Namen tragen Formen wie Athene glaux kessleri Semenow 1899 = Athene noctua indigena C. L. Brehm 1855 und Merula kessleri Przewalski 1876 = Turdus kessleri (Przewalski) 1876. In den letzten Jahrzehnten standen neben der Ichthyologie die Landeskunde und Steppenfauna im Vordergrund der Neigungen. Er pflegte sie auf Reisen an die Wolga, nach Transkaukasien und bevorzugt auf der Krim.

— Lit.: Cat. of Scient. Papers 3, 1869, S. 645 (Nachdruck 1965). - Nachruf (von M. N. Bogdanow). Arbeiten d. Petersb. Ges. d. Naturf. 13, 1882 (mit Verz. d. Veröff.). - V. S. Ikonnikov, Biogr. Lex. d. Prof. u. Lehrer d. Kaiserl. Univ. Kiew, 1834—1884, S. 238—252 (russ.). - F. Th. Köppen, Bibliotheca Zool. Ross. II, Petersb. 1907 (mit älteren Quellen). - Ch. Krollmann, Altpreuß. Biogr. 1, Königsb. 1941, S. 332. - N. N. Banina, K. F. Keßler in d. Wissensch. u. im öffentl. Leben, Moskau 1962, 141 S. (russ., mit Verz. d. Veröff.).

Kierski, Walter, * 14. 4. 1886 Potsdam, † 5. 3. 1947 Leipzig. Mit der Erreichung der mittleren Reife widmete er sich 1903 der Gartenkunst und stieg, nachdem er als Gartenbautechniker 1907 in den Dienst der Stadt Leipz. getreten war, 1937 zum Stadtgartenoberinspektor auf. Der Leipz. Orn. Ver. führte ihn seit 1928 als eifriges Mitglied. Mehrere Kurse in Seebach hatten seinen tatkräftigen Einsatz im praktischen Vogelschutz zur Folge. U. a., ließ er ab 1939 in den Leipz. Auwäldern gegen 1000 Nistkästen anbringen. Seine Aufmerksamkeit als Feldornithologe galt hauptsächlich den Formen, die ihm auf den dienstlichen Gängen durch den großen Südfriedhof vertraut waren. Obwohl er von der im Laufe der Jahre gewonnenen Sachkunde im persönlichen Umgang nie viel Aufhebens machte, hinterließ er in der Fachpresse zwischen 1929 und 1941 außer einigen den Vogelzug betreffenden Nachr. immerhin mindestens 15 kleinere brutbiol. Beitr.; dazu gehörten „Nesträubereien d. Großen Buntspechts" (B. z. F. 8, 1932), „Brüten einer Rauchschwalbe außerhalb eines Gebäudes" (ebd. 9, 1933), „Bigamie beim Gartenrotschwanz" (ebd. 10, 1934), „Über d. Beteiligung d. Geschlechter an d. Jungenfütterung beim Zaunkönig" (ebd. 12, 1936), „Z. Frage d. Familienauflösung d. Vögel" (ebd. 13, 1937), „Familienauflösung beim Turmfalken" (ebd. 14, 1938), „Brutdichte beim Rotrückigen Würger" (ebd. 15, 1939), „Begattung d. Gartenbaumläufers am Boden" (ebd. 17, 1941). Was er schrieb, verriet den geübten, das Wesentliche erkennenden Blick des ohne Sensationsbedürfnis berichtenden Beobachters.

Kirchhoff, Heinrich, * 31. 5. 1789 Domäne Schäferhof bei Nienburg (Weser), † 14. 2. 1871 Schäferhof. Er war aktiver Offizier und — wie der Vater Georg Heinrich K. (1765—1841) — Pächter des Schäferhofs. Der Name des Leutnants findet sich schon unter den Subskribenten für des Prinzen Max zu Wied (s. d.) „Reise nach Brasilien" (1820). Seit 1851 führte die DOG den Hauptmann, seit 1852 den Major a. D. als Gründungsmitglied in ihren Listen. Mit regem Eifer scheint er sich in der Anfangszeit ernsthafter dt. Vogelforschung zur Mitarbeit verpflichtet gefühlt zu haben. Bis 1870 nahm er an den meisten Veranstaltungen der Gesellschaft teil, die ihn auf der 8. Versammlung in Gotha 1854 in den Vorstand wählte und ihm den Rendantenposten übertrug. Die 15. Versammlung tagte 1867 auf seinem Besitztum. Auf der 16. Versammlung in Kiel 1868 hielt er ein Referat über Baron v. Droste-Hülshoffs (s. d.) „Vogelw. d. Nordsee-Insel Borkum". Eine Rückschau gestattet jedoch nicht, ihn unter die führenden Köpfe einzureihen, die in den Richtungskämpfen jener Jahre der Wissensch. neue Wegemarken setzten. Als der von J. Cabanis (s. d.) gelenkte Berliner Verein sich nach dem Tode J. F. Naumanns (s. d.) von der alten Gesellschaft trennte, hielt der Gutspächter der ersten Gründung die Treue und begnügte sich mit dem Blick auf die europäischen Formen. Aus der Beschränkung mag sich auch die Zurückhaltung im Gebrauch der Feder erklären. Bekannt ist nur eine belanglose Notiz über frühe Rückkehr von Kiebitz und Bekassine nach mildem Winter im Diebziger Bruch (Naum. 1, 1851). Dem Menschen und der Persönlichkeit wurde indes ohne Zweifel hohe Achtung entgegengebracht. So benannte A. E. Brehm (s. d.) „aus wahrer Verehrung und Dank-

TEIL 2

barkeit" die spanische Schleiereule Strix kirchhoffi (Naum. 8, 1858), die heute in die Synonymie von Tyto alba alba (Scop.) eingerückt ist. Mit der orn. Aufgeschlossenheit verbunden war in damals selbstverständlicher Weise der Besitz einer oft genannten und offenbar bedeutenden Samml. von Vögeln, die er eigenhändig in der Heimat schoß und durch Kauf vermehrte. In einem besonderen Gebäude, das heute noch das „Museum" heißt, waren die Schätze untergebracht. G. Hartlaub (s. d.), der wie J. Cabanis (s. d.) dieserhalb den Schäferhof aufsuchte, nannte sie „eine der reichsten orn. Privatsammlungen" mit etwa 1800 Arten in 2500 Stücken (Erinnerungsschr. 8. Jahresversammlung DOG in Gotha 1854, Kassel 1855). E. F. v. Homeyer (s. d.) sprach von 4000 Stücken in etwa 2060 Arten (Orn. Cbl. 3, 1878). Charles-Lucien Bonaparte beschrieb aus der Samml. ein juv. Panurus biarmicus aus Sibirien als Calamophilus sibiricus [nach E. Hartert (s. d.), Vögel d. paläarkt. Fauna, S. 405 Synonym zu Panurus biarmicus rossicus (Brehm)]. 1877 wurde die Samml. vom Zool. Inst. Göttingen erworben. Ph. L. Sclater (Ibis 1896) meinte nach einer Besichtigung in Gött.: "The specimens (about 2000 in number) are very well mounted and correctly named and arranged". An Seltenheiten stellte er fest: Balaeniceps rex vom Weißen Nil (Brehm), Nestor productus (Norfolk Island, „now extinct") und Podiceps major (aus Chile). Teile der Samml. sind heute noch in Gött. vorhanden. Die zugehörigen Kat. stammen allerdings nicht von K.; sie wurden nachträglich erst angelegt.

Klamm, Adolf, * 7. 8. 1881 Echzell (Oberhessen), † 3. 2. 1964 Mülheim (Mosel). Er besuchte das Realgymnasium in Darmstadt, studierte in Gießen Forstwissenschaft und bestand 1908 die Assessorenprüfung. Nach Verwendung in den Forstämtern Bernkastel-Kues (Mosel) und Alsfeld (Oberhessen) verwaltete er das Forstamt Worms von 1922—1925 und war Amtsvorstand des staatlichen Forstamts Bingen (Rhein) von 1925—1945. Als Forstrat i. R. lebte er seit 1948 in Mülheim. Vogelk. Neigungen verbanden ihn nach dem 1. Weltkrieg vor allem mit W. Petry (s. d.), der sein Weggefährte auf vielen faun. Exk. in der Mosellandschaft war und ihm Aufgeschlossenheit für vorher weniger beachtete orn. Sonderfragen nahebrachte. Das Wissen vertiefte sich schließlich durch jahrelang gepflegten Gedankenaustausch und Briefwechsel mit L. Schuster (s. d.), der sich in seinen zahlreichen brutbiol. Veröff. auf manche Freilandbeobachtung des Freundes stützen konnte. K. war einer der vielen Feldornithologen, die ohne Geltungsdrang als stille Kärrner kein Aufhebens von den eigenen Fachkenntnissen machen. Sein Name drang daher kaum über den engsten Rahmen hinaus. Nur im Bereiche des viele Jahre hindurch zielstrebig betriebenen Vogelschutzes wurde er über den eigenen Wirkungskreis hinweg bekannt. Das von ihm in der Praxis bearbeitete Versuchs- u. Kontrollgelände war ein 45 h großer Wald am Rochusberg bei Bingen. Die alljährlich dorthin gelenkten Lehrwanderungen fanden viel Beifall in Rheinhessen. Über diese Tätigkeit berichtete er in „Zwölf Jahre Vogelsch. u. Vogelhege auf d. Rochusberg b. Bingen" (Dt. Vw. 67, 1942). In der Binger Dienstzeit war er Kreisbeauftragter für Vogel- u. Naturschutz und später in Mülheim Vertrauensmann für Natur- u. Landschaftsschutz. Die DOG zählte ihn seit 1936 zu ihren Mitgliedern. Auf Tagungen war er gern gesehen. Für Achtung sorgten seine menschlich gewinnenden Eigenschaften.

Kluk, Krzysztof, Fürst, Dr., * 13. 9. 1739 Ciechanowec (Podlasien), † 2. 7. 1796 Ciechanowec. Als er, Sohn der Aufklärungszeit, auf der Hochschule des damaligen Großfürstentums Litauen und der Akad. in Wilna den Doktorgrad der freien Wissensch. und der Phil. erworben hatte, war er in seiner Heimat Kanonikus, Dekan und Probst. Früchte der Mitarbeit in der Gesellschaft für Elementarbücher waren einige Veröff., die sich auf die naturw. Samml. und die Bibliothek der Fürstin Anna Jabłonowska (1727 bis 1800) in Siemiatycz stützten. Zu seinen Werken gehörte die Historia naturalna mit den 4 Bänden der „Grundzüge d. Naturgesch. u. Ökonomie der wilden u. Haustiere mit besonderer Berücksichtigung der ... Jagd, d. Fanges u. d. Zähmung der wilden, Vertilgung d. schädlichen Tiere" (Warschau 1779/80, mit Neuauflage 1809 bis 1823). Der Vogelk. galten die Teile „Von d. Wissensch. u. Naturgesch. d. Vogelw.", „V. Geflügel u. d. Hausvögeln", „V. wilden Vögeln u. d. Vogelstellerei".

Als Hauptkennzeichen zur system. Einteilung dienten ihm nicht die Schnäbel, wie bei Linné, sondern die Füße, wie bei J. Th. Klein (s. d.). Vertraut war er auch mit den Arbeiten von F. Willughby, J. Ray, J. Jonston (s. d.), U. Aldrovandi, J. L. Frisch (s. d.). An die notwendige Revision seiner Formen machte sich erst J. Domaniewski (s. d.) in „Synonymie d. Namen v. Vögeln in Historia naturalna v. Pater K. K." (Acta orn. Mus. zool. poln. 1, 1933). In die Reihen der selbständig forschenden Naturbeobachter läßt sich K. noch nicht stellen. Doch ist seit 1779 die Artbezeichnung Tauraco (Turako) aus der Familie der Musophagidae mit seinem Namen verbunden.

— Lit.: Würdigung (von J. Kolodziejczk). Rozpr. Wydz. mat. - przyr. Pau 69, Teil B, 1929 (mit Bildnis). - J. Sokołowski, D. Vögel d. poln. Länder (poln.). Bd. 1, 1958, S. 15. - St. Feliksiak, Poln. Ornithologen u. d. Biogr. d. „Orn. Mitteleuropas" (poln.), Przeglad Zool. 12, 2, 1968, S. 274/75.

Knopfli, Walter, Dr., * 11. 2. 1889 Zürich, † 19. 2. 1965 Zürich. Früh hatte er sich den Naturw., vor allem aber der schweiz. avif. Forschung unter Betonung ökol. und system. Gesichtspunkte verschrieben. Der Heimatkanton hatte damals keinen besseren Vogelkenner. Seit 1903 war er Gründungsmitglied, seit 1923 Ehrenmitglied der Ala, seit 1928 Angehöriger der DOG. Die Schweizer Orn. Ges. und die Orn. Ges. Zürich würdigten Persönlichkeit und Sachkunde durch die Präsidentschaft bzw. Ehrenpräsidentschaft. Den wissensch. Weg des aus idealistischen Erwägungen vielseitig tätigen Zoologen begleiteten eine stattliche Reihe von orn. Veröff. Auf Ausgrabungsbefunde stützte sich der Aufs. über die „Mutmaßliche Ausbildung u. Gesch. d. Vogelgesellschaften d. Schweizer. Mittellandes" (Orn. Jb. 27, 1916). Als Diss. erschienen die „Beitr. z. Morphol. u. Entw.-Gesch. d. Brustschulterskelettes d. Vögel" (Vierteljahrsschr. Zürich 62, 1917 u. Jenaische Zeitschr. f. Naturw. 55, 1918). Späterhin waren für seine biol. Denkweise kennzeichnend u. a. „D. Ausbreitung d. Girlitz, Serinus canaria serinus (L.), im Schweizer. Mittelland mit besonderer Berücksichtigung d. Limmattales u. Zürichseetales" (Vierteljahrsschr. Zürich 83, 1938) und die ausgezeichnete, nach dem Tode von G. v. Burg (s. d.) wieder mit den Zügen kritischen Quellenstudiums ausgestattete Monogr. der „Vögel d. Schweiz" (Lief. 16, 1937 bis Schlußlieferung 19, 1956). Die Verdienste liegen indes nicht nur in den aus wohltuender Gründlichkeit erwachsenen Druckerzeugnissen. Er war auch, wie kaum ein anderer vor ihm, Pionier des Naturschutzes, ohne den er sich den praktischen Vogelschutz nicht vorstellen konnte. Da er die Gabe besaß, Verstand und Herz seiner Landsleute durch Schrift und Wort für neue Gedanken aufnahmebereit zu machen, stützten sich bei allen Gelegenheiten eidgen. und zürcherische Behörden auf seinen Rat, wenn es galt, besonders Jagdgesetze und Forderungen des Vogelschutzes auf einen Nenner zu bringen. Der Natur- u. Heimatschutzkommission Zürich gehörte er seit 1929 an. Nachdem er in der Vaterstadt ursprünglich biol. Fachlehrer und dann lange Zeit Erster Assistent am Zool. Inst. der Univ. gewesen war, wurde er schließlich 1942 auf die neugeschaffene Stelle eines vollamtlichen Naturschutzbeamten in der Regionalplanung der Baudirektion des Heimatkantons berufen. Mit feinem Gespür für das Mögliche konnte er auf diesem Posten als Anwalt der bedrohten Natur eine segensreiche Tätigkeit entfalten. Schutzgebiete wie Neeracher Ried, Greifensee, Pfäffikersee, Hüttnersee u. a. sind Stätten, die mit dem Namen K. fest verbunden sind. Das geistige Vermächtnis des Junggesellen, der es verstand, auch Enttäuschungen durch Zähigkeit zu überwinden, enthält die Schrift „Natur- u. Landschaftsschutz im Schweiz. Mittelland u. seine Zielsetzung" (1964).

— Lit.: Würdigung (von D. Zimmermann). Orn. Beob. 56, 1959, S. 1. - Nachruf (von R. Bl.). Neue Zür. Ztg. v. 23. 2. 1965 (mit Bildnis). - Nachruf (von R. Blass). Orn. Beob. 62, 1965, S. 29/30 (mit Bildnis). - Nachruf (von D. Zimmermann). Ebd. 62, 1965, S. 31/32. - Nachruf (von U. A. Corti). Verh. Schweiz 1965, S. 275/76 (mit Bildnis). - Nachruf. Vierteljahresschr. Zürich 110, 1965, S. 511.

Koch, August, * 22. 8. 1865 Neu-Isenburg (Kr. Offenbach), † 4. 8. 1944 Celle. Er war torposten im Naturmuseum Senckenberg 1880 nach Th. Erckel (s. d.) den Präpara-Neffe von Adam Koch (1841—1913), der von Frankfurt übernahm. Dem Onkel stand er seit 1880 zuerst als Lehrling zur Seite und blieb, zuletzt als Oberpräparator, in treuer Pflichtauffassung mit dem Frankfurter Mus. und seiner Entwicklung verbunden. In taktvoller Zurückhaltung lernte er auch die menschlichen Seiten der führenden Köpfe der Gesellschaft kennen und einschätzen. Zu den mannigfachsten Dienstleistungen, die vor allem in den Anfangsjahren mit seinem eigentlichen Aufgabenkreis wenig oder nichts zu tun hatten, gehörte u. a. die Pflege des alten E. Rüppell (s. d.), als dieser sich 1882 einen Schenkelhalsbruch zugezogen hatte. Der junge Mann mußte Nachtwachen übernehmen und in einer „Chaise" den kaum bewegungsfähigen Patienten vor die Tore der Stadt fahren, um ihm dort bei vergeblichen Gehversuchen beizustehen. In den späteren Jahrzehnten konnte er sich schließlich mit besonderem Geschick der Tierpräparation hingeben, als der alten Methode des Ausstopfens völlig neue Gesichtspunkte der Dermoplastik folgten und das Kunsthandwerk der heutigen Tiergestaltung einleiteten. Am schnellen Wandel und Fortschritt hatte K. ganz wesentlichen Anteil. Er nahm sich mit feinem Einfühlungsvermögen gerade der Zurichtung der Vögel an, und in etwa 2 Jahrzehnten gelang ihm unter Anleitung von O. zur Strassen (s. d.) der Aufbau einer über die dt. Grenzen hinaus bekanntgewordenen orn. Schausammlung, die sich dann als Synthese von wissensch. Genauigkeit und künstlerischem Wollen darbot. Rückschauend auf das Werk meinte K. i. J. 1939: „Ein Gang durch unseren jetzigen Vogelsaal mit dem heutigen Inhalt seiner Schauschränke bedeutet für mich der schönste Lohn für alle die unsagbare Mühe, die die Ausarbeitung neuer Präparations-Verfahren, die Umgestaltung ältester Vogelbälge zu hochwertigen neuen Schau-Gegenständen und die Schaffung einer dem Tier ebenbürtigen, künstlerisch einwandfreien Umgebung bedeuteten." Mit dem toten Vogelkörper ebenso vertraut wie mit dem lebenden Organismus und seinen natürlichen Bewegungen, war er ein verdienstvoller Förderer der Mus.-Ornithologie.

— Lit.: August K., Sechs Jahrzehnte Dienst am Nat.-Mus. Senckenberg. Ber. Senck. 69, 1939, S. 212—216. - R. Mertens, ebd. 78, 1948.

Köhler, Karl, * 14. 10. 1877 Jauernig = Javorník (Bez. Šumperk), † 3. 12. 1938 Troppau. Seine Landschaft, das österr. Schlesien, blieb im 19. Jahrh. nicht unberührt vom Drange naturw. gebildeter Fachleute und Laien, Bestandsaufnahmen der heimischen Tier- u. Pflanzenwelt zu veranstalten und die Kenntnis der Formen zu verbreiten und zu vertiefen. Als Prof. am 1819 gegründeten Troppauer Gymnasium fand er eine Schulsammlung vor, die, aus dem Lehrzweck heraus, eine der größten orn. Kollektionen in Schles. aufwies. Sie soll, von E. Urban (s. d.) lange betreut, 1863 außer den Nestern und Eiern 806 Stücke von 269 Vogelarten umfaßt haben. In dieser Überlieferung wurzelnd, nahm K. als Gründungsmitglied des 1895 entstandenen Naturw. Vereins in Troppau nicht nur teil an der faun. Erkundung seiner Provinz, sondern auch an der neu aufkommenden Forschungsrichtung des Vogelzugs. Eifrige Beringungstätigkeit (damals durchaus nicht die Regel) und fleißige Mitarbeit an der von C. Loos (s. d.) aufgebauten Beringungsstation in Liboch (Elbe) waren kennzeichnend für seinen Einsatz. Wenn auch Einzelheiten über Weg und Methode seiner der Heimatkunde dienenden Bestrebungen nicht mehr bekannt sind, so ist doch seit 1911 eine stattliche Reihe von meist kleineren Veröff. in ihrer Gesamtheit ein nicht zu übersehendes Denkmal ernsthafter orn. Neigungen. Aus einer größeren Zahl seien einige Titel genannt: „Standstörche in Österr.-Schles." (Mitt. Vw. 17, 1917), „Orn. Mitt. aus Tschech.-Schles." (Ber. Schles. 12, 1926), „Purpurreiher mit Ring" (Mitt. Naturw. Ver. Troppau 34, 1928), „D. Uhu in d. Ostsudeten" (ebd. 36, 1930 u. Ber. Schles. 16, 1930), „Vogelberingungsergebnisse" (Mitt. Naturw. Ver. Troppau 37, 1931; 38, 1932; 40, 1935; 41, 1937), „Z. Vogelkunde" (ebd. 38, 1932), „Orn. Notizen aus d. Troppauer Gegend" (Lotos 80, 1932), „Brutvorkommen seltener Vögel im nordwestl. Schles." (Mitt. Naturw. Ver. Troppau 39, 1934), „Z. Vogelkunde Schles." (ebd. 40, 1935), „Orn. Beob. in Tschech.-Schles." (ebd. 42, 1937), „Z. Vogelkunde Schles.-Č.S.R." (ebd. 43, 1938). F. Pax (s. d.) besuchte 1921 die Samml. des Troppauer Gymnasiums. Der Name des damals noch lebenden Zeitgenossen, der zudem seit 1920 auch dem Verein Schles. Ornithologen angehörte, ist in der „Wirbeltierf. v. Schles." (1925) aber nicht erwähnt.

— Lit.: H. Rister, Schles. Bibl. 1928—1934, Teil A, S. 245/46.

Korth, Johann Wilhelm David, Dr., * 23. 11. 1783 Berlin, † 7. 12. 1861 Berlin. Der erstaunlich belesene Privatlehrer konnte sich seit 1814 Dr. phil. und Magister der freien Künste nennen. Die besondere Note erhielt sein Leben durch eine dauernde Liebe zur Haustaubenzucht. In engeren Züchterkreisen ist er noch als Pionier bekannt, zumal er sich auch als Übersetzer eines engl. Fachbuches und fleißiger Bearbeiter einer ökon. Enz. einen Namen machte. Die Fülle praktischer Erfahrung und der Wunsch, das große Wissen für die Förderung der Liebhaberei einzusetzen, drängten ihn schließlich, zusammen mit seinem Sohne Heinrich K. (geb. 19. 3. 1814 Berl.) 1856 eine „Tauben-Ztg." (seit 1857 „Tauben- u. Hühner-Ztg." genannt) wöchentlich erscheinen zu lassen. Die begrenzte Arbeitsrichtung ließ die Zeitschr. keinen Einfluß auf die benachbarte Vogelk. gewinnen. Es scheint aber erwähnenswert (und deshalb sei K. s Name hier genannt), daß der Untertitel der Ztg. gleichzeitig der „Sangvögel" gedachte. Die Spalten brachten denn auch — 16 Jahre vor der von K. Ruß (s. d.) gegründeten Gef. W. — Beitr. und Mitt. über Vögel in Freiheit und Gefangenschaft, die gründliche avif. und biol. Kenntnisse des nachdenklichen Herausgebers voraussetzten. Auffallend ist, daß ihm die Bedeutung der naturbeschreibenden Kraft J. F. Naumanns noch verschlossen blieb; jedenfalls fehlten (auch in den von ihm verfaßten Miszellen) Hinweise auf den Altmeister der Vogelk., während Ch. L. Brehm (s. d.) einige Beachtung fand. Ein erfreuliches Maß an Einsicht trugen daneben die der Zeit vorauseilenden Gedanken zum Vogelschutz. Frei von unkritischen Vorurteilen gegen „schädliche" Vögel wandte er sich daher auch gegen die „unnütze Anlegung von Eiersammlungen". Nach dem Tode des rührigen Mannes verflachte seine Ztg. bald und ging 1862 ein.

— Lit.: Würdigung (von W. K. G. Möbes). Börsenbl. f. d. Dt. Buchhandel, Frankf. Ausg. 17, 1961, S. 527/28 u. 22, 1966, S. 1754/55.

Kothe, Konrad, Dr., * 29. 3. 1882 Bromberg. Schon als Schüler war er feldorn. tätig. Mit dem Reifezeugnis des Realgymnasiums seiner Vaterstadt von 1906 ging er 7 Semester nach Berlin und 2 Semester nach Halle, um das naturw. Studium mit der Diss. „Entwicklungsgeschichtliche Unters. über d. Zungenbein u. d. Ohrknöchelchen d. Anuren" (Berl. 1910) abzuschließen. In Berl. war er 1909 techn. Mitarbeiter am Märk. Prov.-Mus. sowie unter A. Reichenows (s. d.) Einfluß und Lenkung 1906—1911 Hilfsarbeiter und zuletzt Hilfsassistent an der Vogel-Abt. des Zool. Mus. Für orn. Ausrichtung spricht auch häufiger Besuch der Berl. Versammlungen der DOG, der er sich von 1906—1914 angeschlossen hatte. Aus seiner Feder sind einige Veröff. belegt, die z. T. Wortmeldungen in den Berl. Sitzungen wiedergeben. Es sind Bem. zu der von O. Reiser (s. d.) benannten Steißhuhnrasse Rhynchotus rufescens catingae (J. Orn. 55, 1907) und im Anschluß an A. Reichenows Arbeit „Z. Vogelfauna v. Kiautschou" (Orn. Mber. 11, 1903) eine Zusammenstellung der Arten, die damals dem Berl. Mus. von Kiautschou und der Prov. Schantung zugegangen waren (J. Orn. 55, 1907); ferner „Numida frommi n. sp." (Orn. Mber. 19, 1911) = Numida meleagris intermedia Neumann 1898, „Neue Arten" (ebd. 19, 1911), „Zool. Ergebnisse d. Exp. Fromm 1908/09 nach Dt.-Ostafrika, 2. Aves" (Mitt. Berl. 5, 1910/11), „D. Verschiebung d. Sternums v. Casuarius benetti" (Sb. Berl. 1911), „Trennung d. Gattungen Harpyhaliaetus u. Urubitornis" (Orn. Mber. 20, 1912). Die von ihm P. Fromm (s. d.) gewidmeten Namen gingen in die Synonymie älterer Benennungen ein außer Pyrenestes ostrinus frommi Kothe 1911 = Pyrenestes ostrinus frommi Kothe. Nachweise für orn. Aufgeschlossenheit nach dem 1. Weltkrieg sind offenbar nicht vorhanden. 1922 war Berl. noch sein Wohnsitz. Dann übernahm er eine private Oberschule mit Internat in Buckow (Märk. Schweiz) und stand von 1926—1933 auf der Mitgliederliste der Dt. Säugetiergesellschaft. Vor 1939 soll er seine Schule verkauft haben und nach Westdeutschland verzogen sein. Von da ab verlaufen die Spuren im Dunkel.

Krefft, Johann Ludwig Gerhard, * 17. 2. 1830 Braunschweig, † 19. 2. 1881 Woolloomooloo (Sydney). Musische Begabung trieb den in Halberstadt tätigen jungen Kaufmann, den Beruf aufzugeben und 1850 als Zeichner nach Nordamerika zu gehen. Der Verkauf von Kopien der Bilder Audubons ermöglichte ihm schon in kurzer Zeit die Überfahrt nach Australien, wo er 1852 in Melbourne landete und dann jahrelang in Goldgruben arbeitete. Erst 1856/57 verpflichtete ihn W. Blandowski (s. d.) für die Sammel-Exp. nach dem Flußgebiet von Darling und Murray im nördl. Victoria. Unter 15 Gefährten blieb er der einzige, der dem Leiter des Unternehmens bis zum Schluß getreulich zur Seite stand. Ihm, dem in vielen Bereichen befähigten Kopf, war der aufschlußreiche Ber. über die schwierige Reise zu danken. Die Schilderungen sind, wenn auch unvollständig, heute in der Mitchell Library von Sydney aufbewahrt, während der von ihm angelegte Kat. des gesammelten Materials zu den wertvollsten Schätzen des National Mus. gehört. Kaum hatte er auf Grund der Leistungen eine Anstellung an diesem Mus. erhalten, da lockte ihn vorübergehend erneut die dt. Heimat. Von Braunschweig aus übergab er ein Msk. über die Murray-Exp. auch an Perthes in Gotha und zog sich so verstärkten Zorn Blandowskis zu. In Hamb. knüpfte er gleichzeitig Verbindung mit dem dortigen Zool. Mus. an, das ihm freie Rückfahrt (625,— Mark für 1. Kl.; 150,— Mark für Verpflegung!) beschaffte. Seine Gegenleistung bestand in der Lieferung von Naturalien an Hamb. im Werte des vollen Fahrpreises innerhalb von 2 Jahren. 1860 traf er wieder in Australien ein, ließ sich in Sydney nieder, wurde Sekretär und 1861 Kurator des Austral. Mus. Nach vielen Jahren bemerkenswerter Forschung führten Reibungen und Zwistigkeiten zwar 1874 zur Entlassung; bald aber konnte er in Ehren den Posten wieder übernehmen und sich fürderhin den Nachruhm sichern, einer der ersten großen Zoologen des fernen Kontinents gewesen zu sein. Autorität genoß er vor allem auf dem Gebiete der Schlangen, denen er das Buch „The snakes of Australia" (Sydney 1869) widmete. Mehrere seiner Veröff. über fossile und rezente Wirbeltiere befaßten sich zwischen 1863 und 1877 auch mit den Vögeln. So beschrieb er den Casuarius johnsonii = Casuarius casuarius johnsonii in „Description of a new species of Cassowary from Northern Queensland" (Proc. of Zool. Soc. of London, 1867). Seinen Namen tragen Pitta kreffti Salvadori 1869 = Pitta versicolor simillima und Gracula kreffti Sclater 1869 = Mino dumontii kreffti (Sclater).

— Lit.: The illustrated Austral. Encyclopaedia 1, 1925, S. 704. - Records of the Austral. Mus. 18, 1932 (mit Bildnis). - H. M. Whittell, The Literature of Austral. Birds, Perth 1954, Teil 2, S. 402/03 (mit Bildnis u. Verz. d. Veröff.). - Collections of a Century, produced on the occasion of the centenary celebrations of the National Mus. of Victoria 1955, S. 10—18. - Würdigung (von A. Panning). Mitt. Hamb. Zool. Mus. Inst. 56, 1958, S. 19.

Kricheldorff, Adolf Erich Hermann, * 6. 2. 1881 Berlin, † 20. 6. 1962 Kleinmachnow (Kr. Teltow). Als Sohn von Albert K. (s. d.) setzte er seit 1924 das Geschäft der Vorfahren fort. Auch für ihn galt nicht das Durchschnittsmaß für menschliche Bewertung und Einstufung. Doch stand er, mit feinem Humor ausgestattet, dem Onkel Franz K. (s. d.) näher als dem Vater. Weltblick gewann er zu Anfang des Jahrh. auf Sammelreisen, die mehrfach Spanien zum Ziel hatten. Aus der Prov. Santander (1913) berichtete er in einem Aufs. „Einiges über d. Felsenschwalbe" (Zs. Ool. u. Orn. 25, 1920), nachdem die Zs. Ool. schon kurze Beitr. und Notizen gebracht hatte. Bewundert wurde von Begleitern und Sachkennern die auf vielen Exk. in die Umgeb. von Berl. und in den Spreewald gewonnene Schärfe seines Beobachterauges, und nicht weniger bestaunt war der Umfang der ool. Ausbeute. In Fragen der Eierdiagnose und Fortpflanzungsbiol. hatte verständlicherweise sein Urteil eine Art von autorativem Gewicht. Wie zahlreiche Berliner Sammlertypen — H. Hocke, A. v. Treskow (s. d.) u. a. jener Zeit — reizten ihn noch in gereiften Jahren vor allem die Gelege des Wanderfalken und die Nester mit den Eiern des Kuckucks. Ihm und seinem Onkel bestätigte A. Koenig (s. d.) im „Nido-ool. Kat." (1931/32) obendrein die Zuverlässigkeit im Verkehr mit den Kunden. Trotz sonstiger Gewandtheit lag ihm nicht die Schreibtischarbeit. Nur sehr wenige Veröff. aus seiner Feder sind bekannt. Genannt kann noch werden eine auf die märk. Freilanderfahrung an Baumläufern, Grasmücken, Weidenlaubsängern, Teich- u. Drosselrohrsängern, Zwergrohrdommeln sich stützende Verlautbarung mit dem Titel „Degeneration durch natürliche Inzucht“ (B. z. F. 1, 1925); sie verriet die Fähigkeit zu nachdenklicher Auswertung von Beob., die jahrelang auf einen bestimmten biol. Fragenkreis gerichtet waren. Als im Bombenhagel des 2. Weltkriegs sein Geschäft untergegangen war, verzog er nach Kleinmachnow und betrieb von 1945 ab einige Jahre das eingeschrumpfte Gewerbe weiter mit Restbeständen aus einer besseren Zeit und ebenso spärlichen Neuerwerbungen. Was übrig blieb, wird im Hause der Tochter noch aufbewahrt. — Durch mehrere Generationen hindurch machten unsentimentale Naturliebe, gesunde Freude an den verschiedensten Objekten, aus praktischer Übung gewachsene Artenkenntnis und ein mit echter Neigung gepaarter Erwerbssinn die Familie K. zu geachteten Mittlern zwischen den gegensätzlichen Welten des reinen Geschäfts und der Wissenschaft. Die einzelnen Glieder können genannt werden zusammen mit Namen wie H. F. Möschler, R. Tancré, A. Müller, H. Rolle (s. d.) und manchen anderen Vertretern des alten Naturalienhandels. Ihre Blütezeit war vorbei, als die Vogelschutzbewegung mit Recht gesetzliche Verbote einleitete und die aufkommende Beringung eine neue Form unmittelbarer Berührung mit dem lebenden Vogel brachte, die den unverkennbaren Reiz des Vogelfangs oder der alten Liebhaberoologie mehr und mehr verdrängte. Der hier beleuchtete, der naturw. Aufgeschlossenheit breiter Schichten entgegenkommende Handel bedeutete gewiß eine nicht unwesentliche Förderung der avif. Kenntnisse auch ferner Länder. Er konnte aber nur gehandhabt werden von Menschen, die ohne innere Hemmung und ohne Rücksicht auf bedenkliche Folgeerscheinungen in die Bestände von heute fast ausgerotteten Großvögeln eingriffen.

— Lit.: Nachruf (von A. Richter). Entom. Nachr. 6, 1962, S. 103/04 (mit Bildnis).

Kricheldorff, Albert, * 24. 10. 1852 Berlin, † 11. 2. 1924 Berlin. Da eine gewisse Originalität offenbar zu seinem Berufe gehörte, zeichnete ihn, seit 1890 Nachfolger seines Vaters Christian Wilhelm Adolf K. (s. d.), Urwüchsigkeit und knorrige Art aus. Schreibfreudigkeit hätte nicht zu seinen Wesenszügen gepaßt; nur 3 Mitt. aus dem Berl. Raum standen in den Orn. Mber. 4, 1896 u. 5, 1897. Doch war die Anerkennung für korrekte Bedienung bei seinen Kunden allgemein. H. Schalow (s. d.) gedachte des von ihm gepflegten Geschäftsgebahrens in den „Beitr. z. Vogelf. d. Mark Brandenb.“ (1919) und unterstrich die Glaubwürdigkeit seiner Artdiagnosen und Angebote. Sein Urteil galt vor allem auf dem Gebiete der Ool. In späteren Jahren wandte sich die ihm eigene Liebhabereinstellung mehr der Brieftaubenzucht zu.

Kricheldorff, Christian Wilhelm Adolf, * 14. 1. 1823 Berlin, † 27. 2. 1890 Berlin. Er war 1873 der Gründer eines alle Bereiche der Naturw. erfassenden Berliner Naturalienhandels, der als „Entom. Inst.“ zuerst in der Oranienstraße und später in der Sebastianstraße jahrzehntelang blühte. Den Boden für das Gedeihen des Geschäftes sicherte die Sammelleidenschaft jener Epoche der zool. Artenforschung. Sie trug ihm und den späteren Gliedern der Familie bekannte Namen ein und nicht nur im Kreise privater Sammler, sondern auch bei Mus.-Fachleuten gelehrter Schule im In- u. Auslande.

Kricheldorff, Franz, * 15. 6. 1853 Berlin, † 20. 2. 1924 Berlin. Er war Mitinhaber des Naturaliengeschäfts und teilte mit dem wenig älteren Albert K. (s. d.) einige Kennzeichen gleicher Veranlagung. Doch vertrat er, aktiver und tüchtiger, den mehr feinsinnigen, stillen Typ. Als Liebhaber verlegte er sich gern auf die Pflege empfindlicher Kleinvogelarten und besaß bei größerer Vielseitigkeit auch breitere Kenntnisse auf entom. Gebiet. Dazu weiteten sich Weltgefühl und Lebensstil auf beschwerlichen Sammelreisen, die ihn u. a. im Auftrag von W. Rothschild (Tring) bis nach China und Tibet führten und seinem Namen guten Klang über die dt. Grenzen hinaus gaben. So rühmte A. Koenig (s. d.) im „Nido-ool. Kat.“ (1931/32) ihn und seinen Neffen Adolf Erich Hermann K. (s. d.) als einwandfreie Kaufvermittler. Da die Eierkunde damals eine beherrschende Rolle in den Reihen der Laien und der ernsthaft wissensch. Forschenden spielte, besaß er neben dem Handelsgeschäft eine auserlesene private Samml. von überwiegend paläarkt.

TEIL 2

Raubvogelgelegen, deren Aufbau Jahrzehnte in Anspruch nahm. Sie war, nach A. Koenig, „ein wahres Dokument dt. Fleißes und dt. Tüchtigkeit". Mit 310 Kuckuckseiern, nahezu alle in der Mark und hauptsächlich in den Nestern der Grasmücken gefunden, wurde sie 1917 von A. Koenig zum Preise von 4000,— Mk. für Bonn gekauft. Noch zu Anfang des Jahrh. beschäftigte sich die Firma vornehmlich mit dem An- u. Verkauf paläarkt. Eier und hatte viele streng zuverlässige Sammler und Jäger namentlich in Spanien und Finnland. Vom Balkan aus belieferte sie Th. Krüper (s. d.).

Küchler, Werner, Dr., * 10. 10. 1909 Offenbach (Main), † Rußland. Sohn eines Juristen, besuchte er die Schule in Offenb., seit 1919 in Gießen, seit 1927 in Darmstadt, wo er das Reifezeugnis erlangte. Der Schüler schon folgte an den verschiedenen hess. Wohnorten zielstrebig vogelk. Neigungen. Später gehörte er während des Biol.-Studiums — es führte ihn nach Münch., Königsb. und Berl. — zu dem Ornithologengeschlecht, das sich in den 30er Jahren die ersten Sporen verdiente und unter E. Stresemann promovierte. Um zu Verdienst zu kommen, mußte er unter Verzicht auf eine Beschäftigung im Bereiche der Orn. nach dem Examen zunächst berufliche Stellungen übernehmen, die nicht ganz seinen Wünschen entsprachen: 1935 Assistent am Inst. für Entwicklungsmechanik in Greifswald, 1936 — durch Vermittlung von L. Schuster (s. d.) — wissensch. Mitarbeiter bei der Bekämpfung der Rübenblattwanze, 1937 Biologe am Inst. für Seefischerei in Bremerhaven. Im Frühjahr 1939 wurde er zur Wehrmacht eingezogen, seit 1. 1. 1943 ist er als Wachtmeister der Artillerie bei Stalingrad vermißt. Ihn begleitet der Ruf, nicht nur ein ausgeglichener, zuverlässiger Charakter, sondern auch ein gut geschulter Feldornithologe und sorgfältig arbeitender Wissenschaftler gewesen zu sein. Nur wenige orn. Veröff. können mit dem Namen des in der Blüte seiner Jahre dahingerafften Soldaten verknüpft sein: „Invasionen d. Eichelhähers - Garrulus glandarius" (Vz. 3, 1932), „Tiefe d. Stauzugs am Ostufer d. Kurischen Haffs" (Orn. Ms. 58, 1933), „V. Zug d. Eichelhähers - Garrulus glandarius i. d. J. 1932 u. 1933" (Vz. 5, 1934), „Jahreszyklische Veränderungen im histol. Bau d. Vogelschilddrüse" (Diss.; J. Orn. 88, 1935), „Anat. Unters. an Phytotoma rara Mol." (eine Unters. über d. system. Stellung d. Vogels auf Grund einiger in Alkohol konservierter Exemplare aus Santiago; ebd. 89, 1936). Seit 1931 gehörte er der DOG an.

Kühn, Heinrich, * 8. 2. 1860 Erlbach-Kirchberg über Stollberg (Sachsen), † 26. 7. 1906 Surabaja (Java). Früher Neigung zur Beschäftigung mit der Tierwelt hingegeben, fuhr er als Sohn eines Bergrats 1882 mit dem entom. begeisterten Schulkameraden Carl Ribbe (1860—1934) nach den Inseln des Indischen Archipels, um Naturalien zu sammeln. Er besuchte den damals zool. kaum noch erschlossenen Südosten von Celebes, die Aru-Inseln (wo er von April 1883 ab ein Jahr lang in Dobbo lebte), Neuguinea und die Banggai-Inseln. Nach einer kurzen Rückkehr in die Heimat (1886/87) siedelte er sich in Toeal auf den Kei-Inseln als Pflanzer und Besitzer einer Sägemühle an. Das den Erwartungen nicht entsprechende geringe Einkommen mußten bald Einkünfte aus aufreibenden Exp. nach den Kleinen Sunda-Inseln und Neuguinea ergänzen. Anfangs scheinen ihn besonders die Schmetterlinge gefesselt zu haben, von denen verschiedene Formen nach dem Entdecker zwischen 1884 und 1888 in der Dt. Entom. Zeitschr. Iris Dresd. benannt sind. Dieselbe Quelle brachte in dieser Zeit auch 3 Aufs. aus seiner Feder, und die Festschr. d. Ver. f. Erdk. Dresd. 1888 enthielt einen von ihm verfaßten ethnogr. Beitr. über Neuguinea. Während der folgenden Jahre war es zunächst still um ihn, bis er sich seit 1896 als fleißiger und gewissenhafter Mitarbeiter des Rothschild-Mus. von Tring bemerkbar machte. Planmäßige orn. Forschungen galten von nun ab u. a. den Timorlaut-Inseln, Banda, Damar, Wetar, den Tukang-Besi-Inseln, die orn. vorher fast unbekannt waren. Die hochbegehrten Sendungen wurden von E. Hartert (s. d.) in 8 Veröff. der Novit. Zool. zwischen 1898 und 1906 besprochen. In welchem Maße sich K. das Vertrauen des Mus. erwarb, ist den Urteilen zu entnehmen, mit denen Hartert die Besprechungen der Eingänge begleitete: „Our esteemed correspondent H. K. . . ." (ebd. 7, 1900), „. . . our able correspondent . . ." (ebd. 7, 1900), „all honour ist due to Mr. H. K. ...“ (ebd. 10, 1903), „Our indefatigable correspondent...“ (ebd. 11, 1904), „Our valued correspondent...“ (ebd. 13, 1906). Der Systematiker in Tring stand in jenen Jahren mit O. Finsch (s. d.), der noch keine Subspezies kannte, in nomenkl. Auseinandersetzungen wegen der Südseeformen. Dem älteren Antipoden gegenüber wußte er sich aber im Vorteil, weil ihm ein bedeutend umfangreicheres und damit überzeugenderes Material von nahe verwandten Formen zur Verfügung stand; und er vergaß nicht, mehrmals zu vermerken, daß er die Überlegenheit vor allem den Lieferungen K. s verdankte. Die Anerkennung zeigte sich ferner in den aus Tring kommenden Benennungen von Novitäten wie Gerygone kuehni Hartert = Gerygone inornata kuehni Hartert, Dicrurus kuehni Hartert 1901 = Dicrurus hottentottus kuehni Hartert, Dicaeum kuehni Hartert 1903 = Dicaeum celebicum kuehni Hartert, Pachycephala kuehni Hartert 1898 = Pachycephala rufiventris kuehni Hartert, Myzomela kuehni Rothschild 1903 = Myzomela kuehni Rothschild, Zosterops kuehni Hartert 1906 = Zosterops kuehni Hartert. Ein erster Schatten senkte sich allerdings bald auf das Leben und Wirken des rührigen Pioniers, als ihn im Herbst 1902 die Malaria befiel. Von da ab scheint er nicht mehr voll einsatzfähig gewesen zu sein und meist nur eingeborene Sammler ausgeschickt zu haben. 1904 weilte er nochmals in Europa, besuchte die Mutter in Deutschl., blieb eine Woche in Tring und heiratete eine Engländerin in London. Bald aber starb er nach einer Krebsoperation in der Ferne.

— Lit.: O. Schneider, Carl Ribbes Reisen in d. Südsee (Anfang), Dt. Geogr. Blätter 18, 1895, S. 372—386. - A. B. Meyer u. L. W. Wiglesworth, The birds of Celebes, 1898. - Nachruf. Dt. Entom. Zeitschr. Iris Dresd., Heft 4, 1906 (1907), S. 245—247. - Nachruf (von E. Hartert). Novit. Zool. 14, 1907, S. 340/41. - A. Wichmann, Nova Guinea 2, Teil 1, Leiden 1910, S. 330/31 u. Teil 2, Leiden 1912, S. 623, 653, 704.

Kühn, Jörg, * 1. 7. 1940 Wettingen (Aargau), † 18. 10. 1964 Zürich. Von Jugend an durch Natur- u. Tierliebe sowie zeichnerische Begabung auffallend, bildete er sich — Sohn eines Maschinenzeichners — nach den Volks- u. Bezirksschuljahren als Grafiker aus und besuchte die Kunstgewerbeschule in Zürich. Entscheidenden Einfluß auf seine Arbeitsrichtung und die Entwicklung seiner künstlerischen Gestaltungskraft verdankte er immerwährender Hinneigung zur Welt der Vögel. Früher Einsatz im Beringerkreis der Vogelwarte Sempach gab ihm Gelegenheit zum Erwerb sicherer faun. Kenntnisse und zur Entfaltung eines bemerkenswerten Beobachterblicks. Die in heimatlichen Wäldern, Fluren und Rieden vielseitig geschulten Sinne, die lebendige Verbindung mit dem ungehemmt sich zeigenden Geschöpf und eine tiefe Ehrfurcht vor der Natur verliehen ihm die Fähigkeit, Formen und Bewegungsabläufe des Tieres mit feinem Einfühlungsvermögen zu analysieren und mit erstaunlicher Genauigkeit durch Stift oder Pinsel darzustellen. Ein verdient schneller Aufstieg zum allseits anerkannten naturw. Zeichner war ihm daher beschieden. 1961 übernahm ihn das Zool. Mus. von Zürich in halbamtlicher Stellung. Die übrige freie Zeit war ausgefüllt mit der Erledigung privater Aufträge. In seinen letzten 5 Lebensjahren schuf er mit eindrucksvoller Strichführung eine Reihe trefflicher Verhaltensstudien und überzeugender Federzeichnungen zur Illustration wissensch. Arbeiten. Daneben gelangen ihm großartige Farbtafeln, z. T. bestimmt für eine Monogr. von Prachtfinken und — im Auftrag des World Wildlife Fund — für ein Werk über bedrohte oder ausgerottete Tierformen. Eine große, vielversprechende Aufgabe war auch die Illustrierung des neuen „Hdb. d. Vögel Mitteleuropas“. Doch enthalten nur die beiden ersten Bände die bewundernswerten Zeugnisse seines Könnens. Mitten im Schaffen erlahmte seine Hand. Ein unheilbares Leiden, gegen das er 4 Jahre lang vergeblich ankämpfte, raffte ihn dahin.

— Lit.: Nachruf (von V. Ziswiler). Orn. Beob. 62, 1965, S. 174.

Küster, Heinrich Carl, Dr., * 14. 2. 1807 Bad Windsheim (Franken), † 14. 4. 1876 Bamberg. Als Sohn des in Uffenheim stationierten preuß. Wachtmeisters Joh. Friedr. Karl K., des späteren Inspekteurs am Erlanger Naturalien-Kabinett und Univ.-Zeichenlehrers (1772—1842), studierte er von 1826 bis 1830 in Erl. Zur Vertiefung des zool. Wissens diente 1834 eine Reise nach Sardinien, deren Frucht unvollständig gebliebene

„Beitr. z. Naturgesch. d. Insel S.“ (Isis 1833) waren. Die aus gut 3 Monaten stammenden Beob. bezogen sich auf die Säugetiere und (mit ausgezeichneten „Bem.“) auf rund 120 Landvögel. Als er 1837 gerade vor dem Beginn einer Reise nach dem Kaukasus stand, wurden ihm an der Erl. Gewerbeschule die Fächer der Chemie, Naturgesch. und Technologie übertragen. In Amt und Würden seßhaft geworden, übernahm er sofort eine neue Ausg. des „System. Konchylien-Kabinetts von Martini u. Chemnitz“ und blieb dieser Arbeit 35 Jahre treu. Wenn auch unter Widerständen, wurde ihm doch 1841 eine Reise nach Dalmatien und Montenegro bewilligt; sie erbrachte das Material zu einer „Beschr. einiger neuer Arten v. Mollusken“, womit er 1842 in Erl. promovierte. Da ihn Mangel an Selbstvertrauen nicht gedrückt zu haben scheint, verteilte er außerdem 1841 unter die Teilnehmer an einem in Erl. tagenden Kongr. der Physiker und Mediziner ein Werkchen, das er als „System. Verz. d. in d. Umgegend Erl. beobachteten Tiere ...“ auf seine Kosten herstellen ließ. Nach den eigenen Worten hatte er zur Abgrenzung des Gebietes „eine vierstündige Entfernung als Endpunkt“ angenommen, um so die von seinen „verehrten Freunden, den Herren Fr. u. J. Sturm“ (s. d.) mitgeteilten Notizen verwerten zu können. Über die reine Aufzählung von 223 Vögeln kam die Liste trotzdem nicht hinaus. Wie auf einen älteren Bruder, der als Maler und Zeichenlehrer gleichfalls in Erl. wohnte, waren zeichnerische Anlagen sicher vom Vater auf ihn übergegangen. Zeugnis für diese Begabung ist die Beteiligung an C. W. Hahns (s. d.) orn. Bildwerken. Nach dessen Tode führte er den „Orn. Atlas ..., Abt. 1: Papageien“ mit 30 Originalzeichnungen bis 1841 weiter und setzte die „Vögel aus Asien, Afrika, Amerika u. Neuholland ...“ mit den kolorierten Kupfern der 18., 19., 20. Lieferung bis 1850 fort. Die Bilder standen denen, die Hahns Hand gefertigt hatte, nicht nach und hatten als Vorlagen aufmontierte Stücke aus den erreichbaren Samml. (Erl., Nürnb., Bamb., Würzb., Mergentheim, Eichstätt). Überraschend mag sein, daß ihn H. Schlegel (s. d.) als „bewährten Naturforscher“ neben Ch. L. Brehm, C. F. Bruch, J. Natterer (s. d.) heranzog zur dt. und franz. Textgestaltung für die von J. C. Susemihl u. Sohn (s. d.) herausgegebenen „Abb. d. Vögel Europas“. Sein Name erscheint hier — mit gleichem Gewicht — an der Seite von Autoritäten wie P. S. Pallas, Prinz Max zu Wied, C. W. L. Gloger, E. Rüppell u. a.; die von ihm stammenden Angaben — sie stützen sich wiederholt auf Beob. in Sardinien — betreffen Turmfalke, Sperber, Rauhfußbussard, Schlangenadler, Rotmilan, Sperbereule (für die er den ganzen Text lieferte), Schmutzgeier, Bartgeier. Wenn ihn demnach einige Kenntnisse vorübergehend in die Nähe von bedeutenderen Vertretern der Orn. rückten, so muß er sich im Lichte der hist. Vogelk. doch mit einem recht bescheidenen Platze begnügen. Eine größere Rolle vermochte er nur in der beschreibenden Konchylienforschung zu spielen. Im Urteil der zeitgenössischen Fachfreunde rückte er hier als „Privatgelehrter“ zum „genauesten Kenner der europ. Formen“ auf und wurde in einem Atemzuge mit dem weitbekannten E. A. Roßmäßler genannt. Die Beschäftigung auf diesem zool. Gebiete nahm ihn allerdings so sehr in Anspruch, daß er — vor die Entscheidung gestellt — 1850 auf den Lehrberuf verzichtete und in die Telegraphen-Verwaltung überwechselte, die damals in Bay. naturw. gebildete Beamte suchte. Wohnsitze waren seitdem kurz Ansbach und lange Jahre Bamberg. Zuletzt ließ er im 9. u. 10. Jber. der Naturf. Ges. Bamb. die „Binnenkonchylien Dalmatiens ...“ erscheinen, nachdem er die 1844 aufgenommene Arbeit an den „Käfern Europas“ mit dem 28. Heft bereits 1855 abgebrochen hatte.

— Lit.: Stadtarch. Mainz, Stadtarch. Erl., Arch. d. Univ. Erl.-Nürnb., Ev. Pfarramt Schwabach. - Nachruf (von W. Kobelt). Nachrichtsbl. d. Dt. Malakozool. Ges. 8, 1876, S. 63. - Nachruf (von F. Meyer). Ebd. 8, 1876, S. 81—86. - Nachruf (von H. Crosse et P. Fischer). Journal de Conchyliologie 25, 1877, S. 97. - Cl. Nissen, D. Illustrierten Vogelbücher, 1953. - A. Geus, Kat. z. Ausstellung „D. Zool. in Erl.“, 1969, S. 38 (mit Bildnis).

L

Lachnit, Franz, * 18. 3. 1881 Korneuburg (Nieder-Österreich), † 27. 6. 1941 Wien-Hernals. Von Beruf Maschinist und später Fachkonsulent, verfügte er durch frühe

Übung über vielfältige Erfahrung auf dem Gebiete der volkstümlichen Vogelk. und des praktischen Vogelschutzes. Regsamkeit in den Bezirken seiner Neigungen und verwertbares Wissen machten ihn nur in der engsten Heimat bekannt. So wurde er in Wien als Preisrichter für Gesangswertungen herausgestellt. Da er obendrein organisatorische Fähigkeiten entwickelte, stieg er schließlich zum Abt.-Leiter und stellvertretenden Landesgruppenleiter der damaligen ostmärkischen Liebhabervereinigung auf. Die autodidaktisch gepflegte Freude an der Feldbeobachtung lenkte seine Schritte häufig an das Nordufer des Neusiedlersees. Hier lagen um das Standquartier Weiden Jagdgründe, die ihm die Objekte für eine größere Vogelsammlung lieferten. Unter den offenbar von ihm selbst erlegten und präparierten Stücken befanden sich zwei Lasurmeisen - Parus cyanus aus dem Jahre 1925 und dem Frühwinter 1928/29. Der jüngere Beleg ging, wie in Egretta 6, 1963 im Zusammenhang mit dem von Th. Samwald (s. d.) im November 1959 gefangenen Vogel zu lesen ist, in andere Privathände über. L., dessen Samml. nicht mehr auffindbar ist, wurden übrigens auch Verdienste nachgerühmt auf Grund von Mus.-Beratungen und lichtbildnerischer Geschicklichkeit. Einzelheiten über diese Formen der Betätigung sind indes nicht bekannt. Durch Schreibtischarbeit erwarb er sich keinen Namen.

— Lit.: Nachruf (Verf. unbekannt). Gef. W. 71, 1942, S. 34.

Ladislaus Ungarus (= Magyar László). Sein eigentlicher Name ist schon lange untergegangen. Auch über Leben und Werk sind keine Daten bekannt. Doch ist so gut wie sicher, daß er den Posten eines Oberfalkners innehatte unter dem ungarischen König Ludwig I., dem Großen (= Nagy Lajos) (1342—1382), der seit 1370 zugleich König von Polen war. Die außerordentliche Beizfreude seines Herrn aus dem Hause Anjou ist von Ludwig Schedius behandelt in „Beitr. z. d. Jagdpassionen Ludwigs I. auf Grund eines Msk. d. k.k. Hofbibliothek“ (Neuer Curier aus Ungarn ... XIV, 4. 4. 1799, S. 65/66). In dieser Mitt. ist zum ersten Mal erwähnt, daß L. U. ein Werk über die Vogelbeize hinterlassen habe. Aber nur einzelne Textstellen daraus wurden durch den Magister Eberhardus Hicfelt, einen Zeitgenossen des Falkenmeisters, der Nachwelt überliefert. Die Bruchstücke sind von A. Perges in der „Gesch. d. Falkenjagd“ behandelt und im ganzen Umfang zum ersten Mal herausgegeben, eingeleitet und besprochen von Ernst v. Dombrowski unter dem Titel „Hicfelt Eberhardus, Meister Aucupatorium Herodiorum, eine dt. Abh. über d. Beizjagd ... nach d. einzig erhaltenen Handschrift d. k.k. Hofbibliothek zu Wien“ (Wien 1886). Dadurch, daß Hicfelt die für die Falkoniere des Königs verfaßten Dienstanweisungen über Behandlung und Abrichtung der Falken in seinem dreiteiligen Msk. auffallend oft anführte, ist die „erste ung. naturgesch. Fachschrift“ wenigstens in Einzelstücken überliefert worden. Sie ist das einzige Quellenwerk geblieben, das sich mit der mittelalterlichen Beizjagd in Ung. beschäftigt. Daß es erst so spät bekannt wurde, ist wohl auf den Niedergang dieser Jagdart nach Ludwig I. zurückzuführen. Der Verlust wiegt um so schwerer, als auch J. S. v. Petényis (s. d.) Abh. über d. Gesch. d. Jagdfalken (1848) verschollen ist, ohne Spuren zu hinterlassen.

— Lit.: J. Schenk, D. Gesch. d. ung. Falknerei, Aquila 65, 1958, S. 161—173.

Langelott, Nikolaus, * 8. 10. 1901 Bensheim (Kr. Bergstraße), † 27. 9. 1958 Neu-Isenburg (Kr. Offenbach). In den im Odenwald und im hess. Ried gelegenen Jagdrevieren des Großvaters wurden frühe Anlagen geweckt, die ihn über das anfängliche Studium der Forstwissenschaft zu dem der Biol. in Heidelb. führten. Er wurde Studienrat in Mainz, Dieburg, von 1934—1939 in Groß-Bieberau und anschließend in Neu-Isenburg. Hier kamen die Neigungen zur vollen Entfaltung durch die Beschäftigung mit dem Vogelleben des Frankfurter Stadtwaldes, an dessen Rand er günstig wohnte. Seine feldorn. und lit. Studien waren ursprünglich nur „Andachten zum Kleinen“. Wahrscheinlich wären sie nie an die Öffentlichkeit gedrungen, wenn spät einsetzende Beziehungen zu L. Schuster (s. d.) dem Zaghaften nicht den Mut zum „Blick auf das Ganze“ und zur Preisgabe der Erfahrungen gegeben hätten. Trotzdem blieb er stets ein Suchender und Zweifelnder. Aber gerade der Mangel an Selbstvertrauen schützte ihn vor leichtfertigen Schlüssen und zeitigte

TEIL 2

ausgereifte Veröff., denen lange und kritische Überprüfungen der ökol. und ethol. Feststellungen vorausgingen. Die wenigen Beitr., mit denen sich überbetonte Scheu und Zurückhaltung herauswagten, sind „Über Verbreitung u. Lebensgewohnheiten d. Wiedehopfs im Frankf. Stadtwald" (Vw. 71, 1950), „Vergleichende Bem. z. L. Gebhardt, 20 Jahre Kontrolle eines hess. Schwarzspechtreviers" (ebd. 72, 1951), „Beob. am Rotkopfwürger in Waldbiotopen" (ebd. 74, 1953), „Z. Ökol. d. Rotkopfwürgers" (ebd. 76, 1955), „Über d. gesellige Leben d. Schwarzen Milans" (ebd. 76, 1955). Wer sich bemüht, den Ertrag der dem Leben von Wiedehopf, Schwarzspecht, Rotkopfwürger und Schwarzmilan gewidmeten Aufmerksamkeit vergleichend zu werten, kann sich des Eindrucks nicht erwehren, daß vor und nach L. der Ornis des Frankf. Stadtwaldes kein gewissenhafterer und gründlicherer Sachwalter erstand. Er starb vorzeitig, aufgezehrt von einem Beruf, dem er sich mit Leib und Seele hingegeben hatte, und befreit von einer Umwelt, deren Tükken ihn abschreckten.

Lau, Hermann. Von Beruf war er Musikant. Nachdem er am 26. 11. 1854 — einer von den vielen Goldsuchern? — in Australien gelandet war, hielt er sich überwiegend im nördl. Neusüdwales und südl. Queensland auf. Am meisten reizten seinen Sammlertrieb wohl die austral. Vogeleier. Gleiche brutbiol. Neigungen dürften ihn mit dem großen austral. Ornithologen A. J. Campbell (1853—1929) verbunden haben. Eine Reihe der von dem Deutschen hinterlassenen nidol. und ool. Beob. finden sich in Campbells Veröff. über Nester und Eier. Nach dem 11. 8. 1892 kehrte L. nach Deutschl. zurück und nahm wahrscheinlich seine Eiersamml. mit. Über deren weiteres Schicksal ist ebensowenig bekannt wie über Geburt, Lebensgang und Tod des Reisenden.

— Lit.: H. M. Whittell, The Literature of Austral. Birds, Perth 1954, Teil 2, S. 412.

Laubmann, Alfred, Dr., * 20. 10. 1886 Kaufbeuren (Allgäu), † 18. 10. 1965 München. Aus früher Neigung zur Tierwelt begann der Kaufmannssohn 1906 in der bayer. Metropole das Studium der Naturw. Nach der Promotion 1911 wurde er an der Zool. Samml. des bayer. Staates neben und unter C. E. Hellmayr (s. d.) wissensch. Hilfsarbeiter. Die weitere Laufbahn ist durch folgende Daten gekennzeichnet: 1922 Leiter der orn. Abt., 1926 Konservator (und später Hauptkonservator), 1927 Professortitel. Die in seiner Anfangszeit an den Mus. vorherrschende Arbeitsrichtung bestimmte die eigenen Forschungen. Sie galten in der Hauptsache den Fragen der Taxonomie und Nomenklatur und sind in einer langen Reihe bedeutsamer Unters. niedergelegt. Nur einzelne davon können genannt werden: „Wissensch. Ergebnisse d. Reise v. Prof. Dr. G. Merzbacher im zentralen u. östl. Thian-Schan, 1. Vögel" (Abh. Akad. d. Wissensch. Münch. 26, 1913), „D. dt. Girlitz u. seine Beziehungen z. d. geogr. Formen d. Gattung Serinus" (Verh. Bay. 11, 1913), „Vögel. Wissensch. Ergebnisse d. Reise v. Dr. E. Zugmayer in Baluchistan 1911" (Abh. Akad. d. Wissensch. Münch. 26, 1914), „Ein Beitr. z. Orn. d. Kaukasusgebietes" (Orn. Jb. 26, 1915), „Beitr. z. Kenntnis d. Formenkreises Alcedo atthis" (Arch. Naturgesch. 84, 1918/1920), „Beitr. z. Kenntnis d. Verlaufes d. Handschwingenmauser b. d. Alcedinidae" (Verh. Bay. 15, 1923; 16, 1924; 18, 1928; 19, 1930), „D. Eisvögel d. Insel Sumatra" (Arch. Naturgesch. 90, 1924/1925), „D. Eisvögel d. Dt. Gran-Chaco-Exp." (Verh. Bay. 18, 1929), „Wissensch. Ergebnisse d. Dt. Gran-Chaco-Exp., Vögel" (Stuttg. 1930), „Über Eisvögel aus Paraguay" (Anz. Bay. 2, 1933), „Beitr. z. Avif. Paraguays" (ebd. 2, 1933), „D. Vögel v. Paraguay" nach d. Sammelergebnissen v. Prof. Dr. H. Krieg (Stuttg. 1939 u. 1940), „Beitr. z. Avif. Patagoniens" (Verh. Bay. 22, 1940). Doch trübte der dienstliche Umgang mit dem Vogelbalg nicht den Blick und das Verständnis des Zoologen für andere Bereiche der Vogelk. Es zeugt u. a. für seine Vielseitigkeit, daß er bis ins hohe Alter auch als rühriger und scharfsichtiger Feldornithologe über Freilandbeobachtungen aus den verschiedensten Teilen Bay. aufschlußreiche Ber. lieferte und für das Kosmos-Lex. d. Naturw. (1953—1955) die orn. Sachbearbeitung übernahm. Eine feste Verwurzelung im Heimatboden, innere Berufung und die Kunst unauffälliger, taktvoller Menschenführung teilten ihm neben der reinen Inst.-Arbeit eine weitere Aufgabe zu: Er wurde, seit 1907 Mitglied, als der Generalsekretär die ruhende Mitte der Orn. Ges. Bay., der Bewahrer ihrer Blüte und der Wegbereiter für die Arbeitsfreude der ihm nachfolgenden Generation. Die Schriftl. der Verh. Bay., bzw. des Anz. Bay. lag bis 1962 in seinen geschickten Händen. In der DOG, der er seit 1911 angehörte, war er lange Jahre Beiratsmitglied. Er hatte wohl keinen Gegner oder gar Feind, aber viele verehrende Weggenossen und Freunde in der Fachwelt. Auch da, wo er wissensch. Spannungen nicht aus dem Wege gehen konnte, verstand seine stete Bereitschaft zum Ausgleich und zur Harmonie den Streitfragen Härte und Spitzen zu nehmen. Gestützt auf ein sicheres, breites Wissen, konnte er es sich obendrein leisten, auch zu schweigen. Hohe Wertschätzung genoß seine Persönlichkeit daher über die dt. Grenzen hinaus. Nicht nur der Ehrenvorstandschaft bei der Orn. Ges. Bay. und dem Naturw. Ver. für Schwaben in Augsb. durfte er sich erfreuen; europ. und außereurop. Gelehrte Gesellschaften ernannten ihn gleichfalls zum Ehren- oder Korr. Mitglied. Gewidmet sind seinem Andenken ferner einige Unterarten wie Halcyon chloris laubmanniana Grote, Alcedo meninting laubmanni Mathews = Alcedo meninting coltarti, Dryobates medius laubmanni Götz = Dendrocopos medius caucasicus, Alectoris rufa laubmanni v. Jordans = Alectoris rufa rufa. Seine private Samml. von etwa 6000 Vogelbälgen ging als Stiftung an die bayer. Staatssammlung.

— Lit.: Nachruf (von W. Wüst). Anz. Bay. 7, 1966, S. 654—665 (mit Verz. v. 172 Veröff.). - Bildnis in Orn. Mitt. 2, 1950, S. 204 u. Anz. Bay. 4, 1957, S. 475 (Festschr. z. 70. Geburtstag).

Lauzil, Karl, * 8. 1. 1872 Wien, † 10. 12. 1911 Kirchberg am Wagram (Niederösterreich). Als Sohn des 1879 von Wien nach Graz übergesiedelten Architekten und Direktors der Grazer Staatsgewerbeschule schloß L. das Studium der Pharmazie mit dem Magistergrad ab, um in der zweiten Heimatstadt (in der er auch die letzte Ruhestätte fand) den Beruf des Apothekers auszuüben. Nach seinen eigenen Worten gehörte er zur „großen Gemeinde, deren Evangelien die Werke Brehms und Naumanns, deren Prediger Liebe, Ruß, A. u. K. Müller heißen". Die gemütvollen Werte der Vogelhaltung waren ihm in früher Übung aufgegangen und trieben ihn nach der Jahrhundertwende zu einer Reihe von Veröff. Aus dem vollen schöpfte er, d. h. aus einer Fülle von Beob., die er im Umgang mit Liebhabern aller Stände (er nannte Gastwirte, Schuhmacher, Rentner, Realschulprofessoren und auch eine Postmeisterin) gesammelt hatte, als er kurz vor seinem Tode „Vogelliebhaberei u. Vogelhandel in Österreich" (Gef. W. 41, 1912) verständnisvoll behandelte. Was er aus eigenem Erleben „auf Fuß-, Rad- u. Bahnreisen" an Erinnerungen aus allen Teilen der Monarchie (Steiermark, Wien, Tirol, Kärnten, Ober- u. Niederösterreich, Salzburg, Adriaküste) bewahrte und mit Geist und Liebe nachdenkend überschaute, wurde unter seinen Händen ein kulturhistorisch reizvolles, aber auch im heutigen Österr. überholtes Bild. In ihm spiegelte sich das stille Leben von meist „kleinen Leuten", die ihre Freude am Singvogel hatten, weil „der nächste Weg zum Herzen durchs Ohr führt". Es gab zu seiner Zeit noch andere schreibgewandte Schilderer oder kenntnisreiche Praktiker dieser Welt, etwa M. Rendle und E. Heindl (s. d.). L. wurde in der Echtheit und Wahrheit seiner von Geltungsbedürfnis ungetrübten Gedanken und Worte durch keinen übertroffen. Es genügte aber auch ihm, Wegbereiter zu sein in die Vorhöfe der Orn., wo die einfache Hinneigung zum Vogel groß ist und der Drang zum autodidaktischen Forschen leicht geweckt wird. Die Erfahrung auf den Gebieten der Freilandbeobachtung und Vogelpflege ist von ihm ferner festgehalten in Arbeiten wie „Studie über d. Nachtigall" (Gef. W. 36, 1907), „Schneemeisen" (= Schwanzmeisen) (ebd. 39, 1910), „Einiges über d. rotrückigen Würger" (ebd. 39, 1910), „Von Sammetköpfchen u. meinen übrigen Vögeln" (ebd. 39, 1910), „Ammern" (ebd. 40, 1911), „D. Avif. d. Donau-Auen zwischen Tulln u. Krems" (Mitt. Vw. 11, 1911), „Etwas v. Wasserschmätzer" (Orn. Ms. 36, 1911), „D. Tannenhäher in d. österr. Alpen" (ebd. 37, 1912).

— Lit.: Nachruf (von K. Neunzig). Gef. W. 41, 1912, S. 31. - Akten d. Stadtarchivs Graz.

Leutemann, Gottlob Heinrich, * 8. 10. 1824 Leipzig-Großzschocher, † 14. 12. 1905 Wittgensdorf (Kr. Chemnitz). Von 1838 bis 1846 studierte er auf der Kunst-Akad. in Leipz.

und betätigte sich seit 1850 als Illustrator, Tiermaler und mit der Antike vertrauter Schriftsteller. Sein künstlerischer Werdegang ist vor allem mit dem Aufkommen der dt. Familienblätter (Gartenlaube, Über Land u. Meer, Buch d. Welt, Leipz. Illustrierte Ztg., Münch. Bilderbogen usw.) in der 2. Hälfte des 19. Jahrh. verbunden. Nur in bescheidenem Maße zool. Forscherdrang folgend, aber befreundet mit dem nüchternen K. Hagenbeck (s. d.), malte er mehr mit Herz und Gemüt und kam so durch ansprechende Holzschnitte und Aquarelle dem Geschmack damaliger Mittelschichten bereitwillig entgegen. Der schlichte Strahlenkranz der Volkstümlichkeit verlieh seinem Schaffen jedenfalls bemerkenswerte Breitenwirkung, mit der freilich die Verniedlichung und Vermenschlichung der Objekte verknüpft war. Phantasie und Eingebung fühlten sich weniger vom Einzeltier entfacht als von ganzen Tierszenen, wie sie in den Zool. Gärten und den großen Menagerien jener Zeit dem Künstlerauge begegneten. Von seinen überall beliebten Bilderbüchern, u. a. „Zehn Tiergeschichten mit Bildern f. kleine Knaben u. Mädchen" (1850), „12 Tierbilder" (1876), dürfte „Reineke Fuchs" (1855) mit 36 Stahlstichen das Hauptwerk gewesen sein. Mit den einprägsamen, gelegentlich etwas steifen Tiergestalten — Vögel waren viel und immer wieder vertreten — war er neben R. Kretschmer (s. d.) wegbereitender, aber keineswegs Schule machender Vorläufer der großen und größeren dt. Vogelmaler und Zeichner wie J. A. O. v. Riesenthal, A. Göring, G. Mützel, F. Specht, A. Specht, E. de Maes, B. Geisler, F. W. K. Kuhnert (s. d.). Im Alter, seit 1895, mußte er das schwere Schicksal der Erblindung tragen.

— Lit.: Biogr. Jb. u. Dt. Nekr. 10, 1905, S. 193/94 (mit weiteren Quellen). - Thieme-Becker, Künstler-Lex. 23, 1929, S. 147. - L. Heck, Heiterernste Lebensbeichte, Berl. 1938, S. 341/42.

Lichtenstein, Anton August Heinrich, Dr., * 25. 8. 1753 Helmstedt, † 16. 2. 1816 Helmstedt. Nach vielseitigem Studium (Orientalistik, Theol., Phil., Phys., Naturgesch.) war er seit 1775 Rektor der Stadtschule in Helmst., seit 1777 Konrektor am Johanneum in Hamb., seit 1782 dort Rektor und dazu Prof. der morgenländischen Sprachen am Akad. Gymnas., seit 1794 auch Bibliothekar an der Stadtbibliothek. Als das Ansehen des Gymnas. sank, ging er 1799 als ordentl. Prof. der Theol. und Abt zurück an die (1810 aufgehobene) Univ. seiner Vaterstadt. Zu den von ihm hinterlassenen Schriften zählen mehrere mit naturw. Inhalt. Am plastischsten trat sein Name in der Orn. hervor, als ihm die Abfassung eines Auktionskataloges übertragen wurde. Es war der „Catalogus rerum naturalium rarissimarum", der für die Systematiker des vorigen Jahrh. lange Seltenheitswert hatte. In die Gesch. der Vogelk. ging diese Liste ein als der Versuch einer Ordnung von etwa 500 aufmontierten exotischen Vögeln aus der Samml. des Holländers L. F. Holthuizen, die im Oktober 1793 nicht in des Besitzers Wohnsitz Amsterdam, sondern (wohl in Erwartung höherer Einnahmen) in Hamb. versteigert wurde. Die von Holthuizen käuflich erworbenen Stücke stammten z. T. von den Sandwich-Inseln, 47 aus Cayenne und 60 aus Südafrika. Obwohl L.s orn. Bemühung sich nur an der Oberfläche bewegt haben kann und er kaum Erfahrungen in der Artdiagnose besaß, machte er sich daran, 38 Spezies — darunter 17 aus Südafrika — in einer von Sachkunde meist nicht beschwerten Weise als neu zu beschreiben. Mehr als 150 Jahre blieb die Frage offen, wer der Besitzer der Samml. gewesen sei, und von wem er sie bezogen habe. Licht in das Dunkel brachten erst die kritischen Studien von W. Meise und E. Stresemann in den „Notes on South African Birds described in A. L.s Catalogus 1793" (Ibis 92, 1950). Die beiden Verf. untersuchten vor allem die Bearbeitungen, die L. den in Südafrika beheimateten Stücken gewidmet hatte, und regten die notwendig gewordene **Revision von falsch** gegebenen Namen an. Dem alten Hamb. Zoologen aber war es gelungen, das nomenkl. Wagnis auch mit nicht angreifbaren Erstbeschreibungen zu bestehen. Zu diesen Benennungen gehören Tetrapteryx paradisea (Paradieskranich), Dicrocercus hirundineus, Thripias namaquus, Dinopium benghalense, psarodes. Einige Bezeichnungen wurden 1958 durch die internat. Kommission für zool. Nomenkl. unterdrückt. Weiterer Klärung dienten die Arbeiten von W. Meise „Z. Deutung von A. L.s beschriebenen Vögeln aus Surinam u. d.

übrigen Guianas" (Ardea 38, 1950), „Über einige v. A. L. 1793 aus Ostindien beschriebene Vogelarten" (ebd. 38, 1950), „Pipus heteroclitus (A. L.), der erste Sandregenpfeifer aus Ghana" (Vwa. 21, 1961).

— Lit.: Naturforschung u. Naturlehre im alten Hamb., hrsg. v. d. Hamb. Staats- u. Univ.-Bibliothek, Hamb. 1928, S. 61/62. - E. Stresemann, Entw. d. Orn., 1951. - H. Weidner, Gesch. d. Entom. in Hamb., Abh. Hamb., N. F. 9, Suppl. 1967, S. 43—50.

Lipfert, Hermann Franz Otto, * 1864 Pößneck (Thüringen), † 3. 6. 1942 Perth (Australien). Wie Großvater und Vater war er Kürschner und Präparator. 1892 wanderte er nach Australien aus und trat im Februar 1894 in die Dienste des Westaustral. Mus. Als Sammler und Präparator wurde er hier einer der erfolgreichen Pioniere zool. Forschung. Allein die Liste der von ihm durchgeführten Exp. spricht für seine lange währende Tatfreude: 1894 Houtmans Abrolhos vor der Westküste, 1895 Distrikt Kojonup, 1897 Abrolhos zusammen mit R. Helms (s. d.), 1898 Abrolhos und Geraldton, 1908 Rottnest Island, 1910 Bernier und Dorre Islands, 1911 Küstenland zwischen Kap Naturaliste und Kap Leeuwin, 1920 Stirling Range, 1923 Sharks Bay, 1924 Lake Yanchep, 1930/31 Wiluna und Halls Creek (unter der Ausbeute allein 200 Vogelbälge), 1932 Distrikt Mogumber. Ein Mann der Feder war er nicht; er schrieb „A Visit to Bernier and Dorre Islands during August and September 1910" (Rec. West. Austral. Mus. and Art Gallery 1, 1912), „Notes on the Birds of Crawley, Perth, in the Early Nineties" (Emu 37, 1937). Ihm zu Ehren benannte G. M. Mathews 1943 Meliphaga virescens lipferti.

— Lit.: Würdigung (von H. M. Whittell). Emu 40, 1940, S. 118/19 (mit Bildnis). - Ders., The Literature of Austral. Birds, Perth 1954, Teil 2, S. 447.

Lorek, Christian Gottlieb, Dr., * 27. 6. 1788 Konitz (Westpreußen), † 29. 6. 1871 Königsberg (Ostpreußen). Als Sohn eines Rektors der Stadtschule Konitz studierte er in Königsb. seit 1804 Theol. und Philol. und unterrichtete bereits vor dem Examen an Königsb. Schulen. Nach der Promotion 1812 wurde ihm 1813 die Stelle des Konrektors an der Burgschule übertragen. Hier lagen die math. und naturk. Fächer neben den Zeichenstunden in den Händen des tätig strebenden Pädagogen, der 1835 zum Prorektor aufrückte und 1838 mit dem Professortitel ausgezeichnet wurde. 1850 zwang ihn ein Augenleiden, aus dem Amte zu scheiden. Weitere Kreise Ost- u. Westpreußens erfuhren durch ihn erste Unterweisungen in der Pflanzen- u. Tierkunde, weil er seiner Heimat 2 Werke schenkte: Die „Flora Prussica, Abb. sämtlicher bis jetzt aufgefundenen Pflanzen Preußens" (1826, 1837, 1848) und die „Fauna Prussica, Abb. d. Säugetiere, Vögel, Amphibien, Fische Preußens" (1834) mit von ihm selbst hergestellten Kupfern. Zu der nur in einem Band erschienenen „Fauna . . ." steuerte J. G. Bujack (s. d.) den Text bei unter dem Titel „Naturgeschichte d. höheren Tiere" (1837). Beide Berufsgenossen waren nicht Ornithologen im heutigen Wortsinne. Sie stehen daher im Schatten von F. Löffler (s. d.), dem Bahnbrecher der ostpr. Vogelforschung in der 1. Hälfte des 19. Jahrh. Und doch hatte auch L. in jener Frühzeit des Bemühens um die Formenkenntnis heimatlicher Vögel ein Verdienst, das von dem mit den modernen buchtechnischen und optischen Hilfsmitteln ausgerüsteten Feldornithologen des 20. Jahrh. wohl kaum noch recht gewürdigt wird. Was seine bescheidenen Bücher für lernbegierige Jugendliche bedeuten konnten, läßt sich den Worten entnehmen, die J. T. C. Ratzeburg (1801—1871) im „Forstwissensch. Schriftsteller-Lex." (1874, Fußnote S. 421) wählte: „L. . . . hat für mich große Bedeutung. Als ich in Neustadt anfing zu studieren und es an Naumann und an Sammlungen fehlte, mußte L.s Fauna Prussica . . . herhalten. Wenn auch viele Figuren Kopien sind, so sind doch auch Originale oder wenigstens im Königsb. Museo unter v. Baers Anleitung (s. auch dessen Autobiogr. p. 345) geänderte dabei, und, was die Hauptsache ist, sämtliche Wirbeltiere — also mehr als Naumann! — kosten höchstens 20 Thlr. Ein zweites Verdienst hat sich der sonst wenig bekannte L. durch seine ebenfalls wohlfeile Flora Prussica, die dem Anfänger gute Dienste leistet, erworben. Wie viel mehr verdankt ihm die Schule als dem Kammerrat Borkhausen u. A.".

— Lit.: F. Tischler, D. Vögel d. Prov. Ostpr., 1914, S. 8 - Ch. Krollmann, Altpreuß. Biogr. 1, 1941, S. 406/07 (mit älteren Quellen).

M

Mangelsdorff, Paul, * 8. 2. 1856 Graudenz, † 17. 10. 1939 Spremberg (Niederlausitz). Einem von ihm geschriebenen Aufs. „Aus d. Gefangenleben d. Vögel" (Orn. Ms. 5, 1880) ist zu entnehmen, daß er einmal das Schulinstitut Jenkau bei Danzig besuchte. Das ist der einzige Hinweis auf seine Jugend. Auch der ursprüngliche Beruf ist nicht bekannt. Anlagen und Wesenszüge dürften ihn an die Außenseite einer bürgerlichen Familie gedrängt haben. 1881 war er in Berlin-Pankow ansässig. Seit 1882 hielt er sich für 6 Jahre als Maler und naturk. Reisender in Brasilien auf. Hier beherrschte ihn die Leidenschaft, Vögel und Insekten zu sammeln (und wohl auch zu verkaufen?). Mit der Rückkehr nach Deutschl. 1889 öffnete sich ihm ein Beschäftigungsfeld im Kreise der Berliner Vogelliebhaber, am weitesten wahrscheinlich im Verein „Ornis". Auch mit Veröff. trat er in diesen Jahren hervor. In vielen Forts. brachte u. a. die Gef. W. (20, 1891; 21, 1892; 22, 1893) seine „Blicke auf d. Vogelleben d. Prov. Rio de Janeiro", die an einer Stelle, „wo Kultur und Natur sich in mannigfachem Wechsel berühren und durchsetzen", die Daseinsbedingungen in Freiheit und Gefangenschaft beleuchteten. Ein zweiter Beitr. galt dem „Sperlingsfalk" (ebd. 22, 1893). Um dieselbe Zeit erschien ein langer, aus gründlicher Erfahrung gewachsener Aufs. „Am Teiche auf d. Fazenda Sao-Manoelo" (Orn. Ms. 17, 1892). In die eingehende avif. Schilderung ist der einige Aufklärung gebende Satz eingeschlossen: „Auf der Fazenda S. Manoelo hatte ich während der letzten beiden Jahre mein Heim gehabt, hier erlebte ich den 13. Mai 1888, den folgenschweren Tag der Sklavenemanzipation, durch die kolossale Vermögen mit einem Schlage vernichtet wurden". Vielleicht verlor er durch dieses Ereignis auch die Voraussetzungen für weiteren Aufenthalt in der Ferne? Als letztes Zeugnis lit. Betätigung konnte die Arbeit „Bras. Farbenvögel" (Natur u. Haus 4, 1896) ermittelt werden. Auch hier stellte er sich als Beobachter mit geschulter biol. Veranlagung vor und verriet Gedanken, die an die heutige Verhaltensforschung heranrücken. Ein beigefügtes Aquarell — es sollte eine „Probe der Farbenpracht des Gefieders südamerik. Vögel" sein — entfaltete Züge zeichnerischer und künstlerischer Begabung des Verf. Von ihm gefertigte Schwarz-Weiß-Bilder enthielten u. a. Gef. W. sowie Natur u. Haus bis über die Jahrhundertwende hinweg. Der Autodidakt war gewiß nicht von wissensch. Ehrgeiz getrieben. Man darf aber aus den in gewandtem Unterhaltungsstil vorgetragenen Verlautbarungen auf eine enge Vertrautheit mit den exotischen Formen und deren Gesangsleistungen schließen. Bald nach 1900 war sein Wohnsitz Posen und noch vor dem 1. Weltkrieg Spremberg. Hier beschäftigte er sich als Besitzer einer Gastwirtschaft hauptsächlich mit der Entom. und der Malerei.

Martens, Friderich. Daten über Geburt, Tod, Lebensgang sind nicht bekannt. Er war in Hamburg Bader und hat sich nach eigenem Zeugnis auf einem Walfänger „als ein Schiffs-Barbierer brauchen lassen", d. h. er bekleidete auf dem Schiff die Stelle des Wundarztes. Offene, aufnahmefähige Sinne müssen ihm eigen gewesen sein, denn er hinterließ ein zu seiner Zeit viel beachtetes Buch unter dem Titel „Fr. Martens vom Hamburg Spitzbergische oder Groenlandische Reise Beschreibung gethan im Jahre 1671 ..." (Hamb. 1675). Neben den Fahrterlebnissen erfuhr die weite Natur Spitzbergens, das Land sowie das Tier- u. Pflanzenleben, eine anschauliche und sehr genaue Schilderung. (Die Pflanzen wurden von M.s Gönner, dem Hamb. Arzt und Botaniker Fogel, 1634—1675 bestimmt). Das Werk war lange wichtigste Quelle über die damalige Arktis, wegen des Walfangs vor allem für die seefahrenden Holländer, Engländer und Norweger. Die Bedeutung wird dadurch unterstrichen, daß bald nach 1675 ital., fläm., engl. und franz. Übers. erschienen. 1923 kam sogar noch ein Nachdruck heraus. Was der aufmerksame Verf. an den Sommervögeln, mit Sicherheit 15 Arten, Bemerkenswertes feststellte, ist auf den Seiten 51—72 ohne Umschweife und gelehrtes Beiwerk verständlich und glaubwürdig gesagt. Er darf daher als der früheste Berichterstatter über die Spitzbergenvögel und neben G. Marcgraf und G. E. Rumpf (s. d.) als einer der ersten dt. Überseeforscher bezeichnet werden. Über die Versuche späterer Zoologen, die von M. verwendeten dt. Vogelnamen zu deuten, unterrichtete O. le Roi (s. d.) in A. Koenigs (s. d.) „Avif. Spitzbergensis" (1911).

— Lit.: L. Oken, F. M. v. Hamb. Spitzberg.... Reisebeschr.... 1671, Isis 1818, S. 365—372. - Naturforschung u. Naturlehre im alten Hamb., hrsg. v. d. Hamb. Staats- u. Univ.-Bibliothek 1928, S. 34/35.

Martens, Gustav Heinrich, * 16. 9. 1842 Hamburg, † 2. 10 1912 Hamburg. Der Großkaufmann widmete mit sachkundigem Verständnis die Mußestunden sowohl der Kunst als auch den Naturw. Eine reichhaltige orn. Samml., die Frucht ausgedehnter, den jüngeren Jahren zugehörender Reisen, war ein deutlicher Nachweis für die starke Neigung zur Beschäftigung mit der Vogelwelt. Nachdem er 1890 die Samml. mit 787 Stücken dem Hamb. Zool. Mus. geschenkt hatte, richtete sich die schon vorher freiwillig geleistete Mitarbeit vornehmlich auf die system. Bestimmung und Ordnung der Mus.-Bestände. So erhielt ein Austernfischer, der schon 1873 an das Mus. J. C. Godeffroy (s. d.) aus Neuseeland geschickt worden war, von ihm den Namen Haematopus finschi (Orn. Mber. 5, 1897 u. 14, 1906). Einen besonderen Auftrieb empfing seine Freude am Forschen durch die von G. Th. Siemssen (s. d.) aus China (meist aus Fukien) nach Hamb. gelangten Vögel. Aus diesen Beständen beschrieb er eine „Neue Cinclus-Art aus Süd-China" als Cinclus siemsseni = Cinclus pallasii souliei (ebd. 11, 1903) und vor allem eine äußerst seltene kleine chinesische Ammer aus dem April 1905 als Emberiza siemsseni (ebd. 14, 1906), deren richtige system. Stellung bis in die Gegenwart erörtert wurde, zuletzt von Tso-Hsin Cheng u. E. Stresemann in J. Orn. 102, 1961. Eine Zusammenstellung von 466 für Fukien nachgewiesenen Formen (mit Angaben über das Vorkommen der einzelnen Arten und einem Verz. der reichen engl. Lit.) bedeutete seine „Ornis Fokiensis" (J. Orn. 58, 1910). Schließlich hinterließ er noch, hauptsächlich gestützt auf die Exp. von W. Michaelsen, „Ergebnisse d. Magalhaensischen Sammelreise 1892/93" (1900, Teil 5; 34 Seiten) mit einer Liste der bisher im antarktischen Gebiet beobachteten Vogelarten.

— Lit.: Jb. d. Hamb. Wissensch. Anstalten 30, 1912 (1913), Artikel v. K. Kraepelin betr. Naturh. (Zool.) Mus.

Martens, Karl Eduard von, Dr., * 18. 4. 1831 Stuttgart, † 14. 8. 1904 Berlin. Seinen wissensch. Aufstieg erlebte er — Sohn von G. M. von Martens (s. d.) — am Zool. Mus. von Berlin. Folgende Daten kennzeichnen die Laufbahn: 1855 als Student schon „Gehülfe" bei M. H. C. Lichtenstein (s. d.), 1856 Verwalter der Abt. für die Mollusken am Mus., 1873 Privatdozent, 1874 ao. Prof. für Zool., 1883 nach dem Tode von W. Peters (s. d.) als ältester Kustos interimistischer Leiter des Mus., 1887 seit dem Dienstantritt von K. A. Möbius (s. d.) 2. Direktor. Sein Feld war jahrzehntelang eindeutig die Mollusken-Forschung. Zweifel mögen daher berechtigt sein, ob er in der vorliegenden Samml. einen Platz beanspruchen kann. Nur in den jüngeren Jahren kam er in engere Berührung mit der Orn. Als Mitglied des Stabes der Preuß. Exp. nach Ostasien (1860—1863) weilte er im Mai 1861 in Manila, fand in der dortigen Militär-Bibliothek eine Samml. ausgestopfter Vögel und versuchte, sie zu bestimmen. Als Hilfsquellen dienten ihm die Nachr. früherer Besucher der Insel wie G. J. Camel, F. H. v. Kittlitz, F. J. F. Meyen, G. v. Frauenfeld (s. d.). Es spricht für den Ernst seiner Unters., daß ihn zoogeogr. Gesichtspunkte lenkten und er aus Mangel an einem Verz. philippinischer Vögel Ch. L. Bonapartes Conspectus generum avium und H. Schlegels (s. d.) handleiding tot de beoefening der dierkunde zu Rate zog sowie sich in zweifelhaften Fällen Notizen machte, die ihm eine „Revision der Bestimmungen im Berl. Mus. erlauben" sollten. Mit „vielfacher Unterstützung" von J. Cabanis (s. d.) verfaßte er dann nach der Rückkehr die „Zusammenstellung d. bekannten philippinischen Vögel" (J. Orn. 14, 1866). Außerdem stammen aus seiner Feder die „Vögel d. Bermuda-Inseln" (ebd. 7, 1859) und „Mammalia, Aves, Pisces d. Preuß. Exp. nach Ostasien" (Berl. 1876). Der Erwähnung wert mag noch sein, daß er 1862 in Ternate mit H. A. Bernstein (s. d.) zusammentraf, dem wissensch. Eifer des Landsmannes hohes Lob zollte und daher den Nachruf (J. Orn. 14, 1866) schrieb. Im J. Orn. und Orn. Cbl. findet sich sein Name noch als der des Übersetzers orn. Abh. aus dem Holl., Dän. und Engl.; dazu gehören H. Schlegels (s. d.) holl. geschriebene Arbeiten „Über einige ausgestorbene riesige Vögel v. d. maskarenischen Inseln...", „Bem. über d. Einfluß d. Wassers auf d.

Farben einiger Vögel...", „Bem. über d. Stellung d. Mausvögel-Colius in d. natürl. System..." (alle in J. Orn. 6, 1858). Gegen Ende des Jahrh. scheint er keine besonderen Beziehungen mehr zur Orn. gepflegt zu haben. Seit 1874 war er Mitglied der Leopoldina.

— Lit.: R. Kukula, Bibl. Jb. d. dt. Hochschulen 1892 (mit Verz. d. Veröff.). - Würdigung (von M. Meissner). Arch. Naturgesch., Beiheft 67, 1901, S. I—VIII (mit Bildnis u. Verz. d. Veröff.). - Flora Malesiana 1, 1950, S. 348/49. - E. Stresemann, Festschr. z. 150-Jahr-Feier d. Humboldt-Univ. Berl. 1960.

Mattuschka (Matuschka), Johann Graf von, † Januar 1804 Breslau. Den in der Vorstadt Dombreslau wohnenden Grafen und Domherrn von Breslau und Glogau bewegte etwa seit 1768 die Sammelfreude, der viele Naturliebhaber des 18. Jahrh. beträchtliche Opfer brachten. Da der ungestillten Wißbegierde Zügel und Lenkung fehlten, mußte er sich mit dem Stolz begnügen, das ansehnlichste Kabinett zu besitzen neben dem seines wissensch. wohl geschulteren Landsmannes S. A. v. Minckwitz (s. d.). Daß er 1781 von der Berliner Ges. naturf. Freunde zum auswärtigen Mitglied gewählt wurde, bedeutete für ihn zwar eine Ehrung, verringerte aber nicht die hohe Verschuldung, die die Leidenschaft im Gefolge hatte. Als er schließlich 1804 „einem plötzlichen Schlagfluß erlag", waren die Erben froh, daß — wie R. Heyder (s. u.) erst 1937 feststellte — der Magdeburger Großkaufmann J. G. Nathusius (1760—1835) 1806 wenigstens einen Teil der Schätze übernahm. Der Sammler verdient nicht, zu den Ornithologen gezählt zu werden; er sei aber genannt, weil einige der von ihm gestapelten schles. Stücke avif. Besonderheiten waren. Auf Grund des Schriftwechsels, den der Graf zwischen 1781 und 1804 mit der Berl. Ges. naturf. Freunde führte, konnte E. Stresemann (s. u.) 1958 nachweisen, daß das Kabinett, über dessen Verbleib F. Pax (s. d.) noch 1925 nichts zu ermitteln wußte, mehrere Seltenheiten (Karmingimpel, Bartmeise, Lasurmeise, Ohrenlerche, Rosenstar, Weißwangengans, Löffler) enthielt. Vielgenannt war darunter der 1785 von F. G. Endler (s. d.) bei Bresl. erbeutete Karmingimpel, der 1805 von J. F. Naumann für sein Vogelwerk in Bresl. gemalt und auch von P. R. Kollibay (s. d.) 1906 erwähnt wurde. Das Stück, das lange Zeit der einzige Beleg für Deutschl. blieb, kam auf dem Umweg über J. G. Nathusius 1821 in das Berl. Zool. Mus., wo es im Februar 1945 im Bombenhagel unterging.

— Lit.: R. Heyder, D. einstige Vorkommen d. Karmingimpels, Carpodacus erythrinus (Pall.), in Schles. u. Sachs., Mitt. Sachs. 5, 1937, S. 188 bis 194. - E. Stresemann u. P. Thomsen, J. F. Naumanns Briefwechsel mit H. Lichtenstein 1818 bis 1856, Acta Hist. Scient. Natur. et Med. 11, Kopenhagen 1954. - E. Stresemann, D. Naturalienkabinett d. Grafen J. v. M. u. seine schles. Raritäten, B. z. Vk. 5, 1958, S. 241—247.

Mechow, Friedrich Wilhelm Alexander von, * 9. 12. 1831 Lauban (Schlesien). Im Kadettenkorps erzogen, nahm er an den Kriegen 1866 und 1870/71 teil und schied als Major aus dem aktiven Dienst aus. Die kolonialen Bestrebungen des neu erstandenen Dt. Reiches reizten seinen Tatendrang, so daß er schon 1873—1875 Mitglied der ersten dt. Loango-Exp. unter dem Afrikareisenden Paul Güßfeldt war. Von 1880—1882 ging er im Auftrag der Dt. Afrik. Gesellschaft wiederum nach Westafrika und kämpfte sich von Malange aus bis zum Mittellauf des Kuango durch. Die Hoffnung, den Kongo zu erreichen, erfüllte sich ebenso wenig wie O. Schütts (s. d.) Traum 1877—1879. Die Ergebnisse der schweren Unternehmen legte er im Kartenwerk zu seiner Kuango-Exp. (Verh. d. Ges. f. Erdk., Berlin 1882) nieder. Über seinen weiteren Lebensweg ist kaum etwas bekannt. Kürschners Dt. Lit.-Kal. 11, 1889 verzeichnete Berl. als Wohnsitz; der Band 12, 1890 enthält den Namen nicht mehr. Neben kartogr. Pflichten vernachlässigte M. — im Stile damaliger Pioniere — auch nicht das naturw. Sammeln. Die Ausbeute erreichte Anfang 1882 das Berl. Zool. Mus. und bedeutete nach A. Reichenow (s. d.) („Vögel Afrikas" 1, 1900/01, S. XXIV) eine bedeutende Bereicherung der Kenntnis der angolesischen Fauna vor allem aus der Gegend bei Malange, wo O. Schütt schon seine Jagdgründe hatte. J. Cabanis (s. d.) besprach in J. Orn. 30, 1882 u. 32, 1884 des Reisenden orn. Sendungen und benannte ihm zu Ehren einen Widavogel Urobrachia mechowi Cabanis 1881 = Coliuspasser axillaris bocagei (Sharpe) 1871, den Singsperber Melierax mechowi Cabanis 1882 = Melierax metabates mechowi Cabanis, und die Kuckucksart Cercococcyx mechowi Cabanis 1882 = Cercococcyx mechowi Cabanis.

— Lit.: Fr. Embacher, Lex. d. Reisen u. Entdeckungen, Leipz. 1882; Nachdruck Amsterdam 1961, S. 205 u. 321. - Biogr. Col. Belge 2, 1951, Sp. 683—686.

Mehlis, Karl Friedrich Eduard, Dr., * 3. 6. 1796 Clausthal (Harz), † 9. 7. 1832 Clausthal. Der Sohn eines Med.-Rates und Bergmedicus studierte Med. in Göttingen und wurde Bergphysicus und Lehrer an der Berg- u. Forstschule seiner Heimatstadt. Die zu seiner Epoche gehörende Sammelleidenschaft machte ihn zum Gründer und tätigen Förderer des Naturalienkabinetts der Anstalt. Die vogelk. Kenntnis stützte sich anfangs hauptsächlich auf die Stücke, die, am Vogelherd oder mit Leimruten gefangen, ihm die Mitbürger aushändigten. Die Lücken des Wissens aber schlossen sich bald durch die geistige Verbindung, die er mit vielen Gleichgestimmten in Europa pflegte. Die Auffüllung und Ordnung des Kabinetts stärkte dann sein Formenverständnis so, daß er J. F. Naumann manch wertvolles Material für dessen „Naturgeschichte ...“ vermitteln konnte. Umgekehrt ließ er nicht zweifelsfreie Arten, die ihm aus Nord und Süd zugingen, durch den Freund begutachten. Naumann wußte sein Urteil mit Dank zu schätzen. Was M. dem Meister seit 1826 schrieb, hatte Hand und Fuß und verriet den taxonomisch geschulten Blick. Als zu seiner Zeit sehr bekannter Mediziner war er Teilnehmer an der 9. Versammlung der Naturf. und Ärzte zu Hamburg 1830; dem mit der Reise verbundenen vierzehntägigen Aufenthalt in Helgoland folgten ein bemerkenswerter Brief v. 19. 10. 1831 und später einige auffallende, auf der Insel erbeutete oder gekaufte Bälge an J. F. Naumann. Mit diesen Sendungen — das ist sein besonderes Verdienst — lenkte er zum ersten Mal Naumanns Aufmerksamkeit auf den „elenden Felsen“, der erst 1837 H. Gätkes (s. d.) Wohnort wurde. Es kennzeichnet ferner die kritisch eingestellte, anatomisch untermauerte Denkrichtung des Arztes, daß ihm das Verständnis für Ch. L. Brehms (s. d.) naive Freude an der Entdeckung immer neuer „Subspezies“ fehlte. Mit Erfolg warnte er daher — neben C. W. L. Gloger, J. H. Blasius, P. v. Wöldicke (s. d.) — den Freund in Ziebigk vor den subtilen Methoden, mit denen der Renthendorfer Pfarrer die wunderlich unwissenschaftliche Artenspaltung betrieb. Ein Brief v. 25. 2. 1832 zeigt die eindeutige Haltung: „Ich habe leider Gelegenheit zu der Bemerkung gehabt, wie Brehm manchmal nach einzelnen und selbst nach schadhaften Stücken neue Arten macht. Sein neues Handbuch, das ich besitze, ist ein monstrum horribile aspectu, wenn schon von gewisser Seite schätzens- u. beachtenswert.“

— Lit.: Neuer Nekr. d. Deutschen 10, 1832, S. 193. - A. Hirsch, Biogr. Lex. hervorragender Ärzte 4, 1886, S. 193. - E. Stresemann, Z. Vogelw. d. Harzes, B. Nieders. 6, 1953, S. 80/81. - Ders., J. F. Naumanns Briefwechsel mit H. Lichtenstein 1818—1856, Acta Hist. scient. Natural. et Med. 2, Kopenhagen 1954, 74 Seiten. - Ders., Vor- u. Frühgeschichte d. Vogelforschung auf Helgoland, J. Orn. 108, 1967, S. 377—429. - P. Thomsen u. E. Stresemann, Naumann-Biogr., Leipz. 1957. - Arch. d. Naumann-Mus. in Köthen.

Meyen, Franz Johann Friedrich (oder Franz Julius Ferdinand), Dr. Dr. h. c., * 28. 6. 1804 Tilsit, † 2. 9. 1840 Berlin. Seit früher Jugend den Naturw., besonders der Botan. zugeneigt, promovierte er 1826 in Berl. zum Dr. med. und wurde durch Empfehlung von A. v. Humboldt Schiffsarzt auf dem preuß. Segelschiff Luise während einer Reise um die Erde 1830—1832. Zu seinen Aufgaben gehörte nicht zuletzt die Samml. von Naturalien aus allen Fachbereichen. Wenn er es auch verstand, besonders in den Anden von Chile zu forschen und die damals noch geringe Kenntnis der Flora und Fauna sowie der Vulkane jenes Gebietes zu fördern, so wurden doch die Entdeckerfreude und die Sammelleidenschaft nur mäßig befriedigt. Über den Verzicht, der ihm durch die Ungunst der Verhältnisse auferlegt war, schreibt er selbst: „Die Ausbeute an Vögeln hätte außerordentlich groß sein können, wenn uns die nötige Hilfe zum Präparieren derselben nicht gänzlich gefehlt hätte. Wir hatten das Glück, einige Länder zu besuchen, die bisher wenig oder gar nicht bekannt waren, und die Menge der Vögel, welche wir daselbst antrafen, war unbeschreiblich groß. Die nördl. Prov. von Chile und die Hochebenen von Peru hätten Hunderte von Arten geliefert, die unseren Samml. zur Zierde gereicht hätten;

... Alle unsere Reisen zu Lande mußten wir in größter Schnelligkeit ausführen ...; daher auch nur selten so viel Zeit übrig blieb, daß am Abend noch einige Vögel abgezogen werden konnten. Die schönsten Tiere wurden den Tag über geschossen, und des Abends mußten sie wieder fortgeworfen werden, wenn, wie gewöhnlich, keine Zeit mehr zum Präparieren übrig blieb. In anderen Gegenden, wie auf der Insel Manila, zogen Tausende und Hunderttausende von Ameisen, Kakerlaken, Eidechsen und anderem Gesindel herbei, und in Zeit von einigen Stunden waren Vögel zerfressen, die wir sicher verwahrt zu haben glaubten ... Fast gibt es auf Manila kein Mittel, um die erlegten Tiere zu schützen". Gleich nach der Rückkehr machte er sich daran, der Nachwelt seine Beob. zu überliefern. Sie sind als „Beitr. z. Zool. ..." abgedruckt im 3. Teil der vierbändigen „Reise um d. Erde" (Berl. 1834/35 und in Leopoldina 16, 1834). Der die Orn. behandelnde Abschnitt enthält die Beschr. von etwa 70, zum größten Teil dem Berl. Mus. übergebenen Bälgen. Beigefügt sind 21 Steindrucktafeln mit ganz vorzüglichen, handkolorierten Illustrationen von C. L. Müller. Der Text gewann an Wert dadurch, daß der Verf. die eigenen Wahrnehmungen verglich mit den Feststellungen, die anderen vor ihm oder gleichzeitig gelangen. Mag das Sammelergebnis der Zahl nach nicht bedeutend gewesen sein, so war es doch ein positiver Beitr. zur Erforschung der Vogelwelt von Chile (hier Biol. des Kondors), Peru, der Küste Chinas (hier Vogelzug) und von Manila. Die aus dem Jahre 1831 stammenden Aufz. von Luzón erfuhren erst durch E. v. Martens (s. d.) eine hist. Quellenauswertung in der „Zusammenstellung d. bekannten philippinischen Vögel" (J. Orn. 14, 1866). Auf Grund der zool. und ethnogr. Nachr. wurde M. 1834 ao. Prof. d. Botan. in Berl., nachdem ihn vorher die Univ. Bonn mit dem Grad des Dr. h. c. ausgezeichnet hatte und er seit 1828 Mitglied der Leopoldina war. In den wenigen ihm noch vergönnten Jahren verbanden sich mit seinem Namen vornehmlich anatom., pathol. und physiol. Arbeiten aus dem Gebiete der Botanik.

— Lit.: Nachruf (von J. T. C. Ratzeburg). Leopoldina 19, 1843. - Ders., Forstwissensch. Schriftsteller-Lex., 1874, S. 352—356. - Allg. Dt. Biogr. 21, 1885, S. 549—553. - Flora Malesiana 1, 1950, S. 358.

Miczyński, Kazimierz, Dr., * 24. 8. 1899 Nowy Sącz, † 23. 9. 1956 Krakau. Als Sohn des Genetikers K. M. (3. 3. 1868—23. 7. 1918), der von 1911—1918 Direktor der Landw. Akad. in Dublan war, leitete er bis 1938 in Dublan die Anstalt für Pflanzenzucht des Polytechnikums von Lemberg. Zuletzt war er Inhaber des Lehrstuhls für Pflanzen- u. Saatzucht an der Landw. Hochschule Krakau. Die poln. und ausländische Presse brachte seit 1922 aus seiner Feder 72 Arbeiten, die in der Mehrzahl den Problemen der Pflanzenanatomie und der Genetik galten. Daneben hatte er von Jugend an starke feldorn. Neigungen, die in 12 der Avif., den Zugerscheinungen und der Vogelstimmenanalyse gewidmeten Veröff. bezeugt sind. Genannt seien: „Abnahme oder Zunahme d. Störche im westl. Kleinpolen?" (Czas. przyr. illustr. Lódź 8, 1934, poln.), „Beob. über Ankunft u. Abzug d. Vögel in Dublany u. Umgeb." (Zool. Polon. Lwow 1, 1936, poln.), „Grammophonplatten mit Vogelstimmen, mit Rezension v. Heinroths Gef. Meistersänger" (Wszechświat, Wilna 1937, poln.), „D. Wacholderdrossel als Gartenschädling" (Dt. Vw. 63, 1936), „D. Türkentaube - Str. decaocto eine f. Polen neue Taubenart" (Chrońmy przyr. ojcz. Krakau 6, 1950, poln.), „La tourterelle turque-Str. decaocto une espèce nouvelle pour la Pologne"(Acta orn. Mus. zool. pol., Warschau 4, 1951), „D. Bergfink b. Krakau" (Prońmy przyr. o jcz., Krakau 12, 1956, poln.). Posthum erschienen „Orn. Notizen aus d. Ostkarpaten" (Acta orn. 5, 1960, poln.), „D. Vogelwelt v. Dublany" (ebd. 6, 1962, poln.).

— Lit.: St. Feliksiak, Über d. zool. Schriften v. Prof. K. M., Acta orn. 5, 1960, S. 328—332 (poln.). - Ders., Poln. Ornithologen u. d. Biogr. d. „Orn. Mitteleuropas" (poln.), Przeglad Zool. 12, 3, 1968, S. 268.

Minnigerode, Ludwig Freiherr von, * 21. 3. 1817 Bockelnhagen (Kr. Worbis), † 17. 10. 1892 Bockelnhagen. Ein „in der Stille der Abgeschiedenheit verflossenes Leben" führend, war er „um die Vogelkunde hochverdienter Beobachter" und „über alle Zweifel erhabener" Sachkenner. Dieses ganz offenbar von voreingenommen wohlwollender Freundeshand gezeichnete Persönlichkeitsbild ist überliefert durch die „Notizen d. Freiherrn L. v. M. z. B. (Südharz) über d. v. ihm gefangen gehaltenen u. über d. in d. Umgegend v. B. vorkommenden Vögel, umfassend d. Jahre 1840—1893". Sie sind aus den nachgelassenen Schriften des Barons von dem Magdeburger Prof. Dr. L. Blath in Jber. u. Abh. d. Naturw. Ver. z. Magdeb. 1898—1900 zusammengestellt. Nach der vorliegenden Fassung soll v. M. ein durch A. E. Brehm (s. d.) stark beeinflußter Vogelpfleger und bis ins Alter rühriger Feldbeobachter gewesen sein, der als Besitzer einer Fachbibliothek und Leser der periodischen Literatur auch die orn. Zeit- u. Streitfragen kannte, aber in „fast übermäßiger Bescheidenheit" von seinem Wissen keinen Gebrauch machte. In der Fachliteratur liegt tatsächlich nur eine kurze Notiz vor: „Sula bassana in Hannover gefangen" (J. Orn. 19, 1871). Die im Todesjahr niedergeschriebenen Aufz. enthalten nicht nur eine topogr. Beschr. der Landschaft und eine Schilderung des Verhältnisses der Bevölkerung zur heimischen Ornis, sondern auch einen avif. Versuch für die Vorberge des Südharzes. Die Liste, die 1900 im Besitze der Tochter des Barons, „der verwitweten Frau Inspektor Heidecke zu Bockelnhagen" war, hat indes so schwache Aussagekraft, daß sie auch wohlmeinend kritischer Beleuchtung kaum standhalten kann.

Mirbach-Geldern-Egmont, Alfons Graf von, * 3. 6. 1872 München, † 20. 4. 1964 Roggenburg (Kr. Neu-Ulm). Mit 18 Jahren schon griff er zur Feder. In „Ornithologisches aus Bay." (Orn. Jb. 1, 1890) nannte er 121 ihm von seinem Wohnsitz Schloß Roggenb. bekannte Arten und schrieb dazu: „Seit etwa 10 Jahren habe ich mich als leidenschaftlicher Freund der Orn. mit dem Beobachten der Vögel Bayerns beschäftigt... Da meines Wissens Ber. aus Bay. ziemlich fehlen und ich das Bewußtsein größter Gewissenhaftigkeit habe, nehme ich keinen Anstand, das Nachstehende als eine bescheidene Erstlingsarbeit der Öffentlichkeit zu übergeben." Kurz darauf folgten „Versuch einer Lokalavifauna Roggenb. u. seiner nächsten Umgeb." (Orn. Ms. 15, 1890) und „Orn. Jber. v. Roggenb. mit einigen aus anderen südbayer. Orten" (ebd. 16, 1891). 1895 wurde er bereits Mitglied der DOG, der er bis zum Tode ohne Unterbrechung angehörte. Ebenso selbstverständlich war der Beitritt zur Orn. Ges. Bay. im Gründungsjahr 1897. Bis über die Jahrhundertwende hinweg erschienen einige von ihm stammende kurze Nachr. aus der engeren Heimat. Aber auch als sein Name nicht mehr in der Liste orn. Autoren auftauchte, blieb er in der Stille tätiger Förderer der bayer. Vogelk.; und die Ernennung zum Ehrenmitglied der bayer. Gesellschaft 1954 zeugte von der ihm entgegengebrachten Wertschätzung. Dem erblichen Reichsrat der Krone Bayerns, königl. Kämmerer und kaiserl. Legationsrat war es beschieden, ein biblisches Alter zu erreichen. In den Vorstellungen des ausgehenden 19. Jahrh. wurzelnd, konnte er eine lange und umwälzende Entwicklung der politischen und gesellschaftlichen Struktur Europas begleiten und dabei dem Gestaltwandel tapfer begegnen, ohne sich selbst aufzugeben. Die Treue, mit der er über die Generationen hinaus die Fortschritte der Vogelforschung rege verfolgte, mag von späteren Geschlechtern vielleicht als belanglose Randerscheinung gewertet werden; doch war sie mehr: ein beispielhafter Zug in seinem Persönlichkeitsbild.

— Lit.: Nachruf (von W. Wüst). Anz. Bay. 7, 1964, S. 231/32.

Möschler, Heinrich Benno, * 28. 10. 1831 Herrnhut (Sachsen), † 21. 11. 1888 Kronförstchen (Kr. Bautzen). Als Sohn von Heinrich Ferdinand M. (s. d.) war er nach dem Besuch der Brüderschule von Herrnhut und Niesky für den kaufmännischen Beruf bestimmt. Da ihm die Sitzarbeit am Schreibtisch nicht zusagte, wechselte er 1847 zur Landwirtschaft über und bewährte sich mit großem Erfolg auch in dieser Tätigkeit. 1860 ließ er sich auf dem neu erworbenen Gut Kronförstchen bei Klein-Welka nieder. In verstärktem Maße wirkten vom Vater ererbte Tierliebe und geschäftlich überlagerte Sammlerneigung lebensgestaltend auf ihn ein. Er wurde nicht nur ein zu seiner Zeit maßgeblicher, mit 16 Jahren schon lit. hervortretender Kenner der Lausitzer und außereurop. Schmetterlinge, sondern auch ganz bedeutender Naturalienhändler, dessen Name weithin ausstrahlte. Seinem Forschungsdrang und seiner kaufmännischen Betriebsamkeit kam wieder die nebenberufliche Verbindung mit den Herrnhuter Kolonien in aller Welt zugute. Was der Vater im Dienste der Orn. leistete, entfaltete er auf dem Gebiete der Entom. Wenn auch nicht eigentlicher Ornithologe, soll er doch hier genannt werden: Einmal führte die vom Vater übernommene Geschäftsverbindung vor allem mit F. W. Rückbeil (s. d.) zu umfangreichen orn. Lieferungen aus der (von 1765 bis 1892 bestehenden) Herrnhuter Niederlassung in Sarepta, und sein Name findet sich daher auf den Etiketten so mancher Bälge in europ. Mus.; zum andern stammen nach R. Heyder (D. Vögel d. Landes Sachs., 1952) von ihm die ersten Nachr. über das Auftreten des Girlitz 1842 und 1843 bei Herrnhut. Nach seinem frühen Tod endete die Mittlerrolle der Familie M. zwischen den gegensätzlichen Welten der Wissensch. und des Handels.

— Lit.: Nachruf (von O. Staudinger). Stett. Entom. Ztg. 50, 1889, S. 133—137. - Nachruf (von Christoph). Berl. Entom. Zeitschr. 33, 1889, S. 193—196. - Biogr. (von F. Moeschler) 1953, im Besitz von Götz M., Reutlingen.

Möschler (Moeschler), Heinrich Ferdinand, * 12. 6. 1800 Herrnhut (Sachsen), † 20. 1. 1885 Herrnhut. Aus pietistischem Hause stammend, war er hochangesehener Beamter und Prokurist einer Herrnhuter Großhandlung. Obwohl in seinen Grundanschauungen noch überwiegend in patriarchalischen Anschauungen der Vergangenheit lebend, beseelte ihn doch ein neuer merkantilistischer Geist. So erbrachten ihm ungewöhnliche Arbeitskraft und kaufmännisches Geschick eine wachsend günstige Vermögenslage und machten ihn zur unabhängigen Persönlichkeit. Wie in allen seinen anderen Unternehmungen wußte er auch in den Mußestunden das Angenehme mit dem Nützlichen zu verbinden. Frühe Freude an der Naturbeobachtung und am Eiersammeln entwickelte sich daher seit den 30er Jahren unter seinen Händen wie von selbst zu regelrechtem privatem Naturalienhandel und damit zum höchst einträglichen Nebenberuf. Der Übergang von der Liebhaberei zum Geschäft wurde ihm erleichtert, weil er das Glück hatte, sich auf die Mitwirkung Herrnhuter Missionare stützen zu können. In erheblichem Umfange belieferten sie ihn mit Eiern und Vogelbälgen aus Grönland, Labrador, Surinam oder Sarepta (Südrußland). Noch in den letzten Jahren, 1874 bis 1881, als sein Beschäftigungsdrang bereits nachgelassen hatte, sammelten für ihn 22 Missionare oder Missionskaufleute; unter ihnen war F. W. Rückbeil (s. d.). Außerhalb der Brüdergemeinkreise hatte er Stützpunkte durch C. G. Henke (s. d.) in Astrachan und Th. J. Krüper (s. d.) in Südosteuropa. Den lebhaftesten Geschäftsverkehr pflegte er mit R. Tancré (s. d.), in geringerem Maße mit W. Schlüter, M. Sintenis, E. Rey, den Brüdern Tobias, O. L. v. Krieger (s. d.). Auf der Liste seiner Abnehmer standen außer Engländern, Franzosen, Italienern u. a. J. H. Blasius, F. W. Hollandt, die beiden Homeyer, R. König v. u. z. Warthausen, F. Kutter, A. B. Meyer, W. v. Nathusius, A. Nehring, E. Graf v. Roedern und viele europ. Mus. wie Berl. (mit Etiketten aus den Jahren 1840—1875), Hamb., Dresd., Braunschw., Stuttg., Königsb., Hildesheim, Kolmar, Wien, Paris, Mailand, Zürich, Kopenhagen. Zu vogelk. Veröff. fühlte er sich nicht berufen, wie er sich überhaupt von jeder Verzettelung fernzuhalten bemühte. Sein Name erscheint nur in Naum. 3, 1853 im Zusammenhang mit Ber., die er ohne Zweifel von F. W. Rückbeil aus Sarepta erhalten hatte. Man mag ihn nicht zu den Ornithologen rechnen; trotzdem hat er durch seinen Handel ohne Zweifel zur besseren Kenntnis der Avif. vieler Länder nicht unwesentliche Beitr. geliefert. Lautere Hinneigung zu den Objekten und nüchtern rechnender, der Wissensch. nur nebenberuflich dienender Erwerbssinn stellen ihn wohl auf dieselbe Rangstufe wie etwa seinen jüngeren, kaufmännisch ebenso gewiegten und für die Forschung aufgeschlossenen Zeitgenossen R. Tancré.

— Lit.: Biogr. (von seinem Enkel Felix Moeschler). 1953, im Besitz d. Arch. d. DO-G, Berlin.

Mosch, Carl Friedrich, Dr., * 6. 1. 1784 Hainichen (Sachsen), † 2. 12. 1859 Herischdorf bei Warmbrunn (Riesengebirge). Der Sohn eines Stadtschreibers vertauschte das Studium der Theol. mit dem der Naturw. und durchwanderte offenen Blicks und mit starker zeichnerischer Begabung die heimische Landschaft. Nach der Ausbildung war er an verschiedenen Orten kurz Lehrer, länger in Dresden und zuletzt Prof. in Liegnitz, von wo er sich 1835 nach Herischdorf in den Ruhestand zurückzog. Seiner Feder entstammen vielerlei Veröff. im

Sinne seiner Zeit. Sie beschäftigten sich besonders mit Heimatkunde, Bergbau und Vorgeschichte. Einer Topographie des Königreichs Sachsen (1816, 1818) verleibte er auch Angaben über 256 Vogelarten ein. Obwohl das Werk nur einige Teile des Landes berücksichtigte und unvollständig blieb, ist in den Unternehmungen des mit der Vogelwelt wohl vertrauten Verfassers doch das Streben nach einer Art Landesornis zu verspüren. Daher sei ihm ein bescheidener Platz hier eingeräumt.

Moser, Christoph Ferdinand, * 13. 7. 1759 Lorch (Kr. Ulm), † 31. 8. 1800 Herbrechtingen über Heidenheim. Als Sohn eines Geistlichen war er nach dem Studium in Tübingen Pfarrer in Lorch, Wippingen und Herbr. Reiches Gefühlsleben machte ihn, den ersten Jugendfreund Friedrich Schillers, zum eifrigen Tauben-, Bienen- u. Obstbaumzüchter. Gestützt u. a. auf „Herrn von Buffons Naturgesch. d. Vögel" (1770), hat er als Vertreter einer Richtung der angewandten Vogelk. das Verdienst, das erste Taubenbuch geschrieben zu haben. Es hatte den Titel „Nützliches u. vollständiges Taubenbuch oder genauer Unterricht von der Tauben Natur, ..." (Ulm 1790). Selbständigkeit des Denkens verriet er durch das Bemühen, bei der Ordnung des noch brachliegenden Stoffgebietes möglichst eigene Erfahrungen zu verwerten. So wußte er — lange vor O. Heinroth (s. d.) —, daß angepaarte Tauber zuweilen auch eine fremde Täubin treten. Genannt sei er hier, weil er auch über die Fähigkeit zur Beob. des Verhaltens solcher einheimischer Vogelarten verfügte, für die der Taubenpfleger nicht immer sachlich gelenkten Blick hat. Die Biol. (zumal die Jagdweise) von Habicht, Sperberweibchen, Kolkrabe und Eulen erfuhr durch den Pfarrherrn eine vorurteilsfreie Beleuchtung, die damals — man denke in die Allgewalt des Aberglaubens — noch keine Selbstverständlichkeit war. Kein Geringerer als Ch. L. Brehm (s. d.) griff daher auf Angaben dieses Buches zurück, als er seine „Naturgesch. u. Zucht d. Tauben" (Weimar 1857) veröffentlichte.

— Lit.: Lebensgang in J. Hartmann, Schillers Jugendfreunde, 1904, S. 11—16. - Würdigung (von W. K. G. Möbes). Börsenbl. f. d. Dt. Buchhandel, Frankf. Ausg. 15, 1959, S. 1020.

Mühlig, Johann Gottfried Gottlieb, * 29. 1. 1812 Kalbsrieth bei Allstedt (Sachsen-Weimar), † 12. 4. 1884 Frankfurt (Main). Mit soliden, an der Unstrut unter freiem Himmel erworbenen vogelk. Kenntnissen wurde er um 1860 als Inspektor der Gartenbaugesellschaft in Frankf. ansässig. Der „unwiderstehliche Drang nach Aufklärung über das Leben der Vögel" begleitete ihn nach dem neuen Wohnsitz, und als Zeugnis der damit verbundenen Sammelfreude konnte das Senck. Mus. 1875 von ihm eine Eier- u. Vogelsamml. (darunter 700 Gelege von 160 Arten) in Empfang nehmen. Zu dem aus der täglichen Praxis erwachsenen Wissen gesellte sich außerdem nachwirkende Belesenheit. Wiederholt machte er davon Gebrauch in Vorträgen vor dem Landwirtschaftlichen Ver. zu Frankf. Seine Erfahrungen sind niedergelegt in Veröff. wie „Schädlichkeit d. Saatkrähe" (Zool. G. 6, 1865), „Sittengemälde d. Vögel", mit 67 Arten (ebd. 15, 1874), „Welche Säugetiere u. Vögel sind in d. Landw.... schädlich oder nützlich?", mit 153 Vögeln (Mannheim 1875). Die Themen spiegeln Fragen wider, die seine Zeit in vielfältiger Abwandlung beschäftigten. In der Tat aber findet sich neben kritischen, zurückhaltend abwägenden Antworten der engere Rahmen sachkundig gesprengt durch Angaben über Verbreitung und Auftreten einiger Arten (z. B. über das Stärkeverhältnis zwischen Saat- u. Rabenkrähe in der Mainebene und in der Wetterau), die dem aufmerksamen Leser auch heute noch aufschlußreiches avif. Vergleichsmaterial bieten. Die Verlautbarungen lassen trotzdem unschwer erkennen, daß der Verf. nicht über örtliche Geltung hinausstrebte. Neben dem bescheidenen lit. Erbe des bekannteren, etwa gleichalterigen Freundes C. Jäger (s. d.) und der mehr in die Breite wirkenden schriftstellerischen Betriebsamkeit der Zeitgenossen A. und K. Müller (s. d.) trat M.s orn. Rolle unverkennbar in den Hintergrund; sein Name wird daher heute auch in Hessen kaum noch genannt. Weitergesteckten Ruf dürfte er in der Entom. erworben haben, der er sich besonders seit 1846 verschrieben hatte. Hierher gehörige Arbeiten aus seiner Feder erschienen u. a. in der Vierteljahrsschr. d. Naturw. Ges. Zürich und in der Stett. Entom. Ztg. Seine Schmetterlingsamml. soll nach Freiburg gekommen sein.

Mühlmann, Karl-Heinz, * 23. 8. 1906 Magdeburg, † 19. 1. 1943 Polen. Das Leben soll ihm, wenn auch in unwesentlichen Zusammenhängen, manche Enttäuschung bereitet haben, an der er nicht leicht trug. Aus einer Eisenwarenhandlung stammend, war er einer der treibenden jungen Kräfte bei der 1923 erfolgten Gründung des Magdeb. Schülervereins, aus dem sich 1925 die Orn. Vereinigung Magdeb. entwickelte. Sein Einsatzwille zeigte sich nicht nur auf den orn. Exk. in den Elbniederungen, sondern auch bei der Zusammenstellung der vereinseigenen Mitt. Sie erschienen 1927 zunächst hektographiert und seit 1932 gedruckt. Der Heimatkunde dienend, enthielten die Blätter viele kleine Beitr. aus M. s Feder. Einer der ersten Aufs. war „D. Verbreitung v. Otis tarda u. Ciconia ciconia in d. Umgeb. Magdeb." (1927). Als bald Reibungen unter den Mitgliedern entstanden, erlahmte die anfängliche Arbeitsfreude. Von E. Sperling (s. d.) abgelöst, legte er schließlich die Schriftleitung nieder und mied fürderhin den seitherigen Kreis. Für die Sache selbst blieb sein Verständnis jedoch wach, so daß er sich trotz häufiger Behinderung — er hatte nach der Lehre in der Heimatstadt seit 1927 kaufmännische Stellungen in Hamburg inne — der Mitwirkung bei der Vogelwarte Helgoland weiterhin verpflichtet fühlte. R. Drost nahm ihn daher 1928 als sehr geschätzten, zuverlässigen Begleiter und Helfer mit nach der Schlangeninsel im Schwarzen Meer (vgl. R. Drost, „Über d. Vogelzug auf d. Schlangeninsel im Schwarzen Meer", Abh. Vogelzugforschung 2, 1930). In den späteren Jahren zeichnete sich nur noch in M. s Zugehörigkeit zur DOG, der er von 1923 bis zum Tode anhing, die einstmals tätige Hinneigung zur Vogelk. ab. Er fiel als Soldat.

Müller-Schnee, Walter, * 22. 3. 1883 Frankfurt (Main), † 12. 5. 1968 Buchhof bei Schwäbisch Hall. Über 50 Jahre war er, Sohn eines kunstbegeisterten Prokuristen, in einer Maschinenfabrik in Oberursel (Taunus) tätig. Die letzten 30 Jahre davon hatte er die Stellung eines Prokuristen inne. Die Freude am Umgang mit der frei lebenden Kreatur und die daraus erwachsene, nachdenklich betriebene häusliche Vogelpflege vermittelten dem Autodidakten eine früh gefestigte Arten- u. Stimmenkenntnis. Doch gab er, beruflich stark beansprucht, ursprüngliche Zurückhaltung erst auf, als er nach dem 1. Weltkrieg durch die Verbindung mit Sebastian Pfeifer (Frankf.) begann, sich im Rahmen der Zweigberingungsstelle Untermain der Vogelmarkierung zu widmen. Sie wurde ihm nicht nur das Feld der Erholungsstunden, sondern auch des ernsthaften Dienstes an der heimatlichen Faunistik und der Zugforschung. Wissen und Wesen des zur Stille neigenden Naturbetrachters spiegelten sich seit den 30er Jahren in einer Reihe von Veröff. Bei L. Gebhardt u. W. Sunkel, „D. Vögel Hess." (1954) stehen seit 1935 im Jber. U.-main 10 und bei G. Berg-Schlosser, „Ergänzungsband" (1968) bis 1964 in Luscinia 14 Arbeiten. Sie befaßten sich hauptsächlich mit der Auswertung der Beringungen und Wiederfänge von Grünfinken, Kernbeißern, Meisen, Sperlingen, Laubsängern, Neuntötern, Gartenrotschwänzen, Gartengrasmücken, Trauerschnäppern. Die im Raume um Frankf. seinem Eifer entgegengebrachte Anerkennung fand seit 1959 ihren Ausdruck in der Ehrenmitgliedschaft bei der Vogelk. Beob.-Stat. Untermain. Der DO-G gehörte er seit 1950 an.

Murr, Franz, * 6. 11. 1887 Bad Reichenhall, † 22. 6. 1964 München. Die Beengung in einer konfessionell gebundenen Schule streifte der Junglehrer ab, um sich frei gewählter Betätigung hinzugeben. Nach dem 1. Weltkrieg zunächst noch ohne Beruf, wurde er, verschiedene Stationen berührend (darunter Baden-Baden, Argentinien), schließlich in der bayer. Heimat seßhaft. Reichenhall und München nahmen ihn abwechselnd auf als Künstler, Naturforscher u. -schützer. Das Ende des 2. Weltkriegs — er war wieder Soldat, zuletzt Major gewesen — zwang ihn in die Vaterstadt, bis ihn in den letzten Jahren der Münchener Freundeskreis der Gleichgesinnten ganz an die bayer. Zentrale fesselte. Nicht nur unter den Ornithologen genoß er höchste menschliche und fachliche Achtung. Kaltes Erwerbsstreben verachtende, ritterliche Lebenshaltung und eine unzerstörbare, auf jahrelangen Gebirgstouren erworbene Hinneigung zur vielfältigen Alpenfauna u. -flora stempelten ihn zum beispielhaften Vertreter planmäßig vertiefter Heimatforschung. W. Wüst (s. u.) stellte sein lit. Schaffen zusammen. Es umschließt mit 88 Titeln einen erstaunlichen Kenntnisreichtum, in dem die alpine Avif. einen überragenden Rang einnimmt. Was er zwischen 1920 und 1961 an biol. Erfahrung niederschrieb, ist mit gesunden, kritischen Sinnen erfaßt und der bayer. Heimatpresse anvertraut, um die Schutzbestrebungen für die bedrohte Tier- u. Pflanzenwelt zu fördern. Rein vogelk. Themen standen in Waldrapp, Mitt. Vw., Berchtesgadener Anz., Reichenh. Grenzbote, Reichenh. Tagbl., Anz. Bay., Verh. Bay., Bayernland, Jb. d. Ver. z. Schutze d. Alpenpflanzen u. -tiere, Orn. Mber., B. z. F., Columba, Orn. Mitt., Orn. Ber., Vw., Orn. Beob., Mitt. Thür., J. Orn. Das hier niedergelegte Wissen ist ein bunter Blütenkranz, erwachsen aus der Fähigkeit zum echten Erlebnis und der Gabe zu fruchtbarer Auswertung. Neben dem wissensch. denkenden Ornithologen nahm sich der Künstler mit unbezweifelbarer Vorliebe der Vögel an und hinterließ als Maler auf dem Gebiete der naturw. Illustration vollendete Leistungen. Wie sehr ihn die Spannung zwischen wissensch. Wahrheit und ästhetisch befriedigender Bildgestaltung bewegte, verraten seine „Gedanken über künstlerische u. wissensch. Tierdarstellung“ (J. Orn. 86, 1938). Ein immerwährendes Ringen um die Synthese belehrte ihn, daß „der Illustrator nur ein bescheidener Diener“ sei, „den die Kunst an die Wissensch. abgetreten hat“. Während er sich der im Grunde bitteren Erkenntnis in Demut beugte, wuchs gerade an dem unüberbrückbaren Gegensatz sein oft mit den sparsamsten Mitteln das Wesentliche treffender Stil. Ein erheblicher Teil der seit dem 2. Jahrzehnt dieses Jahrh. erschienenen orn., naturw. oder die Alpenwelt behandelnden Veröff., die mit Farb- oder Schwarz-Weiß-Bildern und Strichzeichnungen ausgestattet sind, enthält Proben von M. s Meisterschaft; dazu gehören das Kosmos-Lex. (1955) und Berndt-Meise, Naturgesch. d. Vögel (1959, 1962, 1966). Eine von W. Wüst (s. u.) vorgenommene Aufzählung umfaßt allein 27 Titel aus der Zeitschr.- oder Kalenderliteratur und von großen und kleinen Werken, die nicht vom Maler selbst geschrieben, aber den Stempel der Künstlerhand tragen. Die Vogelk. hat dem Kenner, Könner und Idealisten viel zu danken. — Lit.: Cl. Nissen, D. Illustrierten Vogelbücher, 1953, S. 11 u. 73. - Nachruf (von W. Wüst). Anz. Bay. 7, 1964, S. 222—231 (mit Bildnis, Verz. d. Veröff. u. Illustrationen).

N

Noll, Hans, Dr. h. c., * 30. 1. 1885 Burgdorf (Kanton Bern), † 14. 7. 1969 Allschwil (Kanton Baselland). Sohn eines früh verstorbenen Gymnasiallehrers, studierte er Naturw. in Basel, Zürich, Genf und wurde Biologielehrer am Landeserziehungsheim Hof Oberkirch in Kaltbrunn (1907), am Gymnas. Glarisegg/Thurgau (1919), an der Kantonsschule von Schaffhausen (1926) und am Realgymnasium Basel (1932). Als vielseitig tätiger Pädagoge (von 1919—1921 Waisenvater) und biol. Erzieher fühlte er sich allezeit dem Dienste an der Heimat und der Aufhellung ihrer Kulturbedingungen verpflichtet. Dieser Arbeitsrichtung galten im Grunde alle Verlautbarungen, mit denen er seit etwa 1909 (häufig in Orn. Beob. und D. Tierwelt/Zofingen) hervortrat, um Verständnis für die bedrohte Natur und Liebe zu ihren Geschöpfen zu wecken. Die Themen lieferte ihm in erster Linie die Vogelwelt. Den Reizen ihrer Schönheit und ihrer Lebensäußerungen hingegeben, wissensch. geschult, aber Gemütswerte nicht vernachlässigend, entwickelte er im Laufe arbeitsreicher Jahre eine Laien und Fachleute ansprechende Form meist erzählender Zieldarstellungen, die in Aufs., Büchern, Vorträgen, auf Exk. und Volkshochschulkursen bei aller Sachgenauigkeit von Herzen kam und zu Herzen ging. Die Wärme, die seine Persönlichkeit ausstrahlte, erwarb ihm viele Freunde. 1909 gehörte er zu den Gründern der Schweiz. Ges. f. Vogelk.; 1953 wurde er deren Ehrenmitglied. Nachdem er sich schon 1924 der DOG angeschlossen hatte, war er hier seit 1925 Korr. Mitglied und seit 1950 auch Ehrenmitglied. Zu der in ihm angelegten Naturbegeisterung gesellte sich wie vorbestimmt der nie erlahmende Einsatz für die Rettung des „nutzlosen Unlandes“ vor der Zerstörung durch sinnlose Zugriffe der modernen Zivilisation. Namen wie Uznacherried, Kaltbrunner Ried, das das Material für das „Sumpfvogelleben“ (1924) in sich barg, ihm 1926 den Dr. h. c. der Univ.

TEIL 2

Basel eintrug und 1932 ganz seiner Aufsicht anvertraut wurde, ferner Untersee mit Wollmatinger Ried und Benkenried bleiben mit seinen jahrzehntelangen Forschungen verbunden. Aus der großen Zahl meist ökol. Studien, die die tiefgründende Betrachtensweise des leidenschaftlichen Avifaunisten kennzeichnen, seien genannt: „Beob. an unseren einheimischen Rallen" (Ber. [Jb.] St. Gall. 54, 1917), „Einige Beob. über Schutzhandlungen v. Vögeln" (Orn. Beob. 15, 1917), „Beob. am Zwergsumpfhühnchen - Porzana pusilla Pall." (ebd. 15, 1917), „D. Stammesgenossenschaften unserer Vögel" (Schweiz. Arch. f. Orn. 1, 1934), „Schweizer Vogelleben" (Bd. 1 „D. Vogelleben im Jahresverlauf" 1941, 2. Aufl. 1958; Bd. 2 „D. Brutvögel in ihren Lebensgebieten" 1958, 2. Aufl. 1965), „D. Vogelw. d. Untersees" (Mitt. Schaffhausen 25, 1954), „Bestimmungstabelle f. Nester u. Eier einheimischer Vögel" (1956, 3. Aufl. 1968). Im Einklang mit der Unaufdringlichkeit der Gedanken und Sprache stand des bescheidenen Mannes Lebensstil. Bestimmt von gewinnender menschlicher Schlichtheit und der stillen Suche nach wahrer Harmonie des Erdendaseins, schaute N. nach innen und scheute den Tageslärm, den sein Werk und seine Leistung überdauern werden. Noch kurz vor seinem Tode konnte er sich darüber freuen, daß in Konstanz dem Naturschutzgebiet Wollmatinger Ried das Europa-Diplom verliehen wurde.

— Lit.: Würdigung (von A. W.). Orn. Beob. 42, 1945, S. 17—19 (mit Bildnis) u. 52, 1955, S. 1 (mit Bildnis). - Nachruf (von D. Burckhardt). Schweiz. Naturschutz 35, 1969, S. 95/96. - Nachruf (von E. Weitnauer). Orn. Beob. 66, 1969, S. 153—155 (mit Bildnis). - Nachruf (von P. Géroudet). Nos Oiseaux 30, 1969, S. 176.

O

Ostermann, Franz Franzowitsch, * 1844 Böhmen, † 14. 10. 1905 Kischinew (Bessarabien). Nach dem Besuch der Mittelschule und der Lehrzeit in Prag wanderte er jahrelang durch Österr., Ung., Deutschl., Rußl. und sammelte naturw. Material für Inst. und Mus. Schon früh richtete sich sein Augenmerk in erster Linie auf die Orn. und Entom. Als ihn schließlich die wenig erforschte Tierwelt Bessarabiens fesselte, wurde Soroki 1881 sein Wohnsitz. Die technische Höhe seiner auf einer bess. Landwirtschaftsausstellung 1889 vorgeführten Vogelpräparate bewog dann das Gouvernements-Landschaftsamt, ihn mit der Herstellung von biol. Vogelgruppen für Mittelbessarabien zu betrauen. Die Kollektionen, die als für die Gegend vorher unbekannte Neuheiten die Vögel in ihrer natürlichen Umwelt zeigten, kamen in das damals gerade im Entstehen begriffene Mus. von Kischinew, dessen Konservator er 1891 wurde. Seine taxidermische Sachkunde und sein auf Fortschritt eingestellter Eifer bereicherten das Mus. nicht nur mit den Vogelformen aus allen Teilen Bessarabiens, sondern auch mit anderen Tiergruppen, so daß O.s Name und dermoplastische Kunst weithin in den Fachkreisen jenseits der bess. Grenzen bekannt wurden. 1894 erhielt er auf einer Obstbau-Ausstellung in Petersburg bereits eine Goldmedaille für biol. Serien von Vögeln und Insekten. Auch auf dem Kongr. der russ. Naturforscher und Ärzte 1901 in Petersburg überraschten die von ihm nach neuen Methoden entwickelten anat., zool., embryol. Schaustücke sowie die im Korrosionsverfahren bearbeiteten Gefäßsysteme von Wirbeltieren. Handwerkliche Meisterschaft, gepaart mit treffsicherer biol. Beob.-Gabe, stellte er daneben in den Dienst der 1904 gegründeten Bessarabischen Ges. d. Naturforscher u. Freunde d. Naturw. und gab so der faun. Forschung seiner Wahlheimat ersten Auftrieb. Die Einweihung eines seit 1903 nach seinen Plänen erweiterten Mus. konnte er indes nicht mehr erleben; er starb wenige Tage vor der Eröffnung des neuen Gebäudes. Zu Veröff. scheint er nicht geschritten zu sein. Hinterlassene Niederschriften aber über Erfahrungen mit 109 Vogelformen (unter Ausschluß der Passeres) wurden von seiner Frau Albina O. (1856—1936), die ihm seit 1890 eine unermüdliche Gehilfin war, bearbeitet. Der Titel lautet „Notizen über d. Vögel Bess." (Travaux de la Soc. des Naturalistes et des Amateurs des sciences naturelles de Bessarabie = Arbeiten d. Bess. Ges. d. Naturforscher ... 2, 1909—1911 u. 5, 1913/14). Dem russ. Text folgt bei jeder Art eine kurze dt. Zusammenfassung. Bei G. P. Dementiew u. N. A. Gladkow („D. Vögel d. Sowjetunion",

Moskau 1951—1954) sind O.s Angaben öfters erwähnt. Im bess.-dt. Schrifttum wurde sein Wirken erstmals erwähnt durch E. Heer in „D. Prachttaucher" (Heimat, Stimme ... d. Dt. aus Bess., Hannover 5, 1960, S. 92).

— Lit.: Nachruf (von A. F. Stuart). Arbeiten d. Bess. Ges. d. Naturforscher ..., Kischinew 1904—1909 (russ.). - Würdigung (von I. Schöch). Heimat. Stimme d. Ver. z. Förderung d. Schrifttums d. Dt. aus Bessarabien 10, 1965, S. 37/38.

P

Paczoski, Józef, Dr. h. c., * 8. 12. 1864 Białogródka (Wolhynien), † 14. 2. 1942 Sierosław bei Posen. Von 1897—1920 leitete er das Naturw. Mus. in Cherson, seit 1923 den Naturschutzpark in Białowieża, seit 1925 hatte er den Lehrstuhl für Pflanzensystem. u. -Geogr. in Posen inne. Seine Hauptgebiete waren die Botan. und die Entom., mit denen er auch orn. Studien verband. So behandelte er Säugetiere, Rept., Amphib., Fische und 110 Vogelarten in Zap. Kievsk. ob-va estestvoisp. 9, 1888 (poln.) und berührte die Probleme des Vogel- u. Pflanzenschutzes auf Grund von Magenanalysen bei 220 Vogelarten in Estestvenno-Istoričeskij muzej Chersonskago ... 1909 (poln.). Eine Arbeit „Utki nizov ev Dnjepra" (= „Les canards de l'embouchure de Dniéper") in Orn. et Avicult., Moskau God' 2, 1911 beschäftigte sich mit 21 Arten, und eine andere „Zur Avif. d. Gouvernements Hersson" (poln.) in Orn. Vjestn. (= Orn. Mitt.) Moskau Nr. 3—4, 1911 erfaßte 254 Arten. Für wissensch. Verdienste wurde ihm 1926 der Dr. h. c. verliehen.

— Lit.: Nachruf (von A. Krawiecowa). Wszechświat, Warschau 1950, H. 2, S. 33—38.

Pax, Ferdinand, Dr., * 30. 12. 1885 Breslau, † 11. 9. 1964 Bad Honnef (Rhein). Als Sohn eines bekannten Botanikers studierte er in Berlin und Zürich und war, verschiedene Berufungen ablehnend, seit 1908 Assistent, seit 1912 Kustos und bald darauf Direktor des Zool. Inst. und Mus. von Bresl.; 1915 wurde er ao. Prof. Im ersten Weltkrieg gehörte er der Landeskundlichen Kommission beim Generalgouvernement Warschau an. Aus dieser Tätigkeit leiteten sich mehrfach faun. wie tier- u. wirtschaftsgeogr. Betrachtungen her, die im „Hdb. v. Polen" (1918) niedergelegt sind. Vielseitigkeit und hervorragende Formenkenntnis auf allen Gebieten ermöglichten ihm wissenschaftliche Verdienste in der allg. und speziellen Zool. Am meisten zog ihn wohl die Meeresbiol. in ihren Bann, so daß der Aufenthalt in der Heimatstadt häufig durch Studien an zool. Stationen der Meere und balneologische Unters. in Heilbädern unterbrochen wurde. Die Orn. im engeren Sinne berührten seine Forschungen weniger. Doch verstand er es mehrfach, Schüler unter seiner Leitung zu orn. Bestandsaufnahmen anzuregen. So erschienen als Diss.: Konrad Radig, „Beitr. z. Kenntnis d. Krähenwanderungen" (Arch. Naturgesch. 88 A, 1920) und Kurt Richard Stadie, „Beitr. z. Biol. d. schles. Lachmöwenkolonien" (Ber. Schles. 15, 1929). In der Vogelk. knüpft sich sein Name vor allem an Teilabschnitte von 2 Büchern: „D. Tierw. Schles." (1921) und „D. Wirbeltierfauna v. Schles." (1925). Während das erste Werk im wesentlichen den Inhalt einer Vorlesungsreihe bildet und für einen größeren Leserkreis bestimmt war, befaßt sich das zweite mit faun. und tiergeogr. Unters. im Odergebiet. Die Ornis fand im Rahmen des Textes eine eingehende Beleuchtung. Die Methodik und Darstellung der erkundeten Tatbestände hatten fortschrittlichen Charakter und wirkten daher befruchtend nicht nur auf die Ber. d. Ver. schles. Ornithologen, sondern auch auf die Avif. anderer dt. Länder. Bei der Stoffsammlung standen dem Autor die Erfahrungen von E. Drescher, O. Herr, C. Kayser, O. Natorp, M. Schlott und O. Graf v. Zedlitz u. Trützschler (s. d.) zur Seite. Aus organisatorischem Geschick erwuchs daneben unter Beteiligung vieler Sachkundiger sein großes, gemeinsam mit W. Arndt hrsg. Sammelwerk „D. Rohstoffe d. Tierreichs" (2 Bde., 1928—1940; darin W. Meise, „Guano u. anderer Vogeldung"). Schließlich gipfelten gepflegtes Verständnis für Forschungsgesch. und Fragen des Natursch. sowie umfassende Kenntnis der Fachlit. in einer stattlichen Bibl. der Heimatprovinz. Der mit Hildegard Tischbierek verfaßte 5. Bd. der „Schles. Bibl." (1930) galt der Tierwelt des Gebietes und erbrachte 6852 Titel; 1935 und 1957 erfolgten Nachtr., der letzte in engl. Sprache. Im März 1946 sah sich P. gezwungen, die angestammte

TEIL 2

Heimat zu verlassen. Er wohnte zunächst in Bremen, wo er zum Oberstudiendirektor ernannt wurde. Die Univ. Marburg übertrug ihm außerdem einen Lehrauftrag für system. Zool., bis er am 1. 1. 1951 in den Ruhestand trat. 1952 gelang ihm in Bremerhaven noch die Gründung eines Laboratoriums für Korallenforschung, das er 1953 nach Köln verlegte. Ungebrochene Arbeitskraft schuf ihm so in einem internat. Studienvorhaben die Plattform zum Einsatz einer alten Neigung für diese Organismengruppe. Die letzten Jahre verbrachte er — nach einem der Zool. gewidmeten Leben — ohne Pflichten in Bad Honnef. Seit 1914 war er Mitglied der DOG.

— Lit.: Nachruf (von C. R. Boettcher). Verh. Dt. Zool. Ges. 1966 (1967), S. 613—616 (mit Bildnis).

Perzina, Ernst, * 16. 9. 1870 Wien, † 21. 3. 1929 Berlin. Den 1886 übernommenen Posten eines Dompteurs im Zirkus Kreuzberg vertauschte er 1888 mit dem eines Inspektors am neu gegründeten Wiener Vivarium. Das Ende dieses Unternehmens 1902 war dann der Beginn des Aufstiegs zur Meisterschaft in der „zahmen Dressur". Bald zeigte sich in aller Welt, daß er der geborene Tierlehrer war. An der ihm verliehenen Gabe suggestiver Einwirkung auf Säugetiere (Rhesusaffen, Schimpansen, Orangs, Gorillas, Hunde) und Vögel begeisterten sich die Besucher von Vergnügungsstätten und Varietés aller europ. Großstädte. Mit feinem Gespür trieb er gelehrige Vögel auf, zahlte dafür höchste Preise und erzielte ebenso große Gewinne. Die Tränen gerührter Zuschauer flossen vor allem bei der Vorführung abgerichteter Papageien. Es waren zumeist grüne Amazonen, die der findige Geist gar zu einem Kabarett vereinte, nachdem es seinem Geschick gelungen war, die Vögel so zuverlässig auszubilden, daß sie sprachen und sangen nicht nur aus eigenem Antrieb, sondern auch auf Befehl. Das Publikum des bekannten Berliner „Wintergartens" spendete Beifallsstürme, wenn er z. B. die Blaustirnamazone Lora das Lieblingslied des alten Kaisers Wilhelm von der Kornblume oder eine Gelbkopfamazone das Lied „Zwischen Frankreich und dem Böhmerwalde, da wachsen unsere Reben ..." singen ließ. Die ihn beflügelnde Phantasie schuf Dressurakte und Szenen, deren erregendes Fluidum auch von Malern mit der Palette festgehalten wurde. Die Erfolge im zirzensischen und artistischen Bereich — sie blieben ihm nach dem 1. Weltkrieg auch im Rundfunk treu — vermochten ihn gewiß nicht zum Vogelkundigen im herkömmlichen Sinne zu stempeln. Doch war er seit Ende der 80er Jahre bis zum Ende des Jahrh. den Lesern orn. Fachzeitschriften auch als unterhaltend belehrender Autor bekannt, der mit gesunden und geschulten Sinnen bevorzugt das Käfig- u. Freilandleben der Vögel studierte. Außer 10 Arbeiten in Orn. Ms. (zwischen 1890 und 1896) über Beob. in der Vogelstube schrieb er u. a. „D. safran- u. feuerköpfigen Goldhähnchen" (Gef. W. 16, 1887), „Allerhand über Papageien" (ebd. 56, 1927), „Selten im Käfig gepflegte europ. Vögel" (Mitt. Wien 13, 1889 — 16, 1892), „D. Zwergfliegenschnäpper-Muscicapa parva im Wiener Prater" (Orn. Jb. 2, 1891), „Wiener Trivialnamen" (ebd. 3, 1893), „D. Eisvogel in d. Gefangenschaft" (Natur u. Haus 4, 1896). Persönlich bescheiden, war er eine volkstümliche und beliebte Erscheinung. Sein Name sei deshalb festgehalten, auch wenn die aus einer wirklichen Leidenschaft erwachsene Beschäftigung weniger der Vogelkunde und mehr der Vogelkunst galt — und, je nach Geschmack, unterschiedlich bewertet werden mag.

— Lit.: S. Lichtenstaedt, Ein Besuch bei E. P., Gef. W. 56, 1927, S. 19. - Nachruf (von Schriftl.). Zool. G., N. F. 2, 1929, S. 75. - Nachruf (von S. Lichtenstaedt). Gef. W. 58, 1929, S. 179. - L. Heck, Heiterernste Lebensbeichte, Berl. 1938, S. 305—307. - A. Lehmann, Vom Leipz. Zoo, Leipz. 1953, S. 84.

Peters, Wilhelm Karl Hartwig, Dr., * 22. 4. 1815 Koldenbüttel (Schleswig), † 20. 4. 1883 Berlin. Als Student der Med. kam der Pastorensohn 1835 in Berlin unter den Einfluß von J. Müller (s. d.), der die Begabung erkannte, nachhaltig förderte und ihm eine glänzende wissensch. Laufbahn ebnete. In Jahreszahlen verdeutlicht sich der Aufstieg: 1843 Prosektor am anat. Inst., 1849 Dozent, 1851 Mitglied der Akad. d. Wissensch., 1853 ao. Prof., 1856 Mitdirektor des Zool. Mus. neben M. H. C. Lichtenstein (s. d.), 1857 als Nachfolger Lichtensteins Direktor des Mus., ordentl. Prof. d. Zool. und Direktor des Zool. Gartens. Eine nicht nach Volkstümlichkeit strebende Persönlichkeit, erlangte P. über Berl. hinaus hohes Ansehen in der Zool. des vorigen Jahrh., ohne daß er je eine eindeutige Stellung zum Darwinismus bezog. Dadurch aber, daß er im Gegensatz zu seinem der reinen Balgornithologie ergebenen Vorgänger den Zusammenhang zwischen Zool. und Anat. und damit die Bedeutung der Anat. für die System. und die beschreibende Zool. betonte, vertrat er die neue Forschungsrichtung im Sinne seines Meisters J. Müller. Neu waren auch die Wege in der Leitung des Mus., dessen innere und organisatorische Umgestaltung jahrzehntelang seine besten Kräfte in Anspruch nahm. Die Lehrtätigkeit an der Univ. (sie war damals noch mit der Mus.-Leitung gekoppelt) legte ihm Beschränkung auf; daneben weist eine erstaunlich lange Reihe von Veröff. vor allem in den Ber. der Akad. eine bemerkenswerte Forschungsarbeit im Bereiche der Kriech- u. Säugetierkunde nach. Die Orn. spielte in seinem Schaffen eine keineswegs hervorstechende Rolle. Doch sollten die Leistungen auch auf diesem Gebiete von der Nachwelt nicht übersehen werden: eine 1843—1847 hauptsächlich nach Mozambique gerichtete Forschungsreise — von ihm dargestellt in „Naturw. Reise“ (5 Bde., 1852—1868) — wurde nicht nur die Grundlage für die spätere Lebensarbeit, sondern brachte dem Mus. auch reiche Vogelausbeute ein. Als er nach der Rückkehr an die Behandlung der Bälge ging, mußte er allerdings feststellen, daß M. H. C. Lichtenstein einen Teil des Materials bereits veräußert hatte. Vielleicht nahm ihm gerade diese überraschende Mißachtung seiner Schätze die Freude an der Forts. größerer orn. Unters.; nur wenige neue Formen verdankten ihm die Beschreibung in J. Orn. 2, 1854; 11, 1863; 12, 1864; 16, 1868; 29, 1881. Seit 1860 gehörte er der Leopoldina an.

— Lit.: E. Alberti, Lex. d. Schlesw.-Holst. ... Schriftsteller ... 1868 (2. Abt.), S. 179—181. - Allg. Dt. Biogr. 25, 1888, S. 489—493. - F. E. Schulze, D. Zool. in Berl., National-Ztg. v. 10. 6. 1892. - M. Lenz, Gesch. d. Univ. Berl. 2 (2. Hälfte), 1918, S. 301.

Plachetka, Karl, * 2. 2. 1877 Friedrichsdorf = Bedřichovice (Böhmen), † 24. 9. 1961 Reichenau = Rychnov (Böhmen). Nach dem Besuch des Gymnasiums von Reichenau betrieb er einen mit einem Naturaliengeschäft verbundenen Eisengroßhandel. Seit 1933 gehörte er der DOG und später der Tschechoslow. Orn. Ges. an. Von 1919—1949 war sein Wohnsitz Brünn, wo er Jahre hindurch den Vorsitz in der orn. Abt. des Naturf. Ver. innehatte und seit 1936 auch den Ausschuß für Gründung und Erhaltung des tschech. orn. Inst. leitete. Um die Jahrhundertwende führten ihn gleichgerichtete Neigungen an W. Čapek (s. d.) heran, dem er bei der Beringung der jungen Lachmöwen in Chropju (Mähren) mit Lotosringen half. Aus der Mitarbeit entsprangen erste orn. Beitr. wie „Orn. Verhältnisse im Adlergebirge“ (Les a lov = Wald u. Jagd 1, 1907), „Schneeammer im Adlergebirge“ (Svět zvířat = Welt der Tiere, 1907), „Wasseramsel im Adlergebirge“ (Les a lov 4, 1911). Später folgte ein Aufs. „Über d. Formen unserer Dohle“ (Sborník Klubu Přírodověd. v. Brünn 10, 1928). Als er 1937 die Zählung des Weiß- u. Schwarzstorches in Mähren und Schlesien durchführte, erschien das Ergebnis in Sylvia 1938. Die Zahl seiner Veröff. ist nicht groß. Verdienstvoll war die Unterstützung, die er jungen mährischen Faunisten zuteil werden ließ. Beachtlich waren die von ihm präparierten Stücke mitteleurop. und balkanischer Vögel, die in die Samml. des Stadtmuseums von Reichenau kamen.

— Lit.: Nachruf (von F. Hejl-Mračovsky). Zpravy MOS = Ber. d. Mähr. Orn. Ver. Přerov = Prerau 1961, S. 49.

Plate, Franz, * 6. 8. 1892 Oranienbaum (Anhalt), † 14. 10. 1964 Walsrode (Niedersachsen). Aus einer Forstfamilie stammend und auf einer Forstlehranstalt bei Kassel ausgebildet, fand er Verwendung in der Revierförsterei Wilhelmshöhe bei Ballenstedt (Harz) und, nachdem er im 1. Weltkrieg den linken Arm verloren hatte, 1926 in der Revierförsterei von Steckby, 1940 bei Ballenstedt, 1945 Alteburg bei Gernrode (Harz). Den Ruhestand verlebte er seit 1957 in Hodenhagen (Aller). Sein Verhältnis zur Vogelk. fand von Herbst 1926 bis Frühjahr 1940 in Steckby die entscheidende Prägung durch laufende Zusammenarbeit mit dem Bund f. Vogelsch. in Stuttgart und M. Behr (s. d.). Aufgabe und Verpflichtung als Forstmann sah er in der planmäßigen Ansiedlung von Vögeln im Kampf gegen Schadinsekten und Waldschädlinge. Die persönlichen Feststellungen, die die Schutzbestrebungen in jahrelangem Bemühen hinterließen, sind von ihm selbst niedergelegt in „Beob. u. Unters. eines Forstpraktikers über d. Beziehungen zwischen Waldvögeln u. Forstinsekten ...“ (Biol. Abh., Bd. 3, 1964, Heft 29/30). Die hauptsächlich von wirtschaftlichen Gesichtspunkten bestimmten und system. durchdachten Maßnahmen der Nisthöhlenkontrollen und Insektenprobesammlungen sichern ihm in der Geschichte der biol. Schadenabwehr einen verdienten Platz. Das Schlußkapitel „Über d. Bedeutung d. Greifvögel“ ist ein besonders einsichtsvoller Beitr. des schlichten Verfassers.

Pleske, Theodor (russ. Fedor Dimitrievič), * 11. 7. 1858 Peterhof bei St. Petersburg, † 11. 7. 1932 Leningrad. Seine Vorfahren waren aus Schlesien über Livland (Riga) — wo 2 Generationen nachzuweisen sind — nach Petersb. ausgewandert und dort als Kaufleute zu Ansehen und Reichtum gekommen. Der Vater hatte es zum russ. Generalmajor gebracht. Theodor P. beendete 1882 das naturw. Studium an der Univ. Petersb. mit dem Grade eines Kandidaten, um anschließend am Zool. Mus. der Akad. zu arbeiten. 1892 wurde er 2. Akademiker für Zool. und stellvertretender Direktor des Mus., sah sich aber 1896 im Range eines Wirkl. Staatsrats zum Rücktritt gezwungen, weil ihn der 1. Direktor als Anhänger einer angeblich dt. Partei nicht dulden wollte. Die folgenden Jahre brachten ihm nichtsdestoweniger so viel Erfolge durch Studien über Dipteren und in der Verwaltung ausgedehnter kommerzieller und industrieller Unternehmen, daß er erst nach dem Zusammenbruch der bürgerlichen Staatsordnung zur Mus.-Kunde und system. Zool. zurückkehrte und die Leitung der entom. Abt. des Mus. in Petrograd übernahm. Am Ende des vorigen Jahrh. trat er nicht nur als mammalogischer Forschungsreisender hervor (Kolahalbinsel 1880, Ussuriland 1883/84), er galt auch als verdienstvoller Kenner der Avif. des europ.-asiat. Rußl. Zu seiner orn. Hinterlassenschaft gehören u. a. „D. Vögel d. St. Petersb. Vogelmarktes“ (Orn. Cbl. 4, 1879 u. 5, 1880), die Herausgabe von V. Russows (s. d.) „Ornis Est-, Liv- u. Kurl.“ (1880), „Übersicht d. Säugetiere u. Vögel d. Kola-Halbinsel“ (Beitr. z. Kenntnis d. Russ. Reichs 7, 1884 u. 9, 1886), die „Revision d. Turkestanischen Ornis“ (Jahr ?), die Bearbeitung der wissensch. Ausbeuten der Forschungsreisen von N. M. Prževalskij (1889—1894) und G. J. Grumm-Gržimajlo (1892), die unvollendet gebliebene „Ornithographia rossica“ (1891) mit Bildern von G. Mützel (s. d.) und die Monogr. „Birds of the Eurasian Tundra“ (Mem. Boston Soc. of Nat. Hist. 6, 1928). Das letzte Werk, das mit den die gesamte russ. Lit. berücksichtigenden Verz. u. a. an H. Schalows (s. d.) „Vögel d. Arktis“ (1904) anschloß, entstand in notvoller Zeitlage unter Verhältnissen, die den Verf. ungewöhnlich bedrückten. Er selbst schrieb darüber im Vorwort: „... I undertook this great task solely to forget my personal misfortune and an existence excessively hard ...“. Es ist begreiflich, daß mehrere Vogelformen nach ihm benannt wurden. Doch sind die Namen — bis auf 2 — in die Synonymie eingegangen: Parus (Cyanistes) Pleskii Cabanis 1877 = Mischling Parus caeruleus L. 1758 × Parus cyanus cyanus Pallas 1770 (der früher für eine besondere Art, Pleskes Meise, gehalten oder, wie es E. Hartert noch 1905 tat, als Rasse der Blaumeise angesehen wurde), Podoces pleskei Zarudny 1896 = Podoces pleskei Zarudny 1896 (Pleskes Wüstenhäher), Locustella pleskei Taczanowski 1889 = Locustella certhiola pleskei Taczanowski 1889 oder Locustella ochotensis pleskei Taczanowski, Tetrao urogallus pleskei Stegmann 1926 = Tetrao urogallus urogallus L. 1758, Lagopus mutus pleskei Serebrovsky 1926 = Lagopus mutus nelsoni Stejn. 1884, Falco peregrinus pleskei Dementiev 1934 = Falco peregrinus japonensis Gmel. 1788.

— Lit.: F. Th. Köppen, Bibliotheca Zool. Rossica II, Petersb. 1907. - Nachruf (von Schriftl.). Orn. Mber. 40, 1932, S. 159. - Nachruf (von L. Schuster). B. z. F. 9, 1933, S. 55 (mit Bildnis). - Nachruf (von Schriftl.). Ibis (3) 13, 1933, S. 358/59.

Pogge, Karl, * 17. 4. 1873 Schweikvitz auf Rügen, † 7. 9. 1959 Malente, Kr. Eutin (Holstein). Der Sohn eines Gutsbesitzers war aufmerksamer naturw. Sammler und Feldbeobachter. Nach dem forstl. Studium stand er 1898 als Referendar in Eggesin (Pom.), 1900/01 als Assessor und Leutnant im Reitenden Feldjägerkorps während des Boxer-Aufstandes in China, 1904 als Forstmeister in der Rominter Heide, 1905—1908 in Windhuk (Dt. Südwest-Afrika). Von 1909 bis 1937 hatte er Dienststellen inne in Ostfriesl., Hinterpom., der Mark Brandenb. Den Ruhestand verlebte er bis 1945 in Falkenberg (Mark) und dann in Malente. Sein Name tauchte in der Lit. auf, als er 1893/94 in Schlettstadt (Elsaß) der militärischen Dienstpflicht genügte. Damals pflegte der Liebhaber Rotmilan und Wespenbussard im Käfig und besuchte öfters die Heimatsammlung des Müllers Oster in der Bruchmühle bei Schlettstadt. Was ihm dort an Belegstücken auffiel, findet sich verzeichnet zusammen mit sachkundigen eigenen Beob. „im Flachlande wie in den Vogesen" unter dem Titel „Ornithologisches aus Elsaß u. Schwarzwald" (Orn. Jb. 6, 1895). Die orn. Erfahrungen von Exp. in das Innere von China sind niedergelegt in „Beob. aus d. nordöstl. China, gesammelt während d. Krieges in China" (J. Orn. 50, 1902) und in „Vogelleben im nördl. China" (Orn. Ms. 29, 1904). Von Belang war daneben die frühe, dem Berliner Mus. überlassene orn. China-Ausbeute. A. Reichenow (s. d.) beschrieb die Stücke und benannte dem Spender zu Ehren die ostasiatische Rasse des Zwergtauchers Colymbus nigricans poggei (J. Orn. 50, 1902) = Podiceps (bzw. Tachybaptus) ruficollis poggei (Reichenow). Seit 1928 gehörte P. der DOG an. Kleinere Mitt. aus seiner Feder waren: „Wespenbussardzug im Harz" (Orn. Jb. 27, 1916), „Schlangenadler in Pom." (Orn. Mber. 44, 1936), „Z. Nahrung d. Wespenbussards" (ebd. 46, 1938), „Circaëtus gallicus in Holst." (J. Orn. 95, 1954 u. K. O. Beckmann ebd. 96, 1955). Sein Nachlaß befindet sich im Jagdmus. Lüneburg.

Prenn, Friedrich, * 18. 5. 1878 Bruneck (Südtirol), † 7. 6. 1964 Kufstein (Tirol). Er studierte Biol., Math., Chemie und war von 1911—1945 am Gymnas. von Kufstein tätig, in den letzten Jahren als Oberstudienrat und Oberstudiendirektor. Die pädagogischen Leistungen seiner hochgeachteten Persönlichkeit fanden dadurch Anerkennung, daß er Ehrenmitglied der Univ. Innsbruck und 1953 erster Träger des Ehrenringes der Stadt Kufstein wurde. Eine Reihe gemütvoll abgefaßter Schilderungen der Tier- u. Pflanzenwelt des Kaisergebirges machte ihn in weiteren Heimatkreisen bekannt. Der avif. Erforschung der Bergwelt galt seine Aufmerksamkeit seit 1920. Die Erfahrungen äußerten sich zwar nicht in betonter Schreibfreudigkeit, doch trugen die von ihm hinterlassenen Aufs. den klaren Stempel der unter dem freien Himmel erworbenen feldornithologischen Sachkunde. Zu den Veröff. gehören Arbeiten wie „Über d. Vorkommen d. Felsenschwalbe u. d. Zwergfliegenschnäppers in d. Umgeb. v. Kufstein" (Orn. Mber. 37, 1929), „Beob. am Neste d. Berglaubsängers" (ebd. 40, 1932), „Ornithologisches aus d. Gegend v. Kufstein" (Veröff. d. Mus. Ferdinandeum 11, 1931), „Beob. z. Lebensweise d. Felsenschwalbe" (J. Orn. 85, 1937), „D. Zwergfliegenschnäpper im Gebiete v. Kufstein" (Columba 2, 1950), „Vogelleben in u. um Kufstein" (Schlern-Schriften 156, 1957). U. A. Corti (s. d.) verzeichnete in „D. Brutvögel d. dt. u. österr. Alpenzone" (1959) für die Jahre 1920—1950 insgesamt 9 Titel, darunter auch solche in Waldrapp und Tiroler Grenzbote.

— Lit.: Nachruf (von Bl.). Amtsblatt d. Stadt Kufstein 14, 1964, Nummer 3, S. 5/6 (mit Bildnis).

Preuß, Paul, Dr., * 12. 11. 1861 Thorn (Pommerellen), † 19. 12. 1926 Berlin. Nach dem Studium der Naturw. ging der Kolonialpionier 1886 nach Westafrika, sammelte bis 1888 hauptsächlich entom. und botan. in Sierra Leone und seit 1889 in Kamerun, wo er im selben Jahr Verwalter der Barombistation und 1891 Leiter des botan. Versuchsgartens in Victoria wurde. Auf Grund seiner Erfahrungen sandte ihn das Kolonialwirtschaftliche Komitee zum Studium der Tropenkulturen 1899/1900 nach dem mittleren und südl. Amerika. Die hier gewonnenen Ergebnisse sind von dem Reisenden niedergelegt unter der Überschrift „Exp. nach Zentral- u. Südamerika" (Berl. 1901). Nachdem seine Verdienste um die Pflanzenforschung 1903 durch die Verleihung des Prof.-Titels ausgezeichnet worden waren, fesselte ihn bis 1912 — mit nur kurzen Unterbrechungen — das Kolonialleben in Neuguinea. Nach dem 1. Weltkrieg beriet er Pflanzungsunternehmen der Neuguinea-Komp. in Mittelamerika und der spanischen Niederlassungen in Afrika. Über zwei Jahrzehnte (bis zum Tode) gehörte er dem Vorstand des Kolonialwirtschaftlichen Komitees an. Im vorliegenden Rahmen dürfte seine Nennung gerechtfertigt sein, weil er 1891 aus dem höchsten Dorfe im Kamerun-Gebirge sowie wenige Jahre später von Victoria am Fuß des Gebirges und vom Sanaga Vogelsendungen dem Berl. Zool. Mus. zukommen ließ. In J. Orn. 40, 1892 und Mitt. aus d. Dt. Schutzgebieten 5, 1892 sowie Orn. Mber. 6, 1898 u. 7, 1899 sind die Bälge von A. Reichenow (s. d.) beschrieben. Des Sammlers Namen tragen Cinnyris preussi Reichenow 1892 = Nectarinia preussi preussi (Reichenow), Onychognathus preussi Reichenow 1892 = Onychognathus walleri preussi Reichenow, Graucalus preussi Reichenow 1892 = Coracina caesia preussi (Reichenow), Symplectes preussi Reichenow 1892 = Ploceus (bzw. Phormoplectes) preussi (Reichenow), Lecythoplastes preussi Reichenow 1898 = Petrochelidon spilodera preussi (Reichenow).

— Lit.: Briefe im Zool. Mus. Berlin. - A. Reichenow, D. Vögel Afrikas 1, 1900/01, S. XXII. - Meyers Konv.-Lex. 6, 1907, Bd. 16, S. 292. - H. Schnee, Dt. Kol.-Lex. 3, 1920, S. 101. - Nachruf. D. Tropenpflanzer 30, 1927, S. 1.

R

Raap, Hugo, * 4. 8. 1870 Berlin. Er arbeitete längere Zeit als Gärtner im Botan. Garten von Genua und wurde gegen Ende des Jahrh. zuerst bekannt durch entom. und botan. Samml., die er von den Batu-Inseln und Java in reichem Maße hauptsächlich an ital. Mus. lieferte. Zool. und ethnogr. forschte er 1896/97 auf Sumatra und schließlich von Juli bis Dezember auf der Insel Nias. Nach der Rückkehr aus den Tropen ließ der zu persönlichen Eigenarten neigende Mann sich im Mai 1898 in Braunschweig nieder, um eine Kunst- u. Handelsgärtnerei zu betreiben. Verbindungen mit W. Blasius (s. d.) scheinen hier letzte Brücken zur Vogelk. gewesen zu sein. Weitere Einzelheiten aus dem Lebensgang verloren sich, als er im August 1904 wieder in seine Geburtsstadt übersiedelte. Auf dem Umwege über H. Rolle (s. d.) gelangten einige der von ihm auf Nias erbeuteten Vogelbälge nach Tring. E. Hartert (s. d.) beschäftigte sich in Orn. Mber. 6, 1898 mit 27 Formen und verglich sie mit der Liste von 128 Nias-Vögeln, die J. Büttikofer (s. d.) in den Notes from the Leyden Mus. 18, 1896 behandelt hatte. Eine andere Musterung erfuhr ein großer Teil der Ausbeute in J. Orn. 49, 1901 durch W. Blasius, dem sie ebenfalls durch H. Rolle zugeschickt worden waren. Diese Durchsicht erstreckte sich zugleich auf Bälge, die der Sammler dem Naturh. Mus. in Braunschw. als Geschenk überließ. Die Nachprüfungen sollen ergeben haben, daß R. s Tätigkeit damals 17 neue Arten von Nias erbracht hätte. Aus der Feder des Reisenden stammt ein größerer, ethnogr. ausgerichteter Bericht „Reisen auf d. Insel Nias b. Sumatra“ (Globus 83, 1903), in dem die Vogelwelt nur ganz nebenbei erwähnt ist.

— Lit.: Flora Malesiana 1, 1950, S. 421.

Reichard, Paul, * 2. 12. 1854 Neuwied (Rhein), † 16. 9. 1938 Berlin. Sohn eines Zigarrenfabrikanten, studierte er an der Polytechnischen Hochschule München und arbeitete anschließend im väterlichen Betrieb, bis der Ingenieur 1880 an der Seite des Ornithologen R. Böhm (s. d.) und des Topographen Emil Kayser (gest. 1882 am Rikwa-See) dem Rufe der Dt. Afrik. Ges. folgte und auf Forschungsreise nach Äquatorialafrika ging. Nach Gründung der Stationen Kakoma und Igonda in Uganda drang er unter schwersten Entbehrungen und Gefahren bis in die Kongogebiete westl. des Tanganjika-Sees vor und entdeckte als erster Europäer in Katanga den Upemba-See und die herrenlosen Kupferminen. 1885 kehrte er, der einzige Überlebende der Exp., in die Heimat zurück und berichtete über die kolonialen Erfahrungen in Vorträgen und Aufs. für wissensch. Zeitschr., vor allem in den „Mitt. d. Afrik. Ges. in Deutschl.“ (3, 1881—5, 1889). Ohne Erfolg blieben indes seine jahrelangen Versuche, dt. Kapital für die Ausbeutung des (später von Belgien beschlagnahmten) Kupferreichtums einzusetzen. Vergeblich waren auch die Bemühungen um Reichsschutz für Herrscherrechte, die er selbst im westl. Tanganjika-Gebiet erworben hatte. Einzige Anerkennung hervorragender Leistungen war ein Empfang 1887 beim belgischen König Leopold II., der ihm eine Reiseunterstützung von 40 000 Franken gewährte. Unter seinen Buchveröffentlichungen — sie galten der Werbung für den Kolonialgedanken in Deutschl. — befanden sich „Dr.

Emin Pascha, Ein Vorkämpfer d. Kultur im Innern Afrikas" (1891) und „Dt.-Ostafrika" (1892). Die Vogelk. war nie sein Sondergebiet, doch sei er erwähnt als Förderer der orn. Forschung im noch unerschlossenen Kontinent. Das Zool. Mus. in Berlin verdankte ihm unter botan., faun. und ethnogr. Schätzen auch unbekannte Vogelbälge. Die Neueingänge veranlaßten A. Reichenow (s. d.), dem Namen des Pioniers einen Platz in der orn. Fachliteratur zu sichern durch Benennungen wie Poliospiza reichardi Reichenow 1882 = Serinus reichardi Reichenow, Ploceus reichardi Reichenow 1886 = Ploceus (bzw. Textor) reichardi Reichenow.

— Lit.: Meyers Konv.-Lex. 6, 1907, Bd. 16, S. 725 u. 8, 1942, Bd. 9, S. 184. - H. Schnee, Dt. Kol.-Lex. 3, 1920, S. 146. - Reichshdb. d. Dt. Ges. 2, 1931, S. 1492. - Brockhaus-Lex. 15, 1933, Bd. 15, S. 510. - Biogr. Col. Belge 2, 1951, Sp. 803—806. - D. Große Herder 5, 1955, Bd. 7, 962.

Reichert, Robert, * 24. 3. 1897 Öhringen (Württemberg), † 9. 12. 1959 Dresden. Nach Jahren der beruflichen Aus- u. Fortbildung in Stuttg., Leipz., Helgol., Würzb., Hamb. kam er 1924 als Oberkonservator an das Staatl. Mus. f. Tier- u. Völkerk. in Dresd. und widmete fortab, zuletzt als Abt.-Leiter, dem Mus. seine besten Kräfte, bis ihn der Verkehrstod auf der Straße dahinraffte. Mehrfach gingen aus seiner Feder durch große Sachkunde gekennzeichnete Veröff. über Tierpräparation und Dermoplastik hervor. Ein tief gegründetes Verständnis für die Natur und ihre Geschöpfe machte ihn zugleich zum waidgerechten Jäger und Heger. Obwohl ihm besonders die Formen der Jagdvögel sehr vertraut waren, bewegte ihn nicht der Ehrgeiz, sich orn. hervorzuwagen. Die Vogelk. verdankte ihm trotzdem in zwei Fällen anerkennenswerte Leistungen: 1920 erstand unter seinen ordnenden Händen wieder die Vogelsamml. von H. Gätke (s. d.) im Helgol. Nordsee-Mus. Und durch seinen Eifer erfuhren die Bestände des Dresd. Mus. eine Vermehrung um 1000 Bälge, als er sich von Mai 1931 bis Juli 1932 an einer Exp. nach dem ostafrik. Matengo-Hochland beteiligte. In Mitt. Berl. 22, 1937 erfuhr die Ausbeute wissensch. Auswertung durch W. Meise, der „zu Ehren des Oberkonservators" in Orn. Mber. 42. 1934 außerdem Ploceus aureoflavus reicherti benannte. In den Reihen der Sammler und Beobachter darf R. zu den erwähnenswerten Förderern der Orn. gestellt werden.

— Lit.: Nachruf (von R. Hertel). Sächs. Heimatbl. 6, 1960, S. 55. - Nachruf (von E. Frommhold). Falke 7, 1960, S. 136—138. - Nachruf (von H. Kumerloeve). B. z. Vk. 8, 1963, S. 463 bis 466 (mit Bildnis).

Reinhardt, Hugo, Dr., * 22. 4. 1892 Laasphe (Kr. Wittgenstein), † 4. 11. 1966 Eschwege. Der Sohn eines Lehrers und Rektors wohnte seit 1897 in Mühlhausen (Thür.). Das Studium der Vet.-Med. schloß er in Gießen 1920 als Tierzuchtinspektor ab und ging 1936 als beamteter Tierarzt nach Lüben (Kr. Liegnitz), um während des 2. Weltkriegs auch Vertretungen im Sudetenland zu übernehmen. Das Jahr 1945 verschlug den Reg.-Veterinärrat schließlich nach Eschwege. Das frühe Erlebnis des Dohnenstiegs weckte seine Aufgeschlossenheit für die heimische Vogelwelt, führte ihn in die Reihen des Naturk. Vereins Mühlhausen und 1923 auch zur Mitgliedschaft in der DOG. Der Begegnung mit W. A. F. Engelmann (s. d.) verdankte er dazu eine Vorliebe für die Eulen und Raubvögel, so daß er bald besonderen Bescheid wußte über das Vorkommen des Wanderfalken und Uhus im Werratal und mehrere Jahre die praktische Falknerei betrieb. Nachdem er in Hessen ansässig geworden war, bemühte er sich in der Jägerschaft nicht nur um Verständnis für Fragen der Vogelk. und des Naturschutzes, sondern trat auch als reger Feldbeobachter in Erscheinung. Sein orn. Ehrgeiz strebte, obwohl ihm seit 1931 Beziehungen nach Schweden und Norwegen die Beteiligung an Elchjagden vermittelten, nicht über den engeren Lebensraum hinaus. Aber es ist sein Verdienst, Nachr. hinterlassen zu haben aus einem hessischen Teilgebiet, dessen avif. Verhältnisse in mancherlei Einzelheiten noch der besseren lit. Aufhellung harren. 12 seiner Verlautbarungen meist aus Luscinia und Vr. zwischen 1951 und 1965 finden sich in „D. Vögel Hess." (1954) und im Ergänzungsband dazu (1968). Außerdem meldete er sich mit der ihm eigenen Zurückhaltung in Jagd- u. Tageszeitungen zu Wort.

— Lit.: L. Gebhardt u. W. Sunkel, D. Vögel Hess., 1954, S. 99. - Bildnis in L. Baege, Bildnisse Thür. Ornithologen. Abh. Gotha 1963, S. 46—60.

Requate, Horst, Dr., * 26. 8. 1929 Detmold, † 22. 9. 1969 Wilhelmshaven. Der Sohn eines Sparkassenangestellten widmete sich seit 1950 an den Univ. Kiel und Innsbruck sowie auf Auslandsreisen der Zool., Botan., Geol., Chemie, um das Studium 1959 mit der Promotion abzuschließen. Jugendliche Neigungen galten hauptsächlich der Welt der Vögel und Säuger. Doch waren die reifenden Jahre mit nur wenigen Nachweisen orn. Eifers angefüllt, obwohl er 1950 als Vogelwart auf Mellum weilte, seit 1955 der DO-G angehörte und das Vertrauen fachkundiger Freundschaft ihm 1959 den Zugang zur Stellung eines Assistenten an der Vogelwarte Helgol. (Hauptsitz Wilhelmshaven) ebnete. Nach vielversprechendem beruflichen Beginn dürfte kaum hervortretende Krankheit die ausgezeichneten, dem Leben verliehenen Gaben an der Entfaltung gehindert sowie Schaffensfreude und Einsatzwillen gelähmt haben. Bescheiden ist daher die Liste der orn. Hinterlassenschaft. Außer 5 kleineren Mitt. kamen zum Druck Arbeiten wie „Über Brutausfall durch d. Befall mit d. Schmeißfliege Lucilia sericata Meig. bei einigen Seevogelarten" (Vw. 72, 1951), „Z. Raubtätigkeit d. Silbermöwen auf Mellum" (ebd. 74, 1953), „D. Entenvogelzählung in Deutschl. 1948—April 1953" (Biol. Abh. 10, 1954), „Federhauben b. Vögeln. Eine genetische u. entwicklungsphysiol. Studie z. Problem d. Parallelbildungen" (Diss.; Zeitschr. f. wissensch. Zool. 162, 1960), „Anthus hodgsoni yunnanensis auf Helgol.", zus. mit F. Gräfe u. G. Vauk (J. Orn. 103, 1962). Nach außen hin ertragreicher war seine Beschäftigung mit der Wirbeltierkunde. In diesem Bereiche verfügte er über erstaunliche osteol. Kenntnisse, die er für die Behandlung von Grabungsfunden nutzte. So entstanden etwa 15 teils größere Veröff., darunter „D. Jagdtiere in d. Nahrungsresten einiger frühgeschichtlicher Siedlungen in Schl.-Holst.", hier auch Erwähnung der Vögel (Schr. Schlesw.-Holst. 28, 1956), „Z. Gesch. d. Haustiere Schlesw.-Holst.", nach Grabungen b. Lembecksburg, Gikau u. Olsburg (Zeitschr. f. Agrargesch. 4, 1956).

Resühr, Bruno, Dr., * 16. 6. 1911 Süderstapel (Kr. Schleswig), † 7. 9. 1944 Rußland. Er war der Sohn eines Postinspektors. In der Schulzeit und anfangs auf der Univ. Kiel gab er sich mit Herz und Verstand der Vogelk. hin, als reger Beringer und im Sommer 1930 als Vogelwart auf Mellum. Wertvolle Beob. und Aufnahmen an brütenden Seevögeln waren Belege für den jugendlichen Eifer. Aus diesen Jahren stammen auch Arbeiten wie „Betrachtungen u. Beobachtungen z. Psychol. heimischer Vögel" (Orn. Ms. 55, 1930), „Beob. an brütenden Seeschwalben" (B. z. F. 7, 1931), zus. mit W. Albertsen „Über Heimatgebundenheit u. Ortstreue ostholst. Lachmöwen, Larus r. ridibundus L." (Vz. 5, 1934). Doch schon auf der frühen Lebensstufe setzte ein Wandel seiner Neigungen ein. Die pflanzliche Physiol. und insbesondere die Zellphysiol. verdrängten die rein orn. faun.-ökol. Ausrichtung. Das Studium der Zool., Botan., Mikrobiol. endete mit der Diss. „Hydratations- u. Permeabilitätsstudien an unbefruchteten Fucus-Eiern (Fucus vesiculosus L.)" (1935) und dem Staatsexamen (1936). Angeborenes wissensch. Forschungsstreben führte ihn anschließend an das Botan.-mikrobiol. Inst. der Techn. Hochschule Karlsruhe und das Botan. Inst. der Univ. Heidelberg. Eine Reihe von Veröff. aus dieser Zeit über die Morphol. und Protoplasmatik der bakteroiden Symbionten einiger Homopteren und keimungsphysiol. Unters. ebneten ihm zu Beginn des 2. Weltkriegs den Weg in das Inst. für Pflanzenkrankheiten der Univ. Bonn. Hier richteten sich Ideenreichtum und Geistesschärfe vornehmlich auf die Viruserkrankungen an Pflanzen, bis er den Laborkittel vertauschte mit dem Waffenrock, den er nicht mehr ablegen sollte. Er fiel als Fahnenjunker-Feldwebel.

Rettig, Alfred, * 1869 Berlin, † März 1942 Malcoci bei Tulcea (Rumänien). 20 Jahre alt, tauchte der Student der Med. im Donaudelta auf und ließ sich im Dorfe Malcoci nieder — im Laufe langer Jahre gelobt als Freund der bedrohten Tierwelt und getadelt als ein von sentimentalen Regungen kaum gehemmter Sammler. Auch die unterschiedlich beantwortete Frage, warum er Deutschl. für immer verließ, stößt in das Dunkel, das sich um Person und Wesenszüge gelegt hat. Sicher ist, daß er, mit einer Lipowanerin verheiratet, nie fertiger Arzt war (obwohl sein Name in den 30er Jahren gelegentlich in Verbindung mit dem Dr.-Titel erschien). Mit den dt. Volksgruppen hatte er nur lockere Berührung. Enger waren die Beziehungen zu Jägern und Sammlern des Landes. Nachgesagt wird ihm langjährige avif. Betreuungsarbeit, die er offenbar ohne Auftrag im Bergland der nordwestl. Dobrudscha aus eigener Autorität leistete. Inwieweit hintergründige Erwerbsabsichten mit der Schutzbereitschaft verbunden waren, ist nicht mehr zu klären. Vor dem 1. Weltkrieg sollen etwa 15 000 ha Urwald bei Ciucorova unter seiner „Pacht" gestanden haben. Die dort lebenden Mönchsgeier wurden zwar an den Horsten geschont, mußten sich dafür aber alljährlich den Raub der Hälfte ihrer Gelege gefallen lassen. Wahrscheinlich wird er mit den von ihm „gehegten" Adlern und Falken in ähnlicher Weise verfahren sein. Über Rückschläge hatte er auf alle Fälle zu klagen, als die durch einseitige Monokulturen des Maises sich stark vermehrenden Ziesel mit Gift bekämpft wurden und die Greifvögel an dieser Beute eingingen. Wissensch. Zielsetzung blieb ihm fremd. Doch war er Meister in der Kunst der Dermoplastik und hatte, wohl gut verdienend, Abnehmer in ganz Europa. Von dem nicht weniger geschäftstüchtigen R. v. Dombrowski (s. d.) unterschied er sich dadurch, daß er viele Zool. Gärten auch mit lebenden Tieren belieferte. Der Ruf seiner Orts- u. Sachkunde erreichte alle hochgestellten Jagdbeflissenen, naturw. Reisende und Forscher, die einer Führung durch das Delta bedurften. Unter denen, die von ihm viele Bälge und briefliche Mitt. empfingen, war zu Anfang des Jahrh. C. Floericke (s. d.), der in „Forscherfahrt in Feindesland" (Kosmosbuch 1918, 1. u. 2. Teil) die Belehrungen aus Malcoci ebenso zu verwerten wußte wie die Angaben in R. v. Dombrowskis „Ornis Romaniae" (1912). Mit R. s Hilfe entstanden auch mehrere Filme; u. a. beriet er in den 30er Jahren die Exp. der Ufa in das „Vogelparadies am Donaudelta". Großartige Vogelbälge und Präparate aus seiner geschickten Hand waren ferner gern gezeigte Prachtstücke auf der Nationalen Jagdausstellung in Bukarest 1935 und auf der Internationalen Jagdausstellung in Berlin 1937. Daß er der Arbeit am Schreibtisch nicht völlig abhold war, belegen einige wenige Veröff.: „Späte Pelikanbruten in d. Dobr." (Mitt. Vw. 11, 1911), „D. Mönchsgeier, seine Brutperiode 1911 in d. Dobr." (ebd. 11, 1911), „D. Kraniche in d. Dobr." (ebd. 14, 1914), „Uhubalz" (B. z. F. 3, 1927). Es wird gestattet sein zu sagen, daß die Aufhellung der orn. Verhältnisse in der Dobrudscha ihm nicht weniger verdankt als etwa den Brüdern Sintenis (s. d.) in den 70er Jahren und R. v. Dombrowski um die Jahrhundertwende. Nichtsdestoweniger: Im Urteil derer, die mit ihm in Berührung kamen, „schwankt sein Charakterbild in der Geschichte". Vielleicht litt er in der selbst gewählten Isolierung, fern der Kultur des alten Lebenskreises, unter den Erscheinungen des von der völkerkundlichen Forschung vielfach nachgewiesenen Zivilisationsverlustes. Ein Nachruf wurde ihm nicht geschrieben; dazu war auch die Kriegszeit nicht angetan.

Reye, Günter, * 18. 3. 1910 Hamburg, † 25. 7. 1966 Hamburg. Nach der an einem Hamb. Gymnasium bestandenen Reifeprüfung studierte er, einer angesehenen Kaufmannsfamilie entstammend, 1 Semester Phil. in Göttingen, um dann bis 1936 im naturw. Bermühler-Verlag/Berlin zu arbeiten. Auf Wehr- u. Kriegsdienst sowie russ. Gefangenschaft folgte 1949 Tätigkeit als Kaufmann und Prokurist in einer Hamb. Import- u. Exportfirma. Die Wärme des Herzens war in ihm gepaart mit der Begabung, andere Menschen in Freundschaft zu verstehen und die eigene Begeisterungsfähigkeit weiterzugeben. Naturk. ausgerichtet, galt sie seit 1936 dem Hamb. Bund für Vogelschutz. Während ihn Fragen und Probleme der wissensch. Orn. nur am Rande berührten, wurde er durch die Fähigkeit auf Fahrten, Exk. und in Vorträgen Verständnis für das Leben der Vögel zu wecken, zum Kristallisationskern vor allem für eine Gruppe, die sich im Jugendbund für Naturk. in Hamb. zusammenfand. Mag er sich auch von der ursprünglichen Gefolgschaft enttäuscht zurückgezogen haben, so blieb er doch der Mittelpunkt eines kleinen Arbeitskreises an der staatlichen Vogelschutzwarte der Hansestadt. Die aus seiner Schule hervorgegangenen Mitglieder geben seit 1964 „Avif. Beitr." heraus. Er selbst berichtete auch in örtlichen Nachrichtenblättern über Fahrten nach den Inseln der Nordseeküste, nach Lappland, der Camargue, Jugoslawien, Italien, Griechenland, Holland. Kleinere Mitt. und Buchbesprechungen aus seiner Feder standen zwischen 1952 und 1966 hauptsächlich in „Vogel u. Heimat", dem Mitt.-Blatt des Bundes für Vogelschutz, Landesgruppe Hamburg. Von diesen Verlautbarungen seien genannt: „Starenschlafplatz Havekost" (1952), „Beob. v. Wasseramseln b. Hamb." (1953), „D. Erlebnis eines Frühlingsmorgens ..." (1953), „Seetaucher auf d. Binnenalster ..." (1954), „Ungewöhnlicher Schlafplatz v. Dohlen u. Krähen auf Fehmarn" (1955), „Lapplanderinnerung 1956" (1958), „Grüner Laubsänger b. Lauenburg" (1962), „Raubseeschwalben an d. Oberelbe" (1962). Dazu kommen „Zwergfliegenschnäpper im Wohldorfer Wald" (Orn. Mitt. 3, 1951) und „Sommerliche Kreuzschnabel-Invasion" (ebd. 5, 1953). Die wohl erste orn. Wortmeldung hatte den Titel „Vogelk. Beob. in Rußl." (Freude am Leben, Zeitschr. d. Reichsbundes für Biol. 19, 1943). Schriftstellerischer Geltungsdrang beherrschte R. nicht. Seine Stärke lag in der Jugendarbeit. Weil er auf diesem Gebiet vogelk. Spuren und Antriebe hinterließ, soll er hier erwähnt werden.

— Lit.: Nachruf (von Jens Eggers). Vogel u. Heimat 15, 1966, S. 65/66 (mit Bildnis).

Richter, Christian Gottlieb, Dr., * 10. 8. 1792 Tübingen, † 21. 2. 1855 Roda (Stadtroda, Thüringen). Nachdem er um 1816 das med. Examen bestanden hatte, führte ihn der Lebensweg als Arzt über Solothurn (Schweiz) und Münchenbernsdorf (Thür.) 1825 nach Roda, wo er seit 1848 erster Arzt der Anstalt für Geisteskranke wurde. Mitglied der Naturf. Ges. d. Osterlandes war er seit 1823. Freude an der Vogelhaltung, an anatom.-physiol. Unters. und am Präparieren mündete in enge Freundschaft mit dem benachbarten Ch. L. Brehm (s. d.) ein. In dem Pfarrer suchte er verehrend ein Vorbild, vielleicht eingedenk der eigenen Unzulänglichkeit im Bereiche der Vogelk. Stark fühlte er sich im Grunde nur, wenn er Spuren pathol. Erscheinungen am Vogelkörper entdeckte. Brehm hinwieder fand in ihm einen der wenigen Helfer an der kurzlebigen „Ornis" und einen treuen Gefolgsmann in den nutzlosen Bemühungen um eine system. Ordnung. Wohl in dem Gefühle der Unterlegenheit ließ er sich so vorbehaltlos von den Vorstellungen und Gedanken des Pastors überzeugen, daß er auch dessen Auffassung vertrat, Schädel und Brustbein reichten hin für die Trennung der Arten, und daß er im wissensch. Streit selbst den peinlichen Irrtum von der Behaarung des Kuckucksmagens wacker zu verteidigen suchte. Mit eigenen Veröff. war er begreiflicherweise zurückhaltend. Nur ein Büchelchen aus seiner Feder ist — neben kurzen Mitt. — bekannt unter dem Titel „Anweisung, Vögel auszustopfen" (1829). Dazu schrieb Brehm eine längere Vorrede und pries die Präpariermethode des Arztes. Was dieser in der Vogelstube beobachtete, schien Brehm gleichfalls öfters der Erwähnung wert. Bemerkenswerte Erfahrungen schaltete er daher gerne in seine Schriften ein. In das „Hdb. f. d. Liebhaber ..." (1832) nahm er sogar eine ganze Abh. des Weggenossen über die Krankheiten der Stubenvögel mit rückhaltloser Empfehlung auf. Wer die Beschäftigung des Dilettanten unter die Lupe nimmt, vermißt ein irgendwie geartetes Verdienst um die Vogelk.; es wäre auf ihn zugekommen, wenn er wenigstens versucht hätte, den gefeierten Mitarbeiter auf wissensch. Irrwegen zu bremsen. So kann er hier nur genannt werden, weil sein Name durch den Renthendorfer Meister in die orn. Lit. geraten ist.

— Lit.: Würdigung (von L. Baege). Abh. Altenb. 4, 1965, S. 173—190.

Riemer, Julius, * 4. 4. 1880 Berlin, † 17. 11. 1958 Wittenberg. Mit einem Bruder führte er in Burg eine Fabrik für Lederhandschuhe und in Berl. einen Großhandel. Durch die Eltern wurde der Blick des Knaben schon im Gartenbesitz von Weißensee auf die Vogelwelt ausgerichtet. Gut fundierte Formenkenntnisse äußerten sich in späteren Jahren aber nur in mündlicher Weitergabe der eigenen Beob.; sie stammten zumeist aus dem 7000 Morgen großen Jagdgebiet von Sieversdorf bei Neustadt (Dosse). Obwohl seit 1928 Mitglied der DOG, griff er doch nie zur Feder. Der Beruf ließ ihn nicht zur wissensch. Orn. durchdringen.

Dagegen lenkte leidenschaftlicher Sammlerdrang den frühen Ehrgeiz bereits auf alle nur denkbaren Gebiete. In diesem weitgespannten Bogen bildeten die Vögel mit vielen Seltenheiten einen erstaunlich reichhaltigen Grundstock. Die allein durch die Samml. der Vogelk. gewährte Förderung zeigte sich nicht weniger verdienstvoll in einer zwar stillen, aber erheblichen Hilfsbereitschaft zum Nutzen der Forschung. Die von ihm beigesteuerten Mittel trugen z. B. dazu bei, die Reisen (teilweise) von Gerd Heinrich und des Zoologen Schulz-Kampfhenkel zu finanzieren. Von der menschlichen Seite her bewährte sich die ihn kennzeichnende Einstellung zum Leben auch in kritischen Zeiten. Als O. Neumann (s. d.) in den 30er Jahren das Berl. Zool. Mus. nicht mehr betreten durfte, hielt er ihn in seinen Geschäftsräumen „unter Verschluß", bis er ihm über Lissabon den Weg nach Amerika bahnen konnte. Außerdem übernahm er das (hauptsächlich) orn. und völkerk. Material des Emigranten, um es über die Schweiz abzurechnen. Die den 2. Weltkrieg überdauernden Bestände seiner großen Samml. verlegte er auf Veranlassung von O. Kleinschmidt (s. d.) 1947 nach Wittenberg. Dort stehen sie, system. geordnet, im „Mus. f. Naturk. u. Völkerk. J. R." der Wissensch. für Forschungszwecke zur Verfügung. Wenn R. s berufliche Beanspruchung und universelle Neigung auch den Aufstieg in die Reihen bekannter Ornithologen hemmten, so verdient er als Begründer einer bedeutsamen orn. Privatsamml. wohl doch in die Nachbarschaft etwa von F. Heine (sen.), A. Koenig, O. Kleinschmidt (s. d.) gestellt zu werden.

— Lit.: Nachruf (von H. Pohle). Säugetierk. Mitt. 7, 1959, S. 75/76 (mit Bildnis).

Riemschneider, Johannes Carl Robert, Dr., * 2. 10. 1861 Pastorat Bathen (Kurland), † 26. 3. 1922 Berlin. Der Pastorensohn besuchte das Gymnasium von Libau und studierte von 1882—1888 Med. in Dorpat. Ärztliche Praxis übte er aus bis 1899 in Rutzau (Kurl.), bis 1907 in Ringen (Livl.) und nach kurzer Weiterbildung von 1909 bis 1921 in Dorpat. Die Wellen der politischen Umwälzungen nach dem 1. Weltkrieg trugen ihn dann nach Deutschland, wo er in Plötzin (Mark Brandenburg) ansässig wurde. Außerberufliche, naturnahe Beschäftigung ist durch Veröff. auf den Gebieten der Orn. und Malakozoologie bezeugt. Mehr als denkender Liebhaber wollte er offenbar nicht sein. Um sich „von angestrengter Amtstätigkeit zu erholen und das Leben nordischer Vogelarten in ihrer Heimat zu beobachten", nutzte er die Monate Juni und Juli 1895 zu einer Seefahrt. Die orn. Ergebnisse sind in einer Beschr. der „Reise nach Island u. vierzehn Tage am Myvatn" (Orn. Ms. 21, 1896; mit 4 Forts.) niedergelegt und enthalten den ersten Brutnachweis für die Reiherente-Aythya fuligula. Ein weiteres Sommerunternehmen 1897 lieferte den Stoff für das „Vogelleben an d. Eismeerküste" (ebd. 26, 1901; mit 3 Forts.). Die Liste von 1895 hatte insofern ein Nachspiel, als sie die Brut des Prachttauchers - Gavia arctica verzeichnete, die seit F. Faber (s. d.) von den meisten Kennern der isl. Vogelwelt in Abrede gestellt wird. Während B. Gröndal/Reykjavik in seiner „Avif. Isl." (Ornis 11, 1900/01) noch glaubte, daß der „zuverlässige Beobachter" und „ausgezeichnete Ornithologe" den Prachttaucher wirklich „in die isl. Avif. zuerst eingeführt habe", erhoben sich bald Stimmen berechtigten Zweifels an der unwahrscheinlich klingenden Meldung; vgl. B. Hantzsch, „Beitr. z. Kenntnis d. Vogelw. Isl." (1905) und G. Timmermann, „D. Vögel Isl." (1938 bis 1949). War der Reisende in diesem Falle das Opfer einer falschen Diagnose geworden? Oder handelte es sich um eine einmalige Brut? Jedenfalls hinterließ der Ber. nicht den Eindruck der Oberflächlichkeit oder Leichtfertigkeit, und ein Hauch von epischer Breite der Darstellung gestaltete ihn obendrein zu einer durchaus reizvollen Lektüre. Ein Rechtfertigungsschreiben „Über d. bestrittene Vorkommen d. Gavia arctica in Isl." (Orn. Ms. 29, 1904) war die letzte Wortmeldung des Verfassers.

— Lit.: Würdigung (von H. v. Knorre). Balt. Biogr. Lex. (im Druck).

Riggenbach, Fritz Wilhelm, * 20. 1. 1864 Basel, † 30. 9. 1944 Basel. Sein ursprünglicher Beruf war nicht festzustellen. Um die Jahrhundertwende betrat er die Bühne der Vogelk. in der Rolle des naturw. Pioniers, der teils für Tring und teils für Berlin sammelte. Zu den ersten Unternehmungen dürfte, angeregt durch E. Hartert (s. d.), die „Reise nach d. Rio de Oro Juni bis August 1902" (Novit. Zool. 10, 1903) gehört haben. Auch 1907 kamen Sammelergebnisse aus Senegal in das Mus. Rothschild. Noch nach dem 1. Weltkrieg meinte E. Hartert (Novit. Zool. 30, 1923), daß „not a feather is known from south of the Great Atlas", daß aber durch R. die reichsten Samml. aus West-Marokko und dem süd-westl. Atlas nach Tring gekommen seien. Benannt wurden zu Ehren des Entdeckers Galerida cristata riggenbachi Hartert 1902 = Galerida cristata riggenbachi Hartert, Saxicola leucurus riggenbachi Hartert 1909 = Oenanthe leucura syenitica (Heuglin 1869), Serinus leucopygius riggenbachi Neumann 1908 = Serinus leucopygius riggenbachi Neumann, Salpornis riggenbachi Reichenow 1909 = Salpornis spilonota emini Hartlaub 1884, Phalacrocorax graculus riggenbachi Hartert 1923 = Phalacrocorax aristotelis desmarestii Payraudeau 1876. 1908/09 lagen die Jagdgründe im Auftrage des dt. Reichskolonialamtes im Hinterland des Schutzgebietes Kamerun und waren „ungemein" ergiebig: 1000 Vogelbälge von 305 Arten kamen an das Zool. Mus. von Berlin, wo sie A. Reichenow (s. d.) mit dem ihm eigenen Eifer für afrik. Formen sichtete. 1910/11 begleitete R. dann den 1873 in Breslau geborenen Arzt und Zoologen Dr. Max Moszkowski nach Neuguinea bis zum Mamberano. Damit scheint des Schweizers Vorrat an Tatendrang verbraucht gewesen zu sein. Jedenfalls verzeichnet das Kontrollbureau von Basel bei seinem Namen: „am 18. 3. 1911 aus dem Ausland zurück". Seitdem war er Vertreter der New York-Lebensversicherung und seit 1933 Kunsthändler in der Vaterstadt.

— Lit.: A. Reichenow, D. orn. Samml. d. Zool.-botan. Kamerun-Exp. 1908 u. 1909, Mitt. Berl. 5, 1910/11, S. 204—258. - H. Grote, Beitr. z. Kenntnis d. Vogelf. d. Graslandes v. Neukamerun, J. Orn. 72, 1924 u. 73, 1925. - Flora Malesiana 1, 1950, S. 372/73.

Riotte, Karl, * 30. 7. 1876 Metz, † 5. 7. 1952 St. Ingbert (Saar). Der Priester vertrat nach humanistischen und phil.-theol. Studien 26 Jahre lang die Fachgebiete der franz. Sprache und Naturk. am Missionshaus St. Michel zu Steyl. Seit 1928 war er Hausgeistlicher am Kreiskrankenhaus St. Ingbert. Ausgleich für geisteswissensch. und theol. Beschäftigung bot ihm eine feinsinnig gepflegte Beob. der Natur, die ihm neben der Entspannung auch die Bereicherung um gediegene orn. Formenkenntnisse vermittelte. Den Grundstock an Freilanderfahrung lieferten dem Autodidakten seit der Jahrhundertwende die Maasniederungen, das niederrhein. und niederl. Flachland. Aus der Werdezeit des Suchens und Forschens stammt, von ihm verfaßt, „Een Bydrage tot de Avif. van Limburg" (Ardea 1913) und „Bydrage tot de Avif. d. holl. provincie Limburg" (Club v. Nederl. Vogelkundigen, Zutphen, Jahr ?). Erst spät, 1930, schloß er sich der DOG an. Die Mußestunden einer Kur in Bad Nauheim von Januar 1927 bis April 1928 veranlaßten ihn zur Niederschrift der auf die örtlichen Gegebenheiten sich beschränkenden orn. Erlebnisse, die unter dem Titel „D. Vogelw. v. Bad Nauheim u. Umgeb." (Bad Nauh. Jb. 9, 1930, 40 Seiten) erschien. Die Darstellung benutzte vergleichend auch frühere Arbeiten wie die von C. Lindner (s. d.) aus d. J. 1909, von E. Stechow (s. d.) aus d. J. 1917, von L. Schuster (s. d.) aus d. J. 1924 und Eintragungen anderer Sachkenner, die seit 1908 bei den Akten des Nauh. Forstamtes aufbewahrt waren, am Ende des 2. Weltkrieges aber verlorengingen. Das avif. Bild der Badestadt besitzt im allg. verläßlichen Charakter, wenn es auch nicht an die Sicherheit der von Stechow und Schuster hinterlassenen Nachr. heranreicht. Auffallend ist z. B., daß er Grau- u. Grünspecht, die beiden Baumläufer und Graumeisen wohl nicht trennen konnte. Auch Fehlbeob. sind ihm unterlaufen; sie betrafen Lanius minor (Begegnung noch v. 10. 11.—19. 12.!), Falco subbuteo (1 Paar schon am 7. 4. gesehen!), Turdus iliacus (auch im Sommer da, noch am 28. 6. angetroffen!). G. Niethammer (Vr. 26, 1957) wies bereits auf die „offensichtlichen Schnitzer" hin.

— Lit.: L. Gebhardt u. W. Sunkel, D. Vögel Hess., 1954, S. 90.

Roehl, Karl, Dr. h. c., * 27. 7. 1870 Neidenburg (Ostpreußen), † 16. 3. 1951 Bethel bei Bielefeld. Im Auftrag der Bethel-Mission weilte der Pastor von 1896—1907 in Usambara (Hinterland von Tanga) und von 1909 bis 1916 im heutigen Ruanda. Als Sanitätssoldat der dt.-afrik. Schutztruppe kehrte er 1917 aus belgischer Kongo-Internierung zurück. 1926—1928 und 1932—1934 sandten ihn mehrere ev. Missions-Gesellschaften wiederum nach Ostafrika (Daressalam). Anschließend verwaltete er bis zur Pensionierung sein Pfarramt in Mosau bei Züllichau und wohnte dann jahrelang in Königswinter, bis ihn 1950 Krankheit zwang, sich nach Bethel zurückzuziehen. Unter den dt. Afrikanisten nahm er als einer der besten Kenner ostafr. Bantusprachen einen hervorragenden Platz ein. Im Vordergrund seiner Forschungen stand das Gebiet der Bibelübersetzung (Übertragung des Neuen Testamentes ins Shambala 1930, die der ganzen Bibel ins Suaheli 1938, Teile davon ins Ruanda). 1911 war bereits eine wissensch. Grammatik des Shambala erschienen, während ein Suaheli-Wörterbuch nicht druckfertig wurde. In Anerkennung der sprachwissensch. Leistungen erhielt er 1925 von der Preuß. Akad. d. Wissensch. die Silberne Leibniz-Medaille, und die phil. Fak. Hamburg verlieh ihm 1935 den Ehrendoktor. Zwischen 1904 und 1907 machte sich der Philologe auch um die avif. Erforschung Ostafrikas verdient, indem er in Mlalo bei Wilhelmstal (westl. Usambara) Vogelbälge sammelte und sie dem Berliner Zool. Mus. übereignete. Unter dem Titel „Über eine Vogelsamml. aus West-Usambara" (J. Orn. 69, 1921) wies H. Grote (s. d.) nach, daß dem Eifer des Missions-Pioniers 20 neue Formen zu danken waren zusammen mit wertvollen, bei einigen Arten vorher kaum bekannten Angaben über Vorkommen und Verbreitung. Zu seinen Ehren wurden benannt Turdus roehli Reichenow 1905 = Turdus abyssinicus roehli Reichenow 1905, Andropadus roehli Reichenow 1905 = Andropadus masukuensis roehli Reichenow 1905 (einige Autoren vereinigen die Art Andropadus masukuensis mit Andropadus montanus; in diesem Falle heißt Andropadus roehli heute Andropadus montanus roehli Reichenow 1905), Apus roehli Reichenow 1906 = Apus barbatus roehli Reichenow 1906, Bradypterus roehli Grote 1921 = Bradypterus barratti usambarae Reichenow 1917.

— Lit.: Arch. d. Bethel-Mission. - Nachruf (von E. Dammann). Afrika u. Übersee 36, 1951/52, S. 1/2.

Rösel von Rosenhof, August Johann, * 30. 3. 1705 bei Arnstadt (Thüringen), † 27. 3. 1759 Nürnberg. Als Sohn eines Glasschneiders und Kupferstechers, der Verwalter der heute nicht mehr bestehenden Augustenburg war, bildete er sich in Merseburg und Nürnberg in der Malkunst aus, um von 1728 ab in Nürnberg die Miniaturmalerei zu betreiben. Die Begegnung mit den Insektenbildern der Maria Sibylla Merian beeindruckte ihn so tief, daß er sich voller Eifer entom. Studien hingab, die von 1741 bis 1761 in den ersten 4 Bänden der „Monatlich herausgegebenen Insektenbelustigung" mit 289 naturgetreuen kolorierten Kupfertafeln künstlerisch bezaubernde Gestalt gewannen. Daß sich sein zool. Verständnis weiter spannte, beweisen daneben 24 höchst beachtenswerte illustrierte Tafeln in Großfolio, die 1758 mit lat. und dt. Text als „Historia naturalis ranarum" oder „Natürliche Historie d. Frösche hiesiges Landes" erschienen. Schließlich ist der Schluß auf eine nicht unwesentliche Hinneigung zur Welt der Vögel gestattet. Sein Naturalienkabinett enthielt nämlich viele in- u. ausländische Vogelformen, die „nicht weniger eine Augenweide waren"; ferner bewegte ihn die Absicht, „von d. Vögeln hiesiges Landes eine umständliche Beschr. u. genaue Abb. herauszugeben". Die Ausführung des großen Werkes mag aber daran gescheitert sein, daß die Lieferungen von J. L. Frischs (s. d.) großartigen Vogeltafeln ab 1733 dem kühnen Plan zuvorkamen. Einige Illustrationen dürften aus seiner geschickten Hand indes hervorgegangen sein. Bekanntgeworden sind allerdings nur 2 treffliche Stücke im Privatbesitz des Edelmannschen Antiquariats in Nürnb.; im Folioformat stellen sie 2 Papageien Trichoglossus capistratus (Bechstein) und Lorius domicella (L.) dar. L. Baege, der sich um die Aufhellung dieser orn. Hinterlassenschaft verdient machte, hielt es immerhin für möglich, „daß diese im Format so einheitlich genauen Kupferstichblätter nicht die einzigen Vogelbilder von R. s Hand gewesen sind, sondern eventuell ein Fragment einer unbekannt gebliebenen Tafelfolge darstellen". Die zeitgenössischen Nürnb. Kupferstecher wie A. L. Wirsing und J. M. Seligmann (s. d.) verfügten auch über bedeutende technische Begabung. Von R. aber darf gesagt werden, daß er sie in der lebensvollen, peinlich genauen Wiedergabe der Tierformen übertraf, weil er als selbstschaffender Maler eigene leidenschaftlich betriebene Erforschung des Kleinen und Unscheinbaren in den Dienst seiner Kunst stellen konnte.

— Lit.: Würdigung (von C. F. C. Kleemann). Monatl. hrsg. Insektenbelustigung, 4. Teil, 1761 (mit Bildnis). - J. T. C. Ratzeburg, Forstwissensch. Schriftsteller-Lex., 1874, S. 440/41. - Allg. Dt. Biogr. 29, 1889, S. 188/89. - Thieme-Becker, Künstler-Lex. 28, 1934, S. 499 (mit weiteren Quellen). - L. Baege, Unbekannte Vogelbilder von R. v. R. aus d. Frühzeit orn. Prachtillustrationen, J. Orn. 105, 1964, S. 464—467.

Rohaček, Franz, * 1. 8. 1887 Eszék (Slavonien), † 6. 4. 1963 Hollabrunn (Nieder-Österreich). Sohn eines k.k. Postoffizials, besuchte er seit 1904 die Artillerie-Kadettenschule in Wien und Traiskirchen. 1908 kam der Fähnrich zu einem in der Bocche di Cattaro liegenden Artillerie-Regiment. Nachdem er 1911 bis 1914 als Leutnant im Seefort Mamula Dienst getan hatte, wurde er im 1. Weltkrieg in Bosnien-Herzegowina bzw. auf dem Balkan eingesetzt und rückte 1917 zum Hauptmann auf. Von 1919 ab war Rohrbach bei Ziersdorf (N.-Ö.) sein Wohnsitz. Über den orn. Werdegang des Soldaten waren Nachr. nicht zu erhalten. Als er 1916 mit Veröff. hervortrat, muß er aber schon einen gut untermauerten Erfahrungsschatz besessen haben. 3 Arbeiten sind mit seinem Namen verknüpft: „Geschlechtsverhältnisse d. Kuckucke in Dalmatien" (Orn. Jb. 27, 1916), „Übersicht über d. Brutvögel d. Bocche di Cattaro" (ebd. 28, 1917), „Beitr. z. Biol. d. Sitta neumayer Mich." (ebd. 28, 1917). Besonders die letzte Verlautbarung ist eine aufschlußreiche fortpflanzungsbiol. Darstellung. Weitere Wortmeldungen sind nicht nachzuweisen. Mit der frühzeitigen Versetzung in den Ruhestand 1919 und dem gleichzeitigen Verlöschen des Orn. Jahrbuches scheint R. — wie auch andere damalige österr. Sachkenner — unter dem Druck der Notjahre verstummt zu sein.

— Lit.: Akten d. Österr. Staats- u. Kriegsarchivs, Wien.

Rolle, Franz Hermann, * 17. 9. 1864 Freiburg im Breisgau, † 12. 5. 1929 Berlin-Schöneberg. Der Name des „Naturhistorikers" (so nach dem amtlichen Sterbeeintrag) wurde bekannt, als er 1889 in Berlin eine Naturalienhandlung gründete, die er später Naturh. Inst. „Kosmos" nannte. Die Sammelfreude des ausklingenden Zeitalters der artbeschreibenden Naturk. gab ihm nicht nur Brot, sondern auch die Möglichkeit, sich als ernsthafter, ehrbarer Kaufmann zu bewähren. Langer Geschäftsverbindungen mit erfahrenen Liebhabern, Forschungsanstalten und Mus. konnte er sich rühmen. Wie die Bezieher von Vogelbälgen, Eiern, orn. Präparaten und anderen Naturalien sein Verkaufs- u. Tauschverfahren einschätzten, mögen die Worte A. Koenigs (s. d.), der von 1908 ab sein Kunde war, besagen: „Dadurch, daß ich immer persönlich in seinem Hause vorsprach, gestalteten sich die Beziehungen, von Fall zu Fall durch gegenseitiges Vertrauen gestützt, immer herzlicher... Dadurch kann ich es ihm mit voller Überzeugung nachrühmen, daß er mir gegenüber eine strenge Reellität obwalten ließ. Große Serien von durch Krüper in Griechenl. und Kleinasien gesammelten Gelegen habe ich R. zu danken, ebenso noch viele andere, von rein ool. Hand zusammengebrachte Eier aus dem Norden wie aus dem Süden Europas, ja, aus allen Ländern der Welt... und immer, wenn ich die Echtheit der Eier bezweifelte, ist er meinen Begründungen gefolgt und hat nie in blindem Eifer, des Vorteils wegen, auf seinen Angaben bestanden. Er hat, was mir immer wohltuend auffiel, die von ihm angebotene Materie nicht als Mittel zum Zweck aufgefaßt, sondern war meist selbst von der Schönheit der Objekte erfaßt und ergriffen. Gerade deshalb wuchs sich mein Aufenthalt in seinem Atelier zu einem wahren Genuß heraus, der sich nicht nur auf die Neuerwerbung so mancher Kostbarkeit bezog, sondern auch einen ideellen Wert im gegenseitigen Austausch brachte" (Nido-ool. Kat. 1931/32). Die Begleit- u. Folgeerscheinungen des 1. Weltkriegs (materielle Not, Vermögensverfall vorher wohlhabender alter Freunde, neue wissensch. Forschungsrichtungen, neue mit dem technischen Fortschritt gekoppelte Neigungen der Liebhaber, neue Naturschutzauffassungen) gingen an Inhalt und Stil des alten Handels nicht spurlos vorüber. So teilte R. wohl das Schicksal, das auch andere naturk. aufgeschlossene Unternehmer wie A. Müller, R. Tancré, Ch. W. A. Kricheldorff und dessen Nachfolger (s. d.) nicht verschonte — wenn sich der Strukturwandel auch bis zum 2. Weltkrieg hinzog. Das orn. Schrifttum kennt seinen Namen nicht.

Rom, Karl, Dr., * 18. 12. 1902 Oberdeutschau im Gottscheerland (Krain), † 6. 12. 1963 Wien. In der Heimat und den Sitten ihrer Menschen wurzelten die Liebe des Bauernsohnes zum Vogel und die Hinneigung zur häuslichen Pflege der Gefiederten. Über 45 Jahre blieb er der prüfend fortschreitenden Liebhaberei treu. Von 1929—1934 war er Landarzt in Spittal (Kärnten) und von 1934—1938 in der Büchsenmacherstadt Ferlach. Im 2. Weltkrieg siedelte er als Obermedizinalrat und Chefarzt eines Krankenhauses nach Wien über und wurde schnell mit dem besonderen Zuschnitt der dortigen Liebhaberei vertraut, vor allem durch die Freundschaft mit L. Aschenbrenner und die Bekanntschaft mit Th. Samwald (s. d.), denen er mit dem Beitritt zur Österr. Vogelwarte folgte. Wenn er auch bei Ausstellungen und Vereinstreffen ein geschätzter Gast war, ging er nicht in der Praxis der Wiener Schule auf. Ihm lag eine durchaus unorthodoxe, eigene Methode. Sie stützte sich auf fortlaufend kritische Auswertung sorgfältigster Beob. der Lebensvorgänge und huldigte damit einer versachlichten und zugleich verfeinerten Handhabung im Sinne O. Heinroths (s. d.). Da ihm diese stille Beschäftigung obendrein Herzenssache war, erzielte er bewundernswerte Erfolge gerade in der Pflege der heikelsten einheimischen Zärtlinge. Seine Erfahrungen brachte die „Gef. W.“ mit etwa 20 Veröff. zwischen 1953 und 1963. Mangel an Zeit erlaubte ihm nicht, faun. hervorzutreten. Aus dem Rahmen der Verlautbarungen fiel nur der Aufs. „Vogelberingung am Neusiedler See“ (Gef. W. 87, 1963), in dem er auch sachkundige Freude an der Freilandbeobachtung bekundete.

Rosenberg, Friedrich Theodor, Dr., * 18. 7. 1880 Dorpat, † 4. 5. 1910 Leipzig (?). Er gehörte einer angesehenen baltischen Gelehrtenfamilie an. Die osteol. Samml. des Vaters lenkte früh die Aufmerksamkeit des Jünglings auf die Vogelw. Während des naturw. und zool. Studiums in Dorpat 1901—1905 und Leipzig 1906—1910 erschienen daher aus seiner Feder kleine, Livl. betreffende orn. Beitr. in den Neuen Balt. Weidmannsbl. und in den Orn. Mber. Als er im Sommer 1906 Erzieher beim Fürsten Andronnikow war, verfaßte er unter dem Titel „Sechs Wochen in Daghestan“ einen kurzen, der Vogelwelt gewidmeten Ber. über die Reise nach dem östl. Kaukasus (Orn. Ms. 32, 1907). Zu einem Studienaufenthalt bei F. v. Falz-Fein (s. d.) kam der begabte Beobachter und tatfreudige Forschungsreisende nicht mehr. Ein Sarkom bereitete ihm das frühe Grab. Den Schlußstein des kurzen Erdenlaufs setzte die 1907/08 begonnene und posthum veröffentlichte Diss. „Beitr. z. Entwicklungsgeschichte u. Biol. d. Colymbidae“ (Zs. f. wissensch. Zool. 97, 1911), für die das Embryonenmaterial hauptsächlich von Podiceps nigricollis (neben Podiceps cristatus, Podiceps griseigena und Podiceps ruficollis) aus Rossitten und den Frohburg-Eschefelder Teichen stammte.

— Lit.: Nachruf (von B. Otto). Orn. Mber. 19, 1911, S. 90/91.

Rückbeil, Friedrich Wilhelm, * 13. 10. 1812 Sarepta (Südrußland), † nach 1891 Sarepta. Als Inhaber eines Naturaliengeschäfts gehörte er der Brüdergemeine in Sarepta an und blieb an seinem alten Wohnsitz, auch nachdem 1892 die Niederlassung der Glaubensgemeinschaft aufgehoben war. Seitdem fehlen aktenmäßig belegte Daten über seinen Lebensgang. Daß er das Vertrauen des mitteleurop. Naturalienhandels genoß, bezeugen verschiedene bekanntgewordene Geschäftsverbindungen. So sind die von H. F. Moeschler (s. d.) der Naumannia 3, 1853 übergebenen orn. Nachr. aus Sarepta sicher von R. verfaßt; die Titel sind „Einige Notizen über d. in d. Umgegend d. Kolonie S. vorkommenden seltneren Vögel, aus einem Brief an H. Moeschler nebst Anmerkungen v. Dr. J. F. Naumann“ und „Verz. d. bis Juni 1853 b. Sarepta u. in d. weiteren Umgegend beobachteten Vögel“. Verbürgt ist weiterhin durch die Niederschrift H. F. Moeschlers, daß für ihn zwischen 1874 und 1877 von R. Jahreslieferungen im Werte von 1500,— M. aus Sarepta eingingen. (Den Geschäftsverkehr vermittelte ein Senffabrikant Glitsch, der ein Vetter des Empfängers war.) In den wenigen Jahren bis 1888 verstärkte H. B. Möschler (s. d.) noch den Bezug von Naturalien (allerdings meist von Lepidopteren). Bedeutende Abnehmer waren daneben E. Rey und R. Tancré (s. d.). E. Hartert (s. d.) besprach in Novit. Zool. 1, 1894 Gelege von 16 Arten, die von R. aus dem Amasurgu-Gebirge südl. Sining beschafft und über Tancré nach Tring gelangt waren. Tancré empfahl damals auch R. bei W. Rothschild als „entirely to be trusted". Doch ist nicht ganz geklärt, welcher R. sich des ehrenden Prädikats rühmen durfte, da 2 Söhne nach Sibirien auswanderten und von dort aus die Tätigkeit des Vaters fortsetzten. E. Stresemann weiß sich zu entsinnen, daß ein R. vor 1900 in Turkestan und benachbarten Gebieten abenteuerliche Exp. unternommen und dabei viele Vögel für Tring erbeutet habe. Schließlich schrieb A. Koenig (s. d.) im „Nido-ool. Kat." (1931/32): „Es sind nicht viele namhafte Reisende, die sich R. in der Eigenschaft des gewissenhaften Sammlers gleichwertig anreihen können"; und wenn der Verf. glaubte, daß die Erschließung der „meist noch im Urzustand befindlichen" Gebiete von Turkestan und des Issyk-Kul dem Unternehmungsgeist R. Tancrés zu danken sei, so dürfte dieses Lob nicht minder, ja vielleicht in erster Linie, auf die Tatfreude von R. oder eines seiner Nachkommen auszudehnen sein. Jedenfalls blieb der Name R. lange in Geltung, ohne daß der Anteil der einzelnen Glieder heute noch recht erkennbar ist.

S

Sack, A. Graf von, † 1829. Der wohlhabende Zweite Oberjägermeister und Kammerherr des Königs von Preußen war offenbar von der nach Napoleons Sturz allenthalben sich regenden Reiselust beherrscht. Schon 1819 besuchte er Cairo, um auf der Rückfahrt von Februar bis Mai 1820 schießend und sammelnd auf Zypern zu weilen. Das Ergebnis waren 95 Vogelbälge von 53 Arten, die das junge Berliner Mus. bereicherten. Dort wurden die Stücke von H. Lichtenstein (s. d.) ebensowenig wissensch. behandelt wie die Eingänge anderer im Auslande arbeitender Pioniere jener Anfangsjahre. Erst E. Stresemann (s. u.) brachte die Ausbeute zeitlich geordnet ans Licht der Forschung und zeigte, daß sich darunter mehrere selten für Zypern nachgewiesene Arten befinden; am bemerkenswertesten ist Pterocles alchata caudatus. Als 1821 Mexico unabhängig wurde und Ber. über sagenhafte Wunder und Schätze dieses fremden Landes die Geister in Europa erregten, fühlte sich der Graf, durch H. Lichtenstein aufgemuntert, auch von Abenteuern in Südamerika angezogen. 3 Jahre zauderte er aber, bis er den Aufbruch wagte. Den letzten Anstoß mußte ihm schließlich der tüchtige F. Deppe (s. d.) geben, den H. Lichtenstein zum Begleiter in der Rolle des naturw. Sammlers bestimmt hatte. Im Dezember 1824 landeten die beiden Reisenden in Alvarado (Veracruz). Bereits vor der Abfahrt galt der Graf im Kreise der Berl. Sachkundigen als schrullenhafter Mensch, „von dessen Tätigkeit sich keine große Ausbeute erwarten ließe". Daß die Zweifel an seiner Fähigkeit zu Recht bestanden, bekundete sein Versagen in kurzer Zeit. Der tatfreudige F. Deppe ertrug die Launen des Herren nicht lange und trennte sich von ihm im Mai 1825. Damit war der Graf seiner Stütze und der Kraft zu weiteren Unternehmungen im Dienste der Forschung beraubt. Nachdem er noch in Columbia gewesen war, erschien er 1826 ohne Erfolg wieder in Berl. und starb 3 Jahre später. Positive Leistungen sind mit seinem Namen nur in recht geringem Umfang verknüpft.

— Lit.: E. Stresemann, On a collection of birds made in Cyprus in 1820, Ibis 59, 1953, S. 549/50. - Ders., F. Deppe's travels in Mexico 1824—1829, Condor 56, 1954, S. 86—92.

Sager, Hans, * 29. 9. 1896 Osterrade (Kr. Rendsburg), † 3. 6. 1964 Bad Segeberg (Holstein). Von 1919 an war er Lehrer zuerst in Fahrenkrug (Kr. Segeb.) und von 1934 bis 1956 in Borstel (Kr. Segeb.). Die Jahre des Ruhestandes verbrachte er in Bad Segeb. Für die Welt der Vögel begeisterten den Knaben schon der Vater und ein befreundeter Grundbesitzer. In der Stille zielstrebig gewachsener Eifer drängte ihn in den 30er Jahren — seit 1932 gehörte er der DOG an — zu ernsthafter Beschäftigung mit der Beringung und phänol. Unters. Der pädagogischen Linie folgend, war es ihm auch Bedürfnis, die in privaten Studien unter freiem Himmel und am Schreibtisch erworbenen Kenntnisse in den Dienst weiterer Kreise zu stellen. So hatte er als einer der Gründer der Ortsgruppe des Bundes für Vogelsch. Gelegenheit, auf Exk. vielen Menschen den Blick für die Schönheit der Natur und ihrer freilebenden Geschöpfe zu öffnen. Da er nie der Einseitigkeit oder Enge verfiel und doch unerschrocken gegen die Entseelung gesunder Fluren aufstand, fielen ihm 1935 die Kreisführung der Naturschutzbehörde, später auch der Vorsitz der Schutzgemeinschaft Dt. Wald und des Heimatvereins seines Kreises zu. Der tätige Einsatz in der Verwaltung der ihm übertragenen Ämter wurde 1963 durch die Verleihung des Bundesverdienstkreuzes gewürdigt. Daneben hinterließ die von ihm etwa seit 1930 fleißig genutzte Feder eine Reihe orn. Aufs. und Beitr. Diese Zeugnisse, die sich auf die Vielseitigkeit eigener Beob. und Erfahrung stützten, erschienen meist als kurze, die Besonderheiten des Vorkommens, der Fortpflanzung, des Zugs und Verhaltens berührende Mitt. im Segeb. Kreis- u. Tagebl., in den Mitt. d. Faun. Arbeitsgemeinschaft Schlesw.-Holst., der Dt. Vw., den Orn. Mitt. (seit 1958), in Wild u. Hund, Zeitschr. f. Jagdk., Kosmos und in den ersten neun von ihm geleiteten Jg. des Heimatk. Jb. f. d. Kr. Segeb. Von 1939 bis 1955 brachte alljährlich die „Heimat" einen Ber. über das Vogelleben des Kreises Segeb.; und zwischenzeitlich kamen dazu größere Zusammenfassungen, z. B. über 5 Jahre Storchzählung (1934), über Reiherkolonien (1938), Saatkrähenkolonien (1942), über die Vogelw. der Gemarkung Borstel (1955) und in drei Teilen die Übersicht der Vögel des Kreises Segeb. (1956—1958). Von S. darf gesagt werden: er war ein kenntnisreicher Heimatschützer, der, ohne falschem wissensch. Ehrgeiz zu erliegen, eine für die spätere avif. und biol. Forschung zuverlässig geschaffene Grundlage eines engeren Kreisgebietes zu gestalten verstand.

— Lit.: Nachruf (von H. Tschentscher). Heimatk. Jb. 1964 d. Heimatver. d. Kr. Segeb., S. 13—16 (mit Bildnis). - Nachruf (von W. Emeis). Nachr.-Bl. f. Natursch.- u. Landschaftspfl. 35, 1964, S. 40. - Nachruf (von dems.). Corax 1, 1965, S. 71/72.

Samwald, Theodor, * 15. 10. 1908 Wien, † 19. 1. 1967 Wien. Der Bundesbahnbeamte stellte die vom Vater ererbte Liebe zur heimischen Ornis mit bewundernswerter Ausdauer in den Dienst der Vogelzugforschung. Von 1949 bis 1953 Obmann des österr. Zentralverbandes f. Vogelk. u. Vogelpflege, übernahm er seit der Gründung der österr. Vogelwarte 1953 auf der Außenstelle Neusiedl die Beringungstätigkeit, die ihn fortab jede Freizeit, jedes Wochenende und jeden Urlaub auf der biol. Station verbringen ließ. In die Schilfbestände hauptsächlich des Nordufers gehauene Schneisen waren seine Jagdgründe. Der Fang mit den an den Laufstegen befestigten Spiegel- u. Japannetzen erfolgte zu jeder Jahreszeit. Die Beute bestand zu rund drei Viertel aus den Kleinvögeln des tiefen Rohrgürtels: Beutelmeise, Bartmeise, Mariskensänger, Drosselrohrsänger, Teichrohrsänger, Rohrschwirl usw. An vielen Tagen gingen bis zu 350 Vögel in die Netze. Kennzeichnung der Einzelvögel (mit Ringen der Vogelwarte Radolfzell) und Registrierung solch hoher Fangergebnisse waren dann nur möglich durch die Mithilfe von Frau Margarete S. Der Eifer des Beringers wurde auch nicht gebrochen, als am 25. 2. 1960 das von der burgenländischen Landesregierung erbaute Hauptgebäude der biol. Station Neusiedlersee (in der die Vogelwarte untergebracht war) in Flammen aufging, und als am 20. 10. 1962 ein Schilfbrand erneut zwei Baracken mit Geräten und Aufz. vernichtete. Eine europäische Höchstleistung bedeuteten daher 8300 Beringungen bis Ende 1966 mit 620 eigenen Wiederfängen bis 1964. Besondere Befriedigung gewährte dem Feldforscher eine am 26. 11. 1955 erbeutete Lasurmeise - Parus Cyanus; es war die erste wieder, seitdem F. Lachnit (s. d.) je 1 Stück dieser Art 1925 und im Frühwinter 1928/29 (Egretta 3, 1960 u. 6, 1963) ebenfalls am Nordufer des Sees gefangen hatte. L. war einer der Großstadtmenschen, die, Naturnähe bewahrend und einem alten Jagdinstinkt folgend, den überlisteten Vogel lebenswarm in der Hand spüren müssen. Die Leidenschaft erfaßte ihn so stark, daß er seit 1960 auch bei Marchegg der Beringung oblag. Zum Gebrauch der Feder drängte es ihn kaum. Er schrieb nur „V. Zug d. Beutelmeise", zus. mit K. Bauer u. B. Hufnagel (Vwa. 21, 1961) und „Beitr. z. Beringungstätigkeit an d. Österr. Vogelwarte in Neusiedl am See" (Wissensch. Arbeiten d. Burgenlandes 34, 1965).

— Lit.: K. Rom, Vogelberingung am Neusiedl. See, Gef. W. 87, 1963, S. 153/54. - Nachruf (von L. Aschenbrenner). Egretta 10, 1967, S. 42. - Nachruf (von Schriftl.). Vwa. 24, 1967/68, S. 96.

TEIL 2

Sarasin, Paul, Dr. Dr. h. c. Dr. h. c., * 11. 12. 1856 Basel, † 7. 4. 1929 Basel. Erst in der Studienzeit kam er als Sohn eines Ratsherrn in engere Verbindung mit dem gleichgestimmten Vetter Fritz S. (s. d.). Der Beschäftigung mit der Med. in Basel folgte die Vertiefung in die Zool. während des Aufenthaltes in Würzb., wo er promovierte. Dann begannen 1883 die das ganze weitere Leben bestimmenden Jahre gemeinsamer Reisen mit dem Vetter. Der Aufenthalt in Ceylon 1884—1886 und 1907 galt u. a. der Frage der Abstammung des Elefanten und vor allem der Aufhellung des primitiven Daseins der waldbewohnenden, unter dem Namen Wedda bekannten Urbevölkerung der Insel. Als Ort zur Bearbeitung des in Ceylon gesammelten anthrop. Materials wählte er (wieder zus. mit dem Verwandten) Berlin, und die inmitten der gelehrten Kreise der Reichshauptstadt verbrachten Jahre blieben auch ihm eine stete Quelle glücklicher Erinnerungen. Die weitgespannten Forschungsziele auf Celebes unterstrichen schließlich noch deutlicher die Universalität des um stets neue Erkenntnisse ringenden Denkens. Gewiß bestehen zu Recht E. Harterts (s. d.) Worte: „Die Sarasins waren weder Ornithologen noch Entomologen, und das Sammeln von Vögeln und Schmetterlingen war keineswegs der Hauptzweck ihrer Reisen in Celebes" (Novit. Zool. 4, 1897). Welche Antriebe nichtsdestoweniger von ihren Gedanken und Vorstellungen gerade auch auf die zeitgenössische Vogelforschung ausgingen, das ist in der Würdigung für Fritz S. unterstrichen. Als die Vettern 1903 endgültig von der Romantik der Insel Celebes Abschied nahmen, öffneten sich für beide eigene Wege, und Paul S. entfaltete bis 1928 eine ungewöhnlich enz. Fruchtbarkeit in Vorträgen und Veröff. Das Arbeitsfeld erstreckte sich auf die Gebiete der Urgeschichte, Anat., Zool., Kunstgeschichte und Poesie; dazu bewegten ihn seit 1906 die Probleme eines Weltnaturschutzes. Die Schaffung eines Schweiz. Nationalparks im März 1914 wäre ohne den Einsatz seiner Härte und seines Feuergeistes damals wohl kaum gelungen. Trotz der zeitraubenden Hingabe an die Rettung gefährdeter Tier- u. Pflanzenformen war er von 1910—1918 Kurator der Univ. Basel, von 1903 ab Mitglied der Verwaltung des Mus. f. Völkerk. und von 1907—1912 deren Präsident. Ohne daß er je nach Würden gestrebt hätte, wurde er Dr. h. c. der Univ. Basel und Lausanne.

— Lit.: Nachruf (von F. Sarasin). Verh. Bas. 40, Teil 2, 1929, S. 1—23 (mit Bildnissen). - Nachruf (von L. Rütimeyer). Basl. Jb. 1931, S. 195—209. - Flora Malesiana 1, 1950, S. 460—463.

Sartorius, Karl, * 3. 7. 1875 Oldenburg, † 15. 10. 1967 Oldenburg. Der Dienst führte den Sohn eines Handwerksmeisters als Lehrer zuerst an die Volksschule von Borgstede (1895), dann als Zeichenlehrer an die Gymnasien von Jever (1900) und Oldenb. (1903—1935). Ein vielseitig reger musischer Geist prägte die Züge seiner Persönlichkeit. Freude an der Musik und der Malerei sowie das autodidaktisch erworbene Verständnis für biol. Zusammenhänge waren Ausdrucksformen eines verinnerlichten Lebens. Da die Begabungen des richtigen Sehens und Darstellens auch der kleinen Erscheinungen sich in ihm zur Wesenseinheit verbanden, war es dem Feldornithologen gegeben, kennzeichnende Merkmale jeder Vogelart mit wenigen Strichen deutlich zu machen und in viele seiner Schüler den Keim zu vertiefter Naturerkenntnis und kritischer Tierbeobachtung zu legen. Von früher Kindheit bis ins Greisenalter lockte ihn die Ornis der heimatlichen Landschaften. 1924 trat er der DOG bei; und seit der Gründung des Mellum-Rates 1925 war er im Landschafts- u. Vogelschutz auf weiten Strecken führend tätig. Die von ihm 1923 ins Leben gerufene Oldenb. Orn. Ges. entwickelte sich durch seine Umsicht nach 1945 zur orn. Arbeitsgemeinschaft Ems-Weser-Niederelbe, deren maschinenschriftliche Nachr. Herbert Bruns zu den Orn. Mitt. ausbauen konnte. In welchem Maße S. sich als hervorragend geschulter Formen- u. Stimmenkenner um die Aufhellung der oldenb. Avif. bemühte, zeigen über 20 Titel seiner teilweise mit trefflichen Skizzen oder Federzeichnungen ausgestatteten Veröff. Genannt seien „Z. Zuge v. Falco vespertinus durch Westeuropa" (Orn. Mber. 36, 1928), „Z. Vorkommen d. Schwarzkehligen Wiesenschmätzers im Oldenburgischen" (ebd. 37, 1929), „Über d. Vorkommen d. Goldregenpfeifers als Brutvogel auf oldenb. Gebiet" (J. Orn. 80, 1932), „D. gelbe Bachstelze, ein Beitr. z. gegenwärtigen system. Betrachtungsweise d. organischen Formenwelt" (Jb.

Oldenb. 1948/49), „Über d. Vorkommen d. Flußregenpfeifers im nordwestdt. Flachlande" (Orn. Mitt. 4, 1952), „D. Austernfischer im Gebiet Ems-Weser-Niederelbe" (Oldenb. Naturk. Blätter, Heft 2, 1953), „D. Uferschnepfe-Limosa limosa, ihre Verbreitung im nordwestdt. Flachlande" (Jb. Oldenb. 54, 1954), „D. Wespenbussard im norddt. Flachlande" (Orn. Mitt. 7, 1955), „D. Baumfalke im nordwestdt. Flachlande" (ebd. 7, 1955). Hinterlassene Bücherschätze und Kopien von seltenen Tafelwerken lassen erkennen, daß dem Freilandbeobachter auch andere Bereiche der Forschung nicht fremd waren. Ihm eigneten Kenntnisse paläarkt. und afrik. Formen sowie Einblicke in die vergl. Morphol. und Paläont., ohne daß er von diesem Wissen viel Gebrauch machte. Bilder wie „Enten auf d. Wasser", „Brandseeschwalben", „Wattenbild" hängen im Oldenb. Mus. f. Naturk. u. Vorgeschichte, das er in den 20er und 30er Jahren u. a. durch eine eindrucksvolle Mellum-Schau mit Erfolg förderte.

— Lit.: Würdigung (von R. Tantzen). Beitr. z. Gesch. d. Vogelk. in Oldenb. . . ., Jb. Oldenb. 50, 1950, S. 281—283 u. 298/99 (mit Bildnis u. Verz. d. Veröff.) u. B. Nieders. 9, 1956, S. 18—20 (mit Verz. d. Veröff.). - Würdigung (von Schriftl.). J. Orn. 96, 1955, S. 467. - Nachruf Jb. Oldenb. 66, 1967 (1969), S. 248 (mit Bildnis).

Sassi, Moriz, Dr., * 13. 6. 1880 Wien, † 25. 9. 1967 Wien. Der reiche Besitzstand einer alten, kultivierten Familie ermöglichte ihm die Pflege künstlerischer Anlagen und einer Sammelleidenschaft, der er auch auf wissensch. Reisen (1905 Sudan, 1911 Konstantinopel, 1928 Dalmatien, 1930 Costa-Rica) mit wesentlichem Gewinn an Sachkunde nachgehen konnte. Zool. Studien 1898—1903 in Wien beendete eine Diss. über Mollusken. Bestimmend und sein Leben ausfüllend blieb indes die aus ästhetischen Wurzeln unauffällig wachsende Hinneigung zur Welt der Vögel. Das weite Feld nie erlahmender orn. Beschäftigung lag vor ihm, als er 1908 Volontär am Naturh. Mus. der Vaterstadt werden durfte und dort in L. Lorenz von Liburnau (s. d.) einen verständnisvollen Mentor fand. Erst 1920 wurde für ihn die bezahlte Stelle eines Assistenten frei. 1933 erhielt er den Titel eines Reg.-Rates und 1948 den eines Hofrats. Bis zum Ruhestand 1949 diente er seinem Mus., nachdem er nur 1939 für kurze Zeit das Opfer der politischen Entwicklung geworden war. Im hohen Alter blickte er auf eine mus. Tätigkeit zurück, die, getragen von der Vorliebe für die exotische Orn., als Mittelpunkt alle Zeit nur den Vogelbalg und die Charakterisierung und Trennung geogr. Subtilformen kannte. Er war der Prototyp der system. beschreibenden Forschungsepoche. Die Betreuung der Vogel-Abt. des Mus. bot ihm Gelegenheit zur Bearbeitung u. a. der Vogelwelt Dalmatiens, der Ägäis, Mittel- u. Ostafrikas, der Südsee, Costa-Ricas. Noch als Pensionär saß er bis etwa 1960 geistesfrisch an einer Revision der amerik. Bälge. Das ihn umgebende Material entstammte nicht nur seinen eigenen Exp.; auch die Eingänge aus den Unternehmungen anderer Reisender und Sammler wie E. Weiske, R. Grauer, J. Graf von Seilern und Aspang (s. d.) standen ihm zur Verfügung. Von seinen Veröff. seien einige größere genannt: „Ein Beitr. z. Kenntnis d. Vogelw. v. Weißen Nil" (Ann. Wien 21, 1906), „Bem. z. d. v. E. Weiske in Brit.-Guinea u. Nord-Queensland gesammelten Vogelbälgen" (J. Orn. 57, 1909; 58, 1910), „Liste v. Vogelbälgen aus Mesopotamien" (Ann. Wien 26, 1912), „Beitr. z. Ornis Zentralafrikas" (ebd. 26, 1912; 30, 1916; 38, 1924), „Einige neue Formen . . . aus d. Kollektion Grauer" (Anz. Akad. d. Wissensch. Wien 14, 1914 u. J. Orn. 63, 1915), „D. Verbreitung d. Kolibris . . ." (Verh. Bay. 18, 1928), „Orn. Beob. aus Norddalmatien" (Ann. Wien 43, 1929), „Vögel v. Rodi . . ." (Verh. Bay. 21, 1937), „D. Vögel d. österr. Costa-Rica-Exp." (Temminckia 3, 1938; 4, 1939). Vor seinem kritisch analysierenden Urteil bestand nur, was — wie am morphol. geprägten Vogelkörper — eindeutig bestimmbar war. Für feldorn. Diagnosen und die in seiner Anfangszeit noch nicht bekannten Ergebnisse der Verhaltensforschung fehlte dem „Balgornithologen" das rechte Verständnis. An beiden Arbeitsrichtungen vermißte er entscheidende Aussagewerte. Nichtsdestoweniger blieb ihm auch unter freiem Himmel der avif. Blick erhalten. Das bezeugen „Orn. Beob. aus Österr. 1930/31" — zusammen mit A. Mintus (Verh. Wien 82, 1932)

TEIL 2

und der von ihm gelieferte erste Ber. vom Auftreten der Türkentaube im Burgenland (Aquila 42—45, 1935—1938). Die Sorgfalt der wissensch. Studien und die mit Takt gepflegten menschlichen Beziehungen sicherten dem das Leben stets und gern bejahenden Junggesellen die Achtung und Freundschaft manch bekannter Fachgenossen. Mehrere Vogelrassen wurden nach ihm benannt: Serinus flavivertex sassii Neumann 1922 = Serinus canicollis sassii, Accipiter minullus sassii Stresemann 1924 = Accipiter erythropus zenkeri, Euplectes albonotatus sassii Neunzig 1928 = Coliuspasser albonotatus eques, Sticticarbo punctatus sassii Mathews 1929 = Phalacrocorax punctatus punctatus, Nucifraga caryocatactes sassii Keve 1943 = Nucifraga caryocatactes macrorhynchos. Der Gelehrsamkeit dienende Gesellschaften bedachten ihn mit Ehrungen. Seit 1924 gehörte er dem Ausschuß der DOG an, deren Mitglied er seit 1914 war. Er war ferner Ehrenmitglied der Orn. Ges. Bay. und des Ung. Orn. Inst., Korr. Mitglied der American Orn.'s Union sowie anderer in- u. ausländischer Vereine.

— Lit.: Österreicher d. Gegenwart 1951, S. 262. - Nachruf (von A. Keve u. G. Rokitansky). Ann. Wien 73, 1969, S. 5—10 (mit Bildnis u. Verz. d. Veröff.).

Saxesen, Friedrich Wilhelm Reisig, * 1792 Oen bei Cappeln (Schleswig), † 29. 7. 1850 Kiel. Schon in der Jugend auf dem väterlichen Gut hervortretende zeichnerische Begabung entfaltete sich mit der Reife der Jahre so eindeutig, daß er den in Husum, Oldenburg und Schwerin ausgeübten Apothekerberuf 1820 aufgab, an der Maler-Akad. in Dresden sich künstlerisch weiterbildete und 1826 die Stelle des Zeichenlehrers an der Berg- u. Forstschule Clausthal (Harz) übernahm. Da ihn daneben die Freude an der Naturbeobachtung nicht weniger drängend beflügelte, lag bald auch der naturgeschichtliche Unterricht in seinen geschickten Händen. Den, dem Studium der Natur gewidmeten Eifer bezeugen die Mitgliedschaft beim Naturw. Ver. des Harzes, zahlreiche Beitr. und Abb. in J. T. C. Ratzeburgs „Forstinsekten" (1837 bis 1840), entom. Verlautbarungen in Isis 31, 1838 und in der Stettiner entom. Ztg. (1840). Dieser naturw. Aufgeschlossenheit entsprang auch die Mitarbeit an Christian Zimmermanns Hdb. über das „Harzgebirge..." (Darmstadt 1834). Die darin von S. zusammengestellte Vogelliste — sie nennt 145 Arten — trägt zuverlässigen Charakter. Vertraut war ihm das Verhältnis der Bevölkerung zur dortigen Ornis: „Besonders die kleineren Vögel bieten eine nicht geringe Anzahl von Arten dar, von denen einige in einer so großen Menge vorhanden sind, daß der Fang derselben auf Vogelherden, Leimruten und in Dohnen (Schneit) einen Erwerbszweig und Zeitvertreib vieler Oberharzbewohner abgibt. Die lebend gefangenen werden größtenteils gleich getötet und zum Verspeisen verkauft. Viele werden aber auch in kleine Bauer gesetzt, den singenden oft Melodien beigebracht, und mit den auf dem Harze häufig gezogenen Kanarienvögeln von Leuten, die sich eigens mit diesem Handel ernähren, durch ganz Norddeutschland, Holland, Dänemark, Preußen, ja bis nach Rußland zum Verkauf getragen". Bei verschiedenen Formen äußert er sich auch über die vertikale und horizontale Verbreitung, unterdrückt aber — ein Beweis seiner Sachlichkeit — nicht das Geständnis, „daß es noch an den nötigen Beobachtungen fehlt, um über die Örtlichkeit und Zeit des Aufenthaltes und die Ökonomie der Vögel des Harzes etwas Genügendes zu sagen". Seine orn. Kenntnisse beruhten zu einem erheblichen Teil sicher auf den ihm von Vogelfängern zugetragenen Ber., waren indes nicht zuletzt und offensichtlich auch Früchte eigener, unter freiem Himmel gesammelter Erfahrungen — selbst wenn seine Meinung, daß der Gimpel in der Freiheit nicht singe, überraschen muß. Die von ihm hinterlassenen Angaben wurden später mehrfach verwertet, so von B. R. Borggreve (s. d.) in „D. Vogelw. v. Norddeutschl." (1869), von W. Borchert in „D. Vogelw. d. Harzes ..." (1927), von M. Brinkmann (s. d.) in „D. Vogelw. Nordwestdeutschl." (1933). Berichtigende Bem. lieferte E. Stresemann — unter Benutzung der Aufz. von K. F. E. Mehlis (s. d.) — in einem Beitr. „Z. Vogelw. d. Harzes" (B. Nieders. 6, 1953). Den mehr wissensch. geschulten Blick seines Zeitgenossen Mehlis besaß S. wohl nicht, schon deshalb, weil ihm — zum eigenen Verdruß — ein Univ.-Studium mangelte.

Nichtsdestoweniger genoß er als vertrauenswürdige Persönlichkeit und gewissenhafter, leistungswilliger Lehrer ein hohes Ansehen unter Entomologen und Zoologen seiner Zeit. Wegen Krankheit schon 1842 aus dem Amte geschieden, verbrachte er die letzten Jahre in Oldenburg und Kiel.

— Lit.: J. T. C. Ratzeburg, Forstwissensch. Schriftsteller-Lex., 1874, S. 451—454. - R. Heß, Lebensbilder hervorr. Forstmänner, 1885, S. 308/09.

Schack, Wilhelm, * 5. 8. 1909 Frankfurt-Fechenheim, † 5. 9. 1959 Pretoria (Süd-Afrika). Im Kreise der Vogelk. Beob.-Stat. Untermain großgeworden, wählte er anfangs das Täschnerhandwerk als Brotberuf, bis es ihm — getrieben von tiefer Tierliebe — gelang, von Zoodirektor Priemel zur Ausbildung als Tierpfleger in den Frankf. Zoo geholt zu werden. Damals öffnete sich ihm durch E. Leitz/Wetzlar auch die Möglichkeit, der großen Begabung für die Kunst der Tierphotographie nachzugehen. Der Erfolg war schließlich eine staunenswerte Meisterschaft. Ein feines Gespür für den Augenblick, wo das Tier sich in kennzeichnender Haltung zeigte, gestattete ihm Schwarzweiß- u. Farbaufnahmen, die einhellige Bewunderung ernteten. Nicht weniger bedeutungsvoll für den ihm innere Befriedigung gewährenden, sinnvollen Lebensweg war die Verbindung mit der Senck. Naturf. Ges. in Frankfurt, nachdem P. Cahn (s. d.) Fähigkeiten und Leistungswillen des ernsthaft strebenden Autodidakten entdeckt hatte. Schon vor dem 2. Weltkrieg konnte das Mus. Senck. aus 2 seiner Reisen nach Angola reiche Schätze verzeichnen. Eine 3. Reise nach Afrika endete mit dem Ausbruch des Krieges in einem südafrik. Internierungslager; es bot ihm die eifrig genutzte Gelegenheit, sich zool. fortzubilden. Der Verbleib in Pretoria war 1945 die Folge. Die Nationalparkanlagen und Wildreservate mit ihrer einzigartigen Fauna zogen ihn unwiderstehlich an, so daß er als Photograph im Krüger-Park hervorragende Farbfilme schaffen konnte. In gelegentlichen Vorträgen vor der Senck. Gesellschaft (er war zuletzt Korr. Mitglied) und Beitr. für die Ber. Senck. legte er Zeugnisse seiner Kenntnis der südafrik. Säugetiere und Vögel vor. In der Großtierwelt galt die Vorliebe den Nashornformen. Kurz vor dem Tode vermochte er noch das Buch „Ich jagte d. Weiße Nashorn, mit Kamera u. Blitzlicht im Zululand" (Frankf. 1958) fertigzustellen. Mag in seiner naturschützerischen Begeisterung und der mit Bescheidenheit gepaarten Einsatzfreude die Vogelw. keinen vordergründigen Platz erreicht haben, mag der Künstler und warmherzige Beobachter im Raume der Orn. nur begrenzte Beachtung erlangt haben, er setzte dennoch nach seinen Kräften vor der Weltöffentlichkeit Maßstäbe zur Abwehr der auch die afrik. Ornis bedrohenden Gefahren. Die Beschäftigung mit europ. Vogelarten, vor allem mit dem beschwingten Dasein der Seevögel, fand ihren die Schönheit der Tierbewegung betonenden Niederschlag in dem gemeinsam mit O. Leege (s. d.) und H. Focke hrsg. „Wunder d. Möwenflugs" (1937).

— Lit.: Nachruf (von R. Mertens). Ber. Senck. 89, 1959, S. 382—387 (mit Bildnis). - Nachruf (von S. Pfeifer). Jber. U.-main 33, 1960, S. 5/6 (mit Bildnis). - Bildnis in W. Schuster, Vogelf. v. Großhess. u. Nassau, 1941.

Schaffgotsch, Rudolf (Ludwig?) Reichsgraf. Er war der Besitzer einer weithin bekannten orn. Samml. in Warmbrunn (Riesengebirge), deren Grundstock die 1878 durch Kauf erworbene Warmbrunner Samml. von E. Luchs (s. d.) bildete. Ihre schles. Abt. umfaßte 1921 1013 Stücke von 291 Arten. Dazu gehörten 7000 Eier, unter ihnen eine Kollektion von Möweneiern aus dem Kunitzer See bei Liegnitz sowie mehr als 100 schles. Kuckuckseier. Mit guten Fundortbezeichnungen versehen und von G. Martini (s. d.) sorgfältig gepflegt, war sie bis gegen die 30er Jahre dieses Jahrh. ein die schles. Faunenforschung tüchtig befruchtender Faktor. Wie sich ihr Schicksal späterhin gestaltete, konnte nicht mehr ermittelt werden. Ebenso unmöglich war es, Lebensdaten des Grafen zu finden. An seinen Namen hefteten sich — in der Blütezeit privater Sammelleidenschaft — bemerkenswerte Verdienste, auch wenn er nur auf einem Sondergebiet schöpferisch tätig war und kein geschriebenes Wort hinterließ. Über seine Samml. liegen folgende Nachr. vor: G. Martini, „Kleiner Führer durch d. Gräfl. Schaffgotschsche orn. Kabinett . . ." (Warmbrunn 1907), Ders., „Seltenheiten in d. Schles. Abt. d. Reichsgräfl. orn. Samml. in Warmbrunn"

(Ber. Schles. 3, 1910), Ders., „D. Gräfl. Sch. orn. Samml." (ebd. 7, 1922), G. Nave, „D. Reichsgräfl. Sch. orn. Samml." (Niederschlesien 2, 1922), R. Zimmermann, „D. Kuckuckseier schles. Herkunft in d. Gräfl. Sch. Samml. in Warmbrunn" (Ber. Schles. 9, 1923).

— Lit.: F. Pax, Wirbeltierfauna v. Schles., 1925, S. 88/89.

Schiff, Moritz, * 28. 1. 1823 Frankfurt (Main), † 6. 10. 1896 Genf. Von Haus aus zum Beruf des Kaufmanns bestimmt, brach er — ein kluger und gewitzter Kopf — den Widerstand des Vaters und studierte Med. in Berl. und Gött., nachdem ihn F. Tiedemann (s. d.) in Heidelb. bereits für die Anat. begeistert hatte. 1844 eröffnete er in seiner Vaterstadt eine ärztliche Praxis, gab sich aber mit Vorliebe experimentellen physiol. Studien hin und strebte die Univ.-Laufbahn an. Da ihm in den auf die Revolution von 1848 folgenden Jahren eine Habilitation an einer dt. Hochschule nicht möglich schien, übernahm er von 1856 bis 1863 die Professur für vergl. Anat. in Bern, lehrte anschließend in Florenz und war von 1876 ab Ordinarius für Physiol. in Genf. In der Frankf. Zeit machte er sich durch rege Mitarbeit in der Senck. Naturf. Gesellschaft verdient und verwaltete als Sektionär von 1846 ab die orn. Samml. des Mus. Eigene Veröff. aus diesem Gebiete lassen sich aber nicht nachweisen. Die Ergebnisse seiner Studien und Unters. überließ er vielmehr dem Neffen Napoleons I., dem Prinzen Charles Lucien Bonaparte. Dieser viele damalige Fachgenossen überragende Formenkenner und eigenwillige, von Evolutionsvorstellungen bewegte Systematiker verwertete die Mitt. in seinem „Conspectus generum avium" (1. Bd. 1850; 2. Bd. unvollendet 1857). Er schätzte die aus dem Frankf. Mus. stammenden Nachr. offenbar nicht gering ein, denn unter den aus seinem Benennungseifer erwachsenen 1075 Gattungsbezeichnungen befindet sich der Name Schiffornis, der neben anderen überraschenden Sprachschöpfungen wie Lichtensteinipicus, Reinwardtoena, Kaupifalco noch heute als nomenklatorische Besonderheit Geltung hat und dem Frankf. Arzt Eingang in die Geschichte der Orn. verschaffte.

— Lit.: F. Stoltze. Gedichte in Frankf. Mundart. - F. Haas, Stoltzes „David mit d. Kapp" u. der Senckenberg. Ber. Senck. 55. 1925. S. 496 bis 498 (außerhalb d. Textteils). - E. Stresemann, Entw. d. Orn., 1951.

Schilling, Lothar, Dr., * 5. 8. 1908 Göttingen, † zwischen 1941 und 1943 Rußland. Er studierte Zool. in seiner Vaterstadt, Leipzig, Wien und promovierte im Mai 1939 (mündliche Prüfung im November 1938) mit einer Arbeit über die „Variabilität der Meerschweinchenhaare u. ihrer Pigmente". Im Dezember 1940 zum Wehrdienst einberufen, starb er schon wenige Jahre später den Soldatentod. Nach der Promotion übernahm er eine Assistentenstelle an der Vogelwarte Helgoland. Aus der dortigen orn. Praxis erwuchsen 3 von ihm verfaßte Veröff.: „Auffallender Zug d. Waldschnepfe-Scolopax rusticola im Frühjahr 1939 auf Helgoland" (Vz. 10, 1939) und (zusammen mit R. Drost) „Über d. Lebensraum deutscher Silbermöwen-Larus a. argentatus Pontopp. auf Grund v. Beringungsergebnissen" (ebd. 11, 1940), „Über d. Zug d. Trauerfliegenschnäppers - Muscicapa hypoleuca (Pall.)" (ebd. 11, 1940). Da Akten und Unterlagen in Gött. und Wilhelmshaven während des 2. Weltkriegs untergingen, fehlen weitere Daten über seinen Werdegang und seine Beziehungen zur Vogelkunde.

Schönekerl, Hans, * 1904 Magdeburg, † 25. 3. 1940 Magdeburg. Im Jahre 1923 gründete er zusammen mit anderen Gymnasiasten — unter ihnen waren E. Sperling (s. d.), H. Schildmacher, W. Schwarz, K. H. Mühlmann (s. d.) — in seiner Heimatstadt die Orn. Vereinigung Magdeb., der jugendlicher Eifer eine kurze Blüte ermöglichte. Nach dem bald darauf bestandenen Matur öffnete sich ihm die höhere Beamtenlaufbahn (im Zolldienst?). Sie führte ihn in die verschiedensten Teile des Reiches und später wieder zurück nach Magdeb., bis eine tückische Krankheit seinem Leben den frühen Markstein setzte. Die kurzen Jahre seines Erdenwandels reichten aus für den Nachweis, daß in ihm das Zeug zu einem gründlichen und gewissenhaften Feldornithologen steckte. Einen Namen machte er sich vor allem auf dem Gebiete der Stimmenkunde. Die Kenntnisse verdankte er nicht nur den Exk. in der Umgeb. von Magdeb., sondern auch der Aufmerksamkeit, mit der er auf weiten Reisen die planmäßigen Beob. fortsetzte. Da er eine Reihe von Jahren in Dessau ansässig war, erreichte er in dieser Zeit auch ersprießliche Zusammenarbeit der Magdeb. Vereinigung mit dem Dessauer und dem Köthener orn. Verein. Der DOG gehörte er seit 1923 an. Weil er sich aber nicht zur Veröff. auch nur eines Wortes aus umfangreichen Aufz. entschließen konnte, drang sein Ruf kaum über die Grenzen der engeren Heimat hinaus. Nur die Freunde, die unter freiem Himmel an seiner Seite standen, erfuhren von dem in ihm gespeicherten Wissensschatz und hatten Gelegenheit, die feinsinnigen Deutungen der Vogellaute u. -gesänge zu bewundern.

— Lit.: Nachruf (von E. Sperling). Beitr. z. Avif. Mitteldeutschlands 4, 1940, S. 1—3.

Schomburgk, Otto, * 28. 8. 1810 Voigtstedt (Kr. Artern, Unstrut), † 16. 8. 1857 Buchsfelde (Australien). Der Bruder von Richard und Robert Hermann Sch. (s. d.) studierte in Halle erst Theol. und dann Naturw., mußte aber, weil sein Idealismus sich von der vaterländischen Begeisterung der Burschenschaft angezogen fühlte, mehrjährige Haft in der Zitadelle von Magdeburg verbüßen. Mit Froriep gab er 1846—1848 die Zeitschr. „Fortschritte d. Geogr. u. Naturw." heraus. Schließlich verließ er mit dem Bruder Richard Sch. 1849 die Heimat und ließ sich in Australien am Gawler River nieder. 1853 konnte das Journal d. Londoner Geogr. Ges. aus seiner Feder bedeutsame met. Beob. aus dem neuen Erdteil bringen. Verdienst gebührt auch ihm, weil er Robert Hermann Sch.s „Reisen in Guiana u. am Orinoko 1835—1839" (Leipz. 1841) nach den an die Londoner Geogr. Ges. gerichteten Ber. in dt. Sprache veröffentlichte. Er sei hier genannt, weil die 3 Brüder öfters verwechselt werden.

— Lit.: Fr. Embacher. Lex. d. Reisen u. Entdeckungen, Leipz. 1882; Nachdruck, Amsterdam 1961, S. 262. - Allg. Dt. Biogr. 32, 1891, S. 243.

Schomburgk, Richard, * 5. 10. 1811 Freyburg (Unstrut), † 25. 3. 1891 Adelaide (Australien). Eine durch A. v. Humboldt vermittelte Unterstützung des Königs von Preußen ermöglichte dem in Potsdam tätigen Gärtner, den älteren Bruder Robert Hermann Sch. (s. d.) auf dessen 2. Reise nach Britisch Guayana 1840—1844 zu begleiten. Reiche, bisher vielfach unbekannte Schätze, darunter die gesamte Vogelausbeute, kamen so in den Besitz des Berl. Mus. Zusätzliches Verdienst knüpfte sich an den Namen des Forschers, als er „ungeachtet des Bewußtseins seiner Schwäche und des Mangels an wissensch. Ausbildung" unter Benutzung der Vorarbeiten des Bruders die seinem König gewidmeten „Reisen in Brit. Guayana" (3 Bde. 1847/48) schrieb. Im 3. Bd. dieses Werkes bearbeitete J. Cabanis (s. d.) die Vögel (und Säugetiere) und gab damit zahlreiche Novitäten bekannt. Der Verf. selbst steuerte sehr genaue und gründliche Angaben über Vorkommen und Leben der angetroffenen Vogelformen bei, schrieb auch über „Rupicola aurantia" (Naum. 1, 1851) sowie „Prionites momota" (ebd. 1, 1851) und erweiterte so die Grundlagen, auf die sich die spätere Kenntnis des tropischen Landes stützte. Daß er sich von übertriebenem Selbstgefühl frei wußte, zeigt die Verknüpfung der eigenen Erfahrung mit den Feststellungen des Prinzen Max zu Wied (s. d.) (er nannte ihn einen „treuen Beobachter") aus Brasilien, mit denen von J. B. v. Spix (s. d.) aus denselben Teilen Südamerikas und denen von J. J. v. Tschudi (s. d.) aus Peru. A. E. Brehm (s. d.) beutete die Schilderungen dann im „Illustrierten Tierleben" aus und sorgte so für weite Verbreitung. Nach den politischen Unruhen von 1848 wählte der Forscher Süd-Australien zur neuen Heimat. Mit seinem Bruder Otto Sch. (s. d.) erwarb er Land am Gawler River und lebte als Privatgelehrter in der dt. Kolonie Buchsfelde, bis ihm 1866 die Leitung des Botan. Gartens von Adelaide übertragen wurde. Auf diesem Posten verblieb er bis zum Tode. Von Einzelbeiträgen, die auch spätere orn. Wachsamkeit verraten, können genannt werden: „Z. Fortpflanzungsgeschichte d. Leipoa ocellata Gould" (Leopoldina 3, 1862) (ein sehr ausführlicher Ber. über das Freileben und d. Bedrohung d. selten gewordenen Form) und „A communication from Richard Sch. concerning the nesting habits of a pair of Australian Coots - Fulica australis" (Proc. Z. S. London 1874) (eine kurze Mitt. aus d. Botan. Garten über Nestbau eines Männchens neben d. Brutnest). Seit 1844 war er Mitglied der Leopoldina. Als gewissenhafter Diener der Naturw. (vor allem der Botan.)

TEIL 2

und stahlharte Persönlichkeit steht er würdig neben seinem älteren Bruder.

— Lit.: Dictionary of National Biogr. 17, 1921/22, S. 927. - E. Stresemann, D. Entw. d. Vogelsamml. d. Berl. Mus. unter Illiger u. Lichtenstein, J. Orn. 70, 1922, S. 498—503. - E. Banse, Lex. d. Geogr. 1923, Bd. 2, S. 454. - H. M. Whittell, The Literature of Austral. Birds, Perth 1954, Teil 2, S. 637.

Schomburgk, Sir Robert Hermann, Dr. Dr., * 5. 6. 1804 Freyburg (Unstrut), † 11. 3. 1865 Berlin-Schöneberg. Als Sohn eines Superintendenten wurde er — ohne Neigung — Kaufmann in Naumburg und Leipzig. Der frühe Wunsch nach dem Studium der Botan. und anderer Naturw. begann sich zu erfüllen, als ihm 1828 der Transport einer sächs. Schafherde nach Nordamerika übertragen wurde. Er blieb in der Neuen Welt und ging, nachdem in St. Thomas ein kaufmännischer Versuch mit Verlust des Vermögens geendet hatte, 1830 nach Westindien. Auf eigene Kosten betriebene hydrographische Forschungen namentlich auf Anegada bestätigten die ihm innewohnenden Fähigkeiten. Bewunderung erregende Ber. im Journal der Londoner Geogr. Ges. (seit 1831) hatten daher zur Folge, daß ihm 1834 die Mittel für eine wissensch. Exp. nach Brit. Guayana gewährt wurden. Dort untersuchte er, den Spuren des verehrten A. v. Humboldt und anderer Reisender folgend, mit glänzenden Ergebnissen die naturw. und geogr. Verhältnisse verschiedener Flußgebiete (vgl. Journal d. Londoner Geogr. Ges. 1865) und sandte 1837 als erster die Victoria Regia nach Europa. In „R. H. Sch.s Reisen in Guiana u. am Orinoko 1835—1839", hrsg. Leipz. 1841 von seinem Bruder Otto Sch. (s. d.), sagte der seinen Mut hoch einschätzende A. v. Humboldt: „Lange und schwer gegen die äußeren Hindernisse ankämpfend, welche dem Menschen die Welt verengen, hat er sich seine wissensch. Bildung selbst gegeben. Was wir nicht aus Büchern schöpfen können, wurde ihm durch das Leben im Freien, durch den Anblick des gestirnten Himmels in der Tropenwelt, durch den unmittelbaren Kontakt mit der lebendigen Natur verliehen." Auf einer zweiten, diesmal amtlichen Reise nach Brit. Guayana (1840—1844), deren Ziel auch die Festlegung der politischen Grenzen des Gebietes war, begleitete ihn sein Bruder Richard Sch. (s. d.). Neben großartigen, die Kenntnis des Landes wiederum vermehrenden Erfolgen erbrachte das kühne Unternehmen bedeutsame Samml. für das Brit. Mus. sowie die Mus. von Berlin und Paris. In Ber. an das Journal dieser Ges. (1842 u. 1845) und an die Mitt. d. Berl. Ges. f. Erdk. ist die Ausbeute überliefert. Die engl. Regierung erkannte die Leistungen an, indem sie ihm nach der Rückkehr 1844 den Adelstitel verlieh und ihn in den Konsulardienst übernahm. 1846 hielt ihn amtlicher Auftrag in Barbados fest. 1848—1857 war er Konsul in Haïti und 1857—1864 General-Konsul von Siam in Bangkok, überall naturw. und geogr. forschend. Eine längere, beschwerliche Reise 1859/60 durch Siam nutzte er zur Niederschrift von lebensvollen „Cursory Notes on some of the Birds of Siam" (Ibis 6, 1864). Sie wurden unter Ausschaltung wissensch. Beschr. eine erste kritische Darstellung von „customs and manners" der ihm begegnenden Formen und zugleich der Anfang der orn. Erkundung jener unbekannten Ferne. Die von ihm gesammelten Bälge überließ er J. Gould, der in „List of Birds collected in Siam by Sir R. H. Sch." (Proc. Z. S. London 27, 1859) erstmals darüber berichtete. Die Reise ist von H. G. Deignan in „The Birds of Northern Thailand" (United States National Mus. 186, 1945) in ihrer Durchführung und Bedeutung für die Orn. gewürdigt. Tropenkrank kehrte Sch. nach Deutschl. zurück und starb bald darauf. Außer den Ber. an die engl. Regierung gehören zu seinen wesentlichsten Veröff. u. a. „A Description of Brit. Guiana" (1840), „The History of Barbados" (1848), „The Discovery of the Empire of Guiana by Sir Walter Raleigh" (1848). Sein Name ist fest mit der brit. Besitzergreifung von Guayana verknüpft, und stets wird er in den Reihen derer verzeichnet bleiben, die als dt. Pioniere aus eigener Willenskraft sich dem Wagnis der naturw. Erkundung ferner Erdteile hingaben. Die ihm vom Schicksal vorgezeichneten, durch amtliche Tätigkeit an ein anderes Land gebundenen Wege standen insofern unter einem glücklichen Stern, als sie durch Engl. die ihm gebührende Unterstützung und Würdigung fanden, und auch in Deutschl. (da er nie die Nationalität aufgegeben hatte) mit Ehren beachtet wurden. Seinen Namen erhielt die Schomburgk-Ralle Crex schomburgkii Schomburgk (Cabanis) 1848 = Micropygia schomburgkii schomburgkii (Sch.). Die Form ist beschrieben in Sch., Reisen in Brit. Guiana, Bd. 2, 1848; Cabanis gab den Namen im gleichen Werk, Bd. 3, 1848, aber ohne Beschr. und terra typiga. Die Univ. Königsberg verlieh ihm 1854 den Grad des Dr. phil., die von Jena den Grad des Dr. med.; Auszeichnungen empfing er zudem von Preußen, Sachsen, Österr., Frankreich. Mitglied der Leopoldina war er seit 1845.

— Lit.: Autobiogr. in Leopoldina 1, 1859, S. 34 bis 39. - Fr. Embacher. Lex. d. Reisen u. Entdeckungen. Leipz. 1882; Nachdruck Amsterdam 1961, S. 262. - Allg. Dt. Biogr. 32. 1891, S. 240 bis 243. - Dictionary of National Biogr. 17, 1921/22. S. 926/27. - E. Banse. Lex. d. Geogr. 1923, Bd. 2, S. 454. - Flora Malesiana 1, 1950, S. 475. - Modern Engl. Biogr. 3, 1965, S. 440/41.

Schotte, Ernst, * 11. 12. 1829 Halle, † 28. 3. 1895 Berlin. Der Name des Berliner Verlagsbuchhändlers aus der 2. Hälfte des vorigen Jahrh. findet sich wahrscheinlich an keiner Stelle der Geschichte der Vogelk. verzeichnet. Die Gründe dürften einleuchten: Er hielt sich außerhalb der mehr wissensch. eingestellten Berl. Fachkreise und hinterließ auch keinen Beitr. im rein vogelk. Schrifttum. Entspannende Freude an der volkstümlichen Form der Kleintierhaltung führte ihn in die Reihen des 1864 gegründeten Berl. Vereins d. Geflügelfreunde „Cypria". Diesem Verein stellte er uneigennützig seine Kräfte zur Verfügung. Nachdem er seit 1875 Schatzmeister gewesen war, wurde er 1885 Ehrenmitglied; von 1890 bis 1893 lag schließlich der Vorsitz in seinen Händen. Zu dem kämpferisch geprägten K. Ruß (s. d.) scheint seine besinnliche Art keine näheren Beziehungen unterhalten zu haben. Dagegen hatte K. A. H. Bodinus (s. d.) in ihm einen ideenreichen, von den Vereinsmitgliedern hochgeschätzten Weggenossen in die Gefilde der Zuchtbemühungen. Es verdient Erwähnung, daß er außer edlen Tauben und Kanarien auch einheimische und exotische Vögel hielt. In Kontor und Zimmern lebten bei ihm ausgesuchte Sänger wie Grasmücken, Nachtigallen, Sprosser, Drosseln und Lerchen. Anregende Erfahrungsberichte aus seiner Feder standen in der „Cypria". Sein Anteil an der Vertiefung der Liebhaberei und angewandten Vogelk. jener Jahre war gewiß nicht geringer als der des Freundes Bodinus. Nicht nur die Stellung, sondern auch die aktivere Veranlagung rückten den Zoodirektor indes nachhaltiger ins Blickfeld der Berl. Öffentlichkeit und gaben ihm einen heute noch bekannten Platz in der Entwicklung. Der vielseitig tätige Hofbuchhändler begnügte sich mit einem unauffälligeren und bescheideneren Wirkungsfeld; gerade deshalb sollte sein Beispiel nicht der Vergessenheit anheimgegeben werden.

— Lit.: Würdigung (von W. K. G. Möbes). Allg. Gefl.-Ztg. Reutlingen Nr. 14 v. 23. 7. 1965, S. 12. - Bildnis in Chronik d. Cypria 1934.

Schubert, Hans Joachim, * 4. 8. 1904 Leipzig, † 15. 5. 1955 Stralsund. Er war an der Univ. Leipz. als Meteorologe vorgebildet und von 1932 ab auf Flugplätzen in Erfurt, Leipz. und Westeuropa tätig. Die seit der Schülerzeit begeistert aufgenommene und nebenher liebhaberisch gepflegte Vogelk. erhielt durch den Beruf Richtung und Inhalt. Auch die später im Krieg als „Wetterflieger" gewonnenen Erfahrungen ordneten sich den orn. Neigungen ein. Sie galten nicht allein dem Vogel im Fluge, sondern auch den Fragen der geogr. Verbreitung und der Verdriftung durch höhere Gewalten. Die in der Praxis als Aviatiker erlangten Eindrücke hatten zu ihrer Zeit noch kaum Eingang in den orn. Wissensschatz gefunden und bedeuteten daher eine wichtige Kenntnisbereicherung. Weil Sch. im besten Mannesalter einem Herzinfarkt erlag, erschienen seine Wortmeldungen z. T. erst posthum im Druck. Genannt werden können die folgenden Arbeiten: „Kanada-Gans in Norwegen" (Orn. Mitt. 3, 1951), „Über Birkenzeisige" (Mitt. Thür. 3, 1952), „Einige Betrachtungen z. Auffinden zweier Raubmöwen i. J. 1951 in Mitteldeutschl." (ebd. 4, 1953), „Eßbare Schwalbennester" (Falke 4, 1957), „Über Begegnungen v. Vögeln mit Flugzeugen" (B. z. Vk. 5, 1957), „Kleiner Beitr. z. Vogelw. d. iberischen Halbinsel" (ebd. 6, 1959), „G. Clodius z. Gedenken" — zus. mit R. Heyder (ebd. 7, 1961).

Schubotz, Hermann, Dr., * 25. 5. 1881 Potsdam, † 7. 11. 1955 Lugano (Tessin). Als Sohn eines Spediteurs studierte er von 1900 bis 1904 Naturw. in Heidelb. und Berl. und widmete sich als Assistent am Zool. Inst.

von Berl. bis 1911 hauptsächlich der Protozoenforschung. Der Habilitation für Zool. und vergl. Anat. 1913 in Berl. und kurzer Lehrtätigkeit am Kolonial-Inst. von Hamb. folgte 1916 die Verwendung als ao. Prof. in Berl. Unter den veränderten politischen Verhältnissen nach 1918 verlagerte sich indes sein Wirkungsfeld von der Zool. auf die Bereiche der Kultur und Politik. Seit 1919 Referent für Kulturpolitik bei der Dt. Gesandtschaft in Stockholm, wurde er 1926 einer der Gründer und Direktor der „Dt. Welle" beim Deutschlandsender Königswusterhausen. Hier suchte er die ihm gemäße Lebensaufgabe, mußte sie aber 1936 mit der Auswanderung nach Dt.-Südwestafrika (wo er Caracul-Schafe züchtete) unterbrechen, bis sich ihm 1952 die Möglichkeit bot, im dt. Rundfunk wieder organisatorisch zu arbeiten. Schon früh lebenslängliches Mitglied der Dt. Zool. Gesellschaft, unterhielt er nie besondere Beziehungen zur Vogelk. Doch machte er sich während weniger Jahre verdient um die Erforschung der außereuropäischen Ornis und zwar in der Stellung eines wissensch. Mitarbeiters und Teilnehmers an den beiden Exp. des Herzogs Adolf Friedrich zu Mecklenburg (s. d.) nach Äquatorial-Afrika 1907/08 und 1910/11. Rechenschaftsberichte aus seiner Feder waren „Wissensch. Ergebnisse d. Dt. Zentralafrika-Exp. 1907—1908", Bde. 3 u. 4 (Leipz. 1911) und die Bearbeitung der Kapitel 14—18 des herzogl. Reisewerks „V. Kongo z. Niger u. Nil" (2. Bd., 1912). In einem Vortrag vor der Senck. Naturf. Ges. in Frankfurt über „Zool. Beob. während d. 2. wissensch. Innerafrika-Exp. S. H. d. Herzogs A. F. ... 1910/11" (Ber. Senck. 43, 1912) äußerte er sich auch eingehend über das Vogelleben in den üppigen Galeriewäldern. Aber die Begegnung mit den Vögeln Afrikas war zu kurz, um weitere Verlautbarungen nach sich zu ziehen. Die Mus. von Berl., Hamb., Frankf. verdankten ihm Vogelbälge, die zur Bereicherung der Kenntnis der afrik. Ornis beitrugen. Die Berl. Stücke beschrieb A. Reichenow (s. d.) in Orn. Mber. 16, 1908 und „V. Kongo z. Niger u. Nil" (1912). Mehrere Formen gingen aus der Überprüfung mit Dedikationsnamen hervor, die den Reisenden ehren sollten. Doch gingen sie in die Synonymie älterer Benennungen ein und werden nicht mehr gebraucht. Erhalten blieben nur 2 Rassenamen: Guttera plumifera schubotzi Reichenow 1912 = Guttera plumifera schubotzi Reichenow und Francolinus lathami schubotzi Reichenow 1912 = Francolinus lathami schubotzi Reichenow. Sch. war eine vielseitige, feingeistige und weltoffene Persönlichkeit.

— Lit: H. Schnee, Dt. Kol.-Lex. 3, 1920, S. 306. - Reichshdb. d. Dt. Ges. 2, 1931, S. 1714 (mit Bildnis). - Bildnisse in d. Reisewerken d. Herzogs Adolf Friedrich z. Mecklenburg.

Schultze, Arnold, Dr., * 24. 3. 1875 Köln, † 22. 8. 1948 Funchal (Madeira). Als Sohn eines aktiven Offiziers begann er 1896 in einem Art.-Regiment gleichfalls die militärische Laufbahn und stand von 1902—1906 im Dienst des Auswärtigen Amts und der dt. Schutztruppe von Kamerun. Anschließend studierte der Oberleutnant a. D. in Bonn Geogr., promovierte 1910 mit einer Diss. über „D. Sultanat Bornu mit besonderer Berücksichtigung Dt.-Bornus" und wurde Zoologe in der Zentral-Afrika-Exp. 1910/11 des Herzogs Adolf Friedrich von Mecklenburg (s. d.). Im Rahmen der Erkundung von Südkamerun landete er im August 1911 zusammen mit dem Botaniker Dr. J. Mildbread in Santa Isabel auf Fernando Poo und sammelte dort eine große Zahl von Vögeln, von denen etwa 100 Bälge nach Deutschl. gelangten. A. Reichenow (s. d.) verteilte die überprüften Stücke auf die Mus. von Berl., Frankf. und Hamb. Nicht alle Belege sind heute noch vorhanden. Der 2. Weltkrieg vernichtete vor allem den ganzen Hamb. Bestand. Einige der geretteten Bälge unterzog E. Stresemann einer kurzen Erörterung in „Biol. Notizen über Vögel v. Fernando Po ...; Anhang, Vögel vom Pico de Santa Isabel, gesammelt v. Dr. A. Schultze 1911" (J. Orn. 97, 1956). Der Sammler selbst bearbeitete die Kapitel 19 bis 24 im Reisewerk des Herzogs Adolf Friedrich „V. Kongo z. Niger u. Nil" (2. Bd., 1912). Nach dem 2. Weltkrieg widmete sich Sch. beruflich der Beratung für Schädlingsbekämpfung tropischer Nutzpflanzen in Kolumbien (1920—1928), Franz. Äquat. Afrika (1929/30), Mallorca (1931), Ecuador (1934—1939). Auf der Rückreise wurde er mit seiner Frau in Dakar interniert und gelangte schließlich nach Funchal, nachdem er schon 1933 den Namen Schultze-

Rhonhof angenommen hatte. Seit 1920 galt seine Neigung hauptsächlich der Entom. und Botan. Nebenher gesammelte Insekten gingen durch Schiffsversenkung 1939 verloren. Orn. Einsatz nach dem Aufenthalt in Kamerun 1911 ist nicht bekannt. Doch ist sein frühes und kurzes Bemühen um die Erforschung der afrik. Ornis durch zwei Dedikationsnamen gewürdigt: Tricholaema schultzei Reichenow 1911 = Tricholaema hirsutum flavipunctatum Verreaux 1855 und Mesopicos schultzei Reichenow 1912 = Polipicus elliotii schultzei (Reichenow).

— Lit.: H. Schnee, Dt. Kol.-Lex. 3, 1920, S. 310. - Handschr. Lebenslauf, geschrieben von seiner Frau u. exzerpiert durch H. Sachtleben. - Nachruf in einer Notiz als Anhang zu Schultze-Rhonhof, Pflanzengeogr. Beob. ..., Botan. Jb. 75, 1950, S. 271/72. - Bildnis im Reisewerk d. Herzogs Adolf Friedrich z. Mecklenburg „V. Kongo z. Niger u. Nil" (1912, 1. Bd.).

Schweder, Gotthard, * 11. 1. 1832 Loddiger (Kr. Riga), † 16. 1. 1915 Riga. Als Sohn eines geistvollen Landpfarrers studierte er seit 1850 in Dorpat, wo er führendes Mitglied seiner Fraternitas Rigensis wurde und große organisatorische Fähigkeiten entfaltete. Anschließend machte er als Hauslehrer eingehende Bekanntschaft mit der heimischen Fauna und Flora. Das Diplom eines Oberlehrers der Naturw. öffnete ihm 1862 den Weg an das Rigasche Stadtgymnasium, dessen Leitung seit 1876 ganz in seinen Händen lag. Er rechnet zu den bemerkenswertesten Pädagogen des Baltikums. Der 1845 gegründete Naturf. Ver. z. Riga verdankte ihm eine lange Blütezeit. Seit 1861 war er hier Mitglied, von 1875—1913 Vorsitzender (seit 1910 Ehrenvorsitzender). Die verschiedensten Gebiete der Naturw. genossen Förderung durch seine vielseitige Sachkunde. Die Beschäftigung mit der Vogelwelt war zwar nur ein Teilausschnitt seines in die Breite greifenden Wirkens, verriet aber deutlich die Tiefe und Schärfe eines kritisch prüfenden enz. Geistes. Auf der über 500 Titel enthaltenden Liste seiner Veröff. stehen etwa 90 orn. Abh., Aufs., Vorträge, Mitt., Notizen, Bem. und Referate. Von größeren Arbeiten seien genannt „Verz. d. Säugetiere u. Vögel d. Ostseeprovinzen" (Riga 1870), „Synopsis d. Vögel d. Ostseeprovinzen" (Riga 1870), „D. Vögel d. Ostseeprovinzen nach ihren Merkmalen" (Programm d. Stadtgymnas. z. Riga 1881), „Über d. Tannenhäher u. seine Wanderungen" (Korr. Riga 32, 1889), „Greif v. Solnhofen" (ebd. 41, 1898), „Unsere Vögel" (Balt. Jugendschr. 2, 1899; 3, 1900; 5, 1902), „D. balt. Wirbeltiere nach ihren Merkmalen" (Arbeiten d. Naturf. Ver. z. Riga, N. F. 10, 1901), „Über d. Kamm an d. Mittelkralle v. Vögeln" (Korr. Riga 51, 1908).

— Lit.: Nachruf (von H. Pflaum u. K. R. Kupffer). Korr. Riga 57, 1915, S. I—XXXVIII (mit Bildnis u. Verz. d. Veröff.). - N. v. Transehe, D. Vogelw. Lettlands, 1965, S. 186.

Seeger, Johann Heinrich, * 5. 7. 1878 Frankfurt (Main), † 15. 3. 1951 Göbelnrod (Kr. Gießen). Als Fabrikant und Besitzer einer Ziegelei in Frankfurt war er im Maingebiet und in der Wetterau unter Jägern und Feldornithologen recht bekannt. Aus dem Bereich der Vogelhaltung kommend, verfügte der Autodidakt über vielfache örtliche Verbindungen, die es ihm ermöglichten, zusammen mit dem älteren Frankf. Freund K. Kullmann (s. d.) gegen Ende des Jahrh. die erste Vereinigung f. Vogelsch. u. -liebhaberei in Frankf. zu gründen. Aus seiner Feder stammten dazu zwischen 1904 und 1922 eine Reihe von Nachr. und Mitt. Jagdliche Betätigung und Freilandbeob. erbrachten der faun. Forschung im Maingebiet einige Beitr., die das damalige Wissen um die vorkommenden Formen zwar nicht umstürzend, aber immerhin positiv mehrten. Bei L. Gebhardt u. W. Sunkel (D. Vögel Hess., 1954) sind 9 Titel aus Gef. W., Zool. G., Zool. Beob., Orn. Ms., Mitt. Vw. genannt. Wegen ihres gediegenen Inhalts wäre die kleine, auf guter Lit.-Kenntnis beruhende Monogr. „Unsere Amsel" (1909, 72 S.) anzufügen. 1905/06 erhielt das Senck.-Mus. von ihm etwa 100 Bälge einheimischer Formen. In den 20er Jahren verstummte der ernsthafte Freund der Vögel aus nicht bekannten Gründen. Manches Zeugnis der ihm gezollten Anerkennung begleitete ihn, als er sich, im 2. Weltkrieg 1943 in Frankf. ausgebombt, nach Göbelnrod zurückzog.

— Lit.: L. Gebhardt u. W. Sunkel, D. Vögel Hess., 1954, S. 82.

Seilkopf, Heinrich, Dr., * 25. 12. 1895 Frankfurt (Oder), † 27. 6. 1968 Hamburg. Das Studium der Naturvorgänge bestimmte seinen Lebensweg, und früh meldete sich der kritische Feldbeobachter mit kleineren und größeren Verlautbarungen zu Wort: „Orn. Beob. aus d. Umgeb. v. Frankf. a. d. Oder“, aus d. J. 1915—1917 (Orn. Mber. 26, 1918), „Ornithologisches aus d. Mark Brandenb.“, aus d. J. 1916—1920 (ebd. 29, 1921). Daneben standen Arbeiten, die zeigen, daß sich bereits der in Berlin eingeschriebene stud. rer. nat. über die reine Faunistik hinaus mit dem Phänomen der Zug- u. Wanderbewegung der Vögel beschäftigte. Hierher gehören erste Veröff. wie „Ein Beitr. z. Geschichte d. Beringungsversuche an Zugvögeln“, betr. die Kennzeichnung von Schwalben mit einem roten Faden durch J. L. Frisch (s. d.) in Berlin (ebd. 23, 1915), „Zugbeobachtung v. Totanus ochropus b. Frankf. a. d. Oder“ (ebd. 24, 1916), „Z. Einwanderung d. Girlitz in Norddeutschl.“ (ebd. 24, 1916). 1920 wurde er Meteorologe an der Seewarte Hamburg, 1924 Leiter der Flugwetterwarte Hannover, 1927 Leiter des Seeflugreferats der Seewarte Hamb. und Privatdozent für Met. an der Techn. Hochschule Hann., 1940 apl. Prof. in Hann. und Abt.-Leiter am Seewetteramt Hamb.-Nienstedten. Als Direktor am Seewetteramt des dt. Wetterdienstes Hamb. trat er 1958 in den Ruhestand, nachdem es ihm vergönnt war, auf vielen Seereisen, Flügen und vor allem auf den Zeppelinfahrten rund um die Erde zum Vorteil der See- u. Luftfahrt ein frühes wissensch. Gesamtbild der atmosphärischen Erscheinungen zu entwerfen. Dem Entdecker des Strahlstroms und Meteorologen von weltweitem Ruf wurde daher 1966 das Bundesverdienstkreuz 1. Kl. verliehen. Zunehmend in den späteren Jahren pflegte der geistvoll kritische Beobachter auch das, was ihm schon die Jugend geschenkt hatte, den für das Leben der Vögel aufgeschlossenen Blick. Das Bedürfnis äußerte sich in fortschreitend vertieften Gedanken über den Einfluß met. Elemente auf den Vogelzug. Die ihn bewegenden Themen fanden lit. Niederschlag in einer Reihe von Verlautbarungen, die die Wetterlage bei der Deutung ungeklärter Zugerscheinungen wie Umkehrzügen und Verdriftungsflügen analysierten. Dem Druck übergab er u. a. Unters. wie „Änderungen d. Klimas u. d. Avif. v. Mitteleuropa“ (B. Nieders. 4, 1951), „Atlantikflüge europ. Landvögel“ (D. Wetterlotse, Seewetteramt Hamb. 13, 1961), „Herbstliche Umkehrzüge“, Prof. E. Schüz z. 60. Geburtstag gewidmet (Vwa. 21, 1962), „Herbstliche Vogel-Invasionen in met. Sicht“ (Wetterkarte d. Seewetteramtes Hamb. 13, 1965), „Trog-Vorderseite mit Storchen-Massenzug über d. Suezgolf“ (D. Wetterlotse 19, 1965), „Z. Wegzug d. Mauerseglers-Apus apus im nordwestl. Deutschl. 1959, 1963 u. 1965, ein Beitr. z. Frage d. Zeitgebers“ (Vwa. 23, 1965/66), „Z. d. Einflügen südöstl. Vogelarten im Frühjahr u. Sommer 1965“ (ebd. 23, 1965/66), „D. Weißstorch-Zug im Raum Sinai bis Kenia in landschaftsmorphol. Sicht“, zus. mit A. Koch, D. Magnus, H. Baron u. E. Schüz (ebd. 23, 1965/66), „Passage de fin d'été de Bondrées-Pernis apivorus ...“, zus. mit E. Schüz (Alauda 34, 1966), „Ungewöhnlicher Zug eines Weißstorches v. Hessen nach d. Balearen im Sommer 1966“ (Vwa. 24, 1967/68). Die vom Standpunkte der Wetterkunde geprägten Beitr. erbrachten ohne Zweifel manch neuen Hinweis zur Behandlung ungelöster Probleme. Ein weiterer, wesentlicher Anteil an der Förderung der Vogelzugforschung gehörte aber mehr dem Bereiche der Stille an durch die beratende Hilfe, die der Meteorologe anderen sachfremden Autoren gewährte. Die neue Gesichtspunkte bringende Mitarbeit begegnete daher einem dankbaren Echo, und dem im Hintergrund bleibenden Menschen S., der von 1921—1925 und seit 1950 Mitglied der DO-G war, galt die Hochachtung und Freundschaft vieler Ornithologen.

— Lit.: Catalogus Professorum d. Techn. Hochschule Hannover, 1956. - Würdigung (von Schriftl.). Vwa. 23, 1966, S. 261/62. - E. Süssenberger, Rede b. d. Trauerfeier am 2. 7. 1968 in Hamb.-Nienstedten. - Nachruf (von E. Schüz). Vwa. 24, 1967/68, S. 320. - Nachruf (von F. B. Hofstetter). Corax 2 (18), 1968, S. 202/03.

Sieber, Franz Wilhelm, * 1789 Prag, † um 1844. Die weitesten Strecken seines offenbar abenteuerlichen Lebensweges liegen im Dunkel. Als die ersten Reisen nach dem Sturze Napoleons wieder möglich waren, lockte ihn die Ferne. Stationen seiner Fahrten waren seit 1817 Kreta, Ägypten, Palästina, Kleinasien, Madagaskar, Mauritius, Kapkolonie, Senegal, Westindien, Australien (1823 7 Monate in Neu-Südwales). Überall galt sein Eifer dem Sammeln zool. und botan. Objekte. 1824 kehrte er mit reicher Ausbeute aus allen Gebieten der Naturw.

nach Europa zurück und verkaufte die Stücke an Mus. und private Liebhaber. Das Wiener Mus. erwarb davon z. B. 1829 60 meist aus Austral. stammende Vogelbälge. Seine Persönlichkeit wird spärlich beleuchtet durch eine von E. Stresemann zitierte Briefstelle (Abh. Akad. d. Wissensch. Berl. 1954, Nr. 1, S. 136); darin schrieb 1824 der Kustos D. F. L. v. Schlechtendal vom Berl. Herbarium an Ch. G. Ehrenberg (s. d.): „S. ist mit großen Pflanzenschätzen aus Neuholland zurück, er wollte hier in aller Schnelligkeit Professor werden, das ging aber so leicht nicht, da hat er sich denn in Dresd. niedergelassen, wo ihn Reichenbach gewiß um einige Arten reicher machen wird...". Die Hauptmasse der neuholl. Pflanzen und Tiere kam in der Tat an das Dresd. Mus., und dessen Leiter H. G. L. Reichenbach (s. d.) pries den Sammler und seine Fähigkeiten in überschwenglichen Wendungen (Isis 1, 1825). Der Naturalienhändler selbst hinterließ Verlautbarungen wie „Beschreibendes Verz. d. in d. J. 1817 u. 1818 auf einer Reise durch Kreta, Ägypten u. Palästina gesammelten Altertümer u. anderer Kunst- u. Naturprodukte..." (Wien 1820), „Reise nach d. Insel Kreta" (2 Bde., Leipz. u. Sorau 1823), „Reise v. Kairo nach Jerusalem" (Prag 1823, 2. Aufl. 1826). Eine Aufzählung der von ihm heimgebrachten neuholl. Pflanzen ist ferner durch eine Preisliste erweitert, die unter dem Titel „Siebers (Dresd.) Vögel aus Neuholland" (Isis 1, 1825, Beil. Nr. 1) 121 Arten enthält, einschließlich der durch ihn benannten Formen Psittacus bathurstii, Columba lawsonii und Paradisea imperialis.

— Lit.: H. M. Whittell, The Literature of Austral. Birds, Perth 1954, Teil 2, S. 670.

Siedhof, Carl Friedrich Wilhelm, Dr., Längere Abschnitte am Anfang und Ende seines Lebens liegen im Dunkel. Um die Wende des Jahrh. muß er wohl in Thür. geboren sein, denn er erwähnte einmal kurz, daß er als Knabe von 1807 bis 1812 in den Dörfern der Hainleite Beob. nachgegangen sei. Vermuten lassen sich daneben Beziehungen zum Oberharz. Seit 1824 stand sein Name in der Mitgliederliste der Naturf. Ges. in Emden. Der Kreis der Vogelkundigen öffnete sich ihm aber erst, nachdem er in Aurich (Ostfriesland) 1837 (möglicherweise auch etwas früher) als Gymnasiallehrer am Ulricianum auftauchte. Obwohl er von erster Jugend an dem Studium einer Philologie ergeben war, „welche in dem Worte den Geist vernimmt, dessen Abdruck es ist", betrieb er mit fast gleicher Liebe die Naturw. — „wenn auch nur als Dilettant". Seine Mußestunden waren daher mit eifriger Übung und Vertiefung unter freiem Himmel ausgefüllt. Ihre Früchte waren außer einigen kleineren Aufs. in den Zeitschr. „Isis" und „Frisia" ein Büchelchen, das er unter dem Titel „Naturgesch. d. Stubenvögel Deutschl...." 1845 in Braunschw. erscheinen ließ. Er meinte darin, „daß ich selbständig gearbeitet habe, wird aus dem Buche, wie ich hoffe, hervorgehen. Außer Bechstein und Gourcy-Droitaumont dürfte schwerlich ein Deutscher mehr lebendige Vögel Jahre lang um sich gehabt und beobachtet haben als ich". Dazu war ihm Ch. L. Brehm (s. d.) „inniger Freund", mit dem er in beständigem Briefwechsel gestanden haben muß. In richtiger Einschätzung seiner Grenzen verzichtete er auf system. Betrachtungen und brachte nur eigene Erfahrungen an heimatlichen Individuen in der Freiheit und in Gefangenschaft. Seine Worte waren ein hohes Lied auf die erzieherischen Werte häuslicher Vogelpflege. Alle Anerkennung verdienen aber auch die soliden Kenntnisse über das Freileben der Vögel. Das Buch, heute eine Seltenheit, hatte in hist. Sicht als älteste ostfriesische Quelle für die Gegend um Aurich lange bemerkenswerte avif. Bedeutung. Zu voller Auswirkung konnte die nur kurze, emsige Tätigkeit des Verf. nicht durchdringen, weil er 1846 bereits nach Amerika auswanderte. Bis 1850 war er noch bei der Naturf. Ges. in Emden korr. Mitglied mit dem Wohnort Baltimore; danach verlor sich seine Spur.

Siemssen, Gustav Theodor, * 23. 3. 1857 Hamburg, † 30. 9. 1915 Berlin-Nikolassee. Gestützt auf Niederlassungen und Geschäftsverbindungen in allen Erdteilen, bedachte die Kaufmannsfamilie S. schon seit 1844 das Hamb. Mus. mit zool. Schenkungen. An dieser Überlieferung hielt Gustav Theodor S. mit Stolz und Freude fest. Nach der Ausbildungszeit in Engl. wurde ihm von seinem Onkel 1882 die Eröffnung einer Niederlassung in Foochow (Prov. Fukien, China) übertragen. 1885 begründete er dann ein eigenes Geschäft, das seit 1894 nach Verschmelzung mit einer anderen dt. Firma in Foochow den Namen S. u. Krohne führte. Viele Jahre war er dt. und schwed. Konsul und kehrte 1913 erkrankt nach Deutschl. zurück, während seine Söhne 1923 die Firma übernahmen. Zool. Neigungen des Kaufmanns galten den Vögeln und Insekten. Sein naturw. Verdienst liegt vor allem aber darin, daß er für das Hamb. Mus. einen von einem engl. Ornithologen ausgebildeten chines. Präparator anstellte und ihm später noch einen zweiten Sammler zugesellte. Die beiden Chinesen mußten jahrelang die Prov. Fukien bereisen und erhielten dafür von Hamb. lediglich 12 Mark im Monat als Vergütung. Das Ergebnis war eine erhebliche Ausbeute, die zwischen 1887 und 1913 das Heimat-Mus. erreichte. Dort wurde sie bearbeitet von G. H. Martens (s. d.), der 466 Formen der „Ornis Fokiensis" (J. Orn. 58, 1910) beschrieb. Nach dem Spender sind benannt Cinclus siemsseni Martens 1903 = Cinclus pallasii = souliei Oustalet 1892 (pallasi?) und Emberiza siemsseni Martens 1906 = Latoucheornis siemsseni (Martens).

— Lit.: Würdigung (von A. Panning). Mitt. Hamb. Zool. Mus. Inst. 55, 1957, S. 12.

Sintenis, Max. Sein Name tauchte erstmals in der Blütezeit des Naturalienhandels auf, als O. Finsch und G. Hartlaub (s. d.) die 1. Jahresversammlung der DOG zu Berlin 1868 brieflich davon benachrichtigten, daß ihr westafrik. Sammler S., „ein Schlesier", seine Tätigkeit in Accra begonnen habe (J. Orn. 16, 1868). O. Finsch scheint dann aber mit den Leistungen des Sendboten wenig zufrieden gewesen zu sein. In einer Arbeit „Über eine Vögelsamml. aus Westafrika" (ebd. 17, 1869) klagte er, daß „durch das unverantwortliche Betragen und den kaum nennenswerten Fleiß des Reisenden" die Erwartungen in jeder Hinsicht unerfüllt blieben. Der Ruf des (mit Recht oder Unrecht?) Geschmähten litt offenbar nicht unter den Vorwürfen. Der Name dürfte bei Mus. und privaten Sammlern den Höchststand der Wertskala erreicht haben, als S. zusammen mit seinem Bruder Paul S. von März 1872 bis Oktober 1875 die bis dahin in Europa kaum beachtete Ornis der Dobrudscha im Auftrag der Wissensch. „ausschlachtete" — 2 Jahrzehnte vor R. v. Dombrowski (s. d.). Ganze Dörfer müssen in diesen Jahren als Jäger und Kletterer während aller Monate für die Händler tätig gewesen sein. Im Gegensatz zum Urteil von O. Finsch behauptete E. F. v. Homeyer (s. d.) in J. Orn. 25, 1877: „Die Gebrüder S. haben sich der gestellten Aufgabe mit großem Fleiße und bewundernswürdiger Ausdauer unterzogen. Ihre Leistungen sind wahrhaft erstaunlich, wenn man hört, daß in 30 Tagen 45 Geier präpariert wurden ohne die Menge anderer Vögel und Säugetiere, daß ihnen u. a. am 31. 1. 1874 10 Stück, am 28. 2. 7 Stück Strix bubo zugleich gebracht wurden." Auch andere Verf. stützten sich bis zur Jahrhundertwende gerne auf Dobrudscha-Neuigkeiten, die S. hinterlassen hatte. Und noch O. Reiser (s. d.) nannte in der „Ornis Balcanica" (2. Bd., Bulgarien 1894) den Sammler ohne Vorbehalte häufig als Gewährsmann. Wie der Durchschnitt der vom Zauber der Ferne gepackten Beutejäger war er kein Mann der Feder. Nur wenige Nachr. brachte er selbst in „Natur" 1878, Hugos Jagdzeitung 1879 und im Orn. Cbl. 1878, 1879. Am aufschlußreichsten war der Beitr. „Z. Ornis d. Dobr." (J. Orn. 25, 1877), in dem die folgenden Worte stehen: „Im großen ganzen kann die Dobr. noch als ein Eldorado für die Ornithologen betrachtet werden; es nimmt aber merklich der Vogelreichtum von Jahr zu Jahr ab. Jagdgesetze gibt es bei den Türken nicht oder doch nur zum Schein. Schonungslos wüten beutegierige Pelikan-, Schwan-, Reiher- u. Taucherjäger auf den Brutplätzen ihrer armen Opfer; schonungslos werden Möwen, Seeschwalben, Säbelschnäbler, Enten u. a. ihrer wohlschmeckenden Eier wegen beraubt." Der unvorstellbare Reichtum an manchen Raubvögeln (aber kein Steinadler, kein Fischadler!) ist dazu in einer Arbeit „Z. Naturgesch. d. Kuttengeiers - Vultur cinereus" (Orn. Cbl. 3, 1878) durch die Mitt. unterstrichen, daß die Sammler „in den Brutperioden von 1873, 1874 u. 1875 nur aus dem Waldgebirge von Babadagh bis Lutschin über 370 Eier dieser Art erhielten, ohne daß die geringste Verminderung von Brutvögeln von Jahr zu Jahr bemerkbar wurde". Die Jahre in der Dobr. scheinen Glanzzeiten für den Brückenschlag zwischen

Handelsgeschäft und Wissensch. gewesen zu sein. Zwar brachte das Orn. Cbl. 3, 1878 die Meldung, daß der Reisende und Sammler M. S. im Begriffe sei „eine Exp. zu gleichen Zwecken nach Spanien" zu starten, und daß R. Tancré (s. d.) Aufträge entgegennehme. Ob die Reise zustande kam, ist zweifelhaft. Man weiß über den weiteren Lebensabschnitt ebensowenig wie über andere Strecken dieses (vielleicht?) abenteuernden Daseins. Nur zweimal sind von ihm Wohnorte genannt: Jauer (Schles.) in „Z. Ornis d. Dobr." (J. Orn. 25, 1877) und Bolkenhain (Schles.) in „Gefangene Uhus" (Orn. Cbl. 4, 1879). H. F. Moeschler (s. d.) will zwar mit ihm Geschäftsverbindung nach Frankfurt (Oder) gehabt haben, doch kann hier eine Ortsverwechslung vorliegen. In „Miszellen" (Orn. Cbl. 3, 1878) fällt ein Satz auf: „Wer mag unser seltenes Stück [gemeint ist ein Trappenei] jetzt wohl haben, nachdem unsere Samml. auf abscheuliche Weise zerstückelt und verschleudert wurde?" Erlaubt die klagende Frage Schlüsse auf ein ertragloses Ende? Es liegt jedenfalls wie der Anfang im Dämmerbereich des durch keine Unterlagen aufgehellten Schicksals.

Sitowski, Ludwik, Dr., * 29. 3. 1880 Stary Sącz, † 20. 11. 1947 Posen (= Poznań). Er promovierte an der Jagell. Univ. 1917, um sich 1919 an der Land- u. Forstw. Fak. der Univ. Posen zu habilitieren. 1925 war er dort Rektor. Der Insektenbiologe widmete sich vornehmlich der Bekämpfung der Waldschädlinge. Die Eröffnung eines Naturparkes in den Pieniny ging auf seine Anregung zurück. Von 40 an seinen Namen geknüpften Veröff. galten 4 der Vogelwelt der Pieniny (Beskiden): „Ptaki Pienin" (= „D. Vögel d. Pieninen") mit 143 Arten (Spraw. Kom. Fizj. A. U. Krakau 50, 1916), „Ptaki Pienin" (= „D. Vögel d. Pien.-Gebirges"), Teil 2 (ebd. 65, 1931), „Drozd skalny - Monticola saxatilis L. w. Pieninach" (= „Monticola saxatilis L. dans les Piénines") (Ochrana Przyrody 17, 1937), „Rzadsze gatunki ptaków w Pieninach" (Chrońmy Przyrode Ojczysta 2, 1946).

— Lit: Nachruf (von A. Linke). Pol. Pismo ent., T. 18, 1939—1948, S. 5—13. - St. Feliksiak, Poln. Ornithologen u. d. Biogr. d. „Orn. Mitteleuropas" (poln.), Przeglad Zool. 12, 3, 1968 S. 268.

Söding, Klemens * 24. 7. 1898 Ban St. Martin (Kr. Metz), † 28. 6. 1968 Gelsenkirchen-Buer. Als Sohn eines Polizeibeamten erhielt er in Hildesheim die berufliche Ausbildung. Die erste Lehrerstelle bot sich ihm 1919 in Gelsenkirchen-Buer, wo er 1940 zum Rektor und 1950 zum Mittelschullehrer aufstieg. Das schon vom Vater geweckte Verständnis für die freie Natur und ihre Vogelformen wurde vertieft durch M. Brinkmann (s. d.), der in Hildesh. sein Lehrer war und ihm bis in die letzten Jahre durch vogelk. Gleichklang verbunden blieb. Seine Verdienste wuchsen mit den immerwährenden Bemühungen um die Erforschung der Ornis eines modernen Industriegebietes und dem steten Kampf gegen die die natürlichen Lebensbedingungen dort bedrohenden Störungen und Gefahren. Anerkennung dieses Einsatzes bedeutete jahrzehntelang das Amt f. Natursch. u. Landschaftspflege im Raume Gelsenk., Gladbeck u. Bottrop, das er erst 1963 krankheitshalber niederlegte. Kurz vor dem Tode wurde ihm das Bundesverdienstkreuz verliehen. Was der fleißige Beobachter auf vielen Exk. im Lande zwischen Ruhr und Lippe an avif. Erfahrungen sammelte, legte er seit 1950 in über 20 kleineren und größeren Arbeiten nieder. Sie stehen, vielfach mit guten Aufnahmen des Verf. bereichert, hauptsächlich in Orn. Mitt., Nat. u. Heimat, Westfalenspiegel, Anthus, Dülmer Heimatblätter, Nat. u. Landschaft. Die erste Buchveröff. nach mehr als dreißigjähriger feldorn. Tätigkeit war die „Vogelw. d. Heimat" (Recklinghausen 1953), der die zusammenfassende Darstellung der „Vogelwelt im Gebiet d. Halterner Stausees u. in d. Merfelder Niederung" (Nat. u. Landschaft im Ruhrgebiet, Heft 2, 1965, mit Verz. d. Veröff.) folgte. Zu S.s Meldungen gehörte die etwas problematische Begegnung mit einem Erpel der nordamerik. Blauflügelente-Anas discors am 4. 3. 1952 (Orn. Mitt. 4, 1952; Hdb. d. Vögel Mitteleuropas, Bd. 2, 1968). Seit 1950 war er Mitglied der DO-G, ohne daß er je über örtliche Wirksamkeit hinausstrebte.

Soffel, Karl, * 10. 12. 1877 München, † Sommer 1950 Tessin. Dem eigenwilligen Sohn eines Steuerbeamten lag die Verbundenheit mit aller Kreatur im Blute. Häusliche Kleintierpflege war ihm frühes Bedürfnis. Sie war die Ausgangsstufe für späteres zool.

TEIL 2

und anat. Verständnis. Die vielseitige künstlerische Begabung förderte der Besuch der Kunstschule und anschließend der Akad. der Künste in Münch. (unter Prof. Stück und Tiermaler Zügel). Um unabhängig zu werden, wandte er sich anfangs der Innenarchitektur und illustrativen Arbeiten (u. a. im Verlag Piper und im Atelier Scharvogel) zu, bis er in der Tiergestaltung und Tiermalerei den ihm gemäßen Bereich entdeckte. Die Vorliebe für die Biol. und Psychol. der Tiere machte ihn bald auch zum sachkundig beobachtenden, erzählerische Begabung entfaltenden Schriftsteller — ohne daß ihm ein eigener Stil gelang. Doch fühlte er sich, fern der mus. und taxon. Wissenschaftlichkeit seiner Zeit, fortan dem Geist und Erbe A. E. Brehms (s. d.) verpflichtet. Er gehörte daher zu den ersten und fruchtbarsten Mitarbeitern an den breite Leserschichten mit Erfolg erreichenden „Lebensbildern aus d. Tierwelt", deren Herausgabe er nach der Erkrankung von H. Meerwarth (s. d.) 1910 selbst übernahm. Zahlreiche Arbeitsreisen u. a. nach der Lüneburger Heide, Schweden, der Schweiz, Dalmatien, Norditalien lieferten ihm neben den Themen auch die Objekte für (damals) gute Lichtbilder. Auf dem Höhepunkt seines Schaffens war er 1911 bei F. v. Falz-Fein (s. d.) in Askania Nova. Die Ausführung weiterer Pläne vereitelte der Ausbruch des 1. Weltkriegs. Der Künstler verstummte bald, obwohl 1920 bis 1923 noch veränderte neue (darunter verkürzte) Aufl. der „Lebensbilder ..." erschienen. Die zweckbestimmte Vogelpflege, in der er sich auf reiche Erfahrung stützen konnte, scheint er damals ebenfalls aufgegeben zu haben, nachdem sich seit Anfang des Jahrh. sein Name mit vielen orn. Veröff. in der volkstümlichen Fachliteratur sowie in anspruchsvollen belehrenden Unterhaltungs-Zeitschr. verbunden hatte. Von den Verlautbarungen seien genannt: „Zucht einheimischer Vögel im Käfig" (Gef. W. 32, 1903), „Zuchterfolge b. Star u. Singdrossel" (ebd. 33, 1904), „Meine Eulen" (ebd. 33, 1904), „Eingewöhnung d. Zaunkönigs" (ebd. 34, 1905), „Einiges über meinen Purpurreiher" (ebd. 34, 1905), „Materialien z. Psychol. d. Tiere: Dohle u. Krähe" (Zool. Beob. 48, 1907), „Gewölle d. Rabenkrähe" (ebd. 48, 1907), „Rotkehlchen-Gesch." (ebd. 53, 1912), „Erinnerungen an einen Stubengenossen" (ebd. 53, 1912), „Im Steppenpark z. Askania Nova", zus. mit Else S. (Westerm. Monatshefte 1912), „D. Vogelw. v. Locarno u. Umgeb." (Zool. Beob. 56, 1915), „Askania Nova" (Kosmos 15, 1918). „D. Nachtigall" (Gef. W. 54, 1925), in Ascona geschrieben, wird eine seiner letzten Wortmeldungen gewesen sein. Die späteren Jahre dürfte er in der Schweiz verbracht haben.

— Lit.: Bildnis in Lebensbilder aus d. Tierwelt, 7. Aufl. 1920, 1. Bd. d. Säugetiere Europas.

Soffel-Rutz, Else, * 9. 9. 1877 Roth/Sand (Mittelfranken), † 13. 4. 1968 Bayreuth. Sie war von 1901—1917 verheiratet mit K. Soffel (s. d.). Aus Freude am Umgang mit Vögeln und angehaucht von der Gestaltungskraft ihres Zeitgenossen H. Löns (s. d.), lieferte sie wie ihr Gatte kurz nach der Jahrhundertwende vor allem für die „Lebensbilder aus d. Tierwelt" eine Reihe feinsinnig unterhaltender, der Volksbildung dienender Schilderungen aus der Biol. verschiedener Tierformen. Unter dem Titel „D. Steppenreiter" wurden diese Beitr. etwa 1920 in einem Buche vereinigt. Die Autorin erreichte aber nicht die Meisterschaft unromantischer Darstellung ihres Vorbildes. In Askania Nova bei F. v. Falz-Fein (s. d.) 1911 verbrachte Wochen und ein dreijähriger Tessinaufenthalt boten ihr Stoff zu kleineren, stellenweise dilettantisch gefühlsbetonten Plaudereien und Gedichten für belletristische Zeitschr. und Tages-Ztg. Nach dem 1. Weltkrieg näherte sich ihre Beschäftigung eine Zeitlang gezielten Forschungsversuchen. Zu diesen Zwecken weilte sie u. a. 1931, 1932 und 1933 als Beobachterin meist auf der von C. Floericke (s. d.) geleiteten Süddeutschen Vogelwarte Mettnau. Hier entstanden Veröff. wie „Beob.-Ber. d. Vogelwarte Mettnau" (Mitt. Vw. 30, 1931), „Auszug aus d. Tagebüchern v. E. Soffel u. G. Diesselhorst" (ebd. 31, 1932), „Vorläufige Übersicht über d. Brutzeit 1932 auf d. Mettnau" (ebd. 31, 1932), „D. Besiedlung d. Mettnau im Frühjahr u. Sommer 1932" (ebd. 32, 1933), „Arbeitsbericht d. Stat. Mettnau" (ebd. 33, 1934). Im Oktober 1936 beringte sie in Rossitten — wo sie sich schon unter J. Thienemann (s. d.) wiederholt den Zugerscheinungen widmete — ein Wintergoldhähnchen; darauf bezog sich, von ihr verfaßt, die kurze Nachr. über einen „Ersten Fernfund d. Wintergoldhähnchens" (Vz. 8, 1937). Ein im Dienste des Vogelschutzes gesammelter Erfahrungsschatz findet sich außerdem in 10 Vogelgeschichten, die unter dem Titel „Seeschwalbe F 189 122" als Kleines Ensslin-Buch (Reutlingen 1950) erschienen. Später folgten auf Grund von Beob. aus der Nähe von Bayreuth die beiden Arbeiten „Vogelarten im Lindauer Moor" (Ber. d. Naturw. Ges. Bayreuth 7, 1951/52) und „D. Vogelarten im Naturschutzgebiet Lindauer Moor" (ebd. 8, 1953/54).

— Lit.: Nachruf (von R. Kuhk). Vwa. 24, 1967/68, S. 319/20.

Soudek, Stefan, Dr., * 28. 8. 1899 Hluboká (Südmähren), † 20. 2. 1936 Brünn (Mähren). Als Schüler von A. Mrázek in Prag war er Professor für angewandte Entom. an der Hochschule für Land- u. Forstw. in Brünn. Doch beschäftigte ihn nicht zuletzt die Orn. und ihre organisatorische Förderung durch die Einrichtung einer südmähr. Zentrale in Eisgrub (= Lednice). Über Pläne und Möglichkeiten schrieb er Beitr. in Čsl. Les = D. Tschechoslow. Wald 3, 1923 und Příroda 19, 1936. Doch blieb ihm trotz Unterstützung durch E. Bayer (s. d.) der Erfolg versagt. Die avif. Erforschung des Landes lag ihm nicht minder am Herzen. Aus seiner Feder stammen daher „Ergänzungen z. Verz. d. slowak. Vögel" (Sborník Vys. školy Zemědělské v. Brno, 1927). Nachdem er auch Fragen des Geruchsvermögens der Vögel (Biol. Lísty = Biol. Blätter, 1925) behandelt hatte, sprach er auf dem 10. Zool. Kongr. in Budapest 1927 über „The sense of smell in the Birds". Anregung brachte ihm ein Aufenthalt in USA. Das zeigten Aufs. über die Natur und besonders über die Vogelwelt Nordamerikas (Příroda 20, 1927 u. 21, 1928). Entom. Arbeiten galten den Ameisen (Formicidae, Hymen). Schließlich machte er sich verdient um die Bereicherung der Bibliothek der Hochschule durch den Erwerb der großen Balgsammlung und von Teilen der Bibliothek von J. Karašek (s. d.). Sein frühes Ende war ein Verlust für die tschech. Wissenschaft.

— Lit.: Nachruf (von E. Bayer). Naše 17, 1936 u. Věstník Čsl. Akad. zemědělské 10, 1936. - Nachruf (von J. Sámal). Věda přírodné, 1936.

Sperling, Ernst, * 14. 9. 1906 Magdeburg, † 13. 5. 1966 Hamburg. Angeregt durch jagdfreudige Vorfahren, war er früh Mitglied eines Magdeb. Schülervereins f. Naturk. und gehörte dann wie H. Schönekerl und K.-H. Mühlmann (s. d.), H. Schildmacher und W. Schwarz schließlich dem Gymnasiastenkreis an, aus dem 1923 — unter dem Einfluß des stimmenkundigen, an der Volkshochschule orn. Führungen leitenden Oberstudienrates Dr. A. Krüger — die Orn. Vereinigung Magdeb. hervorging. In dem jugendlichen Zirkel wurde Sp. einer der Auftriebe gebenden Köpfe und löste nicht ohne Kampf K.-H. Mühlmann in der Herausgabe der Vereinsmitteilungen ab, um sie unter neuem Titel auf eine breitere Grundlage zu stellen. Den sichtbaren Erfolg verhinderte aber der Ausbruch des 2. Weltkriegs. Die orn. Vereinigung weitete sich zunächst zwar in größerem Rahmen aus, als Alfred Hilprecht nach 1933/34 gleichfalls eine vogelk. Gruppe um sich sammelte. Der angestrebte Zusammenschluß scheiterte indes am Gegensatz der „Weltanschauungen" jener Jahre. Nachdem Sp. die Handelshochschule in Berlin besucht hatte, verließ er 1946/47 die Heimatstadt und betätigte sich noch 1948/49 feldorn. im Raume Bonn/Köln. Nicht die ursprüngliche Neigung, von 1923 bis zum Tode hielt er der DOG die Treue, wohl aber die orn. Beschäftigung ebbte erst ab, als ihn Beruf und andere Pflichten in der kaufmännischen Stellung eines Prokuristen in Hamburg allzu sehr in Anspruch nahmen. Einige Zeit früher schon verschwand sein Name aus der orn. Lit. Gründliche avif. Erfahrung offenbarten seit den 20er Jahren Arbeiten aus seiner Feder. Es waren kurze Mitt. und größere Abh. Davon seien genannt: „D. Vogelf. d. Umgeb. v. Magdeb.", zusammen mit H. Rehberg (Orn. Ms. 52, 1927), „D. Rohrschwirl in d. Prov. Sachs." (Orn. Mber. 42, 1934), „Raubseeschwalbe u. Zwergmöwe b. Magdeb." (ebd. 44, 1936), „Über d. Bestand d. Kranichs in d. Prov. Sachs.", mit unmißverständlichen Berichtigungen zu F. Menzels (s. d.) Angaben (Beitr. z. Avif. Mitteldeutschl. 1, 1937), „Über d. Lauffarbe v. Calidris c. canutus" (Orn. Mber. 47, 1939), „D. Rohrschwirl in d. Prov. Sachs." (ebd. 48, 1940), „Weiteres über Winterplatztreue u. Winterortstreue d. Waldohreule-Asio otus" (Vz. 12, 1941). Seine besondere Aufmerksamkeit galt den Limikolen und Anatiden. Zur lit. Auswertung eingehender Aufz. über deren Biol. kam er aber nie.

TEIL 2

Staudacher, Walter, * 23. 11. 1871 Mährisch-Schlesien, † 20. 3. 1933 Buchau am Federsee (Württemberg). Sohn eines in Erolzheim(Kr. Biberach, Riß) geborenen österr. Ackerbauschuldirektors, kam er 1893 in Thurn u. Taxische Dienste und wurde 1909 Oberförster in Buchau. Dem selbständigen, autodidaktisch geschulten Beobachter drängten Geschichte und Eigenart des Federsees früh die Einsicht in das Schutzbedürfnis des Riedgebietes auf. Mit faun., botan., hydrobiol., klimatol., präh. Zielsetzungen betrat er daher einen Weg, auf dem ihn stolze Erfolge, aber auch — im Hinblick auf die vorgeschichtlichen Studien — herbe Enttäuschungen erwarteten. Bekannt wurde sein Vorkämpfertum für die Bewahrung der Tier- u. Pflanzenwelt, als er mit dem Gedanken des Ankaufs der westlichen Streuwiesen hervortrat, und als es ihm gelang, im Jahre 1911 mit Hilfe von Frau Lina Hähnle (s. d.) das heutige „Banngebiet St." zu begründen. Auch der Bau des 1100 m langen Federseestegs durch die Stadt Buchau ging auf seine Anregung zurück. Als Künder der Schönheit natürlichen Lebens am Wasser und auf den vorgelagerten Inseln nutzte er jahrzehntelang die Kraft der lauteren Überzeugung und des mitreißenden Wortes auf Führungen, in Vorträgen und bei den Pfingsttagungen des Bundes f. Vogelsch. Die wissensch. und praktischen Ergebnisse seiner Forschungen fanden ersten Niederschlag in den „Beitr. z. Naturdenkmalpflege" (8, 1922; 515 S.) und zuletzt in dem von W. Zimmermann hrsg. Sammelwerk „D. Federsee" (Stuttg. 1961). Der heutige Besucher mag es bei oberflächlicher Betrachtung für selbstverständlich halten, daß auf den Streuwiesen, in den Rohrwäldern und jungen Verlandungszonen je nach den ökol. Ansprüchen Birkhuhn, Großer Brachvogel, Bekassine, Zwergdommel, mehrere Rallenarten, Stock-, Knäk- u. Löffelente, Haubentaucher, Lachmöwe, Flußseeschwalbe, Rohrweihe brüten und andere Seltlinge in den Zugzeiten einfallen. Zu leicht wird indes unbeachtet bleiben, daß auch die vogelk. Forschung hier den Geist des vorausschauenden Pioniers mit Dank verspüren sollte — auch wenn dem Wegbereiter ein umfassenderes feldorn. Rüstzeug fehlte. Verwertbare (z. T. schwach oder nicht gesicherte) faun. Angaben aus seiner Feder finden sich in Beitr. wie „D. Natursch.-Gebiet am Federsee" (Württ. Staatsanz., Beil. 13, 1925), „D. Vogelw. d. oberschwäb. Federsees. . ." (Stuttg. N. Tagbl. Schwäb. Heimat, Nr. 539 v. 18. 11. 1925), „Jagdbilder v. Federsee . . ." (Dt. Weidwerk, Heft 18, 1925). W. Bacmeister (s. d.) nahm daher die 3 Arbeiten in das „Verz. d. vogelkundlichen Schrifttums in Württ. . . ." (Jh. Württ. 108, 1952/53) auf. St. selbst wollte im Rahmen seiner Vielseitigkeit nur schlichter Schützer bedrohter Vogelformen sein und das aus ganzem Herzen. Man wird ihn immer neben Lina Hähnle und Hermann Hähnle (s. d.) nennen müssen.

— Lit.: W. Staudacher (Sohn, † 1968), Führer durch Buchau u. d. Federseeried, Buchau 1925. - H. Gams, Oberförster W. St. u. d. Federseeforschung, Jh. Württ. 90, 1934, S. XLVI—LIX (mit Bildnis u. Verz. d. Veröff.). - Würdigung (von R. Groß). Schussenrieder Anstaltsztg. „Schallwellen" v. 1. 2. 1934, S. 25—27 (mit Bildnis). - G. Haas, D. Natursch.-Gebiet Federsee, Schwäb. Heimat 2, 1964 u. D. Leben 4, 1967, S. 141—152. - R. Georgii, In memoriam W. St., Jh. d. Dt. Bundes f. Vogelsch. 1967, S. 1 (gekürzt).

Steiner, Hans, Dr., * 27. 6. 1889 Barcelona, † 1. 5. 1969 Lugano. Er war der Sohn eines Zürcher Kaufmanns, der 1902 mit seiner Familie von Spanien nach der Heimat übersiedelte. Die akad. Laufbahn zeigte folgende Stationen: 1908 Ingenieur-Studium, 1910 Studium der Biol., 1916 Promotion, 1932 Habilitation, 1939 Prof. f. Zool. u. vergl. Anat. in Zürich, 1959 Emeritierung. Inhalt und Ziel seines Lebenswerkes war die Entschleierung des Naturphänomens, das dem denkenden Menschen in der Evolution der Organismen begegnet. Die aus bemerkenswerter Intuition hervorgegangenen Forschungen trugen klassisch Darwinistische Züge. Schon seine Diss. über „D. Problem d. Diastataxie d. Vogelflügels" (Jen. Zeitschr. 55, 1917) führte ihn zur Erkenntnis wesentlicher Zusammenhänge (Ableitung der Vogelfeder von der Schuppe der Reptilien u. Theorie über die Abstammung der Vögel von Kriechtieren). Als er 1925—1932 Direktor des neugegründeten Zürcher Zoos war, begann er sich verstärkt genetischen Fragen zuzuwenden. Unabhängig von den Kreuzungsexperimenten, die sich an den Namen von H. Duncker (s. d.) knüpfen, galten daher ungezählte Zuchtversuche der Aufhellung des Erbganges der Farbmutationen Gelb und Blau sowie anderer Farbrassen beim Wellensittich. Zu einem Standardwerk aus dem die Genetik behandelnden Themenkreis wurde die Habilitationsschrift „Vererbungsstudien am Wellensittich ..." (Arch. Jul. Klaus-Stiftung 7, 1932). Neben der Analyse des Erbganges dieser Art standen in den späteren Jahren bevorzugt Unters. der Probleme des Verwandtschaftssystems und der Ausbreitungsgeschichte der in Afrika, Asien und Australien vorkommenden Prachtfinken. Die Arbeitsrichtung wurzelte in einer stets wachen Bindung an das lebende Tier, besonders aber in der Freude an der häuslichen Pflege der Exoten, seitdem die spanische Mutter dem erkrankten Sohn in den ersten Jugendjahren einen Käfig mit Insassen aus dieser Vogelgruppe ans Bett gestellt hatte. Im Laufe einiger Jahrzehnte gingen aus seiner Zucht rund 1500 Gattungs- u. Artbastarde hervor. Die Unters. führten den mit einer außergewöhnlichen Beobachtungsgabe ausgestatteten Züchter zu der Auffassung, daß die Prachtfinken eine selbständige Vogelfamilie bilden, die weder mit den Webervögeln noch mit anderen Finkenvögeln näher verwandt ist. Das lit. Erbe des genialen Autors umfaßte schließlich etwa 80 z. T. größere wissensch. Veröff. (darunter aus der Zeit des Ruhestandes wohl 12 Arbeiten für das System der Prachtfinken) und zahllose Beitr. zu Fragen der Vogelhaltung in Fachzeitschriften. Daß er neben menschlich verständnisvollem Umgang mit seinen Schülern nicht nur Denk- und Abstraktionsvermögen in den Dienst weltoffener Forschung stellte, sondern sich auch unermüdlich bemühte, den einfachen Liebhaber mit den Voraussetzungen ernsthafter Vogelpflege vertraut zu machen, sicherte ihm über die Grenzen seines Vaterlandes hinweg einen weiten Geltungsbereich. Er war korr. Mitglied bei vielen wissensch. Gesellschaften, darunter seit 1940 bei der DO-G. Ein halbes Jahrhundert lang gehörte er zum Vorstand des Parus, des Schweiz. Verbandes f. Vogelsch., Vogelk. u. Vogelliebhaberei.

— Lit.: Gedenkrede (von V. Ziswiler). Mai 1969. - Nachruf (von dems.). D. Tierwelt/Zofingen 79, 1969, S. 808 (mit Bildnis). - Nachruf (von J. Steinbacher). Gef. W. 93, 1969, S. 140. - Nachrufe (von V. Ziswiler u. E. Hadorn). Vierteljahrsschr. Zürich, Jber. d. Univ. Zürich, Verh. Schweiz (im Druck).

Steinparz, Karl, * 3. 11. 1884 Dietach bei Steyr (Ober-Österreich), † 18. 7. 1967 Steyr. Der Sohn eines Müllers und Landwirts war nach dem Besuch der Landschule und der Handelsschule an der Sparkasse von Steyr, zuletzt als Oberbeamter, tätig. Der bäuerlichen Landschaft seiner Jugend verdankte er für das ganze Leben eine seine Wesenszüge formende Freude an der Beob. der heimischen Natur und vor allem an der Erforschung der Vogelwelt im Bereiche von Enns und Donau. Mit der häuslichen Vogelpflege beginnend, erwarb er — ein in der Stille Berufener — aus eigener Kraft und eigenem Willen bemerkenswert ausgereifte biol. Kenntnisse und anerkannte Meisterschaft in der Präparation. Was dem jungen Mann an Wissen (auch auf dem Gebiete der Botan.) fehlte, erweiterten die Militärjahre 1905 bis 1909 in Trient und am Gardasee. Zwischen 1924 und 1942 lockte ihn zudem der Wissensdurst wiederholt an den Neusiedler See, so daß M. R. Zimmermann (s. d.) in den „Beitr. z. Kenntnis d. Vogelw. d. Neusiedlersee-Gebiets" (Ann. Wien 54, 1943) sich öfters auf ihn als kundigen Gewährsmann bezog. Den Spuren des von ihm verehrten B. Hantzsch (s. d.) folgte er auf einer Seereise nach Island. Bis ins hohe Alter fesselten ihn das Phänomen des Vogelzugs, tiergeogr. Rätsel und nicht zuletzt die Faunengeschichte des österr. Raumes. Angeborene Schlichtheit hinderte ihn indes, mehr sein zu wollen als rühriger Feldbeobachter, obwohl sich ihm nach dem 1. Weltkrieg der Zugang zu Schrifttum und Wissensch. öffnete. In den auf das Jahr 1918 folgenden Jahrzehnten fühlte er mit Schmerz die „vogelk. Tätigkeit im heutigen Österr. lahmgelegt". Ehe die „Österr. Vogelwarte, Verband f. Vogelk. u. Vogelsch." in Wien entstand, hatte er daher über die staatlichen Grenzen hinweg Verbindung mit vielen namhaften Köpfen der deutschsprachigen orn. Forschung gesucht und gefunden. 1940 wurde er auch Mitglied der DOG. Was er schrieb, erwuchs aus innerer Sicherheit, trug oft Züge der Besinnlichkeit und verriet den im Schauen und Deuten geschulten Blick des Freilandforschers, für den Tatsachen wichtiger waren als am Schreibtisch erdachte Hypothesen. Zwischen 1914 und 1966 standen aus seiner Feder über 40 Verlautbarungen in Mitt. Vw., Verh. Wien, Bl. f. Naturk. u. Natursch., Vr., Natur u. Land, B. Bonn, Vogelk. Nachr. aus Österr. und Egretta. „D.

Vogelw. im Bereich zweier Ennsstauseen" fußte auf der Zusammenarbeit mit W. Bernhauer und W. Firbas (Naturk. Jb. d. Stadt Linz, 1957). In einer durch die Technik völlig gewandelten Umwelt schloß er die Augen. Seine Vogelsammlung (etwa 450 Stücke von 400 Arten) ging durch Vermächtnis in den Besitz der Stadtgemeinde Steyr über. Seine Bibliothek kam an die Österr. Vogelwarte in Wien.

— Lit.: Würdigung (von W. Firbas). Egretta 2, 1959, S. 57—59 (mit Bildnis). - Nachruf (von dems.). Ebd. 10, 1967, S. 40/41 (mit Verz. d. Veröff.). - Nachruf (von C. A. Moser). Steyrer Ztg., Juli 1967.

Stoliczka, Ferdinand, Dr., * Mai 1838 Hochwald (Mähren), † 19. 6. 1874 Leh (Ladakh). Als Sohn eines Försters studierte er Naturw. und ging nach der Promotion 1860 in die Dienste der Geol. Reichsanstalt von Wien. Die Ergebnisse seiner Bodenuntersuchungen namentlich in Ung. und an der Militärgrenze machten ihn schnell bekannt, so daß ihn 1862 ein Ruf an die Geol. Survey of India nach Kalkutta erreichte, wo er 1868 Sekretär der Asiatic Soc. of Bengal wurde. Mehrere aufreibende Exp. galten fortan hauptsächlich dem Himalaya. Simla, Rupshu, das Tal des Indus, Süiti, Lahoul und Kulu lagen im Bereiche seiner Unters. 1869 besuchte er Akyab, Rangoon, Moulmein, Penang, Singapore und auf der Rückreise die Andamanen und Nikobaren. Zwei Jahre später lockten ihn geol. Aufgaben bis Kachchh, einige Zeit hielt ihn Darjeeling fest, bis ihn wiederum eine Exp. nach den Nikobaren und Andamanen führte. 1873 beteiligte er sich als Naturwissenschaftler an einer zweiten Gesandtschaftsreise nach Yarkand. Die hinter ihm liegenden Einsätze hatten indes seinen Körper derart geschwächt, daß er unterwegs den neuen Strapazen erlag. Es war ihm gegeben, das Große und Kleine der Erlebnisse und Beob. in geistiger Zucht zu ordnen und zu werten. Obgleich in erster Linie Paläontologe und Geologe, ging er allenthalben starken zool. Neigungen nach. Zu danken ist ihm daher auch die Behandlung der ihm begegnenden rezenten Tierformen (Säuger, Vögel, Reptilien, Mollusken). In Palaeontologia India, Memoirs of the Geol. Survey of India, Journal of the Asiatic Soc. of Bengal und Stray Feathers spiegelte sich das eindrucksvolle Maß seines Willens und Wissens. Nicht zuletzt erfuhr die Orn. des kaum bekannten Nordwest-Indiens durch ihn eine aufhellende Beleuchtung. Die Ber. in Verh. Wien und Journal of the Asiatic Soc. of Bengal, die die Erfahrungen mit den Säugetieren und der Vogelwelt des Sutluy-Tales, der Prov. Wellesley sowie von Kachchh enthielten, erstreckten sich über die Jahre 1866—1872. Da der Reisende überall fleißig sammelte, konnte er neben den Beständen des Indian Mus. of Calcutta auch die des Naturh. Mus. von Wien durch neue Eingänge bereichern. Nach Wien gelangten folgende Vogelbälge: 1866 8 Stücke aus Tibet, 1870 79 Stücke (von 69 Arten) aus Ostindien und 156 meist aus Darjeeling, 1873 309 Stücke (von 180 Arten) meist aus Kachchh. A. v. Pelzeln (s. d.) behandelte 383 Bälge von 186 Arten aus dem Himalaya und Tibet (J. Orn. 15, 1868 u. Ibis 1868). Dem Forscher zu Ehren sind eine Reihe von Vogelformen benannt: Stoliczkana Hume 1874 = Leptopoecile Severtzow 1873, Turtur Stoliczkae Hume 1874 = Streptopelia decaocto Stoliczkae (Frivaldszky 1838), Certhia Stoliczkae Brooks 1874 = Certhia nipalensis Blyth 1845, Stoliczkana Stoliczkae Hume 1874 = Leptopoecile sophiae stoliczkae (Hume 1874), Aegithalus Stoliczkae Hume 1874 = Remiz pendulinus stoliczkae (Hume 1874), Cettia Stoliczkae Hume 1874 = Cettia cetti albiventris Severtzow 1872, Propasser Stoliczkae Hume 1874 = Carpodacus synoicus stoliczkae (Hume 1874), Acanthis flavirostris stoliczkae Hartert 1903 = Carduelis (Acanthis) flavirostris montanella (Hume 1873), Passer Stoliczkae Hume 1874 = Passer ammodendri stoliczkae Hume 1874. Vom Ruhm, den ihm die Zeitgenossen in Europa und Asien zuteilten, kündet noch die Inschrift von St.s Grabdenkmal in Leh.

— Lit.: Nachruf (von A. v. Pelzeln). Wiener Ztg. 1874. - Nachruf (von Schriftl.). Ibis 1874, S. 470/71. - Biogr. Lex. Kaisert. Österr. 39, 1879, S. 152 bis 156. - V. Ball, Memoir of the Life and Work of F. St., Scient. Results of the Second Yarkand Mission, 1886. - A. v. Pelzeln, Gesch. d. Säugetier- u. Vogelsamml. d. k. k. Naturh. Hofmus., Ann. Wien 5, 1890, S. 532, 534. - Allg. Dt. Biogr. 36, 1893, S. 399—401. - Malcolm A. Smith, Amphibia and Reptilia in Fauna of British India, series 1, 1931. - Flora Malesiana 1, 1950, S. 508.

Stoll, Ferdinand Erdmann, * 3. 10. 1874 Pastorat (Pfarrhof) Dünamünde (Kr. Riga), † 15. 9. 1966 Hesel, Kr. Leer (Ostfriesland).

Privatem Unterricht, dem Besuch des Stadtgymnasiums von Riga (bis Tertia) und der Lehrzeit in einer Rigaer Apotheke folgte 1894/95 die Ausbildung zum Präparator am „Naturh. Inst. Linnaea" in Berlin. Durch A. Reichenow (s. d.) auch im Berl. Zool. Mus. um vielfältige Kenntnisse bereichert und anschließend forstzool. durch den Bruder, den Forstmeister Wilhelm St., in der Forstei Smilten (Livl.) geschult, gründete er 1898 ein eigenes „Dermoplastisches Laboratorium" in Riga, das er bis 1915 führte. Darauf übernahm er — sich der einstigen Förderung durch seinen Lehrer G. Schweder (s. d.) erinnernd — den Biol.-Unterricht an mehreren dt. Schulen, bis er 1939 in den Warthegau umgesiedelt wurde. Nach der Katastrophe von 1945 zeigte sich erst 1948 in Hesel wieder fester Boden unter den Füßen des Heimatlosen. Naturw. Forschungseifer, der schon im Großvater Friedrich Erdmann St. (s. d.) lebendig war, gab seiner Erdenbahn von Jugend an Richtung und Gepräge. Waren anfangs der Rigasche Meerbusen und besonders der entenreiche Babit-See Ziele naher Sammel-Exp., so erweiterte er später das früh erworbene fachliche Wissen in Mus., Zool. Gärten, Aquarien und anderen Inst. durch Reisen u. a. nach Hamb., Helgol., Berl., Halle, Leipz., Münch., Helsingfors, Stockholm, Kopenhagen, Petersb., Moskau, Kiew, Charkow, Askania Nova, Italien. Wie viele seiner Berufsgenossen richtete er mit eindeutiger Bevorzugung den Blick auf die Vogelwelt. Schon 1895 war er Mitglied der DOG. Doch berücksichtigte die durch Erfahrung begründete Aufmerksamkeit auch die Säugetiere (Flughörnchen) sowie die Flora. Seit 1914 zeichnete ihn obendrein Meisterschaft in der Pilzkunde aus. In der balt. Heimat genoß seine Regsamkeit hohes Ansehen. So wurde er, seit 1893 Mitglied, 1935 Ehrenmitglied des seit 1845 bestehenden Naturforscher-Vereins zu Riga, dessen im Dom-Mus. untergebrachte Samml. er von 1904—1922 als Konservator mustergültig ausbaute. Zu seinen großen Verdiensten zählt daneben — zusammen mit dem Vogelschutzgebiet „Waikariffe" — die Gründung der Biol. Stat. Kielkond auf Ösel. Hier trieb er die Vogelberingung voran, die damals in Livl. nur noch von H. v. Loudon (s. d.) nach Rossittener Vorbild gepflegt wurde. Auch der Zool. Garten zu Riga verdankte ihm Entstehung und günstige Entwicklung (1907 bis 1914). Die eigene Hinwendung zur Naturk. war auf eine unaufdringliche Weise verbunden mit dem Bestreben, bei seinen Landsleuten gleichfalls das rechte Verständnis für die Natur und deren Schutz zu wecken. Dieser Aufgabe galten vor allem zahllose Vorträge in Lettl. und Deutschl., in denen sein didaktisches Geschick der guten Sache Freunde und Helfer gewann. Dem Tagesstreit fern, fühlte er sich bei diesem Bemühen stets im Dienste der Wissensch. Am Rande mag hier gesagt sein, daß ihm den Weg zu den Herzen der Hörer bei vielen Gelegenheiten eine bemerkenswert musikalische Begabung öffnete: Es war die mit Humor gewürzte Kunst, Vogelstimmen meisterlich wiederzugeben. Ungebrochen blieb sein Arbeitseifer auch nach dem Verlust der Heimat. Noch 1941 in Schnabel, Kr. Kosten (Wartheland) wurde er der Schöpfer einer biol. Station, die sich zu einer Vogelbeobachtungsstätte mit kleinem Mus. ausweitete; und das Heimat-Mus. in Leer erhielt durch seinen Einsatz nach 1946 eine naturk. Abt., die, mit Dioramen reich ausgestattet, die ostfriesische Fauna in ihrer Umwelt zeigt. Als er schon Insasse eines Altersheimes war, durfte er noch zwei Ehrungen entgegennehmen: Das Bundesverdienstkreuz (1955) und das „Indigenat", d. h. den Ehrenbürgerbrief der Ostfriesen (1958). Mehrere Veröff. sind mit seinem Namen verbunden; sie standen in der Fachpresse, in volkstümlichen Zeitschriften, Kalendern, Jagd- u. Tages-Ztg. Genannt seien: „Beitr. z. Kenntnis unserer Loxia-Arten" (Orn. Mber. 6, 1898), „D. Küstenornis d. Insel Ösel" (Korr. Riga 3, 1909), „Am Horst d. Schwarzstorchs" (Zs. Ool. [von Krause] 1, 1911), „D. Austernfischer als Nesträuber" (Orn. Mber. 37, 1929), „An d. Brutplätzen v. Oidemia fusca u. Arenaria interpres" (auf d. Waikariffen) (J. Orn. 79, 1931), „Tier- u. Pflanzenleben am Rigaschen Strande" (Riga 1931, 146 S.), „Einiges über d. Schwarzstorch" (Ardea 23, 1934), „Ist d. Stimme d. Waldkauzes nach d. Geschlecht verschieden?" (B. z. F. 18, 1942), „Lebensbilder aus d. Tierwelt im Baltikum" (Balt. Bücherei 7, 1963), „D. Pilze Lettlands" (Riga 1934, lett.).

— Lit.: Würdigung (von Schriftl.). Vwa. 17, 1954, S. 221. - N. v. Transehe, D. Vogelw. Lettl., 1965, S. 189. - Nachruf (von dems.). Balt. Nachr. 19, Okt. 1966, S. 14/15 (mit Bildnis). - Nachruf (von

L. Gebhardt). D. Präparator. Zeitschr. f. Mus.-Technik 13, 1967, S. 143—145 (mit Bildnis). - E. Kumari, Eine Seite aus d. Gesch. d. Erforschung d. Vogelw. d. Waikariffe, Eesti Loodus 10, Heft 3, 1967 (estn.). - Nachruf (von F. Goethe). Ostfriesland 1967.

Stoll, Friedrich Erdmann, * 21. 12. 1761 Albrechts (Kr. Suhl), † 28. 10. 1826 Sissegal (?) (Livland). Nach dem Besuch des Gymnasiums von Schleusingen und dem theol. Studium in Leipz. kam er 1784 nach Livl., wo er zuerst jahrelang Hauslehrer auf Rittergütern war. 1787 wurde er Kandidat der Theol., 1800 Pastor in Jürgensburg, 1824 Pastor in Sissegal und Altenwoga. Er muß ein geistig rühriger Kopf gewesen sein; das bekunden von ihm in lett. Sprache geschriebene Erbauungsbücher (1813 u. 1815) und andere der Schul- u. Volkserziehung gewidmete Schriften. Daneben gewährte ihm die Anfangszeit der sammelnden und beschreibenden Avif. einen offenen Blick für die Naturvorgänge in der ihn umgebenden Landschaft und vor allem für das Leben der Vögel. So entwickelten sich fruchtbare Beziehungen nicht nur zu dem benachbarten G. A. Germann (s. d.), sondern auch zu dem fernen B. Meyer (s. d.), der in der Vorrede zur „Kurzen Beschr. d. Vögel Liv.- u. Estlands“ (Nürnberg 1815) über den geschätzten Gewährsmann sagte: „... lebte mehrere Jahre mit Germann zusammen und teilte sowohl diesem als auch mir viele wichtige Bem. und Beob., die Vögel Liv.- u. Estl. betreffend, mit und hat überhaupt einen großen Anteil an der von mir herausgegebenen Schrift, wofür ich hiermit öffentlich diesem braven, freundschaftlichen Mann Dank sage.“ Mit Grund läßt sich wohl vermuten, daß St. keine eigenen selbständigen orn. Veröff. hinterließ. Doch pflanzte sich das Verständnis für die Orn. in der Familie des naturk. Pioniers weiter: Ferdinand Erdmann St. (s. d.) war sein Enkel.

— Lit.: Rigasche Stadtblätter 1820, S. 314/15. - Ostsee-Provinzialblatt 1825, S. 110; 1826, S. 212/13. - J. F. v. Recke u. K. E. Napiersky, Allg. Schriftsteller- u. Gelehrten-Lex. d. Prov. Liv.-Est. u. Kurland, Mitau 4, 1832, S. 301/02 (mit Verz. d. Veröff.).

Strautzels, T., * 1907 Lettland, † 6. 12. 1945 Frankreich. Mit naturw. Neigungen ausgestattet, war er als Sohn eines Arztes einer der fähigsten Schüler und Helfer von N. v. Transehe (s. d.). Verläßlich beobachtete er vor allem die Zugverhältnisse seiner Heimat und trat auch mit einigen Veröff. hervor: „Zusammenfassung d. Ergebnisse d. Storchbestandszählung in Lettl. 1934“, zus. mit E. Schüz (Orn. Mber. 50, 1942), „Verlauf d. Anfluges einiger Zugvögel in Lettl.“ (Riga 1938), „Phoenicurus ochruros ater in Mitau“ (Daba un Zinātne = Natur u. Wissensch. 1939). Er starb, ohne die rechte Entfaltung der Begabung erreicht zu haben, als Kriegsfreiwilliger der Lettischen Legion in einem dt. Lazarett.

— Lit.: N. v. Transehe, D. Vogelw. Lettl., 1965, S. 192.

Streich, Franz Karl Ivo, * 16. 9. 1857 Ellwangen (Jagst), † 3. 8. 1920 Schwäbisch Gmünd (oder Winnenden, Kr. Waiblingen?). Als Sohn eines Reichsgerichtsrates trat er nach dem Besuch der Gymnasien in Ellwangen und Stuttgart in das preußische Kadettenkorps ein, wurde später aber aus Gesundheitsgründen vom Militärdienst zurückgestellt und begann 1877 die kaufmännische Laufbahn in Yokohama und Tiensin. 1879 öffnete sich ihm der Dolmetscherdienst bei der dt. Gesandtschaft in Peking, 1882 bei den Konsulaten Canton und Schanghai. Seit 1891 war er Vizekonsul, seit 1900 Konsul in Swatau (= Swatow). Drei Jahre später erfolgte auf eignen Antrag die Versetzung in den Ruhestand, den er in Ellwangen verbrachte. Unbekannt ist, seit wann sich in ihm naturw. Verständnis regte. Jedenfalls machte er Ende der 90er Jahre der Naturaliensammlung in Stuttg. wiederholt Zuwendungen „wertvoller zool. Sammlungsgegenstände“, von denen große Teile auch den 2. Weltkrieg überlebten. Die Verleihung des Ritterkreuzes 1. Klasse des württ. Friedrichsordens bedeutete die Anerkennung der dem staatl. Mus. geleisteten Dienste. Angeregt durch eine im Ibis erschienene Arbeit über „The birds of a Bankok Garden“ behandelte der Spender daneben ein der Orn. gewidmetes Thema: „D. Avif. eines Gartens in Swatau; Süd-China“ (J. Orn. 51, 1903). Die Liste der in dem 2,2 ha großen „Erdenwinkel“ und in seiner Umgebung zwischen 1889 und 1902 gesammelten und beobachteten Vögel umfaßte mit ökol. Hinweisen 141 Arten (darunter 60 Brüter). Sie verriet gediegenes, mit gefühlsnaher Hinneigung dargebotenes

Sachwissen und ist erwähnenswert, weil hier — etwa gleichzeitig mit H. Raap, R. Zimmermann, G. Th. Siemssen, K. Pogge (s. d.) und einige Jahre vor H. Weigold und R. Mell — Nachr. geliefert sind aus einem damals noch wenig erforschten asiatischen Küstengebiet.

Strümpell, Kurt, * 16. 7. 1872 Schöningen (Braunschweig). Sohn eines Gerichtsassessors und seit 1892 Leutnant der Artillerie, wurde er 1900 als Hauptmann der Schutztruppe für Kamerun angestellt. 1903—1905 beteiligte er sich an der Errichtung der dt. Herrschaft in Adamaua und im Tschadsee-Gebiet. 1906—1910 war er Resident in Garua. In diesen Jahren knüpften sich an seinen Namen Verdienste um die geogr., ethnogr. und linguistische Erforschung der Kolonie. Auch der zool. Aufhellung galt seine mühevolle Aufmerksamkeit, und zahlreiche nach Berlin gelangte Samml. waren Beweise seines naturw. Eifers. Dazu gehört eine Vogelausbeute aus dem Osten des Landes, die er F. W. Riggenbach (s. d.) zur Weiterbeförderung an das zool. Museum übergab, als er 1908/09 der vom Reichskolonialamt ausgesandten zool.-botan. Kamerun-Exp. begegnete. Die von A. Reichenow (s. d.) in Orn. Mber. 18, 1910 dem Soldaten gewidmeten Vogelnamen sind nicht mehr verwendete Synonyme älterer Benennungen. Die Erinnerung an den Sammler sollten wachhalten: Lanius gubernator strümpelli Reichenow 1910 = Lanius gubernator Hartlaub 1882, Mirafra strümpelli Reichenow 1910 = Heliocorys modesta bucolica (Hartlaub) 1887, Zosterops strümpelli Reichenow 1910 = Zosterops senegalensis senegalensis Bonaparte 1850. St. selbst trat mit mehreren Veröff. aus dem kolonialen Erfahrungsbereich hervor; er schrieb u. a. über eine Reise durch das Ostgrenzgebiet der Residentur Adamaua i. J. 1909 (Mitt. aus d. dt. Schutzgebieten 24, 1911 u. 25, 1912) sowie über die Geschichte Adamauas (Mitt. Geogr. Ges. Hamburg 26, 1912). Über den weiteren Gang seiner Laufbahn war zu erfahren, daß er von 1910 bis 1914 im Kolonialamt Dienst tat. Es ist aber nicht bekannt, ob er den 1. Weltkrieg überlebte.

— Lit.: A. Reichenow, D. orn. Samml. d. Zool.-botan. Kamerun-Exp. 1908 u. 1909. Mitt. Berl. 5, 1910/11, S. 204—258. - H. Schnee, Dt. Kol.-Lex. 3, 1920, S. 430.

Stülcken, Karl, * 6. 3. 1896 Altona, † 11. 2. 1966 Hamburg-Rissen. Mit der mittleren Reife verließ er das Gymnasium, zog bald in den 1. Weltkrieg und wurde dann Polizeibeamter, bis innere Gründe einen Berufswechsel 1926 veranlaßten. Fortan war St. freier Schriftsteller und Tierlichtbildner. Angeborene Begabung für die Beob. der freilebenden heimischen Fauna sicherte seinen Neigungen schon 1929, 1931, 1932 beachtliche Erfolge. Preisgekrönt wurden damals Aufnahmeserien aus der Biol. der Libellen, des Nacht- u. Tagpfauenauges, der Kreuzotter. Seit 1933 standen vogelk. Aufgaben im Vordergrund. Sie galten meist dem Schutz der Greifvögel und ließen durch prachtvolle Bildreihen die natürliche, in die Umwelt eingebettete Harmonie des Lebens der behandelten Arten anklingen. Ausgelöst wurde die Themenwahl durch die enge Freundschaft mit Heinz Brüll. Die Ehrenmitgliedschaft im Dt. Falkenorden war 1951 Ausdruck der Anerkennung für den der Greifvogelforschung gewidmeten Einsatz. Bekannt wurde der Name in weiteren Ornithologenkreisen durch die tierbildnerische Mitarbeit an H. Brülls Werk über „D. Leben dt. Greifvögel, ihre Bedeutung in d. Landschaft“ (1. Aufl., 1937; 2., völlig neubearbeitete u. erweiterte Aufl. 1964). Die klar durchdachten Versuchsreihen des Kamerakünstlers dienten der Beantwortung der mit H. Brüll gemeinsam gestellten Frage nach der regulatorischen Funktion der Greifvögel in der Landschaft; und die naturdokumentarischen Aufnahmen sind im Rahmen des auf langjährige Studien sich stützenden, von H. Brüll gestalteten Textes beweiskräftige Belege für die Verhaltensweisen von Horstpaaren des Habichts und des Sperbers. Überzeugende, im Corduaschen Park bei Harburg erzielte Bilder enthält daneben „D. Beizwild d. Könige, eine Reiherbiologie“ (1. Aufl. 1943; 2. Aufl. 1955). Nicht weniger wirkungsvoll waren „Kleiner Vogel Greif, d. Buch v. Sperber“ (1958) und „Z. Brut- u. Aufzuchtperiode eines Waldkauzpärchens“ (Falke 8, 1961). Schließlich sind zwei weitere Arbeiten erwähnenswert, die wieder im Zusammenwirken mit H. Brüll entstanden: „Vom Nestleben d. Nachtschwalbe - Caprimulgus e. europaeus“ (J. Orn. 86, 1938) und „Z. Brutbiol. v. Habicht u. Sperber“ (Zeitschr. f.

Jagdk. 1, 1939). Zur Abrundung des Persönlichkeitsbildes sei noch gesagt, daß St. auch den Spuren vergangenen Lebens nachging durch Grabungen nach alten Kulturschichten von Rentierjägern bei Ahrensburg und in den Rissener Dünen.

— Lit.: Nachruf (von H. Buchholz). Tier u. Umwelt. N. F., Heft 3, 1966, S. 35/36. - Ders., K. St. - ein Leben f. d. Tiere, Dt. Jäger-Ztg. Nr. 3, 1966, S. 87 (mit Bildnis). - Nachruf (von H. Brüll). Dt. Falkenorden, Jb. 1966, S. 16/17 (mit Bildnis).

Szabó, János (= Johann) Annók F., * 15. 11. 1879 Kunszentmárton (Komitat Bács), † 14. 12. 1964 Kiskunmajsa (Ungarn). Nach dem Studium am Technikum Mittweida (Sachsen) und weiterer Ausbildung am Geogr. Inst. in Wien wurde er Landmesser, stand während des 1. Weltkriegs im Dienste der türkischen Armee in Kleinasien und zog sich dann als Hauptmann a. D. nach Puszta Bugac zurück. Rege Aufgeschlossenheit für viele Gebiete — von der Archäologie bis zur Vogelk. — trieb ihn zum Aufbau eines kleinen Mus., das von In- u. Ausländern gerne aufgesucht wurde. Erst spät erschien seine erste orn. Veröff. in Aquila 40, 1933. Insgesamt sind ihm zahlreiche faun. Daten aus der Ebene zwischen Donau und Theiß zu verdanken, u. a. das Vorkommen des Schmutzgeiers - Neophron percnopterus. Nach dem 2. Weltkrieg arbeitete er als Landmesser in der Gegend von Kiskunmajsa und beteiligte sich tatkräftig an der Storchzählung und den Bestrebungen des Vogelschutzes.

— Lit.: Nachruf (von Schriftl.). Aquila 73/74, 1967, S. 207 (ung.), S. 208 (engl.).

Széchenyi, Béla Graf, Dr. h. c., * 3. 2. 1837 Budapest, † 12. 12. 1918 Budapest. Als Sproß einer alten ung. Familie studierte er Jura in Budapest, Berlin und Bonn, war mehrfach Abgeordneter im ung. Parlament und zuletzt Kronhüter. Nach einer Reise in Nordamerika (1862), 3 Jagd-Exp. in Algier (1867—1870), über die in Buchform und in Jagdzeitungen Ber. aus seiner Feder vorliegen, begab er sich zusammen mit dem Geologen L. Lóczy, dem Geographen G. Kreitner und dem Sprachforscher G. Bálint 1877 für 22 Monate nach Zentral-Asien und besuchte den westl. Teil Chinas, Japan, Java, Borneo und Junan. Am Rande von Ost-Tibet traf er in Tatsienlu den Pater Desgodins, der ihm 7 Vogelbälge mit auf den Weg gab. Auf Grund dieses Materials beschrieb J. v. Madarász (s. d.) als neue Formen aus dem Himalaya Tetraophasis széchenyii (Zs. ges. Orn. 2, 1885) = Tetraophasis széchenyii Mad. 1885, Pucrasia meyeri (Ibis 1886) = Pucrasia macrolopha meyeri Mad. 1886, Myophonus tibetanus (ebd. 1886) = Myophonus caeruleus temminckii Gray 1822. Der Reisende war kein Ornithologe und wollte es auch gar nicht sein. Doch sind seine asiat. Exp. und damit sein Name in die Forschungsgeschichte der Orn. eingegangen. Er selbst schrieb (ung., dt., engl.) „D. wissensch. Ergebnisse d. ostasiat. Reise von Graf B. S. 1877—1880" (Budapest). 1896 wurde er Dr. h. c. der Univ. Budapest. Die im Ung. National-Mus. aufbewahrten Bälge sind beim Aufstand 1956 verbrannt.

— Lit.: G. Kreitner, Im fernen Osten, Reisen d. Grafen B. Sz. in Indien, Japan, China, Tibet u. Birna in d. J. 1877—1880, Wien 1881. - Pallas-Lex. 15, 1897, S. 479. - L. Lóczy, Gedenkrede, Földr. Közl. 1920. - Révai Nagy Laxikona 17, 1925, S. 419.

T

Tantzen, Richard, * 12. 12. 1888 Hoffe bei Abbehausen (Wesermarsch), † 30. 1. 1966 Oldenburg. Aus bäuerlicher Wurzel stammend, studierte er Rechtswissenschaft und trat 1910 in den oldenb. Staatsdienst. Nach dem 1. Weltkrieg, aus dem er schwerbeschädigt heimkehrte, war er seit 1923 Amtshauptmann in Jever, 1927—1953 Ministerialrat in Oldenb. als Leiter des Siedlungsamtes und Referent für Naturschutz, von 1955—1956 niedersächs. Kultusminister. Vielseitig veranlagt, früh für biol. Probleme aufgeschlossen und mit sachlich abwägendem Urteil ausgestattet, war er nicht nur in der Praxis gründlich geschulter Feldornithologe, sondern darüber hinaus hervorragender Kenner in Landschafts- u. Landwirtschaftsfragen. Die Berufung als Landesbeauftragter für Natursch. und Landschaftspflege sowie Leiter der Höheren Naturschutzbehörde entsprach daher seinen innersten Neigungen. Enge Zusammenarbeit mit der Vogelwarte Helgoland, Mitgliedschaft im Ver. Jordsand, seit 1940 Vorsitz des Verwaltungsrates f. das Naturschutzgebiet Mellum und Tätigkeit in der Dt. Sektion d. internat. Rates f. Vogelsch. machten seine besondere Verbindung mit der Vogelk. nach außen deutlich. Die Fülle organisatorischer Aufgaben ließ seiner Freude an faun. und ökol. Forschungen noch Raum zu höchst ersprießlichem Einsatz; dahin gehören Bestandsaufnahmen u. a. über die Saatkrähe und den Fischreiher mit Veröff. wie „D. Fischreiherkolonien in Oldenb." (B. z. F. 8, 1932 u. B. Nieders. 3, 1948), „D. Graureiher im oldenb. Lande" (Jb. Oldenb. 59, 1960). Mit seinem Namen am engsten verknüpft bleiben wohl die über 35 Jahre seit 1928 durchgeführten Bestandsaufnahmen am Weißstorch. Sie sind zusammengefaßt in „D. Weiße Storch Ciconia ciconia im Lande Oldenb.", Festschr. f. Prof. Dr. R. Drost (Jb. Oldenb. 61, 1962). Kein anderer Landesteil verfügt über eine so lange lückenlos durchgeführte Beob.-Reihe, die obendrein eine höchst eindrucksvolle Beleuchtung der Biol. des Großvogels und seiner Abhängigkeit von Nahrung und Bodenverhältnissen erbrachte — auch wenn ihr die letzte Klärung populationsdynamischer Zusammenhänge versagt blieb. Den Rahmen weitgespannter Verdienste füllen schließlich noch erfolgreiche hist.-bibliogr. und genealogische Forschungen. Sie waren seit 1950 erkennbar in „Beitr. z. Gesch. d. Vogelk. in Oldenb." und im „Schriftennachweis über d. Vogelw. d. oldenb. Landes" (Jb. Oldenb. 56, 1957). Die Orn. verlor mit T., der seit 1924 der DOG angehörte, eine auch in beamteter Stellung scharf umrissene Persönlichkeit, die zugunsten der Mitmenschen und zur Abwehr von Schädigungen der Natur stets eigene Verantwortung zu übernehmen bereit war. Seit 1954 trug er das Bundesverdienstkreuz 1. Kl., seit 1960 das Große Bundesverdienstkreuz, seit 1962 das Große Verdienstkreuz des niedersächs. Verdienstordens.

— Lit.: Würdigung (von H. Weigold). B. Nieders. 8, 1955, S. 97/98. - Würdigung (von K. Fissen). Nat. u. Landsch. 33, 1958, S. 189/90 (mit Bildnis). - Würdigung (von G. Kragh). Nachr.-Bl. f. Natursch. u. Landschaftspfl. 34, 1963, S. 46/47 (mit Bildnis). - Nachruf (von dems.). Ebd. 37, 1966, S. 18. - Bildnis in Orn. Mitt. 4, 1952, S. 192.

Teidoff, Edgar, * 15. 2. 1883 Ramotzky (Livland), † 9. 7. 1967 Weimar. Auf der väterlichen Pferdestation an der nach Petersburg führenden großen sog. Pleskauer Straße wuchs er auf, besuchte das russ. Realgymnasium in Mitau und beendete das Fachstudium in Eberswalde 1909 als Diplomforstwirt. Bis zur Güterenteignung 1920 lag die Verwaltung livl. und kurl. Privatforsten in seinen Händen. Seit 1922 war er Oberförster im lettl. Staatsdienst und von 1925 bis zur 1939 erfolgten Umsiedlung der baltendeutschen Volksgruppe Angestellter einer Rigaer Zellulosefabrik. In Posen gelang ihm erst 1944 der Aufstieg zum Assistenten an der entom. Abt. der dt. Reichsuniversität. 1945 nahm ihn die Stadt Weimar auf. Über 30 Jahre gab er sich der Forschung am Haselwild hin. Schon als Student verspürte er den Drang zu journalistischer Tätigkeit vor allem auf jagdzool. und forstk. Gebiet (Neue Balt. Waidmannsblätter von 1907—1913). Die Schreibfreude wurde auch nicht gedämpft durch gelegentlichen Widerspruch älterer balt. Berufsgenossen oder nachdenklicher Herrenjäger. Noch in Weimar, wo er vereinsamt als Rentner in einem Altersheim starb, lieferte er populär-wissensch. Beitr. für Tages- u. Jagdzeitungen. Im engeren Bereich der Orn. trat er nach dem 2. Weltkrieg mit zwei größeren Abh. hervor; es waren „Z. Ökol., Biol. u. Psychol. d. Haselhuhns..." (B. Bonn. 2, 1951) und „D. Haselhuhn" (Brehm-Bücherei Nr. 77, 1952). Nach seinen zumeist ganz vom Standpunkt des Jägers und Forstmannes geschriebenen Verlautbarungen läßt er sich nicht zu den eigentlichen Vertretern der Vogelk. rechnen. Die Leidenschaft für das Haselhuhn machte ihn aber — wie manch anderen Waidmann — zum Förderer des Wissens über die Wildhühner. Die allg. Biol., Verbreitung, Morphol. usw. traten in seinen Schilderungen und Betrachtungen zurück. Ihn trieb es — das deuteten eigene Worte 1951 an — vielmehr, „in biol. Hinsicht verkehrte Beob., vor allem falsche und ungenaue Angaben über den Balzruf des Hahnes zu berichtigen". In diesem Bemühen steht er neben Namen wie W. Wurm, F. Valentinitsch, A. v. Krüdener (s. d.).

Toom (= Thom), Arthur, * 4. 1. 1884 Valjala (Oesel), † 1947 (?) Rußland. Er besuchte die Stadtschule in Arensburg (Oesel), arbeitete kurze Zeit im Dienste der Petersburger Eisenbahn und war seit 1. 9. 1906 als Nachfolger seines Adoptivvaters Jahrzehnte lang Leuchtturmaufseher auf der Insel Filsand

TEIL 2

(= Vilsandi). Zu Beginn seiner Tätigkeit hatten die Riffe der Insel eine nur schwache Avif., weil nach damaliger Sitte die Inselbewohner einer rücksichtslosen Eierplünderung für Nahrungszwecke huldigten. Anfangs begleitet von Hohn und Verwünschungen, widersetzte sich der einsichtige und rechtschaffene Mann dem naturfeindlichen Herkommen und wurde so — ein Zeuge der Standhaftigkeit — der Begründer eines höchst erfolgreichen Vogelschutzes. Es ist sein und F. E. Stolls (s. d.) Verdienst, daß mit Unterstützung der Naturf. Ges. zu Riga 1910 das erste ostbaltische Naturschutzgebiet auf den Waikariffen entstand. Der stets rege Eifer galt nicht nur der Werbung für den Schutzgedanken an sich, sondern auch (später vielfach mit Hilfe der Beringung) dem Studium des Vorkommens und der Lebensweise der ihn umgebenden Meeresvögel. In der Handhabung der Feder hatte er nur wenig Übung. Seinen Namen tragen die Arbeiten „Möwen, Enten u. Limikolen d. Waikariffe“ (Loodus 1, 1922; estn.) und „30 Jahre Vogelsch. in Estl.“ (Jb. Looduskaitse 1, 1937; estn.). Ihm zur Seite stand die naturk. Neigung seiner Frau Alma. Von ihrer Hand verfaßt ist die „D. Vogelw. v. Vilsandi“ (Dorpat 1937; estn.). Als die Russen im Sommer 1940 Estl. besetzten, wurde T. ins Innere der Sowjetunion verschleppt. Seitdem fehlen sichere Nachrichten.

— Lit.: E. v. Toll, Z. Gesch. d. Vogelsch. auf d. Waika-Riffen, Orn. Mitt. 19, 1967, S. 6—9 (mit älteren Quellen).

Transehe, Nikolai von, Dr., * 31. 7. 1886 Wrangelshof bei Wolmar (Livland), † 29. 9. 1969 Honerdingen/Walsrode (Lüneburger Heide). Auf dem väterlichen Erbgut herangewachsen und für die Fortführung der Familienüberlieferung bestimmt, besuchte er das Stadtgymnasium Riga. Der Reifeprüfung folgte 1906—1908 in Dorpat und seit 1909 in Leipzig das naturw. Studium, das er hier 1913 mit der Promotion (über Wasserflöhe?) abschloß. Die aus dem ländlichen Lebenskreis entstammende Hinneigung zur Welt der Vögel erfuhr nachhaltigste Steigerung, als der Student 1908 seinen Gönner Baron H. v. Loudon (s. d.) auf dessen 4. Sammelreise nach dem südöstl. Kaukasus und Transkaspien begleiten konnte. Noch 1960 kündete ein privat gedrucktes Gedenkblatt vom Dank an den toten Landsmann für damals empfangene Eindrücke. Als der junge Deutschbalte während des (ihn auf einer 2. Kaukasusreise überraschenden) 1. Weltkriegs im Dienste des russ. Roten Kreuzes besonders in Bessarabien seine Pflicht getan hatte, leitete die Enteignung des Großgrundbesitzes durch die neu entstandene Republik Lettland eine harte Schicksalswende ein. Nach der ersten Beruhigung der politischen Lage wurde zunächst Riga für fast 20 Jahre sein Wirkungsfeld. Seit 1923 Assistent am Zool. Inst. der Lettl. Univ. und dann Privatdozent für Jagdtierkunde, allg. Biol. und Orn., war er Lehrer hauptsächlich für Studenten der Land- u. Forstw., zeitweise auch der Med.; K. Vilks gehörte zu seinen Schülern. Der alte Naturf.Ver. zu Riga und der neu eröffnete Zool. Garten rechneten ihn zu den Vorstandsmitgliedern. Der eigenen Fortbildung und Verbindung mit dt. Fachfreunden dienten u. a. Aufenthalte an den Vogelwarten Helgol. und Rossitten sowie Besuche dt. und anderer ausländischer Kongresse. 1925 entsprang seiner Tatkraft vor allem die Gründung der Lettl. Orn. Zentrale, die die junge lettl. Vogelforschung beachtenswert förderte. In den folgenden Jahren knüpften sich mehrere orn. Veröff. an seinen Namen. Der 2. Weltkrieg erzwang dann den entscheidenden Bruch der Lebenslinie: 1939 wurde v. Tr. mit der Familie in das Wartheland umgesiedelt und von der dt. Wehrmacht für forstliche Aufgaben in Weißrußland eingesetzt. Nach 4 schweren Internierungsjahren entließen die Polen erst 1949 den „Volksdeutschen“ aus der Gefangenschaft. Seitdem wohnte er in der Lüneburger Heide. Geistesfrisch nahm er von hier aus die Beziehungen zu den alten orn. Freunden wieder auf, besuchte viele Tagungen der DO-G, die ihn seit 1924 zu ihren Mitgliedern zählen konnte, und griff auch wieder zur Feder. Als Abschluß gelang ihm im Alter von 80 Jahren noch „D. Vogelw. Lettlands“ (Hann.-Döhren 1965) mit der Behandlung von 310 Arten, der Aufz. des wichtigsten Schrifttums, den biogr. Daten baltischer Gelehrsamkeit und einer Liste der eigenen 15 Verlautbarungen (von 1925/26 bis 1957 in Balt. Akad. Blätter, Verh. d. 6. Internat. Orn. Kongr. Kopenhagen, Korr.-Riga, Vz., Balt. Hefte). Das Buch konnte natürlich — weil es auf Angaben zur Siedlungsdichte und Ökol. verzichten mußte — nicht dem Stil einer fortgeschrittenen lettl. Avif. entsprechen. Es entstand 20 Jahre nach der Vertreibung des Verf. und nach dem Verlust aller seiner Beobachtungsnotizen. Es zeugte aber von der erstaunlichen Erinnerungskraft eines tapferen, anspruchslosen Mannes, der, die von der Ungunst der Verhältnisse eng gezogenen wissensch. Grenzen kennend, trotzdem in Treue zur orn. Erforschung der verlorenen Heimat stand. Hohe menschliche und fachliche Wertschätzung, von alten und neuen Freunden dargebracht, erhellten seinen Lebensabend. Gern sprach er auch von der korr. Mitgliedschaft beim Orn. Ver. z. Leipzig und Ung. Orn. Institut.

— Lit.: Würdigung (von H. Kumerloeve). B. z. Vk. 5, 1958, S. 303—305 (mit Bildnis). - Nachruf (von R. Drost u. E. Schüz). Vwa. 25, 1969, S. 183/84. - Nachruf (von H. Ringleben). Vogelk. Ber. aus Nieders. 1, 1969, S. 90.

Trischler, Aladár, Dr., * 22. 8. 1880 Gajdobra (Batschka), † 16. 8. 1961 Novi Sad (= Ujvidék). Nach dem Besuch des Gymnasiums von Ujvidék und dem jur. Studium in Budapest wurde er hoher Beamter in Ujvidék. Zeugnisse seiner frühen Beobachterfreuden sind die seit 1898 an das Ung. Orn. Inst. gerichteten Ber. Die besondere Neigung galt der Ool., und die mit großer Ausdauer aufgebaute umfangreiche Eiersammlung kam in das Heimat-Mus. von Novi Sad. Seiner Aufmerksamkeit war die Feststellung der Areal-Ausweitung des Blaßspötters - Hippolais pallida zu danken (Aquila 50, 1943 u. 55—58, 1948—1951).

— Lit.: Nachruf (von Schriftl.). Aquila 73/74, 1967, S. 208 (ung.), S. 210 (engl.).

U

Urban, Emanuel, * 4. 11. 1821 Frühbuß (= Přebuz), † 22. 4. 1901 Troppau. Er war, als auch in Österreich die sammelnde und beschreibende Orn. in ihrer Blütezeit stand, Prof. am Troppauer Gymnasium und verwaltete in der Stellung eines Kustos die damals recht umfangreichen und gut geordneten naturw. Samml. der Schule. Im Jahre 1895 gehörte er neben E. Rzehak (s. d.) und dem jüngeren Berufskollegen K. Köhler (s. d.) zu den Gründern des Naturw. Vereins in Troppau. Außer entom. und botan. Beitr. weisen eine Reihe von Veröff. und die Mitarbeit am Jber. Beob.-Stat. Deutschl. 1881 (J. Orn. 31, 1883) sowie — als eifriger „Mandatar" für Schles. — an den Jber. Beob.-Stat. Österr.-Ungarn (Ornis 1, 1885 bis 6, 1890 u. länger?) auch auf feldorn., der engeren Heimat gewidmete Betätigung. Folgende Titel aus seiner Feder ließen sich ermitteln: „Kleine Mitt." (Lotos 9, 1859), „Gäa, Flora u. Fauna im ehemaligen Troppauer Kreise Österr.-Schles." (Troppau 1868), „Loxia bifasciata Ch. L. Br. u. Aquila fulva L. in Schles." (Orn. Jb. 2, 1891), „Carpodacus erythrinus in Österr.-Schles." (ebd. 2, 1891), „Otis tetrax in Schles." (ebd. 3, 1892), „D. Sperbereule - Nyctea ulula L. in Österr.-Schles." (ebd. 3, 1892), „Picus tridactylus in Österr.-Schles." (ebd. 4, 1893), „Otis tarda in Österr.-Schles." (ebd. 6, 1895), „Ornithologisches" (Mitt. Naturw. Ver. Troppau 2, 1896).

V

Vezényi, Elemér, * 29. 5. 1879 Budapest, † 1. 3. 1967 Felsőgöd bei Budapest. Nach dem Besuch der Mittelschule und der Hochschule für bildende Kunst in Budapest kam er durch seinen Bruder Arpád V. in jungen Jahren in Verbindung mit dem Ung. Orn. Inst., wo ihn O. Herman (s. d.) mit verschiedenen Aufgaben betraute. Den Weg in die Vogelillustration öffnete ihm gleichzeitig T. Csörgey (s. d.), der ihn auch zur Bebilderung von O. Hermans volkstümlichem Buch „V. Nutzen u. Schaden d. Vögel (1901, 1914) heranzog. Einen seinem Können und seiner Gestaltungskraft sehr entgegenkommenden Auftrag verdankte V. daneben A. Lendl (s. d.), dem damaligen Direktor des Budapester Zool. Gartens. So entstanden 260 Vogelbilder, die 1911 auch in Postkartengröße erschienen. Nach fünfjährigem Militärdienst im 1. Weltkrieg richtete er die künstlerische Begabung nicht nur auf die Ausstattung der Aquila, sondern auch auf die bildliche Bereicherung von illustrierten Blättern, Schulbüchern und vor allem der Jagdpresse. Fleißige Mitarbeit galt u. a. der Jagd-Zeitschr. von K. Kittenberger (s. d.). Dauernde Beziehungen zum Zoo und Orn. Inst. gaben ihm fruchtbare Anregungen. Viele ansprechende Skizzen brachte er von orn. Exk. nach Hause. Auch Jagdszenen aus seiner Hand waren bis in die letzten Jahre in Jägerkreisen sehr gesucht. Von 1927—1963 lebte und arbeitete er in Dunakeszi.

— Lit.: Nachruf (von Schriftl.). Aquila 75, 1968, S. 305/06.

Voigt, Wilhelm, * 15. 4. 1883 Drübeck bei Ilsenburg, † 27. 10. 1961 Wernigerode (Harz). Nach dem Besuch der Mittelschule in Wernigerode und des Seminars in Halberstadt war er seit 1902 Lehrer in Rhoden und seit 1907 an seiner alten Schule. Als er 1908 die Prüfung für Mittelschullehrer in den Fächern Biol. und Franz. abgelegt hatte, verbrachte er zur weiteren Ausbildung 6 Monate in Lüttich, Paris, Montpellier, Tunis. Von 1924—1951 war er Rektor an verschiedenen Wernigeröder Schulen. Den Keim ernsthaften Naturverständnisses empfing er in der Landschaft um den Brocken. Der heimatlichen Vogelwelt galt daher der früh geschulte Beobachterblick. Beziehungen u. a. zu O. Kleinschmidt und F. Lindner (s. d.) vertieften das autodidaktisch erworbene Wissen. Da seine Vertrautheit mit den avif. Verhältnissen des Harzes bekannt war, nahm ihn auch H. Löns (s. d.) 1907 mit auf den Brocken, wo die durch Verwechslung mit dem Wiesenpieper unternommene Suche nach dem Bergpieper negativ verlief. Sein Wirkungskreis, den er durch gewinnende Wesenszüge um sich sammelte und durch viele naturk. Anregungen belebte, blieb in der Hauptsache beschränkt auf Vogelschutzbestrebungen, auf allgemein verständliche Vorträge in der Volkshochschule, Führungen unter freiem Himmel und kleinere Veröff. in der Bezirkspresse. Über den örtlichen Bereich drang seine Geltung ebensowenig hinaus wie die seines mehr musisch gestimmten Nachbarn R. Busch (s. d.).

— Lit.: Würdigung (von O. Ludwig). Natursch. u. Landschaftsgestaltung im Bez. Magdeburg, 1958. - Nachruf (von R. Busch). Mitt.-Bl. d. orn. Arbeitskreises Nordharz-Vorland Nr. 13, 1964, S. 3/4.

W

Wächtler, Walter, Dr., * 18. 1. 1901 Mylau (Vogtland), † 16. 11. 1943 (vermißt in Rußland). Als Sohn eines Schneidermeisters bildete er sich von 1915—1921 in Zwickau für den Lehrerberuf vor, den er bis 1924 in seiner Vaterstadt ausübte. Dann schied er aus dem Lehrfach aus und studierte in Leipzig Naturw. In dieser Zeit galt sein Eifer dem Aufbau der Vogtl. Ges. f. Naturf. Nach der Promotion wurde er Kustos am Naturk.-Mus. in Erfurt. Obwohl sein Lieblingsfach das Studium der Gastropoden war, blieb ihm das Leben der Vögel nicht gleichgültig. Davon zeugen Verlautbarungen wie „D. Begattung d. Mauerseglers im Fluge“ (B. z. F. 8, 1932), „Irrgäste in Thüringen“ (Orn. Mber. 42, 1934), „Z. Brutbiol. d. Thüringer Uhus“ (J. Orn. 81, 1933). Die letzte Arbeit verriet Führung und Hilfe durch R. Fenk (s. d.). Die Einberufung zum Heeresdienst bedeutete das Ende einer verheißungsvollen Laufbahn.

— Lit.: Nachruf (von M. Ritter u. W. Petzold). Kulturspiegel f. d. Kreis Reichenbach, August 1957, S. 120—122 (mit Bildnis u. Verz. d. Veröff.).

Walde, Kurt, Dr., * 3. 9. 1904 Innsbruck, † 20. 4. 1967 Holland. Aus der Rechtsanwaltspraxis wechselte der Dr. jur. über zur Sparkasse, um schließlich nach dem Studium der Biol. und der Geogr. Studienrat zu werden. Neben dem Berufsweg stand eine mit echter Hingabe betriebene heimatk. Betätigung. Im Dienste verschiedener Organisationen (Tiroler Vogelwarte, Volkshochschule, Alpenverein, Hochgebirgsschule) verstand er es, auf vielen Exk. mit didaktischem Geschick Verständnis für Fauna und Flora zu wecken. Daneben bewährte sich seine Gabe, wissenschaftliches Gedankengut in allg. verständlicher Form einem breiten Leserkreis darzubieten. Das heimatliche Schrifttum (Festschriften, Bücher) enthält eine Reihe von Belegen für das ihn auszeichnende Wissen aus dem Bereiche der Naturw., der Geschichte und Kultur des Alpenlandes. Denkmäler seines regen Geistes sind die „Tierwelt d. Alpen“ (1936) und das „Tiroler Vogelbuch“, zus. mit H. Neugebauer (1936), das seit K. W. Dalla Torre und F. Anzinger (s. d.) zum ersten Mal wieder eine eingehendere Zusammenfassung der Ornis von Tirol brachte. Die Vogelk. im besonderen verdankte ihm etwa 15 Beitr. zwischen 1933 und 1966. Dazu gehören „Offene Fragen aus d. heimischen Vogelk.“ (Tir. Heimatbl. 12, 1934), „D. geogr. Elemente d.

Nordtir. Vogelw." (ebd. 13, 1935), „D. Aufgaben d. Tir. Vogelwarte" (ebd. 15, 1937), „D. Singvögel d. Mieminger Gegend (Vr. 10, 1938), „Über Nest u. Eier d. Alpenringdrossel" (B. z. F. 14, 1938), „D. Zippammer - Emberiza cia L. als Brutvogel neu f. Tirol-Vorarlberg" (Orn. Mber. 48, 1940), „Vogelbeob. in Mayrhofen", gemeinsam mit R. Gerber (Tir. Heimatbl. 1949), „V. Wendehals" (Schlern 1953), „Vogelbeob. in Bad Tatzmannsdorf" (Burgenl. Heimatbl. 28, 1966). Seit 1952 war W. Mitglied der DO-G. Enge Beziehungen verbanden ihn außerdem mit der Niederl. Naturk. Vereinigung. Von einer Vortragsreise nach Holland kehrte er nicht zurück. Auf der Heimfahrt ereilte ihn der Tod. Beigesetzt ist er in Innsbruck.

— Lit.: Würdigung. Tir. Tagesztg. v. 3. 9. 1964 (mit Bildnis). - Nachruf. Ebd. v. 25. 4. 1967 (mit Bildnis). - Nachruf. Tir. Nachr. v. 26. 4. 1967. - Kulturber. aus Tir. 173/74, Juni 1967, S 3. - Nachruf. Natura, Maandblad van de Koninkl. Nederlandse Natuurhist. Vereniging 64, 1967, S. 749.

Warnke, Hildegard, * 5. 7. 1903 Berlin, † 28. 3. 1963 Selb (Franken). Musische Veranlagung, u. a. erkennbar an hoher Musikalität, und echte Herzensgüte waren Grundwerte ihrer Persönlichkeit. Aus diesen Quellgründen wuchs eine sie stets bewegende Liebe zur Welt der Vögel. Als allseits geschätzte Vertreterin der Laienvogelkunde und Besucherin der Berl. Versammlungen gehörte sie seit 1936 der DOG und seit 1939 der Orn. Ges. Bay. an. Bis 1945 war Berl. ihr Wohnsitz und die Mark Brandenburg (mit dem Trappenvorkommen) der Bereich der orn. Exk., denen sie mit ihrer Familie die Wochenenden widmete. Vertraut waren ihr wohl am meisten der Tollense See, der Kremmener See, die Zossener Gegend und die Lausitz. Die Kenntnis der Vogelstimmen und ein hoher Grad von Sicherheit in der Freiland-Beob. bildeten die Grundlagen ihres Wissens. Als sie in Berl. ausgebombt war, lebte sie zuerst in Lauter (Erzgebirge). 1945 verzog sie mit ihrem in der Porzellanindustrie führend tätigen Gatten dann nach Selb. Fortan bemühte sie sich um die faun. Aufhellung Oberfrankens unter Bevorzugung des Gebietes der Eger und des Steinwaldes. Doch setzte Krankheit ihrem Eifer ein frühes Ende. Sie war leidend und mußte die letzten Lebensjahre meist in Kliniken, vor allem in Freiburg (Breisgau) verbringen. Nichtsdestoweniger nutzte sie jeden Kur- u. Erholungsaufenthalt, u. a. in Bad Orb und Oberstdorf, zur Vertiefung feldorn. Einblicke. Merkwürdigerweise ist ihr Name kaum mit Veröff. verknüpft. Zu ermitteln waren „Orn. Beob. in Oberstdorf/Allgäu" (Heimatk. d. Landkreises Sonthofen 1950), „Kampf zwischen Lachmöwe und Wanderfalke" (Anz. Bay. 4, 1955), „Feldschwirl - Locustella naevia bei Bad Orb" (Luscinia 29, 1955/56), „Weiteres v. Tannenhäher - Nucifraga caryocatactes bei Bad Orb" (ebd. 29, 1955/56). Eigene Aufz. überließ sie lieber einer Reihe von Fachgenossen in einem sehr regen Briefwechsel. Beob.-Daten erhielten O. Uttendörfer (s. d.) für die „Ernährung d. dt. Raubvögel u. Eulen" (1939), O. Schnurre durch Mitt. von Erfahrungen an Raubvögeln, R. Kuhk durch Nachr. aus dem Fichtelgebirge zwischen 1947 und 1951, R. Heyder für die „Vögel d. Landes Sachs." (1952), J. Dietz für die „Ornis d. Fichtelgebirges" (Ber. Bayreuth 1954). Es war ihr gegeben, die Person hinter die Sache zu stellen und in Bezirken auch außerhalb der Orn. mehr Hilfe zu leisten, als die Außenwelt erfuhr.

Watzinger, Alois, * 8. 5. 1883 Lambach (Ober-Österreich), † 11. 12. 1963 Gmunden (Traunsee). 1912 war Lambach noch sein Wohnsitz, später lebte er in Gmunden als Oberkontrolleur beim dortigen Eichamt und techn. Fachinspektor i. R. Der früh erwachte feldorn. Eifer des unter freiem Himmel geschulten Waldläufers empfing nachhaltigen Auftrieb durch Beziehungen zu V. v. Tschusi (s. d.). Den Nutzen aus dieser Verbindung zog die faun. Erforschung des Salzkammergutes, dessen Vogelwelt zu Beginn des Jahrh. noch wenig bekannt war. Seine Erfahrung legte W. nieder in einer längeren Arbeit über die „Brutvögel d. Umgeb. v. Gmunden u. Lambach, ein Beitr. z. Ornis v. O.-Ö." (Orn. Jb. 24, 1913). Die Eiersammlung seines Freundes J. Lindorfer (s. d.) erleichterte ihm die Bestandsaufnahme. Frei von falschem wissensch. Ehrgeiz, konnte er 134 Arten aufzählen. Spätere Verlautbarungen waren „D. Blaukehlchen - Lusciana svecica cyanecula Brutvogel Ober-Österreichs" (ebd. 25, 1914), „Ornithologisches aus Gmunden u. Umgeb. — Herbst u. Winter 1916" (ebd. 28, 1917), „Am Neste

d. Erlenzeisigs" (ebd. 28, 1917). Nach dem 1. Weltkrieg scheint er nicht mehr zur Feder gegriffen zu haben. Er war nur noch neben J. Roth und O. Koller (s. d.) beteiligt an den „Orn. Notizen aus O.-Ö u. N.-Ö." (Waldrapp 2, 1920). In seiner engeren Heimat genoß er guten Ruf als zuverlässiger Kenner der Alpenvögel.

Wettstein, Otto Ritter von Westersheimb, Dr., * 7. 8. 1892 Wien, † 10. 7. 1967 Wien. Er war Glied einer bekannten Biologenfamilie. Dem Vater Richard W., Prof. in Wien u. Verf. des „Hdb. d. system. Botan.", verdankten drei Söhne die akad. Lebens- u. Forschungsrichtung. Otto W. beendete 1915 das Studium der Naturw. an der Univ. Wien und befaßte sich ab 1917 auch mit bakteriologischen Studien an der Tierärztl. Hochschule Wien. Als Student schon Hospitant am Naturh. Mus., wurde er 1920 dort Kustos und übernahm die herpetol. Abteilung. Seit 1941 war er Dozent, seit 1954 ao. Prof. an der Univ. Wien. Nach dem Kriege arbeitete er von 1948—1958 noch über Forstschädlinge an der Forstl. Versuchsanstalt Mariabrunn. Der Leidenschaft für die Zool. und der damit gekoppelten Freude an der Jagd gaben zahlreiche Reisen immer neue Auftriebe. Während des Studiums konnte er an wissensch. Sammelexpeditionen nach Istrien, Dalmatien, Sizilien, Tunis, Kordofan, dem Sudan und der Riviera teilnehmen. Später war er u. a. in Schweden und Lappland (1920), in Kroatien (1926), auf den Ägäischen Inseln (1934, 1935, 1942, 1954), in Rußland (1954) und China (1957). Die ersten Sporen verdiente er sich auf dem Gebiete der Vogelk. mit der „Ornis d. Gschnitztales b. Steinach am Brenner, Tirol" (Orn. Jb. 23, 1912), in der Beob. nach mehrjährigem Sommeraufenthalt im Hause der Familie in Trins verwertet sind. In späterer Zeit festgestellte Veränderungen bildeten den Stoff für „Berichtigungen u. Ergänzungen z. Ornis des Gschnitztales ..." (ebd. 28, 1915) und „Biol. Notizen über einige Vogelarten d. Gschnitztales" (B. z. F. 17, 1941). Aus der Anfangszeit stammen außerdem „Orn. Ergebnisse einer Reise nach Dalmatien" (Orn. Jb. 25, 1914), „Wissensch. Ergebnisse d... zool. Exp. nach d... Sudan, II Vögel u. Säugetiere" (Denkschr. Akad. d. Wissensch. Wien 94, 1917), „Orn. v. Neusiedler See" (Bl. f. Naturk. u. Natursch. 1924), „Über Parus atricapillus submontanus Kleinschm. u. Tschusi" (Anz. Bay. 2, 1929). Die Aufgeschlossenheit für die Vogelk. als Teil seines weiten zool. Blickfeldes verließ ihn nie ganz. Sie wurde aber unter Einfluß seines Lehrers Prof. Werner seit 1920 überlagert durch die Sachgebiete der Herpetologie und vor allem der Mammalogie. Erste Zeugnisse für die neue Arbeitsrichtung waren 3 Beitr. im Arch. Naturgesch. 1925, 1926 und in Zeitschr. f. Säugetierk. 1933. Doch galten die bevorzugten Forschungen im Grunde allen Gruppen der Wirbeltiere. Daß er — E. Hartert (s. d.) folgend — schon bei den ersten Unters. von geogr. Variationen die ternäre Nomenklatur anwandte, war kennzeichnend für frühes selbständiges Urteil. Jahrelang flossen aus seiner Feder Referate über System. und Stammesgeschichte der Wirbeltiere in den „Fortschritten d. Zool.". Früchte der Mitarbeit an Kükenthals „Hdb. d. Zool." erschienen 1931 und 1954. Und Schriften wie „Beitr. z. Wirbeltierfauna d. Kroat. Gebirge" (1928), „D. Säugetiere Niederösterr." (1934), „D. Fauna d. Höhle v. Merkenstein in N.-Ö." (1938), „D. Säugetierwelt d. Ägäis" (1942), „Merkwürdiges v. Vierfüßlern u. anderem Getier" (1943), „D. Insektivoren v. Kreta" (1953), „Mammalia in Cat. Faunae Austriae" (1955), „D. Wirbeltiere d. Ostalpen" (1963) hatten bemerkenswerten Einfluß auf die faun. Erforschung Südosteuropas. Sein Verdienst bleibt, durch die Betonung system., ökol., genetischer, phylogenetischer, rassenkundl. Gesichtspunkte der Säugetierk. überhaupt zu neuer Blüte verholfen zu haben. Als Tiergeograph erprobte er seine Arbeitsmethoden wiederholt auf den Inseln der Ägäis. Während die hier gesammelten Erfahrungen sich in der „Herpetologia aegaea" (1953, 1957) vor allem auf der Grundlage der Reptilien und geol., pflanzengeogr. Befunde aufbauten, zeigte daneben die „Vogelw. d. Ägäis" (J. Orn. 86, 1938), daß die „Abkehr von der vielbefahrenen Straße der Orn." — es sind seine eigenen Worte — nie als völlige Flucht aus der Ausgangsstellung zu verstehen war. Weitere „nebenamtliche" Verbindung mit der Vogelk. belegen „Beitr. z. Ökol. d. Vögel Kretas" in G. Niethammer, „Über d. Vogelw. Kretas" (Ann. Wien 53, 1942), in „Uhu als Dauersiedler" (Egretta

1, 1958), „Passer domesticus italiae in Nordtirol“ (ebd. 2, 1959), „Ergänzende Nachr. über d. süd-alpine Mischgebiet d. Haussperlinge“ (J. Orn. 100, 1959) und „Seltene Belege aus Niederösterr. u. d. Burgenl.“ (B. Bonn 11, 1960). Die Erwähnung ehrenamtlicher, volksbildnerischer Tätigkeit und reger Mitwirkung am österr. Natursch.- u. Vogelschutzgesetz (1919—1924) mögen das Persönlichkeitsbild eines liebenswerten, warmherzig fühlenden Menschen abrunden. Eine Reihe von Auszeichnungen begleiteten seine Vielseitigkeit: Ehrenmitglied d. Orn. Ges. Bay. (1929), Korr. Mitglied d. Österr. Akad. d. Wissensch. Wien (1940), Ehrenmitglied der Acad. Agra, Indien (1945), Ehrenmitglied d. Dt. Ges. f. Säugetierk. (1963).

— Lit.: Österreicher der Gegenwart 1951, S. 334/35. - Würdigung (von K. Bauer). Säugetierkundl. Mitt. 11, 1963, S. 25/26 (mit Bildnis). - Würdigung (von W. Marinelli). Forschungen u. Fortschritte 41, 1967, S. 250—252 (mit Bildnis). - Nachruf (von E. Schimitschek). Anz. f. Schädlingskunde 40, 1967, S. 156/57 (mit Bildnis). - Nachruf (von D. Müller-Using). Zeitschr. f. Jagdwissensch. 13, 1967, S. 123/24). - Nachruf (von F. Rulf). D. Anblick (Graz) 22, 1967, S. 303/04. - Nachruf (von G. Niethammer). Zeitschr. f. Säugetierkunde 32, 1967, S. 378—381 (mit Bildnis). - Nachruf (von G. Rokitansky). Ann. Wien 70, 1966 (1967), S. 1—18 (mit Bildnis u. Verz. d. Veröff.).

Wiegand, Horst, Dr., * 14. 8. 1917 Mainz, † 1. 10. 1967 Mainz. Als Sohn eines Dipl.-Ingenieurs war er in seiner Vaterstadt prakt. Arzt. Erst spät — nach dem 2. Weltkrieg, in dem er einen Arm verlor — kam er zur Vogelk. Seit etwa 1952 nutzte er planmäßig Freizeit und Urlaubswochen zu Exk. in die Umgebung seiner Heimat und zu weiteren Reisen (Sylt, Rundoy, Neusiedler See, Camargue). So vermittelte ihm feldorn. Eifer überraschend schnell eine hervorragende und von erfahrenen Freunden bewunderte Artenkenntnis. Mit Vorliebe war seine Aufmerksamkeit auf das Leben der Sumpf- u. Wasservögel gerichtet. Organisatorische Begabung stellte er daneben in den Dienst des Vereins f. Vogelschutz u. Vogelpflege Mainz, der ihn seit 1955 in der Mitgliederliste führte und als vorbildlichen Kameraden und Vortragsredner in besonderem Maße schätzte. Die ihn auszeichnende menschliche Aufgeschlossenheit zeigte sich auch in der steten Bereitschaft, das Brutvorkommen nicht alltäglicher Formen, die sein überdurchschnittliches Orientierungsvermögen entdeckt hatte, anderen Fachfreunden zugänglich zu machen. Die Erforschung der örtlichen Avif. verdankte ihm daher eine beachtliche Förderung. Starke berufliche Beanspruchung und längere Erkrankung ließen ihm dahingegen nur die Zeit zu 5 Veröff. Sie standen zwischen 1960 und 1962 in der Luscinia und betrafen Begegnungen mit Ortolan, Schwarzstirnwürger, Brachpieper bei Mainz, Kormoran bei Bingen, Flußregenpfeifer bei Aschaffenburg, Rohrweihe bei Mainz. Verzeichnet sind sie bei G. Berg-Schlosser, „D. Vögel Hess.“ (Ergänzungsband 1968).

— Lit.: Nachruf (von W. Bauer). Luscinia 40, 1969, S. 208.

Wolf, Wilhelm, * 9. 11. 1838 Muskau (Oberlausitz), † 3. 11. 1910 Muskau. Körperlich fehlgebildet, erlernte er das Schneiderhandwerk, fühlte sich aber in der Freizeit auch zur Natur hingezogen, die er damaliger Gewohnheit folgend als Sammler durchstreifte. Neben den Insekten galt sein Trachten der Vogelwelt und ihren Eiern. Er stellte davon eine ansehnliche Samml. zusammen, darunter über 60 Kuckuckseierfunde, alle mit genauen Notizen und fast ohne Ausnahme aus dem Umkreis von Muskau. Da die Gelege auch faun. bedeutsame Funde aufwiesen (Schwarzstorch, Kranich, Kampfläufer, Grauspecht) und Sachkundige zu kritischen Erörterungen bewogen — W. Baer (s. d.) 1898; J. W. Stolz (s. d.) 1911 —, wurden sie der faun. Forschung dienstbar. Veröffentlicht hat W. nichts, doch hinterließ er neben seinen Samml. eine an die Naturf. Ges. Görlitz gelangte Niederschrift über fast dreißigjährige Beob., die sich zumeist mit der Fortpflanzungsbiologie der Vögel befassen. Die feldorn. Erfahrungen brachten ihn auch zu der Überzeugung, daß neben dem jungen Kuckuck kein anderer Nestvogel aufkommt. In Vorträgen wog er mit Vorliebe das Verhältnis zwischen Vogel- u. Insektenfauna ab und ließ erkennen, daß er über das Stadium des reinen Sammlers hinausgewachsen war.

— Lit. Nachruf (von B. Gerlach). Ber. Schles. 14, 1928, S. 1—3. - Würdigung (von O. Herr). Ebd. 14, 1928, S. 4—18 (mit Bildnis).

Wolff, Gustav, * 12. 3. 1881 Wiembeck (Kr. Lemgo), † 1. 6. 1965 Schötmar (Lippe). Seit 1900 stand er als Lehrer in Bentorf und

Lemgo, seit 1910 in Schötmar, wo er 1921 Schulleiter und Rektor wurde. Die vom Vater geweckte Aufgeschlossenheit für das Leben der Vögel entfaltete sich auf dem Seminar in Detmold zum Verständnis auch für die weiter gesteckten Ziele der Heimatforschung. Die pädagogische und volkserzieherische Tätigkeit von H. Schacht (s. d.) wurde das Vorbild für den jungen Lehrer. Um 1900 planmäßig einsetzende vogelk. Beschäftigung beschränkte sich zuerst auf Nordlippe, galt aber seit der Übersiedlung nach Schötmar dem ganzen Lande und verschaffte ihm über die reine Formenkenntnis hinaus den Blick auch für größere biol. Zusammenhänge. Daher stellte er, als die Technik zu Beginn des Jahrh. die Naturphotographie eroberte, seit 1906 diese Kunst in den Dienst seiner Studien und machte sich einen bekannten Namen mit den für die Anfangszeit wohlgelungenen Aufnahmen. Sie stellten hauptsächlich den Vogel am Neste dar. Mit den ihm zur Verfügung stehenden einfachen Apparaten konnte er schnellere Bewegungsabläufe unter freiem Himmel noch nicht auf die Platte bannen. Diese Lichtbilder schmückten jahrelang nicht nur die eigenen Arbeiten, sondern auch fremde Werke. Sie fanden begründeten Beifall und verliehen vor allem seinen zahlreichen Vorträgen breiteren Widerhall. Gerne ergriff er vor heimatkundlichen Vereinigungen das Wort und nutzte nicht weniger geschickt die Feder. Was er schrieb, sollte nicht hohe Gelehrsamkeit sein. Ihm genügte, in volkstümlichem Gewande die eigenen Erfahrungen weiterzugeben sowie Laienkreise zu gewinnen. Die von ihm verfaßten Bücher dienten der Faunistik und der fachgebundenen Unterhaltung. Ihr Inhalt deckte sich nicht immer mit den Fortschritten der Forschung, gehörte aber doch zum ernsthaften Schrifttum. Kleinere Beitr. und Aufs. über Freilandbeob. standen u. a. in Gef. W., Orn. Ms., B. z. F., Dt. Vw., Vw., B. Nieders., Columba, Orn. Mitt.; allg. gehaltene Themen erschienen in Zeitschr. wie Natur, Naturforscher, Zool. Beob., Lipp. Mitt. aus Gesch. u. Landesk., ferner in Tagesztg. und Heimatkalendern. Die Bücher waren „Vögel d. Heimat“ (1924), „D. Lipp. Vogelw.“, nicht in allen Angaben zutreffend (1925), „Vögel am Nest“ (1928), „Waldweben“, zus. mit K. Gerhard (s. d.) (1932 u. 1933), „D. Vögel d. Waldes“, zus. mit K. Gerhard u. K. Glasewald (s. d.) (1951), „Aus Schilf u. Rohr“ (1951), „D. Nachtgespenst“ (1959). Im lipp. Lande hatte der Autodidakt eine geachtete Stellung; lange lag die amtliche Wahrnehmung des Nat.- u. Vogelschutzes für den Kreis Lemgo in seinen Händen.

— Lit.: Nachruf in Lipp. Landesztg. v. 1. 6. 1965 (mit Bildnis). - Nachruf (vom Lipp. Heimatbund). Heimatland Lippe 58, 1965, S. 155 (mit Bildnis). - Nachruf (von K. Conrads). Upupa 1, 1967, S. 25 bis 28 (mit Bildnis u. Verz. d. Veröff.).

Wolff-Metternich, Graf Ferdinand, * 28. 2. 1915 Eupen, † 12. 7. 1943 Orel (Rußland). Der Neffe von H. Frhr. Geyr v. Schweppenburg (s. d.) studierte Forstwissensch. in Hann. Münden und München, ehe er sich im August 1939 einer Exp. nach Fernando Poo anschloß. Er war vor der Abreise faun. nicht hervorgetreten, begegnete offenbar aber der Vogelwelt mit einer inneren Aufgeschlossenheit, die sich auf der fernen Insel zum Wunsche entwickelte, tiefer in die dortige Ornis einzudringen. Mit wissensch. Forschungsmethoden nicht vertraut, klebte er auf große Karteiblätter seines Skizzenbuches Federproben (Flügel, Schwanz, Rükken, Bauch) der geschossenen Vögel, fügte Beschr. und Maße zu und verzeichnete Fundorte, Biotop und Lebensweise von etwa 70 Arten. Bälge fertigte er seltener an. Als er im August 1940 — nachdem er alle Teile der Insel forschend berührt und auch den 2850 m hohen Pico de Santa Isabel erreicht hatte — schon wieder nach Europa aufbrechen mußte, brachte er nur 20 Bälge mit; darunter waren indes große Seltenheiten wie ein Zosterops (bzw. Speirops) brunnea, Ploceus (bzw. Phormoplectes) insignis und 3 Polipicus elliotii schultzei. Über einige der Bälge berichtete E. Stresemann in „A small contribution to the ornithology of Fernando Poo“ (Ibis 90, 1948) und hatte ferner das Glück, daß ihm 1954 von der Mutter des Sammlers die Tagebücher zur Auswertung überlassen wurden. Sie waren die Quelle für die sichere Ermittlung von 73 Vogelarten (davon 65 Brutvögel und 8 europ. Zugvögel). Auf Grund dieses Materials konnte E. Stresemann (J. Orn. 97, 1956) die Kenntnis der Biol., der klimatischen Verhältnisse und der Brutzeit nicht unwesentlich vertiefen und die von B. Alexander durch die Monogr. „On the birds of F. P." (Ibis 1903) geschaffene Grundlage für die orn. Unters. der Insel erweitern. Der junge Forscher aber beendete nach der Heimkehr zunächst das Studium in Freiburg. Aus dieser Zeit stammt seine Mitt. über „Turdus torquatus Brutvogel im bad. Schwarzwald" (Orn. Mber. 49, 1941). Bald schon war er Soldat und ist seit einem Nahkampf bei Orel vermißt. Nachträglich wurde er zum Oberleutnant und Forstassessor befördert.

— Lit.: Biol. Notizen über Vögel von F. P., aufgezeichnet von Graf Ferdinand Wolff-Metternich (†) u. eingeleitet von Erwin Stresemann, J. Orn. 97, 1956, S. 274—290 (mit Bildnis).

Z

Zedtwitz, Franz Xaver Graf, Dr., * 12. 3. 1906 Wien, † 22. 6. 1942 Sewastopol. Aus altem Adelsgeschlecht stammend (der Vater war österr. Oberst), verlebte er die ersten Jahre auf dem Familiengut Krugsreuth (Böhmen) und besuchte später die Privatgymnasien Stella matutina in Feldkirch (Vorarlberg) und Kremsmünster (O.-Ö.) sowie das Staatsgymnasium zu Asch (Böhmen). Die Studien ab 1924 in Prag, Wien, Kiel beendete er 1929 in Berlin mit einer Diss. über „Vgl.-messende Unters. an Muriden u. Arvicoliden" und wurde unter L. Heck (s. d.) Assistent am Berl. Zool. Garten. Nach Hecks Pensionierung gab er 1932 den Posten auf, um als Zoologe freier Schriftsteller zu werden. Zu fruchtbarer Beschäftigung im Bereiche der Feder war ihm einiges Geschick mitgegeben auf einen kurzen Lebensweg, der ihn streckenweise auch nach Lettland führte (nachdem er 1932 die Tochter eines russ. Staatsrates und späteren lett. Gesandten in Berlin geheiratet hatte). Die Säugetierkunde mag seinen Neigungen näher gelegen haben; doch erwuchsen Aufs. und Bücher auch aus der Freude am Vogelleben und feldorn. Erfahrung. Erste Verlautbarungen aus der Zoo-Praxis standen im Zool. G., N. F. 2/3, 1930 u. 4, 1931. Von orn. Veröff. können genannt werden: „Brutbiol. Beob. an Laro-Limikolen" — während eines Sommeraufenthaltes auf der Insel Oesel (Orn. Mber. 42, 1933) sowie die Bücher „Vogelkinder d. Waika-Riffe" — A. Toom (s. d.), dem ersten „Vogelkönig", gewidmet (1933) und „Schwingen über Feld u. Flur" (1935). Andere Bucherzeugnisse des leidenschaftlichen Jägers und eifrigen Tierphotographen waren „Quer durch d. Tierwelt" (1932), „Wunderbare kleine Welt, Vom heimischen Getier" (1934), „Tiergeschichten" (1936), „D. Dt. Tierwelt" (1937), „Zaubervoller Balkan" (1937), „D. Gemse" (1937), „Erlebte Natur" (1939), „Gams in ihrer Bergheimat" (1939). Erinnerungen an frühe Schülerjahre sind verwertet in „Feldmünster — Roman aus einem Jesuiteninternat" (1940). Als der 2. Weltkrieg ausbrach, wurde er Kriegsberichterstatter. Aus Rußland kehrte er nicht mehr zurück. Er war ein kluger Kopf, ein unruhiger, stets kritisch reger Geist, eine selbstsichere, musisch begabte Persönlichkeit. Von 1929 bis 1932 führten ihn die Dt. Ges. f. Säugetierkunde, von 1930—1936 die DOG in den Mitgliederlisten.

— Lit.: Nachruf (von H. Dathe). Zool. G., N. F. 15, 1943, S. 174 (mit Bildnis). - Bildnis in W. Schuster, Vogelf. v. Großhess. u. Nassau, 1941.

Zilch, Adolf, * 1. 3. 1883 Offenbach (Main), † 7. 6. 1967 Offenbach. Aus angeborener Naturfreude und eigener Kraft erwarb sich der Präparator eine über dem Durchschnitt stehende Kenntnis der Fauna in der Mainlandschaft. Die ihn auszeichnende handwerkliche und künstlerische Fertigkeit nutzte der Offenb. Ver. f. Naturk. und übertrug ihm 1902 die Stelle des Konservators für das dortige Naturk. Mus., das sich zu Anfang des Jahrh. mit wertvollen, vom geschickten Praktiker hergestellten Vogelpräparaten füllte. Im 2. Weltkrieg gingen diese Schätze mit dem Mus. im Bombenhagel unter. Doch besitzen die Vogelk. Beob.-Stat. „Untermain" und die Vogelschutzwarte Frankfurt viele Stücke aus den letzten Jahrzehnten, die er mit feinem Nachempfinden der Vogelbewegungen lebensecht zu gestalten verstand. Da er sich, als Beobachter durch vielfältige Erfahrung in der freien Natur geschult, in seinen besten Jahren auch für Exk. zur Verfügung stellte und den Problemen des Naturschutzes sachkundig begegnete, genoß er in breiten Kreisen örtlicher Vogelfreunde allgemeines Ansehen. Es litt auch nicht darunter, daß er keine Berufung zur Schreibtischarbeit verspürte. Eine von ihm in der Stille zusam-

TEIL 2

mengestellte, bis etwa 1935 reichende „Vogelf. d. Umgeb. v. Offenb. a. M." kam nicht zum Druck. Einzeldaten daraus finden sich aber bei L. Gebhardt u. W. Sunkel, „D. Vögel Hess." (1954). Lange war Z. Beauftragter f. Natursch. u. Landschaftspflege im Kreis Offenb., und mehrere Schutzgebiete dieser dicht bevölkerten Gegend sind seinem Einsatz zu verdanken. Anerkennung der tatkräftigen Förderung aller Schutzbestrebungen bedeuteten die Ehrenmitgliedschaft beim Offenb. Ver. f. Naturk. (1942), bei der Vogelk. Beob.-Stat. „Untermain" (1947) und das Bundesverdienstkreuz (1953).

— Lit.: L. Gebhardt u. W. Sunkel, D. Vögel Hess., 1954, S. 104. - Nachruf (von W. Keil). Luscinia 40, 1967, S. 66 (mit Bildnis).

Zimmermann, Robert, † 29. 5. 1903 Tsingtau (China). Seit der Jahrhundertwende war er Gärtner des dt. Gouvernements in Tsingtau. Weitere Einzelheiten über sein Leben konnten nicht ermittelt werden. Bekannt ist nur, daß sein Vater als Altsitzer in Mischten (auch Muschten geschrieben), Poststation Stentsch, Kr. Schwiebus (Brandenburg) wohnte. Vielleicht war Z. dort geboren. Mit Genehmigung oder auf Veranlassung des dt. Oberförsters Haß in Tsingtau sammelte er Naturalien in der Umgebung seiner Arbeitsstätte. Doch muß er auch viel Material von der einheimischen Bevölkerung gekauft haben, denn bei seinem Tode schuldete er einem Chinesen etwa 100,— M. für im Innern des Landes erbeutete Vogelbälge. Es ist jedenfalls sein Verdienst, eine erste vorzüglich zubereitete Vogelsammlung aus dem damaligen dt. Schutzgebiet Kiautschou an das Zool. Mus. Berlin geliefert zu haben — um dieselbe Zeit, in der von dem südlicher gelegenen Swatau aus F. K. Ivo Streich (s. d.) das Mus. von Stuttgart zool. bedachte. 300 Bälge von 96 Arten beschrieb A. Reichenow (s. d.) in Orn. Mber. 11, 1903 und benannte dem Sammler zu Ehren Sterna zimmermanni = Sterna zimmermanni Reichenow und Picus canus zimmermanni = Picus canus jessoensis Stejneger 1886. Vom Mus. erhielt Z. ein Diplom für seine Sendung, die mit 1200,— M. bewertet wurde.

— Lit.: Arch. d. Zool. Mus. Berlin.

Zsák, Zoltán, Dr., * 3. 2. 1880 Nyiregyháza (Nordostungarn), † 13. 10. 1966 Budapest. Dem hauptsächlich der Botan. gewidmeten Studium in Klausenburg folgte 1902 die wissensch. Laufbahn. Von 1908 bis 1945 arbeitete und lehrte er in Budapest am Inst. für Samenforschung. Daneben diente seine Sachkunde auch anderen Wissensgebieten wie der Archäologie, der Zool. und Geschichte. Da hervorragende Kenntnis vor allem der Unkrautsamen seine Aufmerksamkeit auf die Biol. des Fasans lenkte, kam er, ohne eigentlicher Ornithologe zu sein, 1937 in Verbindung mit dem Ung. Orn. Inst. und der angewandten Vogelk. Aus der Zusammenarbeit mit A. Keve und Z. Kaszab erwuchsen Arbeiten wie „D. landw. Bedeutung d. Fasans auf Grund d. Nahrungsuntersuchung i. J. 1937/38 in Ung." (Aquila 42—45, 1935—1938), „The agricultural Significance of the Quail" (Ann. of the Hist.-Nat. Mus. Nat. Hung., S. N. 4, 1953) und in Zusammenarbeit mit A. Vertse und Z. Kaszab „Food and agricultural Importance of the Partridge - Perdix p. perdix in Hungary" (Aquila 59—62, 1952—1955). Es gab überhaupt bis 1966 kaum eine Unters. des Vogelmageninhalts in Ung., bei der Z. als Oberdirektor für landw. Versuchswesen nicht mitgewirkt hätte. So half er B. Kovács in einer Sperlingsstudie, Dr. Sterbetz bei Studien an Enten, Gänsen, Elstern, Nebelkrähen und E. Nagy bei Studien an Fasan, Rebhuhn usw. Ergebnisse seiner Nahrungsanalysen wurden außerdem schon 1937 auf der internat. Jagdausstellung in Berlin gezeigt.

— Lit.: Nachruf (von Schriftl.). Aquila 75, 1968, S. 306.

Zugmayer, Erich, Dr., * 16. 5. 1879 Wien, † 2. 2. 1938 Wien. Ursprünglich Kaufmann, studierte er von 1900—1903 in Heidelberg Zool., Geol., Geogr.; seit 1908 war er als Prof. und Mitglied der Orn. Ges. Bay. Abt.-Leiter an der Zool. Staatssammlung in München, im 1. Weltkrieg mit militärisch-diplomatischem Auftrag in Persien und Baluchistan, seit 1922 im Wirtschaftsdienst des Auswärtigen Amtes wieder in Münch., bis er 1930 nach Wien zurückkehrte. Von da an war sein Leben nicht mehr aufzuhellen. Er starb unverheiratet. Bekannt wurde sein Name durch eine Reihe von Forschungsreisen: 1899 Norwegen, Lappland, Island, 1905 Kaukasien, 1906 Turkestan, Nordwesttibet und Kaschmir, 1911—1916 Baluchistan.

Über seine Exp. liegen von ihm verfaßte Veröff. vor: „Eine Reise durch Island“ (1903), „Eine Reise durch Vorderasien“ (1905), „Eine Reise durch Zentralasien i. J. 1906“ (1908), „Beludschistan“ (Mitt. d. Geogr. Ges. in Münch. 8, 1913). Um die Orn. machte er sich verdient durch die an die Münch. Staatssammlung gelangte Vogelausbeute seiner Unternehmen. Die 1906 in Zentralasien gesammelten Bälge beschrieb K. Parrot (s. d.) in Verh. Bay. 9, 1909. Die Vögel aus Baluchistan 1911 bearbeitete A. Laubmann (s. d.) in den Abh. Akad. d. Wissensch. Münch. 26, 1914, nachdem er dem Forscher zu Ehren schon Corvus splendens zugmayeri (Orn. Mber. 21, 1913) = Corvus splendens zugmayeri benannt hatte. Aus der Feder des Reisenden selbst stammen nur „Beob. über d. vorderasiatische Vogelfauna“ (Orn. Jb. 17, 1906); es sind kurze Mitt. über das Leben von 95 Arten aus den Monaten Juni—November.

— Lit.: E. Banse, Lex. d. Geogr. 2, 1923, S. 779. - Brockhaus-Lex. 15, 1935, Bd. 20, S. 708.

Klimmek, Fritz, Dr., * 26. 9. 1905 Passenheim (Ostpreußen), † 25. 2. 1963 Leer (Ostfriesland). Nach dem Studium der Biol., Chemie und Math. in Heidelberg, Leipzig bestand er das Staatsexamen 1931 in Königsberg, wo er auch mit einer bakteriologischen Arbeit promovierte. Anschließend führte der Berufsweg den Studienreferendar u. -assessor nach Gumbinnen, Allenstein, Königsberg (hier von 1934—1937) außerdem wissensch. Assistent an der Handelshochschule), Marienburg, Neidenburg, bis er 1942 Studienrat in Memel wurde. Den Schluß des 2. Weltkriegs erlebte er im Kinderlandverschickungslager Grimma (Sachsen). Nach 1945 bot sich ihm eine Wirkungsstätte am Mädchengymnasium in Leer. Schon in den ostpr. Jahren unterhielt er tätige Beziehungen zur Vogelwarte Rossitten, und F. Tischler (s. d.) zählte ihn in „D. Vögel Ostpr. u. seiner Nachbargebiete“ (1941) zu den Beobachtern und Mitarbeitern. 1940 trat er der DOG bei. In der neuen ostfries. Heimat gingen von seiner achtungsgebietenden Persönlichkeit starke Strahlungskräfte aus, die durch zahlreiche Veröff. und Vorträge der Erforschung der heimischen Tier- u. Pflanzenwelt sowie dem leidenschaftlich geförderten Naturschutz galten. Im Vordergrund ernsthafter Studien stand während der letzten Jahre die Botanik. Die Aufgeschlossenheit für die Vogelw. und die Orn. zeigte sich daneben in einer sehr regen Zusammenarbeit mit Ferd. E. Stoll (s. d.) und in engen Beziehungen zum Inst. f. Vogelforschung in Wilhelmshaven. An diese Stelle richteten sich seine Meldungen über Beob. im westl. Ostfriesland und besonders über Begegnungen mit winterlichen Wasservögeln. Zu eigenen größeren Veröff. fehlte ihm offenbar die Zeit. Bekannt und bemerkenswert wurden lediglich „Brutbiol. Beobachtungen beim Weißsternigen Blaukehlchen“ am Ufer der Leda kurz vor ihrer Einmündung in die Ems (Vw. 71, 1950).

— Lit.: Nachruf. Ostfriesen-Ztg. v. 26. 2. 1963.

TEIL 2

2. Nachträge zu den in Band 1 behandelten Namen

(Ergänzungen zu den Sachangaben, Berichtigungen von Druckfehlern)

Die Seiten = S. beziehen sich auf Band 1
Die Zeilen = Z. werden nur innerhalb des betr. Artikels gezählt
Spalte = Sp.

Aellen, Ernst (S. 17)
In „Brutvögel d. Schweiz. Jura" (1962) verzeichnete U. A. Corti (s. d.) 45 Titel von Arbeiten zwischen 1920 und 1945.

Albertus Magnus (S. 18)
Z. 25: 1270 statt 1720

Altum, Johann Bernard (S. 19/20)
letzte Z.: Heidhorn statt Heidborn

Amerling, Karl Slavomil (S. 20)
Z. 2: 1886 statt 1866
Seit 1867 war er Mitglied der Leopoldina.

Anzinger, Franz (S. 21)
Bei U. A. Corti (s. d.), „D. Brutvögel d. dt. u. österr. Alpenzone" (1959) stehen 31 seiner Arbeiten zwischen 1893 und 1911.
— Lit.: Nachruf (von K. Neunzig). Gef. W. 40, 1911, S. 239.

Arnold, Friedrich (S. 21)
Um die Jahrhundertwende (1898—1901 u. später?) lebte er in Stuttgart-Degerloch.

Bachmann, Alf(red) (S. 21)
— Lit.: H. Krieg, D. Große Unruhe, 1964, S. 215/16. - Bildnis in Orn. Mitt. 3, 1951, S. 120.

Baedeker, Friedrich Wilhelm Justus (S. 22)
Z. 6/7: ... (den Sohn eines Vetters) statt (den Bruder).
L. Brehm (s. d.) widmete ihm 1855 Nyctale Baedekeri = Aegolius funereus (L.).
— Lit.: L. Baege, V. orn. Wirken d. Wittener Apothekers F. W. J. Baedeker, J. Orn. 110, 1969, S. 90—100 (mit Bildnis u. weiteren Quellen).

Baer, Karl Ernst von (S. 22)
Da er feldorn. nicht tätig war, hinterließ er nur 3 Veröff. über preuß. Vögel in Frorieps Notizen ... und den Preuß. Prov. Bl. zwischen 1825 u. 1834; aber den Konservator C. L. Ebel veranlaßte er, das „Orn. Taschenbuch f. Preußen ..." (1823) zu schreiben. Wie alle seine Unters. rückte er auch die Vogelk. in größere teleol. geschaute Zusammenhänge. Die Kraft zur Synthese erwuchs ihm aus der bis ins hohe Alter bewahrten Ehrfurcht vor dem Unerforschlichen des Lebens. Seinen Namen trägt Anas (Fuligula) Baeri Radde 1863 = Aythya baeri (Radde).
— Lit.: B. E. Raikov, K. E. v. B., Sein Leben u. Werk, Acta historica Leopoldina Nr. 5 (übers. von H. v. Knorre 1968, 516 S. mit 20 Abb.).

Balbin, Bohuslaus (S. 24)
* 3. 12. 1621 Königgrätz, † 29. 11. 1688 Prag.

Baldamus, August Karl Eduard (S. 24)
linke Sp., Z. 11 v. u.: (2 Bde. 1876—1881, 4. Aufl. 1908)
Z. 1 u. 2 v. u.: ... berichtete er zusammenfassend über „D. Leben d. europäischen Kuckucke".
Eine Ehrung für ihn strebte L. Brehm (s. d.) an, als er Coturnix baldami benannte; doch handelte es sich nur um die Variation eines Kleides der Wachtel.
1870 wurde er selbst noch Mitglied der DOG.

Baldner, Leonhard (S. 24/25)
— Lit.: J. C. Phillips, L. B., Seventeenth Century Sportsman and Naturalist, Auk 42, 1925, S. 332—341 (mit Bildnis).

Banzhaf, Walter (S. 25)
1923 wurde er Mitglied der DOG.

Baumann, Ernst (S. 27)
* 1865, ...
Die ihm gewidmeten Formen sind Eremomela baumanni Reichenow 1894 = Eremomela pusilla Hartlaub 1857 und Phyllastrephus baumanni Reichenow 1895 = Phyllastrephus baumanni Reichenow.

Bechstein, Johann Matthaeus (S. 28)
linke Sp., Z. 3—19:
Als Sohn eines Huf- u. Waffenschmiedes studierte er nach dem Besuch des Gothaer Gymnasiums von 1778—1780 in Jena Math., Kameral- u. Forstw. sowie, dem Wunsche des Vaters folgend, mit Nachdruck Theol. 1785 übernahm er den Unterricht für Naturgesch. an der 1784 von Ch. G. Salz-

mann gegründeten Erziehungsanstalt in Schnepfenthal, um 1795 aus eigener Kraft die Forstlehranstalt bei Waltershausen zu schaffen, die von 1801—1843 als Forstakad. in Dreißigacker ihre weithin bekannte Forts. fand. Während der Tätigkeit als Lehrer und Direktor verfaßte er durch neue, bahnbrechende Gedanken sich auszeichnende forstliche Werke. Anerkennung seiner Lebensarbeit lag u. a. in der Ernennung zum Berg-, Kammer- u. Forstrat, in der Mitgliedschaft bei der Leopoldina, in der Ehrenmitgliedschaft bei der Ges. d. naturf. Freunde zu Berlin und im 1806 von der Univ. Erl. verliehenen Dr.-Grad. Die Beschäftigung mit Fragen des Forstschadens — u. a. „Kurze ... Musterung aller bisher ... v. d. Jägern als schädlich geachteten u. getöteten Tiere ..." (1792), „Naturgesch. aller schädlichen Forstinsekten" (1804/05) — führte ihn zur Beachtung des Nutzens und Schadens auch der Vögel. Erste Anregungen zum Schutze der von ihm als nützlich bezeichneten Arten gehen daher auf ihn zurück. So wurde er nicht nur der Schöpfer wissensch. Grundlagen für das dt. Forstwesen, sondern auch der Schrittmacher ernsthaften Studiums der dt. Vogelw., dem er sich im Freien und in der Vogelstube widmete.

linke Sp., Z. 7 v. u.: auch Sylvia nisoria stammt von ihm.

Ihm war durch Naumann Turdus Bechsteinii gewidmet = Turdus ruficollis atrogularis Temminck 1820.

— Lit.: C. P. Laurop, Skizze aus d. Leben ... Dr. J. M. B., Sylvan, Jb. f. Forstmänner ..., Marburg u. Kassel 1815, S. 3—18. - W. Pfauch, D. Naturforscher u. Forstmann J. M. B., Abh. Gotha 1966, S. 27—54 (mit Bildnis).

Becker, Ludwig (S. 28)

— Lit.: H. M. Whittell, The Literature of Austral. Birds, Perth 1954, Teil 2, S. 45.

Becker, Richard (S. 28/29)

— Lit.: Würdigung (von E. Hofmann). Siegerländer Heimatkalender 1939, S. 76—79.

Behn, Wilhelm Friedrich Georg (S. 29)

Z. 18/19: 1869 wurde ihm im Kampf gegen H. G. L. Reichenbach (s. d.) die Präsidentschaft der Leopoldina, der er seit 1848 angehörte, übertragen.

Nach ihm benannt sind Diuca behni Reichenow 1907 = Phrygilus erythronotus (Philippi u. Landbeck 1861) und Brotogeris versicolorus behni Neumann 1931 = Brotogeris versicolorus behni Neumann.

— Lit.: J. T. C. Ratzeburg, Forstwissensch. Schriftsteller-Lex. 1874, S. 108.

Beick, Walter (S. 30)

B.s Förderung der Kenntnis der Vögel Nordwest-Chinas ist durch eine Reihe von Dedikationsnamen unterstrichen: Ithaginis cruentus beicki Mayr u. Birckhead 1937 = Ithaginis cruentus beicki Mayr u. Birckhead 1937, Aegolius tengmalmi beickianus Stresemann 1927 = Aegolius funereus caucasicus (Buturlin 1907), Dryobates major beicki Stresemann 1927 = Dendrocopos major beicki (Stresemann 1927), Calandrella rufescens beicki Meise 1933 = Calandrella cheleensis beicki Meise 1933, Cinclus cinclus beicki Meise 1928 = Cinclus cinclus przewalskii Bianchi 1905, Luscinia calliope beicki Meise 1937 = Luscinia (Calliope) calliope calliope (Pallas 1776), Phoenicurus schisticeps beicki Stresemann 1927 = Phoenicurus schisticeps (Gray 1846), Rhopophilus pekinensis beicki Meise 1937 = Rhopophilus pek. beicki Meise 1937 — von manchen Autoren nicht getrennt von Rh. pek. albosuperciliaris (Hume 1873), Erythrina synoica beicki Stresemann 1930 = Carpodacus synoicus beicki (Stresemann 1930), Prunella rubeculoides beicki Mayr 1927 = Prunella rubeculoides beicki Mayr 1927 — von manchen Autoren nicht getrennt von Prunella rubeculoides rubeculoides (Horsfield u. Moore 1854).

Benicken, Johann Casimir (S. 31)

* 1. 8. 1782.

Die Verbindung zu Ch. L. Brehm äußerte sich in einer Lestris Benickii = Stercorarius longicaudus Vieillot 1819.

Berlepsch, Hans Graf von (S. 32/33)

1870 wurde er schon Mitglied der DOG.

Das Mus. der Senck. Naturf. Ges. zu Frankfurt verdankte ihm während langer Jahre wertvolle Mitarbeit durch die Bestimmung neuer Bälge oder die Überlassung von seltenem Tauschmaterial. Ein Teil seiner durch das Mus. auf der Glauburg (Wetterau) ausgelagerten Vogelbälge und Typen ging an Ostern 1945 durch Panzerbeschuß zugrunde.

Bernstein, Heinrich Agathon (S. 34)

Z. 10 v. u.: Seinen Namen tragen Chalcopsitta Bernsteini Rosenberg 1861 = Ch. atra b. Rosenberg und Psittacus (Eos) Bernsteini

TEIL 2

Rosenberg 1863 = E. bornea (L.) [?]. In seinen Wesenszügen zeigte sich ein offenbar intellektuell geprägtes Selbstgefühl; es mag berechtigt gewesen sein auf Grund der Überlegenheit vertiefter naturw. Bildung, es ließ ihn aber auch unter einer Vereinsamung leiden, die ihm statt der Wärme menschlicher Beziehungen mancherlei unverdiente Enttäuschungen bescherte und ihm zu Lebzeiten den Lohn für tapfere Forschungsbemühungen empfindlich vorenthielt. Äußere Anerkennung bedeutete für ihn nur die Ehrenmitgliedschaft der DO-G seit 1861 oder 1862, nachdem er schon 1854 Mitglied der Leopoldina geworden war.

— Lit.: A. B. Meyer u. L. W. Wiglesworth, The Birds of Celebes, 1898. - A. Wichmann, Nova Guinea 2, Teil 1, Leiden 1910, S. 120—122 u. 124—127.

Beseke, Joh. Melchior Gottlieb (S. 34)
B. Meyer (s. d.) versah die bescheidene Zusammenstellung der kurl. Vögel mit verbessernden Berichtigungen, als er sie neben den Aufz. von G. A. Germann, Friedr. E. Stoll und J. B. Fischer (s. d.) für die „Kurze Beschr. d. Vögel Liv.- u. Estlands" (Nürnberg 1815) benutzte.

Besserer-Thalfingen, Ludwig Freiherr von (S. 34/35)
Bei U. A. Corti, „D. Brutvögel d. dt. u. österr. Alpenzone" (1959) finden sich 18 seiner Arbeiten verzeichnet. Er war eine von überlieferter, innerer Vornehmheit geprägte Persönlichkeit.

— Lit.: H. Krieg, D. Große Unruhe, 1964, S. 218/19.

Biedermann-Imhoof, Richard (S. 35/36)
Ihm zu Ehren wurden benannt Sitta biedermanni Reichenow 1907 = Sitta europaea asiatica Gould 1837, Cinclus biedermanni Reichenow 1909 = Cinclus cinclus leucogaster Bonaparte 1850 und Picus canus biedermanni Hesse 1911 = Picus canus biedermanni Hesse.

Bielz, Eduard Albert (S. 36)
Z. 17 v. u.: 38 statt 33

Bikessy, Guido von (S. 36)
Erwähnung verdienen ferner „Theorie über d. Entartung d. Pinguine in d. gemäßigten Breiten d. südl. Erdhälfte (Mitt. Wien 16, 1892) und „D. Vogelfamilie d. Ramphastiden ..." (ebd. 16, 1892).

Birk, Johann (S. 36/37)
Z. 1: * ... Ort unbekannt in Bayern (statt Leipzig),

Biró, Ludwig (S. 37)
Z. 3 v. u.: und Orn. Mber. 7, 1899; 8, 1900 ...

— Lit.: Z. 2: 79 statt 97. - A. Wichmann, Nova Guinea 2, Teil 2, Leiden 1912, S. 641—643.

Blasius, Johann Heinrich (S. 37)
Erwähnung verdient die Abwehr von Verdächtigungen, die E. F. v. Homeyer (s. d.) gegen H. Gätkes (s. d.) Zuverlässigkeit geäußert hatte. Die Unterstützung des auf einsamem Vorposten stehenden Malers erfolgte in Naum. 8, 1858, nachdem B. im selben Jahre Helgoland aufgesucht hatte, um sich von den dortigen Gegebenheiten zu überzeugen; die Ehrenrettung hatte in der weiteren Entwicklung bedeutsame Folgen; vgl. E. Stresemann, „Vor- u. Frühgeschichte d. Vogelforschung auf Helgoland" (J. Orn. 108, 1967).

— Lit.: C. R. Boettger, J. H. Bl., Berichtsstand d. Techn. Hochschule Braunschw. 1954, S. 9—11 (mit Bildnis).

Blasius, Rudolf (S. 37/38)
Auf einem Ruhmesblatt der orn. Geschichte steht - in Forts. der väterlichen Haltung - die H. Gätke (s. d.) gewährte Hilfe im Kampfe gegen H. Schalows (s. d.) Vorurteil.

Blasius, Wilhelm (S. 38)
Dr. h. c. statt Dr.

Blumenbach, Johann Friedrich (S. 39)
Seit 1825 war er Mitglied der Leopoldina.

— Lit.: J. T. C. Ratzeburg, Forstwissensch. Schriftsteller-Lex., 1874, S. 54/55. - Würdigung (von A. Kleinschmidt). N. Dt. Biogr. 2, 1955, S. 329/30.

Bock, Friedrich Samuel (S. 39)
Z. 2: † 30. 9. 1785
Er war der Sohn eines Stadtchirurgen.

— Lit.: Ch. Krollmann, Altpreuß. Biogr. 1, 1941, S. 64.

Bodinus, Karl August Heinrich (S. 39)
Z. 4: Seit 1836 war er Arzt in Bergen.
Seinen Namen erhielt Chrysotis bodini Finsch 1873 = Amazona festiva bodini (Finsch).

— Lit.: L. Heck, Heiter-ernste Erinnerungen an Tiergärtner, Zool. G., N. F. 12, 1940/41, S. 228—232 (mit Bildnis). - Bildnis in Chronik d. Cypria, 1934.

Boeck, Eugen von (S. 40)
Z. 10: Seit 1856 war er **Direktor der Zentralschule von Bolivia.**

— Lit.: Nachruf (von Schriftl.). Auk **3, 1886,** S. 496.

Böhm, Richard (S. 41)
linke Sp., Z. 4 v. u.: Emil Kayser war Topograph und Astronom.
B.s Namen tragen Parisoma böhmi Reichenow 1882 = Parisoma boehmi boehmi Reichenow, Bradyornis böhmi Reichenow 1884 = Myopornis boehmi Reichenow, Textor böhmi Reichenow 1885 = Dinemellia dinemelli boehmi (Reichenow), Lanius böhmi Reichenow 1902 = Lanius excubitorius boehmi, Merops boehmi Reichenow 1912 = Merops boehmi Reichenow.

— Lit.: A. Reichenow, D. Vögel Afrikas 1, 1900/01, S. XXIX/XXX. - H. Schnee, Dt. Kol.-Lex. **1,** 1920, S. 227. - Biogr. Col. Belge 2, 1951, Sp. 69—71.

Böker, Hans (S. 41/42)
Ein Beitr. zur biol. Anat. der Geschlechtsvorgänge war „D. Gesang d. Vögel u. d. periodische Ablauf d. Spermiogenese" (J. Orn. 71, 1923).
1913 trat er der DOG bei.

Boetticher, Hans von (S. 42/43)
1913 trat er der DOG bei.

Bogdanowicz, Helmut (S. 43)
* 26. 6. 1913 . . ., † 1943 Nordatlantik.

— Lit.: N. v. Transehe, D. Vogelw. Lettl., 1965, S. 191.

Boie, Friedrich (S. 43)
Z. 15 v. u.: 1838 statt 1835
Z. 10 v. u.: streichen Lymnocryptes; einfügen Thalasseus, Aix.
Der Privatgelehrte war Mitglied der Leopoldina und anderer Gelehrter Gesellschaften.

— Lit.: J. T. C. Ratzeburg, Forstwissensch. Schriftsteller-Lex., 1874, S. 58/59. - H.-P. Müller, F. B. . . ., D. Heimat . . . Schlesw.-Holst. u. Hamb. 75, 1968, S. 338/39 (mit weiteren Quellen).

Boie, Heinrich (S. 43/44)
Ehe er 1821 nach Holland abreiste, machte ihn die phil. Fak. von Heidelb. zum Dr. h. c. Aus seiner Feder stammen nur 5 Verlautbarungen in Ann. Wett. 4, 1818/19; Isis 1825 u. 1826; Frorieps Notizen . . . 18, 1827.

— Lit.: H.-P. Müller, H. B. . . ., D. Heimat . . . Schlesw.-Holst. u. Hamb. 77, 1970, S. 22—24 (mit Bildnis u. weiteren Quellen).

Bolle, Carl August (S. 44)
Aus einem Herbstaufenthalt 1854 in Helgoland stammt ein ihn kennzeichnender Brief an J. Cabanis (s. d.), abgedruckt in J. Orn. 3, 1855, dessen Bedeutung darin liegt, daß er nicht nur das Verhältnis der Inselbewohner zur Vogelwelt schildert, sondern auch einen der ersten Lobgesänge auf H. Gätkes (s. d.) Persönlichkeit enthält; vgl. E. Stresemann, „Vor- u. Frühgeschichte d. Vogelforschung auf Helgoland" (J. Orn. 108, 1967). Seit 1855 gehörte er der Leopoldina an.

Borggreve, Bernard Robert (S. 45)
Seit 1871 war er Mitglied der DOG.

— Lit.: J. T. C. Ratzeburg, Forstwissensch. Schriftsteller-Lex., 1874, S. 64—68.

Borkhausen (Borckhausen), Moritz Balthasar (S. 45/46)
Dem Kiefernkreuzschnabel gab er bei der Erstbeschreibung den Namen Loxia pytyopsittacus, und neben Cinclus schuf er den Gattungsnamen Acanthis (= Carduelis).

Boxberger, Leo von (S. 47)
Seit 1920 war er Mitglied der DOG.

Brahts, Franz Peter (S. 48)
Nach der Lehre in der väterlichen Apotheke der Brüdergemeine (1815—1828) und Wanderjahren — sie führten ihn nach Ebersdorf in Thür. (1828—1830), Jena (Studium 1830/31), Bremen (1831), Neuwied (1832—1836), Dresden (1836—1838) — ließ er sich in Neuwied nieder. Da die Herrnhuter dort kein Apothekenprivilegium besaßen, gründete er als „Materialist" und Drogenhändler ein chemisch-techn. Geschäft, dem er bis zum Tode vorstand. Sein orn. registrierender Blick bewegte sich nur in örtlicher Begrenzung. Die von ihm zusammengebrachte Vogelsammlung, die das Lyzeum von Neuwied aufbewahrte, wurde am Ende des 2. Weltkrieges 1945 von Plünderern vernichtet.

— Lit.: Würdigung (von E. Dittmann). Heimatkalender f. d. Kreis Neuwied 1961, S. 111/12. - Würdigung (von L. Becker). Abh. Görl. 39, 1964, S. XI/1—XI/6 (mit Bildnis).

Brandt, Johann Friedrich von (S. 48)
Nach ihm benannt wurden Garrulus brandtii Eversmann 1842 = Garrulus glandarius brandtii Eversmann, Leucosticte brandti Bonaparte 1850 = Leucosticte brandti brandti Bonaparte, Otocorys brandti Dresser 1874 = Eremophila alpestris brandti

TEIL 2

(Dresser), Poecile Brandtii Bogdanov 1879 = Parus palustris brandtii (Bogdanov), Phasianus brandti Rothschild 1901 = Phasianus colchicus mongolicus Brandt 1844.

— Lit.: Bildnis in Sergey Ognew, Säugetiere u. ihre Welt (hrsg. v. H. Dathe, Berlin 1959).

Branicki, Konstantin Graf von (S. 49)
Z. 2: † 14. 7. 1884 Paris.

Branicki, Xaver Graf von (S. 49)
Z. 6: ... mit seinem Vetter Ladislaus v. B. (* 11. 5. 1848, † 12. 4. 1914)
Des Grafen Namen tragen Nothoprocta branickii Taczanowski 1874 = Nothoprocta ornata branickii Tacz., Lampraster branickii Tacz. 1874 = Lampraster branickii Tacz., Diva branickii Tacz. 1882 = Tangara vassorii branickii Tacz., Odontorhynchus branickii Tacz. u. Berlepsch 1885 = Odontorchilus branickii branickii (Tacz. u. Berlepsch), Haliaetus branickii Tacz. 1888 = Haliaeetus pelagicus niger Heude 1887, Leptosittaca branickii Berlepsch u. Stolzmann 1894 = Leptosittaca branickii Berlepsch u. Stolzmann, Theristicus branickii Berlepsch u. Stolzmann 1894 = Theristicus caudatus branickii Berlepsch u. Stolzmann.

Braun, Fritz (S. 49/50)
Z. 2: Er studierte als Sohn eines Malermeisters bis 1899.
Z. 18: Vorher hatte er schon in Natur u. Haus geschrieben.
Der DOG gehörte er seit 1923 an.

— Lit.: Ch. Krollmann, Altpreuß. Biogr. 1, 1941, S. 79.

Braun, Maximilian (S. 50)
In der Würzburger Zeit schrieb er nicht nur „Entw. d. Wellenpapageis-Melopsittacus undulatus" (1882), sondern auch „Aus d. Entwicklungsgeschichte d. Papageien" (1880/81) und „Embryologische Mitt. über Papageien" (1881).

Brehm, Alfred Edmund (S. 50/51)
Nach der Rückkehr aus Afrika studierte er 1853—1855 Naturw. in Jena, wo ihm ohne Maturitätszeugnis auf Grund seiner 1853 erschienenen „Reiseskizzen aus Nordostafrika" von der phil. Fak. der Doktorgrad verliehen wurde. 1856/57 lockte ihn — zusammen mit dem Bruder Reinhold B. (s. d.) und dem Entomologen Dr. Apetz — Spanien zu orn. Studien.

— Lit.: J. T. C. Ratzeburg, Forstwissensch. Schriftsteller-Lex., 1874, S. 82/83. - O. Kleinschmidt, D. Zauber v. Brehms Tierleben, Brehm-Bücherei 1950. - Ders., Aus A. E. Brehms Tagebüchern, Brehm-Bücherei 28, 1951. - G. Buchda, Beziehungen d. Naturforscherfamilie Brehm z. Univ. Jena, Jenaer Reden u. Schriften 1965, S. 80—133. - Geneal. Jb. 9, 1969, S. 43—91.

Brehm, Christian Ludwig (S. 51/52)

— Lit.: D. F. Weinland, Z. Andenken an Pastor Brehm, D. Tiergarten 1, 1864, S. 117—123. - J. T. C. Ratzeburg, Forstwissensch. Schriftsteller-Lex., 1874, S. 80—82. - G. Buchda, Über Ch. L. Brehms Briefwechsel (Brehm-Studien V), Falke 11, 1964, S. 91—94 u. 117/18. - R. Möller, D. Entwicklung d. Spezies- und Subspeziesbegriffs b. Ch. L. B., ebd. 12, 1965, S. 220 ff. u. 264 ff. - G. Niethammer, Briefe C. L. B.s an C. F. Bruch, 1827—1857, B. Bonn 17, 1966, S. 87—134. - L. Baege, Dokumentarisches z. Gesch. d. Brehm-Samml., Südthüringer Forschungen 2, 1967, S. 69—119. - R. Möller, Ch. L. B. u. H. Schlegel, Abh. Altenb. 5, 1967, S. 7—17.

Brehm, Oskar (S. 52)
Die beiden letzten Jahre war er Apothekergehilfe in Sandersleben b. Bernburg/Saale gewesen.

Brehm, Reinhold (S. 52/53)
Der Werbung für die aufkommende Tiergärtnerei galt ein Buch mit dem Titel „Bilder u. Skizzen aus d. Tierwelt im Zool. Garten z. Hamburg" (1865) mit einem Vorwort von A. E. Brehm (s. d.), der damals Direktor des Hamb. Tiergartens war. Seit 1871 war Reinhold B. Mitglied der DOG.

Bretscher, Konrad (S. 53)
In „Konstitution u. Umwelt d. Alpenvögel" (1965) verzeichnete U. A. Corti (s. d.) insgesamt 29 die Zugfrage betr. Arbeiten.

Brittinger, Christian (Kajetan) (S. 53/54)
Sein Weg führte ihn aus nicht bekannten Gründen nach Österreich, wo er im Stift Schlögel (O.-Ö.) und an der Univ. Wien das Studium der Pharmazie betrieb. Die weitaus stärkste Ausprägung seiner naturk. Leidenschaften umschloß die Botan. Auf diesem Gebiet trat er mit viel bestaunten Kenntnissen hervor, die in einer stattlichen Reihe von Veröff. niedergelegt sind.

— Lit.: Würdigung. Österr. Botan. Ztg. 1880, S. 209. - R. Steinbach, Österr. Botaniker d. 19. Jahrh., die nicht an einer Hochschule wirkten, Diss. Wien 1959, S. 48—51.

Bruch, Carl Friedrich (S. 54)

— Lit.: G. Niethammer, Briefe C. L. Brehms an C. F. Bruch, 1827—1857, B. Bonn 17, 1966, S. 87—134.

Brüggemann, Friedrich (S. 55)
Z. 6: Auf Veranlassung von A. Günther ging er an das Brit. Mus. von London.
Z. 12: Zu den Notizen im Zool. G. gehörten „Über Lebensweise d. Löffelente" (17, 1876) und „Über d. Paarung d. Schellente" (17, 1876).
Z. 17: Abh. Bremen 1876, 1877, 1878
— Lit.: Nachruf. Ibis 1878, S. 388.

Bürgers, Joseph (S. 56/57)
Nach Beendigung des med. Studiums (1907) war er zunächst an den Hygiene-Inst. von Bonn und Königsberg tätig. Dann begannen seine Reisen. Nach dem 2. Weltkrieg wirkte er auch in Köln.
Unter den erstmalig nachgewiesenen Formen befinden sich Astur bürgersi Reichenow 1914 = Accipiter buergersi (Reichenow), Psittacella bürgersi Reichenow 1918 = Psittacella brehmii buergersi Reichenow, Sericornis bürgersi Stresemann 1921 = Sericornis papuensis buergersi Stresemann, Geoffroyus simplex bürgersi Neumann 1922 = Geoffroyus simplex buergersi Neumann.

Büsing, Otto (S. 57)
Z. 9 v. u.: Otternhagener statt Osterhagener
Seit 1919 gehörte er der DOG an.

Büttikofer, Johann (S. 57)
Nach ihm benannt wurde u. a. Accipiter büttikoferi Sharpe 1888 = Accipiter erythropus (Hartlaub 1855). Von ihm beschrieben wurden Bubo lettii Büttikofer 1889 = Tubula lettii (Büttikofer), Laniarius zosterops Büttikofer 1889 = Telophorus (Chlorophoneus) m. multicolor (Gray) 1845.
— Lit.: Flora Malesiana 1, 1950, S. 88.

Buhle, Christoph Adam Adolph (S. 58)
Sein Freund J. F. Naumann fällte in der Zeit, da er mit ihm die „Eier d. Vögel Deutschl." (1818—1828) bearbeitete, ein wenig schmeichelhaftes Urteil: „Dieser Dr. Buhle hat mir, wie dem Verleger, schon viel Not gemacht, ich habe durch ihn mehr Ärger als Freude gehabt ... Aus der elenden Vorrede, welche von ihm ist, werden Sie ... ihn beurteilen können ... Er ist übrigens ein guter Mensch, wir sind alte Freunde; aber ich habe töricht gehandelt, mich auf jene Art mit ihm zu verbinden" (vgl. „D. orn. Korr. zw. J. F. Naumann u. H. R. Schinz in d. J. 1815 bis 1835", hrsg. v. E. Stresemann u. L. Baege, Acta Hist. Nat. et Med., ed. Bibl. Univ. Hauniensis 21, Odense 1969, S. 43).

Bujack, Johann Gottlieb (S. 58, neue Fassung)
* 17. 1. 1787 Wehlau, † 10. 6. 1840 Königsberg. Der Kaufmannssohn war Prediger und Lehrer am Königsb. Waisenhaus. Nach religiösen Reibungen entlassen, studierte er Naturw. und wurde 1810 Lehrer am Friedrichskolleg — seit 1838 mit dem Professortitel ausgezeichnet. Aus seiner Feder stammen zahlreiche Arbeiten zu botan., zool. und geol. Fragen, die meist in den Preuß. Prov.-Bl. erschienen und dem Autor wissensch. Ansehen verschafften. Neben einer geschichtlichen Betrachtung „Über preuß. Naturforscher d. 16., 17. u. 18. Jahrh." (Preuß. Prov.-Bl. 23 u. 24, 1840) hatte besonderes Gewicht seine „Naturgesch. d. höheren Tiere" (1837). Sie war der Text zu dem 1834 von Ch. G. Lorek (s. d.) hrsg. Bilderwerk „Fauna Prussica". In der Anfangszeit ostpreuß. avif. Forschung spielte das für den Schulgebrauch geschriebene Buch insofern eine den naturk. Wissensdurstigen fördernde Rolle, als es mehrfach auf das örtliche Vorkommen der Vogelarten einging. Der Verf. war aber ebensowenig wie sein Berufsgenose Lorek Ornithologe in heutiger Auffassung. Er erreichte trotz der von ihm ausgehenden Anregungen nicht die Bedeutung von F. Löffler (s. d.), der als erster ernsthafter ostpreuß. Feldornithologe die Zeitgenossen überragte.
— Lit.: F. Tischler, D. Vögel d. Prov. Ostpr., 1914, S. 8. - Ch. Krollmann, Altpreuß. Biogr. 1, 1941, S. 93 (mit älteren Quellen).

Burdet, Adolphe (S. 58/59)
1930 trat er der DOG bei.

Burmeister, Karl Hermann Konrad (S. 59/60)
Seit 1833 gehörte er der Leopoldina an.
— Lit.: J. T. C. Ratzeburg, Forstwissensch. Schriftsteller-Lex. 1874, S. 101—104. - Nachruf (von C. Berg). Anal. Mus. Buenos Aires 4, 1895, S. 315—357.

Cabanis, Jean Louis (S. 60/61)
S. 61: Die letzten 4 Zeilen sind zu streichen.

Čapek, Wenzel (= Václav) (S. 61/62)
— Lit.: Nachruf (von K. Plachetka). Sborn. Klubu Prírodoved v. Brno 8, 1926.

Cerva, Friedrich (S. 62)
linke Sp., Z. 12: Mitt. Österr. Reichsb., Mitt. Vw., B. z. F.

rechte Sp., Z. 2—4: streichen; neuer Text: Von seinen Arbeiten seien hervorgehoben „Intimitäten aus d. Vogelw." (Mitt. Vw. 24, 1925), „D. Brachschwalbe u. ihre Aufzucht aus d. Ei" (Aquila 35, 1927/28), „Brütende Kronenkraniche im Budapester Zoo" (Zool. G., N. F. 4, 1931).

— Lit.: Würdigung (von K. M. Schneider). Zool. G., N. F. 4, 1931, S. 195.

Chernel, Dora (S. 62)
1894 wurde sie Mitglied der DOG.

Chernel zu Chernelháza, Stefan von (S. 63)
— Lit.: Würdigung (von A. Vertse). Aquila 71/72, 1964/65, S. 11—15. - Würdigung (von A. Mannsberg). Ebd. 71/72, 1964/65, S. 17—25.

Chotomski, Ferdinand, Dienheim Prawdzic (S. 63)
Schluß: Ein 3. Heft enthielt nur unkolorierte Tafeln von Kuckuck u. Spechten u. hatte keinen Text.

— Lit.: St. Feliksiak, Poln. Ornithologen u. d. Biogr. d. „Orn. Mitteleuropas" (poln.), Przeglad Zool. 12, 3, 1968, S. 261/62.

Christoleit, Ernst (S. 63/64)
Seit 1923 war er Mitglied der DOG.
letzte Zeile: Frische Nehrung statt Kurische N.

Christoleit, Walter (S. 64, neue Fassung)
* 30. 7. 1881 Nidden (Kurische Nehrung), † 1. 12. 1929 Forsthaus Tafterwald bei Wormditt (Ostpreußen). Sein Bruder Ernst Ch. (s. d.) öffnete ihm schon im kinderreichen Elternhaus den Blick für die Vogelw. Trotz bester Veranlagung mußte er nach dem Tode des Vaters die Schule mit der mittleren Reife verlassen und in die Forstlehre gehen. Die Laufbahn berührte Fischhausen (Samland), Heisterhagen-Permauern, Neu-Sternberg, Grenzhaus (Frische Nehrung), Vierbrüderkrug, Minchenwalde, Klein-Ottenhagen und mündete im Juli 1914 in das Revier Frisching ein. Es wurde, als er aus dem 1. Weltkrieg zurückkam, der ihn hochbefriedigende Standort, weil ihm der dort liegende, paradiesisch unberührte Zehlaubruch alle forstlichen, jagdlichen und orn. Wünsche verschwenderisch erfüllte. Hier erfuhr der ool. Eifer ungeahnten Auftrieb; hier stand er, leidenschaftlicher Freundschaft fähig, im regen sachkundigen Gedankenaustausch mit F. Tischler (s. d.); und von hier aus lieferte er für O. Heinroths (s. d.) Aufzuchtstudien die Eier des Habichtskauzes. Durchaus nicht in seinem Sinne lag daher 1924 die Versetzung auf die größere etatmäßige Stelle von Tafterwald. Den seitherigen Zauber der Stille und des gern geübten Dienstes auch an autodidaktisch gepflegten Künsten wie der Bastelei, Bildhauerei und Malerei (er hinterließ in Öl u. a. zwei Seeadler am toten Reh und ein lebensgroßes Steinadlerproträt) mußte er vertauschen gegen die Unruhe und Ablenkungen der Stadtnähe, bis ihn eine heimtückisch schleichende Lymphdrüsenvergiftung dahinraffte. Seine Wesenszüge und Neigungen waren anders geartet als die des intellektuellen, mehr analytisch forschenden Bruders. Die orn. Erfahrungen aber standen auf gleicher Ebene. Sie waren oftmals gemeinsam gesammelt am Haff, am Geserichsee, im Memeldelta oder bei Pirschgängen und an der Krähenhütte; nur war der Herbheit des Jüngeren die Freude an der Mitt. der Kenntnisse nicht im selben Maße gegeben. Seit Beginn des Jahrh. brachten die Dt. Jztg., das Waidwerk und später die B. z. F. die zuverlässig unterbauten Wortmeldungen. F. Tischler sammelte in den „Vögeln d. Prov. Ostpr." (1914) und den „Vögeln Ostpr." (1941) 13 Titel aus den Jahren 1901 bis 1928. Darunter befinden sich wertvolle Beitr. über den Zug der Waldschnepfe, das Brutgeschäft des Wanderfalken und des Zwergfliegenschnäppers sowie über den Habichtskauz. Besonders ans Herz gewachsen war ihm die artenreiche Ornis des Zehlaubruchs; ihr galt auch die ausführliche Darstellung in Schr. Königsb. 65, 1926. Die vorbildlich geordnete Eiersamml. und die orn. Tagebücher des die Zurückgezogenheit schätzenden Mannes kamen nach seinem Tode als Schenkung an das Zool. Inst. von Königsb. und gingen wie so viele ostpr. Kulturgüter am Ende des 2. Weltkriegs in Schutt und Asche unter.

Chrostowski, Thaddäus (S. 64)
† 4. 4. 1923 Pinheirinhos, Paraná.

— Lit.: J. Sokołowski, D. Vögel d. poln. Länder (poln.), Bd. 1, 1958, S. 23. - St. Feliksiak, Poln. Ornithologen u. d. Biogr. d. „Orn. Mitteleuropas" (poln.), Przeglad Zool. 12, 3, 1968, S. 266.

Conrad, Thomas **(von Baldenstein)** (S. 65)
* 28. 1. 1784 als Sohn eines bündnerischen Kommissars. Die kritisch betriebenen naturw. Studien sicherten ihm schon zu Lebzeiten hohes Ansehen in seiner Heimat und darüber hinaus. Er war Ehrenmitglied u. a. der Physikalischen Ges. v. Zürich (1823), der Naturf. Ges. z. Leipzig (1829), der Landwirtsch. Ges. d. Kantons St. Gallen (1831), der Naturf. Ges. v. Graubünden (1858) und des Ver. Zürcherischer Bienenwirte (1862). 1818 hatte er sich bereits nach Baldenstein zurückgezogen.

— Lit.: U. A. Corti, Über d. Vogelbauer, Bündner Jb., N. F. 9, 1967, S. 86—91 (mit Selbstbildnis, Proben d. Illustrationsbegabung u. d. feinsinnigen Darstellungsvermögens).

Cretzschmar, Philipp Jakob (S. 66)
Er war das kraftvoll schlagende Herz der Senck. Naturf. Gesellschaft in Frankfurt während der Anfangsjahre und gehörte seit 1828 auch der Leopoldina an.

Csörgey, Titus (S. 66/67)
Die „Orn. Fragmente ..." erschienen ung. geschrieben 1904 und dt. geschrieben 1905.
Ein puritanischer Charakter und eine für jede Schönheit empfängliche Seele kennzeichneten seine Wesenszüge.

— Lit.: Nachruf (von A. Vertse). Aquila 69/70, 1962/63, S. 15—19 u. 19—22, ung. u. dt. (mit Bildnis).

Czynk, Eduard von (S. 67/68)
S. 67: Er war auch Mitarbeiter an Waidmanns Heil, Hugos Jagdztg., D. Weidmann, Dt. Jägerztg., Wild u. Hund.

Dahl, Friedrich (S. 68)
Erwähnung verdient sein Ber. „Über d. Pflegeeltern v. Cacomantis insperatus" (Orn. Mber. 5, 1897).
Im „Leben d. Vögel auf d. Bismarck-Archipel" (Mitt. Berl. 1, 1899) weitete er die eigenen Beob. zu vergl.-ethnol. Unters. aus.
Seinen Namen trägt Rhipidura dahli Reichenow 1897 = Rhipidura dahli dahli Reichenow.

— Lit.: Flora Malesiana 1, 1950, S. 126.

Dalla Torre von Thurnberg-Sternhof, Karl Wilhelm (S. 68/69)
In „Brutvögel d. dt. u. österr. Alpenzone" (1959) verzeichnete U. A. Corti (s. d.) 30 Titel der Verlautbarungen zwischen 1879 und 1913. Daß D. T.s Blick aber auch über die engeren Heimatgrenzen hinausstrebte, zeigt seine wissensch. Reise nach Helgoland um 1887. Darüber berichtete er — begeistert von der Persönlichkeit H. Gätkes (s. d.) — in der „Fauna v. Helgoland" (Zool. Jb. 4, Suppl., Jena 1889) und verband damit einen beachtlichen „lit.-hist. Überblick".

von der Decken, Karl Claus Freiherr (S. 69)
Z. 7 v. u.: J. Cabanis (s. d.) beschrieb 20 neue Arten im Reisewerk (3. Bd., 1870). Besondere Bedeutung erhielt die orn. Ausbeute weiter für G. Hartlaub und O. Finsch (s. d.), die im selben Werk (4. Bd., 1870) 457 Vögel Ostafrikas grundlegend behandelten.

— Lit.: O. Kersten, Baron K. C. v. der Deckens Reisen in Ostafrika in d. J. 1859—1865 (mit Bildnis), Leipz. 1869—1871. - H. Schnee, Dt. Kol.-Lex. 1, 1920, S. 289.

Deichler, Christian (S. 70)
C. v. Erlanger (s. d.) benannte ihm zu Ehren Galerita thecklae deichleri 1899 = Galerida theklae deichleri (Erlanger).

Detharding, Georg Gustav (S. 70/71)
Seit 1800 gehörte er der Leopoldina an.
Ihn zu ehren, nannte A. Ch. Siemssen (s. d.) 1794 den Sichelstrandläufer Scolopax Dethardingii, kam damit aber zu spät.

Dietrich, Amalie (S. 71/72)
Aus ihrer Samml. wurde benannt Gerygone igata amalia Meise 1931 = Gerygone richmondi amalia Meise.

— Lit.: H. M. Whittell, The Literature of Austral. Birds. Perth 1954, Teil 2, S. 200—202.

Dietrich, Franz Hugo (S. 72)
linke Sp., Z. 13: „Ein Besuch d. Gooseinseln ... b. Spitzbergen" (Zs. Ool. u. Orn. 16, 1906) und „Eine Reise nach Spitzbergen" (Wissensch. Beil. z. Ber. ... d. Klosters St. Johannis 1906/07) gaben ihm Gelegenheit, über 21 Vogelarten zu berichten.

Diezel, Carl Emil (S. 72/73)
S. 73, Z. 12 v. u.: ... J. Orn. 3, 1855 u. 4, 1856 ...
Schluß: Engste Beziehungen hatte er auch zum Zool. Mus. von Würzburg, dem er viele Vögel lieferte.

Dobay, Ladislaus von (S. 73/74)
S. 74, Z. 1: das Mus. von Großwardein (= Oradea = Nagyvárad) ...

Dobbrick, Leopold (S. 74)
1910 schloß er sich der DOG an.

Dohrn, Heinrich (S. 75/76)
S. 75, Z. 3: Karl August D. (1806—1892) ...
Z. 4: Anton D. (1840—1909)

Domaniewski, Janusz (S. 76)
* 30. 4. ..., † 15. 5. ...
1923 trat er der DOG bei.
— Lit.: Würdigung (von W. Rydzewski). The Ring 1, 1954. - J. Sokołowski, D. Vögel d. poln. Länder (poln.), Bd. 1, 1958, S. 24. - St. Feliksiak, Poln. Ornithologen u. d. Biogr. d. „Orn. Mitteleuropas" (poln.), Przeglad Zool. 12, 3, 1968, S. 266/67.

Dombrowski, Ernst Ritter von (S. 76)
linke Sp., Z. 5 v. u.: In der „Allg. Enz. d. ges. Forst- u. Jagdwissenschaften", hrsg. von Raoul Ritter von Dombrowski (1886—1894), behandelte er eine Reihe von Stichworten, darunter — allerdings ohne genügende sprachwissenschaftliche Schulung — sehr ausführlich die „Beize".
Die letzten 12 Lebensjahre waren durch ein schweres Lungenleiden gezeichnet, das dem Jäger- u. Trapperdasein ein Ende setzte. Da er nur noch selten in die Natur hinauskam, wurden damals alte schriftstellerische Neigungen aus anderen geistigen Bereichen in ihm wach, die ihm Erfolge als Dramatiker (Burgtheater und anderwärts) einbrachten.

Dombrowski, Robert Ritter von (S. 76)
Z. 5: Auf den Besuch der Erziehungsanstalt Kalksburg (N.-Ö.) mußte er früh verzichten, weil die Familie durch die Erkrankung des Vaters verarmte. Nachdem er am Naturh. Mus. von Wien das Präparieren gelernt hatte, ging er nach Bukarest, wo er bald Kustos am Naturh. Mus. und Direktor des Zool. Gartens wurde.
Z. 14: In seinen Beständen befanden sich nicht weniger als 457 rum. Kuckucke, 430 Seeadler, 266 Schreiadler und 357 Uhu.
Z. 9 v. u.: Er verlor Hab und Gut, suchte nach dem Kriege das Glück zuerst wieder in Wien und von 1925 ab als Präparator in Lukó速w (Polen). Erfolglos mußte er sich 1929 erneut in Wien niederlassen, wo er in Laxenburg Unterkunft fand. In bitterer Not starb er, von einer Giftschlange gebissen, nach qualvollem Leiden im Spital des Lainzer Versorgungsheimes. Die bisher fast unbekannte rum. Naturgeschichte erfuhr durch ihn eine erste Aufhellung. Die von V. v. Tschusi (Orn. Jb. 14, 1903) benannte rum. Schafstelzenform Motacilla flava dombrowskii ist Hybrid zwischen Motacilla flava flava, feldegg und thunbergi (Peters Check-list 9, 1960).
— Lit.: M. Florczak, Biogr. v. R. D. u. seine Beziehungen z. Polen (poln.), Przeglad Zool. 11, 3, 1967, S. 201—204 (mit Bildnis).

Domeier, Hans (S. 76/77)
Seit 1908 war er Mitglied der DOG.

Donndorf, Johann August (S. 77)
Z. 12—16: Die Erwähnung von J. A. E. Goeze ist zu streichen.

Dorning, Heinrich (S. 77)
Sein tiefgehendes orn. Wissen und seine für die Umwelt aufgeschlossene Menschlichkeit standen bei Fachfreunden in hohem Ansehen. Seit 1930 war er Ehrenmitglied der Ges. ung. Ornithologen und Träger der O.-Herman-Medaille.

Drescher, Eberhard (S. 78)
F. Pax (s. d.) vermerkte in der „Wirbeltierfauna v. Schles." (1925) 19 Veröff. Der DOG schloß er sich 1910 an.

Droste-Hülshoff, Ferdinand Freiherr von (S. 78/79)
Der DO-G gehörte er seit 1858 an.

Dunajewski, Andreas (S. 79)
* Wola Justowska bei Krakau, † August 1944 Warschau. Der Dr.-Titel ist zu streichen. Die Magisterwürde erwarb er 1934 nach einer Arbeit über die Grundzüge der vergl. Anat. bei Prof. H. Hoyer in Warschau. Assistent war er dort seit etwa 1933. In dt. Sprache schrieb er „Gliederung u. Verbreitung d. Formenkreises Lanius schach L." (J. Orn. 87, 1939) nach Studien, die er 1936 unter Prof. Stresemann am Zool. Mus. Berlin durchführte.
— Lit.: J. Sokołowski, D. Vögel d. poln. Länder (poln.), Bd. 1, 1958, S. 24/25. - Würdigung (von J. B. Szczezepski). Przeglad Zool. 8, 1964, S. 9—16 (mit Bildnis). - St. Feliksiak, Poln. Ornithologen u. d. Biogr. d. „Orn. Mitteleuropas" (poln.), Przeglad Zool. 12, 3, 1968, S. 267.

Duncker, Hans (S. 79)
Z. 30: ... „Bibliographia Genetica" (1928) und in dem Vortrag über „Erblichkeitsverhältnisse b. Vögeln" (Proc. internat. Orn. Congr. Amsterdam 1930).
Z. 16 v. u.: Vielen verantwortlich denkenden und strebenden Vogelliebhabern waren

die allein mehrere tausend Kanarien umfassenden genetisch-praktischen Zuchtanalysen des gründlichen Biologen Vorbild und Beispiel.

Dybowski, Benedikt (S. 79/80)
Nach ihm wurden benannt Otis Dybowskii Taczanowski 1874 = Otis tarda dybowskii Taczanowski, Chrysomitris Dybowskii Taczanowski 1876 = Carduelis spinus (Linnaeus 1758), Eriocnemis dybowski Taczanowski 1882 = Eriocnemis alinae dybowski Taczanowski, Acrocephalus dybowskii Ridgway 1884 = Locustella (certhiola?) ochotensis Middendorff 1853, Francolinus dybowskii Oustalet 1892 = Francolinus icterorhynchus icterorhynchus Heuglin 1863, Langonosticta dybowskii Oustalet 1892 = Euschistospiza dybowskii (Oustalet).
— Lit.: J. Sokołowski, D. Vögel d. poln. Länder (poln.), Bd. 1, 1958, S. 22/23. - St. Feliksiak, Poln. Ornithologen u. d. Biogr. d. „Orn. Mitteleuropas" (poln.), Przeglad Zool. 12, 3, 1968, S. 264.

Dzieduszycki, Wladimir Graf (S. 80)
Z. 2: Podolien statt Ost-Galizien, † 18. 9. statt 11. 9.
— Lit.: St. Feliksiak, Poln. Ornithologen u. d. Biogr. d. „Orn. Mitteleuropas" (poln.), Przeglad Zool. 12, 3, 1968, S. 262.

Eckardt, Wilhelm Richard Ernst (S. 80/81)
Seit 1915 war er Mitglied der DOG.

Ehmcke, H. (S. 82)
Z. 4: ... Er war Jurist, und 1885 erfolgte seine Versetzung vom Amtsgericht Insterburg an das Landgericht I Berlin. Seit 1903 wohnte er auf Rittergut Rehfelde (Ostbahn). Das Preuß. Justizministerialblatt Nr. 45 v. 30. 11. 1906 enthielt den Vermerk, daß der Landgerichtsrat E. vom Landgericht I Berl. aus dem Justizdienst geschieden sei.

Ehrenberg, Christian Gottfried (S. 82)
rechte Sp., Z. 11 v. u.: In 300facher Linearvergrößerung erschloß er den staunenden Zeitgenossen eine neue Welt von Organismen.
1818 war er schon Mitglied der Leopoldina.
— Lit.: Biogr. (von R. Hesse). Delitzsch 1876. - J. T. C. Ratzeburg, Forstwissensch. Schriftsteller-Lex., 1874, S. 160—165.

Emin Pascha (S. 83)
linke Sp., Z. 10: ... Ärztliche Praxis übte er aus in Antivari (Albanien), Trapezunt (Kleinasien), Janina (Griechenland) und wechselte zum **Islam über.**
rechte Sp., Z. 15: G. Hartlaub (s. d.) erkannte die Befähigung des Landsmannes und stattete ihn mit wissensch. Lit. aus. Etwa 250 Vogelformen erhielten seinen Namen.
— Lit.: P. Reichard, E. P., ein Vorkämpfer d. Kultur im Innern Afrikas, 1891 u. 1895. - F. Stuhlmann, D. Tagebücher v. Dr. E. P., Hamb. u. Braunschw. 1916—1922; darin H. Schubotz, Zool. Aufz. E.s u. seine Briefe an Dr. G. Hartlaub, Bd. 6, 1921. - Biogr. Col. Belge 1, 1948, Sp. 826—835 (mit weiteren Quellen). - Juden im dt. Kulturbereich, ein Sammelwerk, 2. Aufl. Berlin 1959, S. 383/84.

Endler, Friedrich Gottlieb (S. 83/84)
— Lit.: F. Pax, D. Tierwelt Schlesiens, 1921.

Erlanger, Carlo Freiherr von (S. 85/86)
— Lit.: Nachruf (von W. Schuster). Zool. G. 45, 1904, S. 319/20. - Bildnis in Ber. Senck. 97, 1967, S. 454.

Eschenburg, Heinrich (S. 86)
— Lit.: Würdigung (von V. Hahn u. H. G. W. Gleiss). Schriften d. Arbeitskreises f. naturw. Heimatforschung in Wedel (Holst.) 3, 1967, S. 1—22.

Euler, Carl (S. 87)
J. Cabanis nannte ihn einen „ernsten Forscher" und gab eine „Übersicht d. v. Herrn C. E. im Distrikt Cantagallo ... gesammelten Vögel" heraus (J. Orn. 22, 1874).

Eversmann, Eduard (S. 87/88)
S. 87, Z. 10: Zuerst sammelte er im südl. Ural, ...
Seit 1824 war er Mitglied der Leopoldina.
— Lit.: W. G. Heptner, E. E., Zoologe u. Reisender, Festausg. z. 135. Jubiläum d. Moskauer Naturf. Gesellschaft (russ.), Moskau 1940 (mit Bildnis u. Verz. d. Veröff.). - Bildnis in Sergey Ognew, Säugetiere u. ihre Welt, hrsg. v. H. Dathe, Berlin 1959.

Faber, Friedrich (Frederik) (S. 88)
— Lit.: E. F. v. Homeyer, D. Wanderungen d. Vögel, Leipz. 1881; darin Würdigung F.s S. 6—32. - Dansk Biogr. Leksikon 6, 1935, S. 503/04. - Almindeligt Forfatter-Lex. for Kongeriget Danmark ... 1, 1962, S. 398—400 (mit Verz. d. Veröff.).

Fabricius, Philipp Conrad (S. 88/89)
Seit 1751 war er Mitglied der Leopoldina.

Falkenstein, Julius (S. 89)
Z. 6 v. u.: Am ausführlichsten sind 240 Formen dargestellt von A. Reichenow (s. d.) in J. Orn. 25, 1877.

TEIL 2

Seinen Namen tragen Criniger falkensteini Reichenow 1874 = Chlorocichla falkensteini (Reichenow), Saxicola falkensteini Cabanis 1875 = Cercomela familiaris falkensteini (Cabanis) und Cinnyris falkensteini Fischer u. Reichenow 1884 = Nectarinia venusta falkensteini (Fischer u. Reichenow).

Fehrmann, Christian Friedrich Wilhelm (S. 89/90)
* 31. 3. 1790 Torgelow (Kr. Ueckermünde), † 9. 2. 1860 Berlin. Von April bis Juni 1838 hielt er sich in Rügen auf, wo er für den Fürsten B. Radziwill (s. d.) sammeln sollte. 1858 war er 50 Jahre im Dienst des Kgl. Obergamts tätig.
Der letzte Satz auf S. 90 „Von 1875 ... geführt" ist zu streichen.
— Lit.: Unveröffentlichtes Msk. von J. Neumann, Halle.

Feldegg, Christoph Freiherr von (S. 90)
Z. 12 v. u.—Z. 7 v. u. streichen: „Er selbst soll ... aufstellte".
Nach ihm sind benannt Motacilla Feldegg Michahelles 1830 = Motacilla flava feldegg Michahelles und Falco Feldeggii Schlegel 1843 = Falco biarmicus feldeggi Schlegel.

Fenichel, Samuel (S. 90)
— Lit.: A. Wichmann, Nova Guinea 2, Teil 2, Leiden 1912, S. 539.

Fenk, Reinhold (S. 90)
Der DOG gehörte er seit 1910 an.

Ferdinand, König von Bulgarien (S. 90/91)
Z. 17: Der DOG gehörte er seit 1874 an (nicht erst seit 1887). Die frühe Begeisterung für die Vogelk. verdankte er seinem Jugendgefährten, dem Kronprinzen Rudolf von Österreich.
— Lit.: H. R. Madol, F. v. B., Univ. Dt. Verlags-Aktien-Ges., Berlin 1931 (310 S.). - A. Schumann, K. F. v. B. als Naturforscher u. Naturfreund, Mitt. aus d. Kgl. Naturw. Inst., Sofia 1931. - Würdigung (von F. Steinbacher). J. Orn. 84, 1936, S. 1/2 (mit Bildnis).

Feuerstein, Walter (S. 91)
Z. 2: Aus dem Eisenhandel wechselte der einer Arbeiterfamilie angehörende Kaufmannsgehilfe 1929 in das Verlagswesen und nach 1945 in staatswirtschaftliche Stellungen über.
— Lit.: Nachruf (von W. Semmler). Thür. Orn. Rundbrief Nr. 11, 1967 (mit Bildnis).

Finger, Julius (S. 92)
— Lit.: Würdigung (von A. v. Pelzeln). Ann. Wien 5, 1890, S. 533.

Finsch, Otto (S. 92/93)
— Lit.: A. Wichmann, Nova Guinea 2, Teil 1, Leiden 1910, S. 286/87 u. 352—359.

Fischer, Anton (S. 93, neue Fassung)
* 4. 12. 1876 Zusmarshausen (Kr. Augsburg), † 12. 12. 1957 Augsburg. Als Sohn eines Schreinermeisters lebte er seit 1882 in Augsb., seit 1887 in Speyer, wo er bis 1894 die Realschule besuchte und sich in den Rheinauen der Pfalz bereits dem Sammeln der Vogeleier verschrieb. Nach der einjährigen Militärdienstzeit begann er 1895 in Augsb. die Postlaufbahn. Der Postinspektor war, von nie erlahmendem Sammeltrieb beherrscht, schließlich der Typ des gründlichen, aber unsentimentalen Formen- u. Naturkenners seiner Zeit und engeren Heimat. Bedenklich starke Eingriffe in die Faunenbestände der Lechlandschaft (durch die Beschaffung großer Serien glaubte er, der Wissensch. zu dienen) und nebenher laufende Naturschutzbestrebungen stellten ihn in das Zwielicht einer problematischen Betriebsamkeit. Er kannte noch den Urzustand des Flußgebiets zwischen Kissing und Mering im Süden der Stadt, eines Geländes, auf dessen Kiesbänken u. a. die Lachseeschwalbe bis 1932 ihren einzigen Binnenbrutplatz halten konnte. Da er die Erlaubnis zu Bootsfahrten an die Kolonien besaß, war er in der Lage, Schilderungen zu verfassen, wie „D. Brutperiode d. Lechvögel d. J. 1910" (Verh. Bay. 10, 1910), „D. Brutvögel auf d. Lechbänken" — mit Verwendung d. Aufz. seines örtlichen Vorgängers J. F. Leu (s. d.) — (Ber. Augsb. 44, 1926), „D. Vogelkolonien auf d. Lechkiesbänken" (Bayerl. 44, 1933). Überraschend ist, daß er viele Jahre an dortige Bruten der Trauerseeschwalbe und der Weißbartseeschwalbe glaubte. Ein angebliches Gelege des Rotfußfalken kann ebenfalls angezweifelt werden (vgl. Zs. Ool. 11, 1902 u. Vr. 25, 1956). Umstritten sind auch zwei Bruten der Steppenweihe - Circus macrourus bei Mertingen 1933. Doch befindet sich ein Weibchen dieser Art, am 28. 5. 1933 dort auf Veranlassung F.s vom Nest weggeschossen (!), im Stuttg. Mus. Manche durch ihn gemeldete Fälle von Seltenheiten, deren gewagte Diagnosen er nicht nachprüfen ließ, sind heute nicht mehr zu klären. Bemer-

kenswerte Regsamkeit war ihm als Präparator eigen. Die Kunst der Taxidermie übte er meisterhaft aus und gab sie in Ausbildungskursen weiter an bekannte Reisende. Auch namhafte Ornithologen hatten Beziehungen zu ihm. Nach eigenen Aufstellungen gingen unzählige, von ihm angefertigte Bälge an verschiedene Mus.: Mehrere Tausend nach Münch., 2 bis 3 Tausend an das Fieldmus. Chicago, über 6000 nach Stuttg., über 2000 nach Bonn; aufmontierte Stücke und Gruppen, darunter Brutvögel mit Nest und Eiern, erhielten außerdem Speyer, Frankf., Mainz, Münch. und das Mus. Koenig in Bonn. Besonderen Nutzen aus seiner Tätigkeit zog das Naturw. Mus. von Augsb., dessen Konservator für Vögel und Säugetiere er ein halbes Jahrh. war. 1934 zeichnete ihn die Akad. d. Wissensch. in Münch. für Unterstützung der bayer. Staatssamml. mit der silbernen Medaille „Bene Merenti" aus. Noch im letzten Lebensjahrzehnt knüpfte sich an seinen Namen einer der ersten Nachweise für das Auftreten der Türkentaube in Deutschl.; es war das in Lechhausen am Ostrand von Augsb. im Februar 1946 (Ber. Naturf. Ges. Augsb. 1, 1948).

— Lit.: Autobiogr. Ebd. 17 (88—94), 1964, S. 89—130 (mit mehreren Bildnissen).

Fischer, Georg (S. 93)
Die an das Darmstädter Mus. gesandten Bälge beliefen sich auf 1066 Stücke. Unter den von F. Brüggemann (s. d.) neu beschriebenen Formen waren die beiden Bergtauben aus Celebes Ptilinopus Fischeri Brüggemann 1876 = Ptilinopus fischeri fischeri Brüggemann und Carpophaga poecilorrhoa Brüggemann 1876 = Cryptophaps poecilorrhoa (Brüggemann), ferner Pitta kochi Brüggemann 1877 = Pitta kochi Brüggemann. Aus der Feder des Sammlers stammen nur „Bem. über zweifelhafte celebensische Vögel" (Abh. Brem. 5, 1878).

— Lit.: E. Stresemann, D. Vögel v. Celebes, J. Orn. 87, 1939, S. 299—425.

Fischer, Gustav Adolf (S. 93/94)
S. 93, Z. 6—19: Von 1876—1883 zog er hauptsächlich durch den Küstenstrich von Mombas bis Witu und das Wapokomoland. Unterbrochen wurde die reine Sammeltätigkeit durch Ausübung der ärztlichen Praxis auf Sansibar von 1879—1882 zur Sicherstellung der Reisemittel. Von Dezember 1882 bis August 1883 war er dann im Auftrag der Geogr. Ges. Hamburg forschend unterwegs durch das Massailand bis zum Victoria-See. Nach einem Heimaturlaub begann im Mai 1885 die letzte Reise, die in erster Linie der zwar nicht gelungenen Rettung des verschollenen Reisenden Dr. Junker galt, zool. aber ungemein ertragreich war. Wenige Wochen ...
Z. 5 v. u.: ... Die Fülle der Ausbeute legte er, z. T. gemeinsam mit A. Reichenow (s. d.) in J. Orn. 25, 1877—33, 1885 sowie in Zs. ges. Orn. 1, 1884 vor. Zu den fast 100 von ihm entdeckten Arten gehört Agapornis fischeri Reichenow 1887 = Agapornis fischeri Reichenow. Bekannt wurden seine geogr. Reisebücher „D. Massailand" (1883) und „Mehr Licht im dunklen Weltteil" (1885). Eine wertvolle Vogelsammlung vom Naiwascha-See und die zool. Ausbeute der Massai-Reise erhielt das Hamb. Zool. Mus.; die Bearbeitung dieses Materials erfolgte in den Mitt. d. geogr. Ges. Hamb. 1882/83 u. 1884/85).

— Lit.: Hermann Bolau, D. Typen d. Vogelsamml. d. Naturh. Mus. z. Hamb., Mitt. Naturh. Mus. Hamb. 15, 1897 (1898), S. 45—71. - A. Reichenow, D. Vögel Afrikas 1, 1900/01, S. XXVII/VIII. - Würdigung (von A. Panning). Mitt. Hamb. Zool. Mus. Inst. 56, 1958, S. 20.

Fischer, Valentin Franz Stanislaus (S. 94)
Z. 18: ... (1813—1828) ...

Fischer-Sigwart, Hermann (S. 94/95)
— Lit.: Nachruf (von C. Floericke). Mitt. Vw. 24, 1925, Heft 4, Umschlag-S. V—VII.

Fischer von Waldheim, Johann Gotthelf (S. 95)
rechte Sp., Z. 6 v. u.: Er beschrieb als erster 1811 die Halsbanddohle - Corvus monedula soemmerringii. Seinen Namen trägt die Plüschkopfente, Fuligula (Lampronetta) Fischeri Brandt 1847 = Somateria fischeri (Brandt). Seit 1815 war er Mitglied der Leopoldina.

— Lit.: Allg. Dt. Biogr. 7, 1878, S. 84.

Floericke, Curt (Kurt) (S. 96)
Z. 12—33: ... vertiefen konnten. 30 Titel finden sich bereits in der von F. Pax (s. d.) 1925 hrsg. „Wirbeltierfauna v. Schlesien". Gelockt durch die Schilderungen seines Landsmannes F. Lindner (s. d.), war er im August 1892 erstmalig auf der Kurischen

TEIL 2

Nehrung und weilte dann mehrere Jahre in Rossitten; vgl. „Orn. Mitt. v. d. Kurischen Nehrung“ (Gef. W. 24, 1895 u. 25, 1896). Doch machten sich hier durch gewerbsmäßigen Handel mit Bälgen und lebenden Vögeln, durch nicht einwandfreie Ber. (in Orn. Jb., J. Orn., Gef. W., Orn. Mber., Mitt. Wien) und charakterliche Schwächen immer deutlicher Züge einer Lebensauffassung bemerkbar, die seiner Begabung gewährtes Wohlwollen zerstörten und odysseische Wanderfahrten im Gefolge hatten. Von wachsendem Mißtrauen begleitet, bereiste er u. a. den Balkan, Turkmenistan, Kleinasien, Marokko, die Kanaren, Südamerika — immer abenteuernd, zugleich aber mit aufnahmefreudigen Sinnen forschend und sammelnd; vgl. „Orn. Reiseschilderungen v. d. Balkanhalbinseln“, streckenweise zusammen mit O. Kleinschmidt und O. Reiser (s. d.) (Gef. W. 22, 1893), „Schilderungen aus d. Vogelw. fremder Länder, meine Reise nach Zentralasien“ (ebd. 25, 1896 u. 26, 1897), „Mein Aufenthalt in Buchara i. J. 1896“ (ebd. 27, 1898). Nachdem er sich auch an der Ung. Orn. Zentrale in Budapest „wegen Privatangelegenheiten“ nur vom Anfang 1898 bis zum Mai halten konnte, trat er schließlich ...
rechte Sp., Z. 4: Das „Dt. Vogelbuch“ (1907, 2. Aufl. 1922) war W. Schuster (s. d.) gewidmet.

— Lit.: Würdigung (von F. Pax). D. Tierwelt Schlesiens, 1921, S. 6/7.

Forster, Johann Georg (S. 97)
32 der von ihm auf der Weltreise 1772 angefertigten Aquarelle von Vögeln befinden sich in der Landesbibliothek Gotha. Als Kalenderblätter wurden 12 Stücke davon 1969 unter orn. Beratung von E. Stresemann durch G. Steiner hrsg. und erläutert.
Er war Mitglied der Leopoldina.

— Lit.: Allg. Dt. Biogr. 7, 1878, S. 172—181 (mit älteren Quellen). - Dictionary of National Biogr. 7, 1921/22, S. 455/56. - K. Kersten, D. Weltumsegler J. G. A. Forster ..., Bern 1957. - Encyclopaedia Britannica 9, 1962, S. 530.

Forster, Johann Reinhold (S. 97/98)
S. 98, Z. 4—6: Die hier genannten wissensch. Namen stammen nicht von J. R. Forster, sondern von dem Engländer Edward Forster (1765—1849). Die Zeilen sind zu streichen.

— Lit.: H. M. Whittell, The Literature of Austral. Birds, Perth 1954, Teil 2, S. 252/53.

Frantzius, Alexander von (S. 98)
Er ging schon 1849 nach Brasilien.
Auch das Hof-Mus. von Wien bereicherte er durch die Sendung von Vogelbälgen aus Mittelamerika.

Freyreiß, Georg Wilhelm (S. 99)
Den frühen Sammeleifer teilte er mit seinem Jugendgefährten Ph. J. Cretzschmar (s. d.). Über diesen Freund und wohl auch über B. Meyer (s. d.) kam die Verbindung mit der Senck. Naturf. Gesellschaft zustande. Als er 1818 der Gesellschaft die Lieferung bras. Naturgegenstände gegen geringe Vergütung anbot, wurde er zum ordentlichen und stiftenden Mitglied ernannt. Die erste Vogelsendung traf 1819 in Frankfurt ein, wo sie mit Freude begrüßt wurde.

— Lit.: W. Kramer, Chronik d. Senck. Naturf. Gesellschaft 1817—1966 (1967).

Frickhinger, Hans Walter (S. 99)
Z. 1 u. 2 d. Lit.: Nachr.-Bl. f. Natursch. u. Landschaftspfl. 25, 1954, S. 32 (mit Bildnis) statt Nat. u. Landsch. 29, ..

Friderich, Carl Gottlob (S. 99/100)
S. 100, Schluß: Die Bilder von A. Specht (s. d.) schmückten bereits F. Arnolds (s. d.) „Vögel Europas“ (1897). Kennzeichnend für F.s weit streuende Neigungen war auch ein „Geflügelbuch“ (Stuttg. 1896).

Friedrich II. von Hohenstaufen (S. 100/01)
S. 101, Z. 29: Die Ausgabe von 1596 war dem Humanisten Marcus Welser zu verdanken.
C. A. Willemsen besorgte die erste vollständige kritische Ausg. in Sechs-Büchern (2 Bde. Leipz. 1942) und unter Mitarbeit von Dagmar Odenthal eine dt. Übers. (2 Bde. Frankf. 1964) mit je 10 Farbtafeln aus der altfranz. Übers. Ms. fr. 12400 der Bibliothèque Nationale Paris. Der Kommentar zur lateinischen Ausg. und zur dt. Übers. von C. A. Willemsen mit 64 Abb. erschien in Frankf. 1970. Die Faksimile-Ausg. der sog. Manfred-Handschrift (um 1264) aus der Biblioteca Apostolica Vaticana Rom brachte die Akad. Druck- u. Verlagsanstalt Graz 1969.

— Lit.: Würdigung (von H. M. Schaller). N. Dt. Biogr. 5, 1961, S. 479—484. - Besprechung u. Würdigung (von M. Henß). J. Orn. 106, 1965, S. 224—227. - K. Lindner, Ein Ansbacher Beizbüchlein, Berl. 1967 (mit Besprechung der durch J. E. Pacius 1756 besorgten 1. dt. Übers. v. De arte venandi cum avibus, S. 79—86).

Frisch, Johann Leonhard (S. 101/02)
S. 102, Schluß: Als erster Vertreter wissensch. orn. Forschung in Berl. wurde er 1725 in die Leopoldina aufgenommen. Bald nach des Künstlers Tod gingen die von ihm gesammelten Bälge — wohl infolge mangelnder Präparation — schon unter.
— Lit.: J. T. C. Ratzeburg, Forstwissensch. Schriftsteller-Lex., 1874, S. 180/81.

Fritsch (Frič), Anton (S. 102)
Z. 20: 1853 statt 1858

Fritsch, Rudolf Heinrich (S. 102)
— Lit.: ... u. Zool. Anz. 28, Supplement-Bd. 1965, S. 636—638.

Fuchs, Walter (S. 103)
1935 trat er der DOG bei.

Fülleborn, Friedrich (S. 104)
Seinen Namen tragen Cinnyris fülleborni Reichenow 1899 = Nectarinia mediocris fuelleborni (Reichenow), Alethe fülleborni Reichenow 1900 = Alethe fuelleborni fuelleborni Reichenow, Caprimulgus fülleborni Reichenow 1900 = Cosmetornis vexillarius Gould 1838, Parus fülleborni Reichenow 1900 = Parus leucomelas insignis Cabanis 1880, Muscicapa fülleborni Reichenow 1900 = Alseonax adustus subadustus Shelley 1897, Macronyx fülleborni Reichenow 1900 = Macronix fuelleborni fuelleborni Reichenow, Dendromus malherbei fülleborni Neumann 1900 = Campethera cailliautii fuelleborni (Neumann), Pseudogyps africanus fülleborni v. Erlanger 1904 = Gyps africanus Salvadori 1865, Glareola fusca fülleborni Neumann 1910 = Glareola pratincola fuelleborni Neumann.
— Lit.: Biogr. Lex. d. hervorragenden Ärzte d. letzten 50 Jahre 1, 1962, S. 62/63.

Gadow, Hans Friedrich (S. 105/06)
— Lit.: Würdigung (von G. Uschmann). N. Dt. Biogr. 6, 1964, S. 14.

Gätke, Heinrich (S. 106)
Z. 1: Er war der Sohn eines Brauers und Bäckers.
Z. 7: Das Erlebnis des Vogelzuges hielt ihn in Helgol. fest, obwohl er sich erst seit Anfang der 40er Jahre ernsthaft mit der Orn. beschäftigte. Die Stelle des Regierungssekretärs bei der engl. Verwaltung sicherte ihm von 1858—1888 den Lebensunterhalt.
Z. 9: Seine Frau war die Tochter eines engl. Hauptmanns aus der Ehe mit einer Helgoländerin.
Z. 22: 1858 statt 1853
Z. 24: Seine ersten Veröff. waren u. a. „Emberiza pusilla auf Helgol." (J. Orn. 1, 1853), „Einige seltnere Vögel auf Helgol." (ebd. 2, 1854), „Einige Beob. über Farbenwechsel durch Umfärbung ohne Mauser" (ebd. 2, 1854), „D. Weg d. nordamerik. Vögel nach Europa" (ebd. 4, 1856), „Briefl. Mitt. über Helgol." (Naum. 8, 1858).
Z. 8 v. u.: Daß G.s Pionierleistungen so spät der Öffentlichkeit bekannt wurden, hatte einen betrüblichen historischen Hintergrund. Es war der durch Jahrzehnte die Entwicklung hemmende Gegensatz zwischen der Braunschweiger und der Berliner Linie der Orn., hier verkörpert durch R. Blasius, der des Malers Beob. und Zugfeststellungen ohne Hemmungen bewunderte, und H. Schalow (s. d.), der dem „Außenseiter" G. in unverständlicher Voreingenommenheit sogar den Idealismus des Forschers absprechen wollte. E. Stresemann (J. Orn. 108, 1967) erwarb sich das Verdienst, die Wurzeln eines bedauerlichen Machtkampfes bloßgelegt zu haben, der — bis zum Tode von R. Blasius — auf dem Rücken des unbeteiligten Künstlers ausgetragen wurde.
rechte Sp., Z. 6: Einzelne Hypothesen, besonders über Höhe und Schnelligkeit des Zuges, getrenntes Wandern von jung und alt, Männchen und Weibchen stießen noch zu Anfang des Jahrh. auf Widerspruch u. a. durch A. F. Helm, F. v. Lucanus (s. d.), H. Weigold.
— Lit.: Würdigung (von L. Gebhardt). N. Dt. Biogr. 6, 1964, S. 27/28. - E. Stresemann, Vor- u. Frühgeschichte d. Vogelforschung auf Helgoland, J. Orn. 108, 1967, S. 377—429.

Garlepp, Otto (S. 107)
— Lit.: Würdigung (von G. Niethammer). J. Orn. 103, 1962, S. 121.

Geisler, Bruno (S. 109)
Z. 1: * 5. 10. 1857 Mittelwalde, Kr. Glatz (Schlesien), † 7. 10. 1945 Dresden. Seit 1887 war er zusammen mit seinem Bruder Herbert (nicht Hubert) G. sammelnd in Ceylon und auf Java tätig. 1890 ging das fleißige Bruderpaar nach dem 1884 von einer dt. Gesellschaft erworbenen Neuguinea, wo sie den Spuren des angesehenen O. Finsch (s. d.) folgten.
A. B. Meyer bearbeitete die Vogelbälge auch in J. Orn. 42, 1894.

Eine Gesamtliste der von G. hinterlassenen Tafeln findet sich in der von R. Heyder geschriebenen Monographie (1965).
Dem Forscher und seinem Bruder gewidmet sind Aeluroedus geislerorum Meyer 1891 = Ailuroedus buccoides geislerorum Meyer und Eupetes geislerorum Meyer 1892 = Eupetes caerulescens geislerorum Meyer. Bruno G.s Namen allein trägt Drepanornis geisleri Meyer 1893 = Drepanornis albertisii geisleri Meyer.

— Lit.: A. Wichmann, Nova Guinea 2, Teil 2, Leiden 1912, S. 517/18 u. 557/58. - R. Heyder, D. Vogelmaler B. G., Abh. Dresd. 28, 1965, S. 143—155 (mit Bildnis).

Gesner, Conrad (S. 111)
Z. 23: Mit der Herausgabe der 4 Foliobände wies er — ohne die herkömmliche theol. Betrachtung — der Beob. und Beschr. der Tiere neue Wege.

— Lit.: C. G., Orell Füssli Verlag, Zürich 1967.

Geyr von Schweppenburg, Hans Freiherr (S. 111/12)

— Lit.: Der von E. Stresemann angekündigte Nachruf ist nicht erschienen. - Nachruf (von G. Niethammer). B. Bonn 15, 1964, S. 115—118.

Giebel, Christoph Gottfried Andreas (S. 112)
Seit 1867 zählte ihn die Leopoldina zu ihren Mitgliedern.

Girtanner, Georg Albert (S. 112/13)
Der DOG gehörte er seit 1871 an.

Glasewald, Konrad (S. 113/14)
Auf die Diss. 1923 folgte die Arbeit „Z. Frage d. Übergänge zwischen dunklen u. hellen Melaninen" (J. Orn. 74, 1926).
1920 wurde er Mitglied der DOG.

Gloger, Constantin Wilhelm Lambert (S. 114/15)
S. 114, linke Sp., Z. 16: Ein frühes Verz. der zool. Arbeiten des „Candidaten d. Phil.", 1827—1829, zählt 13 Titel auf, darunter 8 vogelkundliche (H. Hoffmanns Monatsschr. von u. für Schles., 1829, Bd. 2, S. 610/11).
S. 114, rechte Sp., Z. 33: ... geogr. Abänderungen; die Unters. führte ihn zu einer Feststellung, die als „Glogersche Färbungsregel" (in moderner Fassung; B. Rensch!) besagt: „Die Melanine der Warmblüter zeigen eine Zunahme bei Rassen feuchter und wärmerer Gebiete. Im trockenheißen Klima herrschen die rötlich oder gelblichbraunen Phäomelanine vor, während die schwärzlichen Eumelanine reduziert worden sind (Wüstenfärbung). Bei den im kalten Gebiete beheimateten Formen sind die Phäomelanine, im Extremfalle auch die Eumelanine reduziert (Polarfärbung)". Durch die damals kaum noch beweisbare Hypothese erwarb er sich das Verdienst, erstmalig das Abändern der einzelnen Vogelarten in den verschiedensten Teilen des Verbreitungsgebietes in das Blickfeld weiträumiger Synthese gerückt zu haben. Doch dachte er sich, über die Ursachen der Erscheinung grübelnd, die geogr. Rassen nicht als das Produkt der Selektion und erblich fixierter Mutation, sondern (im Lamarckistischen Sinne) als Produkt individueller klimatischer Einwirkung auf das Keimplasma. Daß er das Problem der Artbildung unzutreffend sah, lag am noch engen Wissensstand seiner Zeit, der die Kenntnis der morphol. und chemischen Färbungsgrundlagen ebenso mangelte wie der Evolutionsgedanke. Es war offenbar ...
S. 114, rechte Sp., Z. 5 v. u.: Da er zudem an behördliche Erlasse dachte, wurde er neben H. O. Lenz (s. d.) schon als der Schrittmacher auf dem Wege zur heutigen Form der Schutzmaßnahmen und „erster wissensch. Vogelschützer" herausgestellt; vgl. B. Quantz (Orn. Ms. 54, 1929).
S. 115, Z. 4: Seine Schutzschriften waren nichtsdestoweniger lange verbreiteter volkstümlicher Lesestoff und wurden noch 1878 bis 1881 von K. Ruß und B. Dürigen (s. d.) neu herausgegeben.
Seit 1830 war er Mitglied der Leopoldina.

— Lit.: F. Pax, D. Tierwelt Schlesiens, 1921 (mit Bildnis). - Würdigung (von L. Gebhardt). N. Dt. Biogr. 6, 1964, S. 463/64.

Gmelin, Johann Friedrich (S. 115)
Seit 1774 gehörte er der Leopoldina an.

— Lit.: J. T. C. Ratzeburg, Forstwissensch. Schriftsteller-Lex. 1874, S. 190.

Gmelin, Samuel Gottlieb (S. 115)

— Lit.: Würdigung (von H. Dolezal). N. Dt. Biogr. 6, 1964, S. 481/82.

Godeffroy, Johann Cesar (S. 115/16)

— Lit.: Würdigung (von K. Molsen). N. Dt. Biogr. 6, 1964, S. 494/95. - H. Weidner, Gesch. d. Entom. in Hamb., Abh. Hamb., N. F. 9, Suppl. 1967, S. 138—142 (mit Bildnis).

Godlewski, Viktor (S. 116)
Nach ihm sind benannt u. a. Agrodroma Godlewskii Taczanowski 1871 = Anthus

godlewskii (Taczanowski) und Emberiza Godlewskii Taczanowski 1874 = Emberiza cia godlewskii Taczanowski.
Letzte Zeile streichen.

Göchhausen, Hermann Friedrich von (S. 117)
Z. 3: † 30. 12. 1733 Buttelstedt bei Erfurt statt † vor 1740 (?) Weimar.
— Lit.: K. Lindner, Dt. Jagdschriftsteller, Teil 1, 1964, S. 105—146.

Goeldi, Emil August (S. 117)
Z. 11: Das von ihm aufgebaute Inst. ist das heutige Museu Paraense Emilio Goeldi. Mehr als alle anderen bras. Zoologen lenkte ihn eine deutliche Vorliebe für das Studium der Lebensweise der exotischen Vögel auf die schon von Prinz Max zu Wied (s. d.) verfolgten biol. Bahnen.
Z. 17 v. u.: Neben zahlreichen Arbeiten in Boletim do Museu Paraense und Ibis wurden Hauptwerke über die bras. Avif. „As Aves do Brasil" (Rio e S. Paulo 1894) und „Album de Aves amazônicas" (Pará 1900 bis 1906) mit 48 gut gelungenen Farbtafeln und Textverweisen auf „As Aves do Brasil".
— Lit.: Würdigung (von V. Ziswiler). N. Dt. Biogr. 6, 1964, S. 515.

Göring, Anton (S. 118)
Z. 20: In Venezuela erwarb er hohes Ansehen. Das Prachtwerk „V. tropischen Tiefland z. ewigen Schnee" (1892/93) war Ergebnis dieser Reise und Zeugnis seiner Kunst. „On Venezuelan Birds collected by Mr. A. Goering" schrieben Ph. L. Sclater und O. Salvin in Proc. Z. S. London 1868, 1869, 1875.
— Lit.: E. Röhl, Exploradores Famosos de la Naturaleza Venezolana, Caracas 1949, S. 173—212 (mit Bildnis u. Verz. d. Veröff. über Venezuela). - Würdigung (von dems.). „El Farol", Revista de la Creole Petroleum Corporation, Caracas, Dezember 1955, 16 Seiten (mit Bildwerken d. Künstlers).

Grabowsky, Friedrich (S. 119/20)
— Lit.: L. Heck, Heiter-ernste Erinnerungen an Tiergärtner, Zool. G., N. F. 15, 1943, S. 10/11 (mit Bildnis). - Flora Malesiana 1, 1950, S. 198.

schungsgebiet bis zum Tanganjika hin und

Grauer, Rudolf (S. 121/22)
S. 122, Z. 3: ... Graben. 1907/08 traf er mit Adolf Friedrich von Mecklenburg (s. d.) am der dt. Zentral-Afrika-Exp. des Herzogs Kiwu-See zusammen, erweiterte auf Vorschlag des Herzogs das gemeinsame Forüberließ die aus dem Zwischenseengebiet stammenden Samml. dem Berliner Zool. Mus., wo sie von A. Reichenow (s. d.) bei der Bearbeitung der Vogelausbeute (Wissensch. Ergebnisse d. Exp. d. Herzogs Adolf Friedrich 1907—1908, Bd. III, Zool. I, 1912) ausgewertet wurden.
Von den seinen Namen tragenden Formen wurden besonders bekannt Graueria vittata Hartert 1908 = Graueria vittata Hartert und Pseudocalyptomena graueri Rothschild 1909 = Pseudocalyptomena graueri Rothschild.

Graumüller, Volkmar (S. 122)
Z. 16: Ilm statt Saale
Seit 1936 war er Mitglied der DOG.

Greppin, Leopold (S. 123)
In „Brutvögel d. Schweiz. Jura" (1962) nannte U. A. Corti (s. d.) 13 Arbeiten zwischen 1900 und 1916.

Groebbels, Franz (S. 123/24)
Seit 1923 gehörte er der DOG an.
— Lit.: Poggendorf III 2, 1958, S. 278/79. - Würdigung (von L. Gebhardt). N. Dt. Biogr. 7, 1966, S. 104/05.

Gude, Hermann (S. 125)
1930 trat er der DOG bei.

Güldenstädt, Johann Anton (S. 126)
— Lit.: Würdigung (von A. Fauser). N. Dt. Biogr. 7, 1966, S. 254.

Günther, Albert (S. 126/27)
S. 126, Z. 2: Kew statt London. — Er war der Sohn eines „Stiftungs-Kommissars".
— Lit.: Nachruf (von A. E. Günther). Proc. of the Royal Soc. London 88, 1915, S. XI—XXVI (mit Bildnis). - R. T. Günther, Verz. d. Veröff. v. A. G., The Annals and Magazine of Natural History Nr. 32 A, Suppl., August 1930, S. 233—286.

Günther, Friedrich Christian (S. 127)
— Lit.: Würdigung (von R. Möller). N. Dt. Biogr. 7, 1966, S. 279.

Guenther, Konrad (S. 128)
— Lit.: Würdigung (von L. Gebhardt). N. Dt. Biogr. 7, 1966, S. 276/77.

Hablizl, Carl Ludwig (S. 129/30)
Die von ihm geprägten Namen sind Colymbus caspicus Hablizl 1783 = Podiceps nigricollis nigricollis C. L. Brehm 1831 (Brehms Namen, obwohl jünger, wurde zum nomen

TEIL 2

conservandum erklärt, Opinion 406, Int. Comm. Zool. Nomencl. 13, S. 121), Vultur aureus Hablizl 1783 = Gypaetus barbatus aureus (Hablizl), Vultur fulvus Hablizl 1783 = Gyps fulvus fulvus (Hablizl), Motacilla obscura Hablizl 1783 = Prunella modularis obscura (Hablizl), Sturnus montanus Hablizl 1783 = Prunella collaris montana (Hablizl), Motacilla samamisica Hablizl 1783 = Phoenicurus phoenicurus samamisicus (Hablizl), Parus alpinus Hablizl 1783 = Aegithalos caudatus alpinus (Hablizl).

Haecker, Valentin (S. 130)
linke Spalte, Z. 6 v. u.: Gemeinsam war allen seinen orn. Arbeitsthemen die vergl. system., stammesgesch. Betrachtungsweise und die geistreiche Erörterung der phylogenetischen Entstehung der gefundenen Erscheinungen; und es war nicht sein geringstes Verdienst, viele seiner Schüler besonders für die Federforschung (Pigmentierung, Färbungs- u. Zeichnungsmuster sowie deren morphol. Grundlagen) begeistert zu haben. Von seinen Veröff. seien noch genannt „Reizphysiol. über Vogelzug u. Frühgesang" (Biol. Cbl. 36, 1916) und „Reizphysiol. über d. Abendgesang d. Vögel" (Pflügers Arch. 204, 1924).
— Lit.: K. Immelmann, D. orn. Arbeiten V. H.s, Teil 1 u. 2, Zool. Anz. 174, 1965, S. 53—74 u. 450—467. - Würdigung (von G. Uschmann). N. Dt. Biogr. 7, 1966, S. 428.

Hähnle, Lina (S. 130)
— Lit.: Würdigung (von L. Gebhardt). N. Dt. Biogr. 7, 1966, S. 432/33.

Härms, Michael (S. 131)
Z. 1: Koiola statt Korola.
Z. 6 v. u.: Die Schutzgebiete Waika-Riffe und Oesel entwickelten sich unter seiner Anregung und Sorge.
1923 trat er der DOG bei.
Seit 1939 war er Ehrenmitglied der Naturf. Ges. z. Dorpat. 1961 wurde auf seinem Grabe ein Gedenkstein gesetzt.
— Lit.: Würdigung (von E. Kumari). Eesti Loodus 1963, S. 36—40 (estn.). - N. v. Transehe, D. Vogelwelt Lettlands, 1965, S. 190.

Hagenbeck, Karl (S. 132)
Schluß: „V. Tieren u. Menschen, Erlebnisse u. Erfahrungen" (Berlin 1908).
— Lit.: E. Mohr, D. Geschlecht H., Zool. G., N. F. 21, 1954, S. 2—9 (mit Stammtafel u. 15 Abb.). - Würdigung (von ders.). N. Dt. Biogr. 7, 1966, S. 488.

Hahn, Carl Wilhelm, Dr. (S. 132/33, neue Fassung)
* 16. 12. 1786 Weingartsgreuth (Oberfranken), † 7. 10. 1835 Nürnberg. Als Sohn eines aus Ungarn stammenden Schloßgärtners studierte er in Erl. Kameralwissenschaft. Neben Erwerbsstreben dürfte ihn auch Berufung in die Dienste der Naturw. und Kunst geleitet haben. Er selbst nannte sich Naturforscher; nach F. v. Leydig (Horae Zoologicae) (s. d.) war er Privatgelehrter. Weil er — nach seinen eigenen Worten — in Fürth keine Illustratoren fand, siedelte er 1816 nach Nürnb. über. Hier starb er unverheiratet im besten Mannesalter an einem Lungenleiden, nachdem er schon im Vorwort zu der „Allgemeinnützigen Naturgesch. d. Tiere Bay." (1826—1828) darüber geklagt hatte, daß er seinen Bestrebungen ein ganzes Vermögen geopfert habe. Die von ihm hinterlassenen Zeugnisse seiner Tätigkeit sind naturw. Bildwerke. Viele beschäftigten sich mit Säugern, Fischen, Lurchen, Kriechtieren, Insekten; recht nachhaltig regte auch die Orn. seine Begabung und Neigung an. Da er überzeugt war, daß die „Freunde der Orn." sich die „kostspieligen Prachtwerke von Temminck, le Vaillant, Desmarest, Audebert, Spix, Prinz Max zu Wied, Rüppell usw." nur selten anschaffen könnten, schien ihm eine Samml. guter und billiger Abb. außereurop. Vögel „nicht überflüssig" zu sein. So liegen von ihm ansprechend gestaltete Zeichnungen vor, die unter seiner Aufsicht von „geübten Illuministen" koloriert wurden und z. T. an die zeitgenössischen Kunstwerke von J. C. Susemihl (s. d.) heranreichten. Bei jeder Art gab er an, wo der betr. Vogel von ihm gefunden wurde (ausgestopft in einem benachbarten Kabinett oder lebend in einer „Menagerie") und entwarf damit gleichzeitig ein kulturhist. reizvolles Bild der damaligen Verbreitung süddeutscher Samml. Von den Vogelwerken verdienen genannt zu werden „Vögel aus Asien, Afrika, Amerika u. Neuholland ..." (120 Kupfer, 1819 bis 1836), fortgesetzt mit der 18., 19., 20. Lieferung von H. C. Küster (s. d.) nach dessen Originalzeichnungen (1850); „Orn. Atlas ..., Abt. 1: Papageien" (48 Kupfer, 1834—1836), ebenfalls weitergeführt von H. C. Küster bis 1841. Künstlerisch und inhaltlich bescheidener war — etwa 30 Jahre nach der von F. v. Paula Schrank (s. d.) zusammengestellten gleichnamigen Liste —

die „Fauna Boica", eine gemeinnützige Naturgesch. der Tiere Bayerns, darin Abt. 2: „Deutschlands Vögel ..." (182 Kupfer, 1835). Diese Fauna, von der nur 14 Lieferungen erschienen, gab er zusammen mit J. E. v. Reider (s. d.) heraus, obwohl dessen Mitarbeit nicht erkennbar ist.

— Lit.: Stadtarch. Nürnberg u. Akten d. Pfarramts Weingartsgr. - Cl. Nissen, D. Illustrierten Vogelbücher, 1953.

Hampe, Helmut (S. 134)
Nach seinem Tode kamen noch zum Druck Arbeiten wie „Z. Biol d. Bourksittichs-Neophema bourkii" (J. Orn. 87, 1939), „Beob. b. Schmuck- u. Feinsittichen - Neophema elegans u. chrysostomus" (ebd. 88, 1940), „Z. Biol. d. Vielfarbensittichs Psephotus varius" (ebd. 89, 1941), „Z. Biol. d. Stanleysittichs Platycercus icterotis" (ebd. 90, 1942).
Seit 1927 gehörte er der DOG an.

Handmann, Martin (S. 134)
1927 wurde er Mitglied der DOG.

Hanf, Karl Ignaz (Blasius) (S. 134/35)
Die Brut des Mornellregenpfeifers fand er auf dem 2400 m hohen Zirpitzkogel 1876.
U. A. Corti (s. d.) verzeichnete 27 Titel von Veröff. in „D. Brutvögel d. dt. u. österr. Alpenzone" (1959).

— Lit.: H. v. Kadich, Wanderskizzen aus Steiermark, Mitt. Wien 9, 1885, S. 3—6. - Nachruf (von R. Wild). Ebd. 16, 1892, S. 15—17. - Würdigung (von H. Schönbeck). Mitt. Steierm. 89, 1959, S. 132/33. - Würdigung (von L. Gebhardt). N. Dt. Biogr. 7, 1966, S. 614.

Hantzsch, Adolf Bernhard (S. 136)
Die Sammelergebnisse gelangten 1913 durch Vermächtnis in das Mus. von Dresden.

— Lit.: Würdigung (von A. Koenig). Kat. d. nido-ool. Samml. ..., Bd. 1, 1931, S. 18/19. - Würdigung (von R. Reichert). Dresd. wissensch. Mus. ... 1956, S. 8—11 (mit Bildnis). - R. Heyder, D. Orn. Ver. z. Dresden ..., B. z. Vk. 11, 1966, S. 313—317.

Hartert, Ernst (S. 136/37)
Die Erfahrungen seiner Sammel- u. Forschungsreisen zwischen 1885 und 1892 sind ausgewertet unter dem Titel „Aus d. Wanderjahren eines Naturforschers" (Berlin 1901/02).

Hartlaub, Gustav (S. 137/38)
— Lit.: Z. Familiengeschichte d. Hartlaub in Merckschc Fam.-Ztg. 13, 1934, S. 79—88. - Würdigung (von E. Stresemann). N. Dt. Biogr. 7, 1966, S. 719/20.

Hauchecorne, Friedrich (S. 139)
1917 trat er der DOG bei.

— Lit.: Nachruf (von Kl. Zimmermann). Zeitschr. f. Säugetierkunde 13, 1938/39, S. 161—163 (mit Bildnis).

Hausmann, Wilhelm (S. 140/41)
S. 141, Z. 6: J. Schenk (s. d.) nannte in der „Fauna regni Hungaria" (1917) 15 Titel.

Hayek, Gustav von (S. 141)
Z. 9 v. u.: ... löste sich 1889 auf. Bald erlag schließlich der internat. Ausschuß der eigenen Unfruchtbarkeit, und v. H. wurde gezwungen, die Geschäftsführung 1891 endgültig niederzulegen, nachdem er sich auch unfähig gezeigt hatte, den 2. internat. Orn.-Kongr. in Budapest vorzubereiten. Die Ornis aber verlor die Lebenskraft und brachte (unter wechselnder Redaktion) nur noch die Ber. des 3. und 4. internat. Orn.-Kongr. von Paris 1900 und London 1905; v. H.s persönliche Beziehungen zu R. Blasius hatten schon lange vorher ihr Ende gefunden.

— Lit.: E. Stresemann, Z. Gesch. d. internat. Orn.-Kongr., Proc. 8. internat. Orn.-Kongr. Oxford 1934 (1938), S. 6—22.

Heck, Ludwig (S. 141)
— Lit.: Nachruf (von G. Steinbacher). Orn. Mitt. 3, 1951, S. 240. - K. M. Schneider, Heiter-ernste Lebenserinnerungen an Geheimrat H., Zool. G., N. F. 19, 1952, S. 44—52.

Hedemann-Heespen, Hartwig von (S. 142)
Von 1902—1906 studierte er Jura in Lausanne, Freib. i. Br., Münch. und Kiel. Als Reg.-Assessor verwaltete er 1914—1918 in Eschwege das Landratsamt Hersfeld. Von 1937—1939 war er Fideikommißherr. 1919 trat er der DOG bei. Ziele seiner naturw. Reisen waren u. a. 1934 Sizilien, Ägypten, Palästina, Syrien, Rhodos, Korfu, 1936 Montenegro, Dalmatien und 1956/57 Chile. — Teile einer ool. Samml. verdankte er der Verbindung mit O. Reiser (s. d.). Nach verdienstvoller Öffentlichkeitsarbeit starb er unverheiratet in Rendsburg.

— Lit.: Würdigung (von G. Schmidt). Schlesw.-Holst. biogr. Lex. (im Druck).

Heilfurth, Friedrich Paul (S. 142/43)
1926 trat er der DOG bei.

Heine, Ferdinand (jun.) (S. 144)
Offenbar in Erinnerung an die orn. Frühzeit des Gründers gab die Firma H. noch nach 1950 einigen Saatgutsorten beim Patentamt eingetragene Vogelnamen: Rabe und Flamingo (für Winterweizen), Kolibri (für Sommerweizen), Ammer, Amsel, Piroline (für Sommergerste). Nach 1960 vereinigte sich die Firma mit einer anderen Saatzuchtwirtschaft und verlegte die Zuchtarbeit nach Einbeck.

Heinroth, Oskar (S. 145/46)
S. 145, rechte Sp., Z. 16 v. u.: ente" (ebd. 58, 1910) ...
Z. 15 v. u.: ... Anatiden" (Verh. internat. Orn.-Kongr. 1910) ...
Z. 11 v. u.: (1924—1931), deren unveränderten Faksimiledruck Frau Katharina H. 1966 bis 1968 besorgte.
— Lit.: Bildnis (zusammen mit Frau Magdalene H.) in W. v. Falz-Fein, Askania Nova, 1930, S. 176. - Nachruf (von K. Lorenz). Zool. G., N. F. 24, 1958, S. 264—274 (mit Bildnis). - H.-S. Raethel, Mit O. H. in d. Südsee. Vogel-Kosmos 3, 1966, S. 207—211 (mit Bildnis).

Hellmayr, Carl (Charles) Eduard (S. 147)
Mehrere Formen tragen seinen Namen, darunter Anthus hellmayri Hartert 1900 = Anthus hellmayri **hellmayri Hartert.**

Hemprich, Wilhelm Friedrich (S. 148)
Wie sein Forschungsfreund Ch. G. Ehrenberg war er seit 1820 Mitglied der Leopoldina.

Henker, Otto (S. 148)
† 22. 7. 1947

Hennicke, Carl Rudolf (S. 149)
Der DOG gehörte er seit 1898 an.

Henrici, Hermann (S. 150)
Seit 1917 war er Mitglied der DOG.

Hering, Hermann (S. 151)
1919 schloß er sich der DOG an.

Hermann, Rudolf (S. 152)
Z. 5 v. u.: ... die von 1890—1933 in Natur u. Haus, Orn. Ms., Mitt. Vw., Gef. W. dem Beifall einer Lesergemeinde aus den Reihen der Liebhaber und Vogelschützer begegneten. H. war auch längere Zeit Freund von C. R. Hennicke (s. d.) und Mitarbeiter an dessen „Hdb. d. Vogelsch." (1912).
Der DOG gehörte er seit 1924 an.

Heß, Albert (S. 152/53)
1920 schloß er sich der DOG an.

Hesse, Erich (S. 153)
Z. 7: 29 statt 18
Z. 11 v. u.: Seit 1920 zog er sich mehr und mehr von der Orn. zurück, als er sich in der Hoffnung auf die Nachfolge A. Reichenows (s. d.) getäuscht sah.

Heuglin, Theodor von (S. 153/54)
Seine Fahrten nach dem Norden schilderte er auch in „Reisen nach d. Nordpolarmeer in d. J. 1870 u. 1871" (Braunschw. 1874).
Von G. Hartlaub (s. d.) nach Kräften unterstützt, nannte er in „Orn. Nordost-Afrikas ..." (1869—1874) 948 Arten.
Er war Mitglied der Leopoldina.
— Lit.: Würdigung (Verf. ungen.). Jber. Württ. 7/8, 1890, S. 112/13. - A. Reichenow, D. Vögel Afrikas 1, 1900/01, S. XIV—XV. - E. Henning, Württ. Forschungsreisende ..., 1953, S. 72—74.

Heußler, Wilhelm (S. 154)
rechte Sp., Z. 9: ... erlaubte ihm die Mitarbeit seines Bruders Theodor H. (s. d.) eine Fortsetzung ...

Hildebrandt, Johann Maria (S. 156)
Er war ein ungemein zäher Pionier der Forschung, den Geldmangel, größte Entbehrungen und Rückschläge durch Menschen und tropische Naturgewalten nicht erschüttern konnten. Kurze Erholung hatte er sich nur 1874/75 in Berlin gegönnt.
— Lit.: Würdigung (von C. Rensch). Natur 25, 1876, S. 424—426 (mit Bildnis).

Hildegard von Bingen (S. 156)
Das in ihrem Herzen sich rührende neue Naturgefühl schwankte noch zwischen dem gültigen Dogma, der nüchternen Beobachtung und der Freude am Erzählen.

Hilgert, Carl (S. 157)
1897 schloß er sich der DOG an.
Den Namen des „erprobten Reisegefährten" versuchte E. Hartert (s. d.) festzuhalten durch die Benennung von Galerida theklae hilgerti Hartert 1912 = Galerida theklae superflua Hartert 1897.

Höpfner, Ernst Max (S. 160)
Z. 3 v. u.: ... und A. F. Helm). Unter dem Einfluß von A. Voigt (s. d.) widmete er sich gerne auch der Stimmenkunde. Nur selten griff er zur Feder, z. B. in Orn. Ms. 17, 1892; 31, 1906; 34, 1909.

Hoesch, Walter (S. 160/61)
Z. 8 v. u.: Vr., Zs. Tierpsychol., Zool. G. ...

Hoffmann, Bernhard (S. 161)
Mitglied der DOG wurde er 1920.

Hoffmann, Georg (S. 161/62)
Der DOG trat er 1931 bei.
— Lit.: Nachruf (von E. Schüz). Natur 11, 1963, S. 66/67.

Hoffmannsegg, Johann Centurius Graf von (S. 162/63)
— Lit.: J. T. C. Ratzeburg, Forstwissensch. Schriftsteller-Lex., 1874, S. 248—251.

Holderer, Julius (S. 403)
Seinen Namen trägt Melanocorypha holdereri Reichenow 1911 = Melanocorypha maxima holdereri Reichenow.

Holland, Theodor (S. 163)
1870 wurde er auch Mitglied der DOG.

Holub, Emil (S. 164)
1887 nahm ihn die Leopoldina in ihre Reihen auf.
— Lit.: Nachruf (von J. v. Pleyel). Orn. Ms. 27, 1902, S. 216—218.

Homeyer, Alexander von (S. 164/65)
Z. 3: Er war nicht mit Eugen Ferdinand von Homeyer verwandt (vgl. Gothaisches Genealogisches Taschenbuch d. Briefadeligen Häuser 3, 1909, S. 368 u. 370.
Er hinterließ die damals drittgrößte private dt. Eiersamml., die mit 1400 Stücken 1906 in den Besitz der Senck. Naturf. Gesellschaft überging.

Homeyer, Eugen Ferdinand von (S. 165)
linke Sp., Z. 16: R. statt A. Tancré
Sein Buch „Deutschl. Säugetiere u. Vögel ..." (1877) widmete er dem Freunde A. E. Brehm (s. d.).

Hornschuch, Christian Friedrich (S. 166)
1818 wurde er Mitglied der Leopoldina.

Hübner, Franz (S. 167)
Nach O. Finsch (s. d.) (Proc. Z. S. London 1877 u. 1879) wies H. für Neulauenburg 52 Formen, darunter 14 erstmalig nach.
— Lit.: A. Wichmann, Nova Guinea 2, Teil 1, Leiden 1910, S. 237/38. - Bildnis in Mitt. Hamb. Zool. Mus. Inst. 56, 1958, Tafel 2.

Hübner, Johann Jakob (S. 167, neue Fassung)
* 20. 6. 1761 Augsburg, † 13. 9. 1826 Augsburg. Über seinen Beruf finden sich widersprechende Angaben: Zeichner in einer Augsb. Kattunfabrik, Form- u. Modellstecher oder Rat und Schulkommissär in Ingolstadt. Bekannt wurde er vor allem dadurch, daß er klassische Bildwerke über europ. und exotische Schmetterlinge schuf, um dem Geschmack und Schmuckbedürfnis der Zeitgenossen entgegenzukommen. Daneben stammte von ihm eine „Samml. auserlesener Vögel u. Schmetterlinge ..." (1793). Auf jeder der 100 Kupfertafeln malte und stach er selbst je einen Vogel und einen Schmetterling. Beschr. fügte er nicht hinzu, begnügte sich vielmehr mit der Nennung der dt. und lat. Namen. Offenbar war er mehr Künstler als Ornithologe. Sein Grabstein auf dem protestantischen Friedhof von Augsb. kündete von der „Unsterblichkeit eines großen Gedankens" und bezeichnete den Toten als Naturforscher. Ein jüngerer entom. Freund entwarf zum 100. Geburtstag das folgende Bild der Persönlichkeit: „Sein Gang ... war etwas gebückt. Seine Physionomie hatte etwas Pikantes. Seine etwas spitzige Nase, seine blinzelnden kleinen Augen, seine hervorstehenden Zähne und sein etwas breiter Mund zeigten etwas Ironisches. Er lebte immer still und zurückgezogen für sich allein ..., und ich erinnere mich noch mit Vergnügen seines ... kenntnisreichen Umganges". So mag H. auch in der Geschichte der Orn. einen bescheidenen Platz finden.
— Lit.: Würdigung (von C. F. Freyer). Stett. Entom. Ztg. 22, 1861, S. 297—299. - Würdigung (von P. C. Zeller). Ebd. 37, 1876, S. 321. - H. Schalow, Ein weiteres sehr seltenes dt. Bilderwerk, J. Orn. 58, 1910, S. 413/14. - Cl. Nissen, D. Illustrierten Vogelbücher, 1953.

Hübner, Max (S. 167/68)
Mehrere seiner Tagebücher und Teile der Eiersammlung sind 1968 auf einem Dachboden in Oschersleben gefunden worden. Sie kamen in das Museum Heineanum von Halberstadt (Mitt.-Bl. d. Mus. Heineanum 1968, Nr. 53, S. 5).

Hunstein, Carl (S. 168)
„He was an ardent collector and a faithful and accurate observer of nature" (Ibis). Ihm zu Ehren wurden benannt Phonygama hunsteini Sharpe 1882 = Phonygammus keraudrenii hunsteini (Sharpe), Diphyllodes Hunsteini Meyer 1885 = Diphyllodes magnificus hunsteini Meyer, Donacicola hunsteini

TEIL 2

Finsch 1886 = Lonchura hunsteini (Finsch) und Pachycephala poliosoma hunsteini Neumann 1922 = Pachycephalopsis poliosoma hunsteini (Neumann).

— Lit.: A. Wichmann, Nova Guinea 2, Teil 1 u. 2, Leiden 1910 u. 1912. - Flora Malesiana 1, 1950, S. 250/51.

Ihering, Hermann von (S. 169/70)
S. 70, Z. 4: ... im Ausland. In weltanschaulichen Fragen konservativ, lehnte er bis ins hohe Alter u. a. E. Haeckels Monismus ab und betonte, „daß die Schöpfung kein blinder Zufall ist, sondern planvoll vorgeht, was ohne den Gottesbegriff nicht denkbar ist" (Brief an Dr. Herbert Koch in São Paulo v. Juli 1929).

— Lit.: Würdigung (von H. Hoffmann). Ber. Oberhess., N. F. 25, 1952, S. 144—155.

Jäckel, Andreas Johannes (S. 171/72)
S. 171, Z. 10: ... die Brüder J. W. und J. H. Ch. F. Sturm.

— Lit.: Bildnis in Staatl. Mus. f. Naturk. Stuttgart (Samml. Bacmeister).

Janda, Georg (Jiří) (S. 173, neue Fassung)
* 24. 4. 1865 Prag, † 25. 8. 1938 Prag. Sohn eines Schriftstellers und Dichters, zeigte der Jüngling frühe naturw. Aufgeschlossenheit, die ihm auf Reisen nach Rußl., Persien, Korsika, Nordafrika von Nutzen war. Während des zool. Studiums 1884—1889 in Prag und Graz gewann ihn A. Fritsch (s. d.) für die Orn. 1893 öffnete sich ihm die Laufbahn des Gymnasiallehrers. Bis 1900 stand er in Walachisch-Meseritsch, dann in Brünn und von 1905 ab in seiner Heimatstadt. Mit kritisch geschultem Blick beobachtete er die Ornis der näheren und weiteren Umgeb. seiner Wohnsitze. Gern griff er zur Feder. „D. Vogelw. v. Wal.-Mes." war Gegenstand einer Arbeit im Programm des Böhm. Obergymnasiums (1898). Dem Vorkommen und der Biol. des Rötelfalken spürte er in Süd-Mähren nach (Orn. Jb. 11, 1900 u. 13, 1902). „Über Erithacus cairii in Ost-Mähren" äußerte er sich in Orn. Mber. 10, 1902. „Ein Ausflug nach Nord-Rußl." fand Niederschlag in Orn. Jb. 14, 1903. Die meisten seiner Veröff. erschienen in tschech. Sprache. Außer den schon in den 80er und 90er Jahren von Vesmir gebrachten Beitr. gehörten dazu „D. Vogelw. d. Umgeb. v. Kremsier" (mit Beob. v. 1893—1905; Brünn 1906) und 3 volkstümlich geschriebene Bändchen: „Übersicht d. wirtschaftlich wichtigsten Vögel Böhmens, Mährens u. Schlesiens mit Anleitung über d. Vogelsch. d. nützlichsten Arten" (nach d. Auffassungen d. Frhr. v. Berlepsch; Prag 1905), eine Darstellung der Anat. u. Morphol. des Vogelkörpers, des Lebens und der Verbreitung der Vögel für orn. geschulte Leser unter dem Titel „Allg. kurze Orn." (Prag 1906), „Über d. Leben d. Vögel in Freiheit u. Gefangenschaft" (Prag 1908), in dem er als eifriger Vogelpfleger 23 Arten in fesselnder und gewandter Form behandelte. Zu nennen wären noch: „Zugvögel" (1914), „D. Jahr" (1916), „Unsere Singvögel" (1929), Herausgabe einer Übersetzung von „Brehms Tierleben" (d. 4 Vogelbände von ihm selbst übertragen; 1926—1930). Nachdem er 1926 in den Ruhestand getreten war, wurde er bei der Entstehung der tschechoslow. Orn. Ges. 1928 deren Vorsitzender und 1931 noch Direktor des neu gegründeten Prager Zool. Gartens, für den er jahrelang geworben hatte.

— Lit.: Nachruf (von J. Musílek). Sylvia 3, 1938, S. 45—47 (mit Bildnis). - Nachruf (von H. Dathe). Zool. G., N. F. 11, 1939/40, S. 111—113 (mit Bildnis).

Jankowski, George (S. 173)
Pica pica jankowskii Stegmann 1928 = Pica pica sericea Gould 1845 ist nicht nach ihm, sondern nach seinem Vater Michael J. (s. d.) benannt.

Jankowski, Michael (S. 173)
Nach ihm benannt sind Emberiza jankowskii Taczanowski 1888 = Emberiza jankowskii Taczanowski, Cygnus bewicki jankowskii Alphéraky 1904 = Cygnus bewickii Yarrell 1830 und Pica pica jankowskii Stegmann 1928 = Pica pica sericea Gould 1845.

— Lit.: St. Feliksiak, Poln. Ornithologen u. d. Biogr. d. „Orn. Mitteleuropas" (poln.), Przeglad Zool. 12, 3, 1968, S. 265.

Jarocki, Felix Paul (S. 173)
S. 173, Z. 3: 1819 statt 1817
S. 173, Z. 14: Die Liste der Vögel seines Kabinetts enthielt die Erstveröffentlichung des Gattungsnamens Remiz.
Er war Schüler von M. H. C. Lichtenstein (s. d.).

— Lit.: St. Feliksiak, Poln. Ornithologen u. d. Biogr. d. „Orn. Mitteleuropas" (poln.), Przeglad Zool. 12, 3, 1968, S. 262.

Jelski, Konstantin (S. 174)
Z. 4: Er erwarb nicht den Doktorgrad, sondern nur den des Magisters d. Zool. Seinen Namen tragen u. a. Thalurania jelskii Taczanowski 1874 = Thalurania furcata jelskii Taczanowski, Metallura jelskii Cabanis 1874 = Metallura phoebe (Lesson u. De Lattre 1839), Coprotretis jelskii Cabanis 1874 = Upucerthia validirostris jelskii (Cabanis), Picumnus jelskii Taczanowski 1882 = Picumnus cirratus jelskii Taczanowski, Spodiornis jelskii Taczanowski 1886 = Spodiornis rusticus rusticus (Tschudi), Iridornis jelskii Cabanis 1873 = Iridosornis jelskii jelskii (Cabanis).
— Lit.: St. Feliksiak, Poln. Ornithologen u. d. Biogr. d. „Orn. Mitteleuropas" (poln.), Przeglad Zool. 12, 3, 1968, S. 265.

Jitschin, Constantin (S. 175)
1936 wurde er Mitglied der DOG.

Junghans, Karl (S. 175)
Als Beweis für seine kritische Einstellung sei vermerkt, daß er O. Kleinschmidts (s. d.) Blick auf das Bild des „Waldraben" in J. M. Bechsteins (s. d.) „Gemeinnützige Naturgesch. Deutschl." lenkte. Der Gedankenaustausch führte zu dem von W. Rothschild, E. Hartert und O. Kleinschmidt gemeinsam verfaßten Aufs. „Comatibis Eremita (Linn.), a European Bird" (Novit. Zool. 4, 1897), in dem nachgewiesen wurde, daß C. Gesners (s. d.) „Waldrapp" nicht zu den Corviden gehörte, sondern der Ibis comata der neueren Autoren ist.

Jurán, Vidor (S. 176)
— Lit.: Nachruf (von F. Rulf). Wild u. Hund 66, 1963, S. 462.

Kaiser, Alfred (S. 176/77)
S. 176, Z. 4: seit 1880 meist auf der Sinai-Halbinsel, wo er seinen Wohnsitz in Tor hatte.
Z. 11: ... in Berlin 1900—1902 wirtschaftlicher Berater ...
S. 177, Z. 6: ... Sinai wiederum in den Jahren 1926/27.
Z. 7 v. u.: Material für eine Reihe von Arbeiten: „Verz. ägypt. Tiere" (Ber. St. Gall. 1887/88), „Reisen durch d. Sinaihalbinsel" (ebd. 1887/88), „Z. Vogelw. v. Ägypten" (Orn. Ms. 13, 1888), „D. kleine befiederte Welt d. Wüste" (ebd. 13, 1888), „Beitr. z. Orn. v. Ägypten" (Ornis 6, 1890), „10 Jagdtage im Sinaigebirge" (Orn. Ms. 16, 1891), „Z. Ornis d. Sinaihalbinsel" (Orn. Jb. 3, 1892), „Unser Fischadler am Rothen Meer" (Orn. Ms. 18, 1893), „D. Sinaiwüste" (Mitt. Thurgau 24, 1922), „Z. Kenntnis d. Sinai-Fauna" (Orn. Ms. 52, 1927). Wertvolle Zusätze aus seiner Hand vervollständigten die Arbeit von O. le Roi (s. d.) „D. Ornis d. Sinai-Halbinsel" (J. Orn. 71, 1923). Die von ihm zusammengebrachte orn. Ausbeute wurde weit zerstreut; sie ging durch Kauf oder Schenkung u. a. an das Mus. von St. Gallen, an G. A. Girtanner, W. Schlüter, G. Schneider, K. Th. Liebe (s. d.). 1923 trat er der DOG bei.

Kalinowski, Jan (S. 177)
— Lit.: St. Feliksiak, Poln. Ornithologen u. d. Biogr. d. „Orn. Mitteleuropas" (poln.), Przeglad Zool. 12, 3, 1968, S. 263.

Kamner, Alfred (S. 177)
Z. 9 v. u.: In seinen Veröff. nahm er u. a. Stellung zur Frage der Rotfärbung und Verbreitung des Bartgeiers in den Transsylvanischen Alpen (Verh. u. Mitt. Siebenb. 72/74, 1922/24 u. 78, 1928).

Karliński, Justus (S. 178)
— Lit.: J. Sokołowski, D. Vögel d. poln. Länder (poln.), Bd. 1, 1958, S. 19.

Kaup, Johann Jakob (S. 178)
Zu den von ihm geschaffenen Gattungsnamen gehören auch Lymnocryptes und Cisticola.

Kayser, Carl (S. 179)
Seine Eiersamml. umfaßte in den 20er Jahren etwa 1700 Stücke von fast sämtlichen Brutvögeln Schlesiens, darunter ein Dutzend der Graugans und einige des Kranichs. In der aus etwa 80 Stücken bestehenden Vogelsamml. befanden sich schles. Seltenheiten wie Brandgans und Kormoran. Die sorgfältig beschrifteten faun. und ool. Nachweise aus seiner Heimat wurden zerstreut, als der Besitzer im Herbst 1919 schwerkrank aus der damaligen preuß. Prov. Posen fliehen mußte.
— Lit.: F. Pax, Wirbeltierfauna v. Schles., 1925, S. 94 (mit 18 Veröff. zwischen 1886 u. 1924).

Keller, Franz Carl (S. 179)
rechte Sp., Z. 3: Mit dem Haselhuhn und den letzten Bartgeiern beschäftigte er sich ferner in R. v. Dombrowskis „Allg. Enz. d. ges. Forst- u. Jagdwissensch." (1886—1894) und ...

Kenessey von Kenesse, Ladislaus (S. 179/80)
J. Schenk (s. d.) nannte in der „Fauna regni Hungariae" (1917) 21 Titel der Veröffentlichungen.

Keyserling, Alexander Graf (S. 180)
1835 siedelte er mit dem Berliner Studienfreund J. H. Blasius (s. d.) als Privatmann nach Braunschweig über.

Keyßer, Christian (S. 180/81)
Seinen Namen erhielt Casuarius keysseri Rothschild 1912 = Casuarius bennetti hecki Rothschild 1899.
— Lit.: Flora Malesiana 1, 1950, S. 279/80.

Klein, Jacob Theodor (S. 183)
— Lit.: J. G. Bujack, Über preuß. Naturforscher d. 16., 17. u. 18. Jahrh., Preuß. Prov.-Bl. 23, 1840, S. 344—359. - Ch. Krollmann, Altpreuß. Biogr. 1, 1941, S. 338/39 (mit älteren Quellen). - St. Feliksiak, Poln. Ornithologen u. d. Biogr. d. „Orn. Mitteleuropas" (poln.), Przeglad Zool. 12, 3, 1968, S. 273/74. - A. Geus, Kat. z. Ausstellung „D. Zool. in Erl.", 1969. - Ders., D. Porträts d. Danz. Naturforschers J. Th. K., Ber. Naturw. Ges. Bayreuth 13, 1969, S. 91—98.

Kleinschmidt, Otto (S. 183—185)
S. 184, Z. 3: Seine Bilder schmückten 1894 die Gef. W. und schon früh den Neuen Naumann ... Breite Leserschichten begeisterten sich an den „Singvögeln d. Heimat" (1913, mit 13 Aufl. bis 1966, 10.—13. Aufl. hrsg. v. d. Sohne Adolf Kl.) ...
S. 185, Z. 4 v. u.: ... eigenwillige Terminologie erschwerter Darstellung. Auch die aus der Paläont. und Paläogeogr. kommenden Gedankenreihen zur „Zentralfrage moderner Weltanschauungskunde" in „Naturw. u. Glaubenserkenntnis" (1930) steckten voller Rätsel oder Widersprüche und blieben schon in den Ansätzen vielfach unverständlich.
— Lit.: Würdigung (von R. Fenk). Mitt Thür. 1, 1950, ohne Seiten (mit Bildnis).

Kleinschmidt, Theodor (S. 185)
rechte Sp., Z. 11: Lamprolia statt ... procolia
Z. 14: 1878 beschrieben, während eine neue Wachtel der Duke-of-York-Gruppe von G. Hartlaub (s. d.) in den Verh. Hamb. 7, 1879 sowie ein unbekanntes Laufhühnchen und eine Wachtel von Neupommern durch W. A. Forbes in Ibis 1882 benannt wurden.
— Lit.: A. Wichmann, Nova Guinea 2, Teil 1, Leiden 1910, S. 293. - Bildnis in Mitt. Hamb. Zool. Mus. Inst. 56, 1958, Tafel 2.

Klunzinger, Karl Benjamin (S. 185/86)
Seit 1876 gehörte er der Leopoldina an.
— Lit.: Würdigung (Verf. ungen.). Jber. Württ. 7/8, 1890, S. 124/25. - E. Henning, Württ. Forschungsreisende . . ., 1953, S. 55/56.

Knauer, Friedrich (S. 186, neue Fassung)
* 31. 3. 1850 Graz, † 31. 7. 1926 Wien. Nach zool. Studien (1868—1872) war er von 1887 bis 1896 Direktor des Wiener Vivariums; und aus seinen Plänen erwuchs 1893 der „Neue Wiener Tiergarten" im Prater. Beitr. zur Förderung naturw. Verständnisses unter seinen Landsleuten sollten auch die zahlreichen volkstümlichen Verlautbarungen sein, die aus seiner Feder hervorgingen und verschiedenen Tierarten gewidmet waren. Im Rahmen der publizistischen Regsamkeit blieb allerdings nur ein beschränkter Tummelplatz für Betätigung auf dem Felde der Vogelk. Er sicherte sich ihn durch die Mitgliedschaft beim Orn. Ver. in Wien seit 1888. Im selben Jahr noch lag die Herausgabe der Mitt. Wien, die seit 1889 den Beititel „Schwalbe" erhielten, in seinen Händen. Doch verstand er es nicht, die Zeitschr. neu zu beleben. 1890 schon löste ihn K. Pallisch (s. d.) in der Schriftl. ab. Unter seinen Veröff., u. a. in der seit 1880 von ihm geprägten Monatsschr. „D. Naturhistoriker", ferner in Mitt. Wien, Orn. Beob., Zool. G., Zool. Beob., Natur (Leipzig), Österr. Monatsschr. f. grundlegenden naturw. Unterricht, Zentralbl. f. d. ges. Forstwesen (Wien) trugen einige Belanglosigkeiten bis in den 1. Weltkrieg hinein auch orn. Titel, z. B. „Heimatl. Vogelleben" (1904), „D. Vogelgesang u. seine Rätsel" (1905), „Vogelschutz u. Federindustrie" (1914). Die Entwicklung der Orn. in Österr. irgendwie zu beeinflussen, war ihm nicht gegeben; offenbar fehlte ihm die erforderliche Sachkunde. Breitere Basis hatten die Mitarbeit an der „Allg. Enz. d. ges. Forst- u. Jagdwisensch.", hrsg. von R. Ritter v. Dombrowski (Wien 1886 bis 1894) und das „Handwörterbuch d. Zool." (1887), hrsg. mit Hilfe von K. W. Dalla Torre (s. d.).
— Lit.: Österr. Biogr. Lex. ... 3, 1965, S. 433 (mit weiteren Quellen).

Knotek, Johann (S. 187)
In die Lit. führte er sich ein mit „Orn. Beob. im Weitraer Gebiet, N.-Ö." (Mitt. Wien 16, 1892).

Kobelt, Wilhelm (S. 187)
„D. Verbreitung d. Tierwelt“ (Leipz. 1901, 1902) ist ausgestattet mit 12 Farbtafeln nach Originalen von A. Specht (s. d.).

Koch, Gottlieb von (S. 187/88)
S. 187, Z. 14 v. u.: 18, 1870; 19, 1871; 20, 1872; 22, 1874 statt 13, 1870 ...
F. Brüggemann (s. d.) benannte ihm zu Ehren Pitta kochi (Abh. Brem. 5, 1877) = Pitta kochi Brüggemann.
— Lit.: Nachruf (von M. Fürbringer). Leopoldina 51, 1915, S. 67—72.

Koch, Oskar (S. 188)
* 3. 6. 1867 Kosch bei Reval, † 18. 5. 1930 Reval.
Seine Eiersammlung, die sich im Besitz des estn. Inst. f. Zool. u. Botan. befindet, besteht aus zwei größeren, älteren Samml. und hatte Bedeutung für die Erforschung der balt. Avif., besonders für die der Matsula-Bucht.
— Lit.: N. v. Transehe, D. Vogelw. Lettl., 1965, S. 188/89.

Koch, Rudolf (S. 188)
Z. 5 v. u.: Während des Ruhestandes betrieb er ein Präparatorengeschäft.

Kocyan, Anton (S. 189)
1966 wurde ihm in Oravica (Nord-Slowakei) ein Denkmal gesetzt.

Koenig, Alexander Ferdinand (S. 189/90)
S. 189 unten, S. 190 oben: Nur der 2. Bd. „Raubvögel u. Eulen“ wurde 1936 fertig. Der 1. Bd. sollte die Literaturangaben und die „geradezu glänzenden Reisebeschreibungen“ von Frau M. Koenig bringen. Er erschien aber mit Bildern von H. G. Keulemans, O. Natorp, F. Neubaur erst 1964, hrsg. von G. Niethammer unter dem Titel „A. K.s Reisen am Nil“, und galt der Erfüllung eines letzten Wunsches des Forschers.
— Lit. (Z. 2 v. u.): (mit 2 Bildnissen) u. Reisen am Nil 1964, S. 3—7. - Würdigung (von A. v. Jordans). Ebd. 1964, S. 1/2 (mit Bildnis).

König von und zu Warthausen, Richard Freiherr (S. 190/91)
Seit 1876 war er Mitglied der Leopoldina.
— Lit.: Würdigung (von R. Groß). Schussenrieder Anstaltsztg. „Schallwellen“ v. 1. 2. 1934, S. 15—17 (mit Bildnis).

Kollibay, Paul Robert (S. 191/92)
S. 191, Z. 13 v. u.: streichen ab (zusammen mit ... 23, 1915)
S. 192, Schluß: 60 Titel von K.s schles. Einzelbeiträgen vereinte F. Pax (s. d.) in der „Wirbeltierfauna v. Schles.“ (1925).

Kolombatović, Georg (S. 192)
* 8. 12. 1843 Split (Dalmatien), † 21. 8. 1908 Split.
— Lit.: Österr. Biogr. Lex. ... 4, 1966, S. 95.

Konrad von Megenberg (S. 192)
rechte Sp., Z. 3: Zool. und orn. ist dieses unterhaltende und beschauliche „Volksbuch“ ohne Wert. Kultur- u. sprachgeschichtlich hat es dagegen einige Bedeutung, weil es die erste „Naturgeschichte“ in dt. Prosa und die erste naturh. Inkunabel mit Tierbildern ist. Ein Nachdruck der Textausgabe von 1861 erschien in Hildesheim 1962.

Kornhuber, Andreas Georg (S. 193)
— Lit.: Österr. Biogr. Lex. ... 4, 1967, S. 133/34 (mit älteren Quellen).

Kornis, Karl Graf (S. 193)
linke Sp., Z. 4/5: Szentbenedek statt Sz ...
Seit 1937 gehörte er der DOG an.

Koske, Franz (S. 193)
* 18. 1. 1862 Stettin, ...
Z. 8/9: Exk. nach Hiddensee brachten ihn seit 1916 in enge Verbindung mit F. Lindner (s. d.).
Z. 2 v. u.: 1919 statt 1929

Krätzig, Heinrich (S. 194)
Der DOG gehörte er seit 1934 an.

Krauß, Ferdinand von (S. 196)
Z. 4: Die Forschungsreise 1838—1840 nach Südafrika unternahm er auf Veranlassung seines Landsmannes C. F. H. v. Ludwig (s. d.).
— Lit.: Autobiogr. Mitt., Jber. Württ. 7/8, 1890, S. 127—135. - E. Henning, Württ. Forschungsreisende ..., 1953, S. 49/50. - Würdigung (von K. Lambert u. E. Schüz). Jh. Württ. 117, 1962, S. 83—98.

Krebs, Ludwig (S. 196, neue Fassung)
* 1795 Wittingen (Kr. Gifhorn), † 11. 5. 1844 Baviaans Rivier (Kapland). Als Sohn eines Steuereinnehmers beendete er 1816 ein kurzes pharmazeutisches Studium, um in Kapstadt sein Glück zu versuchen. Der Hang zum Sammeln von Naturalien reihte ihn dort ein in die Liste der ersten europ. Reisenden, denen sich nach dem Sturze Napoleons in der Ferne fremder Kontinente das Feld für abenteuerliche Unternehmun-

TEIL 2

gen öffnete. Wie vor ihm **C. H. Bergius** (s. d.) ließ er sich 1820 von **H. Lichtenstein** (s. d.) bewegen, den Beruf des Apothekers aufzugeben und zu günstigen Zahlungsbedingungen in die Dienste des Berl. Zool. Mus. zu treten. Der Auftraggeber konnte mit den Forscherleistungen des Sendboten in jeder Beziehung zufrieden sein. In Uitenhage bei Port Elisabeth bezog der wagefreudige Sammler Standquartier und weitete auf gefahrvollen Exp. die Jagdgründe mehr und mehr über Teile des südafrik. Gebietes aus. Als von 1824 ab die Berl. Geldquellen zu versiegen begannen, gründete er schließlich 1831 am Baviaan Rivier eine Farm, die er seinem einstigen Förderer zu Ehren „Lichtenstein“ nannte. Mit Hilfe eines dt. Verwalters mehrte sich hier sein Wohlstand, während er selbst mit ungebrochener Leidenschaft im Lande sammelte. Ein in freier Wildbahn geschärfter Blick ermöglichte ihm die Entdeckung neuer Säugetierformen und vieler Vogelarten, die er auf seinen Etiketten mit Recht als novae species bezeichnete. Da er aber weder zool. Schulung noch lit. Hilfsmittel besaß, kam er um den Ruhm mancher Erstnachweise. Wie bei der Behandlung der Ausbeuten anderer zeitgenössischer Pioniere betrachtete Lichtenstein die wertvollen Neueingänge im Grunde nur als Handelsware für Verkauf und Tausch und bestimmte sie daher höchst oberflächlich. Lediglich in zwei Fällen ließ er Novitäten im Druck erscheinen. Auch die von K. genau angegebenen Fundorte beachtete er kaum; meist ersetzte er sie durch den romantischen Namen Kaffernland, obwohl er wissen mußte, daß viele Stücke aus dem heutigen Oranje-Freistaat und dem südwestl. Teil von Transvaal stammten. Über 3245 Vögel in 15 Sendungen erreichten zwischen 1820 und 1838 das Berl. Mus. Die 14. Lieferung aus Südafrika ließ der geschäftstüchtige Verwaltungsmann 1839 gar öffentlich versteigern. Da K.s Briefe im Berl. Arch. erhalten blieben, konnte E. Stresemann nach dem 2. Weltkrieg viele von Lichtenstein verschuldete Fehler und Irrtümer ausmerzen. Die Überprüfung zeigte, daß nur 20 der von K. gefundenen Vögel zu Typen noch heute gültiger Namen geworden sind.

— Lit.: E. Stresemann, D. Entw. d. Vogelsamml. d. Berl. Mus. unter Illiger u. Lichtenstein, J. Orn. 70, 1922, S. 498—503. - Ders., Über die von L. Krebs 1820—1838 in Südafrika gesammelten Vögel, Ann. Mus. Congo Tervueren, Zool. 1, 1954, S. 77—82.

Kretschmer, Eugen Franz (S. 197)
Seinem Gedächtnis gewidmet ist Phyllostrephus kretschmeri Reichenow und Neumann 1895 = Suaheliornis kretschmeri kretschmeri (Reichenow u. Neumann).

Kretschmer, Robert (S. 197)
— Lit.: L. Heck, Heiter-ernste Lebensbeichte, 1938, S. 343.

Krieger, Otto Leopold von (S. 198)
Z. 2: bei Sondershausen statt Schwarzb.-Rudolstadt
Z. 3: Schwarzburgisch statt Schwarzenburgisch

Krüdener, Adelbert Freiherr von (S. 199)
Nach Hausunterricht, Besuch eines privaten Gymnasiums in Dresden und Studium auf der Forstakad. Tharandt (1877—1879) widmete er sich in Livland der wald- u. jagdwirtschaftlichen Praxis, um deren Förderung er durch Anwendung fortgeschrittener Methoden viel beachtete Verdienste erwarb. In seinen geschickten Händen lag u. a. von 1901—1904 die Schriftl. der von ihm mitgegründeten Baltischen Waidmannsblätter. Weite Reisen und ständiger Gedankenaustausch mit Forschern anderer Länder gaben ihm den Stoff zu zahlreichen lit. Arbeiten. Dabei ließ künstlerische Begabung neben der reinen Forschung auch ein hohes Ethos des Waidwerks in Form und Sprache zu Worte kommen.
— Lit.: Nachrufe 1933 u. a. in Rigasche Rundschau Nr. 291, Wild u. Hund Nr. 46 u. 47.

Krueger, Heinrich (S. 199)
linke Sp., Z. 7 v. u.: Ein Nehrungslied ist C. Floericke (s. d.) gewidmet in Gef. W. 23, 1894, S. 825/26.
rechte Sp., Z. 12 v. u.: Eine einzige Veröff. konnte ihm nachgewiesen werden; es war „Turmfalke als Fischer“ (Orn. Ms. 15, 1890).
— Lit.: Ch. Krollmann, Altpreuß. Biogr. 1, 1941, S. 371/72; danach soll der Geburtstag der 11. 7. 1863 gewesen sein.

Krukenberg, Carl Friedrich Wilhelm (S. 201)
linke Sp., Z. 1 v. u.: „Des Bartgeiers Eisengehalt im Gefieder“ — nach einem von E. Hodek (s. d.) aus der Herzegowina gelieferten Stück . . .
Seit 1882 gehörte er der Leopoldina an. Ein Verz. seiner Veröff. findet sich in Leopoldina 25, 1889, S. 55.

Kubary, Johann Stanislaus (S. 201/02)
Z. 1: * 13. 11. 1846. Der Vater war Pole, nicht Ungar.

— Lit.: A. Wichmann, Nova Guinea 2, Teil 2, Leiden 1912, S. 833/34. - Flora Malesiana 1, 1950, S. 302. - Bildnis in Mitt. Hamb. Zool. Mus. Inst. 56, 1958, Tafel 2. - H. Weidner, Gesch. d. Entom. in Hamb., Abh. Hamb., N. F. 9, Suppl. 1967, S. 154—156 (mit Bildnis). - W. Słabczyński, Ein neuer Beitr. z. Biogr. v. K. (poln.), Studia i mat. z Nauki Polskiej, Ser. C, 13, 1968, S. 63—66.

Kühlhorn, Johannes (S. 202)
Der DOG gehörte er seit 1923 an.

Kuhl, Heinrich (S. 202)
Ihm zu Ehren sind benannt Psittacula kuhlii Vigors 1824 = Vini kuhlii (Vigors), Puffinus kuhlii Boie 1835 = Procellaria diomedea Scopoli 1769 = Calonectris diomedea (Scopoli 1769) = Puffinus diomedea (Scopoli), Cacatoes roseicapilla kuhli Matthews 1912 = Cacatua roseicapilla kuhli (Matthews).

— Lit.: H. M. Whittell, The Literature of Australian Birds, Perth 1954, Teil 2, S. 404. - A. A. Prestwich, I name this Parrot . . ., London 1963, S. 55. - Flora Malesiana 1, 1950, S. 303 (mit Bildnis).

Kuhlmann, Ludwig (S. 203)
— Lit.: Würdigung (von A. Koenig). Kat. d. nido-ool. Samml. . . . , Bd. 1, 1931/32, S. 15.

Kuhnert, Friedrich Wilhelm Karl (S. 203)
— Lit.: L. Heck, Heiter-ernste Lebensbeichte, 1938, S. 333/34.

Landbeck, Christian Ludwig (S. 206/07)
— Lit.: E. Henning, Württ. Forschungsreisende . . ., 1953, S. 48/49.

Landois, Hermann (S. 207/08)
— Lit.: H. Löns, Münsters volkstümlichster Mann, Niedersachsen 4, 1899, S. 295 ff.

Lauterbach, Carl (S. 209)
Nach ihm benannt ist Chlamydodera lauterbachi Reichenow 1897 = Chlamydera lauterbachi lauterbachi (Reichenow).

— Lit.: A. Wichmann, Nova Guinea 2, Teil 2, Leiden 1912, S. 516/17, 643—646, 734/35. - Flora Malesiana 1, 1950, S. 313/14 (mit Bildnis).

Lenz, Harald Othmar (S. 212/13)
S. 212, Z. 19: . . . Er trat mit denselben Absichten wie sein Berufsgenosse J. Leunis (s. d.) hervor. Seine „Gemeinnützige Naturgesch." (1831—1839; Bd. 2, Vögel) erlebte noch 1875 eine von O. Burbach bearbeitete 5. Aufl., die umgestaltet war durch eine „zweckmäßigere" system. Einteilung nach dem „Hdb. d. Zool. v. Carus u. Gerstäcker" und eine Nomenklatur nach E. Reys (s. d.) „Synonymik d. europ. Brutvögel u. Gäste".

Leunis, Johannes, Dr. h. c. (S. 214, neue Fassung)
* 2. 6. 1802 Mahlerten (Kr. Alfeld), † 30. 4. 1873 Hildesheim. In dem jungen Bauern- u. Kaufmannssohn erwachte schon früh der Hang zur Naturbetrachtung u. -beobachtung, obwohl im Elternhaus und in der Schule jede Anregung fehlte. Nach dem Besuch des Priesterseminars wurde er 1826 Prof. der Syntax am Josephinum in Hildesh. und später noch Domvikar. In einer Umgeb., in der die Beschäftigung mit den Naturw. bei „Manchen noch als halbe Ketzerei", galt, bemühte er sich, ohne jemals selbst entsprechende Anleitung genossen zu haben, der Naturk. an seinem Gymnasium eine würdige Pflegestätte zu schaffen. Anfangs kam dem klassischen Philologen der Rat des greisen J. F. Blumenbach (s. d.) zu Hilfe. Entscheidend aber blieb die Zielstrebigkeit, mit der er sich unter freiem Himmel und im Buchstudium mit dem ihm selbst neuen Stoff vertraut machte. Aus Mangel an Hilfsmitteln schrieb der Autodidakt, ähnlich wie der um einige Jahre ältere H. O. Lenz (s. d.), die „Synopsis d. drei Naturreiche" als ein „Hdb. f. höhere Lehranstalten u. für alle, welche sich wissensch. mit Naturgesch. beschäftigen u. sich zugleich auf d. zweckmäßigste Weise d. Selbstbestimmung d. Naturkörper erleichtern wollen" (1. Aufl. 1844, 2. Aufl. 1856 bis 1860). So entstand ein auf die Praxis abgestelltes Werk mit einer höchst einfachen Klassifikation; die Vögel z. B. waren nach der Herstellungsweise der Nester geordnet. Nicht nur Schüler und Studenten, auch die Verf. örtlicher Faunen benutzten es gern, vor allem wegen der darin enthaltenen Beschr. und Verbreitungsangaben. Es war das Verdienst des 1855 von der Univ. Göttingen mit der Promotion zum Dr. h. c. ausgezeichneten Pädagogen, ernsthaft strebenden Laien gefälliges und billiges Geleit beim Bestimmen der Formen geboten zu haben. Die Wirkung des Buches etwa auf alle, denen J. F. Naumanns „Naturgesch. d. Vögel" zu teuer oder unerreichbar war, mag daraus abzulesen sein, daß, von dem Gießener Zoologen und Anatomen Hubert

Ludwig verfaßt, noch 1883 eine dritte, allerdings völlig umgestaltete Aufl. erschien. Sie berücksichtigte die tiefgreifenden Veränderungen, die während der vergangenen Jahrzehnte der Naturw. ein neues Gesicht gegeben hatten, und trug den abgewandelten Titel „Synopsis d. Tierkunde". 1861 wurde Leunis Mitglied der Leopoldina.

— Lit.: Nachruf (von Schriftl.). Leopoldina 8, 1873, S. 82—85. - Nachruf (von Heskamp). Natur 22, 1873, S. 316—318 (mit Bildnis). - J. T. C. Ratzeburg, Forstwissensch. Schriftsteller-Lex., 1874, S. 307—309. - Allg. Dt. Biogr. 18, 1883, S. 493—495.

Leydig, Franz von (S. 215)
Als erster beschrieb er auch die Struktur des Schnepfenschnabels (Arch. f. mikroskop. Anat. 4, 1868).
Seit 1860 war er Mitglied der Leopoldina.

Lichtenstein, Martin Hinrich Carl (S. 215/16)
Er war der Sohn von Anton August Heinrich L. (s. d.).
Auf seinen Reisen in der Kap-Kolonie betätigte er sich auch als Stabsarzt bei der hottentottischen Infanterie.
Sein Buch „Reisen im südl. Afrika in den Jahren 1803—1806" (Berl. 1811/12; 2. Aufl. 1832; Neudruck, Stuttg. 1967) enthält die Schilderung zweier Unternehmungen, die ihn weit ins Innere des Landes führten.
S. 216, Z. 11: ... Sendungen F. Sellows (s. d.), die südafrik. von L. Krebs (s. d.) und die syrisch-afrik. von W. F. Hemprich und Ch. G. Ehrenberg (s. d.).
Z. 3 v. u.: ... in hohem Ansehen stehend und seit 1818 der Leopoldina angehörend, starb er auf See während der Rückfahrt von Stockholm, wurde in Kiel beigesetzt und von den nachfolgenden Geschlechtern bald fast vergessen.

— Lit.: J. T. C. Ratzeburg, Forstwissensch. Schriftsteller-Lex., 1874, S. 309—312. - Bildnis in E. Stresemann, Festschr. ... Humboldt-Univ. z. Berl. 1, 1960, S. 73—96.

Linden, Emil (S. 217)
Die DOG führte ihn seit 1870 in der Mitgliederliste.

Löffler, Friedrich (S. 221)
Besonders erwähnt seien seine „Beitr. z. d. Herrn Prof. Bujack Naturgesch. d. höheren Tiere u. Herrn Prof. Gloger Hdb. über europ. Vögel, mit besonderer Berücksichtigung d. Fauna Prussica" (Preuß. Prov.-Bl. 20, 1838 u. 21, 1839).

Löns, Hermann (S. 221)
rechte Sp., ab Z. 27: ... system. Bahnen ein. Von Hannover aus, wo der im Grunde labil Veranlagte in der Hoffnung, seßhaft zu werden, 1893 heiratete und die glücklichen Anfangsjahre der ersten Ehe verlebte, verbreitete sich dann der Zauber der biol. so tief schürfenden Tierdarstellungen und verlieh ihm unbestritten ersten Rang als Schilderer echter, wirklicher Tierpersönlichkeiten. In dieser Zeit entstand außer dem Beitr. über die „Veränderung d. hann. Avif." (Jber. Hann. 1904/05) die „Wirbeltierfauna d. Hannoverlandes", die später das Opfer eines Anfalles von Schwermut wurde. Doch darf eine Symbolik darin gesehen werden, daß sich in den 3 erhalten gebliebenen Teilen des Msk. gerade 2 orn. Kapitel befinden: „D. Uhu in Nordwestdeutschl." (Orn. Jb. 18, 1907) und „D. Vogelw. d. Brockens" (ebd. 21, 1910). Überhaupt leuchtete im journalistischen und dichterischen Schaffen allenthalben das Hochgefühl auf, mit dem ihn gerade Erfahrungen über die Biol. der Vögel als innere Erlebnisse beglückten. Die Tagesztg., Jagdzeitschr. (Dt. Jztg., Weidwerk in Wort u. Bild, St. Hubertus), die Fachpresse (über 20 meist faun. und biol. Beitr. in Orn. Ms., Orn. Jb., Orn. Mber., J. Orn., Jber. Hann., Jh. Lüneb.) und die „Lebensbilder aus d. Tierwelt" von Meerwarth-Soffel (s. d.) bergen eine Fülle von Belegen für die gesunde Freude am Vogel. In der faun. Lit. zumal nahm er eine Sonderstellung ein mit seiner kurzen „Quintärfauna v. Nordwestdeutschl." (Jber. Hann. 55—57, 1908). Wenn der Titel (unmögliche Analogie zu Quartär und Tertiär!) — wie manch andere sprachliche Nachlässigkeit oder banale Wortwahl — auch verunglückt ist, so unterstrich er hier doch wegweisend die Beziehungen der Zoogeogr. zur Landschafts- u. Siedlungsgeschichte. Die damals recht neuen Gedanken befruchteten nicht unwesentlich O. Schnurres „Vögel d. dt. Kulturlandschaft" (Marb. 1921). Als leidenschaftlicher Jäger und Heger sowie unbestechlicher Beobachter und ungewollter Schrittmacher der Verhaltensforschung vertrat der Dichter in einer ihm vielfach verständnislos gegenüberstehenden Zeit Grundsätze des Tier- u. Landschaftsschutzes, die erst seit 1935 im Gesetz verankert sind. Die Sorge um den Bestand der Vogelwelt machte ihn sogar zum Gegner der 1903 von J. Thie-

nemann (s. d.) aufgenommenen Vogelberingung. Die weniger wissensch. und mehr gefühlvoll ausgerichteten Freunde unserer Ornis hatten in ihm einen warmherzigen und zugleich kämpferisch gestimmten Anwalt, dessen unverfälschtes Naturempfinden auf viele junge Ornithologen jener Jahre zündend wirkte.

— Lit.: T. Pilf, H. L. — Der Dichter, Jena 1920. - W. Spickernagel, H. L. u. unsere Zeit, Leipz. 1920. - W. Deimann, H. L. — Sein Leben u. Wirken, 1. Teil, Dortmund 1922. - Ders., D. Künstler u. Kämpfer — Eine Lönsbiogr. . . . , Hann. 1935. - Ders., H. L. — Gesamtausg., Hamb. 1960/61. - Ders., Der andere L., Münster u. Hameln-Hann. 1965. - F. Steiniger, H. L. u. d. Arbeitsgemeinschaft zool. Heimatforschung in Nieders., B. Nieders. 17, 1964, S. 129—134. - H. Ringleben, H. L. als Zoologe, Elbing-Kreis, Lebensbilder, Nienburg 1964, S. 19—316 (mit Verz. d. orn. Veröff. u. weiteren Quellen). - R. Dircksen, H. L. in unserer Zeit, B. Nieders. 18, 1965, S. 1. - J. Klein, H. L. heute u. einst . . . , Hameln-Hann. 1966. - W. Deimann, Einleitung zu „Geliebte rätselvolle Jagd“ — Neues aus d. Nachlaß von H. L., Hameln-Hann. 1966. - R. Kuhk, H. L. als Tierkenner, Tierbeobachter u. Tierschilderer . . . , B. Nieders. 20, 1967, S. 34—36.

Löwis of Menar, Oskar von (S. 221/22)
Er studierte Rechtswissenschaften. Seit 1871 führte ihn die DOG in ihrer Mitgliederliste.
— Lit.: N. v. Transehe, D. Vogelw. Lettl., 1965, S. 186.

Lorenz von Liburnau, Ludwig (S. 222/23)
S. 222, Z. 14 v. u.: „Ornis v. Österr.-Ung. . . .

Loudon, Harald Freiherr von (S. 223/24)
S. 223, Z. 19 v. u.: Aus der feldorn. Aufgeschlossenheit erwuchsen daneben die ersten livl. Vogelmarkierungen, die er — neben F. E. Stoll (s. d.) — mit Rossittener Ringen durchführte.
— Lit.: E. Kumari, The history, tasks and future prospects of the researches into the bird fauna of Matsalu Bay, Orn. Kogumik 3, 1963, S. 9 (estn. mit russ. u. engl. Zusammenfassung). - N. v. Transehe, D. Vogelw. Lettl., 1965, S. 189/90.

Ludwig, Carl Ferdinand Heinrich Freiherr von (S. 225)
Sein Vater war geistlicher Verwalter.
— Lit.: Nachruf (von F. Krauß). Jh. Württ. 4, 1849, S. 272—277. - Würdigung (Verf. ungen.). Jber. Württ. 7/8, 1890, S. 137. - E. Henning, Württ. Forschungsreisende . . ., 1953, S. 47/48. - Würdigung (von F. R. Bradlow). Cape Town/ Amsterdam 1965. - E. Schüz, Baron von L. in Kapstadt u. seine Briefe an Ferd. Krauß in Port Natal 1838, Jh. Württ. 122, 1967, S. 47—62 (mit Bildnis).

Lühder, Wilhelm (S. 226)
Z. 10: Reise nach Kamerun statt Afrikareise
Z. 7 v. u.: . . . (J. Orn. 20, 1872 u. 21, 1873)
Seinen Namen tragen Laniarius lühderi Reichenow 1874 = Laniarius luehderi luehderi Reichenow und Cinnyris chloropygius lühderi Reichenow 1899 = Nectarinia chloropygia chloropygia Tardine 1842.

Lutz, Karl Gottlob (S. 226/27)
S. 227, Z. 20: . . . „D. Raubvögel Deutschl.“ mit 38 kolorierten Tafeln u. 12 Holzschnitten nach Bildern von J. A. O. v. Riesenthal (s. d.) (1887), . . .

Macklot, Heinrich Christian (S. 227)
— Lit.: Flora Malesiana 1, 1950, S. 432/43.

de Maes, Eduard (S. 228)
Z. 2: Er war Sproß einer aus den Niederlanden stammenden Patrizierfamilie.

Maltzan, Albrecht Freiherr von (S. 228)
Z. 2: Rostock statt Peutsch bei Neustrelitz
Z. 5: . . . folgten von 1833 an in Berlin, Göttingen, Heidelberg med., landw. und jur. Studien. 1837 übernahm er die Bewirtschaftung der ererbten Güter, wohnte zuerst in Rothenmoor und seit 1850 in Peckatel. Trotz Krankheit und körperlicher Behinderung meldeten sich bei ihm frühzeitig starke naturw. Neigungen. Er entwickelte . . . gewirkt hat. Von den Zeitgenossen ob seiner Willenskraft und Zielstrebigkeit bewundert, war der früh Verstorbene ein tüchtiger Pionier der meckl. Avifaunistik.

Maltzan, Hermann Freiherr von (S. 228/29)
S. 228, letzte Z.: Federow bei Waren (Müritz)
S. 229, Z. 1 u. 2: In Frankf. gründete er um 1880 die Naturalienhandlung „Linnaea“ . . .

Marshall, William (S. 230/31)
Seit 1876 gehörte er der Leopoldina an.

Marsigli, Ludwig Ferdinand Graf (S. 231)
Z. 4—11: . . . und ging 1683 in österr. Militärdienste. Als Kriegsingenieur kämpfte er gegen die Türken, wirkte bis 1701 bei den Grenzbestimmungen und dem Aufbau Südungarns mit, war dann Soldat in Spanien, bis er 1703 als General nach der Übergabe von Breisach an die Franzosen abgesetzt wurde. Anschließend verbrachte er

TEIL 2

als Privatmann einige Jahre in Österr. und Frankr., um schließlich eine Kommandantenstelle in der päpstlichen Armee zu übernehmen. Sein Name ...
— Lit.: J. C. Poggendorff, Biogr.-lit. Handwörterbuch ... 2, 1863, S. 59.

Martens, Georg Matthias von (S. 231)
Seit 1832 war er Mitglied der Leopoldina.
— Lit.: Nachruf (von K. E. v. Martens). Jh. Württ. 29, 1873, S. 66—88. - Würdigung (Verf. ungen.). Jber. Württ. 7/8, 1890, S. 141/42.

Martin, Philipp Leopold (S. 231/32)
S. 232, Z. 4 v. u.: ... „Illustrierte Naturgesch. d. Tiere" (1882).

Masarey, Arnold (S. 232)
rechte Sp., Z. 18 v. u.: ... und führte zu Referaten über praktische Experimente und theoretische Fragen auf den Jahresversammlungen der DOG 1935 in München und (gestützt auf Versuche an mehr als 1700 Vögeln in etwa 60 Arten) 1937 in Dresden. Die Vielseitigkeit ...
Seit 1935 war er Mitglied der DOG.

Mathey-Dupraz, Alphonse (S. 233)
Bei U. A. Corti (s. d.), „D. Brutvögel d. Schweiz. Jura" (1962) finden sich 56 Veröff. meist unter dem Titel „Observations ornithologiques" aus dem Orn. Beob. zwischen 1912 und 1936.

Matschie, Paul (S. 233)
— Lit.: Bildnis in W. v. Falz-Fein, Askania Nova, 1930, S. 177.

Mauks, Wilhelm (S. 234)
Von ihm stammte u. a. der erste sichere Brutnachweis der Wacholderdrossel am Fuße der Hohen Tatra 1915 (Aquila 23, 1916).

Max (Maximilian) Alexander Philipp, Prinz zu Wied-Neuwied (S. 234)
linke Sp., Z. 3: ... Neuwied. Den im Geiste der Klassik erzogenen Sproß des rheinischen Hochadels gewann der Einfluß A. v. Humboldts (seit 1804) für die Gelehrtenlaufbahn. Nach naturw. Studien ...
linke Sp., Z. 4 u. 5: ... kämpfte 1813/14 als Major gegen Napoleon. 1840 wurde ihm der Rang eines Generalmajors verliehen.
linke Sp., Z. 18: (1822—1831) und die 4 Vogelbände der „Beitr. z. Naturgesch. v. Bras." (1825—1833) ...
linke Sp., Z. 18 v. u.: niedergelegt. Später verfaßte er, gestützt auf das System des „ausgezeichneten Ornithologen, H. Dr. Hartlaub" (s. d.), in mehreren Forts. ein „Verz. d. Vögel, welche auf einer Reise in Nordamerika beobachtet wurden" (J. Orn. 6, 1858) mit genauen Beschr., vielen biogr. Angaben und eingestreuten kritischen Bem. zu Audubons Nachr. und Bilderwerk über die nordamerik. Orn. Erste Beschr. ...
linke Sp., Z. 10 v. u.: ... mitgeteilten Tatsachen. Erstaunlich fortschrittlich wirkte u. a. die Behandlung von Fragen der Ernährung, des Lebensraumes, der Vogelstimmen (selbst in Noten!). Emsig ...
Seit 1819 war er Mitglied der Leopoldina, seit 1853 Ehrenmitglied der Preuß. Akad. d. Wissenschaften.
— Lit.: Karl Viktor Prinz zu Wied, Lebensbild v. Maximilian Prinz zu Wied; Röder, J. u. H. Trimborn, M. Prinz z. W. - Unveröffentlichte Bilder u. Handschriften z. Völkerkunde Brasiliens, Bonn 1954 (150 Seiten).

Mechlenburg, M. R. (S. 235)
Seine Vornamen sind Martin Rübner;
* 8. 5. 1793, † 16. 5. 1861

Medicus, Friedrich Wilhelm (S. 235)
linke Sp., Z. 13 v. u.: ... er gehörte mit sehr bescheidenen feldorn. Kenntnissen kaum zu den zuverlässigen Quellen der pfälz. Vogelk. Das zeigte schon die erste orn. Verlautbarung unter dem Titel „D. Tierwelt d. Pfalz" (Bavaria 4, 1867). Grundlage für die recht lückenhafte und mit vielen Fehlern belastete Zusammenstellung waren die Samml. der Pollichia und des Mus. von Kaisersl. Des weiteren berichtete er ...

Meerwarth, Hermann (S. 235)
Z. 25 v. u.: ... „Lebensbilder aus d. Tierwelt" (1. Aufl. 1908—1915); 2. Aufl., 4 Bde. Vögel 1922/23; 7. Aufl., 4 Bde. Säugetiere 1920/21).

Meisner, Carl Friedrich August (S. 236)
Dem Weißsternigen Blaukehlchen gab er den Namen Sylvia Cyanecula = Luscinia svecica cyanecula, dem Steinhuhn den Namen Perdix saxatilis = Alectoris graeca saxatilis.

Menzel, Fritz (S. 236)
Seit 1919 war er Mitglied der DOG.
— Lit.: Würdigung (von A. Koenig). Kat. d. nido-ool. Samml. ... Bd. 1, 1931, S. 33.

Merrem, Blasius (S. 237)
Seit 1820 war er Mitglied der Leopoldina.

Meusel, August (S. 238/39)
S. 238, Z. 4: ... im Berliner Zoo. Als dem Vogelfang schon früh nachgehender Sohn eines bei Görlitz angestellten Privatförsters sah er 1863 zum ersten Mal auf der Wanderschaft den Zoo von Dresden. Auf dem Umweg über den Hamburger Zoo kam er im Spätherbst desselben Jahres noch nach Berlin und begann sogleich seine Beschäftigung im Tiergarten ...
S. 238, Z. 9: Bis 1924 statt Viele Jahrzehnte
S. 239, letzte Zeile: Wahrscheinlich starb er 1924 zurückgezogen außerhalb Westberlins.

Meyer, Adolf Bernhard (S. 239/40)
Seine Reisen nach dem ostindischen Archipel unternahm er als begeisterter Anhänger Darwins. „The Birds of Celebes" wurden ausgelöst durch die ansehnliche Ausbeute der Vettern P. und F. Sarasin (s. d.).
Letzte Zeile: Er tauchte unter, belastet mit dem Vorwurf, daß er leichtfertig mit der Wahrheit der Berichterstattung umgegangen sei. Mehrfach ist zu lesen, daß sein wirklicher Name nicht Adolf Bernhard Meyer, sondern Aron Baruch Meyer gewesen sei.
— Lit.: A. Wichmann, Nova Guinea 2, Teil 1, Leiden 1910, S. 167—178. - E. Stresemann, D. Vögel v. Celebes, J. Orn. 87, 1939, S. 299—425. - Flora Malesiana 1, 1950, S. 358/59. - A. A. Prestwich, I name this Parrot ..., London 1963, S. 66/67.

Meyer, Bernhard (S. 240)
linke Sp., Z. 5: In Marburg, wo er von 1787—1790 Arzneikunde und Med. studierte, ...
linke Sp., Z. 16 v. u.: Nicht nur durch orn. Lehrvorträge, die er als Gründungsmitglied von 1818—1826 vor der Senck. Naturf. Ges. hielt, sondern auch als Schriftsteller war der Fürstlich Isenburgische Hofrat in hervorragendem Maße rührig.
— Lit.: Würdigung (von W. Wolkenhauer). Hess. Biogr. 1, 1918, S. 125—127. - Bildnis in Ber. Senck. 97, 1967, S. 438.

Meyer, Rudolf (S. 241)
— Lit.: Nachruf (von Schriftl.). Zool. G. 17, 1876, S. 224.

Meylan, Olivier (S. 241)
Seit 1930 gehörte er der DOG an.

Michahelles, Karl (S. 242)
Letzte Verlautbarungen waren: „Z. Gesch. d. Alca impennis" (Isis 26, 1833) und „Beitr. z. Naturgesch. seltener südeurop. Vögel" (ebd. 26, 1833). Seinen Namen erhielt Larus Michahellis Naumann 1840 = Larus argentatus michahellis Naumann und Larus Michahellii v. d. Mühle 1844 = Larus melanocephalus Temminck 1820.

Middendorff, Alexander Theodor von (S. 242/43)
S. 242, Z. 2: Hellenorm statt Hellenorum
Seine Vorfahren sind seit 1526 im Baltikum nachzuweisen. Sie waren zuerst in Riga, dann in Tallin (Reval) Kaufleute und Pastoren. Der Vater hatte 1817 das Gut Pörrafer im Pernauschen Landkreise erworben. Über seine Abstammung sind wiederholt falsche Angaben in der Literatur gemacht worden. Authentische Richtigstellung aus der Feder von Th. Lackschewitz erscheint demnächst im Verlag Degener u. Co./Neustadt a. d. Aisch.
„D. Isepiptesen Rußl., ..." hatte der Autor im Juni 1855 der Russ. Akad. vorgelegt, sie erschienen aber erst in den Memoiren d. Petersb. Akad. d. Wissensch. 6, 1859, Ser. T. 8.
1965 wurde ihm eine Gedenktafel im Univ.-Gebäude von Dorpat gewidmet.
— Lit.: Würdigung (von K. Kirt). Dorpat 1963, 10 Seiten (russ.)). - Ders. u. E. Kumari, Gedenkschr. f. A. u. E. M., Dorpat 1963 (russ.). - P. B. Jürgenson, Auf unbekannten Pfaden Sibiriens, Tallinn 1965 (estn.). - Vier Jub.-Vorträge in Toimetised d. Akad. d. Wissensch. d. estn. SSR, Biol. 15, 1966 (russ. mit dt. Zusammenfassung). - Biogr. (von N. J. Leonov). Moskau 1967, 146 Seiten (russ.). - K. Kirt, Z. Abstammung A. T. M.s. u. z. seiner Tätigkeit in Hellenurme, Loodusuurijate Seltsi Aastaraamat 59, 1969, S. 224—241, Tallinn, estn. mit 4 Bildern (russ. u. dt. Zusammenfassung S. 242—245).

Middendorff, Ernst von (S. 243)
linke Sp., Z. 8 u. 10: Hellenorm statt Hellenorum
— Lit.: E. Kumari, Über d. orn. Tätigkeit von V. Russow u. E. M., Jb. d. Naturf.-Ges. z. Tartu 48, 1955 (estn.). - N. v. Transehe, D. Vogelw. Lettl., 1965, S. 187.

Minckwitz, Silvius August von (S. 243)
— Lit.: F. Pax, Wirbeltierfauna v. Schles., 1925, S. 83—85.

Młokosiewicz, Ludwig (S. 244)
* 25. 8. 1831, † 5. 8. 1909.
— Lit.: Würdigung (von B. Hryniewiecki). Wszechświat Heft 5, 1950, S. 136—139 (mit Bildnis).

TEIL 2

Moebert, Friedrich (S. 244)
1926 trat er der DOG bei.

Möbius, Karl August (S. 244/45)
Seit 1860 war er Mitglied der Leopoldina.

Möhring, Paul Heinrich Gerhard (S. 245)
— Lit.: Würdigung (von G. Lübben). Oldenb. Sonntagsblatt 1914, Nr. 26 u. 27.

Möschler, Albert (S. 245/46)
Z. 3 u. 4: Der Großvater war Heinrich Ferdinand M. (s. d.), der Vater war Heinrich Benno M. (s. d.).

Molnár, Béla (S. 246)
Z. 1: zu streichen ist (= Müller).

Molnár, Lajos (= Ludwig)
(S. 246, neue Fassung)
* 15. 9. 1853 Körmend (Komitat Eisenburg = Vas), † 1. 3. 1942 Molnaszecsöd (Komitat Eisenburg). Als Notar in Molnaszecsöd widmete er fleißige Freilandstudien der Vogelwelt des Komitates Eisenb. Wichtige Daten konnte er im Laufe vieler Jahrzehnte zusammentragen. Als erstem gelang ihm der Nachweis von Bruten der Wacholderdrossel und des Rotkopfwürgers in Ungarn. St. von Chernel, G. Fromm (= Dabassy), N. Vazvári (s. d.) stützten sich wiederholt auf seine Angaben. Die Zahl eigener Veröff. war nicht groß; dazu gehörten, ung. geschrieben, „Seltene Vögel in unserer Gegend" (Rábavidék 42, 1924), „Nisten d. Beutelmeise im Komitat Vas" (Aquila 36/37, 1928 u. Vasi Szemle = Ber. über Kom. Eisenb. 1, 1934). Eine ausführliche Schilderung der Vogelwelt von Molnaszecsöd u. Umgeb. ging zum Schaden der ung. Avif. beim Brand des Ung. Orn. Inst. 1945 verloren. Zur Freude am Beob. des Lebens heimatlicher Vögel gesellte sich bei ihm die Kunst des Präparierens. Neben den mitteleuropäischen bearbeitete er am liebsten exotische Formen wie Kolibri-Arten und Paradiesvögel; er erwarb sie im Tausch gegen ung. Bälge und wurde daher ein guter Kenner in diesem außereuropäischen Bereich. Teile seiner Samml. überdauerten den 2. Weltkrieg und befinden sich heute im Ung. National-Mus., im Körmender Mus. oder in Steinamanger (= Szombathely). Mit Béla M. (s. d.) war Lajos M. nicht verwandt.
— Lit.: Nachruf (von A. Keve). Aquila 46—49, 1939—1942, S. 525. - Würdigung (von J. Csaba). Savaria, Anzeiger d. Mus. d. Komitats Vas 2, 1964, S. 85—100 (mit Bildnis).

Moyat, Jakob (S. 246/47)
Z. 1: * 26. 12. 1861 Mainz, . . .
Z. 2: Als Sohn eines Gerichtsschreibers mußte er wegen eines Nervenleidens nach 6 Semestern das med. Studium aufgeben, wurde Buchhalter am „Mainzer Anzeiger", . . .
S. 246, Z. 16 v. u.: der dt. Vogelk. Obwohl nicht unvermögend, verwendete er Erträge aus Börsenspekulationen, Wetten bei Pferderennen und Briefmarkenverkauf für den Erwerb ganzer Nachlässe oder erlesener Einzelwerte aus Antiquariats- u. Auktionskatalogen.
Seit 1905 war er Mitglied der DOG.
— Lit.: Würdigung (von P. Kast). Mainzer Allg. Ztg. v. 1. 8. 1967 (mit Bildnis) u. Das Neue Mainz, Oktober 1967, S. 9/10.

von der Mühle, Heinrich Graf (S. 247)
Eine weitere Arbeit war „Über d. Lebensweise d. hochnordischen Vögel im Vergleiche zu jenen d. südeuropäischen" (Korr. Regensb. 3, 1849).

Müller, Anton (S. 248)
Einige kleinere Abh. standen zwischen 1831 und 1847 in Moravia und den Mitt. des Franzens-Museums.

Müller, August (S. 248/49)
Das 1891 nach Berlin verlegte Inst. Linnaea erlosch um 1915/16.

Müller, John Wilhelm von (S. 249/50)
Der Großvater ist 1768 in Dürrmenz (heute eingemeindet zu Mühlacker) geboren und 1848 in Stuttg. gestorben. König Wilhelm von Württ. erhob ihn 1820 in den erblichen Adelsstand, nachdem er — als Fleischer im württ. „Kapregiment" — in Afrika durch Viehhandel und wohl auch andere Geschäfte ungemein reich geworden war. Der durch Vermögensverfall völlig heruntergekommene Vater ist 1793 geboren und in den 70er Jahren in Stuttg. gestorben. Der Baron war seit 1849 Mitglied der Leopoldina.
Die jahrelang ernstlich getrübten Beziehungen zu A. E. Brehm erfuhren eine sorgfältige Beleuchtung durch E. Schüz in „Alfred Brehm u. John W. v. Müller aus Kochersteinsfeld" (Jh. Württ. 124, 1969, S. 8 ff.).
Zu seinen Veröff. gehören „Ber. über einzelne erheblichere Momente seiner in d. Jahren 1845—1849 unternommenen wissensch. Reisen in Afrika" (Sb. Akad. d.

Wissensch. Wien 1849), „Fliegende Blätter aus meinem Tagebuch, geführt auf einer Reise in Nord-Ost-Afrika in d. Jahren 1847, 1848 u. 1849“ (anonym erschienen, 145 S., Stuttg. 1852), „Beitr. z. Orn. Afrikas“ (Stuttg. 1853/54), „System. Verz. d. Vögel Afrikas“ (J. Orn. 2, 1854; 3, 1855; 4, 1856).
— Lit.: E. Baldamus, D. Exp. d. Frhr. Dr. v. Müller nach Afrika, Naumannia 1850, S. 97 bis 100. - O. M., Abenteuernde Schwaben — Erinnerungen u. Skizzen, Neues Tagebl. Stuttg. 36, 1879 (mehrere Forts.). - Würdigung (Verf. ungen.). Jber. Württ. 7/8, 1890, S. 145.

Müller (Mainz), Lorenz (S. 250)
— Lit.: H. Krieg, D. Große Unruhe, 1964, S. 214/15.

Müller, Philipp Ludwig Statius (S. 251)
Der Leopoldina gehörte er seit 1766 an.
— Lit.: Nachruf. Verh. Berl. 2, 1776, S. 584 bis 592.

Müller, Salomon (S. 251)
rechte Sp., Z. 6 v. u.: Ein weiterer Beitr. aus seiner Feder war „Über d. Charakter d. Tierwelt auf d. Inseln d. indischen Archipels“ (Arch. Naturgesch. 12, 1846).
Z. 3 v. u.: ... Viele Vogelarten sind von ihm entdeckt und nach ihm benannt.
— Lit.: A. B. Meyer u. L. Wiglesworth, The Birds of Celebes, 1898. - E. Stresemann, D. Vögel v. Celebes, J. Orn. 87, 1939, S. 299—425. - Flora Malesiana 1, 1950, S. 376/77. - A. A. Prestwich, I name this Parrot . . ., London 1963, S. 70.

Mützel, Gustav (S. 252)
— Lit.: Nachruf (von K. Ruß). Gef. W. 22, 1893, S. 494/95. - L. Heck, Heiter-ernste Lebensbeichte, 1938, S. 343/44.

Musílek, Josef (S. 252)
Der DOG schloß er sich 1928 an.

Nagy, Eugen (S. 253)
Z. 9: ... blieb er lit. tätig sowohl in der Förderung des Vogelschutzes als auch der ernsthaften faun. Forschung. Da aber seine Nachr. vielfach den Stempel übertriebener Vorsicht trugen, blieben ihm Auseinandersetzungen nicht erspart.
Z. 9 v. u.: Zu nennen wäre noch „D. nordischen Gänsearten auf d. Puszta-Hortobágy“ (Proc. 8. internat. Orn.-Kongr., Oxford 1934 [1938]).
Z. 8 v. u. bis Schluß: Die Zeilen sind zu streichen, denn die Bezeichnung „Türkentaube“ ist nicht von N. ersonnen worden, sondern von E. Stresemann in „Avif. Macedonica“ (1920).
Der DOG trat er 1923 bei.

Nathusius, Gottlieb von (S. 254)
Der DOG gehörte er seit 1924 an.

Natorp, Otto (S. 254/55)
S. 254, Z. 27 v. u.: Ein Teil der Bälge wurde im Inst. f. allg. Zool. der Univ. Mainz zu Bestimmungsübungen benutzt.
Seit 1907 war er Mitglied der DOG.

Naumann, Johann Friedrich (S. 257/58)
— Lit.: Cl. Nissen, J. F. N. als Vogelmaler, Falke 4, 1957, S. 114—119. - D. orn. Korr. zwischen J. F. N. u. H. R. Schinz in d. J. 1815 bis 1853, hrsg. u. erläutert v. E. Stresemann u. L. Baege, Acta Hist. Scient. Nat. et Med., ed. Bibl. Univ. Hauniensis 21, Odense 1969 (mit Bildnis).

Nécsey, Stefan von (S. 258/59)
S. 258, Z. 13 v. u.: ... befaßte sich von da ab u. a. mit einigen Tafeln für den Neuen Naumann.

Nehring, Alfred (S. 259)
Zu seinen paläont. Arbeiten gehören „D. Vorkommen v. fossilen Auerhühnern, Birkhühnern u. Schneehühnern im Diluvium Deutschlands“ (Jber. Braunschw. 1879/80), „Über Kieselsteine im Magen d. Birkhahns; diluviale Funde ...“ (ebd. 1880/81), „D. ehemalige Verbreitung d. Schneehühner in Mitteleuropa“ (Mitt. Wien 7, 1883).

Nehrkorn, Adolph (S. 259)
linke Sp., Z. 10: Über seine Domäne berichtete er in „D. Riddaghäuser Teiche“ (J. Orn. 24, 1876).
rechte Sp., Z. 19: Aus seiner Feder stammen „Mitt. über Nester u. Eier d. Mus. Godeffroy z. Hamb.“ (J. Orn. 27, 1879), „Z. Avif. d. Insel Waigeu“ (ebd. 33, 1885), „Z. Avif. Batjans“ (ebd. 42, 1894).
rechte Sp., Z. 4 v. u.: 7 Formen tragen seinen Namen; darunter ist, von C. C. Platen (s. d.) auf Celebes entdeckt, Dicaeum nehrkorni W. Blasius 1886 = Dicaeum nehrkorni W. Blasius.
rechte Sp., Z. 3 v. u.: Seine dem Berl. Mus. vermachte Eiersammlung ist dort im 2. Weltkrieg nicht untergegangen; sie blieb erhalten.

Nehrling, Heinrich (S. 259)
Z. 3: ... Ein langer Schulweg weckte im Knaben schon leidenschaftlich romantische

TEIL 2

Hinneigung zur Welt der Vögel und Blumen.
Z. 11: Unter den Arbeiten war als längere Darstellung ein „Beitr. z. Ornis d. nördl. Illinois“ (J. Orn. 28, 1880; 31, 1883).
letzte Z.: Engl. Übers. erschienen unter den Titeln „North American Birds“ (1889 bis 1893) und „Our Native Birds of Song and Beauty“ (2 Bde., 1893—1897).
— Lit.: Dictionary of American Biogr. 7, 1934, S. 405/06 (mit älteren Quellen).

Neumann, Oscar (S. 260)
Z. 26: Beitr. von ihm erschienen auch in Novit. Zool.
Seit 1897 war er Mitglied der DOG.

Neunzig, Karl August (S. 260/61)
S. 260, Z. 14: K. Ruß zog ihn seit 1894 zur Bebilderung der Gef. W. heran.
Z. 22 v. u.: Die „Fremdländischen Stubenvögel“ (5. Aufl. 1921) erschienen 1965 als Neudruck. „D. Praxis d. Vogelpflege u. -züchtung“ (1927) war als 3. Bd. des Hdb. gedacht.
Seit 1906 war er Mitglied der DOG.

Niedenthal, Samuel (S. 261)
— Lit.: A. Geus, Kat. z. Ausstellung „D. Zool. in Erl.“, 1969, S. 11 u. 18—24.

Nitsche, Hinrich (S. 261)
Seit 1877 gehörte er der Leopoldina an.

Nitzsch, Christian Ludwig (S. 261/62)
1818 wurde er Mitglied der Leopoldina.

Noggler, Josef (S. 262)
Seine Samml. kam in das Haus der Natur in Salzburg und das Naturh. Mus. in Wien.
— Lit.: E. Schüz, Alpenteich als Brennpunkt d. Wasservogel-Durchzugs. Dt. Vw. 66, 1941, S. 113 bis 116.

Ochs, Heinrich (S. 262/63)
G. Berg-Schlosser verzeichnete im Ergänzungsband zu „D. Vögel Hess.“ (1968) zusätzlich 15 Titel von Veröffentlichungen.

Ohlsen, Carl (S. 263)
— Lit.: Nachruf (von C. R. Hennicke). Gef. W. 31, 1902, S. 65.

Olfers, Ignaz Franz Joseph Maria von (S. 264)
1836 trat er der Leopoldina bei.

Oppermann, Otto Ernst (S. 264)
Z. 3: Er war der Sohn eines Chirurgen.

Paeßler, Carl Friedrich Richard (S. 265/66)
— Lit.: Würdigung (von A. Panning). Mitt. Hamb. Zool. Mus. Inst. 56, 1958, S. 13.

Pallas, Peter Simon (S. 266/67)
S. 266, Z. 7 v. u.: Gleich nach seinem Tode kam eine Anzahl von ihm gesammelter Vögel, darunter solche, die er 1772 in Transbaikalien erbeutet hatte, in das junge Berl. Museum.
S. 267, Z. 20 v. u.: Die Jahreszahl 1811 steht fälschlich auf dem Titelblatt; (vgl. Ibis 1882, S. 611).
Auf einem alten Friedhofsgelände am Mehringdamm in West-Berlin befindet sich sein Grabdenkmal, das 1854 die Akad. d. Wissensch. von Berl. und Petersb. errichten ließen (vgl. B. Hoeft in Zs. d. Ver. f. d. Gesch. Berlins 54, 1937 u. V. Wendland in Berl. Naturschutzblätter 11, 1967).

Parrot, Karl (S. 268)
Er hatte u. a. festgestellt, daß korsische Spechtformen nicht mit sardinischen übereinstimmen. Daher trägt seinen Namen (als schwache Rasse) die korsische Form Dendrocopus major parroti Hartert 1911 = Dendrocopos major harterti Arrigoni 1902. K. Görnitz benannte ihm zu Ehren Emberiza calandra parroti 1921 (Falco 1917), die E. Hartert gelten ließ. Seine Samml. kamen in die Zool. Staatssamml. von München und in das Mus. Senck. von Frankfurt.

Paul Wilhelm, Herzog von Württemberg (S. 269)
Z. 4: Er schied 1817 aus der militärischen Laufbahn aus.
Z. 22: An wissensch. Auswertung dürfte mangelnde Seßhaftigkeit den Forscher gehindert haben.
Die Univ. Tübingen verlieh der ritterlich denkenden und handelnden Persönlichkeit 1841 den Grad des Dr. med. h. c.
— Lit.: Nachruf (Verf. ungen.). Schwäb. Kronik (Schwäb. Merkur) 1861, S. 141—143 u. 165/66. - E. Henning, Württ. Forschungsreisende . . ., 1953, S. 69.

Paula Schrank, Franz von (= **Schrank,** Franz von Paula) (S. 269)
Er war Mitglied der Leopoldina.
— Lit.: L. Koch, Jesuiten-Lex., 1934, S. 1615.

Paulstich, Daniel (S. 270)
Bei L. Gebhardt u. W. Sunkel, „D. Vögel Hess.“ (1954) stehen 8 und bei G. Berg-Schlosser, „Ergänzungsband“ (1968) stehen weitere 18 Titel der Veröff.

Peckelhoff, Friedrich August Otto (S. 270)
Schluß: Mit dem Versuch, neben dem „ge-

meinen Bläßhuhn" - Fulica atra eine kleinere „schmalblässige" Fulica stenoleuca aus der Wakenitzlandschaft zu benennen (Orn. Ms. 39, 1914), scheiterte er, weil dem Laien wichtige Voraussetzungen für den Erfolg fehlten.

Peiter, Wenzel (S. 270)
* 25. 1. 1863 Grasengrün bei Karlsbad, † 18. 12. 1936 Wellemin (Kr. Leitmeritz). Nach der Jahrhundertwende brachte auch die Gef. W. einige seiner anspruchlosen Wortmeldungen (z. B. 5 Titel in Gef. W. 37, 1908).

Pelzeln, August Edler von (S. 270/71)
Zu seinen letzten Veröff. gehörte die „Gesch. d. Säugetier- u. Vogelsammlung d. k. k. Hofmuseums" (Ann. Wien 5, 1890).

Petényi, Johann Salomon von (S. 272)
linke Sp., Z. 4: Cinkota statt Cs . . .
linke Sp., Z. 29 v. u.: H. Schlegel statt W. Sch . . .

Petry, Wilhelm (S. 273)
Seit 1930 gehörte er der DOG an.

Pfannenschmid, Edmund (S. 273)
Z. 10: Klage über den Raub der Kiebitzeier führte er in „D. Kiebitz mit Blick auf D. Getreuen v. Jever" (Gef. W. 19, 1890).

Pfeiffer, Carl (S. 274)
letzte Zeile: Naturw. Organisationen gegenüber zeigte er sich zurückhaltend. Damit mag es zusammenhängen, daß seine Schutzbestrebungen für den Uhu bald nicht mehr recht gewürdigt wurden.

Pfennigberger, Josef (S. 274)
Z. 2: Begraben ist Pf. in Bellye, das heute in Jugoslawien liegt, während Villany bei Ungarn verblieb.

Pietruski, Stanislaus Konstantin (S. 275/76)
* 11. 3. 1811, † 28. 1. 1874.
Seit 1843 war er Mitglied der Leopoldina. — Lit.: St. Feliksiak, Poln. Ornithologen u. d. Biogr. d. „Orn. Mitteleuropas" (poln.), Przeglad Zool. 12, 3, 1968, S. 262.

Platen, Carl Constantin (S. 277/78, neue Fassung)
* 24. 9. 1843 Stralsund, † 29. 6. 1899 Barth (Pommern). Als Arzt ging er, Sohn eines Kaufmannes, 1878 nach Amoy und knüpfte dann hauptsächlich aus Sammelleidenschaft sehr beachtliche Verdienste um die Aufhellung der orn. Verhältnisse des indomalaiischen Gebietes an die mit seiner Frau gemeinsam durchgeführten Unternehmungen. Die Reisetätigkeit ist durch die folgenden Stationen und Daten belegt: 1878 Süd-Celebes; 1880 Borneo; 1881 Borneo, Amboina, Ceram; 1882 Batjan, Amboina; 1883 Halmahera, Waigeo (hier erkrankt); 1884 Malacca, Borneo, Molukken, Waigeo; 1884—1886 Minahassa, Nord-Celebes; 1886/87 Sulu-Inseln, Palawan; 1887—1892 Philippinen; 1892—1894 Mindoro, Batjan. 1894 kam er erblindet und fast taub in die Heimat zurück, um die letzten Jahre in Barth zu verbringen. Als er im Juli 1879 mit der ersten Vogelausbeute aus Celebes in Hamb. eintraf, wandte er sich, um das Balgmaterial zu verkaufen, zunächst an K. Ruß (s. d.). Den Großteil scheint jedoch die Firma W. Schlüter (s. d.) in Halle übernommen zu haben. Von hier aus ging es zur Bestimmung und wissensch. Durchsicht an W. Blasius (s. d.), der dann auch die später noch eintreffenden Sendungen bearbeitete. Daß die Samml. in der Hauptsache dem Braunschw. Mus. zufloß, dürfte außerdem auf den Empfänger der Eier, A. Nehrkorn (s. d.), zurückzuführen sein, der mit Pl. und W. Blasius befreundet war. W. Blasius, von des Reisenden Sorgfalt in der Etikettierung beeindruckt, beschrieb insgesamt 728 Bälge von 141 Arten in Jber. Braunschw. 1881 u. Gef. W. 10, 1881; J. Orn. 30, 1882 u. 38, 1890; Verh. Wien 32, 1882; Proc. Z. S. London 1882; Zs. ges. Orn. 2, 1885; Braunschw. Anzeigen Nr. 52, 1886; Ornis 4, 1888; Festschr. d. 69. Vers. Dt. Naturf. u. Ärzte, Braunschw. 1897. Mehrere Formen, deren Typen in Braunschw. verblieben, erhielten den Namen des Südsee-Pioniers, doch konnten nicht alle bestehen bleiben. U. a. entdeckte er 1885 bei Rurukan (Celebes) Accipiter nanus, Dicaeum nehrkorni, Falco peregrinus ernesti und die außerordentlich seltene, 1886 von W. Blasius benannte Urwaldralle Aramidopsis plateni, die erst später Gerd Heinrich wieder erbeutete und als „Vogel Schnarch" (1932) weithin bekannt machte. Der Sammler selbst und seine Frau griffen in nur wenigen Fällen zur Feder, um Beob. und Erfahrungen während ihrer Fahrten zu schildern: „Reiseskizzen aus Süd-Celebes" (Gef. W. 8, 1879), „Orn. Skizzen aus d. Minahassa" (ebd. 16, 1887), „D. Fledermauspapagei - Coryllis catamene Schl." (ebd. 16, 1887).

— Lit.: A. Wichmann, Nova Guinea 2, Teil 2, Leiden 1912, S. 830. - E. Stresemann, D. Vögel v. Celebes, J. Orn. 87, 1939, S. 299—425.

Pöppig, Eduard (S. 278)
Der Leopoldina gehörte er seit 1834 an.
— Lit.: Nachruf. Wissensch. Beitr. Leipz. Ztg. 1868, S. 365—367.

Polatzek, Johann (S. 278/79)
S. 278, Z. 1: * 7. 5. 1839 Wien, † 17. 2. 1927 Wien.
S. 279, Z. 4: E. Hartert hielt den Namen des verdienstvollen Ornithologen, der zuletzt im Wiener Offiziersversorgungsheim Lainz untergekommen war, fest: Calandrella minor polatzeki Hartert 1904 = Calandrella rufescens polatzeki Hartert, Fringilla teydea polatzeki Hartert 1905 = Fringilla teydea polatzeki Hartert, Galerida theklae polatzeki Hartert 1912 = Galerida theklae theklae Ch. L. Brehm.

Ponebšek, Johann (S. 279)
Z. 6: (u. a. um die Jahrhundertwende Rudolfswert)
Der DOG gehörte er seit 1903 an.

Portig, Felix (S. 279/80)
Bevor er nach Leipz. übersiedelte, lebte er als Privatgelehrter und Schriftsteller bis 1921 in Collm bei Oschatz (Sachs.).
— Lit.: Würdigung (von K. M. Schneider). Zool. G., N. F. 19, 1952, S. 67—69 (mit Bildnis).

Pražák, Josef (S. 280/81)
S. 280, Z. 1: Prokop statt Prokuslav
S. 281, Z. 5 v. u.: K. Kněžourek (s. d.) meinte über P.: „Er täuschte sich selbst, und er täuschte andere, ja er täuschte die ganze wissensch. Welt! Aber diese Täuschung entsprang nicht der Gewinnsucht, sie war ihm gleichsam angeboren."

Preiß, Ludwig (S. 281, neue Fassung)
* 21. 11. 1811 Herzberg (Harz), † 21. 5. 1883 Herzberg. Als promovierter Arzt reiste er 1838 einige Monate vor dem engl. Sammler J. Gilbert, mit dem er im April 1839 zusammentraf, in die Swan River Colony (Westaustralien) ein und erntete hier durch Fleiß und Eifer bemerkenswerten Sammlerlorbeer auf vielen Gebieten der Naturw. Wie ein der Regierung im Oktober des ersten Jahres vorgelegtes Angebot ausweist, standen auf seiner Liste damals schon 600 Vogelbälge von 162 teilweise seltenen und durch L. Glauert (s. u.) hervorgehobenen Arten. Der Kauf kam aber nicht zustande, obwohl jedem Stück außerordentlich genaue Beschr. angefügt waren. Ursprünglich wollte er ohne Zweifel länger im Neuland bleiben; dafür spricht allein der Erwerb der britischen Staatsbürgerschaft im Jahre 1841. Doch schiffte er sich (aus nicht geklärten Gründen) schon am 8. 1. 1842 wieder zur Rückfahrt nach Deutschl. ein. 1843 wurde er Mitglied der Leopoldina, lebte später als Privatgelehrter der Botan. in Hamburg oder (1860) als Gutsbesitzer in Hattorf (Harz), starb unverheiratet, hinterließ eine Stiftung für uneheliche Kinder und wurde durch eine öffentliche Aufbahrung in Herzberg geehrt. Weitere Einzelheiten über seinen Lebensweg waren nicht zu ermitteln. Die von ihm heimgebrachten Kondhylien erfuhren 1843, die Pflanzen durch J. G. C. Lehmann in „Plantae Preissianae" (Hamb. 1844/45) eingehende Beschr. Die Vogelbälge — darunter waren auch solche, die er von anderen Forschern käuflich erworben hatte — wurden nicht geschlossen gewürdigt. Sie setzten sich aus 181 Arten zusammen und kamen in den Besitz verschiedener Mus.: Hamburg — hier noch 1937 22 aufmontierte Stücke, Wien — hier unter dem Signum „Preiss in Hamb. 1846, 13 aus Neuholland" (Ann. Wien 5, 1890), Heineanum (Halberstadt), Berlin. W. Meise ging in „Notes on the orn. collections of P. in the Swan River Colony 1838—1841" (Emu 51, 1951) dem Verbleib der Stücke nach und konnte lange bestehende Unklarheiten und Widersprüche aufhellen. J. Cabanis (s. d.) benannte dem Sammler zu Ehren im Kat. des Mus. F. Heine (s. d.) 1851 Rhipidura preissi = Rhipidura fuliginosa preissi Cabanis. Es ist P.s Verdienst, dt. Ornithologen die Beschr. einiger seltener westaustral. Formen ermöglicht zu haben, bevor J. Gould die Ausbeute J. Gilberts bekanntmachen konnte.
— Lit.: W. T. Stearn, Journal of the Soc. for Bibl. of Nat. Hist. 1, 1939, S. 203—205. - H. M. Whittell, A Review of the Work of J. Gilbert in Western Australia, Emu 41, 1941, S. 112—129. - D. L. Serventy u. H. M. Whittell, Handbook of the Birds of Western Australia, 1948, S. 28. - L. Glauert, The orn. Collecting of Dr. L. P. in 1839, Western Austral. Naturalist 1, 1948, S. 147/48. - H. M. Whittell, The Literature of Austral. Birds, Perth 1954, Teil 2, S. 592.

Profft, Joachim Max (S. 282)
Seit 1931 war er Mitglied der DOG.

Quäbicker, Gustav (S. 283)
Z. 1: * 29. 7. 1886 Lüdenscheid (Westfalen)
Z. 2: Als Sohn eines Fabrikanten besuchte er ein Berliner Gymnasium, studierte in Heidelb., Berl., Halle und stand zuletzt in Berl. im preuß. Justizdienst.

Quednau, August (S. 283/84)
1923 trat er der DOG bei.

Radde, Gustav (S. 284/85)
— Lit.: Flora Malesiana 1, 1950, S. 423/24.

Rathke, Heinrich (S. 285)
Seit 1825 war er Mitglied der Leopoldina.
— Lit.: Nachruf. Leopoldina 2, 1860, S. 39/40. - Nachruf. Schr. Königsb. 1, 1860, S. 29—31.

Rausch, Matthias (S. 285/86)
S. 286, Z. 6: ... der Kunden aus ganz Europa in die Wiener Schottenfeldgasse Nr. 95 lockte.

Reichenau, Wilhelm von (S. 286)
Z. 13: ... In der Wissensch. machte sich v. R. einen Namen durch geistreiche, leidenschaftlich nach Naturerkenntnis ringende Veröff. Die Wahrheit war für ihn die Überwindung des „für die große Masse auch heute noch fortbestehenden Mittelalters". Die Bejahung der Deszendenztheorie hinderte ihn aber nicht, selbständig Stellung gegenüber Darwin zu beziehen. Seine Gedanken sind u. a. niedergelegt in einem vor der Rhein. Naturf. Ges. gehaltenen und „allen freien und gebildeten Naturfreunden gewidmeten" Vortrag über „D. Abstammung d. Vögel" (gedruckt in Mainz 1876) und in „Nester u. Eier d. Vögel ..." (Darw. Schr. Nr. 9, Leipz. 1880). An der Entwicklung z. B. des Nestbaus der „sympathisch" gefärbten Eier der Offenbrüter und des Prachtgefieders der männlichen Vögel bemühte er sich in Anlehnung an die Auffassung von A. R. Wallace die bei allen Vögeln unausgesetzt wirkende „Naturauslese" nachzuweisen und die direkte Anpassung im Lamarckistischen Sinne zu unterstreichen. „Nur ungern" rückte er daher auf Grund seiner langjährigen Erfahrungen mit Vögeln von Darwins These der „geschlechtlichen Zuchtwahl" ab. Die heimische Pflanzen- u. Tierwelt war ihm wohlvertraut, und die Ornis hatte in ihm einen klugen Vertreter. Zusammen mit der „Abstammung d. Vögel" (s. o.) ließ er in dem kleinen Bändchen einen 2. Vortrag erscheinen unter dem Titel „Vogelleben in d. oberbayer. Voralpen", gestützt auf eigene Beob. während des ganzen Jahres 1873 bei Miesbach und im Leiznachtal. Besonders gelungen ist ihm hier die lebendige Schilderung des Verhaltens eines Sperlingskauzes, der ihm im November begegnete. Der Vorgang ist (nach einem Brief R.s) auch in Brehms „Tierleben" (4. Aufl.) eingegangen. Neben einer Flora von Mainz liegt ein weiteres Zeugnis der Vielseitigkeit vor; es sind „Bem. über d. Vorkommen d. Vögel v. Mainz u. Umgeb." (Ornis 4, 1888); sie berücksichtigten zwar kaum die ökol. Bedingungen und kamen über eine listenförmige Erfassung nicht recht hinaus, bildeten aber die erste Aufz. der Vogelarten im nördl. Rheinhessen.

Reichenbach, Heinrich Gottlieb Ludwig (S. 286/87)
Z. 30: Das Tafelwerk — in den einzelnen Bestandteilen mit verwirrend abweichenden Sondertiteln — konnte trotz allen Fleißes nicht zu Ende geführt werden. Doch war es zumindest sein Verdienst, darin zusammenhängend die „Neuentdeckten Vögel Neuhollands" (1845 u. 1850, nach J. Gould) in dt. Übers. bekanntgemacht zu haben. Die Vogelbilder (aus älteren Arbeiten, z. B. Naumann und Audubon entnommen u. eigene Kopien) bestanden ...
Er war seit 1820 Mitglied und seit 1869 Präsident der Leopoldina.

Reichenow, Anton (S. 287)
linke Sp., Z. 12 v. u.: Die „Vogelbilder aus fernen Zonen, Papageien" sind neu aufgelegt von J. Steinbacher im Verlag der Gef. W. 1956.
Weitere größere Arbeiten: „D. Vögel Dt.-Ostafrikas" (1894), „D. Vögel d. Bismarckinseln" (Mitt. Berl. 1, 1899), „D. orn. Samml. d. zool.-botan. Kamerunexp. 1908/09" (ebd. 5, 1911).

Reichling, Hermann (S. 288)
Seit 1919 war er Mitglied der DOG.

Reimarus, Hermann Samuel (S. 288)
— Lit.: J. H. Höck, Bilder aus d. Gesch. d. Hamb. Kirche, 1900 (mit Bildnis). - H. Weidner, Gesch. d. Entom. in Hamb., Abh. Hamb., N. F. 9, Suppl. 1967, S. 26—32 (mit Bildnis).

Reinwardt, Caspar Georg Carl (S. 289)
Seit 1821 war er Mitglied der Leopoldina.
— Lit.: A. B. Meyer u. L. W. Wiglesworth, The birds of Celebes, 1898. - E. Stresemann, D. Vögel

TEIL 2

v. Celebes, J. Orn. 87, 1939, S. 299—425. - Flora Malesiana 1, 1950, S. 429—431.

Reischek, Andreas (S. 289/90)
S. 289, ab Z. 20: Die Erfolge seiner Streifzüge vom Norden bis zum Süden und vom Osten bis zum Westen des Inselreichs stellten ihn würdig neben E. Dieffenbach und J. v. Haast (s. d.). Seine Ber. erschienen zwischen 1885 und 1888 hauptsächlich in den Transactions of the New Zealand Institute und in den Mitt. Wien 8, 1884 — 16, 1892. Rege Mitarbeiterschaft galt daneben — auf Grund seiner gründlichen Erfahrungen unter freiem Himmel — W. L. Bullers „Hist. of the Birds of N. Z." (1888). Die Veröff. des leidenschaftlichen Forschers beschäftigten sich nicht nur mit seltenen und neuen Vogelformen, sondern warnend auch mit den Zivilisationssünden (durch Aussetzung landfremder Tiere) und den Problemen des Naturschutzes. Der Hauptteil der zool. und ethnogr. Samml. wurde 1891 vom Wiener Hof-Mus. erworben. Darunter waren allein 2278 Stücke aus der Ornis Neuseelands. Besondere Erwähnung verdienen die heute noch vorhandenen Wekarallen (Gallirallus), die verschiedenen Arten Kiwi (Apteryx), Erdpapageien (Kakapo) und eine Anzahl der fast ausgestorbenen Turnagra capensis. Seinen Freunden zu Ehren beschrieb er als neu entdeckt Platycercus hochstetteri Reischek 1889 = Cyanoramphus novaezelandiae hochstetteri (Reischek) und Anthus novaeseelandiae steindachneri Reischek 1889. Den Namen des kenntnisreichen Pioniers erhielten Haematopus reischeki Rothschild 1899 = Variante von Haematopus longirostris unicolor J. R. Forster 1844, Anthus novaeseelandiae reischeki Lorenz-Liburnau 1902, Phoebetria nigripes reischekia Mathews 1930 = Diomedea nigripes Audubon 1839, Gallirallus hectori reischeki Iredale 1933 = Gallirallus australis hectori (Hutton 1874). Da er — wie einst Joh. Natterer (s. d.) — trotz wissensch. Leistungen keinen Posten am Wiener Mus. finden konnte, siedelte er zunächst nach Klosterneuburg und dann nach Kefermarkt über. 1896 wurde ihm die Kustosstelle am neu erbauten Linzer Mus. übertragen — eine späte Genugtuung für vorangegangene Enttäuschungen.
— Lit.: Forscherleben statt Forschungsleben. - Nachruf (von H. Commenda). Jber. Linz 1902. - W. L. Buller, A History of the Birds of N.-Z., London 1888, 1905. - H. F. v. Haast, The Life and Times of Sir Julius v. Haast, Wellington 1948, S. 796—801. - W. R. B. Oliver, New Zealand Birds, Wellington, 2. Aufl. 1955, S. 21. - L. Gebhardt, Z. Gesch. d. naturw. Erkundung Neuseelands, B. Bonn 20, 1969, S. 219—227.

Rey, Jean Guillaume Charles Eugène (S. 291)
Einen Restbestand von 3250 Bälgen erwarb 1913 das Mus. Senck. Frankfurt.

Richter, Karl Emanuel (S. 292)
1933 schloß er sich der DOG an.

Riesenthal, Julius Adolf Oskar von (S. 293)
Die Neuausgabe der „Raubvögel Deutschl. u. d. angrenzenden Mitteleuropas" von 1894 war textlich gekürzt.
— Lit.: Würdigung. Dt. Weidwerk 1930, Heft 17, S. 461 (mit Bildnis).

Rimrod, Friedrich Leopold (S. 293/94)
S. 293, letzte Z.: Die Arbeit „Säugetiere, Vögel u. Amphibien in d. Grafschaft Mansfeld . . ." erschien auch in Isis 31, 1838.

Ritter, Johannes Jakob (S. 294)
* 15. 7. 1714 Bern, † 23. 11. 1784 Peilau (Schlesien).

Roedern, Erdmann Graf von (S. 295)
* 24. 1. 1826 Breslau, † 8. 8. 1890 Breslau.
Z. 3: 1856 stand er als Assessor noch im Dienst.
linke Sp., Z. 17 v. u.: Das irrtümlich Porzana pusilla zugeschriebene Gelege hatte er von einem Förster aus dem Oderbruch bei Groß-Glogau erhalten.

Rörig, Georg (S. 296)
Z. 6: Zu seinen Veröff. gehören weiter „Unters. über d. Nahrung unserer heimischen Vögel, mit bes. Berücksichtigung d. Tag- u. Nachtraubvögel" (Kaiserl. Gesundheitsamt Berl. 4, 1903), „D. Bussarde u. d. Hühnerhabicht" (Kaiserl. Biol. Anstalt, Flugbl. Nr. 27, 1906).

Rößler, Erwin (S. 296/97)
J. Schenk (s. d.) zählte in der „Fauna regni Hungariae" (1917) 46 vor 1909 gedruckte Nachr. auf.

le Roi, Otto (S. 297)
Von ihm bearbeitet ist der „Spezielle Teil" in A. Koenigs (s. d.) „Avif. Spitzbergensis" (1911).
Posthum erschien seine „Ornis d. Sinai-Halbinsel" (J. Orn. 71, 1923).

Rosenberg, Karl Benjamin Hermann von (S. 298)

Das über ihn gefällte Urteil bedarf einer gewissen Einschränkung: Sein Einsatzwille und seine wissensch. Fähigkeiten dürften — verglichen mit H. A. Bernsteins (s. d.) Lebensernte — eine weniger positive Wertung rechtfertigen. Der Inhalt seiner Veröff. ließ vielfach Sorgfalt und Sachkenntnis vermissen. Zwischen ihm und H. A. Bernstein bestanden Spannungen, vgl. Nat. Tijdschr. N. Ind. 27, 1864, S. 292. Von seinen Arbeiten seien genannt „D. Verteilung d. Psittaciden über d. Inseln d. ostind. Archipels" (J. Orn. 10, 1862), „Overzigt d. Papagaaisoorten van d. Ind. Archipel" (Nat. Tijdschr. N. Ind. ... 25, 1863), „Beitr. z. Orn. v. Neuguinea" (J. Orn. 12, 1864).

— Lit.: A. B. Meyer u. L. W. Wiglesworth, The Birds of Celebes, 1898. - A. Wichmann, Nova Guinea 2, Teil 1, Leiden 1910, S. 111/12, 138 bis 140, 142. - E. Stresemann, D. Vögel v. Celebes, J. Orn. 87, 1939, S. 299—425. - Flora Malesiana 1, 1950, S. 447/48.

Rowland, William (S. 299)
linke Sp., Z. 9 v. u.: Er schrieb auch einen längeren, ung. verfaßten Ber. im Jb. d. ung. Karp.-Ver. 1, 1874.

Rudow, Ferdinand (S. 299/300)
Z. 2: Er starb 1920 in Naumburg.

Rüdiger, Wilhelm (jun.) (S. 300)
Z. 1: Sein Geburtsort war Melzow (Kr. Angermünde).
Z. 3: Er war zuerst Revierförster in der Mark und von 1905 ab Assistent an der Zool. Abt. der Forsthochschule Eberswalde, wo er u. a. orn. Exk. zu leiten hatte. Seit 1911 stand er als Revierförster in Hochzeit (Neumark), Eisenhammer bei Steinbusch (Neumark), Räumde, Marienthal, Dölzinger Bruch. Im Jahre 1917/18 beauftragte ihn die dt. Militär-Forstverwaltung Bialowies mit orn. und ool. Samml.; aus dieser Zeit stammen „Orn. Beob. in d. Gouvernements Kowno u. Kurland" (Arch. Naturgesch. 82, 1917) und „Orn. Beob. aus d. Pripjet-Sümpfen" (Orn. Mber. 26, 1918). 1913 schloß er sich der DOG an.

Rüppell, Werner (S. 301)
Er ruht auf dem Ehrenfriedhof von Herborn (Grab Nr. 149).

Rumpf (Rumphius), Georg Eberhard (S. 301)
rechte Sp., Z. 14 v. u.: Er erwies sich neben G. Marcgraf (s. d.) als einer der ersten großen Wegbereiter für die exotische Orn.

— Lit.: Würdigung (von Leupe). Verh. Akad. Wetensch. Amsterdam 12, 1871. - H. E. Heeres, R.s Levensloop, R.s Gedenkboek 1702—1902, Haarlem 1902. - Flora Malesiana 1, 1950, S. 452/53.

Ruß (Russ), Karl (sen.) (S. 301/02)
S. 301, Z. 1: Ruß (Russ) Karl (sen.), Dr. ... Nach dem Schulbesuch in Kolberg und Köslin sowie sechssemestrigem med. und naturw. Studium in Berl. (er sollte wie Großvater und Vater Apotheker werden) änderte er ... die Laufbahn und wurde naturw. Schriftsteller. Seit 1866 erschien vor seinem Namen der Doktor-Titel. Wann, wo und mit welcher Diss. er diesen akad. Grad erwarb, ließ sich nicht feststellen.
S. 302, linke Sp., Z. 1: Nachdem er bis 1862 Redakteur der Bromberger Ztg. gewesen war, verzog er 1863 für immer nach Berlin.
rechte Sp., Z. 1: Weite Verbreitung fanden daneben in Laienkreisen Bücher wie „Naturw. Blicke ins tägliche Leben" (1865), „In d. freien Natur" (1868) und „Vögel d. Heimat" mit 40 Farbendrucktafeln nach Aquarellen von Emil Schmidt (1887).

— Lit.: Würdigung (von L. Keidel). Gef. W. 58, 1929, S. 469.

Russow, Valerian (S. 302/03)
S. 302, Z. 1: von streichen
Z. 14: Matzalbucht statt ... zahl ...
S. 303, Z. 6: Seine Hauptarbeit, die „Ornis Est-, Liv.- und Kurl." (Dorpat 1880) empfing ihre druckreife Gestaltung gleichfalls durch Th. Pleske (s. d.), ohne die reichen Erfahrungen des Autors richtig widerzuspiegeln.

— Lit.: E. Kumari, Über d. orn. Tätigkeit von V. Russow u. E. Middendorff ..., Jb. d. Naturf.-Ges. z. Tartu 48, 1955, S. 47—58 (estn.). - N. v. Transehe, D. Vogelw. Lettl. 1965, S. 186/87.

Rzehak, Emil (S. 303)
Z. 3: Er wohnte in Wiese bei Jägerndorf.
Z. 4: 1895 war er einer der Gründer des Naturw. Vereins in Troppau.
Z. 10 v. u.: Mitt. Wien 15, 1891 u. 16, 1892. Zu seinen Arbeiten gehört auch eine Veröff. über „D. Raubvögel österr. Schlesiens" (Mitt. Wien 16, 1892) unter Benutzung älterer Quellen.

Sachse, Otto Karl Adolf (S. 303)
G. Berg-Schlosser nannte im Ergänzungsband zu „D. Vögel Hess." (1968) weitere 10 Veröffentlichungen.

TEIL 2

Salvadori, Giovanni (S. 304)
rechte Sp., Z. 2: Die herausfordernden Gedanken sind mit einer langen Entgegnung von K. Ruß (s. d.) abgedruckt in Gef. W. 21, 1892.

Salzmann, Otto (S. 304/05)
Z. 1: Brehna statt Bröhna

Sarasin, Fritz (S. 305/06, neue Fassung)
* 3. 12. 1859 Basel, † 23. 3. 1942 Lugano. Von Lebensproblemen und Alltagssorgen wenig beschwert, konnte er, Sohn eines Bürgermeisters, sich nach freiem Ermessen naturw. und zool. Neigungen widmen. Studien in Genf, Basel, Würzb. schloß er mit der Promotion ab. Geistig fruchtbare Jahre banden ihn zwischen 1886 und 1892 zunächst an Berlin, bis er am Ende der Wanderjahre 1903 nach Basel zurückkehrte, sein Haus zum Mittelpunkt naturw. Lebens machte und das Naturh. Mus. zu erfreulicher Blüte entwickelte. Zur Übernahme einer Dozentur konnte er sich nicht entschließen. Entscheidend für Persönlichkeitsprägung und Denkrichtung wurden 15 meist mit dem älteren Vetter Paul S. (s. d.) durchgeführte Forschungsreisen (1883—1931), die über die Zool. hinaus der Anthrop., Präh. und Ethnogr. galten. Ihre Ziele waren Ceylon, Celebes, Ägypten, Neukaledonien, Tunis, Siam. Für die Orn. reiche Früchte erbrachten vor allem die Exp. auf Celebes (1893 bis 1896). Die Reisenden kannten keine Beschränkung auf ein einzelnes zool. Sondergebiet; sie sammelten hier die verschiedensten Materialien bis in die höheren Gebirgsregionen, um die geschichtliche Besiedlung durch die Tierwelt aufzuhellen und damit der Klärung der zoogeogr. Stellung der Insel zu dienen. Bei ihren Studien stießen sie etwa um dieselbe Zeit wie O. Kleinschmidt (s. d.) auf die Vorstellung von vikariierenden Formen, die von einer früheren „Art" zur anderen überleiteten; der Schritt zur Trennung zwischen geogr. Rassen und individuellen oder ökol. Varianten gelang ihnen zwar noch nicht. Aber sie rückten in die Reihe der nach neuen Ufern strebenden Kräfte ihrer Zeit vor. Und als sie die Besprechung der Vogelausbeute (sie enthielt 11 neue Arten und 8 Rassen, darunter Myza sarasinorum und Zosterops montana sarasinorum) A. B. Meyer (s. d.) und L. W. Wiglesworth übertrugen, gaben sie den Dresd. Systematikern den bedeutsamen Anstoß zur Abfassung der beiden Bände der „Birds of Celebes" (1898). In einer stattlichen Folge von Abh. und Prachtwerken legte Fritz S. (wieder zusammen mit Paul S.) die Ernte der eigenen Erfahrungen vor. Aus den Reiseberichten spricht zugleich eindrücklich die sein Leben bewegende Ehrfurcht vor der Natur in all ihren Erscheinungsformen. Orn. Fragen sind behandelt oder berührt in „Ergebnisse naturw. Forschungen auf Ceylon" (1887 bis 1893), „Reiseber. aus Celebes" (Zeitschr. d. Ges. f. Erdk. Berl. 29, 1894; 30, 1895), „Durchquerung v. Südost-Celebes" (Verh. d. Ges. f. Erdk. Berl. 1896), „Über d. geol. Gesch. d. Insel Celebes auf Grund d. Tierverbreitung" (1901), „Reisen in Celebes, ausgeführt in d. J. 1893—1896 u. 1902/03" (1905), „D. Vögel Neu-Caledoniens u. d. Loyalty-Inseln" (Nova Caledonia, Zool. 1, 1913), „Trois oiseaux de la faune néo-calédonienne en voie de disparition" (Rev. franç. scient. et prat. 6, 1914), „Über d. Vogelw. Neu-Cal." (Orn. Beob. 23, 1925/26), „Über Färbungsgesetze d. Vogelgefieders" (Rev. suisse de zool. 41, 1934), „Gesch. d. Vogelsamml. d. Basler Naturh. Mus." (Verh. Bas. 50, 1939), „Neue Beitr. z. Kenntnis d. Färbungsgesetze d. Vogelgefieders" (ebd. 50, 1941). Die orn. Samml. kamen zum größten Teil in das Mus. von Basel; einige Stücke erhielt das Mus. von Dresden.
— Lit.: A. B. Meyer u. L. W. Wiglesworth, The birds of Celebes, 1898. - E. Stresemann, D. Vögel v. Celebes, J. Orn. 87, 1939, S. 299—425. - Nachruf (von F. Speiser). Verh. Bas. 54, 1942/43, S. 222 bis 246 (mit Bildnis, Verz. d. Veröff. u. 6 weiteren Nachrufen). - Bildnisse ebd. 40, Teil 2, 1929. - Flora Malesiana 1, 1950, S. 460—463.

Saxenberger, Otto (S. 306)
Seine letzte Verlautbarung war wohl „Spatzenbastarde" (Ber. Schles. 11, 1925).

Schacht, Heinrich (S. 306/07)
Er war ein schlichter, tief religiös veranlagter Vogelfreund.
— Lit.: Würdigung (von K. Meier). Lipp. Landes-Ztg., Febr. 1962.

Schäff, Ernst (S. 307)
— Lit.: L. Heck, Heiter-ernste Erinnerungen an Tiergärtner, Zool. G., N. F. 13, 1941, S. 355/56 (mit Bildnis).

Schalow, Herman (S. 308)
rechte Sp., Z. 25 v. u.: Nur in einem Zusammenhang verließ ihn die Sachlichkeit —

als er ohne Einsicht den Pionierleistungen H. Gätkes (s. d.) die gerechte Würdigung versagte und das völlige Zerwürfnis mit R. Blasius (s. d.) heraufbeschwor; vgl. E. Stresemann, „Vor- u. Frühgeschichte d. Vogelforschung auf Helgoland“ (J. Orn. 108, 1967).

Scharnke, Hans (S. 309)
Seit 1929 gehörte er der DOG an.

Schaumburg, Johann Heinrich (S. 309/10)
S. 310, Z. 7: Mus. statt Inst.

Schenk, Jakob (S. 311)
Z. 3: 1939 setzte er auf Wunsch der Söhne Vönöczky (nach Vönöczk, der Heimat seiner Frau) vor den Namen.

Schiebel, Guido (S. 311/12)
1903 schloß er sich der DOG an.

Schiermann, Gottfried (S. 312/13)
Die DOG zählte ihn seit 1923 zu ihren Mitgliedern.

Schiller, Georg (S. 313)
Z. 1: Er war geboren am 28. 7. 1858 in Leipzig.
Z. 5: Sein Vater, ein „Leutnant von der Armee“ und Hausverwalter im Georgenhause, war mit J. F. Naumann befreundet.

Schilling, Wilhelm (S. 314)
Ein Verdienst ist ihm dafür zuzuschreiben, daß er als sachkundiger Helgolandbesucher 1852 nicht nur auf H. Gätke (s. d.) aneifernd wirkte, sondern auch dessen orn. Kenntnisse in den „Orn. Mitt., auf Helgol. gesammelt“ (J. Orn. 1, 1853) mit allem Nachdruck unterstrich; vgl. E. Stresemann, „Vor- u. Frühgeschichte d. Vogelforschung auf Helgoland“ (ebd. 108, 1967).

Schinz, Heinrich Rudolf (S. 315)
Seit 1821 war er Mitglied der Leopoldina.
— Lit.: D. orn. Korr. zw. J. F. Naumann u. H. R. Sch. in d. J. 1815 bis 1835, hrsg. v. E. Stresemann u. L. Baege, Acta Hist. Nat. et Med., ed. Bibl. Univ. Hauniensis 21, Odense 1969 (mit Bildnis).

Schleep, Bernhard Christian (S. 316)
* 4. 4. 1768 Frielingen, Kr. Bad Hersfeld (Hessen).
Sein Ber. „Über eine bisher noch unbekannte Möwenart“ (Ann. Wett. 4, 1819) bezog sich irrtümlich auf Larus glaucus = Larus hyperboreus.

Schlegel, Hermann (S. 316/17)
Seit 1826 gehörte er der Leopoldina an.
— Lit.: R. Möller, H. Sch . . ., Falke 15, 1968, S. 152—157 u. 203—205 (mit Bildnis).

Schlegel, Richard (S. 317/18)
Seit 1923 gehörte er der DOG an.
— Lit.: Würdigung (von R. Reichert). Dresd. wissensch. Mus. . . . 1956, S. 11 (mit Bildnis).

Schlott, Martin (S. 318)
Seit 1923 gehörte er der DOG an.
— Lit.: Nachruf (von H.-G. Klös). Zool. G., N. F. 26, 1961, S. 100—102.

Schmiedel (Schmidel), Kasimir Christoph (S. 320)
Z. 2: † 18. 12. 1792
— Lit.: A. Geus, Kat. z. Ausstellung „D. Zool. in Erl.“, 1969, S. 25, 26.

Schmitz, Ernst (S. 321)
Gewidmet wurden ihm Motacilla boarula schmitzi v. Tschusi 1900 = Motacilla cinerea schmitzi v. Tschusi und Strix flammea schmitzi Hartert 1900 = Tyto alba schmitzi (Hartert).

Schneider, Adolf (S. 321)
Z. 15: 1944 streichen

Schrader, Gustav (S. 324)
Z. 1: Missolunghi (oder Euböa?)
Er schickte viele Stücke auch an das Tring-Mus. von W. Rothschild.
Seinen Namen erhielt Lamprocolius chloropterus schraderi Neumann 1908 = Lamprotornis chloropterus cyanogenys (Sundevall 1850).

Schreibers, Carl Ritter von (S. 325)
Seit 1818 war er Mitglied der Leopoldina.

Schübler, Gustav (S. 326)
1826 wurde er in die Leopoldina aufgenommen.

Schütt, Otto (S. 326/27, neue Fassung)
* 6. 1. 1843 Husum (Schleswig), † Konstantinopel (?). Als Sohn eines Gymnasialdirektors besuchte er das Polytechnikum von Berlin und wurde zuerst Eisenbahnbauingenieur im Gebiet des Euphrat und des Tigris. 1877 sandte ihn die Dt. Afrik. Gesellschaft nach Angola, wo er wie wenige Jahre später F. W. A. von Mechow (s. d.) bei Malange tätig war und bis zum Tschikapa, einem Nebenfluß des Kassai, gelangen konnte. Nachdem er die Kenntnis eines großen Gebietes erschlossen hatte, zwangen ihn die

TEIL 2

Widerstände der Natur und der Eingeborenen 1879 zur Umkehr. Begrüßt wurde der Forscher in der Berl. Sitzung der DOG v. 6. 10. 1879; langen Beifall erntete er auch in der Sitzung v. 5. 1. 1880. Die Ergebnisse seines Einsatzes sind niedergelegt in sorgfältigen kartographischen Aufnahmen und wertvollen naturw. Samml. für das Berl. Zool. Mus. Rechenschaftsberichte standen in Zeitschr. d. Ges. f. Erdk. zu Berl. (1878) und in Mitt. d. Afrik. Ges. (1879). Umfängliche Darstellungen waren außerdem „Reisen im südwestl. Becken d. Kongo" (Berl. 1881, hrsg. von P. Lindenberg). 1880 zog ungestillter Tatendurst den Pionier wieder in die Ferne, dieses Mal (vgl. Orn. Cbl. 5, 1880) mit einer geol. Exp. nach Japan, wo er auch orn. zu sammeln gedachte. Von hier ab verloren sich seine Spuren im Ungewissen. 1887 verzeichnete ihn noch die Mitgliederliste der Naturf. Ges. Görl.; im Protokoll der Gesellschaft vom 8. 11. 1889 stand der Vermerk, daß er (wann?) in Konstantinopel verstorben sei. A. Reichenow (s. d.) besprach die afrik. Ausbeute in den Mitt. d. Afrik. Ges. 1, 1879 und in Jorn. Sc. Math. Phys. Nat. Lisboa 27, 1880. J. Cabanis benannte in Orn. Cbl. 4, 1879; 5, 1880 u. J. Orn. 28, 1880; 29, 1881 neu erkannte Arten. Darunter waren Corythaix schütti Cabanis 1879 = Tauraco schuetti schuetti (Cabanis) und Francolinus schütti Cabanis 1880 = Francolinus squamatus schuetti Cabanis.
— Lit.: Fr. Embacher, Lex. d. Reisen u. Entdeckungen, Leipz. 1882; Nachdruck Amsterdam 1961, S. 264 u. 321.

Schulz, Friedrich Wilhelm (S. 327/28)
Die nach ihm benannten Formen sind Cinclus schulzi Cabanis 1883 = Cinclus schulzi Cabanis, Phloeotomus schulzi Cabanis 1883 = Dryocopus schulzi (Cabanis) und Todirostrum schulzi Berlepsch 1907 = Todirostrum sylvia schulzi Berlepsch. Er selbst beschrieb Cnipolegus cabanisi Schulz 1882 = Knipolegus cabanisi Schulz.

Schuster, Wilhelm (S. 330)
Er schrieb ferner die inhaltlich mäßigen 2 Jahrgänge der bei H. Hocke (s. d.) erschienenen „Orn. Rundschau" (1905—1907) sowie die „Ornis d. Mainzer Beckens" (1908) mit einer Fülle von Fehlern und Ungenauigkeiten.

Schwab, Adolf (S. 330/31)
— Lit.: Würdigung (von J. Bednař). Verh. Brünn 29, 1890 (1891), S. 268/69. - Nachruf (von E. Reitter). Wiener Entom. Ztg. 10, 1891, S. 40.

Schwägrichen, Christian Friedrich (S. 331)
Seit 1818 war er Mitglied der Leopoldina.

Schwan, Albrecht (S. 331)
Seit 1925 war er Mitglied der DOG.

Sehlbach, Friedrich (S. 333)
1929 trat er der DOG bei.

Seilern und Aspang, Josef Graf von (S. 334)
Die „Beitr. z. Orn. v. Venezuela" (Arch. Naturgesch. 78, Abt. A., 1912) verfaßte er zusammen mit C. E. Hellmayr (s. d.).
Seinen Namen erhielten Dendrocolaptes validus seilerni Hartert u. Goodson 1917 = Dendrocolaptes picumnus seilerni Hartert u. Goodson und Troglodytes troglodytes seilerni Sassi 1937 = Tr. tr. cypriotes (Bate 1903).

Seligmann, Johann Michael (S. 335)
Z. 4 v. u.: Die Haltung der gleichfalls getreu kopierten Vögel . . .

Sellow (Sello), Friedrich (S. 335)
Für Prinz Max zu Wied fertigte er auch Zeichnungen und Skizzen an.

Sepp, Christian Andreas (S. 335)
Z. 18: Sohn Jan Christian S. (1739—1811)
Z. 20: Enkel Jan S. (1778—1853)

Seyffertitz, Anton Sigismund Freiherr von (S. 336)
* 10. 9. 1784 Ahlsdorf bei Herzberg an der Schweinitz/Elster, † 5. 10. 1857 Ahlsdorf.
Seine Samml. von „400—500 Stück gut erhaltener europ. Vögel" wurde in Naum. 8, 1858 zum Verkauf angeboten.

Sieber, Friedrich Wilhelm (S. 336)
Z. 1: * um 1775, † 1831.
— Lit.: E. Stresemann, Type Localities of Australian Birds collected by the Exp. Baudin (1801—1803), Emu 51, 1951, S. 65—70.

Siebold, Philipp Franz von (S. 336/37)
In München erwarb König Maximilian II. erlesenste Stücke japanischer Kunstwerke und Gebrauchsgegenstände für sein Mus.
S. schrieb auch eine „Flora japonica" und brachte aus dem Pflanzenreich erstmalig die Chrysantheme und die Päonie nach Europa. Er war ein bedeutender Japanforscher. 1822 wurde er in die Leopoldina aufgenommen.
— Lit.: Nachruf. Zool. G. 7, 1866, S. 435. - Nachruf (von C. Fr. Ph. v. Martius). Sb. Akad. d. Wissensch. Münch. 1, 1867, S. 387/88.

Siemssen, Adolph Christian (S. 337)
Z. 1: ..., Dr., ...

Siewert, Horst (S. 337)
Er erlag einem Herzschlag. Seit 1924 war er Mitglied der DOG.
— Lit.: Würdigung (von U. Scherping). Wild u. Hund 53, 1950, S. 162 (mit Bildnis).

Snell, Friedrich Heinrich Christian Salomo (S. 337/38)
Z. 12: Reichelsheim kam erst 1866 zu Hessen.
Er schrieb auch „Vogelfang u. Witterung im Herzogtum Nassau" (Allg. Forst- u. Jagdztg., Frankf. 34, 1858), „Z. Naturgesch. d. Sperbers" (ebd. 35, 1859), „Z. Naturgesch. d. Gabelweihe" (ebd. 35, 1859).
G. Berg-Schlosser nannte im Ergänzungsband zu „D. Vögel Hess." (1968) weitere 11 Titel der Veröffentlichungen.

Spatz, Paul (S. 339/40)
Die nach ihm benannten Formen sind Caccabis spatzi Reichenow 1895 = Alectoris barbara spatzi (Reichenow), Pratincola rubetra spatzi v. Erlanger 1900 = Saxicola rubetra (L.), Cotyle rupestris spatzi Geyr 1916 = Ptyonoprogne obsoleta spatzi (Geyr), Struthio camelus spatzi Stresemann 1926 = Struthio camelus spatzi.

Specht, Friedrich (S. 340)
— Lit.: L. Heck, Heiter-ernste Lebensbeichte, 1938, S. 342/43.

Spieß, August von (S. 341)
rechte Sp., Z. 5: Schreiadlerhorsten (statt Stein ...)
Eine weitere Arbeit aus seiner Feder ist „Beob. am Horste eines Schlangenadlers" (Weidwerk u. Hundesport 6, 1901).
Erwähnung verdient, daß er sein rum. Hofjagdamt auch in den Dienst der Vogelzugforschung stellte, indem er Ringe mit der Aufschrift des Amtes herstellen ließ. Eine mit dieser Aufgabe verbundene Kartei, die Mittelpunkt der siebenb. Vogelk. werden sollte, ging im 2. Weltkrieg unter.

Sprater, Thomas (S. 342)
Z. 11: ... „Vogelw. v. Neustadt a. H. u. seiner nächsten Umgeb." (Mitt. Poll. 48, 1889 u. Gef. W. 19, 1890).

Stadler, Hans (S. 342/43)
Ein Großteil seiner Arbeiten ist verzeichnet bei R. Immel, „D. Schrifttum über Forstwesen, ... u. Natursch. in Hessen u. Rheinl.-Pfalz" (Mainz 1958).
Seit 1914 war er Mitglied der DOG.

Stampfli, Franz Xaver (S. 343)
Die nach ihm benannte Form ist Sylvietta stampflii Büttikofer 1886 = Sylvietta flaviventris flaviventris (Sharpe) 1877.

Stechow, Jan (S. 344)
Seit 1937 war er Mitglied der DOG.

Steinbacher, Friedrich (S. 344)
— Lit.: Würdigung (von R. Heyder). Falke 10, 1963, S. 38.

Steller, Georg Wilhelm (S. 346)
Z. 2: Tjumen statt ... an
Z. 3: Aus dem Hause eines Kantors stammend, studierte er in Wittenberg Theol. ...
Z. 20: ... Kamtschatka wurde das Ziel seiner Träume. Im September 1740 setzte er von Ochotsk aus nach Bolscherjesk über und unternahm im Winter 1740/41 kleinere Erkundungen im Südteil der Halbinsel. Im Mai 1741 begann auf dem Flaggschiff „St. Peter" im Stabe Berings die Reise nach Osten. Am 20. Juli schon konnte der Schiffsarzt auf der Kayak-Insel landen, wo ihm sofort der Unterschied der Tierwelt dieser Insel zu der des Ochotskischen Meeres aufging. Daß er sich auf amerik. Boden befand, wurde ihm erst dann eindeutig klar, als er einen Vogel erbeutete, in dem er die in Catesbys „Natural History of Carolina" abgebildete Cyanocitta cristata zu erkennen glaubte (das Bild hatte er in Petersb. gesehen). Die Form, eine langschwänzige Häher-Art, trägt heute den Namen Stellers Jay-Cyanocitta stelleri. Das ihn bedrohende Mißgeschick stellte Willen und Widerstandskraft zum ersten Male vor eine kaum vorstellbare Probe, als Winterstürme das Schiff auf der Rückfahrt an den nackten Strand der Bering-Insel warfen. Der Kommandant erlag im Dezember dem Skorbut. St. aber gelang es, mit einem kleinen Rest der Mannschaft bis zum August 1742 auf der baumlosen Insel auszuhalten. In den an sich hoffnungslosen 8 Monaten begründete er den unvergänglichen Ruhm als Naturforscher. In seinem umfangreichsten Werke „De Bestiis marinis" (Petersb. 1751; dt. Übers. Halle 1753) beschrieb er die Taten und Erlebnisse im Kampf mit den Elementen. Die damals trotzdem errungenen Erfolge gipfeln in der Beschr. der auf der Insel entdeckten (und

1768 schon durch Robbenschläger ausgerotteten) Seekuh, des Seeotters, der Pelzrobben und des ausgestorbenen Phalacrocorax perspicillatus Pallas. Als die Überlebenden des „St. Peter" 1742 wieder in Kamtschatka eintrafen, hatte man das dort zurückgelassene Eigentum verkauft, weil man das Schiff verschollen glaubte. Und doch verzagte der Mittellose nicht. Er schrieb vielmehr im Winter 1742/43 seinen Ber. an die Petersb. Akad. Im Frühjahr 1743 besuchte er die nördl. Kurilen, und von Juli ab mußte er im Auftrag der Regierung noch an die Erkundung des Nordostens der Halbinsel gehen. Den dt. geschriebenen Rechenschaftsbericht veröffentlichte der zeitweilig als Jurist in Petersb. beschäftigte Franzose (Elsässer?) J. B. S. (= Jean Benoît Scherer) unter dem Titel „G. W. St.s ... Beschr. v. d. Lande Kamtschatka ..." (Frankf. u. Leipz. 1774). Im Frühjahr 1744 erreichte St. in Bolscherjesk der amtliche Befehl zur Rückkehr. In jener Zeit hatte er schon mit Schwierigkeiten zu kämpfen, die ihm die russ. Beamtenschaft und Disziplinaruntersuchungen von seiten der Petersb. Regierung bereiteten ...

Z. 8 v. u.: In den „Spicilegia zoologica" beschrieb P. S. Pallas (s. d.) mit Abb. als auffallendste neue Formen den Albatros Diomedea albatrus, die Alken Lunda cirrhata, Cyclorrhynchus psittacula, Aethia cristatella, Aethia tetracula = Aethia cristatella und die Scheckente, Polysticta stelleri.

Stolz, Johannes Wilhelm (S. 349)
Der Quellenforschung dient seine „Bibl. d. naturw. Arbeiten aus d. Kreise d. Brüdergemeine" (Zs. f. Brüdergeschichte, Bd. 10, 1916).

Stolzman, Jean (S. 350)
Z. 1: = Sztolcman, Jan
— Lit.: J. Sokołowski, D. Vögel d. poln. Länder (poln.), Bd. 1, 1958, S. 21/22. - St. Feliksiak, Poln. Ornithologen u. d. Biogr. d. „Orn. Mitteleuropas" (poln.), Przeglad Zool. 12, 3, 1968, S. 265/66.

Storm, Hugo (S. 350)
Z. 1: † nach 1901 in Amerika.

zur Strassen, Otto (S. 350)
Erwähnenswertes Verdienst um die Orn. erwarb er sich, als es ihm nach schwierigen Verhandlungen 1916 gelang, die neotropische Samml. des Grafen Hans v. Berlepsch (s. d.) für das Mus. Senckenberg in Frankf. zu erwerben und damit die Abwanderung in das kapitalkräftigere Ausland zu verhindern.
— Lit.: W. Kramer, Chronik d. Senck. Naturf. Ges. 1817—1966, Frankf. 1967.

Studer, Theophil (S. 351)
Die von ihm und dem Schiffsarzt Dr. C. Hüesker (s. d.) nicht nur auf den Kerguelen, sondern auch auf Neupommern, Neumecklenburg, Neuhannover, Neulauenburg und den Einsiedlerinseln gesammelten orn. Belegstücke kamen in das Berliner Zool. Mus., wo sie als „die ersten Vertreter der dortigen Vogelf." von J. Cabanis und A. Reichenow (s. d.) besprochen wurden in J. Orn. 23, 1875; 24, 1876; 25, 1877 u. Sb. Berl. v. 16. 5. 1876. St. selbst berichtete zusammenfassend in „D. Forschungsreise S. M. S. Gazelle in d. J. 1874—1876 ...", 3. Teil Zool. u. Geol., Berl. 1889 (mit Angabe der von ihm schon vorher geschriebenen orn. Einzelarbeiten).
— Lit.: Hist.-Biogr. Lex. d. Schweiz 6, 1931, S. 583.

Stuhlmann, Franz (S. 351)
— Lit.: Würdigung (von A. Panning). Mitt. Hamb. Zool. Mus. Inst. 56, 1958, S. 22/23 (mit Bildnis, Tafel 3).

Sturm, Jakob (S. 352)
Der Leopoldina gehörte er seit 1846 an.
— Lit.: Der Nachruf von J. W. Hilpert enthält ein Bildnis.

Sturm, Joh. Heinr. Ch. Friedr. (S. 352)
Der Leopoldina gehörte er seit 1851 an.
— Lit.: Nachruf (von Herrich-Schaeffer). Korr. Regensb. 16, 1862, S. 41—44. - Nachruf (Nürnb. K.). Leopoldina 3, 1862, S. 52/53.

Sturm, Joh. Wilhelm (S. 352)
Auch er hatte den Magistergrad von Gettysburg und gehörte seit 1851 der Leopoldina an.

Susemihl, Joh. Conrad (S. 353)
Z. 20: Joh. Wolfs statt J. Wolfs
Z. 20 v. u.: Die geschmackvollen Blätter, denen Präparate aus den Kabinetten von Darmstadt, Hanau, Mainz und Mannheim zugrunde lagen, beschränkten sich nun auf das Oktavformat, ...
Z. 11 v. u.: ... veröffentlicht. Nicht erfolgreicher war eine franz. Ausg. unter dem Titel „Histoire naturelle des oiseaux d'Europe" (1841—1843). Den Text, der sich nur mit den Raubvögeln beschäftigte,

schrieb wieder H. Schlegel (s. d.) mit Unterstützung u. a. von Ch. L. Brehm, C. F. Bruch, H. C. Küster, J. Natterer (s. d.). Ein der Bibliothek J. Moyat (s. d.) gehörendes Stück (aber mit dt. Text) enthält 108 z. T. von J. Wolf (s. d.) angefertigte, sehr gefällige Tafeln mit verschiedenen Arten; darunter sind 54, die Greifvögel darstellen.

Susemihl, Joh. Theodor (S. 353)
Z. 7 v. u.: ... So war er, in der Rue des Maçons — Sorbonne 5 wohnend, Freund und Mitarbeiter von M. Boitard, der ihn in seinem Buche „Nouveau Manuel du Naturaliste/Préparateur", nouvelle édition (Paris 1839) als „dessinateur et graveur en relief d'objets d'histoire naturelle" bezeichnete. Die 4 Falttafeln dieses Buches, darunter Lämmergeier und Goldfasan, stammen von dem dt. Künstler ebenso wie die 25 handkolorierten Kupferstiche des ältesten von Boitard und Corbié hrsg. Haustaubenwerks „Les Pigeons de volière et de Colombier" (Paris 1824). S. muß noch in den franz. Jahren der im hess. Vogelsberg empfangenen Leidenschaft zum Vogelfang nachgegangen sein, denn der franz. Freund schilderte 1839 mit sichtlichem Behagen, wie geschickt der Lithograph es verstand, in den Parkanlagen mit einer langen, dünnen Rute (sie war an der Spitze mit Vogelleim oder Roßhaarschlingen versehen) Kleinvögel zu fangen.

Szalay, Ludwig Elemér (S. 353)
Z. 4: ... und war von 1895—1901 Assistent am Ung. Orn. Inst.

Szarski, Kasimir (S. 353/54)
— Lit.: St. Feliksiak, Poln. Ornithologen u. d. Biogr. d. „Orn. Mitteleuropas" (poln.), Przeglad Zool. 12, 3, 1968, S. 267/68.

Szeliga-Mierzeyewski, Wladislaus von (S. 354)
Z. 1: * 3. 8. 1882
Er war der Sohn eines poln. Kreisarztes.
— Lit.: N. v. Transehe, D. Vogelw. Lettl., 1965, S. 190. - St. Feliksiak, Poln. Ornithologen u. d. Biogr. d. „Orn. Mitteleuropas" (poln.), Przeglad Zool. 12, 3, 1968, S. 268.

Szielasko, Alfred (S. 354)
Der DOG trat er 1904 bei.

Taczanowski, Ladislaus (S. 355/56)
— Lit.: J. Sokołowski, D. Vögel d. poln. Länder (poln.), Bd. 1, 1958, S. 21. - St. Feliksiak, Poln. Ornithologen u. d. Biogr. d. „Orn. Mitteleuropas" (poln.), Przeglad Zool. 12, 3, 1968, S. 262/63.

Tancré, Rudolf (S. 356)
Zwischen Handel und Wissensch. war er ähnlich ernsthafter Mittler wie etwa der Verleger zwischen Buchhandel und Forschung.

Tantow, Franz (S. 356/57)
1923 schloß er sich der DOG an.

Taschenberg, Otto (S. 357)
1885 wurde er Mitglied der Leopoldina.
Sein Vater Ernst Ludwig T. lebte von 1818 bis 1898.
— Lit.: Bildnis in W. Horn u. S. Schenkling, Index Litteraturae Entomologicae, Bd. 2, 1928.

Tenckhoff, Albert (S. 358)
Z. 4: 1858 statt 1958

Thanner, Rudolf von (S. 358)
linke Sp., Z. 14: Er schrieb auch „Beob. auf Tenerife" (Novit. Zool. 11, 1904).
Die nach ihm benannten Formen sind Emberiza calandra thanneri v. Tschusi 1903 = Emberiza calandra calandra Linnaeus 1758 und Dendrocopus major thanneri le Roi 1911 = Dendrocopos major thanneri.

Theobald, Philipp Wilhelm (S. 358)
1873 schloß er sich auch der DOG an.

Thiel, Carl Ludwig Theodor (S. 358/59)
1922 wurde er Mitglied der DOG.

Thienemann ,Friedrich August Ludwig (S. 359/60)
Z. 2: * ... bei Freyburg a. d. Unstrut statt Bez. Dresden.
Z. 8: Im Juli 1843 war er auch auf Helgoland.
Seit 1838 gehörte er der Leopoldina an.

Thienemann, Georg August Wilhelm und **Thienemann,** Gustav August Leopold (S. 360)
Z. 2: * ... bei Freyburg a. d. Unstrut statt Bez. Dresden.

Thienemann, Johannes (S. 361)
Die DOG zählte ihn seit 1899 zu ihren Mitgliedern.

Thienemann, Max (S. 361)
Z. 15: 1929 statt 1932
Z. 18: ... in Rossitten, wo er als Privatmann zeitweise auch nach der Pensionierung des Bruders noch lebte.

Tiedemann, Friedrich (S. 362)
Der Leopoldina gehörte er seit 1828 an.
— Lit.: E. Stübler, Gesch. d. med. Fak. d. Univ. Heidelb. 1386—1925, Heidelb. 1926 (mit Bildnis).

TEIL 2

Tischler, Friedrich (S. 362/63)
Die nach ihm benannten Formen sind Parus atricapillus tischleri Kleinschmidt 1917 = Parus montanus borealis Selys-Longchamps 1843, Corvus Coloeus tischleri Kleinschmidt 1935 = Corvus monedula soemmerringii Fischer 1811, Accipiter tischleri Kleinschmidt 1938 = Accipiter gentilis gentilis (Linnaeus) 1758.

Tökés, Ludwig (S. 363)
Z. 6: Sátoraljaújhely statt Sat...
Z. 8: ... die Vogelwelt des Banats statt des K...T...
Z. 11: Füz. Temesvár 27, 1903 u. 28, 1904). Die späteren Jahre ließen ihn auf dem Gebiete der Orn. verstummen.
— Lit.: Nachruf (von A. Keve). Aquila 69/70, 1962/63, S. 283/84.

Törne, Hans von (S. 364)
Seit 1936 war er Mitglied der DOG.

Tomek, Rudolf (S. 364)
Von den als „Vermischte Mitt." in den B. z. F. stehenden avif. und brutbiol. Verlautbarungen seien genannt: „Beob. b. Nestbau d. Grauammers" (ebd. 14, 1938), „Sperberhorste im Laubwald" (ebd. 15, 1939), „Über Nestbau u. Eier d. Zaunammers in d. Ostmark", zus. mit R. Lugitsch (ebd. 16, 1940), „Gelbspötter als Bewohner v. Föhrenjungwäldern" (ebd. 18, 1942). Die russ. Bälge waren von ihm 1942/43 in der Gegend von Orel gesammelt und umfaßten 37 Arten.

Treuenfels, Hubertus von (S. 365)
Seit 1933 war er Mitglied der DOG.

Troller, Julius (S. 365)
Seit 1915 war er Mitglied der DOG.

Troschütz, Carl Alfred (S. 365/66)
Seit 1924 war er Mitglied der DOG.

Tschudi, Johann Jakob von (S. 366)
Mitglied der Leopoldina war er seit 1845.

Tschusi zu Schmidhoffen, Viktor von (S. 366/67)
S. 366, Z. 2: * 28. 12. 1847 Slichow (Gerichtsbezirk Smichow) bei Prag

Tyzenhauz, Konstantin Graf (S. 367)
linke Sp., Z. 2: Zoludek statt Zot...
rechte Sp., Z. 16 v. u.: Der „Catalogus avium..." (Riga 1848) erfuhr eine neue Bearbeitung durch J. Domaniewski (s. d.) in „Über T.s Kat. d. in Polen vorkommenden Vögel u. Säugetiere" (Fr. faun. Mus. Zool., pol. 1, 1931 — Text poln. mit dt. Zusammenfassung).
— Lit.: J. Sokołowski, D. Vögel d. poln. Länder (poln.), Bd. 1, 1958, S. 17. - St. Feliksiak, Poln. Ornithologen u. d. Biogr. d. „Orn. Mitteleuropas" (poln.), Przeglad Zool. 12, 3, 1968, S. 263.

Ulmer, Ernst (S. 368)
1920 wurde er Mitglied der DOG.
— Lit.: Würdigung (von H.-G. Thienemann). Ostpreußenblatt v. 18. 10. 1958 (mit Bildnis).

Uttendörfer, Otto (S. 368/69)
Im tiefsten Grunde war er ein in religiöser Bindung weltoffener Weiser, für den die kleinen Dinge groß wurden, weil er sich ihnen mit Liebe und Muße näherte.
— Lit.: Bildnis in „Neue Ergebnisse...", 1952.

Valentinitsch, Franz (S. 369)
Z. 9: ... (u. a. Weidmannsheil, Österr. Forstztg., Hugos Jagdztg.) ...

Vařečka, Dalimil Vladislav (S. 369/70)
Von seinen Veröff. können genannt werden: „Seltene Vorkommnisse in d. Gegend v. Pisek in Böhmen" (Orn. Jb. 2, 1891), „Einige Notizen z. Orn. Böhmens" (ebd. 2, 1891 u. Mitt. Wien 16, 1892), „Über d. Vorkommen d. Zwergohreule in Böhmen, Mähren u. Schlesien" (Mitt. Wien 16, 1892).

Vazvári, Nikolaus (S. 370)
Z. 1: Vasvári statt Vazvári
rechte Sp., Z. 3: ... Im Komitat Somogy und

Viereck, Hans von (S. 370/71)
1923 trat er der DOG bei.

Viereck, Hardenack von (S. 371)
1937 trat er der DOG bei.

Vietinghoff-Riesch, Arnold Freiherr von (S. 371/72)
Seit 1919 war er Mitglied der DOG. Er starb nicht in Göttingen, sondern in Unna (Westfalen).

Volk, Johann (S. 373)
letzte Z.: Doch stammt von ihm die durch L. Fischer (s. d.) im „Kat. d. Vögel Badens" (1897) gebrachte Nachr. über die Erbeutung einer Spornammer - Calcarius lapponicus: „... unter den Flügen der Feldlerche. Männchen bei Bruchsal Winter 1894/95 gefangen u. lebend erhalten bis Sommer 1896 (Volk)."

Vollnhofer, Paul (S. 373/74)
Seine Wasseramsel-Samml. ging unter. Nur

Teile davon befinden sich in der Forsthochschule Ödenburg.

Volz, Walter (S. 374)
— Lit.: Flora Malesiana 1, 1950, S. 547/48.

Wachs, Horst (S. 374)
Seit 1923 war er Mitglied der DOG.
— Lit.: Nachruf (von O. Koehler). Zool. Anz., Suppl. 20, 1957, S. 490 (mit Bildnis).

Wacquant-Geozelles, Staats von (S. 374/75)
Er schrieb auch in Mitt. Wien.

Waga, Anton (S. 375)
Z. 1: Lomza statt Loniza
Z. 6 v. u.: 1845 statt 1825
Z. 3 v. u.: Myiopatis wagae Taczanowski 1884 = Phaeomyias murina wagae (Taczanowski). Die folgenden Angaben streichen.
— Lit.: Nachruf in Bull. Soc. Entom. Fr. 1890, S. 211. - St. Feliksiak, Poln. Ornithologen u. d. Biogr. d. „Orn. Mitteleuropas" (poln.), Przeglad Zool. 12, 3, 1968, S. 263.

Wagner, Rudolph (S. 376)
Seit 1862 war er Mitglied der Leopoldina.

Walter, Alfred (S. 378)
Z. 1: * 14. 4. 1860 Wolmar (Livland), † 2. 2. 1890 Jena.
— Lit.: . . . Nord-Chorassan statt Cha . . ., Gotha 1898 . . . - N. v. Transehe, D. Vogelw. v. Lettl., 1965, S. 188.

Wand(t), Jens (S. 378)
— Lit.: Bildnis in O. Leege u. P. F. Weckmann-Wittenburg, Vögel dt. Küsten, 1941, S. 145. - Nachruf (von H. Schumann). Orn. Mitt. 2, 1950, S. 132 (mit Bildnis).

Warnecke, Georg (S. 378/79)
— Lit.: Nachruf (von de Lattin). Mitt. Hamb. Zool. Mus. Inst. 60, 1962, S. 325—328. - Nachruf (von W. Wolf). B. Nieders. 17, 1964, S. 1—5.

Washington, Stefan Freiherr von (S. 379)
In den „Materialien z. einer Ornis Balc., 2. Bd. Bulgarien" (1894) schrieb O. Reiser (s. d.), daß der Baron „eine der reichhaltigsten u. schönsten Spatzenkollektionen besitzt, die überhaupt existieren"; der „Liebenswürdigkeit d. hochgeschätzten Freundes" verdankte Reiser auch eine dem Bulgarienband beigegebene Aquarellskizze des Passer hispaniolensis. Einer vertieft ausgeprägten Neigung entsprang aber W.s Beschäftigung mit bestimmten Zuchtrassen der Haustaube, vor allem mit der in seiner Heimat beliebten und bodenständigen Gruppe der sog. Huhntauben. In diesem Zweig der angewandten Orn. hat seine Erfahrung heute noch Geltung. Beziehungen zu wissensch. arbeitenden Fachleuten jener Zeit und eine viel bewunderte Bibliothek der Haustaubenschriftsteller gestatteten ihm einen so breiten Blick über das Stoffgebiet der Taubenliebhaberei, daß er mit eindrucksvollen Darstellungen Hauptmitarbeiter (s. die Seiten 92—153) an dem von dem Stettiner Buchhändler Gustav Prütz hrsg. „Ill. Mustertauben-Buch" (Hamburg 1886) wurde. Ernsthaft durchdachte Original-Beitr. aus seiner Feder brachte außerdem die seit 1882 in Wien erscheinende Allg. Geflügel-Ztg. Zum ersten Mal tauchte sein Name auf im Jber. Beob.-Stat. Österr.-Ung. 1, 1883.

Wasmuth, Paul (S. 379)
Z. 2 v. u.: 43 statt 72
Zu der „Aufzählung . . ." nahm H. v. Loudon (s. d.) kritisch Stellung in Orn. Mber. 18, 1910. W. hinterließ außerdem eine „Tabellarische Naturgesch. d. Säugetiere d. Ostseeprovinzen" (Reval 1908). Das Schwergewicht seiner Neigungen ist ebensowenig bekannt wie Näheres über den Lebensweg des Verfassers.
— Lit.: N. v. Transehe, D. Vogelw. Lettl., 1965, S. 189.

Weigel, Johann Adam Valentin (S. 380)
Z. 1: * 29. 9. 1740 Sommerhausen b. Würzburg, † 24. 6. 1806 Haselbach, Kr. Landeshut (Schlesien).
— Lit.: Würdigung (von K. Letzner). Zeitschr. f. Entom. (Breslau) 12, 1858, S. 13—15.

Weinland, David Friedrich (S. 380)
linke Sp., Z. 3 v. u.: Einem dreijährigen Aufenthalt in Amerika und Haiti folgte kurze Tätigkeit als 2. Direktor und Sektionär für Mollusken bei der Senck. Naturf. Ges. in Frankfurt (1860—1863).
rechte Sp., Z. 6: Die Zeitschr. „Zool. G." gründete er 1859 in Frankfurt. Weitere orn. Verlautbarungen waren „Über Pinselzungen d. Papageien" (J. Orn. 2, 1854) und „Über Vogelgesang" (Natur, Halle 1859).
1860 wurde er Mitglied der Leopoldina. „Rulaman" erschien 1878, „Kuning Hartfest" 1879.
Wenig Glück hatte er mit der Gründung der nur einen Jahrgang durchhaltenden Zeitschr. „D. Tiergarten" (Stuttg. 1864), die wohl als Konkurrenzunternehmen zum „Zool. G." gedacht war. Die Leitung des

Frankf. Tiergartens lag nie in seinen Händen.
— Lit.: Autobiogr. Mitt. in Jber. Württ. 7/8, 1890, S. 170—173.

Weiske, Emil (S. 380)
„Bem. z. d. v. E. W. in Brit.-Neu-Guinea u. Nord-Queensland gesammelten Vogelbälgen" schrieb M. Sassi (s. d.) in J. Orn. 57, 1909 u. 58, 1910.
Die nach ihm benannten Formen sind Eutolmaetus weiskei Reichenow 1900 = Hieraaetus morphnoides weiskei (Reichenow), Cacomantis weiskei Reichenow 1900 = Cacomantis castaneiventris weiskei Reichenow, Syma weiskei Reichenow 1900 = Halcyon megarhynchus megarhynchus (Salvadori) 1896, Climacteris weiskei Reichenow 1900 = Climacteris leucophaea minor (Ramsay) 1891.
— Lit.: Würdigung (von R. Heyder). Zool. Abh. Dresd. 27, 1964, S. 81—128 (mit 2 Bildnissen).

Weismann, August (S. 381)
Z. 2: ... Zuerst prakt. Arzt und Leibarzt des Erzherzogs Stephan von Österr. auf Schloß Schaumburg (Lahn), wählte er 1863 die Zool. als Lebensfach, begann neues Studium in Gießen und 1866 die Univ.-Laufbahn in Freib., dem er alle Zeit treu blieb.
An seinen Namen bleibt die Theorie geknüpft, daß alle sich vererbenden Abänderungen bedingt sind durch den Kampf, den (wie jeder Teil des Organismus) auch die Elemente des Keimplasmas um ihren Bestand führen müssen, und daß nur die Keimvariationen sich vererben, die Zweckmäßiges schaffen.
Seit 1879 gehörte er der Leopoldina an.

Weiß, Karl (S. 381, neue Fassung)
Anfang und Ende der Lebensbahn des Hamburgers sind unbekannt. Eine Teilstrecke trat erst in das Licht nachweisbarer Fakten, als der Chirurg und Arzt auf Grund eines 1846 mit dem Hamburger Mus. abgeschlossenen Vertrags im Juni 1847 nach der westafrik. Goldküste reiste, sich auf São Tomé niederließ und vorübergehend (Februar 1848 und Ende 1849) auch auf Ilha do Príncipe weilte. Für freie Überfahrt und Versorgung mit Tauschmitteln hatte er sich zur Beschaffung von zool. Objekten verpflichtet. Nur unter Einsatz starker Willenskräfte wurde er mit den Widerständen und Tücken der tropischen Natur fertig. So steht in einem seiner Ber. aus Accra vom September 1847, daß das Sammeln nur von 6.00—9.00 Uhr und 16.00—18.00 Uhr möglich war, daß geschossene Vögel meist in den mit Schlingpflanzen verwachsenen Kakteen unerreichbar blieben und viele Bälge obendrein von Eingeborenen vernichtet wurden. Auch die im August 1848 in São Tomé gegründete ärztliche Praxis hinderte den Pionier nicht an der Fortsetzung der Lieferungen an das Hamb. Inst. Zur Zufriedenheit der Mus.-Kommission trafen bis 1853 6 umfangreiche Sendungen im Heimathafen ein, obwohl durch den Konkurs einer Reederei seit 1849 viele Kisten verlorengingen. Nach 1853 scheint dann die Verbindung erloschen zu sein. Die Eingänge rechneten indes zu den bemerkenswertesten und ertragreichsten aus der Frühzeit des 1837 gegründeten Hamb. Mus. Besonders verdient machte sich der Sammler durch viele hervorragende Neuheiten gerade unter den Vogelbälgen. Diese Materialunterlagen regten G. Hartlaub (s. d.) entscheidend zu den Unters. der afrik. Ornis an. Niedergelegt sind die Ergebnisse des der avif. Forschung neue Wege weisenden Bearbeiters seit 1849 u. a. in den Abh. d. Naturw. Ver. Hamb. 2, 1852, ferner in dem „Versuch einer synoptischen Orn. Westafrikas" (J. Orn. 1, 1853 u. 2, 1854) sowie im „System d. Orn. Westafrikas" (1857). Von W. gelieferte Bälge befinden sich auch in der Samml. F. Heine (s. d.).
— Lit.: Herm. Bolau, D. Typen d. Vogelsammlung d. Naturh. Mus. z. Hamb., Mitt. Naturh. Mus. Hamb. 15, 1897 (1898), S. 45—71. - A. Reichenow, D. Vögel Afrikas 1, 1900/01, S. XII. - Würdigung (von A. Panning). Mitt. Hamb. Zool. Mus. Inst. 56, 1958, S. 18.

Wendlandt, Paul (S. 381/82)
— Lit.: Würdigung (von A. Koenig). Kat. d. nido-ool. Samml. ... Bd. 1, 1931, S. 25.

Wendnagel, Adolf (S. 382)
— Lit.: Nachruf (von H. Hediger). Zool. G., N. F. 20, 1953, S. 187—189 (mit Bildnis).

Woborzil, Joh. Wilh. Edler von (S. 387)
Seine Samml. (Würgfalken!) befand sich 1870 im Besitz von Anton Richter in Königsaal.
— Lit.: A. Fritsch, D. Vögel Böhmens, J. Orn. 19, 1871, S. 172.

Wodzicki, Kasimir Graf (S. 387)
— Lit.: J. Sokołowski, D. Vögel d. poln. Länder (poln.), Bd. 1, 1958, S. 19—21. - St. Feliksiak,

Poln. Ornithologen u. d. Biogr. d. „Orn. Mitteleuropas“ (poln.), Przeglad Zool. 12, 3, 1968, S. 263/64.

Wöldicke, Peter von (S. 387/88)
— Lit.: E. Lehn Schiöler, Danmarks Fugle 1, 1925, S. 81—83. - E. Stresemann, Vor- u. Frühgesch. d. Vogelforschung auf Helgoland, J. Orn. 108, 1967, S. 377—429.

Wolf, Johann (S. 388)
Der Leopoldina gehörte er seit 1796 an.

Wolf, Joseph (S. 388/89)
Großartige Bilder aus seiner Hand erschienen auch in den Proceedings und Transactions der Londoner Zool. Gesellschaft.

Wünsche, Ernst August (S. 389)
Er war der Sohn eines Webers und als Bäcker tätig, bis er 1873 eine Waldwärterstelle in Schmilka übernahm. Aus Mangel an Anregungen legte er seine Kenntnisse der heimischen Vogelw. nicht in der Lit. nieder. Nur seine Tagebücher und Samml. sind die fast einzigen Quellen über die Ornis des Elbsandsteingebirges um die Jahrhundertwende.
— Lit.: G. Creutz, E. A. Wünsche u. d. orn. Erforschung d. Elbsandsteingebirges, Sächs. Heimatblätter 1, 1969, S. 37—40 (mit Bildnis).

Würschmitt, Adolph Bruno (S. 389)
Wegen mangelhafter Beschriftung blieben die von ihm präparierten Stücke faun. wertlos. In der Oberrealschule Kaiserslautern aufbewahrt, gingen sie im 2. Weltkrieg unter.

Xántus, Johann (S. 390)
Die griechischen Vorfahren hatten sich schon im 15. Jahrh. in Siebenbürgen niedergelassen und den Adelsstand erreicht.
— Lit.: Dictionary of American Biogr. 10, 1936, S. 589/90 (mit älteren Quellen).

Zawadzki, Alexander (S. 391)
— Lit.: R. Steinbach, Österr. Botaniker d. 19. Jahrh. . . ., Diss. Wien 1959, S. 117/18. - St. Feliksiak, Poln. Ornithologen u. d. „Orn. Mitteleuropas“ (poln.), Przeglad Zool. 12, 3, 1968, S. 264.

Zdobnitzky, Franz (S. 391)
Zu seinen Verlautbarungen gehören ferner „D. Vogelw. v. Unter-Wisternitz u. Umgeb.“ (Zs. Brünn 6, 1906) und „Ergebnisse v. Frühjahrsbeob. aus d. Umgeb. v. Muschau“ (Mitt. d. Komm. z. Durchforschung Mähr., 1907).

Zech, Julius Graf von (S. 391)
Nach ihm benannte Formen waren Numida zechi Reichenow 1896 nach domestizierten westafr. Stücken und Pseudogyps africanus zechi v. Erlanger 1904 = Gyps africanus (Salvadori) 1865.

Zedlitz und Trützschler, Otto Graf von (S. 391/92)
Zu seinen Ehren wurden benannt Erythrospiza githaginea zedlitzi Neumann 1907 = Rhodopechys (Bucanetes) githaginea zedlitzi Neumann, Pogoniulus chrysoconus zedlitzi Neumann 1908 = Pogoniulus chrysoconus chrysoconus (Temminck) 1832, Cisticola zedlitzi Reichenow 1909 = Cisticola brachyptera zedlitzi Reichenow, Trachyphonus arnaudi zedlitzi Berger 1911 = Trachyphonus darnaudii (Prévost u. Des Murs) 1850, Sylvietta zedlitzi Reichenow 1918 = Sylvietta whytii Jacksoni (Sharpe) 1897, Passer griseus zedlitzi Gyldenstolpe 1922 = Passer griseus diffusus (Smith) 1836, Estrilda senegala zedlitzi Grote 1922 = Lagonosticta senegala zedlitzi (Grote).

Zeidler, Herbert (S. 392)
1933 trat er der DOG bei.

Zenker, Georg (S. 392/93)
Seinen Namen erhielten Accipiter zenkeri Reichenow 1894 = Accipiter minullus zenkeri Reichenow, Agapornis zenkeri Reichenow 1895 = Agapornis swinderniana zenkeri Reichenow, Turacus buffoni zenkeri Reichenow 1896 = Tauraco persa zenkeri, Melignomon zenkeri Reichenow 1898 = Melignomon zenkeri Reichenow.

Zietz, Amandus Heinrich Christian (S. 394)
Z. 2: † 2. 8. 1921 Kingswood
Die wichtigsten Veröff. über neue oder seltene Formen erschienen in Trans. Proc. and Report of the Royal Soc. of South Australia 13, 1889/90; 15, 1892; 22, 1898; 24, 1900.
Nach ihm benannt ist Psephotus petrophilus zietzi Mathews 1912 = Neophema petrophila zietzi (Mathews).
— Lit.: Nachruf (von Schriftl.). Emu 21, 1922, S. 237. - H. M. Whittell, The Literature of Austral. Birds, Perth 1954, Teil 2, S. 784/85. - A. A. Prestwich, I name this Parrot . . ., 2. Aufl., London 1963, S. 107.

Zimmer, Carl (S. 394/95)
In die schles. Zeit fällt noch die Arbeit „Aus

TEIL 2

d. Trachenberger Seengebiete" (Ber. Schles. 2, 1908).

Zimmermann, Max Rudolf (S. 395)
1916 trat er der DOG bei.

— Lit.: Würdigung (von R. Reichert). Dresd. wissensch. Mus.... 1956, S. 11/12 (mit Bildnis).

Zumstein, Friedrich (S. 396/97)
S. 397, Z. 6: ... Seinem feldorn. Eifer sind vor allem wertvolle Nachweise seltener Arten zu danken; u. a. schrieb er „Beob. über Emberiza cirlus" (Pfälz. Heimatk. 3, 1907), „D. Schlangenadler als Brutvogel b. Bad Dürkheim" (ebd. 7, 1911), „Beob. über d. Zippammer - Emb. cia" (Mitt. Poll. 27/28, 1911/12), „D. Ortolan - Emb. hortulana Brutvogel in d. Pfalz" (Verh. Bay. 15, 1921), „D. Stelzenläufer - Himantopus h. h. in d. Pfalz" (ebd. 15, 1923), „Eierzahl v. Emb. cirlus" (B. z. F. 2, 1926), „Am Neste d. Zaunammer" (ebd. 3, 1927), „Seltene Vogelarten aus d. Pfalz" (Anz. Bay. 1, 1928), „Kreuzschnabelinvasionen in d. Pfalz 1926 bis 1928" (Pfälz. Mus., Pfälz. Heimatk. 26, 1930), „D. Alpenmauerläufer - Tichodroma muraria, ein seltener Wintergast in d. Pfalz" (ebd. 29, 1933), „Beitr. z. Vogelw. d. Pfalz" (Anz. Bay. 2, 1933). Die nicht glaubwürdige Meldung in „Naturdenkmäler aus d. Pfälz. Vogelw." (Pfälz. Heimatk. 15, 1919), daß „vor einigen Jahren" — nach einer Mitt. von Eppelsheim — der Rotfußfalke im Bischofswalde bei Grünstadt gebrütet habe, hätte Z. allerdings unterdrücken sollen. Eine Zusammenfassung seiner Erfahrungen mit 108 Brut- u. 48 Durchzugsvögeln stellte die „Vogelw. v. Bad Dürkheim u. seiner Umgeb." (Mitt. Poll., N. F. 1, 81/82, 1922) dar. Aufzählungen seiner Veröff. finden sich bei L. Gebhardt u. W. Sunkel in „Vögel Hess." (1954), bei R. Immel im „Schrifttum über Forstwesen, Holzwirtschaft, Jagd, Fischerei u. Natursch. in Hess. u. Rheinl.-Pfalz" (1958), bei G. Groh in der „Vogelf. v. Neustadt/Weinstraße u. Umgeb." (Mitt. Poll. III, 12, 1965) und bei dems. in „Pfälz. Belegstücke in d. Vogelsamml. d. Pollichia" (ebd. III, 13, 1966). Z. machte sich um die avif. Aufhellung der pfälz. Wärmeinsel und um die Verbreitung vertiefter Schutzgedanken für bedrohte Formen bemerkenswert verdient. In seinen Arbeiten kamen, je nach Zweck, der sachliche oder erzählende Stil zu ihrem Recht.

Zwiesele, Heinrich (S. 397)
Der DOG trat er 1921 bei.

Verzeichnis der häufigsten Abkürzungen

Leicht oder ohne weiteres verständliche Abkürzungen sind nicht aufgenommen. Daher fehlen hier auch Bezeichnungen für bekannte Länder- und Ortsnamen, vor allem auf -bach, -berg, -burg, -dorf, -feld, -furt, -heim, -land, -stadt.

1. Kürzungen von Wörtern

Abb. = Abbildung(en)
Abt. = Abteilung(en)
Akad., akad. = Akademie, akademisch
allg. = allgemein
Anat., anat. = Anatomie, anatomisch
Ann. = Annalen
Anm. = Anmerkung(en)
Anthrop., anthrop. = Anthropologie, anthropologisch
Anz. = Anzeiger
ao. Professor = außerordentlicher Professor
apl. Prof. = außerplanmäßiger Professor
Arch. = Archiv
Aufl. = Auflage(n)
Aufs. = Aufsatz, Aufsätze
Aufz. = Aufzeichnung(en)
Ausg. = Ausgabe(n)
Aussch. Beob.-Stat. Deutschl. = Ausschuß für Beobachtungs-Stationen der Vögel Deutschlands
Ausschuß Beob.-Stat. Österr.-Ung. = Ausschuß für Beobachtungs-Stationen der Vögel Österreich-Ungarns
Avif., avif. = Avifauna, avifaunistisch

Bd., Bde. = Band, Bände
Beil. = Beilage(n)
Beitr. = Beitrag, Beiträge
Bem. = Bemerkung(en)
Beob. = Beobachtung(en)
Ber. = Bericht(e)
Beschr. = Beschreibung(en)
Bibl., bibl. = Bibliographie, bibliographisch
Biogr., biogr. = Biographie, biographisch
Biol., biol. = Biologie, biologisch
Bl. = Blatt, Blätter
Botan., botan. = Botanik, botanisch
Bull. = Bulletin

Denkschr. = Denkschrift(en)
Diss. = Dissertation
DO-G = Deutsche Ornithologen-Gesellschaft (1850—1875) und seit 1949
DOG = Deutsche Ornithologische Gesellschaft zu Berlin (1868—1875), Allgemeine Deutsche Ornithologische Gesellschaft (1876—1945)
dt. = deutsch
Dt. Ver. z. Schutze d. Vogelw. = Deutscher Verein zum Schutze der Vogelwelt

Eierk., eierk. = Eierkunde, eierkundlich
Einl. = Einleitung
Embryol., embryol. = Embryologie, embryologisch
Entom., entom. = Entomologie, entomologisch
Entw. = Entwicklung
Enz., enz. = Enzyklopädie, enzyklopädisch
Ethnogr., ethnogr. = Ethnographie, ethnographisch
Ethnol., ethnol. = Ethnologie, ethnologisch
Ethol., ethol. = Ethologie, ethologisch
Exk. = Exkursion(en)
Exp. = Expedition(en)

Fak. = Fakultät(en)
Faun., faun. = Faunistik, faunistisch
Feldorn., feldorn. = Feldornithologie, feldornithologisch
Forstw., forstw. = Forstwirtschaft, forstwirtschaftlich
Forts. = Fortsetzung

Geogr., geogr. = Geographie, geographisch
Geol., geol. = Geologie, geologisch
ges. = gesamt
Ges. = Gesellschaft(en)
Gesch., gesch. = Geschichte, geschichtlich

Hdb. = Handbuch, Handbücher
Heimatk., heimatk. = Heimatkunde, heimatkundlich
hist. = historisch
Histol., histol. = Histologie, histologisch
hrsg. = herausgegeben

Inst. = Institut
internat. = international
Jagdk., jagdk. = Jagdkunde, jagdkundlich
Jahrh. = Jahrhundert
Jb. = Jahrbuch, Jahrbücher
Jber. = Jahresbericht(e)
Jg. = Jahrgang, Jahrgänge
Jh. = Jahresheft(e)
jur. = juristisch

Kat. = Katalog(e)
Korr., korr. = Korrespondenz(-Blatt), korrespondierend

Landesk., landesk. = Landeskunde, landeskundlich

Landsch. = Landschaft
Landschaftspfl. = Landschaftspflege
Landw., landw. = Landwirtschaft, landwirtschaftlich
Lex. = Lexikon
Lit., lit. = Literatur, literarisch
Lrb. = Lehrbuch, Lehrbücher

Magaz. = Magazin
Math., math. = Mathematik, mathematisch
Mber. = Monatsbericht(e)
Med., med. = Medizin, medizinisch
Met., met. = Meteorologie, meteorologisch
Mh. = Monatsheft(e)
Min., min. = Mineralogie, mineralogisch
Mitt. = Mitteilung(en)
Monogr., monogr. = Monographie, monographisch
Morphol., morphol. = Morphologie, morphologisch
Msk. = Manuskript(e)
Mus., mus. = Museum, Museen, Museologie, museologisch, museal

Nachr. = Nachricht(en)
Nachtr. = Nachtrag, Nachträge
Naturf., naturf. = Naturforschung, naturforschend
naturh. = naturhistorisch
Naturk., naturk. = Naturkunde, naturkundlich
Natursch. = Naturschutz
Naturw., naturw. = Naturwissenschaft(en), naturwissenschaftlich
Nekr. = Nekrolog
N. F. = Neue Folge
Nid., nid. = Nidologie, nidologisch
Nomenkl., nomenkl. = Nomenklatur, nomenklatorisch

Ökol., ökol. = Ökologie, ökologisch
Ökon., ökon. = Ökonomie, ökonomisch
Ool., ool. = Oologie, oologisch
o. Prof. = ordentlicher Professor
Orn., orn. = Ornithologie, ornithologisch
Orn. Ges. Bay. = Ornithologische Gesellschaft in Bayern
Osteol., osteol. = Osteologie, osteologisch

Paläarkt., paläarkt. = Paläarktis, paläarktisch
Paläont., paläont. = Paläontologie, paläontologisch
Phänol., phänol. = Phänologie, phänologisch
Phil., phil. = Philosophie, philosophisch
Philol., philol. = Philologie, philologisch
Photogr., photogr. = Photographie, photographisch
Phys., phys. = Physik, physikalisch
Physiol., physiol. = Physiologie, physiologisch
Präh., präh. = Prähistorie, prähistorisch
Proc. = Proceedings
prot. = protestantisch
Prov., prov. = Provinz, provinzial
Psychol., psychol. = Psychologie, psychologisch

Rdbr. = Rundbrief(e)
Rdsch. = Rundschau
Rechtsw. = Rechtswissenschaft
Rev. = Revue

S. = Seite
s. = siehe
Samml. = Sammlung
Schr. = Schrift(en)
Schriftl. = Schriftleitung
s. d. = siehe dort
Senck. = Senckenberg, Senckenbergisch
s. o. = siehe oben
sog. = sogenannt
s. u. = siehe unten
System., system. = Systematik, systematisch

Taxon., taxon. = Taxonomie, taxonomisch
Teleol., teleol. = Teleologie, teleologisch
Theol., theol. = Theologie, theologisch

u. a. = unter anderem, und andere
Übers. = Übersetzung(en)
Umgeb. = Umgebung
ungen. = ungenannt
Univ. = Universität(en)
Unters. = Untersuchung(en)

Ver. = Verein
Verf. = Verfasser
Verh. = Verhandlung(en)
Verl. = Verlag
Veröff. = Veröffentlichung(en)
Verz. = Verzeichnis(se)
vgl. = vergleiche
Vogelf. = Vogelfauna
Vogelk., vogelk. = Vogelkunde, vogelkundlich
Vogelsch. = Vogelschutz
Vogelw. = Vogelwelt
Volksk., volksk. = Volkskunde, volkskundlich

Wissensch., wissensch. = Wissenschaft(en), wissenschaftlich

Zeitschr. = Zeitschrift(en)
z. T. = zum Teil
Ztg. = Zeitung(en)

2. Kürzungen von Zeitschriften und Werken

Abh. Akad. d. Wissensch. Berl. = Abhandlungen der Preußischen Akademie der Wissenschaften
Abh. Akad. d. Wissensch. Münch. = Abhandlungen der Bayerischen Akademie der Wissenschaften
Abh. Altenb. = Abhandlungen und Berichte des Naturkundlichen Museums „Mauritianum" Altenburg (Fortsetzung der Mitteilungen aus dem Osterlande)

Abh. Augsb. = Abhandlungen der Naturforschenden Gesellschaft Augsburg oder des Naturwissenschaftlichen Vereins für Schwaben
Abh. Brem. = Abhandlungen des Naturwissenschaftlichen Vereins Bremen
Abh. Dresd. = Abhandlungen und Berichte des Zoologisch-anthropologisch-ethnographischen Museums (später Museums für Tierkunde) Dresden = Zoologische Abhandlungen aus dem Staatlichen Museum für Tierkunde in Dresden
Abh. Görl. = Abhandlungen und Berichte des Naturkundemuseums Görlitz
Abh. Gotha = Abhandlungen und Berichte des Naturkundemuseums Gotha
Abh. Halle = Abhandlungen der Naturforschenden Gesellschaft Halle
Abh. Hamb. = Abhandlungen und Verhandlungen des Naturwissenschaftlichen Vereins in Hamburg
Abh. Magdeb. = Abhandlungen und Berichte des Museums für Natur- und Heimatkunde zu Magdeburg
Abh. Münst. = Abhandlungen des Westfälischen Provinzial-Museums Münster
Abh. Nürnb. = Abhandlungen der Naturhistorischen Gesellschaft zu Nürnberg
Abh. Pom. = Abhandlungen und Berichte der Pommerschen Naturforschenden Gesellschaft Stettin
Abh. Regensb. = Abhandlungen des Zoologisch-mineralogischen (später Naturwissenschaftlichen) Vereins Regensburg
Allg. Dt. Biogr. = Allgemeine Deutsche Biographie
Anat. Anz. = Anatomischer Anzeiger
Ann. Wett. = Annalen der Wetterauischen Gesellschaft für die gesamte Naturkunde zu Hanau (bis 1819)
Ann. Wien = Annalen des Naturhistorischen Museums in Wien
Anz. Bay. = Anzeiger der Ornithologischen Gesellschaft in Bayern
Arch. Meckl. = Archiv der Freunde der Naturgeschichte in Mecklenburg
Arch. Naturgesch. = Archiv für Naturgeschichte, gegründet von A. F. A. Wiegmann
Arch. Physiol. = Pflügers Archiv für die gesamte Physiologie

Bayerl. = Das Bayerland
B. Bonn = Bonner Zoologische Beiträge
B. Freib. = Beiträge zur Rheinischen Naturgeschichte, Freiburg i. B.
B. Nieders. = Beiträge zur Naturkunde Niedersachsens
B. Wuppertal = Beiträge zur Geschichte und Heimatkunde des Wuppertals
B. z. F. = Beiträge zur Fortpflanzungsbiologie der Vögel
B. z. Vk. = Beiträge zur Vogelkunde
Ber. (Abh.) Augsb. = Bericht (Abhandlungen) des Naturhistorischen (Naturwissenschaftlichen) Vereins für Schwaben und Neuburg in Augsburg
Ber. Bamb. = Bericht der Naturforschenden Gesellschaft Bamberg
Ber. Bas. = Bericht über die Verhandlungen der Naturforschenden Gesellschaft Basel
Ber. Bautz. = Bericht der Naturforschenden Gesellschaft Isis Bautzen
Ber. Bielef. = Bericht des Naturwissenschaftlichen Vereins für Bielefeld und Umgegend
Ber. Bonn = Bericht über die Versammlungen des Botanischen und des Zoologischen Vereins für Rheinland-Westfalen, Bonn
Ber. Brünn = Bericht des Klubs für Naturkunde, Brünner Lehrerverein
Ber. Chemn. = Bericht der Naturwissenschaftlichen Gesellschaft Chemnitz
Ber. Danz. = Bericht des Westpreußischen Botanisch-zoologischen Vereins zu Danzig
Ber. Freib. = Bericht der Naturforschenden Gesellschaft zu Freiburg i. B.
Ber. Fulda = Bericht des Vereins für Naturkunde zu Fulda
Ber. Greifsw. = Bericht des Baltischen Centralvereins Greifswald
Ber. Hamb. = Bericht des Ornithologisch-oologischen Vereins zu Hamburg
Ber. Harz = Bericht des Naturwissenschaftlichen Vereins des Harzes
Ber. Innsbruck = Bericht des Naturwissenschaftlich-medizinischen Vereins Innsbruck
Ber. Linz = Bericht über das Museum Francisco-Carolinum, Linz
Ber. Oberhess. = Bericht der Oberhessischen Gesellschaft für Natur- und Heilkunde zu Gießen
Ber. Offenb. = Bericht des Vereins für Naturkunde zu Offenbach
Ber. Pass. = Bericht des Naturhistorischen Vereins in Passau
Ber. Schles. = Bericht des Vereins Schlesischer Ornithologen
Ber. Senck. = Bericht über die Senckenbergische Naturforschende Gesellschaft in Frankfurt am Main (seit 1922 „Aus Natur und Museum", seit 1932 „Natur und Volk", seit 1962 „Natur und Museum")
Ber. (Jb.) St. Gall. = Bericht (Jahrbuch) der St. Gallischen Naturwissenschaftlichen Gesellschaft
Ber. Wett. = Berichte (ursprünglich Jahresbericht) der Wetterauischen Gesellschaft für die gesamte Naturkunde zu Hanau
Biogr. Lex. Kaisert. Österr. = Biographisches Lexikon des Kaisertums Österreich von C. v. Wurzbach

Denkschr. Schweiz = Denkschriften der Schweizer Gesellschaft für Naturwissenschaften
Dt. Jztg. = Deutsche Jägerzeitung
Dt. Vw. = Deutsche Vogelwelt

Flora Malesiana = Cyclopaedia of Botanical Exploration in Malaysia

Gef. W. = Die Gefiederte Welt

Heimatk. Oldenb. = Heimatkunde des Herzogtums Oldenburg

Isis = Okens Isis

Jb. Alster = Jahrbuch des Alster-Vereins
Jb. Nass. = Jahrbuch des Vereins für Naturkunde im Herzogtum Nassau
Jb. Nordfriesl. = Jahrbuch des Nordfriesischen Vereins für Heimatkunde und Heimatliebe
Jb. Oldenb. = Oldenburger Jahrbuch
Jb. Siebenb. = Jahrbuch des Siebenbürgischen Museumsvereins
Jb. Siebenb. Karp. = Jahrbuch des Siebenbürgischen Karpatenvereins
Jb. Westpr. = Jahrbuch des Westpreußischen Lehrervereins für Naturkunde
Jber. Altona = Jahresbericht des Naturwissenschaftlichen Vereins Altona
Jber. Beob.-Stat. Deutschl. = Jahresbericht des Ausschusses für Beobachtungs-Stationen der Vögel Deutschlands
Jber. Beob.-Stat. Österr.-Ung. = Jahresbericht des Ausschusses für Beobachtungs-Stationen der Vögel Österreich-Ungarns
Jber. Beob.-Stat. Sachs. = Jahresbericht der ornithologischen Beobachtungs-Stationen in Sachsen
Jber. Braunschw. = Jahresbericht des Vereins für Naturwissenschaften zu Braunschweig
Jber. Elberf.-Barm. = Jahresbericht des Naturwissenschaftlichen Vereins für Elberfeld und Barmen
Jber. Graub. = Jahresbericht der Naturforschenden Gesellschaft Graubündens
Jber. Hann. = Jahresbericht des Provinzial-Museums Hannover
Jber. Kass. = Jahresbericht (Abhandlung und Bericht) des Vereins für Naturkunde in Kassel
Jber. Linz = Jahresbericht des Vereins für Naturkunde Linz
Jber. Münch. = Jahresbericht des Ornithologischen Vereins München
Jber. Münst. = Jahresbericht des Westfälischen Provinzial-Vereins für Wissenschaft und Kunst
Jber. Oldenb. = Jahresberichte des Landesvereins Oldenburg für Heimatkunde und Heimatschutz in Oldenburg
Jber. Osnabr. = Jahresbericht des Naturwissenschaftlichen Vereins zu Osnabrück
Jber. U.-main = Jahresbericht der Vogelkundlichen Beobachtungsstation Untermain (seit 1953 „Luscinia")
Jber. Vorarlb. = Jahresbericht des Vorarlberger Museums
Jber. Württ. = Jahresbericht des württembergischen Vereins für Handelsgeographie und Förderung deutscher Interessen im Auslande
Jber. Zwick. = Jahresbericht des Vereins für Naturkunde Zwickau
Jh. Lüneburg = Jahreshefte des Naturwissenschaftlichen Vereins für das Fürstentum Lüneburg
Jh. Württ. = Jahreshefte des Vereins für vaterländische Naturkunde in Württemberg
J. Orn. = Journal für Ornithologie

Korr. Regensb. = Korrespondenz-Blatt des Zoologisch-mineralogischen (später Naturwissenschaftlichen) Vereins in Regensburg
Korr. Riga = Korrespondenz-Blatt des Naturforscher-Vereins zu Riga
Korr. Württ. = Korrespondenz-Blatt des Württembergischen Landwirtschaftlichen Vereins

Märk. Tierw. = Märkische Tierwelt
Mitt. Aschaff. = Mitteilungen des Naturwissenschaftlichen Vereins Aschaffenburg
Mitt. Bad. = Mitteilungen des Badischen Zoologischen Vereins
Mitt. Bad. Landesver. = Mitteilungen des Badischen Landesvereins für Naturkunde und Naturschutz (Freiburg i. B.)
Mitt. Berl. = Mitteilungen aus dem Zoologischen Museum Berlin
Mitt. Bern = Mitteilungen der Naturforschenden Gesellschaft in Bern
Mitt. Lüb. = Mitteilungen der Geographischen Gesellschaft und des Naturhistorischen Museums Lübeck
Mitt. Magdeb. = Mitteilungen der Ornithologischen Vereinigung Magdeburg
Mitt. Österr. Reichsb. = Mitteilungen des Österreichischen Reichsbundes für Vogelkunde in Wien
Mitt. Osterl. = Mitteilungen aus dem Osterlande
Mitt. Poll. = Mitteilungen des Pfälzischen Vereins für Naturkunde und Naturschutz „Pollichia"
Mitt. Sachs. = Mitteilungen des Vereins Sächsischer Ornithologen

Mitt. Sächs. Heimatsch. = Mitteilungen des Landesvereins Sächsischer Heimatschutz
Mitt. Schaffhausen = Mitteilungen der Naturforschenden Gesellschaft Schaffhausen
Mitt. Schlesw.-Holst. = Mitteilungen der Faunistischen Arbeitsgemeinschaft für Schleswig-Holstein, Hamburg und Lübeck
Mitt. Solothurn = Mitteilungen der Naturforschenden Gesellschaft Solothurn
Mitt. Steierm. = Mitteilungen des Naturwissenschaftlichen Vereins für Steiermark in Graz
Mitt. Thür. = Mitteilungen Thüringer Ornithologen
Mitt. Thurgau = Mitteilungen der Thurgauischen Naturforschenden Gesellschaft
Mitt. Vorp. u. Rü. = Mitteilungen des Naturwissenschaftlichen Vereins für Neuvorpommern und Rügen
Mitt. Vw. = Mitteilungen über die Vogelwelt
Mitt. Wien = Mitteilungen des Ornithologischen Vereins in Wien (1889—1896 Die Schwalbe; deren Neue Folge 1, 1898/99 bis 3, 1902—1913)
Mitt. Zitt. = Mitteilungen der Naturwissenschaftlichen Gesellschaft Zittau
Morphol. Jb. = Morphologisches Jahrbuch
Ms. Württ. = Württemberg, Monatsschrift im Dienste von Volk und Heimat, zugleich Mitteilungsblatt . . . des Württembergischen Landesamts für Denkmalpflege

Nachr. Aschaff. = Nachrichten des Naturwissenschaftlichen Museums der Stadt Aschaffenburg
Nat. u. Haus = Natur und Haus
Nat. u. Heim = Natur und Heim
Nat. u. Landsch. = Natur und Landschaft
Nat. u. Offenb. = Natur und Offenbarung
Naturw. = Die Naturwissenschaften
Naturw. Rdsch. = Naturwissenschaftliche Rundschau
Naum. = Naumannia
N. Dt. Biogr. = Neue Deutsche Biographie
Neuer Naumann = J. F. Naumann, Naturgeschichte der Vögel Mitteleuropas, besorgt von C. R. Hennicke 1897—1905
Novit. Zool. = Novitates Zoologicae

Orn. Beob. = Der Ornithologische Beobachter
Orn. Ber. = Ornithologische Berichte
Orn. Cbl. = Ornithologisches Centralblatt
Ornis = Ornis, Organ des Permanenten Internationalen Ornithologischen Komitees
Orn. Jb. = Ornithologisches Jahrbuch
Orn. Mber. = Ornithologische Monatsberichte
Orn. Mitt. = Ornithologische Mitteilungen
Orn. Ms. = Monatsschrift des Sächsisch-Thüringischen Vereins für Vogelkunde und Vogelschutz zu Halle (seit 1876) = Monatsschrift des Deutschen Vereins zum Schutze der Vogelwelt (seit 1878) = Ornithologische Monatsschrift des Deutschen Vereins zum Schutze der Vogelwelt (seit 1890)
Orn. Rdsch. = Ornithologische Rundschau

Pall. = Pallasia
Pallas Lex. = Das Große Ungarische Lexikon von Pallas (1893—1900)
Pfälz. Heimatk. = Pfälzische Heimatkunde
Pfälz. Mus. = Pfälzisches Museum
Preuß. Prov.-Bl. = Preußische Provinzial-Blätter
Proc. Z. S. London = Proceedings of the Zoological Society London

Rdbr. Nieders. = Rundbrief der Arbeitsgemeinschaft für zoologische Heimatforschung im Lande Niedersachsen

Sb. Akad. d. Wissensch. Berl. = Sitzungsberichte der Preußischen Akademie der Wissenschaften in Berlin
Sb. Akad. d. Wissensch. Wien = Sitzungsberichte der Akademie der Wissenschaften in Wien
Sb. Berl. = Sitzungsberichte der Gesellschaft Naturforschender Freunde zu Berlin
Sb. Dorp. = Sitzungsberichte der Naturforschenden Gesellschaft in Dorpat
Sb. Hamb. = Sitzungsberichte des Vereins für naturwissenschaftliche Unterhaltung in Hamburg
Sb. Isis Dresd. = Sitzungsberichte der Naturwissenschaftlichen Gesellschaft Isis Dresden
Schr. Danz. = Schriften der Naturforschenden Gesellschaft Danzig
Schr. Königsb. = Schriften der Physikalisch-ökonomischen Gesellschaft zu Königsberg
Schr. Schlesw.-Holst. = Schriften des Naturwissenschaftlichen Vereins für Schleswig-Holstein
Schr. Wern. = Schriften des Naturwissenschaftlichen Vereins des Harzes in Wernigerode

Verh. Bas. = Verhandlungen der Naturforschenden Gesellschaft in Basel
Verh. Bay. = Verhandlungen der Ornithologischen Gesellschaft in Bayern
Verh. Berl. = Verhandlungen der Gesellschaft Naturforschender Freunde Berlin
Verh. Bonn = Verhandlungen des Naturhistorischen Vereins Bonn (seit 1934 „Decheniana")
Verh. Braunschw. = Verhandlungen des Vereins für Naturwissenschaften zu Braunschweig
Verh. Brünn = Verhandlungen des Naturforschenden Vereins in Brünn
Verh. Dt. Zool. Ges. = Verhandlungen der Deutschen Zoologischen Gesellschaft
Verh. Hamb. = Verhandlungen des Vereins für naturwissenschaftliche Unterhaltung zu Hamburg
Verh. Karlsr. = Verhandlungen des Naturwissenschaftlichen Vereins Karlsruhe
Verh. Preßb. = Verhandlungen des Vereins für Naturkunde zu Preßburg
Verh. Pr. Rh. u. W. = Verhandlungen des Naturhistorischen Vereins der Preußischen Rheinlande und Westfalens
Verh. Schweiz = Verhandlungen der Schweizerischen Naturforschenden Gesellschaft
Verh. Wien = Verhandlungen des Zoologisch-botanischen Vereins oder der Zoologisch-botanischen Gesellschaft in Wien
Verh. u. Mitt. Siebenb. = Verhandlungen und Mitteilungen des Siebenbürgischen Vereins für Naturwissenschaft
Vierteljahrsschr. Zürich = Vierteljahrsschrift der Naturforschenden Gesellschaft Zürich
Vö. fern. Länd. = Vögel ferner Länder
Vr. = Vogelring
Vw. = Die Vogelwelt
Vwa. = Die Vogelwarte
Vz. = Der Vogelzug

Zool. Abh. Dresd. = Zoologische Abhandlungen aus dem Staatlichen Museum für Tierkunde in Dresden
Zool. Ann. = Zoologische Annalen
Zool. Anz. = Zoologischer Anzeiger
Zool. Beob. = Der Zoologische Beobachter
Zool. G. = Der Zoologische Garten (seit 1906 Der Zoologische Beobachter, seit 1929 Der Zoologische Garten, N. F.)
Zool. Jb. = Zoologische Jahrbücher
Zs. Brünn = Zeitschrift des Mährischen Landes-Museums Brünn
Zs. ges. Orn. = Zeitschrift für die gesamte Ornithologie
Zs. Jagdk. = Zeitschrift für Jagdkunde
Zs. Ool. = Zeitschrift für Oologie (seit 1905/06 Zeitschrift für Oologie und Ornithologie)
Zs. Ool. (Krause) = Zeitschrift für Oologie (von Krause)
Zs. Ool. u. Orn. = Zeitschrift für Oologie und Ornithologie
Zs. Physiol. = Zeitschrift für vergleichende Physiologie
Zs. Tierpsychol. = Zeitschrift für Tierpsychologie
Zs. Stett. = Zeitschrift des Ornithologischen Vereins in Stettin (seit 1882 Zeitschrift des Verbandes der Ornithologischen Vereine Pommerns und Mecklenburgs, seit 1884 Zeitschrift für Ornithologie und praktische Geflügelzucht)

Ergänzungen während des Druckes

Benkö, Josef (Bd. 1, S. 31)
— Lit.: Magyar Életrajzi Lex. 1, 1967, S. 180.

Bielz, Eduard Albert (Bd. 1, S. 36; Bd. 2, S. 150)
— Lit.: Magyar Életr . . . Lex. 1, 1967, S. 212.

Biró, Ludwig (Bd. 1, S. 37; Bd. 2, S. 150)
— Lit.: Magyar Életr . . . Lex. 1, 1967, S. 215 (mit Bildnis).

Cherne zu Chernelháza, Koloman (Bd. 1, S. 62)
— Lit.: Magyar Életr . . . Lex. 1, 1967, S. 284.

Chernel zu Chernelháza, Stefan von (Bd. 1, S. 63; Bd. 2, S. 154)
— Lit.: Magyar Életr . . . Lex. 1, 1967, S. 284 (mit Bildnis).

Corti, Ulrich Arnold (Bd. 2, S. 32)
— Lit.: Nachruf (von R. Melcher). Orn. Beob. 67, 1970, S. 73—77 (mit Bildnis).

Csató, Johann (= János) von (Bd. 1, S. 66)
— Lit.: Magyar Életr . . . Lex. 1, 1967, S. 304).

Csiki, Ernst (= Ernö) (Bd. 1, S. 66)
Z. 1:1875 statt 1857
— Lit.: Magyar Életr... Lex. 1, 1967, S. 315 (mit Bildnis).

Csörgey, Titus (Bd. 1, S. 66; Bd. 2, S. 155)
— Lit.: Magyar Életr... Lex. 1, 1967, S. 324 (mit Bildnis).

Frey, Herbert (Bd. 2, S. 47)
Die Diss. erschien in „Decheniana"-Beihefte 16, S. I—VIII, 1—77. Bonn, Febr. 1970, mit Würdigung von D. Hafemann.

Frivaldszki von Frivald, Emerich (= Imre) (Bd. 1, S. 102)
— Lit.: Magyar Életr... Lex. 1, 1967, S. 545 (mit Bildnis).

Frivaldszki von Frivald, Johann (Bd. 1, S. 103)
— Lit.: Magyar Életr... Lex. 1, 1967, S. 546 (mit Bildnis).

Herman, Otto (Bd. 1, S. 151)
— Lit.: Magyar Életr... Lex. 1, 1967, S. 710 (mit Bildnis).

Kocyan, Anton (Bd. 1, S. 189; Bd. 2, S. 171)
Das Geburtsjahr war 1836. Er heiratete erst im Alter von 63 Jahren (nach Angaben des Sohnes).

Lakatos, Karl (= Károly) (Bd. 1, S. 205)
— Lit.: O. v. Krücken u. I. Parlagi, D. Geistige Ung. 2, 1918, S. 122. — Magyar Életr... Lex. 2, 1969, S. 18 (mit Bildnis). — Österr. Biogr. Lex. 4, 1969, S. 407.

Lambrecht, Kálmán (Koloman) (Bd. 1, S. 205)
— Lit.: Magyar Életr... Lex. 2, 1969, S. 21 (mit Bildnis).

Lázár, Koloman Graf (Bd. 1, S. 210)
— Lit.: Magyar Életr . . . Lex. 2, 1969, S. 45.

Lendl, Adolf (Bd. 1, S. 212)
— Lit.: Magyar Életr . . . Lex. 2, 1969, S. 56 (mit Bildnis).

Mattuschka (Matuschka), Johann Graf von (Bd. 2, S. 88)
Sein vollständiger Name war Johannes Nep. Graf von Matuschka und Toppoltschan. * 1735, † 24. 6. 1804 Breslau.
Z. 2: Er war seit 1764 nichtresidierender, seit 1785 residierender Domherr in Breslau sowie Generalvikariatsassessor, seit 1799 Kanonikus der Kreuzkirche und in Glogau. Ihn bewegte etwa seit 1768 die Sammelfreude . . .
— Lit.: K. Engelbert, Gesch. d. Bresl. Domkapitels 1800—1945, S. 274, Hildesheim, Verl. A. Lax.

Petényi, Johann Salomon von (Bd. 1, 272)
— Lit.: Magyar Életr... Lex. 2, 1969, S. 396 (mit Bildnis).

Rettig, Alfred (Bd. 2, S. 104)
Er ließ sich als „Naturforscher“ in Malkotsch (= Malcoci) nieder und verzog 1920 nach Tultschea (= Tulcea), wo er mit seiner Frau (geb. Anna Cozmici) noch im Alter von 60—65 Jahren lebte und erst nach dem 2. Weltkrieg verstorben sein soll. Gelobt wurde der Bevölkerung geleistete ärztliche Hilfe. Bekannt war er als Jäger und Sammler, der durch Handel mit lebenden und präparierten Tieren „sehr viel Geld machte“. Mit ihm kam in die Dobrudscha ein Freund mit dem Namen William Facius, der auch dort heiratete und schon vor dem 1. Weltkrieg starb. R. wurde von den Deutschen „der kleine Preuß“ (= Preuße) und Facius „der große Preuß“ (= Preuße) genannt. — Neue Quelle ist Brief eines jetzt in Nord-Amerika wohnenden Dobrudscha-Deutschen, aus der Erinnerung geschrieben am 18. 6. 1969. Der Verf. lebte bis 1940 in Malkotsch und kannte R. seit dessen **Ankunft** (angeblich) 1900. Der Brief enthält Angaben, die sich nicht in allen Einzelheiten mit den anderen Quellen decken. Am auffallendsten ist der Widerspruch: R. soll den Vornamen August gehabt haben! Liegt eine Namensänderung vor und aus welchem Grunde? Oder handelt es sich um einen Erinnerungsfehler des Verf.? Der Zweit-Empfänger des Briefes, Erwin Heer in Bopfingen (Württ.), wird sich mit den Ungereimtheiten, die sich um die Person R. ranken, demnächst im Jb. d. Dobrudscha-Deutschen beschäftigen.

Schenk, Jakob (Bd. 1, S. 311; Bd. 2, S. 187)
— Lit.: Magyar Életr... Lex. 2, 1969, S. 584 (mit Bildnis).

Vasvári, Nikolaus (= Miklós) (Bd. 1, S. 370; Bd. 2, S. 192)
— Lit.: Magyar Életr . . . Lex. 2, 1969, S. 972.

Xántus, Johann (Bd. 1, S. 390; Bd. 2, S. 195)
— Lit.: Magyar Életr... Lex. 2, 1969, S. 1056 (mit Bildnis).

Zeyk, Nikolaus von (Bd. 1, S. 393)
— Lit.: Magyar Életr... Lex. 2, 1969 S. 1070 (mit Bildnis).

JOURNAL
FÜR
ORNITHOLOGIE

BEGRÜNDET VON J. CABANIS (1853—1893)
FORTGEFÜHRT VON A. REICHENOW (1894—1921)
E. STRESEMANN (1922—1961)
UND G. NIETHAMMER (1962—1970)

115. BAND **SONDERHEFT** 1974

IM AUFTRAGE DER
DEUTSCHEN ORNITHOLOGEN-GESELLSCHAFT

HERAUSGEGEBEN
von
GÜNTHER NIETHAMMER †
BONN

AUSGEGEBEN IM AUGUST 1974

1974

VERLAG DER DEUTSCHEN ORNITHOLOGEN-GESELLSCHAFT
IN KOMMISSION BEI R. FRIEDLÄNDER & SOHN
1 BERLIN 30, LÜTZOWSTR. 105—106

LUDWIG GEBHARDT

Die Ornithologen Mitteleuropas

EIN NACHSCHLAGEWERK

Band 3

Druck: Deutsche Zentraldruckerei AG, Berlin
Printed in Germany

Und wieder:
Dank meiner lieben Frau

Inhaltsverzeichnis

Vorwort zu Band 3

Ein Ring von Wertungen der vorliegenden Art kann sich nach Anlage und Gestaltung kaum schließen. Ich selbst aber glaube, im Hinblick auf mein reichlich fortgeschrittenes Alter sagen zu dürfen, daß ich mit dem Abschluß dieses Bandes meinen Anteil geleistet und damit mein Feld bestellt habe. Was ich mit meinen Studien zu erreichen strebte, habe ich in den beiden ersten Bänden betont. Ob ich allen Namen die ihnen zukommende Farbe zu geben vermochte? Allzu spröde und dürftige Unterlagen, allzu spärliche Quellen standen solchem Ziele oft entgegen.

Nicht aufzuhalten ist die Vergänglichkeit sowohl von bescheidenem Glanz als auch von hohem Ruhm. Es ist jedoch in den Willen und die Hände der Lebenden gelegt, daß alles wenigstens im Fluß bleibe, was die Götter (oder gute Vorsätze!) einmal angestoßen haben.

Da ich danach trachtete, hinter der Sache das Maß an schöpferischer Kraft zu beleuchten, ließ mich mein Weg auf die verschiedensten Ausprägungen menschlicher Möglichkeiten stoßen. Sie verteilen sich auf die Großen und die Kleinen, auf die Lauten und die Stillen, auf die herzhaft Wagenden und die ewig Zaudernden. Da sind — um Extreme herauszugreifen — unter den zoologisch und biologisch geschulten „eigentlichen“ Ornithologen die im akademischen Geltungszwang allzu selbstsicher gewordenen Fachleute. Vor lauter Nüchternheit und Fortschrittsglauben verlieren sie leicht die nicht entbehrliche Herzenswärme und vergessen, daß gerade in der wissenschaftlichen Forschung morgen falsch sein kann, was heute als unerschütterliche neue Heilslehre herausgestellt wird. Da sind unter den Autodidakten und Laien die sich selbst überschätzenden, leichtfertigen Schwärmer. Sie glauben mit verwässerndem Wortschatz Gesichtspunkte verkünden zu müssen, die längst keiner Erörterung mehr bedürfen. Da sind auch die ernsthaft Selbstkritischen (wohl meist unter den Avifaunisten, Ästheten, Künstlern, Schöngeistigen, Natur- und Tierschützern), die sich vor der Autorität bekannter Namen allzu schnell verbeugen und mißtrauisch gegen eigene, gesunde Fähigkeiten werden.

Möge darum der Leser spüren: In diesen Bänden reichen sich die Vertreter aller Schattierungen die Hände. Wer hier genannt ist, fühlte sich irgendwie vom eigentümlich gearteten Zauber der Vogelwelt angesprochen, vielleicht während eines langen, der Wissenschaft verpflichteten Forscherlebens, vielleicht nur vorübergehend, vielleicht durch die Daseinsbedingungen begünstigt und zu voller Entfaltung vordringend, vielleicht durch widrige Lebensumstände gehemmt und zur Zurückhaltung verurteilt. Gemildert erscheinen in diesem weitgesteckten Rahmen die aus menschlicher Unzulänglichkeit erwachsenen Gegensätze, und nebeneinander stehen im versöhnenden Lichte der Geschichte schließlich alle, die als streitbare Erdenbürger den Weg zueinander nicht finden konnten oder wollten.

Groß war wieder die Zahl der bereitwillig bei vielen Gelegenheiten helfenden Fachgenossen. Die meisten Antriebe verdanke ich Dr. h. c. R. Heyder, Dr. R. Kuhk, Prof. Dr. G. Niethammer (†), H. Ringleben, Prof. Dr. E. Schüz, Prof. Dr. E. Stresemann (†) und in der Endphase Dr. h. c. H. E. Wolters. Auch die Univ.-Bibliothek Gießen ließ mich nie im Stich.

Der 3. Band enthält die Namen von 140 Personen, die vor dem 15. 1. 1974 gestorben sind.

Die 3 Bände zusammen behandeln 1650 Namen.

Gießen (Lahn), im Sommer 1974 — Dr. Dr. h. c. Ludwig Gebhardt

Leben und Leistung

1. Fortsetzung der Namen

A

Agárdi, Ede (= Eduard), * 14. 3. 1891 Pécsvárad (Ungarn), † 20. 8. 1973 Pécsvárad. Vor der Magyarisierung hatte er den dt. Namen Anschau. Seine Heimat waren die Berge von Mecsek nördl. von Pécs (= Fünfkirchen). Als Notar und Verwaltungsbeamter lebte er von 1913—1922 in Berkesd, 1922—1933 in Püspökszenterzsébet, 1933—1945 in Erdösmecske, um sich dann wieder in den Geburtsort zurückzuziehen. Schon im Gymnasiasten regte sich der naturw. Beobachtungsdrang, der ihn zum leidenschaftlichen Avifaunisten und Sammler machte. Zu den vielfach aufgesuchten „Jagdgründen" gehörten u. a. die Donau-Auen bei Baja, der Plattensee und das Bükk-Gebirge. Über den engeren Bereich hinaus war vor allem seine ool. Ausbeute bekannt. Sie wurde später vom Ung. Naturw. Mus. angekauft, ging aber dort 1956 zugrunde. Mit Fleiß lieferte er auch Zugdaten: 1912/13 aus Pécsvárad, 1914—1918 aus Berkesd, 1922 aus Máriakéménd, nach 1923 aus Püspökszenterzsébet. Veröff. aus seiner Feder standen seit 1921 als kleinere brutbiol. Ber. fast alljährlich in Aquila. Eine zusammenfassende Studie über die Ornis des östl. Mecsek erschien in Aquila 46—49, 1939—1942. Als einer der ältesten ung. Ornithologen hatte er jahrzehntelang sachbezogene und nützliche Verbindung mit vielen zeitgenössischen Fachfreunden. 1911 schon hatte ihn O. Herman (s. d.) zum „ordentlichen Beobachter" ernannt, und 1945 wurde er „außerordentliches Mitglied" des Ung. Orn. Instituts.

Apel, Arthur, * 3. 11. 1896 Skoplau (Kr. Grimma), † 30. 7. 1971 Gnarrenburg (Kr. Bremervörde). Nach dem Besuch des Seminars von Rochlitz war er seit 1919 Lehrer in Collmen (Kr. Grimma), bis er gegen Ende des 2. Weltkriegs dienstlich nach Schwarzenau, Kr. Neumark (Westpreußen) überwechseln mußte. 1945 trug ihn der Flüchtlingsstrom nach dem Landkreis Bremervörde, wo ihm die Lehrerstelle in Findorf bei Gnarrenburg übertragen wurde. Ohne Neigung, in weiteren Kreisen der Vogelfreunde hervorzutreten, war schon der Junglehrer in Sachsen Mitglied des Dt. Bundes f. Vogelschutz. Erste unauffällige Bemühungen zum Erwerb fester Grundlagen in der Vogel-, Pflanzen- u. Insektenkunde führten ihn zu frühen autodidaktischen Studien unter freiem Himmel und am Schreibtisch. Er gehörte noch zu jenen vorwärts strebenden Avifaunisten, die sich während ihrer Erkundungsfahrten mit Brehms Tierleben im Rucksack begnügen mußten. Zielstrebigkeit und ein gutes Gedächtnis förderten aber sein Wissen. Was er einmal kennengelernt hatte, wurde ihm bleibender Besitz. Nachdem es ihm schon der Artenreichtum der westpr. Seen angetan hatte, empfing die besondere Neigung zur außerberuflichen Beschäftigung mit der Vogelwelt den fruchtbarsten Auftrieb, als er nach dem 2. Weltkrieg von Findorf aus Gelegenheit hatte, sich in der unverfälschten Natur des Teufelsmoores am Oste-Hamme-Kanal forschend zu bewegen. Hier erwachte in ihm auch der Wunsch, an den biol. Erlebnissen und Freuden die Schuljugend teilnehmen zu lassen und die Lehrerschaft zu vertiefter Fortbildung anzuregen. 1952 gründete er zu diesem Zwecke eine „Naturk. Arbeitsgemeinschaft im Reg.-Bez. Stade", deren an verschiedenen Orten angesetzte Tagungen von 1954 bis 1968 durch ihn Leben und Farbe erfuhren. Seit 1962 im Ruhestand die Mußestunden nutzend, trat er noch 1967 der DO-G bei, fühlte sich aber zu eigenen Veröff. in der Fachpresse nicht berufen. Auch den heimatlichen Tageszeitungen gegenüber hielt er sich zurück. Nur 1 Arbeit kann genannt werden: „D. Wasseramsel am Oste-Hamme-Kanal" (Bremervördener Ztg., Jan. 1963). Angaben über Brut- u. Durchzugsvögel standen in „Heimatl. Bilder u. Sagen aus d. Kreise Bremervörde" (1965). Besonderheiten seiner Beob. (sie betrafen u. a. Sperbergrasmücke, Rotfußfalke, Wiesenweihe, Rotmilan, Schwarzstorch, Rothalstaucher, Schwarzhalstaucher, Bruchwasserläufer) konnte H. Rauhe verwerten in „Auffallende Häufung d. Sperbergrasmücke-Sylvia nisoria zwischen Elb- u. Wesermündung" (Orn. Mitt. 8, 1956) und „Bemerkenswerte Ergänzungen z. Vogelwelt zwischen Niederelbe u. Wesermündung" (B. Nieders. 15, 1962; 16, 1963; 17, 1964). Im „Hdb. d. Vögel Mitteleuropas" (Bauer u. Glutz von Blotzheim 3, 1969) ist ferner A. s Brutnachweis der Reiherente 1966 am Huvenhoopsee vermerkt.

— Lit.: Nachruf (von H. Ringleben). Vogelk. Ber. Niedersachs. 3, 1971, S. 87.

Armano, Vjekoslav, * 1860 Zagreb (Jugoslawien), † 5. 5. 1942 Zagreb. Wie sein Vater war er von Beruf Weißbinder. In der Zeit, da in Kroatien das Leben der Vögel kaum noch Beachtung fand, hatte er das Glück, schon als Jugendlicher mit Sp. Brusina (s. d.) und dem Präparator des Landesmuseums in Zagreb bekannt und befreundet zu werden. Auf Grund dieser Beziehungen darf er zu den ersten Vogelkundigen des Landes gerechnet werden. Er lernte die Technik des Präparierens und führte später bis zum 1. Weltkrieg in seiner Heimatstadt ein auf Wissen und Praxis sich stützendes Geschäft. Beachtlich war offenbar seine, die kroatische Vogelwelt darstellende private Sammlung. Nachdem sie 1896 auf einer Ausstellung in Budapest ausgezeichnet worden war, gelang es nur dem besonderen Einsatz des kroatischen Schriftstellers J. Kršnjavi, sie für das Mus. von Zagreb zu erhalten.

— Quelle: Mitt. von Prof. Ivan Tutman, Dubrovnik.

Arn-Willi, Hans, * 25. 2. 1907 Lyss (Kanton Bern), † 18. 11. 1972 Solothurn. Als Baufachmann brachte er es seit 1938 vom technischen Angestellten zum Vorsteher des kantonalen Büros für Wohnungsbau in Solothurn. Vielseitige Begabung verlieh ihm daneben die Kraft, sich unermüdlich und zielstrebig für den Schutz der heimischen Natur und für die Verbreitung vogelk. Verständnisses unter seinen Landsleuten einzusetzen. Zahlen belegen das Ausmaß seines Bemühens: Über 40 Jahre war er als der Sekretär die treibende Kraft im Vogelschutzverband des Kantons. Von 1933 bis 1941 leitete er die Geschicke des Parus in Vevey. 1962 wurde ihm in Interlaken die Parus-Präsidentschaft übertragen. 1967 gab er das Amt ab, um die Stelle des Sekretärs der neugegründeten Vogelschutz-Kommission zu übernehmen. Im Stiftungsrat der Schweiz. Vogelwarte Sempach war er der Vertreter des Parus. Jahrelang führte er den Vorsitz im Schweiz. Landeskomitee für Vogelschutz. Eine von ihm verfaßte Broschüre über „Prakt. Vogelschutzmaßnahmen" (6. Aufl. 1960) fand in der Schweiz weite Verbreitung. Die autodidaktisch erworbenen Formenkenntnisse und biol. Einsichten bildeten außerdem die Grundlagen für werbende vogelk. Kurse, Vorträge und Exkursionen. Über die Landesgrenzen hinaus erhielt sein Name aber besonderen Klang unter den orn. Fachleuten durch die mehr als 40 Jahre dauernden Forschungen an der Biol. des Alpenseglers in der Jesuitenkirche und im Bieltor von Solothurn. Die Verlautbarungen über die Ergebnisse dieser Unters. nehmen unter seinen Veröff. den hervorstechendsten Rang ein. Genannt seien als hierher gehörige Titel: „Beob. an d. Brutplätzen d. Alpensegler" (Orn. Beob. 30, 1933), „Beob. an d. Brutplätzen d. Alpensegler in Solothurn" (ebd. 32, 1935), „Beringungsergebnisse d. Alpensegler" (ebd. 39, 1942), „Z. Biol. d. Alpenseglers" (Schweiz. Archiv f. Orn. 2, 1945), „Brutplätze d. Alpensegler in Felsen" (Orn. Beob. 44, 1947), „Alpenseglerkolonie im Gebiet v. Grindelwald" (ebd. 45, 1948), „Unterschied in d. Aufenthaltsdauer zwischen Alpensegler u. Mauersegler" (Tierwelt Nr. 25, 1950), „D. mittlere Lebensdauer d. Alpenseglers", zus. mit D. Lack (Orn. Beob. 50, 1953), „Biol. Studien am Alpensegler", eine erschöpfende Monogr. mit besten Aufnahmen (Verlag Vogt-Schild Solothurn 1960), „Nestverhalten d. Alpenseglers" (Proc. XII. Internat. Orn. Congr. Helsinki 1958, 1960), „Neststandort, Paarbildung u. Kopulation beim Alpensegler" (Tierwelt 71, 1961), „Auffüllen d. Brutbestandes nach d. Sterben d. Alpensegler im April 1965" (Vw. 86, 1965), „Übernachten auch Alpensegler in d. Luft?" (Orn. Beob. 65, 1968), „Beitr. z. d. Ber. über d. Massensterben v. Vögeln während d. Brutperiode 1969. Was geschah b. d. Alpenseglern?" (Tierwelt 80, 1970), „D. Erfolg d. Alpensegler in Solothurn während d. Brutperiode 1970 im Rückblick auf 1969" (ebd. 80, 1970).

— Lit.: Nachruf (von Schriftleitung). Solothurner Nachrichten v. 25./26. 11. 1972. - Nachruf (von

Parus, SOG, Vogelsch.-Verband d. Kantons Solothurn). Tierwelt 82, 1972, S. 1573 (mit Bildnis). - Nachruf (von H. Lanz). Orn. Beob. 70, 1973, S. 138—140 (mit Bildnis).

Arndt, Walther, Dr. Dr., * 8. 1. 1891 Landeshut (Schlesien), † 26. 6. 1944 Brandenburg. Als Sohn eines Veterinärrates studierte er von 1909—1920 (mit Unterbrechung durch Kriegsdienst) Med. und Zool. in Breslau und ging 1921 mit W. Kükenthal an das Zool. Mus. von Berlin. Hier galten seine Forschungen hauptsächlich der System. der Wirbellosen, in Sonderheit den Schwämmen. Daneben lagen weit gestreut die Tierwelt betreffende geschichtliche, faun., ökol. und geogr. Fragen. Internationaler Ruf begleitete ihn im Bereiche der speziellen und angewandten Zool. 1925 wurde er Kustos der Schwammabteilung, den Prof.-Titel erhielt er 1931. Doch endete sein Blick nicht an den Mus.-Mauern. Er fühlte sich auch zur Verbreitung volkstümlichen Wissens durch Veröff. und Vorträge verpflichtet. Neben mehreren in- u. ausländischen Gelehrten Gesellschaften nahm ihn bereits 1921 die DOG als Mitglied auf. In den Berl. Versammlungen war er gern gesehener, anregender Gast. Ob ihn die Orn., im weitesten Sinne verstanden, zu ihren Vertretern rechnen darf und ihm hier eine Erwähnung gebührt? Die Fragen werden umstritten bleiben, auch im Urteil ihm nahestehender, wohlmeinender zool. Fachvertreter. Von einem guten Berl. Freunde mußte er sich sagen lassen: „A. war alles andere als ein Vogelkenner...". Feldorn. Neigungen zeigten sich in der Tat nur in wenigen Verlautbarungen aus der Anfangszeit. Genannt seien: „Orn. Spaziergänge in d. Umgeb. Landeshuts", im Stile des noch anspruchslosen Faunisten (Landeshuter Tageblatt 49, April 1921), „Sperlinge als Fleischschädlinge" (Zeitschr. f. Fleisch- u. Milchhygiene 32, 1922), „D. Storch als Schützling d. bulgarischen Volkes", auch bulg. (D. Naturforscher 2, 1925). Die angewandte Vogelk. betraf ferner eine sehr gründliche, auf umfangreichen Quellenstudien beruhende und in mehreren Forts. erschienene Unters. mit dem Titel „D. Vögel in d. Heilkunde d. alten Kulturvölker" (J. Orn. 73, 1925). Aus dem Zusammenwirken mit F. Pax (s. d.), der ihn 1952 einen der wertvollsten Mitarbeiter auch an „D. Wirbeltierfauna v. Schles." (1925) nannte, entstand das Sammelwerk „D. Rohstoffe d. Tierreichs" (1928—1940). Vertiefte Freundschaft verband ihn ferner mit O. Heinroth (s. d.), dem zu Ehren er eine Strahlschwammform Suberites carnosus var. heinrothi benannte (Zool. G., N. F. 13, 1941). In den Anschauungen des bürgerlichen Liberalismus aufgewachsen und von der Natur mit vielen Vorzügen bedacht, war A. nicht nicht nur der Wissensch. hingegeben, sondern auch dem politischen Leben mit Bescheidenheit zugewandt. Aufrechte Meinung und Haltung lieferten den von der Ahnung des nahenden Zusammenbruchs erfüllten Idealisten der nationalsozialistischen Justiz aus. Im Zuchthaus mußte er sein Leben lassen.

— Lit.: Nachruf (von E. Matthes). Arch. f. Hydrobiol. 41, 1947, S. 614—621. - Nachruf (von F. Pax). Hydrobiologia (Den Haag) 4, 1952, S. 302—331. - Würdigung (von G. Peters). Festschr. z. 150-Jahr-Feier d. Humboldt-Univ. Berlin 1, 1960, S. 595—603. - Würdigung (von H. Kühlmann). Biol. in d. Schule, Heft 8/9, 1964, S. 395—397 (mit Bildnis).

B

Barthos, Gyula (= Julius), * 30. 6. 1883 Nagykanizsa, † 28. 2. 1971 Marcali (Südwest-Ungarn). Von 1901—1904 studierte er an der Hochschule f. Forstingenieure in Selmecbánya (heute Banská Stiavnica, CSSR). Dann war er Praktikant d. Forstw. bei Baron Inkey in Iharosberény (Südw.-Ung.) und nach der letzten Prüfung seit 1907 Angestellter auf den Forstgütern des Grafen Kendeffy in Maloviz (Süd-Siebenbürgen). 1919 mußte er flüchten und lebte von da ab in seinem Geburtsort als Oberforstrat beim Fürsten Hohenlohe. Die letzten Jahre verbrachte der fast Erblindete bei seinem Sohne in Marcali. Von frühester Jugend an war ihm ein geschärfter Blick für die heimatliche Vogelwelt eigen, so daß ihn O. Herman (s. d.) 1906 zum ordentl. Beobachter und T. Csörgey (s. d.) 1928 zum Korr. Mitglied der Ung. Orn. Zentrale ernannten. An seinen Namen knüpfen sich seit etwa 1903 orn. Nachr. aus dem Kom. Hunyad und dem Retyezát-Gebirge. Ber. über den Vogelzug kamen 1905/06 aus Iharosberény, 1907 bis 1909, 1912, 1915—1917 aus Malomviz (Süd-Siebenbürgen), 1920—1922 aus Nagykanizsa. Insgesamt standen 62 größere und kleinere

TEIL 3

Verlautbarungen in Aquila zwischen 1905 u. 1967. Umfangreichere Studien aus seiner Feder brachten auch forstw. Zeitschriften, darunter war „Meine Reise nach dem Nordkap 1941, über Beziehungen d. Vögel und Schwammspinner“ (Erdészeti Kut. 6, 1959). In seinen jüngeren Jahren entstand ferner eine Vogelsammlung, die er am Fuße des Retyezát-Gebirges zusammengebracht hatte. Sie wurde während der rumänischen Besetzung 1918 fast gänzlich vernichtet. Dasselbe Schicksal erlitten damals Daten über die Ornis der Süd-Karpaten, die hauptsächlich der Höhenverbreitung der Vögel (bis 2500 m) galten; vgl. „Vernichtung meiner Vogelsamml. u. meiner orn. Aufz.“ (Aquila 28, 1921). Anerkennung für seine Bemühungen um die Förderung der heimischen Vogelforschung bedeuteten die Ernennung zum Ehrenmitglied des Bundes ung. Ornithologen und die Verleihung des Goldenen Diploms als Forstingenieur. Zu seiner Hinterlassenschaft gehört ein Msk. über die Bedeutung der Vogelwelt in der Forstwirtschaft. In Bibl. Orn. Rom. (1971) stehen 18 Titel seiner Verlautbarungen, alle in Aquila zwischen 1905—1957.

Beretzk, Peter, Dr., * 23. 10. 1894 Szeged (Ungarn), † 9. 6. 1973 Szeged. Einer ursprünglich in Siebenbürgen ansässigen Familie angehörend, gründete der Vater — ein calvinistischer Geistlicher — die Kirche in Szeged. Er selbst war nach dem med. Studium in Kolozsvár = Klausenburg (1912 bis 1914) und in Budapest (1918 bis 1920) Gynäkologe und Med.-Direktor der ung. Eisenbahngesellschaft. Als vielseitig begabte Persönlichkeit stand er außerdem lange Jahre im Dienste des kulturellen Lebens seiner engeren Heimat. Der Aufbau von Sammlungen reizte ihn nicht nur im Raume der Kunst, sondern auch auf naturk. Gebiete (Vögel, Eier, Schmetterlinge, Käfer usw.), und die Jagdfreude lenkte den im Freien geschulten Blick bevorzugt auf die Orn. Die Fähigkeit zur Auswertung selbständiger Beob. richtete sich u. a. auf die Erscheinungen des Vogelzugs in der Umgebung des Fehértó, d.h. eines Natronbeckens, das früher die Gewässer des südöstlichen Teiles der Donau-Theiß-Niederung aufnahm (heute befinden sich hier Fischteiche). Die in diesem Gelände auftretenden Brut- u. Zugvögel boten ihm Gelegenheit, hergebrachte Auffassungen von den Lebensgewohnheiten dieser Arten kritisch zu überprüfen und zu berichtigen. Sein wissensch. Eifer ist seit den 30er Jahren durch über 300 Veröff. belegt, die im Bereiche der Orn. — teils in Zusammenarbeit mit A. Keve, B. Nagy, J. Szijj und L. Sterbetz — meist den Wasservögeln und Limikolen galten. Genannt seien einige Titel, die auch mit Kurzfassungen in dt. oder engl. Sprache erschienen: „Vorkommen v. Limicola falcinellus Pont. bei Szeged“ (Aquila 42/45, 1935/1936), „Nisten d. Tringa stagnatilis am Weißen See z. Szeged“ (ebd. 46/49, 1939/1942), „D. Vogelwelt d. Fehértó b. Szeged auf Grund 10jähriger Beob.“ (ebd. 51/54, 1944/1947), „Recent Data on the birds of Lake Fehértó near Szeged“ (ebd. 59/62, 1952/1955), „Contribution to bird-organism's ability for regeneration of the tissues“ (ebd. 59/62, 1952/1955), „Epidemic disease of wild birds on Lake Fehértó near Szeged“ (ebd. 59/62, 1952/1955), „Economic importance of the Curlews and taxonomical position of the Hungarian Population“ (ebd. 65, 1958), „Regular breeding of the Mediterranean Black-Headed Gull on the Reserve Fehértó near Szeged“ (ebd. 65, 1958), „Orn. data between the Danube and Tisza“ (ebd. 69/70, 1962/63), „Über d. Zug einiger seltener Limicolenarten in Ungarn“ (Orn. Mitt. 16, 1964), „Zug d. Zwerg- u. Temminckstrandläufers - Cal. min. u. tem. in Ungarn“ (B. z. Vk. 15, 1967), „Taxonom. Bem. z. Problem d. Grünlings-Population d. Karpatenbeckens“ (B. Bonn 20, 1969), „D. Schwarzkopfmöwe - Larus melanocephalus Temm. in Ungarn“ (Lounais-Hämeen Luonto 37, 1970), „D. Raubseeschwalbe-Hydroprogne caspia Pallas in Ungarn 1953—1969“ (Zool. Abh. Dresd. 30, 1971). Daß das ihn bewegende analytische Denken Anerkennung fand, zeigte die Ernennung zum Privatdozenten 1948 sowie zum Professor und Extraordinarius der Orn. 1964 durch die Univ. Szeged. Die von ihm zusammengebrachten Sammlungen kamen schon zu seinen Lebzeiten in das Mus. Fr. Móra von Szeged, das Ung. Orn. Inst. und das Ung. National-Mus. Schließlich war es nicht sein geringstes Verdienst, daß, gegen den Widerstand der Teichwirtschaft, der Fehértó zum Naturschutzgebiet erklärt wurde.

— Lit.: Nachrufe (von A. Keve). Aquila, Állattani Közlemények, Alauda (in Vorbereitung).

Blochberger, Richard, * 28. 5. 1889 Weisbach (Thüringen, jetzt Kr. Lobenstein), † 27. 4. 1967 Solingen. Als Bauernjunge (seine Eltern betrieben eine kleine Landwirtschaft mit Wassermühle) aus einer Dorfschule kommend, wollte er Förster werden, geriet aber nach dem Besuch des Schleizer Seminars ins Lehrfach. Dem Erzieherberuf diente er mit innerer Befriedigung, ohne je die früh verspürte Freude am Studium des Vogellebens zu verlieren. Seit 1909 war er Lehrer im damaligen Fürstentum Reuß ä. L. und seit 1911 in Königsberg (Ostpreußen). 1946 als Hauptmann d. Res. aus russ. Kriegsgefangenschaft entlassen, übernahm er bis 1956 in der alten Heimat die Schulleiterstelle von Lothra, lebte dann im Ruhestand in Liebengrün, um 1964 nach Solingen zu verziehen. Ostpreußen wurde für ihn das rechte Feld für den Drang nach orn. Betätigung. Hier entfaltete sich schnell sein Blick für das Leben der Greifvögel. In den ersten Jahren beobachtete und beringte er frei von pseudo-wissensch. Verklemmung, aber mit erfolgsmäßig bemerkenswerten Ergebnissen an den masurischen Seen. Später lockten ihn die großen Forste, die Königsberg im Norden und Westen umgeben. Verbindungen zu vielen Grundbesitzern sowie persönliche Beziehungen zu J. Thienemann (s. d.) und der Vogelwarte Rossitten führten im Laufe von 25 Jahren zu zahllosen Horstbesteigungen, die er entweder selbst vornahm oder als Sachkundiger leitete. Der Umfang der Beringungsbemühungen könnte deutlicher nachweisbar sein, wenn nicht sein orn. Tagebuch mit allen Eintragungen verlorengegangen wäre. Es wurde von seiner Frau am Tage vor dem Bombenangriff auf Dresden dort zur Post gegeben und hat Thüringen nie erreicht. Als Bestätigung des Beringungseifers fanden sich in seinem „Neuen Naumann" nur noch Randnotizen, die besagen, daß er allein i. J. 1920 je 1 Sperber, Wespenbussard und Baumfalk, je 2 Schwarzmilane und Mäusebussarde und 9 Wanderfalken als Nestjunge beringte. Am stärksten fesselte ihn die Fortpfl.-Biol. des Wanderfalken und des Schreiadlers, für die er begeisterte Worte hinterließ. F. Tischler (s. d.) (Vögel Ostpr... 1941) schrieb von seinem Mitarbeiter: „Über Samland verdanke ich auch dem bekannten Raubvogelkenner Lehrer B. viele sehr wichtige Hinweise" und führte unter B's Beringungserfolgen einen Schreiadler an, der in Ost-Sambia wiedergefunden worden war. F. Engelmann (s. d.) (Raubvögel Europas ... 1928) empfing von ihm eine „sorgfältige Liste ostpr. Horstvögel" und nannte ihn einen „ausgezeichneten Kenner". Renz Waller, der Mitgründer des Dt. Falkenordens 1923, erhielt von ihm lange Jahre hindurch 2—3 junge Wanderfalken zu Beizzwecken. W. Fischer (vgl. D. Wanderfalke 1967), der in seiner Gegenwart nachhaltige Anregung verspürte, stützte sich auf zahlreiche biol. Angaben. Obwohl B. seine Begleiter auf Beobachtungsgängen mit einem breiten, gesicherten Wissen überraschte, fühlte er sich offenbar nie sonderlich zu schriftstellerischer Tätigkeit gedrängt. Nur wenige Verlautbarungen aus seiner Feder konnten ermittelt werden: „Ostpr. Raubvögel" (Aus d. Heimat, Naturw. Monatsschrift, hrsg. v. Dt. Lehrerverein f. Naturk., Stuttg. 36, 1923), „Wanderfalkenhorste" (D. Ordensfalke, Zeitschr. d. Dt. Falkenordens 1, 1924), „Adler in Ostpr." (D. Biologe 8, 1939). Die letzte Arbeit ist die einzige auch von F. Tischler in „Vögel Ostpr... 1941" verzeichnete. Nach der Rückkehr in das obere Saaletal des thür. Frankenwaldes suchte und fand der ungebeugte, an der dt. Teilung schwer tragende Mann wieder den ostthür. Rauhfußkauz, Uhu, Wanderfalken, Habicht, nahm einige Male an orn. Exk. in das mecklenb. Seengebiet teil und schrieb noch einen kleinen vogelk. Aufs. „Rund um d. Bleilochtalsperre" (Leipz. 1961). Die lange und mit Verdienst beackerten Arbeitsfelder der Beringung und der Greifvogelstudien betrat er aber nicht mehr. Ihm fehlte fortan als Antriebskraft der Formenreichtum Ostpreußens. Da zudem die orn. Fachpresse keine von ihm gelieferten Beitr. aufweist, begann der Name B. bald zu verblassen.

Borchert, Walter, Dr., * 14. 11. 1888 Borne bei Staßfurt (Börde), † 27. 4. 1971 Schönebecke/Elbe. Der Bauernsohn hätte sich gerne für die Landwirtschaft entschieden. Doch der Ehrgeiz der Mutter wies ihm — nach seinen eigenen Worten — andere Wege. Er mußte das Realgymnasium in Magdeb. besuchen, um in Jena und Berlin Biol., Chemie und Geogr. zu studieren. Die sich anschließende pädagogische Laufbahn führte ihn über die Oberrealschule Quedlinburg von 1924 bis 1954 als Oberlehrer und Studienrat nach Schönebeck und Magdeburg. Im Studenten hatte sich eine Vorliebe für die Entom. entwickelt. Als er aber in Quedlinburg 1915 den orn. rührigen F. Lindner (s. d.) kennenlernte, verspürte er bald vogelk. Regungen, die bislang nur unterschwellig in ihm ruhten. Zwei Arbeiten zeugen von der neuen Blickrichtung: „Ein ergebnisreicher orn. Ausflug“ (Orn. Ms. 49, 1924) und „D. Vogelw. d. Umgeb. v. Schönebeck“ (Abh. Magdeb. 4, 1925). Der ihn beeindrukkende Vogelreichtum der Gegend ließ in ihm weiter den Entschluß reifen, die Verbreitung der Ornis des Gebietes darzustellen und dabei vor allem die Grundlage zu schaffen, „von der aus den Gesetzen dieser Verbreitung und den Gründen dafür nachzuspüren sei“. So entstand, weniger durch eigene feldorn. Studien und mehr durch Ausbeutung älterer avif. Quellen sowie mit der Hilfe von (nicht immer zuverlässigen) Gewährsleuten 1927 als Diss. in Berlin die „Vogelw. d. Harzes, seines nordöstl. Vorlandes u. d. Altmark“. Die ökol. ausgerichtete Untersuchung behandelte 318 Arten, darunter 170 Brutvögel. Der orn. Eifer reichte indes nur zu einem episodenhaften Zwischenspiel. Bald beherrschte ihn „das Gefühl, daß neue Kenntnisse und vor allem Erkenntnisse kaum zu erwarten seien..., und man müsse auch für andere Leute etwas zu tun übriglassen“. Eine ihm eigene „heitere Auffassung des Lebens“ erleichterte den erneuten Anschluß an die alte Liebe zur Entom. Aus dem Jahre 1952 stammt daher eine Arbeit über Käfer. Als dann seine Kräfte abnahmen, beschäftigte er sich mit tiergeogr. Fragen und begnügte sich schließlich mit dem Versuch, „allgemeine Schlüsse aus seinen Erfahrungen zu ziehen“. Aus der DOG, der er sich 1920 angeschlossen hatte, schied er schon 1939 aus.

— Lit.: Briefwechsel. - Nachruf (von H. Ringleben). Vogelk. Ber. Nieders. 4, 1972, S. 91.

Brandes, Johann, * 28. 1. 1897 Aurich (Ostfriesland), † 10. 4. 1971 Wittmund (Ostfriesland). Der Sohn eines Bahnbeamten war nach dem Besuch der Gymnasien von Leer und Aurich zunächst Lehrer in Leer, Westerende-Kirchloog und Aurich. Auf der Mittelschullehrerprüfung baute er dann Verwendung in Beverungen (Kr. Höxter, Westfalen) und Wittmund auf, wo er zuletzt Rektor war. Die Verwurzelung im Heimatboden erbrachte ihm die ehrenamtliche Übertragung außerberuflicher Aufgaben. Er wurde Beauftragter für Naturschutz und Landschaftspflege im Kr. Wittmund und 1938 für den Reg.-Bez. Aurich. Die Ostfriesische Landschaft in Aurich ernannte ihn als den Leiter ihrer Arbeitsgruppe „Naturk. u. Natursch.“ schließlich zum Landschaftsrat. Der DOG gehörte er seit 1932 an, und viele Jahre betätigte er sich als fleißiger Beringer der Vogelwarte Helgoland. Doch war er kein Mann des Wortes und der Feder, sondern des stillen Einsatzes. Daß er etwas zu sagen hatte, zeigte auf der Tagung der DO-G 1951 in Wilhelmshaven sein Vortrag, der den Exk.-Teilnehmern einen aufschlußreichen Überblick der ostfriesischen Landschaft vermittelte. Mangelndes Bedürfnis, sich mitzuteilen (wohl aus ostfr. Eigenart entsprungen), hatte zur Folge, daß sein Name nicht weit über die engere Heimat hinausdrang und damit ein reicher feldorn. Erfahrungsschatz ungenutzt blieb. Aus dem beruflichen Aufgabenkreis schrieb er „D. Natursch. im Gebiet d. 1. Entwässerungsverbandes Emden“ (D. Acht u. ihre sieben Siele, hrsg. v. J. Ohlig, Pewsum 1963).

— Lit.: Nachruf (von H. Ringleben). Vogelk. Ber. Nieders. 3, 1971, S. 87/88.

Brandt, Max Theodor, Dr., * 15./27. 9. 1890 Kronstadt (Kreis Petersburg), † 9. 1. 1972 Berlin. Aus angesehener dt.-balt. Familie stammend, sein Vater stand als Marinearzt in kaiserl. russ. Diensten, studierte er von 1908—1913 Med. in Dorpat, Berlin, Freiburg. Assistentenjahre verbrachte er meist in Riga, wo er 1926 promovierte und 1938 Direktor des Pathol. Inst. an der Lettl. Univ. wurde. Seit 1932 hatte er die Stelle des 1. Sekretärs, später des Präses der Ges. prakt. Ärzte zu Riga inne, seit 1934 auch die des Vize-Präses des Naturf. Ver. Riga. Nach der Umsiedlung der Baltendeutschen 1939 war er Chefarzt des Pathol. Inst. Posen und apl. Prof. f. Pathol. und Anat. an der Univ., bis 1945 sein Fluchtweg in Berlin endete. Nach weiterer pathol. Tätigkeit wurde er hier 1958 als ao. Prof. der Freien Univ.

emeritiert. Von 1951—1966 lag außerdem die Leitung der von ihm gegründeten Sectio medica im Osteuropa-Inst. in seinen Händen. In der alten Heimat entwickelte er sich zum rührigen, kenntnisreichen Feldbeobachter und gewandten Tierlichtbildner. Beachtliche Vogelaufnahmen, die auch einige seiner Veröff. zierten, belohnten Ausdauer und Einfühlungsvermögen in die Tierseele. Geebnet wurde sein Weg in die Welt der Vögel durch Anregungen, die hauptsächlich von F. E. Stoll (s. d.) ausgingen. 1910 traf er mit dem Konservator erstmalig in Kielkond auf Ösel zusammen. Im Sommer 1911 arbeitete er wiederum an der jungen biol. Station, und 1930 war er nochmals mit F. E. Stoll und E. Ecke ein paar Wochen bei A. Toom (s. d.) auf der Insel Filsand. In den 30er Jahren verband ihn die orn. Begeisterung viel mit N. v. Transehe (s. d.). Ziele der feldorn. Exk. waren u. a. Baldohen (1933, Schwarzstorch), Kurland (1935, Uhu u. Kranich), Tirul-Sumpf (1936, Steinadler), Neubad in Livl. (1939, Silbermöwenkolonie b. Planup u. Zeunhöfsches Moor mit Brut d. Sterntauchers). Von seinen Veröff. können genannt werden: „An d. Brutstätten d. Nordseetauchers in Lettland" (B. z. F. 16, 1940), „Z. Brutbiologie d. Uhus im Ostbaltikum" (Orn. Mber. 49, 1941), „Über d. Vorkommen d. Silbermöwe u. d. Sterntauchers im Ostbaltikum" (J. Orn. 89, 1941), „Orn. Beob. auf d. Hochmooren Lettlands" (Korr.-Blatt LXIV, Posen 1942), „Über d. Biber im Ostbaltikum u. d. angrenzenden Gebieten" (ebd. LXIV, Posen 1942). Bei H. Meerwarth u. K. Soffel, Lebensbilder aus d. Tierwelt (Vögel 3, 1911) finden sich 6 seiner Vogelaufnahmen aus der Anfangszeit der Tierphotographie. Die DOG zählte ihn seit 1941 zu ihren Mitgliedern. Er war eine liebenswerte, durch Vornehmheit der Gesinnung ausgezeichnete Persönlichkeit.

— Lit.: Würdigung in N. v. Transehe, D. Vogelw. Lettlands 1965, S. 191. - Nachruf (von H. Müller-Dietz). Mitt. d. Osteuropa-Inst. an d. Freien Univ. Berlin, 1972.

C

Conradi, Adam Gerhard Johann, * 16. 12. 1768 Pastorat Würzau (Kurland), † 1. 10. 1830 Mitau. Der Pastorensohn studierte Theol. 1788/89 in Königsberg, 1790/91 in Jena, verwaltete seit 1795 eine Vikarstelle in Sessau und war in der Nachfolge des Vaters seit 1807 ordentlicher Prediger in Sallgalln. Auf mehreren Gebieten trat er mit Veröff. hervor. Orn. Themen aus seiner Feder erschienen nicht im Druck. Doch wurde er von den Zeitgenossen gelobt, weil er sich „um die Naturgeschichte seines Vaterlandes sehr verdient gemacht" habe. Die Anerkennung dürfte sich gestützt haben auf „eine von ihm angelegte, mit eigener Hand zubereitete, zahlreiche Samml. ausgestopfter einheimischer Vögel". Noch vor seinem Tode waren die Stücke in der Pflege des kurländischen Prov.-Mus. von Mitau.

— Lit.: J. F. v. Recke u. K. E. Napiersky, Allg. Schriftsteller- u. Gelehrten-Lex. d. Prov. Liv-, Est- u. Kurland, Mitau 1, 1827, S. 362. - Dt.-balt. Biogr. Lex. 1970, S. 149.

D

Döderlein, Ludwig Heinrich Philipp, Dr. Dr. h. c., * 3. 3. 1855 Bergzabern (Pfalz), † 23. 3. 1936 München. Aus dem Hause eines Gymnasialprofessors stammend, war er nach der 1877 erworbenen Promotion kurz Hilfslehrer in Mülhausen und von 1879—1881 Prof. für die beschreibenden Naturw. an der med. Fakultät von Tokio. Größere Forschungsreisen in Japan beendete er, um als Konservator und Direktor der Zool. Sammlungen nach Straßburg zu gehen, wo er seit 1883 Dozent und seit 1891 ao. Prof. f. Zool. war. Schwer traf den rechtschaffenen Deutschen 1919 die Ausweisung durch die Franzosen. In München bot sich ihm 1921 ein neuer Wirkungskreis als Honorarprofessor und von 1923 ab auch als Direktor der Zool. Staatssammlungen. Die Lehrbehinderung durch eine vorübergehende Kehlkopferkrankung vereitelte jedoch die Berufung des Geh. Rates auf ein Ordinariat. Er war nicht nur Stubengelehrter, sondern auch sammelnder Forscher und unter freiem Himmel unbestechlicher Beobachter der Naturvorgänge. Von den uferlosen Spekulationen, die in seinen Werdejahren viele Naturwissenschaftler in die Irre führten, hielt er sich frei. Der Reichtum seiner Gedankenwelt machte ihn zu einem der letzten Hochschullehrer, deren Vielseitigkeit noch die Gebiete der system. Zool. nebst Morphol. und Paläont. meistern konnte. Der ihm gegebene

TEIL 3

Scharfblick ließ ihn u. a. die Gesetze betonen, daß ein in der Stammesgeschichte erworbenes und entwickeltes Organ später zum Untergang führen kann, daß fliegende Tiere aus Klettertieren entstanden, und daß nur höher organisierte Tiere Landbewohner werden können. Noch in den Jahren 1931—1935 erschienen von ihm geschriebene Bestimmungsbücher für die Tierwelt Deutschlands. Sie entsprangen einer Aufgeschlossenheit für faun. Fragen, die ihm schon in der Jugend die elsässisch-lothringische Tierwelt besonders nahebrachten. Er war hervorragender Formenkenner und hielt es für wichtig, die Lebensverhältnisse der rezenten Fauna vergleichend zu betrachten sowie die Entwicklung einer allg. phylogenetischen Ökologie auch für die paläont. Beschreibung nutzbar zu machen. Ihn aufgrund dieser Anschauungen zum Nur-Ornithologen erheben zu wollen, hieße seine Universalität übersehen. In dem weiten geistigen Raum war die Welt der Vögel nur Teilausschnitt. Bei der Behandlung tiergeogr. Themen sollten aber die die Ornis betreffenden Bemühungen nicht ganz unbeachtet bleiben. Sie zeigten sich im Gedankenaustausch mit zeitgenössischen Vogelkundlern, z. B. mit dem els.-lothr. Landforstmeister G. H. D. Frhr. v. Berg (s. d.) und in folgenden Verlautbarungen: „Beob. über einige im Elsaß lebende Tiere“ (Mitt. d. philomat. Ges. Els.-Lothr. 4, 1896), „D. Tierwelt v. Els.-Lothr.“ (D. Reichsland Els.-Lothr., 1. Teil, Straßb. 1898), „Erwerbung d. Flugvermögens b. Wirbeltieren“ (Zool. Jb. 14, 1900), „Über einige interessante Wirbeltiere in Els.-Lothr.“ (Mitt. d. philomat. Ges. Els.-Lothr. 4, 1908—1912), „Beob. über els. Tiere“ (ebd. 5, 1913). Als festgeprägte Persönlichkeit war D. Ehrenmitglied der Orn. Ges. Bay.

— Lit.: Nachruf (von H. Krieg). Verh. Bay. 21, 1936, S. 70—72. - Nachruf (von R. Hertwig). Jb. Bay. Akad. d. Wissensch. 1936/37, S. 34—37. - Nachruf (von W. Koch). Zs. f. Säugetierkunde 12, 1938, S. 304—309. - N. Dt. Biogr. (von H. Erhard u. W. Quenstedt) 4, 1959, S. 16/17.

Doppelmair, Georgii Georgievich, * 10. 10. 1880 Moskau, † 8. 6. 1952 Leningrad. Über Familie und Herkunft waren Unterlagen nicht zu beschaffen. Ältere Beziehungen zu Deutschland oder wenigstens zum dt. Kulturkreis, in dem noch die dt. Sprache gesprochen wurde, lassen sich vermuten. Vielleicht war er als „Grenzwanderer“ Baltendeutscher. Von 1901—1903 studierte er jedenfalls in Heidelberg, und in den 20er und 30er Jahren schrieb er ein einwandfreies Deutsch in einem lebhaften Briefwechsel, der ihn mit E. Schüz, dem damaligen Leiter der Vogelwarte Rossitten, verband. Nach dem Abschluß des Studiums am Petersburger Forstinstitut gehörte er von 1912—1917 als Wildbiologe der Landwirtsch. Fakultät an. 1914/15 stand eine Exp. zum Studium des Zobels am Ostufer des Baikalsees unter seiner Führung. Das damals gegründete Schutzgebiet Barguzin besteht heute noch. 1918 wurde er Dozent und später Professor am Petersburger Forstinstitut, der heutigen Leningrader Forstakademie. 1921—1925 war er Rektor und 1927—1930 Dekan der Forstwirtsch. Fak. dieses Instituts. Von 1926 bis 1941 hatte er in Leningrad einen Lehrstuhl inne und las hier über die Biol. und System. der Säugetiere sowie über Wildbiologie und Wildverbreitung in der Waldzone. Daß ihn neben der Säugetierkunde auch die Orn. ernsthaft wissenschaftlich beschäftigte, zeigt die Erhebung seines Forst (Lesnoy)-Inst. zur Beringungszentrale mit Leningrad-Ringen 1925 auf eine wenn auch kürzere Reihe von Jahren. (Ein Beringungsbericht erschien noch 1938.) Dabei ergab sich eine gute Zusammenarbeit auch mit der Vogelwarte Rossitten. So schrieb er am 15. 9. 1927: „In 1923 I addressed to Prof. Thienemann in Rossitten and he kindly sent me some rings. But due to some difficulties connected with receiving ring from abroad an attempt was made to make rings at the workshop at the Inst. of Forestry. Now we are making rings corresponding the Rossitten series D, E and F.“ (Proc. of the Central Bureau for Country Investigation, Leningrad Nr. 8, 1927, S. 283—286). Ergebnisse der phänol. Unternehmungen enthalten die folgenden Mitt. aus seiner Feder: „Über Vogelberingung d. Forst-Inst. Leningrad, 1. Mitt.“ (Vz. 1, 1930), „2. Mitt. . .“ (ebd. 2, 1931), „Ergebnisse d. Beringung v. Stockenten-Anas platyrhyncha, 3. Mitt.“ (ebd. 4, 1933), „Über Beringungsergebnisse v. Lachmöwen - Larus ridibundus d. Ladoga-Sees, 4. Mitt.“ (ebd. 5, 1934), „Über Entenberingungen in d. Prov. Leningrad“ (Danske fugle 14, 1933), „Bird-ringing in the Leningrad region“ (Priroda, Nr. 3, 1938, russ.), „The role of trees and shrubs architectonics for birds nesting" (ebd., Nr. 12, 1939, russ.). Schließlich gab D. noch das von G. A. Novikov u. A. S. Malchevski verfaßte Buch „Biology of forest birds and mammals" (russ. 1950) heraus.

— Lit.: Würdigung (von A. N. Dubrovski u. A. A. Romanov). Problemy Arktiki (Problems of Artic) Leningrad, Nr. 2, 1937, S. 174—176. - Würdigung (von S. M. Pospelov). Trudy Lesitekhnicheskoi Akad. (Proc. of the Academy of Forestry) Leningrad, Nr. 70, 1950, S. 213—216 (mit Bildnis). - Nachruf (von D. N. Danilov). Proc. of the All-Union Res. Inst. of Hunting, Moskau 13, 1953, S. 223—226 (mit Bildnis u. Verz. d. Veröff.). - Mitt. von Prof. Dr. A. I. Ivanov, Zool. Inst. d. Akad. d. Wissensch. Leningrad 1973. - Mitt. von Dr. Dr. H. v. Knorre 1973.

Dost, Hellmuth, * 29. 11. 1914 Dresden, † 21. 1. 1971 Bergen (Rügen). Der aus der Familie eines Schriftsetzers stammende Feinmechaniker zeigte schon in jungen Jahren einen geschärften Blick für die heimische Vogelwelt. Gefördert wurden seine Neigungen besonders durch Prof. G. Brandes, den Direktor des Zool. Gartens zu Dresden. Selbststudium und Hilfsdienste am Mus. f. Tierk. der Heimatstadt verschafften ihm so viel faun. Einblicke und zool. Kenntnisse, daß er einem neuen, ihn innerlich ausfüllenden Tätigkeitsbereich zustrebte. Den Berufswechsel verhinderten aber die Verhältnisse der 30er Jahre und der Ausbruch des 2. Weltkriegs. Als er sich 1945 auf der Insel Rügen angesiedelt hatte, machten fleißige Freilandstudien seinen Namen bekannt, so daß ihm 1949 der Posten des Naturschutzbeauftragten des Kreises Rügen und später auch der des Museums- u. Denkmalpflegers übertragen wurde. Im Rahmen dieser Aufgaben setzte er sich mit Erfolg für den Schutz der Küstenvögel ein. Daneben beschäftigten ihn die system. betriebene Haltung und Züchtung von Paläarkten und Exoten, und bald wurde es ihm Bedürfnis, einem weiteren Kreis von gleichgestimmten Liebhabern sowie Vogelfreunden im Druck mitzuteilen, was er aus reicher praktischer Erfahrung oder im Gedankenaustausch mit Fachleuten gelernt hatte. Schreibtischarbeit belegen Aufs. wie „Ein Beitr. z. Fortpflanzung d. Mönchsgrasmücke" (Gef. W. 74, 1950), „Über d. Gesangsausbildung unserer Mönchsgrasmücken" (ebd. 75, 1951), „Brutversuche v. Säbelschnäbler u. Raubseeschwalbe auf Rügen" (B. z. Vk. 5, 1956), „Mönchsgeier auf Rügen" (ebd. 6, 1957), „Brutvorkommen d. Raubseeschwalbe - Hydroprogne caspia an d. dt. Ostseeküste" (ebd. 8, 1962/63), „Vorkommen d. Schwarzkopfmöwe an d. Ostseeküste", mit guten Aufnahmen (ebd. 11, 1965/66), „Zugstau u. Massenrückzug v. Bergfinken", zus. mit S. Wagner (ebd. 13, 1967/68), „Schneegänse auf Rügen" (ebd. 15, 1969/70). Auch wohlfeile, handliche Bücher gehören zu seiner Hinterlassenschaft: „Rügen — D. grüne Insel u. ihre Natursch.-Gebiete" (1958), „D. Vögel d. Insel Rügen" (1958), „D. Schamadrossel" (Gef. W., Sonderheft 1960), „D. gelbe Sänger" (1960), „Prachtfinken" (1964), „Einheimische Stubenvögel" (1966), „Fremdländische Stubenvögel" (1967), „Sittiche u. andere Papageien" (1968). Seit 1953 war er Mitglied der DO-G.

— Lit.: Nachruf (von J. Steinbacher). Gef. W. 95, 1971, S. II/4. - Nachruf (von W. Eichler). Falke 18, 1971, S. 282/83 (mit Bildnis). - Nachruf (von G. Klafs). Naturschutzarbeit in Mecklenburg 14, 1971, S. 53/54 (mit Bildnis).

Drost, Rudolf, Dr., * 19. 8. 1892 Oldenburg, † 3. 12. 1971 Oldenburg. Im Jeverland waren seine Vorfahren Pastoren, Kaufleute und Bauern. Die Eltern stammten aus der Stadt Jever. Der Vater, Zoologe und Oberlehrer an der Oberrealschule von Oldenb., starb früh, worauf die Mutter wieder nach Jever verzog. Hier verbrachte der Sohn Jugend und Schulzeit, bis er 1912 das zool. Studium in Tübingen begann, um es nach Unterbrechung durch den 1. Weltkrieg 1923 in Göttingen mit der Diss. „Z. Entomostraken-Fauna d. Seeburger Sees" (Zs. f. Morphol. u. Oekol. d. Tiere 4, 1925) zu beenden. Der Beginn der von vornherein gesehenen orn. Laufbahn sei belegt durch seine eigenen Worte (aus einem Brief v. 18. 9. 1968): „Mich ärgert sehr, daß T. mich erst auf Helgoland zum Ornithologen werden ließ, während ich schon als Knabe hinter den Vögeln herlief, bis ich sie kannte, und als Student das Ziel hatte, Vogelwart auf Helgoland zu werden". Mit diesem Vorsatz ging D. 1923 als Assistent an die Biol. Anstalt auf Helgol., wurde 1924 als Nachfolger von H. Weigold zum Leiter der Vogelwarte Helgoland berufen, die er mit Unterstützung hilfsbereiter Ornithologen bei der Besatzungsmacht 1947 in Wilhelmshaven als selbständiges Institut für Vogelforschung wieder aufbaute. Es war sein Verdienst, die Vorbedingungen hierfür geschaffen zu haben durch die Verlagerung des Vogelwartegutes auf das Festland kurz nach Kriegsende — in den trübsten Jahren des Zusammenbruchs und des Hungers. 1932 wurde ihm der Prof.-Titel zuerkannt, 1958 trat er in den Ruhestand. Der früh erreichten Lebensstellung verstand er rechten Sinn und Inhalt zu geben, gestützt auf die aus der Praxis und wissensch. Grundanschauung erwachsene Einsicht in die vielfältigen Aufgaben einer Vogelwarte. Die durch 2 Weltkriege heraufbeschworenen Schwierigkeiten und Hindernisse — erinnert sei u. a. an die Erhaltung des Brandgans-Massenmauserplatzes Knechtsand und an die Räumung des Übungsplatzes (mit der Unterstützung von Miss Phyllis Barclay-Smith) — konnte er nicht nur durch Sachkunde, Zielstrebigkeit und Zähigkeit überwinden. Zu den Voraussetzungen des Erfolges gehörten neben einem gesunden Humor das ihm gegebene mitmenschliche Verständnis für die Bestrebungen der Idealisten, denen die Pflege der naturk. Heimatforschung Herzenssache ist. In dieser Haltung gewann er vor allem das Ohr der Laien, denen er gelegentlich sogar mit der Beherrschung der plattdeutschen Sprache leichter und schneller nahekam als mit dem ausschließlichen Gebrauch der hochdeutschen Schriftsprache. Da er den Schutzbemühungen mit wissenschaftlich untermauerten Gesichtspunkten neue Antriebe lieferte, beeinflußte er, seit 1925 Gründungsmitglied des Mellumrates, weitgehend nicht nur die Maßnahmen auf Mellum, sondern auch auf Wangerooge, West- u. Ostgroden sowie Ostende, Minsener Oldoog, im Jadebusen und Binnenlande am Dümmer und Sager Meer. Auf sein Betreiben wurde ferner die Vogelwarte 1947 die Zentralstelle für den Seevogelschutz der Länder Niedersachsen und Schleswig-Holstein. Auch die Forschungen im Bereiche der Zugprobleme, vermehrt um die Studien der Kennzeichen von Alter und Geschlecht als wichtige Hilfsmittel für Beringer und Feldornithologen und nicht weniger die des Sozialverhaltens und der Populationsdynamik insbesondere bei Silbermöwen verliehen seinem Namen Klang und Geltung auf Weltebene. Von 1959—1969 lag daher mit dem Vorsitz der Dt. Sektion des Internat. Rates für Vogelschutz die Herausgabe der Jahresberichte 1—9 in seinen Händen, und im Kampf um die Beseitigung der Ölpest an den Küsten aller Kontinente war er der dt. Vorkämpfer. Es kann nicht überraschen, daß ein der Forschung so tiefgehend verbundener Mann mit vielen Veröff. hervortrat. In dem ihm gewidmeten Jb. Oldenb. 61, 1962 verzeichnete R. Tantzen (s. d.) 256 Titel der Verlautbarungen zwischen 1924 und 1961. Die Arbeiten standen in in- u. ausl. Zeitschriften, am häufigsten in Orn. Mber., Vogelzug und Vogelwarte. Aus den Jahren nach 1945 seien einige kennzeichnende Themen genannt: „D. wissensch. Ergebnisse vogelk. Arbeit auf Mellum" in W. Hartung, „Mellum, ein Vogelparadies in d. Nordsee" (Oldenb. 1950), „D. Verhalten d. männl. u. weibl. Silbermöwen außerhalb d. Brutzeit" (Vwa. 16, 1952), „Über d. Heimattreue dt. Seevögel" (J. Orn. 94, 1953), „Neue Beitr. z. Soziologie d. Silbermöwe-Larus argentatus" (Acta XI. Congr. Internat. Orn. Basel, 1954), „Wo verbleiben im Binnenland frei aufgezogene Nordsee-Silbermöwen?" (Vwa. 18, 1955), „D. Geschichte d. Vogelwarte Helgoland" in F. Steiniger, „Natur u. Jagd in Niedersachsen" (Weigold-Festschrift, Hann. 1956), „Über d. Ansiedlung von jung ins Binnenland verfrachteten Silbermöwen" (Vwa. 19, 1958), „Report on the present state of bird preservation in the German Federal Republic" (Bull. of the Internat. Comm. for Bird Preservation 7, 1958), „Über d. nächtlichen Vogelzug auf Helgoland" (Proc. XII. Internat. Congr. Helsinki 1958, 1959), „Entwicklung u. Aufbau einer Population der Silbermöwe-Larus argentatus", zus. mit E. Focke u. G. Freytag (J. Orn. 102, 1961). Außerdem veröffentlichte er die Ber. d. Vogelwarte d. Staatl. Biol. Anstalt Helgoland (9 u. 10, 1927 bis 14, 1936) und die Abh. aus d. Gebiete d. Vogelforschung (1, 1930), darin H. Weigold, „Vogelzug auf Helgol..." (2, 1930), R. Drost, „Über Vogelzug auf d. Schlangeninsel im Schwarzen Meer" (3, 1931) und E. Schüz u. H. Weigold, „Atlas d. Vogelzuges" (3, 1931). Schließlich war er Schriftleiter des Vogelzug seit 1930 (zus. mit E. Schüz) und der Vogelwarte seit 1948 (zus. mit E. Schüz), seit 1959/60 (zus. mit E. Schüz, F. Goethe, R. Kuhk). Kennzeichnend für ungebrochenen Forschungswillen und systematischen Kräfteeinsatz bis in die letzten Jahre waren die täglichen Beob., die ihm als Unterlagen für Untersuchungen d. sozial-ethol. Verhältnisse von Teichhühnern im Wilhelmshavener Kurpark dienten. Ergebnisse dieser Studien legte er nieder unter den Titeln „Aus d. Lebenslauf eines Teichhuhns - Gallinula chloropus“ (B. Bonn 19, 1968) und „Über d. Verhalten freilebender Teichhühner gegenüber Menschen“ (Vwa. 26, 1971). Als er — eine festgefügte Persönlichkeit — die Augen für immer schloß, hatten seine organisatorische Begabung und seine in die Tiefe schürfende Wissenschaftlichkeit bereits vielfältige Anerkennung erfahren. Er war Mitglied des Beirats der DOG (seit 1933), Ehrenmitglied der Brit. Orn. Union, Korr. Mitglied der Am. Orn. Union, Ehrenmitglied des Oldenb. Landesvereins f. Geschichte, Natur- u. Heimatkunde (seit 1962) und trug das Bundesverdienstkreuz 1. Klasse. Die Urne mit seiner Asche ist in Jever beigesetzt.

— Lit.: Würdigung (von R. Tantzen). Jb. Oldenb. 61, 1962, S. 1—17 (mit Bildnis u. Verz. d. Veröff.). - Nachruf (Verf. ungen.). Wilhelmshavener Ztg. Nr. 283 v. 6. 12. 1971 (mit Bildnis). - Nachruf (von W. Przygodda). Internat. Rat f. Vogelsch., Dt. Sekt., Ber. 11, 1971, S. 3/4 (mit Bildnis). - Nachruf (The President's Letter). Internat. Council for Bird Preservation 24, 1971. - Nachruf (von F. Goethe). Dt. Bund f. Vogelsch., Jh. 1971, S. 3; Vw. 93, 1972, S. 37/38 (mit Bildnis); J. Orn. 113, 1972, S. 219—224 (mit Bildnis). - Nachruf (von H. Ringleben). Vogelk. Ber. Nieders. 4, 1972, S. 24/25. - Nachruf (von W. Erz). Nat. u. Landsch. 47, 1972, S. 58. - Nachruf (von E. Schüz). Vwa. 26, 1972, S. 310—313 (mit Bildnis). - Nachruf (von Schriftl.). Die Boje, Mitt.-Bl. d. Heimatver. Wilhelmshaven 19, 1972, Nr. 1 (ohne S.). - Nachruf (von A. L. Thomson). Ibis 115, 1973, S. 141. - Nachruf (von M. Cuisin). L'Oiseau et la Revue Française d'ornithologie (Bull. Soc. orn. France) 42, 1972, S. 6—8.

Dudich, Endre (= Andreas), Dr., * 20. 3. 1895 Nagysalló (Ungarn, heute Slowakei), † 5. 2. 1971 Budapest. Nach dem Besuch der Mittelschulen in Esztergom (= Gran) und dem zool. Studium in Budapest war er zwischen 1919 und 1933 Kustos am Ung. Nat.-Mus., wurde 1926 Privatdozent an der Univ. Szeged, 1932 korr. Mitglied der Ung. Akad. d. Wissensch., 1935 Ordinarius in Budapest, 1942 ordentl. und 1949 Ehrenmitglied der Akad. d. Wissensch. Er beschäftigte sich viel mit Krustazeen und war als Höhlenzoologe über die Landesgrenzen bekannt. Der internat. Donauforschung stand er als Präsident vor und gründete die Stationen für Donauforschung in Alsógöd sowie für Höhlenforschung in Aggtelek. Seine vielseitige Regsamkeit umschloß in geringerem Maße auch die Orn. So schrieb er eine kleine Monogr. der „Vogelw. d. Komitates Bars“ (Kócsag 5, 1932) und eine kurze Notiz über das einzige Vorkommen des Rosenstars am Balaton (Aquila 28, 1921). Die ung. Vogelk. verdankt ihm vor allem die wissensch. Ausrichtung mehrerer Generationen. Bei ihm haben promoviert oder haben die Habilitation erlangt u. a. A. Keve, I. Pátkai, J. Szijj, L. Szijj, T. Farkas.

— Lit.: Nachruf (von A. Soós). Állattani Közlemények (= Zool. Mitt.) 59, 1972, S. 3—15. - Nachruf (Verf.ungen.). Aquila 76/77, 1973, S. 201.

E

Ecke, Hans-Georg, * 2. 5. 1902 Tschammendorf, Kr. Neumarkt (Bez. Breslau), † 4. 2. 1945 Belgien. Der Landwirt und Rittergutsbesitzer, der von 1920—1922 in Hohenheim Student und später erfolgreicher Viehzüchter war, gab sich daneben autodidaktisch dem Studium der heimischen Vogelwelt hin. Im Mitgliederverzeichnis des Ver. Schles. Ornithologen stand der Name des cand. agr. seit 1922. Zur gleichen Zeit wie sein Landsmann W. Trettau (s. d.) richtete er den Blick in Sonderheit auf Fragen der Ökol., Brutbiol. und des Zuges. Der Lösung phänol. Probleme suchte er dadurch näherzukommen, daß er auf seinem Gute im schles. Schwarzerdgebiet 1931 eine Art Beringungsstation mit Reusen und anderen Fanganlagen einrichtete und sogar von ihm selbst hergestellte Ringe verwendete mit der Aufschrift „H. Ecke-Tschammendorf-Germania“ (u. einer Nummer). Da ihm eine stattliche Zahl von Wiederfunden gemeldet wurde, veröffentlichte er die Ergebnisse in einem „1. Ber. d. orn. Ring-Station Tschammendorf 1938“ (Ber. Schles. 23, 1938). Der private Eifer — er erreichte immerhin über 10 000 Markierungen mit 300 Rückmeldungen von 47 Arten — wurde aber durch die

TEIL 3

Verordnung v. 17. 3. 1937 (Reichsgesetz) gestoppt. Nur wenige weitere Verlautbarungen aus seiner Feder zeugen von der durch den Ausbruch des 2. Weltkriegs zu früh beendeten orn. Beschäftigung. Folgende Titel können genannt werden: „D. Vogelwelt d. Kreises Neumarkt“, eine gekürzte Wiedergabe seines Vortrages auf einer Versammlung d. Ver. Schles. Orn. in Neumarkt (Ber. Schles. 13, 1927), „Beitr. z. Ernährungsbiologie d. Turmfalken“ (ebd. 18, 1933), „D. Zug d. in Schles. beheimateten Stare“ (ebd. 19, 1934), „Woher kamen d. Sumpfohreulen d. Brutinvasion 1933 in Schlesien?“ (ebd. 20, 1935), „Neues Brutgebiet d. Großtrappe in Schlesien?“, kurze Mitt. (ebd. 20, 1935), „Vermehrung d. Schwanzmeise“, kurze Mitt. (ebd. 20, 1935), „Bestand d. Weißen Storches im Kr. Neumarkt...“ (Neumarkter Kreisbl. 1936), „Planberingung auf Sicht im begrenzten Gebiet“ (Vr. 9, 1937), „Beitr. z. Fortpflanzungsbiologie d. Turmfalken“ (Ber. Schles. 22, 1937), „Wanderwege schles. Turmfalken“ (ebd. 23, 1938), „Zu: ‚D. Brutleben d. Grauschnäppers‘ “ (Orn. Mber. 46, 1938), „Z. Ausbreitung d. Girlitz-Serinus serinus in Nord-Frankreich“ (ebd. 52, 1944). Am Anfang des 2. Weltkrieges wurde er Wirtschaftsführer und 1942 Soldat. Als Obergefreiter fiel er im Westen und ist auf dem Soldatenfriedhof Lommel (Belgien) bestattet.

Emeis, Walther, Dr., * 10. 5. 1891 Flensburg (Schleswig-Holstein), † 28. 5. 1973 Flensburg. Der Enkel eines Landesforstdirektors und Sohn eines Baumschulenbesitzers studierte — erbmäßig vorgeprägt — in Freiburg, Halle und Kiel Naturwisenschaften, um sie 1914 mit einer Diss. über die Eientwicklung der Schildlaus abzuschließen. Nach schwerer Verwundung 1916 aus dem Kriegsdienst entlassen, wurde er (zunächst Assistent am Zool. Inst. von Kiel) Studienrat in Flensburg und 1946 Dozent und Professor an der Pädagogischen Hochschule der Heimatstadt. In der Beob. der Tier- u. Pflanzenwelt früh und gründlich geübt, übernahm er schon in der Assistentenzeit das Amt des Kommissars für Landschafts- u. Naturdenkmalpflege, das er mit Geschick und Hingabe über 55 Jahre und seit 1935 als Landesbeauftragter innehatte. So bleibt mit seinem Namen das Verdienst verknüpft, durch die von ihm in zähem Ringen durchgeführte „Konservierung“ von etwa 70 Landschaftsteilen die Voraussetzungen und Möglichkeiten des Umweltschutzes und damit der zool. und botan. Forschung geschaffen zu haben. Da er sich stets den von der Wissenschaftlichkeit nicht zu trennenden Sinn für größere Zusammenhänge bewahrte, umfaßte sein im Freiland geschulter Blick — vom Kleinen ausgehend — die Flora, Avif. und schließlich auch die Entom. des Landes. Das Maß seiner Kenntnisse in diesen Bereichen ist nicht nur in über 200 wissensch. (darunter über 60 orn.) Arbeiten niedergelegt, sondern auch in der umfassenden Übersicht unter dem Titel „Pflanzen- u. Tierleben Schlesw.-Holst.“ (1939) und in der ergänzenden Darstellung „Einführung in d. Pflanzen- u. Tierleben Schlesw.-Holst.“ (1950). Es ist einleuchtend, daß das Studium der Lebensbedingungen für die heimische Vogelwelt über die Avif. und Ökol. hinaus in seiner Persönlichkeit einen besonders regen und erfahrenen Vertreter hatte. Seit 1926 stand er in der Mitgliederliste der DOG, 1957 wurde er Ehrenmitglied des Ver. Jordsand, 1961 Ehrenmitglied der orn. Arbeitsgemeinschaft f. Schlesw.-Holst. Ein Denkmal biol. Vielseitigkeit bedeutet das von ihm 1936 gegründete und mit didaktischem Geschick geleitete Naturk.-Mus. in Flensburg. 1961 erhielt er das Bundesverdienstkreuz. Von den rein vogelk. Veröff. seien genannt: „Beob. an Kolkrabenhorsten in Schlesw.-Holst.“ (J. Orn. 74, 1926), „D. Brutvögel d. schlesw. Geest“ (Beitr. z. Heimatforschung in Schlesw.-Holst., Nordelbingen 5, 1926), „D. Verbreitung d. Weißen Storchs als Brutvogel im heutigen Schleswig“ (Schr. d. Naturw. Ver. Schlesw.-Holst. 13, 1926), „Bestandsschwankungen u. heutige Verbreitung d. Weißen Storches in Schlesw.-Holst.“ (J. Orn. 83, 1935), „D. Vogelw. d. Flensb. Förde“ (Schr. d. Naturw. Ver. Schlesw.-Holst. 21, 1936), „Schlesw.-Holst. u. Dänemarks Avif.“ (Mitt. Faun. Arb.-Gemeinschaft ... Hamburg u. Lübeck, N. F. 2, 1949), „Schlesw.-Holst. Storchstatistik im Lichte mitteleurop. Storchforschung“ (Dt. Vw. 66, 1941), „Veränderungen in d. Brutvogelfauna Schlesw.-Holst. in d. letzten 100 Jahren“ (Mitt. Faun. Arb.-Gemeinschaft... Hamb. u. Lübeck, N. F. 4, 1951), „Beob. im Brutgebiet d. Kolkraben" (Orn. Mitt. 3, 1951), „Von d. Schlesw.-Holst. Störchen" (J. Orn. 94, 1953), „Die Schlesw.-Holst. Nordseeküste, ihre Entstehungsgeschichte u. ihre Bedeutung als Lebensraum unserer Vögel" (Festschr. d. Ver. Jordsand, Hamb. 1957).

— Lit.: Würdigung (von H. Carstensen). Nachr.-Bl. f. Natursch. u. Landschaftspflege 32, 1961, S. 15 (mit Bildnis). - Würdigung (von G. Warnecke). Mitt. d. Dt. Entom. Ges. 20, 1961, S. 17/18 (mit Bildnis). - Würdigung (von G. Preuß). Nachr.-Bl. f. Natursch. u. Landschaftspflege 37, 1966, S. 20 (mit Bildnis). - Würdigung (von H. Föh). Corax 1 (17) 1966, S. 159—162. - Würdigung (von H. Ant). Nat. u. Landschaft 46, 1971, S. 169. - Nachruf (von W. Erz). Ebd. 48, 1973, S. 260.

Eylmann, Erhard, Dr. Dr., * 3. 9. 1860 Krautsand (Stader Marsch-Kreis), † 22. 12. 1926 Blumenthal (Kr. Osterholz). Er stammte aus einem alten niedersächsischen Bauerngeschlecht und war der Sohn eines reichen Hofbesitzers. Von Jugend an still in sich hineinschauend und zur Vereinsamung neigend, durfte er sich auf die elterliche Wohlhabenheit stützen, als er einen Lebensweg erwartete, der ihm völlige Unabhängigkeit zu sichern schien. Mit dem in Osnabrück erworbenen Reifezeugnis öffnete sich ihm 1883 das Studium der Med. und Naturw. in Leipzig, Freiburg, Würzburg und Heidelberg. Nach zweifacher Promotion („Beitr. z. System. d. europ. Daphniden", Freib. 1886; „Ein Fall v. myelogenem Alveolärsarkom", Würzb. 1889) und der Heirat 1891 in Helgoland, ließ er sich in Kairo als Arzt nieder. Die glücklichen Ehejahre endeten indes schon 1893 mit dem Tode der geliebten Frau. Seelisch schwer leidend, kehrte er in die Heimat zurück, um nie wieder den ärztlichen Beruf auszuüben. Auch während der in Berlin aufgenommenen Studien der Geogr., Zool. und Ethnogr. vertiefte sich die Veranlagung zum Einzelgängertum, so daß schließlich in ihm der Entschluß reifte, als Forscher allein und ohne jede geldliche Beihilfe Australien zu durchqueren. Auf 3 gefahrvollen Exped. zwischen 1896 und 1913 ging er der Einwirkung der europ. Zivilisation auf die ursprüngliche Kultur der Eingeborenen nach und untersuchte die sozialen Verhältnisse innerhalb der zusammengewürfelten Völkerelemente in den Städten des Südens und Nordens. In seinem Hauptwerk „D. Eingeborenen d. Kolonie Südaustralien" (Berlin 1908; Neudruck 1966) und in „D. Bettelwesen in dem Staate Südaustralien u. d. Nordterritorium vor d. Weltkriege" (Mitt. d. Geogr. Ges. Hamb. 34, 1922) sind die Ergebnisse niedergelegt. Mit Sorgfalt richtete sich sein Blick daneben auf geol., geogr. und zool. Gebiete. So sind der Ornis 2 größere Arbeiten gewidmet, die vor allem auf der 2. Reise (1898) gesammelte Erfahrungen wiedergeben und große Sach- u. Fachkenntnisse verraten. Die Titel sind „D. Vogelw. d. Kolonie Südaustralien" (J. Orn. 59, 1911) und „D. Vogelw. d. südöstlichen Teiles v. Staate Südaustralien" (ebd. 62, 1914). Erstaunlich ist die Beobachtungsschärfe, mit der er die ökol. Gegebenheiten, die klimatischen Bedingungen, die Nahrungsverhältnisse und den Einfluß der Menschen als die das Brutleben, die Wanderungen und die Bestandsschwankungen entscheidend bestimmenden Faktoren erkannte. Die stellenweise in epischer Breite geschriebenen Schilderungen sind in der Lit. offenbar wenig beachtet worden, d. h. die orn. Hinterlassenschaft teilte das Schicksal, das auch die Lebensleistungen aus den anderen Bereichen seines Wirkens traf. Von 1908 bis 1920 wohnte er — ein die Umwelt mehr und mehr meidender Privatmann — in Hamburg, sich emsig bemühend, seine Sammlungen zu ordnen und den langsamen Verfall seines Vermögens nicht beachtend. 1921 erwarb er noch ein Häuschen in Farge nördl. Vegesack. Hier setzte ihn dann die Inflation nach dem 1. Weltkrieg völlig matt. Zuletzt verdiente er mühsam das tägliche Brot als einfacher Arbeiter in einer Bremer Wollkämmerei, von der Bevölkerung als Sonderling höchstens bedauert oder belächelt. Von den wissensch. Verdiensten wußten die Zeitgenossen schließlich nichts mehr, vor allem deshalb, weil er selbst die hinter ihm liegende Laufbahn hohen Strebens nie erwähnte: Tragischer Ausklang eines mit stolzer Zuversicht begonnenen Lebens. Als der Vereinsamte im Krankenhaus von Blumenthal starb, war er schon aus dem Gesichtskreis der Heimat gestrichen. Erst 1927 wurde die in einem Nebengelaß seiner Wohnung gestapelte ethnogr. Sammlung zusammen mit den min. und zool. Einträgen seines Tagebuches gefunden und kam in den Besitz des Bremer Museums. Obwohl er auf seinen Reisen austral. Museen (z. B. in Adelaide), Telegraphenstationen und Missionsanstalten aufsuchte, verblaßte auch in den orn. Fachkreisen des fernen Kontinents die Erinnerung an Lebenslauf und Persönlichkeit des seltsamen Deutschen. So konnte H. M. Whittell (The Lit. of Austral. Birds, 1954) nur die Veröff. nennen.

— Lit.: O. Bunzendahl, D. Australien-Forscher Dr. E. E. u. seine Samml. im Dt. Kolonial- u. Übersee-Mus. zu Bremen, Veröff. aus d. Dt. Kolonial- u. Übersee-Mus. in Bremen 2, 1939, S. 33—68 (mit Bildnis).

F

Farský, Octavianus, Dr., * 24. 11. 1893 Vlkov bei Chlumec nad Cidlinou (Böhmen), † 16. 4. 1969 Brünn. Einer alten Försterfamilie entstammend, studierte er Landwirtschaft zuerst in Prag und Brünn. Dann wechselte er nach Nancy über, wo er mit einer Diss. „De l'utilité de quelques oiseaux de proie et des Corvidés" 1928 die Würde des Docteur ès Sciences erwarb. Auch als Prof. der Forstwirtschaft in Brünn beschäftigte er sich mit den Fragen des Nutzens und Schadens. Mit dieser Forschungsrichtung zusammenhängende Untersuchungen über die Ernährung des Fasans sind niedergelegt in Büchern wie „Über d. Nützlichkeit u. Schädlichkeit der Fasanen im Walde" (Pisek 1938) und „D. Nützlichkeit unserer Fasanen für d. Forst- u. Landwirtschaft" (Prag 1948). Andere, verwandte Gebiete behandelnde Veröff. galten der landwirtschaftlichen Bedeutung der Jagd. Als er sich 1946 an der Forstwirtschaftlichen Fakultät habilitiert hatte, wurde er Direktor des Instituts für Waldschutz und Jagdwesen. Mag seine Tätigkeit fachlich auch nicht auf rein orn. Fragen ausgerichtet gewesen sein, so spielte das Leben der Vögel und ihre Stellung im Haushalt der Natur in seinen Betrachtungen doch zu jeder Zeit eine nicht nebensächliche Rolle. Erkennbar zeigte sich diese Einstellung in seinem Verhältnis zum Problem des Vogelschutzes. Er war in der Tschechoslowakei einer der tatkräftigsten Förderer des Schutzgedankens. Schon 1928 ging die in Brünn erfolgte Gründung eines Instituts für den Schutz der Vögel auf die von ihm gegebenen Anregungen zurück. Die politischen Ereignisse des Februar 1948 beendeten die Fakultätszugehörigkeit, doch arbeitete er privat wissenschaftlich weiter, um in den letzten Jahren der Zool. Abt. des Mähr. Museums die brachliegenden Kräfte zu widmen.

— Lit.: Nachruf (von J. Zejda). Lynx, N. F. 9, Prag 1969, S. 134/35.

Fischer, Werner, * 1. 6. 1905 Zwickau (Sachsen), † 25. 6. 1973 Zwickau. In bescheidenen Verhältnissen aufgewachsen, war der Sohn eines Schneiders nach dem Besuch von Volksschule und Seminar seit 1925 Lehrer zuerst in Beutha und Lichtenau und seit 1948 in der Geburtsstadt. Ein Elternhaus voll Stille und Kultur gab ihm entscheidende Wesenszüge mit ins Leben: Liebe zur Musik, Freude an Fremdsprachen und frühzeitig ein tiefes Naturverständnis, das er durch Exk. und Vorträge auf seine Umgebung zu übertragen trachtete. Der selbstlose Einsatz stempelte ihn in der engeren Heimat bald zum vogelk. Fachmann. Als er sich 1954 erstmalig im Schrifttum zum Wort meldete, stellte er sich auch im erweiterten Rahmen als gut unterrichteter Avifaunist vor. Sinnvolle Mitt. und Ber., die in „B. z. Vk." und „Falke" erschienen, galten in erster Linie den Vögeln des oberen Erzgebirges. Spätere Beobachtungen wandten sich besonders vogelreichen Gebieten zu, der Lausitzer Teichlandschaft, dem Ostseegestade, dem Böhmerwald und 1972 Rumänien südlich der Donaumündung. Hier erfaßte sein sicherer Blick bei dem Dorfe Murighiol einige Paare des Isabellsteinschmätzers - Oenanthe isabellina, der aus der Gegend noch unbekannt, wohl aber als Neubürger aus benachbarten Landschaften angezeigt war und sich gleichzeitig als Einmieter in Zieselbauen herausstellte. Diese Erfahrungen blieben infolge des jähen Endes des fähigen Naturfreundes unveröffentlicht. Von seinen Nachrichten seien genannt: „D. Sperlingskauz-Glaucidium passerinum im oberen Erzgebirge (B. z. Vk. 3, 1954), „Kleines Sumpfhuhn-Porzana parva am Glauchauer Stausee" (ebd. 3, 1954), „Ringdrosseln-Turdus torquatus am Fichtelberg" (ebd. 3, 1954), „D. Sperlingskauz-Glaucidium passerinum im oberen Erzgebirge" (ebd. 4, 1954), „Rauhfußkauz-Aegolius funereus im Fichtelberggebiet verhört" (ebd. 4, 1954), „Z. Vorkommen d. Ringdrossel-Turdus torquatus im oberen Erzgebirge" (ebd. 5, 1955), „Silberreiher-Egretta alba im Oberlausitzer Teichgebiet" (ebd. 6, 1960), „Zwergschnäpperbeobachtungen im oberen Erzgebirge" (ebd. 7, 1960), „Ohrenlerchen-Eremophila alpestris b. Zwickau (ebd. 11, 1965), „Einige bemerkenswerte Winterbeobachtungen im Gebiet d. westl. Ostsee" (ebd. 11, 1966), „Alpenbirkenzeisig-Carduelis flammea cabaret im Böhmerwald" (ebd. 19, 1973). Als F. unverheiratet die Augen schloß, hatte er einigen jüngeren Vogelkundlern mehr gegeben, als er selbst empfing. Wirklich vertraute freundschaftliche Beziehungen waren aber seinem Lebensstil fremd geblieben.

— Lit.: Nachruf (von Schriftl.). Kulturbund d. DDR. 1973, S. 17.

Florescu, Buor-Ion, Dr., * 6. 1. 1909 Craiova (Rumänien), † 23. 8. 1944 Bessarabien. Aus einem Lehrerhaus stammend, zeigte der Schüler bereits eine deutliche Vorliebe für avif. Betätigung. Den ersten Nachweis für die Freude an der feldorn. Beob. erbrachte ein Aufs. über „Corvidele noastre", dt. Unsere Rabenvögel (Rev. Cult. „B. P. Hasdeu" Craiova 1926, 6 S.). Es folgten „Contributiuni la catalogul faunei orn. a Govorei", dt. Beitr. z. Kenntnis d. orn. Fauna v. Govora (Bul. Soc. Stud. Nat. Bucureşti 2, 1931) und „Bombycilla g. garrulus ...", dt. B. g. g. wieder bei uns im Lande, im November (Rev. St. „V. Adamachi", Iaşi 24, 1938). Von 1928—1934 studierte er Naturw. in Bukarest, fand aber erst 1936 eine Verwendung als Assistent am naturw. Mus. von Chişinău (Bessarabien). In der Folgezeit stand das Studium einer an Vögeln lebenden Schmarotzerwurmgruppe (Acanthocephala) bevorzugt im Vordergrund seiner Forschungen. Vom Ernst dieser Unters. sowohl in Bessarabien als auch in seiner Heimatlandschaft Oltenien zeugen Themen wie „Le cycle évolutif de Polymorphus minutus Gooze en Roumanie" (Bul. Muz. Nat. Ist. Nat. Chişinău, Nr. 7, 1937), „Révision de quelques espèces du genre Centrorhynchus Lühe" (Bull. Mus. Rég. Bessarabie, Chişinău, Nr. 8, 1938), „Le genre Polymorphus Lühe en Roumanie" (Bull. Sect. Scient. Acad. Roum., Nr. 3, 1940), „Telosentis exiguus, parasite des Poissons de la Mer Noire et des Lacs littoraux" (ebd. 23, Nr. 3, 1940), „Arhythmorhynchus anser n. sp., un nouveau Acanthocéphale parasite de Larus argentatus cachinans, sur le littoral roumain de la Mer Noire" (ebd. 23, Nr. 3, 1940), „Centrorhynchus narcisae n. sp., une nouvelle espèce d'Acanthocéphale parasite de Circus ae. aeruginosus" (ebd. 23, Nr. 4, 1940), „Mediorhynchus micracanthus Rud. in Rumänien" (C. R. Acad. Sc. de Roumanie 5, Nr. 1—2, 1941). Nachdem ihm 1940 eine Assistentenstelle an der naturw. Fakultät in Bukarest übertragen war, schloß er auch seine noch nicht veröffentlichte Diss. über die Gruppe Acanthocephala ab. In der Bibl. Orn. Rom. (1971) sind 5 seiner Arbeiten verzeichnet. Der 2. Weltkrieg setzte der aufsteigenden Laufbahn des Parasitologen ein frühes Ende. Er fiel als Artillerieoffizier in Bessarabien.

Förster, Hans, * 6. 11. 1896 Liebstadt bei Pirna (Sachsen), † 3. 9. 1971 Berlin. Nach der Berufsausbildung am Seminar von Pirna, nach Kriegsdienst und Gefangenschaft wurde er in der Nachfolge des Vaters 1920 Lehrer in Papstdorf bei Königstein und begann sogleich, sich in der Felsenlandschaft der „Sächsischen Schweiz" naturkundlichen Studien hinzugeben. Daß in den Anfangsjahren die Vorliebe der Vogelwelt galt, zeigt seine Mitgliedschaft bei der DOG seit 1922. Aus dieser Zeit stammen auch von ihm hinterlassene Arbeiten: „Z. Vorkommen d. Bienenfressers im Bielatale", zus. mit E. Mayr u. R. Zimmermann (Mitt. Sachs. 1, 1924), „Beob. über d. Vorkommen d. Wasseramsel als Brutvogel in d. Sächs.-Böhm. Schweiz", eine Bestandsaufnahme (ebd. 1, 1925), „Nochmals d. Vorkommen d. Bienenfressers im Bielatale", zus. mit E. Mayr u. R. Zimmermann (ebd. 1, 1926). Gepackt vom floristischen Reichtum des Sandsteingebirges und des angrenzenden nordostböhm. Landes, stellten sich aber bald Auge und Herz fast ausschließlich auf botan. Beschäftigung ein. Er entwickelte dabei auf diesem Gebiete anerkanntes Sachwissen, das u. a. belegt ist durch die Mitautorschaft an W. Rothmalers „Exkursionsflora" (1952). Daß sich der geschulte Blick in den Folgejahren nicht ganz der heimischen Fauna verschloß, verrät u. a. seine umfassende, auch die Ornis deutlich berücksichtigende Darstellung „Aus d. Tierwelt d. Sächs.-Böhm. Schweiz" (Dresden 1938). Betont sei ferner die selbstlose Förderung, deren sich R. Heyder bei der Materialbeschaffung für die „Vögel d. Landes Sachsen" (1952) erfreuen durfte, ohne daß F. weiterhin mit orn. Verlautbarungen hervortrat. Nach 1954 war er — zuletzt als Leiter — an der Oberschule in Bad Schandau tätig, betreute hier die jungen Biologielehrer und machte sich verdient durch die Vertretung der Naturschutzbestrebungen. Auf einer Ferienreise ereilte ihn der Tod.

— Lit.: Würdigung (von G. Creutz). Sächs. Heimatbl. 1966, Heft 2, S. 188/89.

Frase, Richard, * 18. 6. 1894 Preußisch Friedland (Kr. Schlochau), † 26. 1. 1945 Schneidemühl. Er besuchte als Sohn eines Schuhmachermeisters das Seminar von Friedland, war seit 1915 Lehrer im Kreise Dt.-Krone und seit 1922 in Schneidemühl. Hier stieg er 1926 zum Mittelschullehrer auf, um schließlich 1942 an die Lehrerbildungsanstalt versetzt zu werden. Da ihm ernsthaftes Selbststudium solides naturk. Wissen vermittelt hatte und er seit 1923 mit der Verwaltung des Provinzialnaturschutzes betraut war, bereiste er ganz Posen/Westpreußen und hatte Beziehungen zu vielen naturw. Fachleuten. Neben der Floristik und der Geologie reizte ihn das Studium der heimischen Vogelwelt. Daher verband ihn brieflicher Gedankenaustausch mit namhaften Vertretern auch der wissensch. Orn. Seit 1938 führte ihn die DOG in ihrer Mitgliederliste. O. Heinroth (s. d.) weilte einmal eine Woche lang als Gast in seinem Hause, um an gemeinsamen Exk. teilzunehmen. Die feldorn. Praxis galt vor allem der Mitarbeit an der Vogelwarte Rossitten. Einsatz und Erfahrung im Rahmen der Beringung belegen 2 zusammenfassende Darstellungen aus seiner Feder: „D. Fischreiher-Ardea cinerea in d. Grenzmark Posen/Westpreußen u. Ergebnisse seiner Beringung" (Abh. u. Ber. d. Naturw. Abt. d. Grenzmark d. Ges. f. Erforschung u. Pflege d. Heimat 11, 1936) und „Ergebnisse d. Beringung grenzmärkischer Stare" (ebd. 12, 1938). Weitere orn. Verlautbarungen sind nicht bekannt. Seine gut gepflegten naturw. Sammlungen gingen zusammen mit der wertvollen Bücherei 1945 unter. Er fiel als Volkssturmmann in seiner Heimat. Ein Nachruf wurde ihm nicht geschrieben.

G

Gatterer, Johann Christoph, * 13. 7. 1727 Lichtenau (Franken), † 5. 4. 1799 Göttingen. Er studierte in Altdorf seit 1747 und war in Nürnberg seit 1751 Magister, seit 1752 Lehrer am Gymnasium, seit 1756 „Prof. der Reichshistorie und Diplomatik" und in Göttingen seit 1759 Prof. der „Universalhistorie" mit ihren Hilfswissenschaften. Zu keiner Zeit beschäftigten ihn ernstlich vogelk. Fragen. Wie fern sie ihm lagen, zeigt seine „Anleitung, den Harz u. andere Bergwerke mit Nutzen zu bereisen" (Gött., 1. Teil 1785; 2. Teil, 1786). Das Werkchen sollte nicht nur „den hier Studierenden zum Vorteil" gereichen, sondern auch den Harzreisenden als Handbuch dienen. Ein Vergleich mit dem, was K. F. E. Mehlis (s. d.) und F. W. R. Saxesen (s. d.) über die Vogelwelt des Gebirges in der Naumann-Zeit schreiben konnten, offenbart den Rückstand des Wissens, mit dem G. hervorzutreten wagte. Im 5. Kapitel des 2. Teiles behandelte er „alle wilden Tiere auf dem Harze", mußte aber vermerken, daß die Vogelliste „den Herrn Hofmedicus Rüling zum Verfasser" hat. So kam eine durchaus unvollständige Zusammenstellung oder Aufzählung der dt. u. wissensch. Namen ohne Berücksichtigung ökol. oder taxon. Gesichtspunkte zustande. Nur bei 5 Arten sind von des Verfassers Hand kurze Zusätze angefügt, die die Stufe der Kenntnisse von Vogelfängern u. -liebhabern nicht überschreiten. Diese persönlichen Bemerkungen sind: Ampelis garrulus - Seidenschwanz (Sind in manchen Jahren häufiger als in anderen anzutreffen), Loxia curvirostra - Kreuzschnabel (Es gibt unter denselben eine gedoppelte Verschiedenheit, in Absicht des Oberschnabels; bei einigen nämlich ist er rechts, bei anderen links über den Unterkiefer herabgebogen), Pyrrhula - Dompfaff (Die Harzer lehren ihn allerlei Lieder pfeifen und verkaufen sie dann für 8, 10—12 Reichstaler), Fringilla spinus - Zeisig (Wird von den Harzern vorzüglich gefangen, um ihn allerlei Künste zu lehren, z. B. Wasser- u. Fressenziehen, Karrenschieben, Raddrehen usw.), Fringilla domestica - Sperling (Um Clausthal sind sie vorzüglich häufig seit dem Brande vom Januar 1725, da sie aus der Gegend von Osterode usw. hinter dem zum Bau bestimmten und auf Wagen gefahrenen Stroh her und somit auf den Harz zogen). So sei G. (mit Hemmungen) hier genannt als einer der im Antrieb der Aufklärung erhellten Geister, die schüchterne Versuche machten, den Zeitgenossen den Blick für die Naturvorgänge zu öffnen.

— Lit.: W. Ebel, Catalogus Professorum Gottingensium 1734—1962. - F. Knolle, Z.vogelk. Erforschungsgeschichte d. Harzes (Teil 3), Vogelk. Ber. Nieders. 3, 1971, S. 21—24.

Gerlach, Richard, Dr., * 12. 5. 1899 Hannover, † 2. 8. 1973 Hannover. Noch ehe er zur Schule kam, waren ihm die Stimmen der Vögel durch viele Zoobesuche vertraut, und im 1. Weltkrieg trat der junge Soldat bereits in der Orn. Ms. mit vogelk. Nachrichten vom franz. Kriegsschauplatz hervor. Das Studium der Zool., Phil. und Völkerkunde in Leipzig, Berlin, Wien und München schloß er 1923 mit der Promotion ab, um als freier Schriftsteller einer großen Lesergemeinde an seinem Beispiel zu zeigen, daß aus einem Vogelliebhaber ein Ornithologe werden kann. Sein Wissen stützte sich auf eine erstaunliche Belesenheit und auf die Fähigkeit zu ehrfürchtigem Naturerleben. Der ihm schon früh zugewiesene Platz war die Brücke zwischen empirischer biol. Erfahrung und vorurteilsfreier Gewissensprüfung. Da ihm gerade die Vogelkunde „ein Feld forschenden Bemühens und ästhetischen Genusses" bedeutete, suchte er sein Echo in den Laienkreisen, für die die Vögel nicht nur Gegenstände trockener wissensch. Studien waren. Er erfaßte die gesamte Ornis vielmehr als eine liebenswerte Welt und warb — ein heimlicher Poet — um Verständnis für die Bewahrung ihrer Lebensbedingungen. Für den rechten Weg der leicht phil. angehauchten Belehrung war ihm die stets zuchtvoll klassische Sprache gegeben. Stilistische Überhöhung blieb ihm fremd. Mit dem Zauber feinster Miniaturmalerei wußte er überzeugende Bildhaftigkeit und Klarheit der Darstellung zu vereinen. Als er die Feder aus der Hand legen mußte, durfte er daher verbuchen, daß ihm auch die orn. Fachpresse Beifall gespendet hatte (vgl. dazu E. Stresemann in Orn. Mber. 51, 1943, S. 104; E. Schüz in Vwa. 16, 1953, S. 175; J. Steinbacher in Gef. W. 84, 1960, S. 140; G. Niethammer in J. Orn. 110, 1969, S. 227). Sein reifstes, mit vielen kulturh. reizvollen Feinheiten ausgestattetes Werk erschien unter dem Titel „D. Gefiederten" 1942 und erreichte nach langer, umfangreicher Neubearbeitung als „D. Geheimnisse d. Vogelwelt" 1968 eine Auflagenhöhe von 200 000 Stücken. Auch in einer stattlichen Reihe weiterer Bücher und Gedichtbände sowie in Aufsätzen für Zeitschriften und Zeitungen erwies sich der Verfasser als warmherziger Anwalt der freilebenden Tierwelt. Das belegen Titel wie „D. Möwenfeder" (1954), „Mein Zoobuch" (1959), „Wie d. Vögel singen" (1960), „Wie d. Tiere spielen" (1962), „Tiere, unsere Brüder" (1966), „Bei Licht betrachtet" (1969), „D. Laus im Pelz" (1971). Nach 1945 wohnte der Dichter während der Sommermonate fast stets in Gaienhofen bei Radolfzell. Sein letztes Werkchen aus der Endphase feinsinniger Lyrik dürfte daher „Glanz über d. Bodensee" (1973) gewesen sein. Vielleicht deuten einige Jahreszahlen auf die Entfaltung der Persönlichkeit hin: 1943 trat der Vogelfreund der DOG bei. 1962 folgte er als Mitglied des PEN-Clubs neben H. Böll und R. Hagelstange einer Einladung in die Sowjetunion. 1968 wurde er Mitglied der Dt. Akad. f. Sprache u. Dichtung in Darmstadt, 1969 ernannte die Naturh. Ges. z. Hannover den mit dem Bundesverdienstkreuz ausgezeichneten Heimatschützer zum Ehrenmitglied.

— Lit.: Autobiogr. Skizze, Gef. W. 93, 1969, S. 96 (mit Bildnis). - Würdigung (von Schriftleitung). B. Nieders. 21, 1969, S. 34. - Würdigung (von P. Feindt). Vogelk. Ber. Nieders. 1, 1969, S. 63. - Nachruf (von H. Ringleben). Ebd. 5, 1973, S. 95. - Nachruf (von kl.). Südkurier (Konstanz) v. 30. 8. 1973 (mit Bildnis). - Nachruf (von Martin Gerlach-Sohn). Ludwigsburger Kreiszeitung v. 11. 5. 1974.

Götz (Goetz), Lothar, * 15. 4. 1902 Ebermannstadt (Oberfranken), † 13. 7. 1958 Erlangen. Sohn eines früh verstorbenen Briefträgers, wurde er bei der Firma Siemens in Erlangen Feinmechaniker, um, nachdem er die Prüfung der mittleren Reife bestanden hatte, durch Zuverlässigkeit zum Oberingenieur aufzusteigen. Naturfreude brachte ihn in den 20er Jahren in die Reihen der Faltbootfahrer und anschließend in die der Tierlichtbildner. Wer bei den Bildbemühungen z. B. um den Uhu und den Wanderfal-

TEIL 3

ken in der nördl. Frankenalb, um die Wald- u. Wasservögel des fränk. Moorweihergebietes und der nördl. Weiher der Oberpfalz seinen Kampf mit dem Naturhaften und das stille Ringen mit der freilebenden Kreatur kennenlernte, lobte die schonend naturschützerische Gesinnung und das nie versagende Verantwortungsbewußtsein des leidenschaftlichen Freundes der Vogelwelt. Die von ihm hergestellten Aufnahmen gehörten zu den Spitzenleistungen seiner Zeit. Etwa seit 1929 erschienen sie (z. T. mit Text) in Monatsschriften, Illustrierten, Jagdzeitungen, Tageszeitungen, Kalendern (u. a. bei Verlagen wie Orion, Westermann, Knaur). Preisgekrönte Stücke gelangten auch nach England und Amerika. Nach dem 2. Weltkrieg führten ihn Urlaubsfahrten in die Camargue (1954) und nach Jugoslawien (1955, 1956, 1957). Seine „Jagdgründe" lagen in Mazedonien (Demir Kapija, Crna reka) sowie in den Sümpfen der Vojvodina; und das Orn. Inst. in Zagreb rechnete ihn zu den „guten ausländischen Mitarbeitern". Wiewohl Mitglied der Orn. Ges. Bay. und mit dem einschlägigen Schrifttum gut vertraut, fühlte er sich stets so sehr als vogelk. Laie, daß er nie Beziehungen zur orn. Fachpresse suchte. Doch gab er sein Wissen gerne in öffentlichen Vorträgen innerhalb des bayer. Raumes weiter, z. B. „D. Camargue u. ihre Vogelw." (Bamberg 1956), „Bei Reihern u. Geiern in Serbien" (Bamb. 1957). Auch schwebte ihm vor, im Ruhestand die etwa 30jährige vogelk. Freizeitbeschäftigung in einem Bildband der Vogelaufnahmen darzustellen. Dazu kam er nicht mehr. Ein heimtückisches Leiden raffte ihn zu früh dahin. Von seinen Veröff. können genannt werden: „Verfemt", Sperberweibchen am Horst (D. Dt. Jäger 56, 1934), „In d. Reihersiedlung" (Aus d. Heimat — Naturw. Wochenschr. 47, 1934), „D. Uhu" (D. Dt. Jäger 57, 1935), „V. kleinsten Reiher", zus. mit H. Kumerloeve (Dt. Jägerztg. — D. Waidwerk Nr. 6, 1951), „Tierphotographie" (Columba 3, 1951), „Photographieren d. Vögel während meiner Reise in Jugoslawien", mit 4 Aufnahmen in Perleska bara (Larus 8, 1954), „Reisebilder aus d. Vogelparadies d. Camargue" (Kosmos 51, 1955), „D. Kleine Dommel" (Du u. d. Tier, Mainz 10, 1958).

— Lit.: Nachruf (von Schriftl.). Larus 11, 1959, S. 166.

Graba, Carl Julian (von), * 1799 Kiel, † 30. 3. 1874 Kiel. Der Justitiar adliger Güter, Advokat in Kiel und spätere Amtsverwalter in Reinbek wurde als Freund der Brüder F. u. H. Boie (s. d.) für die Beschäftigung mit der Orn. gewonnen. F. B. meinte er, als er in einer Notiz über die Begegnung mit Tringa longirostra = Sumpfläufer - Limicola falcinellus (Pont. 1763) an der Ostseeküste 1827 (Isis 1828, Sp. 107) von der „Autorität meines Lehrers und Führers in der Ornithologie" sprach. Beziehungen zu Ch. L. Brehm (s. d.) sind belegt durch Briefwechsel und Zusendung von Färöer Vogelbälgen. Doch konnte er als offenbar kritischer Beobachter nicht der Artenspalterei des Pastors zustimmen, der ihm zu Ehren 1831 den südl. Papageitaucher Fratercula arctica grabae benannte. Die Forschungen des Justitiars hatten über die engeren Heimatgrenzen Geltung. Das läßt sich daraus schließen, daß der in Offenbach/Main wohnende B. Meyer (s. d.) ihn auf einer Reise nach Kiel, Hamburg, Helgoland besuchte und dabei feststellte, daß die Samml. „über manches Zweifelhafte der hochnordischen Vögel Aufschluß" gebe (vgl. B. Meyer, „Reiseskizzen", Frankfurt 1831). Zum Stile der Zeit gehörte natürlich die ool. Leidenschaft. Bereits um 1839 verkaufte er etwa 150 Eier von im Norden beheimateten Vögeln an das Oldenb. Museum. Darunter war das Ei des Riesenalkes-Alca impennis. Mit dem Namen verknüpft ist aber vor allem der Ber. über eine Exk. nach den Färöern von Mai bis Juli 1828. Die Veröff. hatte den Titel „Tagebuch, geführt auf einer Reise nach Farö i. J. 1828" (Hamburg 1830, 244 Seiten). Sie strahlte noch ihre Wirkung auf O. Kleinschmidt (s. d.) aus, als er — den Verfasser wegen „seiner Zweifelsucht an fremder Arbeit" zwar tadelnd — gleichzeitig schrieb: „Es ist eine der fesselndsten orn. Schriften. Eindrucksvoll schildert der Kieler Advokat die Inseln und ihre Bewohner, die Menschen und die Tiere, vor allem die Seevögel. Die merkwürdige albinotische Verseuchung der Faröer-Kolkraben war damals noch nicht erloschen. G. berichtet, daß er wenigstens 8—10 weiße Vögel gesehen habe, daß diese von den schwarzen geneckt, gehackt und verfolgt wurden, daß oft in einem Nest unter schwarzen Jungen nur ein weißes befindlich war... Von dem Faröer-Star sagt er, daß er im Winter dableibt und daß die Modulationen seiner Stimme lange nicht so verschieden sind wie bei unserem Star" (Falco 36, 1940, S. 5/6).

Grün, Hermann, * 13. 5. 1892 Rain (Lech), † 10. 9. 1963 Linares de Riofrio (Spanien). Der Sohn eines Notars verließ ohne Abschluß das Gymnasium von Landshut, um sich auf kunstgewerblichen Fachschulen in Landshut und München weiterzubilden. Den 1. Weltkrieg, der ihn in Frankreich überraschte, mußte er zwar als Internierter auf Korsika verbringen, doch dürfte die ihn früh beherrschende Tier- u. Jagdfreude auf der Mittelmeerinsel besonderen Auftrieb erhalten haben. Für diese Vermutung spricht der Daueraufenthalt in Spanien, zu dem er sich zusammen mit seiner Frau Ende der 20er Jahre entschloß. Der Niederlassung in Ibiza (wo er sich mit der kunstgewerblichen Verarbeitung von Muränenhäuten befaßte) und Oropesa bei Castellon folgte Mitte der 30er Jahre die endgültige Übersiedlung nach Linares de Riofrio bei Salamanca. Da er sich eine zuverlässige Kenntnis der span. Tierwelt aneignete, wurde er schließlich beruflich ausgerichteter Sammler, dessen Faunenkunde bald auch europäischen Ornithologen zugute kam. Eine Reihe von Museen — Bonn, München, Hamburg, Köln, Frankfurt, Amsterdam, London, Ann Arbor (Mich.) — bezogen von ihm Vogelbälge. A. von Jordans stützte sich u. a. in vielen Fällen auf das so erlangte Material bei den Arbeiten über die Balearen, Pityusen und Spanien. Daneben beschaffte Gr. gut präparierte, wertvolle Eidechsen-Serien und betrieb den Fang sowie die Aufzucht von Reptilien, Säugetieren und Vögeln für Zool. Gärten und Tierhandlungen. In keiner Beziehung war er wissensch. tätig, machte sich aber auf seine Weise um die naturw. Forschung verdient. Im Menschlichen soll ihm die rechte Ausgeglichenheit gefehlt haben, so daß sich in seinen letzten, von Krankheit geplagten Jahren eigenbrötlerische und misanthropische Züge vordrängten.

— Lit.: Kurze Würdigung in J. Orn. 104, 1963, S. 478.

H

Haberer, Karl Albert, Dr. Dr., * 25. 10. 1864 Bad Peterstal (Renchtal), † 30. 1. 1941 Freiburg (Breisgau). Wie sein Vater, ein als Medizinalrat verdienter „Wohltäter der Renchtalbäder", war er eine in allen Lagen kraftvoll zupackende Persönlichkeit. Naturw. Forschungsstreben ließ ihn früh einen Lebensweg betreten, der aus dem Alltäglichen ins Bemerkenswerte führte. Nach dem Besuch der Gymnasien von Straßburg, Freiburg, Lahr und nach dem Militärdienst in Straßb. studierte er seit 1884 in Straßb., Berlin, Erlangen, München Med. und Zool., um in beiden Fakultäten den Doktorgrad zu erlangen. Die med. Dissertation („Über d. Beziehungen d. Lues zur Tabes Dorsalis", Würzburg 1896) widmete er seinem Onkel, dem bad. Generalleutnant Oberhofer, die phil. Diss. („Über d. Norma occipitalis bei Mensch u. Affe", München 1898) seinem Freunde, dem Geh. Rat Prof. Dr. E. Baelz in Tokio. 1894 entschloß sich der junge Schiffsarzt zur ersten Weltreise nach Ostasien und wurde von den damals geheimnisvollen Ländern des Drachens und der aufgehenden Sonne so beeindruckt, daß ihn von 1899—1905 erneut Japan, China, Formosa, die Kurilen und die Riu-Kiu-Inseln festhielten. Der Zauber zool. Forschung in unbekannten Fernen prägte fernerhin Willen und Wollen, auch als er sich in der Stellung eines wissensch. Begleiters dem Exp.-Korps während des Boxer-Aufstandes 1900 anschloß. An eine Reihe deutscher Mus. (besonders Münch., Karlsruhe, Freib.) gingen in diesen Jahren nicht nur Stücke rezenter asiatischer Formen, sondern auch bedeutsame Funde von Fossilien und paläont. Material, die z. T. als „Haberi" beschrieben wurden. Nach Münch. allein gelangten damals etwa 3000 Fische, 2000 Insekten und — wie C. H. Hellmayr (s. d.) in Auk 45, 1928, S. 293—301 schrieb — „large collections from the two main islands of Japan, the Kuril Islands Iturup as well as from the lower Yangtse River in China, amounting to about 2000 bird skins". Als E. Stresemann (s. d.) 1972 für seine Mauserstudien einige dieser Bälge erhielt, meinte er brieflich, „H. sei wohl der einzige Deutsche gewesen, der orn., vielleicht überhaupt zool. Material auf den Kurilen gesammelt habe". Wenn auch die Bälge von Münch., Karlsruhe, Freib. — wie viele andere Sendungen H. s — unbearbeitet blieben, so verdient die mit seinem Namen verknüpfte Wissenschaftlichkeit

TEIL 3

doch hier festgehalten zu werden. Nach den ostasiat. Jahren verließ er schon 1906 die Heimat wieder, um in „vaterländischer Begeisterung" in der deutschen Kolonie Kamerun als Regierungsarzt tätig zu werden. Der Makka-Feldzug des Hauptmanns Dominik, der Kampf gegen Pockenepidemie und Schlafkrankheit, der Tsadsee-Abschnitt der Afrika-Exp. des Herzogs Adolf Friedrich v. Mecklenb.-Schwerin (s. d.) sahen den Sammler in ungebrochenem Einsatz. Die Mus. von Karlsruhe, Berlin, Stuttg., Freib. waren wieder die Empfänger von Säugetieren, Vögeln, Insekten und anderen niederen Tieren. 1914 überraschte der 1. Weltkrieg den Pionier im hintersten Kamerun. Internierung in Spanien war das bittere Ende. Seit 1920 lebte er unverheiratet in Bad Griesbach inmitten der von ihm heimgebrachten Samml.-Stücke und gab sich hauptsächlich anthropol. Studien hin. Durch die Inflation des Vermögens beraubt, übernahm er noch 1924 einen kurzen Lehrauftrag für Biol. am amerik. Subiaco-College (Arkansas) und anschließend den Posten eines Bakteriologen in Oregon. 1929/30 umfuhr der ehemalige Schiffsarzt zum letzten Male Südamerika. In schlichter Haltung konnte der Weltreisende mehrere wissensch. Ehrungen entgegennehmen: Die Bayer. Akad. d. Wissensch. verlieh ihm 1904 den Prof.-Titel, 1912 ernannte ihn die Bad. Regierung zum Medizinalrat, 1924 wurde er Ehrenbürger der Heimatgemeinde Griesbach, im Neubau des Freib. anat. Inst. ist sein Name in Stein gehauen.

— Lit.: F. Doflein, Dr. H.s ostasiatische Sammlungen (in d. bayer. Staatssamml.), Münch. Allg. Ztg. u. Ostasiatischer Lloyd (Jahr ?, vor 1907). - Würdigung (von E. Fischer, Berlin-Dahlem). Wo gedruckt?, 1926. - Würdigung (von H. Heid). Aus unserer Heimat, Beilage der Renchtäler Ztg. v. 21. 10. 1939 (4 S. mit Bildnis). - Nachrufe in der Heimatpresse von Renchtal, Griesbach, Freudenstadt 1941 u. 1942. - Hinterlassenschaft im Haberer Haus Bad Griesbach.

Haeberlin, Gustav, * (wann und wo?), † 1826 Honda am Magdalenenstrom (Kolumbien). Er studierte in Berlin (vermutlich) Zool. und fiel in dieser Zeit offenbar M. H. C. Lichtenstein (s. d.) auf, der damals seine Sammlungen mit fremden Schätzen aufzufüllen trachtete und die tüchtige Kraft des Jünglings für das neue Mus. zu nutzen gedachte. Die Möglichkeit bot sich, als F. Deppe (s. d.) im Mai 1825 den Baron und späteren Grafen A. v. Sack (s. d.) in Mexiko verlassen hatte. So reiste der Student nach Amerika, um dem wenig leistungswilligen Grafen als naturw. Sammler nach Kolumbien zu folgen. Doch schon bald wurde er das Opfer eines „klimatischen Fiebers". Da er in der kurzen ihm vergönnten Zeitspanne seine Einsatzfreude bereits durch die Sendung von über 100, dem Berliner Mus. überlassenen neotropischen Vögeln gezeigt hatte, sei hier der Name des von einer mörderischen Natur früh gefällten Pioniers der Wissenschaft festgehalten. Weitere Daten, die den Lebensweg in Einzelheiten erhellen könnten, waren nicht zu erreichen.

— Lit.: E. Stresemann, Entw. d. Vogelsamml. d. Berl. Mus. unter Illiger u. Lichtenstein, J. Orn. 70, 1922, S. 498—503.

Hege, Walter, * 12. 11. 1893 Naumburg (Saale), † 28. 10. 1955 Weimar. Aus kleinsten Verhältnissen stammend, folgte der für den Anstreicherberuf bestimmte Lehrling gegen Ende des 1. Weltkriegs dem ihm innewohnenden schöpferischen Drang und stieg in der Weimarer Malklasse von Prof. Gugg zu höherer Ebene der Malerei auf. Die Fähigkeit zur Wandlung lieferte ihn aber bald neuer Leidenschaft aus. Unter Einfluß von H. Erfurth in Dresden galt sie der planmäßigen Vervollkommnung der Lichtbildnerei. Nachdem er 1921 in der Heimatstadt ein Porträtatelier eröffnet hatte, entwickelte seine technische Begabung eine Riesenkamera, mit deren neuer Brennweite ihm der erste große Wurf gelang: „D. Naumburger Dom u. seine Bildwerke" mit dem Text von W. Pinder (1924/26). Dem Prachtwerk folgten ebenbürtige Bildbände der rheinischen Dome sowie der Architektur und Plastik des griechischen Altertums. Nach zweijährigen Studien aus Griechenland zurückgekehrt, wurde er für 15 fruchtbare Jahre Fachlehrer an der Hochschule für Baukunst in Weimar. Wußte er sich bis dahin nur im Dienste der antiken und mittelalterlichen Steinmetzkunst, so fühlte er sich jetzt weiterhin angerührt von der Verpflichtung, das naturferne Dasein des Menschen auch in der Gegenwart noch sinnvoll zu erhalten. Pioniere der Naturforschung und Wegbereiter für das photographische Tierbild wie die

Brüder Kearton, K. G. Schillings und Bengt Berg wurden seine (von ihm übertroffenen) Vorbilder. Er begann sich mit den von ihm geschaffenen Mitteln einzusetzen für den Schutz der dt. Heimat und der am meisten von der Zivilisation bedrohten Tiere. Das waren für ihn zunächst die Greifvögel, deren Flugbewegungen und Einpassungen in die Landschaft sein ästhetisches Empfinden ansprachen. Drei Jahre hingebender Arbeit brauchte er, bis er an Felsen- u. Baumnestern vom Zelt aus die Aufnahmen erzielte, die das prachtvolle Buch „Deutsche Raubvögel" (1933) in das Blickfeld der Ornithologen aller Stufen rückte. Bedauerlich bleibt nur, daß der von E. von Kapherr beigefügte Text nicht der von den Aufnahmen ausgehenden Wirkung entsprach. Die meist in Thüringen und Mecklenburg erstellten Urkunden aus dem Leben von Mäusebussard, Habicht, Sperber, Wanderfalk, Fischadler, Seeadler, Uhu gehörten — neben den von H. Siewert (s. d.) hinterlassenen Greifvogelbildern — technisch zum Besten, was Künstlerhand damals vollbrachte. Weitere fortschrittliche Kulturleistungen wurden in den folgenden Jahren Kurzfilme wie „Am Horst der wilden Adler" (dem Leben der Fischadler gewidmet), „Auf d. Spuren d. Hanse", „Schicksal eines Falkenhorstes", „Lebenskampf im Schilf", „König d. Wasservögel", „D. Reich d. Steinadlers", „D. Vogel mit d. langen Gesicht" (dem Gr. Brachvogel gewidmet). „Bei d. Seeadlern in Mecklenb." (Wochenbeilage z. Niederdt. Beobachter, Folge 10 v. März 1941) war des Künstlers Ber. über Erlebnisse bei der Entstehung des Films. Der politische Zusammenbruch 1945 überraschte ihn an der Müritz, wo er sich der Filmarbeit an der Vogelwelt hingab, ohne jemals Ornithologe sein zu wollen. In den Nachkriegsjahren sah er sich gezwungen, Weimar zu verlassen. Doch öffnete sich ihm in Westdeutschland (Gelsenkirchen, Karlsruhe) kein Raum zur Lehrbetätigung. Nur die Möglichkeit zu tief schürfender Beschäftigung mit farbphotographischen Problemen dämpfte Gefühle der Enttäuschung. Während eines Vortrages in Weimar ereilte ihn der Herztod, der ihn zu früh überwinden konnte, weil er seit 1916 an schwerster Verwundung zu leiden hatte. In Naumburg wurde er beigesetzt. Seine „Jünger" sahen in ihm einen zur Askese neigenden Pädagogen, der von den Mitarbeitern viel, von sich selbst aber alles verlangte. Aus dem Kreis der Schüler darf hier vielleicht seine Assistentin Ursula von Loewenstein genannt werden (geb. 28. 7. 1914 Marburg/Lahn, gest. 11. 10. 1944 Marburg). Sie war die Tochter eines Landrates und wurde, im Eisenbahnzug sitzend, durch das Geschoß eines Feindfliegers in der Nähe von Frankenberg getroffen. Nicht nur die Werke der Architektur, sondern auch die freilebenden Geschöpfe der Natur reizten sie zu Aufnahmen, die allein das unbestechliche Auge des begnadeten Menschen schaffen kann. Der Krieg verhinderte den vielversprechenden Aufstieg ihrer Lebensbahn. Doch hinterließ sie 1940 als warmherzigen Begleittext zu ihren Bildern einen Bericht unter dem Titel „Seeadler in Mecklenburg" (Schweiz. Monatsschrift „Du" 10, 1950). Eingestreut ist hier durch Walter Robert Corti ein kurzer Hinweis auf ihre Persönlichkeit. Die von ihr mitgeteilten Beob. sind verwertet von O. Schnurre in „Ernährungsbiologische Studien an Raubvögeln u. Eulen d. Darßhalbinsel" (B. z. Vk. 4, 1956) und von W. Fischer in „D. Seeadler" (Neue Brehm-Bücherei, 2. Aufl. 1970).

— Lit.: Nachruf (von Fr. Kempe). Kulturarbeit 8, 1956, S. 64—66. - Nachruf (von H. Wegener). Falke 3, 1956, S. 66/67. - Nachruf (von L. Strelow). Foto-Prisma 1956, S. 22—24 (mit Bildnis).

Heimann, Franz, * 27. 10. 1891 Soest (Westfalen), † 11. 6. 1972 Hamburg. Seit Anfang des Jahrhunderts sammelte er in der westf. Heimat die ersten vogelk. Kenntnisse, die er während des Studiums der Chemie erweiterte und während eines langen Lebens als nachdenklicher Faunist vertiefte, um größere Zusammenhänge im Naturgeschehen zu überblicken. Der Beruf führte ihn 1925 nach Dessau, wo er beim dortigen Orn.-Verein den von ihm gesuchten Anschluß fand. Von 1932 bis 1961 im Forschungslabor einer Hamburger Hefefabrik tätig, machte er sich vor allem in der Ahrensburger Gruppe des Bundes für Vogelschutz und im Rahmen der Volkshochschule auf mehrfache Weise verdient. Als zuverlässiger örtlicher Kenner führte er zahlreiche Exk., genoß den Artenreichtum der vor den Toren der Stadt liegenden „Wedeler Marsch" und beteiligte sich u. a. auch an der Beschaffung des Beob.-Materials, auf das sich H. Brüll bei der Darstellung der Brutbiologie des Habichts stützte. Trotz

TEIL 3

fachlicher Anerkennung und menschlicher Wertschätzung widersprach es seiner Zurückhaltung, das autodidaktisch erworbene Wissen durch den Gebrauch der Feder zu unterstreichen.

— Lit.: Nachruf (von H. Müller). Vogel u. Heimat, Mitt.-Bl. d. Bundes f. Vogelsch. Hamburg 22, 1973, S. 207.

Heldt, Reinhold, * 22. 8. 1936 Koldenbüttel bei Husum, † 18. 1. 1972 Friedrichstadt, Eider. Nach dem Besuch des Gymnasiums von Husum studierte er von 1956 bis 1960 Jura in Kiel, Heidelberg und Innsbruck, um wie der orn. aufgeschlossene Vater Rechtsanwalt zu werden. Mit guter Beobachtungsgabe ausgestattet, gab er sich im Rahmen der Orn. Arbeitsgemeinschaft f. Schlesw.-Holst. u. Hamburg eifrig der Avif. hin und war bald als fachkundiges, aktives Mitglied ein hoffnungsvoller Jünger der Westküsten-Ornithologie. Doch setzte ihm ein tragisches Geschick durch einen Unfall beim Schlittschuhlaufen allzu früh den letzten Markstein der Erdenbahn. Nur wenige Veröff. konnten sich an seinen Namen knüpfen: „D. Zwergmöwe - Larus minutus 1965 Brutvogel an d. Westküste Schlesw.-Holsteins", zus. mit R. Schlenker (Corax 1, 1965), „Zum Einflug d. Rotfußfalken - Falco vespertinus 1968" (ebd. 3, 1969), „Rothalstaucher - Podiceps griseigena u. Zwergtaucher - Podiceps ruficollis Brutvögel im Hauke-Haien-Koog" (ebd. 4, 1972), „D. Bedeutung d. Nordseeküste Schlesw.-Holsteins für einige eurasische Wat- u. Wasservögel mit besonderer Berücksichtigung d. Nordfries. Wattenmeeres", eine umfangreiche Unters. zus. mit D. Drenckhahn u. R. Heldt sen. (Natur u. Landsch. 46, 1971). Das hohe Maß seiner feldorn. Aufmerksamkeit wird ferner unterstrichen durch die Entdeckung eines ihm brutverdächtig erscheinenden Paares des Waldwasserläufers am 20. 5. 1969 im Salemer Moor. Die Brutbestätigung erfolgte erst 1972 (vgl. Corax 3, 1970 u. Orn. Mitt. 24, 1972, S. 223 u. 268). Seinem Andenken ist gewidmet Corax, Heft 2/3, 1973.

— Lit.: Notiz (von G. Busche). Westküsten-Mitt. f. Schlesw.-Holst. u. Hamburg 1, 1972. - Notiz (von D. Drenckhahn). Mitt.-Blatt d. Orn. Arbeitsgemeinschaft f. Schlesw.-Holst. u. Hamburg 2, 1972.

Henniger, Julius, * 12. 2. 1878 Leipzig, † 11. 6. 1971 Maximiliansau (Pfalz). Wie J. Birk (s. d.) ging der jugendliche Freund der Finkenhaltung aus der Schule des späteren Univ.-Fechtlehrers Paul Roux hervor und gehörte außerdem um 1897 zu den Gründern des Leipziger Vereins d. Liebhaber einheimischer Vögel. Als er nach einem langen, wechselvollen Lebensweg die Augen für immer schloß, stand er im Glanz des Wegbereiters und Lehrmeisters eines der volkstümlichen Vogelkunde zugehörigen Sondergebietes, der Züchtung des Roten Kanarienvogels. Die Berufsbildung des Autodidakten begann 1898 mit dem Besuch der ersten dt. Handelshochschule in der Geburtsstadt. Nach vier Semestern Diplomkaufmann, ging er an der Univ. Leipz. sprachlichen Neigungen nach, um dann auf dem Umweg über Plauen eine Hauslehrerstelle bei einer Hamburger Familie anzutreten. Doch bewegte ihn bald der Drang nach fernen Ufern, einen Hamburger Millionär nach dem dt. Schutzgebiet Samoa zu begleiten. Hier wurde er offenbar Kolonialbeamter und nutzte fast unbegrenzte Möglichkeiten zum Studium der Inselvögel im Frei- u. Volierenleben, bis ihn der Ausbruch des 1. Weltkrieges mit einer Internierung von 5½ Jahren in Neuseeland überraschte. Naturk. Wissensdurst folgend, blieb er nach der Entlassung in Auckland und setzte die schon in Samoa begonnene Zucht von engl. Gestaltskanarien fort. Die Suche nach ungeklärten Ursachen biol. Zusammenhänge ließ dabei den lebhaften Geist nicht zur Ruhe kommen. Er bezog aus Deutschland dt.-weiße Kanarien und wechselte vier Jahre lang mit H. Duncker (s. d.) wertvolle Antriebe gebende Briefe, deren Inhalt den Fragen der Vererbung von Kanarienfarben galt. So war er bald in der Lage, durch wegweisende Veröff. in der damaligen „Kanaria" ordnende Gesichtspunkte für die neue Liebhaberrichtung zu vertreten. 1930 erschien, gut durchdacht und genetisch untermauert, sein erstes System der „18 Kanarien-Vogelfarben". Seit 1935 wieder in Deutschl. lebend (sein Weg führte über Leipz. und Berlin 1961 nach Maximiliansau), nahm er mit 16 Yorkshire-Kanarien erneut die Zucht auf und gebrauchte weiter die gewandte Feder, um die genetischen Probleme der Farbenkanarien- u. Mischlingszucht zu erörtern und sinnvolle Maßstäbe zu nennen. Auf einem mühevollen Weg fand sein handfestes Wissen nicht überall Zustimmung. Enttäuschungen blieben ihm ebensowenig erspart wie seinem Vorgänger H. Duncker. Doch durfte er auch den Beifall von Praktikern und Theoretikern verbuchen, als es ihm gelang, 1962 im Selbstverlag das Lehrbuch „Farbenkanarien" erscheinen zu lassen. Er schilderte darin nicht nur die Etappen des Zuchtweges vom Gelben zum Roten Kanarienvogel, sondern überschritt auch die Grenzen herkömmlicher Denkschablonen, indem er, gestützt auf die biochemischen Unters. von O. Völker/Gießen, die stoffliche Seite der Fettfarbstoff-Vererbung ins Blickfeld der Züchter rückte. Die Besprechung des Buches durch O. Völker (J. Orn. 103, 1962, S. 311) zeigte, daß die aus stets regem Pioniergeist erwachsene Lebensarbeit auch wissensch. Anerkennung verdiente und fand. Zahlreiche Auszeichnungen durch Züchterverbände vieler Länder unterstrichen H.s internationalen Ruf. Die letzten Schaffensjahre waren allerdings überschattet von den innerhalb des Verbandes der dt. Farbenkanarienzüchter ausgebrochenen Kämpfen um die Spielartenbenennung und die Punktwertung der Vögel.

— Lit.: Würdigung (von Schriftl.). D. Vogelpost, München Nr. 2, 1958, S. 39/40 (mit Bildnis). - Würdigung (von K. Speicher). Gef. W. 92, 1968, S. 21/22. - Nachruf (von dems.). Ebd. 95, 1971, S. II/7.

Henrici, Paul, Dr., * 2. 7. 1880 Stroehen, Kr. Lübbecke (Westfalen), † 29. 1. 1971 Cagiallo-Tesserete bei Lugano (Schweiz). Als der Pastorensohn geboren wurde, sammelte jung und alt, vom Reiz des Vogel-Eis gepackt: die einen lenkte reine, anspruchslose Freude am Besitz des „Naturprodukts", die anderen griffen zu aus ästhetischen oder wissensch. Regungen. Als er starb, waren der von den Vätern überkommene, jagdlich angehauchte Beutetrieb und die Sammelleidenschaft längst in den Hintergrund gedrängt. Die alle Bereiche des Lebens beherrschende Technik, die weltweite Ausdehnung des modernen Sports, die in den Dienst der orn. Wissenschaft getretene Beringung hatten die alten Antriebe überlagert — und die Oologie des 19. Jahrhunderts war verbannt aus Hörsälen und Museen. Dem Beispiel älterer Familienglieder folgend, ließ sich der Schüler vor allem von seinem Bruder Ferdinand (s. d.) für das Vogelnest und seinen Inhalt begeistern. Erste Jagdgründe waren 1895 u. 1896 das Weserbergland, der Solling und das Leinetal. Nach dem Wechsel an das human. Gymnasium von Marienburg 1897 bis 1899 ging er den einmal geweckten Neigungen im Weichsel-Delta und an den Seen im Süden von Westpreußen nach. Hier gelang ihm zusammen mit dem Bruder die Wiederentdeckung der Zwergmöwe auf dem Drausen-See. Berichte darüber erschienen aus der Feder von Ferdinand H. in Orn. Ms. 25, 1900, und 28, 1903 und gingen in den Neuen Naumann, Bd. 11 über. Während des med. Studiums 1900 bis 1906 sammelte er von Heidelberg aus auf der Rheininsel Ketsch und von Königsberg aus im ganzen nördl. Ostpreußen. Aufenthalt in Breslau verschaffte ihm Anschluß an P. R. Kollibay/Neiße (s. d.), mit dem er 1904 den Verein Schles. Ornithologen ins Leben rief. Die Gründungsversammlung bot dem cand. med. die Möglichkeit zum ersten Vortrag. Das Thema behandelte erfolgreiche Sammeltätigkeit im Nesigoder (= Trachenberger) Teichgebiet. Die Jahre nach dem 1906 in Straßb. abgelegten Staatsexamen waren bis 1910 ausgefüllt mit Seereisen des Schiffsarztes der Hamb.-Amerika-Linie. Sie führten ihn nach Mittelamerika, Südamerika, Westindien, rings um Afrika und erbrachten Beziehungen zu ausländischen Oologen und Händlern. Seßhaft wurde der prakt. Arzt 1911 in Rendel (Kr. Friedberg), wo er sich schnell als Mensch mit offenem Freundesherzen und weltzugewandtem Blick eine feste Stellung unter den hess. Ornithologen sicherte. Stete Bereitschaft, der Wissensch. zu helfen und für den Schutz der Natur Opfer zu bringen, machte sich in weiten Ornithologenkreisen erkennbar beim Aufbau der (in Rödelheim ausgebombten) Vogelschutzwarte Frankfurt-Fechenheim und bei den langjährigen Bemühungen, die Auenlandschaft des Kühkopfs am Rhein unter Schutz zu stellen. Zwischen den beiden Weltkriegen galten auch Erholungsreisen hauptsächlich in das Gebiet des westl. und östl. Mittelmeers der Befriedigung des Sammeleifers. Die Ziele waren 1924 u. 1925 Balearen u. Pityusen, 1927 Mazedonien, 1928 Neusiedler See u. Ungarn, 1929 Mazedonien, Nord-Griechenl. u. Sporaden, 1932 Süd-Spanien u. Span.-Marokko, 1938 Rumänien, 1938 Sardinien, 1939 Saloniki u. Südwest-Mazedonien. Neben dem von ihm selbst heimgebrachten Material erhöhte vor allem der Ankauf vieler größerer und kleinerer Samml. aus dem Auslande — darunter waren

TEIL 3

die stattlichen Restbestände von Th. J. Krüper (s. d.) in Athen — die Samml. auf rund 40 000 Eier. Diese riesige Kollektion war angelegt auf den Nachweis der Variationsbreite innerhalb der Arten, deren Zahl nichtsdestoweniger auf 2500 stieg. Nach der Aufgabe der ärztlichen Praxis konnte er die ursprüngliche Absicht, die ool. Schätze einem dt. Mus. zu übereignen, nicht mehr verwirklichen. So kam schließlich der Verkauf in die Schweiz zustande: Die Exoten erhielt das Naturh. Mus. von Bern, die Paläarkten gingen in den Besitz des schweiz. Oologen W. Haller über. Von Hemmenhofen (Bodensee) aus, wohin er 1952 verzogen war, arbeitete er in Abständen an der Vervollkommnung der Samml., bis er sich nach dem Tode seiner Lebensgefährtin (1955) 1958 nach Cagiallo zurückzog. Während der letzten Jahre leistete er (nach seinen eigenen Worten) „beträchtliche" Mitarbeit am „Hdb. d. Ool." von M. Schönwetter (s. d.), das W. Meise in Lieferungen seit 1960 herausgibt. Den Lebensabend ausfüllende Befriedigung gewährte ihm so eine Forschung, die der Brutbiol., Anat., Ökol. der Vögel galt und nicht zuletzt ästhetische Genüsse für ihn bereithielt. An seinen Namen knüpfen sich Verlautbarungen, die meist aus den 20er Jahren stammen: „Turdus pilaris Charaktervogel d. Tilsiter Niederung" (B. z. F. 2, 1926), „Am Brutplatz v. Sylvia sarda Temm." (ebd. 2, 1926), „Orn. Ergebnisse zweier kurzer Reisen nach d. Balearen u. Pityusen" (ebd. 2, 1926, u. 3, 1927), „An Brutplätzen d. Beutelmeise" (ebd. 4, 1928), „Ungewöhnlicher Brutplatz v. Panurus biarmicus" (ebd. 5, 1929), „Früher Bruttermin v. Strix uralensis" (ebd. 5, 1929), „Allerlei v. Ciconia ciconia" (ebd. 6, 1930), „Brutvorkommen v. Mergus albellus in Mazedonien" (ebd. 6, 1930). Später erschienen noch „Ergänzende Bem. z. d. Arbeit Zwanzigjährige Beob. über d. Schreiadler v. V. Wendland" (Vw. 72, 1951) und „Aepyornis-Eier", wobei das Stuttgarter Stück nicht erwähnt ist (Mitt. Bern, N. F. 14, 1957). Beob. und Erfahrungen auf den großen Schiffsreisen waren lediglich trefflich behandelte Themen mündlicher Erzählungen. Zum Bedauern, daß über diese Jahre keine Ber. aus seiner Feder vorliegen, hatte er entschuldigend zu sagen: „Veröffentlicht unter eigenem Namen habe ich wenig, da ich das Material von meinen Reisen jungen Zoologen, die mich meist begleiteten, überließ, für die es zu ihrem Vorwärtskommen nützlich war." Als letzte Bestätigung seiner Auffassung vom Dienst an der Wissensch. sei auch die Selbstverständlichkeit genannt, mit der er sein Sachwissen zur Verfügung stellte, als E. Schüz 1955 die Eiersammlung von R. Frhr. König von u. zu Warthausen (s. d.) für das Stuttg. Mus. f. Naturk. übernahm. Zur Gruppe der Vielschreiber gehörte H. nicht. Innere Vornehmheit erlaubte ihm keine Anpreisung der an seine Person gebundenen stillen Hilfsleistungen. Seit 1922 war er Mitglied der DOG, und als einer der letzten Klassiker dt. ool. Forschung wird er in die Geschichte der Orn. eingehen. An der Seite seiner Frau ist er auf dem Waldfriedhof von Singen (Hohentwiel) beigesetzt.

— Lit.: Unveröffentlichtes Vorwort zu H's Kat. im Naturh. Mus. Bern, handgeschrieben. - L. Gebhardt u. W. Sunkel, D. Vögel Hess., 1954, S. 83. - Nachruf (von L. Gebhardt) in S. Pfeifer, D. Naturschutzgebiet Kühkopf-Knoblochsaue 1971, S. 129/30, Verl. A. Büchse, Bergen-Enkheim. — L. Gebhardt, Blick auf ein Ornithologengeschlecht — z. Erinnerung an Dr. P. H., Luscinia 41, 1971, S. 203/04. - Nachruf (von W. Huber). Jb. Naturh. Mus. Bern 4, 1969—1971, S. 83—85 (mit Bildnis). - Bildnis in W. Schuster, Vogelf. v. Großhessen u. Nassau, 1941.

Herbst, Hugo, * 2. 7. 1871 Dederstedt (Kr. Eisleben), † (wahrscheinlich) 1938 Rathenow (Havel). Nur wenige Daten aus seinem Leben konnten beschafft werden. Er war (seit wann?) Leiter der 1922 aufgelösten Wasserbauinspektion Neuhaus/Oste (Kr. Land Hadeln) und ab 1924 Wasserbaurat in Rathenow. Aufgeschlossenheit für die Brutbiologie der Vögel führte ihn in die Reihen der vielen Autodidakten, die in der ausgehenden Blütezeit der Ool. um die Wende des 19./20. Jahrhunderts sich von der Schönheit des Vogeleis angerührt fühlten, ohne nach wissensch. Lorbeer zu streben. Die ihn bewegende „Andacht zum Kleinen" reichte offenbar nicht aus zum vertiefenden „Blick auf das Ganze". Jedenfalls war er nicht nur Bewunderer, sondern auch Sammler der Eier und hinterließ als bescheidener Freiland-Beobachter einige kürzere Mitt., von denen genannt werden können: „D. Säbler als dt. Brutvogel" (Mitt. Vw. 18, 1919), „Aus d. Marsch d. Unterelbe oberhalb Cuxhaven" (Zs. Ool. u. Orn. 24, 1919), „D. Kiebitz b. Nestbau" (B. z. F. 3, 1927), „Einfluß d. harten Nachwinters 1929 auf unsere Standbrutvögel" (Orn. Mber. 37, 1929), „Kuckuck im Nest von Pyrrhula pyrrhula" (ebd. 37, 1929).

Hermann, Johann, Dr., * 31. 12. 1738 Barr (Elsaß), † 4. 10. 1800 Straßburg. Schon der Student empfing 1760 von P. S. Pallas (s. d.) den heute noch in Straßb. vorhandenen, wahrscheinlich von Island stammenden Riesenalk - Alca impennis (vgl. P. Scherdlin, A propos du Grand Pingouin du Musée zoologique de Strasbourg, Bulletin de l'Association Philomathique d'Alsace et de Lorraine 7, 1925). Nach dem Studium der Med. in Straßb. promovierte der Pfarrerssohn 1762 mit einer Diss. „de Rosa" und war 1768 ao. Prof. der med. Fak., 1778 Prof. d. Logik u. Metaphysik, 1781 Prof. d. Pathologie. Erst 1784 wurde ihm als dem Gründer des Straßb. Museums die Vertretung der Naturw. übertragen, die auch über die Wirren der franz. Revolution hinweg in seinen Händen verblieb. Die Achtung der Mitwelt galt in gleicher Weise der vorgelebten Wissenschaftlichkeit und den menschlichen Zügen einer festen, in der elsäss. Landschaft wurzelnden Grundgesinnung. Seiner stillen Gelehrtennatur entsprachen in die Tiefe strebende, von der Beherrschung des zeitgenössischen Schrifttums getragene Studien. Der von Leibniz vertretenen These der harmonischen und göttlichen Weltordnung folgend, versuchte er sich als einer der ersten an einer natürlichen Klassifikation der Wirbeltiere. Die aus diesem Bemühen erwachsenen Vorstellungen von einem Verwandtschaftsnetz in der Tierwelt sind erkennbar in seiner „Tabula affinitatum animalium ..." (Straßb. 1783), und die geistvollen Gedanken hatten so viel Gewicht, daß sie später von dem jüngeren franz. Fachgenossen G. Cuvier (1769—1832) in dessen Gesetz der „Corrélation des formes" verwertet wurden. Im Rahmen seiner Darstellung ging der geniale Forscher auch daran, als Befürworter der Methodik Linnés viele der in Buffons „Histoire Naturelle des Oiseaux" (1770—1779) enthaltenen franz. Bezeichnungen exotischer Vogelarten durch solche zu ersetzen, die von ihm nach den Regeln der binären Nomenklatur gebildet wurden — womit er dem Holländer P. Boddaert (1730—1796) um ein geringes zuvorkam. Nicht wenige von H's Benennungen haben daher nomenklatorische Gültigkeit erlangt. Es ist das Verdienst von E. Stresemann, unter dem Titel „The New Names in J. Hermann's Tab. Aff. An." (Novit. Zool. 27, 1920) auf diese lat. Bezeichnungen hingewiesen und die Gattungen und Arten sowie die Synonyme zusammengestellt zu haben. Auch in den „Observationes zoologicae" (posthum hrsg. von seinem Schwiegersohn u. Nachfolger F. L. Hammer 1804, mit Bildnis), die Beschreibungen von etwa 400, fast zur Hälfte der heimischen Fauna angehörender Wirbeltiere enthielten, ging H. im 2. Teil auf die Vogelwelt ein und zeigte neben trefflicher Beobachtungsgabe wieder die besondere Hinneigung zur system. Morphologie. Hier prägte er die heute noch gültigen Speziesnamen Acrocephalus scirpaceus für den Teichrohrsänger (in der Verbindung Turdus scirpaceus Hermann 1804) und Aegithalos caudatus europaeus für die mitteleuropäische Schwanzmeise (in der Verbindung mit Pipra? europaea Hermann 1804). Als elsäss. Brutvögel verzeichnete er dabei u. a. die Blauracke in der Umgeb. von Buchsweiler, den Triel auf den Kiesbänken und Inseln des Rheines bei Hüningen unterhalb Basel. Weitere Angaben betrafen verschiedene Adler- u. Eulenarten, 200 am 22. 5. 1779 südlich ziehende Sichler, eine Mitte März 1788 bei Rastatt gefangene Kolbenente („etiam apud nos") und 4 Brandenten, die im November 1774 erbeutet worden waren. Es sollte nicht übersehen werden, daß die Breite und Weite seiner Pioniertätigkeit an der in der 2. Hälfte des 18. Jahrh. noch ganz dt. Univ. Straßb. geeignet war, auch der orn. Forschung nicht unwesentliche (aber kaum genutzte?) Auftriebe zu geben.

— Lit.: Th. Lauth, Vitam Joh. Hermann scripsit, Straßb. 1801. - Nouvelle Biogr. Générale 14, 1858, S. 359. - R. Lauterborn, D. Rhein, ..., Freiburg 1, 1930, 1. Hälfte, S. 262—265. - E. Stresemann, Entw. d. Orn., 1951.

Hettiger, Martin, * 9. 5. 1876 Bütthard bei Würzburg, † 29. 11. 1959 München. Die von den Vorfahren ererbte Naturliebe gab dem Schlosser und späteren Werkmeister früh den Blick frei für die Vogelwelt der fränkischen Landschaft und weckte eine ihn alle Zeit begleitende Freude an der Pflege heimatlicher Arten. Daß er, der nie auf Rosen gebettet war, sein orn. Wissen ernsthaft zu mehren strebte, verdeutlichte allein der Besitz einer guten Fachliteratur, aus der der Neue Naumann hervorragte. Um die Wende des Jahrhunderts verzog er nach München und er-

TEIL 3

warb sich dort seit 1908 eine geachtete Stellung als Mitarbeiter, langjähriger Vorsitzender und Ehrenmitglied des Bayer. Waldvogel-Liebhabervereins. Da seine Auffassungen auch in den Reihen der Orn. Ges. Bay. Gehör fanden, konnte er fruchtbaren, sachbetonten Brückenschlag zwischen den sich berührenden Fachrichtungen der Vogelkunde pflegen. Den Erfolg seiner Bemühungen sicherten ihm die gewinnenden Züge einer festgefügten, unverbildeten Persönlichkeit. Schreibtischarbeit beschäftigte den Autodidakten und Praktiker der Käfighaltung nicht gerade vordergründig. Doch verstand er es, mit Herzenswärme zu schildern, welchen Gewinn ihm auf Beobachtungsgängen oder Reisen in Franken und im Alpengebiet orn. Erfahrungen und Erlebnisse brachten. So durfte er mit Genugtuung verbuchen, daß die schlichten Darstellungen aus seiner Feder, vor allem bei Laien und Anfängern vogelkundliches Verständnis förderten. Auch dieses unauffällige Verdienst sollte nicht übersehen werden. Von seinen Veröff. seien genannt Arbeiten wie „Ber. über d. Nachtausflug d. Bayer. Vogelliebhabervereins Münch." (Gef. W. 39, 1910), „Aus Sommerfahrten" (ebd. 62, 1933, mehrere Forts.), „Über d. ‚Wiedln' d. Mönchsgrasmücke" (ebd. 63, 1934), „Einiges über heimische Pieper" (ebd. 64, 1935), „D. Speichersee, ein Vogelparadies" (ebd. 66, 1937), „Vorkommen d. Heidelerche b. Münch." (Anz. Bay. 3, 1938), „D. sterbende Moor" (D. Vogelpost 3, 1953), „D. Technik schuf ein Vogelparadies" (ebd. 3, 1953).

— Lit.: Würdigung (von S. Wagenbauer). Gef. W. 80, 1956, S. 100.

Hirschfeld, Kuno, * 1. 8. 1900 Bad Frankenhausen (Kyffhäuser), † 31. 5. 1973 Bad Frankenhausen. Der Lehrersohn, unter dem Einfluß des Vaters von Jugend an sein Augenmerk besonders der Vogelwelt zuwendend, kam so recht erst im Ruhestand ab 1958 in die Lage, seine Fähigkeit zu denkendem Beobachten ins hellere Licht zu setzen. Nach dem in Sondershausen bestandenen Matur und der beruflichen Ausbildung war er seit 1922 Lehrer in Hohenleuben, seit 1935 in Frankenhausen, von 1940 bis 1945 in Udersleben. Der Zusammenbruch brachte ihm die Entlassung aus dem Beruf, so daß er 1946 als Bauhilfsarbeiter tätig war und Privatstunden gab, bis sich ihm 1951 der Schuldienst wieder öffnete. Die in Hohenleuben verbrachte Zeit förderte neben „Orn. Beob." (Orn. Ms. 56, 1931; 57, 1932) bereits eine Überschau zutage unter dem Titel „D. Vogelwelt d. Umgeb. v. Hohenleuben" (Jber. Vogtl. Altertumsforsch. Ver. Hohenl. 91 bis 102, 1932). Daß diese Jahre noch lange nachwirkten, zeigten „Vogelfang in Ostthüringen z. Z. d. 30jährigen Krieges" (Falke 3, 1956) und die Studie „Z. Vorkommen d. Weidenmeise in Ostthüringen" (B. z. Vk. 15, 1970). Den tatbereiten Naturschützer (er war seit 1919 Mitglied des Bundes f. Vogelschutz) offenbarte ferner die Arbeit „Über d. Wiesenweihen in Mitteldeutschland" (Falke 4, 1962, Sonderheft). Die Kyffhäuserlandschaft, der er von 1935 ab wieder angehörte, hielt seinen Sinn wach für Heimatgeschichte und vielseitige Naturanschauung. Als gewissenhafter Beringer kennzeichnete er ab 1929 mehrere 1000 Vögel; seit 1935 nahm er sich besonders der Brutstörche um den Kyffhäuser im Kreise Artern und Sangerhausen an (vgl. Erfolgsmeldungen beim Weißstorch in Vwa. 19, 1957, u. Falke 1, 1954; 3, 1956; 5, 1958; 7, 1960). Auch die letzten Wanderfalkenbruten im Kyffhäuser, Südharzvorland und unteren Unstruttal standen unter seiner Kontrolle. Die der Feder entstammende Lebensernte ist seit 1929 belegt durch zahlreiche Wortmeldungen u. a. in Naturw. Monatsschr. (Aus d. Heimat), Orn. Ms., Thür. Lehrer-Ztg., Falke, Thür. Orn. Rdbr., Mitt. Thür. Orn., Apus, B. z. Vk. und in verschiedenen Tagesztg. Größere, z. T. mit herangebildeten Helfern gewonnene Zeugnisse eines gesunden Forscherdranges waren „Wiedehopf-Beob. im Kyffh.-Unstrut-Gebiet", zus. mit dem Sohne Hartmut H. (Falke 9, 1962), „Z. Vorkommen d. Rotkopf-u. Schwarzstirnwürgers im Kyffh.-Unstrut-Gebiet" (Apus 1, 1969), „D. Wiedehopf als Brutvogel im Kyffh.-Unstrut-Gebiet", zus. mit dem Sohne (Veröff. d. Kreismus. Bad Frankenh. 3, 1971), „D. Wiedehopf als Brutvogel im Kreis Sondershausen", zus. mit dem Sohne (Thür. Orn. Rdbr. Nr. 19/20, 1972), „Besiedlung u. Entwicklung einer Brutkolonie d. Wacholderdrossel ...", zus. mit H. Gülland u. dem Sohne (B. z. Vk. 18, 1972), „Z. Brut- u. Ernährungsbiologie d. Wiedehopfes ..., zus. mit dem Sohne (ebd. 19, 1973). Was er nicht nur autodidaktisch, sondern auch auf Lehrgängen (1928 in Seebach, 1934 in Rossitten) gelernt hatte, das gab der Biologielehrer auf vielen Vorträgen und Exk. weiter, wobei er wissensch. Erkenntnisse in die dem Laien verständliche Form umzugießen verstand. Der DO-G trat er 1950 bei, 1963 folgte die Berufung in den Bezirksfachausschuß Orn. u. Vogelschutz Halle. In langen Jahren machte er sich so um die Förderung orn. Wissens in der engeren Heimat verdient.

— Lit.: Würdigung (von M. Görner). Landschaftspflege u. Naturschutz in Thüringen 7, 1970, S. 58/59 (mit Bildnis). - Würdigung (von K. Bösenberg). Falke 17, 1970, S. 426/27. - Würdigung (von R. Gnielka). Apus 2, 1971, S. 198. - Nachruf (von W. Sauerbier). Falke 21, 1974, S. 28/29 (mit Verz. d. Veröff.).

Holzer, Erwin, Dr., * 24. 7. 1895 Hofwil (Kanton Bern), † 5. 1. 1972 Bern. Aus dem Hause eines Seminarlehrers stammend, verlebte er die Jugendjahre im Geburtsort und studierte später Med. in Genf, um nach Assistentenjahren in Bern und Aarau von 1924 bis 1967 in Neuenegg ausgedehnte Arztpraxis auszuüben. In einem langen und harten Berufsleben verwuchs er immer fester mit der ihn umgebenden Landschaft und eignete sich als Jäger und Ornithologe ein in die Tiefe gehendes naturk. Wissen an. Er verstand nicht nur neben dem Großen das Kleine zu beobachten, sondern hatte auch die Fähigkeit, das Geschaute im Buchstudium zu ergänzen und nachdenkend zu werten. Eigenen Wegen folgend und sich nicht sonderlich zum Schreibtisch gedrängt fühlend, wurde er eine scharf geprägte Persönlichkeit, die sich durch Kritik kaum beeindrucken ließ. Ausgesprochen bibl. Neigungen machten ihn vor allem zum stillen Sammler auserlesener orn. Werke und Bilder. Am deutlichsten traten lit. Leidenschaften und fachwissensch. Kenntnisse auch für breitere Kreise in Erscheinung, als er es übernahm, aus Anlaß des 11. Internat. Orn. Kongresses 1954 im Naturh. Mus. von Bern eine Ausstellung „Schöner und seltener orn. Bücher und Bilderwerke aus der Alten und Neuen Welt von Gesner über Naumann bis zur Gegenwart“ aufzubauen und den dazu gehörigen, geschmackvoll illustrierten Ausstellungsführer „Der Vogel in Buch u. Bild“ zu gestalten. Die aus Berner Privatbesitz geschickt ausgewählten orn. Objekte bildeten zusammen mit dem hist. belehrenden „Katalog“, zu dem H. selbst die Einführung und die Abschnitte „Naumanniana“, „Wolf u. Meyer“, „Shield“ beisteuerte, eine großartig ästhetische Einheit. Diese Wirkung konnte nur ein Mann erzielen, der als feinfühlender, der Geschichte sich verantwortlich wissender Künstler getragen war von einer Einsicht, die er selbst in die Worte kleidete: „Wie alle Sammlungen, nützen auch Bibliotheken nicht viel, wenn sie nur zusammengetragen und in Schränken eingeschlossen werden. Erst wenn sie wissenschaftl. bearbeitet oder weiteren Kreisen zugänglich gemacht werden können, steigt ihr ideeller und praktischer Wert, und das Büchersammeln bekommt nur hierdurch einen höheren Sinn.“ H. hat sich so in den Augen aller „Liebhaber“, denen der Blick auf die Entwicklung der Orn. keine Nebensache ist, ein lange bleibendes Denkmal gesetzt.

— Lit.: Nachruf (von H. Beyeler). Achetringeler (Jahreschronik dreier Gemeinden), Silvester 1972, Nr. 47 (mit Bildnis).

Hornberger, Friedrich, Dr., * 17. 8. 1891 Mühlhofen (eingemeindet zu Bendorf, Kr. Koblenz), † 30. 11. 1970 Tübingen. Er war der Sohn eines Prokuristen der Firma Krupp und besuchte die Schule in Koblenz. Das zool. Studium in Darmstadt und Jena beendete er vom Lazarett aus mit einer Diss. über die Copula von Aeschna cyanea (Jenaer Ztg. f. Naturw. 55, N. F. 48, 1918), um in den Schuldienst einzutreten. Als er 1924 an das Gymnasium Insterburg (Ostpreußen) versetzt wurde, kam er in örtliche und geistige Nähe zur Vogelwarte Rossitten, deren Arbeitsbereich ihm die Plattform für tatfreudigen, praktischen Einsatz bot. Er leitete nicht nur die Zweigberingungsstelle der Vogelwarte für den Reg.-Bez. Gumbinnen, sondern baute auch den Storchforschungskreis Insterburg auf und erzielte auf den damit verbundenen methodisch neuen Wegen bemerkenswerte Ergebnisse in den noch offenen Siedlungs- u. Zugfragen. Seiner Feder entsprangen in jenen Jahren wesentliche Beitr. zur Ökol. und Populationsdynamik des Storches. F. Tischler (s. d.) verzeichnete in „D. Vögel Ostpr. u. seiner Nachbargebiete“ (1941) 15 hierher gehörige Titel, die hauptsächlich in Orn. Mber., B. z. F., Wild u. Hund, Dt. Jagd, Dt. Jäger erschienen. Der 2. Weltkrieg bedeutete den entscheidenden Einschnitt in H.s Lebensbahn, vor allem als er ab September 1943 den zum Wehrdienst einberufenen Leiter der Vogelwarte vertreten mußte, um in dieser Stellung schließlich die Verlagerung und

TEIL 3

Rückführung der wissensch. Bestände zu übernehmen. In der Durchführung des ihm übertragenen Auftrages ausharrend, geriet er in russ. Gefangenschaft. Schwer erkrankt, konnte er erst 1948 heimkehren. Er verbrachte fortan den Ruhestand in Tübingen, ohne die alte Arbeitskraft wieder zu erreichen. Aus der Reihe der an seinen Namen geknüpften Verlautbarungen seien genannt: „Zehn ostpr. Storchzählungen" (Orn. Mber. 47, 1939), „Einige Ergebnisse zehnjähr. Planarbeit im Storchforschungskreis Insterb. d. Vogelwarte Rossitten" (J. Orn. 91, 1943), „Über d. Störche in Baden u. Württ. u. d. Störungsjahr 1949" (Orn. Beob. 47, 1950), „Über Storchzählungen in Deutschl. u. Österreich" (ebd. 47, 1950), „Vom Speisezettel d. Weißen Storches", nach Tageb.-Bl. v. Dr. A. Riffel (Mitt. Bad. Landesver. 6, 1953), „Reifealter u. Ansiedlung b. Weißen Storch" (Vwa. 17, 1954), „D. Weiße Storch in seinem Nahrungsrevier", Planmäß. Unters. in Königsbronn (Mitt. d. Ver. f. Naturw. u. Math. Ulm 25, 1957), „D. Bestand d. Weißen Storches in Bad.-Württ. 1958 u. 1959", zus. mit G. Zink (Jh. Württ. 115, 1960), „Noch einhundert Weißstörche in Württ. 1961" (ebd. 117, 1962), „D. Weiß-Storch" (Neue Brehm-Bücherei 375, 1967). Zur Abrundung des Lebensbildes muß hinzugefügt werden, daß. H. mit Leidenschaft auch der Jagd ergeben war. Den großen Wildarten wie Wolf und Elch brachte er dieselbe Beachtung entgegen wie dem Storch. Nachdem auf der Berliner Jagdausstellung 1937 der Aufbau der Wolfskoje nur unter seiner Beteiligung gelungen war, benutzte er jahrelang gesammeltes Material noch im Alter zu der Arbeit „D. Wolf in Ostpreußen 1900—1945" (Zeitschrift f. Jagdwissensch. 9, 1963).

— Lit.: Würdigung (von Schriftl.). Vwa. 21, 1961, S. 86. - Nachruf (von Schriftl.). Ebd. 25, 1970, S. 396/97. - Nachruf (von E. Schüz). Jh. Württ. 126, 1971, S. 30/31.

Hornung, Viktor, Dr., * 19. 3. 1876 Bielefeld, † 6. 5. 1955 Arolsen. Als Sohn des 51 Jahre in der ältesten Bielefelder Spinnerei tätigen Prokuristen Edmund H. studierte er Chemie in Rostock, wo er am 17. 12. 1898 promovierte, um anschließend eine Assistentenstelle am Chemischen Inst. der damaligen Akad. in Münster zu übernehmen. Weitere Einzelheiten über seinen Lebensweg und seine Persönlichkeit konnten nicht mit Sicherheit ausgegraben werden. Beim Einwohnermeldeamt des Todesortes steht er als Fabrikdirektor i. R. verzeichnet. Aus der von 1898 bis 1948 reichenden Liste seiner orn. Aufs. und Mitt. ließen sich als Wohn- oder Aufenthaltsorte feststellen: 1898 Bielefeld, 1900 Münster, 1902 Braunschweig, 1905 Westfalen, 1912 Solling, 1918 Thüringen, 1928 u. 1932, 1935 bis 1937 Unterbreizbach (Rhön), 1942 München, 1943 Kassel, 1944 Bielefeld, 1948 Arolsen. Der Autodidakt war außer Zweifel ein mit der Fachliteratur vertrauter, sehr eifriger und in jüngeren Jahren zeitweise recht schreibfreudiger Beobacher. Seine gutgemeinten Verlautbarungen zu Fragen der Biologie und des Schutzes, die in Orn. Ms., Zool. G., Dt. Vw., Vw. erschienen, mußten allerdings nicht alle unbedingt geschrieben werden. Methodisch forschender Feldornithologe war er nicht, und die „fortgeschrittene" Avifaunistik der 2. Hälfte des 20. Jahrh. wird ihn wohl — seine vogelk. Zeugnisse gering schätzend — zu den Laienvertretern rechnen, die „Orn. in einem heute nicht mehr zeitgemäßen Stil betreiben". Nichtsdestoweniger sei die Vermutung gestattet, daß seine Feder in den Reihen derer, die ohne wissensch. oder pseudowissensch. Ehrgeiz auskamen, mancherlei Anregung hinterließ. Objektive Beurteilung wird herausfinden, daß die letzten Verlautbarungen wie „Ansammlung d. Stare während d. Brutpflege" (Dt. Vw. 67, 1942), „Schleiereule, Eichelhäher u. Elster auf d. Anklagebank" (ebd. 69, 1944), „Eichhörnchen als Feinde d. Vogelwelt" (Vw. 71, 1950) auf höherer Wertstufe standen als Anfangswortmeldungen aus der Jahrhundertwende. Bei R. M. Strong (Bibl. of Birds, 1939) stehen 5 Titel aus Zool. G. zwischen 1898 und 1905.

Hummitzsch, Erich, * 31. 7. 1904 Leipzig, † 9. 7. 1969 Leipzig. Von Beruf Drogist, beschäftigte er sich seit 1930 mit der Vogelhege in den städtischen Parkanlagen, Gärten, Friedhöfen und Wäldern. Auf diesem Wege kam er in die Reihen der Beringer. Vor allem die Störche, Schleiereulen und Turmfalken des Leipziger Landes hatten in ihm einen rührigen und gewissenhaften Betreuer. In der Mitgliederliste des Orn. Vereins zu Leipzig stand er seit 1934, und zwischen 1936 und 1968 verzeichneten seine Einträge 14 950 Vögel, die er im Dienste der Zugforschung mit Ringen versehen hatte. Außerdem erschienen in B. z. F., B. z. Vk., Falke, Orn.

Mitt. 10 kurze, meist der Fortpflanzungsbiologie geltende Nachrichten. Die einzige längere Verlautbarung hatte den Titel „D. Weißstorch - Ciconia ciconia in d. Kreisen Wurzen, Oschatz u. Grimma" (Heimatkalender d. Kreise Wurzen, Oschatz, Grimma 1964, S. 52—61). Sein Eifer wurde ihm schließlich zum Verhängnis: Er erlag einer Gasvergiftung, als er zur Beob. einer Turmfalkensiedlung das Gebäude eines Gasbehälters von innen besteigen wollte. In der sächs. Heimat genoß er guten Ruf.

— Lit.: Nachruf (von G. Erdmann). B. z. Vk. 18, 1972, S. 431—433 (mit Bildnis u. Verz. d. Veröff.).

Huyn, Ludwig Josef Georg Hubertus Graf von, * 14. 9. 1896 Steyr (Ober-Österreich), † 20. 5. 1946 Weimar. Der Sohn eines Juristen besuchte die Grundschule Komotau und seit 1908 das K. K. Staatsgymnasium Prachatitz. 1914 wurde er Soldat, erlangte 1917 das Reifezeugnis an der Kadettenschule Prag und schied im Oktober 1918 wegen Verwundung aus dem österr. Heeresdienst. Er gehörte zu den hart geprüften Vertretern einer Generation, denen es die Jahre nach dem Kriegsende schwer machten, festen Boden unter den Füßen zu erringen. Nachdem er 1919 auf dem akademischen Weg über die Landwirtschaftliche Hochschule Bonn-Poppelsdorf zunächst Landwirt wurde, bildete er sich bald zum Bankkaufmann aus, brach im Oktober 1928 nach Addis Abeba auf und trat dort in die staatliche „Bank of Ethiopia" ein, um schon 1929 im Tal Alaltu einen Mühlenbetrieb einzurichten und eine Kaffeepflanzung anzulegen. In den afrik. Jahren erinnerte er sich der Beziehungen, die sich schon 1919 zu A. Koenig (s. d.) in Bonn geknüpft hatten. Die neu hergestellte Verbindung weckte vertieften Sammeleifer, der zur Folge hatte, daß die gesamte Ausbeute von etwa 870 Vögeln und Säugetieren an das Mus. in Bonn ging. Der vorzeitige Tod des Vaters erforderte aber bereits 1932 die Rückreise nach Prachatitz, und die sich verschärfenden politischen Verhältnisse sowie der Kriegsausbruch in Äthiopien machten die Fortsetzung der 1930 hoffnungsvoll begonnenen naturw. Bemühungen unmöglich. Obwohl während des 2. Weltkriegs im „Werberat d. dt. Wirtschaft" in Berlin und Straßburg tätig, wurde er im März 1943 verhaftet und nach Buchenwald gebracht, wo ihn die letzten Kräfte der Lebensbehauptung verließen. Da dem Grafen die zool. Ausbildung fehlte, kann er hier nur als verdienstvoller Sammler einen Platz finden.

— Lit.: H. Kumerloeve, Über d. Balgsammlung Ludwig Graf Huyns u. weiteres äthiopisches Vogelmaterial im Zool. Forschungsinstitut u. Mus. A. Koenig, B. Bonn 25, 1974: 56—75

I

Ivanauskas, Tadas, Dr., * 16. 12. 1882 Gut Lebiodka, Kreis Lyda, Gouvernement Wilna (= Vilnius), † 1. 7. 1970 Kowno (= Kaunas). Von seinem Vater, einem bekannten weißruthenischen, für die Flora und Fauna aufgeschlossenen Landwirt, erlernte er das Beob. und Sammeln von Pflanzen und Tieren. Nach der Schulbildung in Warschau und Petersburg fand er, seit 1903 Student in Petersburg, Anschluß an die gegen die zaristische Regierung gerichtete revolutionäre Bewegung, so daß er 1905 bis 1908 das Studium der Naturw. an der Sorbonne in Paris fortsetzen mußte. Damit begann für ihn ein wechselvoller Lebensweg, der durch eine Vielzahl von Stationen gekennzeichnet ist: 1910 Rückkehr nach Petersburg, biol. Staatsexamen und Gründung eines privaten Laboratoriums für zool. Lehrmittel, 1914 Forschungsreise nach Norwegen, 1917 Reise nach den Inseln des Polarmeeres, 1918 (nach Oktoberrevolution 1917) Aufbau einer litauischen Dorfschule in Mustejki, 1919 Gründung einer biol. Station in Kaunas, 1922 Prof. f. Zool. u. vergl. Anat. an der dort neugegründeten litauischen Univ., 1940 Leiter d. Lehrstuhls für Zool. in Wilna (= Vilnius) und 1951 bis 1964 dort Ordinarius. Zwischendurch lockten ihn viele Forschungsreisen: 1905—1910 Österreich, Schweiz, England, Spanien, 1922 Adria, 1923 Promotion zum Dr. h. c. in Padua, 1927 Naturschutzgebiet auf Ösel, 1931 Brasilien, nach 1945 alljährlich Reisen u. a. nach Wolgadelta, Transkaukasien, Tadschikistan. Weitgesteckt war seine publizistische Tätigkeit. Der fleißigen Feder entstammten 2 Lehrbücher über Vögel und Säugetiere Litauens in lit. und russ. Sprache sowie eine große Zahl von naturk. Arbeiten z. T. volkstümlichen Inhalts ebenfalls in beiden Sprachen. In der Vogelk., die ihm keineswegs Randgebiet war, beschäftigten ihn in Sonderheit Fragen des Zuges und des Faunenwechsels. Um in diesen Bereichen größere

TEIL 3

Erfolge zu erzielen, gründete er 1929 auf der Windenburger Ecke (= Ventes Ragas) eine orn. Station. Da er damit die lit. Beringungszentrale ins Leben rief und die jüngeren Zoologen vogelk. heranbildete, genoß er in Litauen den Ruf eines Altmeisters der Orn. Schon 1931 ließ er „Lehrbuch u. Anleitung z. Bestimmung d. Vögel Litauens" drucken. Sein bekanntestes Werk hatte den Titel „Vögel d. Litauischen SSR" (3 Bde. 1957, 1959, 1964). Bei F. Tischler (s. d.) 1941 finden sich fünf seiner franz. abgefaßten Beringungsberichte; darunter ist einer zusammen mit A. Vaitkevičius (s. d.) geschrieben. In dt. Sprache erschienen „Gyps f. fulvus in Litauen" (Orn. Mber. 37, 1929) sowie „Faun. Mitt. aus Litauen" (J. Orn. 102, 1961). Sie betrafen Girlitz in Windenburg 1938 und früher, Beutelmeise am Memeldelta seit 1952, Türkentaube in Litauen seit 1954, erstmalig Bruten der Weißbartseeschwalbe 1959 auf dem Zuvintas-See.

— Lit.: Nachruf (von E. Kumari). Vwa. 25, 1970, S. 395. - Kurzbiographie (von S. Bizjuljavičjus u. P. Zajančkauskas). Materialien d. IX. zwischenstaatlichen Konferenz über d. Geschichte d. Naturw. u. Technik in d. Baltischen Ländern, Wilna 1972, S. 16—20. - Nachruf (von V. Skuodis). Communications of the Baltic Commission for the Study of Bird Migration, Tartu 1972, Nr. 7, S. 192 (russ. u. engl., mit Bildnissen).

J

Jacobi, Julius, * 20. 4. 1896 Schäßburg (Siebenbürgen), † 16. 12. 1969 Bukarest. Als Sohn eines Stadtpfarrers und Seminardirektors wurde er nach dem Besuch der Kriegsschulen von Wien und Budapest Artillerieoffizier, 1919 in die rum. Armee übernommen, 1923 verabschiedet, 1927 reaktiviert und 1946 als Deutscher entlassen. Zuletzt war er Oberst und Kommandeur einer rumän. Artillerie-Division. Wie so viele andere geriet er ohne persönliche Schuld zwischen die politischen und ideologischen Gräben des 20. Jahrhunderts. Nachdem er 1921 die Tochter eines dt. Gutsbesitzers in der Dobrudscha geheiratet hatte, baute er zwischen 1923 und 1927 ein Gutshaus mit entsprechenden Wirtschaftsgebäuden in Kobadin (Kr. Konstanza) auf, wo er ehrenamtlicher Bürgermeister und Kirchengemeinderat war. Trotz allem äußeren Wandel: Wohin er kam, war er ein frohgesinnter, stets hilfsbereiter Mensch und Kamerad, überall beliebt und geachtet. Seine große Leidenschaft war die Jagd. Zusammen mit seinem Freunde, dem rumän. General C. Rosetti-Bălănescu, gab er über 3 Jahre den „Almanahul Vînătorilor" (Bolgrad) heraus und lieferte Aufsätze für die „Revista Vînătorilor". Die Freude am Jagen ebnete ihm auch den Weg in die Randbezirke der Vogelkunde. Gezielte Hege betrieb er besonders im Donau-Delta und in den Steppen der Dobrudscha, wo er bevorzugt der Falkenbeize huldigte und ausgedehnte Trappengebiete bejagte. Erfolgsruhm umgab ihn in den Reihen von Jägervereinen und Fasanenzüchtern. Dagegen kamen seine Versuche, Trappeneier durch Hühner oder in Brutkästen erbrüten zu lassen, nicht über negative Ergebnisse hinaus. Daß ihm die Arbeit am Schreibtisch nicht fremd war, bezeugen 5 rumän. geschriebene Artikel orn. Inhalts, die in der Bibl. Orn. Rom. 1971 verzeichnet sind. In die dt. Sprache übertragen, heißen die Titel: „D. Tag d. Krähen" (Rev. Vîn. 11, 1930), „Nutzen u. Schäden verursacht durch Raubvögel, vom Standpunk des Waidwerks" (ebd. 11, 1930), „Eine Begegnung" (ebd. 12, 1931), „D. Jagd mit Eulen" (Almanahul Vîn. 1933), „D. Sperber" (Rev. Vîn. 14, 1933). Nach 1945 mußte J. als Deutscher durch Inhaftierungen viel leiden. In seiner Heimatstadt ist er beerdigt.

Jacobi, Richard, * 26. 3. 1901 Kronstadt (Siebenbürgen), † 25. 1. 1972 Hermannstadt (Siebenbürgen). Mit dem in der Vaterstadt erworbenen Reifezeugnis studierte er Bodenkultur und Forstwirtschaft in Wien und Tharandt und kehrte 1925 als Forstingenieur in die Heimat zurück, um sich von den Berufspflichten durch viele Amtsstellen Siebenbürgens tragen zu lassen. Erst als Ruheständler wurde er in Kronstadt und Hermannstadt seßhaft. Jahrzehnte hindurch in der Welt der immer seltener werdenden Jäger, Waldarbeiter, Hirten und der noch urtümlich wirkenden Wildtiere (Bär, Wolf, Luchs, Steinbock) lebend, fand er nicht leicht engere Beziehungen zu den zivilisatorisch übertünchten Mitmenschen. Wortbegabung weckte in ihm aber eine sprachschöpferische Kraft, die ihn im Urteil seiner Landsleute auf eine hohe Stufe des Ansehens hob. Sein Mitteilungsbedürfnis äußerte sich als eine weithin schillernde Mischung von sachlich wissenschaftlicher Belehrung und romantisch angehauchter Erzählung in vielen Aufs. der Jagd- u. Tagespresse sowie (hauptsächlich nach 1945) in einer Reihe von Buchveröffentlichungen, deren Stil sich in den Randbezirken von Phantasie und Wirklichkeit bewegte. Genannt seien „D. Mädchen u. d. Bärin" (1958), „Karpatenzauber" (1960), „Adebar reist nach dem Süden", ein Jugendbuch (1969), „Hexensabbat" (1970), „Siebenb. Schnurren u. Anekdoten" (1971). Welch große Rolle die Vogelk. in seinem Betätigungsfeld spielte, offenbarten schon 1925 der Aufenthalt in der Vogelwarte Rossitten und die Freundschaft zu Johannes Thienemann (s. d.). Der aus diesen Erlebnissen entspringende Eifer veranlaßte ihn sogar, in seiner Heimat die Zugforschung aufzugreifen. Der Versuch mit von ihm geprägten Ringen (Burzenl. Sächs. Mus. Braşov Rom. u. Nummer) scheiterte aber trotz einiger Rückmeldungen von Fischreiher u. Wiedehopf aus Bulgarien, Griechenl., Nordafrika an der Unzulänglichkeit der persönlichen Verhältnisse. Von ihm stammen ferner Thesen zur Altersbestimmung des Auerhahnes und des Habichts (Wild u. Hund, Jahr?) und eine Arbeit über „D. Waldschnepfe im Kronstädter Komitat" (Jb. d. Kronst. Sächs. Mus., ?). Unveröffentlicht blieben bis zu seinem Tode die fertigen Msk. „D. Birkhuhn d. Karpaten" und eine „Ornis Transilvaniae". In der Bibl. Orn. Rom. (1971) stehen 18 Titel aus rum. und dt. Zeitschr. zwischen 1926 und 1962. Die dt. geschriebenen Aufs. sind: „Gedanken z. einer rum. Vogelwarte" (Bul. Agric. 1/2, 1930), „Studienfahrt in d. Donau-Delta" (ebd. 1/2, 1930), „D. letzten rum. Bartgeier" (Falke 4, 1957), „Über d. Rebhuhn in d. Karpaten" (ebd. 5, 1958), „Gibt es noch Karpatenbartgeier?" (ebd. 9, 1962). Zum Ung. Orn. Inst. hatte J. keine Beziehungen.

— Lit.: H. Heltmann, Bekanntes u. Unbekanntes über d. Schriftsteller u. Naturforscher R. J., Karpatenrundschau, Kronstadt 7, 1970. - Würdigung (von W. Aichelburg). Neuer Weg, Hermannstadt v. 31. 3. 1971. - Nachruf (von dems.). D. Woche, Hermannstadt v. 4. 2. 1972. - Nachruf (von H. Zillich). Südostdt. Vierteljahresblätter 21, 1972, S. 123.

Jacquin, Joseph Franz Freiherr von, Dr., * 7. 2. 1766 Schemnitz (Slowakei), † 9. 12. 1839 Wien. Er war Sproß einer aus Frankreich stammenden Familie und übernahm nach dem Studium der Med. und einer wissensch. Reise 1791 (Deutschl., Holland, Engl., Italien) in Wien 1797 die Nachfolge auf dem Lehrstuhl seines bekannteren Vaters. Obwohl er in Vertretung des botan. Fachgebietes nur geringen Erfolg hatte, erwarb er sich kulturelle Verdienste, indem er sein Wiener Haus zur Pflegestätte wissensch. Lebens machte. Der Vater Nicolaus Joseph J. (16. 2. 1727 Leyden bis 26. 10. 1817 Wien) war seit 1763 Bergrat sowie Prof. der Chemie und Min. an der Bergakademie Schemnitz und seit 1768 Prof. der Botan. in Wien. Auf Linnés System sich stützend, trug er hervorragend zur Blüte der Botan. in Österreich bei. Eine Exp. nach Westindien (1755 bis 1759), deren Zweck die Samml. von Pflanzen und Tieren für die kaiserlichen Gärten in Wien und Schönbrunn war, legte den Grund zu den von ihm hinterlassenen Beschreibungen und Zeichnungen der Tierwelt des fremden Landes. Diese Unterlagen und Papiere müssen im Sohn orn. Ehrgeiz geweckt haben, denn er benutzte sie zur Herausgabe eines Tafelwerkes unter dem Titel „Beiträge z. Geschichte d. Vögel" (1784). Es stellt sich dar als ein Auszug aus den väterlichen Niederschriften und behandelt 32 Arten, von denen 19 auch abgebildet sind. Wie weit bei den Beschreibungen und Aufzeichnungen der Anteil des Vaters reicht, ist nicht genau festzustellen, denn mehrere der besprochenen Arten wurden damals in der Schönbrunner Menagerie gehalten. Auch bei der Nomenklatur ist völlig klare Sicht nicht gegeben, weil der Sohn — ohne es zu vermerken — meist Bezeichnungen früherer Autoren verwendete. Und doch hat er sich innerhalb dieses Rahmens einen Platz in der Geschichte der Orn. gesichert durch Namen, die von ihm selbst geschaffen wurden und heute noch Gültigkeit haben. Dazu gehören: Crax pipile = Pipile pipile (Jacquin 1784), Crax cumanensis = Pipile pipile cumanensis (Jacquin 1784), Falco cheriway = Polyborus plancus cheriway (Jacquin 1784), Psophia undulata = Chlamydotis undulata (Jacquin 1784). Die von H. G. L. Reichenbach (Vollst. Naturgesch. d. Tauben 1862, S. 154) stammende Bezeichnung Pipile Jacquini ist in die Synonymie eingegangen.

— Lit.: Biogr. Lex. Kaisert. Österr. 10, 1863, S. 23 bis 28 (mit Verz. d. Veröff. u. älteren Quellen). - Allg. Dt. Biogr. 13, 1881, S. 631. - Biogr. Lex. d. hervorragenden Ärzte . . . 3, 1886, S. 368. - Österr.

TEIL 3

Biogr. Lex. ... 3, 1965, S. 52 (mit Verz. d. Veröff. u. älteren Quellen). - J. Anker, Bird books and Bird art, Kopenhagen 1938, Nr. 220. - Cl. Nissen, D. Illustrierten Vogelbücher, 1953.

K

Kálóczy, Lajos (= Ludwig), * 23. 11. 1898 Györ (Ungarn), † 17. 11. 1971 Mecsér (Ungarn). Der Landwirt mit früh sich entfaltenden vogelk. Neigungen war nach dem Besuch der Hauptschule in Keszthely von 1929 bis 1931 als Volontär Mitarbeiter am Ung. Orn. Inst. und von 1930 ab ordentlicher Beobachter. 1933/34 hatte er die Stelle des Hoffalknermeisters in Gödöllő inne. Anschließend wirtschaftete er auf seinem kleinen Gute in Dunaszeg und nach dem 2. Weltkrieg als Feldarbeiter im Nachbardorf Mecsér. Ohne besondere Herausstellung beteiligte er sich an mehreren orn. Forschungsarbeiten, u. a. an einer Donau-Studie (1938). In der Aquila stehen einige kleinere Notizen aus seiner Feder. Einer größeren, ung. geschriebenen Untersuchung galten die „Überlieferungen u. Daten in d. ung. Literatur u. d. Amtsschriften vergangener Zeiten über d. Falknerei u. Vogelkunde“ (Aquila 69/70, 1962/63).

Kappler, August, * 10. 11. 1815 Mannheim, † 20. 10. 1887 Stuttgart. Der Sprößling aus der Familie eines Präzeptors faßte 1835 den Entschluß, den ungeliebten kaufmännischen Beruf mit der von ihm ersehnten persönlichen Unabhängigkeit zu vertauschen, und stellte sich damit, historisch gesehen, in eine Reihe mit A. Lindermayer, K. Michahelles, H. von der Mühle (s. d.). Der im Banne damaliger philhellenischer Begeisterung stehende Versuch, in das griechische Heer einzutreten, endete aber mit dem unfreiwilligen Rücktransport in die Heimat. Nichtsdestoweniger nahm er noch im selben Jahr ein zweites, diesmal erfolgreiches Wagnis auf: Es gelang ihm, im Dienste der holländischen Armee nach Surinam zu kommen. Vier Jahrzehnte nie bereuter Lebensgestaltung erwarteten dort den zum Einzelgängertum neigenden Pionier und gaben ihm ein vorher kaum gekanntes Heimatgefühl. 1842 verließ der Korporal (Fourier) das leicht getragene Soldatenleben, das dem scharf blickenden Beobachter Gelegenheit geboten hatte, sich auf verschiedenen kleinen Militärstationen und während langer Expeditionen tüchtig umzuschauen. Dem Alkohol und Tabak abhold, behauptete er sich in den folgenden Jahren trotz mancherlei menschlicher Enttäuschungen (gerade im Umgang mit von ihm selbst ins Land gezogenen württ. Kolonisten) als Vertrauensmann der holl. Kolonialverwaltung, Posthalter sowie nicht ungeschickter Kaufmann und Händler. Die bezaubernde Schönheit des unberührten Neulandes vor allem in der Nähe der Grenze zum franz. Guiana fesselte ihn derart, daß er sogar 1846 am Maroni die Besitzung Albina gründete und dort den Posten eines Grenzbeamten übernahm (Albina = Alwine war der Vorname der 1853 geheirateten Jugendfreundin). Dem von durchaus individuellen Zügen geprägten Tatmenschen verdankte die Kolonie nicht nur neue Einblicke in die kulturellen Verhältnisse, sondern auch den Beginn der wirtschaftlichen Erschließung. Ehrung und dankbare Erinnerung bedeutete daher eine mit seinem Bilde ausgestattete Briefmarke, die Surinam 1971 herausgab. Mehrmals überquerte er, um seine Handelsgeschäfte zu fördern, den Ozean. Doch blieb er nie lange in Europa. Erst 1879 verließ er das „so teure Land“, um sich endgültig in Stuttgart niederzulassen. Obwohl es ihm bei wiederholten Gelegenheiten an wissensch. Vorbildung und entsprechender Schulung mangelte, drängte ihn das Mitteilungsbedürfnis, die Kenntnis der von dem südamerikanischen Küstengebiet gebotenen wirtschaftlichen Möglichkeiten auch durch den Druck zu verbreiten. So standen in meist anspruchsloser Wortwahl Ber. aus seiner Feder in Ausland 1843, S. 1235 ff.; 1875, S. 651 ff.; 1885, S. 96 ff.; 1885, S. 537 ff., ferner in Petermanns Mitt. 1862, S. 171—179, in Globus 1880, S. 121 ff. Außerdem spiegelt sich sein Weg durch Tiefen und über Höhen eines eigenwilligen Lebens in 3 von ihm verfaßten Büchern. Die Titel sind: „Zes jaren in Suriname ...“ (Utrecht 1854; dt. „Sechs Jahre in Surinam oder Bilder aus d. militärischen Leben ...“, Stuttg. 1854), „Holl.-Guiana, Erlebnisse u. Erfahrungen ...“ (Stuttg. 1881; holl. 1883), „Surinam, sein Land, seine Natur ...“ (Stuttg. 1887). Einige der Veröff. lassen den Autodidakten auch als Pionier der Naturforschung hervortreten. Wesentlich war, daß er mit der Begabung, Tiere und Pflanzen in ihren Lebensräumen kritisch zu studieren, eine rege zool., entom. und botan. Sammlertäigkeit verband. Die Erfolge, die ihm eigene von Paramaribo aus unternommene Streifzüge ins Hinterland einbrachten, verstand er durch gute Beziehungen zu Plantagensklaven, Buschnegern und freien Indianern nachhaltig zu steigern, denn die Seltenheiten, die die primitiven Jäger erbeuteten und ihm überließen, waren den europ. Naturalienkabinetten höchst willkommen. Im vogelk. Bereiche kamen sie vor allem den Mus. von Stuttgart und Tübingen zugute. Der mit dem Forschungseifer und Erwerbsdenken Hand in Hand gehende Dienst an der exot. Orn. ist von F. Haverschmidt (s. u.) dargestellt. Die Untersuchung lieferte eine Fülle von Nachweisen für K.s bewundernwerte Kenntnis der Vogelfauna. Etwa 350 Stücke von 250 Arten erreichten Stuttgart. Sie bildeten die erste geschlossene Samml., die aus Surinam in ein europ. Institut gelangte, und haben kaum an hist. Wert verloren, auch wenn nur noch etwa 170 Vögel in Stuttgart und weitere 11 Stücke im Zool. Inst. von Tübingen als aufgestellte Präparate vorhanden sind. Bedauerlich ist nur, daß die Sendungen nicht beachtet und bearbeitet wurden, solange sie noch vollständig waren. Der Spender starb, bald nachdem er als 70jähriger eine Weltreise beendet hatte. Wie er es wünschte, bedeckte bei der Beerdigung die rot-weiß-blaue Flagge der Niederlande den Sarg.

— Lit.: Nachruf (von O. Fraas). Jh. Württ. 44, 1888, S. 30—32. — Nachruf (von E. Metzger). Jb. d. Württ. Ver. f. Handelsgeogr. Stuttg. 5/6, 1888, S. 91—94. — Nachruf (von W. Wolkenhauer). Geogr. Jb. (Gotha) 12, 1888, S. 374. — J. E. M(uller), Surinaamsche Almanak voor het Jaar 1903, 1902, S. 8—20 (mit Bildnis). — J. R. Thomson, Overzicht d. Geschiedenis van Suriname, s'Gravenhage 1903. S. 129/30. — Allg. Dt. Biogr. 51, Nachtr. 1906, S. 41—44 (mit älteren Quellen). — Würdigung (von H. D. Benjamin en Joh. Snelleman). Encyclopaedie van Nederlandsch West Indie, s'Gravenhage — Leiden 1914 bis 1917, S. 398—400. — E. Hennig, Württ. Forschungsreisende ... 1953, S. 29. — H. Kellenbenz, Dt. Plantagenbesitzer u. Kaufleute in Surinam ..., Jb. f. Gesch., Staat, Wirtschaft u. Gesellschaft Latein-Amerikas 3, 1966, S. 148—193. — K. H. Voous, Bij het verschijnen van Haverschmidts „Birds of Surinam", De Nieuwe West-Indische Gids 47, 1969, S. 96—100. — F. Haverschmidt, A. K. als orn. Sammler u. Beobachter in Surinam, Stuttg. Beitr. z. Naturk., hrsg. v. Staatl. Mus. f. Naturk. in Stuttg., Serie A (Biol.), Nr. 260, 1973, S. 1—20 (mit Bildnis).

Karaman, Stanko, * 8. 12. 1889 Serajewo (= Sarajewo), † 17. 5. 1959 Skopje (Jugoslawien). Sein Vater pflegte als Biologe und Direktor des Gymnasiums in Serajewo fachlich-freundschaftliche Beziehungen zu O. Reiser (s. d.). Gemeinsame Exk., die in dem Schüler entscheidende Antriebe weckten, leiteten dann über zu naturw. Studien in Neapel. Nach der Assistentenzeit in Zagreb ging er 1924 an das Hygiene-Inst. in Skopje, gründete dort 1926 ein Zool. Mus. und baute an der Varda einen Zool. Garten sowie einen Naturschutzpark auf. Mit dem Beginn der wissensch. Arbeit war u. a. auch die Schriftleitung der biol. Sektion der Mitt. d. naturw. Vereinigung v. Skopje (= Glasnik Skopskog naučnog drušvta) verknüpft. Als der 2. Weltkrieg (K. verbrachte die Jahre in Serbien) zu Ende war, ließ er sich zunächst in Split nieder und wurde 1950 Direktor am neugegründeten biol. Inst. von Dubrovnik, um von 1952 bis zum Tode wieder an das Mus. von Skopje zurückzukehren. Dort entstanden unter seiner Mitwirkung Zeitschriften wie „Acta Musei Macedonici Scientarium Naturalium", „Fragmenta Balcanica Musei Macedonici Scientarium Naturalium", „Glasnik muzejsko-konservators. drušvta NRM" (= Mitt. d. Ges. f. Museen u. Präparationstechnik v. Mazedonien). Am ausgiebigsten beschäftigten ihn die Süßwasserfische, Reptilien und Amphibien. In internat. Zeitschriften standen aus seiner Feder 103 Veröff. besonders über unterirdische Amphipoden und Isopoden Jugoslawiens und der übrigen Balkanländer. In seinem Gesichtsfeld fand schließlich aber auch die Orn. einen, wenngleich nicht vordergründigen Platz. Als hierher gehörige Verlautbarungen können genannt werden: „D. Vögel d. Umgeb. Skopjes" (Glasnik Skopje 6, 1938), „Orn. Beob. am Fluß Jadro b. Split" (Larus 2, 1948), „D. Vögel d. Vardaparkes in Skopje, Mazedonien" (ebd. 2, 1948), „Mitt. z. Vogelw. d. Littoralbereiches" (ebd. 3, 1950).

— Quelle: Mitt. von Prof. Ivan Tutman, Dubrovnik.

Kerschner, Theodor, Dr., * 30. 6. 1885 Linz-Urfahr (Ober-Österreich), † 16. 4. 1971 Linz. Bereits als Mittelschüler kam er zu A. Reischeks (s. d.) Zeiten mit dem Mus. Francisco-Carolinum der Geburtsstadt in Berührung und verspürte dort erwachende biol. Regungen. Der Vater, Besitzer einer Seifen-

TEIL 3

siederei, ermöglichte ihm das 1904 in Graz begonnene naturw. Studium, das er 1913 mit der Promotion abschloß, um 1914 als erster wissensch. geschulter Fachmann die Betreuung der bis dahin ehrenamtlich verwalteten reinen Schausammlung der naturk. Abt. des Landesmuseums von Linz zu übernehmen. Von 1937 bis 1945 war er Direktor des Mus. und daneben von 1926 bis 1941 auch Landesbeauftragter für den Naturschutz in O.-Ö. Die Warnung eines seiner Hochschullehrer vor der Verzettelung wissensch. Erkenntnisse in Kleinarbeiten bestimmte früh die Zielrichtung des Zoologen: Ein die Wirbeltiere der Heimat darstellendes Werk schwebte ihm als Lebensaufgabe vor. Harter Daseinskampf vor allem nach dem 2. Weltkrieg vereitelte die Reifung seiner Pläne. Doch hinterließ er in der Rolle des Pioniers der Faunistik weiterwirkende Spuren. Sie belegen eine unermüdliche Sammeltätigkeit. An den persönlichen Einsatz erinnern etwa 10 000 neue Bälge und Präparate von Säugetieren und Vögeln. Diese Schätze wurden ergänzt durch die Eiersammlung von Ch. Brittinger (s. d.), die Samml. von Greifvögeln und Eulen von Th. Angele (s. d.) und die Samml. der o.-ö. Vögel von J. Roth (s. d.). Daneben legte er eine in ihrer Fülle kaum überschaubare Zettelkartei von Einzelbeobachtungen und Lit.-Zitaten an, die er 1962 der orn. Arbeitsgemeinschaft von O.-Ö. zur weiteren Auswertung überließ. Die ausgesprochen museale Arbeitsrichtung gestattete ihm — trotz aller Aufgeschlossenheit — kaum den erforderlichen Spielraum für die landschaftlich gebundene Vogelforschung. Sehr gering ist daher die Zahl seiner orn. Verlautbarungen: „Verbreitung einzelner Vogelarten in O.-Ö.“ (Naturk. Mitt. aus O.-Ö. 1, 1949 u. 2, 1950), „D. Türkentaube ... in O.-Ö.“ (ebd. 2, 1950), „Schlafplatz v. Starenschwärmen neben einer verkehrsreichen Straße im Weichbild v. Linz a. D.“ (Jubiläums-Jb. 1960/61 d. Österr. Arbeitskreises f. Wildtierforschung).

— Lit.: Würdigung (von Gerald Mayer). Amtl. Linzer Ztg. v. 25. 6. 1965, Folge 22 (mit Bildnis). - Nachruf (von dems.). Jb. d. O.-Ö. Musealvereins 117, 1971 u. Egretta 14, 1971 (1973), S. 61. - Nachruf (von Gertrud Mayer). Mitt. d. O.-Ö. Musealvereins, Folge 2, 1971.

Kleinstäuber, Kurt, * 2. 6. 1895 Gera, † 4. 8. 1970 Limbach-Oberfrohna (Sachsen). Der Ingenieur und Landmesser, Sohn eines Textilarbeiters, widmete schon als naturfreudiger Schüler seine ganze Liebe und Fürsorge den Greifvögeln, deren Lebensgewohnheiten ihn bis ins Alter zu biol. Studien und Schutzbemühungen anregten. Beziehungen zu F. Engelmann (s. d.), dem er bei der Beringung und beim Abtragen von Beizvögeln zur Seite stand, öffneten ihm zu Anfang der 20er Jahre den Weg in die Reihen der Falkner. So war er 1923 einer der Gründer des Dt. Falkenordens und von 1932 bis 1936 dessen Schriftführer und Ordenskanzler. Auch in Nordamerika, wo er als Arbeitsuchender die Jahre 1924/25 verbrachte, fand er schnell Verbindung zu einem Falknerclub. Als er aus beruflichen Gründen Ende der 20er Jahre nach Chemnitz und Limbach übersiedelte, traf er gleichgesinnte Laien im Verein f. Vogelk., -schutz u. -pflege, der späteren Vereinigung Chemnitzer Ornithologen sowie im Ver. Sächs. Ornithologen. Die DOG nahm ihn 1935 auf. Ausgesprochen sportliche Veranlagung erleichterte besonders die Ersteigung von Felsenhorsten. Es gab fortan in den thür. und sächs. Gebirgen kaum einen Nistplatz von Wanderfalke oder Uhu, den er nicht zu erreichen vermochte. Aus Freude am Wagnis des Kletterns besuchte er in den 30er Jahren auch gemeinsam mit C. Stemmler (s. d.) Steinadlerhorste in der Schweiz. Schließlich stellten ihm der mit Gefahren verbundene Einblick in die Niststätten und die Kontrolle des Brutablaufs des Wanderfalken immer wieder lockende Aufgaben. Unter großen persönlichen Opfern zählte, photographierte, beringte er und veranlaßte Schutzmaßnahmen. Seine Beringungslisten füllten sich bis zum Jahre 1963 mit 1137 Greifvögeln in 14 Arten; darunter waren 235 Sperber, 57 Habichte, 384 Turmfalken und je 82 Baum- u. Wanderfalken. Er war einer der besten Kenner auf dem selbst gewählten Sondergebiet, sah sich aber am Ende dazu verurteilt, nach den Ursachen des zahlenmäßigen Niederganges der Greifvögel zu forschen. Wenn er auch durch Vorträge und Vorführungen eines am Horst gewonnenen Filmes für den Schutz des Wanderfalken im Kreise der Jäger, Taubenzüchter und Kletterer aufrüttelnd zu wirken verstand, so mußte er zur Schreibtischarbeit doch mehr oder weniger genötigt werden. Als Verlautbarungen aus seiner Feder seien genannt: „D. Wanderfalkenhorste d. Sächs. Schweiz“ (Mitt. Sachs. 3,

1930), „Vererbung hervorstechender Charaktereigenschaften b. einer Sperberfamilie" (Dt. Falkenorden 1937), „Falknerei in Amerika" (ebd. 1937), „Raubvogelberingung" (ebd. 1937), „D. Wanderfalke in Sachsen, sein Bestand u. sein Zug", zus. mit R. Zimmermann u. R. März (Tharandter Forstl. Jb. 89, 1938), „Über Greifvogelhaltung u. Falknerei in Thüringen" (Mitt. Thür. 4, 1953), „Beob. b. d. Beringungsarbeit an 85 Schwarz- u. Rotmilanhorsten in Deutschl.", zus. mit A. Pflugbeil (B. z. Vk. 3, 1954), „Bestandskontrolle u. Horstsicherungsmaßnahmen für unsere Felsen-Wanderfalken, Stand 1962" (D. Falke 10, 1963), „D. Wanderfalke ist in Gefahr", zus. mit H. Schröder (Merkbl. 18 d. Arbeitsgemeinschaft f. Jagd- u. Wildforschung, Berlin 1963), „The status of Cliff-Nesting Peregrines in the German Dem. Republic" (in J. J. Hickey, Peregrine Falcon populations, their biol. and decline, Madison and London 1969).

— Lit.: Nachruf (von A. Pflugbeil). Falke 19, 1972, S. 67 (mit Bildnis).

Klimsch, Odo, * 11. 3. 1882 Ferlach (Kärnten), † 18. 5. 1971 Klagenfurt. Er besuchte die Mittelschulen in Klagenfurt und St. Paul (Lavanttal) und trat nach Enttäuschungen im forstl. Bereich in den Finanzdienst ein. Zuletzt war er Amtsrat. Sein Vater, der aus dem Sudetenland stammend als Wandergeselle in Kärnten seßhaft geworden war und das Schneiderhandwerk ausübte, gab zusammen mit der gleichgestimmten Mutter dem Elternhaus eine ausgesprochen naturfreudige und tierfreundliche Note. So wuchs der Sohn zwischen gefiederten Käfiginsassen auf, und das ihn bestimmende Erbteil umschloß neben frühem Bemühen um den Schutz der heimischen Natur einen besonders wachen Blick für die Welt der Vögel. Seit Anfang des Jahrhunderts fühlte er sich (nach seinen eigenen Worten) durch Namen wie Brehm, F. v. Lucanus, Blasius Hanf, V. v. Tschusi (s. d.) und Bengt Berg angeregt, „Steigbügelhalter für die Wissenschaft" und damit Diener an seiner Heimat zu werden. Da er zudem überzeugt war, daß „das Ohr der beste Weg zum Herzen des Menschen" sei, drängte es ihn, die autodidaktisch erworbenen Kenntnisse an seine Landsleute weiterzugeben. Neben tätiger Mitarbeit am Kärntner Landesmuseum sowie im österr. Natursch. und dt. Vogelschutzbund übernahm er Vorträge mit volkstümlich belehrenden Themen vor Vereinen, im Rundfunk, bei Führungen und Vogelschauen. So wurde er, frei von pseudowissenschaftlichem Ehrgeiz, ein fleißiger Künder eigener avif. Erfahrungen und gewissenhafter Berichterstatter über Fortschritte in der brutbiol., ökol. und phänol. Forschung. Zahlreiche, an Fachorgane und Tageszeitungen gegebene Verlautbarungen trugen den Stempel wohltuender Sachlichkeit. U. A. Corti (s. d.) konnte in „D. Brutvögel d. dt. u. österr. Alpenzone" (1959) 56 Titel über die Ornis Kärntens nennen. Sie standen zwischen 1908 und 1955 in Gef. W., Tierwelt (Wien), Carinthia, D. Waldrapp, Nat. u. Land. Aus dem letzten Lebensabschnitt lagen noch Arbeiten vor wie „D. Auswirkungen d. Kulturveränderungen auf d. Vogelw. um Klagenf. seit 1930" (Carinthia II 66, 1956) und „Verz. d. in Kärnten vorkommenden Vögel" (ebd. 70, 1960). An Ehrungen und Auszeichnungen durch naturw. Vereinigungen fehlte es dem getreuen Sohn des Kärntner Landes nicht. Schon 1912 wurde er Korr. Mitglied d. Österr. Zool. Ges. in Wien.

— Lit.: Würdigung. Klagenf. Ztg. v. 10. 3. 1962 u. Kärtner Volksblatt Nr. 10, 1962. - Autobiogr. V. Vogelliebhaber z. Kundler. Ebd. Nr. 10, 1962. - Nachruf (von W. Wruß). Landesstelle Kärnten d. Österr. Vogelwarte Wien, Folge 7, Juni 1971. - Ders., Österr. Naturschutz u. Bergwacht, Mitt.-Bl. Kärnten, August 1971. - Ders., Egretta 14, 1971, S. 30.

Knabe, Gustavgeorg, * 8. 7. 1897 Wichmannsdorf, Uckermark (Brandenburg), † 13. 12. 1972 Bad Dürkheim (Pfalz). Für den Prenzlauer Gymnasiasten und Kriegsfreiwilligen — er war der Sohn eines Hauptlehrers — begann 1914 eine Laufbahn, die ihn aus der einmal übernommenen soldatischen Pflicht nicht mehr entließ. Einige Marksteine mögen den Lebensweg kennzeichnen: Nach mehrfacher Verwundung 1918 Freikorpskämpfer im Baltikum und Soldat in Allenstein, 1922 Yorckscher Jäger in Ortelsburg, 1930 Beginn der Ausbildung für Verwendung im Generalstab, seit 1939 auf verschiedenen Kriegsschauplätzen, 1941 als Ritterkreuzträger schwer erkrankt und nicht mehr felddienstfähig, 1944 als Oberst Ausbildungskommando in Rumänien, 1945 nach Gefangenschaft Kunstgewerbler, 1948 bis 1968 Vertreter für Baustoffe, seit 1952 Wohnsitz Bad Dürkheim. In den letzten Jahren widmete er sich ungebrochen der Traditionspflege der

Yorckschen Jäger bei den Fallschirmjägern in Nagold. Auch wirkte er am Aufbau des Ostpr. Jagdmuseums mit, das in der Lüneburger Heide die Überlieferung der ostpr. Jagd, Reiterei und Falknerei fortführen soll. Die glücklichen Jahre in Ortelsburg brachten den jungen, naturk. und jagdlich aufgeschlossenen Oberleutnant in engere Verbindung mit der Vogelwarte Rossitten. J. Thienemann (s. d.) regte ihn damals zur Gründung des Ortelsburger Falkenhofes an, der sich unter seiner Leitung einer ersten Blütezeit erfreute. Orn. weittragender wurde der aus der Freundschaft mit E. Schüz erwachsene Einsatz für eine besonders schwierige Planberingungs-Aufgabe. Sie galt der Erforschung des Jahresablaufs und der Wanderung der in Ostpr. brütenden Graureiher. Sieben Jahre lang überprüfte er zusammen mit seinen Ortelsburger Jägern und unterstützt von einer Kolonne berufsmäßiger Zapfenpflücker die ostpreuß. Brutkolonien. Die Beringung von 4276 Nestjungen führte zu wesentlichen Befunden nicht nur über die Fortpflanzungsbiologie, sondern auch über die Zuggewohnheiten der Reiher. Die Ergebnisse der von ihm übernommenen Aufgabe schilderte der Major selbst in mehreren Verlautbarungen. Genannt seien „Wissenswertes über unsere grauen Fischreiher" (Wild u. Hund 38, 1932), „Unser Fischreiher", Beob. u. Beringungsergebnisse in neun südostpr. Fischreiherkolonien (ebd. 41, 1935), „Beringungsergebnisse an ostpr. Fischreihern" (ebd. 43, 1937), „Ostpreuß. Fischreihersiedlungen u. d. Zug ostpr. Fischreiher auf Grund sechsjähriger Bestandsaufnahmen u. Beringungsergebnisse" (Schr. Königsb. 70, 1938), „Beringte Fischreiher aus Europa in Afrika", zus. mit H. Ringleben (ebd. 70, 1938), „Beob. an ostpr. Fischreihern" (Wild u. Hund 53, 1950). Die Beizjagd behandelten Themen wie „Zehn Jahre Ortelsburger Falkenhof" (ebd. 45, 1939) und „Beizvogelgeschenke d. Herzöge v. Preußen nach 1525 an europ. Fürsten" (Dt. Falkenorden, Jb. 1967) und „Preuß. Falken im Dienste d. Politik d. Dt. Ordens" (Preußenland 7, 1969). F. Tischler (Vögel Ostpr. 1941) nannte 12 zwischen 1930 und 1938 geschriebene Reiher-Arbeiten des damaligen Oberstleutnants. Die Urne ist auf dem Hauptfriedhof von Krefeld beigesetzt.

— Lit.: Nachruf (von L. Loeffke). Ostpreußenblatt 24, Folge 6, 1973. - Nachruf (von K. K. Uelzen). Zeitschr. d. Verbandes „Dt. Afrikakorps" 23, Nr. 1, 1973.

Koepcke, Maria (geb. von Mikulicz-Radecki), Dr., * 15.5.1924 Leipzig, † 24.12.1971 Amazonasurwald von Peru. Sie erlangte das Reifezeugnis 1943 in Königsberg, wo ihr Vater Ordinarius für Gynäkologie war. Das Studium der Zool. (2 Semester Straßburg, 1 Semester Gießen, seit 1945 Kiel) beendete sie 1949 bei Prof. W. Herre mit einer Diss. über die Musterung und Färbung von Wild- u. Haustauben. Schon ein Jahr später siedelte sie nach Peru über, um gemeinsam mit ihrem dort schon seit 1949 lebenden Gatten die kaum bekannte Biol. und Ökol. der mannigfaltigen Tierwelt aufzuhellen. Dr. H.-W. Koepcke, der vorher Assistent am Zool. Inst. Kiel war, hatte die Wege bereits geebnet und war Dozent an der Univ. Nacional Mayor de San Marcos in Lima sowie Abt.-Leiter am Museo de Historia Natural „Javier Prado". Sie selbst leitete seit 1953 die Abt. f. Vögel u. Säugetiere an demselben Mus., bis beide 1967 den Wohnsitz in das Amazonasgebiet verlegten. Während H.-W. K. sich der Analyse der Lebensformen und den sich daraus entwickelnden biozönotischen Studien hingab, widmete sie sich der Erforschung der ungemein reichen Vogelfauna einer noch unberührten Natur. Fern von menschlicher Zivilisation erwies sie sich unter schwierigsten Bedingungen als leidenschaftliche Biologin, die, ausgestattet mit stets wachem Feingefühl für natürliche Schönheit und sicherer Beobachtungsgabe, zu bemerkenswerten taxonomischen Deutungen vordringen konnte. Aus Freude am Umgang mit lebenden Tieren nutzte sie die Verhaltens- u. Lebensweisen sowie die Stimmen der Vogelformen mit Vorliebe zur Klärung strittiger system. Probleme, wobei sie nicht vergaß, auch Belegmaterial aus den Mus. von Berlin, Bonn, Frankfurt, München, Paris und New York zu Rate zu ziehen. So gelang es ihr, mehrere neue Arten und Unterarten aus den Familien der Tinamidae, Columbidae, Furnariidae, Cotingidae, Emberizidae zu beschreiben: Nothoprocta pentlandi niethammeri (1968), Columbigallina talpacoti dorsti (1962), Geositta cunicularia georgei (1965), Leptasthenura pileata latistriata (1965), Synallaxis zimmeri (1957), Cranioleuca antisiensis zaratensis (1961), Asthenes pudibunda grisior

(1961), Asthenes cactorum (1959), Asthenes cactorum monticola (1965), Asthenes cactorum lachayensis (1965), Zaratornis stresemanni (1954), Zonotrichia capensis illescasensis (1963), Zonotrichia capensis markli (1971), Phrygilus alaudinus humboldti (1963), Sporophila obscura pacifica (1963), Hemispingus melanotis macrophrys (1961). Nach der Zoologin selbst sind benannt von Lowery u. O'Neill (1965) ein Stärling Cacicus koepckeae und von Weske (1972) ein Hokkohuhn Crax koepckeae = Pauxi unicornis koepckeae Die Liste ihrer Veröff. umfaßt 24 Titel aus den Jahren 1950 bis 1972. Dt. geschrieben sind davon 10 Arbeiten in Zool. Jb. (Physiol.), Klatt-Festschrift, Verh. Dt. Zoologen in Mainz, Beitr. Bonn, Beitr. z. neotrop. Fauna, J. Orn., Proc. 13. u. 15. Internat. Orn. Congr. In spanischer Sprache hinterließ sie „Las Aves de Departamento de Lima" (Lima 1964, engl. Übers. 1970), ein aufschlußreiches Bestimmungsbuch, das mit eigenen Schwarz-weiß-Abbildungen 300 zwischen der pazifischen Küste und den Gletschern der Hochanden gefundene Arten darstellt. Der dreijährige Aufenthalt im Amazonas-Zuflußbereich erbrachte außerdem das Material für einen Vortrag auf dem 15. Internat. Orn. Kongr. in Den Haag 1970. In erweiterter Fassung erschien er mit vollendet künstlerischen Zeichnungen der Verfasserin unter dem Titel „Über d. Resistenzformen d. Vogelnester in einem begrenzten Gebiet d. trop. Regenwaldes in Peru" (J. Orn. 113, 1972) und behandelte die Nistgewohnheiten und Nesttypen, wie sie zahlreiche Arten zur Abwehr von Feinden entwickelten. Diese beschwerlichen, mit Unterstützung des Gatten durchgeführten Unters. bedeuteten die allzu frühe Schlußphase ihres überaus erfolgreichen Dienstes an der orn. Forschung. Sie starb auf der Strecke zwischen Lima und ihrer Forschungsstation Panguana am Rio Llullapichis als Opfer eines Flugzeugabsturzes, den ihre Tochter Juliana wie durch ein Wunder überlebte. Die Leiche der tapferen Biologin wurde im Januar 1972 auf dem Friedhof Aufkirchen bei Starnberg (Bayern) beigesetzt. Von der DO-G, der Maria K. seit 1951 angehörte, war sie wenige Wochen vor dem Tode zum Korr. Mitglied ernannt worden. Sie war weiter „Field-Colaborator" des Laboratory of Orn. der Cornell Univ. in Ithaca, Korr. Mitglied der American Orn. Union, der Senckenb. Naturf. Gesellschaft in Frankfurt.

— Lit.: Nachruf (von G. Niethammer). J. Orn. 115, 1974, S. 91–102 (mit Bildnis u. Verz. d. Veröffentlichungen).

Koopmann, Erich, † 24. 12. 1835 Helgoland. Von Beruf Schuhmacher, war er wie damals alle Bewohner der Felseninsel eifriger Vogelfänger oder -jäger und hatte vor 1820 das Ausstopfen von Tieren wahrscheinlich von dem Bremer Präparator J. W. Beverstein gelernt. Für mehrere andere Helgoländer wurde er dann selbst der Lehrmeister, wenn er auch nicht die Bedeutung von C. P. Reimers (s. d.) unter seinen Landsleuten erlangte. Der zu Anfang des Jahrh. in Deutschl. aufblühenden orn. Sammelfreude wußte er aber durch das Angebot von Helgoländer Seltenheiten gleichfalls zu dienen. Seit den 20er Jahren belieferte er nicht nur die Mus. von Bremen und Hamburg, sondern auch das von Berlin und viele Privatsammler, unter ihnen F. Boie, M. R. Mechlenburg, B. Meyer (s. d.), John Gould. Die Naturbeschreibung der Naumannzeit verdankte ihm sicher einiges Material. Der Name des Helgoländers wäre vielleicht bekannter geworden, wenn sich nicht wiederholt der Hamb. Naturalienhändler J. G. W. Brandt (s. d.) zwischen ihn und die Käufer gedrängt hätte. Verbindung zu H. Gätke (s. d.) ist nicht belegt. Der Handwerker starb, bevor der Maler zu Anfang der 40er Jahre sich ernsthaft mit dem Sammeln von Vögeln und dem Phänomen des Vogelzugs zu beschäftigen begann. Da Helgoland in der Geschichte der Ornithologie aber eine Sonderstellung einnimmt, dürfte K.s Erwähnung unter den „uranfänglichen Herrn Ornithologen" der Insel (vgl. „D. Vogelwarte Helgol.", 2. Aufl. 1900) angebracht sein.

— Lit.: E. Stresemann, Vor- u. Frühgeschichte d. Vogelforschung auf Helgoland, J. Orn. 108, 1967, S. 377—429.

Kopp, Arnold, * 21. 7. 1889 Perouse (Württemberg), † 27. 2. 1970 Perouse. Der Pfarrerssohn aus der Waldensersiedlung studierte nach dem Besuch des Cannstatter Gymnasiums in Tübingen Jura, war dann zunächst im Innenministerium von Stuttgart und später als Oberregierungsrat am Landratsamt Waiblingen tätig, um schließlich 1948 wieder nach Stuttgart zurückzukehren. Die Hingabe, mit der er seine Berufspflichten erfüllte,

TEIL 3

fand eine seine Persönlichkeit kennzeichnende Ergänzung in dem selbstlosen Eifer, den er der Erhaltung und Bewahrung der Heimatlandschaft und ihrer Tiere widmete. Aus der Wurzel echter Erdverbundenheit entsprang auch seine Freude an der Beschäftigung mit der Vogelwelt und sein in allen Lebenslagen waches und tätiges Bemühen um den Schutz vor allem der bedrohten Greifvögel. Frau Lina Hähnle (s. d.) hatte in ihm daher einen stets opferbereiten Berater und Weggenossen, zu dessen engerem Lebenskreis neben anderen württ. Naturschützern E. Schwarz, W. Bacmeister (s. d.) und E. Schüz gehörten. Die im Druck erschienenen Verlautbarungen zu den von ihm vertretenen Schutzgedanken erwiesen ihn als einen stillen, unsentimentalen, aber sachkundigen Beobachter, dem die Gabe verliehen war, auch in den kleinen und unauffälligen Dingen die Allgewalt der uns beherrschenden Naturgesetze zu entdecken. W. Bacmeister konnte im „Verz. d. vogelk. Schrifttums in Württ. bis z. J. 1943" (Jh. Württ. 108, 1952) folgende Veröff. aus seiner Feder nennen: „D. Raubvögel Württembergs, eine Übersicht v. Standpunkt d. Naturschutzes" (Veröff. d. Staatl. Stelle f. Natursch., Heft 2, 1925), „Raubvogelprämien" (D. Naturforscher 1925/26), „Raubvogel-Schonpreise" (Jäger-Merkbl. 1927, hrsg. v. Hans Schwenkel), „Raubvogelsch. in Württ." (Mitt. Vw. 29, 1930), „Beitr. z. Ornis d. Schwäb. Alb", über Wanderfalken (ebd. 29, 1930), „D. Gabelweihe" (Leonberger Tagbl. Nr. 73 v. 30. 3. 1932), „D. Rote Milan in Württ." (Wild u. Hund Nr. 44 v. 2. 11. 1934 u. D. Dt. Jäger Nr. 24 v. 19. 9. 1937), „D. Kurzhalten d. Mäusebussards" (Dt. Vw. 63, 1938), „Seltener Raubvogel", Roter Milan (Leonberger Tagbl. v. 10. 5. 1940). Dazu kommt „Unsere Raubvögel" (Merkbl. f. angew. Vogelk. d. Vogelwarte Radolfzell u. d. Vogelsch.-Warte Ludwigsburg 4, 1948, 8 S.). Wegen eines sich verschlimmernden Leidens mußte er sich mit der Zeit mehr und mehr aus der Öffentlichkeit zurückziehen. Mit der Ges. f. Naturk. in Württ. war er als Mitglied lange Jahre verbunden.

— Lit.: Nachruf (von E. Lindner). Jh. Württ. 125, 1970, S. 40.

Kostroň, Karel, Dr., * 10. 7. 1913 Brünn, † 23. 12. 1971 Brünn. Nach dem Studium des Forstwesens in Brünn ging der Beamtensohn später an die Landwirtschaftliche Fakultät der Hochschule für Bodenkultur und wurde hier der Leiter des Instituts für Pelztiere. Verschiedene der in sein Arbeitsgebiet fallenden Veröff. galten der Zucht der Tiere. Daneben hatte er einen früh geübten Blick für die ihn umgebende Vogelwelt. Die ersten und entscheidenden Anregungen zu sorgfältigen Beob. gaben ihm die Eisgruber Teiche. Aus den Jahren 1934/35 stammen daher schön geschriebene und gut bebilderte Berichte über die ihm dort begegnenden Arten. Um das eigene Gesichtsfeld zu erweitern, suchte er 1937 auch die Vogelwarte Rossitten auf. Sinnvollen Antrieben, die von E. Bayer (s. d.) ausgingen, verdankten zwei Arbeiten ihre Entstehung. Es waren „D. Topographie d. Vogelkörpers zum Zwecke d. Allgemeinen u. d. Feldornithologie" (Čsl. Ornitholog 1940) und eine „Methode d. Feldornithologie" (ebd. 1943). Unter Mitwirkung anderer Autoren versuchte er außerdem, die Regeln der tschech. orn. Nomenklatur zu ergründen und zu erklären. Der Name drang im Fachgebiet der Vogelkunde nicht über die Grenzen seiner Heimat, hinterließ aber Spuren im örtlichen Bezirk.

Kracht, Wilhelm, * 19. 9. 1877 Werne (Kr. Bochum) ,† 3. 4. 1971 Freiburg i. Br. Er gehörte einer westf. Familie an, deren alte Generationen sich dem Bergmannsberuf verschrieben hatten. Der aus einem Halbbauernhaus stammende Vater gab ihm die Liebe zur Natur und ihren Geschöpfen mit auf einen langen Lebensweg. Die damit verbundene Neigung zur häuslichen Vogelpflege nahm bei ihm entscheidende Formen an, als er mit 18 Jahren in Mittweida das Technikum bezog und so mit der thür. Liebhaberei in engere Berührung kam. Nach der weiteren Ausbildung an der Techn. Hochschule Karlsruhe trat er 1900 als Ingenieur in die Großfirma Siemens-Schuckert ein. Seine Laufbahn im Rahmen dieser Werke kennzeichnen folgende Daten: 1901 Paris, 1907 Madrid, 1910 Berlin, 1913 Odessa, 1914 Internierung an d. südl. Wolga, 1919 Berlin, 1920 Duisburg, 1925 Davos und Freiburg (Oberingenieur), 1932 Essen (Ruhestand), 1936 Duisburg, 1943 Freiburg. Wo er lebte, umgab er sich bevorzugt mit solchen Vogelformen, die nur selten gehalten werden, und pflegte Beziehungen zu Ornithologen, einerlei, ob sie Namen von

Klang hatten oder zum Heer der Unbekannten gehörten. Er hatte die Gabe, überall zu lernen und den eigenen Gesichtskreis und Wissensschatz zu weiten — sei es auf dem Vogelmarkt von Paris, sci es bei den Tierfängern von Madrid, sei es bei den Berliner Naturalienhändlern, sei es bei F. v. Falz-Fein (s. d.) im Askania-Nova der taurischen Steppe, sei es als Internierter bei den Kalmücken an der Wolga. Seit den 20er Jahren brachte hauptsächlich die Gef. W. eine stattliche Zahl von Beitr. aus seiner Feder. Ohne durch thematische Vielseitigkeit glänzen zu wollen, nahm er zu allen nur denkbaren Fragen der Vogelhaltung Stellung und verstand es, mit warmem Herzen auch die menschliche Seite der Liebhaberei ins rechte Licht zu setzen. Jahrzehnte hindurch schöpfte er in seinen Verlautbarungen und Briefen aus einem Maß von Erfahrung, die die Praxis nur dem wirklich verantwortlich denkenden Vogelwirt zuteil werden läßt. Bestimmend für seine Entwicklung dürften die Berliner Jahre gewesen sein. Sie brachten ihm die Nähe und Achtung von Praktikern und Vertretern der orn. Wissensch.; bei L. Heck, O. Heinroth, G. E. F. Schulz, G. Schiller, K. A. Neunzig, F. v. Lucanus (s. d.) war er vertrauter, anregender Gast. Der DOG gehörte er 20 Jahre an, und die Aegintha zählte ihn zu den rührigsten Mitgliedern. Unter gewinnenden menschlichen Zügen trat die stete Hilfsbereitschaft hervor. Sie zeigte sich nicht nur in zahllosen, Rat erteilenden Briefen. Schon von Madrid aus besorgte er damals schwer zu erlangende spanische Tierformen für den Berl. Zoo, und O. Heinroth verdankte in den 20er Jahren seinem Bemühen die Beschaffung von Eiern und Jungtieren, an die er auf andere Weise nicht herangekommen wäre. Es darf gesagt werden, daß der schlichte, aber weltoffene Ingenieur das rechte Zeug zum Wege in die wissensch. Ornithologie gehabt hätte. Doch begnügte er sich mit der Rolle des ihr selbstlos dienenden Autodidakten. So blieb er, frei von falschem Ehrgeiz und dialektischer Gedankenspielerei, im tätigen Leben eine ungebrochene Persönlichkeit, deren heitere Ausgeglichenheit keine Gegnerschaft aufkommen ließ. Was und wer er war, legte er in der anspruchslosen, aber eindrucksvollen Schilderung seines Berufsweges nieder: „Ein Vogelfreund zwischen Zeiten u. Welten" (Pfungstadt 1952/53). — Lit.: Würdigung (von J. Steinbacher). Z. Einführung v. „Ein Vogelfreund . . .", 1952/53. - Würdigung (von L. Schuster). Vw. 75, 1954, S. 70. - Würdigung (von J. Steinbacher). Gef. W. 81, 1957, S. 179 u. 91, 1967, S. 161—163 (mit Bildnis). - Würdigung (von Schriftl.). Vwa. 24, 1967/68, S. 97.

Kramer, Volkhard, * 4. 4. 1928 Seifhennersdorf (Kr. Zittau), † 7. 5. 1971 Ebersbach, Kr. Löbau (Oberlausitz). Als Sohn von Herbert Kramer (s. d.) und Enkel von Heinrich Kramer (s. d.) wuchs der Schüler in das Studium der heimischen Vogelwelt hinein und wurde vor allem vertraut mit der von seinen Vorvätern eingehend betriebenen Rupfungsforschung und Gefiederbestimmung. 1950 trat er der DO-G bei. In sehr kritischem Zeitabschnitt heimat- u. vaterlos geworden, fiel die Berufswahl besonders schwer. Nach dem Besuch des Gymnasiums von Striegau und — nach 1945 — der Vereinigten Oberschule in Zittau, arbeitete er zunächst in Seifhennersdorf als Apothekenhelfer und vertrat Vaterstelle gegenüber den jüngeren Geschwistern. Dann traf er auf dem Wege des Fernstudiums in Leipzig die Vorbereitung zur Apothekerlaufbahn. Zuletzt lag die Leitung der Staatl. Apotheke zu Ebersbach in seinen Händen. In der Nachfolge von O. Uttendörfer und W. Baer (s. d.) waren ihm ernste Anliegen die Fortführung der Klarstellung der Greifvogelnahrung, die Erfüllung zahlreicher Rupfungs-Bestimmungswünsche und die Fortsetzung der Gewöllforschung von R. März. Gründlichkeit und Zuverlässigkeit erbrachten ihm vielseitige Beziehungen zu gleichgestimmten Fachgenossen. So war er mit der Unters. der „Ernährung d. Wanderfalken in zwei verschiedenen Landschaftsformen d. Oberlausitz" an der Kleinschmidt-Festschrift Syllegomena biologica (1950) beteiligt, und O. Schnurre erwähnte seine Unterstützung bei den „Ernährungsbiol. Studien an Raubvögeln u. Eulen d. Darßhalbinsel" (B.z.Vk. 4, 1956). Seit 1950 entsprangen K.s Feder eine Reihe von inhaltreichen Verlautbarungen. Die wesentlichsten waren: „Ernährungsbiol. Beob. an d. Horsten d. Sperbers in d. südl. Oberlausitz v. 1944 bis 1948" (Vw. 71, 1950), „D. Winternahrung d. Sperbers in d. Südlausitz" (B. z. Vk. 2, 1952), „Beob. an südlausitzer Habichtshorsten v. 1942 bis 1952" (Vw. 74, 1953), „Ernährungskontrollen b. Habicht, Sperber u. Wanderfalk" (Falke 1, 1954), „D. Baumfalk in d.

TEIL 3

Südlausitz" (B. z. Vk. 5, 1956), „Über d. Abhängigkeit d. Rebhuhn- u. Fasanenbestandes v. d. Siedlungsdichte b. Habicht u. Sperber" (Falke 10, 1963), „D. Populationsdynamik b. Habicht u. Sperber" (ebd. 14, 1967). Kennzeichnend für den Verf. als Menschen, den Geist und Praxis gleichermaßen prägten, mag schließlich noch die Feststellung genannt sein, daß er in den letzten Jahren etwa 30 Sperber- u. Habichtshorste unter Kontrolle hielt. Nachdem er 1971 noch in Herrnhut eine Uttendörfer-Gedächtnisausstellung für eine Orn.-Tagung aufgebaut hatte, endete er zur Bestürzung seiner Freunde durch Freitod. Eine Neuauflage seines 1955 erschienenen Brehmheftes „Habicht u. Sperber" erlebte er nicht mehr.

— Lit.: Nachruf (von H. Ch. Stamm). Orn. Kreis Düsseldorf, Rundschreiben 6, 1971. - Nachruf (von H. Knobloch). Falke 18, 1971, S. 426 u. Sächs. Heimatblätter 18, 1972, S. 42.

Kratsch, Caspar, * 19. 8. 1812 Rolika (Ortsteil von Dobitschen, Kr. Schmölln; seit 1952 Bez. Leipzig), † 20. 5. 1883 Rolika. Wie J. Kratzsch, H. Porzig, Ch. F. Schach (s. d.) gehörte der Gasthofbesitzer zu den Bauern-Ornithologen des Osterlandes, ohne daß seine Mitgliedschaft beim Orn. Ver. d. Pleißengrundes nachweisbar wäre. Zur DO-G und zur Naturf. Ges. d. Osterl. scheint er auch keine festen Beziehungen gepflegt zu haben. Mit der Feder trat er ebensowenig hervor. Vogelk. Beob. überließ er gelegentlich J. Kratzsch, der sie in ein Msk. der Naturf. Ges. oder in Tagebücher eintrug. Sie wurden später von K. Th. Liebe (s. d.) in „D. Brutvögel Ostthüringens u. ihr Bestand" (J. Orn. 26, 1878) und von O. Koepert (s. d.) in „Vogelw. d. Herzogtums Altenb." (ebd. 44, 1896 u. 49, 1901) verwertet. Genauer führte dagegen K. seit 1839 ein „Jagd-Buch". Es bestätigt, daß er — wie es zu seiner Zeit gehörte — dem Raubvogelabschuß an der Krähenhütte, dem Krammetsvogelfang in Dohnen und dem Lerchenfang oblag. Als Jäger war er ebenso fleißiger Sammler. 622 meist von ihm selbst präparierte Vögel stellte er in seinem Gasthofe auf. Die Stücke waren, weil ihnen die Herkunftsdaten fehlten, wissensch. nicht verwertbar, bildeten aber durch viele Jahrzehnte zusätzliche Anziehungspunkte für die weithin bekannten Rolikaer Rosenfeste, die K. durch die Anpflanzung prachtvoller Rosenbeete begründet hatte. Nach dem Ableben des Besitzers verblieben die aufmontierten Vögel zwar am alten Ort, gerieten aber im Verlaufe von fast 100 Jahren in den Zustand starker Vernachlässigung. Die noch brauchbaren Reste kamen erst 1969 in das Zool. Mus. von Berlin.

— Lit.: F. Schach, Über d. Gründung u. bisherige Wirksamkeit eines orn. Special-Ver. im Pleißengrunde, Naum. 2, 1852, S. 78—80. - Würdigung (von H. Hildebrandt u. R. Heyder). Mitt. Sachs. 4, 1933, S. 45/46. - H. Fischer, C. K. u. d. Rosengarten zu Rolika. Altenb. Heimatblätter 3, 1934, S. 41—48 (mit Bildnis). - L. Baege, Über ehemalige private Vogelsamml. in Thür. . . ., B. z. Vk. 10, 1964, S. 129—147. - Ders. u. B. Stephan, Vogelsamml. Osterländer Bauern-Ornithologen ins Zool. Mus. Berlin überführt. Ebd. 17, 1971, S. 155—161 (mit Bildnis).

Krieg, Hans, Dr. Dr., * 18. 6. 1888 Vaihingen (Enz), † 5. 10. 1970 Geretsried (Oberbayern). In tierfreundlicher, kultivierter Umgebung als Sohn eines Apothekers in Stuttgart aufgewachsen, studierte er in Tübingen und München Med. und Zool., um nach Beendigung des 1. Weltkriegs (er war Truppenarzt gewesen) in Tübingen Privatdozent und später Prof. für Human-Anat. zu werden. Doch konnte ihn die enge Heimat nicht lange fesseln. Die noch ungelösten Fragen der Art- u. Rassenbildung, eigener Erkentnisdrang und geistige Unruhe machten ihn zunächst zum Forschungsreisenden. Mehrere Exp. sind an seinen Namen geknüpft: Südamerika (1923 bis 1925), Gran Chaco (1925 bis 1927), Südamerika (1931/32 u. 1937/38), Westafrika (1959), Ostafrika (1960), Indien u. Pakistan (1962). Unter den von ihm heimgebrachten Samml. wurde die orn. Ausbeute aus Paraguay, Argentinien, Bolivien, Brasilien von A. Laubmann (s. d.) bearbeitet (Stuttg. 1930). Dem Reisenden zu Ehren ist als noch heute anerkannte Rasse Pyrrhura frontalis kriegi Laubm. (Anz. Bay. 2, 1932) benannt. Er selbst hinterließ eine Reihe von Buchveröffentlichungen: „Dt. Gran Chaco Exp." (1931), „Chaco-Indianer" (1934), „Menschen, die ich in d. Wildnis traf" (1935), „Als Zoologe in Steppen u. Wäldern Patagoniens" (1940), „Zwischen Anden u. Atlantik" (1948), „Begegnungen mit Tieren u. Menschen" (1959), „Mein afrik. Skizzenbuch" (1960), „D. Große Unruhe", sein Lebensweg als Tierfreund u. Biologe (1964). Seit 1927 war er Prof. an der Univ. München und Direktor der Zool. Samml., seit 1945 zusätzlich 1. Direktor der Wissensch. Samml. d. Bayer. Staates, obwohl ihm in den späteren Jahren das vorher auf breiter Basis system. betriebene wissensch. Sammeln nicht mehr mit der Notwendigkeit des weltweiten Schutzes der Tierwelt vereinbar erschien. Aus derselben Einsicht entsprang die stets grüblerische Auseinandersetzung mit dem Problem Jagd und Naturschutz. Die Zwiespältigkeit der Gefühle glaubte der Jungschütze zum ersten Male verspürt zu haben, als er unbedacht einen Wiedehopf anstelle eines Fasans geschossen hatte. Bis in die letzten Jahre fand sich in allen Verlautbarungen die Betonung, daß Jagd nötig sei, daß aber der aus der Geschichte überkommene Jägerwunsch, das überlistete Tier in der Hand zu halten und zu bewundern, immer drängender ästhetischen und ethischen Bedenken weichen müsse. Diese Überzeugung — das zeigte auch sein letztes Buch „Ein Mensch ging auf d. Jagd" (1967) — stärkte sein Streben nach einem Brückenschlag zwischen radikalen Ansprüchen aus Jägerkreisen und ungerechtfertigten Forderungen von seiten sentimentaler Naturschützer. Als wortbegabter Mahner hatte er den Mut, sich auch unbeliebt zu machen. So meinte er, weil ihm Tier- u. Natursch. nicht eine „Liebhaberei alter Damen", sondern eine ernste Daseinsfrage des Menschen bedeutete: „Auch die Falknerei als Zeitvertreib von sogen. Vogelfreunden sowie Vorführungen freifliegender Greifvögel oder die Zurschaustellung von gefesselten Greifen ... entsprechen nicht der Ethik der Jagd, des Tierschutzes und des Vogelschutzes. Die Falknerei entzieht als Mode oder Sport oder gar als Erwerbszweig gerade die Tiere der Vermehrung ..., die man besonders zu bewundern vorgibt" (D. Tier 10, 1970, S. 3). Da sich in ihm die Fähigkeit zu einer kraftvoll zupackenden, oft drastisch polternden Sprache paarte mit einem auf Ausgleich eingestellten Organisationsgeschick und der Kunst der Menschenführung, lag die Präsidentschaft des von ihm 1950 gegründeten Dt. Naturschutzringes 13 Jahre lang in seinen Händen. Und immer stand neben den Säugetieren auch die Vogelwelt als Teilbereich im Blickfeld des Biologen, ohne daß er sich berufen fühlte, zu rein wissensch. Sachfragen der Orn. öfters Stellung zu nehmen. Seit 1927 war er Mitglied der Orn. Ges. Bay. (1950 bis 1953 Vors., dann Ehrenmitglied). In den Reihen der DO-G stand er seit 1936 (ab 1950 einige Jahre Mitglied des Ausschusses). Der Bund f. Vogelschutz schätzte ihn als engsten Berater von Lina und Hermann Hähnle (s. d.). Aus der kaum überschaubaren Zahl seiner großen und kleinen Aufs. und Beitr. für Jagd- u. Fachzeitschriften seien an dieser Stelle nur genannt „Vogelbeobachtungen bei einer argentinischen Estancia" (J. Orn. 82, 1934) und „Vogelsch. u. Jagd" (Orn. Mitt. 15, 1963). Als Zoologe, Anatom, Anthropologe, Ethnograph und nicht zuletzt als Künstler (er zeichnete mit sicherer Hand und hatte mannigfache Beziehungen zur bildenden Kunst) war er im Kampf um eine menschenwürdige Zukunft eine geschlossene Persönlichkeit von Herzensbildung und beachtenswerter intellektueller Ausstrahlungskraft. Neben anderen Auszeichnungen trug er das Große Verdienstkreuz der Bundesrepublik.

— Lit.: E. Hennig, Württ. Forschungsreisende ..., 1953, S. 66/67 (mit Verz. d. Veröff.). - Würdigung (von G. Diesselhorst). Anz. Bay. 4, 1953, S. 43/44. - Würdigung (von Th. H.). D. Pirsch 1953, S. 420. - Würdigung (von W. Engelhardt). Nachr.-Bl. f. Natursch. u. Landschaftspfl. 34, 1963, S. 21/22 (mit Bildnis). - Nachruf (von F. Nüßlein). Wild u. Hund Nr. 16, 1970 (mit Bildnis). - Nachruf (von H. Hanemann). Dt. Bund f. Vogelsch., Jber. 1970, S. 1. - Nachruf (von Schriftl.). Nat. u. Landsch. 45, 1970, S. 429. - Nachruf (von E. Schüz). Jh. Württ. 126, 1971, S. 32—34 u. Tribus, Zeitschr. d. Ges. f. Erd- u. Völkerk. in Stuttg. Nr. 20, 1971, S. 7—9 (mit Bildnis). - Nachruf (von W. Engelhardt), Blätter f. Natursch. 51, 1971, S. 39—41 (mit Bildnis).

Kühn, Jörg, * 1. 7. 1940 Wettingen (Schweiz), † 18. 10. 1964 Zürich. Als Sohn eines Maschinenzeichners besuchte er die Volksschule Wettingen sowie die Bezirksschule Baden, um dann in der Graphikerlehre und an der Kunstgewerbeschule Zürich angeborene Tierliebe und früh erwachtes Zeichentalent in erstaunlicher Harmonie zu entwickeln. Der Jüngling konnte schon aus beachtlicher Beherrschung der zool. Formenvielfalt und schneller Erfassung tierischer Verhaltensabläufe eine überall bewunderte Maltechnik gestalten. Vor Beendigung der Ausbildungszeit begann er bereits, sich in erster Linie der Tierdarstellung hinzugeben. Später übernahm er private Aufträge und trat 1961 als naturw. Zeichner in den halbamtlichen Dienst

TEIL 3

des Zool. Mus. der Univ. Zürich. Voraussetzung für den Lebenserfolg war seine Fähigkeit, Tiere in nie erlahmender Geduld zu beobachten. Im stillen Ansitzen vor Freigewässern, Zoogehegen, Aquarien, Terrarien, Vogelnestern offenbarten sich ihm unauffällige, aber wesentliche Einzelheiten, die nur das Auge des feinfühligen Künstlers und wirklichen Liebhabers entdeckt. Die im Freiland gesammelten Erfahrungen machten ihn daher auch zum aufgeschlossenen Avifaunisten, so daß die Vogelwarte Sempach ihn in der Praxis der Beringungsarbeit einsetzte. Die Zeugnisse seiner bedeutenden Künstlerschaft liegen aus einer allzu kurz bemessenen Schaffensfreude zahlreich vor, können aber nur in Auswahl angeführt werden: Erste Wortmeldungen waren von ihm selbst illustrierte Aufs. in einer Wochenzeitschrift des Ringier-Verlags (1959 bis 1961), im Zürcher Tierschutz (1960/61), in der Schweizer Lehrerzeitung (1961/62) und im Orn. Beob. (1964). Besonderes Gewicht hatten die graphischen Arbeiten. Schon während der Lehre (1960) wurde ihm der Auftrag zuteil, die Pro Juventute-Glückwunschkarten für 1962 zu zeichnen. 1961/62 folgten die ersten Buchillustrationen (Hallwag-Verlag). Ein großer Erfolg war ferner sein 1963 im Atlantis-Verlag erschienenes Kinderbuch „D. Wald u. seine Tiere“ mit Text von V. Ziswiler. In weitere Kreise der Orn. ging sein Name vor allem ein durch die Illustration des „Handbuches d. Vögel Mitteleuropas“ (Bauer u. Glutz von Blotzheim 1, 1966 u. 2, 1968). Zu nennen sind außerdem Farbtafeln ausgestorbener u. gefährdeter Tiere (World Wildlife Fund, Morges), Bunttafeln u. Schwarzweiß-Zeichnungen v. Drosophila u. Prachtfinken (Zool. Mus. Zürich), Bebilderung verschiedener Arbeiten von V. Ziswiler (Arch. Julius Klaus-Stiftung, Vererbungsforschung, Sozialanthrop. Rassenhygiene 38, 1963; J. Orn. 106, 1965; Bedrohte u. ausgerottete Tiere, Springer-Verlag); Beiträge im Schweizer Naturschutz (1962 bis 1967). Da der Künstler in vielen Arbeiten als Illustrator nicht erwähnt wurde, sei darauf hingewiesen, daß er mit K signierte. Geltungsstreben lag seinem Wesen fern. Er starb an einer schweren Erkrankung, die seit 1959 an seinen Kräften zehrte.

— Lit.: Nachruf (von V. Ziswiler). Orn. Beob. 62, 1965, S. 174. - Berichte über eine Gedächtnisausstellung von Werken des Künstlers im Zool. Mus. d. Univ. Zürich 1965/66 (Neue Zürcher Ztg. v. 2. 12. 1965, Neue Zürcher Nachr. v. 4. 12. 1965, D. Tat v. 7. 12. 1965, Tages-Anz. Zürich v. 13. 12. 1965, Badener Tagblatt v. 17. 2. 1966, Aargauer Volksblatt v. 17. 2. 1966, Freier Aargauer v. 17. 2. 1966). - V. Ziswiler, D. zauberhafte Vogelwelt d. Jörg Kühn, Schweizer Heim v. 13. 8. 1966, S. 20/21.

Kuntzendorff, John, * ?, † ?. Sein Beruf konnte nicht festgestellt werden. Bekannt ist nur, daß er als Sohn eines Brauereibesitzers aus Riga zu Anfang des 20. Jahrh. in Zürich lebte und sich auf eigenem Grundstück ein Vogelhaus bauen ließ. Da er trotz günstiger Vermögenslage nicht befriedigt war, verließ er etwa 1907 die Schweiz und verzog nach Berlin-Frohnau, wo er zwei Grundstücke mit einer Villa erwarb. Ohne feldorn. tätig zu sein, legte er auch hier eine viel bestaunte Voliere an. Seine ganze Leidenschaft galt der Pflege der damals noch wenig bekannten ausländischen Insektenfresser, für deren Beschaffung (hauptsächlich durch die Firma L. Ruhe in Alfeld) ihm keine Ausgabe zu hoch war. Im Lebens- u. Liebhaberstil übertraf er noch den seines Freundes G. Schiller (s. d.). Wie der ehemalige Oberstleutnant machte er sich vor 1914 durch die Ausnutzung eines unangefochtenen Wohlstandes um die Förderung der Kenntnis fremdländischer Vogelformen durchaus verdient, wenn er auch nicht die Bezirke der Wissenschaft zu erreichen vermochte. Zur Bestätigung des Selbstwertes genügte ihm schon die Verbindung mit mehreren bekannten Berliner Namen. Dazu rechnete er K. A. Neunzig (dem er in Gef. W. 54, 1925 eine Würdigung schrieb), O. Heinroth, F. v. Lucanus, G. E. F. Schulz (s. d.). Auch der von 1910 bis 1913 in Berlin wohnende W. Kracht (s. d.) hatte Gelegenheit, den Seltenheitswert der Frohnauer Anlagen zu bewundern. Glanz und Geltung begannen aber zu erblassen, als die russische Revolution von 1917 den Zufluß der väterlichen Rubel beendete und dem sich bislang so sicher wähnenden Empfänger auch noch die Inflation nach dem 1. Weltkrieg den gewohnten festen Boden entzog. Fortan drückten ihn Jahre harter Not. Im Berliner Adreßbuch stand sein Name bis 1932 verzeichnet, teils als Kaufmann, teils als „Zoologe“. 1925 wohnte er in Berlin SW, Mittenwaldstraße, später war die Anschrift Berlin N 4, Hessische Straße. Dem Verlust des Vermögens folgte allmählich das Vergessen. Anfragen bei Standesämtern nach Daten der Geburt und des Todes blieben ohne Antwort und Ergebnis. Doch ist der Name im Bereiche der Orn. nicht völlig ausgelöscht. Er ist an die Reihe von Veröff. geknüpft, die zwischen 1909 und 1934 in der Gef. W. erschienen. Aus der großen Zahl hielt H. Dost (s. d.) in „Fremdländische Stubenvögel" (Leipz. 1967) 13 Titel von Arbeiten fest, die sich z. T. über mehrere Fortsetzungen erstreckten. Die erste Verlautbarung war „Zwei asiatische Fliegenschnäpper" (Gef. W. 38, 1909), die letzte war „Betrachtungen über d. Goldstirnblattvogel" (ebd. 63, 1934).

— Lit.: W. Kracht, Ein Vogelfreund zwischen Zeiten u. Welten, Pfungstadt 1952/53.

L

Libbert, Walter, * 24. 12. 1899 Osterwieck (Harz), † 30. 8. 1971 Templin (Brandenburg). Nach dem Besuch des Seminars in Quedlinburg 1915 bis 1917 war der Kaufmannssohn bis 1932 Lehrer in seiner Geburtsstadt, dann bis 1946 an der Mittelschule Ückermünde und zuletzt von 1949 bis 1961 Oberschullehrer für Biol. in Templin (mit zwischenzeitlichem Unterricht in Lychen 1955 bis 1959). Angeborene Begabung entwickelte er durch Fleiß und Zielstrebigkeit zu einer pädagogischen Tätigkeit, in der er naturk. Wissen mit feingeistiger Lebensauffassung zu vereinen wußte. Der autodidaktisch erworbene Kenntnisstand gab ihm daneben die Möglichkeit, in langen Jahren der heimatlichen Vogelkunde zu dienen. Er besaß die der ausgereiften, harmonischen Persönlichkeit zugeteilte Kraft, mit den ihm begegnenden Problemen zu wachsen. Und weil er es verstand, unter freiem Himmel erkannte Einzelerscheinungen mit gesundem Augenmaß einzuordnen, erlangte sein Name guten Klang. Mit Laienforschern und vielen Vertretern der Wissensch. verband ihn daher fachlich nützlicher Gedankenaustausch. In den Anfangsjahren beobachtete er im Fallsteingebiet, das F. Lindner (s. d.) schon 1901 in das Blickfeld der Faunisten gerückt hatte. Obwohl (oder gerade weil) dieser Landschaft größere Wasserflächen fehlen, verdichteten sich damals schon seine Neigungen auf die Ornis der Seen, Teiche und Sümpfe, wie sie sich ihm bei Besuchen eines in Lippehen (Neumark) wohnenden Bruders darbot. In ersten Veröff. wie „Beob. aus d. Vogelw. neumärk. Seen" (Orn. Ms. 51, 1926) und „Z. Durchzug d. Strandvögel durchs Binnenland" (Orn. Mber. 35, 1927) war die erwachende Arbeitsrichtung erkennbar. Sie gipfelte schließlich in einer um Gesetzmäßigkeiten ringenden Kontrolle des Zugs sowie der Rast- u. Sammelplätze des Kranichs. Die Unterlagen für dieses Studium sammelte er nicht nur im Kreis Templin, sondern auch auf weiteren Exk. (u. a. nach Rügen, Ostseeküste, Hiddensee, Greifswalder Oie). In einer Liste von 24 orn. Arbeiten stehen daher 10 Titel, die der Analyse und räumlichen Darstellung des Kranichwanderzugs gewidmet sind: „D. Zug d. Kranichs" (J. Orn. 84, 1936), „D. Zug d. Kranichs" (ebd. 86, 1938), „Z. Herbstdurchzug d. Kranichs in Nordafrika" (Vwa. 15, 1948), „Beob. an einem Sammelplatz d. Kraniche" (B. z. Vk. 4, 1956), „Massenzug d. Kranichs im Herbst 1955 u. seine Ursachen" (Vwa. 19, 1957), „Über d. Zug d. Kranichs im Herbst 1958" (ebd. 21, 1961), „Merkwürdiger Befund an einem Kranichnest" (Falke 9, 1962), „D. Kranich" (ebd. 14, 1967), „Über d. Verhalten d. Kraniche auf Rast- u. Sammelplätzen" (B. z. Vk. 14, 1969), „Schutz u. Hege d. Kranichs" (Dt. Akad. d. Landwirtsch. z. Berlin, Merkbl. 16). In den Rahmen der Beschäftigung mit den Zugproblemen fällt weiterhin die bereits 1935 unter dem Einfluß von E. Schüz begonnene statistische Beleuchtung der Frage „Wo verbleiben d. Weißstörche aller Altersstufen in den Brutmonaten?" (Vwa. 17, 1954). Als ihn im letzten Lebensjahrzehnt Krankheit anzupacken begann, mußte er sich mehr und mehr auf die Klein- u. Sucharbeit am Schreibtisch zurückziehen. Unentwegt befaßte er sich mit der Bibliographie und geschichtl. Entwicklung der märk. Vogelk., um durch die Sichtung eines reichen Stoffes seinen Anteil zu einer umfassenden Landesfauna beizusteuern. Von letzten Bemühungen sprechen Wortmeldungen wie „Zur Entdeckungsgeschichte einiger Singvogelarten d. brandenb. Avifauna" (B. z. Vk. 16, 1970), „Über zwei umstrittene Gelege aus d. Mark Brandenb.", betr. Doppelschnepfe u. Goldregenpfeifer (ebd. 18, 1972), „Hat Charadrius hiaticula in d. Mark Brandenb. gebrütet?" (ebd. 18, 1972). Der DOG gehörte er seit 1926 an.

TEIL 3

— Lit.: Würdigung (von H. Weber). Naturschutzarbeit in Mecklenburg 13, 1970, S. 51. - Nachruf (von E. Rutschke). Falke 19, 1972, S. 102. - Nachruf (von M. Lobedahn). Naturschutzarbeit in Mecklenburg 15, 1972, S. 76.

Lischka, Walter, * 7. 6. 1932 Nürnberg, † 13. 7. 1963 Nürnberg. Mit der mittleren Reife verließ er die Schule und ergriff, dem Beispiel des Vaters folgend, den kaufmännischen Beruf. Um die in ihm sich regende schriftstellerische Begabung einsetzen zu können, gab er aber die ursprüngliche Laufbahn auf und wurde schließlich Redakteur bei einer technischen Zeitschrift. Ein scharfer Intellekt, verbunden mit Fleiß und der Fähigkeit zu treffsicherer Beobachtung, gab ihm die Möglichkeit, sich in der Freizeit naturw. Kenntnisse anzueignen, die nicht nur der Orn., sondern auch der gesamten Biol. galten. Eine stattliche zool. Fachbibliothek für häusliche Studien zeugte vom Ernst seines Strebens, und die Freunde, die mit ihm unter freiem Himmel faun. forschten, ihm bei zahlreichen Besuchen im Zool. Inst. von Erlangen gegenüberstanden oder seine Verdienste als eifriger Beringungsmitarbeiter der Vogelwarte Radolfzell kennenlernten, hatten Gelegenheit, die Weite seines Blickes und die Breite seines Wissens zu bewundern. Man sah in ihm einen zukünftig vielleicht hervorragenden Zoologen. Er selbst plante, die in der Heimatlandschaft gesammelten feldorn. Erfahrungen zusammenfassend darzustellen. Die Blütenträume reiften jedoch nicht. In einer Kurzschlußhandlung wählte er den Freitod. Nur wenige Veröff. gehören daher zur Hinterlassenschaft seiner Feder. Es sind, z. T. in Zusammenarbeit mit A. Gauckler oder M. Kraus geschrieben: „Erstnachweis d. Beutelmeise f. d. Oberpfalz" (Orn. Mitt. 3, 1951), „Ein weiterer Fall d. Freibrütens b. d. Kohlmeise" (Vw. 72, 1951), „Motacilla flava cinereocapilla in Franken beobachtet" (J. Orn. 96, 1955), „Z. Vorkommen d. Porzana-Arten im Fränk. Weihergebiet" (ebd. 97, 1956), „Klippenstrandläufer - Cal. maritima (Brün.) in Franken beobachtet" (ebd. 97, 1956), „Dreizehenmöwe an d. Regnitz" (Orn. Mitt. 8, 1956), „D. Rohrdommel — im Schilf verborgen" (Orion 4, 1957).

Ludwig, Alfred, * 23. 8. 1846 Saalfeld (Saale), † 30. 7. 1921 Saalfeld. Nachdem der Forstkandidat in Ernstthal bei Oberneubrunn die Ausbildung abgeschlossen hatte, ging er als Stadtförster in die Dienste von Saalfeld, wo er zum Städtischen Forstverwalter aufrückte. In den letzten Jahren soll er erblindet gewesen sein. Das Schrifttum enthält aus seiner Feder keine Nachweise besonderer orn. Betätigung. Doch knüpft sich an seinen Namen eine aus der Jagdpraxis erwachsene Buchveröffentlichung mit dem Titel „Das Birkwild" (1. Aufl. Wien 1889, 2. Aufl. 1894, 3. Aufl. bearbeitet von A. v. Krüdener 1924). Sie wies ihm lediglich einen Platz unter den schreibenden Waidmännern der Jahrhundertwende zu. Wie A. B. Meyer, W. Wurm, F. Valentinitsch, J. Sterger, A. v. Krüdener (s. d.) bemühte er sich um eine vertiefte Kenntnis der Biol. unserer Wildhühner. Doch betonte A. v. Krüdener bei der Besprechung der 1. Aufl. (Hugos Jagdztg. 32, 1889), daß diese Arbeit für den Berufsjäger „jetzt schon zu viel Ornithologisches, für den Fach-Ornithologen des letzteren zu wenig" enthalte. Der Verf. hat nichtsdestoweniger das bescheidene Verdienst, für die jagdlich begrenzte Wissensrichtung mehr getan zu haben als im allgemeinen die Vertreter der eigentlichen Vogelkunde.

— Lit.: Stadtarchiv Saalfeld.

Lumpe, Heinrich, Dr. h. c., * 16. 2. 1859 Daubitz bei Schönlinde (Böhmen), † 22. 2. 1936 Eichwald bei Teplitz. Sohn eines Holzhändlers, trat er in die Eisenwarenhandlung seines Onkels in Aussig ein und war seit 1881 in einer Eisenfirma in Halle tätig, um 1886 das Geschäft des Onkels zu übernehmen. Hinneigung zu Tieren und Pflanzen war ihm von früher Jugend an eigen. Der später begüterte Großkaufmann erhob aber nicht den Anspruch, als Liebhaber-Ornithologe in die Geschichte seiner Heimatlandschaft einzugehen. Die naturfreudigen Regungen setzten sich vielmehr in eine lange nachwirkende Tat um, als er 1908 am Aussiger Marienberg einen Natur- u. Vogelschutzpark gründete, der heute noch als „Tiergarten" besteht (s. Gef. W. 95, 1971, S. 160). Die großzügige Anlage wurde als Musterstätte für die Erhaltung und Hege der Vogelwelt weit über den örtlichen Bereich hinaus bekannt und fand bei seinen nordböhm. Landsleuten einhelligen Beifall. Das gemeinnützige Denken und Handeln (es zeigte sich auch in Gestalt anderer wissensch. Schenkungen) brachte dem Stifter manche öffentliche Anerkennung. Er wurde korr. Mitglied des Vereins „Lotos“ in Prag, die Univ. Greifswald bedachte ihn 1923 mit der Würde des Dr. h. c. für „Verdienste auf zool.-botan. Gebiete“, und die Univ. Wien verlieh ihm das große goldene Ehrenzeichen. Obwohl er kein Förderer der eigentlichen Vogelkunde war, dürfte die Erwähnung der tätigen Rolle als Freund der heimischen Ornis gerechtfertigt sein. Auf dem Welttierschutztag 1933 ging die ihm gewidmete Anerkennung so weit, daß man ihn im Überschwang der Gefühle „Vater der europäischen Vogelwelt“ nannte.

— Lit.: J. A. Taubmann, D. gefiederte Welt d. Lumpeparks in Aussig-Schönwiesen, mit fragwürdigem Anhang d. Vögel Böhmens, 1926. - F. Berger, D. Lumpepark, eine orn. Musterschöpfung, Orn. Beob. 26, 1928/29, S. 162—165 u. 179/80. - Nachruf. Sudetendeutsche Mh. 1936, Heft 4, S. 207/08. - Nachruf (von H. Kumerloeve). Zool. G., N. F. 8, 1936, S. 252. - G. Tögels Totenliste 1937, Sudetendeutsches Jb. 1937, S. 156. - Österr. Biogr. Lex. . . . 5, 1972, S. 369.

Lutz, Walter, * 3. 1. 1906 Loffenau (Schwarzwald), † 2. 10. 1942 auf dem östlichen Kriegsschauplatz. In einem dem Geiste ergebenen und dem Volksdenken verbundenen württ. Pfarrhaus wuchs er auf und nahm als Erbteil dazu ein feinfühlendes Naturempfinden mit auf den viel versprechenden Lebensweg. Nach dem Studium 1924 bis 1929 in Tübingen und Freiburg fand der Gegner des Nationalsozialismus zunächst Beschäftigung im privaten Forstdienst (Stadt Freudenstadt, Gräfl. Waldbesitz). Dann folgte eine keineswegs ungetrübte und in allen Einzelheiten nicht erkennbare Beamtenlaufbahn. Von 1933 bis 1935 konnte er auf der Stat. Mettnau in der von C. Floericke (s. d.) 1928 gegründeten Süddeutschen Vogelwarte wohnen und arbeiten. Hier hatte er die Möglichkeit, sich der Beringung zu widmen sowie durch Freilandbeobachtung und Literaturstudien in die ihm vorher wenig vertraute Biol. der Sumpf- u. Wasservögel einzudringen. Die in dieser Umgebung gesammelten Erfahrungen sind niedergelegt in einigen gemeinsam mit seinem Freund E. Eisenhut geschriebenen Veröff. Dazu gehören: „Z. Invasion d. Fichtenkreuzschnabels 1935“ (Mitt. Vw. 34, 1935), „Beob. über d. Fortpflanzungsbiologie d. Feldsperlings“ (ebd. 35, 1936), „Am Nest d. Zwergrohrdommel“ (ebd. 35, 1936), „Beob. über d. zweite Brut b. Kohlmeisen“ (ebd. 35, 1936), „D. Station Mettnau i. J. 1935“ (ebd. 35, 1936), „D. Kohlmeise G 259336“ (ebd. 35, 1936), „D. Einfluß d. Wasserstandes auf d. Bestand einiger Vogelarten auf d. Mettnau“ (ebd. 36, 1937). Unterbrochen wurde dieser Aufenthalt allerdings durch eine Haft, in die er geriet, weil er die Wohnung mit seinem Freunde teilte, als dieser in ein Verfahren wegen sogen. „Vorbereitung zum Hochverrat“ verwickelt war. Von 1936 ab war er in der Reichsbodenschätzung und ab 1938 als forstlicher Sachverständiger des württ. Finanzpräsidiums tätig. Im Januar 1942 wurde er zum Wehrdienst eingezogen. Die Ernennung zum Forstmeister erfolgte erst, nachdem er den Soldatentod gestorben war. Die tiefe Tragik dieses an der politischen Diktatur gescheiterten Lebens verdeutlicht sich zudem am Schicksal der Ehefrau, die zwei Jahre im Gefängnis und Konzentrationslager zubringen mußte und im November 1944 in Dachau das Opfer der Sippenhaftung wurde.

— Lit.: Würdigung. Freudenstädter Heimatblätter 7, 1949 (April 1950), Beilage z. Schwarzwaldzeitung.

M

Mächler, Georges, * 31. 5. 1905 Lichtensteig (Kanton Sankt Gallen), † 29. 9. 1970 Zürich. Der Sohn eines Webermeisters war beschäftigt im Zeitschriftenvertrieb und stellte seine Freizeit in den Dienst am Schutze der heimatlichen Natur und der Bewahrung ihrer Vogelformen. Nistkastenaktionen für den Rauhfußkauz auf der Ahornenalp und im Gebiet der Mythen sowie Maßnahmen zum Schutze des Steinadlers gingen u. a. auf seine Anregungen zurück. Nachdem 1930 unter seiner Mithilfe die Sektion Zürich-Altstetten des Züricher Kantonalverbandes für Vogelschutz entstanden war, wurde ihm 1936 das Amt des Obmannes übertragen, und in 14jähriger Tätigkeit konnte er die Sicherstellung des Reservates Katzensee durchsetzen. Vorausschauend bemühte er sich aber vor allem, die unentbehrlichen Wissensgrundlagen für eine in die Zukunft weisende Schutzarbeit zu schaffen. So wurde er selbst eifriger Beringer für die Vogelwarte Sempach, erweiterte zielstrebig die eigenen autodidaktisch erworbenen Kenntnisse in der Anat. und Biol. der

Vögel und unterrichtete die Sektionsobmänner im richtigen Ansprechen der feldorn. Merkmale. Der Zwang zum Kampf gegen die Folgen der Gleichgültigkeit drückte ihm obendrein die Feder in die Hand. Wertvolle Beiträge zur Schweizer Avif. erschienen, von künstlerischen Aufnahmen begleitet, in Büchern und Zeitschriften (u. a. in D. Vögel d. Heimat, Orn. Beob., Kalender d. Schweiz. Vogelwarte; Farbbilder auch in Guglia u. Festetics, „Pflanzen u. Tiere d. Burgenlandes", Wien 1969). Was er schrieb, zeugte nicht nur von geschärfter Beobachtungsgabe, sondern auch vom Tatwillen eines Idealisten, der auftrat, wo es galt, sich gegen die Erscheinungen des Materialismus in der Umwelt zu stemmen.

— Lit.: Nachruf (von E. Stadler u. E. Zimmerli). Vögel d. Heimat, Zofingen 41, 1970, S. 44/45.

Mannsberg, Arved Freiherr von, Dr., * 13. 7. 1890 Klausenburg = Kolozsvár = Cluj (Siebenbürgen), † 9. 2. 1970 Budapest. Die Jugend verbrachte er in Siebenbürgen, später war Budapest meist sein Wohnsitz. Nach jur. Studien machte sich vielseitige Begabung vor allem im Dienste der ung. Wirtschaft bemerkbar. Doch ließ ihm das Berufsleben noch Zeit zur Pflege der Musik (er war hervorragender Cellist) und zur Beschäftigung mit der Vogelk. Schon sein Onkel St. von Chernel zu Chernelháza (s. d.) weckte in dem Jüngling den Hang zu orn. Beob. und Studien. Vogelzugberichte aus seiner Feder erreichten das Ung. Orn. Inst. seit 1907, und bald trat er auch mit eigenen Veröff. hervor. Die ersten Wortmeldungen waren u. a. „Häufiges Vorkommen von Adlern in Erdély" (Aquila 18, 1911), „Orn. Beob. aus Dalmatien im April bis Sept. 1916" (ebd. 23, 1916), „Daten über d. Vogelzug u. über d. Vorkommen einiger Vogelarten in Siebenb. aus d. J. 1915 bis 1917" (ebd. 25, 1918), „Stephan Chernel v. Chernelháza" (Kócsag 3, 1930). Wechselvoll war die dem 2. Weltkrieg folgende Zeit. So lebte er 2 bis 3 Jahre „in Deportierung" in Südost-Ungarn, wo er „Feldarbeit machte". Anschließend war er Depotaufseher in einem Budapester Betrieb. Der Reiz orn. Studien verließ ihn nicht, auch als er Direktor der ung. Maschinenwerke „Ganz" war und die Auslandsverbindungen der großen Fabrik leitete. Die Wissensch.-Geschichte darf ihn in die Reihe der bemerkenswerten Förderer der ung. Vogelk. stellen, allein deshalb, weil er im Auf und Ab der Geschehnisse während der letzten Jahrzehnte gewandte Übersetzungen aus dem Ung. ins Dt. lieferte. Darunter waren die Übertragungen von J. Schenk (s. d.), „Gesch. d. ung. Falknerei" (Aquila 65, 1958) und A. Keve, „Vogelleben d. mittleren Donau" (1969). Nach dem 2. Weltkrieg knüpften sich trotz mancher Hindernisse noch mehrere kleinere Beitr. an seinen Namen: „Occurrence of the Streptopelia d. decaocto Friv. in Transylvania" (Aquila 51—54, 1944 bis 1947), „Gyps fulvus Habl. — Griffon Vulture — visiting Pilis-Mountains" (ebd. 55 bis 58, 1948 bis 1951), „Aquila ch. chrysaetos L. — Golden Eagle — in Börzsöny-woods" (ebd. 55—58, 1948 bis 1951), „Bubo b. bubo L. — Eagle Owl — breeding around Visegrád?" (ebd. 55—58, 1948 bis 1951), „Recent occurence of Emberiza c. cia L. — Meadow or Rock bunting — in the district of Budapest" (ebd. 55—58, 1948 bis 1951), „A few words about the nesting of Sylvia c. curruca L. — Lesser Whitethroat" (ebd. 55—58, 1948 bis 1951), ein größeres Lebensbild „Stefan Chernel, der Mensch" (ebd. 71—72, 1964 bis 1965). Im Erscheinen ist eine Studie über die „Vogelw. d. Teiche d. Mezöség in Siebenbürgen". Beitr. lieferte er ferner zu D. Vasiliu, „Systema Avium Romaniae" (Alauda, Paris 1966). Fünf in den Jahren 1911 bis 1951 entstandene Arbeiten aus seiner Feder finden sich in Bibl. Orn. Rom. (1971).

Mansfeld, Karl, Dr., * 20. 10. 1897 Aschersleben, † 15. 1. 1972 Erfurt. Sohn eines Mittelschullehrers, der 1900 als Rektor nach Berlin-Weißensee versetzt wurde, bestand er 1916 in Berlin-Lichtenberg die Reifeprüfung, um das anschließende Studium der Math., Physik, Chemie, Botan. und Zool. 1922 mit einer Diss. über „16 neue oder wenig bekannte marine Infusorien" abzuschließen. Da er auf die dem Berufswunsch entsprechende päd. Laufbahn wegen einer Erkrankung der Lunge verzichten mußte, wurde er zuerst freiwilliger Hilfsarbeiter an der Biol. Reichsanstalt in Berlin-Dahlem. Frühe Vorliebe für die Vogelwelt und daraus entstandene zielstrebig betriebene Schulung in Fragen des Vogelschutzes bestimmten bald seine Arbeitsrichtung: Vom 1. 10. 1925 bis 31. 12. 1962 war er Leiter der von H. Frhr. v. Berlepsch (s. d.) 1900 gegründeten Vogelschutzwarte Seebach

(Kr. Langensalza, später Kr. Mühlhausen, Thüringen). Mit organisatorischem Geschick verbundene Werbetätigkeit machte seinen Namen vor allem in den Reihen der Ornithologen bekannt, die sich in Praxis und Schrifttum bemühten, die sentimentalen Fesseln des ursprünglich nur den Kleinvögeln geltenden Schutzgedankens zu sprengen und durch eine wissensch. Untermauerung den Vogelschutz in Einklang zu bringen mit dem Landschaftsschutz und der Erhaltung der Biotope. Als 1936 durch das Naturschutzgesetz eine neue Sprachregelung die Vogelwarten Helgoland, Rossitten, Hiddensee von den Vogelschutzwarten Seebach, Garmisch, Altenhundem, Neschwitz, Oppeln, Köslin, Stuttgart-Hohenheim und Frankfurt (Main) trennte, fiel ihm die Leitung der Arbeitsgemeinschaft der Vogelschutzwarten zu. Der intellektuell geförderte praktische Schutz durch die Erweiterung der Kenntnis der Lebensansprüche der Vögel wurde Inhalt seiner Berufsarbeit. Ein gleichsam amtliches Sprachrohr bedeutete für ihn die 1938 aus der Orn. Ms. geschaffene Dt. Vw., die als N. F. der Orn. Ms. eine empfehlende Verbindung mit der nicht wissensch. ausgerichteten Vergangenheit bilden sollte. Zusammen mit C. R. Hennicke (s. d.) und F. Neubaur (s. d.) sowie unterstützt von weiteren sachkundigen Mitarbeitern, gab er diese Zeitschrift als „Organ d. Reichsbundes f. Vogelschutz u. d. Vogelschutzwarten“ heraus. In diesen für die Zukunft gesichert scheinenden Bahnen setzte er sich nicht nur in Lehrgängen und Vorträgen für handfeste Einzelmaßnahmen ein, sondern vertrat auch das der fortschreitend schnellen Entseelung der Landschaft angepaßte Umdenken in der Schutzarbeit — bis die Gewalt der Kriegsereignisse dem neuen Presseorgan 1943/44 den Boden entzog. Der Grundton seiner Verlautbarungen mag aus einigen Beispielen anklingen: „Vogelsch. in Wald, Feld u. Garten“ (1934; 6. Aufl. 1944), „D. dt. Vogelschutzwarten u. ihre Aufgaben“ (Dt. Vw. 63, 1938), „Ungünstiger Brutverlauf infolge schlechter Witterung“ (ebd. 63, 1938), „Über d. Ernährung insektenfressender Vögel b. einer Massenvermehrung d. Eichenwicklers u. d. Großen Frostspanners“ (ebd. 63, 1938), „Beitr. z. Erforschung d. wissensch. Grundlagen d. Sperlingsbekämpfung“ (Nachr.-Bl. d. dt. Pflanzenschutzdienstes, N. F. 4, 1950), „Z. Ernährung d. Trauerfliegenschnäppers - Muscicapa hypoleuca in Wald u. Obstgarten“ (Anz. f. Schädlingskunde 18, Heft 6 — Aves in Sorauer Hdb. d. Pflanzenkrankheiten 5, 5. Aufl. 1957), „Z. Ernährung d. Rotrückenwürgers - Lanius collurio“ (B. z. Vk. 6, 1958), „D. Vogelf. d. Gemarkung Seebach, Kr. Mühlhausen, Thür., insbes. d. Populationsdynamik im Seebacher Burgpark“ (ebd. 9, 1964). Dazu kommen Aufs. und Mitt., die empirisch aus dem Alltag erwachsen, auch benachbarte Fragen und Forschungen der Vogelk. berührten, ferner Buchbesprechungen, redaktionelle Zusätze und Bem. zu den Themen anderer Verfasser — wobei er allerdings öfters übertrieben der Vogelabwehr, z. B. der Bekämpfung von Sperlingen, Krähen und Elstern huldigte. Nach 1945 bot ihm Mitarbeit im Schriftleiterstab des „Falken“ die Möglichkeit zu einer neuen Plattform der Betätigung. 1951 nahm ihn die DO-G auf. 1971 verzog er von Seebach nach Erfurt.

— Lit.: Würdigung (von K. Bösenberg). Falke 5, 1958, S. 63 (mit Bildnis). - Nachruf (von G. Grün). Thür. orn. Rdbr. Nr. 19/20, 1972, S. 66/67. - Nachruf (von S. Pfeifer). Jh. 1972 d. Dt. Bundes f. Vogelschutz, S. 2 (mit Bildnis).

Marian, Simion Florea, * 1. 9. 1847 Illischestie (Bukowina), † 11. 3. 1907 Suczawa (Bukowina). Der Bauernsohn studierte griechisch-orthodoxe Theologie in Tschernowitz und war — 1876 zum Priester geweiht und seit 1881 Mitglied der Rumänischen Akad. d. Wissenschaft — von 1883 bis 1907 Prof. der Religion am Gymnasium von Suczawa. In dieser Stellung entwickelte er sich mit überlegener Geistigkeit zu einem damals führenden Ethnologen des rum. Sprachraums. Die Themen seiner Veröff. waren meistens den Sitten und dem Brauchtum seiner Landsleute gewidmet. Daneben dürften ihn auch folkloristische Betrachtungen über die Tierwelt der Bukowina gereizt haben. Auf diese überraschende Weite des Blickfeldes weisen u. a. 2 Arbeiten hin, die einer Erwähnung würdig scheinen: „Ornitologia poporană româna“ = „Vogelkunde bei d. Rumänen“ (2 Bde. 1883) und „D. Insekten in d. Sprache, im Glauben u. in d. Bräuchen d. Rumänen“ (1903). Die Bibl. Orn. Rom. (1971) konnte keine weiteren orn. Titel aus seiner Feder verzeichnen und läßt so erkennen, daß die Vogelwelt der Bukowina im Gegensatz zu anderen benach-

TEIL 3

barten Landschaften wie Transilvania oder Dobrudscha noch recht wenig erkundet war. Den Vertreter des geistlichen Amtes in die Reihen der zool. oder gar orn. tätigen Pionierforscher des Karpatengebietes stellen zu wollen, wäre verfehlt. Doch darf er — mit weniger Gewicht versehen — wohl genannt werden neben seinem Zeitgenossen F. F. Ostermann (s. d.), der sich als Konservator und Taxidermist von der ebenso lückenhaft bekannten bessarabischen Ornis deutlicher fesseln ließ.

— Lit.: Österr. Biogr. Lex ... 6, 1973, S. 89/90.

Marx, Arno, * 16. 11. 1887 Riesa (Sachsen), † 9. 2. 1970 Cremlingen (Kr. Braunschweig). Seine Aufmerksamkeit wurde früh auf die heimische Vogelwelt gelenkt, vor allem durch eine Samml. von etwa 300 Vögeln, die der Vater, ein in Zöschau tätiger Lehrer, präpariert hatte. Das naturw. Studium in Leipzig verband ihn — er war in dörflicher Umgebung mit gesunden Instinkten aufgewachsen — durch ein langes Leben mit H. Weigold (s. d.). Als der Freund auf Forschungsreisen ging (1911 nach Kleinasien, 1913 nach Portugal und Südspanien, 1914 nach China usw.), vertrat er ihn in der Leitung der neu gegründeten Vogelwarte Helgoland. Seit Kriegsbeginn 1914 Soldat, war er längere Zeit Adjutant in einem östlichen Stab, dem auch Otto Graf von Zedlitz und Trützschler (s. d.) angehörte. Daher ist sein Name in dessen Arbeit über die Ornis der westl. Pripjetsümpfe (J. Orn. 68, 1920; 69, 1921) öfters genannt. In den Notjahren nach Ende des Kriegs fehlte seiner hervorragenden Begabung allerdings die Bereitschaft, das 1914 unterbrochene Studium fortzusetzen und im Bereiche der Orn. zu beruflicher Stellung zu kommen. Er trat 1919 zunächst in die Chemische Fabrik eines Bruders in Zwickau ein und wurde dann Lehrer an einer Gewerbeschule. Daß er in dieser Zeit die vogelk. Neigungen weiter pflegte, belegen außer der Mitwirkung bei der Gründung des Ver. Sächs. Ornithologen einige Veröff., die R. Heyder in „Vögel d. Landes Sachs." (1952) erwähnte: „Einige Sommerbeob." (Mitt. Sachs. 1, 1923), „Gelegenheitsbeob." (ebd. 1, 1925), „D. Eisvogel, ..., Brutvogel in Zwickau" (ebd. 1, 1926), „D. Vogelw. d. Umgegend v. Zwickau" (Jber. Zwickau 1928 bis 1930, 1931). Die ihn allzeit bewegende Leidenschaft für Jagd und Kynologie drängte aber die Vogelk. in den Hintergrund seines Alltags, als ihm 1934 Zuchtbuch und Geschäftsstelle der Fachschaft f. Foxterrier übertragen wurde. Mit dem Zuchtbuchamt West dieser Hunderasse verzog er 1951 nach West-Berlin. Wenn er auch in den Mußestunden weiterhin feldorn. rege blieb, so ließ ihm der Pflichtenkreis doch nicht den rechten Schwung zu Veröff. über die unter freiem Himmel erworbenen Erfahrungen. Die nicht erloschene Freude am Studium des Vogellebens verkörperte sich indes in einer Samml. von Tonbändern, durch die er die Stimmen von 92 Arten konservierte. In den letzten Jahren erst verzog der rüstige Waldläufer nach Niedersachsen und bewahrte sich auch in der neuen Umgebung die Fähigkeit, stille orn. Genüsse zu finden. Die letzte Verlautbarung aus seiner Feder war „Z. Ernährung d. Waldkauzes im Weddeler Wohld" (Vogelk. Ber. Nieders. 1, 1969). Er war der Typ des Gesinnungskameraden, der ohne besonderen persönlichen Ehrgeiz sich mit bescheidenem Lebenszuschnitt zufrieden gab, niemandem einen Erfolg mißgönnte und daher nur Freunde und keine Feinde kannte.

— Lit.: Nachruf (von H. Ringleben). Vogelk. Ber. Nieders. 2, 1970, S. 88.

Meisnerowski, Stanislaw, Dr., * 14. 11. 1924 Wronki (= Wronke), † 10. 1. 1969 Poznań (= Posen). Einer Försterfamilie entstammend, wurde er — zuerst als Waldarbeiter tätig — 1953 Magister-Ingenieur der Forsten an der Forst-Fakultät der Landwirtschaftlichen Hochschule Poznań und dort 1957 Assistent. Zwischen 1961 und 1963 lag in seinen Händen auch das Amt des Jagdmeisters im Jagdverband des Bezirks Poznań. Mit fachlich-kritischer Einstellung bescheiden menschliche Haltung verbindend, promovierte er 1964, um 1968 zum Dozenten aufzusteigen. Seine Forschungen und Vorlesungen behandelten in der Hauptsache die ökol.-zool. Grundlagen des poln. Jagdwesens. In den Annalen der Landwirtschaftlichen Hochschule Poznań stehen 24 Veröff. aus seiner Feder. Viele darunter galten der Biol. des Wassergeflügels an den Seen des Bezirks Poznań. Folgende orn. Titel seien in dt. Übers. genannt: „Ökol. d. Vögel d. Gorzyńskie-Sees" (Roczniki WSR Poznań 32, 1966), „Ökol. d. Wasservögel d. Insel auf d. Gorzyńskie-See" (ebd. 32, 1966), „Wasservögel d. Srodkowe-Sees im Kr. Międzychód" (ebd. 32,

1966), „Wasservögel d. Gorzyńskie-Sees . . ." (ebd. 32, 1966), „Wasservögel d. Tuczno-Sees im Kr. Międzychód" (ebd. 32, 1966).

— Lit.: Nachruf (von R. Graczyk). Gesch. d. Akad. Landw. u. Forststudien in Großpolen 1919 bis 1969, Poznań 1969, S. 322—323 (mit Bildnis).

Meissel, Johannes Herrman, * 27. 2. 1888 Neudietendorf (Thüringen), † 8. 4. 1969 Neudietendorf. Als Sohn eines in der Schneiderei der Herrnhuter Brüdergemeine arbeitenden Handwerkers trat er mit 14 Jahren in das Lehrerseminar von Niesky ein und wurde 1908 Zeichenlehrer am Herrnhuter Pädagogium. Da ihn 1913 die Kunstschule Berlin aufnahm, trat er nach dem 1. Weltkrieg mit den Hauptfächern Zeichnen und Biol. in den Dienst der Schuldeputation der dt. Hauptstadt. 1946 zog er sich nach Neudietendorf zurück, richtete ein Atelier ein, gab 1947 den Beruf als Volksschullehrer auf, blieb aber bis zum Tode in der Brüdergemeine tätig. Entscheidend für seine Stellung in der Orn. wurden die frühen Beziehungen zu O. Uttendörfer (s. d.). Er entwickelte sich zu einem der wichtigsten Mitarbeiter seines einstigen Biologielehrers und zum bewundernswerten Kenner des Lebens unserer Greifvögel. In jahrelanger, stiller und emsiger Kleinarbeit (u. a. Horstbesteigungen, Beob. des Brutablaufs, Gewichtsmessungen, Aufzucht von Jungvögeln, Samml. von Gewöllen und Rupfungen) und mit klug durchdachter Methodik beschaffte er nicht nur eine Fülle von Material zu O. Uttendörfers „Ernährung d. dt. Raubvögel u. Eulen" (1939), sondern auch zu eigenen Verhaltensstudien. Was er über Erfahrungen unter freiem Himmel schrieb, kam aus der Tiefe intellektueller Verantwortung und ist aus der Greifvogelkunde kaum wegzudenken. Aus seiner Feder stammen Arbeiten wie „Eingebaute Eier b. Habicht, Brutbeteiligung d. Männchens" (B. z. F. 9, 1933), „Müssen Habicht u. Sperber abgeschossen werden?" (Dt. Jagd 1936, Nr. 19), „Studien über Raubvogel-Rupfungen in d. Mark" (Märk. Tierwelt 1, 1934 bis 1936), „Z. Verdrängung v. Habicht u. Sperber aus d. Kulturlandschaft" (ebd. 2, 1936/37), „Raubvögel als ungeladene Gäste d. Großstadt" (Naturdenkmalpflege u. Natursch. in Berl. u. Brandenb., Heft 31, 1937), „Bedeutung d. Habichts u. d. Sperbers f. Jagd u. Volkswirtschaft" an Hand v. mehr als 6300 Beutetieren b. Habicht u. über 36 620 b. Sperber u. „Mitwirkung d. Sperbers am — Kampf dem Verderb" (ebd. Beiheft z. Jagdausstellung Berlin 1937), „Beob. an Sperberhorsten, insb. Studien über d. Entw. d. beiden Geschlechter d. Sperbers", von größtem wissensch. Gewicht! (Märk. Tierwelt 2, 1936/37 u. Arbeiten aus d. Berl. Provinzstelle f. Natursch., Heft 1, 1938). Wer M. vor allem auf orn. Exk. menschlich nähertreten konnte, entdeckte an ihm liebenswerte Seiten eines abgeklärten, von entwaffnender Innerlichkeit getragenen Menschen, dem auch gewisse Eigenheiten anhafteten. Vielleicht erklären diese Züge die nach dem 2. Weltkrieg einsetzende und von allen Freunden beklagte Abkehr von der Orn. Von 1923 bis 1942 Mitglied der DOG, verstummte er schließlich auch gegenüber den naturw. Weggenossen. Offenbar stand er im Banne weltanschaulich-religiöser Vorstellungen oder gesellschaftspolitischer Ideologien (?), die ihn schon nach dem 1. Weltkrieg beschäftigten. In den letzten Jahren lebte er von der ihm eigenen Begabung zum Zeichnen und zu lichtbildnerischer Gestaltung. Von ihm sind u. a. angefertigt das Habichtsbild und der Bilderanhang in Uttendörfers Hauptwerk (1939). Ein Zeugnis meisterhafter Porträtkunst ist außerdem das 1951 entstandene Bildnis Uttendörfers in „Neue Ergebnisse über d. Ernährung d. Greifvögel u. Eulen" (hrsg. v. G. Bodenstein und R. Kuhk 1952).

Mell, Rudolf, Dr. h. c., * 16. 2. 1878 Langenberg (Thüringen), † 12.1.1970 Berlin-Frohnau. Aus einem Lehrerhaus stammend, widmete er sich nach seminaristischer Ausbildung von 1898 bis 1903 dem Beruf des Vaters, um anschließend bis 1907 als Biologielehrer auch an Höheren Lehranstalten zu wirken. Aus unbekannten Gründen schien er erstmals tragenden Boden unter den Füßen zu spüren, als er 1908 in China eine Heimat suchte und für 13 Jahre fand. Noch 1947 entsann er sich mit Wehmut der dort geknüpften „seelischen Beziehungen" und meinte: „Wenn ich ein zweites Leben zu beginnen hätte, ich würde es wieder für Ostasien einsetzen." In Kanton leitete er eine von ihm gegründete Dt.-chinesische Mittelschule und träumte als selbstloser Idealist gar von der Möglichkeit, in Südchina oder Hongkong ein dt. Naturforschungsinstitut zu gründen. Der unglückliche

TEIL 3

Ausgang des 1. Weltkrieges vereitelte jedenfalls weitgesteckte Ziele. Die zool. Fachwelt aber durfte verbuchen, daß der liebenswürdige, unbedingt zuverlässige Autodidakt durch zähen Fleiß, ohne Vermögen und Hilfe in Ostasien beispielhafte Forschungsergebnisse erzielte. Ursprünglich war sein naturw. Scharfblick vornehmlich auf Schlangen und Schmetterlinge gerichtet. Bald aber erweiterte er den biol. Sachbereich auch auf Säugetiere, Vögel und alle Reptilien dadurch, daß er kostspielige Reisen unternahm oder geeignete Fänger ausbildete und in seine Dienste stellte. Schon die erste Veröff. aus der Ferne unter dem Titel „Beitr. z. Fauna sinica ..., Säuger, Vögel, Reptilien, Batrachier" (Arch. Naturgesch. 88, 1922, Abt. A) rückte ihn nach dem Urteil E. Stresemanns (Orn. Mber. 31, 1923) in die vorderste Reihe der Erforscher unbekannter Länder. Unter 431 Vogelarten der Prov. Kwangtung konnte er 76 neue Formen nachweisen. Die Anregung zur Aufstellung der Vogelliste verdankte er dabei H. Weigold (s. d.), der von 1916 bis 1919 an der dt. Schule unterrichtete und die Verantwortung für viele dt. Namen übernahm, während E. Stresemann (s. d.) die Nomenklatur festlegte. Die vogelk. Erträge des Forscherlebens sind niedergelegt in der Beitragsfolge „Über flor.-faun. Formationen in Südchina mit bes. Berücksichtigung d. Ornis" (J. Orn. 71, 1923; 72, 1924; 73, 1925) mit den Untertiteln „D. Gartenland d. Alluvialebene um Kanton", „D. Dorfwald", „D. dem Dorfwalde angrenzenden Hügelschwellen", „D. tropische Regenwald", „D. montane Regenwald". Die Orn. fand daneben Berücksichtigung in „Mußestunden am Tropenrand" (veröffentlicht unter dem Autornamen Ma Lamm Kuei, Berlin 1947) und in der stark veränderten Neuausgabe „Wochenend am Wendekreis, Begegnungen mit Tieren im Reich d. Drachen" (Stuttg. 1955). Darin sind enthalten die Kapitel „Vögel im tropischen Garten", „Vögel d. Dorfmark", „D. Raufziehvogel ...", „D. Liu Go ...", „D. Seidenhornkauz ...". Zu nennen sind ferner das Brehmheft „D. Storch" (1930, 1951) und „Bergwaldtiere am Tropenrand" (1960 mit Bildnis). Aus Nachbargebieten entstammen seiner Feder u. a. „D. Vertebraten Südchinas" (1922), „Biol. u. System. d. südchinesischen Sphingiden" (1923), „Grundzüge u. Ökol. d. chinesischen Reptilien" (1929), „D. Papilioniden Südchinas" (1938), das Brehmheft Nr. 34 „D. Seidenspinner". 1924 kehrte M. nach Deutschland zurück. Doch erwartete ihn hier Enttäuschung. Bei ungewöhnlicher Wortbegabung, die gern nach feinem Sarkasmus ausschlug, war ihm auferlegt, sein Leben fortan mit Schriftstellerei zu fristen. Eine Kustosstelle blieb ihm versagt. Der wissensch. Brauch verlangte für ein solches Amt die akad. Laufbahn, die ihm fehlte. Doch verschafften ihm der Geograph Prof. Kehler, Dresden und sein kameradschaftlich verbundener Freund H. Weigold den Dr. h. c. in Rostock 1924. Es ist verständlich, daß der an den lit. Quellen und in der Freilandpraxis gleichermaßen geschulte Geist, der peinlich genaue Beobachter, der methodisch sinnvoll vorgehende Sammler im verhärteten Altersdenken klagte, zu wenig Echo vernommen zu haben und oberflächlicher Torheit der Kritik „seelisch ausgeliefert" gewesen zu sein. Seit 1913 war er Mitglied der Gesellschaft Naturforschender Freunde zu Berlin, von 1922 bis 1940 gehörte er der DOG an. Seine Sammlungen kamen dem Berliner Zool. Mus. zugute. In Not geraten (nicht zuletzt durch die Drucklegung seiner faun.-ökol. Arbeiten), schloß der in der Jugend unverwüstliche Turner und Wanderer die Augen.

Merkel, Kurt, * 5. 6. 1879 Breslau, † 3. 3. 1959 Frankfurt (Main). Wie sein Vater, ein in der Weichtierkunde gut beschlagener Lehrer, stand auch er im Volksschuldienst der Stadt Breslau. Naturfreude u. -kenntnis unter seinen Landsleuten zu verbreiten, lag ihm im Blute. Da seine Vorliebe der heimatlichen Vogelk. galt, verfügte er früh über eine ausgezeichnete Stimmenkenntnis. Das Wissen erwarb er sich nicht nur durch Beob. und Studien unter freiem Himmel, sondern auch durch die häusliche Vogelpflege. Die Erfahrung lehrte ihn, daß der ernsthafte Liebhaber nicht ohne die Beherrschung der Artendiagnose und die Einsicht in die Notwendigkeit des Vogelschutzes denkbar sei. Seit 1920 Mitglied des Ver. Schles. Ornithologen und seit 1921 Vorsitzender der Ortsgruppe Breslau, setzte er sich daher durch Veröff. und Vorträge werbend für die Weckung orn. Neigungen ein. Von ihm geleitete Exk. hatten als Ziele u. a. das Militsch-Trachenberger Seengebiet, Wohlau, den Zinnobersee und die nähere Umgeb. von Breslau, vgl. „Z. Vogelw. d. Kreises Bolkenhain“ (Bolkenh. Heimat-Blätter 1925/26, S. 416—421). Die Erforschung der erstaunlich artenreichen Vogelf. im Bereiche der Großstadt führte damals in Verbindung mit der gleichzeitig betriebenen Planberingung zur Wiederentdeckung des Karmingimpels und der Beutelmeise (vgl. Ber. Schles. 11, 1925). Als 1927 noch die Gründung der Zweigberingungsstelle Schles. d. Vogelwarte Helgoland erfolgte (seit 1934 gehörte sie zum Arbeitsgebiet d. Vogelwarte Rossitten), organisierte M. zusammen mit H.-G. Ecke, W. Trettau und M. Schlott (s. d.) die schles. Beringungstätigkeit. Mehrere Arbeiten in den Ber. Schles. 1928, 1930/31, in der Schles. Ztg. 1932 und in der Schles. Ges. f. vaterländische Cultur 107, 1934 zeugen von dem planmäßigen Einsatz für die Zugforschung. Auch pädagogische Möglichkeiten blieben von M. nicht ungenutzt: Es waren Einführungsstunden vor Junglehrern sowie Schülern und Kindergärtnerinnen erteilter Biologieunterricht im Breslauer Scheitniger Park. Es ist nicht ohne Reiz, festzuhalten, daß von hier aus 1930 die (wohl erste!) Direktübertragung des Schlags der Nachtigall und des durchziehenden Sprossers über den schles. Rundfunk gelang. Ein Jahr vorher schon, als zur Feier des 25jährigen Bestehens des Ver. Schles. Orn. die Jahresversammlung der DOG in Breslau stattfand, bereicherte der Lehrer schließlich die Programmfolge durch Vortrag und Lektion mit seinen Schülern über das Thema „Erziehung z. Natur- u. Vogelschutz durch Unterricht im Freien“. Die politischen Ereignisse bei Kriegsende 1945 nahmen M. die Heimat. In Frankfurt verbrachte er den Lebensabend.

Möbius, Georg, * 5. 10. 1899 Riesa-Gröba (Sachsen), † 5. 11. 1972 Gütersloh (Westfalen). Er wurde — dem väterlichen Vorbild folgend — Konditor. Nachdem er den Beruf in Dresden (1918), Niederlößnitz (1920), Stettin (1922) ausgeübt hatte, kehrte er 1925 nach Riesa zurück und begann sich vogelk. zu regen. Zur ersten umfangreichen Vogelhege ermunterte ihn ein Förster im Revier Kleintrebnitz. Als sich sein Beobachtungsgebiet in die weitere Umgeb. von Riesa und Großenhain ausdehnte, kam er bald in Beziehungen zu R. Zimmermann (s. d.), der sich seiner Unterstützung u. a. bei Storchaufnahmen in der sächs. Niederung erfreute. Seit 1926 Mitglied des Ver. Sächs. Orn., seit 1929 Beringungsmitarbeiter der Vogelwarte Rossitten und R. Heyder faun. Material für die „Vögel d. Landes Sachsen“ liefernd, griff er in diesen sächs. Jahren doch nur einmal zur Feder, als er zusammen mit R. Zimmermann über eine Neuansiedlung des Graureihers (Mitt. Sachs. 5, 1937) berichtete. Nach dem 2. Weltkrieg bot sich seinen lebensbejahenden Anlagen in Westfalen ein neues Wirkungsfeld. Zunächst war er Koch auf dem Flugplatz der engl. Luftwaffe in Gütersloh, um später im Bertelsmann-Verlag zu arbeiten und sich 1950 der DO-G anzuschließen. Auch in der neuen Heimat fanden neben der Hilfsbereitschaft der faun. Eifer und die Zuverlässigkeit seiner feldorn. Beob. verdiente Anerkennung. Eine von ihm für die Umg. von Gütersloh verfaßte Lokalfauna wird im Mus. f. Naturk. von Münster aufbewahrt. Bei J. Peitzmeier, „Avif. v. Westf.“ (1969) ist er mit 6 Artmonogr. vertreten. Seine Freizeit galt aber in erster Linie der artenreichen Vogelwelt des 45 ha großen Rietberger Teichgeländes. Einzelheiten dieser über mehr als 26 Jahre sich erstreckenden Erkundungen sind in einer Reihe von Verlautbarungen niedergelegt in Orn. Mitt., Anthus, Nat. u. Heimat. Eine Gesamtschau war die „Vogelw. d. Rietberger Fischteiche“ (Ber. Bielef. 17, 1965, S. 148—221). Ergänzungen standen noch in „Boden, Landsch., Flora, Fauna“ (Monogr. d. Landkreises Wiedenbrück 20, 1972). Der Band enthält aus seiner Feder außerdem einige Angaben zur Rept.- u. Amphibienfauna des Kreises. Zahlreiche Beitr. finden sich schließlich im „Mitt.-Bl. d. Vogelberinger im Reg.-Bez. Detmold“. J. Peitzmeier verzeichnete in „Avif. v. Westf.“ zehn Arbeiten zwischen 1951 und 1969.

— Lit.: Nachruf (von J. Peitzmeier). Nat. u. Heimat (Münster) 32, 1972, S. 126.

N

Nečas, Josef, Dr., * 18. 3. 1916 Tišnov bei Brünn, † 26. 11. 1969 Brünn. Sohn eines Schneiders, brachte er frühe orn. Aufgeschlossenheit aus der Umgebung seines Geburtsortes und dem böhm.-mähr. Gebirge mit in die Jahre des Studiums. Die Freude an kritischer Beob. schwingt mit in Arbeiten wie „Bem. z. Vorkommen d. Vögel in d. Tischnovitzer Gegend“ (Sylvia 1940) und „D. Nahrung d. Neuntöters - Lanius collurio“ (ebd. 1942).

TEIL 3

Nach Beendigung der beruflichen Ausbildung wurde er wissenschaftlicher Mitarbeiter an den Instituten für Forst- u. Jagdwesen in Židlochovice bei Brünn. Als er sich 1965 für das Fach des Jagdwesens an der Forstwissenschaftlichen Fakultät habilitiert hatte, rückte die Erforschung der Biol. des Hochwildes in den Vordergrund seines Blickfeldes. Da ihm aber auch die Aufsicht über die Fasanerien in Mähren übertragen wurde, galten daneben bevorzugte Studien der Altersbestimmung des Fasans. Weitere Bereiche der Orn. scheint er in reiferen Jahren nicht mehr betreten zu haben.

— Lit.: Nachruf (von J. Dvořáček). Myslivost 2, S. 43, Prag 1970.

Neubaur, Fritz, Dr., * 16. 4. 1891 Ortelsburg (Ostpreußen), † 28. 2. 1973 Heidelberg-Kirchheim. Aus der Familie eines Landmessers stammend, wohnte er seit 1904 in Düsseldorf und seit 1908 in Bonn. Hier begann er — angeregt von der Mutter und wahrscheinlich auch von Verwandten, die Förster, Jäger und naturk. Sammler waren — 1912 das Studium der Zool., Botan., Geol., Geogr. und setzte es 1914/15 in Berlin fort, um es nach der Kriegsdienstzeit 1923 mit der Promotion über „D. Vögel d. Rheinprovinz" zu beenden. Nur auszugsweise erschien die Diss. als „Orn. Beob. aus d. Rheinprovinz" (J. Orn. 72, 1924). Drei Assistentenjahre am Botan. Inst. der Landw. Hochschule Bonn und zehn Jahre Betreuungsarbeit an der Vogel-Abt. des Mus. A. Koenig (s. d.) erbrachten ihm museale Bereicherung seines Wissens, bis er 1937 die Verwaltung der Geschäftsstelle des Bundes für Vogelschutz in Berlin übernahm. Die Bonner Jahre lösten nicht die inneren Beziehungen zu Ostpreußen. Durch Überlassung von Beob.-Material pflegte er die Verbindung mit F. Tischler (s. d.). Dazu durchforschte er 1926 (neben der Uckermark und Holstein) sechs Monate lang den Heimatkreis Ortelsburg und die masurische Landschaft. Ein Ber. über die Vögel Masurens (J. Orn. 75, 1927) und „Brutbiol. Notizen über Sumpf- u. Wasservögel d. Stromeksees in Masuren" (B. z. F. 4, 1928) sprechen für die dort gesammelten Felderfahrungen. Nachdem 1938 von der Politik her die Dt. Vw. die „ehrenvolle Tradition der Orn. Ms. fortzusetzen" hatte, war er bis zum Erlöschen der Zeitschrift 1943/44 einer der Herausgeber. Der Daseinskampf in den Notjahren nach dem 2. Weltkrieg endete für ihn, als er 1948 Leiter der Naturw. Abt. des Städt. Mus. Wiesbaden wurde und dessen Direktor von 1951 bis 1956 war. Auf diesem Posten setzte er Geschick und Sachkenntnis ein zum Aufbau der durch Bomben zerstörten Sammlungen und bereicherte das Leben des Nass. Vereins f. Naturk. durch geistvolle Vorträge, zahlreiche Exk. und vor allem vogelk. Führungen im Rhein- u. Taunusgebiet. Die allg. zool. Aufgeschlossenheit verdichtete sich mit der Reife der Jahre mehr und mehr auf die Vogelwelt. Schon 1921 nahm ihn die DOG als Mitglied auf, und 1938 wählte sie ihn in ihren Ausschuß. Neuwahl in den Beirat der DO-G erfolgte 1952. Drei Jahrzehnte lang stand er im Banne von faun., ökol., brutbiol., phänol. Studien an der Ornis der alten preuß. Rheinprovinz. Ihr galten auch die aus der Diss. hervorgegangenen „Beitr. z. Vogelfauna d. ehemaligen Rheinprovinz" (Decheniana 110, 1957). Mit einem Verz. von 27 Veröff. zwischen 1912 und 1940 wurde diese Arbeit sein Hauptwerk. Daneben stehen Nachweise dauernder feldorn. Regsamkeit aus dem hessischen Raum zwischen 1929 und 1962 bei L. Gebhardt u. W. Sunkel (D. Vögel Hess., 1954) und bei G. Berg-Schlosser (D. Vögel Hess., Ergänzungsband 1968). Neben vielen brieflichen Mitt. erwuchsen sie aus Freilanderlebnissen am hess. Rhein, im Westerwald und in der Rhön. Den engeren Exp.-Rahmen sprengten u. a. Reisen nach dem Mittelmeer. So schrieb er zusammen mit W. Trettau (s. d.) „Fahlsegler - Apus pallidus Brutvogel in Oberitalien" (Vw. 80, 1959). Das Opfer eines Bombenangriffs wurde Ende 1944 ein nahezu druckfertiges Msk. über orn. Erfahrungen in der Ukraine, die er als Kriegsteilnehmer in Südrußland aufgezeichnet hatte. Was er anpackte, tat er von Jugend an ganz und zuverlässig. Oberflächlichkeit oder Gebrauch des Ellenbogens blieben seinem in den tiefsten Schichten stillen, aber heiteren Wesen fremd. Die ihn nie verlassende Andacht vor dem Kleinen verlieh ihm die Fähigkeit, große biol. Zusammenhänge zu überschauen und die eigene Begeisterung auch auf jüngere Vertreter der Vogelk. zu übertragen. Er war aus Berufung Naturforscher, aus echtem Ethos Schützer der Heimat und — was noch wesentlicher war — ein ritterlicher Mensch. Um sein Charakterbild abzurunden, muß hinzugefügt werden, daß er den Lebensertrag innerer Ausgeglichenheit nicht zuletzt der ihm in die Wiege gelegten musischen Begabung verdankte. Die Mutter war Pianistin, der früh verstorbene Bruder Organist, er selbst liebte besonders die Romantiker (Chopin, Brahms, Beethoven, Schumann). Und ohne viel Aufhebens davon zu machen, wurde er Tiermaler von bildkünstlerischem Rang. Sein einflußreiches Vorbild für die Darstellung von Wirbeltieren dürfte in den Bonner Jahren E. de Maes (s. d.) gewesen sein. Jedenfalls gibt es kaum ein orn. Fachblatt, das nicht irgendwann einmal eine aus seiner Hand stammende Federzeichnung gebracht hätte. Bald traten neben die Buntstift- u. Temperatechnik auch Aquarelle, die mit zool. Genauigkeit geschickte Komposition verbanden. Nicht wenige solcher Werke befinden sich in Privathand, und illustrierte Vogelbücher enthalten didaktisch wohlgelungenen Bildschmuck, der in künstlerischer Gestaltung unaufdringlich wirkende natürliche Wahrheit offenbart. Er ist verwendet bei A. Koenig, Vögel am Nil (um 1936); Berndt u. Meise, Naturgesch. d. Vögel (Bd. 2, 1962); G. Niethammer, A. Koenigs Reisen am Nil (1964); Bauer u. Glutz von Blotzheim (Bd. 1, 1966); E. Knorr, D. Vögel d. Kreises Erkelenz (1967) u. B. Grzimeks Tierleben (1971). Erwähnung verdienen in diesem Zusammenhang schließlich zwei in Tempera ausgeführte Wandtafeln im Naturh. Mus. Wiesbaden und in der Vogelschutzwarte Frankfurt. Im Dezember 1972 verzog N. mit seiner Frau in ein Altersheim von Heidelberg. Als er nach längerer Krankheit die Augen schloß, war er Ehrenmitglied des Nass. Vereins f. Naturk., der Gesellschaft Rheinischer Ornithologen und des Dt. Bundes f. Vogelschutz, dem er seit 1913 angehörte. Beigesetzt ist er auf dem Friedhof von Neckargemünd.

— Lit.: Würdigung in General-Anzeiger Bonn v. 28. 9. 1937 (mit Bildnis). - L. Gebhardt u. W. Sunkel, D. Vögel Hess., 1954, S. 97/98. - Würdigung (von H. Kumerloeve). Falke 3, 1956, S. 92 bis 94. - Würdigung (von F. Michels). Jb. d. Nass. Ver. f. Naturk. 98, 1966 (mit Bildnis). - Würdigung (von G. Niethammer). Charadrius, Mitt. Rhein. Orn. 7, 1971, S. 2—4 (mit Bildnis). - Nachruf (von H. Mildenberger). Ebd. 9, 1973, S. 81. - Nachruf (von F. Kutscher). Jb. Nass. 102, 1973, S. 6/7 (mit Bildnis). - Nachruf (von S. Pfeifer). Jh d. Dt. Bundes f. Vogelsch. 1973/74, S. 34 (mit Bildnis).

Neunzig, Rudolf, * 28. 8. 1896 Berlin, † 30. 12. 1966 Berlin-Hermsdorf. Sein Lebensgang liegt streckenweise in leichtem Nebel. Am Dorotheen-Städt. Gymnasium bestand er während des 1. Weltkriegs die Reifeprüfung. Wegen eines Herzleidens wurde er aber erst am Schluß des Kriegs in der Garnison Straßburg Soldat auf einer Schreibstube. In den 20er Jahren soll er zuerst als Angestellter einer Papierfabrik nebenher einige Semester studiert haben. Die Fachrichtung ist ebenso unbekannt wie der Grund zum Abbruch des Studiums. Jedenfalls stand er sehr bald seinem Vater K. A. Neunzig (s. d.) bei der Herausgabe der Gef. W. zur Seite und sammelte bei der Züchtung von Prachtfinken u. a. in Hermsdorf nicht nur praktische Erfahrung, sondern auch theoretisches und system. Wissen. Die Gef. W. jener Jahre enthält eine Reihe von Beitr., die gediegene Sachkunde in Fragen der Haltung exotischer Formen belegen. Bei H. Dost (s. d.) „Prachtfinken" (1964), „Fremdländische Stubenvögel" (1967), „Sittiche u. andere Papageien" (1968) finden sich 17 hierher gehörige Titel aus den Jahren 1926 bis 1938 aufgezeichnet. Es ist verständlich, daß in N.s Zukunfts- u. Berufspläne die Nachfolge in der Stellung des Vaters eingeschlossen war. Als der Rassenwahn der politischen Machthaber aber 1938 dem Vater die Schriftleitung der Gef. W. entzog, schwand die Hoffnung des Sohnes. Er verstummte im Bereiche der Orn. und brach alle Beziehungen zu Fachfreunden in Westdeutschland ab. Als Versicherungsagent hielt er sich über Wasser, bis er nach 1945 zunächst Ortsvorsteher von Hermsdorf und später (bis 1962) Beamter an der Volksbibliothek wurde. Die mit der ungerechtfertigten Behandlung des Vaters verbundene Enttäuschung und zunehmendes Gehörleiden sollen den Umgang mit den Menschen seiner Umgebung erschwert haben. Nichtsdestoweniger verdient seine Rolle in der orn. Forschung eine positive Bewertung, denn an seinen Namen knüpfen sich einige Studien von ernsthafter Prägung. Sie sind niedergelegt in Arbeiten wie „Experimentelle Unters. über d. Geschmackssinn d. Vögel II", zus. mit B. Rensch (J. Orn. 73, 1925), „D. Formenkreise Myrmecocichla nigra u. arnotti" (ebd. 74, 1926), „Z. Brutparasitismus d. Viduinen" (ebd. 77, 1929), „D. Vogelhaut" u. „Vogelbälge u. Federn", eine erstaunlich weitgespannte Stoffsammlung in

TEIL 3

F. Pax u. W. Arndt, „D. Rohstoffe d. Tierreichs" (Berlin 1929 bis 1933). Bahnbrechende Bedeutung hatten die in J. Orn. 77, 1929 veröffentlichten Unters. an Prachtfinkennestlingen, die ihm aus den Volieren der Liebhaber zur Verfügung standen. Geschärfte Beob.-Gabe und unbezweifelbare Fähigkeit, biol. Zusammenhänge zu erkennen, führten ihn zur — allerdings rein intuitiv — richtig geschilderten Wirtsspezifität der Viduinen. Die Befunde ergaben jedoch einen Widerspruch zu teils flüchtigen, teils unzutreffenden Freilanderfahrungen und wurden von fast allen Kritikern abgelehnt; vgl. u. a. H. Friedmann, „The cowbirds, a study in the biology of social parasitism" (Charles C. Thomas, Springfield, III, 1929), ders., „The problem of the Viduinae in the light of recent publications" (Smithsonian Misc. collections 145, 1962), W. Hoesch, „Betrachtungen z. Problem d. Brutparasitismus b. den afrik. Viduinen" (B. z. F. 15, 1939). Erst J. Nicolai konnte in seiner Arbeit über den „Brutparasitismus d. Viduinae als ethologisches Problem" (Zeitschr. f. Tierpsychologie 21, 1964) den Wahrheitsgehalt von N.s Schlüssen bestätigen und wissensch. rechtfertigen.

Niebuhr, Otto, Dr., * 5. 2. 1919 Wienhausen (Kreis Celle), † 14. 5. 1972 Müden (Aller). Mit dem 1939 erworbenen Reifezeugnis konnte er — Sohn eines Kaufmannes — erst nach dem Kriegsdienst 1946 das Studium der Zool., Botan. und Geogr. in Göttingen beginnen und 1952 mit der Diss. über „D. Trockengrenze d. Waldes u. ihre Klimate in d. nördl. gemäßigten Zone" abschließen. Einer den Gesichtskreis weitenden Forschungsreise nach Ägypten und der Sinai-Halbinsel ließ er noch das Studium der Handelswissenschaften in Hamburg folgen, um 1954 als Diplom-Handelslehrer (und später Oberstudienrat) an der Berufsschule Gifhorn tätig zu werden. Orn. Verlautbarungen aus der Anfangszeit waren u. a.: „D. Vogelwelt d. feuchten Eichen-Hainbuchenwaldes" (Orn. Abh., Heft 1, 1949) und „D. Nachtigall in Nieders." (Biol. Abh. = Forts. v. Orn. Abh., Heft 2, 1952). 1954 schloß er sich der DO-G an und übernahm, gestützt auf die Kraft zum Ausgleich und zur Ausgewogenheit des Urteils, den Posten des Kreisbeauftragten für Nat.- u. Umweltschutz. In den Rahmen der von ihm für notwendig erachteten Gemeinschaftsaufgaben gehörten ferner seit 1961 die Mitwirkung als einer der Herausgeber der „Avif. v. Nieders." und die Schriftleitung der „Celler Ber. z. Vogelkunde", in deren erstem Heft er den 1. Teil (Non-Passeriformes) der erweiterten Artenliste „D. Vögel d. Südheide u. d. Aller-Niederung" (1970) brachte. Vertiefte pflanzensoziologische und ökol. Erkenntnisse wuchsen ihm zu aus dem mit Vorliebe betriebenen Studium der Beziehungen zwischen Vogelwelt und Landschaft. Wenn er auch nicht zu einer umfassenden Behandlung und Darstellung dieses Stoffgebietes durchdringen konnte, so stellten ihn seine Landsleute doch in die Reihen der erfahrensten Avi.-faunisten Niedersachsens, insbesondere der Lüneburger Heide.

— Lit.: Nachruf (von H. Ringleben). Vogelk. Ber. Nieders. 4, 1972, S. 89/90 (mit Bildnis).

Niethammer, Günther, Dr., * 28. 9. 1908 Waldheim (Sachsen), † 14. 1. 1974 Morenhoven bei Rheinbach (Rhein-Sieg-Kreis). Einer begüterten Industriellenfamilie entstammend — der Vater war Papierfabrikant —, studierte er als 8. Kind unter 9 Geschwistern allg. Zool. seit 1927 in Tübingen und von 1929 bis 1932 in Leipzig. 1931 trat er der DOG bei. Nachdem die Studien bei Prof. Meisenheimer mit der Diss. „Anatomisch-histologische und physiologische Unters. über d. Kropfbildungen d. Vögel" (Zeitschr. d. wissensch. Zool., 1933) abgeschlossen waren, kam er in das Strahlungsfeld des Berliner Zool. Mus. Auf internat. Ebene begegneten ihm hier die neuen, unter E. Stresemanns (s. d.) Lenkung stehenden Zielvorstellungen für die Entwicklung der dt. und europ. Orn. Zu den in diesem Rahmen erörterten Plänen gehörte die schon 1913 von E. Hartert (s. d.) erkannte Notwendigkeit der Schaffung eines „Handbuches d. dt. Vogelkunde". Da der mit der Herausgabe beauftragte O. le Roi (s. d.) im Herbst 1916 den Soldatentod gestorben war, ruhte die Forts., bis E. Stresemann nunmehr Planung und Durchführung „mit fester Zuversicht" in die Hände des Neulings legte. Die organisatorische Erfahrung des Mus.-Leiters und die dynamische Arbeitsmethode des jungen Autors vereinten in der Tat die Sachkunde vieler Mitarbeiter zu einem durchschlagenden Erfolg. Das Handbuch (3 Bde. 1937 bis 1942) wurde ein klassisches Standardwerk für Mitteleuropa. Für N. aber hatte dieser erste, große Wurf verdiente und unverwischbare Begleiterscheinungen. Sein Name wurde über die dt. Grenzen bekannt, und das Vertrauen in seinen Leistungswillen war gesichert. Schon 1937 übernahm er nach dem Weggang von B. Rensch die erste bezahlte Ass.-Stelle in der Schneckenabteilung am Berliner Mus. An diese kurze Episode erinnert u. a. seine Arbeit „Z. Landschneckenfauna v. Celebes" (Arch. f. Naturgeschichte 1937). Noch im selben Jahr wurde ihm auf Empfehlung von O. Neumann (s. d.) ein Posten in der orn. Abt. des Zool. Forschungsinstituts u. Mus. von Bonn übertragen, und das Jahr 1940 brachte schließlich auf Betreiben von H. Kumerloeve die Übersiedlung an das Wiener Naturh. Mus. als Abt.-Leiter für Orn. Hart griff in diesen Frieden der Gelehrsamkeit der 2. Weltkrieg ein. Die weltpolitischen Ereignisse stellten N. vor Erlebnisse und Prüfungen, deren Abwehr außerhalb damaliger Möglichkeiten lag. Nachdem er im Oktober 1940 zum Wehrdienst eingezogen worden war, kehrte er erst im November 1949 aus polnischer Gefangenschaft zurück und nahm das Angebot von A. v. Jordans an, in der Nachfolge von J. Steinbacher wieder die orn. Stelle in Bonn weiter auszubauen. 1951 konnte er sich dort habilitieren, 1957 wurde er apl. Professor, und seitdem stand er als Dozent f. Orn. u. Tiergeographie in einem Pflichtenkreis, der nicht nur ausgefüllt war mit der Betreuung von 16 Diss. und etwa 30 meist orn. Themen für das Staatsexamen, sondern auch mit über 150 eigenen größeren und kleineren Arbeiten. Umfang und Breite seiner Forschungen mögen einige Veröff. aus seiner Feder verdeutlichen: „D. Vögel Deutsch-Südwestafrikas", nach dem 2. Afrikabesuch, zus. mit W. Hoesch (J. Orn. 88, 1940, Sonderheft); „Beitr. z. Kenntnis d. Brutvögel d. Peloponnes" (ebd. 91, 1943); Bearbeitung v. R. Zimmermann (s. d.), „Beitr. z. Kenntnis d. Vogelw. d. Neusiedlersee-Gebiets" (Ann. Wien 54, 1943/44); „D. Einbürgerung v. Säugetieren u. Vögeln in Europa" (1963); Beitr. z. „Tiergeographie" in „Fortschritte d. Zool." 1952, 1958, 1966; „D. Fauna d. Sahara" in H. Schiffers, D. Sahara u. ihre Randgebiete (Weltforum Verlag München 1971); Redaktion d. Vogelteiles in B. Grzimeks „Tierleben" (zus. mit J. Steinbacher u. W. Meise 1971). Auf hist. Verständnis beruhen „Z. Geschichte d. Brehm-Samml." (Falke 11, 1954), „D. Brehm-Samml." (Verh. Dt. Zool. Ges. Bonn 1960), „Z. Gesch. d. Samml. Höne" (B. Bonn 1963), „D. Vogelsamml. C. L. Brehms heute" (Mauritianum Altenburg 3, 1963), „A. Koenigs Reisen am Nil" (Bonn 1964), „Briefe C. L. Brehms an C. F. Bruch 1827—1857" (B. Bonn 17, 1966). Der Schritt in die Personengeschichte fiel ihm nicht schwer, weil er wußte, daß sinnvolle Entwicklung auch in der Wissenschaft abhängig ist von Einsicht, Willen und Weltbild auserwählter Vertreter. Nachrufe und Würdigungen galten daher O. Natorp (J. Orn. 97, 1956), O. Garlepp (ebd. 103, 1962), Geyr von Schweppenburg (B. Bonn 15, 1964), O. Wettstein ... (Zeitschr. f. Säugetierk. 32, 1967), F. Neubaur (Charadrius 7, 1971), E. Stresemann (J. Orn. 110, 1969 u. 114, 1973), M. Koepcke (J. Orn. 115, 1974). Von Verlautbarungen, die seine Stellung besonders im Ausland unterstrichen, seien Umarbeitungen und Übersetzungen genannt: „D. Vögel Europas" (Taschenbuch mit 10 Aufl. 1954—1973); „D. Vögel d. Meere" (Taschenbuch 1959); „Pareys Vogelbuch", zus. mit H. E. Wolters (1972); Dt. Ausgabe des Vogelbuchs von Reader's Digest = „Buch d. Vogelwelt Mitteleuropas" (1973). Und den ernsthaften dt. Feldforscher unterrichtete er, zus. mit H. Kramer und H. E. Wolters über den Stand der Nomenklatur, Systematik u. Verbreitung in dem einem „praktischen Bedürfnis" dienenden Buch „D. Vögel Deutschlands, Artenliste" (1964). Vor der Abstempelung zum reinen Balg- u. Mus.-Ornithologen schützte ihn von vornherein ein Zug seines Wesens und seiner Veranlagung, der ihn in der Andacht vor der Schönheit organischen Lebens in noch nicht völlig entseelte Landschaften und Wüsten führte. 5 Erdteile suchte er auf: Afrika (vor allem Südwestafrika), Peru, Bolivien, Vorderasien, Afghanistan, Mittelmeergebiet, Neuseeland, Nordamerika. Überall reizten ihn neben der Tiergeographie ungelöste Rätsel der Stammesgeschichte, der Populations-Dynamik und der Öko-Ethologie. Das auf den Exp. zusammengebrachte Belegmaterial kam zwar in die Mus. von Bonn, Berlin und Wien, diente ihm aber in erster Linie zur Beleuchtung besonderer Fragen, z. B. der Farbenanpassung bei Wüstenvögeln, der Veränderung von europ. Formen in Neuseeland, der Festlegung der Grenze der äthiopischen Region. Die Viel-

TEIL 3

seitigkeit und Tiefe seiner Gedankenwelt, darunter die ihm am Herzen liegende Verbindung zur Mammalogie, offenbarte sich auch in den von ihm 1950 mitgegründeten und redigierten „Bonner Zool. Beiträgen". Dem immer wachen Wunsche, den Ornithologen aller Grade eine Hilfe zu bieten, entsprach schließlich die Absicht, den seit den 30er Jahren durch die fortschreitende Forschung erheblich angewachsenen orn. Wissensstoff in einer Neubearbeitung seines Handbuchs der dt. Vogelk. auf den Büchermarkt zu bringen. 1958 kam das Werk als „Handbuch d. Vögel Mitteleuropas" in Gang, und 1966 erschien der 1. Band. Der Arbeitsumfang allein bei diesem Bande hatte jedoch solche Ausmaße angenommen, daß N. sich gezwungen sah, auf die namentliche Mitwirkung bei den weiteren Bänden zu verzichten. Erfreulich war, daß unter der Leitung der Nachfolger K. Bauer, Urs Glutz von Blotzheim, E. Bezzel die geistigen Anstöße lebendig blieben. In diesem Zusammenhang sollte nicht übersehen werden, daß trotz der im Vordergrund stehenden Vertretung wissenschaftlicher Gesichtspunkte in Theorie und Praxis auch die Wünsche und Bedürfnisse der nur autodidaktisch geprägten und außerhalb der Hörsäle arbeitenden Vogelkundler bei N. stets das rechte Verständnis fanden. Unumstritten war daher der Aufstieg in der DO-G. Mit Weitblick und Geschick stand er dem Lehrmeister E. Stresemann zur Seite, gab lange Jahre mit sicherer Hand das J. Orn. heraus, war nach L. Schuster (s. d.) seit 1955 Vizepräsident und von 1966 bis 1973 als Nachfolger Stresemanns Präsident der DO-G: Er erreichte den geistigen Gipfelpunkt der dt. Ornithologie! Wie konnte der an sich selbst gestellte Leistungsanspruch zu solcher Höhe gelangen? Vielleicht vermag der Blick auf die ihn auszeichnenden Persönlichkeitswerte eine Antwort zu geben: Ohne je „von des Gedankens Blässe angekränkelt" zu sein, suchte er Probleme und fand Fragestellungen, die die Wissenschaft vom Vogel klar erkennbar förderten; Schwierigkeiten überwand seine Begeisterungsfähigkeit mit einem Gespür für das Mögliche und einer gesunden Lebensbejahung, auch wenn er tiefschmerzende Wunden zu tragen hatte (er verlor 2 Söhne); er konnte auf eine unauffällig selbstverständliche Weise Freund sein und Freundschaft pflegen; Zweifler überzeugte er mit intuitiver Selbstsicherheit; Ritterlichkeit zeigte ihm den Weg der Wahrheit und entwaffnete Gegnerschaft; entscheidende Marksteine hinterließ er, wie das eigene Gesetz es ihm befahl; er war ein wesentlicher Mensch und durfte erfahren, daß der wirkliche Erfolg sich nur dem Tüchtigen zugesellt. So war es ihm beschieden, als Mehrer des Ansehens der dt. Ornithologie neben E. Stresemann in die Geschichte dieses Wissenzweiges einzugehen. Zum Zeichen der wissenschaftlichen Einstufung tragen außer Säugetieren, Reptilien und Insekten 8 Vogelformen seinen Namen: Carpodacus rubicilla niethammeri Keve, Akad. Anz. 4/5, 1943 = Carpodacus rubicilla severtzovi Sharpe, 1886; Pogoniulus pusillus niethammeri Clancey, Ann. Natal. Mus. 12, 1952; Carduelis cannabina guentheri Wolters, B. Bonn 3, 1952; Calandrella rufescens niethammeri Kumerloeve, Vw. 84, 1963; Garrulus glandarius hansguentheri Keve, Bull. Brit. Orn. Cl. 1967 (nach Hans Kumerloeve u. Günther Niethammer); Nothoprocta pentlandi niethammeri Koepcke, B. Bonn 19, 1968; Mirafra angolensis niethammeri Da Rosa Pinto, ebd. 19, 1968; Amandava subflava niethammeri Wolters, ebd. 20, 1969. — Seit 1971 wohnte N. in Meckenheim-Merl bei Bonn. Der geliebten Jagd ergeben, starb er im Morenhovener Teil des Kottenforstes an einem Herzversagen. Auf dem Friedhof von Meckenheim fand er die letzte Ruhestätte.

— Lit.: Würdigung (von T. Macke). Charadrius 9, 1973, S. 29—32. — Nachruf (von Lars von Haartmann). Ornis Fennica 50, 1973 (!), S. 148. — Nachruf (von J. Steinbacher). Gef. W. 98, 1974, S. II/2. - Nachruf (von H. Ringleben). Vogelk. Ber. Nieders. 6, 1974, S. 20. — Nachruf (von W. Erz). Nat. u. Landsch. 49, 1974, S. 83. — Nachruf (von E. Schüz). Jh. d. Dt. Bundes f. Vogelsch. 1973/74, S. 35/36 (mit Bildnis). — Nachruf (von K. Immelmann). J. Orn. 115, 1974, S. 213—233. — Nachruf (von H. E. Wolters). B. Bonn 25, 1974, S. 1—6 (mit Bildnis). — Nachruf (von H. Kumerloeve). Ebd. 25, 1974, S. 17—22. — Nachruf (von H. Ch. Stamm). Rheinische Heimatpflege, N. F. 11, 1974, S. 71/72 (mit Bildnis). — Bildnis in J. Orn. 115, 1974.

Nolte, Wilhelm, Dr., * 6. 6. 1884 Holzminden, † 2. 11. 1941 Eutin. Streifzüge und Wanderungen durch den Solling weckten in dem Knaben schon ein feines Gespür für die Reize des Vogellebens. Mit dem Reifezeugnis des Gymnasiums seiner Vaterstadt studierte er von 1906 bis 1913 Zool., Botan. und Erdkunde in Würzburg, Leipzig und Kiel. Anfangs fühlte er sich im Banne einer Gelehrsamkeit, der noch fest umrissene Vorstellungen fehlten. Erst unter dem Druck des Vaters, eines angesehenen Schulrektors und Kantors, beugte er sich dem Zwang zum Staatsexamen. Für den Schuldienst und die pädagogische Tätigkeit mangelte ihm trotzdem später die echte Begeisterung. Die erste Stellung des Assistenten am Zool. Inst. und Mus. der Univ. Kiel sagte seinen Anlagen offenbar mehr zu. So lange und so oft es möglich war, kreuzte er mit Fischkuttern über die Ostsee, um Plankton zu Forschungszwecken zu sammeln. Das Thema seiner Diss. war „D. Maldanidenausbeute d. Poseidon-Fahrten" (Kiel 1912). Die Beamtenlaufbahn sah ihn seit 1916 als Hilfslehrer, Studienassessor und Studienrat an höheren Schulen in Plön, Apenrade, Neumünster, Segeberg, Kiel, Itzehoe, Eutin. Wenn auch aus seiner Feder noch eine längere Arbeit über „D. Zucht u. Konservierung d. Polychaetenlarven" (Extrait du Journal Internat. pour L'Exploration de la Mer XII, Nr. 1, 1937) erschien, so nahmen mit der Reife der Jahre die Orn. und (mit Unterstützung der „Dt. Jägerschaft") die etwas verschwommen verstandene Jagdwissenschaft seine Aufmerksamkeit mehr und mehr in Anspruch. Bekannt ist, daß er zu Anfang der 30er Jahre in der ehemaligen Faun. Arbeitsgemeinschaft f. Schlesw.-Holst., Hamb. u. Lübeck recht aktiv war, ohne durch diesen Einsatz nachwirkende Verbindung zu Fachgenossen zu gewinnen. Von individualistischen Regungen getragen, scheint ihm in der Tat das Bedürfnis nach mitmenschlichen Beziehungen ziemlich fremd geblieben zu sein. Doch ist belegt, daß er sich 1936/37 (auch früher oder später?) der DOG angeschlossen hatte. Als Zeugnisse vogelk. Eifers können einige Veröff. genannt werden: „Ein Sichleribis in Holstein" (D. Heimat, Kiel 33, 1923), „Beitr. z. Theorie d. Entenzuges" (Zool. Anz. 2, Heft 1/2, 5, 6, 1927), „Z. Geruchsvermögen d. Ente" (ebd. 2, Heft 5/8, 1927), „Erstmaliges Brüten v. Fichtenkreuzschnäbeln in Schlesw." (Orn. Mber. 36, 1928), „Brut d. Fichtenkreuzschnabels in Schlesw.-Holst. nebst biol. Bem." (J. Orn. 78, 1930), „Fichtenkreuzschnabel in d. Nordmark" (Hamb. Zoo-Ztg. 3, 1930), „Z. Biol. d. Moorschneehuhns" (ebd. 3, 1930), „Vom Kolkraben" (ebd. 3, 1930), „Spechte in d. Marsch" (ebd. 3, 1930), „Ist d. Fang in d. Vogelkojen auf d. Inseln an d. nordfr. Küste von Einfluß auf d. Bestand d. Wildenten in Deutschland?" (ebd. 4, 1931), „Schwarzkehlchen in Schlesw.-Holst." (Orn. Mber. 41, 1933), „Z. Biol. d. Rebhuhns ..." (Neudamm 1934, 110 S.), „Z. Biol. d. Kolkraben" (Dt. Jagd 1938). Die Wortmeldungen gestatten, der feldorn. Basisarbeit des Verf. ein immerhin erwähnenswertes Gewicht für die Vogelforschung in der engeren Heimat zuzusprechen.

O

Oberbeck, Hermann, * 8. 3. 1860 Luckenwalde, † 20. 1. 1946 Jütrichau (Kr. Zerbst). Nach dem Besuch des Gymnasiums in Brandenburg (Havel) und dem Studium der Math. und Physik in Berlin und Heidelberg ging er in den Schuldienst. Seine beruflichen Stationen waren 1885 Viktoria-Gymnas. Potsdam, 1887 Realgymnas. Potsdam (seit 1905 Titel Professor), 1907 Karlsgymnas. Bernburg (Saale), 1913 Gymnas. u. Realgymnas. Dessau, 1924 dort Ruhestand. In der auslaufenden Zeit der damals unter den Autodidakten noch recht verbreiteten Oologie war er nachdenklicher, gründlicher Kenner der Eier. In welchem Maße er auch der Sammelleidenschaft huldigte, ließ sich nicht mehr feststellen. Doch liegen aus dem ersten Jahrzehnt nach der Jahrhundertwende einige lit. Zeugnisse vor, die seine Erfahrungen auf den Gebieten der Faunistik und Brutbiologie in den Auen der Saale und Elbe belegen. Folgende Veröff. sind bekannt geworden: „Cuculus canorus" (Zs. Ool. 13, 1904), „Über d. Verblassen d. Farben an d. Vogeleiern" (ebd. 15, 1905), „Brutverhältnisse in d. Saaleniederung um Bernburg" (Orn. Mber. 14, 1906), „D. Gelege v. Passer montanus" (Zs. Ool. 17, 1907/08), „Z. Variieren d. Eizeichnung im Gelege" (ebd. 18, 1908/09), „Z. Fleckenfrage d. Vogeleier" (ebd. 18, 1908/09, mit Forts.). Im März 1945 wurde sein Haus in Dessau durch Bomben zerstört. Seitdem lebte der allseits geschätzte Pädagoge als Opfer der „letzten Tage" auf dem Gute Jütrichau.

Oppliger, Walter, * 11. 11. 1901 Schüpberg bei Schüpfen (Kanton Bern), † 22. 6. 1968 Hasle-Rüegsau. Aufgewachsen in Meikirch, erlernte er vom Vater die Kunst des Präparierens und baute die schon vom Großvater begonnene Vogelsammlung planmäßig zu einer der reichhaltigsten privaten Sammlungen der Schweiz aus. Die Ala, der er seit 1934 angehörte, zählte ihn von 1952 bis 1960 zu den Mitgliedern ihres Vorstandes. Beherrscht von der Liebe zur Kreatur, in Sonderheit zum Vogel, waren ihm die Beob. unter freiem Himmel ebenso Bedürfnis wie die häusliche Vogelpflege und alle praktischen Schutzmaßnahmen. Die Vogelwarte Sempach wußte ihn daher als Beringer und hilfreichen Mitarbeiter zu schätzen. Da ihn sein Beruf — er war Käserei-Inspektor — in tägliche Berührung mit der ländlichen und landwirtschaftlichen Bevölkerung brachte, nahm er bewußt alle sich bietenden Möglichkeiten wahr, um die eigenen vogelk. Einsichten an die Landsleute weiterzugeben. Der Ehrgeiz, im Vereinsleben hervorzutreten, war ihm jedoch fremd. Als ihn auch die Freude an der Vogelphotographie gepackt hatte, stellte er die lichtbildnerische Kunst gleichfalls in den Dienst der Wissensverbreitung. Hervorragende Farbaufnahmen bereicherten seine Vorträge vor Vereinen und Schulen ebenso wie die Kalender der Vogelwarte. Die bodenständige Art, mit der er um Verständnis für die Vogelk. zu werben verstand, brachte ihm viel Beifall innerhalb der engeren Heimat ein.

— Lit.: Nachruf (von W. Thönen). Orn. Beob. 65, 1968, S. 227/28 (mit Bildnis).

Ottens, Heinrich Wilhelm, * 7. 9. 1895 Hannover, † 7. 2. 1970 Hannover. Seine Vorfahren waren Ackerbürger in der Südheide sowie Bauern und Handwerker aus dem Hannoverschen Leineberglande. Er selbst war nach dem Besuch der Volksschule und des Seminars von 1918 bis 1953 Lehrer in Letter, Kleinheidorn, Kirchdorf a. D., Eilvese, Hannover. Der Welt- u. Lebensbetrachtung seines Landsmannes H. Löns (s. d.) sich wesensverwandt fühlend, wurde er schon 1906 Mitglied des Hann. Vogelschutzvereins und meldete sich erstmalig 1914 mit kleinen Nachrichten in Mitt. Vw. zu Wort. Seit 1917 verband sich sein Name laufend mit vogelk. Beitr. in der Hann. Tagespresse und in der Orn. Ms. M. Brinkmann (s. d.) verzeichnete in „D. Vogelw. Nordwestdeutschlands“ (1933) eine stattliche Reihe von kleineren und größeren Mitt. Darunter waren „D. Vogelw. d. Leineniederung südl. v. Hann.“ (Jber. d. naturk. Ges. Hann. 1925) und „D. Vogelw. d. Steinhuder Meeres“ (Hann. Anz. v. 28. 10. 1927). In den späteren Jahren drängte wachsende Jagdfreude die Orn. in den Hintergrund. Doch übernahm er noch 1945 den Vorsitz im Hann. Vogelschutzverein und brachte 1961 u. 1963 zusammen mit F. Wenzel das hauptsächlich von ihm gestaltete „Bilderbuch d. Vögel“ (2 Bde., Hann.) heraus — ohne in allen Angaben stets das Richtige getroffen zu haben. In der Welt der Jäger tat er sich nicht nur durch organisatorische Regsamkeit hervor, sondern auch durch fleißige Werbebemühungen am Rednerpult und durch eine rührige Feder, die ihm im Dienste der Naturdarstellung Erfolge einbrachte.

— Lit.: Würdigung (von F. Steiniger). B. Nieders. 17, 1964, S. 46/47 (mit Bildnis). - Nachruf (von H. Ringleben). Vogelk. Ber. Nieders. 2, 1970, S. 23/24. - Nachruf (Verf. ungen.). 90 Jahre Hann. Vogelsch.-Verein, Festschr. 1881—1971, Hann. 1971.

P

Petersen, Uwe, * 27. 10. 1804 Keitum (Sylt), † 30. 6. 1859 Keitum. Großvater und Vater waren Kapitäne der „Fortuna“ für den Altonaer Reeder Peter de Voß. Er selbst lebte — „auf die akademische Laufbahn resignierend“ — als Landwirt, Ratmann, seit etwa 1835 auch als Mühlenpächter in Keitum. Da ihn der Beruf nicht ganz ausfüllte, richtete sich sein wacher Blick auf verschiedene naturw. Wissensbereiche. Doch entschloß er sich bald, vor allem die Vögel der heimatlichen Insel kennenzulernen, um einmal eine Avifauna von Sylt schreiben zu können. Früheste Quelle für seine Beobachtungen dürften die Vogelkojen gewesen sein, wo ihm allerdings die Diagnose der jahreszeitlichen Unterschiede im Federkleid der Entenarten Schwierigkeiten bereitete. Hilfreiche Hand bot ihm „ein württ. Ornitholog Vogt, der auf seiner Reise hier auf mehrere Wochen sich aufhielt, sich aber im Herbst desselben Jahres auf Helgoland, wie man sagt, absichtlich erschoß“. Die von dem Reisenden erlernten „Manipulationen“ ergänzte er in den Mußestunden durch die Aneignung theoretischer Kenntnisse und kam so in einen für ihn offenbar recht lehrreichen Tauschhandel mit dem Flensburger Apotheker M. R. Mechlenburg (s. d.) und in einen ebenso vorteilhaften Briefverkehr mit F. Boie (s. d.). Ein Antwortschreiben v. 11. 3. 1837 an den Kieler Justitiar (im Besitz von H.-P. Müller, Kiel) gibt Hinweise auf die Entwicklung und den Stand seines noch ungeordneten Wissens. Als Beleg aber für den Ernst seiner Bemühungen mag daneben der Kauf von „Meyer u. Wolfs Werk" gelten (wahrscheinlich von B. Meyer u. J. Wolf, „Taschenbuch d. dt. Vögelk.", 1822). Ein Buch von Ch. L. Brehm (s. d.) (welches?) konnte er dagegen nur für einen Winter von M. R. Mechlenburg ausleihen. Ja, allein der Aufbau einer Vogelsammlung schien ihm, obwohl seine Familie wohlhabend war, „seinem Umstande nach schon zu kostspielig". Was ihm beengende Verhältnisse oder mangelnde Freilandkenntnisse zu schaffen erlaubten, gelangte erst im Jahre seines Todes zum Druck. Es dürfte die wohl erste, kleine orn. Bestandsaufnahme der Insel Sylt sein. Sie trug den Titel „Verz. d. Vögel, die auf Sylt vorkommen" und erschien als Anhang in C. P. Hansen, „D. nordfries. Insel Sylt, wie sie war u. wie sie ist" (Leipz. 1859). Die Liste umfaßte lediglich 98 Namen, davon hatten nur 27 den Zusatz „brütet auf Sylt". Gewiß sind weitere Formen von ihm noch nicht beachtet oder erkannt worden. Der Bankbeamte M. B. Hagendefeldt (s. d.) war dem Landwirt 50 Jahre später ohne Zweifel als erfahrener Faunist und Sammler sowie fleißiger Berichterstatter überlegen.

— Lit.: Sylter Archiv in Westerland. - K. Meunier, D. Entw. d. Brutvogelfauna v. Sylt seit 100 Jahren (Mitt. Faun. Arb.-Gemeinschaft Schlesw.-Holst. 8, 1955, S. 14—18).

Prescher, Hellmut, * 3. 2. 1897 Kamminke bei Swinemünde (Usedom), † 7. 1. 1970 Altena (Westfalen). In der Berufswahl folgte er dem Vater, besuchte die Realschule Swinemünde und wurde, auf dem Forstamt Friedrichsthal und in der Forstschule Steinbusch ausgebildet, Revierförster. Seine Standorte waren das Forsthaus Kaiserfahrt bei Swinemünde und seit 1934 die Revierförsterei Grambin bei Ückermünde. Der Artenreichtum Vorpommerns reizte ihn, den ungelösten Fragen des Vogellebens nachzugehen. Waren es anfangs Artdiagnose und Brutbiologie, die die Beobachterfreude weckten, so standen seit 1928 die Zugerscheinungen im Vordergrund des Blickfeldes. Als die Vogelwarte Rossitten 1929 in gesteigertem Maße die Weißstorch- u. Graureiherforschung organisierte, wurde seine Aufmerksamkeit mehr und mehr auf die schwierige Horstkontrolle und Beringung dieser Großvögel sowie der Seeadler und Milane gelenkt. Im Rahmen mühevoller Erkundungen und emsiger Mitarbeit zeichnete er sich durch viele Beispiele selbstloser Hilfeleistung aus. Die aus diesem Einsatz erwachsende Verbindung zu E. Schüz und die Beziehungen zu W. Banzhaf (s. d.), dem damaligen Assistenten am Naturk. Museum Stettin, ließen ihn auch zur Feder greifen. Zwölf seiner z. T. bemerkenswerten Kurzmitteilungen standen zwischen 1930 und 1934 in Mitt. Vw., B. z. F. und Vz. Größere Verlautbarungen waren: „D. Gefahren f. Vögel an d. Pommernküste" (Mitt. Vw. 28, 1929), „Mitt. aus d. Vogelwelt d. Inseln Usedom, Wollin vom Januar bis September 1929" (ebd. 28, 1929), „Vogelzugbeobachtungen in d. Umgeb. v. Swinemünde" (Mitt. Naturw. Ver. Greifswald 59, 1932), „D. Herbstzug 1932 im Nordgebiet d. Stettiner Haffs" (Dohrniana 12, 1933), „D. Graue Reiher - Ardea cinerea in Pommern 1934, D. Ergebnis einer Umfrage" (ebd. 14, 1935), „Wiederfunde in Pommern beringter Fischreiher" (ebd. 16, 1937). Nach der Katastrophe von 1945 kamen mit der Entlassung aus dem Dienste bedrückend schwere Jahre über ihn, so daß er 1955 mit seiner Frau nach Westdeutschland verzog, ohne wieder den Weg zur DO-G zu suchen, der er sich 1933 angeschlossen hatte. Eine späte Rehabilitierung bedeutete für ihn die Ernennung zum Oberförster im Jahre 1968; sie konnte aber den Schmerz um die Spaltung des Vaterlandes nicht lindern. Seine Urne wurde in der alten Heimat beigesetzt.

R

Rabeler, Werner, Dr., * 25. 3. 1903 Lüneburg, † 24. 1. 1970 Lüneburg. Das Studium der Zool., Botan., Geol. in München, Breslau und Rostock — es war begleitet von dem der Geschichte und der Germanistik — beendete der Lehrerssohn 1930 mit einer Diss. über die „Fauna des Göldenitzer Hochmoors in Mecklenburg" (Zeitschr. f. Morphol. u. Ökol. d. Tiere 21, 1931). Schon der faun. Inhalt dieser Unters. ließ erkennen, daß den Verf. früh die Aufhellung der Beziehungen zwischen Tier- u. Pflanzenwelt beschäftigte. Von Prof. Tüxen weiter in die pflanzensoziologische Bearbeitung sowie Kartierung Niedersachsens eingeführt, widmete er sich seit 1932 im Auftrag der Prov.-Verwaltung Hannover mit neuen Vorstellungen der Förderung einer Zusammenarbeit zwischen der Pflanzen- u. Tiersoziologie. In Fortsetzung dieser Bestrebungen wanderte er schließlich zur Bundesanstalt f. Vegetationskunde, Naturschutz u. Landschaftspflege nach Bad Godesberg über. Doch die Einberufung zum Heeresdienst 1940 unterbrach die ihm eigene Forschungsrichtung, in deren Rahmen er u. a. auch für das Berndt-Meise-Werk einen Abschnitt über die Ökologie der Vögel beisteuern sollte. Harte Schicksalsschläge und jahrelange Krankheit standen der Reifung der Pläne entgegen. Erst 1954 öffnete sich ihm wieder der alte Arbeitsplatz, und 1955 trat er der DO-G bei .Trotz aller Bemühung, mit der er seine biozönotischen Untersuchungen betrieb, blieb der quantitativen Methode die Anerkennung vielfach versagt. Von den auch die Vogelwelt berührenden Verlautbarungen zur zool. Standortforschung können neben der Diss. noch genannt werden: „Brutvorkommen v. Turdus pilaris L. in Osthannover" (Orn. Mber. 36, 1928), „Luscinia svecica cyanecula Wolf in d. hann. Elbmarsch" (ebd. 37, 1929), „Brutbeob. v. Turdus pilaris L. in Hann." (ebd. 37, 1929), „D. Wirbeltiere d. Göldenitzer Hochmoores" (Arch. Meckl., N. F. 5, 1930), „D. Vogelw. d. hann. Kiefernwälder" (Mitt. Flor.-soziol. Arbeitsgemeinschaft Nieders. 3, 1937). „D. planmäßige Unters. d. Soziologie, Ökol. u. Geogr. d. heimischen Tiere" (ebd. 3, 1937), „D. nordwestdeutsche Verbreitungsgrenze d. Schwarzkehlchens u. ihre ökol. Deutung" (J. Orn. 86, 1938), „D. Tierwelt in d. Umgeb. v. Hannover" (Jber. d. Geogr. Ges. Hann. 1942), „D. Vogelw. d. feuchten Eichen-Hainbuchenwaldes" (Orn. Abh. Göttingen 1, 1943). „Standorte u. Verbreitung d. Rotrückigen Würgers in Nordwestdeutschland" (B. Nieders. 2, 1949), „D. Mittelspecht - Dryobates medius (L.) b. Lüneburg, ein Wort z. Faunengeschichte d. Bardengaues" (ebd. 3, 1950), „Kulturfolgende Tiere in ihrer Abhängigkeit von d. Vegetationslandschaften Nordwestdeutschlands" (ebd. 3, 1950), „Über d. Höhengliederung d. Vogelw. im Oberharz" (Orn. Mitt. 3, 1951), „System. d. Vogelgemeinschaften im Hinblick auf Biozönotik u. Pflanzensoziologie" (Orn. Abh. Gött. 9, 1951), „Z. Kenntnis d. montanen Tierwelt d. Harzes" (B. Nieders. 5, 1952), „Vegetationslandschaften u. tiergeogr. Gebietseinheiten" (Orn. Mitt. 4, 1952). Die Jahre des Ruhestandes nach 1968 erbrachten keine Nachweise für orn.-zool. Forschungen. Von seiner Geburtsstadt aus beschäftigte er sich nur noch mit hist. und sprachlichen Studien, die vornehmlich die plattdeutsche Überlieferung behandelten. Seine Gemütsanlagen verbanden sich von Jugend an mit einer fast asketischen Anspruchslosigkeit. Auch in den Universitätsjahren fand er Befriedigung lediglich in der Pflege vielseitiger Neigungen, ohne die Freuden mitmenschlicher Beziehungen gesucht zu haben. Unverheiratet schloß er die Augen.

— Lit.: Nachruf (von H. Ringleben). Vogelk. Ber. Nieders. 3, 1971, S. 88. - Nachruf (von H. Ant). Mitt. d. Flor.-soz. Arbeitsgemeinschaft, N. F. 1974 (mit Verz. d. zool. Veröff.; im Druck).

Reimers, Carsten Peter, * 18. 2. 1805 Helgoland. Er war ursprünglich Barbier und Chirurgus und später Badewirt auf der Düne. Ohne noch recht die Artnamen zu kennen, verkaufte er um 1830 die auf der Insel erbeuteten und geschickt präparierten Vögel an Badegäste und Abnehmer auf dem Festlande, u. a. an K. F. E. Mehlis (s. d.). Im Laufe weniger Jahre machte aber der wachsende Umfang seines Wissens Eindruck auf fremde Besucher. Der schwedische Vogelsammler Frh. v. Gyllenkrog, der ihn um 1838 kennenlernte, veranlaßte daher die Aufnahme in die Naturf. Ges. zu Lund. Auch J. F. Naumann bewunderte 1840 die avif. Vertrautheit und stellte den Autodidakten an die Spitze der Ausstopfer. Neben einem anderen Freunde verdankte der Meister dem „sehr ehrenvollen, achtbaren und mit Talent begabten Manne" das Material für die Liste der Helgoländer Vögel, die er in Rhea, Heft 1, 1846 veröffentlichte. Vielleicht übertraf R. den Wissensstand der anderen Inselbewohner, weil es ihm als dem Besitzer von Ch. L. Brehms „Lehrbuch d. Naturgesch. aller europ. Vögel" (2 Bde., 1823/24) möglich war, die rein praktische Erfahrung durch das Buchstudium zu ergänzen. Das Datum des Todes ist nicht bekannt. Die Beschäftigung mit den Vögeln scheint ihn in den späteren Jahren nicht mehr gereizt zu haben. H. Gätke (s. d.) verdankte ihm aber noch zu Anfang der 40er Jahre wertvolle Stücke seiner Samml. sowie wesentliche Antriebe zur Hingabe an die Erforschung des Vogelzugproblems. Er rechnete ihn neben E. Koopmann (s. d.) zu den „uranfänglichen Herrn Ornithologen Helgolands“ (vgl. „D. Vogelwarte Helgol.“, 2. Aufl. 1900).

— Lit.: E. Stresemann, Vor- u. Frühgeschichte d. Vogelforschung auf Helgoland, J. Orn. 108, 1967, S. 377—429.

Renner, Fritz, * 5. 7. 1889 Berlin, † 26. 11. 1970 Berlin-Britz. Als Sohn eines Schneidermeisters brachte er schon früh allerlei Getier ins elterliche Haus. Bei Beginn der kaufmännischen Lehre verdichtete sich allmählich das pflegerische Bedürfnis immer mehr auf die häusliche Haltung einheimischer Vögel, und er wurde nach der Jahrhundertwende einer der eifrigsten und kenntnisreichsten Berliner Weichfresserliebhaber, ohne nach außen viel Aufhebens von seiner Leidenschaft zu machen. Alle „besseren“ Arten (Sprosser, Nachtigall, Steinrötel, Grasmücken, Würger, Gelbspötter, Zaunkönig, Goldhähnchen, Schwanzmeisen) bevölkerten sein Heim, meist in viel bewunderten Käfigen, deren Anfertigung er bei seinem väterlichen Freund, dem Nadlermeister Schindler, erlernt hatte. Eine ungewöhnlich glückliche Hand hatte er bei der Eingewöhnung der schwierigsten Zärtlinge. Die Erfolge verdankte er der Fähigkeit, sich in die Lebensgewohnheiten der verschiedensten Arten einzufühlen. Es war eine Kunst, die er in jahrelanger Übung als kritischer Freilandbeobachter und Beringer erworben hatte. Zu den exotischen Formen fand er nie das rechte Verhältnis, wohl deshalb, weil sie ihm nicht die Möglichkeit boten, Verhaltensweisen in Feld und Wald zu erkunden. Zu seinem engeren Bekanntenkreis gehörten mehrere Fachleute der damaligen Hauptstadt. Darunter waren F. v. Lucanus, K. Neunzig, K. Finck. Und mit O. Heinroth (s. d.), der überkommenen Anschauungen und ungeprüften Angaben mißtrauisch begegnete, durfte er in den 20er Jahren wiederholt in die umliegenden Wälder fahren, um Eier oder Jungvögel zu beschaffen. So hatte er gar bescheidenen Anteil an Heinroths „Vögel Mitteleuropas“ (1924 bis 1931). Gern ließ er Gleichgesinnte an seinem Wissen teilnehmen, zumal er zu manchen außerhalb der eigentlichen Liebhaberei liegenden Fragen nachdenklich beratende Stellung beziehen konnte. Merkwürdigerweise lag dem Kaufmann nicht das gedruckte Wort. Nur die älteren Jahrgänge der Gef. W. brachten einige wenige Verlautbarungen aus seiner Feder. Sein Name drang nicht weit über Berlin hinaus, auch wenn er lange Jahre Schriftführer des Vereins d. Liebhaber einheimischer Vögel z. Berlin und Mitglied der „Aegintha“ war. Enttäuschungen blieben ihm offenbar nicht erspart, und nach dem 2. Weltkrieg wurde es still um ihn.

— Lit.: Nachruf (von W. Lehmann). Gef. W. 95, 1971, Heft 2, S. II/2.

Reußmann, Johann Georg Friedrich, * 8. 12. 1778 Lehrte, † 22. 4. 1848 Lehrte. Als Sohn eines Lizenzeinnehmers war er von 1807 bis 1827 Pastor an der Aegidienkirche von Hannover und später in Lehrte. Sein Name spielte in der Vogelk. zu keiner Zeit eine hervorstechende Rolle. Doch geriet er unter den Einfluß der um die Wende des 18./19. Jahrh. in Deutschland tätigen Vogelforscher wie J. M. Bechstein, M. B. Borkhausen, J. A. Naumann, B. Meyer und J. Wolf (s. d.). Ihre neu auf den Büchermarkt gekommenen Beschreibungen der heimatlichen Vögel weckten in ihm wohl nur in geringem Maße die Lust nach eigenen Beobachtungen. Er ist viel mehr in die Schicht der Bildungsbürger einzureihen, deren naturw. Sammelleidenschaft zuerst erwachte und so die eigentliche orn. Forschung geistig vorbereitete. Ob die von ihm gestapelten Schätze in der Hauptsache durch Kauf oder Erbeutung erworben wurden, ist nicht mehr zu klären. Jedenfalls nutzte er auch Reisen zu ihrer Erweiterung. So brachte er von einer Fahrt nach Helgoland vor 1824 je ein Stück von Fratercula arctica und Sula bassana mit nach Hause, und die neben Vögeln auch Säuger und wirbellose Tiere umfassende Samml. erhielt im zeitgenössischen Urteil das Prädikat „ausgezeichnet“ (vgl. J. Orn. 108, 1967, S. 412). Sie muß umfangreich gewesen sein, denn als sie kurz nach 1830 von dem Besitzer der Regierung in Hannover zum Kauf angeboten wurde, entstand der — aus Geldmangel nicht durchgeführte — Plan, auf dieser Grundlage ein zool. Mus. einzurichten. Erst 1846 wurde sie nach königlicher Bewilligung gegen eine Jahresrente für das Zool. Mus. von Göttingen erworben und 1848 dort aufgestellt. Die Frage, welche Stücke noch vorhanden sind, muß offen bleiben. Als laienhafter Wegbereiter soll R. aber hier genannt werden.

— Lit.: E. Ehlers, Göttinger Zoologen, Festschr. z. Feier d. 150jährigen Bestehens d. Königl. Ges.

TEIL 3

d. Wissensch. z. Göttingen, Berlin 1901, S. 391 bis 494. - Th. Meyer, D. Pastoren d. Landeskirchen Hannovers u. Schaumburg-Lippes . . . Bd. 2, Göttingen 1942. - E. Stresemann, Vor- und Frühgeschichte d. Vogelforschung auf Helgoland, J. Orn. 108, 1967, S. 377—429. - U. Horst, 175 Jahre Naturh. Ges. Hannover, Ber. d. Naturh. Ges. Hannover 116, 1972, S. 7—69.

Richter, Andreas, * 21. 2. 1950 Zürich, † 17. 5. 1971 bei Basel. Der Sohn eines Neurochirurgen studierte in Basel Zool. und begann, sich mit den Fragen des Vogelzuges und der Mauser zu beschäftigen. Als er das erste Vordiplom abgeschlossen hatte, starb er während einer Exkursion ins Elsaß. Die zu früh gebrochene Lebensbahn ließ ihm nur zu 3 Veröff. Zeit: „Über d. Artkennzeichen d. Eistauchers - Gavia immer im Ruhekleid" (Orn. Beob. 67, 1970), „Vogelzugbeobachtungen im Blauengebiet (Jura) in d. Jahren 1967 u. 1968" (ebd. 68, 1971), „Zum Umfang d. Jugendmauser am Flügel d. Amsel - Turdus merula" (ebd. 69, 1972).

— Lit.: Nachruf (von R. Winkler). Orn. Beob. 69, 1972, S. 1.

Römer, Fritz, Dr., * 10. 4. 1866 Moers, † 20. 3. 1909 Frankfurt. In enger Fühlung mit der Natur des Niederrheins aufgewachsen, besuchte er — keineswegs ein Musterschüler im Sinne der Schulanforderungen — das Gymnasium seiner Heimatstadt und das von Herford, um 1888 das Studium der Zool. in Jena zu beginnen. Als einer der tüchtigsten Schüler E. Häckels war er nach der Promotion von 1892 bis 1898 dessen fähigster Assistent. Mit organisatorischem Geschick und der Beherrschung der Museumstechnik ausgestattet, kam er nach weiteren Assistentenjahren in Berlin und Breslau 1900 als Kustos an das Mus. Senckenberg in Frankfurt, wo ihm 1907 die erste Direktorstelle übertragen wurde; seit 1907 trug er dazu den Prof.-Titel. Im neu errichteten Gebäude stellte er nicht nur eine die biol. Zusammenhänge der Tierwelt zeigende Schausammlung auf, sondern schuf auch im Geiste seines genialen Lehrers eine vergleichend-anat. und entwicklungsgeschichtliche Sammlung. Sein tätiges Leben stempelte ihn zum bedeutenden Zoologen und großen, warmherzigen Pädagogen. Berührung mit der Orn. trat in Erscheinung, als er zusammen mit F. Schaudinn von Juni bis Oktober 1898 die Umschiffung des Nordostens von Spitzbergen von Süd und Ost aus nach Westen wagte. Die Exp. in das nördliche Eismeer galt in erster Linie der Erforschung der Fauna der Meeresoberfläche und der Tiefsee. Nur gelegentlich konnte auch orn. Beute eingebracht werden. H. Schalow (s.d.) berichtete über diese, nach Berlin gelangte „kleine Sammlung" in „Einige Bem. z. Vogelf. v. Spitzbergen" (J. Orn. 47, 1899) und glaubte, darin „zwei für das Gebiet noch nicht mit Sicherheit nachgewiesene Arten aufzufinden". Es waren Numenius phaeopus — Regenbrachvogel und Xema sabinii = Larus sabini — Schwalbenmöwe. Auszüge aus dem Reisebericht der Forscher gab A. Reichenow (s. d.) heraus unter dem Titel „Über d. Lebensweise d. Vögel Spitzbergens" (Orn. Mber. 8, 1900, in mehreren Forts.). Er behandelte 27 Formen. Die beiden Reisenden selbst hinterließen eine Zusammenstellung der arktischen Tierformen (Fauna Arctica 1, 1900, Vögel S. 66—84). Diese Unterlagen benutzte H. Schalow nochmals in „D. Vögel d. Arktis" (Fauna Arctica 4, 1906). Hinweise auf die Vogelwelt enthalten ferner R.s Verlautbarungen „D. Tierwelt d. nördl. Eismeeres" (Jb. Nass. 58, 1905) und „D. Abnahme d. Tierarten mit d. Zunahme d. geogr. Breite" (Ber. Senck. 38, 1907). Die Ornis lag gewiß in den Randbezirken seines weiten Blickfeldes. Eine Erwähnung dieser lockeren Beziehungen dürfte nichtsdestoweniger gerechtfertigt sein. Er starb in der Vollkraft seiner Jahre an einer Infektion.

— Lit.: Nachruf (von E. Marx). Ber. Senck. 40, 1909, S. 9—29 (mit Bildnis u. Verz. d. Veröff.). - W. Kramer, Chronik d. Senck. Naturf. Gesellschaft 1817—1966 (1967).

Russow, Wolfgang (Wolf), Dr., * 1905 Cournal (Estland), † April 1945 bei Ribnitz-Damgarten (Vorpommern). Als Enkel von V. Russow (s. d.) war er früh gründlicher Feldbeobachter und Oologe. In Dorpat (= Tartu) erwarb er 1929 das Reifezeugnis und begann, gestützt auf den Erlös aus dem Verkauf einer Eiersammlung, das Studium der Med. in Graz. Später wechselte er zu jahrelangem Aufenthalt nach Greifswald über, wo er zuletzt Assistent am Hygiene-Inst. der Universität war. Im Schrifttum wurde sein Name kaum bekannt. Nur wenige Mitt. konnten ermittelt werden: „Lokale, resp. geogr. Gesangsunterschiede b. d. Weindrossel" (Orn. Mber. 48, 1940), „Weiße Bachstelze legt ihre Eier zum Gelege d. Goldammer" (B. z. F. 17, 1941), „Kuckuck ruft auf d. Zuge" (Vz. 13, 1942), „Spätbrut d. Gartenlaubvogels" (B. z. F. 19, 1943), „Fischreihergelege mit 6 Eiern" (ebd. 19, 1943). Dahingegen arbeitete er bis zum Lebensende an einer Neuausgabe der „Ornis Est-, Liv- u. Kurl." (Dorpat 1880), die sein Großvater als Hauptwerk hinterlassen hatte. Große Teile dieses Msk. waren bereits fertiggestellt. Dazu gehörten die Abschnitte über die Schnepfenvögel und ein Sonderkapitel über die Vogelwelt der Matzalbucht. Alle seine Aufzeichnungen sind am Ende des 2. Weltkriegs untergegangen. Auf der Flucht wurde er von feindlichen Soldaten erschlagen, als er Übergriffe gegen seine Frau abwehren wollte.

Rychner, Andreas, * 15. 6. 1944 Burgdorf (Kanton Bern), † 6. 7. 1965 Lofoten (Norwegen). Sohn eines Gymnasiallehrers, studierte er nach dem Besuch des Gymnasiums zwei Semester Zool. Da er sich seit dem 14. Lebensjahr erstaunlich gute feldorn. Kenntnisse erworben hatte, konnte er trotz der Jugend einen viel beachteten Beitr. liefern zur Erforschung der Avif. des Heimatkantons, vor allem des Großen Mooses (Fanel, Neuenburger See). Beifall fanden ferner die Studien des Herbstzuges durch die Alpen. Bei Erkundungen der Brutkolonien auf den Lofoten fand er durch Unfall (Absturz) einen frühen Tod und nahm viele, auf seine Fähigkeiten und seinen Eifer gesetzte Hoffnungen mit ins Grab. Mit seinem Namen bleiben zwei Arbeiten verbunden: „Beob. am Boden- u. Untersee im Herbst 1960" (Vögel d. Heimat 31, 1960) und zus. mit Ch. Imboden „Herbstzugbeobachtungen auf d. Hahnenmoospaß" (Orn. Beob. 62, 1965).
— Lit.: Nachruf (von Ch. Imboden). Orn. Beob. 62, 1965, S. 77.

S

Sachtleben, Hans, Dr., * 24. 6. 1893 Magdeburg, † 5. 4. 1967 Berlin-Friedrichshagen. Sohn eines Zahnarztes, erwarb er das Reifezeugnis in Homburg v. d. Höhe und studierte von 1912 bis 1916 in München Naturw., um mit einer Diss. „Über d. Entw. d. Geschlechtsorgane v. Chironomus . . ." 1917 promoviert zu werden. Die sich anschließende wissensch. Laufbahn begann er als Mitarbeiter von C. E. Hellmayr (s. d.) an der Zool. Staatssammlung Bayerns. Sein Aufgabengebiet wurden mit feinem Verständnis für subtile Formen durchgeführte taxonomische Unters. an meist osteurop. Vogelformen. Die Studien sind gekennzeichnet durch Veröff. wie „Carduelis carduelis balcanica subsp. n." (Anz. Bay. 1, 1919), „Sitta europaea cisalpina subsp. n." (ebd. 2, 1919), „Picoides tridactylus stechowi n. subsp." (ebd. 2, 1920), „Über d. europ. Mattkopfmeisen", eine große Arbeit zus. mit E. Stresemann (Verh. Bay. 14, 1919/20), „Z. Kenntnis d. Wasserschmätzer" (ebd. 14, 1919/20), „Eine neue Spechtform aus Litauen" (ebd. 14, 1919/20), „D. geogr. Formen d. schwarzköpfigen Distelfinken" (Arch. Naturgesch. 84, 1918, Abt. A. 1920), „Über die geogr. Variation d. Formenkreises Motacilla alba L.", dargestellt auf Grund d. Gefiederfolge u. d. Gefiederwechsels in einem Vortrag vor der Berliner DOG (J. Orn. 70, 1922). Am deutlichsten zeichnen sich seine Gedankenbahnen im Hauptwerk ab; es erschien als „D. Vögel Litauens" in E. Stechow, „Beitr. z. Natur- u. Kulturgeschichte Litauens . . ." (Abh. Akad. d. Wissensch. Münch. Suppl.-Bd. 1, 1922, S. 9—232) und ist besprochen von E. Stresemann (s. d.) in Orn. Mber. 30, 1922. Nachdem S. noch 1921 der DOG beigetreten war, verließ er, ungeachtet der ihm allseitig entgegengebrachten Anerkennung, bald den Bereich der wissensch. Orn. Neue Ufer lockten ihn, als er 1920 an die Biol. Reichsanstalt f. Land- u. Forstwissensch. ging. Die Aufgaben des Pflanzenschutzes und der Schädlingsbekämpfung füllten die folgenden Jahrzehnte mit bedeutenden Arbeiten (Buchbeiträge, Zeitschr.-Aufsätze) aus. 1933 wurde er an das Dt. Entom. Inst. d. Kaiser-Wilhelm-Gesellschaft versetzt. Die weiterhin aufsteigende Laufbahn des auch durch hohe menschliche Züge geprägten Gelehrten und Organisators verdeutlicht sich durch Daten: 1943 Direktor des Instituts, 1946 Prof.-Titel, 1956 Ehrenmitglied der Dt. Entom. Ges., 1957 Nationalpreis der DDR.
— Lit.: Nachruf (von F. Bachmaier). Anzeiger f. Schädlingskunde 40, 1967, S. 138/39 (mit Bildnis). - Nachruf (von M. Klinkowski). Nachr.-Blatt f. d. Dt. Pflanzenschutzdienst, N. F. 21, 1967, S. 135/36 (mit Bildnis).

Sanden-Guja, Walter von, * 18. 6. 1888 Marienwalde bei Launingken (Kr. Angerapp),

TEIL 3

† 7. 2. 1972 Hüde, Dümmer (Kr. Grafschaft Diepholz). Nach dem Besuch des Gymnasiums in Weimar (1903 bis 1908) und dem Militärdienst bei den Dragonern in Schwedt an der Oder (1909/10) lebte er als Landwirt, Forstwirt und Binnenfischer auf seinem Gut Klein-Guja (Kr. Angerburg) und verwaltete von dort aus das vom Vater ererbte Gut Launingken, bis das Jahr 1945 die trotz zweier Weltkriege festgefügte Daseinsordnung zerstörte. Zusammen mit seiner Frau, einer begabten Künstlerin, trug ihn der Flüchtlingsstrom zunächst nach Kärnten und schließlich nach Westdeutschland. 1947 wurde er in Hüde wieder seßhaft. Er war eine musisch-naturw. begnadete Persönlichkeit. Ein aus dem ostpr. Boden gewachsenes, urtümliches Naturgefühl gab ihm die Gelassenheit, Zeit und Liebe aufzuwenden, um auch die kleinsten Dinge stiller Fluren, Wälder, Mooren und Seen groß zu sehen und die ihm zugewandten Menschen an diesem Glück teilnehmen zu lassen — durch eine schlichte, unaufdringlich fein gesponnene Sprache: „Unsere wunderschöne Welt ist nicht dazu da, verdorben, sondern verbessert und mit Liebe gepflegt zu werden." Sein schriftstellerisches Werk kam aus dem religiösen Urgrund eines demütigen Herzens, und die Bereitschaft zur Versenkung in die Reize der ihn umgebenden Landschaft machte ihn früh reif zu kritisch besinnlicher Beobachtung der heimischen Tierwelt. Avif., brutbiol., phänol., ethol. und ökol. Studien waren die Themen, mit denen er seit 1930 in der Fachpresse sowie in Heimat- u. Jagdzeitschr. (u. a. Orn. Ms., Vz., Zeitschr. f. Tierpsychol., Aus d. Heimat, Wild u. Hund, Zeitschr. d. allg. Dt. Jagdschutzver.) hervortrat. Rege war seine Mitarbeit bei der Vogelwarte Rossitten, und der DOG schloß er sich 1931 an. F. Tischler (s. d.) verdankte ihm entscheidende Anregung beim Entstehen der „Vögel Ostpr. . . ." (1941) und nachhaltige Unterstützung bei der Drucklegung. Der 2. Band enthält daher ein Bildnis des „lieben Freundes Walter von Sanden, Klein-Guja" und im Lit.-Verz. 18 Titel der Veröff. bis z. J. 1938. Ergänzend seien hier hinzugefügt Bücher wie „Guja, See d. Vögel" (1933), „Ingo, d. Fischotter", „D. gute Land" und die Arbeit über den „Bestand d. Höckerschwäne Ostpr. 1936/38 u. ihr Leben auf d. Nordenburger See" (Schr. Königsb. 71, 1940). Nach der Vertreibung lieferte er der Vogelwarte Helgol. viele Jahre Ber. für die internat. Wasservogelforschung, unterstützte die Verf. der „Dümmer Vogelwelt" und die Schutzbemühungen um die Gesundung des großen Binnensees. Diesem Gewässer galten einige Aufs., z. B. „Östl. Freunde am Dümmer" (Nat. u. Heimat 9, 1949), „Auf d. Vogelwiese am Dümmer" (Aus d. Heimat 60, 1952), „D. Dümmer, ein Kleinod Nordwestdeutschlands" (Pirsch 6, 1954), „Wildschwäne im Wintergewitter" (ebd. 6, 1954), „Außergewöhnlicher Kranichzug am Dümmer" (Orn. Mitt. 8, 1956), „Ist d. Dümmer noch zu retten?" (Nat. u. Landsch. 39, 1964). Aus den westl. Jahren stammen schließlich kleinere und größere Buchveröffentlichungen, in denen meist der Zauber des Nordenburger Sees geschildert wird. Dazu gehören „D. See d. sieben Inseln" (1947), „D. Eisvogel" (1948), „Am See d. Zwergrohrdommel" (1950), „Zugvögel" (1950), „Alles um eine Maus" (1942 u. 1953), „Wo mir d. Welt am schönsten war" (1957), „D. große Binsensee" (1953 u. 1960), „Mein Teich u. d. Frosch" (1963), „Schicksal eines ostpr. Schwanensees v. 1893 bis 1963", Aschwin-See (Nat. u. Landsch. 38, 1963), „Schicksal Ostpr.", eine fesselnde Selbstbiogr. d. reifen Mannes (Landbuch-Verlag, Hann. 1968). Im Kleinformat geschrieben, wurde „D. Rauchschwalbe" (1971) ein letzter Gruß an die verlorene ostpr. Heimat, deren Bild ihn unzerstörbar begleitete, bis sich seine Augen für immer schlossen.

— Lit.: Würdigung (von G. Hoffmann). D. Ostpreußenblatt v. 15. 6. 1953, S. 8. - Würdigung (von O. Koehler). Ebd. v. 14. 6. 1958. - Würdigung (von F. Goethe). Nachr.-Bl. f. Natursch. u. Landschaftspfl. 34, 1963, S. 22/23. - Nachruf (von H. Ringleben). Vogelk. Ber. Nieders. 4, 1972, S. 24/25. - Nachruf (von F. Hollberg). Diepholzer Kreisbl. v. 16. 2. 1972 u. Ostpreußenbl. 1972. - Nachruf (von H. Röhrig). Niedersachsen 72, 1972, S. 161/62. - Nachruf (ohne Verf.). Wild u. Hund 19, 1972, S. 1110. - Nachruf (von E. Schüz). Vwa. 26, 1972, S. 327/28. - Nachruf (von W. Erz). Nat. u. Landschaft 47, 1972, S. 290.

Schlotter, Hermann, * 25. 4. 1891 Liebengrün, Kr. Ziegenrück (Saale), † 7. 8. 1973 Fénétrange (Lothringen). Mit dem Volksschulabschluß trat er in die fürstliche Stadtkapelle von Schleiz als Musiklehrling ein, um 1911 die Laufbahn des Militärmusikers einzuschlagen. Die veränderten Verhältnisse nach dem 1. Weltkrieg führten ihn in den

Zolldienst. Er wurde 1923 Zollaufseher in Neurhede (Kr. Aschendorf), 1929 in Hamburg-Harburg, 1935 Zollsekretär in Altenburg (Thüringen) und dort 1938 Zollinspektor. Nach dem Zusammenbruch 1945 fand er erst 1952 in der alten Stellung wieder Verwendung in Bremen, wo er 1955 in den Ruhestand trat. Mit einem gesunden Gespür für avif. Erlebnisse, aber ohne größere Zusammenhänge überschauen zu können, richtete sich sein Blick mit Vorliebe auf die Eierkunde. Sachbezogene Verbindung u. a. zu C. F. R. Paeßler, F. Moebert und besonders zu M. Schönwetter (s. d.) regten seinen Eifer so nachhaltig an, daß es ihm — ohne viel Aufhebens davon zu machen — möglich war, auf Fehler älterer Oologen hinzuweisen. Wo Zweifel an seinen Angaben auftraten, wurden sie widerlegt (vgl. M. Schönwetter, Hdb. d. Ool. 1963 und Niethammer-Kramer-Wolters, Artenliste 1964). Seit den 20er Jahren meldete er sich verschiedentlich mit kurzen Mitt. aus seiner Felderfahrung zu Wort: „D. Austernfischer als Brutvogel an d. Ems" (B. z. F. 3, 1927), „D. Große Bekassine - Capella media Brutvogel d. Bourtanger Moores" (ebd. 4, 1928), „Porzana pusilla intermedia Brutvogel im Bourtanger Moor" (ebd. 6, 1930), „Ein interessanter Nistplatz d. Flußregenpfeifers" (ebd. 7, 1931), „D. Trauerbachstelze brütet in Harburg" (ebd. 10, 1934), „Kampf zwischen Kuckuck u. Wiesenpieper" (ebd. 18, 1942). Die politischen Ereignisse nach 1945 ließen ihn lange verstummen, bis späte Bekanntschaft mit H. Ringleben ihn wieder in Verbindung mit der Orn. brachte. Aus der neuen Anregung erwuchs noch der ausführlichere Beitr. „Seltene Brutvögel im nördl. Bourtanger Moor" (B. z. Naturk. Nieders. 9, 1956). Der ästhetisch angehauchte Zollbeamte, der nie Verständnis für naheliegenden Eierraub hatte, gehörte zu den letzten dt. Vertretern der ernsthaften Ool. Er starb auf einer Reise und nahm ein solides Wissen auf dem inzwischen fast erloschenen Sondergebiet mit ins Grab. Weit über 2000, im Besitz der Familie verbliebene Eier, von denen er allerdings nur einen kleinen Teil selbst gesammelt hatte, konnte er sein eigen nennen. Darunter war das einzige sichere dt. Gelege der Zwergschnepfe, das M. Schönwetter kannte.

— Lit.: Nachruf (von H. Ringleben). Vogelk. Ber. Nieders. 6, 1974, S. 21/22.

Schlüter, Willy, * 12. 1. 1866 Halle (Saale), † 23. 7. 1938 Wernigerode (Harz). Sein Großvater Friedrich Sch. genoß in der Mitte des letzten Jahrh. den Ruf, ein ausgezeichneter Konchyliologe zu sein. Die Naturliebe setzte sich in der Familie fort: Der Vater Wilhelm Sch. (s. d.) gründete 1853 die weltbekannte Naturalien- u. Lehrmittelanstalt in Halle, und der Sohn ging bereits als Schüler der Oberrealschule der Franckeschen Stiftungen dem Vater zur Hand, dabei dem Wissen um die Fauna und Flora fremder Erdteile feste Grundlagen verleihend. In der Studienzeit 1885 bis 1888 fand der Umfang der autodidaktisch erworbenen Kenntnisse auf dem Gebiete der beschreibenden Naturwissenschaften die positive Bewertung von Lehrern und Dozenten. Als er 1894 die Leitung des väterlichen Unternehmens übernahm, baute er das Geschäft zwar zielstrebig aus, mußte aber erfahren, daß seit der Wende des Jahrh. der alte Stil des Naturalienhandels und damit die Nachfrage nach orn. oder ool. Sammlungsgegenständen (die Vogelbälge stammten meist aus dem Kaukasus und Skandinavien) mehr und mehr in den Hintergrund traten. Im Sinne des vordringlich werdenden Naturschutzes verzichtete er daher auf die Beschaffung rezenter einheimischer Formen und stellte sich in enger Fühlung mit der naturw. Fachwelt auf die Anforderungen des biol. Unterrichts ein. Die Lieferung von Lehrmitteln aus den Bereichen der Anthrop., Paläont., Zool., Botan., Min., Geol. stand fortan im Vordergrund des Geschäfts. 1911 legte W. Sch. die Leitung in die Hände seines jüngeren, 1944 gestorbenen Bruders Curt Sch. und seines langjährigen Mitarbeiters Otto Maß. Die Firma hieß seitdem „Dr. Schlüter und Dr. Maß". Sie wurde nach dem 2. Weltkrieg von C. Sch.s Sohn in Winnenden bei Stuttgart als A. Schlüter K.G., Naturw. Lehrmittelanstalt neu aufgebaut. W. Sch. selbst zog sich 1911 nach Wernigerode zurück und beschäftigte sich fortan mit der Ordnung seiner reichen Privatsammlungen, die dann an ihm nahestehende Mus. übergingen. Die stattliche Kolibrisammlung kam in das Mus. von Halberstadt. Durch die fachlichen Beziehungen zu vielen führenden Ornithologen — zu ihnen gehörten Graf H. v. Berlepsch und O. Kleinschmidt (s. d.) — wußte sich der Kaufmann stets im Dienste der wissensch. Vogelforschung. So machte er sich 1911 nützlich durch die Herausgabe einer 2. Aufl. von F. W. Meves (s. d.), „Größe u. Farbe d. Augen aller europ. Vögel" (1886). Die gewandelte Welt seiner späteren Jahre bewahrte ihm die Achtung, die menschlicher Rechtschaffenheit zukommt (aber nicht immer gewährt wird).

— Lit.: Würdigung. Hallische Nachrichten v. 11.1. 1936, Nr. 9. - Nachruf (von O. Kleinschmidt). Falco 34, 1938, S. 75.

Schrader, Ernst Hermann, * 4. 9. 1797 Kiel, † ?. Als Sohn eines Kieler Prof. d. Rechte war er der Schwager von F. Boie (s. d.) und beteiligte sich aufgrund dieser verwandtschaftlichen Beziehungen und offenbar gleichgerichteter naturw. Neigungen an der orn. Erkundungsfahrt, die J. F. Naumann gemeinsam mit P. von Wöldicke (s. d.) und F. Boie im Mai/Juni 1819 nach der nordfriesischen Inselwelt unternahm. Der junge Forstexspektant der kgl. Forstlehranstalt in Kiel (später führte er den Titel eines Forst- u. Jagdjunkers) fühlte sich gedrängt, einen längeren Überblick der Erlebnisse und Erfahrungen auf dieser mehrtägigen Reise niederzulegen unter dem Titel „Bem. auf einer im Sommer 1819 gemachten Reise durch die schlesw. Westinseln Pelworm, Süderoog, Amrom u. Sylt" (Niemanns Vaterländische Waldberichte 1, Altona 1820, S. 354—372). Der erste Satz verriet die „Hauptabsicht unserer Reise". Es war die „Erlegung einiger, erst spät im Mai und vorzüglich längs der Westküste ziehender Vögel, als auch durch die Eier von denjenigen, die nur auf diesen Inseln brüten". Die lebendige Darstellung erreichte wohl ihren Zweck in den Augen der mit den Küstenverhältnissen nicht vertrauten Binnenländer. Doch blieb sie seine einzige orn. Wortmeldung und geriet schon deshalb in den Schatten der Verlautbarungen, die bedeutendere und gedankenreichere Zeitgenossen wie J. F. Naumann, F. Boie, F. Faber (s. d.) über die Biol. der Seevögel hinterließen. E. H. Schr. soll hier erwähnt werden, weil der lesenswerte Ber. ihn ausweist als erfahrenen Oologen und Kenner der maritimen Vogelwelt in einer Zeit, die noch mit wenig Aussicht auf Erfolg um die Ordnung der Formenvielfalt rang. Daß die Schrift anonym erschien, verhinderte ihre Verbreitung gewiß nicht, denn J. F. Naumann nannte in den „Orn. Bem. u. Beob. als Resultate einer Reise durch einen Teil d. Herzogtümer Holst., Schlesw. u. d. Inseln d. dän. Westsee" (Isis 1819) den „jungen Menschen" als Reisebegleiter auf jener Seefahrt, die den Meister einige Jahre später veranlaßte, die Bilder der „großen Möwe in d. Dünen von List auf d. Insel Sylt" und der „großen Meerschwalben hinter d. Dünen von List auf d. Insel Sylt" zu entwerfen, um sie seiner Arbeit „Über d. Haushalt d. nord. Seevögel Europas, . . ." (Leipz. 1824; dazu Neudruck in Neuer Naumann Bd. 12, Anhang) einzufügen. Ort und Zeit von Schr.s Tod konnten nicht gefunden werden.

— Lit.: H.-P. Müller, Eine vogelk. Reise durch d. nordfries. Inselwelt vor mehr als 150 Jahren, Heimat 79, 1972, S. 249—251 (mit Bildnissen von J. F. Naumann u. F. Boie).

Schröder, Erich, * 12. 5. 1893 Berlin, † ?. Als Sohn des für den Zool. Garten Berlin tätigen Tier- u. Kunstmalers Wilhelm Sch. (gest. 1912) besuchte er, den ererbten Neigungen folgend, die Kunstschule Charlottenburg und pflegte in Verbindung mit dem Berliner Tiergarten und Aquarium gleichfalls die naturw. Illustration. So wurde er — seit 1924 Mitglied der DOG — nach dem ersten Weltkrieg von Autoren und Verlegern zur Bebilderung orn. Aufsätze oder Bücher herangezogen. Die ersten Zeugnisse seiner künstlerischen Begabung waren wohl 5 Bunttafeln in H. Granvik, „Contributions to the East African Orn." (J. Orn. 71, 1923, Sonderheft). Dann folgten farbige Textbilder und Handzeichnungen in F. v. Lucanus (s. d.), „D. Leben d. Vögel" (1925), Vogeltafeln in J. Graf, „Biol. f. Oberschulen" (1939) sowie in Bieger, „Hdb. d. Jagd" (1941) und in F. v. Lucanus, „Deutschlands Vogelwelt" (Neuaufl. 1943, anstelle d. Tafeln d. verstorbenen K. Wagner). Von 1924 ab stützte sich vor allem der Berliner Verlag H. Bermühler auf die maltechnischen Leistungen bei der Bildausstattung der von der Reichsstelle f. Naturschutz herausgegebenen amtlichen Wandtafeln und Taschenbücher der geschützten Tiere und Pflanzen. Bildschmuck aus seiner Hand zierte außerdem volkstümliche Bücher wie W. Hagen (s. d.), „Erp, d. Geschichte einer Wildente" (1938 u. 3. Aufl. 1954) und K. Knaak, „Ti-ti, d. Geschichte eines Eisvogels" (1938). In der wissensch. Orn. ist sein Name verbunden mit O. Heinroth (s. d.), „D. Vögel Mitteleuropas . . ." (1924 bis 1931). Die ihn jahrelang in Anspruch nehmende Aufgabe bestand darin, daß er die auf geeignetem Papier schwach angedeuteten photogr. Abzüge mit naturgetreuen Farben zu versehen hatte. Auch diese künstlerische Gestaltung gelang ihm meisterhaft. 1926 verzog der Maler von Berlin nach Wilhelmshorst bei Potsdam und 1928 in das Nachbardorf Langerwisch. Ab 1942 war er als Studienrat an der Meisterschule für Graphik und Buchgewerbe in Berlin angestellt. Doch am 19. 5. 1945 holten ihn die Russen aus seiner Wohnung. Seitdem ist er verschollen. In einem Lager von Landsberg a. d. Warthe soll er im Herbst 1945 umgekommen sein.

Schuhmacher, Eugen, * 4. 8. 1906 Stuttgart, † 8. 1. 1973 München. Aus einem württ. Forsthaus stammend, wurde er mit 16 Jahren Jagdaufseherlehrling und bald darauf auch Soldat bei der Bayer. Landespolizei, die er bei der Übernahme in die Reichswehr verließ, um in der orn. Abt. der Zool. Staatssammlung unter A. Laubmann (s. d.) zu arbeiten. Nachdem er obendrein bei A. Fischer (s. d.) in Augsburg das Präparieren gelernt und in Berlin eine Präparatorenprüfung bestanden hatte, wurde er ein geschickter Dermoplastiker, den H. Krieg (s. d.) als Begleiter und Photographen 1931/32 und 1937/38 mit nach Südamerika nahm. Anschließend bot ihm die berufliche Stellung an der Bayer. Staatssammlung zusätzlich die Freizeit für orn. Exk., aus denen eine größere Reihe von Verlautbarungen erwuchs. U. A. Corti (s. d.) nannte in „D. Brutvögel d. dt. u. österr. Alpenzone" (1959) 7 Beitr., die zwischen 1931 und 1949 in Anz. Bay., B. z. F., Vw. erschienen waren. W. Wüst verzeichnete in der „Bibl. z. Avif. Bay." (Abh. d. Bayer. Akad. d. Wissensch. 1973) 35 Titel zwischen 1931 und 1951 in Anz. Bay., Bayerl., Dt. Jäger, Dt. Jagd, Süddt. Sonntagspost (Beilage), B. z. F., Orn. Mber., Vw., Blätter f. Natursch. (Münch.), Orn. Ber., Lebendige Erziehung (Münch.), Orn. Mitt. In die Anfangszeit gehört daneben die kleinere Buchveröff. „D. Federwild d. dt. Jägers" (Neudamm 1937). Freude an der Photo-Jagd ebnete ihm dann 1938 den Weg in die Kulturfilm-Abt. der Bavaria-Filmgesellschaft. Als die Amerikaner 1945 die Auflösung der Gesellschaft erzwangen, flüchtete er in das Wagnis der Selbständigkeit. Nach 92 auf der Hallig Norderoog und der Grünen Insel (Eidermündung) erzielten Bildern, die als Buch den Titel „Unter Säbelschnäblern u. Seeschwalben" (Berlin 1937) trugen, zeigte sich seine Geschicklichkeit u. a. in dem 1949 im Ismaninger Teichgebiet entstandenen Film „Gefiederte Gäste am Rande der Stadt" und in dem mit A. Kraus 1951 gedrehten Film „Natur in Gefahr". Dasselbe Jahr brachte das Buch „Meine Filmtiere", in das er Einzelheiten über seine Entwicklung zum Filmkünstler einschaltete. In der Folgezeit drängte es den tiefer blickenden Beobachter mehr und mehr, für die von der Herzlosigkeit oder Dummheit des Menschen bedrohte Tierwelt einzutreten. Unter Förderung durch die Internat. Union f. Naturschutz, den World Wildlife Fund, den Dt. Naturschutzring sowie die Photofachindustrie suchte er, meist zusammen mit technischen Helfern, die letzten Zufluchtstätten auf, um aufgrund von Dokumentarfilmen das Daseinsrecht der Tiere zu unterstreichen. An seiner Seite standen streckenweise auch P. Eipper 1957 in Kanada, H. Kumerloeve 1964 in Kleinasien, I. Eibl-Eibesfeldt 1966 auf den Galapagos-Inseln, G. Diesselhorst 1967 in Afrika, J. Steinbacher 1970 im Donau-Delta. Die in den entlegensten Winkeln der Erde gesammelten Eindrücke spiegeln sich wider in tierkundlichen und ethnogr. Filmen und Titeln wie „Tiergarten Südamerikas" (1939), „Im Schatten d. Karakorum" (1955), „Geisterland d. Südsee" (1960), „Alaska, Wildnis am Rande d. Welt" (1966). Aus der sein Streben krönenden späten Schaffensperiode sind vor allem zu nennen „D. letzten Paradiese", mit orn. Text von G. Diesselhorst (1966), „Ich filmte 1000 Tiere", mit d. Liste d. 43 von ihm gestalteten Filme (1970) und „Europas letzte Paradiese", mit orn. Text von G. Diesselhorst (1972). Seit 1958 bediente er sich — ähnlich wie H. Sielmann, B. Grzimek, O. v. Frisch u. a. — auch des Fernsehens, um unter Verzicht auf pseudowissenschaftliche Beigaben mit der Sendereihe „Auf d. Spuren seltener Tiere" Verständnis für die Notwendigkeit großzügiger Rettungsmaßnahmen zu wecken. Seine Stärke lag in der Begabung, mit künstlerisch beeindruckender Bildgestaltung den Gebrauch der dem Stoff angepaßten Sprache zu verbinden. Die Herzwärme seiner Worte verschafften ihm dabei vor allem den Beifall jener Zuhörer, die auf erzählende Unterhaltung mehr Wert legten als etwa auf eine stammesgeschichtliche Belehrung. In dem weit gesteckten Rahmen der Bewußtseinsweckung sicherte er sich mit Recht einen sehr bekannten Namen. In der Tat stellte er sich vor als Anwalt der Erhaltung wenigstens eines Teiles dieser Erde, die die Basis alles Schaffens auch für die orn. Forschung ist. In der fortgeschrittenen Phase persönlichen Ehrgeizes und Erfolges ging jedoch, nicht zuletzt wegen seiner vielseitigen Verpflichtungen, die Verbindung zur reinen Vogelk. und zu manchen früheren Freunden verloren. Auch die Mitgliedschaft bei der Orn. Ges. Bay., deren Schriftführer er lange Jahre gewesen war, gab er auf. Sachliche Würdigung wird in historischem Abstand dereinst feststellen müssen, daß das Hauptverdienst des rührigen Autodidakten nicht in der Herstellung schöner Photos und Filmbilder lag (das erreichten vor ihm und mit ihm auch andere Künstler und Autoren). Ungleich größeres Gewicht hatte sein Wirken als einer der Pioniere, die sich über das Schicksal von Mensch und Tier in einer entseelten und zerstörten Natur klar waren — lange bevor das Schlagwort des Umweltschutzes in den Angstkreis und die Umgangssprache der Öffentlichkeit eindrang. Als er die Augen schloß, hatte er nicht nur viele Filmpreise erworben, sondern war auch Inhaber des Bayer. Verdienstordens und des Bundesverdienstkreuzes.

— Lit.: A. Fischer, Aus meinem Leben, 17. Ber. d. Naturf. Ges. Augsburg 1964, S. 89—130 (mit 2 Bildnissen). - Nachruf (von W. H.). D. Pirsch 25, 1973, S. 45 (mit Bildnis). - Nachruf (Verf. ungen.). Dt. Jäger-Ztg. 90, 1973, S. 994 (mit Bildnis). - Nachruf (von G. Fahrbach). Blätter d. Schwäb. Albvereins 79, 1973, S. 18 (mit Bildnis). - Nachruf (Verf. ungen.). Blätter f. Natur- u. Umweltschutz (Zeitschr. d. Bund Naturschutz in Bayern) 53, 1973, S. 24 (mit Bildnis). - Nachruf (von H. Ackermann). Dt. Alpenverein, Mitt. 25, 1973, S. 85/86. - Nachruf (von E. Sommerfeld). Anz. Bay. 13, 1974 (im Druck).

Schumacher, Karl, Dr., * 3. 5. 1862 Innsbruck, † 15. 5. 1928 Solbad Hall. Sohn eines Juristen, der in Innsbruck, Trient, Venedig, Mantua und zuletzt als österr. Kreisgerichtspräsident in Bozen Dienst tat, war er prakt. Arzt und Gemeinde-Sprengelarzt in Zams (seit 1890), in Dornbirn (seit 1892), in Schwaz (seit 1894) und als Med.-Rat in Solbad Hall (seit 1912). Wie er zur Beschäftigung mit der heimatlichen Vogelwelt kam, schilderte er in seiner noch erhaltenen Familienchronik. Ein gekürzter Auszug daraus sei wiedergegeben, weil der Weg des Verfassers typisch gewesen sein dürfte für die natürliche, lebensnahe Ausgangsstellung vieler Autodidakten, die Liebhaber bleiben müssen, gewiß aber auch für viele solcher Anfänger, die später wissensch. Weihen erreichen: „... Diese Freude, die mich durch das ganze Leben begleitete, war die Freude an der Natur und ihren Geschöpfen; ich glaube, diese Anlage vom Vater geerbt zu haben, der auch immer Vögel hielt ... Den ersten Vogel (Zeisig) brachte mir der Vater vom Vogelmarkt am Stadtturm [der Sohn war damals sechs Jahre alt] ... Später begann ich mit den gewöhnlichen am Markt erhältlichen Vögeln und dann in Thaur [Sommerfrischenort der Familie] mit Vogelfang im Garten mit Schlageln und dann mit Leimruten im Walde mit Locker (Meisen) oder an der Tränke ... Ein in der Gymnasialbibliothek entliehenes Büchlein ‚Meine Freunde' von C. Ruß ... erweckte in mir die Naturbeobachtung und Freude an derselben. Ich strebte nun danach, die bei uns heimischen Kleinvögel kennenzulernen und lernte viel durch wiederholten Besuch im Museum Ferdinandeum ... Brehm, Tschudi, Altum, Ruß und dgl. las ich mit Eifer ... Die Beobachtung der Vogelwelt ... machte mir meine Besuchsgänge zu einem Naturtheater, für das ich dem Schöpfer nur dankbar sein kann." Die von den Berufspflichten eng gezogenen Schranken brachten es mit sich, daß er die Stufe des Liebhabers nie überschreiten konnte. Und wenn er in Mußestunden zur Feder griff, gab er nicht angelesenes Buchwissen weiter. Es genügte ihm, Gleichgesinnte an seinen Erlebnissen und Beobachtungen teilnehmen zu lassen. Bei U. A. Corti, „D. Brutvögel d. dt. u. österr. Alpenzone" (1959) finden sich 13 Titel dieser Verlautbarungen aus den Jahren 1904 bis 1919. Genannt seien: „Ornithologisches aus Tirol" (Gef. W. 34, 1905), „Späte Bruten" (ebd. 40, 1911), „Beob. in Nordtirol" (ebd. 45, 1916 u. 46, 1917), „D. Vogelgesang im Kreislauf d. Jahres" (ebd. 47, 1918), „Ein Herbstausflug auf 2725 Meter" (ebd. 47, 1918), „Beobachtungen" (ebd. 48, 1919). Sein oft wiederholter Wunsch, „wenn ich in Pension bin, gehe ich wieder Vögel fangen", erfüllte sich nicht.

— Lit.: E. Schumacher-Marienfried, Familiengeschichte der Schumacher, Innsbruck 1924.

Schwarz, Erwin, * 31. 1. 1881 Schwandorf (Niederbayern), † 6. 2. 1952 Stuttgart. 1896 verzog er nach Stuttgart und war hier zuerst Kaufmann und später Behördenangestellter. Seit 1926 „von Beruf“ (so seine eigenen Worte) Mitarbeiter der Württ. Landesstelle f. Naturschutz und seit 1933 eifriger Beringer, verspürte der naturbegeisterte Idealist nie den Wunsch nach öffentlichem Auftreten, und wer ihn auf den zahlreichen dem freiwilligen Betreuungsdienst gewidmeten Fußmärschen durch die heimatlichen Fluren und Wälder begleiten wollte, mußte vorher sein Vertrauen gewonnen haben. Da sich die Freilandstudien meist auf die Beob. weniger Formen beschränkten, besaß er eine eingehendere Kenntnis der Lebensbedingungen vor allem der Greifvögel, der Schleiereule, des Schwarzspechts und der Hohltaube. Sein Wissen über die drei letztgenannten Arten ist daher in das Handbuch von G. Niethammer (Bd. 2 u. 3) eingegangen (vgl. dazu H. Löhrl in J. Orn. 103, 1962, S. 487). Auch ein Erlaß der Württ. Forstdirektion v. 1. 2. 1947 zur Schonung der Schwarzspechtbäume beim Holzeinschlag verdankte ihm die entscheidende Anregung. In der weiteren Umgebung von Stuttgart war ihm dazu jeder Sperberhorst bekannt, und das Urteil über Pfarrer und Mesner von neun Landkreisen machte er abhängig von deren Einstellung zu Schutzmaßnahmen für die Schleiereule auf den Kirchtürmen. Fast 1000 Stücke dieser Eulenart und Hunderte von Jungsperbern konnte er beringen. Zu einer Darstellung der reichen Erfahrungen ließ er sich jedoch nicht überreden. Nur drei Merkblätter für angewandte Vogelk. (betr. Schleiereule, Mauersegler u. Schwarzspecht) sind, hrsg. von der Vogelschutzwarte Ludwigsburg und der Vogelwarte Radolfzell, unter Verwendung seiner Angaben entstanden. Die Beringungszahlen für die Eule zwischen 1937 und 1951 mit 250 Wiederfunden bildeten den Kern des Quellenmaterials für die Studie von U. Sauter, „Beringungsergebnisse an d. Schleiereulen d. Neckarraumes“ (Jh. Württ. 109, 1955). Daß sich Sch. auch der praktischen Nisthilfe mit Erfolg annahm, zeigt der von ihm konstruierte Spaltkasten (jetzt Spalthöhle) für Baumläufer.

— Lit.: Würdigung (von Schriftl.). Vwa. 16, 1951, S. 40 u. 1952, S. 136. - Nachruf (von E. Schüz). Beilage zu „Für Arbeit u. Gesinnung“, Stuttg. 6, 1952, S. 158. - Nachruf (von H. Schwenkel). Jh. Württ., Teil 5, 107, 1952, S. 85/86.

Stadie, Richard, Dr., * 16. 11. 1904 Breslau, † 31. 3. 1972 Kiel. 1923 verließ er — Sohn eines Direktors der Berlinischen Lebensversicherung — mit dem Reifezeugnis das Zwinger-Gymnasium seiner Heimatstadt und studierte (neben Botanik und Chemie) Zool. bei F. Pax (s. d.) an der Friedrich-Wilhelm-Universität. Nach der Promotion über „Beiträge z. Biol. d. schles. Lachmöwenkolonien“ (Ber. Schles. 15, 1929) gingen die Studienjahre über in die Stellung des Assistenten, der orn. arbeitend häufig auf Helgol., dem Darß und der Greifsw. Oie weilte. Die aufsteigende Linie der wissensch. Entfaltung führte ihn 1934 an die Biol. Forschungsstation Hiddensee d. Univ. Greifsw., wo er die von ihm 1936 gegründete Vogelwarte (vgl. seinen Ber. „Z. Einführung einer dritten dt. Vogelwarte ...“, Vz. 8, 1937) bis 1945 leitete. 1937 erfolgte die Habilitation und danach die Beförderung zum Dozenten am Zool. Inst. Greifsw. Seit 1939 war er Soldat, bis er nach schwerer Kopfverletzung 1942 wehruntauglich wurde. Mit der dt. Katastrophe von 1945 begann die tragische, notvolle Wendung seiner Laufbahn, als es dem Flüchtling nicht gelang, an der Univ. Kiel festen Fuß zu fassen. Kurzer Beschäftigung beim Aufbau des Zool. Instituts folgte die Beratung eines Unternehmens für Schädlingsbekämpfung, bis er, im Arbeitseinsatz schon behindert, 1951 ein Lehr- u. Lernmittelgeschäft gründete und 1961 zusätzliche Lehrtätigkeit an einem Kieler Studienkolleg übernahm. Früh hatte die Liebe zu den in natürlicher Freiheit sich bewegenden Geschöpfen seine Berufswahl bestimmt. Später beflügelte ein kritischer Blick für zool. Probleme das akad. Pflichtbewußtsein, und orn. Fragen reizten ihn noch, nachdem ihm die Verwundung mit steigender Konzentrationsunfähigkeit Beschwerden bereitete. Da er sich aber ohne sein Verschulden von der ihm vorschwebenden Bahn abgedrängt fühlte, mangelte ihm schließlich die Kraft, die sich erneut anbietenden Beziehungen zur Vogelkunde wieder aufzunehmen. Obwohl von 1927 bis 1932 Mitglied der DOG, fand er auch nicht mehr den Weg zurück in die DO-G. Ein Denkmal seines überwiegend den Rätseln des Vogelzuges gewidmeten Dienstes an der Orn. hatte er sich indes schon selbst gesetzt in den Veröff., die zwischen 1929 und 1939 zahlenmäßig am häufigsten in Ber.

TEIL 3

Schles. und Vz. erschienen (s. E. Schüz u. G. Zink, Verzeichniswerk 1955 in Vwa. 18, 1955, S. 142). Aus anderen Zeitschriften seien als weitere Zeugnisse seines Fleißes genannt: „Über d. Entstehung d. gelben u. roten Gefiederfarben", zus. mit H. Giersberg (Zeitschr. vergl. Physiol. 18, 1933), „V. Zuge d. Rügenschen Kormorane ..." (Mitt. Vorp. u. Rü. 61, 1934), „Hat d. Zahl d. Kranichbrutplätze in Pom. während d. letzten 30 Jahre eine nennenswerte Verminderung erfahren?" (ebd. 65/66, 1937/38), „Ein Beitr. z. hormonalen Beeinflussung d. Gefiederfarben" (Zeitschr. wissensch. Zool. A, 151, 1938), „Zugwege u. -ziele d. dt. u. holl. Kormorane ..." (Dohrniana 18, 1939), „Über d. pom. Beringungsergebnisse b. Weißen Storch ..." (ebd. 18, 1939), „V. Zug d. Waldschnepfe" (Dt. Waidwerk 38, H. 6, Jahr ?).

Stay, Thomas, * 18. 1. 1899 Heppenheim (Bergstraße), † 28. 1. 1970 Heppenheim. Dem an der Heil- u. Pflegeanstalt seiner Geburtsstadt tätigen Schreiner war es nicht vergönnt, durch den Besuch eines Gymnasiums oder auf Reisen in ferne Kontinente den Blick für biol. Zusammenhänge zu schulen. Sein Lebensstil bildete sich in den engen und engsten Räumen der Heimat. Wenn er trotzdem zu beachtenswerten biol. Kenntnissen vordrang, so verdankte er das Wissen der ihm verliehenen Gabe, beobachtend, vergleichend und verknüpfend aus den Naturvorgängen ihn selbst bereichernde Schlüsse zu ziehen, auch wenn sie nicht immer zutreffend waren. Aus der reinen Freude am Anschauen organischer Schönheit sah der Autodidakt die kleinen Dinge groß und wußte sie, fern von jeglicher Buchweisheit, im häuslichen Selbststudium an die rechte Stelle des sich ihm bietenden Naturbildes zu setzen. Die Avifaunistik und die Vogelschutzbestrebungen hatten somit in ihm einen rührig wirkenden Vertreter, der in der Pflege vogelkundlichen Verständnisses unter der Bevölkerung der nächsten Umgebung spürbare Erfolge verzeichnen durfte. Über den engeren Kreis hinaus sich bemerkbar zu machen, lag seiner Bescheidenheit nicht. Nur wenige kleinere Mitt. übergab er der Heimatpresse. Ihm genügte es, in der Rolle des stillen Kärrners die eigenen Erfahrungen an andere Sachkundige des Hessenlandes weiterzureichen. Seine Beitr. zu Fragen des Vorkommens, der Ökol. und Brutbiol. sind daher bei L. Gebhardt u. W. Sunkel (D. Vögel Hess., 1954) und G. Berg-Schlosser (D. Vögel Hess., Ergänzungsband, 1968) verwertet. Die jahrelangen Bemühungen um die Erhaltung der Wohngebiete bedrohter Vogelarten an den Hängen des Odenwaldes und auf den weiten Wiesenflächen des hess. Riedes fanden Anerkennung in der Verleihung des Goldenen Ehrenzeichens durch den Bund für Vogelschutz i. J. 1953. St. hätte das Zeug zur wissensch. betriebenen Orn. gehabt.

— Lit.: Nachruf (von L. Gebhardt). Luscinia 41, 1970, S. 53/54.

Stemmler, Carl, * 7. 4. 1882 Schaffhausen (Schweiz), † 12. 5. 1971 Schaffhausen. Weit reichte das Blickfeld des anfangs in Besançon und Dijon arbeitenden Präparators. Der Bogen spannte sich von der Zool. bis zur Politik. Ein langes Leben hindurch fühlte er sich als ideologisch vorbestimmter Kämpfer für alle Bestrebungen, die dem Schutze der Natur und ihrer vom Menschen bedrohten Geschöpfe galten. Was er in fast asketisch einfacher Grundhaltung anpackte, lag fern von Halbheiten und trug den Stempel der Unbedingtheit, oft auch der Unduldsamkeit gegen alle, die seinen Auffassungen nicht zustimmen konnten oder wollten. Mit kühler Stirn, mit zähem Willen, überzeugt von sich und seinem Wege und vor keiner Reibung mit Personen, Behörden, Ämtern oder Presseorganen zurückschreckend, verfolgte er hochgesteckte Ziele. Sie waren ihm gesetzt vom Vater, einem aus dem sächs. Erzgebirge in die Schweiz eingewanderten Eisengießer und waren begleitet von einem beharrlichen Protest gegen alle Obrigkeit. Im Alter durfte er mit Genugtuung die Schutzgebiete Eschheimer Weiher, Freudental, Beringer Teufelsküche als seine Erfolge verzeichnen und auf die Beteiligung an der Schaffung und Betreuung der Reservate Petri, Morgetshofsee, Schaarenwiese hinweisen. Zur Vielseitigkeit der ihn treibenden naturk. Leidenschaft gehörten die stete Pflege verletzter Vögel ebenso wie Reisen in fremde Länder (Sardinien, Tunis, Färöer, Camargue, Mallorca, Ungarn, Serbien) und der Aufbau eines erstaunlich reichhaltigen, der Heimatstadt 1969 übereigneten Privatmuseums in der Sporengasse. Seine Verlautbarungen stützten sich auf ernsthafte, autodidaktisch erworbene Sachkenntnisse und spiegelten die individualistisch untermauerte Bewegtheit des rührigen Verfassers wider. Am meisten gepackt war er von der Erforschung der Lebensweise der heimischen Adler. Bis ins hohe Alter ein unübertrefflicher Kletterer, sammelte er die Erfahrungen bei 90 Horstbesteigungen in elf Schweizer Kantonen. Besonders verdienstvoll waren die Widerlegung der von Hirten, Bauern und Jägern dem Adler angedichteten „Sünden", der Hinweis auf viele ungelöste Fragen zur Biol. des Steinadlers und die Warnung, von der Zahl der Horststellen auf die Zahl der Brutpaare zu schließen. Er glaubte nur an rund 50 Paare. Außer Erlebnisberichten u. a. über „Meine erste Reise nach Sardinien" (mit 11 Abb. hrsg. von der Ala, Basel 1926), „Vom Steinadler im schweizerischen Hochgebirge" (B. z. F. 9, 1933) und „Steinadlerhorste in d. Schweizer Alpen" mit Bildnis (ebd. 17, 1941 u. 19, 1943) sind mit seinem Namen zwei durch prachtvolle eigene Aufnahmen bereicherte Werke am engsten verbunden. Das erste Buch mit dem Titel „D. Adler d. Schweiz" (Leipzig u. Zürich 1932) behandelt im 1. Teil als Brutvögel Steinadler, Fischadler, Schlangenadler, im 2. Teil als Durchzügler und Gäste Seeadler, Schelladler, Schreiadler, Zwergadler, Habichtsadler, Kaiseradler, im 3. Teil als zufällige Besucher Kuttengeier, Gänsegeier, Schmutzgeier. Das zweite Buch hat den Titel „D. Steinadler in d. Schweizer Alpen" (Selbstverlag, Schaffh. 1955). Es trägt — noch deutlicher als in den vorhergehenden Darstellungen — eine vielfach persönlich gefärbte und durch Angriffsgeist geprägte Note und fand daher nicht nur Beifall. Im Urteil der Zeitgenossen war St. ein „Homo sui generis", der kaum aus der Entwicklung der Schweizer Orn. wegzudenken ist. Von 1927 bis 1937 war er Mitglied der DOG.

— Lit.: Nachruf in Schaffhauser Nachr. v. 14. u. 18. 5. 1971 (mit Bildnis) und Schaffhauser Arbeiterztg. v. 21. 5. 1971. - Nachruf (von A. Uehlinger). Vögel d. Heimat, Organ d. Verbandes Schweiz. Vogelschutzvereine 41, 1971, S. 228/29. - Bildnis in Columba 2, 1950, S. 26 u. im Zeitungsblatt z. Eröffnung d. „Mus. Stemmler" v. 1. 4. 1969.

Sterger, Josef, * 10.2.1817 Schloß Kot (Winkel bei St. Ruprecht, Unterkrain), † 27. 2. 1899 Krainburg (Slowenien). Der Sohn eines Gutsverwalters besuchte von 1830 bis 1838 Gymnasium und Lyzeum von Laibach und studierte bis 1843 Jura in Graz und Wien. Anschließend wurde er Praktikant beim Patrimonialgericht Münckendorf (= Mekinje), Oberkrain, 1856 Notariatskandidat in Krainburg und 1861 selbständiger Notar bis zur Pensionierung 1875. Von Jugend an sich in Kreisen der naturfrohen Jagd bewegend, suchte er im Beobachten und Pirschen seinen Freistunden Sinn und Inhalt zu geben und durch die Veröff. seiner Erlebnisse die Gleichgestimmten an den eigenen Freuden teilnehmen zu lassen. Er griff deshalb fleißig zur Feder. Hugos Jagdztg. (von 1857 bis 1916 in Wien erscheinend) brachte von 1864 bis mindestens 1886 die von ihm stammenden Berichte über Jagderfahrungen mit Fasan, Tetraoniden, Gemse, Hirsch, Fuchs und Wolf — teilweise anonym oder mit gekürzter Unterschrift, aber auch mit vollem Namen. 1849 schoß er den ersten Auerhahn; und dieses Federwild beherrschte fast ausschließlich sein geschärftes Blickfeld, als es ihm 1846 gelang, zwei Hähne und zwei Hennen im Gehege aufzuziehen, zur Fortpflanzung zu bringen und an mehreren Tieren jahrelang Beob. zu machen, die mit vielen alten Vorstellungen der Jägerschaft aufräumten. Sein Name als Sachverständiger auf dem Sondergebiet stand bald in den Jagdblättern, und es gehörte damals gewissermaßen zum guten Ton, sich auf seine Autorität zu berufen. In den Tagesstreit der jagdlichen Fachwelt geriet er erst, als er sich 1884 an das Problem des Rackelwildes heranwagte. Angriffspunkte gegen seine Ber. lieferten nicht nur die Behauptung, er habe einen zweijährigen im Gehege aufgewachsenen Auerhahn „eine ebenfalls im Hause aufgezogene, ein Jahr alte Spielhenne treten sehen", sondern auch die Meldung, er besitze einen Rackelhahn, den er im Juli 1883 bei einem Gewitter als „schwach fliegenden" Jungvogel erbeutet und zum Zimmergenossen aufgezogen habe. Die ersten, zwischen St. und seinen Widersachern sehr polemisch geführten Auseinandersetzungen finden sich in Hugos Jagdztg. 27, 1884. Sie sollen hier ergänzt werden durch die Urteile damaliger Jagdschriftsteller. A. B. Meyer („Unser Auer-, Rackel- u. Birkwild ..." 1887) stimmte zwar den vom Berichterstatter vertretenen Theorien über die Kreuzungsmöglichkeiten zu, betonte aber, daß diese Meldung „der einzige bis jetzt notorisch be-

TEIL 3

obachtete und publizierte derartige Fall" sei. F. Valentinitsch („D. Haselhuhn" 1892), der im Herbst 1880 „mit Bewunderung" vor der Auerhuhn-Kolonie gestanden hatte, hielt die Mitt. für zutreffend. A. Ludwig („D. Birkwild" 1894, 2. Aufl.) berief sich an einigen Stellen auf St.s Beob., beklagte indes „unfreundliche, unhöfliche und höchst eigentümliche Abfertigung" durch den Anwalt und behauptete, daß seine Mitt. in der Wiener Jagdztg. „meist mit selbstbewußter, umständlicher Breite gebracht" würden. W. Wurm („D. Auerwild" 1885, 2. Aufl.) bezog sich auf „Stergers unzählige Beob." und dankte ihm für die „eingehendsten und zuverlässigsten Mitt.". Nicht ganz im Einklang mit diesen Anerkennungen standen allerdings merkwürdig verschwommen klingende Mahnungen im selben Buche: „Möchte St., wie früher, sich auf nüchterne, zuverlässige Berichterstattung über seine tatsächlichen (von W. gesperrt) Erfahrungen beschränken ... und möchte er, ungeblendet von scheinbarer Wissenschaftlichkeit, der wahren Wissenschaft einfach und objektiv, wie früher, zu dienen fortfahren". Noch deutlicher wurde Wurm (Neuer Naumann 6, 1897), als er bei der Behandlung des „Mittelwaldhuhns" auf S. 107 (Fußnote) bemerkte: „Man wird wohl nicht Sterger einer direkten Lüge bezichtigen wollen, der eine solche Begattung zwischen Auerhuhn und Birkhuhn in seinem Käfige gesehen zu haben berichtet! (Die Eier gingen leider durch einen Zufall zu Grunde)"! Offenbar ist die Rackelhuhnfrage bzw. die Frage fruchtbarer Kreuzung der Stammformen im Gehege nie völlig geklärt worden, obwohl St. Kreuzungsversuche angekündigt hatte. Doch meinte A. v. Krüdener („Auerwild ..." 1928): „St.s Beob.-Ergebnisse können nicht hoch genug bewertet werden, und Wurms Sonderschrift läßt sich ohne seine Vorgänger kaum in solch vollendeter Form denken." St.s bemerkenswerte Naturbegabung spricht zudem aus der Schilderung der sog. Herbstbalz (= Sommerbalz), die ein „im Hause auferzogener", gut elf Monate alter Auerhahn vom 8. 8. bis mindestens 6. 10. vorführte (vgl. ebd. 29, 1886, S. 491—493 u. 587—589). Die inzwischen verloren gegangene Kenntnis, daß es sich bei diesem Phänomen um eine echte „Balz-Saison" handelt, wurde erst in neuerer Zeit wieder aufgefrischt (vgl. S. V. Kirikov, Zool. Journal Moskau 26, 1947, S. 71 bis 84). Schwankt hier ein Charakterbild in der Geschichte? St. war wie fast alle Anhänger der Jagd jedenfalls kein „eigentlicher" Ornithologe, bemühte sich aber als leidenschaftlicher Waidmann um die Aufhellung der Biol. unserer Wildhühner mehr als die meisten Vogelkundler. Seine Erfahrungen werden von der heutigen Jägerschaft wohl nur wenig zitiert, schon deshalb, weil er kein von seiner Feder geschriebenes Fachbuch hinterließ.

— Lit.: Hugos Jagdztg. 7, 1864—29, 1886 (in Bayer. Staats-Bibl. München). Die Mitt. sind gesammelt von Franz Müller, Marburg, in Buchform 1972 unter dem Titel „J. St. — Artikel über Auer- u. Birkwild, Haltung u. Jagd". — Slovenski biografski Leksikon 3, 1971, S. 473/74. — Mitt. d. Redaktion d. Österr. Biogr. Lex. ..., Wien.

Stettner, Marko, * 24. 6. 1872 Oberschützen (Burgenland), † 6. 5. 1926 Oberschützen. Nach dem Studium der Theol. in Ödenburg und Halle wurde er als Sohn eines Pfarrers (der zuletzt Senior des Oberen Eisenburger Komitates war) Gymnasialprofessor für ev. Religion in seiner Geburtsstadt. Gerne wäre er Forschungsreisender geworden. Doch konnte solcher Wunsch aus finanziellen Gründen im damaligen Ungarn nicht Wirklichkeit werden. Tiefgehende naturw. Regungen wirkten sich somit im engeren Heimatbereich aus. Der Neusiedler See, mehr als eine Tagesreise von Oberschützen (früher Felsőlövő) entfernt, mußte indes außerhalb seines westungarischen Betätigungsfeldes bleiben. Als Sammler, dessen Vorliebe der Avif. und Ool. galt, sicherte er sich um die Jahrhundertwende einen Namen neben G. Almásy und St. von Chernel (s. d.). O. Herman (s. d.) machte ihn daher 1895 zum Mitarbeiter und ständigen Beobachter der neu gegründeten Ung. Orn. Zentrale. In den Reihen der Ornithologen seines Lebensraumes war er insofern eine Ausnahmeerscheinung, als er nicht der Jagd huldigte, sondern still betriebene Registrierung und Forschung vorzog. Orn. Veröff., die in ung. Zeitschr. und in Jahresprogrammen des Gymnasiums von Oberschützen erschienen sein sollen, sind trotz der Bemühungen von St. Aumüller/Hornstein nicht mehr nachzuweisen. Während der Abtrennungsphase des Burgenlandes von Ung. nach dem 1. Weltkrieg und in der Endkatastrophe des 2. Weltkrieges dürften sie der Zerstörung anheimgefallen sein — wenn nicht Teile davon zusammen mit einem orn. Tagebuch heute noch unter dem Dach seines Wohnsitzes vergraben sind. Auch die in seinem Hause gestapelten Sammlungen überstanden die mit den politischen Ereignissen verbundenen Verwüstungen nur in Restbeständen. Als Belege langjährigen Eifers kamen etwa 550 von ihm präparierte Vögel nach seinem Ableben in das Burgenländische Landesmuseum von Eisenstadt und bilden, von St. Aumüller inventarisiert, einen Grundstock der naturw. Abteilung.

— Lit.: R. Amon, D. Zool.-botan. Samml. d. Landesmus. Eisenstadt, Burgenl. Vierteljahreshefte 3 u. 4, 1929—1931.

Stresemann, Erwin, Dr., * 22. 11. 1889 Dresden, † 20. 11. 1972 Berlin. Der Apothekerberuf des Vaters und die naturw.-med. Aufgeschlossenheit des Elternhauses ließen den jungen Gymnasiasten schon zum orn. Autor werden. Die erste Wortmeldung erschien ohne eigentlichen Titel in Orn. Ms. 31, 1906 und behandelte die Paarung von Acanthis flammea ♂ mit Carduelis carduelis ♀ in der Voliere des väterlichen Gartens. Das Studium führte ihn 1908 über Jena nach München und Freiburg, wo er das Glück hatte, sich 1910 der 2. Molukken-Exp. anschließen zu können. Die aus dem Malayischen Archipel mitgebrachte, verstärkte Vorliebe für die Vögel fand frühen Niederschlag u. a. in Arbeiten wie „Orn. Miszellen aus d. Indo-austral. Gebiet" (Novit. Zool. 19, 1912 u. 20, 1913), „D. Vögel v. Bali" (ebd. 20, 1913), „Über eine Vogelsamml. aus Misol . . ." (J. Orn. 61, 1913). Trotz erschwerter Umstände blieb in dem Soldaten auch während der Kriegsjahre das Bedürfnis nach orn. Aufz. wach. Das bewiesen sechs Wortmeldungen, darunter „Beob. über d. Höhe d. Seglerflugs" (Verh. Bay. 13, 1917), „Drei Jahre Orn. zwischen Verdun u. Belfort" (ebd. 13, 1918), „Ein Beitr. z. Kenntnis d. Brutvögel d. Voralpen" (ebd. 13, 1918). In der ersten Nachkriegsperiode — er promovierte im April 1920 in Münch. mit einer Diss. über „D. Variation d. Körpergröße b. Vögeln" und war zus. mit C. E. Hellmayr (s. d.) an den Sammlungen des Bayer. Staates beschäftigt — entstanden neben der „Avif. Macedonica" (1920) eine Reihe von Unters. wie die der europ. Mattkopfmeisen, der europ. Formen der Baumläufer, der Schwanzmeisen und des Gimpels. Die hier vertretenen geistvollen Theorien (Einfluß der Eiszeit auf die Entstehung nahe verwandter Arten und Rassen, ferner Fragen der Mutationen, der Gefiederwandlungen, der Mauservorgänge, der Taxon., des Zuges) brachten für die ältere Generation überraschend neue Gesichtspunkte und deuteten einen Wandel in der Entwicklung der Orn. auf Weltebene an, indem sie auch der tiergeogr. Betrachtungsweise E. Harterts (s. d.) über das Problem der Subspezies zum Durchbruch verhalfen. Die nach dem Ausscheiden A. Reichenows (s. d.) 1921 erfolgte Ernennung zum Verwalter der Vogelabteilung im Zool. Mus. von Berlin war daher ein natürlicher Vorgang. In der neuen Stellung lenkte er mit kluger Hand das, was von nun an in der wissensch. Orn. gedacht und gesagt wurde. Er befreite sie aus der Nebenrolle, die ihr bisher in der „exakten" Zool. zugebilligt war. Er verteilte die Gewichte auch da, wo er ungesehen im Hintergrund blieb — alles das aus der Kraft der Überlegenheit seines in erstaunlichen Tiefen verankerten Wissens und des schöpferischen Willens, die er im Dienste der Morphol., System., Tiergeogr. und besonders der Evol.-Forschung einzusetzen wußte. Wissen und Willen offenbarten sich nicht nur im gedruckten, sondern auch im stets mit der Hand geschriebenen, menschlich verbindenden Wort. Er war ein vorbildlicher Briefschreiber, dem in Friedens- u. Kriegszeiten die Pflege alter Briefkultur am Herzen lag. Verständnis für die Gedanken und Nöte des Partners als Gradmesser inneren Adels trat wohl nirgends klarer zutage als in den Antworten, die er gerade jüngeren Menschen mit nicht abreißender Geduld zu geben bereit war. Als seine enzyklopädischen „Aves" (in Kükenthal-Krumbach, Hdb. d. Zool. 1927 bis 1934) fertig vorlagen, war er nach dem Urteil der Fachwelt in die Reihen der ganz großen Ornithologen eingerückt. Doch zeigte sich auch an seinem Beispiel, daß Reibungen offenbar zur Begegnung aufstrebender Kräfte gehören. Im Widerstreit der Sachfragen schlug er — gelegentlich eine „unbequeme" Persönlichkeit — auch einmal mit scharfer Klinge lange schmerzende Wunden, um deren Heilung er erst später bemüht sein konnte. Hingewiesen sei hier auf die Worte, mit denen er den Einfluß der Arbeitshypothesen O. Kleinschmidts (s. d.) auf die system. Forschung anerkannte: „This influence can hardly be overestimated. The present day

TEIL 3

use of trinominalism, not only in ornithology, but in many other branches of zoology too, is mainly based on Kl.s views" (The Auk 53, 1936, S. 155), und erinnert sei an die von ihm veranlaßte Veröff. des Briefwechsels zwischen O. Kleinschmidt und E. Hartert (vgl. H. Kelm, O. Kl. u. E. H., aus ihrem Briefwechsel 1895 bis 1932, J. Orn. 101, 1960). Daß er daneben mit Bedacht danach strebte, vor dem orn. Nachwuchs „die Zusammenhänge alles Lebendigen besser als bisher" deutlich zu machen (Oxford 1934), das dürften nicht zuletzt alle Fachornithologen entdeckt haben, die in den 30er Jahren seine Schüler waren. Allein aus den von ihm angeregten Dissertationen spricht das Maß von Vertrauen, das die Ausstrahlungskraft des von ihm persönlich gestalteten Lehramts im Gefolge hatte. Nicht bedeutungslos war auch das Geschick, mit dem er sein Verhältnis zu ernsthaften Laienornithologen und insbesondere zu den wissenschaftlichen Außenseitern in gemessenem Abstand zu regeln wußte. Viele von Autodidakten zum Nutzen des orn. Gesamtbildes gelieferte Beiträge wären ungedruckt geblieben, hätte er nicht ermutigend und richtungweisend den Zögernden zur Seite gestanden. Mit historischem Feingefühl und gestützt auf die bewundernswerte Beherrschung eines weit gefächerten Stoffes schilderte er Leben und Streben zahlreicher namhafter Vorgänger und Wegbereiter. Er tat es nirgends mit größerer Hingabe und Liebe als in der eindrucksvollen „Entwicklung d. Ornithologie von Aristoteles bis zur Gegenwart" (1951). Sein Kenntnisreichtum hob das Buch hoch über den zool. Fachbereich hinaus und beleuchtete in einem bestechenden Stil kulturgeschichtliche Zusammenhänge, die auch den Nicht-Ornithologen zu fesseln und begeistern vermögen. Die in der Wortwahl meisterhaft gehandhabte Muttersprache verlieh selbst den kleinen Veröff. eine unmittelbar wirkende Aussagekraft. Über 600 Veröff. aus des Verfassers Feder sind von Ilse Jahn zum 80. Geburtstag des Meisters zusammengefaßt worden unter dem Titel „Bibl. d. Publikationen v. E. Str. u. d. v. ihm angeregten Dissertationen, redigierten Zeitschriften sowie Festschriften ..." (Mitt. Berl. 46, 1970, S. 7—27). Sie bilden ein unentbehrliches Werkzeug für den Wissenschafts-Historiker, der die Erdenbahn des zool. u. sprachlich gleich begabten Mannes schildern will. Sie stand unter dem glücklichen Stern, der nur dem Tüchtigen leuchtet. Im Besitz von Welterfahrung und im Glanz von Weltgeltung genoß er fast alle Ehrungen, die für einen Menschen intellektueller Prägung erreichbar sind. Die größte ihm zuteil gewordene Gnade bestand darin, daß er sich bis zum letzten Atemzug von geistiger Klarheit getragen wußte. Es blieb ihm erspart, nur in den Glutresten vergangener Schaffensjahre hindämmern zu müssen. Ein Sonderheft zu dem von ihm jahrzehntelang mit Geschick gelenkten J. Orn. brachte ihm 1966 schließlich das Ergebnis der Mauserstudien, die ihn zusammen mit der gleichgerichteten Gattin und Arbeitskameradin viele Jahre hindurch beschäftigt hatten. Als letzte Wortmeldung stand, wenige Tage vor seinem Tode, die Besprechung des 4. Bandes des „Hdb. d. Vögel Mitteleuropas" im J. Orn. 113, 1972, S. 452. Er verglich hier das Buch mit „Naumanns unsterblichem Lebenswerk" und nannte es ein monumentum aere perennius. Was in diesem Urteil für das 19. Jahrhundert gesagt ist, hat nicht weniger Geltung für E. Stresemanns Lebensleistung im 20. Jahrhundert. Daher ist es begreiflich, daß seit dem Ende des 2. Weltkrieges die sich in ihm verkörpernde Führungskunst mehrfach durch Würdigungen unterstrichen wurde. Sie stammen aus dem Munde bzw. der Feder von Freunden und Sachkennern und lassen sich im Gleichklang des jeweiligen Urteils nicht überbieten. In wenigen kurzen Auszügen sollen sie hier festgehalten werden.

L. Schuster (Vw. 70, 1949, S. 147/48): „Mit seiner Berufung nach Berlin begann eine Zeit fruchtbarsten, fast drei Jahrzehnte umfassenden orn. Schaffens, das den Namen Str. den Ornithologen der ganzen Erde geläufig und ihn, zu Lebzeiten Heinroths mit diesem zusammen, nach dessen Tode zum unbestrittenen Führer der dt. Orn. werden ließ."

H. Dathe (D. Falke 6, 1959, S. 195—197): „Kein anderer europäischer Ornithologe dieses Jahrhunderts, und nur wenige in Übersee, haben die Vogelkunde in all ihren Teilgebieten so nachhaltig beeinflußt und mit eigenen Beiträgen so wesentlich bereichert, schließlich aber an die Spitze der biol. Wissenschaft geführt, wie Str.... Und es gibt keinen Erdteil, der nicht Str. für Erweiterung und Vertiefung der Kenntnisse seiner Fauna zu danken hätte. Nicht selten wurden es monogr. Darstellungen, etwa über ‚D. Vögel von Celebes' (1939/41) ... Wieviel wäre wohl niemals erschienen, wenn E. Str. nicht angeregt, gefördert oder gedrängt hätte!"

G. Diesselhorst (Vw. 80, 1959, S. 186—188): „Die Qualifikation solcher Autoritätsstellung schuf er sich selbst vor allem mit der großartigen Leistung des stattlichen Bandes ‚Aves' im Hdb. d. Zool. von Kükenthal ..., dargestellt von eines Mannes Hand, von einem Geist, dessen größte Stärke in dieser erstaunlichen Fähigkeit zu ausgewogener Synthese der Teile zu harmonischer Einheit liegt ... Stets fühlte er sich in besonderem Maße angezogen auch von der Leistung seiner Vorgänger, die gleich ihm ihre Kraft in den Dienst dieser Wissenschaft gestellt hatten. Dies ausgeprägte historische Interesse fand seinen besonderen Niederschlag in vielen Veröffentlichungen über bekannte Ornithologen und Forschungsreisende, die, mit Brillanz geschrieben, sich oft wie spannende Geschichten lesen. Die Krönung dieser Seite Stresemann'schen Schaffens bildet die 1951 erschienene ‚Entwicklung d. Orn.', ... um schließlich das Wesen der Entwicklungen ... zu lösen und in klarer Linie zu zeigen."

K. Lorenz (J. Orn. 101, 1960, S. 3—6): „Ich nahm mir also vor, heute hier ganz schlicht zu erzählen, wann und wie oft Du als Deus ex Machina in das Rad meines Schicksals eingegriffen hast, von der Veröffentlichung meiner ersten ‚wissenschaftlichen' Arbeit über die Dohle Tschock bis zu Deinem Eingreifen an der Wiener Universität, ohne das ich heute ganz bestimmt Anatom und nicht Verhaltensforscher und ein wesentlich weniger glücklicher Mensch wäre, als ich bin ... Alle Deine Schüler haben von Dir den Funken heiliger Begeisterung für die Deszendenzlehre, für die Größe des Abstammungsgedankens geerbt, und das ist fürwahr die beste Gabe, die ein Lehrer seinem Schüler mit auf den Weg geben kann ... Solche Tiefbohrungen sind von der Vogelabteilung des Berliner Museums fürwahr genügend viele ausgegangen, ihre Ergebnisse aber haben alle den Weg zur Synthese zurückgefunden, deren Organ das J. Orn. ist, und dieses ist, wie wir alle wissen, Erwin Stresemann. ... Möge es Dir beschieden sein, daß Du noch recht viele Einzelergebnisse solcher Spezialforschung zurückgemeldet bekommst und in den ungeheuren Schatz Deines Wissens synthetisch einordnen kannst, Koordinator der Naturforschung, Mentor der Ornithologie!"

G. Mauersberger (D. Falke 11, 1964, S. 182): „Die wissenschaftliche Vogelkunde verdankt ihr heutiges Gewicht zum guten Teile der vielfältigen Wirksamkeit E. Stresemanns, der gleichzeitig einer der Letzten, wenn nicht der Letzte überhaupt ist, der das ganze weite Feld der Ornithologie noch zu überschauen vermag. Zu den Leistungen, die ihm seinen Ruhm eintrugen, befähigten ihn ein phänomenales Gedächtnis, ein intuitiver Blick, der ihn mit hoher Treffsicherheit das Wichtige erkennen läßt, und eine von wahrer Besessenheit gespeiste Arbeitskraft, verbunden mit weitreichenden Interessen, die nicht nur alle Entwicklungsrichtungen der Zoologie und Biologie, sondern auch Geschichte, Philosophie und Sprachwissenschaft einschließen."

G. Niethammer (J. Orn. 110, 1969, S. 348 bis 353): „Freilich sind Sie nicht immer von allen Zeitgenossen verstanden worden, wenn Sie unbeirrt durch ephemere Erfolge und Modeströmungen Ihr Ziel verfolgten, der reinen Orn. zu dienen, sie zu einer Wissenschaft von hohem Ansehen in der Welt zu machen, oder Sie sind von manchem, dem Ihre Kritik galt, nur zu gut verstanden worden, als daß Ihnen das gedankt worden wäre ... Lob und Tadel aus Ihrem Mund waren stets ein qualitätsförderndes Element in der Vogelkunde und in der DO-G. Was früher das ‚made in Germany' in der Welt bedeutete, das besagte in den 40 Jahren, während der Sie das J. Orn. betreut haben, das Prädikat ‚journalwürdig' ... So wurde Str., der mit allen bedeutenden Ornithologen seiner Zeit engen Kontakt pflegte, zur anerkannten Autorität unter den Ornithologen der Welt und Berlin zu einem Mekka für alle Jünger der Vogelkunde, die aus nah und fern in die Invalidenstraße 43 kamen, wo sie oft Rat und Hilfe, immer aber wertvolle Anregungen fanden."

E. Mayr (J. Orn. 110, 1969, S. 377/78): „Die Ornithologie war in den 20er Jahren eines solchen Führers dringend bedürftig. In den großen Museen der Welt ... war die Vogelsystematik zum Selbstzweck geworden. Die Gattungen wurden immer feiner gespalten, bis schließlich jede Art ihre eigene Gattung hatte, und die Subspezies wurden einer ähnlichen Pulverisierung unterworfen ... Die große Linie war völlig verloren gegangen. Da hast Du Fenster und Türen geöffnet und eine neue Luft durch die Hallen der Ornithologie wehen lassen... Daß sich für die Ornithologie in den 20er Jahren eine neue Epoche eröffnete, verdankt sie Deinem Schöpfertum und Deiner Schaffenskraft... Keine drei anderen hätten schaffen können, was Du ganz allein geleistet hast." — —

Jahreszahlen mögen Stresemanns wissensch. Laufbahn verdeutlichen: 1921 Verwaltung der Orn. Abt. d. Zool. Mus. Berlin, 1922 Generalsekretär der DOG, 1924 Kustos in Berlin, 1930 Professor, 1946 Lehrauftrag an der Humboldt-Univ., 1949 Präsident der DO-G, 1954 Mitglied der Leopoldina, 1955 Mitglied der Dt. Akademie der Wissenschaften zu Berlin und DDR-Nationalpreisträger 2. Kl., 1967 Ehrenpräsident der DO-G. Seine Urne ist beigesetzt im Grabe von E. Hartert auf dem Waldfriedhof von Berlin-Dahlem.

— Lit.: (soweit im Text noch nicht genannt) E. Mayr u. E. Schüz, Orn. als biol. Wissensch., Heidelb. 1949. - Würdigung (von J. Steinbacher). Gef. W. 73, 1949, S. 119. - Würdigung (von K. G.). Falke 2, 1955, S. 28 u. ebd. 3, 1956, S. 9/10. - Würdigung (von G. Creutz). Biol. u. Schule 5, 1956, S. 145—148. - Würdigung (von R. Nöhring). J. Orn. 103, 1962, S. 1. - Nachruf (von Herausgeber). Zool. Jb. (Abt. System.) 99, 1972, S. 505/06 (mit Bildnis). - Nachruf (von Lars von Haartman). Ornis Fennica 49, 1972, S. 103 (mit Bildnis). - Nachruf (von J. Steinbacher). Jh. 1972 d. Dt. Bundes f. Vogelsch., S. 3 (mit Bildnis). - Nachruf (von C. Edelstam u. L. Ivensson). Vår Fågelvärld 31, 1972, S. 295. - Nachruf (von H. Ringleben). Vogelk. Ber. Nieders. 5, 1973, S. 28/29. - Nachruf (von G. Osche). Naturw. Rdsch. (Beil.: Mitt. d. Verb. Dt. Biol.) 188, 1973, S. 909/10 (mit Bildnis). - Nachruf (von H. Löhrl). Anz. Bay. 12, 1973, S. 147 bis 149 (mit Bildnis). - Nachruf (von A. Landsborough Thomsen). Brit. Birds 66, 1973, S. 64/65. - Nachruf (von E. Mayr). Ibis 115, 1973, S. 282/83. - Nachruf (von D. A. Bannermann). Ebd. 115, 1973, S. 283/84. - Nachruf (von H. Heim de Balsac). Alauda 41, 1973, S. 172. - Nachruf (von F. Goethe). Vw. 94, 1973, S. 159/60. - Nachruf (von K. Paludan). Dansk Orn. Foren. Tidsskr. 67, 1973, S. 69/70. - Nachruf (von R. Nöhring, G. Niethammer, R. Heyder). J. Orn. 114, 1973, S. 455—500 (mit Bildnissen u. Verz. d. Veröff., zusammengestellt v. I. Jahn mit Ergänzungen v. W. Meise u. R. Nöhring). - Nachruf (von E. Rutschke). Falke 20, 1973, S. 388—391 (mit Bildnis). - Nachruf (von J. Berlioz). Oiseau et R. F. O. 43, 1973, S. I—III. - Nachruf (von G. Mauersberger). Mitt. Berlin 49, 1973, S. 261—266 (mit Bildnis).

Stricker, Willy, * 16. 3. 1903 Rheineck (St. Gallen), † 23. 7. 1968 St. Gallen. Der Generalagent der Schweiz. Mobiliarversicherungsgesellschaft verstand es, durch sein Beispiel die Bewohner des Grenzgebietes für die eigenen vogelk. Gedanken und Pläne zu gewinnen. Im engeren Bereiche wurde sein Name erstmalig bekannt, als es ihm gelang, die Brutkolonie der Flußseeschwalbe im Raume von Altenrhein durch den Bau großer, schwimmende Kiesinseln tragender Floße zu retten. Die von ihm erdachten Schutzmaßnahmen, über die er in Orn. Beob. 49, 1952; 55, 1958; 57, 1960 berichtete, fanden später Nachahmung im Klingnauer Stausee und am Fanel. Auch der Ala, deren Vorstand er von 1952 bis 1962 angehörte, stellte er mit Beharrlichkeit seine Kräfte zur Verfügung. Und die Vogelwarte Sempach sah ihn nicht nur von 1953 bis 1964 in ihrem Stiftungsrat. Sie verdankte ihm daneben beim Neubau der Anlagen wirkungsvolle Anregungen und tätige Hilfe. Er war ein Mann der stillen, unauffälligen Kleinarbeit. Es genügte ihm, Spuren der Begeisterungsfähigkeit auf seine Weise innerhalb des örtlichen Wirkungskreises zu hinterlassen.

— Lit.: Nachruf (von D. Zimmermann). Orn. Beob. 65, 1968, S. 228/29.

Sturm, Hans, Dr., * 12. 2. 1906 Jeggau (Kr. Gardelegen), † 18. 10. 1969 Gaienhofen (Bodensee). Der Pfarrerssohn wuchs in Vahldorf bei Magdeburg auf, begleitete dort den Vater auf Bauernjagden und verspürte dadurch frühe Neigung zur Naturkunde. Das in Halle begonnene Studium der Zool. setzte er 1932 in Greifswald fort, um es 1936 mit der Diss. über „D. Entw. d. präcerebralen Nasenskeletts beim Schwein - Sus scrofa domestica u. beim Rind - Bos taurus" (Zeitschr. f. wissensch. Zool. 149, 1936, S. 161—220) zu beenden. Da in dem Studenten eine deutliche Vorliebe für die Beschäftigung mit der Vogelk. erwachte, beobachtete er fleißig auf der Greifswalder Oie und der Insel Hiddensee, wurde Beringer für Rossitten und trat 1932 auch der DOG bei. Der orn. Eifer hinterließ deutliche Spuren nicht nur im Versuch, eine Balgsammlung für das Zool. Inst. von Greifswald (seit 1934 zus. mit seiner Frau) aufzubauen, sondern auch in einer Reihe von Veröff., die hauptsächlich der Biol. der Limikolen galten. Die wahrscheinlich vollständige Liste enthält folgende Titel: „D. Vogelzug auf d. Greifsw. Oie" (Ber. Schles. 17, 1932), „Zugausfall u. Hochzug" (Vz. 4,

1933), „Gehäuftes Vorkommen d. Sumpfläufers - Limicola falcinellus in Deutschl. Juli bis August 1933“ (Orn. Mber. 41, 1933), „Stercorarius skua in Pom.“ (ebd. 41, 1933), „Phalaropus fulicarius in Pom.“ (ebd. 41, 1933), „Phalaropus lobatus b. Greifsw.“ (ebd. 41, 1933), „Temminckstrandläufer in Pom.“ (ebd. 41, 1933), „Zugstudien an Schlammläufern (Limicolae) im Greifw. Gebiet“ (Mitt. Vorp. u. Rü. 61, 1934), „Beob. am Sumpfläufer - Limicola f. falcinellus“ (Dohrniana 13, 1934), „Erstnachweis d. Kurzschnabelgans - Anser brachyrhynchus f. Pom.“ (Orn. Mber. 42, 1934), „Wasserpieper - Anthus spinoletta b. Greifsw.“ (ebd. 42, 1934), „Sumpfläufer im Frühjahr b. Greifsw.“ (ebd. 42, 1934), „V. Vogelzuge auf Hiddensee im Frühjahr u. Herbst 1932“ (Dohrniana 15, 1936). Zusammen mit K. Kanitz (gef. als Leutnant im März 1945 in Bodö/Norwegen) schrieb er „Zugbeob. b. Limicolen u. Wasservögeln am Greifsw. Bodden“ (Mitt. Vorp. u. Rü. 60, 1933) und „Avif. Notizen aus Westpom.“ (Dohrniana 14, 1935). Das ihm vorschwebende Lebensziel, auf der Greifsw. Oie eine Vogelzugstation für das vorpom. Gebiet zu errichten, rückte in unüberwindbare Ferne, als er, seit 1937 Assistent am Entom. Seminar in Rostock, von 1942 bis Kriegsende Freilandversuche über die Kieferblattwespe für die Univ. Posen zu leiten hatte. Am 1. 7. 1946 übernahm er schließlich an einer neu errichteten Bezirksstelle für Pflanzenschutz in Greifsw. den Kartoffelkäfer-Abwehrdienst — bis er im März 1950 aus politischen Gründen zu 25 Jahren Gewahrsam in Bautzen verurteilt wurde. Im September 1956 „begnadigt“, fand er für zwei Jahre Aufnahme in einem Westberliner Krankenhaus. Nach der Ausheilung einer Tbc bot sich ihm 1959 eine Beschäftigung in der pharmazeutischen Industrie von Konstanz. Die furchtbaren Bautzener Jahre hinterließen in ihm aber einen schweren Schock. Er fühlte sich schuldlos aus der Bahn geworfen, lebte zurückgezogen mit seiner Familie und suchte nicht mehr die Verbindung mit der Orn., auch nicht mit der nahen Vogelwarte Radolfzell.

T

Tenius, Karl, Dr., * 13. 8. 1899 Hannover, † 16. 8. 1970 Hannover. Obwohl er sich ursprünglich der Forstw. widmen wollte, studierte er als Sohn eines Eisenbahnbeamten und Finanzrates nach Ende des 1. Weltkriegs Rechtsw. in Göttingen und war Referendar in Aurich, Amtsrichter in Neuenhaus und seit 1931 Amtsgerichtsrat und Direktor des Grundbuchamtes in Hannover. Schon 1911 wagte der durch einen Onkel angeregte Schüler von Minden aus (seine Eltern waren dorthin versetzt) erste Schritte in die Welt der heimatlichen Vögel. Gestützt auf A. Voigts (s. d.) „Exkursionsbuch ...“, C. G. Friderichs (s. d.) „Naturgesch. ...“ und O. Kleinschmidts (s. d.) „Singvögel d. Heimat“, erwarb er sich mit dem nie erlahmenden Eifer des Autodidakten einen gründlichen orn. Wissensschatz, der ihn vor der Einseitigkeit eines naturfernen Paragraphendenkens schützte. War er lange Jahre hindurch unter freiem Himmel meist auf sich allein gestellt, so wuchsen dem tapferen Laienforscher aus der Wissensch. neue Antriebskräfte zu, als er nach 1924 zusammen mit H. Weigold (s. d.) die B. Nieders. begründete und mit viel Geschick herausgab. Ertragreich waren von nun an auch feldorn. Exk., die ihn an der Seite von Fachfreunden in die nieders. Landschaften führten. Mit Ausdauer vertiefte er sich in das Studium der Avif. des Laatzener Teichgebietes, des Sollings, des Harzes und des Dümmers. Gemeinsam mit K. Hagemann erarbeitete Erfahrungen sind u. a. belegt durch Veröff. wie „Zugbeobachtungen in Nieders. i. J. 1940“ (Dt. Vw. 66, 1941) und „Ein großstädtisches Industriegelände als Lebensraum v. schwarz- u. braunkehligen Wiesenschmätzer“ (ebd. 66, 1941). Er war eine Persönlichkeit mit weltoffenem Blick (er reiste sammelnd auch über die Reichsgrenzen). Er liebte das Leben und die natürliche Schöpfung. Hart traf ihn daher das seit 1930 einsetzende Versagen des Gehörs, das ihm vor allem den Genuß des Vogelliedes mehr und mehr vorenthielt. Den mit dem Leiden erzwungenen Verzicht auf Forts. der avif. Studien verstand er indes dadurch wettzumachen, daß er in den späteren Jahren die Aufmerksamkeit überwiegend auf die Amphibien, Reptilien, Kleinsäuger (besonders auf Fledermäuse) und Pflanzen (besonders auf Farne) richtete. Die B. Nieders. enthalten eine Reihe hierhin gehöriger Zeugnisse für eine in der Öffentlichkeit und im Verkehr mit den Behörden vorbildlich geleistete Aufklärungsarbeit. Der

TEIL 3

mit Zähigkeit durchgeführte Kampf für die Bewahrung einer gesunden Umwelt trug ihm hohe Achtung und Wertschätzung ein. Zuletzt wurde er Ehrenmitglied in der Arbeitsgemeinschaft f. zool. Heimatforschung in Niedersachsen.

— Lit.: Würdigung (vom Herausgeber-Ausschuß). B. Nieders. 17, 1964, S. 103/04 (mit Bildnis). - Nachruf (von H. Ringleben). Vogelk. Ber. Nieders. 2, 1970, S. 89. - Nachruf (von H. Weigold). B. Nieders. 25, 1972, S. 17—20.

Tiedemann, Gerhard, * 23. 9. 1939 Bornberg (Land Hadeln), † 31. 8. 1972 Senne I (Bielefeld). Unter sehr ungünstigen Voraussetzungen wuchs er auf und arbeitete nach der Entlassung aus der Volksschule auf dem Hofe des Stiefvaters, bis er sich 1958 für acht Jahre Bundeswehrdienst verpflichtete, der ihm großzügig gewährte Berufsausbildung versprach. Mit einem überdurchschnittlichen Intellekt ausgestattet, verließ er als Inspektoranwärter die Bundeswehr-Fachschulen Neumünster und Kiel, bestand 1966 die Begabtensonderprüfung und studierte anschließend bis 1969 an der Pädagogischen Hochschule in Bielefeld. Kurzer Lehrtätigkeit an der Volksschule folgte eine Berufung an das Inst. für Pädagogik der Naturw. in Kiel. Zugleich setzte er an der dortigen Univ. seine naturw. Studien fort. 1972 bestand er mit Auszeichnung in Bielefeld die Diplomprüfung für Erziehungswissenschaften. Durch mehrere schlesw.-holst. Ornithologen angeregt, erwachte in ihm um 1958 die Freude an der Freilanderkundung, die ihn von 1967 bis 1969 planmäßige und zielgerichtete faun.-ökol. Arbeit aufnehmen und 1969 in die DO-G eintreten ließ. Während der Studien am Seminar in Bielefeld rückte unter dem Einfluß seines Lehrers R. Dircksen die Biol. des Waldlaubsängers - Phylloscopus sibilatrix immer mehr in das Blickfeld des Feldornithologen und wurde schließlich das im Teutoburger Wald und in einem schlesw.-holst. Gutswald bevorzugte Forschungsobjekt. Ein der Ausstrahlungskraft des jungen Beobachters entsprungener, großangelegter Beringungsplan zog Mitarbeiter in ganz Westfalen an, und die vorher kaum beachteten feineren Züge der Abhängigkeit des Waldlaubsängers vom Lebensraum waren dann 1969 das Thema des von T. auf der Münsterschen Tagung der DO-G gehaltenen Vortrages. So durfte er innerhalb weniger Jahre bemerkenswerte Ergebnisse seines wissensch. Strebens und seiner Tatkraft verbuchen. Gestützt auf 1800 Beringungen, sind sie mit drei Veröff. in die Fachliteratur eingegangen: „Z. Ökol. u. Siedlungsdichte d. Waldlaubsängers", nach dem vor der DO-G gehaltenen Vortrag (Vw. 92, 1971), „Planuntersuchungen am Waldlaubsänger" (Anthus 9, 1972), „Strukturanalyse v. Waldlaubsängerrevieren im Raum Bielefeld", seinem Lehrer R. Dircksen gewidmet, zus. mit M. Quelle (Abh. Münst. 34, 1972). Sein allzu frühes Hinscheiden — er starb nach einer Magenoperation — begrub berechtigte, in Fähigkeit und Leistungswillen gesetzte Hoffnungen.

Törne, Hermann von, Dr., * 16. 6. 1909 Dorpat, † 24. 5. 1972 Krefeld. Seine Vorfahren stammten aus Schweden. Sie kamen zur Großmachtzeit dieses Landes in das Baltikum, wo sie unmittelbar im Baltendeutschtum aufgingen. Der Vater, ein Zoologe, ist in den Jahren des Bürgerkrieges 1918 bis 1924 in Rußland verschollen. Er selbst erwarb 1930 das Reifezeugnis am Dt. Gymnasium von Dorpat und studierte bis 1935 Med. in Tübingen, Rostock, Bonn und Köln, um sich dann ganz der Pathologie zu widmen. Nach der Habilitation in Greifswald ging er über Stettin 1942 als Chefarzt und Priv.-Dozent an ein Krankenhaus in Berlin-Lichtenberg. 1945 kamen über den Flüchtling schwere Jahre, bis er 1949 in den Städt. Krankenanstalten von Krefeld eine Prosektur gründen konnte. Er war ein leistungswilliger, selbständig denkender Kopf mit ritterlicher Gesinnung und genoß auf seinem Fachgebiet hohe Achtung. In der Studienzeit galt seine feldorn. Begabung der Fortpfl.-Biol. und Ool. Doch machte er nach außen hin von soliden Kenntnissen kaum Gebrauch. Lediglich eine Veröff. aus seiner Feder konnte ermittelt werden: „Sonderbare Nistweise d. Bekassine" (B. z. F. 8, 1932). Somit war sein Name nur einem sehr engen vogelk. Kreise bekannt, obwohl er Mitglied des Vereins Jordsand war und von 1931 bis zum Tode der DOG angehörte. Von einer stattlichen orn. Fachbibliothek konnte er sich schon zu Lebzeiten trennen, indem er Teile davon großzügig für wissensch. Ausnutzung verschenkte, z. B. Zeitschriften an das Naturmuseum Senckenberg in Frankfurt und den „Hartert" an H. Sick (Museu Nacional in Rio). Es sei ihm ein bescheidener Platz hier gewährt, weil die Zurückhaltung und der Rückzug offensichtlich nicht erkaltetem orn. Verständnis entsprangen, sondern aus Arbeitsüberlastung und einem ihn lange bedrohenden körperlichen Leiden zu erklären sind. Beigesetzt ist er in Keitum auf Sylt.

— Lit.: Nachruf (von H. Lüchtrath). Verh. d. Dt. Ges. f. Pathologie 56, 1972, S. 708 (mit Bildnis).

Trettau, Waldemar, * 30. 1. 1893 Troisfontaines (Belgien), † 24. 10. 1970 Wiesbaden-Sonnenberg. 1912 bestand er in Harburg die Reifeprüfung und nahm in Bonn jur. Studien auf, die er aber nach 1918 mit der Praxis der Landwirtschaft vertauschen mußte. Der Lebensweg schien ihm vorgezeichnet, als er 1921 das väterliche Gut Gimmel, Kr. Öls (Schlesien) übernahm. Auf eigenem Grund und Boden gesellte sich hier zur Gutsbewirtschaftung betonte Beschäftigung mit der Schles. Ornis. Fragen der Phänologie, Brutbiologie und des Vogelschutzes standen im Vordergrund seines naturw. Blickfeldes. Er entwickelte sich vor allem zum methodisch arbeitenden Beringer in einem Versuchsgebiet, zu dem u. a. die Militscher Teiche und Heuscheuer gehörten. Der Verein schles. Ornithologen, der ihn seit 1920 in der Mitgliederliste führte, verdankte dem von ihm ausgehenden Forschungswillen spürbare Förderung. Verschiedene Ber. des Vereins brachten auch Bestätigungen seines organisatorischen Geschicks. Aus der Praxis erwuchsen die Verlautbarung über das „Ergebnis eines Versuchs mit v. Berlepschen u. Behrschen Nistkästen" (Ber. Schles. 15, 1929) und die umfangreiche Darstellung der mit F. Merkel gemeinsam ermittelten und 1939 abgeschlossenen „Ergebnisse einer Planberingung d. Trauerfliegenschnäppers in Schles." (Vz. 14, 1943). Als ihn der Zusammenbruch am Ende des 2. Weltkriegs von seinem Besitztum vertrieb, fand er im Herbst 1945 Unterkunft im stillen Mönchbruch (Kr. Groß-Gerau). Hier richtete er als Mitarbeiter von S. Pfeifer eine Außenstelle der Vogelschutzwarte Frankfurt/Main ein und griff, unterstützt von der seine orn. Neigungen teilenden Gattin, das Studium der Trauerschnäpper wieder auf. Die Feststellungen sind niedergelegt in „Planberingung d. Trauerfliegenschnäppers ... in Hess." (Vwa. 16, 1951/53). Weitere neun Veröff. aus dem hess. Raum zwischen 1951/52 und 1956 stehen in Jber. U.-main, Vw., Orn. Mitt. und sind aufgezeichnet bei L. Gebhardt u. W. Sunkel (D. Vögel Hess., 1954) und G. Berg-Schlosser (Ergänzungsband, 1968). Ehe er, um nach Wiesbaden überzusiedeln, 1952 das ehemalige hess. Jagdschloß verließ, brachte er noch einen eindrucksvollen Aufs. heraus. Er trägt die Überschrift „Orn. Beob. in Finnisch Lappland" (Vw. 73, 1952) und schildert die unvergessenen Eindrücke, die der Soldat schon 1941/42 am Polarkreis sammeln konnte. Vom neuen Wohnsitz aus führten ihn Erholungsreisen mehrfach in das Mittelmeergebiet, zu dessen Ornis er in einer Reihe von Berichten bemerkenswerte Bausteine lieferte: „Orn. Plauderei über Urlaubstage an d. Bucht von La Spezia" (Vw. 79, 1958), „Fahlsegler - Apus pallidus Brutvogel in Oberitalien", zus. mit F. Neubaur (ebd. 80, 1959), „Orn. Beob. am Sporn d. Stiefels Italien" (ebd. 82, 1961), „Beitr. z. Vogelw. Apuliens" (ebd. 83, 1962), „Felsenschwalbe als Gebäudebrüter" (ebd. 84, 1963), „Z. Vogelw. d. Insel Elba" (J. Orn. 105, 1964), „D. Reiherkolonie b. Castiglione u. weiteres z. Vorkommen einiger Vogelarten in Italien" (Vw. 85, 1964), „Weiteres über d. Brutvögel d. Insel Elba ...", zus. mit H. E. Wolters (B. Bonn 18, 1967), „Ein weiterer Brutplatz d. Felsenschwalbe - Ptyonoprogne rupestris an Gebäuden" (Vw. 89, 1968), „Beitr. z. Vogelw. d. Insel Capraia" (Beihefte d. Vw., Heft 2, 1968), „Orn. Beob. auf d. Insel Giglio u. Ergänzungen z. Vogelw. d. Insel Elba u. Capraia" (Orn. Mitt. 23, 1971). Seine Verlautbarungen enthielten kein unüberlegtes Wort. Große Gesten lagen ihm nicht. Dem Massenmenschentum fern, war es dem feinfühlenden Beobachter gegeben, im Kleinen das Große zu sehen. Seit 1923 gehörte er der DOG an; seit 1950 war er für einige Jahre Mitglied des Beirates. Der Bund f. Vogelschutz verlieh ihm 1968 das goldene Ehrenzeichen. Auf der Jagd versagte plötzlich sein Herz.

— Lit.: L. Gebhardt u. W. Sunkel, D. Vögel Hess., 1954, S. 106/07. - Nachruf (von G. Niethammer). Dt. Bund f. Vogelsch., Jh. 1970, S. 1. - Nachruf (von Schriftl.). Vwa. 25, 1970, S. 396.

Tumm, Otto, * 17. 2. 1881 Rehwiese (Kr. Obornik), † 30. 9. 1962 Wertheim (Main). Die Vorfahren waren altansässig im Posener Land als dt. Hauländerbauern, Handwerker und Lehrer. Nach der Ausbildung am Seminar von Koschmin (1897 bis 1900) war er Lehrer in verschiedenen Orten und seit 1908 an der Stadtschule Posen. Nebenher gingen an der dortigen Akad. für vier Semester Vorlesungen in Botan. und Chemie. 1920 schied er aus dem poln. Staatsdienst aus, um 18 Jahre lang am dt. Privatgymnasium (Schiller-Oberschule) den Unterricht hauptsächlich in Biol. und Dt. zu übernehmen. 1939 trat er als Mittelschullehrer in den Amtsbereich der Stadt Breslau, und 1940 wurde er Beauftragter für den Naturschutz im damaligen Warthegau. Auch außerberuflich wußte er sich im Dienste des dt. Kulturlebens. Als ihm 1927 der Vorsitz des seit 1837 bestehenden Dt. Naturw. Ver. Posen übertragen wurde, nahm er sich vor allem des naturk. Teiles in den gemischten Heften der (von H. Rauschning gegründeten) Dt. Wissensch. Zeitschr. f. Polen an. Der Umfang der von ihm gestalteten Sonderhefte 9 (1927), 26 (1932), 32 (1937) zeigte das Ausmaß seiner Sachkunde. Durch gemeinsame dt.-poln., volkstümlich wissensch. Vorträge erreichte er erfreulich fruchtbare Zusammenarbeit mit poln. Fachfreunden und der Staatl. Stelle f. Naturschutz. Die ihn auszeichnende untadelige Gesinnung trug ihm viel persönliche Wertschätzung nicht nur aus Kreisen der Wissenschaft, sondern auch aus der poln. Bevölkerung ein. Allenthalben gerne gesehen, kam er offenbar viel im Posener Land umher und hatte Verbindung zu Jägern und Forstleuten. Seine über eigene oder fremde Beob. im Druck erschienenen Veröff. rechtfertigen die Annahme, daß botan. und floristische Themen ihn am häufigsten zur Feder greifen ließen. Doch vernachlässigte er keinesfalls das Feld der Avif. und kannte und registrierte mehrere orn. Samml., die in Schlössern und Gutshöfen unbeachtet lagerten. J. Hammling (s. d.) — ihm durch naturk. Eifer nahestehend, aber im orn. Schrifttum mehr hervortretend — konnte daher danken für wirksame Unterstützung beim Entstehen der zusammenfassenden Darstellung „Z. Vogelw. d. Pos. Landes“ (Dt. wissensch. Zs. f. Polen, Sonderheft 26, 1933). T. war in der Tat neben C. Kayser (s. d.) der am häufigsten von Hammling genannte Gewährsmann. Er selbst schrieb: „Balzlaut sitzender Bekassinen“ (ebd. 26, 1932), „Z. Vogelw. d. Posener Landes“, ein 1. Nachtrag zu J. Hammlings Übersicht (ebd. 32, 1937). 1940 zum Aufbau des Naturschutzes in den Warthegau geschickt, versuchte er weiter für sein Volkstum zu werben durch ein aus idealistischer Lebens- u. Weltbetrachtung verfaßtes Heft. Er gab ihm den Titel „Naturschutz ist Dienst an Volkstum u. Heimat“ (Posen 1943). Den Vögeln des ihn umgebenden Landes sind darin aus guter Kenntnis der obwaltenden Gegebenheiten die Seiten 27 bis 29 u. 48—52 gewidmet. Es war seine letzte Verlautbarung. Die dt. Katastrophe von 1945 entzog ihm den geliebten Heimatboden. Der sich anschließende harte Weg führte ihn schließlich im Mai 1952 nach Wertheim.

— Lit.: Autobiogr. aus d. J. 1946.

U

Usinger, Anton, * 3. 6. 1892 Weilbach (Main-Taunus-Kreis), † 11. 4. 1969 Coburg. Der im Forsthaus Eppenhain (Taun.) aufgewachsene Sohn eines Hegemeisters konnte als Brillenträger die Forstlaufbahn nicht einschlagen und war daher nach dem Besuch der Ingenieurschule Köthen bis Ende des 1. Weltkriegs als Betriebsingenieur bei Rheinmetall in Düsseldorf tätig. Als dann der an der Saalburg bei Bad Homburg unterhaltenen Silberfuchs- u. Nerzfarm 1933 der Boden entzogen war, übernahm er, seit 1936 in Coburg wohnend, einen Posten beim dortigen Heereswaffenamt. Der immer wache Zug zur Jagd und die Freude an der Beobachtung der freilebenden Tierwelt stempelten den Waldläufer im Lauf der Jahre immer mehr zum Berufsjäger. Da er zudem gerne die Feder zur Hand nahm — Vielschreiberei lag seinem Denken sehr nahe — wurde er etwa seit 1917 eifriger Mitarbeiter bei dt., österr. und schweiz. Jagdzeitschriften. Die aus jahrelangen Freilandbegegnungen erwachsenen Veröff. erhoben sich allerdings kaum über anspruchslose Plaudereien. Immerhin boten sie auch in Gestalt von einigen kleineren Büchern dem Leserkreis mancherlei Anregung zu jagdlich praktischer Verwendbarkeit. Meist galten die von ihm behandelten Themen der Biol. des Haarwildes. Erwähnung mag sein Bemühen finden, weil ihm, gewissermaßen auf einem Nebengleis, ein offener Blick für das Freileben der heimischen Vögel gegeben war. Die vogelkundlichen Verlautbarungen standen fast durchweg in der Jagdpresse, in den Anfangsjahren auch in der Gef. W. Aus der stattlichen Zahl der Titel seien einige genannt: „Plaudereien über Masurens Seen u. seine befiederten Bewohner“ (Gef. W. 46,

1917), „Beob. über d. Vogelw. im Taunus" (ebd. 47, 1918), „Tagebuchnotizen über Beob. in d. Jahren 1917/18 aus d. Umgeb. Düsseldorfs" (ebd. 48, 1919), „Aus d. Vogelw. am östl. Fuß d. Taunus u. d. Wetterau" (ebd. 55, 1926), „Allerlei v. Bergfink" [Bohämmerjagd] (ebd. 57, 1928), „Von unserem kleinsten Wildhuhn, d. Wachtel" (Wild u. Hund 53, 1950/51), „Vom Haselwild in Westdeutschland" (ebd. 53, 1950/51), „Einheimische Säugetiere u. Vögel in d. Gefangenschaft, ihre Aufzucht, Unterbringung u. Pflege" (1960). Nach seinem Tode erschien noch „Von d. Stimmen unserer Eulen" (D. Dt. Jäger 87, 1969).

V

Vaitkevičius, Antanas, * 10. 12. 1905 Kerbužiai, Kr. Pasvalys (Litauen), † 2. 7. 1968 am Kurischen Haff (Litauen). Nach dem Studium der Naturw. in Kowno (= Kaunas) und Wien wurde er Lehrer an der Mittelschule in Panevežys, 1957 Dozent, 1966 Professor am Pädagogischen Inst. von Wilna (= Vilnius). In seinen Händen lag von 1960 bis 1963 außerdem die Leitung der Sektion für Wirbeltiere an der Akad. d. Wissensch. in der Lit. SSR. Früh geschärfter Blick für die Probleme des Vogelzugs erbrachte schon dem Studenten das wissensch. Material für eine gemeinsam mit T. Ivanauskas (s. d.) verfaßte Veröff. Sie behandelte die bis zum 31. 12. 1932 in Lit. erzielten Erfolge und beruhte teilweise auf der Verbindung mit der Vogelwarte Rossitten. Nach dem 2. Weltkrieg arbeitete V. im Rahmen der Balt. Kommission für Vogelzugforschung, schloß sich 1954 für das Kurische Haff den Untersuchungen von E. Kumari an und benutzte in erster Linie Großreusen an der Windenburger Ecke (= Ventes Ragas). Stattlich ist die Reihe seiner bis 1966 sich erstreckenden Wortmeldungen, die alle dem Vogelzuge im Baltikum galten und meist in volkstümlich gestalteten Zeitschriften, z. B. in „Músu girios" (= Unsere Wälder) erschienen. Zu seinen wissensch. Verlautbarungen gehörten Arbeiten wie „Beringung d. Vögel in Lit. bis 31. 12. 1932" (Kaunas 1933), „Vogelzug im Bezirk d. Kurischen Haffs" (Vilnius 1957), „Einfluß d. geogr. u. met. Bedingungen auf d. Vogelzug" (Vilnius 1957), „Vogelzüge d. Sperlingsvögel in Ventes Ragas 1950—1956" (Vilnius 1957), „D. Vogelzüge im Herbst längs d. Kurischen Nehrung" (Moskau 1960), „D. Vogelzug wichtiges biol. u. zool. Problem" (Vilnius 1961), „Durchzug d. Vögel längs d. östl. Strandes d. Kurischen Nehrung im Herbst 1961" (Tartu 1963), „Das Verhältnis zwischen d. Brutvögeln und Durchzüglern im Delta d. Flusses Nemunas" (Tartu 1963 u. 1966), „D. Vogelzug ... in Litauen von 1929 bis 1959" (Vilnius 1965), „Migration of Birds" — According to the Data of the Ringing of Birds in Lithuania 1929 bis 1959, russisch zus. mit V. Skuodis (Institute of Zool. of the Lithuanian Acad. of Sciences, Publishing House Mintis, Vilnius 1965). Der rührige Ornithologe starb an einer plötzlichen Erkrankung, die ihn während einer Exk. ans Kurische Haff befallen hatte.

— Lit.: Nachruf (von E. Kumari). Vwa. 25, 1970, S. 395. - Nachruf (von M. Valyus u. V. Skuodis). Communications of the Baltic Commission for the Study of Bird Migration, Tartu 1972, Nr. 7, S. 195 (russ. u. engl., mit Bildnissen).

Völkle, Albert, * 23. 5. 1876 Hüningen, Bez. Mülhausen (Elsaß), † 19. 5. 1946 Riedlingen (Württemberg). Als Sohn eines Bahnangestellten war er Verwaltungsbeamter, Sparkassenkontrolleur und zuletzt Stadtpfleger in Riedlingen. Dort gründete er eine Ortsgruppe des Bundes f. Vogelsch. und pflegte — außer Kleinvögeln — Fasanen, Perlhühner und einmal auch Pfauen. Von der durch viele Jahre mit Sachverstand, aber ohne lit. Ehrgeiz betriebenen Liebhabertätigkeit machte er nicht viel Aufhebens. Und doch hob er sich aus dem Rahmen der Laienvogelfreunde ab, denen die Haltung von Käfiginsassen nur zur Freizeitgestaltung dient. Er muß ein Organ besessen haben, das ihm ein besonders feines Gefühl für tierische Lebensbedingungen vermittelte, denn es gelang ihm, den Steinadler in Gefangenschaft zu wiederholter Fortpflanzung zu bringen. In einem Gehege von etwa 35 qm Flächeninhalt (Höhe in der Mitte 4,70 m, an den Seiten 3,20 m) mit zwei angebauten überdeckten Räumen von 4 qm Grundfläche pflegte er seit 1910 ein angeblich 1909 dem Horst entnommenes Paar aus dem Allgäu. 1913 waren erstmalig Begattungen zu beobachten. Erfolgreiche Bruten ergaben dann die Jahre 1914 bis 1920 auf einem Horst, der in 1,50 m Höhe unter einem der mit Blech abgedeckten seitlichen

TEIL 3

Unterständen angelegt wurde. Die in diesem nicht sonderlich geräumigen Käfig aufgewachsenen Jungvögel kamen in den Berliner Zoo (1 Stück von 1915), Frankfurter Zoo (1 Stück von 1916), Münchener Zoo (1 Stück von 1917), das Waldsanatorium Obernigk im Bez. Breslau (2 Stücke von 1919), Baseler Zoo (2 Stücke von 1920). Der für 38,— RM von Berlin angekaufte Vogel ging bereits am 11. 7. 1918 ein. In Frankfurt und München (Hellabrunn) verbrannten im 2. Weltkrieg die Unterlagen, in Basel wurde „den Vögeln damals keinerlei Beachtung geschenkt", so daß weitere Angaben über das Alter nicht möglich sind. Infolge der Ernährungsschwierigkeiten und der steigenden Inflation nach dem 1. Weltkrieg mußte der Besitzer das Zuchtpaar 1921 an den Zool. Garten von Basel abgeben, wo es erst 1925 wieder zur Brut schritt. V. ist wohl der erste erfolgreiche private Steinadlerzüchter in Europa. Diesem Verdienst läßt sich ein besonderes Lob anfügen für die Genauigkeit und die Gewissenhaftigkeit, die er obwalten ließ, als er in seinen Veröff. zuverlässige Angaben machte über Ablauf der Balz, Beteiligung der Altvögel am Brutgeschäft und an der Jungenpflege, über Beginn der Eiablage, Legeabstand, Zahl der Eier, Brutbeginn, Brutdauer, Nestlingsdauer. Er mag daher herausgestellt sein als Vorbild für die Liebhaber, deren Zuchtberichte oft für die wissensch. Forschung wichtige Einzelheiten vermissen lassen. Wie durchdacht seine Darstellungen waren, bezeugte O. Heinroth (s. d.) (D. Vögel Mitteleuropas, Bd. 2), der keine anderen Quellen zu nennen wußte und V. sehr eingehend zitierte. Auch F. Engelmann (s. d.) (D. Raubvögel Europas 1928) erwähnte die Zuchterfolge, und bei G. Niethammer (Hdb. d. dt. Vogelk. 2, 1938) sowie Glutz von Blotzheim, Bauer u. Bezzel (4, 1971) ist der Name herangezogen, um die Angaben über Eiablage, Bebrütungsbeginn, Brutpflege, Brutdauer usw. zu stützen. In den folgenden anspruchslosen Wortmeldungen gab der Züchter seine Feststellungen bekannt: „Steinadlerzucht" (Mitt. Vw. 14, 1914), „Steinadlerzucht" (Gef. W. 44, 1915), „Kürzerer Ber. über meine in d. J. 1914 bis 1916 erzielten (ersten) Steinadlerzuchterfolge" (Blätter f. Natursch. u. Heimatpflege, Berlin 2, 1916), „Steinadlerzucht" (Schussenrieder Anstaltsztg. „Schallwellen" v. 1. 5. 1931). Diese Verlautbarungen finden sich nicht bei W. Bacmeister, „D. vogelk. Schrifttum in Württ. bis z. J. 1943" (Jh. Württ. 108, 1953). Dort stehen als lit. Hinterlassenschaft aus V.s Feder lediglich „Aus Württ., Über vereinzeltes Brüten d. Wacholderdrossel u. d. Singdrossel b. Riedlingen" (Mitt. Vw. 13, 1913) u. „D. weitere Vordringen d. Wacholderdrossel i. J. 1924 u. anderes" (Süddt. Tierbörse Nr. 32, S. 270 v. 25. 5. 1925).

Vömel, Friedrich Wilhelm, * 6. 7. 1897 Gonzenheim bei Bad Homburg, † 19. 3. 1973 Weilburg (Lahn). Schon von seinem Vater, einem Pfarrer, liegen Aufzeichnungen über die Ankunftt des Kuckucks aus den Jahren 1896 bis 1912 vor. Das Vorbild weckte im Sohne frühen vogelk. Wissensdrang, den er in der ländlichen Umgeb. von Dautphe b. Biedenkopf und später von Wallau b. Wiesbaden weiter zu pflegen trachtete. 1918 aus dem 1. Weltkrieg heimgekehrt, bestand er 1920 in Weilburg die Maturprüfung und war nach der Banklehre von 1925 bis 1959 an der dortigen Kreissparkasse, zuletzt als Inspektor, tätig. Um 1930 zog ihn die Freude an der Beringung in die Reihen der um W. Sunkels „Vogelring" gescharten hessischen Feldornithologen. Viele Jahre war er Kreisbeauftragter für Natur- u. Vogelschutz im Oberlahnkreis. 1953 trat er auch der DO-G bei, deren große Tagungen er wiederholt besuchte. Fern von pseudowissenschaftlichem Ehrgeiz, war er ein geschickter Beobachter, der viel in sich hineinblickte und so auf seinen Exk. Zwiesprache mit der Natur halten konnte, ohne stets der Begleiter zu bedürfen. Das Lahntal, der Westerwald, der Vogelsberg, die Rhön waren die von ihm bevorzugten Landschaften. Daneben wußte er um die Vogelwelt der Insel Borkum, die er zwölfmal im Frühjahr aufsuchte, besser Bescheid als die meisten Einheimischen. In der Nähe und Weite lagen das Kleinste oder Unscheinbarste vor dem suchenden Auge des schlichten Autodidakten. Sein fein entwickelter Spürsinn verstand z. B. mit Sicherheit das Nest des Rotkehlchens oder eines Baumläufers zu finden, wenn die Vögel sich nur in seiner Nähe bewegten. Auch für die Entdeckung eines Kuckuckseies schien er ein besonderes Organ geerbt zu haben. Seit 1948 widmete er seine Aufmerksamkeit unter freiem Himmel fast ausschließlich den Besonderheiten im Leben des Brutparasiten (und vergaß dabei die Leiden der vorausgegangenen russ. Kriegsgefangenschaft). Etwa 250 Nester mit einem Ei soll er gefunden und 100 Jungkuckucke beringt haben. Zu bedauern ist nur, daß die oft in Aussicht gestellte zusammenfassende Veröff. der eigenen Beob. nie zum Druck kam. Er war der Typ des Faunisten vergangenen Stils; es genügte ihm, daß er sein Wissen nach den ihm gegebenen Anlagen steigern und speichern konnte. Zur Feder griff er daher nur selten — vielleicht, weil ihm das nötige Vertrauen in die eigene Kraft fehlte, oder weil es ihm nicht gelingen wollte, größere Zusammenhänge zu überblicken und damit das Wesentliche vom Unwesentlichen zu trennen. Elf Verlautbarungen, zwischen 1932 und 1956 für den „Vogelring" geschrieben, stehen bei L. Gebhardt u. W. Sunkel (D. Vögel Hess., 1954) und bei G. Berg-Schlosser (D. Vögel Hess., Ergänzungsband 1968). Als letzte Wortmeldung wäre noch zu nennen „Jung-Kuckuck, Opfer d. Nestgeschwister" (Vr. 33, 1971).

— Lit.: L. Gebhardt u. W. Sunkel, D. Vögel Hess., 1954, S. 104. - Nachruf (von H. Ringleben). Vogelk. Ber. Nieders. 5, 1973, S. 51.

W

Walbaum, Johann Julius, Dr., * 30. 6. 1724 Wolfenbüttel, † 26. 8. 1799 Lübeck. 13 Jahre war er alt, als der Vater, ein Brauer, starb. So mußte der Jüngling mit der Mutter das väterliche Geschäft fortführen, bis er 1741 die Schule wieder besuchen konnte. Aus Freude an der heimischen Flora und beherrscht vom aufwärts strebenden Naturgefühl der Aufklärung, studierte er dann seit 1745 Arzneiwissenschaft in Helmstedt und Göttingen, wo er 1749 promovierte. Seitdem lebte er als prakt. Arzt in Lübeck und widmete sich nebenher der Zool. und Botanik. Der Beitrag, den er für die Beschreibung der „Naturkörper" zu leisten vermochte, trug den Stempel des lückenhaften Wissens seiner Zeit. Am eingehendsten beschäftigte er sich durch Beziehungen zu dem bedeutenden Berliner Ichthyologen Bloch mit den Schildkröten und Fischen. Hierher gehörende „Beschreibungen" und „Naturgeschichten" standen seit 1783 in den Schriften der Gesellschaft Naturf. Freunde zu Berlin, die ihn 1782 in die Liste ihrer Mitglieder aufnahm. Daß auch die Vogelwelt einen Platz im Bereiche seiner naturk. Studien hatte, belegen umfangreiche Aufsätze wie „Naturgesch. des Seeraben (= Kormoran) vom männl. Geschlechte", „Beschr. d. Täucher-Gans (= Gänsejäger) weibl. Geschlechts", „Beschr. d. lachenden Gans (= Bleßgans) männl. Geschlechts", „Beschr. d. bunten Sturmmewe männl. Geschlechts", „Von d. bunten Sturmmeve weibl. Geschlechts", „Beschr. d. weiß-grauen Sturmmewe männl. Geschlechts", „Von d. Geyerkönig (= Mönchsgeier)", „Beschr. d. Scheerschnabels (= Tordalk)". Die Themen behandelte er alle in den Sb. Berlin 1786/87, 1788, 1789. Schon 1778 erschien aus seiner Feder in Lübeck ein Buch mit dem Titel „Beschr. von vier bunten Taubentäuchern (= 4 verschiedene Alterskleider der Gryllteiste) u. d. Eidergans (= Eiderente)". Grundlagen seiner Veröff. bildeten wohl handschriftliche Aufzeichnungen, die sich als „Adversaria historiae naturalis impolita" (Bde. 3—7, 1778 bis 1784) in der Lübecker Stadtbibliothek befinden. Beigefügte Notizen reichen bis zum Jahre 1796. Die beiden ersten Bände sind verschollen. Wie es zum Ernst naturw. Strebens damals gehörte, hatte er auch ein „Naturalien-Cabinet" angelegt, das er der Gesellschaft z. Beförderung gemeinnütziger Tätigkeit vermachte. Es bildete den Grundstock für das heutige Naturh. Mus. zu Lübeck, in dem sein Bildnis die Unterschrift trägt: „Erfahrener Arzt, Glücklicher Naturforscher, Erfindungsreicher Menschenfreund, Unter den Gründern des Lübecker Bundes für Gemeinnützigkeit der Tätigsten einer. Sein Wirken sei Muster der Nachwelt."

— Lit.: D. Museum Lübeck 1900, S. 4/5. - H.-P. Müller, D. Ichthyologe u. Schildkrötenforscher J. J. Walbaum, D. Heimat (Neumünster) 80, 1973, S. 195—197 (mit Bildnis u. Verz. d. Veröff.).

Walter, Hermann, * 21. 10. 1864 Ermes, Kr. Walk (Livland), † 21. 12. 1901 Insel Kotelny (Neusibirien). Auf dem väterlichen Rittergut aufgewachsen, studierte er 1884 bis 1891 Med. in Dorpat, war 1892 bis 1895 Assistent am Stadtkrankenhaus Riga und bildete sich 1895/96 in Berlin und Wien weiter fort. Die anschließend in Dorpat ausgeübte ärztliche Praxis beendete er schon 1899, um sich für eine wissensch.-kommerzielle Exp. an die Murmanküste und nach Novaja Zemlja vorzubereiten. Von der russ. Polar-Exp. 1900/01, die er als Bakteriologe und 2. Zoologe begleitete, kehrte er nicht zurück. Krankheit raffte ihn dahin. Daß er sich unterwegs orn. betätigte, bezeugt die Arbeit über „Beob. an d. westl. Taimyrhalbinsel im Sept. 1900 bis August 1901“ (Akad. Nauk 7, S. 152—160; Izvestija A. N. Ser. 15, 1901 u. 16, 1902). Von ihm gesammeltes Material und die Tagebücher wurden ferner ausgewertet von Th. Pleske (s. d.) in „Birds of the Eurasian Tundra“ (Mem. Boston Soc. of Nat. Hist. 6, 1928). Sein jüngerer Bruder Harry (* 30. 12. 1866, † 10. 3. 1937) hatte in Dorpat 1886 bis 1888 Zool. studiert und 1888/89 die Forstakademie Tharandt besucht. 1930 und 1934 hatte ihn N. v. Transehe (s. d.) veranlaßt, orn. Notizen zusammenzustellen, die jedoch im 2. Weltkrieg verlorengingen (N. v. Transehe, D. Vogelw. v. Lettl. 1965, S. 188).

— Lit.: Dt.-balt. Biogr. Lex. 1970, S. 848.

Walter, Johann Ernst Christian, * 24. 4. 1799 Ratzeburg (Lauenburg), † 28. 5. 1860 Ordrup-Faarevejle, Nordwestseeland (Dänemark). Als er — Sohn eines Tischlers — geboren wurde, gehörte seine Heimat zu Hannover. Nach dem Wiener Kongreß dän. Staatsbürger, ließ er sich 1817 in Kopenhagen nieder, um Porträtmaler und Kupferstecher zu werden. Obwohl er an der Kunstakademie bis 1821 freien Unterricht genoß, fehlte ihm die Fähigkeit, mit spärlichen Einkünften aus Handelsgeschäften recht zu wirtschaften. Sein Lebensstil dürfte sich erst gebessert haben, als er ab 1826 mit dem Verkauf von Kupferstichen gewissen Erfolg hatte. 1828 wurde er Kustos der königl. Gemäldesammlung. Ohne künstlerischen oder orn. Wert blieben zwischen 1828 und 1841 veröffentlichte „Vögel aus Asien, Afrika, Amerika, Neuholland“ (144 Tafeln mit 33 Textblättern) und „Prachtvögel u. Säugetiere“ (36 Tafeln mit 10 Textblättern), die er nach Levaillant und anderen zeitgenössischen Vorlagen kopierte. Auch ein weiterer, ernsthafterer Versuch, zur Geltung zu kommen, stempelte ihn kaum zum erwähnenswerten Förderer der Vogelkunde. Das in dän. und dt. Sprache verfaßte Werk trägt den Titel „Nordische Orn. oder getreue nach d. Natur eigenhändig gezeichnete, gestochene u. kolorierte Abbildungen d. dän. fähröischen, grönl. u. isländ. Vögel“. Wohl wegen Geldknappheit in fünf Druckereien angefertigt, wuchs es zwischen 1828 und 1841 in 43 Lieferungen auf drei Bände mit 288 Tafeln an. Neben den weit überlegenen Darstellungen, die sich im Zeitalter der Naturbeschreibung an Namen wie Naumann, Susemihl, Gabler, Hergenröder, Wolf knüpften, fanden Bilder und Texte nur geringe Wertschätzung. Die Blätter sind zwar mit mehr Originalzeichnungen angefüllt nach Vögeln, die der Künstler selbst käfigte oder nach frisch geschossenen und ausgestopften Stücken. Sie sind trotzdem unterschiedlich gelungen. Einige dürfen schön genannt werden. Auch die den einzelnen Arten beigegebenen Texte sind nur oberflächliche, oft beziehungslose Mitteilungen und beweisen, daß des Verfassers Formenkenntnis durchweg lückenhaft war. Unschwer läßt sich eine Reihe von Falschangaben feststellen. Es darf daher nicht überraschen, daß das Werk außerhalb Dänemarks kaum bekannt wurde. Obwohl es nur beschränkten Quellenwert besitzt, hat es als bibliographische Seltenheit öfters dän. Fachleute zu Erörterungen gereizt. Zwar waren vollständige Stücke der beiden ersten Bände mit 60 + 60 Tafeln immer nachgewiesen. Ein Stück mit allen 288 Tafeln und den zugehörigen Textblättern tauchte aber erst 1938 in der Bibliothek des Gutes Vemmetofte Kloster in Südseeland auf. Bis heute gibt es zwei weitere vollständig zusammengesetzte Stücke in der königl. Bibliothek und der Universitätsbibliothek von Kopenhagen. Vielleicht hätte W. sich eines größeren Lebenserfolgs erfreuen dürfen, wenn er bei den Vorarbeiten zur „Nord. Orn.“ mehr den seiner Zeit vorauseilenden, wissensch. tief schürfenden F. Faber (s. d.) zu Rate gezogen hätte. Beide Männer müssen sich gut gekannt haben. Das zeigen häufige Erwähnungen von F.s Namen bei den Bildbeschreibungen und ein kleiner, im 1. Band stehender Beitr. aus dessen Feder über Zugvögel auf der Insel Saltholm im Øresund. Aber der um drei Jahre ältere dän. Ornithologe starb zu früh — schon 1828 — um über längere Jahre den Wahrheitsgehalt der Textbeigaben überwachen zu können.

— Lit.: O. u. A. Helms, Dansk Orn. Foren. Tss. 33, 1939, S. 95—112 (mit Bildnis u. älteren Quellen). - Thieme-Becker, Künstler-Lex. 35, 1942, S. 124 (mit älteren Quellen). - Cl. Nissen, D. Illustrierten Vogelbücher, 1953, S. 54. - B. Løppenthin, 15. Internat. Orn. Kongr., Den Haag 1970, Abstracts, S. 151/52.

Warga, Kálmán (= Koloman), * 3. 8. 1881 Budapest, † 5. 7. 1971 Budapest. Im alten

Stadtwäldchen, dem heutigen Messegelände, entdeckte er früh die Reize der Vogelwelt, die einem langen Lebensweg immer wieder Richtpunkte setzten. Nach dem Besuch der Elementarschule wurde er Förster. Aus seiner ersten Dienststelle Privigye (heute Prievidza, Slowakei) knüpfte er bereits Verbindung mit der Ung. Orn. Zentrale. Berichte in der Aquila über den Vogelzug folgten dann 1906 aus Szászsebebes (heute Sebes, Siebenbürgen), 1907 bis 1911, 1914 bis 1923 aus Budapest und 1912/13 aus Lippa (Siebenb.). Nebenher schrieb er Arbeiten für Jagd- u. Tageszeitungen. Im Ung. Orn. Inst. leistete er in den Anfangsjahren nicht nur Verwaltungsdienste, sondern bearbeitete auch in der Aquila die „Vogelzugdaten aus Ung.". Die Mitwirkung in diesem Inst. endete bald, weil er als Persönlichkeit sui generis in Zusammenstöße mit O. Herman (s. d.) verwickelt war. Starker Tätigkeitsdrang und mit Fleiß erworbene Fachkenntnisse verschafften ihm auf mehreren orn. Sondergebieten Anerkennung. So ordnete er im Landw. Mus. die große Eiersammlung von G. Ertl (s. d.), führte zwei Jahrzehnte die Beringung sowie umfangreiche Gewölluntersuchungen an den Jungvögeln der Reiherkolonien des Kisbalaton (= Kleiner Plattensee, heute Sumpflandschaft) durch, fing in den Wintern 1932/33, 1937/38 1718 Seidenschwänze und beringte in den Invasionsjahren 1925 und 1933 2122 Jungvögel des Rosenstars. Die wissensch. hervorstechendsten Bemühungen galten dem Studium und dem Schutze der ung. Edelreiher. Belegt ist sein Eifer durch Veröff. wie „Neueres Nisten v. Egretta garzetta in d. Kisbalaton" (Proc. 8. internat. Orn. Kongr., Oxford 1934/1938) und „Phänol. u. nidobiol. Daten aus d. Kolonie v. Egretta alba am Kisbalaton" (ebd. 1934/1938). Erwähnenswert ist ferner die Arbeit über „Dauerehe b. Parus major u. Jahresehe b. Phoenicurus phoenicurus" (J. Orn. 87, 1939). Nach längerer Tätigkeit am Landw. Mus. u. Ministerium kam der stets kämpferisch eingestellte Autodidakt auf Einladung von J. Schenk und T. Csörgey (s. d.) 1923 in das Ung. Orn. Inst. Hier stieg er 1927 zum „kgl. ung. Ornithologen" auf, erhielt 1933 als Oberadjunkt den wissensch. Status, erreichte 1943 den Rang eines Direktors des Versuchwesens und übernahm nach der Erkrankung von J. Schenk 1944 für wenige Monate die Leitung des Inst. Später wurde er noch einige Jahre an der orn. Abt. des Ung. Nationalmuseums und dann fast bis zum Tode wieder am Orn. Inst. beschäftigt. In diesem letzten Lebensabschnitt lag die Aufsicht der Vogelschutzeinrichtungen einiger Naturschutzparks in seinen Händen. Eine seiner letzten Verlautbarungen war eine Arbeit über die Raubmöwen - Stercorarius Ungarns. In Bibl. Orn. Rom. (1971) sind sieben seiner Veröff. zwischen 1922 und 1955, alle in Aquila, verzeichnet.

— Lit.: J. Schenk, 50 Jahre ..., Aquila 50, 1943, S. 113/14. - Nachruf (von A. Keve). Állattani Közlemények (= Zool. Mitt.) 59, 1972, S. 16—19 (mit Bildnis).

Weckmann-Wittenburg, Paul Friedrich, * 28. 4. 1890 Wittenburg (Mecklenburg), † 2. 10. 1970 Berlin. Von 1919 bis 1955 stand er, Sohn eines Zigarrenfabrikanten, im Dienst der Hamburger Postverwaltung. Zuletzt war er Oberinspektor beim Postscheckamt. Schon in der Ratzeburger Schulzeit erwachte sein Hang zur Vogelwelt, und früh legte er sich den Doppelnamen (nach dem Geburtsort) zu. Die außerberufliche Tätigkeit galt jahrzehntelang der Schilderung der Biol. dt. Seevögel. Die aus seiner Feder stammenden Verlautbarungen konnten indes keine system., fachwissenschaftlichen orn. Beitr. sein. Es waren vielmehr aus einem begeisterten Herzen kommende Begleittexte zu photographischen Aufnahmen; und er selbst verstand sich vor allem als leidenschaftlicher Amateur-Lichtbildner, dessen Stolz es alle Zeit blieb, unverfälschtes, ursprüngliches Leben auf die Platte gebannt zu haben. Die dt. Küsten und Inseln mit ihren Vogelfreistätten boten seiner Naturfreude jahrelang genutzte Gelegenheit, typische Einzelheiten und Verhaltensweisen der Vögel vom engen Zelt aus zu beobachten und die Erlebnisse in Bildern festzuhalten, die auch ästhetische Wünsche befriedigen mußten. So erwuchsen aus den von ihm geschaffenen Bilddokumenten nicht nur Werbekräfte für den Schutz vieler bedrohter Vogelformen, sondern auch beispielhafte Naturkunden u. a. von Memmert, Juist, Mellumplatte, Neuwerk, „Grüne Insel", Norderoog, Amrum, Oehe-Schleimünde, Langenwerder, Poel, Darß, Hiddensee, Werder-Inseln. Das Schrifttum hält seine Tätigkeit in folgenden Veröff. fest: „Mit Kamera u. Rucksack", eine Exk. in d. Vogelfreistätte Langenwerder (Photogr. Rdsch. u.

TEIL 3

Mitt. 1912) u. „Mit Kamera u. Rucksack", eine naturphotogr. Studienfahrt ins Brutgebiet d. Avosetten nach den Werder-Inseln mit 12 Originalaufnahmen (ebd. 1913), „Orn.-photogr. Naturstudien", neue Bilder u. Beob. aus d. Vogelleben unserer Heimat mit 78 Abb. (Leipzig 1922), „Hiddensee", Bilder von d. Ostsee-Naturschutzgebiet (Berlin 1925), „Norderoog — ein dt. Vogelparadies", Natururkunden von d. Halligen u. vom Wattenmeer, 64 Tafeln mit Text von F. Dietrich (s. d.) (Berlin 1931), „Vögel dt. Küsten", Lebensbilder unserer Seevögel während d. Brutzeit unter Mitarbeit von O. Leege (s. d.) mit 152 photogr. Natur-Urkunden (Berlin 1941). Erfolge konnte W.-W. auch auf photogr. Wettbewerben erzielen, z. B. eine Goldmedaille auf der Internat. photogr. Ausstellung Reval 1926 für die „Orn. photogr. Naturstudien" und eine Goldmedaille auf der Internat. photogr. Ausstellung in Mailand 1932 für drei Großaufnahmen von Norderoog, darunter das bekannte Bild des Austernfischers mit Spiegelbild. Kleinere heimatk. Studien aus seiner Feder standen u. a. in „D. Heimat" (Neumünster) und in den Monatsheften „Schlesw.-Holst." Aus den Anfangsjahren ist ferner bekannt der längere Aufs. über „Beob. am Storchnest, sowie Einzelheiten aus d. Leben d. Weißen Storches, seine Abnahme in Meckl." (Orn. Ms. 43, 1918). Der DO-G schloß er sich 1950 für einige Jahre an.

— Lit.: Bildnis in Columba 3, 1951, S. 26.

Weigold, Max Hugo, Dr., * 27. 5. 1886 Dresden, † 9. 7. 1973 Bruckberg (Oberbayern). Er entstammte einem im Freiberger Gebiet ansässigen Bauerngeschlecht. Der Vater war Bauunternehmer. Nachdem er das Reifezeugnis im Kreuzgymnasium erworben hatte, begann er das Studium der Naturw. und Geogr. 1905 in Jena bei E. Haeckel, um es 1909 (seitdem Mitglied der DOG) in Leipzig bei C. Chun mit der Diss. über „Biol. Studien an Lyncodaphniden" abzuschließen. Die ihm übertragene Assistentenstelle an der Preuß. Biol. Anstalt auf Helgoland öffnete ihm den Zugang zu meeresbiol. Forschungen und gab ihm zugleich die Möglichkeit zu vertiefter Beschäftigung mit der Orn., vor allem mit der Aufhellung der Rätsel des Vogelzuges. Bereits 1910 konnte er als erster Helgol. Vogelwart von Beruf in die Spuren von H. Gätke (s. d.) treten und den Grundstein für die Vogelwarte legen (ab 1911 mit eigenen Ringen). Damals schon führten ihn Fragen der Tiergeographie und Ökol. auf weite Studienreisen: Erste Ziele waren 1911 Ungarn, Syrien, Mesopotamien, 1913 Portugal, Südspanien, Tanger. Als zool. Mitarbeiter begleitete er dann Walter Stötzner 1914 bis 1915 nach Szetchuan (West-China) und Ost-Tibet sowie 1916 nach Nordwest-China und in die Innere Mongolei. Durch den Ausbruch des 1. Weltkriegs von der Heimat abgeschnitten, unterrichtete er 1916 bis 1919 neben dem von ihm hochgeschätzten R. Mell (s. d.) an der dt. Schule in Kanton (Süd-China). Nach dem Ende des Krieges galt der geweitete Blick des Kustos dem Ausbau der Vogelwarte Helgol., der Förderung der Beringung und neuer Vogelschutzmaßnahmen, bis ihm 1924 die Stelle des Abt.-Direktors für Naturk. am Prov.-Mus. von Hannover übertragen wurde. Hier ging er — allen Problemen unvoreingenommen und aufgeschlossen begegnend — als einer der Wegbereiter an den Aufbau einer Schausammlung nach ökol.-genetischen Gesichtspunkten, die auch den Menschen einschlossen. Neue Gedanken zum Natur- u. Heimatschutz prägten daneben das Gesicht der von ihm 1948 gegründeten „Beiträge z. Naturk. Niedersachsens". Einige Jahre vorher hatte es ihn wieder in die Ferne gelockt: 1931/32 lagen im Rahmen der Dolan-Exp. die Ziele nochmals in Szetchuan, Ost-Tibet und Yunnan. Beträchtlich waren die orn. Erfolge seiner Exp. Schon 1921 erhielt das Dresdener Mus. 3800 hervorragend präparierte Bälge, die vielfach von Sachkennern wie E. Hartert, O. Kleinschmidt, O. Reiser, E. Stresemann (s. d.) beschrieben wurden, während W. Meise die ebenfalls stattliche Ausbeute von 1931/32 bearbeitete. Etwa 5000 Bälge sind dem Sammler zu danken. Nach seiner eigenen Zusammenstellung wurden von ihm 25 Vogelarten bzw. -rassen entdeckt oder als neu nachgewiesen, z. T. auch von ihm selbst beschrieben. Seinen Namen tragen: Alauda arvensis (Vaurie: gulgula) weigoldi Hartert, 1922; Emberiza cioides weigoldi Jacobi, 1923; Parus salicarius weigoldi Kleinschmidt, 1921 = P. songarus weigoldicus Kleinschmidt, 1921; Parus cristatus weigoldi Tratz, 1914; Phylloscopus weigoldi Stresemann, 1924 = Phylloscopus fuscatus weigoldi; Schoeniparus brunneus weigoldi Stresemann, 1923 = Alcippe (Schoeniparus) brunnea olivacea Styan, 1896. Aus der Fülle seiner Veröff. seien die genannt, die er für die wichtigsten hielt: „D. Vogelwarte Helgol. einst u. jetzt u. d. Methoden der Vogelzugforschung" (Verh. 5. Internat. Orn.-Kongr., Berlin 1910), „Wie können wir d. biol. Problem d. Vogelzugs exakt erforschen?" (Orn. Ms. 37, 1912), „Ein Monat Orn. in d. Wüsten u. Kulturoasen Nordwest-Mesopotamiens u. Inner-Syriens" (J. Orn. 60, 1912 u. 61, 1913), „Zwischen Zug u. Brut am Mäander (Kleinasien)" (ebd. 61, 1913 u. 62, 1914), „Über d. Vogelschutzeinrichtungen an Leuchttürmen" (ebd. 69, 1921), „Zool. Ergebnisse d. W. Stötznerschen Exp. nach Szetschwan, Osttibet usw." (Abh. Dresd. 1922), „Frühling 1913 in Portugal, Spanien u. Tanger" (Mitt. Vw. 21, 1922 u. 22, 1923), „Ber. d. Vogelwarte d. Staatl. Biol. Anstalt Helgol. 1—8" (J. Orn. 58, 1910 — 73, 1925), „Maße, Gewichte u. Zug nach Alter u. Geschlecht b. Helgol. Zugvögeln" (Wissensch. Meeresuntersuchungen, N. F. 1926), „D. Vogelzug auf Helgol., graphisch dargestellt" (Abh. aus d. Gebiet d. Vogelk. 1, 1930), Schüz, E., u. H. Weigold, „Atlas des Vogelzugs nach d. Beringungsergebnissen b. palaearktischen Vögeln" (ebd. 3, 1931), „Als Ornithologe in Jehol (NO-China)" (J. Orn. 83, 1935, Sonderheft), „Südost-Tibet als Lebensraum" (Jb. d. Geogr. Ges. Hannover 1935), „D. weiße Storch in d. Prov. Hann." (Veröff. d. wirtschafts-wissensch. Ges. z. Studium Nieders. 14, 1937), „Tibet, einst ein Entwicklungszentrum" (Orn. als biol. Wissenschaft 1949, Stresemann-Festschr.). Im Ruhestand verzog er 1952 nach Bayern, wo er — nach seinen eigenen Worten 1969 „ein Überhälter im Kahlschlag" — zuletzt in Bruckberg wohnte. Doch ruhte dort die emsige Feder keineswegs. Auch als seine Lebensbahn sich schon deutlich neigte, blieb er der aus einem tiefen Sendungsbewußtsein schöpferisch strebende Naturforscher. Volksnahe denkend, ohne Verständnis für bürokratische Engstirnigkeit oder wissensch. Schranken, eine selbstloser Freundschaft fähige Persönlichkeit, hatte er bis in die letzten Schaffensjahre nur ein Ziel: Den Druck seines vielleicht zu breit angelegten Lebenswerkes. Er erreichte es nicht. Wie die allmählich wachsende Gewißheit, vor einem unüberwindlichen Bollwerk zu stehen, die jeweilige Stimmungslage des tapferen Dieners der Wissenschaft bestimmte, möge der Auszug eines nicht ohne Bitterkeit geschriebenen Briefes v. 8. 11. 1970 zeigen: „Lieber Herr Gebhardt! ... Nun fehlt aber noch das, was mir in meinem Leben mein wichtigstes und wertvollstes Produkt zu sein scheint, die Zusammenarbeit all dessen, was andere Forscher und ich selbst erforscht haben über die Avif. Westchinas u. Osttibets ... Es entspricht aber nicht meiner Natur, nur die Vogelwelt zu sehen, vielmehr konnte ich gar nicht anders als immer die gesamte Natur mit all ihren Wechselbeziehungen, rezent u. historisch-dynamisch, zu sehen, wohl eine Folge meiner Erziehung bei Haeckel ... Meine letzte große Arbeit wurde also weit mehr eine Biogeographie als nur eine Avif., obgleich ich von der Sparte, die ich am besten beherrschte, der Orn., ausging ... Bis 1968 hatte ich die Arbeit im Msk. abgeschlossen: 1070 Schreibmaschinenseiten. Der Titel soll heißen ... ‚Tibet u. seine Vorländer — Entwicklungszentren u. Refugien' ... Aber dann ging es los mit den Sorgen um die Druckkosten, die keinesfalls unter 50 000 DM betragen würden ... Und so warte ich immer noch, ... Ja, so traurig ist es mit Hugo Weigolds Lebensarbeit, an der er so sehr hing. Mit freundlichen Grüßen Ihr unglücklicher Hugo Weigold." Seine Urne ist auf dem Waldfriedhof von München beigesetzt.

— Lit.: A. F. V. Jacobi, Über d. Geschichte d. orn. Sammlung d. Dresdener Mus. f. Tierk., J. Orn. 85, 1937, S. 702. - R. Drost, Geschichte d. Vogelwarte Helgol., Festschr. Nat. u. Jagd in Nieders., Hann. 1956. - Würdigung (von K. Tenius). Ebd. 1956. - Würdigung (von Schriftl.). Vwa. 18, 1956, S. 168. - Würdigung (von H. Kumerloeve). B. z. Vk. 5, 1958, S. 305—308 (mit Bildnis). - R. Tantzen, 50 Jahre Vogelwarte Helgol., Nat. u. Landschaft 35, 1960, S. 92—94. - Nachruf (von H. Ringleben). Vogelk. Ber. Nieders. 5, 1973, S. 49/50. - Nachruf (von dems.). D. Helgoländer (Monatszeitschr. f. d. Insel Helgol.), Nr. 109, 1973 (mit Bildnis, ohne S.). - Nachruf (von E. Schüz). Nat. u. Landsch. 48, 1973, S. 320. - Nachruf (von H. Eggeling). B. Nieders. 73, 1973, S. 508. - Nachruf (von E. Schüz). Vwa. 27, 1973, S. 141—145 (mit Bildnis). - Nachruf (von H. Kumerloeve). J. Orn. 115, 1974.

Wels, H., * ?, † ?. Der Lebensgang des preuß. Försters ließ sich nur durch wenige Daten aufhellen. Einer seiner Veröff. aus dem Jahre 1912 ist zu entnehmen, daß er zehn Jahre in der Rominter Heide und anschließend seit 1896 als Hegemeister in Burg(s)dorfshöhe bei Norkitten (Kr. Insterburg) Dienst tat. In „D. Vögel d. Prov. Ostpr." (1914) verzeichnete ihn F. Tischler (s. d.) in der Liste der „im Text vielfach namentlich erwähnten Herren". Als derselbe Autor „D. Vögel Ostpr. . . ." (1941) erscheinen ließ, war W. einer der verstorbenen Mitarbeiter. Er muß — im Rahmen des feldorn. Stils seiner Zeit — ein aufmerksamer Beobachter gewesen sein. In einem Aufs. „Einiges über Aquila pomarina Br. während d. Brutgeschäftes" (Orn. Jb. 6, 1895, S. 163/64) meinte A. Szielasko (s. d.): „Folgenden Ber. verdanke ich der Güte d. Försters Herrn Wels aus d. Romintener Heide in Ostpr." und gab dann gut eine Seite von brutbiol. Daten des Gewährsmannes wörtlich wieder. W. selbst sagte u. a. vom Schreiadler: „Ich habe ihn in allen Revieren gefunden, in denen ich beschäftigt gewesen bin, u. ich wurde 14mal versetzt!" In Zs. Ool. u. Orn. 22, 1912, S. 77—84 berichtete er sehr treffend und ausführlich über das Leben der „Uraleule" (= Habichtskauz - Strix uralensis) in Ostpreußen. Weitere Verlautbarungen aus seiner Feder waren: „Ankunft d. Zugvögel im Frühjahr 1912 in d. Oberförsterei Astrawischken u. einige andere Beob." (ebd. 22, 1912), „Ankunft d. Zugvögel im Frühjahr 1913 in d. Oberförsterei A." (ebd. 23, 1913), „Ankunft d. Zugvögel im Frühjahr 1914 . . ." (ebd. 24, 1919). Daß W. sich über die Enge des Berufsdenkens hinaus den gesunden Blick für größere Zusammenhänge bewahrt hatte, zeigen Gedanken, die er in der Arbeit über die Uraleule äußerte: „Wenn eine Vermehrung (der Uraleule) nicht stattgefunden hat, so liegt das z. T. daran, daß . . . jeder junge Grünrock — sowohl der höheren, als der unteren Karriere — den das Schicksal nach hier verschlägt, es für seine Pflicht zu halten scheint, sich zum Andenken eine ausstopfen zu lassen." Ob und mit welchen Folgen der Ausbruch des 1. Weltkriegs in seine Erdenbahn eingriff, war nicht zu ermitteln.

Wendehorst, Reinhard, * 6. 4. 1890 Wollin (Pommern), † 25. 9. 1968 Goslar (Harz). Nach der in Straßburg, Mainz und Düsseldorf verbrachten Jugend kam er als Primaner nach Braunschweig, wo er 1908 die Reifeprüfung bestand und mit Unterbrechung durch den Kriegsdienst 1919 an der Techn. Hochschule das Studium der Bauingenieur-Wissenschaft abschloß. Die berufliche Laufbahn führte ihn seit 1919 als Regierungsbauführer bzw. -baumeister bei der Preuß. Wasserbauverwaltung nach Ostfriesland sowie im Bauschuldienst nach Rendsburg, Wuppertal, seit 1934 als Oberstudiendirektor nach Beuthen, Bautzen, Eckernförde, bis er 1937 in Berlin zum Ministerialrat aufrückte. 1947 wohnte er vorübergehend in Göttingen, von 1952 bis 1955 wieder als Ministerialrat in Düsseldorf, seit 1956 im Ruhestand in Goslar. Zwei Fachbücher stammen aus seiner Feder: „Baustoffkunde" (1. Aufl. 1934, letzte Aufl. 1968) und „Bautechnische Zahlentafeln" (1. Aufl. 1934, 15. Aufl. 1968). Die Vogelkunde muß früh in seinem Gesichtskreis gelegen haben, denn er schrieb schon als Soldat über „D. Vogelwelt Nordfrankreichs" (Orn. Ms. 44, 1919). Als er nach dem 1. Weltkrieg mit O. Leege (s. d.) in Verbindung kam, erwachte in ihm eine nachhaltige Vorliebe für die Brutstellen der Strand- u. Seevögel, deren Bedeutung für den Inselschutz er noch unterstrich, nachdem er in Berlin seßhaft geworden war. 1928 nahm ihn die DOG als Mitglied auf, um ihn 1938 in ihren Ausschuß zu wählen. Da nach Ende des 2. Weltkriegs alle Nachrichten von ihm ausblieben, wurde er von der Liste gestrichen. Der tätige Einsatz für den Seevogelschutz brachte ihm schon 1933 den Posten des 2. Vorsitzenden im damaligen „Reichsbund" ein; seit 1938 lag auch die Gesamtleitung des Bundes in seinen Händen. Die mit dieser Stellung verbundene Verdrängung der Gründerin Lina Hähnle (s. d.) stieß in jenen Jahren jedoch auf wenig Gegenliebe und trug offenbar dazu bei, daß das an seinen Namen sich knüpfende vogelk. Verdienst bald vergessen wurde. Nichtsdestoweniger ist es belegt durch 25 kleinere und größere Aufs. und Mitt. Sie standen zwischen 1919 und 1941 in Orn. Ms., J. Orn., Naturschutz, Jber. d. Bundes f. Vogelsch., Jb. f. Natursch., Orn. Mber., Dt. Vw. und galten fast alle der Schaffung, dem Ausbau und der Überwachung von Vogelfreistätten an der Nordseeküste (u. a. Knechtsand, Trischen, Friesische Inseln). Einige Titel seien genannt: „D. Vögel als Bundesgenossen d. Menschen beim Schutz d. Meeresküsten" (Orn. Ms. 45, 1920), „Über d. Vogelschutzkolonien auf d. Fries. Inseln", Referat vor d. DOG Berlin 1920 (J. Orn. 69, 1921), „D. Brutvögel d. Ostfries. Inseln

Langeoog u. Baltrum im Sommer 1920" (Naturschutz 3, 1920), „Zwanzig Jahre Vogelsch. auf Trischen" (Orn. Ms. 54, 1929), „Erfolgreicher Säbelschnäblerschutz an d. Nordseeküste" (ebd. 55, 1930), „Fluß- u. Küstenseeschwalbe auf Trischen" (Orn. Mber. 38, 1930), „D. Vogelfreistätte Trischen in d. letzten 10 Jahren" (Dt. Vw. 63, 1938).

— Lit.: W. Schoenichen, ABC-Naturschutzführer, Neudamm 1931. - Würdigung (von H. Ringleben). Vogelk. Ber. Nieders. 5, 1973, S. 50/51.

Wiepken, Otto, * 3. 9. 1893 Löningen (Kr. Cloppenburg), † 7. 3. 1971 Oldenburg. Der Vater, ein Wegemeister, wohnte seit 1898 in Vechta und war als Neffe von Carl Friedrich Wiepken (s. d.) zugleich guter Formenkenner und geschulter Präparator. Seine Naturliebe ging auf den Sohn über, der nach dem math., phys. und biol. Studium seit 1921 im Schuldienst stand, 1927 Leiter der Realschule in Elsfleth wurde und von 1943 bis 1960 Oberstudienrat in Nordenham war. Während der Biologieunterricht in seinen Händen lag, widmete er sich daneben der Pflanzenkartierung des Dt. Reichs, dem phänol. Reichsdienst, dem dt. Wetterdienst und bemühte sich um die Aufhellung der orn. Verhältnisse seiner engeren Heimat. So war er ehrenamtlicher Kreisbeauftragter für den Naturschutz im Landkreis Wesermarsch, reges Mitglied der orn. Arbeitsgemeinschaft Oldenb. und des Mellumrates. Freude an der Feldbeobachtung machte ihn zum stets zuverlässigen Beringungs-Mitarbeiter der Vogelwarte Helgoland. Als Zentralstelle für Seevogelschutz hatte sie in ihm einen der rührigsten und gewissenhaftesten Vertreter des Ölpestdienstes. Bis ins hohe Alter widmete er sich dazu mit außerordentlichem Ernst dem Kampf gegen die Umweltverschmutzung an der Unterweser und in Butjadingen. Lange Jahre galt die besondere Aufmerksamkeit der Storchforschung in seinem Kreise. In enger Verbindung mit R. Tantzen (s. d.) nahm er sich von 1932 bis 1959 der Beringung an und damit der Bestandsaufnahme des schwindenden Großvogels. Während seine naturw. Hinterlassenschaft gekennzeichnet ist durch eine Reihe faun., biol. und ökol. Bausteine, scheint Schreibfreude nicht seine stärkste Seite gewesen zu sein. Nur eine Verlautbarung in der Fachpresse kann genannt werden: „Seidenreiher - Egretta garzetta in d. Wesermarsch" (Orn. Mitt. 7, 1955). Daß sich aber sein Eifer mit Erfolg darauf richtete, Schüler und Laien zu tätiger Naturliebe zu führen, trug ihm persönliche Hochachtung auch in weiteren Volksschichten ein.

— Lit.: Nachruf (von H. Ringleben). Vogelk. Ber. Nieders. 3, 1971, S. 88/89.

Witzig, August, * 11. 1. 1893 Zürich, † 28. 5. 1970 Viganello (Tessin). Der Generalvertreter der Schweizerischen Rentenanstalt in Lugano gab sich seit 1919 der Beob. und Erforschung der Tessiner Vogelwelt hin. Schon 1932 ging auf die rege Mitwirkung des Autodidakten die Gründung der „Società pro Avifauna Lugano e dintorni" zurück, und die von 1933 bis 1942 erscheinende Zeitschrift „I Nostri Uccelli" brachte aus seiner Feder regelmäßig Wort- u. Bildbeiträge über feldorn. Beob. und Erfahrungen. Nach den Kriegsjahren schrieb er u. a. „Spornammer - Calcarius l. lapponicus, erlegt an d. Grenze d. Südtessin" (Orn. Beob. 48, 1951) und „Erlegung einer weiteren Spornammer bei Stabio" (ebd. 52, 1955). Meist aber standen seine Ber. in „Il Nostro Paese" und „D. Tierwelt". Aus der Fülle der Verlautbarungen seien genannt: „In Italien gesetzlich erlaubte Vogelfangmethoden", aus d. Ital. übers. (1960), „Wasservogelschutz im Tessin" (1960), „Lämmergeier u. Steinadler im Tessin" (1960), „Jagdverhältnisse in Italien" (1961), „Unsere Bläßhühner im Cassarate-Delta b. Lugano" (1963), „Wo schlafen unsere Wasservögel?" (1965). Auch in der Beringung erzielte er phänol. aufschlußreiche Wiederfunde. Seit 1942 verlagerte sich sein Arbeitsplatz mehr in das kantonale Naturh. Mus., wo er sich in Erweiterung des Blickfeldes zugleich mit dem Studium der Säugetiere, Reptilien, Amphibien beschäftigte und die Wirbeltierfauna verwaltete. Daneben lagen wesentliche Verdienste im Bereiche der Vogelschutzbestrebungen. So war er einer der Gründer der Sektion Tessin des Schweiz. Bundes für Naturschutz und konnte zu seinen Erfolgen u. a. 1933 die Schaffung des Schutzgebietes „Bolla rossa" rechnen. Anerkennung fand sein Einsatz in der Ernennung zum Ehrenmitglied des Bundes für Naturschutz. Seinen Landsleuten lebte er beispielhaft vor, daß der denkende und tatfreudige Laie auch für die Wissenschaft Pionierleistungen zu vollbringen vermag.

TEIL 3

— Lit.: Nachruf (von M. Caroni). D. Tierwelt, Zofingen 80, 1970, S. 822 (mit Bildnis). - Nachruf (von O. Panzera). Orn. Beob. 70, 1973, S. 140 bis 143, ital. u. dt. (mit Bildnis).

Wurmb, Baron Christoph Karl Friedrich von, * 2. 7. 1742 Wolkramshausen über Nordhausen, † 2. 12. 1781 Batavia (= Djakarta). Von seinem Leben berichten Briefe, die er an seinen Bruder Ludwig v. W. in Rudolstadt und an seine spätere Schwägerin, die Baronin Christiane von Werthern in Wolkramshausen richtete. Die Nachrichten besagen, daß der Oberst Baron von Wildce, ein Adjutant des Prinzen von Oranien, den Kammerjunker und Herzogl. Sächs. Kapitän der militärisch aufgezogenen Hierarchie der holländischen Handels-Kompanie empfohlen hatte. In Amsterdam leistete er den Eid als Unterkaufmann und trat im Oktober 1774 von Texel aus die Fahrt nach Java an, um im Juni 1776 Batavia zu erreichen. Hier bekam er im Oktober 1776 eine „wirkliche Anstellung" als Buchhalter beim Großen Hospital und dazu eine Verwendung als „dirigierendes" Mitglied und Sekretär der 1778 gegründeten „Batav. Ges. f. Kunst u. Wissensch.". 1780 erweiterte sich sein Wirkungskreis durch den Posten eines Administrators einiger Packhäuser. Als 1781 kriegerische Verwicklungen mit den Engländern drohten, rückte er zum Exerziermeister einer aus Angestellten der Kompanie gebildeten Truppe auf, starb aber infolge der bei dem unzuträglichen Klima gesteigerten Anstrengungen innerhalb weniger Tage. Er war ohne Zweifel ein Mann mit weltoffenem Blick, der sich in menschenfreundlicher Gesinnung mit allen Fragen der Wirtschaft, des Verkehrs und der Kultur beschäftigte. Neben den Sitten und Gebräuchen der Eingeborenen galt seine betonte Beobachtung der Natur des tropischen Landes. Nachdem er schon im 1. Teil der von ihm herausgegebenen und geistig gelenkten „Verhandlungen d. Batav. Ges. ..." eine Übersicht der dortigen Palmen gegeben hatte, folgten mehrfache Schilderungen von kaum bekannten Tierarten. Unter 20 Tieren behandelte er einige Vögel. Hierher gehörige Titel waren: „Beschreibung d. eßbaren Vogelnester", „Hühnergeier v. Java", „Habicht v. Java", „Nachteule v. Java", „D. Ziegenmelker", „D. Kleine Horneule", „D. Vogel Botok", „D. Vogel Maloe v. Makassar". Die allgemein der Morphol. gewidmeten Texte betrafen Arten, die z. T. bei Linné und anderen Systematikern noch nicht erwähnt waren. Da die wissensch. Namen fehlten, wurden sie nicht beachtet. Sie sind, wie schon O. Finsch (s. d.) in J. Orn. 54, 1906, S. 301 bis 321 sagte, der erste bescheidene Beitr. zur Ornis von Java und erwecken zudem den Eindruck, daß der Verf. sich planmäßig mit der Fauna Indonesiens befaßte. Die Forschung hätte gewiß noch mehr Nutzen aus seinem Eifer ziehen können, wenn der ihm zugewiesene tropische Lebensweg nicht allzu kurz gewesen wäre. Nach dem Tode des Kolonialpioniers übersetzte sein Bruder Ludwig v. W. die hinterlassenen Texte und veröffentlichte sie an zwei Stellen: In Lichtenbergs „Magazin f. d. Neuste aus d. Physik u. Naturgesch." (1783, 1784, 1788) sowie in „Merkwürdigkeiten aus Ostindien, die Länder-Völker-Kunde u. Naturgesch. betreffend ..." (1797 Gotha bei C. W. Ettinger).

— Lit.: Staatsarchiv Rudolstadt.

Z

Zartner, Josef, Dr., * 23. 5. 1900 Gossengrün, Kr. Falkenau a. d. Eder (Sudetenland), † 24.11. 1972 Weiden (Oberpfalz). Nachdem er als Sohn eines Landwirts von 1911 bis 1919 das Gymnasium in Duppau (Kr. Kaaden) besucht hatte, studierte er bis 1924 in Prag Rechts- u. Staatswissenschaft. Anschließend war er Richter im Bereiche des Kreisgerichts Kuttenberg, seit 1928 Syndikus beim Dt. Raiffeisenverband in Prag und seit 1930 Direktor der Egerländer Kasse in Eger, bis der tief in seinem Volkstum wurzelnde Mann von 1945 bis 1948 tschech. Haft und amerik. Internierung erleiden mußte. Die Vertreibung aus der Heimat endete schließlich in Weiden, wo er außerberuflich seine besten Kräfte einsetzte im Kampf um das Recht seiner Landsleute sowie für die Erhaltung der Natur und der freilebenden Tierwelt in der neuen Umgebung. Welcher Opferbereitschaft er gerade im Rahmen der selbstgewählten Vogelschutz-Aufgaben fähig war, zeigt die Mitgliedschaft seit 1956 in der DO-G, in der Orn. Ges. Bay., im World Wildlife Fund und in zahlreichen weiteren landschaftlich gebundenen orn. Vereinen des dt. Sprachraums (auch im Ausland). Mit seinen Gedanken in der vogelk. Literatur hervorzutreten, lag seinem Wesen nicht.

Tapfere, die Gleichgültigen aufrüttelnde Beiträge aus seiner Feder standen nur in Heimatzeitungen („D. neue Tag", „Oberpfälzer Nachrichten") und hatten zur Folge, daß u. a. 37 Nester des Weißstorches in der Oberpfalz erneuert wurden. Mühevolle, von ihm gezielt vorgenommene Schutzmaßnahmen galten ferner den Greifvögeln und den von den Fischzüchtern verfolgten Graureihern. Sein besonderer Stolz waren zwei Schwarzstorchnester, die er im Übungsgelände von Grafenwöhr „beschattete" (vgl. Bauer u. Glutz von Blotzheim 1, 1966). Nur wenige, ihm als vertrauenswürdig bekannte Freunde führte er an diese Niststätten. Als er sich erst nach Überwindung vieler Bedenken zu einem Ber. entschloß, war es zu spät. Vor der Veröffentlichung nahm ihm der Tod die Feder aus der Hand. Die Fachliteratur kann daher seinen Namen nicht bewahren, doch kam die von ihm zusammengebrachte orn. Bibliothek 1971 in die Univ.-Bibl. von Regensburg. Im selben Jahr wurde sein tätiger Einsatz zur Rettung von Vermögen der ehemaligen sudetendeutschen Geldinstitute durch die Verleihung des Verdienstkreuzes am Bande des Verdienstordens anerkannt. Mit Z. verlor die Vogelk. einen Autodidakten, der sich nicht vordergründig um wissensch. Verdienste bemühte, dafür aber durch die Tat und mit gewinnender Herzenswärme um so nachhaltiger in seiner Umgebung das Verantwortungsbewußtsein gegenüber den bedrohten Vogelformen zu wecken versuchte.

Zaunick, Rudolph, Dr. Dr. h. c., * 26. 8. 1893 Dresden, † 13. 11. 1967 Pirna. Das 1913 an der Techn. Hochschule der Vaterstadt begonnene Studium beendete der Sohn eines Hof-Sattlermeisters durch die Promotion in Königsberg und das Staatsexamen in Leipzig 1920, um in den höheren Schuldienst einzutreten. Schon 1927 festigte sich sein Anschluß an das allgemeine Geistesleben der Stadt durch einen ihm von der Techn. Hochschule erteilten Lehrauftrag, dem 1934 der Prof.-Titel folgte. Die aufsteigende wissensch. Laufbahn wurde jäh unterbrochen, als ihm der Luftangriff auf Dresden am 13./14. 2. 1945 nicht nur Haus und Habe raubte, sondern ernstlich auch den Lebensmut erschütterte. Arbeitsfreude erwachte in ihm erst wieder, nachdem ihm an der Univ. Halle der Lehrstuhl für Geschichte und Dokumentation der Naturw. und damit zugleich der Vorsitz der Dt. Akad. d. Naturforscher Leopoldina übertragen wurde. Das von ihm beherrschte Geistesfeld der stilbildenden Personenforschung war durch weit gespannte Vielseitigkeit gekennzeichnet. Vor seinem tief in die jeweilige Materie eindringenden Auge lag als lit. und archivalisches Quellgebiet die Geschichte der Med., Chemie, Geogr. und Volkskunde ausgebreitet. In zeitkritischer Verknüpfung verstand er es daher, Leben und Schicksal hierher gehöriger Persönlichkeiten überzeugend zu gestalten. Aus der Begabung des Historiographen zog auch die Geschichte der Orn. nicht unwesentlichen Nutzen. Er ist in den folgenden Titeln eingeschlossen: „Literaturhinweise z. Killermanns Aufs. über die Entdeckung d. Paradiesvögel" (Naturw. Wochenschr., N. F. 16, 1917), „Joh. Kentmann ..." (Mitt. z. Gesch. d. Med. u. d. Naturw. 18, 1919), „Peter Simon Pallas ..." (Pall. 3, 1925), „F. A. L. Thienemanns Anteil am Zustandekommen d. 1. Versamml. dt. Orn. ..." (Mitt. Sachs. 1, 1925), „D. i. J. 1783 an d. Kurfürstl. Nat.-Kabinett eingelieferten sächs. Vögel" (Sb. Isis Dresd. 1924/25), „R. Zimmermann" (B. z. Vk. 2, 1952), „A. Jacobi" (ebd. 8, 1962). Der Verf. geistvoller Bibliographien und Nachrufe für alte oder zeitgenössische Vogelkundler genoß weder eine auf die Orn. sich erstreckende Schulung, noch gehörte er tätig dem großen Laienkreis der Avifaunisten und Ökologen an. Er fühlte sich aber — angeregt wohl von R. Zimmermann (s. d.) und R. Heyder — berufen, seine Anlagen auch in den Dienst dieses zool. Teilgebietes zu stellen. Deshalb mag seine Erwähnung hier gerechtfertigt sein.

— Lit.: R. Heyder, Rudolph Zaunick z. Gedenken, B. z.Vk. 17, 1971, S. 73—76 (mit Bildnis).

TEIL 3

2. Nachträge zu den in Band 1 und 2 behandelten Namen

(Ergänzungen zu den Sachangaben, Berichtigungen von Druckfehlern)

Albin, Eleazar (Bd. 2, S. 12)
Besondere Erwähnung verdient, daß er in „A Natural History of Birds" (1740) eine Farbtafel des „Wood Crow from Switzerland", d. h. eine Tafel von bedeutsamem hist. Rang, brachte. Sie ist datiert v. 21. 6. 1736. Ein Stück wird in der Bayer. Staatsbibliothek München aufbewahrt. Die Vorlage für den Künstler, ein in der Sammlung Sir Thomas Lowther aufgestellter Alpen-Waldrapp, ging später offenbar bei einem Brande unter.

— Lit.: H. Kumerloeve, Vom Waldrapp - Geronticus eremita (L. 1758) - Einige Bemerkungen zu seiner Entdeckungsgeschichte, Jb. d. Ver. z. Schutze d. Alpenpflanzen u. -tiere 37, 1972, S. 1-16.

Almásy von Zsadány und Törökszentmiklós, Georg (Bd. 1, S. 19)

— Lit.: A. Keve u. G. Rokitansky, D. Vögel d. Almásy-Ausbeute 1901 u. 1906, Ann. Wien 69, 1966, S. 225—283.

Altum, Johann Bernard (Bd. 1, S. 19/20; Bd. 2, S. 148)
Bei R. M. Strong (Bibl. of Birds, 1939) sind 32 Titel seiner Veröff. zwischen 1854 u. 1899 verzeichnet.

Bachofen von Echt, Adolf (Bd. 1, S. 21)
Z. 1: Die aus Aquila 51—54, 1944 bis 1947 entnommenen Daten für Geburt u. Tod beziehen sich nicht auf den hier genannten B. v. E. Die richtigen Daten sind * 12. 3. 1830 Oelde, Kr. Beckum (Westfalen), † 22. 5. 1922 Wien/Nußdorf. Als Sohn eines Oberförsters, der seine 12 Kinder streng religiös erzog und „mit den Wundern der Natur bekanntmachte", schrieb er in seinen „Erinnerungen": „Ich bin ein sehr einfacher Mensch, wie es die im Walde geborenen und aufgewachsenen Menschen zu sein pflegen, aber mit einem wahren Heißhunger nach den Schönheiten der Natur und nach Schönheit überhaupt." Ein nicht unbedeutender äußerer Lebenserfolg konnte ihm die beneidenswert begnadete Einstellung offenbar nicht rauben. Die Familie war ursprünglich in dem im holländischen Limburg gelegenen Echt ansässig, hatte sich aber um 1450 nach Köln abgezweigt. Seit 1845 das Paulinum in Münster besuchend, machte sich B. nicht nur freudig mit den griech. und lat. Klassikern vertraut, sondern sammelte auch Schmetterlinge, Käfer und Vogeleier. B. Altum (s. d.) wurde sein Kamerad und Lehrmeister im Ausstopfen von Vögeln. Die Wogen der unruhigen Monate 1848/49 verschlugen ihn nach Böhmen, wo sein ältester Bruder große Zuckerfabriken in Königsaal und Liebesnitz betrieb. Die Trennung von Westfalen war damit vollzogen. Er studierte bis 1853 in Prag Chemie und konnte bald die Zuckerfabrik mit ansehnlicher Landwirtschaft übernehmen. Sein kaufmännisches Geschick entfaltete sich in diesen Jahren solchermaßen, daß er, nachdem er 1859 die Tochter eines Großindustriellen und Brauereibesitzers in Nußdorf bei Wien geheiratet hatte, auch das Unternehmen des Schwiegervaters zu besonderer Blüte brachte. Seit 1872 Bürgermeister von Nußdorf und seit 1896 Mitglied des Gemeinderates von Wien, trat er immer mehr als Vertreter gemeinnütziger Bestrebungen und Mäzen der Künste und Wissenschaften in Erscheinung. Er pflegte nicht nur engste geistige Beziehungen zu Peter Rosegger und Adalbert Stifter, sondern war selbst forschender Numismatiker. So vermachte er den Reingewinn aus dem Verkauf von Gedenkmünzen, die er zum 70. Geburtstag und 25jährigen Professorenjubiläum von B. Altum und zum 70. Geburtstag von Peter Rosegger prägen ließ, dem 1880 von ihm mitgegründeten Verein zur Förderung des auslanddeutschen Schulwesens. Aus der Wertschätzung Adalbert Stifters erwuchsen u. a. großartige, der 1918 gegründeten Stifter-Gesellschaft übergebene Sammlungen und 1919 die Errichtung des Stifter-Denkmals im Türkenschanzpark zu Wien. Schon 1906 erfolgte die Erhebung in den Freiherrnstand für vielfältige Unterstützung wissensch. Belange. In den Rahmen seines immer wachen Naturverständnisses ist auch die großzügige Förderung einzureihen,

deren sich schon vor der Jahrhundertwende die orn. Bestrebungen in Wien und Österreich-Ungarn erfreuen durften. Die hierher gehörigen Beweise sind im 1. Band hervorgehoben. Als ihm zuteilgewordene Ehrungen lassen sich noch anfügen: 1884 Korr. Mitglied der American Orn. Union, 1895 Ehrenmitglied der Ung. Orn. Zentrale.

— Lit.: Morgenblatt d. Neuen Freien Presse, Wien v. 26. 5. 1922. - Neue Österr. Biogr. 5, 1928, S. 130 bis 148. - Österr. Biogr. Lex. . . . 1, 1957, S. 41/42. - W. Schulte, Ein Humanist aus d. Münsterland in Wien, Westfalenspiegel 2, 1971, S. 20/21 (mit Bildnis).

Baer, Karl Ernst von (Bd. 1, S. 22; Bd. 2, S. 148)

— Lit.: Dt.-balt. Biogr. Lex. 1970, S. 22/23.

Banzhaf, Walter (Bd. 1, S. 25)

— Lit., Z. 3: 19 statt 10

Bartels, Wilhelm (Bd. 2, S. 16)
Er schrieb auch „Vom Raubwürger“ (Dt. Vw. 64, 1939).

Bechstein, Johann Matthaeus (Bd. 1, S. 28; Bd. 2, S. 148)

— Lit.: Betr. E. Stresemann, Einiges über dt. Vogelnamen. Das vollständige Zitat muß heißen: J. Orn. 89, 1941, Ergänzungsband III, S. 65—104. - L. Baege, Wie hat J. M. B. ausgesehen? . . . Südthüringer Forschungen Meiningen 7, 1972, S. 1 bis 104.

Benicken, Johann Casimir (Bd. 1, S. 31; Bd. 2, S. 149)

— Lit.: H.-P. Müller, J. C. Benicken u. B. Chr. Schleep, zwei schlesw. Ornithologen u. Sammler, D. Heimat . . . Schlesw.-Holst. u. Hamb. 78, 1971, S. 42/43 (mit weiteren Quellen).

Berger, Arthur (Bd. 2, S. 20)
Kleinere orn. Verlautbarungen aus seiner Feder waren „D. Fauna d. höheren Wirbeltiere Siebenb. in d. letzten 40 Jahren, Aves“ (Verh. u. Mitt. Siebenb. 64, 1914) u. „Z. Vogelzug“ (Aquila 21, 1914, ung.).

Beseke, Johann Melchior Gottlieb (Bd. 1, S. 34; Bd. 2, S. 150)

— Lit.: J. F. v. Recke u. K. E. Napiersky, Allg. Schriftsteller- u. Gelehrten-Lex. d. Prov. Liv-, Est- u. Kurlands, Mitau 1, 1827, S. 154/55. - Dt.-balt. Biogr. Lex. 1970, S. 62.

Biedermann-Imhoof, Richard (Bd. 1, S. 35; Bd. 2, S. 150)
Aus seinen letzten tätigen Jahren sind noch zu nennen: „Ein Fall v. Wärmeempfindungs-Täuschung b. jungen Raubvögeln“ (Orn. Mber. 19, 1911), „Kämpfende Haussperlinge“ (ebd. 21, 1913), „Spätbruten v. Ringeltauben“ (ebd. 21, 1913), „Ringelsperling - Passer montanus u. Rötelmaus am Vogelfütterungsplatz“ (Orn. Beob. 10, 1913).

Bielz, Eduard Albert (Bd. 1, S. 36; Bd. 2, S. 150, 203)
Die Bibl. Orn. Rom. (1971) verzeichnet insgesamt 17 Titel seiner Veröff. zwischen 1850 u. 1897 fast ausschließlich in Verh. u. Mitt. Siebenb.

Binder, Ludwig (Bd. 2, S. 23)
Z. 12 u. 13 v. u.: Das Buch mit dem Titel „Brutvögel Mitteleuropas“ (nicht Vögel . . .) erschien erst 1970.
Er lieferte Bilder auch für die 2. Aufl. (1962) des Tafelwerkes von K. Heinroth, „Mitteleuropäische Vogelwelt“.

Blasius, Johann Heinrich (Bd. 1, S. 37; Bd. 2, S. 150)

— Lit.: Allg. Dt. Biogr. 2, 1875, S. 695/96.

Bodinus, Karl August Heinrich (Bd. 1, S. 39; Bd. 2, S. 150)

— Lit.: H.-K. Klös, . . . 125 Jahre Zoo Berlin, 1969, S. 61—80 (mit Bildnis).

Böhm, Richard (Bd. 2, S. 151)
Letzte Z.: Nach ihm benannt ist auch Pternistis afer boehmi Reichenow 1885 = Francolinus (Pternistis) afer boehmi Reichenow.

Bogdanowicz, Helmut (Bd. 1, S. 43; Bd. 2, S. 151)

— Lit.: Dt.-balt. Biogr. Lex. 1970, S. 88.

Boie, Friedrich (Bd. 1, S. 43; Bd. 2, S. 151)
Er schrieb auch „Fortegnelse over danske slesvig holst. och lauenborgske Sommorfugle“ (Kroger’s naturh. Tidskr. 1, 1837 u. 2, 1838). Ferner gibt es von ihm ein unveröffentlichtes Msk. über eine orn. Reise von 1821 an die schlesw. und jütische Westküste. Es befindet sich im Besitz der Nachkommen des Forschers (vgl. W. Emeis in Orn. Mber.

39, 1931, S. 178/79). — In Bd. 2, S. 151, Z. 1: 1844 statt 1838.

— Lit.: Würdigung (von H.-P. Müller). Schlesw.-Holst. Biogr. Lex. 2, 1971, S. 66/67.

Boie, Heinrich (Bd. 1, S. 43/44; Bd. 2, S. 151)

— Lit.: Würdigung (von H.-P. Müller). Schlesw.-Holst. Biogr. Lex. 2, 1971, S. 68/69.

Borkhausen (Borckhausen), Moritz Balthasar (Bd. 1, S. 45, 404; Bd. 2, S. 151)

— Lit.: R. Lauterborn, D. Rhein, ..., Freiburg 1, 1930, 1. Hälfte, S. 277/78.

Boxberger, Leo von (Bd. 1, S. 47; Bd. 2, S. 151)

— Lit.: Würdigung (von G. Niethammer). B. Bonn 1, 1950, S. 52.

Braun, Fritz (Bd. 1, S. 49; Bd. 2, S. 152)
Bd. 1, Z. 16—19 v. u.: Nach jahrelanger Erfahrung faßte er die Beob. zusammen in „D. wissensch. Grundlagen d. Vogelhaltung" (Berl. 1924) und „Vom gerechten Vogelwirt" (Hannover 1926).
47 seiner zwischen 1898 u. 1923 erschienenen Verlautbarungen sind bei R. M. Strong (Bibl. of Birds, 1939) genannt.

Brehm, Alfred Edmund (Bd. 1, S. 50/51; Bd. 2, S. 152)

— Lit.: E. Schüz, Alfred Brehm ... u. John W. v. Müller ..., Jh. Württ. 125, 1970, S. 294—312 (mit Bildnis u. weiteren Quellen).

Brinkmann, Matthias (Bd. 2, S. 26)
Bei J. Peitzmeier (Avif. v. Westfalen, 1969) sind 30 zwischen 1919 u. 1965 erschienene Verlautbarungen verzeichnet.
Nach seinem Tode erschien noch „Vögel u. Vogelleben d. Dümmers" (Veröff. d. Naturw. Ver. Osnabrück, Festschr. z. 100jähr. Bestehen 33, 1970, S. 29—47).

— Lit.: Nachruf (von C. Altehage). Veröff. d. Naturw. Ver. Osnabrück, Festschr. z. 100jähr. Bestehen 33, 1970, S. 9/10.

Büsing, Otto (Bd. 1, S. 57; Bd. 2, S. 153)
Er schrieb vor dem 1. Weltkrieg schon u. a. „Trauerfliegenfänger" [bei Eisenach] (Mitt. Vw. 11, 1911), „Auerhahnbalz" (ebd. 12, 1912), „Änderung d. Lebensgewohnheiten einzelner Vogelarten" (ebd. 12, 1912), „Orn. Beob. auf einer Alpenreise" (ebd. 12, 1912).

Büttner, Georg Ludwig Friedrich (Bd. 2, S. 27)

— Lit.: Dt.-balt. Biogr. Lex. 1970, S. 127.

Büttner, Johann Georg (Bd. 2, S. 27/28)

— Lit.: Dt.-balt. Biogr. Lex. 1970, S. 127/28.

Burmeister, Karl Hermann Konrad (Bd. 1, S. 59/60; Bd. 2, S. 155)

— Lit.: Pommersche Lebensbilder 4, 1966, S. 360 bis 371 (mit älteren Quellen). - W. Ulrich, Hermann B., 1807 to 1892, Annual Review of Entom. 17, 1972, S. 1—20 (mit neueren Quellen u. Bildnissen).

Chernel zu Chernelháza, Koloman (Bd. 2, S. 203)

Chernel statt Cherne

Chernel zu Chernelháza, Stefan von (Bd. 1, S. 63; Bd. 2, S. 154, 203)
Die Bibl. Orn. Rom. (1971) nennt von ihm 13 orn. Titel zwischen 1888 u. 1909 meist aus Aquila.

Corti, Ulrich Arnold (Bd. 2, S. 32, 203)

— Lit.: Nachruf (von K. Mazzucco), Egretta 13, 1970, S. 29/30.

Csató, Johann (= János) von (Bd. 1, S. 66; Bd. 2, S. 203)
Die Bibl. Orn. Rom. (1971) verzeichnet 45 Titel seiner Veröff. zwischen 1860 u. 1905. Sie standen meist in Verh. u. Mitt. Siebenb., Mitt. Wien, Zs. ges. Orn., Aquila u. Orn. Jb.

Csörgey, Titus (Bd. 1, S. 66; Bd. 2, S. 155, 203)
Die Bibl. Orn. Rom. (1971) nannte 8 Titel seiner Veröff. in Aquila zwischen 1897 u. 1916.

— Lit.: Würdigung (von A. Keve). Mitt. d. Mus. d. Kom. Veszprém 7, 1968, S. 11—15, ung. u. dt. (mit Bildnis).

Czynk, Eduard von (Bd. 1, S. 67/68; Bd. 2, S. 155)
Die Bibl. Orn. Rom. (1971) nannte 28 Titel seiner Arbeiten zwischen 1886 und 1899.

Degen, Johann Jakob Eduard (Bd. 2, S. 34)
Z. 24: D.s statt F.s

Dietrich, Franz Hugo (Bd. 1, S. 72; Bd. 2, S. 155)

— Lit.: G. Timmermann, Portraitskizzen Hamb. Ornithologen, Verh. Hamb. 38, 1971, S. 195, Anm. 7 u. S. 196, Anm. 8.

Dobay, Ladislaus von (Bd. 1, S. 73/74; Bd. 2, S. 155)
Die Bibl. Orn. Rom. (1971) nannte 27 Titel seiner Veröff. zwischen 1902 und 1928.

Doebel, Heinrich Wilhelm (Bd. 1, S. 74/75)
S. 74, Z. 2: † 14. 7. 1759 Schmerkendorf südl. Falkenberg (Elster). S. 75: Die letzten 9 Zeilen (ab: Im Siebenjährigen Krieg ...) sind zu streichen. — 1747 wohnte er noch in Reckwitz. Die folgenden 11 Jahre war er in den Diensten des Frhr. v. Hohenthal, der Schmerkendorf u. Falkenberg besaß.

— Lit.: A. Richter, Z. Lebensgeschichte H. W. D.s, Arch. f. Forstwesen 5, Berlin 1956, S. 811—819 (mit Bildnis u. Verz. d. Veröff.).

Droste-Hülshoff, Ferdinand Freiherr von (Bd. 1, S. 78/79; Bd. 2, S. 156)

— Lit.: Nachruf (von R. v. König-Warthausen u. W. Blasius). Ber. d. 21. Vers. d. DO-G. Braunschweig 1875, S. 104—107.

Dybowski, Benedikt (Bd. 2, S. 157)
Z. 3 v. u.: Lagonosticta statt Langonosticta.

Eversmann, Eduard (Bd. 1, S. 87/88, Bd. 2, S. 157)
Er war in der zoogeogr. Forschung Zentralasiens um die Mitte seines Jahrhunderts eine führende Persönlichkeit.

— Lit.: J. F. v. Recke u. K. E. Napiersky, Allg. Schriftsteller- u. Gelehrten-Lex. d. Prov. Liv-, Est- u. Kurlands, Mitau 1, 1827, S. 533/34 u. 5, 1859/61, S. 175—179. - H. Johansen, D. Vogelfauna Westsibirens, J. Orn. 91, 1943, S. 77.

Faber, Friedrich (Frederik) (Bd. 1, S. 88; Bd. 2, S. 157)
Er ist geboren auf Henneberg Ladegaard bei Fredericia (nicht in Odense auf Fünen).

Falz-Fein, Friedrich von (Bd. 2, S. 41)
Z. 2: Bad statt Bald.

— Lit.: L. Heiß, D. Paradies in d. Steppe, d. abenteuerliche Weg nach A. N., Union 1970, rd. 170 S. (viele Tafeln u. Karte; stellenweise fachlich ungenügend).

Fehrmann, Christian Friedrich Wilhelm (Bd. 2, S. 158)
Z. 1: 9. 4. statt 31. 3.

— Lit.: J. Neumann, Z. Biogr. Ch. F. W. F.s, B. z. Vk. (im Druck). - Ders., Ch. F. W. F. (1790 bis 1860), Beitr. z. Tierwelt d. Mark (im Druck).

Finsch, Otto (Bd. 1, S. 92/93; Bd. 2, S. 158)
Über die Reise nach Westsibirien berichtete er in „Orn. Letters from the Bremen Exp. in Western Siberia“ (Ibis 1877), „Reise nach Westsibirien i. J. 1876“ (Berlin 1879 u. Verh. Wien 1879), „Vogelarten, welche sowohl in Westsibirien als in Afrika beobachtet wurden“ (Aquila 16, 1909).

— Lit.: H. Johansen, D. Vogelf. Westsibiriens, J. Orn. 91, 1943, S. 78/79. - Lebensbild (von H. Abel). Jb. Schles. Friedr.-Wilh.-Univ. Breslau 12, 1967, S. 307—330.

Fischer-Sigwart, Hermann (Bd. 1, S. 94/95; Bd. 2, S. 159)

— Lit.: Biogr. Lex. d. Aargaus 1803—1857 (1958), S. 204/05.

Fleck, Eduard (Bd. 2, S. 45)
* 1841 Innsbruck, † 1917 Innsbruck. Nach dem Besuch der Mittelschule studierte er an den Hochschulen von Graz und Wien Naturw., die er mit der Promotion abschloß. Im Alter von 32 Jahren ging er zu Studienzwecken nach Afrika (wie lange?). Anschließend war er bis zum Frühjahr 1893 Prof. d. Naturw. in Petersburg. 1894 siedelte er nach Rumänien über. Der Jugendfreund, mit dem er in Azuga die Kalkfabrik eröffnete, war der Ingenieur Erler. Seit Januar 1914 lebte F. wieder in der Geburtsstadt. Seine Insektensammlungen befinden sich noch im Mus. „Gr. Antipa“ von Bukarest.

— Lit.: Mitt. von Prof. Dr. Mircea-Alex Ieniştea, Bukarest.

Floericke, Curt (Kurt) (Bd. 1, S. 96; Bd. 2, S. 159)

— Lit.: A. Schmiedecke, Zeitzer Ornithologen, Mus. Zeitz, Heft 5, 1969, S. 46—55 (mit Bildnis).

Forster, Johann Georg (Bd. 1, S. 97; Bd. 2, S. 160)

— Lit.: A. Leitzmann, G. Forster, Ein Bild aus d. Geistesleben d. 18. Jahrh., Halle 1893. - R. R. Wuthenow, Vernunft u. Republik, Studien zu G. Forsters Schriften, Homburg 1970. - E. Schirck, G. Forster u. d. franz. Revolution, Freiburg 1972.

Frauenfeld, Georg Ritter von (Bd. 1, S. 98)
R. M. Strong (Bibl. of Birds, 1939) verzeichnete 11 Titel seiner Veröff. zwischen 1853 u. 1873.

TEIL 3

Friedrich II. von Hohenstaufen (Bd. 1, S. 100, 403; Bd. 2, S. 160)

— Lit.: M. Henss, Kaiser Friedrich d. Zweite: Über d. Kunst mit Vögeln zu jagen. - Zur Faksimileausgabe d. Codex Palatinus Latinus 1071 d. Biblioteca Apostolica Vaticana. J. Orn. 111, 1970, S. 456—481 (mit weiterer Lit.).

Gaál von Gyula, Gaston (Bd. 1, S. 105)

— Lit.: Magyar Életr. ... Lex. 1, 1967, S. 554.

Gätke, Heinrich (Bd. 1, S. 106; Bd. 2, S. 161)

— Lit.: Würdigung (von H. Ringleben). Schlesw.-Holst. Biogr. Lex. 1, 1970, S. 144—146. - H. Kumerloeve, Zum Briefwechsel zwischen H. G. u. Wilhelm Seemann sen. (Osnabrück) in d. J. 1892 bis 1896, Festschr. ... d. Naturw. Ver. Osnabrück 33, 1970, S. 20—25 (mit Bildnis).

Garlepp, Otto (Bd. 1, S. 107; Bd. 2, S. 161)
Als Sohn eines Oberschaffners war er einer der letzten Sammler, die im westl. Südamerika noch ohne die Hilfsmittel des modernen Verkehrs lediglich auf Maultieren, Pferden oder zu Fuß reisen mußten.

— Lit.: Würdigung (von G. Niethammer). Vogelk. Ber. Nieders. 4, 1972, S. 59—64 (mit Bildnis u. älteren Quellen).

Gebhardt, Erwin (Bd. 1, S. 108)
Bereits vor dem 1. Weltkrieg war er fleißiger Mitarbeiter an den Mitt. Vw. — Zu den ihn damals schon reizenden vogelk. Problemen gehörte die Frage der Einbürgerung europäischer Arten in fremden Kontinenten; vgl. „Zur Einbürgerungsfrage" (Mitt. Vw. 11, 1911).

Germann, Gottfried Albert (Bd. 2, S. 49)

— Lit.: Dt.-balt. Biogr. Lex. 1970, S. 238.

Geyr von Schweppenburg, Hans Freiherr (Bd. 1, S. 111/12; Bd. 2, S. 162)
Seine letzte (278.) Veröff. war die Besprechung von H. Heim-de-Balsac et Noël Mayaud, Les Oiseaux du Nord-Ouest de l'Afrique (Alauda 31, 1963, S. 71/72).

— Lit.: Nachruf (von H. Heim de Balsac). Alauda 32, 1964, S. 226. - E. Stresemann, Z. Erinnerung an Hans Freiherr Geyr von Schw., J. Orn. 111, 1970, S. 394—411 (mit Bildnis u. Verz. d. Veröff., zusammengestellt von H. Augustiny u. H.-J. Böhr).

Gloger, Constantin Wilhelm Lambert (Bd. 1, S. 114; Bd. 2, S. 162)
Bei R. M. Strong (Bibl. of Birds, 1939) stehen 39 Titel seiner Verlautbarungen zwischen 1829 u. 1866. In seinem Nachlaß fand sich noch die Schrift „D. Hegung d. Höhlenbrüter mit besonderer Rücksicht auf d. Nachteile d. Vogelfanges für Land- u. Forstwirtschaft" (Allg. Verlagsanstalt Berlin 1865).

— Lit.: R. Möller, C. W. L. Gloger — der Gegner Brehms, Falke 19, 1972, S. 50—58 u. 82—84. - G. Kirk, C. W. L. Gloger, Erfinder d. Nistkästen in Deutschland, D. Tierwelt Zofingen 82, 1972, S. 1614 (mit Bildnis).

Graeser, Kurt (Bd. 1, S. 120)
Seine Theorien zum Zugproblem sowie zum Instinkt und zur geistigen Entwicklung der Vögel vertritt er auch in Arbeiten wie „Witterungseinflüsse auf d. Zug d. Vögel", zu Zugbeobachtungen von K. Bertram (s. d.) (Orn. Mber. 15, 1907) und „D. Gesangskunst d. Vögel", zu dem von F. von Lucanus (s. d.) behandelten Thema (ebd. 15, 1907).

Grauer, Rudolf (Bd. 2, S. 163)
linke Sp., letzte Z.: Sie ist verstellt zwischen Grabowsky und Grauer.

Greschik, Jenö (Bd. 2, S. 49/50)
R. M. Strong (Bibl. of Birds, 1939) nannte 17 Titel seiner Veröff. zwischen 1910 u. 1928.

Groebbels, Franz (Bd. 1, S. 123/24; Bd. 2, S. 163)

— Lit.: G. Timmermann, Portraitskizzen Hamb. Ornithologen, Verh. Hamb. 38, 1971, S. 197, Anm. 14.

Grosse, Alexander (Bd. 2, S. 51)

— Lit.: Dt.-balt. Biogr. Lex. 1970, S. 263.

Grote, Hermann (Bd. 1, S. 125)
Seine Referate und Zusammenstellungen aus der sibirischen und russischen Literatur sind aufgezeichnet bei H. Johansen, D. Vogelfauna Westsibiriens (J. Orn. 91, 1943). Nach Grote wurden benannt: Phyllastrephus placidus grotei Reichenow, 1910 = Ph. fischeri grotei Reichenow; Francolinus grotei Reichenow, 1919 = F. hildebrandti grotei Reichenow; Alseonax murinus grotei Reichenow, 1921 = Muscicapa (Alseonax) adusta grotei (Reichenow); Streptopelia vinacea grotei Reichenow, 1926 = S. v. vinacea (Gmel., 1789); Bessonornis grotei Reichenow, 1932 = Dryocichloides anomalus grotei Reichenow; Serinus mozambicus grotei Sclater u. M.-Praed, 1931; Luscinia suecica grotei Demen-

tiew, 1932 = L. (Cyanosylvia) svecica volgae (Kleinschmidt, 1907); Anthus richardi grotei Niethammer, 1957 = A. novaeseelandiae grotei Niethammer.

Güldenstädt, Johann Anton (Bd. 1, S. 126; Bd. 2, S. 163)

— Lit.: Dt.-balt. Biogr. Lex. 1970, S. 274/75.

Guenther, Konrad (Bd. 1, S. 128; Bd. 2, S. 163)

— Lit.: Dt.-balt. Biogr. Lex. 1970, S. 276.

Gundlach, Johannes (Bd. 1, S. 128/29)

— Lit.: Nachruf. Auk 13, 1896, S. 267.

Hähnle, Lina (Bd. 1, S. 130; Bd. 2, S. 164)
Im Jahresbericht d. Bundes f. Vogelschutz 1921 bis 1924 ist der 1. 2. 1899 als Gründungstag genannt.

Hagendefeldt, Meinert Bernhard (Bd. 1, S. 132)
Z. 1: * 15. 3. 1866 Tinnum.
Z. 3: Er war ursprünglich Lehrer.

Hahn, Carl Wilhelm (Bd. 1, S. 132/33; Bd. 2, S. 164)
Die Typen von einigen durch ihn in „Vögel aus Asien, Afrika, Amerika u. Neuholland . . ." (1819 bis 1836) beschriebenen Arten befanden sich in der Bayer. Staatssamml. in München; vgl. C. E. Hellmayr, The Orn. Collection of the Zool. Mus. in Munich, The Auk 45, 1928, S. 293.

Hartlaub, Gustav (Bd. 1, S. 137/38; Bd. 2, S. 165)

— Lit.: Würdigung (von W. O. Focke). Abh. Brem. 19, 1908, S. 485—508 (mit Verz. d. Veröff.).

Hausmann, Wilhelm (Bd. 1, S. 140/41; Bd. 2, S. 165)
Die Bibl. Orn. Rom. (1971) nannte 23 Titel seiner Veröff. zwischen 1860 und 1901 in Verh. u. Mitt. Siebenb., Natur, Gef. W., Jb. Siebenb. Karp.

Heck, Ludwig (Bd. 1, S. 141; Bd. 2, S. 165)

— Lit.: Würdigung (von O. Heinroth). J. Orn. 77, 1929, S. 338—344. - H.-K. Klös, . . . 125 Jahre Zoo Berlin, 1969, S. 85 ff. (mit Bildnis).

Hegyfoky, Jakob (Bd. 1, S. 142)
Die Bibl. Orn. Rom. (1971) nannte 14 Titel seiner Veröff. zwischen 1895 und 1917, alle in Aquila.

Heink, Johann Anton (Bd. 2, S. 59)
Zu dem von dem Hegereiter bekämpften „Raubzug" gehörte nicht zuletzt der Seeadler. Dieser Art widmete H. sogar einen „Beitr. z. Naturgesch. des Adlers" (Allg. Forst- u. Jagd-Ztg. 4, 1828).

— Lit.: J. Neumann, D. Vogelsammlung d. Hegereiters J. A. H., Abh. Görl. 46, 1971, Nr. 12, S. 1 bis 6. - Ders., J. A. H., Lebensbild eines dt. Forstmannes, in Schwenk, S., G. Tilander u. C. A. Willemsen, Et Multum et Multa, Beitr. z. Lit., Gesch. u. Kultur d. Jagd, Berlin 1971, S. 65—80. - Ders., D. Hegereiter J. A. H., Sächs. Heimatblätter, Heft 4, 1972, S. 191—193.

Heinroth, Magdalena (Bd. 1, S. 144)

— Lit.: E. Heer, D. Reise Dr. Oskar u. Frau Magdalena Heinroths im Herbst 1927 in d. Dobrudscha (ein Brief v. Magdalena Heinroth), Jb. 1973 d. Dobrudscha-Deutschen, S. 192—211.

Heinroth, Oskar (Bd. 1, S. 145; Bd. 2, S. 166)
Bd. 4 als Nachtrag zu „D. Vögel Mitteleuropas" erschien nicht 1931, sondern erst 1933. Das Vorwort war zwar im Mai 1931 geschrieben, erhielt aber „zum Abschluß" einen ergänzenden Zusatz im September 1933. H. war Mitglied der Leopoldina. Seine Asche ist im Berliner Zoologischen Garten beigesetzt.

— Lit.: Katharina Heinroth, Oskar H., Große Naturforscher 35, 1971, 257 S. (eine umfassende Biogr. mit Bildnissen u. Verz. d. Veröff.). - V. Wendland, Dr. Oskar H. als Vogelschützer, Berliner Naturschutzblätter 15, 1971, S. 459—463 (mit Bildnis) u. Gef. W. 95, 1971, S. 172/73.

Hellmayr, Carl (Charles) Eduard (Bd. 1, S .147; Bd. 2, S. 166)
Was er von 1908 bis 1922 für die Entwicklung der Münchener orn. Sammlungen und der Orn. Ges. Bay. getan hatte, ist noch nicht gewürdigt worden. E. Stresemann benutzte daher eine Buchbesprechung betr. R. M. Mengel, „A Catalogue of the Ellis Collection of orn. Books in the Univ. of Kansas libraries", Vol. 1, A—B (Kansas 1972), die in J. Orn. 114, 1973 erschien, um die „Leistungen dieses hervorragenden Sachkenners und zielstrebigen, weitblickenden Organisators" auch während der amerikan. Jahre neu

TEIL 3

zu beleuchten. Die hier erstmalig vorgelegten Auszüge aus Briefen — sie waren zwischen 1922 und 1926 von H. an Str. gerichtet — belegen den entscheidenden Anteil H.s am Aufbau der wichtigen Bibliothek, die als „Catalogue of the Edward E. Ayer Orn. Library" von J. T. Zimmer in Chicago 1926 verzeichnet worden ist. Die Briefstellen drängten E. Stresemann zu der Frage: „Hätte der Werdegang der vielgerühmten Ayer-Bibliothek nicht auch die Benennung Hellmayr-Bibliothek gerechtfertigt?"

Helm, August Franz (Bd. 1, S. 147)
Der DOG gehörte er seit 1889 an.

— Lit.: Würdigung (von R. Heyder). Veröff. d. Mus. f. Naturk., Karl-Marx-Stadt 7, 1972, S. 3—5 (mit Bildnis).

Hennemann, Wilhelm (Bd. 1, S. 148)
Bei J. Peitzmeier (Avif. v. Westfalen, 1969) sind 46 zwischen 1901 und 1957 erschienene Verlautbarungen verzeichnet.

Herman, Otto (Bd. 1, S. 151; Bd. 2, S. 203)

— Lit.: Würdigung (von A. Ábrahám). Aquila 75, 1968, S. 11—19.

Hesse, Erich (Bd. 1, S. 153/54; Bd. 2, S. 166)

— Lit.: Würdigung (von L. Gebhardt). N. Dt. Biogr. 9, 1972, S. 16.

Heuglin, Theodor von (Bd. 1, S. 153/54; Bd. 2, S. 166)
Seinen Namen tragen die Heuglintrappe, Eupodotis heuglinii (Hartlaub, 1859), und zahlreiche Rassen afrik. Vögel.

— Lit.: ... E. Hennig statt E. Henning. - Würdigung (von E. Schüz). N. Dt. Biogr. 9, 1972, S. 42.

Hildebrandt, Hugo (Bd. 1, S. 155)
Das unvollendete Msk. der von ihm begonnenen „Ornis Gesamtthüringens", das sich bis 1971 in den Händen von Dr. Dietrich König (Kronshagen bei Kiel) befand, ist seitdem bei der Vogelschutzwarte Seebach aufbewahrt — soweit Teile davon nicht „an Eigentümer zurückgegeben oder Mitarbeitern zu spezieller Auswertung überlassen" wurden.

— Lit.: Würdigung (von H. Ölschlegel). Thür. Landeszeitung 22 v. 17. 9. 1966. - L. Baege, Wie steht es um die von H. H. hinterlassene „Thüringen-Ornis?". Thür. Orn. Rdbr. Nr. 16, 1970, S. 3 bis 7. - Ders., Nochmals über d. avif. Nachlaß von H. H. Ebd. Nr. 17/18, 1971, S. 3—8.

Hildegard von Bingen (Bd. 1, S. 156; Bd. 2, S. 166)

— Lit.: Würdigung (von M. Schrader). Nassauische Lebensbilder 3, 1948, S. 1—34 (mit älteren Quellen u. Schrifttum).

Hocke, Hermann (Bd. 1, S. 158)

— Lit.: Nachruf (von W. Schuster). Mitt. Vw. 11, 1911, S. 101.

Hodek, Eduard (Bd. 1, S. 159)
Die Bibl. Orn. Rom. (1971) nannte 11 Titel aus seiner Feder zwischen 1869 und 1886.

Holst, Erich von (Bd. 1, S. 163)

— Lit.: Nachruf (von B. Hassenstein). Zool. Anz. 27. Supplementband (Verh. Dt. Zool. Ges. 1963) 1964, S. 676—682 (mit Bildnis u. Verz. d. Veröff.). - Dt.-balt. Biogr. Lex. 1970, S. 337.

Homeyer, Alexander von (Bd. 1, S. 164/65; Bd. 2, S. 167)

— Lit.: Würdigung (von L. Gebhardt). N. Dt. Biogr. 9, 1972, S. 588.

Homeyer, Eugen Ferdinand von (Bd. 1, S. 165; Bd. 2, S. 167)

— Lit.: Würdigung (von L. Gebhardt). N. Dt. Biogr. 9, 1972, S. 589.

Hoyningen-Huene, Alexander Freiherr von (Bd. 1, S. 166)

— Lit.: Dt.-balt. Biogr. Lex. 1970, S. 343.

Hoyningen-Huene, Friedrich Freiherr von (Bd. 1, S. 167)

— Lit.: Dt.-balt. Biogr. Lex. 1970, S. 343.

Huszthy, Edmund von (Bd. 1, S. 169)
Z. 1: Szent Kázmér (Komitat Moson = Wieselburg) statt Level.
Den Plan, den inneren Teil der Burg Lockenhaus zu einem Mus. der im hist. Ung. vorkommenden Vögel auszubauen, konnte er mit Erfolg in die Tat umsetzen, weil ihm drei Gehilfen zur Verfügung standen. Es waren der Burgaufseher Georg Aumüller, ein findiger Kopf und geschickter Kunsttischler, sein Sohn Stefan Aumüller als Forstadjunkt und dessen Zwillingsbruder Alois Aumüller, ein tüchtiger Präparator, der sich nach H.s Tode in Mecklenburg-Schwerin auf dermoplastischem Gebiet einen Namen machte. „Krieg, Unvernunft und Habgier" führten zum Untergang dieses ersten burgenl. Hei-

matmuseums. Klägliche Reste sammelte und pflegte nach dem 2. Weltkrieg August Fink (gest. 19. 4. 1965) im Kastell zu Lockenhaus. Die Zeiten überstanden haben dagegen zwei Inventarverzeichnisse aus den Jahren 1891 und 1902. Sie sind bearbeitet von Stephan Aumüller in „D. Vogelsammlung Huszthy Edmunds in d. Burg Lockenhaus" (Wissensch. Arbeiten d. Burgenl. Landesmus. Eisenstadt, Heft 38, 1967, S. 5—75).

Jäckel, Andreas Johannes (Bd. 1, S. 171; Bd. 2, S. 168)

— Lit.: Würdigung (von W. Lux). Lebensläufe aus Franken 6, 1960, S. 292.

Johansen, Hermann (Bd. 1, S. 175)
Seine Stoffsammlung war deshalb so ergiebig, weil er es verstand, an Schule und Univ. junge Ornithologen heranzuziehen und auch die Erfahrungen von vogelkundigen Laien und Jägern zu nutzen.
Zu dem jüngeren Hans Johansen, dem Verf. der „Vogelfauna Westsibiriens" (J. Orn. 91, 1943 u. 92, 1944), hatte er keine verwandtschaftlichen Beziehungen; wohl aber führte „ein eigentümliches Schicksal" die beiden immer wieder in Sibirien zusammen.

— Lit.: Hans Johansen, D. Vogelfauna Westsibiriens, J. Orn. 91, 1943 u. 92, 1944 (viele Seiten mit Verz. d. Veröff.).

Kamner, Alfred (Bd. 1, S. 177; Bd. 2, S. 169)
Als Schüler E. Haeckels war er eifriger Verfechter der neueren biol. Erkenntnisse und trug den Evolutionsgedanken in breitere Volksschichten. In Bibl. Orn. Rom. (1971) sind 44 Titel seiner orn. Veröff. zwischen 1913 und 1943 verzeichnet. Sie standen in Verh. u. Mitt. Siebenb., S. D. Tageblatt, Tagespost, Landw. Blätter, Aquila, Boabe de grîu, Jagd u. Hege, Bukarester Tagebl., Karpathenwaidwerk, Kronstädter Ztg. Er studierte in Berlin, Budapest, Jena und trat 1934 in den Ruhestand.

— Lit.: Würdigung (von F. G.). Hermannstädter Ztg. v. 3. 9. 1971 (mit Bildnis). - Würdigung (von F. Gündisch). Neuer Weg, Hermannstadt v. 30. 1. 1972.

Kaup, Johann Jakob (Bd. 1, S. 178; Bd. 2, S. 169)

— Lit.: R. Lauterborn, D. Rhein, . . ., Ludwigshafen 1, 1938, 2. Hälfte, S. 113—117.

Keyserling, Alexander Graf (Bd. 1, S. 180; Bd. 2, S. 170)

— Lit.: Dt.-balt. Biogr. Lex. 1970, S. 373.

Kirchhoff, Heinrich (Bd. 2, S. 71)
Z. 7 v. u.: Die belanglose Notiz in Naum. 1, 1851 stammte nicht von Heinrich K., sondern von dem in Diebzig ansässigen Lehrer C. Kirchhoff.

Kittlitz, Friedrich Heinrich Freiherr von (Bd. 1, S. 182)
Zur Beteiligung an der 2. Rüppellschen Reise nach dem nördl. Afrika wurde K. nicht von R. eingeladen; die Anregung dazu ging vielmehr von K. aus. Er mußte aber auf die Reise verzichten, weil er — nach R.s Darstellung — „an unheilbaren hysterischen Beschwerden" gelitten haben soll.

— Lit.: G. Niethammer, Z. Planung d. gemeinsamen Forschungsreise von Eduard Rüppell u. Friedrich Heinrich von Kittlitz im Jahre 1830, Et Multum et Multa, Beitr. z. Lit., Gesch. u. Kultur d. Jagd, Festgabe f. Kurt Lindner z. 27. Nov. 1971, S. 281—284.

Kleinschmidt, Otto (Bd. 1, S. 183—185; Bd. 2, S. 170)
F. Peus schreibt in der Neuausgabe der „Syllegomena Biologica" (1970): „Mit Kl. bin ich überzeugt: Die Aufgliederung von Arten in geogr. Rassen führt nicht zur Entstehung neuer Arten. Kl. hat ebensowenig wie die heutigen Zoologen gewußt, wie die Arten entstanden sind, und er hat das, gewissenhaft wie er war, auch nicht behauptet. Seine Forschungen über das Wesen der Rasse haben ihm aber gezeigt, wie die Arten nicht entstanden sind und entstehen, und sie haben ihn zu Vorstellungen über Möglichkeiten geführt, wie es geschehen sein könnte, zu Vorstellungen, die mit den Tatsachen nicht kollidieren. Er hat sie vielfach erörtert, temperamentvoll z. B. in seiner Wanderfalken-Monographie (1912 bis 1927) . . . Kl. hat Linnés Begriff und Ausdruck ‚species' als untauglich für die Evolutionsforschung erkannt und mit ihren Zusammenhängen . . . aus seinem Vokabular verbannt." Etwa ein Dutzend Vogelrassen sind nach K. benannt.

— Lit.: Nachruf (von P. Hens). Limosa 27, 1954, S. 65—70.

Koch, August (Bd. 2, S. 73)
Die 3 letzten Zeilen sind verstellt.

TEIL 3

Köhler, Karl (Bd. 2, S. 74)
Er schrieb auch „Anpassung an neue Wohngebiete" (Mitt. Vw. 12, 1912).

Koenig, Alexander Ferdinand (Bd. 1, S. 189/90; Bd. 2, S. 171)
Er promovierte mit der Diss. „Ein Beitr. z. Mallophagen fauna" am 15. 5. 1884 bei Prof. Greeff in Marburg. Als Habilitationsschrift reichte er der phil. Fak. Bonn 1888 seine Avif. v. Tunis ein. Ihm zu Ehren wurden benannt: Fringilla coelebs koenigi Rothschild u. Hartert, 1893 = F. c. africana Levaillant, 1849; Micropus koenigi Reichenow, 1894 = Apus affinis galilejensis (Antinori, 1855); Caccabis petrosa koenigi Reichenow, 1899 = Alectoris barbara koenigi (Reichenow); Lanius algeriensis koenigi Hartert, 1901 = Lanius excubitor koenigi Hartert, 1901; Mesopicos goertae koenigi Neumann, 1903; Sylvia atricapilla koenigi Von Jordans, 1923 = S. a. paulucii Arrigoni, 1902; Troglodytes troglodytes koenigi Schiebel, 1910.

— Lit.: Nachruf (von K. Guenther). Forschungen u. Fortschritte 16, 1940, S. 312 (Nachr.-Blatt d. Dt. Wissenschaft u. Technik).

Kornis, Karl Graf (Bd. 1, S. 193; Bd. 2, S. 171)
In Bibl. Orn. Rom. (1971) stehen 13 Titel seiner Veröff. zwischen 1930 und 1947 in ung. und rum. Zeitschriften.

Kramer, Gustav (Bd. 1, S. 194)

— Lit.: Nachruf (von E. Stresemann). Zool. Anz. 23. Supplementband (Verh. Dt. Zool. Ges. 1959) 1960, S. 540/41 (mit Bildnis).

Krebs, Ludwig (Bd. 1, S. 196; Bd. 2, S. 171, neue Fassung)

— Lit.: P. Ffolliott u. R. Liversidge, Ludwig Krebs, Cape Naturalist to the King of Prussia 1792—1844, Cape Town 1971, 304 S. - Besprechung von E. Schüz, Ber. Senck. = Nat. u. Mus. 103, 1973, S. 436/37.

Krohn, Johann Heinrich Bernhard (Bd. 1, S. 198)

— Lit.: G. Timmermann, Portraitskizzen Hamb. Ornithologen, Verh. Hamb. 38, 1971, S. 196, Anmerk. 8.

Krüdener, Adelbert Freiherr von (Bd. 1, S. 199; Bd. 2, S. 172)

— Lit.: Dt.-balt. Biogr. Lex. 1970, S. 415.

Kuhlmann, Heinz (Bd. 1, S. 202)
Bei J. Peitzmeier (Avif. v. Westfalen, 1969) sind 12 zwischen 1935 u. 1956 erschienene Verlautbarungen verzeichnet.

Lambrecht, Kálmán (Bd. 1, S. 205; Bd. 2, S. 203)
In Bibl. Orn. Rom. (1971) finden sich 7 Titel von Veröff. in Aquila zwischen 1911 und 1917.

Lampert, Kurt (Bd. 1, S. 206)
Ein damals grundlegendes Werk aus seiner Feder war „D. Leben d. Binnengewässer" (3. Aufl. 1925).

Landau, Georg (Bd. 1, S. 206)
Trotz mangelnder akad. Ausbildung hatte sich der emsige Autodidakt zu einem der einflußreichsten Historiker Hessens emporgearbeitet. Er beschäftigte sich mit der Erforschung und Darstellung der in der Geschichte still wirkenden Kräfte, weil er glaubte, daß sie „auf das Wohl und Wehe der Völker einen viel mächtigeren Einfluß ausüben als die meisten Kriege, Schlachten und Friedensschlüsse".
Von der „Gesch. d. Jagd u. Falknerei in beiden Hessen" (1849) ist 1972 ein Neudruck erschienen.

— Lit.: Würdigung (von W. Niemeyer). Lebensbilder aus Kurhess. u. Waldeck 6, 1958, S. 177 bis 187 (mit Verz. d. Veröff. u. älteren Quellen).

Landois, Hermann (Bd. 1, S. 207/08; Bd. 2, S. 173)
Bei R. M. Strong (Bibl. of Birds, 1939) finden sich 53 Titel seiner Verlautbarungen zwischen 1865 u. 1903.

Laubmann, Alfred (Bd. 2, S. 82)
Bei U. A. Corti, „D. Brutvögel d. dt. u. österr. Alpenzone" (1959) stehen 22 Titel seiner Arbeiten zwischen 1927 und 1950. Die ihm gewidmeten Vogelnamen sind inzwischen alle zu Synonymen geworden.

Lauer, Heinrich (Bd. 1, S. 209)
Mitte der 80er Jahre wurde er für vier Jahre auf die Lateinschule von Amöneburg im Ohmtal geschickt. Mit Beginn des Jahrh. meldete er sich im Zool. G. und in Nat. u. Haus zu Wort. Wie er als Sohn eines Müllers zur

Beschäftigung mit der heimischen Vogelwelt kam, wußte er in Gef. W. 45, 1916 sehr anziehend zu schildern.

Lauterborn, Robert (Bd. 1, S. 209)

— Lit.: Nachruf (von H. Gams). Arch. Hydrobiol. 47, 1953, S. 474—476 (mit Bildnis). - Würdigung (von M. Pfannenstiel). Natur u. Mensch, Schaffhausen 3, 1961, S. 83—88 (mit Bildnis).

Lázár, Koloman Graf (Bd. 1, S. 210; Bd. 2, S. 203)
Die Bibl. Orn. Rom. (1971) enthält 10 Titel seiner Veröff. zwischen 1859 und 1866.

— Lit.: Österr. Biogr. Lex. ... 5, 1972, S. 58.

Leege, Otto (Bd. 1, S. 210)

— Lit.: H. Nitzschke, D. Otto Leege Buch (O. L., D. Vater d. Memmert, Erforscher Ostfrieslands u. seiner Inseln), Aurich 1971 (mit Bildnissen u. erschöpfender Bibliographie).

Lendl, Adolf (Bd. 1, S. 212; Bd. 2, S. 203)
In Bibl. Orn. Rom. (1971) finden sich 4 Titel seiner Veröff. zwischen 1895 und 1912.

— Lit.: Österr. Biogr. Lex. ... 5, 1972, S. 128 (mit Bildnis).

Lichtenstein, Martin Hinrich Carl (Bd. 1, S. 215/16; Bd. 2, S. 174)

— Lit.: H.-K. Klös, ... 125 Jahre Zoo Berlin, 1969, S. 25—52 (mit Bildnis). - O. H. Spohr, M. H. C. Lichtenstein, (1) Foundation of the Cape - (2) About the Bechuanas, Cape Town 1973.

Liebe, Karl Theodor (Bd. 1, S. 216)

— Lit.: A. Schmiedecke, Zeitzer Ornithologen, Mus. Zeitz, Heft 5, 1969, S. 10—19 (mit Bildnis).

Lindner, Carl (Bd. 1, S. 218)
Auch in der Naumann-Forschung knüpfte er Verdienst an seinen Namen, als er „Eine Pilgerfahrt nach dem Mekka dt. Ornithologen" (Orn. Ms. 27, 1902) schrieb. Er brachte hier ein Verz. der in Köthen aufgestellten Vogelsammlung, die seit Jahren unter der Aufsicht einer „Lehrerswitwe Fuchs" im dortigen Schloß zu einem „verborgenen Dasein" verurteilt war (vgl. P. Thomsen u. E. Stresemann, Naumann-Biogr., 1957).

— Lit.: A. Schmiedecke, Zeitzer Ornithologen, Mus. Zeitz, Heft 5, 1969, S. 41—45 (mit Bildnis).

Lindner, Friedrich (Bd. 1, S. 218)

— Lit.: A. Schmiedecke, Zeitzer Ornithologen, Mus. Zeitz, Heftt 5, 1969, S. 34—40 (mit Bildnis).

Lindorfer, Josef (Bd. 1, S. 219)

— Lit.: J. L., Nester u. Gelege d. Brutvögel Oberösterreichs, ergänzt u. f. d. Druck vorbereitet von A. Kloiber u. Gertrud Th. Mayer. Schriftenreihe d. O.-Ö. Musealvereins Linz 2, 1970, 171 S. (mit Bildnis u. weiteren Quellen).

Lintia, Dionysius (Bd. 1, S. 219)
Die Bibl. Orn. Rom. (1971) brachte 59 Titel aus seiner Feder zwischen den Jahren 1903 und 1955.

Löns, Hermann (Bd. 1, S. 221; Bd. 2, S. 174)
Zu den Wortmeldungen in der Fachpresse können nachgetragen werden: „Ein orn. Bluff" [gegen Beringung] (Mitt. Vw. 11, 1911), „D. Nachtigall als Quintärvogel" [Quintär = die von Menschen umgestaltete Erdschicht] (ebd. 11, 1911), „D. Wasserfrosch als Vogelräuber" (ebd. 11, 1911), „D. Vogel Wupp" [= Mauersegler] (ebd. 12, 1912).

— Lit.: R. Gerlach, Das Beste von H. Löns (1965). - J. Bergenthal, D. kleine Hermann-Löns-Buch, Münster 1973.

Löwis of Menar, Oskar von (Bd. 1, S. 221; Bd. 2, S. 174)

— Lit.: Dt.-balt. Biogr. Lex. 1970, S. 473.

Loos, Curt (Bd. 1, S. 222)
Er stammte aus einer Lehrerfamilie.

— Lit.: Nachruf. Lotos 81, 1933, S. 55 ff. - Centralbl. f. d. gesamte Forstwesen 1933, S. 254/55. - R. M. Strong (Bibl. of Birds, 1939) verzeichnete 23 Titel seiner Veröff. zwischen 1891 u. 1916. - Österr. Biogr. Lex. ... 5, 1972, S. 310/11 (mit Verz. d. Veröff.).

Lorenz von Liburnau, Ludwig (Bd. 1, S. 222/23; Bd. 2, S. 175)

— Lit.: Österr. Biogr. Lex. ... 5, 1972, S. 320/21 (mit Verz. d. Veröff.).

Loudon, Harald Freiherr von (Bd. 1, S. 223; Bd. 2, S. 175)

— Lit.: Dt.-balt. Biogr. Lex. 1970, S. 475.

Lovassy, Alexander (= Sándor) (Bd. 1, S. 224)

— Lit.: Magyar. Életr. ... Lex. 2, 1969, S. 92 (mit Bildnis). - Würdigung (von A. Keve). Mitt. d. Mus. d. Kom. Veszprém 8, 1969, S. 7—10, ung. u. dt. (mit Bildnis). - Österr. Biogr. Lex. ... 5, 1972, S. 333 (mit Verz. d. Veröff.).

TEIL 3

Lucanus, Friedrich von (Bd. 1, S. 224)
R. M. Strong (Bibl. of Birds, 1939) verzeichnete 25 Titel seiner Veröff. zwischen 1901 u. 1929.

Ludwig, Carl Ferdinand Heinrich Freiherr von (Bd. 2, S. 175)
— Lit.: ... E. Hennig statt E. Henning

Lüders, Ludwig (Bd. 1, S. 225)
—Lit.: Nachruf (Verf. ungen.). B. Nieders. 12, 1959, S. 73.

Madarász, Julius von (Bd. 1, S. 227)
Die Bibl. Orn. Rom. (1971) enthielt 10 Titel seiner Arbeiten zwischen 1881 und 1903. Die Erinnerung an ihn halten die folgenden Vogelnamen wach: Psittacella madaraszi Meyer, 1886; Eremopterix leucotis madaraszi (Reichenow, 1902); Colluricincla megarhyncha madaraszi (Rothschild u. Hartert, 1903) und Meliphaga (Xanthotis) flaviventer madaraszi (Rothschild u. Hartert, 1903).
— Lit.: Magyar Életr. ... Lex. 2, 1969, S. 113 (mit Bildnis).

Máday von Maros, Isidor (Bd. 1, S. 228)
— Lit.: Magyar Életr. ... Lex. 2, 1969, S. 115.

Mangels, Rudolf (Bd. 1, S. 229)
— Lit.: Würdigung (von E. Schüz). Königsberger Allg. Ztg. Nr. 59 v. 28. 2. 1943.

Marcgraf (Marcgrave), Georg (Bd. 1, S. 229)
— Lit.: Gudger, E. W., George Marcgrave, the first student of American natural history, Pop. Sci. Monthly 1912 (September), S. 250—274. - Ders., George Marcgrave, a postscript, Science 15 (new series) 1914, S. 507—509.

Marsigli, Ludwig Ferdinand (Bd. 1, S. 231; Bd. 2, S. 175)
— Lit.: Magyar Életr. ... Lex. 2, 1969, S. 157.

Martens, Karl Eduard von (Bd. 2, S. 87)
— Lit.: Nachruf (von K. B. Klunzinger). Jh. Württ. 61, 1905, S. XLVI—L. - R. Lauterborn, D. Rhein, ..., 1, 1938, 2. Hälfte, S. 431—433. - E. Hennig, Württ. Forschungsreisende ..., 1953, S. 55.

Martini, Georg (Bd. 1, S. 232)
Z. 7: Ludwig statt Rudolf
Schluß: Da M. an Erkrankung der Augen litt, übernahm sein Sohn (Name ?, * 10. 12. 1891 Warmbrunn, † 22. 10. 1969 Schöneiche b. Berlin) 1929 die Nachfolge, nachdem er schon seit 1919 in der Samml. tätig war.

Maštrović, Anton (Bd. 1, S. 233)
— Lit.: Nachruf (Verf. ungen.). Larus 2, 1948, S. 7 u. 8 (mit weiteren kroat. geschr. Veröff.). - Bildnis in 50. Jahresfeier d. Orn. Inst. Zagreb, Larus 6/7, 1954, S. 232—236.

Mauks, Karl (Bd. 1, S. 234)
Die Bibl. Orn. Rom. (1971) nannte 5 Veröff., alle in Aquila, zwischen 1917 und 1928.

Mechlenburg, Martin Rübner (Bd. 1, S. 235; Bd. 2, S. 176)
Die Kragentrappe wurde am 12. 11. 1843 (nicht 1856) bei Flensburg geschossen (s. bei N. Kjaerbölling, Danmarks Fugle, Kjobenhavn 1852, S. 244).

Meyen, Franz Johann Friedrich (Bd. 2, S. 89/90)
S. 90, letzte Z.: Nach ihm benannt ist Zosterops meyeni Bonaparte 1850 = Zosterops japonicus meyeni.

Meyer, Bernhard (Bd. 1, S. 240; Bd. 2, S. 177)
Wenig bekannt wurden seine „Kurze Beschr. d. Vögel Liv.- u. Estlands" (Nürnberg 1815) auf Grund von faun. Material, das ihm G. A. Germann in Dorpat (s. d.) zur Verfügung stellte, und seine „Reiseskizzen" (Frankfurt 1831), in denen er auch über orn. Erlebnisse und Erfahrungen auf einer Reise nach Kiel, Hamburg und Helgoland in den Monaten Juli bis September 1830 berichtete.

Miczyński, Kazimierz (Bd. 2, S. 90)
Z. 27: 1938 statt 1936

Middendorff, Alexander Theodor von (Bd. 1, S. 242; Bd. 2, S. 177)
2. Bd., Z. 10: Die Arbeit von Th. Lackschewitz erschien im „Dt. Familienarchiv" 43, 1970, S. 118—136.
— Lit.: Dt.-balt. Biogr. Lex. 1970, S. 521.

Middendorff, Ernst von (Bd. 1, S. 243; Bd. 2, S. 177)
— Lit.: Dt.-balt. Biogr. Lex. 1970, S. 522.

Mitterpacher, Ludwig (=Lajos) (Bd. 1, S. 243)
— Lit.: Magyar. Életr. ... Lex. 2, 1969, S. 223 (mit Bildnis).

Moebert, Friedrich (Bd. 1, S. 244; Bd. 2, S. 178)
Z. 1: 21. 12. statt 12. 12. (s. G. Timmermann, . . .)

— Lit.: G. Timmermann, Portraitskizzen Hamb. Ornithologen, Verh. Hamb. 38, 1971, S. 146—161 (mit Bildnissen).

Möschler, Albert (Bd. 1, S. 245; Bd. 2, S. 178)

— Lit.: Würdigung (von E. Schüz). Königsberger Allg. Ztg. Nr. 59 v. 28. 2. 1943.

Möschler (Moeschler), Heinrich Ferdinand (Bd. 2, S. 92)
Rechte Sp., Z. 28: Er schrieb auch „Notiz z. Orn. Grönlands" (J. Orn. 4, 1856) und meldete darin, daß er folgende Formen erhalten habe: 1846 Alca cirrhata, 1852 Picus auratus, 1854 Totanus flavipes.

Mühlig, Johann Gottfried Gottlieb (Bd. 2, S. 93)
Der Sohn eines Müllers war ursprünglich Mühlarzt, kam 1828 nach Frankfurt und wurde hier nach mehrfachem Berufswechsel 1850 zunächst Verwalter einer Versorgungsanstalt für Männer.

— Lit.: Allg. Dt. Biogr. 22, 1885, S. 481.

Müller, Adolf (Bd. 1, S. 247/48)
S. 248, Z. 32: Die „Tiere d. Heimat" (1. Bd. Säugetiere 1882 u. 1890; 2. Bd. Vögel 1883, 1894, 1897) hatten neben schwarz-weißen auch einige farbige Illustrationen nach Zeichnungen u. Aquarellen vom Verf. u. von C. F. Deiker (s. d.).

— Lit.: Würdigung (von E. W. Müller). Neue Presse, Frankfurt a. M. v. 13. 7. 1952.

Müller, John von (Bd. 1, S. 249/50; Bd. 2, S. 178)

— Lit.: E. Hennig, Württ. Forschungsreisende . . ., 1953, S. 53. - E. Schüz, Alfred Brehm . . . u. John W. v. Müller. Jh. Württ. 125, 1970, S. 294—312 (mit Bildnis u. weiteren Quellen).

Müller, Philipp Ludwig Statius (Bd. 1, S. 251; Bd. 2, S. 179)
Eine Fußnote in Ardea 46, 1958, S. 170 besagt, daß der Familienname Statius Muller sei, d. h. ein heute noch in Holland vorkommender Doppelname ohne Bindestrich. Philipp Ludwig sind demnach die beiden Vornamen. Nach derselben Quelle soll St. M. als Sohn eines Pfarrers 1725 wahrscheinlich in Leeuwarden geboren sein.

— Lit.: Das vollständige Zitat betr. E. Stresemann muß heißen J. Orn. 89, 1941, Ergänzungsband III, S. 65—104.

Murr, Franz (Bd. 2, S. 94/95)
Er lieferte Bilder auch für das Tafelwerk von K. Heinroth, „Mitteleuropäische Vogelwelt" (1. Aufl. 1952—1955, 2. Aufl. 1962).

Nagy, Eugen (Bd. 1, S. 253; Bd. 2, S. 179)
In der Bibl. Orn. Rom. (1971) stehen sechs seiner Veröff. zwischen 1905 und 1917.

Nathusius, Wilhelm von (Bd. 1, S. 254)
Er war einer der Söhne von Johann Gottlob N. (1760 Baruth bis 1835 Magdeburg), der sich vom armen Kaufmannslehrling zum königlichen Kaufmann, Grundbesitzer und Industriellen im Magdeburger Raum emporgearbeitet hatte.

— Lit.: Mitteldeutsche Lebensbilder 2, 1927, S. 80.

Nécsey, Stefan (= István) (Bd. 1, S. 258; Bd. 2, S. 179)

— Lit.: Magyar Életr. . . . Lex. 2, 1969, S. 284.

Neumann, Oscar (Bd. 1, S. 260; Bd. 2, S. 180)
Mehr als 20 afrikanische Vogelformen und einige weitere aus anderen Faunengebieten wurden nach ihm benannt.

Noll, Hans (Bd. 2, S. 95/96)

— Lit.: Nachruf (von J. Huber). Tierwelt, Zofingen v. 22. 8. 1969, S. 987/88 (mit Bildnis).

Paeßler, Carl Friedrich Richard (Bd. 1, S. 265/66; Bd. 2, S .180)

— Lit.: G. Timmermann, Portraitskizzen Hamb. Ornithologen, Verh. Hamb. 38, 1971, S. 135—145 (mit Bildnis).

Paeßler, Wilhelm (Bd. 1, S. 266)
Die Vorfahren waren Beamte, Theologen und Bauern im Anhaltischen. Als Sohn eines Justizamtmannes mußte er sich mit Hauslehrerstellen begnügen, bis 1841 ein gerichtliches Verfahren wegen früherer Zugehörigkeit zur Leipziger Burschenschaft mit Freispruch endete. Zur weiteren Familie von J. F. Naumann hatte er durch seine Frau verwandtschaftliche Beziehungen.

— Lit.: G. Timmermann, Portraitskizzen Hamb. Ornithologen, Verh. Hamb. 38, 1971, S. 136/37.

Paul Wilhelm, Herzog von Württemberg (Bd. 2, S. 180)

— Lit.: ... E. Hennig statt E. Henning.

Peters, Nicolaus (Bd. 1, S. 273)

— Lit.: G. Timmermann, Portraitskizzen Hamb. Ornithologen, Verh. Hamb. 38, 1971, S. 162—176 (mit Bildnissen).

Piller, Matthias (Bd. 1, S. 276)
* 25. 4. 1733 Graz, † 10. 11. 1788 Buda.

— Lit.: Magyar Életr.... Lex. 2, 1969, S. 418.

Porzig, Hermann (Bd. 1, S. 280)
Z. 1: Steinwitz ist heute als Ortsteil von Drescha in Altenburg eingemeindet und gehört seit 1952 zum Bez. Leipzig.
Z. 5: Etwa 1500 von P. aufgestellte Stücke einheimischer und ausländischer Arten standen (z. T. in verglasten Vitrinen) unter der Obhut der Nachkommen in einem Stallgebäude. 1969 kamen sie in das Zool. Mus. von Berlin.

— Lit.: F. Schach, Über d. Gründung u. bisherige Wirksamkeit eines orn. Special-Ver. im Pleißengrunde, Naum. 2, 1852, S. 78—80. - L. Baege, Über ehemalige private Vogelsamml. in Thür...., B. z. Vk. 10, 1964, S. 129—147. - Ders. u. B. Stephan, Vogelsamml. Osterländer Bauern-Ornithologen ins Zool. Mus. Berlin überführt. Ebd. 17, 1971, S. 155—161 (mit Bildnis).

Pražák, Josef Prokop (Bd. 1, S. 280/81; Bd. 2, S. 182)
Von O. Kleinschmidt (Falco 1, 1905, S. 105) stammt die warnende Bem.: „Aber einiges Wertvolle hat Pražák doch bewiesen: Daß es auch bei Gelehrten manchmal lange dauert, bis ein Truggewebe durchschaut wird, daß auch die Wissenschaft zu nicht geringem Teil auf dem Vertrauen von Personen ruht, und daß sich der Hang zu Übertreibungen und selbst kleinen Unehrlichkeiten später furchtbar rächen können an jedem, der nicht treu ist in dem heiligen Priesterdienst der Wahrheit."

Pungur, Julius (= Gyula) (Bd. 1, S. 282)

— Lit.: Magyar Életr.... Lex. 2, 1969, S. 450.

Rácz, Béla (Bd. 1, S. 284)
Die Bibl. Orn. Rom. (1971) nannte 4 Veröff. aus den Jahren 1914 bis 1916, alle in Aquila.

Radziwill, Boguslav (Bd. 1, S. 285)
Nach J. Neumann (Halle) befand sich die Vogelsammlung bis 1941 oder 1942 in Antonin. Dann kamen die besten Stücke in das Zool. Inst. von Posen. Die schlechten wurden wahrscheinlich vernichtet.

Reichenbach, Heinrich Gottlieb Ludwig (Bd. 1, S. 286/87; Bd. 2, S. 183)
Bd. 1, Z. 4 v. u.: zu streichen ist ... und Präsident der Leopoldina.
Bd. 2, Z. 1 und 2 v. u.: zu streichen ist ... und seit 1869 Präsident. Nach dem Tode seines Freundes C. G. Carus beanspruchte er, der „legitimus praeses" der Leopoldina zu sein. Nach heftigen Auseinandersetzungen wurde dieser Posten aber W. F. G. Behn (s. d.) übertragen. Reichenbachs Namen tragen heute noch: Halcyon cinnamomina reichenbachii (Hartlaub, 1852); Nectarinia (Anabathmis) reichenbachii Hartlaub, 1857; Veniliornis fumigatus reichenbachi Cabanis u. Heine, 1863, und Leptotila rufaxilla reichenbachii (Pelzeln, 1870).

Reichenow, Anton (Bd. 1, S. 287; Bd. 2, S. 183)
Zahlreiche Vogelformen, allein über 30 afrikanische, wurden ihm gewidmet; überdies erinnert an ihn eine südostasiatische Gattung (oder Untergattung von Erythrura) Reichenowia Poche, 1904.

— Lit.: G. Timmermann, Portraitskizzen Hamb. Ornithologen, Hamb. 1971, S. 63 (Anm. 4).

Requate, Horst (Bd. 2, S. 104)
J. Peitzmeier (Avif. v. Westfalen, 1969) verzeichnete als weitere Veröff.: „Zwergfliegenschnäpper u. Berglaubsänger brutverdächtig im Teutoburger Wald" (J. Orn. 96, 1955), „Wieder Berglaubsänger im Teutob. Wald" (Orn. Mitt. 8, 1956).

Rettig, August (Bd. 2, S. 104, 204, 225, neue Fassung)
Z. 1: August statt Alfred.
S. 104, Z. 2: streichen Malcoci bei
* 20. 10. 1869 Quedlinburg, † 26. 10. 1943 Tulcea (Rumänien). Frau Theodora Pauly, Ravensburg, und Herr Prof. Werner Klemm, Sibiu (= Hermannstadt), Siebenbürgen, haben sich verdient gemacht um die Beschaffung von Daten und neuen Gesichtspunkten für die Abrundung des Lebensbildes. Nicht alle Lücken konnten geschlossen werden.

Ohne Kennzeichnung der Rufnamen enthält das Taufregister St. Nikolai zu Quedlinb. zwei Eintragungen, betr. die Söhne des Gärtners H. A. A. Rettig: Hermann August geb. 21. 9. 1868 und August Martin Carl geb. 20. 10. 1869. Das Sterbezeugnis 1943 von Tulcea (von W. Klemm eingesehen) verzeichnet „Alter 74 Jahre" und beseitigt damit mögliche Zweifel. R. hatte nie die rum. Staatsbürgerschaft erworben. Deshalb wurde er im 1. Weltkrieg interniert und verlor in dieser Zeit neben Teilen seines Besitzes (Land u. Schafherde) umfangreiche naturw. Aufz. und eine große, seinen besonderen Stolz bildende Samml. von mühevoll erarbeitetem Fotomaterial. Einige seiner Bilder (Pelikane, Silberreiher), die von K. Soffel (s. d.) in „Lebensbilder ..." (Vögel 3, 1911) verwertet sind, zeigen die Grenzen damaliger Tierbildnerei. Die Einbuße traf ihn aber so tief, daß sie zu einem der Gründe wurde, die ihm später die Freude am Schreiben nahmen. So erklärt sich, daß orn. Verlautbarungen aus seiner Feder nur auf 8 Titel zwischen 1908 und 1914 in den Mitt. Vw. beschränkt sind. Sie sind in der Bibl. Orn. Rom. 1971 genannt. Die Arbeit „D. Mönchsgeier — seine Brutperiode 1911 in d. Dobrudscha" (Mitt. Vw. 11, 1911) enthält folgende Schilderung: „... In einem Reviere bei Ciamurlidesus u. Ciucurova waren in diesem Jahre acht von zwölf künstlich angelegten Horsten von Mönchsgeiern bezogen, ein Horst enthielt d. Gelege vom Kaiseradler u. einer d. Gelege vom Würgfalken. Im ganzen befinden sich in diesem, etwa 15 000 Hektar großen, sozusagen Urwaldreviere 46 mir bekannte Mönchsgeierhorste. Etwa der Hälfte derselben entnahm ich d. Gelege; abgeschossen wurde hier kein einziger Mönchsgeier. In einem anderen Bergwaldreviere bei Greci — ebenfalls von mir bis zum Jahre 1916 gepachtet — befinden sich ca. 12 Horste von Vultur monachus, denen sämtlich d. Gelege belassen wurden ... In den mir nur teilweise bekannten Wäldern bei Luncavita, Ancerca, Meidanchici, Cerna, Acpunar, Bolabacea, Atmagea, Babadagh u. Visterna kenne ich von früheren Reisen her ungefähr noch weitere 30 Horste, so daß ich wohl nicht fehl gehe, wenn ich die in den Bergwäldern der nördl. Dobr. horstenden Mönchsgeier auf mindestens 100 Paare veranschlage. Dieses Resultat basiert auf 13jähriger Forschung und summiert ein ganz anderes Fazit in punkto Vultur monachus als im Fluge die Dobr. durcheilende Ornithologen bisher berichten konnten." Die Worte seien hier festgehalten, weil sie ein bezeichnendes Licht werfen auf den damals noch paradiesischen Zuschnitt des unerschlossenen Gebietes, auf die Arbeitsmethoden und die undurchsichtigen Schutzmaßnahmen des Verfassers. Ferner läßt sich aus der Betonung der „13jährigen Forschung" schließen, daß sich R. 1898 in der Dobr. niedergelassen hatte. Über den der Auswanderung vorangehenden Lebensabschnitt liegen nur zwei Urkunden vor. Sie befinden sich im Besitz von R.s Schwägerin, der Frau Anisia Istrati in Tulcea und weisen ihn — mit den Beinamen „Brunsvicensis" bzw. „Quedlinburgensis" — aus als Mitglied der „Civitas litterarum universitatis" 1892 für Berlin und 1893 für Kiel. Ein Zeugnis für erfolgreich bestandene Fakultätsprüfung ist nicht bekannt. Er soll, nach Angaben von Frau Th. Pauly, von nicht abgeschlossenem Studium gesprochen haben. Der Unterhaltung mit der Schwägerin konnte W. Klemm 1971 ferner entnehmen, daß der Vater Zahnarzt in Braunschweig gewesen sei. Diese Angabe wird widerlegt durch das bereits erwähnte Taufregister von Quedlinb. (Tatsache ist, daß in Braunschweig ein Bruder wohnte. Es war Robert R., geb. 8. 11. 1866 in Quedlinb., gest. 29. 8. 1944 in Uetersen). R. selbst dürfte Streifzüge (durch europ. Länder u. Afrika ?) hinter sich gehabt haben, ehe er nach der Dobrudscha kam. Hier fesselten ihn nicht nur die Jagdfreiheit und die ursprüngliche Landschaft, sondern auch nach mehreren Jahren die Liebe zu der viel jüngeren und in der Bevölkerung geachteten Ana Cozmici (dt. Anna Kosmitsch), die er 1907 oder 1908 heiratete. Die Schwägerin wollte außerdem wissen, daß die Weigerung, nach Hause zurückzukehren, zum Bruch mit der Familie geführt habe. Diese Darstellung auf ihren Wahrheitsgehalt zu überprüfen, war nicht möglich. Sicher ist, daß R. durch Rechtlichkeit und vielfach belegte Hilfsbereitschaft unter der anspruchslosen Bevölkerung Vertrauen und Ansehen genoß. Da ihm aber die Voraussetzungen zur behördlichen „Nostrifizierung" fehlten, wurden das geschäftlich genutzte naturk. Wissen im Bereiche des damaligen Sammlungswesens und die mit Meisterschaft beherrschte Tierpräparation seine

Lebensgrundlagen. Gute Beziehungen zu den Forstverwaltungen und Revierförstern machten ihn zum Mittelsmann zwischen dem Tierreichtum Rumäniens und europäischen Zool. Gärten, Museen und wissensch. Inst. Die ihm vom Schicksal zugeschobene Rolle hatte zur Folge, daß auch viele europäische Reisende sich seiner Orts- u. Sachkenntnis bedienten. Zu den bei ihm einkehrenden Fremden gehörten R. Zimmermann (1910), Kirke Swann (1925), G. Heinrich (1925), O. Heinroth (1927), H. v. Hedemann-Heespen und K. O. Beckmann (1929), W. Wüst (1931), H. Dietz (1931), O. Steinfatt (1932), H. Bernatzik (Anfang der 30er Jahre), Ufa-Kulturfilm-Regisseur U. K. T. Schulz (Anfang der 30er Jahre), G. A. Küppers-Sonnenberg (1936), Theodora Pauly (1938), P. Henrici (1938). Wohl keiner der Besucher hatte Grund, sich über mangelnde Gastfreundschaft zu beklagen. Überschwenglich getönte Stimmen des Dankes konnte R. verbuchen. Nichtsdestoweniger wußte (oder glaubte?) er sich von dem einen oder anderen Gast ausgenutzt oder gar geprellt, so daß sich in ihm während der späteren Jahre oft geäußerte Zurückhaltung gegenüber „gewissen Ornithologen" und „Eiermardern" entwickelte. Zu dem von ihm durch das Delta geleiteten Persönlichkeiten sind auch Glieder der königlichen Familie (Karl I., Karl II., Michael) zu rechnen. Die Enttäuschung erreichte schließlich ihren Höhepunkt, als er gegen seinen Willen, unter königl. Druck seine großartige orn. Samml. 1935 zu Ausstellungszwecken nach Bukarest geben mußte, ohne sie je zurückzuerhalten. Quellen von biogr. oder lit. Rang finden sich nicht in seinem zusammengeschrumpften Nachlaß. Bei einem Rückblick auf die nicht alltägliche Erdenbahn mußte er (in einem Schriftsatz ohne Datum) voll Verbitterung gestehen: „. . .alles war umsonst, zwecklos das ganze Leben". Am letzten Meilenstein wußte er sich — aus unbekannten Gründen von der Studienbahn abgedrängt — innerlich vereinsamt und irgendwie tragisch belastet.

Bleiben wird die nicht einheitliche Beurteilung durch seine Zeitgenossen. Bleiben wird aber auch der unbestreitbare Beitrag zur Aufhellung der orn. Verhältnisse der Dobr. in einer Zeit, da die wilde Landschaft noch eine terra incognita war. Im 2. Band der „Orn. Mitteleuropas" ist er etwas überspitzt „als ein von sentimentalen Regungen kaum gehemmter Sammler" gekennzeichnet. Doch war er, mitmenschlich betrachtet, mehr. Diese Berichtigung sei hier nachgetragen.

W. Klemm, der eine Würdigung plant, fand das Grab 1971 in der Abt. für Baptisten auf dem Vielvölkerfriedhof am Steppenhang von Tulcea.

— Lit.: H. Kirke Swann, Two Ornithologists on the Lower Danube, 1925, 67 S. - W. Wüst, Ein Streifzug durch d. Dobr., Mitt. Vw. 1933, S. 74 bis 85. - G. A. Küppers-Sonnenberg, Durch d. Dobr., Völkerk. Streifzüge in Rumänien 1936 (2. Teil), Jb. 1960 d. Dobr.-Deutschen, S. 236, 238, 239. - Bildnis in E. Heer, Tiernamen im Volksmund d. Schwarzmeerdeutschen, Jb. 1962/63 d. Dobr.-Deutschen, S. 11 ff. - E. Heer, Ornithologen besuchen d. Donau-Delta, ebd. 1971, S. 132—154. - Bildnis aus d. J. 1911 im Besitz von L. Gebhardt.

Rey, Jean Guillaume Charles Eugène (Bd. 1, S. 291; Bd. 2, S. 184)
Bei R. M. Strong (Bibl. of Birds, 1939) finden sich 27 Titel seiner Verlautbarungen zwischen 1867 u. 1909.

Riemschneider, Johannes Carl Robert (Bd. 2, S. 107)

— Lit.: Dt.-balt. Biogr. Lex. 1970, S. 633.

Rösel von Rosenhof, August Johann (Bd. 2, S. 109)

— Lit.: R. Lauterborn, D. Rhein . . ., Freiburg 1, 1930, 1. Hälfte, S. 294—298.

Rößler, Erwin (Bd. 1, S. 296/97; Bd. 2, S. 184)

— Lit.: Bildnis in 50. Jahresfeier d. Orn. Inst. Zagreb, Larus 6/7, 1954, S. 232—236.

Rudolf, Kronprinz Erzherzog (Bd. 1, S. 299)
— Lit.: Magyar Életr. . . . Lex. 2, 1969, S. 553.

Rückbeil, Friedrich Wilhelm (Bd. 2, S. 111)
Als ein für R. Tancré (s. d.) tätiger Sammler ist R. auch von E. Hartert (Bd. 1, S. 40) genannt bei Podoces humilis. P. P. Suschkin betonte in seinem großen Altaiwerke (Orn. Westnik 4, Moskau 1915), daß er in verschiedenen Museen von R. gesammelte Bälge gesehen habe, die alle durchaus genügend datiert waren. Dagegen sei dieses wertvolle Material von E. F. von Homeyer und R. Tancré (s. d.) in ihren „Beitr. z. Kenntnis der Orn. Westsibiriens, namentlich der Altai-Gegend" (Mitt. Wien 7, 1883) dadurch entwertet worden, daß sie fast alle Ortsangaben und Daten des Sammlers unterdrückt sowie R.s Sammelgebiete — den Süd-Altai und den

Tarbagatai — zusammengeworfen hätten. Den Schaden für die Erforschung des Altai sollen nach Suschkins Auffassung die beiden Autoren noch dadurch erhöht haben, daß sie R.s Namen nicht nannten, sondern im Vorwort behaupteten, daß ihr Material sich auf einen „Kollektor" stütze, der schon zwei Jahre im Altai arbeite und sich verpflichtet habe, alle Einsammlungen nur den beiden Verfassern zu überlassen.

– Lit.: H. Johansen, D. Vogelfauna Westsibiriens, J. Orn. 91, 1943, S. 79 u. 102, 1961, S. 258.

Rüdiger, Wilhelm (jun.) (Bd. 1, S. 300; Bd. 2, S. 185)
Im Kr. Arnswalde beobachtete er bis 1935. Die letzte Arbeit aus diesem Gebiet erschien unter dem Titel „Seltene Brutvögel im Kreise Arnswalde" (Naturdenkmalpflege u. Natursch. in Berl. u. Brandenb., 3. Reihe, 23—34, 1935 bis 1937). Sie enthielt Nachr. über Seeadler, Fischadler, Schreiadler, Schwarzstorch.

Russow, Valerian (Bd. 1, S. 302; Bd. 2, S. 185)
— Lit.: Dt.-balt. Biogr. Lex. 1970, S. 657.

Sager, Hans (Bd. 2, S. 112)
Er meldete sich mit Aufs. und kleinen Mitt. auch in B. z. F. zu Wort. Seit 1940 waren es hier 11 Titel nach etwa 15jähriger Beob.-Tätigkeit.

Saxesen, Friedrich Wilhelm Reisig (Bd. 2, S. 116)
Z. 1: Gut Oehe/Schleimünde bei Kappeln statt Oen bei Cappeln (Schleswig)

Schaffgotsch, Ludwig (Bd. 2, S. 117, 226)
streichen Rudolf
Z. 2: * 4. 9. 1842 Warmbrunn, † 15. 6. 1891 Warmbrunn.
Z. 6: Nach dem Tode des Grafen nahm sich sein Sohn Graf Johannes der Samml. an. Seit 1905 vergrößerte sie noch dessen Bruder Graf Friedrich, * 18. 2. 1883 Warmbrunn, † 26. 5. 1947 Ellingen (Bayern).
Z. 16 bis 19: Nach 1945 wurde der größte Teil der Samml. nach Warschau geschafft. Ein kleiner Bestand kam zusammen mit den Eiern nach Breslau (vgl. D. St. Peters, Ausgestorbene u. seltene Vögel in den zool. Mus. v. Breslau u. Warschau, B. Bonn 11, 1960, S. 26—32). Später wurde der Rest der Bibliothek u. der orn. Samml. für Besucher wieder geöffnet (Brief Gräfin Maria Sch. v. 9. 11. 1970).

Schaumburg, Johann Heinrich (Bd. 1, S. 309/10; Bd. 2, S. 187)
S. 310, Z. 14 v. u.: Den Titel des Hofintendanten mag er schon vor 1806 von dem damals im Hanauer Schloß wohnenden Erbprinzen (nicht Kurprinz!) Wilhelm erhalten haben. Dieser Erbprinz, der von 1806 bis 1813 im Exil lebte, war Graf von Hanau. Er wird später auch H. veranlaßt haben, nach Kassel zu ziehen.

Schenk, Jakob (Bd. 1, S. 311; Bd. 2, S. 187, 204)
Die Bibl. Orn. Rom. (1971) verzeichnet 47 Titel seiner Veröff. zwischen 1899 und 1942.

Schleep, Bernhard Christian (Bd. 1, S. 316; Bd. 2, S. 187)
— Lit.: H.-P. Müller, J. C. Benicken u. B. Chr. Schleep, zwei schlesw. Ornithologen u. Sammler, D. Heimat . . . Schlesw.-Holst. u. Hamb. 78, 1971, S. 42/43 (mit weiteren Quellen).

Schönbauer, Josef (Bd. 1, S. 323)
— Lit.: Magyar Életr. . . . 2, 1969, S. 597.

Schrenck, Leopold von (Bd. 1, S. 325)
— Lit.: Dt.-balt. Biogr. Lex. 1970, S. 699.

Schulz, Karl (Carl) (Bd. 1, S. 328)
J. Hammling, „Z. Vogelw. d. Pos. Landes" (Dt. Wissensch. Zeitschr. f. Polen, Sonderheft 26, 1933/34) nannte 8 Titel der die Vogelw. berührenden Veröffentlichungen.

Schweder, Gotthard (Bd. 2, S. 123)
— Lit.: Dt.-balt. Biogr. Lex. 1970, S. 715.

Sehlbach, Friedrich (Bd. 1, S. 333; Bd. 2, S. 188)
Bei J. Peitzmeier (Avif. v. Westfalen, 1969) sind 24 Titel seiner Veröff. zwischen 1924 u. 1937 verzeichnet.

Seilkopf, Heinrich (Bd. 2, S. 123/24)
— Lit.: Nachruf (von M. Rodewald). D. Wetterlotse Nr. 259/60, 1968. - G. Hynitzsch, Aus Prof. Dr. H. S.s Briefen. Ebd. 21, 1969, S. 170—73.

Siebold, Philipp Franz von (Bd. 1, S. 336/37; Bd. 2, S. 188)
— Lit.: Würdigung (von H. Körner). Lebensläufe aus Franken 6, 1960, S. 508—520 (mit Verz. d. Veröff.).

TEIL 3

Sintenis, Max (Bd. 2, S. 126)
In Bibl. Orn. Rom. (1971) stehen 9 Titel aus der Dobrudscha, z. T. mit dem Bruder verfaßt, zwischen 1877 und 1879. Ob die abgekürzten Vornamen alle richtig sind?

Söding, Klemens (Bd. 2, S. 127)
Bei J. Peitzmeier (Avif. v. Westfalen, 1969) sind 34 Titel seiner Veröff. zwischen 1930 u. 1968 verzeichnet.

Speerschneider, Julius (Bd. 1, S. 341)
Er gehörte der DO-G als „ordentliches Mitglied" an (vgl. L. Baege, „Alte Mitgliedsdiplome d. Dt. Orn.-Gesellschaft", J. Orn. 110, 1969, S. 318—323).

Spieß, August von (Bd. 1, S. 341; Bd. 2, S. 189)
Die Bibl. Orn. Rom. (1971) nannte aus seiner Feder 29 Titel zwischen 1890 und 1947. Ein Verzeichnis seiner Veröff. (etwa 90 Titel in Jagdpresse und Zeitschr.) befindet sich in der Handschriften-Abt. des Baron Brukenthalischen Mus. Hermannstadt zus. mit Familienpapieren.
— Lit:. Silvia Stein von Spieß, A. R. von Spieß, Offizier u. Waidmann, Siebenbürger Ztg., München v. 30. 9. 1973.

Spix, Johann Baptist von (Bd. 1, S. 341)
— Lit.: Würdigung (von W. Lux). Lebensläufe aus Franken 6, 1960, S. 532—535.

Stadler, Hans (Bd. 1, S. 342/43; Bd. 2, S. 189)
Mitarbeit an der orn. Forschung Jugoslawiens belegen noch folgende Veröff.: „Südserbische Vogelstimmen" (Glasnik Skopskog naučnog društva 12 u. 22), „D. Stimmen d. Balkanvögel, 1. D. Stimmen d. mittel- u. südeurop. Steinschmätzer" (Larus 4—5), „D. Stimmen d. Adler u. Geier in Südosteuropa" (Acta Mus. Maced. Scient. Nat. 1, 10).
— Lit.: Würdigung (von R. K. = Renate Kroneisl). Larus 8, 1956, S. 171/72 (jugosl.). - Nachruf (Verf. ungen.). Ebd. 15, 1963, S. 234 (jugosl.).

Steller, Georg Wilhelm (Bd. 1, S. 346; Bd. 2, S. 189/90)
— Lit.: L. Stejneger, G. W. Steller, the Pioneer of Alaskan natural History (Cambridge-Mass. 1936) erschien als Neudruck (Westmead, Farnborough, Hants, England 1970).

Stoll, Ferdinand Erdmann (Bd. 2, S. 132/33)
— Lit.: Dt.-balt. Biogr. Lex. 1970, S. 773.

Strautzels, T. (Bd. 2, S. 134)
Sein Vorname war Talivalds.
Er studierte etwa von 1925 bis 1932 in Riga und war dann Oberlehrer in Mitau.
— Lit.: Persönliches. Vwa. 17, 1954, S. 100.

Streich, Franz Karl Ivo (Bd. 2, S. 134)
Nach einem Stück aus Swatau benannten E. Hartert und O. Neumann 1907 Falco subbuteo streichi (vgl. Vögel d. paläarkt. Fauna 1910 bis 1922, Bd. 2, S. 1074).

Széchenyi, Béla Graf (Bd. 2, S. 136)
— Lit.: Magyar Életr. . . . Lex. 2, 1969, S. 717.

Szeliga-Mierzeyewski, Wladislaus von (Bd. 1, S. 354; Bd. 2, S. 191)
— Lit.: Dt.-balt. Biogr. Lex. 1970, S. 783.

Tantow, Franz (Bd. 1, S. 356; Bd. 2, S. 191)
— Lit.: G. Timmermann, Portraitskizzen Hamb. Ornithologen, Verh. Hamb. 38, 1971, S. 195, Anm. 7.

Tenckhoff, Albert (Bd. 1, S. 358; Bd. 2, S. 191)
Er stammte aus einer Brauerei und bestand 1856 das philol. Staatsexamen. Obwohl er auf der Univ. wahrscheinlich keine biol. Vorlesungen gehört hatte, wurde er, angeregt durch seinen Freund B. Altum (s. d.), im Schuldienst ein für seine Zeit fortschrittlicher Lehrer der Naturgeschichte.
— Lit.: J. Peitzmeier, A. T., ein Paderborner Biologielehrer, Sammler u. Faunist d. vorigen Jahrhunderts, Natur u. Heimat, Münster 33, 1973, S. 65—72.

Tettenborn, Gustav Willi (Bd. 1, S. 358)
Noch 1951/52 las er ständig am Landwehrkanal in Berlin mit großem Geschick die Ringnummern der fliegenden oder sitzenden Lachmöwen ab, wobei er auch einzelne Stücke mit der Hand griff. W. Rüppells Unterlagen hatte er damals so weit geordnet, daß nur noch der Klartext des Msk. zu schreiben war. Krankheit nahm ihm aber die letzte Kraft, das Werk abzuschließen.

Thienemann, August Wilhelm (Bd. 1, S. 359)
— Lit.: A. Schmiedecke, Zeitzer Ornithologen, Mus. Zeitz, Heft 5, 1969, S. 20—27 (mit Bildnis).

Thienemann, Johannes (Bd. 1, S. 361; Bd. 2, S. 191)

— Lit.: A. Schmiedecke, Zeitzer Ornithologen, Mus. Zeitz, Heft 5, 1969, S. 28—33 (mit Bildnis).

Tischler, Friedrich (Bd. 1, S. 362; Bd. 2, S. 192)
Er schrieb noch 1944 „D. Vögel d. Urwaldes v. Bialowies" (s. dazu Orn. Mber. 50, 1942, S. 125—127). Es waren 15 Druckfahnen u. 6 Nachtrags-Msk.-Seiten für die Schriften d. Physikalisch-Ökonomischen Gesellschaft in Königsberg (Pr.). Sie wurden auch gesetzt, und E. Schüz erhielt eine Druckfahne. Doch ging der Satz im Bombenkrieg unter, und das Heft erschien nicht mehr. Xerokopien dieser Arbeit sind u. a. vorhanden bei E. Schüz, in Bibl. der Vogelwarte Radolfzell und im Zool. Inst. Warschau.

Transehe, Nikolas von (Bd. 2, S. 138/39)
S. 138, Z. 10: Der Titel der Diss. lautete „Studien über Temperaturwirkungen auf Daphnia magna mit besonderer Berücksichtigung d. Anpassungserscheinungen" (1913).
S. 139, Z. 13: Auf wechselvoller Lebensbahn verlor er nie die Hinneigung zur Welt der Vögel, blieb aber unbelastet von Fragen der System., der Nomenklatur und Anatomie.

— Lit.: Nachruf (von W. L. Lange). Zeitschr. f. Jagdwissensch. 16, 1970, S. 92. - Dt.-balt. Biogr. Lex. 1970, S. 930. - Nachruf (von W. Lenz). Jb. d. Balt. Deutschtums 18, 1971, S. 8—12.

Tümler, Bernard (Bd. 1, S. 367)
In der Seelsorge eine streitbare Persönlichkeit, war er nicht in die Tiefe schürfender Naturforscher wie sein biol. geschulter Freund J. B. Altum (s. d.). Er war aber auch kein sentimentaler Naturschwärmer. Da dem scharf denkenden Beobachter allenthalben die Anpassung der Lebewesen an ihre Umwelt begegnete, sah er hierin den Nachweis der sich offenbarenden Teleologie. Seine überaus rege volks-schriftstellerische Tätigkeit galt daher der Darstellung naturphilosophischer Gedankengänge, die ihm den Zugang zu Darwins umwälzender Evolutionstheorie versperrten. Die aus seiner Feder stammenden Studien erschienen bis 1913 im volkstümlichen und wissensch. Schrifttum und stützten sich u. a. auf vogelk. Erfahrungen, die allerdings nicht selbständigen Charakter hatten, sondern in allg. biol. Betrachtungen eingeschaltet waren.

— Lit.: J. Peitzmeier, Pfarrer B. T., ein westf. naturw. Schriftsteller . . ., Heimatblätter d. Glocke f. d. Kreise Beckum, Warendorf u. Wiedenbrück 1960, S. 381/82, 386/87, 391 (mit Bildnis u. Verz. d. Veröff.).

Vasvári (s statt z), Nikolaus (= Miklós) (Bd. 1, S. 370; Bd. 2, S. 192)
Die Bibl.-Orn. Rom. (1971) verzeichnet 9 Titel in Aquila zwischen 1922 und 1942.

— Lit.: Magyar Életr. . . . Lex. 2, 1969, S. 972.

Vietinghoff-Riesch, Arnold Freiherr von (Bd. 1, S. 371/72; Bd. 2, S. 192)
Zu seinen Buchveröff. gehört auch, zusammen mit M. A. Pfeiffer hrsg., „Falken über uns" (Berlin 1937). Es ist eine inhaltlich sehr vollkommene Darstellung der Falknerei.

Wacquant-Geozelles, Staats von (Bd. 1, S. 374; Bd. 2, S. 193)
Er lebte von 1914 bis Anfang der 30er Jahre in Hamburg und gehörte von 1918 bis 1922 dem Orn. Ver. z. Hamb. an. Damals nannte er sich Güterdirektor a. D. und Privatzoologe.

— Lit.: G. Timmermann, Portraitskizzen Hamb. Ornithologen, Verh. Hamb. 38, 1971, S. 177—179.

Waga, Anton (Bd. 1, S. 375; Bd. 2, S. 193)
Bei der Besichtigung der Vogelsammlung J. F. Naumanns in Ziebigk 1821 schrieb er sich als Anton von Waga, Prof. aus Warschau, ein.

— Lit.: P. Thomsen u. E. Stresemann, Naumann-Biogr., 1957.

Weinland, David Friedrich (Bd. 1, S. 380 Bd. 2, S. 193)

— Lit.: E. Hennig, Württ. Forschungsreisende . . ., 1953, S. 54.

Wemer, Paul (Bd. 1, S. 381)
34 seiner zwischen 1903 u. 1913 erschienenen Verlautbarungen sind bei J. Peitzmeier (Avif. v. Westfalen, 1969) verzeichnet.

Willemoes-Suhm, Rudolf von (Bd. 1, S. 386)

— Lit.: S. Büchner, R. v. Willemoes-Suhm, Andenken an einen jungen holst. Forschungsreisenden, D. Heimat, Neumünster 79, 1972, S. 329 bis 335 (mit Bildnis u. weiteren Quellen).

TEIL 3

Wöldicke, Peter von (Bd. 1, S. 387; Bd. 2, S. 195)
Bd. 1, Z. 1: * 1. 7. 1784 Valloe bei Koege/Seeland, † 24. 9. 1857 Brunsbüttel.
Er war Sproß eines alten Pastorengeschlechts und stieg in der dänischen Armee zum Major auf.

— Lit.: H.-P. Müller, Eine vogelk. Reise durch d. nordfriesische Inselwelt vor mehr als 150 Jahren, Heimat 79, 1972, S. 249—251 (mit Bildnissen von J. F. Naumann u. F. Boie). - Würdigung (von dems.). Schlesw.-Holst. Biogr. Lex. 3, 1973 (im Druck).

Wolff, Gustav (Bd. 2, S. 143/44)
33 seiner zwischen 1914 u. 1966 erschienenen Veröff. sind bei J. Peitzmeier (Avif. v. Westfalen, 1969) verzeichnet.

Wünsche, Ernst August (Bd. 1, S. 389; Bd. 2, S. 195)
Die Darstellung in Bd. 2 bedarf einer Berichtigung. W. legte (wie schon in Bd. 1 gesagt) seine Kenntnisse auch in der Lit. nieder. So sind bei R. Heyder, „D. Vögel d. Landes Sachs." (1952) aufgeführt: „Aus d. Sächs. Schweiz" (Orn. Ms. 14, 1889), „Gefiederte Räuber" (ebd. 20, 1895), „Tichodroma muraria — D. Mauerläufer" (ebd. 21, 1896), „Aus d. Sächs. Schweiz" (ebd. 30, 1905).

Zelebor, Johann (Bd. 1, S. 392)
Das von ihm während der Novara-Exp. gesammelte orn. Material (1500 Bälge, 120 Nester, 250 Eier) wurde von A. v. Pelzeln (s. d.) bearbeitet in „Reise d. österr. Fregatte Novara um d. Erde ... 1857 bis 1859" (1865).

Zimmermann, Theodor (Bd. 1, S. 395)
Er starb 1918. F. Tischler (s. d.) nannte ihn 1914 unter den Mitarbeitern, denen er „für zahlreiche Mitt. auf wissensch. und lit. Gebiet" zu danken hatte. Nur wenige Titel von Veröff. sind bei F. Tischler verzeichnet: „Numenius tenuirostris b. Rossitten erlegt" (J. Orn. 40, 1892), „Nestjunge v. Nucifraga caryocatactes aus d. Nähe v. Goldap" (ebd. 42, 1894), „Schnee-Eulen in Ostpreußen" (Orn. Mber. 3, 1895), „Unsere heimischen Drosseln" (Schr. Danz., N. F. 11, 1. u. 2. Heft 1903/04), „Über d. Vogelw. d. Halbinsel Hela" (J. Orn. 57, 1909). Ohne besonderes Geltungsbedürfnis gehörte er zum Typ der jagdbeflissenen Sammler, die sich bei der Beob. unter freiem Himmel am stärksten und sichersten fühlen. Über den wenig augenfälligen Anteil an der ostpr. Vogelforschung wüßten wir kaum etwas, wenn nicht der ihm menschlich nahestende J. Thienemann (s. d.) eine dem Freund gewidmete Lebensskizze hinterlassen hätte. Sie sei wörtlich wiedergegeben: „Der Apotheker Theodor Zimmermann aus Danzig ist in hohem Alter verstorben, dieser alte Nehrungs- u. Vogelwartenfreund. Früher konnte man sich eine Herbst-Vogelzugzeit in Rossitten ohne Z. gar nicht denken. Und wie eifrig und begeistert beobachtete, sammelte und präparierte er, um dann seine Aufzeichnungen der Vogelwarte für die Jahresberichte zur Verfügung zu stellen. Zum Frühjahrszuge siedelte er nach Hela über und richtete dort eine Art Ergänzungs-Beobachtungsstation zu Rossitten ein. Ihm verdanken wir die Nachrichten über die großartigen Raubvogelzüge auf Hela, besonders über die interessanten Wanderungen der Rotfußfalken. In früheren Jahresberichten der Vogelwarte ist darüber ausführlich gesprochen worden. Zimmermann hatte im Laufe der Zeit eine bemerkenswerte Vogelsammlung zusammengebracht, besonders in Dunenkleidern. Sein Wunsch war es, daß die auf der Kurischen Nehrung gesammelten Sachen nach seinem Tode alle in den Besitz der Vogelwarte Rossitten übergehen sollten. Sehr oft sprach er nicht nur mit mir über diesen Punkt, sondern auch zu anderen Freunden und Bekannten. Leider hat er keine schriftlichen Bestimmungen darüber hinterlassen, und so ist die ganze Sammlung in das westpreußische Provinzialmuseum überführt worden. Ich hoffe aber noch manches zu bekommen, vor allem den berühmten Numenius tenuirostris, den Zimmermann bei Rossitten geschossen hat. In den letzten Jahren war Zimmermann sehr hinfällig geworden." (18. Jber. d. Vogelwarte Rossitten ..., J. Orn. 67, 1919, S. 257—291).

Zsák, Zoltán (Bd. 2, S. 146)

— Lit.: Magyar Életr. ... Lex 2, 1969, S. 1088.

Zumstein, Friedrich (Bd. 1, S. 396/97; Bd. 2, S. 196)

— Lit.: Würdigung (von G. Groh). Mitt. Poll., 3. Reihe 19, 1972, S. 130—133 (mit Bildnis u. Verz. d. Veröff.).

Verzeichnis der häufigsten Abkürzungen

Leicht oder ohne weiteres verständliche Abkürzungen sind nicht aufgenommen. Daher fehlen hier auch Bezeichnungen für bekannte Länder- und Ortsnamen, vor allem auf -bach, -berg, -burg, -dorf, -feld, -furt, -heim, -land, -stadt.

Die in Band 1, S. 398—402 und in Band 2, S. 197—202 verzeichneten Abkürzungen haben folgende Zusätze erhalten:

Bibl. Orn. Rom. = Bibliographia Ornithologica Romaniae, hrsg. von Jon Cătuneanu, Sergiu Pascovschi, Matei Tălpeanu, Felicia Theiss, Bukarest 1971

Dt.-balt. Biogr. Lex. 1970 = Deutsch-baltisches Biographisches Lexikon 1710—1960 (1970)

Jh. Württ. = Jahreshefte des Vereins für vaterländische Naturkunde in Württemberg (seit 1969 Jahreshefte der Gesellschaft für Naturkunde in Württemberg)

Magyar Életr.... Lex. = Magyar Életrajizi Lex. = Lexikon der ungarischen Biographien (1967, 1969)

Ergänzungen während des Druckes

Bau, Alexander (Bd. 1, S. 27)
Nach H. Hocke (Zs. Ool. u. Orn. 19, 1909, S. 62) verkaufte B. schon damals seine ool. Sammlung an die Ung. Orn. Zentrale. Sie enthielt „herrliche Suiten in variantesten Gelegen verschiedener Arten, darunter eine einzig schöne, aus Hunderten von Gelegen ausgewählte Kollektion von 20 Stück Aquila pomarina in herrlichsten Varietäten ..." Das waren noch Nachweise selbstverständlicher Fülle der Formen, und wie schuldlos schuldig wurde dabei der Oologe!

Douglas, George Norman, * 8. 12. 1868 Schloß Falkenhorst, Thüringen bei Bludenz (Vorarlberg), † 9. 2. 1952 Capri. Er schrieb als Beitrag zur Kenntnis der Vögel Badens „Contributions to an Avifauna of Baden" (The Zoologist 18, 1894, 3. Series, S. 166—177). Den dt. Ornithologen ist bis heute nicht mehr bekannt als der Name des Verfassers. Die frühen wissenschaftlichen Verlautbarungen aus seiner Feder erschienen unter dem Namen G. Norman Douglass (ss!). R. Kuhk, der die obigen Daten herbeibrachte, ist z. Z. damit beschäftigt, Lebenslauf und Lebenswerk des Autors aufzuhellen.

Frey, Peter (Bd. 1, S. 99)
— Lit.: Würdigung (von H. Opladen). Natur am Niederrhein 18, 1942, S. 40/41.

Hähnle, Lina (Bd. 1, S. 130; Bd. 2, S. 164)
— Lit.: E. Schüz, D. Bund f. Vogelsch. u. d. Haus Hähnle, Jh. d. Dt. Bundes f. Vogelsch. 1973/74, S. 30—33 (mit Bildnissen).

Möhring, Paul Heinrich Gerhard (Bd. 1, S. 245; Bd. 2, S. 178)
Nach einer Lesart soll er nicht ganz, sondern nur „beinahe" erblindet gewesen sein. Sein 2. vogelk. Werk, die „Ornithologica Jeverana", erschien aber erst nach seinem Tode teilweise in Meyers Zool. Ann. 1, 1794, S. 406—412.
— Lit.: Würdigung in J. G. Meusel, D. Gelehrte Teutschland 9, S. 205 ff. - Allg. Dt. Biogr. 22, 1885, S. 75/76.

Grosse, Alexander (Bd. 2, S. 51); **Härms,** Michael (Bd. 1, S. 131; Bd. 2, S. 164); **Ivanauskas,** Tadas (Bd. 3); **Koch,** Oskar (Bd. 1, S. 188; Bd. 2, S. 171); **Loudon,** Harald Freiherr von (Bd. 1, S. 223; Bd. 2, S. 175); **Middendorff,** Alexander Theodor von (Bd. 1, S. 242; Bd. 2, S. 177); **Middendorff,** Ernst von (Bd. 1, S. 243; Bd. 2, S. 177); **Russow,** Valerian (Bd. 1, S. 302; Bd. 2, S. 185); **Strautzels,** T. (Bd. 2, S. 134); **Toom (Thom),** Arthur (Bd. 2, S. 137); **Transehe,** Nikolai von (Bd. 2, S. 138); **Vaitkevičius,** Antanas (Bd. 3); **Wasmuth,** Paul (Bd. 1, S. 379; Bd. 2, S. 193).
Diese kleine Liste umfaßt einige Namen, die neuerdings erwähnt und z. T. gewürdigt sind in einer Johannes Piiper (1882—1973) gewidmeten und von E. Kumari hrsg. Geschichte der Ornithologie im baltischen Raum. Das Buch, in verschiedenen Sprachen gedruckt, trägt den Titel „Ornitoloogia Ajaloost Baltikumis", Tallinn (= Reval) 1974 und enthält auch Bildnisse.

JOURNAL
FÜR
ORNITHOLOGIE

BEGRÜNDET VON J. CABANIS (1853—1893)
FORTGEFÜHRT VON A. REICHENOW (1894—1921)
E. STRESEMANN (1922—1961)
UND G. NIETHAMMER (1962—1970)

121. BAND **SONDERHEFT** 1980

IM AUFTRAGE DER
DEUTSCHEN ORNITHOLOGEN-GESELLSCHAFT

HERAUSGEGEBEN
von
EINHARD BEZZEL
GARMISCH-PARTENKIRCHEN

AUSGEGEBEN IM JULI 1980

1980

VERLAG DER DEUTSCHEN ORNITHOLOGEN-GESELLSCHAFT
IN KOMMISSION BEI R. FRIEDLÄNDER & SOHN
1 BERLIN 61, DESSAUER STRASSE 28-29

LUDWIG GEBHARDT

Die Ornithologen Mitteleuropas

EIN NACHSCHLAGEWERK

Band 4

Satz- und Druckherstellung: H. Heenemann GmbH & Co, Berlin
Printed in Germany

Und wieder:
Dank meiner lieben Frau

Vorwort zu Band 4

Als ich den 3. Band der „Ornithologen Mitteleuropas“ zum Druck fertig hatte, wußte ich, wie schwer es ist, all denen gerecht zu werden, die sich nicht mehr wehren können. Ich war zudem der Meinung, „mein Feld bestellt zu haben“, und hohes Alter zwang mich zu der Überzeugung, daß mein negotium quaerendi et scribendi beendet sei.

Bald aber veranlaßten mich viele Mahnungen und Ermunterungen aus den Reihen der ornithologischen Freunde, nochmals einen Versuch der Fortsetzung zu wagen.

So nahm ich schließlich die Arbeit wieder auf — trotz gesteigerten Mißtrauens gegen die eigene Leistungskraft.

Nun aber glaube ich, endgültig die mir zugewiesene Rolle beenden zu müssen. Sie stempelte mich (nach den Worten eines wohlmeinenden Sachkenners) zum Kurator unseres ornithologischen Nachruhms.

Ob dem so ist? Ich will mich jedenfalls mit dieser Einstufung abfinden, gestützt auf die alte Weisheit, daß alles, was Sterbliche beginnen, Stückwerk bleiben muß.

Unter den zahlreichen Fachgenossen, die seit einigen Jahrzehnten meine Absichten recht verstanden, ragten wieder hervor die Herren Prof. Dr. E. Schüz, Dr. R. Kuhk und H. Ringleben.

Den Toten gilt meine Verehrung, den lebenden Helfern mein aufrichtiger Dank!

Der 4. Band enthält die Namen von 128 Personen, die vor dem 1. 1. 1980 gestorben sind.

Die 4 Bände zusammen behandeln 1788 Ornithologen aller Grade und Stufen.

Gießen (Lahn), im Dezember 1979 — Dr. Dr. h. c. Ludwig Gebhardt

Leben und Leistung

Fortsetzung der Namen

A

Adametz, Emilie, * 25. 6. 1885 Wien, † 1968 Wien. Sie kam 1914 als Schreibkraft an die orn. Sammlung des Naturhist. Mus. von Wien und blieb auf diesem Posten bis zur Pensionierung 1946. Ihre letzte Amtsbezeichnung war Kanzleioberoffizial. Den Ehrgeiz, sich über das Museum hinaus bemerkbar zu machen, kannte sie nicht. Ihr stiller Fleiß galt der Bestimmung von Vogelbälgen aus einer Reihe von Kollektionen und der Katalogisierung der umfangreichen Eiersammlung. Den engen Zirkel der Amtsstube hätte sie wohl nie zu verlassen gewagt, wenn sie nicht durch das Vordringen der Türkentaube (*Streptopelia d. decaocto*) während des 2. Weltkriegs vom „faunistischen Problem der Einwanderung und Ausbreitung einer neuen Vogelart" beeindruckt worden wäre. Als sie aber das Phänomen an vielen Daten aus Österreich/Ungarn verfolgen konnte, griff sie zur Feder, um Ablauf und Vorgang der Wanderung und Arealerweiterung darzustellen. So ist ihr Name an einige umfangreiche Aufsätze geknüpft (mit E. Stresemann Biol. Zentralbl. 67, 1948, Orn. Ber. 2, 1950). Ihr später Abstecher in die Bereiche der Feldornithologie endete bald mit einem Bericht über *Falco n. naumanni* in Niederösterreich (Vogelk. Nachr. aus Österreich 4, 1954). Anerkennung für ihren unauffälligen Dienst an der Vogelkunde bedeutete die Ehrenmitgliedschaft in der Österreichischen Gesellschaft f. Vogelkunde (früher Österr. Vogelwarte).

— Lit.: G. Niethammer, Charadrius 12, 1976, S. 24–31.

Aichele, Erwin, * 7. 10. 1887 Höhefeld (Amt Wertheim, Baden), † 27. 11. 1974 Pforzheim-Eutingen. Die Liebe zu Vögeln und Säugern führte den aus einem Lehrerhaus stammenden vierjährigen Knaben schon zu frühen Versuchen, die ihn anziehenden Geschöpfe zu zeichnen. Nach dem Besuche der Gymnasien von Pforzheim und Karlsruhe kam er daher — ohne Schulabschluß — nach Karlsruhe auf die Akademie der bildenden Künste. Mit 20 Jahren war er für ein Semester Schüler des Impressionisten Prof. Zügel in München. Während er später dessen künstlerische Auffassungen ablegte, fühlte er sich in Naturerfahrung, Begabung und Technik dem schwedischen Meister Bruno Liljefors mehr und mehr verwandt und ebenbürtig. Gleich tief gegründete Ehrfurcht vor der Allgewalt der Natur und der Schönheit ihrer Geschöpfe zog ihn auch in die Nähe des schon 1915 gefallenen F. Lißmann (s. d.). In langer, der darstellenden Kunst gewidmeter Laufbahn — seit 1933 war er Professor an der Karlsruher Akademie — bestimmte sein feines Einfühlungsvermögen in die Geheimnisse der Naturvorgänge sowie die Bewunderung des Tierkörpers und der tierischen Bewegungen immer deutlicher die Hinwendung zur Tiermalerei. Vor allem in den an seinem Wohnsitz Eutingen seit 1930 verbrachten Jahrzehnten spielte die Pflege der in den Freigehegen untergebrachten Vögel eine entscheidende Rolle. Seine Studien an Habicht, Sperber, Bussard (ein Paar brütete mit Erfolg 10 Jahre lang unter seiner Obhut), Baumfalken, Eulen, Teichrallen und vielen Kleinvögeln lehrten ihn, daß das Tier „vollkommener ist als der Mensch" und daß es „des Menschen Lebenskamerad" werden kann. Aus solcher Erfahrung entsprang der zündende Funke zu künstlerischem Schaffen. Noch im hohen Alter, als er die Stille der Zurückgezogenheit zu genießen verstand, schien ihm die schöpferische Verschmelzung von Landschaft und Vogel die schönste Erfüllung seines Künstlertums zu sein. Bilder, die u. a. auf Kunstausstellungen in Baden-Baden oder (seit 1921) im Münchener Glaspalast gezeigt wurden, ferner solche, die wissenschaftliche und anspruchsvolle illustrierte Blätter wie Velhagen und Klasings Monatshefte, Westermanns Monatshefte neben Jagdzeitschriften schmückten, fanden einhellige Anerkennung. In Ornithologenkreisen war der Beifall gesichert, als er seit 1926 nach dem Tode des nicht weniger tüchtigen Walter Heubach (s. d.) die Bebilderung von Otto Fehringers (s. d.) „Vögel Mitteleuropas" übernehmen konnte. In diesem Taschen- u.

TEIL 4

Exkursionsbuch ließ das verhältnismäßig kleine Format eine uneingeschränkte Entfaltung der künstlerischen Befähigung noch nicht zu. Aber die Illustrierung verriet soviel Können und so wohltuende Verbindung von Vogel und Biotop, daß der besondere Stil auch in anderen Fachwerken Eingang fand. Bilder von Darstellungen wie Bekassine (1922), Krickente (1926), Wildgänse (1926), Fischreiher (1927), Brachvögel (1927), Elstern im Schnee (1929), Rotdrosseln auf dem Zug (1931) erfreuten das Auge jedes Kenners. Zur Feder griff der Künstler nur selten. Genannt seien zwei, seinen persönlichen Zuschnitt enthüllende Artikel: „D. Welt meiner Modelle" (Gef. W. 74, 1953), „Meine Seidenschwänze" (ebd. 80, 1956).

— Lit.: H. Kiefer, E. Aichele, ein dt. Tiermaler, Pforzheim 1929. — W. Schäfer, D. wissensch. Tierbild 1949, S. 115, 120, 122. — Cl. Nissen, D. Illustrierten Vogelbücher 1953, S. 72. — Würdigung (von H. Kreyenborg). Dt. Jäger-Ztg. Nr. 17 v. 21. 11. 1957, S. 373. — Würdigung (von E. Frank). Festschrift z. einer Ausstellung v. Werken d. Tiermalers Aichele in Mühlacker, Sept. 1971 (mit Bildnis). — Nachruf (von K. Griguscheit). Pforzheimer Kurier v. 28. 11. 1974. — Nachruf (von J. Steinbacher). Gef. W. 100, 1976, S. II/7.

Arfsten, Reinhard, * 23. 12. 1897 Süderende (Föhr), † 4. 2. 1971 Süderende. In seinem tätigen Erdenwandel verließ er die Heimatinsel nur während der beiden Weltkriege als Soldat und während der beruflichen Ausbildung zum Lehrer in Hollingstedt bei Heide (Holstein). Nach 1945 war er zunächst Bauer in der Heimatgemeinde, seit 1949 aber Lehrer und zuletzt, bis 1963, Schulleiter in Oldsum. Die Kleinarbeit in der fleißig betriebenen avifaunistischen Beobachtung verkörperte sich in einigen kleineren Wortmeldungen (Heimat, Kiel 66, 1959; 75, 1968).

— Lit.: Würdigung (von H. Kardel). D. Heimat 75, 1968, S. 75. — Nachruf (von J. Lorensen). Nordfriesisches Jb. 1971, S. 10/11.

B

Babbe, Rudolf, * 16. 3. 1899 Stadt Oldenburg, † 24. 7. 1965 Heiligenhafen. Der seit 1926 im Dienste von Heiligenhafen stehende Verwaltungsbeamte (zuletzt war er Oberinspektor) war stiller Freund der Tierwelt und entwickelte sich in wenigen Jahren auf seinen Wanderungen nach dem Graswerder, dem Sund und der Insel Fehmarn ohne große Worte nicht nur zum gründlichen und zuverlässigen Feldbeobachter, sondern auch zum fleißigen Beringer der Seevögel im Kreise Oldenburg (Holstein). Unauffällig erworbenes Wissen ging zuletzt wesentlich tiefer als er erkennen ließ. In nicht sehr zahlreichen Wortmeldungen zu Fragen der Brutbiologie und Zugerscheinungen sind seine Erfahrungen festgehalten (z. B. Dt. Vw. 64, 1939; Mitt. Schleswig-Holst. 1, 1947 u. 1948; Orn. Mitt. 4, 1952; Jb. f. Heimatkde. im Kr. Oldenb./Holst. 1, 1957, 2, 1958, 3, 1959, 5, 1961; Auspicium 2, 1964). Die Orn. Arbgem. f. Schlesw.-Holst. u. Hamburg hatte in ihm ein beispielhaft wirkendes Mitglied. Lange geplant als Avifauna des Raumes Heiligenhafen — Fehmarn erschien sein Nachlaß posthum unter dem Titel „D. Vögel d. Umgebung Heiligenhafens" (Jb. d. Heimatk. Oldenb. in Holstein 9, 1965, S. 210—232 u. 10, 1966, S. 45—81).

— Lit.: Nachruf in Heiligenhafener Post 27. 7. 1965, S. 3. — Nachruf (von H. Möller). Jb. f. Heimatkunde Kr. Oldenburg 9, 1965, S. 9—14. — Nachruf (von Ch. u. G. Schmidt). Corax 17, 1965, S. 125.

Bährmann, Udo, * 30. 12. 1893 Jerichow (Kr. Genthin), † 2. 4. 1979 Lauchhammer-Mitte. Nachdem er in einem Ingenieur-Büro in Ballenstedt am Harz die technische Laufbahn begonnen hatte, wechselte er 1915 über in die Mückenberger Werke der Braunkohlen- u. Brikett-Industrie und stieg hier auf zum Betriebsleiter der Brikettfabriken und Kraftwerke von Lauchhammer. Die Beschäftigung mit der Vogelkunde läßt sich seit 1913 nachweisen. Nach seinen eigenen Worten sah er in Chr. L. Brehm und O. Kleinschmidt (s. d.) die großen Lehrmeister. Bereits in den Anfangsjahren erschienen aus seiner Feder gewissenhafte feldornithologische Beiträge in Zeitschriften wie Orn. Ms., Zs. Ool. u. Orn., Orn. Jb., Orn. Mber., Falco, B. z. F., Mitt. Sachs., Verh. Bay. Das Hauptstück der faun. Arbeitsrichtung bedeutete noch in späteren Jahren die wiederholte Darstellung der „Vögel d. Schradens u. seiner Umgebung" (Zool. Abh. Dresd. 26, 1961). Besonderen Klang erhielt sein Name aber erst durch die Studien und Untersuchungen über die individuelle Variabilität von verschiedenen Vogelpopulationen. Sie galten seit den 30er Jahren vornehmlich morphologischen und taxonomischen Fragen und damit der Entstehung geographischer Rassen. Aus der Fülle der hierher gehörenden trockenen Befunde, deren spröder Stoff aber sprachlich gewissermaßen eine Veredelung erfuhr, seien als Beispiele für seine Studien genannt: „Osteol. Unters. einiger Tagraubvögel" (Verh. Bay. 20, 1933), Beitrag z. Rassenfrage d. dt. Hühnerhabichts" (Mitt. Sachs. 6, 1937), Totalgewicht d. Hühnerhabichts (Vw. 71, 1950), Nachweis nordischer Habichte in Mitteldeutschland (B. z. Vk. 6, 1958), Sexualdifferenz d. Passeriformes (Zool. Abh. Dresd. 34, 1976), biometrische Analyse z. Morphologie d. Nebelkrähe (Abh. Dresd. 35, 1978), Anatomische Unterschiede zw. Saatkrähe u. Nebelkrähe (Jber. Heineanum 3, 1978), Variieren d. Greifvogelzeichnung (Falke 26, 1979), Biometr.-morphol. u. Totalgewichts-Unters. an *Sturnus vulgaris* (Abh. Dresd. 34, 1979), Flügelform u. Flügelskelettbau (ebd. 34, 1979). Bährmann war ein Mann, der — gemessen am Lebensstil vieler seiner Zeitgenossen — wohl zurückgezogen lebte, sich aber in der Stille der Studien zum selbständigen, die Fachliteratur beherrschenden Forscher entwickelte. Die Arbeitsfreude verlor er erst, als er 1977 schwer erkrankte. Die von ihm hinterlassenen Proportionsstudien hauptsächlich an europäischen Greifvögeln und rabenartigen Vögeln vermachte er dem Mus. f. Tierkunde in Dresden. 1915 Mitglied der DOG; 24. 9. 1974 Dr. h. c. der Humboldt-Universität Berlin.

— Lit.: Würdigung (von R. Heyder). Falke 11, 1964, S. 169 (mit Bildnis). — Würdigung (von S. Eck). Abh. Dresden 29, 1967/68 u. Falke 120, 1973, S. 422/23 (mit Bildnis u. Verz. von 87 Veröff. 1913—1973). — Würdigung (von B. Stephan). Falke 22, 1975, S. 100—102 (mit 3 Bildnissen). — Nachruf (von S. Eck). Falke 26, 1979, S. 355 (mit Bildnis) — Nachruf (von H. Kelm). J. Orn. 120, 1979, S. 458.

Bársony, Georg, * 25. 11. 1894 Héjöszalonta (Ungarn), † 2. 7. 1973 Debrecen. Als Polizeioffizier nahm er 1922 die Verbindung mit dem Ung. Orn. Institut auf und schickte sehr viele Daten über den Vogelzug erst aus Héjöszalonta, später aus der Umgebung von Debrecen und Miskolc. Kleinere Studien aus seiner Feder erschienen vor allem in Aquila, mehrere aber auch in ung. Jagdzeitungen. U. a. beschäftigte er sich mit dem Erwachen und dem Gesang der Vögel sowie mit der Populationsdynamik der Grauammer (z. B. Aquila 1929/30, 1931/34, 1942/45, 1952/55, 1956/57).

Bartels, Ernst, * 29. 8. 1904 Sukabumi (Java), † 26. 3. 1976 Zandvoort (Holland). Der Vater Max Eduard Gottlieb Bartels (s. d.), geb. 1871 in Bielefeld, wanderte im Dienste eines Amsterdamer Handelshauses 1895 nach Westjava aus. Der Bruder Max Bartels (s. d.), geb. 1902 in Sukabumi, starb 1942 in einem japanischen Internierungslager bei Birma. Der jüngste Bruder Hans Bartels, geb. 1906, lebt noch als Pflanzer und Feldornithologe in Java. — Ernst B. betätigte sich früh in den Bereichen des Fremdenverkehrs am Abhang des Pangerango-Gede und wurde später nach der Internierung durch die Japaner 1947—1958 Leiter eines Touristik-Unternehmens auf Aruba. Schließlich zog er sich nach Zandvoort zurück, um sich mit beschwingtem Einsatz schriftstellerisch der Förderung des Natur- u. Vogelschutzes auf internationaler Ebene zu widmen. Der ungehemmter Tatfreude entsprungene Freikauf kleiner Zugvögel durch Schulkinder in Desio (Italien) im April 1975 ist dort durch sein Bronzerelief in einer Mauer festgehalten worden. Bedeutsam waren schon die Bemühungen des jugendlichen Feldornithologen 1919—1925, die als Ergebnisse morphologisch-systematischer Studien in die Literatur eingingen. Bereits 1921 lieferte er den ersten Nachweis für die Brut des von E. Stresemann (s. d.) benannten Haubenadlers *Spizaetus bartelsi* (Jaarber. Ned. Cl. Vogelk. 14, 1924). 1923 sammelte er die ersten bekanntgewordenen Eier von *Peregrinus ernesti* im Krater des Tangkoeban Prahoe (ebd. 15, 1925), und 1925 entdeckte er die seit fast einem Jahrhundert verschwundene *Fulica atra lugubris* als Brutvogel der javanischen Bergseen. Erste Nester- oder Eierfunde betrafen ferner u. a. *Caprimulgus pulchellus bartelsi, Picus v. vittatus, Pycnonotus d. dispar, Tesia superciliaris, Trichastoma p. pyrrhogenys* und *Philentoma v. velatum* (Delacour, Birds of Malaysia, 1947). Die von ihm zusammengebrachten orn. Schätze sind neben der großen javanischen Vogel- u. Säugetiersammlung seines Vaters im Reichsmuseum f. Naturgeschichte in Leiden aufbewahrt. Über die eigenen, oft mit erheblichen Abenteuern verbundenen Unternehmungen berichtete er mehrfach in „Ardea" und anderen Zeitschriften.

— Lit.: Nachruf (von K. H. Voous). Limosa 50, 1977, S. 66/67.

Bergner, Rudolf, * ?, † ?. Er lebte in Graz. Einzelheiten über den Lebensweg waren nicht

TEIL 4

zu ermitteln. Wer kennt heute noch seinen Namen, wenn von den Geburtswehen der organisierten Vogelschutz-Bewegung die Rede ist? Doch muß er gegen Ende des vorigen Jahrhunderts an seinen Wohnorten als ein gegen materialistischen Ungeist auftretender Idealist bekannt gewesen sein, denn es gelang ihm in wenigen Monaten für einen Bund der Vogelfreunde über 30 000 (oder 50 000 ?) Mitglieder in Österreich und Deutschland zu werben. Der Erfolg soll ihm zugefallen sein, weil er missionarische Fähigkeiten entwickelt und sich mit einer einmaligen Zahlung anstelle des üblichen Mitgliedsbeitrags begnügt habe. Von seinen hochfliegenden Plänen um die Erhaltung einer gesunden Umwelt und in diesem Zusammenhang um den Schutz der bedrohten Vogelarten erfuhr auch Lina Hähnle (s. d.) durch einen Aushang, den er am Schwarzen Brett der Univ. Heidelberg anschlagen ließ. Die gleichgestimmte, aber durch ein Übermaß an Familienpflichten anfangs gehemmte Frau wandte sich ratsuchend an ihn und ließ sich durch ihn zum Glauben an die Möglichkeit des praktischen Vogelschutzes und zur Gründung ihres Lebenswerkes, des Bundes für Vogelschutz in Stuttgart 1898 ermutigen. Diese durchschlagende Anregung war seine wesentlichste Lebensleistung. Denn während L. Hähnle durch die Anlage der Vogelinsel bei Giengen ein Jahr später bereits auf den sichtbaren Erfolg ihrer Bemühungen hinweisen konnte, ging der Stern des Grazer Vogelfreundes bereits unter. Die aus jener Zeit stammenden (nicht mehr nachprüfbaren) Berichte besagen, daß in Graz Neid, Eifersucht, Eitelkeit und ähnliche menschliche Unzulänglichkeiten den Gründer veranlaßt hätten, die deutsche Abteilung ganz fallen zu lassen. L. Hähnle konnte selbst bald in einer Wiener Versammlung nur noch den Zerfall feststellen. So war ein zunächst blendender Aufstieg schnell verpufft. R. Bergner soll sich nach der kurzen Blütezeit seiner Gründung enttäuscht in eine Heilanstalt zurückgezogen haben, wo er bald verstarb.

— Lit.: Lina Hähnle, Vogelschutz als Sache d. deutschen Volkes in „Des Deutschen Heimat", Kalender, hrsg. v. Reichsbund f. Vogelschutz 1941, S. 28—30 (mit Bildnis). — Jh. d. Bundes f. Vogelschutz 1956.

Boerner, Otto, * 14. 12. 1876 Köthen, † 8. 6. 1953 Köthen. Er war Verlagsdirektor in Köthen und im Stile der Jahrhundertwende ein offenbar rühriger Oologe, Sammler und Jäger. Aus seinem Wissensgebiet hinterließ er einige Beiträge über Felderfahrungen im anhaltischen Lande. Es waren kurze faunistische Feststellungen (z. B. Zs. Ool. 14, 1904/05; Orn. Ms. 30, 1905; Zs. Ool. 14, 1905; Orn. Ms. 31, 1906; Zs. Ool. 16, 1906/07, 17, 1907/08; Orn. Mber. 30, 1922, 32, 1924, 38, 1930). Wesentlicher als die bescheidenen Früchte feldornithologischen Sammeleifers dürfte (nach P. Thomsen u. E. Stresemann, Naumann Biogr., 1957) die „aufopfernde Tätigkeit" gewesen sein, die er neben P. Gottschalk (s. d.) seit 1916 für den Aufbau der Naumann-Sammlung im Köthener Schloß leistete. 1921—1943 stand sein Name im Mitgliederverzeichnis der DOG.

Brósz, Emil, * 26. 1. 1882 Vajdahunyad (Ungarn), † 26. 4. 1939 Klausenburg (Kolozsvar). Nach der Reifeprüfung in Klausenburg mußte er das dort begonnene Studium der Naturwissenschaften unterbrechen, um zunächst bei A. Lendl (s. d.) das Präparator-Diplom zu erwerben. Seit 1907 war er schließlich als Mittelschulfachlehrer für Natur- u. Erdkunde am Obergymnasium von Kézdivasárhely tätig. 1925—1931 führte ihn das Lehramt an das Mikó-Kollegium von Sepsiszentgyörgy, an das dortige Stadtmuseum und an das Piaristen-Obergymnasium zu Klausenburg. Wo er dienstlich wirkte, hinterließ er das Bild eines von echter Naturliebe geprägten Mannes, der als Pädagoge und Sammler die vielfachen Schwierigkeiten seines beruflichen Alltags meisterte und sich nicht nur vorübergehend örtliches Ansehen, sondern stete Achtung sicherte. Der Verbreitung fachlichen Wissens galten didaktisch geschickt durchgeführte avifaunistische Exkursionen und eine Reihe von Veröff. über Brutvorkommen und Zugerscheinungen einheimischer Formen. 1927 erschien seine erste Arbeit über den Uralkauz, und 2 Jahre später teilte er Daten über das Sommervorkommen dieses Vogels mit. 21 ungarisch geschriebene Aufzeichnungen erschienen in der Jagdzeitschrift Vadász Ujság, und in seinem Präparations-Tagebuch fand sich, in dt. Sprache, eine Liste von 29 seltenen Durchzüglern und Irrgästen.

— Lit.: Nachruf (von St. Kohl). „Aluta", ungar., Muzeul Sf. Gheorghe 1970, S. 101—107.

Brünnich, Morten Thrane, * 30. 9. 1737 Kopenhagen, † 19. 9. 1827 Kopenhagen. Aus dem Hause eines Porträtmalers stammend besuchte er die Gelehrte Schule der Heimatstadt von 1754—1757 und studierte anschließend Theologie und orientalische Sprachen, um sich nach bestandenem Staatsexamen seit 1760 unter dem Einfluß von Linné mit Naturwissenschaften zu beschäftigen. Das Studium der Insekten führte schon 1761 zu der Dissertation „Prodromus insectologis Siaellandicae" und 1763 zu entomologischer Mitarbeit an E. Pontoppidans (s. d.) „Danske Atlas". Höchstwahrscheinlich ist auch dessen „Verzeichnis dänischer Vögel" in Band 1, 1763 von Brünnich ausgearbeitet, aber z. T. unter Pontoppidans Autornamen mit noch heute gültiger wissenschaftlicher Benennung versehen. Brünnichs Namen tragen Formen wie *Stercorarius skua* (1764), *Lymnocryptes minimus* (1764), *Gavia immer* (1764), *Puffinus puffinus* (1764). Als Unterlage konnte Brünnich eine stattliche Vogelsammlung benutzen. Sie war zusammengebracht von Ch. Fleischer (s. d.) und J. D. Petersen (s. d.). 1763 erschien auch „Eder-Fuglens Beskrivelse" mit der dt. Übersetzung „D. natürliche Historie des Eider-Vogels". Des fleißigen Autors bedeutendstes Werk blieb aber „Ornithologia borealis ... cum descriptionibus novarum, nominibus incolarum, locis natalium et icone" (1764). In den späteren Jahren galt die Aufmerksamkeit des Forschers mehr den Insekten und Fischen. Schließlich studierte er u. a. in Cornwall, Marseille, Dalmatien, Ungarn vor allem Bergbau und Mineralogie. 1769 kehrte er als Professor für Ökonomie und Naturgeschichte an die Univ. Kopenhagen zurück und war dazu auch Direktor des dänischen Silberbergbaus in Norwegen bis zur Trennung von Dänemark 1814. In der Geschichte der zoologischen Nomenklatur dürfte er dieselbe Pionierrolle gespielt haben wie sein Landsmann Erik Pontoppidan.

— Lit.: C. C. A. Gosch, Udsigt over Danmarks zool. Lit. 2, 1873, S. 327—354 u. 3, 1878, S. 158—163. — H. Ehrencron-Müller, Forfatterlexikon 3, 1926, S. 59/60. — Dansk Biogr. Leks. 4, 1934, S. 276—278. — E. Stresemann, Entw. d. Orn., 1951.

Buchda, Gerhard, Dr., * 22. 10. 1901 Stadtroda (Thüringen), † 20. 12. 1977 Jena. Nach dem Besuch des Gymnasiums von Eisenberg studierte er von 1921 bis 1926 Volks- u. Rechtswissenschaft in Hannover und Jena, um sich als Assistent an der Jenaer Rechts- u. Wirtschaftswissenschaftlichen Fakultät auf die Universitätslaufbahn vorzubereiten. Seit 1935 hatte er Lehrauftrag in Jena, wurde 1937 ao. Professor in Halle und 1939 dort Ordinarius. Nach Kriegsdienst 1943—1945 lehrte er bis 1967 Deutsche Rechtsgeschichte und Zivilrecht in Jena. In keinem Lebensabschnitt beschäftigte ihn die rein wissenschaftliche Orn., obwohl er durch Hinweise seines Vaters bereits in der Jugend mit den „Renthendorfer Brehms ziemlich vertraut" war. Erst als er Mitglied der studentischen Verbindung war, der schon A. Brehm (s. d.) angehört hatte, reifte in ihm der Entschluß, die Geschichte der Naturforscherfamilie aufzuhellen. Den entscheidenden Schritten vorausgegangen war ein mehrjähriger Gedankenaustausch mit Frau Frieda Poeschmann (Alfred Brehms 3. Tochter, geb. 11. 7. 1870 in Berlin, gest. dort im August 1950). In folgenden Veröffentlichungen finden sich seine mühevoll ermittelten Daten festgelegt: „Zur Lebensgeschichte u. zum wissenschaftl. Werk d. Pfarrers u. Ornithologen Chr. L. Brehm", Brehm-Studien I (Wissensch. Ztschr. d. Fr.-Schiller-Univ. Jena, Jahrg. 3, 1953/54), „D. Stammtafel d. Naturforscherfamilie Brehm", Brehm-Studien II (Forschungen z. Thür. Landesgeschichte b. Böhlau Weimar 1958), „Alfred Brehm als Maurerlehrling in Altenburg", Brehm-Studien III (Abh. u. Ber. d. Naturk. Mus. Mauritianum Altenb. 1, 1958), „Zwei unbekannte Briefe A. Brehms", Brehm-Studien IV (ebd. 3, 1963), „Chr. L. Brehm z. 100. Todestag" (Falke, Heft 3, 1964), „Über Chr. L. Brehms Briefwechsel", Brehm-Studien V. (ebd. Heft 4, 1964), „Ludwig Brehm u. seine Söhne" (ebd. Heft 2, 1965), „Ludwig Brehm u. G. Richter", Brehm-Studien VI (Forschungen u. Fortschritte 39, 1965), Beziehungen d. Naturforscherfamilie Brehm z. Univ. Jena", Brehm-Studien VII (Jenaer Reden u. Schriften 1965), „Testament u. Nachlaß d. Naturforschers Alfred Edmund Brehm", Brehm-Studien IX (Scientia Verlag Aalen 1976). Darüber hinaus durfte er einen weiteren, die Orn. berührenden Erfolg seiner Bemühungen um die Aufhellung historisch ungeklärter Zusammenhänge verbuchen. Bei der Vorbereitung einer Ausgabe von Brehm-Briefen kamen auf dem Weg über den Lesesaal der Univ.-Bibl. Jena und die Dt. Staatsbibliothek Berlin seither unbekannte Briefe in seine Hand. Über diese Entdeckung schrieb er: „Im Jahre 1877 begann d. Briefwechsel zwischen Kronprinz Rudolf von Österreich und Alfred Edmund Brehm. Ein vorläufiger Bericht über 53 wiederentdeckte Briefe d. Kronprinzen an Brehm aus d. Jahren 1877—1883" (B. z. Vk. 24, 1978, S. 121—152). Was er an Einzelheiten über die Bedeutung der Funde zu sagen wußte, glich allein schon einer Auffüllung der alten Wissenslücken, die seit dem tragischen Ende des Kronprinzen Rudolf (s. d.) in der Fachliteratur bestehen. Sie sollten dem Entdecker dazu dienen, die Analyse der geistigen Gemeinschaft zwischen den beiden vertrauten Freunden der Naturwissenschaft zu vertiefen. Der Wunsch ging indes nicht in Erfüllung. Schon bevor die Korrektur des Schriftsatzes beendet war, schloß der Forscher für immer die Augen.

C

Camerer, Johann Friedrich, * 1. 9. 1720 Oettingen (Bayern), † 6. 11. 1792 Vodder (Nordschleswig). Als Sohn eines Stadtphysikus studierte er Jura seit 1740 in Leipzig, seit 1744 in Helmstedt, seit 1750 in Göttingen. Nach Abschluß des Studiums 1752 war er Auditeur, d. h. beamteter Richter im Dänischen Leibregiment Hadersleben. 1761 wurde er Kriegsrat in Uetersen. Aus diesem Dienstgrad 1768 verabschiedet, zog er sich nach Nordschleswig zurück, wo er bis 1780 als Reitvogt in Vodder lebte. Vielseitige Begabung, verbunden mit regelmäßigen Dienstreisen, erlaubte ihm geistige Beziehungen zu bedeutenden Persönlichkeiten und rege schriftstellerische Betätigung. 1755 erschien seine erste Reisebeschreibung, der weitere historische, topographische und naturwissenschaftliche Abhandlungen folgten. Als rein orn. Themen brachten die von ihm herausgegebenen „Nordischen Beiträge“ 1755—1757 Texte über Brandgänse in List auf Sylt, 1756 über die Möweninsel bei Schleswig und schließlich „Nachrichten von einem Vogel, der auf den Eilanden in der Westsee (damals = Nordsee, d. Verf.) unter dem Namen Backer bekannt ist“. Der Vogel gehörte zu den die Inseln bevölkernden Formen, deren system. Stellung, Biol. und Ökol. noch 1819 J. F. Naumann, P. v. Wöldicke, Fr. Boie und E. H. Schrader (s. d.) zu gemeinsamer Reise reizten. Es war eine bemerkenswert fortschrittliche, seiner Zeit vorauseilende Analyse, als C. genaueste Beschreibungen von Aufenthalt, Körperbau, Gelege, Brutplatz und Stimme gab. E. Schmidt (s. u.) kam daher zu dem Schluß, daß mit diesem Bild des „Backer“ C. die erste Beschreibung der Küstenseeschwalbe gelungen sei. Doch wird hierdurch die Gültigkeit des von Pontoppidan 1763 gegebenen Namens *Sterna paradisaea* nicht fraglich, weil C. die Art nie wissenschaftlich benannt hat.

— Lit.: C. F. Bricka, Dansk Biogr. Lex. 4, 1934, S. 491/92. — E. Schmidt, Ist J. F. Camerer d. Entdecker d. Kustenseeschwalbe-*Sterna paradisaea* im Seevogelbrutgebiet d. Hallig Süderoog? Uthörn Mitteilungen 2, 1975, S. 9—20.

Černý, Walter, Dr., * 5. 11. 1903 Hamburg, † 5. 4. 1975 Prag. Die ersten Jugendjahre verbrachte er in Deutschland. Als der Vater, ein tschechischer Kürschnergeselle, im 1. Weltkriege in der österr. Armee diente, verzog die Mutter in die südmähr. Heimat ihres Mannes. In Zilna bestand der Sohn 1925 die Reifeprüfung, studierte bis 1931 in Prag Naturw., trat 1936 der DOG bei (anderslautende Angaben über das Jahr des Eintritts sind irrig) und kam 1946 als Biologe an das staatl. Inst. f. das Gesundheitswesen. Obwohl er sich hier zunächst zum Fachmann für das Gebiet der Endokrinologie entwickelte, blieb die frühgepflegte Vogelk. seine scientia amabilis. 1956 als Dozent für systematische Zool. der Wirbeltiere an die Karls-Univ. berufen, nutzte er seine Kenntnisse auf den Gebieten der Morphol., Physiol., Ethol. und Ökol., um der wissensch. Orn. seines Landes den Weg zu ebnen. Die faun. und taxon. Forschung sowie die Beachtung des Natur- u. Umweltschutzes als persönliche Schwerpunkte unterstreichend übernahm er die Herausgabe der Zeitschrift Sylvia, 1954 den Vorsitz in der tschech. orn. Gesellschaft und den stellvertretenden Vorsitz der tschech. zool. Gesellschaft in der Akademie d. Wissenschaft der ČSSR. Die über die Grenzen seiner Heimat reichende Anerkennung der Leistungen für die Orn. wurde u. a. deutlich in der Ernennung zum Korr. Mitglied der DO-G im Jahre 1958 und der französischen Gesellschaft für Orn. Mit dem Tode des auch die deutsche Sprache beherrschenden Zoologen verloren die südböhmischen Teiche und die slowakischen Berge einen warmherzigen Freund. Gleichzeitig endeten langjährige Studien der Dynamik der Entenpopulationen an den Teichen von Lnaře und auf der Moldau sowie die systematische Beobachtung der Bestandsschwankungen der Singvögel im Schutzgebiet Velký Tisý. Doch ist das vom Verfasser gesammelte faun. Material ausgewertet in der „Fauna d. ČSSR — Vögel“ (1977). Von weiteren Veröff. aus seiner Feder seien genannt „Zoologie strúnatcu“ (Prag 1966) und „Welcher Vogel ist das?“ (Kosmos, Stuttgart 1973).

— Lit.: Nachruf (von Hanzak). Ziva 23, 1975, S. 217. — Nachruf (von Z. Veselovský). Věstník Čsl. Zool. společnosti = Mitt. d. Tschechoslowakischen Zool. Gesellschaft, August 1975. — Nachruf (von J. Neumann). Falke 23, 1976 (mit Bildnis).

Clobes, Dittmar, * 5. 2. 1905 Obervorschütz (Schwalm-Eder-Kreis), † 5. 5. 1975 Gudensberg-Dorla (Bez. Kassel). Nach der Ausbildung auf der Präparandenanstalt Herborn und am Lehrer-Seminar Homberg (Bez. Kassel) mußte der Nachkomme eines Landwirtes sich zunächst mit einer anderen Beschäftigung begnügen, bis er 1934 seine erste Stelle in Niedenstein antreten konnte. Seit 1938 endgültig im Dienst, war er von 1940 bis Kriegsende Soldat, um ab 1948 zunächst in Ermetheis und dann in Dorla tätig zu sein. Zuletzt unterrichtete er als Hauptlehrer. Für die Vogelkunde gewann ihn 1932 ein von W. Sunkel (s. d.) im Kasseler Naturkundemuseum gehaltener Vortrag. Er entwickelte sich bald zum besonders rührigen Gefolgsmann seines Vorbildes und damit zu einem in unauffälliger Weise höchst erfolgreichen Mitarbeiter der Vogelwarte Helgoland. Allein 598 Grauammern sind ihm in die Netze gegangen. Von 1960 ab galt seine Aufmerksamkeit auch dem Hausrotschwanz von Dorla. Dazwischen beteiligte er sich als einziger hessischer Mitarbeiter während mehrerer Winterhalbjahre an dem von H. Bub angeregten Berghänflingsprogramm der Vogelwarte Helgoland. Eine besondere Rolle spielte in den ausgehenden Forschungsjahren die Wacholderdrossel. Die Zusammenstellung von Wiederfunden der in Deutschland beringten Vögel dieser Art (Auspicium 4, 1970) ergab, daß von 350 Wiederfunden 11 von C. beringt waren. Schließlich ermöglichte sein Eifer die Gesamtzahl von 60 Wiederfunden. W. Lübckes Danksagung in J. Orn. 116, 1975 ist nicht der einzige Hinweis darauf, daß C. zumeist auf die Veröff. eigener Erfahrungen verzichtete. Die Zurückhaltung im Gebrauch der Feder dürfte zu den Wesensmerkmalen einer stark entwickelten Bescheidenheit gehört haben. Er kannte offenbar nicht das Bedürfnis nach öffentlicher Schaustellung persönlicher Leistungen. So wie er zurückgezogen lebte, überließ er auch die Verwertung seiner feldornithologischen Feststellungen gern anderen Fachgenossen. Mit seinem Namen verbunden sind daher nur 2 kurze Mitteilungen (Vr. 8, 1936 und 24, 1955), ferner der auf einzelne Formen sich beschränkende, gestraffte Abschnitt über die Vogelwelt zwischen Kellerwald und Knüll in dem von W. Ide herausgegebenen „Heimatbuch f. d. Kreis Fritzlar-Homberg“ (1959).

— Lit.: Würdigung (von K. Sperner). Vogelk. Hefte Waldeck-Frankenberg-Fritzlar-Homberg 1, 1975, S. 157/58. — Bildnis, ebd. 2, 1976, S. 3. — W. Lübcke, ebd. 3, 1977, S. 57—72 (mit Bildnis).

Csath, Andreas, * 8. 11. 1896 Kunagota (Komitat Békés), † 1974 Gyoma (Ungarn). 1919 begann er als Lehrer die von ihm ermittelten Zugdaten bekanntzugeben. Da er sich auch die Kunst des Präparierens aneignete, machte er sich im engeren Rahmen der Heimat verdient um die Verbreitung der Artenkenntnis vor allem in den Kreisen der Liebhaber und Laien. Das mit Ausdauer erworbene Wissen schlug sich daneben nieder in einem kleinen volkstümlich gehaltenen Buch über die Vogelwelt des Komitats Békés. Als besonders zuverlässig wurden seine zahlreichen Aufzeichnungn über die Avifauna des Waldes bei Doboz beachtet, wo er seit 1929 tätig war. Den Ruhestand verbrachte er in Gyoma. Anerkennung seines orn. Einsatzes bedeuteten das von T. Csörgey (s. d.) unterzeichnete Diplom als „ordentlicher Beobachter“ der Gesellschaft ung. Ornithologen und 1930 die Verleihung der „O. Herman-Medaille“.

Csiba, Lajos (= Ludwig), * 27. 7. 1901 Tejfalu, Große Schüttinsel (Slowakei), † 2. 8. 1966 Tejfalusziget (Kleine Schüttinsel). Er besuchte die Mittelschule in Preßburg sowie die Landw. Hochschule in Magyaróvár, siedelte aber nach dem 2. Weltkrieg auf die Ungarn verbliebene kleine Schüttinsel über. Schon in frühen Jahren kam er in Verbindung mit K. Kunszt (s. d.), der ihn in die Vogelkunde einführte und die Kunst des Präparierens lehrte. So setzte der kenntnisreiche Gutsbesitzer und Feldbeobachter in der Nachfolge seines Lehrmeisters die Erforschung der Schüttinsel mit Erfolg fort. Im Grunde galt seine Vorliebe der Eierkunde. Eine stattliche Sammlung, die nach seinem letzten Willen als Geschenk in das Ung. Orn. Inst. kam, bekundet das Ausmaß des ihn auszeichnenden Eifers. Die Aquila brachte seit 1956 mehrere Notizen aus seiner Feder (z. B. Aquila 63/64, 1956/57; 65, 1958; 69/70, 1962/63).

— Lit.: (von Schriftl.). Aquila 75, 1968, S. 305.

TEIL 4

D

Dannhauser, Karl, * 12. 3. 1891 Borna bei Leipzig, † 16. 3. 1977 Plauen (Vogtland). Der Sohn eines Schriftleiters beendete 1911 den Besuch des Seminars von Plauen und wurde, nachdem er mehrere Probestellen hinter sich gebracht hatte, 1914 ständiger Lehrer in Plauen. Örtlich begrenzte Aufgeschlossenheit für die ihn berührenden Naturvorgänge weckten bald die besondere Neigung zu feldornithologischer Tätigkeit innerhalb der Grenzen des Vogtlandes. Die Früchte seiner Bemühungen, die wenig Neigung zur Selbstdarstellung zeigten, nahmen Gestalt an in einigen Kurzmitteilungen. Von diesen Wortmeldungen erwähnte R. Heyder in „D. Vögel d. Landes Sachsen" (1952) allerdings nur „D. Sperlingskauz in Plauen" (Mitt. Vogtl. Ges. Naturf. 4, 1942). Erst 1963 erschien seine „Vogelwelt d. Vogtlandes" in der Gestalt einer abschließend zusammenfassenden Darstellung. Er trat in die faunistischen Spuren seines Vorgängers F. Dersch (s. d.), ohne dessen Hinterlassenschaft zu übertreffen.

— Lit.: Nachruf (von R. Weber). Sächs. Heimatbl. 24, 1978, S. 141.

Dennler de la Tour, Georges, Dr. med. et sc., * 15. 6. 1890 Bischweiler (Elsaß), † 25. 12. 1978 Laprida (Argentinien). Er war in erster Linie Säugetierkundler, hatte aber auch in der Vogelkunde einen geachteten Namen. Mütterlicherseits entstammte er der französischen Adelsfamilie de la Tour d'Auvergne. Die väterliche Linie erbrachte seit 5 Generationen Ärzte. Der erste aus dieser Reihe, mit revolutionären Neigungen ausgestattet, war in Langenthal (Schweiz) geboren, das seitdem Familienerbe ist. Die Kenntnis der Geschichte seiner Vorfahren erlaubte ihm ein Weltbild, in dem die Grenzen zwischen Völkern, Ländern und Kontinenten kaum eine trennende Rolle spielten. In seiner intellektuellen Vielseitigkeit fanden mehrere Wissensgebiete eine dem Namen Anerkennung verleihende Pflege. Die eigene Entwicklung kannte kaum einen Stillstand. Erste Pfade in die Vogelkunde ebneten dem Schüler schon 2 Vorfahren, wenn sie auch nur anspruchslose Feldbeobachter waren. Früh erkennbar wurde das Verständnis für Fragen der orn. Wissenschaft, als der Darwinist sich in Jena mit E. Haeckel befreundete und anschließend der junge Austauschprofessor 19/20 sich in Frankfurt am Mus. Senckenberg morphol. u. histol. Untersuchungen des Vogelhirns hingab. Schon während des 1. Weltkriegs bestanden offenbar persönliche Beziehungen zu Otto Kleinschmidt (s. d.). Jedenfalls erweist das Kirchenbuch von Dederstedt bei Eisleben, daß sich der in Uniform von der Ostfront kommende Arzt im Winter 1917 in der Dorfkirche durch Kleinschmidt trauen ließ. Damals bereits zeigte sich Dennlers Aufgeschlossenheit für des Freundes besonders gelagerte system. Vorstellungen betr. die geogr. vikariierende, ternär benannte Subspezies. Die Vogelbälge, die er u. a. von seinen Fahrten durch Frankreich, Rußland, Südwestsibirien, Algerien heimbrachte, kamen daher in Kleinschmidts Sammlung und sind heute zum Teil im Bonner Mus. A. Koenig oder im Mus. Nac. de Hist. Nat. Buenos Aires. Die Zeitschrift „Tierwelt" enthielt in jenen Jahren Abhandlungen wie „Auerhahnbalz im Waldgebiet d. russ.-poln. Pripjet-Sümpfe", „Darwin u. d. Kampfläufer", „D. Krähen in d. Welt d. Wissenschaft", „Vom Waldrapp zum Hausrapp", „Vom Seßhaftwerden einzelner geogr. Rassen notorischer Zugvogelarten". Später beschäftigten ihn die Arten und Unterarten der Systematik als Schöpfungen des Menschen, der sie entdeckte und zuerst beschrieb. Die geogr. Rasse aber war für ihn eine Schöpfung der Natur, bestimmt durch ihren biogenetischen Ursprung und die Umwelteinflüsse auf das Erbgut während des paläohistorischen Wanderwegs. Solche Betrachtungen (sie sind u. a. niedergelegt als „Paläogenetik" in „D. Tierwelt" 89, Nr. 22, 1. 6. 1979) machten ihn zum Mitbegründer der argentinischen Naturschutzpark-Gesellschaft und zum Bahnbrecher für die Ziele der Weltnaturschutzbewegung. Seit den 30er Jahren wohnte er in Laprida. Damals lagen (nach G. Kirk, Säugetierschutz, 2. Aufl. 1958) nicht weniger als 30 für dieses Buch einschlägige Titel Dennlers vor. 1953 wurde er mit dem Pan American Award for Conservation Education ausgezeichnet. In deutscher Sprache schrieb er „Wild u. Wildschutzgebiete Westafrikas" (Buenos Aires 1957). Schließlich war er Ehrenpräsident der Europäischen Gesellschaft f. Säugetierschutz.

— Lit.: Würdigung (von G. Kirk). Säugetierkundliche Mitt. 18, 1970, S. 281—283 (mit Bildnis). — Würdigung (von J. Huber). Tierwelt, Zofingen 87, 1977, S. 1433 u. ebd. 22, 1979, S. 11—12 (mit Bildnis). — Nachruf (von G. Kirk). Säugetierschutz 9, 1979, S. 3—6 (mit Bildnis).

Deschler, Albert von, * 29. 9. 1817 Königseggwald über Aulendorf (Württemberg), † 20. 8. 1886 Isny. 1860—1866 war er Revierförster auf dem Bruderhof bei Singen. Zu seinem Dienstbereich gehörte auch der damals württembergische Hohentwiel, auf dem er mit Eifer Vögel beobachtete und sammelte. Einen offenbar zuverlässigen Bericht über 57 dortige Vogelformen lieferte O. Fraas et al. in einem Büchlein über den Hohentwiel (Stuttgart 1879). Deschlers reichhaltige Vogelsammlung befindet sich heute im Städt. Naturkunde-Museum von Freiburg im Breisgau, wo sie von R. Kuhk entdeckt wurde. Aus der Sammlung geht hervor, daß der Mauerläufer alljährlich das Revier aufsuchte, und daß je einmal im Dezember Zippammer und Alpenbraunelle erschienen.

Dierschke, Fritz, * 19. 10. 1908 Jahnsdorf, Kreis Brieg (Schlesien), † 4. 3. 1977 Kassel. Im elterlichen Bauernhof aufgewachsen, konnte er auf Grund seiner Begabung nach 8 Schuljahren die Aufbauschule („Piastenschule") in Brieg bis zum Abitur 1929 besuchen. 1930 nahm ihn die Pädagogische Akad. in Frankfurt (Oder) auf, wo er 1932 die erste Lehrerprüfung bestand. Der Mangel an Planstellen führte ihn über eine Privatschule in Zossen bei Berlin nach Ostpreußen. Hier wurden ihm Lehrerposten in Maraunen bei Zinten, Großladtkeim (Samland) und Kumehnen (Samland) übertragen. Nach Kriegsdienst und Vertreibung kam er wieder in Verwendung, 1946 als Schulleiter in Altencelle bei Celle und 1958 als Realschullehrer in Hermannsburg. Er war eine nach Wissen und Geistesbildung strebende, die Stille der Kleinarbeit an sich selbst ernst nehmende Persönlichkeit, in deren Gesichtsfeld Naturverständnis und damit wissensch. Dienst an den Gemütswerten der Orn. vordergründige Rollen spielten. Der mit musischen Anlagen ausgestattete Autodidakt fand frühzeitig vogelk. Anschluß an Rossitten, weilte als Beobachter und Beringer mehrfach in Ulmenhorst und beteiligte sich u. a. an den Untersuchungen über die Zuggewohnheiten des Weißstorchs und über die Besiedlung ostpreuß. Erlenbruchwälder durch Kleinvögel. Auch in der ihm zur 2. Heimat gewordenen Lüneburger Heide gab er (neben der Vegetationskunde) der örtlichen Vogelforschung wirksame Auftriebe. Hier waren zuletzt die „Brandwälder" und die vom November-Orkan 1972 verwüsteten Baumbestände Schauplätze nachdenklicher Beobachtungen und Erfahrungen. Der Einsatz in Ost-u. Westdeutschland ist durch eine Reihe von Veröff. aus seiner Feder belegt. Neben den gedruckten Zeugnissen finden sich als eindrucksvolle Nachweise einer selbstlosen Tätigkeit die ausgewogenen Ratschläge und Anregungen, mit denen er der Orn. Arbeitsgemeinschaft Südheide und dem Dt. Bund f. Vogelsch. zur Verfügung stand. Seit 1950 war er auch Mitglied der DO-G. In einem Kasseler Krankenhaus befreite ihn der Tod von einem lange getragenen körperlichen Leiden.

— Lit.: Nachruf in Celler Ztg. v. 13. 4. 1977. — Nachruf (von H. Oelke). B. Nieders. 30, 1977, S. 25—27 (mit Bildnis u. Verz. d. Veröff.) — Bildnis in Orn. Mitt. 2, 1950, S. 51. — Nachruf (von H. Ringleben). Vogelk. Ber. Nieders. 9, 1977, S. 50.

E

Ecke, Herbert, Dr., * 21. 9. 1903 Riga, † 5. 12. 1975 Bonn. Da der Vater als Leiter eines Rigaer Pelzhandels „Reichsdeutscher" war, wurde seine Familie im November 1914 in Sibirien interniert, wo der Sohn von zivilgefangenen Lehrern Unterricht erhielt. Die Kriegszeiten brachten es mit sich, daß er zwar nach der Rückkehr in Riga 1923 das Reifezeugnis erlangte, aber erst 1930 in München das zool. Studium beginnen und 1934 mit der Promotion abschließen konnte. In den folgenden Jahren boten sich ihm zuerst ein Posten bei der Berliner Reichsstelle für das Unterrichtswesen und 1925 der eines wissensch. Lektors in einem Leipziger Lichtbildverlag. Hier entwickelte sich seine Neigung zum Buntbild und Farbfilm. Nachdem er 1935 Mitglied der DOG geworden war, fand er 1938 als wissensch. Referent Verwendung in der Dt. Reichsstelle f. Naturschutz, um hier 1952—1968 in allen Nachfolgeinstituten Leiter der Abt. Natursch. der Bundesanstalt f. Vegetationskunde, Natursch. und Landschaftspflege zu bleiben — zuletzt als Oberregierungsrat. Seinem persönlichen Einsatz bei Mitgliedern des Parlamentarischen Rates 1949 ist es zu verdanken, daß Natursch. und Landschaftspflege als Gesetzeskompetenz des Bundes in das Grundgesetz (Artikel 75) aufgenommen wurden. Trotz seines etwas knorrigen Wesens zeigte er auch das richtige Fingerspitzengefühl bei der Neugründung der dt. Sektion des internationalen Rates für Vogelschutz.

TEIL 4

Wenn vor allem organisatorische Aufgaben seine Kräfte in Anspruch nahmen, fand er dennoch Zeit für über 155 Veröff. zu aktuellen Fragen. In Buchform erschienen u. a. „D. in Deutschl. geschützten Pflanzenarten“ (1953), „D. geschützten Tierarten“ (1959), „Kompendium z. Taschenbuch über d. geschützten Tierarten“ (1960), Beiträge für das „Taschenbuch f. Vogelsch.“ von Seb. Pfeifer (1957, 1962, 1973). Farbige Lichtbilder und abendfüllende Filme waren „D. grauen Einsiedler“, „Vögel über See u. Sand“, „Zwischen Haff u. Meer“. Eine seiner letzten Wortmeldungen lautete „Schutz d. Goldregenpfeifers in Niedersachsen ...“ (Nat. u. Landsch. 40, 1965). Wenn auch nicht alle seine Blütenträume reiften, gehört E. doch zu den verdienstvollen Männern, deren frühe Einsicht mit der Geschichte des staatlich gelenkten Naturschutzes fest verbunden ist. Er war Träger des Bundesverdienstkreuzes und der Goldenen Ehrennadel des Dt. Bundes f. Vogelschutz. Von Hamburg aus wurde seine Leiche in der Stille auf See beigesetzt.

— Lit.: Würdigung (von W. Emeis). Nachr. Bl. f. Natursch. u. Landschaftspflege 34, 1963, S. 37/38 (mit Bildnis u. Verz. d. orn. Veröff.). — Würdigung (von G. Olschowy). Nat. u. Landsch. 43, 1968, S. 306/07 (mit Bildnis) u. Nachruf ebd. 51, 1976, S. 53. — Nachruf (von W. Erz). Ebd. 51, 1976, S. 82—85, ferner Mitt. d. Landesanstalt f. Ökol ... Nordrhein-Westfalen 1, 1976, S. 138 u. Wir u. d. Vögel, Dt. Bund f. Vogelsch. 8, 1976, S. 31. — Nachruf (von J. Steinbacher). Gef. W. 100, 1976, S. II/4. — Nachruf (von S. Pfeifer). Vw. 97, S. 80. u. Wir u. d. Vögel, Dt. Bund f. Vogelsch. 8, 1976, S. 28. — Nachruf (von M. Büttner). Berliner Natursch.-Blätter 20, 1976, S. 163 (mit Bildnis).

Ernst, Alfred, * 17. 5. 1899 Wulfen (Kr. Köthen), † 4. 11. 1965 Köthen. Mit dem Vater bereits unternommene Jagdausflüge in das an den Namen Naumann (s. d.) geknüpfte Wulfener Bruchgebiet weckten in dem Jüngling naturkundliche Eindrücke und Zielvorstellungen, die ihn in die Bereiche der Vogelkunde führten. Da ihm in der Wirtschaftskrise nach dem 1. Weltkrieg der ursprünglich erlernte Beruf des Elektroingenieurs eine nur wankende Lebensgrundlage bot, wechselte er in das Bäckerhandwerk über und erreichte als erfolgreicher Meister sichere Selbständigkeit. Nachdem ihn — neben R. Wahn (s. d.) u. O. Knopf (s. d.) — der damalige Orn. Ver. Köthen als Mitglied aufgenommen hatte, galten viele seiner Mußestunden fürderhin nicht nur dem Freiland-Studium an der heimischen Vogelwelt, sondern auch der autodidaktisch ausgeübten Pflege der Naumann-Überlieferung im Köthener Land. In diesen Aufgabenkreis gehörte nicht zuletzt auch das Bemühen, die Sammlungen des Naumann-Museums zu erhalten. Seiner Ausdauer blieb in der Tat ein positives Ergebnis nicht versagt. Außerhalb des Mittelelbe-Gebietes wurden aber sein historisches Verständnis und sein feldornithologisches Fachwissen nur wenig bekannt, wohl weil ihm die rechte Freude am Gebrauche der Feder fehlte. Bescheidener literarischer Nachlaß beschränkte sich nur auf einige kleinere Veröffentlichungen in den „Beiträgen z. Avifauna Mitteldeutschlands“.

— Lit.: Nachruf (von S. Beiche). Apus, Beitr. z. einer Avif. d. Bez. Halle 1, 1966—1969, S. 62.

Ernsting, Walther, * 21. 7. 1910 Lüneburg, † 10. 4. 1965 Bruchhausen bei Honnef. Sohn eines Prokuristen, war er in früher Jugend schon ausgezeichnet mit den Wesenszügen des geborenen Biologen. Allein die Pflege einheimischer Tiere aus Heide und Elbmarsch vermittelte ihm eine breite Artenkenntnis. In der Schulzeit lernte er auch bei einem Präparator das Ausstopfen von Vögeln, so daß er bald zur Verwaltung der biol. Sammlung herangezogen wurde und als Gehilfe seines Biol.-Lehrers den Aufgabenbereich der Naturdenkmalpflege im Reg.-Bezirk Lüneburg kennenlernte. Die ihn beflügelnden Anlagen sprachen schließlich aus einer Jahresarbeit über die „Avif. v. Bodenteich“ (1931), deren Grundzüge sich die Bewertung einer guten wissensch. Leistung verdienten. Da ihm nach dem Tode des Vaters die damalige „Studienstiftung d. dt. Volkes“ den weiteren Lebensweg ebnete, konnte er nach dem Matur 1932 das Studium der Biol. in Göttingen beginnen. Ausgewählt vom Dt. Akad. Austauschdienst, sollte er 1937 ein Studium in den USA beginnen. Als die politische Lage aber die Abreise verhinderte, bot sich ihm die gern genutzte Möglichkeit zur Mitarbeit an der Vogelwarte Rossitten, wo er während der Zugzeit als Hauptbeobachter in der Außenstelle Ulmenhorst arbeiten konnte. Auch das Landesmuseum Hannover beschäftigte ihn unter H. Weigold (s. d.) 1938 mit Hilfsarbeiten, die es ihm ermöglichten, im Deister das Material für eine ökol. Diss. zu sammeln. Der 2. Weltkrieg unterbrach indes alle beruflichen Pläne. Der Soldat konnte erst nach russ. Gefangenschaft 1951 in Hamburg das Studium wieder aufnehmen, um es 1952 mit der Diplomprüfung abzuschließen. Seit 1953 hatte er eine Planstelle an der Bundesanstalt f. Vegetationskunde unter Prof. R. Tüxen in Stolzenau und seit 1964 in Bad Godesberg. Wenn ihn fortan beruflich in erster Linie pflanzensoz. und vegetationsk. Aufgaben in Anspruch nahmen, so vergaß er doch nie, die ihm verliehene Beobachtungsgabe auch in den Dienst der Vogelk. zu stellen (Veröffentlichungen z. B. Orn. Mber. 39, 1931; Lüneb. Anzeiger 2. 5. 1931, 8. 1. 1931, 7. 3. 1932; Naturschutz Berlin 15, 1932; Naturforscher, Berlin 9, 1933; Mitt. Naturw. Ver. d. Fürstentums Lüneburg 1935). Auf E.s Darstellung der Zugverhältnisse d. europ. Saatkrähen stützte sich ferner G. Niethammer (s. d.) in „Handbuch d. dt. Vogelkunde" (1938). Eine spätere Arbeit aus benachbartem Gebiet war „Grünlandgesellschaften als Brutbiotop einiger Limicolen" (Symposion Stolzenau 1960). Bereits 1931 hatte er sich der DOG als Mitglied angeschlossen.

— Lit.: Nachruf (von Tr.). Nachrichtenblatt f. Natursch. u. Landschaftspflege 36, 1965, S. 21 (mit Bildnis).

F

Fischer, Wilhelm Johannes, Dr., * 21. 10. 1892 Fehraltorf (Kanton Zürich), † 18. 11. 1977 Stuttgart-Bad Cannstatt. Der Vater war Prokurist. 1893 zogen sich die Eltern mit dem Sohne nach Württemberg zurück. Nachdem er 1910 am Gymnasium von Cannstatt die Reifeprüfung bestanden hatte, studierte er in Stuttgart und Tübingen Naturwissenschaften, um sich dem höheren Lehramt zu widmen. Zuerst Hilfslehrer in Ludwigsburg, dann Seminaroberlehrer an einer Lehrerbildungsanstalt und schließlich Studienrat in Dornstetten, Heidenheim und Stuttgart. 1948—1959 hatte er — seit 1952 mit dem Prof.-Titel — einen Lehrauftrag für Teilgebiete der Botanik an der Technischen Hochschule Stuttgart. Schon der fortgeschrittene Schüler verspürte den Drang zur Feder und Wortmeldung im Bereiche der Biologie. Seit 1911 brachten Tageszeitungen und deren Unterhaltungsbeilagen, Zeitschriften und Kalender eine überaus stattliche Zahl der von ihm gelieferten Beiträge orn. Inhalts. Die ersten Erscheinungsorte waren u. a. Dt. Reichspost 1911/12, Gef. W. 1912, Zool. Beob. 1913, Welt u. Wissen (Berlin) zwischen 1911 u. 1913. Anschließend folgten „D. Vogelwelt Württembergs" (1914), d. h. seine durch Nachträge u. Berichtigungen erweiterte Diss., mit der er 1913 in Tübingen promoviert hatte, „D. Auerhuhn u. sein Vorkommen in Württemberg" (Aus d. Schwarzwald 25, 1917), „D. Vögel Mitteleuropas, Vogelbuch d. Bundes f. Vogelsch." (Stuttg. 1918) „Neues z. württemb. Vogelfauna" (Jh. Ver. vaterl. Naturk. in Württemb. 75, 1919), „Z. Vogelf. Württemb." (Mitt. Vw. 18, 1919/20; 1920/21; 20, 1921/22), „Alpenvögel als Gäste Süddeutschlands" (Monatsschr. D. Schwäb. Bund 1, 1920), „Vögel d. Federsees" (Beitr. z. Denkmalpflege 8, 1922), „D. Tierwelt" (Heimatbuch Crailsheim 1927). Eine Italienreise 1924 hinterließ bei ihm stärkste botanische Eindrücke, so daß er die Fahrten in das Mittelmeergebiet nicht nur 40mal wiederholte, sondern sich nach und nach aus der Vogelkunde zurückzog, um in der 2. Hälfte seines Lebens vor allem als Vegetationskundler schriftstellerisch fruchtbar zu werden. Der Name des vielseitig aufnahmefähigen Kopfes knüpfte sich daher auch an die Bearbeitung des botan. Unterrichtswerkes von „Schmeil" sowie an eine Reihe von Kosmos-Naturführern und Bearbeitungen im Kosmos-Lexikon der Naturwissenschaften. Nicht ohne Einfluß auf die lange währende Schreibfreude dürften die frühen und dauernden Beziehungen zum Stuttgarter Kosmos-Verlag gewesen sein. Sie begannen 1911 durch die Mitarbeit an C. Floerickes (s. d.) „Jahrbuch d. Vogelkunde", das in der Reihe der „Kosmos-Jahrbücher" erschien. Der Verlag bot ihm dann auch für die späteren Jahrzehnte die Plattform, von der aus die volkstümlicher Belehrung dienenden Arbeiten wie Aufsätze, Berichte, Buchbesprechungen einen weit gestreuten Leserkreis erreichten. Die wesentlichsten orn. Früchte seines Eifers finden sich zusammengestellt bei W. Bachmeister (s. d.) „Verz. d. vogelk. Schrifttums in Württemberg bis z. J. 1943" (Jh. Württ. 108, 1952/53) und bei J. Hölzinger „Verz. d. vogelk. Schrifttums in Baden/Württemberg 1944—1971" (ebd. 127, 1972).

— Lit.: Nachruf (von E. Schüz). Jh. Ges. Naturk. Württ. 133, 1978 (im Druck). — Nachruf (von Dems.). Anz. Bay. 17, 1978, S. 342—344 (mit Verz. d. Veröff. u. Bildnis).

Fischer-Wahrenholz, Hermann, * 2. 11. 1885 Braunschweig, † 7. 6. 1975 Braunschweig. Als Sohn eines Schuhmachers ging er den anfangs recht mühsamen Weg des mit eigenwilligen Anlagen ausgestatteten Künstlers. 1900—1904 in der Malerlehre, verlegte er sich anschließend auf die Anfertigung von Plakaten und nutzte ein Stipendium der Vaterstadt zum Besuche der Klasse eines Worpsweder Malers in Weimar. Schwere Verwundung im 1. Weltkrieg öffnete ihm den Weg in das Konstruktionsbüro einer Braunschweiger Firma, wo er sich in der Reklame-Abt. zum Gebrauchsgraphiker entwickelte. Nebenher spürte er die Berufung zu einer anderen Lebensaufgabe: Es war ein neuer Zweig der Photographie, das Lichtbild von freilebenden Tieren, das ihn seit etwa 1910 beschäftigte. Entscheidende Anregungen bedeuteten ihm damals Beziehungen zu H. Meerwarth (s. d.) und H. Löns (s. d.). Er erzielte (anfangs mit den bescheidensten Apparaten) auf diesem Sondergebiet Bilddokumente, die ihm vor dem 2. Weltkrieg über die engeren Grenzen Beifall verschafften und allmählich Absatz für wissenschaftliche und künstlerische Bücher und Zeitschriften sicherten. Seit 1923 selbständig arbeitend lieferte er noch kurz vor dem 2. Weltkrieg einen Nachweis für 2 Jahrzehnte seines Schaffens. Es war das Buch „Tierjagd mit d. Kamera". Und Sven Hedin schrieb ihm am 11. 2. 1944: „... Jedes Bild ist ein Gemälde, jedes Tier haben Sie mit den Augen des Künstlers und mit der Liebe des warmen Tierfreundes in Ihre Kamera gefesselt. Ich habe nie so schöne Bilder von lebenden Tieren gesehen ...". Das Geheimnis seines Erfolges war ein besonderes Maß an biologischem Einfühlungsvermögen und damit die Fähigkeit, auch in der entseelten Industrielandschaft wirklich belebte Natur zu entdecken und darzustellen. Ornithologe vom Fach war er indessen nie, doch machte ihn die ihm eigene Begabung zum Diener der Vogelkunde. Schade nur, daß der Wert seiner orn. Urkunden vorübergehend bedenklich sank, als am Beispiel der Zwergohreule und der Zwergrohrdommel R. Zimmermann (s. d.) zeigte, daß die Aufnahmen in diesem Falle an Gefangenschaftstieren gemacht waren (s. Orn. Mber. 46, 1938, S. 83/84). Um den Bedrohungen durch die Bombenangriffe zu entgehen, verzog F. 1944 in das malerische Gelände des Taternbusches bei Wahrenholz (Kr. Gifhorn). So entstand der Zusatzname. Die letzte Wegstrecke sah den „Menschen der leisen Töne" wieder in Braunschweig. Er trug das Bundesverdienstkreuz.

— Lit.: Würdigung (Verf. ?). Dt. Jägerzeitung/Das Waidwerk 1950, S. 20. — Würdigung (von H. Mollenhauer). D. Freundeskreis d. Großen Waisenhauses Braunschweig 10, 1960, S. 10. — Würdigung (von Eva Merz). Tierfotografie 1, 1970, S. 8—11. — Nachruf (von Grete Fischer). Ostpreußenbl. v. 9. 8. 1975.

G

Gerber, Robert, * 14. 6. 1887 Culitzsch (Kr. Zwickau), † 18. 7. 1974 Leipzig. Sohn eines Gastwirts; besuchte 1902—1908 das Lehrerseminar in Schneeberg, um anschließend und auf sich allein gestellt bis 1911 die Stelle eines Hilfslehrers im Gebirgsdorf Morgenröthe (Kr. Auerbach) zu verwalten. Ohne Anleitung geriet er in den frühen Werdejahren schon in den Bann der Rätsel und Wunder der Naturgesetze, d. h. er fühlte bald, vom Kleinen zum Großen fortschreitend, die wohltätige Harmonie des Stirb und Werde in der ihn umgebenden Landschaft. Stille, noch ungeordnete Studien führten den jungen Autodidakten zwar bald an die Grenzen der Naturerkenntnis. Die harte These des Ignoramus (et) ignorabimus bedeutete für ihn jedoch nicht Enttäuschung oder Entmutigung. Im Gegenteil: Der ungestillte Wissensdurst beflügelte nur den Eifer und gab dem drängenden Forschungsbedürfnis immer neuen Antrieb, vor allem als er von der die natürlichen Anlagen fördernden Schulbehörde 1911 an eine der Leipziger Grundschulen versetzt wurde. Der strebend sich bemühende Geist verstand den Wink des Schicksals. In der naturwissenschaftlichen Abteilung des Leipziger Lehrervereins fand und nutzte er die Möglichkeit zur Weiterbildung: 1924 wurde er Mitglied des Orn. Vereins zu Leipzig, 1925 Mitglied der DOG und des Vereins Sächs. Ornithologen, 1928 Mitglied der Orn. Gesellschaft Bayern. 1929 übertrug ihm der Leipziger Lehrerverein die Leitung der zool. Abteilung des Naturkundlichen Heimatmuseums. Schließlich lag von 1938 bis zum Katastrophenjahr 1945 der Vorsitz des Orn. Ver. zu Leipzig in seinen rührigen Händen. Auch 1949—1959 war er als Vorsitzender wieder der geistige Mittelpunkt im Arbeitskreis Ornithologie des deutschen Kulturbundes und seit 1954 dazu noch Museumsrestaurator an der Karl-Marx-Universität Leipzig. Zu den hervorstechendsten Wesenszügen des auf vielen Gebieten tätigen Mannes gehörte das Bedürfnis, andere gleichgestimmte Menschen am eigenen Wissen teilnehmen zu lassen. Schreibfreude war daher nicht die schwächste Triebfeder seines Bienenfleißes. Eine stattliche Zahl von Veröffentlichungen bleibt mit seinem Namen verbunden. Neben monographischen Darstellungen standen Aufsätze kleineren und größeren Umfanges in den Tageszeitungen, Fachzeitschriften, Schriftenreihen (z. B. in Neue Brehm-Bücherei, Orion, Urania) als Ergebnisse seiner Exkursionen, seiner Führungen, seiner Sammeltätigkeit und Literatur-Studien. Fortschreitender Weitblick öffnete ihm nicht nur den Weg in die bevorzugte Vogelkunde, sondern auch in die benachbarte Welt der Kleinsäuger, Kriechtiere und Lurche. Aus der Gesamtzahl der in die Tiefe und Breite reichenden Wortmeldungen verzeichnete R. Heyder in „D. Vögel d. Landes Sachsen" (1952) bereits 30 Verlautbarungen seit Anfang der 20er Jahre. Die Frage, in welchem bis ins hohe Alter reichenden Lebensstil Gerber der Vielseitigkeit der an ihn herangetragenen Stoffgebiete gerecht werden konnte, beantwortete er in einem Brief vom 6. 12. 1970: „... habe ich mir nach und nach für jede Art Merkblätter angelegt, in denen ich mir alles wichtig Erscheinende aus führenden Werken und Fachzeitschriften notierte. Ich hätte meine Aufsätze und Bücher ohne die Blätter nicht schreiben können. Sie waren ein vorzügliches Handwerkszeug ..." Einhellig war die Anerkennung, die Gerbers Streben und Wirken im Dienste der heimatlichen Naturkunde gezollt wurde. Auch die Wissenschaft hielt mit Ehrungen nicht zurück. Er wurde auf Grund seiner Lebensleistung 1957 Dr. h. c. der Naturw. Fakultät der Universität Leipzig und erhielt 1964 die Leibniz-Medaille der Akad. d. Wissensch. zu Berlin. Da eine Tochter nach 1945 in Westdeutschland in der Nähe von Gießen wohnte, entstanden an seinem Lebensabend herzliche persönliche Beziehungen zu hessischen Ornithologen. Seine Reisen wurden zu festlichen Begegnungen von Vogelfreunden, die auch unter weltpolitischen Zwängen auf unsichtbaren Brückenschlag nicht verzichten wollten. Gerber starb in einem Leipziger Altersheim, nachdem er längerem Leiden tapfer getrotzt hatte.

— Lit.: Bildnis in Orn. Mitt. 2, 1950, S. 83. — Würdigung (von R. Heyder). Falke 4, 1957, S. 209/10 (mit Bildnis). — Würdigung (von W. Schneider). Ebd. 8, 1961, S. 224/25 (mit Bildnis). — Nachruf (von L. Gebhardt). Anz. Bay. 15, 1976, S. 102/03. — Nachruf (von H. Dathe). B. z. Vk. 24, 1978, S. 352—361 (mit Bildnis u. Verz. d. Veröff.). — Nachruf (von G. Creutz). Falke 26, 1979, S. 103 (mit Bildnis).

Giller, Franz, * 24. 2. 1913 Heinrichsdorf (Sauerland), † 18. 3. 1976 Frechen bei Köln. Eine Bergwerksfamilie entließ den Jüngling in den Bergwerksberuf. Nach dem Besuch der Bergschule von Siegen stieg er zum Fahrsteiger im Rheinischen Braunkohlenrevier auf und wurde 1971 Ingenieur (grad.). Ohne viel Aufhebens von sich zu machen, ohne falschen wissenschaftlichen Ehrgeiz, aber gewissenhaft widmete er autodidaktisch die Freizeit der ökologischen Erforschung der sauerländischen Vogelwelt. Die 60er Jahre nahmen seinen Einsatz in besonderem Maße in Anspruch. Er galt u. a. rühriger Mitarbeit an der von J. Peitzmeier herausgegebenen „Avifauna v. Westfalen" (1969). Die Darstellung enthält — außer einer Zusammenfassung der Avifauna des Sauerlandes — 12 Artmonographien aus seiner Feder und stützt sich daneben auf 23 Einzelveröffentlichungen. Außerdem widmete Giller mit gründlichem Sachwissen gepaarten Eifer der Aufhellung der orn. Verhältnisse im linksrheinischen Braunkohlenrevier und schilderte in „Vogelbestandsaufnahmen in d. Ville b. Köln" (Beiträge z. Avif. d. Rheinl. 1, 1974) auch die Neubesiedlung der rekultivierten Flächen. Als Hauptwerk schwebte ihm die „Avif. d. Rheinischen Braunkohlengebietes" vor. Den Druck erlebte er indes nicht mehr. Die Arbeit erschien mit 515 Seiten erst kurz nach seinem Tode in den Beiträgen z. Avif. d. Rheinland., Heft 7/8, 1976. Der DOG gehörte er seit 1941 an.

— Lit.: Nachruf (von J. Peitzmeier). Nat. u. Heimat, Westfalen 36, 1976, S. 48 (mit Bildnis). — Nachruf (von K. Haarmann). Nat. u. Landsch. 51, 1976, S. 261. — Nachruf (von W. Erz). Charadrius 12, 1976, S. 41.

Gundelwein, Emil, * 1882 Haina (Kr. Meiningen), † 3. 9. 1977 Haina. Im Alter von 14 Jahren wurde er Lehrling auf mehreren Stationen der Forstschule Sonneberg bis er sich 1919 in seinem Heimatdorf als Revierförster niederlassen konnte. Seit 1942 Oberförster, ging er 1947 in den Ruhestand nach Schwabhausen am Fuße des Kleinen Gleichbergs. Der auf seinen Sachgebieten gut beschlagene Kenner verfügte auch im Bereiche der Vogelkunde über reiche praktische Erfahrungen und vertieftes Wissen. Die Vogelschutzwarte Seebach übertrug ihm daher die Betreuung des Schutzgebietes Schwabhausen bei Haina. In jungen Jahren wurde er dazu der amtliche Begleiter des Zaren und späteren Königs Ferdinand von

TEIL 4

Bulgarien (s. d.) auf Exkursionen im südthüringisch-fränkischen Raum. Die in fast 6 Jahrzehnten gesammelten Kenntnisse faßte der Forstbeamte schließlich zusammen unter dem Titel „D. Vogelwelt zwischen d. oberen Werra u. d. Quellgebiet d. Fränkischen Saale" (Meininger Heimatbuch 2, 1956, S. 81—115). Er starb im Alter von 95 Jahren.

— Lit.: Nachruf (von E. Bosecker). Landschaftspflege u. Naturschutz in Thüringen 15, 1978, S. 93).

H

Haas, Gerhard, * 31. 3. 1913 Rosenfeld (Kr. Balingen), † 29. 11. 1974 Sulz am Neckar. Die ihn beherrschende Auflehnung gegen die zivilisatorischen Torheiten und Sünden der Zeitgenossen drückte seinem Leben den unverkennbaren Stempel auf, und er durfte es als nicht geringen Erfolg des persönlichen Einsatzes verbuchen, daß er viel Begeisterung für den Schutz der Heimatlandschaft und ihrer Geschöpfe zu wecken verstand. Der Sohn eines Bezirksschornsteinfegermeisters gab das Studium der Naturw. in Tübingen nach 3 Semestern wegen ungünstiger Laufbahnaussichten auf, um auf die Pädagogische Hochschule von Eßlingen überzuwechseln. In diese Frühzeit fiel ein von April bis September 1937 dauernder und für seine Entwicklung bedeutsamer Aufenthalt in Rohrkrug am Drausensee bei Elbing, einer Außenstelle der Vogelwarte Rossitten. Der 1939 erfolgte Eintritt in die DOG deutete bereits den weiteren Weg an. Die 1938 in den Volksschulen Sommenhardt, Großingersheim und Oggelshausen am Federsee begonnene Lehrtätigkeit wurde durch den Kriegsdienst unterbrochen. Seit 1946 war er beruflich eingesetzt in Buchau am Federsee zuerst als Landwirtschaftslehrer, seit 1965 als Landwirtschaftsschulrat und zuletzt als Gymnasialrat am Progymnasium Buchau. Seit 1972 wirkte er am Progymnasium Sulz am Neckar. Seine Freizeitbeschäftigung richtete sich zu allen Zeiten auf die Erhaltung und Pflege des Federseegebietes. Mit diesem ehrenamtlichen Bemühen bleibt sein Name verbunden. Von 1949 bis 1969 lag die Leitung der Außenstelle Federsee der Vogelwarte Radolfzell in seinen Händen, 1949 errichtete er im See die Beobachtungshütte mit dem Turm, 1958 entstand auf seine Anregung die biol.-orn. Abteilung des Federseemuseums. Die feldorn. Aufmerksamkeit galt u. a. dem im Seegebiet gefährdeten Bestand des Birkhuhns, der ethol.-ökol. Planbeobachtung des Weißstorches, dem schwankenden Auftreten des Kolkraben und der Wiedereinbürgerung des württ. Uhus. Von seinen Veröffentlichungen seien genannt „D. Vögel d. Federseegebiets nach ihrem jahrezeitlichen Vorkommen" (in W. Zimmermann, D. Federsee 1961, S. 101—147), „25 Jahre Naturschutzgebiet Federsee" (Schwäb. Heimat 15, 1964, S. 42—58), „Erfreuliche Folgen d. Schutzmaßnahmen im Naturschutzgebiet Federsee" (Veröff. d. Württ. Landesstelle f. Natursch. u. Landschaftspflege 18, 1949, S. 137—142). „Birkhuhn in Baden-Württemberg" (Jh. vaterl. Naturk. Württ. 120, 1965, S. 232—245). Für unauffällig, aber vorbildlich geförderte Natur- u. Landschaftspflege verlieh ihm die mathem.-naturw. Fakultät der Univ. Tübingen 1966 die Würde des Ehrendoktors. Außerdem trug er das goldene Ehrenzeichen des Dt. Bundes f. Vogelschutz, und 1977 wurde ihm am Federsee ein Gedenkstein gesetzt.

— Lit.: Würdigung (von P. Agnellus Schneider). Naturschutz, Zeitschrift d. Bundes f. Natursch. in Oberschwaben 13, 1972/73, S. 53—55 (mit Bildnis). — Würdigung (Verf. ?). Vogelwarte 27, 1973/74, S. 72. — Nachruf (von E. Schüz). Anz. Bay. 14, 1975, S. 212—218 (mit Bildnis u. Verz. d. Veröff. v. 1934—1970). — Nachruf (von C. König). Jh. Ges. f. Naturk. Württ. 130, 1975, S. 386—390 (mit Bildnis u. Verz. d. Veröff., zus.gestellt von E. Schüz). — Nachruf (von E. Stocker). Veranstaltungskalender Bad Buchau 1975, S. 8—15 (mit Bildnissen). — Nachruf (von K. Ruge). Wir u. d. Vögel 1, 1979, S. 30.

Haese, Erich, Dr., * 22. 10. 1914 Elbing (Westpreußen), † 13. 10. 1977 Stolberg (Rheinland). Als Sohn eines Buchhalters bestand er 1940 in Breslau das med. Staatsexamen, wurde Soldat und kehrte erst 1948 aus russischer Gefangenschaft zurück. Bis 1965 war er Oberarzt an einem Krankenhaus der Diakonie in Ottobrunn/München. Nach Auflösung dieses Hauses stand er in der med. Forschung der Chemie-Grünenthal in Stolberg, bis ihn ein Infarkt dahinraffte. Daß er schon frühe Aufgeschlossenheit für die ihn umgebende Vogelfauna verspürte, zeigten eine von ihm verfaßte Abhandlung über den Drausensee aus den Jahren 1933—1935 und eine Liste der Vogelarten des Stadt- u. Landkreises Elbing aus denselben Jahren. Technisch-künstlerische Anlagen führten den Feldornithologen schon als Studenten an die Naturphotographie und Filmgestaltung heran. Vorbilder waren für ihn H. Sielmann (mit dem zusammen er schon in Königsberg als Student Vogelaufnahmen ausstellte) und E. Schuhmacher (s. d.). In Bayern war das Ismaninger Teichgebiet, zu dem er freien Zugang hatte, das Feld seiner bildkünstlerischen Aufnahmen. Auch im Orn. Verein Aachen, im Dt. Bund f. Vogelschutz, in d. Ges. Rheinischer Ornithologen, in d. Ornithologischen Gesellschaft Bayern (bis zuletzt) erwarb er sich rasch Ansehen durch die von ihm vertretene Filmkunst. Seine Motive fand er nicht nur im Rheinland, sondern auch auf vielen Gruppenreisen in fremde Länder, z. B. Donaudelta, Camargue, Norwegen, Schottland. Es gibt wohl nur wenige europäische Vogelformen, über deren Leben er nicht durch Lichtbild von Vorträgen vor begeisterten Menschen in wohltuender Unaufdringlichkeit gesprochen hätte. Das gedruckte Wort lag ihm offenbar nicht. Sowohl in der wissenschaftlichen als auch in der volkstümlichen orn. Literatur fehlt sein Name. Er bediente sich der meisterhaft beherrschten Technik, um Gleichgestimmte an seinem Wissen teilnehmen zu lassen.

— Lit.: Nachruf in Rundschreiben Nr. 29, v. 15. 12. 1977 d. Ges. Rheinischer Ornithologen.

Harnisch, Erich, * 8. 8. 1899 Weimar, † 22. 9. 1967 Stuttgart. Die 1913 begonnene Ausbildung im Lehrer-Seminar Zwickau unterbrach 1917 der Kriegsdienst. 1920 legte er dann die Reifeprüfung am Fletscher-Seminar in Dresden ab und studierte bis 1928 in Jena und Leipzig Naturwissenschaft, Pädagogik, Leibesübungen und in Paris Kunstwissenschaften. In diese Jahre fielen gleichzeitig eingehende orn. Studien in Helgoland und Beziehungen zur dortigen Vogelwarte. Daß ihn damals das Zugphänomen in besonderem Maße beschäftigte, zeigte die von ihm 1928 gewählte Examensarbeit. Sie galt dem „Vogelzug im Lichte der modernen Forschung“ (Leipzig 1929) und war wohl für weitere Leserkreise bestimmt. R. Drost (s. d.) widmete der Darstellung eine fast ganzseitige Besprechung in Orn. Mber. 37, 1929, S. 194 u. Vz. 1, 1930, S. 50. Weitere vogelkundliche Beschäftigung konnte nicht nachgewiesen werden. Der Verfasser war bis 1948 Studienrat in Dresden und bis 1959 Oberstudienrat in Stuttgart.

Hartmann, Bertha (geb. Müller), * 3. 6. 1896 Bad Kreuznach, † 27. 3. 1979 Kaufungen (Bez. Kassel). Die spätere Gewerbeoberlehrerin wurde in Kreuznach und Berlin in Hauswirtschaft, Naturkunde und Jugendpflege ausgebildet und war zunächst in Bad Kreuznach und seit 1920 in Kassel tätig. 1938/40 errichtete sie im nahen Kaufungen ein von Wald umgebenes Haus als Mittelpunkt für orn. Interessen. Neben und nach der Berufsausübung arbeitete sie in den Sammlungen des Naturkundemuseums Kassel, im Ottoneum, angeregt von dem dort tätigen Curt Hartmann, der längere Zeit ihr Ehemann war. Angeborene naturk. Aufgeschlossenheit ließ sie jede Gelegenheit ergreifen, das orn. Blickfeld und die Beziehungen zu Gleichgestimmten zu erweitern. Als Mitglied der DO-G besuchte sie bis in die letzten Lebensjahre wissenschaftliche Tagungen. Noch 1962 war sie in Ithaka und 1974 in Canberra. Nach 50jähriger Mitarbeit erhielt sie als Bezirksvorsitzende des Kasseler Raumes das goldene Ehrenzeichen des Bundes f. Vogelschutz, und der Verein f. Naturk. in Kassel ernannte sie zum Ehrenmitglied. Trotz der Anerkennung, die sie bei den örtlichen Vertretern der orn. Sachkunde fand, erlag sie nie der Versuchung, in oberflächliche Vielschreiberei abzugleiten. Was sie als faun.-ökol. Erfahrungen dem Druck übergab, findet sich im Registerband von W. Sunkels „Vogelring“ (1932—1971), ferner in den Schriftenverzeichnissen bei L. Gebhardt u. W. Sunkel „D. Vögel Hessens“ (1954) und G. Berg-Schlosser (Ergänzungsband 1968). Jahrelang emsig betriebenes Sammeln von Vogelfedern und die aus dieser Leidenschaft erwachsenden Federstudien erschlossen ihr ein wenig betretenes Sondergebiet. Sie untersuchte vor vor allem die Gesetzmäßigkeit des Mauserablaufs bei vielen einheimischen Formen. Der Ernst des persönlichen Einsatzes spricht u. a. aus Veröffentlichungen wie „Meßbare Merkmale z. Bestimmung d. Geschlechter b. Goldammern“ (Vogelw. 87, 1966), „Z. Numerierung d. Handschwingen“ (B. z. Vk. 17, 1971) und aus der Mitarbeit am „Bestimmungsbuch f. Rupfungen u. Mauserfedern“ (B. Nieders. 32, 1974, 1976). Die hervorragend präparierte Federsammlung ging an den Fachbereich Biologie der Univ. Osnabrück.

— Lit.: Nachruf (Verf. ?). Wir u. d. Vögel 4, 1979, S. 3 (mit Bildnis). — Nachruf (von E. Schüz). B. Nieders. 32, 1979, S. 155/56 (mit Bildnis).

Heldt, Reinhold, Dr., * 12. 4. 1905 Süderstapel bei Husum, † 8. 8. 1974 Friedrichstadt, Eider. Er war der Vater des 1972 durch einen Unfall

TEIL 4

früh verstorbenen Rechtsanwalts gleichen Namens (s. d.). Nach dem 1923 am Gymnasium Husum bestandenen Abitur studierte der Bauernsohn bis 1929 Rechts- u. Staatswissenschaft in Kiel, München und Freiburg, um sich anschließend in Friedrichstadt eine Anwaltspraxis aufzubauen. Früh dem Sport und der naturw. Heimatforschung hingegeben, entdeckte der Autodidakt erst in den 30er Jahren den besonderen Reiz orn. Studien in der nicht entseelten Landschaft und entwickelte sich seit den 50er Jahren zielstrebig zum beispielhaft tätigen Kenner der Ornis der Fluren, Marschen und Küsten im schlesw.-holst. Nordseegebiet. Sein gesundes, dynamisches Lebensgefühl, das ihn im heimatlichen Blickfeld vom Kleinen zum Großen fortschreiten ließ, beschränkte sich indessen nicht allein auf den Erwerb neuer Einsichten und Kenntnisse. Als stets zupackende Persönlichkeit fühlte er sich gleichzeitig verpflichtet, die eigene Begeisterung auch auf andere Liebhaber, Sammler und Beringer zu übertragen und für ernsthafte, neue Mitarbeit zu gewinnen. Menschliche Aufgeschlossenheit und Unterstützung begegnete ihm daher in der Orn. Arbeitsgemeinschaft f. Schlesw.-Holst. u. Hamburg, zu deren Vorstandsmitgliedschaft er in langen erfolgreichen Jahren gehörte. Die örtlichen Gegebenheiten brachten es mit sich, daß seine verstärkte Aufmerksamkeit den verschiedenen Formen der Limikolen galt und daß eigene Aufzeichnungen sowie das ihm von den Freunden gelieferte Datenmaterial Verwendung im „Handbuch der Vögel Mitteleuropas" fanden. Auch die Kleinarbeit an der „Vogelwelt Schlesw.-Holsteins" lag nicht zuletzt auf seinen Schultern. Das Erscheinen des Buches zu erleben, war ihm aber nicht vergönnt. Der plötzliche Tod seines Sohnes legte die Kräfte zu früh lahm. Sein orn. Lebensweg im Dienste der avif. Heimatforschung ist gekennzeichnet durch eine ansehnliche „Westküstenkartei" und — nach einer Liste in Corax 5, 1975, S. 50/51 — durch eine Reihe von etwa 20 Veröff. in der Fachpresse zwischen 1953 und 1973.

— Lit.: Nachruf (von F. B. Hofstetter) Corax 5, 1975, S. 42 (mit Bildnis). — Nachruf (von D. Moritz). Ebd. 5, 1975, S. 43—49.

Hofstetter, Christian, * 14. 3. 1883 Leyis bei Ranflüh (Kanton Bern), † 11. 8. 1972 Ranflüh. Neuntes Kind eines kleinen Bergbauern, seit dem 3. Jahr ohne Mutter, belastet durch Gehörschaden infolge früher Ohrenentzündung, konnte der begabte Jüngling kein Handwerk erlernen, weil die Geschwister die Beengtheit und Armut der Heimaterde verließen, um ihm 1917 die hoffnungslose Bewirtschaftung der häuslichen Not zu überlassen. Ende der 30er Jahre schließlich mußte er den eigenen Boden verkaufen und sich durch kleine Dienste auf der Kehrichtdeponie in Emmenschachen und durch Gartenarbeit in einem Diakonissenheim ein karges Brot sichern. War er schon immer ein vom Schicksal ins hinterste Glied gedrängter Mensch, so zog er sich 1960 nach dem Tode seiner Lebensgefährtin ganz aus dem Schatten der Lauten, Starken und Erfolgreichen zurück. Und doch hatte er sich bis dahin bereits eine Anerkennung verdient, die ihm 1952 durch die Ehrenmitgliedschaft der Ala zuteil wurde. In der Welt der Vögel sich zu Hause fühlend, war er bei der Gründung im Jahre 1909 der Schweizerischen Gesellschaft für Vogelkunde u. Vogelschutz beigetreten. Scharfe und geübte Sinne verbanden seinen Namen mit phänologischen Beobachtungen, die zwischen 1909 und 1939 zum fast regelmäßigen Inhalt des „Orn. Beob." gehörten. 5600 beringte Vögel bezeugen die Begeisterungsfähigkeit eines einsamen bescheidenen Mannes, dem die Ungunst des Schicksals selbst einen geringen Anteil von Lebensglück vorenthalten wollte.

— Lit.: Nachruf (von F. Beck u. B. Bruderer). Orn. Beob. 70, 1973, S. 49/50.

Holböll, Carl Peter, * 31. 12. 1795 Kopenhagen, † Frühjahr 1856 Atlantik. Als Sohn eines Schloßgärtners seit 1812 im Dienst der dänischen Marine stehend, trieb es ihn, seinen Gesichtskreis zu erweitern. So benutzte er einen Urlaub 1814—1818 zum Studium der Zool. und weilte 1822—1824 in Westgrönland, um den Walfang kennenzulernen und Naturalien für das Naturhist. Mus. von Kopenhagen zu sammeln. Der Zauber Grönlands fesselte ihn auf die Dauer derart, daß er 1825 als Kapitänleutnant aus dem Marinedienst ausschied, das Amt eines Inspektors für Handel und Walfang in Nordgrönland übernahm und seit 1828 schließlich die Stelle für Südgrönland mit großem Erfolg verwaltete. Seit Juni 1856 ist er auf der Fahrt zwischen Dänemark und Grönland mit der Brigg „Baldur" verschollen. Mit ihm verlor sein Land einen leistungswilligen Bürger, der sich außerdienstlich auch der Naturwissenschaft verpflichtet fühlte. Seine Feder galt daher dem Studium der Wale und anderer

Seetiere, sowie der nordischen Vogelwelt. Der Name knüpfte sich u. a. an eine Mitteilung über die Tauchfähigkeit einiger Säugetiere und Vögel (Naturhist. Tiddskr. u. Okens Isis 1845), ferner an „Orn. u. klimatol. Notizen über Grönland" (Zs. Ges. Naturw. 3, 1845). Die wesentlichste orn. Veröffentlichung war „Orn. Bidrag til d. grönlandske Fauna" (Naturh. Tidsskr. 1843), die auch in die deutsche Sprache übersetzt vorliegt als „Orn. Beitr. z. Fauna Grönlands" (Leipzig 1846). Erwähnenswert war seine Beschreibung des Polarbirkenzeisigs *Linota hornemanii* 1843. Brehm benannte ihm zu Ehren 1831 seine *„Linaria Holboellii"*. Benannt wurde dem Dänen zu Ehren auch der Rothalstaucher, von Reinhardt 1854, als *Podiceps Holböllii.* Ein Gerfalke, der zwischen den für Grönland und den für Island typischen Vögeln steht, wurde von Holböll *Falco arcticus* genannt (1854). Der Name war aber präokkupiert, weshalb B. Sharpe den Vogel 1873 *Hierofalco holboelli* nannte, Terra typica Grönland. Doch auch dieser Name hat nicht überlebt.

— Lit.: Würdigung (von H. Ostermann). Dansk Biogr. Leks. 1936, S. 1868/69.

Homonnay, Nándor (=Ferdinand), Dr., * 15. 11. 1912 Apatin (Ungarn, heute Jugoslawien), † 27. 6. 1976 Budapest. Nach dem Besuch der Mittelschulen in Györ und Debrecen studierte er Zool. in Budapest, um 1934 bei Prof. Méhelÿ zu promovieren. Seine Diss. lautete „Vergl. anatom. Unters. am Syrinx einheimischer Vögel" (Selbstverlag ung. mit dt. Zusammenfassung). Anschließend Assistent an der Univ. und 1936—1951 am Naturh. Mus. von Budapest, setzte er bei J. Greschik (s. d.) zunächst die Studien über die histol. Struktur des Blinddarmes fort, wandte sich aber bald mit Forschungen am Balaton-See der Ökologie zu. Das Ergebnis waren 27 Veröff. 1942 erfolgte die Habilitation zum Privatdozenten an der Univ. Klausenburg und 1948 an der Univ. Debrecen. Dann lag in seinen Händen die Leitung der Biol. Stat. des Museums von Belly=Bilje (ehemals bekannt als Jagdgebiet des Kronprinzen Rudolf, später des Königs von Jugoslawien, des Erzherzogs Albrecht sowie von Tito). Schließlich gab er die Zeitschrift „Albertina" heraus und organisierte seit 1941 mit Hilfe der Lehrer erstmalig eine das ganze damalige Ungarn umfassende Storchbestandsaufnahme. Deren Ergebnisse konnten jedoch nur zum Teil im Druck erscheinen (M. Biol. Kut. Munk. 13; Aquila 69—70). 1951 wurde der Aufbau der Biol. Stat. Vácrátót durch seine Entlassung unterbrochen. Mit der Rehabilitation 1956 war wieder die Beschäftigung am Naturschutzamt, an der Vogelwarte Agárd, am Gerontologischen Inst. und zuletzt am Zoo von Budapest verbunden. 1975 trat er in den Ruhestand.

— Lit.: Nachruf (von A. Keve). Aquila 84, 1977, S. 121/22.

J

Jögi, Ahto, * 14. 2. 1932 Kuressare (=Arensburg), Saaremaa (=Ösel), † 1. 8. 1974 Tartu (=Dorpat). Der Sohn eines Leuchtturmwärters stand schon mit 15 Jahren in Verbindung und anregendem Gedankenaustausch mit der estnischen naturwissenschaftlichen Gesellschaft. Als der Student der Biologie 1951 zur Universität Tartu kam, zeigte er sich vom Phänomen des Vogelzugs so beeindruckt, daß er den Beringungsversuch zur Grundlage und Voraussetzung seiner Studien machte. Mit seinem Namen ist seitdem der Beginn ernsthafter phänologischer Forschung in Estland verbunden. Auf Grund seiner langjährigen Erfahrungen mit den Zugerscheinungen bei Tauchern und Gänsen im Bereiche der Straße Muhu wurde er 1965 zum Kandidaten der biologischen Wissenschaften befördert. Sein feldornithologisches Untersuchungsgebiet waren die Westküste von Estland, die Moonsund-Inseln, die Insel Ösel und Viinistu. Seit 1966 reizte ihn dazu die Mitarbeit am Instituts-Thema „Resources of Waterfowl, their conservation and reproduction". Groß war auch sein tätiger Einsatz bei der Gründung der vogelkundlichen Station von Puhtu (Pucht). Weitere von ihm erfaßte Probleme im Baltikum betrafen Zug von Sing- und Zwergschwan, Seetauchern, Eiderente, Seeschwalben, Brut und Sommer-Wanderungen der Schellente, Vorkommen der Turteltaube, Zug, Überwinterung, Brut und Nahrung der Drosseln. Bemerkenswert war zudem sein Anteil an der estländischen Literatur. Er war der Autor von 148 wissenschaftlichen Veröff. sowie 315 kurzen Mitteilungen. Außerdem hielt er 40 Vorträge in den Versammlungen der ornithologischen Sektion. Seit 1958 war er Mitglied der Baltischen Kommission zum Studium des Vogelzugs.

— Lit.: Nachruf (von O. Renno). Communications of the Baltic Commission for the Study of Bird

TEIL 4

Migration Nr. 10, Tartu 1977, S. 172/73 (mit Bildnis).

Jörgensen, Jörgen, * 18. 12. 1894 Store Magleby, Amager (Dänemark), † 20. 2. 1970 Schleswig. Der Bauernsohn, in Dänemark geboren und aufgewachsen, lernte früh das alte Volksproblem des Zwiespaltes unter Minderheiten kennen. Er blieb Däne, überschritt 1922 erstmalig die südliche Grenze und heiratete 1928 eine Schleswigerin. Brücken über politische Grenzen zu schlagen, wurde ihm schließlich verpflichtende Lebensaufgabe. Ihr gab er sich hin, als er nach entsprechender Ausbildung 1924 die Pionierarbeit des Wanderlehrers bei der dänischen Minderheit in Süd-Schleswig übernahm. So wie sein weltpolitisches Denken in der dänischen Kultur wurzelte, blieb er auch aus früher feldorn. Erfahrung an Meeresstrand und Vogelzugstraßen dem Reiche der Vögel verbunden. Er war ein tief gründender, kritischer Beobachter, der — fern von Oberflächlichkeit — nicht nur in Tagebüchern eine Menge von zuverlässigem Wissen festhielt, sondern auch eine Fülle von Zeitungsberichten hinterließ. In Schleswig gehörte er neben H. v. Hedemann-Heespen (s. d.) zu den führenden Köpfen des Bundes f. Vogelschutz. 1917 schloß er sich der Dänischen Orn. Gesellschaft und 1954 der DO-G an. Seiner wohlwollenden Beratung durfte sich in den letzten Jahren auch die Vogelkundliche Arbeitsgruppe Schlesw.-Holstein erfreuen (Veröff. z. B. in Dansk Orn. For. Tidsskr. 16, 1922; 35, 1941; 37, 1943; 38, 1944; Mitt. Faun. Arbeitsgemeinschaft NF 11, 1958; Dansk Orn. For. Tiddskr. 55, 1961; Mitt. Faun. Arbeitsgemeinschaft NF 16, 1963; Dansk Orn. For. Tiddskr. 57, 1963; Corax 1, 1965). J. trug die Dänische Verdienstmedaille in Silber und wurde 1948 zum Ritter von Danebrog ernannt.

— Lit.: Würdigung (von I. Thomsen). Schlesw. Mh. 5, Mai 1969, S. 11—14 (mit Bildnis). — G. Schmidt, Vorwort z. „Neues Verz. d. Vögel Schlesw.-Holsteins u. seiner Nachbargebiete" (Kiel 1970). — Nachruf (von F. Salomonsen). Dansk Orn. For. Tidsskr. 64, 1970, S. 99.

Johansen, Hans Christian, Dr., * 2. 12. 1897 Riga, † 18. 12. 1973 Lyngby (Seeland). Seine Vorfahren waren Dänen. Der Vater wanderte in den 90er Jahren als Kulturingenieur und landwirtschaftlicher Fachmann nach dem Baltikum aus, wo er sich in Riga niederließ. Die Eltern unter sich sprachen dänisch, die Kinder aber deutsch. Nachdem der Sohn 1916 die Reifeprüfung am deutschsprachigen Gymnasium von Reval bestanden hatte, verschlug ihn naturw. Eifer nach Tomsk. Hier wohnte er anfangs im Hause seines Lehrers Hermann Johansen (s. d.), der nicht mit der dänischen Estlandfamilie verwandt war. Doch schon im Sommer 1917, als ihn Exp. in der Barabasteppe festhielten, ging die Verbindung mit der balt. Heimat verloren. Obendrein zwangen ihn die Not und die Kämpfe zwischen „Weiß" und „Rot" 1918 zum Rückzug in das Altai-Gebirge, wo er eine Zeitlang in Wäldern mit roten Partisanen lebte. Erst 1921 konnte er Tomsk verlassen und völlig verarmt das Elternhaus in Reval wieder erreichen. Von hier aus gelang es ihm, die in Tomsk abgebrochenen Studien mit frischen Kräften in München fortzusetzen und im Herbst 1925 mit der Dissertation „D. Baikalsee, Physiograph. u. biogeograph. Überblick" zu promovieren. Der weitere Lebensweg durch Länder und Kontinente ist etwa durch folgende Daten und Stationen gekennzeichnet: 1925—1928 Assistent an der Univ. Tomsk, dazwischen Mai bis August 1926 Ussuriland, Sommer 1927 Fischerei-Unters. im Ob-Flußland (verbunden mit orn. Forschungen), 1928—1930 Pelztierkonsulent auf den Kommandeur-Inseln (mit Studien an den Meeresvögeln) und Besuch des Grabes von Vitus Bering, 1931 Nachfolge von Hermann Johansen in Tomsk, 1934—1937 Exp. in die Taiga und Ausweisung aus Rußland (weil er nicht die Sowjetbürgerschaft erworben hatte unter Zurücklassung der Vogelsammlung in Leningrad); 1938 Prof. am Herderinstitut in Riga und später am Inst. f. Ostforschung in Königsberg, ab 1944 phänol. Studien am Zool. Mus. von Kopenhagen; bis 1948 einige Kisten mit 5000 seiner Vogelbälge aus Leningrad eintrafen. Seitdem konnte er der ihm vorbestimmten Leidenschaft folgen. Sie galt der System., Taxon. und Ökol. der westsibirischen Vogelwelt. Daß ihm auch die Avif. der südlichen Erdkugel nicht gleichgültig blieb, zeigen Fahrten nach Chile (1963) und Flugreisen nach Ostafrika, Südwestasien und Mexiko. 1956 und 1965 lockten ihn nochmals Einladungen zu russischen Kongressen. 1972 nahm er schließlich für immer Abschied von Leningrad. Er war ein Mann mit ungewöhnlichen Anlagen: Er ging ohne Bitterkeit seine eigenen Wege. Er sprach 5 Sprachen. Und nach den langen sibirischen Jahren erschien er im Bereiche europ. Denkschablonen oder dänischer Lebensformen gelegentlich als ein Fremdling in der alten Heimat.

Welch eigenartigen Zauber die Persönlichkeit des „väterlichen Freundes" ausstrahlen konnte, verrät ein Urteil, das G. Schmidt (s. u.) 1974 in die Worte kleidete: „... Wir haben ihm in vogelk. und menschlicher Hinsicht unnennbar viel zu verdanken. Alle, die seinem gütigen Blick begegneten, werden diesen würdigen Mann ... nicht vergessen. Sein Wesen im Alter erwuchs zutiefst aus seinem Schicksal, das fast eine Passionsgeschichte zu sein scheint". Seit 1923 war J. lebenslängliches Mitglied der DOG, seit 1955 Korr. Mitglied der Am. Orn. Union. 1961 erhielt er das Ritterkreuz des Dannebrogs. Von seinen zahlreichen zwischen 1922 und 1969 erschienenen Veröff. seien genannt: „Orn. Ergebnisse aus d. Ussurilande", russ. (1927/28), „Vögel d. Kommandeurinseln", russ. (1934), „D. Brutvögel d. Salaiŕberge", russ. (1935), „D. Vogelfauna Westsibiriens", das Hauptwerk (J. Orn. 91, 1943—102, 1961), „Z. System. nordpaläarkt. Turdus viscivorus" (Aquila 50, 1943), „Über Rassen d. Saatgans", dän. (Dansk orn. Foren. Tidsskr. 39, 1945), „Orn. in Russia" (Ibis 94, 1952), „Revision u. Entstehung d. arkt. Vogelfauna" (Acta arctica 8, 1956—9, 1960, Proc. 12. internat. Congr. Helsingfors 1958), „D. Population d. Weißstorchs in Dänemark 1952—1960 (Dansk orn. Foren. Tidsskr., dt. u. engl. 49, 1956—56, 1962), „D. Vögel d. Feuerlandes" (Vidensk. Medd. dansk naturh. Foren. 129, 1966), „Nordamerik. Zugvögel in d. Südhälfte Südamerikas" (B. Bonn 20, 1969).

— Lit.: Nachruf (von B. Löppenthin). Dansk orn. Foren. Tidsskr. 68, 1974, S. 71—76 (mit Bildnis u. Verz. d. Veröff). — Nachruf (von G. Schmidt). Vogelk. Tagebuch Schlesw.-Holst. 2, 1974, S. 81 (mit Bildnis). — Würdigung (von Schriftl.). Vwa 27, 1974, S. 231. — Nachruf (von R. S. Palmer). Auk 92, 1975, S. 644—646 (mit Bildnis). — Bildnis in E. Schüz, Erinnerungen an d. Vogelwarte Rossitten in Bildern (Orn. Mitt. 28, 1976, S. 20). — Nachruf (von S. Uspenski). Communications of the Baltic Commission for the study of bird migration 11, 1978, S. 169—171 (mit Bildnis).

Jordans, Adolf von, Dr., * 29. 4. 1892 Lüftelberg (Kr. Bonn), † 23. 5. 1974 Kärnten (Österreich). Aus einem alten rheinischen Hause stammend — der Großvater wurde 1842 geadelt, der Vater war Gutsbesitzer — besaß er eine ritterliche Geisteshaltung. Nach seinen eigenen Worten glaubte er noch an seinem Lebensabend (Brief v. 12. 8. 1972), gegen „Ehrgeiz, Angeberei, Neid und Intrigantentum" in der Wissenschaft ankämpfen zu müssen. In das Persönlichkeitsbild gehört die Ablehnung phylogenetischer Überlegungen und Systeme und damit des Gedankens einer transspezifischen Evolution. Mit Skepsis behandelte er jeden Versuch, auch den Weg der intraspezifischen Evolution aufzudecken. Kennzeichnend für die Grundrichtung seiner Denkmethode war der frühe „Versuch einer Monographie d. Formenkreises Sturnus vulgaris nebst Untersuchung über d. Formenkreislehre, ihren Inhalt und ihre Bedeutung für d. Verwandtschaftsbegriff und d. Abstammungstheorie" (Arch. Naturgesch. 89, 1923). Als Vetter von Hans Geyr von Schweppenburg (s. d.) hatte er das Glück, schon 1912 in Alexander Koenig (s. d.) einen der Sammelleidenschaft hingegebenen Mäzen zu finden und dessen restloses und dauerndes Vertrauen zu erwerben. Auf dem Posten des Kustos und stellvertretenden Direktors war er seit 1921 der unermüdliche Helfer am Aufbau des Bonner Privatmuseums, an dem er bereits 1914 seine Dissertation über „D. Vogelfauna Mallorcas mit Berücksichtigung Menorcas u. d. Pityusen" geschrieben hatte. Auch an der Bestandssicherung des Museums in den überaus kritischen Jahren nach 1924 fiel ihm ganz wesentlicher Anteil zu, und mit A. Koenigs Generalvollmacht versehen, konnte er 1929 den Übereignungsvertrag in die Obhut des deutschen Reiches abschließen. Typisch für seine menschliche und wissenschaftliche Einstellung war das nie getrübte Verhältnis zu Otto Kleinschmidt (s. d.), der zum ersten und einflußreichsten orn. Lehrer des Gymnasiasten wurde. Die menschliche Bindung an das Vorbild war so stark, daß er — durch einen Streitfall um die wissenschaftliche Rolle Kleinschmidts herausgefordert — noch im Mannesalter (von 1951—1957) die DOG verließ. In sachlicher Hinsicht ging er getreue Schüler kaum über den hochgeschätzten Meister hinaus und wagte nicht, die Grenzen zu durchstoßen, die dessen Formenkreislehre gezogen hatte. Es lag ihm nicht, Theorien aufzustellen und weittragende Ideen zu entwickeln. Sein Blick war auf das Kleine und Naheliegende gerichtet, das er in peinlich genauer Analyse festzustellen und zu beschreiben, aber nicht so sehr zu deuten versuchte. Jahrzehntelang galt seine wissensch. Arbeit in erster Linie der Untersuchung der geographischen Variationen, doch noch in seinem letzten großen Rechenschaftsbericht über „D. Westpalaearktischen Rassen d. Formenkreises Parus major"

TEIL 4

(Zool. Abh. d. Mus. f. Tierk. Dresden 31, 1970, S. 205—225) lehnte er es ab, an die entscheidende Wirkung einer Selektion zu glauben. Für ihn blieb die stammesgeschichtliche Entwicklung oder das Entstehen neuer Typen „der „wissenschaftlichen, d. h. kausalen Forschung entzogen". Auf den Spuren Kleinschmidts, den er für den Vater der Populationsforschung und deren Methoden hielt, wußte er sich auch, als er (z. T. mit anderen Autoren) 50 neue Rassen beschrieb. 8 Rassen tragen seinen Namen, wobei bemerkt sei, daß er die geographischen Formen als Endglieder, nicht aber als Ausgangsstufen zu neuen Formenkreisen betrachtete. Neben dem musealen Eifer — er war ganz und gar Museumsornithologe — fesselte ihn vor allem der Reiz der leidenschaftlich ausgeübten Jagd. Sein besonderes Augenmerk beanspruchte daneben die Vogelwelt des Mittelmeergebiets, das er häufig aufsuchte. An seine Dissertation schlossen sich Arbeiten an wie „Ergebnisse meiner zweiten Reise nach Mallorca" (J. Orn. 72, 1924), „Ergänzungen z. meiner Vogelf. d. Balearen" (Falco 26, 1930), „Über einige Vogelrassen d. Nord-Pyrenäen u. Nordost-Spaniens" (Anz. Bay. 2, 1933), „Ein Beitrag z. Kenntnis d. Vogelwelt Bulgariens" (Mitt. Naturw. Inst. Sofia 13, 1940), „Eine Vogelausbeute aus Fukien", mit G. Niethammer (Verh. Bay. 22, 1940), „Beiträge z. Avif. d. Iberischen Halbinsel", mit J. Steinbacher (Ann. Wien 52, 1942), „Über d. von Prof. G. Schiebel auf Kreta u. Sizilien gesammelten Vögel" (Senckenbergiana 26, 1943). Insgesamt ist er der Autor von über 40 größeren und kleineren Verlautbarungen, die zwischen 1913 und 1970 in den verschiedensten Zeitschriften erschienen. Nach dem Tode A. Koenigs übernahm er die Verwaltung der Privatsammlungen, und von 1947 bis 1957 war er der Direktor des Museums — seit 1951 mit dem Professorentitel. Nach Erreichung der Altersgrenze wohnte er auf Burg Morenhoven. Eine außerordentlich entwickelte körperliche Spannkraft begann erst abzusinken, als er 1957 nach einer Kehlkopfoperation die Sprechfähigkeit verlor und sich 1969 dazu noch einer Darmoperation unterziehen mußte. Er starb überraschend auf einer Erholungsreise. Gilt für ihn nicht das Goethewort: Das höchste Glück des denkenden Menschen ist es, das Erforschbare erforscht zu haben und das Unerforschliche ruhig zu verehren.

— Lit.: Würdigung (von G. Niethammer). B. Bonn 23, 1972, S. 77/78 (mit Bildnis). — Nachruf (von H. E. Wolters). Ebd. 25, 1974, S. 217/18 (mit Bildnis u. Verz. d. von S. Eck zusammengestellten Veröff.).

Jost, Wilhelm, * 16. 2. 1900 Gevelsberg, † 28. 1. 1971 Gummersbach-Hasselbach. Er war seit 1923 Lehrer in Walsum (Niederrhein) und seit 1943 Rektor in Duisburg-Meiderich. Frühe Aufgeschlossenheit für tiergeographische Fragen machte ihn zum Mitbegründer einer naturkundlichen Arbeitsgemeinschaft, in deren Nachrichtenblatt schon orn. Einzelbeobachtungen aus seiner Feder standen. Sie betrafen u. a. Haselhuhn, Eisvogel, Wasseramsel. Aber erst nach dem 2. Weltkrieg und der Rückkehr aus Gefangenschaft öffnete sich ihm 1948 der autodidaktische Weg in die Welt der heimischen Vögel. Da er bald im Rufe stand, Naturschützer „aus Passion" zu sein, wurde ihm im Oberbergischen Kreis die Stelle des Vertrauensmannes für den Vogelschutz und im erweiterten Rahmen für den Naturschutz übertragen. Die organisatorische Aufgabe blieb für ihn keine romantische, gefühlsbetonte Angelegenheit, sondern ein ernsthaftes, landschaftlich gebundenes Arbeitsgebiet. Auch als Mitglied der Gesellschaft Rheinischer Ornithologen fühlte er sich zur Aufklärung der Bevölkerung durch die Heimatpresse verpflichtet. So fanden seine regelmäßigen Beiträge „Fünf Minuten Vogelkunde" in der Oberbergischen Volkszeitung den Weg zu einem größeren Leserkreis. Als weitere, hierher gehörende Wortmeldungen seien genannt: „Über Veränderungen d. Siedlungsdichte d. Saatkrähe im Oberbergischen Kreis" (Kreisblatt f. d. Oberb. Kreis 23, 1961), „D. Vogelwelt im Oberbergischen", ein mit zahlreichen Farbfotos ausgestattetes populär-wissenschaftliches Buch (Selbstverlag d. Kreisverwaltung 1965), „Oberbergische Aussiedlerhöfe, eine Ursache für d. Abnahme d. Rauchschwalbe?" (Nat. u. Landschaft 43, 1968). Wenn der rührige, ohne Zweifel regional verdienstvolle Feldbeobachter 1968 auch aus gesundheitlichen Gründen das Amt als Vertrauensmann des Vogelschutzes abgeben mußte, so war es ihm doch möglich, die avifaunistische Aufhellung für kurze Zeit noch fortzusetzen. Sie richtete sich hauptsächlich auf die (noch nicht geklärte?) Registrierung der Wanderwege von Zugvögeln nördlich des Ebbegebirges und zwischen Ebbe- u. Rothaargebirge im Oberbergischen Kreis.

— Lit.: Ch. Buchen, Vogelwelt d. Gemeinde Morsbach/Sieg 1968—1972. — Nachruf (von W. Erz). Charadrius, Mitt. Rhein. Orn. 7, 1971, S. 38.

K

Kjärbölling, Niels, Dr. h. c., * 11. 10. 1804 Dyntewith, Insel Alsen (Herzogtum Schleswig), † 2. 1. 1871 Kopenhagen. In dem Lehrerhaus einer Gegend, in der sowohl Deutsch als auch Dänisch gesprochen wurde, wuchs er im Bereiche beider Sprachen auf. Da er aber (nach eigenen Worten) seit dem 15. Lebensjahr „stets in dem dänischen Sprachelement" lebte, war er im Mannesalter „nicht mehr seiner Jugendsprache mächtig". Nach erstem Unterricht beim Vater besuchte er bis 1827 das Lehrerseminar zu Skaarup, war einige Jahre Hauslehrer und von 1831 ab Lehrer auf der Insel Ärö. Unter Verzicht auf diesen Beruf siedelte er dann nach Tirsbäk über, um einen Versuchsgarten bei Snoghö südlich von Fredericia zu übernehmen. Die mit der neuen Beschäftigung verbundene praktische Lebensschulung ermöglichte ihm die Herausgabe einer Gartenzeitung und die Veröffentlichung eines „Handbuches d. Blumengärtnerei d. freien Landes" (1843). Beifall und Anerkennung seiner neuen Tätigkeit zeigten sich in der Ernennung zum Garteninspektor und in der Unterstützung, die ihm der König von Dänemark „zur Förderung populärwissenschaftlicher Abhandlungen und Schriften" gewährte. Der Beginn des 1. Schleswigschen Krieges legte ihm dann 1848 den Umzug nach Kopenhagen nahe, wo ihm mehr Hilfsquellen zur Verfügung standen, und er 1859 die Gründung des Zool. Gartens einleitete. In diesen Jahren verstärkte sich deutlich die Freude am Sammeln von Naturalien oder am faunistischen Studium im Raume der heimatlichen Ornithologie. Nachweise dafür waren u. a. „Ein Verzeichnis d. in Dänemark vorkommenden, weniger gewöhnlichen u. seltenen Vögel" (Naumannia 1850), „Danmarks Fugle" mit 304 Abb. (Ornithologia 1851), sowie mit 252 Abb. (ebd. 1854), „Bem. über einige z. Ansicht mitgebrachten Vögel u. Eier", Vortrag von der DO-G Berlin 1851 (Naumannia 1852), „Über d. hochnordischen Edelfalken" (ebd. 1855), und als Hauptwerk „Danmarks Fugle . . ." (1851/52), wofür ihm der König von Schweden die goldene Medaille „memoriae pignus" verlieh. Der Verfasser zeigte sich in diesen Wortmeldungen keineswegs als erbmäßig begünstigter Forscher, wohl aber als aufmerksamer Feldbeobachter, der — im Kleinen das Große ahnend — sich auch auf andere Gewährsmänner bezog. Unter ihnen war D. F. Zander (s. d.). Aus dessen „Naturgeschichte d. Vögel Mecklenburgs" (1837—1853) übertrug er ganze Textabschnitte ins Dänische — ohne allerdings die Quelle zu nennen! Beachtliche Eigenkritik sprach dagegen aus den Worten: „Das nachstehende Verzeichnis ist nur von einem Freunde der Orn. und von keinem hochgelehrten Verfasser; denn einen solchen, der den lieblichen befiederten Geschöpfen, besonders den nordeuropäischen, seine besondere Aufmerksamkeit schenkt, gibt es hier gegenwärtig nicht. Die letzten Jahre habe ich mich ausschließlich als Jäger, Konservator u. Zeichner der vaterländischen Ornithologie gewidmet". Auch an anderer Stelle behauptete er, nur „Jäger, Vogelfänger, Zeichner u. Beschreiber" zu sein. Trotz dieser Unterbewertung wuchs ihm die Freundschaft mehrerer zeitgenössischer deutscher Fachleute zu. Sie bot die gern genutzte Möglichkeit, im Gedankenaustausch die wissenschaftlichen Ziele der jungen DOG kennenzulernen. E. F. v. Homeyer (s. d.) veröffentlichte in den „Orn. Briefen" 1881) 10 an ihn zwischen 1847 und 1855 gerichtete Briefe des aufstrebenden vogelkundlichen Beobachters. Vertiefte menschliche Beziehungen entwickelten sich schließlich zu Ch. L. Brehm (s. d.). Sie sind erkenntlich am (nach mehrfachen Briefen) erfolgreichen Bemühen des Renthendorfer Pfarrers, 1852 die Phil. Fakultät von Jena für die Verleihung der Würde des Dr. h. c. an den „liebenswerten" ornithologischen Freund zu gewinnen. Nach dem Tode des Verfassers erlebten „Danmarks Fugle" eine von J. S. Collin besorgte Neubearbeitung unter dem Titel „Skandinaviens Fugle, med saerligt Hensyn til. Danmark og de nordlige Bilande" (1875—1877).

— Lit.: O. G. Petersen, En lille Litteratur-Bemaerkning, Doft 1908, S. 158—166. — Würdigung (von H. Ostermann). Dansk Biogr. Leks. 12, 1937, S. 497/98. — G. Buchda, Beziehungen d. Naturforscherfamilie Brehm z. Univ. Jena (Brehm-Studien VII) 1965, S. 94—99. — B. Löppenthin, Danske ynglefugle i fortid og nutid 1967.

Knopf, Otto, * 12. 7. 1897 Dornbock (Kr. Köthen), † 22. 9. 1967 Köthen. Nach dem Besuch der Realschule erlernte er den Beruf des Bankkaufmanns, um seit 1927 selbständiger Großhandelskaufmann und nach 1945 Handelsvertreter zu werden. Früh war er Jäger, dem das rechte Verständnis für die Hege des Wildes und der selbstlose Einsatz für

TEIL 4

den Schutz der bedrohten Natur den Weg in die unter dem freien Himmel forschende Vogelkunde ebneten. 1922 schloß er sich daher dem Orn. Ver. in Köthen an und entfaltete bald neben R. Wahn (s. d.) und A. Ernst (s. d.) aus eigener Kraft erarbeitetes Fachwissen. Die Freude an der Weitergabe der Formenkenntnis bedeutete für die Faunistik im engeren Beobachtungsraum eine wertvolle Bereicherung um manche neuen Daten. Obwohl er nicht falschen Ehrgeiz im Bemühen um Seltenheitsfunde entwickelte, verfügte er über ein geschärftes Gespür für Nistorte (z. B. des Großen Brachvogels im Wulfener Bruchgebiet). Seinem Eifer waren auch Brutnachweise für Triel, Schwarzkehlchen, Blaukehlchen, Kreuzschnabel und Erlenzeisig zu danken. Leider konnte er sich in vielen Fällen nicht zur Veröffentlichung mitteilungswerter Feststellungen entschließen. Infolge dieser Zurückhaltung drang sein Name kaum über den Kreis der Feldornithologen des Mittelelbegebietes hinaus.

— Lit.: Nachruf (von S. Beiche). Apus, Beitr. z. einer Avif. d. Bez. Halle 1, 1966—1969, S. 207.

Koch, Ludwig, * 1881 Frankfurt, † 4. 5. 1974 England. Die ersten Schritte des jugendlichen Violinkünstlers in Richtung auf die Vogelkunde setzten ein, als es ihn (fern von wissenschaftlichem Ehrgeiz) reizte, die Stimmen der Vögel durch gezielte Fortentwicklung der Technik festzuhalten, d. h. auf die Platte zu bannen. Versuche mit Käfigvögeln gehörten schon der Jahrhundertwende an. Aber erst nach dem 1. Weltkrieg gelangen ihm bei Aufnahmen in der freien Natur befriedigende Fortschritte und Erfolge. Als Leiter der Kulturabteilung der Lindström-AG erreichte er fördernde Unterstützung seiner Bemühungen zunächst bei H. Hähnle (s. d.) und dessen Bund f. Vogelschutz. Obendrein brachte ihn die Gunst des Schicksals in die Nähe von Oskar Heinroth (s. d.), der sich 1929 auf gleichgerichteten Forscherpfaden bewegte. K. hörte damals bei Saaleck (Thüringen) als einer der ersten die Türkentaube, deren ihm fremde Stimme er zwar aufnahm, aber erst durch O. Heinroth kennenlernte (H. Ringleben, J. Orn. 105, 1964, S. 347). Für die weitere Entwicklung ausschlaggebend waren dann von K. konstruierte Aufnahmegeräte, die seit 1932 auf Lastwagen aufgebaut, durch junge Ornithologen wie V. Graumüller (s. d.), H. Sick, J. Steinbacher, R. Kuhlemann in die Reviere der singenden Vögel herangeführt wurden. Das Ergebnis der Partnerschaft war das bekannte Vogelstimmenbuch „Gefiederte Meistersänger“ (1935/36 u. 1957), d. h. der Begleittext, den O. Heinroth zu 3 von K. hergestellten Schallplatten lieferte. Anschließend gelangen K., z. T. in Zusammenarbeit mit Fachleuten, weitere Stimmenwerke, Genannt seien „D. Schrei d. Steppe“ (1933), „D. Wald erschallt“ (1934 zus. mit Lutz Heck). Das Jahr 1936 brachte schließlich die entscheidende Wende seiner Erdenbahn: Als Jude sah er sich gezwungen, nach England auszuwandern. Dort fand er Verwendung zuerst am Rundfunk und seit 1938 beim Fernsehen. Zu den von ihm in den folgenden Jahren veröffentlichten Werken gehören Schallplatten mit Texten wie „Songs of Wild Birds“ (1936 mit E. M. Nicholson), „More Songs of Wild Birds“ (1937 mit dems.), „Animal Language“ (1938 mit J. Huxley), „Oiseaux Chanteurs de Laeken“ (1952). Zwischen März 1945 und Februar 1958 war er an ungefähr 160 „broadcasts“ beteiligt. Die Briten verliehen ihm daher den Rang eines „European pioneer of the recording of wild birds in the field“.

— Lit.: Autobiographie „Memoirs of a Bird Man“ (1955). — Nachruf (von J. Boswall). British Birds 67, 1974, S. 472—474.

Koehler, Otto, Dr., * 20. 12. 1889 Insterburg (Ostpreußen), † 7. 1. 1974 Freiburg (Breisgau). Im Hause eines Onkels wuchs der schon mit 4 Jahren Vollwaise gewordene Pastorensohn auf. Als er die Schulzeit in Schulpforta (Saale) 1907 abschloß und in Freiburg — ohne finanziellen Rückhalt — das Studium der Math. und Geschichte begann, lagen ihm erkennbare biol. Neigungen noch fern. Sie erwachten aber schnell, nachdem er unter den Einfluß der deszendenztheoretischen Vorlesungen von A. Weismann (s. d.) und der zool. Übungen von W. Schleip geriet. In München konnte er daher 1911 bei R. Hertwig mit der entwicklungsphysiol. Diss. „Über d. Abhängigkeit d. Kernplasmarelation von d. Temperatur u. von d. Reifezustand d. Eier . . .“ summa cum laude promovieren. Nach einem Aufenthalt an der Zool. Station Neapel 1912/13 zog ihn die wissenschaftliche Großzügigkeit von Münch. wieder an. Er wurde Assistent bei F. Doflein, dessen geistvolle Exkursionen ihm den Blick für die Reize der alpinen Tierwelt öffneten. Damals entstand auch die nie mehr abreißende Freundschaft zu E. Stresemann (s. d.) und K. von

Frisch. Der 1. Weltkrieg hielt dann den Bakteriologen und Soldaten als Gefangenen der Engländer bis über das Ende in Palästina fest. Doch schon 1920 konnte er sich bei Doflein, der inzwischen nach Breslau übergesiedelt war, für Zool., vergl. Anat. und vergl. Physiol habilitieren. Die Ernennung zum ao. Prof. und etatmäßigen Konservator in Münch. erreichte er 1923, bis 1925 das alte von K. E. von Baer (s. d.) gegründete Zool. Inst. von Königsberg dem ordentl. Prof. neue Arbeitsmöglichkeiten bot. Waren bisher das Inst. und das Labor seine Hauptwirkungsstätten, so ging ihm hier — gefördert durch die Formenfülle der Kurischen Nehrung und bewußt gepflegte Beziehungen zur Vogelwarte Rossitten — das Verständnis für die Möglichkeiten der feldorn. Beobachtungen auf. Mit der damit verbundenen Bereicherung der Artenkenntnis, die er nicht zuletzt dem praktischen Wissen des „Sekretärs" O. Sandring verdankte, waren ihm die Wege zur damals aufkommenden, aber noch um ihren wissenschaftlichen Rang kämpfenden tierpsychologischen Betrachtungsweise geebnet. Die Berührung mit der vogelk. Forschung hatte seitdem zur Folge, daß neben dem genetischen Blickfeld auch die wissenschaftstheoretischen Probleme der Sinnesphysiologie und Ethologie seinem Erkenntnisdrang näher rückten. Für die Verhaltensforschung gewann ihn — beim Baden am Pillkopper Seestrand — das vorher kaum beachtete Fortpflanzungsgebaren des brütenden Sandregenpfeifers. Die nach seinen eigenen Worten dort erlebte „Liebe auf den ersten Blick" steigerte sich zu den Unters. über die Grundlagen des „Zähl"-vermögens und Sprechens der Tiere, sowie über die der „vorsprachlichen" Voraussetzung für die Sprachentwicklung der Menschen. Er ging dabei von dem Gedanken aus, daß nicht nur die Körper- u. Verhaltensmerkmale, sondern auch die „geistigen Fähigkeiten des Menschen stammesgeschichtlich erworben seien, ihre Wurzeln also im Tierreich zu suchen sein müßten". Um die Vorstufen dieses Vermögens bei Tieren zu finden, schritt er daher mit Zähigkeit und überlegener Methodik zu den jahrelangen Tierversuchen, die mit seinem Namen verbunden sind. Dazu dienten ihm u. a. Tauben, Kolkraben, Dohlen, Elstern und verschiedene Papageienarten. Die unvoreingenommene Betrachtung der Naturvorgänge und die daraus erwachsenden Folgerungen für die Verhaltensphysiologie im allgemeinen rückten ihn nicht nur in die geistige Nachbarschaft von O. Heinroth (s. d.). Sie wurden auch von K. Lorenz, der dem Ostpreußen „das Ausfüllen sehr vieler Bildungslücken" verdankte, als eine „Offenbarung" empfunden. Der Gleichklang der Antworten auf die sich häufenden Fragen führte 1936 schließlich zur gemeinsamen Gründung der Zeitschrift f. Tierpsychologie, die K. bis zum Jahr 1967 mit dem ihm eigenen kritischen Blick für das Wesentliche und wohltuend sprachlicher Zucht herausgab. Nach 20 Jahren mußte er im Februar 1945 das zerstörte Königsberg verlassen. Mit 2 Koffern und seiner geliebten Geige kam er auf einem alten Damenfahrrad im Oktober 1946 in Freiburg wieder an. Ungebrochen ging er an den Aufbau des Weismannschen Instituts, leitete es bis 1960 und widmete sich erneut mit überraschenden Ergebnissen den Untersuchungen über das „unbenannte" Denken im Gesang der Vögel. Diese dem Vogel verliehene Gabe des Liedes war und blieb dem musisch begnadeten Freund der Geige eine Vorstufe von Musik und Sprache. Ein Verzeichnis seiner Schriften 1912—1974 befindet sich in Zs. Tierpsychol. 35, 1974. Er war Mitglied der Königsberger Gelehrten-Gesellschaft seit 1929, der Leopoldina seit 1940, der Societas pro fauna et flora fennica seit 1941, der DO-G seit 1950 und Ehrenmitglied der DO-G seit 1960. Seine dogmenfreie Forschung und die von ihm ausgehende geistige Formkraft stempelten ihn zu einer universal gebildeten Persönlichkeit. K. Lorenz meinte weiter: "... er war auch ein Weiser, dessen ganzes Leben in seiner Güte u. Menschlichkeit jedem ein leuchtendes Vorbild bleiben wird, der ihn wirklich gekannt hat" (Zs. Tierpsychol. 35, 1974, S. 472).

— Lit.: E. Stresemann, Entw. d. Orn. 1951. — Würdigung (von Schriftl.). Vwa 27, 1974, S. 230/31. — Nachruf (von G. Osche). J. Orn. 115, 1974, S. 460—463 (mit Bildnis). — Nachruf (von dems.). Verh. d. Dt. Zool. Ges. 67, (1974) 1975, S. 417—419 (mit Bildnis). — Nachruf (von B. Hassenstein). Zs. Tierpsych. 35, 1974, S. 449—464 (mit 4 Bildnissen). — Frisch, K. von, Erinnerungen an O. K. aus alter Zeit. Ebd. 35, 1974, S. 465—467. — Lorenz, K., O. K. als Freund u. Vorbild. Ebd. 35, 1974, S. 468—472.

Kreyenborg, Hermann, Dr., * 13. 11. 1889 Damme (Oldenburg), † 9. 5. 1963 Münster (Westfalen). Der Sohn eines Amtsrichters begann nach dem Besuch des Gymnasiums von Münster 1910 das durch den 1. Weltkrieg unterbrochene Studium der Indologie, Irani-

TEIL 4

stik und vergl. Religionsgeschichte, um sich an der Univ.-Bibliothek der Beamtenlaufbahn zu widmen. Daß ihm in der Jugend schon biol. Neigungen nicht fremd waren, verrät der Titel seiner Dis. „Beiträge z. altindischen Zool., 1. Abt. Über d. Tiere bei Kalidasa" (Münster 1921). Weitere, dem beruflichen Fachgebiet zugehörige Themen enthält ein Verfasser-Katalog der U.-B. Münster. Die Fähigkeit zu kritischer Beobachtung und nachdenklichem Anschauen der heimatlichen Fauna und Flora spricht daneben aus kleinen Beiträgen für die münsterische Presse. Sie deuten auf geistige Verwandtschaft mit H. Löns (s. d.). Zu den ersten orn. Wortmeldungen gehörten Arbeiten in Orn. Ms. 36, 1911 und 36, 1911. Mit der Reife der Jahre beschäftigte ihn mehr und mehr die Biologie der Greifvögel und des Jagdgeflügels. Aus dem Spannungsfeld zwischen der in unbewußten Tiefen ruhenden Neigung und der Berufspflicht erwuchsen zuletzt besondere Studien zur Geschichte der Beizjagd (die er selbst nicht betrieb). Geisteswissenschaftlich gleichgerichtete Themen rückten ihn so in unmittelbare Nähe zu zwei bekannten Namen aus dem Bereiche der Jagdforschung. Es waren der schon 1913 verstorbene Christoph Freiherr von Biedermann (s. d.), dem er einen Nachruf schrieb (Cynegetica 9, 1963, hrsg. von dem schwedischen Romanisten Gunnar Tilander) und Friedrich Jungklaus (s. d.), dem er nicht nur zur Seite stand bei der Herausgabe der 3 Hefte der „Beizjagd" in den 20er Jahren, sondern auch eine Würdigung (Gef. W. 57, 1928) sowie den Nachruf (Westf. Jägerbote 6, 1953) widmete. Im strengsten Sinne der Auslegung war der Historiker und leidenschaftliche Jäger kein eigentlicher Ornithologe. Doch sollte sein wissenschaftlich gedachter Anteil an der Neubelebung der romantisch verbrämten mittelalterlichen Jagdart in den Jahren nach dem 1. Weltkrieg nicht übersehen werden. Im ursprünglich schönen Sinne des Wortes wollte er Hüter der deutschen Jagdkultur sein. Seine hierher gehörige literarische Hinterlassenschaft enthält Veröffentlichungen in Gef. W. 55, 1926, 57, 1928, D. Beizjagd, N. F., Heft 2, 1930, Syllegomena biologica, Festschrift f. O. Kleinschmidt, 1950. In der Univ.-Bibl. Münster befindet sich eine Kapsel mit „kleinen Schriften", d. h. mit 29 von ihm geschriebenen Artikeln. Sie standen meist in Jagdzeitschriften und galten der Jagdgeschichte und Jagdpraxis. O. Kleinschmidt benannte einen südchilenischen Falken *Falco kreyenborgi* nach Stücken, die lebend in den Zoo von Münster gekommen waren (anerkannt von Stresemann und Amadon, Ibis 105, 1963, S. 400—402).

— Lit.: Kürschners Dt. Gelehrten-Kalender 1940/41, Bd. 1, Spalte 1000. — Nachruf (von D. Müller-Using). Wild u. Hund 66, 1963, S. 199.

Krüger, Konrad, * 6. 10. 1901 Neustrelitz (Mecklenburg), † 2. 9. 1977 Perleberg (Mecklenburg). Auf dem Bauernhof der Großeltern in Zierke empfing er — Sohn eines Baumeisters — die ersten Anregungen zur Beschäftigung mit der heimischen Vogelwelt. Die Blütezeit der ausgehenden Oologie erweckte in ihm dazu die jugendliche Freude am ästhet. Bild von Nest und Eiern und machte ihn zum Sammler im Stile der Jahrhundertwende. Aber erst nach dem Übergang von der Bürgerschule zur Realschule von Neustrelitz verdankte er seinem Lehrer, dem Prof. Paul Göbeler (geb. 23. 5. 1855 in Friedland, gest. 28. 12. 1943 in Neustrelitz), die ersten bescheidenen Blicke in die Vorhöfe beginnender Wissenschaftlichkeit, die schließlich durch Briefwechsel mit G. Clodius (s. d.) eine Vertiefung erfuhr. 1918—1932 Bankfachmann in Königsberg und dann Verbindung mit J. Thienemann (s. d.) als fleißiger Beringer und Helfer der Vogelwarte Rossitten (z. B. 1932 80 und 1933 120 Jungstörche von ihm beringt). Seit 1933 wieder in Neustrelitz wohnend und seit 1935 auf dem Flugplatz von Perleberg als Rechnungsführer tätig, machte er sich auf seine Weise durch populärwissenschaftliche Arbeiten in Heimatzeitungen um die Förderung der mecklenburgischen Vogelkunde verdient. Nach der Rückkehr aus dreijähriger Kriegsgefangenschaft (1948) war er als altes Mitglied des Vereins d. Freunde d. Naturgeschichte Mecklenburgs erneut faunistisch tätig. Seit 1954 gehörte er der DO-G an, deren Jahresversammlungen er regelmäßig besuchte. Bei G. Klafs u. J. Stübs, „D. Vogelwelt Mecklenburgs" (1977) sind 10 seiner Wortmeldungen genannt.

L

Lange, Halfdan, * 20. 8. 1898 Ribe (Dänemark), † 14. 12. 1955 Cloppenburg (Niedersachsen). Als Sohn eines Gymnasiallehrers entdeckte er in jungen Jahren seine Liebe zur Vogelwelt. Daher erschien schon 1919 in dänischer Sprache eine Arbeit „D. Vögel d. Gegend

v. Ribe". Im selben Jahr bestand er in der Heimatstadt die Reifeprüfung und studierte bis 1923 Theol. an der Univ. Kopenhagen. Nach dem Staatsexamen übernahm der Cand. Theol. aber nicht ein Pfarramt, sondern arbeitete zunächst in der Stellung eines Reisesekretärs des Blauen Kreuzes und später in einem Heim für Epileptiker in Bielefeld, um 1930 nach Dänemark zurückzukehren und den Lebensunterhalt durch Handel mit biol. Präparaten und privat erteilten Unterricht zu verdienen. Daneben war er einer der rührigsten Vertreter der um seinen Vetter P. Skovgaard (s. d.) gescharten dänischen Beringer-Gemeinschaft. Auch die Faun. Arbeitsgemeinschaft f. Schlesw.-Holst. schätzte ihn als kenntnisreiches und zuverlässiges Mitglied. In dem autodidaktisch gewählten orn. Aufgabengebiet stand neben der avif. Aufklärung Westjütlands und dem Zugproblem die Storchforschung im Vordergrund seiner Neigungen. Der Biol. dieses Großvogels galten daher die meisten seiner Veröff. (Orn. Mber. 57, 1932; „Storkens Alder og Yngleforhold", Kbh. 1940; Dansk Orn. For. Tidsskr. 36, 1942; Naturens Verden Aag. 1945; Dansk Orn. For. Tidsskr. 42, 1948; Vwa. 17, 1954). Seine letzten Wortmeldungen in dän. Sprache dürften der „Nahrung d. Schleiereule" und dem „Gesang d. Feldlerche" gegolten haben. Die Universitäts-Bibl. Kiel besitzt ein (von H.-P. Müller erst 1967 dort entdecktes) handschriftliches Buch mit Eintragungen und Karten bis 1938 über das Auftreten oder Vordringen u. a. von Zwerggans, Graugans, Löffelente, Steppenweihe, Triel, Papageitaucher, Hausrotschwanz, Schneeammer. Die menschlichen Züge im Bilde des überaus bescheidenen Junggesellen waren gekennzeichnet durch eine erstaunliche Bedürfnislosigkeit. In den Katastrophenjahren, die den 2. Weltkrieg beendeten, entfaltete sich dazu seine kaum zu übertreffende Nächstenliebe, die nicht nur einzelnen Ornithologenfreunden zugute kam, sondern auch — in den Lagern Oxböl (Dänemark), Neumünster (Holstein) und Esterwegen (Niedersachsen) — den zahllosen unbekannten Flüchtlingen ein erstes Licht in die Not des Vertriebenendaseins brachte.

— Lit.: Nachruf (von B. Löppenthin). Dansk. Orn. For. Tidsskr. 50, 1956, S. 173—175 (mit Bildnis). — Nachruf (von W. v. Westernhagen). Mitt. Schlesw.-Holst., N. F. 9, 1956, S. 17 — Nachruf (von Schriftl.). Vwa. 18, 1956, S. 241.

Lenski, Ewald, * 6. 9. 1891 Marienwerder (Westpreußen, † 15. 8. 1977 Minden-Meißen (Westfalen). Erste feldornithologische Regungen lenkten seine Aufmerksamkeit auf die Schwalbenpopulation des Geburtsortes und auf den Storchenbestand der heimatlichen Weichselniederung. Frühe Aufzeichnungen erbrachten daher schon dem Obertertianer 1907 die besondere, den Eifer beflügelnde Anerkennung durch den damaligen Bund f. Vogelschutz. Zweijährige landwirtschaftliche Volontärzeit, Besuch der Landwirtschaftsschule, aktiver Militär- u. Kriegsdienst (1914—1918), sowie anschließender Einsatz im Grenzschutz-Ost schufen die Voraussetzungen für seine Aufnahme als Beamter in die forstliche Abteilung der Regierung von Köslin. In zunächst ehrenamtlicher Stellung bot ihm der eindrucksvolle Vogelzug an der dortigen Ostseeküste die Möglichkeit zu besonders erfolgreicher Entfaltung des autodidaktisch erworbenen orn. Fachwissens im weiten Ausstrahlungsfeld der Vogelwarte Rossitten. In seinem Aufgabenbereich lagen die Naturschutzgebiete Lüptower See und Jamunder See mit der Halbinsel Vogelfreistätte Deep, d. h. der Raum zwischen den „Stationen" Kahlberg und Dreveskirchen bei Wismar. Ohne daß er sich durch übersteigerte bibliophile Neigungen zu oberflächlichem Vielschreiben verführen ließ, drängte ihn die Fülle praktischer feldbiologischer Erfahrungen zu fleißigem Gebrauch der Feder. Sein Wissen ist zwischen 1932 und 1942/43 mit über 50 Titeln u. a. niedergelgt in Zeitschriften wie D. Dt. Jäger, M. Vw., Natursch., Dt. Vw., Vw., Columba, Forstl. Mitt., sowie in den pommerischen Jahrbüchern (Greifswald) und in der Dohrniana. F. Tischler (s. d.) nannte allein in den „Vögeln Ostpreußens u. seiner Nachbarländer" (1941) 12 Beiträge zur Ornis von Westpreußen und Pommern. Gerne beschäftigte sich L., der seit 1924 Mitglied der DOG war, mit den Greifvögeln (Seeadler, Uhu) Pommerns, mit Uferschnepfe, Turteltaube, Karmingimpel, Zwergschnäpper und Sprosser. Anerkennung der orn. Verdienste bedeutete seine Berufung zum hauptamtlichen Leiter der Staatlichen Vogelschutzwarte Köslin, zu deren Betreuungsgebiet u. a. auch die Provinz Grenzmark Posen-Westpreußen gehörte. Nach der Vertreibung 1945 fand der Reg.-Oberinspektor in Niedersachsen wieder festen Boden unter den Füßen. Vielseitig untermauerte Lehr- u. Vortragstätigkeit verschaffte ihm fachliche Beziehungen zu Forstverwaltungen, Waldbesitzern, Naturschutzstellen und Jagdorganisationen. Der Dt. Bund f. Vogelschutz, dessen Kreisgruppe Minden er führte, verlieh ihm 1966 die Goldene Ehrennadel und 1971 das Goldene Bundesehrenzeichen. Eine der alten Heimat geltende Studie über die „Vogelwelt Ostpommerns", an der er mit Beharrlichkeit arbeitete, konnte er nicht mehr abschließen. Mit dem Namen des „Vogelschutzsachverständigen" verknüpft sind aber 16 Nummern von „Merkblättern f. d. Vogelschutz". Sie erschienen mit Geleitworten von H. Gasow ohne Jahr in einem Sammelumschlag in Lüneburg, wohl (nach dem schlechten Papier) kurz nach dem 2. Weltkrieg.

— Lit.: Würdigung (von E. Schüz). Gef. W. 100, 1976, S. II/9 (mit Bildnis) u. Ber. Dt. Sekt. d. Internat. Rates. f. Vogelsch. 16, 1976, S. 127. — Nachruf (von dems.). Wir u. d. Vögel 10, 1978, S. 3 (mit Bildnis).

Lint, Alexander, * 7. 1. 1886 Ropka bei Tartu (=Dorpat), † 28. 7. 1970 Tartu. Der Bauernsohn war nach der Ausbildung auf dem Seminar von Dorpat als Lehrer für Naturwissenschaften an mehreren pädagogischen Mittelschulen Estlands tätig. Den Ruhestand verbrachte er seit 1957 in Dorpat. Der früh erwachte naturkundliche Wissensdurst des überaus regen Autodidakten entwickelte sich zu einer deutlichen Vorliebe für ornithologische Fragestellungen, die seit den 30er Jahren auf die Vogelfauna der Kulturlandschaft, der Parkanlagen und Friedhöfe ausgerichtet waren. Dazu gehörten anfangs mit Hilfe von Schülern durchgeführte Untersuchungen über die Übernachtungsgewohnheiten von Krähenvögeln (Arbeiten darüber erschienen noch 1964 und posthum 1971). Auch nach dem 2. Weltkrieg wirkte L. durch Fleiß, Gewissenhaftigkeit und Zuverlässigkeit beispielhaft anregend auf das jüngere Ornithologen-Geschlecht in Estland. Seine Forschungen, die sich mehrfach über längere Zeiträume erstreckten und auch im Aufgabenbereich des baltischen Beob.-Netzes lagen, galten den ökologischen und phänologischen Problemen und sicherten dem Verfasser einen verdienstvollen Platz unter den baltischen Vogelkundlern. Rund 30 Titel (einige davon russisch geschrieben) aus Fachzeitschriften sind mit seinem Namen verknüpft.

— Lit.: Nachruf (von E. Kumari). Eesti Loodus (=Estnische Natur) 13, 1970. — Nachruf (von A. Jõgi) Orn. kogumik 7, 1974; und Orn. Ajaloost Balt. 7, 1974, S. 109—113 (mit Verz. d. Veröff. u. Bildnissen).

Loewenstein, Ursula von. Unbestechliche Augen lenkten die begnadete Künstlerin in die Reihen der Pioniere aus dem Bereiche der Lichtbildnerei. Lebensdaten und Leistungen sind genannt bei der Würdigung ihres Lehrmeisters Walter Hege (Bd. 3, 1974, S. 31).

Lokietsch, Paul, * 6. 7. 1898 Naklo (Kr. Tarnowitz, Oberschlesien), † 28. 12. 1976 Marl (Westfalen). Schon den Knaben zogen die Erscheinungen und Geheimnisse des Vogelzuges in solchem Maße an, daß ihm aus seinen Erfahrungen unter freiem Himmel zum mindesten eine sichere Arten- u. Formenkenntnis erwuchs. Der autodidaktische Weg des mit viel natürlicher Begabung ausgestatteten Bergmannes und Vogelstimmen-Imitators setzte sich fort, als er nach dem Zusammenbruch 1945 in Westfalen eine neue Heimat fand. In Marl wurde ihm die Betreuung der Unterkünfte für Arbeitnehmer der Chemischen Werke Hüls übertragen. Als ein Menschentyp, der mehr und mehr aus der technisierten Welt schwindet, widmete er die Freizeit gerne der Förderung des Vogelschutzes (er hängte etwa 1000 selbst gebaute Nistkästen auf) und der Beringungstätigkeit als Mitarbeiter der Vogelwarte Helgoland. Daneben fand das Bedürfnis, sein avif. Wissen weiterzugeben Niederschlag in Veröff., die in der örtlichen Tagespresse erschienen. Schon 1950 war er außerdem Mitglied der DO-G geworden. Auch J. Peitzmeier konnte in der „Avif. v. Westfalen" (1969) in einigen Fällen auf ihn zurückgreifen. Daß der wissensch. ungeschulte Feldbeobachter sich zudem im Wagnis zu geistiger Durchdringung an noch ungelöste Fragen heranwagte, offenbarten seine Versuche, mit fast mystisch anmutenden Hypothesen zu kosmischen Einflüssen und einem besonderen „Vogelzugkalender" das Problem des Orientierungsvermögens neu zu beleben. Wenn er dabei der Sonne oder der Konstellation der Planeten eine kaum bezweifelbare Rolle zuordnen wollte, näherte er sich zwar den Deutungsversuchen, die u. a. die Brüder Stimmelmayr (s. d.) gebracht hatten. Er konnte aber — wie die Vorgänger — kein positives Echo finden. Im Inst. f. Vogelforschung, der Vogelwarte Helgoland in Wilhelmshaven, sind die von ihm hinterlassenen Darstellungen aufbewahrt. Weil er die Verbindung zu polnischen Fachleuten, deren Sprache er beherrschte, nicht abreißen ließ, sicherte er sich Dank durch die Bereitschaft, poln. Texte ins Dt. zu übertragen.

— Lit.: Nachruf (von H. Bub). Natur u. Heimat (Westfalen) (im Druck).

Lüders, Otto, * 5. 4. 1901 Döltzschen bei Dresden, † 7. 6. 1979 Wolfsburg. Ursprünglich in einem kaufmännischen Beruf tätig, fand er 1937 an der Vogelwarte Rossitten eine seinen naturk. Neigungen entsprechende Verwendung im Dienste der Vogelkunde. Der von Jugend auf geübte feldorn. Blick galt schon in den Anfangsjahren zielstrebig den Rupfungs- u. Gewöllstudien an Greifvögeln, ohne daß der Beobachter sich häufig zum Gebrauch der Feder gedrängt fühlte (Veröff. aus der Frühzeit z. B. in Vr. 8, 1936, S. 77—85; Vz. 8, 1937, S. 54—57; Dt. Falkenorden 1938, H. 4, S. 38—48; Vz. 10, 1939, S. 78—93). Nachdem 1945 seine soldatische Laufbahn zu Ende ging, fand er im Volkswagenwerk von Wolfsburg wieder festen Boden unter den Füßen. Er gründete daher dort 1951 aus eigener Kraft ein Heimatmuseum, dessen Leitung bis zum Jahre 1978 in seinen stets zupackenden Händen blieb. In diese Zeit fallen noch „D. Vogelwelt in u. um Wolfsburg" (in F. Hesse, Entdekkungsfahrten in d. neuen Heimat, Wolfsburg 1949, S. 92—107); Orn. Mitt. 2, 1950, S. 121; Beitr. z. Naturk. Nieders. 6, 1953, S. 2—7). Als Bewahrer landschaftlicher Kulturwerte erntete er mehrfach öffentliche Anerkennung. U. a. verlieh ihm die Stadt Wolfsburg 1978 aus Anlaß des 40jährigen Stadtjubiläums die Stadtplakette in Bronze.

— Lit.: 2 Nachrufe in Wolfsburger Ztg. v. 9. 6. 1979 (mit Bildnis). — Nachruf (von H. Ringleben). Vogelk. Ber. Nieders. 3, 1979, S. 82.

Lugitsch, Rudolf, * 13. 2. 1888 Graz, † 18. 10. 1975 Mödling. Früh verwaist kam er in eine Waisenanstalt nach Mödling, bestand 1906 am dortigen Gymnasium die Reifeprüfung und trat in die Dienste der N.-Ö.-Landeshypothekenanstalt. Nach dem 1. Weltkrieg (seit 1916 war er Soldat) übernahm ihn die Verwaltung der Stadt Wien in der Stellung eines Rechnungsbeamten, bis er 1950 als Amtsrat in den Ruhestand trat. Aus eigener Kraft entwickelte sich der Autodidakt gegen Ende der 20er Jahre zum gründlichen Kenner der orn. Verhältnisse seiner engeren Heimat. Die unter freiem Himmel fleißig gesammelten Erfahrungen ergänzte er durch das Studium der Fachbücher und brachte es im Urteil führender österr. Ornithologen bald zu gutem Ruf und Ansehen. Seit 1938 lockte ihn vor allem und zu jeder Jahreszeit der Neusiedler See, über dessen Avifauna er in einer Reihe zuverlässiger Veröff. berichtete. 1953 wurde er Vorstandsmitglied der dort neugegründeten „Biol. Station. . ." Seine Grenzen erkennend, machte er nie den Versuch, sich pseudowissenschaftlich zu geben. Aber sein Name wird mit der vogelk. Forschung im Seegebiet verbunden bleiben. Zu seinen Arbeiten gehören Veröffentlichungen in Orn. Mber. 45, 1937; Natur u. Land 1, 1948, 11, 1952; Vogelk. Nachr. aus Österr. 3, 1953; (Aquila 55—58, 1948—1951); „Weitere Beiträge z. Kenntnis d. Vogelwelt d. Neusiedlersee-Gebietes", zus. mit K. Bauer u. H. Freundl (Wissensch. Arbeiten d. Burgenlandes 7, 1955). 13 Titel aus dem Alpengebiet 1937—1955 finden sich bei U. A. Corti (1959). In Anerkennung seiner kulturellen Verdienste ernannte der Verein f. Landeskunde v. Niederösterreich u. Wien den rührigen Feldornithologen zum Korr. Mitglied.

— Lit.: Würdigung (von W. Szmolyan). Mödlinger Ztg. Nr. 20/1962 (mit Bildnis).

M

März, Robert, * 15. 7. 1894 Dresden, † 21. 1. 1979 Bergen auf Rügen. Der Sohn eines Klempners besuchte das Seminar von Dresden-Plauen und war Lehrer in Leipzig, Kamenz, Mühltroff (Vogtland), bis er 1925 eine Anstellung in Wehlen und schließlich in Sebnitz (Sachsen) fand. Sein letzter Wohnsitz war seit 1974 Bergen auf Rügen. Erst nach dem 1. Weltkrieg öffnete sich ihm der wissenschaftliche Weg in die Gedanken- u. Vorstellungswelt von O. Uttendörfer (s. d.). Unter dem Einfluß des um mehr als 2 Jahrzehnte älteren Lehrmeisters und Vorbildes widmete er sich der Vogelkunde in einem Wirkungsbereiche, dem von vornherein spielerischer Selbstzweck fremd blieb. Dem frühen faunistischen Erfolg (er war geknüpft an die Wiederentdekkung von Uhu und Rauhfußkauz als Brutvögel der sächsischen Schweiz) schlossen sich vielmehr morphologische Untersuchungen an, die mit seinem Namen verbunden blieben. Sie befaßten sich mit dem Körperbau und der Lebensweise und hatten als Ziel den Nachweis der Schutzbedürftigkeit für die verfemten Greifvögel und Eulen. Kennzeichnend für Stil und Inhalt war eine seiner größeren Wortmeldungen mit dem Titel „Querschnitt durch eine mehrjährige Nahrungskontrolle einiger Uhupaare“ (B. z. F. 16, 1940). Die von ihm gesammelten Stücke stammten nicht nur aus der engeren säschsischen Heimat. Sie wurden vermehrt durch zahlreiche Funde, die ihm viele Reisen einbrachten. Seine Ziele waren Neuwerk, Sylt, die Watten der Nordsee, der Darß, Pommern, die kurische Nehrung, die Memelniederung, Egerland und Finnland. Wissen und Erfahrung vor allem auf dem Gebiete der Bestimmung von Gewöllen und Rupfungen legte er zwischen 1933 und 1975 in zahlreichen Einzelarbeiten vor. Sie erschienen in Zeitschriften wie Falke, B. z. F., B. z.Vk., Kulturbund Berlin, Mitt. Landesverband Sächs. Heimatschutz, Orn. Mitt., Mitt. Sachs., Tharandter Forstl. Jb., Verh. Bay., Vw. Dazu kamen aus der Neuen Brehmbücherei „D. Uhu“ (1953), „V. Rupfungen u. Gewöllen“ (1953), „D. Tierleben d. Elbsandsteingebirges“ (1957), „D. Rauhfußkauz“ (1965). Eine Zusammenfassung in Buchform wurde schließlich die „Gewöll- u. Rupfungskunde“ (1969). Sie enthielt (mit späteren Ergänzungen) die Bestimmungsmerkmale der Greifvogel-Eulen-Gewölle und die in Gewöllen enthaltenen Schädel und Knochen von Säugern, Vögeln, Lurchen, Reptilien, Fischen, ferner die Rupfungs- u. Federmerkmale einer Großzahl europäischer Vogelarten. Wo die Verdienste von O. Uttendörfer (s. d.), J. H. Meissel (s. d.), V. Kramer (s. d.) genannt werden, darf auch R. März nicht fehlen. Anerkennung seiner jahrelangen, der Wissenschaft gewidmeten Bemühungen bedeutete 1967 die Verleihung der Leibnitz-Medaille der Dt. Akad. d. Wissenschaften zu Berlin

— Lit.: Würdigung (von G. Creutz). Falke 11, 1964, S. 137—138 (mit Bildnis u. Verz. d. Veröff.). — Würdigung (von dems.). Sächs. Heimatblätter 13, 1967, S. 234. — Würdigung (von K. Gentz). Ebd. 22, 1975, S. 32 — Nachruf (von G. Creutz). B. z. Vk. (in Vorbereitung).

Maltzahn, Heinrich von, * 7. 10. 1887 Gut Gützkow (Mecklenburg), † 28. 10. 1975 Südwestafrika. Als letztes Lebenszeichen von ihm kann ein Brief an E. Schüz v. 12. 11. 1972 aus Sissekab, Bez. Otavi (S. W. A.) genannt werden. Der Kolonialpionier aus Leidenschaft war von früher Jugend an Feldbeobachter und Jäger auf dem väterlichen Gut. Nachdem er am Gymnasium von Plön (Holstein) die Reifeprüfung bestanden hatte, ging er 1911 nach Dt. Südwestafrika, um dort Farmeleve zu werden und 1913 die Farm Hüttenhof, Nr. 425 im Distrikt Otavi zu gründen. 1915 von den Engländern aus der Kriegsgefangenschaft entlassen, erwarb er 1923 noch die Farm Sissekab, Nr. 54 und später außerdem die Farm Klein Ottlau, wo er noch 1972 lebte. Im Rahmen der deutschen Kolonie spielte er offenbar nicht nur eine wirtschaftlich führende Rolle (Vorsitz des Farmvereins, Mitgliedschaft und Direktion der Rietfonteiner Molkerei). Daneben galt sein Blick mit deutlicher Vorliebe der Vogelkunde, so daß 1962 die Gründung der Orn. Arbeitsgemeinschaft in der S. W. A. Wissenschaftlichen Gesellschaft seinen Antriebskräften zu danken war. Nachweise des persönlichen Einsatzes zur Förderung der vogelkundlichen Forschung sind mehr als 30 Veröffentlichungen, die er am 12. 11. 1972 auf Bitten von E. Schüz zusammenstellte. 1963 flog H. v. M. das erste und letzte Mal für einen Monat nach Deutschland. Am 7. 10. 1972 wurde er Ehrenmitglied der S. W. A. Wissensch. Ges. „in Anerkennung seiner Verdienste um die wissenschaftliche Forschung in S. W. A.“.

— Lit.: Würdigung (von F. v. M.). Mitt. Orn. Arbeitsgruppe Windhoek Nr. 6—8, 1972, S. 3/4. — Nachruf (von J. Gerdes). Ebd. 11, Nr. 8/9, S. 4. — Nachruf (von Frau B. Jörges). Ebd. 11, Nr. 10/11, S. 4.

Máté, Laszló (=Ladislaus), * 1. 6. 1893 Székesfehérvár Stuhlweißenburg (Ungarn), † 7. 3. 1976 Székesfehérvár. Aus früher Jagdfreude entwickelte sich die langjährige feldornithologische Aufgeschlossenheit des Oberstleutnants. Zu den ihn lockenden Beobachtungsgebieten gehörten hauptsächlich die sumpfigen Wiesen in der Nachbarschaft seiner Vaterstadt, der Velencer See, die Natronlakken westlich der Donau und die steinigen Flächen westlich von Székesfehérvár. 1921 erschien sein Name erstmalig mit Notizen in der Jagdpresse, und 1931—1964 enthielt die Aquila 18 ornithologsiche Beiträge aus seiner Feder. Die Wortmeldungen lieferten in jenen Jahren eine Bereicherung des Wissens um die ungarische Vogelwelt. In besonderem Maße gab er sich oologischen Studien hin und brachte so eine hervorragende, mit genauen ökologischen Notizen versehene Eiersammlung zustande, die sich heute noch im Ungarischen Ornithologischen Institut befindet. Er ging neben F. Cerva (s. d.) als einer der bedeutendsten Vertreter der Eierkunde in die

Geschichte der ausgehenden ungarischen Oologie ein.

— Lit.: Nachruf (von A. Keve). Aquila 84, 1977, S. 122/23.

Melcher, Rudolf Domenico, Dr., * 27. 3. 1920 Glarus, † 4. 6. 1974 Sils (Kanton Graubünden). Er war der Sohn eines Versicherungsagenten, besuchte die Kantonsschule in Chur und studierte seit 1939 in Zürich zuerst Biol., nach 4 Semestern aber Med., um 1947 zu promovieren. Die weitere Lebensbahn wurde bestimmt durch die in Sils ausgeübte Arztpraxis. Früh hatte er U. A. Corti (s. d.) zum gleichgestimmten Freund und Lehrmeister. Da er sich 1954 der DO-G anschloß und auf vielen Exkursionen grundlegende Kenntnisse sammelte, war es ihm vergönnt, ein ehrfurchtsvoll suchender Forscher zu werden. Unter der alpinen Avifauna waren es anfangs in erster Linie Arten wie Kolkrabe, Zaunammer, Sperbergrasmücke, die seine gesteigerte Aufmerksamkeit fesselten. Der spätere Aufenthalt im heimatlichen Engadin führte ihn zu neuer Pionierarbeit durch Studien an Alpenkrähe, Steinadler und vor allem am Uhu des Hochgebirges. In diesem Bereiche ging die Organisation eines besonderen Beobachternetzes auf seine beispielhaften Antriebe zurück. Bei U. N. Glutz von Blotzheim „D. Brutvögel d. Schweiz" (1962) war er daher auch Artbearbeiter der Sperbergrasmücke und Alpenkrähe sowie Mitautor an Steinadler und Kolkrabe. Die ihm zugedachte Bearbeitung des Uhus für das Handbuch der Vögel Mitteleuropas konnte er aber nicht durchführen. Die Last des ärztlichen Berufs, dazu der Einsatz in Fragen des Naturschutzes und der Wildbiologie ließen ihm nicht die Zeit zu regelmäßiger Schreibtischarbeit. Sie reichte nur aus zu kurzfristiger Vorbereitung von Vorträgen oder zu skizzenhaften Niederschriften von Tagesbeobachtungen, die alle Zeugnisse kritischen, feldbiologischen Sachwissens wurden und an zahlreichen Stellen in den gedruckten Werken des geistesverwandten U. A. Corti verwertet sind. (Veröffentlichungen z. B. in Orn. Beob. 46, 1949; 47, 1950; 48, 1951; 49, 1952; Neue Zürcher Ztg. v. 23. 5. 1964; zus. mit Corti, Lenggenhager u. Schmidt, Jb. d. Naturf. Ges. Graubündens 1947—1968; Orn. Beob. 67, 1970). Ein Autounfall setzte den Plänen und der Erdenbahn des Natur-, Menschen- u. Tierfreundes ein allzu frühes Ende.

— Lit.: Nachruf (von A. Simon). Monticola 3, 1974, S. 148. — Nachruf (von H. Haller). Orn. Beob. 72, 1975, S. 113/14 (mit Bildnis).

Melchior, Günther, Dr., * 13. 3. 1934 Geisenheim (Rheingau), † 11. 6. 1974 Barbing bei Regensburg. Er war, aus früher Liebhaberei kommend, als Student der Vet.-Medizin in Gießen 1954—1959 ein mit Ernst sich betätigender Faunist, dessen Formenkenntnisse für weitere Entfaltung der orn. Anlagen viel versprachen. Nach der Approbation und Promotion — seine Diss. galt „Untersuchungen über d. Eindringen v. Schimmelpilzen durch d. Schale v. bebrüteten Hühnereiern" (1960 u. 1961) — lieferte er Belege für tiergärtnerische Neigungen auch im Berufsleben. Die Laufbahn ist durch folgende Daten gekennzeichnet: 1961 eigene tierärztliche Praxis in Geisenheim, 1965 wissenschaftlicher Assistent und Zootierarzt im Westfälischen Zool. Garten Münster, 1968 wissenschaftlicher Assistent und Tierarzt im Vogelpark Walsrode, 1970 freiberuflicher Tierarzt (Vertretungen), 1971 zoologisch wissenschaftlicher Berater und Tierarzt in der „Senne Großwild-Safari" Stukenbrock bei Bielefeld, 1972 bis zum Tode Leiter des Städtischen Tiergartens in Straubing/Niederbayern und Mitarbeit in der 1972 gegründeten orn. Arbeitsgemeinschaft Ostbayern. Als ein von ihm nicht verschuldeter Autounfall allzufrüh seine Erdenbahn beendete, blieben neben säugetierkundlichen Themen nur wenige Veröff. als Nachweise orn. Blickrichtung zurück. Im Druck erschienen z. B. Aufsätze in Gef. W. 96, 1972; 97, 1973. Seit 1961 war er Mitglied der DO-G.

Meves, Gert, * 31. 12. 1899 Neiße (Oberschlesien), † 24. 4. 1978 Osterode (Harz). Nach Abschluß der beruflichen Ausbildung wirkte der Sohn eines aktiven Offiziers als Gutsverwalter und seit 1940 als Güterdirektor in Danzig, bis ihn die Katastrophe des 2. Weltkriegs aus der angestammten Heimat vertrieb. Festen Boden unter den Füßen boten dem Dipl.-Landwirt zunächst Stauffenberg bei Seesen und schließlich die Kreisstadt Osterode, wo er die Siedlerhöfe des landwirtschaftlichen Beratungsdienstes betreute. Der Beruf förderte den von den Anlagen her geschärften Blick für biologische Zusammenhänge und Besonderheiten. Im Vordergrund seiner Aufmerksamkeit standen dabei botanische und ornithologische Fragen, ohne ihn zu größeren Veröffentlichungen anzuregen oder wissenschaftlichen Ehrgeiz zu wecken. Ihm genügten für die seiner Sache dienenden Erörterungen der Kreis gleichgesinnter Autodidkaten in der DO-G (bis 1969) oder Beringer (bis 1974). Seiner geradlinig ausgerichteten Persönlichkeit kam das Wort nicht leicht über die Lippen. Daher übergab er auch nach 1945 nur wenige kleine Notizen an die Orn. Mitt. und einige Nachrichten über den letzten freilebenden Uhu des Harzes an die Vogelkundl. Berichte aus Niedersachsen 3, 1971, S. 45—48. Besondere Erwähnung verdient daneben die von ihm entfaltete Regsamkeit im Rahmen der Vorarbeiten für eine Avifauna Niedersachsens. Unveröffentlicht blieben seine Erfahrungen vom Drausensee. Wenn ihm auch weiterreichende Literaturkenntnisse fehlten, sicherte er sich doch den Ruf, ein verläßlicher und selbstkritischer Faunist gewesen zu sein.

— Lit.: Nachruf (von F. Knolle). — Vogelk. Ber. Nieders. 10, 1978, S. 57.

Mildenberger, Friedrich, * 18. 3. 1882 Gödenroth (Hunsrück), † 17. 2. 1977 Bonn. Seit 1910 als Schuhmachermeister in Bonn lebend, war er bis ins hohe und höchste Alter der Typ des echten Feldforschers, der sich ohne falschen wissenschaftlichen Ehrgeiz bemühte, im Kleinen das Große zu sehen und zu genießen. Die weitere Umgebung von Bonn war sein Beobachtungs- u. Sammelgebiet. Dazu gehörten besonders der Venusberg und der Kottenforst. In den naturnahen Anlagen (wenn auch nicht in den genialen Zielsetzungen!) paßte er durchaus zu dem in anderen Dimensionen denkenden A. Koenig (s. d.). Der einfache Handwerker von altem Schrot und Korn beschaffte daher für die Heimatabteilung des Bonner Museums eine Reihe heute noch vorhandener biol. Gruppen von rheinischen Vögeln. Dem ool. Zug seiner Zeit folgend, spielten die ästhetischen Reize des Vogeleis und der Ablauf des Brutgeschäfts eine vordergründige Rolle in der Fülle seiner Erfahrungen. Sie lassen zugleich ahnen, welch erschütternde Verarmung seitdem die Kulturlandschaft des Rheines hinnehmen mußte. Von der Feder und dem Schreibtisch fühlte sich der naturk. Praktiker offenbar nicht angezogen. Was ihm bei jahrzehntelangen Nestkontrollen und Beringungen an Einzelwissen zufiel, ging indes der wissenschaftlichen Forschung nicht verloren. G. Niethammer (s. d.), der des alten Meisters Erfolge aus unmittelbarer Nähe und Nachbarschaft bewunderte, verwies z. B. im „Hdb. d. dt. Vogelkunde" (Bd. 1, 1937) auf die brutbiol. Aufzeichnungen über die damals bei Bonn noch nistende Zaunammer-*Emberiza cirlus*. Und bei F. Neubaur (s. d.) sind in den „Beiträgen z. Vogelfauna d. ehemaligen Rheinprovinz" (1957) vor allem die Singvögel betreffende Eintragungen des zuverlässigen Feldornithologen F. M. immer wieder verwertet. Er war seit 1961 Ehrenmitglied der Gesellschaft rheinischer Ornithologen und Ehrenvorsitzender d. Kreisgruppe Bonn im Bund f. Vogelschutz. 1962 wurde ihm das Bundesverdienstkreuz verliehen.

— Lit.: Würdigung (von G. Niethammer). Charadrius 8, 1972, S. 33—36 (mit Bildnis).

Mortensen, Hans Christian Cornelius, * 27. 8. 1856 Jonstrup (Dänemark), † 7. 6. 1921 Viborg (Dänemark). In der Berufswahl folgte er dem Vater, der als Lehrer mit schöngeistigen Regungen und botanischer Aufgeschlossenheit im engeren Heimatraum bekannt war. Mit ähnlichen Anlagen ausgestattet, studierte der Sohn seit 1874 zuerst Theol. und Med., um sich bald den Naturw. zuzuwenden und — zunächst ohne Examen — in Kopenhagen tätig zu werden. Doch erreichte er den akademischen Abschluß durch die Beteiligung an einem Preisausschreiben über dänische Reptilien. 1876—1919 war er dann Gymnasiallehrer an der Kathedralschule von Viborg. Hier gehörte er zu den pädagogischen Pionieren, die den naturk. Unterricht mehr in die freie Natur und weniger in die Schulräume verlegten. Da in der 2. Hälfte des 19. Jahrhunderts die rührigsten Ornithologen Europas sich verstärkt mit den Geheimnissen der Vogelwanderungen beschäftigten, wurde auch sein Wissensdurst ohne unmittelbare Verbindung mit der wissensch. Orn. von den Fragen des Zugproblems gepackt. Er mußte aber — wie die Masse der unbekannten Feldbeobachter — zur Kenntnis nehmen, daß die Forschungsbemühungen z. B. des „Ausschusses f. Beob.-Stationen d. Vögel Deutschlands" und des „Orn. Vereins in Wien" mit ihren dem Vogelzug gewidmeten Ornithologen-Kongressen in Wien 1884 und Budapest 1891 fehlschlugen. Trotz des bereits reichlich gesammelten Beob.-Materials erwuchs der Mißerfolg aus dem Unvermögen, die einzelnen Vögel so zu kennzeichnen, daß ihre Flugfähigkeit nicht behindert wurde. Da fand Mortensen eines Tages ein Zitat aus der „Rhea" von 1849, nach dem der holländische Baron von der Heyden, der mehrere Jahre wilde Gänse und Enten zu zähmen suchte, 1806 einen Messingring um den Hals einer Bläßgans-Anser albifrons gelegt habe, die 30 Jahre später in der Gegend von Danzig geschossen wurde. Die Nachricht bedeutete für M. das Startzeichen für eigene Versuche. Nach anfänglichen Fehlschlägen begann er im Herbst 1899 in seinen Nistkästen 162 alte Stare zu fangen und mit leichten(!) Aluminiumringen am Lauf zu versehen. In die Ringe ließ er — nicht ohne große Mühe — einstanzen: Viborg, laufende Nummern, dazu entweder C. M. (= Chr. Mortensen), S. v. (= *Sturnus vulgaris*) oder M. Danmark. Das Verfahren wiederholte er 1900. Wesentlich war ein weiterer von ihm erdachter Schritt: Bevor er den ersten beringten Staren (später kennzeichnete er auch Störche, Graureiher, Enten, Greifvögel) die Freiheit wiedergab, bat er mehrere Freunde, seinen Versuch in verschiedenen Fachblättern bekanntzumachen. Das geschah 1899 u. a. in Orn. Mber., Zs. Ool., Orn. Ms., Aquila, Ornis, Vor Jord (Frem). Tatsächlich erreichte ihn bald die Kunde, daß ein Vogel in Holland und ein anderer in Norwegen geschossen worden war. Er selbst konnte in aller Bescheidenheit auf dem internat. Orn.-Kongr. in Paris 1900 vom Erfolg der neuen Beringungsmethode berichten. Seitdem blieb sie nicht nur an seinen Namen geknüpft, sondern befruchtete auch in einem vorher nicht geahnten Ausmaße alle Gebiete der wissensch. Vogelforschung. Im selben Jahr förderte die DOG auf der Kurischen Nehrung die Gründung einer ersten ständigen orn. Beob.-Station, die der ideenreiche J. Thienemann (s. d.) seit 1903 als „Vogelwarte Rossitten“ mit eigenen Ringen zu schneller Blüte entwickelte. Und 1908 veranlaßte J. Schenk (s. d.) die von O. Herman (s. d.) 1893 geschaffene Ung. Orn. Zentrale, Ringe nach dem Muster von Rossitten auszugeben. Der weitere Siegeszug des von M. gefundenen Beringungsmusters war nicht mehr aufzuhalten, auch wenn es damals noch Gegenstimmen aus den Reihen der Vogelkundler gab und Tierschützer gar staatliche Maßnahmen gegen die „Mordanstalt“ Rossitten forderten. In Dänemark selbst wurden die von Mortensen hinterlassenen Ringe von Holger Pedersen übernommen. Er gab aber die Beringung im Namen von „Roskildefjordens Ringmärkningsstation“, Frederikssund nach einer Reihe von Jahren wieder auf.

— Lit.: O. Helms, Naturens Verden 5, 1921, S. 345—348. — Dass. in Dansk Orn. Foren. Tidsskr. 15, 1921, S. 93—97. — Dansk Biogr. Leks. 16, 1939, S. 140/41. — P. Jespersen u. Aa. Vedel Taaning, Studies in Bird Migration, Being the Collected Papers of H. Chr. H. Mortensen, 1950 Kopenhagen (mit Bildnissen u. Verz. d. Veröff. von 1887—1921). — E. Stresemann, Entw. d. Orn., 1951. — K. Oldendow, Fugle-Mortensen fra Viborg (Dansk Orn. Central, Skjern 1976 (mit Bildnis).

Müller-Scheessel, Ludwig, * 29. 7. 1903 Scheessel (Wümme), † 13. 4. 1974 Kreis Celle (Lüneburger Heide). In einer Mühle, die seit 1507 im Besitz der Vorfahren war, erblickte er das Licht dieser Welt, und wie sein Vetter, Werner Rüppell (s. d.), verspürte er die Naturverbundenheit in der Familienüberlieferung. Es überrascht daher nicht, daß der denkende Feldornithologe und Jagdliebhaber sich nicht immer im Einklang mit veralteten Anschauungen wußte. Eigenen Denkanstößen folgend griff der spätere Fabrikant und praktisch handelnde „Fantast“ Jahrzehnte hindurch dort ein, wo es darum ging, in Niedersachsen bedrohte Vogelarten zu schützen und zu erhalten. Zu seinen Sorgenkindern gehörten u. a. in den Dörfern des Heimatkreises die Schleiereule und im nördl. Niedersachsen Graugans, Schellente, Gänsesäger, Wanderfalke, Birkhuhn, Kranich, Brachvogel, Waldschnepfe, Goldregenpfeifer, Kolkrabe. Von den meist geheimgehaltenen Schritten erfuhr im allgemeinen nur ein kleiner Kreis von Mitarbeitern. Trotzdem mußte er — als früher aktiver Oologe — gelegentlich feststellen, daß seine stillen Kenntnisse bis zu den Ohren von verantwortungslosen Sammlern und Photographen vordrangen. Bekannter wurden auch die vom dt. Zweig des World Wildlife Fund (WWF) geldlich geförderten Schutzmaßnahmen für seine besonderen Lieblinge, die letzten nordwestdeutschen Schwarzstörche. Unterstützt durch das nieders. Kultusministerium und die Vogelschutzstation Lüneburg konnten in den letzten 20 Jahren über 100 Kunsthorste hergestellt und auf hohen und höchsten Bäumen angebracht werden. Der unermüdliche Einsatz für diese Großvögel hatte erfreuliche Erfolge: Die unter 10 liegende Zahl der Brutpaare wuchs auf 16 an, und nach der Sturmkatastrophe vom November 1972 nahmen die Paare nicht ab, sondern verblieben durch das Angebot der Kunsthorste im Gebiet. So war es ihm bestimmt — wie er es sich seit langem gewünscht hatte — in der Lüneburger Heide unter einem Schwarzstorchhorst durch schnellen Herzschlag vom Tode überrascht zu werden. Einen Tag lang lag er dort im letzten Schlaf, ehe er gefunden wurde. Der DOG war er schon 1931 beigetreten, dem Ausschuß für die Materialsammlung zu einer Avif. von Niedersachsen gehörte er seit der Gründung an. Der Erweiterung seines Wissens diente schließlich die Begleitung E. Schuhmachers (s. d.) auf dessen Studienfahrten nach Skandinavien und Island. Trotz reicher feldorn. Erfahrung lockte ihn aber die Feder nicht sehr oft an den Schreibtisch. An seinen Namen erinnern. Veröff. in Rotenburger Schriften 4, 1956, S. 14 ff; Natur, Kultur u. Jagd — Beitr. z. Natur. Nieders. 17, 1964, S. 60—62; ebd. 18, 1965, S. 19/20; Ber. 1968 aus d. Arbeitsgebiet d. Vogelschutzstation Lüneburg 1969, S. 5—12.

— Lit.: Würdigung (von H. Makowski). Nat. u. Landschaft 48, 1973, S. 260. — Nachruf (von E. Seebold). Gef. W. 98, 1974, S. II/6. — Nachruf (von R. Ringleben). Vogelk. Ber. Nieders. 6, 1974, S. 80. — Nachruf (Verf.?). Bremer Natursch.-Ges., Information 2, 1974, S. 19.

Müller-Using, Detlev, Dr., * 14. 5. 1907 Berlin, † 22. 3. 1975 Göttingen. Der Sohn eines Landgerichtsrates besuchte das hum. Gymnasium und studierte in Berlin und Tübingen Zool. und Anthropologie, um 1930 in Berlin mit einer Diss. über „Sinnesphysiol. u. psychol. Untersuchungen an Musteliden" zu promovieren und anschließend wissensch. Mitarbeiter am Inst. f. Jagdkunde in Berlin zu werden. Von dem 1936 neu gegründeten gleichnamigen Inst. ging er nach Hann. Münden und blieb bis zur Pensionierung 1972 in Göttingen. Hier galten hum. wie naturw. gleichermaßen geistvoll untermauerte Vorlesungen des apl. Professors nicht nur der Jagdkunst in Malerei und Dichtung, der Jagdtierkunde und Jagdwirtschaft, sondern auch der Ornithologie. Die wissensch. Beziehungen zur Vogelkunde erwuchsen der Gedankenwelt von O. Heinroth (s. d.), zu dem der Schüler schon nützliche und ertragreiche Beziehungen pflegte. Mit dem ihm eigenen Verständnis für die Schönheit des Tierkörpers würdigte er in seinen Vorträgen auch die geisteswissenschaftliche Nachbarschaft seines Sachgebietes und wies sich so als einer der Universalisten unter den Jagdkundlern aus. Der Hang zu einer weniger fachlich und mehr ganzheitlich und künstlerisch bestimmten Betrachtungsweise sprach aus mehreren Hundert kleineren und größeren Wortmeldungen in Sammelwerken, Büchern und Zeitschriften. Unverkennbar war sein Bemühen um eine leidenschaftslose Wertung der Jagdformen in Vergangenheit und Gegenwart. Er scheute sich dabei nicht, offen zu betonen, daß neben den zivilisatorischen Sünden auch die menschlichen Nachstellungen (mit Kugel, Blei und Gift) mitschuldig sind an der Bedrohung der letzten Großvögel wie Wanderfalk, Fischadler, Seeadler, Uhu. Bedürfnis war ihm ferner der Besuch von orn. und säugetierk. Tagungen, deren geistige Höhenlage gelegentlich getragen wurde von der Gewandtheit seiner sprachlichen Formulierungen. Von seinen mehr als 100 größeren und kleineren Wortmeldungen seien als Buchtitel genannt: „Grundlagen moderner Jagdwirtschaft" (1949), die Neubearbeitung von C. E. Diezels (s. d.) „Niederjagd", mit der Erweiterung der wildbiol. Bedeutung von Rallen, Tauben, Tauchern, Gänsen, Reihern, Krähenarten u. Greifvögeln (15.—18. Aufl. 1954—1962), „Großtier u. Kulturlandschaft im mitteleurop. Raum" (1960), „D. Murmeltier" (1972). W. Wüst verzeichnete in der Bibliographie z. Avif. Bay. (München 1973) 9 Titel in Orn. Mitt., Dt. Jäger, J. Orn., Pirsch 1953—1963. Nicht zu trennen ist schließlich vom Persönlichkeitsbild die in Jagdzeitschriften (unter dem Pseudonym Dietrich von Thaelern) und im Sammelband „Schöpfer im Geschöpfe" hinterlassene feingeistige Lyrik. Sie bietet wahre Perlen dichterischer Begabung. Das „Sonett an d. Türkentaube" brachte E. Stresemann (s. d.) in den Orn. Ber. 2, 1950, S. 104. Seit 1927 gehörte M.-U. der DOG an. Außerdem war er Gründungsmitglied der Kommission für eine „Avifauna von Niedersachsen".

— Lit.: Würdigung (von W. Rieck). Zs. Jagdwissensch. 18, 1972, S. 111/12 (mit Bildnis). — Nachruf (von H. Ringleben). Vogelk. Ber. Nieders. 7, 1975, S. 64. — Nachruf (von G. Gottschalk). Georg-August-Univ. Göttingen, September 1975).

N

Nadra, Emil, * 24. 11. 1904 Ciumegiu, Kr. Bihor (Siebenbürgen), † 2. 3. 1978 Temeschburg = Temesvár = Timişoara (Banat). Seit 1918 wohnte er — Sohn eines Notars — in Temeschburg, wo er das C. D. Loga-Lyzeum besuchte und bis 1935 am Schulinspektorat tätig war. Für seine orn. Entwicklung war neben der 60 Jahre gepflegten Jagdfreude vor allem bedeutsam die jahrzehntelange enge und sachliche Verbindung mit dem gleichgestimmten D. Lintia (s. d.), dessen Sammlung 1937 in das Museum von Temeschburg kam. Nach dem Tode des Freundes setzte N. als Präparator, Restaurateur und Sektionsleiter die Forschungsaufgaben und die Sammeltätigkeit des Vorgängers fort. Die daneben beharrlich betriebene Feldbeobachtung lieferte ihm den Stoff für über 30 avifaunistische und gemeinverständliche Artikel. Sie erschienen (in welchem Umfang?) in den von Lintia herausgegebenen Bänden über „D. Vögel d. rumänischen Volksrepublik" (1946) und „D. Vögel d. Soz. Republik Rumänien" (1954/55). J. Catuneanu nannte in „Bibl. Orn. Romaniae" (1977) 11 zwischen 1955 und 1969 geschriebene Arbeiten. Aus der musealen Tätigkeit erwuchsen daneben „Sammlung, Konservierung u. Präparierung d. Museumsmaterials" (1955) und „Systematischer Katalog d. orn. Sammlung d. Banater Museums Timişoara" (1972). Sein in Fachkreisen des Heimatlandes verbreitetes Ansehen stützte sich nicht zuletzt auch auf die Förderung des Vogelreservates Satchinez, eines 1930 gegründeten Banater Naturschutzgebietes.

Nagy, Lásló (=Ladislaus), * 27. 6. 1894 Nyiregyhása, † 27. 3. 1977 Telekgerendás. Er gehörte wie Beretzk und Máté (s. d.) zu den örtlichen Beobachtern, die durch regelmäßige Forschungen neue Erkenntnisse über den Durchzug hauptsächlich von Limikolen hinterließen und damit das Bild der faunistischen Verhältnisse Ungarns änderten. Bis 1928 arbeitete er im Nordosten Ungarns zusammen mit seinem Bruder. Zugdaten lieferte er hauptsächlich aus dem Nýirség-Gebiet und erhielt 1923 das Diplom eines ordentlichen Beobachters durch das Ung. Orn. Institut. Als er seit 1931 im Dienst der Polizei von Székefehérvér stand, waren der Velencer See und (gemeinsam mit Máté und Boros) das Natrongebiet von Sárszentágota Ziele seiner planmäßigen Exkursionen. Eine zusammenfassende Darstellung der orn. Ergebnisse aus dem nordöstlichen Ungarn stand in Aquila 1931—1934, S. 427—428. 1923—1973 erschienen 21 seiner Wortmeldungen. Auch in Jagdzeitungen ist sein Name zu finden. 1945 wurde er Jagdinspektor an der Hortobágy. Als Rentner ließ er sich in Telekgerendás (südöstl. Ungarn) nieder und forschte weiter in den orn. sehr ergiebigen Fischteichen der Gegend von Biharugra. Ein Unglücksfall (Stromschlag) beendete seine Lebensbahn.

Neweklowsky, Hanns. Seine Heimat war Frauenberg (Süd-Böhmen). 1877 wohnte er als „Ökonomie-Schätzungsreferent" in Lilienfeld (Nieder-Österreich) und von 1879 bis 1883 als Landwirt in Fuchsengut bei Steyr. Weitere, Beruf und Lebensgang deutlicher kennzeichnende Daten fehlen. Nur einige vogelkundliche Veröffentlichungen erlauben, ihn als Laienbeobachter in die Reihen derer zu stellen, die (wie lange?) Beziehungen zur Welt der Vögel pflegten. Seine nur über 12 Jahre sich erstreckenden feldornithologischen Wortmeldungen waren: „Über d. Vogelfauna v. Lilienfeld" (Mitt. Wien 1, 1877), „Zum Schutze unserer Kulturen, Beitr. z. Kenntnis d. Lebensweise d. Lachmöwe", nach einer „vieltausendköpfigen" Kolonie (ebd. 1, 1877), „Beitr. z. Kenntnis d. Stockente" (ebd. 2, 1878), „Pyrrhocorax alpinus, d. Alpendohle am Oetscher" (ebd. 2, 1878), „Ein Ausflug nach d. Ötscherhöhlen als Brutstätten d. Alpendohle" (ebd. 3, 1879).

Nissen, Claus, Dr., * 2. 9. 1901 Nordacker bei Tolk (Kr. Schleswig), † 12. 10. 1975 Bad Orb. Nach dem Besuch der Domschule in Schleswig studierte er als Sohn eines Landwirts Chemie, Physik, Mathematik und Philosophie in Kiel und Leipzig, um 1925 zu promovieren. 1927 begann seine bibliothekarische Laufbahn an der Stadtbibliothek Mainz, deren Leitung zuletzt in seinen Händen lag. Als 1932 die 92. Versammlung dt. Naturforscher u. Ärzte in Mainz tagte, bot sich ihm die Gelegenheit, in den Räumen des Gutenberg-Mus. eine Ausstellung aufzubauen. Sie stellte — nach dem von ihm geschriebenen Katalog — aus den Beständen der Stadtbibliothek die Bücher zusammen, die naturwissenschaftliche Abbildungen enthielten. Die damit verbundene, in die Tiefe gehende Begegnung mit der naturgeschichtlichen Buchillustration bestimmte den weiteren wissenschaftlichen Weg des Bibliothekars. Fortab entstanden in der Stille eines Gelehrtendaseins, das nie aufdringliche Selbstdarstellung kannte, neben Aufsätzen, Rezensionen, Broschüren, Handbuchartikeln auch Werke, die alle der Geschichte bibliographischer Prägung gewidmet waren. Der Ertrag vieler Forscherjahre spiegelt sich vor allem in Titeln, die in unbestrittener Geltung weltweite Anerkennung gefunden haben. Genannt seien „Schöne

TEIL 4

Vogelbücher — Ein Überblick d. orn. Illustration nebst Bibliographie" (Wien — Leipzig — Zürich 1936), „D. Botanische Buchillustration" (1951), „Schöne Fischbücher" (1951), „D. Zoologische Buchillustration" (1969 ff.). Besonderes Gewicht haben in dem stofflich weitgesteckten Rahmen „D. Illustrierten Vogelbücher" (1953, Neudruck 1975). Die darin gestapelte Fülle der Geschichts-, Personen- u. Sachkunde ließ sie bereits zum unentbehrlichen Nachschlagewerk für Kenner, Kunsthistoriker und Bücherfreunde werden. Der Name des ornithologischen „Laien" N. darf daher nicht unterschlagen werden, wo von ernsthafter Vogelkunde die Rede ist. Sein Werk hat, nach E. Stresemann (J. Orn. 90, 1954, S. 419), „der historischen Forschung einen Raum erschlossen, in dem sich seit Urzeiten Naturwissenschaft und Kunst berühren und durchdringen". Die Internationale Liga der Buchantiquare verlieh dem im Spannungsfeld zwischen freischaffendem Künstlertum und schöpferischer Wissenschaft lebenden Verfasser auf dem 22. Kongreß in Tokio 1973 den „Triennal Prize for Bibliography".

— Lit.: Nachruf. Mainzer Allg. Ztg. v. 18. 10. 1975. — Nachruf. Nachrichtenblatt d. Dt. Ges. f. Geschichte d. Med., Naturw. u. Technik 25, 1975, S. 103.

O

Onno, Sven, * 18. 2. 1932, Tallinn (= Reval), † 13. 6. 1974 Tartu (= Dorpat). In früher Jugend schon hatte er eine feine Antenne für die Wunder der ihn umgebenden Natur. Er studierte daher seit 1949 Biologie in Tartu und lenkte die Aufmerksamkeit mit Vorliebe auf die reichen Wasservogelformen des Baltenlandes. 1953 galt die erste Veröffentlichung der Lebensweise des Haubentauchers in Estland. 1959 erreichte er mit dem Thema „The comparative ecology of grebe species in Estonia" den Grad eines Kandidaten der biologischen Wissenschaften. Seit dieser Zeit richtete er den geschulten Blick vermehrt auf die noch ungelösten Zugerscheinungen bei den Brutvögeln in der Matsalu-Bucht, und nach 1964 beschäftigte ihn auch die Ökologie der die Straße von Muhu bei Puise bevölkernden Sturmmöwen. Hand in Hand mit diesen feldornithologischen Untersuchungen gingen Bestrebungen zum Schutze der Natur und ihrer Vogelformen. Diese Aufgaben führten ihn schließlich in die Reihen der „Nature Conservation Commission of the Academy of Sciences of the Estonian SSR". Als er auch den Vorsitz der „Section of the Ornithology of the Estonian Naturalists' Society" innehatte, hielt er, um breitere Volksschichten für den Schutzgedanken und die Jägerschaft für vernünftige Jagdgesetze zu gewinnen, nicht weniger als 37 Vorträge in Versammlungen und Tagungen. Die Liste seiner Veröffentlichungen wuchs zuletzt auf 70 Titel. Darunter waren 30 größere wissenschaftliche Wortmeldungen. 13 Artikel standen in Eesti Loodus. Er war eine unter den estländischen Fachleuten hoch geachtete Persönlichkeit. In der Blüte seiner Schaffenskraft wurde er ein Opfer des Meeres. Von einer Expedition, die er allein unternahm, kehrte er nicht zurück. Unter welchen Umständen er starb, ist nicht bekannt.

— Lit.: Nachruf (von E. Kumari). Eesti Loodus 10, 1974, S. 627. — Nachruf (von V. Lilleleht). Communications of the Baltic Commission for the Study of Bird Migration Nr. 10, Tartu 1977, S. 165—167.

Ottow, Benno, Dr., * 2. 5. 1884 Kertel, Insel Dagö (Estland), † 29. 5. 1975 Stockholm-Lidingö. Seine Vorfahren, die aus den wendischen Teilen der Mark Brandenburg stammten, folgten um 1750 dem Rufe der Zarin Katharina der Großen und wurden meist evangelische Prediger der deutschen Bauern in der Wolgagegend. Seit 1860 war die Sippe dann im Baltikum ansässig, bis sie 1926 wieder nach Deutschland zurückkehrte. Nach dem Besuch des Dt. Gymnasiums studierte O. Medizin in Dorpat und Kiel, um in Berlin Prof. d. Gynäkologie und Direktor der Brandenburgischen Landes- und Hebammenanstalt zu werden. 1948 ging er an das Naturhistorische Rikmuseum von Stockholm. Schon früh sich entfaltende orn. Aufgeschlossenheit stand vor allem in den Berliner Jahren unter dem anregenden Einfluß des ihm nachbarlich verbundenen E. Stresemann (s. d.). Veröffentlichungen u. a. Orn. Mber. 12, 1904; Neue Balt. Waidmannsblätter 1905; Orn. Mber. 9, 1901, 17, 1909; 20, 1912; Fauna och Flora 1949, schwedisch; Arkiv f. Zool. 1949, deutsch; Orn. 96, 1955. Die ausgehende Blütezeit der Oologie bestimmte mehr und mehr seine Hinneigung zum Studium ungelöster Fragen der Fortpflanzungsbiologie und damit des Vogeleies. Zu dieser Beschäftigung gehörte der Aufbau einer viel bewunderten Eiersammlung, die er mit Hilfe seines Sohnes Dr. Johann Ottow zusammenbrachte. Sie umfaßte 15 000 Stücke von 550 meist der Paläarktis angehörenden Arten. In den Wirren des Jahres 1945 ging die Sammlung unter.

P

Panzer, Werner, Dr. Dr., * 13. 6. 1901 Freiburg (Breisgau), † 20. 9. 1976 Bremerhaven. Das humanistische Bildungsideal des Elternhauses lieferte den Wurzelboden für die wissenschaftlich angelegte Arbeitsrichtung seiner vielseitigen Begabung. Nachdem der Schüler schon die Ausstrahlung des universalen Zoologen O. zur Strassen (s. d.) verspürt hatte, bestand er 1918 in Frankfurt — der Vater war dorthin als Ordinarius für Germanistik berufen worden — das Matur, um in Frankfurt, Heidelberg, Kiel, Freiburg und München Med. zu studieren. Dem Fakultätsexamen und der Promotion mit dem Thema „Biologie d. Baumkletterns d. Säugetiere“ (1928) folgte eine Assistentenzeit bei H. Krieg (s. d.) an der Bayer. Staatssammlung und ein weiteres Stud. d. Zool., Paläont. und Anthrop., das er mit einer neuen Diss. über den „Wasserhaushalt v. Amphibien u. Reptilien in Trockengebieten“ (1933) abschloß. In die Anfangsjahre fielen einige kürzere und längere Bildungsreisen. Die Ziele waren u. a. 1921 Helgoland, 1924 Teneriffa, Lanzarote, 1928 Amazonas zus. mit H. Böker (s. d.). Auch war er schon früh Mitglied der DOG. Er blieb es aber — wohl durch Verstrickung in nicht unverschuldete persönliche Spannungen — nur 1924—1932, um sich erst 1950 der Gesellschaft wieder anzuschließen. Die Unheil bringenden weltpolitischen und wirtschaftlichen Entwicklungen zwischen den beiden Weltkriegen scheinen ihn zudem nicht unberührt gelassen zu haben. Von der Jugendbewegung beeinflußt, war er Werkstudent und Mitglied unterschiedlich ausgerichteter Organisationen, so daß er sich im Freiwilligen Arbeitsdienst der Freien Stadt Danzig erstmalig als Arzt betätigte. Die Ausübung dieses Berufes entsprach damals kaum seinem sich etwas sprunghaft und unstet offenbarenden Geschmack. Erst die Stelle des Direktors am Zool. Inst. der Technischen Hochschule, verbunden mit der des Naturschutzkommissars der Freien Stadt Danzig dürfte 1935 den wenig ausgereiften Zielvorstellungen entgegengekommen sein. Ohne Erfolg in bezug auf die erhoffte Fortsetzung der wissensch. Laufbahn blieb indes seine Habilitationsschrift über „Variationen d. Buchfinkenregenrufes in Europa auf Grund von über 1000 selbst gesammelten Daten“. Sie soll 200 Schreibmaschinenseiten umfaßt haben, aber während der Kriegswirren in Münster oder Danzig untergegangen sein. Zur Feder griff er ohne große Hemmungen schon früh. Erste vogelk. Wortmeldungen standen in der Heidelberger und Mannheimer Tagespresse. Bekannt sind noch „Vom Herbstzug auf Helgoland“ (Orn. Mber. 32, 1924), zus. mit W. Banzhaf (s. d.) und „Von kleinen u. großen Vögeln in d. Kulturlandschaft d. unteren Neckartales“ (Heidelberg u. d. Neckartal 1939). Und als er im 2. Weltkrieg Truppenarzt bei der Luftwaffe wurde, gelangen ihm noch abenteuerlich anmutende naturk. „Exkursionen“. So war er Zoologe bei einer Forschungsstaffel des OKW in der Ukraine und am Schwarzen Meer, und 1943 konnte er die Camargue und die Pyrenäen bereisen — im Auftrag der Reichsstelle f. Naturschutz u. Landschaftspflege zur Sicherung französischer Naturschutzgebiete! Als ihm nach der Katastrophe von 1945 Schleswig-Holstein wieder festen Boden unter den Füßen gewährte, beteiligte er sich in Bremerhaven wohnend seit 1946 am Wiederaufbau der dortigen Vogelschutzgruppen. 1948 war er Vertreter der damaligen britischen Zone bei der Pariser Zusammenkunft der europ. Sektion des Internat. Vogelschutzkomitees, ferner wirkte er mit bei der Organisation der internat. Wasservogelzählungen in Ost- u. Westdeutschland. Schließlich lag mehrfacher Vorsitz in seinen Händen: Vertrauen in den ihm eigenen Führungswillen schenkten seit 1966 die Ges. f. Natur- u. Umweltschutz Cuxhaven/Land Hadeln, seit 1968 die Bez.-Gruppe Stade des Dt. Bundes f. Vogelschutz, seit 1969 die Landesgruppe Niedersachsen d. Dt. Bundes f. Vogelschutz. Im selben Jahr ernannte ihn die Natursch.-Ges. Cuxhaven zum Ehrenmitglied. Erwähnung verdient daneben die Mitwirkung bei der Gründung der Schutz- u. Forschungsgemeinschaft Knechtsand. Die ihn beherrschende Vielseitigkeit — er war 1959—1968 auch Arzt am Stadtkrankenhaus Cuxhaven — äußerte sich indes nicht in entsprechender Mitarbeit an der orn. Fachpresse. Seine Kräfte beanspruchte vielmehr der auf zahlreichen Ebenen geführte und mit mancherlei Enttäuschungen verbundene Kampf um die Erhaltung der bedrohten Tierformen und um die Bewahrung einer lebenswerten Umwelt für die Menschen im Elbe-Weser-Winkel. So ging die Unterschutzstellung des Hullens an der Ostemündung und des Balksees auf seine Antriebe zurück. Auch gut durchdachte Vorträge, zahlreiche naturw. Exk. und die Abwehr von landschaftsfeindlichen Planungen (Atomkraftwerke u. dgl.) gaben ihm die Möglichkeit, auf vielen Gebieten Motor und Mittelpunkt zu sein, bis ein lange währendes Leiden die eingebrachten Fähigkeiten brach legte. Die Fertigstellung der „Vogelwelt zwischen Niederelbe u. Wesermündung sowie d. vorgelagerten Inseln", die die Spuren seines orn. Wissens enthält, konnte er daher nicht mehr erleben. Seine Jugend war voller Blütenträume. Nur wenige kamen zur Reife. Als Bestätigung eines nach Geltung strebenden Willens und Wollens galt ihm schließlich die Verleihung der Goldenen Ehrennadel des Dt. Bundes f. Vogelsch. und 1973 des Verdienstkreuzes am Bande des Verdienstordens der Bundesrepublik Deutschland.

— Lit.: Mitgliedsbrief Nr. 4 der Ges. f. Natur- u. Umweltschutz Cuxhaven/Land Hadeln v. 2. 6. 1976 (mit Bildnis). — Nachruf (von W. Lembke). Cuxhavener Nachrichten v. 22. 9. 1976. — Nachruf (von H. Ringleben). Vogelk. Ber. Nieders. 8, 1976, S. 88.

Paulsen, Bartholomäus Hans Christian Ernst, * 7. 2. 1789 Horsens (Dänemark), † 4. 10. 1846 Berlin. Aus einer alten angesehenen Familie stammend — der Vater war Gutsbesitzer und dänischer Generalmajor — schied er 1835 mit dem Rang eines Oberstleutnants aus der militärischen Laufbahn und wurde Chef des Hofes einer Herzogin. Da er bekannter Reiter war, spielte er in der Pferdezucht eine führende Rolle, so daß ihn 1840 die Würden eines Ritters vom Dannebrog und 1841 die eines Kammerherrn erreichten. Im erweiterten Gesichtskreis des vielseitig begabten Mannes hatte daneben die Vogelwelt einen beachtlichen Platz. Nachweise für die naturwissenschaftliche Neigung sind 3 Veröffentlichungen: „Vejledning til Kundskab om de i Danmark, Slesvig og Holsten forekommende Fugle" (Kopenhagen 1842), „Kort Begreb af Läran om Fuglene . . .", als Anhang zur ersten Arbeit (Horsens 1844), „Handbuch d. Orn., besonders z. Gebrauch für Sammler, enthaltend die in Europa vorkommenden Gattungen u. die in Dänemark, Schleswig, Holstein u. Lauenburg nebst den Inseln Helgoland u. Rügen vorkommenden Arten . . ." (Kopenhagen 1846). In diesem als systematisches Verzeichnis aller heimischen Vogelarten gedachten Werk sind jedoch nur die Greifvögel u. Eulen behandelt. Auf dem Rückweg von einer Badereise ereilte ihn der Tod.

— Lit.: Th. H. Erslev, Almindeligt Forfatterlexicon for Kongeriget Danmark med Bilande 2, 1847, S. 537/38; Suppl. 2, 1864, S. 672/28. — J. Bidstrup, Stamtavle over Slägten Paulsen, Kopenhagen 1888, S. 22/23.

Peitzmeier, Joseph, Dr., * 7. 7. 1897 Lintel bei Wiedenbrück, † 11. 10. 1978 Lintel. Er entstammte einem alten westfälischen Bauerngeschlecht. Nach der Reifeprüfung auf dem Gymnasium von Beckum studierte er katholische Religion, Biologie, Psychologie in Paderborn, Münster, Göttingen und trat, 1926 zum Priester geweiht, 1932 als Studienassessor in den höheren Schuldienst ein. 1924 hatte er bereits mit einer Dissertation über „D. Tierpsychologie des Albertus Magnus" (s. d.) in Münster promoviert. In dieser frühen Untersuchung fanden sich schon die Ansätze zu der später von ihm vertretenen Forschungsrichtung. Sie verdichtete sich im Laufe der Jahrzehnte zum nie vernachlässigten Versuch, die Gegensätze zwischen Theologie, Weltanschauung, Biologie zu überwinden. Nur durch ein hohes Maß an geistiger Freiheit und die Überlegenheit einer durch persönliche Zurückhaltung sich auszeichnenden Führungskraft gelang ihm menschlicher Brückenschlag, der sich auch in der beruflichen Laufbahn verdeutlichte. Er war unter seinen Landsleuten seit 1929 anerkannter Religionslehrer, seit 1933 Dozent, seit 1942 Vertreter der Pastoralpsychologie und seit 1946 a. o. Professor an der philosophisch-theologischen Akademie in Paderborn. Den Pflichten seiner amtlichen Stellungen im theol.-philosophischen Ordnungssystem konnte er sich mit innerer Gelassenheit hingeben, weil er sich als christlicher Naturphilosoph in unbezweifelbarer Teleologie eingebettet wußte. Diese Sicherheit gestattete ihm auch, in kritischen Auseinandersetzungen mit Andersdenkenden nie verletzend zu werden. Die Verdienste um seine Kirche fanden Anerkennung durch die 1962 erfolgte Ernennung zum päpstlichen Hausprälaten. Im Spannungsfeld der Weltanschauungen stehend, hatte er von früher Jugend an Auge und Ohr für das Leben der ihn umgebenden Vögel. Vom ursprünglich rein faunistischen Wissensdurst getrieben, schritt er daher schnell vor zu methodisch durchdachten quantitativen, siedlungsökologischen Betrachtungen der Vogelformen auf Probeflächen. Da es ihm gegeben war, gleichzeitig die Rolle des in sich ruhenden Mahners zu übernehmen, gelang es ihm, durch Wort und Schrift das Naturschutzproblem über den engeren Raum hinaus in den Mittelpunkt von Gemeinschaftsarbeiten zu rücken. An seinen Namen knüpfen sich die Titel von über 200 orn. Veröffentlichungen. Die erste Wortmeldung behandelte die „Avifauna d. oberen Emsgebietes" (J. Orn. 73, 1925). Sie stützte sich nach mehr als zehnjähriger Beobachtung auf die Mitarbeit einer stattlichen Anzahl hervorragender Kenner des Gebietes der Ems von der Quelle bis zur Stadt Warendorf. Weitere Wortmeldungen zur tiergeographischen Dynamik galten der Ausbreitung der Wacholderdrossel — von Osten nach Westfalen (Natur u. Heimat 1950—1966) und der Misteldrossel — von Westen nach Nordwesteuropa (ebd. 1950—1966). Den Höhepunkt dieser Untersuchungen brachte die 480 Seiten starke „Avifauna v. Westfalen", die 1969 zur 82. Jahresversammlung der DO-G in Münster vorlag. Bis kurz vor seinem Tode blieb er mit der Feder rege (z. B. Orn. Mber. 47, 1939; 48, 1940; J. Orn. 90, 1942; Dt. Vogelw. 64, 1943; Stresemann-Festschrift 1949; Vortrag Int. Orn. Congr. in Helsinki 1950; Abh. Landesmuseum f. Naturk. Münster 1961; Vogelk. Ber. Niedersachsen 2, 1970). Eine Biographie über J. B. Altum (s. d.), an der er jahrelang gearbeitet hatte, mußte P. unfertig hinterlassen. Er war eine über den Durchschnitt menschlich großzügig geprägte Persönlichkeit. 1970 erhielt er das Bundesverdienstkreuz 1. Klasse.

— Lit.: Würdigung. Nat. u. Heimat (Landesmuseum f. Naturk. in Münster). 27, 1967, S. 49—54. — Würdigung (von L. Franzisket). Abh. aus d. Landesmuseum f. Naturk. z. Münster 39, 1977, Heft 1/2. — Würdigung (von W. Erz). Nat. u. Landsch. 52, 1977, S. 255. — Würdigung (von R. Dircksen). Abh. d. Landesmuseums f. Naturk. z. Münster 39, 1977, S. 4—8. — Nachruf in Westf. Nachrichten, Münster v. 20. 10. 1978. — Nachruf (von E. Schoennagel). Borkumer Ztg. u. Badeztg. v. 30. 10. 1978. — Nachruf (von J. Schwermer, Paderborn). Natur u. Heimat, Westf. Landesmuseum f. Naturk. Münster 38, 1978, Heft 4, S. 105—108 (mit Gruppenbild). — Nachruf (von H. Ringleben). Vogelk. Ber. Nieders. 10, 1978, S. 89. — Verzeichnis d. Naturw. Veröff. v. 1925—1967 in Abh. d. Landesmuseums f. Naturk. Münster 39, 1977, S. 9—15. — Nachruf (von K. Immelmann). J. Orn. 120, 1979, S. 456/57.

Petersen, Johann Dietrich, * 1717 Rostock, † 1786 Christiansö (Dänemark). Sein Lebensgang soll nicht frei vom Reiz des Abenteuers geblieben sein. Nach dem in Göttingen kaum begonnenen Studium der Rechtswissenschaft trat er auf Anordnung des Vaters, eines Bürgermeisters, 1734 in das Grenadierkorps des dänischen Königs ein. In Kopenhagen erreichte er zwar bald den Rang eines Feldwebels, mußte aber aus nicht bekannten Gründen 1744 nach Christiansö nordöstlich der Insel Bornholm übersiedeln. Drei Jahre später war er Schreiber beim Befehlshaber der Festung, dann Garnisonsschreiber und von 1749 bis 1786 Garnisonsauditor. Zur Mehrung eines kümmerlichen Einkommens dürften ihm nebenher (zeitweise?) eine Schankwirtschaft und Tabakhandel gedient haben. Außerdem scheint er hier besonders jagdlich und vogelkundlich angeregt worden zu sein. Fortan fing und sammelte er fleißig Vögel, präparierte sie mit Hilfe seiner 2. Frau und schickte die Beutestücke auf dem Wege über den Etatsrat Chr. Fleischer an E. Pontoppidan (s. d.) und M. Th. Brünnich, die sie für ihre Darstellung der dänischen Vogelfauna, d. h. in „Danske Atlas I" (1763, dt. Fassung 1766) und „Ornithologia borealis" (1764) benutzten. Die Annahme ist daher berechtigt, daß die Typen von *Calidris ferruginea* (1763), *Larus argentatus* (1763), *Sterna paradisaea* (1763), *Lymnocryptes minimus* (1764) und *Calidris maritima* (1764) von J. D. Petersen stammten. Er selbst hinterließ mehrere Msk., von denen 2 guterhaltene Bände in der Univ.-Bibliothek von Kopenhagen aufbewahrt werden. Zum Druck gelangte nur das fragmentarische „Verzeichnis Baltischer Vögel, alle auf Christiansö geschossen, zubereitet u. ausgestopft" (Altona 1766). In der Folgezeit blieb es den dänischen Zoologen unbekannt. Es tauchte erst um 1930 in der Univ.-Bibliothek Kiel wieder auf und wurde auf 11 Glasplatten photographiert, die aber dem 2. Weltkrieg zum Opfer fielen. Nur Abzüge davon befinden sich in Bibliotheken oder Privatbesitz.

— Lit.: Würdigung (von O. Helms). Dansk orn. Foren. Tidsskr. 29 1936, S. 83—149 (Dt. Zusammenfassung).

Peus, Fritz, Dr., * 22. 4. 1904 Siegen (Westfalen), † 17. 11. 1978 Berlin. Als Sohn eines aus Münster (Westfalen) stammenden Regierungsassessors, der gutes naturkundliches Verständnis auf den Sohn zu übertragen wußte,

TEIL 4

besuchte er das Gymnasium Paulinum in Münster. Anschließend studierte er Zool., Botanik und Physik 1923—1927 in Münster (dazwischen auf Veranlassung seines 3 Jahre älteren Landsmannes und Freundes R. Kuhk im S. S. 1924 in Rostock). Als er 1929 mit der Dissertation „Beiträge z. Kenntnis d. Tierwelt nordwestdeutscher Hochmoore" promovierte, erfuhren die Vögel dieser Gebiete eine eingehende Behandlung. In dieser frühen Veröffentlichung deutete sich gleichzeitig die stets lustbetonte Vielseitigkeit an, die auch seine späteren Arbeiten auszeichnete. Tiergeographisch-ökologische Betrachtungen und entomologisch-systematische Untersuchungen (u. a. mit Neubeschreibungen von Dipteren und Flöhen) gepaart mit Freilandzoologie und überaus reger Sammeltätigkeit standen im Vordergrund kritischer Forschungen. Seine Laufbahn läßt sich durch folgende Daten kennzeichnen: 1927 Mitarbeiter an der Preuß. Landesanstalt f. Boden-, Wasser- u. Lufthygiene in Berlin; 1939 hier Professor und Gruppenleiter; 1942—1945 als Sonderführer Leiter der Entom. Abt. des Tropenmed. Inst. der Militärärztl. Akademie in Berlin, mit Beratung der Truppe in Anopheles-Sanierung und Malaria-Prophylaxe in Griechenland, Jugoslawien und Ungarn. Nach Kriegsgefangenschaft und kurzer Tätigkeit in Celle und Münster 1947 Rückkehr nach Berlin, Kustos und Leiter der Dipterologischen Abt. am Mus. für Naturk. in Berlin (Ost), 1959/60 Direktor dieses Museums und Professor mit Lehrstuhl an der Humboldt-Univ., 1961 auf eigenen Wunsch ausgeschieden, 1962 ordentl. Prof. f. Angew. Zool. im 1. Zool. Inst. der Freien Univ. Berlin (West), 1966 Direktor des von ihm aufgebauten Inst. f. Angew. Zool., 1969 Emeritierung auf eigenen Wunsch. Von seinen etwa 200 wissenschaftlichen Arbeiten, darunter Büchern und Beiträgen zu Sammelwerken, waren die meisten entom. Inhalts (Diptera, Siphonaptera, Angew. Entom.). Viele davon stattete er, zeichnerisch hochbegabt, mit zahlreichen meisterlich gelungenen Abbildungen von eigener Hand aus. Aufsätze und Arbeiten orn. Inhalts z. B. in B. z. F. 3, 1927, 120—122; Orn. Mber. 37, 1929, 129—133 und 148/149; D. Beizjagd, N. F. Nr. 2, S. 19—20; Orn. Mber. 42, 1934, S. 110—112; ebd. 43, 1935, S. 26/27; Vw. 70, 1949, S. 52/53; ebd. S. 55; Kosmos 46, 1950, S. 150—154; B. Bonn 2, 1951, S. 55—82; Vw. 73, 1952, S. 1—4; B. Bonn, Sonderband 1954, S. 1—50; Mitt. Berl. 33, 1957, S. 261—305; J. Orn. 99, 1958, S. 297—321; D. Welt d. Tiere 3, 1976, S. 177). Zwei größere Arbeiten (1976 u. 1978) handelten ausschließlich über Vogelflöhe. Von Scharfsinn und geistiger Beweglichkeit, die ihn bisweilen Bedenken gegen den Gebrauch gewohnter Begriffe oder gegen die Übernahme einer Lehrmeinung äußern ließen, zeugen Aufsätze wie „Gedanken über d. zool. Forschung in Naturschutzgebieten" (Archiv f. Naturschutz u. Landschaftsforschung 1, 1961, S. 6—17), „Auflösung d. Begriffe Biotop u. Biozönose" (Dt. Entom. Zeitschr. N. F. 1, 1954, S. 271—308), „Ist d. Begriff Angewandte Wissenschaft haltbar?" (Mitt. Entom. Ges. in d. Bundesrepublik Deutschland 30, 1971, S. 52—54). Beachtenswert sind ferner die Einführungssätze zur 3. Aufl. des von Otto Kleinschmidt (s. d.) geschriebenen Büchleins über die Kolibris (Neue Brehm-Bücherei Nr. 1, Wittenberg 1970). Er wandte sich hier gegen die heute durchweg anerkannte These von der Entstehung der Arten und setzte sich ein für die Gültigkeit von Kleinschmidts Formenkreislehre: Rassen (Unterarten) „sind keine Etappen der Artbildung, sondern die Ausläufer, die Enden eines Prozesses der Aufgliederung oder gar Aufsplitterung der Art". Die in seinem schöpferischen Lebenswerk sich verkörpernden dogmenfreien Forschungen brachten ihm verdiente Ehrungen: 1959 ernannte ihn die Leopoldina in Halle zum Mitglied, die Zool.-Botan. Ges. in Wien wählte ihn 1969 zum Ehrenmitglied, und die dt. Entom. Ges. verlieh ihm 1975 die Fabricius-Medaille. Seine letzten Lebensjahre waren überschattet von zunehmender Herzerkrankung, und im September 1978 führte ein Sturz von der Treppe zu einem schweren Schädelbruch, von dem er sich nicht mehr erholte. Der DOG bzw. DO-G gehörte er an von 1928—1951 und von 1960—1973.

— Lit.: Würdigung (von Altenkirch). Mitt. d. Dt. Entom. Ges. 28, 1969, S. 13—15 (mit Bildnis). — Würdigung (von G. Becker). Ebd. 34, 1976, S. 65—68. — Würdigung (von I. Iglisch). Ebd. 34, 1976, S. 73—83. — F. Peus: Dankesworte anläßlich d. Verleihung d. Fabricius-Medaille. Ebd. 34, 1976, S. 69—72. — Nachruf (von G. A. J. Schmidt). Vogelk. Tagebuch Schlesw.-Holst. 6, 1978, S. 286/87 (mit Bildnis).

Piiper, Johannes, Dr., * 12. 4. 1882 Tallinn (= Reval), † 5. 10. 1973 Tartu (= Dorpat). Vielseitig begabt — er beherrschte außer der

Muttersprache das Dt., Engl., Franz., Russ., Ital., Neugriech. — studierte er als Sohn eines Fahrkutschers 1903—1913 Naturw. und Math. in Petersburg, nachdem er erste Anregungen zu med. Studien bereits während der einjährigen Beschäftigung in einer Drogerie verspürt hatte. Der sich anschließenden Tätigkeit als Vertreter der Naturw. an der Schule seiner Vaterstadt folgte 1919 die Berufung auf einen Lehrstuhl an der Univ. Tartu, wo er dann 1927—1959 o. Professor für Wirbeltier-Zool. war. Ein Studienaufenthalt 1923/24 in London endete mit der Promotion „On the Evolution of the Vertebral Column in Birds, . . .“ (1928). Im selben Jahr erschienen aus seiner Feder „D. ontogenetischen Studien u. d. Phylogenie d. Vogelwirbels“. Hauptarbeitsgebiete blieben die Morphol., Embryol. u. Evol. Nichtsdestoweniger verdankte ihm die Orn. eine sehr deutliche Förderung sowohl durch die Pflege der Faunistik als auch durch die damit verknüpfte Heranbildung eines Stammes junger baltischer Feldforscher. Diesem Zweck diente u. a. die von ihm 1924 auf der Insel Ösel gegründete und bis 1949 geführte Biol. Station. Alle zu seiner Zeit tätigen estn. Vogelkundler der älteren und mittleren Generation waren seine Schüler. Wenn er auch (nach E. Kumari) „nicht speziell an der Vogelzugforschung beteiligt war“, pflegte er stets Fühlung mit der Vogelwarte Rossitten und erkannte früh die Notwendigkeit des Vogel- u. Naturschutzes. Unter den benachbarten älteren Ornithologen stand ihm wohl M. Härms (s. d.) am nächsten. Mit ihm zusammen schrieb er einen Aufsatz über den „Kiefernkreuzschnabel d. Insel Ösel“ (Tartu Mikooli toim 4, 1932). Von den z. T. allgemein verständlich abgefaßten rund 50 Veröff. seien genannt „Über d. Fortschritte d. biol. Wissensch. in Eesti 1911 bis 1928“ (Fenno-Ugrica 3, Budapest 1931) und „Aus d. Geschichte d. Vogelschutzes in Estland: D. Waikainseln u. ihre Vogelwelt i. J. 1922“ (Orn. kogumik 1, 1958). Unvollendet blieb sein in estn. Sprache verfaßtes Lehrbuch d. vergl. Anat. d. Wirbeltiere. Er war seit der Gründung 1921 Vorsitzender und seit 1960 Ehrenvorsitzender der Orn. Sektion d. Naturf.-Ges. v. Tartu, doch war die Zahl seiner orn. Veröff. nicht groß.

— Lit.: Nachruf (von J. Aul) Orn. Ajaloost Balt. 7, 1974, S. 7—17 (mit Verz. d. Veröff. u. Bildnissen). — Würdigung (von Schriftl.) Vwa. 27, 1974, S. 230. — Nachruf (von E. Kumari). Communications of the Balt. Comm. for the Study of Bird Migration, Tartu 9, 1975.

Pohlmeyer, Gustav. Es ist nicht bekannt, wann und wo er geboren und gestorben ist. Das Dortmunder Adreßbuch führte ihn zwischen 1881 und 1885 mit der Berufsbezeichnung Zeichner oder Ingenieur. Die Vermutung liegt nahe, daß er damals in einer Industriefirma tätig war. Im Bereiche der Vogelkunde läßt er sich wohl nur unter die Hilfstruppen der Wissenschaft einreihen. Zuerst dürfte F. Gräßner (s. d.) auf ihn aufmerksam geworden sein, als er ihn die 24 kolorierten Eiertafeln für die „Vögel von Mitteleuropa und ihre Eier“ (1880 u. um 1890) herstellen ließ. Nach dem Urteil einiger zeitgenössischer Fachgenossen soll er ein „feiner Eierkenner“ gewesen sein. Auch W. Blasius (s. d.) widmete in seiner umfassenden Darstellung der Kenntnis vom Riesenalk *Alca impennis* (Neuer Naumann 12, 1903, S. 207) dem sich bescheiden zurückhaltenden Künstler einige Worte: „Auch Pohlmeyer, der bekannte Oolog und Eiermaler in Dortmund, hat das Oldenburger Ei für seine eigene Sammlung sorgfältig nachgebildet und ebenso von dem Ei des Museums Löbbeckeanum in Düsseldorf und dem dort befindlichen Faksimile des Rowleyschen Eies für seine eigene Sammlung und die Museen in Braunschweig und Cambridge Nachbildungen hergestellt“.

Pontoppidan, Erik (Ludvigsen), Dr., * 24. 8. 1698 Aarhus, † 20. 12. 1764 Kopenhagen. Der Sohn eines Dompropstes hatte nach dem theol. Staatsexamen (1718) verschiedene Stellungen inne: Pfarrer auf den Inseln Alsen und Seeland, Hofprediger (1735), außerordentlicher Prof. der Theol. (1738), Mitglied der dän. Gesellschaft der Wissenschaften (1742), Bischof in Norwegen (1747). In Bergen beeindruckte ihn die großartige norwegische Natur so sehr, daß er dort seine erste naturw. Arbeit „Det förste Forsög paa Norges Naturlige Historie“ (1752/53) erscheinen ließ (mit dt. Übers. 1753 u. engl. Übers. 1755). Schon 1749 Dr. theol. geworden, kehrte P. 1754 nach Kopenhagen zurück, wo er 1755 zum Prokanzler der Univ. aufstieg und sich in den folgenden Jahren erstmalig auch deutlicher mit der Vogelkunde beschäftigte. Ergebnisse dieser Studien brachte Band 1 des „Danske Atlas eller Kongeriget Dannemark“ (1763), dessen 10. Kapitel den Titel „Om Land- og Vand-Fuglene i Dannemark“ trägt. Die ersten beiden Seiten, auf denen auch M. Th. Brünnich (s. d.) erwähnt ist, enthalten Namen wie Sterntaucher, Silbermöwe und

Küstenseeschwalbe. Für Formen wie *Gavia stellata, Buteo lagopus, Calidris ferruginea, Limicola falcinellus, Larus argentatus, Sterna pradisaea, Asio flammeus* ist die Erstbeschreibung mit Pontoppidans Name 1763 verbunden. 1765 erschien eine dt. Übersetzung dieses 1. Bandes mit dem Titel „Von d. Vögeln, die sich in Dänemark auf dem Lande u. auf dem Wasser aufhalten". Weitere orn. Angaben enthält sein Danske Atlas (1754—1778) nicht. Im Rahmen der historischen Entwicklung gesehen, besteht P.s orn. Verdienst hauptsächlich darin, daß er als einer der ersten — neben M. Th. Brünnich — Linnés binäre lateinische Nomenklatur gebrauchte.

— Lit.: C. C. A. Gosch, Udsigt over Danmarks zool. Lit. II, S. 429—431 u. III, S. 142—147 u. 543, 1878. — Dansk Biogr. Leks. 18, 1940, S. 458—466. — H. Ehrencron-Müller, Forfatterlexikon 6, 1929, S. 321—336. — E. Stresemann, Entw. d. Orn., 1951.

Preiß, Paul, * 2. 2. 1859 Jakobswalde bei Kosel (Oberschlesien), † 5. 1. 1937 Boppard (Rhein). Über sein Leben ist so gut wie nichts bekannt. Sicher ist nur, daß er nach der Jahrhundertwende (seit wann?) Angestellter bei der Eisenbahn in Boppard war. Als Ornithologe im eigentlichen Sinne des Wortes wurde er offenbar zu keiner Zeit eingestuft. Zu Anfang des 19. Jahrhunderts, d. h. in einer Epoche, da die morphologisch-oologische Betrachtungsweise sich in ihrer Endphase noch einer stattlichen Zahl ernsthafter Anhänger erfreute, erschien der Autodidakt (auf welchem Wege dazu gekommen?) in der Reihe der Eiermaler. Sein Name knüpfte sich vor allem an den von A. Koenig (s. d.), der ihm neben anderen Künstlern die Darstellung der Eier übertrug, in den Prachtwerken „Katalog d. Nido-ool. Sammlung im Museum A. Koenig in Bonn" (1931/32) und „D. Vögel am Nil ..." (um 1936). Der Autor dankte dem Illustrator u. a. für die „subtilste und feinste Wiedergabe der schwer wiederzugebenden Eischalen von *Gypogeranus serpentarius* — Kranichgeier oder Sekretär". Auch Cl. Nissen (s. d.) lobte in den „Illustrierten Vogelbüchern" (1953) die „vorzüglich gelungenen" Eierabbildungen und stellte sie neben die hohe Illustrationskunst von G. Krause (s. d.).

Preuß, Bernd, Dr., * 15. 11. 1939 Gommern (Kr. Burg), † 26. 2. 1975 Rostock. Früh hatte er zur Heimatnatur ein engeres Verhältnis, das er während des Studiums der Biologie 1958—1963 in Jena durch praktische Arbeit im Zool. Garten von Dresden und im Tiergarten von Berlin erweiterte. Nach dem Examen wurde er wissenschaftlicher Assistent im Zool. Garten von Rostock und erreichte dort eine Reihe von Zuchterfolgen u. a. bei Singschwänen, Pinguinen und Papageien. Vertiefende orn. Blicke in die Tiergartenbiologie erlaubten ihm daneben der Besuch wissenschaftlicher Tagungen sowie Forschungsreisen nach Kuba und in die Dobrudscha. Viele Stunden galten außerdem avifaunistischen Fragen und den Problemen des Naturschutzes. Sie führten ihn bevorzugt auf die Insel „Walfisch" in der Wismarer Bucht und in die Kormorankolonie Niederhof (Kr. Gimmen). Noch kurz vor dem frühen Tode konnte er im Oktober 1974 an der Humboldt-Univ. Berlin promovieren, und zwar auf Grund der Erfahrungen und Untersuchungen an Pinguinen und Alken unter Berücksichtigung ihrer Haltungsansprüche (Z. G., N. F. 55, 1975). Veröffentlichungen z. B. in Rundschr. d. SZG Ziergeflügel u. Exoten 6, 1967, S. 81—86; B. z. Vk. 14, 1969; Z. G., N. F. 40, 1971; Jber. Zool. Garten Rostock 1972; Ms. d. SZG Ziergeflügel u. Exoten Nr. 5, 1973.

— Lit.: Nachruf (von D. Schwarz). Z. G., N. F. 45, 1975, S. 510—512 (mit Bildnis).

R

Richter, Karl, * 1879, † 1947. Über seinen Lebensgang und seine Entwicklung zum aufmerksamen vogelkundlichen Beobachter im nordostböhmischen Raum liegen kaum verwendbare Daten vor. Ursprüngliche Jagdfreude dürfte ihm den Weg in die Vogelkunde geebnet haben. Im fortgeschrittenen Alter besaß er auf seinem Landsitz von Korozluky (= Kolosuruk?) bei Most (= Brüx) nicht nur eine kleinere Vogelsammlung aus der Umgebung, sondern auch eine größere orn. Fachbücherei. Als sein Name 1927 erstmalig in der Mitgliederliste der Prager Naturw.-med. Gesellschaft „Lotos" auftauchte, war er Statthaltereirat in Prag. Der 21. Bericht aus dem Jahre 1936 nannte ihn schon als Ruheständler und Rat der politischen Verwaltung. Offenbar stand er damals in einem engen Arbeitsverhältnis auch zu C. Loos (s. d.), dem Leiter der 1933 nach Böhmisch-Leipa verlegten Station. Nach L's Tod 1933 kam die Verantwortung für das Gedeihen der Forschungsstelle wohl ganz in Richters Hand. Seine Tätigkeit muß erfolgreich gewesen sein, denn die Mitarbeiterzahl wuchs auf 160 bis zum Jahre 1938, und die Beringungen stiegen in nur 6 Jahren auf 39 485 Nummern. Die Verwaltungsaufgaben verlangten von ihm nicht nur einen Nachruf für C. Loos, sondern seit 1933 auch die Erstellung der Berichte über die Tätigkeit der „Orn. Station Lotos". Längere Beziehungen zu E. Schüz erbrachte ihm schließlich ein mit der Reise zur 51. Jahresversammlung der DOG in Danzig verbundener Besuch von Rossitten. Zu den deutschsprachigen Zeitschriften, die avif. Nachrichten aus seiner Feder brachten, gehörten die Dt. Jägerzeitung, hrsg. in Leitmeritz (nicht identisch mit der gleichnamigen Dt. Jägerztg.), die Monatsschrift f. Natur- u. Vogelschutz und Sudetendeutscher Naturschutz. Von seinen Wortmeldungen können nur genannt werden: Eine nicht gesicherte Begegnung mit dem Würgfalken — *Falco cherrug* (Orn. Ber. Lotos 20, 1933) und der Fund eines verletzten und ins Natur-Mus. Prag gelangten Gleitaars — *Elanus caeruleus* (Dt. Jägerztg. 19, 1938). Als 1938 das Sudetenland in das damalige Dt. Reich eingegliedert wurde, endete die Tätigkeit der Station Lotos, und Richters Stimme verstummte im vogelk. Blätterwald.

— Lit.: Zool Abh., Staatl. Mus. f. Tierkunde Dresden 33, 1975, S. 7. — Brief v. B. Urbánek, Prag v. 30. 3. 1978.

Riffel, Alexander, Dr., * 17. 7. 1832 Karlsdorf bei Bruchsal, † 11. 3. 1922 Karlsruhe. Zuerst Volksschullehrer, begann der über den Durchschnitt begabte Sohn eines Landwirts 1858 in Freiburg das Studium der Mathematik und Medizin. Seit 1863 war er prakt. Arzt in Lörrach mit ausgedehnter Stadt- u. Landpraxis. Während mehr als zehnjähriger Tätigkeit unter der Industrie-Bevölkerung erwachte sein Verständnis für hygienische Fragen, die Gegenstand der Promotion über Menschen- u. Rindertuberkulose in Tübingen wurden. 1875 erfolgte die Habilitation für die von ihm vertretenen Vorstellungen am damaligen Polytechnikum von Karlsruhe. Mit experimentellen und genealogischen Methoden gelang ihm die Entwicklung einer Konstitutionsforschung, die ihn in Gegensatz zur damaligen wissenschaftlichen Lehrmeinung brachte, aber einen Umschwung des hygienischen Denkens einleitete. In seinen Mußestunden war er, wie bei Paul Riffel (s. d.) kurz angedeutet, Vogelliebhaber Waldläufer und gut geschulter Beobachter alter Schule. Auch diese private Sphäre erhielt ihre besondere Note durch seinen selbständigen und kritischen Blick für die ihn umgebenden Naturvorgänge. So lehnte er sich auf gegen die damals gültige Behauptung der Ornithologen und Jagdfreunde, daß der Weißstorch Räuber und Mörder sei und abgeschossen werden müsse, weil er regelmäßig Hasen und Rebhühner in den Revieren der Jagdpächter erbeute. Als gewiegter Beobachter wies er durch Tabellen, die von 1858 bis 1865 reichten, nach, daß der fütternde Storch nur in der übersichtlichen Feldflur und der offenen Weidekoppel seine Nahrung suche, während Hasen und Rebhühner bebuschte Waldränder und Feldgehölze bevorzugen. In diesem Fragenbereich konnte R. jedoch keinen überzeugenden Sieg verzeichnen. Die Mär vom Schaden der „Raubvögel" und Störche war damals noch zu tief im Volksglauben verankert. Im orn. Blickfeld aber darf der seiner Zeit vorauseilende Mann eine kurze Erwähnung finden als Vorkämpfer für eine Haltung der Vernunft und Sachlichkeit, die erst durch O. Uttendörfer (s. d.) und seine Mitarbeiter nach vielen Jahrzehnten Boden gewannen.

— Lit.: P. Riffel, Alexander Riffel u. seine Bedeutung f. d. Konstitutionsforschung . . ., Archiv f. Rassen- u. Gesellschaftsbiologie 14, 1942, S. 425—429. — Ders., Mein Heimatland, Freiburg 1942, S. 304—306. — F. W. Hornberger, Vom Speisezettel d. Weißen Storches, Mitt. d. Bad. Landesvereins f. Naturkunde u. Naturschutz, Neue Folge 6, 1953, S. 1—7.

S

Salzmann, Walter, * 4. 2. 1900 Leipzig, † 10. 6. 1977 Grebenhain (Vogelsberg). Schon der Fünfzehnjährige fand den Weg zum Orn. Verein Leipzig, wo er bald als sachkundig galt. 1923 trat er auch bereits der DOG bei. In dieser Anfangszeit waren seine wissenschaftlichen Vorbilder A. Voigt (s. d.) in der Stimmenkunde sowie O. Kleinschmidt (s. d.) in der stammesgeschichtlichen Systematik und in der Kunstfertigkeit der Taxidermie. Die berufliche Ausbildung begann mit der Lehrzeit im Leipziger Rathaus, setzte sich auf dem 2. Bildungsweg fort zum Studium der Volkswirtschaft und zur Fertigstellung einer Dissertation. Der Tod des Doktorvaters veränderte jedoch das akad. Ziel. Schließlich fand die Laufbahn 1930 eine sinnvoll endgültige Richtung durch die

TEIL 4

Versetzung des Beamten an das Landesarbeitsamt von Dillenburg (Hessen) und 1933 durch die Beförderung zum Verwaltungsamtmann am Reichsarbeitsministerium von Berlin. Der politische Zusammenbruch von 1945 brachte für ihn neuen Einsatz beim Aufbau eines Arbeitsministeriums zunächst in Lemgo und dann bei einer Zweigstelle in Frankfurt. Hier trat der Amtsrat 1950 wegen eines schweren Augenleidens in den Ruhestand. In den späteren Jahren betätigte er sich nichtsdestoweniger als Wirtschaftsfachmann für finanzpolitische Fragen. In Frankfurt-Fechenheim schloß er sich der Vogelk. Beob.-Stat. „Untermain" an und machte sich durch Vorträge u. a. so verdient, daß er bald das silberne Ehrenzeichen der Frankf. Vereinigung erhielt. Von Nutzen war ihm auch die Nähe der im Mus. Senckenberg von J. Steinbacher gehüteten orn. Schätze. Dazu beschäftigten ihn in besonderem Maße die Ordnung der eigenen Balgvorräte, die ihm durch die Verbindung mit Forstleuten in Ostpreußen, Pommern u. d. Schorfheide in früheren Jahren zugeflossen waren. Es war sein über Jahre dauerndes Anliegen, mit dem aufgehäuften Vergleichsmaterial den Gefiedervariationen bei europäischen Sperlingen nachzuspüren. Doch wußte er es zu tragen, daß er nicht zu eindeutigen Schlüssen durchdringen konnte. Fortschreitende gesundheitliche Beschwerden hinderten ihn auch nicht an längeren Reisen. Außer Helgoland lockten ihn vor allem vogelkundliche Brennpunkte im Ausland. So war er noch in den späten Lebensjahren in Italien, Spanien und fast alljährlich in dem von ihm besonders geschätzten Podersdorf am Neusiedler See. Die Reiseunternehmen stützten sich hauptsächlich auf die Erwartung, immer neue Verbindungen zugunsten seiner Balgsammlung anknüpfen zu können. Der Mehrung der morphologischen Unterlagen galt schließlich sein ganzer, liebevoller Eifer, auch als er am Ende der 60er Jahre unter der Aufgabe seufzte, für Wirtschaftszeitschriften Bilanzanalysen schreiben zu müssen. Die von ihm eingebrachte orn. Lebensernte dürfte — nicht nur nach seinem Urteil — eine der größten deutschen Privatsammlungen der Gegenwart gewesen sein. Als er die Augen geschlossen hatte, kamen 2878 Vogelbälge in das Staatl. Museum f. Naturk. in Stuttgart. Er vertrat den aus eigener Kraft gewachsenen Sammlertyp, der aus dem Gesichtskreis der Freilandforschung dieses Jahrhunderts mehr und mehr geschwunden ist. Hauptsächlich den Leipziger Jahren gehören einige Kurznotizen an.

— Lit.: L. Gebhardt u. W. Sunkel, D. Vögel Hess., 1954, S. 99. — Würdigung (von W. Keil). Luscinia 41, 1970, S. 54.

Sáska, Láslo (=Ladislaus), Dr., * 26. 9. 1890 Nagyenyed (=Aiud), † 8. 12. 1978 Arusha (Tanzania). Nach dem med. Studium in Budapest und Wien beschäftigte er sich hauptsächlich mit Tropenkrankheiten und wanderte daher nach Afrika aus, wo er sich 1931 in Arusha niederließ. Da er bald auch als Jäger bekannt wurde, waren viele Afrikareisende seine Gäste. In seinem Freundeskreis standen u. a. E. Hemingway und A. Schweitzer. Zu den Veröffentlichungen des Mediziners gehören mehrere volkstümlich geschriebene orn. Berichte, die in ungarischen Zeitschriften erschienen. Auch sein ungarisch geschriebenes Buch mit dem Titel „Mein Leben in Afrika" (Budapest 1969) hat vogelkundliche Kapitel. Besondere Anerkennungen durch englische, ungarische und russische Instiute erbrachten ihm die med. Forschungsergebnisse.

Schaefer, Helmut, Dr., * 12. 7. 1912 Breslau, † 11. 1. 1976 Rösrath-Hoffnungsthal bei Köln. Seit 1919 in Görlitz wohnend, wandte er sich — Sohn eines Zollbeamten — als Mitglied des Ver. schles. Ornithologen und Freund von Fr. Merkel und H. Graf v. Finckenstein in den 20er Jahren der Erkundung der west-schles. Vogelwelt zu. Erste Ergebnisse erbrachten „D. Brutvögel d. Umgeb. v. Görlitz" (Abh. Görlitz 31, 1931). Als früher schöpferischer Forscher- u. Tatendrang ihn 1929 in die Gewöll-Arbeitsgemeinschaft von O. Uttendörfer (s. d.) führte und auch lebenslange engere wissenschaftliche Nähe zu O. Schnurre begründete, erweiterte sich schnell das Blickfeld über die reine Feldornithologie hinaus in die Bezirke der Deszendenzforschung besonders an Kleinsäugern. Das deutete „D. Artbestimmung d. dt. Anuren nach d. Skelett" (Zs. f. Anat. u. Entwicklungsgeschichte 97, 1932) an. Sommerreisen 1930—1939 in die Ferne der Hohen Tatra ermöglichten ihm Studien an dortigen Vögeln und Säugern und weckten sein Verständnis für die Bedeutung von subfossilem Material. Die berufliche Ausbildung erforderte gleichzeitig phil. u. jur. Studien in Breslau, Innsbruck, Köln, Königsberg, Göttingen. 1935 schloß er sie in Breslau ab, nachdem F. Pax (s. d.) ihn schon 1931 als Doktoranden übernommen hatte. Thema der Diss. waren „Studien an mitteleurop. Säugern mit besonderer Berücksichtigung d. Art.- u. Rassenbildung“ (Arch. f. Naturgesch., N. F. 1935). Als er 1936 die erste jur. Staatsprüfung bestanden hatte und nach langem Kriegsdienst im Januar 1946 die Leitung des alten Naturk.Museums zu Görlitz übernehmen wollte, fiel er einer Verhaftungswelle der Sowjets zum Opfer. Mit 2 Jahren Zuchthaus in Dresden und 25 Jahren Arbeitslager in Workuta (Polarural) sollte er Arbeit für die westliche Bourgeoisie sühnen. 1956 (nach der Adenauer-Aktion) amnestiert, wählte er Düsseldorf als Wohnsitz. Noch im selben Jahr war er auf Anregung von W. Meise Vogelwart auf Amrum-Odde. 1960 trat er als Landesrat in die Dienste des Landschaftsverbandes Rheinland und widmete sich seitdem mit Erfolg der Kultur- u. Landschaftspflege. Anerkennung für Einsatz um den Gedanken des Naturschutzes und des Naturparkes bedeutete die Verleihung der Alexander-von-Humboldt-Medaille in Gold durch die Univ. Bonn 1970. Die ihm eigene kultivierte Geisteshaltung und die damit gekoppelte Kraft der Ausstrahlung erschöpften sich indes nicht in Verwaltungsaufgaben. Alljährlich nutzte er Urlaub und Freizeit zu vielfältigen zool. Forschungen hauptsächlich in Skandinavien und der Hohen Tatra. Die Ergebnisse sind niedergelegt in Büchern wie „Schweden u. Norwegen — Länder der Mitternachtssonne“ (1958), „Wunderwelt unserer Vögel“ (1966). Zu etwa 40 von ihm selbst zusammengestellten Veröff., die sich bis 1962 mit Fragen des Vorkommens, der Ernährung und des Verhaltens von Vögeln und Kleinsäugern beschäftigten, kamen in den letzten Jahren Titel in Nat. u. Landschaft 45, 1970; B. Bonn 21, 1970; ebd. 22, 1971; Ochrana fauny, Bratislava 6, 1972; B. Bonn 25, 1974; Karpatenjahrbuch 1975; Decheniana Bonn 127, 1975; Zool. Anz. Jena 195, 1975. Seit 1967 war Sch. Mitglied der DO-G. Der Gesellschaft Rhein. Ornithologen gehörte er als Beiratsmitglied an.

— Lit.: Würdigung (Verf.?). Rheinische Heimatpflege, N. F. 9, 1972, S. 247/48 (mit Bildnis). — Nachruf (von H. R. Hartung). Neues Rheinland 19, 1976, S. 26/27 (mit Bildnis). — Nachruf (von D. Eberhardt). Charadrius 12, 1976, S. 40/41. — Nachruf (von Schriftl.). D. Niederrhein 43, 1976, S. 75.

Scheithe, Karl, * 9. 7. 1904 Ludwigshafen, † 7. 12. 1974 Speyer, Im Alter von 14 Jahren kam er als Schlosser nach Oppau in die Badische Anilin- u. Sodafabrik und blieb in dieser Firma bis zur Altersgrenze. In ihm offenbarte sich der Gegentyp des Gelegenheitsornithologen. Die Freizeit seiner besten Jahre galt dem bewußt autodidaktischen Studium der heimischen Vogelwelt. Er war — seit 1953 Mitglied der DO-G — nicht nur zuverlässiger Freilandbeobachter, sondern auch jahrelang Beringer der Vogelwarte Radolfszell. Besonders vertraut war ihm die Avifauna des Neuhofener Altrheins. Aus seiner keineswegs umfangreichen orn. Hinterlassenschaft seien einige Veröffentlichungen genannt (in Vwa. 18, 1956; Orn. Mitt. 8, 1956; Jber. d. Orn. Arbeitsgemeinschaft Oberrhein 2, 1964, und Emberiza 2, 1973). Er gehörte zu den vielen Feldforschern, die in den Grenzen ihrer Möglichkeiten das Kleine sehen, das Große ahnen und dabei des Glückes der stillen Zufriedenheit teilhaftig werden. Vielleicht hat er das Verdienst, daß er — auch wenn er kein großes Buch schrieb — die Erinnerung an seine rheinischen Landsleute Leonhard Baldner (s. d.) aus dem 17. Jahrhundert und Robert Lauterborn (s. d.) aus dem 19./20. Jahrhundert wieder einmal (für kurze Zeit?) aufleben ließ.

— Lit.: Nachruf (von G. Groh). Pfälzer Heimat 26, 1975, S. 70.

Schelcher, Raimund, Dr., * 6. 1. 1891 Dresden, † 26. 12. 1979 Leverkusen (Rheinland). Als Sohn eines Ministerialdirektors bestand er 1910 die Reifeprüfung am Wettiner Gymnasium, nachdem er mit den etwa gleichaltrigen Schulfreunden E. Stresemann (s. d.) und H. Mayhoff (s. d.) schon frühe orn. Freuden besonders im Teichgebiet von Moritzburg geteilt hatte. Das Studium der Medizin führte ihn 1911—1913 nach Freiburg und anschließend bis zum Kriegsbeginn 1914 nach München und Leipzig. Nach dem Staatsexamen 1919 war er bis 1921 tätig an der Magdeburger Kinderklinik und seit 1922 als Kinderarzt in Dresden. Die Zerstörung seiner Heimatstadt 1945 beraubte auch ihn seiner Habe. Festen Boden fand er erst wieder unter den Füßen als leitender Kinderarzt am Kliniksanatorium von Bad Gottleuba. 1965 wurde er hier Sanitätsrat, 1967 trat er in den Ruhestand. Die letzten Lebensjahre verbrachte er in seinem Landhaus in Hirschsprung bei Altenberg (Erzgebirge). Als die körperliche Spannkraft nachließ, trat neben die Vogelkunde mehr und mehr die Beschäftigung mit Kleinsäugern und auch mit botanischen Fragen, vor allem mit Pilzen und

TEIL 4

Orchideen. Der DOG war er schon 1936 beigetreten. Orn. Veröffentlichungen z. B. in Orn. Ms. 35, 1910, S. 119; 35, 1910, S. 304; 36, 1911, S. 322/323; 38, 1913, S. 118; 38, 1913, S. 327; zus. mit H. Mayhoff 40, 1915, S. 268—286, 269—306, 323—340, 364—379, 385—395; Verh. Bay. 12, 1915, S. 103—108; Verh. Bay. 15, 1915, S. 53—86; Orn. Ber. 24, 1916, S. 97—103; Orn. Ms. 41, 1916, S. 98—205; Verh. Bay. 14, 1919, S. 155; 14, 1919/20; B. z. Vk. 7, 1961, S. 370; ebd. 11, 1965, S. 102/03. Ein von ihm lange geplantes Heimatbuch des Osterzgebirges kam nicht zustande.

— Lit.: Nachruf (von G. Creutz). B. z. Vk. (in Vorbereitung).

Schertel, Carl Franz August Sebastian Freiherr von, * 17. 8. 1801 Burtenbach a. Mindel, † 19. 5. 1875 Gut Klingenbad b. Burtenbach. Als Glied eines alten württembergischen Geschlechts gehörte der Soldat 1818/19 zu den Feldjägern, die nach Beendigung der Dienstzeit Verwendung im Forstwesen fanden. Den Anspruch erweiterte er durch naturw. Studien in Erlangen, Göttingen — hier J. F. Blumenbach (s. d.) sein Lehrer — und Tübingen. Nach Beendigung der forstlichen Ausbildung trieb es ihn 1827/28 auf eine große Reise durch Schweden, Norwegen und Lappland, wo sein Wissensdurst in erster Linie der Vogelwelt galt. Das Ergebnis der Expedition war eine stattliche Sammlung von Bälgen und Eiern, von denen Stücke auch das Naturalienkabinett von Stuttgart bereicherten. Seit 1830 war er württ. Revierförster in Kirchheim unter Teck und 1841—1852 Oberförster in Ochsenhausen. Kränklichkeit zwang ihn dann zum Rückzug für 3 Jahre nach Stuttgart und schließlich nach Klingenbad, wo er ganz seiner Wissenschaft lebte. Die Studien waren gekennzeichnet durch vielfältigen orn. Briefwechsel, der ihn fortan verband mit Männern wie J. F. Naumann, C. W. L. Gloger, K. Michahelles, Paul Wilhelm Herzog v. Württ., G. Jäger, P. von Wäldicke, E. F. von Homeyer (s. d.). Die vogelk. Aufgeschlossenheit brachte ihn in besonders enge geistige Nähe von Ch. L. Landbeck (s. d.), vor allem nachdem der Gutsverwalter von Klingenbad seit 1845 im Dienste des Freiherrn stand. Aber auch vorher schon soll der Baron (von außen wenig beachtet) Mitarbeit an Landbecks „System. Aufzählung d. Vögel Württembergs" (1835) geleistet haben. Eine mit Landbeck und E. F. von Homeyer gemeinsam geplante „Ausführliche Naturgeschichte aller Vögel Europas in Abbildungen u. Beschreibungen nach der Natur" zerschlug sich indessen, als Landbeck 1852 nach Chile auswanderte. So mag die Feststellung gelten, daß der kgl. württ. Forstmeister zwar nicht als mitgestaltender Autor in die Geschichte der Vogelforschung eingegangen ist, ihr aber in selbstlosem Eifer gedient hat.

— Lit.: Nachruf (von Freiherr Richard König-Warthausen). Jh. Württ. 32, 1876, S. 47—50.

Schildmacher, Hans, Dr., * 13. 3. 1907 Magdeburg, † 3. 9. 1976 Hiddensee. Als Sohn eines Uhrmachers gehörte er neben H. Schönekerl (s. d.), E. Sperling (s. d.), K.-H. Mühlmann (s. d.) dem Magdeburger Gymnasiastenkreis an, aus dem sich nach zeitbedingten Spannungen 1923 die Orn. Vereinigung Magdeburg entwickelte. In Erinnerung an diese Jahre schrieb er später „Aus d. orn. Arbeit in Magdeburg zwischen d. beiden Weltkriegen", mit Bildnissen (Apus 3, 1973). Das in Halle begonnene Studium der Biol. schloß er in Berlin ab mit der von E. Stresemann (s. d.) gestellten und betreuten Diss. „Untersuchungen über d. Funktion d. Herbstschen Körperchen" (J. Orn. 79, 1931). Erste Verwendung bot ihm das Landesmuseum Hannover, bis ihn R. Drost (s. d.) im Mai 1932 als Assistent an die Vogelwarte Helgoland holte. Von hier aus erfolgte im Dezember 1938 der Wechsel an das Zool. Inst. von Rostock, wo er 1942—1945 als med. Entomologe wirkte. Nach dem Zusammenbruch gelang es ihm, die von R. Stadie (s. d.) 1936 gegründete, ursprünglich mit Ringen der Vogelwarte Helgoland arbeitende Vogelwarte Hiddensee als Inst. der Univ. Greifswald wieder aufzubauen und die von seinem Vorgänger begonnenen Untersuchungen über die Physiologie des Zugtriebes fortzusetzen. Seit 1952 war er bis zur Emeritierung 1972 o. Prof. für Zool. und Orn. an der Univ. Greifswald und geschäftsführender Direktor der biol. Forschungsanstalt auf Hiddensee. Dem Redaktionskreis des „Falken" gehörte er ab 1954 an. Die DDR fand in ihm außerdem einen Organisator der dortigen Storchbestandsaufnahmen. Die Ergebnisse aus diesem Aufgabenkreis sind niedergelegt in „Falke" 7, 1960 u. 22, 1975. Im Vordergrund seiner Studien standen indes physiol. und histol. Fragen. Veröff. z. B. in Vz. 1, 1930 zus. mit R. Drost; ebd. 3, 1932; 4, 1933; 5, 1934; 8, 1937; 9, 1938; J. Orn. 85, 1937; Biol. Zentralblatt 58, 1938; ebd. 59,

1939, „D. Vogelwelt d. Insel Hiddensee", „Beiträge z. Kenntnis dt. Vögel" (Jena 1961), „Neuere Gesichtspunkte B. z. Vk. 9, 1963, „Wir beobachten Vögel", Übers. aus d. Dänischen (Jena 1965, 1966, 1970), „Jber. d. Vogelwarte Hiddensee über d. Jahre 1964 u. 1965, desgl. 1966 u. 1967", zus. mit H. Pörner (Hiddensee 1967, 1968, 1971). Die DOG konnte Sch. seit 1924 mehrere Jahrzehnte in der Liste der Mitglieder führen. Er war als eine nicht nur gegen sich selbst kritisch eingestellte, nach innen blickende Persönlichkeit viel auf der Suche nach den Gründen der Verworrenheit seiner Zeit. Gedankenaustausch war ihm trotz stets wacher Lern- u. Lehrfähigkeit nicht unbedingtes Bedürfnis. Er konnte schweigen. Als Kraftquellen nutzte er einen oft stillen Humor und die Freude an der beobachtenden, hegenden Jagd.

— Lit.: Nachruf (von W. Rautenbach). J. Orn. 118, 1977, S. 113. — Nachruf (von A. Siefke). Falke 24, 1977, S. 293 (mit Bildnis).

Schilling von Canstatt, Franz Georg Freiherr, * 3. 5. 1730 Karlsruhe, † 31. 5. 1802 Ansbach. Wie Ferdinand und Karl von Canstatt (s. d.) gehörte er als älteres Glied der badischen Familie an. Mit 13 Jahren kam er nach Ansbach, wurde 1748 Jagdpage und 1751 Hof- u. Jagdjunker. Nach weiterer Ausbildung an verschiedenen Höfen stieg er 1755 zum Kammerjunker auf, um dem damaligen Erbprinzen Christian Friedrich Karl Alexander von Bayreuth zur ständigen Dienstleistung beigegeben zu werden. Seit 1758 war er Oberforstmeister, seit 1763 wirklicher Kammerherr und Landoberjägermeister, seit 1769 Geheimrat. Er fühlte sich gewiß nicht im Dienste der Orn., verfügte aber zweifellos über so viel vogelk. Formenkenntnisse, daß sie Erwähnung verdienen dürften. Sein Wissen ergibt sich aus Verzeichnissen, mit denen Sendungen von Vogelbälgen — leider unter Vernachlässigung der Herkunftsfrage — an eine „erhabene Kenner- u. Forscherin der Natur" versehen waren. Empfängerin war die Markgräfin Caroline Louise von Baden in Karlsruhe. Überraschend tief war des Sammlers Einsicht in das Problem der Beziehungen zwischen dem Menschen und der ihn umgebenden freilebenden Tierwelt. Fern jeglicher Buchweisheit schrieb er an der Schwelle der Naumannzeit dem von 1769 bis 1791 regierenden Markgrafen Christian Friedrich Karl Alexander von Brandenburg zu Ansbach-Bayreuth: „Die großen Flüsse fehlen uns, und ein guter Teil der großen Teiche, die ehemals bestanden, sind in Wiesen und Felder umgewandelt, und das sumpfige Land trocknete meist aus. Es ist wahr, daß dies meinem erlauchten Herrn mehr Gewinn einbringt, dafür sind wir aber einer Anzahl Vögel beraubt, die in unserer Gegend keine Zuflucht mehr finden, ...". Könnte die Klage nicht einem Briefe aus der Gegenwart entnommen sein?

— Lit.: G. Mayer, Orn. Beob. d. Oberjägermeisters Franz Georg Schilling von Canstatt in Ansbach u. dessen Naturalienlieferungen an d. Markgräfin Caroline Louise v. Baden 1781—1782. Ber. Naturw. Ges. Bayreuth 15, 1975, S. 225—240.

Schiöler, Eiler Lauritz Theodor Lehn, * 30. 10. 1874 Kopenhagen, † 13. 8. 1929 Kopenhagen. Als Sohn eines Bankiers übernahm er nach Lehrjahren in Amerika 1916 das väterliche Geschäft, das allerdings in Verbindung mit einem großen Bankkrach 1922 zusammenbrach. Durch private Hilfe konnte Sch. aber in Frederiksberg bleiben und die tief wurzelnde Hinneigung zur Welt der Vögel weiter pflegen. Noch 1926 während des Internat. Orn. Kongresses in Kopenhagen war die Villa der Familie das Zentrum der in- u. ausländischen Gäste. Bald aber wurde Sch. infolge eines Schlaganfalls für etwa 3 Jahre ans Bett gefesselt. Lebte er weiterhin auch in unglücklichen ökonomischen Verhältnissen, so gelang es ihm doch, auf Grund der Sammelleidenschaft eine Kollektion von ungefähr 22 000 in Sonderheit dänischen, grönländischen, isländischen und Färöer Vögeln aufzubauen. Sein Werk galt damals als einzig dastehende Gipfelleistung. Die Balgsammlung umfaßte allein 5 000 Entenvögel. Und die jahrelange Beschäftigung mit den Stopfpräparaten lenkte den Wissensdurst des Besitzers nicht nur auf morphologische Probleme, sondern gleichzeitig auch auf die Betonung der von E. Hartert (s. d.) vorgetragenen reformerischen Subspeziesdefinition. Eingehende Darstellungen der Rassenunterschiede erbrachte Sch. u. a. bei Stockente, Eiderente, Alpenstrandläufer, Rotschenkel, Halsbandregenpfeifer, Singschwan. Das aus dem Forscherbemühen erwachsene Sachwissen ließ in ihm schließlich den Entschluß reifen, ein riesiges Foliowerk „Danmarks Fugle" zu schaffen, dessen Ausstattung alle anderen ähnlich gestalteten Werke der Weltliteratur in den Schatten stellen sollte. In der Tat lagen 1925 und 1926 die beiden ersten

TEIL 4

Bände, die Entenvögel enthaltend, vor. Doch schon der 3. Band mit den Greifvögeln — von E. Stresemann (s. d.) besprochen in Orn. Mber. 39, 1931 — war nur z. T. fertig, als die Kräfte des Körpers und des Geistes den Verfasser plötzlich verließen. Er starb nach langem Leiden. Die wissenschaftliche Orn. zollte ihm viel Anerkennung. Er hatte den Vorsitz in der Dän. Orn. Vereinigung, war Ehrenmitglied der DOG, der Société Orn. de France und Korr. Mitglied der American Orn. Union, der Brit. Orn. Union, der Orn. Ges. Bay. Seine Vogelsammlung kam in das Zool. Mus. von Kopenhagen. Die Liste seiner orn. Veröff. umfaßt 23 Titel zwischen 1905 und 1936.

— Lit.: Auk 47, 1930, S. 305/06. — Nachruf (von E. Stresemann). Orn. Mber. 37, 1929, S. 158/59. — Nachruf (von R. H. Stamm). Dansk Orn. For. Tidsskr. 24, 1930, S. 1—8 (mit Bildnis u. Verz. d. Veröff.). — Nachruf (von O. Helms). J. Orn. 79, 1931, S. 416—423 (mit Bildnis u. Verz. d. Veröff.).

Schnabel, Emil, * 21. 11. 1899 Hückelheim (Kr. Alzenau), † 16. 7. 1974 Staffelstein (Oberfranken). Er war Lehrer in Stadelhofen bei Karlstadt (Unterfranken) und Oberlehrer in Versbach bei Würzburg. Aus der reinen Liebhaberei kommend, entwickelte er sich unter dem Einfluß von H. Stadler (s. d.) und E. Gebhardt (s. d.) zum erfahrenen Formenkenner und Feldbeobachter, dessen gezielte Aufmerksamkeit vor allem den Erscheinungen des Vogelzugs im fränkischen Raum galt. Sei 1920 war er Mitglied der Orn. Ges. Bayern und 1916—1957 Beringungsmitarbeiter der Vogelwarte Rossitten-Radolfzell mit besonderen Verdiensten u. a. an der Graureiherberingung. Seine erste Wortmeldung betraf „D. letzten Kolkraben — Corvus corax im Spessart" (Verh. Bay. 14, 1920). Bei W. Wüst (Bibl. Bay. 1973) stehen weitere 17 Titel, darunter sind 4 Berichte über die Tätigkeit der Beringungsstelle Unterfranken, bzw. über Beringungsergebnisse an fränkischen Vögeln. Das darin vorgelegte Datenmaterial und die Art der Ortsbezeichnungen sowie die Richtungs- u. Entfernungsangaben ließen indes nicht in allen Fällen eine klare Deutung zu, weil die von den Vogelwarten festgelegten Muster unberücksichtigt blieben (s. G. Zink, Vogelwarte 18, 1955, S. 103/04).

Schnurre, Otto, Dr., * 4. 10. 1894 Gelnhausen (Hessen), † 8. 5. 1979 Berlin. Als Sohn eines Amtsgerichtsrats besuchte er die Schulen von Hannover, Kassel, Marburg und wurde zuerst Gärtner. Seit 1914 widmete er sich aber dem mittleren Bibliotheksdienst in Weimar, Bonn, Berlin und Göttingen. Da ihn auch diese Laufbahn nicht befriedigte, machte er 1915 in Frankfurt als Externer das Matur und legte 1917 in Berlin das Diplom-Examen für den Bibliotheksdienst ab, um anschließend in Göttingen und seit 1919 in Frankfurt Naturwissenschaften zu studieren. Am Ende des Studiums stand 1921 die Promotion mit einer Arbeit über die „Vogelfauna in ihren Beziehungen zu d. Siedlungen d. Menschen" (gedruckt 1922 in Marburg als „D. Vögel d. dt. Kulturlandschaft"). Erste orn. Arbeiten nahm dem Obertertianer schon C. Floericke (s. d.) für die Mitt. Vw. ab. Auch der Student durfte 1919 wochenlang in Floerickes Stuttgarter Bibliothek arbeiten. Schließlich fand sich für den Anfänger auch ein Platz an der Rothschild-Bibliothek in Frankfurt, bis er 1928 Beamter an der Berliner Stadtbibliothek wurde. Hier trat er 1959 als Bibl.-Direktor in den Ruhestand, am Ende einer Wegstrecke, auf der sich Beruf und Neigung wohl nicht immer ohne Reibung trafen. Während sich die ersten Wortmeldungen meist mit faun. und feldorn. Themen (darunter schon Reform des Vogelschutzes!) beschäftigten, hatte er in den 30er Jahren das Glück, auf die neue biol. Gedankenwelt von O. Uttendörfer (s. d.) zu stoßen. Fortan wurden daher die Mark Brandenburg, die Grenzmark (um Nakel u. Dt.-Krone), später auch die Insel Rügen und der Darß die heimatlichen Kraftfelder für neue Studien unter freiem Himmel. Sie galten den Lebensgesetzen der Greifvögel und Eulen, d. h. in erster Linie der Biologie von Wanderfalk, Sperber, Habicht, Waldkauz, Sperlingskauz und Uhu. Ihren entscheidenden Niederschlag fanden sie in der Mitarbeit an Uttendörfers „Ernährung d. dt. Raubvögel u. Eulen u. ihre Bedeutung in d. heimischen Natur" (1939). Weitere reformierende Darstellungen des Revier- u. Brutverhaltens dieser und anderer Vogelformen folgten in so großer Zahl, daß sie nicht einzeln genannt werden können. Daß daneben die Geschichte der Orn. das weite Gesichtsfeld streifte, geht aus 2 Arbeiten hervor. Es sind „Markus zum Lamm" (s. Bd. 1, 1964, S. 230) und „Blasius Merrem" (s. Bd. 1, 1964, S. 237). Zu wissen lohnt sich schließlich, daß sein Blick auch über die Ornithologie hinausging. So schrieb er zusammen mit dem Frankfurter Herpetologen Robert Mertens 2 Arbeiten über die Norddeutsche

Smaragdeidechse. Als im Grunde musischer, feinnerviger Autor hatte er in einem sinnvoll ausgefüllten Leben keinen wirklichen Gegner, weil er frei war von falschem Geltungsdrang und die Gabe zum verbindenden menschlichen Brückenschlag mit Meisterschaft beherrschte. Eine Briefstelle aus dem Jahre 1961 mag sein Eigenurteil kennzeichnen: „Meine Verdienste sind viel bescheidener, als Sie annehmen! Ich bin ja auf die Mitarbeit vieler Spezialisten angewiesen, da meine Kenntnisse zum Bestimmen von Federn und besonders von Knochen nicht ausreichen". Der DOG trat er 1923 bei. Er starb bei einem Sturz auf der Treppe.

— Lit.: Bildnis in B. z. F. 15, 1934. — Würdigung (von L. Gebhardt). D. Vögel Hess. 1954, S. 90. — Würdigung (von V. Wendland). Falke 12, 1965, S. 28/29 mit Verzeichnis von rund 100 Veröff. — Würdigung (von R. März). B. z. Vk. 1965, Heft 3, S. 192/93 (mit Bildnis). — Nachruf (von J. Steinbacher). G. W. 103, 1979, II/4.

Schubert-Soldern, Rainer, Dr., * 6. 12. 1900 Dresden, † 7. 11. 1974 Wien. Dem Sohn eines Juristen, Kunsthistorikers und Leiters einer Dresdener Galerie war die wissensch. Laufbahn vorbestimmt. Nach dem Studium der Zool. in Berlin und Wien promovierte er 1926 in Wien, wurde Assistent am dortigen Zool. Inst. und habilitierte sich 1950. Zur selben Zeit zum ao. Prof. für Anat. und Physiol. der Haustiere berufen, vereinigte er mit diesem Inst. auch die Dozentur für Zool. und wurde so Vorstand des Inst. für experimentelle Zool., vergl. Anat. und Physiol. Die Emeritierung des begeisterten Lehrers und Forschers erfolgte 1972. Im Brennpunkt seiner Neigungen stand das lebende Tier, insbesondere das Wirbeltier, dem er geistvolle Untersuchungen zur Sinnesphysiologie, Morphologie und Evolution widmete. So galt sein Bemühen dem nicht alltäglichen Brückenschlag zwischen Naturwissenschaft und Philosophie. In diesem Rahmen war die Ornithologie nur ein Teilgebiet, in dem ihn abstraktes Denken, reiches Buchwissen sowie eigene, in die Tiefe gehende Wahrnehmungen und Beobachtungen an die Grenzen der zool. Erkenntnismöglichkeiten führten. Aus der Gabe hervorragender Rhetorik entstanden neben kleineren Veröff. seine Bücher „Philosophie d. Lebendigen" (1950), „Materie u. Leben als Raum- u. Zeitgestalt" (1959) und zusammen mit Erhart Oeser „D. Evolutionstheorie, Geschichte — Argumente — Erklärungen" (1974). Schon diese Titel zeigen, daß er, sich in Grenzbereichen bewegend, vor allem philosophisch dachte. Rein thematisch hinterließ er nur 2 Arbeiten über Vögel: „Schwanzmeisen u. andere Doppelformen" (Umwelt, Wien 1, 1947, S. 122—125), „Zur Frage d. Nahrungskreises einheimischer Vögel" (Verh. Wien 94, 1954, S. 13—28). Stille Beob. an einzelnen Vogelformen hat er in den Vorlesungen gerne überzeugend verwertet, und er wurde von ihm nahestehender Seite treffend „ornithologisierender" Philosoph genannt, der „die Orn. als eine seiner Grundlagen für die Natur-Philosophie benutzte". Er gehörte dem Vorstand der „Österr. Ges. f. Vogelk." an.

— Lit.: Würdigung (von H. M. Steiner). Egretta 13, 1970, S. 61. — Würdigung (von dems.). D. Bodenkultur ... 21, 1970, S. 7/8 (mit Bildnis). — Nachruf (von H. Nemenz). Österr. Hochschul-Ztg. 15, 1974, S. 24. — Nachruf (von H. M. Steiner). Egretta 18, 1975, S. 25.

Schulz, Heinrich, * 5. 3. 1901 Hamburg, † 5. 4. 1979 Hamburg. Nach dem Studium der Volkswirtschaft in Marburg wurde er Bankkaufmann, stieg zum Prokuristen einer Hamburger Firma auf und schloß als Bankdirektor i. R. die Augen. Früh hatte er einen kritischen Blick für das Leben der See- u. Meeresvögel und suchte die Zugverhältnisse im Raume von Hamburg, Ostholstein sowie der nordfriesischen Inseln aufzuklären. Rühriger Einsatz galt daher der Mitarbeit im Orn. Verein zu Hamburg und im Bund für Vogelschutz. 12 Jahre war er zudem Vorsitzender und zuletzt Ehrenvorsitzender des Vereins Jordsand. Mit Beginn der 30er Jahre fühlte sich der kritisch forschende Autodidakt auch verpflichtet, das eigene Wissen in der Fachliteratur an Gleichgestimmte weiterzugeben. Eine von ihm selbst zusammengestellte Liste der eigenen Wortmeldungen 1935—1951 umfaßte 24 Titel. Sie erschienen in Fachzeitschriften wie B. z. F., Columba, Dt. Vw., Faun. Arbeitsgemeinschaft f. Schlesw.-Holstein, Festschrift d. Ver. Jordsand, J. Orn. Mitt. d. Faun. Arbeitsgemeinschaft Schlesw.-Holst. u. Hamburg, Naturschutz u. Landschaftspflege, Orn. Mber., Orn. Mitt., Orn. Ms., Schriften d. Naturw. Ver. f. Schlesw.-Holst., Vw., Vz. Mit seinem Namen blieben ferner lange Jahre verdienstvoll verbunden eine „Bestimmungstabelle für Schnepfenvögel" (Hamburg 1946 u. 1947) und eine „Bestimmungstabelle für ... Möwen, Seeschwalben, Raubmöwen, Sturmvögel, Seetaucher u. Säger" (Hamburg 1948). Ihre zweck-

TEIL 4

mäßige, für den Gebrauch unter freiem Himmel gedachte Gestaltung bot den Feldornithologen in der Notzeit der ersten Nachkriegsjahre gern genutzte Hilfe. 1947 erschien daneben sein allenthalben anerkanntes Buch über „D. Welt d. Seevögel". Während des 2. Weltkriegs hatte er sich bereits der DOG angeschlossen, verließ sie aber 1954 aus privaten Gründen, um sich schließlich ganz von der Vogelkunde abzuwenden.

— Lit.: Bildnis in Orn. Mitt. 3, 1951, S. 168. — Würdigung (von R. Meyer-Brons u. P. F. Weckmann-Wittenburg). Festschrift d. Ver. Jordsand 1957, S. 175/76 (mit Bildnis). — Nachruf (Anonym). Ver. Jordsand, Rundbrief 1, 1979, S. 13.

Skovgaard, Peter, * 27. 7. 1887 Kopenhagen, † 10. 12. 1972 Viborg. Nach technischer Ausbildung öffnete sich ihm militärischer Dienst. Als Offizier wurde er 1912 nach Viborg versetzt. Den Wohnort, in dem auch H. Ch. C. Mortensen (s. d.) lebte, behielt er bei, als die Laufbahn des Soldaten 1916 zu Ende ging. Zum Lebensinhalt wurde ihm fürderhin die autodidaktische Beschäftigung mit den heimischen Vogelformen, und die zähe Hingabe an die selbstgewählte Aufgabe gipfelte in einer Beringungstätigkeit, mit der er schon 1914 (zunächst nur laienhaft spielerisch) begonnen hatte. Sie brachte ihn in enge Verbindung mit den Vogelwarten Helgoland und Rossitten. Den ausländischen Beispielen folgend, gründete er daher 1920 die Dansk Orn. Central und die dann 23 Jahre von ihm geleitete Zeitschrift Danske Fugle. Da ihm zur Durchführung der ihn beflügelnden Pläne von vornherein die nötigen Mittel fehlten, stellte er die Ringe selbst her. Ihre Zahl — es waren über 230 000 — unterstreicht das Ausmaß der damit verbundenen Opfer, die er und die helfenden Mitarbeiter zu bringen hatten. Hand in Hand mit der Beringungspraxis ging die zielbewußt einsetzende avif. Durchforschung seines Landes. Er schrieb u. a. eine Anleitung zum Kennenlernen der Vögel (1924) sowie monographische Beiträge über den Schwarzstorch (1920) und den Weißstorch (1934). Insgesamt standen auf den Beringungslisten dieser unter harten Bedingungen arbeitenden privaten Organisation 124 Schwarzstörche, 10 096 Weißstörche, 24 000 Stare, 26 000 Rauch-, Mehl- u. Uferschwalben sowie 16 000 Brandseeschwalben. Seit 1966 war S. Ehrenmitglied der Dänischen Orn. Vereinigung und galt in seiner Heimat als Vorbild für außerberuflichen Einsatz im Dienste der Naturwissenschaften.

— Lit.: Dansk. Biogr. Leks. 22, 1942, S. 162/63. — Skovgaard, P., u. W. Egsbaek, Halvhundrede aar med fugle . . ., Viborg 1962 (mit Verz. d. Veröff.). — S. Rosendahl, D. O. C.s Ringmaerkninger, Danske Fugle 22, 1970, S. 166—172. — Nachruf (von Rosendahl). Ebd. 25, 1973, S. 1—7. — Nachruf (von E. T. Pedersen). Dansk Orn. Foren. Tiddsskr. 67, 1973, S. 70—72. — Würdigung (von Schriftl.). Vwa. 27, 1974, S. 230.

Smuk, Antal (= Anton), * 3. 2. 1904 Bösárkány (Ungarn), † 12. 7. 1978 Nagylózs (Ungarn). Am Südufer des Neusiedler Sees wirkte er anfangs als Obernotar in Nagylózs und Nagycenk. In den späteren Jahren wandte er sich einem technischen Berufe zu, und der See mit dem westlichen Hansag machte ihn zum örtlichen Kenner der reichen Vogelwelt. Doch kam er erst Ende der 30er Jahre in Verbindung mit dem Ung. Orn. Institut, das ihn 1942 zum ordentlichen Beobachter ernannte. Veröffentlichungen aus seiner Feder erschienen nicht sehr zahlreich in Aquila und volkstümlichen Zeitschriften und beschäftigen sich meist mit Kranichen, Störchen und Silberreihern.

— Lit.: Nachruf (von P. Ruffy). Magyar Nemzet 22, 12, 1978, S. 7.

Sólymosy, Lászlo von, Dr., * 27. 4. 1909 Zalaegersteg, † 26. 2. 1975 Ödenburg (= Sopron). Sein Großvater hieß noch Falk und war Gutsverwalter beim Fürsten Eszterhazy. Der lebenstüchtige Enkel zeigte schon früh seine ernsthafte Vorliebe für die Welt der Vögel, so daß er 1926 zum ordentl. Beobachter und 1939 zum korr. Mitglied des Ung. Orn. Inst. ernannt wurde. Auffallend anspruchslos, aber mit reichen Geistesgaben ausgestattet, schloß er naturw. Studien in Budapest 1933 ab mit einer Diss. über die histologische Struktur der Milz bei Vögeln (ung. mit dt. Zusammenfassung) und sprach auch auf dem Internat. Orn. Kongr. in Rouen 1938 über die „Nebenmilz d. Vögel". Anschließend zog er sich auf sein Gut Egervár zurück und baute hier bis zum Beginn des 2. Weltkriegs einen Musterbetrieb auf mit schuldenfreier Zucker- u. Lederfabrik. Nach dem Krieg mußte er als einfaches Mitglied der Genossenschaft wieder anfangen. Die feldorn. Blickrichtung ist belegt durch etwa 10 kleinere und größere, in der Aquila erschienene Arbeiten. Sie galten meist den heimatlichen Vögeln in der Umgebung des Neusiedler Sees (Aquila 42—45, 1935—1939; 46—49, 1939—1942; 55—58, 1954; 71—72, 1966; 80—81, 1975).

Verständnis für die Bedeutung fachlichen Schrifttums offenbarte sich außerdem in Hilfsmaßnahmen, die das Erscheinen der Aquila erleichterten. Auch waren Bemühungen um eine Habilitation zum Dozenten an der Univ. Szeged nachweisbar. Gleichgerichtete Neigungen verbanden ihn anfangs mit T. Csörgey (s. d.) sowie später mehr mit dem Kreis um N. Vasvári (s. d.). Nach dem 2. Weltkrieg ließ er sich in Ujker unweit Ödenburg nieder. Ein langes Leiden beendete die Erdenbahn des tätig strebenden Barons, der bis 1944/45 und wieder seit 1959 Mitglied der DO-G war.

Sommerfeld, Eckart, Dr., * 9. 3. 1908 München, † 16. 2. 1977 Ebenhausen-Zell (Isartal). Als Sohn des bekannten, seit 1906 in München lehrenden Physikers begann er schon früh den Blick auf die heimische Vogelwelt zu richten und die Beobachtung unter freiem Himmel oft ernster zu nehmen als den Besuch des Unterrichts. Gefördert wurden tief wurzelndes Naturverständnis und Freude an Exkursionen in der Anfangszeit vor allem durch A. Bachmann (s. d.) und K. Lankes (s. d.) sowie durch einige Mitglieder einer damals blühenden bayer. Vogelliebhaber-Vereins. Der Name des Schülers tauchte daher bereits 1923 in den Annalen der Orn. Ges. Bay. auf. In den späteren Jahren pflegte er engere Beziehungen zu A. Laubmann (s. d.), F. Murr (s. d.), U. A. Corti (s. d.), E. Schuhmacher (s. d.). Der Kreis der Vertrauten war nie weit gesteckt. Sein Innenleben sowie sein wahres Menschenverständnis öffneten sich nicht vor jedermann. Für unauffälligen Dienst an der Vogelkunde stellte er sich jedoch gerne zur Verfügung. So übernahm er lange — an der Seite von W. Wüst — die stellvertretende Führung der Bayer. Gesellschaft. Zurückhaltung kennzeichnete schließlich auch sein Verhältnis zum Gebrauch der Feder. Nur im Anz. Bay. und gelegentlich in der Wiener Egretta meldete er sich zum Wort. Der Avifauna Bayerns galten 5 Arbeiten in W. Wüst, Bibliographie z. Avif. Bay. (München 1973). Hinzuzufügen wäre die beachtliche Untersuchung „Gefiederstudien an Drosseln" (Anz. Bay. 2, 1930, S. 60—69). Bis ins Alter beherrschte ihn vordergründig das leidenschaftliche Streben nach dem Ausbau einer orn. Sammlung. Jeden toten Vogel, den er erreichen konnte, mußte er präparieren und mit wissenschaftlicher Genauigkeit etikettieren. In dieser, dem späteren Geschlecht der privaten Sammler kaum noch bekannten Kunst der Dermoplastik, brachte er es zu wahrer Meisterschaft. Das Ergebnis, auf das er mit Stolz blickte, war eine für Faunisten und Systematiker wertvolle Kollektion von weit mehr als 1000 Bälgen. Einem von ihm bearbeiteten Spatzenweibchen widmete er sogar eine seiner letzten Veröffentlichungen (Anz. Bay. 8, 1967, S. 179/80). Die Kostbarkeiten gingen, nach seinem Wunsche, in den Besitz der Zool. Staatssammlung von München über. Ihn selbst befreite der Tod von schwerem Leiden, nachdem er als Kinderarzt und Medizinaldirektor seine besten Kräfte in den Dienst der Vaterstadt gestellt hatte.

— Lit.: Nachruf (von W. Wüst). Anz. Bay. 17, 1978, S. 187—190 (mit Bildnis).

Stein, Georg, Dr. h. c., * 7. 4. 1897 Reipzig (Kr. Pulverkrug), unweit von Frankfurt a. d. Oder (jetzt auf poln. Seite), † 19. 4. 1976 Fürstenwalde (Spree). Er begann nach dem 1. Weltkrieg als begabter, denkender Feldbeobachter und Sammler hervorzutreten. Wie vorher der Vater war er Lehrer an seinem Geburtsort und meldete sich aus einem Gebiet in der Mark, von dem H. Schalow (s. d.) in den „Beitr. z. Vogelf. d. Mark Brandenb." (1919) sagte: „Aus diesem Kreis besitzen wir in unserer heutigen Lit. nicht eine einzige Mitteilung". Den Tadel machte der junge Avifaunist schnell gegenstandslos. Nachdem er 1923 der DOG beigetreten war, durchforschte er vor allem das Odervorland ober- u. unterhalb des Dorfes Kunitz, 10 km südl. von Frankfurt/Oder. Von 1925 bis 1933 standen mit Sachverstand geschriebene kleine und größere avif. Beiträge aus seiner sehr fleißigen Feder vor allem in den Orn. Mber. und machten schnell den Namen des Autors bekannt. Freundschaftliche Beziehungen zu O. Heinroth (s. d.), für dessen grundlegende Studien er manche Jungvögel und Eier beschaffte, blieben nicht aus. Auch E. Stresemann (s. d.) wußte das gediegene Wissen und die Einsatzfreude des aufstrebenden Forschers zu schätzen. Da damals W. Rotschild in Tring der von E. Mayr nach Neuguinea unternommenen Exp. eine neue ebendorthin folgen lassen wollte, empfahl der Kustos des Berl. Mus. und Generalsekretär der DOG — auf dem Wege über E. Hartert (s. d.) — den vielversprechenden jungen Feldornithologen als Führer des Unternehmens. 1931—1932 weilte St. in den Tropen — begleitet von seiner als Präparatorin und Pflanzensammlerin ausgebildeten Frau. Die Sammelausbeute (darunter

TEIL 4

eine Reihe neuer Brutvögel) kam in das American Mus. of Nat. History von New York, in das Tring-Mus. und in das Zool. Mus von Berlin. Über den wissensch. Ertrag erschienen folgende Berichte: E. Stresemann, „I. Vorläufiges über d. orn. Ergebnisse d. Exp. Stein 1931—1932" (Orn. Mber. 40, 1932), Ders., „D. Vögel v. Waigeu, v. Numfor (=Mafor) u. v. Japen (=Jobi)" (Novit. Zool. 38, 1932), G. Stein, „Eine Forschungsreise nach Niederl.-Ostindien, 1. Teil Neuguinea" (J. Orn. 81, 1933), E. Stresemann, E. Hartert u. K. Paludan, „II. Vorläufiges über d. orn. Ergebnisse d. Exp. Stein 1931—1932" (Orn. Mber. 42, 1934). Bald nach der Rückkehr wechselte St. — zum Leidwesen vieler orn. Fachfreunde — das Feld der seitherigen Studien und verschrieb sich für die Zukunft der Säugetierforschung, vor allem der Beschäftigung mit Maulwurf und Feldmaus (an der Seite von V. Wendland und O. Schnurre). Sein Sprachrohr wurde die Z. f. Säugetierkunde. Auch auf diesem Gebiete winkte der persönlichen Leistung verdienter Lorbeer u. a. durch die Verleihung des Dr. h. c. (1961). Bis 1939 (oder 1940) verblieb er auf dem Lehrerposten in Reipzig, um dann Dozent am Lehrerbildungsseminar in Schlesien zu werden. Nach dem 2. Weltkrieg erreichte ihn die Berufung als Kustos an das Berliner Zool. Museum, wo er zuletzt Leiter der Abt. f. Säugetierk. war und 1966 den Prof.-Titel erhielt. Nach dem Tode seiner Frau zog er sich aber von der seitherigen Forschung zurück und kam daher auch nicht mehr zum Abschluß der lange geplanten Monographie über den Maulwurf. Fürstenwalde war sein letzter Wohnsitz. Im steten Streben nach geistiger Durchdringung der Evolutionsvorgänge reizte ihn hier in Hochachtung vor dem alten Freunde E. Mayr die Mitarbeit an der dt. Übersetzung von „Animal Species and Evolution" (1967 hrsg. von G. Heberer unter dem Titel „Artbegriff u. Evolution"). Er war ein aus eigener Kraft fachlich und literarisch geschulter Kopf, der — frei von Sentimentalität — seinen Platz an der Sonne zu wahren wußte. Ein mit Bedacht abgewogenes Maß an Urteilskraft erlaubte ihm, die Vertreter benachbarter Denkrichtungen treffend einzuschätzen sowie die ihm begegnenden menschlichen Schwächen mit zurückhaltendem Takt oder feinem Humor in sein Weltbild einzuordnen. E. Stresemann (s. d.) nannte ihn einen „lächelnden Philosophen".

— Lit.: Würdigung (von K. Zimmermann). Säugetierk. Mitt. 10, 1962, S. 127/28 (mit Bildnis). — Würdigung (von E. Stresemann). Mitt. Berl. 43, 1967, S. 185—187 (mit Bildnis).

Steinbacher, Georg, Dr., * 18. 9. 1910 Friedrichshagen b. Berlin, † 25. 5. 1979 Kissing b. Augsburg. Dem Sohn des nach dem 1. Weltkrieg in Berlin zu verdienstvoller Geltung gekommenen Friedrich Steinbacher (s. d.) war offenbar die orn. Laufbahn vorbestimmt. Schon der Schüler galt als zuverlässiger Kenner der Ornis der Mark Brandenburg, und 1928 öffneten sich dem in Berlin unter E. Stresemann (s. d.) und in München studierenden Zoologen die Reihen der DOG. Nach der Promotion (Diss. in J. Orn. 83, 1935) bereitete er sich als Assistent von L. Heck (s. d.) am Berliner Zool. Garten auf die tiergärtnerische Laufbahn vor, um 1938—1945 die Leitung des Frankfurter Zoos zu übernehmen. In diesen Anfangsjahren knüpften sich (außer märkischen Notizen) bereits an seinen Namen 17 bei L. Gebhardt u. W. Sunkel „D. Vögel Hessens" (1954) verzeichnete orn. Wortmeldungen. Sie galten meist den Fragen des Revierverhaltens und der Evolutionsprobleme von Arten, die in der Nähe des Menschen vorkommen. Vor neue Aufgaben sah er sich gestellt, als ihm 1947 die Direktion des 1937 gegründeten, während des 2. Weltkriegs aber fast völlig zerstörten Tiergartens von Augsburg übertragen wurde. In jahrelanger, zäher Kleinarbeit gelang es seinem Geschick, hier eine zu neuer Blüte sich entwickelnde Kulturstätte aufzubauen. Gleichzeitig fühlte er sich verpflichtet, nicht nur mit säugetierkundlichen Publikationen, sondern auch weiterhin der Vogelkunde mit der Feder eines kritischen Feldbeobachters zu dienen. Die erstaunliche Breite und Tiefe dieses Einsatzes spiegelten sich mit 118 Titeln wider in W. Wüsts „Bibliographie z. Avifauna Bayerns" (1931—1973). Die Veröffentlichungen stehen in Zeitschriften wie Orn. Mber., B. z. F., Märk. Tierwelt, Gef. W., Vogelwarte, Biol. Zentralblatt, Zool. Anz., Dt. Jäger, Vogelw., Dt. Jägerztg., Das Waidwerk, Orion, Biol. Abh., J. Orn., Anz. Bay., Luscinia, Orn. Mitt. und seit 1960 besonders in Ber. Naturw. Ver. Schwaben. Wer sich über die orn. Landesforschung in Schwaben unterrichten will, wird auf das hier ausgebreitete Quellenmaterial nicht verzichten können. Es gehörte zu den besonders hervortretenden Eigenschaften des beruflich stets stark beschäftigten Zoologen, daß er andere Fachkenner gerne an seinem Wissen teilnehmen ließ. So betonten G. Niethammer (s. d.), H. Kramer u. H. E. Wolters als Herausgeber der „Vögel Deutschlands" (1964), daß er ihnen „unermüdlich beratend zur Seite gestanden hat". Zur Abrundung seines Persönlichkeitsbildes drängt sich wohl die Frage auf, welcher Arbeitsrichtung der Zoofachmann in besonderem Maße angehörte. War es mehr die zool. Wissenschaft oder mehr die allgemeine Ornithologie mit ihren zahlreichen Verzweigungen? Vielleicht verspürte er beide Möglichkeiten in seiner Person vereint? Eine Antwort mag sein „Hausbuch für Vogelfreunde u. Vogelliebhaber" andeuten, das als „Knaurs Vogelbuch" zuerst 1957 mit guten Farbbildern aus der Hand von Robert Scholz erschien und von E. Stresemann (s. d.) in J. Orn. 99, 1958 sowie von J. Steinbacher in Gef. W. 67, 1958 besprochen wurde. Die Vielfalt der von ihm vertretenen anat., physiol., ethol., ökol. Gesichtspunkte spiegelte sich ferner in „Knaurs Affenbuch" (1957), „Knaurs Tierreich in Farben, Vögel, nach Gilliard" (1959), „D. Vögel, Orn. populär, nach A. L. Rand" (1971). Der seine Schaffensfreude kennzeichnende wissenschaftliche Antrieb führte ihn schließlich zu mehrjähriger akademischer Lehrtätigkeit an die Pädagogische Abt. der Univ. Augsburg, nachdem ihm schon vorher der Prof.-Titel von der Univ. München verliehen worden war.

— Lit.: Würdigung (von H. Oblinger). Ber. Naturw. Verf. f. Schwaben 81, 1977, S. 51—53 (mit Bildnis). — Nachruf (von J. Steinbacher). Gef. W. 103, 1979, S. II, 8. — Bildnis in E. Schüz, Rossitten-Bilderinnerungen (2. Teil), Orn. Mitt. 31, 1979, S. 127.

Stimmelmayr, Alex, * 8. 12. 1885 Dingolfing (Niederbayern), † 25. 6. 1970 Landshut (Bayern). Die Rolle, die der Amtsrat als Beringer und gründlicher Kenner der heimatlichen Kleinvögel glaubte in der Zugforschung übernehmen zu müssen, ist bereits dargestellt bei Anton St. (s. d.). Im Gegensatz zu dem sachlicher denkenden Bruder hielt er seine Hypothesen und Spekulationen über die Ursachen des Vogelzugs im weitesten Umfang für bestätigt. Doch mußte er (nach Brief v. 4. 8. 1959) seine Versuchsarbeiten zum „kosmobiologischen Lebensproblem" 1948 aufgeben, weil ihm die Arbeitsräume (von wem?) „wohnungsamtlich ganz unverständlicher Weise beschlagnahmt wurden". Für die Vogelwarten und die DO-G blieb er indes ein schwieriger Fall. Mehrmals widerrief er Austrittserklärungen, bis er 1965 endgültig bat, ihn als Mitglied der DO-G zu streichen.

Stötzner, Walter, * 13. 4. 1882 Gera, † 22. 10. 1965 Gera. Er besuchte in Dresden (wo er von 1896 bis zur Ausbombung am 13. 2. 1945 wohnte), das Wettiner Gymnasium und anschließend die Baugewerbeschule in Zittau, um Architekt zu werden. Unter dem Einfluß des Entomologen E. Funke wurden jedoch die frühen Berufspläne ersetzt durch einen nie ganz gestillten Drang nach der Entdeckung fremder Länder und durch die Freude an der Darstellung ihrer von der europäischen Zivilisation bedrohten Kulturen. Der Tatentrieb seiner dynamischen Persönlichkeit spiegelte sich wider in einer Reihe von 5 großen und kühnen Unternehmungen, die insgesamt 8 ½ Jahre dauerten: 1907 Reise nach Turkestan und Persien. — 1909 Reise vom Kaukasus über Buchara u. Samarkand bis Taschkent, mit der Bahn weiter nach Sibirien, auf eigenen Pferden quer über das Altaigebirge und durch die weite Mongolei bis Peking und Japan. 1913—1915 zusammen mit H. Weigold (s. d.) als Zoologe, E. Funke als Entomologe, P. Limpricht als Botaniker, Dr. Österhelt als Geograph u. F. Specker als Journalist nach China unter ungeheuren Schwierigkeiten durch den Ausbruch des 1. Weltkriegs 1914 in den Grenzgebieten zwischen Szetschwan und Tibet. Die Ausbeute an Groß- u. Kleinsäugern, Insekten, Konchylien sowie etwa 2400 sorgfältig präparierten Vogelbälgen (von keiner Art mehr als 12 Stücke) aus diesen Gebieten gelangten in das Dresdener Museum f. Tierkunde. — 1927/28 Reise in die nördliche Mandschurei, dort 2 Sommer zusammen mit einem kleinen tungusischen Jägerstamm. — Letzte Reise nach Korea zur Erkundung der Zusammenhänge alter Kulturen zwischen Tungusen, der Mandschurei und den altertümlichen Formen der koreanischen Volksreligion. — Alle hier genannten Unternehmungen stempelten ihn nach Erfahrung und Leidenschaft zu einem der letzten Ethnographen jener Periode, in der es dem Expeditionsleiter vornehmlich oblag, den Formenreichtum der fernen Zonen zu erfassen und zu beschreiben. In Büchern wie „Ins unerforschte Tibet" und „Drachen, Gold u. Opium" sowie in vielen eindrucksvollen Vorträgen wußte er dieser Aufgabe gerecht zu werden. Als Ornithologe sensu stricto kann er zwar nur mit Vorbehalt genannt werden, doch machte er sich um die Vogelforschung zweifellos verdient durch die Beschaffung sehr wertvollen Materials für orn. Fachleute und Systematiker. Die wissenschaftlichen Nachweise seiner Leistungen sind festgehalten bei H. Weigold (s. d.), „Zool. Ergebnisse d. W. Stötzner-Exp." (Abh. u. Ber. Dresden 15, 1916; 16, 1924 u. Orn. Mber. 24, 1916), A. Jacobi, „Zool. Ergebnisse d. W. St.-Exp. nach Szetschwan, Osttibet u. Tschili" (3. Teil, Passeres u. Picariae 1, Abh. u. Ber. Dresden 16, 1924), W. Meise, „D. Vogelwelt d. Mandschurei", ebd. 18, 1934). Die Jahre nach 1945 verbrachte der vorher viel bewunderte Sammler unbeachtet als Fürsorgeempfänger auf seinem früheren Hammergut Ölsengrund, Post Rottleuba und in Blasewitz. In einem Pflegeheim seiner Geburtsstadt schloß er die Augen.

— Lit.: P. Limpricht, Reisen im westl. Szetschwan, Petermanns Geogr. Mitt. 65, 1919. — Würdigung (von J. Draeseke). Abh. u. Ber. d. Dresd. Mus. 28, 1962, S. 1—3 (mit Bildnis) u. Entom. Nachrichten 6, 1962, S. 54—56 (mit Bildnis).

Sunkel, Werner, Dr., * 10. 3. 1893 Süß (Kr. Rotenburg), † 22. 9. 1974 Tann (Rhön). Er fühlte sich für den Dienst an der Wissenschaft vom Vogel bestimmt. Diese Aufgabe packte er mit allen Willenskräften an. Als er geboren wurde, hatte sich die orn. Forschung einem Wendepunkt genähert. Das Zeitalter der bevorzugt morphologisch arbeitenden Systematiker sowie der zool. sammelnden Faunisten und Oologen ging langsam zu Ende, während das von J. Thienemann (s. d.) aufgegriffene und ausgebaute Beringungsverfahren zur Aufhellung des Zugphänomens begann, neue Arbeitsrichtungen und Methoden abzustecken. Vor diesem historischen Hintergrund entfaltete sich S's orn. Ehrgeiz. Er galt fast ausschließlich der vogelkundlichen Entwicklung in der engeren hessischen Heimat. Ihr widmete er sich gerne auf eigenen Wegen, ohne den „exakten" Wissenschaften den schuldigen Tribut zu verweigern und die humanistische Herkunft (er war stets ein guter „Lateiner") zu verleugnen. Der Beruf des Studienrats brachte ihm verschiedene „Standorte": Marburg bis 1928, Kassel 1929/30, Bad Ems 1931/32, Wildungen und Rotenburg seit 1933, Fulda mit Hasenmühle und Tann in der Rhön seit 1940. Den autodidaktischen Werdegang unterstreichend, verstand er sich an allen Wirkungsstätten als Pionier einer Vogelforschung, der er gewisse, dem Stil des Wandervogels benachbarte, reformatorische Züge zu verleihen suchte. Einen Blick auf die ihn beherrschenden orn. „Urtriebe" gestatten Erinnerunen, die er unter der Überschrift „Vogelbeobachtung, Vogelstellen, Vogelberingung" (Vr. 12, 1940, S. 42—49) hinterließ. Schon den Jüngling bewegte ein eigenes Lebensgefühl gegenüber den Rätseln menschlichen und tierischen Daseins. Diese Betroffenheit, die er als Erbteil des Großvaters mütterlicherseits verspürte, drängte ihn in der Umgebung des väterlichen Pfarrhauses zu ersten vogelk. Unternehmungen. Später, als Schüler der Gymnasien von Eisenach und Eschwege, beschäftigten ihn vertieft ungelöste Fragen biol. Gesetzmäßigekiten, deren Beantwortung ihm der Unterricht schuldig blieb. Während des Studiums der Biol., Erdk. und Math. in Marburg, München und in der Kasseler Referendarzeit folgten die ersten organisatorischen Schritte die sich u. a. äußerten in der Gründung der „Biol. Vereinigung für Hessen" und der „Vogelring-Vereinigung für Vogelkunde u. Vogelpflege". In diesen lokkeren Gruppen der Werdejahre eigenen Wachstums gelang es ihm — es war nicht sein geringstes Verdienst — vor allem jugendliche Menschen um sich zu scharen, aus deren Reihen manch ernsthafter hessischer Vogelforscher hervorging. Nachdem der begeisterte und Begeisterung weckende Student, der im 1. Weltkrieg ein Auge verloren hatte, schon 1924 auf Anregung von H. Weigold (s. d.) erster Vorgelwart auf Mellum gewesen war, äußerte sich die ihm geschenkte pädagogische Ader auch im orn. Schrifttum. Frühe Zielvorstellungen waren u. a. erkennbar in der ökologisch gegliederten Dissertation „Vogelfauna v. Hessen" (Marburg 1926) und in dem historisch orientierten Handbuch „D. Vogelfang f. Wissenschaft u. Vogelpflege" (Hannover 1927). Nach dem 2. Weltkrieg verfaßte er zusammen mit L. Gebhardt als damalige faunistische Bestandsaufnahme die „Vögel Hessens" (Frankfurt 1954), denen G. Berg-Schlosser einen Ergänzungsband (1968) folgen ließ. Kleinere und größere Beiträge mit dem geistigen Stempel auch des schon gereiften Mannes sind daneben in bunter Vielfalt niedergelegt im eigenen Sprachrohr, das als „Vogelring" von 1928 bis zum 33. Band 1971 nicht nur fachlich, sondern auch kulturgeschichtlich untermauerte Themen brachte. Eine Liste seiner mit dem Jahre 1911 beginnenden Veröff. findet sich in den „Vögeln Hessens" (1954 u. 1968). Alle

Wortmeldungen (sie stehen daneben in Anz. Bay., B. z. F., Dt. Vw., Jber. U.-main, Mitt. Vw., Orn. Mber., Orn. Mitt., Vw., Vz.) belegen, daß sein Blick nur den Gesetzen der Arterhaltung, der Arealverschiebungen, des Zuges und der Ökologie galt. Um diesen Forschungsrichtungen zu dienen, widmete er sich mit nie getrübter Besessenheit der alten „Menschheitskunst" des Vogelfangs. Die verschiedenen Methoden empfahl er nicht nur den ihn begleitenden Jüngern immer wieder bei der „Arbeit im engen Raum auf weite Sicht". Getragen von ungebrochener Überzeugung, vertrat er die triebhaft empfundenen Reize der alten Vogelstellerei auch vor der Frankfurter Tagung der DO-G 1955 in dem Vortrag „Der Vogelfang des Ornithologen" (J. Orn. 97, 1956, S. 73—89). Den flüchtigen Vogel zu überlisten, den warmen Körper in der Hand zu halten, ihn mit dem Ring am Fuß zu versehen und als eines der vollkommensten Geschöpfe zu bewundern, bedeutete ihm echtes ästhetisches Erleben. Im Hochgefühl solchen Genusses sah er sich in der Gefolgschaft der orn. Klassiker wie J. A. Naumann (s. d.) und Ch. L. Brehm (s. d.). Darum rechnete er sich mit betontem Stolze zur Zunft der Feldornithologen, deren Naturverständnis — nach seiner Philosophie — vor allem den Rätseln des Vogelzuges näher kommen könne als etwa die Enge der nur den Vogelbalg kennenden Stubengelehrten, Institutsverwalter, Anatomen oder Morphologen. Zu den Lieblingsvögeln des leidenschaftlichen Fängers und Beringers gehörten Eisvogel, Steinschmätzer, Wacholderdrossel, Weidenmeise, Wasseramsel, Tannenhäher. Noch im hohen Alter schwebte ihm krönende Lebensarbeit vor. Sie sollte gipfeln in der Auswertung des diese Formen betreffenden und von ihm überreich gestapelten Materials. Als Freund Hein ihm die fleißige Feder sanft aus der müden Hand nahm, war — außer der Bearbeitung des Tannenhähers in Vr. 33, 1971 — keine der angekündigten monographischen Darstellungen fertig. Doch auch die nicht Tat gewordenen Anstöße und Pläne reichen aus für ein Denkmal irdischer Dankbarkeit. Die von ihm hinterlassenen Zeichen und Spuren sind aus der Entwicklung der hessischen Vogelforschung kaum wegzudenken. Seit 1914 war W. Sunkel Mitglied der DOG, seit 1942 Korr. Mitglied d. Orn. Ges. Bay., seit 1973 Ehrenmitglied d. Hess. Ges. f. Orn. u. Naturschutz. Ein Registerband 1932—1971 des „Vogelring", zusammengestellt von Marianne Sunkel und C. Klaas, läßt mit 195 Titeln des Autors Schreibfreude erkennen.

— Lit.: Würdigung (von K. Rommel u. E. Heider). Vr. 22, 1953, S. 5—11 (mit Bildnis). — L. Gebhardt u. W. Sunkel, D. Vögel Hess., 1954, S. 102/03. — Würdigung (von J. Steinbacher). Gef. W. 97, 1973, S. II/4. — Würdigung (von O. Jost). Jb. d. Landkreises Fulda 1974, S. 120—123 (mit Bildnis). — Nachruf (von L. Gebhardt). Luscinia 42, 1974, S. 166—168 (mit Bildnis). — Nachruf (von G. Berg-Schlosser). Anz. Bay. 14, 1975, S. 93-95. — Nachruf (von O. Jost). Beitr. z. Naturk. in Osthessen, Heft 9/10, 1975, S. 181/82 (mit Bildnis). — Nachruf (von W. Lübcke). Vogelk. Hefte Waldeck-Frankenberg-Fritzlar-Homberg 1, 1975, S. 152—154.

Szemere, László, * 26. 10. 1884 Lasztomér, Nord-Ungarn (heute Slovakei), † 8. 12. 1974 Hárskut. Nach dem jur. Studium war er seit 1909 Oberstuhlrichter in Siebenbürgen, flüchtete aber 1919 nach Budapest, wo er als Fachreferent für die Feldornithologie und den Vogelschutz der Ung. Orn. Zentrale zugeteilt wurde. Von 1926 bis zur Pensionierung 1938 war er Sektionschef im mykologischen Inst. des Ackerbauministeriums Später wurde Pamuk, dann Hárskut in den Bergen von Bakony sein Wohnsitz. Auch hier betätigte er sich auf dem Gebiete der Pilzkunde für das Museum von Veszprém, ohne die alte Neigung für die Vogelkunde zu vernachlässigen. Schon früh war er geschickter Feldbeobachter und ausgezeichneter Präparator. Seine bekannte Privatsammlung von etwa 250 Vögeln aus der Gegend von Zsögöd (Siebenbürgen) ging allerdings im 1. Weltkrieg beim Einfall der Rumänen 1916 zu Grunde. An seinen Namen knüpfen sich über 40 Veröff. Sie standen in Aquila 15, 1908; 16, 1909; 17, 1910; 18, 1911; 19, 1912; 20, 1913; 21, 1914; 23, 1916; 27, 1920; 28, 1921. 3 Wortmeldungen sollen noch aus dem Jahre 1964 stammen.

— Lit.: J. Schenk, 50 Jahre . . ., Aquila 50, 1943, S. 112.

Szemere, Zoltán, * 15. 5. 1887 Lasztomér (Ungarn), † 28. 11. 1975 Szödliget (Ungarn). Wie sein Bruder László S. (s. d.) lieferte er aus Érsekujvár Vogelzugdaten und erhielt 1909 das Diplom eines ordentlichen Beobachters im Dienste des Ung. Orn. Inst. Als er im 1. Weltkrieg die Militär-Hochschule verlassen hatte, geriet er bald in russische Gefangenschaft. Nach der späten Heimkehr aus Taschkent ließ er sich, zum Major befördert, pensionieren

TEIL 4

und übernahm in der Nachfolge seines Bruders 1926 den Posten eines Hilfsbeamten am Orn. Inst. von Budapest. 1931 zugunsten einer jungen Kraft aus dieser Stellung ausgeschieden, begann er nicht nur die seit 10 Jahren verwaisten Vogelschutzeinrichtungen an der Margarethen-Insel bis 1934 mit neuem Leben zu versehen, sondern nutzte auch seine Sprachkenntnisse in Deutsch, Englisch, Französisch, Russisch. So erschienen außer Veröff. in volkstümlichen Zeitschriften bis 1955 in der Aquila 7 orn. Wortmeldungen. Dazu kamen einige Buchveröffentlichungen wie die Übersetzung eines großen Teiles des 1929 gedruckten „Brehm", das „Bestimmungsbuch der in Ungarn vorkommenden Greifvögel" (seine wichtigste Arbeit mit 174 Abbildungen, z. T. von ihm selbst gezeichnet oder photographiert, 1930), „Unsere einheimischen Greifvögel" (1967). Die Vogelschutzbewegung hatte in ihm einen einsatzfreudigen Vertreter im Stile seines Landsmannes T. Csörgey (s. d.). Sein bewegter Lebensweg ersparte ihm nicht manch tückische Episode und harten Kampf um das Erdendasein. Die letzten Jahre verbrachte er in Göd und schließlich im Versorgungsheim Szödliget.

— Lit.: J. Schenk, 50 Jahre . . ., Aquila 50, 1943, S. 112/13. — Nachruf (von A. Keve). Aquila 84, 1977, S. 123.

T

Tessendorff, Ferdinand Konrad, Dr., * 1. 12. 1879 Waldböckelheim b. Bad Kreuznach, † 18. 6. 1924 ??. Nachdem er 1898 am Gymnasium von Bad Kreuznach das Reifezeugnis erhalten hatte, studierte er bis 1905 Math., Zool. u. Botanik in Berlin und hatte anschließend bis 1922 Dienststellen inne an der Friedrich-Werderschen Oberrealschule Berlin, am Gymnasium Brandenburg, Helmholz-Realgymnasium Berlin-Schöneberg (als Oberlehrer und Oberstudiendirektor). Von seinem Wohnsitz scheint er vor allem die deutschen Ostprovinzen aufgesucht und Beziehungen zu Fachgenossen wie A. Ibarth (s. d.) und H. Lüttschwager gepflegt zu haben. Galt seine Aufmerksamkeit anfangs wohl in erster Linie der ostpreußischen Flora, so führten ihn später avif. Studien mehr in die westpreußische Landschaft. Bis 1917 suchte er vor allem im Auftrage des Westpreuß.-botan.-zool. Vereins die besonderen Reize des Drausensee-Gebietes zu ergründen. Die Ergebnisse seiner Exkursionen liegen vor in Arbeiten wie „D. Drausensee b. Elbing" (1912), „D. Vogelwelt d. Drausensees" (1917). Sie fallen in einen Zeitraum, dem die Studien von H. Lüttschwager und F. Steiniger folgten. Daß T. mit geschultem Gehör auch andere Landschaften aufsuchte, ist einer Stelle bei Gebhardt-Sunkel (D. Vögel Hessens 1954, S. 220 u. 510) zu entnehmen: Am 3. 7. 1914 verhörte er in einem hochstämmigen Buchenwald bei Hochwaldhausen im hessischen Vogelsberg einige Zwergschnäpper und betonte, daß eine Verwechselung mit dem Rotkehlchen „absolut unmöglich" sei, weil er das Lied von Westpreußen her kenne.

Tessmann, Günther, Dr., * 2. 4. 1884 Lübeck, † 15. 11. 1969 Curitiba (Brasilien). Über seinen frühen Lebensgang fehlen Daten. Sicher ist, daß er sich seit 1904 an ethol., sprachwissensch. und allg. naturw. Forschungsreisen in den dt. afrik. Kolonien beteiligte. Den damaligen Einsatz auch als orn. Sammler bestätigte A. Reichenow (s. d.) in der Arbeit „Über eine Vogelsammlung vom Rio Benito im Spanischen Guinea" (Mitt. Berlin 5, 1910/11). Nach dieser Darstellung beschaffte T. 1906—1909 eine Balgsammlung, die 194 Arten enthielt. Die Ausbeute ging sowohl an das Berliner Zool. Mus. als auch an das Lübecker Mus. Aus den nach Berlin gelangten Typen beschrieb Reichenow bis dahin unbekannte Arten und gab ihnen Namen, die fast alle in die Synonymie eingingen (Orn. Mber. 15, 1907 u. 17, 1909). Unter den später nochmals nach Berlin gelangten Sendungen, die der „verdiente Afrikareisende" 1914 im östl. Steppenrand von Kamerun erbeutet hatte, sollen wiederum 16 „augenscheinlich noch unbeschriebene Formen" gewesen sein. Ihnen bereitete Reichenow dasselbe Schicksal (J. Orn. 69, 1921). Nach dem 1. Weltkrieg promovierte T. in Rostock mit einer Diss. über „D. Formen d. Besiedlung u. d. Hauses bei den Baja im mittleren Sudan" (1930). Zu Beginn des 2. Weltkriegs ließ er sich (nach den Ermittlungen von H. Sick) in Curitiba Estado do Paraná (Brasilien) nieder, um sich dort mit der Malariabekämpfung zu beschäftigen. Eine maschinenschriftliche Liste mit bis 1954 reichenden Veröff. überreichte er im Mai 1955 der Stadtbibliothek Lübeck. Kürschners Dt. Gelehrtenkalender (10, 1966) brachte gleichfalls zahlreiche Titel. Sein wissenschaftlicher Nachlaß wurde 1969 von einem Neffen der Bibliothek der Hansestadt Lübeck unentgeltlich zur freien Verfügung gestellt

(Brief des Generalkonsulats der Bundesrepublik Deutschland v. 26. 10. 1977).

Thomsen, Peter, D. Dr. h. c., * 12. 5. 1875 Dresden, † 26. 4. 1954 Dresden. Er studierte von 1894 bis 1898 in Leipzig Theol. und wurde später Oberstudiendirektor an einem Dresdener Gymnasium. Seine wissensch. Bemühungen galten früh der Palästina-Forschung, die in einem Nachschlagewerk über die „Systematische Bibliographie d. Palästina-Lit." gipfelte und ihm 1933 die Verleihung der Ehrendoktorwürde durch die Univ. Leipzig einbrachte. Die „wissensch. Vogelk." war ihm nach eigenem Geständnis „völlig fremd". Auch an autodidaktische Versuche, einen Einblick in die ihm verschlossene Welt der Vögel zu gewinnen, wagte er sich in keinem Lebensabschnitt heran. Er heiratete 1903 Helene Bertha Naumann, eine Enkelin von J. F. Naumann (s. d.). Ihrem Vater, dem sich vogelk. ebenfalls nicht betätigenden Amtmann Edmund N., hatte der Altmeister der europ. Orn. die Sorge für das angestammte Gut in Ziebigk schon zu Lebzeiten übertragen. Als Glied der Familie N. fand P. Th. 1903 in einem alten Schränkchen Teile des verlorengeglaubten orn. Briefwechsels von J. F. N., dessen Denkmal bereits 1880 in Köthen enthüllt worden war. Irgendwie angerührt von der noch Gemütswerte beachtenden Weltbetrachtung der Naumann-Epoche und durch P. Leverkühn (s. d.) auf die hist. Bedeutung des seither unbekannten Schatzes aufmerksam gemacht, entschloß sich der Entdecker zu weiteren Nachforschungen. Da P. Leverkühn aber schon 1905 ein früher Tod ereilte, fühlte sich P. Th. auf Grund des ihm fehlenden Fachwissens zu der Erkenntnis gedrängt, daß er nicht dazu berufen sei, die ihm nahegelegte wissensch. untermauerte Naumann-Biogr. zu schaffen. Erst H. Schalow (s. d.), ein glühender Verehrer J. F. N's (J. Orn. 57, 1909) vermochte es, ihn vom vernachlässigten Stand der Naumann-Forschung zu überzeugen und zu weiterem Gebrauch der Feder anzuregen. Als Zeugnisse seiner nunmehr einsetzenden Forschungsbemühungen lassen sich einige Titel nennen: „D. Korr. d. Naumanns mit S. A. v. Minckwitz 1805—1817" (Ber. Schles. 16, 1930), „D. erste dt. orn. Reise nach Ungarn" (Ung. Jb. 12, 1932), „Aus d. Briefwechsel zwischen J. F. N. u. Al. Robert v. Loebenstein" (Mitt. Sachs. 4, 1933), „Beitr. z. Familiengeschichte d. Ornithologen J. F. N." (Familiengesch. Bl. 33, 1935), „D. 1. Ausg. v. J. F. N's Naturgesch. d. Vögel Deutschlands" (Festschr. M. Bollert . . ., Dresden 1936). Zusammen mit E. Stresemann (s. d.) ließ er außerdem erscheinen: „Orn.-Briefe aus d. J. 1816 bis 1820, gewechselt zw. J. F. N. u. C. J. Temminck" (Centaurus 2, 1952), „Briefe, gewechselt in d. J. 1818 bis 1820 zw. Heinr. Boie u. J. F. N." (J. Orn. 94, 1953), „Aus Chr. L. Brehms Briefwechsel mit J. F. N." (ebd. 95, 1954), „J. F. N.s Briefwechsel mit H. Lichtenstein 1818 bis 1856" (Acta hist. scient. nat. et med. 11, Kopenhagen 1954). Beziehungen zu E. Stresemann bestanden zwar seit 1931. Aber erst 1954 erwuchs daraus Str.s Wunsch, das von Th. seither allein bearbeitete und mit mancherlei Enttäuschungen belastete Msk. seiner Naumann.-Biogr. einzusehen. Am 13. 4. 1954 traf das Schriftstück bei Str. ein, und am 26. 4. 1954 folgte die Nachricht vom Todes des Verf. Das fertige Werk erschien dann 1957 unter dem Titel „J. F. Naumann, der Altmeister d. dt. Vogelk. Sein Leben u. seine Werke v. P. Th. — Nach d. Verf. Tode bearbeitet u. ergänzt v. E. Stresemann". Schon das „Vorwort d. Herausgebers" beeindruckt den Leser durch das Maß an Zurückhaltung und Pietät, mit dem E. Str. bei der Umarbeitung des Textes vorging, um in der „neuen Gestalt die Absichten d. Verfassers" nicht untergehen zu lassen. Der Vollender, in allen Sätteln erfahren, schuf hier ein unübertreffliches Quellenwerk. Er wurde darin nicht nur dem Geiste der Naumannzeit in feinsinniger Weise gerecht, sondern verstand es auch, die dem Epigonen vom Schicksal zugewiesene (im Grunde sachfremde) Aufgabe zu würdigen mit den Worten: „Man muß es P. Th. hoch anrechnen, daß er nach diesem schmerzlichen Ereignis den Entschluß faßte, in die Bresche zu springen. Seinen Vorkenntnissen und Neigungen gemäß ist er dabei anders vorgegangen als einer, der Naumanns Leben und Schaffen vor allem vom Standpunkt des Ornithologen her betrachtet, es wohl getan haben würde. Mir will scheinen, daß es ihm gerade darum gelungen ist, die Persönlichkeit, deren Werden, Reifen und Vergehen er zu schildern hatte, als wirkenden und leidenden Menschen ganz zu erfassen."

— Lit.: Nachruf (von A. Alt). Zs. Dt. Palästina-Ver. 70, 1954, S. 1—3. — Nachruf (von E. Weidner). Arch. Orientforschung 17, 1954/55, Teil 1, S. 232—233.

Timmermann, Günter, Dr., * 14. 2. 1908 Hamburg, † 4. 5. 1979 Hamburg. Früh schon offenbarte sich dem aus einem Lehrerhaus stammenden Schüler der orn. Formenreichtum des Ohlsdorfer Friedhofs. Schreibfreude ließ daher den noch jungen Feldornithologen ein „Systematisches Verzeichnis d. auf d. Hamburger Ohlsdorfer Zentralfriedhof beobachteten Vogelarten“ (Orn. Ms. 1930) vorlegen. Mit gleichgestimmten älteren Freunden, unter ihnen waren oft F. Groebbels (s. d.), F. Moebert (s. d.), N. Peters (s. d.), erforschte er auch das Land nördlich und südlich der Elbe und veröffentlichte noch 1953 die ökologischen Erfahrungen unter dem Titel „D. Vogelwelt d. Hamburger Wandergebietes“ — mit einem Nachwort „Exkurs über d. Vogelschutzfrage“. Als er das Studium der Naturwissenschaften in der Vaterstadt beendet hatte, promovierte er 1932 mit einer Arbeit über „Schwebetange in d. Sargassosee“ und ging von 1934—1939 als Austauschakademiker nach Island. Mit diesem Schritt begannen nicht nur die Sammlungen des Stoffes für seine „Vögel Islands“ (1938—1949), sondern auch die persönlichen Beziehungen zu dem nördlichen Lande, die nicht mehr abrissen. Nachdem er sich zu Anfang des Krieges noch in Rostock als Dozent habilitiert hatte, ging er sogar in diplomatischer Mission als Konsul nach Reykjavik. 1948—1951 lockte ihn hier auch eine Beschäftigung am Fischereibiologischen Institut. Dann erst nahm ihn die Heimat wieder auf. Er wurde Hauptkustos am Zool. Staatsinstitut und Zool. Museum Hamburg. Ende der 60er Jahre erhielt er auch den Titel Professor. Seit dem 2. Weltkrieg wurden die ihn ursprünglich bewegenden faun.-systematischen Gesichtspunkte in den Hintergrund gedrängt zugunsten des Sondergebietes der Aviparasitologie. Von den zahlreichen hierher gehörenden Wortmeldungen sollen genannt werden: „Studien z. einer vergleichenden Parasitologie d. Charadriiformes oder Regenpfeifervögel, Teil 1: Mallophaga“ (Parasitologische Schriftenreihe, Heft 8, 1957), „Mallophagen u. Vogelsystem“ (Anz. Bay. 5, 1958), „Drei neue Sturmvogelfederlinge“ (Zool. Anz. 162, 1959), „Vergleichend-parasitologische Bemerkungen z. Klassifikation d. Procellariiformes“ (Proc. 12. Intern. Orn. Congr., Helsinki 1958, 1960), „Neue Zangenläuse von procellariiformen u. charadriiformen Wirten“ (Z. f. Parasitenkunde 21, 1962), „D. verwandtschaftlichen Affinitäten d. Sturmvögel im Lichte d. vergl. Parasitologie“ (Z. f. Parasitenkunde 22, 1962), „D. Federlingsfauna d. Sturmvögel u. d. Phylogenese d. procellariiformen Vogelstammes“ (Abh. u. Verh. d. Naturw. Ver. in Hamburg N. F. 8, 1965). Eine seiner letzten Veröff. war „D. Vogelzug“ (G. Westermann/Verlag, Taschenbuch 1967). Die technische Welt blieb ihm verschlossen. Er war eine Persönlichkeit von nicht alltäglichem, schöngeistigem Zuschnitt. Wer ihn erkennen will, greife zu den „Porträtskizzen Hamburger Ornithologen“, die er 1971 drucken ließ (Verh. Ver. naturw. Heimatforschung Hamburg 3, S. 133—198). Sie bieten echte Kabinettsstücke biographischer Darstellungskunst und unterstreichen zugleich den Stil ausgeprägter bibliophiler Neigungen. Seit 1930 war er Mitglied der DOG.

— Lit.: Nachruf in Vorbereitung.

Tratz, Eduard Paul, Dr. h. c., Dr. h. c., * 25. 9. 1888 Salzburg, † 7. 1. 1977 Salzburg. Als Sproß einer alten Salzburger Familie, sein Vater war Oberst bei den Kaiserjägern, entdeckte er im Knabenalter schon sein tierfreundliches Herz. Die Freude an der Beob. der Wechselbeziehungen zwischen Natur und Mensch, wie sie sich ihm vor allem im oft rätselvollen Leben der Vogelwelt offenbarten, ließ ihn schon 1919 nicht nur zur Gründung der Zeitschrift „Der Waldrapp“ und zum Versuch eines Instituts für Vogelkunde schreiten. Er eröffnete auch, gestützt auf bereits vorhandene umfangreiche Sammlungen — darunter war die Balgsammlung von J. Michel (s. d.) — ein privates Vogelmuseum im Monatsschlößchen Hellbrunn. Der Beifall, den diese Gründung fand, ermutigte ihn schließlich zu Plänen für ein größeres Naturkunde-Museum, das er mit Hilfe einer Gesellschaft für darstellende und angewandte Naturkunde 1924 in den verwahrlosten Räumen der alten Hofstallkaserne schuf. Es wurde durch T's persönliche Ausstrahlungskraft als „Haus der Natur“ ein zool. und ethnol. Inst., das, seit 1959 ins ehemalige Ursulinerkloster verlegt, den Namen des wagemutigen und im Alter mit viel Welterfahrung ausgestatteten Gründers in Europa weithin bekannt machte. Die von ihm beschrittenen musealen Wege führten zu einer Fülle der Dokumentation. Die Gestaltung der Erde und ihrer Lebensräume, sowie die Evolution ihrer Lebewesen, wurden in Dioramen, Schaukästen und Lehrtafeln mit überzeugender Wirkung dargestellt. Dabei sind viele, die Besonderheiten des Tierlebens unterstreichenden Bilder von der Künstlerhand des Gründers selbst gezeichnet oder gemalt. Die Ergebnisse seiner vogelk. und säugetierk. Forschungen sind außerdem in etwa 300 wissensch. oder populärwissensch. Veröff. niedergelegt. U. A. Corti (s. d.) verzeichnete 1959 allein 85 Arbeiten vogelk. Inhalts, die zwischen 1910 und 1958 geschrieben sind. Dazu kamen später u. a. das Bestimmungsbuch „Alpenvögel" mit ausgezeichneten Abbildungen von F. Murr (s. d.), „Unsere Geiervögel . . ." (Jb. Ver. z. Schutze d. Alpenpflanzen u. -tiere, 1968), „D. Waldrapp z. dritten Mal entdeckt" (1970), „Z. Entdekkungsgeschichte d. Waldrapps" (Ber. Haus d. Nat. Salzb., 1971). Früh war T. mit dem ihm geistesverwandten H. Weigold (s. d.) verbunden. Er übernahm daher für längere Zeit die Vertretung auf Helgoland, als der Freund vor dem 1. Weltkrieg auf Weltreisen war. 1939 wurde er auch Mitglied der DOG. Als das Haus der Natur 10 Jahre bestand, verlieh ihm das Österr. Unterrichtsministerium 1935 den Professorentitel. Der Anknüpfung von wissensch. Kontakten diente eine Reihe von Studienreisen. Sie führten ihn 1929 an das Schwarze Meer, 1931 nach Spitzbergen, 1954 in die UdSSR, 1956 in die Volksrepublik China. Hochbetagt wagte er sich auch noch nach Afrika. 1970 wurde zu Ehren des Professors, des Ehrenbürgers der Stadt Salzburg, des Präsidenten des Österr. Naturschutzbundes die Eduard-Paul-Tratz-Medaille geschaffen, d. h. die höchste Auszeichnung für hervorragende Verdienste um den Naturschutz in Österreich. Die Titel des Dr. h. c. erhielt er 1923 von der Naturw. Fak. Innsbruck und von der Phil. Fak. Salzburg. Eine Dissertation zur Promotion hatte er nie vorzulegen. Er war eine Persönlichkeit, die auch zeitbedingte Widerstände ungebrochen zu überwinden verstand.

— Lit.: Würdigung (von G. v. Rokitansky). Egretta 11, 1968, S. 61/62. — Würdigung (von Schriftl.). Die Pirsch 28, 1976, S. 1381. — Nachruf (von Dr. H.). Der Anblick 32, 1977, S. 68. — Nachruf (von E. Stüber). Pressedienst v. Haus d. Natur 1977 (3 Seiten). — Nachruf (von K. Conrad). Naturschutz u. Naturparke 1977, Heft 85, S. 50 (mit Bildnis).

Turček, František Josef, Dr., * 3. 12. 1915 Béd (= Badice), † 4. 3. 1977 Banská Stiavnica (= Schemnitz Selmecbánya). Er war Sohn eines ungarischen Lehrers und schrieb in der Jugend noch seinen Namen Turcsek. Nach dem Besuch des Gymnasiums von Nitra (= Nyitra), das er 1937 verließ, ging er auf die dortige Forstschule und trat 1939 in die Dienste des Grafen Apponyi, um 1946 Vorsteher des Forst-Forschungs-Institutes von Banská Stiavnica und 1964 Leiter der biol. Station der Slovakischen Akad. der Wissenschaften zu werden. An der Tschechoslovakischen Akad. der Wissenschaften in Brünn (= Brno) konnte er schließlich 1967 promovieren. Seine Diss. galt den Beziehungen von Säugetieren und Vögeln zu den Waldpflanzen. Die von ihm hinterlassenen Studien — es waren über 400, darunter 13 Bücher — schlossen die Ornithologie ein. Sie galten in der Mehrzahl den Fragen der Ökologie oder Arealverbreitung und fanden Beifall auch außerhalb der engeren Heimat. U. a. erschienen in verschiedenen Sprachen aus seiner Feder Themen wie „Jagdbare Vögel" (1948, slov.), „Quantitative Untersuchungen an Vögeln. u. Kleinsäugern" (1956, slov.), „Wirbeltiere" in J. Balogh, „Lebensgemeinschaften d. Landtiere" (1958, dt.), „D. Brutvorkommen d. Karmingimpels — Carpodacus erythrinus in d. Slovakei" (Orn. Mitt. 11, 1959), „Ökol. Beziehungen d. Vögel u. Gehölze" (1961, dt.), „Vögel als biol. Indikatoren" (1972, engl.). Er war ordentl. Beobachter (seit 1942) u. Korr. Mitgl. d. Ung. Orn. Inst. (seit 1945), Korr. Mitgl. d. Brit. Orn. Union (seit 1954), Mitgl. d. Amerik. Orn. Union (seit 1959), Vize-Präsident d. Acad. of Zool. Agra, Indien (seit 1964).

— Lit.: Nachruf (von A. Keve). Aquila 85, 1978, S. 167.

U

Uhl, Franz, Dr., * 18. 3. 1892 Tapfheim bei Dillingen (Donau), † 24. 7. 1938 München. Als Sohn eines Forstassessors bestand er 1911 die Reifeprüfung am Gymnasium von Kempten, um in München und Kiel Naturwissenschaften zu studieren. Nach der Rückkehr aus dem 1. Weltkrieg wurde er Referendar für das Lehramt in Chemie, Biologie und Geographie am Gymnasium von Burghausen (Salzach). Als Studienrat war er seit 1920 tätig in Neustadt a. H., und 1925 wurde er wieder an das Gymnasium von Burghausen versetzt. Die Vermutung, daß ursprünglich die Vogelkunde allein im Vordergrund seiner naturwissenschaftlichen Neigung gestanden hätte, wird durch die Dissertation über „D. gehäusetragenden Landschnecken d. Untersbergmassivs, Beitrag

z. Molluskenkunde Südbayerns u. d. angrenzenden Landes Salzburg“ (München 1927) widerlegt. Die Landsleute Th. Sprater (s. d.), W. Heußler (s. d.), Th. Heußler (s. d.) dürften dagegen durch ihre sehr bescheidenen Wortmeldungen zur örtlich gebundenen Avifauna Wegbereiter in die Welt der pfälzischen Vögel für den jungen Studenten gewesen sein. Seine erste Veröff. „Zur Vogelwelt v. Neustadt a. H. und seiner Umgebung“ (Verh. Bay. 16, 1924/25) war lediglich eine kurze Aufzählung von 30 Arten und eine Ergänzung zur Liste von Th. Sprater aus dem Jahre 1889. Nachdem er aber 1925 der Orn. Ges. Bay. beigetreten war, ließ er bis zum Jahr 1937 noch 14 faun. und brutbiol. Beiträge folgen. Sie sind erfaßt von U. A. Corti (s. d.) in „D. Brutvögel d. dt. u. österr. Alpenzone“ (1959) und W. Wüst in „Bibl. z. Avifauna Bayerns“ (1973). Letzte Veröff. waren „Landschaft u. Vogelleben unserer Heimat Burghausen a. S.“ und ein Nachtrag zu den „Brutvögeln d. Umgebung v. Burghausen a. S.“ (Anz. Bay. 2, 1937).

V

Vertse, Albert, Dr., * 25. 7. 1906 Nyiregyháza, † 20. 2. 1979 Budapest. Seit 1926 war er am Ung. Orn. Inst. tätig und setzte sich, dem Vorbild von T. Csörgy (s. d.) folgend, schon früh für die Praxis des Vogelschutzes in Ungarn ein. U. a. entwarf er aus Asbestbeton Nisthöhlen für Blau- u. Sumpfmeisen. Der Vertiefung des Schutzgedankens galten daneben auch später noch eine Reihe von Büchern und Broschüren aus den Jahren 1941, 1953, 1954, 1955. Seiner künstlerischen Befähigung entsprangen obendrein Illustrationen in einigen Werken wie die Bannervogel-Theorie von J. Schenk (s. d.), Greifvogelplakate u. dgl. faunistische Studien beschäftigten sich u. a. mit dem Schwarzspecht, der Zwergschnepfe, der Ringelgans. Ökologisch ausgerichtet waren Arbeiten über das Eindringen von Vogelarten in die Städte, über den Rückgang des Haselhuhns und eine Untersuchung über die Möglichkeiten der Einbürgerung des Steinhuhns in Ungarn. Die Aquila und einige andere Zeitschriften enthielten 37 Studien aus seiner Feder zwischen 1929—1974. Nach dem 2. Weltkrieg trotzte er allen Schwierigkeiten und blieb bis 1970 Direktor des Ung. Orn. Instituts.

W

Wagner, Helmuth Otto, Dr., * 25. 10. 1897 Göttingen, † 3. 5. 1977 Bremen. Der Sohn eines Historikers und Archivars beschritt einen wechselvollen Lebensweg. Nach dem Besuch einer Realschule begann er die Lehre als Klaviermacher in Göttingen. Die weitere Entwicklung belegen einige Daten: 1916 Kriegsdienst, 1919 Klaviermacher in Stuttgart und Ludwigsburg, 1922 Mexiko, im selben Beruf 1924 Konstruktionszeichner und 2. Betriebsleiter in der Firma Philips-AG Frankfurt, 1925 Studium der Zool., Botanik u. Geologie in Frankfurt u. Göttingen, 1929 nachgeholtes Matur, Promotion, Hilfsassistent in Göttingen, 1930 Assistent am Zool. Garten Köln, 1933 eigenes Unternehmen im Tierhandel mit wissenschaftlichen Reisen nach Australien, Ostasien, Westindien, Mittelamerika, 1940 Mexiko mit Sammeltätigkeit für amerikanische Museen, 1951—1962 Leiter des Übersee-Museums von Bremen. Zu seiner Vielseitigkeit gehörte reger Gebrauch der Feder. Über 60 Veröff. hatten naturw., mehrfach orn. Inhalt und galten hauptsächlich physiol. Fragen. Sie standen in J. Orn., Orn. Mber., Vz., B. z. Vogelk., Zool. Jb. (System.), Zs. Tierpsychol., Veröff. Übersee-Mus. Bremen, Zool. Anz., Auk, Wilson Bull., Nat. u. Volk (Frankf.), allgemein verständlich geschrieben und mit lebendigen, biol. ökol. Schilderungen ausgestattet, erschien sein Buch „Meine Freunde, d. Kolibris“ (Hamburg 1966). Es war ein trefflicher Nachweis für des Verfassers Naturliebe und seiner an A. v. Humboldt erinnernden Naturbetrachtung.

— Lit.: Nachruf (von H. Ringleben). Vogelk. Ber. Nieders. 10, Heft 1, 1978, S. 25. — Nachruf (von D. Poley). Zool. G., N. F. 49, 1979, S. 379—381 (m. Bildnis).

Wahn, Richard, Dr., * 3. 2. 1895 Köthen, † 21. 8. 1968 Köthen. In Auerbach (Bergstraße), wohin seine Eltern verzogen waren, erwarb er 1914 das Reifezeugnis, war anschließend Soldat im 1. Weltkrieg und studierte 1918—1921 Med. in Göttingen und Halle, um wie sein Vater praktischer Arzt zu werden. Anhänglichkeit an die Geburtsstadt veranlaßte ihn, 1925 dort eine eigene Praxis zu gründen und sich dem Orn. Ver. Köthen anzuschließen. In diesem Kreis fand er orn. gleichgestimmte Freunde wie O. Knopf (s. d.) und A. Ernst (s. d.) und stieg auf zum kenntnisreichen und kritischen Feldbeobachter. Neben der avifaunistischen Tätigkeit lag ihm die Förderung des allgemeinen Naturschutzes am Herzen. So ging im Gebiete der Mittelelbe u. a. die Unterschutzstellung eines Teiles der Michelner Teiche auf seine fördernde Anregung zurück. Mehr als die beiden anderen Freunde griff er auch zur Feder und machte seine orn. Beobachtungen und Erfahrungen bekannt. So erreichte er die Zusammenarbeit mit den Fachvereinen von Magdeburg und Dessau. Nachdem er 1934 den Vorsitz im Orn. Verein Köthen übernahm, seit 1936 den Kreisnaturschutz als Geschäftsführer leitete, war er schließlich 1937—1941 auch noch Mitherausgeber der „Beiträge z. Avif. Mitteldeutschlands" mit vielen eigenen Beiträgen. Nach 1945 wurde er wieder Mittelpunkt der feldornithologischen Forschung in Stadt und Kreis Köthen, bis ihn 1957 schwere Erkrankung zum Verzicht auf weitere orn. Mitarbeit zwang. Der jahrelange Einsatz des letzten aktiven Mitglieds des ehemaligen Orn. Vereins Köthen hinterließ uneingeschränkte Wertschätzung und Anerkennung auch in der Fachgruppe Ornithologie des Dt. Kulturbundes.

— Lit.: Nachruf (von H. Kühnel). Apus, Beitr. z. einer Avif. d. Bez. Halle 1, 1966—1969, S. 304.

Waldburg-Zeil, Karl Graf von, * 18. 12. 1841 Neutrauchburg/Wangen, † 30. 1. 1890 Schloß Syrgenstein im Allgäu. Der oberschwäbische Oberleutnant eines württ. Grenadierregiments fühlte sich berufen, Willen und Wagemut in den Dienst der Polarforschung zu stellen. Nach naturw. und forstlichen Studien in Hohenheim, Tharandt, Leipzig ließ er sich daher beurlauben und richtete 1870, begleitet von dem schon in Afrika bewährten Th. von Heuglin (s. d.), seine erste Fahrt in die Arktis. Das Ziel war das weitgedehnte Inselsystem von Spitzbergen. Als die Reisenden bereits wieder auf der Heimfahrt in Gegend Hammerfest waren, erfuhren sie Anfang September vom Ausbruch des dt.-franz. Krieges. Die Nachricht veranlaßte den Grafen zur sofortigen, beschleunigten Rückkehr. Er erreichte in der Tat noch sein vor Paris stehendes Regiment. Die Fahrt blieb trotz der Kürze nicht ohne Ergebnisse. Sie erbrachte außer kartographischen und botan. Erkenntnissen für Spitzbergen den Nachweis von 15 Arten Säugetieren und 45 Vogelformen. Als 1875/76 die Geogr. Ges. Bremen dem damals schon erfahrenen und bekannten O. Finsch (s. d.) die Leitung einer Expedition nach Westsibirien übertrug und A. E. Brehm (s. d.) sich dem Unternehmen anschloß, erreichte auch der Graf die Beteiligung, allerdings auf eigene Kosten und unter Verzicht auf eigene Veröffentlichungen. Die 6 Monate dauernde Exp. schilderte O. Finsch in seiner „Reise nach Westsibirien". Die darin enthaltenen Kartenskizzen stammten von dem württ. Grafen. Die Tagebücher des Zeichners aber weisen auch auf Brehms zool. Forschungen hin. Die Leistungen des Begleiters fanden indes in Brehms „Tierleben" keinen Platz und keine Würdigung. Es gibt daher eine Darstellung, die (vielleicht übertreibend?) sagt: „Soweit die Tiere der Arktis in Brehms Tierleben beschrieben sind, stammen die Erkenntnisse von Dr. Syrgenstein". 1881 unternahm der Graf seine letzte Nordlandfahrt. Als er starb, hatte er seine Tagebücher noch nicht veröffentlicht, und etwa 180 von ihm eingebrachte Vogelbälge kamen erst 1913 nach Biberach. Erwähnung verdient er nicht als eigentlicher Ornithologe, sondern als Sammler.

— Lit.: Nachruf (von R. Frh. v. Koenig-Warthausen). Jh. Ver. vaterl. Naturkunde Württ. 47, 1891, S. 33). — E. Hennig, Württ. Forschungsreisende d. letzten anderthalb Jahrhunderte, Stutg. 1953, S. 36. — M. Zengerle, Ein Oberschwabe entdeckt Neuland im Polarkreis, „Verbo" Biberach — Ztg. Biberach v. 22. 2. 1941. — H. Bode, Brehms Weltreisen, Mannheim 1956, S. 221. — E. Schüz, Hans Kick u. d. Naturk. Abt. d. Städt. Samml. Biberach, Jh. Ges. Naturk. Württ. 133, 1978, S. 174.

Waller, Renz, * 3. 11. 1895 Wiedenbrück, † 8. 10. 1979 Mettmann. Er gehörte nicht zu den eigentlichen Ornithologen. Aus der Düsseldorfer Schule kommend, richtete der Künstler und Porträtist von besonderen Gnaden die malerische Begabung nicht nur auf Menschen, sondern auch auf Tiere. Echte Berufung galt vor allem den Versuchen zur Deutung der tierischen Seele. Außerdem verzeichnete die neuere Geschichte der Zool. und Jagd seinen Namen auf Grund der Lebensleistung im Dienste der Schutzbestrebungen für besonders bedrohte Vogelformen. In frühen Jahren entwickelte er sich bereits zum Heger und Pfleger der verfemten Greifvögel. Die Anhänger der Falkenjagd sahen in ihm daher den mitreißenden Schrittmacher für die Erneuerung der mittelalterlichen Jagdart und beriefen ihn 1932 zum Ordensmeister bzw. Ehrenordensmeister des Dt. Falkenordens. Die reichen Erfahrungen in der Pflege und im verbesserten Abtragen der Beizvögel — es waren hauptsächlich

Wanderfalken und Habichte — sowie die eigenen Jagderlebnisse legte er nieder in Veröffentlichungen wie „Zuchtversuche mit Wanderfalken“ (DFO 1936), „Beizvogelzuchtversuche“ (ebd. 1939), „D. erste geglückte Wanderfalkenzucht in d. Gefangenschaft“ (ebd. 1942), „Zweite gelungene Wanderfalkenzucht in d. Gefangenschaft“ (ebd. 1943). Am bekanntesten aber wurde sein Buch „D. wilde Falk ist mein Gesell“, das 3 Auflagen erreichte (1937, 1962, 1974). Er trug das Bundesverdienstkreuz 1. Kl. und andere Auszeichnungen des In- u. Auslandes. Neben Chr. Freiherr v. Biedermann (s. d.), W. A. Fr. Engelmann (s. d.), Fr. Jungklaus (s. d.) wird sein Name genannt werden.

— Lit.: Nachruf in „Wild u. Hund“ 82, Nr. 17 v. 18. 11. 1979 (mit Bildnis). — Nachruf in „D. Pirsch“ 31, Nr. 24 v. 24. 11. 1979 (mit Bildnis). — Nachruf in „Jb. d. Dt. Falkenordens“ 1979, zwischen S. 82/83 (mit Bildnis).

Watz, Hans, * 5. 10. 1898 Kleinaltenstädten (Kr. Wetzlar), † 24. 4. 1977 Ehringshausen (Kr. Wetzlar). Seit 1920 war er Lehrer an mehreren Orten im Vogelsberg, am Rhein und im Kreis Wetzlar, bis er 1945 Rektor in Ehringshausen wurde. Von früher Jugend an reizten ihn die Probleme des Vogel- u. Heimatschutzes zur Mitarbeit. Nach dem 1. Weltkrieg bot sich ihm vor allem in der von W. Sunkel (s. d.) gegründeten „Vogelring“-Bewegung die Basis für Wortmeldungen zu Fragen der Faunistik und der Heimatforschung. Aus seiner Feder stammten daher Beiträge in Mitt. Vw. 26, 1927; Vr. 5, 1933; 22, 1953 und 31, 1963. Lange Jahre war er daneben Kreisbeauftragter f. Natursch. im Landkreis Wetzlar u. Vertrauensmann f. Vogelsch. im Reg.-Bez. Wiesbaden. Die hierher gehörigen Verdienste wurden anerkannt durch die Verleihung der Bronze-Plakette des hessischen Ministers f. Landwirtschaft u. Forsten (Luscinia 41, 1971, S. 204). Auch als er schon gesundheitlich gehemmt war, stellte er mehrere Jahrgänge des vom Landrat des Kreises Wetzlar bis zum Jahre 1976 herausgegebenen Heimatkalenders zusammen und regte dabei vor allem zu Beiträgen vogelkundlichen Inhalts an. Er dachte nicht daran, sich über den engen örtlichen Bereich hinaus bemerkbar zu machen. Ihm genügte, als Freund der Heimat Geltung zu genießen. Sein Name war daher nur in Teilen Hessens bekannt. Seit 1930 gehörte er der DO-G an.

— Lit.: L. Gebhardt u. W. Sunkel, D. Vögel Hessens, 1954, S. 104. — Würdigung (von H. Poenicke). Nat. u. Landschaft 46, 1971, S. 16/17).

Weigel, August, * 27. 2. 1896 Gießen-Kleinlinden, † 10. 4. 1976 Wetzlar. Er gehörte zu den Autodidakten, die den nach dem 1. Weltkrieg sich in Hessen regenden Aufwind benutzten, um die avif. Forschung voranzutreiben, auch wenn seine Bemühungen nicht weit über die engen Landesgrenzen hinaus bekannt wurden. Aus eigener Kraft und regem Leistungswillen hatte er sich als Handlungsbevollmächtigter der Buderusschen Eisenwerke eine geachtete Stellung im Wirtschaftsleben der Stadt Wetzlar erworben. Der Berufserfolg war um so bemerkenswerter, als ihm Regungen einer überhöhten Selbsteinschätzung ferne lagen und er den Reichtum an menschlichem Einfühlungsvermögen und Wertempfinden nur unaufdringlich ausstrahlen ließ. Zuchtvolle Arbeit an sich selbst und unverdrossenes Suchen nach der Wahrheit verliehen ihm die Gabe, in den Geschehnissen der Natur und vor allem in den Rätseln des Vogellebens die Handschrift Gottes zu ahnen. Im Hinblick auf die Notwendigkeit, alle Bestrebungen zum Schutze der von der zivilisatorischen Unvernunft verfolgten Tier- u. Pflanzenwelt zu unterstützen, nutzte er daher viele Freistunden im Dienste des örtlichen Vogelschutzes. Er war darüber hinaus Mitglied der DO-G seit 1955, der Hess. Ges. f. Orn. u. Natursch., sowie kritischer Leser der einschlägigen Fachliteratur. Ein hohes Maß an Organisationskunst stellte er zudem (bis ihm Krankheit 1965 ein bitteres Halt gebot) in den Dienst der von ihm als gut erkannten Sache. Die mit zahlreichen Exkursionen verbundene systematische Aufhellung der orn. Verhältnisse im mittleren und unteren Lahntal, in Wetterau und Vogelsberg bleibt an seinen Namen geknüpft. Und nicht weniger Gewicht hatte die von ihm ausgehende und nachwirkende Belebung der Feldstudien im Gebiet des benachbarten Westerwaldes, wo seit dem 1902 erfolgten Tode von Otto Karl Adolf Sachse (s. d.) der örtlichen Vogelwelt kaum ernsthafte Beachtung geschenkt wurde. A. Weigels Anteil am wissenschaftlich abgesicherten Ergebnis der Freilandstudien in seinem Wirkungsbereich war viel größer, als hier in kurzen Worten gesagt werden kann. Unterstrichen sei nur noch die feingeistig ausgerichtete Kultur, die er seinem Hause zu geben sich bemühte. Sie war durch den zielstrebig gepflegten

Geschmack bibliophiler Neigungen geprägt. Mancher Schatz seines Bücherschrankes zeigte eindrucksvoll, wie durchdacht er sich mit den Problemen der vogelkundlichen Feldforschung beschäftigte. Der gütige, aber dem Leben tapfer zugewandte Mensch sah die Einfachheit, die hinter der Verworrenheit unserer ratlosen Zeit liegt. Aber er schreckte vor der Preisgabe seines Innern zurück. Aus dieser Hemmung erklärt sich, daß er trotz der Fülle handfesten Wissens kaum ein Wort dem Druck anvertraute und nur vor wenigen Ornithologenfreunden verhalten seine Erkenntnisse offenbarte.

— Lit.: Nachruf (von L. Gebhardt). Luscinia 43, 1976, S. 60/61 (mit Bildnis).

Weißmantel, Paul, * 27. 2. 1893 Rochlitz (Sachsen), † 5. 11. 1975 Kamenz (Sachsen). Erste Anregungen zur Beschäftigung mit der heimischen Vogelwelt vermittelte dem Sohn eines Lokomotivheizers schon die frühe Nachbarschaft mit R. Heyder. Einen guten Grundstock feldornithologischen Wissens brachte er daher mit, als er zur Ausbildung das Seminar von Rochlitz besuchte. Schon bevor der junge Hilfslehrer 1913 nach Rauschwitz bei Elstra versetzt wurde, erfuhr er weitere vogelkundliche Förderung durch R. Zimmermann (s. d.) und seinen Biologielehrer E. M. Höpfner (s. d.). Nach schwerer Verwundung im 1. Weltkrieg wirkte er beruflich ab 1916 in Reichenau bei Königsbrück, ab 1919 in Grüngräbchen und von 1931 bis 1963 als Lehrer (zuletzt Oberlehrer und Schulleiter) in Kamenz. Die landschaftlich reizvolle Westlausitz und deren Teich- u. Sumpfgebiete boten ihm ein verlokkendes Forschungsfeld, in dem ihn die Wasservögel in besonderem Maße anzogen. In einem langen Leben ließ er sich durch gesichertes Wissen nie verleiten, zum Vielschreiber zu werden. Was er aber veröffentlichte, war fest untermauert und bedeutete eine Bereicherung der Kenntnis der Avifauna der Lausitz. R. Heyder konnte in „D. Vögel d. Landes Sachsen" (1952) 8 Arbeiten aus der Zeit zwischen 1909 und 1933 nennen sowie viel unmittelbar geleistete Hilfe ausnutzen. Von späteren Verlautbarungen, die gleichfalls geschultes Einfühlungsvermögen verrieten, seien noch genannt: „Veränderungen im Bestande d. Enten an d. Teichen d. Westlausitz" (1957) und „Schwäne auf Westlausitzer Teichen" (1965). Seit 1920 war W. Mitglied der DOG.

— Lit.: Würdigung (von G. Creutz). Sächs. Heimatblätter 14, 1968, S. 237/38.

Wendt, Hans, * 23. 5. 1892 Gelbensande bei Rostock, † 4. 2. 1978 Gelbensande. Nach dem Abitur am Gymnasium von Rostock studierte er, Sohn eines Oberförsters, von 1909 bis 1914 Naturwissenschaften in Rostock, Göttingen, München. Von 1914 bis 1918 Soldat, anschließend 2 Jahre Forstwissenschaft in Eberswalde und mecklenburgischer Forstdienst in Leussow, war er 1936 bis 1957 Forstamtsleiter in Dargun. Die Jahre des Ruhestandes verbrachte er wieder in Gelbensande. Standörtlich forstliche Untersuchungen in Kiefernbeständen mit Buchen-Unterbauten lenkten seine frühen feldornithologischen Neigungen auf die Probleme des Vogelschutzes und des Vogelzugs. Schutzzonen, die er in den ihm unterstehenden Amtsbereichen um die Horste gefährdeter Formen anlegen ließ, waren erste Beweise seiner Sorge vor allem um den Erhalt der Greifvögel. Diese Bemühungen setzte er auch fort in den Jahren, als er nach dem 2. Weltkrieg zunächst nur Hilfsstandorterkunder, dann Standorterkunder und später Forsteinrichter in Mecklenburg war. Nach der Pensionierung 1957 reizten ihn vegetationskundliche Studien und besonders Untersuchungen über die Siedlungsdichte der die Wälder bewohnenden Formen im Revier Dargun. Die vielschichtig gestalteten Ergebnisse der Erhebungen gestatten, dem Berichterstatter einen allerdings nur bescheidenen Platz in der quantitativen Avifaunistik seiner engeren Heimat zuzuweisen. (Hierher gehörende Veröffentlichungen in Natur u. Naturschutz in Mecklenburg 4, 1966, S. 163—185 und Orn. Rdbr. Meckl., N. F. 5, 1967, S. 36—54.)

— Lit.: Nachruf (von G. Klafs u. L. Plath). Bez.-Fachausschuß f. Orn. Rostock 1978.

Werfft, Gustav, * 11. 3. 1887 Beuthen (Oberschlesien), † 7. 8. 1978 Osnabrück. Enge Beziehungen zu dem rührigen schlesischen Feldornithologen L. Kayser (s. d.) öffneten dem Schüler den bereits geweiteten Blick in die Vorhöfe der Vogelkunde. 1908 trat er in den aktiven Militärdienst ein, mußte aber schon zu Beginn des 1. Weltkrieges eine schwere Verwundung hinnehmen, die seine dynamisch eingestellte Persönlichkeit zum Berufswechsel zwang. Über Danzig und Diepholz kam der Hauptmann a. D. 1921 nach Osnabrück, wo er als Geschäftsführer (Syndikus) bis 1953 im

TEIL 4

Dienste der Industrie- u. Handelskammer stand. Hier regten ihn die ausgedehnten Parkanlagen und Waldungen des Gutes Sandfort zu erneuten Studien der heimischen, durchziehenden und überwinternden Vögel an. Vertiefte Artenkenntnis und daraus erwachsendes Schutz- u. Umweltbewußtsein drängten seine Tatkraft dann zu besonders regem Einsatz in allen Fragen, die der Bewahrung einer gesunden Landschaft galten. Den engen örtlichen Rahmen verließ er nur einmal, als er — trotz der körperlichen Behinderung — sich 1959 an einer Expedition zum Studium der Tierwelt Südwestafrikas beteiligte. Der Gebrauch der Feder lag ihm offenbar nicht. Bekannt ist nur eine von ihm stammende orn. Veröffentlichung. Sie befaßte sich mit 112 heimischen Vogelarten. Das Verzeichnis war für die Abteilung Naturkunde des Heimatbundes Osnabrück 1952 angefertigt und kam in den Besitz von M. Brinkmann (s. d.). Weitere Einzelheiten von W's Beobachtungen finden sich zerstreut in Nachrichten, die H. Kumerloeve aus dem Raume von Osnabrück dem Druck übergab. Eine „Avifauna d. Altkreises Osnabrück", geschrieben 1977 von F. Ringe, ist dem begeisterungsfähigen Feldornithologen gewidmet. Die Gründung der Ortsgruppe Osnabrück des Bundes f. Vogelschutz (1927) ist mit seinem Namen verbunden.

— Lit.: Würdigung (von H. Kumerloeve). Osnabrücker Tageblatt 1957. — Festschrift z. 80. Geburtstag 1967 mit Bildnis, hrsg. v. Dt. Bund f. Vogelschutz. — Nachruf (von H. Ringleben). Vogelk. Ber. Nieders. 10, 1978, 89/90. — Nachruf (von H. H. Witte). Wir u. d. Vögel 11, 1979, S. 28 u. 30.

Westerfrölke, Paul, * 24. 2. 1886 Gütersloh, † 27. 3. 1975 Gütersloh. Der aus dem Hause eines Kaufmanns stammende und in Düsseldorf ausgebildete Landschaftsmaler hielt als eine durch Gemütstiefe ausgezeichnete Persönlichkeit der engeren Heimat die Treue, nachdem er in jungen Jahren einen Ruf an die Akademie von München abgelehnt hatte. Seinen Anlagen entsprach eine entschiedene Auflehnung gegen die Technisierung der Umwelt und den Raubbau an unserer Landschaft durch gedankenlose Maßnahmen wie Flurbereinigungen und Entwässerungen. Von 1935 bis zum Tode war er Naturschutzbeauftragter des Kreises Wiedenbrück, von dessen Gebiet durch seinen kämpferischen Einsatz rund 70 Prozent unter Schutz gestellt wurden. 1961 erhielt er daher das Bundesverdienstkreuz. Die von ihm ausgehenden schöpferischen Anregungen und Forderungen führten ihn in enge Nachbarschaft von J. Peitzmeier (s. d.) und anderen, die Gesetze der Ökologie erkennenden Ornithologen. Daß die Vogelwelt seinem Herzen am nächsten stand, zeigen die von ihm 70 Jahre lang gewissenhaft geführten Tagebücher. Sie wurden in der Fachliteratur zum ersten Mal verwertet von H. Kuhlmann (s. d.) in der „Vogelwelt d. Ravensberger Landes u. der Senne" (11. Ber. d. Naturw. Verf. f. Bielefeld u. Umgebung, 1950). Und J. Peitzmeier nannte in der „Avif. Westfalens" (1969) 31 Veröff., die der bescheidene Maler der Fachpresse (Nat. u. Heimat/Münster, Orn. Mitt., Vw.) übergeben hatte. Seit 1955 gehörte er der DO-G an.

— Lit.: Nachruf (von J. Peitzmeier). Nat. u. Heimat/Münster 35, 1975, S. 48 (mit Bildnis). — Nachruf (Verf.?). Mitt. d. Landesanstalt f. Ökol. ... Nordrhein-Westf. 1, 1976, S. 138/39 (mit Bildnis).

Windt, Max, * 31. 5. 1868 Köthen, † 10. 6. 1945 Köthen. Als Sohn seiner anhaltischen Heimat und Freund von P. Gottschalk (s. d.) war der Mittelschullehrer einer der örtlichen Autodidakten unter den Vogelkundlern, die die verpflichtende Hochachtung vor der Einmaligkeit J. F. Naumanns (s. d.) pflegten. Auf der Jahresversammlung der DOG 1912 ließ er sich daher anregen, den von H. Schalow (s. d.) wiederholt vorgetragenen Plan zur Schaffung eines Zentralpunktes für ein würdiges Naumann-Gedenken voranzutreiben. So wurde er einer der Helfer beim Ausbau der im herzoglichen Schloß aufgestellten Vogelsammlung. Und es war nicht zuletzt seinem Einsatz zu verdanken, daß seit 1916 aus Ziebigk überlassene Gegenstände wie Bücher, Zeichnungen, Briefe, Fanggeräte nach Köthen gebracht wurden. Im Auftrag des Orn. Ver. Köthen unterstützte er vor allem P. Gottschalk und O. Boerner (s. d.) bei der Aufstellung und Pflege der allerdings nur spärlich angelieferten Schätze. Nach dem Tode von P. Gottschalk lag die Verwaltung in seinen Händen allein, und an seinen Namen knüpft sich das Verdienst, seit 1930 nicht nur zur Vermehrung der Ausstellungsgegenstände beigetragen, sondern auch den größten Teil des Bestandes über den 2. Weltkrieg hinaus gerettet zu haben.

— Lit.: P. Thomsen u. E. Stresemann, Naumann-Biogr., 1957.

Z

Zabel, Joachim, * 9. 3. 1907 Großlichterfelde bei Berlin, † 29. 11. 1975 Castrop-Rauxel (Westfalen). Nach dem Studium der Biologie, Chemie und Physik an der Techn. Hochschule und der Univ. Berlin war er im Schuldienst der Geburtsstadt, bis ihn die Ereignisse des Weltkriegs nach Kattowitz (Schlesien) verschlugen. Nach 1945 führte ihn die berufliche Laufbahn über Ballenstedt (Harz) und Niedersachsen als Oberstudienrat an das Adalbert-Stifter-Gymnasium von Castrop-Rauxel. Hier stellte er seit 1947 breit gelagertes Sachwissen und unter freiem Himmel erworbene Geländeerfahrung uneigennützig in den Dienst einer vertiefenden Heimatkunde u. a. durch die Mitarbeit in der Volkshochschule und als Mitglied der Fachstelle Naturkunde und Naturschutz im Westfälischen Heimatbund. Kennzeichnend für seine Studien war die Vielseitigkeit seines biologischen Weitblicks. In diesen Rahmen gehörte u. a. die Beschäftigung mit der Welt der heimischen Kleinsäuger und Mollusken. Die von ihm hinterlassene Sammlung enthält dazu eine Reihe von Gewöllanalysen, die ihn zum Spezialisten dieses Forschungsbereiches stempelten. Im unverkennbaren Vordergrund der unauffällig geleisteten Kleinarbeit stand aber die Vogelkunde. Die erste seiner hierher gehörigen Veröffentlichungen dürfte aus der schlesischen Zeit stammen. Es war die kurze Mitteilung „Beob. v. Brandgänsen — Tadorna tadorna in Oberschlesien“ (Ber. Schles. 29, 1944, S. 51/52). Am deutlichsten trat die Vorliebe für die Vogelwelt hervor in der geradezu „begeisterten“ Mitarbeit an der von J. Peitzmeier herausgegebenen „Avifauna v. Westfalen“ (1969). Hier sind 13 seiner Veröffentlichungen genannt. Als allgemein geachtete Persönlichkeit und vorbildlich wirkender Pädagoge mußte Z. schon 1969 wegen schwerer Erkrankung vorzeitig in den Ruhestand treten. In Anerkennung seiner Verdienste wurde ihm 1968 das Bundesverdienstkreuz verliehen.

— Lit.: Nachruf (von H.-O. Rehage). Natur u. Heimat (Münster) 36, 1976, S. 24 (mit Bildnis). — Nachruf (von R. Schröpfer). Ebd. 37, 1977, S. 65.

TEIL 4

Nachträge zu den in den Bänden 1, 2, 3 behandelten Namen
(Ergänzungen zu den Sachangaben, Berichtigungen von Druckfehlern)

Bacmeister, Walther (Bd. 2, S. 14)
— Lit.: E. Schüz, W. Bacmeister neunzig Jahre, Schwäb. Heimat 14, 1963, S. 30.

Benicken, Johann Casimir (Bd. 1, S. 31; Bd. 2, S. 149; Bd. 3, S. 103)
— Lit.: Würdigung (von H.-P. Müller). Schlesw.-Holst. Biogr. Lex. 3, 1974, S. 36/37.

Beretzk, Peter (Bd. 3, S. 14)
— Lit.: Nachruf (von A. Keve). Aquila, Állattani Közlemények, Alauda 61, 1974, S. 3—6. — Nachruf (von Z. Barbaczy). Aquila 80/81, 1973/74, S. 315—319. — Nachruf (von M. Marian). Pußta 4, 1974, S. 3.

Besserer-Thalfingen, Ludwig Freiherr von (Bd. 1, S. 34/35; Bd. 2, S. 150)
Bei W. Wüst, Bibl. z. Avif. Bay. (1973) stehen 72 Titel zwischen 1894 u. 1940.

Bielz, Eduard Albert (Bd. 1, S. 36; Bd. 2, S. 150)
— Lit.: Würdigung (von H. Heltmann). Neuer Weg — Burzenland v. 4. 1. 1968 (mit Bildnis).

Boetticher, Hans von (Bd. 1, S. 42/43; Bd. 2, S. 151)
Bei W. Wüst, Bibl. z. Avif. Bay. (1973) stehen 30 Titel zwischen 1919 u. 1953.

Boie, Friedrich (Bd. 1, S. 43; Bd. 2, S. 151; Bd. 3, S. 103/04)
— Lit.: H.-P. Müller, Vogelk. Briefe, gewechselt in d. Jahren 1819 bis 1822 zwischen Fr. Boie u. J. F. Naumann, Kiel 1977. — Ders., Fr. Boies Naturk. Tagebuch, geführt auf einer Reise an d. Westküste Schleswigs u. Jütlands i. J. 1821 (Kiel 1978). — Ders., Bemerkenswerte Vogelbeobachtungen im Schleswig-Holstein d. 19. Jahrhunderts aus d. handschriftlichen Nachlaß von Fr. Boie. D. Heimat 86, 1979, S. 16—20.

Borchert, Walter (Bd. 3, S. 15)
Z. 3: Schönebeck statt . . . e
— Lit.: Würdigung (von D. Mißbach u. J. Müller). Apus 3, 1975, S. 294/95 (mit Bildnis).

Brehm, Alfred (Bd. 1, S. 50/52; Bd. 2, S. 152; Bd. 3, S. 104)
— Lit.: H. Bode, Brehms Weltreisen, Mannheim 1956, S. 222.

Brehm, Christian Ludwig (Bd. 1, S. 51/52; Bd. 2, S. 152)
— Lit.: „Orn. Briefe, geschrieben in d. J. 1819 bis 1863 von Ch. L. Brehm an Fr. Boie“, bearbeitet von H.-Müller u. L. Baege, Kiel 1977 (Univ.-Bibl. Kiel).

Brinkmann, Matthias (Bd. 2, S. 26)
— Lit.: Würdigung (von H. Hiltermann). Osnabrücker Naturw. Mitt. 3, 1974, S. 7 — 12 (mit Bildnis).

Dost, Hellmuth (Bd. 3, S. 19)
— Lit.: Nachruf (von W. Schneider). B. z. Vk. 21, 1975, S. 471—474 (mit Bildnis).

Douglas, Norman (Bd. 3, S. 122)
— Lit.: R. Kuhk (s. oben). — W. von Koppenfels, Vorwort zu Norman Douglas, Reisen in Süditalien, München 1969.

Droste-Hülshoff, Ferdinand Freiherr von (Bd. 1, S. 78; Bd. 2, S. 156)
Von seiner „Vogelwelt d. Nordsee — Insel Borkum“ (1869) kam 1974 ein Nachdruck heraus. Seine Eiersammlung und Teile seines Nachlasses befinden sich im „Droste-Museum“ Haus Rüschhaus unweit von Münster, wo die Dichterin lange Zeit wohnte.

Emmrich, Paul (Bd. 2, S. 40)
Am 1. 5. 1928 stand er noch als Rechnungsrat a. D. und Ehrenmitglied in der Liste d. Naturf. Ges. Görlitz.

Fischer, Anton (Bd. 2, S. 158)
Bei W. Wüst, Bibl. z. Avif. Bay. (1973) stehen 13 Titel zwischen 1902 u. 1933.

Förster, Hans (Bd. 3, S. 25/26)
— Lit.: Würdigung (von W. Hempel). Ber. d. Arbeitsgemeinschaft sächs. Botaniker, N. F. 8,

1966/67, S. 187—189. — Nachruf (von Dems.). Ebd. 10, 1972, S. 7—10 (mit Verz. d. Veröff.). — Nachruf (von G. Creutz). B. z. Vk. 21, 1975, S. 140—142 (mit Bildnis).

Frase, Richard (Bd. 3, S. 26)
Zu seinen Veröff. gehört noch Abh. u. Ber. d. Naturw. Abt. d. Grenzmärk. Ges. z. Erforschung u. Pflege d. Heimat 11, 1936.

Frickhinger, Hans Walter (Bd. 1, S. 99)
Bei W. Wüst, Bibl. z. Avif. Bay. (1973) stehen 26 Titel zwischen 1924 u. 1949.

Frisch, Johann Leonhard (Bd. 1, S. 101; Bd. 2, S. 161)
In der „Vorstellung d. Vögel in Teutschland ..." (Hamburgisches Magazin 4, 1749, S. 394—418) steht zur Aufklärung des Winteraufenthalts der Schwalbe: „Er hat etliche Schwalben, welche an Häusern genistet, gefangen, ihnen mit Wasserfarbe rot gefärbte Fäden, als Ringe, um die Füße gebunden, und sie wieder davon fliegen lassen. Im Frühjahr sind diese Schwalben mit ihren roten Fäden glücklich wieder zu ihren Nestern zurück gekommen. Die rote Farbe würde gewiß im Wasser ausgegangen sein. Sie müssen also so wohl im Winter sich in anderen Ländern aufhalten, wie viele andere Vögel tun".

Gatterer, Johann Christoph (Bd. 3, S. 26/27)
Bei diesem Namen liegt eine Personenverwechslung vor. Die Erwähnung galt dem Sohne Christoph Wilhelm Jacob Gatterer, geb. am 2. 12. 1759 in Göttingen, gest. am 11. 9. 1838 in Heidelberg. Er war seit 1787 in Heidelberg ord. Prof., Bergrat und Oberforstrat. Vater und Sohn gehörten einer geistg regen Familie an.
— Lit.: Brief v. 24. 6. 1975, in dem F. Knolle/Goslar dankenswerterweise auf den Irrtum hinwies. — G. Heyse, Beiträge z. Kenntnis d. Harzes ... 2. Ausg. Aschersleben 1874. — E. Rosendahl, Nieders. Literaturgeschichte, Hildesheim 1832.

Gebhardt, Erwin (Bd. 1, S. 108; Bd. 3, S. 106)
Bei W. Wüst, Bibl. z. Avif. Bay. (1973) stehen 107 Titel zwischen 1908 u. 1959.

Geisenheyner, Ludwig (Bd. 1, S. 109)
— Lit.: Würdigung (von D. Wiemann). Kreuznacher Heimatblätter 21, 1941, S. 1.

Gengler, Josef (Bd. 1, S. 110)
Bei W. Wüst, Bibl. z. Avif. Bay. (1973) stehen 85 Titel zwischen 1903 u. 1927. — Er muß auch Vogelmaler gewesen sein. In einem Antiquariatskatalog (von 1975?) der Firma A. Asher/Amsterdam findet sich unter 91a der Eintrag: „Gengler, Josef. 94 original watercolour drawings of central European birds by Joseph Gengler. All drawings are signed and dated (1891—1892) ... The leaves are numbered 96—189, bound in one volume ... an interesting collection of watercolours with full descriptions of the birds in German and Latin, probably meant as illustrations for never published work".

Gerlach, Richard (Bd. 3, S. 27)
1966 erschien, von G. neu herausgegeben, Alfred Brehms Leben d. Vögel. Der Dichter machte mit der Bearbeitung des alten Textes den Versuch, der Gegenwart den Anthropomorphismus des vorigen Jahrhunderts darzustellen, übersah aber die Gefahr, daß ein solcher Schritt geeignet ist, unter Laien Verwirrung zu stiften.

Goeze, Johann August Ephraim (Bd. 1, S. 118)
— Lit.: Würdigung (von F. Knolle). Naturk. Jber. Mus. Heineanum 10, 1975, S. 43—46.

Graba, Carl Julius (von) (Bd. 3, S. 28)
* 17. 2. 1799 Itzehoe, † 30. 3. 1874 Kiel. Er war der Sohn eines „Königl. Obristen d. Cavallerie".
— Lit.: Würdigung (von H.-P. Müller). D. Heimat (Kiel) 83, 1976, S. 100.

Günther, Friedrich Christian (Bd. 1, S. 27; Bd. 2, S. 163)
— Lit.: Nachruf (von Joh. Samuel Schröter). Journal f. d. Liebhaber d. Steinreichs u. d. Konchyliologie 2, 1775 Erlangen, S. 510—515.

Hähnle, Lina (Bd. 1, S. 130; Bd. 2, S. 164; Bd. 3, S. 107)
— Lit.: H. Krieg, Lina u. Hermann Hähnle z. Gedächtnis, Jh. 1966 Bund f. Vogelsch. S. 1—2. — E. Schüz, Dt. Bund f. Vogelsch. u. d. Haus Hähnle, Jh. d. Dt. Bundes f. Vogelsch. 1973/74, S. 30—33 (mit Bildnissen).

Härms, Michael (Bd. 1, S. 131; Bd. 2, S. 164)
— Lit.: Würdigung (von E. Kumari). Orn. Ajaloost Balt. 7, 1974, S. 99—107 (mit Bildnissen).

Hauptvogel, Anton (Bd. 1, S. 140)
* 1846, † 1928. Er war zuerst Lehrer in Povrly.

Hausmann, Wilhelm (Bd. 1, S. 140/41; Bd. 2, S. 165)
— Lit.: H. Heltmann, Hs-Kollektion geborgen. Volksztg. Kronstadt v. 4. 3. 1966.

Heindl, Emmeran (Bd. 1, S. 143)
Bei W. Wüst, Bibl. z. Avif. Bay. (1973) stehen 43 Titel zwischen 1894 u. 1917.

Hellmayr, Carl Eduard (Bd. 1, S. 147; Bd. 2, S. 166; Bd. 3, S. 107)
Bei W. Wüst, Bibl. z. Avif. Bay. (1973) stehen 20 Titel zwischen 1910 u. 1926.

Herzog, Ernst (Bd. 2, S. 63)
— Lit.: Würdigung (von W. Willer). Pfälzer Heimat 26, 1975, S. 29/30 (mit Bildnis).

Heuglin, Theodor von (Bd. 1, S. 153; Bd. 2, S. 166)
Der Geburtsort Hirschlanden liegt nicht im Remsthal, sondern bei Leonberg.
— Lit.: E. Hennig statt . . . ing.

Höhr, Heinrich (Bd. 1, S. 159/60)
— Lit.: Würdigung (von H. Heltmann). Siebenbürgische Ztg., München v. 31. 3. 1975.

Hoffmann, Bernhard (Bd. 1, S. 161; Bd. 2, S. 167)
Bei W. Wüst, Bibl. z. Avif. Bay. (1973) stehen 9 Titel zwischen 1917 u. 1943.

Holub, Emil (Bd. 1, S. 164; Bd. 2, S. 167)
— Lit.: Würdigung (von E. Hachler). Zpravy Mos 1974, S. 38. — G. Jürgen Fock, „Emil Holub (1847 bis 1902), ein Afrikaforscher aus Böhmen", Journal Wissensch. Ges. Windhoek, SWA 31, 1976/77, S. 99—109 (mit Bildnis). — O. H. Spohr, Emil Holub and August v. Pelzeln, Look at the Birdlife of South Africa in the 1870's (Bohmakieri 31 (2) 1979.

Homeyer, Eugen Ferdinand von (Bd. 1. S. 165; Bd. 2, S. 167; Bd. 3, S. 108)
— Lit.: Würdigung (von Heß). Allg. Dt. Biogr. 50, 1904, S. 461.

Hornung, Viktor (Bd. 3, S. 38)
Eine Reihe von Artikeln aus seiner Feder stehen in der Zeitschrift Nerthus.

Jacobi, Richard (Bd. 3, S. 40)
— Lit.: Nachruf (von W. Klemm). B. z. Vk. 24, 1978, S. 295—298 (mit Bildnis u. wichtigsten orn. Schriften. — In der Bibl. Orn. Rom. (1971) stehen nicht 118, sondern nur 8 Titel seiner Veröff. — Würdigung (von H. Heltmann). Naturw. Forschungen über Siebenbürgen 1. 1979, S. 511—526.

Jäckel, Andreas Johannes (Bd. 1, S. 171/72; Bd. 2, S. 168)
Bei W. Wüst, Bibl. z. Avif. Bay. (1973) stehen 108 Titel zwischen 1848 u. 1883.

Kalitsch, Leopold von (Bd. 2, S. 69)
Bildnis in E. Schüz, Erinnerungen an d. Vogelwarte Rossitten in Bildern (Orn. Mitt. 28, 1976, S. 208).

Killermann, Sebastian (Bd. 1, S. 181)
Bei W. Wüst, Bibl. z. Avif. Bay. (1973) stehen 10 Titel zwischen 1904 u. 1926.

Kittlitz, Friedrich Heinrich Freiherr von (Bd. 1, S. 182; Bd. 3, S. 109)
— Lit.: Würdigung (von L. Gebhardt). N. Dt. Biogr. 11, 1977.

Knabe, Gustavgeorg (Bd. 3, S. 45)
Bildnis in E. Schüz, Erinnerungen an d. Vogelwarte Rossitten in Bildern (Orn. Mitt. 28, 1976, S. 208).

König von und zu Warthausen, Richard Freiherr, Dr. h. c. (Bd. 1, S. 190/91; Bd. 2, S. 171)
Seine weithin berühmten ool. Schätze verschafften ihm im sammelfreudigen 19. Jahrhundert den Beinamen „Eierkönig".
— Lit.: Gabriele von Koenig-Warthausen, Diesseits u. jenseits der Grenzen, Biberach 1975, S. 29—36.

Koepcke, Maria (Bd. 3, S. 46/47)
John S. Weske u. John W. Terborgh benannten nach ihr Phaethornis koepckeae, A new species of Hummingbird from Peru (The Condor 79, 1977, S. 143—147).

Krauß, Ferdinand von, Dr. (Bd. 1, S. 196; Bd. 2, S. 171)
— Lit.: E. Schüz, Carl Ludwig u. Ferdinand Krauß — zwei schwäb. Pioniere d. Naturk. Südafrikas, Schwäb. Heimatkalender 1978.

Krüger, Karoline (Bd. 1, S. 199/200)
S. 200, Z. 2: Langenwerder nicht auf, sondern

bei Poel. — Sie war die Tochter eines Deichinspektors und späteren Deichbaurats. In Anerkennung ihrer Studien über das Leben der Fischer wurde sie in die Ostpreuß. Forschungsgemeinschaft der Univ. Königsberg und die Copernikus-Gesellschaft von Danzig berufen.
— Lit.: Würdigung (von E. Schüz). Der Westpreuße/Münster 28, 1976, S. 7.

Landois, Hermann (Bd. 1, S. 207/08; Bd. 2, S. 173; Bd. 3, S. 110)
— Lit.: W. Werland, Münsters Prof. Landois, Begebenheiten u. Merkwürdigkeiten um den Zoogründer, Münster 1975.

Laubmann, Alfred (Bd. 2, S. 82)
Bei W. Wüst, Bibl. z. Avif. Bay. (1973) stehen 66 Titel zwischen 1909 u. 1957.

Leu, Johann Friedrich (Bd. 1, S. 214)
— Lit.: Nachruf (von A. Wiedemann). Jber. Naturh. Ver. Augsburg 27, 1887, S. 211—216.

Leunis, Johannes (Bd. 1, S. 214; Bd. 2, S. 173)
— Lit.: H. Seeland, Dr. Joh. Leunis, Prof. d. Naturgeschichte am Gymnasium Josephinum in Hildesheim 1802—1873, Unsere Diözese 11, Heft 1 u. 2 (auch als selbständiger Sonderdruck), Hildesheim o. J. — K. L. Grube, Joh. Leunis nach seinem Leben u. Wirken, in kleinen Bildern dargestellt, Hannover 1876. — H. Ringleben, Streiflichter auf d. Werdegang d. naturk., besonders orn. Forschung in u. um Hildesheim in 7 Jahrhunderten (1233—1933), Mitt. Orn. Ver. Hildesheim 2, 1978.

Lichtenstein, Martin Hinrich Carl (Bd. 1, S. 215/16; Bd. 2, S. 174; Bd. 3, S. 111
Bei der Schilderung seiner 2. Reise durch die Kap-Kolonie ist E. Stresemann ein Irrtum unterlaufen. Eine Berichtigung der irrtümlichen Itinerar-Angaben erfolgte durch Prof. B. Struck-Jena (s. dazu E. Schüz in Tribus 23, 1974, S. 238).

Lindner, Friedrich, Dr. (Bd. 1, S. 218)
— Lit.: Würdigung (von H. Ringleben). Naturk. Jber. Mus. Heineanum 1, 1966, S. 86—93.

Loos, Curt (Bd. 1, S. 222)
— Lit.: Nachruf (von R.,=Richter?). Lotos Prag 31, 1933, S. 55—57. — Lotos 19, 1932, S. 70—88.

Ludwig, Alfred (Bd. 3, S. 54)
Zu seinen jagdkundlichen Wortmeldungen gehören noch kleinere Veröff.: „Balzender Auerhahn zur Mittagszeit" (Illustr. Jagdztg. 5, 1877/78, S. 228) u. „Treten d. Hennen b. d. Birkhahnbalz" (Dt. Jäger-Ztg. 9, 1887, S. 206). „Farbenpracht u. Stärke d. Birkhahnes" (D. Weidmann 24, 1893, S. 432) u. „Farbenpracht u. Stärke d. Birkhahnes" (Ebd. 26, 1895, S. 17/18).

Ludwig, Carl Ferdinand Heinrich Freiherr von (Bd. 1, S. 225; Bd. 2, S. 175)
— Lit.: E. Schüz, Carl Ludwig u. Ferdinand Krauß — zwei schwäb. Pioniere d. Naturk. Südafrikas, Schwäb. Heimatkalender 1978.

Mangels, Rudolf (Bd. 1, S. 229)
Bildnis in E. Schüz, Erinnerungen an d. Vogelwarte Rossitten in Bildern (Orn. Mitt. 28, 1976, S. 209).

Max (Maximilian) Alexander Philipp, Prinz zu Wied-Neuwied (Bd. 1, S. 234; Bd. 2, S. 176)
Bei E. F. v. Homeyer (Orn. Briefe ... 1881) stehen 17 Briefe, die M. zwischen 1846 u. 1865 an H. schickte.

Mechlenburg, Martin Rübner (Bd. 1, S. 235; Bd. 2, S. 176; Bd. 3, S. 112)
— Lit.: H.-P. Müller, D. Flensburger Apotheker u. Vogelsammler Martin Rübner Mechlenburg. D. Heimat (Kiel) 85, 1978, S. 12/13.

Mirbach-Geldern-Egmont, Alfons Graf von (Bd. 2, S. 91)
Bei W. Wüst, Bibl. z. Avif. Bay. (1973) stehen 14 Titel zwischen 1890 u. 1894.

Möschler, Albert (Bd. 1, S. 245). Bildnis in E. Schüz, Erinnerungen an d. Vogelwarte Rossitten in Bildern (Orn. Mitt. 28, 1976, S. 206).

Müller, Adolf (Bd. 1, S. 247/48; Bd. 3, S. 113)
Kunstmaler Walter Kröll schrieb im Abschnitt „Gießen u. d. Bildende Kunst" (Denkschrift z. 700-Jahrfeier d. Stadt Gießen 1948, S. 100—102): „Als feinsinniger Zeichner verdient an dieser Stelle der Forstmann und Ornithologe Adolf Müller erwähnt zu werden ... Seine Veröffentlichungen in der Fachliteratur, aber auch in der Gartenlaube ... bereicherte er mit ausgezeichneten Illustrationen, die er mit erstaunlichem Können und einem Forstmanne eigener Beobachtungsgabe nach der Natur geschaffen hatte. Als besonders gelungen können wir wohl die Holzschnitte ansehen, die er für sein 1865 erschienenes Buch ‚Charakter-

TEIL 4

zeichnungen der vorzüglichsten deutschen Singvögel' geschaffen hatte. Seine stärksten Arbeiten sind jedoch ohne Zweifel einige mit Bleistift gezeichnete Familienporträts und Köpfe aus seiner Studentenzeit, die uns in Ausführung und Auffassung an die bedeutendsten deutschen Romantiker erinnern ...". Adolf Müller u. sein Bruder Karl Müller schrieben auch „Wohnungen, Leben u. Eigentümlichkeiten der höheren Tierwelt" mit 125 Abb. u. 9 Tafeln auf 556 Seiten (Leipzig 1869).

Murr, Franz (Bd. 2, S. 94)
Bei W. Wüst, Bibl. z. Avif. Bay. (1973) stehen 78 Titel zwischen 1920 u. 1961.

Nehrling, Heinrich (Bd. 1, S. 259; Bd. 2, S. 179/80)
W. K. G. Moebes meinte in einem nachdenklichen Rückblick „Ornithologie im Glanz d. Romantik, ein Superwerk in moderner Würdigung" (D. Tierwelt, Zofingen Schweiz 87, 1977, S. 1350—1352) und „Romantik in d. Ornithologie" (Gef. W. 3, 1979, S. 51—53): „Nehrling erschloß uns mit seinem Werk ornithologisch und botanisch ein Paradies. Was könnte mehr erfreuen in einer Zeit, wo man dabei ist, unseren Planeten auszubeuten und den Nachkommen eine vergiftete Welt zu hinterlassen".

Neubaur, Fritz (Bd. 3, S. 62/63)
Dem Soldaten bot sich 1942/43 die Möglichkeit, im südrussischen Gebiet der Schwarzerde und Steppen orn. Beob. zu machen. Die dort gesammelten Erfahrungen legte er nieder in umfangreichen „Beiträgen z. Vogelwelt d. Süd-Ukraine" (Jahrbücher d. Nass. Ver. f. Naturk. 89, 1951, S. 46—102).

Niethammer, Günther (Bd. 3, S. 64—66)
— Lit.: Nachruf (von H. Kumerloeve). Säugetierk. Mitt. 22, 1974, S. 46/47 (mit Bildnis). — Nachruf (von Schriftl.). Vwa. 27, 1974, S. 301. — Nachruf (von F. Goethe). Vw. 95, 1974, S. 239/40 (mit Bildnis). — Nachruf (von W. Jenning). Vår Fågelvärld 33, 1974, S. 263. — Nachruf (von G. Steinbacher). Aus d. Schwäb. Heimat 78, 1974, S. 2—46 (mit Bildnis). — Nachruf (von A. Keve). Aquila 82, 1975, S. 253/54. — Nachruf (von K. Immelmann). Verh. d. Dt. Zool. Ges. 67 (1974) 1975, S. 419/20 (mit Bildnis).

Parrot, Karl (Bd. 1, S. 268)
Bei W. Wüst, Bibl. z. Avif. Bay. (1973) stehen 50 Titel zwischen 1887 u. 1911.

Paul Wilhelm, Herzog von Württemberg (Bd. 1, S. 269; Bd. 2, S. 180)
— Lit.: W. R. Nitske u. S. Lottinville, Travels in North America 1822—1824 (Oklahoma Press 1973).

Quistorp, Gustav, Dr. (Bd. 1, S. 284)
— Lit.: Nachruf (von v. Homeyer-Murchin). D. Weidmann 18, 1887, S. 78 u. A. Hugo's Jgd.-Ztg. 29, 1886, S. 504/05.

Rendle, Max (Bd. 1, S. 290)
Bei W. Wüst, Bibl. z. Avif. Bay. (1973) stehen 26 Titel zwischen 1902 u. 1921.

Rettig, August (Bd. 2, S. 104, 204; Bd. 3, S. 114)
W. Klemm (Hermannstadt) veröffentlichte aus dem Nachlaß Rettigs „Erlebnisse mit Seeadlern" (Bukarest 1978).

Ries, Alois (Bd. 1, S. 293)
Bei W. Wüst, Bibl. z. Avif. Bay. (1973) stehen 11 Titel zwischen 1903 u. 1926.

Riesenthal, Julius Adolf Oskar von (Bd. 1, S. 293; Bd. 2, S. 184)
Mit ausgesprochen lit. Begabung ausgestattet, entstammte er einer Familie, die ursprünglich in Österreich ansässig war. Seine Verdienste um die Orn. fanden Anerkennung durch die Wahl in den Vorstand des Dt. Ver. z. Schutze d. Vogelwelt und die Ernennung zum Ehrenmitglied des Berliner Vereins Aegintha.
— Lit.: Die Mitarbeiter d. Jagdzeitschrift St. Hubertus (nach 1889).

Rörig, Georg (Bd. 1, S. 207)
Bildnis in E. Schüz, Erinnerungen an d. Vogelwarte Rossitten in Bildern (Orn. Mitt. 28, 1976, S. 207).

Rohweder, Joachim (Bd. 1, S. 297)
— Lit.: Würdigung (von H.-P. Müller). Schleswig-Holst. Biogr. Lex. 3, 1974, S. 228—230.

Rudolf, Kronprinz Erzherzog (Bd. 1, S. 299; Bd. 3, S. 116)
G. Buchda (s. d.) behandelt in B. z. Vk. 24, 1978, S. 121—152, 53 wiederentdeckte Briefe des Kronprinzen an A. E. Brehm (s. d.) von 1877—1883. Die gründlichen Studien galten einer der tragischen Gestalten der österr. Geschichte und stützten sich auf folgende, ziemlich verwickelt liegende ältere Untersuchungen: Oskar Freiherr v. Mitus, „D. Leben

d. Kronprinzen Rudolf, mit Briefen u. Schriften aus dessen Nachlaß", neu hrsg. u. eingeleitet von Adam Wandruszka, mit einem Anhang „Kronprinz Rudolf u. Theodor Billroth" (1. Aufl. Leipzig 1928, Neuauflage München 1971).

Rüppel, Werner (Bd. 1, S. 301; Bd. 2, S. 185)
Bildnis in E. Schüz, Erinnerungen an d. Vogelwarte Rossitten in Bildern (Orn. Mitt. 28, 1976, S. 208).
— Lit.: Würdigung (von E. Schüz). Elbing-Kreis-Heft (Holtorf) 22, 1967, S. 50—53).

Sanden-Guja, Walter von (Bd. 3, S. 73/74)
Bildnis in E. Schüz, Erinnerungen an d. Vogelwarte Rossitten in Bildern (Orn. Mitt. 28, 1976, S. 206).

Schenk, Jakob (Bd. 1, S. 311; Bd. 2, S. 187, 204; Bd. 3,. S. 117)
— Lit.: Würdigung (von A. Keve). Aus d. Mitt. d. Museen d. Komitats Veszprem 10, 1971, dt. S. 19/20 mit Bildnis u. Verz. d. Veröff. zw. 1898 u. 1970.

Schrader, Ernst Hermann (Bd. 3, S. 76)
Im dänischen Hof- u. Staatskalender für das Jahr 1852 wird er noch als Oberförster eines Forstdistriks in Nordschleswig genannt.

Schütt, Emil (Bd. 1, S. 326)
Seine Sammlung wurde aufgeteilt. Afrik. Stücke, die er von J. W. v. Müller (s. d.) bezogen hatte, kamen nach Tring (Novit. Zool. 1, 1894, S. 24). Etwa 680 Stücke (einheimische, Schweizer) befinden sich noch im Freiburger Naturkundemuseum, dazu kommt afrik. Material, das z. T. von Emin Bascha (s. d.) stammte (siehe dazu M. Schnetter, D. Neuaufbau d. Freib. Nat. Mus. in d. J. 1945—1966 in Mitt. d. Bad. Landesver. Naturk. u. Naturschutz, N. F. 9, 1966, S. 395—408).

Schuster, Ludwig (Bd. 1, S. 329)
Bei W. Wüst, Bibl. z. Avif. Bay. (1973) stehen 18 Titel zwischen 1902 u. 1950.

Schwerin, Felix Graf (Bd. 1, S. 332)
* 24. 3. 1892 Bohrau. Er war Referendar a. D.
— Lit.: Verzeichnis d. Mitglieder d. Geschlechtes von Schwerin, Ausg. A, 1930 in d. Leipziger Dt. Bücherei ZA 147,38 (nicht im Buchhandel).

Sieber, Franz Wilhelm (Bd. 2, S. 124)
— Lit.: Würdigung (von Fischel). Vierteljahrsschrift prakt. Heilkunde Prag 16, 1844/45.

Spieß, August von (Bd. 1, S. 341; Bd. 2, S. 189)
Bildnis in E. Schüz, Erinnerungen an d. Vogelwarte Rossitten in Bildern (Orn. Mitt. 28, 1976, S. 211).

Stadler, Hans (Bd. 1, S. 342; Bd. 2, S. 189)
Bei W. Wüst, Bibl. z. Avif. Bay. (1973) stehen 98 Titel zwischen 1912 u. 1961.

Steller, Georg Wilhelm (Bd. 1, S. 346; Bd. 2, S. 189/190; Bd. 3, S. 118)
— Lit.: Fränkische Lebensbilder, N. F. der Lebensläufe aus Franken, 7. Bd. (Neustadt, Aisch).

Strautzels, Talivalds (Bd. 2, S. 134)
Er studierte etwa von 1925 bis 1932 an der Univ. Riga und war später Oberlehrer in Mitau. Mit N. v. Transehe (s. d.) arbeitete er an der Lettl. Orn. Zentrale in Riga.

Trettau, Waldemar (Bd. 3, S. 89)
Bildnis in E. Schüz, Erinnerungen an d. Vogelwarte Rossitten in Bildern. (Orn. Mitt. 28, 1976, S. 210).

Wand(t), Jens (Bd. 1, S. 378; Bd. 2, S. 193)
— Lit.: Würdigung (von H. Brandt). Rdbr. Ver. Jordsand 2, 1975, S. 5—8.

Warnecke, Georg (Bd. 1, S. 378/79; Bd. 2, S. 193)
— Lit.: Würdigung (von H. Weidner). Schlesw.-Holst. Biogr. Lex. 4, 1976, S. 229—231.

Wiemann, David (Bd. 1, S. 383)
Als Sohn eines Missionars der Herrnhuter Brudergemeinde kehrte er 1886 mit den Eltern nach Deutschland zurück, besuchte bis 1905 das Lehrerseminar der Herrnhuter in Niesky (Oberlausitz), wurde Reallehrer an der privaten Realschule der Herrnhuter in Königsfeld (Baden) und lebte anschließend als Reallehrer an der Städtischen Lateinschule von Meisenheim.
— Lit.: Würdigung (von A. Blaufuß). Kreuznacher Heimatblätter 1973/74, S. 10, 15, 18, 19 (mit Bildnis u. Verz. d. Veröff. zw. 1906 u. 1941).

Zimmermann, Rudolf (Bd. 1, S. 395; Bd. 2, S. 196)
— Lit.: Würdigung (von W. Weise). Falke 25, 1978, S. 292—296 (mit Bildnis).

Gesamtregister zu den Bänden I-IV

In diesem Register sind alle in den 4 Teillieferungen des Werkes (inklusive den Nachträgen) behandelten Ornithologen verzeichnet. Die Bandzahl jeden Eintrages ist als römische Ziffer der arabischen Seitenzahl im jeweiligen Band vorangestellt. Da die Paginierung jeden Bandes wieder mit einer arabischen 1 beginnt, sind die einzelnen Bände zu einer besseren Orientierung durch eine seitliche Rasterung markiert.

C

D

G

H

M

T